KB240408

LA **CUISINE** DE **RÉFÉRENCE**

프렌치 셰프의
친절한 프랑스 요리 교과서

미셸 맹상모렐 지은이 | 성승원, 나승지, 송현동, 허정연 옮김 | 강민구, 임태언 감수

디렉터 도미니크 루아조의 총서

기본 테크닉 및 기본 요리

첫 번째 파트인 기본 테크닉과 기본 요리는 다음과 같은 부분에 적용할 수 있다.
– 모든 레벨의 교육
– 평생 교육 및 전문 대회 준비

조리법

두 번째 파트인 조리법에서는 실제 조리 작업을 위한 다양한 예를 제공된다. 전통적이며 시대를 초월하여 적용할 수 있는 이 조리법은 다양한 국가 교육 시험 표준에 나오는 모든 기본 테크닉을 포함하고 있다.

 해썹(HACCP : 식품 통제를 위한 위험 분석 및 주요 기준 시스템)에 따른 주의 사항

 프랑스 및 유럽의 법률 참조

 권장 사항 및 중요 사항

 조리법

프렌치 셰프의 친절한 프랑스 요리 교과서 수상 경력

 프랑스 국립 요리 아카데미
최우수 작품 그랑프리
Le Grand Prix du meilleur ouvrage
de l'Académie Nationale de Cuisine

 세계 미식가 요리책 상 프랑스 부문
Le Gourmand World Cookbook
Award pour la France

LA **CUISINE** DE **RÉFÉRENCE**

친절한 DIY 교과서 603
프렌치 셰프의

친절한 프랑스 요리 교과서

2026년 1월 10일 초판 1쇄 인쇄
2026년 1월 20일 초판 1쇄 발행

지은이	미셸 맹상모렐 Michel Maincent–Morel
옮긴이	성승원, 나승지, 송현동, 허정연
감수	강민구, 임태언
교정	터닝포인트(기획팀, 정유찬)
본문 디자인	앤미디어
표지 디자인	공종욱

공동 제작 투자 르빵

펴낸 곳	터닝포인트
등록번호	제2005-000285호
주소	(12284) 경기도 남양주시 경춘로 490 힐스테이트 지금디포레 8056호(다산동 6192-1)
대표전화	(031)567-7646
팩스	(031)565-7646
ISBN	979-11-6134-129-3 13590
정가	160,000원

내용 문의	diamat@naver.com
원고 집필 문의	diamat@naver.com

터닝포인트는 삶에 긍정적 변화를 가져오는 좋은 원고를 환영합니다.

※ 이 책에 수록된 모든 내용, 사진이나 일러스트 자료, 동영상 등을 출판권자의 허락 없이 복제, 배포하는 행위는 저작권법에 위반됩니다.

저자의 일러두기

식품 관련 비즈니스, 특히 요식업 분야에서 일하려면 소비자나 고객에게 우수한 맛과 영양을 지닌 정직하고 건강한 식품을 제공하는 것을 목표로 하며, 이를 위해 철저한 위생 규칙을 준수해야 합니다. 이러한 규칙은 여러분을 강제하려는 것보다는 처음에는 다소 따분하거나 지루하게 느낄 수도 있지만 곧 습관이 되고, 빠르게 익숙해질 것입니다. 또한, 고객은 늘 여러분을 지켜보고 있으며, 여러분이 근무하는 시설을 평가합니다. 여러분이 만든 요리, 전문가에 걸맞은 옷차림, 행동, 태도뿐만 아니라 공손함과 친절함 등이 여러분을 대표하는 중요한 요소라는 사실을 잊지 마십시오.

저자의 감사의 말

사진

Y. 포카샤퓌 Y. Poccard–Chapuis
미셸 맹상모렐 Michel Maincent–Morel

그래픽 디자인

산드라 캉탈루브 아드리앤 미디직 Sandra Cantaloube Adrien Midzic

조판

고담 Gotham, 보타 Bota

동영상

프렌치 셰프의 친절한 프랑스 요리 교과서의 모든 동영상은 터닝포인트 출판사의 유튜브 채널(한글 자막)과 BPI Campus 사이트(프랑스어 영상)에서 볼 수 있습니다.
www.youtube.com/@diytp
www.bpi-campus.com

장소

장 드루앙 호텔 전문 고등학교 20, rue Mederic – 75017 Paris

기재, 설비, 용품

주방용품점 E. Dehillerin
18/20, rue Coquilliere – 75001 Paris
주방용품점 Mauviel
47, route de Caen – 50800 Villedieu–Les–Poêles
Welbilt – Mr. Remi Le Naour(레미르나우르 씨)
프랑스 네슬레 푸드 서비스

그 밖의 다양한 공급업체

Pêcherie des Lilas – Paris (해산물 유통 기업), Boucheries Roger – Paris (로제 정육점) 등등

참여자

셰프 빅토 브리드 님, 파리 장 드루앙 호텔 전문학교 제과 교사 뱅상 시츠 님, 카릴 로페즈님과 졸업반 학생들

친절하게 장비를 빌려주거나 장소를 제공한 시설의 관계자들에게 감사를 표합니다.

또한 소중한 도움을 준 동료들과 전문가들에게도 진심을 감사드립니다.

프렌치 셰프의 친절한 프랑스 요리 교과서는 요리 전문학교 시험 및 대회 준비를 위한 필수 입문서입니다.

이 책이 오랫동안 꾸준히 사랑받을 수 있었던 이유는 프랑스의 미식 세계를 구성하는 모든 기본 재료와 요리를 선별하여 한 권으로 모은 엄격한 구성 방식 덕분입니다. 이 책은 일상에서 프랑스 요리에 쉽게 접근하고 활용할 수 있도록 완벽하게 구성된 책입니다.

프렌치 셰프의 친절한 프랑스 요리 교과서는 수 세기 동안 프랑스 요리의 기초를 이루는 모든 조리법을 제시하고 설명합니다. 프랑스 요리는 시대를 초월한 요리법으로부터 발전했고, 이러한 요리법은 수십 년에 걸쳐 확립된 다양한 파생 요리법을 탄생시켰습니다.

첫 번째 파트에서는 방대한 분량의 사진(2,000장 이상)을 통해 기본 테크닉, 기본 요리 및 전문적인 조리 방법을 설명합니다. 두 번째 파트에서는 1,300장의 사진(기본, 필수, 파생 레시피)과 함께 다양한 조리법을 설명합니다. QR코드 동영상 강의(한글 자막 제공)가 제공되어 기본 조리 방법을 동영상으로도 볼 수 있습니다.

요리사라면 프랑스 요리의 기초와 전통에 대한 지식과 숙달을 통해 자신의 상상력, 감수성, 독창성을 제한 없이 발휘해야 합니다. 이를 통해 자신이 일하고 있는 요식업계의 컨셉에 맞는 메뉴를 만들 수 있고, 고객에게 최대의 기쁨을 줄 수 있을 것입니다.

우리는 때때로 새로운 농도, 구조화/재구조화, 대체물, 다양한 텍스처링(유화, 응고, 겔화, 구형화, 훈제, 질소 얼음 등등)을 주로 얻기 위해 여기저기에서 수행되는 실험적인 요리를 접하기도 합니다. 이러한 실험적인 요리는 위생이나 안전 측면에서 규정의 대상이 아니므로 이 책에서는 다루지 않습니다. 하지만 이러한 요리들의 영양적인 가치도 인정받아야 할 것입니다. 어떤 요리가 지속될지는 미래가 알려줄 것입니다.

이 책에 소개된 미식의 세계는 프랑스식 삶의 방식 중에 가장 아름답고 가치 있는 것 중 하나입니다. 유네스코 무형 유산에 "프랑스식 미식 식사"가 등재되어 이러한 삶의 방식의 아름다운 특성(요리의 전통적 특성, 매우 다양한 종류의 식재료, 요리를 위한 수많은 테크닉 등등)을 영원히 기억할 수 있게 되었습니다. 또한, 이렇게 인정받은 것은 프랑스의 식탁 문화 전반이기도 합니다. 이를테면, 식탁 의식, 매 식사에 할애된 시간, 일상의 세 끼 식사의 중요성, 메뉴를 구성하는 요리의 순서, 사교적 의식(연회 분위기, 나눔, 교류, 만남, 대화 등등) 및 요리와 관련된 그 밖의 모든 예술품(그릇, 은제품, 유리제품, 식탁보, 장식 등등)과 같은 것이지요.

"프랑스식 미식 식사"의 등록을 위한 헌장에는 이러한 가치가 다음 세대에 전달되어야 한다고 명시하는 중요한 사항이 있습니다. 프렌치 셰프의 친절한 프랑스 요리 교과서가 해당 분야에서 이러한 사명을 완벽하게 수행한다는 것은 부인할 수 없는 사실입니다!

도미니크 루아조 Dominique Loiseau

QR코드가 있는 119페이지에서 기본 테크닉 및 기본 요리 준비 방법을 동영상으로 확인해 보세요!

아티초크 LES ARTICHAUTS

아티초크는 식물류의 꽃봉오리 품종에서 나왔다. 프랑스에서 생산되는 주요 품종은 (라옹 지역의 큰 초록색 아티초크 gros vert de Laon), (브르타뉴 지역의 크기 납작한 아티초크 camus de Bretagne), (프로방스 지역의 보라색 아티초크 violet de Provence) 등이 있다.

봄에 나오는 가장 부드러운 품종의 아티초크(작은 보라색)는 소금만 뿌려 생으로 먹을 수 있다. 하지만 대부분의 아티초크는 통째로 삶거나 찌개나 돌려 깎아 익힌다. 이럴 경우, 아티초크 속 부분은 레몬과 오일을 발라 소금을 넣은 물에 뚜껑을 닫고 익힌다.

아티초크 속 부분은 수많은 요리의 곁들임 채소 요리 재료로 자주 사용된다.(샤틀렌*, 마스코트*, 마세나*) 등의 파르시, 그라탱 요리에 사용한다.(아스파라거스의 통통한 부분, 시금치, 껍질콩, 버섯을 다진 탁셀*, 홍합, 새우, 수란 등등)

구입과 품질 기준 ACHAT ET CRITÈRES QUALITATIFS

아티초크 크기는 각 종류별 꽃봉오리 부분 지름에 따라 달라진다.

에는 다음과 같다.
• 엑스트라급 9kg는 1kg에 3개, 즉 한 개당 약 333g

구입 최적 시기는 3월에서 11월까지이다.

아티초크를 선택할 때에는 꽃봉오리가 단단하고 신선해 보이는 것을 택한다. 품종에 따라 색깔은 밝은 초록색에서부터 보라색이 도는 초록색까지. 꽃자루의 자른 단면은 싱상하고 매끈하며 나무와 같이 단단하지 않고 거무스름한 얼룩이 없으며 물이 흘러서도 안 된다. 아티초크의 속 부분은 크고 과육이 많으며, 잎은 단단하고 사각거려야 한다. 잎이 노란색이나 갈색으로 변하거나, 속 부분이 거무스름해지거나, 꽃자루에 심줄이 많거나, 꽃봉오리가 심하게 누렇게 시들었거나 말라붙은 아티초크는 즉시 제외시켜야 한다.

아티초크는 며칠 동안 10도에서 12도 사이의 냉장 보관해야 한다. 직사광선과 10도 이하의 보관은 피한다.

---

* 샤틀렌느 châtelaine : 삶은 계란, 송로 버섯, 아티초크 밑부분, 감자를 넣은 샐러드.
* 마스코트 mascotte : 소고기 또는 닭고기 요리의 곁들임 요리로, 아티초크, 송로 버섯, 감자 등으로 구성.
* 마세나 Masséna : 아티초크를 곁들인 소고기 안심 또는 양고기 요리.
* 파르시 farcie : 고기·야채 등을 다친 것으로 속을 채운 요리.
* 탁셀 Duxelles : 곱게 다진 버섯, 샬롯, 허브를 버터에 넣고 천천히 볶아 진한 상태로 졸인 요리한 혼합물.

사전 준비 PRÉPARATIONS PRÉLIMINAIRES

아티초크 통째로 요리하기 ARTICHAUTS CUITS ENTIERS

❶ 물에 여러 번 아티초크를 세심하게 씻는다.

❷ 꽃자루 pédoncule의 줄기를 자르지 말고, 속 부분의 심줄을 부러뜨려 최대한 빼낸다.

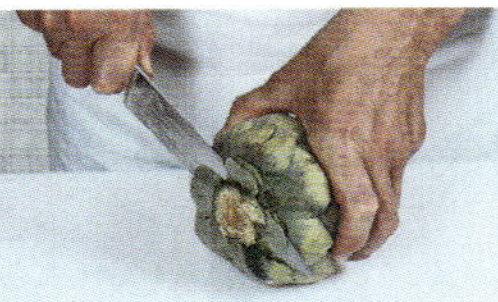

❸ 저밈용 칼로 속 부분이 평평하게 되도록 깔끔하게 자른다(손질하기)

❹ 아티초크 길이의 2/3 부분을 일정하게 자른다.

❸ 큰 가위로 잎 끝을 자른다.

❹ 익히는 동안 속 부분의 산화를 막기 위해 꽃자루 쪽에 둥그렇게 썬 레몬 조각을 둔다.
❼ 아티초크 잎과 레몬 조각이 고정되도록 실로 묶는다.

꽃잎 아래 부분의 줄기를 자르지 말고 속 부분의 심줄을 부러뜨려 최대한 빼낸다.

아티초크 익히기 LA CUISSON DES ARTICHAUTS

준비된 아티초크는 물에 데치거나 증기로 쩌내서 식힌 후, 식초 소스를 곁들여 미지근한 상태로 낸다.

아티초크 꽃 봉오리 부분(섬유질)을 제거하고 그 속을 채소와 고기로 채워 요리할 수도 있다.

아티초크 돌려깎기(아티초크 속 부분 분리하기)
ARTICHAUTS TOURNÉS(RÉALISATION DES FONDS D'ARTICHAUTS)

꽃봉오리 지름에 따라, 아티초크는 다음 두 방법으로 돌려깎기 할 수 있다.

동그란 통에 1L당 한 개의 레몬즙을 비율로 준비한다. 아티초크 속 부분은 쉽게 산화되므로(거무스름하게 변함), 레몬 물에 담아 둬야 한다.

첫 번째 방법
손으로 잡기 힘든 큰 아티초크에 알맞은 돌려깎기 첫 번째 방법

저밈용 칼 또는 홈이 파인 칼로 주변 잎을 대충 다듬은 후, 돌려깎는다.

두 번째 방법
손으로 쉽게 잡을 수 있는(지름 10cm 이하) 아티초크에 알맞은 돌려깎기 두 번째 방법

❶ 평평하게 자르기 Araser : 큰 칼이나 날이 짧고 빳빳한 칼로 밑 부분을 꼼꼼하게 손질한다.

QR코드 동영상을 보려면

스마트폰이나 태블릿을 사용하여 QR코드*를 스캔하면 한글 자막이 첨부된 동영상을 시청할 수 있습니다. 터닝포인트 유튜브 채널(www.youtube.com/@diytp 한글 자막 제공)과 BPI Campues 사이트(www.bpi-campus.com)에서 동영상을 볼 수 있습니다.

* 스마트폰에 QR 코드 관련 리더 앱 설치 필요.

아티초크 돌려깎기
Tourner les artichauts
www.bpi-campus.com
www.youtube.com/@diytp

BPI CAMPUS

호텔 및 요식업 종사자들을 위한 **최고의 교육 플랫폼**

BPI CAMPUS에서 프렌치 셰프의 친절한 프랑스 요리
교과서 관련 동영상을 만나보세요.

700편 이상의 동영상 – 300개 이상의 조리법

요리 - 위생 - 제과제빵 - 서비스 - 소믈리에 - 바 - 호텔 - 요식업의 다기능 종사자

40년의 전문 노하우를 겸비한 교육 플렛폼

BPI CAMPUS : 호텔, 요식업 전문직을 위한 교육 컨텐츠의 디지털 라이브러리

www.bpi-campus.com

차례

주방 위생과 안전

HYGIÈNE ET SÉCURITÉ EN CUISINE

주방을 사용하기 전에 VOS PREMIERS PAS EN CUISINE

아마도 당신은 전문가의 주방에 처음으로 들어갈 것이다.

음식을 만드는 장소로 들어가기 전에 지도 교사나 교수, 또는 견습생 책임자로부터 특별한 복장을 취하도록 안내받을 것이다.

모든 식료품 관련 직업, 특히 요식업에 종사하는 사람이라면 누구나 식료품을 안전하게 다루어야 하고 또한 우발적으로 외부 세균 오염에 취약한 반조리 식품을 다뤄야하기 때문에 사소한 실수로 해당 업체의 평판과 존속을 위태롭게 할 수도 있다.

무엇보다도 평상복을 입은 상태로 음식을 만드는 장소에 들어가서는 안 되며 조리 복장으로 주방 밖에 나와서도 안 된다는 사실을 명심해야 한다.

예를 들어, 더러운 거리의 진흙이나 빗물에 접촉했던 신발은 오염의 원인이 된다. 그러므로 출근 때 착용했던 신발과 옷은 탈의실에 따로 보관해두어야 한다.

당신이 착용할 복장의 각 요소들은 매우 중요한 역할을 한다.
CHAQUE ÉLÉMENT DE VOTRE TENUE A UN RÔLE IMPORTANT.

머리쓰개 La coiffe : 머리쓰개는 머리카락이 음식에 떨어져 오점을 남기지 않도록 머리 전체를 덮어줘야 한다.

앞치마 Votre tablier : 앞치마는 무릎 또는 그 아래까지 펼쳐서 조리복이 더러워지는 것을 막아준다. 요리용 화덕의 열로부터 보호하기 위한 앞치마는 두세 겹으로 접어 자신의 키에 맞추어 맨다. 앞치마 끈과 단추는 거추장스럽지 않도록 앞치마 안으로 넣어 단정히 정리한다.

상의 소매가 긴 경우 Les manches de votre veste : 소매를 말아 올리지 말고 접어 올린다. (예를 들어, 채소를 씻을 때)

미끄럼방지 깔창이 부착되어 있는 안전화 Vos chaussures de sécurité à semelles anti-dérapantes : 안전화를 착용하여 미끄러지거나 넘어지지 않도록 한다. 이 부분에 대해서는 다음에 소개될 조리용 복장 항목을 참조한다.

음식을 만드는 장소로 들어가기 전에, 다음 페이지에 설명하는 방법에 따라 꼼꼼하게 **손과 손톱, 팔뚝** les mains, les ongles et les avant-bras 등을 씻는다.

특별 제작된 세면대와 손톱솔, 살균비누 그리고 일회용 종이 타월을 준비해야 한다.

물품 정리, 채소 다듬기, 재료 씻기, 작업 계획 등 기본 작업 관련 공간에서는 《**위생 관리 계획 방법** mode opératoire du Plan de Maîtrise Sanitaire》에서 설명하는 위생법을 철저히 준수해야 한다. 그렇지 않을 경우 당신 자신은 물론이고 소비자의 건강에 심각한 문제를 일으킬 위험이 있다.

요식업 종사자의 건강 상태

L'ÉTAT DE SANTÉ DU PERSONNEL DE RESTAURATION

요리 교육기관 또는 호텔산업 전문 고등학교에 등록하거나 입학하기 위해서는 교육 기관장이나 학교 담당 의사 및 간호사에게 **식료품을 다루기에 적합하다** apte à la manipulation des denrées alimentaires는 건강 증명서를 제출해야 한다.

전염병으로 인한 병가 이후에 다시 일을 시작하기 위해서는 또 다시 건강 증명서를 제출해야 한다.

요식업에 종사하고 식료품을 다루는 일을 위한 별도의 의무 예방 접종은 없다. 하지만 기본적인 예방 접종과 특별히 A형 간염 접종, 파상풍 예방 접종은 강력히 추천한다.

질병에 걸린 상태로 식료품과 접촉할 가능성이 있는 사람은 누구든지 즉시 책임자에게 그 질병의 증상과 원인에 대해 반드시 알려야 한다. 집단 식중독 감염(TIAC : Toxi—Infections Alimentaires Collectives)을 참조.

의복 및 신체 위생 수칙 CONSIGNES D'HYGIÈNE VESTIMENTAIRE ET CORPORELLE

주방에서 사람은 세균 오염의 주요 매개체이다.

깨끗하게 씻었다고 하더라도 소독하지 않은 손에는 cm²당 백~천 마리의 박테리아가 존재할 수 있다.

두피와 머리카락에는 cm²**당 약 백만 마리**의 박테리아가 있다.

겨드랑이에는 cm²**당 백만~ 천만 마리**의 박테리아가 있다.

침에는 cm²**당 약 천만 마리**의 박테리아가 있다.

코 분비물에는 cm²**당 약 천만 마리**의 박테리아가 있다.

대변에는 cm²**당 약 일억 마리**의 박테리아가 있다.

따라서, 식료품을 다루는 곳에서 일하는 모든 사람은 개별적인 청결 상태를 철저히 준수해야 하며, 위생 및 안전을 고려한 기능성 조리복을 착용해야 한다. 요식업 종사자 필수 복장은 다음과 같다.

- **크로스 넥 상의** veste croisee : 주방에서 발생하는 열기를 차단해 준다.
- **하의** pantalon sans revers : 접단 되지 않은 민짜 바지로, 바짓단 안에 먼지가 쌓이지 않는다.
- **안전화** chaussures de securite : 발등을 덮되 버클이나 신발끈이 없어 관리가 용이한 것이어야 한다.
- **머리쓰개** coiffe : 머리카락이 떨어지지 않도록 머리 전체를 가릴 수 있다.
- **입과 코를 가려주는 일회용 마스크** masque bucco-nasal : 감기에 걸렸거나 기침을 할 때 사용하는데, 코와 입을 가려주는 크기여야 한다.
- **앞치마** tablier : 허리춤에 접어서 착용하여 요리용 화덕의 열로부터 보호할 수 있도록 한다.
- **흡수성 네커치프** un tour de cou absorbant
- 일회용 장갑은 특정한 경우에 사용한다. 각 조리 단계별 위생 점검이 실시된 이후 식품을 만져야 할 경우, 예를 들어 가열을 마친 식품을 다시 작업할 때 사용한다.

조리용 복장 LA TENUE PROFESSIONNELLE

요리가 직업인 사람은 조리용 전문 복장을 착용해야 한다
LE MÉTIER DE CUISINIER EXIGE LE PORT D'UNE TENUE PROFESSIONNELLE

법규에 따르면, 식료품을 다루는 곳에 종사하는 모든 사람들은 높은 수준의 청결함을 유지해야 하고 규정에 맞는 깨끗한 복장을 갖추어야 한다.

조리용 전문 복장은 약간의 더러운 부분도 한눈에 발견할 수 있도록 밝은 색상이어야 한다. 특히 머리 전체를 덮는 깨끗한 머리쓰개와 전용 안전화를 포함한다. 필요한 경우, 입과 코를 막는 마스크와 일회용 장갑을 사용한다.

어떠한 경우에도 음식을 만드는 장소에 외부인이 출입해서 식품과 그 주변 환경을 오염시켜서는 안 된다.

법규에 따라 식품에 전이될 수 있는 질병에 걸린 사람은 그 누구든 간에 해당 분야에서 일할 수 없다.

책임자들은 모든 사람이 식품을 직접 다루며 일할 수 있도록 의학적으로 검증된 사람인지 주의를 기울이고 모든 사람들에게 위생을 교육하도록 신경을 써야 한다.

조리용 복장을 착용한 채로 작업장 밖으로 나가는 행위, 특히 거리로 나가는 일은 엄격하게 금지된다.

그러므로, 조리 작업용 복장은 단순한 장식이나 색다른 멋이 아닌 필수적인 의무이다. 규정에 따라 제대로 갖춘 복장은 첫 번째 위생 조치이고 아울러 당신의 직업적 특징을 반영하는 이미지를 드러낸다. 또한, 당신이 일하는 식당의 수준을 보여준다. 허술하고 얼룩진 복장은 그 식당에 대한 신뢰를 떨어뜨릴 것이다.

고용주는 직원의 개인위생과 청결한 복장 관리의 책임이 있다.

제조업체들은 다양한 품질과 모양의 조리복을 제안한다. 조리용 복장을 선택하는 기준은 내구성, 관리 용이성, 편안함, 디자인이나 맞춤 요소(자수나 식당을 상징하는 로고 장식) 등에 달려 있다.

 **주의** Précautions

겉모습은 개인의 특성을 반영하므로 항상 다음과 같은 복장을 착용한다.

- 각각의 실무를 행하는 시간 동안 깨끗하고 다림질이 잘된 의복을 갖추어 입는다.
- 잘 여며진 윗옷과 잘 묶은 네커치프, 알맞은 길이의 앞치마(무릎 밑까지 내려와야 함), 깨끗한 안전화(미끄럼 방지, 발등이 막힌 모양)를 갖춘다.
- 알맞은 길이로 정돈된 두발과 머리 전체를 덮는 머리쓰개를 갖춘다.(요리사 모자, 군모형 모자, 부인용 모자)
- 손톱은 짧게 깎고 각각의 조리 작업을 하기 전에 손은 꼼꼼하게 닦고 소독한다.
- 식재료를 다룰 때, 발효할 수 있는 식품 부스러기들이 묻기 쉬운 시계, 반지, 팔찌 따위는 뺀다.
- 손으로 섞는 모든 작업, 특히 다짐육, 소 등을 만들 때는 일회용 장갑을 사용한다. 손가락 표면에 가벼운 상처가 있는 경우라도 방수용 손가락 씌우개를 착용한다.
- 식품을 향해 기침 또는 재채기를 하거나 침을 튀기며 말하지 않는다.
- 감기에 걸린 사람의 경우, 입과 코를 가려주는 일회용 마스크 착용은 의무이다.

조리용 복장
- 머리 전체를 고정해주는 요리사 모자
  Toque maintenant l'intégralité de la coiffure.
- 앞자락이 겹치는 흰색 상의 Veste blanche croisée.
- 흡수성이 있는 네커치프 Tour de cou absorbant.
- 무릎을 덮는 앞치마 Tablier recouvrant les genoux.
- 앞치마 끈에 거치된 깨끗하고 빳빳한 마른 행주
  Torchon propre et sec déplié, accroché au cordon du tablier.
- 접단 되지 않은 파란색 바둑판무늬 천 바지
  Pantalon pied de poule bleu sans revers.
- 안전을 위해 발등이 덥힌 미끄럼 방지 작업 전용 안전화
  Chaussures de sécurité couvrantes, antidérapantes et confortables réservées uniquement au travail.

손 씻기, 손 소독, 손 말리기

LE LAVAGE, LA DÉSINFECTION ET LE SÉCHAGE DES MAINS

조리용 전문 복장을 한 후, 주방에 들어가면서 해야 하는 두 번째 의무는 **손을 씻고 소독하고 말리는 일이다.**

식품의 오염은 종종 손을 통해 발생한다.

주방에서 손이 오염되는 경우는 다양하다.

- 포장된 물품을 옮길 때(뚜껑 없는 과일 상자, 종이 상자 등)
- 흙이 묻은 채소를 다듬을 때
- 화학 처리된 과일을 다룰 때
- 생선, 가금류, 수렵육의 내장을 뺄 때
- 쓰레기를 처리하거나 쓰레기통을 만질 때
- 독성 물질(쥐약, 살충제)을 사용할 때, 농축 세제를 사용할 때 등

손은 언제 씻어야할까?

- 주방에 들어오기 전, 날것 또는 포장이 되어 있지 않는 식료품을 다루기 전
- 화장실에 다녀온 후, 재채기나 기침을 한 후, 코를 푼 후
- 계란을 만진 후, 생선이나 가금류 내장을 제거한 후, 수렵육을 자른 후, 조개류의 껍질을 깐 후
- 날것으로 섭취하는 식품을 다루기 전, 식품이 오염될 가능성이 있을 때마다
- 청소 도구를 사용한 후(수세미, 빗자루 걸레, 바닥 청소용 걸레 등)

주방에 들어가기 전에 손 씻는 방법 COMMENT SE LAVER LES MAINS AVANT D'ENTRER EN CUISINE

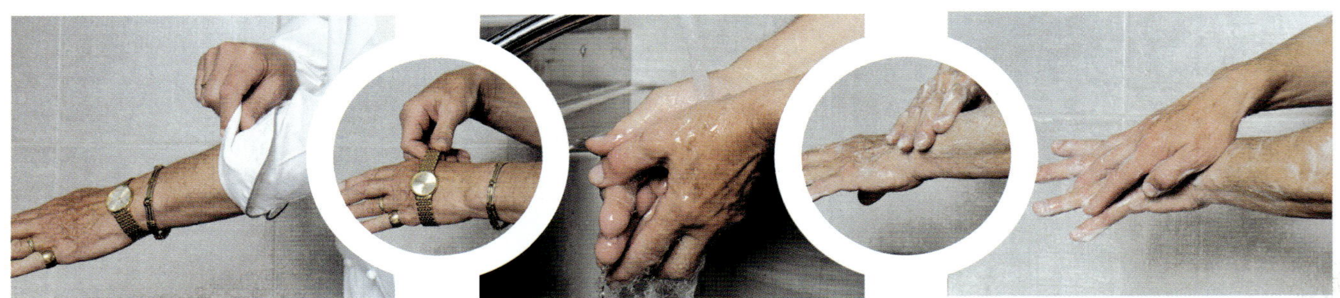

1. 소매를 말아 올리지 말고 세심하게 접어준다.
2. 병을 일으키는 미생물의 식료품 저장실이 될 시계나 반지, 팔찌를 뺀다.

3. 흐르는 물에 손을 적신다.
4. 손바닥에 살균 비누 일회 분량을 던다. 손목까지 바르고 고르게 문지른다..

5. 두 손바닥을 서로 비빈다.
6. 손등, 손가락 사이 사이를 겹치며 문지른다.
7. 손톱, 손목, 팔뚝 부분도 문지른다.

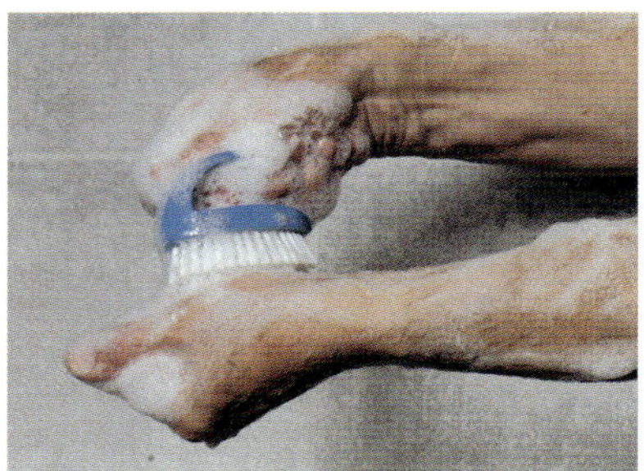

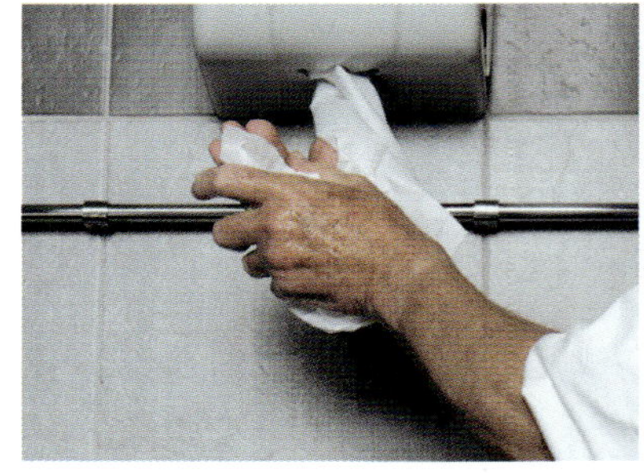

8. 20여 초 동안 비누를 문지르고 거품이 나도록 한다.

9. 꼼꼼하게 헹군다.

10. 일회용 종이 타월로 손을 건조시킨다.
11. 사용한 종이 타월은 휴지통에 버린다.

손 씻을 때 주의할 점

더운 바람이 나오는 손 건조기와 두루마리형 타월은 식품을 준비하는 장소에서 사용해서는 안 된다. 더운 바람이 나오는 손 건조기는 고속의 바람(풍속 600km/h 이상의 모델도 있음)을 사용한다. 바람을 세균 필터로 걸러주지 않을 경우, 손 건조기가 설치된 곳에 잠식된 세균을 퍼뜨리게 되고, 먼지를 이동시키며 손에 묻어 있는 세균 물방울을 확산시켜 손 건조기를 사용하는 다른 사람이나 근처에 있는 다른 장소(조리 작업 장소)를 오염시킬 수 있다.

- 씻은 손을 꼼꼼하게 말리면 병을 일으키는 미생물의 감염 가능성을 줄여준다.

- 손 씻기와 소독 과정에서 가장 자주 간과되는 화장실 손잡이에도 주의한다.
- 법규에도 불구하고, 몇몇 작은 요식업 기업에서는 자동식 수도꼭지 세면대를 아직 설치하지 않은 곳이 있다. 이런 경우에는 손을 말리는 종이 타월로 수도꼭지를 잠그고 휴지를 버리기 바란다.
- 손 세정제를 사용하는 것도 효과적이다.
- 손 세정제는 살균작용을 하고 효모균(예 : 칸디다균*)과 바이러스(유행성 감기, 포진, HIV인체면역결핍병원체, H1N1 인플루엔자 등)를 없애준다.

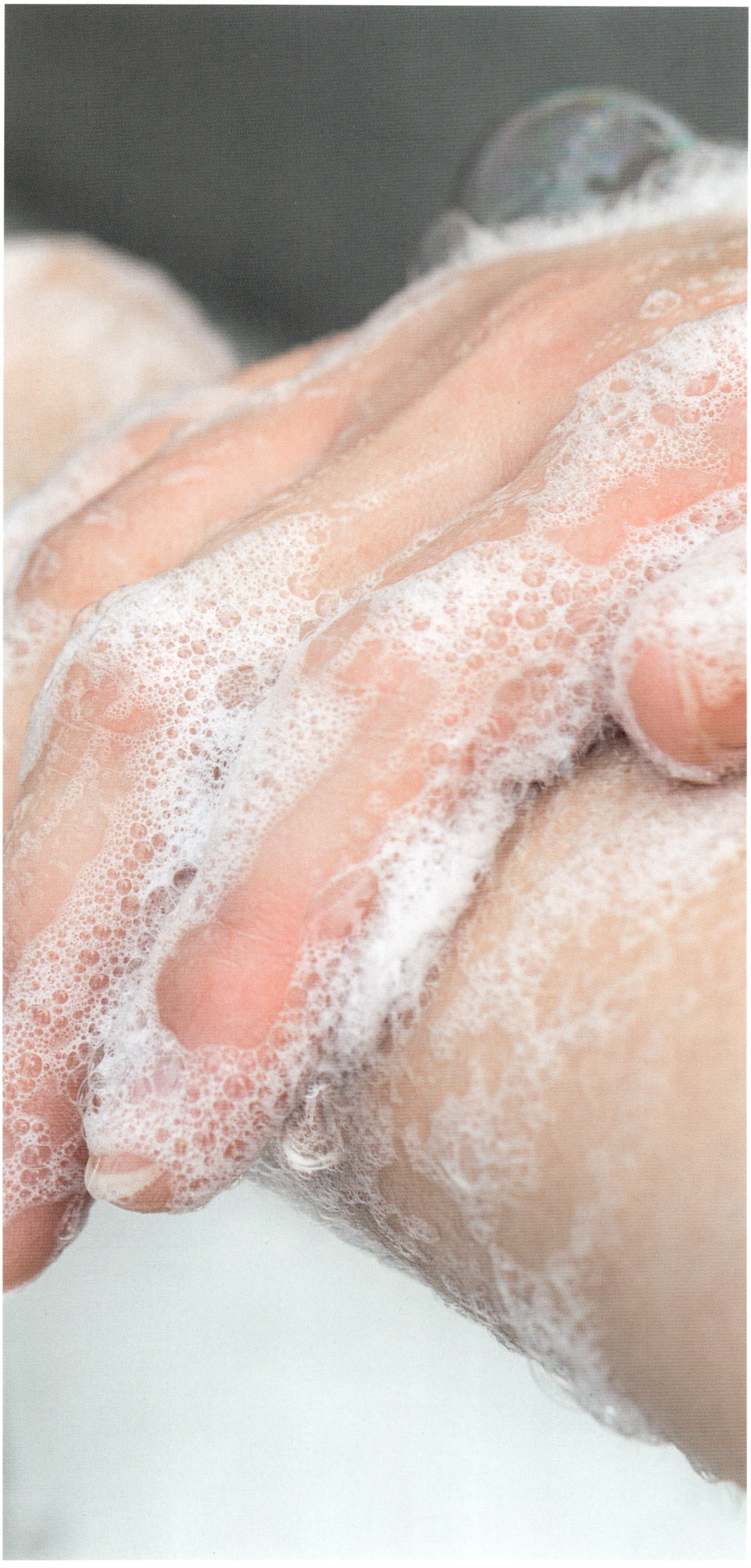

음식점 경영자는 직원들이 충분한 수의 세면대를 제공해 자유롭게 사용할 수 있도록 해야 한다. 적합한 곳에 위치하여야 하며, 세수 전용이어야 한다. 냉온수 식수 전용 수도와 별도로 설치한다.(광전기로 작동되는 장치, 발 또는 무릎을 이용한 페달식 등) 아울러, 직원들이 손을 씻고 말릴 수 있는 위생 장치가 설치되어야 한다.

식품을 세척하거나 설거지를 할 때 사용되는 시설은 손을 씻는 시설과는 분리되어야 한다.

이러한 시설은 다음을 포함해야 한다.

- 인공 향이 첨가되지 않은 살균성 비누 공급기 le distributeur de savon bactéricide sans parfum
- 위생 손톱솔 une brosse à ongle hygiénique
- 일회용 종이 타월 공급기 un distributeur de serviettes en papier à usage unique
- 자동으로 열 수 있는 종이 타월 폐기용 쓰레기통 une poubelle à ouverture autre que manuelle pour jeter les serviettes en papier à usage unique

> **POINT**
>
> 어떠한 경우에도 주방용 통에 손을 씻어서는 안 되며 뜨거운 그릇을 잡기 위해서만 사용되는 주방용 행주에 손을 닦아서도 안 된다.

> **POINT**
>
> 《중요한 것은 손을 언제 씻어야 하는지를 잘 아는 것이다. L'important est de bien savoir quand se laver les mains.》

> **POINT**
>
> 손가락에 있는 작은 상처도 소독해야 하며 살균밴드로 감아주고, 손가락 씌우개로 보호해야 한다.

---

* 칸디다균 Candida : 효모와 유사하게 생긴 불완전 균류의 하나. 사람이나 동물에 기생하며 때로는 병을 일으키기도 한다.

손 씻기
Le Lavage
www.bpi-campus.com
www.youtube.com/@diytp

조리 작업장의 청소 및 청결 상태 확인

요리사는 일을 시작하기 전에, 조리 작업장과 사용할 물품(도마, 칼 등)의 전반적인 위생과 청결 상태를 확인해야 한다. 특히, 조리 작업장과 물품을 세척하고 소독할 때 사용되는 화학 제품(눌러 붙은 기름을 닦아내는 제품, 산성 제품, 물때 제거제, 농축 소독제 등)은 위험하므로 주의한다.

배합 기준량 초과 화학 제품은 자극성 유해 가스를 배출하거나 심한 화상을 일으킬 수도 있다. 이러한 경우, 즉시 그에 상응하는 대처법이 나와 있는 소개서의 지침을 따라야 한다.

제품 설명서에 표시된, 위험을 알리는 여러 그림 기호를 포함한 제품(분무기 형태의 제품)은 보호 장치(방수 장갑, 입과 코를 가려주는 마스크, 꼭 맞는 보호안경 등)와 함께 사용해야 한다.

조리 작업장 청소가 끝나면 사용했던 모든 물품을 세척 및 소독하고 정리해야 한다. 이 물품들을 정리해 둘 곳은 식품을 준비하거나 저장하는 곳과 멀리 떨어진 깨끗한 장소여야 한다.(쓰레기통이 있는 장소에 두지 않는다.)

위험한 제품들은 규정에 따라 식품과 떨어진, 열쇠가 설치된 공간에 별도 보관한다.

청소 작업 과정이나 방법이 벽보로 게시되지 않은 경우, 위생관리계획(PMS)에 명시되어 있는 청소 및 소독 과정을 참조한다.

물품을 정리한 후, 세면대 위에 부착되어 있는 과정에 따라 다시 손을 씻고 소독해야 한다는 사실을 명심한다.(앞 페이지 참조)

사용된 화학제품 구성에 대한 전문기술표는 위생관리계획(PMS)에 정리되어 있다. 알레르기, 화상의 경우, 또는 눈에 접촉된 경우, 즉시 이 기술표를 가지고 있는 책임자에게 알려 응급조치를 받는다.

기업 규모의 크기와 성격에 따라 책임자는 자체 검사표 작성 및 검토 후 서명하도록 한다.

응급 발생 시 대비 전화번호 기입하기

의사 Docteur

S.O.S 의사(응급 발생 시 전화하면 집으로 오는 의사) S.O.S. medecins

의료 구급대와 응급실 115 또는 112
SAMU et toutes les urgences 115 ou 112

병원 Hopital

소방관, 재난구조원 18 또는 112
Pompiers 18 ou 112

화상 센터 Centre des grands brules

약물 중독 예방 및 치료센터
Centre antipoison et/ou de toxivigi-lance

손 부상 SOS
S.O.S. mains coupees

눈 부상 S.O.S
S.O.S. oeil

평등 기회 및 차별 금지위원회
Halde(discrimination)

직업의학과 Medecine du travail

노동감독관 Inspection du travail

인구보호지방관청 DDPP(Direction Departementale de la Protection des Populations)

 응급 처치 구급상자의 구성 LA COMPOSITION DE LA TROUSSE DE PREMIÈRE URGENCE

피부의 상처 Plaies cutanées

소독(살균) 비누 Savon antiseptique

- 소독제 Désinfectant
- 포장되어 있는 살균 가제(붕대)
  Compresses stériles en sachets
- 가제 습포 Compresses gaze
- 지혈용 접착성 압착 붕대(밴드)
  Pansements compressifs adhésifs hémostatiques
- 반창고 Sparadrap

상처 없는 타박상 Coups sans plaie

- 텐소콜드* 타입의 차가운 스프레이 Spray froid de type Tensocold
- 아르니카* 성분의 크림 Pommade à l'arnica

심하지 않은 찰과상 Écorchures peu profondes

- 엑소메딘* Hexomedine 3

가벼운 화상 Brûlures légères

- 비아핀* Biafine 4, 붙이는 찜질약 tulle gras 또는 파르페낙* Parfenac 5

기타

- 진통 해열제 Paracétamol

작은 도구 Petit matériel

- 가위 Ciseaux
- 가시 뽑는 핀셋 Pinces à échardes
- 식염수 Rince—oeil ou système équivalent
- 일회용 살균 장갑 Gants stériles jetables
- 일회용 손가락 씌우개 Doigtiers à usage unique
- 입과 코를 가리는 마스크 Masque bucco—nasal

> **POINT**
>
> 이 구급상자의 내용물은 기업 담당 의사가 정해주어야 한다. 심한 화상의 경우를 대비해, 응급 보냉 이불과 살균 침대 시트를 미리 준비해둔다.

---

* 텐소콜드 Tensocold : 상표명 상처를 즉각 차갑게 해주는 팩(Instant cold pack)

* 아르니카 arnica : 데이지 꽃과 비슷한 다년초로, 염증과 통증을 진정시키는 효능이 있다.

* 엑소메딘 Hexomedine : 상표명. 소독제.

* 비아핀 Biafine : 상표명. 화상을 치료하는 연고.

* 파르페낙 Parfenac : 상표명. 피부의 항염 증제로 사용되는 약물.

"

필수 정보 게시
AFFICHAGE ET INFORMATIONS OBLIGATOIRES

모든 요식업체는 아래의 19가지 정보를 모든 직원에게 게시하여 알려야 한다.

1 긴급 전화번호 및 서비스 Numéros et services d'urgence :

2 화재 발생 시 지침 Consignes en cas d'incendie : 직원의 신속한 대피를 위해 지침을 알리는 안내문이 통로에 게시되어야 한다.

3 산업 보건 서비스의 연락처 Coordonnees des services de Santé au travail :

4 근로 감독관의 연락처 Coordonnees de l'inspection du travail :

5 근무 시간 Horaires de travail :

6 주간 휴식일 Jours de repos hebdomadaires :

7 예외 근로 시간 Derrogations aux horaires de travail :

8 휴가 시작 순서 Ordre des departs en conges : 휴가 시작 순서는 직원의 휴가가 시작되기 1개월 전에 알려야 한다.

9 직업적 위험에 대해 명시한 문서를 열람할 수 있는 방법 Modalités d'accès au document unique :

10 해당(노사간의) 단체 협약을 알 수 있는 방법 Modalités de communication de la convention collective applicable :

11 내부 규칙 Règlement intérieur : 20명 이상의 직원이 있는 기업의 고용주는 내부 규칙을 정하고 직원에게 알려야 한다.

12 사회 경제 위원회 Comité Social et Économique(CSE – 예 : 위생 안전 근로 조건 위원회CHSCT) : 50명 이상의 직원이 있는 기업의 경우, CSE 구성원의 이름이 게시되어야 한다.

13 금연 표시 Interdiction de fumer :

14 **전자 담배 금지 표시** Interdiction de vapoter :

15 차별 근절에 관한 텍스트 Textes relatifs à la lutte contre les discriminations :

16 직장 내 괴롭힘과 관련된 텍스트 Textes relatifs au harcèlement au travail(2018년 8월 3일 법률에 따라 업데이트 됨)

17 여성과 남성의 동일한 임금에 관한 텍스트 Textes relatifs a l'egalite de remuneration entre les femmes et les hommes

18 **직장 내 성희롱 문제 관련 담당자 연락처** Coordonnées des services competents en matière de harcèlement sexuel au travail : 2019년 1월 1일부터 적용되는 노동법 새로운 조항 L.1153-5 :

19 **직장 내 성희롱 피해자를 위한 민사 및 형사 소송** Actions contentieuses civiles et pénales ouvertes aux victimes de harcèlement sexuel au travail : 2019년 1월1일부터 적용되는 노동법 새로운 조항 L.1153-5

상품 설명서의 위험을 표시하는 다양한 그림 기호의 의미
LES DIFFERÉNTES ÉTIQUETTES ET LEURS SIGNIFICATIONS

독살 Je tue
적은 양으로도 즉시 죽음에 이르게 할 수 있다. 소량을 흡입 또는 섭취하거나 피부에 침투되면 급성 또는 만성적인 질병을 일으킬 수 있으며 심한 경우 죽을 수도 있다.

예 살충제 insecticides, 쥐약 raticides.

건강이나 오존층 손상
J'altère la santé ou la couche d'ozone
다량을 사용할 경우 중독 가능성이 있는 제품. 피부나 눈 또는 호흡기관을 따끔거리게 하고 피부 알레르기를 일으킬 수 있다. (**예** 습진 eczéma) 졸음이나 어지럼증이 발생하기도 한다. 높은 대기에서는 오존을 손상시킨다.

예 연마제 décapants, 물때 제거제 détartrants, 소독제 désinfectants

화재 위험 Je fais flamber
화재를 유발하거나 악화시킬 수 있는 제품. 인화성이 있는 제품과 함께 있을 경우 폭발할 수 있다.

예 알코올 alcools, 주류 liqueurs, 공업용 알코올 alcool a bruler.

인화 위험 Je flambe
불꽃, 불똥, 정전기 등이 열의 영향을 받아 마찰되거나 공기 또는 물에 접촉하면 불이 붙을 수 있는 제품. 인화성 가스를 배출한다.

예 가스 gaz, 프로판 propane, 연료유 fuel.

폭발 위험 J'explose
불꽃 또는 불똥, 정전기, 열, 쇼크 또는 마찰 등과 접촉 시 폭발할 수 있는 제품.

예 에어로졸형 스프레이 aerosols en bombes, 사이폰 탄산가스 syphons à gaz carbonique.

작업 공간 배치와 시작
L'INSTALLATION DU POSTE DE TRAVAIL ET PREMIERS TRAVAUX

작업 공간의 배치 INSTALLER UN POSTE DE TRAVAIL

작업 공간은 특정한 작업을 수행하는 곳이다. 고정식 공간과 이동식 공간으로 구분한다.

고정식 작업 공간 LE POSTE DE TRAVAIL FIXE

예 고정식 작업 공간 LE POSTE DE TRAVAIL FIXE

이곳은 가열 구역(cuisson : 조리용 가열기기), 작업대 구역(travail : 테이블+용기) 그리고 미리 준비한 재료를 서비스하는 동안 보관할 중간 냉장 구역 등 3가지 요소로 구성된다. 뜨거운 주방 구역에서 소시에는 자신만의 전문적인 작업을 수행하게 된다.

따라서, 고정된 작업 공간을 배치할 때에는 이에 적합한 대형 장비를 설치해야 한다. 동선을 잘 고려해야 하며, 위생 수칙, 장비의 유지 및 관리, 그리고 안전 및 인체공학 관련 규정을 준수해야 한다.

이동식 작업 공간 LE POSTE DE TRAVAIL MOBILE

특정 작업에 따라 필요시 배치된다. 배치 위치는 다음과 같다.

– 격리된 공간(껍질 벗기기, 내장 제거 등 준비 과정에서 오염이 예상되는 작업을 할 경우)
– 구획된 공간(조리실, 냉장 주방, 제과 구역 등과 같이 다른 작업 구역과 충분히 분리되어 식재료간 교차 오염 방지가 필요한 경우)

이동식 작업 공간을 배치할 때 POUR LE POSTE DE TRAVAIL MOBILE

- **특정한 조리 작업의 경우, 그에 적절한 공간을 설정한다.**
- **기법별로 다양한 작업 단계를 구분한다.**

  (**예** 가금류 손질 시, 펼치기 – 불에 그슬리기 – 용도에 맞게 손질하기 – 내장 빼기 – 날개, 다리를 실로 묶기, 자르기 – 허드레 고기 손질하기 – 조리 작업대와 기구 세척 및 소독하기)

- **일관적인 공정 관리 체계를 구축한다.** 이 절차는 순행해야 한다. 가능한 한 가장 짧은 경로를 선택하고, 깨끗한 것과 오염된 것의 교차 오염을 방지하며, 절차가 역행하는 일은 없어야 한다. 이를 통해 보다 빠르고 편안한 작업을 수행하며, 최상의 결과를 얻는다.
- **다양한 장비는 작업별로 구분하여 정리한다.**(정리용 트레이, 각종 덮개, 도마, 특수 칼 등)
- **규정된 조리법과 위생 및 안전 수칙을 준수한다.**
- **작업 공간과 장비를 정리, 세척, 살균, 소독한다.**

식료품을 바로 사용하지 않을 경우, 반드시 밀봉된 상태로 규정 온도가 설정된 냉장 시설에 보관해야 한다.(기술 관련 부분 참조)

이동식 작업 공간의 경우, 배치 장소의 온도 또한 적절한지 확인해보아야 한다.

채소 다듬기 ÉPLUCHER DES LÉGUMES

1. 오른손잡이의 경우 작업의 진행이 왼쪽에서 오른쪽 방향으로 이루어진다. 작업을 위해 3개의 용기가 필요하다.(정리용 사각 용기, 원형 믹싱볼, 들통)
2. 왼쪽에 다듬을 채소가 담긴 용기를 둔다.(흙이 묻은 채소의 경우, 미리 씻는다.)
3. 중앙에 채소를 다듬은 부스러기와 잘라낸 부분 및 껍질을 담아둘 두 번째 용기를 둔다.
4. 오른쪽에 다듬기를 완성한 채소를 담아둘 세 번째 용기를 둔다.
5. 감자의 경우, 찬물이 담긴 들통에 보관한다.

오른손잡이(Droitier)

다듬을 채소	최대한 재빨리 치울 껍질과 부스러기	다듬은 채소

 ① ———————  ② ———————  ③

채소 씻기 LAVER DES LÉGUMES

채소를 효율적으로 씻기 위해서는 여러 가지 방법을 사용할 수 있다.

1. 흐르는 물에 씻기(예: 대파)
2. 4등분된 대파의 줄기를 수도꼭지 아래에 벌려준다. 물줄기의 압력으로 흙이나 모래, 벌레 등을 제거한다.

3. 여러 번 연속적으로 물에 씻기(최소 3번, 필요할 경우 그 이상)
4. 채소를 물 속에 담가 매우 꼼꼼하게 손으로 문질러 닦은 후 깨끗한 찬물이 들어있는 다른 용기에 옮긴다.

5. 어떠한 경우에도 믹싱볼을 뒤집어서 물을 빼서는 안 된다.
6. 몇 번을 물에 씻었더라도, 흙이나 모래는 용기 밑바닥에 남아 있으므로 물에서 채소를 손으로 들어올려서 물기를 빼줘야 한다.

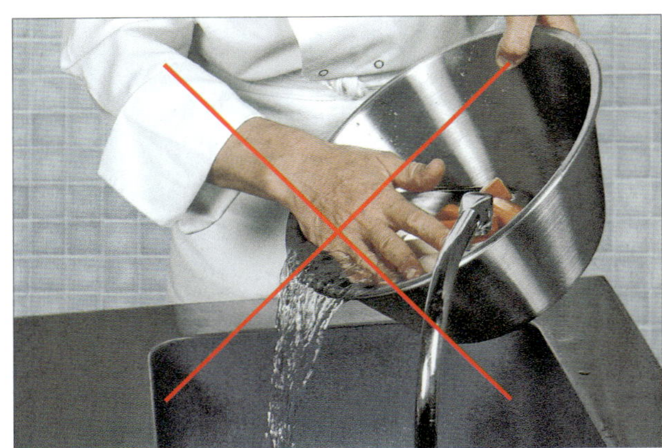

7. 절대로 믹싱볼을 뒤집어서 채소의 물기를 빼서는 안 된다. 용기 밑바닥에 모래와 흙이 남아있기 때문이다.

❽ 가장 일반적인 채소 중에 감자는 반드시 깨끗한 찬물에 담가 보관해야 한다. 다른 채소는 손으로 들어올려 물기를 뺀 후 조리에 사용할 때까지 뚜껑을 덮어 냉장 보관실에 둔다.

채소 자르기 TAILLER DES LÉGUMES

❶ 오른손잡이의 경우 다듬을 채소가 담긴 용기는 왼쪽에 놓는다. 도마 중앙에서 채소를 자르고, 자른 채소는 차례로 오른쪽으로 둔 후 적당한 정리용 사각 용기에 담는다.

❷ 채소를 자르는 일은 익히거나 조리할 시간 바로 직전에 시행한다.

❸ 전자기기를 사용할 경우, 기기가 온전히 깨끗한 상태로 유지 되어있는지 확인한다.(전자기기의 부속품은 시원한 곳에 보관하는 것이 이상적이다.)

생선 손질하기 HABILLER DES POISSONS

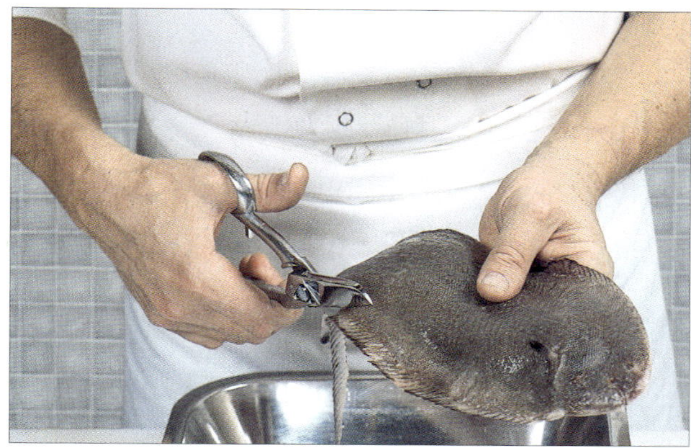

❶ 생선 손질에서 특히 내장을 제거할 때는 분비물이 발생한다. 이 작업은 다른 식품과 거리를 두어야 하며, 가능하면 별도의 장소에서 한다.

❷ 생선 손질 후 즉시 생선을 다듬고 남은 것을 치우고 얼음물에 생선을 씻은 후 막 분쇄한 얼음이 깔려 있는 곳이나(개수대) 생선 보관용 냉장고에 보관한다.

❸ 그리고 생선 작업대와 기구와 손을 씻고 소독한다.

❹ 오른손잡이는 손질할 생선이 담긴 용기가 왼쪽에 오도록 한다. 생선을 손질하며 발생할 수 있는 잔여물 전용 용기가 있어야 하고, 오른쪽에는 내장을 뺀 생선을 담기 위한 세 번째 용기가 준비돼야 한다.

가금류 손질하기 HABILLER DES VOLAILLES

❶ 내장이 제거되지 않았거나 또는 내장을 제거한 가금류를 손질하는 일은 그 내장에 들어 있는 세균(살모넬라균*, 대변의 병원균)의 엄청난 확산을 야기한다.

❷ 조리 작업 장소(기구)의 설치를 통해 합리적인 작업이 진행되어야 한다.

❸ 이러한 공정 관리에 맞춰 먼저 제거한 내장을 다른 용기에 즉시 담아 **고기를 자르는 도마와 섞이지 않게 해야 한다.**

❹ 가금류의 내장을 완전히 제거하고 난 후에는 필요한 것(간, 모래주머니, 심장 등)을 분리하여 손질하고 적당한 용기에 담는다.

❺ 손질 후 발생한 잔여물을 즉시 제거하고 작업 장소 및 기구와 손을 씻고 소독한 후 헹군다.(각 장소에 비치된 구체적 순서가 나와 있는 표를 참조한다.)

---

* 살모넬라균 salmonelles : 식중독을 일으키는 세균으로 날고기, 달걀, 소고기 및 잘 씻지 않은 채소, 과일 등을 섭취했을 때 감염될 수 있다.

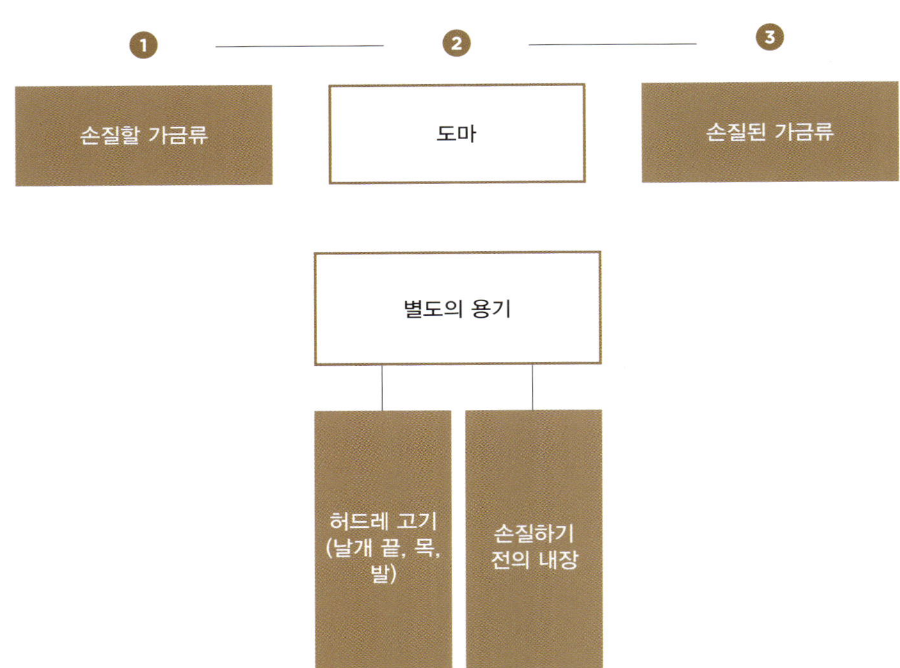

➕ 주의 Précautions

모든 과일과 채소는 꼼꼼히 씻어주세요.

조리에 어떻게 사용하든, 흔히 씻는 것을 자주 잊어버리는 마늘이나 셜롯, 양파를 포함한 모든 과일과 채소는 반드시 꼼꼼하게 씻어야 한다.

게다가, 흙이 묻어 더럽고 충분히 씻지 않은 채소는 다음과 같은 벌레 등을 포함할 수 있다.

– 기생충의 알 또는 그 유충(회충, 람블 편모충*, 요충, 파리 유충, 간흡충*), 대변의 병원균, 이질균 등

– 재배할 때 사용된 화학 물질의 흔적(기생충 퇴치 처리, 비료 등)

– 무공해의 퇴비 흔적, 오염된 개울이나 수질 검사를 받지 않은 수원에서 공급받은 물을 뿌린 흔적

오염 제거

약하게 표백살균제를 섞은 물(물 1L에 염화칼슘 12도의 표백살균제 2방울, 또는 물 100L에 표백살균제10cl, 5분 동안 담그기)에 채소를 씻으면 전채요리(생채소를 사용한 샐러드)를 만들기 위한 천연의 채소 속의 세균학적 특징을 상당히 개선시킬 가능성이 있다. 표백살균제 물에 담근 채소는 반드시 깨끗한 물에 헹구고 물기를 빼줘야 한다.

디저트에 사용되거나 생으로 먹는 과일은 충분한 물에 여러 번 씻어야 하고 물을 뺀 후 최고 3도의 장소에 식품용 비닐 커버를 씌운 용기에 넣어 보관해야 한다. (열대 과일 제외) 예를 들어, 바나나는 12도에 보관한다.

물론, 이런 작업을 하는 동안 과일을 보관하는 용기나 과일을 다루는 손은 완벽하게 청결한 상태로 유지돼야 한다.

채소는 물에 담가놓지 마세요.

감자를 제외한 채소는 물에 담가놓지 않는다. 특히, 주방 또는 부속된 장소의 온도에서는 오랫동안 물에 담가놓으면 세균이 증식되거나 발효될 수 있고 중요한 비타민과 미네랄을 잃게 될 수도 있다.

---

* 람블 편모충 lamblia : 배나 근대 모양이며, 2개의 핵과 8개의 편모를 가진다. 사람의 장점막에 붙어 람블편모충증을 일으킨다. 어른보다는 어린이가 쉽게 감염되며, 설사 · 통증 · 위확장이 동반된다. 장이 음식물을 잘 흡수하지 못하며 궤양이 생기기 도 한다.

* 간흡충 grandedouve du foie : 편형동물 흡충류에 속한 기생충.

공정 관리 LA MARCHE EN AVANT

보통 식당에서 수령하는 각종 제품(식료품 및 식재료)은 그 제품의 상태, 배송 당시의 포장 모습, 원산지가 제각각이다.

제품들은 대부분 다음과 같이 배송된다.

– 천연 그대로 상자, 바구니, 봉투 등에 포장된 상태 : 농약으로 키운 과일, 흙이 묻은 채소, 가죽이 벗겨진 수렵육 등
– 1차 손질, 냉장 보관, 비포장 상태 : 생선류, 가금류, 내장을 제거한 수렵육류, 덩어리 고기류
– 가공 처리 혹은 즉시 조리가 가능한 상태 : 고기류, 생선류, 조각으로 썰고 진공 처리되어 냉장된 채소
– 냉동 또는 급속 냉동시켜 포장된 제품
– 유제품
– 건조 제품 (향신료), 와인, 알코올
– 청소 용품

배송되는 제품의 모양이 제각각인 만큼 이에 해당하는 위험성 분류 또한 다양하므로 식품안전중점관리기준(CCP)을 꼼꼼히 따져본다.

제품의 외관과 상태를 잘 살펴 감염 위험도의 경중에 따른 분류 시제품이 접촉하지 않도록 해 교차 오염이 발생하지 않도록 한다.

아울러, 배송 식료품과 포장 쓰레기 처리가 가능한 오염 구역과 반조리, 가공, 즉석 식품 등 냉장 처리 제품을 정리할 위생 구역을 따로 구분할 필요가 있다.

공정 관리의 정의 DÉFINITION DE LA MARCHE EN AVANT

공정 관리는 두 가지 다른 개념으로 구분할 필요가 있다.

공간적 공정 관리 La marche en avant dans l'espace

이는 재료의 배송에서부터 소비자에게 완성된 요리를 제공할 때까지 음식 제조의 다양한 단계에 대한 논리적이고 합리적인 연속 과정에 해당한다. 재료가 교차하면서 오염을 일으킬 위험성을 피하기 위해 가장 더러운 작업에서 시작하여 가장 깨끗한 작업으로 진행한다.

이러한 과정은 깨끗한 제품과 더러운 제품(잔여물, 포장 등)이 교차하거나 작업 진행 과정에서 반대로 진행하지 않도록 계획돼야 한다.

시간적 공정 관리 La marche en avant dans le temps

(소규모 시설의 요식업 기관에서는 더욱 중요하다.)

식품 제조의 다양한 단계는 서로 연결되어 있지만 어떤 과정은 같은 구역에서 이뤄진다. 따라서 각 단계 재료의 교차 오염을 막기 위해서 세척과 소독은 필수적이다.

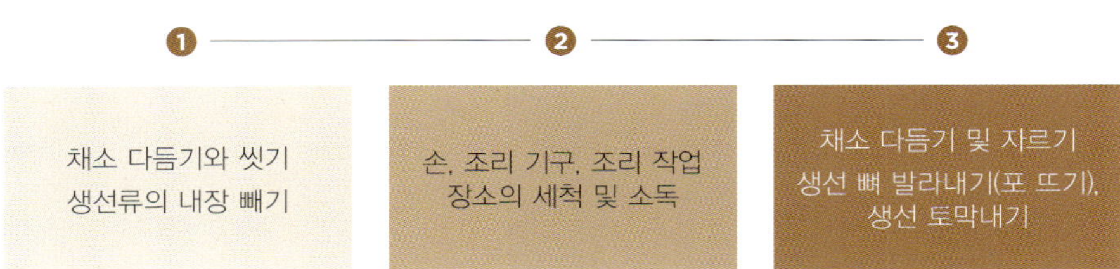

식품 보관 규정 온도

LES TEMPÉRATURES RÉGLEMENTAIRES DE STOCKAGE DES ALIMENTS

식품 보관 규정 온도에 대한 통제는 식품안전중점관리기준(CCP)을 참고한다.

조개류나 살아있는 다른 어패류(게, 바닷가재)의 보관 규정에 따르면, 보관 방법이나 기간이 식품 안전성과 지속성에 영향을 주어서는 안 된다고 한다.

대개의 경우, 이러한 재료를 이용하여 음식을 만드는 특별한 식당에서는 활어수조를 이용한다.

각 제품의 원산지에 따른 특정 냉장고가 없을 경우, 보관 온도는 가장 낮은 온도로 적용시킨다.

이러한 경우, 모든 식료품의 포장은 없애야 한다.(냉장 보관실에 종이 포장 상자나 바구니 없이 보관한다.) 흙이 묻어 있는 채소는 다듬고 씻어서 냉장고용 용기에 라벨을 붙여 보관한다.

실온에 보관하는 식료품

- 열대 과일(바나나), 사과, 숙성시킬 배, 밤, 호박, 작은 호박, 늙은호박 등
- 구근식물(셜롯, 양파, 마늘)
- 감자(서늘한 곳)
- 개봉한 적도 냉장 보관한 적도 없는 대량으로 포장된 계란

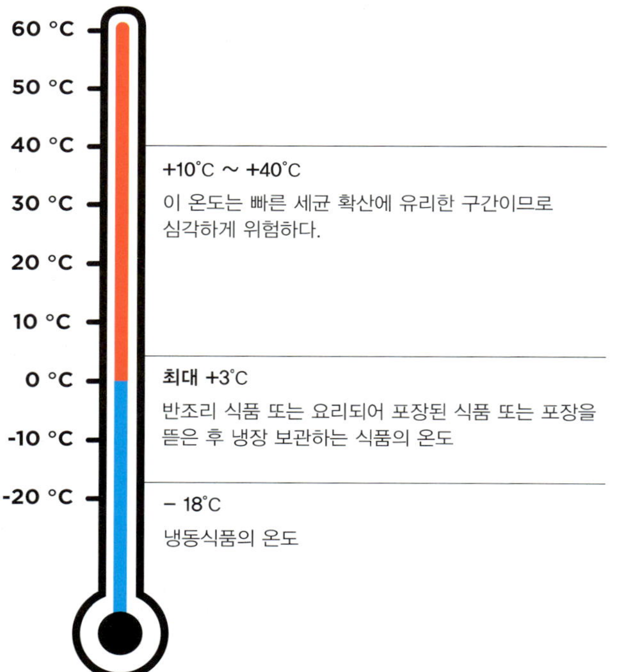

온도	식품
+7℃	덩어리 고기
+6℃ ~ +8℃	씻고 다듬어 포장된 신선한 채소
+4℃ ~ +6℃	계란 및 계란 추출물 제품의 냉장 보관(라벨에 따라)
+4℃	모든 종류의 고기류(가금류, 수렵육, 토끼고기 등) 조리 식품, 가공하지 않은 신선한 채소, 삶아서 진공 상태로 저장한 채소
+3℃	허드레 고기 또는 허드레 고기를 이용한 제품
+2℃	즉석에서 다진 고기
0℃ ~ +2℃	자르지 않은 생선 또는 토막 생선을 위한 얼음 온도
−18℃	모든 냉동식품(고기류, 생선류, 아이스크림류 등)

저온 유통 LA CHAÎNE DU FROID

식품의 저온 보관
LE FROID ET LA CONSERVATION DES DENRÉES ALIMENTAIRES

보관 방법 항목인 〈기준 테크닉〉을 참조한다.

저온은 식료품의 변질 현상을 늦추고 세균의 번식, 특히 병원균(살모넬라균, 포도상구균*, 리스테리아균* 등)의 확산 속도를 늦추는 데 중요한 역할을 한다.

따라서, 저온은 긍정적이든 부정적이든 식료품의 유통기한을 연장하고 위생적 안전성을 높여준다. 이러한 효과는 식품 제조 및 생산업자에서 마지막 소비자에 이르기까지 식품 유통의 모든 관계자들에게 이익이 된다. 저온 유통은 또한 제품의 관리와 조리 작업의 구성에 상당한 유연성을 갖게 한다. 대부분의 식료품은 소비되기 전에 적어도 한 번의 냉장 또는 냉동 단계를 거친다.

저온 유통의 단절 LA RUPTURE DE LA CHAÎNE DU FROID

저온 유통의 단절이란, 규정된 온도에서 올라간 것을 의미한다. 온도가 올라가면 세균의 번식과 효소의 파괴가 가속화되므로 제품 수명이 짧아진다.

따라서 신선했던 제품이 위험한 제품이 될 수 있고 그 모양과 맛이 나빠질 수 있다. 라벨에 명시되어 있는 유통기한(DLC) 또는 최적사용기한일(DLUO)은 규정 보관 온도가 지켜질 때에만 효력이 있다.

제품의 라벨에 명시되어 있는 온도가 상하기 쉬운 제품(생선, 고기, 조리 식품, 소스)의 경우는 3~4도를 넘고, 쉽게 상하지 않는 식품의 경우 6~8도를 넘을 때 저온 유통의 단절이 있다고 말할 수 있다.

두 경우 모두, 온도가 높아진 것이 방금 전이라면, 동물성 식품의 경우 안전한 온도로 익히거나(속까지 다 익힘) 폐기해야 한다.

저온 유통을 결정적으로 끝내는 일은 음식을 준비하는 동안 일어난다. 재료를 익히기 바로 직전, 차가운 요리(전채요리, 샐러드)를 준비하는 동안 또는 재료 속 온도가 10도를 넘지 않게 유지하며 음식을 시식하기 최대 1시간 전부터 저온 유통은 마무리된다.

저온 유통의 정의

저온 유통 또는 냉각(냉장, 냉동) 유통은 낮은 온도로 식료품을 보존하는 것을 목표로 하는 여러 가지 논리적인 단계 또는 과정(생산, 운송, 상품의 취급, 저장)을 가리키며 다음 사항들을 유지하도록 해준다.

- 식료품의 영양적 품질
- 감각 기관에 영향을 미치는 식료품의 특징(형태, 향, 색깔)
- 식료품의 위생적 품질(생산지에서 주방까지)

> **POINT**
>
> **저온 유통의 목적**
>
> 《저온 유통 chaîne du froid》이라는 용어는 여러 단계의 계속성을 의미한다."
>
> 유통의 그 어떤 부분도 계속되는 노력을 무효화시켜서는 안 된다. 보관 온도가 오를 위험을 무릅쓰고 유통 단계의 최종까지 식품이 보존되도록 해야 한다.

---

* 포도상구균 staphylocoques : 자연계에 널리 분포된 세균의 하나로서, 건강한 사람의 50% 이상이 비강, 인후두, 피부, 털에 보균하고 있으며 식중독을 많이 일으키는 원인균.

* 리스테리아균 listéria : 식중독을 일으키는 원인균. 인체병원성 세균인 리스테리아균은 대표적인 식중독균으로 냉장 또는 냉동 온도에서도 증식이 가능한 냉온성 세균이다.

식료품의 저장 온도는 유럽의 규제(위생편)로 정해지거나 요식업 전문가들의 책임 하에 결정된다. 따라서 식료품 라벨에 나와 있는 규정 온도를 철저하게 준수하는 것이 바람직하다!

유럽의 규제는 세 가지 수준의 의무, 즉, 결과, 행동 및 방법에 대한 의무를 요구하고 있다.

이를 위해 다음과 같이 명시한다.

1) 상할 위험이 높은 제품(육류를 위주로 한 제품, 유제품)은 규정 온도에 보관할 것(결과에 대한 의무)

2) 모든 저온 보관실과 운송 수단의 온도를 기록할 것(행동에 대한 의무)

기관의 규모에 따라 사용할 수 있는 방법으로는,

- 일반 온도계 직접 확인. 업무 시작과 끝에 점검 및 기록(점심과 저녁 식사를 제공하는 식당의 경우 하루에 4번)
- 10m³ 이상 용량의 저온 보관실의 경우는 디지털 온도계를 설치, 점검 및 기록
- USB, 인터넷을 이용한 저온 유통 온도 실시간 점검 및 기록

3) 냉각 기록 레벨을 준수하고 독립적 연구실에서 기록을 확인할 것(방법에 대한 의무)

식품을 존중하는 것은 자기 자신을 존중하는 것과 같다.
RESPECTER LES ALIMENTS C'EST SE RESPECTER SOI-MÊME

요식업계에 들어온 요리사들은 특별하고 전문적인 어휘를 사용한다. 당신이 수없이 듣게 될 지침을 이해하고 그에 맞게 반응하기 위해서는 전문가들이 사용하는 용어에 하루빨리 익숙해져야 한다.

당신이 계속 교육받는 동안 이해하게 될 전문 용어 외에도, 다음과 같은 사항에 대해 듣게 될 것이다.

- 시간적, 공간적 사전 작업 de la marche en avant dans le temps et dans l'espace
- 외부와 내부 저온 유통 de la chaine du froid externe et interne
- 식료품의 상세 정보 de la traçabilité
- 식품 통제를 위한 위험 분석 및 주요 기준 시스템(HACCP)
- 5M 방법 de la methode des 5 M avec le pourquoi des pourquois
- 위생법 또는 식품법 du paquet hygiene ou food law
- 위생 관리 계획(PMS) du Plan de Maitrise Sanitaire ou le PMS
- 세균 번식에 유리한 조건 des conditions favorables au developpement des microbes
- 집단 식중독 TIAC des Toxi-Infections Alimentaires Collectives ou TIAC
- 미생물학적 분석 des analyses microbiologiques
- 음식 견본 채취 du prelevement des plats temoins

처음으로 해야 할 일 중의 하나는 냉동식품을 보관하는 냉각실 또는 저온실의 온도를 점검하고 온도표를 작성하는 일이다. 따라서 식료품 보관 규정 온도를 외워야 하고 이에 대한 차질이 있을 경우 책임자에게 알려야 한다.

이 책의 첫 부분을 주의 깊게 읽어보면, 빠르게 발전하고 좋은 결과를 얻을 수 있으며 용기를 얻게 될 것이다.

실습, 기술, 응용기술, 식품 응용 과학 차원에서 이 모든 주제들을 더욱 깊이 연구해보자.

저온 유통 단절 대비책
LIMITER OU ÉVITER LES RISQUES DE RUPTURE DE LA CHAÎNE DU FROID 

- 냉장 또는 냉동 식품 배송 시 온도 점검
- 모든 제품의 포장을 벗기고 제품 라벨에 명시되어 있는 온도로 즉시 저장
- 당장 사용하지 않는 제품의 상온 방치 금지
- 정확히 필요한 양의 제품만 취하기
- 상온 해동 금지
- 재냉각 및 재냉장 반복 금지(응결과 저온 유통의 단절 위험)
- 냉장고, 냉동고 온도 및 작은 이상 유무 상시 점검

사전 작업 원칙에 따른 식료품의 진행 PROGRESSION DES DENRÉES SELON LE PRINCIPE DE LA MARCHE EN AVANT

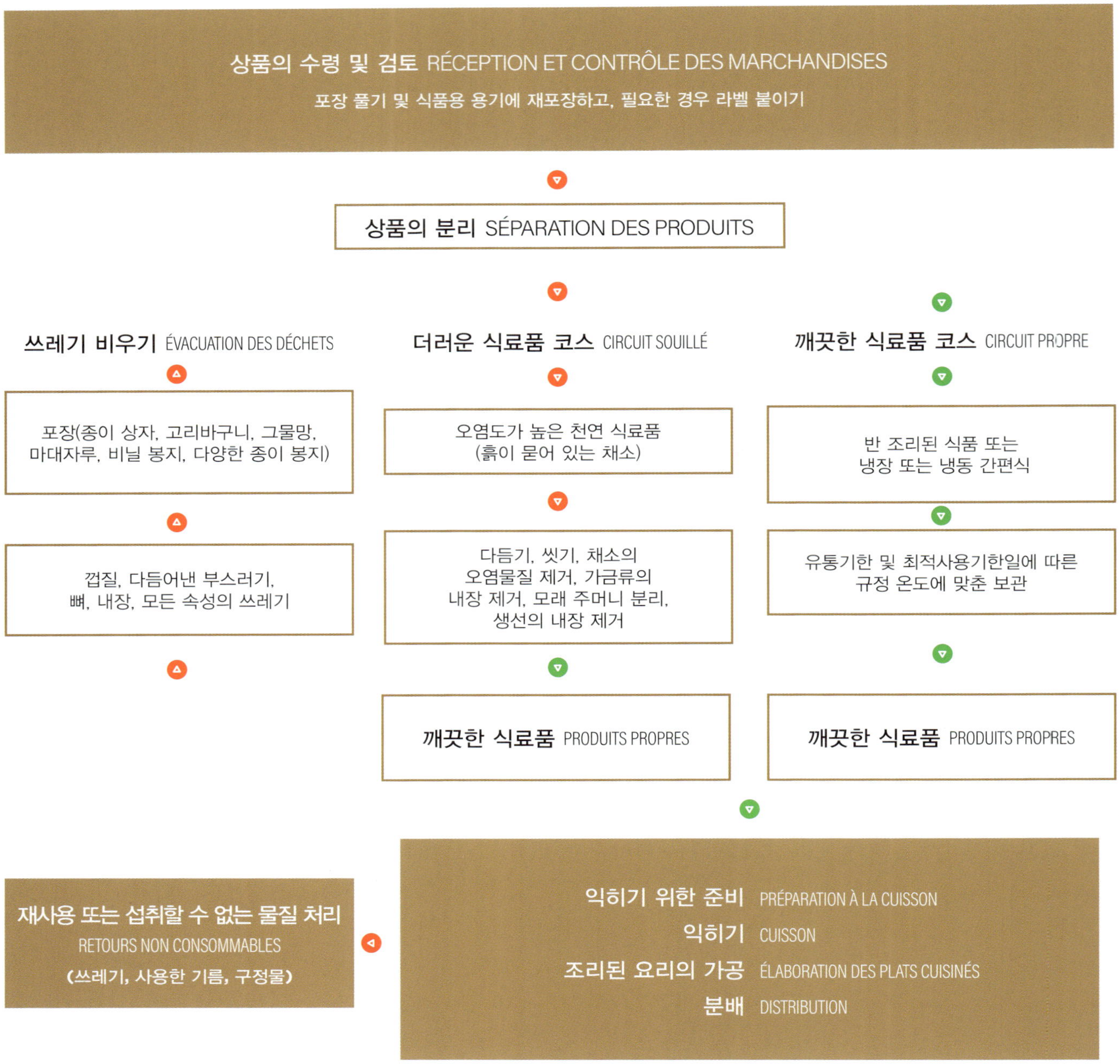
상품의 수령 및 검토 RÉCEPTION ET CONTRÔLE DES MARCHANDISES
포장 풀기 및 식품용 용기에 재포장하고, 필요한 경우 라벨 붙이기
상품의 분리 SÉPARATION DES PRODUITS
쓰레기 비우기 ÉVACUATION DES DÉCHETS
포장(종이 상자, 고리바구니, 그물망, 마대자루, 비닐 봉지, 다양한 종이 봉지)
껍질, 다듬어낸 부스러기, 뼈, 내장, 모든 속성의 쓰레기
더러운 식료품 코스 CIRCUIT SOUILLÉ
오염도가 높은 천연 식료품 (흙이 묻어 있는 채소)
다듬기, 씻기, 채소의 오염물질 제거, 가금류의 내장 제거, 모래 주머니 분리, 생선의 내장 제거
깨끗한 식료품 PRODUITS PROPRES
깨끗한 식료품 코스 CIRCUIT PROPRE
반 조리된 식품 또는 냉장 또는 냉동 간편식
유통기한 및 최적사용기한일에 따른 규정 온도에 맞춘 보관
깨끗한 식료품 PRODUITS PROPRES
익히기 위한 준비 PRÉPARATION À LA CUISSON
익히기 CUISSON
조리된 요리의 가공 ÉLABORATION DES PLATS CUISINÉS
분배 DISTRIBUTION
재사용 또는 섭취할 수 없는 물질 처리
RETOURS NON CONSOMMABLES
(쓰레기, 사용한 기름, 구정물)

(체인 스토어의)유통업자들의 상품인 설탕, 파스타 면류, 밀가루, 와인, 술 등은 논리적인 회전(먼저 들어온 제품이 먼저 나감)을 따르고 유통기한(DLC), 권장소비일(DCR) 및 최적 사용기한일(DLUO) 등을 준수하며 체인 스토어에 습기, 벌레, 설치동물이 없는 곳에 보관되어야 한다.

약어 ABRÉVIATIONS

DLC : **유통기한** Date Limite de Consommation.

DCR : **권장소비일** Date de Consommation Recommandee.

DLUO : **최적사용기한일** Date Limite d'Utilisation Optimale.

저온 유통의 두 부문을 구분하기 ON DISTINGUE DEUX SECTEURS DIFFÉRENTS DE LA CHAÎNE DU FROID

《사전 EN AMONT》 저온 유통 또는 식당 외부에서 저온 유통된 경우

《사후 EN AVAL》 저온 유통 또는 식당 내부에서 저온 유통된 경우

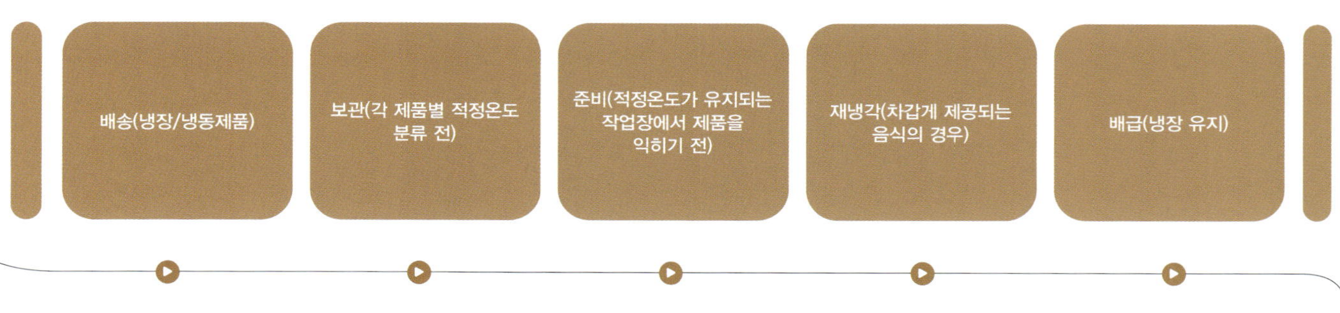

다른 저온 유통의 경우, 다음의 개념에 따라 계속된다.

예는 다음과 같다.

• 생선, 갑각류, 익힌 연체동물 poissons, crustacés et mollusques cuits • 해동 중의 식품 produits en cours de décongélation • 먹기 시작한 신선한 식품 produits frais entamés • 집에서 만든 요리 plats cuisinés maison	0℃에서 **최대 4℃**
• 익힌 고기 또는 생고기, 가공되지 않은 돼지고기 제품 viandes crues ou cuites, charcuteries non stabilisees • 크림이 들어있는 과자 및 케이크, 생우유가 들어있는 신선한 제품 patisseries a la crème, produits frais au lait cru • 자른 치즈 fromages decoupes • 바로 먹을 수 있게 준비된 과일 및 채소 fruits et légumes prets a l'emploi	**최대 4℃**
• 신선한 유제품 produits laitiers frais • 대량의 껍질이 있는 계란 oeufs en coquilles en collectivité • 유제품으로 된 디저트, 버터, 지방 desserts lactes, beurre, matière grasse	6℃~8℃
• 모든 냉동 식품 tous les aliments congelés et surgelés • 아이스크림, 셔벗 crèmes glacées et sorbets	−18℃

식품 상세 정보 LA TRAÇABILITÉ ALIMENTAIRE

요식업계에서 식품의 안전은 커다란 관심사가 되었다.

수년 전처럼 요식업 전문가들이 대부분 생산자들(축산, 경작, 어획 등)로부터 직접 또는 최대 한두 중개업자들을 통해 식료품을 구입할 경우, 제반 위생 문제가 발생하거나 부적합한 제품을 수령한 경우 신속하게 생산자에게 해당 식료품의 문제를 처리할 수 있다.

식품 생산의 산업화로 기업가들은 다른 나라에서 가격이 더 저렴한 식료품을 구입할 수 있게 되었다. 예를 들어, 감자를 곁들인 양고기 스튜를 만들기 위해 무역상에게 영국을 통해 뉴질랜드산 양고기를 수입하고, 스페인산 양파와 마늘, 네덜란드산 감자를 수입하는 경우는 흔히 있는 일이다.

따라서 〈땅에서 접시까지〉 또는 〈쇠스랑에서 포크까지〉와 같은 속담처럼 식품 유통 과정의 모든 단계, 즉 생산 및 가공에서 최종 소비자에게 납품될 때까지를 추적할 수 있는 식품 상세 정보는 필수적이다.

따라서 식품 상세 정보는 요식업계 전문가들이나 담당기관에게 식료품이 소비자들의 건강에 위험한지를 확인하고 수령할 수 있도록 하는 위험 관리의 도구이다.

상세 정보는 식중독 문제, 식품 결함 또는 부정행위(불법 대체제 : 소고기로 판매되는 말고기) 등의 원인을 찾는 데 필수적이다.

상세 정보는 완성된 식품의 여러 부분의 정보에 대해 알 수 있게 해준다.

- 구성 원료의 공급업자 tous les fournisseurs de la matière première entrant dans sa composition,
- 사용된 제품의 원산지 l'origine des produits utilisés,
- 제조의 여러 단계(굽기, 냉각, 운송, 저장 등등) les differentes étapes de sa fabrication (cuisson, refroidissement, transport, stockage…),
- 제조를 위해 사용된 설비와 기구 les équipements et le matériel utilisé pour sa fabrication.

라벨에 표시된 제품 정보의 내용과 기록
La lecture et l'enregistrement des informations

제품 정보의 내용과 기록은 라벨에 표기되어 있고, 라벨의 정보를 통해 정확한 방식으로 제품의 원산지를 확인할 수 있다.

프랑스산 돼지고기

프랑스에서 태어나고 자라고 도축됨

0도와 4도 사이 냉장실에 보관할 것

2013년 11월 15일까지 소비할 것

훈제 염장 소시지와 초록색 렌틸콩 350g

"식품 상세 정보라는 용어는 아카데미
프랑세즈(프랑스 학술원)에게 인정을 받
지 못했지만 용인되고 있다. 'traceability'
라는 영어 단어에서 온 이 용어는 문자
그대로 ≪자국 추적 가능성 aptitude au
traçage≫을 의미한다.

이전 단계의 식품 상세 정보 LA TRAÇABILITÉ EN AMONT

이전 단계의 상세 정보는 어떤 관계자가 제조 과정에 관여하기 이전에 실행된 방법과 그 과정에 대한 총체를 나타낸다. 이 정보를 통해 공급자와 원료를 확인할 수 있다.

후속 단계의 식품 상세 정보 LA TRAÇABILITÉ EN AVAL

이 정보는 완성된 제품이 제 3자에게 배송될 때 실행되는 방법과 과정의 모든 사항을 보여준다. 이를 통해 완성된 제품과 고객에 대해 확인할 수 있다.

유럽에서 식품 상세 정보는 식품 안전 유럽 당국(EFSA)의 통제를 받고 있다.

신선한 고기의 원산지가 반드시 라벨에 표기돼야 하지만, 고기를 재료로 한 요리에 들어가는 고기는 해당되지 않는다. 이러한 경우에는 사용된 고기의 종류만 명시하면 된다. 그리고 다진 속을 채운 파스타 요리나 아쉬 파르망티에* 등과 같이 알아볼 수 없는 형태로 고기가 재료로 들어가는 요리의 고기도 역시 원산지 라벨을 명시할 필요가 없다. 프랑스 정부는 조속히 이러한 결점을 개선해야 한다.

중간 단계의 식품 상세 정보 LA TRAÇABILITÉ INTERNE

중간 단계의 상세 정보는 제품의 원료를 공급받은 때부터 제품이 완성될 때까지의 모든 단계를 나타낸다.

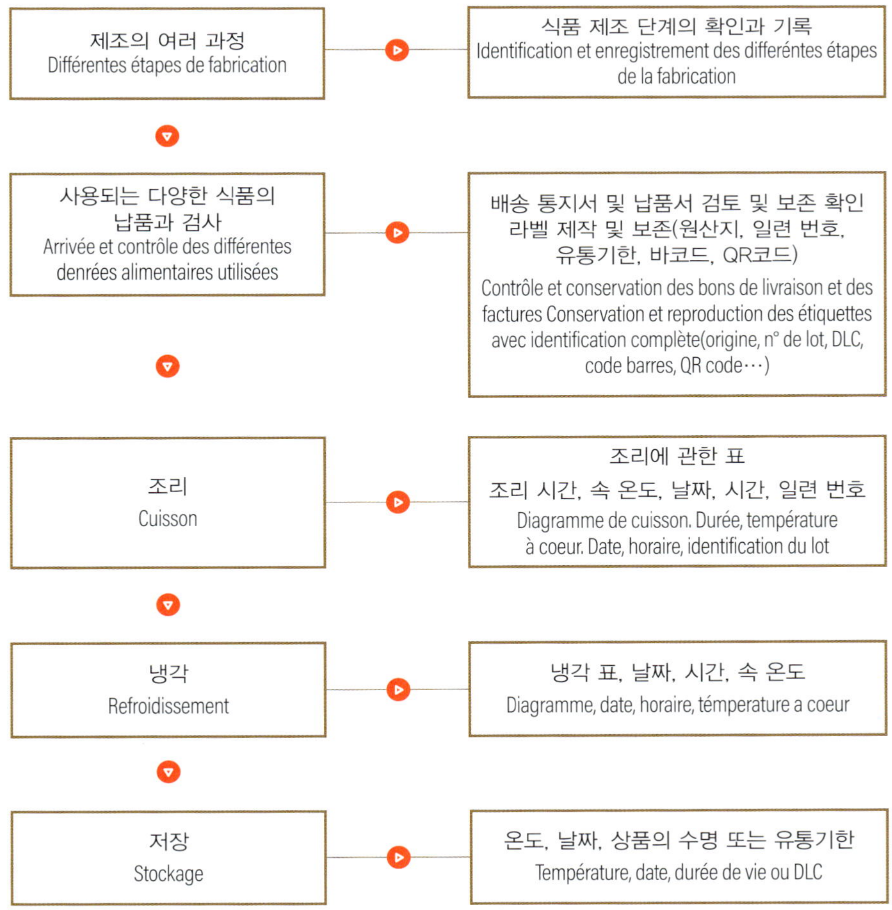

* 아쉬 파르망티에 Hachis parmentier : 감자를 삶아 으깬 것에 간 소고기와 양파, 당근, 크림소스를 넣고 위에 치즈를 얹어 오븐에 구워내는 요리

위험 예방 LA PRÉVENTION DES RISQUES PROFESSIONNELS

위험 예방 CE QUE PRÉCISE LE CODE DU TRAVAIL

노동법이 명시한 바에 의하면, 고용주는 고용자의 신체적, 정신적 건강을 보호해주고 안전을 확보하는 데 필요한 조치를 취해야 한다.

이러한 조치들은 다음을 포함한다.

- 식품을 다룰 때 일어날 수 있는 위험을 예방하는 행동 des actions de prévention des risques professionnels,
- 정보 제공과 교육 실행 des actions d'information et de formation,
- 조직 관리와 그에 알맞은 방법의 실행 la mise en place d'une organisation et de moyens adaptés.

요식업 사고에 관한 2012년 프랑스 전국 통계에 따르면, 1000명의 고용자 중 68명으로 사고 빈도수가 증가했다. 모든 요식업 활동을 아우른 전국 평균 지수는 39이다.

요식업, 특히 단체 급식은 사고 연구 측면에서 전국 평균 지수를 넘는다.

예방 조치의 예 EXEMPLES DE MESURES PRÉVENTIVES

- 직원들에게 인체 공학적 바른 자세 및 알맞은 행동(높이가 알맞은 작업대, 깊이가 깊지 않은 기구, 다루기 편한 기구 등) 교육하기
- 미끄럼 방지가 되어 있는 안전한 신발 착용하기
- 미끄럼이나 낙상을 유발하기 쉬운 더러운 부분 즉시 청소하기
- 붐비는 통로 구역 없애기
- 조리 작업대에 쓸모 없는 모든 것을 치우고 잘 정리하여 유지하기
- 칼을 잘 관리하고(정기적인 칼 갈기) 필요한 칼만 조리 작업대 위에 올려놓기
- 손에 칼을 들고 절대로 이동하지 않기
- 주방에서 절대로 뛰지 않기, 항상 정서적 안정 상태 유지하기
- 공인 단체를 통해 전기 기구 정기적으로 관리 받기
- 주방의 어떤 결함이나 장애 책임자에게 알리기
- 산성 제품, 오븐 세척제, 물때 제거제 등을 사용할 때 마스크, 보호 안경, 장갑 착용하기
- 오븐에서 오븐용 판이나 용기를 빼낼 때 그에 알맞은 장갑과 팔 보호대 착용하기
- 고기 덩어리의 뼈를 바르거나 얇게 썰 때 철망으로 된 장갑 착용하기
- 끓는 액체를 뚜껑이 덮인 용기에 절대로 옮기지 말기, 옮겨야 할 때는 다른 사람의 도움을 받지 않고 혼자 옮기기
- 전자 조리기 밖으로 냄비나 용기의 손잡이가 절대로 튀어 나오게 하지 말기, 손잡이가 열 쪽으로 향하지 않게 하기

조리 작업의 사고 원인이 되는 요소	
손으로 하는 작업과 운반	34 %
바닥에 넘어짐 또는 미끄럼	29 %
수동 기구(도구)	10 %
기타	8 %
높은 곳에서 낙상	7 %
가열 기구	4 %
톱	3 %
기계 운반	3 %
물건의 낙상	2 %

주의해야 할 사항이 많은 이유 POURQUOI TANT DE PRÉCAUTIONS ?

심각한 위생 문제로 인한 중독 사례는 다행히 드문 편이다. 그러나 발생 확률이 낮다고 해서 위험이 존재하지 않는 것은 아니다.

환경 오염과 농축산업에서 사용되는 화학물질로 인한 미생물 감염은 소비자가 주의해야 할 주요 잠재적 위험 요소 중 하나로 꼽힌다.

주방과 그 부속 시설, 중앙 주방 및 식품 생산 작업장의 위생 상태가 불량할 경우, 식품이 빠르게 변질되거나 병원성 미생물이 증식할 가능성이 커진다.

그러나 《외식업 위생 관리 지침 안내 Guide des bonnes pratiques d'hygiène en restauration》*에 명시된 《올바른 위생 관리 지침 bonnes pratiques d'hygiène》을 준수하면 식중독의 위험과 위해 요소를 줄이거나 통제할 수 있다.

*이 안내는 각 기관의 정보문서센터(CDI)에서 찾아볼 수 있으며 모든 요식업 기관에 비치되어 있어야 한다.

 **예**

〈올바른 위생 관리 지침〉

- 조리 작업을 시행할 때마다 규정에 맞고 깔끔한 요식업 전문 복장을 한다. 머리 전체를 덮는 머리쓰개를 반드시 착용하고 감기에 걸렸을 때는 입과 코를 가리는 마스크를 착용하며, 뜨거운 음식이나 세심하게 다루어야 할 음식을 준비해야 하는 경우 일회용 장갑을 착용한다.
- 주방용 행주는 뜨거운 음식이나 그릇을 잡기 위해서만 사용한다.
- 씻은 손은 주방용 행주가 아닌 일회용 휴지로만 닦는다.
- 요식업 전문 복장을 한 채 건물 밖으로 나가기 위해 주방을 떠나서는 안 된다.
- 위생 관리 계획(PMS)에 나와 있는 방법에 따라 필요할 때마다 손을 닦고 소독한다.
- 바닥에는 아무것도 두지 않는다.
- 제품의 포장을 벗긴 후 사용하거나 사용한 후에는 곧바로 모든 포장 용기(종이 상자, 과일 바구니)를 치운다.
- 유통기한과 최적사용기한일을 꼼꼼하게 확인하고 준수한다.
- 냉장 및 냉동 식품을 규정 온도에 맞추어 보관한다.
- 저온 유통의 단절 위험성이 생기지 않도록 한다.
- 식료품 교차로 인한 오염을 피하기 위해 《사전 작업 marche en avant》 규정을 준수한다.
- 주방 공간(벽, 바닥), 주방의 구석구석, 조리 작업대의 위 아래 (테이블, 이동 짐수레), 여러 크기의 주방 기구는 사용 후, 정해진 세척 방법에 따라 청소하고 소독한다.
- 세척 및 소독 후, 전자제품의 부속을 잘 보관한다.(얇은 막으로 싸서 냉장 보관실에 보관)
- 외상이나 베인 상처는 반창고와 일회용 장갑으로 보호한다.
- 식품 방향으로 기침하거나 재채기 하지 않는다. 일회용 티슈를 사용하고, 필요 시 마스크를 착용한다.
- 채소, 과일 등을 다듬은 후 남은 껍질, 부스러기, 찌꺼기 등은 즉시 뚜껑이 있는 새지 않는 용기에 넣어 정리한다.

식품 위생과 안전

HYGIÈNE ET SÉCURITÉ DES ALIMENTS

사용 지침과 예방책 CONSEILS D'APPLICATION ET MESURES PRÉVENTIVES

해썹(HACCP)
HACCP

5M 방법
LA MÉTHODE DES 5M

위생관리계획
LE PMS

식품위생법
LE PAQUET HYGIÈNE OU FOOD LAW

집단 식중독 감염
LES TOXI-INFECTIONS ALIMENTAIRES COLLECTIVES OU TIAC

세균 증식에 대한 주의
BREF RAPPEL DES CONDITIONS FAVORABLES AU DÉVELOPPEMENT DES MICRO-ORGANISMES

미생물학적(세균) 분석
LES ANALYSES MICROBIOLOGIQUES

미생물 분석 시 검출되는 주요 세균
LES PRINCIPAUX GERMES RECHERCHÉS LORS DES ANALYSES MICROBIOLOGIQUES

메뉴에 제공되는 요리 중 알레르기를 일으킬 수 있는 재료에 대해 고객에게 알리기
L'INFORMATION DES CLIENTS SUR LA PRÉSENCE DE SUBSTANCES ALLERGISANTES DANS LES PLATS PROPOSÉS SUR LA CARTE ET LES MENUS

음식 견본 채취 후 남은 음식 관리
LA GESTION DES RESTES

해썹(HACCP)

식품위해요소 중점관리기준 : 해썹
L'HACCP : HAZARD ANALYSIS CRITICAL CONTROL POINT

식품위해요소 중점관리기준 해썹(HACCP)은 다음과 같은 모든 위험 요소를 예방, 제거, 감소시킬 목적으로 식료품 위생 안전을 통제하는 방법이다.

- **생물학적 위험** biologique:
  기생충, 미생물(곰팡이, 효모균, 박테리아, 바이러스, 독소), 유전자 조작(변형) 생물, 히스타민, 알레르기 항원
- **화학적 위험** chimique:
  세제와 같은 가정용 청소 용품의 잔여물, 농업 및 목축용 살충제 또는 성장 촉진제의 잔여물, 다양한 오염물질, 농산물 가공업에 사용하는 첨가제, 중금속의 흔적, 폴리염화 바이페닐 또는 비스페놀 등의 화학 물질
- **물리적 위험** physique:
  이물질(유리 조각, 금속 조각, 나무 조각, 작은 뼈 조각, 머리카락, 붕대 조각, 방사선을 방출하는 물체 등등)

위와 같이 3가지로 명확하게 분류할 수 있는 잠재적 위험 요소에 다음의 위험 요소를 추가한다.

- **요리 기술 위험 요소** les dangers d'ordre technique
  요리 기술 위험 요소는 보통 사람의 실수로 일어나며 식료품을 오염시킬 수 있다.
  − 잘못된 처리(낮은 온도로 익힌 식품, 잘못 처리된 통조림 식품 또는 진공포장 식품)
  − 공공 안전 규정을 지키지 않고 식품 익히기
  − 규정 온도 및 저장 기간 관리 실패(저온 유통의 단절)
- **기생충 원인 위험** les dangers d'origine parasitaire
  기생충 원인 위협은 다음과 같다.
  − 가금류, 수렵육, 생선 등의 내장 제거 과정에서 더러워진 손에 존재하는 장내 기생충
  − 벌레(검정파리), 설치동물 등의 존재
  − 흙이 묻은 과일과 채소를 깨끗하게 씻지 않은 경우
  − 충분히 익히지 못했을 때 존재하는 기생충
  − 멧돼지과의 육류(돼지고기)에 기생하는 촌충
    − 크레송(물냉이) 또는 물에서 자라는 식용식물에 있는 간흡충
    − 회로 먹거나 살짝 익힌 생선의 아니사키스(《등 푸른 생선에 기생하는 선충 ver des poissons bleus》)
    − 그 외의 모든 장내 기생충(선모충 trichine, 사상충 filaire, 요충 oxyures)

7가지 원칙을 기본으로 한 해썹 확립은 잠재 위험을 분석하여 위험을 없애거나 수용할 수 있는 수준으로 줄이는 12단계를 따른다.

7가지 원칙 LES 7 PRINCIPES DE LA MÉTHODE

- 제품(예를 들어, 조리된 음식) 준비의 모든 과정에서 나타날 수 있는 위험 요소를 분석하고 예방법을 공식화한다.
- 통제할 주요 기준을 확인하고 결정한다.(CCP : 중점관리기준)
- 주요 기준을 잘 관리하고 위험을 방지하기 위해 지킬 주요 한계 및 위험 수위를 정한다.
- 중점관리기준(CCP)을 완벽하게 통제, 감시하는 시스템을 확립한다.
- 주요 기준을 잘못 관리했을 때 즉시 실행해야 하는 시정 조치를 정한다.
- 감시 시스템이 효과적으로 진행되는지 확인하는 과정을 실행한다.
- 원칙을 적용, 확인하는 모든 과정과 일람표를 기록하는 문서 시스템을 구성한다.

12단계 LES 12 ÉTAPES

- 여러 영역에 전문성을 가진 팀을 구성한다.
- 제품별, 제조 구역별 검토 영역을 정한다.
- 제품을 상세히 기술한다.
- 예상 사용법을 정한다.
- 제조 방법을 상술한다.(표)
- 잠재적 위험 요소를 분석한다.(원인, 예방법)
- 식품위해요소 중점관리기준(CCP)을 확인한다.
- 각각의 중점관리기준(CCP)을 위한 목표 및 용인 가능 사항을 정한다.
- 각각의 중점관리기준(CCP)을 위한 감시 시스템을 구상한다.
- 시정 조치 리스트를 작성한다.
- 문서 시스템으로 작성한다.(HACCP 표)
- 확인 시스템을 작성한다.

이러한 시스템을 잘 이해하기 위해서는 다음 용어를 잘 파악할 필요가 있다.

특정 위험 요소(Danger spécifique)

식료품의 품질이나 안전에 영향을 주기 쉬운 위험 요소를 말한다. 위험 요소는 생물학적, 화학적, 물리적 또는 기술적 성격을 지닌다.

중점관리기준 CCP 또는 주요 기준(CCP : Critical Control Point)

원재료에서부터 완제품(조리된 음식)에 이르기까지의 식료품 생산 시스템의 모든 과정 통제 실패는 소비자 건강에 위험을 일으킬 수 있다.

주요 한계(Limites critiques)

안전 식품 여부를 구별하는 기준

예방법(Mesures préventives)

위험 요소를 제거하거나 위험 가능성을 제한하는 전반적인 기술, 방법 또는 행동

5M 방법 LA MÉTHODE DES 5M

이 방법은《위험 요소 분석 analyser les dangers》이라는 해썹 방법의 첫 번째 원칙을 적용하기 위해 필요하다.

5M 방법은《원인과 결과 표 diagramme de causes et effets》라고도 불리고, 모든 위생 문제와 전반적인 기능 장애를 해결하기 위해 사용하며, 조리를 하는 주요 시설 또는 그 밖의 모든 요식업소에 적용할 수 있다.

각각의 **M**은 잠재적 위험 요소의 원인이나 책임이 될 수 있는 영역을 가리킨다.

- **인력** La Main-d'oeuvre : 조리에 참여하는 모든 사람
- **장소** La Milieu : 식품 생산 장소
- **설비** La Matériel : 대형 또는 소형 설비(기구) 전체
- **원재료** La Matière première : 모든 식료품
- **방법** La Méthode : 모든 구성 및 기능

더욱 복잡한 (식품 생산) 구성에서는 추가적인 M을 통하여 표를 완성할 수도 있다.(유지 Maintenance, 관리 Management, 처리 Manipulation 등등)

추가적 M은 5M의 기본 지침을 의미한다.

- 장소, 설비, 방법 유지
- 인력 관리
- 인력 및 방법 처리

설계도 그리기 LE TRACÉ DU DIAGRAMME

생선 뼈대에서 영감을 얻어 왼쪽에서 오른쪽 방향으로 향하는 화살 하나를 그린다. 이것은 생선 가운데 뼈이다. 이 중심 뼈대의 가장 오른쪽 부분은 결과에 해당하는《머리 la tête》를 가리키며, 발견된 문제를 위해 가능한 원인을 조사한다.

중앙 뼈대에서 대각선으로 5개의 부수적인 뼈를 그린다. 이는 기능 장애 원인이 될 수 있는 5개의 주요 영역을 나타낸다.

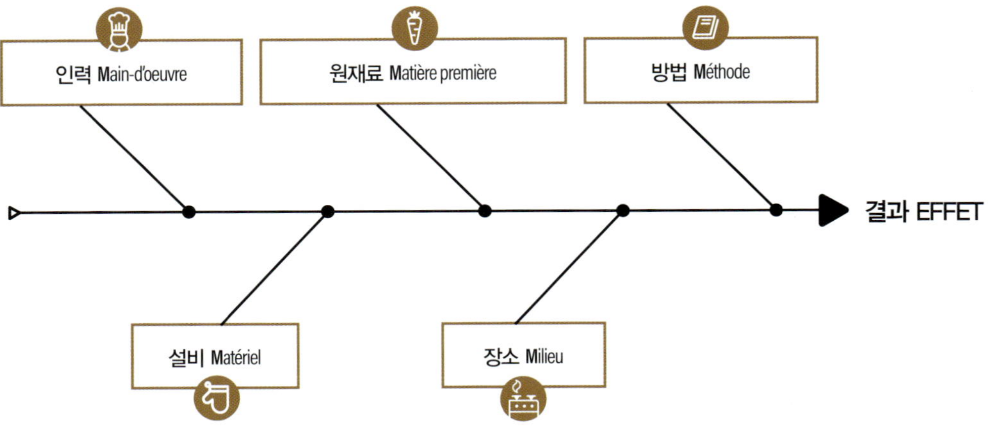

표에서 각각 뻗어 나온 부분, 즉 부수적인 가지는 주요 원인을 더 세밀하게 파악할 수 있는 하위 부분으로 분류된다.

* 《원인과 결과 표》는 품질관리 전문가이자 일본의 화학공학자인 카루 이시카와(Karou Ishikawa)가 고안해냈다.

원인과 결과 표 LE DIAGRAMME DE CAUSES ET EFFETS

원인과 결과 표 기능 FONCTIONNEMENT

사고(작업 사고, 제조 과정 실패, 식중독 등등)가 일어나는 경우, 요식업소 책임자는 여러 작업을 위한 회의를 준비하여 브레인스토밍 방식으로 최선책을 찾는다. 참가자는 숙고하여 원인과 결과 표로 근본적인 문제의 원인을 하나씩 찾아내어 제거한다. 지적된 모든 부분을 분석해 일관적, 합리적인 방식으로 해결책을 도출한다.

원칙은 문제점을 평가하고 더 이상 일어나지 않도록 해결책을 찾는 데 있다. 이 방법은 잘못을 저지른 사람을 찾아 질책하기 위한 것이 아니라 사고의 모든 원인을 찾아내는 데 목표를 둔다.

5P 문제 제기

표에서 세밀히 분석하여 원인을 찾아내기 위해서 5P 문제 제기 방식을 사용한다.

원인과 결과 표 DIAGRAMME DES CAUSES ET EFFETS

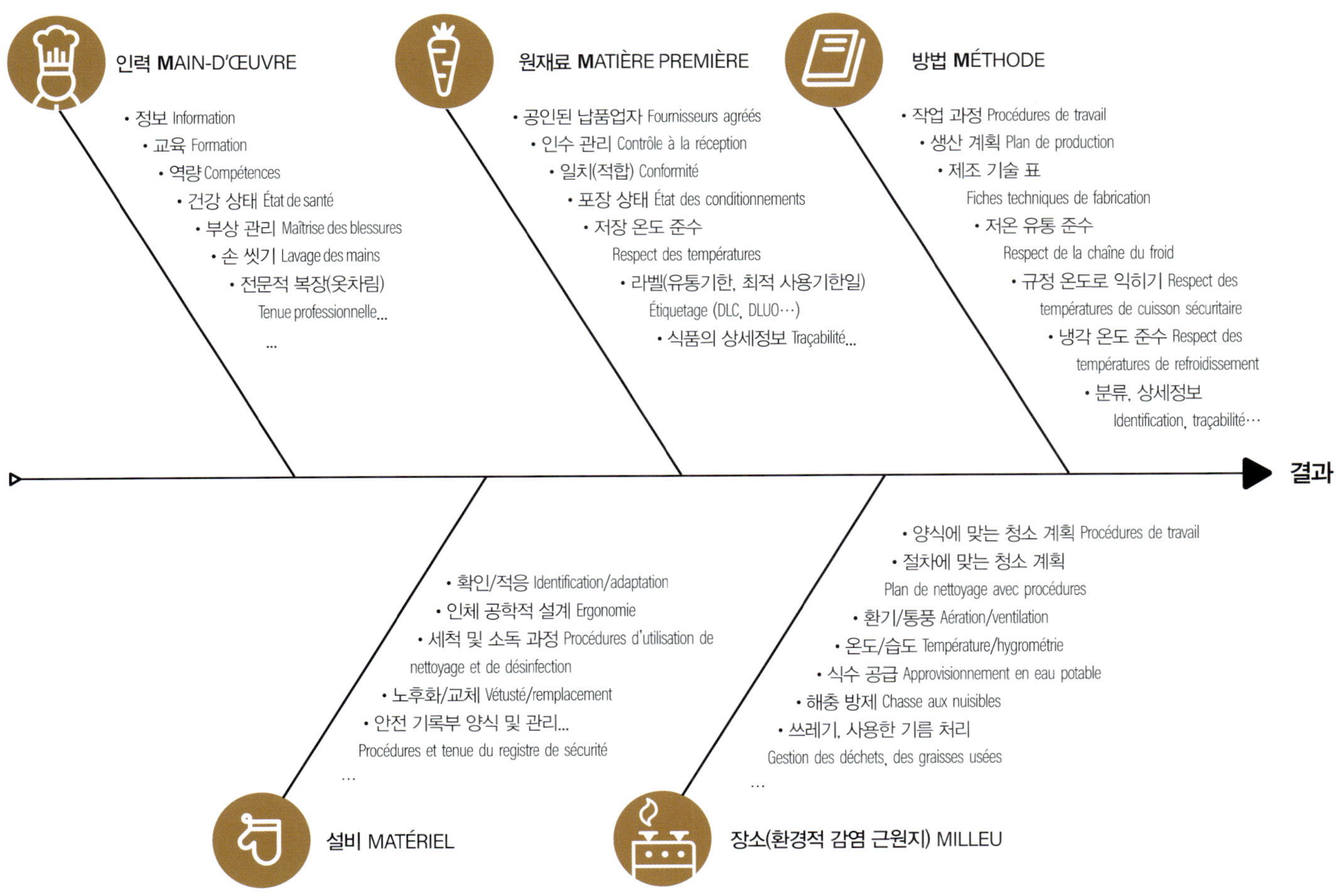

위생관리계획 LE PMS

위생관리계획(PMS)은 ≪해썹 계획 PLAN HACCP≫ 또는 우수 위생관리제도(BPH)라고 부른다.

위생관리계획은 해썹(식품 위해 요소 중점관리기준) 시행 원칙에 근거를 둔다. 이는 요식업소(단체 급식 주방 시설, 식품 유통을 위한 중앙 시설, 상업적 조리 식품 생산을 담당하는 중심 기관 등등)의 완벽한 식품 안전 관리를 위해 준수하는 모든 과정과 관련 서류 자료를 포함하고 있다.

위생관리계획은 해썹 담당 특별 감사를 통해 평가할 수 있다. 위생관리계획은 유럽의 법규(위생 편)와 시행 중인 프랑스 법령에 나타나 있는 목표에 부합해야 한다.

> **POINT**
> 위생관리계획(PMS)은 고객에게 제공하는 식품의 안전과 위생을 보장하기 위해 모든 요식업소가 택한 조치를 의무적으로 명시한 문서 자료이다.

> **POINT**
> 교육을 받은 책임자는 소속 기관의 다른 종사자들을 교육할 책임이 있다.

요식업소에서 반드시 올바른 위생 수칙 등록부, 또는 위생관리계획(PMS)으로 명시해야 하는 서류 자료의 예

- 모든 공급업자의 연락처(공인된 공급업자) Toutes les coordonnées des fournisseurs(ils doivent être agréés).
- 식품 라벨의 문서화 자료 Les documents d'archivage des éiquettes.
- 배송 물품 관리 검사 자료 Les documents de contrôle de la marchandise à la livraison.
- 위험 신호 또는 주의(경고) 발생 시 부적합한 사항 관리 자료
  Les documents de gestion des non-conformités s'il y a lieu avec les procédures d'alerte ou de rappel.
- 조리 준비 상세 정보 및 절차에 대한 자료(날짜, 시간, 굽기 정도, 냉각 저장 기간, 온도 유지 등등)
  Les documents de traçabilité et de suivi des préparations(dates, horaires, niveau de cuisson, durée de refroidissement de stockage et de remise en température…).
- 요식업소 또는 부속 기관에 배송 시, 최종 고객(소비자) 연락처
  Les coordonnées des clients finaux en cas de livraison à une entreprise ou à des cuisines satellites.
- 시각적, 세균학적 자체 관리 통제에 관한 모든 자료(저온 보관실 온도, 시정 조치 분석 결과)
  Tous les documents d'auto-contrôles visuels et microbiologiques(température des enceintes réfrigérées, résultat des analyses avec mesures correctives appliquées s'il y a lieu).
- 시설과 도구의 일일, 주간, 월간 청소(세척) 계획, 횟수, 방법, 점검 날짜, 점검 책임자 서명
  Le plan de nettoyage journalier, hebdomadaire ou mensuel des locaux et du matériel avec mode opératoire, fréquence, méthode, date des interventions, la signature des exécutants et des responsables des contrôles.
- 세제 등의 청소용품 사용법 Les fiches techniques des produits d'entretien.
- 유해 동물 방지 검사표(해충 및 쥐 박멸 날짜와 책임자 서명)
  Les fiches de contrôle de la lutte contre les nuisibles(désinsectisation et dératisation avec dates et signatures des intervenants).
- 배기통, 굴뚝 및 환풍기 관리 날짜 및 책임자 서명 표
  Les fiches d'entretien des hottes, des cheminés et des extracteurs avec les dates et signatures des intervenants.
- 화물용 승강기 관리 날짜 및 책임자 서명 표 Les fiches d'entretien des monte-charges, s'il y a lieu, avec dates et signature.
- 튀김 요리 기름 품질 관리 검사 표 Les fiches de contrôle de la qualité des huiles de friture.
- 사용한 기름 및 지방 회수 협의서 Le contrat d'enlèvement des huiles et des graisses usagés.
- 식수 품질 검사 표 Les fiches de contrôle de la qualité de l'eau.

요식업 인력 관리 Et, pour le personnel :

- 기업 담당 의사가 2년에 한 번 발급하는 식료품 취급 자격증
  "Les attestations d'aptitude à manipuler des denrées alimentaires délivrées lors des visites obligatoires tous les deux ans par la médecine du travail"의 번역은 다음과 같습니다:
  "식품을 취급할 수 있는 자격 증명서는 직업 의학의 의무 방문 동안 2년마다 발급됩니다."
  노동 의학에서 2년마다 의무적으로 실시하는 건강 검진 시 발급되는 식품 취급 적격 증명서
- 요식업 종사자의 교육과 정보 자료. 책임자는 해마다 14시간의 교육을 받고, 새로운 조리 제조 과정이나 변경된 식품 규제 등을 업데이트하여 교육받는다.

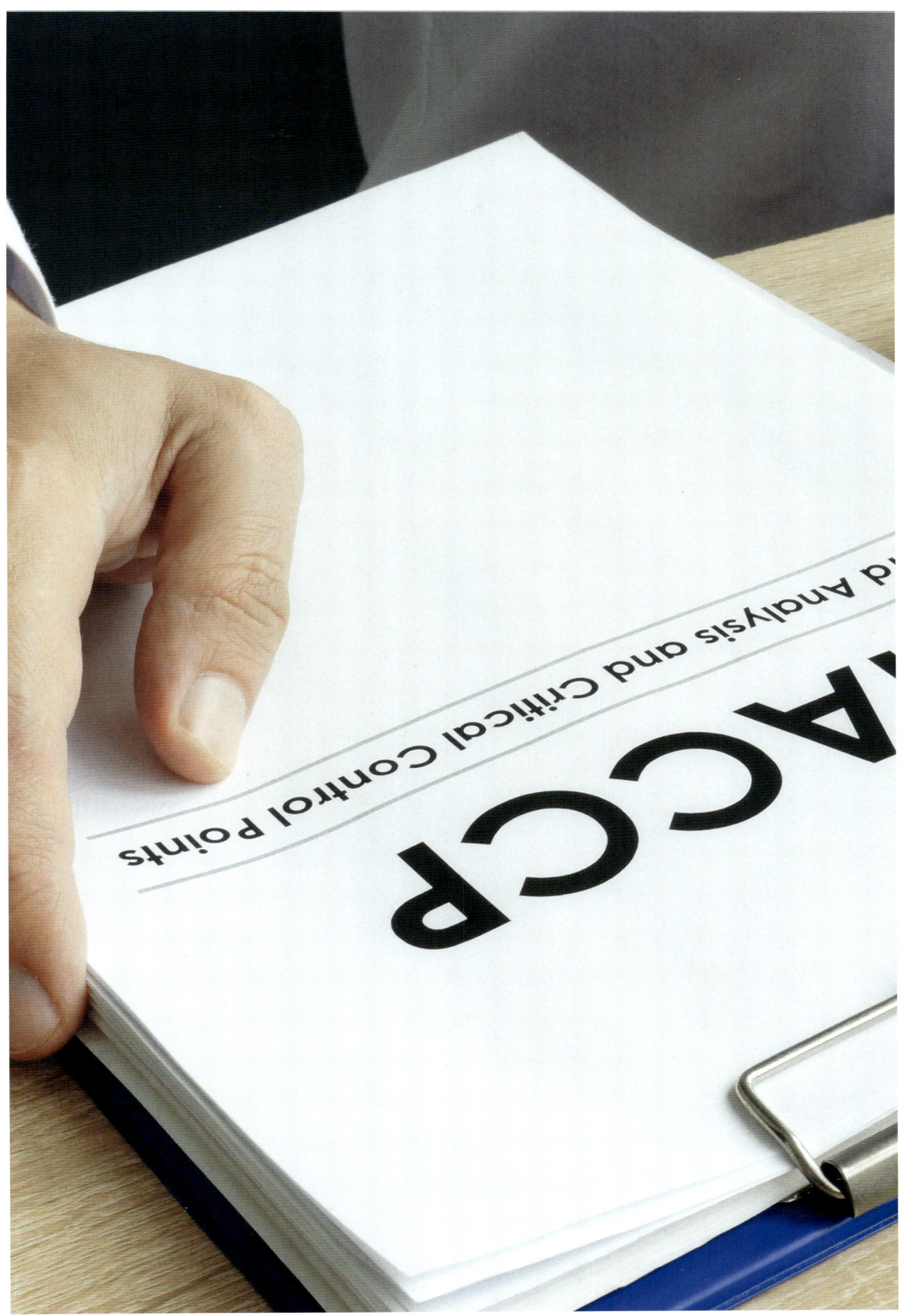

HACCP
Hazard Analysis and Critical Control Points

식품위생법   LE PAQUET HYGIÈNE OU FOOD LAW

식품위생법은 식료품 위생 관련 요구사항을 알려주는 유럽공동체 규제에 해당한다.

이 규정은 《농장의 쇠스랑에서 포크까지 de la fourche à la fourchette》 전반적인 식품 유통에 적용한다.

2006년 1월 1일부터 이 규정은 폐지된 1974년, 1980년 1993년, 1995년, 1997년 법 모든 조항을 대체한다.

유럽식품안전청(AESA : Autorite Européenne de Sécurité des Aliments)은 식품 유통 요식업 관계자들에게 적용하는 특별한 의무, 즉 《결과물에 대한 의무 l'obligation de résultat》를 규명한다. 요식업 관계자들은 규정의 목표를 달성하기 위해 적합한 감독 조치 실행을 당극에 알려야 한다.

식품위생법에서 다루는 것들의 예

- 동물의 건강과 안락, 식물, 환경의 건강을 고려하며 소비자들의 건강 보호
- EU 국가와 그 외의 국가 감시 통제 시스템과 조화를 이루며 식품 위생 안전 보장
- 식물성이든 동물성이든, 제품과 식료품이 자유롭게 유통되도록 허용
- 식료품의 상세정보 기록
- 제품 회수, 교환 및 보상 절차 확립
  회수 : 판매를 위한 유통과 진열 금지
  교환 및 보상 : 소비 금지(판매된 제품에 해당)
- 품질 관리(세균학적 관리)
- 관리 서비스, 국민보호지방관청(DDPP)에 의무적 보고
- 해썹 기본 규칙에 근거한 실행

해썹 기본 규칙 PRINCIPE DE BASE DE LA DÉMARCHE HACCP

- 관리 안내서 기입(청소 계획 등등) Écrire des protocoles de contrôle(plan de nettoyage…)
  - ▶ **실행 사항 기입** Écrire ce que l'on doit faire
- 자체 검사 실행(온도, 세균학적 분석 등등)

  Effectuer des auto-contrôles(températures, analyses micro-biologiques…)
  - ▶ **기입 사항 실행** Faire ce que l'on a écrit
- 책임자 지정(자체 검사 후 서명) Responsabiliser le personnel(signature des auto-contrôles)
  - ▶ **기입 사항 실행을 확인** Vérifier que l'on fait ce qui est ecrit
- 결과 문서화하여 보관(자체 검사 서류) Archiver les résultats (documents d'auto-contrôles)
  - ▶ **문서 자료 보관** Conserver des traces écrites

국민 보호 지방 관청은 크게 두 가지 서비스를 한다.

- 수의사 서비스 les services vétérinaires
- 경쟁, 소비, 부정행위 억제에 관한 통제 서비스 les services de contrôle, de la concurrence, de la consommation et de la répression des fraudes.

다른 범주의 활동으로는 소비자 보호 보장, 식품 품질과 안전 보장, 국가적 영양 건강 프로그램(PNNS : Programme National Nutrition Santé) 실행 의무 적용 등이 있다.

집단 식중독 감염 LES TOXI-INFECTIONS ALIMENTAIRES COLLECTIVES OU TIAC

유해 세균 또는 병원균에 감염된 식품을 섭취한 후 걸리는 병인 집단 식중독 감염은 매우 고통스런 병이다.

집단 식중독 감염(TIAC)은 국민 보호 지방 관청의 위생 당국에 의무적으로 신고해야 한다. 2012년에 프랑스에서 신고된 200,000 건의 식중독은 실제로 일어난 감염 수와 다르다. 그 증세는 바이러스성 장염 증세와 종종 혼동되기 때문이다.

집단 식중독 감염의 가장 보편적인 증세는 복부 통증 또는 경련, 구역질, 구토, 설사 및 발열이다.

상업적 요식업은 신고된 집단 식중독 감염의 약 30%를 차지한다.

집단 식중독의 주요 원인 LES PRINCIPALES CAUSES INCRIMINÉES

- 관계자의 위생관념 부족(교육 부족, 나쁜 건강 상태, 의료 기관 의무적 방문 부족, 허위 건강 진단서, 요식업 복장 불량, 손 세척 및 소독 불량 등등)
- 천연 식품과 가공 식품을 같은 장소에 함께 둘 때 일어나는 오염(식품 보호 불량)
- 장소 및 기구 관리 부실
- 저온 유통 단절
- 가열 시간 실수
- 규정 냉각 온도 시간 초과(주방 온도에서 서서히 냉각된 요리)
- 불충분한 온도로 데운 식품 (1시간 이내에 10∼63도)
- 유통기한이 지난 식품의 오용(유통기한이 지난 식품을 다시 포장하여 《재활용 la rem-balle》하는 위험한 행위)

세제 등의 청소 용품 공급업체에서 제공하는 《사용법 modes opératoires》 전단지는 사용하지 않는다. 그 방법은 하나의 예로서 나온 것이기 때문이다.

청소 계획, 청소 용품 사용법 및 안내는 각 기관에 따라 다르다. 요식업의 컨셉트(가정식 요리 또는 대량으로 판매하는 요리), 조리 작업 장소의 모습과 배치(공간적, 시간적 사전 작업) 등에 따라 달라진다.

이러한 문서 자료는 요식업소 자체 교육 계획으로, 기업 운영 팀(HACCP 운영 위원회)이 각 기관에 적합한 방식으로 작성해야 한다.

식중독 확인 후 해야할 조치 EN CAS D'INTOXICATION AVÉRÉE

- 같은 증세를 보이는 사람들이 여러 명인지 확인한다.
- 국민 보호 지방 관청(DDAP)에 집단 식중독 감염 가능성을 즉시 신고한다.
- 식중독 원인 음식을 채취하거나 증거가 되는 음식 견본을 준비하고 나머지 모든 음식은 버린다.(교차 오염을 방지하기 위해 자벨수 javel를 나머지 음식에 뿌린다.)
- 세균 분석 결과가 나오기 전에 어떤 식품도 사용하지 않는다.
- 조리 작업 장소와 크고 작은 기구들을 모두 세척하고 소독한다.
- 냉장 장치가 잘 작동하는지 확인한다.(냉장 보관소의 적합성 여부)
- 식중독 검열자가 원인을 찾아내기 위해 필요한 모든 자료를 제공한다.(식품 상세 정보, 식품 원산지, 보관 온도, 유통기한, 가열과 냉각 온도, 보관 및 해동 등이 명시된 조리 준비 표 등등)
- 요식업 담당자에게 적합한 교육을 다시 실행한다.(방법, 요식업 전문 복장 및 손 씻기 강조)
- 작업 절차 및 운영 방식을 업데이트하고 효과적인 자체 검열 방식을 시행한다.

세균 증식에 대한 주의 BREF RAPPEL DES CONDITIONS FAVORABLES AU DÉVELOPPEMENT DES MICRO-ORGANISMES

주방은 세균이 확산하는데 이상적인 장소이다. 온도, 습도, 음식 등의 모든 조건을 갖춘 곳이기 때문이다.

세균은 모든 생명체와 동일하게 작용한다. 영양분을 섭취하고 호흡하고 번식하고 이동하며 죽는다.

박테리아 세포는 세포 분열로 증식한다.

유리한 조건에서 세포는 20분 마다 둘로 분열하므로 그 수는 2배가 된다. 이론적으로 하나의 박테리아에서 시작해 9시간 만에 프랑스 전체 인구 수와 동일한 수의 박테리아가 생길 수 있다.

하지만, 냉장 보관실에 식료품을 보관하는 0~3도 사이의 저온 유통을 준수할 경우, 박테리아는 24시간마다 둘로 분열한다.

박테리아가 증식하기 위한 조건 LES BACTÉRIES SE DÉVELOPPENT SOUS CERTAINES CONDITIONS

공기 La présence d'air

- 호기성(好氣性 Les germes aérobies) 세균은 산소가 있어야 증식이 가능하다.
- 혐기성(嫌氣性 Les germes anaérobies) 세균은 산소가 없어야 증식이 가능하다.
- 통성혐기성(通性嫌氣性 : Les germes aéro-anaérobies) 세균은 산소 호흡을 하지만 산소가 없는 환경에서도 산소 없이 증식한다.

가장 위험한 박테리아는 혐기성 세균과 선택적 세균이다. 왜냐하면, 진공 포장이나 변형공기 포장법으로 된 식품 속에서 현저하게 증식할 수 있기 때문이다.

온도 La témperature

- −18도에서는 세균 증식이 멈춘다. 박테리아는 냉동하면《잠자거나 endormies》《마비되지만 paralysées》죽지는 않는다. 유리한 온도에서 다시 증식을 시작한다.
- 3~63도의 온도에서는 박테리아가 20~45도 사이의 유리한 온도 구역에서만 증식한다.
- 호냉성 또는 저온성 박테리아는 10도 이하의 온도에서도 증식한다. 이러한 박테리아 중(예를 들어, 리스테리아균)에는 0도 전후에서 냉장 식품을 변질시키거나 심하게 오염시킬 수 있다.
- 호열성 박테리아는 45~63도에서 증식할 수 있으므로, 규정 온도를 준수하며 식품을 익힐 필요가 있다.
- 적당한 온도를 좋아하는 박테리아는 20~45도 사이에서 증식하며, 이 온도는 조리하는 동안의 주방 온도에 해당한다.

병을 일으키는 박테리아는 적당한 온도를 좋아하므로, 어떤 조리 식품도 주방 온도에 남아 있거나 천천히 식히면 안 된다.

집단 식중독 감염(TIAC) 원인이 되는 대부분의 박테리아는 63도 이상의 온도에서 파괴된다. 하지만 그 박테리아 포자(생명력이 강한 형태)는 특정 온도와 정확한 가열 시간(예를 들어, 살균 소독 표)으로만 파괴된다.

습도 L'humidite

- 수분 15% 이하에서는 박테리아 증식이 멈춘다. 즉, 탁테리아가 죽는다. 식품의 탈수 및 건조에 대한 테크닉 중 보관 방법 편을 참조한다.

산성도 또는 PH(수소이온농도) L'acidité ou le PH

- 병원균은 수소이온농도(PH)가 7 근처인 환경, 즉 산성도와 염기성이 매우 높지 않은 중성의 환경에서 잘 증식한다. 하지만 호산성의 박테리아도 존재한다.(요구르트나 식초 제조)

영양분 La nourriture

- 박테리아는 단백질이 풍부한 환경을 특히 더 좋아한다. 박테리아에 특히 취약한 식품은 냉장 보관실에 계속 보관해야 하며 필요에 따라 꺼내야 한다.(소스, 고기 육수, 생선 육수, 익히지 않은 계란을 재료로 한 식품(크렘 앙글레즈, 올랑데즈 소스, 마요네즈 등등))

다음은 미생물 범주에 속한다.

- **장내 기생충 les vers parasitaires intestinaux**: 아니사키스, 회충, 청어 기생충(고래회충), 지렁이 회충, 돼지 또는 멧돼지의 선모충, 병을 일으키는 사상충, 요충, 크고 작은 간흡충, 촌충
- **미세 균류 les champignons microscopiques**: 곰팡이, 진균
- **바이러스 les virus**: 박테리아보다 더 작은 미생물로, 번식을 위해 다른 동물 세포를 변형시킨다.
- **프리온 les prions**: 광우병(ESB)의 원인으로 변종인 크로이츠 펠트 야코프 병은 감염된 소고기를 먹고 전염된다.

미생물학적(세균) 분석 LES ANALYSES MICROBIOLOGIQUES

식품위생법 규정의 조항에 따르면, 요식업 경영자는 올바르게 위생을 실천하고 해썹(p. 38 참조) 방식을 중시하는 위생관리계획(PMS, p. 42 참조)을 실행해야 한다.

견본 채취의 다양한 형태 DIFFÉRENTS TYPES DE PRÉLÈVEMENTS POSSIBLES

- 튀김 기름을 포함한 원재료
- 제조 중인 식품
- 시식 준비가 완료된 식품
- 유통 중인 식품
- 완성된 식품의 수명 기간 확인 및 신선도
- 유통 기한(DLC)
- 조리 작업장, 작업대, 크고 작은 조리 기구의 세척 및 소독 효능 및 환경적 오염(작업 환경 분석)
- 인력 건강 상태, 신체 및 의복 위생

요식업 책임자는 분석 결과를 통해 위생법을 준수했는지 평가하고 시정하며, 작업 구조, 요식업 관계자의 행동, 식품 작업장의 청결 상태 등을 개선시켜야 한다. 세균 분석은 요식업 경영자가 주방의 위생 상태를 높은 수준으로 유지하고 감독할 수 있도록 하는 수단이다.

결과 분석 L'ANALYSE DES RÉSULTATS

결과과 좋지 않은 경우에는 즉시 다음과 같은 시정 조치가 뒤따라야 한다.
- HACCP 제1원칙을 따른다.
- 5M 방법을 사용한다.

규정 이상의 병원균은 인력(Main-d'oeuvre), 원재료(Matiere premiere), 설비(Materiel), 장소(Milieu), 방법(Methode)의 위생 불량 상태를 보여준다.

예:

- 원재료에 대한 부실한 검사(낮은 품질의 식료품, 유통기한이 얼마 남지 않은 식료품)
  mauvais contrôle de la matière première
  (denrées de qualité inférieure ou DLC résiduelle très courte),
- 저온 유통 단절 rupture de la chaîne du froid,
- 같은 장소에 있는 재료 사이의 오염 contamination croisée,
- 불충분한 가열 cuisson insuffisante,
- 천천히 시킨 냉각 refroidissement trop lent,
- 잘못된 방법으로 조리 mauvaise méthode de travail,
- 인력의 위생 관념 부족 manque d'hygiène du personnel,
- 관리 부실한 작업장과 기구 locaux et matériel mal entretenus,
- 해충과 설치동물 등 présence d'insectes et de rongeurs…

규정상 권장 세균 검사 주기

하루 100인분 미만 준비
3개월마다 3번 검사
하루 100~500인분 준비
한 달에 3번 검사
하루 500~2000인분 준비
한 달에 4번 검사
하루 2000인분 이상 준비
15일마다 3번 검사

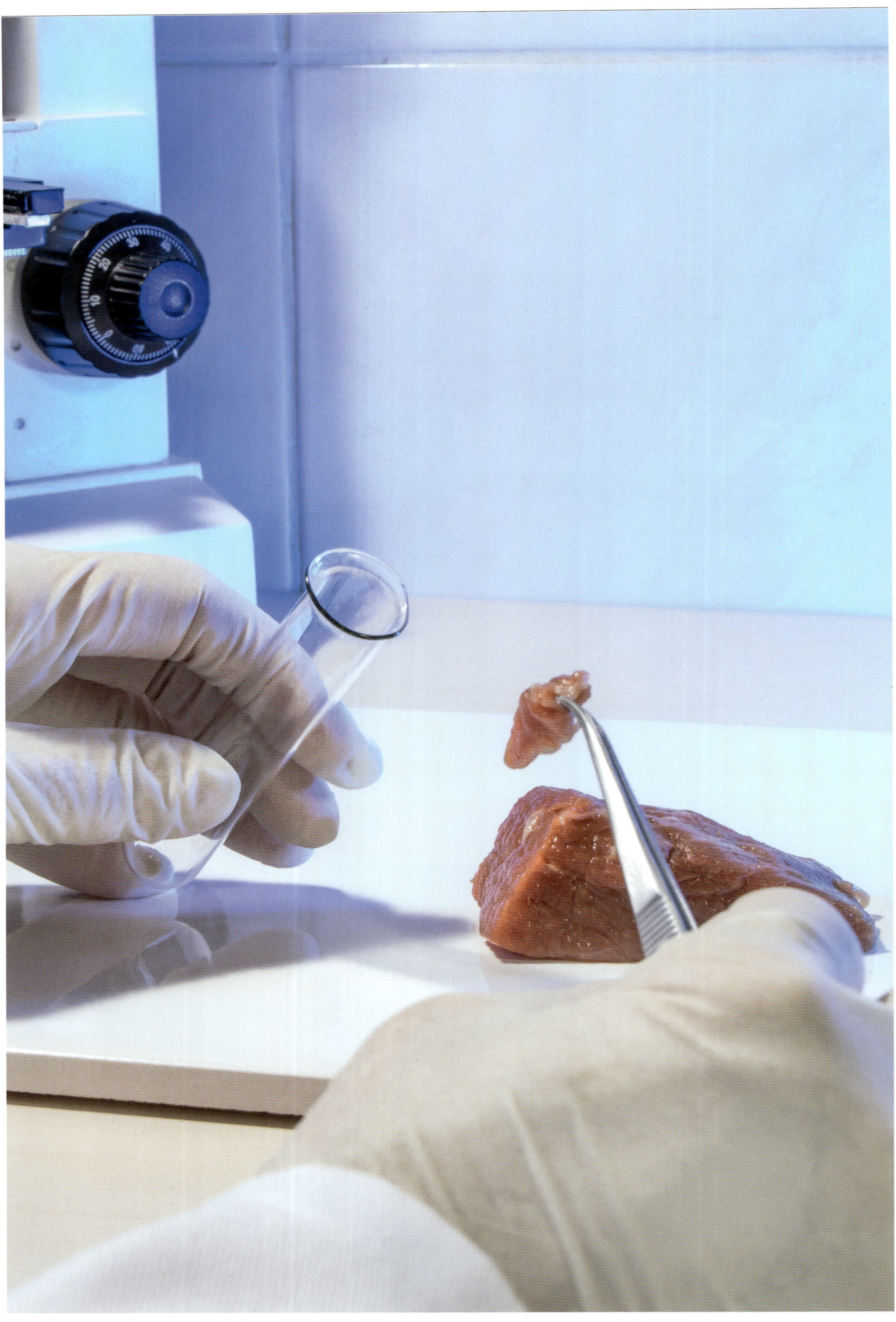

미생물 분석 시 검출되는 주요 세균

LES PRINCIPAUX GERMES RECHERCHÉS LORS DES ANALYSES MICROBIOLOGIQUES

법 규정 사항 Ce que dit la loi

상업적 식당, 식품 유통 업체, 기업적 단체 급식 업체, 식품 생산 업체 등의 책임자는 주방 시설과 기능, 원재료와 완성 식품 등이 규정상 세균학적 기준에 적합한지 확인하기 위하여 정기적인 자체 검사를 시행해야 한다.

견본 체취 방식과 빈도는 해썹 HACCP 운영 팀이 정한다.

다음 사항에 따라 조정한다.

– 식품 생산 양(하루에 준비하는 식사 양)

– 사용하는 식료품의 상태(저민 고기, 계란을 기본 재료로 만든 음식 등등)

– 식당 컨셉트(따뜻하거나 차가운 음식 준비)

- 살모넬라균 Les salmonelles
- 병을 일으키는 포도상구균 Les staphylocoques présumés pathogènes
- 혐기성 아황산염 환원제(클로스트리디움 퍼프린젠스) Les anaerobies sulfito—reducteurs(Clostridium perfringens)
- 리스테리아균 Listeria
- 대장균 Escherichia coli

살모넬라균 LES SALMONELLES OU SALMONELLA

살모넬라균은 열에 민감한 박테리아로 63~65도 이상부터 파괴된다. 대체로 동물 장내에 산다. 동물 노폐물로 오염된 음식이나 장소에서 나올 수 있다.

살모넬라균은 오염된 원재료를 통해 전염될 수 있다. 유통기한이 얼마 남지 않은 날것의 가금류, 저민 소고기, 고기를 재료로 한 파르시, 날것의 소고기 또는 충분히 익히지 않은 소고기, 생우유(살균하지 않은 우유), 계란 등의 원재료로 전염된다.

과일과 채소도 동물 노폐물로 오염된 흙과 접촉했을 경우, 살모넬라균을 보유할 수 있다.

실온에 둔 생 닭과 날것으로 먹는 다른 식품(혼합 샐러드, 완성된 음식)이 접촉할 경우 교차로 인한 오염 위험성이 있다. 전염은 주방 기구(도마, 칼, 옷감 등등)를 통해, 더욱 정확하게는 주방장 손을 통해 일어난다.

포도상구균/황색 포도상구균(금색) LES STAPHYLOCOQUES/STAPHYLOCOCCUS AUREUS(DORÉ)

금색 포도상구균은 포도상구균 중에 가장 병을 잘 일으키는 종류이다. 사람과 동물에 살고 있는 세균으로 온화한 온도를 좋아하고 공기 중의 산소를 좋아하는 호기성이 있다. 열에 민감하여 70도 이상 온도에서 최소 20초 동안 있으면 파괴된다.

황색 포도상구균은 20% 이상의 건강한 사람들의 콧구멍, 목, 여드름이 날 때의 피부 등에서 발견된다. 기침과 재채기를 할 때 비인두로부터 박테리아가 퍼져 나와 얼굴, 손, 주변 환경을 오염시킨다.

이 박테리아는 전염성(증식될 가능성)과 중독성(식품에 유독성 물질을 만들어내는 능력)을 보유하고 있다.

황색 포도상구균의 증식과 중독성을 막기 위해서는, 반드시 다음과 같이 해야 한다
- 저온 유통 준수
- 식품을 규정 온도로 냉장 보관(2시간 미만에서는 63도에서 10도까지 가능)
- 상처 치료, 소독, 보호, 감기에 걸렸거나 기침이 나오는 경우 입과 코를 가리는 마스크 착용, 식품이나 손에 재채기 금지, 손에 재채기를 할 경우, 손 세척 및 소독
- 70도 이상 규정 온도로 음식 익히기(박테리아 근절 방법)

클로스트리디움 퍼프린젠스 CLOSTRIDIUM PERFRINGÈNS

클로스트리디움 퍼프린젠스는 땅(흙)에서 기원하며 호열성, 혐기성 박테리아로, 끓이거나 규정(온도/기간)을 준수하여 살균하면 파괴된다. 포자(홀씨)로 번식하는(자연에서 견딜 수 있는 포자) 박테리아로 감염된 음식을 먹은 사람의 장내에서 독성을 만들어낸다.

박테리아가 고기 단백질과 전분이 풍부한 음식에 존재한다면, 진공상태로 오랫동안 낮은 온도로 가열할 경우 포자를 만들어낸다. 즉《포자를 깨운다 la réveille》. 왜냐하면 조리 시간 동안 공기를 없애면서 혐기 생태로 음식물 조건을 만들기 때문이다. 음식 냉각을 천천히 할 때, 세균은 극도로 빠른 속도로 증식한다.

클로스트리디움을 파괴하기 위해서는, 진공 상태로 포장되었거나 낮은 온도로 익힌 식품을 반드시 끓여야 한다. (모든 고기 요리, 고기와 함께 요리한 건조 채소, 고기를 재료로 한 소스)

리스테리아 LISTÉRIA MONOCYTOGÈNES

리스테리아균은 흙, 채소, 사료, 사람과 동물의 대변 속에 사는 호냉성 박테리아이다. 춥고 습한 곳에서 잘 증식한다.(관리가 부실한 추운 방, 냉방장치가 설치된 실험실, 양조 숙성을 위한 청정 작업실, 차가운 조리 식품 포장을 위한 작업실, 진공 포장 작업실 등등)

리스테리아균 중독은 오염된 생우유 제품과 접촉되었거나 마셨을 때, 또는 가축의 분뇨가 많은 땅에서 자란 유기농 채소를 생으로 먹거나, 박테리아에 오염된 생선, 돼지고기 가공식품, 소고기를 먹을 때 발생할 수 있다.

리스테리아균은 주방과 부속 시설의 일반적인 위생과 식품 안전 가열 수준에 따라 발생한다.

대장균 ESCHERICHIA COLI OU E. COLI

대장균은 동물(가금류, 수렵육, 소고기, 양고기, 돼지고기) 내장 속에 사는 박테리아이다. 고기 덩어리를 자르거나 가금류 또는 수렵육 내장을 제거할 때, 박테리아는 조리 작업장 표면과 기구(도마, 칼, 정리용 용기)에 퍼질 수 있다.

대장균은 감염된 사람과의 악수를 통해서 확산될 수 있다. 충분히 익히지 않은 고기나 가금류, 과일과 채소를 씻은 염소를 함유하지 않은 물에 존재한다.

사람과 동물 내장에 공통적으로 있는 박테리아로, 주로 호기성 장내 박테리아를 구성한다. 대변 대장균은 위장염,《병에 걸리면 3개월에 한 번씩 검사를 받아야 하는 전염병》, 요로 감염, 특정 형태의 뇌막염 등을 일으킬 수 있다.

대장균은 냉기에 대한 내성은 있지만 안전한 온도로 가열할 경우 파괴된다.

 **주의 사항이 많은 이유**

위생관리 불량으로 심각한 식중독이 일어나는 경우는 드물다. 식중독 가능성이 줄어서가 아니라 그럴 위험이 현저하지 않기 때문이다. 미래의 요식업 담당자는 심각하지 않은 위험도 존재한다는 사실과 올바르고 신중한 위생 실천(HACCP과 PMS)에 대해 명심해야 한다. 여러분이 책임자이다. 식당의 명성과 지속성도 여러분에게 달려 있다.

화장실에 다녀온 후, 가금류, 생선, 수렵육 등의 내장을 제거한 후, 음식물 부스러기나 바구니를 비운 후, 쓰레기통을 비운 후에는 세면대 위에 붙어 있는 방법에 따라 올바르게 손을 씻고 소독한다.

사용한 조리 작업장과 기구 전체를 씻고 소독한다.

과일이나 채소는 사용하기 전에 모두 씻고 오염물을 즉시 제거한다. 채소를 다루는 작업실에 붙어 있는 방법에 따라 염소를 함유한 물이나 화이트 식초(vinaigre blanc : 국내에서는 백식초라 부름) 물에 씻는다.

〈낮은 온도〉로 가열하는 것은 특별 교육을 받아 시간과 온도를 조절하며 관계 당국에 위생적(세균학적) 품질 상태를 증명할 수 있는 책임자의 일이다. (세균 분석 편 참조)

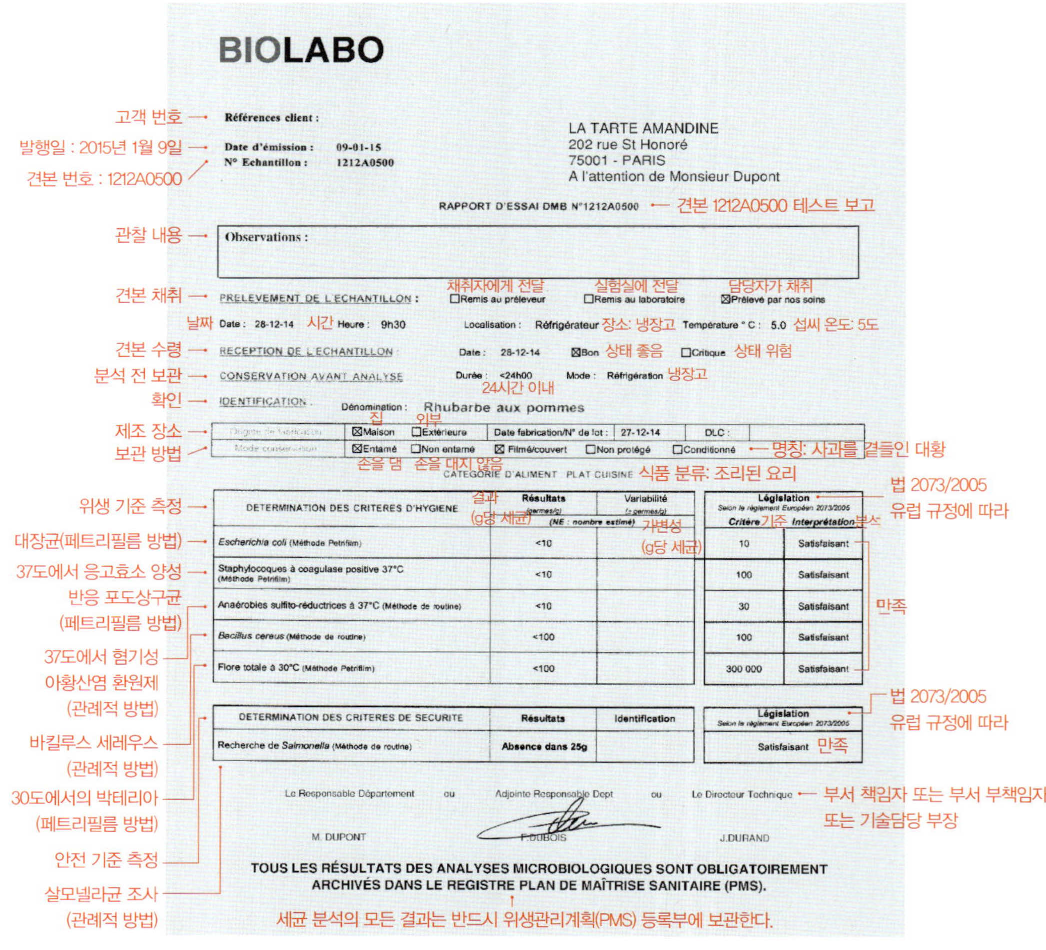

BIOLABO

Références client :

Date d'émission :   09-01-15
N° Echantillon :   1212A0500

LA TARTE AMANDINE
202 rue St Honoré
75001 - PARIS
A l'attention de Monsieur Dupont

RAPPORT D'ESSAI DMB N°1212A0500

Observations :

PRELEVEMENT DE L'ECHANTILLON : ☐ Remis au préleveur ☐ Remis au laboratoire ☒ Prélevé par nos soins

Date : 28-12-14   Heure : 9h30   Localisation : Réfrigérateur   Température ° C : 5.0

RECEPTION DE L'ECHANTILLON : Date : 28-12-14 ☒ Bon ☐ Critique

CONSERVATION AVANT ANALYSE Durée : <24h00 Mode : Réfrigération

IDENTIFICATION Dénomination : Rhubarbe aux pommes

| Origine de fabrication | ☒ Maison ☐ Extérieure | Date fabrication/N° de lot : | 27-12-14 | DLC : |
| Mode conservation | ☒ Entamé ☐ Non entamé | ☒ Filmé/couvert ☐ Non protégé | ☐ Conditionné | |

CATEGORIE D'ALIMENT PLAT CUISINE

DETERMINATION DES CRITERES D'HYGIENE	Résultats (germes/g) (NE : nombre estimé)	Variabilité (± germes/g)	Législation Selon le règlement Européen 2073/2005	
			Critère	Interprétation
Escherichia coli (Méthode Petrifilm)	<10		10	Satisfaisant
Staphylocoques à coagulase positive 37°C (Méthode Petrifilm)	<10		100	Satisfaisant
Anaérobies sulfito-réductrices à 37°C (Méthode de routine)	<10		30	Satisfaisant
Bacillus cereus (Méthode de routine)	<100		100	Satisfaisant
Flore totale à 30°C (Méthode Petrifilm)	<100		300 000	Satisfaisant

DETERMINATION DES CRITERES DE SECURITE	Résultats	Identification	Législation Selon le règlement Européen 2073/2005
Recherche de Salmonella (Méthode de routine)	Absence dans 25g		Satisfaisant

Le Responsable Département   ou   Adjointe Responsable Dept   ou   Le Directeur Technique

M. DUPONT   F. DUBOIS   J. DURAND

TOUS LES RÉSULTATS DES ANALYSES MICROBIOLOGIQUES SONT OBLIGATOIREMENT ARCHIVÉS DANS LE REGISTRE PLAN DE MAÎTRISE SANITAIRE (PMS).

메뉴에 제공되는 요리 중 알레르기를 일으킬 수 있는 재료에 대해 고객에게 알리기

L'INFORMATION DES CLIENTS SUR LA PRÉSENCE DE SUBSTANCES ALLERGISANTES DANS LES PLATS PROPOSÉS SUR LA CARTE ET LES MENUS

 **법 규정 사항** Ce que dit la loi

위에 언급된 알레르기를 일으킬 수 있는 재료의 표시는 소비자가 요청하지 않아도 서면으로 반드시 이루어져야 한다. 프랑스에서는 레스토랑 운영자들이 그들에게 가장 적합한 시스템을 사용하고 가장 간단한 방법으로 이 의무를 이행할 수 있도록 자율적으로 선택하도록 하고 있다.

– 테이크 아웃 판매 또는 사전 포장된 요리 배달의 경우, 공식 알레르기 항원 목록에 있는 정확한 용어로 포장에 그 정보를 언급해야 한다.

 📋 대두 레시틴, 유화제 E322 없음

– 요식업 서비스에서 소비자에게 직접 제공되는 요리의 경우(미리 포장된 요리 아님), 알레르기 유발 재료를 서면으로 반드시 알려야 한다.

다음과 같은 다른 방법도 사용할 수 있다.

– 모든 고객이 접근할 수 있도록 가까운 장소에 게시

– 제공되는 요리 목록과 14가지 알레르기 항원을 2중 분할표 형식으로 입력한 문서

– 메뉴에 알레르기 유발 재료를 요리별로 표시

– 고객이 사용할 수 있는 정보처리 장비

2015년 7월부터 사전 포장되지 않은 가공식품(레스토랑, 케이터링 업체, 푸드트럭, 슈퍼마켓 내의 정육점 또는 치즈 전문점 등 직접 잘라서 주는 코너, 고객의 집으로 배달되는 식사)을 제공하는 요식업계의 모든 관리자는 고객에게 준비된 제품에 알레르기 유발물질이 포함되어 있음을 알려야 한다. 이 정보를 통해 알레르기 반응이 있는 고객은 안심하고 메뉴를 정할 수 있다.

식품 알레르기는 점점 더 자주 발생하며, 국립영양건강프로그램(PNNS : Programme National Nutrition Santé)에 따르면 식품 알레르기가 성인의 3~4%, 어린이의 6~8%에 해당한다고 한다.

식품 알레르기와 식품 불내증을 구별하는 방법
COMMENT DIFFÉRENCIER UNE ALLERGIE ALIMENTAIRE D'UNE INTOLÉRANCE ALIMENTAIRE

식품 알레르기 allergie alimentaire는 알레르기를 일으키는 식품이나 물질을 섭취한 후 면역계가 거의 즉각적인 방어 반응을 보이는 것이다. 이 격렬한 반응은 빠르게 나타나며(호흡 곤란, 입술 또는 혀 붓기) 아나필락시스 반응(과민증)을 유발할 수 있다.

알레르기를 식품 불내증 l'intolérance alimentaire(예 유당 또는 글루텐 불내증 intolérance au lactose ou au gluten)과 혼동해서는 안 된다. 식품 불내증은 음식을 소화할 수 없을 때 식품이나 그 구성 요소 중 하나에 대한 신체의 점진적인 반응을 특징으로 한다. 식품 불내증은 대부분 소화 장애(복통, 팽만감, 메스꺼움)를 유발하며 알레르기와 달리 일반적으로 면역 체계에 영향을 미치지 않는다.

유럽 연합은 14가지 식품 알레르기 목록을 정의하고 소비자에게 정보를 알리는 것을 의무화했다.

요리 재료 속에 알레르기를 일으키는 물질이 포함되어 있다는 사실을 서면으로 알린다고 하더라도 주문을 받을 때 구두로 다시 안내할 수 있다.

필수적으로 알려야 하는 정보인 알레르기 항원 목록(이 목록은 과학적 평가에 따라 정기적으로 수정되며, 최근 2020년에 수정됨)

알레르기 항원 목록 LISTE DES ALLERGÈNES	예외 EXCLUSIONS
글루텐을 함유한 곡물 Céréales contenant du gluten(밀, 호밀, 보리, 귀리, 스펠트밀, 카무트 또는 교배종) 및 이러한 곡물을 기본 재료로 만든 식품	포도당을 포함하고 밀을 기본 재료로 한 글루코스 시럽 밀을 기본 재료로 한 말토덱스트린 보리를 기본 재료로 한 글루코스 시럽 독주와 기타 알코올 음료를 위한 증류주 또는 에틸 알코올 제조에 사용되는 곡물
갑각류 Crustaces 및 갑각류를 기본 재료로 만든 식품	
계란 OEufs 및 계란을 기본 재료로 만든 식품	
생선 Poissons 및 생선을 기본 재료로 만든 식품	비타민 또는 카로티노이드 제제로 사용되는 생선 젤라틴 또는 맥주 및 와인에서 청징제로 사용되는 부레풀
땅콩 Arachides 및 땅콩을 기본 재료로 만든 식품	
콩 Soja 및 콩을 기본 재료로 만든 식품	완전 정제된 대두유 및 지방 천연 혼합 토코페롤 대두 식물성 기름에서 추출한 피토스테롤 및 피토스테롤 에스테르 대두 식물성 기름에서 추출한 스테롤로 만든 식물성 스타놀 에스테르
우유 Lait 및 유제품 (유당 포함)	농업용 에틸 알코올을 포함한 알코올 증류액 제조용 유청 락티톨
견과류 Fruits àcoques(아몬드, 헤이즐넛, 호두, 캐슈너트, 피칸, 마카다미아, 브라질너트, 퀸즐랜드너트, 피스타치오) 및 견과류를 기본 재료로 만든 식품	농업용 에틸 알코올을 포함한 알코올 증류액 제조에 사용되는 견과류
샐러리 Celeri 및 샐러리를 기본 재료로 만든 식품	
겨자 Moutarde와 겨자를 기본 재료로 만든 식품	
참깨 Graines de sesame와 참깨를 기본 재료로만든 식품	
농도가 10mg/kg 또는 10ml/l를 초과하는 무수아황산 및 아황산염 Anhydride sulfureux et sulfites(SO2로 표시)	
루핀 Lupin 및 루핀을 기본 재료로 만든 식품	
연체동물 Mollusques 및 연체동물을 기본 재료로 만든식품	

출처: DGCCRDF(Direction Générale de la Concurrence, de la Consommation et de la Répression des Fraudes의 약자로, 소비자 보호, 공정 경쟁 유지, 그리고 사기 및 불공정 거래 방지를 담당하는 프랑스 경제부 산하 기관)

더 자세한 정보는 DDCSPP(Direction Départementale de la Cohésion Sociale et de la Protection des Population 사회 결속 및 인구 보호를 위한 이사회)에 문의하세요.

조리 과정에서 알레르기를 일으킬 수 있는 재료가 우발적으로 포함될 가능성
LA PRÉSENCE FORTUITE D'ALLERGENES DANS LES PRÉPARATIONS

알레르기 유발물질을 함유한 다른 식품과의 접촉으로 본의 아니게 오염될 가능성이 있으며, 이 경우 오염의 위험을 평가하고 이를 줄이기 위해 가능한 모든 조치를 취해야 한다. 《…의 흔적을 포함할 수 있음 peut contenir des traces de…》이라는 유형의 추가 기록을 카드에 표시하거나 14가지 알레르기 항원의 필수 표에 게시할 수 있다.

	우유 / Lait	계란 / Œufs	갑각류 / Crustacés	생선 / Poissons	연체동물 / Mollusques	겨자 / Moutarde	샐러리 / Céleris	견과류 / Fruits à coques	땅콩 / Arachides	참깨 / Graines de sesame	글루텐 함유 곡물 / Céréales avec gluten	콩 / Soja	루핀 / Lupin	이산화황 및 아황산염 / Anhydride sulfureux et sulfites	오염 접촉 가능성 / Contamination croisée
칵테일 소스를 곁들인 새우 / Crevettes sauce cocktail		✕	✕			✕	✕					✕			예
가자미 뫼니에르, 뽐 앙글레즈 / Sole meunière, pommes de terre à l'anglaise		✕		✕							✕				예
바닐라 크렘 브륄레 / Crème brulée à la vanille	✕	✕													예

음식 견본 LES PLATS TÉMOINS

음식 견본 채취
Prélever un échantillon témoin
www.bpi-campus.com
www.youtube.com/@diytp

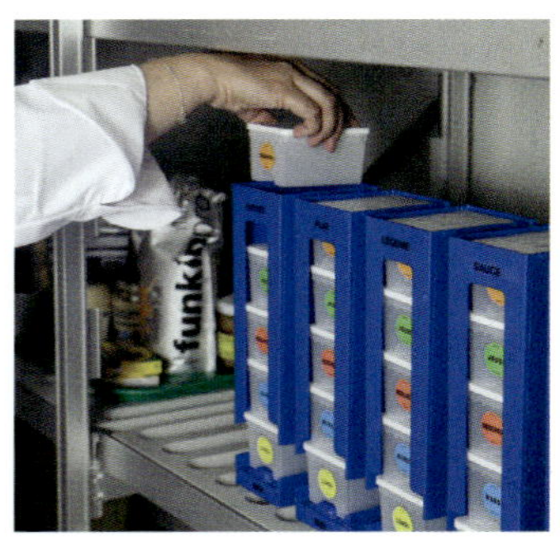

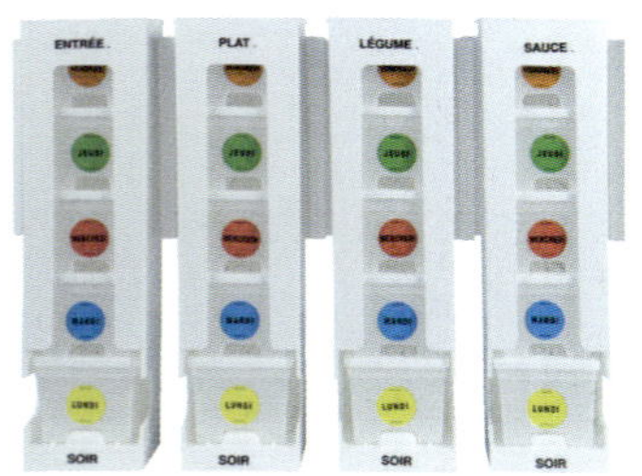

전식	본식	채소	소스
금요일	금요일	금요일	금요일
목요일	목요일	목요일	목요일
수요일	수요일	수요일	수요일
화요일	화요일	화요일	화요일
월요일	월요일	월요일	월요일
저녁	저녁	저녁	저녁

사니푸스 문서 Documents Sanipousse

단체 급식 음식 견본 채취
LE PRÉLÈVEMENT DE PLATS TÉMOINS EN RESTAURATION COLLECTIVE

2009년 12월 21일 법령(이전 법령을 폐지함)

20명 미만을 수용하는 작은 기관(어린이 집, 방과후 학교(방학 놀이 학교), 부모가 운영하는 급식 센터), 전통적 상업 식당, 수요에 따라 조리하는 사기업 경영진을 위한 고급 식당 등의 경우는 해당되지 않는다.

식사에 제공되는 각각의 요리 견본을 보관하는 목적은 집단 식중독 감염(TIAC)이 일어날 경우 역학 조사를 위한 것이지 조리 작업장, 조리 도구, 인력의 의무적 세균 분석을 행하는 요식업소 위생 수준을 평가하기 위한 것은 아니다.

집단 식중독 감염이 의심될 경우, 공식 기관은 음식 견본을 사용할 수 있어야 한다.

견본 채취 원칙 PRINCIPE DU PRÉLÈVEMENT D'ÉCHANTILLONS

명시된 위생 매뉴얼에 따라 식사 동안 제공되는 각각의 식품을 대표하는 견본을 채취한다.

- **전식 Entrées** : 잘게 썬 생채소, 에피타이저 요리, 마요네즈 소스, 포타주, 혼합 샐러드, 개별적으로 포 장되지 않은 돼지고기 가공 식품, 소금에 절인 식품 등등
- **본식과 곁들임 요리 Plats principaux et garnitures** : 조리된 각각의 요리 일부분(계란, 고기, 생선, 채소와 소스, 잘게 저민 고기나 계란을 재 료로 한 요리처럼 상하기 쉬운 요리 등등)
- **디저트 Desserts** : 종류별 견본(과일 샐러드, 프로마주 블랑, 크림 케이크(과자), 앙트르메, 크렘 앙글레즈 등등)

상업적으로 포장된 제품은 해당하지 않는다.

(예를 들어, 익혀서 포장된 제품, 요구르트, 쁘띠 스위스(les petits-suisses : 생크림 치즈의 일종), 과일, 빵, 파스퇴르법 살균 치즈)

음식 견본 채취는 다음과 같은 원칙에 따른다.

- 제공되는 여러 가지 음식을 대표해야 한다.
- 서비스 되기 바로 직전에 충분한 양으로 채취해야 한다.(최소 100g)
- 채취 날짜, 시간, 장소, 음식 특징 등을 확인한다. 요점을 간추린 확인 표는 음식 견본과 함께 기록 보관소에 보관한다.
- 세균학적 속성이 변하지 않는 조건으로 보관한다. 온도는 3도가 적절하다. 음식 견본은 −18도로 냉동 보관할 수 있다.
- 소비자에게 마지막으로 제공된 이후로 5일 동안 보관한다.

기구 LE MATÉRIEL

일반적으로 음식 견본을 저장, 보관하는 데에는 두 가지 주요 방법을 사용한다.

- 액체 등이 세지 않는 뚜껑이 있는 살균 용기에 견본을 구별할 수 있는 라벨을 부착한다.(색깔로 음식 견본을 구별할 수 있는 용기와 컵) 음식 종류에 따라 〈서랍에〉 배치하고, 시간이 지남에 따라 이전 용기를 처분한다.
- 봉투로 견본을 분류 확인할 수 있다. 봉투에 견본을 넣을 때는 감염 위험을 막기 위해 주의해야 한다. 봉투 속 부분을 직접 만지면 안 된다.

"

음식 견본 채취 후 남은 음식 관리   LA GESTION DES RESTES

요식업 위생 감독 서비스 승인 없이도 남은 음식 관리를 차후에(최대 24시간 안에) 다시 제공할 수 있다.

반드시 지켜야하는 조건들 CERTAINES CONDITIONS SONT À REMPLIR

냉장 음식 Préparations réfrigérées

- 소비자에게 이미 선보였던 것이면 안 된다.(뷔페, 셀프 서비스 음식을 차려놓은 바)
- 규정 온도로 보관한다.(최대 3도)

따뜻한 음식 Préparations chaudes

- 소비자에게 이미 선보였던 것이면 안 된다.
- 규정 온도로 보관한다.(최소 63도)
- 재빨리 식히고(2시간 미만에 63도에서 10도로 속까지 식어야 함), 최대 3도로 저장한다.
- 시식하기 전에 다시 규정 온도로 맞춘다.(1시간 이내에 10도에서 63도로 데워야 함)

식품 분류표를 보면 보관된 식품을 사용할 날짜를 알 수 있다. 《빠른 시간 안에 식혀(냉각) 다시 규정 온도로 데워 먹는 식품 produit de refroidissement rapide et de remise en température》에 대한 안내표는 책임자가 작성, 승인한다.

노로 바이러스

노로 바이러스는 장염을 일으키며 전염성이 강한 바이러스 집단을 가리킨다. 처음에 오하이오(Ohio)주 노워크(Norwalk)에서 발견되어 이렇게 이름을 지었다.

노로 바이러스는 전염 가능성이 매우 높은 바이러스로, 특히 단체 급식에서 그러하다.(학교 급식, 회사 구내식당 등등)

감염된 사람의 대변이나 토사물에 존재하는 노로 바이러스는 전염성이 매우 높아서 사람 사이에 빠르게 확산한다.

노로 바이러스 때문에 일어난 음식 감염은 주로 식품을 다루는 사람이 감염되어 음식을 오염시킬 경우 발생하며, 특히 화장실에서 돌아온 후, 가금류, 수렵육, 생선 등의 내장을 제거한 후, 식품 포장이나 큰 상자를 만진 후, 흙이 묻은 채소를 씻은 후, 쓰레기통을 비운 후, 재채기를 하거나 코를 푼 후 제대로 손을 씻지 않거나 소독하지 않은 경우 등에 일어난다.

이러한 전염은 아픈 사람과 음식을 나눠 먹거나, 조리기구를 함께 사용하거나, 문의 손잡이처럼 오염된 부분을 만질 경우에도 일어날 수 있다.

어떤 식품의 경우 원재료에 전염될 수도 있다. (해산물, 갑각류, 의무적 해감 절차 없이 직거래로 구입한 굴, 홍합과 같은 연체동물)

또한 전염은 오염된 물이나 오래 사용해서 더러워진 물 때문에 일어날 수도 있다. 빗물이나 수조의 물은 청소에만 사용해야 하며, 이런 물에 소독제를 첨가하여 음식에 사용할 수 없다. 절대로 이런 물로 채소를 씻거나 음식을 익히는 일을 해서는 안 된다.

전염성 장염 치료법은 없다. 병이 낫기를 기다리고 탈수를 막아야 하며, 식품을 취급할 때 확실한 조치를 취해야 한다.(외식업 위생 관리 지침 안내 참조 relire le guide des bonnes pratiques d'hygiène en restauration)

《감기 Petit rhume》에 걸린 경우, 조리를 하는 동안 예상치 못한 재채기로 재료나 동료에게 전염시키지 않도록 즉시 마스크를 착용한다.

요식업 관계자가 주방에 들어갈 때, 조리 작업대를 배치(설치)할 때 주의 사항
PRÉCAUTIONS À OBSERVER LORS DE L'ARRIVÉE DU PERSONNEL EN CUISINE ET DE L'INSTALLATION DU POSTE DE TRAVAIL

식품 생산 과정 DIAGRAMME DE FABRICATION	위험 DANGERS	위험 제한 주의 사항 PRÉCAUTIONS À OBSERVER POUR LIMITER LES DANGERS
❶ 주방에 요식업 관계자 입장 ARRIVÉE DU PERSONNEL DANS LES ATELIERS	▶ 세균 오염 CONTAMINATION 요식업 전문 복장, 행주, 손, 머리카락, 피부, 기침이나 입김 등은 오염될 수 있는 주요 매개물이다	▶ • 조리 작업 시행 시 완벽하고 깨끗한 요식업 전문 복장을 한다. • 행주는 뜨거운 용기나 요리를 잡을 때에만 사용한다. • 손을 씻고 소독하는 일은 필요할 때마다 수시로 시행한다.(기관에 비치된 구체적 방법 표를 참조한다) • 손가락으로 조리된 음식 맛을 보지 않고, 깨끗한 숟가락을 사용한다. • 손톱은 매니큐어를 바르지 않고 짧고 깨끗하게 유지한다. 반지, 팔찌, 시계 등을 착용하지 않으며 향수를 뿌리는 일도 피한다. • 기침이나 비인두 감염의 경우 입과 코를 가리는 마스크를 착용한다. • 상처가 생기면 즉시 방수 반창고를 붙여 보호하고, 경우에 따라 손가락 씌우개를 사용한다. • 식품 위에서 머리나 얼굴을 긁지 않는다. 음식이나 조리 기구를 향해 기침이나 재채기를 하지 않는다. 주방에서는 반드시 금연이다.
❷ 조리 작업대 배치(설치)하기 INSTALLER UN POSTE DE TRAVAIL	▶ 오염 증가 CONTAMINATION MULTIPLICATION 소독 및 세척 관리가 불량한 조리 작업대와 조리 기구는 오염과 세균 증식의 근원지가 될 수 있다.	▶ • 조리 작업 시행 전후 조리 작업대를 정리하고 씻고 소독하고 헹구며, 지저분한 작업(흙이 묻은 채소를 씻거나 가금류, 생선의 내장을 제거하는 일) 후에는 반드시 이 작업을 시행한다. • 세척 계획을 잘 지키고 세척 방법 표를 의무적으로 사용한다. • 논리적, 일관적인 순서를 따라 식품을 취급한다. • 냉장 보관해야 하는 상하기 쉬운 식품은 0~4도 사이의 규정 온도에, 냉동 식품은 −18도로 보관한다. • 쓰레기와 더러워진 포장 용품은 재빨리 버린다. • 먼지나 바람에 노출되기 쉬운 식료품과 음식을 보호한다. • 음식 서비스와 관계 없는 평상복 차림을 한 일반인의 주방 출입을 금지한다. p.14~17의 요식업 전문 복장 및 손 씻기 참조

| 식품 생산 과정
DIAGRAMME DE FABRICATION | 위험
DANGERS | 위험 제한 주의 사항
PRÉCAUTIONS À OBSERVER POUR LIMITER LES DANGERS |

식료품을 받을 때 주의 사항

식품 생산 과정 DIAGRAMME DE FABRICATION	위험 DANGERS	위험 제한 주의 사항 PRÉCAUTIONS À OBSERVER POUR LIMITER LES DANGERS
식료품 받기 RÉCEPTION DES DENRÉES	▶ **세균 오염** CONTAMINATION 식품은 올바르지 못한 운송 조건 때문에 오염될 수 있다.(차량 또는 운송 도구의 청결 상태 불량) 식품은 위생 규정 조건에 맞지 않을 수 있다.(나쁜 조건의 가축 사육, 물고기 양식, 조개류 양식, 크레송(물냉이) 재배지 수질 오염) 식품을 받을 때 잘못 관리(바닥에 다량으로 식품 쌓아놓기, 더러운 손으로 식품 다루기) **세균 증식** MULTIPLICATION 소독 및 세척 관리가 불량한 조리 작업대와 조리 기구는 오염과 세균 증식의 근원지가 될 수 있다.	• 공인 식품 공급업체를 확인한다. • 공급업체와 식품 리스트 장부를 정확하게 기입한다.(포장 방법, 배송 시간 등등) • 식품 정보 상세 표를 만든다.(뒷부분 p.62 견본 참조) • 식품을 받을 때 식품 검사 표를 사용하며, 규정에 부적합한 사항을 기입한다. • 배송 상태를 점검한다.(차량 청결 상태, 냉장 및 냉동 식품 온도) • 식품 도착 시간을 관리한다. 배송 시간을 정하고 지킨다. • 식품을 받는 장소가 잘 정리되고, 청소되도록 관리한다.(정리 방법 표) • 식품 사용이 적절한지 다음과 같이 철저히 검사한다. – 매입 주문서와 배송 및 영수증 표를 비교한다. – 식품 품질 상태를 검사한다.(모습, 색깔, 냄새 등등) – 수량을 확인한다.(수량, 무게 등등) – 상품 위생 상태를 확인하는 검인과 원산지 및 발송지를 확인한다.(식품 상세정보*) – 규정 온도 및 유통기한, 최적 사용기한일을 확인한다. • 필요한 경우, 식품의 부적합성을 확인하는 과정을 교육하고 배송 표에 기입하며 공급업체에 항의하는 표를 작성한다.(조건에 맞는 수락, 공급업체에 반송, 상품의 파손 등등) ⚠️ • 식품을 저장하기 전에 너무 오랜 기간 실온에 식품을 두면 안 된다.(온도 상승 위험, 저온 유통 단절 위험, 최대 20분) • 검사 작업이 모두 끝난 후 손을 씻고 소독한다. ***식품 상세정보** Traçabilité : 식품 상세정보는 모든 식품의 내력, 사용법, 원산지 및 원재료, 처리 방법 등을 포함한다. 소고기 기록(DAB)은 정육용 고기의 상세정보 요소를 구성한다.

❶ 매입 주문서를 배송 및 영수증 표와 비교한다.

❷ 식품 품질과 신선도를 검사한다.(시각적 검사)

❸ 식료품 속성에 맞추어 무게와 수량을 확인한다.

❹ 보관 온도, 유통기한, 최적 사용기한일, 위생 검인, 승인 번호 및 분류 번호를 검토한다.

❺ 식품 라벨을 수집, 복사 및 보관한다.(식품 상세정보)

❻ 검사표를 완성하고 서명한다.

❼ 규정에 맞는 상품만 받는다.

❽ 승인 도장을 찍은 배송표를 회계 부서에 넘긴다.

❾ 짐을 푸는 곳에서 상품 포장(원래의 큰 포장)을 벗기고 세척과 소독이 쉬운 뚜껑이 있는 용기에 넣어 정리한다.

❿ 상품 라벨 복사본을 붙여 즉시 해당 냉장 보관실에 정리한다.

원재료의 포장을 벗기고 보관할 때 주의 사항

PRÉCAUTIONS À OBSERVER LORS DU DÉCONDITIONNEMENT ET DU STOCKAGE DES MATIÈRES PREMIÈRES

식품 생산 과정 DIAGRAMME DE FABRICATION	위험 DANGERS	위험 제한 주의 사항 PRÉCAUTIONS À OBSERVER POUR LIMITER LES DANGERS

포장 벗기기(원래 포장) 및 보관하기
DÉCONDITIONNEMENT (EMBALLAGES PRIMAIRES) ET STOCKAGE
	▶ 세균 오염 CONTAMINATION
	식품은 잘못 관리된 기구(설비) (냉장실, 채반, 작은 정리용 기구 등등) 또는 다양한 취급 (더러운 손)으로 오염될 수 있다.
	
	세균 증식
	MULTIPLICATION DES GERMES
	보관 온도를 준수하지 않을 때 (너무 높은 온도) 또는 저온 유통이 단절될 때.
		• 식품 보관실과 기구를 정기적으로 세척, 소독한다.
		• 냉장 보관실 또는 저장실이 잘 작동하는지 규칙적으로 확인한다.(서리 제거, 습도 및 온도 등등) 검사표에 온도를 기입한다.
		• 상품 포장을 벗긴다.(크기가 큰 겉 포장)
		• 뚜껑이 있는 알맞은 용기에 옮긴다.(식품용 용기)
		• 식품을 식별한다.(라벨 복사본 또는 식품 속성, 배송 날짜 및 시간)
		• 식품 포장 상자, 바구니는 즉시 쓰레기 처리장에 버린다.
		• 저온 유통을 지킨다.
		• 식품을 다음과 같이 규정 온도로 보관한다.
		  – 생선은 0도(얼음이 녹는 온도)
		  – 육류 위주의 식품, 진공 상태 식품, 가공하지 않은 신선한 식품의 경우는 4도 이하
		  – 과일, 채소, 계란(열대과일, 구근류 제외)은 8도 이하
		  – 냉동 식품은 –18도 이하
		• 냉동 및 냉장 식품을 정리한 후 그 밖의 식품과 향신료를 정리한다.
		• 하나의 냉장실을 사용할 경우, 식품을 분리하여 덮어놓고 구별해 둔다. 모든 식품을 위해 가장 낮은 온도, 즉 3~4도 이하의 온도를 유지한다.
		• 먼저 사용할 식품을 구별해 두고, 유통기한 DLC 및 최적 소비기한 DLUO을 검토한다.
		• 포장을 벗기거나, 자르거나 해동한 모든 식품은 반드시 (식품용 비닐 커버로) 보호하고, 우선적으로 사용한다.
		• 다음과 같이 정리 상태를 확인한다.
		  – 물건을 절대로 바닥에 두지 않는다.
		  – 무겁거나 모래가 묻은 식품은 아래쪽에 정리한다.
		  – 흙이 묻은 식품은 상하기 쉬운 식품(고기, 가금류, 팔고 남은 음식)과 멀리 떨어진 곳에 정리한다.
		  – 엎질러질 위험이 있는 액체 식품은 높은 곳에 두지 않는다.
		  – 식품들 따로따로 분리하여 정리한다.
		
		⚠
		• 음식 견본의 경우를 제외하고, 식료품을 절대로 냉동시키지 않는다.(식품 위생법 승인이 있는 경우 제외)
		
		p. 26의 식료품 보관 규정 온도 참조

식품 생산 과정 DIAGRAMME DE FABRICATION	위험 DANGERS	위험 제한 주의 사항 PRÉCAUTIONS À OBSERVER POUR LIMITER LES DANGERS
원재료 꺼내기 및 분배, 재고 식품 ▶ **정리하기** SORTIE OU DISTRIBUTION DES MATIÈRES PREMIÈRES OU DÉSTOCKAGE	**세균 오염** CONTAMINATION 포장을 벗긴 식품은 주방 기구, 조리 작업대, 도마, 칼, 식품을 취급하는 손, 행주 등을 오염시킬 수 있다. **세균 증식** MULTIPLICATION 저온 유통이 단절되거나 조리 준비실의 실온에 식품을 오래 두는 경우 세균이 증가할 수 있다.	모든 식품을 하나의 냉장 보관실에 3~4도 이하 온도로 함께 보관하는 경우가 흔하다. • 식품 모습, 품질, 유통기한, 최적사용기한일 및 수량을 다시 검토한다. • 썩기 쉽거나 상하기 쉬운 식료품은 즉시 냉장 보관실에 둔다. • 미리 해동할 필요가 없는 냉동식품은 −18의 냉동실에 넣는다. • 냉동 및 냉장 식품은 정리한 후, 상온에서도 안전한 식료품(향신료)을 정리한다. • 상하기 쉬운 식품을 덮어둔다.(식품용 비닐 커버나 뚜껑) • 식품을 종류별로 잘 분리한다. • 냉장 보관실 안에 절대 더럽혀진 식품이나 포장을 들여놓지 않는다. • 냉장 보관실에 넣기 전에 과일, 채소는 다듬어 씻고 오염 물질을 제거한다-. • 껍질을 벗기지 않은 수렵육, 생선, 내장을 제거하지 않은 가금류 등은 덮개가 있는 방수 용기에 보관한다. • 완제품 또는 반조리 제품은 비닐 커버로 덮어 높은 곳에 두고, 라벨을 붙인다. • 냉장 보관실 문을 여는 횟수를 제한한다. 문을 크게 열어 두지 않고(열 손실 방지), 냉장 보관실에 들어간 후 즉시 문을 닫는다. • 냉장 보관실 온도를 규칙적으로 점검하고 검사표에 기입한다. ⚠️ • **냉장 보관실에서 조리에 필요한 만큼만 꺼낸다.** • **조리에 사용하지 않고 남은 식품은 재빨리 냉장 보관실에 다시 넣는다.**
식품 생산 과정 DIAGRAMME DE FABRICATION	위험 DANGERS	위험 제한 주의 사항 PRÉCAUTIONS À OBSERVER POUR LIMITER LES DANGERS

FICHE DE CONTRÔLE DES MARCHANDISES À LA RECÉPTION(CES DOCUMENTS SONT LE PLUS SOUVENT INFORMATISÉS)

배송 날짜
Date de livraison :　　　　　　　　　　　　　시간　Heure :

식품 분류
IDENTIFICATION DU PRODUIT

공급업체
FOURNISSEUR

이름
Appellation :

이름 또는 상호
Nom ou raison sociale :

참조 번호
N° de référence :

주소
Adresse :

상업적 모습
Présentation commerciale :
냉장　　　　냉동　　　살균 후 밀폐
❑ Réfrigéré - ❑ Surgelé - ❑ Appertisé - ❑ 4G - ❑ 5G

품질 보증 작업장(공장)
Atelier sous assurance qualité
표준　Normes : ❑ ISO 9000 - ❑ ISO 9001

발송지
Provenance :

인가 번호
N° d'agrément :

원산지
Pays d'origine :

배송자 이름
Nom du livreur :

분류 번호
N° de lot :

최종 운송 회사
Sté de transport éventuelle :

위생 검인
Estampille sanitaire :

포장
CONDITIONNEMENT

운송 / 배송
TRANSPORT / LIVRAISON

온전한 상태
Intégrité : .... **C** **NC**
라벨의 일치
Conformité de l'étiquetage : ...... **C** **NC**
적합 / 부적합

차량의 청결
Propreté du véhicule : ...... **C** **NC**
보관실의 온도
Température de l'enceinte : ...... **C** **NC**
배송재의복의 청결)
Livreur (propreté vestimentaire) : **C** **NC**

매입 주문서와 배송 및 영수증 표 비교
Comparaison du bon de commande avec le bon de livraison ou la facture : **C** **NC**

상품의 외관 검사
EXAMEN ORGANOLEPTIQUE

모든 검사 사항이 만족스러울 경우:
Si tous les points de contrôle sont satisfaisants :
적합 Conforme

특징적 모습
Aspect caractéristique : ...... **C** **NC**
특징적 냄새
Odeur caractéristique : ...... **C** **NC**
특징적 색깔
Couleur caractéristique : ...... **C** **NC**
특징적 품질
Qualité caractéristique : ...... **C** **NC**

MARCHANDISE ACCEPTÉE 배송 물품 인정

수량, 무게, 배송 시간 등이 일치하지 않을 경우:
Si non conformité sur les quantités, les poids,
les horaires de livraison... :
Non conformité mineure 일부 부적합

MARCHANDISE ACCEPTÉE SOUS CONDITIONS 조건적 물품 인정
TRAITER L'ANOMALIE AVEC LE FOURNISSEUR 공급업체가 부적합한
(renseigner la fiche de réclamation) 물품을 처리

식품 라벨
PRODUIT ÉTIQUETAGE

품질 인정 기준이 지켜지지 않았을 경우:
Si les critères d'acceptabilité concernant la
qualité ne sont pas respectés : (청구서 참조)
Non conformité majeure 부적합

상세정보 표
Schéma total de traçabilté : **OUI** **NON**
품질 표시 :
Signe de qualité : .... **OUI** **NON**
AOC*　　　　라벨 후즈*　　AB　　네 / 아니오
❑ AOC - ❑ Label Rouge - ❑ AB

MARCHANDISE REFUSÉE
ISOLER OU BLOQUER LA MARCHANDISE 물품의 격리 또는 봉쇄
TRAITER L'ANOMALIE AVEC LE FOURNISSEUR 공급업체가 부적합한
(청구서 참조) (renseigner la fiche de réclamation) 물품을 처리

분류 :
Catégorie : .... ❑I - ❑II - ❑III
등급 :
Classe : .... ❑A - ❑B
제조 날짜 :
Date de fabrication :
유통기한 :
DLC :
남은 유통기간 :
Durée de vie résiduelle :
최적 사용기한일 :
DLUO :
내부 온도 :
Température à cœur :
포장을 포함한 무게 :
Poids net à l'emballage :
상품 개수 :
Nombre de pièces :

검사자:
Contrôlé par :
서명:
Signature :

C = CONFORME • NC = NON CONFORME C = 적합 NC = 부적합

* AOC(Apellation d'Origine Contrôlée) : 원산지명칭표시제도, 와인, 증류주 등의 명칭과 지리 정보 등을 표시하는 제도

* 라베 후즈 Label Rouge : 프랑스 농산물 품질 보증 표시

판매 상품명 : 똘루즈 소시지
Dénomination de vente du produit : **Saucisse de toulouse**
Famille : **Viandes / Charcuterie**
종류 : 고기류 / 돼지고기 가공제품

번호
N° : **CH 12**

공급업체 :
Fournisseur :
이름 또는 상호 :
Nom ou raison sociale :
주소 :
Adresse :
품질 보증 작업장(공장)
Atelier sous assurance qualité :
인가 번호:
N° d'agrément :

PRÉSENTATION

날 것
- Cru : ❑
냉장
- Réfrigéré : ❑
진공 포장
- Sous vide : ❑
굵게 다짐
- Haché grosse grille : ❑
천연 창자 사용
- Sous boyau naturel : ❑
묶음 / 분리
- Attaché / Séparé : ❑
포장 단위
- Unités de décondititionnement :
  ❑ 10 U. ❑ 20 U. ❑ 50 U.
  10개   20개   50개

DESCRIPTION

성분 구성
COMPOSITION :
고기 원산지 및 발송지
- Origine et provenance de la viande :

돼지고기 (목 / 삼겹살)
- Pur porc (gorge/poitrine) : ___ %
아질산염
- Sel nitrité : ___ %
규정으로 인정된 첨가물
- Additifs autorisés par la règlementation : ___ %

조미료
- Assaisonnement : ___ %
OGM(유전자 변형식품) 표시
- Présence d'OGM : ___ %
최대 지방분의 양
- Pourcentage maximum de matières grasses : ___ %
HPD
- HPD < ou = à : ___ %
콜라겐 / 단순 단백질
- Collagène/protides < ou = : ___ %
무게 : 130g   **130**
- Grammage (= ou - 5 g) : ___ g

특별 요구 사항
EXIGENCES PARTICULIÈRES

배송 시간
Heure de livraison :
배송 온도
Température de livraison :
최고 보관 온도
Température maximum de conservation :
분류 번호
N° de lot :
제조 일자
Date de fabrication :
포장 일자
Date du conditionnement :
유통기한
DLC :
포장 후 최대 사용 기한
Durée de vie maximum après la date de conditionnement :
배송 후 최대 사용 기한
Durée de vie maximum après la date de livraison :

100g당 영양 성분 분석
ANALYSE NUTRITIONNELLE POUR 100 G

단백질
Protides :
지방
Lipides :
탄수화물
Glucides :
칼슘
Calcium :
철분
Fer :
킬로줄
Kilojoules :

상세정보
TRAÇABILITÉ

공급업체의 세균 분석(요청에 따라)
- Analyse microbiologique fournisseur (sur demande) : ❑
상세정보 표
- Schéma de traçabilité :
  체계적인 사육을 통한 식품
  - produit issu de l'élevage raisonné : ❑
공식적 품질 표시
- Signes officiels de la Qualité :
  AOC   AOP   라벨 후즈   AB
  ❑ AOC - ❑ AOP - ❑ Label Rouge - ❑ AB
위생 위험 신호에 관한 감시 체제
- Mise en place de veille en matière d'alerte sanitaire : o
위생 위험 신호에 관한 감시 체제
- Plan de rappel d'urgence en cas de non conformité : o

갈색 육수와 계란 노른자를 사용한 소스 및 포타주를 만들 때 위생 관리(벨루테)
HYGIÈNE DE LA RÉALISATION DES SAUCES ET DES POTAGES À BASE DE FOND BLANC ET LIÉS AUX JAUNES D'ŒUFS(VELOUTÉS)

식품 생산 과정 DIAGRAMME DE FABRICATION	위험 DANGERS	위험 제한 주의 사항(위험 예방책) PRÉCAUTIONS À OBSERVER POUR LIMITER LES DANGERS(MESURES PRÉVENTIVES D'ÉVICTION)
1 · 요식업 인력 주방에 들어오기 ARRIVÉE DU PERSONNEL DANS LA CUISINE · 조리 작업대 설치하기 INSTALLER LE POSTE DE TRAVAIL · 식료품을 받아 검사하기, 무게, 양 재기 RÉCEPTIONNER, CONTRÔLER, PESER ET MESURER LES DENRÉES	세균 오염과 증식 CONTAMINATION MULTIPLICATION p.56~57의 일반적 주의 사항 참조	· 숙달된 작업 조건을 확립한다.* 다음 항목 참조 : – 요식업 전문 복장 – 육수(소스) : 흰색 육수, 흰색 루, 벨루테 만들기, 흰색 육수 농도 진하게 만들기, 계란 노른자를 넣어 걸쭉한 소스 만들기
2 **흰색 육수(가금류, 송아지) 또는 생선 육수 만들기** RÉALISER LE FOND BLANC(VOLAILLE, VEAU) OU FUMET DE POISSON	**세균 오염** CONTAMINATION 고기 뼈, 고기를 다듬고 남은 부스러기, 생선 뼈 등의 《부산물 sous=products》로 기초 위생법을 소홀히 하여 다룰 때 오염될 수 있다. **세균 증식** MULTIPLICATION 제대로 육수를 끓이지 않았거나, 육수 거르기를 대충하거나, 충분히 식히지 않거나, 높은 온도에 오랫동안 두면 세균 증식이 쉽다.	· 고기 육수나 생선 육수를 만든 곳에서 뼈를 바르고 고기나 생선을 다듬은 후에도 싱싱하고 신선한 품질의 식품을 사용한다. · 조리 작업 기구를 체계적으로 준비하고 필요 없는 것은 모두 정리한다. · 육수는 천천히 오래 끓이고 거품과 기름기를 자주 건어낸다. · 육수 향을 위한 재료(당근, 양파)는 발효할 수 있기 때문에 세심하게 거른다. · 고기 및 생선 육수는 (규정에 맞게) 재빨리 식히고 라벨을 붙인다.(제조 날짜, 시간) · 식품용 비닐 커버로 덮어 냉장 보관실에 넣는다. · 가능한 한 빠른 시일 내에 육수를 사용한다.(요식업소에서는 3일 이내에 신선도를 검토한 후 사용한다.)
3 **벨루테 만들기** RÉALISER LE VELOUTÉ	**세균 오염** CONTAMINATION 벨루테를 익히는 시간과 온도는 요리 위생 안정성을 보장한다. **세균 증식** MULTIPLICATION 규정에 맞지 않게 식힌 경우, 세균 증식이 일어난다.	· 벨루테는 천천히 끓이며 거품은 제거한다. · 1/3의 양이 되도록 졸인다. · 알맞은 용기에 걸러서 넣는다. · 식품용 비닐 커버로 덮고 (규정에 맞게) 재빨리 식힌다. · 냉장 보관실에 넣고 빨리 사용한다. 제조 후 라벨을 붙인다.(제조 날짜, 시간)
4 **계란 노른자 또는 크림을 넣어 벨루테 졸이기** LIER UN VELOUTÉ AUX JAUNES D'OEUFS ET À LA CRÈME	**세균 오염** CONTAMINATION 벨루테를 63도 이상으로 빨리 끓이지 않을 경우, 위생법에 맞지 않아 오염될 수 있다. **세균 증식** MULTIPLICATION 계란 노른자를 넣고 졸이는 벨루테는 끓는 온도로 유지하면 안 된다. (솜털 모양의 침전 위험)	· 필요한 만큼의 소스만 졸이고 주문에 맞게 만든다. · 벨루테는 최소 3분 이내로 끓인다. · 크렘 앙글레즈를 만드는 방법에 따라 계란 노른자와 흰자를 분리한다. · 끓고 있는 벨루테를 계란 노른자와 크림 소스에 조금씩 붓고 천천히 남은 벨루테에 소스를 붓는다. · 몇 초간 끓인다. · 소독된 거름망에 붓는다. · 즉시 차려낸다.
		* 숙달된 작업 조건을 다음과 같이 확립한다. – 올바른 방법으로 손을 씻고 소독한다. – 절차에 따라 작업 장소, 설비, 기구를 세척, 소독한다. – 합리적, 일관적 방식으로 작업을 진행한다. – 식품 보관, 가열, 유지, 냉각의 규정 온도를 준수한다.

날것을 재료로 한 혼합 샐러드 및 생채소 샐러드를 만들 때 위생 관리
HYGIÈNE DE LA RÉALISATION DES CRUDITÉS ET DES SALADES COMPOSÉES À BASE D'INGRÉDIENTS CRUS

식품 생산 과정 DIAGRAMME DE FABRICATION	위험 DANGERS	위험 제한 주의 사항(위험 예방책) PRÉCAUTIONS À OBSERVER POUR LIMITER LES DANGERS(MESURES PRÉVENTIVES D'ÉVICTION)
① · 요식업 인력 주방에 들어오기 ARRIVÉE DU PERSONNEL DANS LA CUISINE · 조리 작업대 설치하기 INSTALLER LE POSTE DE TRAVAIL · 식료품을 받아 검사하기, 무게, 양 재기 RÉCEPTIONNER, CONTRÔLER, PESER ET MESURER LES DENRÉES	**세균 오염과 증식** CONTAMINATION MULTIPLICATION p.56–57의 일반적 주의사항 참조	· 숙달된 작업 조건을 확립한다. 다음 항목 참조: – 요식업 전문 복장 – 조리 작업대(기구) 설치하기 : 채소 다듬기, 씻기, 오염 물질 제거하기 – 전자기기(관리, 안전)
② **과일, 채소 다듬고 씻기** ÉPLUCHER ET LAVER LES FRUITS ET LES LÉGUMES	**세균 오염** CONTAMINATION 흙 묻은 과일, 채소는 병원균, 벌레 및 유충, 화학 성분 흔적(비료, 살충제, 질산염, 중금속), 인분 원료 유기농 퇴비 흔적, 정화조 진흙 흔적 등을 포함한다. 요리사의 손, 작업 공간 및 도구를 오염시킬 수 있다.	· 채소를 다듬을 때는 시간, 공간을 분리해 실행한다.(다른 음식을 만드는 구역과 거리를 두고, 덜 더러운 채소부터 다듬는다.) · 흙이 많이 묻은 채소는 다듬기 전에 미리 씻는다. · 합리적으로 진행되도록 작업한다. · 포장과 채소를 다듬은 부스러기는 즉시 버린다. · 효과적인 방법으로 채소를 씻는다.(애벌 씻기, 물에 짧게 담그기, 큰 오염 물질 제거하기) 토마토, 오이, 래디시는 씻은 후에 꼭지(줄기)를 뗀다.
③ **소독, 오염 물질 제거 후 헹구기** DÉSINFECTER OU DÉCONTAMINER, PUIS RINCER		· 5L 물에 30ml 자벨수(de lèau javellisée)를 희석 시켜 채소를 씻고 소독한다. · 5분 동안 둔 후, 차가운 물(식수)에 2회 헹군다. · 버섯이나 빨간 열매 과일의 경우 자벨수 대신 레몬 물을 사용한다. · 화이트 식초도 샐러드 채소의 작은 벌레를 없애는 데 사용할 수 있다.
④ **물기 빼고 준비하기** ÉGOUTTER ET RÉSERVER	**세균 재오염** RECONTAMINATION 과일과 채소는 다양한 준비 과정에서 오염될 수 있다.(더러운 손, 기구)	· 세심하게 물기를 뺀다.(감자는 제외, 깨끗하고 차가운 물에 담가 놓는다.) · 식품용 용기에 담는다. · 식품용 비닐 커버 또는 덮개를 덮고 라벨을 붙인다. · 조리 작업장과 설비, 도구를 세척, 소독한다.
⑤ **식품 창고에 저장하기** STOCKER OU UTILISER IMMÉDIATEMENT	**세균 증식** MULTIPLICATION 상하기 쉬운 과일이나 일부 채소는 주방의 상온에 둘 경우, 세균 증식이 일어날 수 있다.	· 식품은 0도에서 최대 4도 사이의 냉장 보관실에 저장한다.(열대과일 제외)
⑥ **채소 잘게 썰기, 저미기, 다듬기 등등** RÂPER, EMINCER, TAILLER… LES LÉGUMES	**세균 오염과 증식** CONTAMINATION MULTIPLICATION 과일과 채소는 주방 도구(소독 불량 도마, 강판, 칼)로 오염될 수 있으며, 주방의 상온에 오래 둘 경우 세균이 증가할 수 있다.	· 조리 작업대, 도마, 칼, 석쇠, 전기 칼, 전자 강판 등을 세척, 소독한다. · 다듬거나 자른 식품은 즉시 뚜껑을 덮어 냉장 보관실에 둔다.(생채소는 음식을 제공하기 최대 1시간 전에 냉장실에서 미리 꺼내 놓는다.) 하지만 식품 내부 온도가 10도를 넘어서는 안 된다. 채소 상태와 양념(마요네즈 소스) 속성에 따라 냉장실에서 꺼내 놓는 시간을 조절한다.

유화한 소스 만들 때 위생 관리(마요네즈, 올랑데즈, 베어네이즈 등등)
HYGIÈNE DE LA RÉALISATION DES SAUCES ÉMULSIONNÉES(MAYONNAISE, HOLLANDAISE, BÉARNAISE ET SAUCES DÉRIVÉES)

식품 생산 과정 DIAGRAMME DE FABRICATION	위험 DANGERS	위험 제한 주의 사항(위험 예방책) PRÉCAUTIONS À OBSERVER POUR LIMITER LES DANGERS(MESURES PRÉVENTIVES D'ÉVICTION)
❶ • 요식업 인력 주방에 들어오기 ARRIVÉE DU PERSONNEL DANS LA CUISINE • 조리 작업대 설치하기 INSTALLER LE POSTE DE TRAVAIL • 식료품을 받아 검사하기, 무게, 양 재기 RÉCEPTIONNER, CONTRÔLER, PESER ET MESURER LES DENRÉES	세균 오염과 증식 CONTAMINATION MULTIPLICATION p.56–57의 일반적 주의사항 참조	• 숙달된 작업 조건을 확립한다. 다음 항목 참조 : – 요식업 전문 복장 – 조리 작업대(기구) 설치하기 – 계란, 마요네즈, 올랑데즈, 베어네이즈 소스
❷ 계란 노른자와 흰자 분리하기(계란을 생으로 사용할 때) CLARIFIER LES ŒUFS(S'ILS SONT UTILISÉS FRAIS)	세균 오염 CONTAMINATION 종종 살모넬라균에 오염된 계란 껍질은 환경(요리사의 손, 기구, 조리 작업대, 계란 속)을 즉시 오염시킬 수 있다.	• 계란을 깨기 전후에 손을 씻는다. • 깨끗한 도구를 사용한다. • 계란 포장에 표기된 날짜를 확인한다.(익히지 않고 준비하는 요리를 위해서는 신선한 계란을 사용하는 것이 좋다.) • 계란 겉모습을 확인하여 더럽거나 금이 간 것은 제외시킨다. • 채소처럼 계란 껍질도 소독할 수 있다. • 그릇 가장자리가 아닌 조리 작업대의 평평한 곳에서 계란을 깨뜨린다. • 계란 노른자와 흰자를 분리할 때는 작은 그릇을 사용한다.(절대로 손으로 하지 않으며, 손가락으로 껍질을 사용해 분리하지 않는다.)
❸ 진공포장 계란의 노른자 검사와 무게 달기 CONTRÔLER ET PESER LES JAUNES D'ŒUFS CONDITIONNÉS SOUS-VIDE	세균 급속한 증식 PROLIFÉRATION 저온 유통이 단절되거나 유통기한 및 최적사용 기한일을 준수하지 않거나 환경이 매우 덥고 습하면 세균 증식, 특히 살모넬라균 증식이 일어날 수 있다.	• 계란을 이용한 냉장 식품의 소비 기한 DLC 및 냉동 식품의 최적 소비 기한 DLUO을 검토한다. • 보관 방법에 따른 저장 온도를 검토한다. • 포장 상태를 검토한다.
❹ • 마요네즈 만들기 MONTER LA MAYONNAISE • 사바용(크림의 일종) 만들기 RÉALISER LE SABAYON	세균 오염과 증식 CONTAMINATION MULTIPLICATION 영양가가 높은 계란 노른자, 사바용 온도(40/45도)와 습도(물기)는 세균 증식에 유리한 조건이다.	• 세척, 소독된 기구를 사용한다.(거품기, 실리콘 주걱 등등) • 마요네즈 소스는 제공하기 바로 직전에 만든다. • 반쯤 응고된 유화 소스는 제공 시간과 최대한 가까운 때 만든다. • 예전에 만든 남은 소스를 사용하지 않는다. • 마지막에 재료를 추가로 넣지 않는다. (발효 위험) • 소스를 손가락으로 찍어 맛보지 않는다.
❺ 마요네즈 소스 보관하기 RÉSERVER LA SAUCE MAYONNAISE	세균 오염과 급속한 증식 CONTAMINATION PROLIFÉRATION 소스그릇에 제공하는 냉장되지 않은 마요네즈 소스는 환경 오염 물질에 직접 노출된다.	• 실리콘 주걱으로 덜고 마요네즈 소스를 식품용 비닐 커버로 잘 덮는다. • 소스를 4도 이하 냉장 보관실에 즉시 보관한다. • 이미 제공되었던 마요네즈 소스는 절대로 재사용하지 않는다. • 24시간 이상 소스를 보관하지 않는다. • 반쯤 응고된 유화 소스는 주문이 될 때 만들며, 중탕용기에 뚜껑을 덮어 보관한다. • 제공하고 남은 부분은 버린다.
❻ 반쯤 응고된 유화 소스 보관하기 RÉSERVER LES SAUCES ÉMULSIONNÉES SEMI-COAGULÉES DURANT LE SERVICE	세균 증식 MULTIPLICATION 계란 노른자가 주 원료인 소스는 미지근한 상온에 둘 경우 세균 증식을 일으킬 수 있다.	

고기 겉면만 살짝 익히거나(BLEU RARE) 핏기 있게 익히는(RARE) 요리를 할 때 위생(소고기 등심 로스트, 데치거나 구운 소고기, 양고기 스테이크 등등)

HYGIÈNE DE LA PRÉPARATION ET DE LA CUISSON DE PIÈCES DE VIANDES SERVIES BLEUES OU SAIGNANTES(CONTRE-FILET RÔTI, PIÈCES DE BŒUF GRILLÉES, SAUTÉES, NOISETTES D'AGNEAU…)

식품 생산 과정 DIAGRAMME DE FABRICATION	위험 DANGERS	위험 제한 주의 사항(위험 예방책) PRÉCAUTIONS À OBSERVER POUR LIMITER LES DANGERS(MESURES PRÉVENTIVES D'ÉVICTION)
1 • 요식업 인력 주방에 들어오기 ARRIVÉE DU PERSONNEL DANS LA CUISINE • 조리 작업대 설치하기 INSTALLER LE POSTE DE TRAVAIL • 식료품을 받아 검사하기, 무게, 양 재기 RÉCEPTIONNER, CONTRÔLER, PESER ET MESURER LES DENRÉES	세균 오염과 증식 CONTAMINATION MULTIPLICATION p.56–57의 일반적 주의사항 참조	• 숙달된 작업 조건을 확립한다. 다음 항목 참조: – 요식업 전문 복장 – 정육용 고기 – 익힘 : 수비드, 로스트, 굽기, 데치기
2 포장되지 않은 고기 검사하기 CONTRÔLER LA VIANDE EN MUSCLE NON-CONDITIONNÉE	세균 오염 CONTAMINATION 포장되지 않은 고기는 요리사의 손, 주방 기구, 공기, 오염된 다른 식료품과의 접촉 등에 의해 오염될 수 있다.(다른 식품과 교차될 때 오염, 재오염) 세균 증식 MULTIPLICATION 오랜 시간 상온에 둔(운송 및 배송 동안 저온 유통 단절) 정육용 고기는 표면에 세균이 증식할 수 있다.(변색, 끈적거림)	• 식품 표와 제품 상세 내역 장부를 확인한다. (보호 방법, 배송 주기 및 시간) • 규정된 시각적 특징(겉모습)과 온도를 검토한 후, 고기를 즉시 최대 4도인 냉장 보관실에 넣는다. • 보관 기간이 오래된 고기를 먼저 사용한다. • 음식에 필요한 만큼만 손질한다. • 사전 준비를 하고(손질하기, 뼈 발라내기) 손질된 고기는 냉장실(최대 14도)에 넣고, 손질하고 남은(오염된) 부스러기는 따로 치운다. • 손질된 고기는 잘 보호하고 냉장실에서 나오면 즉시 익힌다.
3 진공 또는 냉장 포장 고기 VIANDES ACHETÉES CONDITIONNÉES SOUS-VIDE ET RÉFRIGÉRÉES	세균 오염 CONTAMINATION 포장이 더러우면 조리 작업대와 주방 기구를 오염시킬 수 있다. 진공 포장 고기를 잘못 개봉하거나, 주방 기구, 요리사의 손이 더러운 경우 오염을 일으킬 수 있다. 세균 증식 MULTIPLICATION 진공 포장된 고기가 세균으로부터 완전히 안전한 것은 아니다. 지나치게 높은 보관 온도는 미생물의 빠른 증식과 제품의 급속한 부패를 초래할 수 있다. 또한 진공 포장은 보툴리누스균(클로스트리디움 보툴리눔 Clostridium botulinum)과 같은 혐기성 세균(산소가 없는 환경에서 자라는 세균)이 번식할 수 있는 조건을 제공한다. 특히 보관 상태가 부적절할 경우 이러한 위험은 더욱 크다.	• 라벨(제품 속성, 무게, 발송지, 위생 검인, 승인, 분류 번호, 온도, 유통기한, 포장 상태 (부풀어오른 포장) 등을 검토한다. • 주의를 기울여 포장을 취급하고(특히 큰 포장) 겹치게 쌓아두지 않는다. • 음식에 필요한 만큼만 조리 30~45분 전에 〈진공 포장을 개봉한다〉. • 포장에서 샌 액체를 제거한다. • 포장 겉 부분에 고기가 닿지 않도록 조심하며 개봉한 고기를 맨손으로 만지지 말고 용기 안 철제 망 위에 올려 놓는다. • 식품용 비닐 또는 뚜껑으로 덮고 라벨을 붙여 보관한다. • 최대 4도 냉장 보관실에 보관한다. • 보관 기간이 오래된 고기를 먼저 사용한다. • **진공 포장 고기는 절대로 얼리지 않는다.**

식품 생산 과정 DIAGRAMME DE FABRICATION	위험 DANGERS	위험 제한 주의 사항(위험 예방책) PRÉCAUTIONS À OBSERVER POUR LIMITER LES DANGERS(MESURES PRÉVENTIVES D'ÉVICTION)
❹ 고기 구울 준비하기 MARQUER LES PIÈCES DE VIANDE EN CUISSON **(속 온도가 63도 이하, 즉 살짝 익히거나 bleu rare 핏기 있게 익히기 rare)**	▶ **세균 오염** CONTAMINATION 식품용 비닐로 싸여 있지 않은 손질된 고기는 요리사의 손, 주방 기구, 공기, 벌레(파리), 근처의 더러운 식품 등으로 오염될 수 있다. **세균 증식** MULTIPLICATION 고기 속 온도가 낮을 경우, 위생에 주의해야 한다.	• 구울 시간에 맞춰 냉장 보관실에서 고기를 꺼낸다. • 주문에 따라 고기를 굽는다. • 고기 표면을 센 불에 익히고, 불의 세기를 줄인다. • 구운 고기는 알루미늄 호일로 감싸 잠깐 따뜻한 장소(40~45도)에 둔다. • 완성한 즉시 음식을 제공한다.

조리 시간 동안 상온에 있던 남은 고기에는 세균이 증가할 수 있으므로 재빨리 냉장 보관실에 넣는다.

가금류를 구워 소스를 곁들일 때 위생 관리(넓적다리 구이, 가금류의 쉬프렘, 오리 가슴살 요리)

HYGIÈNE DE LA RÉALISATION DE VOLAILLES SAUTÉES À BRUN ET À BLANC(CUISSES, SUPRÊMES DE VOLAILLE, MAGRETS DE CANARD SAUTÉS)

식품 생산 과정 DIAGRAMME DE FABRICATION	위험 DANGERS	위험 제한 주의 사항(위험 예방책) PRÉCAUTIONS À OBSERVER POUR LIMITER LES DANGERS(MESURES PRÉVENTIVES D'ÉVICTION)
① • 요식업 인력 주방에 들어오기 ARRIVÉE DU PERSONNEL DANS LA CUISINE • 조리 작업대 설치하기 INSTALLER LE POSTE DE TRAVAIL • 식료품을 받아 검사하기, 무게, 양재기 RÉCEPTIONNER, CONTRÔLER, PESER ET MESURER LES DENRÉES • 원재료 분배하기 SORTIR OU DISTRIBUER LES MATIÈRES PREMIÈRES	세균 오염과 증식 CONTAMINATION MULTIPLICATION p.56–57의 일반적 주의사항 참조	• 숙달된 작업 조건을 확립한다. 다음 항목 참조 : – 요식업 전문 복장 – 조리 작업대(기구) 설치하기 – 주방 시설 설치 : 조리 장소, 구간, 순서, 사전 작업 – 식료품 저장실 및 차가운 음식 – 체인 스토어 – 따뜻한 음식
② 주방에서 식료품 받기 RÉCEPTIONNER LES DENRÉES EN CUISINE	세균 오염과 증식 CONTAMINATION MULTIPLICATION 식품은 근처에 있는 흙이 묻은 식품, 더러운 주방 기구, 요리사의 손 등으로 오염될 수 있다. 저온 유통 단절은 세균 증식을 일으킨다.	• 모든 검사 작업 전후에 손을 씻는다. • (바로 익혀 요리할 수 있는) 내장을 제거한 가금류를 사용하는 것이 더 좋다. • 식품 수량(개수, 무게)과 품질(신선도)을 검토한다. • 가금류의 위생 검인과 유통기한을 확인한다. • 품질에 의심이 가거나 유통기한이 너무 임박한 식품은 제외시킨다. • 식품을 종류별로 분리하고 덮개가 있는 깨끗한 용기에 담아 라벨을 붙인다. • 상하기 쉬운 식품은 지체 없이 4도의 냉장 보관실에 보관한다.
③ 가금류 손질하기 HABILLER LES VOLAILLES (p.331–335과 344–347 참조)	세균 오염과 증식 CONTAMINATION MULTIPLICATION 가금류는 잘못된 방법 (더러운 주방 기구, 더러운 손)으로 오염될 수 있다. 내장 제거 시, 병을 일으키는 대변 세균이 확산될 수 있다. 저온 유통이 단절되거나 가금류 손질 시간이 오래될 경우 세균이 확산된다.	• 조리 작업대를 정리한다. • 다른 식품, 특히 흙이 묻은 채소와 떨어진 곳에서 작업한다. • 가금류 손질 작업 전후에는 꼼꼼하게 손을 씻는다. • **손질 전후에는 조리 작업대, 주방 기구, 칼을 세척, 소독한다.(세척 방법 표 사용)** • 조리와 동시에 냉장실에서 가금류를 꺼낸다. • 전문적 방법에 따라 가금류를 손질한다. (p.331–335과 344–347 참조) • 절대로 내장을 조리 작업대 위에 두지 말고, 맨 마지막에 내장을 다룬다. • 손질한 부스러기는 즉시 치운다. • 사고로 가금류 소화관을 자른 경우, 식초 물로 가금류 속을 헹구고 키친타월로 세심하게 닦는다.
④ 가금류 자르기 DÉCOUPER LES VOLAILLES À CRU (p. 340–342 참조)	세균 오염과 증식 CONTAMINATION MULTIPLICATION 가금류 조각은 충분히 세척하지 않은 조리 작업대, 주방 기구, 요리사의 손 등으로 오염될 수 있다. 주방 온도에 오랫동안 둘 경우 세균이 증가할 수 있다.	• 조리 작업대를 깨끗하게 정리하고 다른 식품을 멀리 둔다.(예를 들어, 흙이 묻은 채소) • 자르는 작업 전후에 손을 꼼꼼하게 씻는다. • 자르는 작업 전후에 조리 작업대, 도마, 칼, 작은 기구를 세척, 소독한다. • 전문적 기술을 사용하여 가금류를 자른다. • 가금류 조각을 식품용 비닐로 덮고 라벨을 붙여 냉장 보관실에 즉시 넣는다. • 가금류 뼈와 허드레 고기로 갈색 또는 흰색 육수를 즉시 준비한다.

식품 생산 과정 DIAGRAMME DE FABRICATION	위험 DANGERS	위험 제한 주의 사항(위험 예방책) PRÉCAUTIONS À OBSERVER POUR LIMITER LES DANGERS(MESURES PRÉVENTIVES D'ÉVICTION)
5 채소 다듬기, 씻기, 자르기 ÉPLUCHER, LAVER ET TAILLER LES LÉGUMES • **아로마틱 가니쉬** 　GARNITURE AROMATIQUE • **여러 재료의 곁들임 요리** 　GARNITURE D'APPELLATION • **일반적인 곁들임 요리** 　GARNITURE D'ACCOMPAGNEMENT	**세균 오염** CONTAMINATION 흙이 묻은 채소는 세균을 보유하고 있으므로 다음을 오염시킬 수 있다. – 주방 기구 – 요리사의 손 – 조리 작업대 **세균 증식** MULTIPLICATION 주방의 실온에 채소를 너무 오랫동안 둘 경우 세균이 증식할 수 있다.	• 채소 다듬을 조리 작업대를 마련한다. • 다듬기 전에 흙이 많이 묻어 있는 채소를 씻는다.(감자) • 다듬은 모든 채소를 효과적으로 씻는다. 12% 염화칼슘이 들어있는 희석된 자벨수에(20L 물에 1티스푼) 채소를 씻고 2번 물로 헹군다. • 채소를 다듬은 후에는 손과 조리 작업대를 세척, 소독한다. • 전문적 기술과 요리법에 맞추어 채소를 자른다.
6 가금류 조각을 〈구워서〉 익힐 준비하기 MARQUER LES MORCEAUX DE VOLAILLE EN CUISSON 《SAUTER》 (p.531과 535 참조)	**세균 증식** MULTIPLICATION 가금류를 불충분하게 익힐 경우(관절 부분에서 분홍색 핏물이 샐 경우) 조리의 위생을 장담할 수 없다.	• 가금류를 익히기 바로 직전에 냉장실에서 꺼낸다. • 음식 제공할 시간에 맞춰 익힐 준비를 한다.(소스 만들 시간을 고려하며) • 《알맞게 익도록 à la juste cuisson》, 날개의 경우 8~12분, 뼈를 제거한 넓적다리의 경우 12~18분 익힌다. • **충분히 익힐 경우, 위생이 보장된다.** • 가금류 조각을 익힌 후 63도 이상 온도로 유지한다.(이러한 이유로 고기는 마지막 순간에 익혀야 한다.) • 소스를 끓여 준비한다.
7 재빨리 음식 차리기 DRESSER ET ENVOYER IMMÉDIATEMENT	**세균 증식** MULTIPLICATION 요리하는 동안에 63도 이하 온도로 너무 오래 기다릴 경우, 세균이 확산된다.	• 온도 유지를 위해 1~2분간 200도 오븐에 고기를 넣는다. • 재빠르게 음식을 차린다. • 끓인 소스(63도 이상)를 골고루 바른다.
8 음식을 추후 사용할 경우 POUR UNE UTILISATION ULTÉRIEURE	**세균 증식** MULTIPLICATION 4도 이상 온도에 보관하거나, 실온에 계속 음식을 두거나, 63도 미만 온도로 둘 경우 세균이 증식할 수 있다.	• 미리 익힐 경우, 보관 시간을 24시간 미만으로 하며 다음과 같은 방법으로 한다. – 요리를 얇게 펴서 냉각실에서 재빨리 식힌다. – 고기와 소스를 분리해 둔다. – 용기에 덮개 또는 식품용 비닐로 덮어 보관한다. – 라벨을 붙인다.(준비 특징, 냉각 날짜, 시간, 기간) – 4도 이하 냉장 보관실에 즉시 넣는다.

내장이 있는 가금류를 손질하다 내장이 터질 경우 많은 양의 대변 세균과 병원균(살모넬라균, 포도상구균 등등)이 퍼질 수 있다. 가금류 손질이 끝난 후 냉장 보관실에 넣기 전까지는 복부, 흉부 내장 등을 도마 위에 절대로 두어서는 안 된다.

튀김 요리(크로켓, 잘게 썬 생선 튀김, 도넛, 프리토)를 할 때 튀김 기름의 위생 관리

HYGIÈNE DE LA RÉALISATION DES FRITURES(CROQUETTES, GOUJONNETTES, BEIGNETS, FRITOTS) GESTION DES BAINS D'HUILE

식품 생산 과정 DIAGRAMME DE FABRICATION	위험 DANGERS	위험 제한 주의 사항(위험 예방책) PRÉCAUTIONS À OBSERVER POUR LIMITER LES DANGERS(MESURES PRÉVENTIVES D'ÉVICTION)
① • 요식업 인력 주방에 들어오기 ARRIVÉE DU PERSONNEL DANS LA CUISINE **• 조리 작업대 설치하기** INSTALLER LE POSTE DE TRAVAIL **• 식료품을 받아 검사하기, 무게, 양 재기** RÉCEPTIONNER, CONTRÔLER, PESER ET MESURER LES DENRÉES	**세균 오염과 증식** CONTAMINATION MULTIPLICATION p.56–57의 일반적 주의사항 참조	• 숙달된 작업 조건을 확립한다. 다음 항목 참조: – 요식업 전문 복장 – 익히기 : 튀김 요리 조리 작업대 준비하기, 튀기기, 튀김기 – 마리네이드 소스
② 튀길 재료 자르기, 마리네이드 소스로 양념하기 DÉTAILLER LES ALIMENTS À FRIRE ET LES PLACER EN MARINADE INSTANTANÉE	**세균 오염** CONTAMINATION 상하기 쉬운 식품(생선, 허드레 고기)은 세척 불량한 요리사의 손, 주방 기구, 조리 작업대, 공기 등으로 오염될 수 있다. **세균 증식** MULTIPLICATION 재료 구성, 주방 온도, 준비 기간에 따라 식품은 세균 확산의 대상이 될 수 있다.	• 깨끗한 주방 도구를 사용한다. • 조리 작업대, 칼, 도마, 주방 도구를 세척, 소독한다. • 냉장 보관실에서 재료를 꺼내 마리네이드 소스로 양념한다. 재료를 주방 온도에 계속 두지 않는다.(레몬즙은 pH(수소이온 지수)를 낮추고 세균 확산 위험을 제한한다.) • 식품용 비닐로 덮고 즉시 냉장 보관실에 넣는다.
③ 튀김 기름 준비하기 METTRE EN PLACE ET CONTRÔLER LE BAIN DE FRITURE	사용한(산화된) 튀김 기름은 튀김 요리 소화를 어렵게 하고 유독성의 물질이 된다.	• 높은 온도에 오래 사용할 수 있는 기름을 준비한다. • 기름의 품질을 검사하고, 산화된 중성지방 양을 측정하는 테스트를 한다.(기름의 오래된 정도와 독성) • 튀김기를 미리 오랫동안 켜놓지 않는다. • 기름 양을 확인하고 필요한 경우 같은 종류의 기름으로 보충한다.(그렇지 않을 경우, 거품이 일거나 넘칠 위험이 있다.) • 재료에 따라 튀김 기름 온도를 조절하고 180도를 넘기지 않는다.
④ 튀기기 FRIRE	**세균 증식** MULTIPLICATION 튀긴 음식을 작업대 온도에 방치하면 세균이 확산될 수 있고, 음식 특성이 바뀔 수 있다.(맛, 냄새, 풍미) 180도 튀김 기름에 재료를 넣으면 표면의 세균이 사라진다.	• 주문과 동시에 튀길 재료를 냉장 보관실에서 꺼낸다. • 기름이 튄 곳, 습기가 찬 주방 벽, 기름이 묻은 조리 작업대와 주방기구 등은 세심하게 키친 타월로 닦는다. • 재료 속까지 알맞게 익었는지 확인한다. • 주문한 만큼만 튀기고 기름기를 잘 빼내어 양념한 후 즉시 낸다.
⑤ 음식 제공 후 마무리하기 EFFECTUER LES OPÉRATIONS DE FIN DE SERVICE		• 튀김기를 끄고 튀김 기름을 잘 식힌다. • 튀김 기름을 망으로 거른다. • 튀김기를 정해진 방법대로 세척한다. • 튀김기에 기름을 다시 붓고 뚜껑을 덮는다.

식품 생산 과정 DIAGRAMME DE FABRICATION	위험 DANGERS	위험 제한 주의 사항(위험 예방책) PRÉCAUTIONS À OBSERVER POUR LIMITER LES DANGERS(MESURES PRÉVENTIVES D'ÉVICTION)
① • 요식업 인력 주방에 들어오기 ARRIVÉE DU PERSONNEL DANS LA CUISINE • 조리 작업대 설치하기 INSTALLER LE POSTE DE TRAVAIL • 식료품을 받아 검사하기, 무게, 양 재기 RÉCEPTIONNER, CONTRÔLER, PESER ET MESURER LES DENRÉES	세균 오염과 증식 CONTAMINATION MULTIPLICATION p.56–57의 일반적 주의사항 참조	• 숙달된 작업 조건을 확립한다. 다음 항목 참조: – 요식업 전문 복장 – 조리 작업대(기구) 설치하기 – 주방 시설 설치: 조리 작업 순서, 사전 작업 – 식료품 저장실, 체인 스토어, 따뜻한 음식 – 계란 – 크렘 앙글레즈, 과자 제조 크림
② 우유에 바닐라빈 넣어 끓이기 METTRE LE LAIT À BOUILLIR AVEC LA GOUSSE DE VANILLE	세균 오염 CONTAMINATION 우유는 세척 불량한 주방 기구나 잘못 보관된 (곰팡이가 핀) 바닐라로 오염될 수 있다.	• 깨끗한 기구를 사용한다.(스테인리스 금속 기구가 좋다.) • 유통기한이 긴 멸균 우유를 사용한다.
③ 설탕, 계란 노른자를 거품기로 섞어 크림 만들기 BLANCHIR LES JAUNES D'ŒUFS AVEC LE SUCRE	세균 오염 CONTAMINATION 계란 노른자는 깨뜨리거나 흰자와 분리하는 등의 작업, 제대로 세척하지 않은 기구, 요리사의 불량한 위생 상태(신체, 의복, 기술) 등으로 오염될 수 있다.	• 계란을 깨뜨리기 전후에 손을 씻는다. • 깨끗한 기구를 사용한다. • 계란 포장을 확인한다.(습기, 계란이 흐른 자국) • 계란 상태를 확인하고, 금이 가거나 더러운 것은 제외시킨다. • 계란 포장 날짜를 확인한다. 계란을 익히지 않는 조리에는 계란의 신선도에 특히 유의한다. 끓이거나 두 번 익히는 계란 조리의 경우 신선한 계란을 사용한다. • 채소처럼 계란 겉면(껍질)을 소독한다. • 용기 가장자리가 아닌 조리 작업대에서 계란을 깨뜨린다. • 계란 노른자와 흰자를 분리할 때는 작은 그릇을 사용한다.(절대로 손가락을 사용하여 계란 껍질을 분리하지 않는다.) • 계란은 사용하기 바로 직전에 깨뜨린다.
④ • 혼합물 섞기 MELANGER L'APPAREIL • 혼합물 가열, 살균하기 LE CUIRE ET LE ≪PASTEURISER≫	세균 증식 MULTIPLICATION 계란 혼합물의 경우, 살균 기간과 온도가 적절하지 않을 때 세균 증식의 대상이 된다.	• 온도를 유지하며 혼합물을 천천히 섞어 거품이 나도록 한다. • 〈농도가 진해지도록 à la nappe〉 가열한다. • 크렘 앙글레즈를 최소 1분간 83도로 유지, 속 온도가 85도가 되도록 한다. • 최소 1분간 제빵용 크림이 끓도록 둔다.
⑤ 재빨리 식혀 사용하기 REFROIDIR RAPIDEMENT ET UTILISER IMMÉDIATEMENT DANS DES CONDITIONS DE TRAVAIL MAÎTRISÉES	세균 재오염 RECONTAMINATION 식힐 때 재오염이 발생할 수 있다. 세균 증식 MULTIPLICATION 천천히 식히거나 충분히 식히지 못하면 오염이 증가한다.	• 십여 분 동안 끓는 물에 체를 살균한다. • 깨끗한 용기에 크렘 앙글레즈를 체에 걸러 넣는다. • 부순 얼음조각 위에서 식힌다. • 크림(제빵용)을 얇은 두께로 용기에 담는다. • 표면에 버터를 바르고 식품용 비닐을 덮은 후 라벨을 붙인다. 냉장 보관실에 최대 24시간 동안 보관한다.(슈가파우더 sucre glace는 발효할 수 있으므로 크림 위에 뿌리지 않는다.)

계란을 원료로 한 아이스크림 만들 때 위생 관리 HYGIÈNE DE LA RÉALISATION DES GLACES AUX ŒUFS

식품 생산 과정 DIAGRAMME DE FABRICATION	위험 DANGERS	위험 제한 주의 사항(위험 예방책) PRÉCAUTIONS À OBSERVER POUR LIMITER LES DANGERS(MESURES PRÉVENTIVES D'ÉVICTION)
❶ • 요식업 인력 주방에 들어오기 ARRIVÉE DU PERSONNEL DANS LA CUISINE • 조리 작업대 설치하기 INSTALLER LE POSTE DE RAVAIL • 식료품을 받아 검사하기, 무게, 양 재기 RÉCEPTIONNER, CONTRÔLER, PESER ET MESURER LES DENRÉES	**세균 오염과 증식** CONTAMINATION MULTIPLICATION p.56–57의 일반적 주의 사항 참조	• 숙달된 작업 조건을 확립한다. 다음 항목 참조 : – 요식업 전문 복장 – 조리 작업대(기구) 설치하기 – 주방 시설 설치 : 조리 작업 순서, 사전 작업 – 식료품 저장실, 체인 스토어, 따뜻한 음식 – 계란 – 크렘 앙글레즈, 과자 제조 크림
❷ 크렘 앙글레즈 만들기 RÉALISER LA CRÈME ANGLAISE	**세균 오염과 증식** CONTAMINATION MULTIPLICATION 앞 페이지 참조	• 숙달된 작업 조건에 따라, 다음 항목을 준수하며 만든다. – 요리사, 장소, 조리 작업대, 주방 기구, 조작 방법 위생
❸ 크림 숙성시키기 MATURER LA CRÈME	**세균 오염** CONTAMINATION 크림을 잘 보관하지 (식품용 비닐, 덮개) 않을 경우, 부주의하게 (손가락으로) 맛볼 경우, 오염이 될 수 있다. **세균 오염과 증식** CONTAMINATION MULTIPLICATION 크렘 앙글레즈는 규정된 숙성 온도가 아닐 경우 세균 증식에 매우 유리하고 훌륭한 환경이다.	• 용기를 완전히 밀봉한다. • 숙성 시간을 초과하지 않으며 온도를 지킨다.(6도에서 최대 24시간) 과자 제조 위생 관리 지침 안내 참조 Guide de bonnes pratiques d'hygiène en pâtisserie.
❹ 아이스크림 만들기 TURBINER LA GLACE	**세균 오염** CONTAMINATION 아이스크림은 세척, 소독이 불량한 기구 또는 소르베 제조기로 오염될 수 있다.	• 아이스크림 제조기와 기구는 사용 전후 세척, 소독한다.
❺ −18도 냉동고에 아이스크림 보관하기 STOCKER LA GLACE DANS UN CONSERVATEUR A – 18 ℃	(냉동고) 온도가 높아지면 아이스크림 품질이 떨어진다.	• 아이스크림을 용기에 잘 넣고 밀봉한다.(성에 조각이 용기에 떨어지거나, 아이스크림이 건조되는 것을 방지하기 위해) • 냉동고 온도를 규칙적으로 확인한다. • 먼저 만든 아이스크림을 순서대로 소비할 수 있도록 포장에 라벨을 붙인다.
❻ 아이스크림 제공하기 SERVIR LA GLACE	**세균 오염** CONTAMINATION 아이스크림은 세척, 소독이 불량한 기구(아이스크림 스쿠프, 숟가락), 더러운 손, 재채기, 침 등으로 오염될 수 있다.	• 아이스크림 스쿠프를 세척, 소독한다. • 스쿠프를 담그는 물을 자주 갈아준다. • 아이스크림을 배분한 후 용기를 꼼꼼하게 정리, 밀봉하여 냉동고에 다시 넣는다. • 아이스크림을 제공할 때마다 녹게 하거나 주문을 받을 때마다 아이스크림 제조기를 돌리는 나쁜 습관을 금한다.

허드레 고기 배송, 보관, 사용할 때 주의 사항

PRÉCAUTIONS À OBSERVER LORS DE LA RÉCEPTION, DU STOCKAGE ET DE L'UTILISATION DES ABATS

식품 생산 과정 DIAGRAMME DE FABRICATION	위험 DANGERS	위험 제한 주의 사항(위험 예방책) PRÉCAUTIONS À OBSERVER POUR LIMITER LES DANGERS(MESURES PRÉVENTIVES D'ÉVICTION)
① ・ 허드레 고기 배송 받기 RÉCEPTION DES ABATS **・ 검사하기** CONTRÔLES **・ 포장 제거하기** DÉCONDITIONNEMENT	**세균 오염** CONTAMINATION 허드레 고기는 잠재적인 세균의 근원지가 될 수 있다. 더러운 포장, 세척 불량한 기구, 취급하는 사람의 손 등으로 오염될 수 있다.	・ 포장되지 않은 허드레 고기는 배송 받지 않는다. ・ 핏물이나 다른 삼출액에 잠겨있는 허드레 고기는 받지 않는다. ・ 의심스러운 모습이나 냄새가 나는 허드레 고기는 받지 않는다.(냄새가 없고 매끈하며 끈적끈적하지 않아야 한다.) ・ 깨끗하고 부스러기가 붙어있으면 안 된다.(피가 엉긴 덩어리, 굵은 혈관, 며느리 발톱, 털 등등) ・ 해동된 흔적(얼음 결정체)이 보이는 냉동 허드레 고기는 받지 않는다. ・ 포장되어 라벨이 붙어 있는(숙성, 발송지, 인가 작업장, 위생 검인, 냉장 허드레 고기의 경우 유통기한, 냉동 허드레 고기의 경우 최적 사용기한일) 허드레 고기를 요구한다. ・ 고기 지방으로 만든 끈으로 묶은 콩팥, 얇은 막으로 싸여 있는 간엽 등이 좋으며, 익히기 바로 직전에 얇은 막을 뜯는다. ・ 침샘과 〈끝부분이 제거된〉 혀만 사용한다. 배송을 받은 즉시 익힐 준비를 한다. 냉동 혀의 경우 해동하지 않고 익히거나, 반쯤 해동된 상태에서 익힌다. ・ 허드레 고기를 검사하고 일반 포장 및 진공 포장을 제거하는 모든 작업 전후에는 손을 꼼꼼하게 씻는다. ・ 깨끗하게 소독한 주방 기구만 사용한다.
② ・ 보관 STOCKAGE **・ 사용/익히기** UTILISATION/CUISSON	**세균 급속한 증식** PROLIFÉRATION 포장되지 않거나 냉장, 진공 포장, 냉동 허드레 고기는 온도 차이에 매우 민감하다. 몇 도만 올라가도 세균이 활발하게 활동한다. 절대 저온 유통 단절이 일어나서는 안 됨	・ 검토가 끝나면 냉장 허드레 고기는 최대 4도 냉장 보관실에, 냉동 허드레 고기는 −18도 냉동고에 넣어 보관한다. ・ **저온 유통 단절을 피한다.** ・ 일반 포장 또는 진공 포장을 벗긴 허드레 고기는 깨끗하고 덮개가 있으며 라벨을 붙인 용기에 넣는다. 가능한 한 빨리 익힐 준비를 한다. ・ 유통기한을 엄격하게 지킨다. 보관 기간이 오래된 허드레 고기를 먼저 사용한다. ・ 냉장실에서 꺼내어 요리에 맞게 자른다. ・ 크기가 작은 냉동 허드레 고기는 해동하지 않고 데친다. ・ 골이나 췌장(이자)은 배송을 받자마자 이물질을 제거하고 핏물을 뺀 후 데쳐서 재빨리 식혀 지체 없이 사용한다. ・ 요리를 제공한 후 남은 것을 남겨두지 않는다.

허드레 고기는 매우 민감한 식품이며 구성상 피가 풍부하여 세균이 증식하기에 유리한 환경이다.

《위험 명시 재료(MRS)》로 분류되어 있는 허드레 고기의 판매는 규정에 따라야 한다. 허드레 고기는 매우 신선하게 섭취해야 하며 엄격한 위생에 유의할 필요가 있다.

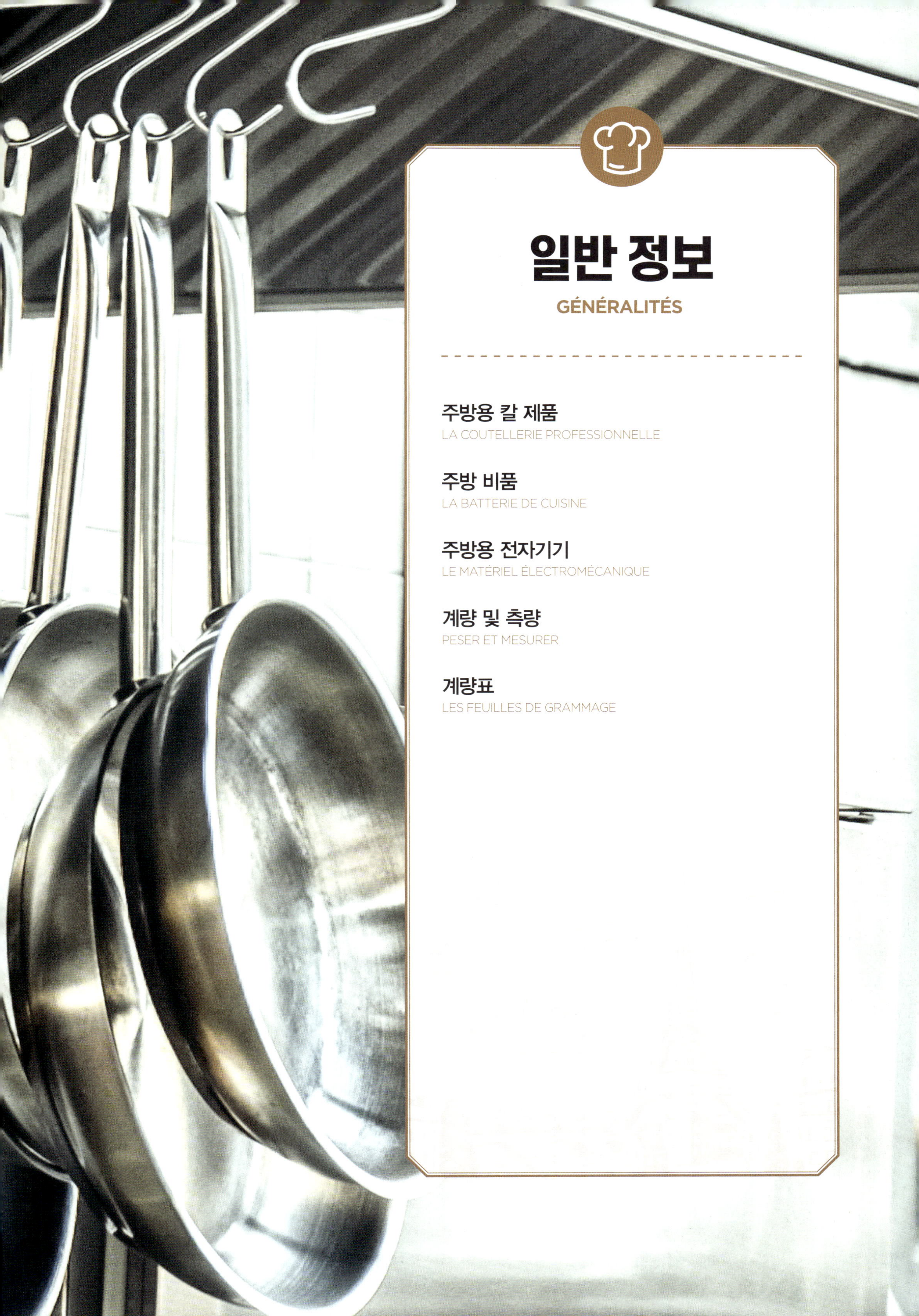

일반 정보

GÉNÉRALITÉS

주방용 칼 제품
LA COUTELLERIE PROFESSIONNELLE

주방 비품
LA BATTERIE DE CUISINE

주방용 전자기기
LE MATÉRIEL ÉLECTROMÉCANIQUE

계량 및 측량
PESER ET MESURER

계량표
LES FEUILLES DE GRAMMAGE

주방용 칼 제품 LA COUTELLERIE PROFESSIONNELLE

BPI 출판사의 《요리의 기술 TECHNOLOGIE CULINAIRE》 참조

칼 상자, 견습생 도구 가방 LA BOÎTE À COUTEAUX OU LA MALLETTE DES APPRENTIS

주방에서 작업할 때에는 다양한 종류의 칼을 사용할 필요가 있다.

- 일반적 용도로 사용하는 칼 중 일부는 요리사 개인 소유도 있다.
- 특수 목적의 칼은 업소에서 자체 관리한다.(푸주칼 feuille à fendre, 고기칼 couperet, 고기망치 batte 등)

용도에 따라 사용하는 칼(다듬기 épluchage, 자르기 taillage, 모난 부분을 깎아 둥글게 모양 다듬기 tournage, 뼈 발라내기 désossage)은 각각 다르고 그 모양도 다양하다.

각각의 칼날은 짧거나 두껍기도 하고, 단단하거나 잘 휘어지는 등 다양한 특성을 가지고 있는데, 각각의 형태에 따라 특정 작업에 적합한 칼날을 사용해야 한다.

그러므로 작업 형태에 맞는 적절한 칼을 선택하는 것은 작업의 품질, 신속성, 정확성, 안정성 확보에 매우 중요하다.

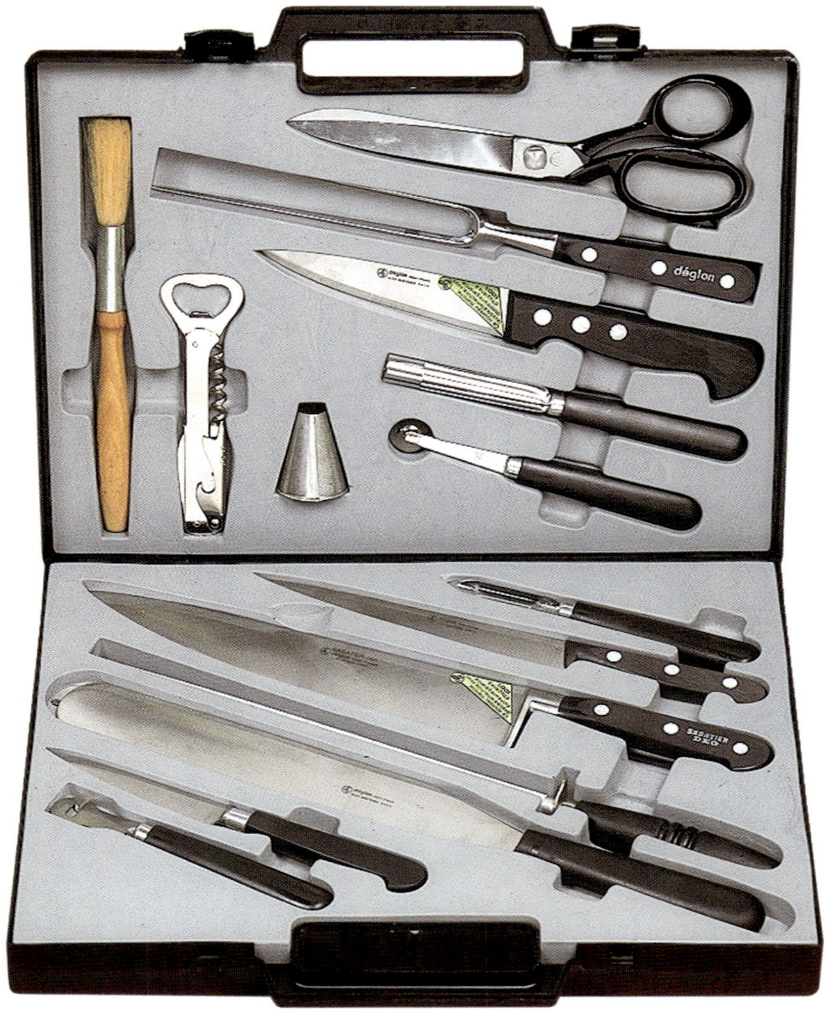

Deglon, www.deglon.com

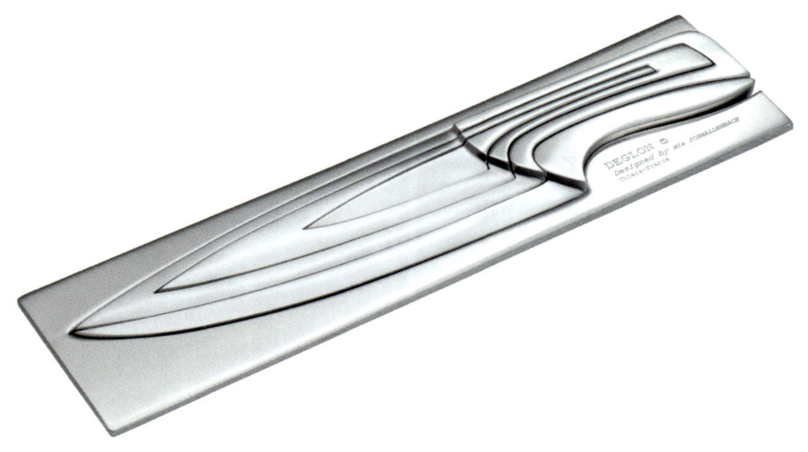

특정한 외형을 갖춘 칼 제품 – 상품 세트

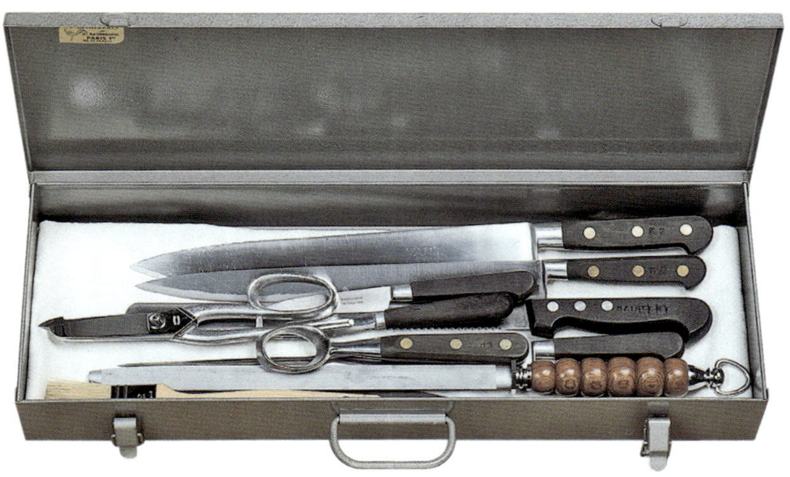

 칼 이용 시 안전 주의 사항

칼이 잘 정리되어 있지 않을 경우, 상처를 입을 수 있으므로 주의한다.

권장 사항
Recommandations

안전한 칼 사용법

칼은 매우 위험한 도구이지만, 다음의 사항을 유의하면 많은 사고를 방지할 수 있다.

- 좋은 품질의 칼을 구입하여 완벽하게 관리할 경우
- 주방에서 합리적으로 행동하고, 조리 작업 장소를 잘 구성할 경우
- 조리 작업 장소를 잘 정리하고, 필요 없는 모든 칼을 수시로 치울 경우(도마 근처에 행주를 펴 놓고 그 위에 모든 칼을 진열해두는 방식은 금한다.)
- 칼을 사용하는 사람끼리 부딪히거나 옆 사람과 충돌하지 않도록 분리된 공간을 확보한 경우
- 칼을 사용하는 사람의 정서적 안정이 유지되고, 발생 가능 위험에 대한 인지와 주의를 기울이며, 자르거나 다듬는 작업을 하는 동안 주의가 산만해지지 않을 경우

절대로 칼을 손에 들고 움직여서는 안 되며, 피치 못해 칼을 들고 움직여야 할 경우에는 칼 끝이 바닥을 향하도록 하고, 차분하게 움직여야 한다는 사실을 명심한다.

칼은 모두 같은 방향으로 정리하며 조리 작업대 근처의 편리한 장소에 둔다.

(조리 작업대 아래의 서랍이나 자기를 띤 막대판)

칼 소독하기
Désinfection des couteaux
www.bpi-campus.com
www.youtube.com/@diytp

- 칼은 완전히 청결한 상태로 관리하며, 칼날은 늘 서 있어야 한다.(그렇지 않을 경우 추가 작업이 발생한다. 날이 서지 않은 칼로 칼질을 하면 부상의 위험도 높아진다.)

- 칼은 정기적으로 관리한다. 칼 연마용 스틸(야스리)을 사용하여 필요할 때마다 자주 갈아준다. 안전 관리 차원에서 칼 연마용 스틸 보관 또한 매우 중요한 일이다. 칼을 갈고 관리하는 방법도 매우 다양하며, 칼날을 내려놓을 때는 손 방향이 아닌 바깥 방향으로 두는 것을 권장한다.

- 조리 초보자들의 안전을 위해 금속 소재로 된 장갑을 착용할 수 있다.

- 칼날이 많이 무뎌졌거나 칼 연마용 스틸을 사용해도 날이 더 이상 서지 않을 때는 연마 전문가에게 칼을 맡겨야 한다. 연마 전문가는 칼 갈이 기계(회전 숫돌)로 칼날이 다시 서도록 칼날을 가늘게 복원해 준다.

➕ 칼 보관 방법

- 칼은 사용 후 반드시 세척하고(소독 세척제로 따뜻한 물에 세척하고 63도 이상의 뜨거운 물로 헹군다) 오염의 위험이 없는 곳에 정리한다.

- 칼을 보관하기 위해 가죽으로 된 밀폐된 칼 주머니, 화살 통 모양의 케이스, 어깨 끈 달린 가방 등을 사용하는 것은 금한다.

- 칼 소독은 소독제를 첨가한 물이나 표백살균제 물에 담근 후 63도 이상의 물로 헹구거나, 식품을 대량으로 유통하는 곳이나 자르는 작업실의 경우 살균소독 보관대를 사용한다.

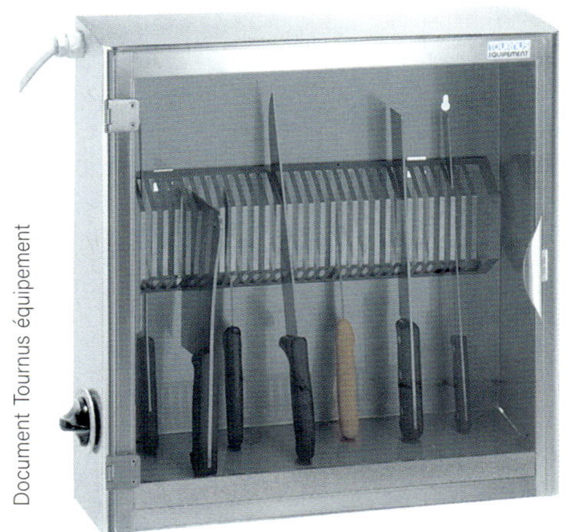

살균 소독 보관대
ARMOIRE DE STÉRILISATION

이 보관대에는 수은 관이 설치되어 있어 완벽한 살균 소독을 보장해 준다.

주물 틀로 제작하여 인체공학적이며 살균 소독이 가능한 칼들

각종 칼과 도구들

LES DIFFÉRENTS COUTEAUX ET PETITS OUTILS, INDIVIDUELS OU COLLECTIFS, UTILISÉS EN CUISINE

과도(패링 나이프) COUTEAU D'OFFICE

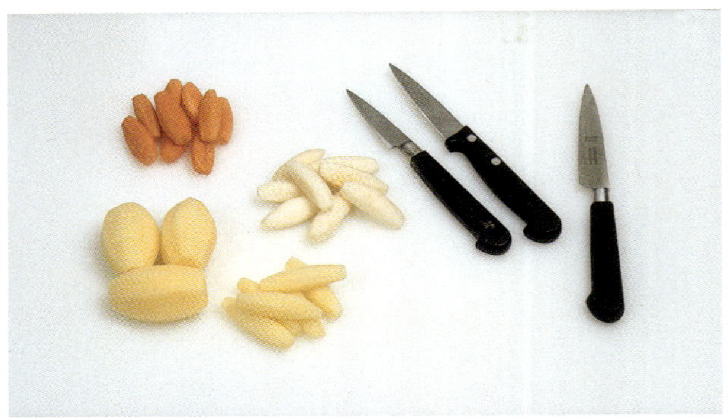

손잡이에 쇠테가 감겨있거나 날이 리벳으로 고정되어 있다.

칼날의 길이는 7∼11cm 정도.

채소를 다듬고 모난 부분을 둥글게 다듬기(투르네 Tourner*) 위해 주로 사용한다.

《생선 필레용칼(필레팅 나이프)》
COUTEAU À 《FILET DE SOLE》

날의 길이는 17∼20cm 정도이며, 날이 휘어지는 것이 특징이다.

생선의 포를 뜰 때 사용하며 양파나 셜롯을 다지기에 적당한 칼이다.

다목적칼(유틸리티 나이프) COUTEAU ÉMINCEUR

리벳으로 고정되어 있어 강하고 단단한 것이 특징이며, 날의 길이는 18∼22cm정도, 채소를 다듬고 채 써는데 주로 사용한다.

조리용칼(셰프 나이프) COUTEAU DE CUISINE OU DE CHEF

날이 두껍고 리벳으로 고정되어 있다. 그 길이는 25∼30cm 사0 .

생고기와 가금류를 자르고 다질 때 주로 사용한다.

푸주칼(클리버 나이프)

COUTEAU ABATTE OU ABATTRE OU DEMI-BATTE

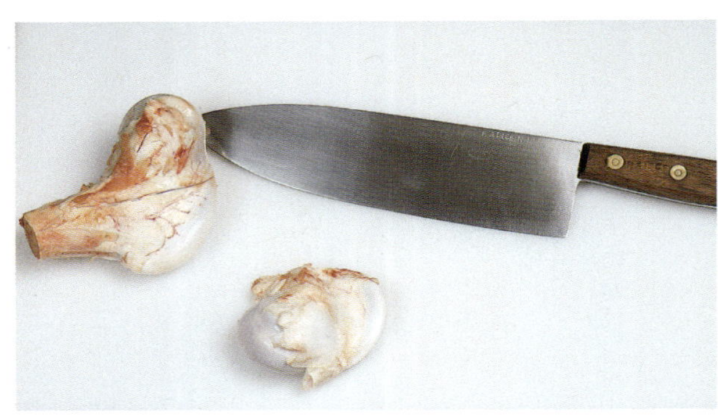

날이 리벳으로 고정되어 있으며, 칼 밑이 특히 두꺼운 것이 특징(6∼8mm).

날의 길이는 25∼30cm정도 된다.

고기의 뼈와 연골 부위를 쪼개고, 뼈를 다지고, 살을 넓게 펼 때 주로 사용한다.

---

* 투르네 Tourner: '돌려 깎다'

생선 토막용 칼 COUTEAU À POISSON

날이 리벳으로 고정되어 있고 길이는 35~40cm, 칼날이 우둘투둘한 것이 특징이다.

큰 생선을 토막낼 때 사용한다.

슬라이서(카빙 나이프) COUTEAU TRANCHE-LARD

검정 손잡이, 금속 장식, 유연한 칼날이 특징. 길이는 30~35cm 사이.

통구이 된 고기(넓적다리, 큰 덩어리의 살코기)를 얇게 저밀 때 주로 사용하며, 덩어리가 큰 생선(연어, 대구)의 포를 뜰 때 사용하기도 한다.

햄칼 COUTEAU À JAMBON À L'OS

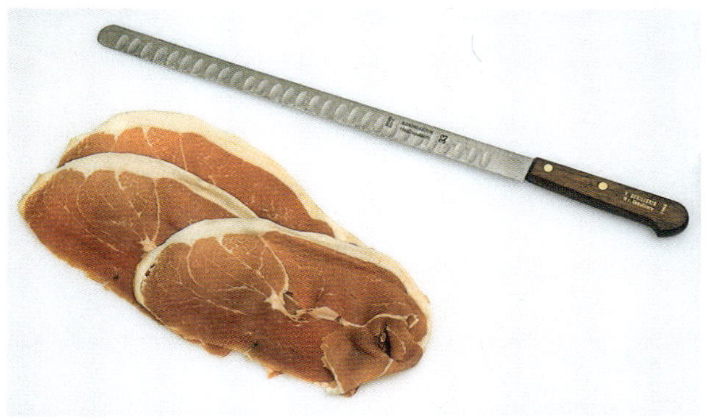

칼날이 유연하고 올리브 모양의 홈이 있으며, 리벳이 박혀 있고, 그 길이는 28~32cm 사이.

주로 얇은 조각으로 자르는데 사용한다.(햄, 훈제 연어, 절인 연어)

빵칼 COUTEAU SCIE

칼날이 단단하고 톱니 모양, 리벳이 박혀 있으며, 그 길이는 20~25cm 사이. 주로 빵, 식빵, 앙트르메*, 제누아즈*, 비스킷 등을 자르는데 사용한다.

정육용칼 COUTEAU À DÉNERVER

칼날이 유연하고 리벳이 박혀 있으며 그 길이는 15~20cm 사이. 정육용 고기를 다듬고 힘줄이나 지방을 제거하는데 사용한다.

뼈칼(보닝 나이프) COUTEAU À DÉSOSSER

칼날이 단단하고 리벳이 박혀 있으며 그 길이는 14~18cm 사이. 생고기(양고기 등살, 송아지 고기 등살 등)의 뼈를 발라내는데 사용한다.

* 앙트르메 les entremets: 디저트 전에 먹는 단 음식으로 디저트로 대체되었다. 무스, 푸딩, 크레이프, 얼린 과자 등이 이에 해당한다.
* 제누아즈 la génoise: 설탕과 거품 낸 달걀을 주원료로 한 과자.

칼 연마용 스틸(야스리) FUSIL À MÈCHE RONDE ET PLATE

길이는 30cm로 무뎌진 칼의 날을 다시 세우는데 사용한다.

조리용 포크 《카빙 포크》 FOURCHETTE 《DIAPASON》

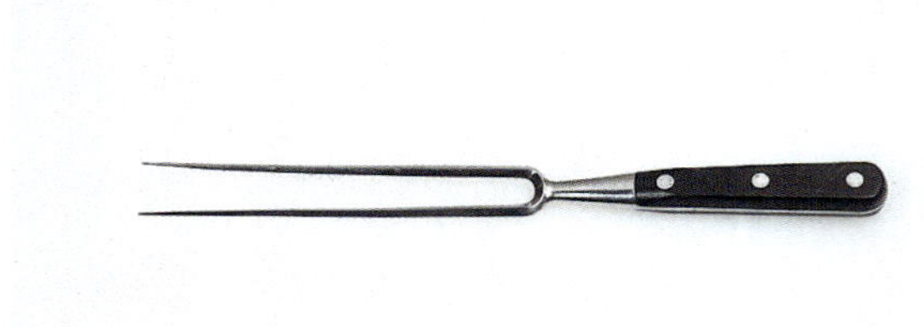

꽂이에 꽂혀 있는 고기(가금류, 흰색 고기)를 뒤집을 때 사용한다.

다양한 종류의 뒤집개*(평평한 모양, 구부러진 모양)
DIFFÉRENTS MODÈLES DE SPATULES PLATES ET DE SPATULES COUDÉES

유연한 스테인리스 재질의 뒤집개로, 쇠테나 리벳으로 고정되어 있다. 길이는 15~30cm 사이.
고기나 깨지기 쉬운 생선을 뒤집을 때, 소스나 크림 따위의 표면을 고르고 판판하게 고를 때 사용한다.

---

* 뒤집개 Spatule : 불어식 표현은 스파츌라. 흔히 터너(turner)라고도 부른다.

생선용 가위 CISEAUX À POISSON

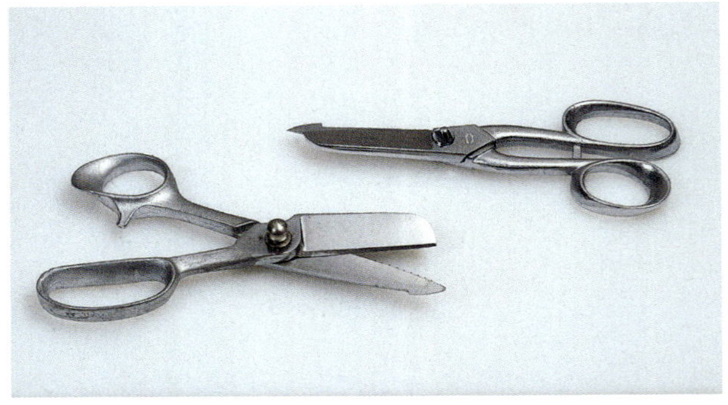

강철 혹은 스테인리스 금속 재질. 가위 날에 톱니가 새겨져 있어 생선 지느러미, 수염 따위를 쉽게 손질할 수 있다.

감자칼(필러) COUTEAU ÉCONOME

손잡이는 쇠테로 고정되어 있다.
채소와 과일의 껍질을 까고 벗기는데 사용한다.

샤넬 나이프(제스토르) COUTEAU CANNELEUR

손잡이는 쇠테로 고정되어 있다. 왼손잡이 전용, 오른손잡이 전용이 따로 있고 당근, 오이, 레몬, 오렌지 따위를 톱니 모양으로 만들거나 껍질에 홈을 파 줄을 내면서 장식하는데 사용한다.

데코용 칼(새도 나이프, 조각도)
COUTEAU À DENTS DE LOUP

손잡이가 쇠테로 고정되어 있다.
과일이나 채소를 톱니 모양으로 만들어 둘로 나누는데 사용한다.

파인애플 코어러(비드 아나나스)와 애플 코어러(비드 폼)
VIDE−ANANAS ET VIDE−POMME

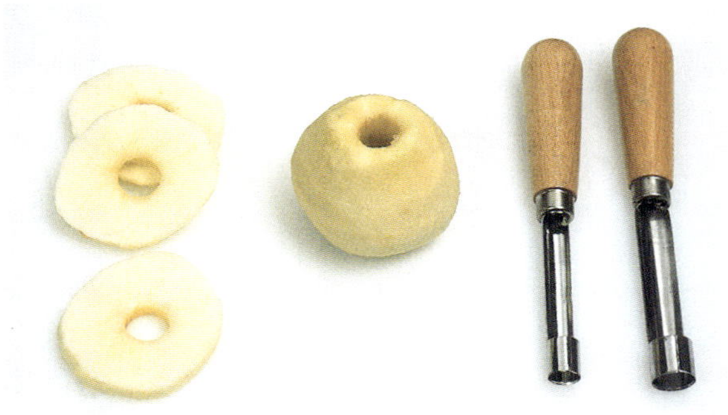

손잡이가 쇠테로 고정되어 있다.
파인애플, 사과, 배의 심지, 과피, 씨 등을 비우고 제거하는데 사용한다.

채소 볼러 CUILLER À LEVER LES LÉGUMES

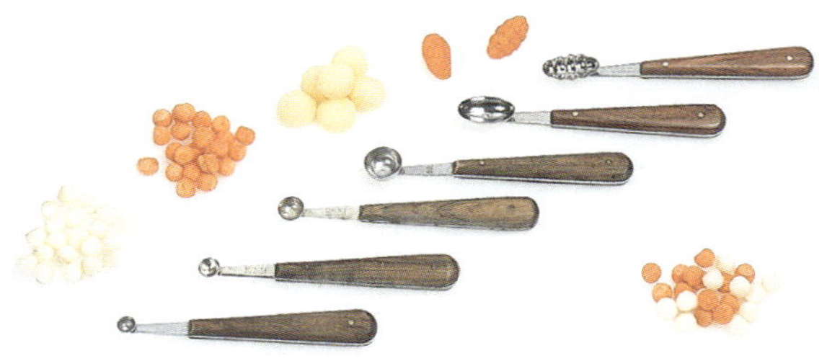

손잡이가 쇠테로 고정되어 있다.
용도에 따라 이름이 달라진다. 소 꼬리 모양 숟가락. 동그란 모양으로 파내는
숟가락. 파리지엔느 숟가락 등

씨 제거기 DÉNOYAUTEUR OU PINCE À DÉNOYAUTER

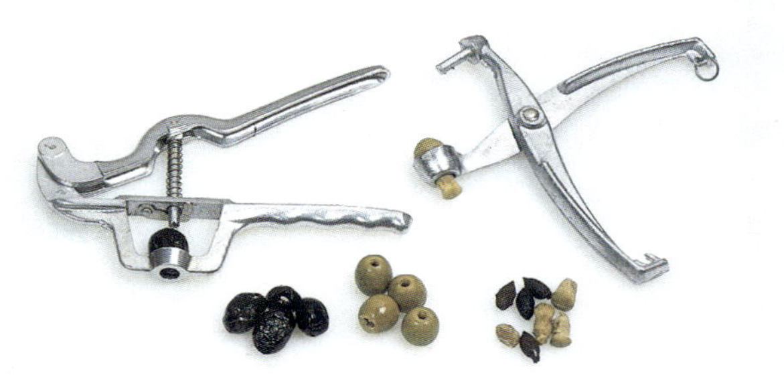

올리브나 체리 cerises의 씨를 제거하는데 사용한다.

에그 슬라이서 COUPE ŒUFS

계란을 얇은 조각 또는 4등분으로 일정하게 자르는데 사용한다.

비늘 제거기 COUTEAU À ÉCAILLEUR

생선을 다듬는데(또는 비늘을 벗기는데) 사용한다.

굴칼 COUTEAU À HUÎTRES

주로 굴 껍질을 여는데 사용하고 모델에 따라 홍합, 대합, 조개류, 가리비 등에 사용한다.

꼬챙이 LARDOIR ET AIGUILLES À PIQUER

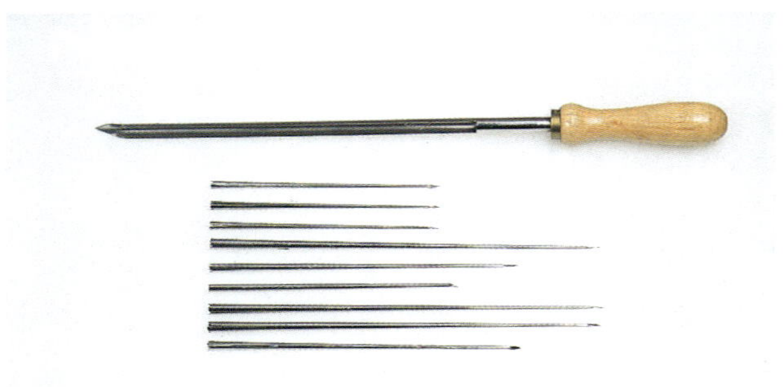

금속 장식이 있는 손잡이 Lardoir
정육용 큰 고기 덩어리에 기름살을 끼워 넣는 데 사용한다.
예 볼기살 비프스테이크 aiguillette de boeuf

조리용 바늘 Aiguille à piquer
작은 고기, 허드레 고기, 생선, 작은 막대 모양 돼지비계 de petits bâtonnets de lard gras, 송로버섯, 당근 등의 작은 조각을 꽂는데 사용한다.

가금류용 바늘 AIGUILLE À BRIDER

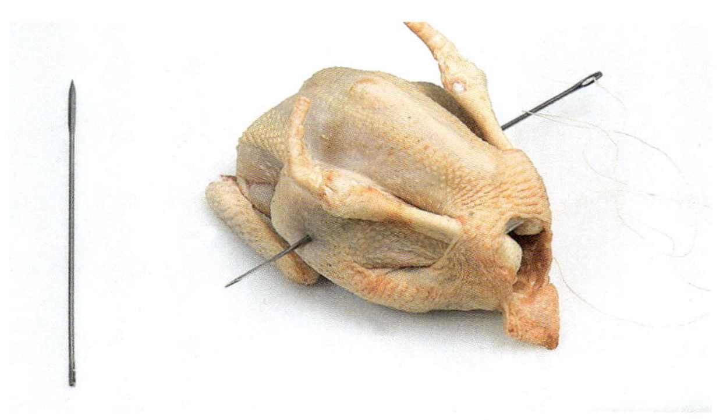

가금류의 요리 모양을 유지하며 골고루 가열되도록 하기 위해 끈을 이용하여 가금류의 각 부분을 고정시키고 보존하는데 사용한다.

고기망치 BATTE À CÔTELETTES

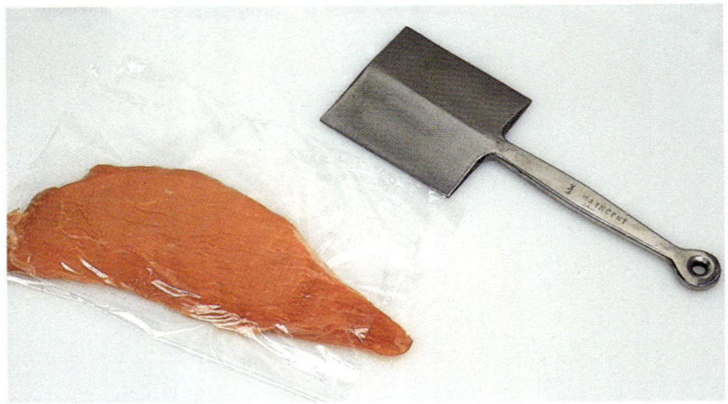

고기나 생선을 납작하게 만들고 그 두께를 일정하게 한다.

푸주칼(클리버 나이프) FEUILLE À FENDRE À DOS DROIT

큰 덩어리 고기의 연골이나 뼈 부분을 부수거나 자르거나 쪼갠다.

정육용톱 SCIE À OS

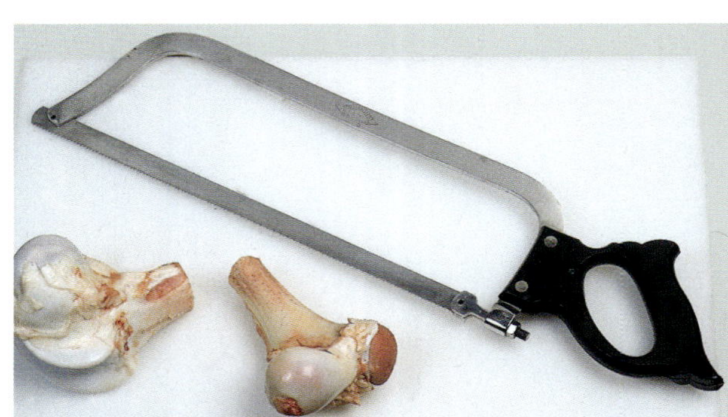

특별히 단단하고 큰 뼈를 자르거나 큰 덩어리 고기를 자르는데 사용한다

강판(만돌린) MANDOLINE

다음과 같이 다양한 크기로 채소를 자른다.

- 가늘게 채썰기 julienne(줄리엔느)
- 가는 채 모양으로 감자 썰기 pommes paille(뽐 빠이)
- 막대 모양으로 감자 썰기 pommes allumettes(뽐 알뤼메트)
- 칩스 모양으로 감자 썰기 pommes chips(뽐 칩스)
- 볶음용 감자 썰기 pommes sautées(뽐 소테)
- 얇은 과자(와플) 모양으로 감자 썰기 pommes gaufrettes(뽐 고프레트)
- 당근, 무 얇게 썰기 carottes, navets émincés.(에멩세)

납작한 조리용 붓 PINCEAUX PLATS, 플라스틱 스크레이퍼 와 실리콘 주걱 CORNES ET MARYSES

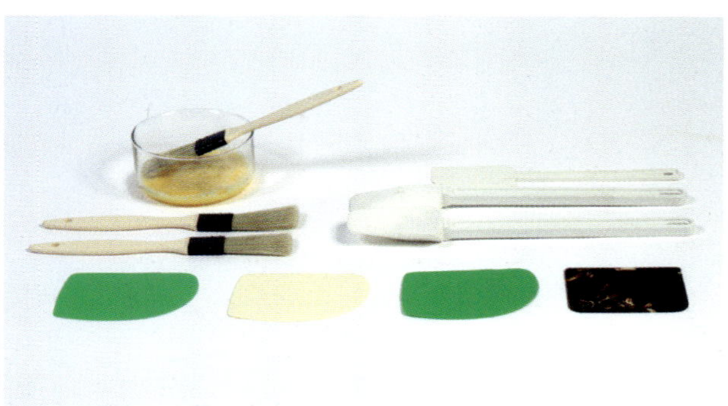

납작한 조리용 붓 Pinceau plats

요리에 윤을 내거나 (과자에) 달걀 노른자를 바를 때 사용한다.

플라스틱 스크레이퍼와 실리콘 주걱 Cornes et maryses en polypropylène

용기의 내용물을 꼼꼼하게 긁어낼 수 있다.

일본식칼, 세라믹칼 COUTEAUX JAPONAIS ET COUTEAUX, À LAME D'ACIER INOXYDABLE

일본식칼 Les couteaux japonais

일본의 칼은 탄소 함유량이 높은 쇠로 만들며 훌륭한 칼날을 지니고 있다. 자단* 또는 과실수로 만든 손잡이이며, 인체공학적으로 만들어지지 않아 사용하면서 자신에 알맞게 쥐는 습관을 가져야 한다.

세라믹칼 Couteaux à lame d'acier inoxydable recouverte de céramique blanche

스테인리스 칼날이 흰색 세라믹으로 도금되어 있다.

날이 잘 들지만 매우 약하다.

---

* 자단 bois de rose : 콩과에 속한 상록 활엽 교목. 모든 자단은 튼튼하고 무거우며 훌륭한 광택을 보이기 때문에 기타, 마림바, 리코더, 목재 가공류, 핸들, 가구, 나무 바닥 등에 쓰인다.

주방 비품 LA BATTERIE DE CUISINE

정의 DÉFINITION

주방 비품은 요리를 준비하고 가열할 때 쓰이며, 운반 가능한 모든 기구 및 도구들을 가리킨다.

분류 CLASSIFICATION

주방 비품은 다음 세 가지 종류를 포함한다.

재료에 따른 구분 de matériel :

- **이동형 조리용 기구** le matériel mobile de cuisson(자루냄비 russes, 프라이팬 sauteuses, 납작한 냄비 sautoirs 등)
- **준비 및 정리용 기구** le matériel de préparation et le matériel(사각 트레이 plaques, 믹싱볼 calottes, 들통 bahuts, 중탕냄비 bains–marie, 《음식 gastronormes》보관 용기 – BPI 출판사의《요리의 기술》참조)
- **작은 기구, 부속 도구** le petit matériel ou ustensiles accessoires(국자 louches, 거품을 떠내는 국자 écumoires, 거품기 fouets, 깔때기 모양의 여과기 chinois 등)

재질 LES MATÉRIAUX UTILISÉS

이동형 조리용 기구 MATÉRIEL MOBILE DE CUISSON

- **주석 도금을 하지 않은 구리** Cuivre non étamé : 과일 설탕 졸임을 위한 냄비 bassines à reverdir, 작은 냄비 poêlons à sucre, 제누아즈를 만들기 위한 냄비 bassins à génoises.
- **망치로 두드리거나 금형 작업으로 만든 매우 두꺼운 주석 도금의 구리** Cuivre étamé de forte épaisseur, martelé ou embouti : 자루냄비 russes, 소테팬 sauteuses, 납작한 냄비 sautoirs 등.
- **구리(외부)와 스테인리스(내부)** Cuivre extérieur, acier inoxydable intérieur : 자루냄비 russes, 소테팬 sauteuses, 납작한 냄비 sautoirs, 작은 소스 팬 casserolettes, 동그란 모양 또는 타원형 모양의 스튜 냄비 cocottes rondes et ovales, 동그란 모양 또는 타원형 모양의 주방용 팬 poêles rondes et ovales, 진열 및 가열 기구 matériel de présentation et de flambage.
- **매우 두꺼운 구리, 니켈 도금** Cuivre de forte épaisseur, plaqué nickel : 위와 같은 구리와 스테인리스 기구

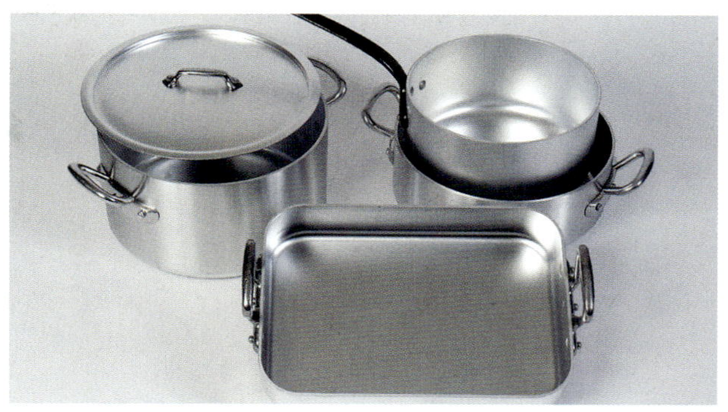

망치로 두드리거나 금형 작업으로 만든 매우 두꺼운 알루미늄 Aluminium embouti ou martelé de forte épaisseur : 소스포트 rondeaux, 낮은 소스포트 marmites basses et hautes, 로스팅 팬 plaques à rôtir, 광어용 냄비 turbotières, 생선용 냄비 poissonnières.

스테인리스 Acier inoxydable · 18/10(크롬 18%, 니켈 10%) · **바닥은 구리 또는 알루미늄** fond cuivre ou aluminium(aluinox), **외부는 스테인리스 recouvert d'acier inoxydable(합판식 바닥** fond 《sandwich》) : 자루냄비 russes, 납작한 냄비 sautoirs, 소테팬 sauteuses, 소스포트 rondeaux, 솥 marmites 등

매우 두꺼운 검정 철판 Tôle d'acier noir de forte épaisseur : 생선용 poêles à poissons, 오믈렛용 à omelettes, 크레이프용 à crêpes, 훈제 생선용 빵 전용 프라이팬 à blinis, 타르트 틀 dessous de tourtières, 제과용 오븐팬 plaques à pâtisserie, 튀김용 냄비 bassines à friture, 웍 woks 등

무쇠 주물 팬 Fonte de fer, 주물 법랑 팬 fonte émaillée : 스튜용 양수냄비 marmites à ragoûts, 코코트 cocottes, 자루냄비 poêlons, 프라이팬 poêles, 이동식 그릴 grils mobiles 등

테라 코타 Terre cuite : 자루냄비 poêlons, 퐁듀용 냄비 caquelons, 테린* 용 그릇 terrines, 스튜용/조림용 그릇 toupins, 오븐용 넓은 그릇 tians, 타진 요리용* 그릇 plats à tajines, 트르굴용*그릇 plat à teurgoules, 그라탱용 그릇 plats à gratins, 무수분 조리용 도기 diables, 뢰머토프 황토 뚝배기 Römertopf® 등의 토기류는 깨지기 쉬우므로 조심히 다뤄야 한다.

강화유리 Verre trempé(파이렉스 Pyrex®, 내열유리) : 열공학적 검증이 된 것이라도 가열은 가급적 피한다. 만에 하나 강화유리 기구가 터져 그 파편이 음식에 튈 수 있기 때문이다.

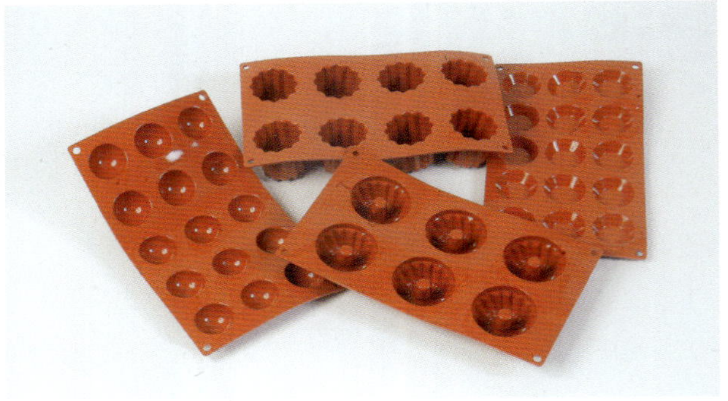

식품용 실리콘 기구 Silicone alimentaire : 제과용 틀 moules divers à pâtisserie. 플래티늄 실리콘 재질은 내열성(280도)이 우수한 반면. 경화제가 포함된 제품의 경우 저렴하나 내열성이 떨어져 160도부터 인체 유해물질이 발생한다.

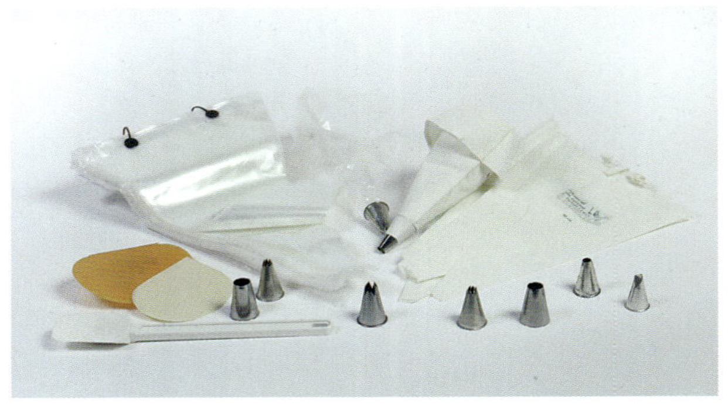

PA/PE(폴리아미드 polyamide/폴리에틸렌 polyéthylène) : 수비드 전용 진공 비닐봉투로, 구김 여부에 따라 두 가지가 있다.(비스페놀 A* bisphénol A와 프탈레이트* phtalates가 없는 것) 가열 및 살균 온도에 따라 선택해야 한다. 일부 제품은 80도 이상 가열이 불가능하다.

준비 및 정리용 기구
MATÉRIEL DE PRÉPARATION, MATÉRIEL À DÉBARRASSER ET MATÉRIEL DE CONDITIONNEMENT

- 스테인리스 Acier inoxydable : 정리용 사각 트레이 plaques, 믹싱볼 calottes, 들통 bahuts, 다양한 집게 pinces diverses
- 식품용 플라스틱 Plastiques alimentaires(폴리카보네이트* type polycarbonate) : 국제 표준 규격《 gastronorme》(GN)의 음식 보관 용기
- 각종 미니 트레이 Barquettes de tailles diverses.

작은 기구, 부속 도구
PETIT MATÉRIEL ET USTENSILES ACCESSOIRES

- 스테인리스 Acier inoxydable : 국자 louches, 커다란 국자 pochons, 뒤집개 spatules à réduction 다양한 집게 pinces diverses.
- 양철 Fer étamé(사양화 추세) : 뜰채 araignées, 건지개 paniers à nids, 거름망 passoires à queue.
- 식품용 플라스틱 Plastiques alimentaires(폴리카보네이트 polycarbonate, 나일론 nylon, 공폴리에스테르 copolyester, 멜라민 mélamine, 엑소글라스 Exoglass®* 등) : 주걱 스파츌라 spatules, 자르는 기구 découpoirs, 꼰 (실리콘 주걱) cornes, 집게 maryses, 제과용 밀대 pinces à servir, 도마 rouleaux à pâtisserie 등. 이러한 플라스틱 제품은 사용 온도에 유의해야 한다.(그렇지 않을 경우 환경 호르몬이 발생할 수 있다.)

재질의 물리적 속성
LES PROPRIÉTÉS DES MATÉRIAUX

이동형 조리용 기구 제작에 사용되는 재료는 다음의 조건을 충족해야 한다.
- 식품 재료에 어떠한 독성도 주지 않도록 제작해야 한다.
- 과열되지 않고 열을 잘 전달해야 하며 변형되지 않아야 한다.
- 충격, 잘못된 취급 또는 연속적인 사용에도 잘 견뎌야 한다.
- 관리하기 쉬워야 한다.

전기 가열판에 사용되는 용기는 표면이 평평하고 변형되지 않으며 열을 잘 전달할 수 있도록 강화된 바닥을 갖추고 그 둘레가 세워져 있어야 한다.

인덕션용 용기에 대해서는 해당 부분을 참조한다.

손잡이, 고리 등이 안정적이며 균형이 잡히고 잡기 편해야 하며, 단단한 부분과 나사로 튼튼하게 고정돼야 한다.

구리 기구의 특성
LE CAS PARTICULIER DU MATÉRIEL EN CUIVRE

주석 도금이 되지 않은 기구를 사용할 경우, 사용하기 전에 반드시 소금과 식초로 세척해야 하고 흐르는 물에 꼼꼼하게 헹궈 녹청*을 제거해야 한다.

주석 도금된 구리 기구를 주방에서 사용할 때에는 주석 도금이 벗겨지지 않았는지 잘 확인할 필요가 있고, 특히 용기의 바닥 부분과 나사 부분, 손잡이 부분을 주의해 살펴봐야 한다.

 **안전에 주의하세요!**

내분비계에 교란을 일으키는 유독성 물질

구리는 가열용 기구의 재료이지 정리용 기구의 재료가 아니다. 따라서 절대로 구리로 된 기구에 식품을 계속 두면 안 된다. 특히 주석 도금이 벗겨져 있다면 더욱 위험하다.(구리의 산화 위험, 녹청이 생긴 경우)
- 알루미늄으로 된 용기를 사용하는 것은 논란의 대상이 된다. 왜냐하면 건강에 위험한 미세한 입자가 산성 식품을 가열할 때 쉽게 나오기 때문이다.
- 색깔이 있는 강화유리는 독성의 중금속(납, 카드뮴)을 보유하고 있을 수 있다.
- 들러붙지 않도록 하는 테플론* 코팅이 낡거나 긁혀서 자국이 남으면 건강에 위험을 주는 PTFE*, ľAPFO 또는 PFOA* 등의 물질이 포함되어 있다.
- 일부 식품용 플라스틱에는 프탈레이트나 비스페놀A(BPA)를 보유하고 있을 수 있다. 세모 모양 안에 숫자로 표기되는 재활용 코드를 확인해본다. 숫자 02, 04, 05는 식품용으로 사용하기에 위험하지 않다는 의미이다.
- 가격이 저렴한 과산화물 실리콘은 160도 이상에서부터 건강에 해로운 입자를 내보낸다.
- 법랑을 입힌 용기에 법랑이 낡아서 벗겨지면 소비자의 건강에 위험을 줄 수 있다.

*PTFE(테플론 teflon) : 폴리테트라플루오르에틸렌(polytétrafluoroéthylène).

* APFO 또는 PFOA : 퍼플루오르옥탄산 또는 퍼플루오르옥탄에이트(acide perfluorooctanoïque ou perfluorooctanoate).

---

* 테린 terrines : 파테(pâté : 잘게 썬 고기를 양념하여 질그릇에 끓인 후 그대로 식혀서 먹는 요리)를 만드는 뚜껑 달린 도제 용기 또는 테린에 담아 조리한 파테

* 타진 tajine : 원형 뿔 모양의 손잡이가 달린 토기 재질의 냄비. 또는 타진 냄비에 소나 양, 닭, 생선 등의 재료에 향신 채소를 넣어 만든 모로코의 전통 스튜 요리.

* 트르굴 teurgoules : 노르망디 요리이며 쌀과 설탕을 이용한 디저트이다.

* 비스페놀 A(bisphénol A) : 대표적 환경 호르몬 중 하나로, 플라스틱 병, 플라스틱 식품 용기, 치과 재료, 금속 식품과 유아용 캔의 내부 벽면에서 흔히 발견된다.

* 프탈레이트 phtalates : 플라스틱을 부드럽게 해주는 성질을 가진 물질. 튜브 등 어린이의 완구 및 육아용품에서 사용할 경우 어린이의 발암 가능성을 높일 수 있는 환경 호르몬이다.

* 폴리카보네이트 polycarbonate : 비스페놀 A(BPA)와 포스젠의 연쇄 구조로 이루어진 무색 투명한 무정형의 열가소성 플라스틱 중합체이다.

* 엑소글라스 L'Exoglass® : 달라붙지 않고 변형되지 않는 단단한 재료의 혼합물

* 녹청 le vert de gris : 구리 금속의 표면에 발생하는 초록색의 피막

* 테플론 téflon: 듀폰사의 4불화 에틸렌 수지의 상품명으로 용융 알칼리 금속, 고온의 불소 가스 이외의 모든 약품에 침해되지 않는다.

* 올랑데즈 hollandaise : 버터와 레몬 과즙을 노른자를 사용하여 유화하고 소금과 소량의 후추를 양념한 소스.

* 베어네이즈 béarnaise : 프랑스의 대표적인 스테이크 소스로 올랑데즈 소스에 타라곤만 추가하면 완성된다.

* 벨루테 veloutés : 프랑스 요리의 5가지 기본 소스 중 하나이다. 루(roux)에 송아지고기 등을 사용한 화이트 스톡 또는 생선 스톡 등을 넣어 만든다.

* 베샤멜 Béchamel : 우유, 밀가루, 버터로 만든 흰 소스로.프랑스 요리의 기본 소스 중 하나이다.

* 포타주 potages : 고기·채소 따위를 넣어서 진하게 끓인 수프

* 크레올 밥 riz créole : 쌀에 고기, 새우 따위를 넣고 버터로 볶은 요리.

이동형 조리용 기구
LE MATÉRIEL MOBILE DE CUISSON

루스(자루냄비) RUSSE
(주석 도금의 구리와 스테인리스 cuivre étamé et acier inoxydable)

액체로 된 작은 양의 음식을 끓일 수 있다.

소뚜와(구이용 납작 냄비)
SAUTOIR PARFOIS APPELÉ «PLAT À SAUTER»
(주석 도금의 구리와 스테인리스 cuivre étamé et acier inoxydable)

고기를 굽는 요리를 할 수 있다.(돼지갈비, 송아지 갈비, 소고기 등심, 스테이크 고기 등등)

소튜즈(소테팬) SAUTEUSE
(주석 도금의 구리 cuivre étamé)

- 고기를 구울 수 있다.(송아지 갈비, 양고기 안심 스테이크, 가금류 가슴살 요리)
- 채소를 찔 수 있다.
- 소스를 만들 수 있다.(올랑데즈*, 베어네이즈*, 벨루테*, 베사멜* 소스 등)

로스팅 팬 PLAQUE À RÔTIR
(주석 도금의 구리와 스테인리스 cuivre étamé et acier inoxydable)

고기 또는 가금류를 구울 수 있다.

론도(소스포트) RONDEAU HAUT OU MARMITE BASSE
(스테인리스와 주석 도금의 구리 acier inoxydable et cuivre étamé)

액체를 넣어 끓일 수 있다.(육수, 포타주*, 파스타, 크레올 밥*, 건조 채소, 데칠 고기 등등)

론도(낮은 소스포트) RONDEAU PLAT OU BAS
(주석 도금의 구리와 스테인리스 cuivre étamé et acier inoxydable)

스튜나 팬에 구운 것, 익힌 것을 천천히 계속 끓일 수 있고 소스나 벨루테를 만들 수 있다.

포토푀 냄비(스튜냄비, 소스포트)
MARMITE OU «POT-AU-FEU»
(주석 도금의 구리와 스테인리스 cuivre étamé et acier inoxydable)

많은 양의 액체를 끓일 수 있다.

브레지에(브레이징용 동냄비) BRAISIÈRE
(주석 도금의 구리 cuivre étamé)

큰 고기 덩어리를 익힐 수 있다.

생선용 팬 PLAQUE À POISSON
(주석 도금의 구리, 구리, 스테인리스 cuivre étamé, cuivre et acier inoxydable)

물을 조금 넣고 생선을 데칠 수 있다.

광어용 동냄비 TURBOTIÈRE
(주석 도금의 구리 cuivre étamé)

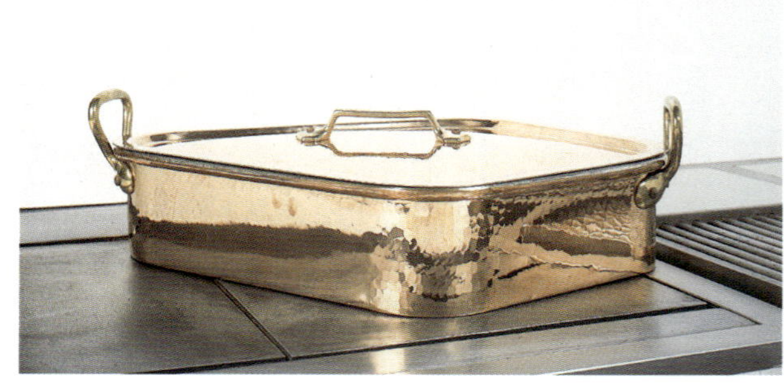

납작한 생선을 데치거나 익힐 수 있다.(가자미, 넙치 등등)

생선용 동냄비 POISSONNIÈRE
(주석 도금의 구리와 스테인리스 cuivre étamé et acier inoxydable)

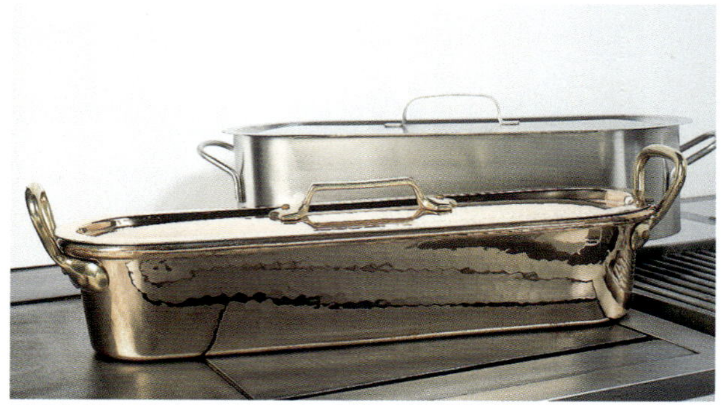

긴 모양의 생선을 데치거나 익힐 수 있다. (연어, 곤들매기, 대구 토막 등등)

뽐 아나용 동냄비
CASSEROLE À POMMES ANNA
(주석 도금의 구리 cuivre étamé)

뽐 아나 Pommes Anna, 뽐 다르팽 Darphin 그리고 그와 비슷한 종류의 감자요리를 익힐 수 있다.

감자를 삶을 수 있다.

프라이팬 POÊLES

(매우 두꺼운 검정색 철판 tôle d'acier noir de forte épaisseur : 이 프라이팬은 점차 코팅 팬으로 대체되고 있다.)

타원형 모양의 생선용 프라이팬 Poêle à poisson ovale

생선을 밀가루에 묻혀 버터에 구워내는 요리를 할 수 있다.

오믈렛용 프라이팬 Poêle à omelettes

오믈렛이나 채소 볶음(감자, 엔다이브, 호박, 가지)을 할 수 있다.

크레이프용 프라이팬 Poêle à crêpes

크레이프를 만들 수 있다.

 **부식 위험에 주의!**

철판 프라이팬은 물로 설거지하지 않는다. 뜨겁게 가열해서 굵은소금으로 문지르고 기름을 둘러 불 위에 다시 올린 후, 깨끗한 헝겊 또는 키친 타월로 닦고 물이 튀지 않는 곳에 정리해둔다.

코팅 프라이팬 POÊLES ANTIADHÉSIVES

(스테인리스 또는 바닥이 여러 금속으로 두꺼운 알루미늄, 코팅되어 있음 en acier inoxydable ou aluminium à fonds épais multimétal, recouvert d'un revêtement anti–adhésif)

《구이 sauter》 형태의 모든 요리를 할 수 있다.

코팅 프라이팬 사용 시 주의할 점

코팅 프라이팬은 대게 알루미늄이나 스테인리스로 되어 있다. PTFE(폴리테트라플루오르에틸렌) 코팅은 테플론 또는 PFOA(퍼플루오로 옥탄 산)코팅이라는 이름으로 더 알려져 있다. 또한 세라믹(더몰론과 실리콘) 코팅은 높은 온도에서 유독성의 위험이 있고 유독 입자를 분출할 수 있다는 의심을 받고 있다.

들러붙지 않게 하는 코팅은 시간이 지나면서 점차 약화되어 코팅제가 음식물과 섞이게 된다. 따라서 다음의 사항에 주의해야 한다.

- 마른 상태에서 절대 과열시키지 않는다.
- 연마제로 문지르지 않는다.
- 알맞은 부속기구(뒤집개)를 사용한다.
- 코팅이 벗겨지면 버린다.

웍 WOK

(검정색 쇠 acier noir, 강철 acier trempé, 주물 또는 법랑 주물 fonte et fonte émaillé)

잘게 자른 다양한 재료를 볶거나 튀기거나 찔 수 있다.

코코트(주물 스튜냄비) COCOTTES EN FONTE

주물 또는 법랑 주물(fonte et fonte émaillée)

천천히 오래 뭉근하게 익힐 수 있다.

포토푀(스튜)용 도기 단지, 도기 냄비, 도기 자루냄비
POT-AU-FEU, CASSOLE, POÊLON

유약을 바른 토기로 매우 깨지기 쉬움(terre cuite vernissée très fragile)

오래 전부터 사용하던 이 냄비는 일부 지방 음식을 매우 천천히 익힐 수 있다.

다양한 테린 용기 DIFFÉRENTES TERRINES

유약을 바른 토기와 법랑 도자기, 법랑 주물, 사기그릇(terre cuite vernissée et grès émaillé, fonte émaillée, porcelaine à feu)

테린이나 파테*를 익힐 수 있다.(고기 viandes, 생선 poissons, 푸아그라 foie gras 등등)

---

* 파테 pâtés : 잘게 썬 고기를 양념하여 질 그릇에 끓인 후 그대로 식혀서 먹는 요리.

다양한 향로형 용기 DIFFÉRENTES CASSOLETTES

(사기 porcelaine, 자기 faïence, 구리 cuivre)

마무리하며 익히거나 그라탱으로 요리할 수 있다. 향로형 용기는 식탁에 직접 내놓는다.

이동형 전기 가열 및 보온 기구
PETIT MATÉRIEL DE CUISSON ET DE MAINTIEN EN TEMPÉRATURE MOBILE ET ÉLECTRIQUE

전기밥솥(Cuiseur à riz ou rice cooker)

초콜릿 기계(Tempéreuse à chocolat)

준비 및 정리용 기구 LE MATÉRIEL DE PRÉPARATION ET LE MATÉRIEL À DÉBARRASSER

정리용 사각 트레이 PLAQUE À DÉBARASSER

(스테인레스 acier inoxydable)

식품을 다듬고 운반하고 정리할 때 사용한다.

믹싱볼 CALOTTES)(PARFOIS APPELÉES 《CULS-DE-POULE》

(스테인리스 acier inoxydable)

식품을 정리하고 운반하며 보관할 수 있다. 채소를 씻을 때 사용한다.

들통 BAHUTS

(스테인리스 acier inoxydable)

흥건한 것을 정리, 운반, 보관할 수 있다. 채소를 씻을 때, 고기나 생선의 핏기를 뺄 때 사용한다

소스용 중탕냄비 BAINS-MARIE À SAUCE

(스테인리스 acier inoxydable, 주석 도금된 구리 cuivre étamé, 폴리카보네이트 polycarbonate)

소스를 담아 63도 이상의 온도까지 유지할 수 있다.

화덕 위에 물이 담긴 용기를 얹고 그 안에 소스용 중탕냄비를 올리는데 필요에 따라 전용 뚜껑을 덮는다.

중탕기, 중탕기용 바닥망

CAISSE À BAINS-MARIE, GRILLE DE FOND ET BAINS-MARIE

중탕기용 바닥망은 중탕기 바닥과 중탕기 사이를 분리시켜 준다.

중탕기의 물은 절대로 팔팔 끓어서는 안 된다.

호텔펜(GN) BACS GASTRONORMES(GN)

(스테인리스, 폴리카보네이트 acier inoxydable et polycarbonate)

- **스테인리스 – 포개어 정리가 가능한 규격 용기**

  식품 정리, 식품 식히기, 운반, 보온이나 익히기 등을 할 수 있다.(음식 진열대에 올려놓을 수 있다.)

- **폴리카보네이트**

  식품을 준비, 보관, 냉장, 냉동, 정리하거나 제공할 수 있다.

호텔펜의 규격은 가열 기구 국제 표준법에 따른다.(BPI 출판사의 《요리의 기술 Technologie culinaire》 참조)

작은 기구와 부속 도구 LE PETIT MATÉRIEL ET LES USTENSILES ACCESSOIRES

차이나 캡 CHINOIS ÉTAMINES ET CHINOIS ORDINAIRES

(스테인리스 acier inoxydable)

육수, 소스, 포타주 등을 거를 수 있다. 차이나 캡, 시누아 등으로 불리는 미세한 입자까지 거를 수 있는 시누아 에타민 Chinois étamine, 일반적인 원뿔형 채 시누아 오르디네 Chinois ordinaire 등이 있다.

다양한 스테인레스 채반

PASSOIRES À ANSES ET PASSOIRES À QUEUE

(스테인리스 acier inoxydable)

식품의 물기를 빼거나 《찜기 en chauffante》에서 식품을 데울 때 사용한다.

국자 LOUCHES/소스용 국자 POCHONS/거품 떠내는 국자 ÉCUMOIRES/소스 거품기 FOUETS À SAUCE/튀김망 ARAIGNÉE À FRITURE/두 개의 집게가 달린 포크 모양의 도구 GRAPIN À DEUX DENTS

(스테인리스 acier inoxydable)

다양한 종류의 뒤집개

DIFFÉRENTE SPATULES À RÉDUCTION, À POISSON

(스테인리스 acier inoxydable, 엑소글라스 exoglass, 나일론 nylon, 폴리카보네이트 polycarbonate 등)

엑소글라스*나 폴리글라스*로 만든 뒤집개는 단단한 음식을 섞을 수 있다.

《식품용 플라스틱 plastique alimentaire》으로 만든 뒤집개는 주로 들러붙지 않게 코팅된 용기에 사용한다.

---

* 엑소글라스 exoglass : 달라붙지 않고 변형되지 않는 단단한 재료의 혼합물.

* 폴리글라스 polyglass : 고온에 강하고 내구성이 뛰어난 복합 소재

푸드밀, 감자 프레서
MOULINS À LÉGUMES ET ÉCRASE POMMES DE TERRE

감자를 퓨레*(퓨레, 포타주)로 만들 수 있고 삶은 감자를 《으깬 요리 écrasé》를 할 수 있다.

피스톤이 부착된 깔때기와 받침대
ENTONNOIR À PISTON ET SUPPORT

• 요리 가장자리에 소스를 줄 모양으로 뿌릴 수 있다.

• 개별적인 틀을 채울 수 있다.

• 과자나 초콜릿에 사탕이나 초콜릿을 채울 수(장식할 수) 있다.

절구와 공이 DIFFÉRENTS MORTIERS ET PILONS
(스테인리스 acier inoxydable, 대리석 marbre, 올리브나무 olivier)

향신 재료를 빻을 수 있고, 유화된 소스를 만들 수 있다.(아이올리*, 페스토*, 붉은 피망을 곁들인 소스 등등)

---

* 퓨레 purées : 날 것 또는 익힌 재료를 믹서에 갈아서 체에 곱게 내린 것.

* 아이올리 aïoli : 생마늘을 올리브유에 빻아서 먹던 것에서 유래된 소스.

* 페스토 pesto : 올리브유, 바질 등으로 만든 가열하지 않은 이탈리아의 녹색 소스.

다양한 온도계 DIFFÉRENTS THERMOMÈTRES

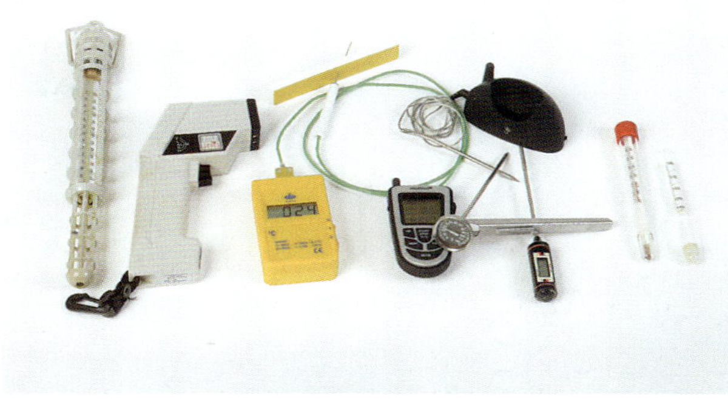

식품의 보관 및 가열에 알맞은 온도를 측정할 수 있다.

설탕 졸임용 온도계, 원격 온도계, 오븐용 온도계, 수비드* 가열용 온도계, 가열 온도 측정계, 초콜릿용 온도계, 시럽용 온도계.

다양한 집게 DIFFÉRENTES PINCES DE DRESSAGE

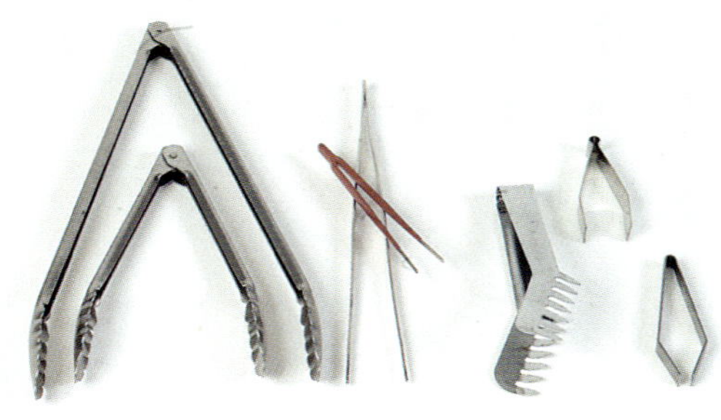

음식을 잡는 데 사용한다.

샐러드용 집게, 주방용 집게, 스파게티용 집게, 고기 등을 잘게 찢는 집게, 생선 가시를 빼는 집게.

사이펀* SYPHONS

무스나 거품을 만들 수 있다.

---

* 수비드 sous vide : 재료를 비닐로 진공 포장한 후 끓는점 이하의 저온에서 오래 익히는 조리 방법.

* 사이펀 syphons : 대기압의 차이를 이용하여 높은 곳에 있는 액체를 그 액면보다 높은 곳으로 밀어 올렸다가 그 힘에 의해 낮은 곳에 있는 용기로 옮기기 위하여 사용하는 구부러진 연결관.

라메킨, 다리올, 데미 스페르

RAMEQUINS, DARIOLES, DEMI—SPHÈRES

(스테인리스 acier inoxydable)

중탕 및 찜 등 섬세한 준비에 적합하다.(채소 플랑 flans de légumes, 무스 mousses, 무슬린 mousselines, 슈브릭 subrics)

실리콘 틀 OULES EN PLAQUES DE SILICONE

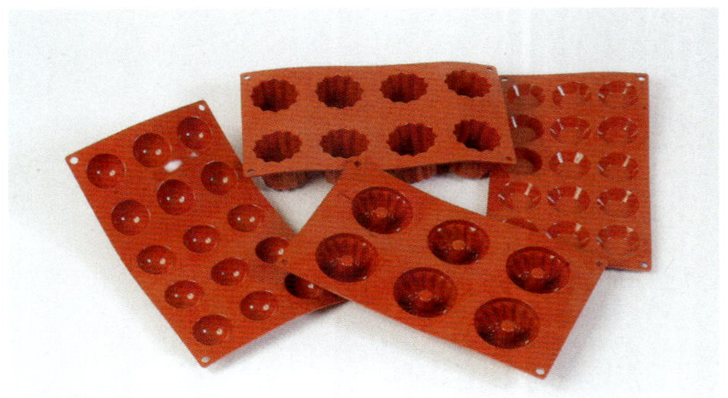

포칭 Pocher 및 찜 등 섬세한 준비에 적합하다.

계단식 장식 접시 GRADIN

(주석 도금한 구리 cuivre étamé)

가재 écrevisses, 집개발새우 langoustines, 바닷가재 homards 등의 갑각류를 《쌓아 올려 en buisson》 배열하는데 적합하다.

에그 커터기 COUPE ET TOQUE—ŒUFS

계란을 4등분하거나 동그랗고 얇게 자르는 데 사용된다.

제과용 특수 기구
LE MATÉRIEL SPÉCIFIQUE À LA PÂTISSERIE

저울 BALANCES

(전자식 또는 기계식 électronique et mécanique)

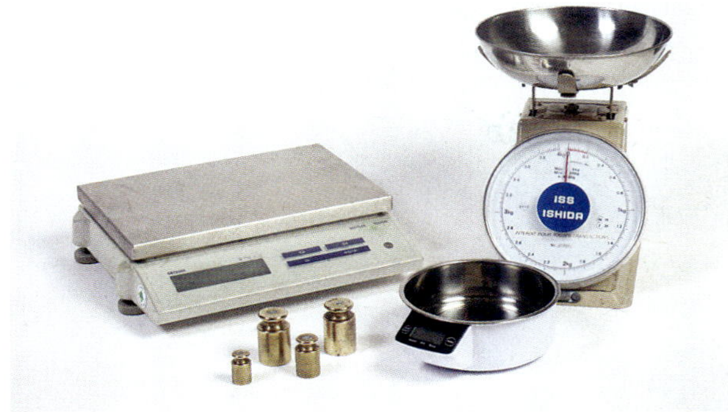

제과 기술을 위해서는 정확하게 무게를 재고 측정할 필요가 있다.

제과용 그릴망 GRILLES, PLAQUES ET TOURTIÈRES

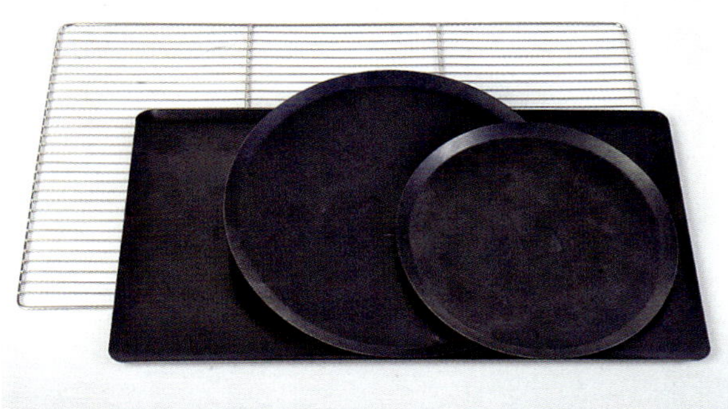

제과용 그릴망 Grille à pâtisserie(스테인리스 acier inoxydable)

제과용 오븐팬 Plaque à pâtisserie(60×40cm)

타르트 틀 Dessous de tourtière(매우 두꺼운 검정색 철판 tôle noire de forte épaisseur)

믹싱볼과 거품기 BASSINS ET FOUETS

흰자 거품용 반구형 믹싱볼 Bassins hémisphériques à blancs(스테인리스, 주석 도금을 하지 않은 구리)

계란 흰자 거품기 Fouets à blancs(pommés)

다양한 크기와 형태의 계량컵
MESURES D'UN LITRE ET SOUS-MULTIPLES

설탕공예용 구리 냄비 POÊLONS À SUCRE

(주석 도금을 하지 않은 구리 cuivre non étamé)

설탕 졸임이나 카라멜을 끓일 수 있다.

파티시에를 위한 액세서리들
ACCESSOIRES DE PÂTISSERIE

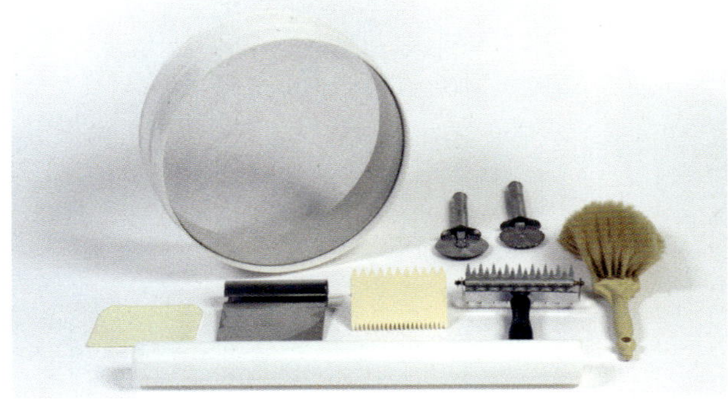

밀가루 체 Tamis à farine, **반죽 커터** coupe—pâtes, **피케 롤러** pique—vite, **밀가루 솔과 제과용 롤러 커터** brosse à farine et roulette à pâtisserie*

* 제과용 롤러 커터 roulette à pâtisserie : 톱니바퀴 모양으로 반죽을 자르는 도구.

도금용 붓 또는 광택용 붓 Pinceaux à dorure ou à lustrer(대구 꼬리라고도 부름 dits à queue de morue)
꼰(스크레이퍼), 실리콘 주걱 Cornes et maryses

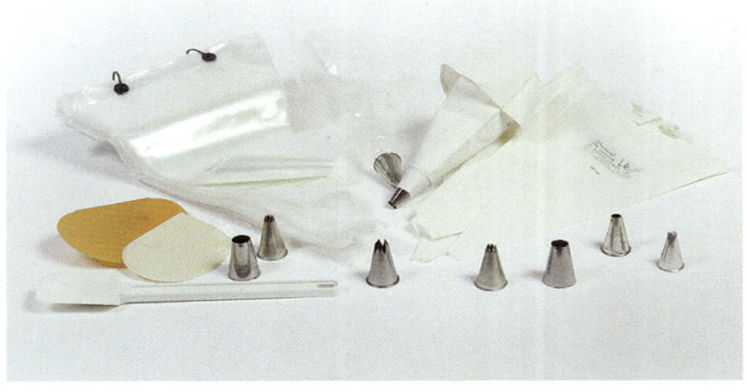

일회용 짤주머니 Poches à usage unique(폴리에틸렌)
나일론 짤주머니 Poches en nylon(폴리우레탄 또는 식품용 실리콘 – 사용 후 세척 및 살균한다.
원형 깍지, 카눌레(별) 모양 깍지 Douilles unies ou cannelées(스테인리스)
꼰(스크레이퍼), 실리콘 주걱 Cornes et maryses

《볼-로-방》 모양 틀 세트(Calibres à 《vol–au–vent》)
반죽 커터 Coupe–pâte, 또는 **쿠키 커터** emporte–pièces
원형, 타원형, 선형, 카눌레용 Ronds ovales unis ou cannelés(폴리카보네이트 polycarbonate)

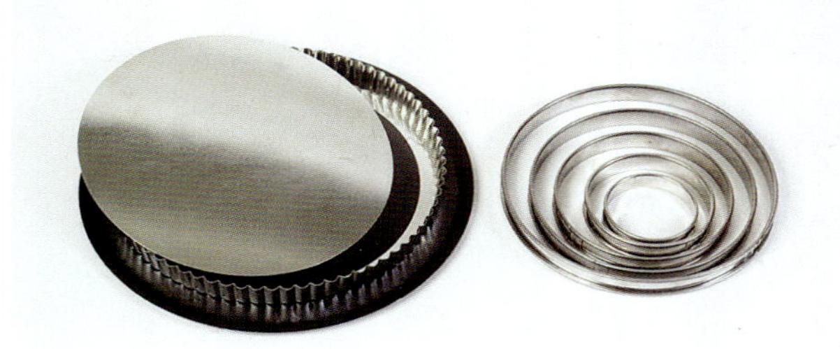

타르트 틀 Moules à tartes(동그란 모양의 분리 가능한 바닥인 타르트 틀)

앙트르메를 위한 원형 및 사각 틀 Cercles et cadres à entremets(스테인리스)

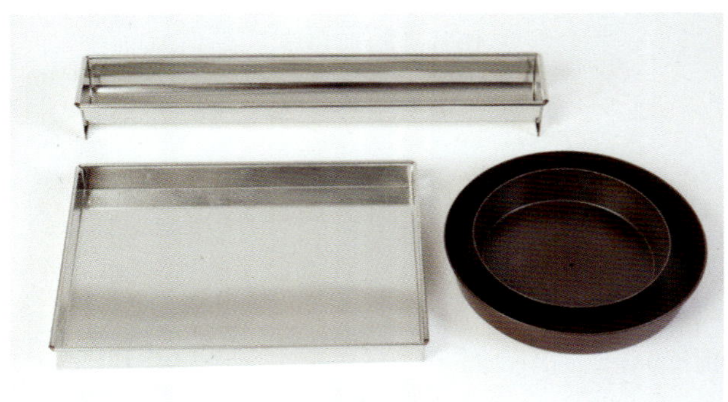

제누아즈 또는 쿠키 틀 Moules à génoise ou à biscuit
뷔슈 드 노엘(크리스마스 케이크)을 위한 틀 Gouttière à bûche de Noël
제누아즈 사각틀 Caisse à génoise

다양한 몰드 Différents moules(양철과 알루미늄 재질)
브리오슈용* À brioche, 배 모양 비스킷 바르케트용 barquettes, 미니 타르트용 tartelettes, 옥수수 케이크용 miassons

타르트 타탱 틀* Moules à tarte Tatin(각 비점착 알루미늄, 주석 도금 구리 재질)

---

* 브리오슈 brioche : 달걀과 버터를 듬뿍 사용하는 프랑스 빵으로, 주로 디저트로 제공되며, 모양은 다양하지만 둥근 편이다.
* 타르트 타탱 tarte tatin : 설탕과 버터를 넣고 사과를 넣어 굽는 프랑스식 사과 파이.

다양한 틀 2(비접착 알루미늄 재질, recouverts d'un revêtement anti–adhésifs)
왕관 모양의 사바랭 틀 Couronne à savarin, 파운드 케이크용 틀 moule à cake, 샤를로트 틀 à charlotte, 팡드젠 틀 à pain de Gênes

다양한 틀 3(주석 도금한 구리 재질 cuivre étamé)
샤를로트 틀 À charlotte, 팡드젠 틀 à pain de Gênes, 브리오슈 틀 à brioche, 노즐 모양 틀 moules dits à douille, 꽃 모양 틀 à rosace, 꼬임 모양 틀 et torsadé

다양한 틀 4(주석 도금한 구리 재질)
아스픽용 Aspic, 매끈한 모양 bordures unis, 카늘레용 Cannelés, 주름 모양 Godronnés 틀

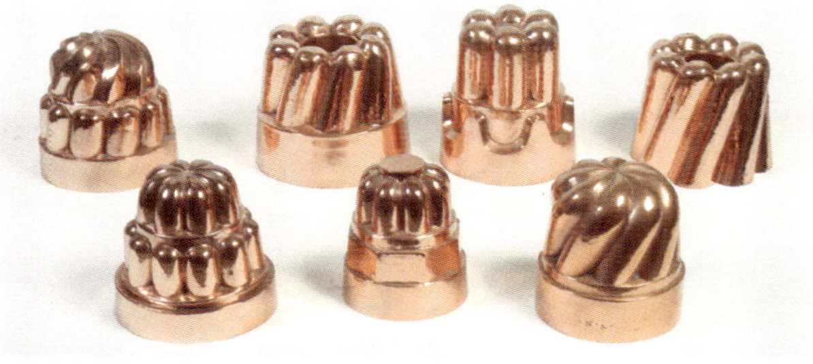

다양한 틀 5(주석 도금한 구리 재질)
아스픽용 틀 aspics, 바바루아*용 틀 bavarois, 샤를로트*용 틀 charlotte

---

* 바바루아 bavarois : 우유, 달걀, 설탕, 향료, 젤라틴 및 거품을 낸 생크림으로 만든 디저트.
* 샤를로트 charlotte : 과일, 비스킷, 크림으로 만든 푸딩

작은 개별 틀(스테인레스 재질) Petits moules individuels à crème, **바바용** à baba(술이 섞인 시럽에 적신 카스테라 틀), **반구형 틀** demi–spéhres (스테인리스)

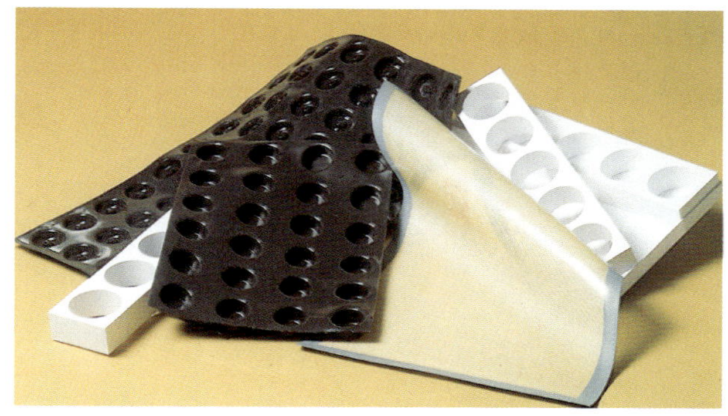

검은 실리콘 소재의 다중 몰드 플레이트/실리콘 유리섬유 매트 FLEXIPAN®*
비점착성 제과용 매트(SILPAT®*, ROUL'PAT®*, ou FIBERLUX®*)

아이스크림 통 Bacs à glace과 **스쿠프** Cuillers à glace
아이스크림 볼 몰드 Moules à bombe glacée와 **꽃 모양 장식 파이핑 노즐** rosace à douille

---

 주의 Précautions

아이스크림을 만들 때 사용하는 작은 기구(원형 통, 깔때기 모양의 여과기, 아이스크림 통과 스쿠프)는 사용 전후 세척, 소독(검증된 소독 제품)하고 헹구어 물기를 빼야 한다.(또는 살균 물티슈로 닦거나 일회용 키친 타월로 닦는다.)

다음에 사용할 때까지 외부적 오염이 없는 곳에 보관한다.

더욱 자세한 정보를 위해서는, 아이스크림 산업에서 적용하는 특별 세척 과정을 참고한다.

---

* 플랙시판 FLEXIPAN : 제과용 틀 상품명.
* SILPAT : 베이킹 매트 상품명.
* ROUL'PAT : 베이킹 매트 상품명.
* FIBERLUX : 베이킹 매트 상품명

주방용 전자기기 LE MATÉRIEL ÉLECTROMÉCANIQUE

전자기기는 전기 모터를 가지고 있는 모든 기계, 기구(주방용 만능 전자 조리기)를 통칭한다.

주방용 전자기기 Ce matériel permet :

- 더욱 빠르고 일정하게 작업을 할 수 있게 해준다.
- 작업을 더 쉽게 할 수 있게 한다.
- 더 좋은 효율성을 보장한다.

전자기기의 예 Quelques exemples d'appareils électromécaniques :

- 믹서기와 부속기구 le batteur mélangeur et ses accessoires
- 착즙기(과일, 채소를 주스로 만드는 기기) les centrifugeuses
- 고정된 통 또는 회전하는 통이 부착된 커터기 le cutter à cuve fixe ou tournante
- 채소를 다듬고 세척하고 물기를 빼는 기기 l'éplucheuse, la laveuse et l'essoreuse à légumes
- 고기를 다지는 기기 le hachoir à viande
- 파스타 반죽 등을 압축해서 납작하게 만드는 기기 le laminoir
- 채소를 자르는 다양한 믹서기와 부속기구 les différents mixeurs et les accessoires pour tailler les légumes
- 블렌더 les mixeurs blenders
- 주방용 만능 전자 조리기 또는 익힘 기능이 있는 믹서기 les robots cuiseurs ou mixeurs chauffants
- 파코젯 le pacojet®(포타주, 아이스크림, 소르베 등을 만드는 믹서기)
- 빵 자르는 기기 le tranche—pain
- 햄 등을 얇게 자르는 기기 le trancheur universel(machine à jambon)

기기의 선택 LE CHOIX DES APPAREILS

주방 기기는 매우 다양하며, 빵 자르는 기기와 같은 특별한 사용을 목적으로 하는 기기가 있고, 믹서기나 채소 써는 기기 등과 같은 다용도 기기가 있다.

주방용 기기는 요식업소와 요리의 양에 알맞아야 한다.

작은 요식업소에는 다용도 기기가 좋고, 큰 요식업소에는 특화된 기기를 사용하는 것이 좋다.

안전 LA SÉCURITÉ

전자기기를 사용할 때는 다음과 같은 상당한 사고의 위험이 따른다.

- 칼날로 인한 사고 위험
- 빠른 속도로 돌아가는 모터로 인한 위험
- 물과 전기가 결합하여 일어나는 위험

 **안전에 주의하세요!**

전자기기는 신체적, 감각적, 정신적 능력이 부족한 사람들이나 전자기기에 대한 경험이나 지식이 없는 사람들이 사용하면 안 된다. 단, 요식 전문 교육 담당자나 교육에 대한 안전을 담당하는 책임자나 전자기기를 관리하는 담당자를 통해 교육과 감독을 받은 경우라면 예외적으로 사용 가능하다.

전자기기 사용 시 권장사항

- 기기를 사용하기 전에 작동 및 안전 설명서를 주의 깊게 읽는다.
- 기기가 작동하는 동안에는 내버려두지 않고 잘 관찰한다. 기기를 잘 모르는 사람의 손에 닿지 않도록 한다.
- 전원 코드와 연결 상태가 올바른지 확인한다.
- 퓨즈가 올바른지 확인한다.
- 손잡이, 스위치, 속도 버튼 등을 조심스럽게 다룬다.
- 사용 설명서에 알맞게 기기를 사용한다.(자르는 기기에는 항상 날밑*과 미는 손잡이를 사용하고, 고기를 다지는 기기에는 절구 공이를 사용한다.)
- 기기에 알맞은 식품의 부피와 무게를 준수한다.(과열될 경우, 즉시 전기를 차단한다.)
- 칼날이나 칼 또는 예리한 부속을 다룰 때에는 최대한 조심한다.(칼날에 베이는 것을 방지하기 위해 장갑을 착용한다.)
- 안전 장치가 잘 작동하는지 주기적으로 확인한다.

 **주의 Précautions**

- 기기 근처에 세척 및 소독 방법을 붙여 놓는다.
- 안전한 상태에서 세척을 시행한다.(기기의 전원을 차단한다.)
- 검증된 세척 및 소독 제품을 사용한다.(칼날이 있는 기기는 사용 시 하루에 두 번 세척, 소독해야 한다.)
- 분해한 작은 부속(칼날, 철망, 누름단추, 거품기, 갈고리, 회전판 등등)은 먼지가 없고 (작업대를 청소하는 경우) 물이 튀지 않는 곳, 즉 모든 오염 원인이 없는 곳에 정리한다.
- 모든 기구는 검사 용지에 목록을 작성한다. 검사 용지에는 다음의 사항을 포함한다.

  - 기기의 명칭 la désignation du matériel
  - 공급업체 le fournisseur
  - 제품 일련번호 le numéro de série
  - 기기 구입 날짜 la date d'acquisition
  - 관리 검사 빈도 la fréquence de la maintenance(점검 révisions)
  - 수리 날짜와 이유 les dates et la nature des interventions
  - 관리 검사 담당 회사의 연락처 les coordonnées de la société de maintenance(담당자 이름, 전화번호 nom de la personne, n° de téléphone)
  - 책임자 서명 la signature du responsable

- 자체 점검과 세균 검사를 주기적으로 시행한다.

---

* 날밑 gardes : 칼날과 칼자루 사이에 끼워서 손을 보호하는 둥글고 납작한 테.

《고위험 가능성 à hauts risques》이 있는 기기 위에 부착되어야 하는 DITO–SAMA 기관이 제공한 안전 사용 설명서의 예

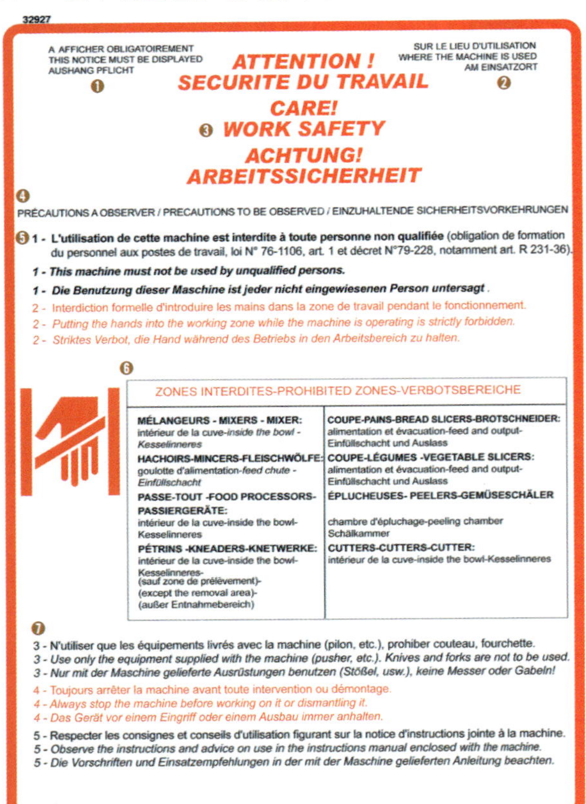

❶ 의무적으로 부착 요망   ❷ 사용 장소에
❸ 주의 작업 안전을 위하여   ❹ 엄수해야 할 주의 사항
❺ 1 – 관계자 외의 사람이 이 기기를 사용하는 것을 금지한다.
   2 – 기기가 작동하는 동안 작동 구역 안에 절대로 손을 넣어서는 안 된다.

❻

금지된 구역	
믹서기 : 통 내부	빵 자르는 기기 : 빵이 들어가는 곳과 잘려서 나오는 곳
다지는 기기 : 다진 식품을 받는 통	채소를 자르는 기기 : 채소가 들어가는 곳과 잘려서 나오는 곳
푸드 프로세서 : 통 내부	채소를 다듬는 기기 : 채소를 다듬는 통
반죽하는 기기 : 통 내부	커터기 : 통 내부

❼ 3 – 기기와 함께 배송된 기구(절구 공이 등등)만 사용해야 하며, 칼이나 포크 등의 사용을 금지한다.
   4 – 기기를 다루거나 분리하기 전에 반드시 기기를 멈춘다.
   5 – 기기에 동봉된 사용 설명서에 나와 있는 수칙과 주의 사항을 잘 지킨다.

혼합 믹서기 주방용 모델(Batteur mélangeur · Modèles de table)

다양한 종류의 주방기기
LES DIFFÉRENTS TYPES D'APPAREILS

혼합 믹서기 LE BATTEUR MÉLANGEUR

Document Dito-Sama

다용도의 모터를 가지고 있는 이 기기는 다양한 부속(각각 다른 부피의 통, 갈고리, 회전판, 거품기) 덕분에 모든 종류의 혼합 기능(거품기로 때려서 섞기, 반죽하기, 모래 같은 상태로 섞기, 치대기, 유화하기)을 할 수 있다 .

모델에 따라 제공되는 부속 도구는 각각의 기능(채소 다듬기, 채소 자르기와 잘게 다지기, 채썰기, 막대 모양으로 썰기, 정육면체로 자르기, 고기 다지기, 덩어리로 자르기, 퓨레로 만들기, 치즈 갈기)을 할 수 있도록 조절된다.

기기에 따라 부가적으로 데우는 기능이나 통을 받쳐주는 기능을 선택할 수 있다. 최근에 나온 모델에는 노릇노릇 굽거나 찌거나 뭉근히 익히거나 액체로 된 식품을 따뜻하게 유지하는 기능이 있다.

 안전에 주의하세요!

혼합 믹서기는 비상시 기기의 작동을 완전히 멈추게 하는 《강력한 coup de poing》 멈춤 버튼을 갖추고 있다. 보호망이나 전기 센서는 재료가 혼합되는 구역에 우발적으로 손이 들어오는 것을 막아준다.

파코젯 LE PACOJET®(상품명) (포타주 제조기 TURBOTIÈRE-소르베 제조기 SORBETIÈRE-유화기 ÉMULSIONNEUSE)

특별한 믹서기인 이 기기는 재료를 −18, −20도로 얼려서 몇 초 만에 아이스크림이나 소르베로 만들 수도 있고, 상온에서는 파르시 또는 무스, 포타주 등을 만들 수 있다.

 안전에 주의하세요!

모든 믹서기의 경우 사용 시 주의 사항은 다음과 같다.

– 사용 후 즉시 기기의 전원을 차단한다.

– 조립을 풀고 분해 가능한 모든 부속을 세척, 소독한 후 오염이 없는 곳에 보관한다.

– 날이 있는 부속이 안전하게 보관되어 있는지 주기적으로 확인한다.(진동의 위험)

믹서기 또는 블렌더 LE MIXEUR OU BLENDER, 익힘 기능이 있는 믹서기 또는 주방용 만능 전자 조리기

LE MIXEUR CHAUFFANT OU ROBOT CUISEUR

1. 믹서기 또는 블렌더

2. 익힘 기능이 있는 믹서기 또는 주방용 만능 전자 조리기

1. 믹서기 또는 블렌더 Le mixeur ou blender

이 전자기기는 혼합하고 빻고 유화하고 아몬드 같은 열매를 가루로 만들고 빵가루나 스무디를 만들 수 있다.

2. 익힘 기능이 있는 믹서기 또는 주방용 만능 전자 조리기 Le mixeur chauffant ou le robot cuiseur

이 기기는 무게를 달고 익히고 혼합하고 보온하는 등의 다수의 기능을 한번에 할 수 있다. 익히는 시간과 온도가 미리 조절되므로 편리하다. 이 기기로는 적은 양의 포타주나 진한 수프나 소스를 만들 수 있다.

착즙기 LA CENTRIFUGEUSE

과일이나 채소의 즙을 짜낼 수 있다.

 안전에 주의하세요!

채소를 다듬는 기기에는 비상 멈춤 버튼이 장착되어 있다. 시의 적절하지 않게 뚜껑을 열 경우 기기의 작동이 완전히 멈춘다.

이 기기는 감자, 당근, 무, 샐러리, 샐서피* 등의 채소들을 다듬을 수 있다. 다른 도구 없이 즉시 판을 바꿔주면 양파나 사과 등을 다듬을 수도 있다. 홍합이나 조개류의 껍질을 문질러 닦기 위한 특별 연마제 판도 선택할 수 있다.

기기 주변에 작동법과 관리법을 붙여놓는 것이 좋다.

채소를 다듬는 기기(감자 다듬는 기기)는 사포가 문지르듯이 채소의 껍질을 문지른다. 통의 내부에 있는 물에는 다듬은 부스러기가 쌓인다.

배관이 막히지 않도록 하기 위해서는, 전분 등을 걸러내기 위한 여과 기능의 용기를 설치한다. 사용 후 항상 세척, 소독한다.

 **안전에 주의하세요!**

채소를 다듬는 기기에는 비상 멈춤 버튼이 장착되어 있다. 시의 적절하지 않게 뚜껑을 열 경우 기기의 작동이 완전히 멈춘다.

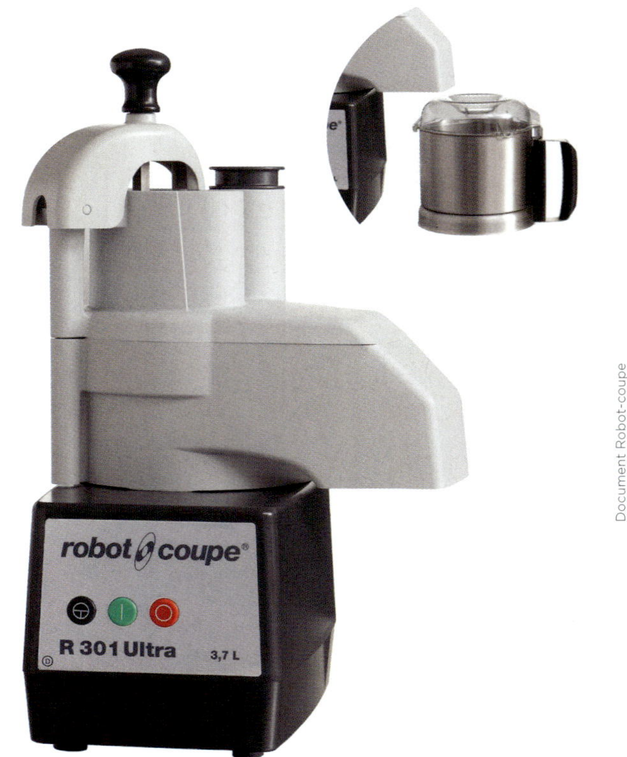

채소를 자르는 기기는 받침대, 철제 덮게, 강판이 서로 결합하여 여러 가지 종류의 자르는 작업(어떤 모델의 경우 60 종류 이상)을 할 수 있다. 슬라이스로 자르기, 저미기, 얇은 조각으로 자르기, 강판에 갈기 등등을 할 수 있고, 감자 튀김용 감자 썰기나 샐러드용 썰기도 가능하다.

사용자들을 위해서 기기의 조립 및 관리 설명서가 있어야 한다.

모든 부속 기구 (철제 덮게, 칼, 강판)는 사용 후 세척 및 소독하고 오염의 위험이 없는 곳에 보관한다.

 **안전에 주의하세요!**

- 손으로 하는 모든 작업(세척, 수리) 전에는 기기의 전원을 차단한다.
- 반드시 원래 기기의 부속품인 눌러주는 도구를 사용한다.
- 주의하여 칼날을 분리하고 세척한다.(안전 장갑을 이용할 수 있다.)
- 채소를 자르는 기기는 비상시 기기의 작동을 완전히 멈추게 하는 강력한 멈춤 버튼을 갖추고 있다.

---

* 샐서피 salsifis : 뿌리를 먹기 위해서 재배되는 국화과 식물.

채소의 물기를 빼는 기기 L'ESSOREUSE À LÉGUMES

채소의 물기를 빼는 기기는 물에 담가 놓거나 세척을 마친 채소(샐러드, 껍질콩, 튀기는 작업 전의 감자)를 탈수시킬 (물기를 뺄) 수 있다.

기능

전기 모터는 원통형의 통을 움직이게 하고 원심력을 이용해 채소의 물기를 뺀다.

⚠️ 안전에 주의하세요!

- 제작 업체에서 제공한 설명서를 잘 따른다.
- 사용 가능한 무게를 준수한다. 너무 많은 채소를 넣으면 비상시 기기가 재빨리 멈추지 못한다.
- 채소의 물기를 빼는 기기에는 비상 멈춤 버튼이 장착되어 있다.
- 뚜껑을 열면 통이 완전히 멈추어야 한다.
- 완전히 멈추기 전에 손을 통 안에 넣어서는 안 된다.

아래로 향하는 거품기 또는 믹서기

LE FOUET ET MIXEUR PLONGEANT

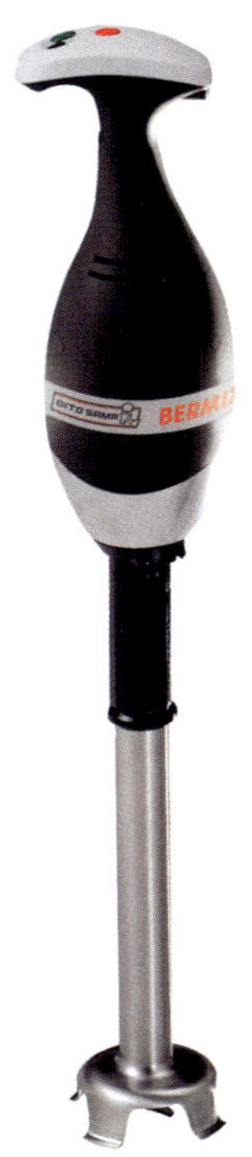

아래로 향하는 믹서기는 채소를 퓨레(특히 포타주)로 만들고 소스를 유화시키거나 골고루 잘 섞어준다. 아래로 향하는 믹서기 또는 거품기는 가열하는 기구에 직접 넣어 작업하므로 다른 통으로 옮기는 부가적인 일을 덜어준다는 장점이 있다.

⚠️ 안전에 주의하세요!

이 이동형 기기는 매우 위험하다.

- 사용한 후에는 즉시 기기의 전원을 차단한다.
- 작동하는 동안은 계속 액체에 잠기게 한 채로 유지한다.(액체가 튀거나 중대한 화상을 입을 위험)
- 칼날이 안전하게 보관되어 있는지 주기적으로 확인한다.(진동의 위험)

고기를 다지는 기기
LE HACHOIR À VIANDE(MODÈLE DE TABLE)

이름이 알려주듯이, 다양한 파르시 요리나 다진 고기 스테이크를 만들기 위한 모든 종류의 고기를 다질 수 있다.

세척이 쉽도록 표면이 거칠거칠하지 않고 도구 없이도 분리가 가능한 스테인리스로 된 기기를 고르는 것이 좋다.

다진 고기는 매우 상하기 쉽고 엄격한 규정에 따라야 하는 식품이므로, 다지는 기기의 모든 부속은 사용 후 세척, 소독해야 하고 냉장 보관실에 보관하는 것이 좋다.

 안전에 주의하세요!

- 원래 기기의 부속품인 눌러주는 도구를 반드시 사용한다. 절대로 손가락이나 칼 손잡이를 사용하지 않는다.
- 절대로 기기의 나사를 지나치게 세게 조이지 않는다.(막힐 위험)
- 빈 상태에서 기기가 작동하지 않게 한다.(과열의 위험)
- 다지는 기기의 본체, 칼, 철제 덮개나 나사 등을 냉장 보관실에 항시 보관한다.
- 철제 덮개와 칼날의 상태를 주기적으로 확인한다.

얇게 자르는 기기 LE TRANCHEUR UNIVERSEL
햄을 자르는 기기 MACHINE À JAMBON

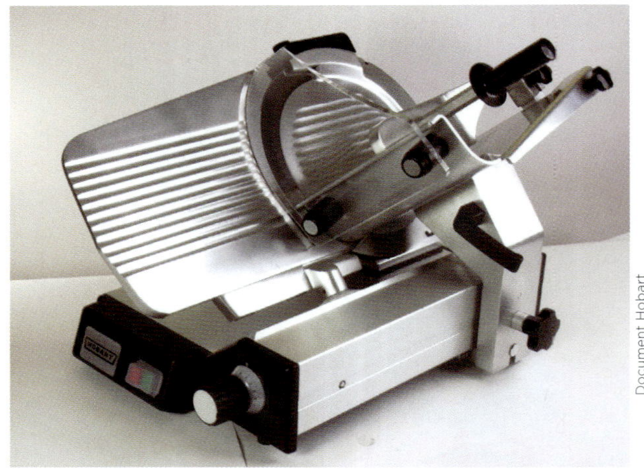

이 기기는 돼지고기 가공 제품, 뼈가 없는 익은(구운) 고기, 카나페를 위한 식빵 등을 빠르고 균일하게 자를 수 있다.

자르는 두께는 정확하게 선택할 수 있는 장치 덕분에 조절된다. 어떤 기기에는 자동적으로 칼날이 갈리는 장치를 떼었다 붙였다 할 수 있고 얇은 조각의 수를 정하는 장치가 되어 있기도 하다.

 안전에 주의하세요!

이 기기는 가장 위험하다. 주방용 기기로 인한 사고의 2/3는 햄을 자르는 기기를 사용하거나 세척할 때 발생한다.

- 이 기기를 다루기 전에는 무조건 전원을 차단한다.
- 사용 후에는 반드시 두께를 0으로 맞춘다.
- 반드시 미는 손잡이와 햄을 받는 통을 사용한다. 절대로 손으로 하지 않는다.
- 식품이 충분한 두께로 남지 않은 경우 자르는 작업을 멈춘다.
- 비스듬히 자르는 것을 금한다.
- 칼날을 분리할 경우 보호 장갑을 착용한다.
- 얇게 자를 식품을 냉장 보관실에 두어 단단하게 굳어지게 한다.

회전하는 통이 있는 커터기 또는 믹서기

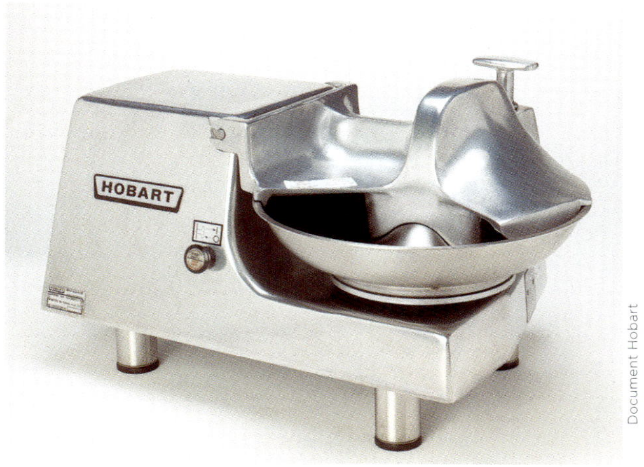

Document Hobart

엄청난 속도(1분에 1500~3000 회전)의 칼날 회전 덕분에 이 기기는 몇 초 만에 파슬리나 양파를 잘게 다지고, 다양한 파르시 요리(크넬(고기 단자), 테린, 소시지의 속, 다진 고기)를 하고, 허브나 향신료와 섞은 버터, 마요네즈 소스 등을 만들며 다양한 종류의 반죽(거품내기, 밀가루나 버터를 섞어 모래 같은 상태로 반죽, 파이 반죽)을 할 수 있다.

 **안전에 주의하세요!**

위험한 이유는 대부분 회전하는 칼날 때문이다. 세척할 때 칼날이 분리되어 베일 위험이 있다. 이러한 모든 기기는 덮개가 완전히 닫히는 시스템을 갖추고 있으며, 덮개의 위치가 잘못되거나 잘 닫히지 않을 경우 기기가 멈추도록 되어 있다.

- 이 기기를 다루기 전에는 무조건 전원을 차단한다.
- 통에 식품을 조금씩 조금씩 채운다.(넘치거나 과열될 위험)
- 넘치는 경우, 절대로 손이나 도구(칼 손잡이 또는 주걱)를 넣지 않는다. 비상 멈춤 버튼을 사용해 기기를 중지시키고 전원을 차단한 후 덮개를 연다.
- 칼날을 분리할 경우 보호 장갑을 착용한다.
- 칼날의 상태가 괜찮은지 확인한다.
- 사용 후에는 모든 부속 기구를 세척, 소독하며 오염의 위험이 없는 곳에 보관한다.

통이 고정되어 있는 커터기 또는 믹서기

Document Dito-Sama

이 기기는 현재 주방에서 매우 보편적이고 회전하는 통이 있는 커터기와 같은 기능을 할 수 있다.

각 작업대에서 더 작은 크기로 재료를 잘라야 할 때, 이 기기는 필수적이다.

모델에 따라 다용도로 추가 기능(채소 자르기, 과일주스 만들기, 착즙기)을 하는 부속이 장착되어 있으며 소규모 식당에서 매우 많은 작업을 할 수 있도록 해준다.

더욱 많은 양을 자를 수 있는 다른 모델의 경우, 회전하는 통을 빼내어 원하는 위치에 다시 부착할 수 있는 기능이 있다.

Robot-coupe 또는 Stephan 브랜드의 기기에는 온도를 조절하는 측정기와 두 개의 칸막이가 있어 뜨겁거나 차갑게 수비드로 조리할 수 있다.

 **안전에 주의하세요!**

기기가 작동하는 동안 뚜껑이 열릴 경우 안전 장치가 자동으로 즉시 전류를 차단한다.

동물성 식료품을 자주 다루는 이 기기는 사용 후 반드시 세척하고 소독한다.

사용 전에 통과 칼날은 냉장 보관실에 두어 차갑게 유지한다.

계량 및 측정 PESER ET MESURER

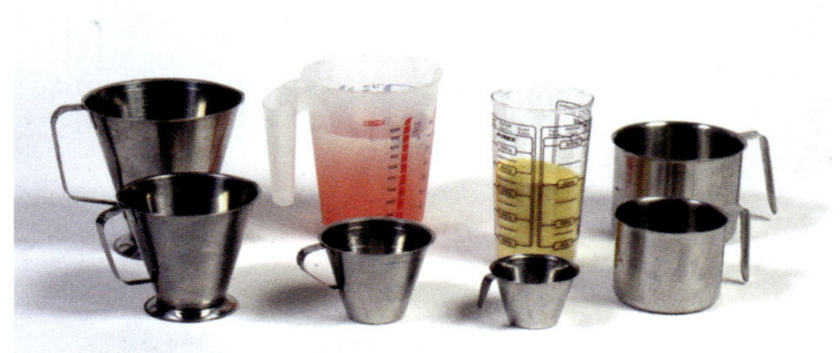

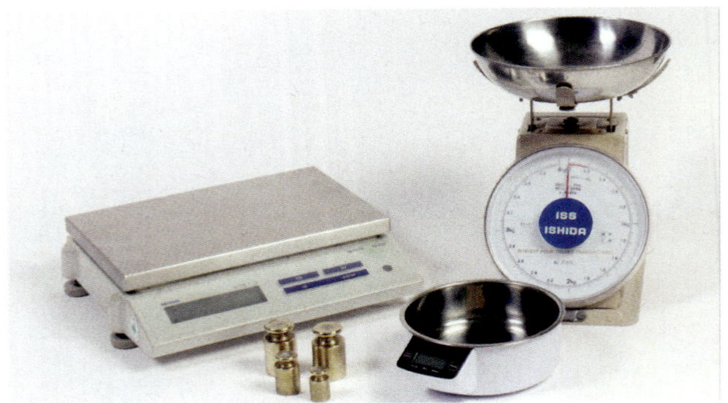

전자식 저울과 기계식 저울

1리터 및 1/2, 1/4, 1/10 계량하기

요리를 하거나 과자 및 케이크를 만들 때에는 정확한 방식으로 계량할 필요가 있다. 요리 방법 기술 표에는 정확하게 g이나 cl(1/100리터)로 필요한 식료품의 양을 표기한다.

이는 요리의 성공을 확실히 보장해주기도 하고 준비할 음식의 양과 사용된 재료의 원가를 정할 수 있게 해준다.

질량 단위에 관련된 참조 사항
RAPPEL CONCERNANT LES UNITÉS DE POIDS

요리나 제과의 경우, 무게의 기본 단위는 kg이다.
이 단위는 여러 가지 수로 표기되고, 소수로도 표기된다.
이 단위에서 표기되는 각각의 무게는 다음에 나오는 표처럼 다른 단위로 변환될 수 있다.

무게의 기본 단위 LES UNITÉS DE MASSE

톤 TONNE	퀸탈 QUINTAL	기본 단위 킬로그램 KILOGRAMME OU g	헥토그램 HECTOGRAMME	데카그램 DÉCAGRAMME	그램 GRAMME
t	q	kg	hg	dag	g
1000 kg	100 kg	1 kg	0,100 kg	0,010 kg	0,001 kg
		1 kg	100 g	10 g	1 g
		1 kg =	10 hg	100 dg	1000 g

즉, 1t=1000 kg 또는 10q/1q=100kg

데시그램(dg : décigrammes), 센티그램(cg : centigrammes), 밀리그램(mg : milligrammes)은 요리 계량법에서 사용하지 않는다.

무게를 다른 단위로 변환시키기 위해서는 반드시 기본 단위에 숫자를 맞추어 조절해야 한다.

부피 단위에 대한 참조 사항
RAPPEL SUR LES UNITÉS DE VOLUME

요리나 제과의 경우, 무게의 기본 단위는 l이다.
이 단위는 여러 가지 수로 표기되고, 소수로도 표기된다.
이 단위에서 표기되는 각각의 무게는 다음에 나오는 표처럼 다른 단위로 변환될 수 있다.

부피의 기본 단위 LES UNITÉS DE VOLUME

헥토리터 HECTOLITRE	데카리터 DÉCALITRE	기본 단위 리터 (l) LITRE OU l	데시리터 DÉCILITRE	센티리터 CENTILITRE	밀리리터 MILILITRE
hl	dal	l	dl	cl	ml
100 l	10 l	1 l	0,10 l	0,01 l	0,001 l
		1 l =	10 dl	100 cl	1000 ml

즉, 1l = 10dl = 100cl

M3와 L 단위 사이의 비교 CORRESPONDANCE ENTRE LA
FAMILLE DU MÈTRE CUBE ET CELLE DU LITRE

l는 dm³와 같은 단위이다. 1 l = 1 dm³
따라서, 다음 단위도 같다. 1 ml = 1 cm³ / 1 L = 1 dm³

프랑스에서 미터법 시스템을 도입한 이후로 1파운드는 0.5kg 즉, 500g, 0,5 파운드는 250g에 해당한다. 약 0,453kg에 해당하는 영국의 파운드 단위(LB)와 헷갈리면 안 된다.

계량표 LES FEUILLES DE GRAMMAGE

제시된 양은 변경될 수 있으며, 조리 기술 표 대로 요리하고 재료를 잘 주문할 수 있도록 도와준다.

다음과 같은 기준에 따라 재료의 양은 변할 수 있다.
- 다양한 식당 형태와 컨셉트에 따라(단체 급식 식당, 일반 식당...)
- 손님 구성에 따라(어린이, 청소년, 노인...)
- 메뉴 구성에 따라(단일 요리, 여러 가지 음식으로 이뤄진 세트 메뉴)
- 손님이 지불하는 가격에 따라
- 식품 품질, 요리에 들인 정성의 정도, 상업적으로 판매되는 요리 모습에 따라
- 특별한 경우에 따라(식이요법)

항상 고정적인 재료 양의 예
QUELQUES PROPORTIONS INVARIABLES

- 1ℓ의 포타주(수프)는 4인분 기준
- 1g의 감자는 4인분 기준, 감자 튀김의 경우 1,5g
- 1L의 소스는 10인분 기준
- 3개의 계란은 오믈렛 1인분 기준
- 올랑데즈 소스, 베어네이즈 소스, 반쯤 엉긴 유화된 소스의 8인분을 위해서는 다음이 필요하다.
  - 4개의 계란 노른자
  - 250g의 버터
- 곁들임 요리 8인분을 위해서는 다음이 필요하다.
  - 250g의 (고기에 넣는) 기름살 조각
  - 250g의 양송이버섯 champignons de Paris
  - 250g의 구슬양파

종류	1인분 평균 무게
생선 POISSONS	
《가공하지 않은(천연의) brut》 넙치 Barbue	350~400g
머리를 자른 《가공하지 않은(천연의) brut》 검정 대구 Colin étêté	200~220g
《가공하지 않은(천연의) brut》 돔 Daurade	300g
아구 Lotte 《꼬리 queue》	300g
고등어 Maquereau 《토막 portion》	250g
대구 Merlan 《토막 portion》	250g
연어 Saumon 《한 마리 entier》	250~300 g
가자미 Sole 《토막 portion》	250g
《포를 뜰 à fileter》 가자미 Sole	500g~600g
송어 Truite 《토막 portion》	250 g
가자미 Turbot 《한 마리 brut》	350~400g

종류	1인분 평균 무게
조개 및 갑각류 COQUILLAGES ET CRUSTACÉS	
홍합 Moules	500ml 또는 400g
가리비(4개) Coquilles Saint-Jacques	800g
작은 바닷가재 Langoustines	350g
집게발이 있는 바닷가재 Homard	400g
집게발이 없는 바닷가재 Langouste	400g
회색 새우 Crevettes grises	150g
껍질을 벗긴 새우 Crevettes décortiquées	80g
곁들임 요리의 경우 : 4로 나눈다	

종류	1인분 평균 무게
정육용 고기 VIANDES DE BOUCHERIE	
뼈 포함 SERVIES AVEC OS	
통구이(등심 carré, 엉덩이 살 selle, 넓적다리살 gigot/...)	220~250g
소갈비 Train de côtes de boeuf	300g
굽기 Grillées(갈비 côtelettes, 립 스테이크 côtes...)	200~250g
볶기 Sautées(갈비 côtelettes, 립 스테이크 côtes...)	200~250g
스튜 Ragoûts(송아지 épaule de veau 또는 양 어깨살 d'agneau...)	280~300g
볶기 Poêlées(등심 carré, longe...)	250g
데치기 Pochées(포토피 pot-au-feu... 고기와 채소를 삶은 스튜)	300g
살코기 혹은 반조리 SERVIES SANS OS ET PRÊTES À CUIRE	
오래 익히기 Braisées(볼기살 aiguillette, 대접살 rond de gîte)	250~280g
굽기 또는 볶기 Grillées ou Sautées(등심 entrecôte, 안심 tournedos, 덩어리 고기 pavé, 얇게 썬 고기 커틀릿 escalope, 피카타 piccata*, 갈비살 noisettes, 필레미뇽 filet mignon*)	150~170g
데치기 Pochées(송아지 어깨살 épaule de veau)	250g
볶기 Poêlées(송아지 넓적다리살 noix de veau, 프리캉도 fricandeau(송아지 넓적다리살에 베이컨을 끼운 요리)	200~220g
스튜 Ragoûts(스튜나 프리카세*를 위한 양고기 어깨 살 épaule d'agneau, 송아지 어깨살 de veau pour ragoûts et fricassées)	200~220g
통구이 Rôties(등심 contre-filet, 안심 filet de boeuf, 엉덩이살 스테이크 rumsteck)	150~170g

종류	개당 평균 무게	1인분 평균 무게
가금류 및 수렵육 VOLAILLES ET GIBIERS		
영계 Coquelet	800g	1마리는 2인분용, 1인당 400g
암탉 Poulet 4/4	1,2 ~ 1,4kg	1마리는 4인분용 1인당 300~350g
살찐 암탉 Poularde	1,6 ~ 1,8kg	1마리는 6인분용 1인당 300~350g
새끼 오리 Caneton	2kg	1마리는 4인분 용, 1인당 500g
새끼 오리 암컷 Canette	1,2 ~ 1,4kg	1마리는 2인분용, 1인당 600g
새끼 뿔닭 Pintadeau	800g	1마리는 2인분용 1인당 400g
뿔닭 Pintade	1,2kg	1마리는 4인분용, 1인당 300g
비둘기 Pigeon	400 ~ 500g	1마리는 1인분용 파르시로 요리할 경우 2인분용
메추라기 Cailles	300 ~ 350g	1마리는 1인분용
가죽을 벗긴 토끼 Lapin dépouillé	1,2kg	1마리는 4인분용 1인당 300g
가죽을 벗긴 산토끼 Lièvre dépouillé	1,8 ~ 2kg	1인당 300g

* 피카타 piccata : 고기 따위를 얇게 썰어 굽고, 소스와 레몬 즙, 파슬리를 곁들인 요리이다. 닭고기를 사용한 피카타 외에도 송아지 고기를 이용한 피카타도 있다.

* 필레미뇽 filet mignon : 소고기 안심.

* 프리카세 fricassées : 흰 살코기나 닭고기·양고기·생선살을 소스에 익힌 스튜의 일종.

종류	1인분 평균 무게
요리를 익히거나 마무리할 때 사용하는 지방(CORPS GRAS POUR CUISSON ET FINITION)	
버터 Beurre	
윤내기 Lustrer, 윤기 있게 좋이기 glacer, sauter 볶기	5g
뫼니에르 Meunière(생선에 밀가루를 묻히고 버터 등을 녹여서 구워내기)	10g
소스 만들기 Monter une sauce	15g
채소 수프나 퓌레의 농도를 진하게 하기 Lier des légumes, purées	15g
혼합 버터 만들기 Beurre composé	20g
헤이즐넛 버터 만들기 Beurre noisette	20g
화이트 와인 버터 소스 만들기 Beurre blanc	30g
올랑데즈/베어네이즈 Hollandaise/Béarnaise	30g
생크림 Crème fraîche	
벨루테 Velouté	2cl
크림 소스 Sauce crème	2cl
윤을 내기 위한 화이트 와인 소스 Sauce vin blanc à glacer	5cl
기름 Huile	
통구이 Rôtir, 굽기 griller, 센 불에 노릇노릇 굽기 rissoler	1cl
볶기 Sauter, 빵가루 입혀 익히기 paner à l'anglaise	2cl
마리네이드(양념) 하기 Marinade instantanée	1cl

종류	1인분 평균 무게
기타	
1L 우유에 루(버터, 밀가루)를 넣고 리에종(농도를 진하게) 만들기 Liaisons à base de roux (beurre et farine) pour 1 l de lait	
가벼운 질감의 소스 Sauce légère	50g
보통 질감의 소스 Sauce normale	60g
농도가 진한 소스 Sauce épaisse(수플레 soufflé)	100g
혼합 소스 Appareil(막대 모양의 치즈 파이 allumettes au fromage)	125g
곁들임 요리 Garnitures	
구슬양파 Petits oignons	25g
기름살 조각 Lardons	25g
버섯 Champignons	25g
아로마틱 가니쉬 Garnitures aromatiques	
양파 Oignons	15g
파 Poireaux	15g
샐러리 Céleri	10g
당근 Carottes	15g
셜롯 Échalotes(오븐용 pour plaquer)	5g
셜롯 Échalotes (육수용 pour réduction)	10g
장식용 크레송 Cresson en décor(물냉이)	1단의 1/10
향신료 Épicerie	
젤라틴 Gélatine: – 금메달 품질 feuille qualité OR – 은메달 품질 feuille qualité Argent – 동메달 품질 feuille qualité Bronze	2g(180/200 블룸) 3~5g 제조사에 따라

종류	1인분 평균 무게
(규정에 따른) 허드레 고기 ABATS(selon la réglementation)	
튀김용 양의 뇌 Cervelles d'agneau pour fritots (1개당 75g)	1인당 1/2개
튀김용 송아지의 뇌[1] Cervelles de veau pour fritots (1개당 400g)	1개에 2~3인분용
송아지 또는 암송아지의 간 Foie de veau ou génisse	125~140g
손질된 소의 혀 Langue de boeuf parée	180~220g
송아지의 췌장(이자) Ris de veau[1]	180~220g
송아지 또는 암송아지의 콩팥 Rognon de veau ou de génisse(지방으로 둘러 싸여 있지 않음 sans la ganse de graisse)	180~220g
양의 콩팥 Rognon d'agneau	1인당 2~3개 150g

[1] 위생적인 면에서, 이 허드레 고기는 MRS(matériels à risques spécifiés, 위험 명시 재료)에 속한다. 허드레 고기를 사용할 경우, 시행되고 있는 규정을 잘 확인한다.(p.324 참조)

종류	1인분 평균 무게
계란 베이스 PRÉPARATIONS À BASE D'ŒUFS	
에피타이저, 샐러드 등에 넣을 때 Pour hors–d'œuvre et salades composées	1개(50g)
삶은 계란, 수란 등 통째로 사용할 때 Servis entier (pochés, mollets…)	2개(100g)
오믈렛 등 섞어서 사용할 때 Servis mélangés (omelettes…)	3개(150g)
계란흰자 Blanc d'oeuf calibre(직경 55/60)	30~33g
계란노른자 Jaune d'oeuf calibre(직경 55/60)	18~20g
계란 흰자 Blancs d'oeufs(32개)	1L
계란 노른자 Jaunes d'oeufs(48개)	1L
마요네즈 Mayonnaise	
노른자 4개+기름 1L	20/25인용
올랑데즈 – 베어네이즈 Hollandaise – Béarnaise	
노른자 16개+버터 1kg	30인용
키쉬용 크림 Crème prise salée(appareil à quiche)	
노른자 4개+계란 4개+우유 5dL+생크림 5dL	20인용
액체의 농도를 진하게 만들 것 Liaisons(소스, 벨루테 sauces et veloutes)	
노른자 3개+생크림 1dl	10인용

생채소 CRUDITÉS

여러 채소를 섞을 경우, 무게가 더해진다는 사실을 염두에 두어야 한다.

예 1인당 생 채소 샐러드의 총 무게는 약 200g이다.

식품(g)	당근	셀러리 무	적색 양배추	오이	토마토	기타
1가지 생 채소 샐러드	200					
2가지 생 채소 샐러드	100	100				
3가지 생 채소 샐러드	70	70	70			
4가지 생 채소 샐러드	50	50	50	50		
5가지 생 채소 샐러드	40	40	40	40	40	
기타						

종류	개당 평균 무게	1인분 평균 무게
만물 채소 PRIMEURS		
마늘 Ail(알 gousse)	7g	
마늘 Ail(쪽 tête)	100g	(한쪽에 12~15개 알)
(다듬기 전) 아티초크 Artichauts*	350g	속 부분 100g
아스파라거스 Asperges		400g
가지 Aubergines	300g	200g
붉은색 비트 Betteraves rouges	200 ~ 250g	125g
브로콜리 Brocolis (다발 bouquet)	600g	200g
근대 Cardes(단 pied)	1,2kg	300g
당근 Carottes	150g	150~180g
샐러리 Céleris branches (단 pied)	1,2 ~ 1,5kg	100~300g
샐러리 무 Céléri-rave	1~1,2kg	150~180g
양송이 버섯 Champignons de Paris	20g	250g (8인용 곁들임 요리)
밤 Châtaignes	30~40g	160~180g
치커리 Chicorée frisée	450g	1개(6인용)
치커리 풀상치 Chicorée scarole	500g	1개(6인용)
흰색 양배추 Chou blanc 통(beau)	2kg	150~180g
싹 양배추(아기 양배추) Choux de Bruxelles	30 ~ 40g	200g
밀라노 양배추 Chou de Milan((통 beau)	2kg	280~300g(익혀서)
(녹색 잎들로 둘러싸여 있는 couronné) 콜리플라워 Chou-fleur	2,5kg	220~250g
적색 양배추 Chou rouge (큼직한 것 beau)	2kg	150~160g
오이 Concombre	500g	150~180g
(긴) 호박 Courgettes (longues)	150g	250g
(둥근) 호박 Courgettes (rondes)	80~100g	1인당 1~2개
(스파게티 면처럼 자른)국수 호박 Courgettes(spaghetti)	1kg	180~200g
두루미냉이 Crosnes	3~4g	100g
엔다이브 Endives	150 ~ 180g	1개
시금치 Épinards		1kg(3인용)
펜넬 구근* Fenouil bulbe	400g	1인당 반쪽
(껍질을 깐) 잠두콩 Fèves(écossées)		150~160g
플라조레 강낭콩 Flageolets 또는 신선한 슈브리에 강낭콩 Chevriers frais(껍질을 깐 écossés)(건조한 secs)		120g~80g
껍질콩 Haricots verts		140~160g
상추(보통 크기) Laitue moyenne	400g	1개(5인 샐러드용)
콘 셀러드 Mâche		30 ~ 40g
메스클랭 Mesclun*		40g
(긴) 무 Navets(longs)	1kg	300g(모난 부분을 깎아 둥근 모양)
(둥근) 무 Navets(ronds)	200g	300g(모난 부분을 깎아 둥근 모양)
(큰) 양파 Oignons(굵은 것 gros)	150 ~ 175g	

종류	개당 평균 무게	1인분 평균 무게
만물 채소 PRIMEURS		
(작은) 양파 Oignons (작은 것 petits)	8g	250g (8인 곁들임 요리용)
(껍질을 깐 écossés) 완두콩 Petits pois		150g
완두콩 Petits pois (콩깍질 채로 en gousse)	껍질 무게 합하면 1kg, 즉 400~450g의 완두콩	150g
민들레 Pissenlit		100g
대파 Poireaux	250g	200 ~ 250g (에피타이저)
피망 Poivrons	250g	
감자 Pommes de terre (빈취 Bintje)	250g	1kg(4인용)
감자 Pommes de terre (샤를로트/BF15 Charlotte/BF15)	100g	1kg(4인용)
래디시 Radis* (botte 단)	250g	1단(2~3인용)
샐서피 Salsifis		200g
토마토 Tomates (곁들임 garniture)	90g	1인당 1개
(큰)토마토 Tomates(grosses) (생채소 샐러드)	200g	150g(생으로 제공)
방울토마토 Tomates(cerisettes)	10g	한 그릇 당 25개
붉은 치커리 Trévise	200g	125g

종류	개당 평균 무게	1인분 평균 무게
과일 FRUITS		
살구 Abricot	45g	1인당 3개
파인애플 Ananas avion	2kg	1개(4인용)
아보카도 Avocat	220g	1인당 1/2개
바나나 Banane	200g	1인당 1개
레몬 Citron(jaune)	120g	1인당 1/2개
라임 Citron(vert)	100g	1인당 1/2개
귤 Clémentine	70g	1인당 2~3개
무화과 Figue	50g	1인당 3개
포도 Raisin de Muscat (머스캣, 송이 grappe)	300g	1인당 150g
키위 Kiwi	100g	1인당 1,5개
망고 Mangue 교배종 greffée	400g	1인당 1개
멜론 Melon(조각 portion)	400g	1인당 1개
오렌지 Orange	200g	1인당 1개
자몽 Pamplemousse	300g	1인당 1/2개
복숭아 Pêche(흰색, 노란색 blanche et jaune)	140~160g	1인당 1개
서양배 Poire Williams(윌리엄종 : 프랑스 남반구는 3~4월, 남동부는 9~10월에 나는 배로 맛이 섬세하고 약간 달콤하다.)	150~160g	1인당 1개
사과 Pomme 골드종 Golden	140~160g	1인당 1개
자두 Prune 렌 클로드 품종 Reine-Claude	30g	1인당 4개

* 아티초크 Artichauts : 꽃이 피기 전 꽃봉오리를 식용하는 채소.

* 펜넬 Fenouil : 다년생 풀 미나리과의 식물로, 아니스 열매 맛이 난다.

* 메스클랭 Mesclun : 남프랑스에서 나는 상치·치커리 따위의 여러 가지 잎을 섞어 만든 샐러드.

* 래디쉬 Radis : 작은 무의 일종.

핵심 노트

작업 현장에서는 업무의 완성도, 해당 시설의 유형, 업무 수행자의
전문성에 따라 다양한 방법과 기술이 사용된다. 여기서 제시하는
방법과 기술은 특히 경험이 부족한 실습생과 학생을 대상으로 한다.
따라서 다음의 다섯 가지 주요 측면을 아울러 설명하고자 한다.

- 간소한 방법 혹은 기술
- 우수한 결과물
- 신속하고 효율적인 작업
- 위생 및 안전 규칙 엄수
- 전통 규범과 작업 표준 준수

이 책에 소개된 방법과 기술은 직업 세계에서 실제로 사용되고 있는
수많은 방법과 기술을 포함하고 있다!

기본 테크닉

TECHNIQUES DE BASE

채소

LES LÉGUMES

햇마늘과 건조 마늘
L'AIL NOUVEAU ET L'AIL SEC

아티초크
LES ARTICHAUTS

아스파라거스
LES ASPERGES

가지
LES AUBERGINES

비트
LES BETTERAVES ROUGES

근대
LES BLETTES, BETTES, POIRÉES OU CARDES

카르둔
LES CARDONS

당근(줄기 잎이 있는 햇당근, 저장용 당근)
LES CAROTTES(CAROTTES NOUVELLES AVEC FANES, CAROTTES DE CONSERVATION)

샐러리
LES CÉLERIS

재배 버섯
LES CHAMPIGNONS DE COUCHE

브뤼셀의 치커리 위트로프 또는 엔다이브
LA CHICORÉE WITLOOF DE BRUXELLES OU ENDIVE

양배추
LES CHOUX

오이
LES CONCOMBRES

호박
LES COURGETTES

크레송
LE CRESSON

두루미냉이
LES CROSNES

셜롯
LES ÉCHALOTES

시금치와 수영
LES ÉPINARDS ET L'OSEILLE

펜넬 구근 또는 펜넬 괴근
LES FENOUILS BULBES OU FENOUILS TUBÉREUX

향신 양념용 허브(파슬리, 골파, 처빌, 타라곤)
LES FINES HERBES(PERSIL, CIBOULETTE, CERFEUIL, ESTRAGON)

강낭콩
LES HARICOTS

밤
LES MARRONS(OU CHÂTAIGNES)

무(잎이 붙어 있는 햇무, 저장용 무)
LES NAVETS(NAVETS NOUVEAUX AVEC FANES, NAVETS DE CONSERVATION)

양파
LES OIGNONS

대파
LES POIREAUX

완두콩
LES POIS

피망(또는 파프리카)
LES POIVRONS (OU PIMENTS DOUX)

감자
LES POMMES DE TERRE

래디시
LE RADIS

여러 종류의 양상추류
LES SALADES DIVERSES(LAITUE, CHICORÉE, MÂCHE, PISSENLIT, MESCLUN)

쇠채와 샐서피
LES SCORSONÉRES ET SALSIFIS

그 외 채소들
AUTRES LÉGUMES

파스닙
LES PANAIS CULTIVÉS (PASTINACA SATIVA)

햇마늘과 건조 마늘 L'AIL NOUVEAU ET L'AIL SEC

자극적이고 알싸한 맛을 내는 마늘은 개성이 강한 프랑스 남부 지방 요리를 대표하는 조미이다.

구근 Les bulbes(또는 머리 tetes)에는 12개 정도의 작은 구근(또는 마늘의 쪽 gousses)이 들어 있다. 마늘은 생으로 먹을 수 있지만 일반적으로 미리 껍질을 까거나 껍질째 요리한다.(《껍질을 벗기지 않고 익힌 통마늘 aulx en chemise》)

구입과 품질 기준 ACHAT ET CRITÈRES QUALITATIFS

일년 내내 다양한 종류의 마늘들이 생산된다. 마늘의 종류는 색깔(황백색, 분홍색, 보라색) 또는 향의 세기에 따라 구별된다. 마늘의 맛은 종류, 마늘 산지에 따라 각각 다르다. 예를 들어, 로트렉 de Lautrec(타른 주 Tarn) 지역의 분홍색 마늘은 고품질 마늘의 일종이다.

마늘의 크기는 구근 지름 mm 크기에 따라 분류가 되고, 분류의 예는 다음과 같다.

예

- 엑스트라 등급 catégorie Extra : 지름 45mm
- I 등급 catégorie I : 지름 30mm

일년 중 시기에 따라 마늘은 생마늘 또는 건조마늘로 나온다. 알이 차 있고 단단한 가장 큰 통마늘을 선택한다.
윤이 나지 않고 무르며 말라붙어 비

어 있는 마늘, 발아되거나 곰팡이 흔적이 있는 마늘은 규정에 따라 바로 제외시킨다.

마늘은 15도에서 최고18도 사이의 상온에서 정리함(금속 또는 플라스틱 재질)에 넣어 보관한다. 특히 봄에 마늘을 저장할 경우에는 최소한의 양으로 제한한다.(가공 처리하지 않은 마늘의 경우 발아가 빨리 일어날 가능성이 있음)

마늘을 보관하는 정리함은 건조하고 통풍이 잘 되는 곳, 직사광선을 피한 곳, 온도의 변화가 없고 습기, 먼지, 벌레, 설치류 동물이 없는 곳에 둔다.

《구입한 순서대로 사용한다 premier livré, premier utilisé》는 규칙을 준수한다.

따로따로 구입한 마늘은 섞어 보관하지 말고, 저장 마늘은 최소한으로 사용하며, 보관 장소 및 정리함은 잘 세척한다.

사전 준비 PRÉPARATIONS PRÉLIMINAIRES

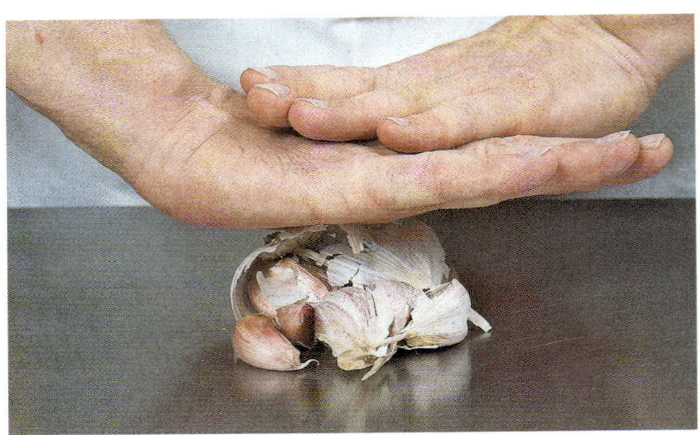

❶ 마늘 뿌리와 끝부분을 제거하고 건조한 겉 껍질을 벗긴다.

❷ 손바닥으로 강하게 마늘을 눌러 통마늘 속 마늘을 빼낸다.

❸ 마늘 껍질을 벗겨 다듬어준다.(작은 칼로 마늘 끝부분, 뾰족한 부분을 자르고 껍질을 벗긴다)

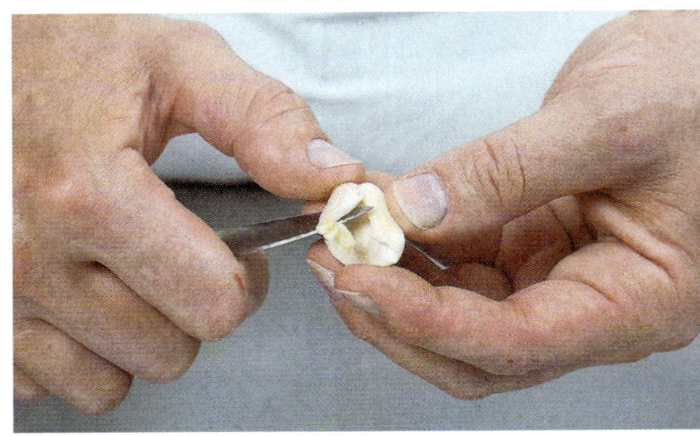

❹ 마늘 싹을 제거한다. 세로 방향으로 각각의 마늘을 둘로 갈라서 싹을 빼낸다.

뿌리 부분을 평면으로 잘라낸 통마늘은 다듬지 않고 그대로 사용할 수 있다. (껍질을 벗기지 않고 익힌 통마늘, 마늘 크림을 만들 경우)

마늘 빻기 AIL CONCASSÉ

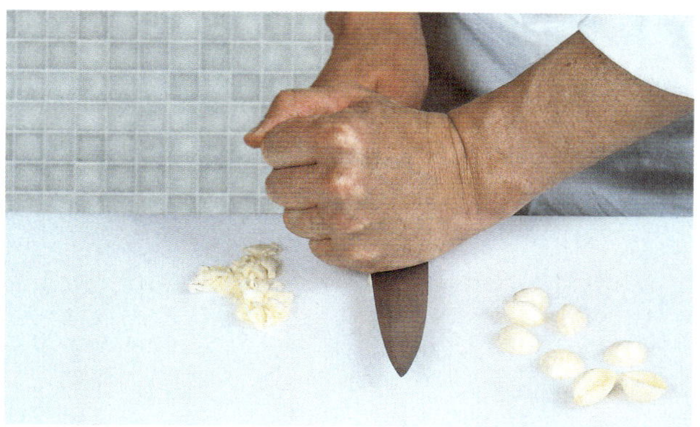

❶ 도마 위에 마늘을 평평하게 둔다.

❷ 저밈용 큰 칼로 마늘을 짓눌러 납작하게 한다. 칼날 뒤 끝부분을 마늘 위로 평평하게 놓고 마늘이 빻아지도록 주먹으로 눌러준다.

마늘 다지기 AIL HACHÉ

❶ 주방용 칼 또는 저밈용 칼로 다지기를 마무리한다.(많은 양을 다질 경우, 다지기 전용 통과 칼이 부착된 믹서기를 사용한다.)

❷ 다진 마늘은 작은 스테인리스 중탕용 그릇에 기름을 넣고 요리하는 시간 동안 보관한다.

❸ 사용한 기구와 조리대는 꼼꼼하게 닦아준다.

활용법

- 마늘은 포타주, 생선 수프, 소스, 소스를 곁들인 고기 요리 등에 넣어 풍미를 내는 역할을 한다. 페르시야아드 소스(파슬리, 마늘을 넣은 소스) 또는 《프로방스식으로 조리된 à la provençale》 모든 요리에 들어간다.

- 또한, 마늘은 양고기, 토마토를 재료로 하는 요리에 더욱 잘 어울린다. (불에 구운 양고기 넓적다리 요리 gigot rôti, , 파슬리를 곁들인 사각 모양 양고기 carré persillé, 양고기 스튜 navarin, 퐁듀와 토마토 소스 fondue et sauce tomate 등등)

“

산마늘(명이마늘 L'ail des ours) : 마늘과 아주 비슷한 다년생의 야생초로 햇마늘과 같은 용도로 사용한다.
산마늘을 먹을 수 있는 최적 시기는 늦봄이다.(4월 13일부터 6월 15일)

---

* 포타쥬 potages : 액체 상태로 제공되는 수프 요리의 총칭

아티초크 LES ARTICHAUTS

아티초크는 식용식물의 꽃대로 원래 엉겅퀴 품종에서 나왔다. 프랑스에서 생산되는 주요 품종은 《라옹 지역의 큰 초록색 아티초크 gros vert de Laon》, 《브르타뉴 지역의 코가 납작한 아티초크 camus de Bretagne》, 《프로방스 지역의 보라색 아티초크 violet de Provence》 등이 있다.

봄에 나오는 가장 부드러운 품종의 아티초크(작은 보라색)는 소금만 뿌려 생으로 먹을 수 있다. 하지만 대부분의 아티초크는 통째로 삶거나 찌거나 돌려 깎아 익힌다. 이럴 경우, 아티초크 속 부분은 레몬과 오일을 발라 소금을 넣은 끓는 물에 뚜껑을 닫고 익힌다.

아티초크 속 부분은 수많은 요리의 곁들임 채소 요리 재료로 자주 사용한다.(샤뜰렌느*, 마스코트*, 마세나* 등등) 또한 파르시*, 그라탱 요리에 사용한다.(아스파라거스의 뾰족한 부분, 시금치, 껍질콩, 버섯을 다진 뒥셀*, 홍합, 새우, 수란 등등)

구입과 품질 기준 ACHAT ET CRITÈRES QUALITATIFS

아티초크 크기는 각 종류별 꽃봉오리 부분 지름 cm에 따라 달라진다.

예는 다음과 같다.
- 엑스트라 9/11는 1kg에 3개, 즉 한 개당 약 333g

구입 최적 시기는 3월에서 11월까지이다.

아티초크를 선택할 때에는 꽃봉오리가 단단하고 신선해 보이는 것을 택한다. 품종에 따라 색깔은 밝은 초록색에서부터 보라색이 도는 초록색이다. 꽃자루의 자른 단면은 싱싱하고 매끈하며 나무와 같이 단단하지 않고 거무스름한 얼룩이 없으며 물이 흘러서도 안 된다. 아티초크의 속 부분은 크고 과육이 많으며, 잎은 단단하고 사각거려야 한다. 잎이 노란색이나 갈색으로 변하거나, 속 부분이 거무스름해지거나, 꽃자루에 심줄이 많거나, 꽃봉오리가 심하게 누렇게 시들었거나 말라 붙은 아티초크는 즉시 제외시켜야 한다.

아티초크는 며칠 동안 10도에서 12도 사이의 냉장 보관실에 한다. 직사광선과 10도 이하의 보관은 피한다.

---

* 샤뜰렌느 châtelaine : 삶은 계란, 송로 버섯, 아티초크 밑부분, 감자를 넣은 샐러드.
* 마스코트 mascotte : 소고기 또는 닭고기 요리의 곁들임 요리로, 아티초크, 송로 버섯, 감자 등으로 구성.
* 마세나 Masséna : 아티초크를 곁들인 소고기 안심 또는 양고기 요리.
* 파르시 farcis : 고기·채소 등을 다진 것으로 속을 채운 요리.
* 뒥셀 Duxelles : 곱게 다진 버섯, 셜롯, 허브를 버터에 넣고 천천히 볶아 진한 상태가 될 때까지 조리한 혼합물.

사전 준비 PRÉPARATIONS PRÉLIMINAIRES

아티초크 통째로 요리하기 ARTICHAUTS CUITS ENTIERS

❶ 물에 여러 번 아티초크를 세심하게 씻는다.

❷ 꽃자루 pédoncule의 줄기를 자르지 말고, 속 부분의 심줄을 부러뜨려 최대한 빼낸다.

❸ 저밈용 칼로 속 부분이 평평하게 되도록 깔끔하게 자른다.(손질하기)

❹ 아티초크 길이의 2/3 부분을 일정하게 자른다.

5 큰 가위로 잎 끝을 자른다.

6 익히는 동안 속 부분의 산화를 막기 위해 꽃자루 쪽에 동그랗게 썬 레몬 조각을 둔다.

7 아티초크 잎과 레몬 조각이 고정되도록 실로 묶는다.

아티초크 익히기 LA CUISSON DES ARTICHAUTS

준비된 아티초크는 물에 데치거나 증기로 쪄내서 식힌 후, 식초 소스를 곁들여 미지근한 상태로 낸다.

아티초크 꽃봉오리 부분(섬유질)을 제거하고 그 속을 채소와 고기로 채워 요리할 수도 있다.

아티초크 돌려깎기(아티초크 속 부분 분리하기)
ARTICHAUTS TOURNÉS(RÉALISATION DES FONDS D'ARTICHAUTS)

꽃봉오리 지름에 따라, 아티초크는 다음 두 방법으로 돌려깎기 할 수 있다.

차가운 레몬물을 준비한다. 동그란 통에 1L당 한 개의 비율로 레몬즙을 준비한다. 아티초크 속 부분은 쉽게 산화되므로(거무스름하게 변함), 레몬물에 담아 둬야 한다.

꽃잎 아래 부분의 줄기를 자르지 말고 속 부분의 심줄을 부러뜨려 최대한 빼낸다.

첫 번째 방법

손으로 잡기 힘든 큰 아티초크에 알맞은 돌려깎기 첫 번째 방법

저밈용 칼 또는 홈이 파인 칼로 주변 잎을 대충 다듬은 후, 돌려깎는다.

두 번째 방법

손으로 쉽게 잡을 수 있는(지름 10cm 이하) 아티초크에 알맞은 돌려깎기 두 번째 방법

1 평평하게 자르기 Araser : 큰 칼이나 날이 짧고 빳빳한 칼로 밑 부분을 꼼꼼하게 손질한다.

❷ 왼손으로 아티초크를 단단히 잡고 칼로 일정하게 속 부분을 돌며 차례로 잎을 제거한다.

❸ 칼을 돌려주며 아티초크를 동그랗게 만든다. 잎을 자를 때 아티초크의 속살이 잘려나가지 않게 조심하고, 아티초크의 속 부분에 푸르스름한 흔적이 남지 않도록 한다.

❹ 도마 위에 꽃봉오리 끝부분을 밖으로 향하게 놓은 후, 아티초크 속 부분 위 몇 mm까지 잎을 손질한다.

"꽃봉오리의 섬유질 부분은 가열 후 제거할 수도 있다. 이 방법이 더 빠르고 쉬워 보이지만, 가열 전에 모든 손질을 하는 것이 훨씬 더 위생적이다."

❺ 작은 칼로 속 부분의 안쪽 부분을 얇고 동그랗게 자른다.

❻ 속 부분 표면에 꼼꼼하게 레몬을 문지른 후, 레몬 물에 담가 놓는다.

❼ 채소 볼러를 이용하여 꽃봉오리의 섬유질 부분을 파낸다.

❽ 가열하여 요리할 때까지 레몬 물에 담가 아티초크의 속 부분을 보관한다.

완성한 결과

아스파라거스 LES ASPERGES

완성한 결과

아스파라거스는 백합과 식용 채소이다. 아스파라거스 순 Les pousses 또는 《곁순 turions》은 봄에 땅속에 있는 식물 뿌리에서 돋아난다.

프랑스에서는 주로 4월에서 7월 말까지 아스파라거스를 판매한다.

가장 일반적인 품종은 로리스(Lauris) 지방과 아르장퇴유(Argenteuil) 지방의 아스파라거스이다.

재배 조건에 따라, 다음 3 종류로 분류한다.

• 땅 속에서 끝부분이 나올 때 수확하는 흰색 아스파라거스 les asperges blanches

• 땅 속으로부터 끝부분이 몇 cm 정도 자라면 수확하는 보라색 아스파라거스 les asperges violettes

• 지표면에서 10cm 넘게 자라야 수확하는 초록색 아스파라거스 les asperges vertes

구입과 품질 기준 ACHAT ET CRITÈRES QUALITATIFS

아스파라거스 크기는 mm로 표시되는 최소 지름 크기에 따라 구분한다.

예
– 엑스트라 등급 : 같은 다발 안에 지름의 차이가 최대 8mm인 아스파라거스

아스파라거스는 다발 또는 kg 단위로 판매한다.
아스파라거스는 색깔에 상관없이, 매우 신선하고 깨끗하며 광택이 나야 한다. 자른 단면은 매끈하고 흰색이며 그 위를 손으로 눌렀을 때 진액이 나와야 한다. 아스파라거스 순은 동일한 직경이며, 곧고 부드러우며 파삭파삭해야 한다. 머리 부분은 단단하고 부드러우며 뾰족해야 한다.
머리 부분이 누렇게 시들어 있거나 (꽃이 피거나), 줄기가 마르고 심줄이 많으며 나무처럼 단단한 아스파라거스는 즉시 제외시킨다.

6도~8도 사이의 냉장 저장실에 보관하며, 음식용 비닐 커버나 촉촉한 면보로 덮어준다.

아스파라거스는 가급적 필요할 때마다 익혀 사용한다. 미리 익혀 식힌 후 냉장 보관한 아스파라거스는 상당 부분의 풍미를 잃는다.

사전 준비 PRÉPARATIONS PRÉLIMINAIRES

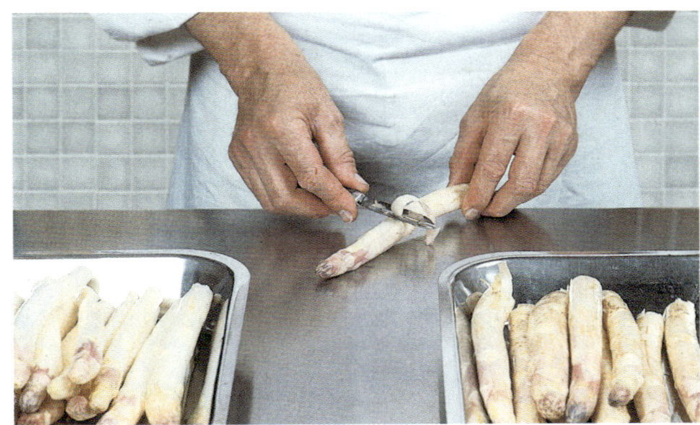

❶ 필러로 조심스럽게 아스파라거스 껍질을 벗긴다. *

❷ 스테인리스 금속으로 된 조리 작업대 또는 정리용 통을 뒤집어서 그 위에 평평하게 놓는다.

（《쇠채와 샐서피 LES SCORSONÈRES ET SALSIFIS》 217쪽） 참조.

❸ 뾰족한 부분 아래(머리 바로 밑 부분)에서 다리 쪽으로 내려가며 껍질을 벗긴다.

❹ 머리의 우툴두툴한 초록색 부분에 꽃이 피었거나 시들었다면 제거한다.

* *초록색 아스파라거스 일부 품종이나 야생 아스파라거스는 껍질을 벗기지 않는다.*

일부 요식업 전문가들은 아스파라거스를 보호하기 위해 손으로 머리 부분을 잡고 반대 방향으로 다듬는다.

❺ 부러뜨리지 않도록 세심하고 부드럽게 씻어준다.

6 아스파라거스를 《한 다발 bottes》로 모은다. 한 다발은 식사의 1인분에 해당한다.(크기가 일정한 다발을 원하는 경우, 원통형 용기를 사용할 수 있다.)

7 부케가르니*처럼 다발을 실로 묶는다.

8 다발 길이를 일정하게 맞추기 위해 줄기 밑 부분을 잘라 다듬는다.

9 요리에 사용할 때까지 촉촉한 면보를 덮어 냉장실에 보관한다.

---

* 부케가르니 bouquet garni : 파슬리, 타임, 월계수 등의 향료식물 묶음.
* 무슬린 소스 sauce mousseline : 올랑데즈 소스에 생크림을 넣은 소스.
* 말테즈 소스 sauce maltaise : 올랑데즈 소스에 오렌지 즙을 첨가한 소스.
* 플랑 flan : 달콤하거나 풍미 있는 충전물이 들어있는 타르트의 일종.
* 수비드 sous vide : 재료를 비닐 진공 포장한 후 끓는점 이하의 저온에서 오래 익히는 조리 방법.
* 라따뚜이 ratatouille : 프랑스 프로방스 지방의 전통음식 중 하나로, 가지, 토마토, 호박, 피망 등을 넣은 스튜.

완성한 결과

활용법

• 무슬린 소스*와 말테즈 소스*를 곁들인 따뜻한 아스파라거스(Asperges tièdes, sauce mousseline et sauce maltaise.)

• 아스파라거스 크림(Crème d'asperges.)

• 아스파라거스 플랑*(Flan d'asperges.)

• 아스파라거스 끝부분과 연어를 넣은 파이(Feuilleté de saumon aux pointes d'asperges.)

아스파라거스 익히기 LA CUISSON DES ASPERGES

아스파라거스는 일반적으로 물에 데쳐 얼음물에 식히거나, 증기로 찌거나 수비드로 익힌다. 물에 데칠 경우, 아스파라거스 다발은 소금을 넣은 끓는 물에 수직으로 넣는데, 더 연한 머리 부분이 물에 잠기지 않도록 한다.

아스파라거스의 품종, 품질, 신선도나 지름에 따라 조리 시간은 12분에서 18분 사이로 조절한다. 따뜻한 상태에서 물기를 제거한 후, 접시나 냅킨 위에 올려 예쁘게 담아낸다.

무슬린 소스를 곁들인 아스파라거스(Asperges sauce mousseline)

가지 LES AUBERGINES

가지는 인도에서 전해진 가지과 식용식물로 동그랗고 긴 열매이다.

가지는 남프랑스의 수많은 특별 요리 재료로 사용한다. 따뜻한 전채요리(고기나 채소 등으로 속을 채운 파르시 farcies, 그라탱 au gratin, 튀김 요리 en beignets), 채소 곁들임 요리(라따뚜이* ratatouille, 보헤미안 채소 bohémienne de légumes(프로방스식 채소 볶음), 가지 튀김 aubergines sautées 등등)에 사용한다.

구입과 품질 기준 ACHAT ET CRITÈRES QUALITATIFS

실제로 가지의 여러 품종은 일년 내내 시장에 나온다. 프랑스 품종 중 가장 일반적인 것은 보라색 길쭉한 가지이다. 구입 최적 시기는 6월에서 10월 사이이다.

가지의 크기는 직경 mm의 크기에 따라 구분한다.

예는 다음과 같다.
－Ⅰ등급 가지는 직경 60~80mm

꽃받침 반대 방향으로 약간 부풀며 길쭉하고 빛나고 매끈한 표면이며 거무스름한 자주빛의 단단한 가지를 선택한다.

꽃받침(꼭지 부분)은 싱싱한 초록색이고, 최근에 잘린 것으로 거무스름한 흔적이 없고 진액이 나오지 않아야 한다.
꽃받침이 시들고 회색이며, 표면이 주름지고 윤이 나지 않으며 무르며, 상처나 썩은 부분이 있는 가지는 즉시 제외시킨다.

갑작스러운 온도 상승을 피하며, 10도~12도 사이의 냉장 보관실에 며칠 동안만 보관한다.

사전 준비 PRÉPARATIONS PRÉLIMINAIRES

가지는 빨리 거무스름하게 변색되기 때문에 조리에 사용하기 바로 전에 다듬는다.

❶ 물에 여러 번 정성스럽게 씻는다.

❷ 작은 칼 또는 저밈용 칼로 꽃자루 le pédoncule(꽃받침 calice) 부분을 제거하여 가지의 아래 부분(암술의 눈 œil pistilaire)을 다듬는다.

❸ 필러 또는 샤넬 나이프로 속살과 껍질이 번갈아 나오도록 다듬는다.

둥근 조각으로 썰기(저미기)
TAILLER EN RONDELLES(ÉMINCER)

❶ 요리에 따라 가로로 또는 비스듬하게 약간 두께감이 있는 둥근 모양으로 잘게 썬다.

❷ 숨이 죽도록 20여 분 동안 가는소금으로 절인다.

❸ 타월로 세심하게 물기를 제거한다.(볶은 가지 aubergines sautées, 감자 튀김 frites, 도넛 en beignets 등)

정육면체 모양으로 썰기 TAILLER EN DÉS

❶ 저밈용 칼로 1cm~1.5cm 두께의 얇은 조각으로 가지를 잘게 썬다.

❷ 얇은 조각을 나란히 놓고 1cm~1.5cm 길이의 막대 모양으로 잘게 썬다.

❸ 막대 모양의 가지를 나란히 놓고 1cm~1.5cm 정육면체 모양으로 잘게 썬다.(볶은 가지 aubergines sautées, 라따뚜이 ratatouille, 보헤미안 채소 bohémienne de légumes 등)

가지 파르시 AUBERGINES ET TRONÇONS FARCIS

다음 두 방법 중 하나로 가지의 속을 비울 수 있다.

❶ 작은 칼 끝으로 반 토막의 가지 속살의 겉 부분으로부터 3~4mm 안쪽으로 윤곽선을 그린다.

❷ 익히기 쉽고 가지 속을 쉽게 빼낼 수 있도록 일정하게 가지 속을 절개한다.

❸ 반 토막의 가지를 오븐에 넣어 부분적으로 익혀주거나 2/3 정도 익을 수 있게 튀긴다.

❹ 티스푼을 이용하여 껍질이 상하지 않도록 주의하며 가지 속을 제거해주면, 가지 파르시 또는 구운 가지를 으깨어 올리브 오일 및 향신료와 섞어 만든 요리를 위한 그릇으로 사용할 수 있다.

❺ 세로 홈을 판 가지를 약 4cm 높이로 토막 내어 자른다.

❻ 작은 칼 끝으로 가지 속살의 겉 부분으로부터 3~4mm 안쪽으로 윤곽선을 그린다.

❼ 채소 볼러로 속살을 빼낸다.

비트 LES BETTERAVES ROUGES

식용 뿌리인 비트는 전채요리나 샐러드 형태로 먹으며 주로 익혀서 사용한다. 퓨레의 형태로, 수렵육을 재료로 한 요리에 종종 곁들인다.

가늘고 얇게 썰어준 후 사과칩처럼 밀가루를 뿌려 튀겨 구운 고기 요리와 함께 내기도 한다.

중앙 유럽에서는 주로 비트 뿌리와 잎을 요리에 사용하며 여러 종류의 포타주 potages를 만든다.(러시아식 또는 폴란드식 수프)

일찍 수확한 비트 품종의 어린 뿌리는 4~5cm 길이로 가늘게 채 썰어 생으로 샐러드를 만들어 먹는다. 저장용 비트는 오븐에 굽거나, 증기로 삶거나 물에 데치지만, 바로 먹을 수 있도록 간편하게 나온 비트를 구입하는 경우가 점점 더 많아지고 있다.(열로 살균하여 밀폐 용기나 수비드로 포장되어 나옴)

식용 품종 중 일부는 요리에서 색깔을 내기 위해 사용되기도 한다.

비트의 불그스름한 어린 이파리는 생으로 샐러드 요리에 넣어 먹을 수 있다. 색소 용도로 비트 즙을 사용하기도 한다.

가장 많이 즐기는 식용 비트 품종은 다음과 같다.

- 크라푸딘 la crapaudine은 꿀풀과의 1년생 덤불 식물, 옛날 시골 품종으로 늦게 수확한다.(들판에서 재배할 경우, 늦여름에서 초겨울까지)
- 뿌리 부피가 크고 긴 품종의 비트
- 매우 빨리 익는 거무스름한 이집트 품종 비트. 봄부터 시장에 나온다.

잎을 정리한 비트는 이듬해 봄까지 창고의 어두운 곳에 보관한다.

구입과 품질 기준 ACHAT ET CRITÈRES QUALITATIFS

뿌리 모양이 일정하고, 표면이 매끈하며 윤이 나고 깨끗하며 전체적으로 동일한 보라색을 띠는 비트를 고른다.

같은 시간동안 가열하여 조리할 수 있도록 직경이 같은 비트를 고른다. 뿌리와 줄기가 이어지는 부분을 자른 단면이 깨끗해야 하며 진액이 흐르지 않아야 한다. 익힌 비트의 경우, 곰팡이의 흔적이 없고 심한 흙냄새가 나지 않는 가장 단단한 비트를 고른다.

익힌 비트는 최고 3도의 냉장 저장실에 보관한다. 겨울에 먹을 보관용 비트는 8도~10도 사이의 직사광선이 없는 저장 창고에 보관한다.

사전 준비 PRÉPARATIONS PRÉLIMINAIRES

❶ 비트 뿌리와 줄기가 이어지는 부분을 다듬은 후, 세게 솔로 문지르며 꼼꼼하게 씻는다.

❷ 물에 데치거나 증기로 찌거나 오븐에 넣어 익힌다.

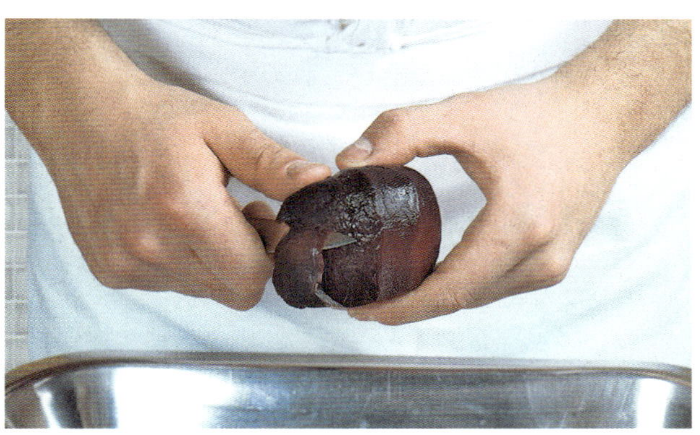

❸ 작은 칼로 껍질을 벗긴다.

❹ 심줄이 많은 부분을 제거한다.

다음과 같이 자른다.

– 각 면이 최고 1cm 되는 작은 정육면체 모양

– 봄철에 나오는 길쭉한 비트 품종의 경우, 2mm 두께로 둥글게 썬 작은 조각 모양

– 각 면이 3mm가 되며 3cm 길이의 작은 막대 모양

근대[*] LES BLETTES, BETTES, POIRÉES OU CARDES

근대는 비트와 비슷한 식용식물로, 재배 과정에서 잎과 잎꼭지의 중앙에서 크게 퍼지는 잎맥을 키워 식재료로 사용한다.

근대 잎은 길이가 30cm가 되면 수확할 수 있으며, 그 시기는 늦봄이다. 잎은 아주 빠르게 다시 자라기 때문에 10월 말까지 여러 번에 걸쳐 수확할 수 있다.

근대의 커다란 초록색 잎은 시금치처럼 먹을 수 있으며, 속을 채운 파스타 재료로 흔히 사용한다.(라비올리 raviolis, 까넬로니 cannellonis(속을 넣은 굵은 마카로니))

커다랗고 부드러운 잎맥 부분은 질긴 심줄을 제거하면 아주 맛있는 채소의 역할을 한다.

밀가루와 레몬, 소금 등을 넣은 물에 끓이거나 소금, 레몬, 기름을 넣어 끓인 (아티초크의 속 부분을 익히는 경우처럼) 근대 잎맥 토막은 버터, 크림을 곁들여 먹거나 그라탱 또는 생으로 먹거나 올랑데즈 소스*, 리오네즈 소스* 와 곁들여 먹거나, 사골 뼈와 함께 요리해 먹거나, 이탈리아 식으로 먹기도 한다.

구입과 품질 기준 ACHAT ET CRITÈRES QUALITATIFS

신선도를 쉽게 확인하기 위해서는 잎이 초록색인 근대를 고른다. 잎은 아주 신선하고 두드러지게 밝은 초록색이고 (적당하게) 촉촉해야 하며 바스락하고 파삭파삭해야 한다.

잎맥은 곧고 단단하며 파삭파삭해야 하며 색깔은 밝은 아이보리 색으로 곰팡이, 갈색 반점 등이 없어야 한다.
자른 면은 깔끔하고 신선하며 거무스름하지 않고 진액이 흘러서도 안 된다.
잎이 늘어지고 노랗게 시들고 말라 있거나 광택이 없고 흐물흐물한 잎맥의 근대는 즉시 제거한다.
근대의 보관은 6도~8도 사이의 냉장 저장실에 식품용 비닐 커버 또는 촉촉한 면보를 덮어 보관한다.
근대를 요리에 사용할 경우 그날그날 구입하는 것을 권한다.

* 올랑데즈 소스 sauce hollandaise : 버터, 레몬즙, 계란 노른자를 유화하고 소금과 소량의 후추를 양념한 소스
* 리오네즈 소스 sauce lyonnaise : 버터, 양파, 마늘, 화이트 와인, 식초를 넣은 소스

사전 준비 PRÉPARATIONS PRÉLIMINAIRES

❶ 근대 끝부분을 잘라 잎맥을 하나씩 떼낸다.

❷ 초록색 잎으로부터 잎맥을 분리시키고, 분리한 잎맥은 다른 조리를 위해 따로 보관한다.

❸ 작은 칼로 잎맥 끝부분을 다듬는다.
❹ 필러로 흠이 있는 부분을 꼼꼼히 다듬는다.

5 세심하게 씻어준다.

6 5~6cm 길이로 잎맥을 토막 내며 모든 심줄을 빼낸다.

Attention 주의! 칼로 토막내지 않는다.

7 잎맥 토막을 막대 모양 또는 정육면체 모양으로 썬다.(조리법에 따라)

카르둔 LES CARDONS

카르둔(아티초크의 일종)은 아티초크와 비슷한 식용식물로, 잎이 붙어 있는 잎맥으로 구성된다. 가을에서 초겨울까지 나오는 카르둔은 주로 리옹 지방에서 사용한다.

카르둔은 주로 밀가루, 레몬, 소금 등을 넣은 끓는 물이나 소금, 레몬, 기름을 넣은 끓는 물에 아티초크 속 부분처럼 익힌다.

이렇게 데쳐서 버터, 크림을 곁들여 먹거나, 그라탱으로 먹거나, 소스를 곁들여 먹거나, 골수와 함께 먹거나, 리옹식 또는 이탈리아식으로 먹는다.

구입과 품질 기준 ACHAT ET CRITÈRES QUALITATIFS

신선하게 수확한 카르둔을 고른다. 잎맥은 나무처럼 딱딱하지 않고 단단해야 하며 속 색깔은 진주 빛이다.
잎맥은 탄탄하면서도 부드러워야 하며 끝 부분을 자른 단면은 싱싱하고 거무스름한 흔적, 진액이 없어야 한다.
밑 부분이 딱딱하고 진한 초록색이며 누렇게 시든 부분이 있거나, 잎맥이 나무처럼 딱딱하거나, 잎이 시들고 말라 있는 카르둔은 즉시 제거한다.
최소한의 분량만 보관한다. 카르둔은 굳고 마르며 빨리 딱딱해진다. 식품용 비닐 커버나 촉촉한 면보를 덮어 6도~8도의 냉장 저장실에 보관한다.

사전 준비 PRÉPARATIONS PRÉLIMINAIRES

❶ 카르둔의 밑 부분을 칼로 자른다.

❷ 가장 밖의 줄기는 제거한다.(잎과 잎맥이 아주 거칠고 딱딱함)

❸ 부드러운 줄기를 차례로 뜯어내며 밑 부분이 평평해지도록 한다. 잎과 가시는 잘라낸다.

④ 잎맥을 잘 씻는다.

⑤ 필러를 이용하거나 5〜6cm 길이로 부러뜨려서 심줄을 제거한다.(샐러리 줄기, 근대 잎맥, 대황*을 위한 방법과 동일)

⑥ 토막에 즉시 레몬즙을 뿌린다.(산화 위험 방지)

⑦ 토막을 막대 모양으로 자른다. 속 부분을 다듬고 동그랗게 썬다.

⑧ 익히기 전까지 막대 모양, 동그란 모양으로 썰어놓은 것을 레몬 물에 담가둔다.

---

* 대황 rhubarbe : 건조한 산지에 자라는 여러해살이풀. 굵은 황색의 뿌리가 있고 원줄기의 높이는 100〜200cm 정도이며 속이 비어 있는 약용 식물.

당근(줄기 잎이 있는 햇당근, 저장용 당근)
LES CAROTTES(CAROTTES NOUVELLES AVEC FANES, CAROTTES DE CONSERVATION)

당근은 일년 내내 먹을 수 있는 식용 뿌리이다.

당근은 품종에 따라 여러 요리에 사용한다. 생으로는 전식, 샐러드에 사용하고, 익힌 당근은 채소 곁들임 요리, 포타주*,《크레시 Crécy*》품종의 퓨레 등에 사용한다. 당근은 또한 아로마틱 가니쉬*를 위한 재료에 들어간다. (마티뇽 Matignon*, 미르푸아 Mirepoix*, 여러 종류의 마리네이드 marinade 소스, 쿠르 부용 courts bouillons, 나쥬 nages 등등)

구입과 품질 기준 ACHAT ET CRITÈRES QUALITATIFS

크기는 mm로 표시된 당근 직경에 따라 달라진다.

크기는 등급에 따라 다르다. 예는 다음과 같다.

예
– 엑스트라 등급 Categorie Extra : 20~40mm(100~150g 당근)

당근은 다음 두 명칭으로 구분되어 판매된다.

– 줄기 잎이 있고 다발로 판매하는 햇 당근
– kg으로 판매하는 저장용 당근

줄기 잎이 있는 햇당근
LES CAROTTES NOUVELLES AVEC FANES

크기가 일정하고 갓 수확되어 신선하며 깔끔하고 색깔이 고르며 줄기와 뿌리가 이어지는 부분이 진한 초록색이 아니며 곧고 단단한 당근을 고른다.

줄기 잎은 싱싱한 초록색으로 시들지 않고 파삭파삭하며 너무 축축하지 않아야 한다.

저장용 당근
LES CAROTTES DE CONSERVATION

뿌리는 원통형으로 길며 모양이 반듯하고 표면은 매끈매끈하며 단단하고 깨끗한 당근을 고른다. 심줄이 없어야 하며 부드럽고 균일한 색깔이어야 한다.

줄기와 뿌리가 이어진 부분을 자른 단면은 싱싱해야 하며 거무스름한 흔적, 진액이 없어야 한다.

시들거나 무르고 색이 바래거나 중심부가 딱딱하거나 희끄무레하며 가시가 있거나, 잘린 단면이 초록색이거나 금, 상처, 썩은 부분 등이 있는 당근은 즉시 제외시킨다.

낮은 온도(6도 미만)에 냉장 보관했던 당근은 빨리 썩기 때문에 제외시킨다.

직사광선을 피해 10도~12도의 냉장 저장실에 보관한다. 몇 달 늦게 수확하는 품종의 경우 모래 속이나 지하 저장고 또는 보관 창 등에 보관할 수 있다.

사전 준비 PRÉPARATIONS PRÉLIMINAIRES

다듬기 ÉPLUCHER

❶ 작은 칼 또는 필러로 당근 양쪽 끝 부분을 자른다. 필요한 경우 줄기와 이어지는 초록색 부분을 제거한다.

❷ 필러 또는 전기기기로 다듬는다.(껍질을 벗긴다.) 필러에 끼어 있는 껍질을 확인하면서 다듬는다.

씻기 LAVER

❶ 물에 여러 번 정성스럽게 씻는다.

❷ 물에 담가놓지 말고 즉시 물기를 없앤다.

❸ 6도에서 최대 8도의 냉장 저장실에 뚜껑을 덮어 보관한다.

---

* 포타주 potages : 고기, 채소 등을 넣어서 진하게 끓인 수프.
* 크레시 Crécy : 높은 품질로 평가받는 당근 품종.
* 아로마틱 가니쉬 garnitures aromatiques : 향신료를 섞은 여러 채소(당근, 샐러리, 양파 등등)로 요리에 풍미를 주기 위해 사용.
* 마티뇽 Matignon : 당근, 양파, 샐러리, 부케가르니로 구성된 아로마틱 가니쉬.
* 미르푸아 Mirepoix : 잘게 썬 채소, 소금, 후추, 향료 식물, 고기 등을 넣어 만든 양념.
* 마리네이드 소스 marinades : (고기 · 생선 등을 절이는) 소스.
* 쿠르 부용 courts-bouillons : 화이트와인에 향료를 섞어서 만든 수프.
* 나쥬 nages : 생선이나 갑각류를 데치기 위한 육수.

여러 모양으로 자르기 TAILLER EN JULIENNE

❶ 당근을 약 5~6cm 길이로 일정하게 토막 내어 자른다.(길이는 조절 가능)

❷ 강판을 이용하여 세로 방향으로 얇게 저민다.

❸ 저민 얇은 조각을 몇 장씩 나란히 겹쳐놓은 후, 저밈용 칼로 가늘게 채썰기를 해준다.(전기 기기 사용 가능)

완성한 결과

활용법

- 당근 채(Carottes râpées.)
- 중국 샐러드(Salades chinoises.)
- 채 썬 당근이 들어간 다블래 포타주(Potages julienne Darblay.)
- 채 썬 채소를 넣은 화이트 와인 소스(Sauce vin blanc à la julienne de légumes : 포를 뜬 가자미에 수쉐 소스를 곁들인 요리 filets de sole Suchet).

막대 모양으로 썰기 TAILLER EN BÂTONNETS (자르디니에르 JARDINIÈRE DE LÉGUMES*, 플로리스트 곁들임 요리 GARNITURE FLEURISTE*)

자르디니에르 Jardinière de légumes

❶ 저밈용 칼을 사용하여 3.5~4cm 길이로 토막 내어 자른다.

---

* 자르디니에르 jardinière : 다양한 종류의 채소를 2~4cm 크기로 잘라 익힌 요리.

* 플로리스트 곁들임 요리 garniture fleuriste : 익힌 토마토 속을 비운 후 자르디니에르 (jardinière)를 넣고 뽐 샤또(pomme château)를 곁들여 내는 요리.

❷ 당근 토막의 평평한 부분을 바닥에 두고 3.5~4mm 두께의 얇은 조각으로 썬다. 강판을 이용할 수도 있다.

❸ 얇은 조각을 나란히 겹쳐서 3.5~4cm 두께의 막대 모양으로 썬다.

다른 방법도 가능하다. 당근을 토막 내기 전에 당근을 약간 잘라 토막을 평평하게 만든 후 얇은 조각으로 자른다. 이렇게 손질하면 안전하게 할 수 있다.

완성한 결과

자르디니에르를 위한 막대 모양 당근은 끓는 물에 데치거나 증기에 쪄서 익힌다.

플로리스트 곁들임 요리 Garniture fleuriste

자르디니에르와 같은 방식이지만 크기가 다르다.

2cm 길이로 당근을 토막을 낸 후 각 면이 2mm인 막대 모양으로 자른다.

곁들임 요리인 포트 마요(Porte Maillot)는 꽃다발 모양의 자르디니에르에 해당한다.

정육면체로 썰기 TAILLER EN DÉS
(마세두안 샐러드 MACÉDOINE*, 브뤼누아즈 샐러드 BRUNOISE*, 아로마틱 가니쉬 AROMATIQUE, 미르푸아 MIREPOIX)

마세두안 샐러드 Macédoine de légumes

마세두안 샐러드 썰기는 자르디니에르를 위한 테크닉의 첫 단계와 같다.

❶ 저밈용 칼을 사용하여 6~7cm 길이로 토막을 내거나 두 토막으로 자른다.

❷ 토막을 세로로 세워 평평하게 잘라 손질하면 다음 단계 과정 동안 안정적으로 썰 수 있다.

---

* 마세두안 샐러드 macédoine : 작은 정육면체(각 면이 6mm) 조각의 과일 또는 채소로 구성된 샐러드.

* 브뤼누아즈 샐러드 brunoise : 작은 정육면체(각 면이 2mm) 조각의 과일 또는 채소로 구성된 샐러드.

❸ 토막을 약 4mm 두께로 일정하게 자른다.(강판 사용 가능하고 두께는 조절 가능)

❹ 자른 당근의 얇은 조각을 겹쳐 놓고 4mm 폭의 막대 모양으로 자른다.

❺ 막대 모양의 당근 한 줌을 모아 나란히 놓고 각 면이 4mm의 정육면체로 일정하게 자른다.

마세두안 샐러드에 사용하는 채소의 크기

마세두안 샐러드 채소의 크기는 요리에 따라 약간씩 달라질 수 있다.
- 작은 토마토, 비스킷과 함께 나오는 생선 요리에 곁들이는 경우, 최대 3mm.
- 단체 급식의 경우, 각 면이 5mm.

완성한 결과

브뤼누아즈 샐러드 Brunoise

마세두안 샐러드 썰기의 각 단계는 브뤼누아즈 샐러드와 같고, 크기만 다르다.

각 면이 2mm의 작은 정육면체 모양이 되도록 세밀하게 자른다.(두께는 조절 가능)

미르푸아, 아로마틱 가니쉬 Mirepoix, garniture aromatique

❶ 다듬지 않은 당근을 일정한 정육면체 모양으로 자른다. 정육면체 크기는 익히는 시간에 따라 달라진다.

❷ 갈색 고기 육수를 위해서는 각 면이 1cm ~ 1.5cm인 크기로 자른다.

당근 저미기 CAROTTES ÉMINCÉES
(둥근 모양 EN RONDELLES, 홈이 진 둥근 모양 EN RONDELLES CANNELÉES, 비스듬히 저미기 EN 《SIFFLETS》, 잘게 저미기 EN PAYSANNE)

둥근 모양 En rondelles

(비쉬 당근*, 크림을 곁들인 요리, 아로마틱 가니쉬)

❶ 반듯한 당근을 골라서 저밈용 칼로 얇게 썬다.

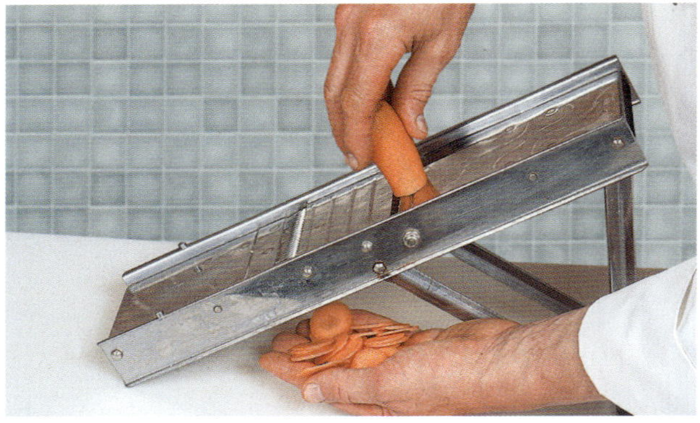

❷ 강판이나 전기 기기를 사용하여 일정한 크기로 얇게 저밀 수도 있다.

비스듬히 저미기(En 《 sifflets 》)

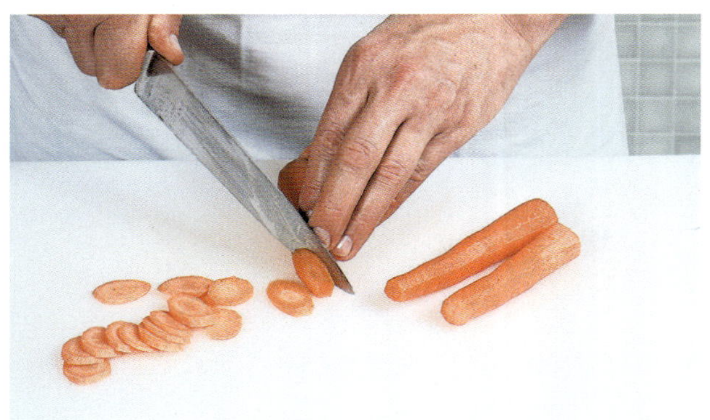

비스듬히 당근을 저민다.(비쉬 당근, 크림을 곁들인 요리, 아로마틱 가니쉬에 사용됨)

홈이 있는 둥근 모양 En rondelles cannelées

(쿠르 부용 또는 나쥬를 위한 장식)

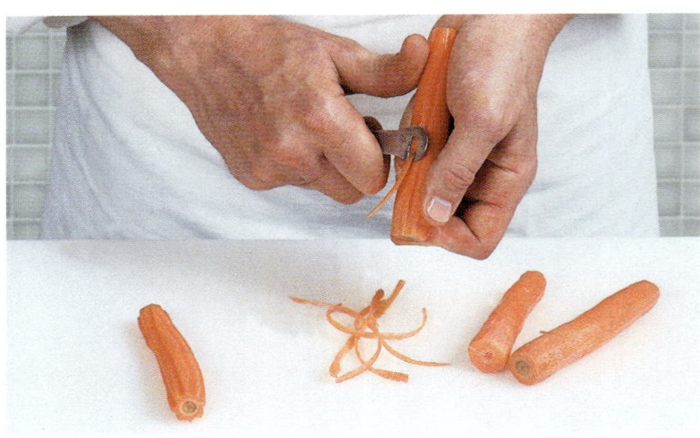

❶ 샤넬 나이프로 전체에 일정하게 홈을 판다.

❷ 생선 필렛 나이프, 저밈용 칼, 강판 등으로 홈이 있는 당근을 얇게 자른다.

얇은 네모 또는 세모 조각으로 썰기 En paysanne

(잘게 썬 채소 포타주, 마티뇽, 생선 육수를 위한 아로마틱 가니쉬)

❶ 당근을 두 토막으로 자른다.

❷ 직경에 따라 토막을 둘, 셋 또는 넷으로 자른다.

❸ 최고 1cm²의 얇은 조각으로 가늘게 썬다.

완성한 결과

활용법

- 시골식 포타주(Potage cultivateur.)
- 노르망디 수프(Soupe normande.)
- 생선 육수를 위한 아로마틱 가니쉬(Garniture aromatique facultative du fumet de poisson.)

당근의 모난 부분을 깎아 둥글게 모양 다듬기
CAROTTES TOURNÉES

❶ 당근을 일정한 토막으로 자른다.

❷ 직경에 따라 토막을 둘, 셋 또는 넷으로 자른다. 원하는 모양에 최대한 가깝게 자른다.(부스러기를 최소화하기 위해)

❸ 《토막 조각 quartiers de tronçon》의 모난 부분을 둥글게 깎는다.

❹ 작은 칼로 동그랗고 길쭉한 모양으로 다듬는다. 엄지 손가락으로 토막 아래 부분을 잡고 나머지 네 손가락으로 칼을 잡는다. 잘리는 부분은 아치 모양으로, 윗부분과 아랫부분은 같은 두께로 두껍고 가운데 부분은 얇아야 한다.

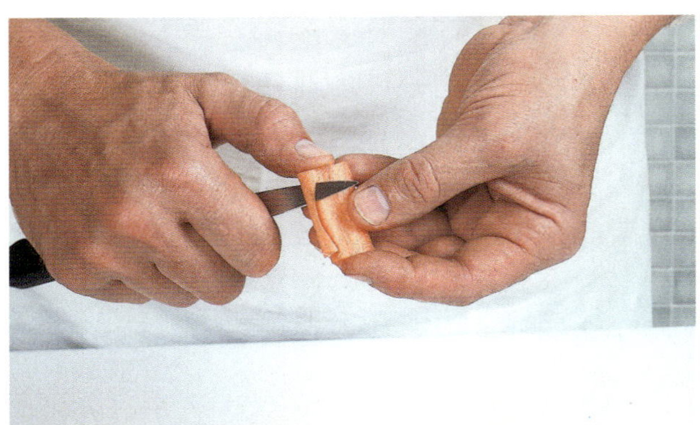

⑤ 모난 부분을 깎아 둥글게 모양을 다듬고 당근의 크기는 다음과 같이
요리의 종류에 따라 달라진다.

– 맏물 채소로 만든 곁들임 요리를 위해서는 2∼2.5cm

– 맏물과 일반 채소가 섞인 곁들임 요리를 위해서는 3∼4cm

– 부크티에르(bouquetière : 채소 곁들임 요리)를 위해서는 4∼5cm

– 포토푀*나 뿔오포*의 곁들임 요리를 위해서는 5∼6cm 또는 더 크게

완성한 결과

활용법

• 맏물 채소를 곁들인 가금류 프리카세* (Fricassée de volaille aux primeurs.)

• 맏물 채소를 곁들인 칠면조 스튜(Blanquette de dinde aux primeurs.)

• 봄 채소를 곁들인 양고기 스튜(Navarin printanier.)

• 맏물 채소를 곁들인 양고기 등살 요리(Carré d'agneau aux primeurs.)

• 채소 부크티에르* (Bouquetière de légumes.)

• 맏물 채소 곁들임(Timbale de primeurs.)

> * 포토푀 pot-au-feu : 포토푀는 프랑스어
> 로 불 위에 올린 냄비를 뜻하는 말. 냄비에
> 고기와 채소를 삶은 스튜 요리
>
> * 뿔오포 poule au pot : 닭찜 요리
>
> * 프리카세 Fricassée : 흰 살코기나 닭고
> 기 · 양고기 · 생선살을 소스에 익힌 스튜의
> 일종.
>
> * 부크티에르 Bouquetière : 채소를 색깔
> 별로 꽃다발 모양으로 차린 곁들임 음식.

윤기를 낸 당근 요리(Carottes glacées)

《채소 볼러》로 작은 볼 모양 만들기 LEVER DES BOULES DE CAROTTES À LA 《CUILLER À RACINE》

당근을 다양한 크기의 볼 모양으로 만들기 위해서는 《뿌리 모양 숟가락
à racine》, 《소 꼬리 모양 숟가락 à oxtail》이라고 불리는 특별한 숟가락을
사용한다.

동그랗고 고른 볼 모양을 얻기 위해서는 숟가락의 반원 부분을 가능한 한
가장 깊게 당근 속으로 넣어 돌린다. 숟가락 특성에 맞추어 엄지 손가락으로
잘 지탱한다.

부스러기 부분을 제거하기 위해 흐르는 물에 볼 모양 당근을 잘 씻는다.

활용법

• 채소 프렝타니에*(Printanier de légumes.)

• 포타주, 콩소메*(소꼬리 수프), 소스를 위한 장식(Garniture pour potages,
consommés(oxtail soup), sauces.)

• 요리의 장식 재료(Élément de décoration.)

길쭉하고 홈이 파인 《뿌리 모양 숟가락 cuillers à racine》은 《맏물 채소 aux
primeurs》의 곁들임 요리에 사용될 수 있다.

> * 프렝타니에 Printanier : 일정한 정육면체
> 또는 볼 모양의 채소로 만든 요리.
>
> * 콩소메 consommés : 맑은 고기 국물로
> 된 수프.

샐러리 LES CÉLERIS

잎맥이 있는 샐러리 또는 흰색 샐러리
LE CÉLERI À CÔTES OU CÉLERI BRANCHES

샐러리는 야생 샐러리에서 나온 미나리과 식용식물이다.

샐러리는 줄기(다발로 묶거나 암실에서 재배한 두껍고 과육이 많은 하얀 잎꼭지)를 위해 재배하거나, 〈샐러리 무〉와 같이 크고 동그랗고 하얀 속살이 있는 샐러리 뿌리를 얻기 위해 재배한다.

두 종류의 샐러리는 샐러드처럼 생으로 먹거나, 데쳐서 먹기도 한다. (익힌 샐러리, 뫼니에르(밀가루를 묻히고 버터 등을 녹여서 구워낸 요리), 그라탱, 그리스 식으로(올리브유를 넣어 익힘), 샐러리 퓌레* , 포타주, 크림과 수프 등등)

《미나리과 샐러리 céleri perpétuel》 또는 《초록 샐러리 céleri à couper》 잎은 주로 흰색 육수나 수프에 향을 내기 위해 사용한다.

구입과 품질 기준 ACHAT ET CRITÈRES QUALITATIFS

샐러리 크기는 한 단의 g 무게에 따라 달라진다.
– 800g 이상은 큰 샐러리
– 500~800g은 중간 크기 샐러리
– 150~500g은 작은 샐러리

샐러리 종류는 크기에 대한 규정대로 정해진다. 계산 단위는 kg이다. 구입 최적 시기는 7월에서 11월 사이다.

차갑게 보관되지 않은 갓 수확된 싱싱한 모습의 샐러리를 고른다. 잎은 밝은 초록색이고 적당히 촉촉하며 파삭파삭한 느낌이어야 한다. 잎맥 또는 잎꼭지는 두껍고 두툼해야 하며 초록색 또는 (품종에 따라)

금빛이 도는 노란색이고 쭉 뻗어있으며 파삭파삭하고, 질긴 심줄이 없어야 한다.

잎맥이 파삭파삭하지 않고 무르거나 잎이 노랗게 시들거나 차가워진 샐러리는 즉시 제외시킨다.

샐러드 또는 아로마틱 가니쉬를 위해서는 초록색 잎맥이 있는 품종이 더 좋고, 익혀서 사용하는 샐러리는 잎맥이 흰색 또는 금빛이 도는 노란색인 것이 좋다.

직사광선, 습기가 없는 6도~8도의 냉장 보관실에 보관한다. 너무 습도가 높은 경우, 샐러리가 시들 수 있다.

사전 준비 PRÉPARATIONS PRÉLIMINAIRES

❶ 샐러리 밑단을 잘라 각각의 잎맥이 분리되도록 한다.

❷ 줄기에서 초록색 잎을 떼어낸다. 부케가르니*를 만들기 위해 따로 모아둔다.

❸ 필러로 샐러리 밑단 부분을 다듬고, 필요하면 줄기 부분도 다듬는다.

---

* 퓌레 purée : 채소류를 익혀 으깬 음식.

* 부케가르니 bouquets garnis : 수프·스튜·소스 및 끓는 물 등에 향기를 주기 위해 넣는 향료식물의 묶음.

❹ 샐러리를 부러뜨려 잎맥의 질긴 심줄을 제거한다.(심줄 빼내기) 줄기를 칼로 자르지 않는다.

❺ 샐러리를 익힐 경우, 줄기와 밑단 부분을 꼼꼼하게 씻는다.

❻ 줄기 사이사이의 모든 불순물을 제거하기 위해 흐르는 물에 잘 씻는다.

❼ 샐러리 밑단 익히기

❽ 줄기가 분할되도록 밑단을 자르지 말고 평평하게 다듬어주기만 한다.

❾ 필러로 밑 부분을 다듬은 후, 18~20cm 길이의 줄기 부분을 자른다.

❿ 준비된 샐러리 밑단 부분은 십여 분 동안 데친 후 식힌다.

샐러리 잘게 저미기 ÉMINCER DU CÉLERI EN PAYSANNE

❶ 질긴 심줄을 정리하고 잘 씻은 샐러리 줄기를 모은다.

❷ 저밈 용 칼로 잘게 저민다.

❸ 세로 방향으로 크고 두꺼운 잎맥 부분을 둘 또는 셋으로 나누어 자른다.

완성한 결과

활용법

- 잘게 썬 채소 포타주(Potages taillés.)
- 생채소 샐러드(Crudités.)
- 혼합 샐러드(Salades composées.)
- 구운 생선 또는 밀가루 묻혀 익힌 생선의 곁들임 요리 Garniture des poissons grillés ou meunière(샐러리 소스를 곁들인 농어 구이, 데친 샐러리를 곁들인 노랑촉수 구이 : bar rôti à la fondue de céleri, rouget barbet grillé à l'etuvée de céleri…).

샐러리 줄기 가늘게 채썰기
TAILLER DU CÉLERI BRANCHES EN JULIENNE

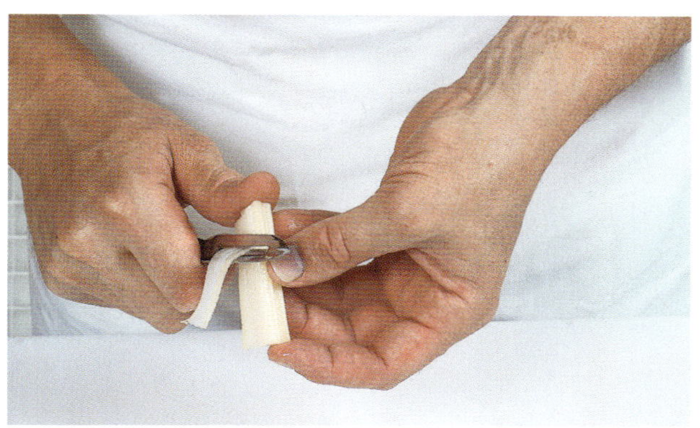

❶ 두툼하고 두꺼운 샐러리 줄기를 4~5cm 길이로 토막 낸다.

❷ 필러를 이용하여 아주 얇은 조각으로 벗긴다.

❸ 준비된 얇은 조각을 겹쳐 놓고 저밈 용 칼로 가늘게 채 썬다.

❹ 가늘게 채 썬 샐러리는 주로 포타주, 생선 요리의 소스 장식으로
  사용한다.

샐러리 무 LE CÉLERI-RAVE

구입과 품질 기준 ACHAT ET CRITÈRES QUALITATIFS

실제로, 샐러리 무는 크기와 종류에 대한 품질 등급 표준이 따로 있지는 않다. 샐러리는 상자 또는 10kg 바구니로 포장한다.

구입 최적 시기는 9월에서 4월 사이다.

샐러리 무를 고를 때에는 싱싱하고 깨끗하게 세척되어 있지만 솔질은 하지 않은 상태이며 뿌리털과 줄기 잎이 정리되어 있고 갈색 점이 없는 것을 고른다.

고르고 동그랗고 표면이 매끈하며 무거운 것이 더 좋다.

구멍, 돌출 부분이 있는 울퉁불퉁한 샐러리나 흙이 묻어 있거나 무르거나 움푹 패였거나 벌레 먹었거나 잘린 부분에 진액이 나오는 샐러리는 제외시킨다.

샐러리 무의 보관은 8~10도의 냉장 보관실에서 한다.

사전 준비 PRÉPARATIONS PRÉLIMINAIRES

❶ 작은 칼로 샐러리 껍질을 벗긴다. 껍질 안쪽에 있는 딱딱한 심줄 부분
  전체가 잘리도록 두껍게 껍질을 벗긴다.

❷ 원형 통에서 샐러리를 꺼내주며 꼼꼼하게 씻는다.

채소 돌려깎기
Tourner des légumes
www.bpi-campus.com
www.youtube.com/@diytp

❸ 산화되지 않고 흰색을 잘 유지하도록 즉시 레몬으로 문지른다.

샐러리 무 가늘게 채썰기
TAILLER DU CÉLÉRI-RAVE EN JULIENNE

❶ 샐러리 무가 큰 경우, 반으로 자른다.
❷ 강판으로 1~1.5mm 두께의 일정한 조각이 나오게 얇게 저민다.

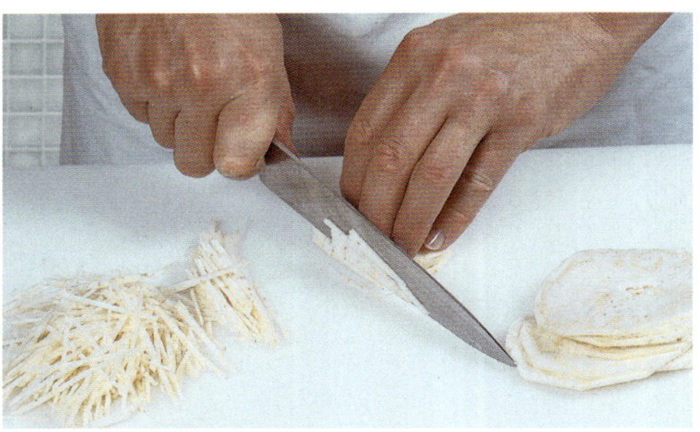

❸ 저민 얇은 조각을 나란히 겹쳐 놓는다.
❹ 1~1.5mm 두께의 얇은 막대 모양이 되도록 잘게 썬다.
❺ 즉시 레몬을 뿌리거나 양념을 한다.

---

* 레물라드 소스 remoulade : 허브 · 겨자 등을 넣은 마요네즈 소스.
* 로레트 샐러드 Lorette : 비트, 샐러리, 샐러리 무 등을 식초 소스로 버무린 샐러드.
* 보케르 샐러드 Beaucaire : 샐러리, 샐러리 무, 사과, 감자 등을 식초, 겨자, 계란 노른자 등으로 만든 소스에 버무린 샐러드.
* 썽드리옹 샐러드 Cendrillon : 아스파라거스, 송로 버섯, 사과, 감자, 아티초크, 샐러리 무 등이 들어간 샐러드.

완성한 결과

활용법
• 샐러리 레물라드 소스*와 크림, 식초, 레몬을 곁들인 생채소 샐러드 (Crudités, céleri remoulade, à la crème, vinaigrette, au citron…)
• 혼합 샐러드 Salades composées(로레트 샐러드* Lorette, 보케르 샐러드* Beaucaire, 썽드리옹 샐러드* Cendrillon)
• 포타주의 장식 재료(Garniture des potages)

샐러리 무 정육면체로 썰기
TAILLER DU CÉLÉRI-RAVE EN DÉS

❶ 샐러리 무가 너무 큰 경우, 둘로 나누거나 평평하게 다듬는다.
❷ 요리법에 따라 5mm~1.5cm 두께의 조각으로 자른다.

❸ 5mm~1.5cm 크기의 막대 모양으로 조각을 자른다.(조각의 두께에 따라 조절 suivant l'épaisseur des tranches).

❹ 막대 모양을 나란히 모아놓은 후 일정한 정육면체 모양으로 자른다. (곧바로 익히지 않는다면, 레몬 물에 담가둔다.)

활용법

- 정육면체로 잘라놓은 샐러리 무는 혼합 샐러드, 포타주, 퓨레 등의 재료로 사용할 수 있다.

샐러리 무의 모난 부분을 깎아 둥글게 모양 다듬기
TOURNER DU CÉLERI-RAVE

❶ 샐러리 무를 약 3cm 높이의 토막으로 자른다.
❷ 1〜1.5cm 두께의 조각으로 자른다.

❸ 조각을 1〜1.5cm 두께의 막대 모양으로 자른다.

❹ 작은 칼로 막대 모양의 모난 부분을 깎아 둥글게 만든다.
❺ 큰 올리브처럼 길쭉하고 일정한 모양이 되게 동그랗게 만든다.
❻ 이 과정이 진행되는 동안 레몬 물이 담긴 통에 넣어둔다.

완성한 결과

활용법

- 크림을 곁들여 데친 샐러리 무 (Céleri étuvé, à la crème.)
- 그리스식 샐러리 무(Céleri à la grecque.)
- 뽐 코코트(노릇노릇 구운 감자 요리)처럼 데친 후 버터에 노릇노릇 구운 샐러리 무(Céleri blanchi et légèrement rissolé au beurre comme les pommes cocotte.)
- 수렵육 요리의 곁들임 요리(Garniture du gibier.)

채소 볼러로 볼 모양 샐러리 무 만들기
LEVER DES BOULES DE CÉLERI À LA CUILLER

❶ 채소 볼러를 샐러리 무에 꽂아서 동그란 볼 모양이 나오도록 돌린다.
❷ 흐르는 물에 헹군 후 레몬 물이 담겨있는 통에 넣어둔다.

활용법

- 모난 부분을 깎아 둥근 모양이 된 샐러리 무 활용법과 동일하다.

재배 버섯 LES CHAMPIGNONS DE COUCHE

최초로 버섯을 채석장에서 재배하는 방법을 제안했던 사람은 올리비에 드세르(Olivier de Serre)이다. 루이 14세 시절에는, 버섯 수확을 위해 지하 묘지를 사용했다. 18세기 후반이 되어서야 한 원예가가 파리 14구의 폐쇄된 채석장에 대량으로 버섯을 재배할 수 있는 기법을 실행했다.

현재, 멘에루아르(Maine—et—Loire : 앙제(Angers)와 소뮈르(Saumur) 도시가 있는 주), 루아르에셰르(Loir—et—Cher), 앵드르에루아르(l'Indre—et—Loire), 셰르(Cher), 비엔느(la Vienne), 지롱드(la Gironde), 우아즈(l'Oise) 등 프랑스 지방의 옛 채석장은 재배 버섯 경작에 매우 알맞은 환경이다.

재배 버섯은 일년 내내 먹을 수 있다. 버섯은 포타주, 크림, 벨루테(수프), 생채소 샐러드, 혼합 샐러드, 퓌레, 다진 버섯 요리 뒥셀, 채소 곁들임 요리, 요리의 장식 재료 등등 수많은 요리에 적합하다. 주로 소금을 넣은 끓는 물에 (레몬즙과 버터 추가) 뚜껑을 덮고 데치거나 튀기거나 구워서 먹는다.

구입과 품질 기준 ACHAT ET CRITÈRES QUALITATIFS

재배 버섯은 흰색이든 황금색이든 실제로 맛과 품질이 같다. 중요한 선택 기준은 신선함과 단단함이다.

현재, 재배 버섯의 크기와 품질 등급에 대한 기준은 없다.

재배 버섯은 일반적으로 2~5kg의 바구니에 포장하고 가격 기준은 kg에 따라 달라진다.

신선하고 단단한 모양의 버섯을 고른다. 아이보리 빛의 흰색 또는 황금색으로 색깔은 균일해야 하며 반점이 없어야 한다. 버섯 갓은 단단하고 밑동과 잘 붙어있는 것이 좋다. 버섯 갓 안쪽 부분은 아주 연한 분홍색이다.

조금 늦게 수확한 버섯의 경우, 갓 부분이 더 평평하고 펼쳐져 있으며, 갓 안쪽 부분이 짙은 갈색이다. 향기는 더 깊지만 버섯 모양 때문에 훨씬 낮은 평가를 받는다.

너무 펼쳐져 있거나 곰팡이 흔적이 있는 버섯은 즉시 제외시킨다.

생채소 샐러드, 다진 버섯 요리 뒥셀을 위해서는 아주 단단하고 흰색인 버섯이 더 좋고, 다른 종류의 요리에는 적갈색, 황금색 버섯이 좋다. 버섯은 그날그날 구입하는 것이 좋다.

직사광선이 없는 8~10도 사이의 냉장 보관실에 보관한다.

사전 준비 PRÉPARATIONS PRÉLIMINAIRES

버섯 다듬기와 씻기
ÉPLUCHER ET LAVER DES CHAMPIGNONS

❶ 작은 칼로 밑동에 모래가 묻은 부분을 제거한다.

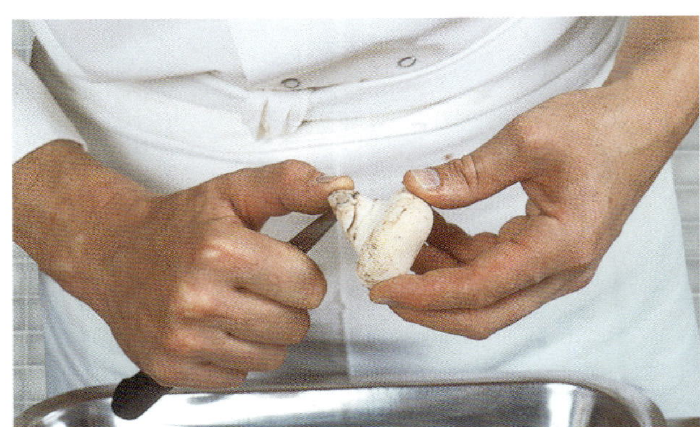

❷ 밑동을 뾰족하게 자른다.(연필을 깎듯이)

❸ 미리 다듬어 놓지 않는다.

❹ 손으로 조심스럽게 돌려주며 꼼꼼히 씻는다.

Attention 주의! 버섯은 물에 담가놓지 않는다. 물에 담가놓으면 버섯이 물을 먹어 물러진다.

❺ 물에서 버섯을 건져낸다. 통 아래에 흙이 가라앉아 있기 때문에 절대로 물이 들어있는 통을 뒤집지 않는다.

❻ 필요한 만큼 이 과정을 반복한다.(버섯에 흙이 묻어있다면 5~6번 씻는다.)

4등분으로 버섯 자르기
TAILLER DES CHAMPIGNONS EN QUARTIERS

❶ 버섯 밑동을 짧게 자르거나 제거한다.(특히 버섯이 펼쳐져 있거나 회색일 경우)

❷ 버섯 밑동은 포타주를 만들거나, 생선육수, 고기 육수, 소스 등의 풍미를 위한 재료로 사용한다.

❸ 도마 위에 각각의 버섯 머리를 놓고 정확히 4등분으로 자른다.(이 방법은 중간 크기의 버섯에 적합

큰 버섯 Gros champignons

❶ 필요한 경우, 밑동을 짧게 자른다.

❷ 버섯을 두 토막으로 자른 후, 중앙에서부터 《일정한 4등분 quartiers réguliers》으로 자른다.

버섯 비스듬하게 자르기 ESCALOPER LES CHAMPIGNONS

❶ 도마 위에 버섯 머리를 놓고 대각선 방향으로(비스듬하게) 두 토막이 되도록 자른다.

❷ 버섯 머리를 중심축에서 1/4만큼 돌려서 다시 비스듬하게 자르면 《비스듬하게 자른 escalopés》 4등분된 버섯 조각이 완성된다.

완성한 결과

버섯 저미기
Émincer des champignons
www.bpi-campus.com
www.youtube.com/@diytp

활용법

- 4등분된 버섯 조각과 비스듬하게 4등분된 조각은 주로 채소 곁들임 요리로 사용한다. 버섯 조각은 볶아서 사용할 수도 있고(프로방스식 볶기*, 보르도식 볶기*) 소스가 흰색일 경우 소금, 레몬, 버터를 넣은 끓는 물에 데쳐 사용하기도 한다. 그리스식* 으로 조리할 수도 있다.

버섯 저미기 ÉMINCER DES CHAMPIGNONS

❶ 필요에 따라 밑동 부분을 짧게 자른다.
❷ 버섯을 놓고 생선 필렛 나이프로 얇게 저민다.(요리에 알맞게)
❸ 큰 버섯은 둘로 나누어 자른다.

완성한 결과

활용법

- 혼합 샐러드 또는 생채소 샐러드(Salades composées et crudités.)
- 생크림, 버터 등을 넣어 익힌 버섯 요리(Champignons étuvés au beurre, à la crème…)
- 쿠르 부용에 살짝 데친 생선 요리의 곁들임 요리(Petite garniture des poissons pochés au court mouillement…)
- 버섯 다지기의 첫 번째 단계(Première phase des champignons hachés à la main.)

---

* 프로방스식 볶기 sautés provençale : 프로방스 허브를 사용하여 볶기.
* 보르도식 볶기 sautés bordelaise : 보르도 와인을 사용하여 볶기.
* 그리스식 à la grecque : 올리브 오일, 레몬즙 등을 이용.

버섯 가늘게 채썰기
TAILLER DES CHAMPIGNONS EN JULIENNE

❶ 흰색의 크고 단단한 버섯 머리를 선택한다.
❷ 각각의 요리법에 따라 두께를 조절하며 버섯 머리 부분을 가로로 썬다.(보통 2~3mm의 두께)

❸ 얇은 조각을 가지런히 모아 2~3mm 두께의 막대 모양으로 썬다.

완성한 결과

활용법

- 포타주, 크림, 수프, 콩소메의 장식 재료(Garniture des potages, des crèmes, des veloutés et des consommés.)
- 생채소 샐러드와 혼합 샐러드(Crudités et salades composées.)
- 밀라노식의 곁들임 요리*. 진가라식 곁들임 요리*(Garniture milanaise, zingara…)

버섯 정육면체로 썰기
TAILLER DES CHAMPIGNONS EN BRUNOISE

❶ 버섯을 가늘게 채썰기 위해 준비한다.

❷ 채 썬 버섯을 모아 각 면이 2~3mm가 되도록 작고 일정한 정육면체로 썬다.

완성한 결과

활용법

- 포타주, 크림, 수프, 콩소메의 장식 재료(Garniture des potages, des crèmes, des veloutés et des consommés.)
- 생채소 샐러드와 혼합 샐러드(Crudités et salades composées.)
- 다양한 곁들임 요리(Petites garnitures diverses.)

---

* 밀라노식 곁들임 요리 Garniture milanaise : 저민 버섯, 채 썬 햄, 송로 버섯 등을 버터, 마데이라(Madère : 포르투갈령 섬)산의 포도주, 송아지 육수 소스 등으로 익힌 요리.

* 진가라식 곁들임 요리 zingara : 밀라노식 곁들임 요리와 거의 같은 요리.

버섯 다지기 HACHER DES CHAMPIGNONS À LA MAIN

❶ 버섯을 저며 자른 후 큰 칼 또는 채소 등을 다지는 기구로 빠르게 다진다.

❷ 버섯은 금방 거무스름해지기 때문에 재빠르게 다진다.(다진 버섯을 이용하여 요리할 때, 산화를 막기 위해 레몬 몇 방울을 뿌린다.)

완성한 결과

활용법

- 다진 버섯 요리 뒥셀(Duxelles de champignons.)
- 버섯과 여러 채소를 다져서 만드는 파르시 요리(Duxelles à farcir, à la bonne femme.)
- 버섯 퓨레(Purée de champignons.)
- 포타주, 크림, 수프(Potages, crèmes et veloutés.)

돌려 깎아 버섯 모양 바꾸기
TOURNER DES CHAMPIGNONS

❶ 밑동을 떼지 말고 버섯을 다듬는다.

❷ **Attention 주의!** 돌려 깎기 전에 버섯을 씻지 않는다.

❸ 작은 칼로 버섯 꼭대기에서 시작하여 원형 아치를 그리며 일정하게 홈을 판다.

❹ 밑동을 자른다.

❺ 돌려 깎은 버섯 머리를 씻은 후 레몬 물이 담긴 통에 넣어둔다.

완성한 결과

활용법

• 생선 요리의 장식용 재료 Élément de présentation des plats de poisson (노르망디 가자미 요리 sole normande, 디에프 생선 요리 filet de poisson dieppoise…)

브뤼셀의 치커리 위트로프 또는 엔다이브
LA CHICORÉE WITLOOF DE BRUXELLES OU ENDIVE

이 채소는 브뤼셀 식물원의 한 원예 책임자가 빛이 없는 곳에서 치커리 싹이 나오게 한 아이디어에 기원을 두고 있다. 새로운 샐러드용 채소를 《위트로프 witloof》라고 불렀고, 뜻은 플라망어 en flamand로 《흰색 잎 feuilles blanches》을 뜻한다.

봄에 파종하면 커다란 원통형 뿌리에서 먹을 수 없는 초록색 잎이 나온다. 가을에 뿌리를 뽑아 약 3주 동안 평균 20도 온도인 지하 창고에서 촉성재배* 한다. 흰색 어린 싹(상추의 일종)이 땅에서 자라면 수확한다.

구입과 품질 기준 ACHAT ET CRITÈRES QUALITATIFS

엔다이브의 품질 등급은 cm 단위 길이와 직에 따라 구분한다. 예는 다음과 같다.

예

– 엑스트라 등급 catégorie Extra, 길이 : 9~17cm, 직경 : 2.5~6cm
– I 등급 catégorie I, 길이 : 9~20cm, 직경 : 2.5~8cm

계산 단위는 kg이다.

구입 최적 시기는 11월에서 3월이다. 일부 품종이 7월, 8월에 적은 양이 나오긴 하지만 실제로 일 년 내내 먹을 수 있다.

《엑스트라 Extra》 등급의 상추는 유선형의 길쭉한 형태이고 잎이 꽉 차 있는 것을 고른다. 잘린 부분이 신선하고 흰색이며 약간의 《녹색 rouille》 부분이 있더라도 괜찮다.

단단하지 않고 벌어지고(시들고) 초록색(빛에 노출된 색깔)이거나 밑동 부분에 진액이 나오는 경우 즉시 제거한다.

샐러드로 먹을 경우, 1인용으로는 100g을 사용하고, 익혀서 먹을 경우, 250~300g을 사용한다.

원래 보관했던 밀폐된 상자에 그대로 둔 채 빛이 없는 8~10도 냉장 보관실에 저장한다. 보관이 길어질 경우, 초록색으로 변하고 쓴맛이 강해진다.

전통 재배 엔다이브는 시너린 성분*을 가지고 있기 때문에 쓴맛과 톡 쏘는 맛을 내는데, 그 맛을 줄이기 위해서는 밑동 부분 또는 주변의 원뿔 부분을 자른다.

---

* 촉성재배 : 온실이나 온상, 비닐하우스 등에 태양열이나 인공열 등을 이용하여 일반 재배보다 빠르게 수확하는 재배 방법
* 시너린 성분 cynarine, acide dicaféylquinique : 아티초크의 생물학적 활성 화학 성분으로, 체내 지방 축적 억제 역할을 한다.

사전 준비 PRÉPARATIONS PRÉLIMINAIRES

《샐러드 salade》, 《익힌 엔다이브 braisées》 등 요리법에 따라 다음과 같이 다양하게 준비한다.

– 통째로 다듬은 후 식초 물에 꼼꼼하게 씻어서 헹구고 물을 뺀다.

– 토막 내거나 가늘게 자른 후 세심하게 씻는다. 이 경우, 즉시 사용해야 한다.

엔다이브를 물에 담가놓는 경우, 쉽게 상하므로 주의한다.

생으로 엔다이브 샐러드 준비하기 ENDIVES DESTINÉES À ÊTRE CONSOMMÉES CRUES EN SALADE

❶ 밑동을 자른다.(잘린 부분을 다시 한 번 다듬는다.)
❷ 겉잎이 상한 경우 떼어서 정리한다.
❸ 시든 경우, 잎 끝 부분을 자른다.

❹ 세로 방향으로 두 토막 내어 자른다.
❺ 일정한 크기로 잘게 자른다.(1~1.5cm 두께)
❻ 밑동은 때때로 쓴맛이 나기도 하므로, 끝까지 자르지 않는다.
❼ 이 방법은 버터나 크림을 곁들여 익힌 엔다이브 요리에도 사용한다.

① 요리법에 따라서는 잎을 통째로 사용하기도 한다.

② 밑동을 자른다.

③ 겉잎이 시든 경우 제거한다.

④ 밑동을 자르며 잎을 하나씩 떼낸다.

⑤ 꼼꼼하게 씻은 후 물기를 뺀다.

Attention 주의! 재빨리 씻고 절대 물 속에 담가놓지 않는다.

익혀 먹는 엔다이브 준비하기
ENDIVES DESTINÉES À ÊTRE BRAISÉES

① 겉잎이 상한 경우 제거한다.

② 잎 끝 부분이 시든 경우 다듬는다.

③ 밑동을 자른 후 작은 칼로 뾰족하게 파낸다. 이렇게 하면 익히는 동안 잎이 그대로 유지되며 쓴맛이 나지 않는다.

④ 세심하게 씻고 물을 뺀다.

활용법

• 익힌 엔다이브(Endives braisées.)

• 엔다이브 뫼니에르(밀가루를 입혀 버터 등에 구운 요리 Endives meunière.)

• 브뤼셀식 구운 송아지 요리* (Pièce de veau poêlée bruxelloise.)

엔다이브 뫼니에르(Endives meunière)

---

* 브뤼셀식 구운 송아지 요리 pièce de veau poêlée bruxelloise : 방울 양배추(싹 양배추, 아기 양배추)를 곁들인 송아지 요리.

양배추 십자화과 채소(속칭 양배추과)

양배추는 7월, 8월에 생산량이 줄긴 하지만 일 년 내내 먹을 수 있다. 다양한 품종의 양배추는 많은 요리에 사용하며 종류는 다음과 같다.

- 잎을 먹는 양배추 Les choux consommés en feuilles(속이 꽉 찬 양배추 또는 봄에 나오는 뾰족한 양배추 choux pommés ou pointus de printemps)
- 잎이 매끈하고 초록색 또는 흰색이며 생으로 먹는 동그란 양배추 Les choux cabus à feuilles lisses, verts et blancs, généralement consommés crus.
- 슈크루트(choucroute 양배추 절임 요리)를 만들 때 사용하는 알자스 양배추
- 물집 무늬 초록색 잎 사보이 양배추 choux de Milano, 곱슬곱슬한 초록색 잎 양배추, 항상 데친 후 조리하여 익혀 먹는다.(수프, 포테*, 속을 채운 양배추, 익힌 양배추, 샤르트뢰즈* 등등) 흰색 양배추는 초록색 양배추처럼 익혀서 조리한다.
- 적색 양배추는 익혀 먹기도 하고 돼지고기, 수렵육 요리와 곁들여 먹는다.
- 방울 양배추(싹 양배추, 아기 양배추)의 잎 Les bourgeons de choux de Bruxelles
- 초록 브로콜리 새순과 줄기, 콜리플라워(꽃 양배추)와 로마네스코 브로콜리 choux Romanesco
- 로렌 Lorraine 또는 켈 kehl 지방의 겨울 양배추, 곱슬거리는 잎의 케일(깃털 모양 배추)
- 강하지 않은 맛의 중국 배추, 가을과 초겨울에 훌륭한 샐러드를 만들며 초록색 양배추와 비슷하게 조리한다.
- 스웨덴 순무 Les choux navets(p.186 《뿌리와 줄기가 이어지는 부분이 초록색인 노란색 스웨덴 순무 Les navets rutabagas jaunes à collet vert》 참조)
- 양배추라고 할 수 없지만 불룩한 줄기 부분에 살이 많은 부드러운 공 모양 양배추 순무는 무나 샐러리 무 조리법을 적용하여 요리한다.
- 서유럽 해안 지역에 자라는 바다 양배추 choux marins 또는 갯배추 crambe maritima, 집약 농업 연구 대상으로, 잎꼭지는 아스파라거스나 근대 잎맥처럼 조리한다. 익히면 헤이즐넛과 비슷한 맛이다.
- 흰색 또는 초록색 속이 꽉 찬 양배추는 끓기 직전의 물에 삶거나, 데치거나 약한 불에 오래 익혀 포타주, 수프, 포테 등으로 요리한다.

---

* 포테 potées : 돼지고기와 채소를 함께 끓인 스튜.
* 샤르트뢰즈 chartreuses : 채소와 고기 등을 틀에 넣어 구운 케이크 모양 요리

흰색, 초록색, 적색 양배추
LES CHOUX BLANCS, VERTS ET ROUGES

구입과 품질 기준 ACHAT ET CRITÈRES QUALITATIFS

양배추의 크기는 g으로 표시되는 최소 무게에 따라 달라진다.

- 맏물 양배추는 최소 350g(초록색 뾰족한 양배추)
- 모든 종류의 양배추는 500g

제철 시기 동안 속이 꽉 찬 양배추의 평균 무게는 약 1.5~2kg이다.

모양이 뾰족하거나 둥글며 부피가 크고 단단하며 벌어지지 않고 꽉 찬 양배추를 고른다.

잎이 노란색이거나 시들어 있거나 속 부분에 썩은 부분이 보이거나 밑 동에 진액이 흐르는 양배추는 즉시 제외시킨다.

8~10도 사이의 냉장 보관실에 최대 4~5일 동안 보관한다.
초록색 햇 양배추는 매우 상하기 쉽다.

사전 준비 PRÉPARATIONS PRÉLIMINAIRES

다음 세 가지 품종 양배추의 사전 준비 작업은 동일하다.

사보이 양배추 CHOUX DE MILAN

❶ 겉잎을 더 쉽게 떼어낼 수 있도록 칼로 밑동을 자른다.

❷ 차례로 겉잎을 떼낸다.(잎은 진한 초록색이고 단단하다.)
❸ 노랗거나 시들은 잎은 제거한다.

❹ 밑동을 잘라 잎을 차례로 조심스럽게 떼낸다.

❺ 양배추 잎 전체를 잡으며 계속해서 떼낸다.

❻ 저밈용 칼로 잎 중앙의 두꺼운 잎맥 부분을 제거한다.

❼ 잎을 꼼꼼하고 세심하게 여러 번 물로 씻는다.

❽ 물에 담그지 말고 즉시 물기를 빼낸 후 6~8도의 냉장 보관실에 뚜껑을 덮어 보관한다.

❾ 처음 물로 씻을 때 약간의 식초를 뿌려도 좋다. 이러한 경우, 약 20분 정도 양배추 잎을 물에 담가 둔 후 여러 번 헹군다.

흰색 양배추 CHOUX BLANCS

❶ 겉잎을 더 쉽게 떼어낼 수 있도록 저밈용 칼로 밑동을 자른다.

❷ 시들었거나 상한 겉잎은 떼낸다.

❸ 조리법(가늘게 채썰기 julienne, 익힌 양배추 chou braisé)에 따라, 양배추를 수직으로 4등분해서 자른다.

❹ 밑동에 남아 있는 부분과 두꺼운 잎맥 아랫 부분을 제거하기 위해 4 등분된 양배추에서 밑동 부분을 비스듬하게 자른다.

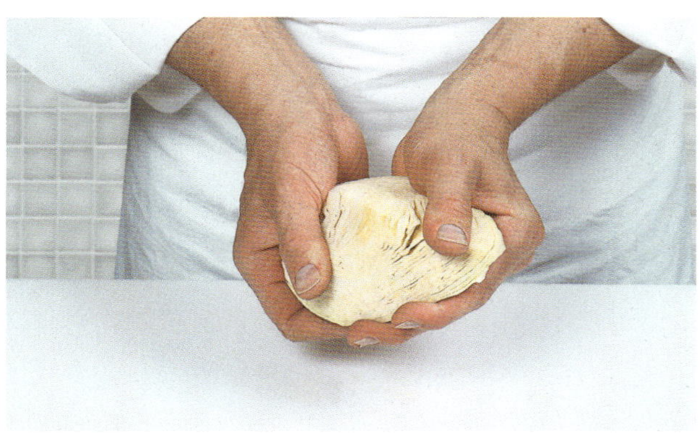

❺ 4등분된 부분의 잎이 분리되지 않을 만큼 살짝 벌리면 씻기가 편하다.

❻ 통에 4등분된 양배추를 담고 식초 물을 붓는다.
❼ 약 20분 동안 물에 담가 놓는다.

❽ 4등분된 양배추를 여러 번 헹군다. 물기를 빼낸 후 6~8도의 냉장 보관실에 뚜껑을 덮어 보관한다.

적색 양배추 CHOUX ROUGES

❶ 겉잎을 더 쉽게 떼어낼 수 있도록 저밈용 칼로 밑동을 자른다.

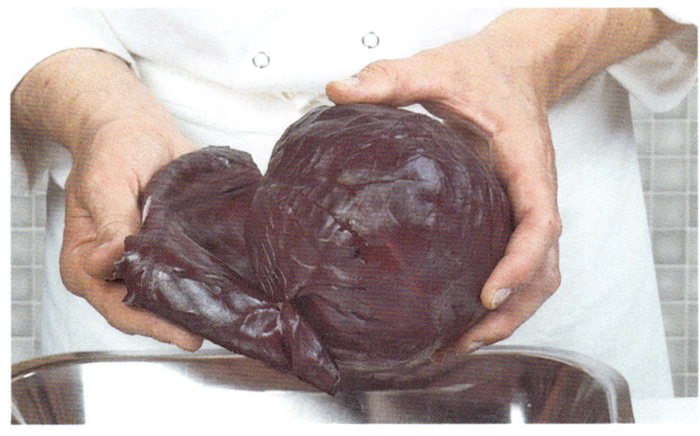

❷ 시들었거나 상한 겉잎은 떼낸다.

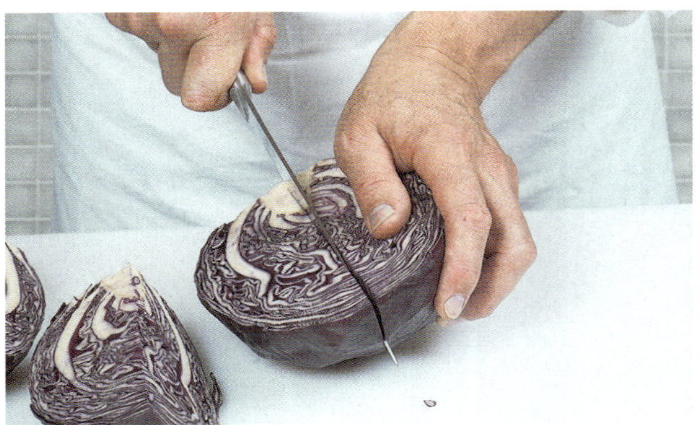

❸ 조리법(가늘게 채썰기, 익힌 양배추 julienne ou chou braisé)에 따라, 양배추를 수직으로 4등분해서 자른다.

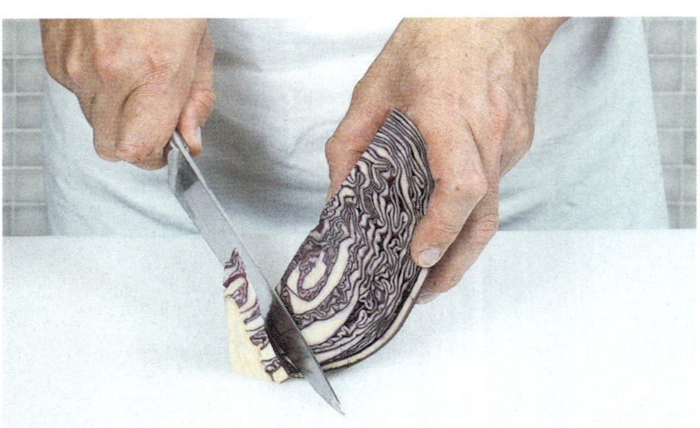

❹ 밑동에 남아 있는 부분과 두꺼운 잎맥 아래 부분을 제거하기 위해 4등분된 양배추에서 밑동 부분을 비스듬하게 자른다.

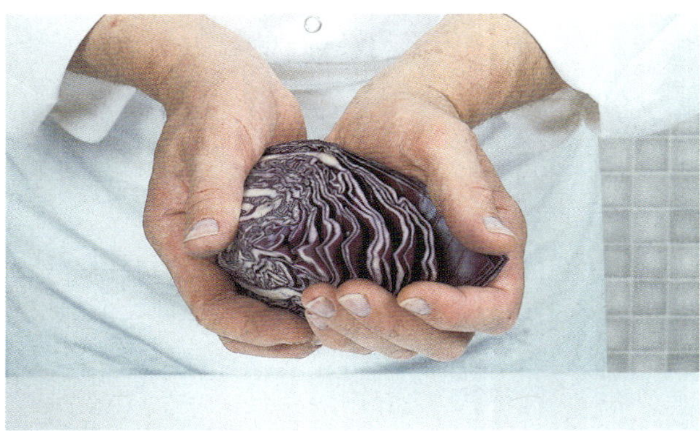

❺ 4등분된 부분의 잎이 분리되지 않을 만큼 살짝 벌리면 씻기가 편하다.

❻ 통에 4등분된 양배추를 담고 식초 물을 붓는다.

❼ 약 20분 동안 물에 담가 놓는다.

❽ 4등분된 양배추를 여러 번 헹군다. 물기를 빼낸 후 6~8도의 냉장 보관실에 뚜껑을 덮어 보관한다.

양배추 가늘게 채썰기 또는 저미기
TAILLER EN JULIENNE OU ÉMINCER

흰색 양배추 Choux blancs

❶ 두꺼운 잎맥 부분을 제거한 4등분된 양배추를 잡고 저밈용 칼로 가늘고 규칙적으로 채 썬다.

❷ 통에 가늘게 채 썬 양배추를 담고 가는소금을 뿌려 30분 동안 절인다.

❸ 양념을 하기 전에 물을 완전히 뺀다.(양념 소스에 소금을 추가하지 않는다.)

완성한 결과

활용법

- 전채요리(Hors-d'œuvre.)
- 생채소 샐러드 Crudités(코올슬로 coleslaw)
- 혼합 샐러드(Salades composées.)
- 잘게 썬 채소를 넣은 포타주(시골식 포타주) Potages taillés(fermière).
- 콩소메의 장식 재료(Garniture de consommés.)

가늘게 채 썬 양배추를 데치고 식힌 후 양념할 수도 있다.

적색 양배추 Choux rouges

❶ 흰색 양배추와 동일한 방법으로 준비한다.

❷ 가늘게 채 썬 적색 양배추를 통에 담고 가는소금을 뿌리고 끓인 식초를 붓는다.

❸ 30분 동안 절인 후 물을 완전히 빼고 양념한다.(양념 소스에 소금과 식초를 추가하지 않는다.)

완성한 결과

활용법

- 전채요리(Hors-d'œuvre.)
- 생채소 샐러드(Crudités.)
- 혼합 샐러드(Salades composées.)

양배추 납작하게 썰기 TAILLER EN PAYSANNE

❶ 양배추 잎(두꺼운 잎맥 부분을 제거하고)을 두께가 최고 1cm 되도록 가는 끈 모양으로 썬다.

❷ 끈 모양 잎을 나란히 놓고 1cm 길이의 작은 네모 모양으로 썬다.

완성한 결과

방울 양배추(싹 양배추, 아기 양배추)
LES CHOUX DE BRUXELLES

방울 양배추(싹 양배추)는 특정 품종의 양배추 잎겨드랑이 줄기에서 자란 봉오리로 속이 꽉 찬 작은 양배추와 닮았다.

구입 최적 시기는 가을과 겨울이다.

구입과 품질 기준 ACHAT ET CRITÈRES QUALITATIFS

《동그란 모양 pommes》이 크고 벌어져 있지 않으며 매끈하고 단단하며 진한 초록색인 싹 양배추를 고른다. 겉잎이 벌어져 있고 누렇게 시들었거나 잘린 단면이 신선하지 않고 거무스름하며 진액이 흐르는 싹 양배추는 즉시 제거한다.

사전 준비 PRÉPARATIONS PRÉLIMINAIRES

❶ 노랗거나 시든 잎을 제거한다.

❷ 밑동 부분을 잘라 다듬는다.(바싹 자르면 익히는 동안 겉에 있는 잎이 떨어질 위험이 있다.)

❸ 요리할 때 잘 익도록 십자 모양으로 칼집을 낸다.

❹ 통에 식초 물과 함께 담근다.

❺ 10분 동안 담가두었다가 물기를 뺀다.

❻ 물에 여러 번 꼼꼼하게 씻는다.

❼ 물기를 뺀 후 데칠 준비를 한다.

활용법

- 데친 방울 양배추(Choux de Bruxelles étuvés.)
- 구운 방울 양배추(Choux de Bruxelles sautés.)
- 브뤼셀식 곁들임 요리* (Garniture bruxelloise.)
- 플랑드르식* 또는 느베르식 포타주*, 퓌레(Potage et purée flamande, Nevers.)

---

* 브뤼셀식 곁들임 요리 Garniture bruxel- loise : 데친 방울 양배추, 엔다이브, 감자 등이 들어가는 곁들임 요리.

* 플랑드르식 포타주 potage flamande : 무, 감자, 싹 양배추, 처빌 등을 넣은 스튜.

* 느베르식 포타주 potage Nevers : 가늘게 채 썬 양배추, 당근, 버미첼리 (가느다란 서양 국수의 일종), 처빌 등이 들어간 스튜.

브로콜리 LES CHOUX BROCOLIS

(초록색 콜리플라워 OU CHOUX-FLEURS VERTS)

브로콜리는 동그란 초록색 모양으로, 잎겨드랑이 줄기에서 자라는 4~6개의 머리 모양 또는 새순이 연달아 모여있는 형태이다.

브로콜리는 동그란 초록색 모양으로, 잎겨드랑이 줄기에서 자라는 4~6개의 머리 모양 또는 《새순 jets》이 연달아 모여있는 형태이다. 브로콜리는 모든 흰색 고기 요리에 잘 어울린다.(팬으로 굽거나 튀긴 송아지 요리, 가금류 요리)

꽃송이 밑 부분(밑동의 부드러운 부분)은 포타주, 퓨레, 쉬브릭 subrics(작은 전병 모양의 요리), 채소 테린* 등에 사용한다.

구입과 품질 기준 ACHAT ET CRITÈRES QUALITATIFS

꽃송이 부분을 떼내기 전에 동그란 부분이 단단하고 우뚝 솟아있으며 촘촘하고 꽉 들어차 있는 브로콜리를 고른다. 색깔은 예쁜 초록색으로 전체적으로 동일해야 한다. 브로콜리 다발이 노란색이거나 너무 펼쳐져 있다면 즉시 제외시킨다. 잘린 줄기는 신선해야 하며 겉잎이 초록색이고 파삭파삭해야 한다.

사전 준비 PRÉPARATIONS PRÉLIMINAIRES

❶ 작은 칼로 초록색 겉잎과 가장 굵은 줄기 부분을 자른다.

❷ 꽃송이를 일정한 다발로 분리한다.

❸ 줄기 부분은 짧게 잘라서 다른 요리에 사용할 수 있도록 따로 보관한다.

❹ 잘 익힐 수 있도록 십자로 칼집을 낸다.

❺ 심줄이 강하지 않은 줄기의 남은 부분은 퓨레, 포타주에 사용한다.

❻ 식초 물이 들어 있는 통에 브로콜리 꽃송이를 넣는다.

❼ 몇 분 간 담가 놓은 후 물기를 뺀다.

---

* 테린 terrines : 파테(pâté : 잘게 썬 고기를 양념하여 끓인 후 그대로 식혀서 먹는 요리)를 만드는 뚜껑 달린 도제 용기 또는 테린에 담아 조리한 파테.

⑧ 물로 여러 번 꼼꼼하게 씻는다.

⑨ 물기를 뺀 후 데치거나 증기로 쪄낼 준비를 한다.

활용법

- 버터를 넣어 익힌 브로콜리(Étuvés au beurre.)
- 생크림을 넣어 익힌 브로콜리(À la crème.)
- 올랑데즈 소스에 곁들여 먹는 브로콜리(Hollandaise)
- 퓨레, 무스(Purées, mousses.)
- 채소 테린(Terrines de légumes.)

브로콜리와 콜리플라워(Choux brocolis et choux-fleurs)

콜리플라워 LES CHOUX-FLEURS

구입과 품질 기준 ACHAT ET CRITÈRES QUALITATIFS

콜리플라워의 등급은 cm로 표기되는 최소 직경의 크기로 구분한다. 예는 다음과 같다.

– | 등급 catégorie | : 최소 직경

11cm 잎을 떼낸 콜리플라워의 계산 단위는 kg이며(잎, 굵은 줄기가 없는 콜리플라워), (꽃 윗부분이 잎으로 덮여 있는) 콜리플라워는 개수로 계산한다.

콜리플라워는 동그란 다발 모양의 부피가 크며 단단한 흰색이고 꽉 차 있으며 싱싱한 녹색 큰 잎으로 싸여 있는 것을 고른다.

잎이 없는 콜리플라워는 시들은 잎을 정리하여 보기 좋도록 손질한 것이다.

노랗게 시들거나 싱싱하지 않은 꽃 봉오리이거나 밑동에 곰팡이 흔적이 있거나 진액이 나오는 콜리플라워는 즉시 제외시킨다.

사전 준비 PRÉPARATIONS PRÉLIMINAIRES

❶ 꽃송이 다발 전체를 떼내기 위해 저민 용 칼로 초록색 잎과 중심 줄기를 제거한다.

동그란 한 다발의 콜리플라워로 전체를 익히기 위해서 중심 줄기는 익힌 후 떼내야 한다.

❷ 일정한 크기의 다발로 꽃송이를 나눈다.(《콜리플라워 상단 끝부분 자르기 sommités de chou–fleur》 160쪽 참조)

  – 포타주를 장식하기 위해 작은 꽃송이로 준비(뒤바리 크림*)

  – 샐러드를 만들 경우 생으로 준비하고 그리스 식으로 익힐 경우 약간 큰 꽃송이로 준비

  – 데치거나 증기로 찔 경우 큰 꽃송이로 준비

❸ 각 꽃송이의 줄기 부분을 잘라 다듬는다.

❹ 익히는 동안 균일하게 익을 수 있도록 십자로 칼집을 낸다.

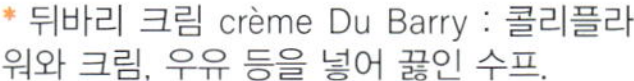

* 뒤바리 크림 crème Du Barry : 콜리플라워와 크림, 우유 등을 넣어 끓인 수프.

❺ 식초 물이 들어있는 통에 꽃송이를 넣어

❻ 몇 분간 담가 놓는다.

❼ 물에 꽃송이를 여러 번 꼼꼼하게 씻는다.

❽ 씻어준 콜리플라워는 물 속에 담가놓지 않는다.

❾ 물기를 빼고 6~8도의 냉장 보관실에 뚜껑을 덮어 보관한다.

완성한 결과

활용법

- 포타주 Potages(뒤바리 크림 crème Du Barry)

- 크림을 곁들인 콜리플라워, 그라탱, 폴란드식, 네덜란드식, 부크티에르 채소 곁들임 요리, 뒤바리 크림(Chou–fleur à la crème, au gratin, polonaise, hollandaise, bouquetière de légumes, garniture Du Barry.)

- 무스, 채소 테린(Mousses, terrines de légumes.)

콜리플라워 상단 끝부분 자르기
SOMMITÉS DE CHOU-FLEUR

❶ 콜리플라워 꽃송이에서 작은 다발을(상단 끝부분) 고르게 떼낸다.

❷ 줄기를 다듬고 식초 물이 담겨 있는 통에 담아둔다.

❸ 여러 번 헹궈준다.

완성한 결과

활용법

• 포타주, 크림, 콩소메의 장식 재료

  (Garniture des potages, des crèmes et des consommés.)

• 혼합 샐러드(Salades composées.)

• 요리의 장식용 재료(Éléments de décor et de présentation.)

줄기가 순무 모양인 양배추 LES CHOUX-RAVES

동유럽 국가에서는 일반적이지만 프랑스에서는 드문 식용 채소로 초가을부터 먹을 수 있으며 겨울이 끝날 때까지 지하 창고에 보관한다.

《순무 rave》라는 말이 뿌리를 연상시키지만, 먹을 수 있는 부분은 땅 바로 위에서 자라는 줄기 아래 통통하게 부풀어 있는 동그란 모양 부분이다. 맛은 샐러드용 작은 무, 흰색 무, 양배추의 맛과 비슷하다.

줄기가 순무 모양인 어린 양배추는 생으로 먹을 수 있으며(샐러드에 채 썰어서), 익혀 먹을 경우는 데치거나 볶거나 꿀을 발라 그라탱, 퓌레, 포타주, 고기 및 생선 요리의 곁들임 요리로 소스를 곁들여 먹을 수 있다.

일반적인 아시아 배추
LES CHOUX POPULAIRES D'ASIE

A 배추

B 채심

C 청경채

A : 배추(Chou chinois ou pe—tsaï ou chou de Pékin)

B : 채심(Chou cantonais ou choy sum ou choï sum)

C : 청경채(Chou de Shanghai ou pak choï ou bok choy)

십자화과의 다양한 종류의 배추는 동남 아시아에서 매우 일반적이다.

배추(A)와 청경채(C)는 꼼꼼하게 씻은 후 생으로 먹거나 여러 종류의 혼합 샐러드 재료로 사용할 수도 있다. 배추는 로메인 상추 또는 양상추를 대신해 사용하기도 한다.

심줄이 있는 잎맥(잎꼭지)으로 된 채심은 데쳐서 요리해야 하며, 잎은 시금치처럼 요리할 수 있다.

다양한 아시아 배추 중 채심 잎맥의 경우 가늘게 세로로 잘라 궁중팬에 참기름을 두르고 마늘, 양파, 간장, 누옥맘 nuoc—mam(베트남 요리의 생선젓 소스)을 곁들여 볶는다.

이렇게 조리한 배추는 주로 닭고기, 돼지고기 요리에 곁들이거나 국수와 함께 다양한 중국식 포타주나 퐁듀 요리 재료로 사용한다.

오이 LES CONCOMBRES

박과(오이, 호박, 멜론, 수박 등) 《식용 채소 Fruits légumiers》인 오이는 상큼하고 살짝 쌉싸름한 맛이며 생으로 먹을 수 있다.

오이는 또한 익혀서도 먹을 수 있고, 데치거나 크림수프, 그라탱, 그리스식, 뫼니에르*,《도리아* Doria)라고 부르는 곁들임 요리로도 먹는다.

구입과 품질 기준 ACHAT ET CRITÈRES QUALITATIFS

오이 크기는 g으로 표시된 무게에 따라 달라진다.

예 350/400 – 400/500 – 500/600

품질 등급은 규정에 따라 정한다.
엑스트라 – Ⅰ Extra Ⅰ : 곧은 오이 Ⅱ droit – Ⅱ : 휘어진 오이

오이를 고를 때에는 모양이 곧고 단단하고 원통형이며 균일한 색깔인 진한 초록색의 빛나는 것을 고른다. 너무 굵은 오이에는 씨가 많다. 수확한 지 얼마 안 되는 신선한 오이에는 꽃이 붙어 있을 수도 있다. 잘 휘거나 노랗게 시들었거나 무르거나 진액이 흐르는 오이는 즉시 제외시킨다.
6~8도의 냉장 보관실에 보관한다. 6도 이하의 차가운 곳에서 보관하지 않고 거칠게 다루지 않는다.

전통 재배 오이는 늦봄에서 초가을까지. 온실 등에서 재배하는 오이는 일년 내내 먹을 수 있다.

* 뫼니에르 meunière : 밀가루에 묻혀 버터 등에 지져낸 요리.
* 도리아 Doria : 올리브 모양으로 작고 동그랗게 자른 오이를 재료로 한 곁들임 요리.

사전 준비 PRÉPARATIONS PRÉLIMINAIRES

씻기 LAVER

❶ 오이를 꼼꼼하게 씻는다.

❷ 물 속에 담그지 않는다.

❸ 물기를 뺀 후 키친 타월로 닦는다.

다듬기 ÉPLUCHER

❶ 작은 칼로 오이 양쪽 끝부분을 자른다.(꼭지와 암술의 눈 부분)

❷ 필러로 껍질을 벗긴다.(유기농으로 재배되었거나 오염 물질이 완벽하게 제거된 오이의 경우, 다듬지 않고 먹을 수 있다.)

❸ 세로 방향으로 두 토막 낸다.

❹ (필요한 경우) 디저트 숟가락으로 씨와 무른 속 부분을 긁어낸다.

오이 저미기 ÉMINCER

❶ 오이 반 개를 도마 위에 놓는다.

❷ 저밈용 칼을 이용하여 1mm 두께로 일정하게 자른다.

❸ 가는소금을 뿌리고 30분 정도 절인다.

❹ 물을 뺀 후 양념한다.

완성한 결과

활용법

• 전채요리 Hors-d'œuvre, 생채소 샐러드 Crudités, 혼합 샐러드 Salades composées, 타블레 toboulé 등

막대 모양으로 오이 자르기 TAILLER EN BÂTONNETS

❶ 오이를 가로로 3∼4cm 길이 토막이 되도록 자른다.

❷ 토막을 3∼4mm 두께로 얇은 조각이 되도록 자른다.

❸ 얇은 조각을 나란히 겹쳐놓고 각 면이 3∼4mm 되는 막대 모양으로 자른다.

완성한 결과

활용법

• 전채요리, 생채소 샐러드, 혼합 샐러드(Hors-d'oeuvre, crudites, salades composees.)

오이의 모난 부분을 깎아 둥글게 모양 다듬기(CONCOMBRES TOURNÉS)

❶ 오이는 가로로 3~4cm 길이의 토막이 되도록 자른다.

❷ 토막을 세워서 4~6조각이 되도록 자른다.

❸ 오이 조각의 모난 부분을 깎아준다.

❹ 작은 칼로 길쭉하고 동그란 모양으로 만든다.(올리브 모양에 최대한 가깝게 만든다.)

❺ 모난 부분을 깎아 둥글게 다듬기 전에는 오이를 다듬지 않아도 된다.(《호박 Les courgettes》편 165쪽 참조)

완성한 결과

활용법

• 데친 오이 요리, 오이 뫼니에르, 오이 크림수프(Concombres étuvés, meunière, à la crème.)

• 가자미와 도리아 샐러드, 닭튀김과 도리아 샐러드, 오이를 곁들인 가금류 프리카세(Sole Doria, poulet sauté Doria, fricassée de volaille aux concombres.)

채소 볼러로 동그란 볼 모양 만들기
CONCOMBRES LEVÉS À LA CUILLER À RACINE

채소 볼러로 오이를 동그란 볼 모양이 되게 만든다.

(p.132 《당근 Les carottes》참조, p.209 《동그란 감자 볼 Les pommes noisettes》참조)

호박 LES COURGETTES

호박은 박과 덩굴 식물에서 유래한 동그랗거나 길쭉한 식용 채소이다.

완전히 성장하기 전에 수확하는 어린 호박 속살은 매우 부드러우며 훌륭한 맛을 지니고 있다.

《깔때기 d'entonnoir》 모양의 노란색 또는 흰색 호박꽃은 속을 채운 요리나 튀김으로 자주 즐겨 먹는다.

《스파게티 면처럼 자른 호박 courgettes spaghettis》 속살은 데치면 진짜 스파게티 면처럼 보인다. 특별히 크로켓, 쉬브릭*(전병 모양), 다르팽*(전병 모양) 요리를 할 때 사용한다.

구입과 품질 기준 ACHAT ET CRITÈRES QUALITATIFS

다양한 품종의 호박은 일 년 내내 나오지만, 프랑스 호박의 구입 최적 시기는 4월부터 10월까지이다. 호박 크기는 규정에 따라 정한다. cm로 표기되는 최고 및 최저 길이에 따라 호박 크기는 달라진다.

예 14/21cm는 I 등급

호박을 선택할 때에는 길고 원통형의 고른 모양으로 진한 초록색의 빛나는 색깔이며 밝은 초록색 반점이 있는 것으로 고른다. 속살은 흰색이며 단단하고 훌륭한 맛을 지니고 있다.

너무 크거나 너무 익은 호박은 즉시 제거한다. 왜냐하면, 속살에 질긴 심줄이나 씨가 많을 수 있기 때문이다. 또한 윤이 나지 않고 쭈글쭈글한 표면이거나 무르거나 진액이 흐르는 호박도 제외시킨다.

8도에서 최고 12도까지의 냉장 보관실에 며칠 동안 보관한다.

---

* 쉬브릭 subrics : 전형적인 프랑스 요리로, 채소 등을 이용하여 전병 모양으로 구워낸 요리.
* 다르팽 darphins : 가늘게 채 썬 채소 등을 동그란 전병 모양으로 구워낸 요리.

사전 준비 PRÉPARATIONS PRÉLIMINAIRES

❶ 물에 여러 번 꼼꼼하게 씻는다.

❷ 작은 칼 또는 저밈용 칼로 꼭지 부분(꽃받침)을 자르고 호박 아래 부분(암술 눈)을 다듬는다.

❸ 조리법과 호박 껍질 두께에 따라, 호박을 잘 다듬고 필러 또는 샤넬 나이프로 한 줄 건너 하나씩 번갈아 가며 홈을 낸다.

여러 모양으로 자르기 DIFFÉRENTES FAMILLES

호박을 둥글게 썬 조각으로 자르기 TAILLER EN RONDELLES
(저미기 ÉMINCER)

조리법에 따라, 호박을 가로로 또는 비스듬하게 잘라 둥근 조각으로 만든다.
(프로방스식 호박볶음 courgettes sautées provençale, 《이스마엘 바엘디
Ismaël Bayeldi》 그라탱, 호박튀김 courgettes frites 등등) 호박 조각에
가는소금을 뿌려 절인다.

호박 정육면체로 자르기 TAILLER EN DÉS

❶ 호박을 1~1,5cm 두께의 얇은 조각으로 자른다.(조리법에 따라 더 얇게
   자르기도 한다.)
❷ 조각을 나란히 겹쳐 놓고 1~1,5cm 크기 막대 모양으로 자른다.
❸ 막대 모양을 잘 모아서 각 면이 1~1,5cm 되는 정육면체 모양으로
   일정하게 자른다.(호박볶음 courgettes sautées, 라따뚜이 ratatouilles,
   보헤미안드레귬 bohémienne de légumes(프로방스식 채소볶음) 등등)

호박을 부채꼴 모양으로 자르기 TAILLER EN ÉVENTAIL

이 방법은 코르니숑, 가지, 일반 오이에 사용하는 방법과 동일하다.

❶ 호박에 나선형으로 홈을 낸다.(작은 호박을 사용하는 것이 더 좋다.
   호박이 큰 경우, 세로 방향으로 두 토막 낸다.)
❷ 생선 필렛 나이프로 호박 끝은 붙어 있게 하며 얇게 저민다.
❸ 부채꼴 모양을 살짝 눌러 납작하게 한 후, 필요하다면 동그랗게 다듬는다.
   (버터에 볶은 부채 모양 호박, 곁들임 요리, 장식용 재료 éventail étuvé ou
   sauté au beurre, petite garniture ou élément de décoration)

호박 파르시용 토막 자르기
TRONÇONS DE COURGETTE FARCIS

❶ 약 4cm 높이로 호박을 토막 내어 자른다.
❷ 작은 칼 끝을 이용해 호박 껍질에서 3~4mm 떨어진 곳에 동그라미를
   그린다.
❸ 채소 볼러로 속을 비운다.

---

* 《이스마엘 바엘디》 그라탱 gratin Ismaël
  Bayeldi : 프로방스식 그라탱으로, 호박, 가
  지, 토마토 등을 동그랗고 얇게 잘라 만든
  요리.

크레송 LE CRESSON

호박의 모난 부분을 깎아 둥글게 모양 다듬기
COURGETTES TOURNÉES

❶ 다듬지 않은 호박을 가로 방향으로 3~4cm 길이가 되도록 토막 낸다.

❷ 토막을 세로 방향으로 세워 4~6 조각으로 자른다.(호박 직경에 따라)

❸ 호박의 모난 부분을 깎는다. 작은 칼로 동그랗고 길쭉한 모양으로 만든다.

❹ 요리가 예쁘게 보이도록 심줄은 제거하고, 호박 껍질은 남겨둔다.

　(그리스식 호박 요리 courgettes à la grecque, 크림 소스를 곁들여 익힌 호박 요리 étuvées à la crème, glacées 등)

속을 채운 호박꽃 요리(Fleurs de courgettes farcies)

크레송은 십자화과 식물로, 십자화과 식물 중 일부 종류를 식용으로 재배한다. 크레송은 살짝 매콤하고 겨자 맛이 나며, 불에 굽거나 그릴에 구운 고기 요리의 전통적인 곁들임 요리로 사용한다.

요리에 사용하는 주요 품종 중, 물냉이(약용 크레송 nasturtium offi cinale)는 지배적인 역할을 한다. 약용 크레송은 물냉이를 재배하는 흐르는 신선한 물속에서 금방 자라며 매우 습하고 어두운 땅에서도 잘 자란다.

땅에서 자라는 다닥냉이속(lepidium sativum) 또는 정원의 크레송(cresson des jardins)은 특별히 양념으로 사용한다.

약용 크레송을 재배할 때에는 특별한 주의가 필요하다. 《간흡충 douve du foie》*이라고 불리는 기생충에 의한 전염을 막기 위해서, 수질 위생 점검에 신경 써야 한다. 수질 검증된 크레송 재배지를 정기적으로 점검하면 일년 내내 안전하게 크레송을 먹을 수 있다.

구입과 품질 기준 ACHAT ET CRITÈRES QUALITATIFS

신선하게 보이는 크레송 다발을 고른다. 잎은 초록색이고 꽉 차 있으며 촉촉하며 파삭파삭해야 한다.

잘린 부분이 신선하고 깔끔하며 흠, 진액이 없어야 한다.

다발을 묶고 있는 끈을 잘 확인한다.

끈에는 크레송 재배지의 공인 번호가 있어야 한다.

신선하지 않거나 노랗게 되거나 시든 크레송 다발은 즉시 제외시킨다.

촉촉한 면보를 덮어 6~8도의 냉장 보관실에 보관한다.

---

* 간흡충 douve du foie : 편형동물 흡충류에 속한 기생충.

❶ 크레송 다발을 풀어서 물에 여러 번 꼼꼼하게 씻는다. 물에 자벨수* 몇 방울을 뿌리고 적어도 2번은 크레송을 물에 헹구는 것이 좋다.

❷ 한 잎씩 분류하여 줄기를 다듬는다. 노란 잎, 뿌리는 제거하고 줄기는 5～6cm만 남긴다.

❸ 다듬어놓은 크레송을 작은 다발로 모아서 다시 씻는다.

❹ 약간의 물과 얼음이 들어 있는 통에 크레송을 담가 놓는다.

❺ 물기를 뺀 후 키친 타월로 덮어두고 요리에 사용할 때까지 냉장 보관실에 보관한다.

절대로 이렇게 하면 안 돼요!
아래 사진처럼 크레송 줄기를 빠르게 자르는 방법은 금한다. 시들고 노랗게 된 잎이 다발 안에 남아있을 수 있다. 크레송을 한 잎씩 분류하여 다듬는다.

---

* 자벨수 eau de Javel : 표백, 살균, 소독을 위해 사용하는 액체.

두루미냉이 LES CROSNES

여러 마디로 덮인 염주 모양 덩이 줄기인 두루미냉이는 칸루 Kan-Lu라는 이름으로 19세기 말에 중국에서 왔다. 식물학자들은 《stachys affinis bunge》라고 이름을 붙였고, 이탈리아 사람들은 《여왕의 감자 pommes de terre de la reine》라고, 영국 사람들은 《중국 아티초크 artichauts chinois)라고 불렀다. 프랑스로 두루미냉이를 도입했던 사람은 자신의 정원이 있었던 에손(Essonne)이라는 작은 마을을 가리키며 《크로슨 crosnes》이라고 불렀다.

현재는 크로슨에서 두루미냉이를 재배하지 않으며, 시장에서 판매되는 두루미냉이는 모래가 많고 깊지 않은 땅인 맨에루아르(Maine-et-Loire) 지역에서 주로 재배되고 있다.

모양이 특이한 두루미냉이의 맛은 아티초크, 돼지감자 또는 샐서피와 비슷하며, 신선한 두루미냉이를 사용해야 쉽고 깔끔하게 씻을 수 있다.

조리법에 따라, 두루미냉이는 주로 소금을 넣은 끓는 물에 데친 후 버터를 곁들여 낸다.(버터에 볶은 두루미냉이 crosnes sautés au beurre, 폴란드식 두루미냉이 요리 à la polonaise) 밀가루, 레몬, 화이트와인을 넣은 끓는 물에 데쳐서 크림 소스를 곁들인 요리, 그라탱, 고기 소스를 곁들인 요리, 밀라노식 요리를 할 수 있고, 데치거나 증기에 쪄서 퓨레, 튀김, 크로켓, 크림수프, 벨루테* 등으로 요리할 수 있다.

구입과 품질 기준 ACHAT ET CRITÈRES QUALITATIFS

두루미냉이를 선택할 때에는 싱싱하고 단단하며 깔끔한 모습이고 껍질이 매끈하고 빛나며 밝은 것을 고른다. 상처, 곰팡이 흔적이 없고 벌레 먹지 않은 것으로 고른다.

보관 기간은 최소한으로 정하고 (2~3일), 가능하면 10~12도의 어두운 곳에서 보관한다.

가벼운 모래 흙으로 덮어준다. 두루미냉이는 상온에서 금방 건조해지고 딱딱해진다.

---

* 벨루테 veloutés : 프랑스 요리의 5가지 기본 소스 중 하나. 루(roux)에 송아지고기 등을 사용한 흰색 고기 육수 또는 생선 육수 등을 넣어 만든다.

사전 준비 PRÉPARATIONS PRÉLIMINAIRES

일반적으로, 두루미냉이는 아주 얇은 흙 껍질로 덮여 있다. 다음의 두 방법 중 하나로 쉽게 껍질을 벗길 수 있다.

첫 번째 방법 :

물을 가득 담은 통에 담가서 매듭 사이를 힘차게 솔질한 후 끝 부분을 자른다.

두 번째 방법 :

❶ 두루미냉이 양쪽 끝 부분을 자른다.

❷ 마른 행주에 올려놓고 굵은 소금을 뿌린다.

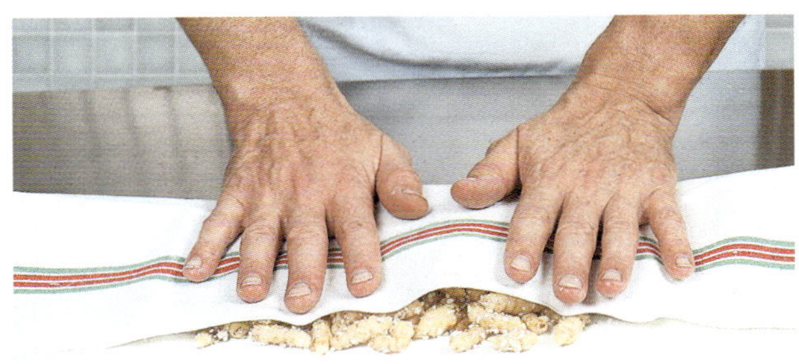

❸ 행주 속 두루미냉이를 문지르며 소금 사이를 통과시킨다.(굵은 소금으로 부드러운 껍질 표면을 문지르면 흙이 묻은 부분이 떨어진다.)

❹ 껍질에 묻어 있는 부분을 깔끔하게 제거하기 위해 흐르는 물에 씻는다.

셜롯 LES ÉCHALOTES

마늘 맛을 지닌 둥근 뿌리 모양 식용식물인 셜롯은 주로 요리의 양념으로 사용한다.

셜롯은 프랑스 특산물로 가장 많이 생산되는 곳은 프랑스 피니스테르 (Finistère) 주이다.

《드 저지 de Jersey》라고 부르는 회색 셜롯은 품질이 가장 좋고 사람들에게 사랑 받는 품종이다.

시장에는 주로 다음 두 형태의 분홍색 셜롯을 판매한다.

- 긴 타원형이며 구리 빛 노란색 셜롯
- 길쭉한 모양이지만 약간 짤막하며 가장 많이 재배되는 분홍색 셜롯

또한, 《그리젤 griselle》이라는 새로운 품종도 있는데, 둥근 뿌리 모양이 크고 유선형이며 은색 굵은 껍질로 싸여있다.

셜롯의 초록색 어린 순은 부추나 파처럼 사용할 수 있다.

구입과 품질 기준 ACHAT ET CRITÈRES QUALITATIFS

용도에 따라 선택하는 셜롯 크기는 다음과 같다.

– 길쭉한 셜롯
– 절반 길이의 셜롯

실제로, 셜롯의 품질 등급은 규정된 것이 없다. 가장 일반적인 포장은 5kg의 그물망이다.

셜롯을 고를 때에는 껍질이 빛나고 잘 말라있으며 단단한 모양이고 깔끔하며 싹이 나지 않은 비슷한 크기를 고른다.

무르거나 싹이 났거나 심한 유황 냄새를 풍기는 것은 즉시 제외시킨다.

마늘이나 양파처럼 건조하고 통풍이 잘 되며 벌레, 설치 동물, 빛이 없는 장소에 보관하는 것을 추천한다.

주로 봄에 싹이 나는 시기이므로 보관 기간에 유의해야 하며, 절대로 냉장 저장실에 보관하지 않는다.

사전 준비 PRÉPARATIONS PRÉLIMINAIRES

셜롯 다듬고 씻기 ÉPLUCHER ET LAVER DES ÉCHALOTES

❶ 작은 칼로 셜롯 양쪽 끝 부분을 자른다.

❷ 속 알맹이에 흠이 나지 않도록 겉껍질을 벗긴다.

❸ 물에 여러 번 꼼꼼하게 씻는다.

셜롯 저미기 ÉMINCER DES ÉCHALOTES

❶ 생선 필렛 나이프로 두 토막 낸다.

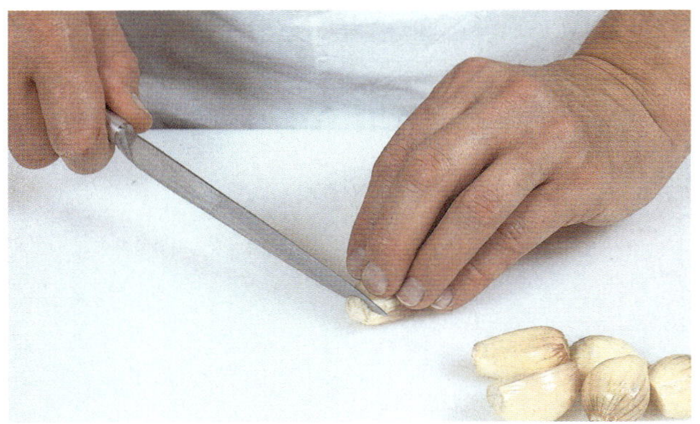

❷ 비스듬하게 셜롯 반쪽 끝 부분을 제거한다.

❸ 얇고 균일하게 저며 자른다.

❹ 셜롯 표면의 분홍색 줄 방향으로 자른다.

완성한 결과

활용법

- 진한 수프의 아로마틱 가니쉬(Garniture aromatique des fumets.)
- 셜롯을 곁들인 비프스테이크, 등심 요리, 등심 스테이크 등(Onglet, bavette, entrecôte à l'échalote, etc.)

둥근 뿌리 모양은 왜 눈물이 나오게 하는 걸까?(양파, 셜롯, 파 등등)
둥근 뿌리 모양은 황 혼합물과 《알리나제 l'allinase》라는 효소를 포함하는 세포로 구성되어 있다. 칼날이 둥근 뿌리 모양에 닿자마자 알리나제가 나

와 눈을 자극하고 따끔따끔하게 하는 특별한 가스를 만든다. 이 가스는 황화알릴*이다.
이 가스는 수용성이며 가열하면 활성화되지 못한다. 황 혼합물이 눈물과 접촉하면 녹아서 매우 자극적인 황산을 만들게 된다. 눈물이 나면 황산을 희석시키고 황산의 공격을 물리칠 수 있다.
뜨거운 물에 담가 놓거나 또는 증기 솥에 잠깐 둔 후에 양파. 특히 흰색 구슬 양파를 다듬으면 분출되는 가스를 녹이고 억제해준다.

셜롯 잘게 썰기 CISELER DES ÉCHALOTES

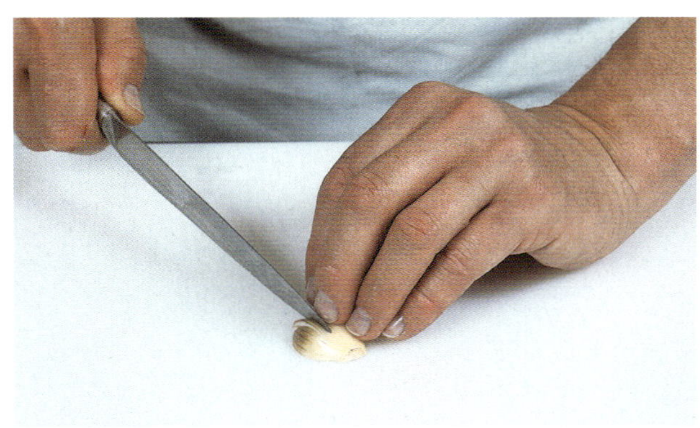

❶ 세로 방향으로 셜롯을 두 토막 낸다.(《셜롯 저미기 émincer des échalotes》 참조)

❷ 뿌리 쪽 끝 부분을 제거하지 않는다.

❸ 생선 필렛 나이프로 셜롯 반쪽을 얇게 저며 자른다.

❹ 뿌리 쪽 끝부분의 몇mm 안쪽에서 멈춘다.(셜롯 끝부분이 전체를 고정해준다.)

❺ 1/4바퀴 돌려서 손가락으로 잘 잡는다. 칼 날을 옆으로 하고 셜롯 끝 부분은 손 밑에 둔다.

❻ 끝 부분까지 가지 말고 셜롯을 수평 방향으로 다시 얇게 저민다.

---

* 황화알릴 sulfate d'allyle : 황화알릴은 황과 알리신으로 이루어진 화합물로, 양파와 마늘, 파를 조리할 때 발생하는 자극적인 냄새의 성분이다.

❼ 셜롯을 잘 잡고 같은 자세를 유지하며 수직 방향으로 잘게 썬다.

　– 미리 잘게 썬 셜롯은 요리 재료를 준비할 때 뚜껑을 덮어서 화이트 와인이 담겨있는 작은 스테인리스 용기에 보관한다.

완성한 결과

활용법

• 샐러드 또는 혼합 샐러드의 양념(Condiment des salades et des salades composées.)

• 여러 소스 또는 소스를 조린 것의 구성 재료(베르시 소스*, 베어네이즈 소스*, 디아블르 소스*, 흰 버터 소스 등등)(Ingrédient de la réduction et de la composition de nombreuses sauces(Bercy, béarnaise, diable, beurre blanc,….)

• 생선구이 또는 저수분으로 데친 생선 요리 등(Cuisson des poissons braisés et pochés au court mouillement, etc.)

---

* 베르시 소스 Bercy : 와인에 잘게 썬 셜롯과 버터를 넣고 끓인 소스.

* 베어네이즈 소스 béarnaise : 프랑스의 대표적인 스테이크 소스로 올랑데즈 소스에 타라곤 estragon만 추가하면 완성된다.

* 디아블르 소스 diable : 잘게 썬 셜롯, 식초, 와인 등을 넣고 끓이다가 토마토를 넣고 졸인 송아지 육수를 첨가해서 만든 소스.

시금치와 수영 LES ÉPINARDS ET L'OSEILLE

시금치 LES ÉPINARDS

명아주과의 식용 식물인 시금치는 주로 생으로(샐러드로) 먹거나 데쳐서 먹기도 한다. 데이브 맥스 플래셔(Dave Max Fleisher)의 만화 시리즈 주인공인 근육질 팔을 가진 뽀빠이(Popeye)는 그 동안 광고가 할 수 없었던 시금치 광고를 확실히 더 잘해냈다.

관절염 및 류머티스 환자들은 수산(옥살산)이 풍부한 시금치를 자주 먹어서는 안 된다.

다음과 같은 1년생 또는 다년생 식용 식물은 시금치와 비슷하다.

- 뿔 모양의 번행초(les tétragones cornues)
- 명아주의 잎(les feuilles de chénopode Bon—Henri)
- 시금치 딸기(les épinards fraises 딸기를 닮은 빨간 열매가 달린 시금치과의 식물)
- 브레드 les brèdes(아크멜라 올레라세아 mafane*, 오이과덩굴 식물 chouchou, 가지속 식물 morelle, 쐐기풀속 pariétaire, 크레송 cresson, 토란 songe 등등)

구입과 품질 기준 ACHAT ET CRITÈRES QUALITATIFS

시금치 주요 품종은 《몽스트루 드 비호플레 monstrueux de Viroflay》의 개량종에서 나왔다.

시금치를 고를 때에는 싱싱하고 매우 깔끔한 모습의 시금치를 선택한다. 잎은 찢어져 있지 않고 단단하며 파삭파삭하고 너무 두껍지 않아야 한다. 색깔은 과하지 않은 초록색이 좋다. 봄에 나오는 어린 시금치 순은 (생으로 샐러드에 사용) 작고 매끈하며 부드럽고 밝은 초록색이다.

시금치 잎이 너무 크고 두껍고 질기거나, 거칠게 다뤄 찢어져 있거나 너덜너덜해져 있는 경우, 노랗게 시들어 있거나 그 줄기가 무르며 진액이 흐르는 경우에는 즉시 제외시킨다. 또한 물에 담갔거나 심하게 축축한 시금치(빨리 썩을 가능성)나 데워진 시금치도(발효의 시작) 제외시킨다.

여름 외에도 시금치는 일 년 내내 먹을 수 있다. 봄은 시금치를 구입할 최적 시기에 해당한다. 번행초나 뉴 질랜드산 시금치는 여름에 나오는 시금치의 최고 대용품이다.

시금치는 6~8도 사이의 냉장 보관실에 보관한다. 필요할 때 그날 바로 구입하는 것이 좋다.

익힌 시금치를 24시간 이상 보관하는 것은 좋지 않다.(건강에 해로운 아질산염*이 형성된다.)

사전 준비 PRÉPARATIONS PRÉLIMINAIRES

❶ 시금치 꼭지를 떼낸다.
❷ 시금치 잎을 반으로 접어 너무 짧아지지 않도록 중앙 잎맥 부분을 다듬는다.
❸ 노랗거나 시든 잎은 제거한다.

시금치 주요 품종은 《몽스트루 드 비호플레 monstrueux de Viroflay》의 개량종에서 나왔다.

---

* 아크멜라 올레라세아 brède mafane : 국화과의 여러해살이풀로, 원산지는 불분명하나 브라질의 아크멜라속 식물로부터 기원했을 것으로 추측. 관상용, 식용, 약용식물로 재배한다.

* 아질산염 nitrites : 아질산의 수소 원자가 금속으로 치환되어 생기는 염. 발암물질로 알려져 있다.

수영은 여뀌과(수영속 rumex acetosa) 다년생 식용 식물로, 잎에는 신맛이 있고 수산이 풍부하다. 수영은 시포나드* 형태로 포타주, 계란, 생선에 곁들여 사용한다.

작은 잎을 가진 야생 수영 품종(Rumex acetosella)의 하나인 슈렐(Surelle)은 습한 지역에서 자란다.

CRITÈRES QUALITATIFS

수영의 품질 기준은 시금치와 동일하다.

사전 준비 PRÉPARATIONS PRÉLIMINAIRES

❶ 수영의 잎 꼭지를 떼낸다. 줄기와 중앙 잎맥 부분을 제거한다.

❷ 여러 번 꼼꼼하게 씻는다.

❸ 체에 담아 물기를 뺀다.

❹ 잎을 조금씩 집어 겹쳐놓는다.

❺ 담배 형태로 돌돌 말아준다.

❻ 말아놓은 잎을 실 모양으로 썬다. 시포나드는 조리법에 따라 두께를 조절한다.

위에서 설명한 방법은 시금치나 상추잎에 똑같이 사용한다. 잘게 썬 잎에 버터를 넣고 뚜껑을 닫아 데치면 포타주, 콩소메, 삶은 달걀 등을 장식하는 재료 또는 《참 소리쟁이를 곁들인 à l'oseille》 생선 요리에 사용하는 《시포나드 chiffonnades》가 된다.

---

* 시포나드 chiffonnade : 실처럼 가늘게 써는 것

펜넬 구근 또는 펜넬 괴근 LES FENOUILS BULBES OU FENOUILS TUBÉREUX

펜넬 구근 또는 펜넬 괴근은 다년생 풀 미나리과 식물로, 아니스* 열매 맛이 나며 《뽐 pomme》이라고 부르는 부풀어진 둥근 뿌리 부분을 먹으며 주로 이탈리아, 프랑스 중부에서 재배한다.(단맛이 나는 펜넬, 플로랑스 펜넬 fenouil doux et fenouil de Florence)

펜넬의 열매(쌉싸름한 펜넬 fenouil amer)는 때때로 술에 들어가는 아니스 열매를 대체한다.

《순종이 아닌 펜넬 fenouil bâtard》이나 딜 aneth의 경우, 어린 깃 모양의 잎은 풍미를 주기 위해 날생선의 마리네이드 소스,* 갑각류 수프, 요리의 장식용 재료 등으로 사용되기도 한다.

야생 펜넬의 마른 줄기나 잎은 구운 생선 요리(농어, 도미)에 향을 입힐 때 사용한다.

펜넬의 둥근 뿌리는 생으로 전채요리나 혼합 샐러드의 재료로 사용한다.

데친 후 익혀서 그리스식으로 먹을 수도 있고, 버터를 넣어 데치기도 하고, 뫼니에르로 또는 크림 소스를 곁들이기도 하고, 그라탱으로, 튀김 요리로, 약한 불로 오래 익혀서 먹기도 한다. 펜넬은 또한 밀가루, 레몬, 화이트와인을 넣은 끓는 물에 뚜껑을 닫고 익히거나, 끓는 물에 소금, 레몬, 오일을 넣고 익히기도 한다.

펜넬을 보면 햇빛이 가득한 원산지를 떠올리게 한다. 마늘, 양파, 올리브 오일, 파르메산은 펜넬의 아니스 열매 향과 아주 잘 어울리는 재료이다.

구입과 품질 기준 ACHAT ET CRITÈRES QUALITATIFS

현재, 펜넬 크기와 품질 등급에 대한 표준 규정은 없다.

구근 크기가 일정하고 흰색이며 단단한 것을 고른다. 어리고 부드러운 잎이 달려 있는 작은 구근의 펜넬이 더 좋으며 부피가 크고 질긴 구근은 피한다.

구근이 시들거나 색깔이 진하거나, 잎 꼭지가 건조하거나 심줄이 많으며, 구근이 누르스름하고 잎이 메말라 있는 것은 제외시킨다. 자른 단면이 신선하고 진액이 흐르지 않는지 확인한다.

섭씨 6~8도의 냉장 보관실에 촉촉한 면보로 덮어 밀봉 포장에 따로 넣어 보관한다. 왜냐하면 펜넬은 근처 식품에 냄새를 잘 베게 하기 때문이다.

---

* 아니스 anis : 미나리과에 속하는 속씨식물로, 맛은 감초, 회향, 타라곤과 유사하다.

* 마리네이드 소스 marinades : 고기·생선 등을 절이는 소스.

사전 준비 PRÉPARATIONS PRÉLIMINAIRES

❶ 잘린 부분을 손질하고 밑동을 제거한다.

❷ 잎 꼭지의 심줄이 세거나 노랗거나 시든 경우 제거한다.

❸ 초록색 줄기 부분을 짧게 자르고 잎을 제거한다.(잎은 건조시켜 생선을 익힐 때 향을 입히기 위해 사용한다.)

❹ 둥근 뿌리 부분을 꼼꼼하게 씻은 후 물기를 잘 닦는다.

❺ 질긴 심줄을 제거한다.

여러 모양으로 자르기

펜넬 저미기 FENOUIL ÉMINCÉ

둥근 뿌리를 (크기에 따라) 2~3 토막으로 자르고 일정한 모양으로 잘게
자른다.

활용법

- 전채요리, 혼합 샐러드(Hors-d'œuvre, salades composées.)

- 버터를 넣어 데친 펜넬(Fenouil étuvé au beurre.)

- 펜넬 퐁듀, 펜넬 버터와 크림(Fondue de fenouil, beurre et crème de
  fenouil.)

펜넬 반으로 또는 1/4로 자르기
FENOUIL DÉTAILLÉ EN DEMIS OU EN QUARTIERS

❶ 그리스식으로 요리하기 위해 둥근 뿌리를 4등분으로 자른다.

❷ 약한 불로 오래 익히는 요리를 위해 둥근 뿌리를 반으로 자른다.

펜넬 뫼니에르(Fenouil meunière)

향신 양념용 허브 LES FINES HERBES

(파슬리 PERSIL, 골파 CIBOULETTE, 처빌 CERFEUIL, 타라곤 ESTRAGON)

요리에 향을 주거나 장식을 하기 위해 생으로 사용되는 향료 식물은 신선함을 잘 유지해야 한다.

허브는 속성에 따라 사용하기 바로 직전에 세심하게 다듬어 씻고 물을 뺀 후 잘게 썰고 분쇄하거나 다져야 한다. 허브 향은 쉽게 사라지고 열에 약하기 때문에 어떠한 경우라도 미리 다지거나 잘게 썰어서는 안 되며 나중에 사용하기 위해 보관해서도 안 된다.

구입과 품질 기준 ACHAT ET CRITÈRES QUALITATIFS

허브는 자주 배달 시켜야 한다.(예를 들어, 이틀에 한 번)

허브 다발을 하나씩 열어 향을 맡고 맛을 보며 꼼꼼하게 점검해야 한다. 향은 확실하고 섬세하며 특징적이어야 한다.

허브 상태를 확인한다. 색깔은 초록색으로 균일해야 하며, 잘린 면은 싱싱하고 깔끔하여 노랗거나 거무스름한 진액이 없는 것이어야 한다.

허브 품질을 확인한다. 줄기와 잎은 빳빳하고 파삭파삭해야 한다.

흐늘거리거나 무르거나 잎이 노랗거나 시들어 있거나 너무 축축하거나 물 속에서 보관되었던 허브는 즉시 제외시킨다. 이런 허브는 향을 모두 잃고 발효된 건초 냄새가 난다.

사전 준비 PRÉPARATIONS PRÉLIMINAIRES

파슬리 잎 떼기 PERSIL EN BRANCHES

❶ 파슬리를 물에 여러 번 꼼꼼하게 씻은 후 물기를 빼고 키친타월 위에 올려둔다.

❷ 줄기에서 잎(가지)을 떼낸다.

❸ 부케가르니를 위해 줄기를 보관한다.

❹ 파슬리 잎은 주로 다지거나 장식용 재료로 사용한다. 튀길 수도 있다.

파슬리 다지기 PERSIL HACHÉ

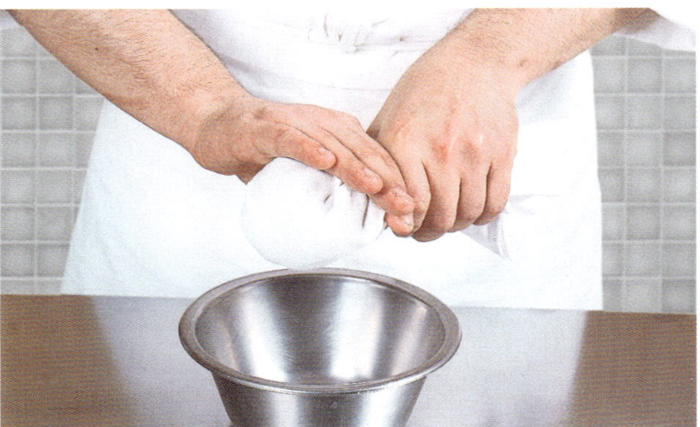

❶ 마른 행주에 파슬리 잎을 넣고 물기를 최대한 빼내기 위해 꽉 쥐어 물기를 뺀다.

❷ 파슬리를 다진다. 파슬리 전체를 쥐고 차례로 잘게 썬다.

❸ 저밈용 큰 칼로 잘게 다진다. 도마 중앙에 칼 끝부분이 평평하게 잘 놓여지도록 잡는다. 칼 뒤끝이 위에서 아래로 움직이도록 하며, 때때로 분산되어 있는 파슬리를 모은다.

Attention 주의! 칼날로 도마를 거칠게 긁어내지 않는다.

❹ 다진 파슬리를 작은 스테인리스 용기에 넣고 식품용 비닐 커버로 덮어둔다.

1) 장식용 파슬리 잎 다발

2) 다지고 장식하고 튀기기 위한 파슬리 잎

3) 부케가르니 또는 아로마틱 가니쉬를 위한 파슬리 줄기

4) 요리에 뿌려 장식, 파슬리를 넣은 버터(여러 재료를 넣은 복합 버터), 파슬리를 넣어 구운 감자, 파슬리 소스, 베르시 소스, 허브를 넣은 오믈렛 등을 위한 다진 파슬리

요식업 전문가들 중 일부는 파슬리를 다질 때 물기를 빼는 것을 선호한다. 이 방법은 발효 위험을 줄이며 잘 보관할 수 있도록 한다. 또한 파슬리가 손가락에 달라붙는 것을 막아 더 쉽게 다진 파슬리를 뿌려줄 수 있다. 반면에, 이 방법은 안타깝게도 향과 질 좋은 영양소를 잃게 한다.

골파 잘게 썰기 CIBOULETTE CISELÉE

❶ 골파의 꼭지를 떼내고 꼼꼼하게 씻는다.

❷ 키친타월 위에 올려서 물을 뺀 후 다시 한 가닥씩 살펴본다.

❸ 골파 다발의 끝을 다듬는다. 아래 부분은 종종 억센 편이다.

❹ 2~3mm 길이로 잘게 썬다.(조리법에 따라)

활용법

• 향신 양념용 허브 재료, 혼합 샐러드, 골파를 넣은 녹인 버터, 골파 크림 등등(Élément des fines herbes, salades composées, beurre fondu à la ciboulette, crème de ciboulette, etc.)

처빌 잎 떼기 및 다지기 CERFEUIL EN PLUCHES ET HACHÉ

❶ 처빌을 꼼꼼하게 씻은 후 각각의 가지를 확인한다.

❷ 키친타월 위에 올려 물을 뺀다.

❸ 줄기에서 잎을 하나씩 떼낸다. 3개의 잎이 붙어 있는 큰 가지는 장식용으로 사용한다.

❹ 물이 담긴 작은 용기에 보관한다.

❺ 줄기에서 잎을 하나씩 떼낸다.(3소엽 trifolier) 잎이 하나씩 붙어 있는 가지는 포타주의 장식 재료로 사용한다.

❻ 물이 담긴 작은 용기에 보관한다.

❼ 처빌을 다진다.(파슬리 다지기와 동일)

활용법

• 향신 양념용 허브 재료, 혼합 샐러드, 처빌을 넣은 녹인 버터, 처빌 크림, 베어네이즈 소스, 사슈르 소스(헌터 소스) 등등(Élément des fines herbes, salades composées, beurre fondu au cerfeuil, crème de cerfeuil, sauce béarnaise, chasseur, etc.)

타라곤 잎 떼기 및 다지기
ESTRAGON EN FEUILLES ET HACHÉ

❶ 타라곤 estragon의 꼭지를 떼고 꼼꼼히 씻는다.

❷ 잎을 조심스럽게 떼낸다.

❸ 물이 담긴 작은 용기에 요리 장식용으로 쓰일 잎을 보관한다.

❹ 잎을 잘게 썬다.

❺ 잘게 썬 타라곤을 다진 후 바로 사용한다.

활용법

• 향신 양념용 허브 재료, 베어네이즈 소스, 아메리칸 소스*, 사슈르 소스*, 양고기의 도톰한 갈비살 요리, 타라곤을 곁들인 어린 닭 요리 등등(Élément des fines herbes, sauces béarnaise, américaine, chasseur, noisettes d'agneau, coquelet à l'estragon, etc.)

---

* 사슈르 소스 sauce chasseur 헌터 소스 : 버터에 양파와 양송이를 넣고 와인과 각종 향신료로 맛을 낸 소스.

* 아메리칸 소스 sauce américaine : 다진 양파, 토마토, 화이트 와인, 브랜디, 소금, 카이엔 고추, 버터, 허브 등을 넣은 소스.

강낭콩 LES HARICOTS

강낭콩은 나비꼴의 콩과 초본 식물로, 열매(깍지) 또는 콩을 먹기 위해서 많은 품종을 재배한다.

강낭콩 초록 콩깍지는 무르익기 전에 수확하여 《껍질콩 haricots verts》이라고 부르는 매우 얇은 줄기로 먹는다.

강낭콩 일부 품종의 깍지는 성숙(콩이 생긴 후)의 정도가 서로 다른 단계에서 수확하고 심줄과 콩을 둘러싸고 있는 섬유질 막이 없는 《껍질째 먹는 강낭콩 haricots mange-tout》으로 소비한다. 노란색 껍질콩, 초록색 껍질콩, 보라색 껍질콩 등이 있다. 이러한 껍질콩은 가정과 식당에서 가장 자주 먹는 품종이다.

콩이 다 자란 후 껍질을 까서 먹는 강낭콩은 생으로 먹거나 건조해서 먹는다. 코코콩, 흰색 강낭콩, 초록색 강낭콩 등이 있다.

구입과 품질 기준 ACHAT ET CRITÈRES QUALITATIFS

껍질콩과 껍질째 먹는 강낭콩 HARICOTS VERTS ET HARICOTS MANGE-TOUT

최근에 수확해 싱싱하며 길이가 매우 긴(최소 14~16cm) 강낭콩을 고른다. 곧고 가늘며 단단하고 파삭파삭하며 질긴 심줄과 섬유질 막이 없으며 훌륭한 맛을 지닌 부드러운 것을 선택한다.

껍질콩의 신선함은 꽃받침 색깔로 확인하며 싱싱한 초록색 줄기에 거무스름한 자국이 없으며 암술대 끝이 노랗거나 건조하지 않고 싱싱한 초록색으로 파삭파삭해야 한다.

껍질을 깐 신선한 강낭콩과 건조 강낭콩 HARICOTS ÉGRENÉS FRAIS ET SECS

콩의 크기가 일정하고 모양이 좋고 속이 꽉 차 있으며 부드럽고 매끈매끈하며 빛나고 흠이 없는 것을 고른다. 먹기에 부적절한 콩을 제외하고 흠이 없고 불순물(기생충, 바구미(벌레), 곰팡이, 변질된 것)이 없어야 한다. 싱싱하고 달콤하며 고유의 향이 나며 깔끔해야 한다.

껍질콩은 최대 48시간 동안 6~8도의 냉장 보관실에서 보관한다.

건조 강낭콩은 습기, 먼지, 벌레, 설치 동물이 없는 곳에 원래의 밀봉 포장 그대로 몇 달간 보관할 수 있다.

껍질콩 LES HARICOTS VERTS

사전 준비 PRÉPARATIONS PRÉLIMINAIRES

❶ 껍질콩 양쪽 끝부분을 부러뜨려 살짝 당기며 질긴 심줄을 떼낸다.(현재 품종에는 심줄이 드물다.)

❷ 심줄은 《꽃받침 calice》에서 훨씬 쉽게 빼낼 수 있다.

❸ 껍질콩이 너무 길면 반으로 부러뜨린다.

❹ 물에 여러 번 꼼꼼하게 씻은 후 물기를 뺀다. 물 속에 담가놓지 않는다. 익힐 준비를 한다.

활용법

- 버터, 크림을 곁들인 껍질콩, 그라탱(Haricots verts au beurre, à la crème, au gratin.)
- 마세두안 샐러드, 자르디니에르, 부크티에르 등의 재료(Composition de la macédoine, de la jardinière, de la bouquetière de légumes, etc.)
- 껍질콩 샐러드(건조 강낭콩과 혼합) 등등 Haricots panachés(en mélange avec des haricots secs verts), etc.

정육면체로 자르기 EN DÉS

같은 굵기 껍질콩을 《한 움큼 petits paquets》 겹쳐놓고 브뤼누아즈 샐러드는 2~3mm 길이로, 마세두안 샐러드는 4~5mm 길이로 자른다.

활용법

- 잘게 자른 채소 포타주, 채소 퓨레, 콩소메를 위한 장식 재료(Garniture de potages taillés, purées de légumes frais et secs, consommés.)
- 마세두안 샐러드(Macédoine de légumes.)
- 혼합 샐러드(Salades composées.)

마름모로 자르기 EN LOSANGES

껍질콩을 《한 움큼 petits paquets》 잡고 저밈용 칼로 비스듬하게 자른다.

활용법

- 크림을 곁들인 껍질콩, 그라탱, 프랑스식으로 요리한 껍질콩(Haricots verts à la crème, au gratin, à la française.)
- 포타주의 장식 재료(Garniture de potages.)
- 혼합 샐러드(Salades composées.)

껍질을 깐 강낭콩 LES HARICOTS À ÉGRENER

사전 준비 PRÉPARATIONS PRÉLIMINAIRES

❶ 잠두콩이나 완두콩처럼 강낭콩 껍질을 깐다.

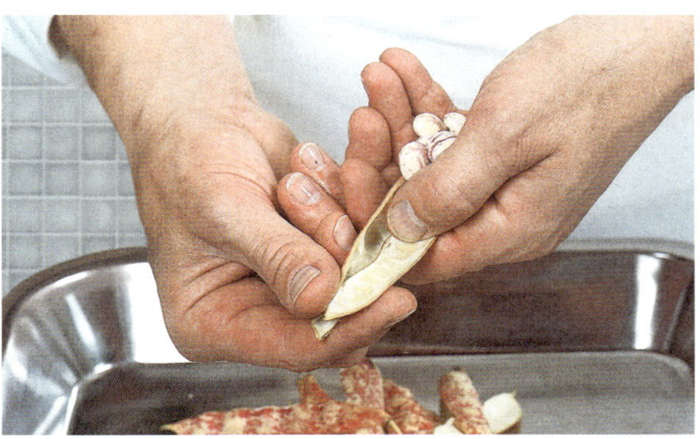

❷ 엄지 손가락으로 콩깍지 윗부분(꽃받침의 반대편)을 누른다. 콩깍지 두 면이 갈라지면 엄지 손가락으로 콩깍지를 긁어주며 콩을 뺀다.

❸ 물에 여러 번 꼼꼼하게 씻는다.

❹ 물 표면에 떠오르는 이상한 모양의 콩이나 흠이 있는 콩은 제거한다.

완성한 결과

활용법

- 버터를 곁들인 강낭콩, 향신 양념용 허브를 곁들인 강낭콩, 크림을 곁들인 강낭콩, 토마토를 곁들인 강낭콩, 소스를 곁들인 강낭콩, 리옹식 강낭콩*, 브르타뉴식 강낭콩*, 파나쉐 샐러드*(Haricots au beurre, aux fines herbes, à la crème, à la tomate, au jus, à la lyonnaise, à la bretonne, panachés, etc.)

- 소아송 포타주, 뮈자르 포타주, 콩데 포타주 및 응용 포타주(Potages soissonnais, Musard, Condé, et dérivés.)

- 혼합 샐러드(Salades composées.)

- 퓨레, 쉬브릭(전병 요리), 다양한 플랑(프랑스 디저트)(Purées, subrics, flans divers.)

---

* 리옹식 강낭콩 haricots à la lyonnaise : 강낭콩, 잘게 썬 양파, 다진 파슬리, 버터 등을 함께 볶은 요리.

* 브르타뉴식 강낭콩 haricots à la bretonne ou bretonne si césure : 강낭콩, 양파, 마늘, 토마토, 부케가르니 등을 함께 익힌 곁들임 요리.

* 파나쉐 샐러드 panachés : 강낭콩, 껍질콩, 다양한 채소를 섞어 만든 샐러드.

잠두콩 LES FÈVES FRAÎCHES

활용법

- 버터를 곁들여, 크림을 곁들여, 세이보리를 곁들여, 프랑스식으로(Fèves au beurre, à la crème, à la sarriette, à la française.)
- 포타주, 퓨레(Potages, purées.)
- 양고기의 곁들임 요리(Garniture d'accompagnement pour agneau et mouton.)

1kg의 잠두콩 껍질을 벗기면 약 300g의 콩을 얻을 수 있다.

사전 준비 PRÉPARATIONS PRÉLIMINAIRES

❶ 익히기 직전에 잠두콩을 깐다(누에콩이라고도 불림).

❷ 즉시 또는 끓는 물에 몇 초 데친 후에 콩 표피를 벗긴다.(표피 막이나 보호하는 껍질을 제거한다) (잠두콩을 끓는 물에 데친 후 얼음물에 담글 경우는 제외)

---

* 세이보리 sarriette : 꿀풀과에 속하는 향기 나는 1년생초로, 말린 잎과 꽃 끝부분을 요리에 사용한다.

밤(마롱 혹은 샤테뉴) LES MARRONS (OU CHÂTAIGNES)

샤테뉴 Châtaigne 혹은 마롱 Marron*? 요리 용어로 샤테뉴를 그냥 '마롱'
이라고 칭한다.

명칭이 어떻든 밤은 밤나무(Castanea sativa)에 접붙여 재배하는 식용 가능한
열매이다. 인도의 장식용 마로니에 나무의 열매와는 다르다.

두껍고 가시가 있는 동그란 모양의 껍질(밤송이)은 익으면 벌어진다.
마로니에의 경우 한 개의 큰 열매가 들어있지만, 밤나무의 경우에는 2~5
개의 밤이 가름 막으로 나뉘어 있다.

밤나무는 코르시카 Corse, 아르데슈 Ardèche, 리모주 Limoges와 같은
척박한 불모지에서 주로 재배한다.

하지만, 프랑스 밤 생산은 제과업자들의 수요를 충당하지 못해 해마다
수입에 의존한다.

밤은 크리스마스 때 거위나 칠면조 요리에 곁들여지는 전통적인 재료이다.
보통, 맑은 가금류 육수에 넣거나 샐러리로 풍미를 가미한 우유와 함께
퓨레로 만든다. 익힌 밤은 가금류, 돼지고기, 수렵육, 양배추 요리에
곁들이기도 한다.

아르데슈 제빵사들은 밤가루로 전통 빵을 다시 유행시켰는데, 그 맛이
부드러운 버전의 통밀빵 Pain bis을 떠올리게 한다.

구입과 품질 기준 ACHAT ET CRITÈRES QUALITATIFS

제철이 시작될 때 구입하는 것이 좋
다.(10월 말/11월 초, 해에 따라 달
라짐)

일정한 크기의 크고 무겁고 반짝거
리는 밤을 고른다. 표면이 싱싱하고
벌레 먹은 흔적, 곰팡이 흔적이 없
어야 한다.

건조하고 통풍이 잘 되고 어두운 곳
에 두며, 먼지, 벌레, 설치 동물이
없는 곳에 쌓아두지 말고 보관한
다.(발효 위험을 막기 위해 한 겹으
로 둔다)

---

* 역주 : 샤테뉴와 마롱은 다른 종이다. 마
롱은 인도 밤처럼 껍질 안에 하나의 커다란
밤이 들어있고 특유의 독성 때문에 가공해
서 많이 쓰인다. 여기서는 샤테뉴를 '밤'으
로 번역하였다.

사전 준비 PRÉPARATIONS PRÉLIMINAIRES

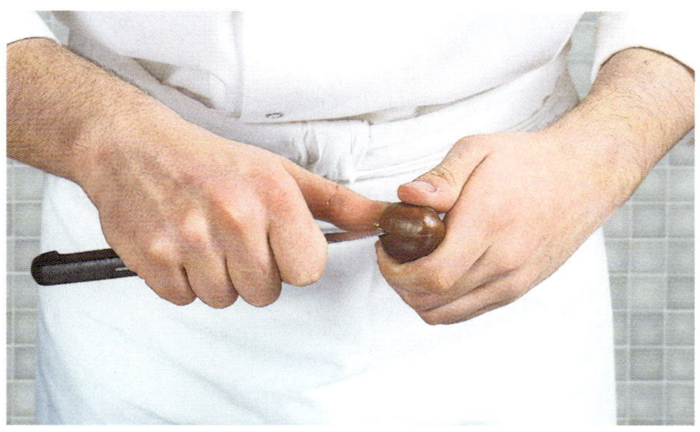

❶ 작은 칼 끝으로 껍질 중 볼록하게 나온 부분에 칼집을 넣는다.

❷ 약간의 밤을 몇 분간 뜨거운 오븐에 넣거나 끓는 물에 넣는다.

❸ 껍질과 안쪽의 얇은 껍질을 벗긴다.(밤이 식으면 안 된다.)

무(잎이 붙어 있는 햇무, 저장용 무)

LES NAVETS(NAVETS NOUVEAUX AVEC FANES, NAVETS DE CONSERVATION)

- 잎이 붙어 있는 햇무(navets nouveaux avec fanes)
- 노란색 무(navet jaune boule d'or)
- 보라색 동그란 무(navet rond à collet violet)
- 스웨덴 순무(chou navet rutabaga)
- 길쭉한 흰색 무(navet blanc long)

무는 일년 내내 먹을 수 있는 식용 뿌리이다. 품종에 따라 무는 여러 가지 요리에 사용한다.

단맛이 있고 맛이 강하지 않은 햇무는 채소 곁들임 요리로 가장 많이 사용한다.(무를 곁들인 새끼오리 요리)

강한 맛의 저장용 무는 데쳐서 사용해야 한다. 여러 가지 채소 요리의 재료로 사용한다.(마세두안 macédoine, 자르디니에르 jardinière, 부크티에르 bouquetière, 포타주 potage 등등)

구입과 품질 기준 ACHAT ET CRITÈRES QUALITATIFS

현재, 무 크기에 관한 기준 규정은 없다. 저장용 무의 경우 kg으로 판매하고, 햇무의 경우 다발로 판매한다.

잎이 붙어 있는 햇무 LES NAVETS NOUVEAUX AVEC FANES

일정한 모양이고 깔끔하며 단단하고 표면이 고르고 매끄러운 무의 다발을 선택한다. 색깔은 밝고 빛나는 흰 크림색이고, 줄기와 뿌리가 이어지는 부분은 연한 분홍색이나 보랏빛이 난다.

잎은 싱싱한 초록색이고 노랗거나 시들지 않고 빳빳하며 파삭파삭해야 한다.

저장용 무 LES NAVETS DE CON-SERVATION

– 길쭉한 흰색 무(Les navets blancs longs)
단단하고 고른 모양이며 표면이 매끄럽고 고르며 잔뿌리가 없고 깔끔한 무를 고른다. 뿌리와 줄기가 이어지는 부분이 싱싱하며 거무스름하거나 진액이 나오면 안 된다.

– 보라색 동그란 무(Les navets ronds à collet violet)
고른 모양의 동그랗고 매끄러우며 깔끔하고 단단한 무를 고른다. 껍질이 매우 두껍지만, 심줄이 많거나 질겨 보여서는 안 된다.

더럽거나 표면이 말라 있거나 껍질이 두껍고 시들시들하거나 색깔이 너무 진하거나 구멍이 있거나 무르거나 벌레 먹었거나 혹이 있거나 금이 갔거나 거무스름한 자국이 있거나 줄기와 뿌리가 이어지는 부분에 썩은 흔적이 있는 무는 즉시 제외시킨다.

무의 보관은 당근과 마찬가지로 10도에서 최대 12도까지의 냉장 보관실에 한다.

냉장 보관실에 너무 오래 보관할 경우, 무가 마르고 질겨지며 강한 맛이 더 심해진다.

사전 준비 PRÉPARATIONS PRÉLIMINAIRES

다듬기 ÉPLUCHER

❶ 무의 양쪽 끝을 자른 후 작은 칼로 껍질을 벗긴다.

❷ 심줄과 질긴 부분을 제거한다.

❸ 줄기와 뿌리가 이어지는 초록색 부분은 추후 제거되기 때문에 심하게 속을 파낼 필요가 없다.

무씻기 LAVER

❶ 물에 여러 번 꼼꼼하게 씻는다.

❷ 물 속에 담그지 말고 즉시 물기를 뺀 후 6도에서 최대 8도까지의 냉장 보관실에 뚜껑을 덮어 보관한다.

무 가늘게 채썰기 TAILLER EN JULIENNE

❶ 저밈용 칼로 무를 손질한다. 손질된 무의 길이가 5~6cm를 넘어서는 안된다.

❷ 강판으로 얇게 저민다.

❸ 얇은 조각을 조금씩 모아 나란히 겹쳐 놓는다.
❹ 저밈용 칼로 가는 실처럼 채 썬다.

완성한 결과

활용법

• 포타주, 콩소메, 소스의 장식 재료(Garniture des potages, consommés, sauces, etc.)

무 막대 모양으로 썰기 TAILLER EN BÂTONNETS

자르디니에르 Jardinière de légumes

❶ 무를 손질해서 3.5~4cm 높이 직육면체가 되도록 자른다.

❷ 손질된 무를 평평하게 두고 3.5~4mm의 일정한 두께로 썬다. 강판을 사용해도 된다.

❸ 얇은 조각을 나란히 겹쳐 놓고 3.5~4mm 두께 막대 모양으로 썬다.

완성한 결과

활용법

- 자르디니에르(Jardiniere de légumes.)

플로리스트 곁들임 요리 Garniture fleuriste

자르디니에르를 위한 방법의 각 단계와 동일하며, 크기만 다르다.

❶ 2cm 높이 직육면체 모양의 무를 썰어 2mm 두께의 얇은 조각으로 만든다.
❷ 조각을 나란히 겹쳐 놓은 후 2mm 막대 모양으로 썬다.

포트 마요*는 꽃 다발 모양의 자르디니에르에 해당한다.

정육면체로 썰기(마세두안, 브뤼누아즈)
TAILLER EN DÉS(MACÉDOINE, BRUNOISE)

마세두안 자르기의 방법은 자르디니에르를 위한 방법의 첫 단계와 동일하다.

마세두안 Macédoine

❶ 저밈용 칼로 무를 손질한다.(선택사항)

❷ 무를 평평하게 놓고 4mm 두께로 일정하게 썬다. 강판을 사용해도 좋다.

❸ 얇은 조각을 나란히 겹쳐 놓고 4mm 크기 막대 모양으로 자른다.

* 포트 마요 Porte Maillot : 곁들임 요리 이름으로, 다양한 종류의 채소를 2~4cm 크기로 잘라 익힌 요리인 자르디니에르를 활용한다.

❹ 막대 모양으로 자른 무를 가지런히 놓고 각 면이 4mm 정육면체가 되도록 자른다.

요리에 따른 마세두안 샐러드의 크기
마세두안의 크기는 요리에 따라 조금씩 달라진다.
– 예를 들어, 토마토, 비스킷과 함께 나오는 생선 요리의 경우 정육면체 각 면이 최대 3mm
– 단체 급식의 경우 정육면체 각 면이 5mm
– 막대 모양을 가지런히 놓고 각 면이 4mm 정육면체가 되도록 자른다.

완성한 결과

활용법

• 마세두안(Macédoine de légumes.)

브뤼누아즈 Brunoise

정육면체 각 면이 2mm가 되도록 정교하게 자른다.

활용법

• 포타주나 콩소메의 장식 재료(Garniture de potages et consommés.)

사각 모양의 나박 썰기 ÉMINCER EN PAYSANNE

❶ 무를 썰기 좋게 손질해준 후(선택사항), 최대 1cm 두께가 되도록 자른다.
❷ 조각을 최대 1cm 크기 막대 모양이 되도록 썬다.

❸ 막대 모양 무를 모아서 최대 1mm 두께의 얇은 조각으로 잘게 썬다.

완성한 결과

활용법

- 채소를 잘게 썬 포타주(Potages taillés)

무의 모난 부분을 깎아 둥글게 모양 다듬기 NAVETS TOURNÉS

❶ 무를 칼로 썰기 좋게 손질한다.

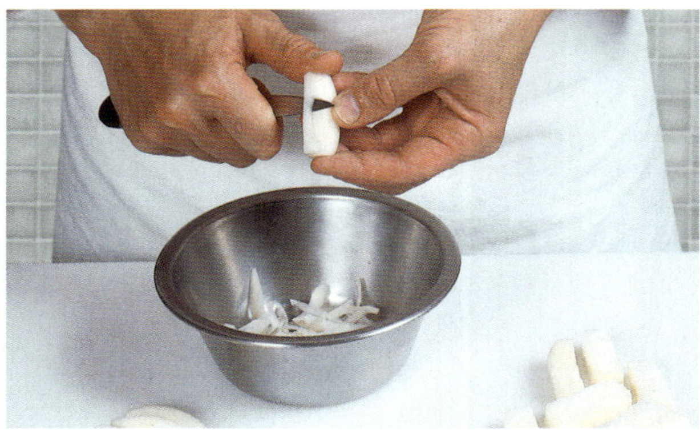

❷ 1～1.5cm 두께 조각으로 자른다.(조리법에 따라)

❸ 1～1.5cm 두께 막대 모양으로 자른다.

❹ 완성된 모델과 최대한 비슷하게 잘라야 다듬은 부스러기 양이 줄어든다.

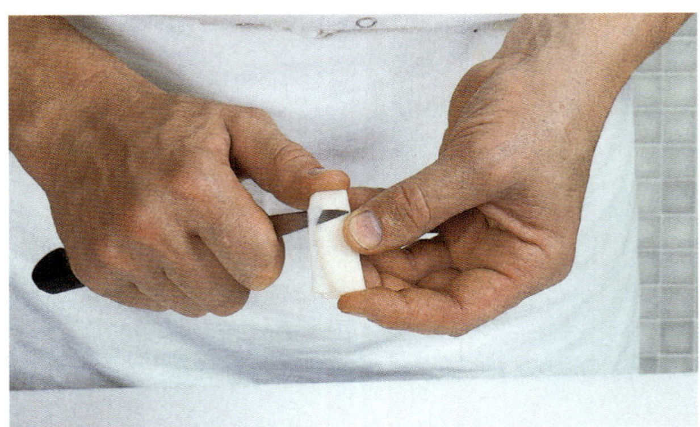

❺ 무의 모난 부분을 깎는다.

❻ 작은 칼로 길쭉하고 동그란 형태가 되도록 손질한다.

요리별로 둥글게 깎는 무의 크기
조리에 따라 둥글게 깎은 무의 크기는 달라진다.
– 맏물 채소를 이용한 곁들임 요리에는 2～2.5cm 크기
– 맏물 채소와 일반 채소를 섞은 곁들임 요리에는 3～4cm 크기
– 부크티에르에는 4～5cm 크기
– 포토푀나 닭찜의 곁들임 요리에는 5～6cm 크기

완성한 결과

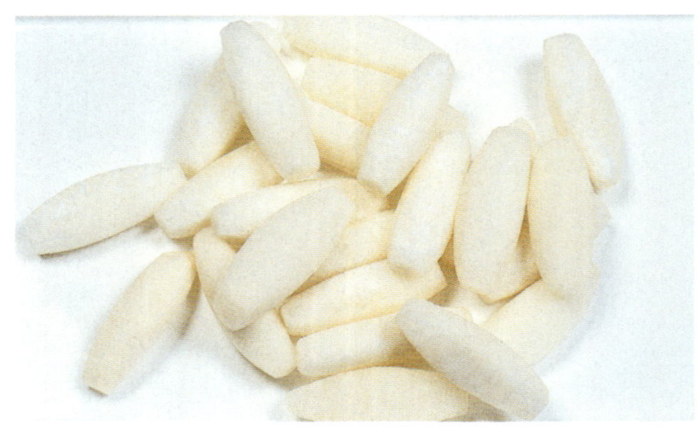

활용법

- 맏물 채소를 곁들인 가금류 프리카세(Fricassée de volaille aux primeurs.)

- 맏물 채소를 곁들인 칠면조 스튜(Blanquette de dinde aux primeurs.)

- 봄 채소를 곁들인 양고기 스튜(Navarin printanier.)

- 맏물 채소를 곁들인 양고기 등살 요리(Carré d'agneau aux primeurs.)

- 채소 부크티에르(Bouquetière de légumes.)

- 맏물 채소로 만든 팀발(Timbale de primeurs.) – 틀에 넣어 굽는 형태

양파 LES OIGNONS

둥근 뿌리를 먹을 수 있는 백합과의 식용 식물인 양파는 전 세계적으로 가장 오래되고 가장 많이 소비되는 채소 중 하나이다.

이집트인들의 사랑을 많이 받았던 양파는 피라미드를 건축한 사람들을 위한 요리의 기본 재료로 사용되었다. 그리스인들, 로마인들, 프랑스 선조들 역시 일상의 식사에서 양파를 많이 먹었다.

현재, 프랑스 북부와 브르타뉴(Bretagne), 에로(Hérault), 코트 도르(Côte d'Or) 지역에서 생산되는 양은 프랑스 내 수요를 충족시키기에는 부족한 상태이다. 그래서 스페인, 이탈리아, 네덜란드에서 수입하고 있다.

양파에는 여러 품종이 있으며 한 해의 시기에 따라 종류가 달라진다.

- 봄쪽파(Petits oignons blancs de printemps), 잎이 붙어 있고 다발로 판매됨
- 골파류는 시브(cives), 시불(ciboules), 《오니옹 페이 oignons pays》 등으로 불리운다.
- 건조 양파(Oignons secs) 또는 저장 양파(Oignons de garde), 일 년 내내 먹을 수 있음(베르뛰 Vertus, 뮐루즈 Mulhouse, 스페인산의 짚 빛깔의 노란색 양파, 브런즈윅 Brunswick산의 짙은 붉은 갈색 양파, 니오르 Niort 산의 연한 붉은색 양파, 플로렌스 Florence산의 붉은색 양파)
- 작은 건조 양파(Oignons secs) 또는 방울 양파(Grelots)

양파의 어린 순은 파나 골파를 대신해 사용할 수 있다.

양파에는 점막을 자극하여 눈물이 나게 하는 맵고 자극적인 황 혼합물(황화알릴)이 있다. 따라서 미지근한 물에 몇 분간 담가놓거나 찜통에 몇 초간 넣은 후 양파를 다듬는 것이 더 좋다.

생 양파는 종종 소화하기 어렵다. 끓는 물에 몇 초간 데친 후 즉시 얼음 물에 담가 식히면 양파의 소화를 개선할 수 있다.

구입과 품질 기준 ACHAT ET CRITÈRES QUALITATIFS

양파 크기는 둥근 뿌리의 mm 직경에 따라 달라진다. 규정된 기준이 있다. 예를 들어 40/60mm, 50/70mm, 60/80mm 등의 크기가 있다. 마찬가지로 양파의 품질 등급 Ⅰ-Ⅱ-Ⅲ도 규정에 따라 정한다.

봄철에 나오는 작은 흰색 양파나 쪽파는 다발로 포장해 판매하고, 큰 건조 양파나 저장 양파의 경우 10~25kg의 망으로 판매한다.

양파를 고를 땐, 껍질이 잘 건조되고 빛나며 알이 단단하고 깔끔한 것으로 고른다. 모양이 예쁘고 크기가 일정한 양파를 선택한다.

무르거나 황 화합물의 강한 향이 나거나 반점이 있거나 윤이 나지 않거나 싹이 튼 양파는 즉시 제외한다.

저장 양파는 건조하고 통풍이 잘 되며 직사광선, 벌레, 설치동물이 없는 곳에 많이 쌓아두지 않고 보관한다.

특히 봄에는 양파에 싹이 나므로 보관 기간에 주의하며, 절대로 냉장 보관실에 보관하지 않는다.

사전 준비 PRÉPARATIONS PRÉLIMINAIRES

건조 양파 또는 저장 양파 다듬기와 씻기
ÉPLUCHER ET LAVER DES OIGNONS
OIGNONS SECS OU DE GARDE

❶ 양파 양쪽 끝 부분을 자른다.(뿌리 부분과 줄기 부분)
❷ 양파에 흠집이 나지 않게 껍질을 제거한다.

❸ 물에 여러 번 꼼꼼하게 씻는다.

양파 다듬기
Éplucher un oignon
www.bpi-campus.com
www.youtube.com/@diytp

양파 잘게 썰기
Ciseler un oignon
www.bpi-campus.com
www.youtube.com/@diytp

양파 저미기 ÉMINCER DES OIGNONS

❶ 저밈용 칼로 양파를 두 토막으로 자른다.

❷ 도마 위에 양파의 평평한 면을 아래로 하고 비스듬하게 밑동(뿌리 부분)을 자른다. 단단한 밑동 부분이 겹겹으로 쌓여있는 양파 전체를 고정시키고 있다.

❸ 양파가 너무 클 경우, 다시 두 토막 낸다.

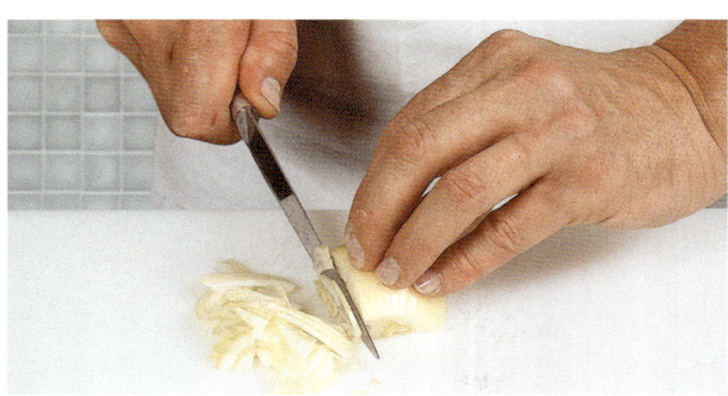

❹ 저밈용 칼로 얇게 저며 자르면 입체적인 양파 결이 보인다. 또한, 자르는 방향이 잘못되지 않도록, 밑동을 제거한 후 양파의 결 방향으로 잘게 자른다.

완성한 결과

활용법

- 진한 수프의 아로마틱 가니쉬(Garniture aromatique des fumets.)
- 마티뇽 요리의 구성 재료(Rentre dans la composition de la Matignon.)
- 수비즈 소스*(Sauce Soubise.)
- 양파 수프(Soupe à l'oignon.)
- 감자볶음, 등심 스테이크, 리옹식 송아지 간 요리 등등(Pommes sautées, entrecôtes, foies de veau lyonnaise, etc.)

양파 잘게 썰기 CISELER DES OIGNONS

❶ 저밈용 칼로 양파를 두 토막으로 자른다.

❷ 도마 위에 양파의 평평한 면을 아래로 하고, 양파 줄기 부분을 자신 쪽으로 향하게 한다.

❸ 칼 끝으로 2등분된 양파를 얇고 일정하게 자르되, 밑동 끝까지 자르지 않는다. (밑동이 여러 겹의 양파를 지탱한다.)

④ 양파를 1/4 정도 돌려준 후 손가락을 구부려 양파 위에 올려 지탱한다.

⑤ 양파의 아래 부분부터 밑동 끝까지 가지 않고 다시 수평으로 잘게 저민다.

⑥ 같은 자세로 손가락으로 양파를 잘 잡고 수직 방향으로 일정하고 잘게 자른다.

⑦ 잘게 자른 양파는 거무스름해질 수 있다. 차가운 물로 양파를 헹군 후 체에 걸러 꼼꼼하게 물기를 제거한다.

완성한 결과

활용법

• 아로마틱 가니쉬(미르푸아, 보르드레즈*)(Garniture aromatique (Mirepoix, bordelaise).)

• 다양한 파르시 요리의 매운맛 양념, 뒥셀, 토마토 퐁듀, 토마토 생채소 샐러드, 혼합 샐러드(Condiment âcre à saveur alliacée pour farces diverses, Duxelles, fondue de tomates, salades de tomates, crudités, salades composées.)

링 모양으로 양파 썰기
TAILLER DES OIGNONS EN BRACELETS

① 동그란 양파를 고른다.

② 도마 위에 올려 양파 밑동 부분이 손 안쪽 중앙을 향하도록 양파를 옆으로 세운다.

③ 저밈용 칼로 일정한 두께(2~3mm)의 얇은 조각이 되도록 자른다.

④ 《링 bracelets》 모양의 양파 조각을 하나씩 하나씩 뗀다.

⑤ 양파 중간 부분은 다른 요리를 위해 따로 보관한다.(고기나 햄을 얇게 써는 기기를 이용하여 양파를 링 모양으로 일정하게 자를 수 있다.)

완성한 결과

활용법

• 장식용 재료(Élément de décor.)

• 쿠르 부용의 아로마틱 가니쉬(Garniture aromatique de courts – bouillons.)

• 양파튀김(Oignons frits.)

• 양파 프리토(튀김)(Fritots d'oignons.)

---

* 수비즈 소스 sauce Soubise : 양파의 단맛이 더해진 화이트 소스로, 양파, 월계수 잎, 생크림. 우유 등으로 만든다.

* 보르드레즈 bordelaise : 보르도(Bordeaux)산 와인을 사용한다.

건조 구슬양파 PETITS OIGNONS SECS

❶ 미지근한 물에 몇 분간 구슬양파를 담가놓는다.

❷ 작은 칼로 밑동(뿌리)을 자른 후, 양파 윗부분에 몇 mm를 남겨두고 줄기 부분을 자른다. 이렇게 해야 양파를 익힌 후에도 단단하게 온전한 모습의 양파로 유지된다.

❸ 양파 속살에 흠을 내지 않고 껍질을 조심스럽게 벗긴다.

봄철에 나오는 흰색 구슬양파 다듬기
PETITS OIGNONS BLANCS DE PRINTEMPS

❶ 작은 칼로 밑동(뿌리 부분)을 자른다.

❷ 구슬양파를 온전하게 유지하도록 초록색 줄기 부분의 몇 mm를 남겨두고 자른다. 이 방법은 익히는 동안 양파가 해체되지 않도록 하기 위해서이다.

❸ 물에 여러 번 꼼꼼하게 씻는다.

완성한 결과

활용법

- 그리스식의 구슬양파 요리(Petits oignons à la grecque.)
- 구슬양파 콩피(Petits oignons confits.)
- 투명하게 윤을 낸 구슬양파 – 스튜, 프리카세의 곁들임 요리(Petits oignons glacés à blanc(petite garniture de la blanquette, des fricassées….)
- 갈색으로 윤을 낸 구슬양파 – 양고기 스튜, 부르고뉴식의 곁들임 요리(Petits oignons glacés à brun(petite garniture du navarin, bourguignonne…)

양파를 자르거나 잘게 다진 후 사용했던 모든 도구, 특히 칼을 잘 씻어야 한다. 양파는 조리에 사용할 때 그 즉석에서 잘게 써는 것이 더 좋다. 하지만, 미리 준비할 경우, 양파 냄새가 새지 않는 용기에 넣어서 냉장 보관실에 보관한다.

투명하게 윤을 낸 구슬양파 (Petits oignons glacés à blanc)

 **LES POIREAUX**

대파는 백합과의 식용 식물로, 구근(밑동)과 잎이 있는 부드러운 부분을
익혀서 요리에 사용한다.(여러 종류의 포타주, 차가운 전채요리, 아로마틱
가니쉬의 재료, 부케가르니 등등)

대파는 일년 내내 먹을 수 있지만, 구입 최적 시기는 10월에서 3월까지이다.

구입과 품질 기준 ACHAT ET CRITÈRES QUALITATIFS

현재, 대파의 규격에 대한 규정은
없고, 품질 등급만 규정되어 있다.

예
〈품질 등급 I〉는 상자에 담겨 있는 같
은 모양의 두꺼운 대파를 의미한다.

대파를 고를 때에는 싱싱하고 잎이
곧고 진한 초록색이며 시들지 않고
깔끔하게 잘린 것을 고른다. 구근
(밑동)은 매우 길고 흰색이며 부드
럽고 잎과 뚜렷하게 대조된다.(최소

한 1/3은 흰 부분, 2/3는 부드러운
초록색)

잎이 무르거나 찢어져 있거나 노랗
게 말라 있거나, 큰 대파의 경우 가
장 바깥 부분 잎이 두껍거나 질기고
심줄이 많거나 《수확 시기가 늦어
서 너무 커진 montés》 대파는 즉시
제외시킨다.

대파는 6도에서 최고 8도까지의 냉
장 보관실에 보관한다.

사전 준비 PRÉPARATIONS PRÉLIMINAIRES

❶ 작은 칼로 대파 구근 끝 뿌리털을 자른다.

❷ 대파 잎 끝을 짧게 자른다. 1/3의 초록색 잎 부분과 2/3의 흰색 줄기
부분만 남겨놓는다.

❸ 대파 전체에 살짝 칼집을 내서 가장 바깥 부분 잎을 제거한다.(두 번째
잎이 너무 억센 경우나 시들어 있는 경우, 두 번째 잎도 제거한다.)

❹ 대파의 흰색 줄기 부분을 잡고 작은 칼 끝을 아래쪽으로 향하게 하며
초록색 잎 부분을 4등분으로 쪼갠다.

⑤ 흙이나 모래, 벌레 등을 없애기 위해 흐르는 물에 대파의 잎을 벌리면서 꼼꼼하게 씻는다.

⑥ 대파를 같은 길이로 자른다.

⑦ 푸른색 포타주, 맑게 여과한 콩소메, 젤레(고기나 채소를 넣은 수프) 등을 위해 대파의 초록색 잎을 보관한다.

대파 잘게 썰기 POIREAUX ÉMINCÉS EN PAYSANNE

① 대파를 세로 방향으로 굵기에 따라 2등분 또는 4등분으로 자른다.

② 저밈용 칼로 얇게 썬다.

완성한 결과

활용법

- 잘게 썬 채소를 넣은 포타주, 채소 퓨레, 크림과 벨루테(Potages taillés, purées de légumes frais, crèmes et veloutés.)
- 아로마틱 가니쉬 등등(Garniture aromatique, etc.)

대파 가늘게 채썰기 POIREAUX ÉMINCÉS EN JULIENNE

① 대파 흰 부분을 5∼6cm 길이로 토막 내어 자른다.

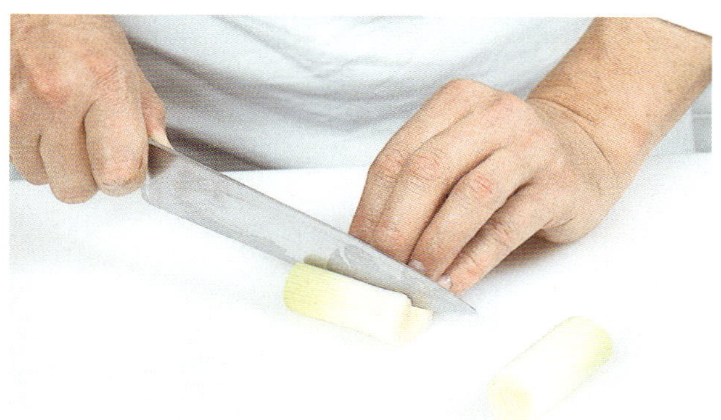

❷ 토막을 세로 방향으로 잘라 중심까지 벌린다.

❸ 벌려놓은 토막을 납작하게 한 후 대파의 겹이 나란히 포개지게 한다.

❹ 저밈용 칼로 가늘게 채 썬다.

완성한 결과

활용법

- 포타주의 장식 재료 Garniture de potages(크림 벨루테 crèmes et veloutés), 콩소메 consommés, 생선 소스(de sauces poisson)
- 부야베스*의 장식 재료 등등(Garniture de la bouillabaisse, etc.)

대파 다발 만들기 POIREAUX EN BOTTES

❶ 대파를 다발로 모은다.(같은 굵기의 대파만 고라 사용한다.)

❷ 아스파라거스처럼 끈으로 묶는다.

❸ 다발이 같은 길이가 되도록 잎 끝부분을 자른다.

완성한 결과

대파 다발은 데치거나 찌거나 수비드(sous vide : 저열로 오랜 시간 익히기)로 조리한다.

활용법

- 식초 소스를 곁들인 대파 요리(Poireaux vinaigrette.)
- 크림을 곁들인 대파, 대파 그라탱, 녹인 버터를 곁들인 대파, 올랑데즈 소스를 곁들인 대파, 대파 튀김 등등(Poireaux à la crème, au gratin, au beurre fondu, sauce hollandaise, en fritots, etc.)

토막으로 자른 대파는 그리스식으로 조리할 수 있다.

---

* 부아베스bouillabaisse : 지중해식 생선 스튜.

완두콩 LES POIS

완두콩은 콩과 덩굴 식물로, 과실(깍지)과 낟알(작은 콩)을 위해 일부 품종을 재배한다.

어떤 품종의 《콩깍지 cosses》는 콩이 완전히 다 자라기 전에 수확하여 《껍질째 먹는 완두콩 pois mange-tout》 또는 《맛있는 콩깍지 pois gourmands》라고 부르며 먹는다.

껍질을 까서 먹는 완두콩의 경우, 콩만 까서 먹으며 생으로 또는 건조해서 먹을 수 있다. 품종에 따라 완두콩의 표피(외피)가 매끈하기도 하고 주름지기도 한다.

완두콩을 건조시키고 두 쪽의 콩을 분리시킨 후 콩을 닦는 과정을 거친 일부 품종은 《쪼개진 완두콩 pois cassés》이라는 이름으로 나온다. 주로 포타주나 퓨레를 만드는 데 사용한다.

구입과 품질 기준 ACHAT ET CRITÈRES QUALITATIFS

껍질째 먹는 완두콩
POIS GOURMANDS

껍질째 먹는 완두콩을 고를 때에는 알맞게 여문 콩깍지의 색깔이 연한 초록색이고 매우 부드럽고 순하며 콩깍지 속에 들어 있는 어리고 작은 콩을 알아볼 수 있는 것을 고른다.

껍질째 먹는 완두콩을 수확할 때에는 꽃 부리 부분에 꽃잎이 있는 경우가 흔하다.

껍질을 까서 먹는 완두콩
POIS À ÉCOSSER

콩깍지가 길고 크며 잘 여물고 볼록한 것으로 최소 완두콩이 6~8개 정도 들어있는 것을 고른다. 콩깍지는 싱싱하며 손가락으로 눌렀을 때 콩깍지 두 면이 쉽게 벌어져야 한다. 완두콩은 크기가 일정하며 연한 초록색이고 부드럽고 폭신하며 향이 좋아야 하고 달콤해야 한다.

완두콩 알이 섬유질 막으로 덮여 있거나 시들었거나 무르거나 녹말이 함유되었거나 점액질 완두콩처럼 외피가 건조하거나 딱딱한 경우 즉시 제외시킨다.

콩깍지가 있는 완두콩의 경우, 보관은 6~8도의 냉장 보관실에서 최고 48시간까지 가능하다.

사전 준비 PRÉPARATIONS PRÉLIMINAIRES

껍질째 먹는 완두콩 POIS GOURMANDS

❶ (필요한 경우) 심줄 제거를 위해 살짝 당기며 콩깍지 양쪽 끝부분을 자른다.

❷ 물 속에 담그지 말고 물에 여러 번 꼼꼼하게 씻은 후 물기를 뺀다.

❸ 조리법에 따라 끓는 물에 데친다.

껍질을 까서 먹는 완두콩 POIS À ÉCOSSER

❶ 엄지 손가락으로 콩깍지 윗 끝부분(암술대 쪽)을 눌러주며 껍질을 깐다. 완두콩 껍질을 까는 것은 익히기 바로 직전에 한다.

❷ 콩깍지 두 면을 벌린다.

❸ 완두콩이 잘 떨어지도록 엄지 손가락으로 콩깍지 안쪽을 긁어준다.

완성한 결과

끓는 물에 데친 완두콩(Petits pois à l'anglaise)

프랑스식으로 요리한 완두콩(Petits pois à la française)

활용법

• 데친 완두콩, 프랑스식 완두콩, 농장식 완두콩, 시골식 완두콩, 기름으로 요리한 완두콩 등등(Petits pois à l'anglaise, à la française, fermière, paysanne, au lard, etc.)

• 포타쥬, 클라마르 퓌레*.(Potages, purée Clamart…)

• 채소 곁들임 요리, 혼합 샐러드(자르디니에르, 부크티에르, 마세두안 등등) (Les petits pois rentrent dans la composition de nombreuses garnitures de légumes et salades composées(jardinière, bouquetière, macédoine de légumes, etc).

1kg(깍지 속) 완두콩에는 약 400∼450g의 완두콩, 즉 3∼4인분이 들어있다.

---

* 클라마르 퓌레 purée Clamart : 익힌 완두콩을 갈아서 생크림과 섞어 만든 퓌레.

피망(또는 파프리카) LES POIVRONS (OU PIMENTS DOUX)

피망은 가지과 식용식물의 다양한 열매이다. 재배하는 여러 종류에 따라 모양, 크기, 《매운맛 piquant》의 정도가 다르다.

빨간색 피망은 열매가 익고 건조되어 가루가 되면 다양한 종류의 파프리카 가루를 제공한다.

살이 연한 품종은 주로 색깔에 따라 사용한다. 처음에 초록색이던 피망은 빨간색이 되었다가 노란색으로, 그 다음에는 보라색이나 검은색으로 무르익는다.

피망은 주로 양파, 토마토와 함께 여러 종류의 지중해식, 바스크식, 스페인식, 포르투갈식 요리의 재료로 쓰인다.(전채요리 hors d'œuvre, 혼합 샐러드 salades composées, 속을 채운 피망 요리 poivrons farcis, 프리토 (튀김) fritots, 바스크식 곁들임 요리 composition de la garniture basquaise (피페라드 la piperade), 포르투갈식 곁들임 요리 portugaise, 채소 라따뚜이 ratatouille de légumes, 소스 sauces, 쿨리 coulis(조려서 체에 거른 소스), 무스 mousses 등등)

구입과 품질 기준 ACHAT ET CRITÈRES QUALITATIFS

피망 크기는 피망 윗부분(꽃받침과 꽃자루가 있는 쪽에서 잰 가장 넓은 부분)에서 mm 단위로 측정한 최소 직경에 따라 달라진다.

엑스트라 등급, 등급 Ⅰ, Ⅱ를 규정에 따라 정한다.

판매는 kg 단위로 하고, 구입 최적 시기는 6월에서 첫 서리가 내리는 가을까지이다.

엑스트라나 등급 Ⅰ의 피망을 고르는 것이 더 좋고, 색깔은 조리에 따라 초록색, 빨간색 또는 노란색으로 고른다.

매우 단단하고 모양이 고르며 껍질이 매끈하며 부드럽고 흠이 없이 윤이 나는 피망을 선택한다. 꽃자루는 싱싱해야 하며 최근에 수확한 것이어야 한다.

무르거나 건조하고 껍질에 주름과 흠이 있거나, 꽃자루가 말라 있고 갈색이며 진액이 흐르는 피망은 즉시 제외시킨다.

피망을 거칠게 다루지 말고 열을 피하며, 보관은 10도~12도 사이의 냉장 보관실에 며칠 동안 한다.

사전 준비 PRÉPARATIONS PRÉLIMINAIRES

❶ 피망을 꼼꼼하게 씻는다.

❷ 키친타월로 물기를 닦는다.

❸ 마르도록 둔다.

피망 껍질 제거하기 MONDER DES POIVRONS

피망 조리법에 따라 여러 가지 방법을 사용한다.

첫 번째 방법 :

피망을 생으로 사용할 경우(생채소 샐러드, 혼합 샐러드, 장식용 재료)

잘리는 부분을 최소한으로 하며 필러로 껍질을 벗긴다.

두 번째 방법:

피망을 익혀서 사용할 경우(바스크식 garniture basquaise, 스페인식 가니쉬 espagnole 등)

❶ 250도의 매우 뜨거운 오븐에 몇 분간 피망을 넣는다. 식료품을 위한 밀봉 봉지에 피망을 넣고 식기 전에 껍질을 벗긴다.

❷ 또는 180도의 튀김기에 피망을 몇 초간 넣는다. 피망 표면에서 작은 기포가 일어날 때 건져서 껍질을 벗긴다.

❸ 피망 꽃자루와 속의 작은 씨를 모두 제거한다.

링 모양으로 피망 자르기
TAILLER DES POIVRONS EN BRACELETS

❶ 필러로 피망 껍질을 벗긴다.(선택사항)

❷ 생선 필렛 나이프로 일정한 모양의 얇은 조각으로 자른다. (장식 재료)

피망 가늘게 채썰기 및 막대 모양으로 썰기
TAILLER DES POIVRONS EN JULIENNE OU EN BÂTONNETS(얇게 썰기 ÉMINCER)

❶ 피망 껍질을 벗기고, 꽃자루와 씨를 제거한 후 3~4등분으로 자른다. 두꺼운 흰색 부분을 제거한다.

❷ 조리법에 따라, 피망을 얇게 썰거나 도톰한 막대 모양으로 자른다.(스페인식 곁들임 요리, 바스크식 곁들임 요리)

브뤼누아즈 샐러드 용으로 피망 썰기(정육면체)
TAILLER DES POIVRONS EN BRUNOISE(DÉS)

❶ 피망 껍질을 벗기고 꽃자루와 씨를 제거한다.

❷ 3~4등분으로 자른다.

❸ 두꺼운 흰색 부분을 제거한다.

❹ 4~5mm 두께의 일정한 막대 모양으로 자른다.

❺ 막대 모양 피망을 나란히 겹쳐 놓고 각 면이 4~5mm 되는 정육면체로 잘게 자른다.(혼합 샐러드, 라따뚜이, 장식용 재료)

감자 LES POMMES DE TERRE

감자는 원산지가 미국인 식물의 덩이줄기 뿌리로, 프랑스에는 16세기 즈음에 관상 식물로 도입되었다. 18세기 말에서 19세기 초에 으깬 감자와 다진 고기를 섞어서 익힌 파르망티에 Parmentier라는 요리로 재평가되며, 감자는 프랑스 요리의 기본 재료가 되었다.

일년 내내 먹을 수 있는 다양한 품종의 감자가 있으며 다음의 두 종류로 나뉜다.

- 속살이 단단한 소비자용 감자(BF 15, 벨드퐁뜨네 Belle de Fontenay, 호즈발 Roseval, 호자 Rosa, 하뜨 Ratte 등등)는 껍질째 또는 껍질을 벗겨 익혀 먹을 수 있다.(껍질째 익힌 감자 pommes en robe des champs, 찐 감자 pommes vapeur, 데친 감자 등등 à l'anglaise…)
- 소비자용 감자(빈취 Bintje, 모나리자 Mona Lisa, 아가타 Agata 등등)는 익혀 먹기에 덜 단단해서 포타주, 퓨레, 감자튀김 등에 사용한다.

구입과 품질 기준 ACHAT ET CRITÈRES QUALITATIFS

감자는 다음과 같은 두 종류로 규정한다.
– 햇감자 또는 맏물 감자
– 저장 감자

햇감자 LES POMMES DE TERRE NOUVELLES

햇감자는 감자가 완전히 성숙하기 전에 수확하기 때문에 판매 기간이 매우 제한적(5월 말에서 7월 31일까지)이다.
햇감자의 크기는 mm로 표기하는 감자 최소 직경에 따라 다르고, 햇감자로 통칭하는 감자 직경은 28mm이다.

저장 감자 LES POMMES DE TERRE DE CONSERVATION

저장 감자는 8월 1일부터 이듬 해 5월 말까지 먹을 수 있고, 그 외의 기간 동안에는 저장량 상태에 따라 달라진다. 저장 감자 크기는 수확 상태에 따라 35〜40mm이다.
하지만, 속살이 단단한 저장 감자는 모양이 길쭉해서 〈크기〉 규정에 알맞지 않다.

반면에 〈뚜 브낭 tout venant〉이라는 품종은 저장 감자도 되고 햇감자도 될 수 있다. 이러한 경우, 크기가 각각 다른 것이 섞여 있지만 규정으로 정한 최소 크기에는 항상 알맞다. 즉, 해마다 직경이 35〜40mm이다.

계산은 kg 단위로 할 수 있고, 저장 감자는 주로 25kg 봉지로, 햇감자는 10〜12kg 봉지로 판매한다.

감자를 고를 때에는 깔끔하고 온전하며 일정하게 단단하고 얼거나 싹이 나지 않고 초록색으로 변하지 않은 감자를 고른다.

냉장 보관된 감자는 즉시 제외시킨다.(금방 썩는다.) 표면에 반점이 있고 갈색 또는 초록색이거나 전체적으로 무르거나 진액이 흐르거나 잘려서 까맣게 된 감자는 즉시 제외시킨다.

감자 보관은 직사광선, 벌레, 설치 동물이 없는 서늘한(10도에서 최고 12도) 보관창고에 한다.

온도가 15도 이상이거나 습도가 높거나 직사광선이 있는 곳에서는 감자가 심하게 변할 수 있다. 냄새가 나기도 하고 씁쓸해지기도 하며, 쭈글쭈글해지거나 싹이 나는 것을 방지하는 조치를 취하지 않을 경우 싹이 나거나 금방 썩는다.

이러한 주의 사항은 햇감자의 경우 더욱 엄격하게 적용된다. 햇감자는 저장 감자보다 더 연약하기 때문이고, 절대로 보관 기간을 연장해서는 안 된다.

싹튼 감자(Pommes de terre germées)

《그르나이 grenaille》라는 품종의 햇감자는 크기가 28mm 미만이다.

《그로스 트리에 grosses triées》라는 품종은 저장 감자로, 해마다 전문가들이 최소 크기를 정한다.(수확 상태에 따라 50〜60mm 정도 된다.)

녹색으로 변하거나 싹트는 경우, 덩이 식물에는 《솔라닌 solanine*》 그룹의 알카로이드 alcaloïdes* 독성이 형성된다. 따라서 녹변이 되거나 싹튼 감자는 반드시 제외시킨다.
*저장 감자 대부분은 이온 요법으로 싹트는 것을 방지하도록 처리한다.(《요리의 기술》의 저장 방법 항목 참조 –BPI 출판사)

---

* 솔라닌 solanine : 감자, 토마토, 가지 등 가지과에 속하는 종에서 발견되는 글리코 알카로이드 독이다. 감자 독이라고도 한다.

* 알카로이드 alcaloïdes : 식물체 속에 들어 있는, 질소를 포함한 염기성 유기 화합물을 통틀어 이르는 말.

감자 다듬기와 씻기
ÉPLUCHER ET LAVER DES POMMES DE TERRE

❶ 감자를 다듬고 씻고 담을 용기를 준비한다.
 – 다듬은 감자를 담을 용기
 – 감자 껍질을 담을 두 번째 용기
 – 다듬은 감자를 담아놓을 찬 물이 담긴 용기

❷ 필러로 감자를 다듬는다.(껍질을 벗긴다.)

❸ 세로 방향으로 다듬는다.

❹ 초록색 부분, 검은 반점(눈), 벌레(유충, 노균병*) 먹은 부분을 모두
　 제거한다.

❺ 움푹 들어가도록 파지 말고 칼로 여러 번 제거한다.

❻ 찬물이 담긴 통에 담가놓는다.

❼ 찬물이 담긴 통에 들어 있는 감자를 꼼꼼하게 휘저으며 섞는다.

❽ 다시 다듬는다.

❾ 찬물이 담겨있는 다른 통에 감자를 옮겨놓는다.

❿ 냉장 보관실에 보관한다.

흙이 많이 묻어 있는 감자는 다듬기 전에 미리 씻어준다.

* 노균병 mildiou : 서늘하고 습기가 많은
곳에서 여러 가지 곰팡이 때문에 생기는 식
물의 병.

감자를 막대 모양으로 썰기
TAILLER DES POMMES DE TERRE EN BÂTONNETS

완성한 결과

뽐 슈브 Pommes cheveux

❶ 감자의 물기를 뺀 후 강판으로 얇게 저민다.

❷ 감자의 얇은 조각을 나란히 겹쳐놓는다.

❸ 저밈용 칼로 얇게 썬다.

❹ 꼼꼼하게 행군 후 물이 담긴 통에 담는다.

❺ 뽐 슈브(얇고 길게 채 썬) 감자의 물기를 뺀 후 건조시킨다.

❻ 160~165도의 튀김 기름에 **조금씩 넣어** petites quantites 튀긴다.

❼ 기름기를 빼준 상태로 둔다.

뽐 빠이 Pommes paille

❶ 감자의 물기를 뺀 후, 강판을 사용하여 1.5~2mm 두께의 막대 모양으로 썬다.

❷ 잘 헹군 후 물이 담긴 통에 넣는다.

❸ 꼼꼼하게 물기를 빼고 건조시킨다.

❹ 160~165도의 튀김 기름에 조금씩 넣어 튀긴다.

❺ 기름기를 빼준 상태로 둔다.

❻ 뽐 빠이는 다팽 또는 도팽 감자 요리*및 빠야송 감자 요리*로 내놓을 수 있다.

---

* 다팽 또는 도팽 감자 요리 pomme Dar-phin ou Dauphin : 채 썬 감자를 프라이팬에 먼저 볶은 후 오븐에 굽는 전병 형태의 요리.

* 빠야송 감자 요리 paillassons de pom-mes de terre : 감자전의 일종.

뽐 빠이로 바구니 모양 만들기
Confectionner des paniers en pommes paille

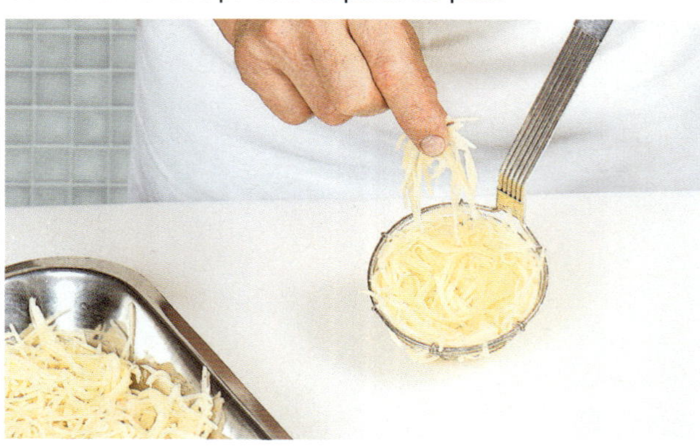

❶ 감자를 뽐 빠이로 채 썬 후 전분이 빠지지 않도록 헹구지 않는다.

❷ 거름망 국자 안쪽에 얇고 고르게 한 겹으로 얼기설기 감자를 덮어 국자 윗부분을 고정시킨다.

❸ 160~165도의 튀김 기름에 튀긴다.

뽐 빠이(Pommes paille)

뽐 알뤼메트 Pommes allumettes

❶ 조리 도구를 준비한다.

❷ 감자와 감자를 다듬은 부스러기를 정리할 용기 2개를 준비한다.

❸ 모양과 크기가 일정한 큰 감자를 고른다.

❹ 용도에 맞게 감자를 손질한다.

❺ 감자의 한쪽 면이 평평한 모양이 되도록 썬다. 이 방법은 감자가 안정감
있게 놓여 이후의 작업을 안전하게 할 수 있도록 한다.

❻ 감자의 평평한 면을 아래로 두고 직육면체가 모양이 되도록 썬다.

❼ 물이 담긴 통에 감자를 다듬은 부스러기 부분을 넣어둔다.

❽ 직육면체 감자를 3~4mm 두께의 얇은 조각으로 썬다.

❾ 얇은 조각을 나란히 겹쳐놓고 3~4mm 두께의 막대 모양으로 자른다.

❿ 물이 담긴 통에 담근 후 꼼꼼하게 헹군다.

⓫ 물기를 뺀 후 건조시킨다.

⓬ 155~160도의 튀김 기름에 조금씩 감자를 넣는다.(기름에 데친다)

⓭ 조리법에 따라 175~180도의 튀김 기름에 담가 튀김을 완성한다.

뽐 미뇨네트(pommes mignonnettes) 감자를 같은 방법으로 준비하되 5mm
두께의 더 짧은 막대 모양으로 자른다.

뽐 알뤼메트(Pommes allumettes)

뽐 퐁네프 Pommes pont-neuf

① 감자의 물기를 뺀 후 손질한다.

② 큰 감자를 골라 직육면체 모양이 되도록 다듬어 손질한다.

③ 1cm 두께가 되도록 감자를 조각 내어 자른다.

④ 2~3개의 조각을 나란히 겹쳐놓고 1cm 두께의 막대 모양이 되도록 자른다.

⑤ 동시에 찬물이 담긴 통에 넣는다.

⑥ 꼼꼼하게 헹군다.

⑦ 물기를 뺀 후 건조시킨다.

⑧ 155~155도의 튀김 기름에 감자를 넣는다.(기름에 데친다)

⑨ 조리법에 따라 175~180도의 튀김 기름에 담가 튀김을 완성한다.

정육면체 모양으로 감자 자르기
TAILLER DES POMMES DE TERRE EN DÉS

① 감자 모양이 직육면체가 되도록 손질한다.

② 조리법에 따라, 5mm~1cm 두께의 조각으로 자른다.

③ 조각을 5mm~1cm 두께의 막대 모양으로 자른다.

④ 막대 모양을 나란히 겹쳐놓고 각 면이 5mm~1cm 되는 정육면체가 되도록 자른다.(첫 단계는 뽐 알뤼메트 감자나 뽐 퐁네프 감자 썰기와 동일하다)

활용법

- 노릇노릇 굽기 Rissolées(감자 곁들임 요리 pommes vert-pré, 파르망티에 Parmentier(프랑스식 감자볶음), 미레트 Mirette*, 튀김 frites(뽐 바타이 pommes bataille), 튀김 요리 sautées(뽐 샤블레 pommes sablées), 오래 찌기 braisées(브르타뉴식 감자 요리 pommes bretonne)

---

* 미레트 Mirette : 브뤼누아즈 크기로 썬 감자를 버터, 기름, 마늘과 함께 볶은 후 파마산 치즈를 뿌려 먹는 요리.

얇은 네모 모양으로 감자 썰기
TAILLER DES POMMES DE TERRE EN PAYSANNE

❶ 뽐 네프 모양으로 감자를 썬다.(앞 페이지 참조)

❷ 막대 모양 감자를 나란히 정리한다.(겹쳐 놓아도 된다.)

❸ 저밈용 칼로 각 면이 1cm가 되고 두께가 1mm가 되는 얇은 조각으로 잘게 자른다.

활용법

• 잘게 썬 채소를 넣은 포타주 Potages taillés − 파리지엥 포타주, 농부의 포타주 등등(parisien, cultivateur, etc.).

강판을 이용하여 감자칩 썰기
TAILLER DES POMMES CHIPS À LA MANDOLINE

❶ 감자의 끝 부분을 잘라 손질한다.

❷ 원통형 모양으로 감자를 동그랗게 손질한다.

❸ 강판으로 일정한 얇은 조각이 되도록 저민다.

❹ 감자칩을 물이 든 용기에 넣는다.

❺ 감자칩을 헹구고 물을 뺀 후 물기를 닦는다.

❻ 160∼165도의 튀김 기름에 감자칩을 **조금씩 튀긴다**.

❼ 튀김 거름망을 사용하여 튀긴 감자칩을 뒤집어 놓는다.

❽ 기름기가 잘 빠지도록 한다.

감자칩(Pommes chips)

둥글고 얇은 조각으로 감자 저미기
ÉMINCER DES POMMES DE TERRE EN RONDELLES

❶ 감자 끝 부분을 손질한다.

❷ 원통형 모양으로 감자를 동그랗게 손질한다.

❸ 강판을 사용하여 뽐 아나* 또는 감자 그라탱을 만들기 위해 1.5~2mm 두께 조각이 되도록 얇게 저민다. (도피누아 그라탱*, 뽐 불랑제르*, 샹발롱 양갈비 요리*) 감자볶음 요리를 위해 2~3mm 두께의 조각이 되도록 저민다.

감자볶음 요리(Pommes sautées à cru)

---

* 뽐 아나 pomme Anna : 많은 양의 버터를 녹여 얇게 썬 감자를 케이크 형태로 오븐에 구워내는 고전적인 프랑스 요리.

* 도피누아 그라탱 gratin dauphinois : 프랑스 남동부의 도피네(Dauphiné) 지역에서 얇게 썬 감자를 우유 또는 크림으로 구운 프랑스 요리.

얇은 과자(와플) 모양으로 감자 썰기
TAILLER DES POMMES GAUFRETTES

모양이 고른 중간 크기 감자를 선택하여 동그랗게 손질한다.

얇은 과자(와플) 모양으로 감자 썰기 Tailler les pommes gaufrettes

❶ 강판에 감자를 올려둔 후, 위에 손가락을 올려 손바닥으로 감자를 단단하게 지탱한다.

❷ 강판의 물결 모양 칼날에 감자를 통과시킬 때마다 1/4바퀴를 돌려주며 구멍이 난 바둑판 모양이 되도록 한다.

❸ 얇은 과자(와플) 모양 감자를 물이 담긴 통에 넣는다.

❹ 감자를 헹구고 물을 뺀 후 물기를 잘 닦는다.

❺ 160~165도의 튀김 기름에 조금씩 튀긴다.

❻ 튀김 거름망을 사용하여 튀긴 감자를 뒤집어 놓은 후, 기름기가 잘 빠지도록 한다.

얇은 과자(와플) 모양의 감자로 바구니 만들기
Confectionner des paniers en pommes gaufrettes

❶ 얇은 과자(와플) 모양으로 감자를 썬다.

❷ 예쁜 감자 조각을 골라 물에 헹구지 말고 거름망 국자에 포개지도록
  배열한다.

❸ 바구니 모양 윗부분을 다른 거름망 국자로 눌러주며 160〜165도의 튀김
  기름에 튀긴다.(감자 바구니는 주로 뽐 파리지엔*이나 수플레* 또는 쁘띠
  뽐 도핀* 요리에 곁들인다.)

와플 모양 얇은 감자로 만든 바구니(Nids en pommes gaufrettes)

---

* 뽐 불랑제르 pommes boulangère : 동그랗고 얇게 썬 감자를 사용하여 파이처럼
구워낸 요리.

* 샹발롱 양갈비 요리 côtes de mouton Champvallon : 양갈비를 노릇하게 구운
후 다진 양파, 부케가르니, 버터, 육수 등을 함께 넣어 졸여 동그랗고 얇게 썬 감자
를 덮어 오븐에 구운 요리.

채소 볼러로 만든 감자 볼 씻기
LEVER DES POMMES NOISETTES À LA CUILLER

❶ 큰 감자를 선택한다.

❷ 채소 볼러 손잡이를 단단히 붙잡고 움직이지 않도록 엄지 손가락으로
  눌러 지탱한다.

❸ 감자를 채소 볼러로 판 후, 동그란 감자 모양이 되도록 돌린다.

❹ 감자에 묻어 있는 부스러기를 제거하기 위해 흐르는 물에 감자를 씻은
  후, 물이 담긴 통에 넣는다.

❺ 채소 볼러로 만든 감자 볼은 주로 데친 후 노릇노릇 굽는다.(감자 볼,
  뽐 파리지엔) 또는 끓는 물에 데쳐 요리한다.(파슬리를 곁들인 감자)

---

* 뽐 파리지엔 pomme parisienne : 동그란 모양의 감자 볼을 물에 삶은 후, 프라이
팬에 버터와 노릇노릇하게 구운 요리

* 수플레 soufflées : 달걀 흰자 위에 우유를 섞어 구운 요리 또는 과자.

* 쁘띠 뽐 도핀 petits pommes Dauphine : 삶아서 으깬 감자를 밀가루, 계란, 버
터 등의 반죽에 섞어 동그란 모양으로 튀긴 요리.

감자로 버섯 모양 만들기
RÉALISER DES POMMES CHAMPIGNONS

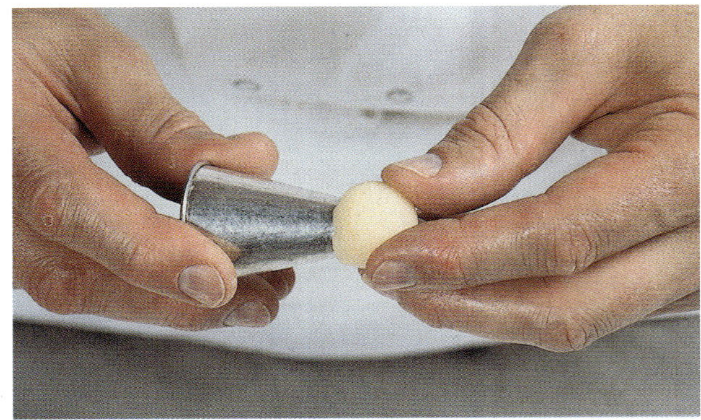

❶ 원뿔 모양의 도구 끝(직경 6~8mm)을 사용하여 큰 감자 볼 높이의 1/3 지점까지 판다.

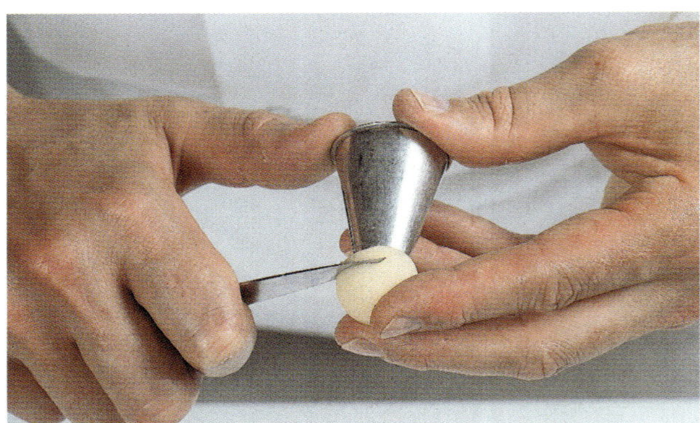

❷ 원뿔 모양의 도구가 들어간 데까지 감자 볼 가장자리를 자른다.

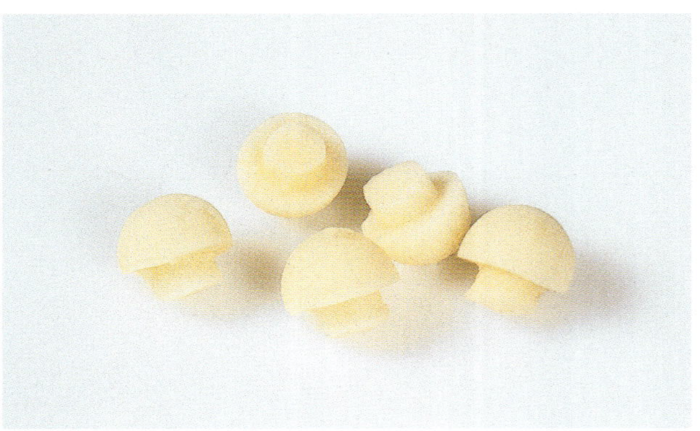

❸ 잘린 감자 부스러기를 치운다.
❹ 버섯 모양 감자는 데친 후 노릇노릇 구워서 작은 곁들임 요리로 사용한다.

감자의 모난 부분을 깎아 둥글게 모양 다듬기
TOURNER DES POMMES DE TERRE

감자를 돌려 깎을 때는 많은 양의 감자 부스러기가 생기며, 일반적인 식당에서는 사용하기 어렵다.

이런 어려움을 해결하기 위해서는 감자의 크기를 잘 선택해서 원하는 모양에 최대한 가깝게 둥글게 깎아 만들어야 한다.

– 뽐 코코트 Pommes cocotte – 노릇노릇 구운 감자 요리

– 스튜에 곁들이는 감자 Pommes pour garniture de ragoût(navarin) – 양고기 스튜

– 데치거나 쪄내는 감자 Pommes à l'anglaise ou vapeur

– 뽐 샤또 Pommes château – 큰 조각의 감자를 구운 요리

뽐 꼬꼬트 Pommes cocotte

❶ 길쭉한 모양의 작은 감자를 고른다.
❷ 같은 크기의(약 5.5~6cm) 감자가 되도록 끝 부분을 손질한다.

❸ 필요한 경우, 세로 방향으로 2등분한다.
❹ 원하는 모양에 최대한 가깝게 둥글게 깎아 만든다.

뽐 앙글레즈 만들기
Tourner des pommes à l'anglaise
www.bpi-campus.com

5 작은 칼로 뽐 코코트의 모난 부분을 둥글게 깍아준다.

6 각진 면이 없도록 길쭉하고 호리호리한 모양으로 깎는다.

7 매끈하고 동그란 감자 모양이 되도록 칼을 동그랗게 움직이며 깎는다.

8 잘린 부스러기와 동그랗게 손질된 감자를 각각 물이 담긴 통에 넣는다.

9 꼼꼼하게 헹군 후, 물이 담긴 통에 보관한다.

10 뽐 코코트는 《찬물에 넣어 départ eau froide》 데친 후 노릇노릇 굽는다.

뽐 꼬꼬트(Pommes cocotte)

소스를 넣어 끓인 스튜(고기와 채소를 넣은 스튜)와 양고기 스튜에 곁들이기 위한 감자는 조금 더 크고 동그랗게 깎아야 한다. 크기는 뽐 코코트와 데친 감자 사이이다.

찐 감자와 삶은 감자(뽐 앙글레즈) Pommes vapeur et pommes à l'anglaise(크기는 동일)

1 계란 크기의 감자를 고른다.(잘리는 감자 부스러기를 줄이기 위해)

2 자른 감자의 길이가 같아지도록 양쪽 끝을 자른다.

3 감자가 너무 클 경우, 세로 방향으로 2등분한다.

❹ 작은 칼로 모난 부분을 잘라 동그랗게 만든다.

❺ 작은 계란의 동그란 모양이 되게 한다.

❻ 찐 감자나 삶은 감자(뽐 앙글레즈)는 가운데가 볼록한 모양으로 모습이 일정해야 하며 각진 면이 없이 한쪽 끝에서 다른 쪽 끝까지 매끈해야 한다. 길이는 약 6cm이며 무게는 50g이다.

❼ 세로 방향으로 2등분한 큰 감자의 경우, 납작한 면부터 동그랗게 만들어 깎아 납작한 부분이 없어지도록 한다.

❽ 소금을 넣고 《찬물에 넣어 départ eau à froid》 삶거나 《증기에 찜 à la vapeur》을 하는 방법으로 감자를 익힌다. 파슬리를 곁들여 낼 수 있다.

뽐 앙글레즈(삶은 감자)(Pommes à l'anglaise)

* 슈아지 Choisy : 익힌 상추와 뽐샤또를 사용한 곁들임 요리.

* 뒤바리 du Barry : 콜리플라워와 뽐샤또를 사용한 곁들임 요리.

* 브뤼셀식 bruxelloise : 브뤼셀 양배추(아기 양배추)와 뽐샤토를 사용한 곁들임 요리.

* 플로리스트 fleuriste : 익힌 토마토 속을 비운 후 자르디니에르(jardinière)를 넣고 뽐샤또를 곁들여 내는 요리.

* 쥬딕 Judic : 익힌 상추, 토마토 파르시, 뽐샤토를 사용한 곁들임 요리.

* 니스식 niçoise : 토마토, 껍질콩, 뽐샤토 등을 사용한 곁들임 요리.

뽐 샤또 Pommes château

❶ 큰 감자를 선택한다.

❷ 같은 길이가 되도록 감자 양쪽 끝을 자른다.

❸ 찐 감자나 삶은 감자(뽐 앙글레즈)보다는 조금 더 길어야 한다.

❹ 작은 칼로 모난 부분을 깎아 동그랗게 만든다.

❺ 찐 감자나 삶은 감자(뽐 앙글레즈)보다 덜 동그랗고 더 길쭉한 모양으로 만든다. 평균 무게는 약 80g이다.

❻ 뽐 샤또는 《찬물에 넣어 départ eau froide》 2〜3분 동안 데친 후 노릇노릇 굽는다. 다양한 곁들임 요리 재료로 사용한다.(슈아지*, 뒤바리*, 브뤼셀식*, 플로리스트*, 쥬딕*, 니스식* 등등)

뽐 퐁당뜨 Pommes fondantes

❶ 큰 감자를 선택한다.

❷ 양쪽 끝을 손질한 후, 세로 방향으로 2등분한다. 조각은 최소한 약 80〜90g 무게가 나가야 한다.

❸ 납작한 부분을 동그랗게 깎는다.

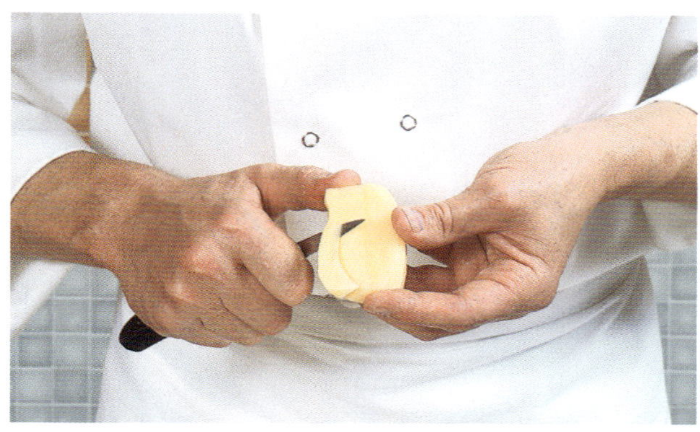

❹ 나머지 부분도 동그랗게 깎아서 뽐샤또처럼 만든다.

❺ 뽐 퐁당뜨는 《화장용 작은 비누 savonnette》 모양으로 돌려 깎을 수 있다.

❻ 뽐 퐁당뜨는 버터를 듬뿍 바른 오븐용 그릇에 납작한 면으로 세워서 흰색 육수 또는 콩소메를 곁들여 오븐에 익힌다.

❼ 다양한 곁들임 요리 재료로 사용한다. (엑셀시오*, 플로리앙* 등등)

---

* 엑셀시오 Excelsior : 익힌 상추, 뽐 퐁당뜨를 사용한 곁들임 요리.
* 플로리앙 Florian : 익힌 상추, 양파, 당근, 뽐 퐁당뜨를 사용한 곁들임 요리.

래디시 LE RADIS

래디시는 십자화과의 식용식물로 뿌리를 먹는다.

품종에 따라, 뿌리는 동그랗기도 하고 크기가 작기도 하고 길기도 하며 전체적으로 빨간색인 것도 있고 끝부분이 흰색인 주홍빛 빨간색인 것도 있고 겨울에 나오는 품종인 길쭉하며 검은색의 래디시도 있다.

일반적으로, 모든 래디시는 전채요리*로 버터와 소금을 곁들여 생으로 먹지만, 분홍색 래디시의 경우 햇무처럼 요리해서 먹기도 한다.(설탕에 입히거나 크림을 곁들여)

어린 분홍색 래디시의 잎은 생으로 먹기도 하고(샐러드) 시금치나 근대 잎처럼 익혀서 먹기도 한다.

겨울에 나오는 검은색의 길쭉한 래디시는 다듬은 후에 30여 분 동안 가는소금에 절여둔 후 물기를 빼고 양념해서 먹는다.

구입과 품질 기준 ACHAT ET CRITÈRES QUALITATIFS

현재, 래디시 크기나 품질 등급에 대한 규정은 없다. 계산은 다발 단위로 한다.

구입 최적 시기는 3월에서 6월까지이며, 분홍색 래디시의 경우 9월부터 10월 말까지이고, 검은색 래디시는 겨울이다.

싱싱하고 잎이 깔끔하며 신선하고 초록색의 파삭파삭한 래디시를 고른다. 래디시 크기가 일정하며 같은 품종이며 너무 크지 않고 단단하며 파삭파삭하고, 맵지 않아야 한다.

움푹 패이거나 무르며 잎이 축축하고 시들어 처져있다면 즉시 제외시킨다.

래디시는 구입한 날에 바로 먹는 것이 좋다. 다듬은 후 조리될 때까지 6~8도의 냉장 보관실에 보관한다.

---

* 전채요리(오르되브르 hors–d'œuvre) : 영어로는 에피타이저 appetizer라고 부르는 오르되브르는 서양 요리의 식사 전에 식욕을 돋우기 위해 대접하는 조그만 음식을 말한다.

사전 준비 PRÉPARATIONS PRÉLIMINAIRES

❶ 노란 잎을 제거한다.

❷ 2~3cm 길이만 남겨두고 잎의 줄기를 짧게 자른다.

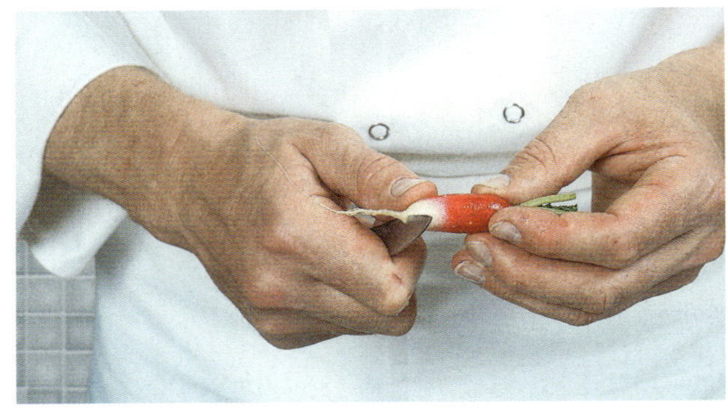

❸ 래디시의 동그란 부분 아래쪽 뿌리를 자른다.

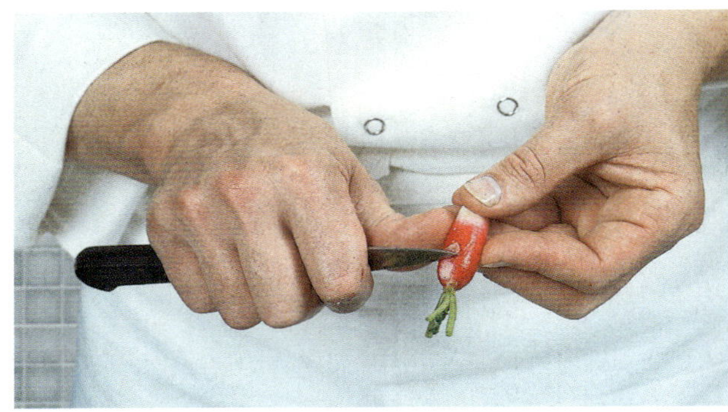

❹ 줄기와 뿌리가 이어지는 부분을 작은 칼로 살짝 긁어준다.

❺ 물에 여러 번 꼼꼼하게 씻는다.

❻ 물 속에 담그지 말고 즉시 물기를 뺀다.

샐러드용 양상추류 (상추, 치커리, 콘샐러드, 민들레, 메스클랭)
LES SALADES DIVERSES(LAITUE, CHICORÉE, MÂCHE, PISSENLIT, MESCLUN)

샐러드용 양상추류는 유럽경제공동체(CEE)에서 가장 중요한 채소 중 하나이다. 일 년 내내 나오는 산물로 계절에 따라 다양한 품종이 나온다. 기후 조건에 따라 온실 또는 들판에서 재배한다.

샐러드용 양상추류의 주요 품종은 다음과 같이 분류한다.

상추(LES LAITUES) – 프랑스에서 제일 많이 소비하는 샐러드용 채소

- 반결구 양상추 laitue pommée • 바타비아 상추 laitue batavia
- 로메인 상추 laitue romaine • 초록색 laitue à couper 또는 적색 상추 verte et rouge(feuille de chene)

치커리(LES CHICORÉES)

- 곱슬곱슬한 치커리 chicorée frisée au feuillage fin et serré, ou large et bouclé – 꽃상추, 잎이 부드럽고 촘촘하거나 크고 곱슬곱슬하다
- 풀상치 치커리 chicorée scarole – 상추의 일종
- 브뤼셀 풀상치 chicorée witloof de Bruxelles – 앤다이브
- 야생 치커리 chicorée sauvage – 치커리(pain de sucre), 꽃상치(barbe de capucin), 붉은 치커리(rouge de Vérone–trévise)

콘샐러드(LES MÂCHES)

잎이 긴 것, 동그란 것, 루비에(Louviers)라고 부르는 조개 모양의 것

민들레(LE PISSENLIT)

속이 꽉 차게 재배

메스클랭(LE MESCLUN)

샐러드용 양상추류를 섞어놓은 것으로 어린 잎일 때 자른 것이다.(곱슬곱슬한 치커리 chicorée frisée, 야생 치커리 chicorée sauvage, 처빌 cerfeuil commun, 크레송 cresson des jardins, 콘샐러드 mâche à petites et grosses graines, 루꼴라 상추 roquette, laitue).

구입과 품질 기준 ACHAT ET CRITÈRES QUALITATIFS

양상추의 크기는 해당 품질 등급에 따라 g으로 표기되는 최소 무게에 따라 다르다. 양상추의 평균 무게는 250~300g이다.

계산은 개당, kg당, 상자 등의 단위로 한다.

구입 최적 시기는 다음과 같다.

- 상추 laitue : 일 년 내내
- 바타비아 상추 batavia : 4월~10월 말
- 로메인 상추 romaine : 3월~5월
- 곱슬곱슬한 치커리 chicorée frisée : 8월~3월
- 풀상치 치커리 chicorée scarole : 11월~4월
- 브뤼셀 풀상치 chicorée de Bruxelles(앤다이브) : 11월~3월, 여름에만 잠깐 나오지 않지만 일 년 내내 먹을 수 있다.
- 콘샐러드 mâche : 10월~3월
- 민들레 pissenlit : 11월~5월
- 붉은 치커리 trévise : 3월~5월, 10월~1월

샐러드용 양상추류를 구입할 때에는 싱싱하고 깨끗하며 흙으로 더러워진 잎이 없고 촉촉하지만 흠뻑 젖어있지 않은 것(썩을 가능성)을 구입한다.

잎은 단단하고 파삭파삭해야 하며 치커리나 풀상치, 반결구 양상추의 경우 초록색에서 중앙으로 갈수록 연한 노란색이다. 잘린 부분이 싱싱해야 하며 손가락으로 눌렀을 때 흰색 진액이 흘러야 한다.
월요일에 배달되는 것을 피한다.

6~8도의 냉장 보관실에서 최대 48시간 보관한다. 조심해서 다듬어 씻고 물기를 뺀 샐러드용 양상추류는 진공 포장되어 있는 경우 냉장 보관실에서 며칠 동안 보관할 수 있다.

사전 준비 PRÉPARATIONS PRÉLIMINAIRES

모든 샐러드용 채소는 주의를 기울여 다뤄야 하며, 특히 온실에서 재배된 경우에는 더욱 조심해야 한다.

샐러드 및 혼합 샐러드용 상추
LAITUES POUR SALADES ET SALADES COMPOSÉES

❶ 상추 속 부분을 짧게 자른다.

❷ 흐느적거리거나 노랗게 되었거나 억세거나 진한 초록색 겉잎은 제거한다.

❸ 샐러드용 잎의 중앙 잎맥을 제거한다.

❹ 상추가 너무 클 경우 반으로 나눈다.

❺ 물에 여러 번 조심스럽게 씻는다. 어떠한 경우에도 잎에 물이 직접 흐르게 하지 않는다.

❻ 물기를 뺀다.

통째로 익히는 상추 LAITUES ENTIÈRES POUR BRAISER

❶ 밑동을 뽑는다.

❷ 흐느적거리거나 노랗게 되었거나 억세거나 진한 초록색 겉잎을 제거한다.

❸ 식초 또는 자벨수를 넣어 살균한 물에 넣어 상추를 씻는다.

❹ 상추 속 부분이 열려 흙이 용기 바닥에 떨어지도록 물 속에 푹 담근다.

❺ 필요한 만큼 여러 번 씻는다.

곱슬곱슬한 치커리 CHICORÉE FRISÉE

❶ 속 부분을 짧게 자른다.

❷ 흐느적거리거나 노랗게 되었거나 억세거나 진한 초록색 겉잎을 제거한다.

❸ 잎을 차례로 떼면서 억센 초록색 잎을 제거하고, 잎이 긴 경우 이등분한다.

❹ 물에 여러 번 세심하게 씻는다.

❺ 부드럽고 곱슬곱슬한 품종인지 주의 깊게 살펴보고 확인한다.

❻ 물을 뺀다.

콘샐러드 MÂCHE

매우 부드럽고 연약한 샐러드용 채소이므로 주의를 기울여 다듬어야 한다.

❶ 작은 칼 끝으로 뿌리 부분을 떼낸다.

❷ 시들고 노랗게 된 겉잎을 제거한다.

❸ 잎과 속 줄기가 한 다발로 붙어 있도록 하려면 뿌리 부분을 일부 남긴다. (매듭)

❹ 물에 여러 번 꼼꼼하게 씻는다. 콘샐러드는 모래가 많은 땅에서 자라기 때문에, 샐러드를 먹을 때 씹히면 불쾌할 모래 알갱이가 숨어 있는 잎꼭지(잎의 줄기)를 벌려주며 물로 여러 번 씻어야 한다.

쇠채와 샐서피 LES SCORSONÈRES ET SALSIFIS

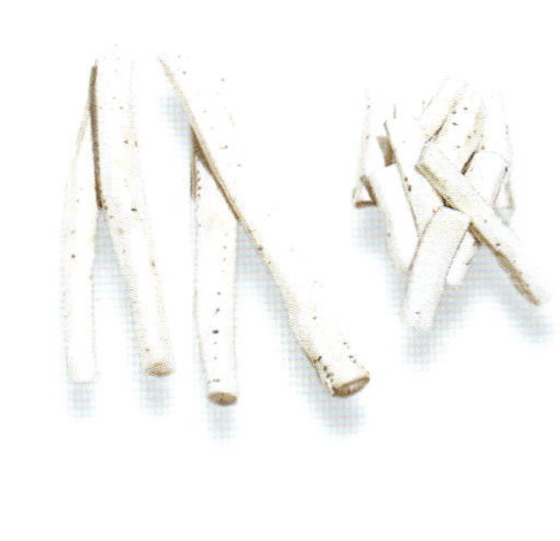

쇠채와 샐서피는 뿌리를 먹기 위해서 재배하는 국화과 식물이다.

쇠채는 《샐서피 salsifis》라는 이름으로 판매한다. 샐서피와 비슷한 맛이고 색깔만 다르다. 샐서피는 흰색이고 쇠채는 검은색이다.

조리 준비, 익히기, 요리법의 모든 방법이 서로 동일하다.

봄에 나오는 샐서피와 쇠채의 어리고 부드러운 잎(줄기 또는 순)은 생으로 샐러드를 해서 먹을 수 있다.

《들쇠채 barbe de bouc》라는 품종은 야생 샐서피로 약간 습한 목초지에서 자연 발생적으로 자란다.

구입과 품질 기준 ACHAT ET CRITÈRES QUALITATIFS

샐서피를 고를 때에는 싱싱하고 깔끔하며 크기가 일정하고 뿌리는 길고 매끈한 원통형이며 표면이 부드럽고 잔뿌리가 많이 없어야 한다.

줄기와 뿌리가 이어지는 부분은 싱싱하게 잘려 있고 검은 반점, 진액이 없어야 한다. 흙이 심하게 묻어 있거나 껍질 색깔이 너무 진하고 두꺼우며 억세고 딱딱한 경우 즉시 제외시킨다.

구입 최적 시기는 10월에서 5월 사이이다.

사전 준비 PRÉPARATIONS PRÉLIMINAIRES

❶ 샐서피를 물에 여러 번 꼼꼼하게 씻는다. 쉽게 다듬기 위해 잠시 물에 담가 놓는다.

❷ 양쪽 끝부분을 다듬은 후 정리용 통을 뒤집어 그 위에 놓고 샐서피 한쪽 끝을 잡고 필러로 껍질을 벗긴다.(아스파라거스 다듬는 방법과 동일)

❸ 다시 한 번 꼼꼼하게 씻은 후 레몬즙 또는 식초를 조금 넣은 물이 담긴 통에 넣는다.

❹ 샐서피를 5~6cm 길이의 막대 모양으로 토막 내거나 비스듬하게 자른다.

샐서피 익히기 LA CUISSON DES SALSIFIS

밀가루를 넣은 끓는 물에 데치거나, 수비드나 소금, 레몬즙, 오일을 넣은 끓는 물에 익힌다.

활용법

• 버터를 곁들여, 향신 양념용 허브를 곁들여, 크림소스를 곁들여, 그라탱으로, 프로방스식으로 볶아서, 폴란드식으로 볶아서, 즉석에서 양념한 후 튀겨서 등등(Au beurre, aux fines herbes, à la crème, au gratin, sautés à la provençale, à la polonaise, en fritots après marinade instantanée, etc.)

그 외 채소들 AUTRES LÉGUMES

돼지감자 LES TOPINAMBOURS

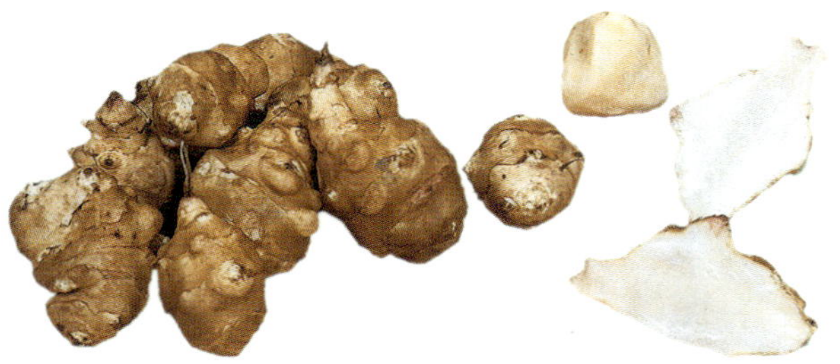

17세기 초에 프랑스에 들어온 돼지감자의 원산지는 캐나다이고 인디언들이 섭취했다.

돼지감자는 국화과 한해 살이 식용 식물이지만, 땅 속 부분은 여러 해 살이다. 돼지감자는 뿌리를 먹기 위해 재배하며, 맛은 달짝지근하고 아티초크 속 부분 또는 고구마의 맛과 비슷하다. 분홍색 구근이 달려있는 방추형 돼지감자는 식용으로 더욱 권장되고 있다.

사전 준비 PRÉPARATIONS PRÉLIMINAIRES

❶ 흐르는 찬물을 틀어 돼지감자에 열심히 솔질을 한다. 마디마디를 세심하게 솔질한다.

❷ 찬물에 넣어 데친 후, 필요한 경우 거품을 걷어낸다.

❸ 조리용 바늘을 사용하여 익은 정도를 확인한다.

❹ 불을 끈 후, 찬물로 헹군다.

❺ 작은 칼로 껍질을 벗긴다.

활용법

- 버터를 곁들여, 여러 재료를 섞은 복합 버터를 곁들여 Au beurre, Maître d'hôtel.
- 크림 소스를 곁들여, 그라탱 A la crème, au gratin.
- 튀김 En beignets.
- 샐러드 En salade…

돼지감자는 익히기 전에 껍질을 벗길 수 있다. 이러한 경우, 금방 검은색으로 변하기 때문에(산화) 즉시 익힌다.

늙은호박 LES POTIRONS

늙은 호박은 오렌지색 껍질과 속살이 있는 큰 호박(큰 호박속) 품종의 속칭이다. 커다란 식용 열매인 늙은 호박은 박과 덩굴 한해살이 초본 식물에서 유래한다.

요리는 주로 포타주에 한정되어 있다.(늙은 호박 수프, 마리안느 포타주*, 브래산 포타주* 등등) 하지만, 늙은 호박 속살은 끓는 물에 데치기도 하고 쪄서 버터에 곁들이기도 하고 그라탱, 퓨레, 튀김, 수플레 등을 만들기도 한다. 《깔대기 모양의 en entonnoir》 꽃은 파르시 요리, 튀김 요리 등을 할 수 있다.

가장 잘 이용하는 품종은 에탕프(Étampes) 지방의 선명한 빨간색 늙은 호박과 몽틀레리(Montlhéry) 지방의 구릿빛 늙은 호박이다. 9월에 첫 서리가 내릴 때 수확하는 늙은 호박은 위생적인 장소에 직사광선을 피하여 10도에서 최고 12도까지의 온도로 보관한다.

작은 호박은 늙은 호박으로 만드는 퓨레보다 더 부드러운 맛이다.

지로몽(Les giraumons) 호박은 원형 돌기를 가지고 있는 특별한 모양으로 《터키 사람의 모자 bonnet de Turc》 또는 《신부님의 모자 bonnet de prêtre》 라는 이름을 가진 호박이다.

---

* 마리안느 포타주 potage Marianne : 아티초크, 육수, 부케가르니 등을 넣어 익힌 후 믹서기로 갈아 만든 요리.

* 브래산 포타주 potage bressane : 양파, 당근, 샐러리, 밀가루, 버터, 와인 등을 넣은 수프.

작은 호박 LES POTIMARRONS

박과의 열매로 커다란 서양 배(과일) 모양이며 분홍색 또는 벽돌 빛 빨간색의 팽이 모양을 닮았고 속살은 흰 가루가 핀 오렌지 빛 노란색이고 맛은 밤 맛과 비슷하다.

늙은 호박처럼, 작은 호박도 가을에서 초겨울에 수렵육 요리나 가금류 요리에 곁들여지는 포타주, 플랜, 그라탱, 퓨레 등으로 요리한다.

땅콩호박 또는 버터넛 스쿼시
LES COURGES DOUBEURRE OU BUTTERNUTS

땅콩호박은 박과의 사향이 나는 호박이다. 주로 초 가을에 다른 호박처럼 수확한다.

완전히 익은 상태로 수확하는 땅콩호박은 순한 질감과 부드럽고 섬세한 맛을 지니고 있다. 땅콩호박은 감자처럼 데치고, 노릇노릇 굽고, 튀기고, 포타주, 그라탱, 스튜, 소스를 곁들인 다른 요리의 곁들임 요리 등으로 사용한다.

땅콩호박은 디저트로도 요리할 수 있다.(타르트, 투르트 플랑*, 잼 등등) 땅콩호박의 꽃은 파르시 요리를 할 수 있고 다른 호박꽃 요리처럼 사용한다.

차요테 호박 LES CHRISTOPHINES OU BRYONES OU CHOUCHOUX

차요테 호박은 박과의 덩굴 관상목으로, 길쭉한 씨를 가진 열매는 서양 배 모양이며 초록색 또는 아이보리색을 띤 흰색이다. 철망이나 반원 아치를 장식하기 위해 재배하기도 한다.

열매는 생으로 먹거나 채 썰어서 식초를 넣은 매운 소스에 곁들여 먹거나 데친 후 파르시로 먹기도 한다.

잎은 브레드슈슈 bredes chouchou라는 이름으로 나온다.

- 차요테 호박 파르시(Christophines farcies)
- 차요테 호박을 넣은 그라탱(Gratin de chouchoux)

다양한 큐커빗(Diverses cucurbitacées)

---

* 투르트 플랑 tourtes flans : 달콤하거나 풍미 있는 충전물이 들어있는 파이 형태의 요리.

납작호박(패티팬 스쿼시) LES PÂTISSONS

납작 호박은 박과의 호박으로 동그랗고 납작한 모양이다. 납작 호박은 둘레에 혹(톱니 모양)이 있으며, 모습 때문에 《황제의 왕관 couronne impériale》, 《예루살렘의 아티초크 artichaut de Jérusalem》라고 부른다.

납작 호박은 주로 6월에서 8월까지 먹을 수 있다. 밀가루를 넣은 끓는 물이나 소금, 레몬즙, 오일을 넣은 끓는 물에 익혀 속을 비운 후 다진 고기나 채소로 채워 요리한다. 그리스식으로, 크림을 곁들여, 그라탱이나 튀김으로도 요리한다.

고구마 LES PATATES DOUCES

속살이 달콤한 고구마는 먹을 수 있는 덩이 줄기이다. 덩굴 식물인 고구마는 메꽃과의 종류로, 원산지는 열대 아메리카이다. 아프리카, 인도, 중국 및 일본에서도 재배한다.

고구마는 감자와 같이 사용하지만, 훨씬 달콤한 맛이 있어서 디저트나 잼, 전분 또는 술을 만드는데 사용할 수 있다.

파스닙 LES PANAIS CULTIVÉS
(PASTINACA SATIVA)

현재 소비하고 있는 대부분의 채소처럼, 재배용 파스닙은 아시아와 지중해 주변 나라에 자라던 야생 파스닙의 계량 품종에 해당한다.

파스닙은 당근과 같은 과 식물이며, 이 두 뿌리 식물은 르네상스 시대 이후부터 구별하기 시작했다.

야생 또는 재배 파스닙의 다양한 품종은 자연주의 작가인 가이우스 플리니우스 세쿤두스(Plinel'Ancien)를 통해 1세기에 언급되었고, 샤를마뉴 대제(8세기, 9세기)가 수도원 정원에 재배하도록 했다.

중세 시대에는 파스닙을 식용 또는 사료용 식물로 재배했고, 감자가 도입되면서 18세기에 사라졌다가 잊혀진 옛 채소가 유행하던 20세기 말에 다시 소비되기 시작했다.

재배 파스닙은 품종에 따라 뿌리가 원뿔 모양이거나 길쭉하며 도톰한 모양이다. (동그란 팽이 모양, 가장 유명한 건지섬 파스닙과 같은 절반 길이, 길쭉한 F1 교배종)

파스닙 뿌리는 아이보리 색깔이고, 당근보다 더 달콤한 맛이 나며 매콤한 향이 난다.

구입과 품질 기준 ACHAT ET CRITÈRES QUALITATIFS

뿌리가 싱싱하고 단단하며 뿌리와 줄기가 이어지는 부분의 잘린 부분이 신선한 것을 고른다.아삭거리는 초록색 어린 잎이 붙어 있을 수 있다.

변색되어 윤기가 없고 무르며 틈이 갈라지고 벌레 먹은 부분이 있으며 뿌리와 줄기가 이어지는 부분이 끈적끈적한 파스닙은 제외시킨다.

전통적인 재배 방식의 파스닙은 10월부터 1월 말까지 나온다.추위에 약하지 않은 파스닙은 8~10도 온도에 보관하거나 어두운 창고에 모래를 덮어 보관할 수 있다.

초겨울의 파스닙에는 줄기잎이 붙어 있으며 그 진액은 피부를 따끔거리게 하며 화상을 일으킬 수 있고, 화상이 햇빛에 노출되면 더 심해질 수도 있으므로 주의한다.

사전 준비 PRÉPARATIONS PRÉLIMINAIRES

❶ 파스닙을 모래로 덮어 보관했을 경우 특별히 더 꼼꼼하게 씻는다.

❷ 감자칼을 사용해 다듬고 (껍질을 벗기고) 필요한 경우 다시 한 번 껍질을 벗긴다.

❸ 다시 한 번 씻고 레몬물에 담가둔다.

❹ 세로 방향으로 잘라 반으로 나누고 속(심줄이 있는 중앙 부분)을 제거한다.

❺ 요리에 맞춰 잘게 자른다.(토막내기, 주사위 모양으로 썰기, 둥근 조각으로 썰기, 채썰기 등등)

활용법(당근 활용 참조)

• 생으로 사용(어리고 부드러운 뿌리의 경우):

 – 다른 종류의 제철 채소(사과, 샐러리, 펜넬 등등)를 곁들인 혼합 샐러드

• 익혀서 사용 :

 – 포테, 포토푀, 쿠스쿠스, 타진, 스튜(라구) 등의 곁들임 요리(garnitures d'accompagnement pour potées, pot-au-feu couscous, tajines, plats en sauce(ragoûts))

 – 감자를 곁들여 넣은 퓌레, 포타주(purées, potages, en association avec des pommes de terre)

 – 볶음, 투명하게 윤을 내어 볶음, 오븐구이, 그라탱(sautés, glacés à blanc, rôtis au four, au gratin)

 – 칩스 형태로 튀기기(frits sous la forme de chips)

탄수화물 함유량이 높은(당근의 2배) 파스닙 뿌리는 시럽 또는 잼 형태로 요리하거나, 건조시켜 글루텐 없이 풍미가 좋은 가루 형태로 만들 수 있다.

과일

레몬, 오렌지, 포멜로
LES CITRONS, LES ORANGES, LES POMELOS

멜론
LES MELONS

배
LES POIRES

사과
LES POMMES

포도
LES RAISINS DE TABLE

레몬, 오렌지, 포멜로 LES CITRONS, LES ORANGES, LES POMELOS

레몬 LES CITRONS

레몬은 나무의 품종에 따라 노란색 또는 초록색 열매가 열린다.

레몬즙은 요리에서 맛을 더 높여주거나 소스가 새콤한 맛을 내게 하기 위해 사용한다. 레몬즙은 방금 다듬은 과일이나 채소의 산화(거무스름해짐)를 막는다.(사과, 서양 배, 아보카도, 아티초크의 속 부분, 버섯 등등)

레몬은 예쁘게 꾸며서 요리 장식 재료나 《뫼니에르 meunière》 생선 또는 굽거나 튀긴 생선 요리의 전통적인 곁들임 요리로 사용한다.

학명 《키라임(citrus aurantifolia)》에서 나온 매우 신맛의 작은 레몬 품종을 《라임 lime》이라고 부르며 라임 나무에서 열리는 달콤하고 작은 레몬을 《달콤한 라임 limette》이라고 부른다.(달콤한 레몬 나무 citrus limetta)

핑거 라임
LE CITRON CAVIAR OU CITRON PERLE OU CITRON FINGER LIME

최신 유행인 핑거 라임은 호주와 뉴질랜드가 원산지이며 세계에서 가장 드물고 값비싼 종류의 레몬이다.

초록색, 노란색 또는 빨간색의 길쭉한(6~7cm 길이) 감귤류의 열매인 핑거 라임 모양은 작은 오이와 비슷하다. 과육은 수백 개의 분홍색 또는 초록색 작은 구슬로 되어 있고 강한 향은 레몬과 자몽을 연상시킨다.

오렌지 LES ORANGES

오렌지는 프랑스에서 사과 다음으로 많이 소비하는 과일이다. 네이블 오렌지나 발렌시아 오렌지는 주로 스페인과 모로코에서 온다. 튀니지는 특히 붉은 과육의 오렌지를 공급한다.(몰타산 오렌지 Maltaises)

주스를 위해 사용되는 주요 품종은 《발렌시아 오렌지 Valencia late》, 《네이블 오렌지 Navel-late》, 《살루스티아나 Salustiana》와 《붉은 과육의 오렌지 sanguines》이다.

《과일로 먹는》 오렌지 중 가장 좋은 품종은 《네이블 오렌지 Navels》와 《발렌시아 오렌지 Valencia》이다.

요리에서 오렌지 과육, 오렌지 즙, 잘게 썬 제스트 등을 사용한다.(오렌지에 요거트 소스를 올린 디저트, 혼합 샐러드, 몰타산 오렌지 소스, 비가라드 소스*, 컴버랜드 소스*, 오렌지를 곁들인 오리 가슴살 요리, 새끼 오리 요리, 가자미 뫼니에르 요리 등등)

포멜로 LES POMELOS

포멜로는 《대형 감귤류 citrus grandis》 자몽에서 발달된 형태로, 약 또는 잼 제조를 위해서나 새로운 품종을 재배하기 위해서만 재배한다. 껍질이 두껍고 씨가 많으며 매우 쓴맛이 나는 과육 때문에 소비자들이 선호하지는 않을 것이다.

시장에는 씨가 없고 과육이 달콤하며 즙이 많은 포멜로 열매나 최근 교배종만 나온다. 포멜로에는 과육과 껍질 색깔에 따라 몇 가지 구별되는 종류가 있다.

• 흰색 또는 금색 포멜로 pomelo blanc ou blond(마시 품종 variété Marsh) : 살짝 씁쓰름한 맛으로 즙이 많고 주로 이스라엘이나 키프로스산이다.

• 분홍색 포멜로 pomelo rose(톰슨 품종 variété Thompson) : 달콤한 맛이 강하고 표면이 매끈하며 예쁜 노란색이고 플로리다, 텍사스, 캘리포니아 또는 남아프리카산이다.

• 빨간색 포멜로 pomelo rouge(루비 레드 품종 variété Ruby red) : 과육이 화려한 색을 지니고 맛이 매우 달며 미국산이다.

• 《사탕 sweeties》 포멜로 pomelo : 껍질이 초록색이고 매우 달콤하며 즙이 많고 미국 남부산이다.

포멜로는 주로 전채요리나 생으로 또는 설탕을 곁들이거나 굽거나 게나 새우에 곁들여 먹는다. 포멜로를 자른 조각은 여러 가지 혼합 샐러드 재료로 쓰인다.(플로리다 Coupe Florida)

또한 《작은 곁들임 요리 petite garniture》에도 사용한다.(감귤류를 곁들인 생선 뫼니에르, 새끼 오리 요리, 자몽을 곁들인 구운 돼지고기 등심 요리 poisson meunière aux agrumes, caneton, longe de porc poêlée au pamplemousse)

앤틸리스 제도(Antilles)의 자몽 나무 열매는 샤덱(shadek)이라고 부른다. 즙이 적고 껍질이 매우 두꺼운 이 감귤류에는 씨가 많다.

구입과 품질 기준 ACHAT ET CRITÈRES QUALITATIFS

레몬 LES CITRONS

레몬 크기는 열매의 mm 직경에 따라 수치로 나타낸 등급으로 표기한다.

예 :
– 크기 calibre 3 : 1kg에 5~6개의 레몬
– 크기 calibre 4 : 1kg에 6~7개의 레몬
– 크기 calibre 5 : 1kg에 7~8개의 레몬
– 크기 calibre 6 : 1kg에 8~9개의 레몬

등급은 규정에 따라 정하며 엑스트라, Ⅰ, Ⅱ가 있다.
최적 구입 시기는 없으며 레몬은 일년 내내 수확한다.

오렌지 LES ORANGES

오렌지 크기는 열매의 mm 직경에 따라 수치로 나타낸 등급으로 표기한다.

예 :
– 크기 calibre 4 : 1kg에 4개의 오렌지
– 크기 calibre 5 : 1kg에 5개의 오렌지
– 크기 calibre 6 : 1kg에 6~7개의 오렌지
– 크기 calibre 7 : 1kg에 7~8개의 오렌지

등급은 규정에 따라 정하며 엑스트라, Ⅰ, Ⅱ가 있다.
구입 최적 시기는 11월에서 5월까지지만, 오렌지는 일년 내내 구입할 수 있다.

포멜로 LES POMELOS

현재, 공식적으로 규정된 포멜로의 등급은 없다. 크기는 상자에 들어 있는 열매의 수에 따라 다르다. 열매의 수는 품종에 따라 다르고 생산국에서 택한 포장에 따라 다르다.

현재 관례로 규정된 크기
– 36 : 1kg에 2개
– 40 : 1kg에 2~3개
– 48 : 1kg에 3개
– 56 : 1kg에 3~4개

감귤류를 고를 때에는 색깔이 일정하고 들었을 때 무겁고 씨가 너무

과육이 보이도록 칼로 레몬 껍질 제거하기
Peler à vif un citron
www.bpi-campus.com
www.youtube.com/@diytp

많지 않고 즙이 많으며 표면이 부드럽고 매끈하며 빛나는(합성 왁스에 주의) 것으로 고른다.
맛있는 레몬의 즙 함유량은 최소 20~25%이며 오렌지는 33~35%이다.
껍질이 너무 두꺼운 감귤류는 일반적으로 더 달콤하지만 과즙은 훨씬 적다.

감귤류의 과즙을 최대한 뽑아내기 위해서는 평평한 면에 돌려주고 손바닥으로 살짝 눌러주며 작은 벌집 모양의 과육이 모두 터지게 해야 한다.

흠이 있는 열매는 상자 안에 있는 모든 열매의 품질에 문제를 일으킬 수 있으므로 상한 열매는 빼고 나머지 열매를 잘 닦는다.
감귤류는 냉장 보관실에 보관하지 않는 게 좋다. 특히 다른 식품과 함께 있을 경우에는 특유의 냄새가 쉽게 전달된다.

또한 열을 가해서도 안 된다.

감귤류는 일반적으로 《곰팡이 방지 antimoisissures》 방부제 처리가 된다.(디페닐 diphényle, 오르토페닐 페놀 orthophényl-phenol, 오르토 페닐 페나트 나트륨 orthophéyl-phéate de sodium, 티오벤다졸 thiobendazole) 요리에 사용하기 전에 잘 씻어야 한다.

사전 준비 PRÉPARATIONS PRÉLIMINAIRES

과육이 보이도록 칼로 껍질 제거하기 PELER À VIF

❶ 레몬, 오렌지 또는 포멜로를 꼼꼼하게 씻는다.

❷ 키친타월로 물기를 닦는다.

❸ 양쪽 끝이 평평한 면이 되고 과육이 보이도록 자른다.

❹ 과육이 보이도록 칼로 껍질 제거하기

❺ 평평한 면을 아래쪽에 두고 과일을 세로로 놓은 후, 생선 필렛 나이프로 위에서부터 아치 형으로 껍질을 자른다.

❻ 껍질의 흔적이 보이지 않게 동그란 모양이 되도록 자른다.

❼ 일정한 둥근 조각으로 자른다.

활용법

레몬 : 생선 뫼니에르, 소스, 생선을 끓는 물에 데칠 때(poissons meunière, marinades, cuisson des poissons pochés.)

오렌지, 키위 : 과일 샐러드(salades de fruits.)

* 비가라드 소스 bigarade : 오렌지즙을 끓여 졸인 것을 식초, 설탕을 끓인 것에 부어 만든 소스.

* 컴버랜드 소스 Cumberland : 과일 소스로 보통 사슴 고기, 햄 및 양고기 등에 사용한다

조각으로 자르기
LEVER DES SEGMENTS OU DES SUPRÊMES

❶ 감귤류를 꼼꼼히 씻는다.

❷ 키친타월로 물기를 닦는다.

❸ 양쪽 끝을 자른다.

❹ 과육이 보이도록 칼로 껍질을 제거한다.(이전 사진 참조)

❺ 조각으로 자른다. 생선 필렛 나이프를 사용하여 얇은 막으로 싸여 있는 조각을 잘라 분리한다.

❻ 스테인리스 작은 통에 즙을 모아둔다.

활용법

- 전채요리, 혼합 샐러드(Hors-d'œuvre, salades composées.)
- 오렌지, 감귤류를 곁들인 오리 가슴살 요리, 새끼 오리 요리(Magret, caneton à l'orange, aux agrumes.)
- 감귤류를 곁들인 생선 필레 뫼니에르(Filet de poisson meunière aux agrumes…)

조각을 정육면체 모양으로 자르기
TAILLER DES SEGMENTS EN DÉS

활용법

- 송어, 홍어, 그르노블식 (동물의) 골 요리(Truite, raie, cervelle grenobloise.)

샤넬 나이프로 줄 장식하기 CANNELER

❶ 오렌지나 레몬을 꼼꼼히 씻는다.

❷ 키친타월로 물기를 닦는다.

❸ 양쪽 끝을 정리한다.

❹ 샤넬 나이프로 홈을 판다.

❺ 세로 방향으로 과일을 이등분하여 얇고 고른 모양의 조각으로 자른다.

활용법

- 요리의 장식 재료, 요리의 가장자리 장식 꽃줄로 장식하기 참조(Élément de décor et de présentation, bordure de plat voir festonner)

톱니 모양으로 레몬 자르기
Historier un citron
www.bpi-campus.com
www.youtube.com/@diytp

톱니 모양을 만들어 둘로 나누기 HISTORIER

❶ 톱니 모양을 만들어 둘로 나눌 과일을 꼼꼼하게 씻는다.

❷ 키친타월로 물기를 닦는다.

❸ 평평한 면이 되도록 양쪽 끝을 자른다.

톱니 모양으로 레몬, 오렌지 자르기 Citron ou orange en dents de loup

❶ 과일을 도마 위에 놓는다.

❷ 엄지와 검지 손가락으로 작은 칼날 중간 부분을 잡는다.

❸ 칼을 잡은 손가락 높이까지 과일을 가로질러 통과시킨다. 과일 둘레 전체에 또렷하게 톱니 모양을 낸다.

❹ 이 방법은 메론, 키위, 토마토, 삶은 달걀 등에 똑같이 사용한다.

❺ 반으로 나뉜 두 레몬 조각을 분리시키고, 씨를 제거한다.

❻ 중앙에 작은 파슬리 줄기를 둔다.

다른 모양으로 자르기 Autres modèles

❶ 레몬을 둘로 나누어 자른다.

❷ 껍질 둘레를 비스듬히 작은 띠 모양으로 자른다.

❸ 띠를 느슨하게 묶는다.

❹ 오렌지나 레몬에 미리 세로 홈을 파서 장식한 후, 작은 바구니를 엮어 만든다.

샤넬 나이프로 줄을 그어 장식한 레몬은 조리에 사용할 때까지 식품용 비닐 커버로 덮어 냉장 보관실에 보관한다.

오렌지를 곁들인 오리 요리(Canard à l'orange)

제스트, 제스트 가늘게 채썰기, 브뤼누아즈용으로 썰기
ZESTES, JULIENNE DE ZESTES ET BRUNOISE

❶ 과일을 꼼꼼히 씻은 후, 키친 타월로 물기를 닦는다.

❷ 필러로 최대 5~6cm 길이로 다듬는다. (제스트를 벗긴다) 껍질 중 색깔이 있는 부분만 사용한다.

제스트 가늘게 채썰기 Julienne de zestes

❶ 껍질 외피 부분인 제스트를 나란히 겹쳐놓는다.

❷ 가늘게 채 썬다.(잘게 썬다) 조리에 사용하기 전에 2~3번 데친다.

활용법

- 비가라드 소스, 컴버랜드 소스(Sauce bigarade, Cumberland.)

- 오렌지를 곁들인 새끼 오리 요리 등등(Caneton à l'orange, etc.)

브뤼누아즈용으로 썰기 Brunoise

❶ 가늘게 채 썬 제스트를 각각 1mm 정육면체 모양으로 가늘게 썬다.(잘게 썬다)

❷ 데친다.

활용법

- 밀라노식 오소부코 Osso-buco milanaise : 뼈가 붙은 송아지 정강이 고기를 토마토, 화이트 와인과 함께 찐 것

- 오렌지를 곁들인 파테나 테린을 위한 파르시 등등(Farce pour pâtés et terrines à l'orange, etc.)

멜론 LES MELONS

멜론은 박과의 한해살이 초본 식물의 둥글거나 길쭉한 열매이다.

가장 일반적이고 품질이 좋은 품종의 멜론은 6월에서 9월까지 시장에 나온다. 주로 카바이용(Cavaillon : 보클뤼즈(Vaucluse) 주에 있는 도시), 샤랑트(Charentes) 또는 과들루프(Guadeloupe) 지역에서 재배한다.

멜론은 전채요리 또는 생으로 신선하게 먹기도 하고, 포르투갈산 화이트 와인인 포르투 와인(Porto blanc), 머스캣 와인(Muscat), 마라스키노(Marasquin : 지중해산 버찌를 가미한 술), 셰리주*(Xérès 헤레스 와인) 등과 곁들여 먹기도 한다. 익히지 않은 햄(생 햄), 소금기가 있는 건조 오리 고기, 양념된 생선 요리 등과 함께 먹는다. 달콤한 멜론은 그라니테 les granités(겉이 오톨도톨한 소르베), 소르베, 과일 샐러드 등에 이용할 수 있다.

구입과 품질 기준 ACHAT ET CRITÈRES QUALITATIFS

멜론 크기는 과일 상자에 담긴 열매 수에 따라 다르다.

멜론에는 종류도, 품질 등급도 없다.

예

− 57cm×34cm 크기의 과일 상자 :

과일 수	직경 cm	개당 평균 무게
12	13/17	900g 이상
15	11/13	600~900g
18	9/11	500~600g

특히 햇빛이 많지 않은 때에 좋은 멜론을 고르는 일은 매우 어렵다. 일정한 품종에서(예를 들어, (속은 오렌지 색이며 겉은 거칠고 진초록 색인 멜론) 알아야 할 두 가지 주요 기준은 꼭지 부분 향이 특징적이고 달콤하며 강렬해야 하고, 부피에 비해 무거워야 한다는 것이다. 적절히 익은 정도는 꼭지에서 알아볼 수 있으며 잘 익은 멜론 꼭지는 쉽게 떨어진다.

흠이 생긴 멜론은 맛 뿐만 아니라 모양과 위생에도 문제를 일으킨다.

멜론은 실온에 보관하는 것이 좋다. 적당히 익으면 냉장 보관실에 반드시 냄새가 새지 않도록 포장해서 보관한다. 왜냐하면 멜론 향이 다른 식품에 쉽게 전달되기 때문이다.

멜론을 계속 만지거나 충격을 가해서는 안 된다.

1인용(개별적) 멜론 양은 약 400~450g이다.
2인분을 위해서는 약 750g의 멜론을 마련해야 한다.

사전 준비 PRÉPARATIONS PRÉLIMINAIRES

멜론을 꼼꼼히 씻는다.

키친타월로 물기를 닦는다.

멜론은 사용 방법과 크기에 따라 여러 방법으로 잘라 사용할 수 있다. 얇은 조각으로 자를 수도 있고 이등분으로 나눠(톱니 모양으로 나눠) 자를 수도 있고, 개별적으로 제공할 수도 있다.

개별적으로 제공하는 멜론 MELONS INDIVIDUELS

❶ 안정감 있게 놓기 위해 꼭지 맞은 편을 평평하게 다듬는다.

구멍이 뚫리지 않게 주의한다.

❷ 작은 칼끝으로 뚜껑을 자른다. 여러 모양의 뚜껑을 만들 수 있다. 뚜껑이 제자리에 잘 들어갈 수 있도록 기준선을 정한다.

---

* 셰리주 Xérès : 셰리는 스페인 안달루시아 헤레스데라프론테라 근처 지역에서 자란 백포도로 만든 강화 포도주이다. 스페인어로는 비노 데 헤레스(vino de Jerez)라고 하며, '셰리'는 '헤레스'의 영어식 이름이다.

❸ 디저트 숟가락으로 씨, 가는 섬유 등을 제거한다.

❹ 뚜껑을 다시 덮는다.

다른 방법 Autre méthode

❶ 채소 볼러로 멜론 속을 비운다.

❷ 밑 바닥에 구멍이 뚫리지 않도록 주의한다.

❸ 《동그란 볼 모양 멜론 noisettes》을 멜론 속에 넣은 후 뚜껑을 덮는다.

플레이팅한 멜론(Présentations de melons)

서양배 LES POIRES

은은한 향이 나고 입에서 살살 녹으며 시원한 느낌을 주며 부드러운 맛이 나는 서양배는 식사를 기분 좋게 끝내면서 먹는다.

주로 《앙트르메 entremets》(예전에는 로스트와 디저트 사이에 먹는 가벼운 음식을 가리켰음. 요즘에는 식후 디저트 전에 먹는 단 음식을 가리키며 점차 디저트와의 구별이 사라지고 있음)로 사용되며, 데치거나 시럽이나 와인을 곁들이거나 무스로, 또는 설탕 절임으로, 샤를로트 charlotte(과일, 비스킷, 크림으로 만든 푸딩)로 소르베 등으로 즐기는 배는 달콤하면서 동시에 짭조름한 맛을 내는 특별한 맛을 지니고 있어 가금류, 흰 살코기, 생햄, 수렵육, 훈제 생선 등과 잘 어울린다.

한 해의 여러 시기에 나오는 다양한 종류의 배 품종이 있으며 계절별로 생산되는 배는 다음과 같다.

여름에 나오는 배

- 단 맛이 매우 좋은 배, 기요(Guyot) : 7월, 8월
- (수분이 많고 향기로운) 배 품종 중의 하나인 윌리엄즈(Williams), 윌리엄즈 후즈(Williams rouge) : 8월, 9월
- 앙드레 데포르트(André Deportes) : 7월 초

가을에 나오는 배

- 루이즈본느(Louise-bonne) : 9월~11월 말
- 베레아흐디(Beurré-hardy) : 9월~11월 말
- (길쭉한 초록색) 배의 한 품종인 꽁페랑스(Conférence) : 9월 말~ 12월 초
- (과즙이 풍부한) 배의 일종인 두아이에네뒤꼬미스(Doyenné-du-comice) : 10월~12월 말

겨울에 나오는 배

- (과육이 단단하고 새콤한) 배의 일종인 파스크라산느(Passe-crassane) : 12월~4월
- 익혀 먹는 뒤 퀴레(Du curé) : 11월~1월

구입과 품질 기준 ACHAT ET CRITÈRES QUALITATIFS

배 크기는 mm로 표기되는 직경에 따라 다르다.
- 60/65 : 약 1kg에 8~9개의 배
- 65/70 : 약 1kg에 6~7개의 배
- 70/75 : 약 1kg에 5~6개의 배
- 75/80 : 약 1kg에 4~5개의 배

작은 과일 상자에 한 줄로 포장하여 무게로 계산하는 배를 고른다. 잘 익은 배는 매우 약하기 때문에 손으로 세게 만지거나 충격을 주어서는 안 된다.

구입할 때에는 단단한 배를 고르는 것이 좋다. 왜냐하면 배는 매우 빨리 변하기 때문이다. (특히 여름에 나오는 품종의 경우) 배는 실온에서 숙성하고 색깔도 천천히 변한다. 손가락으로 눌렀을 때 외피가 살짝 눌리면 잘 익은 상태이다.

잘 익은 배는 6~8도의 냉장 보관실에 보관한다.

주의! 익은 배는 속 부분이 농익은 경우도 있으므로 구입할 때 잘 점검해야 한다.

사전 준비 PRÉPARATIONS PRÉLIMINAIRES

통째로 끓는 물에 데칠 배 손질하기 Poire pour pocher entière

❶ 껍질을 벗긴다.(필러)
❷ 필러 끝으로 꼭지와 바닥 부분을 다듬는다.

❸ 고르고 길쭉한 모양을 유지하며 소용돌이 모양으로 배 껍질을 제거한다.

"

❹ 가위로 꼭지를 조금 잘라낸다.

❺ 작은 칼로 도마 가장자리 부분에 꼭지를 대고 긁어주며 다듬는다.

❻ 채소 볼러로 배 속을 판다. 과피(씨를 덮고 있는 누르스름한 부분) 전체와
씨를 빼낸다.

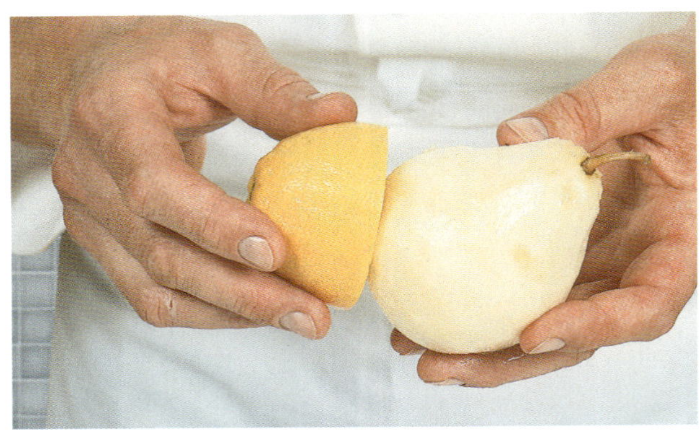

❼ 레몬 반쪽 또는 레몬즙으로 배를 문지른다.

❽ 레몬즙을 넣은 물 속에 잠시 담가 보관할 수도 있다.

사과 LES POMMES

사과는 7월과 8월에 덜 나오지만 소비자들이 일년 내내 마음대로 먹을 수 있는 예외적인 과일이다. 하지만, 특별한 계절에만 나오는 일부 품종은 시장에 매우 짧은 기간 동안만 나온다.

16세기 후반, 프랑스에는 110개의 사과 품종이 있었다. 전문가들은 다양한 교배와 모방을 통해 전 세계에 걸쳐 수천 종의 품종을 개발해냈다. 프랑스의 과수원에서는 30여 종만 재배한다.

8월 말에서 10월까지 먹을 수 있는 조기 수확하는 사과

- 아스트라칸 후즈(Astrankan rouge)
- 여름 칼빌 후즈(Calville rouge d'été)
- 카흐디날(Cardinal)
- 트랑스파랑트 블랑쉬(Transparente blanche)

10월 말에서 1월 초까지 먹을 수 있는 제철 사과

- 베네딕탕(Bénédictin)
- 콕스오랑쥐(Cox's Orange)
- 헤네트 여왕(Reine des reinettes)
- 회색 헤네트(Reinette grise)
- 벨드보스쿱(Belle de Boskoop)
- 멜호즈(Melrose)

1월 말에서 3월까지 먹을 수 있는 늦게 수확하는 사과

- 겨울 칼빌(Calville d'hiver)
- 그로 로카(Gros Locard)
- 캐나다 헤네트, 향이 강한 인도 사과(Reinette du Canada, clochard)
- 이다레드(Idared), 글로스타 (Gloster), 조나골드(Jonagold : 골든 딜리셔스와 조나단의 교배종)

집중 재배하며 인공적으로 숙성시키는 일부 품종은 더 오랜 기간 동안 먹을 수 있다.
– 골든 딜리셔스(Golden delicious) : 일년 내내 먹을 수 있음
– 그래니 스미스(Granny Smith) : 11월~5월
– 리차레드 스타킹(Richared-Starking) : 9월~4월

구입과 품질 기준 ACHAT ET CRITÈRES QUALITATIFS

요리에 사용하는 사과는 상품적 품질(크기, 모습, 싱싱한 정도)이 좋아야 하고 용도에 따라 달라져야 한다.(형태, 맛, 단단한 정도, 익혔을 때의 모습, 양념과 곁들일 때 모습, 산화에 대한 저항 등등)

약간 신맛이 나는 사과는 전채요리, 혼합 샐러드, 소스, 콩포트 Les compotes(신선한 과일이나 말린 과일을 설탕 시럽에 졸인 프랑스 디저트) 등에 사용한다. 익히면 신맛을 쉽게 없앨 수 있다.

고기, 가금류, 허드레 고기, 수렵육 요리 등에 곁들여 내는 요리를 위해서는 달콤하고 수확 시기가 늦은 품종을 사용하는 것이 더 좋다.

사용하는 사과의 개수는 열매의 mm 직경 크기에 따라 다르다.

예
– 65/70 : 약 1kg에 8~9개의 사과
– 70/75 : 약 1kg에 6~7개의 사과
– 75/80 : 약 1kg에 5~6개의 사과

작은 과일 상자에 한 줄로 포장해 무게로 계산하는 사과를 고르는 것이 좋다. 상자로 포장된 사과의 경우, 크기가 같은지 쉽게 점검할 수 있고, 벌레 먹거나 상하거나 너무 익은 사과를 찾기도 쉽고, 다른 상자로 옮길 필요도 없고, 사과에 해가 되는 충격도 막아준다.

전통 재배 사과는 어떠한 보관 과정도 거치지 않으며, 몇 달 동안 신선한 과일 가게에서 직사광선, 먼지, 벌레, 설치 동물이 없는 곳에 보관한다.

집중 재배 사과는 특별한 주의를 기울여 보관한다. 최대 1주일 동안 6~8도의 냉장실에 보관할 수 있다.(온도가 올라가면 숙성을 가속시킨다.)

사전 준비 PRÉPARATIONS PRÉLIMINAIRES

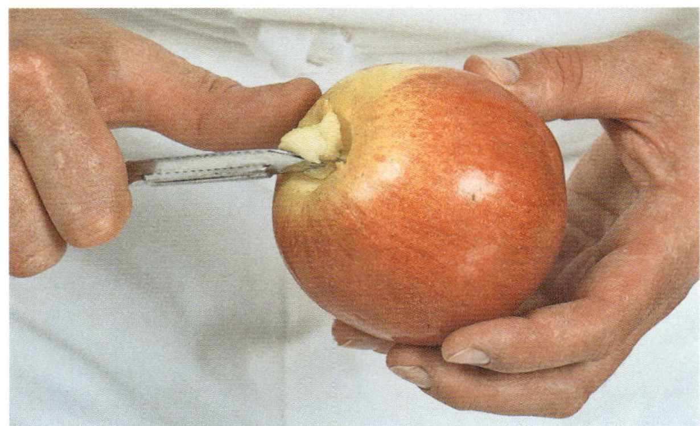

❶ 필러로 껍질을 벗긴다.

❷ 꼭지를 떼고, 꽃받침과 수술의 나머지 부분을 필러 끝으로 제거한다.

❸ 동그랗고 고른 사과 모양을 유지하며 껍질을 깎는다.

❹ 레몬 반쪽 또는 레몬즙으로 사과를 문지른다.

다음 두 가지 방법 중 하나로 사과를 파준다.

첫 번째 방법

과피(씨를 덮고 있는 누르스름한 부분) 전체와 씨를 빼기 위해 충분한 직경의 애플 코어러로 속을 판다.

두 번째 방법

❶ 사과를 2등분해서 자른다.

❷ 채소 볼러로 과피와 씨를 제거한다.

완성한 결과

활용법

1) 수렵육 요리의 곁들임 요리(Coffrets pour garniture de gibier.)

2) 곁들임 요리를 위한 조각 사과와 모난 부분을 깎아 둥글게 다듬은 사과 (Quartiers et pommes tournées pour garnitures d'accompagnement.)

3) 소스(카레)나 혼합 샐러드를 위한 다양한 크기의 정육면체 모양 사과(Dés de plusieurs grosseurs pour sauces (curry) et salades composées.)

4) 사과 타르트를 위해 얇게 저민 사과(Émincées pour tartes aux pommes.)

5) 튀김과 곁들임 요리를 위한 동그랗고 얇은 사과 조각(Rondelles pour beignets et garnitures.)

---

* 베로니크 가자미 요리 filets de sole Véronique : 화이트와인을 넣은 생선 육수에 데친 가자미에 껍질을 벗기고 씨를 발라낸 포도와 와인, 생크림 등을 넣은 소스를 곁들여 내는 요리.

* 쿠스쿠스 couscous : 세몰리나를 찌거나 삶아서 만든 북아프리카 전통 요리.

포도 LES RAISINS DE TABLE

와인을 위한 포도처럼 시식용 포도로 재배하는 품종도 흰색 포도와 적색 포도를 포함한다. 포도의 수확 시기도 품종에 따라 다르다

주요 품종

흰색 포도 품종 RAISINS BLANCS

- 샤스라 드 무아작(Chasselas de Moissac) : 포도알갱이가 작음, 8월~9월 중순
- 마들렌느 후아알 블랑(Madeleine royale blanc) : 포도알갱이가 작음, 8월~9월 중순
- 이탈리아(Italia) : 포도알갱이가 큼, 10월~1월

적색 포도 품종(RAISINS NOIRS)

- 카흐디날 Cardinal : 포도알갱이가 큼, 9월~10월
- 알폰스 나발레 Alphonse Lavallée : 포도알갱이가 큼, 9월~11월
- 무스카 드 함부르흐 Muscat de Hambourg : 포도알갱이는 중간 크기, 9월~11월

껍질과 씨를 제거한 포도는 주로 작은 곁들임 요리로 사용한다. 생선 요리(베로니크 가자미 요리*), 가금류 요리(메추라기, 새끼 오리, 포도를 곁들인 오리 가슴살 요리), 푸아그라, 수렵육 요리, 다양한 가을 포도를 재료로 사용한 곁들임 요리 등에 사용한다.

등급을 나눈 무스카 Muscat, 스미른 Smyrne, 코린트 Corinthe 품종의 건포도는 여러 가지 요리 재료에 들어간다.(쿠스쿠스*, 카레, 가금류 파르시 등의 곁들임 요리) 건포도는 요리 전에 꼼꼼히 씻은 후 물기를 닦아 사용한다.

구입과 품질 기준 ACHAT ET CRITÈRES QUALITATIFS

포도 크기는 g으로 표기하는 포도 송이 최소 무게에 따라 등급을 나눈다.
- 엑스트라 등급 : 포도알이 큰 송이 : 200g
  포도알이 작은 송이 : 150g
- Ⅰ등급 : 포도알이 큰 송이 : 150g
포도알이 작은 송이 : 100g
구입 최적 시기는 8월에서 12월까지이다. 포도알이 큰 이탈리아 흰색 포도 품종은 이 시기 외에도 자주 먹을 수 있다.
크기가 크고 포도알이 일정하며 색깔이 같은 큰 포도알이 촘촘하게 박혀 있고 단단하며 흰 가루 막으로 얇게 덮여 있는 포도를 고른다. 포도 꼭지(포도알이 붙어있지 않은 부분)는 방금 수확해서 싱싱하고 초록색이다.
포도알이 무르거나 시들었거나 너무 촘촘히 붙어있거나 반점, 곰팡이가 있거나 심하게 농익었거나 말라 시든 포도 꼭지를 가진 포도는 즉시 제외시킨다.
8~12도의 냉장 보관실에 포도를 보관한다. 포도 본연의 맛을 느끼기 위해 먹기 1시간 전에 냉장 보관실에서 꺼낸다.
포도를 다룰 때에는 꼭지로만 조심스럽게 잡아야 한다.

사전 준비 PRÉPARATIONS PRÉLIMINAIRES

❶ 포도 송이를 꼼꼼하게 씻는다.

❷ 포도 꼭지로부터 포도알을 조심스럽게 분리한 후 흠이 있는지 살핀다.

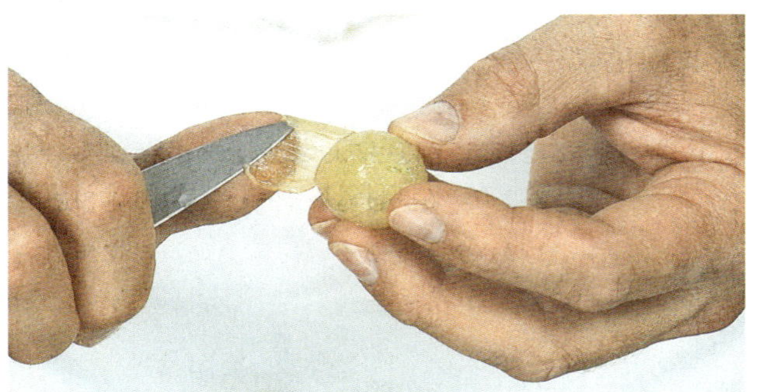

❸ 작은 칼끝으로 포도 껍질을 벗긴다.

❹ 작은 칼로 포도 껍질을 벗기기 어려울 경우에는 끓는 물에 몇 초간 담근 후 얼음물에 옮겨 칼끝으로 조심스럽게 껍질을 벗긴다.

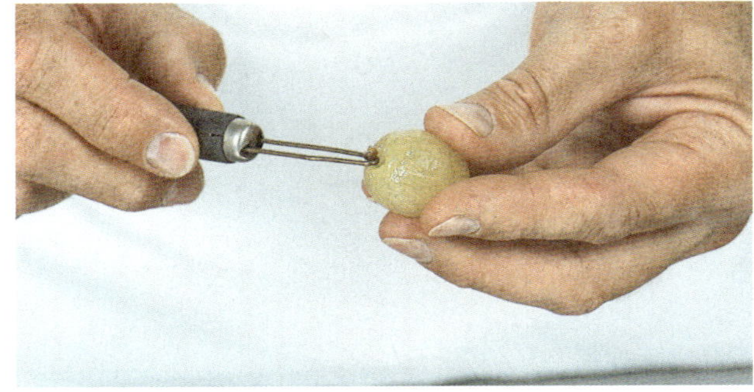

❺ 필요한 경우, 작은 갈고리 또는 접힌 클립으로 씨를 뺀다.

수산물
LES PRODUITS DE LA PÊCHE

생선류
LES POISSONS

갑각류
LES CRUSTACÉS

조개류
LES COQUILLAGES

생선류 LES POISSONS

(BPI 출판사의 《요리의 기술》 참조)

뭇 서구인들처럼 프랑스인들 역시 고기를 주로 소비한다.

생선에 대한 관심이 꾸준히 증가하고 있는데, 해먹는 것 보다는 사먹는 것을 특히 선호하는 추세다. 사실 생선요리를 준비하는 것은 유쾌한 작업은 아니다. 보기 좋게 손질을 해야하며, 가시에 손을 찔리기 쉽고, 좋지 않은 냄새까지 나기 때문이다.

하지만 아무리 불쾌한 작업이라도 생선의 신선도와 품질 유지를 소홀히 해서는 안될 것이다.

어육은 물에서 꺼내는 순간부터 마르기 시작하며 그 어떤 식품보다도 더 빠르게 변질된다. 변질의 기미, 생선의 활력도 그리고 살균 및 위생 관리 사이에는 일종의 상관관계가 존재한다. 실온에 오랜 시간 생선이 방치될 경우 부패가 시작되면서 어육의 단백질이 손상되며, 역겨운 암모니아 냄새가 난다.

다양한 단백질 손상 원인 중 특히 암모니아(NH3)와 휘발성 아민*은 고약한 냄새를 풍기는 부패의 주원인이다.

단백질의 손상은 이러한 원인 물질의 비율을 통해 측정할 수 있다.

휘발성 염기질소 비율*은 표본 100g당 검출되는 암모니아의 양(mg)을 측정하는 것으로서, 이 측정값은 신선도 판정의 기준이 된다. 허용치는 식품 100g당 암모니아 100mg이다.

이와 같은 변질을 막기 위해서는 각 과정에 맞는 위생 처리가 이루어져야 하며, 저온 취급을 일반화해야 한다. 생선은 선상에서 식탁에 이르는 모든 과정 내내 항상 저온 저장되어야 하며, 온도는 어는점(0°c)이 유지되도록 한다.

신선도 판정 APPRÉCIATION DU DEGRÉ DE FRAÎCHEUR

요리를 할 때 생선의 신선도 판정은 오로지 시각, 후각, 촉각 등의 감각 기관에 의존하는 관능검사(官能檢査)를 통해 이루어진다. 그러나 이 것만으로는 기생충병*이나 고래회충*과 같은 살아있는 유충 등을 가려낼 수 없다.

신선한 생선의 특징
냄새(Odeur) : 약함, 좋음, 가벼움
모양(Aspect général) : 반짝거리며, 금속빛과 무지개빛이 도는 광택이 난다. 몸통이 휘어져 있으며 단단하면서 탄력이 있다.

A) 눈 ŒIL
맑음, 생생함, 검은 눈동자, 반짝임, 볼록함, 투명함

B) 비늘 Écailles
강하게 달라붙어 있음, 반짝임, 금속빛

C) 껍질 Peau
팽팽함, 혈색이 있음, 어육에 강하게 붙어있음, 어종에 따라 다르나 투명한 점액으로 덧씌워져 있음

D) 아가미 Ouïes
촉촉함, 반짝임, 핑크빛 혹은 핏빛에 가까운 붉은빛

E) 복부 Abdomen
단단함, 탄력이 있음, 부어있지 않음, 찢어지지 않고 얼룩이 없음, 복막(검은막)이 내장에 단단하게 붙어 있음

F) 항문 Anus
점액이 세어 나오지 않고 단단히 닫힘

위에 명시된 신선한 생선의 특징은 모든 종에 적용이 가능하나 종에 따라 다른 특징이 있을 수 있다.

(1) 눈이 움푹 패인 대어도 있다. 몸집이 큰 생선은 무겁기 때문에 손가락을 눈에 걸고 운반하는 경우가 많기 때문이다.
(2) 정어리와 청어는 비늘과 특유의 금속 빛을 쉽게 잃는다.
(3) 신선한 상태 임에도 칠성상어(Roussette), 상어류(Chien de mer), 가오리의 껍질은 광택이 없다. 상어류는 일반적으로 소모네뜨* 형태로 판매되며, 가오리의 경우는 날개 부위만 토막 내어 판매된다.

위 생선은 핏속에 요소가 많아 발효가 빠르고 암모니아로 쉽게 변형되는 특징이 있다. 이미 신선한 상태에서 지각할 수 있는 냄새가 변질 과정에서 더 강해지는 경향이 있으니 유의하자.

칠성상어, 상어류, 가오리는 얼음으로 덮어 보관하지 않는다. 배송 직후바로 조리하는 게 좋다.

손질된 생선 덩어리는 신선도 판정이 매우 어렵다. 감각 기관을 통한 판정 대상이 어육뿐이기 때문이다. 머리를 보고 신선도를 판단하거나 생선의 전반적 활력도를 판단하는 것은 불가능하다.

변질된 필레는 끈적이며 쉽게 부서지고 불그스름하다. 척추에 붙은 어육과 다른 어육의 색은 같아야 한다.

토막, 필레* 형태의 제품
POISSONS COMMERCIALISÉS EN DARNES OU EN FILETS

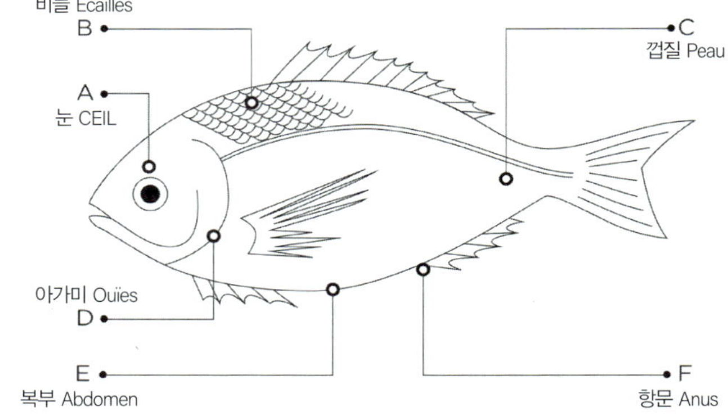

사전 준비

생선 손질은 지느러미 제거, (어종에 따른) 껍질 제거, 내장 제거, 세척 등 생선이 조리 전까지 순차적으로 준비되는 일련의 과정을 일컫는다.

생선 손질은 반드시 별도의 공간에서 이루어져야 한다. 세척과 소독이 용이한 공간이면 더욱 좋다.

---

* 아민 Amines volatiles : 질소를 포함한 유기화합물, 생선이나 육류 등의 부패 과정에서 특유한 냄새를 유발한다.
* 휘발성 염기 질소 비율 : ABVT(Azote Basique Volatile Total), 영어로는 TVBN(−Total Volatile Basic Nitrogen)
* 기생충병 Parasitoses : 생선에 기생하는 고래회충, 간디스토마, 생선촌충 등은 인간을 감염시킬 수 있는 기생충병의 감염 위험이 있다.
* 고래회충 Anisakis : 바다 포유류의 위에서 기생하는 회충. 감염되면 복통, 메스꺼움 등의 증상이 나타난다.
* 소모네트 Saumonette : 껍질을 벗겨 판매되는 각종 상어과의 상품을 지칭하는 용어.
* 필레 Filet : 생선의 뼈를 제거하고 한 면씩 가로로 포 뜬 상태.

두툼한 생선 손질하는 방법 HABILLER DES POISSONS 《PORTIONS》 RONDS

(명태 MERLAN*, 송어 TRUITE*, 붉은 숭어 ROUGET*, 농어 BAR* 등)

지느러미 제거하기 Ébarber

❶ 큰 가위로 꼬리에서 머리 방향으로 모든 지느러미와 수염을 제거한다. 가시가 많은 부위와 독가시를 조심한다.

❷ 《생선의 꼬리 queue de poisson》 꼬리 지느러미의 경우, 사진과 같이 일정한 모양으로 예쁘게 다듬는다.

비늘 제거하기 Écailler(비늘이 있는 생선의 경우 poisson comportant des écailles)

❶ 꼬리 쪽을 꽉 잡고 비늘 벗기는 도구 couteau écailleur나 단단한 칼날 couteau à lame rigide로 꼼꼼하게 모든 비늘을 긁어낸다.

❷ 준비된 생선을 조심스럽게 씻는다.

아가미 제거하기 Supprimer les branchies(ouïes)

아가미 덮개를 열고 아가미를 제거한다. 작은 칼을 이용한다. 손으로 조심히 뜯어내거나 가위로 잘라도 된다.

내장 제거하기 Vider

아가미를 제거할 때 아가미 덮개 쪽으로 내장이 딸려 나오기 쉽다. 이 때 머리 부위가 깨지지 않도록 유념해야 한다. 특히 봄철 대구는 복부가 부어 있는데, 내장이 약해 제거가 쉽지 않다.

❶ **생선의 배를 가를 때는**, 항문 구멍으로부터 머리 방향 2~3cm 정도가 좋다. 절개 부위가 길수록 생선의 손질 후 모습이 좋지 않다.

❷ 생선 내장 전체를 제거하고 비워낸다. 아가미덮개를 통해 내장을 제거한 경우, 잔여물이 있는지 확인한다.

---

* Merlan : 명태의 일종. 대구과의 바다 생선 * Truite : 송어류
* Rouget : 붉은 숭어. 촉수과의 일종 * Bar : 배스. 농어목.

생선의 등에 소를 넣거나 명태와 송어에 밀가루, 계란물, 빵가루를 입혀 영국식으로 요리할 경우, 복부를 절개하여 내장을 제거하지 않고 아가미 덮개 쪽으로 내장을 들어내 온전한 생선의 모양을 유지하도록 한다.

송어의 예 Cas particulier de la truite

❶ 핏덩이가 들어있는 주머니는 긁어서 제거한다.

❷ 수도꼭지를 아가미 안쪽으로 맞춰주고, 숟가락 손잡이를 사용하여 핏덩이를 긁어낸다.

핏덩이를 제거한 생선은 살살 씻은 다음 차가운 물에 몇 분간 담가놓는다.

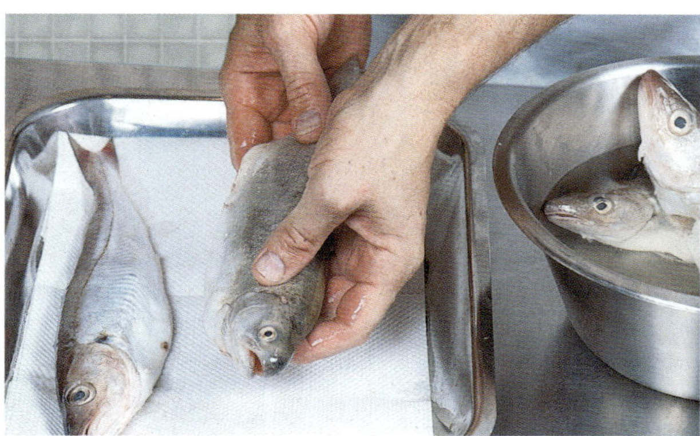

❶ 키친타월로 톡톡 찍듯 물기를 제거한다.

❷ 복막(내장 속에 흡착되어 있는 검은막)의 흔적이 있는지 확인하고 남은 흔적이 있으면 제거한다.

《두툼한》 생선필레 뜨는 방법 LEVER DES FILETS DE POISSONS 《PORTIONS》 RONDS

(명태 MERLAN, 송어 TRUITE, 붉은 숭어 ROUGET 등)
(오른손잡이용 METHODES POUR DROITIER)

첫 번째 방법

❶ 키친타월로 명태를 부드럽게 닦아 수분을 제거한다.

❷ 생선을 도마 위에 놓되 꼬리는 작업자 쪽으로, 등뼈는 오른쪽으로 놓는다.

❸ 왼손 바닥을 명태 위에 올려 등뼈 쪽 껍질을 평평하게 펴준다.

❹ 등뼈 1~2mm 위쪽을 절개하고 뼈를 따라가며 섬세하게 필레를 뜬다.

❺ 명태를 뒤집어 뼈가 아래를 향하도록 하고, 머리는 작업자 쪽으로 돌려놓는다

❻ 등뼈 1~2mm 위쪽을 절개하고 뼈에 살점이 남지 않도록 조심하며 필레를 뜬다.

❼ 머리 쪽으로 올라갈수록 살점이 두툼해지므로 손실되는 부분이 없도록 최대한 조심한다.

두 번째 방법

두 번째 방법은 명태보다도 더 두툼한 생선(농어 bar, 연어 saumon, 대구 colin* 등)에 적합하다.

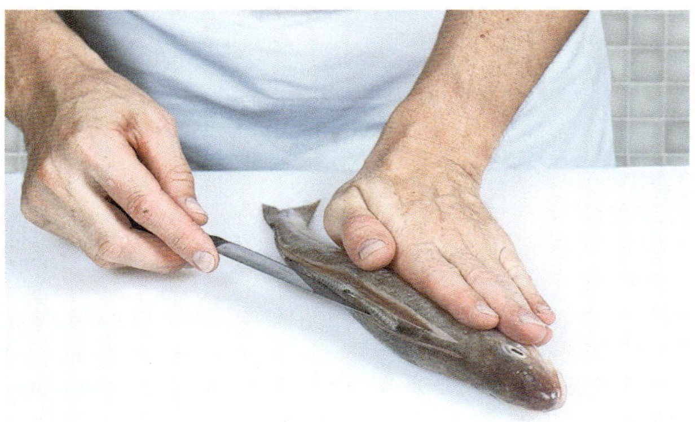

❶ 잘 닦은 명태를 도마 위에 올려놓는다. 꼬리지느러미는 작업자 쪽, 등뼈는 오른쪽을 향하도록 한다.

❷ 왼손 바닥을 명태 위에 올린다.

❸ 등뼈 제거를 위해 등뼈 위(첫 번째)를 먼저 절개한 후 등뼈 아래쪽(두 번째)을 절개한다.

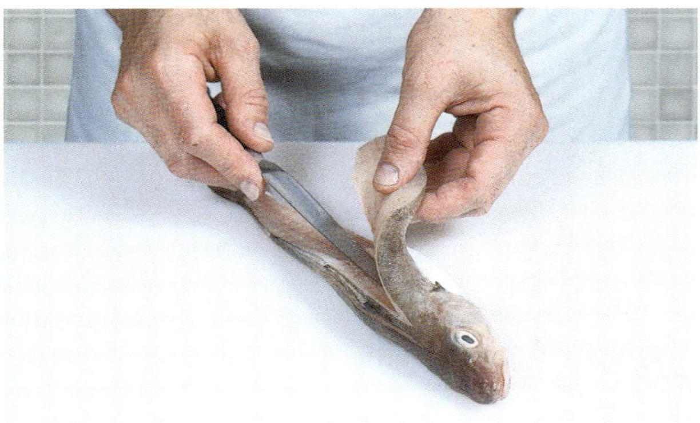

첫 번째 필레 들어내기 Lever délicatement le premier filet

❶ 첫 필레를 가볍게 들어올리고 뼈 바로 위에 칼을 밀어넣는다.

❷ 손실되는 살점이 생기지 않도록 머리 부분을 잘 우회한다.

두 번째 필레 들어내기 Lever le deuxième filet

❶ 생선을 뒤집지 않고 그대로 둔다.

❷ 두 번째 절개자국을 따라 필레를 뜬다. 이때 뼈를 가볍게 들어올리면서 진행한다.

❸ 머리 부분을 잘 우회하며 조심스럽게 두 번째 필레를 뜬다.

필레 껍질 벗기기 Dépouiller les filets(가자미용 칼 이용)

❶ 꼬리는 작업자를 향하고, 필레 껍질은 아래를 향하도록 한다.

❷ 껍질을 잡아 필레를 고정하고 살과 껍질 사이에 부드럽게 칼날을 삽입한다.

❸ 수평 방향으로 가볍게 왔다갔다하며 껍질을 벗겨낸다.

---

* 대구 colin : 대구의 일종

《두툼한》 생선 가시와 뼈 발라내는 방법 DÉSARÊTER OU DÉSOSSER DES POISSONS 《PORTIONS》 RONDS (영국식 명태튀김 MERLAN À L'ANGLAISE* , 송어 파르시 TRUITE FARCIE, 송어 수플레 TRUITE SOUFFLÉE*)(오른손잡이용 MÉTHODE POUR DROITIER)

생선의 배는 가르지 않고, 아가미 덮개를 통해서 내장을 제거한다.(앞 페이지를 참고)

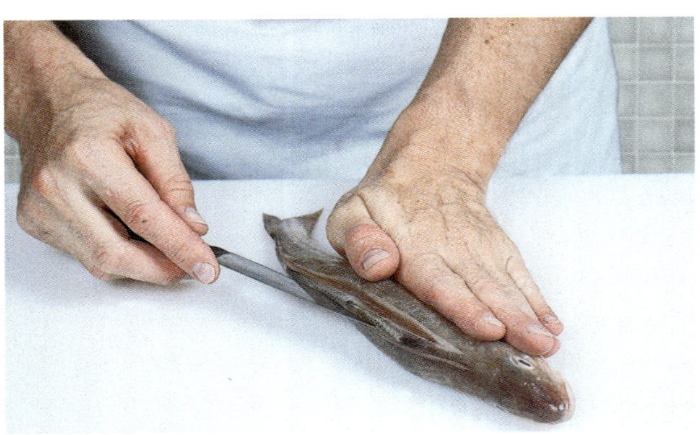

❶ 잘 닦은 생선의 꼬리는 작업자를, 등뼈는 오른쪽을 향하게 한다.

❷ 등뼈쪽 껍질이 평평해지도록 왼손을 생선 위에 올린다.

❸ 등뼈 제거를 위해 등뼈 위와 아래를 절개한다.

❹ 머리 쪽과 꼬리 쪽의 높이를 맞춘다.

❺ 첫 번째 필레를 연다. 머리가 상하지 않도록 조심한다. 꼬리지느러미에서 대략 1cm 되는 지점에서 멈춘다.

❻ 생선을 뒤집는다. 머리를 작업자 쪽을 향하게 한다.

❼ 두 번째 필레를 조심스럽게 열면서 첫번째 필레와 높이를 맞춘다(꼬리 에서 대략 1cm). 머리가 상하지 않도록 조심한다.

❽ 뾰족한 가위로 머리와 꼬리쪽의 뼈를 절단한다.

❾ 작은 가시들도 딸려 나오도록 뼈를 가볍게 당기며 적출한다.

❿ 잔여물이 있는지 확인하고 복막과 핏자국을 제거한다.

⓫ 뼈와 잔 가시가 제거된 생선을 조심히 행구고, 키친타월로 물기를 제거 한다.

---

* 영국식 명태튀김 Merlan à l'anglaise : 명태의 등을 갈라 넓게 편 후, 밀가루-계란 물-빵가루 순서로 입혀 튀기는 방법

* 송어 파르시, 송어 수플레 Truite farcie, truite soufflée : 송어의 등에 소를 채워 넣 은 요리

활용법

- 뼈를 발라낸 생선은 영국식으로 튀겨내거나 Les poissons ainsi désossés peuvent être panés à l'anglaise(영국식 명태 merlan à l'anglaise, 콜베르 Colbert, 리슐리외 Richelieu)* 생선이나 갑각류 무슬린 파르시* 등으로 속을 채우는 용도에 적합하다. garnis d'une farce mousseline de poisson ou de crustacés(송어 파르시, 송어 수플레 truite farcie et soufflée)

대구 손질하는 방법 HABILLER UN COLIN

(시판용 대구는 보통 내장이 제거되어 있음)

❶ 가위로 대구의 지느러미를 잘라낸다.

Attention 주의! 가시에 손이 찔리지 않도록 조심한다.

❷ 비늘을 벗기는 도구 couteau écailleur 혹은 단단한 칼날 couteau à lame rigide을 사용하여 비늘을 긁어낸다.

❸ 생선을 조심스럽게 씻는다.

대구의 목을 절단한다(Décapiter le colin).

❶ 주방 칼로 머리를 제거한다. 살점이 딸려 나가지 않도록 살짝 비스듬하게 자른다.(눈과 아가미를 제거한 머리는 육수용으로 사용할 수 있다.)

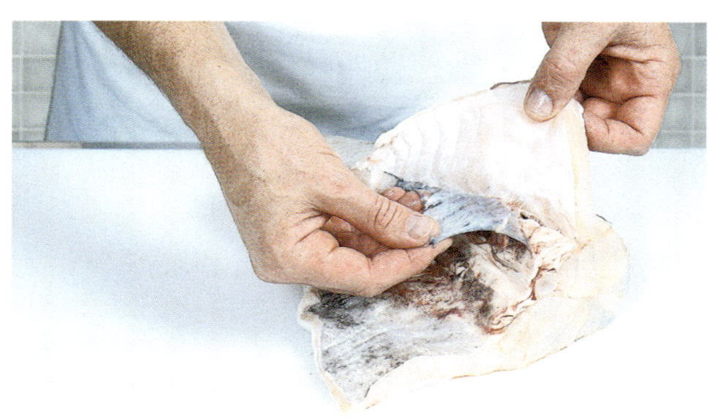

❷ 복막(검은 막)은 손으로 제거하거나 키친타월을 사용한다.(아주 신선한 생선의 복막은 살에 단단히 붙어 있다.)

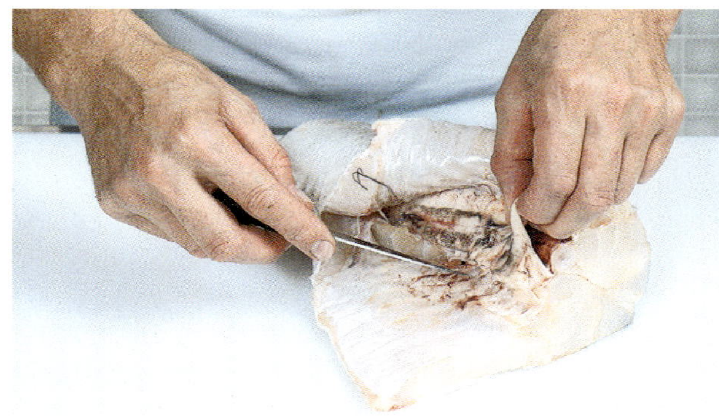

❸ 작은 칼을 사용하여 부레(끈)를 떼어 제거한다.

❹ 자잘한 핏덩이도 제거한다.

---

* 빵가루를 입혀 튀겨낸 방식을 '영국식'이라 속칭한다. 레시피에 따라 영국식 명태, 콜베르(Colbert), 리슐리외(Richelieu) 등으로 구분하여 부른다.

* 생선이나 갑각류 무슬린 파르시 Farce mousseline de poisson ou de crustacés : 다진 생선 또는 갑각류에 생크림과 달걀흰자를 넣어 섞은 것

대구 필레뜨기 LEVER DES FILETS DE COLIN
(오른손잡이용 MÉTHODE POUR DROITIER)

손질하기(앞 페이지 참고)

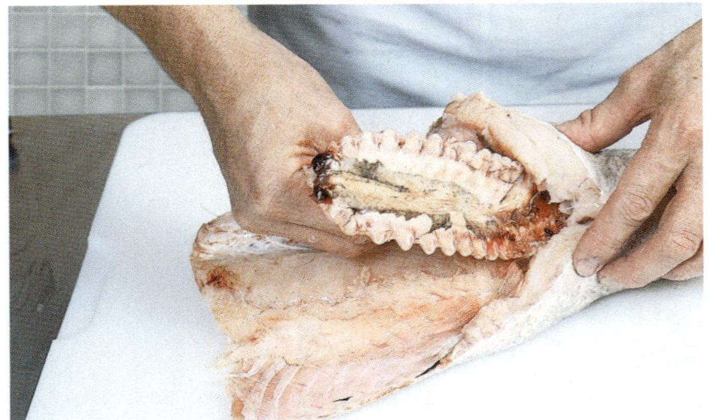

❶ 척추에서 흉부와 복부를 제거한다.

❷ 손가락을 사용해 척추에서 불룩 튀어나와 있는 부분을 섬세하게 따라간다.

❸ 여러차례 손가락을 밀어 넣어 뼈를 차츰 제거한다.

❹ 꼬리 부분에서 끊어준다.

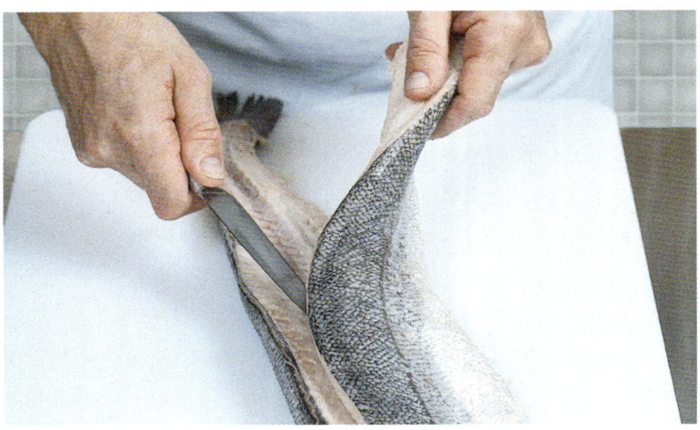

첫 번째 필레뜨기(Lever le premier filet)

❶ 대구의 꼬리는 작업자 쪽, 등뼈는 오른쪽을 향하도록 한다.

❷ 왼손 바닥으로 대구를 고정하여 등뼈 껍질을 평평하게 만든다.

❸ 등뼈 위로 2~3mm의 간격을 두고 칼집을 낸 다음 생선의 길이를 따라 절개한다. 등뼈 아래 역시 동일한 방법으로 칼집을 내어 뼈를 드러낼 준비를 한다.

❹ 첫 번째 필레를 조심히 분리해낸다.

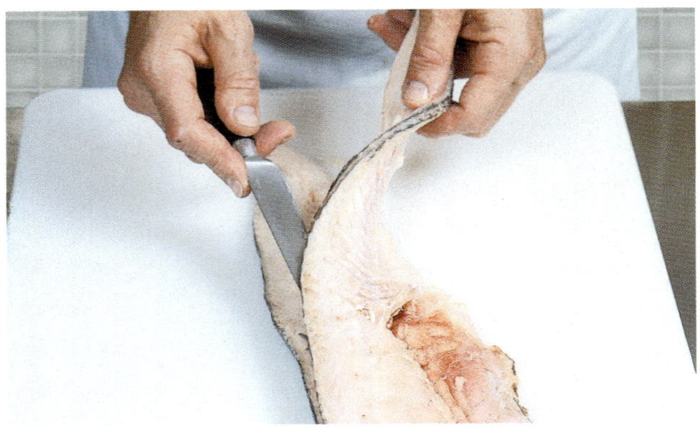

두 번째 필레 뜨기(Lever le deuxième filet)

❶ 대구는 뒤집지 않는다. 뼈 바로 아래에 칼을 밀착시키고, 뼈를 조심히 들추면서 최대한 한칼에 가도록 한다.

Attention 주의! 뼈에 살점이 남지 않게 최대한 조심하며, 대구의 어육은 부서지기 쉬우므로 작업을 하면서 필레에 흠집이 가지 않도록 조심한다.

❷ 필레를 다듬고 흉부와 복부에 잔 가시와 검은 막(복막)이 없는지 확인한다.

필레 껍질 벗기기(Dépouiller les filets)

❶ 가자미용 칼로 껍질을 벗긴다.

❷ 생선을 잘 편다. 꼬리는 작업자를, 껍질은 아래를 향하게 한다.

❸ 살과 껍질 사이에 칼날을 집어 넣는다.

❹ 껍질을 잡고 필레를 잘 유지하고, 칼은 작업자 앞에서 바깥 방향으로, 칼질은 수평 방향으로 가볍게 왔다가다 하며 살을 분리해 낸다.

대구 필레 자르기 : 에스칼로프*
ESCALOPER DES FILETS DE COLIN

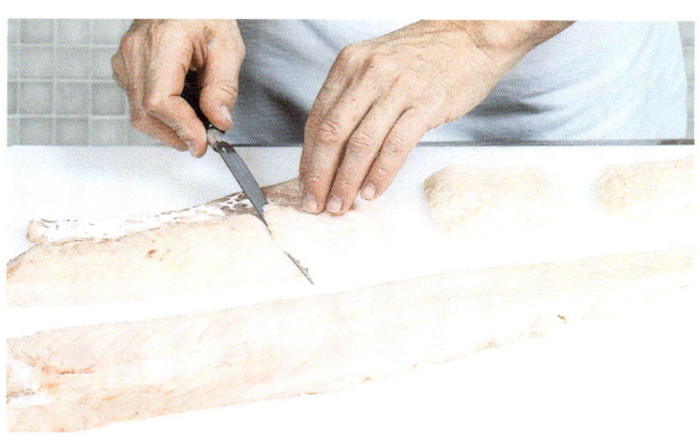

120~150g의 양으로 비스듬히 저미어 일정한 모양의 에스칼로프를 만든다.

대구 토막 내기 : <트롱송>*
DÉTAILLER UN COLIN EN TRONÇONS

❶ 대구를 일정한 크기의 토막으로 자른다. 가급적이면 대구의 중간 부분으로 한다. 한 토막은 180~200g 정도가 된다.

❷ 사진처럼 토막을 실로 감아 고정한다.

대구 《다른 DARNE》* 모양으로 토막내기
DÉTAILLER DES DARNES DE COLIN

❶ 같은 요령이므로 246페이지 연어 《다른 DARNE》 모양으로 토막내기를 참고한다.

❷ 한 토막은 180~200g 정도가 된다.

---

* 에스칼로프 Escalope : 비스듬히 적당한 두께로 저민 고기점. 돈가스용 고기를 생각하면 쉽다.

* 트롱송 Tronçon : 사전적 의미는 톱 따위로 잘라 얻은 '토막', '동강이'. 토막의 모양에 따라 트롱송(tronçon), 다른(darne) 등으로 구분하여 부른다.

* 다른 Darne : 적당한 두께로 생선을 '슬라이스' 하듯 잘라낸 토막.

연어 손질하기 HABILLER UN SAUMON

지느러미 제거하기(Ébarber le saumon)

❶ 꼬리에서 머리 쪽으로 올라가며 모든 지느러미를 자른다.

❷ 비늘을 벗기는 도구 혹은 단단한 칼날을 사용하여 연어의 비늘을 긁는다.

❸ 생선을 조심스럽게 씻는다.

아가미 제거하기(Supprimer les branchies(ouïes))

❶ 아가미 덮개를 들추고 가위로 아가미를 제거한다.

❷ 머리를 받치고 있는 배 부위가 가위에 상하지 않도록 각별히 유의한다.

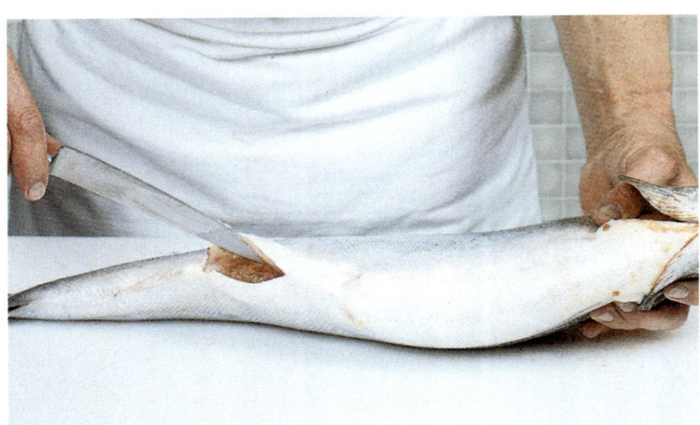

내장 제거하기(Vider le saumon)

❶ 쓸개가 상하지 않도록 조심하며 아가미 덮개 쪽으로 내장을 끄집어낸다.

❷ 항문 구멍 쪽을 적당히 절개하여 잔여물을 훑어낸다.

❸ 필요한 경우에는 국자 따위의 걸이를 갈고리처럼 사용하면 편리하다.

❹ 뼈 안쪽에 늘어 붙은 핏덩이는 조심스럽게 긁어낸다.

❺ 토막난 연어의 경우에는 속을 완전히 열어 핏덩이를 제거하면 더욱 쉽다.

❻ 손질된 연어는 조심히 헹군다. 소독을 위해 몇 분간 얼음물에 담가둔 다음 물기를 제거한다.

연어를 필레로 썰어야 할 경우에는 물에 담그는 작업은 생략한다. 헹구고 물기를 제거하는 작업만으로 충분하다.

연어 ≪다른 DARNE≫ 모양으로 토막내기

DÉTAILLER DES DARNES DE SAUMON

❶ 생선 토막용 칼을 사용하여 토막 당 180~200g 정도의 일정한 무게로 자른다.

❷ 꼬리 부분의 토막이 다른 부분보다 다소 커야 한다.

❸ 필요에 따라 배 부분은 가볍게 다듬고 핏덩이 흔적은 없는지 잘 확인한다.

❹ 꽁다리는 다른 용도로 쓴다.(예 : 연어 리예트*)

❺ 가는 끈을 몇 번 감아 토막을 고정한다.(모양을 잡기 위한 단순 고정으로, 세게 졸라매지 않는다.)

활용법

• 보통 연어 《다른 DARNE》 모양으로 토막낸 연어는 구이가 적당하다.

---

* 연어 리예트 Rillettes de saumon : 으깬 살을 지방에 서서히 익혀 차게 식혀 먹는 음식. 고기, 가금류, 어패류 등 다양하게 즐길 수 있다.

연어 필레 뜨기 LEVER DES FILETS DE SAUMON

(오른손잡이용 MÉTHODE POUR DROITIER)

❶ 연어를 아주 조심스럽게 닦는다.

❷ 꼬리는 작업자 쪽을, 등뼈는 오른쪽을 향하도록 한다.

❸ 등뼈쪽 껍질을 잘 당길수 있도록 왼손을 연어 위에 놓는다.

❹ 가시를 제거하기 위해 먼저 등뼈(연어의 세로 방향으로) 2∼3mm 위쪽을 절개한 다음, 등뼈 아래쪽을 같은 간격으로 절개한다.

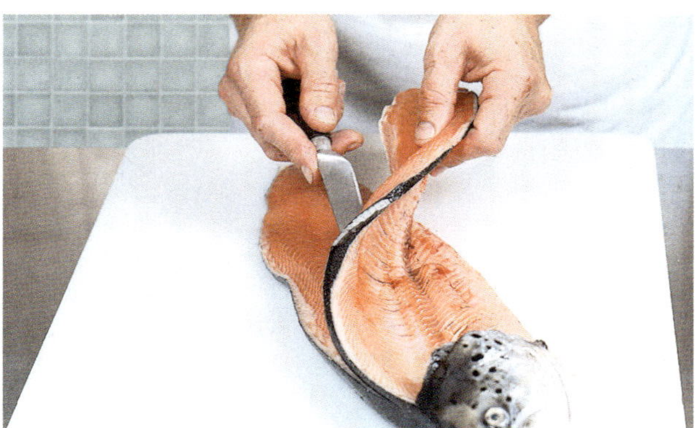

첫 번째 필레 조심스럽게 뜨기(Lever délicatement le premier filet)

❶ 가자미용칼로 가운데 뼈를 따라간다.

❷ 필레에 흠이 나지 않도록 한 칼에 필레를 들어 낸다. 필레는 말끔하고 매끈해야 한다. 뼈에 살점이 남지 않도록 조심한다.

두 번째 필레뜨기(Lever le deuxième filet)

연어를 뒤집지 않는다. 같은 방법으로 두 번째 절개 부위를 따라 필레를 뜨면서 뼈를 제거해 낸다.

---

* 마리네이드 Marinade : 조리를 위해 소금, 향채, 향유 등에 재워두는 것, 혹은 그 양념.

* 누와제트 Noisette : 다른을 반 토막 내어 껍질째 메달 모양으로 말아 익히는 것, 혹은 그 모양. 메다이옹(Médaillon), 투르느도(Tournedos) 라고도 부른다.

필레 다듬기(Parer les filets)

❶ 등과 배 지느러미의 밑부분을 포함하여 필레의 복부와 지방질을 제거한다.

❷ 남아 있는 모든 잔가시를 섬세하게 제거한다.

❸ 필레 위로 손가락을 훑으며 가시가 있는 부분을 확인한다.

❹ 작은 칼이나 작고 평평한 집게를 사용한다.

(이렇게 작업한 필레는 훈제하거나 날 것의 상태로 밑간(마리네이드)*을 할 수도 있고, 누와제트*로 만들어 굽거나 조리할 수 있다.)

필레 껍질 벗기기(Dépouiller les filets)

❶ 가자미용 칼을 사용해 껍질을 제거한다.

❷ 꼬리는 작업자 쪽을, 필레 껍질은 아래쪽을 향하도록 한다.

❸ 필레의 살과 껍질 사이에 칼날을 집어 넣는다.

❹ 껍질 끝부분을 잘 잡아 필레를 고정한다. 칼은 안에서 밖을 향하여 밀되, 수평 방향으로 가볍게 왔다갔다 한다.

필레 지방질 제거하기(Dégraisser le filet)

필레 윗부분을 덮고 있는 거무스름한 지방층을 제거한다.

연어 에스칼로프 썰기

DÉTAILLER DES ESCALOPES DE SAUMON

❶ 120∼150g의 일정한 에스칼로프를 얻기 위해 필레를 비스듬하게 썬다.

❷ 필요에 따라 고기망치로 적당히 두드려 납작하게 한다.

❸ 이 기술은 에스칼로프의 두께를 일정하게 하고 조리 시간을 조정할 수 있게 한다.

❹ 식품용 랩 사이에 에스칼로프를 넣는다. 가시를 제거한 쪽이 위를 향하도록 한다.

아귀 꼬리 껍질 벗기기

DÉPOUILLER UNE QUEUE DE LOTTE

(아귀*는 머리를 제거한 상태로 유통되다 보니 《아귀 꼬리 QUEUE DE LOTTE》*라는 이름으로 판매된다.)

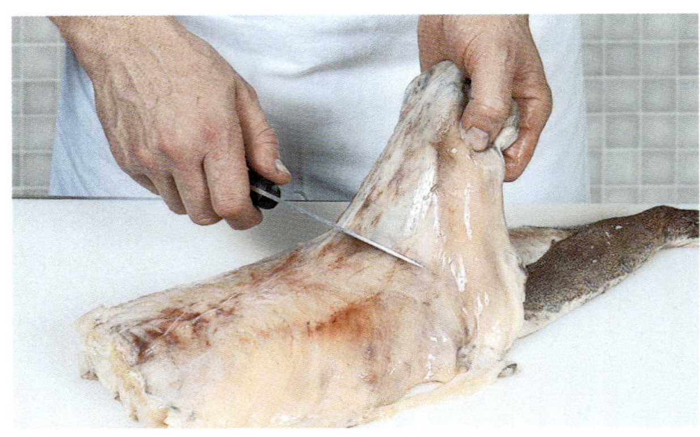

아귀 꼬리 껍질 벗기기(Dépouiller la queue de lotte)

❶ 껍질을 세게 잡고 꼬리쪽으로 잡아당긴다.

❷ 단단한 칼날을 사용해서 껍질을 제거한다.(예 :정육용 칼)

❸ 아귀 꼬리는 잘라 버릴수 있다.

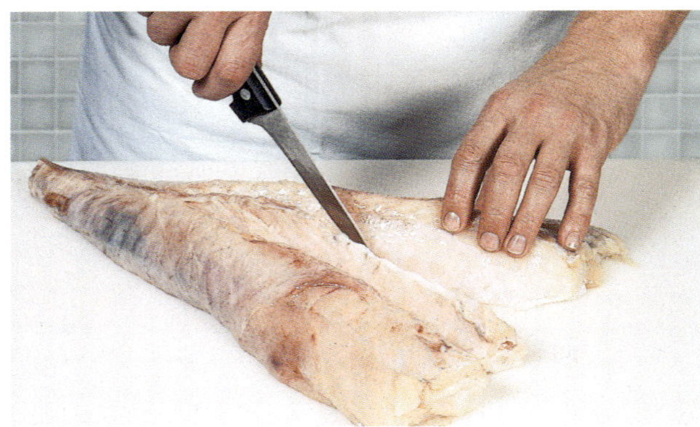

아귀 필레 뜨기(Lever les filets de lotte)

정육용 칼이나 뼈 제거용 칼을 사용해 중앙연골을 따라 필레를 둘로 나눈다.

아귀필레 다듬기(Parer les filets de lotte)

❶ 큰 칼을 사용해서 배 부분과 끈적한 막을 제거한다.

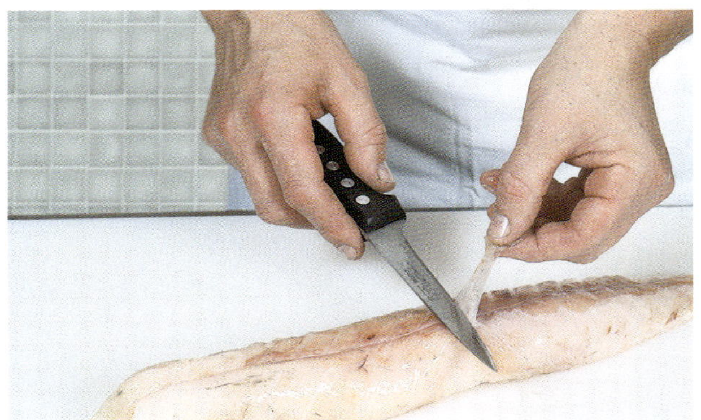

❷ 거무튀튀한 것들은 모두 제거하며 손질을 완성한다.

가자미* 손질하기 HABILLER DES SOLES

(각종 가자미 《포션》* : 뫼니에르(구이), 튀김, 그릴구이, 삶은 요리, 파르시(SOLES 《PORTIONS》 À TRAITER MEUNIÈRE(SAUTER), FRIRE, GRILLER, POCHER, FARCIR)

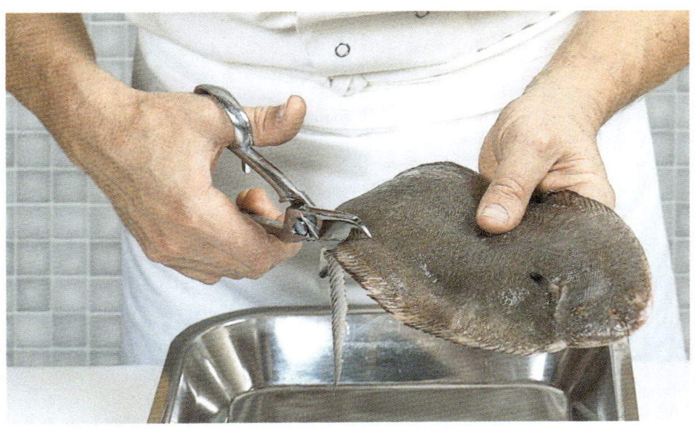

가자미 지느러미 제거하기(Ébarber les soles)

❶ 경계를 잘 정하기 위해 꼬리부터 시작하여 머리 쪽으로 지느러미를 살짝 올린다.

❷ 가위를 사용하여 지느러미를 제거한다. 가슴과 배의 작은 지느러미도 잊지 않는다.

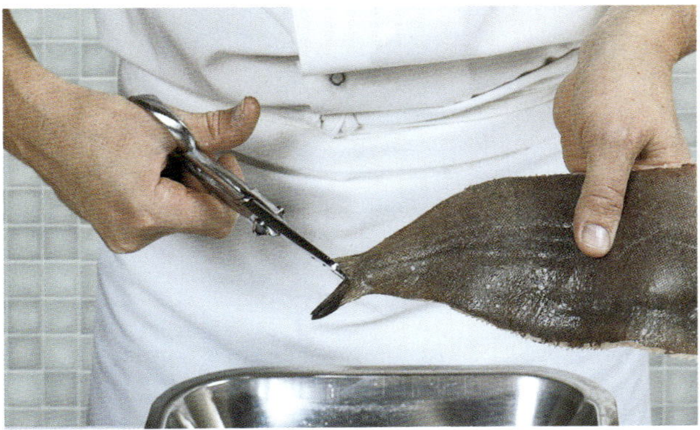

❸ 《생선 꼬리 queue de poisson》 모양으로 꼬리 지느러미를 짧게 자른다.

가자미 껍질 제거하기(Dépouiller la sole)

(두 눈 쪽에 있는 색깔있는 쪽)

❶ 가자미 꼬리를 작업자 쪽으로 하고 하얀 껍질 쪽을 도마 위에 올린다.

❷ 꼬리지느러미 위쪽을 살짝 절개하고 껍질을 뜨기 위해 칼날로 긁어낸다.

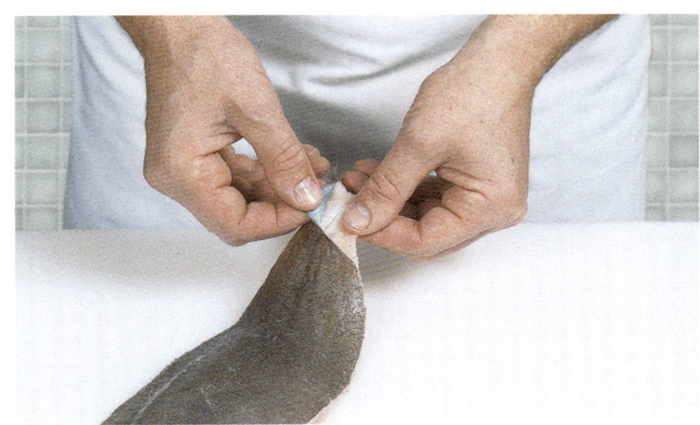

❸ 아니면 꼬리 쪽에 손톱을 사용해서 지느러미 밑 부분의 껍질을 제거한다. (신선한 가자미의 껍질은 잘 달라붙어 있고 매끄럽다.)

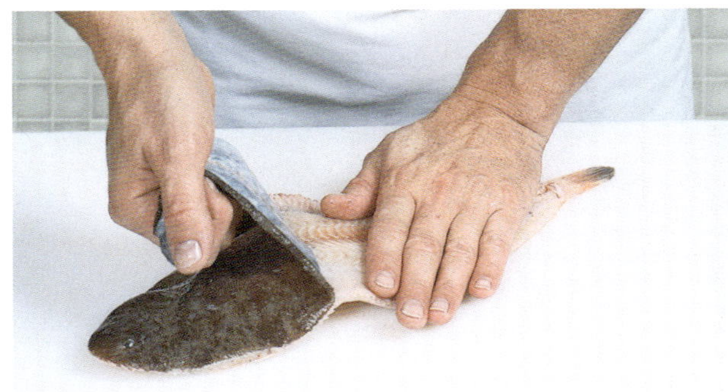

❹ 필레를 손상시키지 않기 위해서 껍질이 벗겨진 곳에 손을 평평하게 올려가며 껍질을 뜯어낸다.

---

* 아귀 La baudroie : 아귀의 통칭.

* 아귀꼬리 La queue de lotte, la lotte : 퀴 드 로트. 아귀 꼬리, 아귀. 살집이 많은 몸통에서 꼬리 부분만을 이르는 상품명.

* 가자미 La sole : 가자미, 넙치 따위의 통칭.

* 포션 Portion : 원하는 조리에 앞서 1인분 기준으로 손질하여 나누어 놓은 몫.

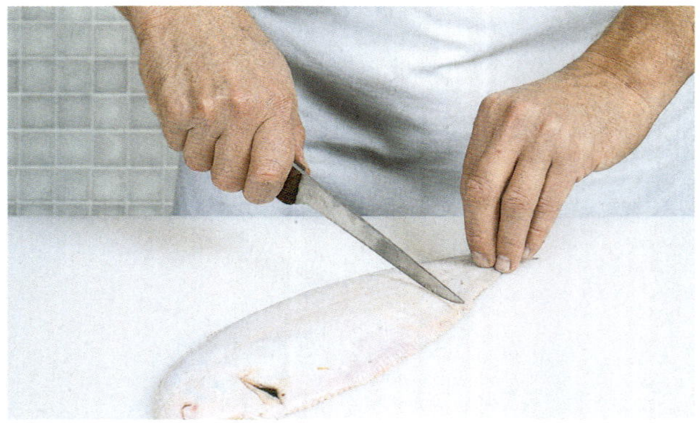

❺ 가자미를 뒤집고 흰색 피부(눈이 없는 면)의 비늘을 제거한다.

❻ 단단한 칼날이 있는 칼로 꼬리에서 머리 방향으로 긁어 비늘을 제거한다.

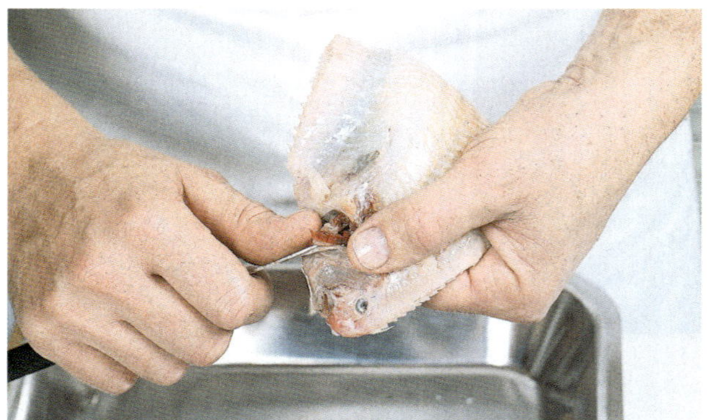

가자미 내장 제거하기(Vider les soles)(가자미는 일반적으로 내장이 제거된 후 유통된다)

작은 칼의 끝을 사용하여 아가미 덮개를 들어 아가미를 뜯어낸다.

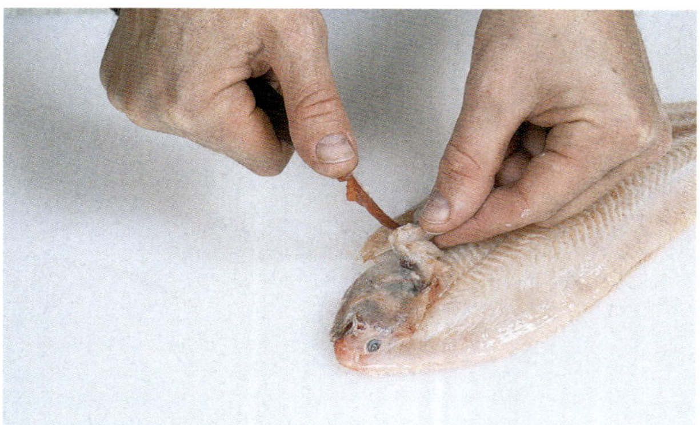

❶ 배부분을 따라서 3~4cm 세심하게 절개한다.

❷ 알이 있다면 알집과 핏덩이 주머니를 꺼내어 내장 제거를 마무리한다.

❸ 가자미를 조심스럽게 흐르는 물에 씻는다.

❹ 차가운 물에 몇분간 담궈놓는다.

❺ 하나하나 완벽히 내장이 제거됐는지 조심스럽게 확인한다.

❻ 물을 빼내고 키친타월로 닦아낸다.

필레를 뜨기 위한 큰 가자미 손질하기
GROSSES SOLES DESTINÉES À ÊTRE LEVÉES EN FILETS

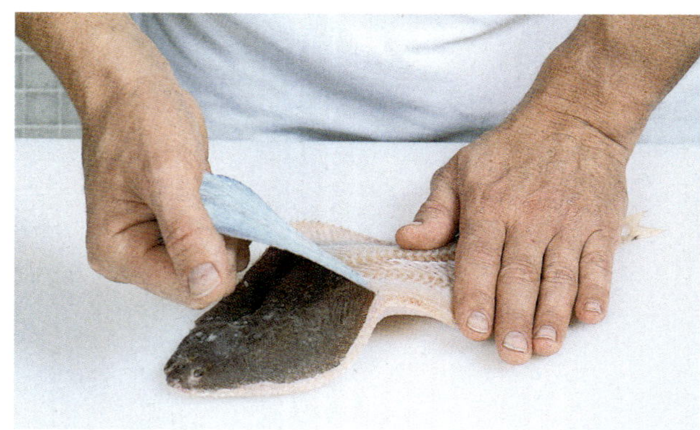

❶ 가자미 지느러미를 잘라내고 껍질을 제거한다.

❷ 《1인분 기준 portions》 가자미 손질을 위해 앞서 설명한대로 먼저 회색 껍질을 뜯어낸다.

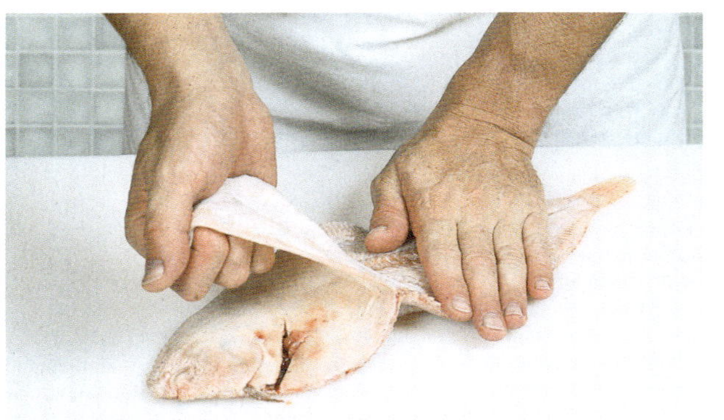

❸ 가자미를 뒤집는다.

❹ 비늘을 제거하지 않고, 필레를 손상시키지 않기 위해 껍질이 벗겨진 곳에 손을 평평하게 올려 가며 흰색 껍질을 뜯어낸다.

❺ 가자미 내장을 비우고, 씻어 물에 담가 놓은 후 물을 빼낸다.

가자미 필레 뜨기 LEVER DES FILETS DE SOLE

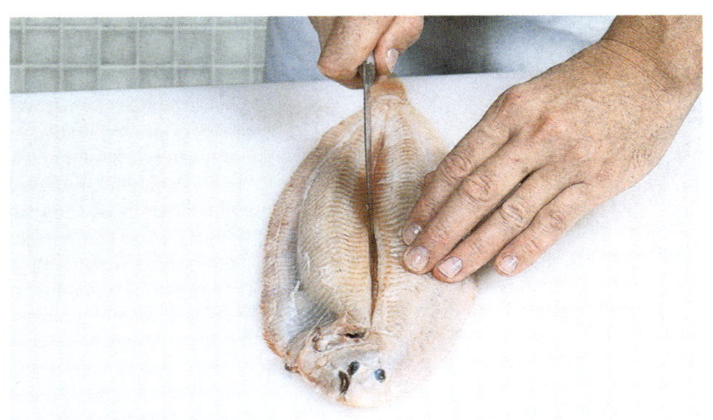

❶ 도마 위에 꼬리가 작업자 쪽으로 오도록 가자미를 올려 놓는다.

❷ 윗쪽 필레를 두 개로 나누는 옆줄을 따라서 머리에서 꼬리 쪽으로 절개한다.

❸ 등쪽 필레가 배 쪽 필레보다 더 길고 더 두껍기 때문에 머리를 잘 우회하여 자른다.

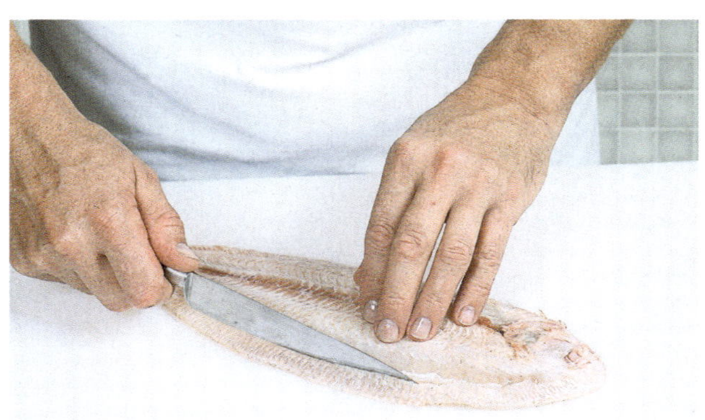

❹ 지느러미 수염의 시작 부분과 필레의 살을 깔끔하게 분리하기 위해 가자미 둘레를 따라 절개한다.

❺ 잘 휘어지는 가자미 필레용 칼을 뼈와 왼쪽 필레 사이에 밀어 넣는다.

❻ 필레에 흠집을 내지 않도록 조심하며 뼈를 따라서 필레를 뜬다. 필레는 말끔하고 매끈해야 한다.

❼ 가자미 머리가 작업자 쪽으로 오도록 반쯤 돌린다.

❽ 이번에는 꼬리에서부터 시작하여 두 번째 필레를 뜬다.(오른손잡이 기준으로, 떠야하는 필레가 항상 작업자 왼쪽에 있어야 한다.)

❾ 가자미를 뒤집어서 같은 방법으로 다른 두 개의 필레를 뜬다.

가자미 필레 다듬기(Parer les filets de sole)

① 배쪽에 있는 거무스름하고 불그스름한 자국을 제거한다.

② 작은 가시가 없는지 확인한다.

③ 만약 수염이 있다면 다듬는다.

필레 힘줄 제거하기(Dénerver les filets)

《신경막 nerveuses》이 있다면 제거한다.(제철이 아닐 때 잡은 큰 가자미의 경우)

필레에 칼집내기(선택사항)(Inciser les filets(facultatif))

필레의 크기가 크고 《신경막이 많다면 nerveux》, 껍질 쪽 필레 표면을 부드럽게 하고 조리할 때 변형을 피하기 위해 살짝 칼집을 내준다.

① 가자미 뼈를 잘게 부순다.

② 남아있는 핏덩이는 제거한다.

③ 가자미 뼈를 잘 씻은 후 물에 담가놓는다.

필레와 뼈를 물에 담가놓기(Faire dégorger les filets et les arêtes)

차가운 물을 담은 용기에 몇분간 담가놓는다.(담가 놓는 시간이 너무 길지 않도록 한다.)

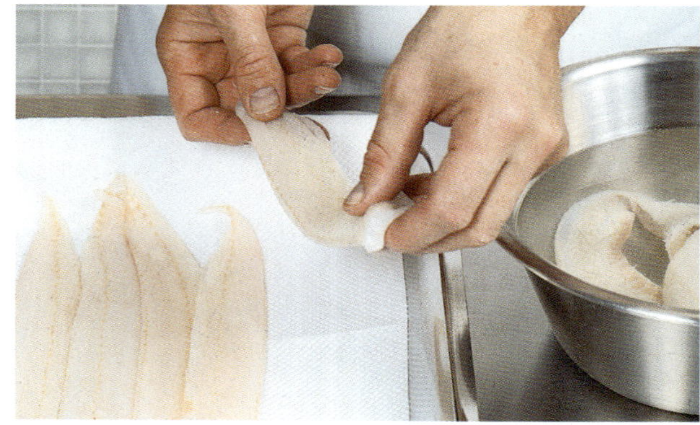

① 조심스럽게 뼈의 물을 뺀다. 뼈는 생선 육수용으로 사용할 수 있다.

② 조심스럽게 필레 물을 빼고 키친타월로 물기를 닦는다.

필레 납작하게 하기(Aplatir les filets)

살짝 젖은 식품용 랩 두 장 사이에 뼈가 있던 쪽이 위를 향하게 하여 필레를 넣은 후에 고기망치를 사용해서 살짝 두드려 납작하게 한다.

《콜베르* 또는 미레이 소스*》를 곁들이는 가자미 튀김을 위한 가자미 손질법

OUVRIR UNE SOLE POUR 《COLBERT OU MIREILLE》

❶ 가자미 지느러미를 제거하고 회색 껍질쪽 껍질을 제거한 후에 흰 껍질을 조심스럽게 제거한다.

❷ 아가미를 제거하고 내장을 비운 후에 물에 담가 놓은 후 물을 빼낸다. (앞 페이지의 설명 참고)

❸ 껍질이 제거된 부분이 위로 가게 하여 가자미를 도마 위에 올려놓는다.

❹ 필레를 두 개로 나누는 옆줄을 따라서 가자미 중앙 부분을 절개한다.

❺ 가자미 뼈와 왼쪽 필레 사이에 가자미 필레용 칼날을 밀어넣는다.

❻ 필레가 완전히 떼어지지 않도록 바깥쪽 경계 1cm 부근에서 멈춘다.

❼ 가자미 머리가 작업자 쪽으로 오도록 반쯤 돌린다.

❽ 가자미 왼쪽 필레와 뼈 사이에 칼날을 다시 집어넣는다.

❾ 완전히 필레를 뜨지 않고 경계에서 약 1cm 부근에서 멈춘다.

❿ 가위를 사용해서 머리와 꼬리 쪽 뼈를 자른다. 그러면 조리 후 뼈를 떼어내기 더 쉬워진다.

* 콜베르 소스 Sauce Colbert : 버터, 소금, 후추, 레몬즙, 다진 파슬리와 타라곤, 미트 글레이즈를 넣어 만든 소스.

* 미레이 소스 Sauce Mireille : 다진 안초비와 케이퍼, 올리브유, 식초로 만든 소스.

가자미 파르시 또는 수플레를 위한 가시(뼈) 제거하기

DÉSARÊTER (DÉSOSSER) UNE SOLE POUR FARCIR OU

SOUFFLER

❶ 가자미 손질하기(앞의 페이지 참고)

❷ 회색 껍질쪽 껍질을 제거하고 흰 껍질을 조심스럽게 제거한다.

❸ 가자미 필레가 분리되지 않도록 조심하여 ≪콜베르 혹은 미레이 소스를 곁들이는 가자미 튀김 Colbert ou Mireille≫을 위한 준비처럼 생선을 연다.(다음 사진 참고)

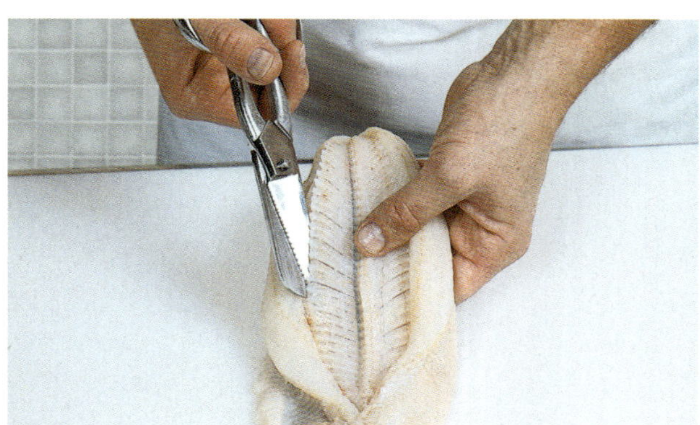

❹ 뼈의 경계, 더 명확히 말해 지느러미의 수염과 연결되는 부분을 도려낸다.

❺ 가자미 필레의 뼈의 바로 아래에 뼈를 제거하기 위해 칼날을 집어 밀어 넣는다.

Attention 주의! 뼈에 살을 남기지 않는다. 가자미 흰 껍질을 뚫지 않는다.(특히 꼬리 부분에 필레가 두껍지 않은 부분) 가자미 수플레 요리는 흰 껍질이 위로 향하게 제공한다.

활용법

• 뼈가 제거된 가자미에는 무슬린 소스나, 버섯 뒥셀, 생선이나 갑각류로 만든 살피콩, 네모나게 썰거나 길게 썬 채소 등을 곁들일 수 있다.(Les soles ainsi désossées peuvent être garnies d'une farce mousseline, d'une Duxelles de champignons, d'un salpicon de poisson ou de crustacés, d'une brunoise, d'une julienne de légumes, …)

넙치 혹은 광어 손질하기

HABILLER UNE BARBUE OU UN TURBOT

넙치와 광어는 종종 혼동된다 : 이 넙적한 두 생선은 같은 과(가자미과)이지만 모양과 색깔이 다르다.

광어보다 더 타원형인 넙치는 더 회색빛을 띠고 매끈한 껍질을 가지고 있으며 살이 더 얇고 섬세하다.

두 눈이 붙어 있는 광어의 색이 있는 부분은 푸르스름한 회색빛을 띠며 돌기와 가시로 뒤덮혀있다. 살은 매우 정교하며 단단한 편이며 몽클몽클하다.

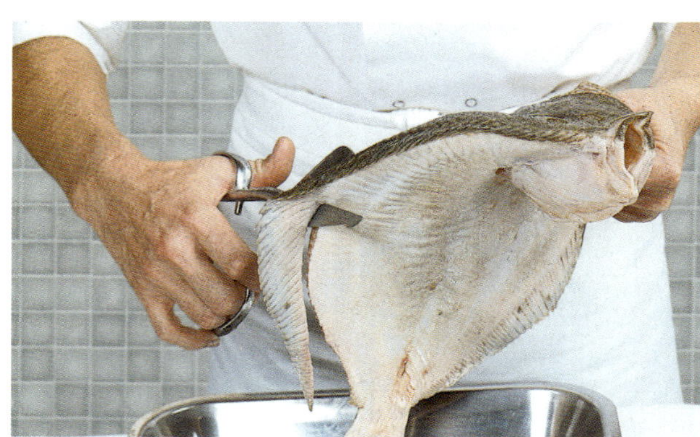

❶ 넙치나 광어의 아가미 덮개를 단단하게 잡는다.

❷ 만약 생선이 너무 무겁다면 도마 위에 올려놓는다.

❸ 큰 가위를 사용해서 지느러미를 제거한다.

❹ 광어를 구이용이나 삶을 용도로 통으로 쓸 예정이라면, 꼬리를 짧게 잘라낸다. 아니라면 그대로 둔다.

⑤ 필레를 뜨는 경우를 제외하고는 비늘을 벗기는 도구 혹은 단단한 칼날을 사용하여 넙치의 하얀 껍질의 비늘을 긁어낸다.

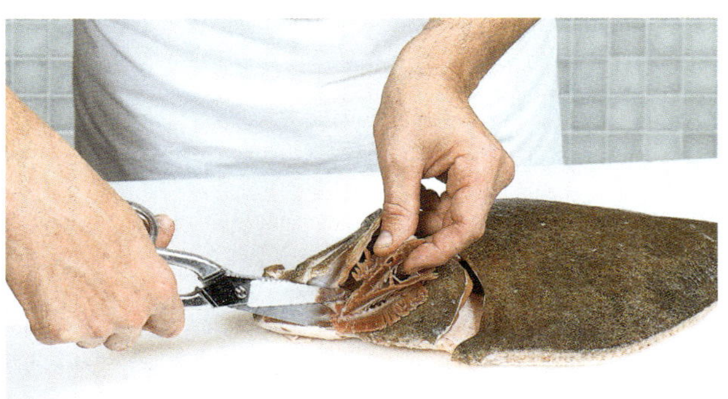

아가미 제거(Supprimer les branchies(혹은 아가미 뚜껑 ouïes))

아가미 덮개를 들고 가위를 사용해서 아가미를 제거한다.(아가미가 알러지를 유발할 수 있으므로 손으로 잡아 뜯는 것은 피한다.)

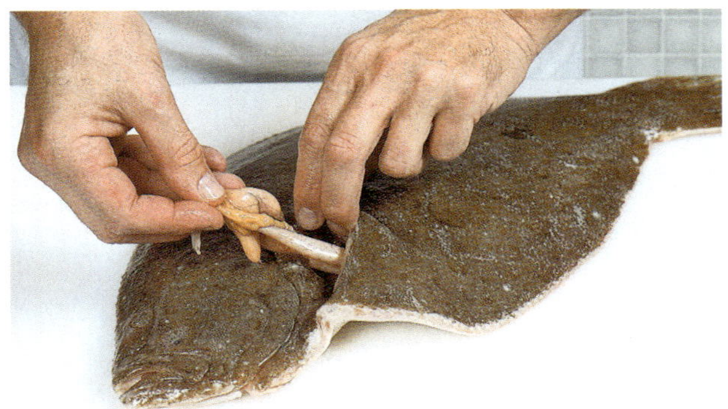

내장 제거하기(Vider le poisson)

❶ 넙치와 광어는 일반적으로 유통되기 전 내장 일부를 제거한다.

❷ 회색빛 껍질 부분 아가미 덮개의 아래 부분이 절개되어 있다.

❸ 내장 제거하기 : 아가미 덮개를 통해서 비우거나 절개한다. 남아있는 내장, 특히 알이 있다면 알주머니를 잘 끄집어낸다.

❹ 모든 피 주머니를 조심스럽게 제거한다.

❺ 작은 칼 끝을 사용하여 뼈를 따라 절개하고 피가 묻은 부분을 잘 긁어낸다.

광어 씻기(Bien laver le turbot)

❶ 아가미 덮개의 입구를 수도꼭지에 대고 남은 피를 닦아내기 위해 뼈를 조심스럽게 긁는다.

❷ 약 10분간 차가운 물에 담가놓는다.

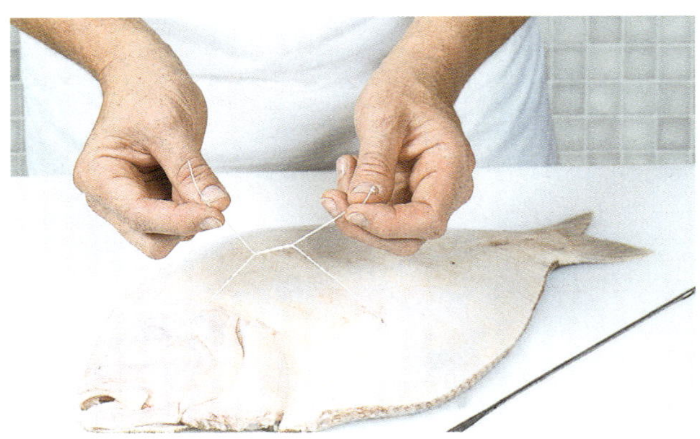

❸ 만약 넙치나 광어를 통으로 사용할 것이라면 실로 몸통을 고정한다.

❹ 볼의 중앙과 아가미 덮개의 밑을 통해 실로 꿰맨다.

❺ 이 과정은 조리 과정에서 머리를 더 쉽게 보존하게 한다.

광어 토막으로 썰기

DÉTAILLER UN TURBOT EN TRONÇONS

광어 머리 자르기(Décapiter le turbot)

머리를 잘 우회하여, 특히 살이 매우 두꺼운 등쪽 필레 쪽을 주의하여 자른다.

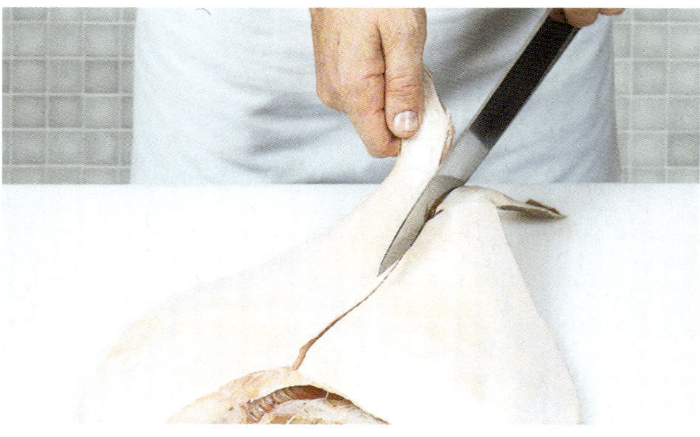

반으로 쪼개기 위한 길내기(Pré-tracer la fente)

① 작업 도마 위에 광어를 올린다.

② 큰 칼을 사용하여 옆줄*을 따라서 광어 중앙에 직선으로 살짝 절개한다.

③ 꼬리지느러미를 둘로 나눈다.

광어를 반으로 쪼개기 혹은 나누기(Fendre ou partager le turbot en deux)

첫 번째 방법 : 작은 광어(1ère méthode pour un turbot de petite taille)

① 광어 꼬리지느러미의 반을 단단하게 잡고 큰 칼의 뒷축을 사용하여 절개 부위를 따라 등뼈를 자른다.

② 망설이지 말고 확실하고 정확한 손짓으로 내려친다.

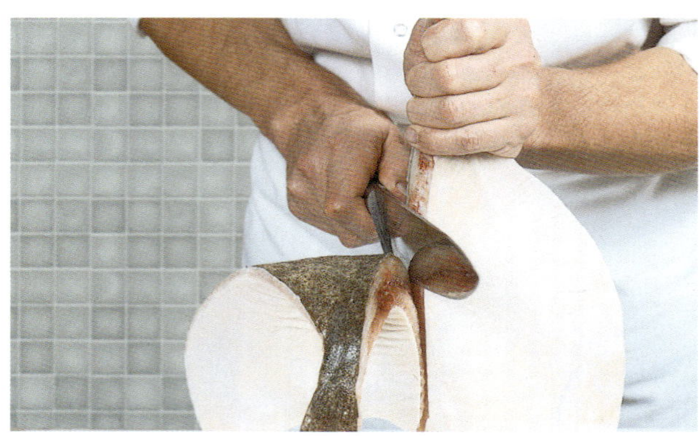

두 번째 방법 : 중간 크기 광어(2ème méthode pour un turbot de taille moyenne)

① 광어 꼬리지느러미의 반을 단단하게 잡는다.

② 광어를 세로로 들고 선을 따라 두개로 쪼갠다.

③ 칼의 뒷축을 사용하여 톡톡 자른다.

세 번째 방법 : 큰 광어(3ème méthode pour un turbot de grande taille)

① 다른 사람의 도움을 받는다.

② 한 사람이 광어 꼬리지느러미의 반을 하나씩 단단하게 잡는다.

③ 큰 칼의 뒷축을 사용하여 절개 부위를 따라 쪼갠다.

토막으로 썰기(Détailler les tronçons)

❶ 생선의 척추에 핏자국이 없는지 확인한다.

❷ 머리가 붙어 있고 손질되기 전인 광어의 경우, 1인분에 320~400g이 되도록 토막내어 자른다.

❸ 더 두꺼운 등쪽 토막은 더 작게 잘라야한다.

❹ 얇은 꼬리쪽 토막은 더 크게 잘라야한다.

❺ 토막을 차가운 물에 몇 분간 담가놓는다.

＊옆줄은 경골류(골격이 경골로 된) 생선에만 존재한다. 이는 물의 진동에 예민한 중추기관이며 옆줄의 선은 가자미과에서 매우 뚜렷하게 나타난다. 다른 종과 구별할 수 있는 점 외에도, 옆줄은 필레를 깔끔하게 나눌 수 있고 반으로 쪼개기 위한 길을 내는 데 도움을 준다.

넙치 혹은 광어 필레 뜨기

LEVER DES FILETS DE BARBUE OU DE TURBOT
(오른손잡이를 위한 방법 MÉTHODE POUR DROITIER**)**

❶ 넙치 혹은 광어의 꼬리지느러미를 작업자 쪽으로 오도록 놓는다.

❷ 옆줄＊을 따라서 생선의 중앙을 머리에서 꼬리 쪽으로 직선으로 절개한다.

❸ 등쪽 필레가 배 쪽 필레보다 훨씬 두껍기 때문에 머리를 잘 우회하여 자른다.

❹ 생선의 모든 둘레를 절개하지 않도록 한다. 수염은 필레 정형 시 수거한다.

❺ 가자미 필레용 칼을 사용하여 왼쪽 필레를 뜬다.

❻ 흠집을 내기 않게 조심하며 뼈를 따라가며 필레를 조심스럽게 분리한다. 필레는 깔끔하고 매끈해야한다.

❼ 머리가 작업자 쪽으로 오도록 생선을 반 돌린다.

❽ 마찬가지로 주의하여 두 번째 필레를 뜬다.

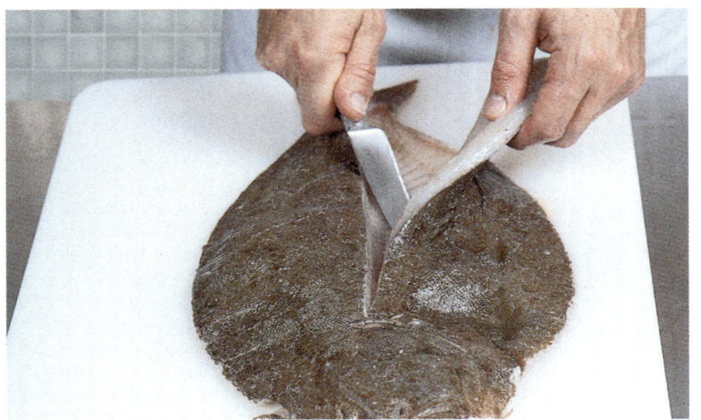

❾ 생선을 뒤집어서 같은 방법으로 다른 두 필레를 뜬다.

필레 껍질 벗기기(Dépouiller les filets)

❶ 가자미 필레용 큰칼을 사용하여 껍질을 제거한다.

❷ 도마 위에 꼬리 부분을 작업자 쪽으로 하고 필레 껍질을 아래쪽으로 오도록 놓는다.

❸ 필레 살과 껍질 사이에 필레용 칼날을 부드럽게 집어 넣는다.

❹ 껍질을 잡아 필레를 잘 유지하면서 수평 방향으로 칼을 가볍게 왕복한다.

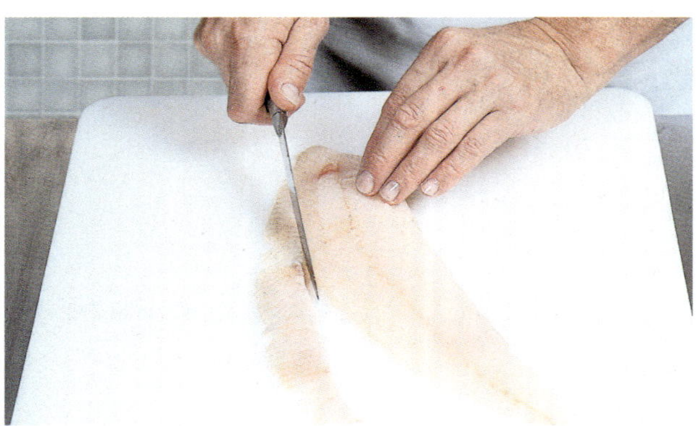

필레 다듬기(Parer les filets)

❶ 배쪽 필레에서 불그스름하거나 거무스름한 흔적(복막)을 모두 제거한다.

❷ 지느러미 수염을 자르고 다른 용도를 위해 보관한다.(가리비 껍질에 담은 요리, 생선 크레이프, 혼합 샐러드 등)

❸ 뼈를 부숴 헹군 후 물에 담가 놓는다.

❹ 차가운 물에 필레도 몇 분간 담가 놓는다.

❺ 키친타월 위에 조심스럽게 올려 물을 뺀다.

넙치 혹은 광어 에스칼로프 썰기
ESCALOPER DES FILETS DE BARBUE OU DE TURBOT

❶ 120~150g으로 일정한 에스칼로프를 얻기 위해 필레를 비스듬하게 썬다.

❷ 고기망치를 사용해서 살짝 두드려 납작하게 한다.(용도에 따라 선택) 이 기술은 에스칼로프의 두께를 일정하게 하고 조리 시간을 조정할 수 있게 한다.

파르시를 위한 넙치 뼈 발라내기

DÉSARÊTER (DÉSOSSER) UNE BARBUE POUR FARCIR

넙치 손질하기(Habiller la barbue) (앞의 페이지를 참고)

넙치 껍질 벗기기(Dépouiller la barbue)

① 색이 있는 껍질만 제거한다.(넙치 수플레 요리는 하얀 껍질이 위로 향하게 제공한다.)

② 고기 안심과 등심의 힘줄을 제거 작업 한다.

③ 정육용 칼날을 넙치의 머리 쪽에서 시작하여 꼬리 쪽으로 내려가며 껍질과 필레 사이에 밀어 넣는다.

넙치 열기(Ouvrir la barbue)

① 도마 위에 꼬리 부분을 작업자 쪽으로 두고 껍질을 벗긴 쪽을 위로 향하도록 넙치를 올려 놓는다.

② 생선의 중앙을 절개하고 가장자리에서 완전히 떨어지지 않게 왼쪽 필레를 뜬다.

③ 머리가 작업자 쪽으로 오도록 생선을 반 돌린다.

④ 넙치의 뼈와 왼쪽 필레 사이에 칼날을 다시 밀어 넣는다.

⑤ 필레를 끝까지 뜨지 않고 가장자리에서 약 2cm 부근에서 멈춘다.

⑥ 날카로운 가위를 사용하여 지느러미 수염과 만나는 부분인 뼈의 경계를 절개한다.

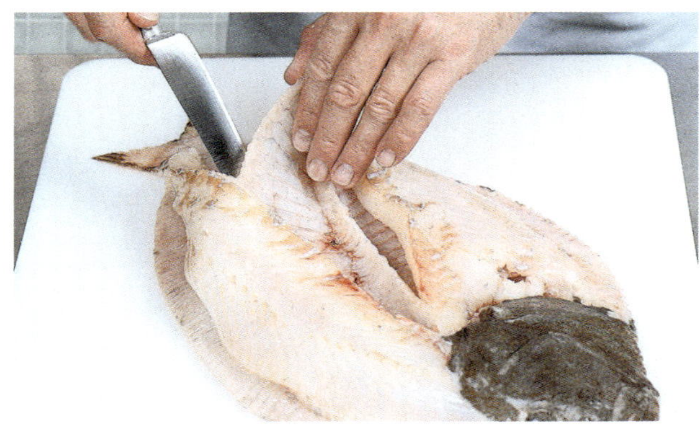

⑦ 가자미 필레용 칼날을 뼈의 바로 아래에 밀어 넣는다. 넙치의 하얀 껍질을 뚫지 않고 뼈에 살점이 남지 않도록 조심하며 뼈를 제거한다.

⑧ 넙치를 차가운 물에 몇 분간 담가놓은 후 조심스럽게 물기를 제거한다.

활용법

• 뼈가 제거된 넙치는 주로 생선이나 갑각류 무슬린 소스 등으로 채워 요리한다.(La barbue ainsi désossée est le plus souvent garnie d'une farce mousseline de poisson ou de crustacés.)

갑각류 LES CRUSTACÉS

신선도 감별

APPRÉCIATION DU DEGRÉ DE FRAÎCHEUR ET DE QUALITÉ

특정 갑각류(오마르 블뢰*, 유럽 닭새우*, 붉은 새우* 등)는 구매가가 매우 높다. 총 무게에 비해 버리는 비율이 매우 높다.(게 : 약 65%, 새우 : 약 50%, 바닷가재: 약 60%). 따라서 갑각류 선택에는 특별한 주의가 필요하다.

바닷가재 (오마르), 랑구스트*, 게(HOMARDS, LANGOUSTES ET CRABES) (일반적으로 산 채로 유통된다. ils sont habituellement commercialisés vivants)

신선한 것	변질된 것 또는 품질 불량
파닥거리고 활력있는 생것을 구매한다.	반응이 없는 죽은 것. (늘어진 다리, 느슨한 근육)[1]
눈, 더듬이, 다리의 반응을 살핀다.	눈, 더듬이, 다리의 반응이 없다.
크기가 비슷하면 보다 무거운 것을 고른다.	가볍고 속이 비어 있다.
등껍질이 단단하고 삿갓조개 따위 등의 기생 동, 식물로 뒤덮인 큰 것을 고른다.	등껍질이 물렁하고 깨끗하며 탈피하여 메마른 상태
오마르는 등껍질의 색이 매우 진하고 (검푸른색)얼룩이 있는 것을 고른다.	등껍질이 밝은 오마르는 보통 캐나다산이다.
갑각류를 뒤집어 관절 연골이 팽팽하고 밝으며 투명한지 확인한다.	마디 사이의 연골막이 오목하다.
속이 찬 게의 몸통과 등껍질은 쉽게 떼어낼 수 있다.	몸통과 등껍질이 단단히 붙어 완전히 닫혀있다.
산란기의 암게는 상등품이고, 내장 (corail)*의 맛이 아주 좋다	알이 없다.

[1] 추위로 인한 단순 경직 및 마비 상태일 수도 있다.

활력있고 살아 있는 오마르는 다리가 늘어져 있지 않다.

* 오마르 블뢰 (브르타뉴산 파란 가재) Homard bleu de Bretagne : 브르타뉴산 파란 가재(오마르 블뢰), 푸른 빛이 도는 랍스터. 가격이 매우 높다.

* 유럽 닭새우 Langouste rouge : 바닷가재의 일종

* 붉은 새우 Crevette rose : crevette bouquet, 브르 타뉴를 비롯한 북대서양 일대에서 잡히는 상등품 새우. 몸통이 투명하며, 익으면 붉은 빛을 띠어 '붉은 새우'라고 부른다.

* 바닷가재(오마르 hommard) 랑구스트 langouste : 오마르 랍스터는 큰 집게발이 특징. 랑구스트(langouste, spiny lobster)는 집게발이 없 고 긴 더듬이가 특징인 바닷가재.

* 내장 Corail : 생식샘. 알이 찬 암게의 주황빛이 도는 내장을 일컫는 요리 용어. 조개류도 마찬가지.

랑구스틴(LANGOUSTINES)*
(일반적으로 얼음 위에 진열한다. GÉNÉRALEMENT PRÉSENTÉES SOUS GLACE)

신선한 것	변질된 것 또는 품질 불량
눈이 새까맣고 반짝인다.	눈빛이 흐릿하고 광택이 없다.
반지르르 하다.	반지르르한 모양이 없다.
크기가 비슷하면 보다 무거운 것을 고른다.	가볍고 속이 비어있다.
흉복부막이 단단하고 반짝이며 영롱한 빛이다. 탱탱하다.	흉복부막이 처지고 흐릿한 빛이며, 검 푸른 빛이 돌기도 한다.
냄새가 거의 없다.	썩은 냄새가 난다.

새우(CREVETTES)
(일반적으로 익힌 상태로 유통한다. GÉNÉRALEMENT COMMERCIALI-SÉES CUITES)

신선한 것	변질된 것 또는 품질 불량
광택이 도는 모습이다.	광택이 없다.
손에서 쉽게 미끄러진다.	껍질이 기름지고 끈끈한 기가 있다. 새우를 손에 쥘 때 열감이 느껴진다.
냄새가 좋고 가볍다.	냄새가 강하고 불쾌하다.

---

* 랑구스틴 Langoustine : 작은 바닷가재

살아있는 바닷가재 토막내기
TRONÇONNER UN HOMARD CRU
(미국식 손질법 POUR TRAITER À L'AMÉRICAINE, PAR EXEMPLE)

❶ 도마 위에 바닷가재의 꼬리를 작업자 쪽으로 놓는다.
❷ 각뿔(긴 더듬이 사이)을 날이 단단한 칼로 관통하여 마비시킨다.
❸ 머리–등갑을 중앙선을 따라서 반으로 가른 다음, 배를 분리한다.

❹ 다리와 집게를 떼어낸다. 집게 안전띠를 제거한다.
❺ 분리한 다리와 집게는 가볍게 두드려준다.
❻ 《모래주머니 poche à pierros》를 발라낸다. 피, 부드러운 속과 내장(corail)* 은 따로 받아 둔다.

❼ 배는 마디를 따라 토막낸다.

바닷가재 이등분 하기
PARTAGER UN HOMARD CRU EN DEUX
(예: 구이용 POUR GRILLER, PAR EXEMPLE)

❶ 도마 위의 바닷가재는 움직이지 않도록 단단히 고정한다.

❷ 껍질을 둘로 나누는 중앙선을 따라 머리–등갑을 먼저반으로 가른다.

❸ 머리 안쪽에 들어있는 모래주머니를 발라낸다.

❹ 바닷가재를 돌려 놓는다. 배(꼬리 지느러미)를 똑같이 반으로 가른다.

❺ 칼등이나 전용 가위로 집게와 마디를 두드려 준다.

갑각류는 매우 신선한 생것을 취급해야만 한다. 얼음에 보관할 경우, 고유의 풍미와 식감이 떨어지기 때문이다.
갑각류를 끓는 소금 물에 익힐 때에는 멈추지 않고 계속 끓일 수 있도록 충분한 양의 물을 사용한다.
진정한 미식가들은 갑각류를 미지근하게 먹기 때문에 갑각류 요리는 제공하기 바로 직전에 익히지 않는다.
미리 익힌 갑각류는 주로 껍질을 벗긴 후 소스를 곁들여 요리하거나 다양한 곁들임 요리 재료로 사용한다.

익은 바닷가재 껍질 벗기기
DÉCORTIQUER UN HOMARD CUIT

❶ 바닷가재의 머리 가슴 부위를 복부(꼬리의 윗부분)로부터 떼낸다.

❷ 집게를 제거한다.

❸ 《꼬리 queue》 껍질을 벗긴다.

❹ 등껍집을 따라서 가위를 사용해 내막을 자르거나 마디마디 제거한다.

❺ 윗등껍질에서 살을 세심하게 발라낸다. 모양을 되살리려고 살을 억지로 펴면 근육질이 부서질 수 있으므로 주의한다.

❻ 꼬리의 윗부분을 절개하고 중앙에 위치한 창자를 제거한다.

❼ 집게의 팔꿈치를 분리하고 껍질을 벗긴다.

❽ 큰 칼을 사용해 집게 가운데를 탁 내려친다.

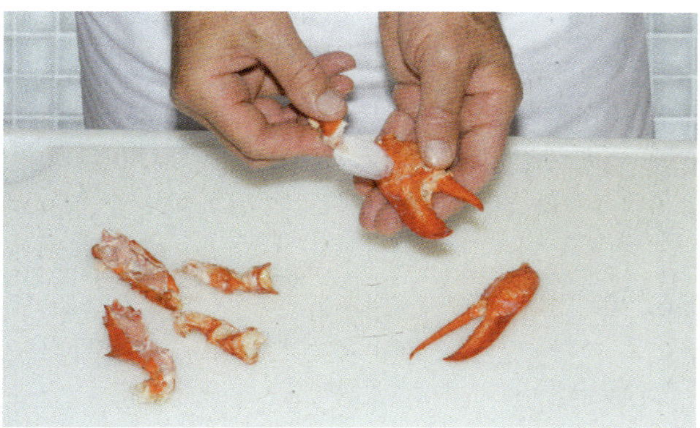

❾ 집게의 연골을 조심스럽게 제거한다.

익은 감바스(새우) 껍질 벗기기
DÉCORTIQUER UNE GAMBAS CUITE

❶ 머리를 꼬리로부터 분리한다.

❷ 다리를 뜯어내고 등껍질 마디의 내막을 뗀다.

❸ 사용 용도에 따라 꼬리지느러미를 남겨놓은 채 등껍질의 고리를 떼낸다.

❹ 중앙에 위치한 창자를 제거한다.

❺ 작은 칼 끝을 사용하여 감바스의 등을 절개하고 일반적으로 검고 쓴맛이 나는 작은 창자를 제거한다.

가재 내장 제거하기 CHÂTRER DES ÉCREVISSES

가재를 조리할 때 쓴맛을 낼 수 있는 내장(끝부분이 꼬리지느러미의 중앙 아래에 위치한 작고 검은 내장)을 제거하는 방법이다.

이 작업은 가재 조리 전 가장 마지막에 이루어져야 한다. 그렇지 않으면 조리 중에 가재가 죽어 살이 흘러나올 수 있다.

❶ 가재를 조심스럽게 닦는다.

❷ 한 손에 가재를 세로 방향으로 꼬리지느러미만 삐져나오도록 꽉 쥔다.

❸ 꼬리지느러미(꼬리마디)의 중앙 껍질을 잡고 좌우로 돌리면서 조심스럽게 뜯어낸다.

❹ 길이가 짧아지지 않도록 신경을 쓴다.

❺ 즉시 조리한다.

조개류 LES COQUILLAGES

신선도 감별

APPRÉCIATION DU DEGRÉ DE FRAÎCHEUR ET DE QUALITÉ

 ## 주의 Précautions

조개류 취급 시 주의할 점

- 조개류의 원산지는 명확해야 한다. 모든 연체동물은 엄청난 양의 물을 여과하면서 살므로 각종 병원균(장티푸스균, 파라티푸스균, 살모넬라균, 간염 바이러스 등)이 축적될 수 있기 때문이다.
- 모든 조개에는 위생수질관리표시가 있어야 판매할 수 있다.
- 쌍각류(대합이나 모시조개처럼 조가비가 두 짝 있는 조개를 통틀어 말하는 말)는 몇 일간 냉장 보관이 가능하도록 포장해야 한다.
- 생으로 먹는 조개는 소비 직전에 껍질을 까야 한다. 조각 얼음 더미를 깨끗한 미역으로 덮어 준비된 조개를 진열한다. 조개를 잘 고정시키며 풍미를 끌어 올리는 역할을 한다.

신선한 것	변질된 것 또는 품질 불량
쌍각류 Bivaleve 입을 굳게 다물고 있거나 톡 쳤을 때 확 다무는 것.(썩은 것이나 뻘로 찬 것도 다물고 있다.)	입을 벌리고 있고 톡 쳐 보아도 반응이 없는 것은 모두 다 버린다.
묵직하고 주물렀을 때 무딘 소리가 나는 것은 열기 힘들고 손길이 닿자마자 입을 다문다.	가볍고 맑은 소리가 나는 것은 물로 씻으면 동동 뜬다.
조개 속 물이 많고, 그 물이 맑은 것.	조개 속이 말랐거나 그 색이 탁한 것.
냄새가 은은하고 특색이 있다.	불쾌한 악취, 뻘 냄새, 석유 냄새 등
외투막에 칼날이 조금 닿아도 쉽게 오므라든다. (가리비는 입이 조금 벌어져 있어도 몇 일간은 생생하다.)	반응이 없다.
단각류(복족류) Univalves(gastéropodes) 껍데기가 무거운 것.	껍데기가 가벼워 보이는 것.
움직이고 눈에 띄는 것.	생기가 없어 보이는 것.
좋은 냄새가 나는 것.	불쾌한 냄새가 나는 것.

볼록한 굴 까기 OUVRIR DES HUÎTRES CREUSES

❶ 굴을 손바닥 위에 놓고, 굴의 각정(조개나 굴의 도드라진 부분)은 작업자를 향하도록 한다.

❷ 전용 행주가 두꺼워야 손이 상하지 않는다.

❸ 엄지손가락을 칼 끝 1cm 정도에 두고 칼을 쥔다. 칼 끝을 폐각근 쪽에 댄다.

❹ 전용 행주로 굴을 단단히 쥔 다음 칼날을 밀어 넣는다.

❺ 그 위치는 폐각근 바로 위, 동그란 양쪽 껍데기 끝에서 3cm 정도 되는 부위이다.

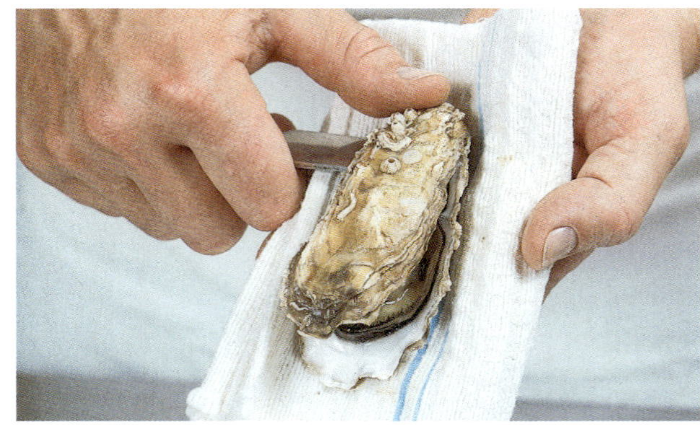

❻ 칼날을 작업자 방향으로 당기면서 껍데기 천장에 붙은 폐각근을 분리해낸다.

❼ 칼 가장자리를 껍데기 상부 쪽에서 기울여 마치 내장과 외투막 모두를 떼내는 듯한 자세를 취한다.

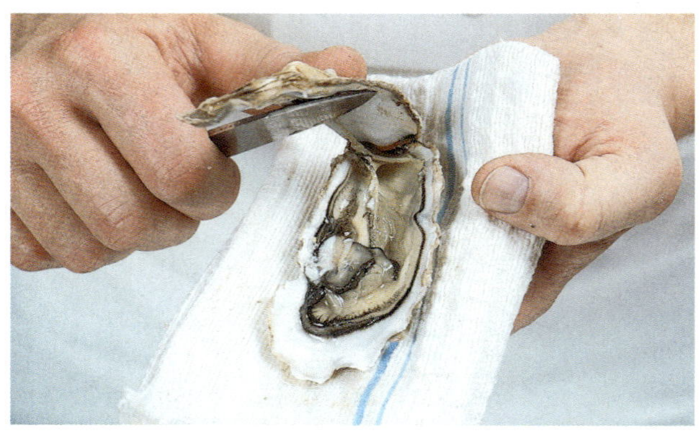

❽ 상판을 들추고 각정을 떼어 분리한다.

❾ 굴이 신선한 지 확인하고 껍질 파편은 없는지 확인한다.

❿ 안의 물을 제거해도 자연적으로 또 물이 고인다.

⓫ 미역으로 덮은 조각 얼음판 위에 진열한다.

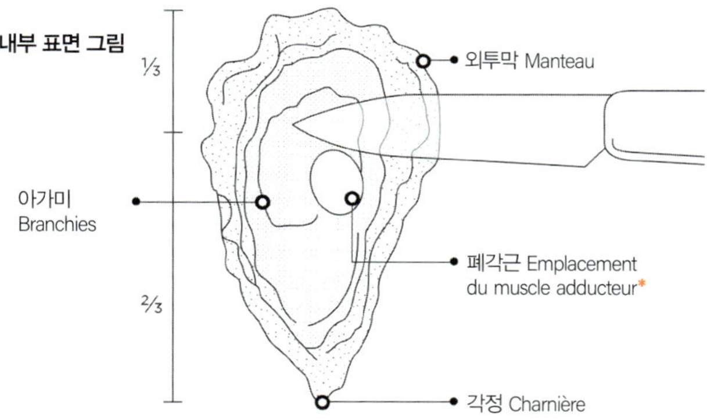

내부 표면 그림

* Muscle adducteur : 폐각근, 패주, 관자

납작한 굴 까기 OUVRIR DES HUÎTRES PLATES

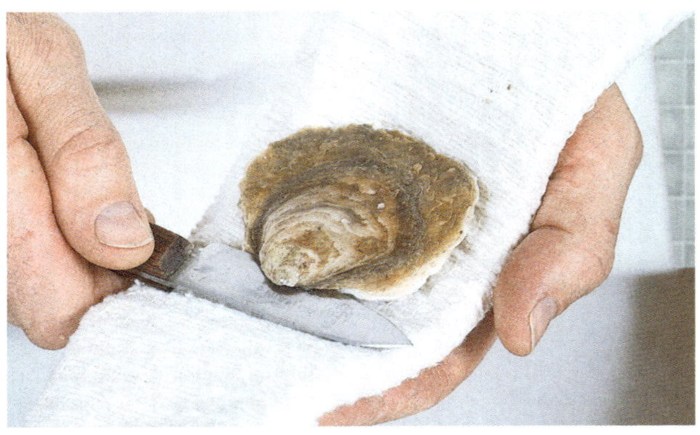

❶ 굴을 손바닥 위에 놓고, 굴의 각정은 바깥을 향하도록 한다.

❷ 각정 사이 홈에 칼을 댄다.

내부 표면 그림

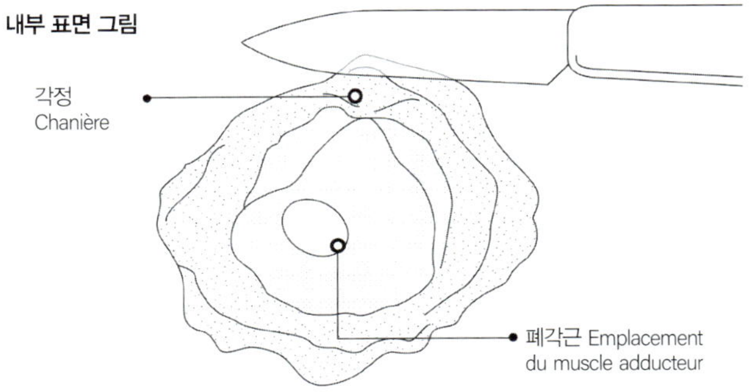

❸ 칼을 잘 움켜쥐고 힘을 주며 껍데기 상, 하판을 분리시킨다.

❹ 상판을 따라가며 폐각근을 떼어낸다.

❺ 분리해낸 상판을 들추고 굴의 신선도를 확인한다.

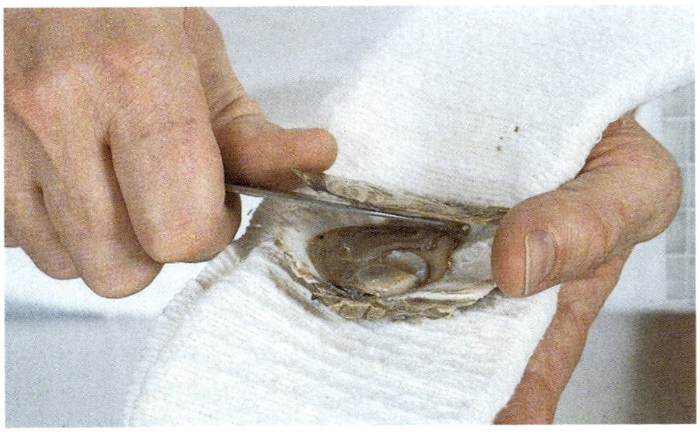

대합, 모시조개 등의 조개 열기

OUVRIR DES PRAIRES, DES PALOURDES, DES VERNIS OU DES AMANDES

❶ 폐각근(후폐각근)을 떼어내기 위해 각정 바로 옆에 칼날을 비스듬히 댄다.

내부 표면 그림

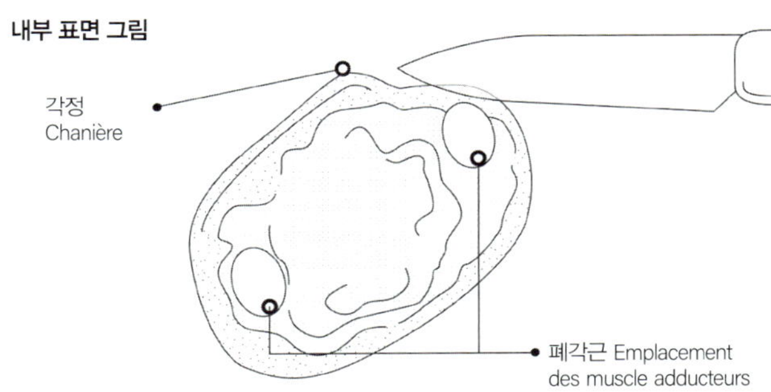

❷ 칼끝을 집어넣고 조개를 다치지 않게 하듯이 윗뚜껑의 위쪽으로 살짝 돌린 다음 윗뚜껑으로부터 떼낸다.

"

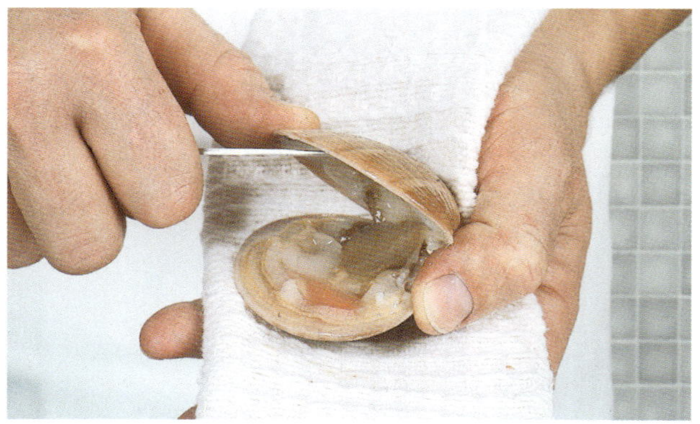

❸ 칼끝이 여전히 위쪽을 향하게한 상태에서 조개를 돌리고 두 번째 내전근을 제거한다.

❹ 뒷뚜껑을 떼낸다.

대합을 좀 더 쉽게 열기 위해서 두 판 사이 접합부를 먼저 절개하고 폐각근을 제거한다. 칼끝을 항상 위로한 채 조개를 돌려 두 번째 폐각근을 제거한다. 모시조개의 경우, 접합부를 절개하지 않은채로 바로 첫 번째 폐각근을 제거한다.

껍질이 제거된 가리비 Pecten maximus는 《가리비 관자 noix de Saint-Jacques》라는 이름으로 유통된다.

1996년 이후. 이 명칭은 다른 종의 가리비와 국자가리비 등의 관자의 판매에도 허용되었다.

가리비 조개 열기
OUVRIR DES COQUILLES SAINT-JACQUES

❶ 폐각근 쪽에 칼날을 놓는다.

❷ 보통 가리비 귀 부분에 약간의 틈이 있다.

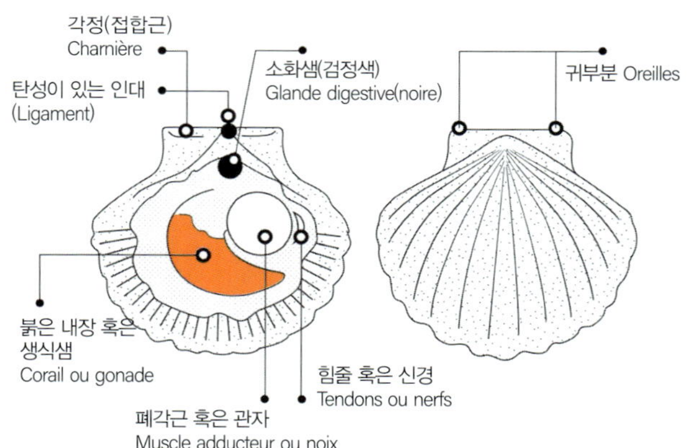

❸ 가리비 껍데기 옆쪽으로 칼날을 넣는다.

❹ 윗판(뚜껑) 쪽으로 가르며 칼날을 기울이고 살이 남지 않도록 잘 긁어낸다.

❺ 각정과 탄성이 있는 인대에 가볍게 힘을 주어 두 판을 분리한다.

❻ 모든 술(외벽과 아가미), 내장 그리고 모래가 낀 부분을 제거한다.

❼ 숟가락을 사용해 관자와 붉은 내장 부분을 조심스럽게 떼낸다.

❽ 조심스럽게 씻고 차가운 물에 잠깐 담가 둔다. 관자가 물을 먹을 수도 있으니 물기를 잘 닦아낸다.

붉은 내장 부분 다듬기(Parer le corail)

거무스름한 부분(소화샘)과 붉은 부분 가장 끝쪽을 제거한다.

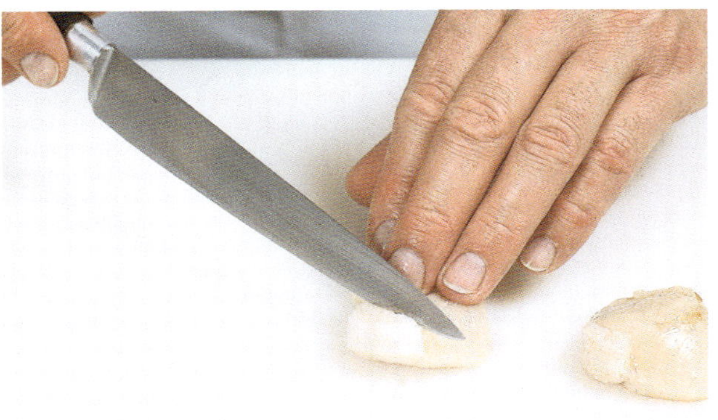

관자 힘줄 제거하기(《Dénerver》 les noix)

관자의 딱딱한 부분과 고무같은 부위를 조심스럽게 제거한다.

가리비를 사용할 때 내장 분리하는 작업이 항상 필요한 것은 아니다.

홍합 손질하기와 추려내기
NETTOYER ET TRIER DES MOULES

자연산 홍합 바르플뢰르(Barfleur산홍합)이던 양식 홍합이던 간에 혹은 자란 곳이 양식장 밧줄이던 바닷속 모래밭이던 간에 모든 홍합은 6월에서 10월 사이에 제일 많이 소비된다.

❶ 필요한 경우 홍합을 긁어준다.(작고 낡은 칼을 이용한다.)

❷ 홍합 껍데기 위에 붙어 있는 각종 껍데기와 기생 조개류, 착생생물 등을 모두 제거한다.(따개비(Balanes), 작은 삿갓조개류*, 석회관갯지렁이 (serpule) 등)

❸ 홍합 족사*를 제거한다.

❹ 홍합 족사를 각정 쪽으로 확 잡아당기는 것이 제거 요령이다. 반대쪽으로 잡아당기면 외투막(manteau)을 손상시킬 수도 있다.

---

* 삿갓조개, 배말, 따개비 등은 삿갓조개과의 바다 연체동물. 그 모양에 따라 파텔 (patelle), 베르니크(bernique) 등으로 구분한다.

* 족사 : Les filaments de byssus, 속칭 수염.

5 홍합을 뒤섞으며 조심스럽게 닦는다.

6 깨지거나 이가 빠진 것, 손으로 눌러도 오므리지 않고 열려 있는 것, 물 위로 떠오르는 것은 모두 골라낸다.

이른바 '족사 다발(faisceau de filaments de byssus)'은 홍합이 수중 접착을 하기 위해 만들어 내는 일종의 '찍찍이'. 홍합의 발 밑에 위치한 족사샘(glande byssogène)이 일종의 섬유 다발을 분비하는데, 수중 접착 지점과 빠르게 중합하고 이어주는 자연접착제 역할을 한다.

7 홍합을 물속에 너무 오래 담가 두지 않는다.

8 세척이 끝나면 바로 손으로 홍합을 건져낸다.

9 홍합을 세척한 물과 함께 통째로 채에 붓지 않는다. 모래가 섞일 수 있기 때문이다.

양식 홍합은 유통되기 전 이미 대량 세척 및 해감 과정을 거친 것이다. 확실한 위생을 위해(요리 기술 cours de technologie 강의 참고), 조개류의 모든 위생라벨은 보관해야 한다.
계절과 원산지에 따라 홍합 속에 《속살이게 crabes petits pois》 따위의 《속살이게상과 Pinnotheres pisum》 아주 작은 게가 발견된다. 홍합을 숙주 삼아 기생하는 이 공생동물은 소비자에게 위험을 주지는 않는다.

생홍합 열기 OUVRIR DES MOULES CRUES

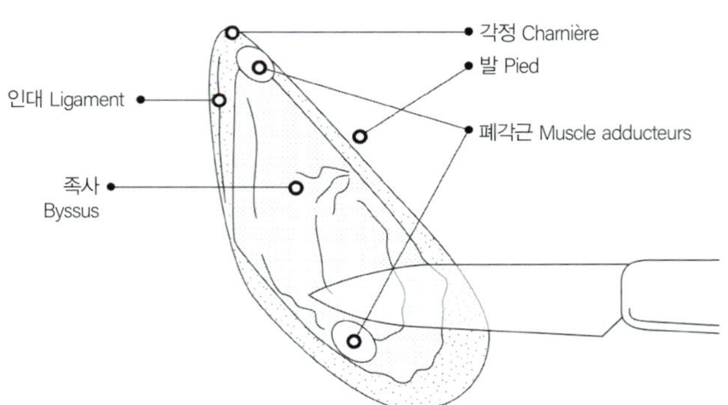

1 엄지와 검지로 각정을 잡고 껍데기 두 주둥이를 살짝 벌린다.

2 사진과 같이 칼끝을 앞 폐각근 쪽으로 집어 넣는다.

3 칼끝은 위를 향한다. 윗 껍데기에 붙은 앞 폐각근을 떼어낸다.

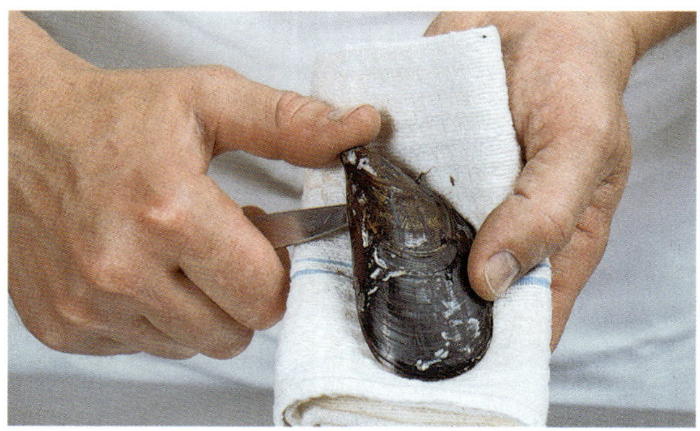

4 칼끝이 여전히 위를 향한 채로 한바퀴 돌린다.

5 접합부쪽 뒷 폐각근도 껍질에서 떼어낸다.

6 칼등으로 홍합살을 발라낸다.

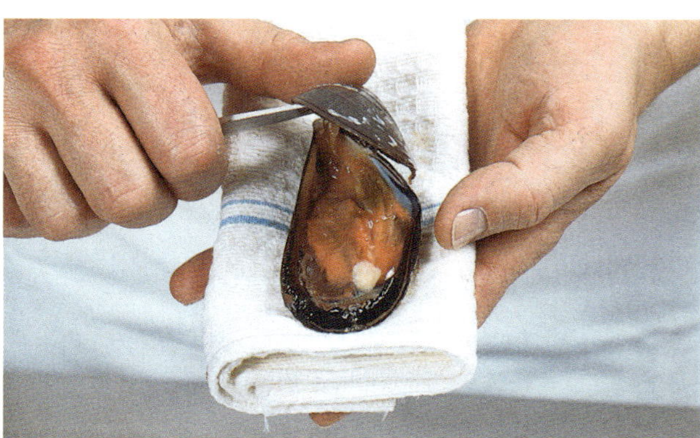

❼ 윗껍데기를 떼어낸다.

성게 열기 OUVRIR DES OURSINS

❶ 뾰족한 가위로 성게를 자른다.

❷ 뚜껑 모양으로 잘라 내장을 쉽게 제거하고, 마치 혀 5개가 붙은 듯한 별 모양의 성게알(le corail)이 보일 수 있도록 한다.

계란

LES ŒUFS

껍질째 계란 익히기
LA CUISSON DES ŒUFS HORS COQUILLE

계란껍질 없이 계란 익히기
LA CUISSON DES ŒUFS HORS COQUILLE ET MÉLANGÉS

껍질을 깨 섞어준 계란 익히기
LA CUISSON DES ŒUFS HORS COQUILLE ET MÉLANGÉS

계란 깨뜨리기
CASSER DES ŒUFS

계란 노른자와 흰자 분리하기
CLARIFIER DES ŒUFS

계란물로 색내기
RÉALISER DE LA DORURE

계란은 물리적 속성이 다양하기 때문에 이러한 속성을 이용하면 응용할
수 있는 요리의 가지 수는 셀 수 없이 많다.(BPI 출판사의 《요리의 기술
Technologie culinaire》 참조)

판매용 계란 LA COMMERCIALISATION DES ŒUFS

새로운 유럽 경제 공동체 규범에 의하면 계란은 두 가지 종류의 품질 등급으로 분류된다.

– A 등급(catégorie A)
– B 등급(catégorie B)

C 등급은 폐지되었기 때문에 B 등급 계란은 식품 및 비식품 가공업에서 2등급 또는 낮은 등급의 계란에 해당한다.

껍질(난각) 표기 방법 및 계란 포장 MARQUAGE DE LA COQUILLE ET EMBALLAGE DES ŒUFS

2004년 1월 1일부터 유럽 경제 공동체는 필수로 A등급 계란 표면(껍질)에 다음과 같은 코드를 적어도 하나 이상 표기해야 한다.

– **사육 방식 혹은 방법** le mode d'élevage ou la méthode d'élevage :

  0 유기농(issus de l'agriculture biologique)
  1 야외 사육(élevage en plein air(label rouge))
  2 바닥 사육(élevage au sol)
  3 닭장, 사육장 사육(élevage en cage)

– **생산자의 번호 혹은 산란지 코드** le numéro du producteur ou le code de l'établissement de ponte.

또한, A, B등급의 크고 작은 계란 포장은 임의적으로 암탉의 사육방식을 나타낼 수 있다.

B와 C등급은 하나의 B등급으로 결합되었다. A등급의 계란은 다음과 같은 두 개의 소분류로 나누어진다.

– **최상품 신선란**(les œufs extra-frais)
– **일반 신선란**(les œufs frais)

판별 기준 CRITÈRES DISTINCTIFS	
최상품 신선란	일반 신선란
두 카테고리의 공통적 기준	
• 세정 과정을 거치지 않고, 솔질과 세척이 되지 않은 계란 • 보존 처리나 8°C의 온도(판매처의 온도와 관계없음)에서의 보관 과정을 거치지 않고, 솔질과 세척이 되지 않은 계란 • 껍질과 각피는 정상이고 깨끗하며, 흠과 금이 없고, 얼룩이 없는 계란	
각 카테고리별 기준	
최상품 신선란 ŒUFS EXTRA–FRAIS	일반 신선란 ŒUFS FRAIS
생산자에 의해 적어도 일주일에 두 번 이상 채집(수확)	일주일에 한 번만 수확 되어도 됨
작은 포장에만 해당(30구 이하)	• 360구(30구씩 12판) 《캐나다 스타일 canadiennes》, • 혹은 《최상품 신선란 ŒUFS EXTRA–FRAIS》의 문구가 제거된 작은 포장
• 명확한 포장 날짜 표기(일/월/년) • 포장 날짜로부터 7일 동안 계란이 판매되지 않을 경우 붉은 띠의 《최상품 신선란 extra–frais》이라는 문구는 상인이 제거해야 함. 이때부터 이 계란은 《일반 신선란 œufs frais》으로 명칭됨	명확한 포장 날짜(일/월/년) 혹은 주 표기
내부 빈 공간은 4mm 이하여야 한다.	내부 빈 공간은 6mm 이하여야 한다.

무게와 크기에 따른 분류(classement par poids et calibres)

무게에 따른 분류는 포장용기에 필수로 상세히 표시하여야 한다.

크기	무게
XL : 특대(très gros)	최소 73g 이상
L : 대(gros)	63g ～ 72g
M : 중(moyen)	53g ～ 62g
S : 소(petit)	53g 이하

참고 : 소포장(4, 6, 9, 12, 18구 상자) 계란의 크기는 주로 기호화 되어 있다.

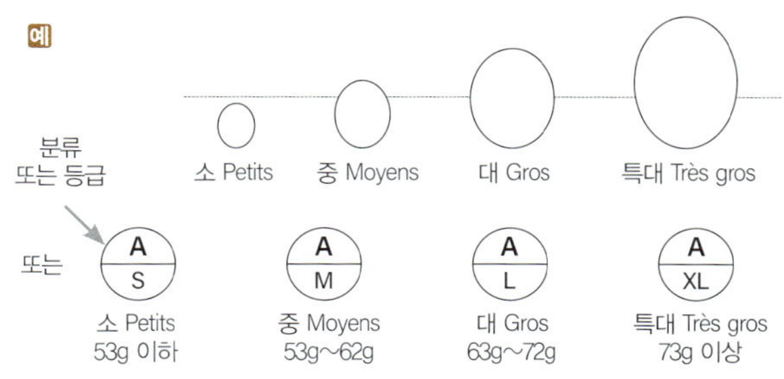

계란 껍질 표기(난각코드) Le marquage des coquilles

일반적인 정보는 포장에 표기되어 있고(크기, 사육방식, 품질 등급, 포장 날짜, 소비권장 기한, 사육코드, 원산지), 각각의 계란에는 다음과 같은 정보가 각인되어있다.

- 산란일(la date de ponte)
- 소비권장 기한(la date de consommation recommandée (DCR))
- 사육지 코드(le code de l'éleveur)
- 원산지(le pays d'origine)
- 0 ～ 3의 숫자(un chiffre de 0 à 3 signifiant :)

0 = 유기농 환경에서 자유롭게 자란 닭에서 나온 계란

1 = 비유기농 야외 사육지에서 자란 닭에서 나온 계란

2 = 비유기농 실내 바닥 사육장에서 자란 닭에서 나온 계란

3 = 사육장에서 자란 닭에서 나온 계란

 주의 Précautions

BPI 출판사의 《요리의 기술》 참조

요리와 제과에서 계란을 사용할 때는 위생 품질을 유지하기 위한 몇 가지의 철저한 규칙과 관찰이 필요하다.

주요 권고사항은 다음과 같다.

- 최소 필요량의 재고 제한(소비와 배달 주기성 고려)
- 합리적인 재고의 회전율 실행(먼저 배달된 것은 먼저 사용)

배달 시 확인 사항

- 포장 날짜는 라벨에 표기되어 있어야 함
- 라벨은 떨어지거나 찢어지지 않은 완전한 상태여야 함
- 완벽하고 깨끗한 포장 상태와 계란판(습기나 계란이 흐른 흔적이 없어야 함)
- 자연스럽고 온전한 계란 상태(오염, 또는 금이 가거나 깨지지 않은 상태)
- 계란 발송지 : 승인 허가지로부터 나와야 함.

사용 시 확인 사항

- 계란을 깨기 전후에 손을 씻는다.
- 깨끗한 도구를 사용한다.(예를 들어 스테인리스 용기)
- 신선도를 확인하기 위해 계란을 다른 용기에(예를 들어 오븐 요리나 중탕에 쓰이는 작은 그릇) 따로 깨뜨린다.
- 의심이 가는 계란은 모두 버린다 : 냄새가 나거나 변색된 계란, 형태가 이상한 계란 등등
- 용기의 모서리가 아닌 평평한 곳을 이용해 계란을 깨뜨린다.(난황막이 찢어지지 않게 하기 위함)
- 절대 손가락으로 계란을 깨뜨리거나, 손으로 노른자와 흰자를 분리하지 않는다.
- 주방 온도를 고려하여 조리대에는 필요한 최소한의 양만 꺼내 놓고 사용하는 것이 좋다.
- 계란이 필요할 때마다 바로 바로 깨뜨린다.
- 계란 노른자를 오래 보관하는 것은 피한다.(3℃ 온도에서 최대 24시간까지)

실용적 조언

- 냉장 보관되었던 계란은 꺼내자마자 바로 끓는 물에 넣지 않는다.(깨질 위험이 있음) 조리하기 약 30분 전에 미리 꺼내어 놓는다.
- 반숙이나 삶은 계란은 차가운 물에 담그거나, 혹은 흐르는 차가운 물을 껍질과 껍질막 사이로 흘려보내 껍질이 쉽게 벗겨지도록 한다.
- 계란과 은으로 된 소재의 도구가 직접 닿지 않도록 한다.(산화 위험)
- 날것이나 살짝 익힌 요리(마요네즈 소스, 계란 수란, 반숙 등등)에 사용하는 계란은 신선도가 높은 것을 사용한다.

계란을 깨면 미생물이 번식하기 쉬운 환경이 만들어지므로, 사용 직전에 깨는 것이 바람직하다. 또한 흰자에 포함된 천연 살균 성분(라이소자임 lysozyme)은 공기와 닿으면 효과를 잃어 계란을 보호하지 못하게 된다. 특히 노른자보다 흰자를 많이 사용하는 곳에서는 이런 점이 문제가 될 수 있다. 이런 경우, 액란 제품(ovoproduits)을 활용하면 보다 위생적이고 실용적인 대안이 될 수 있다.

껍질째 계란 익히기 LA CUISSON DES ŒUFS AVEC COQUILLE

《반숙보다 더 짧게 익힌》 계란 ŒUFS 《À LA COQUE》

준비할 도구

– 적당한 크기의 자루냄비 1개 : 냄비가 너무 작을 경우 계란이 충분히 잠기지 않고, 냄비가 너무 크면 물이 끓는 동안 계란이 튀어 냄비 벽에 부딪혀 깨질 우려가 있다.

– 익힐 계란의 양에 따라 손잡이가 있는 스테인리스 채반, 체, 혹은 거품 떠내는 국자를 고른다.

준비할 재료

부엌에서 실온 보관한 최상품의 신선란, 1인당 2구

껍질에 흠이 없는 계란인지 신중히 확인하고 미세한 금이 있는 계란은 버린다.

만드는 방법

❶ 계란을 원하는 시간만큼 끓는 물에 살포시 담근다(고객의 취향과 계란의 크기에 따라 물이 다시 끓기 시작한지 2분 30초 ~ 3분 30초)

❷ 물기를 없앤다. 반숙보다 더 짧게 익힌 계란은 최대온도 60℃의 물이 들어있는 작은 접시에 담아 제공한다.

완성한 결과 : 흰자는 반숙, 노른자는 액체 상태(le blanc est semi—coagulé, le jaune reste liquide.)

활용법

• 아침식사, 브런치(Petits déjeuners, brunchs…)

• 캐비어, 트러플, 아스파라거스, 새우와 함께(Œufs au caviar, aux truffes, aux asperges, aux crevettes…)

반숙 계란 ŒUFS MOLLETS

준비할 도구

– 적당한 크기의 자루냄비 : 냄비가 너무 작을 경우 계란이 충분히 잠기지
   않을 수 있고, 냄비가 너무 크면 물이 끓는 동안 계란이 튀어 냄비 벽에
   부딪혀 깨질 우려가 있으니 주의한다.

– 손잡이가 있는 스테인리스 채반 1개(한꺼번에 계란을 담그고 꺼내기
   위해서)

– 계란을 식히기 위한 믹싱볼 또는 들통

– 껍질을 까기 위한 사각 트레이

준비할 재료

부엌 실온에서 보관한 신선란, 1인당 2구

최상품의 신선란은 껍질막과 껍질이 충분히 분리되어 있지 않아 가끔 껍질을
까기 아주 힘들다.

껍질에 흠이 없는 계란인지 신중히 확인하고 미세한 금이 있는 계란은
버린다.

만드는 방법

❶ 손잡이가 있는 스테인리스 채반을 이용해 계란을 끓는 물에 살포시
   담근다.

❷ 계란의 크기와 사용에 따라 5분 30초~6분 30초간 원하는 시간만큼
   계란을 물에 잠겨있도록 유지한다.

❸ 나중에 다시 데워야 한다면 살짝 덜 익힌다.

❹ 얼음물에 계란을 몇 분간 담가 식힌다.

낮은 온도에서 반숙 만들기
시간적 여유가 있는 고객들을 위해서는 70℃의 낮은 온도에서 1시간 동안
익혀 반숙을 만들 수도 있다.

삶은 계란의 껍질 전체를 조심스럽게 벗긴다. 공기집의 얇은 막을 떼어내며 계란 끝에서부터 벗긴다.

껍질을 까기가 어려울 경우, 물에 담그거나 약하게 흐르는 물에서 껍질을 벗겨내면 껍질막과 껍질이 더욱 쉽게 분리된다.

반숙 계란은 얼음물이나 살짝 습기가 있는 스테인리스 사각 트레이에 보관할 수 있다.

완성 결과 : 흰자는 응고 상태이고, 노른자는 크림 상태

활용법

- 피렌체 반숙 계란*
- 아르장퇴유 반숙 계란*
- 낭투아 반숙 계란*

---

*피렌체 반숙 계란 œufs mollets florentine : 데친 시금치와 치즈, 베샤멜 소스 등을 반숙 계란과 함께 그라탱으로 요리한 것.

*아르장퇴유 반숙 계란 œufs mollets Argenteuil : 데친 아르장퇴유 아스파라거스, 크림 소스, 아스파라거스 퓨레 등을 반숙 계란과 함께 요리한 것.

*낭투아 반숙 계란 œufs mollets Nantua : 낭투아 소스(베샤멜 소스, 가재, 버터를 이용한 소스를 사용)를 곁들인 반숙 계란.

완숙 계란 ŒUFS DURS

준비할 도구

– 적당한 크기의 자루냄비 : 냄비가 너무 작을 경우 계란이 충분히 잠기지 않고, 냄비가 너무 클 경우 물이 끓는 동안 계란이 튀어 냄비 벽에 부딪혀 깨질 우려가 있다.

– 손잡이가 있는 스테인리스 채반(한꺼번에 계란을 담고 꺼내기 위해서)

– 계란을 식히기 위한 믹싱볼 또는 들통

– 계란 껍질을 까기 위한 사각 트레이

준비할 재료

부엌에서 실온 보관한 신선란, 1인당 2구

최상품 신선란은 껍질막과 껍질이 충분히 분리되어 있지 않아 가끔 껍질을 까기 아주 힘들다.

껍질에 흠이 없는 계란인지 신중히 확인하고 미세한 금이 있는 계란은 버린다.

만드는 방법

❶ 손잡이가 있는 스테인리스 채반을 이용해 계란을 끓는 물에 살포시
담근다.

❷ 계란을 원하는 시간만큼 끓는 물에 살포시 담근다(고객의 취향과 계란의
크기에 따라 시간 조절)

❸ 물이 다시 끓기 시작한 시점부터 9분에서 11분 동안 계란이 잠겨있도록
유지한다.

❹ 조리 시간은 계란의 크기에 따라 다양하다. 평균시간은 보통 10분이다.

❺ 얼음물에 계란을 몇 분간 담가 식힌다.

❻ 껍질 전체를 조심스럽게 벗긴다. 공기집의 껍질막을 떼어내며 계란
끝에서부터 벗긴다.

❼ 껍질을 까기가 어려울 경우, 물에 담그거나 약하게 흐르는 물에서 껍질을
벗겨내면 껍질막과 껍질이 더욱 쉽게 분리된다.

❽ 완숙 계란은 얼음물이나 살짝 습기가 있는 스테인리스 사각 트레이에
보관할 수 있다.

완성한 결과 : 시간의 차이에 따른 흰자와 노른자의 응고 상태

충분히 익히지 않았다면 노른자는 오렌지색의 크림 상태이고, 너무 익히면
노른자는 건조하고 주위가 검게 된다.

활용법

• 데빌드 에그*, 새우를 곁들인 계란(œufs aux crevettes), 앤초비를 곁들인
계란(œufs aux anchois), 차가운 음식의 장식 재료(élément de décor et
de présentation de plats froids), 시메 계란 파르시*, 양파 소스를 곁들인
계란 그라탱(œufs à la tripe), 수영을 곁들인 계란(à l'oseille), 오로라 소스
(aurore)*를 곁들인 계란, 포르투갈 소스(portugaise)*를 곁들인 계란

---

* 데빌드 에그 œufs durs mimosa, deviled egg : 미모사 달걀(Eggs Mimosa)이라
고도 하며, 완숙으로 삶은 달걀을 세로로 반으로 자르고 노른자를 빼낸 후 노른자
에 여러 재료를 섞어 달걀 속을 채워 완성하는 음식.

* 시메 계란 파르시 œufs farcis Chimay : 완숙 계란 노른자를 다진 버섯 뒥셀과
섞은 것을 계란에 채워 넣어 소스를 곁들여 그라탱으로 요리한 것.

* 오로라 소스 sauce aurore : 루(roux)를 베이스로 한 하얀 소스에 토마토 퓨레를
더한 것.

* 포르투갈 소스 sauce portugaise : 토마토, 마늘, 파슬리, 화이트와인 등을 넣은
소스.

계란껍질 없이 계란 익히기 LA CUISSON DES ŒUFS HORS COQUILLE

수란 ŒUFS POCHÉS

준비할 도구

– 작은 소뚜와 또는 작은 소테팬 petit sautoir ou une petite sauteuse

– 작은 중탕용 그릇

– 거품 떠내는 작은 국자

– 믹싱볼 또는 들통

– 정리용 사각 트레이

준비할 재료

– 최상품의 신선란을 사용하기 직전까지 냉장실에 보관한다. 1인당 2구

– 화이트 식초(물 1리터당 50ml) vinaigre blanc

레드와인으로 계란을 익힐 수도 있다.

만드는 방법

❶ 물을 끓인다(물의 높이는 6cm~8cm를 넘지 않도록 한다).

❷ 화이트 식초를 넣고 다시 끓인다.

❸ 계란을 작은 중탕용 그릇에 깨뜨린다. 봉긋 올라온 흰자의 양은 매우 중요하다. 만약 계란이 너무 퍼지면, 다른 용도로 사용한다.

❹ 계란을 끓는 물의 한 부분에 붓고 불을 낮춘다. 익히는 동안 물은 아주 살짝 움직이는 정도여야 한다.

❺ 익힘 정도는 손가락으로 눌러보면서 조절한다. 흰자는 응고되어야 하고 노른자는 크림 상태여야 한다.

❻ 보통 크기(중)의 계란은 약 2분에서 2분 30초 정도 익힌다.

❼ 나중에 다시 데워야 한다면 살짝 덜 익힌다.

❽ 몇 분 동안 얼음물에 담가 식혀준다.

❾ 고른 형태가 되도록 계란을 조심히 다듬어준다.

❿ 살짝 습기가 있는 스테인리스 사각 트레이에 계란을 보관한다.

완성한 결과 : 흰자는 응고되고 노른자는 크림 상태

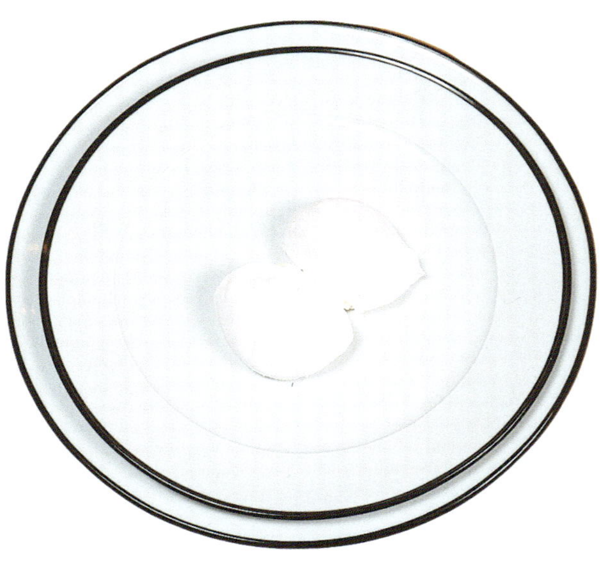

활용법

- 젤리 형태의 계란, 따뜻한 노른자에 차가운 소스를 곁들인 계란(Œufs en gelée et en chaud-froid)
- 브라간사* 수란(Œufs pochés Bragance)*
- 앙리 4세 수란(Œufs pochés Henri Ⅳ.)*
- 올랑데즈 소스를 곁들인 수란 Œufs pochés hollandaise.

    * *브라간사(Bragance) : 포르투갈의 귀족 가문과 마을*

레드와인 수란 Œufs pochés au vin rouge :

앞의 수란과 같은 방식으로 조리하는데, 식초를 넣지 않고 계란을 식히지 않는다.

레드와인은 일반적으로 곁들이는 소스로 사용하기 위해 졸여준다.

활용법

- 부르고뉴식 수란(Œufs pochés bourguignonne.)*
- 메레트 소스*를 곁들인 수란(Œufs en meurette.)
- 《썽젠 Sans-Gêne》 수란(Œufs pochés ≪Sans-Gêne≫.)

* 브라간사 수란 œufs pochés Bragance : 데친 토마토와 수란에 마데이라산(포르투갈령 섬) 포도주 마데이라 와인을 넣은 소스를 곁들인다.

* 앙리 4세 수란 œufs pochés Henri Ⅳ : 작은 타르트 위에 수란을 올리고 베어네이즈 소스를 얹는다.

* 부르고뉴식 수란 œufs pochés bourguignonnes : 여러 가지 채소와 수란에 부르고뉴 와인을 넣은 소스를 곁들인다.

* 메레트 소스 sauce meurette : 부르고뉴 레드 와인에 베이컨, 양파, 셜롯, 버섯, 각종 향신료 등을 넣어 만든 소스. 부르고뉴 소스(sauce bourguignonne)라고 부르기도 한다.

코코트 에그(스튜그릇 계란) ŒUFS COCOTTE

준비할 도구

- 소뚜와 혹은 중탕냄비
- 세라믹 스튜그릇 또는 중탕용 그릇(1인당 2개)
- 버터를 녹이기 위한 작은 자루냄비
- 조리용 붓
- 작은 중탕용 그릇
- 유산지

준비할 재료

- 1인당 2구의 신선란
- 버터
- 소금, 후추

❶ 조리용 붓을 이용하여 크림버터 혹은 정제버터를 스튜그릇에 바른다.

❷ 가는소금으로 가볍게 스튜그릇 바닥에 간을 하고 경우에 따라 백후추 (poivre blanc)를 첨가한다.

❸ 작은 중탕용 그릇에 계란을 하나씩 깨고 노른자가 터지지 않게 조심스럽게 스튜그릇에 담는다.

❹ 소뚜와나 중탕냄비에 둥근 형태의 유산지를 깐다.

❺ 스튜그릇을 올려주고, 끓는 물을 스튜그릇의 반 정도 높이까지 채운다.

❻ 열판 위에서 조리를 시작한다. 뚜껑을 덮지 않고 용기의 두께에 따라
오븐에 약불(150∼160℃)로 5∼6분간 익힌다.

❼ 살짝 덜 익힌 상태를 유지한다. 사용한 스튜그릇의 특성에 따라 불에서
내린 후에도 살짝 조리가 연장된다.

❽ 스튜그릇 표면의 물기는 닦아준다.

완성한 결과 : 흰자는 거의 응고 상태, 노른자는 크림 상태

활용법

• 크림 소스를 곁들인 코코트 에그(Œufs en cocotte à la crème)

• 포르투갈 코코트 에그*(Œufs en cocotte portugaise.)

• 여왕의 코코트 에그(Œufs en cocotte à la reine)

• 디에프 코코트 에그*(Œufs en cocotte Dieppoise.)

---

* 포르투갈 코코트 에그 œufs en cocotte portugaise : 토마토 퐁듀와 토마토 소스
를 곁들인 코코트 에그.

* 디에프 코코트 계란 œufs en cocotte dieppoise : 디에프식 곁들임 요리(화이트
와인 소스를 곁들인 홍합과 새우 요리)와 코코트 에그를 함께 내는 요리.

접시에서 익힌 계란 프라이 ŒUFS SUR LE PLAT

준비할 도구

– 인원수에 맞추어 계란 접시 준비
– 버터를 녹일 작은 자루냄비
– 조리용 붓
– 중탕용 그릇

준비할 재료

– 신선란 1인당 2구
– 버터
– 소금, 후추

만드는 방법

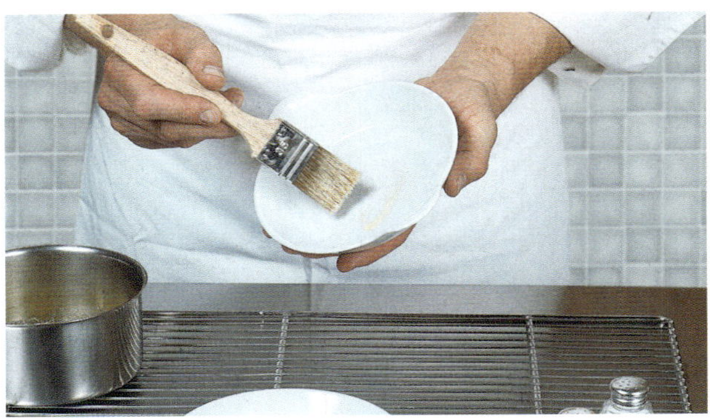

❶ 조리용 붓을 이용하여 계란 접시에 버터를 바른다.

❷ 계란에 간을 하지 말고 접시 바닥에 소금과 후추를 뿌린다.(희거나
거무스름한 자국이 남을 수 있으므로)

❸ 계란을 작은 중탕용 그릇에 하나씩 깨뜨리고, 노른자가 터지지 않게 조심하며 접시에 계란을 옮겨 담는다.

❹ 열판 위에서 천천히 계란을 익힌다. 달걀흰자가 고르게 익도록 주기적으로 접시를 돌려준다.

❺ 계란 프라이는 타지 않도록 익힌다. 만약 열판이 너무 뜨거우면 그릴을 사용해 접시를 판에서 빼낸다.

❻ 오븐이나 샐러맨더*를 이용해 계란을 마무리하며 익힐 수 있다.(노른자에 얇은 반투명 막이 생긴 계란 프라이)

완성한 결과 : 흰자는 응고 상태, 노른자는 크림 상태

활용법

- 닭 간을 곁들인 접시 계란 프라이(Œufs sur le plat aux foies de volaille).
- 샤슈르 소스(헌터 소스)를 곁들인 접시 계란 프라이(Œufs sur le plat chasseur).
- 버섯을 곁들인 접시 계란 프라이(Œufs sur le plat forestière).
- 해산물을 곁들인 접시 계란 프라이(Œufs sur le plat aux fruits de mer).

---

* 샐러맨더 salamandre(프랑스식 표기로는 살라망드르 함): 오픈형 오븐으로 열이 위에서 직접 나와 음식에 윤을 낼 때 주로 사용한다.

프라이팬으로 익힌 계란 프라이
ŒUFS SAUTÉS À LA POÉLE

준비할 도구

– 작은 프라이팬 1개(코팅 프라이팬이 더 좋음)
– 작은 중탕용 그릇 혹은 작은 접시 1개

준비할 재료

– 신선란 1인당 2구
– 버터
– 소금, 백후추

만드는 방법

❶ 작은 프라이팬에 옅은 갈색이 되도록 버터를 녹여준 후 노른자가 깨지지
않도록 계란을 조심스럽게 붓는다.

❷ 노른자에는 흰색의 소금 흔적이 남기 때문에 흰자에만 간을 한다.

❸ 계란이 살짝 노릇노릇해지도록 천천히 익힌다.

❹ 계란을 뒤집어 익힐 수도 있다.(모양에 신경 쓰지 않고 만든 계란 프라이)

❺ 뜨거운 접시에 계란을 조심스럽게 미끄러뜨리듯이 부어준다(쿠키 커터
틀을 이용해 모양을 다듬어주어도 된다).

완성한 결과 : 흰자는 응고 상태, 노른자는 크림 상태

활용법

• 아침식사 혹은 브런치, 구운 쉬폴라타 소시지, 햄·베이컨과 함께
  Petits déjeuners ou brunchs, avec des chipolatas grillées, avec une
  tranche de jambon, avec des tranches de bacon.

• 계란을 얹은 햄버거 Hamburger à cheval.

• 계란을 얹은 송아지 메다이옹 Médaillon de veau Holstein…

계란 튀김 ŒUFS FRITS

준비할 도구

- 작고 둥근 프라이팬
- 중탕용 그릇
- 잘 마른 주걱 1~2개
- 정리용 사각 트레이 1개
- 키친타월

준비할 재료

- 최상품의 신선란 1인당 2구
- 땅콩기름 huile d'arachide 혹은 튀김요리를 위한 기름
- 소금

만드는 방법

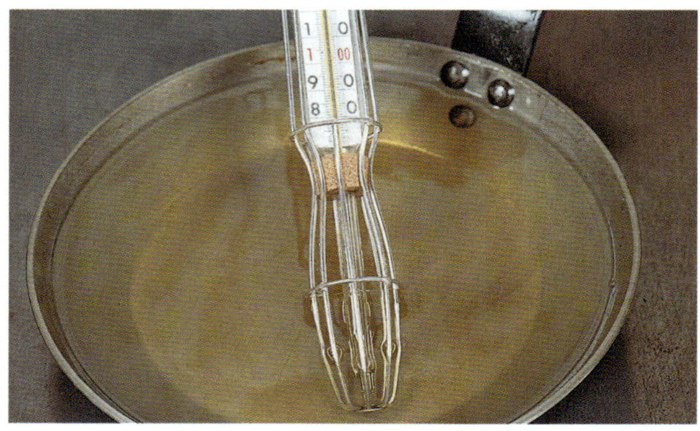

① 작은 프라이팬의 가장자리에 기름을 팬의 2cm 높이까지 채운다.

② 땅콩기름을 180/190℃ 온도로 데운다(어떤 전문가들은 주걱을 건조시키기 위해 기름에 주걱을 담그기도 한다).

③ 계란을 작은 중탕용 그릇에 깨고, 뜨거운 기름에 조심스럽게 하나씩 붓는다.

④ 주걱을 이용해 즉시 계란의 모양을 잡는다.

⑤ 퍼지는 흰자 부분을 모아준다.

6 고른 형태와 색을 내기 위해 계란을 조심스럽게 굴려준다.

7 45초에서 1분가량 계란을 계속해서 굴려가며 튀겨준다.

완성한 결과 : 흰자는 응고되고 살짝 황금색을 띠며 바삭한 상태, 노른자는 크림 상태

키친타월을 이용해 조심스럽게 기름을 제거한다.

소금으로 간을 한다.

활용법

- 베이컨을 곁들인 계란 튀김(Œufs frits au bacon.)
- 티롤식 계란 튀김(Œufs frits tyrolienne.)*
- 안달루시아식 계란 튀김(Œufs frits andalouse.)*
- 보르도식 계란 튀김(Œufs frits bordelaise.)*

계란 튀김(Œufs frits)

계란튀김 요리는 기름이 튈 위험이 있어요!

Attention 주의! 계란 튀김 요리는 매우 위험하다. 기름의 온도가 높으면 계란이 타닥타닥 소리를 내며 기름이 레인지에 떨어지거나 탈 수 있다. 따라서 기름이 튈 경우에 대비하여 이를 즉시 제거할 수 있는 흡수성이 있는 헝겊을 미리 준비한다.

* 티롤식 계란 튀김 œufs frits tyrolienne : 접시에 토마토 소스를 부은 후, 구운 토마토를 얹고 중앙에 계란 튀김을 놓고 양파 튀김과 파슬리 튀김으로 장식을 한다.
* 안달루시아식 계란 튀김 œufs frits andalouse : 절인 가지 슬라이스를 튀겨 토마토 소스와 곁들인다.
* 보르도식 계란 튀김 œufs frits bordelaise : 익힌 토마토와 버섯 볶은 것을 계란 튀김에 곁들여 낸다.

껍질을 깨 섞어준 계란 익히기 LA CUISSON DES ŒUFS HORS COQUILLE ET MÉLANGÉS

계란 스크램블 ŒUFS BROUILLÉS

준비할 도구

– 바닥이 아주 두꺼운 주석 도금 소테팬
– 주걱
– 스테인리스 믹싱볼
– 중탕용 그릇
– 포크

준비할 재료

– 1인당 3구의 신선란
– 소금, 후추
– 버터 혹은 버터와 크림

식당에서는 1인당 3구의 계란을 사용하지만, 타르틀레트(작은 타르트), 속을 비운 브리오슈, 페이스트리나 토마토 속에 계란 스크램블을 넣어 요리할 경우에는 1인당 2구의 계란으로도 충분하다.

만드는 방법

❶ 계란을 라메킨에 깨고 상태를 확인한 후 믹싱볼에 옮겨 담는다.
❷ 그 다음, 밑간을 한다.
❸ 포크를 이용해 계란을 섞어준다(체를 이용해 걸러도 좋다).
❹ 크림 상태의 버터를 프라이팬에 발라준다.
❺ 프라이팬에 계란을 붓고 주걱을 이용해 계속 저어가며 불에 직접 혹은 중탕으로 천천히 데운다.

❻ 소테팬 바닥과 둘레에 계란이 응고되지 않도록 저으며, 중간으로 옮긴다. (중간까지 계속 저어준다.)
❼ 계란이 거친 형태가 되거나 덩어리지지 않게 아주 천천히 스크램블을 익힌다.
❽ 스크램블의 익힘 상태는 고른 크림 상태여야 한다.

고른 계란 스크램블을 만들기 위해서는 거품기를 사용해도 좋다.

⑨ 불에서 소테팬을 내리고 소량의 버터 혹은 버터와 크림을 섞는다.

⑩ 간이 맞는지 확인한다.

⑪ 스크램블을 즉시 스테인리스 용기 혹은 접시에 담아낸다.

Attention 주의! 은 소재는 사용하지 않는다.

완성한 결과 : 계란 스크램블은 부드럽고 크림 상태여야 한다. 노른자와 흰자는 살짝 응고된 상태. 손님의 취향에 따라 반숙으로 요리하기도 한다.

활용법

• 포르투갈식 계란 스크램블(Œufs brouillés portugaise.)*

• 할머니식 계란 스크램블(Œufs brouillés grand-mère.)*

• 마그다(Magda)계란 스크램블(Œufs brouillés Magda.)*

• 트러플을 곁들인 계란 스크램블을 브리오슈에 넣은 요리(Œufs brouillés aux truffes en brioche.)

• 스페인식 계란 스크램블(Œufs brouillés espagnole.)*

계란 오믈렛 ŒUFS EN OMELETTE

준비할 도구

– 작고 둥근 후라이팬, 되도록이면 코팅 프라이팬*

– 스테인레스 믹싱볼

– 중탕용 그릇

– 포크

– 버터 분리를 위한 작은 자루냄비

– 윤기를 내기 위한 조리용 붓

준비할 재료

– 신선란 1인당 3구

– 소금, 후추

– 버터

– 오일(선택사항), 오믈렛은 버터 혹은 오일과 버터를 혼합하여 요리할 수 있다.

  *검은 무쇠 프라이팬은 반드시 길들인 후 사용해야 한다.(조리용어 affranchir, affriter 참조)

---

* 포르투갈식 계란 스크램블 œufs brouillés portugaise : 계란 스크램블에 토마토 퐁듀를 곁들여 낸다.

* 할머니식 계란 스크램블 œufs brouillés grand-mère : 정제 버터에 튀긴 식빵 크루통과 다진 파슬리를 계란 스크램블에 첨가한다.

* 마그다(Magda) 계란 스크램블 œufs brouillés Magda : 계란 스크램블에 잘게 썬 허브를 뿌리고, 겨자와 강판에 곱게 간 치즈를 곁들여 먹는다.

* 스페인식 계란 스크램블 œufs brouillés espagnole : 구운 토마토, 피망, 튀긴 양파 등을 계란 스크램블에 곁들인다.

만드는 방법

1 중탕용 그릇에 계란을 깨뜨리고 상태를 확인한 후 스테인리스 믹싱볼에 붓는다.

2 간을 한다.

3 포크를 이용해 계란을 적당히 섞어준다. 체를 이용해 걸러도 좋다.

4 조리법에 따라 곁들일 채소를 추가한다.

5 프라이팬에 정제버터 혹은 혼합한 오일과 버터를 넣고 달군다. 버터가 오일과 함께 황금빛을 띠면 섞은 계란을 한번에 붓는다.

6 포크를 이용해 프라이팬 가장자리에 응고되는 계란을 가운데로 모아주며 빠르게 떼어낸다.

Attention 주의! 버터가 너무 뜨거우면 오믈렛이 너무 빠르게 응고되고 주름이 생기므로 주의한다.

7 포크의 등을 이용하여 계란을 잘 섞어가며 익힌다.

8 일부 전문가들은 포크를 사용하지 않고 팬을 돌려가며 익히기도 한다.

9 오믈렛이 원하는 상태가 될 때까지 익힌다(반숙보다 덜 익힘 baveuse, 반숙 moelleuse, 완숙 bien cuite)

10 완벽히 매끄러운 상태의 오믈렛을 얻기 위해서는 오믈렛이 익기 전 몇 초간은 섞지 않도록 한다.

11 프라이팬을 불에서 내리고 오믈렛의 한쪽 부분을 기울여 다른 부분과 합쳐준다.

12 포크를 이용해 살짝 둥근 형태를 만든다(아치형).

⑬ 손잡이 끝 쪽에서 살짝 반동을 주며 오믈렛을 손잡이의 반대쪽으로 모은다. 이렇게 해주면 오믈렛은 자연스럽게 말리며 이동한다.

⑭ 포크를 이용하여 모양을 잡아준다. 오믈렛은 살짝 가로로 긴 형태가 되어야 한다.

⑮ 오믈렛의 가장자리를 중심으로 모으며 모양을 둥글게 한다.

⑯ 버터를 바른 접시 위에 오믈렛을 뒤집어 놓는다.

⑰ 팬의 가장자리에 닿지 않도록 접시를 기울여 옮겨 담는다.

⑱ 필요에 따라 종이타월로 모양을 정리한다. 정제버터를 붓칠하여 광택을 내준다.

완성한 결과 : 계란은 거의 익히지만 오믈렛은 부드러운 상태여야 하고 가볍게 색이 날 수도 있다(황금색). 오믈렛은 둥글게 말린 상태가 되야 하고, 속을 채우거나 납작한 상태로 제공할 수 있다.

활용법

- 일반 오믈렛(Omelette nature.)
- 허브 오믈렛(Omelette aux fines herbes.)
- 버섯 오믈렛(Omelette aux champignons.)
- 햄 오믈렛(Omelette au jambon.)
- 양파 오믈렛(Omelette aux oignons.)
- 사슈르 소스를 곁들인 오믈렛(Omelette chasseur.)
- 포르투갈식 오믈렛*(Omelette portugaise.)
- 해물 오믈렛(Omelette aux fruits de mer.)

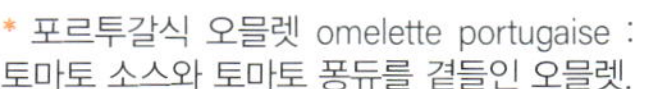

* 포르투갈식 오믈렛 omelette portugaise :
토마토 소스와 토마토 퐁듀를 곁들인 오믈렛.

계란 깨뜨리기
CASSER DES ŒUFS

계란을 깨뜨리는 것은 쉬워 보이는 직업이긴 하지만 각별한 위생적 주의가 필요하다(BPI 출판사의 《요리의 기술》 참조).

계란을 깨뜨리기 전후에는 손을 꼭 씻어야 하며 아주 깨끗한 상태의 스테인리스 도구를 사용하는 것이 좋다.

상품화된 계란은 솔질이나 세척이 되지 않은 상태이다. 깨진 계란은 세균 번식이 쉬우며 자연 살균 성분(라이소자임 : lysozyme)을 포함하고 있는 달걀흰자는 공기와의 접촉으로 효력을 잃어 계란을 더 이상 보호하지 못하게 된다. 그러므로 계란은 필요할 때 바로 깨서 사용하는 것이 좋다.

❶ 계란은 용기의 테두리를 사용하는 것보다는 작업대를 이용해 깨는 것이 좋다. 주저하지 말고 계란의 중간 부분을 깨뜨린다.(용기의 테두리에 계란을 깨뜨리게 되면 난황막이 손상돼 흰자와 노른자가 섞일 우려가 있다).

❷ 라메킨에 계란을 깨뜨려 담는다.

❸ 계란의 모양과 냄새를 확인한다.

❹ 의심이 가는 계란은 모두 버린다(냄새가 나거나 혹은 변색된 계란, 형태가 이상한 계란).

❺ 절대 손가락을 이용해 계란껍질을 깨지 않는다(계란 껍질에 있을 수 있는 살모넬라 균에 의해 추가적 감염 우려가 있다).

❻ 깨뜨린 계란은 하나씩 준비된 용기에 담는다.

계란 노른자와 흰자 분리하기
CLARIFIER DES ŒUFS

❶ 앞서 언급한 사항에 유의하며 계란을 작업대에 직접 깨뜨려 깨준다.

❷ 노른자와 흰자는 한쪽 껍질에서 다른 쪽 껍질로 여러 번 이동시켜가며 분리해준다.

❸ 껍질에 남아있는 흰자는 손가락으로 끊지 않는다.

 주의 Précautions

- 절대 손으로 계란을 분리하지 않는다(감염의 우려가 크다).

계란물로 색 내기 RÉALISER DE LA DORURE

요리를 마무리할 때, 계란물로 색을 내주면 반죽을 윤기 나고 황금빛이 돌게 한다. 《코팅 vernis》을 하는 이 과정은 요리를 더욱 먹음직스럽게 한다.

색 내기는 계란 전란을 이용하거나, 전란에 노른자를 추가, 노른자만, 전란 혹은 노른자를 추가한 후 물이나 우유를 첨가하기도 한다.

반죽에 특별한 장식을 할 경우에는 캐러멜, 커피 엑기스, 착색제 등을 노른자와 섞어 계란물을 묽게 할 수 있다. 소금이나 설탕을 넣은 우유 또한 크루아상, 브리오슈, 작은 우유빵의 색 내기에 쓰인다. 이는 빵 발효 시 반죽 표면의 건조를 막아준다.

❶ 전란에 소금 한 작은 꼬집을 넣고 섞는다(선택사항) : 1리터의 계란에 약 10g 정도의 소금

❷ 소금은 더욱 매끄럽고 좋은 색을 내는데 도움을 준다.

❸ 알끈과 작은 껍질 덩어리를 제거하기 위해 계란을 체에 거른다. 체에 걸러주는 작업은 조리용 붓을 이용하여 더욱 고르고 쉽게 발라주는 것과 같은 역할을 한다.

계란물 사용법

계란물은 사용하기 직전에 만든다. 하지만 냉장실에서 최대 24시간까지 보관이 가능하다.
계란물을 한번에 두껍게 바르면 판이나 틀에 흐를 위험이 있기 때문에 두 번 얇게 발라주는 것을 권장한다.
계란은 응고되면서 반죽이 부푸는 것을 방해하거나 틀에 붙을 위험성이 있다.

색 내기 DORER

파트 아 슈 반죽 PÂTE Â CHOUX

❶ 계란 전란에 물이나 우유를 첨가하여 계란물을 만든다.

❷ 무늬를 내고 오븐에 넣기 전에 조심스럽게 한 번만 칠한다.

Attention 주의! 판에 계란물이 흐르지 않도록 조심한다.

파트 푀이타주 반죽(두 번 색내기)
PÂTE FEUILLETÉE(Dorer en deux fois)

❶ 파트 푀이타주 반죽(페이스트리 반죽)을 휴지하기 전에 우유나 물을 넣어 묽어진 계란물을 한 번 바른다.

❷ 무늬를 내고 페이스트리 반죽을 오븐에 넣기 전에 계란 전란을 이용하여 두 번째 계란물을 바른다.

파트 아 브리오슈 반죽 PÂTE À BRIOCHE(Dorer en deux fois)

❶ 파트 아 브리오슈(브리오슈) 반죽을 발효하기 전에 우유나 물을 넣어 묽어진 계란물을 한 번 바른다.

❷ 브리오슈 반죽을 자르고 오븐에 넣기 전에 계란 전란을 이용하여 두 번째 계란물을 바른다.

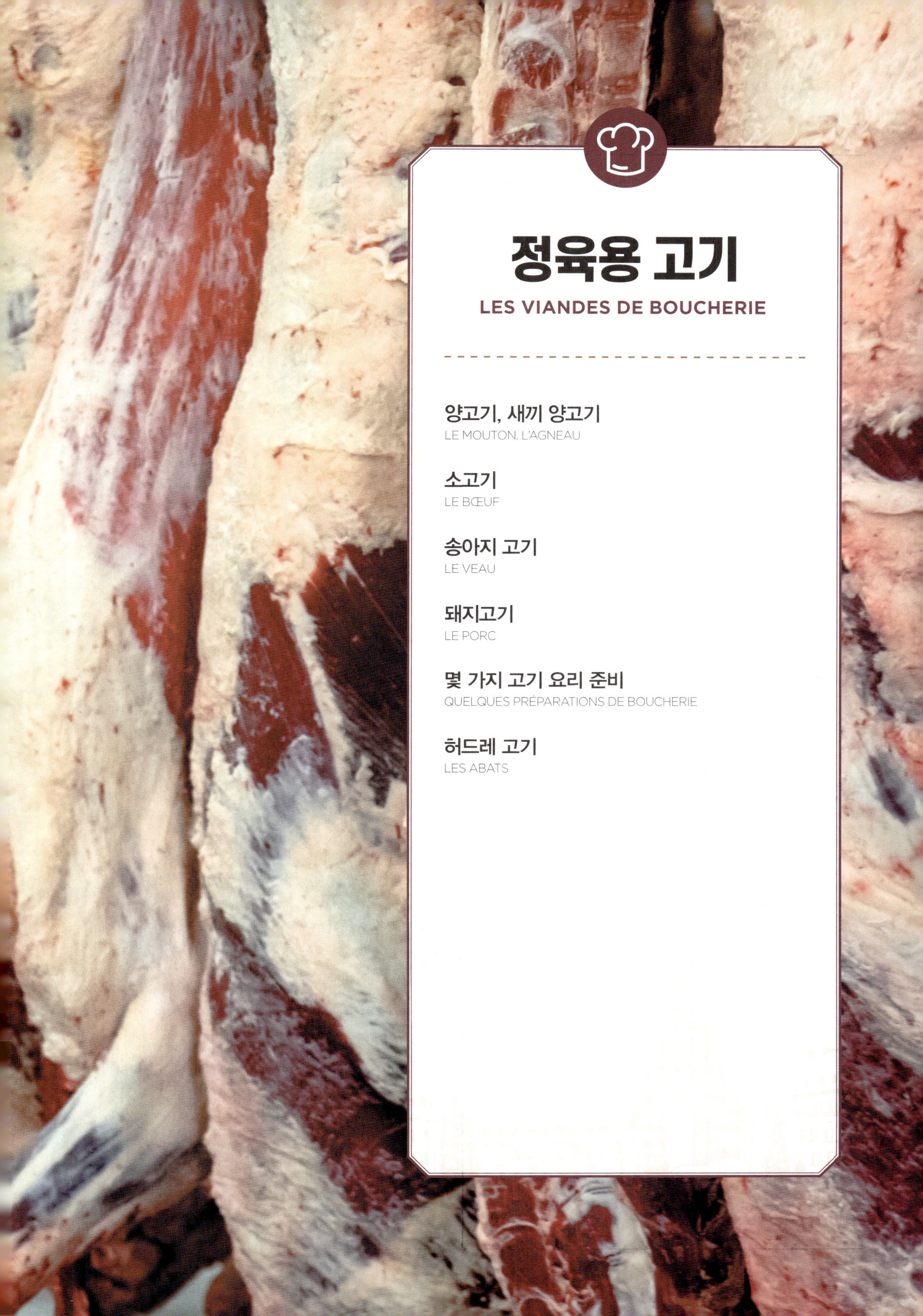

정육용 고기

LES VIANDES DE BOUCHERIE

양고기, 새끼 양고기
LE MOUTON, L'AGNEAU

소고기
LE BŒUF

송아지 고기
LE VEAU

돼지고기
LE PORC

몇 가지 고기 요리 준비
QUELQUES PRÉPARATIONS DE BOUCHERIE

허드레 고기
LES ABATS

《정육용 고기 viande de boucherie》는 식용 동물의 근육질(살)을 가리킨다. 요리에서는 소고기, 양고기, 염소고기, 돼지고기, 말고기 등에 해당한다.

일반적으로 요식업계에서는 고기의 살 색깔 등과 관련하여 정육용 고기를 다음과 같이 분류한다.

- 붉은(빨간)색 고기 Les viandes rouges : 소고기와 같은 종의 고기(암송아지 génisse, 거세한 소 babybeef, 수송아지 taurillon, 암소 vache, 젖소 vache de réforme, 황소 taureau, 들소 bison, 물소 buffles, 봉우(등에 뿔이 있는 소) zébus, 야크 yacks 등등)
- 성장한 양고기 Les ovins adultes : 거세 양고기 mouton, 암양고기 brebis, 숫양고기 bélier et cheval, 말고기(예외적 판매 대상)
- 흰색 고기 Les viandes blanches : 송아지 veau, 새끼 양고기 agneau de lait, 새끼 염소 고기 chevreau(단, 가름류 판매업자가 유통하지 않는 경우에 해당)
- 연한 분홍색 돼지고기 La viande de porc légèrement rosée : 정육점 또는 돼지고기 제품 전문점에서 판매

(BPI 출판사의 《요리의 기술 Technologie culinaire》 참조)

품질 기준 CRITÈRES QUALITATIFS

정확하게 정육용 고기의 품질(익힌 후의 점도, 맛, 풍미)을 결정하는 일, 특히 소고기의 품질을 정하는 일은 숙련된 능력을 갖춘 전문가여야 할 수 있는 매우 어려운 일이다.

포장되지 않고 덩어리 또는 근육 전체로 판매하는 생고기의 품질에 대한 평가는 다음과 같은 감각 기관에 영향을 미치는 물리적 특성에 대한 검토에 기초를 둔다.

- **외관 L'aspect** : 육중한 근육질 덩어리로 육질이 촘촘하고 묵직하며, 포동포동하며 단단하지만 손가락으로 누르면 탄력이 있다.
- **색깔 La couleur** : 소고기나 양고기의 경우, 색깔은 생기 있는 진한 빨간색으로 광택이 나고, 산화 흔적이 없으며 거무스름하거나 푸르스름하지 않은 것이 좋다. 송아지 고기의 경우, 무지갯빛이 돌며 광택이 나는 흰색이 좋다. 돼지고기는 핏물이 흘러나온 흔적이 없는 연한 분홍색이 좋다.
- **향 L'odeur** : 부드럽고 신선하며 동물의 특징적 향이 나고 너무 강하지 않으며 달콤하지도 않고 시큼하지도 않고 썩은 냄새가 나지 않는다.
- **횡단면 결의 섬세함 La finesse du grain à la coupe transversale** : 고기 근육 속 품질이 좋으며 힘줄이 짧고 표면이 우툴두툴하지 않으며 두드러져 있지 않고 건막이 많지 않아야 한다.
- **지방의 모습과 색깔 L'aspect et la couleur de la graisse** : 장기(신장) 주변에 풍부하고, 흰색이며 매우 단단하며 피하에 너무 두껍게 쌓여있지 않고 섬세한 얇은 막으로 《대리석 무늬 marbré》 또는 《지방이 고루 분포된 형태 persillé》가 좋다.

공식적 품질 평가 APPRÉCIATION DE LA QUALITÉ OFFICIELLE

도살장에서 동물의 고기 덩어리의 표면에 글자와 숫자가 찍힌 형태로 공인된 표시를 받는다.

소고기와 양고기는 2가지 품질 기준으로 채택한다.

- **외관 la conformation** : 특징에 따라 각각 E, U, R, O, P로 분류
- **살찐 정도 l'état d'engraissement** : 1~5까지의 숫자로 규정

송아지 고기의 경우, 고기 색깔에 따라 1~4로 숫자를 매긴다.

1 흰색 blanc
2 연한 분홍색 rosé clair
3 분홍색 rosé
4 빨간색 rouge

손질되거나 뼈를 발라내거나, 토막내거나, (식품용 비닐 커버로)포장하거나, 진공 포장, 또는 산소, 이산화탄소 및 질소의 농도를 규제하는 농업 저장 방법으로 포장하거나, 냉동 포장하거나, 관리가 불가능한 포장으로 되어 있는 판매용 고기에 관해서는 품질 기준이 모두 다르다.

감각 기관에 영향을 미치는 품질은 직접적으로 동물의 원산지와 관련이 있다.

- **품종** La race : 노르망디산(normande), 리무쟁산(limousine), 샤롤산(charolaise), 살레산(Salers), 앵거스산(angus), 애버딘산(Aberdeen)
- **사료** La nourriture
- **살찐 정도** L'état d'engraissement
- **나이** L'âge, **성별** le sexe
- **동물의 건강 상태** L'état de santé de l'animal
- **도살 조건** Les conditions d'abattage : 고기의 pH[1]는 도살하기 전과 진행 동안 동물이 받는 스트레스와 밀접한 관련이 있다. pH는 고기 숙성 또는 보관 기간에 매우 중요한 영향을 미친다. 고기의 pH가 5.8 이상이면 《불안한 fiéreuse》 정도이고 보관 상태가 매우 나쁘다는 것이다.
- **고기 조각의 해부학적 특성** La provenance anatomique du morceau : (고기) 부위에 따라 정한다. 뒷다리 고기와 구이용 고기 조각은 부드러운 육질로 유명하다. 앞다리 고기는 대부분 천천히 익히는 용의 고기 조각이다. 이 조각은 건막*(근육 속을 둘러싸고 있는 힘줄의 막)이 풍부하며 오랜 시간 가열하면 (콜라겐) 효소에 의해 자연스럽게 허물어진다.
- **숙성 정도** Le degré de mortification ou de maturation : 부드럽고 맛있는 소고기가 되기 위해서는 최소 8~10일 동안 엄격한 위생, 온도, 습도 등의 조건을 갖추어 숙성해야 한다.

[1] *pH《수소이온농도 지수 potentiel hydrogène》 : 제품의 산성 측정 단위. 지수 7이 중화 상태이다. 7보다 낮을 경우, 제품은 산성이고, 7보다 높을 경우, 제품은 알칼리성이다. 산성 pH는 병을 일으키는 미생물 성장을 제한한다.*
* *건막 tissus aponévrotiques : 막처럼 얇고 넓은 힘줄.*

식료품 상세정보와 관련하여, 소고기 기록*(DAB : Document d'Accompagnement Bovin)을 보면 고기 원산지를 정확하게 파악할 수 있다.
- 품종 유형 type racial(젖소 vache laitière, 홀스타인* Holstein 또는 FFPN 품종*)
- 분류 catégorie(성장한 젖소 vache adulte)
- 출생지 lieu de naissance, 사육 장소 d'élevage, 도살 장소 d'abattage
- 도살 날짜 date d'abattage

동물이 태어나고 도살된 나라가 같을 경우, 사진과 같은 로고로 표기할 수 있다.

요식업자들은 자신의 식당에서 제공하는 소고기 원산지에 대해 고객들에게 알려줄 의무가 있다.

고기의 외관과 살찐 정도를 나타내는 표			
문자	외관	숫자	살찐 정도
E	최고 supérieure	1	마름 maigre
U	매우 좋음 très bonne	2	지방이 거의 없음 ciré ou peu couvert
R	좋음 bonne	3	지방으로 조금 덮여 있음 couvert
O	괜찮음 assez bonne	4	지방이 있음 gras
P	보통 passable	5	지방이 매우 많음 très gras

고기 저장 및 보관 LE STOCKAGE ET LA CONSERVATION DE LA VIANDE

고기 저장 및 보관

VIANDE FRAÎCHE, EN CARCASSES OU EN GROS MORCEAUX RÉFRIGÉRÉS

3도에서 최대 4도까지의 냉장 보관실에 고기를 매달아 보관하며, 고기 덩어리는 충분히 분리되어 시원한 공기가 순환되고 습도가 조절되어야 한다.

숙성이 되어 있고 건막으로 덮여 보호되기 때문에 고기 덩어리는 며칠 동안 보관할 수 있지만, 하루 1%까지 수분이 증발할 수 있으므로 무게가 줄어든다는 사실에 유의한다.

손질하거나 토막 낸 냉장 생고기

VIANDE FRAÎCHE RÉFRIGÉRÉE, EN MUSCLES PARÉS OU PIÉCÉS

포장 용기에 넣어 식품용 비닐 커버로 포장한 고기를 고르는 것이 좋다. 포장된 고기는 세균학 관점에서 매우 취약하다. 그러므로 유통기한(DLC)을 철저히 살펴본다. 2도에서 보관하고 최대한 빠른 기간 내에 사용해야 한다.

진공 포장 또는 산소, 이산화탄소 및 질소 농도가 규제되는 농업 저장 방법으로 포장된 냉장 고기

VIANDE RÉFRIGÉRÉE, CONDITIONNÉE SOUS VIDE ET SOUS ATMOSPHÈRE CONTRÔLÉE

진공 포장된 고기는 종종 매우 진한 색깔로 보인다. 산소가 없으므로 색깔이 변하고, 젖산균이 생겨 고기가 숙성되어 연한 육질이 되며, 병을 일으키는 미생물 성장을 제한한다.

반면에, 공기 농도가 규제되는 저장 방법으로 포장된 경우, 효소는 더 이상 생기지 않으며 숙성도 멈춘다.

제품 포장에는 유통기한을 표기하고 보관 온도는 반드시 0도에서 최대 2도까지 유지해야 한다고 표시한다. 이 온도를 넘을 경우, 생화학적 변화가 일어날 수 있다.(부패 미생물이 생기거나, 녹색으로 변하거나, 포장 봉지가 부풀어서 개봉 시 많은 양의 가스가 분출되기도 한다.) 제품은 세균학적으로는 정상적일 수도 있지만 발효를 일으키는 미생물이 풍부하여 고기에 신 냄새나 살짝 매운 맛이 난다.

사용하기 20분 전에 미리 포장을 개봉해 고기에 산소를 공급해줄 필요가 있다. 그러면 원래 색깔을 되찾고 《진공 포장 sous-vide》의 냄새와 맛이 없어진다. 개봉한 고기는 《식품용 용기 bac gastro》의 랙 오븐용 그리드 위에 올려 놓고 2도 냉장 보관실에 둔 후, 즉시 조리에 사용한다.

냉동 고기

VIANDE CONGELÉE ET SURGELÉE

고기 관리 방법에 따라 (BPI 출판사의 《요리의 기술》 보관 방법 편 참조) 냉동 고기는 반드시 최소 −18도 냉동 보관실에 보관한다.

 주의 Précautions

- 고기 해동 시, 냉장 보관실에서 철제 망 위에 큰 고기 조각을 둔다. 천천히 해동하고 해동하는 동안 나오는 핏물 속에 잠기지 않아야 한다.
- 작은 고기 조각과 패티는 사전 해동 없이 준비한다.
- 익히는 시간을 1/4 줄여 핏물이 빠져 나오지 않도록 겉면을 센 불에 빠르게 익혀야 한다.
- 냉동 고기에는 최적 사용기한일(DDM)을 표기한다.

---

* 소고기 기록 Document d'Accompagnement Bovin

* 홀스타인 Holstein : 소과에 속하는 대형 젖소 품종. 네덜란드 북부가 원산지.

* FFPN 품종 Française Frisonne Pie-Noir : 네덜란드의 홀스타인에서 나온 품종.

양고기, 새끼 양고기 LE MOUTON, L'AGNEAU

양 종류에 해당하는 고기를 가리킨다. 요식업에서는 주로 어린 양이나 100일 된 어린 암양을 사용한다. 양고기는 부활절 즈음에 시장에 나온다. 무게는 40∼45kg 정도이며, 도축하면 20∼25kg의 고깃덩어리를 사용할 수 있어, 50∼55% 효율을 낸다.

대부분 양고기는 통째로나 반 마리 또는 큰 덩어리째(바롱 baron*, 셀 앙글레즈 selle anglaise*, 나비(파피용 papillon*) 등의 형태로 판매한다. 양고기를 손질 (부위별로 절단)하는 것은 쉽고, 모든 부위를 활용할 수 있다.

프랑스에서 양의 수가 가장 많은 곳은 프랑스 중서부 지역이다. 적응력이 매우 좋은 양은 품종에 따라 특별한 용도에 맞춰 사육된다.

- 고기 생산 : 우수한 정육용 고기를 위한 품종(코탕탱 Cotentin, 아브랑생 Avranchin, 샤롤레 Charolais, 오르에캉팡 Aure et Campan, 비제 Bizet, 방데앙 Vendéen)
- 우유 생산 : 치즈와 요구르트의 생산(로크포르 Roquefort, 오소이라티 Ossau–Irati, 바스크 치즈 tomme basque, 브로추 brocciu, 페타 féta, 리코타 ricotta, 라꼰느 우유 Lacaune lait, 코르시카 암양 치즈 brebis corses, 바스코 베어네이즈 Basco–béarnaises, 마넥 Manech)…
- 양모 생산 : 아를 메리노(Mérinosd'Arles), 헝부이에(Rambouillet)

교배종은 고품질 고기, 양모, 우유를 생산하는 데 매우 훌륭한 능력을 보여준다. 텍셀 Texel, 도싯 다운 Dorset Down, 햄프셔 Hampshire, 일드프랑스 île–de–France, 톤에마토드 Thones et Marthod 등이 있다.

품종에 따른 특징이 어떻든 모든 품종의 양은 정육용 고기로 사용한다. 고기 선택에 특별한 주의를 기울이며 고기의 상세정보에 유의해야 한다.

(BPI 출판사의 《요리의 기술》 참조)

통째로 된 새끼 양고기 자르기
DÉCOUPER L'AGNEAU ENTIER

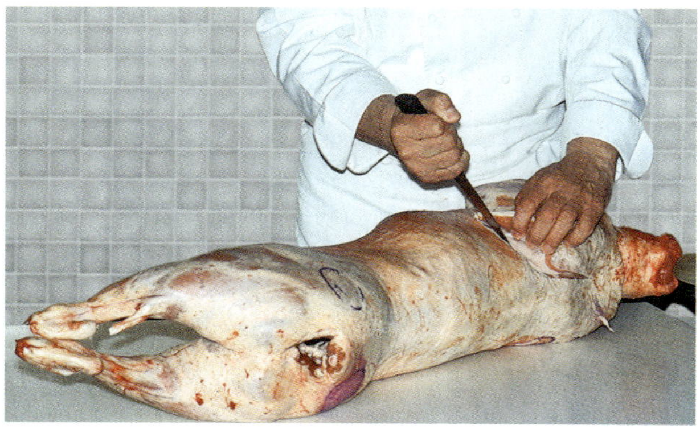

어깨 자르기 Délimiter l'emplacement de l'épaule

새끼 양고기의 견갑골을 에워싸며 상박골과 척골 관절 부분에 손 넓이로 아치를 그리며 자른다.

---

* 바롱 baron : 양의 셀 앙글레즈(selle anglaise, 볼기등심)와 두 개의 넓적다리(gigot) 부분을 포함하는 부위

* 셀 앙글레즈 selle anglaise : 양의 허리 부분 양쪽 등심과 안심이 붙어 있는 부위

* 파피용 papillon : 파피용은 고기를 나비 모양으로 펼쳐서 얇고 넓게 만든 형태를 말한다. 예를 들면 양의 다리나 허벅지의 뼈를 제거하고 펼쳐 굽게 좋게 손질한 것.

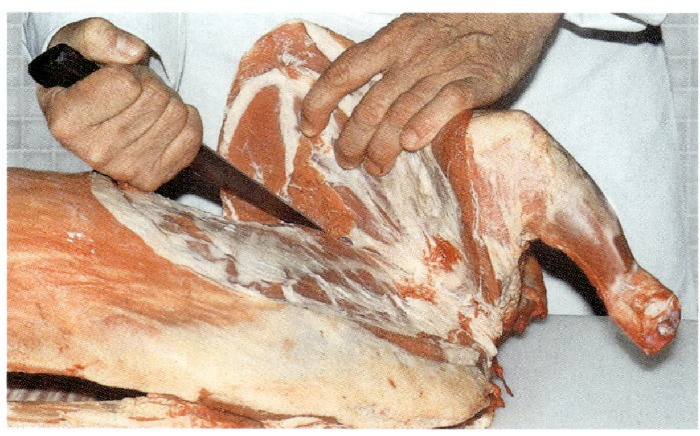

어깨 떼어내기 Lever l'épaule

❶ 어깨를 몸통에 고정시키는 막을 자르며 어깨를 내 쪽으로 당긴다.

❷ 관절이 없으므로 어깨가 쉽게 떨어진다.

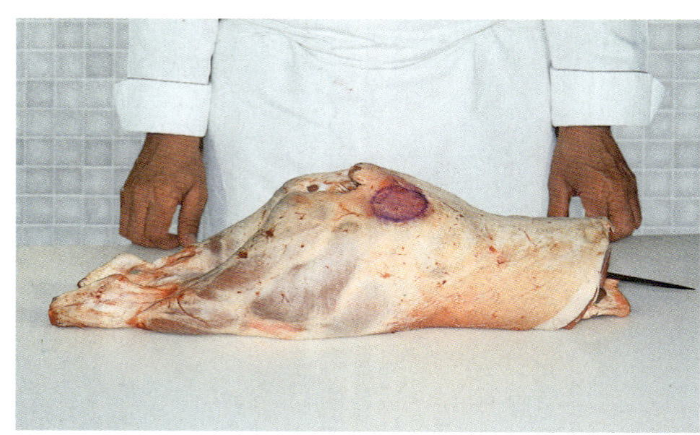

새끼 양 바롱* Le baron d'agneau

이 부분은 두 넓적다리와 셀 앙글레즈로 이루어진다. 이 고기는 25∼30 인분을 위한 것이다.

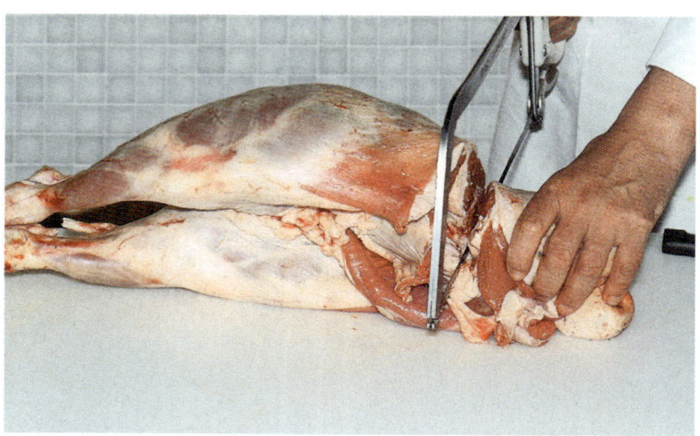

셀 앙글레즈 분리하기 Séparer la selle anglaise

❶ 첫 번째 허리뼈 근처를 칼로 자른다.

❷ 정육용 톱으로 척추 자르기를 마무리한다.

❸ 셀 앙글레즈는 6개 허리뼈에 해당한다.

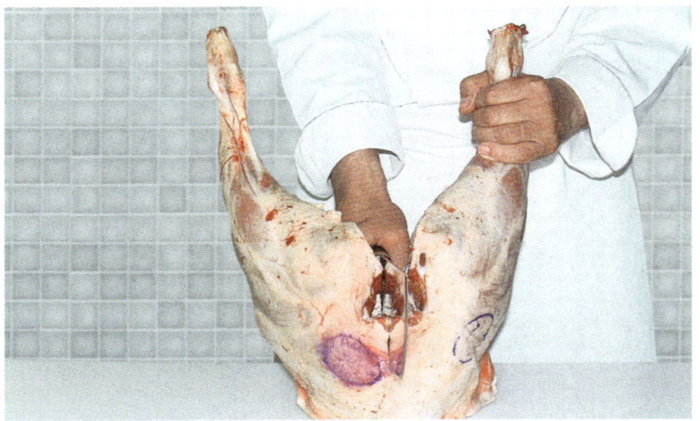

두 넓적다리 분리하기 Séparer les deux gigots(le double)

❶ 꼬리 끝부분을 자른다.

❷ 미트 클레버로 척추 중앙 부분을 자른다.

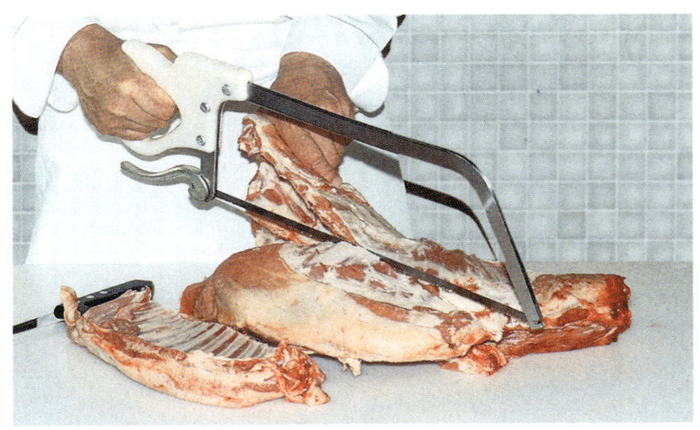

등심에서 가슴살 분리하기 Séparer la poitrine des carrés

목살에서 첫 갈비뼈까지 한 줄로 흉곽 뼈를 톱질한다.

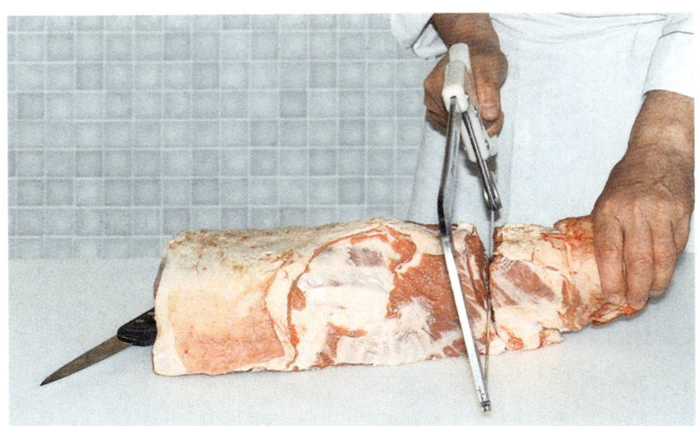

목살 자르기 Couper le collier(ou collet)

돌출된 마지막 갈비뼈 높이에서 톱질한다.

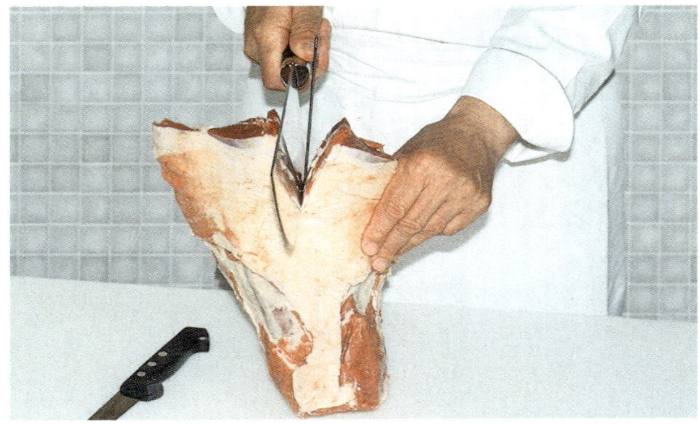

등심 분리하기 Séparer les carrés

❶ 약 30cm 정도 길이의 꼬챙이(비계 끼우는 꼬챙이)를 척추 골(척수)이 관통하는 척추 관에 깊이 찔러 넣는다.

❷ 미트 클레버로 꼬챙이를 따라가며 자른다.

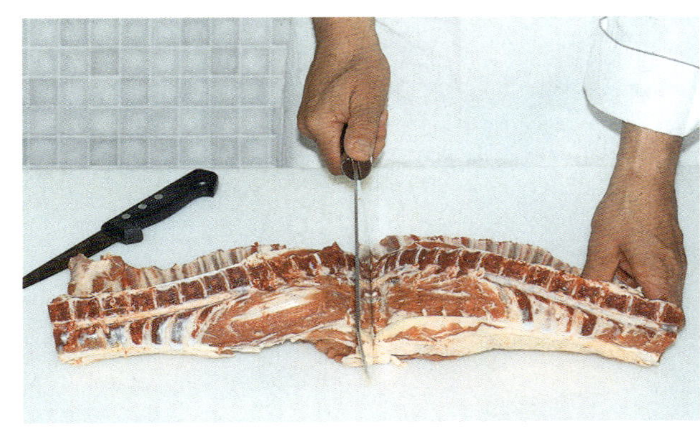

등심 분리 마무리하기 Terminer les carrés

척추 중앙을 잘 따라가며 쪼갠다.

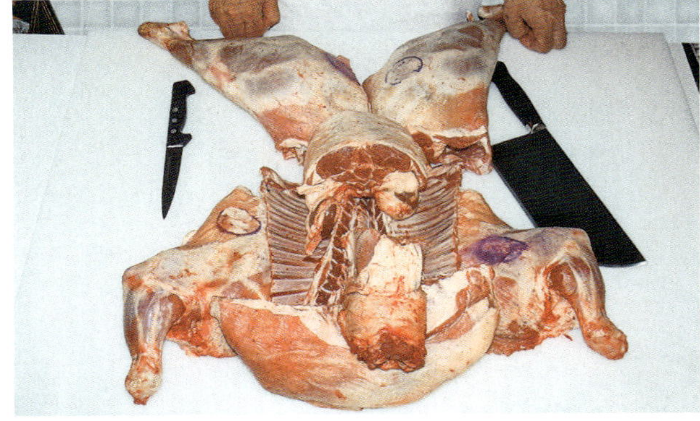

부위별로 잘린 새끼 양고기 L'agneau découpé

잘린 부위별 고기 조각은 각각 분리하여 준비한다.

넓적다리 고기 준비하기 PRÉPARER LE GIGOT

새끼 양고기 허벅지는 《넓적다리 gigot》라고 부른다. 무게는 2.6kg에서 3kg 사이이며, 10~14인분의 양이다. 요리에서는 주로 《셀 드 지고 selle de gigot》* 와 함께 조리한다.

넓적다리 엉덩이 살코기는 잘라 분리할 수 있고, 《짧아진 넓적다리 gigot raccourci》라고 부르며, 8~10인분의 양이다.

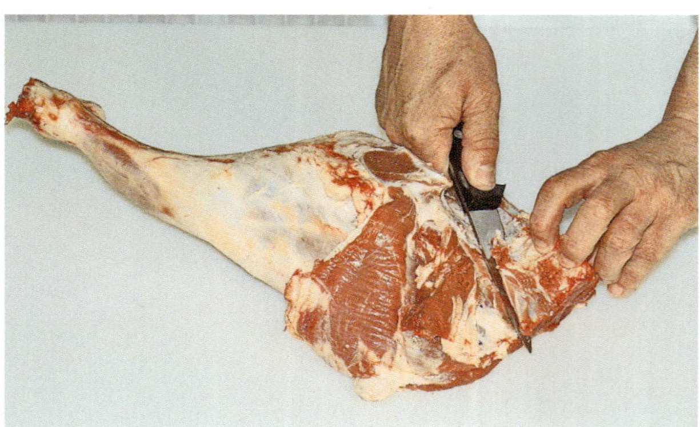

꼬리 제거하기 Éliminer la queue(si présente)

허벅지 뼈 아래 부분을 칼날의 편편한 부분으로 누른다. 칼날을 살짝 들어올리며 꼬리뼈 관절 아래로 밀어 넣는다. 자르고 꼬리를 완전히 분리시킨다.

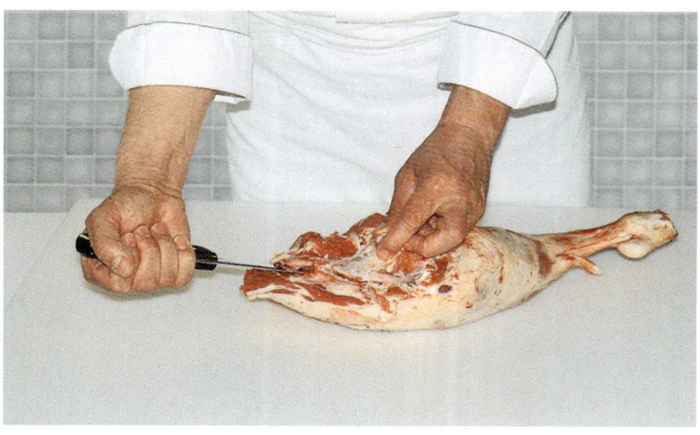

허벅지 뼈 에둘러 자르기 Contourner l'os du quasi

❶ 요도를 조심스럽게 제거하고 허리 윗부분 고기(안심)를 분리되지 않게 자른다.

❷ 허벅지 뼈를 덮고 있는 살을 꼬리 쪽에서 시작하며 조심스럽게 자른다.

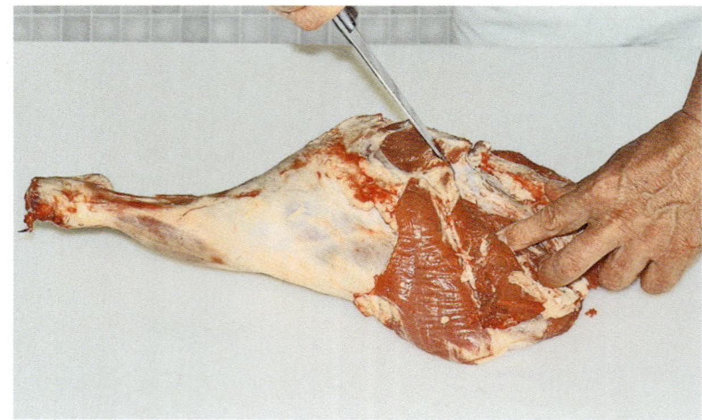

❸ 최대한 깔끔하게 허벅지 뼈를 제거한다.

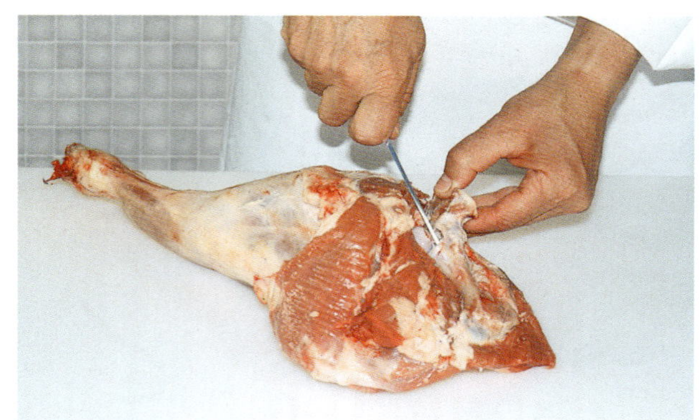

대퇴골과 관절 자르기 Sectionner la jointure avec le fémur

허벅지 뼈 부분을 비틀어주며 대퇴골과 관절 힘줄을 자른다.

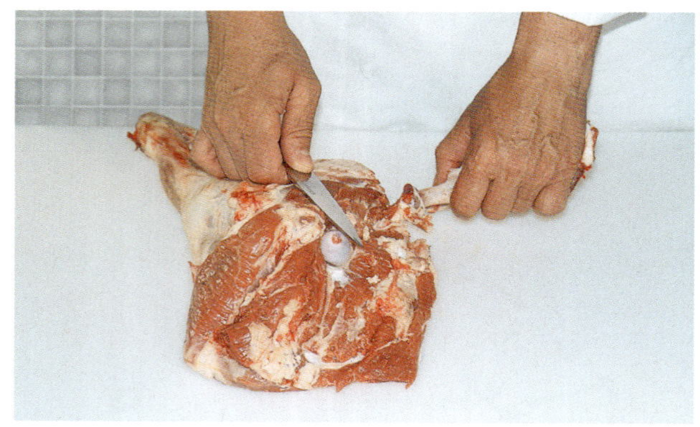

허벅지 뼈 제거하기 Éliminer l'os du quasi

뼈를 밖으로 당겨주며 뽑아낼 수 있도록 아래 부분 연골을 자른다.

---

* 셀 드 지고 selle de gigot : 양의 넓적다리 부위

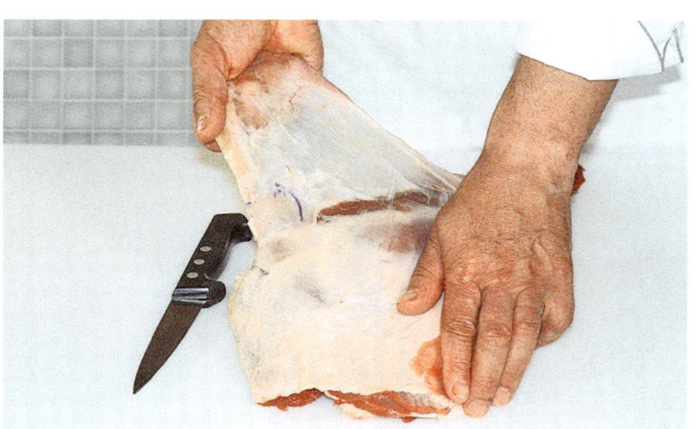

양고기 껍질 제거하기(처음에 제거 가능)
Ôter la peau parcheminée(elle peut être retirée en premier)

❶ 껍질을 잡을 수 있도록 넓적다리 가장 자리 지방을 조금 자른다.

❷ 왼손으로 넓적다리를 고정시키고 조심해서 껍질을 당긴다.

❸ 살이 거의 떨어질 정도로 껍질을 제거한다.

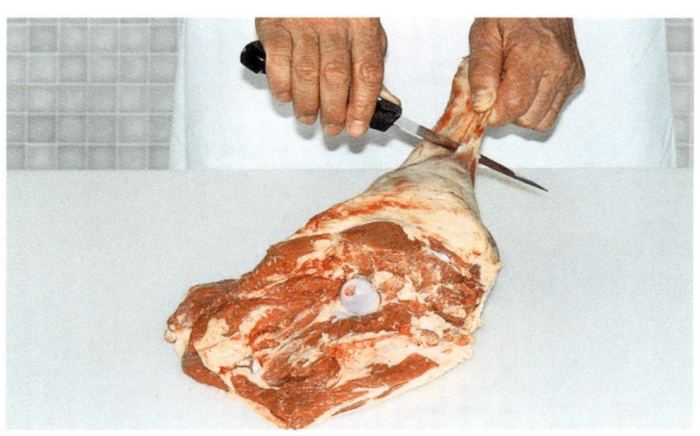

넓적다리 고기 힘줄 제거하기 Dégager le manche

넓적다리 윗부분까지 뼈를 따라 올라가며 힘줄을 골라 자른다.(힘줄을 익히면 질겨진다.)

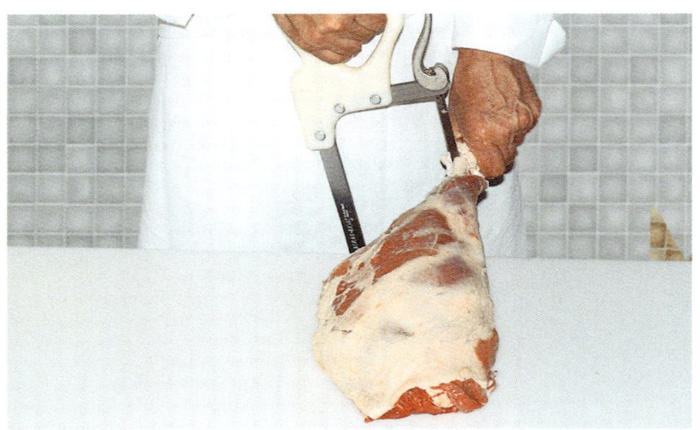

넓적다리 뼈 끝 손질하기 Manchonner le gigot

❶ 넓적다리 살이 많은 부분에서 3~4cm 떨어진 끝부분을 자른 후 뼈 부분을 조심스럽게 긁는다.

❷ 뼈 끝을 정육용 톱으로 자른다.

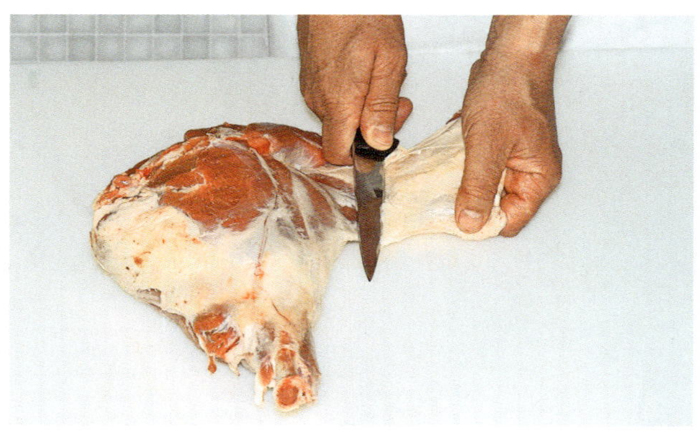

넓적다리 기름 제거하기 Dégraisser le gigot

넓적다리 안쪽 기름막을 제거한다.

넓적다리 끈으로 묶기 Ficeler le gigot

넓적다리가 모양을 유지하며 잘 익을 수 있도록 끈으로 묶는다.

넓적다리의 지방과 껍질을 제거하고 손질을 시작할 수도 있다. 껍질 벗기는 것을 잊고 고기를 익히는 경우 강하고 불쾌한 냄새가 난다.

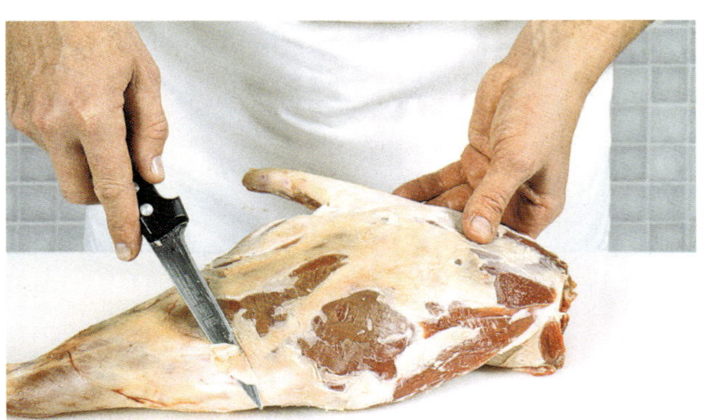

❶ 양고기 껍질을 제거하고 부분적으로 지방을 떼어주며 손질한다.

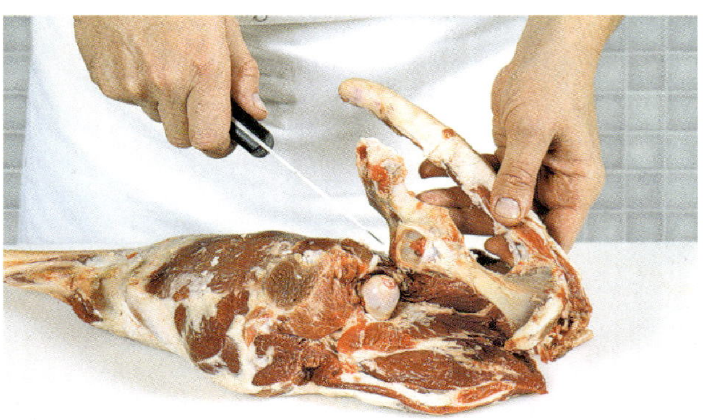

❷ 허벅지와 꼬리에서 뼈를 분리하여 제거한다.

❸ 정강이 살을 손질하고 뼈 끝을 자른다.

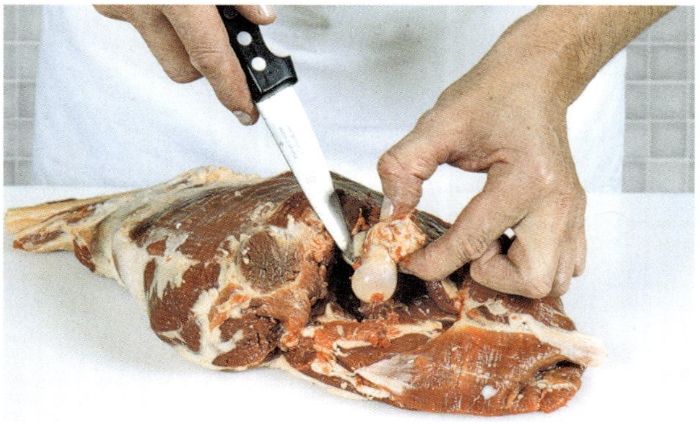

❹ 넓적다리 뼈 끝부분을 세심하게 손질한다.

❺ 뼈 둘레를 《완전히 à blanc》 돌아가며 손질한다.

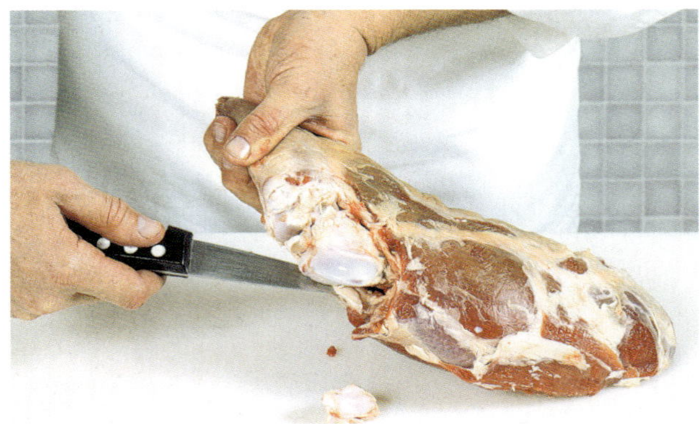

❻ 넓적다리를 뒤집어 무릎 관절 힘줄을 자른다.

❼ 슬개골(무릎뼈)과 두 번째 대퇴골을 제거한다.

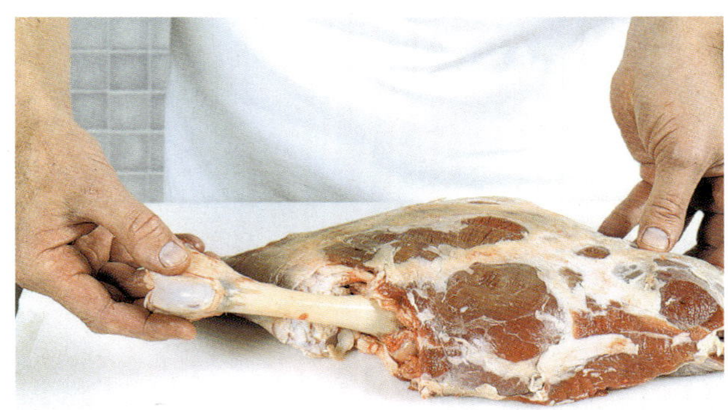

❽ 뼈를 살짝 비틀어주며 빼낸다.

❾ 앞에서 했던 방법처럼 넓적다리를 끈으로 묶는다.

양고기 어깨 뼈 발라내기
DÉSOSSER UNE ÉPAULE D'AGNEAU

양고기 어깨살의 무게는 1.6kg~2kg 정도이다. 어깨살은 뼈를 발라내지 않고 그대로 요리할 수 있다. 뼈를 발라내면 여러 조각으로 잘라 스튜 요리에 사용할 수 있다.(나바랭 navarins : 양고기 스튜) 끈으로 묶어 돌려주며 굽거나 소량의 액체를 넣고 약한 불에 오래 익힐 수도 있다. 어깨 부위 하나로 6명에서 8명에게 제공할 수 있다.

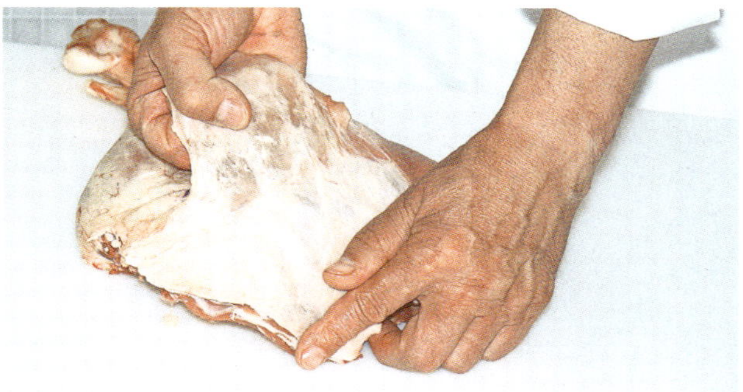

껍질 제거하기 Ôter la peau parcheminée

❶ 넓적다리와 마찬가지 방법으로 견갑골 부분에서 시작하며 껍질을 벗긴다.

❷ 살이 거의 떨어질 정도로 껍질을 떼낸다.

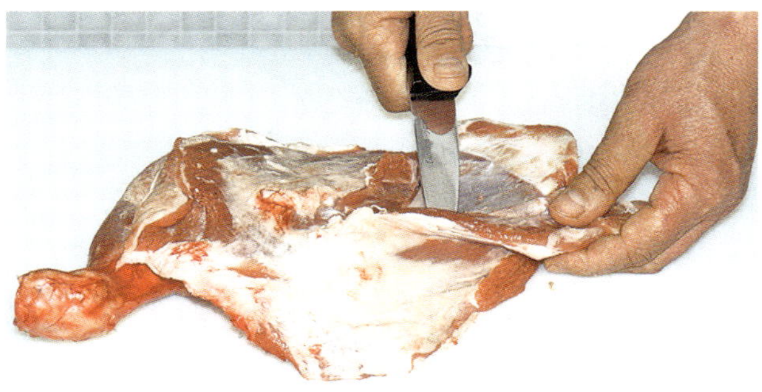

견갑골 제거하기 Éliminer la palette(omoplate)

❶ 견갑골에서 살을 벗겨낸다.

❷ 양쪽 살을 꼼꼼하게 발라낸다.

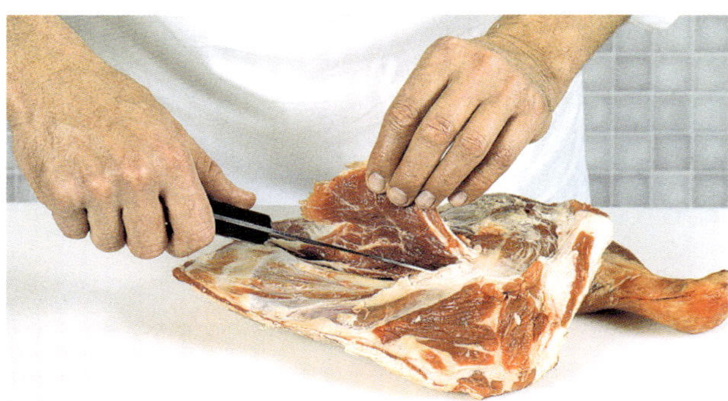

❸ 견갑골 아래쪽으로 칼날을 통과시켜 뼈 아래쪽 살을 분리한다. 고기를 팽팽하게 당기기 위해 힘을 주며 작업하면 쉽다.

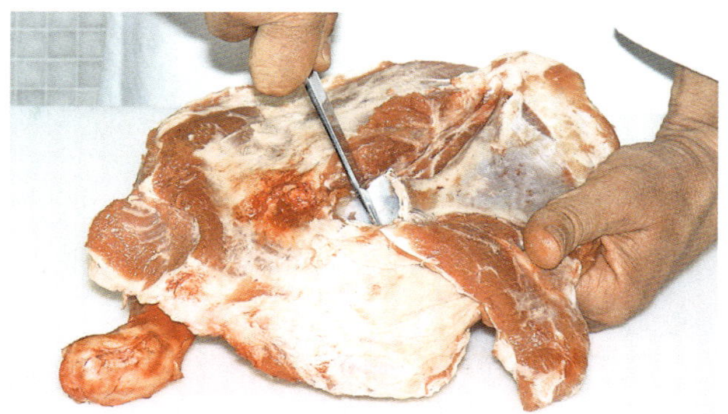

❹ 관절 부분이 나오도록 견갑골 부분을 구부리고 상박골 힘줄을 자른다.

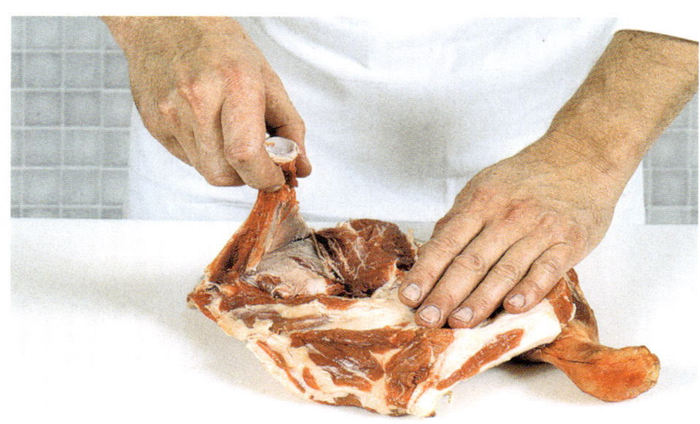

❺ 손으로 어깨살을 단단히 잡는다.

❻ 견갑골을 밖으로 당겨주며 뽑아낸다.

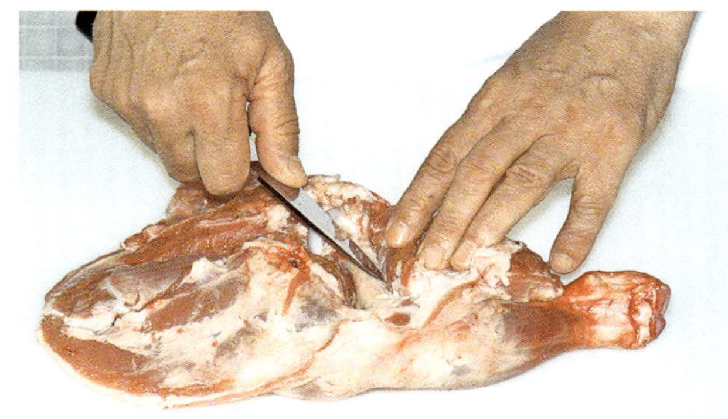

상박골과 척골 제거하기 Éliminer l'humérus et le cubitus

❶ 상박골을 따라 절개한다. 뼈에 붙어 있는 살을 긁어내고 척골과 연결된 관절까지 뼈를 발라낸다.

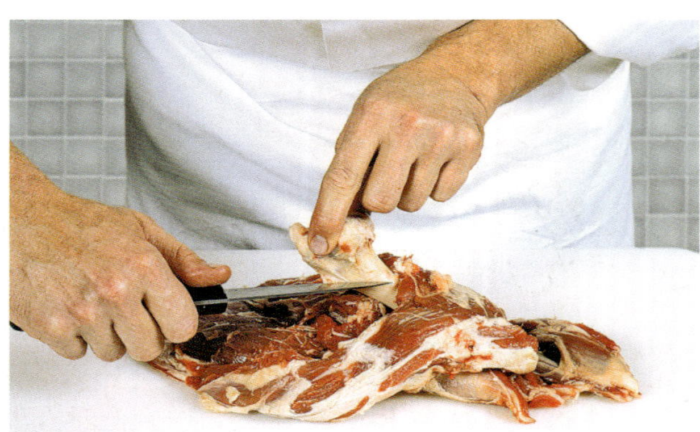

❷ 척골 부분에 같은 작업을 반복한다.

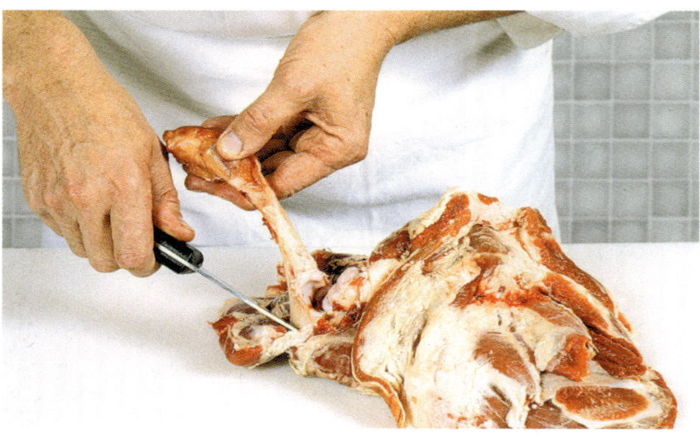

❸ 뼈를 관절 부분에서 접는다.

❹ 뼈 전체를 붙잡고 척골의 《종골 l'ergot》을 따라 살을 잘라주며 뼈를 제거한다.

어깨살 끈으로 묶기 Ficeler l'épaule

❶ 어깨살 안쪽으로 관절 부위 살을 넣어준다.

❷ 돌돌 말아준다.(《메론 melon》처럼 끈으로 묶을 수 있다)

❸ 단단히 끈으로 묶는다.

양갈비 준비하기
PRÉPARER UN CARRÉ D'AGNEAU

양갈비는 최고급 갈비뼈 5개와 2등급 갈비뼈 3개로 구성되어 있다. 무게는 0.8kg~1.2kg 사이이며, 일반적으로 4인분의 양이다.

견갑골의 연골을 제거한다.

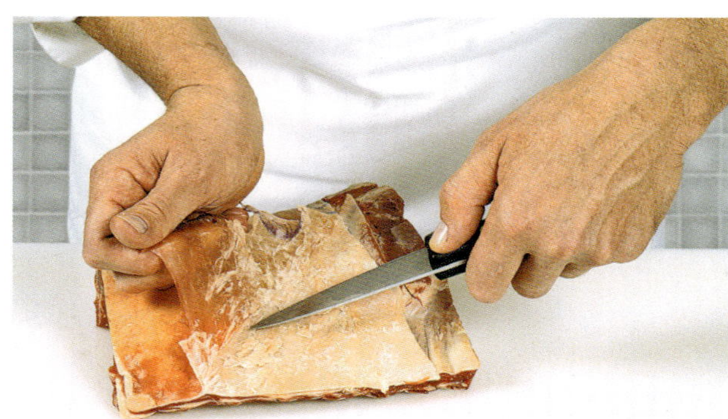

껍질 제거하기 Ôter la peau parcheminée

❶ 갈비뼈 위 껍질을 칼로 살짝 떼낸다.

❷ 껍질을 손으로 단단히 잡고 돌려주며 뜯어낸다.

❸ 등심 윗부분의 지방을 부분적으로 제거한다. 최대 5mm 지방은 남겨둔다.

등심 갈비뼈 손질하기 Manchonner le carré

❶ 갈비뼈 끝부분을 덮고 있는 껍질을 2cm 자른다.

❷ 갈비뼈 끝부분을 손질을 위해 반대쪽 뼈를 긁어낸다.

❸ 뼈 주위 살을 깔끔하게 손질한다.

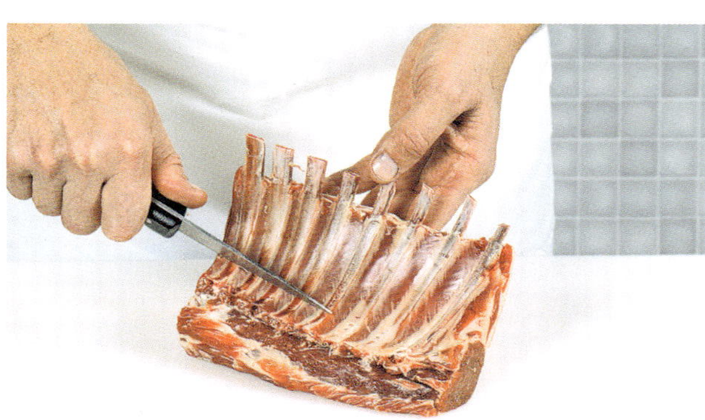

척추뼈 분리하기 Désarticuler les vertèbres

칼 끝을 갈비뼈 아래 쪽에 넣어 척추뼈에서 갈비뼈가 분리되도록 관절 부분을 둘러싸며 자른다.

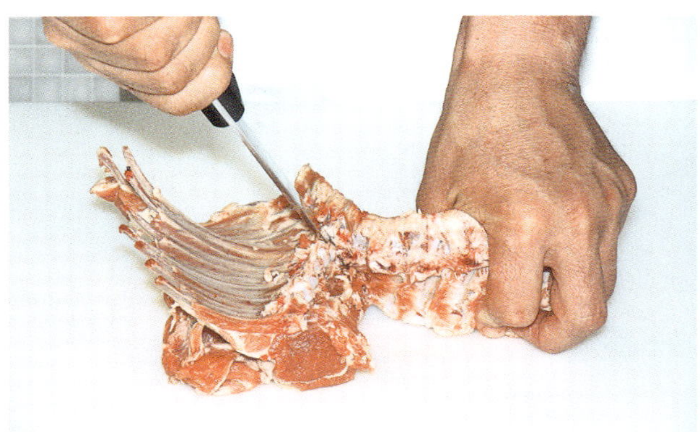

척추골 제거하기 Éliminer la colonne vertébrale

척추 주변을 하나씩 칼로 돌리며 살점이 뼈에 남지 않도록 뼈를 따라 잘 긁어주며 척추골을 제거한다.

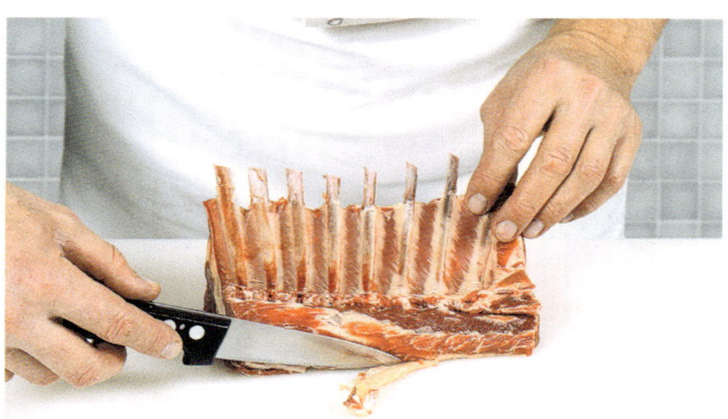

등쪽 힘줄 제거하기 Éliminer le nerf dorsal

❶ 끝부분 힘줄을 제거한다.

❷ 등심을 따라 힘줄을 자르며 손질한다.(힘줄은 가열하면 질겨지고 양갈비 모양을 변형시킬 수 있다.)

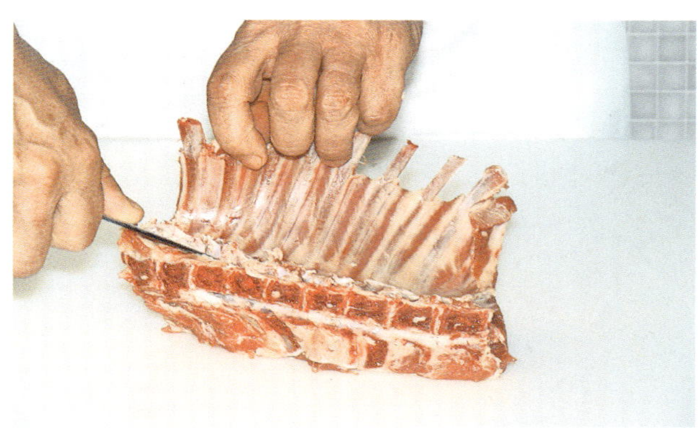

등심 안쪽 갈비뼈를 따라 건막을 긁어 제거한다.

다른 방법 Autre méthode

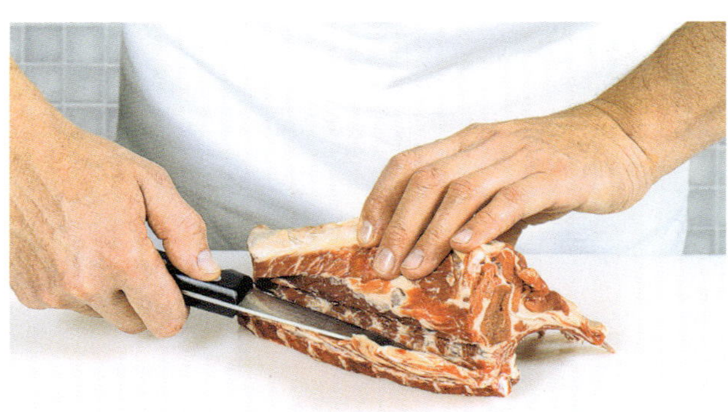

갈비뼈 관절 부분까지 척추뼈 절반을 자르고 도마 위에 평평하게 등심을 둔다.

척추뼈 절반을 절단하여 제거하기
Sectionner et éliminer les demi vertèbres

❶ 도마 가장자리 부분에 등심을 평평하게 둔다. 큰 칼 또는 미트 클레버로 뼈를 한번에 절단한다.

❷ 오븐구이 소스 jus de rôti에 사용할 수 있도록 뼈와 뼈를 다듬은 부스러기를 모아둔다.

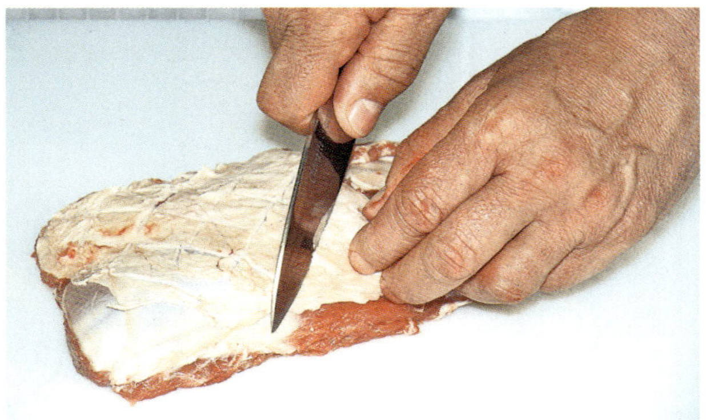

지방에 칼집 넣기 Inciser la graisse(**바둑판무늬 내기** quadriller)

양념이 잘 스며들고 골고루 익힐 수 있도록 하는 선택적 방법이다. 고기에 닿지 않을 정도로 몇 mm 정도 깊이가 되도록 지방에 바둑판무늬를 넣는다.

작은 갈비 자르기 DÉTAILLER DES CÔTELETTES

일반적으로, 1인분에 2~3개의 갈비를 준비한다.

예 최고급 갈비 1개, 2등급 갈비 1개, 안심 부위의 갈비

첫 번째 방법

❶ 앞에 나온 방법대로 양갈비를 준비한다.

❷ 갈비뼈를 따라 비스듬하게 자른다.

❸ 고기망치를 사용하여 두께를 조절한다.

두 번째 방법(손질되지 않은 양갈비 carré couvert non préparé)

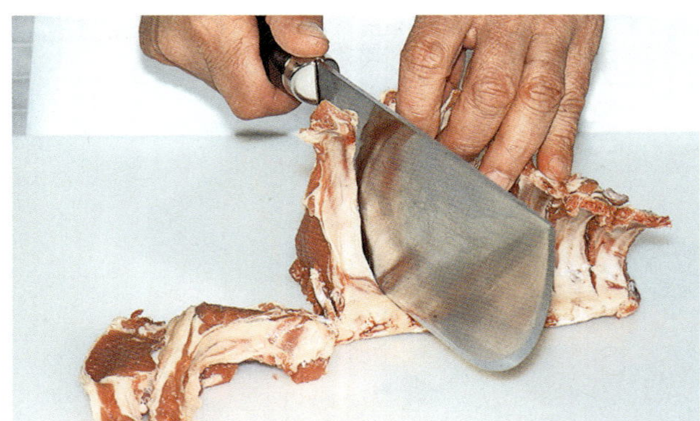

갈비 분리하기 Tailler les côtelettes

❶ 척추뼈까지 갈비를 하나씩 칼로 자른다.

❷ 미트 클레버로 끝까지 자른다.

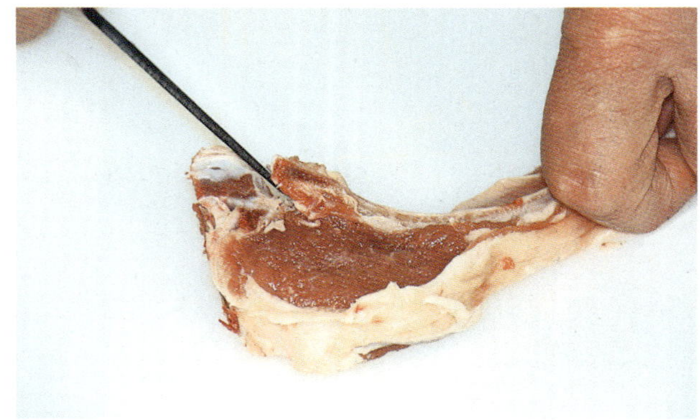

갈비 다듬기 Parer les côtelettes

❶ 척추뼈와 갈비뼈의 연결 부분을 제거한다.

❷ 칼로 척추뼈를 제거한다.

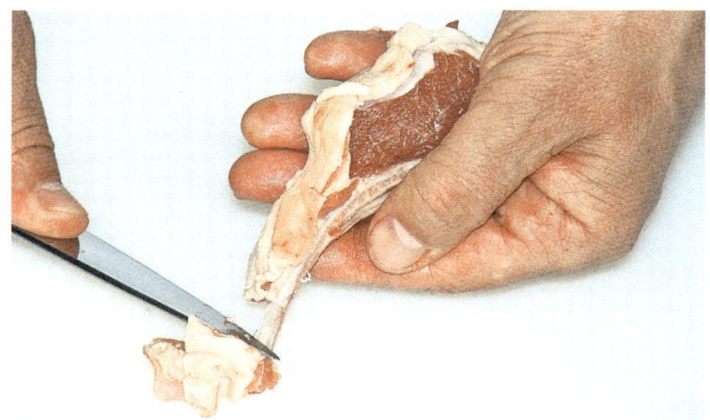

갈비뼈 끝부분 손질하기 Manchonner les côtelettes

갈비뼈 끝 부분 2cm를 뼈를 따라 살을 긁어주며 손질한다.

갈비 자르기 DÉTAILLER DES CÔTES
(돼지고기 PORC, 송아지 고기 VEAU, 소고기 BŒUF, 양고기 AGNEAU)

❶ 뼈를 따라 비스듬히 갈비를 자른다.

❷ 지방이 많은 부분을 손질한다.

❸ **등쪽 힘줄을 제거한다.**(이 과정을 빼먹으면 갈비를 익힐 때 모양이 변한다.)

❹ 갈비와 연결되는 척추뼈 반쪽을 제거한다.

❺ 뼈를 바르는 칼 또는 미트 클레버로 척추뼈를 제거한다.

갈비뼈 끝부분 손질하기 Manchonner les côtes

❶ 갈비뼈 끝 부분의 살과 지방을 제거한다.

❷ 뼈에 붙은 부분을 《깨끗하게 긁어준다 gratter à blanc》.

셀 앙글레즈 준비하기
PRÉPARER UNE SELLE ANGLAISE

《셀 앙글레즈 selle anglaise》은 요부의 6개 척추뼈에 해당한다. 무게는 1.8kg~2.2kg 사이이며, 6인분 정도를 준비할 수 있다.

파르시로 요리하면 8인분이 된다.

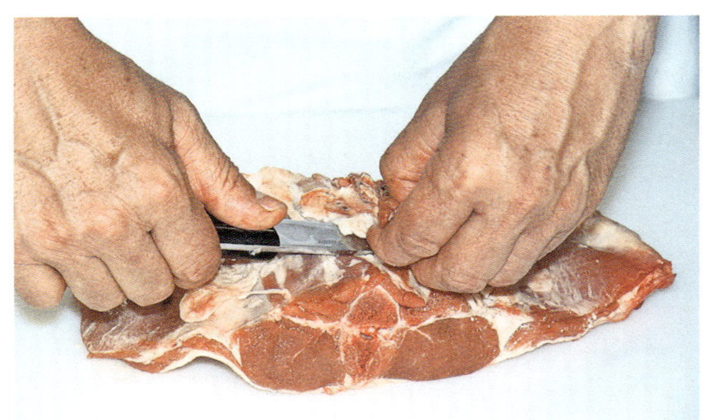

엉덩이 살 손질하기 Parer la selle

❶ 도마 위에 엉덩이 살을 뒤집어 놓는다.

❷ 안심 가장 두꺼운 부분(머리 쪽)에서 시작해 요도와 필레미뇽*을 덮고 있는 지방을 조심스럽게 제거한다.

---

* 필레미뇽 filet mignon : 안심 끝부분

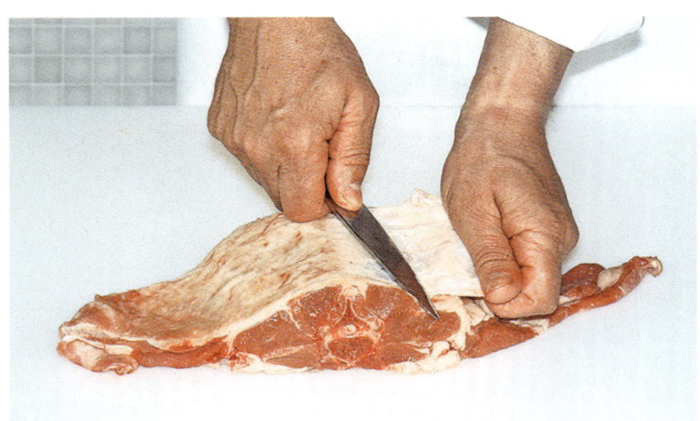

껍질 제거하기 Ôter la peau parcheminée

❶ 척추골 껍질 부분에 수직으로 칼집을 낸다.

❷ 옆으로 당기며 껍질을 벗긴다. 엉덩이 살에 지방이 별로 없다면, 칼을 사용한다.

파누플(양가죽, 껍질 지방층에 살점이 붙은 부분) 손질하기 Parer les panoufles

❶ 파누플의 두께를 줄이고 길이를 짧게 다듬는다. 고기를 딱 덮을 정도의 크기가 되어야 한다.

❷ 손질 후 남은 고기 자투리는 구이용 육수(Jus de rôti)를 만들 때 사용하도록 따로 보관한다.

파누플 두드리기 (펴기) Battre (aplatir) les panoufles

파누플 안쪽에 칼집을 낸 후, 연육용 고기망치로 두드려 부드럽게 만든다.

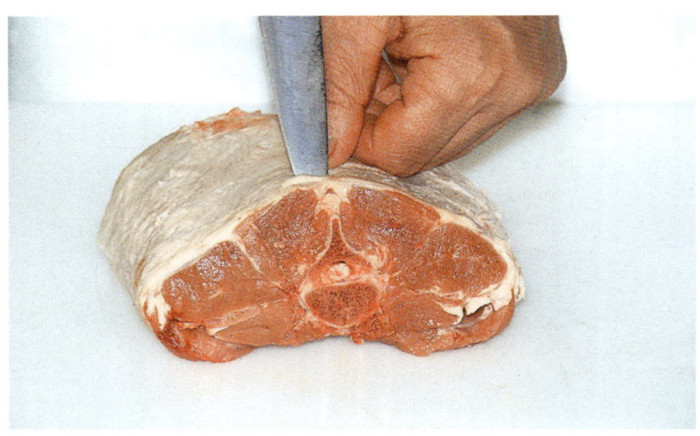

등쪽 힘줄 찌르기 Piquer le nerf dorsal

고기를 익힐 때 수축을 막기 위해 칼 끝으로 2cm마다 등쪽 힘줄을 찔러준다.

엉덩이 살 끈으로 묶기 Ficeler la selle

❶ 필레미뇽을 준비한 파누플로 두른다.

❷ 끈으로 잘 묶는다.

램찹 또는 무똥찹 자르기 TAILLER DES LAMB-CHOPS ET DES MUTTON-CHOPS

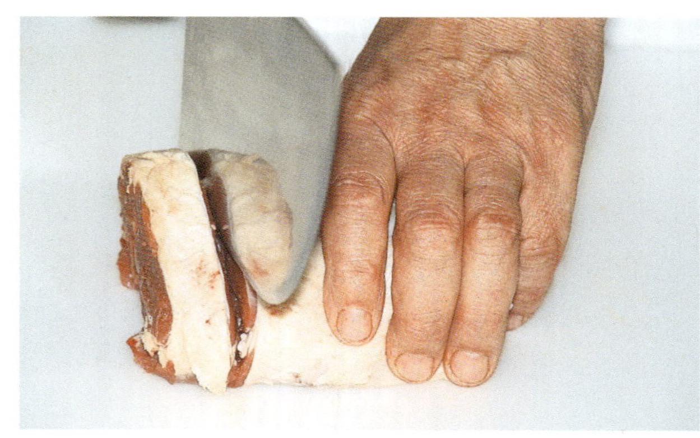

램찹(셀 앙글리즈) Le lamb-chop (tranche de selle anglaise)

❶ 앞에 나온 대로 셀 앙글리즈를 준비하되, 파누플은 고기보다 조금 길게 남겨둔다.

❷ 2개 척추뼈만큼의 셀 앙글리즈를 약 2cm로 슬라이스한다.

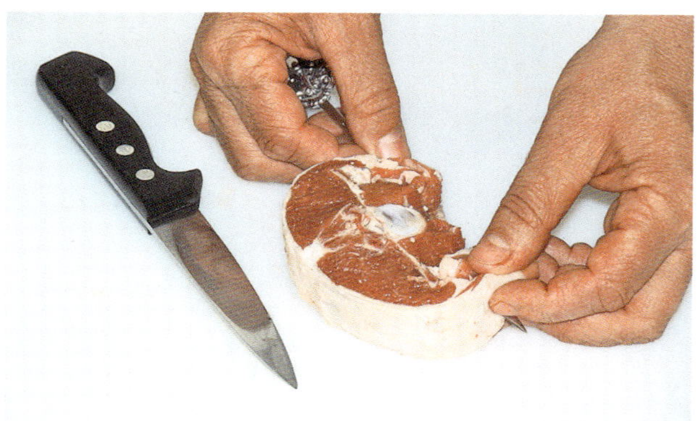

❸ 파누플을 돌돌 말아 꼬치나 꼬챙이로 고정한다.

❹ 바늘이나 꼬치를 이용하여 척수를 제거한다.

무뚱찹(안심 두께가 2배인 갈비)
Le mutton-chop(côtelette double dans le filet)

❶ 척수에 바늘 모양 꼬챙이를 꽂는다. 이 방법은 엉덩이 살을 둘로 나누는
역할을 한다.

❷ 꼬챙이를 따라가며 엉덩이 살을 둘로 쪼갠다. 2개의 안심 조각이 된다.

❸ 4～5cm 두께로 자른다.(안심 갈비뼈 2개 크기)

❹ 지방을 둘레에 감싼 후 작은 꼬챙이로 고정시킨다.

❺ 엉덩이 살, 램찹, 무뚱찹을 익힐 준비를 한다.

엉덩이 살 뼈 발라내기
DÉSOSSER UNE SELLE D'AGNEAU

뼈를 발라낸 엉덩이 살은 굽거나 파르시로 요리하거나 팬으로 굽거나
소량의 액체를 넣고 약한 불로 익혀 요리할 수 있다. 무슬린 파르시(닭고기,
송아지, 생선, 갑각류(p. 439～442 **재료 준비** Préparations de base 참조)는
송로버섯, 채소(당근, 샐러리, 펜넬, 셜롯 등등), 껍질을 깐 피스타치오 열매
등으로 만든 주사위 모양으론 썬 브뤼누아즈를 곁들여 낸다. 엉덩이 살로는
8인분을 준비할 수 있다.

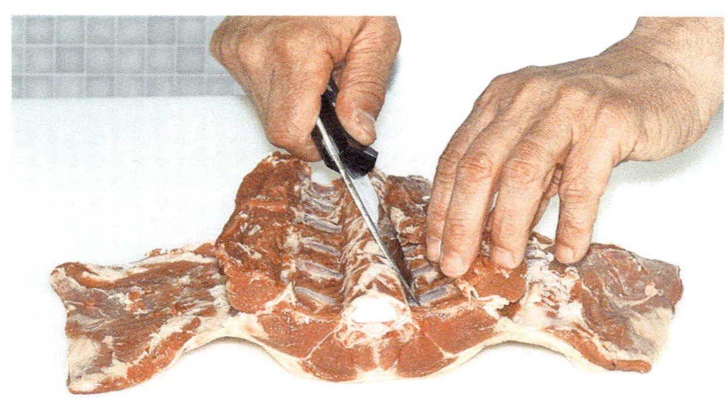

필레미뇽 만들기 Dégager les filets mignons

❶ 앞에 나온 것처럼 엉덩이 살을 손질한다.

❷ 척추골을 따라 안심을 떼낸다.

❸ 안심이 분리되지 않도록 한다.

❹ 파누플의 길이를 줄이고 잘 펴준다. 남은 부분은 조리 중 엉덩이 살을
보호하는 데 사용한다.

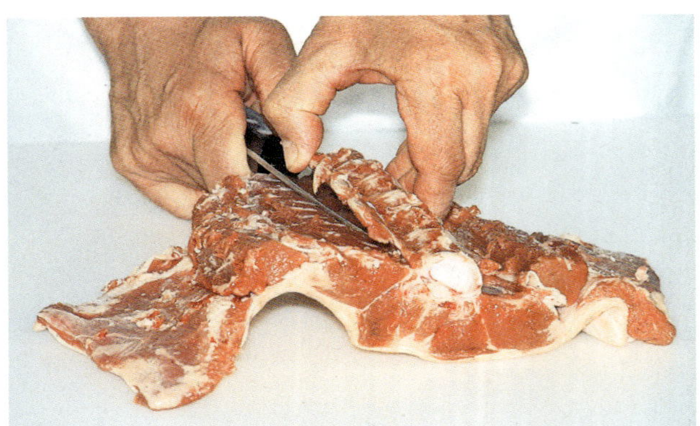

척추골 제거하기 Éliminer la colonne vertébrale

❶ 척추뼈 아래로 칼날을 넣는다.

❷ 뼈를 뒤틀어 척골까지 살을 조심스럽게 자른다.

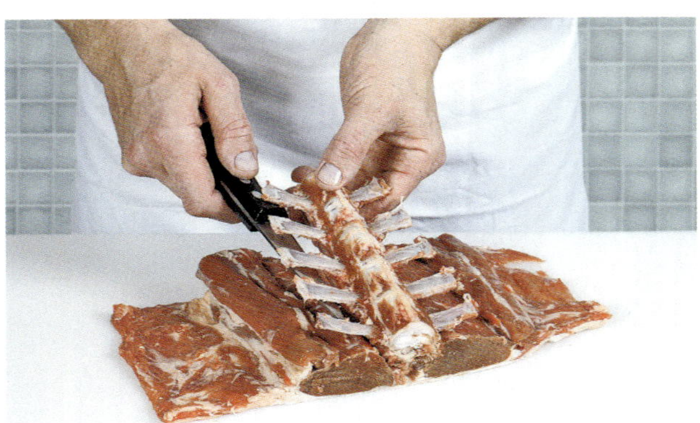

❸ 척추골에 살점이 붙어 있지 않도록 힘줄을 잘라주며 몸 쪽으로 당겨
  빼낸다.

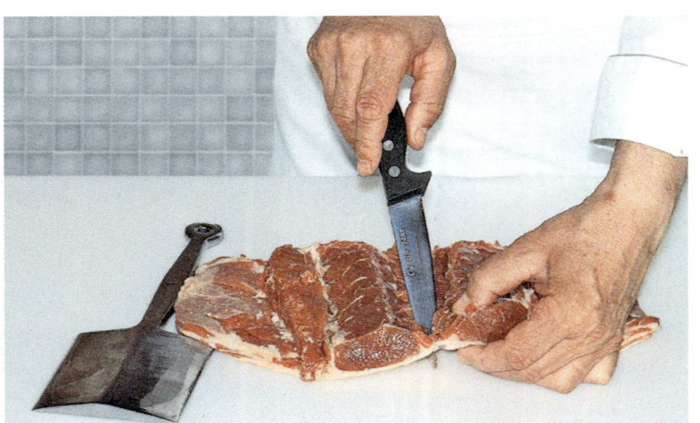

등쪽 힘줄 찌르기 Piquer le nerf dorsal

❶ 파누플에 바둑판무늬를 내거나 칼집을 낸 후 납작하게 두드린다.

❷ 익히는 동안 변형을 막기 위해 칼끝으로 2cm마다 등쪽 힘줄을 찔러준다.

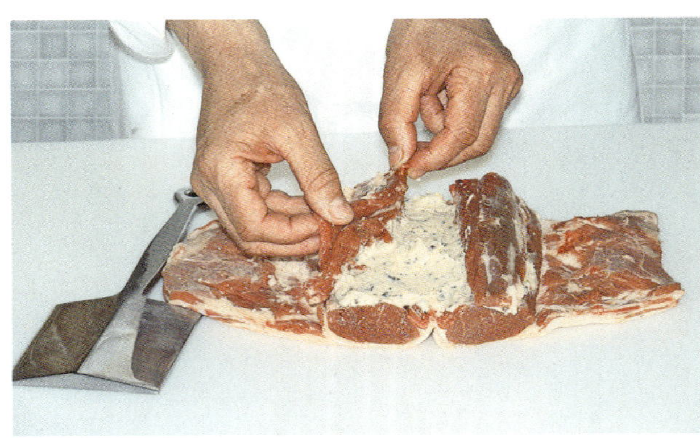

엉덩이 살 파르시 Farcir la selle

❶ 도마 위에 뼈가 제거된 엉덩이 살을 놓는다.

❷ 소금과 후추로 간을 한다.

❸ 다진 속을 한 겹 펼쳐놓는다.(다진 송로버섯을 넣은 가금류 무슬린
  파르시 참조)

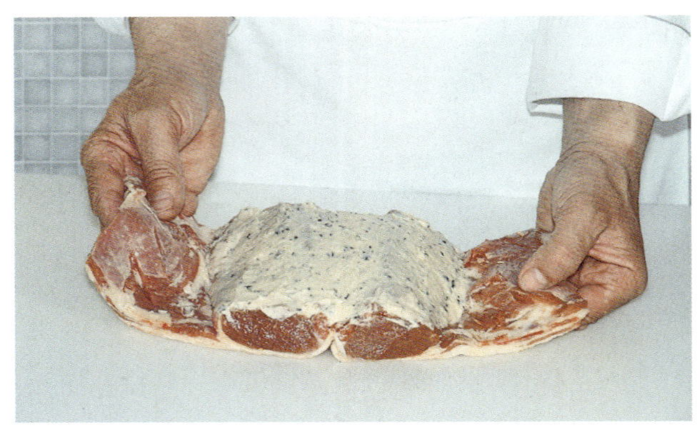

안심으로 파르시 덮기 Ramener les filets sur la farce

다진 속 남은 것을 다시 한 번 덮고 파누플으로 감싼다. 파누플이 서로
포개지지 않도록 감싼다.

엉덩이 살 끈으로 묶기 Ficeler la selle

❶ 겉면 파누플이 잘 연결되도록 엉덩이 살을 굴린다.

❷ 모양 유지를 위해 끈으로 단단히 묶는다.

❸ 찬물에 담가 놓은 돼지고기 망으로 엉덩이 살을 덮는다. 양쪽 끝부분은
  남겨둔 파누플 조각으로 덮어 보호할 수 있다.

둥글고 도톰한 덩어리로 자르기
TAILLER DES NOISETTES

양고기에 사용하는 이 방법은 큰 짐승의 고기(노루, 암사슴, 수사슴 등등)에도 똑같이 활용할 수 있다. 1인분에는 적어도 50g 고기 조각 3개가 필요하다.

안심 자르기 Détailler les filets

❶ 앞에서 한 것처럼 엉덩이 살에서 뼈를 발라낸다.

❷ 등쪽 힘줄 중앙을 잘라 안심 두 조각으로 만든다.

❸ 남은 지방을 손질하고 제거한다.

안심 힘줄 제거하기 Dénerver les filets

❶ 등쪽 힘줄을 제거한다.

❷ 돌돌 말아서 4~5cm 마다 실로 묶는다.

둥글고 도톰한 덩어리로 자르기 Tailler les noisettes

약 50g의 작은 안심 조각이 되도록 자른다.

소고기 LE BŒUF

《소고기 bœuf》는 각각 다른 시기에 도살한 소과 품종 동물을 의미한다. (풀 뜯는 어린 송아지 broutard, 거세한 어린 소 bouvillon, 암송아지 génisse, 황소 taureau, 어린 암소 jeune vache, 젖소 vache laitière, 개량 암소 vache de réforme)

고품질 고기를 위해서만 사육된 정육 품종 소는 식용 소고기의 5%에만 해당한다.

〈소고기〉라고 부르며 판매하는 고기의 대부분은 무리한 우유 생산과 부족한 영양으로 지친 젖소에서 나온다.

고기의 외관과 살찐 정도를 규정하는 유럽 기준에서 고기의 부드러운 육질은 매우 중요한 사항이다. 고기의 숙성 정도는 고품질 고기를 위해 필수적이다. (BPI 출판사의 《요리의 기술》 참조)

소고기 기록(DAB) 또는 소고기 상세 정보는 고기의 원산지를 알려준다.(원산지, 품종, 나이, 성별 등등)

도살 또는 포장 날짜를 보면, 최소 10~15일 동안 알맞은 온도와 습도를 갖춘 좋은 위생 환경에서 일어나는 고기의 숙성 정도를 대략적으로 알 수 있다.

고기 품질 기준과 특징은 이미 앞에서 설명했다.

(BPI 출판사의 《요리의 기술》 참조)

소고기 안심 준비하기
PRÉPARER UN FILET DE BŒUF

안심은 소고기 중에서 가장 부드러운 부분이다. 갈비 아래쪽에 위치한 이 근육은 움직임이 거의 없기 때문에 연하다. 무게는 동물에 따라 2.5~4kg 이며, 1인분에 180~200g을 준비한다.

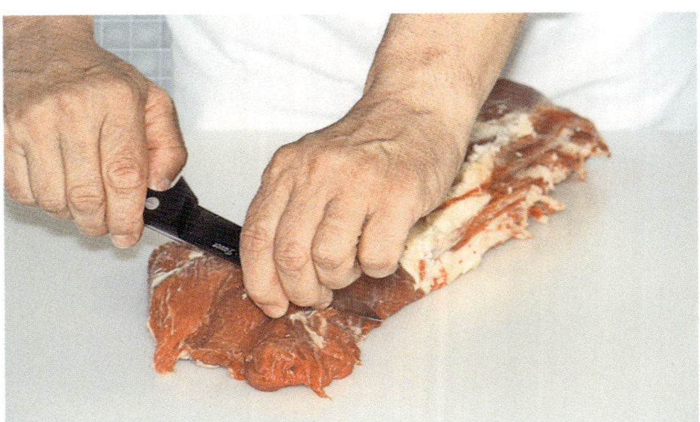

안심 윗부분 손질하기 Parer le dessus du filet

❶ 도마 위에 안심 상단 부위를 똑바로 둔다.

❷ 왼손으로 건막을 잡고 칼날을 위로 하며 자른다.

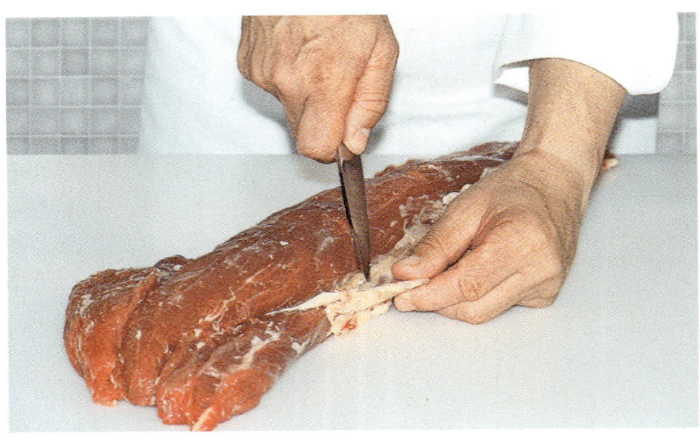

질긴 부분 제거하기 Éliminer la chaînette

❶ 안심 부위와 질긴 부분을 나눠주는 힘줄을 자른다.

❷ 질긴 부분을 제거한다. 이 부분은 손질해 볼로네즈 소스를 만들 때 사용할 수 있다.

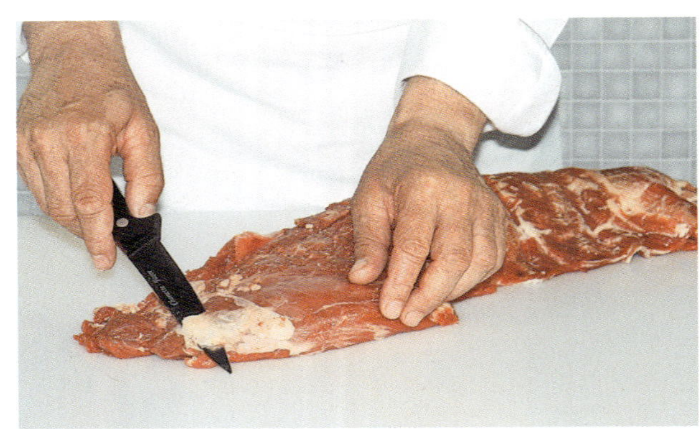

안심 아랫부분 손질하기 Parer le dessous du filet

❶ 안심을 뒤집어 세심하게 지방을 제거한다.

❷ 안심 윗부분의 건막을 떼낸다.

❸ 고기를 다듬은 부스러기는 오븐구이 소스 jus de rôti나 오븐 찜 소스 fond de poêlage를 만들기 위해 따로 보관한다.

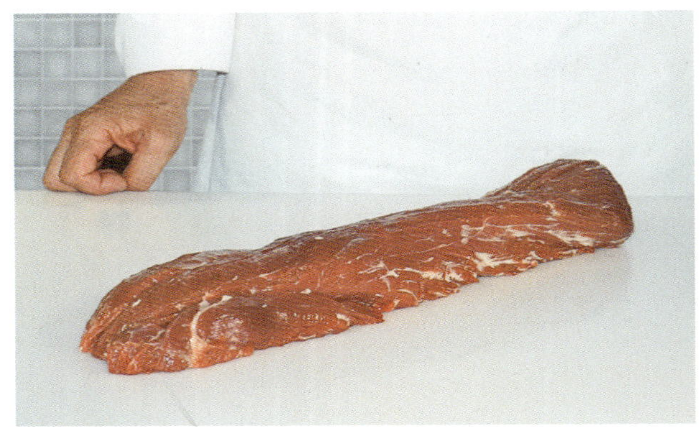

안심 완성 Filet terminé

《지방을 모두 제거해 깔끔한 상태 à vif》로 안심 손질이 끝났다. 다양한 요리법에 따라 통째로 또는 토막 내어 사용한다.

소고기 안심 자르기
DÉTAILLER UN FILET DE BŒUF

안심은 다음과 같이 세 부분으로 자른다.

– 가장 두꺼운 부분인 안심 윗부분(샤토브리앙*)

– 가장 모양이 반듯한 안심 몸통(가운데) 부분(투르느도*)

– 모양이 좁아지는 부분인 안심 끝부분(비프스테이크, 소스를 곁들인 스테이크)

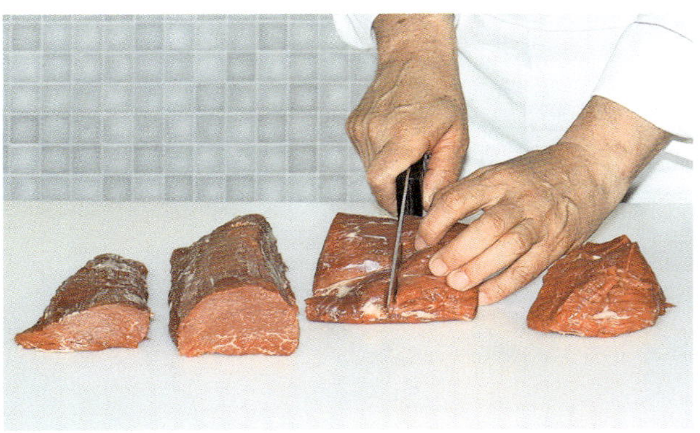

샤토브리앙 Le chateaubriand

안심 윗부분을 자르면 무게는 300~350g이다. 2인분 정도의 양이며 주로 구워서 요리한다.

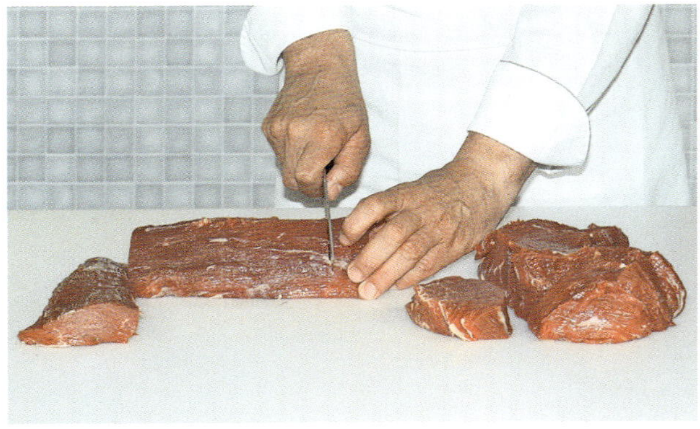

투르느도 Le tournedos

안심의 《가운데 cœur》 부분을 개별적으로 자른 조각으로 무게는 150~180g이다. 굽거나 볶아서 요리한다.

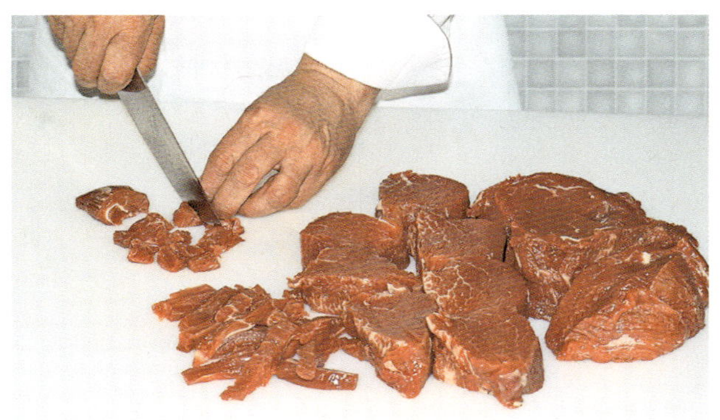

안심 끝부분 La queue du filet

❶ 가장 두툼한 부분은 5cm 길이, 2cm 폭의 일정한 막대 모양으로 썬다. 예를 들어 《비프 스트로가노프 filet Strogonoff》* 요리에 사용한다.

❷ 안심 끝부분은 볼로네즈 소스를 위해 정육면체 모양으로 자른다.

소갈비 준비하기
PRÉPARER UNE CÔTE DE BŒUF

소갈비는 《연속된 여러 개의 갈비 train de cotes》 중간에서 자르며 5개의 갈비에 해당하고, 최고급 갈비뼈 2개와 2등급 갈비뼈 3개이다. 옆에 이어지는 3개의 최고급 갈비뼈는 소고기 등심과 함께 사용한다.

연속된 갈비의 가운데 부분을 《정육점 주인의 갈비 côtes bouchères》라고 부르기도 한다.

소갈비는 주로 4인분을 위해 준비할 수 있고, 평균 무게는 1.2~1.5kg이다.

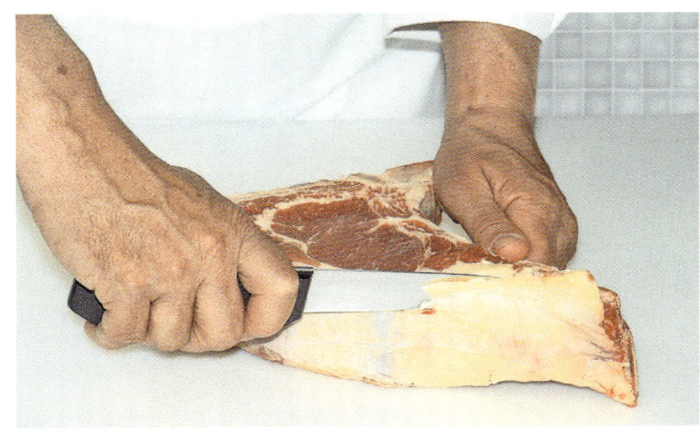

지방 제거하기 Éliminer la graisse

지방이 많은 부분을 잘라준다. 갈비 윗부분 지방을 특히 세심하게 제거한다.

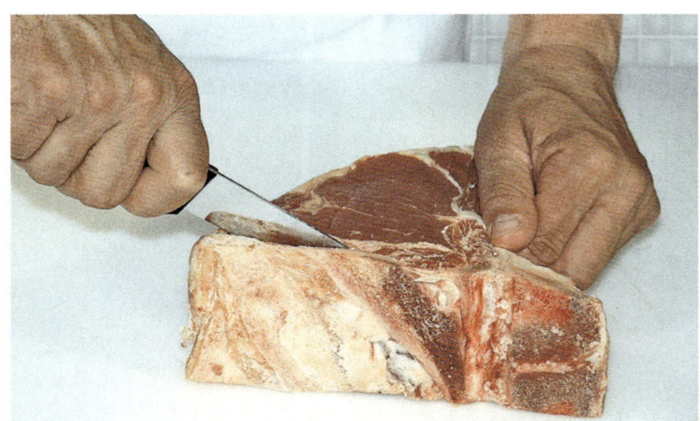

척추뼈 제거하기 Dégager la vertèbre

척추뼈를 따라 갈비 아랫부분까지 칼날을 넣어 자른다.

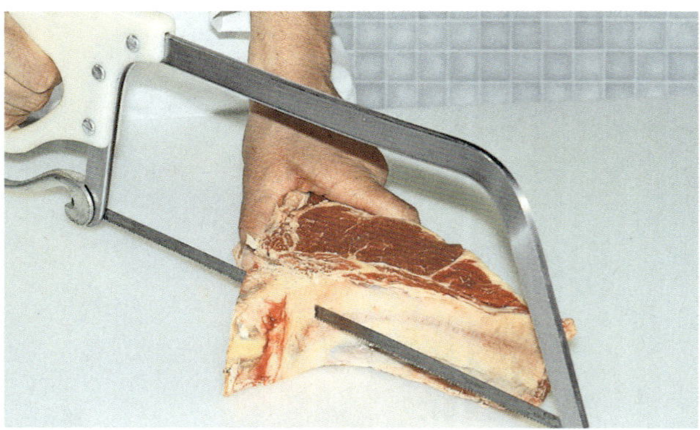

척추골 제거하기(Supprimer la colonne vertébrale) **(뒷면 깎기**(détalonner))*

❶ 정육용 톱을 사용하여 척추골을 비스듬하게 자른다.

❷ 척수의 남은 부분을 모두 제거한다.

   * 이 작업은 프랑스에서 현재 금지되어 있다. 현재 시행 중인 법규에 따르면, 소 갈비는 척추골을 미리 잘라 배달한다.

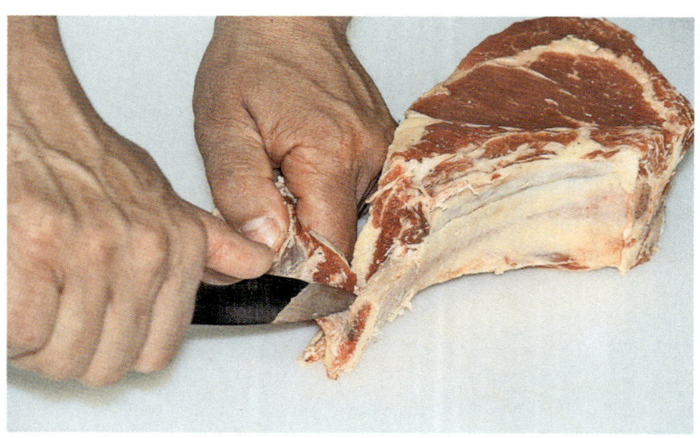

갈비 뼈 끝부분 손질하기 Manchonner la côte

갈비 윗부분에서 3~4cm 떨어진 곳까지 살을 발라내 뼈 끝 부분을 손질한다.

소 등심 준비하기 PRÉPARER UN CONTRE-FILET

등심은 소의 등 부분에 있다. 이 부분은 우둔살 스테이크에서 3번째 갈비까지 해당한다. 뼈를 제거한 허리 윗부분 고기이다. 통째로 구워 요리한다. 1인분으로 175~200g을 준비한다. 등심 또는 스테이크로 굽거나 볶아 먹는다.

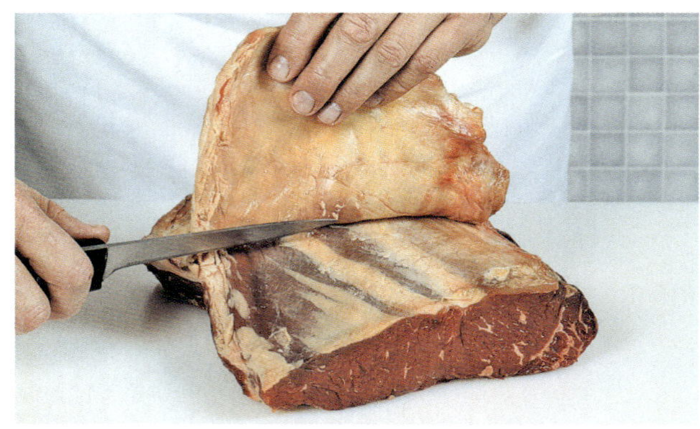

윗부분 손질하기(지방 제거하기) Parer le dessus(dégraisser)

❶ 살이 뜯어지지 않도록 등 부분의 지방이 많은 껍질을 벗긴다.

❷ 한 겹으로 지방 껍질이 벗겨지게 한다. 이 지방 껍질은 등심을 끈으로 묶을 때 사용하여 가열할 때 모양이 변하지 않게 도와준다.

힘줄 제거하기 Éliminer les aponévroses

❶ 《힘줄 nerfs》과 고기 사이에 칼날을 살짝 넣는다.

❷ 살이 뜯어지지 않도록 작은 띠 모양으로 힘줄을 제거한다.

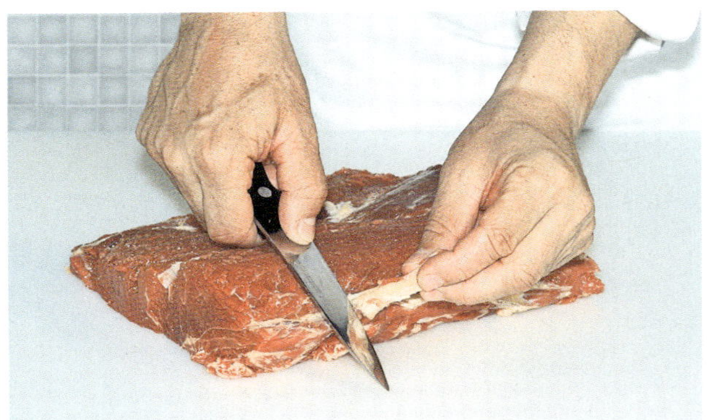

옆 부분 힘줄 제거하기 Éliminer le nerf de la chaîne

❶ 살이 많은 옆 부분에 붙어 있는 큰 힘줄을 떼낸다.

❷ 바깥 쪽을 향해 힘줄을 당기며 서서히 떼낸다.

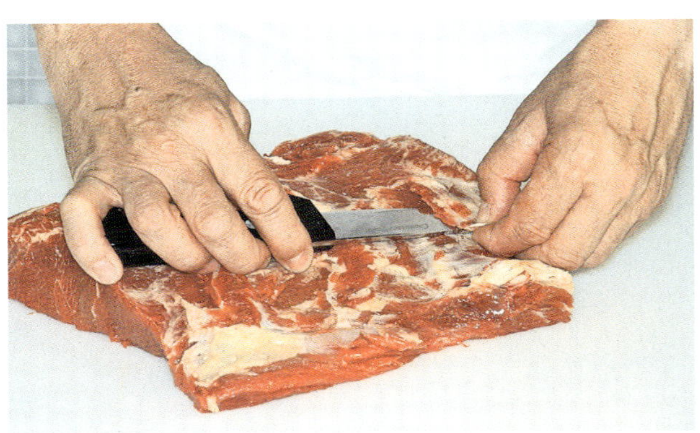

아랫부분 손질하기 Parer le dessous

❶ 고기를 뒤집어 놓고 갈비 사이에 있는 건막과 지방을 제거한다.

❷ 다듬은 모든 부스러기는 버리지 않는다. 오븐구이 소스 jus de rôti나 소량의 갈색 육수 fond brun 소스에 사용하기 위해 따로 보관한다.

등심 평평한 면으로 만들기(Égaliser le contre-filet)

골고루 가열될 수 있도록 등심의 평평한 옆 부분이 2cm 넓이가 되도록 자른다. 등심을 《깔끔하게 손질한다 paré à vif》.

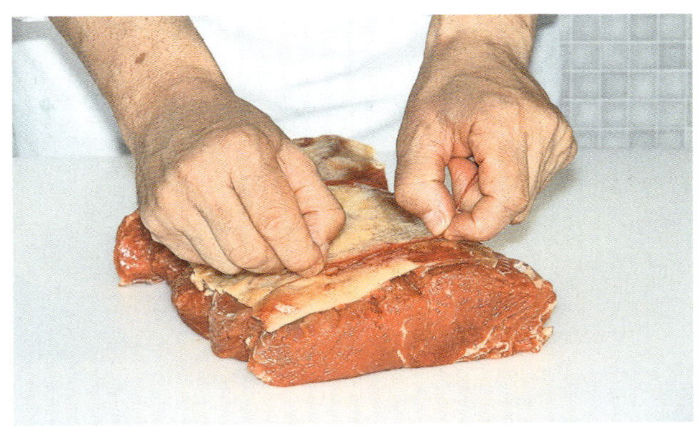

구이용 등심 끈으로 묶기 Ficeler le contre-filet pour rôtir

❶ 가열하는 동안 모양 유지를 위해 고기를 지방 껍질로 덮는다. 가열이 3/4 정도 진행될 때 지방 껍질을 제거해도 좋다.(선택사항)

❷ 등심을 끈으로 묶는다. 너무 심하게 않게 끈을 돌려 묶는다.

등심 스테이크 자르기 Tailler des contre-filets ou 《faux-filets》

❶ 약 2cm 두께 슬라이스로 등심을 자른다.

❷ 개별 슬라이스당 무게는 150〜180g 사이이다.

❸ 4cm 두께 슬라이스로 자를 수도 있다. 이 경우. 무게는 300〜360g이고 2인분용이다.

비프 스테이크 자르기 Tailler des steaks

❶ 4〜5cm 두께 슬라이스로 자른다.

❷ 각각의 슬라이스를 잘라서 이등분한다. 각각의 스테이크 무게는 150〜180g이다.

송아지 고기 LE VEAU

송아지 고기 슬라이스로 자르기
Détailler des escalopes de veau
www.bpi-campus.com
www.youtube.com/@diytp

송아지는 수컷 또는 암컷의 어린 소와 그로부터 나온 고기를 가리킨다.

프랑스에서 송아지 고기는 도살 나이에 따라 다음 두 종류로 분류한다.

- 어미 소 또는 수유를 하는 암소에게서 나온 우유만 먹고 자란 송아지. 외양간 내부에서만 사육한 이런 송아지는 절대로 풀을 뜯어 먹은 적이 없다. 주로 늦봄(성령 강림절*까지) 80~110일 된 송아지를 도살한다. 송아지 한 마리는 110~120kg의 고깃덩어리이며 매우 고급 품질의 흰색 고기이다.

- 중량이 나가는 송아지 또는 《풀을 뜯어 먹은 어린 송아지 jeune broutard》. 품종에 따라 300~400kg의 정육용 송아지는 5~6개월 사이에 도살한다. 모유를 먹고 자라지만 풀도 먹는다. 더 단단한 육질의 연한 분홍색 고기를 제공한다.

많은 양으로 사육하는 송아지에는 품질 보증 표시가 된다.(LR, IGP, AOP)*

- 리무쟁 품종의 어미 소와 함께 사육하는 농장 송아지

- 전지 우유를 먹고 자라는 노르망디(Normandie) 품종의 농장 송아지

- 전지 우유를 먹고 자라는 패이 드 루아르(Pays de Loire) 품종의 농장 송아지

- 아베롱(Aveyron)과 프랑스 중앙 산악지대(미디 피레네 Midi-Pyrénées)의 송아지

> *LR(Label Rouge) : 라벨 후즈(프랑스 농산물 품질 보증 표시)*
> *IGP(Indication Géographique Protégée) : 지리적 보호 표시*
> *AOP(Appellation d'Origine Protégée) : 원산지 보호 표시*

송아지 넓적다리 뒷부분 고기 준비하기
PRÉPARER UNE NOIX DE VEAU

넓적다리에 있는 이 부위(넓적다리 고기)의 무게는 2.8~3.2kg 사이이다. 1인당 150~175g을 준비한다. 통째로 익히는 동안 《모양을 유지 nourrie》하기 위해서는 지방으로 덮어야 한다.(p. 322 참조) 통째로 조리할 때 주로 팬에 굽는다.

넓적다리 뒷부분 고기 손질하기 Parer la noix

넓적다리 양쪽을 덮고 있는 건막과 지방 껍질을 제거한다.

> *성령 강림절 Pentecôte : 성령이 강림한 것을 기념하는 축일. 부활절로부터 50일째 되는 일요일이다.
> *파이야드 paillarde : 송아지 고기를 얇게 썰어 납작하게 두드린 후 팬에 구워내는 요리.

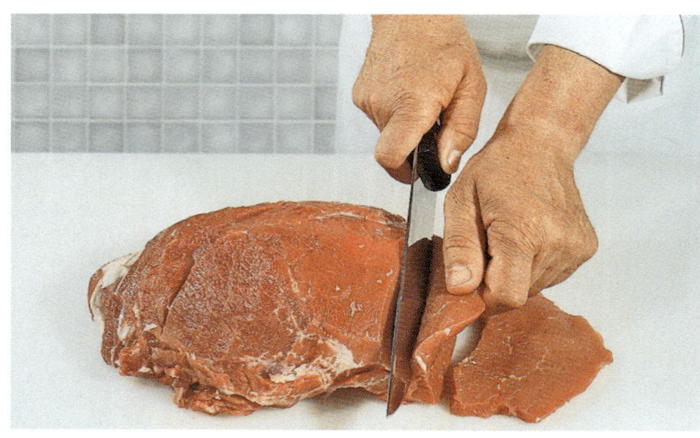

슬라이스로 자르기 Tailler des escalopes

지방을 제거하며 손질한 넓적다리 부분을 125~150g의 슬라이스로 자른다.

슬라이스 두드리기 Battre les escalopes

❶ 고기가 튀지 않도록 식품용 비닐 2장 사이에 슬라이스한 고기를 넣고 두드린다.

❷ 슬라이스의 두께가 일정해지므로 가열 시간도 동일하다.

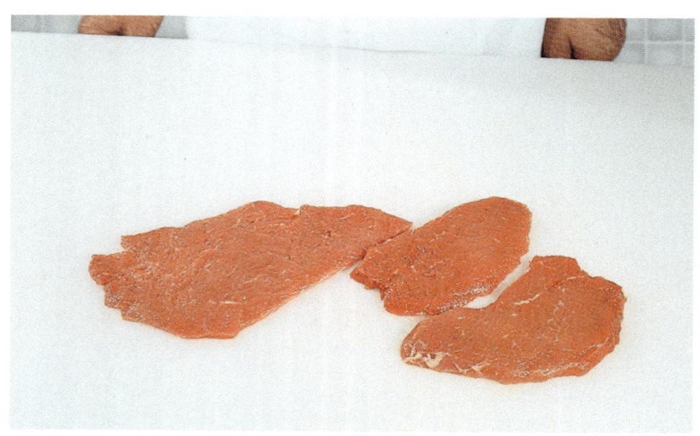

송아지 고기 슬라이스 《파이야드 paillarde》 만들기(La 《paillarde》 de veau)

❶ 식품용 비닐 2장 사이에 슬라이스를 넣고 최대한 얇고 납작하게 만든다.

❷ 《파이야드 paillarde》*는 그릴에 구우며, 건조해지지 않도록 매우 빨리 굽는다. 주로 레몬과 여러 재료를 섞은 복합 버터를 곁들여 낸다.

송아지 안심 준비하기
PRÉPARER UN FILET DE VEAU

송아지 안심은 주로 《필레미뇽 filet mignon》이라고 부른다. (양고기 안심 또는 돼지고기 안심처럼) 3~4인분을 준비할 수 있다.

안심 손질하기 Parer le filet

❶ 건막과 지방 및 질긴 부분을 제거한다.(소고기 안심처럼)

❷ 필레미뇽은 통째로 오븐에 굽거나 팬에 굽는다.

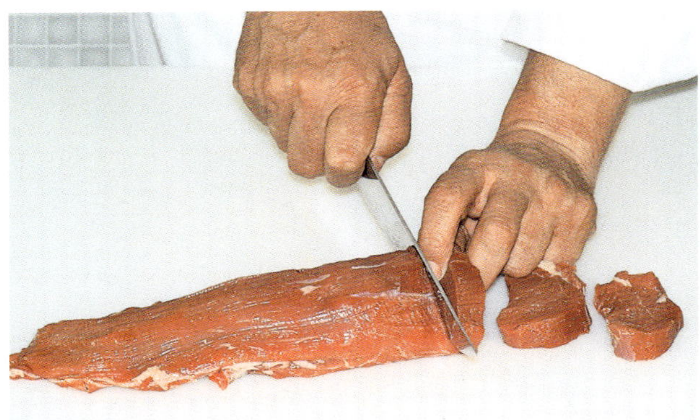

피카타*로 자르기 Tailler des piccatas

지방을 제거하여 깔끔하게 손질한 안심을 최대 1cm 두께의 일정한 슬라이스로 자른다.

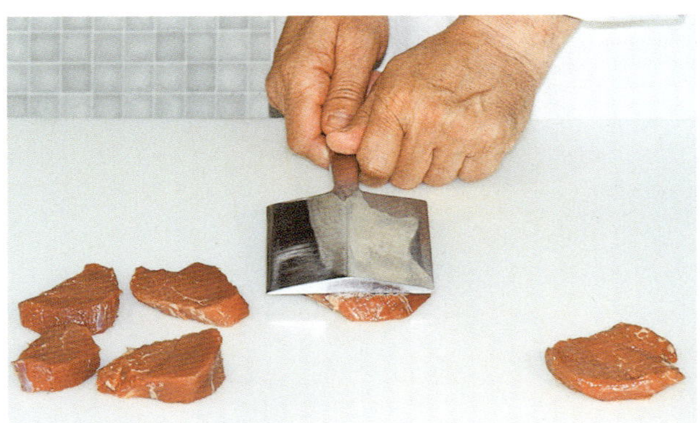

피카타 두드리기 Battre les piccatas

❶ 힘줄을 끊고 두께를 일정하게 하기 위해 피카타를 가볍게 두드려 납작하게 만든다. 이렇게 하면 굽는 동안 고기 모양이 변하지 않는다.

❷ 1인당 4~5개의 피카타를 준비하며, 무게는 120~150g이다.

---

* 피카타 piccatas : 고기를 얇게 썰어 굽고, 소스와 레몬 즙, 파슬리를 곁들인 요리.

돼지고기 LE PORC

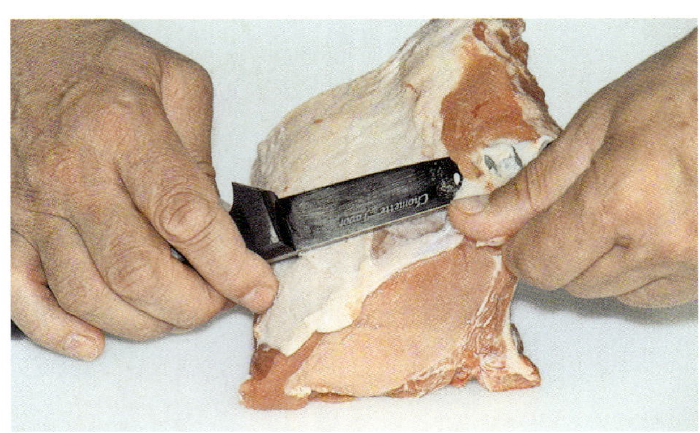

송아지 등심 준비하기
Habiller un carré de veau
www.bpi-campus.com
www.youtube.com/@diytp

상용어에서 《돼지 cochon》와 《돼지고기 porc》는 보통 혼동되어 사용된다. 돼지고기라는 단어는 고기를 가리키고 돼지라는 단어는 동물을 가리킨다.

돼지 나이와 성별에 따라 다음과 같은 용어도 사용한다.

- (식육용) 젖먹이 돼지 cochon de lait, 새끼 돼지(porcelet, cochonnet, pourceau, nourrain), (비육용) 젖먹이 돼지 goret
- 돼지고기 제품용 돼지 porc charcutier : 우리가 대부분 고기와 돼지고기 가공제품으로 먹는 사육용 돼지를 가리킨다.
- 어린 암퇘지 cochette와 암퇘지, 수퇘지는 주로 산업 생산을 위한 농산물 가공용으로 사용한다.

프랑스 서부에서 산업적 방식으로 사육하는 대부분의 돼지는 개량 품종이라고 하는 돼지의 교배종(요크셔 Large White, 재래 품종 Landrace 피에트레인 Piérain, 두록 Duroc)이며, 번식력을 위해 선택한 아시아 품종도 있다.

시골 또는 현지의 일부 품종은 심사숙고하며 돼지를 선택하는 요식업자들에게 인기가 많다. 이러한 돼지는 대부분 적은 수로 사육하는 돼지이며 보존 프로그램 혜택을 받고 있다. 야외에서 자유롭게 방목하며 크는 돼지로 천천히 자란다.

높이 평가 받는 시골 및 현지 품종 중 일부는 다음과 같다.

- 엉덩이가 까만 리무쟁 Limousin 돼지, 흰색 바탕에 까만 얼룩무늬가 있는 바스크 Pays Basque 돼지
- 흰색 서부 Ouest 돼지, 바이외 Bayeux 돼지
- 가스코뉴 Gascogne 돼지, 코르시카 Corse 돼지, 과들루프 Guadeloupe 돼지

돼지의 일부 품종은 공인된 품질 보증(LR, IGP, AOP)의 혜택을 받고 있다. 남서부 지역의 돼지, 가스코뉴 Gascogne 돼지, 흰색 서부 blancs de l'Ouest 돼지, 코르시카 돼지 porcs Nustrales de Corse 등이 있다.

돼지가 프랑스에서 태어나 사육되고 도살된 경우, 다음과 같은 《프랑스 고기 viande française》 로고 혜택을 받는다

돼지고기 등심 또는 송아지 등심 준비하기
PRÉPARER UN CARRÉ DE PORC OU UN CARRÉ DE VEAU

최고급 갈비 5개와 2등급 갈비 3개로 된 등심의 무게는 2.4~3kg이다. 송아지 등심은 돼지고기 등심과 같은 방법으로 준비한다. 1인당 225~250g이다.

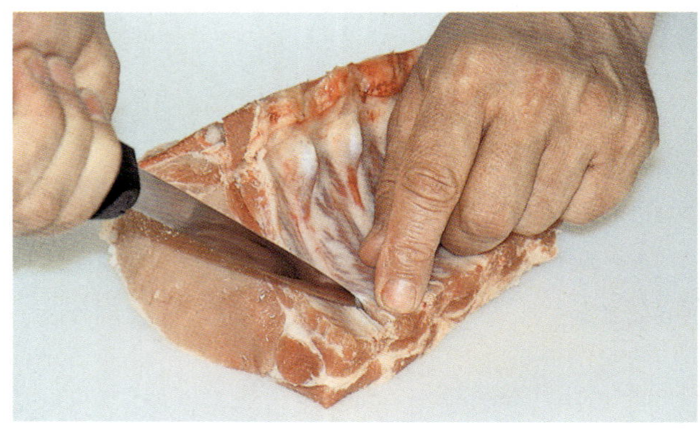

등심 윗부분 손질하기 Parer le dessus du carré

❶ 윗부분 지방을 제거한다.

❷ 칼날을 등심 힘줄 쪽으로 향하게 하며 몸쪽으로 칼을 당겨 힘줄을 제거한다.

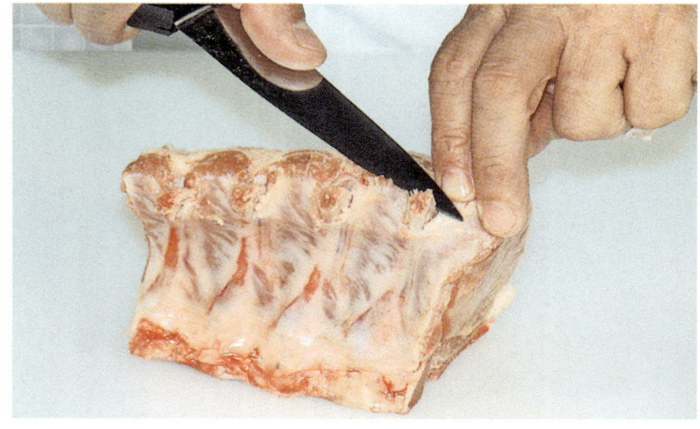

등심 뼈 끝부분 손질하기 Manchonner le carré

❶ 갈비뼈 끝 부분 살을 최소 2cm 자른다.

❷ 갈비뼈 윗부분을 손질하기 위해 뼈 둘레의 살을 밀어준다.

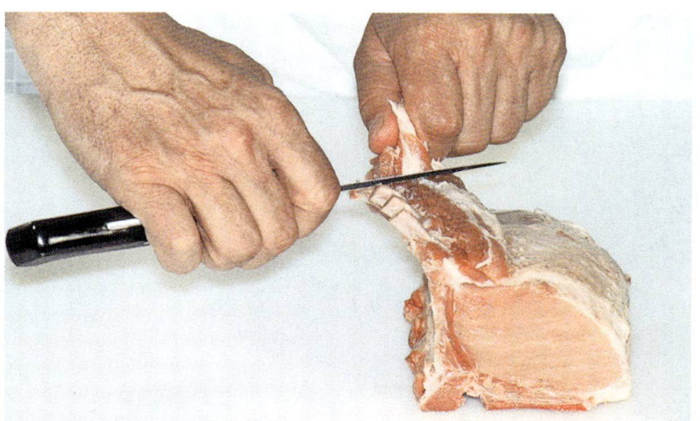

❸ 밀린 살을 깔끔하게 자른다.

❹ 고기 부스러기를 따로 보관해 오븐구이 소스 jus de rôti나 오븐 찜 소스 fond de poêlage를 만들 때 뼈와 함께 사용한다.

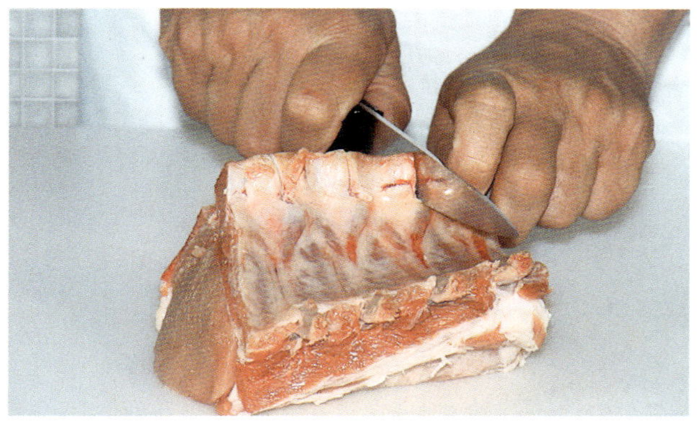

척추뼈 분리하기 Désarticuler les vertèbres

각각의 척추뼈 사이에 칼을 넣고 왼쪽에서 오른쪽으로 움직이며 뼈를 분리시킨다.(클리버 사용 가능)

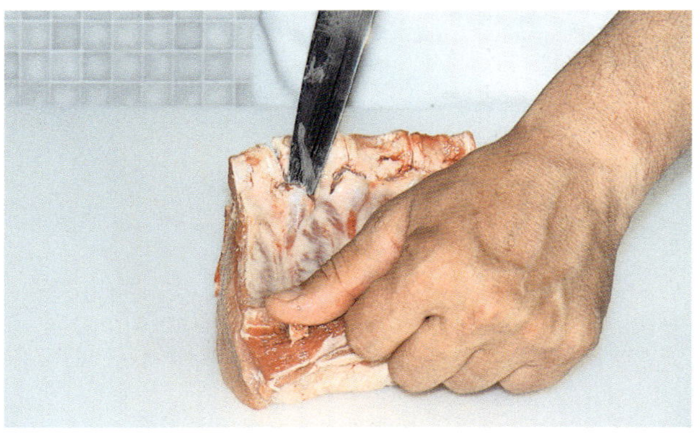

갈비 분리하기 Désolidariser les côtes

갈비 아래쪽에 칼끝을 넣어 관절 부분에서 척추골과 갈비를 분리시킨다.

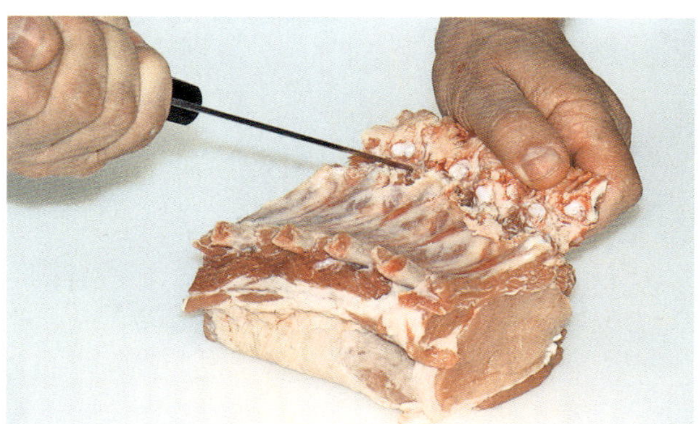

척추골 떼내기 Détacher la colonne vertébrale

갈비뼈에서 척추뼈를 떼낸다.

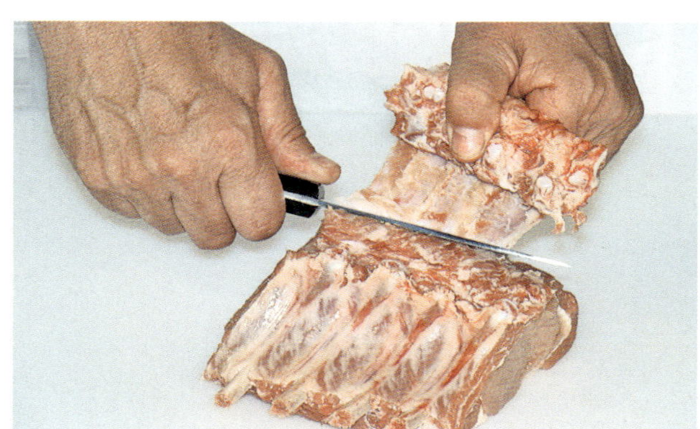

척추뼈 제거하기 Dégager les vertèbres

골돌기*와 살 사이에 칼날을 넣어 척추뼈를 빼낸다.

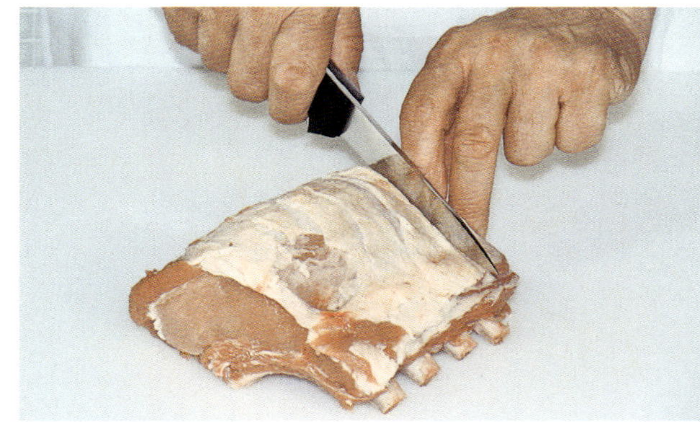

지방 표면에 칼집 넣기(선택사항) Inciser la graisse en surface si nécessaire (facultatif)

지방 표면에 칼집을 넣는 이유는 익히는 동안 지방이 잘 녹게 하기 위해서이다.

---

*골돌기 apophyses : 끝부분에서 조금 돌출하거나 자라 나온 뼈.

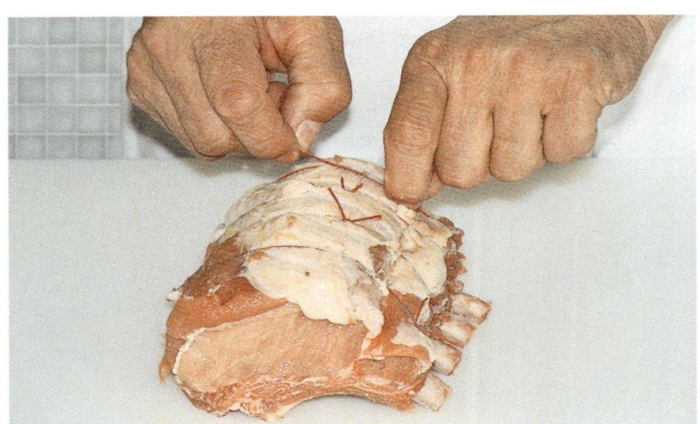

등심 끈으로 묶기 Ficeler le carré

① 각각의 갈비 사이를 끈으로 묶으며 등심의 모양을 유지한다.(너무 세게 묶지 않는다.)

② 끈으로 묶는 것은 등심의 형태를 바로잡아 주고 골고루 익게 하며 요리의 모양까지 개선해주는 역할을 한다.

돼지갈비 자르기 TAILLER UNE CÔTE DE PORC

송아지 고기 갈비와 같은 방법으로 준비한다. 1인당 200~250g을 준비한다. (갈비뼈와 함께)

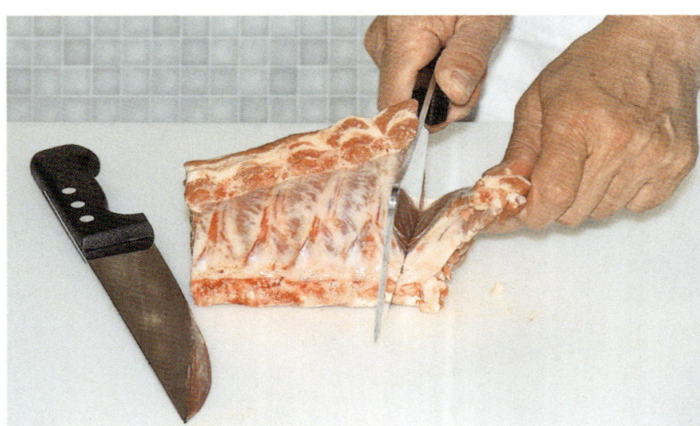

갈비 자르기 Tailler la côte

① 척추뼈까지 각각의 갈비 사이를 칼로 자른다.

② 미트 클레버를 사용하여 끝까지 자른다.

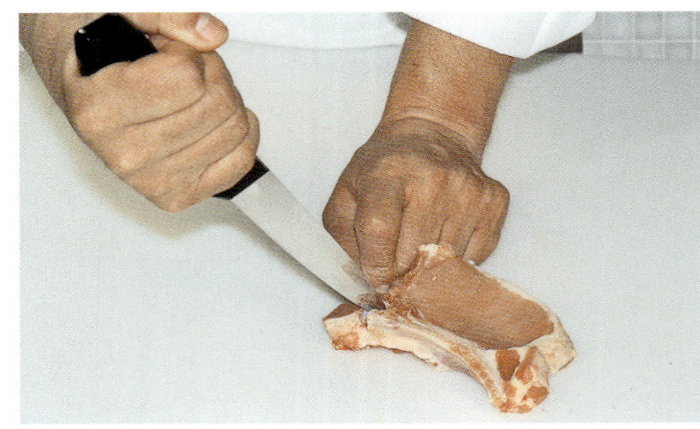

갈비 손질하기 Parer la côte

① 척추뼈를 떼내고 척추골 뼈를 도려낸다.

② 미트 클레버로 잘라내며 뼈를 완전히 제거한다.

지방과 등심 힘줄 제거하기 Dégraisser si nécessaire et ôter le nerf dorsal

① 갈비 아랫부분에 있는 힘줄을 제거하고 손질한다.

② 뼈 끝부분을 꼼꼼하게 손질한다.

몇 가지 고기 요리 준비 QUELQUES PRÉPARATIONS DE BOUCHERIE

고기에 구멍을 내 비계 넣기
PIQUER UNE VIANDE

고기를 더 연하게 하거나 풍미를 주기 위해 특별한 바늘을 이용해 얇은 막대 모양 비계, 송로 버섯 조각, 양념된 소 혀나 햄 등을 고기 속에 끼워 넣을 수 있다.

비계 자르기 Tailler le lard gras

❶ 돼지비계를 가로와 세로는 3〜4mm, 길이는 5〜6cm 되는 막대 모양으로 자른다.

❷ 비계가 단단해지도록 바로 얼음물에 넣는다.

소고기 안심 Le filet de bœuf

《(재료에 구멍을 내고 비계, 마늘 등을 넣는 데 사용하는) 꼬챙이 aiguille à piquer》 끝에 막대 모양 비계를 끼워 바늘 끝부분까지 들어가게 한다. .

고기의 근육질 방향으로 바늘을 찔러 넣는다.(비계 조각보다 바늘 끝이 더 넓으면, 비계가 고기 안으로 들어간 후에 고기가 벌어졌다가 다시 오므라든다.)

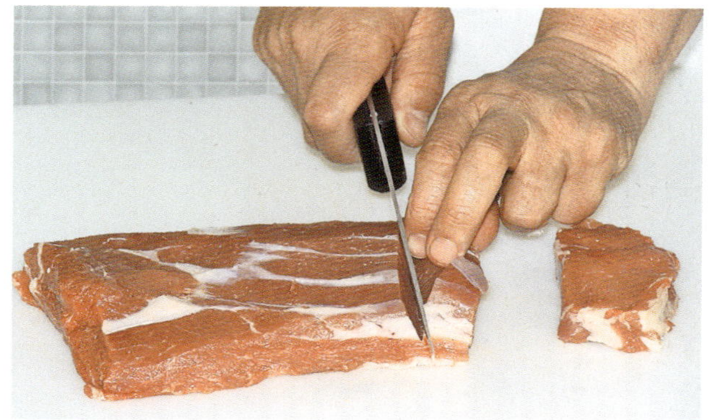

송아지 메다이옹(고기를 얇게 원형으로 자른 것) Le médaillon de veau

❶ 송아지 등심 뼈를 발라내고 지방을 제거하며 손질한다.

❷ 2.5cm 두께의 일정한 슬라이스로 자른다.

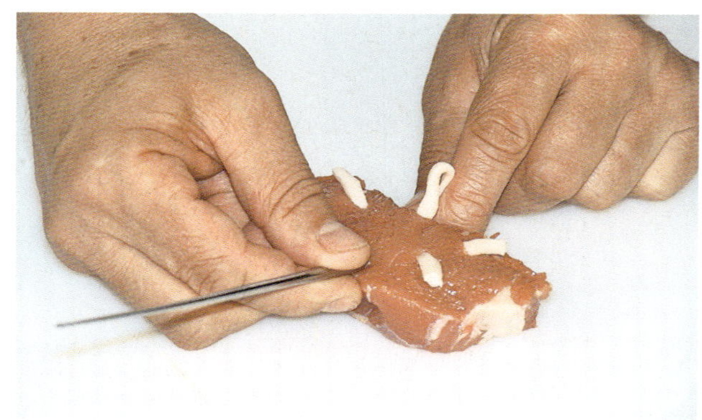

❸ 메다이옹(슬라이스)에 비계를 별 모양으로 끼워 넣는다.

❹ 송로버섯 조각 또는 양념된 소 혀를 비계와 번갈아 끼워 넣을 수 있다.

고기를 비계로 감싸기
BARDER UNE PIÈCE DE VIANDE

뻑뻑한 살(송아지 넓적다리 뒷부분 고기 noix de veau)고기, 연약한 가금류 (뿔닭 pintade, 메추라기 caille), 깃털이 있는 수렵육 등을 오븐의 강한 열에서 보호하기 위해 얇은 슬라이스의 비계를 전체 또는 부분적으로 덮고 끈으로 묶는다. 이렇게 하면, 가열하는 동안 고기는 《부드럽고 촉촉하게 nourrie》 유지될 것이다.

이 방법은 300g 이상의 고기에 비계를 최대 10%로 덮어주도록 규정되어 있다. 고기를 굽거나 구운 후 레스팅* 시 육즙과 핏물이 새는 것을 막기 위해 고기 각 면을 센 불에 구워 갈색이 되도록 겉면을 익히는 소고기 구이에는 적합하지 않다.(마이야르 반응*)

---

* 레스팅 repos : 고기를 익힌 후 일정한 휴지기(안정기)를 주면 육즙이 골고루 퍼져 풍미가 더 좋다.

* 마이야르 반응 réaction de Maillard : 식재료 성분 중 아미노기를 포함하고 있는 단백질 화합물과 환원당이 열에 반응하면서 갈색 색소를 포함한 화합물로 변하는 과정.

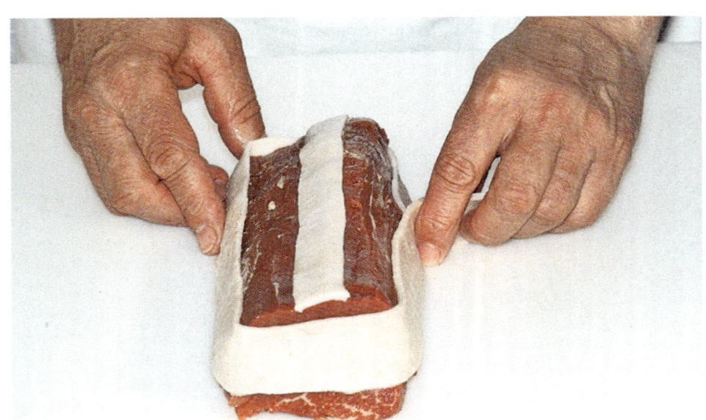

고기 준비하기 Pièce de viande

❶ 《깔끔하게 손질한 parer à vif》 고기를 얇은 띠 비계로 두른다.

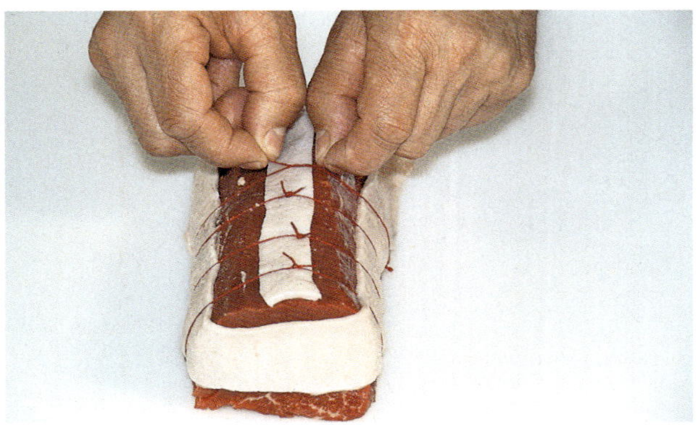

❷ 형태를 잘 유지하도록 너무 세지 않게 끈으로 묶는다.

개인용 고기 조각 준비하기 Pièces individuelles

❶ 띠 모양 비계로 고기 조각을 두른 후 끈으로 묶는다.

❷ 거의 다 구웠을 때 고기 둘레를 익히기 위해 비계를 벗긴다.

고기에 비계 넣기
LARDER UNE PIÈCE DE VIANDE

가열하면 뻑뻑해지는 고기를 《연하게 nourrir》 하기 위해 비계 끼우는 꼬챙이로 막대 모양 비계를 고기 속에 끼워 넣는다.

이 방법은 오랫동안 가열할(소량 액체를 넣고 오래 익힘) 필요가 있는 2급의 큰 고기 덩어리에 적합하다.

비계를 넣은 소고기 볼기살 Aiguillette de bœuf lardée

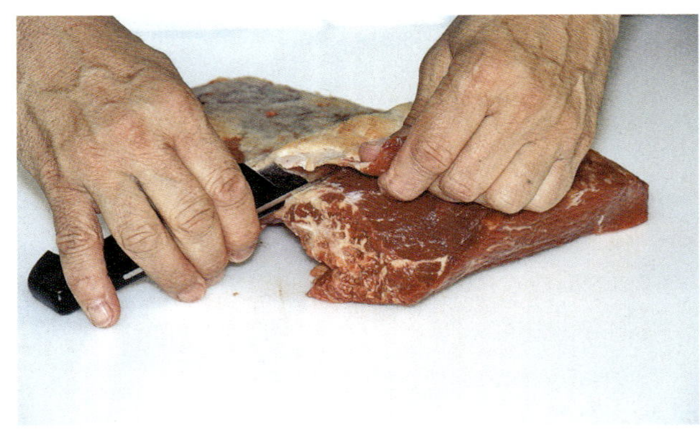

볼기살 손질하기 Parer l'aiguillette

우둔살의 볼기살 부위 힘줄과 지방을 제거하여 《깔끔하게 손질한다 parer à vif》.

비계 자르기 Tailler le lard

❶ 돼지 껍질을 벗긴 비계 덩어리를 14~15cm 길이, 1cm 폭 막대 모양으로 자른다.

❷ 동일한 크기 막대 모양 비계가 되도록 한다.

비계 양념하기 Faire mariner le lard

❶ 전채 요리를 담는 길쭉한 접시에 자른 비계를 넣고 다진 파슬리, 후추, 코냑 약간을 뿌린다.

❷ 잘 섞은 후 양념이 배도록 30분 동안 시원한 곳에 둔다.

볼기살에 비계 넣기 Larder l'aiguillette

❶ 비계를 넣는 꼬챙이를 찔러 반대 편까지 최대한 뚫고 나오도록 한다.

❷ 꼬챙이 바늘에 막대 모양의 비계를 끼워 넣는다.

❸ 꼬챙이를 돌려주면서 당겨 고기 끝에 비계를 모은다.

볼기살 양념하기 Faire mariner l'aiguillette

❶ 스테인리스 용기 또는 폴리카보네이트 용기에 볼기살을 넣는다.

❷ 다진 양파, 셜롯, 당근을 넣고 약간의 타임과 화이트 와인, 코냑을 넣는다.

❸ 냉장 보관실에 6~8시간 동안 양념이 배도록 둔다.

* 시행 규정을 준수한다.

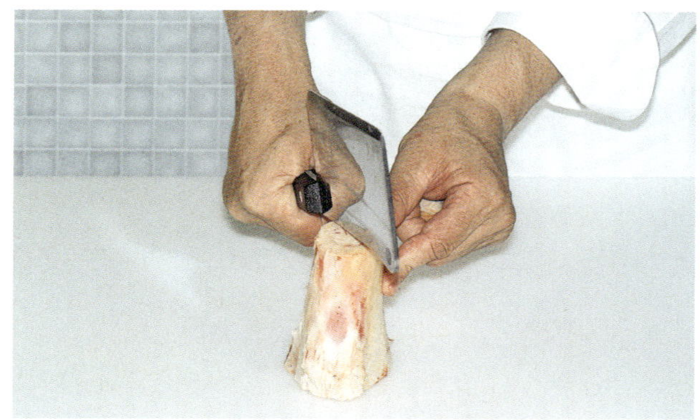

골이 들어 있는 뼈 쪼개기 Fendre le canon à moelle

골이 손상되지 않도록 주의하며 뼈 윗부분을 미트 클레버 등으로 친다.

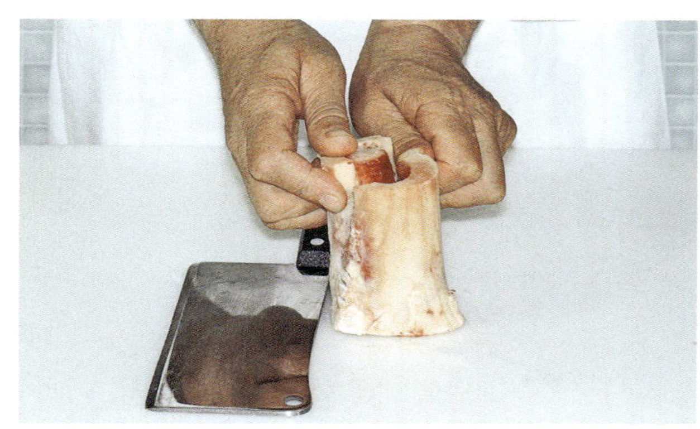

골수 빼내기 Récupérer la moelle

손이 베이지 않도록 조심하며 뼈 조각을 벌려 골수를 빼낸다.(깨진 뼈 조각은 매우 날카롭다)

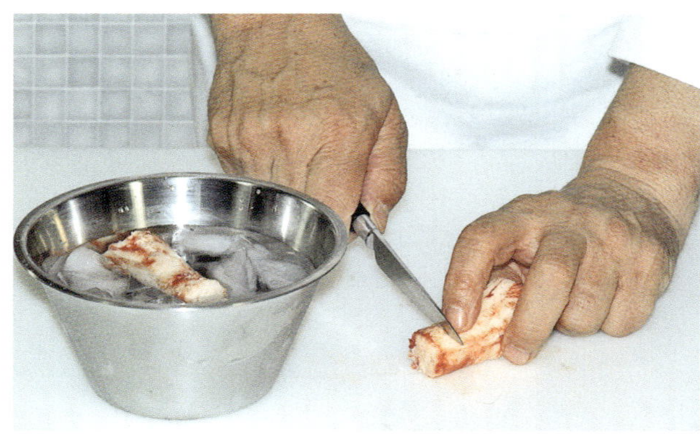

골수 핏물 빼기 Faire dégorger la moelle

❶ 골수를 얇고 동그란 조각으로 자르거나 통째로 둔다.

❷ 식초 몇 방울을 넣은 얼음물에 넣어 핏물을 뺀다.(여러 번 반복한다)

허드레 고기 *   LES ABATS

* 일부 제품은 MRS(위험 명시 재료)에 속하므로 허드레 고기를 사용하기 위해서는 시행 규정에 유의해야 한다.

고기 덩어리에서 나온 고기 외에 《(도살 후의) 찌꺼기 (가죽, 뿔 등)》을 제외하고 정육용 고기로 먹을 수 있는 모든 부분을 식용 허드레 고기라고 한다. 식용 허드레 고기에 관한 규정을 참조한다.(BPI 출판사의 《요리의 기술》 참조)

허드레 고기에는 2종류가 있다.

1. 흰색 허드레 고기 Les abats blancs

a) 도살장에서 손질(도려내기 vidage, 씻기 lavage, 긁기 grattage, 제모 épilage, 석회 용액에 담그기 échaudage)하는 허드레 고기

- 소의 위 estomac de bovíns
- 송아지 소장 intestin de veau(장간막 fraise) 또는 돼지 소장 de porc(menu)
- 발 pieds
- 머리 tête
- 유방 mamelles

b) 손질하지 않는 허드레 고기 ne subissant pas de préparation

- 췌장(이자 ris)*
- 뇌(cervelle)*
- 척수*(amourette)
- 대망(위간막 crépine ou voilette)

2. 빨간색 허드레 고기 Les abats rouges

- 간 foie
- 콩팥 rognons
- 심장 cœur
- 볼 joues
- 소의 구개 또는 주둥이 palais ou museau de bœuf
- 혀 langue

➕ 주의 Attention

2000년 12월 이후, 일부 허드레 고기(소의 조직 또는 기관)는 잠재적 ESB*(광우병) 발병 물질을 가지고 있어 MRS(Matériels à Risques Spécifiés)로 분류하며 철저하게 도살장에서 압류, 소각한다.

소의 나이와 상관없이 식품 유통에서 제외되는 허드레 고기 또는 MRS

- 비장 la rate
- 편도선 les amygdales*

다음은 12개월 이상 모든 소에서 제거한다.

- 뇌(la cervelle)
- 척수 la moelle épinière(허용되는 골수뼈 속에 들어 있는 골수와 혼동하지 않는다)
- 척추뼈 la présence d'os vertébral(이를테면, 소고기 분할 작업장에서 뒷면(척추)을 깎아버린 소갈비)

참고 : 꼬리뼈는 허용

송아지 췌장(이자)* 준비하기
PRÉPARER DES RIS DE VEAU*

《흉선 thymus》이라고도 부르는 췌장은 허드레 고기 중 가장 부드럽고 인기가 많은 부위이다. 이 부위는 어린 동물(송아지 veau, 새끼 양 agneau)에게만 있다. 무게는 400~600g이며 2~3인분을 준비할 수 있다.

이 요리는 전날에 미리 준비하는 것이 좋다.

췌장 핏물 빼기 Dégorger les ris
얼음물에 췌장을 담가 놓는다. 물을 여러 번 바꿔준다.

췌장 데치기 Blanchir les ris

❶ 냄비 안에 췌장을 넣는다.
❷ 찬 물을 붓고 끓으면 3~4분간 살짝 데친다.
❸ 거품을 잘 걷어낸다.
❹ 식힌 후 물기를 잘 닦는다.

* ESB Encéphalopathie Spongiforme Bovine : 광우병

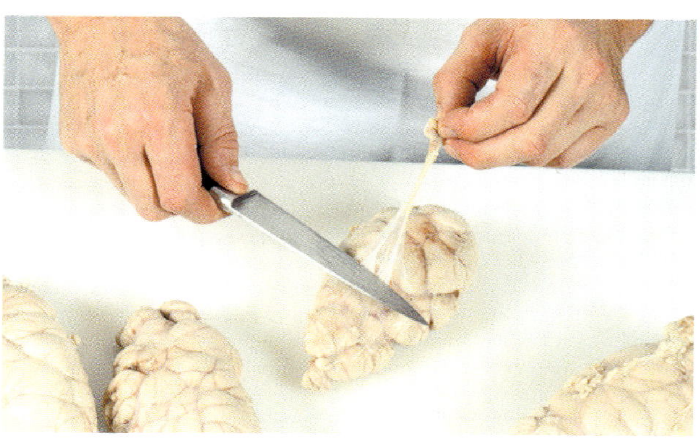

췌장 손질하기 Parer les ris

❶ 지방이나 연골이 붙어 있는 부분을 제거한다.

❷ 동그란 부분을 손질한다.

❸ 손질하고 남은 부스러기는 따로 보관한다.

췌장 압착시키기 Mettre les ris sous presse

❶ 용기에 췌장을 담고 깨끗한 면보로 덮은 후 식품용 비닐 커버를 씌우고 약 1kg 무게가 나가는 다른 용기를 췌장 위에 올려둔다.

❷ 냉장 보관실에 보관한다. 췌장은 약한 불에 오래 익히거나, 끓는 물에 삶거나 볶아서 요리할 수 있다.

송아지 콩팥 준비하기
PRÉPARER DES ROGNONS DE VEAU

섬세한 맛을 가진 송아지 콩팥은 소, 돼지, 양의 콩팥보다 더 품질이 좋다. 일반적으로 송아지 콩팥으로는 1인분을 준비할 수 있다.

통째로 요리하는 송아지 콩팥 Rognon cuisiné entier

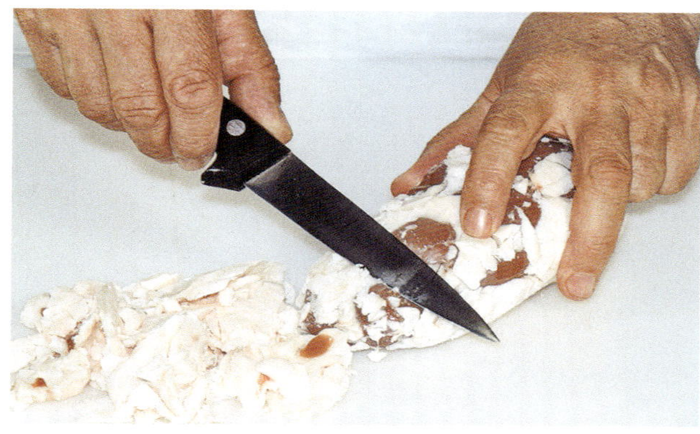

콩팥 지방 제거하기 Dégraisser le rognon

콩팥 지방을 자르고 약간 남아 있는 지방은 그대로 둔다.(지방의 일부는 작은 정육면체 모양으로 잘라서 콩팥을 익힐 때 사용한다.)

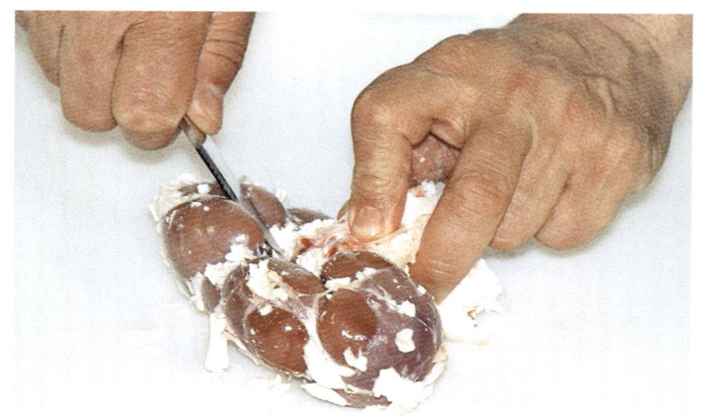

콩팥 손질하기 Parer le rognon

콩팥의 신우를 제거한다.(흰색으로 된 부분, 힘줄, 요도를 모두 제거한다.)

잘라서 요리하는 송아지 콩팥 Rognon cuisiné détaillé

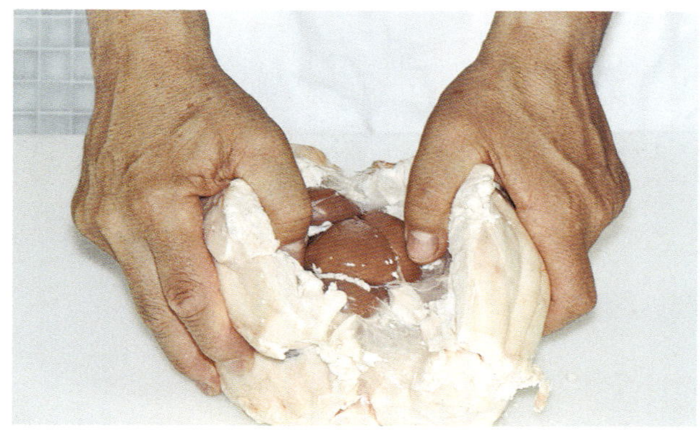

콩팥 지방 제거하기 Dégraisser le rognon

지방을 쪼개서 양손으로 벌려주며 콩팥을 꺼낸다.

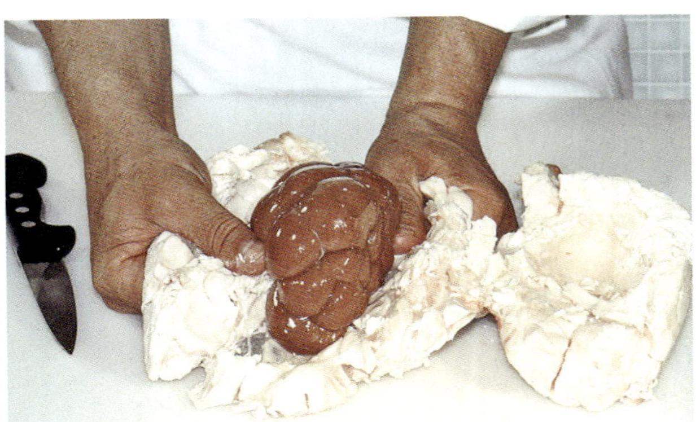

얇은 막 제거하기 Éliminer la membrane

지방과 함께 얇은 막도 제거했는지 확인하고, 남아 있는 부분을 손가락 끝으로 벗겨낸다.

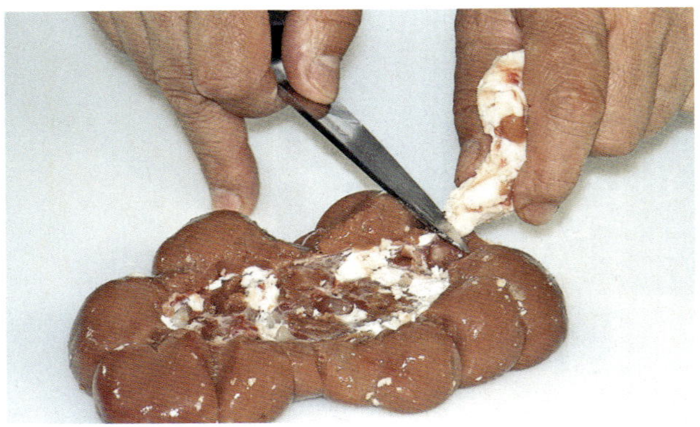

콩팥 손질하기 Parer le rognon

❶ 신우를 빼내고 흰색 부분, 지방, 요도를 제거한다.

❷ 콩팥을 슬라이스 또는 큰 정육면체 모양으로 자른다.

새끼 양 콩팥 준비하기
RÉPARER DES ROGNONS D'AGNEAU

1인당 2∼3개 조각을 준비한다.

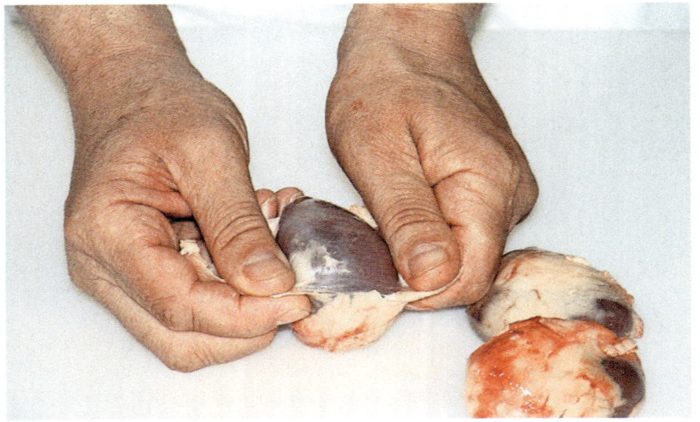

콩팥 지방 제거하기 Dégraisser les rognons

지방을 가볍게 쪼개서 양손으로 벌려 제거한다.

얇은 막 제거하기 Éliminer la membrane

지방과 함께 얇은 막이 남아 있다면, 손가락 끝으로 벗긴다.

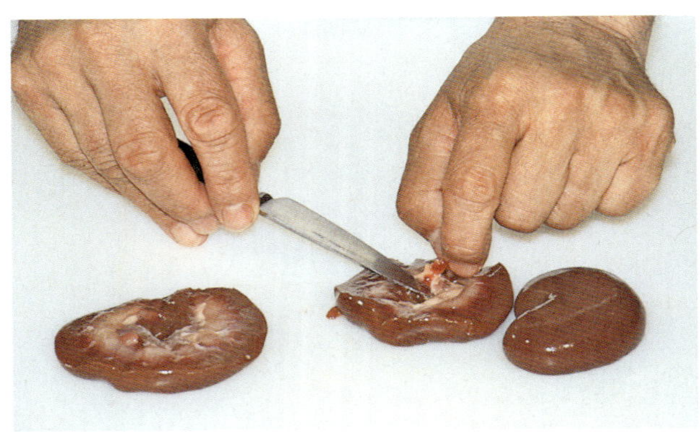

콩팥 손질하기 Parer les rognons

콩팥을 반으로 잘라 요도, 지방, 흰색 부분을 제거한다.

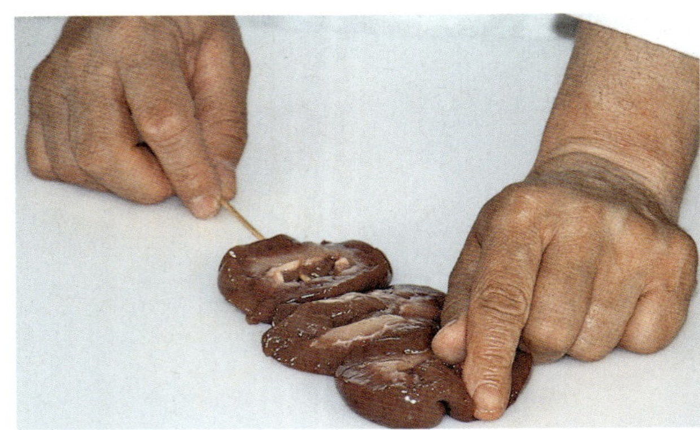

콩팥 꼬챙이에 꿰기 Embrocher les rognons

쉽게 익히기 위해 나무나 금속으로 된 꼬챙이에 2∼3개씩 끼운다.

새끼 양의 뇌 준비하기
PRÉPARER DES CERVELLES D'AGNEAU

새끼 양의 뇌는 송아지의 골보다 덜 부드럽지만 요리하기에는 더 쉽다. 1인당 2조각을 준비한다.

뇌 핏물 빼기 Dégorger les cervelles

핏물을 제거하기 위해 식초 몇 방울을 넣은 얼음물에 새끼 양의 뇌를 담가 놓는다.(여러 번 물을 갈아준다.)

뇌 불순물 제거하기 | Limoner les cervelles

❶ 흐르는 물에 피 덩어리를 씻은 후 30분 동안 물에 담가 놓는다.

❷ 세심하게 살핀 후 헹군다. 뇌에 강한 향신 재료를 넣고 끓인 쿠르 부용(물과 식초, 와인, 향료를 넣고 끓인 국물)에 살짝 데친 후 프리토(튀김 요리)로 요리하거나 갈색이 될 때까지 가열한 버터로 볶아 요리한다.

가금류

LES VOLAILLES

가금류
LES VOLAILLES

가축 토끼
LE LAPIN DOMESTIQUE

(BPI 출판사의 《요리의 기술》 참조)

《가금 volaille》이라는 용어는 가축 가금류(순계류, 물갈퀴가 있는 새)라고 부르는 모든 동물(새)을 통틀어 이르는 말이다. 사냥한 새와 같은 종을 가둬서 사육했다면, 그러한 새도 포함한다.(식용 비둘기 pigeons domestiques, 메추라기 cailles)

요식업에서 사용하는 《가금류 volaille》라는 용어는 나이와 살찐 정도에 상관없이 닭속(식용닭, 영계)을 가리킨다. 예를 들어, 가금류 고기 완자가 들어간 프리카세에서 가금류 고기는 영계에 해당한다.

품질 기준 CRITÈRES QUALITATIFS

가금류의 공식 등급은 도살하는 사람이 정한다.

도살하는 사람은 각각의 고기 외관을 검토한다.

A–B–C 문자로 3가지 등급이 있다. A등급과 B등급만 대중에게 판매하도록 허용한다. C등급은 공업적 가공용이다.

등급을 매기는 기준은 다음과 같다.

– 외관과 근육질 부피
– 살찐 정도
– 깃털을 뽑은 수준(깃털, 솜털, 깃털 뿌리)
– 도살 전, 도살 작업 중 또는 보관하는 동안 생긴 결함(골절, 피하일혈(멍), 탈골, 상처, 벤 상처 등)

가금류 품질은 다음 요인에 따라 다르다.

– 품종 : 천천히 자라거나 빨리 자라는 품종(유전학적 선택)
– 사육 환경(감금, 감금과 방목의 중간 형태, 풀밭에 풀어놓음, 완전한 방목)
– 먹이(가공 사료, 곡물, 유제품 등 등)
– 사육 시, 다양한 첨가물 사용(항생제, 산화방지 효과 물질, 콕시듐 방지제, 유화제, 안정제, 농도를 짙게 하는 첨가물, 교화제, 착색제, 발육 촉진제, 스트레스 억제제, 동화촉진 스테로이드, 세포 조직에 수분 농도를 높여주는 에스트로겐 물질 등등)

– 도살 시기 : 가금류는 어릴수록 육질이 연하다.(암컷이 수컷보다 품질이 더 좋다)
– 고기 운반, 도살, 석회 용액에 담그기, 깃털 뽑기, 습기 건조시키기, 냉각 조건
– 저온 유통 준수 : 상품화 전 과정 동안

고품질 가금류 구별법 COMMENT RECONNAÎTRE LA QUALITÉ D'UNE BONNE VOLAILLE :
제품 라벨(라벨후즈 label rouge(농산물품질 보증 표시), 농장 가금류 품질 보증 표시 label rouge fermier), AOP, IGP, AOC 등등)
무게 : 무거울수록 좋다.
냄새 : 좋은 가금류의 냄새는 향기로우며 기분을 좋게 한다.

* DLC : 유통기한
* DLUO : 최적 사용 기한일('... 전까지 섭취하는 것이 좋음'이라고 표기됨)

머리 TÊTE
온전한 머리, 생기 있는 눈, 볼록 나온 빨간색 볏과 살짝 나온 살수염

훌륭한 외관 PARTIES INFÉRIEURES
유연성이 있는 가슴뼈(용골 돌기) 아랫부분 뼈가 딱딱한 경우(골조직인 경우), 성장한 닭이다.

두드러진 껍질이 없는 반들반들한 발, 살짝 나온 며느리 발톱*

기타 AUTRE
살찐 목(Cou Charnu)

두툼하고 살이 많은 넓은 가슴

껍질 PEAU
우툴두툴한 결을 가지고 있고, 깔끔하고 부드러우며 팽팽한 껍질, 껍질에는 섬세한 지방이 고루 분포되어 있다.

날개 뼈 돌기 Pouce

날개 끝 Petit aileron

내장 LES VISCÈRES
내장은 반드시 깨끗하고 윤이 나며 온전해야 하며 흠이 없고 특별한 냄새도 없어야 한다.
모래주머니와 허파는 발육 상태가 좋아야 하며, 간은 윤이 나고 흠이 없어야 한다.

기타 AUTRE
거의 드러나지 않은 척추

손가락으로 눌렀을 때 부드럽지만 단단한 살

골절이나 반상출혈(멍)이 없는 다리

* 며느리 발톱(ergots) : 새끼발톱에서 갈라져 나오는 작은 발톱이다. 닭의 경우 뒷발톱이라고도 부른다.

상품으로 준비하기 PRÉSENTATIONS COMMERCIALES

가금류는 다음의 형태로 판매한다.

내장을 제거한 가금류 EFFILÉES
피를 뽑고 깃털을 뽑은 가금류는 항문을 통해 소장을 절제하고 나머지 내장은 내부에 그대로 남겨놓는다.(모이주머니, 간, 모래주머니, 심장, 허파) 가금류의 허드레 고기는 따로 보관한다.(발, 머리, 목)

내장 제거되어 바로 익힐 수 있는 가금류 ÉVISCÉRÉES OU PRÊTES À CUIRE(PAC)

피를 뽑고 깃털을 뽑은 상태이며 식도, 모이주머니, 기관, 흉곽과 복부 내장, 목, 발 등이 완전히 제거된 가금류로 다리의 관절까지 자르거나, 다리 아래로 최대 1cm가 되도록 자른다.
내장을 제거한 가금류는 허드레 고기와 함께 판매하기도 한다.

부위별 가금류 SOUS LA FORME DE MORCEAUX DÉCOUPÉS

손질된 허벅다리 또는 날개, 가슴살, 날개 끝, 얇게 썬 고기, 닭다리 등등 부위별 조각은 생으로 포장하거나, 미리 익혀 식품용 비닐 커버 또는 진공 포장한다. 일반적으로 냉장 또는 냉동 상태로 판매한다.
최대 4도 냉장 보관실에 보관하고, 냉동 제품의 경우 −18도에서 보관하며, 유통기한(DLC)* 또는 최적 사용 기한일(DLUO)*을 표기한다.

기계로 뼈와 살을 분리한 가금류 고기(페이스트 형태 제품) VIANDES DE VOLAILLE SÉPARÉES MÉCANIQUEMENT ET IRRADIÉES(VVSM)

여러 부위 살을 섞어서 압착하여 모양을 다시 만들어 낮은 온도로 익힌 가금류 고기 VIANDES DE VOLAILLE RECONSTITUÉES, COEXTRUDÉES, MIXÉES, THERMOFORMÉES ET CUITES À BASSE TEMPÉRATURE

(BPI 출판사의 《요리의 기술》 가금류 편 참조)

주의 Attention

• 내장 일부가 내부에 남아 있는 가금류 판매는 위생 문제를 장담할 수 없다. 위생에 대한 면밀한 검사를 완벽하게 받은 상태가 아니기 때문이다. 남아 있는 내장에는 종종 대변 병원균이 가득하므로 빨리 변질될 수도 있다.

• 가금류는 배송 즉시 성실하게 위생법을 따라 손질해야 한다.

가금류 손질하기 L'HABILLAGE DES VOLAILLES

일반적으로 요식업에서 가금류의 일반적인 판매 형태는 내장을 제거하고 다리는 포함한 가금류 통째의 모습이다.

가금류 손질은 각기 다른 단계의 과정을 포함한다.((날개, 다리) 펴기, 불에 그슬리기, (용도에 맞게) 손질하기, 내장 제거하기) 가금류는 요리에 따라 날개와 다리를 실로 묶거나 생으로 자른다. 가금류 허드레 고기는 마지막에 손질한다.

 ## 주의 Précautions

가금류 손질 시 주의할 사항

- 주의! 내장을 꺼낼 때 파열될 경우, 가금류 복강 내부에 수많은 대변 병원균 및 병을 일으키는 세균이 확산될 수 있다.(예를 들어, 살모넬라균)

- 따라서 가금류 손질은 다른 식료품과 멀리 떨어진 곳에서 따로 해야 한다.

- 가금류를 손질하는 동안, 흉곽과 복부의 내장은 절대로 도마 위에 두어서는 안 된다.

- 추출되는 즉시 용기에 담아 다른 허드레 고기(목, 발, 날개 끝)와 분리해 따로 보관해야 한다. 가금류 손질이 끝난 후, 마지막으로 내장을 확인하고 손질한다.

- 손질 각 단계 동안 사용한 모든 도구는 세심하게 세척하고 소독한 후 헹군다. 가금류를 손질하는 사람은 반드시 모든 조리 기술과 신체적 위생법을 엄격히 준수해야 한다.

내장 제거한 닭 손질하기
HABILLER UN POULET EFFILÉ

작업 도구 준비하기

- 도마 1개
- 저밈용 칼 1개
- 정리용 용기 3개
- 작은 칼 1개

펼쳐서 불에 그슬리기 ÉTIRER ET FLAMBER

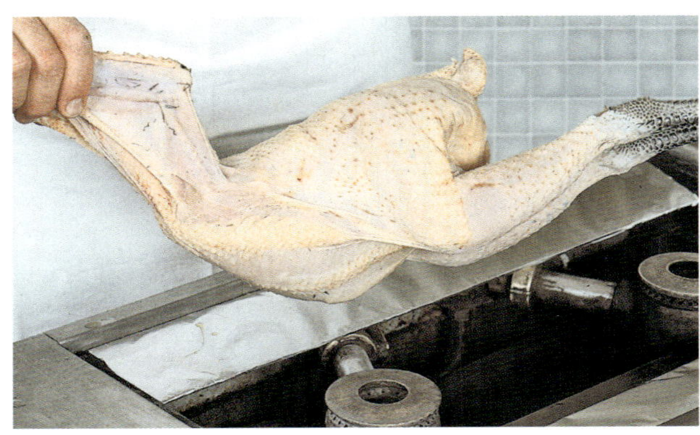

닭 날개와 다리를 펼친 후, 불에 그슬리기 Étirer le poulet, puis le flamber

❶ 닭 머리, 날개, 다리를 단단히 잡는다.

❷ 껍질이 타지 않도록 재빨리 불에 그슬린다. 솜털, 깃털 뿌리, 깃털 등이 남아 있는 경우, 불에 잘 그슬린다. 특히 다리 관절, 날개, 목 부분을 주의한다.

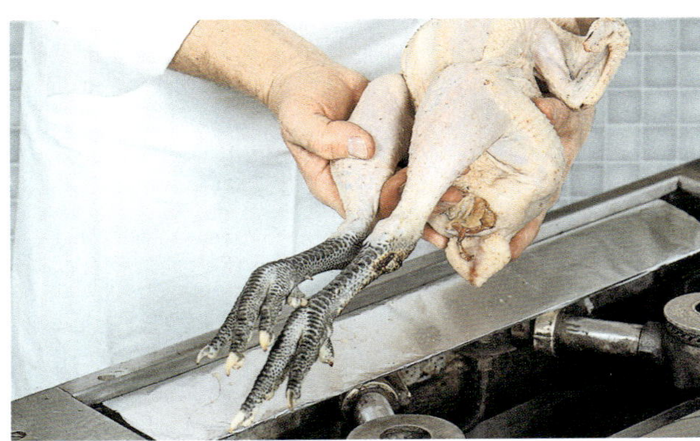

❸ 닭 발과 발가락을 불에 그슬린다. 비늘로 덮인 피부 껍질은 살짝 부풀어오른 후 벗겨진다.

❹ 이 방법은 통째로 된 가금류를 구입할 경우에만 사용한다.(가금류 통구이 volailles rôties, 팬에 통으로 굽기 poêlées, 통째로 삶기 pochées)

"

⑤ 행주를 사용하여 비늘로 덮인 피부 껍질을 제거한다. 닭발이 뜨거울 때 한다. 발가락과 발 밑부분 사이의 껍질은 작은 칼로 제거한다.

⑥ 솜털, 깃털 뿌리, 깃털 등이 남아 있는지 확인한다. 《결을 거슬러서 rebrousse—plumes》 작은 칼로 뽑는다.

⑦ 깨끗한 면보로 세심하게 닭을 닦는다.

손질하기 PARER

발 손질하기 Parer les pattes

발가락과 작은 발톱을 자른다. 중간 발가락(가장 긴 것)은 남겨두며 발톱만 자른다.

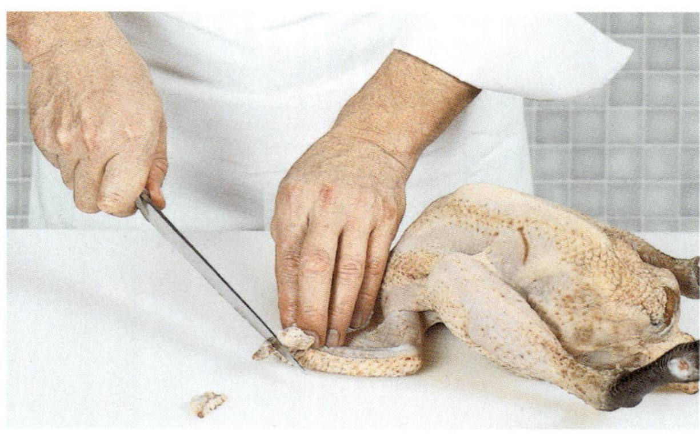

날개 손질하기 Parer les ailes

① 날개 끝을 약 1cm 자른 후, 뒷발가락을 자른다.(닭 뼈대 그림 참조)

② 허드레 고기는 용기에 담는다.

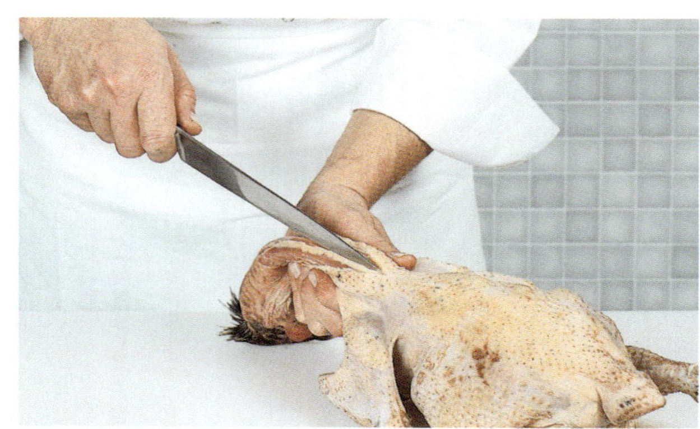

목 제거하기 Parer et ôter le cou

① 닭 배 부분을 잡고 머리 부분이 자신 쪽을 향하게 돌린다.

② 세로 방향으로 목 껍질 부분에 칼집을 낸다.

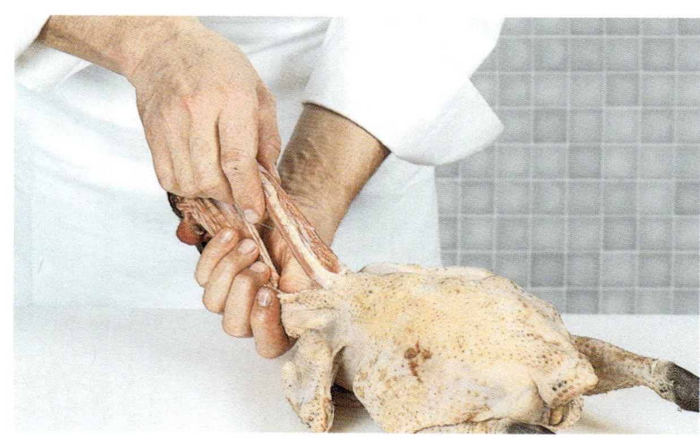

목 껍질 제거하기 Dégager la peau du cou

① 목을 세로 방향으로 당겨주며 껍질과 완전히 분리시킨다.

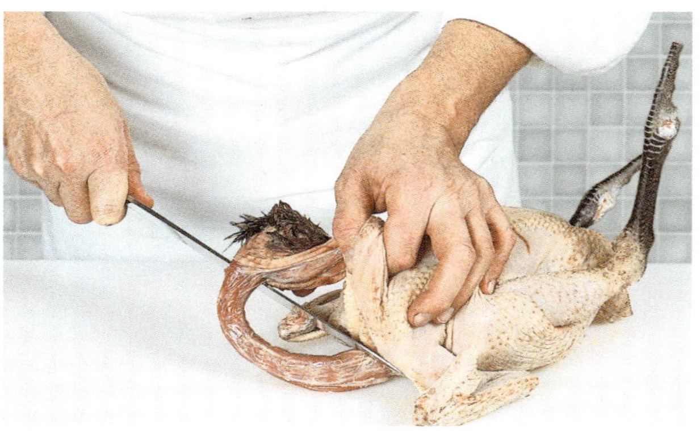

❷ 척추골 근처에서 목을 자른다.(남아있는 목 부분 작은 조각은 흉곽 내장을 절제할 때 방해가 된다.)

❸ 목 껍질을 반쯤, 모이주머니 바로 윗부분까지 자른다.(남아 있는 껍질은 붙들어 맬 때 흉곽 구멍을 덮는 데 사용한다.)

❹ 머리를 자른 후, 목을 부숴 다른 허드레 고기와 함께 보관한다.

❺ 항문 껍질을 자른 후 부스러기를 담는 용기에 넣는다.

❻ 항문 크기가 커지지 않도록 한다. 닭은 손가락 하나만 이용하여 내장을 제거한다.

내장 제거하기 VIDER

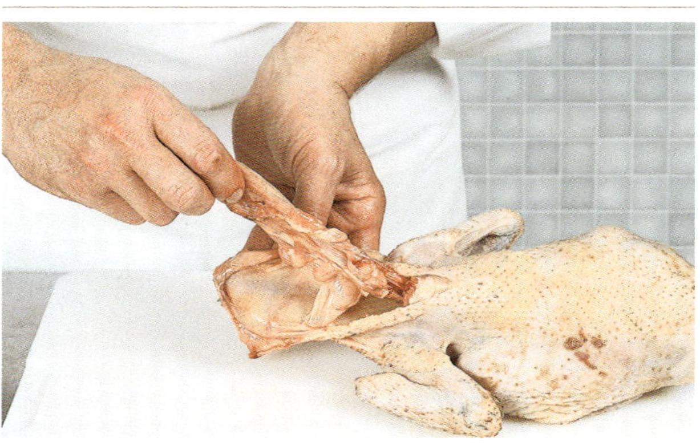

흉곽 내장 《분리하기》 《Décoller》 les viscères thoraciques

❶ 식도, 기도, 모이주머니와 목 껍질에 붙어 있는 지방 덩어리를 《분리한다 Décoller》.

❷ 모이주머니가 파열되지 않도록 주의한다. 닭이 공복인 상태로 도살되지 않는 경우가 종종 있기 때문이다.

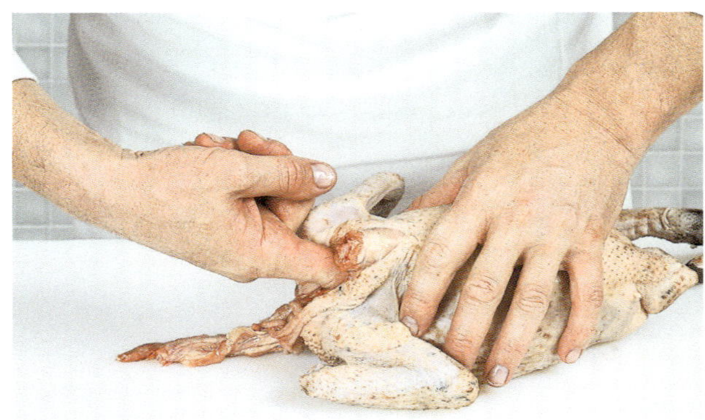

❸ 닭 배 부분을 잡고 검지 손가락을 살짝 구부려 흉곽 내부에 반원을 그리며 심장과 허파를 분리시켜 빼낸다.

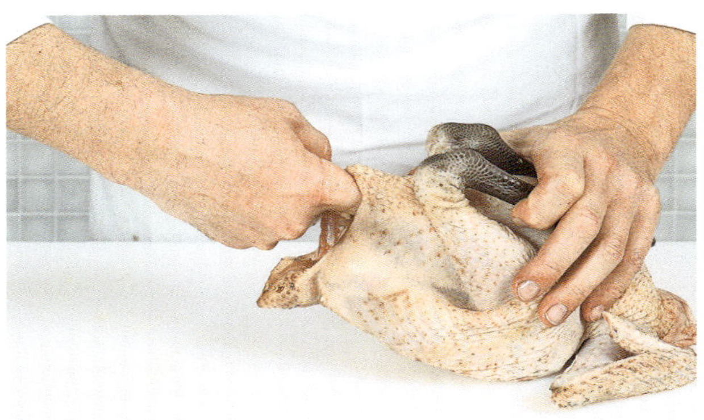

복부 내장 《분리하기》 《Décoller》 les viscères abdominaux

검지손가락을 구부려 복부 내부에 반원을 그리며 간, 비장, 모래주머니를 빼낸다. 지방 덩어리는 제거한다.(내장 추출 용이)

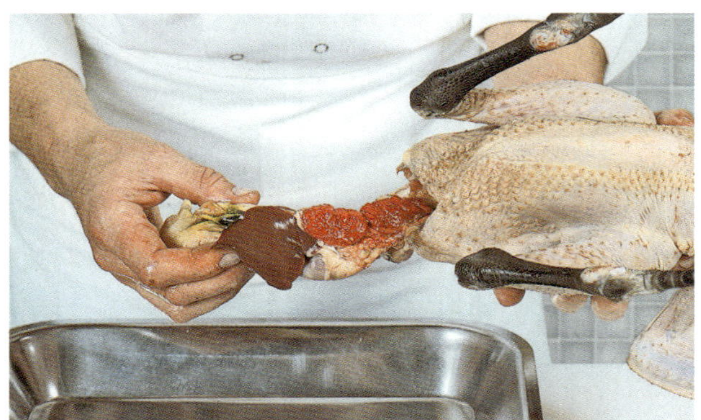

항문으로 내장 전체를 빼낸다.

모래주머니를 당긴다. 내장 전체는 단번에 제거한다. 쓸개를 파열하지 않도록 조심스럽게 빼내고 항문 크기도 커지지 않도록 한다.

 **주의** Attention

- 내장을 도마 위에 두지 말고 용기에 따로 둔다. 가금류의 내장 적출 상태를 꼼꼼히 살펴본다.

허드레 고기 손질하기 PRÉPARER LES ABATTIS

❶ 손질된 닭은 용기에 담아 냉장 보관실에 둔다. 허드레 고기를 도마 위에 올려 놓고 손질한다.

❷ 심장, 간, 모래주머니와 먹을 수 없는 다른 내장을 분리한다.

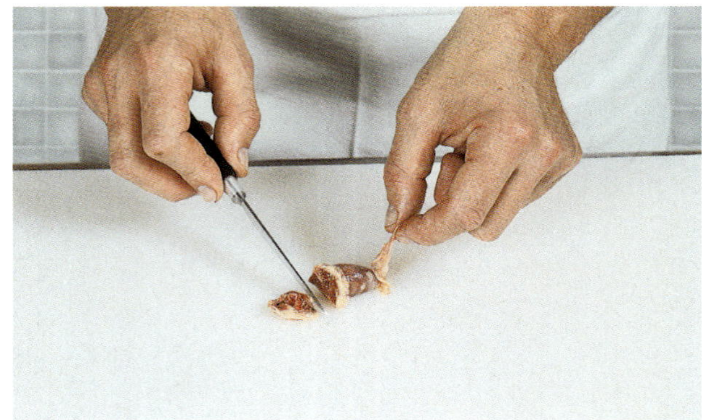

❸ 심장 끝부분을 손질한 후 심막과 핏덩어리를 제거하기 위해 살짝 눌러준다.

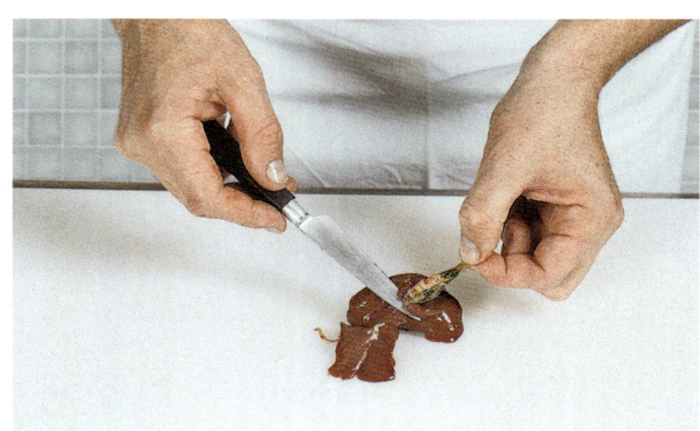

❹ 간 엽을 손질하고 펼친다.

❺ 파열되지 않도록 조심스럽게 쓸개를 제거하고 수담관과 푸르스름한 부분을 제거한다.

❻ 모래주머니에 붙어 있는 지방을 손질한 후, 뿔 모양 막까지 가로로 칼집을 낸다.

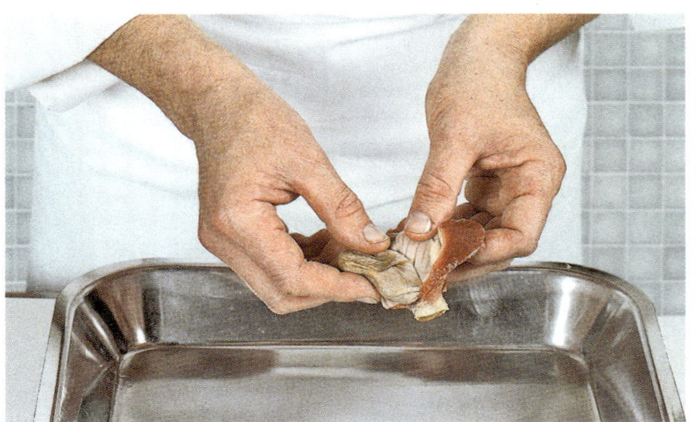

닭 발과 날개를 몸통에 동여매기
TROUSSER UNE VOLAILLE

닭을 붙들어 매는 사전 작업은 동그랗게 외관을 정리해 골고루 익힐 수 있도록 한다.

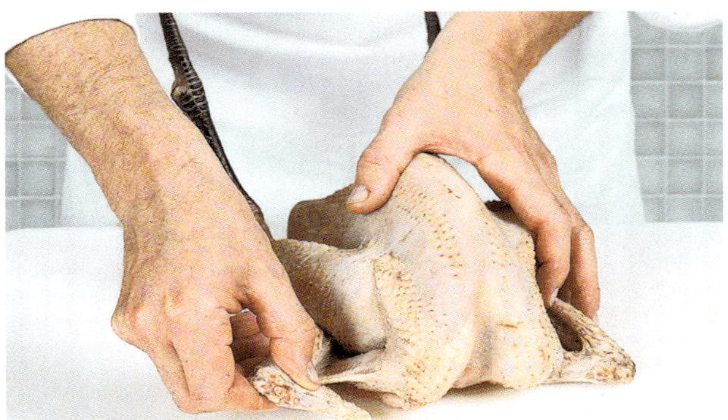

❶ 목 껍질을 당겨서 가슴살이 돋보이게 하고 흉곽 구멍을 막도록 닭 밑으로 말아준다.

❷ 손님 앞에서 요리하거나 자를 때는 닭 밑으로 날개 끝을 접어 넣는다.

❸ 익히는 동안 수축하지 않도록 발 힘줄에 칼집을 넣는다.

❹ 관절 부분에도 칼집을 넣는다.

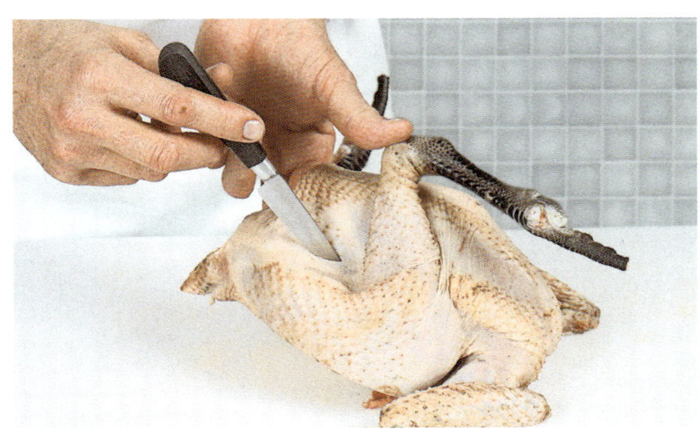

❺ 가슴뼈 끝부분 아래에 위치한 삼각형의 피부 꼭지점에 칼집을 넣는다. 발을 잘 고정시키고 관절을 숨길 수 있도록 깊이 칼집을 넣는다.

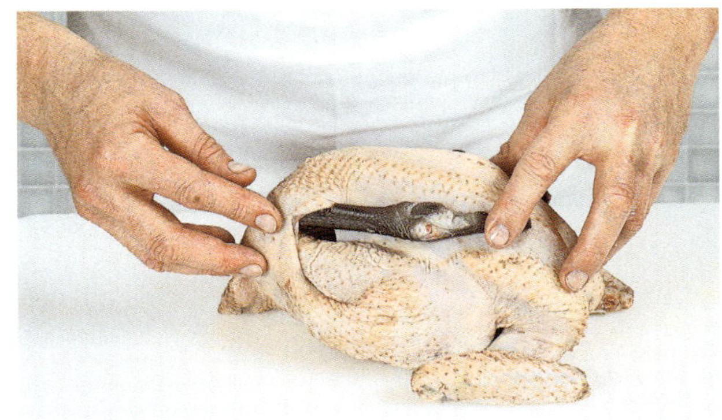

❻ 발을 구부려 구멍으로 조심스럽게 밀어 넣는다.

전식용 닭 날개와 다리를 실로 묶기
BRIDER UNE VOLAILLE EN ENTRÉE
(두 가지 방법)

이 방식은 특별히 팬에 굽거나 데치는 닭 요리에 사용한다.

윗부분 묶기 BRIDAGE DE LA PARTIE SUPÉRIEURE

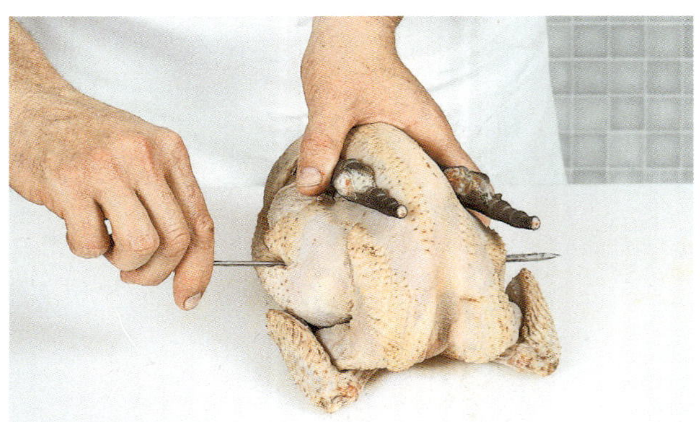

❶ 닭고기 안에 소금과 후추를 뿌린다.

❷ 닭 발과 날개를 몸통에 동여매고 약 70∼80cm의 실과 꼬챙이 바늘을 준비한다.

❸ 닭을 살짝 눌러주며 묶는다.

❹ 넓적다리 관절과 지방 위치에서 관통하며 묶는다.

❺ 매듭을 짓기 위해 약 10cm 정도 실을 남긴다.

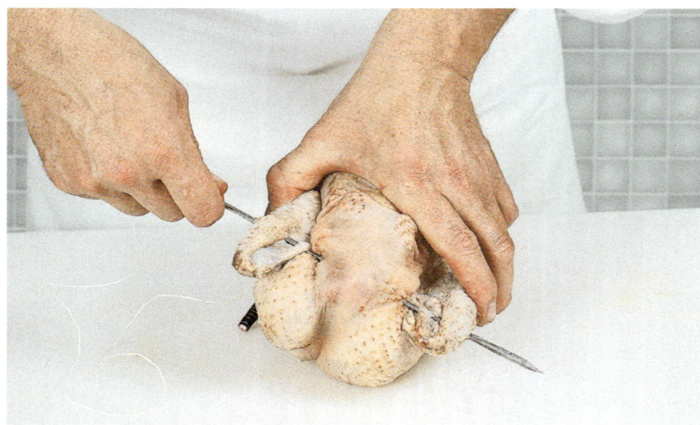

❻ 닭을 뒤집어서 목 껍질을 척추골 쪽으로 당긴다.

❼ 요골과 척골 사이의 〈날개〉 중간을 바늘로 관통한다.

❽ 목 껍질을 조심스럽게 고정시키며 척추골 아래로 바늘을 통과시킨다.

❾ 날개 끝부분을 지나 요골과 척골 사이의 〈날개〉 중앙을 관통한다.

❿ 실을 빼내어 잘 조여준 후 다른 끝부분 실과 단단히 묶는다.

⓫ 남은 부분의 실을 자른다.

아래 부분 묶기 BRIDAGE DE LA PARTIE INFÉRIEURE

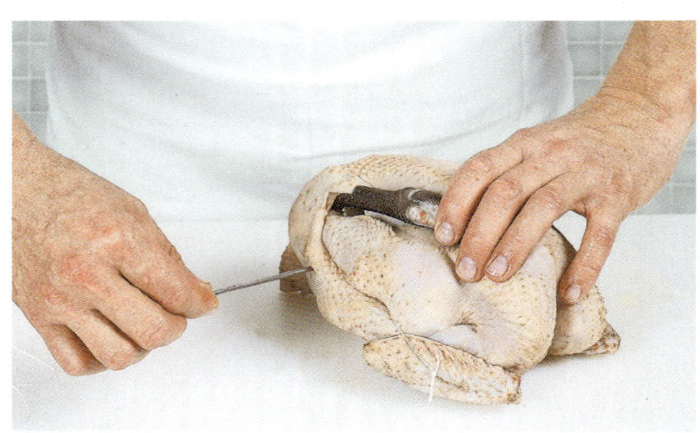

❶ 닭을 준비한다.

❷ 좌골 깊이 패인 부분에서 장골을 가로질러 바늘을 통과시키며 골반을 관통한다.

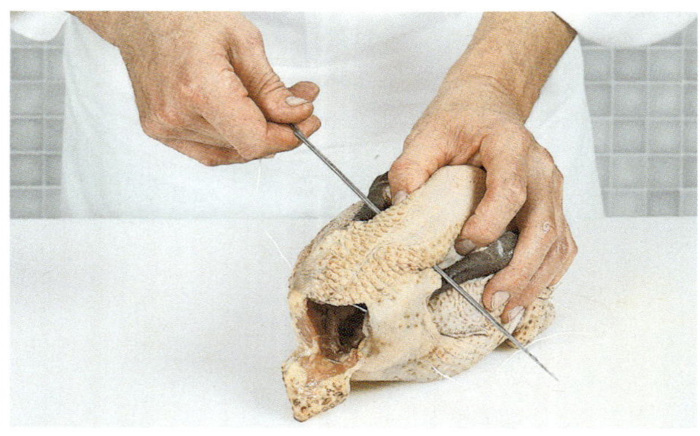

❸ 가슴뼈 끝부분을 잘 조인 후, 발 관절과 접힌 다리 위쪽으로 몇 cm 떨어진 곳에 바늘을 통과시킨다.

④ 잘 조여서 두 번 묶은 후 실의 남은 부분을 자른다.

구이용 닭의 날개, 다리를 실로 묶기
BRIDER UNE VOLAILLE POUR RÔTIR

윗부분 묶기 BRIDAGE DE LA PARTIE SUPÉRIEURE

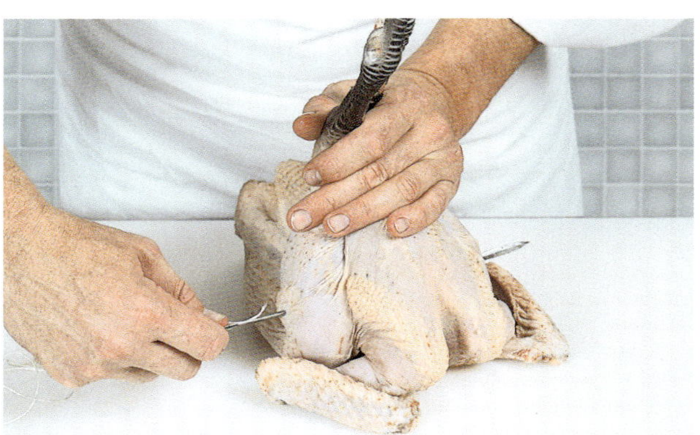

① 닭고기 안에 소금과 후추를 뿌린다.

② 발 힘줄을 자르고 날개 끝은 밑으로 접어 넣는다.(《닭 발과 날개를 몸통에 동여매기 trousser une volaille》 참조)

③ 발을 올리고 가슴뼈 쪽으로 눌러주며 잘 묶는다.

④ 넓적다리 관절과 지방 부분을 바늘로 찔러 통과시킨다.

⑤ 매듭을 짓기 위해 약 10cm의 실을 남겨둔다.

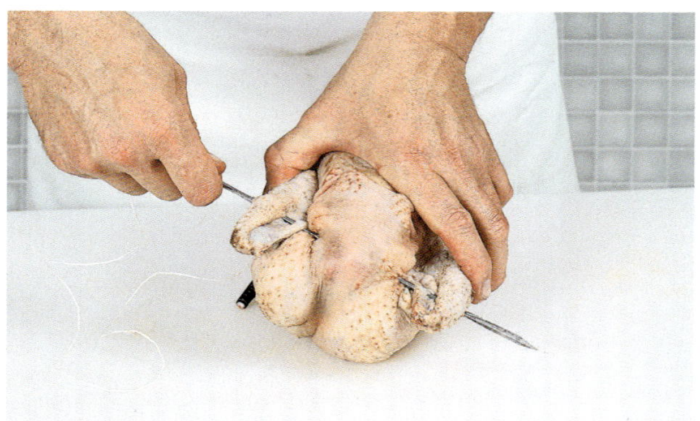

⑥ 닭을 뒤집어서 목 껍질을 척추골 쪽으로 당긴다.

⑦ 요골과 척골 사이의 《날개 l'avant–bras》 중간 부분을 바늘로 관통한다.

⑧ 목 껍질을 조심스럽게 고정시키며 척추골 아래로 바늘을 통과시킨 후, 날개 끝부분을 지나 요골과 척골 사이의 《날개 l'avant–bras》 중앙을 관통한다.

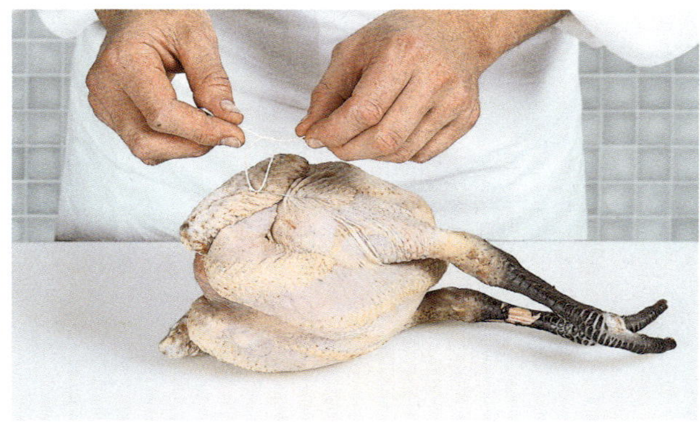

⑨ 실을 빼내어 잘 조인 후 다른 끝부분의 실과 단단히 묶는다.

⑩ 실의 남은 부분을 자른다.

아래 부분 묶기 BRIDAGE DE LA PARTIE INFÉRIEURE

① 닭을 준비한다.

② 좌골 깊이 패인 부분에서 장골을 가로질러 바늘을 통과시키며 골반을 관통한다.

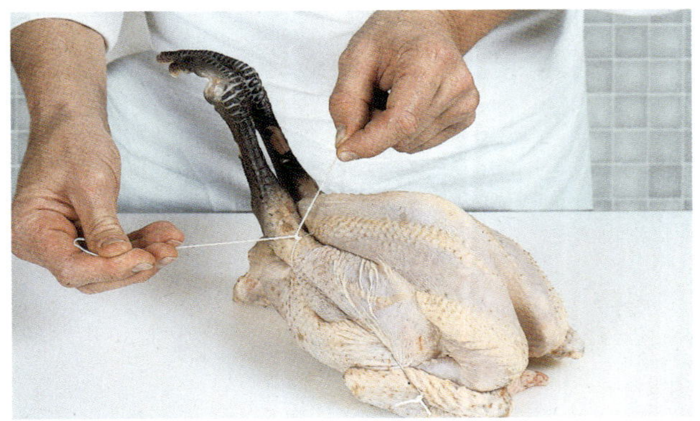

❸ 관절 위로 발을 고정시키며 가슴뼈 끝부분 아래쪽으로 바늘을 통과시킨다.

❹ 발 끝을 실로 한 두 번 돌려서 묶은 후 열로부터 보호하기 위해 알루미늄 호일로 감싼다.

다른 방법

다음 두 가지 방법은 닭을 주방에서 자를 때 더욱 알맞은 방법이다.

첫 번째 방법

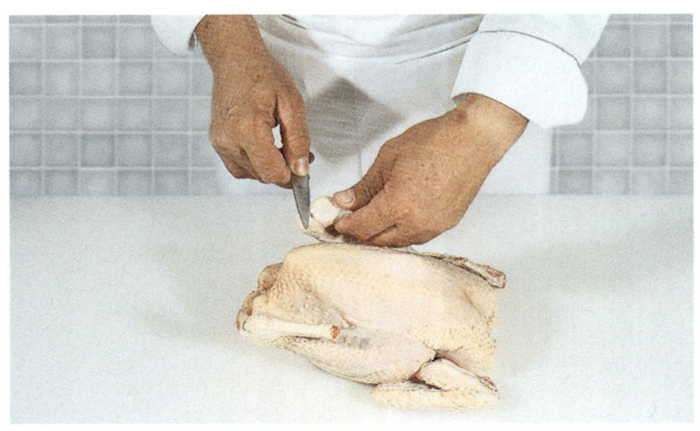

❶ 관절로부터 5cm 아래에서 발을 자른다.

❷ 익히는 동안 발목뼈가 수축하는 것을 막기 위해 힘줄에 칼집을 넣는다.

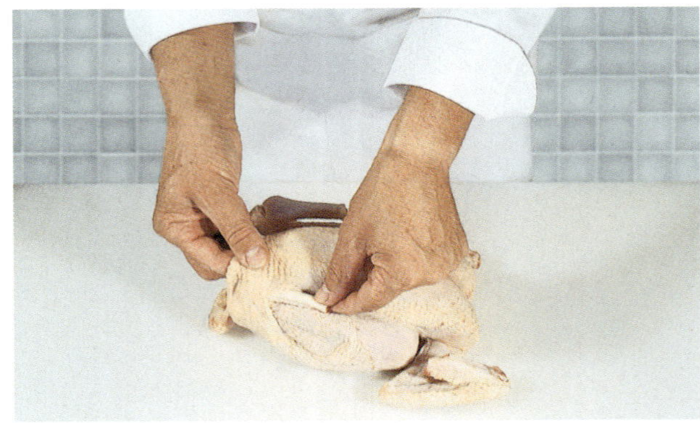

❸ 닭에 간을 한 후, 발과 날개를 몸통에 동여맨다.

❹ 가슴뼈 끝부분 아래에 위치한 삼각형의 피부 꼭지점에 칼집을 넣고 다리 관절을 그 안으로 밀어 넣는다.(발목뼈 tarse, 다리 pilon)

❺ 앞에서처럼 실로 묶는다.

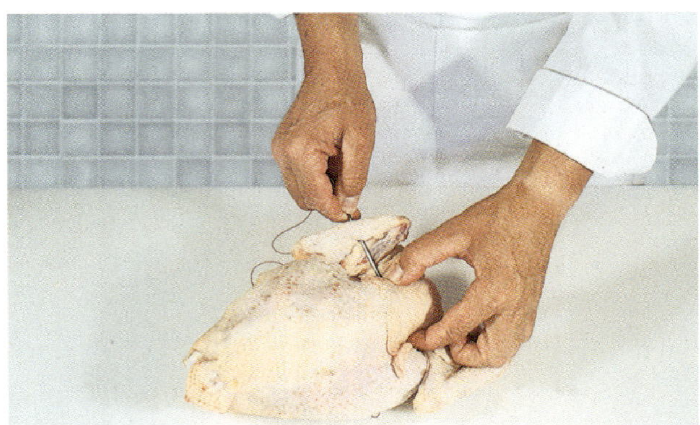

❻ 요골과 척골을 관통하고 척추골 아래로 바늘을 통과시키며 날개를 잘 묶는다.

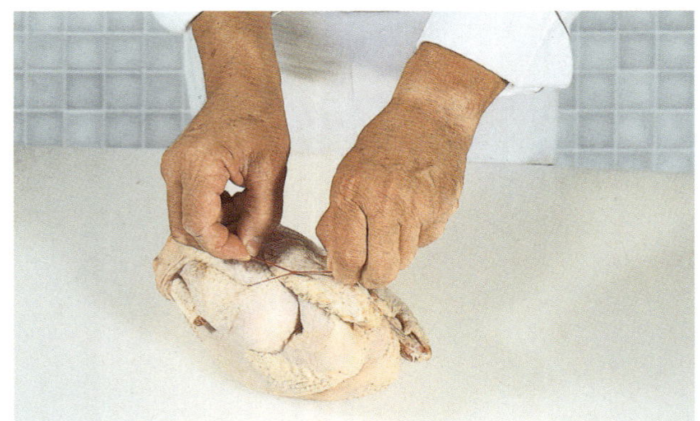

❼ 실의 매듭을 단단하게 묶고, 날개 끝이 척추골과 나란히 있도록 한다.

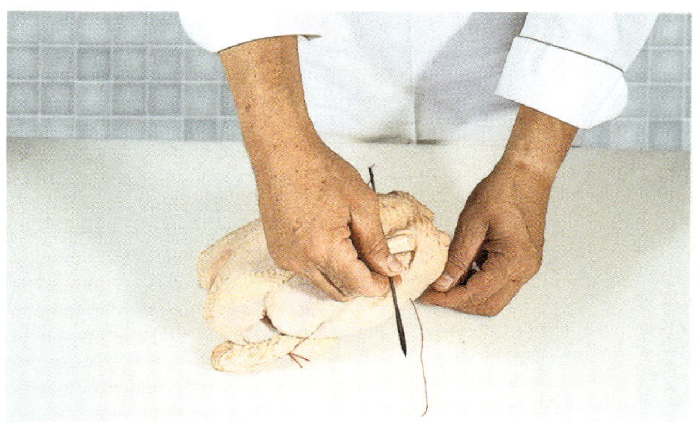

❽ 앞에서처럼 닭 아랫부분을 실로 묶는다.

두 번째 방법

일반적으로 닭을 데칠 때 사용한다.

❶ 발 관절로부터 4cm 아래에 칼집을 넣는다.

❷ 익히는 동안 발목뼈가 수축하는 것을 막기 위해 힘줄에 칼집을 넣는다.

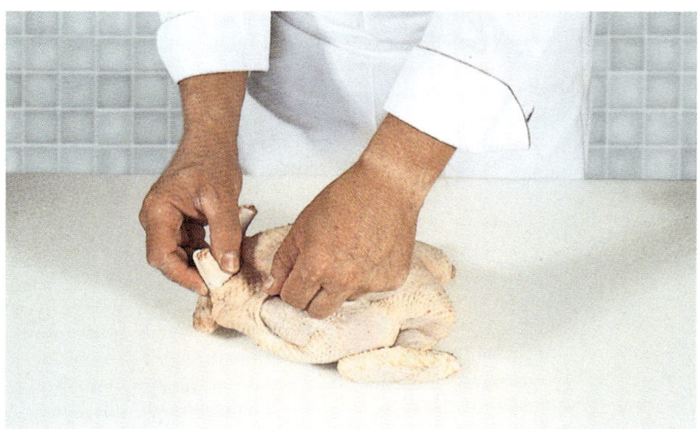

❸ 가슴뼈 끝부분 아래에 위치한 삼각형의 피부 꼭지점에 칼집을 넣고 발목뼈와 다리 관절을 그 안으로 밀어 넣는다.

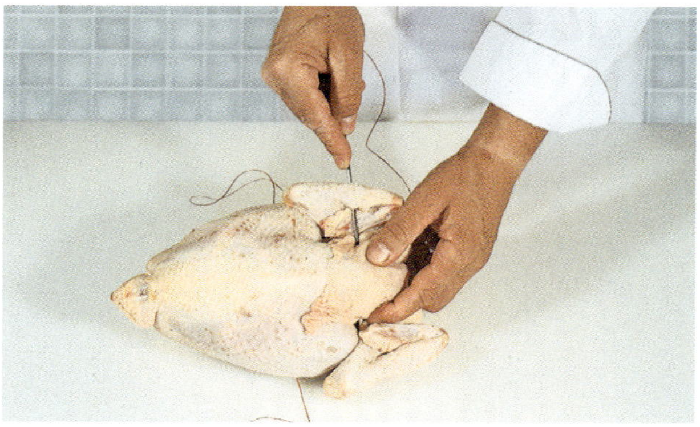

❹ 앞에서처럼 닭 윗부분을 실로 묶는다.

❺ 장골 부분 골반을 가로질러 바늘을 통과시키며 아래 부분을 실로 묶는다.

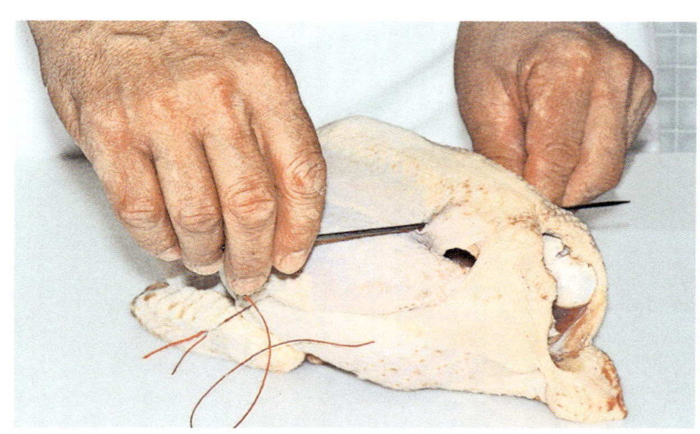

❻ 다리 바로 윗부분, 관절에서 약 4cm 떨어진 곳을 통과시킨다. 발목뼈는 고정시키지 않는다. 발목뼈는 익히는 동안 살짝 수축하며 가슴뼈의 껍질 부분을 팽팽하게 한다.

비계를 가슴에 감싸기 Barder

비계로 가슴 전체를 감싼 후 실로 몇 번 돌려서 묶는다.

거세된 수탉 Pour les chapons, 영계 les poulardes, 새끼 뿔닭 les pintadeaux, 비둘기와 메추라기 les pigeons et les cailles를 요리할 때에는 가슴 부분의 고기를 비계로 감싸 보호해줍니다.

생닭 4조각으로 자르기 DÉCOUPER À CRU UN POULET EN QUATRE MORCEAUX

첫 번째 방법

이 방법은 닭고기 쉬프렘*(닭가슴살)을 자르는 데 사용한다. 오리나 칠면조 쉬프렘을 위해서도 마찬가지로 사용한다.

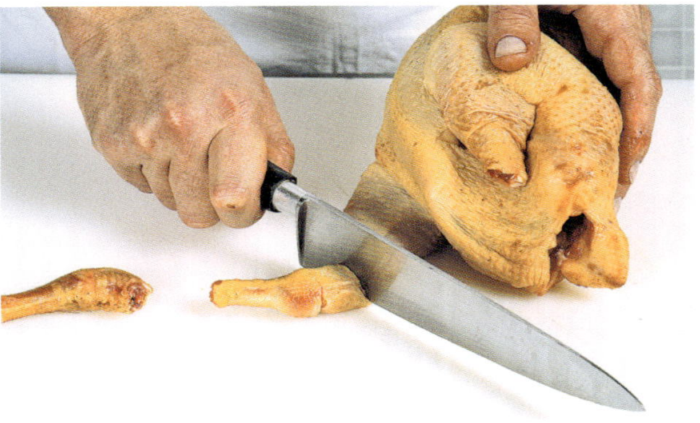

❶ 큰 칼끝 뒷부분을 이용하여 단번에 정확하게 발을 자른다. 경골과 비골 (부골(발목뼈)과 중족골) 관절에서 약 1cm 위쪽에서 자른다.

❷ 자르는 과정에서 나온 뼈 조각을 찾아 제거한다.

날개 끝 손질하기 Parer les ailerons

❶ 요골과 척골 사이 관절에서 약 1cm 위에 있는 상박골을 자른다.

❷ 뼈 조각에 유의하며 자른다.

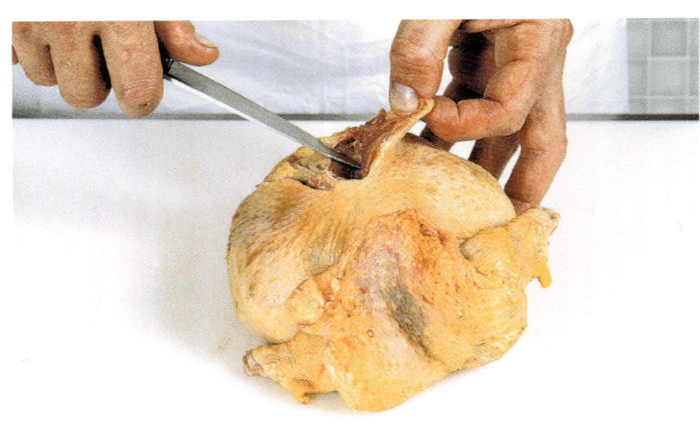

《선골부에 붙어 있는 살》 분리하기[1]
Repérer et dégager les 《sot-l'y-laisse》

❶ 발을 구부려 접고 복부가 도마에 닿도록 닭을 놓는다.

❷ 허리 관절에 있는 척추골 밑 양쪽 갈비 껍질 부분에 칼집을 넣고, 넓적다리의 일부인 《선골부에 붙어 있는 살 sot–l'y–laisse》을 분리한다.

> [1] 《선골부에 붙어 있는 살 sot–l'y–laisse》 : 척추골 양쪽 갈비에 위치한 살 조각 으로, 선골부(꽁무 니뼈) 위 허리 부분에 있다.(《선골부에 붙어 있는 살 sot–l' y–laisse》은 눈에 잘 띄지 않는다)

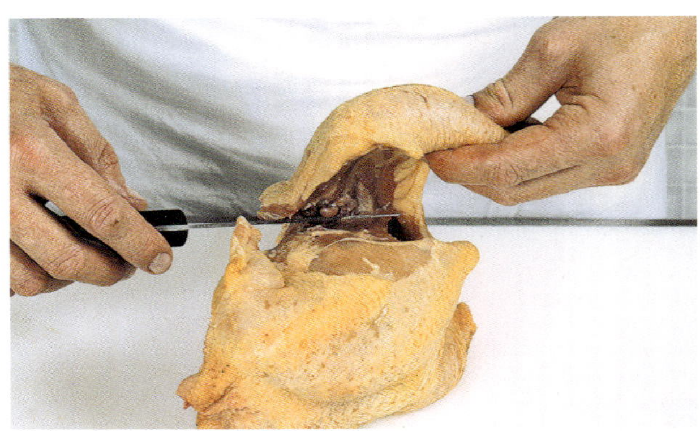

첫 번째 넓적다리 떼어내기 Lever la première cuisse

❶ 갈비 쪽이 도마에 닿도록 닭을 놓고 껍질을 평평하게 하며 당긴다.

❷ 넓적다리 윗부분에 아치 모양 칼집을 내고 《선골부에 붙어 있는 살 sot–l'y–laisse》 아래로 칼을 넣어 허리 관절 부분까지 관통시킨다.

❸ 힘줄을 자르고 살짝 당겨주며 넓적다리를 분리시킨다.

❹ 반대쪽 넓적다리에도 똑같이 실행한다.

---

* 쉬프렘 suprêmes : 닭봉과 연결되어 있 는 가슴살 부위.

넓적다리 뼈 발라내기 Désosser le gras de cuisse

넓적다리에 칼집을 내며 《슬개골 rotule》을 포함하여 대퇴골을 분리해낸다.

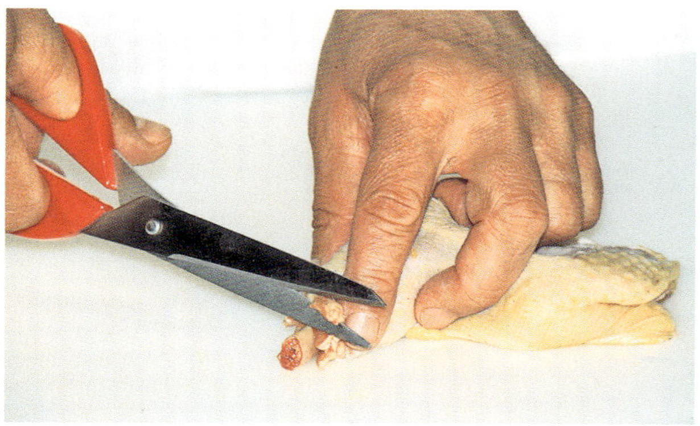

넓적다리 뼈 끝 손질하기 Manchonner la cuisse

가위를 이용하여 경골(넓적다리 뼈)의 살을 조금 분리하고 힘줄을 정리한다.

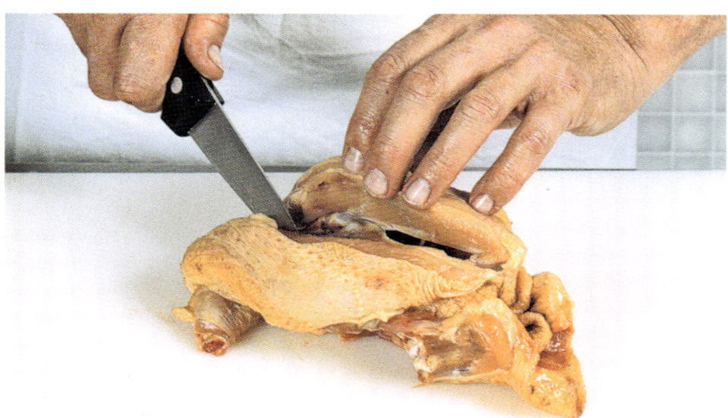

날개 살 자르기 Lever les ailes de la carcasse

❶ 쉬프렘에 상처가 나지 않도록 유의하며 V자 모양으로 된 뼈(쇄골 la fourchette)를 분리한다.

❷ 가슴살을 덮고 있는 껍질을 당겨주며 평평하게 만든다.

❸ 가슴뼈를 잘 보며 세로로 칼집을 낸다.

❹ 살이 붙어 있지 않도록 가슴뼈를 따라가며 새 부리 모양 뼈를 따라 내려 가서 힘줄을 자르며 상박골 관절을 분리한다.

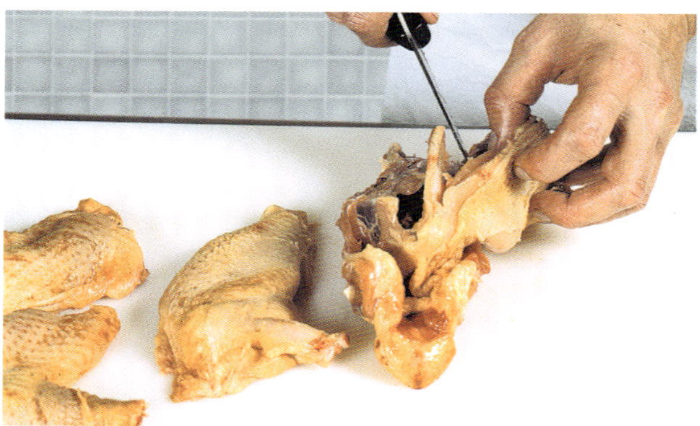

❺ 반대쪽 날개에도 똑같이 실행한다. 가슴살 부위에 손상을 입지 않고 분리되지 않도록 조심스럽게 쉬프렘을 자른다.

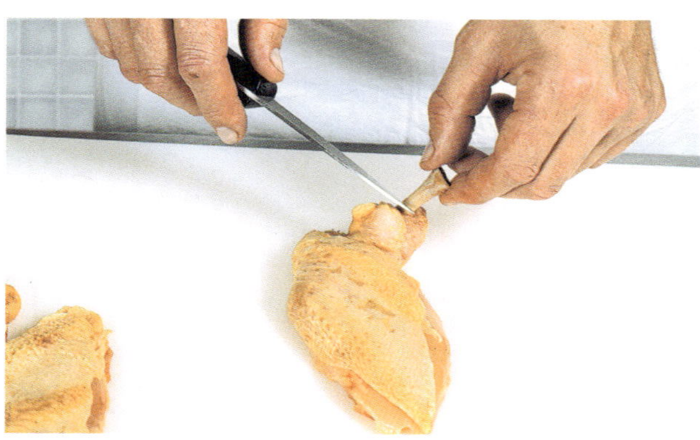

상박골 끝 손질하기 Manchonner l'humérus

작은 칼로 뼈에 붙어 있는 살을 약 1.5cm 떼낸다.

두 번째 방법

같은 방법으로 닭 넓적다리를 분리하여 손질하고 《쇄골 fourchette》을 제거한다.

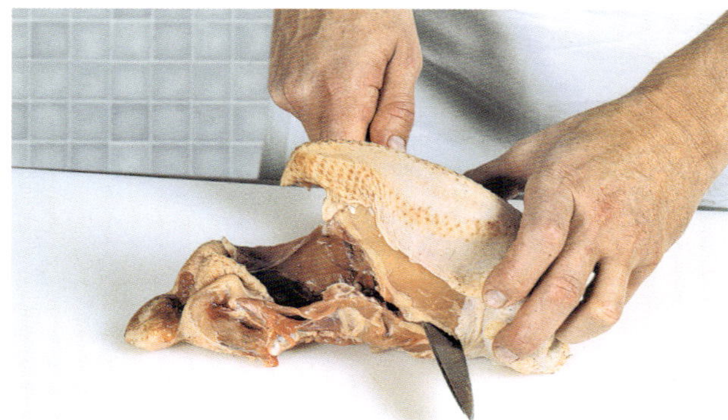

❶ 닭을 단단히 붙잡고 날개 끝을 떼낸다.

❷ 지방으로 된 작은 혈관 줄기를 따라 내려가며 비스듬하게 닭 흉곽 부분을 잘라 분리한다.

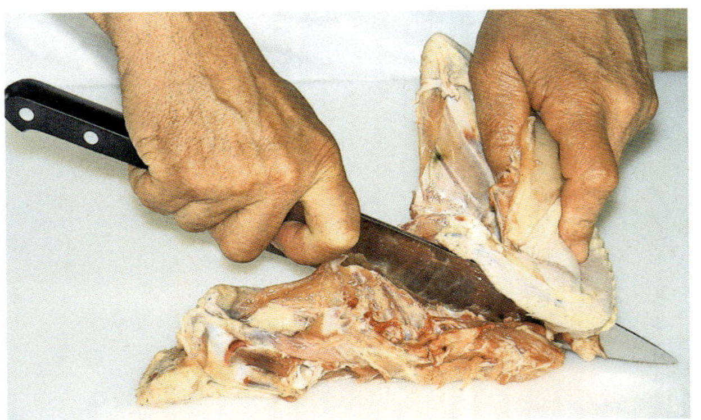

❸ 척추골 나머지 부분을 잘라 제거한다.

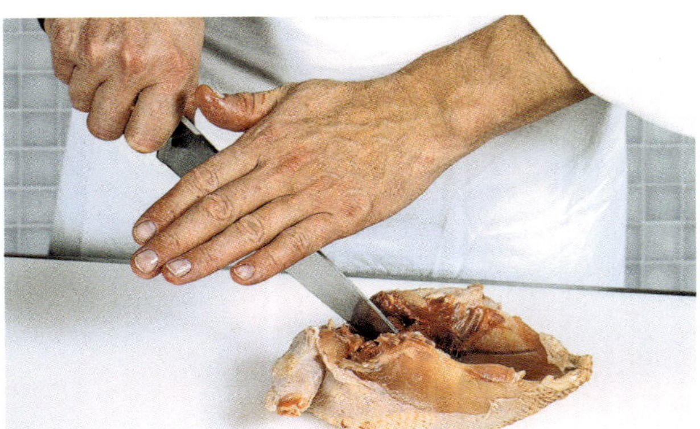

❹ 흉골 윗부분을 납작하게 만들기 위해 살짝 쪼개어 자른다.

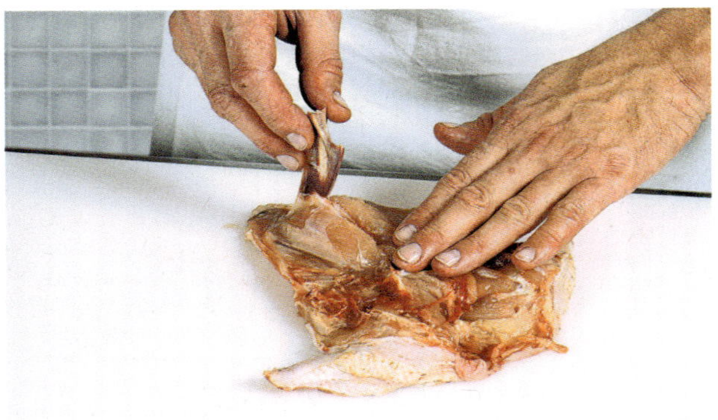

❺ 가슴뼈 아래 부분을 따라 칼집을 내주고 뼈를 제거한다. 뼈를 조심스럽게 당겨주면 쉽게 떨어진다.

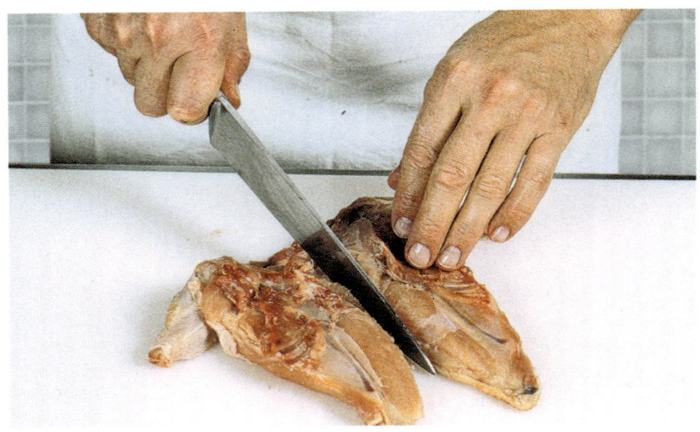

❻ 쉬프렘 껍질을 당겨주며 평평하게 한 후, 2개의 날개로 사용할 수 있도록 2등분으로 자른다.

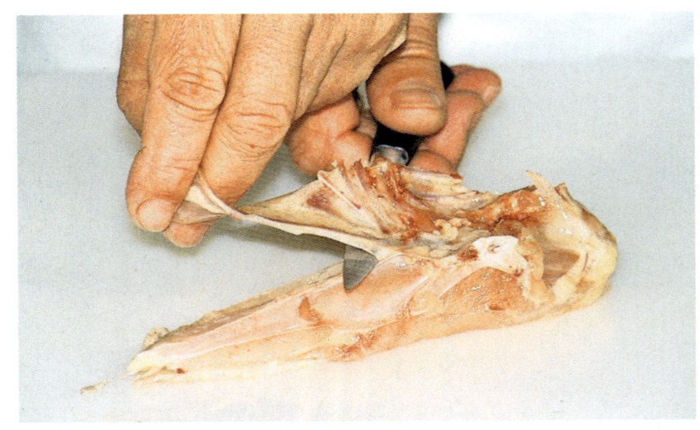

❼ 쉬프렘 뼈를 완전히 발라내거나, 견갑골과 새 부리 모양 뼈를 남겨두고 작은 갈비뼈를 제거한다.

❽ 상박골 끝 부분 살을 손질한다.

쉬프렘 뼈를 발라내지 않는 이유
쉬프렘 뼈를 발라내지 않는 경우가 많다. 왜냐하면 뼈와 함께 익히면 고기가 더 맛있고 촉촉하기 때문이다. 흉곽의 작은 뼈는 익힌 후 발라낼 수 있다.

미국식 구이용 닭 준비하기
PRÉPARER UNE VOLAILLE POUR GRILLER

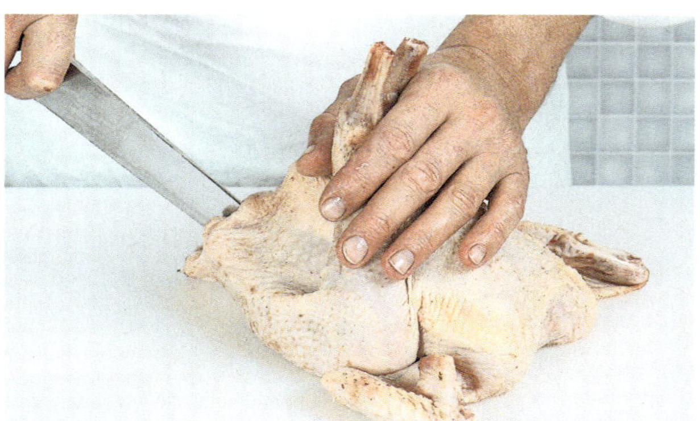

닭 손질하기 Habiller la volaille

❶ 발 중간쯤에서 잘라낸다.(관절에서 4~5cm 위로)

❷ 등쪽이 도마에 닿도록 닭을 놓고 단단히 붙잡는다.

❸ 큰 칼을 안쪽으로 넣어 척추골을 통째로 꺼내기 위해 좌우를 자른다.

닭 납작하게 펴기 Aplatir la volaille

❶ 복부 쪽이 도마에 닿도록 닭을 놓고 가슴뼈 윗부분을 칼끝으로 쪼갠다.

❷ 닭을 열어서 납작하게 편다.

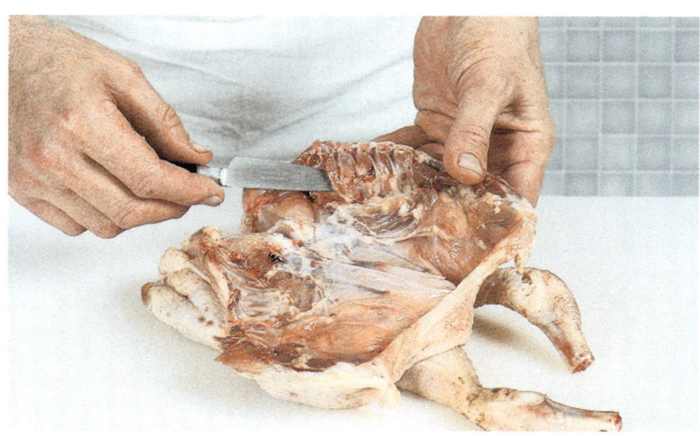

❸ 흉곽의 작은 뼈는 선택적으로 제거한다.(익힌 후 제거할 경우, 닭 모양이 잘 유지되고 그릴의 직접적인 열로부터 닭을 보호할 수 있다.)

❹ **쉽게 익히기 위해 넓적다리 관절에 칼집을 넣는다.**

❺ 발 힘줄을 제거한다.

세심하게 불에 그슬리고 껍질을 제거한 후 중간 발가락을 제외한 나머지 발가락을 정리한 닭발은 통구이에 함께 사용할 수 있다.

❻ 가슴뼈 아래 부분에 위치한 삼각형 모양의 껍질 윗부분에 칼집을 넣어 그 안으로 발을 넣는다.(《닭 발과 날개를 몸통에 동여매기 trousser une volaille》참조)

❼ 손질된 날개 끝부분을 아래로 접는다.

《앙 크라포딘(날개, 다리를 펼쳐서)》 닭고기구이 준비하기 PRÉPARER UNE VOLAILLE POUR GRILLER 《EN CRAPAUDINE》

《앙 크라포딘(날개, 다리를 펼쳐서) en crapaudine》 닭고기구이 준비하기는
작은 닭, 영계, 어린 비둘기 등에 사용한다.

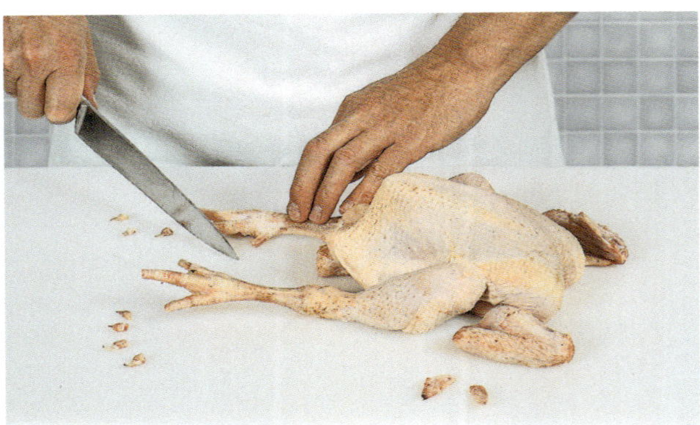

닭 손질하기 Parer la volaille

❶ 닭을 손질한다.

❷ 발을 불에 그슬리고 껍질을 벗긴다. 발가락은 그대로 두고 발톱은 자른다.

❸ 최대 1cm 정도 날개 끝을 자르고 (날개 옆) 뒷발가락을 손질한다.

❹ 가슴뼈 끝에서 시작하여 얇은 지방 혈관을 따라 자른다.

❺ 넓적다리 둘레에 아치 모양으로 칼집을 넣는다.

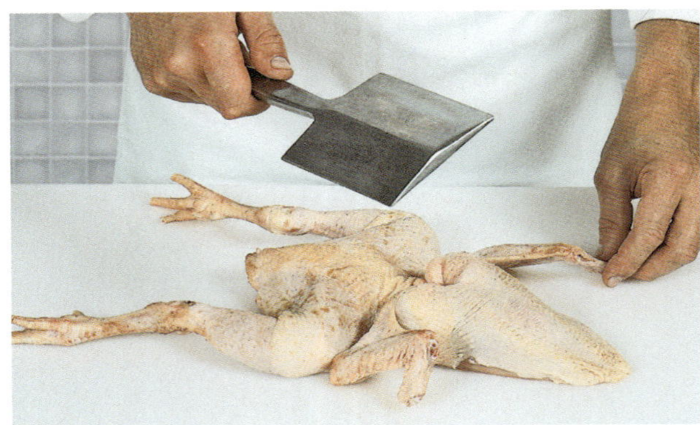

❻ 가슴살을 놓고 평평하게 두드린다.

❼ 목 껍질 남은 부분을 흉곽 구멍으로 밀어 넣는다.

❽ 작은 갈비뼈를 제거한다.

❾ 갈비를 두드려 펴는 도구로 닭을 납작하게 만든다.

오리 손질하기 HABILLER UN CANARD

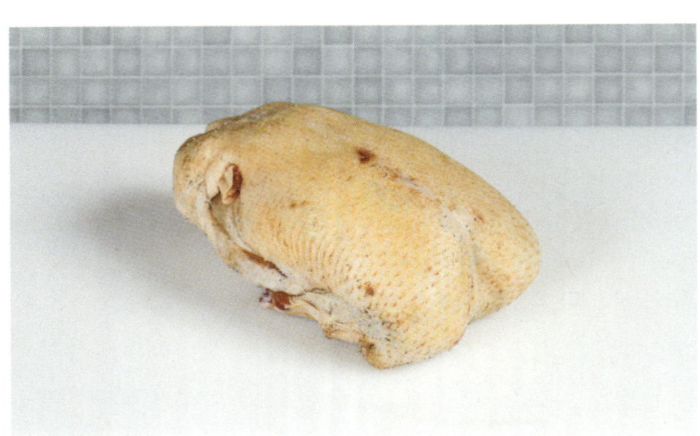

손질 완료된 오리 Canard terminé

날개와 다리를 실로 묶어 익힐 준비가 된 오리(오븐 또는 팬으로 굽기)

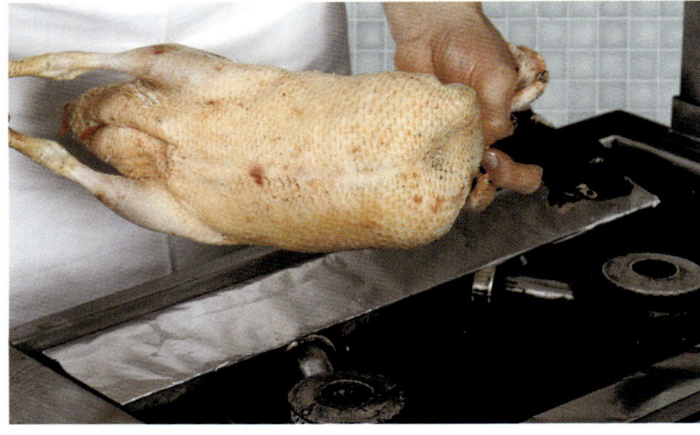

오리 날개와 다리를 펴고 불에 그슬리기 Étirer et flamber le canard

❶ 닭을 손질할 때처럼 준비한 후(앞 페이지 참조) 발을 불에 그슬린다.
(납작한 부위는 제외) 피부 껍질은 살짝 부풀어오른 후 벗겨진다.

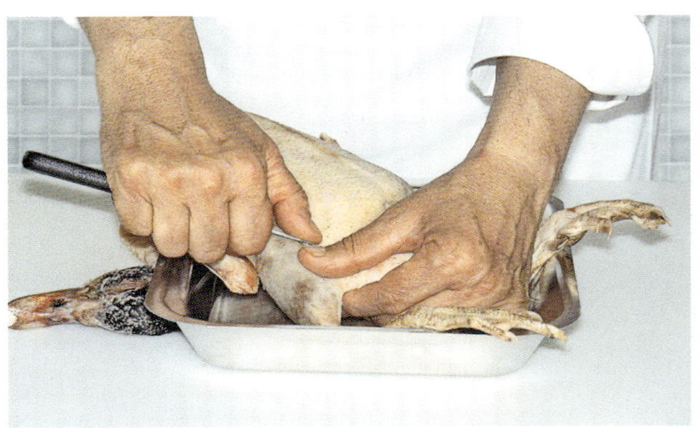

❷ 남아있는 솜털, 깃털 뿌리, 깃털 등을 제거한다.

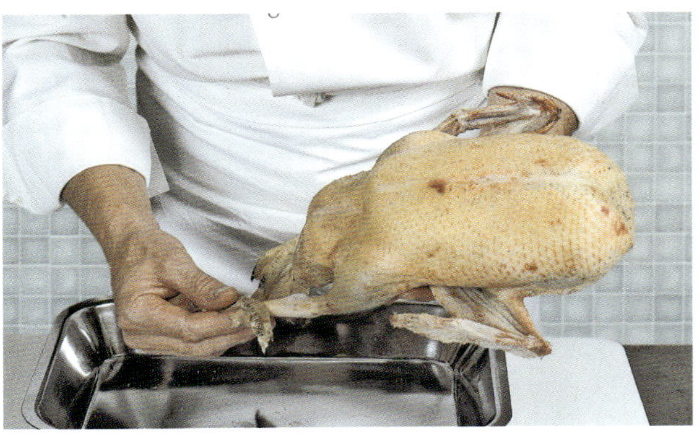

발 껍질 떼어내기 Décoller la peau des pattes*

발이 따뜻할 때 키친타월을 사용하여 첫 번째 며느리 발톱이 있는 데까지 껍질을 떼낸다. 발의 납작한 부분은 잘라낼 것이기 때문에 닦지 않는다.

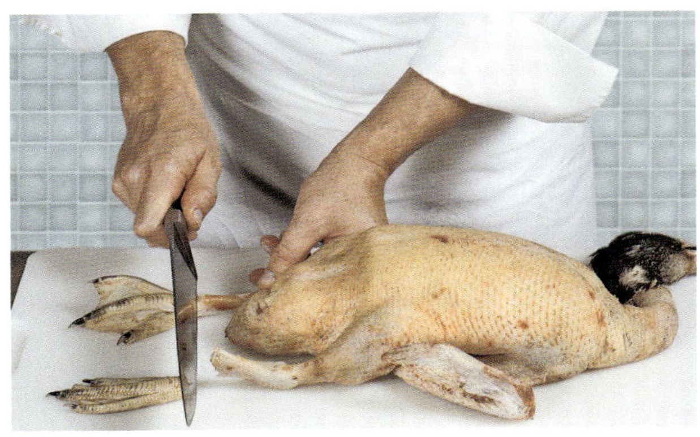

발 손질하기 Parer les pattes

관절 위로 약 4~5cm 떨어진 곳을 단숨에 정확하게 자른다.(발 뒷부분 작은 발가락 근처까지)

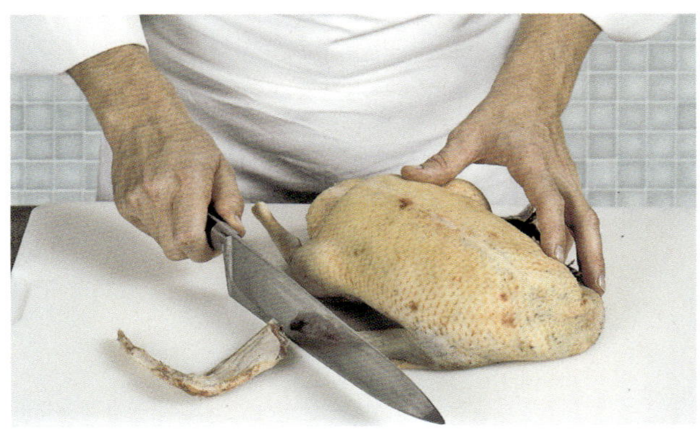

날개 손질하기 Parer les ailes

상박골—요골—척골 관절 부위를 자른다.

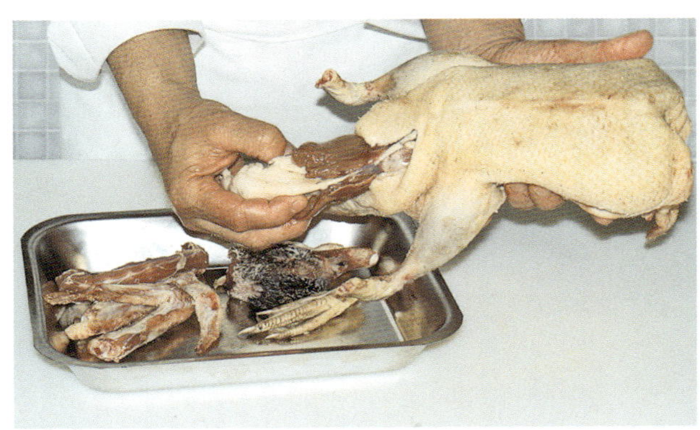

오리 내장 제거하기 Vider le canard

닭 내장을 제거하는 것과 같은 방법으로 제거한다.(앞 페이지 참조)

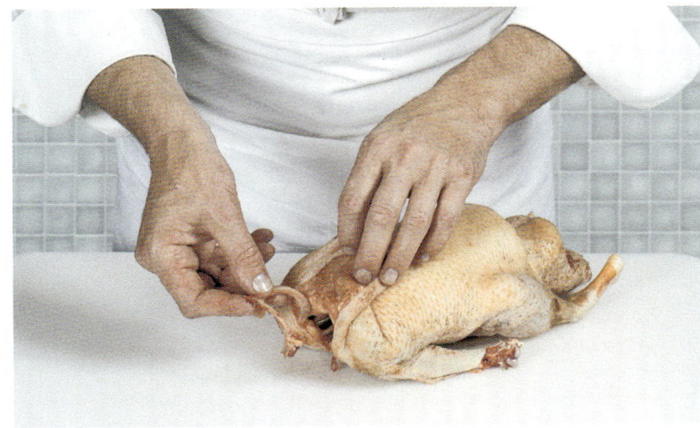

쇄골 제거하기(V자 모양 뼈)

Dégager, puis supprimer les clavicules(la fourchette)

목 껍질을 들어올려 가슴살이 손상되지 않도록 조심스럽게 쇄골을 빼낸다.

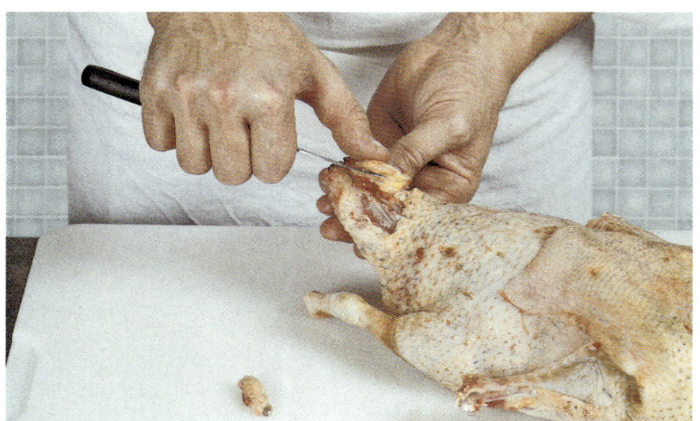

지방 덩어리 제거하기 Supprimer les glandes sébacées(선골부 피지선 덩어리 glandes uropygiennes)

오리 선골부 윗부분에 칼집을 내고 작은 칼끝으로 피지선을 빼낸다.

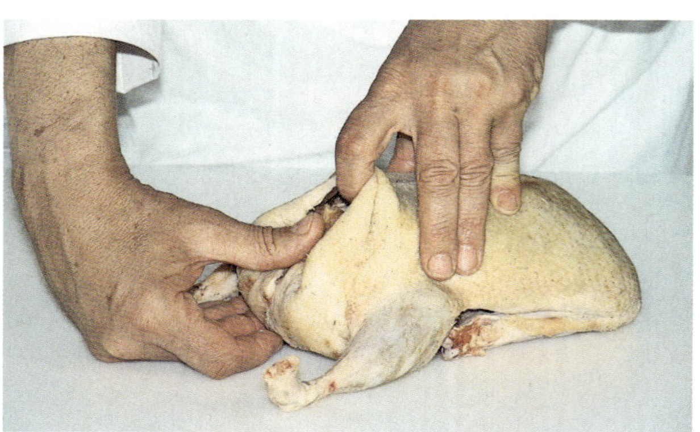

선골부 안으로 접어 넣기 Replier le croupion à l'intérieur

익힐 때 다시 빠져 나오지 않도록 선골부를 꺾어 넣는다.

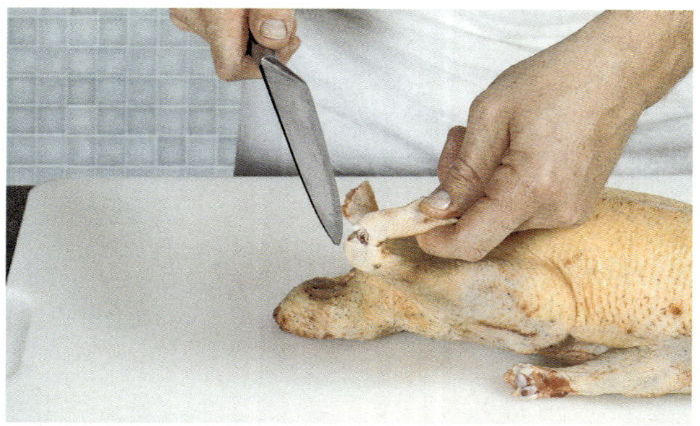

발 관절의 힘줄을 자른다.

오리발 껍질을 더 쉽게 벗기는 방법
*일부 요식업 전문가들은 오리 발 껍질을 더 쉽게 벗기기 위해 끓는 물에 담그기도 한다.

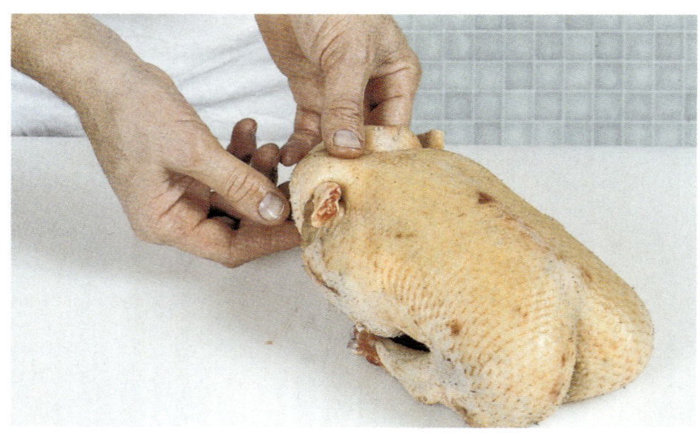

오리 날개, 다리를 몸통에 동여매기 Trousser le canard

가슴뼈 끝부분 아래에 위치한 삼각형 모양의 꼭지점에 칼집을 살짝 넣어 발을 접어 넣는다.

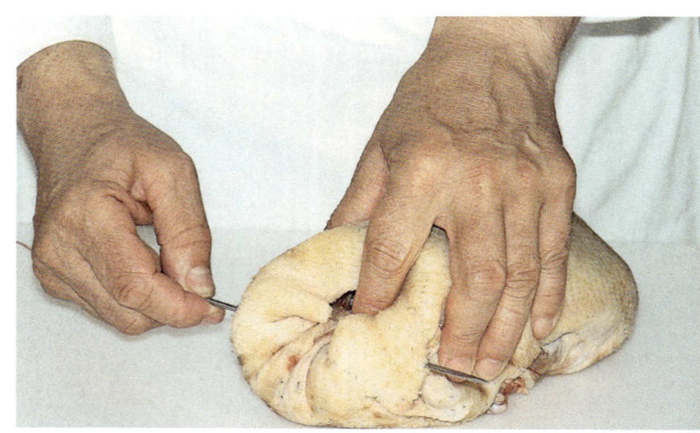

오리 실로 묶기 Brider le canard

❶ 닭처럼 오리 윗부분을 실로 묶는다.(앞 페이지 참조)

❷ 아래 부분을 묶을 때, 선골부가 잘 고정되어 익히는 동안 빠져 나오지 않도록 관통하여 잘 묶는다.

허드레 고기 손질하기(PRÉPARER LES ABATTIS)

닭 허드레 고기처럼 손질한다.(앞 페이지 참조)

– 날개 끝과 목을 부스러뜨린다.

– 심막과 핏덩어리를 제거한다.

– 간을 손질한다.

– 모래주머니 껍질을 벗기지 않는다.

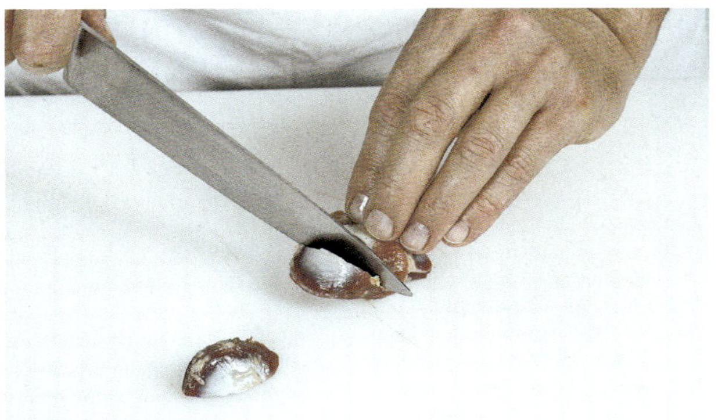

❶ 모래주머니 지방을 없애고 손질한다.

❷ 모래주머니의 볼록 나온 두 부분을 빼내고 나머지는 버린다.

오리 쉬프렘 준비하기
PRÉPARER UN SUPRÊME DE CANARD

《가슴살 요리 magret》는 《잡종 집오리 mulard》 또는 푸아그라 생산을 위한 거위의 쉬프렘을 가리킨다.

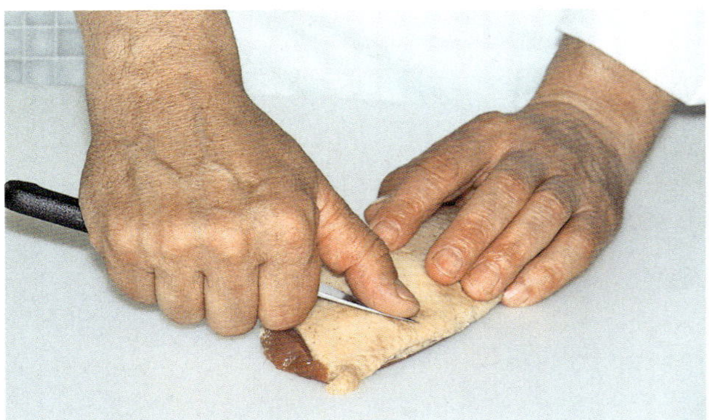

❶ 껍질을 살짝 불에 그슬린다.

❷ 솜털, 깃털 뿌리, 깃털 등을 제거한다.

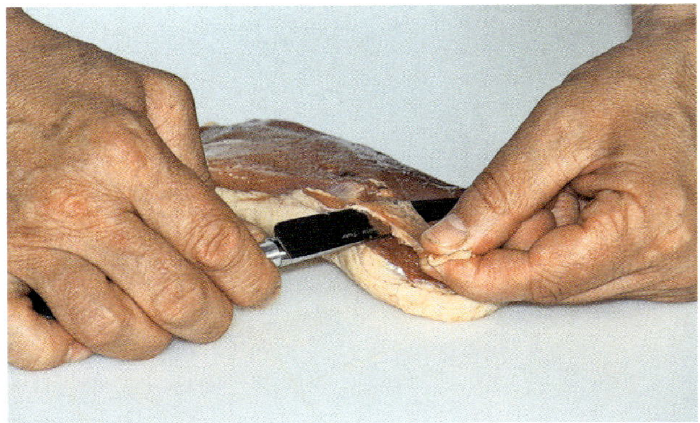

쉬프렘 힘줄 제거하고 손질하기 Parer et dénerver le suprême

❶ 모든 《힘줄 nerfs》과 근육질을 덮고 있는 푸르스름한 건막을 제거한다.

❷ 혈관과 핏덩어리를 제거한다.

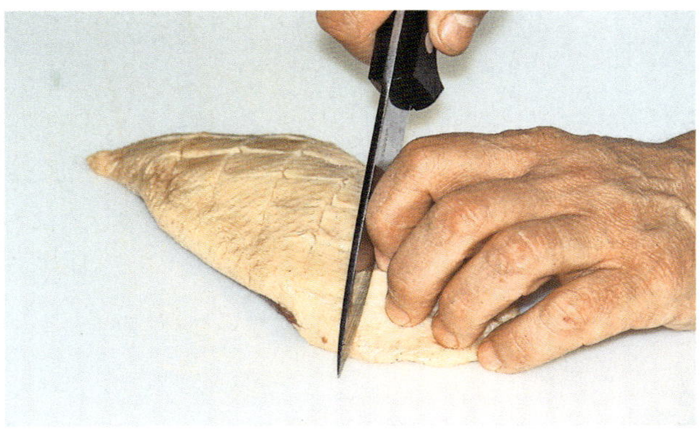

껍질 손질 및 쉬프렘 지방 제거하기 Parer la peau et dégraisser le suprême

❶ 반듯한 모양을 위해 껍질 일부를 제거한다.

❷ 껍질 표면에 바둑판 모양으로 칼집을 낸다.(칼집이 살에 닿지 않도록 한다)

닭다리 파르시
PRÉPARER UNE JAMBONNETTE DE VOLAILLE

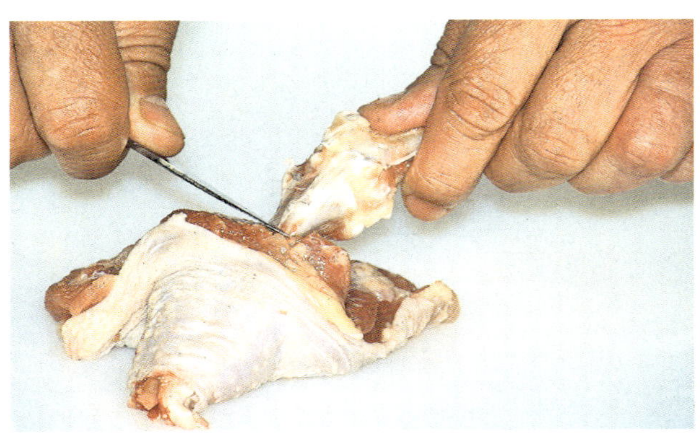

❶ 넓적다리를 준비한다.(p. 340 참조)

❷ 넓적다리에 칼집을 넣고, 대퇴골, 슬개골, 경골, 비골 끝부분을 잘라낸다.

❸ 경골 반대편 끝부분 살을 손질한다.

❹ 가위로 힘줄을 제거한다.

닭다리 파르시
Préparer une jambonnette de volaille
www.bpi-campus.com
www.youtube.com/@diytp

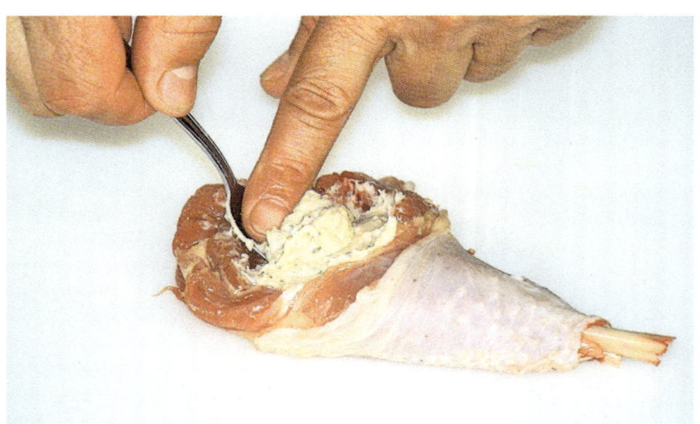

⑤ 닭고기 살을 조금 발라내 파르시 재료로 사용한다.

⑥ 닭고기 안에 소금과 후추를 뿌려 간을 한다.

⑦ 다진 속 재료를 닭 속에 넣는다.(오렌지와 피스타치오를 곁들인 오리
고기 무슬린*, 버섯을 다져 넣은 딕셀 등등)

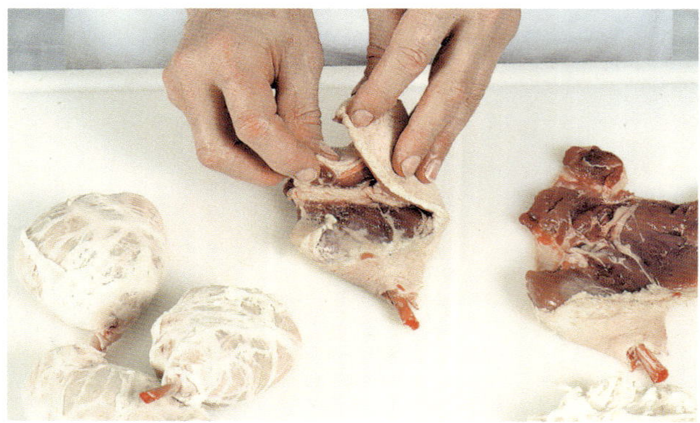

넓적다리 모양 바꾸기 Reformer la cuisse

❶ 넓적다리에 지방을 덮어 서양 배 모양으로 만든다.

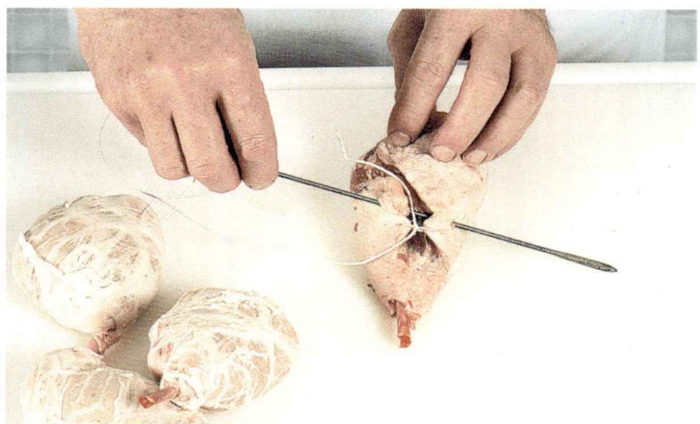

❷ 꼬챙이 바늘과 실을 사용하여 지방 껍질을 꿰매며 고정시킨다.

---

* 오리 고기 무슬린 mousseline de canard :
  다진 오리 고기에 생크림과 계란 흰자를 넣
  어 섞은 것.

❸ 돼지고기 지방으로 된 대망으로 닭을 감싼다.

팬에 굽는 닭 날개 파르시 FARCIR DES AILES DE VOLAILLE POUR PÔELER OU SAUTER

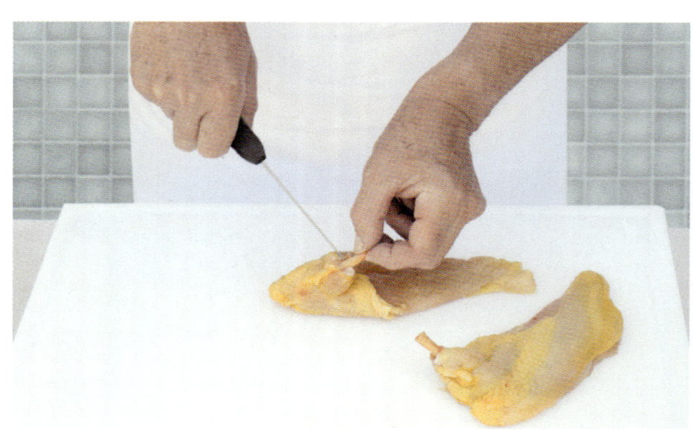

❶ 닭 날개를 손질한다.(p. 341/342 참조)

❷ 상박골 끝 부분 살을 조심스럽게 제거한다.

❸ 날개 옆 안심 부분 〈힘줄을 제거하고〉, 안심은 파르시 재료로 남겨둔다.

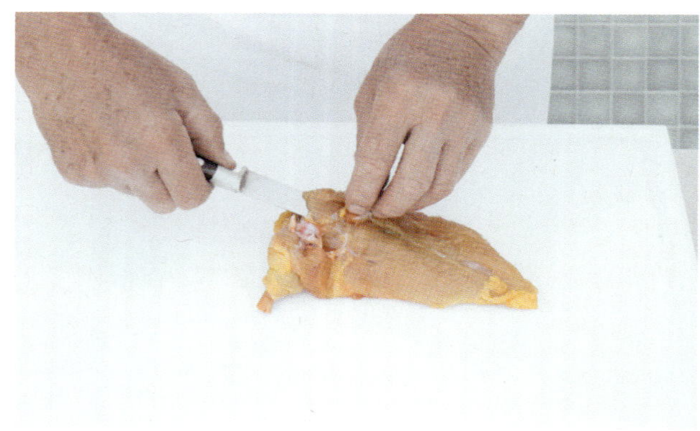

❹ 날개 껍질 부분이 도마 위에 닿게 놓는다.

❺ 상박골 바로 아래 안심의 가장 두꺼운 부분에 칼집을 넣는다.

❻ 안심 가장자리가 뚫리지 않도록 조심하며 주머니 모양을 만든다.

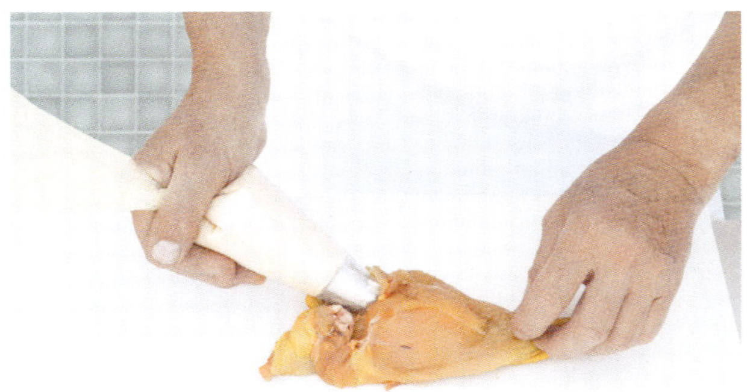

닭 날개에 다진 속 넣기 Farcir les ailes de volaille

❶ 짤주머니를 사용하여 다진 속을 넣는다.

❷ 날개의 두께와 익히는 시간이 일정하도록 다진 속을 똑같이 분배해서 넣는다.

❸ 날개에 간을 한 후, 돼지고기 지방으로 된 대망으로 감싼다.

❹ 대망으로 감싼 날개를 각 면당 7~8분 색깔이 나도록 채소를 곁들여 팬에 굽는다.

가장 자주 사용되는 파르시는 닭고기 무슬린* 파르시를 기본 재료로 한다. 파르시는 많은 곁들임 요리 재료로 사용할 수 있다.(채소 브뤼누아즈, 양송이, 송로버섯, 모렐버섯 등으로 만든 뒥셀 등등)

파프리카를 넣은 닭 날개 파르시(Aile de volaille farcie au paprika)

데치거나 찌는 닭 쉬프렘 파르시
FARCIR DES SUPRÊMES DE VOLAILLE POUR POCHER OU CUIRE À LA VAPEUR

닭고기 쉬프렘은 뼈를 바르고 껍질을 벗긴 가슴살에 해당한다.

쉬프렘 펼치기 Ouvrir les suprêmes 《en portefeuille》

❶ 두께가 일정하도록 반으로 나누어 자른다.

❷ 두드려 펴는 도구로 살살 두드린다.

---

* 닭고기 무슬린 mousseline de volaille : 다진 닭고기에 생크림과 계란 흰자를 넣어 섞은 것.

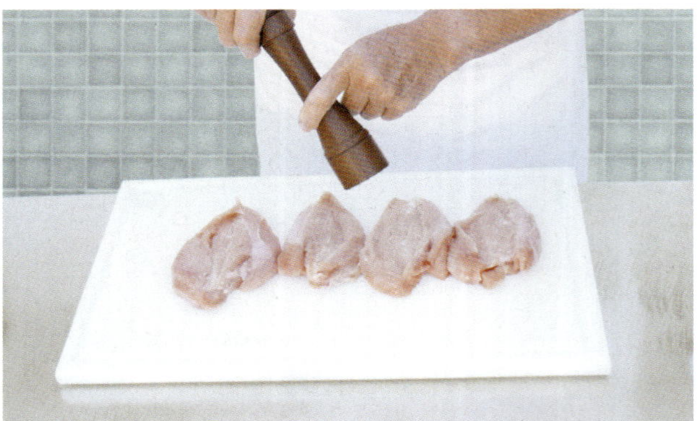

③ 과하지 않게 간을 해준다.

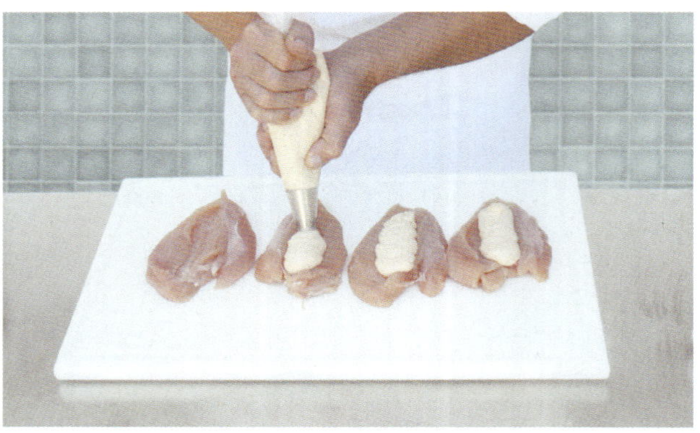

쉬프렘 파르시(Farcir les suprêmes)

① 짤주머니로 속을 채운다.

② 주걱으로 채운 속을 평평하게 한다.

익히는 동안 파르시가 부풀지 않도록 진공 포장으로 공기를 뺀다.

③ 곁들임 채소나 장식 재료를 속에 첨가한다. 채소 브뤼누아즈 또는 가늘게
채 썬 채소, 양송이 버섯, 푸아그라, 송로버섯을 다진 뒥셀 등을 속에
추가할 수 있다.

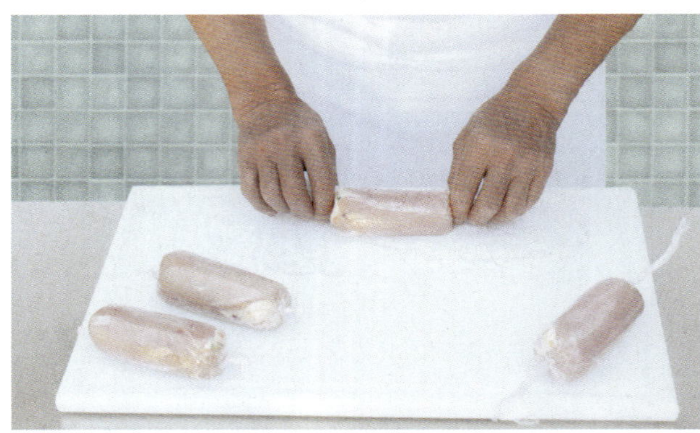

④ 원통 형태로 쉬프렘을 돌돌 만다.

⑤ 가열 가능한 식품용 비닐 커버 위에 올려 둥글게 말고, 공기가 들어가지
않도록 주의하며 단단하게 만다.

⑥ 양쪽 끝부분이 밀폐되도록 묶는다.

닭고기 쉬프렘 데치기
POCHER DES SUPRÊMES DE VOLAILLE

닭고기 쉬프렘 데치기 Pocher les suprêmes de volaille

❶ 끓기 시작하는 물에 쉬프렘을 담근다.(팔팔 끓는 물 아님)

❷ 압력 없이 증기에 쪄낼 수도 있다.

익히는 온도 조절하기 Contrôler la cuisson des suprêmes

❶ 끓기 시작하는 물에 넣고 8~10분 후쯤(쉬프렘 직경에 따라 조절) 쉬프렘 속 온도가 64~68도가 되도록 조절한다.

❷ 불을 끄고 8~10분 추가로 더 익힌다.

쉬프렘을 익히는 시간과 속 온도는 쉬프렘을 요리로 제공할 때 중요하다. 쉬프렘 크기와 물의 온도에 따라 요리를 내는 시간이 달라진다.
안전 온도로 규정된 쉬프렘 속 온도를 신중하게 준수해야 한다.

쉬프렘 노릇노릇하게 굽기(팬에서 굽기)
Colorer les suprêmes(les sauter à la poêle)

❶ 녹인 버터로 세심하게 발라주며 팬에서 노릇노릇 색깔이 나게 굽는다.

❷ 쉬프렘 파르시 양쪽 끝부분을 자른 후, 비스듬하게 잘라 주문에 맞춰 차려 낸다.

르네상스 닭고기 쉬프렘 파르시(Suprême de volaille farci Renaissance)

가축 토끼 LE LAPIN DOMESTIQUE

가축 토끼는 가금 사육장에서 키우며, 일반적으로 가금류 구역과 연결된 곳에 있다.

어린 토끼(최대 3~4개월)를 먹으며, 가죽을 벗기기 전 무게는 1.4~1.8kg 사이이다.

일반 식당에서 토끼 흉곽 부분은 거의 제공하지 않으며, 엉덩이 부분 (넓적다리와 등심 cuisses et râbles)을 요리로 사용한다.

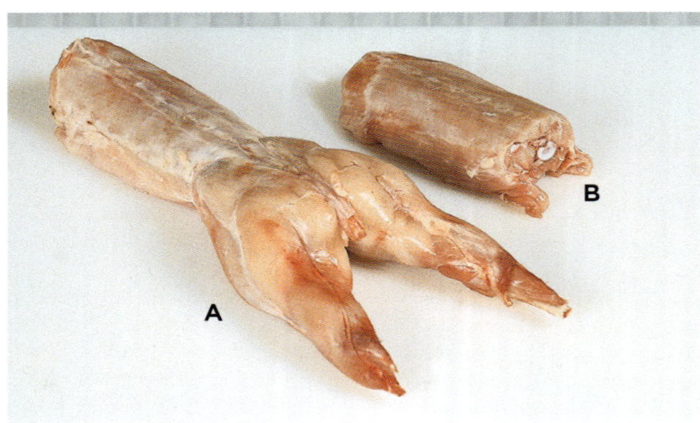

A : 엉덩이(arrière-train)　　B : 등심(râble)

품질 기준 CRITÈRES QUALITATIFS

어린 토끼의 품질은 다음의 특징으로 알 수 있다.

– 외관은 매우 신선해야 한다.

– 어린 토끼의 가죽이 완전히 벗겨져야 한다.

– 등심은 두껍고 크며 육질이 좋아야 한다.(등에 살이 많아야 한다.)

– 콩팥은 흰색 지방으로 덮여 있고 매우 단단해야 한다.

– 토끼 고기 살은 연한 분홍색이며 부드럽고 탄탄하며 매우 밀도가 높아야 한다.

– 넓적다리는 짧고 고밀도이며 묵직해야 하며 토실토실해야 한다.

– 간은 부피가 크고 광택이 나며 흠이 없어야 한다.

토끼 고기 자르기 DÉCOUPER UN LAPIN

토끼의 살찐 정도에 따라, 8~10개의 조각으로 자를 수 있다. 이는 4~5 인분에 알맞다.

토끼를 자를 때는 날이 잘 드는 큰 칼로 주저 없이 단칼에 잘라야 한다.

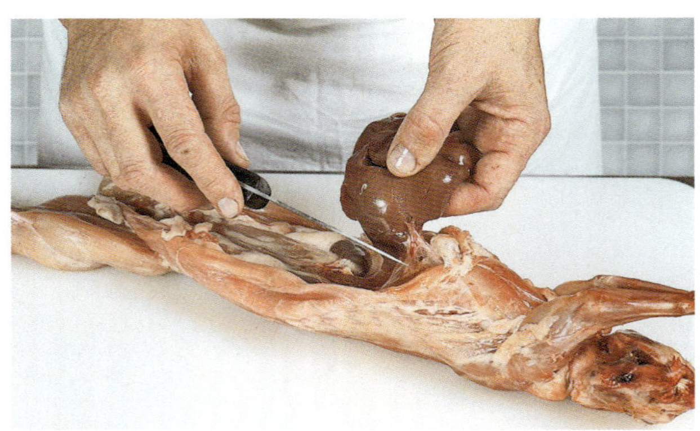

❶ 간을 분리해 다른 요리를 위해 보관한다.

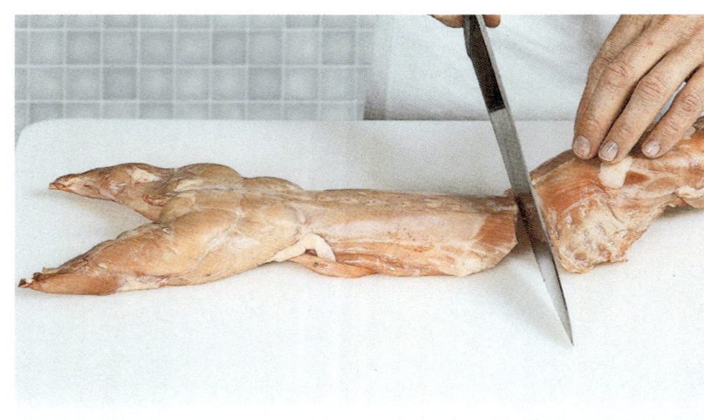

❷ 등과 요부 척추가 이어지는 부분에서 엉덩이와 흉곽 부분을 나눠 자른다.

흉곽 부분 어깨살 떼내기 Dégager les épaules de la partie thoracique

어깨와 흉곽 사이에 칼날을 밀어 넣는다.(이곳에는 관절이 없다.)

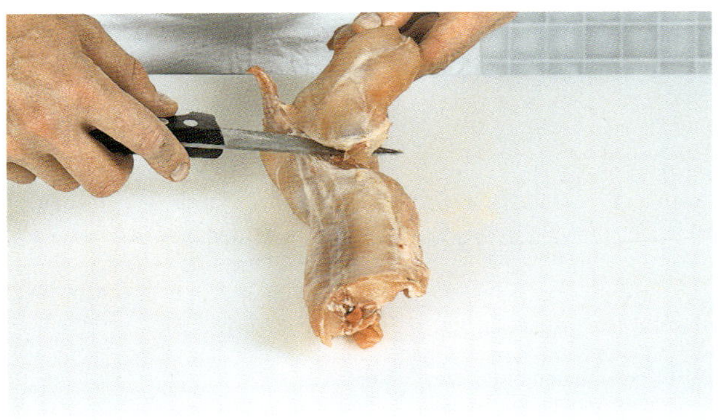

등심에서 넓적다리 떼내기 Séparer les cuisses du râble

❶ 관절을 분리하고 선골 척추뼈를 따라간다.

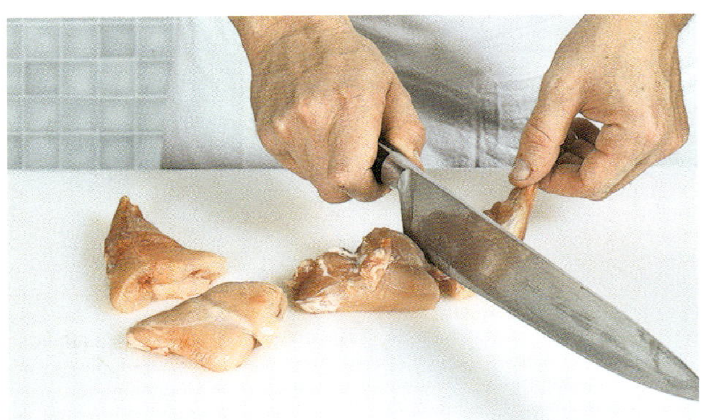

❷ 넓적다리의 살찐 정도에 따라 단칼에 2등분한다.

❸ 뼈 부스러기가 생겼는지 확인한다.

❹ 등심 끝부분(선골 척추뼈 vertèbres sacrées)을 제거한 후, 2~3등분으로
   나눠 자른다.

활용법

- 엉덩이 부위와 등심 Arrière-train et râble : 오븐 또는 팬 구이로 크림 소스,
  겨자 소스, 프로방스 허브 등을 곁들여 내는 요리, 파르시 등등

- 토끼 고깃덩어리 조각 Morceaux : 스튜 blanquette, 프리카세 fricassée,
  지블로트 gibelotte(화이트와인을 넣은 프리카세), 소스를 곁들인 튀김
  sautés en sauce 등등

양송이버섯을 곁들인 어린 토끼 요리(Lapereaux aux champignons)

파르시를 위한 토끼 등심 뼈 발라내기 DÉSOSSER DES RÂBLES DE LAPIN POUR FARCIR

등심은 넓적다리와 흉곽(요부와 등쪽 첫 번째 척추) 사이의 토끼 등 부분에 해당한다.

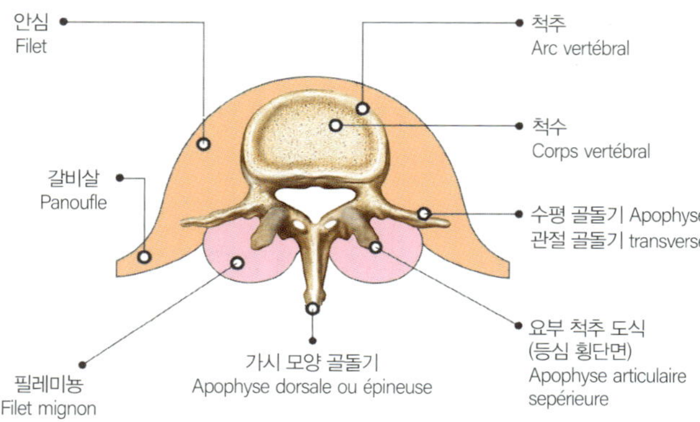

척추와 골돌기 둘레는 매우 연하다.

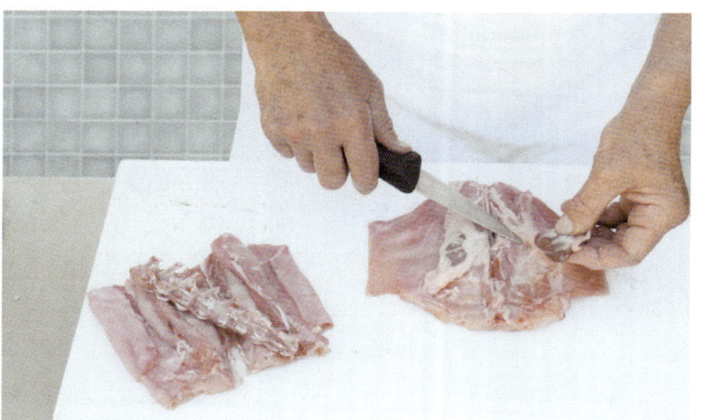

❶ 도마 위에 등심을 평평하게 놓는다.

❷ 완전히 펼쳐서 복부 살을 늘인다.

❸ 지방이 많은 부분을 제거하고 콩팥을 분리해 손질하여 따로 보관한다.

등심 첫 번째 쪽 뼈 발라내기 Désosser le premier côté du râble

❶ 조심스럽게 칼로 뼈를 따라가며 가시 모양 골돌기에 살점이 붙어 있지 않도록 분리한다.

❷ 관절 골돌기와 수평 골돌기, 척추골둘레를 따라 자른다.

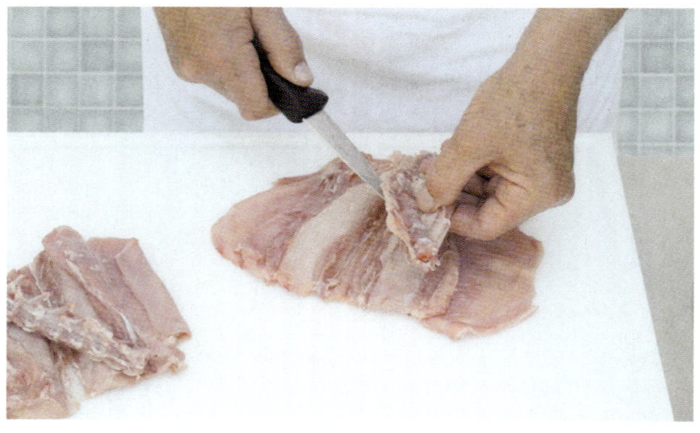

❸ 등심을 돌려 나머지 반쪽의 척추뼈 둘레를 따라 자른다.

❹ 척추뼈 고리 부위에 구멍이 나지 않도록 조심하며 안심과 필레미뇽(안심 끝부분)이 이등분으로 분리되지 않도록 한다.

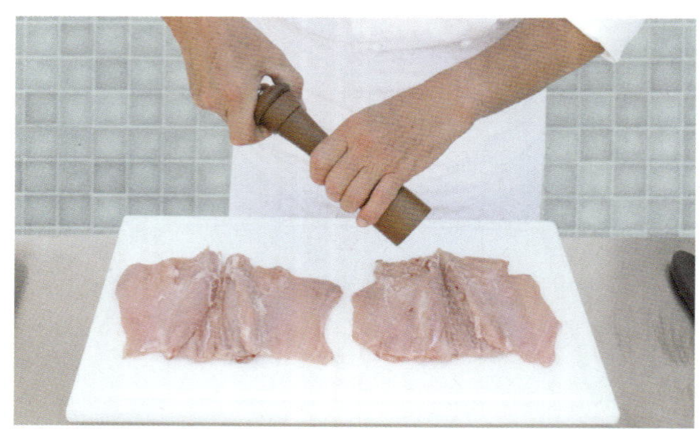

❺ 뼈를 발라낸 등심을 도마 위에 펼쳐 놓는다.

❻ 복부 살을 평평하게 손질한다.

❼ 간을 한다.

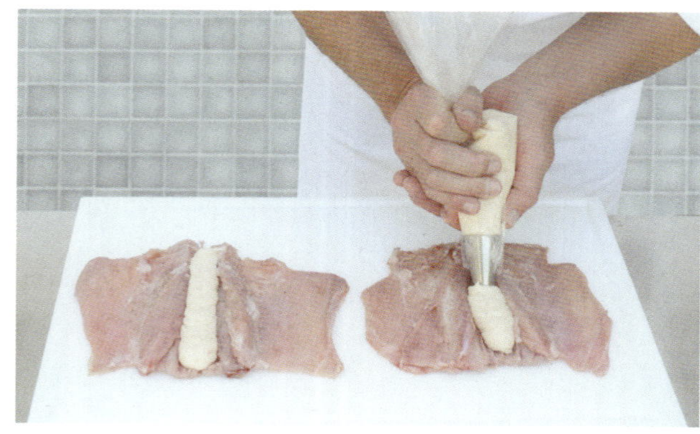

등심 파르시 만들기 Farcir les râbles

❶ 두 쪽의 안심과 필레미뇽(안심 끝부분) 사이에 속을 고르게 채운다.

❷ 실리콘 주걱으로 고르게 편다.

토끼 등심 파르시 데치기
FARCIR ET POCHER DES RÂBLES DE LAPIN

❶ 등심 중앙에 몇 가지 재료를 곁들여 놓는다.(손질된 콩팥, 말린 자두 파르시, 잘게 다진 호두 또는 피스타치오, 다진 양송이 버섯, 채소, 송로버섯의 뒥셀 등등)

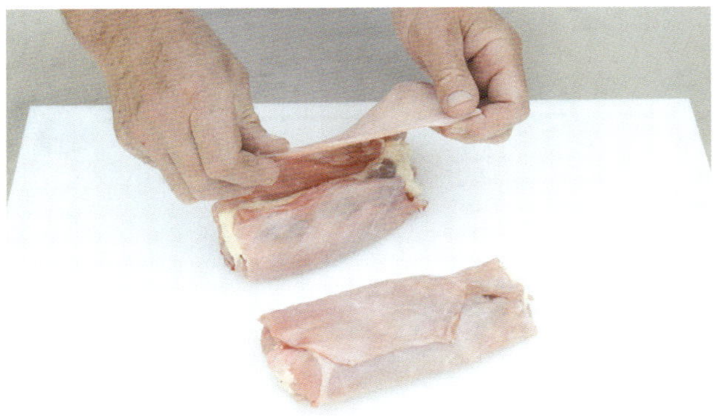

❷ 복부 살로 돌돌 말아주며 일정한 두루마리 모양으로 만든다.

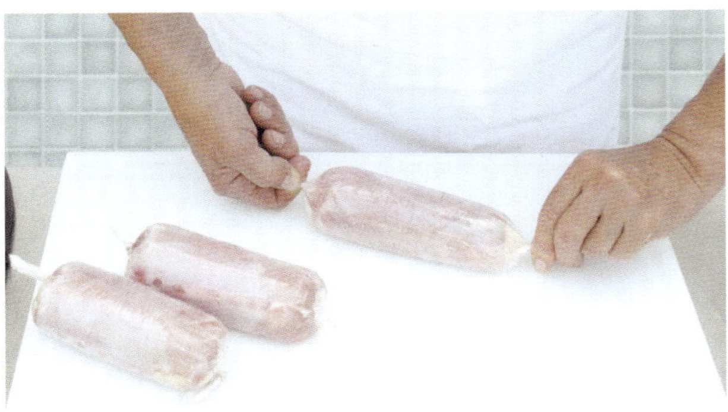

가열 가능한 식품용 비닐 커버로 등심 씌우기
Placer les râbles sur du film alimentaire de cuisson

❶ 공기가 들어가지 않도록 등심을 비닐 커버로 돌돌 말아준다.

❷ 꼼꼼하게 말은 후 양쪽 끝 부분을 묶는다.

등심 파르시 데치기 Pocher les râbles

❶ 끓어오르기 시작하는 물에 등심을 데친다.(팔팔 끓는 물 아님)

❷ 압력이 없는 증기에서 쪄낼 수도 있다.

등심 익히는 온도 조절하기 Contrôler la cuisson des râbles

❶ 익히기 시작한 지 10~12분 후에(등심 크기에 따라 조절) 등심의 속 온도가 68~70도가 되도록 조절한다.

❷ 불을 끄고 10여 분 더 익힌다.

등심을 노릇노릇하게 굽기 Colorer les râbles(sauter)

❶ 녹인 버터를 바르며 팬에서 노릇노릇 색깔이 나게 굽는다.

❷ 등심 파르시 양쪽 끝부분을 자른 후, 비스듬하게 잘라 주문에 맞춰 차려낸다.

기본 요리

PRÉPARATIONS
DE BASE

육수

LES FONDS

송아지 갈색 육수
LE FOND BRUN DE VEAU

닭고기 갈색 육수
LE FOND BRUN DE VOLAILLE

수렵육 갈색 육수
LE FOND BRUN OU FUMET DE GIBIER

송아지 흰색 육수와 닭고기 흰색 육수
LE FOND BLANC DE VEAU ET DE VOLAILLE

생선 육수
LE FUMET DE POISSON

채소 부용
LE BOUILLON DE LÉGUMES

간단한 흰색 콩소메(또는 포토푀 부용)
LE CONSOMMÉ BLANC SIMPLE OU MARMITE (OU « BOUILLON DE POT-AU-FEU »)

맑은 고기 육수 만들기
CLARIFIER UNE MARMITE

글레이즈
LES GLACES

육수는 향신 채소를 넣어 만든(리에종*하지 않은) 맑은 액체로 된 요리로, 국물이 진하고 풍미가 있다. 다음과 같은 두 종류의 재료를 끓는 물에 삶아 육수를 만든다.

1. 육수의 이름을 결정하는 재료 Des éléments déterminant l'appellation :

- 송아지 갈색 육수(fond brun de veau)와 송아지 흰색 육수(fond blanc de veau)를 만들 때 사용하는 송아지 뼈, 송아지 정강이살, 송아지 뒷다리, 송아지 족, 기름기 없는 자투리 고기 또는 2, 3등급 송아지 고기 덩어리
- 닭고기 갈색 육수(fond brun de volaille)와 흰색 육수(fond blanc de volaille)를 만들 때 사용하는 닭뼈, 허드레 고기, 닭고기(암탉)
- 수렵육 갈색 육수(fond de gibier)를 만들 때 사용하는 수렵육의 뼈, 허드레 고기, 자투리 고기, 늙은 수렵육 고기덩어리
- 생선 육수를 만들 때 사용하는 생선 뼈, 기름기 적은 생선(가자미, 넙치, 광어, 달고기류, 대구, 검정 대구) 자투리

2. 아로마틱 가니쉬 Une garniture aromatique :

- 육수의 특징이나 익히는 시간에 따라 큰 주사위 모양으로 썰거나 얇게 저미거나 얇은 사각 모양으로 썬 당근, 양파
- 원하는 육수의 색깔에 따라 잘게 썬 토마토 또는 토마토 페이스트 concentré de tomates
- 부케가르니(파슬리, 타임, 월계수 잎, 샐러리, 파 등등), 갈색 육수를 위한 마늘은 선택사항

육수는 그 특징과 색깔, 어떻게 활용하는가에 따라 화이트 와인 또는 레드 와인, 베르무트, 포르투 porto 와인*, 마데이라 와인*, 허브(타라곤, 처빌 등등) 또는 향신료 등으로 풍미를 낼 수 있다.

정확히 어떤 요리에 사용될지 모르는 육수는 소금 간을 해서는 안 된다. 육수를 졸여서 만드는 소스의 대부분은 소금을 정확히 얼마나 넣어야 하는지를 맞추기가 어렵기 때문이다.

분류 CLASSIFICATION

전통적으로 요리에서는 육수를 다음과 같이 구분한다.

흰색 육수 LES FONDS BLANCS

- 송아지, 닭고기, 소고기 또는 콩소메, 수프(포토푀 부용), 생선, 갑각류, 채소 육수

갈색 육수 LES FONDS BRUNS

- 송아지, 양고기, 돼지고기, 수렵육, 가금류(영계, 오리, 비둘기 등등) 육수

갈색 또는 흰색 육수는 중립적인(담백한) 맛의 기본 요리이다. 육수는 소스를 만드는 데 사용한다.
육수로 만드는 각 소스의 특성을 잘 살리기 위해서는 알맞은 육수를 사용할 필요가 있다.

예
– 오리고기 요리에 곁들이는 소스를 만들기 위해서는 《오리고기 육수 fond de canard》를 사용한다.
– 가자미 필렛 요리에 곁들이는 소스를 만들기 위해서는 "《가자미 육수 fumet de sole)를 사용한다.

보관 CONSERVATION

 주의 Précautions

질 좋은 육수를 만들기 위한 핵심 포인트

- 질좋은 육수를 만들기 위해서는 매우 신선하고 품질이 좋으며 위생적인 식재료를 사용한다.

  - 육수를 만들기 위해 뼈를 바르고 생고기를 손질하는 곳에서 나온 뼈와 자투리 고기를 사용한다.

  - 잘 다듬어 씻고 오염물을 제거한 싱싱한 채소를 사용한다.

- 육수는 차이나 캡이나 체로 사용되는 천에 압착하지 않고 거른다.(오염물이 제대로 걸러지지 않을 경우 육수에 발효를 일으킬 수 있다.)

- 육수를 끓일 때는 거품을 자주 제거하며 매우 약불에 끓인다.(너무 강한 불에 끓이면 육수가 탁해진다.)

- 육수를 거른 후에는 즉시 재빠르게 냉각시킨다. 급속 냉각기가 없을 경우, 육수가 담긴 그릇을 얼음물에 재빨리 넣고 자주 저어준다.

- 스테인리스 용기에 육수를 담은 후 뚜껑을 닫고 라벨을 붙인다. 육수를 사용할 때까지 최대 3도의 냉장실에 보관한다.

- 규정된 육수 보관 기간을 엄격히 지킨다.(아래 표 참조)

- 육수를 사용하기 전에 몇 분간 끓인다.

- 냉장실에서 꺼내 실온에 두었거나 요리 과정에서 뜨겁게 데우고 남은 육수와 상했을 위험이 있는 육수는 즉시 버린다.

❶ 육수를 만들기 위해서는 매우 신선하고 품질이 좋으며 위생적인 재료를 골라 준비한다.

❷ 육수를 재빨리 식힌 후 뚜껑을 닫아 최대 3도의 냉장실에 보관한다.

규정된 육수 보관 기간			
자연 냉각 Refroidissement	온도 기록하며 《냉각기 급속 냉각 Refroidissement rapide en cellule》	반조리 식품 위생 마크를 획득한 식품 기업의 《냉각기 급속 냉각 Refroidissement rapide en cellule》	
3도 이하 보존 ▼ 최대 24시간	3도 이하 보존 ▼ 최대 3일	3도 이하 냉장 보관 ▼ 숙성과 위생 상태 확인 후 공급자의 책임 하에 기간 정해짐. Presence d'une DLC 유통기간 명시	−18도 냉동 보관 ▼ 숙성과 위생 상태를 확인한 후 공급자의 책임 하에 기간이 정해짐. Presence d'une DLUO 최적사용 기한일 명시

송아지 갈색 육수 LE FOND BRUN DE VEAU

준비할 재료

1L 육수 재료	단위	양
기본 재료		
– 송아지 뼈 os de veau	kg	1
– 송아지 정강이 crosse de veau	kg	1
– 송아지 뒷다리 jarret de veau	kg	1
– 송아지 족 pieds de veau	kg	1
– 기름이 적은 자투리 고기	kg	1
parures maigres éventuellement		
선택사항[1]		
– 송아지의 2등급과 3등급 부위	g	약간(PM)
(목살 collier, 뱃살 poitrine, 양지 tendrons, 옆구		
리 살 flanchet)		
아로마틱 가니쉬		
– 당근	g	100
– 양파	g	100
– 마늘	g	10
– 토마토	g	200
또는		
– 토마토 페이스트 concentré de tomates	g	20
– 부케가르니	개	1
육수		
– 물 또는 송아지 흰색 육수[2]	l	1,5
양념[3]		
– 굵은소금(선택사항)		약간(PM)
평균 준비 시간 : 30분		
평균 가열 시간 : 3~4시간		

[1] 2등급, 3등급 송아지 고기 덩어리와 뼈를 더 많이 사용할수록 육수의 품질은 더욱 좋아진다. 이렇게 육수를 만들면 맛이 좋아지는만큼 비용도 증가한다. 이렇게 만든 육수는 주로 데글라세 또는 졸여 만드는 소스를 위해 사용한다.

[2] 찬물 대신 흰색 육수를 사용하면 훨씬 맛이 좋고 진한 육수를 만들 수 있다.

[3] 정확한 사용처를 모르는 육수에는 소금 간을 하지 않는다. 알맞은 양념은 일반적으로 육수를 졸인 후 마지막에 한다. 하지만 소금이 육수의 풍미를 좋아지게 하므로 육수 1L당 3~5g의 비율로 소금간을 할 수도 있다.

준비할 도구

만드는 방법

1. 조리 작업 도구 준비하기
식재료, 준비 도구, 조리 기구를 준비한다.
재료의 신선도와 품질을 확인한다.

2. 기본 재료 작게 자르기

3. 알맞은 크기의 오븐팬에 재료를 담고 오븐에 노릇노릇하게 익히기
너무 큰 팬을 사용할 경우 재료의 즙이 타서 육수에 쓴맛이 날 수 있고, 너무 작은 팬을 사용할 경우 뼈를 골고루 노릇노릇하게 익히기 어렵다.
기름을 첨가하지 않는다.
익히는 동안 자주 뼈를 뒤집어준다.

4. 아로마틱 가니쉬 재료 준비하기
모든 채소를 다듬어 씻는다.
당근, 양파를 큰 주사위 모양(미르푸아)으로 썬다.
마늘 속 싹을 제거하고 으깬다.
토마토는 껍질을 제거하지 않고 잘게 다진다.
부케가르니를 만든다.

5. 뼈가 알맞게 익으면 썰어둔 당근과 양파 첨가하기
뼈 위에 골고루 올리고 10분 정도 색깔이 나지 않게 익힌다.

6. 뼈, 당근, 양파를 소스포트에 담기

7. 육수 붓기
오븐팬의 기름기를 완전히 제거한 후 찬물을 부어 데글라세한다.
데글라세한 것을 뼈 위에 붓는다.
찬물 또는 미리 준비한 송아지 흰색 육수를 붓는다.

8. 육수 끓일 준비하기
육수를 끓인다.
기름기와 거품을 제거한다.
남은 아로마틱 가니쉬 재료(마늘, 토마토 또는 토마토 페이스트, 부케가르니)를 넣는다.
3~4시간 동안 뭉근히(세지 않은 불기운이 끊이지 않고 꾸준하게) 끓인다.
수시로 찌꺼기, 거품, 기름기 등을 제거한다.
육수가 졸았을 경우에는 끓는 물로 보충한다.

9. 육수는 압착하지 않고 차이나 캡에 거르기

일반 차이나 캡으로 우선 큼직한 찌꺼기를 거른 후 차이나 캡으로 곱게
다시 거른다.
육수의 기름기를 완전히 제거한다.

10. 육수 식히기

육수를 즉시 사용하지 않을 경우 재빨리 식힌 후 뚜껑을 닫아 최대 3도의
냉장실에 보관한다.

활용법

- 전통적 기본 소스(스페인 espagnole, 데미글라스 demi-glace, 리에종한
  송아지 갈색 육수 소스 fond brun de veau lié)와 다양한 응용 소스
  (마데르 소스 sauce madère, 보르드래즈 소스 bordelaise, 페리그 소스
  Périgueux 등) 외에도 갈색 육수는 데글라세 과정을 거쳐 《주문 시 à la
  commande》 만드는 모든 갈색 육수 소스(베르시 소스 sauce Bercy, 후추
  소스 au poivre, 와인 소스 à la lie de vin 등등)를 만드는 데 사용한다.
- 갈색 육수는 미트 글레이즈를 만들 때 사용하고, 고기 브레제 또는 소테(
  라구)용 육수 또는 오븐 찜 소스 육수에도 사용한다.

❶ 조리에 필요한 작업 도구들을 준비한다.

❷ 기본 재료는 작은 크기로 자른다.

❸ 기름을 두르지 않고 오븐에서 노릇노릇 익힌다.(오븐팬)

❹ 뼈의 색깔이 노릇노릇하게 되었을 때 큰 주사위 모양으로 썬 당근과
  양파를 첨가한다.

❺ 아로마틱 가니쉬를 10분 정도 색깔이 나지 않도록 익힌다.

❻ 소스포트에 뼈와 아로마틱 가니쉬를 담는다.

❼ 오븐팬의 기름기를 제거한 후 데글라세해 뼈 위에 붓고, 찬물을 붓는다.

❽ 육수를 끓이며 거품을 제거한 후 잘게 썬 토마토, 마늘, 부케가르니를
  첨가한다.

❾ 육수를 3~4시간 동안 뭉근히 끓인다.

❿ 수시로 찌꺼기, 거품, 기름기 등을 제거한다.

⓫ 육수가 졸았을 경우 끓는 물로 보충한다.

⓬ 육수를 압착하지 않고 차이나 캡에 거른다. 우선 일반 차이나 캡으로
  거른 후 다시 곱게 거른다.

⓲ 육수를 재빨리 식힌 후 뚜껑을 닫아 최대 3도의 냉장실에 보관한다.

닭고기 갈색 육수 LE FOND BRUN DE VOLAILLE

전통적 방법 MÉTHODE TRADITIONNELLE

1L 육수 재료	단위	양
기본 재료		
- 닭 허드레 고기(간 제외)	kg	1
– 닭뼈	kg	1
– 노계(선택사항)	kg	약간(PM)
아로마틱 가니쉬		
– 당근	g	100
– 양파	g	100
– 토마토	g	200
또는		
– 토마토 페이스트	g	20
– 마늘	g	10
– 부케가르니		약간(PM)
육수		
– 물 또는 송아지 흰색 육수	L	1,5
양념		
– 굵은소금(선택사항)	g	약간(PM)
평균 준비 시간 : 20~25분		
평균 가열 시간 : 1시간 30분~2시간		

만드는 방법

1. 조리 작업 준비하기
2. 닭뼈와 허드레 고기 썰기
3. 알맞은 크기의 오븐팬에 재료 올려 오븐에서 노릇노릇하게 익히기
4. 아로마틱 가니쉬 준비하기
5. 뼈가 노릇노릇하게 완성되면 주사위 모양으로 썬 당근과 양파 첨가하기
   아로마틱 가니쉬를 10분 동안 색깔이 나지 않게 익힌다.
6. 소스포트에 뼈와 아로마틱 가니쉬 담기
7. 닭고기 갈색 육수 붓기
   오븐팬의 기름기를 제거한 후 데글라세한다.
   데글라세한 것을 뼈 위에 붓는다.
   찬물 또는 닭고기 육수를 붓는다.
8. 1시간 30분~2시간 동안 육수 끓이기
   육수를 끓인다.
   기름기와 거품을 제거한다.
   남은 아로마틱 가니쉬 재료를 넣는다.
   1시간~1시간 30분 동안 약불에 끓인다.
   수시로 찌꺼기, 기름기, 거품 등을 제거한다.
9. 압착하지 않고 닭고기 갈색 육수 거르기
10. 육수 재빨리 식히기
   뚜껑을 닫아 최대 3도의 냉장실에 보관한다.

빠른 방법 MÉTHODE RAPIDE

1L 육수 재료	단위	양
기본 재료		
- 닭 허드레 고기(간 제외)	kg	1
– 닭뼈	kg	1
– 노계(선택사항)	kg	1
아로마틱 가니쉬		
– 당근	g	100
– 양파	g	100
– 토마토	g	200
또는		
- 토마토 페이스트	g	20
– 마늘	g	10
– 부케가르니		약간(PM)
육수		
– 찬물	L	1,2
– 송아지 갈색 육수 분말 또는 고형물	g	70
평균 준비 시간 : 20~25분		
평균 가열 시간 : 35~40분		

만드는 방법

1. 조리 작업 준비하기
2. 닭뼈와 허드레 고기 썰기
3. 오븐팬에 재료 올려 오븐에서 노릇노릇하게 익히기
4. 아로마틱 가니쉬 준비하기
5. 주사위 모양으로 썬 당근과 양파 첨가하기
6. 소스포트에 뼈와 아로마틱 가니쉬 담기
7. 닭고기 갈색 육수 부어 끓이기
   오븐팬의 기름기를 제거한 후 데글라세한다.
   데글라세한 것을 뼈 위에 붓는다.
   찬물을 붓는다.
   끓이면서 나오는 거품은 제거한다.
   남은 아로마틱 가니쉬 재료를 첨가한다.
   30분 동안 약불로 뭉근히 끓인다.
   약간의 찬물에 분말 또는 고형물로 된 육수스톡을 넣어 녹인다.
   끓고 있는 육수에 스톡 녹인 것을 천천히 붓고 살살 저어준다.
   10분 정도 더 끓인다.
   수시로 찌꺼기, 기름, 거품 등을 제거한다.
8. 압착하지 않고 닭고기 갈색 육수 차이나 캡에 거르기
9. 육수를 재빨리 식히거나 즉시 사용하기

이 방법으로는 맑거나 리에종한 닭고기 갈색 육수를 빨리 만들 수 있다. 닭고기 갈색 육수를 소량으로 만들 때 주로 사용한다.
맑거나 리에종한 갈색 육수 분말 또는 고형 스톡은 전통적 방법으로 만든 송아지 갈색 육수 또는 스페인 소스로 대체할 수 있다.
조류 수렵육(비둘기 pigeon, 꿩 faisan, 야생 오리 canard sauvage)의 갈색 육수도 같은 방법으로 조리한다.

수렵육 갈색 육수 LE FOND BRUN OU FUMET DE GIBIER

전통적 방법 MÉTHODE TRADITIONNELLE

1L 육수 재료	단위	양
기본 재료		
– 털 있는 수렵육 뼈와 　기름기 없는자투리 고기	kg	1
– 늙은 동물 고기 덩어리(목살, 뱃살)	kg	1
또는		
– 조류 수렵육 뼈와 허드레 고기	kg	1
– 늙은조류(꿩, 비둘기)	kg	1
아로마틱 가니쉬		
– 당근	g	100
– 양파	g	100
– 파슬리 줄기		약간(PM)
– 타임, 월계수잎, 세이지, 로즈마리, 세이보리 　thym, laurier, sauge, romarin, sarriette...		약간(PM)
육수		
– 화이트 와인	ml	100
– 찬물	L	1,4
양념		
– 굵은소금(선택사항)		약간(PM)
– 통후추		약간(PM)
– 두송자(주니퍼베리)		약간(PM)
평균 준비 시간 : 20~25분		
평균 가열 시간 : 2시간 30분~3시간		

만드는 방법

1. 조리 작업 준비하기
2. 털 있는 수렵육 뼈와 자투리 고기 또는 조류 수렵육 뼈와 허드레 고기 자르기
3. 오븐팬에 올려 오븐에서 노릇노릇하게 익히기
4. 아로마틱 가니쉬 채소 다듬어 씻은 후 썰기
5. 뼈가 충분히 익으면 주사위 모양으로 썬 당근과 양파 첨가하기
   10분 동안 색깔이 나지 않게 익히기
6. 소스포트에 뼈와 아로마틱 가니쉬 담기
7. 수렵육 갈색 육수 부어 끓이기
   오븐팬의 기름기를 제거한 후 화이트 와인으로 데글라세해 반쯤 졸인다.
   데글라세해 졸인 것을 뼈 위에 붓는다.
   찬물을 붓는다.
   끓이고 거품을 걷는다.
   남은 아로마틱 가니쉬 재료를 첨가한다.
   2시간 30분~3시간 동안 약불에 천천히 수렵육 육수를 끓인다.
   끓는 동안 찌꺼기, 기름기, 거품 등을 자주 제거한다.
8. 압착하지 말고 수렵육 육수 거르기
9. 끓인 육수 재빨리 식히기
10. 뚜껑을 닫고 최대 3도 냉장실에 보관하기

수렵육 갈색 육수의 활용법
이 방법으로 만든 갈색 육수는 주로 오븐에 굽거나 팬에 구운 수렵육 팬을 데글라세할 때 사용하고, 털 있는 수렵육 뼈와 자투리 고기로 육수를 만든 경우 기본 소스(프라브라드 소스) 육수로 사용한다.

다른 방법 AUTRE MÉTHODE

이 방법으로는 수렵육 갈색 육수와 프라브라드 소스를 동시에 만들 수 있다.
육수는 수렵육 갈색 육수 또는 리에종한 송아지 갈색 육수, 스페인 소스를
사용한다.

1L 육수 재료	단위	양
기본 재료		
– 털 있는 수렵육 뼈와	kg	1
기름기 없는 자투리 고기		
– 고기 덩어리(목살, 뱃살)	kg	1
– 늙은 동물 고기 덩어리	kg	1
마리네이드와 아로마틱 가니쉬		
– 화이트 와인 또는 레드와인	ml	500
– 꼬냑 Cognac	ml	50
– 와인 식초	ml	50
– 식용유	ml	50
– 당근	g	100
– 양파	g	100
– 부케가르니	개	1
육수		
– 마리네이드	L	약간(PM)
– 수렵육 갈색 육수(송아지)	L	1,2
또는		
– 리에종한 송아지 갈색 육수	L	1,2
또는		
– 스페인 소스	L	1,2
양념		
– 소금		약간(PM)
– 통후추		약간(PM)
평균 준비 시간 : 25~30분		
평균 가열 시간 : 1시간~1시간30분		

만드는 방법

1. **조리용 작업 준비하기**
2. **뼈, 고기, 자투리 고기를 작게 썰기**
3. **아로마틱 가니쉬, 와인, 식용유, 꼬냑으로 고기 마리네이드하기(P. 445 이후 참조)**
4. **기본 재료와 아로마틱 가니쉬의 물기 빼기**
   키친타월로 재료의 물기를 잘 닦는다.
5. **오븐팬에 수렵육 뼈, 자투리 고기, 고기 조각을 올려 오븐에서 노릇노릇하게 익히기**
6. **재료가 알맞은 색깔이 나게 익으면 마리네이드된 아로마틱 가니쉬 첨가하기**
   (아로마틱 가니쉬를 더 보충하거나 새 재료로 대체할 수도 있다.)
   10분 동안 색깔이 나지 않게 익힌다.
7. **소스포트에 수렵육 고기 조각과 뼈, 아로마틱 가니쉬 담기**
8. **수렵육 육수를 부어 끓이기**
   오븐팬의 기름기를 제거한다.
   마리네이드로 데글라세한 후 뼈와 자투리 고기 위에 붓는다.
   마리네이드를 졸인다.
   수렵육 갈색 육수를 만들기 위해 송아지 갈색 육수를 붓고, 프라브라드 소스를 만들기 위해서는 리에종한 송아지 갈색 육수 또는 스페인 소스를 붓는다.
   수렵육 갈색 육수 또는 프라브라드 소스를 끓인다.
   끓는 동안 거품, 기름기, 찌꺼기 등을 제거한다.
   1시간~1시간 30분 동안 약불에 천천히 끓인다.(프라브라드 소스는 오븐에서 만드는 것이 좋다.)
   완성되기 10분 전에 빻은 통후추를 첨가한다.
9. **수렵육 갈색 육수 또는 프라브라드 소스 차이나 캡에 거르기**
10. **육수 또는 소스를 재빨리 식히고 뚜껑을 닫아 최대 3도 냉장실에 보관하기**

송아지 흰색 육수와 닭고기 흰색 육수
LE FOND BLANC DE VEAU ET DE VOLAILLE

이 두 종류의 흰색 육수를 만드는 방법은 동일하며, 기본 재료만 다르다.

준비할 재료

1L 육수 재료	단위	양
송아지 흰색 육수		
기본 재료		
– 송아지 뼈와 기름기 적은 자투리 고기	kg	1
– 송아지 족, 정강이, 뒷다리	kg	1
– 2등급과 3등급 부위 덩어리(선택사항)	kg	1
– 목살, 뱃살, 양지, 옆구리 살	kg	1
닭고기 흰색 육수		
기본 재료		
– 닭뼈와 닭 허드레 고기	kg	1
– 삶을 닭고기(암탉)	kg	1
아로마틱 가니쉬		
– 당근	g	100
– 양파	g	100
– 대파 흰부분	g	200
– 샐러리	g	80
– 부케가르니	개	1
육수		
– 찬물	L	1,5
양념		
– 굵은소금(선택사항)		약간(PM)
– 통후추		약간(PM)
– 정향 조각		약간(PM)
평균 준비 시간 : 20~25분		
송아지 흰색 육수 평균 가열 시간 : 2시간30분~3시간		
닭고기 흰색 육수 평균 가열 시간 : 45분~1시간		

준비할 도구

만드는 방법

1. **조리 작업 준비하기**
   식재료, 준비 도구, 조리 기구를 준비한다.
   재료의 신선도와 품질을 확인한다.

2. **닭뼈, 닭고기, 닭 허드레 고기를 작은 크기로 썰기**
   고기를 조각으로 자르고, 필요한 경우 손질해 실로 묶는다.

3. **뼈와 고기 데치기**
   (기본 재료는 미리 핏물을 빼서 준비한다.)
   찬물을 부어 몇 분간 끓이고 거품을 자주 걷는다.

4. **기본 재료를 흐르는 물에 씻기**
   잘 헹구고 스테인레스 채반에 받쳐 물기를 뺀다.
   소스포트를 헹군다.

5. **흰색 육수 끓일 준비하기**
   냄비에 기본 재료를 다시 담는다.
   찬물을 붓는다.
   거품을 잘 제거하며 끓인다.

6. **아로마틱 가니쉬 재료 준비하기**
   모든 채소를 다듬어 씻는다.
   당근을 토막 내어 자른다.
   대파 흰 부분과 샐러리를 사용해 부케가르니를 만든다.
   양파에 정향을 박는다.(p. 462 참조)

7. **흰색 육수에 아로마틱 가니쉬 첨가하기**

8. **송아지 육수는 2시간 30분~3시간 동안, 닭고기 흰색 육수는 45분~1시간 동안 약불에 끓이기**
   육수를 끓이는 동안 거품이나 기름기, 찌꺼기를 수시로 제거한다.
   육수가 졸았을 경우에는 끓는 물을 조금 부어 보충한다.

9. **압착하거나 젓지 말고 차이나 캡에 육수 거르기**
   흰색 육수는 《우윳빛 laiteux》이 나지 않고 맑아야 한다.
   기름기를 다시 한번 걷어준다.

10. **육수 재빨리 식히기**
    육수를 바로 사용하지 않는다면 재빨리 식혀 뚜껑을 닫아 최대 3도 냉장실에 보관한다.

흰색 육수 만들 때 주의할 점

– 정확한 사용처를 모르는 흰색 육수에는 소금 간을 하지 않는다. 일반적으로 육수를 사용할 때 알맞은 양념으로 간을 한다. 하지만 육수 1L당 3~5g의 비율로 소금 간을 가볍게 할 수도 있다. 육수가 완성되기 몇 분 전에 빻은 후추를 넣을 수도 있다.

– 훌륭한 맛의 육수를 만들기 위해서는 뼈만 넣어 조리하는 다른 방법을 사용해 앞서 나온 방법대로 끓인다. 그리고 식힌 뼈 육수를 고기에 부어 다시 끓인다.

이 방법을 사용하면 뼈의 젤라틴 성분과 맛이 최대한 빠져나올 수 있고, 고기는 다른 요리에 사용할 수 있다.

활용법

• 흰색 육수는 전통적 기본 소스(송아지 벨루테, 닭고기 벨루테 velouté de veau et de volaille)와 다양한 응용 소스(독일 소스 sauce allemande, 풀레트 소스 poulette, 쉬프렘 소스 suprême, 오로라 소스 aurore, 아이보리 소스 ivoire, 헝가리 소스 hongroise 등등)를 만드는 것 외에도 여러 종류의 포타주(벨루테, 크림 수프 veloutés et crèmes divers), 채소 브레제(laitues, céleris, choux), 고기 브레제 braisée, 프리카세 fricassée, 필라프 밥 riz pilaf 등의 육수로 사용할 수 있다.

송아지 흰색 육수 LE FOND BLANC DE VEAU

❶ 조리 작업 기구를 준비한다.

❷ 기본 재료를 작은 크기로 썬다.

❸ 몇 분간 데친다.(핏물은 미리 빼놓는다.)

❹ 거품을 잘 제거하고 흐르는 물에 씻는다.

❺ 냄비를 헹군다.

❻ 흰색 육수 끓일 준비를 한다. 냄비에 기본 재료를 다시 담고 찬물을 부어 끓인다.

❼ 거품과 기름기를 수시로 제거한다.

❽ 아로마틱 가니쉬를 첨가한다.

❾ 2시간 30분~3시간 동안 매우 약한 불에 흰색 육수를 끓인다.

❿ 거품, 기름기, 찌꺼기를 수시로 제거한다.

⓫ 육수가 졸았을 경우 끓는 물을 조금 넣어 보충한다.

⓬ 압착하지 않고 흰색 육수를 차이나 캡에 거른다. 기름기를 완전히 제거한다.

⓭ 육수를 재빨리 식히고 뚜껑을 닫아 최대 3도 냉장실에 보관한다.

생선 육수 LE FUMET DE POISSON

준비할 재료

1L 생선 육수 재료	단위	양
기본 재료		
– 지방이 적은 생선 뼈와 자투리 고기	g	600
(가자미. 넙치, 명태, 달고기, 대구 등등)		
– 버터	g	40
아로마틱 가니쉬		
– 셜롯	g	30
– 양파	g	80
– 당근(선택사항)	g	50
– 버섯 부스러기 parures et pieds de		약간(PM)
champignons 버섯의 다듬어진 부분과 자루		
– 부케가르니	개	1
육수		
– 찬물	L	1
– 사용하는 용도에 따라	ml	100
화이트 와인 또는 레드 와인		
– 노일리 소스		약간(PM)
양념		
– 굵은소금		약간(PM)
– 통후추		약간(PM)
평균 준비 시간 : 15~20분		
평균 가열 시간 : 20~25분		

준비할 도구

만드는 방법

1. **조리 작업 준비하기**
   식재료, 준비 도구, 조리 기구를 준비한다.
   재료의 신선도와 품질을 확인한다.

2. **생선 뼈와 살의 불순물을 제거하고 헹군 후 썰기**
   엉긴 피와 아가미, 눈을 제거한다.

3. **아로마틱 가니쉬 재료 준비하기**
   모든 채소를 다듬어 씻는다.
   셜셜롯과 양파를 잘게 썰고, 당근을 얇은 네모 조각으로(en paysanne) 썬다.
   부케가르니를 만든다.

4. **생선 육수 끓일 준비하기**
   잘게 썬 아로마틱 가니쉬를 버터에 볶는다.
   물기를 뺀 생선 뼈를 첨가하고 몇 분간 함께 볶는다.
   뼈가 잠길 정도로 찬물을 붓고 마지막에 와인을 붓는다.
   부케가르니와 버섯 부스러기를 첨가한다.
   20~25분 동안 육수를 천천히 끓인다.
   거품을 자주 걷으며 끓인다.
   소금을 조금 넣는다.
   완성되기 몇 분 전에 빻은 후추를 첨가한다.

5. **압착하지 말고 차이나 캡에 생선 육수 거르기**

6. **육수 재빨리 식히기**
   육수를 얼음물이 담긴 용기에 넣어 식힌 후 뚜껑을 닫아 3도 냉장실에 최대 24시간 동안 보관한다.

생선 육수 만들 때 주의할 점
생선 육수는 주로 졸여서 만드는 소스를 만들 때 사용한다.
육수가 너무 묽어 오랫동안 졸인 경우 종종 맛이 나빠지기도 한다.
생선 육수는 맑아야 한다. 오래 끓이거나 너무 빨리 끓일 경우 육수가 탁해질 위험이 있다.

활용법
- 생선 육수는 생선 벨루테와 다양한 응용 소스(베르시 소스, 새우 소스, 노르망디 소스, 낭투아 소스, 화이트 와인 소스 Bercy, crevettes, normande, Nantua, vin blanc 등등) 외에도 생선을 삶을 때 육수 또는 생선 브레제 육수로 사용하고, 아메리칸 소스, 생선 포타주, 생선 수프에도 사용한다.

❶ 조리 작업 기구를 준비한다.

❷ 생선 뼈를 썰고 불순물을 재빨리 제거한 후 헹군다.

❸ 아로마틱 가니쉬 채소를 다듬어 씻은 후 잘게 썬다.

❹ 색깔이 나지 않도록 재료를 버터에 천천히 볶는다.

❺ 물기를 뺀 생선 뼈를 첨가해 몇 분간 함께 볶는다.

❻ 생선 뼈가 잠기도록 찬물을 붓고 마지막에(생선 육수의 활용에 따라) 화이트 와인 또는 레드 와인을 조금 붓는다.

❼ 부케가르니와 버섯 부스러기를 첨가한다.

❽ 20~25분 동안 천천히 육수를 끓인다.

❾ 거품을 수시로 제거하며 끓인다.

❿ 소금을 조금 넣고 마지막에 빻은 후추를 첨가한다.

⓫ 압착하지 않고 육수를 차이나 캡에 거른다.

⓬ 육수를 재빨리 식히고 뚜껑을 닫아 최대 3도 냉장실에 24시간 동안 보관한다.(특별한 경우를 제외하고)

채소 부용 LE BOUILLON DE LÉGUMES

준비할 재료

1L 부용 재료	단위	양
기본 재료		
– 당근(1개)	g	120
– 양파(1개)	g	100
– 셜롯(2개)	g	40
– 대파(흰 부분)	g	100
– 샐러리	g	40
– 양송이버섯	g	80
– 파슬리(줄기)	g	약간(PM)
– 버터	g	40
– 화이트 와인	ml	100
– 타임, 월계수잎		약간(PM)
육수		
– 찬물	L	1,2
양념		
– 굵은소금		약간(PM)
– 통후추		약간(PM)
사용 용도에 따라서		
– 펜넬 구근	g	약간(PM)
– 토마토	g	약간(PM)
– 마늘	g	약간(PM)
– 고수, 처빌, 바질	g	약간(PM)
평균 준비 시간 : 15~20분		
평균 가열 시간 : 30분		

준비할 도구

만드는 방법

1. **조리 작업 준비하기**
   준비 도구와 조리 기구를 준비한다.
2. **모든 채소 다듬어 씻기**
3. **채소를 잘게 저며 썰거나 얇은 네모 모양으로 썰기**
4. **부케가르니 만들기**
5. **채소 부용 끓일 준비하기**
   (재료의 양에 따라) 소테팬 또는 소스포트에 모든 채소를 넣고 버터에 볶는다.
   화이트 와인으로 데글라세하고 2/3로 졸인다.
   찬물을 부어준다.
   (부용은 기본 요리이고 졸일 수 있으므로) 굵은소금을 조금 넣고 부케가르니를 첨가한다.
   끓인다.
   거품을 잘 걷어준다.
   30분 동안 매우 약한 불에 끓인다.
   마지막에 빻은 후추를 첨가한다. (선택사항, 활용에 따라) (빻은 후추는 차이나 캡에 걸러 사용한다.)
   압착하지 말고 차이나 캡에 채소 부용을 거른다.
   규정에 맞게 식힌다.

활용법

- 일반적으로 채소 부용은 포타주 육수, 고기나 생선을 삶을 육수, 필라프용 밥, 채소 리조또, 폴렌타, 생파스타 등의 육수로 사용한다. Le bouillon de légumes est principalement utilisé comme base de mouillement des potages, des viandes et des poissons pochés, du riz pilaf, des risottos aux légumes, de la polenta, des pâtes fraîches.
- 또한 데글라세해 오븐구이 소스나 오븐 찜 소스로 사용하며, 브레제용 육수로도 사용한다. Il peut être également utilisé pour déglacer et réaliser les jus de rôti, les fonds de poêlage et de braisage.

채소 부용 만들기
RÉALISER UN BOUILLON DE LÉGUMES

❶ 모든 채소를 잘게 썰거나 얇은 네모 조각으로 썬다.

❷ 버터를 넣어 볶거나 지중해 요리의 경우 올리브유를 넣어 볶는다.

❸ 화이트 와인을 넣어 데글라세한 후 2/3로 졸인다.

채소의 양은 평균 정도로 준비한다. 원하는 농도에 따라 채소의 양을 줄이거나 늘릴 수 있다.
사용 용도에 따라 채소 부용은 식용유를 두르는 것을 생략하고 바로 찬물을 부어 요리하기도 한다.
남프랑스 요리의 경우, 버터는 올리브유로 대체할 수 있다. 기본 채소에 펜넬 구근, 토마토, 마늘, 고수, 처빌, 바질을 첨가할 수 있다.

❹ 찬물을 붓는다.

❺ 끓여준다.

❻ 굵은소금을 알맞게 넣는다.

❼ 거품을 제거한다.

❽ 30분 동안 약불에 끓인다.

❾ 마지막에 빻은 통후추를 조금 첨가한다.(선택, 활용에 따라)

❿ 채소 부용을 차이나 캡에 거른다.

⓫ 채소 부용을 규정에 맞게 식힌다.(급속 냉각기 또는 얼음물에 넣어 식힌다. 얼음물에 식힐 경우, 골고루 식을 수 있도록 수시로 저어준다.)

간단한 흰색 콩소메(또는 포토푀 부용)

LE CONSOMMÉ BLANC SIMPLE OU MARMITE(OU « BOUILLON DE POT-AU-FEU »)

준비할 재료

1L 콩소메 재료	단위	양
기본 재료		
– 소의 앞 허벅다리 살 jumeau	kg	1
– 사태 gîte–gîte	kg	1
– 소의 견골 위 지방분 없는 살코기 macreuse	kg	1
– 갈비살 plat de côtes	kg	1
– 정강이뼈와 사골(골수 포함) os de crosse et os à moelle	kg	1
아로마틱 가니쉬		
– 당근	g	150
– 양파	g	150
– 대파	g	150
– 샐러리	g	80
– 파스닙(선택사항) panais	g	약간(PM)
– 스웨덴 순무(선택사항) rutabagas	g	약간(PM)
– 무(선택사항)	g	약간(PM)
– 마늘	g	5
– 부케가르니	개	1
육수		
– 찬물	l	1,5~2
양념		
– 굵은소금		약간(PM)
– 통후추		약간(PM)
– 정향 조각		약간(PM)
평균 준비 시간 : 20~25분		
평균 가열 시간(고기 품질에 따라 조절) : 2시간30분~3시간		

준비할 도구

만드는 방법

1. **조리 작업 준비하기**
   레시피대로 식재료를 준비하고, 준비 도구, 조리 기구 등을 준비한다.
   재료의 신선도와 품질을 확인한다.

2. **기본 재료 준비하기**
   고기의 기름기를 제거하며 손질한 후 실로 묶는다.
   뼈를 자를 때 나오는 골수는 식초 얼음물이 담긴 믹싱볼에 넣어둔다.

3. **3~4분간 고기와 뼈 데치기**
   큰 냄비에 고기와 뼈를 담는다.
   찬물을 부어 끓인다.
   거품을 제거한다.
   고기와 뼈를 흐르는 물에 씻는다.

4. **육수 끓일 준비하기**
   잘 헹군 냄비에 고기와 뼈를 다시 담는다.
   찬물을 충분히 부어준다.
   굵은소금을 알맞게 넣고 끓인다.

5. **아로마틱 가니쉬용 채소 준비하기**
   모든 채소를 다듬어 씻는다.
   당근이 클 경우 토막 내어 자른다.
   양파를 가로 방향으로 잘라 팬에 구워 색깔이 나게 하고, 1~2개에는 밑동 부분에 정향 조각을 박아 넣는다.
   파슬리, 타임, 월계수 잎, 대파, 샐러리로 부케가르니를 만든다.

6. **육수의 거품과 기름기 제거하기**

7. **1시간 끓인 후 아로마틱 가니쉬 첨가하기**

8. **뚜껑을 열고 2시간 30분~3시간 동안 약불에 육수 끓이기**
   거품과 기름기를 수시로 제거한다.(작은 국자에 찬물 또는 얼음을 담아 육수에 넣어 기름기가 떠오르면 즉시 제거한다.)

9. **고기가 잘 익었는지 확인한 후 고기와 아로마틱 가니쉬 떠내기**

10. **스테인리스 들통에 차이나 캡을 받쳐 육수 거르기**
    빻은 통후추를 차이나 캡 바닥에 담는다.
    육수가 탁해지지 않도록 젓지 않아야 한다. 육수는 맑고 연한 황갈색이 나야 한다.
    잠시 동안 육수를 둔 후 기름기를 다시 제거하고 재빨리 식힌다.

조리용 작업 기구 준비하기 Mettre en place le poste de travail

❶ 고기의 기름기를 제거하며 손질한 후 실로 묶는다.

❷ 뼈를 자른다.

❸ 3∼4분간 고기와 뼈를 데친다.

❹ 거품을 걷고 고기와 뼈를 물로 헹군다.

육수 끓일 준비하기 Marquer la marmite en cuisson

❶ 냄비에 데친 고기와 뼈를 다시 담는다.

❷ 찬물을 많이 붓는다.

❸ 굵은소금을 넣고 끓인다.

❹ 약불에 뚜껑을 열고 육수를 끓인다. (빨리 끓일 경우 육수가 탁해질 위험이 있다.)

❺ 거품과 기름기를 제거한 후 아로마틱 가니쉬를 첨가한다.

❻ 아로마틱 가니쉬 채소를 준비한다.

　– 당근은 통째로 준비하거나 토막낸다.

　– 양파 일부는 밑동 부분에 정향을 박고, 나머지는 팬에 구워 캐러멜화 되도록 한다.

　– 부케가르니를 준비한다.

❼ 양파를 가로로 자른 후 팬에 구워 색깔을 낸다. (캐러멜화)육수가 황갈색이 나도록 하고 특별한 맛을 낸다.

❽ 1시간 동안 끓인 후 모든 아로마틱 가니쉬를 첨가한다.

⑨ 수시로 거품과 기름기를 제거한다.

⑩ 고기의 품질에 따라 2시간 30분~3시간 동안 약불에 뚜껑을 열고 끓인다.

⑪ 고기가 잘 익었는지 확인한 후 다른 요리에 사용할 수 있도록 따로 보관한다.

⑫ 채소도 건져둔다.

⑬ 육수를 차이나 캡에 거른다.

⑭ 재빨리 식힌 후 뚜껑을 닫아 최대 3도 냉장실에 보관한다.

더 맛있는 육수를 끓이려면

- 고기 육수는 미리 고기를 데치지 않고 끓일 수도 있다. 이러한 경우, 거품을 더 자주 제거할 필요가 있다.
- 더 맛있는 고기 육수를 위해서는 미리 소 뼈로 육수를 만들어 고기 육수에 물 대신 사용하면 된다.
- 더욱 빠른 세 번째 방법은 고기를 다지고 아로마틱 가니쉬를 잘게 썰어 사용하는 것이다. 이 방법은 맑은 고기 육수 만드는 법이다. (다음 페이지 참조)
- 고기 육수에 사용한 고기는 다른 요리에 사용하기 위해 따로 보관한다.(포토푀, 혼합 샐러드 등등)
- 고기 육수를 끓이는 시간은 고기 종류와 품질에 따라 달라진다.(암송아지의 경우 1시간 30분~2시간, 암소의 경우 3시간~3시간 30분)
- 절대로 고기 육수에서 고기, 뼈, 아로마틱 가니쉬를 건지기 전에 육수를 식히지 않는다.(발효의 위험이 있음)

활용법

- 고기 육수는 일반적으로 콩소메 또는 콩소메 젤리에 사용하며, 작은 냄비 수프(고기 수프) 요리(BPI 출판사 《요리의 기술》 맑은 포타주 편 참조)를 할 때 사용한다.

- 젤라틴 성분이 많은 재료(송아지 족, 젤라틴 시트)를 넣어 만든 고기 육수는 육수를 맑게 하는 작업을 거친 후 고기 젤리 요리의 기본 재료로 사용할 수 있다.

맑은 고기 육수 만들기 CLARIFIER UNE MARMITE

고기 육수, 생선 육수, 갑각류 육수는 육수를 맑게 하는 작업을 거치면 콩소메나 고기 젤리 요리에 활용할 수 있다.

육수를 맑게 하는 작업은 계란 흰자, 고기, 고기 피의 단백질 성분과 결합하여 일어나며, 이러한 단백질 성분은 점차 응고되며 응고되는 《편물 (격자)조직 mailles》 속에 불순물을 끌어당긴다.

(기름기 적은 소고기, 닭가슴살, 생선 살, 수렵육 등등) 다진 고기와 아로마틱 가니쉬 채소를 첨가해 육수를 맑게 하므로 콩소메 또는 고기 젤리의 맛과 풍미가 더욱 좋아진다.

준비할 재료

1L 콩소메 재료	단위	양
기본 재료		
– 다져야 할 지방이 적은 소고기	g	200
(부채살, 갈비살)		
– 계란 흰자	개	1
아로마틱 가니쉬		
– 당근	g	50
– 대파 초록색 부분	g	50
– 샐러리	g	20
– 토마토	g	80
– 토마토 페이스트	g	10
– 처빌	단	약간(PM)
물 또는 얼음		약간(PM)
육수		
– 포토푀 부용 marmite	L	1,2
양념		
– 가는소금		약간(PM)
– 통후추		약간(PM)
평균 준비 시간 : 15~20분		
평균 가열 시간 : 45분~1시간		

준비할 도구

만드는 방법

1. **조리용 작업 준비하기**

2. **고기 준비하기**

   고기의 기름기와 힘줄을 제거하며 손질한다.

   알맞게 고기를 다진다.(고기 다지는 기계를 사용하거나 칼로 다진다.)

3. **아로마틱 가니쉬 준비하기**

   당근, 대파의 초록색 부분, 샐러리를 잘게 썰어준다.

   토마토를 잘게 썬다.

4. **맑은 육수 만들기**

   맑게 거를 고기 육수의 양에 따라 자루냄비 또는 소스포트에 다음의 재료를 담는다.

   – 다진 고기

   – 아로마틱 가니쉬

   – 잘게 썬 토마토와 토마토 페이스트

   – 계란 흰자와 찬물 조금

   식히고 기름기를 완전히 제거한 고기 육수를 맑게 위해 준비한 재료 위에 천천히 붓고 잘 섞는다.

   계속해서 주걱으로 저어주며 끓인다.

   끓어오르기 시작하면 불을 줄인다.

   젓지 않고 끓인다. 콩소메가 끓기 시작하면 냄비 중앙에 재료가 응고되어 분화구 형태가 만들어진다.

   45분~1시간 동안 맑은 육수가 되도록 둔다.(육수가 적을 경우 시간이 덜 걸린다.)

5. **깨끗한 스테인리스 용기에 차이나 캡을 받쳐 콩소메 거르기**

   차이나 캡에 빻은 통후추와 다진 처빌을 담는다.

6. **콩소메의 기름기 완전히 제거하기**

   키친타월을 사용해 콩소메 표면에 떠 있는 모든 《기름방울 yeux》을 닦아 낸다.

   간을 확인한다.

7. **콩소메를 즉시 사용하거나 재빨리 식히기**

   뚜껑을 닫아 최대 3도 냉장실에 보관한다.

❶ 조리 작업 기구와 재료를 준비한다.

❷ 고기를 손질하고 힘줄과 지방을 완전히 제거한 후 다진다.

❸ 아로마틱 가니쉬용 채소를 잘게 썬다.

❹ 자루냄비 또는 소스포트에 다진 고기, 잘게 썬 아로마틱 가니쉬, 계란 흰자, 소량의 물을 담고 고기 육수가 뜨거울 경우 얼음도 넣어준다.

❺ 육수를 맑게 하는 재료 위에 고기 육수를 천천히 붓고 잘 섞어준다.

❻ 주걱으로 천천히 저어주며 뭉근하게 끓인다.

❼ 육수가 끓기 시작하면 젓는 것을 멈추고 불을 줄인 후 45분~1시간 동안 육수가 맑아지도록 둔다.(적은 양의 경우 시간이 줄어든다.)

❽ 차이나 캡에 깨끗한 면보를 올리고 빻은 통후추와 잘게 다진 처빌을 담는다.

❾ 콩소메를 젓지 말고 조심스럽게 거른다.

⑩ 간을 확인한다.

⑪ 키친타월을 사용해 콩소메 표면의 기름기를 완전히 제거한다.

글레이즈 LES GLACES

소고기, 닭고기, 수렵육, 생선 글레이즈는 양념하지 않은 맑은 육수를 매우 천천히 졸여 수분을 증발시키고 농축시켜 만든 것이다. 원하는 색깔에 따라 갈색 육수 또는 흰색 육수를 선택한다.

글레이즈는 다음과 같은 조건에서 사용한다.

- 싱거운 맛의 육수 또는 소스를 진하게 만들 때
- 소스를 진하게 할 때(색깔, 특징)
- 요리의 재료가 빛나도록 한 겹으로 바를 때(예: 얇은 조각의 송로버섯)
- 샤또브리앙 Chateaubriand, 베르시 Bercy, 콜베르 Colbert, 솔페리노 Solférino 소스 등에 버터, 크림, 허브 등을 넣어 맛을 조절할 때

소고기(미트) 글레이즈 만들기
RÉALISER UNE GLACE DE VIANDE

❶ 송아지 갈색 육수를 소테팬에 붓고 끓여 졸인다.

❷ 거품과 찌꺼기는 수시로 제거한다.

❸ 졸인 육수를 차이나 캡 또는 체에 걸러 작은 소테팬에 담는다.

❹ 불을 줄이고 계속 졸이며 거품과 찌꺼기를 제거한다.

❺ 미트 글레이즈를 다시 걸러 더 작은 소테팬에 담는다.

❻ 미트 글레이즈의 농도를 확인한다. 적당한 정도는 액체가 시럽과 같이 숟가락 뒷면에 한 겹으로 반짝이며 묻어있을 때이다.

❼ 미트 글레이즈를 다시 한 번 차이나 캡에 거른다. 재빨리 식힌 후 뚜껑을 닫아 냉장실에 보관한다.

주요 기본 소스

LES GRANDES SAUCES DE BASE

스페인 소스(소량으로 조리)
LA SAUCE ESPAGNOLE(RÉALISÉE EN PETITE QUAN-
TITÉ)

리에종한 송아지 갈색 육수
LE FOND BRUN DE VEAU LIÉ

루 만들기(흰색, 금색, 갈색)
RÉALISER UN ROUX(BLANC, BLOND, BRUN)

**벨루테 만들기
(송아지, 닭고기, 생선 벨루테)**
RÉALISER UN VELOUTÉ (DE VEAU, DE VOLAILLE, DE
POISSON)

베샤멜 소스
LA SAUCE BÉCHAMEL

응용 소스의 예
EXEMPLES DE SAUCES DÉRIVÉES

토마토 소스
LA SAUCE TOMATE

아메리칸 소스
LA SAUCE AMÉRICAINE

낭투아 소스(최신 방법)
LA SAUCE NANTUA(VERSION MODERNE)

유화 소스
LES SAUCES ÉMULSIONNÉES

비네그레트 소스
LA SAUCE VINAIGRETTE

토마토 쿨리
LE COULIS DE TOMATES

마요네즈 소스
LA SAUCE MAYONNAISE

뵈르 퐁듀(녹인 버터 소스)
LE BEURRE FONDU

뵈르 블랑 또는 뵈르 낭테
LE BEURRE BLANC ET/OU LE BEURRE NANTAIS

올랑데즈 소스
LA SAUCE HOLLANDAISE

베어네이즈 소스
LA SAUCE BÉARNAISE

식물성 초록 색소 만들기
RÉALISER UN COLORANT VERT VÉGÉTAL

스페인 소스(소량으로 조리)

LA SAUCE ESPAGNOLE
(RÉALISÉE EN PETITE QUANTITÉ)

준비할 재료

1L 소스 재료	단위	양
기본 재료		
– 송아지 갈색 육수	L	1,5
아로마틱 가니쉬		
– 지방이 적은 살코기 삼겹살 poitrine de porc maigre	g	50
– 당근	g	50
– 양파	g	50
– 신선한 토마토	g	300
– 토마토 페이스트	g	40
– 버섯 부스러기	g	약간(PM)
– 마늘	g	10
– 부케가르니	개	1
리에종(갈색 루) LIAISON(ROUX BRUN)		
– 버터	g	60
– 밀가루	g	60
양념		
– 가는소금		약간(PM)
– 후춧가루		약간(PM)
평균 준비 시간 : 15~20분		
평균 가열 시간 : 최소 1시간~1시간 30분		

준비할 도구

만드는 방법

1. **조리 작업 준비하기**
   레시피대로 준비한 식재료를 계량하고 확인한다.

2. **아로마틱 가니쉬 재료 준비하기**
   라르 lard*를 작은 주사위 모양으로 썰어 데친다.
   당근과 양파를 다듬어 씻은 후 《미르푸아 Mirepoix》(작은 주사위 모양)로 썬다.
   마늘을 다듬어 씻은 후 싹을 제거하고 빻는다.
   부케가르니를 만든다.

3. **송아지 갈색 육수 끓이기**

4. **스페인 소스 sause espagnole 만들기**
   큰 소테팬에 라르 lard를 넣어 버터와 함께 볶는다.
   당근, 양파를 첨가해 살짝 볶는다.
   밀가루를 첨가해 연한 갈색 루가 되도록 볶는다.
   토마토 페이스트를 첨가하고 신맛을 줄이기 위해 몇 초 동안 《볶는다 revenir》.
   토마토를 넣은 갈색 루를 식힌다.
   거품기로 저어주며 끓는 송아지 갈색 육수를 천천히 붓는다.
   계속 저으며 소스를 끓인다.
   토마토 페이스트, 마늘, 부케가르니를 첨가한다.
   뚜껑을 닫고 소스의 양에 따라 1시간~1시간30분 동안 끓인다.(오븐에서 끓이는 것이 더 좋음)
   수시로 찌꺼기를 걷어낸다.

5. **스페인 소스 차이나 캡에 거르기**
   소스의 간과 농도를 확인한다.(너무 진할 경우 뜨거운 갈색 육수를 조금 부어 농도를 조절한다.)
   부케가르니를 제거한 후 가볍게 압착하며 차이나 캡에 소스를 거른다.

6. **소스를 저어주며 재빨리 식히기**
   랩으로 덮어 최대 3도의 냉장실에 보관한다.

---

* 라르 lard : 돼지비계(돼지 지방)를 정제해 만든 식용 지방. 지방을 액체로 녹였다가 굳힌 것.

❶ 소테팬에 버터를 두르고 미르푸아를 볶아 살짝 캐러멜화 되도록 한다.

❷ 밀가루를 넣어 연한 갈색 루가 되도록 볶는다.(밀가루는 오븐이나 팬에서 주걱으로 저어가며 볶을 수 있다.)

❸ 토마토 페이스트를 첨가해 볶으며 신맛을 없앤다.

❹ 토마토를 넣어 볶은 루를 식힌다.

끓인 갈색 육수에 부드러운 갈색 루를 소량 첨가하며 스페인 소스의 농도를 조절하거나 리에종할 수 있다.
이 때, 소테팬에 미르푸아를 볶은 후 기름기를 제거하고 화이트 와인으로 데 글라세한다.
스페인 소스를 대량으로 만들 때에는 더 오래 끓여야 한다.
소량으로 소스를 만들 때에는 전분이나 애로루트를*(fécule ou de l'arrow-root)을 사용해 토마토를 넣은 갈색 육수를 리에종하는 것는 더 좋다. (다음에 나오는 《리에종한 송아지 갈색 육수》 참조)

❺ 뜨거운 송아지 갈색 육수를 천천히 부으며 다시 끓어오를 때까지 거품기로 저어준다.

❻ 잘게 썬 토마토, 마늘, 부케가르니를 첨가한다.

❼ 스페인 소스의 뚜껑을 덮고 오븐에 넣어 그 양에 따라 1시간~1시간30분 동안 끓인다.

❽ 끓는 동안 찌꺼기를 수시로 제거한다.

❾ 스페인 소스를 차이나 캡에 거른다.

❿ 간과 농도를 확인한다.

⓫ 버터를 넣어 마무리한 후 랩을 씌워 63도 이상의 중탕 용기에 보관하거나, 재빨리 식혀 최대 3도의 냉장실에 최대 24시간 보관한다.

---

* 애로루트 arrow-root : 열대식물의 뿌리에서 추출한 전분. 소스나 수프의 리에종에 주로 사용한다.

리에종한 송아지 갈색 육수 LE FOND BRUN DE VEAU LIÉ

❶ 버터를 두르고 잘게 썬 미르푸아를 볶는다.(선택)

❷ 송아지 갈색 육수를 첨가해 끓이고 수시로 찌꺼기와 거품을 제거하며 졸인다.

❸ 송아지 갈색 육수가 어떤 요리에 사용될지에 따라 전분을 화이트 와인 또는 레드 와인으로 녹일 수도 있고, 마데이라 와인 또는 포르투 와인으로 녹일 수도 있다.

❹ 육수가 원하는 농도로 되면 리에종을 천천히 부으며 섞는다. (거품기로 젓지 않는다.)

❺ 포타주용 숟가락을 사용해 농도가 적당한지 확인한다.

❻ 필요하면 리에종을 더 붓는다.

❼ 다시 끓어오르면 전분의 최종적인 걸쭉한 정도가 된다.

❽ 리에종한 송아지 갈색 육수를 차이나 캡에 거른다.

❾ 마무리용 버터를 넣고 랩을 씌워 63도 이상 온도의 중탕 용기에 보관하거나 급속 냉각기에 식혀 라벨을 붙이고 최대 3도 냉장실에 최대 24시간 보관한다.

루 만들기(흰색, 금색, 갈색)

RÉALISER UN ROUX
(BLANC, BLOND, BRUN)

루는 정제 버터 또는 일반 버터(또는 다른 종류의 식용유)와 밀가루를 동량으로 만든 요리의 기본 재료이다.

루의 걸쭉한 속성은 소스나 포타주(베샤멜 소스, 토마토 소스, 크림 수프, 벨루테)의 점도 (농도)와 질감을 조절하기 위해 사용한다.

루는 또한 첨가하는 요리의 모양, 색깔, 맛을 바꿔준다.

(BPI출판사 《요리의 기술》 전문의 탄성 편 리에종 참조)

1L 육수 재료	단위	양
– 버터[1]	g	40 ～ 70
또는		
모든 지방성 재료(원하는 농도에 따라)		
– 밀가루[2] (원하는 농도에 따라)	g	40 ～ 70
평균 가열 시간		
– 흰색 루 : 3~4분		
– 금색 루 : 4~6분		
– 갈색 루 : 6~8분		

[1]과 [2]의 루의 양은 원하는 농도에 따라 다르다.

예 – 포타주용은 버터 40g과 밀가루 40g

    – 베샤멜 소스는 버터 50g과 밀가루 50g

    – 스페인 소스 또는 갈색 루의 경우, 버터 70g과 밀가루 70g 동량일 때, 갈색 루는 흰색 루보다 리에종이 약하다.

만드는 방법

1. **조리 작업 준비하기**
   레시피대로 식재료를 계량하고 확인한다.
   밀가루는 체에 거른다.
   버터를 조각으로 자른다.

2. **루 만들기**
   큰 소테팬에 조각 버터를 녹인다.(소테팬은 육수를 담을 수 있도록 충분히 커야 한다.)
   버터가 녹으면 밀가루를 첨가한다.
   덩어리가 없고 윤기가 나는 혼합물이 되도록 주걱이나 소스 거품기로 잘 섞는다.

3. **루 끓이기**
   흰색 루
   불을 줄이고 천천히 루를 끓인다. 계속해서 주걱이나 소스 거품기로 저어주며 루가 흰색 무스가 되도록 한다.
   소테팬을 불에서 내려 루를 재빨리 식힌다.
   찬물이 담긴 믹싱볼에 소테팬 바닥이 잠기도록 담근다.

   금색 루
   루가 연한 금색이 될 때까지 천천히 끓인다.
   소테팬을 불에서 내린다.

   갈색 루
   루가 가볍게 덱스트린화(전분의 가수분해 및 캐러멜화) 될 때까지 계속 끓인다.
   루의 색깔이 너무 진해지지 않도록 주의하며 밝은 갈색을 유지한다. 더 진해질 경우 탄 맛과 쏘는 듯한 맛이 날 수도 있다.
   소테팬을 불에서 내리고 재빨리 갈색 루를 식힌다.

젤 성분에 영향을 미치는 것들
젤 성분(걸쭉함)은 일반적으로 다음과 같은 조건에 따라 달라진다.
– 액체에 첨가하는 루의 양
– 도달한 온도 :
    루를 기본 재료로 만든 모든 리에종은 반드시 끓여야 한다.
– 사용한 전분의 종류 :
    동량을 사용할 경우, 옥수수 전분이 밀 전분보다 더 걸쭉하다.
– 가열 조건 :
    재빠르게 가열하면 더욱 걸쭉해진다.(차가운 루에 뜨거운 액체를 부으면 다시 끓는 데 시간이 덜 걸리고, 엉겨 붙은 덩어리가 생길 위험이 줄어든다.)
    과도하게 가열할 경우 리에종이 풀어질 수 있다.(소스나 포타주의 액화)
– 산성 여부 :
    산성은 전분의 가수분해를 촉진시키기 때문에 전분물을 액화시키는 속성이 있다. 오래 끓일 경우 액화는 더욱 심해진다. 따라서 산성의 재료(레몬즙, 졸인 와인, 토마토, 수영 oseille, 케이퍼 câpres, 코르니숑* cornichons)는 조리의 마지막 단계에 첨가해야 한다.
– 액체에 녹은 물질(소금, 설탕)의 농도 :
    걸쭉함은 미네랄이 적은 용액에서 더 잘 이뤄진다. 이를 테면 설탕은 젤 성분을 더욱 액화시킨다.
– 전분의 덱스트린화 정도 Du degré de dextrinisation de l'amidon :
    동량일 경우, 덱스트린화된 전분물이 일반 전분물보다 덜 걸쭉하다. 볶은 밀가루 또는 금색 루, 갈색 루를 사용할 경우, 액체에 비해 밀가루나 루의 양을 늘릴 필요가 있다.
– 주의!
    전분으로 만든 젤의 성분은 냉각시키면 더욱 걸쭉해진다.

흰색 루 만들기
Réaliser un roux
www.bpi-campus.com
www.youtube.com/@diytp

❶ 육수를 담을 수 있을 만큼 충분히 큰 소테팬을 준비한다.

❷ 조각 버터를 녹인다.

❸ 체에 친 밀가루를 첨가한 후 주걱으로 잘 섞는다.

흰색 루 ROUX BLANC

❶ 불을 줄이고 계속 저어주며 루를 천천히 끓인다.

❷ 루가 흰색 무스 형태가 되면 불을 끈다.

　(베샤멜 소스와 응용 소스)

금색 루 ROUX BLOND

❶ 흰색 루가 연한 금색이 될 때까지 계속 끓인다.

❷ 루를 재빨리 식힌다.

　(아메리칸 소스와 응용 소스)

갈색 루 ROUX BRUN

❶ 금색 루의 색깔이 좀 더 진해질 때까지 계속 끓인다.

❷ 재빨리 불을 끄고 루를 식힌다.(찬물이 담긴 용기에 소테팬 바닥이 잠기도록 한다.)

　(스페인 소스와 응용 소스)

스테인리스 소테팬을 사용할 경우 소스 거품기를 사용해 루를 섞을 수 있다.

벨루테 만들기(송아지, 닭고기, 생선 벨루테)

RÉALISER UN VELOUTÉ (DE VEAU, DE VOLAILLE, DE POISSON)

준비할 재료

1L 육수로 만들 때 필요한 재료	단위	양
기본 재료		
– 송아지 흰색 육수	L	1
또는		
– 닭고기 흰색 육수	L	1
또는		
– 생선 육수	L	1
흰색 루 ROUX BLANC[1]		
– 버터	g	40 ~ 70
– 밀가루	g	40 ~ 70
마무리		
– 버터(겉 표면이 마르지 않게 하기 위해)	g	20
양념		
– 가는소금		약간(PM)
– 흰색 후추		약간(PM)
또는		
– 카옌 고추 piment de Cayenne		약간(PM)
1L의 벨루테 평균 조리 시간 : 20~30분[2]		

[1] 흰색 루를 만들 때 원하는 농도에 따라 루의 양은 달라지며, 평균적으로 1L 육수에 100g 루를 사용한다.

[2] 대량인 경우에는 벨루테의 조리 시간을 45분~1시간 동안 천천히 졸여야 한다.

준비할 도구

만드는 방법

1. **조리 작업 준비하기**
   레시피대로 식재료를 계량해 준비한다.

2. **흰색 루 만들기(p. 387 참조)**
   육수를 담을 수 있을 정도로 충분히 큰 소테팬에 루를 만든다.
   루가 흰색 무스 상태가 되면 불을 끈다.
   루를 재빨리 식힌다.

3. **흰색 육수 끓이기**

4. **벨루테 만들기**
   식힌 루 위에 흰색 육수의 절반을 한번에 붓는다.
   불을 켜지 않고 소스 거품기로 섞는다.
   계속 저으며 남은 육수를 천천히 붓는다. 혼합물은 윤기가 나며 엉긴 덩어리가 없어야 한다.
   가는소금, 흰색 후추, 또는 카옌 고추를 넣어 양념한다.
   벨루테를 계속 저어주며 끓인다. 적은 양인 경우 15분 정도 천천히 졸인다.
   대량으로 만들 경우, 벨루테는 1/3이 되도록 천천히 졸여야 한다.
   소스포트 바닥에 눌러붙지 않도록 졸일 때 주걱을 사용한다.

5. **벨루테의 농도와 간 확인 후 맛 조절하기**

6. **차이나 캡에 걸러 소스용 중탕 용기 또는 들통에 담기(양에 따라)**

7. **가장자리를 정리하고 마무리용 버터 넣기**

8. **벨루테의 뚜껑을 닫아 63도 이상의 중탕 용기에 보관하거나 규정대로 재빨리 식히기**

활용법

- 벨루테는 다양한 아로마틱 가니쉬 재료와 향신 허브를 넣어 졸인 기본 소스 또는 포타주이다. 벨루테를 사용해 쉬프렘 소스 suprême, 아이보리 소스 ivoire, 화이트 와인 소스 vin blanc, 오로라 소스 aurore, 베르시 소스 Bercy, 쇼프루아 소스 chaud-froid 등의 많은 종류의 소스와 포타주를 만들 수 있다.

- 또한 벨루테는 졸여서 만드는 소스에 걸쭉한 질감이나 견고함, 응집력 등을 주기 위해 사용한다.

  예 소량의 생선 벨루테를 졸인 화이트 와인 소스에 첨가하면 알맞은 소스의 농도가 되고 버터를 녹이면 다양한 재료가 서로 잘 응집되어 어우러진다. 이러한 벨루테는 액체로 된 소스가 뜨겁게 제공되어야 하는 연회에 주로 사용한다.

❶ 흰색 루를 만든다. 육수를 담을 수 있도록 충분히 큰 크기의 소테팬을 준비한다.

❷ 흰색 루를 천천히 주걱으로 저으며 끓인다.

❸ 루가 흰색 무스 상태가 되면 불을 끈다.

❹ 루를 재빨리 식힌다.

❺ 식은 루에 뜨거운 육수 절반을 한번에 붓는다.

❻ 불을 켜지 않고 소스 거품기로 저어 섞는다.

❼ 남은 육수를 조금씩 부으며 계속 젓는다.

❽ 혼합물은 덩어리 없이 균질의 윤기 나는 수프 형태여야 한다.

❾ 벨루테를 계속 저으며 끓인다.

❿ 양념을 한다.

⓫ 15분 동안 매우 약한 불에 벨루테를 끓인다.(졸인다.)

⓬ 졸이는 동안 주걱으로 잘 저어준다.

⓭ 작은 소스용 국자를 사용해 압착하며 벨루테를 차이나 캡에 거른다.

⓮ 용기 가장자리를 스크레이퍼로 긁어 정리한다.

⓯ 작은 버터 조각 몇 개를 넣어 마무리한다.

⓰ 벨루테에 뚜껑을 닫아 63도 이상의 중탕 용기에 넣거나 규정에 맞게 재빨리 식혀 보관한다.

계란 노른자 또는 크림을 넣어 소스나 벨루테 리에종하기 LIER UNE SAUCE OU UN VELOUTÉ AUX JAUNES D'ŒUFS ET À LA CRÈME

(리에종은 요리를 내기 바로 직전, 요리의 마지막 단계에서 실행한다.)

① 계란 노른자와 흰자를 분리한다.

② 작은 믹싱볼에 계란 노른자와 크림을 넣고 소스 거품기로 섞어준다.

③ 리에종에 뜨거운 벨루테 또는 소스를 1~2국자 넣어 따뜻하게 데운다.

④ 불을 끄고 소스나 뜨거운 벨루테 위에 혼합물을 조금씩 붓는다.

⑤ 리에종한 벨루테를 끓인다.

⑥ 계속 저으며 몇 초간 끓인다.

⑦ 작은 국자를 사용해 압착하며 소스나 벨루테를 차이나 캡에 거른다.

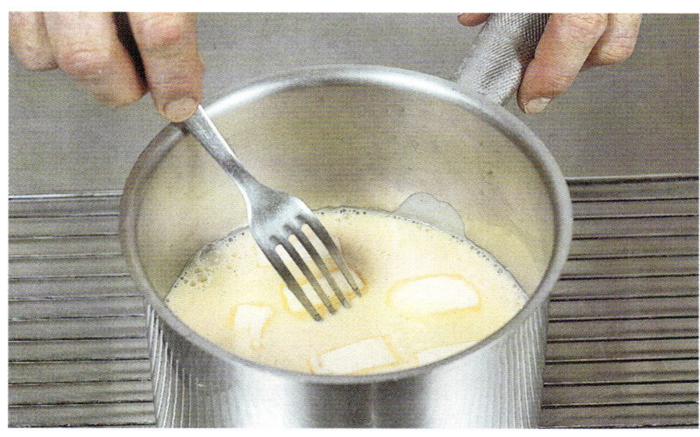

⑧ 작은 버터 조각 몇 개를 넣어 소스나 벨루테를 마무리한다.

⑨ 소스나 벨루테에 뚜껑을 닫아 63도 이상의 중탕 용기에 보관한다.

> ❝
>
> – 《계란 노른자–크림 jaunes d'œufs–crème》 리에종은 요리를 서비스할 시간에 최대한 가까운 때에 만들어야 한다. 소스와 벨루테의 단백질 성분에 리에종이 첨가되면 박테리아에 매우 취약해지기 때문이다.
> – 르테를 두 번 리에종할 경우 레몬즙 몇 방울을 첨가할 수도 있다.
> – 계란, 고기의 피, 조개의 붉은 부분을 전분 없이 리에종의 재료로 단독으로 사용할 때는 절대로 끓이지 않는다. 85~95도에서는 응고되기 때문이다.
> – 반면에, 계란 노른자와 전분을 사용해 두 번 리에종하는 경우에는 반드시 몇 초간 끓여야 한다.
>   녹말풀이 계란 노른자가 응고되기 전에 형성되고, 녹말이 단백질 분자를 감싸 응고되기 어렵게 한다.
> – 하지만 1분 이상 끓여서는 안 된다. 사용한 전분과 계란 노른자의 양에 맞춰 알맞게 끓인다.

➕ 주의 Précautions

리에종한 소스와 벨루테는 상하기 쉬워요!

• 계란 노른자로 리에종한 소스와 벨루테는 매우 상하기 쉬운 요리이다. 그러므로 리에종은 요리를 내기 바로 직전에 해야 한다. 요리에 사용되지 않은 남은 소스는 반드시 버려야 한다.

베샤멜 소스 LA SAUCE BÉCHAMEL

준비할 재료

1L 우유로 만들 때 필요한 재료	단위	양
– 우유	L	1
흰색 루[1]		
– 버터	g	50 ~ 70
– 밀가루	g	50 ~ 70
마무리		
– 버터(겉 표면이 마르지 않게 하기 위해)	g	20
양념		
– 가는소금		약간(PM)
– 카옌 고추		약간(PM)
– 육두구(넛맥)		약간(PM)
평균조리 시간 : 12~15분		

[1] 루의 양은 원하는 걸쭉한 정도에 따라 달라진다. 평균적으로 1L 우유에 100~140g의 루를 사용한다.

준비할 도구

만드는 방법

1. **조리 작업 준비하기**
   레시피대로 식재료를 계량하고 준비한다.

2. **흰색 루 만들기(p. 387 참조)**
   우유를 담을 수 있을 정도로 충분히 큰 소테팬에 루를 만든다.
   루가 흰색 무스 상태가 되면 불을 끈다.

3. **우유 끓이기**

4. **베샤멜 소스 만들기**
   식힌 루 위에 뜨거운 우유 절반을 한번에 붓는다.
   불을 켜지 않고 소스 거품기로 섞어준다.
   계속 저으며 남은 우유를 천천히 붓는다. 혼합물은 윤기가 나며 엉긴 덩어리가 없어야 한다.
   가는소금, 카옌 고추, 넛맥 부스러기를 넣어 양념한다.
   소스를 계속 저어주며 5~6분 동안 천천히 졸인다.

5. **소스의 농도와 간 확인하기**

6. **차이나 캡에 걸러 중탕 용기에 담기**
   작은 국자로 압착하며 거른다.

7. **가장자리 정리하고 마무리용 버터 넣기**
   조각 버터 몇 조각을 넣어 소스를 마무리한다.

8. **소스의 뚜껑을 닫아 63도 이상의 중탕 용기에 보관하기**

1 흰색 루를 만든다.

2 우유를 담을 수 있을 정도로 충분히 큰 소테팬에 루를 만든다.

3 루를 주걱으로 저으며 천천히 끓인다.

4 루가 흰색 무스 형태가 되면 불을 끈다.

5 루를 재빨리 식힌다.

6 식힌 루 위에 뜨거운 우유 절반을 한번에 붓는다.

7 불을 켜지 않고 소스 거품기로 섞어준다.

8 계속 저어주며 남은 우유를 천천히 붓는다.

9 혼합물은 윤기가 나며 엉긴 덩어리가 없어야 한다.

10 소스를 계속 저으며 끓인다.

11 가는소금, 카옌 고추, 넛맥으로 양념을 한다.

12 약불에 계속 저으며 5~6분 동안 끓여준다.

13 작은 소스용 국자를 사용해 베샤멜 소스를 압착하며 차이나 캡에 거른다.

14 가장자리를 스크레이퍼로 긁어 정리한다.

15 공기와 접촉해 막이 생기지 않도록 버터 몇 조각으로 소스를 마무리한다.

16 소스의 뚜껑을 닫아 63도 이상의 중탕 용기에 보관한다.

응용 소스의 예 EXEMPLES DE SAUCES DÉRIVÉES

모르네 소스 LA SAUCE MORNAY

1L 베샤멜 소스로 만들 때 필요한 재료	단위	양
기본 재료		
– 베샤멜 소스		
보충 재료 COMPLÉMENT		
– 계란(노른자)	개	4
– 그뤼예르 치즈 또는 파르메산 치즈	g	80
마무리		
– 버터(겉 표면이 마르지 않게 하기 위해)	g	20
평균 조리 시간 : 15~20분		

만드는 방법

1. **조리 작업 준비하기**
   레시피대로 식재료를 계량해 준비한다.
2. **치즈를 강판에 간 후 곱게 다지거나 고운 체에 거르거나 믹서기에 갈기**
3. **계란 흰자와 노른자 분리하기**
4. **베샤멜 소스 만들기**
5. **불을 켜지 않고 베샤멜 소스에 계란 노른자 첨가하기**
   혼합물을 다시 끓인다.
6. **차이나 캡에 소스 거르기**
7. **곱게 다진 치즈를 거품기로 젓지 않고 첨가하기**
   포크를 사용해 섞어주면 좋다.
8. **마무리용 버터 넣기**
   뚜껑을 닫아 중탕 용기에 보관한다.

곱게 다진 치즈는 소스를 사용하기 바로 직전에 첨가한다. 너무 일찍 치즈를 넣으면, 소스는 프랑스 사부아 지방의 치즈 퐁듀처럼 늘어진다.

크림 소스 LA SAUCE CRÈME

1L 베샤멜 소스로 만들 때 필요한 재료	단위	양
기본 재료		
베샤멜 소스		
흰색 루		
– 버터	g	70
– 밀가루	g	70
육수		
– 우유	ml	800
– 크림	ml	200
마무리		
– 크림	ml	200
– 레몬(즙)		약간(PM)
– 버터	g	200
양념		
– 가는소금		약간(PM)
– 카옌 고추		약간(PM)
– 육두구 (넛맥)		약간(PM)
평균 조리 시간 : 12~15분		

만드는 방법

1. **조리 작업 준비하기**
   레시피대로 식재료를 계량해 준비한다.
2. **베샤멜 소스 만들기**
   흰색 루를 만든다.
   800ml 우유와 200ml 크림을 끓인다.
   우유와 크림 혼합물을 넣어 베샤멜 소스를 만든다.
   소스용 거품기 또는 주걱을 사용해 계속 저으며 6~8분 동안 졸인다.
3. **추가로 200ml 크림 첨가하기**
   다시 끓이고 몇 분 동안 졸인다.
4. **양념하기**
   레몬즙 몇 방울을 첨가한 후 크림 소스를 차이나 캡에 거른다.
5. **마무리용 버터 넣기**

토마토 소스 LA SAUCE TOMATE

준비할 재료

1L 소스 재료	단위	양
기본 재료		
– 버터	ml	60
– 염장(반염) 삼겹살 Poitrine de porc demi–sel	ml	100
– 당근	ml	100
– 양파	ml	100
– 밀가루	ml	50
– 토마토 페이스트 Concentré de tomates	ml	200
또는		
– 토마토 페이스트	ml	100
그리고		
– 신선한 토마토	kg	1
– 송아지 흰색 육수	L	1
또는		
– 물	L	1
– 마늘	g	20
– 타임을 많이 넣은 부케가르니	개	1
마무리		
– 버터(겉 표면이 마르지 않게 하기 위해)	g	20
양념		
– 가는소금		약간(PM)
– 후춧가루		약간(PM)
– 굵은설탕		약간(PM)
평균 준비 시간 : 20~25분		
평균 가열 시간 : 1시간/1시간30분 소스 양에 따라 조절		

준비할 도구

만드는 방법

1. **조리 작업 준비하기**
   레시피대로 식재료를 계량해 준비한다.

2. **삼겹살 준비하기**
   껍질을 제거한다.(연골이 있다면 제거한다.)
   염장(반염) 삼겹살을 작은 라르동* 크기 또는 작은 주사위 모양으로 썰고 (찬물에 넣어) 1~2분 동안 데친다.

3. **아로마틱 가니쉬 준비하기**
   당근, 양파, 마늘, 파슬리를 다듬어 씻는다.
   각 면이 5mm되는 주사위 모양으로 당근과 양파를 썬다.(작은 미르푸아 크기)
   마늘의 싹을 제거하고 빻는다.
   부케가르니를 만든다.
   토마토를 씻은 후 꼭지를 떼고 잘게 썬다.

4. **토마토 소스 끓일 준비하기**
   알맞은 크기의 소테팬에 조각 버터를 넣고 녹인다.
   데친 라르동을 넣어 버터가 타지 않게 조심하며 볶는다.
   미르푸아로 썬 당근과 양파를 첨가한다. 연하게 캐러멜화 되도록 볶는다.
   밀가루를 넣고 주걱으로 루를 섞는다. 연한 금색이 날 때까지 볶는다.
   토마토 페이스트를 첨가해 루와 잘 섞은 후 주걱으로 잘 저어주며 몇 분 동안 끓인다.(오븐에서 끓일 수도 있다.)
   《토마토를 넣은 루 roux tomaté》를 식힌다.
   흰색 육수 또는 뜨거운 물을 붓는다. 식힌 루 위에 물 또는 뜨거운 육수 절반을 한번에 붓는다.
   불을 켜지 않고 소스용 거품기로 섞는다.
   남은 육수를 천천히 부으며 젓는다.
   토마토 소스를 거품기로 저으며 끓인다.
   토마토, 빻은 마늘, 부케가르니, 소금, 후추(신맛을 조절하기 위해), 소량의 설탕을 넣는다.
   소테팬 안쪽 가장자리를 키친타월로 닦는다.
   토마토 소스 뚜껑을 닫고 약불에 또는 (160도) 오븐에 소스의 양에 따라 1시간~1시간 30분 동안 끓인다.

5. **차이나 캡에 토마토 소스 거르기**
   부케가르니를 뺀다.
   아로마틱 가니쉬가 차이나 캡에서 빠져나가지 않도록 적당히 압착한다.

6. **소스의 농도와 간 확인하기**

7. **토마토 소스에 마무리용 버터 올리기(표면에 버터 바르기)**
   63도 이상 온도의 중탕 용기에 뚜껑을 닫아 보관하거나 규정에 맞게 재빨리 식힌다.

---

* 라르동 lardons : 소금에 절이거나 훈연 하지 않은 돼지고기 뱃살(삼겹살 부위)이나 돼지비계 부분을 작게 깍둑썰기하거나 막 대 모양으로 썬 조각.

토마토 소스 만들 때 알아둘 것들

– 소량의 토마토 소스를 만들 경우 끓이는 시간이 줄어든다.
– 오븐에 끓일 경우, 소스의 육수가 졸았는지 수시로 확인한다. 필요한 경우 소량의 흰색 육수 또는 뜨거운 물을 부어 보충한다.
– 소테팬 안쪽 가장자리에 토마토 소스가 묻지 않도록 조심하며 일반 주걱 또는 소스용 주걱으로 저어준다. 소테팬 안쪽 면에 토마토 소스가 튈 경우. 타서 소스에 좋지 않은 맛을 낼 수도 있다.
– 요리사에 따라 토마토 소스와 아로마틱 가니쉬를 믹서기로 간 후에 차이나 캡에 거르기도 한다. 이러한 경우, 아로마틱 가니쉬와 밀가루의 양을 줄인다. 이렇게 만든 토마토 소스는 즉시 사용해야 한다. 왜냐하면 당근과 양파 《퓨레 purée》는 쉽게 발효가 일어나 변하기 때문이다.
– 토마토 소스의 활용에 따라 샐러리, 피망, 펜넬 또는 바질 등의 아로마틱 가니쉬를 첨가할 수 있다.

활용법

• 토마토 소스는 파스타(스파게티, 라비올리 등등), 뇨끼 les gnocchi, 강낭콩 les haricots secs, 렌틸콩 les lentilles, 그리스식 채소, les légumes à la grecque, 튀김 요리나 《오흘리 Orly》 프리토 les fritots 등에 곁들이거나 다른 소스(포르투갈 소스 portugaise, 프로방스 소스 provençale 등등)에 《토마토를 섞어 tomater》 만들 때 사용한다.

❶ 미르푸아 Mirepoix(작은 라르동 크기로 썰어 데친 염장(반염) 삼겹살, 각 면이 5MM 되는 작은 주사위 모양으로 썬 당근과 양파)를 캐러멜화 되도록 볶는다.

❷ 밀가루를 첨가해 루를 만드는 방식으로 주걱을 사용해 섞어준다.
❸ 연한 색깔(금색)이 될 때까지 루를 끓인다.

❹ 토마토 페이스트를 첨가한 《토마토 루 roux tomaté》를 몇 분간 열판이나 오븐에 익힌다.
❺ 토마토를 섞은 루를 식힌다.

❻ 토마토를 섞은 루에 뜨거운 흰색 육수 또는 물을 붓는다.
❼ 식힌 루에 뜨거운 육수 절반을 한번에 붓고 소스용 거품기로 젓는다.
❽ 혼합물은 윤기가 나며 덩어리 없이 잘 섞어야 한다.

❾ 토마토와 남은 아로마틱 가니쉬(마늘, 부케가르니)를 첨가한다.
❿ 양념을 한다.(소금, 후추가루, 소량의 설탕)

⑪ 토마토 소스를 계속 저으며 끓인다.

⑫ 소테팬 안쪽의 가장자리를 키친타월로 잘 닦는다.

⑬ 뚜껑을 덮고 토마토 소스를 오븐(160도)에 넣어 1시간~1시간 30분 동안 끓인다.

⑭ 끓는 동안 일반 주걱 또는 소스용 주걱을 사용해 가끔 저어준다.

⑮ 토마토 소스를 차이나 캡에 거른다.

⑯ 아로마틱 가니쉬가 차이나 캡을 빠져나가도록 너무 세게 압착하지 않는다.

⑰ 소스 표면에 버터를 발래(마무리용 버터를 넣어) 공기 접촉으로 인해 막이 생기는 것을 막는다.

⑱ 63도 이상 온도의 중탕 용기에 뚜껑을 덮어 보관하거나 재빨리 식힌다.

아메리칸 소스

LA SAUCE AMÉRICAINE

준비할 재료

1L 소스 재료	단위	양
기본 재료		
- 벨벳게 étrilles	kg	1
또는		
- 다른 종류의 갑각류	kg	1
– 갑각류 껍질(등딱지)	kg	1
– 생선 뼈(선택사항)	g	500
– 식용유	ml	60
– 버터	g	20
또는 올리브유	ml	80
아로마틱 가니쉬		
– 당근	g	100
– 양파	g	100
– 셜롯	g	40
– 토마토	g	400
– 토마토 페이스트 concentré de tomates	g	40
– 마늘	g	20
– 부케가르니	개	1
– 처빌	단	약간(PM)
– 타라곤	단	약간(PM)
– 꼬냑	ml	50
– 화이트 와인	ml	200
육수		
– 생선 육수	L	1,5
리에종 LIAISON : 뵈르 마니에 BEURRE MANIÉ		
– 버터	g	50
– 밀가루	g	50
마무리		
– 타라곤	단	1/4
– 처빌	단	1/4
– 버터	g	50
양념		
– 가는소금		약간(PM)
– 카옌 고추		약간(PM)
평균 준비 시간 : 40~45분		
평균 가열 시간 : 25~30분		

준비할 도구

만드는 방법

1. **조리 작업 준비하기**
   식재료를 계량해 준비한다.

2. **벨벳 게 또는 다른 갑각류를 씻고 솔질하기**
   갑각류 재료는 반드시 살아있는 것을 준비한다.
   물기를 잘 뺀다.

3. **모든 채소 다듬어 씻기**

4. **아로마틱 가니쉬 준비하기**
   당근, 양파를 작은 미르푸아로 썬다.
   셜롯을 잘게 썬다.
   토마토 꼭지를 제거하고 잘게 썬다.
   마늘의 싹을 제거하고 빻는다.
   부케가르니를 만든다.

5. **아메리칸 소스 끓일 준비하기**
   큰 소테팬 또는 소스포트에 식용유, 버터 또는 올리브유를 두르고 뜨겁게 달군다.
   벨벳 게 또는 다른 종류의 갑각류를 센 불에 볶는다. 빨간색이 될 때까지 잘 볶는다.
   팬의 기름기를 제거한다.
   잘게 썬 당근, 양파, 셜롯을 첨가한다.
   아로마틱 가니쉬에 색깔이 나지 않도록 몇 분 동안 볶는다.(아로마틱 가니쉬를 다른 팬에 미리 볶아도 된다.)
   꼬냑으로 불을 붙여 풍미를 낸다.
   화이트 와인을 첨가해 2/3로 졸인다.
   생선 육수를 붓거나 불순물을 제거하고 자른 생선 뼈와 찬물을 붓는다.
   잘게 썬 토마토, 토마토 페이스트, 빻은 마늘, 부케가르니, 소량의 처빌과 타라곤을 첨가한다.
   소금과 소량의 카옌 고추로 양념한다.
   아메리칸 소스 육수를 끓이고 뚜껑을 덮지 않고 15분 동안 천천히 졸인다.
   수시로 거품을 제거한다.

6. **갑각류 껍질의 물기 빼기**
   절구공이로 껍질을 빻는다.
   다시 15분 동안 끓인다.

7. **아메리칸 소스 육수를 세게 압착하며 차이나 캡에 거르기**

8. **뵈르 마니에 beurre manié(밀가루를 섞어 만든 버터) 만들기**
   작은 믹싱볼에 말랑말랑한 버터와 밀가루를 넣어 섞는다.

9. 아메리칸 소스 리에종하기

알맞은 크기의 소테팬에 아메리칸 소스 육수를 붓는다.

끓이며 소스가 진해지도록 졸인다.

뵈르 마니에를 작은 조각으로 조금씩 넣으며 거품기로 소스를 젓는다.

소스의 적당한 농도를 확인하고 필요한 경우 뵈르 마니에를 다시 첨가한다.

몇 분 동안 천천히 아메리칸 소스를 졸인다.

작은 거품기 또는 소스용 주걱으로 수시로 저어주며 소테팬 바닥에 소스가 눌어 붙지 않도록한다.

10. 아메리칸 소스를 차이나 캡에 거르기

간을 확인한다. 필요한 경우 소량의 카옌 고추와 꼬냑을 첨가한다.

잘게 다진 처빌과 타라곤을 첨가한다.

11. 버터를 넣어 아메리칸 소스를 부드럽게 하고 표면이 마르지 않게 하기

63도 이상 온도의 중탕 용기에 뚜껑을 닫아 보관하거나 규정에 맞게 재빨리 식힌다.

아메리칸 소스의 다양한 활용법

요리사에 따라 아메리칸 소스에 미트 글레이즈를 조금 넣어 진하고 색깔이 나도록 하기도 한다.

삶은 생선 요리에 아메리칸 소스를 사용할 경우 화이트 와인 소스 또는 크림 소스로 묽고 부드럽게 만들기도 한다.

아메리칸 소스를 갑각류 요리에 곁들일 때에는 벨벳 게를 올리브유에 볶기도 한다.

❶ 벨벳게를 센 불에 볶아 빨간색이 되도록 한다.

❷ 기름기를 제거한 후 아로마틱 가니쉬(작은 미르푸아로 썬 당근. 양파, 잘게 썬 셜롯)를 첨가한다.

❸ 아로마틱 가니쉬를 몇 분 동안 볶는다.

❹ 꼬냑을 넣어 불을 붙여 풍미를 준다.

❺ 화이트 와인을 첨가해 2/3가 되도록 졸인다.

❻ 게 껍질이 잠길 정도로 생선 육수를 붓거나 불순물을 제거하고 자른 생선 뼈와 물을 첨가한다.(육수와 소스를 동시에 끓이면 된다.)

❼ 남은 아로마틱 가니쉬를 첨가한다.(잘게 썬 토마토, 토마토 페이스트, 빻은 마늘, 부케가르니. 처빌, 타라곤)

❽ 양념을 한다.

❾ 15분 동안 뚜껑을 열고 아메리칸 소스 육수를 천천히 끓인다.

❿ 수시로 거품을 제거한다.

⑪ 벨벳 게 또는 갑각류 껍질의 물기를 제거하고 절구공이로 빻는다.

⑫ 15분 동안 다시 끓인다.

갑각류 껍질에 불을 붙여 풍미를 준 직후에 바로 빻을 수도 있다.

⑬ 아메리칸 소스 육수를 세게 압착하며 차이나 캡에 거른다.

⑭ 알맞은 크기의 소테팬에 아메리칸 소스 육수를 붓고 끓인다.

⑮ 필요한 경우 졸이고 수시로 거품을 제거한다.

⑯ 뵈르 마니에로 아메리칸 소스를 리에종한다.(금색 루를 사용하거나 그냥
졸여서 리에종할 수도 있다.)

⑰ 원하는 농도가 될 때까지 아메리칸 소스를 졸인다.

⑱ 간을 확인한다.(가는소금, 카옌 고추, 꼬냑)

⑲ 아메리칸 소스를 차이나 캡에 거른다.

⑳ 버터를 넣어 소스를 마무리한다.

㉑ 소스를 사용하기 바로 직전에 소량의 다진 처빌과 타라곤을 넣는다.

㉒ 소스 표면이 마르지 않게 버터를 넣고 63도 이상 온도의 중탕 용기에
뚜껑을 덮어 보관하거나 규정에 맞게 재빨리 식힌다.

낭투아 소스(최신 방법) LA SAUCE NANTUA (VERSION MODERNE)

준비할 재료

1L 소스 재료	단위	양
기본 재료		
– 민물 가재	kg	1
– 버터	g	50
아로마틱 가니쉬		
– 당근	g	100
– 양파	g	100
– 셜롯	g	400
– 토마토	g	400
– 토마토 페이스트	g	400
– 부케가르니	g	1
– 꼬냑	ml	50
– 화이트 와인	ml	200
육수 MOUILLEMENT		
– 생선 육수	ml	800
리에종 :		
– 생선 벨루테	ml	500
또는		
– 크림 소스	ml	500
마무리		
– 크림	ml	200
– 버터	g	50
양념		
– 가는소금		약간(PM)
– 카옌 고추		약간(PM)
평균 준비 시간 : 40~45분		
평균 가열 시간 : 20~25분		

만드는 방법

1. **조리 작업 준비하기**
   레시피대로 식재료를 계량해 준비한다.
2. **가재를 씻고 솔질해 내장 제거하기(p.264 참조)**
   물기를 잘 뺀다.
3. **아로마틱 가니쉬 채소를 다듬어 씻은 후 썰기(아메리칸 소스 참조)**
4. **낭투아 소스 끓일 준비하기**
   큰 소테팬 또는 소스포트에 정제 버터를 넣고 가재를 센 불에 볶는다.
   가재는 익어서 빨간색이 되도록 볶는다.
   아로마틱 가니쉬를 첨가해 몇 분 동안 볶는다.
   꼬냑으로 불을 붙여 풍미를 낸다.
   화이트 와인으로 데글라세한 후 2/3로 졸인다.
   생선 육수를 붓는다.
   잘게 썬 토마토, 토마토 페이스트, 부케가르니를 첨가한다.
   양념한 후 끓인다.
   거품을 제거하고(가재 크기에 따라) 낭투아 소스 육수를 몇 분 동안 끓인다.
5. **가재 물기를 빼고 껍질 벗기기**
   껍질을 벗긴 가재 꼬리를 다른 요리에 사용할 수 있도록 따로 둔다.
6. **절구공이로 가재 껍질을 빻고 다시 끓이기**
7. **15분 동안 낭투아 소스 육수를 천천히 졸이기**
8. **소스 육수를 세게 압착하며 차이나 캡에 거르기**
9. **낭투아 소스 리에종하기**
   낭투아 소스 육수를 소테팬에 담고 필요한 경우 졸인다.
   벨루테를 첨가하고 졸인다.
   크림을 넣고 다시 졸인다.
10. **일반 버터 또는 가재를 가미한 버터를 넣어 마무리하기**
11. **농도와 간 확인하기**
12. **소스를 차이나 캡에 거르기**
    소스의 표면이 마르지 않도록 버터로 마무리한 후 63도 이상 온도의 중탕 용기에 뚜껑을 닫아 보관하거나 규정에 맞게 재빨리 식힌다.

생선 요리나 생선 필렛 요리에 낭투아 소스를 활용하는 방법
낭투아 소스를 삶은 생선 요리 또는 생선 필렛 요리에 곁들일 때에는 낭투아 소스 육수를 졸인 후 생선 육수로 만든 화이트 와인 소스로 리에종하기도 한다.

유화 소스 LES SAUCES ÉMULSIONNÉES

BPI출판사 《요리의 기술》 참조

유화 소스는 다음과 같이 구분한다.

비가열 불안정 유화소스
LES SAUCES ÉMULSIONNÉES INSTABLES FROIDES

- 비네그레트 소스 sauce vinaigrette와 그 응용 소스
- 토마토 쿨리 coulis de tomates

비가열 안정 유화소스 LES SAUCES ÉMULSIONNÉES STABLES FROIDES

- 마요네즈 소스 sauce mayonnaise와 그 응용 소스

가열 불안정 유화소스 LES SAUCES ÉMULSIONNÉES INSTABLES CHAUDES

- 뵈르 퐁듀(녹인 버터 소스) beurre fondu
- 뵈르 블랑 소스 또는 낭트 버터 beurre nantais 소스와 그 응용 소스

가열 반응고 유화소스
LES SAUCES ÉMULSIONNÉES SEMI–COAGULÉES CHAUDES

- 올랑데즈 소스 sauce hollandaise
- 베어네이즈 소스 sauce béarnaise와 그 응용 소스

유화(에멀젼)에 대해
RAPPEL SUR LES ÉMULSIONS

유화란 이를테면 《물 eau》과 《기름 graisse》처럼 혼합될 수 없는 두 재료가 균질의 안정된 상태로 혼합된 것이다.

두 재료를 충분히 힘차게 휘저어 섞었을 때 유화는 순간적으로 이뤄진 것처럼 보이지만 시간이 흐르면 분리된다.

유화를 안정화시키려면 두 재료를 합쳐주는 역할을 하는 《유화제 émulsionnant》를 첨가해야 더이상 분리되지 않는다.

가열 또는 비가열 안정 유화 소스를 만들 때 《물 eau》과 《기름 graisse》 혼합물을 안정화되도록 하는 것은 레시틴(les lecithines : 계란 노른자에 들어 있는 인을 함유한 기름)이다.

유화 소스가 분리될 때의 대부분의 경우는 수분이 불충분하기 때문이다. 분리된 유화 소스에 소량의 물을 부어 섞으면 《다시 잘 섞인다 remontent》.

마요네즈 소스(Sauce mayonnaise)

비네그레트 소스
LA SAUCE VINAIGRETTE

준비할 재료

차갑거나 미지근한 불안정 유화 소스는 조리실의 시원한 곳에서만든다.

1L 식용유로 만들 때 필요한 재료	단위	양
– 식용유	L	1
– 산성도 4% 또는 5% 식초	ml	300
– 겨자 (선택사항)	g	40
양념		
– 가는소금		약간(PM)
– 후춧가루		약간(PM)
평균 조리 시간 : 5분		

비네그레트 소스의 맛을 바꿔주는 재료들

비네그레트 소스의 맛은 산성 재료 또는 기름 재료를 바꾸면 달라질 수 있다. 예는 다음과 같다.

– 산성 재료 : 와인 식초 vinaigres de vin, 알코올 식초 d'alcool, 사과 식초 de cidre, 과일 식초 de fruits, 헤레스 와인 식초 de Xérès, 마늘 식초 vinaigres parfumés à l'ail, 셜롯 식초 à l'éhalote, 타라곤 식초 à l'estragon, 화이트 와인 식초 vin blanc, 레몬 식초 jus de citron, 발사믹 식초 balsamique 등등
– 기름 재료 : 조미유(올리브유, 호두유, 헤이즐넛유 등등), 크림, 치즈, 요거트, 훈제 라르동 기름 등등

준비할 도구

만드는 방법

1. **조리 작업 준비하기**
   레시피대로 식재료를 계량해 준비한다.

2. **비네그레트 소스 만들기**
   믹싱볼에 겨자를 넣는다.(겨자는 선택)
   소금, 후춧가루를 첨가한다.
   식초를 붓고 (소금이 잘 녹도록) 작은 거품기로 섞는다.
   식용유를 조금씩 부으며 잘 유화시킨다.
   간을 확인한다.

활용법

- 비네그레트 소스는 주로 간단한 샐러드, 혼합 샐러드, 허드레 고기(송아지 머리 tête, 송아지 족과 장간막 pieds et fraise de veau, 돼지머리 hure de porc, 소 볼살과 입천장 joue et palais de bœuf) 양념을 위해 사용한다.

- 비네그레트 소스는 허브, 겨자, 치즈(로크포르 roquefort, 푸름 당베르 fourme d'Ambert, 그뤼예르 gruyère), 호두, 헤이즐넛, 코니르숑, 케이퍼, 양파, 다진 삶은 계란, 송로버섯즙 등의 매우 다양한 재료를 첨가해 사용하기도 한다.

- 고기 재료로 만든 혼합 샐러드 소스로 미지근하게(데글라세해) 낼 수도 있고 삶은 흰색 허드레 고기 요리에 곁들이기도 한다.

토마토 쿨리 LE COULIS DE TOMATES

준비할 재료

토마토 1kg으로 만들 때 필요한 재료	단위	양
기본 재료		
– 숙성이 잘 된 토마토 tomates bien mûres	kg	1
– 토마토 페이스트 concentré de tomates	g	50
– 토마토케첩 tomato ketchup	ml	200
– 와인 식초 vinaigre de vin	ml	40
– 올리브유	ml	200
마무리(선택사항)		
– 바질	단	1/2
또는		
– 처빌	단	1/2
또는		
– 타라곤	단	1
또는		
– 골파	단	1
양념		
– 가는소금		약간(PM)
– 후춧가루		약간(PM)
평균 조리 시간 : 15～20분		

요리사에 따라 토마토 페이스트나 토마토케첩을 사용하지 않고, 더 많은 양의 생토마토를 사용하기도 한다. 이런 경우 한여름에만 나오는 훌륭한 품질의 토마토를 사용하는 것이 좋다.

준비할 도구

만드는 방법

1. **조리 작업 준비하기**
   식재료를 계량해 준비한다.
2. **토마토를 씻고 껍질 벗기기**
3. **토마토 쿨리 만들기**
   믹서기에 토마토, 토마토 페이스트, 토마토케첩, 소금, 후추를 넣는다.
   처음에는 천천히 갈고 점점 속도를 높여 간다.
   와인 식초를 첨가한다.
   올리브유를 넣어 마무리한다.
4. **간, 색깔, 농도 확인하기**
5. **토마토 쿨리를 차이나 캡에 거르기**
   냉장실에 보관한다.
   주의! 생토마토만으로 만든 토마토 쿨리는 보관해서는 안 되고 요리를 제공하는 시간에만 사용해야 한다.
6. **사용할 때 잘게 다진 허브 첨가하기**

 **주의** Précautions

- 토마토 쿨리의 위생과 안전한 보존을 위해서는 토마토 퐁듀로 만들 수도 있다.

활용법

- 토마토 쿨리는 주로 생선 테린, 채소 테린 les terrines de poissons de légumes, 생선 또는 갑각류를 재료로 한 혼합 샐러드 les salades composées à base de poissons ou de crustacés, 채소 무스 또는 채소 바루아에 곁들이는 소스 les mousses ou les bavarois de légumes로 사용한다.

마요네즈 소스 LA SAUCE MAYONNAISE

준비할 재료

 **주의 Attention**

비가열 유화 소스는 조리실의 시원한 곳에서 만든다. 요리를 제공하기 바로 직전에 필요한 양만큼만 만들어야 한다.

1L 식용유로 만들 때 필요한 재료	단위	양
기본 재료		
– 양념을 위한 식용유	L	1
– 계란(노른자)[1]	개	6
– 겨자	g	50
– 산성도가 6%인 착색 알코올 식초 vinaigre d'alcool coloréa 6%	l	약간(PM)
양념		
– 가는소금		약간(PM)
– 흰색 후춧가루		약간(PM)
또는		
– 카옌 고추		약간(PM)
평균 조리 시간 : 10~15분		

[1] 노른자의 양은 평균적인 양이며, 5~8개로 양을 조절할 수 있다.

활용법

• 마요네즈 소스는 주로 고기, 생선, 갑각류, 계란, 채소 재료의 차가운 음식에 곁들이고, 혼합 샐러드 소스 또는 다양한 응용 소스를 만드는 기본 재료로 사용한다.

 **주의 Précautions**

• 전날 만든 마요네즈 소스에 첨가해 《소스를 다시 만들지 remonter》 않는다.

• 항상 용기의 가장자리를 잘 닦는다.

• 은으로 된 제품에 소스가 닿지 않도록 한다.(산화 위험)

• 보충하는 재료는 요리를 제공할 때 첨가한다.(발효 위험)

준비할 도구

만드는 방법

1. **조리 작업 준비하기**

   레시피대로 식재료를 계량해 준비한다.

   식재료는 주방의 실온에서 사용해야 한다.

2. **마요네즈 소스 만들기**

   계란의 노른자와 흰자를 분리한다.(흰자는 다른 요리에 사용할 수 있도록 보관한다.)

   거품기로 한 번 저을 때 최대의 효과를 보기 위해 바닥이 좁은 믹싱볼에 계란 노른자를 넣는다.

   겨자, 소금, 흰색 후춧가루 또는 카옌 고추, 유화가 잘 되도록 하기 위한 소량의 식초(물 역할)를 첨가한다.

   작은 거품기로 소스를 힘차게 섞으며 식용유를 조금씩 넣는다. 처음에는 식용유를 조금씩 천천히 넣다가 마요네즈 소스의 양이 점점 많아지면 더 빨리 붓는다.

   소스를 만드는 동안과 만든 후에 남은 식초를 넣는다.

   매우 힘차게 거품기를 휘저으며 마요네즈 소스가 단단해지도록 한다.

   간을 확인한다.

   믹싱볼의 가장자리를 잘 닦아낸 후 랩을 씌워 보관한다.

해바라기유로 만든 마요네즈 소스는 냉장실에 보관할 수 있다. 해바라기유는 0~2도 사이에서 《굳는다 fige》(응고된다 se solidifie).

– 거품기로 섞을 때 최대의 효과를 얻도록 바닥 부분이 좁은 용기를 사용한다.

– 오랫동안 거품기로 섞으면 더욱 단단한 질감의 마요네즈를 얻을 수 있다.

– 흰색 자국이 나지 않고 녹을 수 있도록 소금은 처음에 넣는다. 간을 확인할 때 가는소금을 첨가하면 마요네즈 소스에 흰색 점이 보이게 된다. 이를 피하고자 소량의 식초에 녹인 소금을 첨가하고 처음의 농도가 되도록 마요네즈를 잘 섞어 단단한 질감으로 만든다.

– 처음에는 식용유를 천천히 넣고 마요네즈 양이 불어나면 더욱 빠르게 넣는다.

– 《실내 온도와 같은 chambrés》 온도의 재료만 사용한다.(굳은 식용유 사용 금지)

마요네즈 소스 주요 실패 원인과 만회 방법
PRINCIPALES CAUSES D'ÉCHEC ET SOLUTIONS DE RATTRAPAGE DE LA SAUCE MAYONNAISE

실패 원인	만회 방법
• 처음부터 너무 많은 양의 식용유를 첨가한 경우	• 소량의 물을 마요네즈에 넣어 섞기
• 바닥이 넓은 믹싱볼을 사용한 경우	• 알맞은 크기의 믹싱볼에 소량의 물을 넣고 다시 만들기 두 경우, 소스에 간을 할 때 식초나 겨자를 조금 넣어 다시 만들 수 있다.
• 너무 차가운 재료를 사용한 경우(냉장실에서 꺼낸 계란 또는 식용유)	• 미지근한 물 몇 방울 사용
• 식용유 양에 비해 계란 노른자가 부족한 경우	• 소스를 섞으며 부족한 계란을 조금씩 더 넣기

❶ 바닥이 좁은 믹싱볼에 상온에 둔 계란 노른자, 겨자, 소금, 흰색 후추 또는 카옌 고추, 식초를 넣는다.

❷ 상온의 식용유를 조금씩 넣으며 거품기로 소스를 힘차게 젓는다.

❸ 단단한 질감이 되도록 저으며 마무리한다.

❹ 간을 확인한다.

❺ 믹싱볼 가장자리를 스크레이퍼로 잘 닦아 정리한다.

❻ 마요네즈 소스를 랩으로 덮는다.

❼ 해바라기유로 만든 경우 냉장실에 보관한다.

응용 소스의 예 EXEMPLES DE SAUCES DÉRIVÉES

기본 소스		곁들이는 재료	응용 소스	활용
마요네즈 소스	+	압축하고 다진 토마토 퐁듀, 작은 주사위 모양으로 썬 빨간색 피망	= 앙달루즈 소스 sauce andalouse (안달루시아 소스)	– 생선 테린 terrines de poissons – 차가운 생선 요리 또는 생선구이 poissons froids ou grillés – 갑각류 꼬치구이 brochettes de crustacés 등등
	+	토마토케첩, 꼬냑, 앙글레즈 소스* sauce anglaise, 타바스코 tabasco 또는 카옌 고추	= 칵테일 소스 sauce cocktail	– 갑각류 칵테일(새우, 게, 바닷가재) cocktails de crustacés(crevettes, crabe, homard) – 아보카도와 갑각류 혼합 샐러드 salades composées à base d'avocat et de crustacés
	+	화이트 와인에 졸인 잘게 썬 셜롯, 잘게 썬 골파, 카옌 고추, 미트 글레이즈	= 무스크테르 소스 sauce mousquetaire	– 흰색 허드레 고기 프리토 fritots d'abats blancs – 따뜻한 고기 또는 생선 혼합 샐러드 salades composées à base de viande ou de poisson, servies tièdes
	+	케이퍼, 코르니숑, 양파(선택사항), 잘게 다진 파슬리, 처빌, 타라곤	= 타르타르 소스 sauce tartare	– 생선 튀김 또는 생선 크로켓 poissons ou croquettes de poissons frits – 프리토 fritots – 혼합 샐러드 salades composées 등등
	+	잘게 다지고 강하게 압착한 처빌, 파슬리, 크레송, 시금치, 타라곤 즙을 약 70도 온도에 천천히 데우며 얻은 엽록소 추출물, 잘게 다진 허브	= 그린 소스(허브 소스) sauce verte	– 차갑게 서비스하는 삶은 생선 요리 poissons pochés froids – 삶은계란 œufs durs – 생선 테린 terrines de poissons – 장식 décors
	+	마늘, 계란 노른자, 레몬즙, 올리브유, 껍질째 삶은 감자를 절구에 넣어 빻은 것	= 아이올리 소스 sauce aïoli	– 생선 수프 soupes de poissons(부야베스 bouillabaisses, 브르타뉴식 생선 수프 cotriades)
	+	마요네즈 소스가 《엉기기 figer》 시작할 때 흰색 젤리를 첨가함 Gelée blanche ajoutée lorsqu'elle commence à 《figer》 White jelly added when it starts to solidfy	= 마요네즈 콜레 sauce mayonnaise collée	– 쇼 프루아 chauds–froids
	+	식초 대신 레몬즙, 요리 완성 바로 직전에 넣을 단단한 질감의 휘핑크림	= 샹티이 소스 sauce Chantilly	– 따뜻한 아스파라거스 asperges tièdes – 따뜻한 브로콜리 brocolis tièdes – 갯배추 요리 crambes maritimes – 아티초크 요리 fonds d'artichauts
	+	삶은 계란 노른자, 겨자, 식초로 만든 마요네즈, 다진 코르니숑과 케이퍼, 잘게 다진 파슬리, 처빌, 타라곤, 채썬 삶은 계란 흰자	= 그리비슈 소스 sauce gribiche	– 송아지 머리, 족, 장간막 요리 tête, pieds, fraise de veau

* 앙글레즈 소스 sauce anglaise : 우스터셔 소스(Worcestershire sauce) 또는 우스터 소스(Worcester sauce)는 영국의 우스터 지방에서 유래한 것으로, 식초와 식염, 설탕, 당밀, 타마린드 tamarind, 멸치, 양파, 마늘 및 기타 향신료를 넣어 조정, 숙성한 액체 조미료이다.

뵈르 퐁듀(녹인 버터 소스) LE BEURRE FONDU

준비할 재료

1KG 버터로 만들 때 필요한 재료[1]	단위	양
기본 재료		
– 고품질 버터 (A.O.C)	kg	1
졸이기 RÉDUCTION		
– 물	ml	100
– 레몬즙	ml	100
양념		
– 가는소금		약간(PM)
– 카옌 고추		약간(PM)
평균 조리 시간 : 8~10분		

[1] 같은 양은 대략 32~40인분용이다.

준비할 도구

만드는 방법

1. **조리 작업 준비하기**
   레시피대로 식재료를 계량해 준비한다.

2. **졸이기**
   작은 소테팬에 물과 레몬즙을 넣고 끓인다.
   5cl가 될 때까지 졸인다.

3. **뵈르 퐁듀 소스 유화하기**
   첫 번째 방법 :
   불을 줄이거나 소테팬을 가스레인지 옆에 둔다.
   실온에 말랑말랑해진 버터 조각을 조금씩 넣으며 거품기로 힘차게 젓는다.
   두 번째 방법 :
   소테팬을 강한 불 위에 둔다.
   냉장고에서 단단해진 버터 조각을 한번에 첨가한다.
   유화가 잘 되도록 소테팬을 둥글게 회전하며 움직인다.(소스 거품기로 몇 번 저으면 유화가 더 잘 될 수 있다.)

4. **뵈르 퐁듀 양념하기**
   (활용 방법에 따라) 신맛을 조절한다.

5. **중탕냄비에 뵈르 퐁듀 담기**
   따뜻한 곳(45~50도)에 뚜껑을 닫아 보관한다.
   Attention 주의! 뵈르 퐁듀가 분리될 우려가 있으므로 일반적인 중탕 용기 (63도 이상)에 보관하지 않는다.

– 뵈르 퐁듀의 섬세함은 버터의 품질에 따라 달라진다. AOC(원산지명칭 표시제도)의 버터를 사용하는 것이 좋다.

– 주석 도금 또는 스테인리스 소테팬을 사용하며 소스의 양에 알맞은 크기를 선택한다. 너무 큰 소테팬을 사용하면 버터가 금방 녹아서 거품기가 효과적이지 않으며 유화도 어렵다.

– 미리 만들지 말고 《주문 시 à la commande》 뵈르 퐁듀를 만드는 것이 좋다.

❶ 알맞은 크기의 소테팬에 물과 레몬즙을 넣고 끓인다.

❷ 1/4로 졸인다.

뵈르 퐁듀 유화하기 Émulsionner le beurre fondu

❶ 불을 줄이거나 소테팬을 가스 레인지 옆에 둔다.

❷ 실온에 말랑말랑해진 버터 조각을 조금씩 넣으며 거품기로 힘차게 젓는다. 버터가 걸쭉해져야 한다.

❸ 뵈르 퐁듀에 양념을 한다. 필요한 경우 신맛을 조절하고 중탕냄비에 담는다.

❹ 뚜껑을 닫고 45~50도의 따뜻한 곳에서 보관한다.(온도가 더 높은 일반 중탕 용기에 두지 않는다.)

뵈르 블랑 또는 뵈르 낭테[*]

LE BEURRE BLANC ET/OU LE BEURRE NANTAIS

준비할 재료

1KG 버터로 만들 때 필요한 재료[1]	단위	양
기본 재료		
– 고품질 버터 (AOC)	kg	1
졸이기		
– 셜롯 échalotes grises de Jersey	g	150〜200
– 조리용 화이트 와인 vin blanc sec	ml	200
– 화이트 와인 식초 vinaigre de vin blanc	ml	100
– 크림(선택사항)	ml	100〜200
양념		
– 가는소금		약간(PM)
– 카옌 고추		약간(PM)
평균 조리 시간 : 12〜15분		

[1] 위와 같은 양은 대략 32〜40인분용이다.

* 뵈르 블랑 또는 뵈르 낭테는 같은 소스이다.
하지만 일부 요리사들은 구별하기도 한다. 《순수성을 추구하는 요리사들》은 뵈르 낭테에 크림을 넣지 않고, 단맛 없는 낭트(Nantes)산 화이트 와인을 주로 사용한다. 루아르(Loire) 지방의 생선 요리(전어, 곤들매기, 뱀장어 등등)와 아스파라거스 요리에 곁들인다.

준비할 도구

만드는 방법

1. **조리 작업 준비하기**
   식재료를 계량해 준비한다.
2. **셜롯을 다듬어 씻은 후 잘게 썰기**
3. **졸이기**
   알맞은 크기의 소테팬에 잘게 썬 셜롯, 화이트 와인 식초, 화이트 와인을 넣고 크림을 첨가한다.
   매우 천천히 끓이며 졸인다.
   5cl가 될 때까지 졸인다.
4. **뵈르 퐁듀 소스 유화하기**
   첫 번째 방법:
   불을 줄이거나 소테팬을 가스레인지 옆에 둔다.
   실온에 말랑말랑해진 버터 조각을 조금씩 넣으며 거품기로 힘차게 젓는다.
   두 번째 방법:
   소테팬을 강한 불 위에 둔다.
   냉장고에서 단단해진 버터 조각을 한번에 첨가한다.
   유화가 잘 되도록 소테팬을 둥글게 회전하며 움직인다.(소스 거품기로 몇 번 저으면 유화가 더 잘 될 수 있다.)
5. **뵈르 블랑 양념하기**
6. **뵈르 블랑 차이나 캡에 거르기**
   차이나 캡에 거르지 않아도 되며, 이러한 경우 셜롯을 훨씬 더 잘게 썰어야 한다.
   핸드 블렌더를 사용해 뵈르 블랑을 섞기도 한다. 이렇게 하면 버터가 더욱 부드러워지지만 셜롯의 양을 반으로 줄일 필요가 있다.
7. **중탕냄비에 뵈르 블랑 담기**
   따뜻한 곳(45〜50도)에 뚜껑을 닫아 보관한다. 뵈르 블랑이 분리될 우려가 있으므로 일반적인 중탕 용기(63도 이상)에 보관하지 않는다.

- 유화한 버터의 부드러움 정도는 대부분 사용하는 버터의 품질에 따라 달라진다.
- 뵈르 낭테 Le beurre nantais는 크림을 사용하지 않지만, 크림을 사용하면 유화가 잘 되고 소스가 더욱 걸쭉해진다. 크림을 넣으면 반드시 끓여야 하며, 따로 졸이거나 함께 넣어 졸여야 한다.
- 소스를 졸이기 전에 셜롯을 버터에 볶아도 된다. 이렇게 하면 뵈르 블랑에 더 좋은 맛을 준다.
- 핸드 블렌더로 섞은 뵈르 블랑 beurre blanc은 발효되기 쉬우므로 소스를 내기 바로 직전에 만들어야 한다.
- 뵈르 블랑은 생선 요리에 자주 사용하는 기본 소스이다. 잘게 다진 허브(골파, 처빌, 딜 등등), 채소 퓨레 de purées de légumes(피망, 토마토, 펜넬, 브로콜리 등등), 향신료 d'épices(카레 curry, 사프란 safran, 파프리카 가루 paprika, 팔각 badiane) 등을 첨가할 수도 있다. 또한, 졸인 생선 육수(생선 글레이즈 glace de poisson), 베르무트, 송로버섯즙 등을 넣어 졸이기도 한다.

《뵈르 퐁듀 beurre fondu》에서 추천했던 사항은 뵈르 블랑에도 해당한다.

❶ 알맞은 크기의 소테팬에 잘게 썬 셜롯, 화이트 와인, 화이트 와인 식초를 넣는다.

❷ 소량의 크림을 넣어도 좋다.

❸ 졸이는 동안 향이 잘 날 수 있도록 천천히 1/4로 졸인다.

뵈르 블랑 유화하기(Émulsionner le beurre blanc)

❶ 불을 줄이거나 소테팬을 가스 레인지 옆에 둔다.

❷ 실온에 말랑말랑해진 버터 조각을 조금씩 넣으며 거품기로 힘차게 젓는다.

❸ 뵈르 블랑을 차이나 캡에 거르거나(선택사항) 믹서기로 간다.

❹ 간을 확인한다.

❺ 45~50도의 따뜻한 곳에서 보관한다.(온도가 더 높은 일반 중탕 용기에 두지 않는다.)

올랑데즈 소스 LA SAUCE HOLLANDAISE

준비할 재료

 **주의 Attention**

- 올랑데즈 소스는 서비스 바로 직전에 사용할 만큼의 양만 만들어야 한다.

1KG 버터로 만들 때 필요한 재료	단위	양
기본 재료		
– 계란(노른자)	개	16
– 찬물	ml	100
– 버터	kg	1
– 레몬(1개)[1]	g	150
양념		
– 가는소금		약간(PM)
– 카옌 고추		약간(PM)
평균 조리 시간 : 15~20분		

[1] 올랑데즈 소스는 화이트 와인과 잘게 썬 설롯을 졸인 것으로 만들 수 있다. 이 경우, 레몬즙은 생략한다.

---

* 사바용(sabayon): 계란 노른자, 설탕, 와인을 재료로 만든 크림의 일종.

준비할 도구

만드는 방법

1. **조리 작업 준비하기**
   레시피대로 식재료를 계량해 준비한다.

2. **정제 버터 만들고 맑은 윗부분 따라 담기**
   버터를 작은 조각으로 자른 후 중탕 용기에 넣어 유청이 분리될 때까지 건드리지 않고 천천히 분리한다.
   버터가 분리되면 정제된 버터를 옮겨 담는다. (거품과 우유 제거)

3. **계란 노른자 흰자 분리하기**
   작은 소테팬에 계란 노른자를 넣는다.
   찬물을 붓는다.

4. **사바용* 만들기**
   소테팬을 매우 약한 불에 올린다.
   소스용 거품기를 사용해 8자를 그리며 힘차게 젓는다.
   사바용은 부풀어 오르며 무스 질감의 가벼운 농도가 되도록 한다.
   온도가 55~60도가 되면 불을 끄고, 소테팬 바닥이 닿일 정도로 거품기로 젓는다. 농도가 크림처럼 진할 경우 소량의 찬물을 첨가한다.

5. **올랑데즈 소스 만들기**
   소금과 레몬즙을 첨가한다.(레몬즙은 소스를 서비스하기 바로 직전에 첨가할 수 있다.)
   정제 버터를 조금씩 부으며 작은 거품기로 저어준다.(마요네즈 소스를 만들 때와 동일)
   유화하는 동안 소스의 농도가 너무 진할 경우 미지근한 물을 조금 첨가한다.

6. **양념 확인하기**
   카옌 고추 한 꼬집 또는 레몬즙 몇 방울을 첨가한다.

7. **세게 압착하며 올랑데즈 소스 차이나 캡에 거르기**

8. **중탕 용기의 가장자리를 스크레이퍼로 정리하기**
   (40~50도) 따뜻한 곳에 뚜껑을 닫아 보관한다.

활용법

- 올랑데즈 소스와 그 응용 소스는 주로 따뜻하게 서비스하는 생선, 계란, 삶거나 찐 채소 요리에 곁들인다.

- 올랑데즈 소스는 또한 생선 소스(화이트 와인 소스)로 윤을 내는 작업을 쉽게 하는 데 사용한다. 자주 사용하는 이 방법은 좋은 결과를 가져오지만 소스 고유의 특성을 변질시키므로 추천하지 않는다.

- 주석 도금 또는 스테인리스 소테팬을 항상 사용하며, 소스 양에 알맞은 크기를 선택한다. 너무 큰 소테팬인 경우 계란이 너무 빨리 응고되므로 소스의 양이 늘어나지 않는다.
- 완성한 소스는 따뜻한 곳에 보관한다.(63도 이상의 온도는 소스의 재료를 분리시키므로) 일반 중탕 용기에 담아두지 않는다.
- 소스를 담아 서비스할 그릇 바닥(테린 용기 또는 중탕 용기)이 직접적인 열에 닿지 않도록 한다.
- 소스그릇의 뚜껑을 닫아 보관한다.
- 절대로 전날 만든 소스에 새로 만든 올랑데즈 소스를 첨가해서 만들지 않는다.(혼합물은 살짝 익혔기 때문에 박테리아 증식으로 심각해질 위험이 있다.)
- 산화의 위험이 있으므로 소스가 은 제품(숟가락)에 노출되지 않도록 한다.

《분리된》 올랑데즈 소스의 실패 원인과 만회 방법
DIFFÉRENTES CAUSES D'ÉCHEC ET SOLUTIONS DE RATTRAPAGE DE LA SAUCE HOLLANDAISE 《TOURNÉE》

올랑데즈 소스는 매우 다른 다음 두 가지 현상 때문에 《분리되거나 TOURNER》 실패할 수 있다.

- 계란 노른자가 과하게 응고될 때(작은 모양의 엉긴 덩어리)
- 물과 기름의 유화 실패(물과 기름의 분리)

실패 원인	만회 방법
• 사바용 농도가 너무 진할 경우 (높은 온도에서 너무 빠르게 만들 때, 사바용 온도가 너무 올라갈 때, 소테팬이 너무 클 때)	• 농도가 너무 진한 사바용에 소량의 찬물을 부어 묽게 하기
• 소스가 진하고 무겁고 탁한 모습으로 과도하게 걸쭉해진 경우(사바용이 너무 과하게 익었거나 처음에 물이 충분하지 않았을 경우) (sabayon trop cuit ou pas assez d'eau au départ)	• 소량의 찬물로 묽게 하기
소스는 다음의 경우, 유화하는 동안 또는 유화 후 분리된다. • 버터의 온도가 너무 높을 경우 • 보관 온도가 너무 높을 경우 • 버터의 온도가 충분히 높지 않은 경우 • 보관 온도가 충분히 높지 않은 경우 • 처음부터 버터를 너무 많이 넣은 경우 • 재료의 비율이 알맞지 않은 경우 : 계란 노른자 양에 비해 너무 많은 버터	• 소량의 찬물 또는 얼음을 넣어 소스 다시 만들기 • 미지근한 물을 조금 넣어 소스 다시 만들기 • 미지근한 물을 조금 부어 천천히 버터를 녹이며 소스 다시 만들기 • 비율을 정확히 맞추기 : 1kg 버터에 16개의 계란 노른자

❶ 정제 버터를 만들고 맑은 윗부분을 따라 담는다.

❷ 버터를 작은 조각으로 자른 후 중탕 용기에 넣어 유청이 분리될 때까지 건드리지 않고 천천히 녹인다.

❸ 계란 노른자를 분리하고, 거품기를 저을 때 최대의 효과를 얻기 위해 작은 소테팬에 넣는다.

❹ 찬물을 붓는다.

❺ 매우 약한 불에서 힘차게 계속 저으며 사바용을 만든다. 사바용이 부풀어 오르며 무스 질감이 되도록 한다.

❻ 온도가 55〜60도가 되면 불을 끄고, 소테팬 바닥이 닿을 정도로 거품기로 저어준다.

❼ 정제 버터를 조금씩 부으며 작은 거품기로 저어준다.

❾ 간을 확인한다.

❿ 올랑데즈 소스를 차이나 캡에 거른다.

⓫ 40~50도의 따뜻한 곳에 뚜껑을 덮어 보관한다.

❽ 소금, 카옌 고추, 레몬즙을 첨가한다.(레몬즙은 소스를 사용하기 바로
직전에 첨가할 수도 있다.)

응용 소스의 예

기본 소스		곁들이는 재료	응용 소스	활용
올랑데즈 소스	+	흰색 겨자 또는 모(Meaux) 지방의 겨자	= 겨자 소스 sauce moutarde	– 생선구이, 삶은 흰색 허드레 고기
	+	매우 단단한 질감의 휘핑 크림	= 무슬린 소스 sauce mousseline ou vierge	– 삶은 채소(아스파라거스, 브로콜리, 아티초크, 콜리플라워 등등)
	+	붉은 과육의 오렌지 즙과 채 썰어 데친 제스트	= 말테즈 소스 sauce maltaise	– 빠삐요뜨 생선구이 poissons en papillote – 증기에 찐 생선 poissons à la vapeur – 삶은 생선 poissons pochés – 증기에 익힌 채소 또는 끓는 소금물에 익힌 채소 légumes cuits à la vapeur ou à l'anglaise 등등
	+	밀감 즙과 채 썰어 데친 제스트	= 미카도 Mikado 소스	– 빠삐요뜨 생선구이 poissons en papillote – 증기에 찐 생선 poissons à la vapeur – 삶은 생선 poissons pochés – 증기에 익힌 채소 또는 끓는 소금물에 익힌 채소 légumes cuits à la vapeur ou à l'anglaise 등등
		(오렌지와 밀감 대신 자몽을 사용할 수도 있다.)		
	+	갑각류 쿨리, 토마토, 파프리카, 펜넬 쿨리 Coulis de crustacés, coulis de tomates, de poivrons, de fenouils	= 갑각류 사바용, 토마토 사바용, 파프리카 사바용, 펜넬 사바용	– 따뜻한 생선 테린 terrines chaudes de poissons – 채소 테린 terrines de légumes – 갑각류 테린 terrines de crustacés – 삶거나 증기에 익힌 생선, 채소 요리 poissons et légumes pochés ou cuits à la vapeur – 삶은 계란 또는 반숙 계란 œufs pochés ou mollets 등등

베어네이즈 소스 LA SAUCE BÉARNAISE

준비할 재료

⚠ 주의 Attention

• 베어네이즈 소스는 서비스 바로 직전에 사용할 만큼의 양만 만들어야 한다.

1KG 버터로 만들 때 필요한 재료	단위	양
기본 재료		
– 계란	개	16
– 버터	kg	1
졸이기		
– 화이트 와인	ml	150
– 알코올 식초 vinaigre d'alcool	ml	150
또는		
– 타라곤 식초 vinaigre d'estragon	ml	150
– 셜롯	g	150
– 빻은 통후추	g	15
– 타라곤	단	1/2
– 처빌	단	1/4
마무리		
– 타라곤	단	1/2
– 처빌	단	1/4
양념		
– 가는소금		약간(PM)
평균 조리 시간 : 20~25분		

준비할 도구

만드는 방법

1. **조리 작업 준비하기**
   레시피대로 식재료를 계량해 준비한다.

2. **정제 버터 만들고 맑은 윗부분 따라 담기**
   버터를 작은 조각으로 자른 후 중탕 용기에 넣어 건드리지 않고 천천히 녹인다(정제한다).
   버터가 녹으면 맑은 윗부분을 따라 담는다. 거품과 유청을 분리한다.

3. **소스 재료 준비하기**
   셜롯을 다듬어 씻은 후 잘게 썬다.(p. 170, 171/172 참조)
   타라곤과 처빌을 씻고 잎을 떼어 다진다.(p. 179/180 참조)
   통후추를 빻는다.(p. 526 참조)

4. **베어네이즈 소스 졸이기**
   작은 소테팬에 화이트 와인, 알코올 식초 또는 타라곤 식초, 잘게 썬 셜롯, 다진 처빌과 타라곤, 빻은 통후추를 담는다.
   약불에 천천히 1/4이 되도록 졸인다.
   소스를 식힌 후 맛이 우러나도록 둔다.

5. **사바용 만들기**
   계란 노른자와 흰자를 분리한다.
   식힌 소스에 계란 노른자를 첨가한다.(소량의 찬물을 첨가하는 것이 안전하다.)
   소테팬을 매우 약한 불에 올리고 소스용 거품기를 사용해 8자를 그리며 힘차게 젓는다.
   사바용은 부풀어 오르며 무스 질감의 가벼운 농도가 되도록 한다.
   온도가 55~60도가 되면 불을 끄고, 거품기가 소테팬 바닥에 닿을 정도로 젓는다.
   주의! 농도가 크림처럼 진할 경우 소량의 찬물을 첨가한다.

6. **베어네이즈 소스 만들기**
   소금을 첨가한다.
   올랑데즈 소스를 만들 때처럼 정제 버터를 조금씩 부으며 작은 거품기로 저어준다.
   유화하는 동안 소스의 농도가 너무 진할 경우 미지근한 물을 조금 첨가한다.

7. **양념 확인하기**

8. **세게 압착하며 올랑데즈 소스 차이나 캡에 거르고 작은 소스용 중탕 용기에 담기**

9. **다진 타라곤과 처빌 첨가하기**

10. **중탕 용기의 가장자리를 스크레이퍼로 정리하기**
    따뜻한 곳(40~50도)에 뚜껑을 덮어 보관한다.

활용법

- 베어네이즈 소스와 응용 소스는 주로 그릴에 구운 고기 또는 생선 요리에 곁들인다.(앙리 4세 그릴 투르느도 tournedos Henri IV, 투르느도 보정씨 Beaugency, 투르느도 엘데르 Helder, 쇼롱 소스 앙트르코트 entrecôte Choron, 티롤 소스 앙트르코트 tyrolienne, 발루아소스 앙트르코트 Valois, 베어네이즈 소스 앙트르코트 béarnaise, 벨엘렌 앙트르코트 Belle-Hélène, 쇼롱 소스 가자미 구이 turbotin grillé sauce Choron, 브라간사 수란 œufs pochés Bragance, 앙리 4세 수란 Henri IV 등등)

 **주의** Précautions

- 베어네이즈 소스는 올랑데즈 소스와 조리 방법이 동일하다. 계란을 넣어 거품기로 저어 유화하고 가열하지 않은 소스는 세균 오염의 위험이 있다. 이러한 소스 속에는 세균이 번식하기에 매우 쉽다.(세균이 잘 생길 수 있는 환경, 산소, 물, 미지근한 온도, 미리 만들어 두는 일)

다음과 같은 주의 사항을 반드시 지켜야 한다.

- 사용 도구의 청결 상태(소독)를 특별히 주의한다.(믹싱볼. 들통. 거품기, 국자, 짤주머니 깍지)
- 산화 현상 때문에 은으로 된 기구는 사용하지 않는다.
- 매우 신선한 계란만 사용한다.
- 손을 잘 씻고, 손가락 또는 두 번 연속으로 같은 숟가락을 사용해 맛을 보지 않는다.
- 서비스에 필요한 만큼의 소스만 준비한다.
- 남은 소스를 보관하지 않는다.(어떠한 경우에도 남은 소스로 다음에 서비스할 소스를 《다시 만들지 remonter》 않는다.)

❶ 정제 버터를 만들고 맑은 윗부분을 따라 담는다.

❷ 버터를 작은 조각으로 자른 후 지방이 유청과 분리될 때까지 중탕 용기에 넣어 건드리지 않고 천천히 녹인다.

❸ 작은 소테팬에 화이트 와인, 식초, 잘게 썬 셜롯, 빻은 통후추, 다진 처빌과 타라곤 절반을 담는다.

❹ 천천히 1/4이 되도록 졸인다.

❺ 소스를 식힌 후 맛이 우러나도록 둔다.

❻ 식힌 소스에 계란 노른자를 첨가한다.(소량의 찬물을 첨가하는 것이 안전하다.)

❼ 거품기로 세게 저으며 사바용을 만든다.

❽ 온도가 55~60도가 되면 불을 끄고, 거품기가 소테팬 바닥에 닿일 정도로 젓는다.

❾ 정제 버터를 조금씩 부으며 작은 거품기로 저어준다.

❿ 양념을 확인한다.

⓫ 소스가 너무 진할 경우, 따뜻한 물을 조금 붓는다.

⑫ 세게 압착하며 소스를 차이나 캡에 거르고 작은 중탕 용기에 담는다.

⑬ 다진 타라곤과 처빌을 첨가한다.

⑭ 40∼50도의 따뜻한 곳에 뚜껑을 덮어 보관한다.

베어네이즈 소스 주요 실패 원인과 만회하는 방법(올랑데즈 소스와 동일)
DIFFÉRENTES CAUSES D'ÉCHEC ET SOLUTIONS DE RATTRAPAGE DE LA SAUCE BÉARNAISE 《TOURNÉE》 (IDENTIQUE À LA SAUCE HOLLANDAISE)

응용 소스의 예

기본 소스		곁들일 재료	응용 소스	활용
베어네이즈 소스 SAUCE BÉARNAISE	+	다지거나 믹서기로 갈아서 졸인 토마토 퐁듀 (마지막에 타라곤과 처빌 첨가하지 않음)	쇼롱 소스 sauce Choron	– 그릴에 구운 고기와 생선 viandes grillées et poissons grillés
	+	미트 글레이즈	포요트 소스 또는 발루아 소스 sauce Foyot ou Valois	– 그릴에 구운 고기와 생선 viandes grillées et poissons grillés
	+	식용유로 만든 베어네이즈 소스, 다지거나 믹서기로 갈아서 졸인 토마토 퐁듀	티롤 소스(티롤리엔 소스) sauce tyrolienne	– 그릴에 구운 고기와 생선 viandes grillées et poissons grillés
	+	타라곤 대신 민트를 넣은 베어네이즈 소스	팔루와즈 소스 sauce paloise	– 그릴에 구운 갑각류 (바닷가재, 닭새우) crustacés grillés(homards, langoustes)
	+	계란 노른자 대신 바다가재나 랑구스트의 붉은 부분 내장으로 만든 베어네이즈 소스	코라일소스 sauce corail	– 그릴에 구운 갑각류(바닷가재, 랑구스트) crustacés grillés(homards, langoustes)
	+	식초, 타임, 월계수 잎,빻은 통후추, 강판에 간 서양 고추냉이, 가재 버터로 만든 사바 용, 가재 쿨리를 넣어 졸인 소스에 휘핑 크 림, 가재 꼬리 살피콩을 첨가함	바바루와즈 소스 sauce bavaroise	– 그릴에 굽거나 끓는 물에 삶은 생선과 갑각류 poissons et crustacés grillés ou pochés

식물성 초록 색소 만들기
RÉALISER UN COLORANT VERT VÉGÉTAL

엽록소로 구성된 식물(시금치, 크레송, 파슬리 등등)의 초록 색소는 식물을 빻거나 찧어 추출할 수 있다.

가열하면 더욱 강한 색소의 젤(응고) 형태가 된다. 《식물성 초록 색소 vert végétal》 또는 《응고된 엽록소 coagulat de chlorophylle》는 소스, 포타주, 생파스타, 혼합 버터, 《무슬린 파르시 farces mousseline》에 색을 들이거나 초록색을 더 강하게 나게 하려고 사용한다.

만드는 방법

❶ 시금치, 크레송, 근대, 파슬리, 처빌, 타라곤 등의 초록색 잎을 다듬고 줄기를 떼고 분류한 후 깨끗이 씻는다.

❷ 엽록소가 나오도록 동그란 엽록체(엽록소로 된 알갱이)를 잘 빻기 위해 소량의 물을 넣고 곱게 믹서기로 간다.

❸ 면보를 사용해 믹서기로 간 것을 잘 짜주며 초록색 즙을 추출한다.

❹ 초록색 즙을 70도까지 천천히 데운다.

❺ 액체는 분리가 되어 진한 초록색 젤은 표면에 떠오르고 나머지 액체는 투명하게 된다.

❻ 깨끗한 면보 위에 젤을 올려 물기를 뺀다.

❼ 젤이 흩어지지 않도록 액체를 휘젓지 않는다.

❽ 《응고된 엽록소 coagulat de chlorophylle》를 즉시 사용하거나 공기와 접촉하지 않게 잘 포장해서 냉장실에 보관한다.

BPI 출판사 《요리의 기술》 중 식물성 단백질 농후제, 식물성 다당류 겔화제와 농화제 참조

바질 Basilic

근대 Blettes

수영 Oseille

시금치 Épinards

크레숑 Cresson

요리 재료, 아파레이유,* 기본 파르시

LES PRÉPARATIONS, APPAREILS, FARCES DE BASE

---

* 아페레이유 APPAREILS : 여러 종류의 재료를 한데 섞은 혼합 재료.

수분을 날린 버섯 뒥셀 LA DUXELLES SÈCHE

준비할 재료

1KG 버섯으로 만들 때 필요한 재료	단위	양
기본 재료		
– 버섯	kg	1
– 버터	g	100
– 양파	g	75
– 셜롯	g	75
– 파슬리	g	20
– 레몬(선택사항)	g	약간(PM)
양념		
– 가는소금		약간(PM)
– 카옌 고추		약간(PM)
평균 준비 시간 : 25~30분		
평균 가열 시간 : 20~25분		

준비할 도구

만드는 방법

1. **조리 작업 준비하기**
   레시피대로 식재료를 계량해 준비한다.

2. **채소 다듬어 씻은 후 썰기**
   양파와 셜롯을 다듬어 씻은 후 잘게 썬다.
   파슬리를 씻어 줄기를 떼고 물기를 뺀 후 잘게 다진다.
   버섯을 다듬어 씻은 후 재빨리 잘게 다진다.(p. 90 참조)
   물기를 최대한 빼기 위해 면보로 잘게 다진 버섯을 세게 압착하며 짠다.

3. **뒥셀 익힐 준비하기**
   잘게 썬 셜롯과 양파를 버터에 볶는다.
   잘게 다져 물기를 뺀 버섯을 첨가한다.
   소금, 후추를 뿌린다.
   수분이 완전히 날아가도록 뒥셀을 재빨리 볶는다.
   주걱으로 수시로 저어주며 익힌다.
   다진 파슬리를 첨가한다.

4. **뒥셀 담기**
   스테인리스 믹싱볼에 뒥셀을 담고 버터를 바른 유산지로 덮는다.

– 뒥셀을 소량으로 만들 경우 버섯을 짜서 물기를 뺄 필요가 없다. 이러한 경우 수분이 잘 날아가도록 충분히 큰 소테팬을 사용한다.
– 뒥셀 활용에 따라 버섯에 레몬즙을 살짝 뿌리면 버섯의 산화를 막고 흰색을 잘 유지할 수 있다.
– 버섯 뒥셀은 양파 없이 셜롯만 사용할 수도 있다. 이 경우, 1kg 버섯에 150g 셜롯을 준비한다.
– 버섯 뒥셀에는 모든 식용 버섯을 사용할 수 있다.

– 매우 신선한 흰색 버섯을 사용한다.
– 버섯을 미리 씻지 말고 물에 담가놓지 않는다.
– 잘게 썬 양파와 셜롯을 미리 볶고 버섯을 잘게 다진 직후 익힐 준비를 한다.
– 버섯을 다질 때에는 믹서기를 사용하는 것이 좋다.

❶ 잘게 다진 셜롯과 양파에 버터를 두르고 볶는다.

❷ 잘게 다져 물기를 뺀 버섯을 첨가한다.

❸ 양념을 한다.

❹ 수분이 완전히 날아가도록 뒥셀을 재빠르게 볶는다.

❺ 다진 파슬리를 첨가한다.

❻ 스테인리스 믹싱볼에 뒥셀을 담고 버터를 바른 유산지로 덮어준다.

파르시용 뒥셀 또는 채소 파르시용 뒥셀

LA DUXELLES À FARCIR OU DUXELLES POUR LÉGUMES FARCIS

(버섯 머리, 토마토 TÊTES DE CHAMPIGNONS, TOMATES)

준비할 재료

1KG 버섯으로 만들 때 필요한 재료	단위	양
기본 재료 : 수분을 날린 뒥셀 DUXELLES SÈCHE		
– 버섯	kg	1
– 버터	g	100
– 양파	g	75
– 셜롯	g	75
– 파슬리	g	20
보충 재료		
– 화이트 와인	ml	200
– 토마토가 가미된 데미글라스 소스	ml	400
또는		
– 토마토가 많이 가미된 리에종한 송아지 갈색 육수	ml	400
– 마늘	g	20
– 식빵	g	150~200
양념		
– 가는소금		약간(PM)
– 후춧가루		약간(PM)
평균 준비 시간 : 30~35분		
평균 가열 시간 : 30~35분		

만드는 방법

1. **조리 작업 준비하기**
   레시피대로 식재료를 계량해 준비한다.

2. **버섯 뒥셀 만들기**
   (422쪽 **수분을 날린 버섯 뒥셀** 참조)

3. **추가 재료 첨가하기**
   화이트 와인을 첨가해 완전히 물기가 사라지게 졸인다.
   데미글라스 소스 또는 토마토를 넣고 리에종한 송아지 갈색 육수, 잘게 다진 마늘을 첨가한다.
   천천히 졸인 후 체에 곱게 간 빵가루를 첨가한다.
   주걱으로 수시로 저으며 원하는 농도가 될 때까지 졸인다.

4. **농도와 간 확인하기**

5. **스테인리스 믹싱볼에 파르시용 뒥셀 담기**
   버터를 바른 유산지로 덮는다.

버섯 뒥셀은 삶거나 찌는 채소 파르시에 넣을 무슬린 파르시 또는 고기단자 파르시에 첨가할 수 있다.
또한 다진 고기나 파테용 파르시에를 첨가할 수도 있다. 이 경우 《뒥셀 아 라 본 팜므 Duxelles à la bonne femme》라는 이름을 사용해야 한다.

니스식 채소 파르시(Petits légumes farcis façon niçoise)

토마토 껍질 벗기기 MONDER DES TOMATES

❶ 토마토를 잘 씻는다.

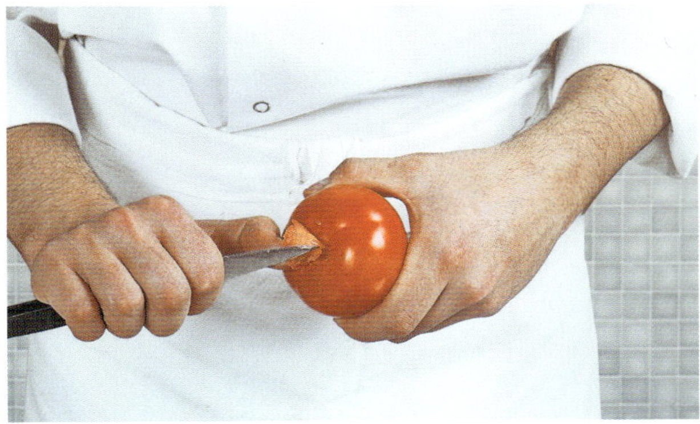

❷ 칼 끝을 사용해 꼭지를 제거한다.

❸ 꼭지 반대쪽 부분 토마토 껍질에 살짝 칼집을 넣기도 한다.

❹ (토마토의 숙성 정도에 따라) 끓는 물에 약 8~12초 정도 토마토를 담근다. 대량의 토마토 껍질을 벗겨야 할 경우 스테인리스 채반을 사용할 수도 있다.

❺ 토마토 껍질이 잘 벗겨지는지 확인해본다. 쉽게 벗겨질 경우 끓는 물에서 즉시 빼내어 얼음물이 담긴 믹싱볼에 넣어 식힌다.

❻ 칼을 사용해 토마토 껍질을 벗긴다. 껍질을 벗긴 토마토는 샐러드, 토마토 퐁듀 또는 잘게 썬 토마토를 만들기 위해 사용할 수 있다.

토마토 껍질 벗기기
Monder les tomates
www.bpi—campus.com
www.youtube.com/@diytp

토마토 꼭지 제거하기
Ôter un pédoncule de tomate
www.bpi—campus.com
www.youtube.com/@diytp

토마토 잘게 썰기 CONCASSER DES TOMATES

❶ 토마토 껍질을 벗긴다.(앞 장 참조)

❷ 껍질을 벗긴 토마토를 가로 방향으로 잘라 둘로 나눈다.(원둘레로 자른다.)

❸ 토마토 씨를 제거한다. 반으로 자른 토마토를 손으로 꽉 쥐며 수분과 씨를 제거한다.(토마토 수분과 씨는 토마토 소스나 갈색 육수를 만들 때 사용하도록 따로 보관한다.)

❹ 반으로 자른 토마토를 잘게 썬다. 도마에 토마토를 평평하게 두고 5~8mm로 슬라이스한 후 1/4을 돌려 작은 주사위 모양으로 썬다.

토마토 퐁듀 LA FONDUE DE TOMATES

준비할 재료

1KG 토마토로 만들 때 필요한 재료	단위	양
기본 재료		
– 숙성이 잘 된 토마토	kg	1
– 버터	g	50
또는		
– 올리브유 (사용 용도에 따라)	ml	50
– 양파	g	100
또는		
– 셜롯(사용 용도에 따라)	g	100
– 마늘	g	20
– 타임을 많이 넣은 부케가르니	개	1
– 토마토 페이스트 (선택사항)	g	20
양념		
– 소금		약간(PM)
– 후춧가루		약간(PM)
– 굵은설탕		약간(PM)
평균 준비 시간 : 25～30분		
평균 가열 시간 : 25～30분		

준비할 도구

만드는 방법

1. **조리 작업 준비하기**
   레시피대로 식재료를 계량해 준비한다.

2. **채소 다듬어 씻은 후 썰기**
   양파 또는 셜롯을 다듬어 씻은 후 잘게 썬다.
   마늘을 다듬어 씻은 후 중앙의 싹을 제거한다.
   타임을 많이 넣어 부케가르니를 만든다.
   토마토를 씻은 후 껍질과 씨를 제거해 압착한 후 잘게 썬다.

3. **토마토 퐁듀 익힐 준비하기**
   양파 또는 셜롯을 버터 또는 식용유로 볶는다.(일반적으로 양파는 식용유, 셜롯을 버터로 볶는다.)
   잘게 썬 토마토, 통마늘(쉽게 다시 건져내기 위해), 부케가르니를 첨가한다.
   양념을 한 후 토마토가 너무 신 맛을 낼 경우 설탕을 조금 첨가한다.
   토마토의 숙성 정도와 색깔에 따라 소량의 토마토 페이스트를 첨가한다.
   소테팬을 유산지로 덮는다.
   수분이 완전히 날아갈 때까지 토마토 퐁듀를 끓인다.
   마지막에는 주걱을 사용해 수시로 저어준다.

4. **토마토 퐁듀 담기**
   알맞게 수분이 제거되었는지, 간이 잘 맞는지 확인한다. 통마늘과 부케가르니를 빼낸다.
   스테인리스 용기에 토마토 퐁듀를 담고 유산지로 덮는다.

토마토의 수분 함량 정도에 따라 유산지를 조리 후에 제거할 수 있다.
토마토 퐁듀의 양이 많을 경우, 오븐에 조리할 수 있다.

활용법

- 포르투갈 소스, 프로방스 소스, 브르타뉴 소스, 쇼롱 소스(Sauces portugaise, provençale, bretonne, Choron.)
- 포르투갈식 에그 스크램블, 스페인식 납작 오믈렛(Œufs brouillés portugaise, omelette plate à l'espagnole.)
- 닭고기볶음과 뒤록 송아지 메다이옹(Poulet sauté et médaillon de veau Duroc.)
- 토마토 소스 파스타, 작은 곁들임 요리, 장식 재료 등등(Pâtes à la tomate, petites garnitures, éléments de présentation…)

❶ 토마토 껍질을 벗긴다.

❷ 손으로 압착하며 씨를 제거한다.

❸ 토마토를 잘게 썬다.

❹ 잘게 썬 양파나 셜롯을 버터 또는 식용유에 볶는다.

❺ 잘게 썬 토마토, 마늘, 부케가르니, 소금, 후추, 약간의 설탕, 토마토 페이스트를 첨가한다.

❻ 소테팬을 유산지로 덮은 후 수분이 완전히 날아갈 때까지 토마토 퐁듀를 끓인다.

❼ 간을 확인한다.

❽ 마늘과 부케가르니를 빼낸다.

❾ 작은 스테인리스 용기에 토마토 퐁듀를 담는다.

뽐 뒤셰스 아파레이유 L'APPAREIL À POMMES DUCHESSE

준비할 재료

1KG 감자로 만들 때 필요한 재료[1]	단위	양
– 감자(빈취, 빅토리아, 아가타 품종)	kg	1
– 버터	g	100
–계란(노른자)	개	6
양념		
– 굵은소금	g	약간(PM)
– 가는소금	g	약간(PM)
– 후춧가루	g	약간(PM)
– 육두구(넛맥)	g	약간(PM)
마무리		
– 밀가루	g	약간(PM)
또는		
– 식용유	ml	약간(PM)
평균 가열 시간 : 20~25분		
평균 조리 시간 : 20~25분		

[1] 뽐 뒤셰스 아파레이유의 기본 단위는 감자의 kg이다.

준비할 도구

만드는 방법

1. **조리 작업 준비하기**
   레시피대로 식재료를 계량해 준비한다.

2. **감자 다듬어 씻기**

3. **감자 4등분해 썰기**
   (감자가 작고 모양이 일정한 경우 통째로 사용한다.)

4. **끓는 물에 소금을 넣어 감자 익히기**
   알맞은 크기의 자루냄비에 4등분한 감자를 넣는다.
   찬물을 붓는다.(감자 위로 2~3cm 올라올 정도)
   굵은소금을 넣는다.
   물을 끓인다.
   약불에 20~25분 동안 뚜껑을 덮고 끓인다.
   수시로 거품을 제거한다.

5. **뽐 뒤셰스 아파레이유 만들기**
   조리용 바늘 또는 칼 끝을 사용해 감자가 잘 익었는지 확인한다.
   감자 물기를 빼고 오븐팬에 담아 오븐 입구에 넣어 수분을 날린다.
   감자를 즉시 체에 거르거나 믹서기에 간다.(감자는 식히지 않는다.)
   감자 간 것을 다시 냄비에 담는다.
   불에 올려 주걱으로 저어주며 수분을 날린다.
   조각 버터를 넣는다.
   계란 노른자와 흰자를 분리한 후 불을 끄고 노른자를 조심스럽게 첨가한다.
   리에종이 완성되도록 재빨리 저으며 다시 불 위에 올린다.
   간을 확인한다.(가는소금, 후춧가루, 넛맥 조금)

6. **뽐 뒤셰스 아파레이유 담기**
   밀가루를 살짝 뿌리거나 식용유를 바른 스테인리스 사각 트레이에 얇은 두께로 아파레이유를 담는다.
   밀가루를 묻힌 주걱 또는 스크래퍼로 표면을 고르게 한다.
   (표면이 굳지 않도록) 유산지 또는 랩으로 덮는다.

7. **뽐 뒤셰스 아파레이유가 완전히 식기 전에 사용하기**

- 손으로 만든 원반 모양, 전병 모양, 작은 브리오슈 모양 뽐 뒤셰스(Pommes Duchesse façonnées à la main en forme de palets, de galettes, de petites brioches.)
- 홈이 있거나 무늬 없는 깍지를 낀 짤주머니로 요리 가장자리에 장식하는 뽐 뒤셰스(Pommes Duchesse couchées à la poche munie d'une douille cannelée ou unie, bordures de plats(décor).)
- 감자 크로켓, 라흐동을 넣은 감자 크로켓, 뽐 베르니(송로버섯 조각을 넣은 감자 크로켓), 뽐 아망딘(아몬드를 넣은 감자 크로켓), 뽐 생 플로랑텡(햄을 넣은 감자에 버미첼리를 입힌 크로켓) 등등(Appareil à pommes croquettes et dérivés, croquettes au lard, pommes Berny, amandine, Saint–Florentin, etc.)
- 뽐 도핀(p. 519/520 참조), 뽐 로레트(치즈를 넣은 뽐 도핀을 길쭉한 모양(시가 담배 모양) 또는 크루아상 모양으로 만듦), 뽐 뷔시(Bussy) 등등의 아파레이유(Appareil à pommes Dauphine et dérivés, Lorette, Bussy,.....)
- 퐁당, 크루스타드, 니스식 뇨끼, 마자그랑 등을 위한 아파레이유(Appareil à fondants, croustades, gnocchi a la niçoise, mazagrans)(BPI 출판사 《요리의 기술 Technologie culinaire》 따뜻한 전식 편 참조)

- 아가타 Agata, 삼바 Samba 빅토리아 Victoria와 같이 전분 함량이 높은 품종의 감자를 사용한다.(감자에 탄성이 덜 생긴다.)
- 익히는 시간이 일정하도록 큰 감자를 4등분해 자른다. 너무 작은 감자를 4등분할 경우 수분이 흡수되기 쉬워서 감자가 너무 물러져 수분을 날리는 시간이 늘어나고 감자 혼합물 만드는 것이 더 어려워진다. 일부 요리사들은 감자를 껍질째 익히거나(pommes de terre en robe des champs) 굵은소금을 깔고 오븐에 익히기도(뽐 마케르 방식 façon pommes Macaire)한다.
- 뜨거운 감자를 믹서기에 갈지 말고 절굿공이를 사용해 체에 거른다. 절굿공이를 똑바로(직각으로) 눌러 감자를 으깬다. 절굿공이를 돌리며 으깰 경우 글루텐이 함유된 끈적한 상태가 되어 《탄성이 생긴다 corde》.
- 감자가 알맞게 익어야 하므로 잘 익고 있는지 주의 깊게 살펴본다. 너무 익히면 감자가 물러져 수분을 날리고 뽐 뒤셰스를 만들기 어렵다.
- 불을 끄고 계란 노른자를 첨가하고 뜨거운 냄비 내부 옆면에 계란 노른자가 튀지 않도록 조심하며 저어준다.(계란 노른자가 응고될 위험)
- 적절한 온도가 되면 뽐 뒤셰스 아파레이유를 사용한다. 식으면서 혼합물은 더욱 빡빡해져 사용하기 어렵게 된다.

❶ 큰 감자를 다듬어 씻은 후 4등분해 자른다.

❷ 찬물에 4등분한 감자를 넣어 뚜껑을 덮고끓인다.

❸ 굵은소금을 넣는다.

❹ 거품을 제거한다.

❺ 감자의 물기를 빼고 오븐 입구에 넣어 수분을 날린다.

❻ 절구공이를 사용해 체에 거른다.(주의: 절구공이를 돌리지 말고 똑바로 수직으로 누른다.) 감자에 탄성이 생길 위험이 있다.(글루텐이 형성되는 퓨레가 된다.)

❼ 다시 냄비에 감자를 넣고 불을 켜 수분을 날린다.

❽ 조각 버터를 첨가해 주걱으로 저으며 섞는다.

❾ 불이 없는 곳에서 계란 노른자를 조심스럽게 넣어 섞는다.

❿ 다시 불 위에 올려 몇 분 동안 수분을 날린다.

⓫ 밀가루를 살짝 뿌리거나 식용유를 바른 사각 트레이에 얇은 두께로 혼합물을 담는다.

⓬ 랩으로 덮는다.

⓭ 완전히 식기 전에 사용한다.

뽐 도핀(Pommes dauphine)

감자 퓨레 LA POMME PURÉE

❶ 감자(아가타, 삼바, 빅토리아, 빈취 등의 전분 함량이 높은 품종)를 다듬어
씻은 후 크게 4등분해 자른다. 너무 작은 조각으로 자르면 감자가 끓는
동안 수분을 많이 흡수한다.

❷ 찬물을 부어준 후 4등분한 감자를 약불에 끓인다.
❸ 굵은소금을 넣는다.
❹ 거품은 제거해 준다.

❺ 감자가 잘 익었는지 확인한다.
❻ 물기를 잘 뺀다.
❼ 채소용 그라인더 또는 체와 절구공이를 사용해 퓨레로 만든다.

❽ 조각 버터를 첨가한다.

❾ 원하는 농도가 될 때까지 퓨레에 뜨거운 우유를 부어준다.
❿ 거품기나 주걱을 사용해 버터와 우유를 섞어준다.
⓫ 간이 맞는지 확인한다.

⓬ 조각 버터 몇 조각 또는 소량의 우유로 퓨레 표면에 윤이 나도록 해준다.
⓭ 랩으로 덮는다.
⓮ 서비스하는 동안 감자 퓨레를 중탕 용기에 보관한다.

감자 뇨끼 LES GNOCCHIS DE POMME DE TERRE

준비할 재료

1KG 뇨끼 재료	단위	양
주재료		
– 감자(아가타, 삼바, 빅토리아 품종)	kg	1
– 물 또는 닭고기 흰색 육수 또는 채소 부용	L	2
– 버터	g	40
– 계란(전란)	개	1
– 계란(노른자)	개	4
– 밀가루	g	250
뇨끼 빗기 FASCONNAGE		
– 밀가루	g	100
마무리		
– 버터	g	50
– 파르메산 치즈 덩어리 또는 작은 조각	g	80
양념		
– 굵은소금		약간(PM)
– 가는소금		약간(PM)
– 흰색 후추		약간(PM)
– 육두구(넛맥)		약간(PM)
평균 준비 시간 : 30～35분		
오븐에서 감자 익히기 평균 가열 시간 : 1시간～1시간5분		
끓는 소금물에서 감자 익히기 평균 가열 시간 : 20분		
뇨끼의 평균 조리 시간 : 5～8분		

만드는 방법

1. 조리 작업 준비하기 – 5분

레시피대로 식재료, 준비 도구, 조리 기구, 그릇 등을 준비한다.

2. 감자 익히기

굵은소금을 깔고 감자를 통째로 올려 180/200도 오븐에서 1시간～1시간 15분 동안 익힌다.

또는

껍질째 물기를 빼고 다듬은 감자를 오븐에 15분 동안 익힌다.

또는

뽐 뒤셰스처럼 익힌다.(앞 장 참조)

3. 뇨끼 반죽 만들기 – 10분

스크래퍼 또는 절구공이를 사용해 체에 수직으로 감자를 거른다.

체에 거른 감자를 냄비에 다시 담아 불에 올려 주걱으로 저으며 수분을 날린다.

불 밖에서 버터와 계란을 첨가해 섞는다.

다시 불에 올려 몇 초 동안 계속 주걱으로 저어준다.

4. 뇨끼 반죽 완성하기 – 8분

큰 믹싱볼에 감자 반죽을 담는다.

처음에는 밀가루의 반을 첨가한다. 손이나 스크래퍼로 잘 섞는다.

남은 밀가루를 조금씩 첨가하며 반죽의 농도를 맞춘다.

간을 확인한다.

5. 뇨끼 모양으로 만들기 – 10분

감자 반죽을 나눠 작은 공 모양으로 만든다.

작업대에 밀가루를 묻히고 직경 1cm 실린더 모양으로 굴려 만든다.

2cm 길이로 토막내 자른다.

포크의 뒤쪽 또는 뇨끼용 도마를 사용해 굴리며 줄무늬를 넣는다. (줄무늬를 넣으면 뇨끼가 소스를 최대한 흡수할 수 있다.)

6. 끓는 물에 뇨끼 삶기 – 5～8분

소금을 넣어 살살 끓는 물 또는 닭고기 흰색 육수에 주문할 때마다 조금씩 뇨끼를 삶는다.

끓는 물에서 뇨끼가 표면에 떠오른 후 1분을 기다렸다 물기를 뺀다.

7. 뇨끼 차리기 – 2분

즉시 사용할 경우 :

움푹한 접시 또는 채소용 접시에 삶은 뇨끼를 담는다.

소스나 뵈르 퐁듀(녹인 버터)를 뿌린다.

강판에 간 파르메산 치즈 또는 얇은 슬라이스를 뿌린다.

프라이팬에 버터를 두르고 물기를 잘 뺀 뇨끼를 연하게 노릇노릇해지도록 볶을 수도 있다.

나중에 사용할 경우 :

얼음물에 담가 뇨끼를 식힌다.

키친타월에 올려 물기를 잘 뺀다.

곁들이는 소스와 함께 데우거나 연하게 노릇노릇해지도록 프라이팬에 볶는다.

p. 824의 **파리지엥 뇨끼** 참조

추천 곁들임과 소스(파스타와 동일)

– 버터와 잘게 썬 샐비어(세이지) beurre et sauge ciselée

– 그라탱(치즈를 넣은 베샤멜 소스) au gratin(sauce béchamel fromagée)

– 토마토 퐁듀, 토마토 소스(오를리 소스, 니수아즈 소스) fondue de tomate, sauce tomate(Orly, niçoise)

– 볼로냐 소스, 카르보나라 소스 sauce bolognaise, à la carbonara

– 마늘, 고르곤졸라, 파르메산 치즈를 곁들인 크림 소스 sauce à la crème à l'ail et au gorgonzola ou au parmesan

– 허브 페스토 또는 페스토 로소(레드 페스토) au pesto herbacé ou rosso

– 타르티플레트*등등 façon tartiflette…

뇨끼는 소스로 만든 요리에 곁들여 즐길 수 있다.(도브 daube : 프랑스식 몽근한 스튜, 라구 ragoûts, 브레제 braisés, 가르디안 gardianne : 프랑스 남부의 소고기나 황소고기 스튜, 소고기 또는 황소고기 de bœuf ou de taureau 등등)

---

* 타르티플레트 tartiflette : 프랑스 사부아 (Savoie) 지방의 요리로 크림과 치즈, 감자 와 베이컨이 들어간 음식.

감자 뇨끼 만들기 RÉALISER DES GNOCCHIS DE POMME DE TERRE

뇨끼 만들기 FAÇONNER LES GNOCCHIS

❶ 반죽을 여러 개의 공 모양으로 만든다.

❷ 밀가루를 뿌린 작업대에 공 모양의 반죽을 올려 손으로 밀며 1cm 직경의 실린더 모양이 되도록 한다.

❸ 실린더 모양을 각각 2cm 길이로 토막을 내 자른다.

❹ 포크 뒷면 또는 뇨끼용 도마를 사용해 줄무늬를 낸다.

❺ 뇨끼가 만들어지는 대로 밀가루를 뿌린 사각 트레이에 담는다.

❻ 뚜껑을 덮고 냉장실에 보관한다.

끓는 물에 뇨끼 삶기 POCHER LES GNOCCHIS

❶ 주문 시 조금씩 뇨끼를 끓는 물에 삶는다.

❷ 소금을 넣은 끓는 물(물 또는 육수)에 뇨끼를 담근다.

❸ 액체가 살살 끓도록 둔다.

뇨끼 익은 정도 확인하기 Contrôler la cuisson des gnocchis

❶ 익은 뇨끼는 액체 표면에 떠올라야 한다.

❷ 뇨끼가 표면에 떠오른 후 1분이 지나도록 둔다.

❸ 뇨끼를 손가락으로 눌렀을 때 탄력이 있어야 한다.

뇨끼 담기 DÉBARRASSER LES GNOCCHIS

즉시 사용할 경우

❶ 뇨끼의 물기를 잘 뺀다.

❷ 움푹한 접시 또는 채소용 접시에 담는다.

❸ 곁들임 요리와 소스를 담는다.

❹ 강판에 간 파르메산 치즈 또는 슬라이스를 뿌린다.

나중에 사용할 경우

❶ 얼음물이 담긴 큰 믹싱볼에 뇨끼를 담아 식힌다.

❷ 물기를 잘 빼고 보관한다.

뇨끼 다시 데우기

❶ 프라이팬에 버터를 두르고 뇨끼를 볶는다.

❷ 노릇노릇하게 볶는다.

❸ 곁들임 요리와 소스를 담는다.

❹ 끓는 닭고기 흰색 육수에 뇨끼를 담아 데울 수도 있다.

폴렌타 LA POLENTA OU POLENTE

폴렌타는 옥수수 세몰리나로 만든 요리 재료로 이탈리아 북부에서 유래한다. 파르메산 치즈를 곁들인 따뜻한 전식 또는 로마식 뇨끼처럼 그라탱으로 요리해 서비스할 수도 있고, 소스를 넣은 고기 요리(스튜, 라구, 브레제)에 곁들이기도 한다.

준비할 재료

1KG 폴렌타 재료	단위	양
주재료		
– 물 또는 우유 또는 우유와 물 또는 채소 부용 또는 닭고기 흰색 육수	L	1
– 옥수수 세몰리나(원하는 농도에 따라)	g	200~250
선택사항		
– 버터	g	40
또는		
올리브유	ml	40
– 강판에 곱게 간 파르메산 치즈	g	80
양념		
– 가는소금		약간(PM)
– 흰색 후추		약간(PM)
– 육두구(넛맥)		약간(PM)
식혀서 자른 폴렌타의 경우:		
– 트레이용 식용유	ml	10
추천 곁들임 재료		
– 파르메산 치즈		약간(PM)
– 고르곤졸라 치즈		약간(PM)
– 모짜렐라 치즈		약간(PM)
– 크림		약간(PM)
– 마스카포네 치즈		약간(PM)
– 토마토소스		약간(PM)
– 건포도		약간(PM)
– 잣		약간(PM)
– 알바산 흰색 송로버섯		약간(PM)
– 볶은 버섯		약간(PM)
– 바질 페스토와 페스토 로소(레드 페스토)		약간(PM)
평균 준비 시간 : 10분		
평균 가열시간 : 8~12분		

만드는 방법

1. **조리 작업 준비하기 – 5분**

   레시피대로 식재료를 준비하고, 준비 도구, 조리 기구, 그릇 등을 준비한다.

2. **폴렌타 아파레이유 익힐 준비하기 – 15분**

   자루냄비 또는 큰 소테팬에 육수를 붓고, 양념, 버터 또는 식용유를 첨가한다.

   끓인다.

   옥수수 세몰리나를 살살 붓고 주걱으로 저으며 천천히 익힌다. 폴렌타 농도가 너무 걸쭉해진 경우 소량의 육수를 첨가한다.

   익히는 시간은 사용한 세몰리나에 따라 다르다. 미리 익힌 폴렌타는 몇 분만 익히면 된다. 맛을 보며 익은 정도, 농도, 양념을 확인한다.

3. **폴렌타 완성한 후 담기 – 2분**

   섬세한 맛을 위해 버터, 강판에 간 파르메산 치즈, 크림 또는 마스카포네 치즈 한 스푼을 첨가한다.

   채소용 접시에 붓는다.

   파르메산 치즈 슬라이스로 장식한다.

나중에 사용할 경우

❶ 즉시 사용할 때보다 더 단단한 정도로 폴렌타를 익힌다.(계란 전체 또는 노른자로 리에종할 수 있다.)

❷ 식용유를 바른 사각 트레이에 담는다.

❸ 표면에 식용유를 바르고 1.5~2cm 두께가 되도록 평평하게 만든다.

❹ 랩으로 덮는다.

❺ 급속 냉각기에 넣어 재빨리 식힌다.

사용할 경우

❶ 트레이에서 분리한 폴렌타를 식용유를 바른 유산지 위에 올린다.

❷ 쿠키 커터(네모, 동그라미, 세모)를 사용해 자르거나 뽐 퐁네프처럼 큰 막대 모양으로 자른다.

❸ 폴렌타 조각을 팬에 살짝 노릇하게 볶거나, 간 치즈를 뿌려 오븐에서 그라탱으로 구워낸다.

대체 또는 추가할 수 있는 재료

옥수수 세몰리나는 부분적으로 일반 세몰리나 또는 메밀 가루, 밤 가루 등으로 대체할 수 있다.

건포도, 캐러멜, 초콜릿 또는 과일 쿨리 등과 우유를 곁들인 세몰리나처럼 폴렌타에는 설탕, 바닐라 등을 첨가할 수 있다.

❶ 더욱 부드러운 폴렌타를 위해 자루냄비 또는 큰 소테팬에 육수, 양념, 버터, 올리브유를 넣는다.

❷ 옥수수 세몰리나를 살살 부으며 주걱으로 계속 섞는다.

❸ 계속 저어주며 천천히 익힌다.

❹ 맛을 보며 익은 정도, 농도, 간을 확인한다.

즉시 사용할 경우 Pour une utilisation immédiate

폴렌타는 부드러워야 한다. 너무 걸쭉할 경우 육수를 부어 묽게 만들어 준다.

나중에 사용할 경우 Pour une utilisation ultérieure

❶ 식용유를 바른 사각 트레이에 폴렌타를 담는다.

❷ 주걱으로 표면을 고르게 정리한다.

❸ 랩으로 덮고 재빨리 식힌다.

폴렌타 자르기 Détailler la polenta

사각 트레이에서 조심스럽게 분리한 후 일정한 모양의 조각으로 자른다.(동그라미, 네모, 또는 뽐 퐁네프처럼 막대 모양)

폴렌타 조각 굽기 Faire sauter les morceaux de polenta

❶ 프라이팬에 버터를 달궈 폴렌타를 굽는다.

❷ 모두 노릇노릇하게 굽는다.

프로방스 피스투와 제노바* 페스토
LE PISTOU PROVENÇAL ET LE PESTO GÊNOIS*

피스투(Pistou)와 페스토(pesto)는 바질을 기본 재료로 한 양념 또는 소스이다. 이 소스를 만드는 데 필요한 《빻다 piler》와 《절굿공이 pilon》에서 그 이름을 가져왔다.

프로방스 피스투는 제노바 페스토와 매우 비슷하다. 피스투에는 마늘, 바질, 엑스트라 버진 올리브유만 들어간다. 강판에 간 파르메산 치즈를 첨가하는 요리사들도 종종 있다. 피스투는 지방 특별 요리인 《피스투 수프 la soupe au pistou》에 주로 사용한다.

제노바 페스토는 피스투 재료 외에도 잣 또는 살짝 구운 잣, 강판에 간 페코리노 로마노 (pecorino romano) 또는 파르미지아노 레지아노(parmigiano reggiano) 치즈를 사용한다. 제노바산 바질만 사용한 초록색 페스토와 올리브유에 보존한 건조 토마토를 사용한 붉은색 페스토(페스토 로소 pesto rosso)가 있다.

준비할 재료

프로방스 피스투 만들기
RÉALISER DU PISTOU PROVENÇAL

❶ 마늘을 다듬어 씻은 후 싹을 제거하고 빻는다.

❷ 바질을 씻어 줄기를 떼고 물기를 제거한 후 잘게 썬다.

❸ 파르메산 치즈를 강판에 곱게 간다.(선택사항)

❹ 작은 절구 또는 믹서기 안에 굵은소금을 조금 넣는다.

❺ 빻은 마늘을 첨가해 퓨레 형태가 되도록 절구에 빻거나 믹서기로 간다.

❻ 잘게 썬 바질 잎을 첨가한다.

❼ 골고루 균일하게 빻을 수 있도록 절구 또는 믹서기 안쪽 면에 붙어 있는 부분을 긁어내며 빻거나 간다.

❽ 냉압착 1등급 엑스트라 버진 올리브유를 넣어 소스를 만든다.

❾ 균일한 농도의 소스가 될 수 있도록 올리브유를 조금씩 붓는다.

❿ 피스투는 주로 포타주나 파스타 양념으로 사용한다.

** 제노바 Gênes : 리구리아 주 capitale de la Ligurie(이탈리아 북서부 지방이며 리구리아 해안에 접해 있다.)의 대표 도시.*

제노바 페스토 만들기
RÉALISER DU PESTO GÊNOIS

진짜 페스토는 제노바산 바질로만 만든 것이다. 정통주의자들은 페스토를
만들 때 절구만 사용한다. 하지만 믹서기를 사용하면 시간과 노력을 절약할
수 있고 훨씬 균일한 페스토를 만들 수 있다.

❶ 마늘을 다듬어 씻은 후 싹을 제거하고 빻는다.

❷ 바질을 씻어 줄기를 떼고 물기를 제거한 후 잘게 썬다.

❸ 파르메산을 강판에 곱게 간다.

❹ 잣을 오븐에 굽거나 팬에 살짝 굽는다.

❺ 프로방스 피스투 만들 때와 같은 방법으로 한다.

❻ 작은 절구 또는 믹서기 안에 굵은소금을 조금 넣는다.

❼ 빻은 마늘을 첨가해 퓨레 형태가 되도록 절구에 빻거나 믹서기로 간다.

❽ 잘게 썬 바질 잎을 첨가하고 다시 절구에 빻거나 믹서기에 간다.

❾ 살짝 구운 잣을 첨가해 계속 빻거나 간다.

❿ 페스토를 즉시 사용할 경우 강판에 곱게 간 치즈를 첨가한다.

⓫ 골고루 균일하게 빻을 수 있도록 절구 또는 믹서기 안쪽 면에 붙어 있는
부분을 긁어내며 빻거나 간다.

⓬ 올리브유를 넣으며 페스토를 몽테(monter : 액체나 반죽에 공기를 넣어
부드럽거나 걸쭉하게 만드는 과정)한다.

⓭ 올리브유는 소량으로 나누어 넣으며 섞어준다. 농도는 마요네즈 소스와
비슷해야 한다.

페스토를 즉시 사용하지 않을 경우, 올리브유를 위에 뿌려 얇은 막이 생기
도록 하고 랩으로 덮어 냉장실에 보관한다. 파르메산 치즈는 페스토를 사용
할 때 첨가한다.
페스토를 응용한 다양한 소스가 있다. 바질 대신 꽃박하 marjolaine, 민트
menthe 또는 루꼴라 roquette를 사용하기도 하고, 잣 대신 아몬드 또는 호
두, 파르메산 치즈 대신 콩테 comté 또는 그뤼예르 치즈를 사용하기도 한다.

활용법

• 파스타, 감자 뇨끼, 포타주, 밀라노식 수프, 피자, 캬르파초, 증기에 찐
생선 요리, 생선 빠삐요뜨* 요리 등등에 곁들인다.(Accompagnement des
plats de pâtes, gnocchis de pomme de terre, potaçes, minestrone alla
genovese, pizza, carpaccio, poissons cuits à la vapeur, en papillote, etc.)

---

* 빠삐요뜨 papillote : 재료를 유산지 또는
알루미늄 호일 등에 감싸 증기에 쪄서 익히
는 조리법이다.

무슬린 파르시(닭고기, 송아지, 생선, 갑각류)

LA FARCE MOUSSELINE(VOLAILLE, VEAU, POISSON, CRUSTACÉS)

무슬린 파르시
Élaborer une farce mousseline
www.bpi-campus.com
www.youtube.com/@diytp

준비할 재료

1KG 고기로 만들 때 필요한 재료	단위	양
기본 재료		
– 닭고기(사용할 실제 중량)	kg	1
또는 – 송아지고기(사용할 실제 중량) (넓적다리살)	kg	1
또는 – 생선 필레(사용할 실제 중량) (명태, 검정대구, 곤들매기 등등)	kg	1
또는 – 갑각류 살(랑구스틴, 민물가재, 새우, 바닷 가재, 랑구스트)	kg	1
– 계란(흰자)	개	2~4
– 더블크림* 혹은 지방 함량 30%의 휘핑 크림	L	0.8~1.2
양념		
– 가는소금	g	약간(PM)
– 흰색 후추 혹은 카옌 고추	g	약간(PM)
– 육두구 (넛맥)(선택사항)	g	약간(PM)
평균 준비 시간 : 25~30분		

준비할 도구

만드는 방법

1. **재료 및 조리 작업 준비하기**
   레시피대로 식재료를 계량해 준비한다.
   믹서기의 다양한 부속은 냉장실에 보관한다.

2. **고기 및 해산물 손질해 준비하기**
   닭가슴살의 껍질, 지방, 《힘줄 nerfs》, 건막을 제거한다.
   송아지 고기의 지방, 힘줄 등을 제거하며 손질한다.
   생선의 뼈를 제거하며 손질한다.
   갑각류의 껍질, 검정색 내장 등을 제거하며 손질한다.

3. **고기와 생선살 작은 조각으로 자르기**
   자른 후 살이 단단해지도록 냉장실에 잠시 보관한다.

4. **가는소금, 흰색 후추, 카옌 고추로 양념하기**

5. **믹서기 또는 정육용 다지기에 고기와 생선 살 두 번 곱게 갈기**
   (고기 살은 절구를 사용해 금속으로 된 촘촘한 체에 통과시킨다.)

6. **고기를 다진 후 계란 흰자 첨가하기**

7. **스테인리스 믹싱볼에 다진 고기 담기**
   얼음물이 담긴 더 큰 믹싱볼에 다진 고기를 담은 믹싱볼을 담가둔다.

8. **크림을 넣어 무슬린 파르시 만들기**
   주걱을 사용해 파르시를 잘 섞고 식힌다. 파르시는 촘촘하고 단단하며
   탄력이 있어야 한다.
   차가운 크림을 소량으로 조금씩 넣어 섞는다. 파르시가 크림으로 부드러워
   지며 양도 늘어난다.
   파르시가 촘촘함과 탄력성을 잃기 전까지만 크림을 넣는다.

9. **간을 확인하고 스크레이퍼로 믹싱볼 가장자리 정리하기**
   파르시를 사용할 때까지 랩을 씌워 얼음 위에 둔다.

---

* 더블크림 crème double : 지방 함량이 많
은 고지방 크림

– 계란 흰자의 양은 사용하는 고기의 품질, 신선도, 특징에 따라 다르다. 매우 신선한 생선살과 닭고기에는 계란 흰자를 사용하지 않기도 한다.
– 해초 추출물(다당류)이 들어 있는 액상 크림을 사용할 경우, 계란 흰자의 양을 줄일 수 있다.
– 크림의 양은 원하는 파르시의 부드러운 정도에 따라 다르다. 예를 들어 생선 테린을 만들 경우, 자를 수 있도록 단단한 질감이 되도록 하기 위해 크림의 양을 조금 줄일 수 있다.
– 특별히 부드럽고 가벼운 농도의 무슬린 파르시를 만들기 위해서는 다음과 같이 두 단계를 거쳐 준비할 수 있다. 우선 1kg의 고기에 800ml의 크림을 사용해 파르시를 만들고, 몇 시간 동안 얼음 위에 두었다가 (냉장실) 추가로 600~700ml의 크림을 더 넣어 마무리한다.

활용법

• 무슬린 파르시는 주로 쉬프렘 파르시, 닭다리 파르시, 송아지 에스칼로프, 송아지 뽀삐에뜨*, 생선 파르시 등에 사용하고, 생선 뽀삐에뜨와 테린, 곁들임 요리의 작은 고기 단자 등을 만드는 데 사용한다.

➕ 주의 Précautions

• 고기를 다지는 기계의 모든 부속품은 사용 전후에 세척하고 소독한다.

• 다지는 기계의 부속품은 사용하기 전에 냉장실에 보관한다.

• 믹서기를 사용하면 편리하지만 고기 살에 열을 가하는 단점이 있다. 그래서 고기 다지는 기계를 사용하는 것이 더 좋으며 더욱 촘촘한 금속망에 두 번 연속으로 고기를 간다.(고기의 《힘줄 nerfs》 또는 건막이 칼날과 금속망 사이에 남아 파르시에는 들어가지 않는다.)

• 생선살 1kg 당 소금 17g, 후추 3g 비율로 생선 토막에 양념을 한 후 고기 다지는 기계 또는 믹서기에 간다.

---

* 뽀삐에뜨 paupiettes : 채소로 속을 넣어 둥글게 말은 고기 요리.

생선 무슬린 파르시
LA FARCE MOUSSELINE DE POISSON

❶ 생선 필레를 손질하고 생선 뼈를 제거하고 작은 토막으로 자른다.
❷ 자른 생선을 냉장실에 보관한다.

❸ 생선에 양념을 한다.
❹ 촘촘하고 단단하며 탄력 있는 덩어리가 될 때까지 믹서기에 간다.
❺ 마지막에 계란 흰자를 첨가한다.

❻ 절구공이를 사용해 금속 체에 생선 간 것을 거른다.
❼ 생선 살을 믹싱볼에 담고 얼음이 담긴 더 큰 믹싱볼에 담근다.

❽ 주걱으로 힘차게 저으며 천천히 크림을 (소량으로) 넣어 섞는다.

❾ 파르시가 부드럽고 가벼운 질감이 될 때까지 크림을 넣는다.

❿ 스크레이퍼로 믹싱볼 가장자리를 정리하고 랩으로 덮는다.

⓫ 얼음 위 파르시를 냉장실에 보관하거나 즉시 사용한다.

생선 뽀삐에뜨 만들기
RÉALISER DES PAUPIETTES DE POISSON

❶ 갈비용 고기망치를 사용해 생선 필레를 평평하게 한다.

❷ 생선 뼈가 있었던 부분을 아래쪽으로 향하게 알루미늄 호일 또는 유산지
위에 생선 필레를 놓는다.

❸ 생선 필레에 양념을 한 후 짤 주머니를 사용해 무슬린 파르시를 한 겹
바른다.(파르시는 사용하는 생선에 따라 흰색, 분홍색, 응고된 엽록소로
물들인 초록색 등이 될 수 있다. – p. 418 참조)

❹ 물을 묻힌 주걱으로 생선 필레 위에 고르게 바른다.

❺ 장식 재료를 올린다.(데친 막대 모양 채소, 연어 조각, 껍질을 깐 대하,
데친 시금치 잎으로 감싼 랑구스틴 꼬리 등등)

❻ 생선 필레 꼬리 부분부터 시작해 뽀삐요뜨 paupiettes를 돌돌 말아준다.

❼ 알루미늄 호일 또는 랩으로 뽀삐요뜨를 감싸고 일정한 실린더 모양이
되도록 손으로 살짝 누른다.

완성한 결과 :

• 크레송 무슬린 파르시와 연어 조각을 넣은 광어 뽀삐요뜨

• 무슬린 파르시, 막대 모양의 당근, 호박, 빨간색 피망을 넣은 광어 뽀삐요뜨

• 갑각류 무슬린 파르시와 데친 시금치 잎으로 감싼 랑구스틴 꼬리를 넣은
광어 뽀삐요뜨

파나드와 크림을 넣은 파르시
LA FARCE À LA PANADE ET À LA CRÈME

무슬린 파르시와 비슷한 파르시로 주로 닭고기나 생선 완자를 만들 때
사용한다.

준비할 재료

1KG 고기 살로 만들 때 필요한 재료	단위	양
기본 재료		
− 생선 살 혹은 닭고기 살 (사용할 실제 중량)	kg	1
− 계란(흰자)	개	5
− 고지방 크림 또는 액상 크림	L	1,2〜1,5
프랑지판 파나드 PANADE À LA FRANGIPANE		
− 밀가루	g	125
− 계란(노른자)	개	4
− 버터	g	100
− 우유	ml	250
양념		
− 가는소금	g	약간(PM)
− 흰색 후추 또는 카옌 고추	g	약간(PM)
− 육두구(넛맥)	g	약간(PM)
평균 조리 시간 : 40〜45분		

만드는 방법

1. 식재료와 조리 작업 준비하기
레시피대로 식재료를 계량해 준비한다.

2. 닭고기 또는 생선 살 준비하기
작은 조각으로 잘라 냉장실에 보관한다.

3. 프랑지판 파나드 만들기
믹싱볼에 밀가루를 담고 가운데 구멍을 만든다.
계란 노른자, 소금, 흰색 후추, 넛맥을 첨가한다.
뵈르 퐁듀를 조금씩 부은 후 뜨거운 우유를 천천히 넣어 섞는다.
혼합물을 소테팬에 붓고 작은 거품기로 계속 저으며 끓인다.
파나드를 몇 분 동안 끓인 후 스테인리스 트레이에 얇은 두께로 담아
재빨리 식힌다.

4. 고기에 양념한 후 믹서기나 다지는 기계에 다지기

5. 계란 흰자를 조금씩 부은 후 완전히 식은 파나드 첨가하기
주걱을 사용해 힘차게 섞거나 믹서기에 넣어 간다.

6. 촘촘한 금속 체에 파르시 거르기
거른 파르시를 얼음이 담긴 용기에 담아 냉장실에 1시간 정도 둔다.

7. 크림을 조금씩 소량으로 부어 섞기
크림 절반으로 먼저 파르시를 부드럽게 한 후 남은 크림을 휘핑하여
섞는다.

파나드는 슈 반죽 조리법으로 만들 수 있다.

그라탱용 파르시 크루통(까나프) 파르시

LA FARCE À GRATIN POUR CROÛTONS (CANAPÉS) FARCIS

준비할 재료

1KG 파르시 재료(대략)	단위	양
기본 재료		
– 닭의 간	g	600
– 돼지비계	g	300
– 셜롯	g	100
– 꼬냑	ml	100
– 월계수잎		약간(PM)
– 타임		약간(PM)
양념		
– 가는소금	g	약간(PM)
– 후춧가루	g	약간(PM)
평균 조리 시간 : 12~15분		
평균 가열 시간 : 20~30초		

준비할 도구

만드는 방법

1. **조리 작업 준비하기**
   레시피대로 식재료를 계량해 준비한다.
2. **셜롯을 다듬어 씻은 후 잘게 썰기**
3. **돼지비계를 각 면이 5mm인 주사위 모양으로 썰기**
4. **간 손질하기**
   푸르스름한 부분을 모두 제거한다.
5. **간엽 슬라이스하기**
6. **그라탱용 파르시 만들기**
   소테팬에 돼지비계를 볶는다.
   닭의 간을 양념한다.
   돼지비계 기름에 간을 재빨리 볶는다.(레어로 겉만 살짝 익혀야 한다.)
   잘게 썬 셜롯을 첨가해 살짝 볶는다.
   가루로 된 월계수 잎과 소량의 타임 꽃을 첨가한다.
   꼬냑을 넣어 불을 붙여 풍미를 준다.
   파르시를 믹서기에 갈거나 절구공이를 사용해 체에 거른다.
   파르시를 믹싱볼에 담고 주걱으로 겉면을 매끄럽게 만든다.
   간을 확인한다.
   그라탱용 파르시를 유산지로 감싸 보관하거나 즉시 사용한다.

그라탱용 파르시 요리의 포인트
– 닭고기 간의 품질과 신선도를 꼼꼼하게 확인한다. 간의 크기가 크며 광택
  이 있으며 약간 촉촉하고 특유의 냄새가 없어야 한다.
– 간은 센 불에 재빨리 익힌다. 분홍빛 파르시를 만들기 위해서는 겉면만 살
  짝 익히는 레어 상태가 되어야 한다.
– 그라탱용 파르시는 미리 준비해두지 말고 주문이 들어오면 즉시 만든다.
– 요리사에 따라 그라탱용 파르시에 말랑말랑한 버터를 조금 첨가하기도 한
  다. 이렇게 하면 파르시가 더욱 부드럽고 산화를 방지할 수 있다. 요리에
  따라 푸아그라 또는 푸아그라 무스, 송로버섯, 송로버섯 엑기스를 넣어 풍
  미를 주기도 한다.

① 닭의 간을 준비하고, 푸르스름한 부분을 제거한다.

② 설롯을 잘게 썬다.

③ 돼지비계를 작은 주사위 모양으로 썰고 소테팬에 볶는다.

④ 슬라이스한 간을 첨가해 재빨리 익힌다. 분홍빛 파르시를 위해서는 레어로 익혀야 한다.

⑤ 양념을 한다.

⑥ 잘게 썬 설롯, 분말 월계수 잎, 타임 꽃을 첨가한다.

⑦ 꼬냑으로 불을 붙여 풍미를 준다.

⑧ 파르시를 믹서기에 갈거나 절구공이를 사용해 체에 거른다.

⑨ 파르시를 믹싱볼에 담고 주걱을 사용해 표면을 매끄럽게 만든다.

⑩ 간을 확인한다.

⑪ 유산지 또는 랩으로 덮어 보관한다.

마리네이드 LES MARINADES

마리네이드
Les marinades
www.bpi—campus.com
www.youtube.com/@diytp

마리네이드는 향이 나는 액체로 된 요리 재료로 큰 고기 덩어리, 닭고기, 수렵육, 허드레 고기, 생선, 테린을 만들기 위한 다양한 종류의 파르시 등과 같은 식재료에 풍미를 주거나, 연하게 하거나 보존 기간을 연장시키는 역할을 한다.

다음과 같이 구분한다.

- 끓이지 않은 마리네이드(les marinades crues)
- 끓인 마리네이드(les marinades cuites)
- 즉석(인스턴트) 마리네이드(les marinades instantanées)

끓이지 않은 마리네이드 LES MARINADES CRUES

끓이지 않은 마리네이드는 주로 정육점 고기, 닭고기, 수렵육 등에 사용한다. 예를 들면, 소고기 찜 쇠고기 에스투파드 estouffade de bœuf, 스튜 daube, 고기 브레제 aiguillette braisée, 꼬꼬뱅 coq au vin, 넓적다리 요리 gigue, 엉덩이살 요리 사슴 안심 selle carrée, 사슴 갈비 côtelettes de biche ou de cerf, 산토끼 스튜 civet de lièvre 등등에 사용한다.

준비할 재료

육수 1L에 필요한 재료	단위	양
아로마틱 가니쉬		
– 당근	g	100
– 양파	g	100
– 셜롯	g	40
– 샐러리	g	30
– 마늘	g	15
– 파슬리		약간(PM)
– 타임		약간(PM)
– 월계수잎(부케가르니)		약간(PM)
– 세이보리		약간(PM)
– 로즈마리		약간(PM)
– 바질		약간(PM)
– 백리향*(요리에 따라 선택) serpolet		약간(PM)
육수		
– 화이트 와인	ml	700
또는		
– 레드 와인	ml	700
– 와인 식초	ml	200
– 꼬냑	ml	100
– 식용유	ml	100
양념		
– 소금		약간(PM)
– 통후추		약간(PM)
– 정향 조각		약간(PM)
– 두송자(주니퍼베리) baies de genévrier		약간(PM)

---

* 백리향 serpolet : 세르폴레는 프랑스어로 야생 백리향(Thymus serpyllum)이나 크리핑 타임(creeping thyme)을 의미한다. 일반 타임보다 향이 더 부드럽고 섬세해 은은한 레몬이나 민트 향이 난다.

준비할 도구

반드시 스테인리스, 폴리카보네이트, 또는 자기로 된 용기를 사용한다.
알루미늄과 《플라스틱 재질 matières plastiques》의 용기에서는 건강에
위험한 입자가 나올 수 있다.

만드는 방법

1. **조리 작업 준비하기**
   레시피대로 식재료를 계량해 준비한다.

2. **마리네이드할 고기 준비하기**
   요리에 따라 고기의 뼈, 지방, 힘줄을 제거하고 돼지비계를 끼워 넣는다.
   양념한다.

3. **채소 다듬어 씻은 후 썰기**
   당근을 다듬어 씻은 후 동그랗고 얇게 저겨 썬다.
   양파와 셜롯을 다듬어 씻은 후 얇게 썬다.
   샐러리를 다듬어 씻은 후 얇게 썬다.
   마늘을 다듬어 씻은 후 싹을 제거하고 빻는다.
   부케가르니를 만든다.

4. **고기 마리네이드하기**
   얇게 썬 아로마틱 가니쉬 재료의 절반을 스테인리스 또는 폴리카보네이트
   용기 바닥에 펼쳐 담는다. 용기의 크기는 고기와 마리네이드를 담기에
   충분해야 한다.
   고기를 담고 나머지 아로마틱 가니쉬 재료를 위에 덮는다.
   와인, 꼬냑, 와인 식초, 향신료, 양념 등을 첨가한다.
   식용유를 부어 얇은 막이 되도록 한 후 랩 또는 밀폐 뚜껑으로 덮는다.
   냉장실에 보관하고 수시로 마리네이드 속 고기를 뒤집어 섞어준다.

끓인 마리네이드 LES MARINADES CUITES

끓인 마리네이드는 주로 강한 향이 나거나 질기고 늙은 동물의 큰 고기
덩어리, 수렵육 덩어리를 양념할 때 적합하다.(숫노루, 멧돼지, 노루 등의
넓적다리 등등)

준비할 재료

1L 육수에 필요한 재료	단위	양
아로마틱 가니쉬		
– 당근	g	100
– 양파	g	100
– 셜롯	g	40
– 샐러리	g	30
– 마늘	g	15
– 부케가르니	개	1
– 세이보리		약간(PM)
– 로즈마리		약간(PM)
– 바질		약간(PM)
– 백리향(요리에 따라 선택)		약간(PM)
육수		
– 화이트 와인	ml	700
또는		
– 레드 와인	ml	700
– 꼬냑	ml	100
– 와인 식초	ml	200
– 식용유	ml	100
양념		
– 소금		약간(PM)
– 통후추		약간(PM)
– 정향 조각		약간(PM)
– 두송자(주니퍼베리)		약간(PM)

만드는 방법

1. **조리 작업 준비하기**
   레시피대로 식재료를 계량해 준비한다.

2. **채소 다듬어 씻은 후 썰기**
   당근을 다듬어 씻은 후 동그랗고 얇게 저며 썬다.
   양파와 셜롯을 다듬어 씻은 후 얇게 썬다.
   샐러리를 다듬어 씻은 후 얇게 썬다.
   마늘을 다듬어 씻은 후 싹을 제거하고 빻는다.
   부케가르니를 만든다.

3. **끓인 마리네이드 만들기**
   올리브유를 두르고 아로마틱 가니쉬 채소를 연하게 색깔이 나도록
   볶는다.
   와인, 식초, 부케가르니, 마늘, 향신료와 양념을 첨가한다.
   30분 동안 마리네이드를 약불에 끓인다.
   거품을 제거한다.

4. **마리네이드를 재빨리 완전히 식히기**

5. **마리네이드할 고기 준비하기**
   요리에 따라 고기의 뼈, 지방, 힘줄을 제거하고 돼지비계를 끼워 넣는다.
   고기에 양념한다.

6. **고기를 마리네이드에 담그기**
   마리네이드한 고기는 뚜껑을 덮어 냉장실에 보관한다.

즉석 마리네이드 LES MARINADES INSTANTANÉES

즉석 마리네이드는 작은 고기 덩어리를 양념하는 데 사용한다. 예는 다음과 같다.

	작은 고기 덩어리	마리네이드
고기 그릴구이 VIANDES GRILLÉES	- 양갈비, 다양한 꼬치구이, 넓적다리 작은 덩어리 - 닭가슴살, 에스칼로프, 피카타 piccata - 닭가슴살, 닭 안심	– 식용유, 가루로 된 타임과 월계수 잎, 프로방스 허브 – 식용유, 레몬즙, 허브, 향신료(카레, 파프리카 가루, 사프란, 콜롬보 Colombo 가루(배합 향신료) 등등) – 꿀, 생강, 계피, 간장 – 요거트, 파프리카 가루, 파
수렵육 작은 덩어리 구이 PETITES PIÈCES DE GIBIER SAUTÉES	- 노루 넓적다리, 갈비, 안심, 산토끼 엉덩이 살, 안심	– 올리브유, 레몬즙, 꼬냑 또는 화이트 와인, 잘게 썬 셜롯, 타임, 월계수 잎, 로즈마리, 두송자 가루
송아지 또는 양 허드레 고기 ABATS BLANCS DE VEAU OU D'AGNEAU	- 송아지 골, 척수*, 족, 장간막	– 식용유, 레몬즙, 소금, 후추, 잘게 다진 생 허브
돼지고기 가공 제품 CHARCUTERIES	- 테린용 파르시, 파테, 갈랑틴*, 고기 완자	– 꼬냑, 마데이라 와인, 포르투 와인, 송로버섯즙, 향신 소금 또는 아질산나트륨, 향신료 믹스(4가지 향신료)
생선 그릴구이 POISSONS GRILLÉS	- 가자미, 새끼 광어, 광어 토막, 연어 토막	– 식용유, 칼로 껍질을 제거한 레몬 슬라이스, 가루로 된 타임과 월계수 잎
갑각류 그릴구이 CRUSTACÉS GRILLÉS	- 랑구스틴 꼬리, 대하, 스캄피 scampis 등등	– 그릴에 구운 생선과 동일 + 잘게 다진 생 허브
날생선 POISSONS CRUS	- 연어, 도미, 농어, 달고기 슬라이스 또는 필레	– 소금, 설탕, 올리브유, 딜, 팔각, 레몬즙 또는 - 코코넛 우유, 라임즙 등등
익힌 생선 POISSONS CUITS	- 고등어, 청어	– 화이트 와인, 식초, 향신 양념 등등
채소 LÉGUMES	- 아차르(장아찌) achards, 초절임 variantes, 고추 piments	– 24시간 동안 소금에 절이기 – 식용유, 식초, 구슬양파, 셜롯, 마늘, 고추, 통후추
과일 FRUITS	- 튀김용 사과, 배, 바나나, 파인애플	– 설탕, 레몬즙과 제스트, 알코올 또는 리큐르

식품 위생 규정에 따라

만드는 방법

1. 알맞은 크기의 스테인리스 트레이에 재료를 담는다.
2. 식용유와 레몬즙을 조금씩 뿌린다.
3. 아로마틱 가니쉬 채소, 향신료 또는 조미료를 첨가한다.
4. 테린, 파테, 수렵육 큰 덩어리(산토끼 등심, 노루 엉덩이 살), 채소, 익힌 생선을 위해서는 몇 시간 동안 마리네이드 하고, 작게 썬 고기 조각, 튀김용이나 프리토용 과일, 작은 생선 조각 등은 몇 분 동안 마리네이드 한다.

마리네이드 시간을 결정하기 위해서는 다음과 같은 사항을 고려해야 한다.

– 마리네이드 목적 du but recherché

– 고기의 특징, 나이, 포획 상태 de la nature, de l'âge et des conditions de capture de l'animal,

– 고기의 해부학적 출처 de l'origine anatomique des morceaux,

– 고기의 무게와 부피 du poids et du volume des pièces concernées,

– 마리네이드 온도 de la température appliquée

---

* 갈랑틴 galantines : 양념을 넣어서 삶은 고기를 굳힌 것.

쿠르 부용과 나쥬 LES COURTS-BOUILLONS ET NAGES

쿠르 부용 Les courts-bouillons은 향신 재료가 들어 있고 풍미가 있으며 새콤한 맛이 나는 육수 재료로, 생선을 통째로 또는 토막으로 삶기 위해 사용하며, 때로는 큰 갑각류를 삶기도 한다. 쿠르 부용은 그 자체로는 요리가 아니며 사용한 후 재사용하지 않는다.

나쥬 Les nages는 쿠르 부용과 비슷한 육수 재료이며 장식적인 면이 더 발전된 형태이다. 당근에 홈을 내어 얇고 동그랗게 슬라이스하고, 양파는 작은 것으로 골라 일정한 크기의 링 모양으로 만든다. 와인과 더불어 나쥬는 생선 육수를 이루며, 나중에 졸인 후 버터를 넣어 섞은 후 소스로 제공하기도 한다.

쿠르 부용과 나쥬의 아로마틱 가니쉬 채소는 비슷하다. 당근, 양파 또는 셜롯, 부케가르니, 소금, 통후추를 아로마틱 가니쉬로 사용한다. 하지만 신맛의 재료(식초, 화이트 또는 레드 와인, 레몬)는 사용하는 생선에 따라 달라진다. 산성은 (콜라겐과 결합조직 함유량기 낮은) 생선 살의 빠른 응고를 촉진시킨다.

흰살 생선(광어, 새끼 광어 등등)과 저염 또는 훈제 생선(훈제 대구)은 일반적으로 레몬즙을 넣은 물과 유유 혼합 육수에 삶는다.

작은 토막이나 도톰한 에스칼로프로 자른 생선은 레몬즙과 소금을 넣은 물에 삶는다.(검정대구 또는 대구 토막 또는 필레, 가오리 등등)

쿠르 부용에 삶아 차갑게 서비스하는 생선(젤리 형태, 쇼 프루아(젤리를 씌워 굳힌 생선), 벨뷰)은 반드시 (알맞은 기구를 사용해) 쿠르 부용 속에서 식혀야 한다. 이 경우, 생선을 익히는 시간을 몇 분 줄인다.

쿠르 부용에 삶은 송어와 뵈르 블랑(Truites pochées au court-bouillon, beurre blanc)

송어와 나쥬를 넣어 만든 버터 소스(Truites au bleu, beurre de nage)

큰 생선 토막을 위한 쿠르 부용 LE COURT-BOUILLON POUR GROSSES PIÈCES DE POISSON

(곤들매기, 토막낸 검정대구, 송어, 연어 BROCHETS, TRONÇONS DE COLIN, TRUITES, SAUMONS)

준비할 재료

1L 쿠르 부용 재료	단위	양
아로마틱 가니쉬		
– 당근	g	125
– 양파	g	125
– 파슬리		약간(PM)
– 타임		약간(PM)
– 월계수잎(부케가르니)		약간(PM)
육수		
– 물	L	1
– 식초	ml	50
또는		
– 화이트 와인	ml	100
양념		
– 굵은소금		약간(PM)
– 통후추		약간(PM)
평균 준비 시간 : 10~15분		
평균 준비 시간 : 20~25분		

준비할 도구

만드는 방법

1. **조리 작업 준비하기**
   레시피대로 식재료를 계량해 준비한다.

2. **채소 다듬어 씻은 후 썰기**
   당근을 다듬어 씻은 후 강판을 사용해 얇게 썬다.
   양파를 다듬어 씻은 후 얇게 썬다.
   파슬리 줄기를 충분히 넣어 부케가르니를 만든다.

3. **쿠르 부용 끓일 준비하기**
   알맞은 크기의 자루냄비에 얇게 썬 당근, 물, 식초 또는 화이트 와인, 부케가르니를 넣는다.
   굵은소금을 넣는다.(1L당 12~15g)
   끓이며 거품을 제거한다.
   15분 정도 끓인다.
   얇게 썬 양파를 첨가하고 다시 몇 분간 끓인다.
   통후추를 첨가한 후 불을 끄고 쿠르 부용 속에서 풍미가 우러나도록 둔다.

4. **쿠르 부용 재빨리 식히기**
   쿠르 부용은 반드시 차갑게 사용해야 한다.

연어와 송어를 끓는 물에 삶을 때 식초를 사용하면 색깔이 연해지므로 주의한다.

민물 생선과 갑각류를 위한 나쥬

LA NAGE POUR POISSONS TRAITÉS AU BLEU ET POUR ÉCREVISSES

(송어, 잉어, 새끼 곤들매기, 북미 곤들매기 TRUITES, CARPES, BROCHETONS, SAUMONS DE FONTAINE)

준비할 재료

1L 나쥬 재료	단위	양
아로마틱 가니쉬		
– 당근	g	125
– 양파(중간 크기)	g	125
– 셜롯(선택사항)	g	50
– 파슬리		약간(PM)
– 타임		약간(PM)
– 월계수잎(부케가르니)		약간(PM)
육수		
– 물	L	1
– 식초	ml	80
또는		
민물가재를 위한		
– 물	ml	500
– 화이트 와인	ml	100
– 생선 육수	ml	400
양념		
– 굵은소금		약간(PM)
– 통후추		약간(PM)
평균 준비 시간 : 10~15분		
평균 준비 시간 : 20~25분		

준비할 도구

만드는 방법

1. **조리 작업 준비하기**

   레시피대로 식재료를 계량해 준비한다.

2. **채소 다듬어 씻은 후 썰기**

   당근을 다듬어 씻은 후 홈을 내고 강판을 사용해 얇게 썬다.

   양파를 다듬어 씻은 후 《링 bracelets》 모양으로 얇게 썬다.

   파슬리 줄기를 충분히 넣어 부케가르니를 만든다.

3. **나쥬 끓일 준비하기**

   알맞은 크기의 자루냄비에 홈을 낸 당근, 물, 식초, 부케가르니를 넣는다.

   가재를 삶을 때에는 홈을 낸 당근, 물, 화이트 와인, 생선 육수, 부케가르니를 넣는다.

   굵은소금을 넣는다.(1L당 12~15g)

   끓이며 거품을 제거한다.

   나쥬를 약불에 15분 정도 끓인다.

   링 모양 양파를 첨가하고 다시 몇 분간 끓인다.

   통후추를 첨가한 후 불을 끄고 쿠르 부용 속에서 풍미가 우러나도록 둔다.

   나쥬는 뜨거울 때 생선에 부어야 한다.

점액질로 덮인 민물 생선을 《오 블루* au bleu》 방식으로 삶기 위한 나쥬를 만들 때에는 식초를 첨가하지 않는다. 식초를 생선 위에 부은 후 나쥬에 넣어 조리한다.

민물 가재를 삶기 위한 나쥬는 짧게 끓이고 풍미가 있어야 한다. 졸인 후에 서비스할 때 버터를 섞어 소스로 만든다.

---

* 오 블루 au bleu : 살아있거나 신선한 생선을 푸른색을 띠게 조리하는 조리법. 이때 식초는 밑 국물에 넣지 않고 생선에 직접 뿌려 스며들게 조리힌다.

특별 육수 CUISSON PARTICULIÈRE

(광어, 넙치와 훈제 대구 TURBOT, BARBUE ET HADDOCK)

준비할 재료

1L 육수 재료	단위	양
– 물	ml	900
– 우유	ml	100
– 레몬(슬라이스 1장)	g	20
양념		
– 굵은소금	g	약간(PM)
평균 준비 시간 : 3~5분		

준비할 도구

만드는 방법

1. **조리 작업 준비하기**
   레시피대로 식재료를 계량해 준비한다.

2. **우유 끓이기**

3. **레몬 껍질을 칼로 벗기기(p. 225 참조)**
   껍질을 벗긴 레몬을 일정하게 슬라이스한다.

4. **생선에 찬물 붓기**
   우유, 굵은소금, 레몬 슬라이스를 첨가한다.

레몬의 산성 때문에 우유가 《변질될 tourner》(응고될 coaguler) 수 있다. 삶은 생선의 물기를 잘 뺀 후 조리용 붓으로 생선을 잘 세척해야 한다.

혼합 버터 LES BEURRES COMPOSÉS

혼합 버터는 버터, 향신 재료, 색소 등과 다양한 양념을 기본 재료로 한 요리로 다음과 같이 사용한다.

- 그릴에 구운 고기 또는 생선 요리에 곁들이기 위해
- 특정 요리(예를 들면, 소스, 포타주)에 풍미, 색깔, 반짝이는 느낌을 주기 위해
- 갑각류 생채소 전식을 준비할 때 카나프 또는 토스트에 곁들이기 위해
- 차가운 특정 요리(예를 들면, 돼지고기 가공제품)를 장식하기 위해

혼합 버터를 그릴에 구운 고기나 생선 요리에 곁들일 때에는 일반적으로 소스그릇에 따로 담아 《말랑말랑한 상태로 en pommade》 서비스한다. 간편하게 서비스할 때에는 혼합 버터를 돌돌 말아 차게 굳힌 후 곁들일 요리 위에 동그란 모양으로 잘라 얹는다.

혼합 버터의 종류
CLASSIFICATION DES BEURRES COMPOSÉS

다음과 같이 분류한다.

- 익히지 않은 재료를 사용해 차갑게 만든 혼합 버터 les beurres composés réalisés à froid, à partir d'ingrédients crus,
- 익힌 재료로 차갑게 만든 혼합 버터 les beurres composés réalisés à froid, à partir d'ingrédients cuits,
- 뜨겁게 만든 후 식힌 혼합 버터 les beurres composés réalisés à chaud, puis refroidis.

 주의 Précautions

버터에는 냄새를 흡수하는 속성이 있어 냄새가 쉽게 스며든다. 따라서 품질과 신선도가 훌륭한 버터를 사용해야 하며, 제공하기 직전에 만들어 알루미늄 호일 또는 랩으로 잘 포장해서 차갑게(3도) 보관해야 한다.

혼합 버터와 활용의 예

익히지 않은 재료를 사용해 차갑게 만든 혼합 버터			
이름	재료	방법	활용
메트르 도텔 버터 Beurre Maître d'hôtel	버터, 레몬즙, 잘게 다진 생파슬리, 소금, 후춧가루	말랑말랑한 버터와 모든 재료를 섞는다.	– 그릴에 구운 고기와 생선
에스까르고(달팽이) 버터 Beurre d'escargots	버터, 잘게 다진 생 파슬리, 잘게 썬 셜롯, 다진 마늘, 소금, 후춧가루(소량의 빵 또는 아몬드 가루도 넣을 수 있음)	말랑말랑한 버터와 모든 재료를 섞는다.	– 달팽이, 대합, 홍합, 모시조개 파르시 등등
안초비 버터 Beurre d'anchois	버터, 올리브유에 담겨있는 안초비 필레의 기름기를 제거한 것 또는 《안초비 소스 anchovy sauce》, 소금, 후춧가루	버터와 안초비 필레를 믹서기에 간다. 필요한 경우 체에 거른다.	– 그릴에 구운 생선, 까나프, 안초비 파이 등등
훈제 생선 버터 Beurre de poisson fumé(연어 saumon, 송어 truite, 철갑상어 esturgeon 등등)	버터, 훈제 생선, 후춧가루(딜, 서양고추냉이 raifort(홀스래디시, horseradish) 크림도 넣을 수 있음)	버터와 훈제 생선을 믹서기에 간다. 필요한 경우 체에 거른다.	– 까나프, 《서프라이즈 surprise》 빵* 등등
치즈 버터(블루 치즈, 프로마쥬 프레*) Beurre de fromage(bleus, fromages frais)	버터, 치즈(호두, 헤이즐넛, 잘게 썬 골파, 크림, 파프리카 가루 등의 보충 재료를 넣을 수 있음)	버터와 치즈를 믹서기에 간다. 보충 재료를 첨가한다.	– 까나프, 《서프라이즈 surprise》 빵 등등

* 서프라이즈 빵(pain surprise) : 빵 속에 여러 층으로 다양한 샌드위치를 겹쳐 놓은 것.

* 프로마쥬 프레(fromage frais) : 프로마쥬 블랑(fromage blanc)과 같으며 지방분이 적은 액체에 가까운 생치즈이다.

익힌 재료로 차갑게 만든 혼합 버터

이름	재료	방법	활용
새우 버터 Beurre de crevettes 민물가재 버터 Beurre d'écrevisses 바닷가재 버터 Beurre de homard 등등	버터 – 껍질 깐 새우 – 껍질 깐 민물가재 – 바닷가재 살, 크림 색깔의 내장, 붉은 색깔의 내장, 소금, 카옌 고추	갑각류 살과 버터를 곱게 믹서기에 간다. 체에 거른다.	– 새우 까나프 – 민물가재 까나프 – 바닷가재 까나프
파프리카 버터 Beurre de paprika	버터, 양파, 화이트 와인, 파프리카 가루, 소금, 후춧가루	잘게 썬 양파를 버터에 볶는다. 파프리카 가루를 첨가하고, 화이트 와인으로 데글라세한 후 졸여 버터와 믹서기에 간다. 체에 거른다.	– 헝가리 소스의 마무리(닭고기구이, 삶은 영계) – 파프리카 가루를 첨가한 송아지 갈비 – 까나프 등등
콜베르 버터 Beurre Colbert	메트르 도텔 버터, 미트 글레이즈, 파슬리 대신 타라곤	말랑말랑한 버터에 모든 재료를 넣고 섞는다.	– 그릴에 구운 고기 또는 닭고기
마르세이유 버터 Beurre marseillais	메트르 도텔 버터, 졸인 토마토 퐁듀, 마늘 조금(펜넬 또는 아니스를 넣을 수도 있음)	말랑말랑한 버터에 모든 재료를 넣고 섞는다.(토마토 퐁듀는 믹서기에 갈거나 체에 거른다.)	– 그릴에 구운 생선 (농어, 노랑 촉수)
베르시 버터 Beurre Bercy	버터, 잘게 썬 셜롯, 화이트 와인, 잘게 다진 파슬리, (불순물을 제거하고 삶은 후 물기를 잘 닦은) 주사위 모양 사골 조각, 소금, 후춧가루	잘게 썬 셜롯과 화이트 와인을 졸인 후 식혀 말랑말랑한 버터, 파슬리, 불순물을 제거하고 삶은 주사위 모양의 사골과 섞는다.	– 그릴에 구운 고기와 생선
호텔 버터 Beurre hôtelier	메트르 도텔 버터, 버섯 뒥셀	말랑마랑한 메트르 도텔 버터와 버섯 뒥셀을 섞는다.	– 그릴에 구운 생선 또는 빵가루를 입혀 튀긴 생선, 구운 생선
와인 상인 버터 Beurre marchand de vin	버터, 잘게 썬 셜롯, 레드 와인, 타임, 월계수 잎, 빻은 통후추, 미트 글레이즈, 레몬, 잘게 다진 파슬리, 소금(불순물을 제거하고 삶은 주사위 모양 골수 조각을 넣을 수 있음)	레드 와인에 잘게 썬 셜롯, 타임, 월계수 잎, 빻은 통후추를 넣고 졸인다. 미트 글레이즈를 첨가한다. 식힌 후 말랑마랑한 버터, 레몬즙, 잘게 다진 파슬리와 섞는다. 소금을 넣는다.	– 그릴에 구운 소고기 (예를 들면, 앙트르꼬트, 두툼한 스테이크, 갈비)
초록 색소 버터 Beurre colorant vert	버터, 엽록소 추출물, 소금, 후추	말랑말랑한 버터를 엽록소 추출물과 섞은 후 양념한다.	– 화이트 와인 소스 또는 다양한 벨루테에 색을 내기 위해 주로 사용 – 차가운 뷔페 요리의 장식 재료

뜨겁게 만든 후 식힌 혼합 버터

이름	재료	방법	활용
빨간색 버터 또는 갑각류(바닷가재, 민물가재) 버터	버터, 갑각류 껍질, 갑각류의 《크림 형태 crémeuses》 부분, 갑각류 알	갑각류 껍질을 버터와 함께 빻는다. 중탕 용기에 넣어 뚜껑을 덮고 천천히 녹인다. 체에 걸러 얼음물이 담긴 용기에 담는다. 물 표면에 떠오르는 굳은 버터를 떠낸다. 다시 버터를 녹인 후 정제한다.(윗부분 맑은 액체를 떠낸다.)	– 카디날 소스, 바닷가재 소스, 낭투아 소스, 아미랄 소스, 빅토리아 소스와 같은 갑각류를 재료로 한 소스 또는 포타주의 마무리를 위해

계란물에 빵가루 입히기 PANER À L'ANGLAISE

《계란물에 빵가루 입히기 Paner à l'anglaise》는 재료(에스칼로프, 생선 필레, 감자 크로켓 등등)에 《계란물 anglaise》(계란, 식용유, 소금, 후추 혼합물)을 묻힌 후 곱게 체에 거른 빵가루를 입히는 것이다. 이렇게 만든 재료는 기름을 두르고 지지거나 튀긴다.

버터를 두르고 빵가루를 입히기도 하고(생제르멩 생선 그릴구이 poissons grillés Saint–Germain), 겨자를 두르고 빵가루를 입히기도 하며(미국식 닭구이 poulet grillé à l'americaine), 곱게 강판에 간 파마산 치즈를 첨가한 빵가루를 입히는 밀라노식 à la milanaise도 가능하다

에스칼로프에 빵가루 입히기
PANER DES ESCALOPES

❶ 식빵 껍질을 제거한 후 큼직하게 식빵을 잘라 믹서기에 간 후 체에 곱게 거른다.

❷ 사각 트레이에 빵가루를 담는다.

❸ 계란물 준비하기 : 믹싱볼에 계란을 깨고 식용유(소량의 물), 소금, 후추를 넣고 잘 섞는다.

❹ 사각 트레이에 계란물을 붓는다.

❺ 에스칼로프를 손질한다.

❻ 갈비용 고기망치를 사용해 두께를 조절한다. 에스칼로프 양쪽 면에 랩을 덮은 후 평평하게 만든다.

재료를 담은 트레이 준비하기 Réaliser la mise en place

❶ 각각의 트레이를 순서에 맞게 둔다. 밀가루, 계란물, 빵가루의 순서로 준비한다.

❷ 에스칼로프에 바둑판무늬 칼집을 낼 수 있도록 옆에 도마를 준비하고, 마지막에 완성된 재료를 담을 트레이를 놓고 유산지를 깔아둔다.

❸ 에스칼로프에 밀가루를 묻히고 살살 털어 밀가루가 많은 부분을 정리한다.(에스칼로프는 하나씩 튀김옷을 입힌다.)

④ 에스칼로프를 계란물에 푹 담그고 골고루 잘 묻었는지 확인하며 뒤집어준다.

⑤ 물기를 잘 뺀다.

⑥ 빵가루가 담긴 트레이에 하나씩 차례로 넣고 빵가루가 골고루 입혀지도록 살짝 손으로 눌러준다.

⑦ 살살 흔들어 빵가루가 많은 부분을 정리한다.

⑧ 수시로 빵가루를 체에 거르고 트레이에 보충한다.

⑨ 도마 위에 에스칼로프를 올리고 큰 칼을 사용해 납작하게 두드려 모양을 잡아준다.

⑩ 칼등으로 에스칼로프 한쪽 면에 바둑판무늬를 낸다.

⑪ 바둑판무늬를 낸 면을 먼저 조리해 익혀야 한다.

⑫ 튀김옷을 입힌 에스칼로프는 즉시 냉장실에 보관한다.

제과용 팬 또는 틀에 버터 바르기
BEURRER UN MOULE

과자나 빵의 완성된 모습은 제과용 팬과 틀에 좋은 품질의 버터를 고르게 바르는 일에 따라 달라진다.

제과용 팬이나 틀에 버터를 바를 때에는 다음과 같이 주의해야 한다.

- 제과용 팬과 틀을 완벽하고 세심하게 세척해야 한다. 일반적으로, 제과용 팬은 사용 후 즉시 문질러 닦아야 하고, 제과용 틀의 경우 사용 후 아직 뜨거운 상태일 때 키친타월로 닦거나 문질러 세척해야 한다. 금속 재질의 기구로 세척하거나 문질러서는 안 된다.
- 버터를 바르기 전에 제과용 팬이나 틀의 청결 상태를 확인한다.
  - 깨끗하고 흠이 없는 상태의 제과용 붓을 사용한다.
  - 버터를 바를 틀에 따라 버터를 무르게 하거나 정제한다.(단단한 버터를 사용하는 타르트 원형 틀 제외)

제누아즈 틀에 버터 바르기 BEURRER UN MOULE OU UNE CAISSE À GÉNOISE

❶ 틀이 청결한 상태인지 확인한다.

❷ 키친타월로 틀을 닦는다.

❸ 살짝 식힌 뵈르 퐁듀(녹인 버터)를 얇고 고르게 한 겹으로 바른다.

❹ 틀의 바닥부터 먼저 바른 후 옆면을 바른다.

❺ 모퉁이에 버터가 과하게 묻어 있는 것을 방지하기 위해 틀을 돌려준다.(구멍이 나거나 부풀어오를 위험)

❻ 틀에 버터를 바른 후 밀가루를 뿌릴 경우, 버터가 굳도록 기다린다.(다음 장의 《제누아즈 틀에 슈미제하기 chemiser un moule à génoise》 참조)

수플레 틀에 버터 바르기
BEURRER UN MOULE À SOUFFLÉ

❶ 틀이 청결한 상태인지 확인한다.

❷ 제과용 붓을 사용해 말랑말랑하게 부드러워진 버터를 골고루 바른다.

❸ 설탕을 뿌려줄 경우(예를 들면, 리퀴르 술을 넣은 다뜻한 수플레)에는 버터가 완전히 식기 전에 설탕을 뿌린다.

제과용 팬에 버터 바르기 BEURRER UNE PLAQUE À PÂTISSERIE

슈를 굽기 위해 제과용 팬에 매우 얇게 버터를 바르는 경우

❶ 제과용 붓을 사용해 뵈르 퐁듀를 몇 군데 찍어 바른다.(60cm×40cm 제과용 팬의 경우 최대 6군데)

❷ 키친타월로 버터를 골고루 펴바른다.

쿠키, 머랭, 비스킷 반죽을 위해 밀가루를 뿌리는 제과용 팬에 세심하게 버터를 바르는 경우

❶ 제과용 팬의 청결 상태를 확인한다.

❷ 제과용 붓으로 뵈르 퐁듀를 골고루 바른다.

❸ 먼저 제과용 팬의 세로 방향으로 버터를 바른다.

❹ 제과용 팬의 가로 방향으로 버터를 다시 바른다.

❺ 버터가 골고루 발라지도록 붓으로 잘 교차하며 바른다.

❻ 추후에 밀가루를 뿌려야 할 경우, 버터가 굳을 때까지 기다린다.

제과용 팬 또는 틀에 슈미제하기

CHEMISER UNE PLAQUE À PÂTISSERIE OU UN MOULE

슈미제는 제과용 팬 또는 틀, 중탕 용기, 샐러드 접시 등의 안쪽 면을 다음과 같은 재료로 골고루 한 겹으로 바르거나 덮는 과정이다.

- 제누아즈 à génoises, 비스킷 biscuits, 머랭 meringues 등을 굽기 위한 틀이나 팬에 버터나 뿌리는 밀가루
- 달콤한 수플레 soufflés sucrés 틀에 사용하는 버터와 굵은 설탕
- 짭짤한 수플레 soufflés salés 틀에 사용하는 버터와 밀가루
- 아스픽 틀에 사용하는 젤리
- 테린 des terrines, 다리올 des darioles, 작은 파테 des petits pâtés, 무스 des mousses 등에 들어가는 다양한 파르시
- 샤를로트 틀에 사용하는 빵가루 mie de pain 또는 비스킷
- 차가운 요리용 틀에 사용하는 샐러드용 채소
- 케이크 틀, 채소 또는 생선 테린 틀 등에 사용하는 유산지

제누아즈 틀에 슈미제하기

CHEMISER UN MOULE OU UNE CAISSE À GÉNOISE

❶ 살짝 식힌 정제 버터를 틀에 골고루 바른다. 틀의 중앙에서 시작해 옆 면 순서로 버터를 바른다.

❷ 틀을 뒤집어 두며 굳힌다.(앞 장 참조)

❸ 틀에 밀가루를 조금 첨가한다.

❹ 틀의 옆면 또는 바닥의 바깥쪽을 손으로 잡는다. (안쪽을 잡지 않는다.)

❺ 매우 얇은 버터 한 겹에 밀가루가 골고루 묻도록 틀을 돌려준다.

❻ 트레이를 놓거나 유산지를 깔아 놓은 작업대에 틀을 뒤집어 톡톡 두드려 주며 밀가루가 많은 부분을 털어낸다.

❼ 슈미제한 부분이 벗겨질 위험이 있으므로 틀 안에 절대로 손가락을 넣지 않는다.

디저트 수플레 틀 슈미제하기

CHEMISER UN MOULE À SOUFFLÉ DESSERT

❶ 제과용 붓을 사용해 말랑말랑하고 부드러운 버터를 틀에 골고루 바른다.

❷ 틀의 바닥 또는 옆면 바깥쪽으로 붙잡는다. (절대로 손가락을 틀 안에 넣지 않는다.)

❸ 틀 안에 굵은설탕을 붓는다.

❹ 트레이 위에서 틀을 돌리고 뒤집어주며 골고루 설탕이 묻도록 한다.

짭짤한 수플레(예를 들면, 치즈 수플레) 틀은 원칙상 버터를 바른 후 밀가루를 뿌린다.

제과용 팬에 슈미제하기
CHEMISER UNE PLAQUE À PÂTISSERIE

제과용 팬에 슈미제를 하는 이유는 과자나 빵이 제과용 팬에 달라붙는 것을 막기 위해서이다.(쿠키 petits fours, 머랭 meringues, 비스킷 biscuits, 제누아즈 genoises, 쉭세 succés 등등)

❶ 제과용 팬에 뵈르 퐁듀를 골고루 바른다.

❷ 버터를 균일하게 바를 수 있도록 제과용 붓을 가로 세로 교차하며 바른다.

❸ 버터가 굳을 때까지 기다린다.

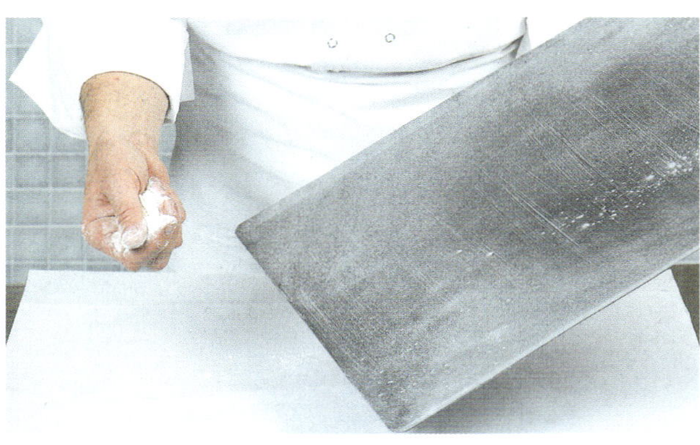

❹ 제과용 팬에 조심스럽게 밀가루를 뿌린다.(팬을 완전히 덮을 수 있게 주먹에 밀가루를 잡고 한번에 뿌린다.)

❺ 밀가루가 많이 묻은 부분 제거하기 : 유산지를 깐 작업대에 제과용 팬을 기울여 톡톡 두드린다.

무슬린 파르시로 다리올 틀 슈미제하기
CHEMISER UN RAMEQUIN OU UN MOULE À DARIOLE AVEC UNE FARCE MOUSSELINE

❶ 틀에 버터를 바른다.

❷ 틀 바닥과 옆면에 무슬린 파르시를 바른다.

❸ 5～7mm 직경의 둥근 깍지를 낀 짤주머니를 사용한다.

❹ 바닥부터 시작해 옆면까지 나선 모양으로 돌리며 파르시를 바른다.

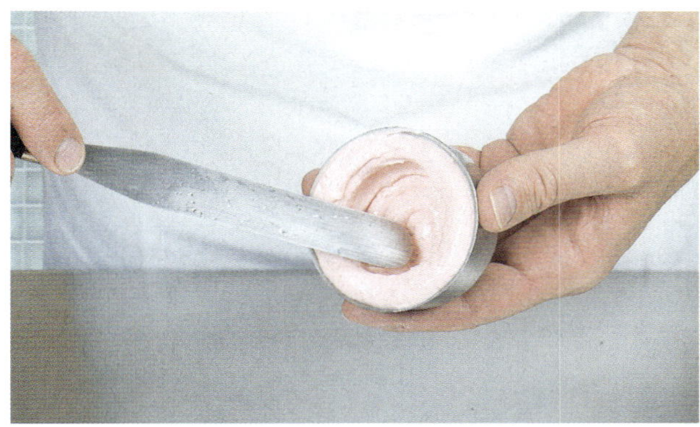

❺ 찬물에 담근 스페츌러로 슈미제한 내부를 매끄럽게 고른다.

❻ 라구(살피콩, 스튜, 잘게 썬 스튜용 고기 등등)를 빈 곳에 채워 넣는다.

젤리 또는 쇼 프루아 소스로 슈미제하기
CHEMISER UN MOULE AVEC DE LA GELÉE OU DE LA SAUCE CHAUD-FROID*

❶ 제과용 틀이나 작은 용기 냉각하기 : 얼음 더미 또는 급속 냉각기 안에 몇 분 동안 넣어둔다.

❷ 굳지 않은 차가운 젤리로 틀을 꽉 채운다.

❸ 필요한 경우 틀을 얼음 더미 또는 급속 냉각기에 다시 넣어둔다.

❹ 틀의 옆면에 젤리가 굳을 때까지 몇 초 동안 기다린다.

❺ 젤리가 과하게 많을 경우 믹싱볼에 다시 붓는다. 틀의 바닥과 옆면이 3~4mm 일정한 두께의 젤리 한 겹으로 덮여야 한다.

*쇼 프루아 소스는 졸인 벨루테, 크림, 젤리를 첨가해 만든다.

전식용 원형 틀에 슈미제하기
CHEMISER UN CERCLE À ENTREMETS

❶ 원형 틀 높이에 맞춰 띠 모양의 비스킷 반죽으로 자른다.

❷ 이음새가 하나만 생기도록 틀의 둘레 길이를 잰다.

❸ 비스킷 띠를 물에 살짝 적셔 틀에 끼워넣는다.

상추 샐러드 잎으로 샐러드 접시 슈미제하기
CHEMISER UN SALADIER AVEC DES FEUILLES DE LAITUE

❶ 예쁜 모양의 상추 잎을 골라 굵은 심지 부분을 제거해 손질한다.

❷ 샐러드 접시 안쪽 옆면에 상추 잎 뒷면이 향하도록 차례로 상추 잎을 깐다.

아로마틱 가니쉬 LES GARNITURES AROMATIQUES

부케가르니 만들기
RÉALISER UN BOUQUET GARNI

부케가르니는 갈색 육수, 흰색 육수, 생선 육수, 소스, 끓는 물에 삶은 고기, 허드레고기, 닭고기, 건조 채소 육수 등에 사용하는 기본 향신 재료이다.

파슬리, 타임 줄기, 월계수 잎으로 구성된다. 요리에 따라 (닭고기 흰색 육수, 송아지 흰색 육수, 삶은 영계, 블랑켓 드 보 등등) 부케가르니는 기본 재료 외에도 대파 흰부분, 샐러리 등을 포함할 수 있다. 더욱 특별한 요리를 위해서는 로즈마리(새끼 토끼 지블롯) 또는 세이보리(건조 채소 육수)를 사용하기도 한다.

이런 향신 재료의 역할은 풍미를 주는 것이다. 품질이 나쁘거나 충분히 신선하지 않은 재료는 매우 나쁜 결과를 가져온다.

사전 준비

- 파슬리 줄기, 샐러리, 대파를 분류해 잘 씻는다.
  물 속이나 냉장실에 오랫동안 보관되었던 파슬리 줄기는 사용하지 않는다.(발효가 되거나 나쁜 냄새를 풍길 위험이 있다.)
- (매우 향기로운) 훌륭한 품종의 타임을 골라 분류한 후 잘 씻어 천천히 말린 후 먼지가 없는 곳에 보관한다.
- 월계수 잎을 씻은 후 말려 먼지가 없는 곳에 보관한다.

❶ 타임 잔가지와 작은 월계수 잎을 파슬리 줄기 사이에 넣는다.(부케가르니에 사용하는 재료의 양은 풍미를 줄 요리의 양에 비례한다.)

❷ 다발을 실로 묶는다. 다발의 윗쪽과 아래쪽에 2~3번 실을 두르고 중앙에서 매듭을 묶는다.(이렇게 하면 조리 중에 부케가르니가 벌어지지 않는다.)

❸ 양쪽 끝 부분을 고르게 정리한다.

부케가르니를 쉽게 건져내는 방법
부케가르니를 넣을 용기 손잡이에 묶기 위해 30cm 정도의 실을 준비하는 요리사들도 있다. 이렇게 하면 충분히 풍미를 준 후 부케가르니를 쉽게 건져낼 수 있다.

흰색 육수를 위한 부케가르니 만들기 RÉALISER UN BOUQUET GARNI POUR FOND BLANC

❶ 대파 흰부분, 샐러리, 파슬리 줄기의 절반을 모은다.
❷ 풍미를 줄 육수 양에 맞춰 타임과 월계수 잎을 위에 올린다.
❸ 나머지 파슬리 줄기, 대파 흰 부분은 샐러리로 덮는다.

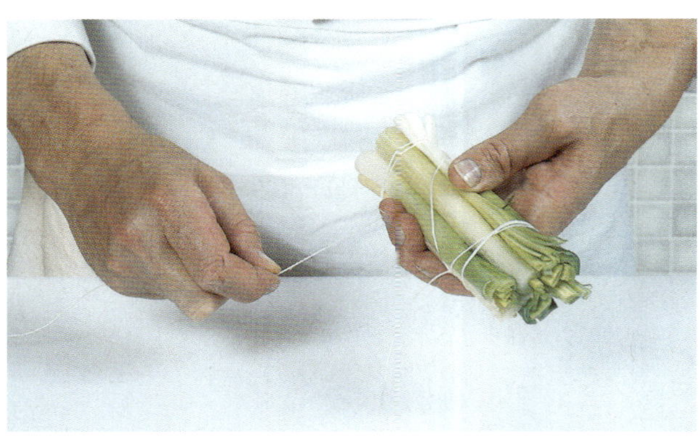

❹ 앞에서처럼 양쪽 끝부분을 단단하게 실로 묶고 중앙에서 매듭을 짓는다.

❺ 부케가르니의 양쪽 끝부분을 손질한다.

양파에 정향 조각 박기 CLOUTER UN OIGNON

정향을 박은 양파는 흰색 육수, 스튜, 건조 채소 육수, 삶은 닭고기, 소고기, 허드레 고기 등을 위한 아로마틱 가니쉬를 보충하는 재료 중 하나이다.

정향 조각의 수는 풍미를 줄 육수의 양에 비례하며, 6인분을 준비할 때에는 품질 좋은 1개의 정향 조각이면 충분하다.

양파 밑동 부분 근처에 정향 조각을 박는다.

해체 위험이 없는 정향* 조각 박는 방법
양파 밑동 반대 편(줄기 쪽)에 정향 조각을 박으면 끓이는 동안 해체될 위험이 있다.

---

* 정향 girofle : 정향나무의 꽃봉우리 부분. 상쾌하고 달콤한 향 때문에 향신료로 사용한다.

마티뇽 만들기 RÉALISER UNE MATIGNON

준비할 재료

구성 재료		
당근	kg	1
양파	kg	1
샐러리	g	400
생햄(햄을 넣는 경우 《지방이 있는 au gras》 마티뇽이라고 함)	g	800
부케가르니(파슬리 줄기, 타임, 월계수 잎 또는 잘게 썬 파슬리 줄기,		
타임 잔가지와 월계수 잎	개	1
버터	g	100
요리에 따라 화이트 와인 혹은 마데이라 와인	ml	200

(햄을 넣지 않은 경우 《지방이 없는 au maigre》 마티뇽이라고 한다.)

만드는 방법

❶ 채소를 얇은 네모 조각으로 썬다.

❷ 큰 소테팬에 버터를 두르고 (색깔이 나지 않게) 채소를 익힌다.

❸ 화이트 와인 또는 마데이라 와인으로 마티뇽을 데글라세한다.

❹ 자작자작하게 졸인다.

활용법

• 마티뇽은 아로마틱 가니쉬 재료를 버터에 익히거나 졸인 것이다. 오븐 찜 소스 또는 브레제에 풍미를 주기 위해 주로 사용한다.(송아지 가슴살 브레제, 영계 오븐 찜, 상추와 배추 브레제 ris de veau braisés, poularde poêlée, laitues et choux braisés)

• 요리 이름에 《아 라 마티뇽 à la Matignon》이 붙는 경우, 닭고기 또는 정육용 고기의 큰 덩어리(새끼 양 엉덩이 살, 송아지 엉덩이 살, 송아지 안심, 영계 selle d'agneau, selle de veau, filet de veau, poularde) 둘레에 마티뇽을 두르고 요리한 후, 기름기를 완전히 제거해 오븐 찜 소스 또는 브레제 소스로 손님에게 제공한다.

미르푸아 만들기 RÉALISER UNE MIREPOIX

준비할 재료

구성 재료		
– 당근	kg	1
– 양파	kg	1
– 지방이 적은 돼지비계	g	800
– 부케가르니	개	1
– 버터	g	100

만드는 방법

❶ 미르푸아를 첨가하는 요리의 조리 시간에 따라 채소를 큼직한 주사위 모양으로 썬다.

❷ 돼지비계를 주사위 모양으로 썰어 끓는 물에 데친다.

❸ 버터를 두르고 미르푸아를 볶거나 풍미를 줄 재료에 바로 첨가한다.

❹ 주사위 모양으로 썬 당근과 양파만으로 구성된 아로마틱 가니쉬를 가리킬 때에 《미르푸아 Mirepoix》라는 용어를 사용한다.

《미르푸아로 썰기 tailler en Mirepoix》라는 표현은 당근과 양파를 주사위 모양으로 썬다는 뜻이다.

보르도 미르푸아 La Mirepoix bordelaise에도 같은 향신 재료를 사용하지만 매우 작은 주사위 모양으로 썰고, 파슬리 줄기도 잘게 썰고, 월계수 잎과 타임 잔가지는 빼서 사용한다.
보르도 미르푸아는 항상 미리 버터에 볶는다. 주로 《보르도식 à la borde-laise》 민물가재나 바닷가재 요리에 풍미를 주기 위해 사용한다. 원칙적으로 소스를 차이나 캡에 거르지 않으므로 채소를 더욱 잘게 썰 필요가 있다.

활용법

• 소스의 육수 또는 소스의 아로마틱 가니쉬(토마토 소스, 데미글라스 소스, 아메리칸 소스 sauce tomate, demi glace, américaine)

• 퓨레 또는 포타주를 위한 채소 육수(Cuisson des légumes secs pour purées et potages.)

모양내어 식빵 자르기 DÉTAILLER DU PAIN DE MIE

파르시용 빵과 까나프
CROÛTONS OU CANAPÉS POUR FARCIR

말랑말랑한 식빵을 사용하는 것이 좋다.

❶ 빵칼을 사용해 식빵을 손질한다.
❷ 식빵 껍질은 제거한다.

❸ 큰 칼을 사용해 12cmX8cm, 높이 2~3cm 되는 직육면체 모양으로 썬다.

❹ 옆면에 얕은 칼집을 내어 장식한다.

❺ 까나프가 뚫리지 않게 조심하며 가장자리에서 1cm~1.5cm 안쪽으로 칼집을 낸다.

❻ 까나프의 옆 면에 칼날을 넣어 움직이며 속을 비운다.
❼ 칼집을 낸 부분의 오른쪽에서 왼쪽으로 자르며 조심스럽게 속을 들어올린다.
❽ 까나프 속은 한번에 잘라 제거해야 한다.

완성한 결과

❶ 정제 버터 또는 식용유와 버터를 혼합해 까나프를 튀긴다.
❷ 키친타월 위에 올려 기름기를 뺀다.

하트 모양 식빵
CROÛTONS EN FORME DE CŒUR

말랑말랑한 식빵을 사용하는 것이 좋다.

❶ 빵칼을 사용해 식빵 껍질을 제거하고 손질한다.

❷ 대각선 방향으로 식빵을 둘로 나눠 자른다.

❸ 삼각형 모양 식빵의 평평한 면을 바닥에 향하도록 둔다.

❹ 큰 칼을 사용해 식빵을 둥글게 정리한다.

❺ 하트 모양을 만들 수 있도록 식빵을 뒤집어 다른 쪽 면도 둥글게 정리한다.

❻ 하트 모양에 최대한 가까워지도록 삼각형 모양 중앙에 살짝 칼집을 내어 비운다.

❼ 6~8mm 두께로 식빵을 슬라이스한다.

완성한 결과

❶ 정제 버터 또는 식용유와 버터를 혼합해 까나프를 튀긴다.

❷ 키친타월 위에 올려 기름기를 뺀다.

하트 모양 식빵은 버터로 윤을 내어 샐러맨더(오픈형 오븐)에 토스트할 수 있다.

곤돌라 모양 냅킨 만들기와 냅킨 접기

RÉALISER DES GONDOLES ET PLIER UNE SERVIETTE

곤돌라 모양 냅킨 만들기
RÉALISER DES GONDOLES

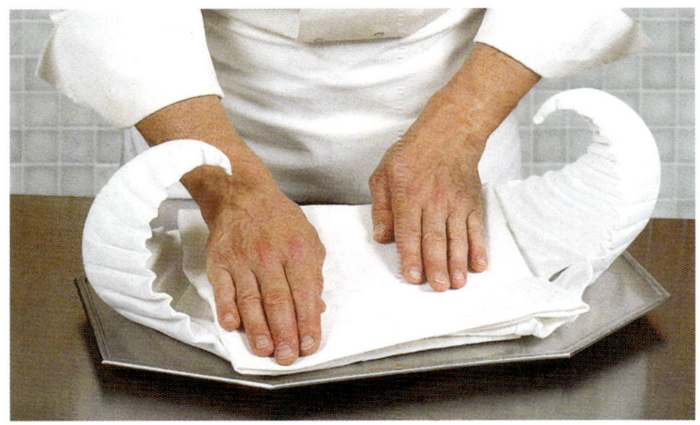

❶ 곤돌라 모양 냅킨을 만들기 위해서는 정사각형 또는 직사각형 모양의 풀을 먹인 냅킨을 사용한다.

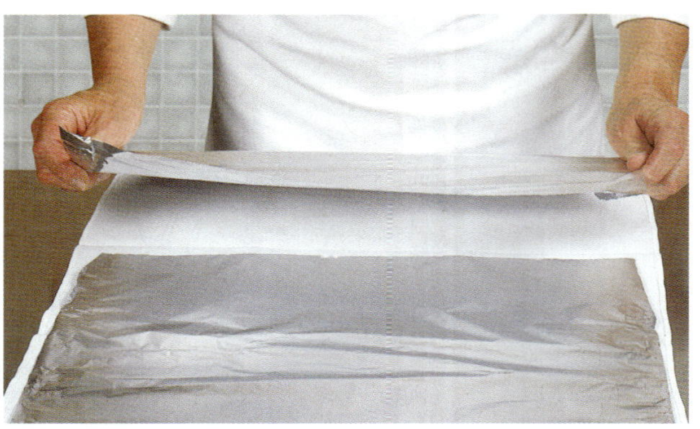

❷ 깨끗한 작업대 위에 냅킨을 평평하게 둔다.

❸ 냅킨 위에 알루미늄 호일 1~2장을 덮는다.

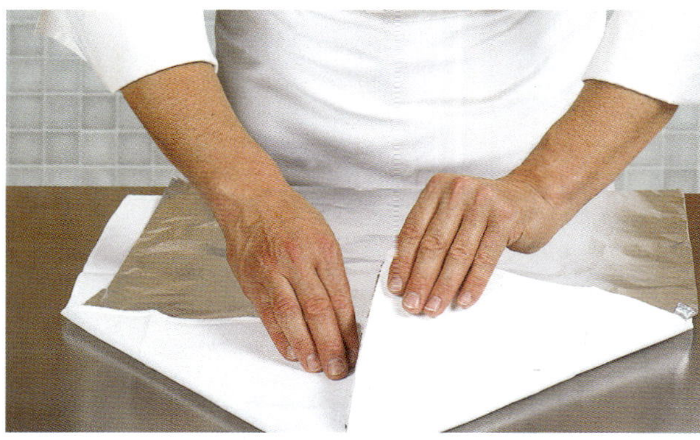

❹ 냅킨 양쪽 끝을 자신의 몸쪽으로 접어 삼각형 모양을 만든다.

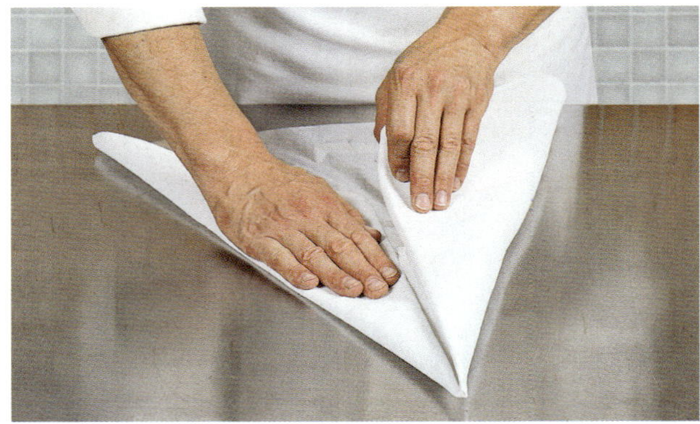

❺ 삼각형의 끝 부분이 구부러지지 않게 주의하며 다시 한 번 양쪽을 접어준다.

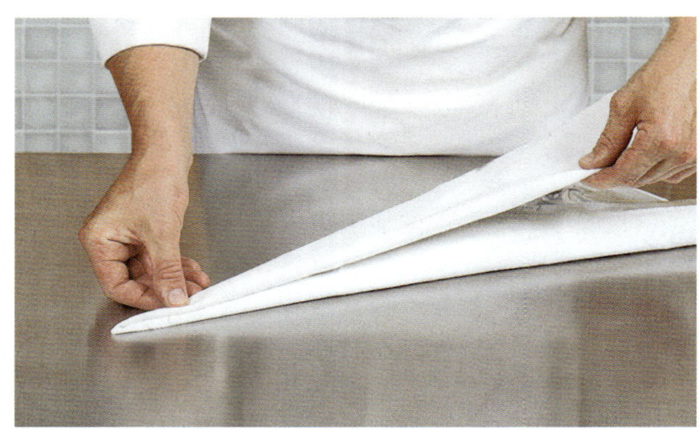

❻ 냅킨을 반으로 접어 삼각형 모양을 오므린다. 삼각형 끝 부분이 완벽하게 모이도록 접는다.

❼ 일정하게 작은 주름이 되도록 삼각형 끝을 동그랗게 만든다.

❽ 주름을 접기 시작할 때 주름을 하나씩 세심하게 만든다.

⑨ 전체 길이의 2/3까지 주름을 계속 잡는다.

⑩ 완벽한 주름을 유지하기 위해 소테팬으로 주름을 눌러주거나 다리미 또는 뜨거운 접시로 눌러준다.

채소용 접시나 샐러드 접시용 냅킨 접기
PLIER UNE SERVIETTE POUR DESSOUS DE LÉGU-MIERS ET SALADIERS

풀을 먹인 정사각형 냅킨을 사용해 접는다.

❶ 깨끗한 작업대 위에 냅킨을 평평하게 둔다.(냅킨 모양을 잘 유지하기 위해 알루미늄 호일로 냅킨을 덮어도 좋다.)

❷ 냅킨의 네 모서리를 중앙으로 모은다.

❸ 다시 한 번 네 모서리를 당겨 중앙으로 모아 냅킨을 접는다.

❹ 조심히 뒤집어서 다시 네 모서리를 중앙으로 모은다.

❺ 냅킨을 평평하게 두고 아래쪽에 위치한 사각형의 모서리를 윗쪽으로 들어올린다.

❻ 채소용 접시나 샐러드 접시를 사용해 냅킨의 모양을 고르게 정리한다.

채소로 꽃 모양 만들기 RÉALISER DES FLEURS EN LÉGUMES

길고 둥근 래디시로 꽃 모양 만들기
FLEURS EN RADIS LONGS ET RONDS

❶ 칼 끝을 사용해 길쭉한 래디시에 칼집을 낸다.

❷ 래디시의 뿌리 부분에서 시작해 꽃 잎을 하나씩 얇게 벗겨 자른다.

❸ 래디시가 잘 펼쳐지도록 얼음물에 담가놓는다.

다른 방법

❶ 동그란 래디시에 1mm 두께로 칼집을 내주고, 줄기 부분에서 몇 mm 떨어진 곳에서 멈춘다.

❷ 래디시를 조금씩 돌리며 계속해서 칼집을 낸다.(대파와 동일한 방법)

토마토 껍질로 《장미》 만들기
《ROSES》 EN PEAU DE TOMATE

❶ 작고 단단한 빨간색 또는 오렌지색 토마토의 껍질을 사용한다.

❷ 주방용 칼을 사용해 꼭지 반대쪽부터 시작해 돌려가며 토마토 껍질을 벗긴다.

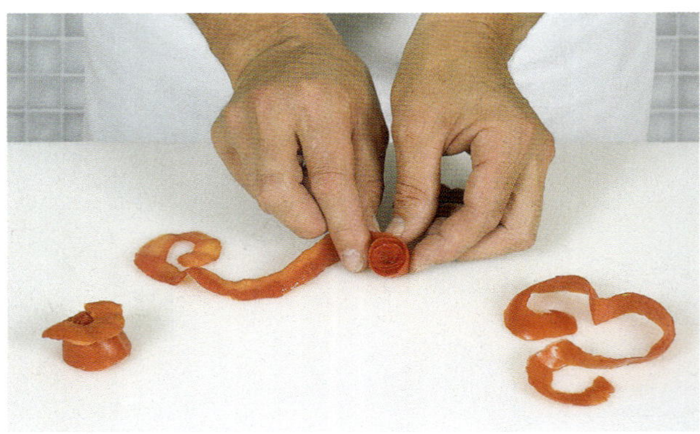

❸ 장미의 중심을 만들기 위해 처음에 단단하게 껍질을 말아준다.

❹ 장미 모양을 파슬리 잎 또는 데친 파로 만든 잎 위에 올린다.

당근으로 꽃 모양 만들기 FLEURS EN CAROTTE

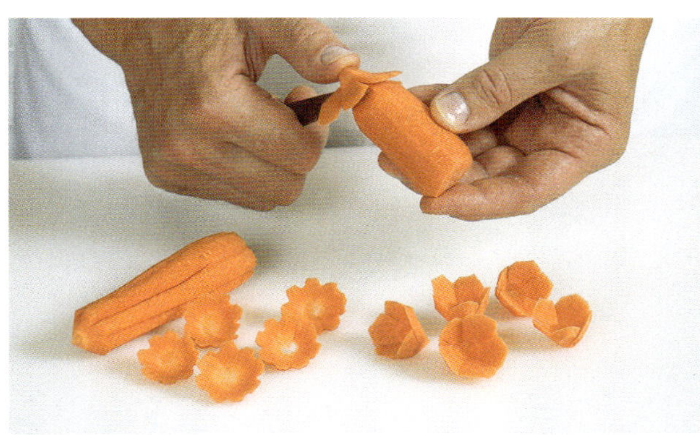

❶ 샤넬 나이프를 사용해 당근에 세로로 홈을 내거나 주방용 칼로 가는 칼집을 낸다.

❷ 당근의 아래 부분을 뾰족하게 자르고 주방용 칼을 사용해 원뿔 모양의 꽃이 되도록 뾰족한 부분 둘레로 도려낸 자른다.

❸ 채소 볼러를 사용해 다른 색깔의 채소볼을 만들어 꽃의 중심이 되도록 중앙에 놓을 수 있다.

대파 토막으로 《국화》 또는 《다알리아》 만들기
TRONÇON DE POIREAU EN 《CHRYSANTHÈME》 OU EN 《DAHLIA》

❶ 대파의 흰 부분을 4~5cm 길이로 토막내어 자른다.

❷ 가는 실을 둘러 묶어 밑동(꽃의 바닥 부분)을 고정시킨다.

❸ 2~3mm 두께로 대파 토막의 아래 부분에서 약 1cm 떨어진 곳까지 칼집을 낸다.

❹ 토막을 살짝 돌려서 앞서 한 것처럼 칼집을 계속 낸다.

❺ 식용 색소 몇 방울을 넣은 얼음물에 꽃을 담가둔다.

무, 당근, 감자, 비트로 《장미》 만들기
《ROSES》 EN NAVET, CAROTTE, POMME DE TERRE OU BETTERAVE ROUGE

❶ 원추형이 되도록 채소를 동그랗게 손질한다.

❷ 원추형의 아래쪽에 일정하게 칼집을 내어 5개의 꽃잎 모양을 만든다.

❸ 두드러지게 보이도록 꽃잎을 잘 만들고, 원추형 내부에 얇은 띠를 조금씩 깎아내 꽃잎 모양을 다듬는다.

❹ 장미의 중심 부분이 두드러져 보이도록 점차적으로 다듬는다.

❺ 꽃 중심까지 계속해서 표현한다.

양파로 《국화》 또는 《다알리아》 만들기
OIGNON EN 《CHRYSANTHÈME》 OU EN 《DAHLIA》

❶ 양파의 각 겹에 칼집을 내어 여러 줄기로 나누고 밑동에서 1cm 떨어진 곳에서 멈춘다.

❷ 양파의 크기에 맞춰 꽃잎을 하나씩 만들거나 양파를 8~10 조각으로 나눠 밑동에서 1cm 떨어진 곳까지 자른다.

❸ 양파 꽃이 잘 펼쳐지도록 얼음물에 담가 놓고 냄새를 줄이기 위해 물을 수시로 갈아준다.

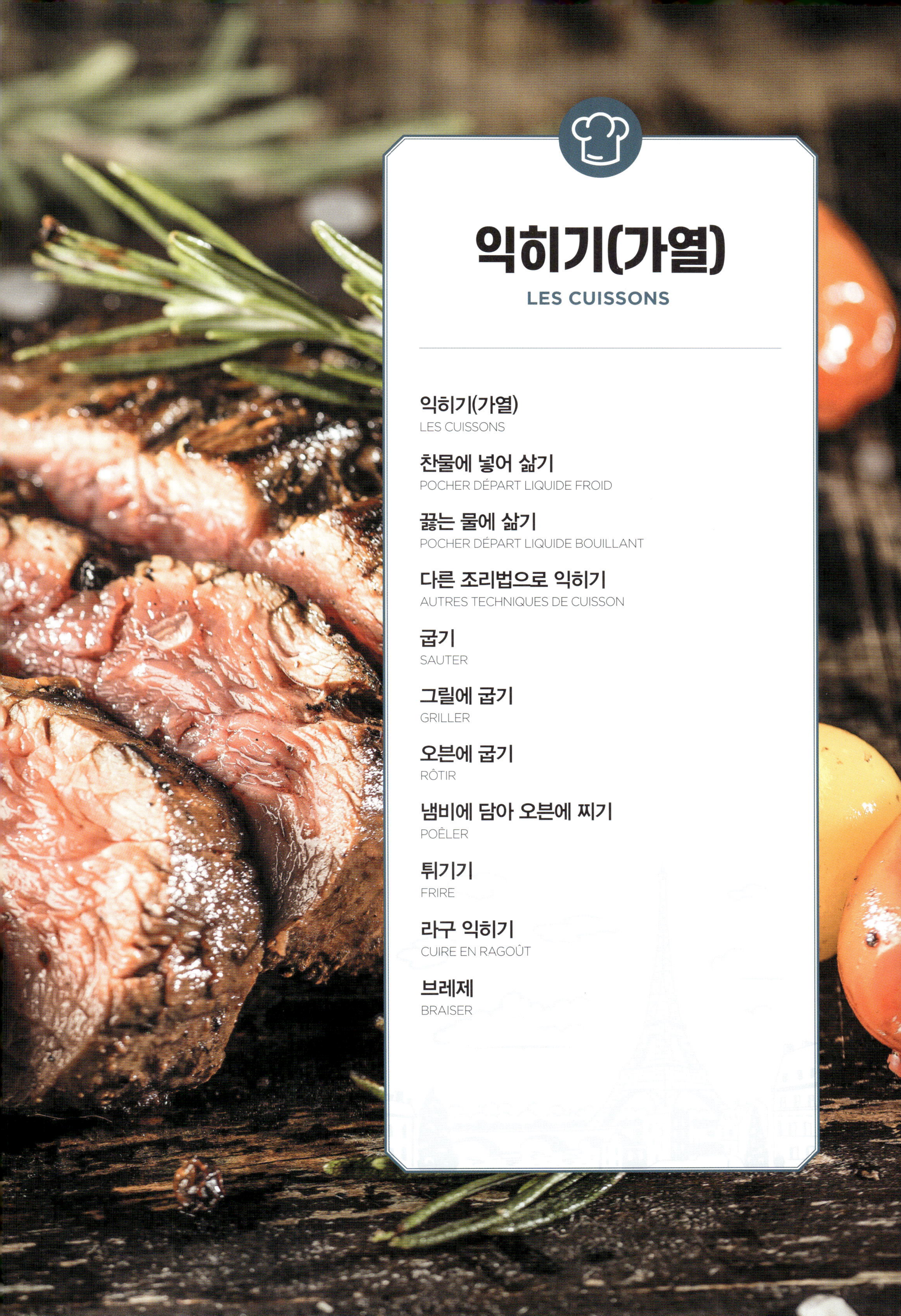

익히기(가열)
LES CUISSONS

익히기(가열)
LES CUISSONS

찬물에 넣어 삶기
POCHER DÉPART LIQUIDE FROID

끓는 물에 삶기
POCHER DÉPART LIQUIDE BOUILLANT

다른 조리법으로 익히기
AUTRES TECHNIQUES DE CUISSON

굽기
SAUTER

그릴에 굽기
GRILLER

오븐에 굽기
RÔTIR

냄비에 담아 오븐에 찌기
POÊLER

튀기기
FRIRE

라구 익히기
CUIRE EN RAGOÛT

브레제
BRAISER

익히기(가열) LES CUISSONS

익히기는 직, 간접적으로 열을 가하거나 복사열에 노출시켜 물리 화학적 측면과 미생물학적 측면에서 음식을 변화시키는 과정이다.

– 식료품을 미생물학적으로 변형 혹은 변화시키는 것, 혹은
– 물리화학적으로 식료품의 오감적 특성을 변형 혹은 변화시키는 것을 의미한다.

주요 변화 PRINCIPALES MODIFICATIONS

조리법(삶기, 굽기 등등), 가열 시간(신속하게 조리, 천천히 조리), 음식 중심부에 도달한 온도에 따라 요리하는 음식의 여러 가지 특성은 변화한다.

- **음식의 색깔, 냄새, 맛, 부피, 질감** la couleur, l'odeur, la saveur, le volume et la texture des aliments
  음식의 색깔, 냄새, 맛, 부피, 질감 등을 변화 시키는가에 따라 음식은 더욱 식욕을 돋우고 먹음직스럽게 되며 새로운 맛을 낸다.

- **음식의 소화율** la digestibilité de l'aliment
  식품 분자가 간소화 되면 음식을 더욱 더 소화하기 쉽다.

- **영양적 가치** la valeur nutritionnelle
  식품을 액체에 담가 익힐 경우 일부 비타민(수용성 비타민 notamment hydrosolubles) 또는 미네랄을 이동, 변화시키거나 파괴할 수도 있다.

반드시 익혀야 먹을 수 있는 음식도 있다(전분질 채소 féculents : 쌀 riz, 파스타 pates, 감자 pommes de terre 등등)

충분히 가열해 음식을 익혀야 원치 않는 미생물 또는 병원균을 파괴해 위생을 보장할 수 있다. 충분히 익히면 음식을 보존하는 데도 도움이 된다.

이 물리화학적 현상에 따라 가열 방법을 다음의 세 가지 범주로 구분한다.

색깔이 나지 않게 익히기 LES CUISSONS SANS COLORATION :

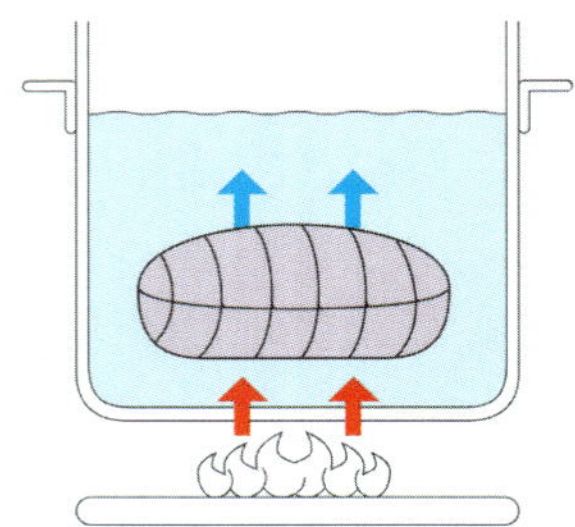

찬물에 넣어 삶기 pocher départ liquide froid는 끓는 물에 넣어 삶기 en ébullition, 증기로 익히기 à la vapeur, 수비드로 익히기 cuire sous vide 등등

색깔이 나게 익히기(갈색)
LES CUISSONS AVEC COLORATION(BRUNISSEMENT) :

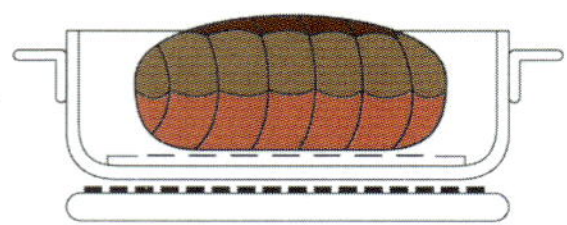

굽기 rôtir, 그릴에 굽기 griller, 볶기 sauter, 튀기기 frire 등등

혼합 방식으로 익히기 LES CUISSONS MIXTES :

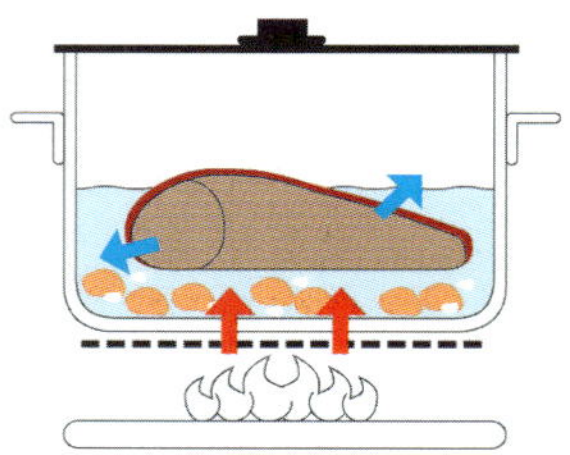

라구(스튜)로 익히기 cuire en ragoût, 브레제* 만들기 braiser

---

* 브레제 braiser : 냄비에 육류, 생선, 채소 등의 재료와 소량의 국물을 넣고 뚜껑을 덮어 오븐에 쪄 내는 방식이다.

찬물에 넣어 삶기 POCHER DÉPART LIQUIDE FROID

찬물에 넣어 삶기란?

찬물에 넣어 삶기 pocher départ liquide froid는 처음부터 차가운 용액에 넣거나 적은 양의 물에 넣어 가열해 조리하는 것이다.(물, 육수, 생선 육수 등등)

사용하는 식재료와 액체, 아로마틱 가니쉬 상호간 맛에 영향을 주고받을 수 있도록 하는 방식이다.

액체는 영양 성분과 풍미로 맛이 깊어진다. 곁들임 소스를 만들 때 주로 사용한다.(예 : 소스에 사용하는 블랑켓 육수)

블랑켓 만들기 RÉALISER UNE BLANQUETTE (송아지 VEAU, 닭고기 VOLAILLE, 새끼 양고기 AGNEAU)

차가운 액체에 넣어 시작 DÉPART LIQUIDE FROID

옛날식 블랑켓 드 보(송아지 블랑켓 : Blanquette de veau à l'ancienne)

고기는 손질한 후 약 50g 조각으로 자른다.

고기 데치기 Blanchir les morceaux

– 냄비에 찬물을 붓는다.

– 물을 끓인다.

– 몇 분 동안 고기를 데친다.

– 거품은 제거한다.

❶ 데친 고기를 식힌다.

❷ 깨끗하게 잘 헹군다.

❸ 데친 냄비는 세척한다.

아로마틱 가니쉬 준비하기 Préparer la garniture aromatique

토막낸 당근, 정향 조각을 박은 양파, 대파 흰 부분과 샐러리를 넣은 부케가르니)

블랑켓 익힐 준비하기 Marquer la blanquette en cuisson

– 냄비에 고기를 담고
– 흰색 육수 또는 찬물을 붓는다.
– 끓여준다.
– 거품은 제거한다.
– 아로마틱 가니쉬를 첨가한다.
– 굵은소금을 뿌려준다.
– 천천히 뚜껑을 닫고 40〜50분 동안 끓인다.

요리 이름에 알맞은 곁들임 만들기 Réalise˗ la petite garniture d'appellation
예 :

– 끓는 물에 레몬즙, 식용유, 소금을 넣어 버섯을 익힌다.(p. 516 참조)
– 구슬양파는 투명하게 윤을 낸다.(p. 521/522 참조)

흰색 루 만들어 식히기 Réaliser le roux blanc et le laisser refroidir

(1L 흰색 육수에 100〜120g 루, 즉 50〜60g 버터와 50〜60g 밀가루) (p.
387/388 참조)

고기 꺼내기 Décanter la viande

– 고기가 잘 익었는지 확인하고, 거품 뜨는 국자나 조리용 포크를 사용해
  고기를 꺼낸다.
– 육수를 체에 걸러준다.

벨루테 만들기 Réaliser le velouté

❶ 육수의 양을 계량한 후 식힌 루에 조금씩 붓는다.
❷ 버섯 익힌 육수를 조금 첨가한다.
❸ 끓여준다.
❹ 작은 거품기 또는 소스용 주걱을 사용해 저어주며 벨루테를 천천히
  끓인다.

리에종 준비하기 Préparer la liaison (p. 385〜387 참조)

계란 노른자와 크림

블랑켓 소스 완성하기 Terminer la sauce de la blanquette

– 벨루테 한 국자를 리에종에 붓고 거품기로 저어준다.
– 불을 끄고, 묽어진 리에종을 남은 벨루테에 천천히 붓는다.

 **주의** Attention

계란 노른자로 만든 리에종은 블랑켓을 서비스하기 바로 직전에 마지막으로 준비한다.

몇 초 동안 다시 끓이기 Remettre à bouillir durant quelques secondes*

❶ 벨루테의 농도와 간을 확인한다.
❷ 소스를 체에 걸러 건져놓은 고기와 곁들임 위에 붓는다.

블랑켓 담기 Dresser la blanquette

– 채소용 접시에 고기 조각과 곁들임을 골고루 담는다.
– 소스를 골고루 뿌린다.
– 장식용 무늬가 있는 종이로 덮은 접시받침 위에 채소용 접시를 올린다.

* 계란 노른자로 농도를 맞춘 벨루테는 단 몇 초간 끓여야 한다. 오래 끓이면 노른자가 응고되어 소스가 분리되는데, 이를 《트랑셰 Trancher》라고 한다.

쿠르 부용에 생선 삶기
POCHER UN POISSON AU COURT-BOUILLON
(송어 TRUITES, 곤들매기 BROCHET, 검정대구 토막 TRONÇON DE COLIN, 대구 토막 TRONÇON DE CABILLAUD 연어 SAUMON 등등)

차가운 육수에 넣어 조리하기 DÉPART LIQUIDE FROID

장식한 연어 요리(Saumon en bellevue)　　　　사진 : J.P. 르블랑(J.P. Lebland)

쿠르 부용을 만들어 재빨리 식힌다.(p. 448~451 참조)

연어, 곤들매기, 큰 생선 토막
SAUMON, BROCHET, GROS TRONÇONS

생선 요리용 냄비에 생선 담기 Disposer le poisson dans la poissonnière

– 생선 냄비를 그릴에 올린다.(원하는 요리의 배치 형태에 따라 생선을 옆으로 또는 배쪽을 아래로 향하게 담는다.)
– 생선이 완전히 잠기도록 식힌 쿠르 부용을 붓는다.
– 쿠르 부용의 아로마틱 가니쉬는 제거할 수 있다.

생선 익히기 Cuire le poisson*

– 강불에 천천히 익히기 시작한다.

– **팔팔 끓지 않도록** 95/98도로 온도를 서서히 올린다.

– 불을 줄여 뭉근히 삶아지도록 한다.

– 거품은 수시로 제거한다.

생선을 차갑게 제공할 경우, 쿠르 부용 속에 생선을 담은 채로 재빨리 식힌 후 냉장실에 보관한다. 생선 껍질을 벗긴 후 젤리로 윤을 내거나 쇼프루아 소스를 곁들인다.

쿠르 부용을 곁들여 서비스하는 송어
TRUITES SERVIES DANS LE COURT-BOUILLON

생선용 팬에 송어 담기 Disposer les truites dans la plaque à poisson

– 생선 머리를 팬의 왼쪽을 향하도록 한 후 대각선으로 담는다.

– 식힌 쿠르 부용 절반을 붓는다.(남은 절반은 음식을 서비스할 때 사용할 수 있도록 보관한다.)

송어 익히기 Cuire les truites

– 강불에 천천히 익히기 시작한다.

– 8~10분 동안 팔팔 끓이지 않고 뭉근하게 삶는다.

– 머리 뒷부분을 살짝 눌러 잘 익었는지 확인한다. 생선이 뼈와 쉽게 분리되어야 한다.

송어 담기 Dresser les truites

– 제공할 접시에 송어를 대각선으로 담는다.

– 남은 쿠르 부용을 붓는다.

– 송어 위에 아로마틱 가니쉬를 예쁘게 담는다.

– 파슬리 잎을 뿌린다.

– 소스그릇에 소스를 담는다.

* 요리별 가열 시간은 뒤에 나오는 조리법을 참조한다. 쿠르 부용에 삶은 생선과 차갑게 서비스하는 생선 요리(젤리나 쇼 프루아 소스를 곁들이거나 예쁘게 장식하는 생선 요리)는 반드시 쿠르 부용에 담긴 상태로 식힌다. 이런 경우, 가열 시간을 몇 분 정도 줄여준다.

《소금물》에 생선 토막 또는 필레 삶기 POCHER DES DARNES OU DES FILETS DE POISSON À 《L'EAU DE SEL》(검정 대구 토막과 필레 : DARNES ET FILETS DE COLIN)

삶은 대구 필레(Filets de merlu pochés)

차가운 액체에 넣어 시작하기 DÉPART LIQUIDE FROID

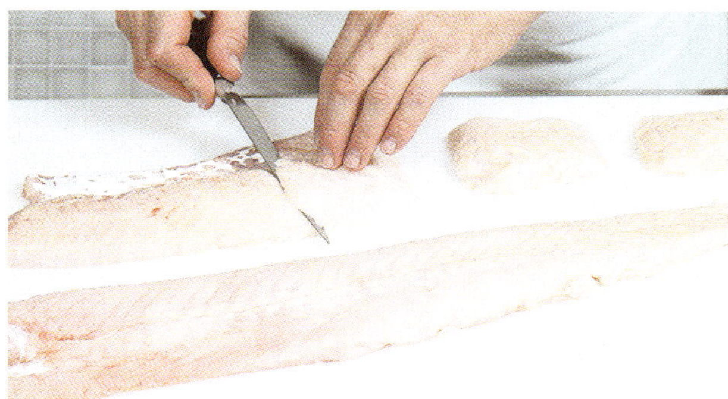

❶ 생선을 손질한 후 얼음물에 헹구고 물기를 잘 닦는다.

❷ 180g 또는 200g 토막으로 자르거나 필레를 120~150g 에스칼로프로 자른다.(p. 244/245 참조)

생선 토막 또는 에스칼로프 익힐 준비하기 Marquer les darnes ou les filets escalopés en cuisson

❶ 소스포트에 생선 토막 또는 필레를 담는다.

❷ 찬물을 붓고 굵은소금을 뿌린다.

❸ 칼로 껍질을 벗긴 레몬 슬라이스를 첨가한다. 소스포트를 불에 올려 95/98도 정도까지 **팔팔 끓지 않도록**(sans jamais atteindre l'ébullition*) 서서히 끓인다.

❹ 6~8분 동안 강하지 않은 불에 천천히 익힌다.(토막이나 필레 두께에 따라)

❺ 거품은 제거한다.

> * 팔팔 끓지 않도록 서서히 끓인다(sans jamais atteindre l'ébullition*). : 지방이 적은 생선. 콜라겐 함량이 낮은 생선 살을 팔팔 끓일 경우 부스러질 위험이 있다.

잘 익었는지 확인하기 S'assurer de la cuisson

중앙의 생선 뼈가 살에서 잘 분리되어야 한다.

❶ 키친타월 위에 올려 물기를 뺀다.

❷ 토막에 묶은 실을 푼다.

그릇에 생선 담기 Dresser

❶ 냅킨 또는 장식용 무늬가 있는 종이로 덮은 접시에 담는다.

❷ 톱니 모양으로 자른 레몬 반쪽과 작은 파슬리 다발을 예쁘게 담는다.

❸ 소스그릇에 소스를 담는다.(뵈르 퐁듀 beurre fondu, 뵈르 블랑 blanc, 올랑데즈 소스 sauce hollandaise 등등)

물, 소금, 레몬즙, 우유를 섞어 생선 삶기
POCHER DES POISSONS DANS UN MÉLANGE D'EAU SALÉE CITRONNÉE ET DE LAIT

(새끼 광어, 광어 토막, 훈제 대구 TURBOTINS, TRONÇONS DE TURBOT, HADDOCK) 물, 레몬즙, 소금, 우유에 익히기 CUISSON À BASE D'EAU CITRONNÉE SALÉE ET DE LAIT

삶은 새끼 광어(Turbotin poché)

차가운 액체에 넣어 시작하기 DÉFART LIQUIDE FROID

❶ 새끼 광어를 손질하고 불순물을 제거한 후 물기를 잘 닦아준다.

❷ 조리용 바늘과 실을 사용해 머리를 묶어 고정시킨다.(p. 254/255 참조)

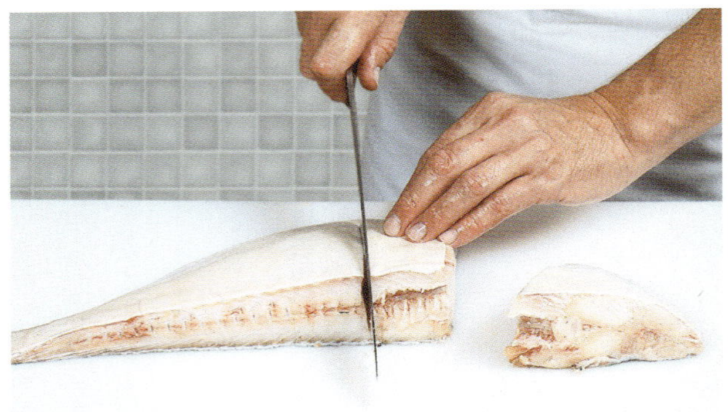

❸ 광어를 손질한 후 일정한 크기의 토막으로 자른다.

❹ 불순물을 제거한 후 물기를 잘 닦아준다.(p. 254~257 참조)

❺ 검정색 부분이 아래로 향하게 하고, 새끼 광어 또는 광어 토막을 광어용 냄비 속 그릴 위에 놓는다.

❻ 생선이 완전히 잠기도록 찬물과 미리 끓인 우유를 붓는다.

❼ 굵은소금을 뿌리고 칼로 껍질을 벗긴 레몬 슬라이스를 첨가한다.

❽ 95/98도 정도가 될 때까지 **팔팔 끓지 않도록 서서히 끓인다.**

❾ 강하지 않은 불에 15분 정도 천천히 끓인다.(생선의 두께에 따라 시간 조절)

❿ 수시로 거품을 제거한다.

잘 익었는지 확인하기 S'assurer de la cuisson*

❶ 손가락으로 눌러 잘 익었는지 확인한다.

    생선 필레가 뼈와 잘 분리되어야 한다.

❷ 또는 가장 두꺼운 부분인 생선 머리 아래 부분을 조리용 바늘로 찔러 확인한다. 바늘이 저항감 없이 잘 들어가야 한다.

그릇에 생선 담기 Dresser

❶ 물기를 잘 뺀다.

❷ 필요한 경우 조리용 붓을 사용해 우유가 엉긴 부분을 제거한다.

❸ 냅킨 위에 담는다.

❹ 톱니 모양으로 자른 레몬 반쪽과 파슬리 작은 다발을 올려 장식한다.

   1.6kg 새끼 광어의 경우, 98도에서 약 20분 동안 익혀야 한다.

삶은 광어는 흰 부분이 위로 보이도록 담는다. 검정색 껍질은 손님에게 제공할 때 벗긴다. 냅킨에 광어 껍질이 붙기도 하므로 유의한다.

소량의 물로 소분한 생선 또는 생선 필레 삶기
POCHER DES POISSONS PORTIONS OU DES FILETS DE POISSONS À COURT-MOUILLEMENT

((1인분으로)소분한 송어 TRUITES PORTION, 가자미 필레 FILETS DE SOLE, 넙치 또는 광어 에스칼로프 ESCALOPES DE BARBUE OU DE TURBOT 등등)

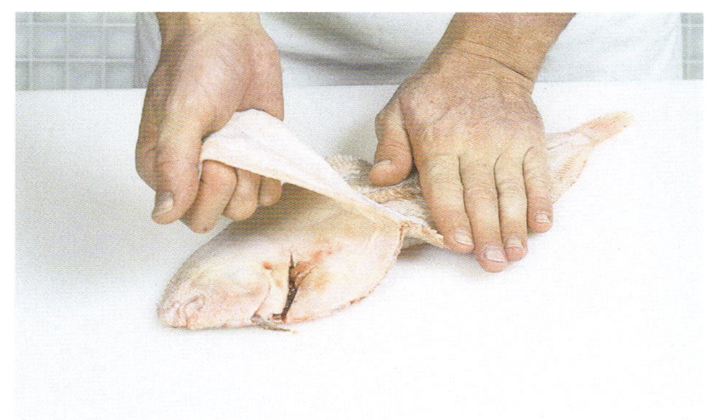

❶ 생선을 손질한다.(p. 249/250 참조)

❷ 생선 필레를 뜬다.

❸ 얼음물에 넣어 불순물을 제거한 후 물기를 잘 닦아준다.

❹ 필레를 납작하게 펴고 힘줄이 있다면 제거한다.

생선용 팬 준비하기 Préparer la plaque à poisson

❶ 조리용 붓으로 버터를 바른다.

❷ 소금과 후추를 뿌린다.

❸ 잘게 썬 셜롯을 뿌린다.

생선용 팬에 생선 토막 또는 필레 담기 Plaquer les poissons ou les filets

❶ 생선 머리가 위쪽을 향하게 하고 팬으 왼쪽에 두며 대각선으로 생선을 담는다.

❷ 생선의 흰살 부분(생선 뼈가 있었던 부분)이 위쪽을 향하도록 둔다. 필레를 나란히 길쭉하게 놓는다.

❸ 필레를 서로 포개어 둘 경우, 알맞게 ㅂ터를 발라준다.

생선 토막 또는 필레에 육수 붓기 Mouiller les poissons ou les filets

❶ 생선 토막이나 필레에 화이트 와인을 붓는다.(요리에 따라 레드 와인, 사과주 등을 붓는다.)

❷ 검게 변할 위험이 있으므로 필레 위에 와인은 붓지 않는다.

❸ 필레 높이의 1/3까지 식힌 생선 육수 fumet refroidi를 붓는다.

익히기 시작하기 Démarrer la cuisson

❶ 생선용 팬을 불 위에 올리고 팔팔 끓지 않게 육수의 온도를 95/98도가 되도록 끓인다.

❷ 버터를 바른 유산지를 덮는다.

오븐에 굽기 Cuire au four

생선용 팬을 180/200도 오븐에 넣어 몇 분 동안 익힌다.(각각의 생선에 알맞은 조리법 참조)

잘 익었는지 확인하기 Contrôler la cuisson

생선 한 마리 전체를 익힐 경우, 머리 아랫부분을 눌러 익은 정도를 확인하며 필레가 뼈와 잘 분리되어야 한다.

필레 또는 소분한 생선 담기 Dresser les filets ou les poissons portions

❶ 기름기를 잘 뺀 후 접시에 담는다.

❷ 접은 필레는 살짝 포개어 담는다.

❸ 접시는 따뜻하게 유지한다.

졸여서 화이트 와인 소스 만들기 RÉALISER UNE SAUCE AU VIN BLANC PAR RÉDUCTION

디에프 가자미 필레(Filets de sole dieppoise)

❶ 소테팬에 생선 육수의 9/10을 붓는다.

❷ 졸이는 속도를 높이기 위해 충분히 큰 소테팬을 골라 사용한다.

❸ 소스를 만드는 동안 생선 또는 필레에 뚜껑을 덮어 따뜻하게 보관한다.

육수 졸이기 Réduire la cuisson

❶ 소테팬 가장자리에 육수가 졸아 갈색이 되지 않도록 센 불에 재빨리 육수를 졸인다.

❷ 소스용 주걱 또는 거품기를 사용해 젓는다.

❸ 졸인 소스는 숟가락으로 바를 수 있는 농도가 되어야 한다.

졸인 소스에 크림 넣기 Crémer la réduction

❶ 포타주용 숟가락을 사용해 졸인 육수의 농도를 확인한다.

❷ 크림을 첨가해 계속 졸인다.

졸인 소스의 농도 확인하기 Vérifier l'onctuosité de la réduction

❶ 졸인 소스를 숟가락 뒷면에 묻힐 때 반짝이는 얇은 막으로 골고루 덮여야 한다.

❷ 연회(파티)를 위해 일부 요리사들은 화이트 와인 소스에 생선 벨루테 velouté 또는 뵈르 마니에 beurre manié를 소량 첨가해 안정화하기도 한다

불을 끄고 버터 넣어 섞기 Monter la sauce au beurre hors du feu

❶ 작은 조각으로 자른 버터를 조금씩 넣어 섞는다.

❷ 작은 거품기로 잘 섞어준다.

체에 소스 거르기 Passer la sauce au chinois étamine*

– 소스의 간, 신맛, 농도 등을 확인한 후 조절한다.

– 소스를 체에 거른다.

– 뚜껑을 덮어 중탕 용기에 63도 이상의 온도로 보관한다.

필레 또는 소분한 생선에 소스 뿌리기 Napper les filets ou les poissons portions

– 소스를 골고루 뿌려준다.

Attention 주의! **졸여서 만든 화이트 와인 소스는 끓이면 안 된다.**(버터와 졸인 소스가 분리될 위험이 있다.)

 * 화이트 와인 소스에 곁들임 재료(버섯, 토마토 등등)가 들어 있을 경우 차이나 캡에 거르지 않는다.

윤내기용 화이트 와인 소스 만들기 RÉALISER UNE SAUCE AU VIN BLANC À GLACER

본팜므 가자미 필레(Filets de sole bonne-femme)

사용할 수 있는 4가지 주요 방법

첫 번째 방법

❶ 불을 끄고 화이트 와인 소스에 버터를 조금 첨가한다.(8인분에 약 150~200g)

❷ 소스는 쉽게 윤이 나지만 매우 불안정한 상태이므로 80도가 넘을 경우 분리될 위험이 있다.

두 번째 방법

❶ 불을 끄고 버터를 넣어 섞은 후 졸인 소스에 소량의 휘핑크림을 섞는다. 소스는 쉽게 윤이 나지만 불안한 상태이므로 끓여서는 안 된다.

❷ 소스의 맛을 바꾸지 않는다는 장점이 있다.

세 번째 방법

❶ 버터를 넣어 소스를 마무리한 후 소량의 사바용(Sabayon : 55도 약불에서 소량의 물에 계란 노른자를 섞음)을 첨가한다.

❷ 소스를 차이나 캡에 거른다.

네 번째 방법

❶ 불을 끄고 버터를 넣어 살살 섞은 소스에 소량의 올랑데즈 소스를 첨가한다.

❷ 세 번째와 네 번째 방법은 소스 고유의 색깔과 맛을 변화시키지만 재빠르게 윤이 날 수 있는 방법이다.

윤내기 테스트 Effectuer un essai de glaçage

조심스럽게 윤내기 테스트를 해본다.

– 납작한 접시 바닥에 얇게 소스를 바른다.

– 샐러맨더*에 넣어 윤을 낸다.

– 필요한 경우, 사바용 버터, 올랑데즈 소스, 휘핑크림 등의 양을 조절한다.

> * 샐러맨더 salamandre 그릴 : 문이 없는 상열식 오븐으로 윗면에서 열을 보내 그라탱과 같이 요리의 표면을 노릇하게 굽거나 디저트의 겉에 윤기를 낼 때 사용한다.

필레 윤내기 Glacer les filets

– 필레를 담는다.

– 오븐 입구에 따뜻하게 둔다.

– 소스를 골고루 뿌리고 샐러맨더에 넣어 윤을 낸다.

가리비 포칭하기
POCHER DES COQUILLES SAINT-JACQUES
(큰 가리비와 다른 종류의 가리비, 삶는 시간만 달라짐 PECTEN MAXIMUS ET AUTRES PECTEN, SEULE LA DURÉE DE CUISSON EST DIFFÉRENTE)

차가운 액체에 넣어 시작하기 DÉPART LIQUIDE FROID

가리비 육수 만들기(가리비 관자 가장자리 부분 barbes, 아가미 branchies, 외투막 manteau)

p. 371/372 《생선 육수 만들기 Réaliser un fumet de poisson》 참조

❶ 가리비 관자 가장자리 부분을 잘 씻는다.(종종 모래가 나온다.)

❷ 식초를 넣은 물에 30분 정도 담가 불순물을 제거한다.

❸ 더 이상 끈적하지 않을 때까지 다시 물로 헹군다.

(1kg의 가리비 관자와 붉은색 부분의 내장을 얻기 위해서는 약 6.5kg의 가리비가 필요하다.)

가리비 육수 끓일 준비하기 Marquer un fumet de franges en cuisson

– 버터 또는 올리브유를 두르고 아로마틱 가니쉬를 볶는다.(잘게 썬 셜롯과 양파, 얇게 저며 썬 대파 흰 부분과 당근)

– 불순물을 제거하고 물기를 뺀 가리비 곤자 가장자리 부분과 흰 살 생선 뼈를 조금 첨가한다.

가리비 육수 만들기 RÉALISER UN FUMET DE FRANGES

❶ 화이트 와인으로 데글라세한 후 1/3로 졸인다.

❷ 가리비 관자 가장자리 부분이 잠길 정도로 찬물 또는 생선 육수(생선 뼈를 넣지 않은 경우)를 붓는다.

❸ 작은 부케가르니와 버섯 부스러기를 첨가한다.

❹ 거품을 제거하며 20∼25분 동안 뭉근히 끓인다.

❺ 마지막에 빻은 통후추를 조금 첨가한다.

❻ 압착하지 말고 차이나 캡에 육수를 거른다.

❼ 규정에 맞게 (2시간 이내에 63도에서 10도로) 급속 냉각기 또는 얼음 조각 위에 올려 저어주며 식힌다.

가리비 육수는 조금 짭짤할 수 있으므로 소스를 졸인 후 마지막 양념을 하는 것이 좋다.

그랑빌 가리비 리조토(Risotto de coquilles Saint–Jacques granvillaises)

⑧ 버터를 두르고 잘게 썬 셜롯을 볶는다.

⑨ 화이트 와인으로 데글라세한 후 2/3로 졸인다.

⑩ 잘 손질한 가리비를 넣는다.(p. 268~269 참조)

⑪ 식힌 가리비 육수를 붓는다.

⑫ 팔팔 끓지 않도록 온도를 서서히 올린다.

⑬ 80/85 도에서 3~5분 동안 삶는다.(관자의 굵기에 따라 시간은 조절)

⑭ 관자가 잘 익었는지 확인한다. 조리용 온도계를 사용해 관자 속 온도가 55도를 넘지 않게 한다.

⑮ 불을 끄고 몇 분 동안 두어 가리비 관자 삶기를 마무리한다.

⑯ 물기를 빼고 가리비 관자를 접시에 담는다. 일반적으로 가리비 관자의 곁들임 소스는 화이트 와인 소스 만드는 방법에 따라 졸여서 만든다 (p. 483~485 참조)

모든 가리비류의 연체동물(참가리비속 Chlamy과 아그로펙텐속 Argopecten, 예를 들어 페톤클 Pétoncles, 올리베트 Olivettes, 바노 Vanneaux 등)은 같은 방식으로 포칭한다.

삶은 가리비 관자, 채 썬 채소, 화이트 와인 소스(Noix de coquilles Saint-Jacques pochées, julienne de légumes, sauce vin blanc)

굴 포칭하기 POCHER DES HUÎTRES

차가운 생선 육수에 넣어 시작하기 DÉPART LIQUIDE FROID

❶ 굴 껍질을 조심스럽게 연다.(p. 266~267 참조)

❷ 처음에 나오는 물을 버리고, 굴에서 두 번째 물이 나오도록 몇 분 기다린다.

❸ 남은 내전근(muscle adducteur)을 제거하고 씻은 후 굴을 껍질에서 분리하고 껍질(움푹한 쪽 껍질)을 세척한다.

생선 육수 만들어 굴 삶기 Réaliser un fumet et pocher les huîtres

– 소테팬에 버터를 둘러 잘게 썬 셜롯을 볶는다.

– 화이트 와인으로 데글라세한 후 2/3로 졸인다.

– 굴의 두 번째 물과 생선 육수를 첨가한다

– 생선 육수를 재빨리 식힌다.

– 식힌 생선 육수를 굴에 붓는다.

– 온도를 70도까지 천천히 올린다.

– 70도까지 올라오면 불을 즉시 끈다.

– 불을 끈 소테팬에 몇 분 동안 두어 굴 삶기를 마무리한다.

조리용 온도계를 사용해 생선 육수의 온도를 확인할 수 있다.

굴 조리법

굵기가 큰 N°2 또는 1, G나 TG 굴은 다듬어서 사용한다.
굴을 익히는 온도가 안전한 온도에 도달하지 않으므로 즉시 사용해야 한다.
따뜻하게 서비스하는 굴은 굴 껍질에 버섯 뒥셀, 토마토, 대파, 시금치 퐁듀를 올려 윤을 낸 후 육수를 졸여 만든 소스에 크림과 버터를 섞어 뿌려 샐러맨더에 넣어 조리한다.

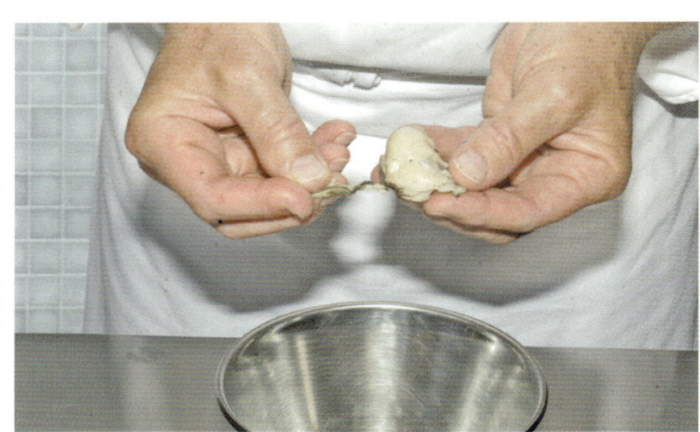

❶ 크기가 큰 굴은 둘레를 다듬어 사용한다.

❷ 굴의 물기를 빼고 곁들임 소스를 만든다.

❸ 주로 사용하는 소스는 윤내기용 화이트 와인 소스 만드는 방법에 따라 육수를 졸여 만든다.(p. 483~486 참조)

단각연채동물(고등, 소라류) 해감 및 익히기
DÉGORGER ET CUIRE DES COQUILLAGES UNIVALVES

(복족류 연체동물 GASTÉROPODES MARINS : 유럽물레고동 BULOTS OU BUCCINS, 바다 달팽이 BIGORNEAUX OU VIGNEAUX 또는 경단고동 BOURGOTS 등등)

차가운 액체에 넣어 시작하기 DÉPART LIQUIDE FROID

❶ 준비한 고둥이나 소라 등을 잘 씻는다.

❷ 다른 종류의 작은 갑각류가 덮고 있는 고둥 껍질은 제거한다(소라게 bernard l'hermite, 작은 갑각류 galatées 등등).

❸ 물 1L당 30~40g 비율로 천일염을 많이 넣은 찬물에 몇 시간 이상 담가 불순물을 제거한다.

❹ 해감 작업을 1~2번 반복한다.

❺ 잘 헹군 후 손으로 고둥이나 소라를 스테인리스 채반에 옮긴다.

❻ 고둥이나 소라를 담은 믹싱볼 바닥에는 가라앉아 있는 모래들이 있기 때문에 믹싱볼을 뒤집어 스테인리스 채반에 직접 붓지 않는다.

[1] 고둥류의 고통을 줄이기 위해 일부 요리사들은 끓는 물에 고둥을 넣어 익힌다. 이 경우 고둥은 더욱 단단해지며, 익히는 시간을 몇 분 늘려야 한다.
[2] 고둥을 익힐 때 마지막에 살살 저으면 껍질이 거의 분리된다.
[3] 바다 달팽이와 고둥은 해산물 요리에 빠질 수 없는 재료이다. 미리 익혀 규정에 맞게 식혀 껍질을 제거해 소량의 육수에 삶은 생선 요리에 곁들이거나(해산물 포토푀 pot–au–feu de la mer, 아이올리 소스 grand aioli), 리조토, 생파스타, 채소 파르시, 튀김 요리, 파이 등의 요리로 낸다.

❼ 준비한 고둥, 소라 등을 익힌다.[1]

❽ 소금을 많이 넣은 찬물을 붓는다.(1L 물에 천일염 30g)

❾ 화이트 식초 조금, 타임, 월계수 잎, 마른 미역 조금을 첨가한다.

❿ 고둥이나 소라 등을 끓인다.

⓫ 거품을 제거한다.

⓬ 바다 달팽이는 약불에 5분, 중간 크기 또는 큰 고둥은 20~25분 익힌다.

⓭ 삶은 고둥이나 소라 하나를 먹어보아 잘 익었는지 확인한다.

⓮ 찬물 조금 또는 얼음 몇 개를 넣어 마무리한다.

⓯ 믹싱볼에 옮겨 담는다.

⓰ 고둥을 육수에 담아 식힌다.

⓱ 고둥의 물기를 빼고 접시에 담는다. 맛있게 먹기 위해서는 살아 있는 바다 달팽이 또는 고둥[2]을 삶아 따뜻할 때[3] 즉시 먹는다.

마요네즈 소스와 고둥 또는 소라(Bulots ou buccins sauce mayonnaise)

마리니에르 방식으로 조개류 조리하기(조개 요리하기) OUVRIR DES COQUILLAGES FAÇON MARINIÈRE

(홍합 MOULES, 코키 COQUES, 프레르 PRAIRES, 팔루르드 PALOURDES, 클램 CLAMS, 베르니 VERNIS 텔린 TELLINES, 클로비스 CLOVISSES, 베누스 VÉNUS, 맛조개 COUTEAUX 등등)

❶ 홍합, 버터, 잘게 썬 셜롯, 다진 파슬리, 화이트 와인, 후춧가루 등 필요한 모든 재료를 준비한다.

❷ 준비한 버터 절반을 두르고 잘게 썬 셜롯을 볶는다.(선택 사항) 냄비에 모든 재료를 한꺼번에 넣을 수도 있다.

❸ 물기를 잘 뺀 홍합을 냄비에 붓는다.(뚜껑이 있는 큼직하고 넓은 냄비를 사용한다.)

❹ 다진 파슬리 절반, 화이트 와인과 후춧가루를 조금 첨가한다.*

❺ 뚜껑을 덮는다.

❻ 불의 세기를 높여준다.

* 홍합이 충분히 바닷물을 품고 있기 때문에 홍합 육수에 소금을 따로 뿌리지는 않는다.

❼ 익히는 동안 냄비를 살살 흔들어주거나 거품 또는 국자를 사용해 홍합을 저어준다.

❽ 홍합 껍질이 열리면 불을 끈다.(너무 익힌 홍합은 딱딱해진다.)

마리니에르 방식으로 익히기
Cuire à la marinière
www.bpi-campus.com
www.youtube.com/@diytp

⑨ 채소용 접시 또는 개인용 스튜냄비에 홍합을 담는다.

⑩ 접시에 홍합을 직접 붓지 말고 거품 뜨는 국자를 사용해 옮긴다. 홍합을
익힌 냄비 바닥에 모래가 가라앉아 있을 수 있기 때문이다.

⑪ 냄비를 다시 센 불에 올려 육수를 1/3로 졸인다.

⑫ 졸이는 동안 홍합 껍질에 붙어 있는 반추형 돌기를 건져낸다.

⑬ 익히는 동안 껍질이 열리지 않은 홍합을 모두 제거한다.

⑭ 불을 끄고 홍합 육수에 남은 버터를 넣고 섞는다.

⑮ 홍합에 버터를 섞은 육수 소스를 뿌린다. 냄비 바닥에 모래가 가라앉아
있을지도 모르므로 소스를 뒤집어 붓지 말고 국자를 사용하는 것이 더
좋다.

⑯ 사용하고 남은 다진 파슬리를 홍합 위에 뿌린다.

물(홍합) 마리니에르(Moules marinière)

《마리니에르 à la marinière》 조리법은 모든 조개류에 기본적으로 사용할 수
있다. 다양한 응용 조리법도 가능하다. 버터 대신 올리브유를. 셜롯 대신 양
파, 쪽파 또 는 레몬 등을 사용할 수 있다. 크림. 《두유 또는 코코넛 밀크 lait
de soja ou de coco》, 다양한 향신료(카레. 콜롬보 가루(배합 향신료), 강황.
사프란, 파프리카 가루 등등)를 첨가할 수도 있다.
응용 조리법으로 만들 경우 《마리니에르》라는 이름으로 부르면 안 된다.

소금을 넣은 물에 감자 익히기
CUIRE DES POMMES À L'ANGLAISE

(샤를로트 CHARLOTTE, 벨드퐁트네 BELLE DE FONTENAY, 아나벨르
ANNABELLE, 아망딘 AMANDINE, 프랑셀린 FRANCELINE 등의 단단한
감자 품종만 사용)

뽐 앙글레즈(삶은 감자 : Pommes de terre à l'anglaise)

감자를 다듬어 씻은 후 모난 부분을 둥글게 깎기
ÉPLUCHER, LAVER ET TOURNER LES POMMES DE TERRE
(P. 210/211).

❶ 자루냄비 또는 소스포트에 둥글게 깎은 감자를 골고루 넣는다.

❷ 감자가 완전히 잠기도록 찬물을 붓는다.

❸ 굵은소금을 뿌린다.

❹ 감자를 끓인다.

❺ 거품을 제거한다.

❻ 18∼20분 정도 약불에 익힌다.

❼ 조리용 바늘 또는 칼 끝을 사용해 잘 익었는지 확인한다. 칼이 쑥
들어가지 않으면 감자가 완전히 익은 것이 아니다.

❽ 소량의 찬물 또는 얼음을 넣어 마무리한다.

❾ 뽐 앙글레즈(삶은 감자)를 80도 온도로 둔다.

❿ 감자를 건진다.

⓫ 거품 뜨는 국자를 사용해 물기를 잘 뺀다.

⓬ 채소용 접시에 담는다. 뽐 앙글레즈를 《양념 없이 nature》 (다진 파슬리를
뿌리지 않고) 낸다.

뽐 앙글레즈를 만들 때 주의할 점
– 뽐 앙글레즈는 절대로 식히지 않는다.
– 서비스 하기 직전에 감자를 익힌다.
– 뽐 앙글레즈를 다시 데워서 서비스하지 않는다.
– 감자를 증기에 쪄서 익힐 수도 있다.

활용법
• 증기로 찌거나 소량의 물에 익힌 생선 요리, 라구 또는 스튜 요리의 곁들임

응용 : 파슬리를 뿌린 삶은 감자(Pommes persillées)

삶은 감자에 버터를 바른 후 다진 파슬리를 뿌려줌.

건조 채소 익히기 CUIRE DES LÉGUMES SECS

(곁들임 요리와 혼합 샐러드를 위한 흰색 강낭콩, 플라졸레콩 등등
HARICOTS BLANCS, FLAGEOLETS... POUR GARNITURE
D'ACCOMPAGNEMENT ET SALADES COMPOSÉES)

버터를 곁들인 흰색 강낭콩(Haricots blancs au beurre)

차가운 액체에 넣어 시작하기 DÉPART LIQUIDE FROID

❶ 건조 채소를 잘 씻어 차가운 물에 2∼3시간 동안 담가둔다.
❷ 건조 채소를 담은 용기는 냉장실에 둔다.(발효될 위험이 있기 때문)

❸ 아로마틱 가니쉬를 준비한다.(토막낸 당근, 정향 조각을 박은 양파,
부케가르니, 마늘, 데친 돼지비계 또는 실로 묶어 데친 돼지 껍질)

건조 채소 익힐 준비하기 Marquer les légumes secs en cuisson

– 건조 채소는 물로 다시 헹군다.

– 큰 자루냄비 또는 소스포트에 건조 채소를 담는다.

– 찬물을 충분히 붓는다.

– 거품을 제거하며 끓인다.

– 아로마틱 가니쉬를 첨가한다.(데친 돼지비계 또는 돼지 껍질)

– 뚜껑을 반쯤 열고 천천히 끓인다.

– 거품은 제거한다.

– 필요한 경우 끓는 물을 첨가한다.

– 2/3쯤 익혔을 때 굵은소금을 뿌린다.

건조 채소에서 아로마틱 가니쉬 건져내기
Séparer les légumes secs de la garniture aromatique

– 잘 익었는지 확인한다.

　잘 익고 《탱탱한 모양 tenir》인지 맛을 보며 확인한다.

– 물기를 뺀다.

– 요리에 따라 리에종한다.(버터, 크림, 토마토 퐁듀, 고기즙 등등)

– 채소용 접시에 담는다.

활용법

• 흰색 강낭콩과 플라졸레콩(Haricots blancs et flageolets)은 주로 새끼
양고기 또는 양고기 요리에 곁들인다.

• 샐러드로 차갑게 내기도 한다.

건조 채소 익히기 CUIRE DES LÉGUMES SECS

포타주와 퓨레를 만들기 위한 방법
AUTRE MÉTHODE POUR POTAGES ET PURÉES

렌틸콩(Lentilles)

차가운 액체에 넣어 시작하기 DÉPART LIQUIDE FROID

렌틸콩과 완두콩 Lentilles et pois cassés

❶ 렌틸콩 또는 쪼갠 완두콩을 잘 씻는다.

❷ 씻은 후 물에 담가 두지 않는다.

❸ 찬물에 넣어 2~3분 동안 데친다.

❹ 거품을 제거한다.

❺ 식힌 후 물기를 뺀다.

아로마틱 가니쉬 준비하기 Préparer la garniture aromatique

– 돼지비계를 작은 라르동 크기로 잘라 데친다.

– 당근을 작은 주사위 모양 또는 얇은 네모 조각으로 썬다.

– 양파를 잘게 썬다.

– 부케가르니를 만들고 마늘의 싹을 제거한다.

❶ 큰 자루냄비 또는 소스포트에 버터를 둘러 데친 돼지비계를 볶는다.

❷ 나머지 아로마틱 가니쉬 재료를 첨가해 몇 분 동안 함께 볶는다.

1. 렌틸콩 또는 쪼갠 완두콩을 첨가한다.

2. 찬물 또는 차가운 흰색 육수를 충분히 붓는다.

3. 부케가르니와 마늘을 첨가한다.

4. 뚜껑을 반쯤 열고 천천히 끓인다.

5. 거품을 수시로 제거한다.

6. **2/3쯤 익었을 때 소금을 뿌린다.**

7. 잘 익었는지 확인한다. 건조 채소는 푹 익어야 한다.

8. 부케가르니와 마늘을 건져낸다.

9. 물기를 뺀 후 리에종하거나 퓨레를 위해 졸인다.

끓는 물에 삶기 POCHER DÉPART LIQUIDE BOUILLANT

정의

삶기는 끓는 물, 육수, 와인, 우유 또는 시럽 등에 식재료를 담가 익히는 방법이다. 이 조리법은 식재료 속의 영양소를 최대한 보유하도록 한다.

식재료의 맛과 영양소 손실 정도는 육수의 농도에 따라 달라진다. 육수의 농도가 진하면 영양소와 맛 손실이 적다.

소금을 넣은 물에 초록색 채소 익히기
CUIRE DES LÉGUMES VERTS À L'ANGLAISE

(껍질콩 HARICOTS VERTS, 완두콩 PETITS POIS, 브로콜리 BROCOLIS, 콜리플라워 CHOUX–FLEURS, 방울 양배추 CHOUX DE BRUXELLES 등등)

끓는 액체에 넣어 시작하기 DÉPART LIQUIDE BOUILLANT

준비할 도구

❶ 채소의 양 끝을 정리하거나 껍질을 까며 잘 다듬는다.(채소 특성에 따라)

❷ 물에 여러 번 채소를 잘 씻어준다.

❸ 믹싱볼에서 손으로 채소를 꺼낸다.

❹ 충분한 양의 물에 소금을 넣고 센 불에 끓인다.

❺ 채소를 한번에 담근다.

채소를 삶을 때에는 물이 계속 끓고 있어야 한다. 물이 끓지 않을 경우에는 즉시 불을 높여 다시 끓인다.

❻ 맛을 보거나 (껍질콩 haricots verts) 칼 또는 조리용 바늘을 사용해 토막을 찔러보아(콜리플라워 choux–fleurs) 알맞게 익었는지 확인한다.

❼ 잘 익었으면 거름망 국자를 사용해 채소를 건져 얼음물에 담가 식힌다.

⑧ 채소가 완전히 식었는지 확인한 후 물기를 뺀다.

시금치 데치기 BLANCHIR DES ÉPINARDS

끓는 액체에 넣어 시작하기 DÉPART LIQUIDE BOUILLANT

① 시금치 줄기를 뗀다. 잎을 접어 중앙의 잎맥 전체를 잡아당겨 제거한다.

② 노랗게 되거나 시든 잎은 제거한다.

③ 시금치를 충분한 양의 물에 담가 여러 번 꼼꼼하게 씻는다.

④ 믹싱볼을 뒤집어 스테인리스 채반에 붓지 말고 시금치를 손으로 들어 옮긴다.(믹싱볼 바닥에 남아 있는 모래에 주의)

⑤ 물기를 뺀다.

⑥ 소금을 넣어 끓인 물이 담긴 소스포트에 시금치를 넣는다.

⑦ 거름망 국자로 시금치를 눌러 완전히 물에 잠기도록 한다.

⑧ 시금치의 초록색을 최대한 유지할 수 있도록 《녹색 채소용 동냄비 bassine à reverdir》를 사용하는 것이 좋다.

⑨ 시금치를 데친다. 시금치가 연할 경우 물이 다시 끓어오를 때까지 데치고, 시금치 잎이 두꺼울 경우에는 1~2분 동안 익힌다.

⑩ 거름망 국자를 사용해 시금치를 건져 얼음물이 담긴 믹싱볼에 담근다.

 **주의** Attention

가라앉은 모래가 다시 시금치에 묻을 위험이 있으므로 시금치를 데친 냄비를 뒤집어 스테인리스 채반에 붓지 않도록 주의한다.

⑪ 스테인리스 채반에 받쳐 식힌 시금치의 물기를 뺀다.

⑫ 시금치가 완전히 식었는지 확인한다.(발효의 위험이 있으므로 주의)

⑬ 손으로 누르며 1인분용 공 모양으로 시금치를 뭉쳐준다.

- 버터를 곁들인 시금치, 다진 시금치, 크림을 곁들인 시금치, 시금치 전병, 시금치 플랜 등등(Épinards au beurre, hachés, à la crème, subrics, flans…)
- 《피렌체식 à la florentine》의 이름은 시금치를 기본 재료로 한 모든 음식을 가리킨다.(L'appellation classique 《à la florentine》 désigne tout plat à base d'épinards.)

연하고 어린 시금치 잎은 미리 데치지 않고 헤이즐넛 버터에 직접 볶을 수도 있다.

《크레올》 밥 익히기 CUIRE DU RIZ 《CRÉOLE》

크레올 밥(Riz créole)

끓는 액체에 넣어 시작하기 DÉPART LIQUIDE BOUILLANT

① 큰 자루냄비 또는 소스포트에 충분한 강의 물을 넣어 끓인다.(쌀 양의 6배가 되는 물을 준비)

② 굵은소금을 뿌려준다.(물 1L당 12g)

③ 필요한 쌀(1인분 50~70g)의 양을 계량하고 차이나 캡에 붓는다.

④ 흐르는 찬물에 쌀을 잘 씻는다.

⑤ 쌀을 씻은 물에 전분의 흔적이 없이 투명해질 때까지 씻는다.

⑥ 끓는 물에 쌀을 살살 뿌려주고 주걱이나 거품 뜨는 국자를 사용해 다시 끓어오를 때까지 저어준다.

⑦ 쌀 품종과 쌀 포장에 나와 있는 지시에 따라 뚜껑을 덮지 말고 약한 불에 11~15분 동안 끓인다.

⑧ 주걱이나 국자로 종종 저어준다.

⑨ 맛을 보며 잘 익었는지 확인한다. 알맞게 익은 밥은 부드럽고 서로 달라붙지 않아야 한다.

⑩ 스테인리스 채반에 받쳐 물기를 뺀다.

나중에 차가운 요리로 사용할 경우 Pour une utilisation froide ultérieure

– 즉시 흐르는 찬물에 밥을 식힌다.

즉시 차가운 요리로 사용할 경우 Pour une utilisation froide immédiate

– 밥이 완전히 식기 전에 양념을 한다.(밥이 완전히 식지 않았을 때 양념이 더 잘 베인다.)

즉시 뜨거운 요리로 사용할 때 Pour une utilisation chaude immédiate

– 스테인리스 트레이 또는 소테팬에 밥을 식히면서 담는다.(전분이 많은 부분을 제거하기 위해)

– 조각 버터를 첨가한다.

– 간이 맞는지 확인한다.

– 즉시 그릇에 담거나 유산지로 덮어 오븐 또는 찜통에 넣어 따뜻하게 둔다.

나중에 뜨거운 요리로 사용할 때 Pour une utilisation chaude ultérieure

– 트레이에 얇은 두께로 밥을 담는다.

– 조각 버터를 첨가한다.

– 양념을 한다.

– 유산지를 덮어둔다.

밥 데우기 Remettre le riz en température

– 180도 오븐이나 전자레인지에 넣어 밥을 데운다.

– 포크로 종종 저어준다.

– 그릇에 담는다.

활용법

• 혼합 샐러드의 기본 재료(Base pour salades composées.)

• 삶은 고기 또는 생선 요리의 곁들임(Accompagnement des viandes et des poissons pochés)

필라프 밥 익히기 CUIRE DU RIZ PILAF

여러 색깔의 채소를 곁들인 아를르캥 필라프(Riz pilaf arlequin)

뜨거운 육수에 넣어 조리하기 DÉPART LIQUIDE BOUILLANT

❶ 쌀의 양을 계량한다.(8인분에 1/2ℓ)

❷ 흰색 육수, 생선 육수 또는 물의 양을 계량한다.(1/2ℓ 쌀에 3/4ℓ 육수 필요함) 쌀과 육수의 비율은 1:1.5

❸ 양파를 잘게 썬다.(p. 192〜193 참조)

❹ 부케가르니를 만든다.(p. 461 참조)

❺ 유산지를 잘라 준비한다.

❻ 버터를 둘러 잘게 썬 양파를 볶는다.(양파는 오래 볶지 않는다. 쌀을 넣어 익힐 때 양파를 더 볶아 마무리한다.)

❼ 계량한 **씻지 않은 쌀**을 볶은 양파에 첨가한다.

❽ 쌀을 익혀 우유 빛처럼 뽀얗게 되도록 한다.(주걱으로 계속 저으며 천천히 볶는다. 쌀알이 한 알씩 떨어져야 하며 진주처럼 흰색이 되어야 한다.)

❾ **뜨거운 육수 또는 끓는 물**을 붓는다.

❿ 부케가르니를 첨가한다.

⓫ 양념을 한다.

⓬ **다시 끓기 시작하는 정확한 시간을 확인한다.**

⓭ 유산지 또는 뚜껑으로 덮는다.

⑭ 190/200도 오븐 중간 높이에 필라프가 담긴 냄비를 넣는다. 일반 쌀은 17∼19분, 바스마티 쌀이나 태국 쌀은 11∼14분 동안 익힌다.

⑮ 알맞게 익었는지 맛보아 확인한다.

⑯ 오븐에서 냄비를 꺼내고* 그릴 위에 올려둔다.

⑰ 뚜껑이나 유산지를 열지 않고 5분 동안 뜸을 들인다.

5분 후 :

– 포크를 이용해 쌀알을 서로 분리시킨다.

– 조각 버터를 넣어 섞어준다.

 **주의** Attention

* 화상의 위험을 줄이고 예방하기 위해 냄비의 뚜껑이나 손잡이에 밀가루를 뿌려주는 것이 관례이다.

❶ 63도 이상일 때 밥을 덜어 담는다.

❷ 뚜껑을 닫아 63도로 따뜻하게 보관한다.

❸ 그릇에 담는다.

활용법

• 육수에 따라(물, 송아지 또는 닭고기 흰색 육수, 생선 육수) 필라프 밥은 주로 소스와 함께 내는 요리(고기, 생선, 갑각류)의 곁들임으로 사용한다. 필라프 밥은 《왕관 turban》 모양으로 담아내기도 한다.

해산물 필라프(Pilaf de fruits de mer)

리조토를 위한 쌀 익히기
CUIRE DU RIZ POUR RISOTTO

끓는 액체에 넣어 시작하기 DÉPART LIQUIDE BOUILLANT

1KG 폴렌타 재료	단위	양
주재료		
– 버터	g	80
또는		
– 올리브유	ml	80
– 아르보리아(Arborio) 쌀	g	480~640
(1인분 60g~80g)		
– 양파(큰것 1개)	g	200
– 마늘(1톨)	g	선택사항
– 화이트 와인	ml	100
육수		
– 채소 부용	L	1~1.2
또는		
– 닭고기 흰색 육수	L	1~1.2
또는		
– 생선 육수	L	1~1.2
리에종		
– 크림	ml	100
– 버터	g	40
또는		
– 올리브유	ml	50
– 강판에 곱게 간 파르메산 치즈	g	80
또는		
– 강판에 곱게 간 파르메산 치즈와	g	40
대패 같이 얇게 썬 파르메산 치즈	g	40
양념		
– 가는소금		약간(PM)
– 후춧가루		약간(PM)
– 샤프란		선택사항
평균 준비 시간 : 15분		
평균 가열시간 : 16~18분		

리조토 재료 준비하기 Préparer les différents éléments du risotto

– 채소 부용, 닭고기 흰색 육수, 생선 육수

– 피에몬테 지방 둥근 쌀(아르보리오 Arborio*, 카르나롤리 Carnaroli 또는 비알론 나노 Vialone Nano 품종), 잘게 썬 양파

– 화이트 와인, 버터, 크림, 올리브유, 파르메산 치즈

❶ 잘게 썬 양파를 알맞게 볶는다.(필라프 밥 조리법과 동일)

❷ 쌀을 첨가해 잘게 썬 양파, 버터와 함께 뽀얗게 볶는다.

❸ 화이트 와인으로 데글라세한다. 졸이면서 쌀에 스며들도록 한다.

* 아르보리오 쌀(Le riz Arborio)은 피에몬테(포 계곡, 이탈리아 북쪽 vallée et plaine du Pô, Italie septentrionale)의 도시 이름에서 그 이름을 따왔다.

리조토 익히기 Cuire le risotto

– 끓는 육수를 6~7번에 걸쳐 조금씩 첨가한다. 다시 육수를 첨가할 때까지
  쌀이 육수를 완전히 흡수해야 한다.
– 익히는 동안(16~18분) 계속해서 주걱으로 저어준다.
– 잘 익었는지 확인한다. 겉은 《크림빛 crémeux》이고 속은 알덴테로 익어야
  한다.

❶ 불을 끄고 리에종 첨가하기
  – 버터, 크림 또는 올리브유
  – 강판에 곱게 간 파르메산 치즈 절반
  – 요리 이름에 알맞은 곁들임 재료
❷ 간이 잘 맞는지 확인한다.
❸ 풍미가 잘 스며들도록 몇 분 동안 뚜껑을 닫아둔다.

❶ 리조토를 움푹한 접시에 골고루 담는다.
❷ 곁들임이 있다면 첨가한다.
❸ 강판에 곱게 간 파르메산 치즈를 뿌린다.

스시*와 마키*를 위한 자포니카 쌀 익히기 또는 일본 초밥 만들기

CUIRE DU RIZ JAPONIKA POUR SUSHIS ET MAKIS* OU CUIRE DU RIZ JAPONAIS VINAIGRÉ

스시, 스시마키, 켈리포니아롤(Sushis, sushis-makis et sushis californiens)

끓는 액체에 넣어 시작하기 DÉPART LIQUIDE BOUILLANT

❶ 몇 인분을 만들지에 따라 모든 재료를 계량해 준비한다.
❷ 물이 완전히 투명해질 때까지 쌀을 손으로 휘저으며 잘 씻는다.(여러 번
  헹굴 필요가 있다.)

  * 스시 Sushis : 손으로 만든 한 입 크기의 초밥에 얇은 생선 회 슬라이스를
    덮은 것.
  * 마키 Makis : 일본 초밥을 얇게 김 위에 깔고 고추냉이, 생선 회, 채소(오이)
    등을 올려 말고 한 입 크기로 토막내어 자른 것.

❸ 믹싱볼에 쌀을 담고 찬물을 부어 1시간 동안 담가둔 후 다시 헹구고 물기를 뺀다.

쌀 익힐 준비하기 Marquer le riz en cuisson

– 자루냄비 또는 작은 소스포트에 쌀을 붓고 물을 첨가한 후 끓인다.

– 뚜껑을 잘 덮어준 후 5분 동안 뚜껑을 열지 말고 끓인다.

– 불을 최소한으로 줄이고 천천히 10분 동안 더 익힌다.

양념 준비하기 Préparer l'assaisonnement

– 쌀식초, 소금, 설탕을 넣어 끓인다.

– 설탕이 완전히 녹으면 불을 끈다.

밥이 잘 익었는지 확인하기 Contrôler la cuisson du riz

❶ 불을 끈 후 뚜껑을 열어 밥알이 부풀고 수분을 흡수하도록 10분 동안 젓지 않고 그대로 둔다.

❷ 알맞은 크기의 트레이 또는 항기리(hangiri)*에 밥을 옮겨 담는다.

밥에 양념하기 Assaisonner le riz

❶ 아직 따뜻한 밥에 초밥 양념을 여러 번에 걸쳐 붓는다. 밥주걱으로 밥알이 으깨지지 않도록 조심하며 섞는다.

   * 항기리 Hangiri : 사이프러스 나무로 만든 둥글고 납작한 전통적 용기로, 2줄의 구리 띠로 둘러져 있다.

❷ 밥을 식혀준다. 스시와 마키를 만들기 위한 이상적인 온도는 35도이다.

❸ 랩으로 덮고 항기리 뚜껑은 닫아준다.

마키 만들기 Façonner des makis

– 잘 소독한 도마 위에 김발을 준비한다.

– 김을 2등분한 후 김의 매끈한 면이 아래로 향하도록 김발 위에 올린다.

– 김 양쪽 끝에 1cm씩을 남겨두고 아직 미지근한 밥을 한 겹(최대 1cm) 바른다.

– 골고루 압력을 가하고 가장자리를 잘 누르며 김을 돌돌 만다.

– 밥을 바르지 않은 가장자리에 물기를 발라 잘 붙도록 한다.

– 칼날에 물을 묻혀 마키를 자른다.

– 가운데를 먼저 자르고 각각이 2~3 조각이 되도록 자른다.

– 손에 밥알이 달라붙지 않도록 소량의 쌀식초를 넣은 물에 손을 적신다.

전기 밥솥을 사용할 수도 있다.
간편하게 사용할 수 있는 초밥 양념은 전문 상점에서 구입할 수 있다.
일부 전문가는 쌀을 익히는 육수에 갈조류(다시마) 한 조각을 첨가하고 초밥 양념에 미림 몇 방울을 넣기를 권장한다.
스시와 마키에는 일반적으로 간장 소스, 절인 생강, 고추냉이를 곁들인다.

우유를 넣어 쌀 익히기 CUIRE DU RIZ AU LAIT

과일 콩데(Fruits Condé)*

끓는 액체에 넣어 시작하기 DÉPART LIQUIDE BOUILLANT

❶ 둥근 쌀을 계량해 흐르는 물에 잘 씻는다.

❷ 쌀을 씻은 물은 전분기가 없이 투명해야 한다.

쌀 데치기 Blanchir le riz

– 찬물이 담긴 큰 자루냄비 또는 큰 소테팬에 쌀을 붓는다.

– 끓여준다.

– 주걱이나 거품 뜨는 국자를 사용해 종종 저어준다.

– 1~2분 동안 데친다.

– 물기를 빼고 차이나 캡에 담아 식힌다.

* 콩데 Condé : 쌀 케이크와 익힌 과일을
기본 재료로 한 디저트.

❶ 바닐라와 가는소금 한 꼬집을 넣어 우유를 끓인다.

❷ 쌀을 살살 뿌리며 다시 끓어오를 때까지 저어준다.

❸ 키친타월로 냄비의 가장자리를 닦아준다.

❹ 뚜껑을 닫고 190/200도 오븐에 20~25분 동안 익힌다.(쌀의 속성, 품질, 품종에 따라 온도와 시간은 조절) 밥은 말랑말랑하며 우유를 모두 흡수해야 한다.

우유로 밥 리에종하기 LIER DU RIZ AU LAIT

《쌀 푸딩》, 과일 콩데, 쌀 케이크를 만들기 위해
POUR LA RÉALISATION DES 《PUDDINGS DE RIZ》, DES FRUITS CONDÉ, DES COURONNES ET DES GÂTEAUX DE RIZ

❶ 거품기로 계란 노른자와 설탕을 섞어 크림 상태로 만든다.

❷ 마른 행주를 사용해 오븐에서 밥을 꺼낸다.(화상의 위험이 있으니 주의)

❸ 잘 익었는지 확인한다. 우유를 모두 흡수해야 한다.

❹ 바닐라 조각을 빼고 헹군 후 따로 둔다.

❺ 뜨거운 밥 위에 리에종을 조금씩 붓는다.

❻ 주걱으로 잘 저어준다.

 주의 Attention

리에종이 용기 가장자리에 튀지 않도록 한다. 계란 노른자가 응고될 위험이 있으니 주의한다.

⑦ 약한 불에 밥을 다시 올려 《끓인다 porter à ébullitio》
⑧ 밥알이 으깨지지 않도록 조심하며 몇 초 동안 주걱으로 살살 저어준다.

⑨ 원하는 농도가 되면 불을 끈다.
⑩ 곁들임 재료를 첨가한다.(조리법에 따라 : 과일 콩피 살피콩, 건포도 등등)
⑪ 그릇에 담는다(틀에 넣는다).
⑫ 가장자리를 매끈하게 한다.
⑬ 식히거나 따뜻할 때 먹는다.

생파스타 익히기 CUIRE DES PÂTES FRAÎCHES

랑구스틴 라비올리, 갑각류 쿨리(Raviolis aux langoustines, coulis de crustacés)

끓는 액체에 넣어 시작하기 DÉPART LIQUIDE BOUILLANT

주문 시 익히기 CUISSON À LA COMMANDE

❶ 충분한 양의 물을 끓인다.
❷ 굵은소금을 뿌린다.(물 1L당 8~10g 소금)
❸ 소량의 식용유를 첨가한다.

❹ **소금과 식용유를 넣은 끓는 물**에 주문 시 소량으로 생파스타를 넣는다.

5 몇 분 동안 센 불에 파스타를 익힌다.

6 조리용 포크를 사용해 수시로 저어준다.

7 파스타가 단단하게(알덴테 al dente) 잘 익었는지 확인한다.

8 파스타의 물기를 완전히 뺀다.

9 물기가 남아 있으면 파스타가 뭉치게 된다.

10 **파스타는 절대로 식히지 않는다.**

11 반드시 주문 시 익힌다.

12 **파스타를 리에종 하거나 알맞게 조리한다.**

13 조리법에 맞춰 리에종한다.

　－ 버터, 크림

　－ 올리브유, 토마토 소스

14 접시에 담는다.

건조 파스타 익히기
CUIRE DES PÂTES INDUSTRIELLES

나폴리 스파게티(Spaghettis napolitaine)

끓는 액체에 넣어 시작하기 DÉPART LIQUIDE BOUILLANT

즉시 활용하기 UTILISATION IMMÉDIATE

1 충분한 양의 물을 끓인다.(파스타 100g당 물 1L)

2 물 1L에 8∼10g 소금의 비율로 굵은소금을 뿌린다.

3 파스타를 첨가하고 물이 다시 끓어오를 때까지 조리용 포크로 저어준다.

④ 뚜껑은 덮지 않는다.(끓어 넘칠 위험)

⑤ 파스타가 서로 뭉치거나 냄비 바닥에 달라붙지 않도록 수시로 저어준다.

⑥ 잘 익었는지 확인한다. 스파게티는 중앙에 흰색 점이 사라질 때까지 익힌다.

⑦ 단단한 파스타 상태로 유지한다.(알덴테)

⑧ 소량의 찬물을 부으며 마무리한다.

⑨ 즉시 물기를 뺀다.

⑩ 삶은 면의 상태에 따라 필요한 경우, 끓는 물에 살짝 헹굴 수도 있다.

버터로 리에종하기

– 조각 버터가 들어 있는 믹싱볼에 넣어 재빨리 섞는다.

– 간이 맞는지 확인한다.

– 접시에 담는다.

건조 파스타 익히기
CUIRE DES PÂTES INDUSTRIELLES

끓는 액체에 넣어 시작하기 DÉPART LIQUIDE BOUILLANT

나중에 활용하기 UTILISATION DIFFÉREÉ

❶ 파스타를 완전히 식혀 물기를 빼고 보관한다. 파스타가 서로 뭉치지 않도록 식용유를 뿌려 섞어 놓기도 한다.

❷ 파스타 다시 데우기

– 주문 시 소금을 넣은 끓는 물(데우는 물)에 1~2분 동안 담가 놓는다.

❸ 물기를 빼고 버터를 넣어 리에종한다.

❹ 양념한 후 접시에 담는다.

시럽에 넣어 과일 삶기
POCHER DES FRUITS AU SIROP

끓는 액체에 넣어 시작하기 DÉPART LIQUIDE BOUILLANT

콩포트(과일의 설탕 졸임) 만들기 RÉALISER UNE COMPOTE

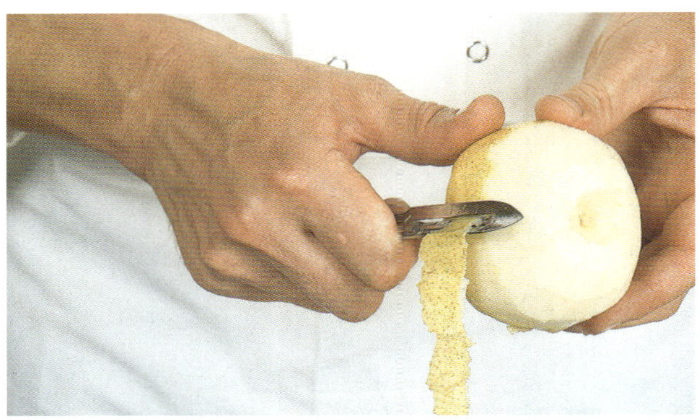

❶ 과일을 다듬어 속을 도려내고 레몬즙을 뿌린다.(p. 231, 234 참조)

❷ 물 1L당 설탕 500~600g의 비율로 시럽을 만든다.

❸ 시럽에 향을 추가한다.(레몬, 오렌지 제스트, 바닐라, 향신료 등등) (p. 723 참조)

❹ 끓고 있는 시럽 속에 과일이 완전히 잠기도록 넣는다.

❺ 증기가 빠져나갈 수 있게 유산지 중앙에 구멍을 내고 덮는다.

❻ 과일이 시럽 속에 잠기도록 위에 접시를 올려둔다.

❼ 과일의 크기와 숙성 정도에 따라 20~30분 동안 천천히 끓인다.

❽ 조리용 바늘(또는 케이크 테스터)을 사용해 잘 익었는지 확인한다. 바늘이 잘 들어가야 한다.

❾ 콩포트 전용 그릇 또는 스테인리스 믹싱볼에 과일을 담고 시럽 속에 잠겨 있도록 한다.(산화 위험)

활용법

• 콩포트(과일의 설탕 졸임)

• 타르트, 아이스크림, 다양한 전식의 곁들임

갑각류 삶기 POCHER DES CRUSTACÉS

(곰새우 CREVETTES GRISES, ROSES 《대하 GAMBAS》, 랑구스틴
LANGOUSTINES, 거미게 ARAIGNÉES, 큰 게 TOURTEAUX, 랑구스트
LANGOUSTES, 바닷가재 HOMARDS 등등)

끓는 액체에 넣어 시작하기 DÉPART LIQUIDE BOUILLANT

조리법은 동일하며, 가열 시간만 다르다.

❶ 갑각류는 수돗물에 씻지 않고 잘 분류해 놓는다.
❷ 해조류, 조개껍질, 작은 기생 동물(소라게, 작은 갑각류)을 제거한다.

❸ 물 1L당 30g의 천일염 비율로 소금을 넣고 센 불에 물을 끓인다.
❹ 타임, 월계수 잎, 화이트 식초 조금, 빻은 통후추를 조금 첨가한다.

새우 삶기 Pocher des crevettes

❶ 팔팔 끓고 있는 물에 새우를 한번에 모두 넣는다.
❷ 물이 다시 끓어오르기 시작하면 곰새우 crevettes grises는 다 익은
것이다.
대하 crevettes roses는 1∼2분 동안 익힌다.(크기에 따라 시간 조절)

❶ 새우의 물기를 즉시 뺀다.(삶은 육수에 절대로 담가 두지 않는다.)
❷ 살균한 면포 위에 새우를 펼친다.
❸ 빨리 식도록 부채질을 한다.

랑구스틴 삶기 Pocher des langoustines

1kg당 20∼30마리 크기의 랑구스틴은 1분, 16∼20마리의 크기는 2분, 10마리
이하 크기는 4분 동안 삶는다.

거미게 삶기 Pocher une araignée

거미게 1kg을 15~18분 동안 삶는다.

큰 게 삶기 Pocher un tourteau ou dormeu̅ ou poupart

게 1kg도 마찬가지로 15~18분 동안 삶는다.

바닷가재 삶기 Pocher des homards

500~600g 바닷가재는 14~15분, 1kg 미만은 20분 동안 삶는다.

삶은 후 즉시 바닷가재《물 빼기 Saigner》les homards sitôt la cuisson terminée.

– 두 눈 사이의 뾰족한 부리 부분을 칼로 찔러준다.

– 머리를 아래쪽으로 당겨 껍질 속에 들어 있는 물(피나 배설물 같은 것으로 보관을 방해함)을 뺀다.

갑각류 판매에 알맞은 계절
갑각류 판매에 알맞은 계절이 있다.
프랑스 서부 해안의 랑구스틴은 가리비 제철이 끝나자마자 4월부터 10월까지 왕성하게 판매된다. 크기는 kg당 개수에 따라 정한다. 예를 들면, 16/20 크기는 1kg에 16~20 마리의 랑구스틴에 해당한다.
바닷가재나 랑구스트를 삶을 때에는 배 부분이 머리 가슴 쪽으로 구부러진다. 특정 요리(예쁘게 장식한 바닷가재 또는 랑구스트)를 위해서 2개의 작은 판 사이에 갑각류를 고정시킬 필요가 있다.

쇼세(Chausey) 바닷가재 샐러드 (Salade de homard bleu de Chausey)

흰색 육수에 허드레 고기* 익히기
CUIRE DES ABATS DANS UN BLANC

송아지 머리 TÊTE, 족 PIEDS, 장간막 FRAISE DE VEAU*

* *시행 규정을 지킴*

흰색 육수에 삶은 송아지 머리 (Tête de veau pochée dans un blanc)

끓는 액체에 넣어 시작하기 DÉPART LIQUIDE BOUILLANT

몇 분 동안 얼음물에 허드레 고기 담가 불순물 빼기

- 물과 얼음을 수시로 갈아준다.
- 찬물에 넣어 3~4분 동안 데친다.
- 거품을 제거하고 식힌 후 물기를 뺀다.
- 허드레 고기에 레몬즙을 많이 뿌린다.

* 레몬즙과 지방은 허드레 고기가 검게 변하는 것(산화)을 효과적으로 줄여준다. 흰색 육수에 삶은 흰색 허드레 고기는 육수 속에 둔 채 식혀야 하고 서비스할 때 물기를 빼야 한다.

아로마틱 가니쉬 준비하기

- 통째 또는 토막낸 당근
- 정향 조각을 박은 양파
- 부케가르니

흰색 육수 준비하기

- 1L 육수를 위해 소량의 찬물에 10~15g의 밀가루를 넣어 섞는다.
- 레몬 반쪽으로 즙을 내 첨가한다.*

허드레 고기 삶기

- 허드레 고기가 완전히 잠길 수 있도록 충분한 양의 물을 부어 끓인다.
- 굵은소금을 뿌린다.
- 끓고 있는 물 위에 차이나 캡을 받치고 준비해둔 밀가루, 레몬즙 섞은 물을 붓는다.
- 잘 섞이도록 거품기로 젓는다.
- 허드레 고기를 넣어준다.

❶ 아로마틱 가니쉬, 소량의 식용유 또는 잘게 다진 송아지 콩팥 지방을
첨가한다.

❷ 증기가 빠져나가도록 중앙에 구멍을 낸 유산지 또는 살균한 면포로
덮는다.

❸ 매우 약한 불에 끓인다.(송아지 머리는 2시간~2시간 30분 정도)

❹ 허드레 고기가 잘 익었는지 확인한다. 조리용 바늘로 찔렀을 때 저항감
없이 쑥 들어가야 한다.

❺ 물기를 뺀다.

❻ (실로 묶은 경우) 실을 풀어준다.

❼ 비네그레트 vinaigrette 소스 또는 마요네즈 소스의 응용 소스(그리비슈
gribiche, 라비고트 ravigote, 레물라드 rémoulade, 타르타르 tartare 소스)
등을 곁들여 아직 따뜻할 때 즉시 슬라이스해 제공한다.

흰색 육수에 채소 익히기
CUIRE DES LÉGUMES DANS UN BLANC

아티초크 속 FONDS D'ARTICHAUTS, 셀서피 SALSIFIS, 카르둔 CARDONS
등등

끓는 액체에 넣어 시작하기 DÉPART LIQUIDE BOUILLANT

첫 번째 방법

❶ 아티초크 속을 돌려 깎고 꽃봉오리 부분의 섬유질을 제거한 후 레몬즙을
바른다.

❷ 레몬물에 담가둔다.

❸ 아티초크 속이 충분히 잠길 만큼 많은 물을 끓인다.

❹ 레몬즙, 식용유, 굵은소금을 첨가한다.

❺ 끓고 있는 육수에 아티초크 속을 넣는다.

❻ 증기가 빠져나올 수 있도록 중앙에 구멍을 낸 유산지로 덮는다.

❼ 20~30분 동안 천천히 익힌다.

⑧ 아티초크 속이 잘 익었는지 확인한다.

⑨ 조리용 바늘로 살짝 찔러보았을 때 저항감 없이 쑥 들어가야 한다.

아티초크를 육수와 함께 믹싱볼에 덜기

– 육수에 담근 채 재빨리 식히고 냉장실에 뚜껑을 덮어 보관한다.

활용법

- 파르시(Farcis)
- 샤뜰렌느 곁들임(Garniture châtelaine), 마스코트 곁들임(mascotte) 등등

두 번째 방법

① **흰색 육수(블랑*) 만들기** Réaliser un blanc(소금을 넣은 1L의 끓는 물에 사용)

– 소량의 찬물에 10~15g의 밀가루를 넣어 섞는다.

② 레몬 반쪽의 즙을 내 첨가한다.

***** 블랑 blanc : 아티초크나 샐러리악 등과 같은 채소가 갈변하는 것을 막기 위해 사용하는 하얀색의 데침용 액체를 말한다. 일반적으로 물에 밀가루와 레몬즙, 식초 등을 섞어 만든다.

③ 물을 끓인다.

④ 굵은소금을 뿌린다.

⑤ 소금을 넣은 끓는 물에 차이나 캡을 받쳐 밀가루, 물, 레몬즙 등을 섞은 것을 조금씩 붓고 거품기로 젓는다.

⑥ 다시 끓인다.

⑦ 아티초크 속과 식용유를 조금 첨가한다.

⑧ 중앙에 구멍을 낸 동그란 유산지를 덮는다.

《흰색 blanc》 부분이 냄비 바닥에 붙지 않도록 조심하며 천천히 끓인다.

⑨ 아티초크가 잘 익었는지 확인한다.

⑩ 아티초크를 덜고 육수에 잠겨 있도록 한다.

⑪ 유산지로 덮는다.

식용유와 레몬즙은 산화의 위험(검게 변하는 것 noircissement)을 막아준다.

무수분 버섯 조리하기(아 블랑 À blanc 방식)
CUIRE DES CHAMPIGNONS À BLANC

도톰하게 슬라이스 ESCALOPÉS, 4등분 EN QUARTIERS, 둥글게 돌려 깎기 TOURNÉS

소량의 물에 소금, 버터, 레몬즙을 넣어 익힌 버섯(Champignons cuits à blanc)

끓는 액체에 넣어 시작하기 DÉPART LIQUIDE BOUILLANT

❶ 버섯을 다듬어 씻은 후 자른다.(p. 144/145 참조)
❷ 매우 적은 양의 물을 끓인다.*
❸ 소금, 버터, 레몬즙을 첨가한다.

* 버섯은 수분을 많이 보유하고 있기 때문기다.

❹ 끓고 있는 육수에 버섯을 첨가한다.
❺ 유산지로 덮는다.
❻ 빨리 다시 끓인다.
❼ 4∼6분 동안 끓인다.(버섯 크기에 따라 조절)

❽ 육수와 함께 버섯을 믹싱볼에 담는다.(산화의 위험이 있으므로 물기를 빼지 않는다.)
❾ 재빨리 식히고 뚜껑을 덮어 보관한다.

활용법
• 작은 곁들임 요리(Petites garnitures)
• 프리카세(Fricasseés), 블랑켓(blanquettes) 등등

다른 조리법으로 익히기 AUTRES TECHNIQUES DE CUISSON

증기에 쪄서 익히기 CUIRE À LA VAPEUR

정의

증기에 쪄서 익히기는 식재료를 밀폐할 수 있는 알맞은 용기 또는 특별한 기구(찜기)에 넣어 익히는 것이다. 끓는 액체(소금을 넣은 물, 흰색 육수, 생선 육수, 쿠르 부용 등등)에서 발생하는 증기는 익히려는 식재료에 열을 전해준다. 익히는 시간은 식재료의 두께, 질감, 사용하는 도구 등에 따라 달라진다.

이 조리법은 식이요법 측면에서 이익이 된다.

(BPI 출판사 《요리의 기술》 참조)

찐 감자(Pommes de terre à la vapeur)

채소 찌기 ÉTUVER DES LÉGUMES

채 썬 당근(JULIENNE DE CAROTTES), 대파 흰 부분(BLANCS DE POIREAUX), 샐러리(CÉLERI) 등등

❶ 채소를 다듬어 씻은 후 잘게 채 썬다.(p. 132 이후 참조)

❷ 약한 불에 소테팬을 올린다.

❸ 버터 조금, 가는소금, 굵은 설탕을 조금 첨가한다.

❹ 채 썬 채소를 넣고, 증기가 생길 수 있도록 소량의 물을 붓는다.

❺ 유산지 또는 뚜껑을 덮는다.

❻ 20분 동안 **매우 천천히 익힌다**(Cuire très très lentement).

❼ 채소의 수분으로 잘 익히며, 소테팬 바닥에 눌어붙어 색깔이 나지 않도록 조심하며 익힌다.

➑ 채소가 잘 익었는지, 간이 잘 맞는지 확인한다.

➒ 스테인리스 믹싱볼에 옮겨 담는다.

➓ 랩 또는 유산지로 덮어준다.

활용법

- 포타주의 곁들임(Garniture de potages　채 썬 채소를 곁들인 다블래 julienne Darblay), 소량의 물에 삶은 생선 요리의 곁들임(de poissons pochés au court-mouillement : 수쉐 소스 Suchet)

수비드로 익히기 CUIRE SOUS VIDE

정의

이 조리법은 특별한 주머니 안에 익히지 않은 식품, 반조리 식품, 데치거나 격자무늬를 넣거나 노릇노릇 구운 식품을 넣고, 수비드 식품을 다른 부속 재료(양념, 아로마틱 가니쉬, 소스, 장식 재료)와 결합시키고, 그 주머니를 진공 상태로 만들어 즉시 익히는 과정으로 구성된다.

식품의 특징과 원하는 결과에 따라, 식재료는 높은 온도(약 100도에서 익힌 채소) 또는 낮은 온도(속 온도가 60~63도가 되도록 익힌 고기)에서 익히기도 한다.

가열 온도는 매우 정확해야 하며 조리법과 제조표에 나와 있는 여러 방법에 알맞아야 한다.

정확한 온도와 가열 시간을 준수해 수비드로 조리하면 위생적, 감각적, 영양적으로 훌륭한 결과물을 얻을 수 있다.

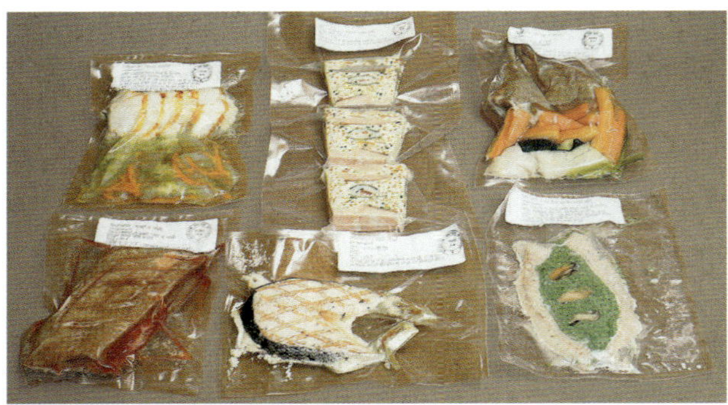

주요 단계

식재료 받기 RÉCEPTIONNER LES DENRÉES

- 사용하는 식품의 정보는 명확해야 하며(식품 상세 정보 참조), 품질과 신선도가 훌륭해야 한다.
- 식품을 잘 확인하고 상세 정보를 파악하며 포장을 제거한 후 규정 온도에 보관해야 한다.

식품 준비하기 Préparer les produits

- 채소를 다듬어 씻고 오염물을 제거한다.
- 정육용 고기를 손질하고 뼈를 제거하며 조각으로 자른다.
- 닭고기를 손질해 자르거나 다리와 날개를 몸통에 고정시킨다.
- 반조리 식품의 포장을 제거하고 확인한다.

식재료를 미리 부분적으로 익히기 Pré-cuire les denrees**(조리법에 따라 selon la recette)**

- 채소를 데치거나 부분적으로 익힌다.
- 소고기, 닭고기, 생선 등에 무늬를 내고 노릇노릇 굽고 격자무늬를 낸다.

익힌 후 재료에 무늬를 내거나 노릇노릇하게 익히는 과정은 요리를 할 때 해도 된다.

다른 재료 준비하기(장식 재료)
Assembler les différents éléments(éléments de décor)

– 육수, 소스, 아로마틱 가니쉬, 양념 등등

주머니를 진공 상태로 만들기 Conditionner sous vide en sacs de cuisson

– 요리의 여러 가지 재료는 각각 특수 주머니에 분리해 포장할 수 있다.
  (소스, 곁들임 등등)
– 수동 또는 자동 기계로 진공 상태를 만들 수 있다.

수비드로 익히기(Cuire sous vide)

– 진공 포장된 식품은 정확한 《재료 속》 온도로 익히며 계속 온도 측정기를
  확인한다.
– 각각의 수비드 식품은 가열 시간 그래프를 보관할 필요가 있다.

미리 부분적으로 조리한 식품(PCEA, 반조리 식품)을 규정에 맞게 신속하게
(Refroidir rapidement et réglementairement les PCEA)

– 반조리 식품은 급속 냉각기에서 식힌다. 2시간 이내에 음식의 속 온도가
  63도에서 10도로 내려가야 한다.(조작 없이 식품을 자동으로 익히거나
  냉각시키는 기계가 있다.)
– 냉각은 정확한 방식으로 이뤄져야 한다.
– 냉각 온도 곡선을 기록하고 보관해야 한다.

수비드 식품 정보 상세히 기록하기 Identifier le lot

– 반조리 식품에는 규정에 맞게 라벨을 붙여야 한다. 라벨에는 식품의 속성,
  일련 번호, 제조일, 유통기한, 위생 검인 등등을 기록한다.
– 식품을 대표하는 테스트 견본은 세균 검사 또는 자체 위생 검사 분석을
  위해 보관해야 한다.

반조리 식품을 즉시 특별 냉장실에 보관하기
Stocker immédiatement les PCEA en enceinte réfrigérée spécifique

반조리 식품은 0~4도 사이의 온도에 보관해야 하며, 음식이 상하는 정도를
조사한 후 위생 관리국과 협력하여 정한 기간에 따라 보관한다.

다시 데우기 Remettre en température

– 반조리 식품을 다시 데울 때는 1시간 이내에 10도에서 63도로 온도를
  올린다.
– 사용하는 기구(중탕 용기, 복합 오븐기 등등)는 요리의 품질(맛, 색깔, 냄새
  등등)을 최대한 보존하도록 해야 한다.

음식을 완성하고 곁들임 배합하기
Terminer le plat et assembler les garnitures

– 부속 재료를 배합할 경우, 요리를 차릴 때 소스나 곁들임 등을 첨가한다.

수비드로 익히기는 즉석으로 할 수가 없다. 위생 관리국의 인가, 알맞은 장소
와 기구, 수비드로 요리하는 절차를 정확히 지키지 않은 경우 발생할 수 있는
위험을 인지하고 교육 받은 인력 등이 필요하기 때문이다.
여러 종류의 음식을 만들 때 일어날 수 있는 위험을 분석하는 일은 필수사항
이다.(BPI 출판사 《요리의 기술》 참조)

그리스식으로 채소 익히기
CUIRE DES LÉGUMES À LA GRECQUE

버섯 CHAMPIGNONS, 구슬양파 PETITS OIGNONS, 아티초크 속
FONDS D'ARTICHAUTS, 호박 COURGETTES, 펜넬 FENOUIL, 대파 흰
부분 BLANCS DE POIREAUX, 샐러리 무 CÉLERIS-RAVES 등등

그리스식 모듬 채소(Assortiment de légumes à la grecque)

재료 준비하기 Réaliser la mise en place

– 양파를 잘게 썬다.(p. 192〜193 참조)

– 부케가르니를 만든다.(p. 461 참조)

– 살균한 거즈로 통후추, 고수, 마늘을 넣어 향신 주머니를 만든다.

– 화이트 와인을 알맞은 양으로 준비한다.

– 레몬즙을 짠다.

채소를 다듬어 씻은 후 썰기 Éplucher, laver et tailler les légumes

– 버섯을 도톰한 슬라이스로 썬다.(p. 145 참조)

– 아티초크 속을 도톰한 슬라이스로 썬다.(p. 121 참조)

– 호박의 모난 부분을 둥글게 깎는다.(p. 167 참조)

– 샐러리 무의 모난 부분을 둥글게 깎는다.(p. 143 참조)

– 대파 흰 부분을 토막 내어 썬다.(p. 196 참조)

그리스식 채소 익힐 준비하기 Marquer les légumes à la grecque en
cuisson

– 큰 소테팬 또는 소스포트를 불에 올린다.

– 올리브유를 두른다.

– (색깔이 나지 않게) 잘게 썬 양파를 볶는다.

– 레몬즙, 화이트 와인, 향신 주머니, 부케가르니, 통후추, 고수를 첨가한다.

❶ 채소를 넣는다.

❷ 소금을 뿌리고 뚜껑을 닫는다.(콜리플라워, 샐러리 등 오래 익혀야 하는
채소의 경우, 소량의 물을 첨가한다.)

❸ 시간에 유의하며 끓인다.(버섯은 5~6분, 호박은 10~12분, 아티초크 속은
20~25분)

❹ **채소의 수분과 육수는 완전히 증발해야 한다.** 레몬즙과 식용유는 유화된
비네그레트 소스의 역할을 해야 한다.

그리스식 채소를 덜어 그릇에 담기

Débarrasser et dresser les légumes à la grecque

– 반짝반짝 빛나게 보이도록 육수를 채소에 뿌린다.

– 전식용 길쭉한 접시에 예쁘게 채소를 담는다.

– 껍질에 홈을 파 장식한 레몬 슬라이스 반쪽으로 장식한다.(선택사항)

이 기본 조리법은 잘게 썬 토마토, 펜넬 씨, 카레, 사프란, 건포도 등등을 첨
가해 변형할 수 있다.

작은 채소 투명하게 윤내기

GLACER DES PETITS LÉGUMES À BLANC

당근 CAROTTES, 무 NAVETS, 구슬양파 PETITS OIGNONS 등

둥글게 깎은 당근(Carottes tournées)

둥글게 깎은 무(Navets tournés)

투명하게 윤을 낸 구슬양파(Petits oignons glacés à blanc)

❶ 납작한 용기(소테팬, 소스포트)에 한 겹으로 채소를 담는다.**(겹치게 않게 담아준다.)**

❷ 조각으로 자른 버터, 설탕, 소금을 첨가한다.

❸ **채소 높이만큼만** 찬물을 부어주고

❹ 채소를 끓여준다.

❺ 유산지로 덮어주고

❻ 중간 불에 육수가 완전히 증발할 때까지 끓인다.

❼ 종종 육수를 채소 위에 뿌려준다.

❽ 잘 익었는지 확인한다.

❾ 채소는 단단하게 익어야 하고 육수는 완전히 증발해야 한다. **채소는 버터와 설탕 시럽으로 만든 빛나는 얇은 막으로 감싸져야 한다.**

❿ 알맞은 그릇에 채소를 담고 뚜껑을 닫거나 랩으로 덮어준다.

채소가 다 익었는데 육수가 남아 있다면 채소를 덜고 육수가 시럽 상태가 될 때까지 졸인 후 다시 채소를 넣어 시럽으로 채소를 감싼다.
반대의 경우, 물을 알맞게 더 붓는다.

활용법

- 흰색 곁들임 요리 Petites garnitures blanches(프리카세 fricassées, 블랑켓 blanquettes 등등), 흰색 육수에 익힌 버섯 요리와 함께 내는 경우가 많음 souvent associées aux champignons cuits à blanc.

프렝타니에 완두콩(Petits pois printaniers)

구슬양파 갈색으로 윤내기
GLACER À BRUN DES PETITS OIGNONS

조리법의 시작 부분은 《작은 채소 투명하게 윤내기 GLACER DES PETITS LÉGUMES À BLANC》와 동일하다.(앞 장 참조)

갈색으로 윤을 낸 구슬양파(Petits oignons glacés à brun)

❶ 채소를 익히며 육수를 증발시킨다. 이렇게 하면 시럽이 가볍게 캐러멜화 된다.

❷ 금색 캐러멜 시럽에 구슬양파를 굴리며 감싼다.

❸ 금색 캐러멜 시럽에 찬물 몇 방울을 첨가하며 색깔 내기를 마무리한다.

❹ 윤을 낸 구슬양파를 덜어 담는다.

❺ 사용한 소테팬에 소량의 물을 넣어 끓여 세척한다.

활용법

• 갈색 곁들임 요리 Petites garnitures brunes(그랑메르 grand—mère, 부르고뉴 bourguignonne, 마렝고 Marengo 등등)

감자를 곁들인 양고기 스튜(Navarin aux pommes)

굽기 SAUTER

정의

굽기는 강한 불에 뚜껑을 열고 소량의 지방을 둘러 납작한 용기(프라이팬, 소뚜와, 소테팬 등등)를 사용해 식품을 익히는 것이다.

빠르게 익히는 이 조리법은 주로 작은 고기 덩어리를 익힐 때 사용한다.

프라이팬에 구운 음식의 경우, 특별히 팬 구이 Peôle라고 이름 붙인다.

붉은색 고기의 작은 덩어리 굽기
SAUTER DES PETITES PIÈCES DE VIANDE ROUGE

앙트르코트(ENTRECÔTES : 갈비뼈 사이의 등심), 등심(CONTRE-FILETS), 스테이크와 데글라세한 갈색 소스(ET RÉALISER UNE SAUCE BRUNE PAR DÉGLAÇAGE) 만들기

보르도식 앙트르코트(Entrecôte Bordelaise)

부위에 따라 고기 준비하기 Préparer la viande selon le morceau
– 지방, 힘줄 등을 제거하며 손질해 자른 후 실로 묶는다.

고기 익힐 준비하기 Marquer la viande en cuisson
– 식용유와 버터를 두르고 센 불에 고기를 익힌다.
– 고기를 굽기 직전 또는 직후에 양념한다.

❶ 뒤집개를 사용해 고기를 뒤집는다.**(포크로 찔러 뒤집지 않는다.)**
❷ 원하는 굽기 정도로 익히고(블루 레어 bleu, 레어 saignant, 미디엄 à point, 웰던 bien cuit), 손가락으로 찔러 확인한다.

❸ 그릴망이 있는 트레이 또는 뒤집어 놓은 접시 위에 고기를 담는다.
❹ 소스를 만드는 동안 고기를 따뜻하게 둔다.

데글라세한 소스 만들기
RÉALISER UNE SAUCE COURTE PAR DÉGLAÇAGE

❶ 소뚜와의 기름기를 부분적으로 제거한다.

❷ 소스 만들기 Réaliser la sauce

– (조리법에 따라) 잘게 썰거나 얇게 슬라이스한 셜롯을 첨가한다.

– 색깔이 나지 않게 볶는다.

❸ (소스 이름에 맞춰) 화이트 또는 레드 와인으로 데글라세한다.

❹ 와인의 신맛을 줄이기 위해 2/3로 졸인다.

❺ 진하게 리에종한 송아지 갈색 육수와 소량의 미트 글레이즈를 첨가한다.

❻ 주걱으로 저으며 천천히 소스를 졸인다.(거품기를 사용하지 않는다.)

❼ 소스의 농도와 간을 확인한다.

❽ 소스를 차이나 캡에 거르고 알맞게 버터를 넣어 섞는다.*

《셜롯 l'échalote》이 들어간 소스는 차이나 캡에 거르지 않는다.

그릇에 담기 Dresser

– 접시에 고기를 담는다.

– 요리 이름에 따른 곁들임을 골고루 담는다.(예를 들어, 핏물을 빼고 삶은 소의 골수 moelle de bœuf)

– 소스를 골고루 뿌린다.

활용법

- 베르시 소스 스테이크(Steak Bercy)
- 와인 소스 앙트르코트(Entrecôte marchand de vin)
- 셜롯을 곁들인 비프 스테이크(Onglet a l'échalote)

붉은색 고기의 작은 덩어리는 구운 후에 주로 양념한다. 소금을 뿌리면 핏물이 나오기 때문이다. 뒤집을 때에는 포크 대신 뒤집개를 사용한다. 포크를 사용하면 피가 흘러나올 수 있다.

붉은색 고기의 작은 덩어리 굽기
SAUTER DES PETITES PIÈCES DE VIANDE ROUGE

파베 드 럼스텍 PAVÉS DE RUMSTECK, 콩트르필레 CONTRE–FILETS,
앙트르코트 ENTRECÔTES, 투르느도 TOURNEDOS, 누아제트 NOISETTES
등과 데글라세 크림 소스 SAUCE CRÉMÉE PAR DÉGLAÇAGE

후추 비프 스테이크(Steaks au poivre)

부위에 따라 고기 준비하기 Préparer la viande selon le morceau
– 지방, 힘줄 등을 제거하며 손질해 자른 후 실로 묶는다.

빨은 통후추 준비하기 Préparer la mignonrette
– 주문 시 작은 소테팬 등을 사용해 통후추를 빨아준다.
– 비프 스테이크에 빨은 통후추를 앞뒤로 묻힌다.

① 소뚜와 또는 낮은 소스포트를 센 불에 올린다.

② 소량의 버터와 식용유를 첨가한다.

③ 고기에 소금을 뿌린다.(구운 후에 뿌릴 수도 있다.)

④ **빨은 통후추를 앞뒤로 묻힌 비프 스테이크에는 다시 후추를 뿌리지 않는다.**

⑤ 버터가 금색이 되면 고기를 센 불에 굽는다.

⑥ **포크로 찔러 뒤집지 않고, 뒤집개를 사용해 고기를 뒤집는다.**

⑦ 고기를 구울 때 생긴 즙이 타지 않고 알맞게 캐러멜화 되도록 잘 살펴보며 굽는다.

⑧ 손님이 원하는 굽기 정도로 익힌다.(블루 레어, 레어, 미디엄, 웰던) 새끼 양고기 스테이크는 일반적으로 《속살이 분홍색이 되도록 rosées》 굽는다

⑨ 그릴망이 있는 트레이 또는 뒤집어 놓은 접시 위에 고기를 담는다.

⑩ 고기는 따뜻하게 보관한다.

데글라세한 소스 만들기
RÉALISER UNE SAUCE COURTE PAR DÉGLAÇAGE

소스 만들기 Réaliser la sauce

– 소뚜와의 기름기를 부분적으로 제거한다.

– 화이트 와인으로 데글라세한 후 신맛을 줄이기 위해 3/4으로 졸인다.(조리법 참조)

❶ 리에종한 송아지 갈색 육수를 첨가해 다시 졸인다.(갈색 소스를 거품기로 젓지 말고 소스용 주걱을 사용해 젓는다.)

❷ 소량의 크림을 첨가한다.

❸ 소스를 다시 졸인 후 차이나 캡에 거른다.

❹ 불을 끄고 마무리용 버터를 넣어 섞는다.

❺ 소스의 색깔, 농도, 간을 확인한다.

그릇에 담기 Dresser

– 고기를 그릇에 담고 오븐 입구에 따뜻하게 둔다.

– 소스를 골고루 뿌린다.

흰색 고기의 작은 덩어리 굽기 SAUTER DES PETITES PIÈCES DE VIANDE BLANCHE

송아지 에스칼로프와 갈비 ESCALOPES ET CÔTES DE VEAU, 돼지고기 메다이옹과 갈비 MÉDAILLONS ET CÔTES DE PORC, 칠면조 가슴살 등과 데글라세한 크림 소스 만들기 BLANCS DE DINDE... ET RÉALISER UNE SAUCE CRÉMÉE PAR DÉGLAÇAGE

크림 소스 에스칼로프(Escalopes à la crème)

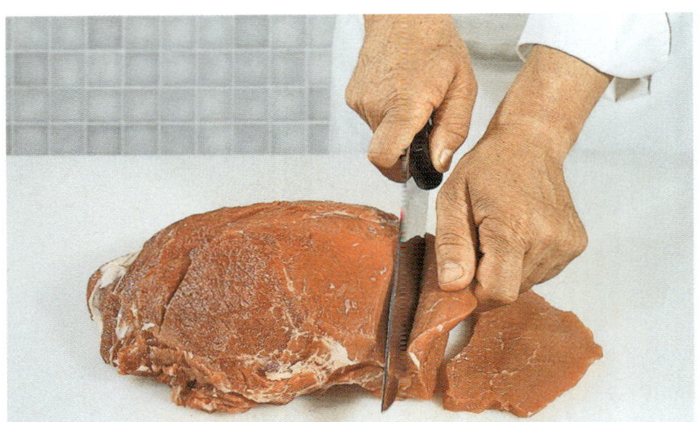

부위에 따라 고기 준비하기 Préparer la viande selon le morceau

– 지방, 힘줄 등을 제거하며 손질하고 두드려 납작하게 하고 뼈의 끝을 잘라
  정리한다.(p. 307, 315, 317 참조)

❶ 소뚜와 또는 낮은 소스포트를 중불에 올린다.

❷ 소량의 버터와 식용유를 첨가한다.

❸ 소금, 후추를 뿌린다.(송아지 에스칼로프와 칠면조 가슴살은 알맞게
  밀가루를 묻혀도 좋다.)

❹ 버터가 금색이 되면 고기를 팬에 올린다-.

❺ **버터가 갈색이 되지 않도록 조심하며 천천히 익힌다.**

❻ 고기를 뒤집어 다른 쪽도 잘 굽는다. **고기가 노릇노릇해져야 한다.**

❼ 손가락으로 눌러보며 익은 정도를 확인한다. 잘 익은 고기는 단단해진다.

❽ 그릴망이 있는 트레이 또는 뒤집어 놓은 접시 위에 고기를 담는다.

❾ 소스를 만드는 동안 고기를 따뜻하게 둔다.

데글라세해 소스 만들기
RÉALISER UNE SAUCE COURTE PAR DÉGLAÇAGE

소스 만들기 Réaliser la sauce

– 팬의 기름기를 부분적으로 제거한다.

– 요리에 따라 포르투 와인 또는 화이트 와인으로 데글라세한 후 신맛
  조절을 위해 3/4로 졸인다.

– 크림을 첨가하고 리에종한 송아지 갈색 육수 소량으로 가볍게 리에종한다.

❶ 소스의 농도, 간이 적당한지, 연한 아이보리색이 나는지를 확인한다.

❷ 소스를 차이나 캡에 거른다.

❸ 요리 이름에 알맞은 곁들임, 볶은 양송이버섯, 찐 모렐버섯 morilles étuvées 등을 첨가한다.

❹ 마무리용 버터를 넣어 살살 섞는다.

그릇에 담기 Dresser

- 고기를 접시에 담는다.(에스칼로프는 긴 접시, 갈비는 둥근 접시)
- 갈비의 뼈는 접시 중앙을 향하도록 담는다. 200도 온도 오븐에 접시를 몇 초 동안 둔다.
- 소스를 골고루 뿌린다.

활용법

- 크림소스, 포르투갈 소스, 모렐버섯을 곁들인 에스칼로프, 발레도쥬식 에스칼로프(Escalopes à la crème, au porto, aux morilles, vallée d'Auge…)
- 겨자, 파프리카 소스를 곁들인 돼지고기 메다이옹(Médaillon de porc à la moutarde, au paprika…)

흰색 고기의 작은 덩어리 굽기 SAUTER DES PETITES PIÈCES DE VIANDE BLANCHE

돼지갈비와 메다이옹 CÔTES ET MÉDAILLONS DE PORC, 에스칼로프 ESCALOPES, 피카타 PICCATAS, 송아지 안심 MIGNONS DE VEAU, 칠면조 가슴살과 데글라세한 갈색 소스 만들기 BLANCS DE DINDE ET RÉALISER UNE SAUCE BRUNE PAR DÉGLAÇAGE

샤르퀴티에르 소스 돼지갈비 스테이크(Côtes de porc charcutière)

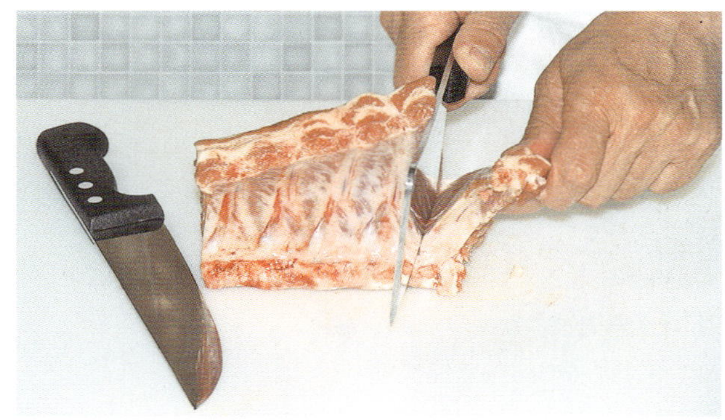

부위에 따라 고기 준비하기 Préparer la viande selon le morceau

- 지방, 힘줄 등을 제거하며 손질하고 두드려 납작하게 하고 뼈의 끝을 잘라 정리한다.

❶ 소뚜와 또는 낮은 소스포트를 중불에 올린다.

❷ 소량의 버터와 식용유를 첨가한다.

❸ 소금, 후추를 뿌린다.(송아지 또는 닭고기 스테이크 중 일부는 알맞게 밀가루를 묻혀도 좋다.)

❹ 버터가 금색이 되면 고기를 팬에 올린다.

❺ 버터가 갈색이 되지 않도록 조심하며 천천히 익힌다.

❻ 고기 색깔이 노릇노릇해지면 뒤집어 다른 쪽도 잘 굽는다.

❼ 고기 색깔이 전체적으로 고르게 연한 갈색이 되어야 한다.

잘 익었는지 확인하기 S'assurer de la cuisson

– 손가락으로 눌러보면 잘 익은 고기는 단단하다.

❶ 그릴망이 있는 트레이 또는 뒤집어 놓은 접시 위에 고기를 담는다.

❷ 소스를 만드는 동안 고기를 따뜻하게 둔다.

데글라세해 소스 만들기
RÉALISER UNE SAUCE BRUNE PAR DÉGLAÇAGE

소스 만들기 Réaliser la sauce

– 팬의 기름기를 부분적으로 제거한다.

– 요리에 따라 잘게 썬 셜롯 또는 양파를 첨가해 색깔이 나지 않게 볶는다.

❶ 샤르퀴티에르 charcutière 소스 돼지갈비 Côtes de porc charcutière 의 경우 마데이라 와인 Madère, 마르살라 와인 Marsala 등의 화이트 와인으로 데글라세한다.

❷ 리에종한 송아지 갈색 육수를 첨가하고 다시 졸인다.(갈색 소스를 거품기로 섞지 않고 소스용 주걱으로 저으며 졸인다.)

❸ 소스를 차이나 캡에 거른다.

❹ 소스의 색깔, 농도, 간을 확인한다.

❺ 요리 이름에 알맞은 곁들임을 첨가한다.(예를 들면, 돼지갈비의 경우, 샤퀴티에 소스 겨자, 채 썬 코르니숑)

❻ 마무리용 버터를 넣어 살살 섞는다.

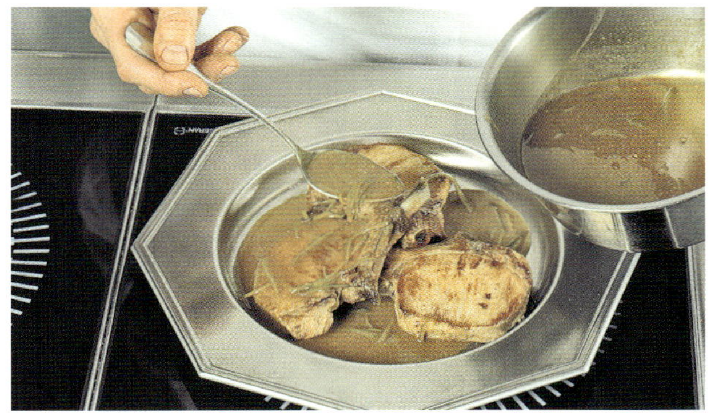

그릇에 담기 Dresser

– 고기를 접시에 담는다.

– 200도 온도 오븐에 접시를 몇 초 동안 둔다.

– 소스와 곁들임을 골고루 뿌린다.

활용법

• 샤르퀴티에르 소스, 로베르 소스 돼지 갈비 Côtes de porc charcutière, Robert

• 시실리산 와인 소스 피카타, 에스칼로프 Piccatas, escalopes au marsala

• 샤슈르 소스, 뒤록 소스 송아지 메다이옹 Médaillon de veau chasseur, Duroc

흰색 소스 닭구이 만들기
RÉALISER UN POULET SAUTÉ À BLANC

크림, 파프리카 가루, 모렐버섯, 리즐링 와인 등을 넣은 소스
À LA CRÈME, AU PAPRIKA, AUX MORILLES, AU RIESLING

발레도쥬식 닭구이(Poulet sauté vallée d'Auge)

❶ 생닭을 손질하고 자른 후, 뼈 끝을 잘라 정리한다.(p. 337~341 참조)

❷ 닭 뼈와 허드레 고기를 사용해 닭고기 흰색 육수를 끓인 후(p. 368 이후 참조) 벨루테를 만들기 위해 가볍게 리에종한다.

자른 닭고기 익힐 준비하기 Marquer les morceaux de poulet en cuisson

– 소금, 후추를 뿌린 후 밀가루를 묻히고 살살 털어 많이 묻은 부분을 정리한다.

❶ 소뚜와 또는 낮은 소스포트에 버터를 둘러 녹인다.
❷ **껍질 부분이 먼저 구워지도록** 닭고기를 담고 노릇노릇 몇 분 동안 굽는다.

❸ 뒤집어서 반대 쪽도 굽는다.
❹ 껑을 덮고 200도 오븐에 넣어 마무리한다.
❺ 넓적다리보다 몇 분 먼저 날개를 꺼낸다.
❻ 남은 닭고기를 덜어 담는다.
❼ 잘 익었는지 확인하고, 소스(갈색 소스 닭구이와 동일)를 만드는 동안 따뜻하게 보관한다.

데글라세해 소스 만들기 Réaliser la sauce par déglaçage
– 팬의 기름기를 부분적으로 제거한다.
– 잘게 썬 셜롯을 첨가한다.
– 천천히 볶는다.

– 요리에 따라 화이트 와인, 사과주, 맥주 등등으로 데글라세한다.
– 신맛 조절을 위해 3/4으로 졸인다.

❶ 닭고기 벨루테를 첨가하고 거품기 또는 소스용 주걱으로 천천히 저으며 졸인다.(p. 389~391 참조)

❷ 크림을 첨가한다.
– 다시 졸인다.
– 소스의 농도, 색깔, 간을 확인한다.

❸ 소스를 차이나 캡에 걸러 작은 소테팬 또는 추후 사용을 위해 중탕 용기에 담는다.

❹ 소스를 63도 이상 온도에 보관한다.

그릇에 담기 Dresser

– 뼈가 접시 중앙을 향하도록 닭고기를 담는다.

– 요리 이름에 맞는 곁들임을 첨가한다(흰색 소스 버섯 볶음, 찐 모렐버섯, 투명하게 윤낸 구슬양파 등등).

– 소스를 골고루 뿌린다.

닭을 구운 후 즉시 제공하지 않을 경우, 소스를 뿌려 63도 이상으로 보관하는 것이 좋다.
이러한 경우, 소스를 뿌린 닭고기를 끓이지 않도록 조심한다.(닭구이가 흰색 소스 닭고기 스튜로 변하게 된다.)

갈색 소스 닭구이 만들기
RÉALISER UN POULET SAUTÉ À BRUN

사슈르 CHASSEUR, 부르고뉴 BOURGUIGNONNE, 바스크 BASQUAISE 소스 등등

부르고뉴 소스 닭구이(Poulet sauté bourguignonne)

❶ 생닭을 손질하고 자른 후, 뼈 끝을 잘라 정리한다.

❷ 닭 뼈와 허드레 고기를 사용해 가볍게 리에종한 닭고기 갈색 육수를 끓인다.(p. 365 참조)

자른 닭고기 익힐 준비하기 Marquer les morceaux de poulet en cuisson

– 소금, 후추를 뿌린 후 밀가루를 묻히고 살살 털어 많이 묻은 부분을 정리한다.

❶ 소뚜와 또는 낮은 소스포트에 버터 또는 버터와 소량의 식용유를 둘러
　금색이 되도록 녹인다.

❷ **껍질 부분이 먼저 구워지도록** 닭고기를 담고 노릇노릇 몇 분 동안 굽는다.

❸ 뒤집어서 반대 쪽도 굽는다.

❹ 뚜껑을 덮고 200도 오븐에 넣어 마무리한다.

❺ 넓적다리보다 몇 분 먼저 날개를 꺼낸다.

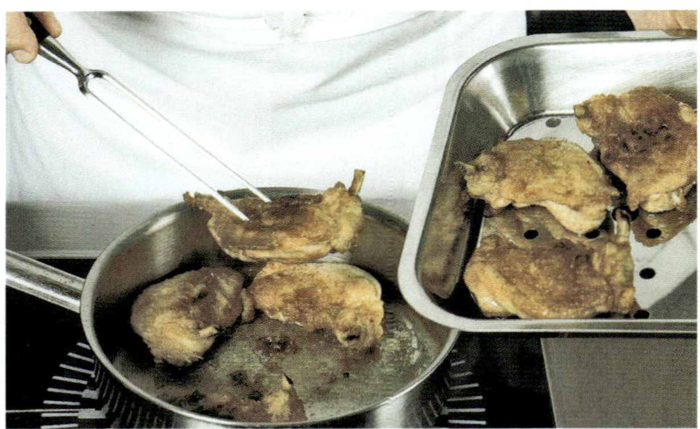

❻ 남은 닭고기를 덜어 담고 잘 익었는지 확인한다.(**조리용 바늘로 넓적다리를
　찔렀을 때 핏물 자국 없이 투명한 액체가 흘러나와야 한다.**)

❼ 닭고기는 따뜻하게 보관한다.

데글라세해 소스 만들기 Réaliser la sauce par déglaçage

– 팬의 기름기를 부분적으로 제거한다.

– 잘게 썬 셜롯을 첨가한다.

– 천천히 볶는다.

– 요리에 따라 화이트 또는 레드 와인으로 데글라세한다.

– 신맛 조절을 위해 3/4으로 졸인다.

❶ 가볍게 리에종한 닭고기 갈색 육수를 첨가한다.(p. 365 참조)

❷ 거품기를 사용하지 않고 소스용 주걱으로 저으며 졸인다.

❸ 소스의 색깔, 농도, 간을 확인한다.

❹ 소스를 차이나 캡에 거른다.(곁들임이 없는 경우)

5 마무리용 버터를 알맞게 넣어 섞어준다.

그릇에 담기 Dresser

– 뼈가 접시 중앙을 향하도록 닭고기를 담는다.

– 요리 이름에 맞는 곁들임을 첨가한다.(양송이버섯 볶음, 그물버섯(세프)
볶음, 아티초크 볶음, 라르동, 윤낸 양파, 처빌, 타라곤 등등)

– 소스를 골고루 뿌린다.

닭고기 쉬프렘 굽기
SAUTER DES SUPRÊMES DE VOLAILLE

(새끼 오리 CANETON)

초록 후추 소스 새끼 오리 쉬프렘(Suprêmes de caneton au poivre vert)

데글라세해 소스 만들기
RÉALISER UNE SAUCE COURTE PAR DÉGLAÇAGE

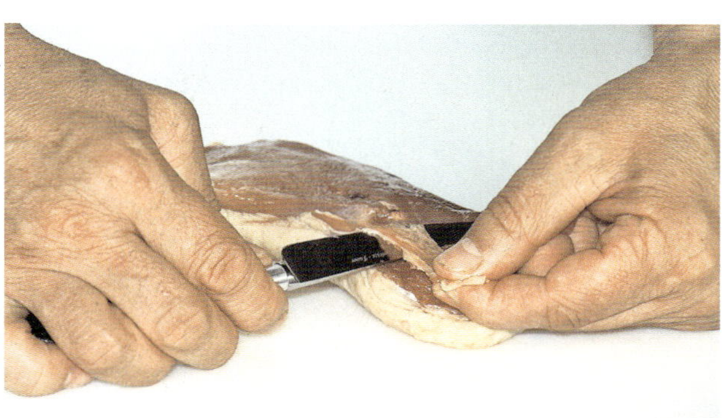

1 새끼 오리 쉬프렘의 힘줄을 제거해 손질하고 껍질에 칼집을 내거나
격자무늬를 낸다.(p. 347 참조)

2 소뚜와에 소량의 버터와 식용유를 두르고 쉬프렘에 소금, 후추를 뿌려
굽는다.

3 껍질 부분을 먼저 굽는다.

4 (껍질 부분 지방이 녹도록) 2/3 정도 익힌다.

5 뒤집개로 뒤집어 굽기를 마무리한다.

6 손님의 특별한 주문이 없을 경우, 쉬프렘 속 살이 분홍색이 되도록
굽는다.

소스 만들기 Réaliser la sauce

– 소뚜와의 기름기를 부분적으로 제거한다.

– 꼬냑으로 불을 붙여 풍미를 준다.(선택사항)

❶ 그릴망이 있는 트레이에 쉬프렘을 옮겨 담는다.

❷ 소스를 만드는 동안 쉬프렘을 따뜻한 곳에 보관한다.

소스 마무리하기 Terminer la sauce

– 기름기를 부분적으로 제거한다.

– 화이트 와인으로 데글라세한다.

– 신맛 조절을 위해 3/4이 되도록 졸인다.

❶ 가볍게 리에종한 오리고기 갈색 육수를 첨가한다.

❷ 소스를 살짝 졸인다.

❸ 요리 이름에 알맞은 곁들임을 첨가하고(예를 들어, 초록색 후추), 숟가락 뒷면으로 살짝 으깬다.

❹ (조리법에 따라) 소량의 크림을 첨가한다.

❺ 다시 졸인다.

❻ 소스의 색깔, 농도, 간을 확인한다.

❼ 마무리용 버터를 알맞게 넣고 섞어준다.

그릇에 담기 Dresser

– 쉬프렘을 에스칼로프로 자른다. 손님 앞에서 잘라 줄 수도 있다.*(선택사항)

– 껍질 부분이 위로 보이도록 접시에 대각선으로 쉬프렘을 담는다.

– 고기 둘레에 소스를 한 줄로 두른다.

   * 주방에서 쉬프렘을 에스칼로프로 자를 경우. 껍질을 살짝 뗀 후 쉬프렘 에스
     칼로프 위에 다시 덮을 수 있다. 주방에서 슬라이스한 쉬프렘 위에는 절대
     로 소스를 뿌리지 않는다.(쉬프렘이 과도하게 익어 분홍색 속 살 색깔이 변
     할 위험이 있다.)

생선 《뫼니에르》 굽기 SAUTER DES POISSONS
PORTIONS FAÇON 《MEUNIÈRE》

가자미 SOLES, 송어 TRUITES, 생선 토막 DARNES, 생선 필레 FILETS,
에스칼로프 ESCALOPES 등등

가자미 뫼니에르 Soles meunière

---

[1] 처음에 구운 면을 뒤집어 그릇에 담아 손님
쪽을 향하도록 하는 것이 바른 방향이다.

가자미 뫼니에르 SOLES MEUNIÈRE

가자미 손질하기 Habiller les soles : p. 249~250 참조

– 내장을 제거하고 갈색 껍질을 벗긴다.

– 흰색 껍질은 벗기지 않고 비늘을 제거한다.

– 물에 담가 불순물을 재빨리 제거하고 물기를 잘 닦는다.

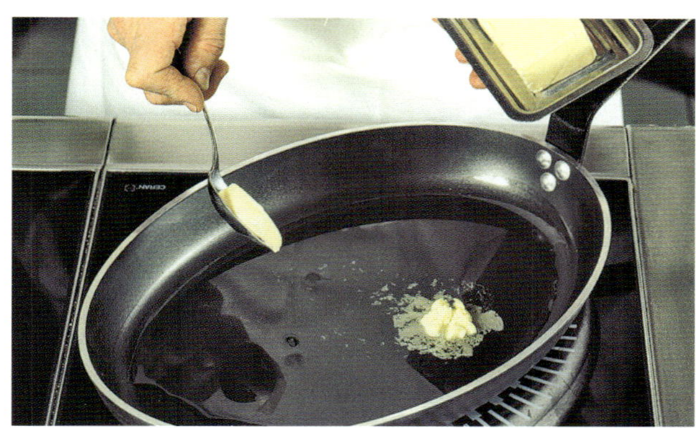

❶ 불 세기를 잘 조절한다.(일반적으로 생선이 노릇노릇 잘 익도록 중불로
   맞춘다.)

❷ 프라이팬에 식용유와 버터를 함께 두른다.

❸ 생선에 양념을 하고 밀가루를 묻힌다.

– 마지막에 밀가루를 묻히고 살살 털어 밀가루가 많이 묻은 부분을 정리한다.

버터가 금색이 되면 가자미 굽기 시작하기
Marquer les soles en cuisson lorsque le beurre blondit dans la poêle

– 프라이팬에 대각선으로 흰색 껍질 부분을 아래쪽으로 향하게(au–
   dessous)[1] 먼저 굽는다.

– 버터가 타지 않게 조심하며 천천히 굽는다.

1 노릇노릇해지면 조심스럽게 뒤집는다.

– 금속 뒤집개 또는 생선 머리 아래쪽을 집을 조리용 포크를 사용한다.

2 프라이팬의 기름을 수시로 생선 위에 뿌려준다.(생선이 건조해질 위험을 막기 위해 기름을 뿌려주고, 꼬리 쪽에 얇은 감자 조각을 받쳐 두면 좋다.)

3 두꺼운 가자미의 경우, 오븐에 넣어 굽기를 마무리한다.

잘 익었는지 확인하기 Contrôler la cuisson

– 머리 위를 살짝 눌러 확인하며, 필레가 뼈에서 쉽게 분리되어야 한다.

먼저 익힌 흰색 껍질 부분이 위로 향하게 그릇에 담기
Dresser les soles, la peau blanche cuite en premier sur le dessus[2]

– 머리가 접시 왼쪽 위로 향하도록 하고 배 부분이 손님 쪽을 향하도록 대각선으로 담는다.

– 레몬즙을 뿌린 후 헤이즐넛 버터를 골고루 뿌린다.

껍질을 칼로 벗긴 레몬 조각 1~2개를 가자미 위에 올리기
Disposer sur chaque sole une ou deux lamelles de citron pelé à vif

– 다진 파슬리를 알맞게 뿌린다.

[2] 껍질에 세로 홈을 파 장식한 반달 모양 레몬 조각을 생선 둘레에 둘러 장식할 수도 있다.

송어 뫼니에르 TRUITES MEUNIÈRE

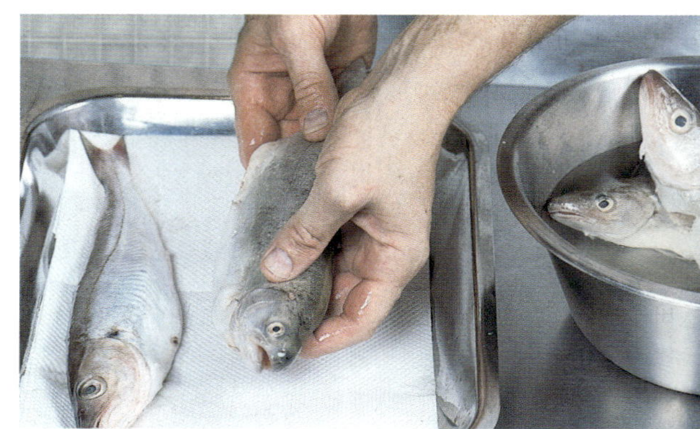

송어 손질하기 Habiller les truites(p. 235~236 참조)

❶ 흐르는 물에 핏덩어리를 문질러 씻는다.

❷ 얼음물에 담가 불순물을 제거하고 물기를 잘 닦는다.

❸ 불을 잘 조절한다.(일반적으로 생선이 노릇노릇 잘 익도록 중불로 맞춘다.)

❹ 프라이팬에 식용유와 버터를 함께 두른다.

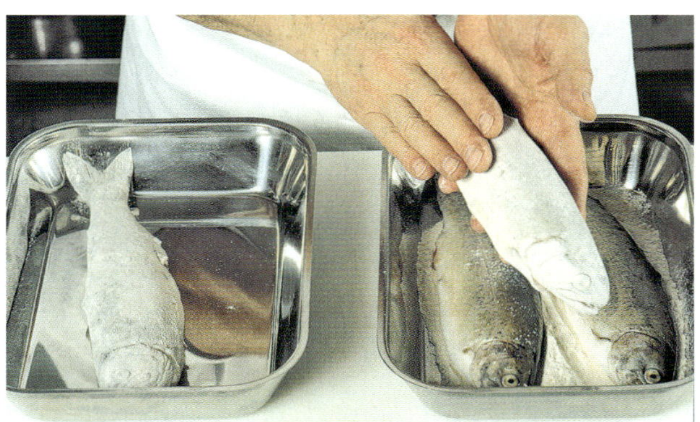

❺ 생선에 양념을 하고 밀가루를 묻힌다.

❻ **마지막에 밀가루를 묻히고** 살살 털어 밀가루가 많이 묻은 부분을 정리한다.

버터가 금색이 되면 가자미 굽기 시작하기

Marquer les truites en cuisson lorsque le beurre blondit dans la poêle

– 프라이팬에 송어 머리가 왼쪽 위로 향하도록 대각선으로 넣고 굽는다.

– 버터가 타지 않게 조심하며 천천히 굽는다.(그릇에 담을 때의 반대 방향으로)

노릇노릇해지면 조심스럽게 뒤집기

Les retourner délicatement lorsqu'elles sont bien dorées

– 금속 뒤집개를 송어 아래에 넣어 생선이 부스러지지 않게 조심하며 반대 쪽 손으로 잡는다.(그릇에 담을 때의 방향으로 놓는다.)

– 프라이팬의 기름을 수시로 생선 위에 뿌려준다.

– 노릇노릇하게 굽기를 마무리한다.

그릇에 담기 Dresser les truites

– 잘 익었는지 확인한다.(머리 뒷부분을 살짝 눌러 확인하며, 필레가 뼈에서 쉽게 분리되어야 한다.)

– 생선 배 부분이 손님 쪽을 향하도록 대각선으로 접시에 담는다.

– 레몬즙을 뿌린 후 헤이즐넛 버터를 골고루 뿌린다.

껍질을 칼로 벗긴 레몬 조각 1~2개를 송어 위에 올리고, 다진 파슬리를 알맞게 뿌린다. 껍질에 세로 홈을 파 장식한 반달 모양 레몬 조각을 생선 둘레에 둘러 장식할 수도 있다.

생선 필레 《뫼니에르》 굽기
SAUTER DES FILETS DE POISSON 《MEUNIÈRE》

한쪽 면만 구운 연어 뱃살 스테이크(Dos de saumon à l'unilatérale)

❶ 생선 필레를 슬라이스한다.(크기에 따라 – p. 245, 248 참조)
– 물기를 잘 닦아준다.
❷ 양념을 하고 마지막에 알맞게 밀가루를 묻힌다.
❸ **생선 뼈가 있는 부분을 먼저** 프라이팬에 굽는다.(먼저 구운 필레 면이 그릇에 담을 때 위로 보인다.)
❹ 버터가 타지 않도록 조심하며 노릇노릇 굽고 뒤집어 다른 쪽도 굽는다.

그릇에 생선 필레 담기 Dresser les filets

– 잘 익었는지 확인한다.(손으로 눌렀을 때 아무런 저항감이 없어야 한다.)
– 접시에 생선 필레를 담는다. 레몬즙을 뿌리고 헤이즐넛 버터를 골고루 뿌린다.
– 껍질을 칼로 벗긴 레몬 조각 1~2개를 생선 필레 위에 올린다.
– 다진 파슬리를 알맞게 뿌린다.

튀김 옷 입힌 생선 필레 굽기 SAUTER DES FILETS DE POISSON PANÉS À L'ANGLAISE

생선 필레에 소금, 후추를 뿌리고 계란물에 빵가루를 입힌 후 칼 등으로 격자무늬를 낸다.(p. 454/455 참조)

❶ **생선 필레의 격자무늬를 낸 면을 먼저 프라이팬에 굽는다.** 버터가 식용유와 함께 금색이 되기 시작해야 한다.
❷ 빵가루는 금방 타므로 **천천히 익힌다.**
❸ 색깔이 골고루 나도록 프라이팬을 수시로 움직여준다.
❹ 큰 뒤집개를 사용해 조심스럽게 생선 필레를 뒤집는다.
❺ 격자무늬가 있는 면이 위에 오도록 한다.
❻ 익히는 동안 프라이팬의 기름을 수시로 뿌려준다.
❼ 다시 소금을 조금 뿌린다.

그릇에 담기 Dresser

– 접시에 대각선으로 생선 필레를 담는다.

– 톱니 모양으로 자른 레몬 반쪽과 작은 파슬리 다발로 장식한다.

– 소스는 따로 담아낸다.(혼합 버터, 타르타르 소스 등등)

가리비 관자 굽기
SAUTER DES COQUILLES SAINT-JACQUES

❶ 가리비 껍질을 연다.

❷ 손질하고 헹군 후 관자 가장자리를 정리한다.(p. 268/269 참조)

다음과 같은 두 가지 조리법을 가장 많이 사용한다.

1) 《있는 그대로》 굽기 sautées 《nature》)

2) 《뫼니에르》 방식으로 굽기 sautées façon 《meunière》

첫 번째 방법
《있는 그대로》 굽기 SAUTÉES 《NATURE》

❶ 키친타월 위에 가리비 관자를 올려 물기를 뺀다.

❷ 소금, 후추를 뿌린다.

두 번째 방법
《뫼니에르》 방식으로 굽기 SAUTÉES FAÇON 《MEUNIÈRE》

❶ 키친타월 위에 가리비 관자를 올려 물기를 뺀다.

❷ 소금, 후추를 뿌린 후 밀가루를 묻힌다.

밀가루가 많은 부분 털기 Enlever l'excédent de farine

밀가루를 묻힌 가리비 관자를 체에 올리고 살살 흔들어준다

가리비 관자 굽기 Sauter les coquilles Saint-Jacques

– 정제 버터를 프라이팬에 둘러 금색이 되게 한다.

– 관자가 겹치지 않게 프라이팬에 붓는다.

– 조심스럽게 뒤집은 후 프라이팬에 금색으로 녹은 버터를 관자 위에 뿌린다.

❶ 몇 분 동안 익힌다. 가리비 관자의 겉은 노릇노릇하고 속은 반투명(진주 빛 nacrées)이어야 한다.

❷ 가리비 관자를 그릇에 담는다.

가리비 관자를 익힐 때에는 주의가 필요하다-. 기름이 너무 뜨겁게 달궈진 상태에서 가리비 관자를 익히면 많이 오므라들고 딱딱해진다. 또한, 기름이 충분히 달궈지지 않으면 관자의 즙이 흘러나와 건조해지고 질겨진다.
뫼니에르 조리법(La technique dite à la meunière)으로 밀가루를 입힌 가리비 관자를 요리할 경우에는 냉동 관자 또는 불순물을 제거하기 위해 너무 오랫동안 물에 담가 둔 가리비 관자(Saint–Jacques trempées)*에 더욱 적합하다.

  * 프랑스에서는 생가리비 관자를 액체에 담가 판매하는 것을 금지하고 있다.
    주로 우유에 담그고 액체 때문에 무게가 30%까지 늘어난다.

버섯 볶기 SAUTER DES CHAMPIGNONS

도톰하게 슬라이스 ESCALOPÉS, 4등분 EN QUARTIERS, 얇게 슬라이스 ÉMINCÉS

버섯볶음(Champignons sautés)

❶ 버섯을 다듬어 씻는다.(p. 144/145 참조)

❷ 요리에 따라 도톰하게 또는 얇게 슬라이스하거나 4등분으로 자른다.

❶ 프라이팬에 버터를 두르고 금색이 되도록 달군다. **버섯의 수분이 나오지 않게 센 불에 익혀야 한다.**

❷ 한번에 소량으로 버섯을 붓는다.

❸ **조금 기다렸다 볶는다.**(차가운 버섯을 넣으면 버터의 온도가 떨어지기 때문이다.)

❹ 색깔이 나기 시작하면 볶는다. 버섯에서 수분이 나오면 안 된다.(버섯에서 나온 수분이 프라이팬에서 끓으면 안 된다.) 버섯에서 수분이 나오면 건조해진다.

⑤ 양념을 한 후 그릇에 담는다.

활용법

• 갈색 곁들임(그랑메르 Grand-mére, 부르고뉴 bourguignonne, 오믈렛)

감자 볶기 SAUTER DES POMMES DE TERRE

감자볶음(Pommes de terre sautées)

❶ 감자를 다듬어 씻는다.

❷ 실린더 모양으로 동그랗게 깎는다.

❸ 2~3mm 두께의 동그란 슬라이스로 자른다.(p. 208 참조)

❹ 물에 헹구고 물기를 잘 닦아준다.(물기가 있을 경우 기름이 튀어 화상의 위험이 있음)

⑤ 프라이팬을 센 불에 올려 식용유를 달군다.(180도)

⑥ 물기를 잘 닦은 감자를 소량으로 넣는다.

❼ 식용유의 온도가 다시 오를 때까지 기다린 후 감자를 볶는다.

❽ 색깔이 골고루 나도록 잘 볶아준다.

❾ 스테인리스 채반에 감자를 부어 기름기를 뺀다.

❿ 키친타월로 프라이팬을 닦고 중불에 올린다.

⑪ 버터를 넣어 색깔이 나지 않고 무스 상태가 되도록 한다.

⑫ 감자를 버터에 볶고 가는소금으로 양념한다.

⑬ 채소용 접시에 감자를 담는다.

⑭ 다진 파슬리를 알맞게 뿌린다.

감자 노릇노릇 볶기
RISSOLER DES POMMES DE TERRE

쁨 코코트 POMMES COCOTTE, 쁨 누아제뜨 NOISETTES, 쁨 파리지엔 PARISIENNE, 쁨 샤또 CHÂTEAU

쁨 누아제뜨(Pommes noisettes)

쁨 샤또(Pommes château)

감자를 다듬어 씻고 모난 부분을 깎아 둥글게 만들거나 채소 볼러로 감자볼을 만든다.(p. 203 이후 참조)

감자 데치기 Blanchir les pommes de terre

– 낮은 냄비를 사용한다 (소테팬, 소스포트)

감자를 한 겹으로 담기 Les répartir sur une seule épaisseur

(겹치면 안 된다.)

❶ 감자 높이까지 찬물을 붓는다.

❷ 거품을 제거하며 끓인다.

❸ 감자의 물기를 뺀다. **노릇노릇 볶을 때 기름이 튀는 것을 막기 위해 감자를 물에 식히지 않는다.**

❹ 스테인리스 채반에 받쳐 감자의 물기가 빠지도록 둔다.

⑤ 깨끗한 팬을 다시 불에 올린다.

⑥ 식용유를 두르고 센 불에 180/190도로 달군다. *

⑦ 달궈진 기름에 한번에 감자를 붓고(기름이 튀지 않도록 조심). 골고루 펼친다.

⑧ 즉시 젓지 않는다.(감자를 부어 기름의 온도가 내려감)

> * 요리사에 따라 식용유와 버터를 섞거나 정제 버터를 넣어 감자를 노릇노릇 하게 볶기도 한다. 하지만 이 경우 버터는 잘 탄다. 식용유를 두르고 볶는 것 이 더 좋으며, 마지막에 기름기를 빼고 버터를 넣어 섞는 것이 좋다.

⑨ 물기가 없는 거품 또는 국자를 사용해 감자를 살살 뒤집어주며 노릇 노릇하게 볶는다. **소금을 뿌리면 감자가 팬에 들러붙을 위험이 있으므로 뿌리지 않는다.**

⑩ 매우 뜨거운 오븐(240/250도)에 감자를 넣어 완성한다. **뚜껑을 덮지 않는다.(물기가 생겨 감자가 물러질 위험)**

⑪ 감자가 잘 익었는지 확인한다.

⑫ **즉시 기름기를 뺀다.**(조리했던 기름이 스며들도록 내버려두지 않는다.)

⑬ 믹싱볼에 옮겨 담는다.

⑭ 노릇하게 볶아진 감자에 버터를 넣고 농도를 맞추며 버무린다.

⑮ 조각 버터를 첨가하고 소금을 뿌린다.

⑯ 완성한 후 그릇에 즉시 담는다.

뽐 코코트(Pommes cocotte)

노릇노릇 볶은 감자는 주문 시 요리한다.

버터를 바른 뽐 아나* 또는 감자 전병 만들기
RÉALISER DES POMMES ANNA* OU DES GA-LETTES DE POMMES DE TERRE AU BEURRE INDI-VIDUELLES

뽐 아나(Pommes Anna)

8인분용

❶ 샤를로트 Charlotte, BF15, 프랑슬린 Franceline 등의 품종과 같이 살이 단단한 감자 1kg을 다듬어 씻고 물기를 닦는다.

❷ 직경이 5cm 정도 되는 실린더 모양이 되도록 감자를 손질한다.

❸ 강판을 사용해 감자를 1.5~2mm 두께의 동그란 슬라이스로 만든다. (감자가 산화되어 거무스름하게 되는 것을 막기 위해 재빨리 작업한다.)

❹ 감자를 양념한다.(가는소금, 흰색 후춧가루, 강판에 간 넛맥) 감자 전분 20g을 첨가할 수도 있다.

❺ 블리니용 작은 프라이팬 또는 작은 타르트용 코팅 틀에 버터를 듬뿍 바른다.

❻ 프라이팬 또는 타르트 틀에 슬라이스한 둥근 감자를 화관 모양으로 담고, 얇게 썬 남은 감자로 가운데를 채워주며 마무리한다.

❼ 감자를 가볍게 누르고 위에 정제 버터를 뿌린다.

* 아나(Anna) : 프랑스의 천재 셰프 마리 앙투안 카렘(Marie Antoine Carême)의 제자 아돌프 뒤글레레(Adolphe Dugeléré)가 1870년부터 만들었던 옛날 조리법을 응용한 것이다. 《거리의 암사자 la lionne des boulevards》라고 불린 화류계의 여인, 아나 데리옹을 위해 만든 요리이다. 아나 데 리옹은 에밀 졸라 작품 속 인물인 나나의 모델이다. 미식가였던 아나 데 리옹은 프랑스 제2제정시대 미식의 전당이었던 카페 앙글레(Anglais)의 단골이었다고 한다.

⑧ 뽐 아나는 감자를 한 겹으로 배열할 수 있다.

⑨ 220도 오븐에 15분 동안 넣어 굽는다.

⑩ 감자가 노릇노릇 잘 익었는지 확인한다.

⑪ 면이 노릇노릇해지면 뒤집는다.

⑫ 틀에서 빼 접시에 담는다.

활용법

• 뽐 아나는 주로 소고기 또는 닭고기 스테이크나 오븐구이를 위한 곁들임
  요리로 사용한다.

뽐 아나는 센 불에서 조리를 시작하거나 마무리할 수 있다.
원래 뽐 아나는 《뽐 아나용 동냄비(casserole à pommes Anna)》라고 불리는
주석 도금된 특수 구리 용기에 만들어졌다(p. 92 참조)

뽐 도핀 만들기
RÉALISER DES POMMES DAUPHIN
(뽐 다팡 DARPHIN 또는 뽐 빠야송 PAILLASSON 또는 뽐 아네트 ANNETTE)

뽐 도핀(Pommes Dauphin)

8인분용

❶ 감자 1,6kg(빈취, 빅토리아, 삼바 등의 품종)을 다듬어 씻고 물기를 닦는다.

❷ 잘게 채 썰거나 강판에 간다.

❸ 살균한 면포에 감자를 넣어 세게 누르며 물기를 뺀다.

④ 감자를 양념한다.(소금, 흰색 후춧가루, 강판에 간 넛맥)

⑤ 감자 전분 40g을 뿌린다.

⑥ 섞어준다.

⑦ 타임 꽃, 마늘, 양파 퐁듀를 첨가할 수도 있다.

⑧ 코팅 프라이팬에 정제 버터 80g을 드르고 강판에 간 감자를 골고루 펼친다.

⑨ 뒤집개로 가볍게 눌러주며 두께가 일정하도록 고른다.

⑩ 노릇노릇 구워지도록 6〜8분 동안 천천히 첫 면을 굽는다.

⑪ 큰 뒤집개 또는 피자삽 또는 크고 납작한 접시를 사용해 감자 전병을 뒤집는다.

⑫ 220도 오븐에 넣어 다른 쪽 면도 노릇노릇하게 구워 완성한다.

• 뽐 도핀은 주로 소고기 또는 닭고기 스테이크나 오븐구이를 위한 곁들임 요리로 사용한다.

뽐 도핀은 블리니용 프라이팬을 사용해 개인용(1인분)으로 주로 만든다. 하지만 뽐 아나처럼 원래는 특별한 동냄비에 만들었다.(p. 92 뽐 아나(감자 케이크)용 동냄비 참조)

감자와플 만들기
RÉALISER DES GAUFRES DE POMME DE TERRE

감자와플(Gaufres de pomme de terre)

❶ 감자 1kg(삼바 Samba, 시저 Caesar 품종)을 다듬고 물기를 닦는다.

❷ 산화되어 거무스름하게 되지 않도록 재빨리 강판에 간다.

❸ 면포에 넣어 세게 누르며 물기를 짠다.

❹ 감자 전분 40g, 베이킹 파우더 4g, 계란 6개(또는 300g), 액상 크림 100ml, 뵈르 퐁듀 80g을 섞는다.

❺ 거품기를 사용해 혼합물과 강판에 간 감자를 골고루 섞는다.

❻ 양념한다.(소금, 후추, 강판에 간 넛맥)

❼ 와플 기계에 정제 버터 또는 식용유를 바른다.

❽ 감자 와플 반죽을 골고루 담는다.

❾ 와플 두께에 따라 6~8분 동안 굽는다. 노릇노릇하고 겉이 바삭하게 구워야 한다.

활용법

- 소스에 요리한 고기(라구, 브레제)의 곁들임 Garniture des viandes en sauce(ragoûts, braisés)
- 생선 스테이크 또는 오븐구이의 곁들임 Garniture des poissons sautés ou rôtis
- 휘핑크림 또는 서양 고추냉이 소스와 함께 내는 훈제 연어 요리의 곁들임 Accompagnement des poissons fumés avec de la crème fouettée ou de la sauce raifort

감자와플 반죽은 곁들이는 요리에 따라 타임 꽃, 잘게 썬 쪽파, 골파, 다진 마늘 또는 훈제 라르동 볶음 등을 첨가할 수 있다.

그릴에 굽기 GRILLER

정의

그릴에 굽는 것은 식품을 그릴에 올려 직접 익히거나 샐러맨더에 넣어 익히는 것이다. 빨리 익히는 이 조리법은 특별히 매우 연하고 작은 고기 덩어리를 익힐 때 사용한다.

사용하는 열(가스, 전기, 숯)에 따라 음식의 갓이 달라질 수 있다.

그릴구이용 조리 작업 기구 설치하기(또는 그릴구이 요리사의 작업대 설치하기) INSTALLER UN POSTE DE TRAVAIL À LA GRILLADE(ou un poste de grillardin)

❶ 그릴을 예열한다.

❷ 철솔(쇠로 된 그릴에만 사용) 또는 일반 솔(세척을 위한)을 사용해 힘차게 닦는다.

❸ 식용유를 얇게 바른다.

원하는 온도로 그릴 달구기 Régler le gril à la température souhaitée

– 덜 두꺼운 붉은색 소고기 또는 격자무늬를 낼 생선을 위해서는 매우 뜨겁게

– 도톰한 소고기 스테이크, 흰색 고기 스테이크, 닭고기를 위해서는 중간 온도로

준비

– **그릴 왼쪽**에는 그릴에 구울 고기를 담을 트레이

– **그릴 오른쪽**에는 그릴에 구운 것을 담을 그릴망이 있는 트레이

양념을 잊지 않고 준비한다.

그릴을 사용 후에는 각 요식업 기관에서 실행하는 절차에 따라 그릴과 조리 작업 기구를 세척해야 한다.

붉은색 고기 그릴에 굽기
GRILLER DES VIANDES ROUGES

비프 스테이크 STEAKS, 《두툼한 소고기 스테이크 PAVÉS》, 투르느도 TOURNEDOS, 샤또브리앙 CHÂTEAUBRIANTS, 소갈비 스테이크 CÔTE DE BŒUF, 새끼 양갈비 스테이크 D'AGNEAU 등등

소갈비 스테이크 그릴구이(Côtes de bœuf grillées)

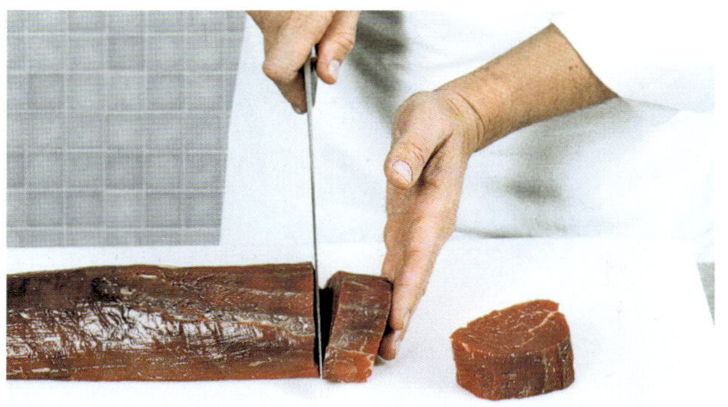

그릴에 구울 소고기의 속성에 따라 준비하기(소갈비, 등심, 안심, 우둔살 스테이크 등등) Préparer selon leur nature, les pièces de viande à griller(côtes de bœuf, contre-filet, filet, pavés de rumsteck...). (p. 312~315 참조)

– 스테이크용으로 자른다.

– 힘줄, 지방을 제거해 손질하고 뼈 끝을 잘라 정리한 후 실로 묶는다.

❶ 그릴 온도를 확인한다. 그릴에 구울 고기가 얇을 경우 그릴을 뜨거워야 하며, 두꺼운 고기(소갈비 스테이크)를 웰던으로 익힐 경우 그릴 온도는 중간이여야 한다.

❷ 조리용 붓을 사용해 그릴에 구울 고기에 알맞게 식용유를 바른다.(고기를 즉석 마리네이드로 양념할 수도 있다.)

그릴에 구울 준비하기 Marquer les grillades en cuisson

– 그릴에 대각선 방향으로 고기를 올린다.

첫 면에 격자무늬 내기 Quadriller la première face

❶ 고기를 조금 돌려 두께에 따라 손님이 원하는 굽기 정도에 맞춰 몇 분 동안 굽는다 : **블루 레어** bleu, **레어** saignant, **미디엄** à point, **웰던** bien cuit

❷ **처음 그릴로 격자무늬를 낸 면이 위로 향하게 접시에 담는다.**

❸ 뒤집개로 고기를 뒤집는다.(고기의 핏물이 흐를 위험이 있으므로 포크는 사용하지 않는다.)

❹ 격자무늬를 내고 두 번째 면을 굽는다.

❺ 고기가 알맞게 익었는지 확인한다. 익은 정도는 손가락으로 눌러서 확인한다. 대략적으로 익은 정도를 파악하는 이 방법은 오래된 습관이다. 단단한 정도는 단백질의 응고가 어느 정도 진행되었는지를 통해 알 수 있다.

– 손으로 눌렀을 때 고기가 연하고 부드러우며 속이 미지근할 때 : 《**블루 레어** bleue》

– 부드러우며 약간의 단단함이 느껴질 때 : 《**레어** saignante》

– 보통 정도의 단단함과 겉 부분에서 약간의 저항감, 표면에 핏방울이 보일 때 : 《**미디엄 레어** à point》

– 고기 속까지 단백질 응고, 단단함이 느껴질 때 : 《**웰던** bien cuite》

① 그릴망이 있는 트레이에 구운 고기를 닫는다.

② 두툼한 스테이크는 손님 접시에 담기 전에 휴지기를 거쳐야 한다.

③ 양념하기 : 특히 숯불에 구울 때, 굽기 전이나 굽는 동안에는 양념하지 않는다. 《숯불이 꺼질 d'éteindre le charbon》 위험이 있다.

그릇에 담기 Dresser

① 그릴에 구운 고기를 접시에 대각선 방향으로 담는다.

② 정제 버터로 윤을 낸다.

③ 크레송 다발로 장식하고 줄기를 고기 아래에 넣어 정리한다.

– 붉은색 고기는 항상 구운 후에 양념한다.

– 매우 두꺼운 고기를 구울 때에는 오븐에서 마무리할 수 있다. 그릴의 온도는 매우 정확해야 한다. 온도는 그릴에 구울 고기의 두께와 손님이 원하는 굽기 정도에 따라 다르다. 매우 뜨거운 그릴 위에 올려야 격자무늬가 잘 나오지만, 고기에 탄 맛이 난다.

– 단백질과 지방이 풍부한 식품에 너무 심하게 격자무늬를 내어 탄 맛이 나는 경우 건강에 해롭다.
탄 음식은 해로운 성분을 만들어 낸다.(탄화수소와 복소환식 아민(amines hétérocycliques)은 암을 유발할 수 있다.)
따라서 고기의 두께, 손님이 원하는 굽기 정도에 따라 그릴의 온도를 잘 조절하는 것이 중요하다.

흰색 고기 그릴에 굽기
GRILLER DES VIANDES BLANCHES

돼지갈비, 송아지 갈비, 에스칼로프 등등

돼지갈비 그릴구이(Côtes de porc grillées)

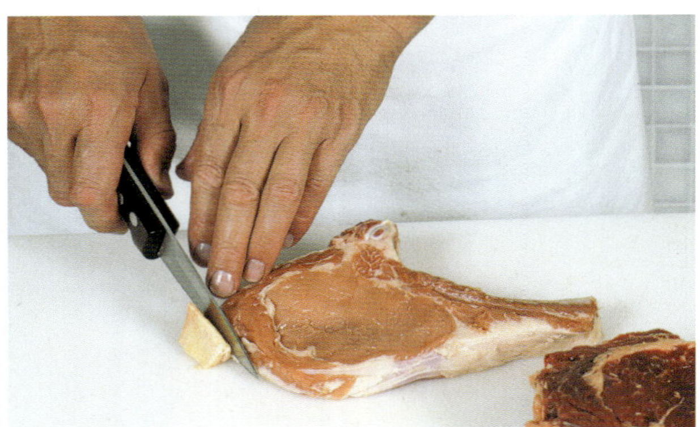

그릴에 구울 고기 자르기 Détailler la viande à griller(p. 307 참조)

① 기름기를 제거하고 뼈 끝을 잘라 정리하며 손질한다.

② 등쪽 힘줄을 제거한다.(제거하지 않으면 굽는 동안 갈비 모양이 변형된다.)

일정한 두께로 자르기(필요할 경우)

– 갈비용 고기망치와 물을 묻힌 랩을 사용한다.

그릴 온도 조절하기 Régler la température du gril

❶ 알맞게 익히는 송아지 고기나 충분히 익혀 먹는 돼지고기와 같은 흰색 고기를 위해서는 보통 정도로 뜨겁게 준비한다.

❷ 고기에 얇게 식용유를 바른다.

❸ 그릴 위에 대각선 방향으로 고기를 올린다.

처음 면에 격자무늬 내기 Quadriller la première face

– 1/4씩 돌려가며 격자무늬를 낸다.

– 계속 굽는다.

다른 쪽 면에 격자무늬 내어 굽기 Quadriller et cuire l'autre face

❶ 잘 익었는지 확인한다. 눌렀을 때 단단함이 느껴져야 한다.

❷ 그릴망이 있는 트레이에 옮겨 담는다.

❸ 접시에 담고 버터로 윤을 내고 크레송 다발로 장식한다.

가금류 통째로 그릴에 굽기
GRILLER DES VOLAILLES ENTIÈRES

중닭 COQUELETS, 영계 POULETS, 비둘기 고기 PIGEONS

미국식 닭고기 그릴구이(Poulet grillé à l'américaine)

❶ 닭고기를 손질하고 《미국식 à l'américaine》 또는 《앙 크라포딘 en crapaudine(날개, 다리를 펼쳐서)》 방식의 닭고기 그릴구이를 위해 쪼개 납작하게 손질한다.(p. 343 **구이용 닭 준비하기** 참고)

❷ 골고루 잘 구워지도록 넓적다리 관절과 지방 부분에 칼집을 낸다.

조리 작업 기구 준비하기 Mettre en place le poste de travail

– 그릴을 예열하고* 솔질해서 깨끗하게 한 후 얇게 식용유를 바른다.

– 닭고기를 담을 트레이와 마무리한 후 오븐으로 가져갈 트레이를 준비한다.

닭고기 익힐 준비하기 Marquer les volailles en cuisson

– 조리용 붓으로 고기에 식용유를 바르고 양념한다.

– 그릴 위에 대각선 방향으로 놓고 껍질 부분을 먼저 굽는다.

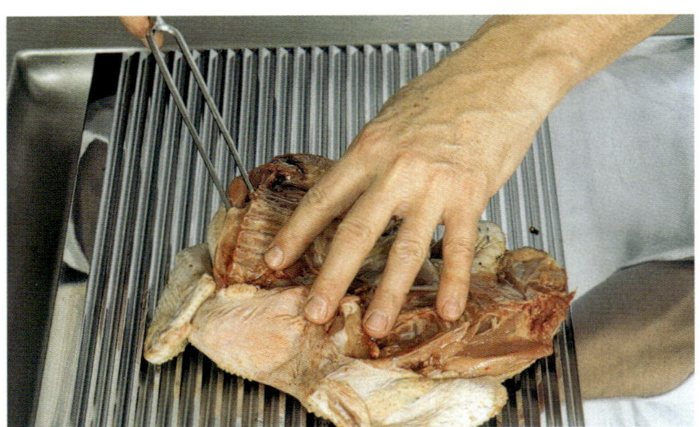

❶ 1/4씩 돌려 격자무늬를 내며 계속 굽는다.

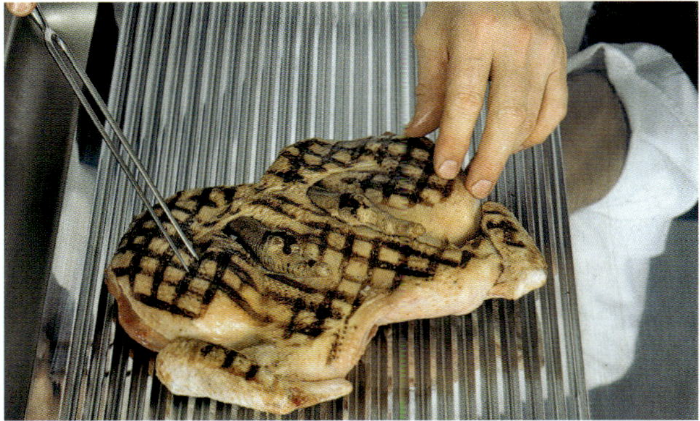

❷ 조리용 포크를 사용해 닭고기를 뒤집고 다른 쪽 면에도 격자무늬를 낸다.

* 그릴은 붉은색 고기를 익힐 만큼 뜨거우면 안 된다. 격자무늬를 내는 동시
  에 고기를 부분적으로 익혀야 한다.

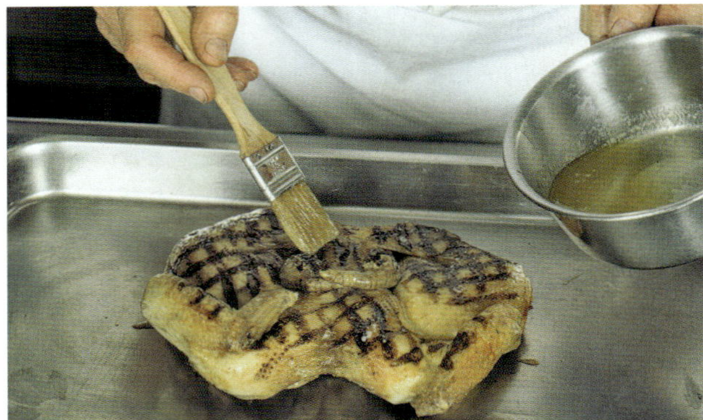

❸ 오븐용 팬에 격자무늬를 낸 닭고기를 담고 버터를 조금 바른다.

❹ 200도 오븐에 1,2kg 무게의 닭을 20∼25분 동안 구우며 마무리한다.

❺ 닭고기가 잘 익었는지 확인한다.

– 넓적다리 관절과 지방 부분을 조리용 바늘로 찔렀을 때 흐르는 액체는
  핏물 자국이 없고 투명해야 한다.

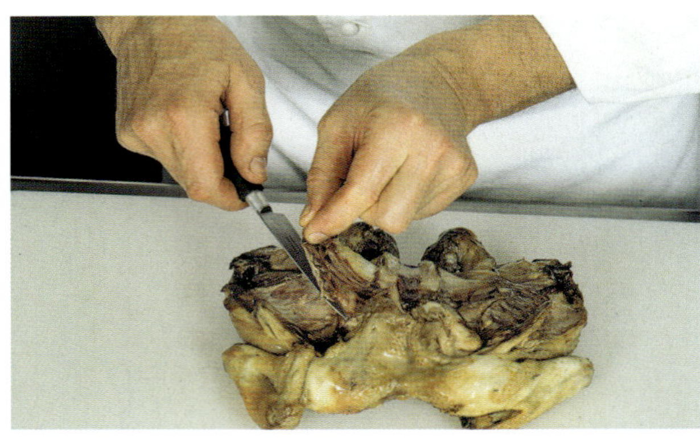

❻ 흉곽과 골반의 작은 뼈를 제거한다(닭고기를 굽기 전에 《생닭일 때》뼈를
  제거하기도 하지만 구운 후에 제거하는 것이 더 좋다.). 뼈와 함께 구우면
  닭고기는 더욱 부드럽고 덜 건조하며 (더욱 단단해서) 뒤집기도 더 쉽다.
  닭뼈는 쉬프렘(가슴살)이 건조해지는 것을 막아주고 더 좋은 맛이 되도록
  한다.

미국식 닭고기 그릴구이 완성하기 Terminer le poulet grillé à l'américaine

❶ 조리용 붓으로 닭고기에 겨자를 바른다.

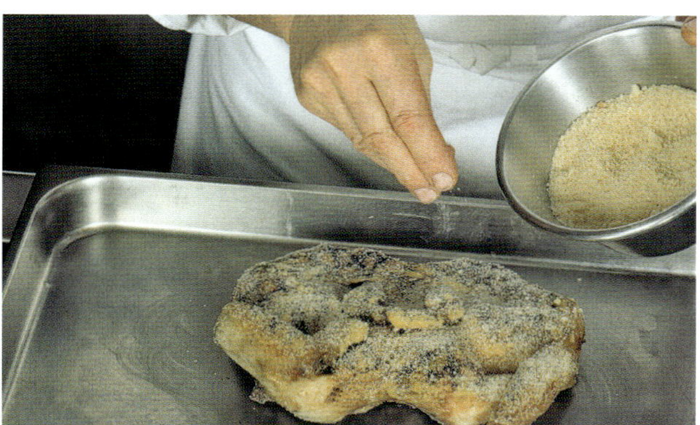

❷ 빵가루를 알맞게 뿌린다.

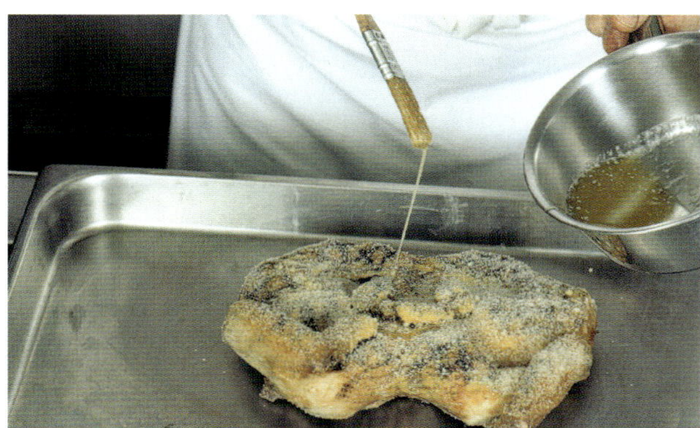

오븐에 넣어 노릇노릇 굽기 Colorer le poulet au four

❶ 뵈르 퐁듀를 닭고기에 뿌린다.

❷ 220/230도의 매우 높은 온도 오븐에 넣어 빵가루에 색깔이 나도록 한다.

미국식 닭고기 그릴구이 그릇에 담기 Dresser le poulet grillé à l'américaine

❶ 접시에 담고 둘레에 미국식 곁들임(토마토, 양송이버섯, 그릴에 구운 베이컨, 뽐 빠이)을 담는다.

❷ 헤이즐넛 버터를 뿌린다.

❸ 닭고기 양쪽 끝에 크레송 다발을 놓아 장식한다.

❹ 소스는 소스그릇에 따로 담는다.

두꺼비 모양 닭고기 그릴구이
POULET GRILLÉ EN CRAPAUDINE

중닭이나 비둘기 고기도 같은 방법으로 구울 수 있다.

두꺼비 모양 닭고기 그릴구이(Poulet grillé en crapaudine)

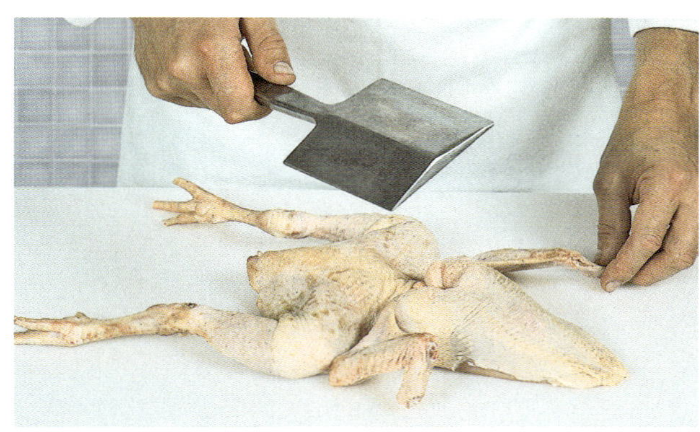

❶ 닭고기를 손질하고 《앙 크라포딘 en crapaudine(날개, 다리를 펼쳐서)》 방식으로 그릴에 굽기 위해 쪼갠다.(p. 344 《앙 크라포딘 en crapaudine (날개, 다리를 펼쳐서)》 구이용 닭 준비하기 참조)

− 골고루 잘 구워지도록 넓적다리 관절과 지방 부분에 칼집을 낸다.

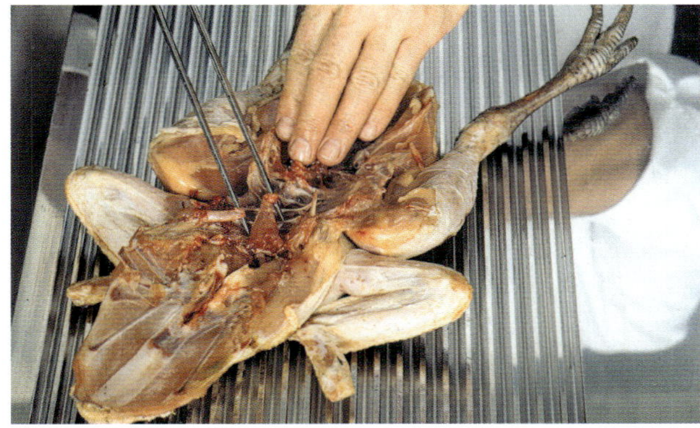

❷ 그릴을 예열한다.

❸ 닭고기에 식용유를 바르고 양념한다.

❹ 그릴 위에 대각선 방향으로 놓고 껍질 부분을 먼저 굽는다.

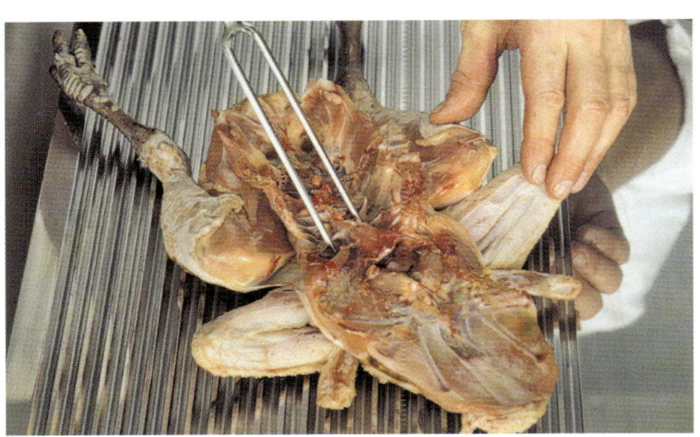

닭고기에 격자무늬 내기 Quadriller le poulet

❶ 1/4씩 돌려 격자무늬를 내며 계속 굽는다.

❷ 뒤집어서 다른 쪽 면에도 격자무늬를 낸다.

– 앞 장처럼 오븐에 넣어 마무리하며 굽는다.

그릇에 담기 Dresser

❶ 닭고기를 접시에 담는다.

❷ 헤이즐넛 버터를 뿌린다.

❸ 삶은 계란 슬라이스와 검정 올리브 슬-이스로 두꺼비 눈처럼 장식한다.

❹ 닭고기 뒤쪽에 크레송 다발을 놓아 장식한다.

❺ 소스는 소스그릇에 따로 담는다.

생선 그릴에 굽기
GRILLER DES POISSONS PORTIONS

가자미 그릴구이(Soles grillées)

니스식 노랑 촉수 그릴구이(Rougets grillés niçoise)

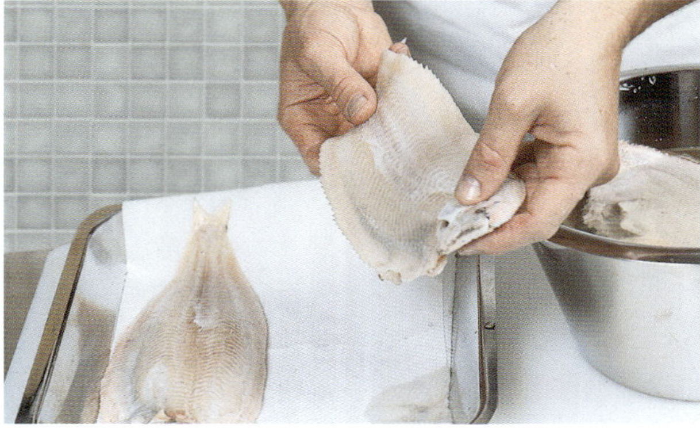

생선 손질하기 Habiller les poissons portions

(p. 239, 240, 249/250 참조)

❶ 가자미 회색 껍질은 잡아당겨 제거하고 흰색 껍질은 비늘을 제거하고 그대로 둔다.

❷ 물에 잠깐 담가 불순물을 제거하고 물기를 잘 닦는다.

❸ 즉석 마리네이드(식용유, 분말로 된 타임과 월계수 잎, 칼로 껍질을 벗긴 레몬 슬라이스 등등)로 생선을 양념한다.(p. 447 참조)

조리 작업 기구 준비하기 Mettre en place le poste de travail

– 그릴을 예열하고 철솔 또는 일반 솔을 사용해 깨끗하게 솔질한다.

– 키친타월로 식용유를 얇게 바른다.

– 그릴에 구운 생선을 담기 위한 트레이를 준비한다.

– 양념을 준비한다.

생선 그릴에 굽기 Griller les poissons

– 생선에 묻은 마리네이드 물기를 뺀다.

– 생선을 양념한다.

생선을 비스듬하게 그릴 위에 놓는다. **가자미는 흰색 껍질 부분을 먼저 굽는다.**

❶ 생선을 조심스럽게 1/4씩 돌려 격자무늬를 낸다.

❷ 생선 머리 아래쪽 뼈를 조리용 포크로 찍어 옮긴다.

❸ 생선을 뒤집어 다른 쪽 면에도 격자무늬를 낸다.

접시에 담을 때 보이는 면은 항상 처음에 격자무늬를 낸 면이다.(예를 들면, 가자미나 새끼 광어의 경우 흰색 껍질 부분) 그릴의 상태에 따라 가자미에 밀가루를 묻혀 구우면 심하게 연기가 나지 않고 예쁜 격자무늬를 만들 수 있다.

생선을 오븐에 넣어 마무리하며 굽기

Terminer éventuellement la cuisson des poissons au four

– 식용유를 바른 오븐 팬에 생선을 담는다.

– 생선 꼬리 부분(가장 얇은 부분)이 건조해지지 않도록 감자 슬라이스 2조각으로 보호한다.

– 마리네이드를 생선에 바른다.

– 220/230도 오븐에 넣어 마무리하며 굽는다.

생선이 잘 익었는지 확인하기 Contrôler la cuisson des poissons

– 머리 아래 가장 두툼한 부분을 살짝 눌러본다. 생선 필레는 뼈와 쉽게
  분리되어야 한다.

그릇에 담기 Dresser

– 버터를 바른 접시에 생선 머리를 왼쪽으로 두고 대각선 방향으로 담는다.

– 정제 버터로 윤을 낸다.

– 톱니 모양으로 자른 레몬 반쪽과 작은 파슬리 다발로 장식한다.

– 소스 또는 혼합 버터를 소스그릇에 따로 담는다.

연어 토막, 참치 《스테이크》와 광어 토막 그릴에 굽기 GRILLER DES DARNES DE SAUMON, DES 《STEAKS》 DE THON ET DES TRONÇONS DE TURBOT

연어 토막 그릴구이(Darnes de saumon grillées)

참치 스테이크 그릴구이(Steaks de thon grillés)

❶ 생선을 손질하고 물에 담가 불순물을 제거한 후 물기를 닦는다.

❷ 토막내어 자르고 실로 묶은 후 즉석 마리네이드로 양념한다.(p. 246, 447
  참조)

❸ 식용유를 발라 예열한 그릴에 양념한 생선 토막을 올린다.

생선 토막에 격자무늬 내기 Quadriller les darnes

❶ 생선 토막을 조심스럽게 1/4씩 돌린다.

❷ 조리용 포크를 사용하는 것이 좋다.

❸ 토막을 뒤집어 다른 쪽 면에도 격자무늬를 낸다.

잘 익었는지 확인하기 Contrôler la cuisson

– 조리용 포크로 중앙의 뼈를 찔렀을 때, 뼈가 살과 쉽게 분리되어야 한다.

버터를 바른 그릇에 담기 Dresser sur plat beurré

– 윤을 내고 톱니 모양으로 자른 레몬 반쪽과 작은 파슬리 다발로 장식한다.

두툼한 생선 그릴에 굽기
GRILLER DES POISSONS ÉPAIS

도미, 농어, 새끼 광어 등등

도미 그릴구이(Daurades grillées)

❶ 생선을 손질한다.

❷ 물에 잠깐 담가 불순물을 제거한다. 새끼 광어는 실로 묶을 수도 있다.

❸ 물기를 잘 닦는다.

❹ 즉석 마리네이드로 양념한다.

매우 뜨거운 그릴 위에 양념한 생선을 올려 격자무늬를 낸다.(앞 장 참조)

오븐에서 마무리하며 굽기 Terminer la cuisson au four

– 식용유를 바른 오븐팬에 생선을 담는다.

– 꼬리 부분을 감자 슬라이스로 보호해 건조하게 되는 것을 막는다.

– 마리네이드를 생선에 바른다.

– 220도 오븐에서 마무리하며 굽는다.

잘 익었는지 확인하기 Contrôler la cuisson

– 머리 아래쪽 제일 두꺼운 부분을 손가락으로 눌러본다. 생선 필레가 뼈와 쉽게 분리되어야 한다.

그릇에 담기 Dresser

– 버터를 바른 접시에 생선을 담고 톱니 모양으로 자른 레몬 반쪽과 파슬리로 장식한다.

– 정제 버터로 윤을 낸다.

양송이버섯과 토마토 그릴에 굽기
GRILLER DES CHAMPIGNONS ET DES TOMATES

❶ 버섯을 다듬고 밑동을 잘라낸 후 잘 씻는다.

– 물기를 잘 닦고 식용유를 바른다.

❷ 토마토를 씻고 물기를 잘 닦은 후 꼭지를 떼고 식용유를 바른다.

그릴에 버섯 굽기 GRILLER DES CHAMPIGNONS

❶ 매우 뜨겁게 달궈진 그릴에 버섯을 올린다.

❷ 1/4 바퀴씩 돌리며 격자무늬를 낸다.

❸ 뒤집어 밑동 부분에도 격자무늬를 낸다.

❹ 오븐팬에 버섯을 담는다.

❺ 조리용 붓으로 버터를 바른다.

❻ 양념한다.

❼ 210/220도 오븐에(버섯 크기에 따라 시간 조절) 5~8분 동안 구우며 마무리한다.

토마토 그릴에 굽기 GRILLER DES TOMATES

❶ 매우 뜨겁게 달궈진 그릴에 토마토를 올린다.

❷ 1/4 바퀴씩 돌리며 격자무늬를 낸다.(꼭지 부분에는 격자무늬를 낼 필요가 없다.)

❸ 오븐 팬에 격자무늬를 낸 토마토를 담는다.

❹ 조리용 붓으로 버터를 바른다.

❺ 양념한다.

❻ 210/220도 오븐에 몇 분 동안 구우며 마무리한다.(주의 : 토마토는 재빨리 굽는다. 너무 오래 구우면 토마토가 쉽게 흐물흐물해진다.)

오븐에 굽기 RÔTIR

정의

오븐에 굽는 것은 식품에 약간의 기름을 둘러 뚜껑을 열고 오븐에 익히거나, 고기 굽는 기구에 넣어 꼬챙이에 꽂아 복사·열로 익히는 것이다.

이 조리법은 살이 연한 어린 동물의 1, 2등급 고기에 더욱 알맞은 방법이다.

오븐에 구운 고기에는 주로 크레송 다발을 곁들이고, 고기즙을 데글라세해 만든 오븐구이 소스를 소스그릇에 따로 담아낸다.

붉은색 고기 오븐에 굽기
RÔTIR DES VIANDES ROUGES

소고기 등심 CONTRE-FILET, 안심 FILET, 갈비 등등 TRAIN DE CÔTES DE BŒUF… 새끼 양고기 등심 CARRÉ, 엉덩이살 SELLE, 넓적다리 GIGOT D'AGNEAU 등등

등심(Contre-filet rôti)

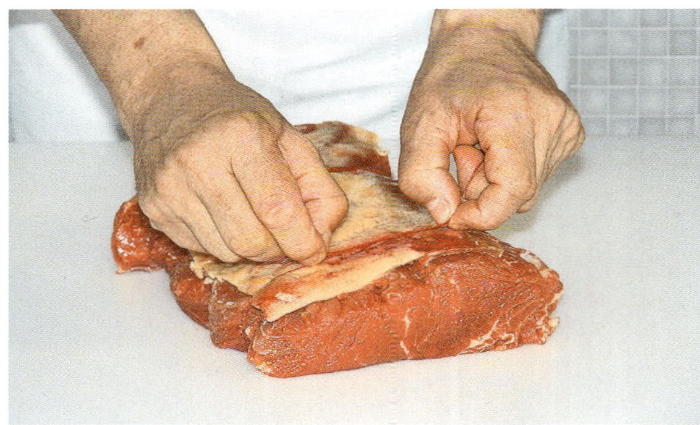

등심 손질하기 Parer le contre-filet(p. 314/315 참조)
- 지방 껍질을 등심 위에 덮고 실로 묶는다.

(붉은색 고기 스테이크를 빠른 방법으로 익힐 경우 지방 껍질로 덮을 필요가 없다.)

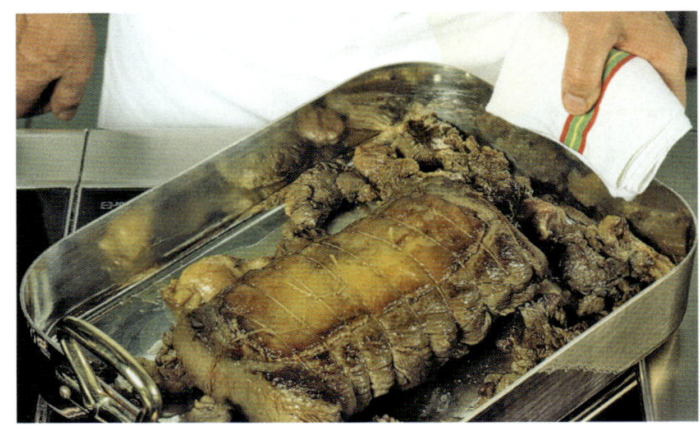

심 익힐 준비하기 Marquer le contre-filet en cuisson

미리 노릇노릇 굽는 **첫 번째 방법**(오븐의 성능이 좋지 않거나 대량으로 구울 경우)

- 오븐을 최대한 예열한다.
- 등심을 양념한다.(오븐 팬에 고기를 넣고 양념하지 않는다. 글라세해 만든 오븐구이 즙이 너무 짜게 될 위험이 있다.)*
- 오븐팬을 센 불에 올려 식용유를 두르거나 식용유와 정제 버터를 섞어 둘러 등심을 굽는다.
- 등심 둘레에 기름기가 적은 자투리 고기를 두른다.
- 팬을 오븐에 넣는다.
- 오븐의 그릴을 1/3 높이로 조절한다.

심 익힐 준비하기 Marquer le contre-filet en cuisson
두 번째 방법(오븐의 성능이 좋고 온도가 금방 올라갈 경우)

- 등심을 양념한다.(오븐 팬에 고기를 넣고 양념하지 않는다.)*
- 오븐팬에 기름기가 적은 자투리 고기를 깔고 등심을 올린다.
- 뵈르 퐁듀 또는 식용유를 뿌린다.
- 240/250도 매우 뜨거운 오븐에 10분 동안 굽는다.
- 오븐 온도를 200/220도로 낮춘다.

* 붉은색 고기에는 절대로 미리 소금을 뿌리지 않는다.(굽기 바로 직전 또는 직후에 뿌린다.) 소금을 뿌리면 핏물이 나온다.

굽는 동안 살펴보기 Surveiller la cuisson

❶ 오븐팬의 기름을 등심에 뿌리며 굽는다.

❷ 등심을 찌르지 않고 뒤집개나 거품 뜨는 국자를 사용해 뒤집는다.(**조리용 포크를 사용하지 않는다.**)

❸ 필요한 경우 오븐의 온도를 조절한다. 오븐팬 바닥의 육즙과 양념이 타지 않고 서서히 캐러멜화 되어야 한다.

❹ 등심에서 핏물이 흘러나올 경우, 즉시 오븐 온도를 높여야 한다.

등심이 잘 익었는지 확인하기 Contrôler la cuisson du contre-filet

– 손가락으로 눌러 본다.(앞의 요리 기술 과정 참조)

– 조리용 온도계를 사용한다. 고기의 속 온도가 52~54도이면 등심은 레어 상태이다.

고기 속 온도가 약 45도가 되면 오븐에서 꺼낸다. 등심 속 온도는 오븐에서 꺼낸 후 10분 동안 계속 올라가기 때문이다.

트레이에 등심 덜어 담기 Débarrasser le contre-filet

– 그릴망이 있는 트레이 또는 뒤집어 놓은 접시에 등심을 담고, 오븐에 구운 후에 생긴 즙이나 핏물이 고기와 닿으면 안 된다.(바삭한 고기 표면이 눅눅해진다.)

– **등심에 다시 양념을 하고** 40~45도에 보관한다.

구운 시간만큼 휴지기를 가져야 한다.(고기의 크기와 무게에 따라 적어도 30분)

오븐구이 소스 만들기 RÉALISER LE JUS DE RÔTI

오븐구이 소스 만들기 Réaliser le jus de rôti

– 오븐 팬에 작은 주사위 모양(작게 썬 미르푸아)으로 썬 아로마틱 가니쉬를 조금 첨가한다.

– 오븐구이 즙과 아로마틱 가니쉬를 알맞게 캐러멜화 되도록 볶는다. 너무 오래 볶으면 오븐구이 즙에 쓴맛이 날 수도 있으므로 주의한다.

기름기를 제거하고 데글라세하기 Dégraisser et déglacer

– 오븐 팬을 약간 기울여 기름기를 작은 용기에 담고 송아지 갈색 육수 또는 물 또는 육수와 물을 부어 데글라세한다.

– 캐러멜화된 즙과 양념을 잘 녹인다.

– 충분히 진하게 되도록 소스를 졸인다.

– 양념한다.

❶ 오븐구이 소스를 차이나 캡에 거른다.

❷ 63도 이상의 중탕 용기에 담아 뚜껑을 덮고 보관한다.

그릇에 등심 담기 Dresser le contre-filet

– 묶어 두었던 실을 풀고 등심을 오븐 입구에 놓고 자른 첫 조각은 제거한다.

– 접시 바닥에 오븐구이 소스 소량을 붓고 등심에 헤이즐넛 버터를 뿌린다.

– 크레송 다발로 장식한다.(크레송 줄기는 고기 밑에 꽂아둔다.)

– 뜨거운 소스를 소스그릇에 담는다.

 **주의** Précautions

• 붉은색 고기에는 미리 소금을 뿌리지 않는다. (굽기 바로 직전 또는 직후에 뿌린다.) 소금을 뿌리면 핏물이 나오기 때문이다.

• 거품 또는 국자 또는 뒤집개를 사용해 고기를 뒤집는다. 조리용 포크로 찔러서 뒤집을 경우 핏물이 흐를 수 있으니 사용하지 않는다.

• 데글라세해 만드는 오븐구이 소스는 맑은 소스이다. 어떤 경우에도 리에종하지 않는다.

• 오븐 팬의 즙은 알맞게 캐러멜화 되어야 한다. 심하게 캐러멜화될 경우 쓴맛이 난다.

• 알맞은 크기의 오븐 팬을 선택한다. 너무 큰 경우 즙이 탈 수 있어 쓴맛이 된다.

• 고기를 굽는 동안에 오븐구이 즙을 데글라세해서는 안 된다.(고기 표면의 응고된 부분이 증기 때문에 눅눅해진다.)

• **슬라이스한 오븐구이 고기에 소스를 붓지 않는다.(고기가 더 익어 모습과 색깔이 변할 수 있다.)**

새끼 양고기 등심 오븐에 굽기
RÔTIR DES CARRÉS D'AGNEAU

❶ 등심을 손질하고(p. 304/306 참조) 뼈 끝부분을 잘라 정리하고 등쪽 힘줄을 제거하는 것을 잊지 않는다.(새끼 양고기 등심은 실로 묶지 않는다.)

❷ 뼈 끝을 알루미늄 호일로 감싼다.

등심 익힐 준비하기 Marquer les carrés en cuisson

– 등심을 양념한다.(오븐 팬 위에서 하지 않는다.)

– 오븐 팬에 자른 뼈와 기름기 적은 자투리 고기를 깔고 그 위에 등심을 올린다.

– 타임 꽃 또는 프로방스 허브를 뿌린다.(선택 사항)

– 뵈르 퐁듀 또는 식용유를 뿌린다.

❶ 매우 뜨거운 오븐(250도)에서 굽는다. 등심이 많으면 오븐이 더 뜨거워야 한다.

❷ 10분 동안 등심을 익힌 후 200도로 온도를 낮춘다.

❸ 1kg 등심의 경우 10분 더 익히고 마무리한다.

❹ 손가락으로 눌러 익은 정도를 확인한다. 등심 속 살은 분홍색이어야 한다.

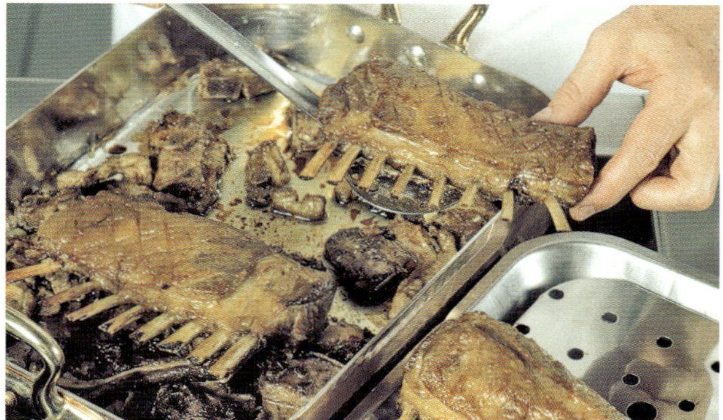

등심 덜기 Débarrasser les carrés

– 그릴망이 있는 트레이 또는 뒤집어 놓은 접시 위에 등심을 덜어 담는다.

– 다시 양념해 간을 맞춘다.

등심을 슬라이스 하기 전에 20분 동안 휴지기를 가져야 한다.

등심은 약 40도에 보관한다.

오븐구이 소스 만들기 Réaliser le jus de rôti

(새끼 양고기 등심과 넓적다리 오븐구이 모두 동일)

새끼 양고기 소스의 아로마틱 가니쉬에는 주사위 모양으로 썬 당근(브뤼누아즈 brunoise), 양파와 다진 마늘, 타임 잔가지를 더 첨가한다.

그릇에 등심 담기 Dresser les carrés

– 뼈를 감싼 알루미늄 호일을 벗긴다.

– 그릇에 등심을 담고 오븐 입구에 두어 데운다.

– 접시 바닥에 소스를 붓고 등심에 헤이즐넛 버터를 뿌린다.

– 크레송 다발을 예쁘게 놓아 장식하고 줄기는 고기 밑에 꽂아 넣는다.

새끼 양고기 등심에 파슬리 바르기
PERSILLER DES CARRÉS D'AGNEAU

페르시야아드 만들기 Réaliser la persillade

말랑말랑한 상태의 버터, 다진 마늘과 파슬리, 체에 친 빵가루, 타임 꽃, 프로방스 허브 등등

❶ 익힌 후 휴지기를 거친 등심에 페르시야아드를 골고루 바른다.

❷ 샐러맨더에 넣어 색깔을 낸다.

❸ 접시에 담는다.

새끼 양고기 엉덩이 살 오븐에 굽기
RÔTIR DES SELLES D'AGNEAU

❶ 엉덩이 살의 지방을 제거하고 손질한 후 실로 묶는다.(p. 307/308 참조)

❷ 양념한 후 기름기가 적은 자투리 고기 위에 올린다.

❸ 뵈르 퐁듀 또는 식용유를 뿌린다.

❹ 손질한 1.6kg 엉덩이 살은 220/230도 오븐에 30~35분 동안 굽는다.

❺ 고기 속 온도를 확인한다.(매우 어린 새끼 양고기 엉덩이 살은 《미디엄 à point》으로 굽고, 100일 또는 한 두 살 된 새끼 양고기 엉덩이 살은 《속살이 분홍색이 되도록 rosées》 굽는다.)

❻ 고기를 덜고 다시 양념한다.

❼ 40도에서 30분 동안 휴지기를 갖는다.

❽ 실을 풀고 접시에 담는다.

❾ 오븐구이 소스와 헤이즐넛 버터를 뿌린다.

새끼 양고기 넓적다리 오븐에 굽기
RÔTIR UN GIGOT D'AGNEAU

넓적다리 오븐구이(Gigot rôti)

넓적다리를 손질하고 뼈를 제거한 후 뼈 끝을 정리하고 실로 묶는다.(p. 300/301 참조) 뼈를 일부 남겨둘 수 있다.

넓적다리 익힐 준비하기 Marquer le gigot en cuisson

– 오븐을 230/240도로 예열한다.

– 넓적다리를 양념한다.

– 알맞은 크기의 오븐 팬에 자른 뼈와 기름기 적은 자투리 고기를 깔고 넓적다리를 올린다.

– 뵈르 퐁듀 또는 식용유를 뿌린다.

❶ 230/240도 오븐에 10분 동안 넓적다리를 구운 후 200도로 온도를 낮춘다.

❷ **굽는 동안 즙을 뿌리고 골고루 색깔이 나도록** 넓적다리를 뒤집는다.

❸ 자른 넓적다리는 40~45분, 통째로 된 2.8kg 넓적다리는 50~55분 동안 굽는다.

알맞게 익었는지 확인하기 Contrôler l'à-point de la cuisson

두 가지 방법을 사용할 수 있다.

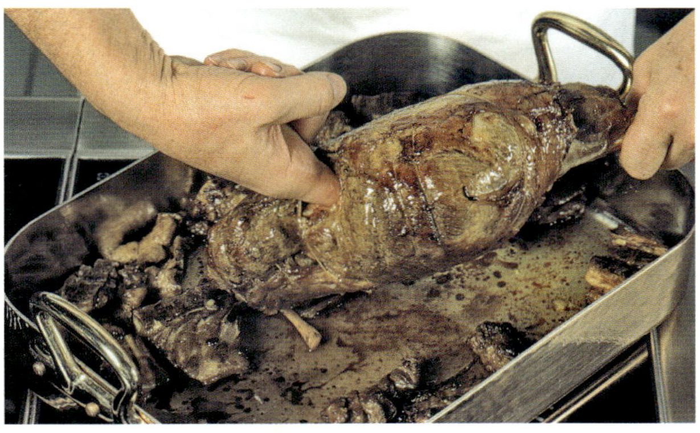

첫 번째 방법(경험이 필요)

❶ 넓적다리 뼈를 따라 고기 속으로 손가락을 넣는다.

❷ 고기 속이 미지근해야 한다.(속 온도 40도)

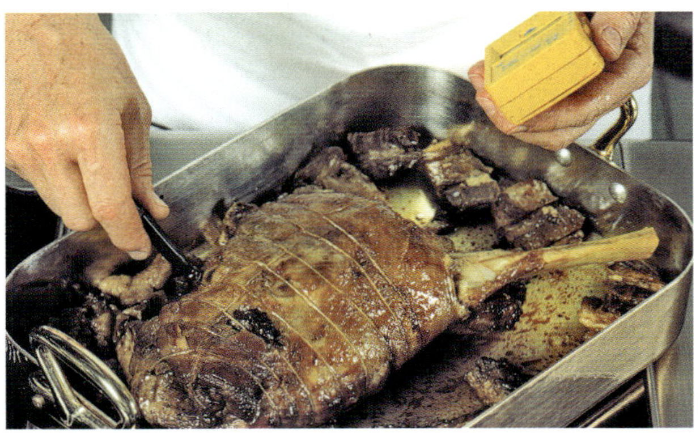

❶ 요리용 온도계를 사용해 익은 정도를 확인한다.

❷ 50~55분 동안 익힌 후 넓적다리 살이 제일 두꺼운 부분에 온도계를 넣는다. 레어로 서비스하는 넓적다리 속 온도는 50~54도, 속 살이 분홍색이 되도록 할 때에는 56~58도가 되어야 한다. 오븐에서 꺼내도 넓적다리는 몇 분 동안 계속 익는다.

❸ 온도계로 넓적다리를 여러 뻔 찌르지 않는다. 마지막에 한 번만 찔러 온도를 확인한다.

넓적다리 덜기 Débarrasser le gigot

– 그릴망이 있든 트레이 또는 뒤집어 놓은 접시에 넓적다리를 덜고 40/50도에 보관한다.

– 다시 가볍게 양념한다. 넓적다리는 슬라이스 하기 전에 최소 30~40분 동안 휴지기를 갖는다.

오븐구이 소스 만들기 RÉALISER LE JUS DE RÔTI

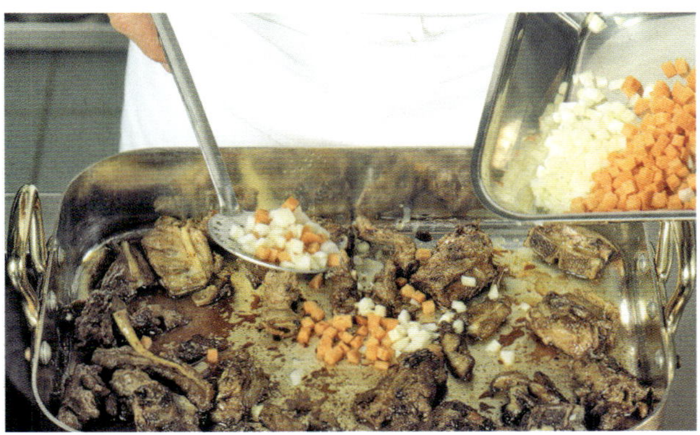

❶ 오븐 팬의 기름기를 부분적으로 제거한다.

❷ 오븐 팬에 작은 주사위 모양(미르푸아)으로 썬 아로마틱 가니쉬를 조금 첨가한다.

❸ 오븐구이 즙과 아로마틱 가니쉬를 알맞게 캐러멜화 되도록 볶는다. 너무 오래 볶으면 오븐구이 즙에 쓴맛이 날 수도 있으므로 주의한다.

기름기 제거하고 데글라세하기 Dégraisser et déglacer les sucs

– 오븐 팬을 약간 기울여 기름기를 작은 용기에 담는다. 기름기를 조금 남겨 두면 소스의 맛이 더 좋아진다.
– 맑은 새끼 양고기 갈색 육수 또는 물을 부어 데글라세한다.
– 캐러멜화된 즙과 양념을 잘 녹인다.

 빨은 마늘과 타임 잔가지를 첨가한다.
 충분히 진해지도록 소스를 졸인다.
❸ 양념한다.

❹ 오븐구이 소스를 차이나 캡에 거른다.
❺ 63도 이상의 중탕 용기에 담아 뚜껑을 덮고 보관한다.

그릇에 넓적다리 담기 Dresser le gigot

– 묶어 두었던 실을 풀고 넓적다리를 오븐 입구에 놓는다.
– 접시 바닥에 오븐구이 소스 소량을 붓고 넓적다리에 헤이즐넛 버터를 뿌린다.
– 크레송 다발로 장식한다.(크레송 줄기는 고기 밑에 밀어 꽂아둔다.)
– 뜨거운 소스를 소스그릇에 담는다.

> – 붉은색 고기는 구운 후에 반드시 휴지기를 갖는다.
>   막대 모양으로 마늘을 썰어 넓적다리에 찔러 넣는 요리사도 있다.
> – 주방에서 넓적다리를 슬라이스 할 때, 헤이즐넛 버터나 뜨거운 오븐구이 소스를 뿌리지 않는다. (뜨거운 소스 때문에 슬라이스한 고기가 더 익고 색깔과 모양이 변한다.)

⚠ 주의 Précautions

• 붉은색 고기에는 미리 소금을 뿌리지 않는다.(굽기 바로 직전 또는 직후에 뿌린다.) 소금을 뿌리면 핏물이 나오기 때문이다.

• 거품 뜨는 국자 또는 뒤집개를 사용해 고기를 뒤집는다. 조리용 포크로 찔러서 뒤집을 경우 핏물이 흐를 수 있으니 사용하지 않는다.

• 데글라세해 만드는 오븐구이 소스는 맑은 소스이다. 어떤 경우에도 리에종 하지 않는다.

• 오븐 팬의 즙은 알맞게 캐러멜화 되어야 한다. 심하게 캐러멜될 경우 쓴맛이 난다.

• 알맞은 크기의 오븐 팬을 선택한다. 너무 큰 경우 즙이 탈 수 있어 쓴맛이 된다.

• 고기를 굽는 동안에 오븐구이 즙을 데글라세해서는 안 된다.(고기 표면의 응고된 부분이 증기 때문에 눅눅해진다.)

가금류 오븐에 굽기 RÔTIR DES VOLAILLES

중닭, 영계, 수탉, 칠면조, 새끼 오리 등등 COQUELETS, POULETS, CHAPONS, DINDES, CANETONS…

닭고기 오븐구이(Poulet rôti)

닭고기 오븐에 굽기 RÔTIR UN POULET

❶ 닭고기를 손질한 후 날개와 다리를 몸통에 고정시킨다.(p. 337/338 참조)

❷ 알루미늄 호일로 발을 감싸 보호한다.

❸ 닭고기 안쪽과 바깥쪽에 소금을 뿌린다.

❹ 알맞은 크기의 오븐 팬에 닭고기를 옆으로 담는다.(오븐 팬이 너무 클 경우, 오븐구이 즙이 타서 소스에 쓴맛이 난다.)

❺ 닭고기 둘레에 자른 허드레 고기를 담는다.(모래주머니, 심장, 닭 날개 끝부분, 목)

❻ 뵈르 퐁듀 또는 식용유를 뿌린다.

닭고기 익힐 준비하기 Marquer les poulets en cuisson

– 200도로 예열된 오븐에 오븐 팬을 넣고 1,2kg 닭고기는 40~45분, 1,4kg 닭고기는 50~55분 동안 굽는다.

– 15분 동안 구은 후 넓적다리 관절 지방 부분을 조리용 포크로 찍어 뒤집어 다른 쪽도 굽는다.

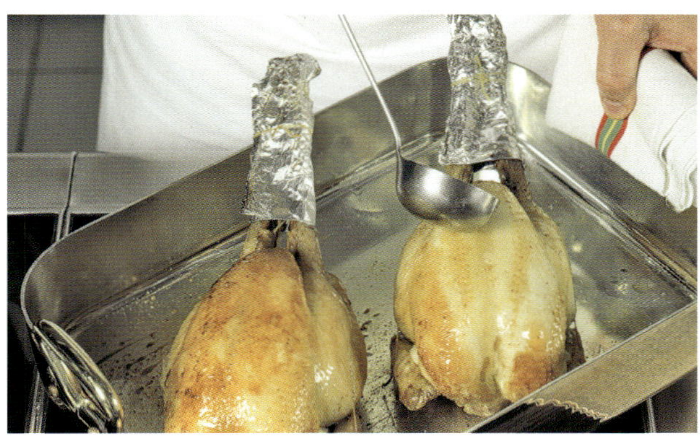

즙을 뿌려주며 닭고기를 등쪽으로 눕혀 계속해서 굽는다.

닭고기가 잘 익었는지 확인하기 S'assurer de la cuisson des poulets

– 넓적다리 관절 지방 부분을 조리용 포크로 찍어 접시에 옮겨 담고 기름기를
빼다. 알맞게 익은 닭고기를 찔렀을 때 나오는 액체는 핏물 자국이 없이
맑아야 한다. 액체가 연한 분홍색이면 닭고기를 다시 굽는다.

다른 방법 Autre méthode

❶ 조리용 온도계를 사용해 닭고기가 잘 익었는지 확인한다.

❷ 넓적다리 관절 부분 또는 살이 가장 두꺼운 부분에 온도계를 찔러 넣는다.

❸ 안전한 구이 온도는 72도 이상이 되어야 된다.

닭고기 덜기

– 기름기를 빼고 트레이에 담는다.

– 필요한 경우 껍질 부분에 소금을 살짝 뿌린다.

– 오븐구이 소스를 만드는 동안 따뜻하게 보관한다.

오븐구이 소스 만들기
RÉALISER LE JUS DE RÔTI

– 오븐 팬을 중불에 올린다.

– 작은 미르푸아로 썬 아로마틱 가니쉬를 조금 첨가한다.(선택 사항)

– 알맞게 캐러멜화 되도록 볶는다.

❶ 기름기를 제거한다.

❷ 오븐 팬을 기울여 기름기를 작은 용기에 담는다.

❸ 소량의 물 또는 닭고기 흰색 또는 갈색 육수를 부어 데글라세한다.

❹ 캐러멜화된 즙과 양념을 잘 녹인다.

❺ 충분히 진해지도록 소스를 졸인다.

❻ 양념하고 색깔을 확인한다.

❼ 오븐구이 소스를 차이나 캡에 거르고, 63도 이상의 중탕 용기에 담아
뚜껑을 덮고 보관한다.

그릇에 닭고기 오븐구이 담기 Dresser les poulets rôtis

– 닭고기의 묶어 두었던 실을 풀고 오븐 입구에 놓아 데운다.

– 접시에 담는다.

– 접시 바닥에 오븐구이 소스를 조금 붓는다.

– 닭고기에 헤이즐넛 버터를 뿌린다.

– 닭고기 뒤쪽에 크레송 다발을 놓아 장식하고 크레송 줄기는 고기 밑에
밀어 꽂아둔다.

– 뜨거운 소스를 소스그릇에 담는다.

새끼 뿔닭 오븐에 굽기 RÔTIR UN PINTADEAU

새끼 뿔닭 오븐구이(Pintadeaux rôtis)

새끼 뿔닭 손질하고 날개와 다리를 몸통에 고정시키기

Habiller, brider les pintadeaux

– 안쪽과 바깥쪽을 모두 양념한다.

– 돼지 껍질로 가슴살 부분을 보호하고 알루미늄 호일로 발을 감싼다.

새끼 뿔닭 익힐 준비하기 Marquer les pintadeaux en cuisson

– 알맞은 크기의 오븐 팬에 새끼 뿔닭을 옆으로 담는다.

– 정제 버터 또는 식용유를 뿌린다.

– 한 쪽을 10분 동안 구운 후 뒤집어 다른 쪽도 10분 더 굽는다.

넓적다리 관절 지방 부분을 조리용 포크로 찍어 뒤집는다.

새끼 뿔닭 구이 마무리하기 Terminer la cuisson des pintadeaux

– 등쪽으로 눕힌다.

– 800g 새끼 뿔닭은 10분 동안 구워 마무리한다. 1.2kg 새끼 뿔닭은 45〜55
분 정도 굽는다.

– 즙을 수시로 뿌려주며 굽는다.

새끼 뿔닭이 잘 익었는지 확인하기 Contrôler la cuisson des pintadeaux

– 새끼 뿔닭을 찔렀을 때 나오는 액체는 핏물 자국이 없어야 한다.

– 새끼 뿔닭을 덜어두고 오븐구이 소스를 만든다.(닭고기 오븐구이와 동일)

그릇에 새끼 뿔닭 담기 Dresser les pintadeaux

– 새끼 뿔닭을 묶어 두었던 실을 풀고 접시게 담는다.

– 오븐 입구에 놓아 데운다.

– 접시 바닥에 오븐구이 소스를 조금 붓는다.

– 새끼 뿔닭에 헤이즐넛 버터를 뿌린다.

– 새끼 뿔닭 가슴살에 붙여 놓은 돼지 껍질을 뗀다.

– 새끼 뿔닭 뒤쪽에 크레송 1～2 다발을 놓아 장식한다.

요리사에 따라 큰 닭고기를 오븐에 굽기 전에 진한 닭고기 흰색 육수에 삶아 사용하기도 한다.
일반적으로 큰 닭고기는 30분 동안 삶은 후 물기를 뺀다. 180/200도 오븐에서 천천히 구우며 마무리한다. 오븐구이 소스는 닭을 삶은 흰색 육수로 데글라세해 만든다.

냄비에 담아 오븐에 찌기 POÊLER

정의

냄비에 넣어 오븐에 찌기는 식품을 깊은 냄비에 담아 버터를 두르고 뚜껑을 닫아 오븐에 익히는 것이다. 아로마틱 가니쉬(마티뇽 또는 미르푸아)를 넣어 촉촉하고 풍미가 나게 익힌다.

이 조리법은 오븐에 구우면 건조해질 수 있는 흰색 고기 또는 닭고기 덩어리 등을 요리할 때 사용한다.

(《냄비에 넣어 오븐에 찌기》라는 프랑스어에 프라이팬(poêle)이라는 단어가 들어가므로, 《프라이팬에 볶는 것 sauter à la poêle》과 혼동하지 말 것)

흰색 고기 또는 닭고기의 큰 덩어리 냄비에 넣고 오븐에 찌기 POÊLER DES GROSSES PIÈCES DE VIANDES BLANCHES OU DE VOLAILLES

송아지 넓적다리, 등심, 송아지 콩팥과 함께 익힌 등심, 영계, 새끼 오리, 수탉 등등 NOIX, CARRÉ, ROGNONNADE DE VEAU, POULARDE, CANETON, CHAPON…

첫 번째 방법

브뤼셀식 송아지 등심 오븐 찜(Carré de veau poêlé bruxelloise)

아로마틱 가니쉬 준비하기 Préparer la garniture aromatique

– 당근과 양파를 얇게 저며 썬다.(마티뇽)

– 토마토를 씻은 후 잘게 썬다.

– 부케가르니를 만든다.

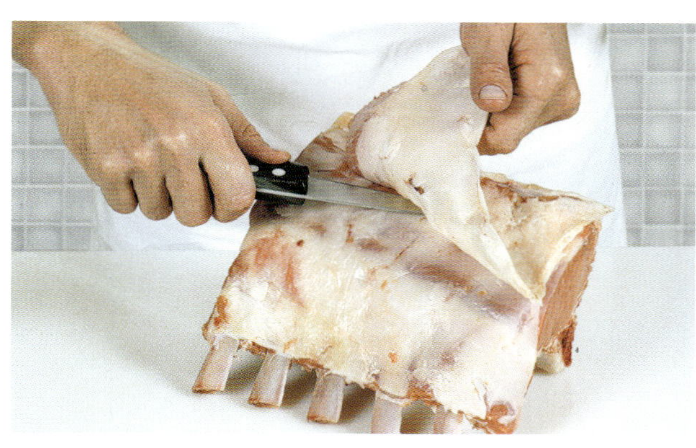

고기 준비하기 Préparer les pièces de viandes

– 닭 날개와 다리를 몸통에 고정시킨다.(p. 336 참조)

– 등심을 《손질하고 Habiller》 뼈 끝을 잘라 정리한 후 실로 묶는다.(p. 318/320 참조)

고기 익힐 준비하기 Marquer la pièce de viande en cuisson

– 바닥이 깊고 두꺼운 냄비를 중불에 올린다.

– 고기를 양념한 후 뵈르 퐁듀를 꼼꼼하게 뿌린다.

– 모든 면을 노릇노릇하게 굽는다.(버터가 타지 않게 조심한다.)

❶ 고기 둘레에 아로마틱 가니쉬인 당근과 양파를 첨가한다.

❷ 냄비 뚜껑을 잘 닫아 200도 오븐에 넣는다.

❸ 고기를 뒤집고 익히는 동안 즙을 수시로 뿌려준다.

❹ 색깔이 골고루 나도록 완성되기 몇 분 전에 뚜껑을 열어도 좋다.(색깔은 노릇노릇한 금색이어야 한다.)

❺ 남은 아로마틱 가니쉬를 첨가한다.(토마토와 부케가르니)

❻ 잘 익었는지 확인한다.

❼ 트레이에 고기를 덜고 오븐 찜 소스를 단드는 동안 뚜껑을 닫아 따뜻하게 보관한다.

오븐 찜 소스 만들기 RÉALISER LE FOND DE POÊLAGE

❶ 고기를 익혔던 냄비를 중불에 올린다.

❷ 즙을 알맞게 캐러멜화 되도록 볶는다. 심하게 캐러멜화 되면 오븐 찜 소스가 쓴맛이 된다.

❸ 화이트 와인, 포르투 와인 또는 마데이라 와인을 넣어 데글라세한다. (레시피나 요리의 종류에 맞춰 선택해서 사용)

❹ 신맛을 없애기 위해 졸인다.

❺ 가볍게 리에종하고 진한 송아지 또는 닭고기 갈색 육수를 첨가한다.

❻ 천천히 졸인다. **오븐 찜 소스는 가볍게 리에종한 진한 소스가 되어야 한다.**

오븐 찜 소스를 차이나 캡에 거르기

Passer le fond de poêlage au chinois étamine

– 압착하지 않는다.

– 국자를 사용해 기름기를 세심하게 제거한다.

오븐 찜 소스에 뚜껑을 닫고 63도 이상의 중탕 용기에 보관한다.

고기 윤내기 GLACER LA PIÈCE DE VIANDE

샐러맨더 또는 매우 뜨거운 오븐 입구에 고기를 넣고 오븐 찜 소스를 계속 뿌려주며 윤을 낸다.

그릇에 담기 Dresser

❶ 그릇에 담는다.

❷ 고기 오븐 찜은 움푹한 접시나 스튜냄비에 담는 것이 좋으며, 요리 이름에 알맞은 곁들임을 고기 둘레에 담는다.

[예] 무를 곁들인 오리고기 오븐 찜, 브뤼셀식(방울 양배추를 곁들인) 송아지 등심 오븐 찜

오븐 찜 고기를 슬라이스할 경우 윤을 낼 필요가 없다. 고기를 담을 때, 오븐 찜 소스를 슬라이스 위에 뿌리지 않고 접시 바닥에 뿌린다.

슈아지 곁들임 송아지 등심 오븐 찜(Carré de veau poêlé Choisy)

두 번째 방법

무를 곁들인 새끼 오리 오븐 찜(Caneton aux navets)

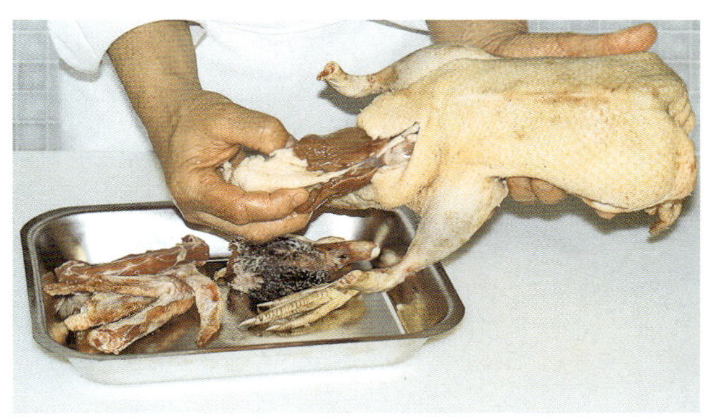

❶ 닭고기를 손질하고 날개와 다리를 실로 꿰어 몸통에 고정한다.(p. 335/336 참조)

❷ 송아지 또는 돼지고기를 손질한다.(p. 318/320 참조)

❸ 새끼 오리를 손질하고 날개와 다리를 실로 꿰어 몸통에 고정한다.(p. 344~346 참조)

아로마틱 가니쉬 준비하기 Préparer la garniture aromatique

– 당근과 양파를 얇게 저며 썬다.(마티뇽)

– 토마토를 씻은 후 잘게 썬다.

– 부케가르니를 만든다.

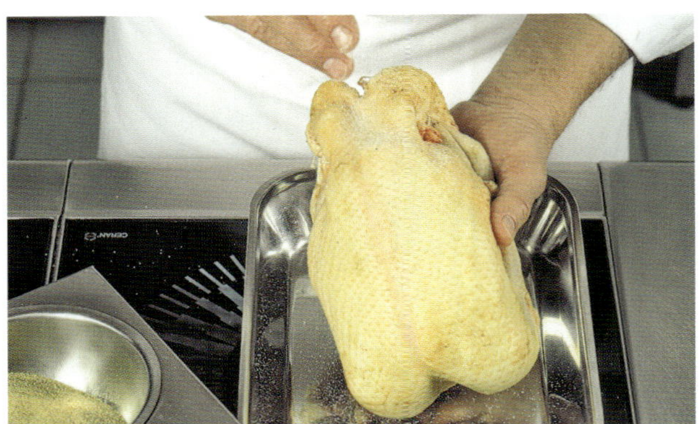

고기 익힐 준비하기 Marquer la pièce de viande en cuisson

– 고기를 양념한다.(냄비 안에서 양념하지 않는다.)

❶ 바닥이 깊고 두꺼운 냄비에 고기를 넣는다.(닭고기는 옆으로 담는다.)

❷ 뵈르 퐁듀를 꼼꼼하게 뿌린다.

❸ 고기 둘레에 아로마틱 가니쉬인 당근과 양파를 첨가한다.(토마토와 부케가르니는 마지막에 넣는다.)

❹ 냄비 뚜껑을 잘 닫아 200도 오븐에 넣는다. 1.2kg 작은 닭고기는 약 1시간, 송아지 등심 또는 갈비 8개인 돼지 등심은 1시간 20분~1시간 30분 동안 익힌다.

❺ 고기를 뒤집고 익히는 동안 즙을 수시로 뿌려준다.

❻ 즙을 뿌려줄 때 고기 위에 아로마틱 가니쉬가 올라가지 않게 조심한다.

❼ 완성되기 몇 분 전에 뚜껑을 열어도 좋다.(색깔에 따라)

❽ 남은 아로마틱 가니쉬를 첨가한다.(토마토와 부케가르니)

잘 익었는지 확인하기 S'assurer de la cuisson

– 고기를 찔렀을 때 나오는 즙과 기름에 핏물이 섞이면 안 된다.

고기 오븐 찜 덜기 Débarrasser la pièce de viande poêlée

– 고기를 트레이에 덜고 오븐 찜 소스를 만드는 동아 알루미늄 호일로 덮어 따뜻하게 보관한다.

오븐 찜 소스 만들기
RÉALISER LE FOND DE POÊLAGE

❶ 고기를 익혔던 냄비를 중불에 올린다.

❷ 즙이 알맞게 캐러멜화 되도록 볶는다. 심하게 캐러멜화 되면 오븐 찜 소스가 쓴맛이 된다.

❸ 화이트 와인, 포르투 와인 또는 마데이라 와인을 넣어 데글라세한다. (레시피나 요리의 종류에 맞춰 선택해서 사용)

❹ 신맛을 없애기 위해 졸인다.

❺ 가볍게 리에종하고 진한 송아지 또는 닭고기 갈색 육수를 첨가한다.

❻ 천천히 졸인다. **오븐 찜 소스는 가볍게 리에종한 진한 소스가 되어야 한다.**

오븐 찜 소스를 차이나 캡에 거르기

Passer le fond de poêlage au chinois étamine

❶ 압착하지 않는다.

❷ 국자를 사용해 기름기를 세심하게 제거한다.

❸ 간을 확인한다.

❹ 오븐 찜 소스에 뚜껑을 닫고 63도 이상의 중탕 용기에 보관한다.

고기 윤내기 GLACER LA PIÈCE DE VIANDE

샐러맨더 또는 매우 뜨거운 오븐 입구에 고기를 넣고 오븐 찜 소스를 계속 뿌려주며 윤을 낸다. 반짝거리는 오븐 찜 소스의 얇은 막으로 고기가 덮여야 한다.

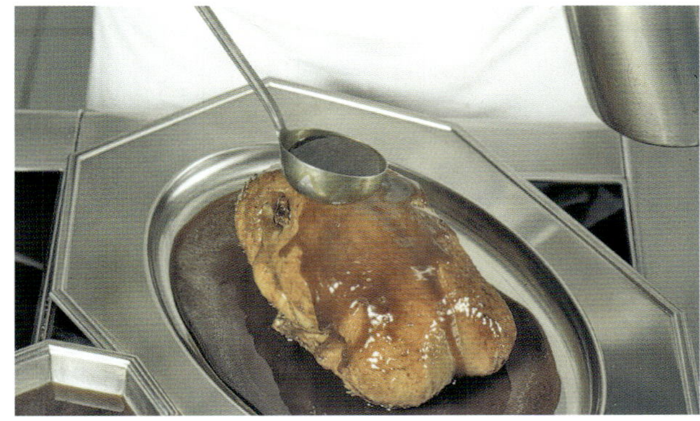

그릇에 담기 Dresser

❶ 그릇에 담는다.

❷ 고기 오븐 찜은 움푹한 접시 또는 스튜 냄비에 담는 것이 좋으며, 요리 이름에 알맞은 곁들임을 고기 둘레에 담는다.

예 무를 곁들인 오리고기 오븐 찜, 브뤼셀식(방울 양배추를 곁들인) 송아지 등심 오븐 찜 등 canard aux navets, carré de veau poêlé bruxelloise...

오븐 찜 고기를 슬라이스할 경우 윤을 낼 필요가 없다. 고기를 담을 때, 오븐 찜 소스를 슬라이스 위에 뿌리지 않고 접시 바닥에 뿌린다.

새끼 멧돼지 넓적다리 냄비에 넣고 오븐에 찌기
POÊLER UN CUISSOT DE JEUNE SANGLIER

가죽을 벗겨 손질하고, 넓적다리 뼈를 제거하고 정강이살을 정육용 톱으로 자른다.

고기를 마리네이드한다.(레드 와인 vin rouge, 꼬냑 cognac, 식용유 huile, 식초 vinaigre, 당근 carottes, 양파 oignons, 가늘 ail, 샐러리 céleri, 부케가르니 bouquet garni, 통후추, 두송자(baies de genièvre 주니퍼베리), 정향 조각 clou de girofle 등등)

(p. 445/446 참조)

넓적다리에 돼지비계를 끼워 넣을 수도 있다.

❶ 넓적다리와 마리네이드의 아로마틱 가니쉬의 물기를 잘 뺀다.

❷ 소금, 후추로 양념한 후 뚜껑이 있는 움푹한 냄비에 넓적다리를 넣고 버터를 둘러 볶는다.

❸ 고기를 덜어 둔다.

❹ 마리네이드 채소를 첨가해 몇 분 동안 볶는다.

❺ 노릇노릇한 넓적다리를 아로마틱 가니쉬 위에 올린다.

❻ 냄비 뚜껑을 덮고 3kg 넓적다리를 200도 오븐에 넣어 1시간 30분~1시간 45분 동안 익힌다.

❼ 익히는 동안 수시로 넓적다리에 즙을 뿌려준다.

❽ 잘 익었는지 확인한다.

❾ 멧돼지를 익힐 때에는 익히는 온도에 유의해야 하며, 속 온도가 63도 이상이어야 한다.

❿ 넓적다리를 덜어 따뜻하게 보관한다.

오븐 찜 소스 만들기
RÉALISER LE FOND DE POÊLAGE

❶ 고기를 익힌 냄비의 즙을 캐러멜화 한다.

❷ 졸인 마리네이드 일부를 넣어 데글라세한다.

❸ 다시 3/4으로 졸인다.

❹ 프라브라드 소스 또는 데미글라스 소스 또는 가볍게 리에종한 진한 송아지 갈색 육수를 첨가한다.

❺ 다시 졸인다.(p. 366/367, 384/385 참조)

❻ 소스의 농도, 색깔, 간을 확인한 후 빻은 통후추 또는 후춧가루를 조금 첨가한다.

❼ 소스를 차이나 캡에 거른다.

❽ 기름기를 잘 제거한다.

❾ 넓적다리에 윤을 낸다.

❿ 넓적다리를 묶었던 실을 풀고 매우 뜨거운 오븐 입구 또는 샐러맨더에 넣어 반짝거리는 예쁜 색깔이 날 때까지 소스를 뿌리며 윤을 낸다.

소스 마무리하기 Terminer la sauce

– 요리 이름에 알맞은 곁들임을 첨가한다.(레드커런트* 열매 젤리, 블루베리 젤리, 야생 버섯, 크림 소스 등등 gelée de groseilles, de myrtilles, champignons des bois, crème…)

– 마무리용 버터를 알맞게 소스에 넣어 섞는다.

그릇에 담기 Dresser

– 접시에 넓적다리를 담는다.

– 소스를 알맞게 뿌린다.*

– 남은 오븐 찜 소스를 소스그릇에 담는다.

> * 오븐 찜 고기를 슬라이스 할 경우 윤을 낼 필요가 없다. 고기를 담을 때, 오븐 찜 소스를 슬라이스 위에 뿌리지 않고 접시 바닥에 뿌린다.

---

* 레드커런트 열매 젤리 gelée de groseilles : 레드커런트 groseilles는 까치밥나무의 한 종류라 까치밥나무라고도 불린다.

튀기기 FRIRE

튀김 기름 품질관리
Contrôle de la qualité de l'huile
www.bpi-campus.com
www.youtube.com/@diytp

정의

튀기기는 식재료를 튀김 기름에 넣어 익히는 것이다.

이 조리법은 일반적으로 익히지 않거나 혹은 익은 작은 크기로 손질된 주재료를 전분 재료(우유 + 밀가루, 튀김 반죽, 계란물에 빵가루)로 감싸 익히는 데 알맞다. 튀길 때에는 높은 온도에 분리되지 않는 특별한 기름 (땅콩기름 huile arachide, 팜유 palme...)을 사용할 필요가 있다.

튀김을 위한 조리 작업 기구 설치하기
INSTALLER UN POSTE DE TRAVAIL À LA FRITURE

튀김 기름이 깨끗한 상태인지 확인한다.(한번 사용할 때마다 꼼꼼하게 여과해야 한다.)

식용유의 품질을 확인한다.(온도를 높이고 공기 접촉이 계속 될 때 얼마나 산화하는지 알아보는 테스트를 활용한다.)

색깔이 변하고 거품이 있는 튀김 기름은 사용하지 않는다.

튀김기에 담겨 있는 식용유의 상태를 확인한다.(필요한 경우 같은 종류의 식용유를 보충한다. 거품이 생기고 끓어 넘칠 위험이 있으므로 서로 다른 종류의 기름을 섞어 사용하지 않는다.)

튀김 기름의 온도를 정확히 조절한다.(튀길 재료의 속성, 크기, 두께, 기대하는 결과물에 따라 다르다.)

예

+ 뽐 알뤼메트와 뽐 퐁네프를 초벌로 튀기기 위해서는 155/160도

+ 튀김 반죽 또는 계란물과 빵가루를 입혀 튀길 경우 170도

+ 뽐 알뤼메트와 뽐 퐁네프의 색깔을 내고 바삭하게 만들기 위해서는 180도

왼쪽에는 Sur la gauche 튀길 식재료를 담아 둘 용기를 준비한다.

오른쪽에는 Sur la droite 튀긴 식재료를 담아 양념할 용기를 준비한다. (키친타월을 덮은 사각 트레이, 소금)

권장사항

• 각각 다른 튀김 기름 온도를 잘 지키도록 주의한다. 과학적 조사에 의하면 심하게 높은 온도에 튀긴 탄수화물 함량이 높은 식품(감자 튀김 : 칩스, 뽐 빠이, 뽐 알뤼메트 등등)과 비스킷, 너무 익힌 빵, 씨리얼, 프링글스 등에서 《아크릴아마이드 l'acrylamid》라는 발암 물질이 많이 발견되었다고 한다. 세계보건기구(L'OMS : Organisation Mcndiale pour la Santé)에서는 튀김 음식을 먹는 것을 일주일에 한 번으로 제한하도록 권장하고 있다.

• 튀길 재료는 꼼꼼하게 물기를 닦는다.(기름이 튀어 화상을 일으킬 위험)

• 튀김 옷은 튀기기 바로 직전에 입힌다.(밀가루, 빵가루, 튀김 반죽 등등)

• 특히 냉동 재료를 튀길 때에는 소량으로 튀긴다.(튀김 온도가 갑자기 낮아짐)

• 바삭바삭함을 유지하기 위해 《주문 시 à la commande》 마지막에 재료를 튀긴다.

• 키친타월에 튀긴 음식을 담아 기름기를 잘 뺀다.

• 거품 뜨는 국자 대신 반드시 튀김망 국자를 사용한다. 180도 온도에서는 거품 뜨는 국자가 녹을 위험이 있다.

• 튀김 기름 위에는 절대 소금을 뿌리면 안 된다. 튀긴 후 재료에 즉시 소금을 뿌린다.

• 튀긴 음식에는 절대로 뚜껑을 덮지 않는다.(물기가 차서 튀김이 눅눅해질 위험이 있다.)

• 소금을 뿌린 튀김은 장식용 무늬 종이 위에 담고, 설탕을 뿌린 튀김은 레이스 장식 종이 위에 담는다.

• 튀긴 후 완전히 튀김 기름이 식기 전에 여과한다.

• 알맞은 세척 방법에 따라 튀김기를 세척한다.

프리토 튀기기* FRIRE DES FRITOTS

*시행 법규를 지킴

뇌 프리토(Fritots de cervelle)

뇌 손질 후 물에 담가 불순물 제거하기 Limoner et dégorger les cervelles
(p. 327 참조)

– 흐르는 물에 피가 엉긴 부분을 제거한다.

– 식초를 넣은 얼음물에 담가 불순물을 제거한다.

뇌 삶기 Pocher les cervelles

– 끓는 쿠르 부용에 담근다.

– 매우 약한 불에 10분 동안 삶는다.

– 재빨리 식힌다.

뇌 마리네이드하기 Mariner les cervelles

– 물기를 뺀 후 도톰하게 슬라이스한다.

– 양념한 후 레몬즙, 식용유, 처빌, 타라곤, 타임 꽃을 넣은 즉석 마리네이드에
  담가둔다.

❶ 튀김 반죽을 만든다.(p. 660/661 참조)

❷ 마리네이드한 뇌 에스칼로프에 튀김 반죽을 입힌다.

– 튀김 반죽이 과도하게 묻은 부분은 정리한다.

뇌 프리토 튀기기 Frire les fritots de cervelles

– 170도로 달군 튀김 기름에 넣는다.

– 튀김망 국자를 사용해 살짝 뒤집는다.

❶ 튀김망 국자를 사용해 키친타월 위에 올려 기름기를 잘 뺀다.

❷ 가는소금을 뿌린다.

프리토 담기 Dresser les fritots

– 냅킨 또는 장식용 무늬가 있는 종이를 깐 접시에 소복하게 담는다.

– 튀긴 파슬리 다발과 톱니 모양으로 자른 레몬 반쪽을 둘레에 장식한다.

– 소스를 소스그릇에 따로 담는다.(예를 들어, 토마토 소스)

생선 튀기기 FRIRE DES POISSONS PORTIONS

생태 MERLANS, 가자미 SOLES 등등

생태 튀김(Merlans frits)

콜베르 소스 가자미 튀김(Soles Colbert)

생선 손질하기 Habiller les poissons (p. 239/240 참조)

– 생태의 배 부분을 몇 cm만 벌려 손질한다. 가자미는 희색 껍질을 벗기고 흰색 껍질 부분 비늘을 제거한다.

얼음물에 몇 분 동안 담가 불순물을 제거하고 물기를 잘 뺀다.

생선 익힐 준비하기(주문 시)

Marquer les poissons en cuisson(à la commande)

❶ 키친타월로 생선의 물기를 잘 닦는다.

❷ 생선을 양념한다.

❸ 소금을 넣은 우유 또는 맥주에 담근다.

❹ 마지막에 밀가루를 묻히고 많이 묻은 부분은 살살 털어 정리한다.

❺ 180도로 달군 튀김 기름에 조심스럽게 넣는다.

❻ (생선 두께에 따라) 5~6분 동안 튀긴다. 튀김망 국자를 사용해 조심스럽게 뒤집는다. 생선 둘레에 거품이 생기며 튀김 기름이 부글거리다 멈추면 생선이 노릇노릇해지고 표면에 떠오른다.

❼ 생선이 잘 익었는지 확인한다.

❽ 키친타월에 올려 기름기를 잘 빼준다.

❾ 다시 알맞게 소금을 뿌린다.

생선 튀김 담기 Dresser les poissons

– 접시에 장식용 무늬 있는 종이를 깔고 생선을 담는다. 가자미는 흰색 껍질 부분이 위로 보이게 담는다.

– 꼬리 쪽에는 톱니 모양으로 자른 레몬 반쪽을, 머리 쪽에는 튀긴 파슬리를 담는다.

튀김옷을 입혀 튀긴 생선은 주로 혼합 버터 또는 마요네즈 응용 소스를 곁들여 낸다.

뽐 알뤼메트와 뽐 퐁네프 튀기기
FRIRE DES POMMES ALLUMETTES ET DES POMMES PONT-NEUF

뽐 알뤼메트(Pommes allumettes)

두 번에 나눠 튀기기 EN DEUX CUISSONS

❶ 튀김용 감자(빈취, 빅토리아, 아가타 품종 등등)를 다듬어 씻는다.

❷ 감자를 자른 후 물에 여러 번 헹군다.(p 204/205 참조)

❸ 기름이 튀지 않도록 감자 물기를 잘 빼고 건조시킨다.

❹ 튀김 기름에 감자를 소량으로 넣는다.(기름 온도가 식지 않도록)

❺ 최대 155/160도 온도로 감자를 《초벌로 튀긴다 pocher》.

잘 익었는지 확인하기 S'assurer de la cuisson

− 손가락으로 눌러 익은 정도를 확인한다. 감자가 부드럽고 **노릇노릇한 색깔이 나지 않아야 한다.**

트레이에 담고 서비스를 위해 《대기 상태로》 보관한다.

감자 튀김 완성하기 Terminer et saisir les pommes

− 튀김 기름 온도를 180도로 높인다.

− 주문 시 감자를 기름에 넣고 노릇노릇하게 익힌다.

❶ 트레이에 키친타월을 깔고 감자 튀김을 담아 기름기를 잘 뺀다.

❷ 튀김 기름 말고 트레이 위에 가는소금을 뿌린다.

감자튀김 담기 Dresser

– 장식용 무늬 있는 종이를 접시에 깔고 뽐 알뤼메트를 쌓아 올려 담는다. 뽐
 퐁네프는 《쌓아 올리거나 buisson》《차곡차곡 포개어 stère》 담을 수 있다.

뽐 빠이, 감자 칩스, 와플 모양 감자 튀기기
FRIRE DES POMMES PAILLE, CHIPS, GAUFRETTES

감자 칩스(Pommes chips)

뽐 빠이(Pommes paille)

와플 모양 감자튀김(Pommes gaufrettes) (p. 208/209 참조)

한번에 튀기기 EN UNE SEULE CUISSON

❶ 튀김용 감자를 다듬어 씻는다.

❷ 감자를 자르고 물에 여러 번 헹군다.(p. 207 《감자 칩스 pommes chips》
 참조)

❸ 기름이 튀지 않도록 감자 물기를 잘 빼고 건조시킨다.(p. 204 《뽐 빠이 pommes paille》참조)

❹ 최대 160/170도로 달군 튀김 기름에 감자를 소량으로 넣는다.
❺ 노릇노릇 골고루 바삭바삭하게 잘 튀겨지도록 튀김망 국자로 수시로 살살 저어준다.

❻ 트레이에 키친타월을 깔고 감자 튀김을 담아 기름기를 잘 뺀다.
❼ 가는소금을 뿌린다.

감자튀김 담기 Dresser les pommes

– 장식용 무늬 있는 종이를 접시에 깔고 감자 튀김을 소복하게 쌓아 올려 담는다.

감자 칩스와 와플 모양 감자 튀김은 노릇노릇 색깔이 나면 차례로 꺼낸다. **너무 뜨거운 기름(180도 이상)에 감자를 튀기면 색깔이 금방 변하고 바삭바삭하지 않다.**

와플 모양 감자튀김으로 만든 바구니(Nids en pommes gaufrettes)

뽐 도핀 반죽 만들어 튀기기
RÉALISER ET FRIRE DES POMMES DAUPHINE

뽐 도핀 반죽은 뽐 뒤셰스 2/3와 소금을 넣은 슈 반죽 1/3을 섞어 만든다.

① 뽐 뒤셰스 반죽을 만든다.(p. 429/430 참조)

② 소금을 넣은 슈 반죽을 만든다.(p. 637/638 참조)

③ 주걱을 사용해 뽐 뒤셰스 반죽과 소금을 넣은 슈 반죽을 한 곳에 모아 잘 섞는다.

④ 간이 잘 되었는지 확인한다.

⑤ 1.5~2cm 직경의 둥근 깍지를 끼운 짤 주머니*를 사용해 뽐 도핀 반죽을 작은 토막으로 잘라 170도로 달군 튀김 기름에 넣는다.

* 뽐 도핀은 전식용 스푼 2개를 사용해 작은 완자 모양으로 만들 수도 있다.

⑥ 튀김망 국자를 사용해 뽐 도핀을 뒤집는다.(일반적으로 뽐 도핀은 튀길 때 저절로 뒤집힌다.)

⑦ 뽐 도핀이 잘 부풀고 노릇노릇하며 바삭바삭해지면 기름기를 빼며 건진다. 일반적으로 둘레에 튀김 기름이 보글거리는 것이 끝나면 다 익은 것이다.

⑧ 뽐 도핀을 그릇에 담는다.

⑨ 가는소금을 알맞게 뿌린다.

활용법
• 뽐 도핀은 주로 오븐에 구운 고기 요리(새끼 양고기 agneau, 소고기 bœuf 등등)에 곁들인다.

달콤한 과일 튀기기
FRIRE DES BEIGNETS SUCRÉS

사과, 바나나, 파인애플

달콤한 과일 튀김(Beignets sucrés)

❶ 과일을 씻고 다듬은 후 레몬즙을 뿌린다.

❷ 씨를 제거하고 일정한 모양으로 슬라이스 하거나 토막 내어 자른다.(p. 233/234 참조)

즉석 마리네이드에 과일 담그기
Placer les fruits dans une marinade instantanée

– 굵은 설탕, 레몬즙, 칼바도스, 계피로 사과를 마리네이드한다.

– 럼주로 파인애플과 바나나를 마리네이드한다.

❶ 튀김 반죽을 만든다.(p. 660/661 참조)

❷ 튀김 기름을 170도로 달군다.(한 번도 사용하지 않은 식용유로 튀기는 것이 좋다.)

❸ 과일 슬라이스에 튀김 반죽을 입히고 잘 마무리해준 후 튀김 기름에 넣는다.

❹ 튀김망 국자를 사용해 과일 튀김을 살살 뒤집어준다. 노릇노릇하고 잘 부풀고 바삭바삭해야 한다.

❺ 튀김망 국자로 과일 튀김을 잘 건져내고 키친타월 위에 담아 기름기를 뺀다.

과일 튀김 윤내기 Glacer les beignets

– 슈가파우더를 뿌리고 샐러맨더 또는 매우 뜨거운 오븐 입구에 넣어 윤을 낸다.(조리용 붓으로 시럽을 발라 윤을 낼 수도 있다.)

과일 튀김 담기 Dresser les beignets

– 레이스 종이를 접시에 깔고 과일 튀김을 예쁘게 담는다.

– 과일의 속성에 따라 소스그릇에 소스를 따로 담아 낸다.(살구, 패션 프루트, 오렌지 등등)

<hr>

* 도넛을 프랑스어로 베녜라고 부른다. 튀기기 전의 반죽을 파트 아 슈 PÂTE À CHOUX, 이 반죽을 튀긴 것을 베녜 BEIGNET라고 부른다

파트 아 슈 반죽 튀기기
FRIRE DE LA PÂTE À CHOUX

베녜* 수플레 만들기 RÉALISER DES BEIGNETS SOUFFLÉS (빼 드논 또는 수피르 드 논 PETS OU SOUPIRS DE NONNES)

❶ 설탕을 넣고 바닐라 또는 오렌지 꽃물로 풍미를 준 슈 반죽을 만든다.(p. 637/638 참조)

❷ 직경 1.5~2cm 깍지를 끼운 짤 주머니를 반죽으로 채운다.

❸ 부풀어 오르는 도넛을 튀긴다.

❹ 1.5~2cm 길이로 슈 반죽 토막을 잘라 70도로 달군 튀김 기름에 넣는다.

❺ 도넛이 부풀고 노릇노릇하며 바삭바삭해질 때까지 튀긴다.

❻ 튀김망 국자로 살살 뒤집는다.(부풀어 오르는 도넛은 일반적으로 부풀면서 스스로 뒤집어진다.)

7 키친타월 위에 올려 기름기를 잘 뺀다.

8 슈거파우더를 충분히 뿌린다.

슈(부풀어오른 도넛)는 다양한 크림(커스터드 크림 pâtissière, 디플로마트 크림 Diplomate), 젤리, 잼(오렌지, 살구 등등) 등을 속에 채울 수 있다.

라구 익히기 CUIRE EN RAGOÛT

정의

식재료를 작은 조각으로 썰어 리에종한 육수에 담아 뚜껑을 닫고 익히는 것이다.

갈색 소스 라구를 위해서는 고기를 노릇노릇하게 볶고, 흰색 소스 라구는 색깔이 나지 않게 고기를 알맞게 굽는다. 고기와 소스, 소스와 고기 사이를 오가며 맛이 서로 스며든다.(삼투 현상 phénomène d'osmose)

참고 : 단체 급식에서는 일반적으로 고기를 익힌 후에 소스를 리에종한다.

갈색 소스 라구 만들기
RÉALISER UN RAGOÛT À BRUN

양고기, 송아지 고기, 소고기, 돼지고기, 닭고기, 토끼 고기 등등
MOUTON, VEAU, BŒUF, PORC, COQ, LAPIN…

감자를 곁들인 양고기 스튜(라구)(Navarin aux pommes)

맏물 채소를 곁들인 양고기 스튜(라구)(Navarin aux primeurs)

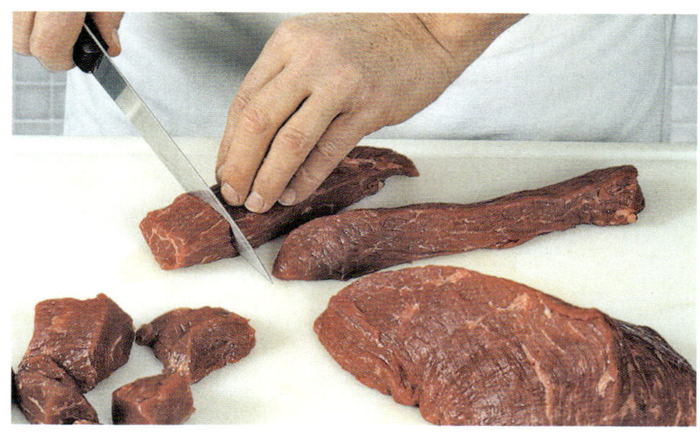

고기 자르기 Détailler la viande

– 힘줄, 지방 등을 제거하며 손질하고 고기를 50~60g 조각이 되도록 자른다.

아로마틱 가니쉬 준비하기 Préparer la garniture aromatique

– 작은 주사위 모양으로 당근과 양파를 썬다.(미르푸아)

– 부케가르니를 만든다.

– 마늘을 다듬어 씻고 싹을 제거한 후 칼날 뒤끝을 사용해 빻는다.

라구 익힐 준비하기 Marquer le ragoût en cuisson

– 소테팬 또는 낮은 소스포트에 식용유를 두르고 뜨겁게 달군다.

– 고기를 서로 겹치지 않게 한 겹으로 담는다.

고기를 센 불에 노릇노릇 굽기 Rissoler vivement les morceaux

– 색깔이 나기 시작하면 고기를 뒤집는다.(불이 충분히 세지 않으면 고기가 《삶아져 bouillir》 육즙이 흘러나올 위험이 있다.)

– 고기의 모든 면이 골고루 노릇노릇해져야 한다.

❶ 미르푸아로 썬 당근과 양파를 첨가한다

❷ 가볍게 캐러멜화 되도록 볶는다.(미르푸아를 미리 볶을 수도 있다.)

기름기 제거하기 Dégraisser

– 소스포트 뚜껑을 사용해 기울이며 기름기를 작은 용기에 따라낸다.

토마토 페이스트 넣기 Tomater

– 소량의 토마토 페이스트를 첨가한다.(레시피의 조리법에 따라)

밀가루 첨가해 볶기 Singer et torréfier la farine

– 밀가루를 살살 뿌린다.

– 소스포트를 220/230도 오븐에 몇 분 동안 넣는다. 밀가루가 연하게 노릇노릇해져야 한다.

– 밀가루는 미리 볶을 수도 있다.

❶ 조심하며 오븐에서 소스포트를 꺼낸다.(잘 마른 행주를 사용한다.)

❷ 고기, 토마토 페이스트, 밀가루를 잘 섞는다.

라구에 육수 붓기 Mouiller le ragoût

고기의 속성과 조리법에 따라 다음과 같이 여러 종류의 육수를 사용한다.

– 양고기 : 찬물

– 송아지 고기 : 맑은 송아지 갈색 육수

– 소고기 : 레드 와인과 소고기 갈색 육수

– 닭고기 : 레드 또는 화이트 와인과 닭고기 갈색 육수

사과주와 맥주도 사용할 수 있다.

❶ 남은 아로마틱 가니쉬를 첨가한다.(마늘, 부케가르니)

❷ 라구를 끓인다.

❸ 알맞게 양념한다.

❹ 냄비 가장자리를 잘 닦는다.

❺ 뚜껑을 잘 닫고 180/200도 오븐에 넣는다.

❻ 잘 살펴보며 45분(양고기 라구)~2시간 30분(고기 찜)동안 익힌다.

❼ 거품 뜨는 국자를 사용해 종종 저어준다.

❽ 소스가 얼마나 줄었는지 확인한다.

❾ 필요한 경우 육수를 더 붓는다.

고기가 잘 익었는지 확인하기 S'assurer de la cuisson de la viande

– 조리용 바늘 또는 포크를 사용해 잘 익었는지 확인한다. 저항감이 없이 잘 들어가야 한다.

고기 덜기 Décanter la viande

– 조리용 포크나 거품 뜨는 국자를 사용해 고기를 다른 용기에 덜어둔다.

차이나 캡에 소스 거르기 Passer la sauce

– 차이나 캡에 소스를 걸러 덜어 둔 고기 위에 붓는다.

소스의 색깔, 농도, 간을 확인한다.

라구 완성하기 Terminer le ragoût

– 요리 이름에 알맞은 곁들임을 첨가한다.(맏물 채소, 갈색으로 윤을 낸 구슬양파, 버섯 볶음, 라르동 등등)
– 63도 이상의 중탕냄비에 담아 뚜껑을 덮고 보관한다.

그릇에 담기 Dresser

– 고기와 곁들임을 골고루 담는다.
– 소스를 뿌린다.

– 라구를 대량으로 만들 경우, 프라이팬에 고기를 따로 볶을 수 있다.
– 라구에 가볍게 리에종한 육수를 부을 경우, 밀가루를 넣을 필요가 없다.
– 라구를 쉽게 만들기 위해 라구를 익힌 후 소스를 리에종하는 요리사들도 있다.
– 조리법에 따라, 밀가루를 넣기 전에 와인 으로 데글라세할 수도 있다.

피를 넣은 리에종으로 갈색 소스 라구 만들기
RÉALISER UN RAGOÛT À BRUN AVEC LIAISON AU SANG

코코뱅, 산토끼 스튜, 새끼 멧돼지 스튜 등등 COQ AU VIN, CIVET DE LIÈVRE, DE MARCASSIN…

산토끼 스튜(Civet de lièvre)

재료 및 사전 준비

❶ 닭고기를 조각으로 자른다.

❷ 뼈를 자르기 위해 큰 칼로 토끼 고기 또는 산토끼를 자른다.(p. 352/353 참조)

❸ 고기를 마리네이드한다.[1] (레드 와인, 꼬냑 또는 아르마냑, 식용유, 얇게 썬 양파와 당근[2], 타임을 많이 넣은 부케가르니, 마늘, 통후추, 두송재(주니퍼베리) 등등) (p. 445~447 참조)

❹ 피와 체에 간 간을 준비한다.[3] 소량의 와인 식초 또는 아르마냑을 첨가한다.

❺ 마리네이드한 고기와 아로마틱 가니쉬 물기를 잘 뺀다.

❻ 마리네이드를 거른 후 거품을 제거하며 끓인다.(마리네이드를 졸일 수도 있다.)

---

[1] 새끼 산토끼를 즉석 마리네이드로 양념할 수 있다.
[2] 마리네이드에 당근 없이 양파만 사용하는 요리사들도 있다.
[3] 돼지 피를 주로 사용한다.

고기 익힐 준비하기 Marquer la viande en cuisson

– 낮은 소스포트에 식용유와 버터를 두르고 고기를 노릇노릇 굽는다.(
라르동을 볶아 라르동 기름으로 고기를 볶을 수도 있다.)

– 닭고기 조각은 껍질 부분을 먼저 볶는다.

❶ 트레이에 고기를 덜어 둔다.

❷ 마리네이드의 아로마틱 가니쉬를 첨가하고 가볍게 캐러멜화 되도록
볶는다.

❸ 기름기를 제거하고 아로마틱 가니쉬 위에 고기를 다시 담는다.

❹ 꼬냑 또는 아르마냑으로 불을 붙여 풍미를 준다.

❺ 마리네이드를 첨가하고 2/3로 졸린다.(미리 졸이지 않은 경우)

❻ 고기의 속성에 따라 리에종한 닭고기 갈색 육수, 스페인 소스 또는
프라브라드 소스를 붓는다.[4]

❼ 양념한 후 마늘과 부케가르니를 첨가한다.

❽ 거품을 제거하며 끓이고 냄비 가장자리를 잘 닦는다.

❾ 뚜껑을 덮고 200도 오븐에 넣어 고기의 속성에 따라 1시간30분~2시간
동안 익힌다.

라구 고기 덜기 Décanter le ragoût

– 고기가 잘 익었는지 확인한다. 조리용 바늘 또는 포크를 사용해 확인한다.

– 거품 뜨는 국자 또는 조리용 포크를 사용해 라구 고기를 다른 용기에
옮긴다.

---

[4] 고기에 밀가루를 뿌리고 최상급 레드 와인만
부을 수도 있다.

차이나 캡에 소스 거르기 Passer la sauce

– 소스의 농도, 색깔, 간을 확인한다.

– 차이나 캡에 소스를 걸러 고기에 붓는다.

❶ 요리 이름에 알맞은 곁들임을 첨가한다.(갈색으로 윤을 낸 구슬양파, 버섯 볶음, 라르동 볶음, 윤을 낸 밤 등등)

❷ 63도 이상의 중탕냄비에 담아 뚜껑을 덮어 보관한다.

요리를 서비스할 때 AU MOMENT DE SERVIR :

소스 리에종 완성하기 Terminer la liaison de la sauce

– 손님에게 낼 접시에 고기를 담는다.

– 곁들임을 골고루 담고 따뜻하게 둔다.

소스 다시 끓이기 Reporter la sauce à ébullition

❶ 작은 거품기로 저으며 끓인 소스를 피에 천천히 부어준다. 이렇게 만들면 온도가 서서히 올라가며 피가 응고되지 않는다.

❷ 미지근한 리에종을 남은 소스에 천천히 붓는다.

❸ 주걱으로 저으며 즉시 불을 끈다.[5]

❹ 소스의 간을 확인한다.

❺ 차이나 캡에 소스를 걸러 고기에 바로 붓거나 작은 소테팬에 붓는다.

 **주의** Attention

[5] 피로 리에종하는 작업은 요리를 내기 바로 직전에 해야 한다. 피가 응고될 위험이 있으므로 소스를 다시 끓이면 안 된다.

그릇에 담기 Terminer le dressage

– 피로 리에종한 소스를 고기에 골고루 뿌린다(napper).

– 정제 버터에 식빵 크루통을 튀겨 끝을 소스에 담근 후 다진 피슬리를 묻혀 담는다. 크루통의 끝 부분이 위를 향하도록 담는다.

흰색 소스 라구 또는 프리카세 만들기 RÉALISER UNE FRICASSÉE OU RAGOÛT À BLANC

닭고기, 새끼 양고기, 송아지 고기 등등 VOLAILLE, AGNEAU, VEAU…

옛날식 닭고기 프리카세(Fricassée de volaille à l'ancienne)

고기 자르기 Détailler la viande(p. 340/342 참조)

– 닭고기를 4조각 또는 8조각으로 자르고, 새끼 양고기 어깨살 또는 송아지 고기는 50~60g 조각으로 자른다.

고기에 따라 송아지 또는 닭고기 흰색 육수 끓이기 Marquer un fond blanc de veau ou de volaille selon la nature de la viande(p. 368/369 참조) 끓인 육수는 재빨리 식힌다.

프리카세 익힐 준비하기 Marquer la fricassée en cuisson

❶ 고기를 소금, 후추로 양념한다.

❷ 소뚜와 또는 낮은 소스포트에 버터를 조금 두르고(매우 연하게 색깔이 나도록) 굽는다.

❸ 닭고기는 껍질 부분을 먼저 굽는다.

❹ 고기를 겹쳐 담지 않고, 뒤집어 모든 면기 고르게 익도록 한다.

구운 고기 덜기 Débarrasser les morceaux de viande raidis

– 트레이에 덜어 둔다.

❶ 고기를 구웠던 소스포트를 다시 중불어 올린다.

❷ 소량의 버터와 매우 잘게 썬 양파를 첨가한다.

❸ 양파가 갈색으로 변하지 않도록 주걱을 사용하며 골고루 복아준다.

❹ 밀가루(흰색 육수 1L당 40g 밀가루)를 첨가하고 몇 분 동안 흰색 루를 볶는다.

❺ 고기의 속성에 따라 닭고기 또는 송아지 고기 흰색 육수를 붓는다.

❻ 작은 거품기로 잘 저어주며 벨루테를 끓인다.(p. 389~390 흰색 루 만들기 RÉALISER UN VELOUTÉ 참조)

❼ 양념한다.

❽ 고기를 다시 벨루테에 담는다.

❾ 뚜껑을 닫고 천천히 프리카세를 익힌다.(송아지 고기 또는 새끼 양고기를 오래 익혀야 하는 경우 180도 오븐에 뚜껑을 닫고 넣어 익힐 수 있다.)

조리 과정을 잘 살펴보며 프리카세가 잘 익었는지 확인하기
Surveiller et contrôler la cuisson de la fricassée

– 고기를 조심스럽게 뒤집는다.

– 소스가 바닥에 달라붙지 않았는지 확인한다.

– 벨루테가 알맞게 졸았는지 확인한다.

– 필요한 경우 육수를 더 붓는다.

– 닭 날개는 닭 넓적다리보다 훨씬 빨리 익으므로 먼저 꺼낸다. *

– 조리용 바늘 또는 얇은 포크로 닭고기 관절 부분을 찔러보며 잘 익었는지
  확인한다. 찔렀을 때 나오는 액체에 핏물 자국이 보이면 안 된다.

프리카세 다른 그릇에 덜기 Décanter la fricassée dans un autre récipient

– 거품 뜨는 국자 또는 조리용 포크를 사용해 익힌 고기를 덜어 낸다.

소스 완성하기 Terminer la sauce

– 크림을 첨가해 소스를 졸인다.

– 소스의 농도*와 간을 확인한다.

❶ 차이나 캡에 소스를 걸러 고기 위에 붓는다.

❷ 요리 이름에 알맞은 곁들임을 첨가한다.(맏물 채소, 투명하게 윤을 낸
  구슬양파, 흰색 소스에 익힌 버섯)

프리카세를 따뜻하게 보관하거나 바로 그릇에 담기
Maintenir la fricassée au chaud ou dresser immédiatement

❶ 고기를 소복하게 담고 위에 곁들임을 담는다.

❷ 소스를 골고루 뿌린다.

– 닭고기 프리카세를 만들 때, 날개는 12~14분, 넓적다리는 20~22분 익
  힌다.
– 새끼 양고기와 송아지 고기 프라카세는 45분~1시간 15분 동안 익히며, 조
  리용 바늘을 사용해 잘 익었는지 확인한다.

* 소스의 농도를 조절할 수 있다. 졸이거나 소량의 흰색 루 또는 뵈르 마니에를
  첨가해 더 걸쭉하게 할 수 있다. 이 경우에는 밀가루를 익히기 위해 벨루테를
  끓여야 한다. 소스가 너무 걸쭉할 경우 소량의 닭고기 또는 송아지 흰색 육수
  를 첨가하거나 버섯 익힌 육수를 첨가해 묽게 만들 수 있다.

브레제 BRAISER

정의

브레제는 고기를 아로마틱 가니쉬와 젤라틴 성분 재료를 함께 넣은 육수에 넣어 뚜껑을 닫고 천천히 익히는 것이다. 갈색 소스 브레제는 고기를 노릇노릇하게 굽고, 흰색 소스 브레제는 살짝 굽는다. 브레제 육수와 고기, 아로마틱 가니쉬 사이에 맛을 주고 받으며 서로 스며든다.(삼투 현상 phénomène d'osmose)

갈색 소스로 닭고기 장보네뜨* 브레제 만들기
BRAISER À BRUN DES JAMBONNETTES DE VOLAILLE

새끼 오리, 영계 등등 CANETON, POULET…

닭고기 장보네뜨브레제(Jambonnettes de volaille)

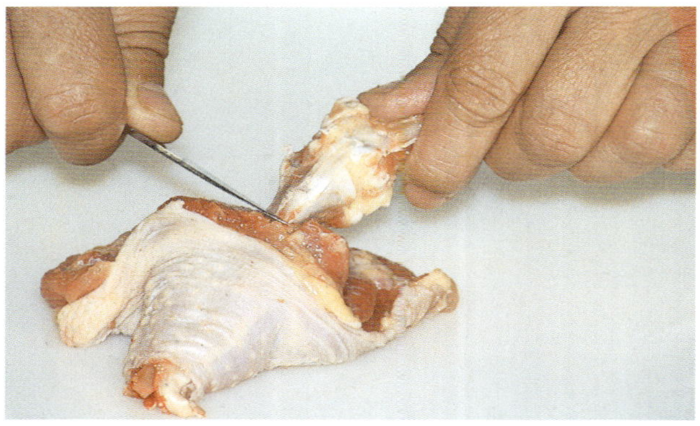

닭고기 넓적다리 뼈 제거하기 Désosser les cuisses de volaille

– 대퇴골, 슬개골, 정강이 뼈와 비골 위 부분을 제거한다.

– 뼈 끝을 잘라 손질한다.

– 조리용 가위를 사용해 힘줄을 손질한다.

* 장보니뜨 jambonnette : 닭 넓적다리에 파르시를 채우고 돼지고기 대망으로 감싸 서양 배 모양으로 만든 것.

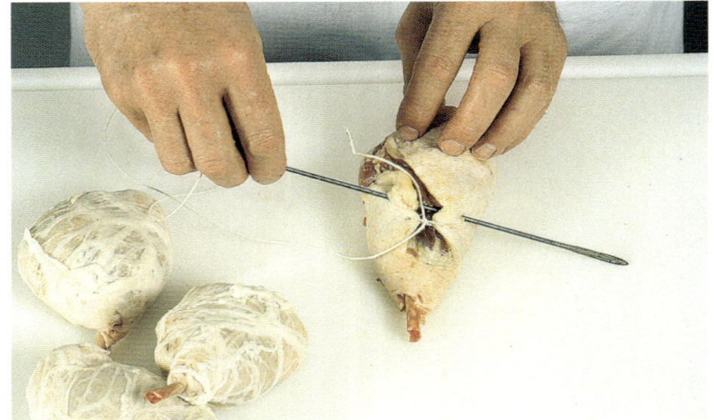

장보네뜨 만들기 Façonner les jambonnettes(p. 347/348 참조)

– 소금, 후추로 양념한다.

– 파르시를 넣는다.(닭고기 무슬린 또는 다른 종류의 파르시)

– 넓적다리 모양으로 다시 만든다.(서양배 모양)

– 조리용 바늘과 실을 사용해 껍질 가장자리를 왔다 갔다 하며 꿰맨다.

– 각각의 장보네뜨를 돼지 대망 조각으로 감싼다.

아로마틱 가니쉬 채소 준비하기
Préparer les légumes de la garniture aromatique

– 당근과 양파를 얇게 저며 썬다.(마티뇽)

– 부케가르니를 만든다.

익히는 시간에 따라 아로마틱 가니쉬를 미르푸아(작은 주사위 모양)로 자를 수도 있다.

장보네뜨 익힐 준비하기 Marquer les jambonnettes en cuisson

- 움푹한 냄비에 버터와 소량의 식용유를 두르고 장보네뜨를 굽는다.
- 버터가 타지 않게 조심하며 골고루 노릇노릇해지게 굽는다.

❶ 장보네뜨를 트레이에 덜어 담는다.

❷ 고기를 익혔던 냄비의 기름기를 부분적으로 제거한다.

❸ 아로마틱 가니쉬를 첨가하고 가볍게 캐러멜화 되도록 볶는다.

❹ 장보네뜨를 아로마틱 가니쉬 위에 담는다.

❺ 화이트 와인으로 데글라세한 후 3/4 정도로 졸인다. 또는, 오렌지 주스를 사용하여 오렌지 브레이즈 장보네뜨로 만들 수도 있다.

❻ 장보네뜨가 반쯤 잠기도록 가볍게 리에종한 진한 닭고기 갈색 육수(오리 고기 또는 닭고기) 또는 젤라틴질의 닭고기 갈색 육수를 붓는다.

❼ 부케가르니를 첨가한다.

❽ 양념한 후 냄비 가장자리를 닦는다.

❾ 뚜껑을 닫는다.

❿ 200도 오븐에 넣어 천천히 익힌다.(새끼 오리 장보네뜨의 경우 1시간 20분~1시간 30분 동안 익힌다.)

⓫ 브레제 육수가 잘 끓어 졸고 있는지 확인한다.

⓬ 조리용 바늘 또는 조리용 온도계를 사용해 잘 익고 있는지 확인한다.(속 최저 온도 70도)

⓭ 장보네뜨를 다른 용기에 옮겨 담는다.

⓮ 소량의 브레제 육수 소스를 붓고 뚜껑을 닫아 고기를 따뜻하게 보관한다.

브레제 육수 소스 완성하기 Terminer le fond de braisage (필요한 경우 졸인다.)

– 기름기를 제거한다.

– 소스의 색깔, 농도, 간을 확인한다.

차이나 캡에 브레제 육수 소스를 거르고 중탕 용기에 뚜껑을 닫아 보관한다.

장보네뜨 윤내기 Glacer les jambonnettes

– 돼지 대망을 벗기고 실을 푼다.

– 샐러맨더 또는 매우 뜨거운 오븐 입구에 넣어 윤을 낸다.

– 장보네뜨에 반짝이는 얇은 막이 생길 때까지 계속 소스를 부어준다.*

  * 주방에서 장보네뜨를 도톰한 슬라이스로 자르는 경우, 윤을 내거나 브레제 육수 소스를 뿌릴 필요가 없다.

그릇에 담기 Dresser

❶ 요리 이름에 알맞은 곁들임을 첨가한다.(올리브, 윤을 낸 무, 오렌지 조각 등등)

❷ 장보네뜨 뼈가 접시 중앙을 향하도록 예쁘게 담는다.

❸ 소스를 알맞게 뿌린다.

❹ 남은 브레제 육수 소스를 소스그릇에 담는다.

흰색 허드레 고기 브레제 만들기
BRAISER DES ABATS BLANCS*

송아지 췌장 RIS DE VEAU

  * 허드레 고기는 MRS(위험 명시 재료)에 속하므로, 사용하기 위해서는 시행 규정에 유의해야 한다.

전날 LA VEILLE

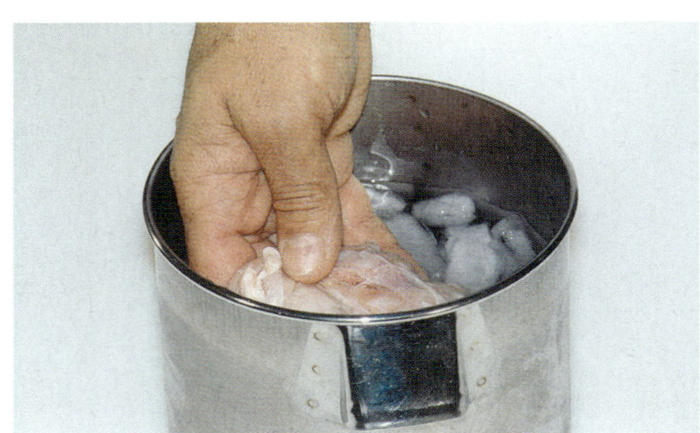

얼음물에 허드레 고기를 담가 불순물을 제거한다.(p. 324 참조)

허드레 고기 데치기 Blanchir les abats

– 자루냄비 또는 소스포트에 허드레 고기를 담고 찬물을 부어 끓인다.

– 3~4분 동안 거품을 제거하며 데친다.

– 완전히 식힌다.

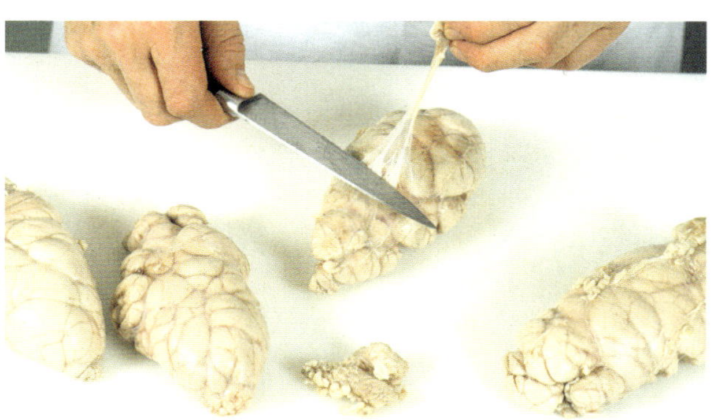

손질하기 Parer

– 지방, 연골, 피가 엉긴 부분이 있다면 제거한다.

– 자투리 부분을 남겨두었다가 브레제 만들 때 아로마틱 가니쉬에 첨가한다.

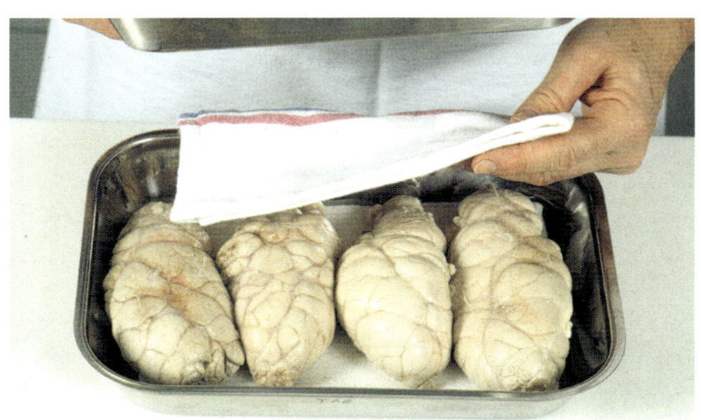

무게 나가는 것으로 췌장 눌러두기 Placer les ris sous presse

– 트레이에 췌장을 담고 깨끗한 면포를 덮어준 후 랩으로 감싸고 다른 트레이를 그 위에 올린 후 1kg 무게가 나가는 것을 둔다.

췌장을 냉장실에 보관한다.

조리 당일 LE JOUR DE LA CUISSON

췌장에 비계 꽂기 Piquer les ris

– (조리법에 따라) 조리용 바늘로 막대 모양의 돼지비계, 송로버섯, 우설 등을 췌장에 끼워 넣는다.(p. 321 참조)

아로마틱 가니쉬 썰기 Tailler la garniture aromatique(p. 463 참조)

– 당근을 얇은 네모 조각으로 썬다.(마티뇽)

– 양파를 얇게 썬다.

– 부케가르니를 만든다.

송아지 췌장 익힐 준비하기 Marquer les ris en cuisson

– 췌장을 소금, 후추로 양념한다.

– 버터를 두르고 췌장의 모든 면이 연한 금색이 되도록 굽는다.

– 비계를 끼운 면을 먼저 굽는다.

– 췌장을 덜어 따뜻하게 둔다.

❶ 아로마틱 가니쉬와 췌장 자투리 조각을 첨가한다.

❷ 색깔이 나지 않게 몇 분 동안 볶는다.

❸ 기름기를 살짝 제거한다.

❹ 아로마틱 가니쉬 위에 췌장을 담는다.

❺ 조리법에 따라 화이트 와인으로 데글라세한 후 졸인다.

❻ 포르투 와인을 첨가한 후 계속 졸인다.

❼ 췌장이 반쯤 잠기도록 매우 가볍게 리에종한 진한 송아지 벨루테 또는 젤라틴질의 송아지 흰색 육수를 붓는다.

❽ 냄비 가장자리를 잘 닦는다.

❾ 뚜껑을 잘 닫는다.

❿ 200도 오븐에서 췌장 크기에 따라 35~45분 동안 익힌다.

잘 익었는지 확인하기 S'assurer de la cuisson

– 조리용 바늘로 찔렀을 때 저항감이 없이 잘 들어가야 한다.

– 브레제 육수 소스를 만드는 동안 63도 이상 중탕 용기에 덜어 뚜껑을 닫고 보관한다.

브레제 육수 소스 완성하기 Terminer le fond de braisage

– 브레제 육수 소스를 차이나 캡에 거른다.

– 기름기를 제거한다.

– 크림을 첨가한다.

– 다시 졸인 후 간을 확인한다.

요리 이름에 알맞은 곁들임을 첨가한다.

예 찐 모렐버섯

그릇에 담기 Dresser

– 접시에 췌장을 대각선 방향으로 담는다.

– 곁들임을 골고루 담는다.

– 소스를 골고루 뿌린다.

송아지 췌장은 갈색 소스 브레제로 만들 수도 있다. 이 경우, 노릇노릇 색깔이 나도록 췌장을 굽고 리에종한 송아지 갈색 육수를 부어 익힌 후 마지막에 샐러맨더에 넣어 윤을 낸다.

엔다이브 브레제 만들기 BRAISER DES ENDIVES

엔다이브 브레제(Endives braisées)

❶ 엔다이브를 다듬어 씻는다.

❷ 가장 바깥쪽 잎이 시든 경우 제거한다.

❸ 엔다이브 끝부분이 시든 경우 살짝 잘라 정리한다.

❹ 밑동을 잘라내고 칼로 움푹하고 뾰족하게 도려낸다. 이렇게 하면 엔다이브를 익히는 동안 모양이 유지되고 쓴맛을 줄여준다.

❺ 엔다이브를 잘 씻고 물기를 뺀다.(p. 149/150 참조)

❻ 낮은 소스포트 또는 큰 소뚜와에 엔다이브를 화관 모양으로 둘러 담는다.

❼ 밑동 부분(더 단단한 부분)이 냄비의 가장자리를 향하도록 담는다.

❽ 소량의 물, 레몬즙, 조각 버터, 설탕, 소금을 첨가한다.

약불에 요리 시작하기 Démarrer la cuisson sur un feu nu

❶ 유산지와 뚜껑을 덮는다.

❷ 엔다이브 크기와 품질에 따라 1시간~1시간20분 동안 오븐에 익힌다.
  엔다이브 밑동 부분을 조리용 바늘로 찔러 익은 정도를 확인한다.
  저항감이 없이 잘 들어가야 한다.

❸ 물기를 잘 뺀 후 그릴망이 있는 트레이에 담는다.

❹ 조리용 포크로 밑동 부분을 찔러 옮겨 담는다.

  *미리 익힌 엔다이브는 익힌 육수 안에 넣어 보관한다.(거무스름하게 변할
  위험이 있다.)*

엔다이브 뫼니에르 ENDIVES MEUNIÈRE

❶ 엔다이브가 큰 경우에는 반으로 나눠 자른다.

❷ 비스듬하게 밑동 부분을 잘라 제거한다.

엔다이브 볶기 Sauter les endives

– 프라이팬에 버터를 둘러 연한 금색이 되도록 녹인다.

– 엔다이브가 골고루 노릇노릇해지도록 볶는다.

❶ 양념한다.

❷ 조리용 포크로 밑동 부분을 찍어 뒤집는다.

❸ 엔다이브를 세모 모양으로 접어 넓은 면이 접시 바깥 쪽을 향하도록 담는다.

활용법

• 브뤼셀식 곁들임, 아몬드를 곁들인 엔다이브, 소스를 곁들인 엔다이브, 엔다이브 그라탱 등등(Garniture bruxelloise, aux amandes, au jus, au gratin…)

상추 브레제 만들기 BRAISER DES LAITUES

상추 브레제(Laitues braisées)

상추 다듬기 Éplucher les laitues

– 가장 바깥쪽 상추 잎이 너무 진한 초록색이고 거칠거나 시든 경우 제거한다.

– 밑동을 잘라 정리하고 상추를 씻거나 데칠 때 잎이 해체되지 않고 모양이 유지되도록 뾰족하게 자른다.(p. 215/216 참조)

❶ 많은 양의 물에 담가 상추를 잘 씻는다.

❷ 상추 밑동 부분을 손으로 잡고 잎이 최대한 벌어지도록 물 속에 담그며 벌레와 모래 등이 바닥에 떨어지도록 한다.

상추 데치기 Blanchir les laitues

– 끓는 물에 상추 밑동을 위로 향하도록 하고 상추를 담근다.

– 상추가 물에 잘 잠기도록 거름망 국자를 사용해 살짝 누른다.

– 2~3분 동안 데친다.

❶ 조리용 포크로 밑동 부분을 찍어 끓는 물에서 조심스럽게 꺼낸다.

❷ 얼음물이 담긴 믹싱볼에 즉시 담근다.

❸ 물기를 빼며 상추가 방추형이 되도록 손으로 살살 눌러준다.

아로마틱 가니쉬 준비하기 Préparer la garniture aromatique

– 당근을 얇은 네모 조각으로 썬다.(마티뇽)

– 양파를 얇게 썬다.

– 부케가르니를 만든다.

상추 익힐 준비하기 Marquer les laitues en cuisson

– 낮은 소스포트에 버터를 두르고 얇게 썬 당근과 양파를 볶는다.

❶ 밑동이 소스포트 가장자리를 향하도록 하고, 데친 상추를 화관 모양으로 동그랗게 담는다.

❷ 상추가 잠기도록 송아지 흰색 육수를 붓는다.

❸ 소금과 후추로 양념한다.

❹ 부케가르니를 첨가한다.

❺ 돼지 껍질의 지방 부분이 상추 쪽으로 덮이도록 한다.

❻ 끓인다.

❼ 유산지와 뚜껑을 덮는다.

❽ 200도 오븐에 넣어 1시간 20분~1시간 30분 동안 익힌다.
(온실에서 재배한 상추는 훨씬 빨리 익는다.)

❾ 상추가 잘 익었는지 확인한 후 물기를 빼고 그릴망이 있는 트레이에 덜어둔다.

– 밑동 부분을 찔렀을 때 저항감 없이 잘 들어가야 한다.

❿ 상추를 반으로 자른다.

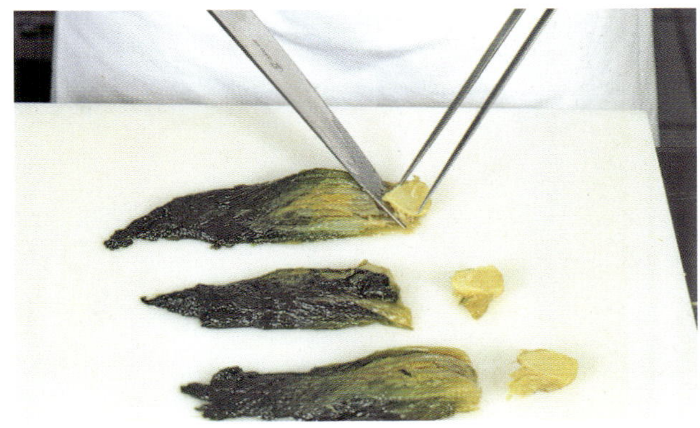

⓫ 밑동을 잘라낸다.

상추 접기 Plier les laitues

– 상추 중앙 쪽을 향해 밑동 부분과 상추 끝 부분을 접는다.
– 접은 상추를 뒤집어 세모로 《모양을 만든다 façonner》.

❶ 주요리 재료 오븐 찜 육수 또는 브레제 육수에 상추를 담고 뭉근히 익힌다. 예를 들어, 상추 브레제를 곁들인 송아지 등심 오븐 찜의 경우, 오븐 찜 육수에 상추를 담아 익힌다.

❷ 그릇에 담는다.(일반적으로 상추 브레제는 주 요리인 고기 둘레에 담는다.)

요리의 시각적 매력을 높이고 선명한 초록색이 나도록 하기 위해, 상추 브레제는 데친 상추의 초록색 잎으로 감쌀 수 있다.

양배추 브레제 만들기 BRAISER DES CHOUX

양배추 브레제(Choux braisés)

돼지비계와 밤을 곁들인 양배추 다리올*(Darioles de choux au lard et aux marrons)

❶ 양배추를 다듬는다.

❷ 양배추를 4등분해 자르고 속대를 제거한다.

❸ 잘 씻고 식초를 넣은 물에 담가 둔 후 헹군다.(p. 151/154 참조)

---

* 다리올 Darioles : 작은 원통형 틀이며, 이 틀로 단든 음식을 가리킨다. 주로 계란, 버터 등으로 디저트 케이크를 만든다.

양배추 데치기 Blanchir les choux

– 끓는 물에 4등분한 양배추를 넣어 몇 분 동안 데친다.

– 얼음물에 담가 식힌다.

양배추 익힐 준비하기 Marquer les choux en cuisson

– 버터를 두르고 아로마틱 가니쉬를 볶는다.(얇은 네모 조각으로 썬 당근과 양파)

– 소스포트를 사용하는 것이 좋다.

❶ 데쳐서 식힌 양배추에 10분 동안 데친 삼겹살 덩어리를 넣는다.

❷ 송아지 흰색 육수를 양배추가 잠길 정도로 붓는다.

❸ 양념한다.

❹ 부케가르니를 첨가한다.

⑤ 양배추 위에 유산지를 덮는다.(또는 데친 돼지 껍질을 덮는다.)

⑥ 소스포트의 뚜껑을 닫는다.

⑦ 불에 올려 끓이기 시작하고 200도 오븐에 넣어 양배추의 단단한 정도에 따라 1시간 20분~1시간 30분 동안 익힌다.

⑧ 잘 익었는지 확인한다.(밑동 부분을 찔렀을 때 저항감 없이 잘 들어가야 한다.)

⑨ 물기를 뺀 후 간을 확인한다.

⑩ 그릇에 담는다.

양배추 브레제는 주로 돼지고기나 돼지고기 가공식품을 재료로 한 다음과 같은 음식에 곁들인다.
– 양배추를 곁들인 소시지 saucisses au chou
– 포테* potées
– 양배추를 곁들인 소금에 절인 돼지고기 petit salé au chou
– 양배추를 곁들인 훈제 삼겹살 poitrine fumée au chou
– 여러 종류의 샤르트리즈* chartreuses diverses

---

* 포테 potées : 돼지고기와 채소를 함께 끓인 스튜.

* 샤르트리즈 chartreuse : 채소와 고기 등을 틀에 넣어 구운 케이크 모양 요리.

밀가루 반죽의 기초

LES PÂTES DE BASE

파트 브리제 LA PÂTE BRISÉE

밀가루 반죽(les pâtes)은 크림(les crèmes), 아파레이유(appareils : 혼합물. 여러 종류의 재료를 한데 섞은 혼합 재료)와 함께 제과 제빵의 기초를 구성하는 매우 중요한 요소들 중 하나이다. 일반적으로 밀가루 반죽을 구성하는 요소들은 거의 변하지 않으며, 심지어 동일한 것도 많다. 재료의 비율에 변화를 주거나, 파티쉐만의 특별한 노하우를 적용하는 것만으로도 다양한 레시피를 만들어낼 수 있다. 이러한 점이 제과의 특징이다.

이 책을 이용해 작업을 하는 데 있어 초보자가 지켜야할 세 가지 측면

– 실행이 용이한 방법을 이용할 것
– 실행 속도와 효율성을 중시할 것
– 기본에 충실할 것

물론, 여기서 소개한 방법들이 제과제빵 업계에서 사용되는 다른 방법들을 배제하는 것은 아니다.

요리에 사용되는 주요 반죽의 분류 CLASSIFICA-TION DES PRINCIPALES PÂTES UTILISÉES EN CUISINE

(BPI 출판사 《요리의 기술 TECHNOLOGIE CULINAIRE》 참고)

파트 세쉬 LES PÂTES SÈCHES : 세쉬 반죽

파트 세쉬(세쉬 반죽)에는 파트 아 퐁세(pâtes à foncer : 퐁세 반죽), 파트 푀이테(pâte feuilletée : 푀이테 반죽) 또는 푀이타주(feuilletage : 푀이타주 반죽) 등의 반죽이 있다.

파트 아 퐁세 pâtes à foncer : 브리제(brisée), 아 파트(à pâté), 사블레(sablée), 슈크레(sucrée)

파트 푀이테(pâte feuilletée), 또는 푀이타주(feuilletage)

파트 몰흐 LES PÂTES MOLLES : 몰흐 반죽

몰흐 반죽 LES PÂTES MOLLES에는 슈 탄죽(pâte à choux), 크랩 반죽(파트 오 아페레유 아 크랩 pâte ou appareil à crêpes) 등이 있다.

파트 아 슈(pâte à choux) : 슈 반죽

파트 몽테 LES PÂTES MONTÉES : 몽테 반죽

파트 몽테 LES PÂTES MONTÉES(몽테 반죽)은 머랭을 첨가하거나, 반죽의 휘핑 과정에서 들어가는 공기에 의해 부풀어 오르는 반죽이다.

파트 오 아파레이유 아 제누아즈(pâte ou appareil à génoise) : **제누아즈 반죽**
파트 오 아파레이유 아 비스퀴(pâte ou appareil à biscuit) : **비스퀴 반죽**
파트 아 프리르(pâte à frire) : **튀기는 반죽**

파트 르베 LES PÂTES LEVÉES : 르베 반죽

파트 르베 LES PÂTES LEVÉES(르베 반죽)는 맥주나 빵을 발효할 때 사용하는 미생물인 출아형 효모(시카로마이세스 세레비시에 : Saccharomyces cerevisiae)의 효모균으로 인해 부풀어 오르는 반죽이다.

파트 아 브리오슈(pâte à brioches) : 브리오슈 반죽

파트 아 사바랭 에트 아 바바(pâte à savarins et à babas) : 사바랭 반죽과 **바바 반죽**(pâte à babas 파트 아 바바)*

  * 럼 바바(baba au rhum)라고도 브르며 럼 반죽이라고도 불린다.)
파트 아 구글로프 또는 구겔호프 pâte à kouglof ou kugelhopf : 구겔호프 반죽
파트 아 피자 pâte à pizzas : 피자 반죽

파트 푸쎄 LES PÂTES POUSSÉES : 푸쎄 반죽

파트 푸쎄(푸쎄 반죽)는 베이킹파우더(levure chimique)에서 생성되는 이산화탄소로 인해 부풀어 오르는 반죽을 말한다.

파트 아 케이크 pâte à cake : 케이크 반죽
파트 아 쿼트레 쿼츠 pâte à quatre-quarts : 파운드 반죽
파트 아 마블 pâte à marbré : 마블 반죽

《파트 아 퐁세 PÂTES À FONCER》 퐁세 반죽에 대하여
이론적으로 《파트 아 퐁세 pâtes à foncer》 반죽은 타르트 틀을 퐁 사주 할 때 사용되며, 키쉬 quiches, 투르트 tourtes, 타르트나 비스퀴를 만들 때 사용한다. 퐁세 반죽은 일반적으로 파트 브리제 pâte brisée 반죽이라 칭하기도 한다. (짠맛 salée 또는 단맛 sucrée로 사용)

준비할 재료

밀가루 1KG당 제조 방법[1]	단위	수량
– 밀가루 T55 farine type 55	kg	1
– 가는소금 sel fin	g	20
– 설탕 sucre semoule[2]	g	50
– 물 eau	ml	200
– 계란(노른자) œufs(jaunes)	개	4
또는, 노른자의 무게	g	80
– 버터 beurre	g	500
– 덧가루용 밀가루 farine pour le travail de la pâte	g	50
평균 소요 시간 : 20분		

[1] 파트 브리제 반죽의 기본 단위는 밀가루 kg이다.
밀가루 1kg당 둘레 28cm(8인분)의 타르트 5개를 만들 수 있다.
[2] 반죽을 사용하는 목적에 따라 만들 수 있는 수량은 달라진다.
(예 : 타르트 tartes, 키쉬 quiches)

준비할 도구

• 체, 밀대, 밀가루 솔,
• 작은 스테인리스 볼, 오븐이나 중탕에 쓰이는 작은 그릇
• 끈(corne) 또는 스크레이퍼, 계량기, 벤치비닐

---

* 퐁사주 fonçage : 제과에서 타르트나 파이 반죽을 틀에 맞게 깔고 밀착시키는 작업. 즉, 반죽을 틀의 바닥과 옆면에 고르게 붙여서 모양을 내는 과정.

* 사블라주 sablage : 액체를 넣지 않고 유지와 가루를 섞어, 바슬바슬한 모래알 같은 상태로 만드는 작업

만드는 방법

1. 조리 작업대에 재료와 도구 준비하고, 청결한 작업 환경 만들기

레시피대로 재료를 계량, 측정하고 작업에 필요한 도구들을 점검한다.

2. 파트 브리제 만들기

작업대 위에 밀가루를 체 쳐주고, 액체 재료들이 바깥으로 빠져나가지 않도록 체 친 밀가루 중앙에 홈을 만든다.

만들어준 홈에 계량한 소금, 설탕, 물을 첨가하여 손가락 끝으로 잘 녹여준다.

계란의 노른자를 분리하여 반죽과 잘 섞어준다.

필요한 경우 버터를 밀대로 두들겨 부드럽게 만든 후, 작게 조각내어 본 반죽과 섞어준다.

안쪽에서부터 밀가루를 조금씩 다른 재료들과 잘 섞어준다.

양손으로 빠르게 짓눌러준다 : 손가락 사이사이 달라붙은 반죽을 잘 떼어가며 작업한다.

반죽이 작업대에 더 이상 달라붙지 않으면 반죽을 치대거나 그 이상의 작업은 하지 않는다.

반죽을 부드럽고 균일하게 만들기 위해 가능하면 손바닥으로 한번에 눌러주거나, 밀가루 반죽 쿠퍼를 이용하여 반죽을 몸쪽으로 끌어당기듯이 눌러준다.(반죽 쿠퍼를 이용하면 반죽의 온도가 올라가지 않는 것이 장점이다.)

작업대 위에 덧가루용 밀가루를 뿌린 후 반죽을 동그랗게 잘 뭉쳐준다.

반죽 표면이 건조하게 마르지 않도록 비닐봉지에 잘 넣어, 3℃의 냉장실에 보관한다.

브리제 반죽을 만들 때 주의할 사항

다음과 같은 원칙과 주의사항을 지키면 파트 브리제와 그 외의 다른 반죽들을 매우 빠르고 쉽게 만들 수 있다.

– 깨끗한 작업대 위에서 작업한다.
– 밀가루는 항상 체 친다.
– 소금과 설탕은 밀가루와 섞기 전에 물에 잘 녹여준다.
– 반죽의 뭉침을 방지하기 위해 노른자와 설탕의 직접적인 접촉은 피한다.
– 버터의 적절한 농도 유지하기 : 버터가 너무 단단하면 밀가루와 잘 섞이지 않아 작은 입자 덩어리가 생기고, 너무 부드러우면 반죽을 탄력 있게 만들기가 어렵다.(퐁사주*하기 어렵다.)
– 버터가 손에 닿지 않도록 주의한다. 버터가 녹으면 바삭한 식감이 줄어들 수 있다.
– 구울 때 반죽이 변형되거나 줄어들 수 있는 과도한 작업은 피한다. 가장 좋은 방법은 사용하기 전날 반죽을 미리 만들어 두는 것이다.
– 프레제(fraiser : 반죽을 조금씩 손바닥이나 팔레트로 짓이기는 것)를 하는 것은 의무사항은 아니다. 각각의 다른 재료들을 가장 적절하게 결합하도록 한다.
이 방법은 사블라주* 할 때를 제외하고 믹서나 혼합기로 섞을 때 드물게 사용되기도 한다.
만약 꼭 필요하다면 단 한 번의 재료 혼합이면 충분하다. 그렇지 않으면 반죽이 뜨거워지거나 글루텐이 형성될 위험이 있다.
– 반죽을 여러 개의 공 모양으로 분할하고 사용하려는 목적에 맞게 무게를 재주는 것이 가장 좋다.(350~400g, 8인분용 1개의 타르트 분량) 분량대로 분할한 반죽은 냉장실에서 빠르게 굳힐 수 있도록 밀대로 평평하게 밀어준다.
– 남은 반죽은 치대거나 덧가루를 과하게 뿌려 사용하지 않도록 한다.
– 《파트 아 퐁세 PÂTES À FONCER》 반죽으로 퐁사주할 때는 굽기 전에 휴지시간을 주어야 한다. 휴지시간은 반죽에 탄력을 주며, 20~30분 정도가 적당하다.

손으로 파트 브리제 만들기
LA PÂTE BRISÉE RÉALISÉE À LA MAIN

첫 번째 방법

① 계량한 밀가루를 작업대 위에 바로 체 친다.

② 밀가루 중앙에 홈을 만든다.

③ 레시피에 따라 소금이나 설탕을 넣을 수 있다.

④ 물과 노른자를 밀가루 중앙의 홈에 부어준 후 손가락 끝으로 잘 저어준다.

⑤ 버터는 부드럽게 만든 후 작게 조각내어 넣어준다.

⑥ 조금씩 홈 쪽으로 밀가루를 넣어 치대지 않고 잘 섞어준다.

⑦ 양손으로 빠르게 으깨어 반죽한다. 반죽의 형태가 완성되면 손가락 사이사이에 붙은 반죽을 잘 떼어낸다.

⑧ 반죽은 치대지 않는다.(글루텐으로 인한 탄성이 생기지 않도록 하기 위해)

⑨ 반죽이 작업대에 들러붙지 않는 상태가 되면 반죽이 완성된 것이므로 작업을 중단한다.

⑩ 반죽을 둥글게 만들어준다.

⑪ 둥글게 만들어준 반죽에 덧가루를 가볍게 뿌려준다.

⑫ 만약 반죽이 균일한 상태가 아니라면, 손바닥으로 반죽을 눌러준다.

⑬ 혹은 밀가루 반죽 커터(coupe–pâte)를 이용하여 반죽을 몸쪽으로 끌어당기듯이 눌러 골고루 섞어준다.

⑭ 완성한 반죽은 여러 개의 볼로 분할하고, 휴지시킬 수 있도록 납작하게 편다.

⑮ 덧가루를 가볍게 뿌려준다.

⑯ 비닐봉지에 넣어 잘 밀봉한 후 냉장실에 보관한다.

《사블라주 기법》을 이용한, 손으로 파트 브리제 만들기 LA PÂTE BRISÉE RÉALISÉE À LA MAIN 《PAR SABLAGE》

두 번째 방법
첫 번째와 같은 비율과 도구 이용

❶ 계량한 밀가루를 작업대 위에 바로 체 친다.

❷ 체 친 밀가루는 홈을 만들지 않고, 밀가루 솔을 이용하여 한데 모아준다.

❸ 버터를 부드럽게 만들어준 후, 작은 조각으로 잘라 넣는다.

❹ 버터가 밀가루와 골고루 잘 섞일 수 있도록 부드럽게 섞어준다.

❺ 사블라주를 준비하기 위하여 빠르게 으스러뜨린다.

❻ 양손으로 으깨어 모래알 같은 상태가 되도록 한다.(사블라주)

❼ 사블라주한 밀가루 중앙에 홈을 만들어준다.

❽ 만들어준 홈에 물, 소금, 설탕을 넣은 후 손가락으로 잘 녹여준다. 그 다음 노른자를 섞는다.(소금과 설탕은 사블라즈를 하기 전에 넣어도 된다.)

❾ 홈 안쪽에 있는 액체를 사블라주한 밀가루와 조금씩 섞어준다.

❿ 양손으로 빠르게 눌러 재료를 섞어주고 치대지 않는다. 어느 정도 반죽의 형태가 만들어지면 손가락 사이사이로 뭉쳐진 반죽이 밀려 나온다.

⓫ 반죽이 완성되면 둥글게 만들어준 후 덧가루를 가볍게 뿌려준다.

⓬ 반죽이 잘 섞이지 않았다면 밀가루 반죽 커터(coupe-pâte)를 이용해 반죽을 몸쪽으로 끌어당기듯이 눌러주 겨 반죽을 섞어준다.

⓭ 반죽이 잘 섞이면 휴지시키기 위해 납작하게 펴준다.

⓮ 덧가루를 가볍게 뿌려준 후, 비닐봉지에 넣고 잘 밀봉하여 냉장실에 보관한다.

믹서기로 파트 브리제 만들기

LA PÂTE BRISÉE RÉALISÉE AU MIXEUR, AU CUTTER OU AU BATTEUR-MÉLANGEUR

세 번째 방법

준비할 재료

− 밀가루 T55	kg	1
− 버터	g	500
− 계란(노른자)	개	4
	g	80
− 물	ml	200
− 소금	g	20
설탕(선택사항)	g	50

준비할 도구

– 믹서(mixeur), 혼합기, 믹서 또는 믹서 그릇 및 훅(cuve du batteur– mélangeur et crochet)

– 체(tamis), 밀가루 솔(brosse à farine)

– 작은 스테인리스 볼(petite calotte), 오븐이나 중탕에 쓰이는 작은 그릇 (ramequin)

– 꼰(corne) 또는 스크레이퍼, 저울(mesure)

❶ 체 친 밀가루를 믹서에 넣어준다.

❷ 버터는 작은 조각으로 잘라 첨가한다.

❸ 사블라주가 될 때까지 믹서를 1단에 놓고 돌려준다.

❹ 사블라주가 되면 믹서를 멈추고, 계량해 준비한 물, 소금, 설탕, 노른자를 넣어준다.

❺ 믹서로 다시 섞어 재료가 골고루 섞이면 그 이상의 다른 작업은 하지 않는다.

❻ 덧가루를 뿌린 작업대에 반죽을 올려, 치대지 않고 원형으로 만들어준다.

❼ 원형이 완성되면 덧가루를 살짝 뿌려준다.

❽ 만들어준 반죽은 비닐봉지에 넣어 잘 밀봉한 후 냉장실에 보관한다.

파트 슈크레 LA PÂTE SUCRÉE

파트 슈크레 만들기
Réaliser une pâte sucrée
www.bpi–campus.com
www.youtube.com/@diytp

파트 슈크레는 파트 브리제에서 파생된 반죽이다. 단맛이 나는 이 반죽은 제과에서만 사용된다. 반죽만 먼저 굽는 퀴르 아 블랑* 작업은 타르트(de tartelettes)나 바게트(de barquettes)를 만들 때 사용한다.

파트 브리제 반죽을 만드는 것처럼, 세 가지 방법으로 만들 수 있다.

– 첫 번째 방법 : 손으로 파트 브리제를 만드는 방법과 동일하다.

– 두 번째 방법 : 믹서로 파트 브리제를 만드는 방법과 동일하다.

– 세 번째 방법 : 《크림법 par crémé》을 이용한 파트 슈크레 만들기 방법은 아래에서 설명한다.

《크림법 PAR CRÉMÉ》을 이용한 파트 슈크레 만들기

밀가루 1KG 당 제조 방법[1]	단위	수량
– 밀가루 T55	kg	1
– 버터	g	500
– 슈가파우더 sucre glace	g	400
– 소금	g	10
– 전란 œufs entiers	개	5개
또는, 전란 무게	g	250
또는,		
– 밀가루	kg	1
– 버터	g	500
– 설탕 sucre semoule	g	400
– 소금	g	10
– 노른자	개	4개
또는, 노른자 무게	g	80
– 물	ml	200
또는,		
– 밀가루	kg	1
– 버터	g	600
– 슈가파우더 sucre glace	g	400
– 소금	g	10
– 전란	개	4개
또는,	g	200
– 물	ml	PM
– 작업을 위한 밀가루	g	50
평균 소요 시간 : 20분		

[1] 파트 슈크레의 기본 단위는 밀가루 kg이다.
밀가루 1kg당 둘레 28cm(8인분)의 타르트 5개를 만들 수 있다.

만드는 방법

1. 조리 작업대에 재료와 도구 준비하고, 청결한 작업 환경 만들기
레시피대로 준비한 재료를 계량, 측정하고 필요한 도구들이 잘 준비되어 있는지 점검한다.

2. 파트 슈크레 만들기
밀가루를 작업대 위에 바로 체 치고, 체 친 밀가루 중앙에 홈을 만든다.

버터는 부드럽게 만들어준 후 설탕을 빠르게 섞어준다.(밀가루 중앙에 만든 홈 안에서 섞어도 된다.)

전란, 노른자, 물, 소금을 작은 스테인리스 볼에 넣어 잘 섞은 후 만들어놓은 밀가루 중앙의 홈에 부어준다.

홈 안에 부어준 액체들을 손끝으로 잘 섞어준다.

홈의 가장자리부터 점차적으로 밀가루를 넣어주면서 잘 섞어준다.

양손으로 반죽을 빠르게 섞어준 후 잘 섞이면 손가락 사이사이의 달라붙은 반죽은 잘 떼어낸다.

반죽이 작업대에 달라붙지 않을 때면 반죽이 잘 섞인 것이므로 작업을 중단한다.

덧가루를 살짝 뿌려 둥글게 만들어준다.

반죽을 치대거나 그 이상의 작업을 하지 않는다.

만약 반죽이 덜 섞였다면 밀가루 반죽 쿠퍼를 몸 쪽으로 끌어당기듯이 눌러주며 반죽을 섞어준다.(p. 622쪽 사진 참고)

잘 섞인 반죽은 다시 둥글게 만들고 덧가루를 뿌린 후, 밀대를 이용하여 평평하게 밀어준다.

둥굴린 반죽은 비닐봉지에 넣어 잘 밀봉한 후 냉장실에 보관한다.

슈크레 반죽은 전날 미리 만들어두세요
파트 슈트레 반죽은 사용하기 전날 미리 준비해두는 것이 좋다.

파트 슈크레 반죽을 만들 때 주의할 사항

슈크레 반죽을 만들 때 주의할 사항은 파트 브리제와 동일하다.(p. 614) 파트 슈크레는 설탕 함량이 높아 깨지기 쉽고, 부서지기 쉬워 만들어 사용하기가 쉽지 않다. 이러한 이유로 일부 전문가는 설탕(sucre semoule : 슈크레 세몰) 보다 슈가파우더(sucre glace : 슈크레 글라세)를 선호하기도 한다. 슈가파우더는 반죽에 더 빨리 용해되고, 입자를 균일하게 해준다. 설탕 sucre semoule은 용해에 시간이 걸리고, 이렇게 만든 반죽은 휴지가 필요하다. 또한 설탕이 흘러나와 반죽이 부서지기 쉽고 끈적이게 만든다. 게다가 이러한 단점을 극복하기 위해 작업대에 과도하게 덧가루를 뿌리면 반죽이 건조해지고 균형이 파괴될 수 있으므로 주의한다.

---

* 퀴르 아 블랑 cuire à blanc : 파이나 타르트를 단들 때, 틀에 반죽을 깔아 넣고 다른 부재료를 채우지 않은 상태에서 미리 반죽만 굽는 것.

파트 사블레 LA PÂTE SABLÉE

파트 사블레는 파트 슈크레에서 파생된 반죽이다. 이 반죽은 손이나 기계를 이용해 사블라주할 수 있으며, 설탕, 버터, 계란이 많이 들어가기 때문에 부서지고 깨지기 쉬운 반죽이다.

사블레 반죽은 주로 사블레(petits sablés), 바르케트(de fonds de barquettes), 타르틀렛(tartelettes), 쁘티 푸르(petits fours) 등을 만들 때 사용된다.

준비할 재료

밀가루 1KG 기준 제조 방법[1]	단위	수량
– 밀가루 T55	kg	1
– 버터	g	500
– 슈가파우더 또는 설탕 sucre glace ou semoule	g	500
– 소금	g	10
– 전란	개	4개
또는 전란 무게	g	200
향이 필요할 경우		
– 바닐라 vanille	ml	약간(PM)
– 커피 café	ml	약간(PM)
– 카카오 cacao	g	약간(PM)
베이킹파우더 levure chimique(선택사항)	g	20
평균 소요 시간 : 20분		

[1] 파트 사블레(La pâte sablée) 레시피의 기본 단위는 밀가루 kg이다. 밀가루 1kg으로 작은 타르트 40~45개를 만들 수 있다.

준비할 도구

- 체, 밀가루 솔, 밀대
- 작은 스테인리스 볼, 오븐이나 중탕에 쓰이는 작은 그릇
- 꼰(corne) 또는 스크레이퍼, 계량기, 벤치비닐

만드는 방법

1. 조리 작업대에 재료와 도구 준비하고, 청결한 작업 환경 만들기

레시피대로 재료를 계량, 측정하고 작업에 필요한 도구들을 점검한다.

2. 파트 사블레 만들기

밀가루를 작업대 위에 바로 체 친다.

설탕을 슈가파우더로 대체하는 경우에는 밀가루와 함께 슈가파우더를 체 친다.

베이킹파우더를 첨가한다.(선택사항) : 이렇게 하면 반죽을 더욱 부서지기 쉽게 만들어준다.

버터를 부드럽게 만든 후 작게 조각내 밀가루와 설탕에 넣어준다.

버터 조각이 밀가루에 피복될 수 있도록 섞어준다.

사블라주를 하기 위해 버터가 녹지 않도록 빠르게 으스러뜨린다.

두 손으로 잘 섞어가며 모래처럼 고운 가루 상태로 만들어준다.

사블라주한 밀가루 중앙에 홈을 만들어 거품기로 가볍게 섞은 계란과 소금을 넣어 섞어준다.

치대지 말고 양손으로 빠르게 눌러 반죽해주고, 반죽이 어느 정도 만들어지면 손가락 사이사이로 빠져나온다.

반죽이 완성되면 둥근 공 형태로 만들고, 가볍게 밀가루를 묻혀준다.

필요하다면, 스크레이퍼를 이용해 한 번만 눌러 정리한다.

완성한 반죽을 둥근 공 형태로 만든 후 밀가루를 묻혀주고, 밀대를 이용해 가볍게 납작하게 눌러준다.

반죽이 완성되면 비닐봉지에 넣고, 냉장고에서 휴지시킨다.

파트 사블레 반죽을 만들 때 주의사항

파트 사블레 반죽을 만들 때 주의할 사항은 p. 614의 파트 브리제와 동일하다. 남은 반죽(파지)을 사용할 경우에는, 다시 만든 반죽과 섞어서 사용할 수 있다. 이렇게 만들어진 반죽은 굽기 전 한 시간 동안 냉장고에서 휴지시켜야 한다.

손으로 파트 사블레 만들기

LA PÂTE SABLÉE RÉALISÉE À LA MAIN

❶ 밀가루와 슈가파우더를 작업대에 바로 쳐 친 후, 베이킹파우더를 첨가한다 (선택사항).

❷ 버터는 부드럽게 만들어준 후, 작은 조각으로 잘라 밀가루 위에 올린다.

❸ 작게 조각낸 버터와 밀가루가 고루 섞일 수 있게 가볍게 섞어준다.(이때, 버터가 녹지 않도록 주의한다.)

❹ 사블라주를 하기 위해 버터가 녹지 않도록 빠르게 으스러뜨린다.

❺ 두 손으로 잘 섞어가며 모래알 같은 질감이 될 수 있도록 작업한다.

❻ 사블라주한 곳에 홈을 만들어준다.

❼ 소금이 잘 녹을 수 있도록 손으로 소금과 계란을 가볍게 섞어준다.

❽ 계란은 조금씩 나누어 천천히 넣어준다.

❾ 홈 안쪽에서부터 계란을 섞어 점차적으로 사블라주 한다.

❿ 손가락 끝으로 재료를 모아 버무리되, 치대지 않는다.

⓫ 반죽이 완성되면 둥글게 만들어준 후 덧가루를 가볍게 뿌려준다.

⓬ 반죽이 덜 섞었다면 밀가루 반죽 쿠퍼를 몸 쪽으로 끌어당기듯이 눌러주면 반죽을 섞어준다.

⓭ 완성한 반죽을 다시 둥글게 만들어준다.

⓮ 둥글린 반죽에 덧가루를 가볍게 뿌려주고, 비닐봉지에 넣어 잘 밀봉하여 냉장실에 보관한다.

파트 사블레는 파트 브리제 반죽과 같이 믹서나 커터 등을 이용하여 만들 수 있다.

동그랗게 밀어편 후 타르트 틀에 퐁사주하기

RÉALISER UNE ABAISSE RONDE ET UN FONÇAGE DE CERCLE À TARTE

충분한 작업 공간 확보하기 Mettre en place le poste de travail

– 매끄럽고 곧은 밀대(rouleau bien lisse et droit). 나무로 된 밀대를 사용한다면 물에 적시거나 절대 칼로 긁지 않는다.

– 밀가루용 솔, 피케 롤러(pique–vite)

– 파이집게(pince à tarte)

– 타르트 틀(cercle à tarte), 투르티에르(tourtière) : 원형 오븐 플레이트

– 덧가루용 밀가루

만드는 방법

반죽 밀어 펴기 Abaisser la pâte

❶ 작업대에 덧가루를 살짝 뿌려준다.(플뢰레 fleurer : 제과 제빵용 작업대에 덧가루용 밀가루를 가볍게 뿌리다.)

❷ 사용할 목적에 맞게 둥글고 납작하게 반죽을 편다.

❸ 밀대를 반죽 가운데에 놓고, 밀대 끝을 양손으로 잘 잡아 규칙적으로 눌러준다.

❹ 밀대를 규칙적으로 왕복하여 반죽을 밀어준다.

❺ 8번 정도 중심을 밀어 펴준다. 이 때, 반죽이 작업대에 달라붙지 않도록 주의한다.

❻ 필요하다면(반죽이 작업대에 달라붙을 경우) 덧가루를 더 뿌리거나, 밀어 펴는 장소를 바꿔준다.

❼ 반죽을 타르트 틀의 지름보다 크게 밀어 펴준다.

❽ 반죽의 두께가 3~4mm가 되도록 균일하게 밀어 편다.

❾ 밀가루 솔로 조심스럽게 덧가루를 털어준 후 피케 롤러로 구멍을 낸다.

❿ 타르트 틀에 부드러운 상태로 포마드*한 버터를 바른다.

⓫ 반죽을 밀대에 감은 후 타르트 틀 위에 올려 풀어준다.

⓬ 덧가루가 과하게 묻었을 경우에는 밀가루 솔을 이용해 제거해준다.

⓭ 반죽을 타르트 틀 벽면에 붙여 퐁사주를 한다. 타르트 틀을 돌리지 않고, 반죽과 틀을 전체적으로 회전시켜 작업한다.(《12시 방향 à midi(아 미디)》

⓮ 양쪽 엄지손가락으로 반죽을 적당히 눌러 타르트 틀을 펴준다. 이 때, 타르트 틀 바닥과 반죽이 평행을 이루도록 하고, 타르트 틀을 약간 들어 올려붙여 반죽 가장자리와 틀이 직각이 되도록 한다.

---

* 포마드 pommade : 버터를 부드러운 상태로 만드는 것

⑮ 타르트 틀에 올라온 반죽의 높이를 측정한다. : 타르트의 경우 높이는 5mm, 키쉬의 높이는 8mm

⑯ 엄지손가락을 이용해 반죽을 바깥쪽에서 안쪽으로 밀어 눌러 세워준다.

⑰ 세워준 타르트 틀 위를 밀대로 밀어주고, 틀 밖으로 나온 반죽들은 제거한다.

⑱ 엄지와 검지로 틀 가장자리의 반죽이 일정한 두께가 되도록 펴준다.(12시 방향에서 작업)

⑲ 반죽이 틀 밖으로 넘치지 않도록 손가락으로 받쳐준다.

⑳ 투르티에르* 틀 위에 퐁사주한 타르트를 올린다.

---

* 투르티에르 tourtière : 타르트 틀과 비슷한 원형의 오븐 플레이트, 철판

㉑ 파이집게로 반죽에 벗을 세워준다.

㉒ 엄지와 검지로 파이집게를 잡고 틀 바깥쪽으로 기울여 벗을 세워준다.

㉓ 반대편 손은 검지로 틀 안쪽에서 모양을 받쳐준다.

㉔ 파이집게를 완전히 조이지 않고 약 5mm의 간격을 남겨 비스듬히 눌러 규칙적인 밧줄 모양이 나올 수 있도록 한다.

㉕ 내용물을 채우기 전에 최소 30분간 냉장실에 넣어둔 후 사용한다.

바르케트 틀과 타르틀렛 틀에 반죽 씌우기
FONCER DES BARQUETTES ET DES TARTELETTES

충분한 작업 공간 확보하기 Mettre en place le poste de travail

– 매끄럽고 곧은 밀대(나무로 된 밀대라면 물에 적시거나 절대 칼로 긁지 않는다.)

– 밀가루용 솔, 파이 집게(pique-vite)

– 바르케트 틀, 타르틀렛 틀(붓을 사용해 가볍게 버터칠을 할 수 있다)

– 원형 혹은 별 모양의 쿠키커터(boîte d'emporte-pièces ronds cannelés) 또는 반죽 절단기(découpoirs à pâte)

– 덧가루용 밀가루

만드는 방법

첫 번째 방법

반죽 밀어 펴기 Abaisser la pâte

❶ 작업대에 덧가루를 뿌려준다.

❷ 반죽을 정사각형 또는 직사각형에 가까운 모양이 되도록 평평하게 밀어 편다.

❸ 밀대를 이용하여 반죽을 밀어 편다.

❹ 밀어 편 반죽을 1/4(90°) 회전시켜 원하는 두께의 사각형이 될 때까지 반복한다.

❺ 반죽이 작업대에 붙지 않도록 확인해가며 작업한다. 만약 작업대에 반죽이 붙었을 경우에는 덧가루를 조금 뿌리거나 작업 위치를 바꿔 작업한다.

❻ 밀가루용 솔로 덧가루를 제거한다.

❼ 피케 롤러를 이용하여 반죽에 구멍을 낸다.

❽ 쿠키커터(découpoir à pâte)를 이용하여 틀의 모양에 따라 원형 혹은 타원형으로 잘라준다.

❾ 타르트 틀보다 조금 크게 잘라 틀에 넣었을 때 가장자리 밖으로 반죽이 나올 수 있게 한다.

❿ 반죽을 뒤집은 뒤, 틀 위에 올려준다.

⓫ 밀가루용 솔로 반죽에 붙은 여분의 밀가루를 가볍게 제거한다.

반죽을 밀어 펼 때 주의할 점
반죽을 정사각형으로 밀어 펴면 반죽이 덜 수축되고, 양방향으로 반죽을 잘 분배할 수 있다. 반죽을 직사각형으로 밀어 펼 때 한 방향으로만 밀어 펴면, 구울 때 반죽이 수축되어 변형될 수 있으므로 주의한다.

⓬ 타르틀렛 틀이나 바르케트 틀에 퐁사주한다.

⓭ 타르트 틀을 돌려가며 안쪽까지 일정하게, 공기가 들어가지 않도록 반죽을 잘 밀어 넣어준다.

⑭ 반죽의 끝을 잘 세워준다.

⑮ 엄지와 검지로 반죽 끝 부분을 틀보다 5mm 더 높게 눌러준다.

두 번째 방법
탕포나주 par tamponnage

❶ 반죽을 밀어 편 후 피케 롤러로 피케*하여 반죽에 구멍을 내준다.

❷ 만들려는 반죽의 크기를 예상하여 덧가루를 뿌린다.

❸ 과도한 덧가루는 밀가루 솔로 제거한다.

❹ 밀대로 반죽을 감싼다.

❺ 바르케트 틀과 타르틀렛 틀을 너무 가깝지 않게 배치한다.

❻ 덧가루를 제거한 쪽이 아래로 가도록 틀 위에 반죽을 펼친다.(이렇게 해야 구웠을 때 밀가루가 떡지지 않는다.)

❼ 반대쪽의 반죽도 덧가루가 너무 과하지 않도록 밀가루 솔로 제거한다.

❽ 자투리 반죽을 이용하여 반죽을 틀 안쪽으로 넣어 눌러준다.

❾ 반죽을 가볍게 눌러 틀 안에 완벽하게 공기가 남아있지 않도록 한다.

❿ 밀대를 이용해 두어 번 왔다 갔다 하여 반죽을 잘라낸다.

⓫ 퐁사주를 하고 반죽 끝을 세워준다.

오렌지 타르트(Tarte à l'orange)

---

* 피케 piquer : 피케는 프랑스어로 찌르다는 뜻으로 피케 롤러로 반죽에 구멍을 내주는 작업을 말한다.

파트 푀이테 가장 기본적인 푀이타주* 방법
LA PÂTE FEUILLETÉE(MÉTHODE DU FEUILLETAGE DE BASE)

준비할 재료

밀가루 1KG 당 제조 방법[1]	단위	수량
– 밀가루 T55	kg	1
– 소금	g	20
– 물	ml	500
– 파트 푀이테를 위한 버터	g	750
– 작업을 위한 밀가루	g	50
평균 소요 시간 :		
– 실제 작업 시간 30분		
– 총 소요 시간 최소 2시간		

[1] 파트 푀이테의 기본 단위는 밀가루 kg이다.
이 비율은 8인분의 사각 타르트 4개를 만들 수 있는 비율이다.

준비할 도구

만드는 방법

1. 충분한 작업 공간 확보하고 청결한 작업 환경 만들기

레시피대로 재료를 계량, 측정하고 점검한다.

2. 재료 섞어주기 Réaliser la détrempe

작업대에 밀가루를 체 친다.(작업대는 차가운 것이 좋다.) 밀가루 중앙에 홈을 만들어준다.

소금과 물을 첨가하여, 손가락 끝으로 소금을 녹여주면서 홈의 가장자리부터 점차적으로 밀가루와 액체를 섞어준다.

반죽을 섞어주고 더 이상 액체가 밖으로 흐르지 않으면, 손이나 반죽 커터를 이용하여 가능하면 빠르게 반죽을 뭉쳐준다.

밀가루의 양에 따라 약간의 물을 추가하기도 한다. 물을 추가할 경우에는 마지막 재료가 다 섞이기 전에 첨가한다.

반죽을 둥글게 만들어 덧가루를 가볍게 뿌린 후 가운데에 2cm 깊이의 십자가 모양을 만들어준다. 이렇게 해주면 반죽의 글루텐 형성을 막아주는 역할을 한다.

반죽을 비닐봉지에 넣어 20~30분간 서늘한 곳에 둔다.

이 단계는 믹서를 사용하여 만들 수도 있다.

3. 버터 섞어주기 Beurrer la détrempe

작업대에 덧가루를 뿌린 후 버터를 올려 손이나 밀대로 부드럽게 풀어준다.

버터와 반죽의 텍스처는 《가소성이 있어 plastique》 반죽과 동일하게 부드러워야 한다.

부드러워진 버터는 1~1.5cm 두께의 정사각형 모양으로 잘라준다.

섞어준 반죽을 밀대로 밀어 편다.

이 때, 여러 가지 방법을 적용할 수 있다.

– 데트랑프 원형 반죽(détrempe abaissée en rond) – 그림 1
– 데트랑프 사각 반죽(détrempe abaissée en carré) – 그림 2

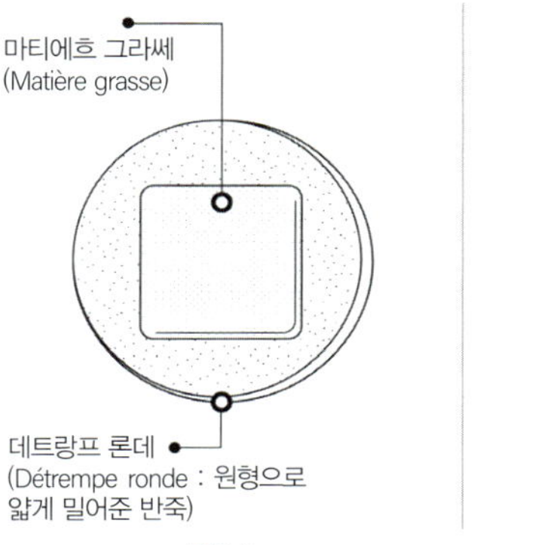

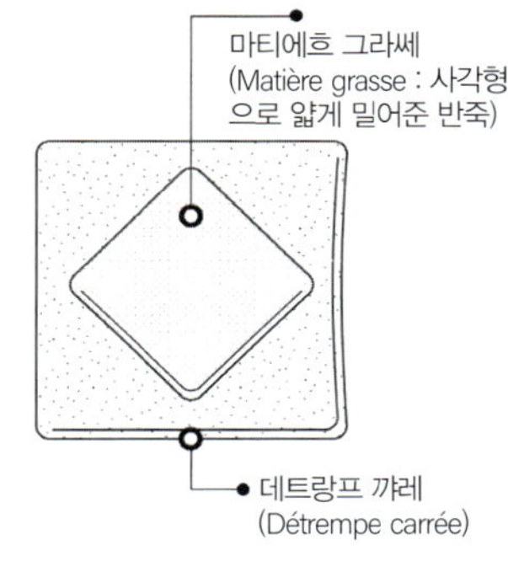

반죽을 가운데에서부터 십자가 모양으로 펼쳐주되, 펼친 부분의 반죽을 중앙보다 약간 두껍게 한다.

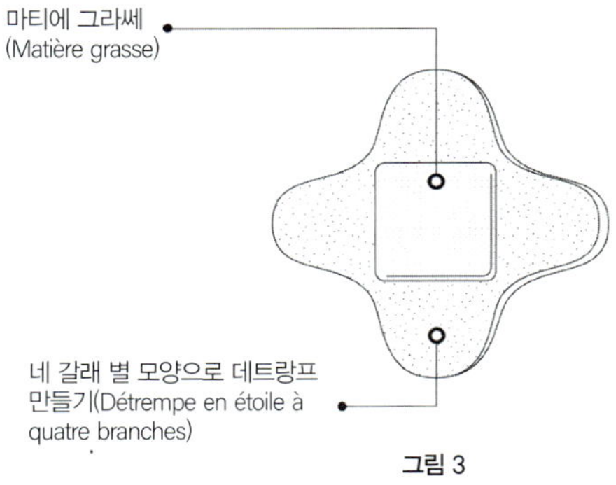

버터를 중앙에 배치한 후 반죽의 가장자리가 겹치지 않도록 접어 감싸준다. – [그림 4]와 [그림 5]를 참고
밀대를 사용해 반죽의 두께를 일정하게 한다.

* 푀이타주 feuilletage : 버터와 밀가루 반죽을 겹겹으로 접어 층층 결이 살아있는 바삭한 페이스트리 반죽. 크루아상, 파이, 밀푀유 등을 만들 때 사용한다.

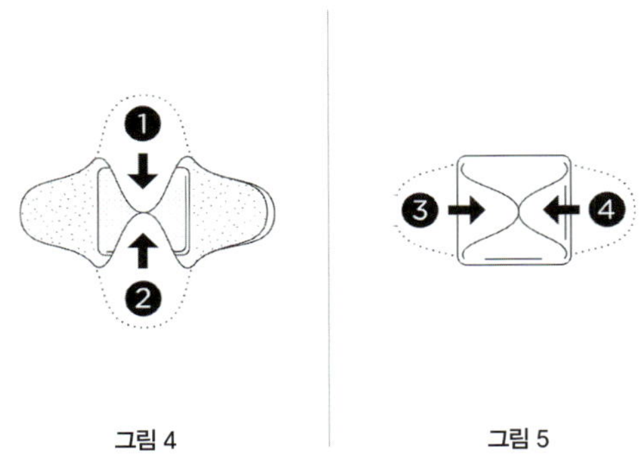

그림 4 · 그림 5

4. 반죽 뒤집어주기 Tourer le pâton

너비가 3배 더 긴 직사각형 모양이 되도록, 반죽을 같은 방향으로 밀어 편다. – [그림 6]

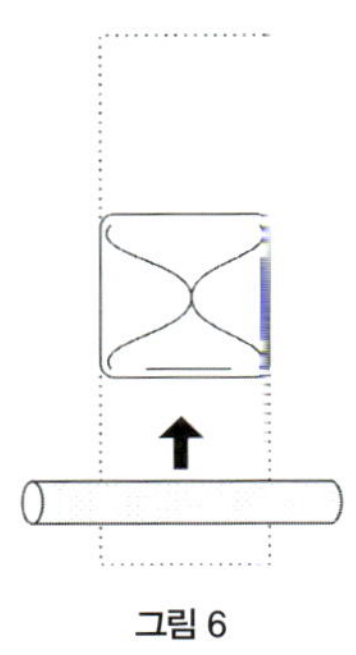

그림 6

반죽이 작업대에 들러붙지 않도록 밀가루를 자주 뿌려주며 일정한 두께의 반듯한 직사각형 모양으로 만든다.

덧가루가 과할 경우 밀가루 솔을 0 용하여 제거해주고, 삼등분하여 접는다.

위쪽 반죽을 중간 쪽으로 접은 뒤, 아래쪽 반죽을 접는다. – [그림 7], [그림 8]

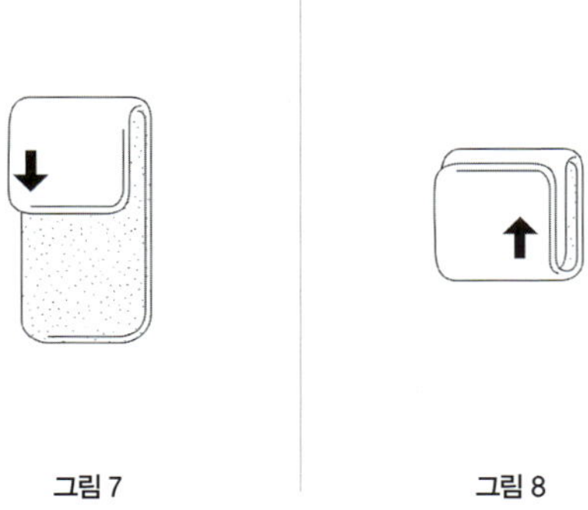

그림 7 · 그림 8

밀대를 이용하여 반죽의 두께가 동일히 지도록 밀어준다.

이 작업은 첫 번째 투르*에 해당된다.

5. 두 번째 투르 진행하기 Donner le deuxième tour

반죽을 오른쪽으로 1/4(90°) 회전시킨다.(매 투르에서 반죽이 접힌 부분이 항상 같은 방향에 있어야 한다 : 이번 경우에는 오른쪽) – [그림 9]

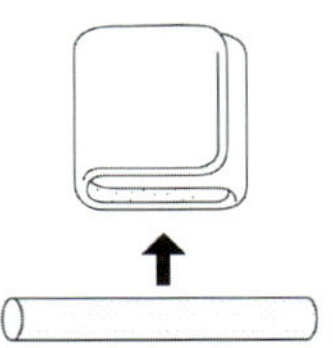

그림 9

밀대로 가볍게 눌러 반죽의 양쪽 끝을 붙이고, 반죽의 너비가 3배 더 긴 직사각형 모양으로 밀어준다.

둘러붙지 않도록 소량의 덧가루를 자주 뿌려준다.

덧가루가 과할 경우 밀가루 솔을 이용하여 제거해주고, 반죽을 이전과 같이 삼등분으로 접는다.

반죽을 1/4(90°) 회전시키고(접힌 부분이 오른쪽), 왼쪽 모서리에 두 개의 손가락 자국을 내어 두 번째 투르를 표시한다.

반죽을 비닐봉지에 넣어 서늘한 곳에 20~30분간 휴지시킨다.

반죽을 바로 사용해야하는 경우라면, 20~30분간 휴지시킨 후 다섯, 여섯 번째 투르를 진행한다. 그러나 가장 좋은 방법은 네 번째 투르를 진행한 뒤 밤새 휴지시킨 후, 사용하기 직전에 두 번의 투르를 더 진행하는 것이다.

6. 세 번째와 네 번째 투르 진행하기

Donner le troisième et le quatrieme tour au pâton

첫 번째, 두 번째 투르와 동일한 방법으로 진행한다.

반죽의 왼쪽 모서리에 네 개의 손가락 자국을 내 네 번째 투르임을 표시한다.

7. 다섯 번째와 여섯 번째 투르 진행하기

Donner le cinquième et le sixième tour au pâton

마지막 두 번의 투르를 첫 번째, 두 번째 투르와 같은 방법으로 진행한다.

---

* 투르 tour : 반죽을 접는 작업

반죽에 《버터가 들어간》 파트 푀이테
LA PÂTE FEUILLETÉE 《AU BEURRE》

《버터가 들어간 au Beurre》 파트 푀이테 반죽을 만들려면 다음 사항에 주의하여야 한다.

– 최상의 질 좋은 버터를 선택한다. 다양한 버터 중에는 뵈르 색(beurre sec : 녹는 온도가 높아 주로 파이용으로 사용되는 버터) 버터를 선호한다. 그 이유는 '가소성'이 좋은 버터를 선호하기 때문이다.(《요리의 기술 Technologie culinaire》– 참고 BPI)

– 녹인 버터를 넣고, 식혀준다.(버터의 양은 전체 무게의 약 10분의 1)

– 차가운 작업대에서 작업한다.

– 각 투르 사이에 반죽을 냉장실에 넣어 휴지시켜야 하며, 이 때 휴지시간을 정확히 준수하여야 한다.

밀가루 1KG당 제조 방법[1]	단위	수량
– 밀가루 T55	kg	1
– 가는소금	g	20
– 녹인 버터	g	150~200
– 물	ml	500~600
– 뵈르 색 beurre sec	g	750
– 작업을 위한 밀가루	g	50
평균 소요 시간		
– **실제 작업 시간** : 30분		
– **총 소요 시간** : 최소 2시간		

[1] 파트 푀이테 반죽의 기본 단위는 밀가루 kg이다.
이 비율은 8인분의 사각 타르트 4개를 만들 수 있는 비율이다.

만드는 방법

[1] 앞에서 설명한 것과 같은 방법으로 실행한다. 물과 150~200g의 녹인 버터를 넣어 식힌다.
[2] 앞에서 설명한 것과 같이 녹인 버터를 한데 섞어 반죽한다.

– 가루와 액체를 혼합할 때, 일반적으로 수분은 밀가루 무게의 50%를 넣는다. 그러나 반죽의 상태에 따라 약간의 물(수분)을 첨가하기도 한다.
– 또한, 반죽을 바로 사용할 경우에는, 나중에 사용할 때보다 약간 더 부드러워야 한다.(수화되기 때문)
– 반죽을 과도하게 치대지 않는다 : 탄력이 있는 반죽은 작업하기 어렵고, 휴지시간이 길어지며, 구우면 수축될 수 있다.
– 버터와 반죽은 동일한 텍스쳐여야 한다 : 버터가 끊어지지 않고 반죽과 함께 늘어나야 한다.
– 가소성이 높은 지방을 사용한다.
– 휴지 단계에 반죽을 잘 감싸 표면이 건조되는 것을 막아준다.
– 반죽의 휴지시간을 지킨다.(휴지시간이 길어지면 글루텐이 형성되어 반죽에 점섬이 생길 위험이 있다)
– 계절, 작업실의 온도 등 각각의 상황에 따라 반죽은 냉장실에 보관하고, 사용하기 몇 분 전에 꺼내준다.
– 실온에서 반죽과 버터의 텍스쳐는 동일해야 한다.
– 너무 차가운 푀이타주 반죽은 밀어 펴는데 힘이 들고, 밀대에 의해 층이 무너지거나 찢어질 수 있다. 또한, 굽는 동안 버터가 빠져나올 수 있다.
– 어떠한 상황에도 밀대로 반죽을 억지로 밀어 펴지 않는다.
– 반죽과 밀대에 덧가루를 너무 자주, 많은 양 뿌리지 않도록 주의한다.
– 과도한 양의 덧가루는 반죽을 접기 전에 밀가루 솔로 제거한다.

– 미리 반죽을 준비할 경우, 반죽을 4투르까지 완성한 후 비닐봉지에 넣어 다음날까지 냉장실에서 보관한다.
– 사용하기 직전에 냉장실에서 반죽을 꺼내 마지막 2투르를 완성한다.
– 일반적으로 반죽은 6투르를 실행한다. 일부 전문가들은 볼로방(vol au vent : 파이 껍질 속에 고기나 생선 따위를 넣은 요리)이나 피티비에(pithiviers)를 만들기 위해 5투르를 하기도 한다.
– 굽기 전 반죽에 무늬를 낼 때, 반죽이 변형되지 않도록 주의한다.
– 남은 자투리 반죽은 뭉치거나 더 이상 반죽하지 않고 잘 쌓아올려 보관한다. 이렇게 보관한 반죽은 본 반죽보다 결이 많지는 않겠지만, 밀푀유나 타르트 반죽 그리고 아뮤스 부슈 쌀레(amuse–bouche salés : 식전에 먹는 짠 음식) 등에 사용할 수 있다.(치즈 팔미에 palmiers au fromage, 사크리스탱 sacristains, 알뤼메트 allumettes, 빠이옛뜨 paillettes 등에 활용할 수 있다.)

❶ 작업대에 밀가루를 체 친다 : 체 친 후 밀가루 솔을 이용하여 한데 모아준다.

❷ 밀가루 가운데에 홈을 만들어준다. 홈은 물을 넣을 수 있을 만큼 커야 한다.

❸ 소금과 물을 넣어준다 : 손가락 끝으로 소금을 녹여준다.

❹ 홈 가장자리부터 점차적으로 밀가루를 섞어준다. 반죽하지 않고, 손끝으로 섞어주기만 한다.

❺ 반죽이 걸죽해지고 더 이상 액체가 흐르지 않는 상태가 되면, 반죽 커터를 이용하여 마무리한다.

❻ 반죽이 완성되면 반죽을 둥글게 만들어준다.

❼ 덧가루를 살짝 뿌린다.

❽ 칼로 반죽의 윗면을 잘라낸다.

❾ 비닐봉지에 잘 감싸준다.

❿ 냉장실에 보관한다.

⓫ 작업대에 덧가루를 조금 뿌린 후, 밀대를 이용하여 버터를 부드럽게 풀어준다. 버터는 반죽과 같은 질감을 가지고 있어야 한다.

⓬ 버터는 1cm~1.5cm 두께의 정사각형 모양이어야 한다.

⓭ 반죽과 버터를 섞어준다.

⓮ 반죽 위에 버터를 감싸주되, 반죽의 가장자리가 겹치지 않게 한다.

⓯ 밀대를 이용하여 반죽을 균일하게 펴준다.

⓰ 반죽을 폭보다 3배 더 긴 직사각형으로 밀어준다.(같은 방향으로 밀어
편다)

⓱ 반죽을 3번 접어준다 : 위쪽 반죽을 1/3 지점 중간 쪽으로 가져와 접은 후,
아래쪽의 반죽을 1/3 지점으로 가져와 접어준다.

⓲ 반죽을 오른쪽으로 1/4(90°) 회전시킨다.(접힌 부분이 오른쪽으로 가도록)
⓳ 다시 반죽을 넓이보다 3배 더 긴 직사각형이 되도록 밀어준다.
⓴ 밀어 편 반죽을 이전과 같이 3번 접는다.

㉑ 반죽에 두 손가락으로 자국을 표시한다.(반죽이 구부러지지 않도록
주의하여 평평하게 눌러준다.)
㉒ 반죽을 2투르 해준 후 20~30분간 냉장실에 보관한다.(휴지)
㉓ 2투르를 더 해주고, 또 다시 20~30분간 휴지시킨다. 이후 다시 2투르를
더 진행한다.

띠 모양의 푀이테 타르트 만들기
RÉALISER DES TARTES FEUILLETÉES EN BANDES

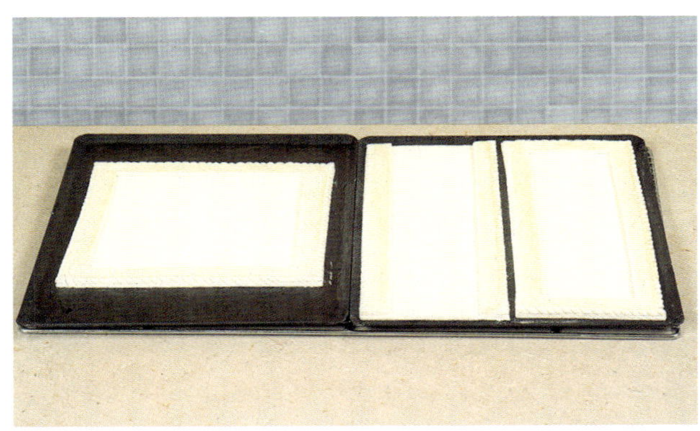

4인분 타르트 2개(600~700g), 혹은 500~600g의 8인분 타르트 1개를 만들
수 있다.

❶ 푀이타주 반죽을 두께 3~4mm, 크기 36~38cm의 사각형 모양으로
재단한다.

❷ 반죽을 한 번 살짝 들어올려주면 잘라도 수축되지 않는다.

❸ 반죽을 다듬어 가로 14cm의 바닥용 띠 2개와, 세로 2~2.5cm의 측면용 띠 4개로 잘라준다.

❹ 띠가 늘어나지 않도록 접어서 보관한다.

❺ 솔질하여 반죽의 밀가루를 제거한 후, 피케 롤러로 피케하여 반죽에 작은 구멍을 낸다.

❻ 밀대에 반죽을 감싸고, 물기가 약간 있는 철판에 반죽을 뒤집어 풀어준다.

❼ 과도한 밀가루는 털어낸다.

❽ 붓으로 타르트의 가장자리에 물을 발라주고, 2~2.5cm로 잘라놓은 측면용 띠를 14cm로 잘라놓은 사각형 바닥용 띠 위와 아래에 올려 변형되지 않게 잘 고정한다.

❾ 손가락으로 반죽을 가볍게 눌러 붙여준다.

❿ 칼끝을 사용하여 겹쳐진 반죽의 가장자리에 동일한 간격으로 비스듬히 칼집을 낸다.

⓫ 붓으로 타르트 가장자리에 계란물칠을 한다. 계란이 타르트의 바깥쪽으로 흘러나가지 않도록 주의한다.(칼집을 내기 전에 발라주어도 된다)

⓬ 칼등이나 포크를 이용하여 가장자리에 줄무늬를 넣어 모양을 낼 수 있다.

⓭ 굽기 전 20~30분간 휴지시킨다.

더 효율적인 반죽 방법

반죽을 더 효율적으로 할 수 있는 방법도 있다.
- 직사각형 반죽을 가로 28cm, 세로 36~38cm, 두께 3~4mm로 만든다.
- 2cm 넓이의 측면에 붙여줄 작은 띠 4개를 늘어나지 않게 잘 접어준다.
- 가로 28cm, 세로 36~38cm의 직사각형 형태로 반죽을 넓혀준다.
- 가로 14cm 세로 36~38cm의 직사각형 2개로 나눈다.
- 덧가루를 털어낸 후 피케 롤러로 피케하여 반죽에 작은 구멍을 낸다.
- 반죽을 접어, 약간 물기가 있는 철판에 반죽을 뒤집어준다.
- 반죽 가장자리에 솔로 물칠을 한 후 측면에 붙여줄 작은 띠를 위아래로 붙여준다. 작은 띠에는 구멍을 내지 않는다. 붙여준 작은 띠 위에 계란물칠을 한 후 모양을 낸다.
- 어떤 과일을 사용하는가에 따라 타르트에 아무것도 넣지 않고 굽거나(딸기 타르트, 산딸기 타르트, 키위 타르트), 과일을 채운 후 구울 수 있다(배 타르트, 살구 타르트, 사과 타르트)

파트 푀이테로 원형 타르트지 만들기
RÉALISER DES TARTES RONDES EN PÂTE FEUIL-LETÉE

일반 원형 파이 반죽, 또는 무늬가 있는 파이 반죽
TARTE RONDE ORDINAIRE OU À BORDURE RAPPORTÉE

480~500g의 8인분 타르트 1개를 만들 수 있다.

❶ 푀이타주 반죽을 펴준 후 모서리를 잘라 둥글게 성형한다.

❷ 원하는 타르트 모양보다 조금 더 큰 원 모양으로 반죽을 밀어주고(28cm 인 경우, 29cm로 밀어주기) 반죽을 한 번 들어올려 느슨하게 만든다.

❸ 직경 28cm의 원을 모양 틀로 잘라낸 후, 다른 쿠키커터를 이용하여 4~5cm 안쪽을 잘라 띠를 만든다.

❹ 잘라낸 띠는 모양이 변하지 않도록 4등분으로 접어둔다.

❺ 새로운 반죽을 밀어 편 후 모양 틀을 이용하여 직경 28cm의 원 모양을 만든다.

❻ 피케 롤러로 반죽에 작은 구멍을 낸다.

❼ 밀어 편 반죽을 뒤집어 물기가 있는 원형의 오븐 플레이트에 올린다.

❽ 덧가루가 너무 과하지 않게 밀가루 솔로 제거해준다.

❾ 붓으로 타르트 반죽의 가장자리를 물로 적셔준다.

❿ 링 모양으로 잘라낸 반죽을 위에 놓는다.

⓫ 손가락으로 눌러 가볍게 붙여준다.

⓬ 반죽의 가장자리에 동일한 간격으로 비스듬히 칼집을 낸 후 계란물칠을 하고, 굽기 전 20~30분간 냉장실에 넣어둔다.

《데이지꽃 모양 타르트》 또는 장미꽃 모양 타르트
TARTES RONDES EN 《MARGUERITE》 OU ROSACE

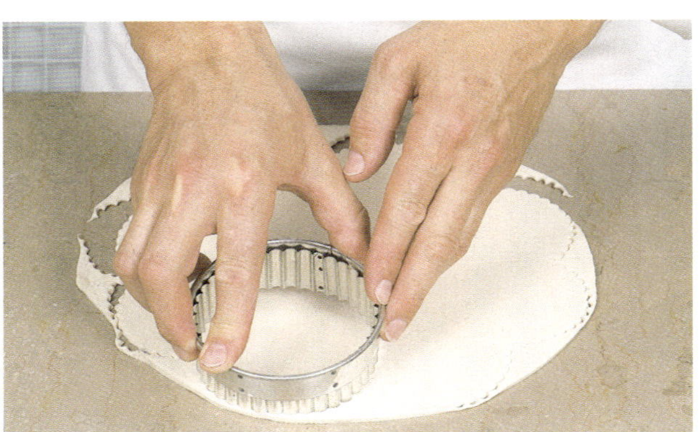

❶ 꽃 모양 틀을 이용하여 반죽의 가장자리에 반쪽만 눌러 8개의 꽃잎을 만든다.

❷ 같은 지름의 꽃잎 8개를 잘라준다.

❸ 붓으로 반죽의 가장자리에 물을 발라준다.

❹ 꽃잎을 반죽의 가장자리 위에 올리고 계란물을 칠해준다.

파트 아 슈 반죽으로 장식하기
AUTRE MODÈLE FESTONNÉ DE PÂTE À CHOUX

❶ 꽃 모양 틀로 가장 자리를 둥글게 잘라 장미 모양을 만든다.

❷ 붓으로 가장자리에 물을 발라주고, 5mm의 둥근 모양 깍지를 이용하여 파트 아 슈(pâte à choux) 반죽을 경계선에 얇게 짜준다.

❸ 계란물칠을 해준 후 굽는 시간을 확인한다.

푀이타주 반죽으로 사각 타르트 만들기
RÉALISER UNE TARTE CARRÉE EN PÂTE FEUILLETÉE

직사각형 파이와 같은 방법으로 작업한다.

❶ 반죽의 가장자리에 동일한 간격으로 비스듬히 칼집을 낸다.

❷ 계란물칠을 한 후 줄무늬 모양을 내어 꾸며준다.

❸ 굽기 전 약 20~30분간 냉장실에 휴지시킨다.

꽃 모양 장식 만들기 RÉALISER DES FLEURONS

일반적으로 자투리 반죽을 활용해 꽃 모양 장식을 만든다.

❶ 자투리 반죽을 3~4mm의 두께로 밀어 편다.

❷ 밀어 편 반죽을 한 번 들어 올려 느슨하게 만든다.

❸ 덧가루가 너무 과하지 않게 밀가루 솔로 제거한다.

❹ 꽃 모양 커터를 이용하여 반죽을 잘라준다.

❺ 아치형으로 자른 후 뒤집어 물기가 있는 철판에 놓는다.

❻ 반죽의 가장자리에 줄무늬를 낸 후 계란물칠을 한다.

❼ 굽기 전 약 20~30분간 냉장실에 휴지시킨다.

피티비에 반죽 만들기 RÉALISER UN PITHIVIERS

❶ 2개로 나눈 반죽을 3~4mm 두께로 밀어 펴되, 한 개를 다른 것보다 조금 더 크게 밀어준다.

❷ 작은 반죽을 물기가 있는 원형의 오븐 플레이트에 올린다.

❸ 반죽의 가장자리 4~5mm를 물로 발라준다.

❹ 짤주머니에 동그란 깍지를 넣어 눕히듯이 아몬드 크림이나 프랑지판 크림 crème d'amandes ou frangipane을 짜준다.

❺ 조금 더 크게 펴준 반죽을 위에 덮어주되, 공기가 들어가지 않도록 얹어준다.

❻ 덧가루가 너무 과하지 않게 밀가루 솔로 제거해준다.

❼ 굽는 동안 크림이 밖으로 빠져나가지 않도록, 두 반죽의 가장자리를 잘 눌러 붙여준다.

❽ 작은 칼이나 동그란 틀을 이용하여 가장자리를 꽃 모양으로 자른다.

❾ 피티비에의 꽃 모양을 규칙적으로 자르려면 모양 틀 또는 크기가 약간 작은 타르트 틀을 이용하는 것이 좋다.

❿ 계란물칠 후 약 20분 정도 냉장실에서 휴지시킨다.

⓫ 한 번 더 계란물칠을 한 후 칼끝으로 반죽에 줄무늬를 내준다.

⓬ 구울 때 증기가 잘 통과되도록 뾰족한 도구를 이용하여 피티비에의 중심부와 주변에 구멍을 내준다.

⓭ 230~240℃에서 겉면에 색깔이 날 때까지 구워준 후, 온도를 200~210 도로 내린다.

⓮ 그릴에 옮긴 후, 피티비에에 광택을 내기 위해서 슈가파우더를 뿌려 주거나 당도 1,260℃D 시럽을 칠한 후 그릴에 옮겨준다.(722쪽 《보메 BAUMÉ》 등급, 밀도에 대한 표 참고)

퐁당으로 밀푀유에 설탕 입히기 | GLACER(MARBRER)
UN MILLE-FEUILLE AU FONDANT

❶ 퐁당의 농도를 확인하고, 온도를 36~37도로 맞춘다.

❷ 필요하다면 당도 1,260°D의 시럽을 넣어 희석한다.

❸ 카페 퐁당이나 카카오 퐁당을 넣은 종이 코르네를 준비한 후 따뜻한 곳에 보관한다.

❹ 밀푀유 상단에 나파주*를 발라 코팅한 뒤 식혀준다.

❺ 퐁당으로 밀푀유를 균일하게 코팅한 후, 따뜻한 물에 담갔다 꺼내 물기를 제거한 스패튤러로 표면을 매끄럽게 정리한다.

❻ 종이 코르네를 이용하여 중심에서부터 멈추지 않고 규칙적으로 나선 모양의 얇은 선을 그려준다.

❼ 퐁당이 빠르게 고체화되기 때문에 빠른 속도로 작업해야 한다.

❽ 칼끝을 이용해 퐁당에 빠르게 줄을 긋는다.

❾ 줄은 가운데에서부터 바깥쪽으로 긋는다.

❿ 사이사이는 바깥쪽에서 가운데 쪽으로 줄을 그어준다.

⓫ 필요하다면 밀푀유의 가장자리를 깨끗하게 정리한다.

⓬ 스패튤러를 이용하여 가장자리를 파티시에 크림으로 매끄럽게 메워준다.

⓭ 슬라이스 아몬드나 빻은 아몬드를 옆에 붙여준 후, 무늬 있는 종이에 올린다.

---

* 나파즈 nappage : 살구잼이나 과일 젤리를 끓여 만든 제과용 광택제. 케이크나 과일 등에 발라 광택을 내거나 건조 또는 변색되지 않도록 보호하기 위해 발라준다.)

파트 아 슈 LA PÂTE À CHOUX

준비할 재료

물 1L당 제조 방법[1]	단위	수량
– 물[2]	l	1
– 가는소금	g	20
– 설탕 sucre semoule(선택사항)	g	50
– 버터	g	400
– 밀가루 T55	g	500
– 전란[3]	개 또는 g	16개 / 800
계란물		
– 전란	개	1
또는	g	50
– 우유	l	약간(PM)
철판에 칠할 버터	g	20
소요 시간 : 20분		

[1] 파트 아 슈(la pâte à choux)를 만들기 위한 기본 단위는 물 L이다.
반죽의 양을 1/4 미만으로 만들기에는 어려움이 있다.
계란의 수를 기준으로 계량하기도 한다. 계란 4개의 비율로 60~70개의 슈
혹은 에클레르 반죽을 만들 수 있다.

[2] 파리식 뇨끼(gnocchi à la Parisienne)나 치즈 오븐 요리 라므캥(ramequins
au fromage)을 만들 때에는 물 대신 우유를 사용할 수 있다.

[3] 계란은 크기에 따라 14~20개 정도를 사용한다.

준비할 도구

만드는 방법

1. 충분한 작업 공간 확보하고, 청결한 환경 만들기

레시피대로 재료를 계량한 후 밀가루는 체 친다.

2. 재료 혼합하기

적당한 크기의 냄비에 물, 소금, 설탕(용도에 따라 선택) 그리고 작은
조각으로 자른 버터를 모두 넣어준다.

혼합물을 끓여 버터는 녹이고, 물은 끓여준다.

끓으면 냄비를 가스 불에서 내린 후, 밀가루를 한번에 넣어 섞는다.(
덩어리지는 것을 방지하기 위하여)

스패튤러를 이용하여 천천히 섞어준 후 이후 밀가루가 완전히 혼합될
때까지 강하게 섞어준다.

냄비를 가스 불 위에 다시 올려 반죽이 냄비 측면이나 주걱에 들러붙지
않을 때까지 약 30초(양이 적을 경우 더 빠른 시간 안에) 건조시킨다.

손으로 작업할 경우에는 큰 볼에 옮기고, 기계를 사용하여 반죽할
경우에는 제과용 믹서볼로 옮긴다.

3. 계란 넣기

반죽에 잘 섞이도록 처음에는 한 개씩 넣어 혼합해 주고, 그 다음부터 두
개씩 넣어 반죽에 흡수될 수 있도록 한다.

4. 반죽 농도 확인하기

14번째 계란부터는 반죽의 농도를 확인하며 넣는다.

마지막 두 개의 계란은 포크로 잘 풀어준 후 넣는다.

이후에는 정확한 농도를 확인하기 위해 반개씩 넣어준다.

주걱 끝부분에 반죽을 묻혀 들어 올리거나, 또는 기계의 훅을 들어 올렸을
때, 반죽이 느슨하게 떨어질 정도의 점도가 있는 상태로 만든다.

5. 꼰(또는 스크레이퍼)을 이용해 반죽을 깨끗이 긁어모으고, 완성한 반죽은 바로 사용한다.

파트 아 슈 반죽을 제대로 만들려면?

– 표시된 비율은 수정할 수 있다.(600g의 밀가루. 크기에 따라 계란 18~20
개 사용)
– 수량을 정확하게 재고 측정한다.
– 버터는 작은 조각으로 잘라준다.(소량일수록 버터를 더 작게 자른다. 버터
를 크게 잘라 녹이면 버터가 녹기 전에 물이 끓어 증발하기 때문에 비율
이 달라질 수 있다)
– 반죽을 빠르게 건조시킨다.(소량의 경우) 반죽이 냄비 측면과 주걱에 더 이
상 붙지 않을 때 반죽을 볼에 옮겨준다.
– 스텐볼에 반죽을 넣고 계란을 점차적으로 넣어준다.(계란의 응고성 주의)
– 반죽의 농도를 확인한다. 반죽이 너무 부드러우면, 오븐에서 퍼지고 불규
칙적으로 부풀어 오른다.
– 열이 잘 순환될 수 있도록 간격을 두고 엇갈리게 짜. 잘 부풀어 오르고 건
조될 수 있게 한다.(60×40cm 철판 기준 슈 4줄×6개, 혹은 에클레르 3
줄×6개)
– 물에 담근 포크로, 반죽 윗부분에 바둑판무늬를 규칙적으로 내준다.
– 계란물칠을 한다. 이 때, 계란물이 옆으로 흐르거나 철판에 묻지 않도록 주
의한다. 계란물이 옆으로 흐르거나 철판에 묻으면, 계란이 응고되어 반죽
이 부풀어 오르는 것을 방해한다.
– 작은 반죽은 큰 반죽보다 더 높은 온도에서 굽는다.(작은 반죽은 220℃,
큰 반죽은 190~210℃) 오븐의 온도가 너무 높으면 반죽 표면이 빨리 구
워져 반죽의 팽창을 방해한다.(이런 경우에는 반죽이 부풀지 않고, 갈라져
터질 위험이 있다.)
– 처음에 반죽을 구울 때에는 오븐 속 증기를 유지하기 위해 송풍관을 닫고
굽기 시작하고, 반죽이 충분히 부풀었을 때는 송풍관을 열어 반죽을 건조
시킨다.(필요에 따라 건조를 위해 오븐 문을 열기도 한다.)
– 구운 반죽은 그릴로 옮겨준다.(수축과 눅눅해짐을 막기 위해)

❶ 냄비에 물, 소금, 설탕(용도에 따라), 그리고 작은 조각으로 자른 버터를 함께 넣어준다.

❷ 버터가 녹고, 물이 끓도록 혼합물을 가열한다.

❸ 냄비를 불에서 내린 후, 체 친 밀가루를 한번에 넣어 섞어준다.
❹ 스패튤러를 이용하여 잘 섞어준다.

❺ 냄비를 다시 불 위에 올려, 냄비 측면과 주걱에 더 이상 붙지 않을 때까지 반죽을 건조시킨다.

❻ 반죽을 스테인리스 볼에 옮긴다.(계란이 응고되지 않도록)

❼ 계란을 넣어 힘차게 저어준다.
❽ 반죽의 농도를 확인한다.
❾ 꼰(또는 스크레이퍼)를 이용해 볼에 붙은 반죽을 깨끗이 긁어모은다.
❿ 완성한 반죽은 바로 사용한다.

짤주머니에 충전물 채우기
GARNIR UNE POCHE À DOUILLE

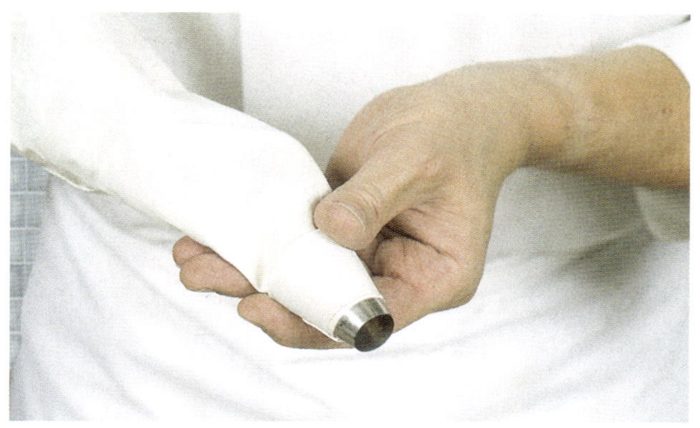

❶ 선택한 깍지를 짤주머니에 넣어 잘 고정하고, 충전물을 채울 때 반죽이 새지 않도록 주의한다.

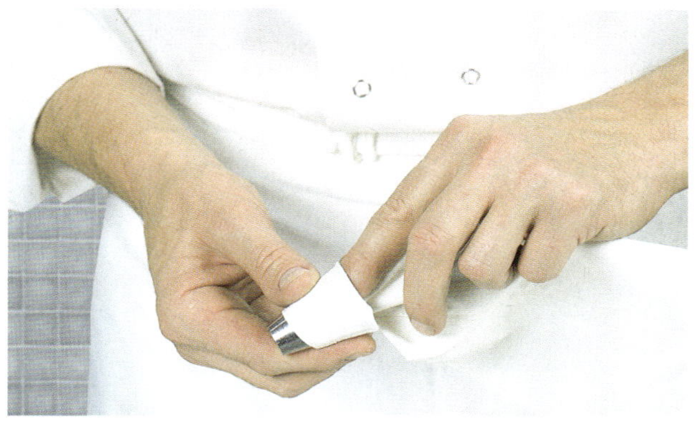

❷ 짤주머니 앞쪽을 살짝 밀어 접어 깍지를 막아준다.

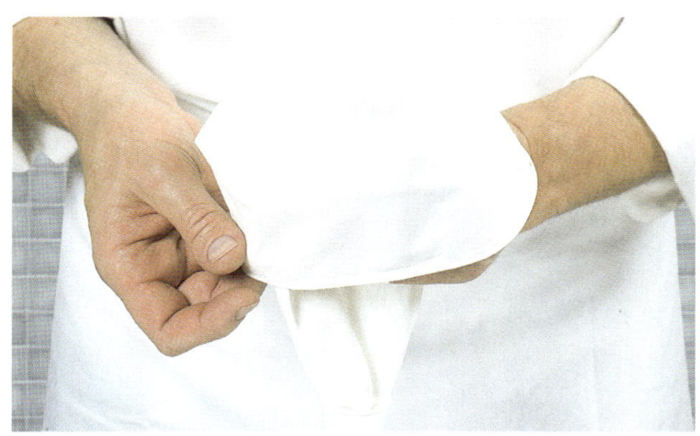

❸ 짤주머니를 가볍게 잡고 1/3 정도를 뒤집어준다.

❹ 짤주머니의 접힌 부분에 엄지와 검지를 넣고, 엄지와 검지를 벌려 짤주머니를 넓게 벌려준다.

❺ 끈이나 주걱을 이용하여 짤주머니에 반죽을 담아준다.

❻ 반죽은 짤주머니의 안쪽으로 넣어준다.

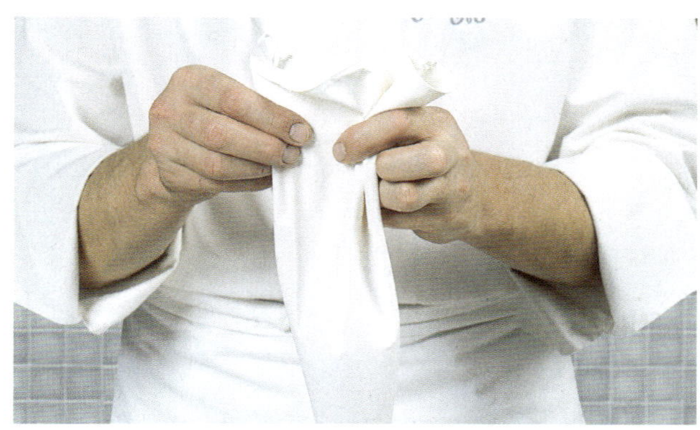

❼ 양손으로 짤주머니를 닫아준다.(공기가 들어가지 않도록 주의한다)

❽ 엄지와 검지를 이용하여 반죽과 높이가 같은 주름진 부분을 한데 모아주는데 이 때, 반죽이 짤주머니 위로 올라오지 않도록 주의한다.

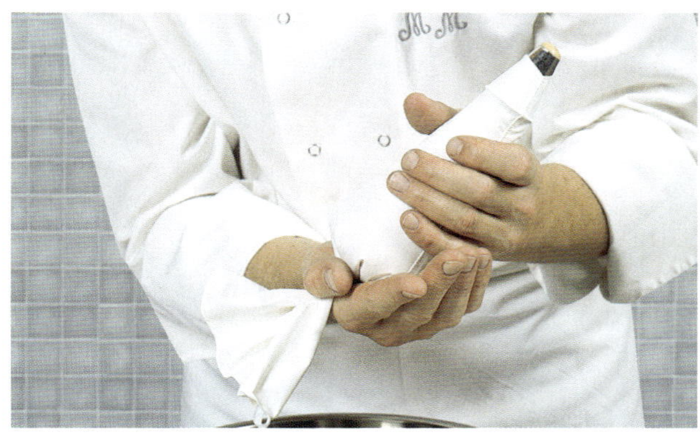

❾ 모아준 주름진 부분을 비틀어 말아준 후, 반죽을 깍지 쪽으로 밀어낸다.

❿ 깍지가 위쪽으로 가도록 짤주머니를 들어 더 세게 말아준다.

슈와 에클레르 반죽 짜주기
DRESSER DES CHOUX ET COUCHER DES ÉCLAIRS

에클레르나 슈를 만들기 위해 짜는데 사용하는 반죽은 구분 없이 같은 반죽으로 사용할 수 있다.

❶ 철판에 버터 칠을 해주고, 짤주머니에 1cm나 1.2cm 지름의 동그란 깍지를 끼어 슈 반죽을 짜준다.

❷ 반죽이 팽창하기 쉽고 열이 잘 전달될 수 있도록 충분한 공간을 두어 반죽을 엇갈려 짠다.

❸ 철판에 짤주머니를 직각에 가깝도록 세워 잡아준다. 철판에서 1cm 정도 떨어진 곳에서 다른 손으로 짤주머니의 끝을 잡고 천천히 규칙적으로 힘을 주어 반죽을 짜준다.

❹ 슈 반죽이 원하는 크기에 도달하면 멈춘다.

❺ 짤주머니를 반원형으로 돌려 슈의 표면을 스치듯이 반죽을 잘라낸다.

❻ 버터칠을 한 철판에 짤주머니로 1cm~1.2cm 지름의 동그란 깍지를 끼워 에클레르를 짜준다.

❼ 반죽이 팽창하기 쉽고 열이 잘 전달될 수 있도록 충분한 공간을 두고 약간 비스듬히 짜준다.

❽ 반죽이 서로 붙지 않도록 철판에 엇갈려 짜준다.

❾ 에클레르 반죽이 원하는 크기에 도달했을 때 멈춘다.

❿ 에클레르 반죽을 짤 때 당겨서 짜지 않고 살짝 위쪽으로 올려 마무리한다.

⓫ 슈 반죽과 에클레르 반죽 위에 계란물칠을 한다. 이 때, 계란물이 철판 위로 흐르지 않도록 주의한다.

⓬ 물에 적신 포크로 반죽의 표면에 줄을 긋거나 바둑판무늬를 내준다.

슈 반죽의 다른 용도
AUTRES UTILISATIONS DE LA PÂTE À CHOUX

파리브레스트 짜주기 Coucher un Paris-Brest

❶ 버터 칠을 한 오븐판 위에 밀가루를 묻힌 볼오방(Vol–au–vent)용 쿠키 커터를 사용해 원하는 크기의 파리 브레스트 크기를 표시한 후 반죽을 짜준다.

또는, 버터 칠을 한 틀 안에 반죽을 원형으로 두 번 짠 후, 그 반죽 가운데 세 번째 반죽을 짜준다. 8〜10mm 지름의 원형 깍지를 이용한다.

❷ 반죽 위에 계란물칠을 한 후, 반죽 위에 슬라이스 아몬드를 뿌려준다.

생토노레의 밑바닥 Fond de Saint-Honoré

자투리 푀이타주 반죽이나 파트 슈크레 반죽에 작은 구멍을 낸 후, 가장자리 5mm 안쪽에서부터 나선형으로 슈 반죽을 짠다(이 방법으로 크림을 짜주면 생토노레의 크림을 덜 사용할 수 있다).

슈와 에클레르 채우기, 퐁당 입히기 GARNIR ET
GLACER AU FONDANT DES CHOUX ET DES ÉCLAIRS

❶ 슈와 에클레르에 작은 칼의 칼끝을 이용해 가볍게 눌러 돌려 구멍을 낸다.(별 모양 깍지로도 같은 방법으로 구멍을 낼 수 있다.)

❷ 슈에는 하나의 구멍을 내주고, 에클레르는 크기에 따라 2개나 3개의 구멍을 내준다.

❸ 최대 5〜6mm의 깍지를 이용하여 슈와 에클레르에 크림을 채운다. (슈 반죽 1L당 3L의 파티시에 크림이 필요하다.)

❹ 크림이 속까지 가득 찼는지 확인한다.

❺ 크림이 흘러나오지 않도록 그릴 위에 거꾸로 차례대로 놓는다.

풍당 준비하기
Mettre au point du fondant
www.bpi—campus.com
www.youtube.com/@diytp

에클레르 윤내기
Glacer des éclairs
www.bpi—campus.com
www.youtube.com/@diytp

슈와 에클레르에 퐁당 입히기(텀파주 방법)
GLACER LES CHOUX OU LES ÉCLAIRS(MÉTHODE PAR TREMPAGE)

❶ 퐁당의 농도와 온도를 확인한다.(36/37 ℃)

❷ 필요하다면 1,260°D의 시럽을 조금 추가한다.

❸ 슈와 에클레르의 윗부분을 퐁당에 살짝 넣어 눌렀다가 뺀다.

❹ 슈와 에클레르를 비스듬하게 세워 들어 과도하게 묻은 퐁당은 제거하고, 옆쪽으로 흐르지 않게 한다.

❺ 과도하게 묻은 퐁당은 손가락이나 스패튤러를 이용하여 제거해준다.

❻ 손가락이나 스패튤러를 이용하여 슈 측면에도 퐁당을 고르게 발라준다.

크림이 들어간 슈와 초코 커피 에클레르(Choux à la crème et éclairs café – chocolat)

파트 아 누이(면 반죽) LA PÂTE À NOUILLES

준비할 재료

밀가루 1KG 당 제조 방법[1]	단위	수량
– 밀가루 T55	kg	1
– 가는소금	g	20
– 전란(개 또는 g)	개	10
또는	g	500
– 오일(선택사항)	m	50
– 반죽을 밀어펴기 위한 밀가루 T55	g	100
또는		
– 감자전분	g	750
– 밀가루 T55	g	250
– 가는소금	g	20
– 전란(개 또는 g)	개	10
또는	g	500
– 반죽을 밀어펴기 위한 밀가루 T55	g	100
라비올리 반죽 PÂTE A RAVIOLIS		
– 밀가루 T55	kg	1
– 가는소금	g	20
– 전란(개 또는 g)	개	6
또는	g	300
– 또는 노른자(개 또는 g)	개	4
또는	g	80
– 물	ml	100
– 오일	ml	100
– 반죽을 밀어펴기 위한 밀가루 T55	g	100
평균 소요 시간 : 45분		

[1] 파트 아 누이(la pâte à nouilles)의 기본 단위는 밀가루 혹은 감자전분 kg 이다. 이 비율은 2인분의 파트 아 누이(면 반죽)을 만들 수 있는 비율이다.

준비할 도구

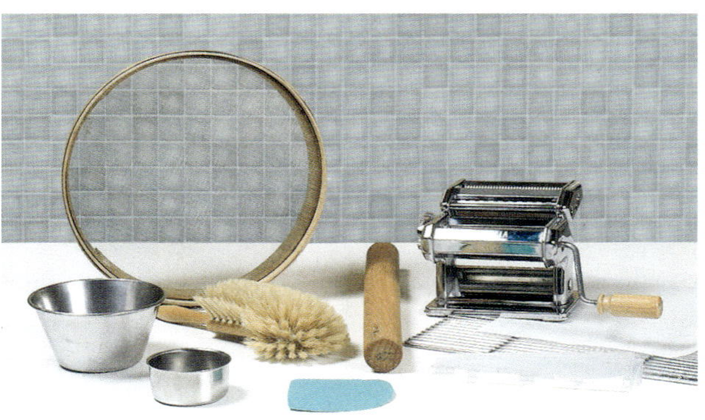

만드는 방법

1. 조리 작업대에 재료와 도구 준비하고, 청결한 작업 환경 만들기

레시피대로 재료를 계량, 측정하고 작업에 필요한 도구들을 점검한다.

2. 파트 아 누이 반죽 만들기

작업대 위에 밀가루 1kg을 체 친 후 가운데에 홈을 만들어준다.

홈 안에 계량한 물과 오일, 계란을 넣어준다.(넣기 전에 가볍게 포크로 섞어준다)

계란에 소금이 잘 용해될 수 있도록 저어준다.

홈 가장자리부터 점차적으로 밀가루를 넣어 잘 섞어주되, 너무 치대지 않는다. 반죽이 작업대에 달라붙지 않는 상태가 되면 작업을 중단한다.

3. 반죽을 공 모양으로 나누기(1인분에 80g)

반죽을 공 모양으로 분할하고 덧가루를 살짝 뿌린 후 비닐봉지에 넣고 냉장실에 약 20~30분간 휴지시킨다.

4. 반죽 밀어 펴기

작업대에 덧가루를 살짝 뿌린 후 반죽을 같은 방향으로 밀어 펴 직사각형으로 만든다.

파이롤러로 반죽을 밀어 편다.

반죽이 붙지 않도록 파이롤러의 롤러 부분에 덧가루를 뿌려가며 작업한다.

반죽을 아주 얇게 편 후 그릴 위에 옮겨, 밀가루를 살짝 뿌린 유산지를 위에 덮은 상태로 몇 분간 말려준다.

5. 반죽 자르기

파이롤러를 이용하여 원하는 넓이(페투치네 fettuccines, 탈리아텔레 tagliatelles, 파파르델레 pappardelles)로 재단한다.

6. 자른 반죽을 조심스럽게 옮기기

덧가루를 털어준 후 그릴 위에 옮겨 밀가루를 살짝 뿌린 유산지를 위에 덮어준다.(많은 양의 반죽이 겹쳐지게 않도록 하기 위해)

파트 아 누이 반죽은 파이롤러를 이용하면 빠르게 만들 수 있다.
– 작업대를 청결하게 한다.
– 밀가루는 반드시 체 친다.

- 계란, 오일, 소금을 포크로 잘 섞어준다.(이렇게 해주면 혼합물이 더 균일하게 섞인다.)
- 반죽을 과도하게 치대지 않는다.(글루텐 형성의 위험이 있다.)
- 반죽은 작게 분할한다.(반죽의 휴지가 빨라진다.)
- 반죽을 비닐봉지에 넣어 표면이 건조되는 것을 방지한다.
- 가능한 한 얇게 밀어 편다.(부드러운 밀가루로 만든 파스타는 익힐 때 팽창하는 경향이 있다.)
- 파스타 반죽에 초록색, 주황색, 노랑색, 빨간색이나 검정색 등으로 색을 낼 때에는 다음과 같은 재료를 섞어 만들 수 있다 : 시금치 퓨레 또는 시금치 엽록소 추출물, 다진 생 허브, 붉은 사탕무즙, 강황 가루, 카레 가루, 사프란, 오징어 먹물 등
- 혹은, 다른 색을 혼합할 수도 있다.
- 1L당 8~10g의 소금과 소량의 기름을 넣어 끓는 물에 대량으로 익힐 수 있다.
- 주문이 들어오면 바로 면을 익히고 절대 먼저 익히지 않는다.(식지 않도록 주의한다.)
- 면은 익는 시간이 빠르므로 주의한다.(작고 평평한 파스타의 경우 대부분 2분 미만이다.)
- 면은 부드러운 상태를 유지하되, 약간의 저항력이 있어 씹는 식감이 조금 있는 정도로 익힌다.(익힘 정도 알덴테 : A dente)
- 차가운 면 파스타(예를 들면 믹스 샐러드 salade composée)는 물기를 제거하고, 오일을 넣어 부드럽게 섞어준다. 그러면 식었을 때 면이 서로 붙지 않는다.

❶ 밀가루를 작업대 위에 바로 체 치고, 가운데에 홈을 만들어준다.

❷ 계란에 물과 오일을 넣어 가볍게 포크로 섞은 후 홈에 부어준다.

❸ 홈 가장자리부터 점차적으로 밀가루를 넣어 잘 섞되, 너무 치대지 않는다.

❹ 반죽이 작업대에 달라붙지 않는 상태가 되면 반죽이 다 된 상태이므로 작업을 중단한다.

❺ 사용할 반죽을 분할하고, 밀가루를 살짝 뿌려 비닐봉지에 넣어 잘 감싸준다.

❻ 나눠준 반죽은 20~30분간 냉장실에 넣어 휴지시킨다.

평평한 반죽 자르기(페투치네, 탈리아텔레...)
DÉTAILLER DES PÂTES PLATES(FETTUCCINES, TAGLIATELLES...)

❶ 소량의 덧가루를 뿌려준 후 반죽을 밀어 편다.

❷ 파이롤러의 넓이만큼 직사각형으로 밀어 편다.

❸ 파이롤러를 이용하여 아주 얇게 밀어준다.

❹ 얇게 밀어 편 반죽을 그릴 위에 옮겨주고, 밀가루를 살짝 뿌린 유산지를 위에 덮어준다.

❺ 반죽을 자르기 전, 몇 분간 두어 반죽을 건조시킨다.

⑥ 파이롤러로 파스타 면을 자른다.

⑦ 그릴 위에 반죽을 놓고, 밀가루를 살짝 뿌린 유산지를 위에 덮어주거나 건조기 위에 올려둔다.(많은 양의 파스타를 만들 경우에는 건조기를 이용한다)

정사각형, 직사각형 모양의 라비올리 만들고 익히기 RÉALISER ET CUIRE DES RAVIOLES CAR-RÉES OU RECTANGULAIRES

라비올리는 정사각형, 동그라미, 반달 모양, 등 여러 가지 방법과 모양으로 만들 수 있다.

라비올리에 채워 넣는 가장 일반적인 내용물은 육류(소, 송아지, 돼지, 가금류)를 주로 사용하고, 생선류, 갑각류(새우, 바다가재), 그리고 채소류와 치즈류(시금치, 루콜라(유채과의 식물), 붉은 치커리, 마스카포네, 리코타, 파르메산치즈 등) 등도 사용한다.

첫 번째 방법 – 두 장의 반죽으로 만들기

① 파이롤러를 이용하여 가장 얇게 밀어 편다.(사진 참조)

② 가로 약 40cm, 세로 12cm로 두 개의 반죽을 만들어준다.

③ 필요하다면 끝부분을 정리한다.

④ 쇠로 된 자를 이용하여 라비올리 내용물을 짜줄 위치를 표시한다.

⑤ 원형 깍지가 달린 짤주머니를 이용하여 라비올리 가운데에 내용물을 올린다.

⑥ 계란을 푼 뒤 물을 조금 섞어 계란물을 만든 후, 두 번째 반죽을 붙이기 위해 사이사이에 계란물칠을 한다.

⑦ 첫 번째 반죽 위에 두 번째 반죽을 올려 공기가 들어가지 않도록 붙여주는데, 이 때 손가락으로 반죽과 내용물이 밀착되도록 바깥 방향으로 밀어 공기를 뺀다.*

* 라비올리를 익힐 때 위아래 반죽 사이에 갇힌 공기가 팽창할 수 있으므로 공기를 잘 빼주어야 한다.

❽ 첫 번째 반죽과 두 번째 반죽을 자로 세게 눌러 붙여준다.

❾ 라비올리 반죽을 칼이나 룰렛을 이용하여 잘라준다.

두 번째 방법 – 한 장의 반죽으로 만들기

❶ 반죽을 얇고 일정하게 가로 40cm, 세로 12cm로 만들어준다.

❷ 쇠로 된 자를 사용하여 가로로 절반이 되는 곳을 표시한 후 가장자리로부터
　3cm 안쪽부터 내용물을 채워준다.

❸ 윗쪽 반죽에 내용물을 조금씩 올린다.

❹ 붓을 이용하여 내용물 사이사이에 계란물칠을 한다.

❺ 내부에 공기가 들어가지 않도록 주의하며 아래쪽 반죽을 위로 접는다.*

❻ 필요할 경우 손가락을 바깥 방향으로 밀어 공기를 빼준다.

❼ 두 개의 반죽 사이를 자로 세게 눌러 붙여준다.

❽ 라비올리 반죽을 칼이나 룰렛을 이용하여 잘라준다.

두 번째 방법인 한 장의 반죽으로 만들기를 이용하면 반죽을 말아, 옮기는 과정이 없어 반죽의 변형을 막을 수 있다.

원형 라비올리 만들고 익히기
RÉALISER ET CUIRE DES RAVIOLES RONDES

❶ 반죽을 가능한 한 얇고 일정하게 밀어 펴 가로 약 40cm, 세로 12cm로 만들어준다.

❷ 지름 6cm의 틀을 이용하여 반죽을 재단한다.(크기는 더 작거나 크게 재단할 수 있는데, 이 때 반죽을 낭비하지 않도록 한다)

❸ 두 개의 원형 반죽 중 첫 번째 반죽에 붓으로 《계란물칠 de la dorure》을 한다.

❹ 《계란물칠 dorée》을 해준 반죽 위 중앙에 오도록 내용물을 올린다

❺ 첫 번째 반죽 위에 두 번째 반죽을 덮어준다.

❻ 덮어준 반죽 내부에 들어간 공기는 빼준다.

❼ 조금 더 작은 틀의 뒷부분으로 위아래 반죽을 눌러 잘 붙여준다.

반달 모양의 라비올리 만들고 익히기 RÉALISER ET CUIRE DES RAVIOLES EN DEMI-LUNE

❶ 원형 라비올리 만들기와 같은 방법으로 라비올리 반죽을 재단한다.

❷ 원형 반죽의 반쪽에만 《계란물칠 dorer》을 한다.

❸ 계란물칠을 한 반죽에 내용물을 올린다.

❹ 나머지 반쪽 반죽으로 공기가 들어가지 않게 잘 접어준다.

❺ 틀의 뒷부분으로 반죽을 눌러 잘 붙여준다.

라비올리 익히기 POCHER DES RAVIOLES

생파스타는 내용물의 유무와 관계없이 반드시 주문이 들어온 후 익히도록
한다.

❶ 충분한 물에 소금과 약간의 오일을 넣어 끓인다. *
❷ 끓인 물에 소량의 라비올리를 넣어준다.(최대 1〜2인분)

❸ 약한 불에서 4〜8분가량 끓여준다. 반죽의 두께, 충전물의 유무에 따라
  시간은 조절한다.
❹ 라비올리의 익힘 정도를 확인한다. 익힘 정도는 중간 정도로 익히는 《알덴테
  al dente》가 좋다.

   * 알덴테 al dente : 너무 익어 과하게 부드럽지도 않고, 물컹거리지 않아 씹는
   촉감이 어느 정도 느껴지는 중간 정도의 익힘 상태

❺ 물기를 제거하자마자 바로 접시에 올려놓는다.
❻ 곁들일 소스를 넣어준다.(허브를 넣어 졸인 크림, 녹인 버터, 토마토소스,
  갑각류 소스, 졸인 닭육수, 등)

   * 일부 전문가들은 충전물에 어떤 재료를 넣는가(닭, 송아지, 생선)에 따라 각
   각 분리하여 익힌다.

❼ 라비올리 위에 파르메산 치즈를 갈아 올리거나, 별도로 옆에 놓을 수도
  있다.

토르텔리니 만들기
RÉALISER ET CUIRE DES TORTELLINIS

❶ 반죽을 가능하면 가장 얇고, 일정하게 밀어 펴 가로 약 40cm, 세로 6cm
  로 만들어준다.

❷ 칼이나 파이 롤러를 이용하여 6cm의 정사각형 모양으로 잘라준다.
❸ 붓을 이용해 ㄱ자 모양으로 계란물칠을 한다.

④ 반죽의 중심보다 약간 위쪽에 내용물을 올려준다.

염소치즈와 시금치 토르텔리니, 리코타치즈와 시금치 토르텔리니
(Tortellinis chèvre épinards – Tortellinis ricotta épinards)

⑤ 계란물칠을 하지 않은 쪽의 토르텔리니를 삼각형 모양으로 접어준다.

⑥ 삼각형으로 접어준 뒤 밑면의 두 모서리를 중앙으로 모아 물이나
계란물로 가볍게 눌러 붙인다.

파트 또는 아파레이유 제누아즈 LA PÂTE OU APPA-REIL À GÉNOISE

준비할 재료

계란 32개당 제조 방법[1]		단위	수량
– 전란		개	32
	또는	kg	1.6
– 설탕 sucre semoule		kg	1
– 밀가루 T55		kg	1
버터(선택사항)		g	200
슈미제 CHEMISAGE			
– 버터		g	150
– 밀가루 T55		g	200
또는			
– 전란(개 또는 g)		개	32
	또는	kg	1.6
– 설탕 sucre semoule		kg	1
– 밀가루 T55		g	800
– 전분		g	200
초콜릿 제누아즈 GÉNOISE AU CHOCOLAT			
– 전란(개 또는 g)		개	32
	또는	kg	1.6
– 설탕 sucre semoule		kg	1
– 밀가루 T55		g	800
– 전분		g	200
– 카카오		g	100
평균 준비 시간 : 30~35분			
8인분의 제누아즈 한 개 굽는 시간 : 180~200 °C에서 20~25분			

[1] 파트 아 제누아즈(Pâte à génoise)의 기본 단위는 계란의 개수이다.(4개, 8개, 16개로도 만들 수 있다) 이 비율은 8인분의 틀 10개, 혹은 60×40cm의 얇은 판 6개를 만들 수 있는 비율이다.

준비할 도구

만드는 방법

1. 조리 작업대에 재료와 도구 준비하고, 청결한 작업 환경 만들기

레시피대로 재료를 계량하고 도구들이 준비되어 있는지 확인한다.

2. 밀가루 체 치기

종이 위에 밀가루를 체 친다.

3. 틀에 슈미제*하기(458쪽 참고)

제누아즈 틀이 깨끗한지 확인한다.

붓을 이용하여 제누아즈 틀의 모든 면에 버터 칠을 한다.

제누아즈 틀에 체 친 밀가루를 뿌려준다.

틀을 가볍게 두드리며 회전시켜 여분의 밀가루는 제거한다.

사용하기 편한 곳에 잘 보관해둔다.

4. 아파레이유 제누아즈 만들기

믹싱볼 안에 전란과 설탕을 넣는다.

거품기로 반죽의 색이 하얗게 될 때까지 섞어준다.

– 반죽 중탕하기

80℃의 물을 채운 냄비 위에 믹싱볼을 올려 중탕한다.

반죽이 40~45에 도달할 때까지 멈추지 않고 거품기로 강하게 휘젓는다.(반죽에 공기가 최대한 포집될 수 있도록 반죽을 들어 올리면서 강하게 휘젓는다)

고르게 중탕될 수 있도록 믹싱볼을 기울여 규칙적으로 돌려준다.

반죽의 부피가 두 배가 되고 원하는 온도(40~45도)에 도달했을 때, 냄비에서 믹싱볼을 꺼낸다.

– 반죽 휘핑하기

반죽이 완전히 식을 때까지 거품기로 강하게 휘저어 휘핑한다.

반죽을 들어 올려 공기가 최대한 반죽에 들어갈 수 있게 한다.

– 반죽의 텍스쳐 확인하기

반죽이 완전히 식으면, 거품기로 반죽을 위에서 떨어뜨려 보아 반죽이 리본처럼 끊임없이 포개지면서 흘러내리는 모양이 만들어지고, 그 모양이 일정 시간 유지되는 《뤼방 le ruban》 상태가 되면 반죽이 완성된 것이다.(반죽 온도는 보통 26도±가 적당하다.)

– 밀가루와 버터 섞어주기

거품기(거품 떠내는 국자)로 반죽을 들어 올려가며 체 친 밀가루를 부드럽게 섞어준다.

볼을 1/8(45°)씩 돌려가며 섞되, 너무 과하게 섞지 않는다.

밀가루가 보이지 않을 때 작업을 멈춘다.

녹인 버터를 넣어야 한다면 밀가루가 완전히 섞이기 전에 넣는다.

5. 제누아즈 반죽을 틀에 넣기

슈미제한 틀에 부어 채워주는데(틀 높이의 2/3만 채운다). 반죽은 같은 높이로 고르게 채워준다.

또는 철판 위에 유산지를 올린 후 큰 스패튤러를 이용하여 높이 6~8mm를 만들어주는데, 가능하면 작은 기포들이 터지지 않도록 주의한다.

6. 제누아즈 굽기 상태 확인하기

제누아즈 반죽을 구운 후, 바로 틀에서 꺼내 그릴 위에 놓는다.

---

* 슈미제 chemiser : 제과용 틀의 안쪽이나 바닥을 버터나 밀가루로 감싸거나 코팅하는 과정. 케이크 틀에 재료를 넣기 전에 바닥이나 벽에 유산지를 깔아주는 것도 슈미제 과정의 하나이다.

- 제누아즈 반죽을 시작하기 전에, 재료를 준비한다 : 재료를 계량하고, 틀을 슈미제한다.
- 밀가루를 체 친다.(필요에 따라 전분이나 카카오가루도 같이 체 친다.)
- 글루텐이 적은 밀가루를 사용한다.(예를 들면, 밀가루 T55)
- 냄비를 깨끗하게 닦아준다.(동냄비를 사용할 경우에는 식초와 소금을 섞어 잘 문질러준 후 깨끗하게 헹궈준다.)
- 잘 휘는 거품기를 이용하여 많은 공기가 반죽 안에 들어갈 수 있도록 휘핑한다. 《pommé》
  pommé = 두가지 이상의 재료가 잘 혼합되는 상태를 말하는 용어
- 믹서를 이용하면 더 좋다. 반죽이 가볍고 효율적이다.
  볼 안에 반죽을 넣은 채로 중탕한 후 빠른 속도로 식을 때까지 반죽을 휘핑한다.
  반죽에 체 친 밀가루를 바로 넣어, 거품기로 섞어주는데 4번째 항목을 준수한다.
  반죽에 버터를 넣고 싶다면, 버터를 녹여 식힌 뒤 반죽에 밀가루가 거의 다 섞였을 때 넣어준다.
  마지막으로 거품기로 섞어준다.
  카카오 가루를 넣어야 한다면 밀가루와 함께 체 친 후 함께 넣는다.
- 계란은 45℃ 이상으로 데우지 않는다.(계란이 응고될 위험성이 있다.)
- 밀가루를 넣을 때는 매번 거품기를 이용하여 섞어주는데, 이때 기포가 빠져나오지 않게 주의한다.
- 기포가 빠져나갈 수 있으므로 충격을 주지 않도록 한다.(예를 들어 볼의 가장자리를 두드리지 않는다.)
- 반죽은 송풍관을 열고 180~200℃에 굽고, 철판에 팬닝한 제누아즈 반죽은 230~240℃에 굽는다.
- 제누아즈 겉 부분이 온도가 높아 색이 너무 많이 난 경우에는 알루미늄 포일로 덮어 더는 색이 나지 않도록 한다.
- 잘 익은 제누아즈는 틀 가장자리에 약간의 수축이 있다. 그 부분을 손가락으로 살짝 눌러준다. 가장자리 부분을 ㅂ 늘로 찔러봤을 때 반죽이 묻어나오지 않으면 된다. 반죽은 부드럽고 탄력이 있어야 한다.
- 오븐에서 나왔을 때, 반죽이 물러지거나 수축하는 것을 방지하기 위해 틀에서 바로 꺼내 그릴 위에 둔다.
- 틀은 뜨거울 때 즉시 닦아준다.

파트 또는 아파레이유 제누아즈
LA PÂTE OU L'APPAREIL À GÉNOISE

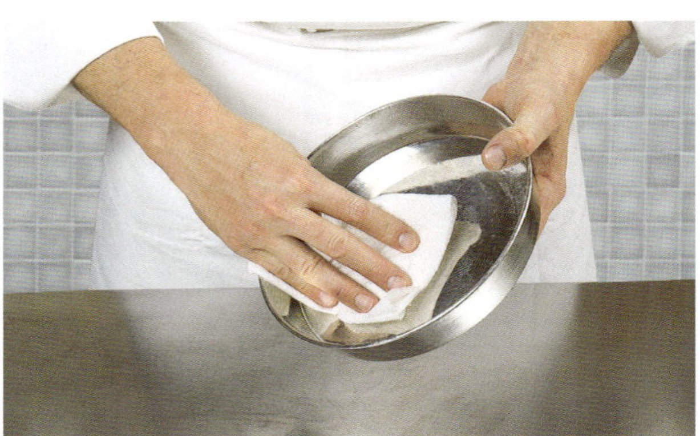

❶ 틀을 깨끗하게 닦아준다.(스펀지케이크 상자라고 하는 직사각형 몰드 caisses à génoise를 사용해도 됨)

❷ 틀 슈미제하기 : 한 손으로 틀의 바닥 부분을 잡고 붓을 이용하여 틀에 일정하게 버터 칠을 한다.

❸ 체 친 밀가루를 틀에 뿌린 후 가볍게 두드려주고 철판 위에 거꾸로 뒤집어 여분의 밀가루를 제거한다.

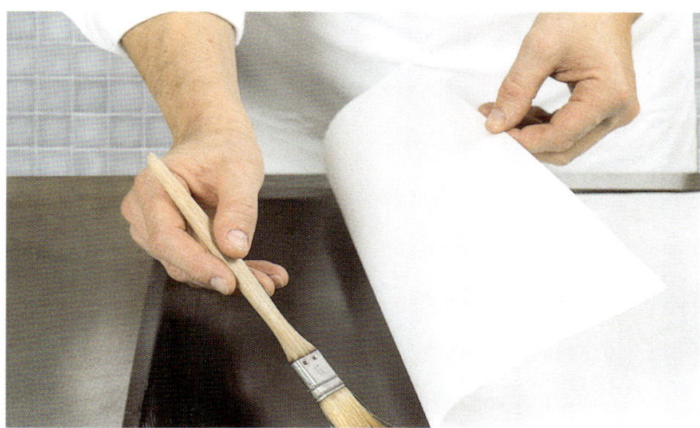

❹ 베이킹 페이퍼 위에 굽는 제누아즈의 경우, 소량의 버터를 발라주고 베이킹 페이퍼의 네 모서리에 고정시킨다.

❺ 유산지 위에 밀가루를 체 친다.

❻ 믹싱볼에, 전란과 설탕을 넣는다.

❼ 거품기를 이용하여 색이 약간 하얗게 될 때까지 잘 섞어준다.

❽ 80℃의 물을 채운 냄비에 볼을 넣어 중탕한다.

❾ 반죽이 40~45℃에 도달할 때까지 멈추지 않고 강하게 휘젓는다.

❿ 원하는 온도에 도달하면 냄비에서 볼을 꺼내 반죽이 완전히 식을 때까지 멈추지 않고 저어준다.

제누아즈 띠 만들기
Réaliser une pâte à génoise en bande
www.bpi-campus.com
www.youtube.com/@diytp

⓫ 반죽의 텍스처를 확인한다 : 거품기로 반죽을 휘저어 섞어주고, 반죽을 위에서 떨어뜨려 보아 《리본 모양 faire le ruban》이 만들어지고, 리본 모양이 일정하게 유지되어야 반죽이 제대로 된 상태이다.

⓬ 앞에서 체 친 밀가루를 천천히 넣어주고 레시피에 따라서 녹인 버터도 넣는다.
⓭ 필요 이상으로 섞지 않도록 주의한다.

⓮ 반죽이 완성되면 바로 틀에 부어 넣는다. 틀 높이의 2/3 정도만 채운다.
⓯ 윗면을 평평하게 정리한다.

⓰ 베이킹 페이퍼 위에 펼쳐 굽는 틀을 사용한다면 틀에 베이킹 페이퍼를 올린 후 반죽을 부어준다.
⓱ 큰 스패튤러를 이용하여 높이 6~8mm가 되도록 평평하게 만든다.

제누아즈 시트 케이크로 버터크림 케이크 만들기
MONTER UN ENTREMETS À BASE DE GÉNOISE ET DE CRÈME AU BEURRE

❶ 완성한 제누아즈를 정리한다(필요할 경우)
❷ 측면에 칼집을 낸다 : 이 부분이 케이크의 기준점이 된다.

❸ 약간의 크림을 케이크 받침 위에 발라주어 시트를 고정시킨다.

④ 빵칼을 이용하여 균일한 두께로 3등분하여 자른다.

⑤ 시트의 《조각 tranches》을 순서대로 배치한다.

⑥ 안쪽에 시럽을 적시기 위해 첫 번째 시트를 뒤집는다.

⑦ 붓을 이용해 당도 1,2624°D(30보메 baumé)의 시럽으로 시트에 적셔준다. 발라준다.

⑧ 시럽에 원하는 향이나 리큐르를 섞어둔다.(1.1247°D , 대략 16보메 정도)

⑨ 각각의 시트에 시럽을 미리 다 적셔주지 않고 옮긴 후 적셔주면, 시트를 옮길 때 더 쉽게 옮길 수 있다.

⑩ 시럽을 적신 첫 번째 시트에 크림을 균일하게 발라준다.

⑪ 두 번째 시트를 위에 얹어 시럽을 적신 후, 크림을 균일하게 발라준다.

⑫ 마지막 시트에 시럽을 적신 뒤, 시트를 뒤집어 올려 케이크를 완성한다.

⑬ 표시해둔 가운데 기준점을 확인하여 케이크의 균형이 완벽하게 맞도록 한다.

⑭ 필요하다면 둥근 판을 이용하여 제누아즈 위를 살짝 눌러준다.

　　(예를 들면, 원형의 둥근 플레이트나 둥근 그릴)

⑮ 케이크의 가장자리를 크림으로 덮어준다 : 제누아즈를 눈높이에 올린 후 스패튤러를 이용하여 규칙적으로 크림을 덮어준다.

⑯ 케이크를 작업대 위에 올려놓는다.

⑰ 케이크의 윗부분에 약 5mm의 두께로 크림을 덮어준다.

⑱ 큰 스패튤라를 이용하여 표면을 매끄럽게 정리하거나 빵칼로 《모양 chevrons》*을 낸다.

　* 《모양 chevrons》 "^" 모양을 의미/갈매기 무늬

⑲ 다시 케이크를 눈높이로 들어 옆 부분을 매끄럽게 정리한다.

⑳ 모서리 부분을 매끄럽게 정리한다.

㉑ 냉장실에 케이크를 넣어 단단하게 굳힌다.

㉒ 구운 아몬드(아몬드 슬라이스 또는 다진 아몬드 effilées ou concassées)
　나, 알갱이로 된 초콜릿, 다진 프랄리네 praliné 등을 발라주어도 좋다.

㉓ 짤주머니에 별 모양 깍지를 끼워 케이크를 장식한다.

짤주머니에 크림을 가득 채우면 안 되는 이유 : 버터크림은 손의 체온에 빨리 녹기 때문에 크림을 가득 채우면 안 된다.

아파레이유 아 비스퀴 (샤를로트 케이크 옆면에 두르기 위한)

L'APPAREIL À BISCUITS(POUR CHEMISAGE DE CHARLOTTES)

준비할 재료

계란 20개당 제조 방법		단위	수량
기본			
− 계란(노른자)		개	20
	또는	g	400
− 설탕 sucre semoule		g	400
− 계란(흰자)		개	20
	또는	g	600
− 가는소금(선택사항)		g	PM
− 설탕 sucre semoule		g	100
− 밀가루 T55		g	400~500
또는			
− 계란(노른자)		개	20
	또는	g	400
− 설탕 sucre semoule		g	400
− 계란(흰자)		개	20
	또는	g	600
− 가는소금(선택사항)		g	PM
− 설탕 sucre semoule		g	100
− 밀가루 T55		g	300~350
− 전분		g	100
향료(용도에 따라)			
− 바닐라			약간(PM)
− 색소			약간(PM)
− 카카오			약간(PM)
슈미제 CHEMISAGE DES PLAQUES(선택사항)			
− 버터		g	50
− 밀가루		g	50
평균 소요 시간 : 12~15분			
평균 굽는 시간 : 10~12분			

색소를 사용하고 싶다면, 계란 노른자를 휘핑하여 흰색에 가까운 블랑시르
(blanchis) 상태가 될 때 넣어주면 된다.

준비물

만드는 방법

1. **조리 작업대에 재료와 도구 준비하고, 청결한 작업 환경 만들기**

   레시피대로 재료를 계량하고 재료와 도구들이 준비되어 있는지 확인한다.
   철판에 버터와 밀가루를 소량 뿌리거나 유산지를 준비한다. 이때 베이킹
   베이퍼를 이용할 경우 버터를 살짝 칠해준다
   밀가루와 전분을 체 친다. 이때 초콜릿 비스퀴를 만들 경우 카카오가루도
   같이 체를 쳐 준비한다.
   오븐 온도를 180~200도에 맞춰 준비한다.(제누아즈 오븐 온도)
   짤주머니와 깍지를 준비한다.

2. **비스퀴 반죽 만들기**

   노른자와 흰자를 동시에 올린다 : 중요한 두 가지 과정을 동시에 진행
   해야 하므로 다른 사람의 도움을 받거나 제과용 믹서를 이용하여 흰자를
   올린다.

   첫 번째 방법

   노른자와 흰자를 분리한 후 흰자를 볼이나 제과용 믹서볼에 넣는다 :
   소량의 소금을 넣어준다.

   노른자에는 400g의 설탕을 넣어 색이 하얗게 될 때까지 섞어준다 : 거품이
   생겨 리본(ruban) 모양이 만들어질 때까지 휘핑한다.

   동시에, 흰자를 휘핑하여 눈처럼 올린다 : 흰자가 90% 정도 올라왔을 때,
   나머지 100g의 설탕을 넣어 올려준다.

   노른자 위에 밀가루를 바로 체 치되, 반죽에 글루텐이 형성되지 않도록
   휘젓지 않는다. 그 후, 머랭 1/4을 넣어 섞는다.

   거품기나 주걱으로 부드럽게 섞어준다.

   1/4(90°)씩 회전시켜가며 반죽을 자르듯이 섞는다.

   나머지 머랭을 넣어 부드럽게 섞는다.

   두 번째 방법

   계란 노른자에 설탕을 넣어 색이 하얗게 될 때까지 섞는다.

   흰자를 휘핑하여 눈처럼 올려준다.

   하얗게 올린 노른자에 밀가루를 체 친 후 머랭을 조금씩 넣어준다.
   부드럽게 잘 섞어준다.

3. **볼의 벽면에 묻은 반죽을 깨끗이 긁어모으기/완성한 반죽은 바로 사용**

4. **굽는 온도 확인하기**

   180~200℃에서 반죽을 10~12분간 굽는다.

   굽는 시간의 반 정도는 환풍관을 열고 굽는다. 필요하다면 철판 두 개를
   겹쳐 구울 수 있다.

5. **오븐에서 꺼낸 직후 바로 그릴 위로 옮긴다.**

❶ 큰 볼에 계란 노른자와 설탕을 넣어 색이 하얗게 될 때까지 섞어준다.

❷ 반죽에 《거품 mousseux》이 생기고, 반죽을 위에서 떨어뜨려 보아 리본 모양이 만들어질 때까지 휘핑한다.

❸ 체를 친 밀가루와 전분을 넣는다.

❹ 반죽을 너무 섞지 않는다.(글루텐이 형성되지 않도록 주의한다.)

❺ 동시에, 흰자를 휘핑하여 눈처럼 올려준다 : 흰자를 90% 정도 올려준다.

❻ 단단하게 올려준다.

❼ 노른자와 밀가루 위에 머랭 1/4을 넣어 섞는다.

❽ 반죽을 들어 올리며 자르듯이 부드럽게 섞어준다.

❾ 나머지 머랭을 넣어 과하지 않게 부드럽게 섞어준다.

❿ 버터칠을 한 후 밀가루를 뿌린 철판에 반죽을 짜거나, 유산지 위에 짜준다.

⓫ 반죽을 바로 구워준다.

⓬ 앙트르메 틀이나 샤를로트 틀의 가장자리 부분을 덮을 수 있게 길게 밴드 모양으로 둘러준다.

파트 아 프리르 LA PÂTE À FRIRE

준비할 재료

밀가루 1kg당 제조 방법[1]		단위	수량
– 밀가루 T55		kg	1
– 가는소금		g	20
– 전란(개 또는 g)		개	10
	또는	g	500
– 오일		ml	200
– 우유		L	1
	또는		
– 맥주		L	1
	또는		
– 우유		ml	500
그리고			
– 맥주		ml	500
– 계란(흰자)		개	16
	또는	g	480
– 가는소금			약간(PM)
– 흰자를 단단하게 올리기 위한 설탕(선택사항)		g	500
sucre semoule			
평균 소요 시간 : 30분			

[1] 파트 아 프리르(Pâte à Frire)의 기본 단위는 밀가루 kg, 또는 우유 혹은 맥주 L이다. 이 비율은 도넛 40인분을 만들 수 있는 비율이다.

준비할 도구

만드는 방법

1. **조리 작업대에 재료와 도구 준비하고, 청결한 작업 환경 만들기**
   레시피대로 재료를 계량하고 재료와 도구들이 준비되어 있는지 확인한다.

2. **파트 아 프리르(튀김 반죽) 만들기**
   밀가루를 볼에 체치고, 가운데에 홈을 만든다.
   만들어준 홈에 계량한 소금, 전란, 소량의 오일을 넣어준다.
   거품기로 천천히 섞어준다.
   밀가루를 안쪽에서부터 천천히 섞어준 후, 맥주나 우유, 혹은 맥주와 우유의 혼합물을 반씩 섞어주고 조금씩 천천히 부어준다.
   반죽을 너무 치대지 않게 하기 위해(글루텐이 형성되지 않도록 하기 위해), 액체 재료를 조금씩 넣어가며 반죽을 섞어준다.
   이 반죽은 부드럽지만, 파트 아 크레이프(Pâte à crêpes) 반죽보다 훨씬 단단해야 한다.
   꼰(또는 스크레이퍼)로 볼 옆면에 붙은 반죽을 깨끗이 긁어모은 후 빵 겉면이 딱딱해지는 것을 피하기 위해 남은 오일을 넣어준다.
   볼에 랩을 씌워, 20~30분간 휴지시킨다.

3. **흰자를 휘핑하여 눈처럼 올려주기**
   도넛을 만들기 위한 반죽이라면, 설탕을 추가해 흰자를 조금 더 단단하게 올려준다.

4. **파트 아 프리르(튀김 반죽)을 완성한다.**
   반죽에 부드럽게 올린 흰자를 넣는다.
   반죽에 오일을 넣어 잘 섞어준다.
   먼저 반죽에 1/4의 흰자를 넣어 반죽을 부드럽게 만든다.
   주걱이나 거품기로 남은 흰자를 부드럽게 섞어준다.
   볼을 돌려가며 반죽을 부드럽게 들어올려준다.

5. **꼰을 이용해 옆면에 붙은 반죽 정리하기**

6. **완성한 반죽은 바로 사용한다.**

❶ 밀가루를 볼에 체 친다.

❷ 거품기를 이용하여 가운데에 홈을 만들어준다.

❸ 만들어준 홈에 레시피대로 소금, 전란을 넣고, 준비한 오일의 2/3만 넣는다.

❹ 액체 재료를 잘 섞어준다.

❺ 천천히 맥주나 우유 또는 맥주와 우유를 반씩 섞어 넣어주는데 이 때, 반죽을 너무 치대지 않는다.(글루텐 형성 방지)

❻ 소금, 계란, 오일과 함께 모든 액체를 한꺼번에 넣을 수도 있으나, 덩어리가 생길 수 있으니 주의한다.

❼ 파트 아 프리르 반죽이 완성되면 끈으로 옆면에 붙은 반죽을 정리해주고 반죽의 겉면이 딱딱해지는 것을 방지하기 위해 남은 오일을 넣어준다.

❽ 볼에 랩을 씌워, 20~30분간 휴지시킨다.

❾ 흰자를 휘핑하여 눈처럼 올려준다.(소량의 소금 첨가)

❿ 앙트르메를 만들기 위한 반죽이라면 흰자를 조금 더 단단하게 올려준다.

⓫ 반죽에 부드럽게 올린 흰자를 넣는다. 이 때 먼저 부드럽게 올린 흰자의 1/4을 넣어 잘 섞은 후, 나머지 흰자를 넣어준다.

⓬ 끈으로 옆면에 붙은 반죽을 정리한다.

⓭ 완성한 반죽은 바로 사용한다.

파트 아 크레이프 LA PÂTE À CRÊPES

준비할 재료

우유 1L당 제조 방법[1]		단위	수량
– 밀가루 T55		g	450~500
– 가는소금		g	10
– 설탕(사용법에 따라)		g	50
– 전란(개 또는 g)		개	6
	또는	g	300
– 우유		L	1
– 버터		g	100
	또는		
– 밀가루		g	450~500
– 가는소금		g	10
– 설탕(선택사항) sucre semoule		g	50
– 전란(개 또는 g)		개/g	6/300
	또는		
– 우유		ml	500
– 맥주		ml	500
– 버터		g	100
메밀 크레이프 CRÊPES DE SARRASIN			
– 메밀가루 farine de blé noir		g	300
– 밀가루 T55		g	200
– 가는소금		g	10
– 설탕(선택사항) sucre		g	50
– 전란(개 또는 g)		개	6
	또는	g	300
– 우유		L	1
	또는		
– 우유		ml	500
그리고			
– 사과주(시드르 cidre)		ml	500
– 버터		g	100
– 녹인 버터		g	100
	또는		
– 크레이프를 굽기 위한 오일		ml	100
평균 소요 시간 : 20분			

[1] 파트 아 크레이프(*Pâte à crêpes*)의 기본 단위는 우유 L이다.
이 비율은 *14~16cm* 지름의 크레이프 약 *60개*를 만들 수 있는 비율이다.

준비할 도구

만드는 방법

1. 조리 작업대에 재료와 도구 준비하고, 청결한 작업 환경 만들기

레시피대로 재료를 계량하고 재료와 도구들이 준비되어 있는지 확인한다.

2. 크레이프 반죽 만들기

밀가루를 볼에 체치고, 체 친 밀가루 가운데에 홈을 만든다. 그리고 계량한 소금, 설탕, 계란을 넣어준다.

홈에 넣은 소금, 설탕, 계란을 밀가루가 들어가지 않게 잘 섞어준다.

우유, 혹은 우유와 맥주를 반씩 섞은 액체를 조금씩 넣어 밀가루와 섞어가며 반죽한다.

반죽이 뭉쳐지면서 글루텐이 형성되기 때문에, 반죽이 전부 뭉쳐지기 전에 우유를 모두 넣어야 한다. 반죽에 글루텐이 형성되었을 경우에는 더 오랫동안 휴지시켜야 한다.

반죽이 액체 상태가 되었는지 확인한다. 반죽은 매끄럽고 윤기가 나야 하며, 덩어리가 있으면 안 된다.

3. 반죽을 시누아*에 걸러주기

이 작업을 통해 반죽을 고르게 하고, 덩어리를 제거할 수 있다.

4. 갈색이 될 때까지 가열한 버터(beurre noisette)를 넣는다.

(가급적이면 시누아를 이용하여 한 번 걸러준다)

차가운 우유나 계란을 사용했을 경우, 버터가 즉시 굳을 수도 있다.

5. 반죽 휴지시키기

볼을 랩으로 씌워 서늘한 곳에 20~30분간 휴지시킨다.

용도에 따라, 반죽에 알코올이나 리큐르(럼주 rhum ambré, 칼바도스 calvados, 그랑 마니에르 Grand-Marnier, 쿠앵트로 Cointreau 등), 레몬 제스트나 오렌지 제스트 등을 넣을 수 있다.

* 시누아 chinois : 작은 구멍을 여러 개 뚫어 액체 상태의 물질을 거르는 데 적합한 금속으로 만든 원추형의 거름망

- 재료는 상온에서 사용한다. 반죽이 너무 차가울 경우, 버터가 잘 섞이지 않고 표면에 굳을 수 있으므로 주의한다.
- 반죽에 글루텐이 형성되지 않도록 하기 위하여 우유, 혹은 우유와 맥주를 반죽에 조금씩 넣어가며 반죽한다.
- 액체는 한꺼번에 넣지 않는다.(덩어리가 생길 위험이 있다)
- 반죽에 설탕을 과하게 넣지 않는다. 반죽이 구워지는 동안 설탕이 캐러멜화 되고, 팬에 들러붙을 수 있다.
- 팬을 깨끗하게 사용한다.
- 반죽을 굽기 전 버터나 오일을 팬에 칠한다.(코팅팬을 사용할 때를 제외하고)
- 팬을 너무 과하게 가열하지 않는다.
  팬이 너무 뜨거울 경우, 반죽이 바로 익어버리고, 거품이 생겨 매끄럽지 못하며, 반죽의 두께와 모양, 색이 균일하게 나오지 않는다.
  반대로 팬이 충분히 달궈지지 않았을 경우, 익히는 시간이 길어져 반죽이 건조해져 팬에 눌어붙을 수 있다.
- 필요한 양만큼 한번에 팬에 부어준다. 테스트를 통해 한번에 부어주는 반죽의 양을 균일하게 한다.
- 스패튤러를 이용하여 양손으로 반죽을 뒤집는다.
  (반죽을 뒤집는 작업은 숙련이 필요하다)
- 반죽을 모두 같은 면으로 겹쳐둔다.(제일 먼저 구운 반죽이 맨 아래로 가도록 한다)
- 이렇게 배열하면 사용할 때 편리하게 사용할 수 있다.
- 접시를 뒤집어 덮어 두거나, 호일을 덮어 반죽이 차가워지거나 마르지 않도록 한다.
- 설탕은 사용하기 직전에 뿌려준다. 설탕을 미리 뿌려두면 열에 의해 시럽화되어 크레이프가 눅눅해진다.

크레이프 반죽 LA PÂTE À CRÊPES

❶ 밀가루를 볼에 체치고, 가운데에 홈을 만들어준다.

❷ 소금, 설탕, 전란을 첨가한다.

❸ 홈에 넣은 소금, 설탕, 계란에는 밀가루가 들어가지 않게 잘 섞어준다.

❹ 우유, 또는 우유와 맥주를 반씩 섞은 액체를 조금씩 넣어 밀가루와 섞어가며 반죽한다.

⑤ 반죽이 균일하게 액체 상태가 되었는지 확인하고, 원뿔형 채(chinois étamine)에 걸러준다

⑥ 갈색이 될 때까지 가열한 버터를 넣어 섞어준다.

⑦ 덮개를 덮어 20~30분간 휴지시킨다.

크레이프 만들기 RÉALISER DES CRÊPES

❶ 팬을 너무 과하게 가열하지 않는다.

❷ 필요한 양만큼 한번에 팬에 부어준다.

❸ 일정한 두께가 나올 수 있도록 팬을 약간 기울여 돌려준다.

❹ 스패튤러를 이용하여 크레이프를 살짝 들어 뒤집어준다.

(던지듯이 돌리지 않는다. 그러면 반죽이 건조해져 부드러움을 잃게 된다)

⑤ 제일 먼저 구운 반죽이 맨 아래로 갈 수 있도록 모두 같은 면으로 겹쳐준다.

⑥ 접시를 뒤집어 덮어두거나, 알루미늄 호일로 덮어준다.

《손으로》 만드는 파트 아 사바랭

LA PÂTE À SAVARINS 《À LA MAIN》

준비할 재료

밀가루 1KG당 제조 방법[1]	단위	수량
– 밀가루T55	kg	1
– 가는소금	g	20
– 설탕 sucre semoule	g	100
– 생이스트	g	50∼60
– 물	ml	400
– 전란(개 또는 g)	개	10
	g	500
– 버터	g	400
틀에 버터 칠을 하기 위한 버터	g	50
파트 아 바바스 PÂTE À BABAS와 같은 비율		
+		
– 고린도 또는 서머나산 건포도 raisins de Corinthe ou de Smyrne	g	500
– 럼주 또는 앰버 럼 rhum vieux ou ambré	ml	200
평균 소요 시간		
– **실제 작업 시간** : 25분		
– **총 소요 시간** : 1시간∼1시간30분		

[1] 파트 아 사바랭(Pâte à savarins)의 기본 단위는 밀가루 kg이다.
이 비율은 8인분의 사바랭 5개를 만들 수 있는 비율이다

준비할 도구

만드는 방법

1. 작업 공간 확보하고, 청결한 환경 만들기
레시피대로 재료를 계량하고 재료와 도구들이 준비되어 있는지 확인한다.

2. 사바랭 반죽 만들기
큰 볼에 밀가루를 체치고 중앙에 홈을 만든다.
소금과 설탕은 홈에 닿지 않게 볼의 벽면 쪽으로 넣어준다.
이스트를 잘게 부수어 미지근한 물에 녹여준다.
녹여준 이스트를 가운데 홈에 넣어 손가락 끝이나 주걱으로 잘 섞어준다.
(소금과 설탕이 이스트와 섞이지 않게 주의한다)
부드럽게 풀어준 계란을 넣고 반죽을 늘려가며 천천히 섞어준다.
반죽을 쳐서 들어 올리거나 늘려가며 최대한의 탄력이 생기도록 한다.
반죽이 손에서 떨어지거나 주걱에서 떨어질 때까지 치댄 후 작업을 멈춘다.
녹인 버터를 미지근하게 식혀 넣어주고, 다시 볼에서 떨어질 때까지 치댄다.
스패튤러로 벽면에 붙은 반죽을 깨끗이 긁어모아, 랩을 씌우거나, 젖은 천으로 덮어준다.
반죽을 상온(25℃)에 두고 공기의 접촉을 피한다. 이 단계는 선택사항이다.
사바랭 반죽은 버터를 넣은 직후 바로 틀에 팬닝할 수 있다.

3. 틀 닦고, 버터칠하기
사바랭 틀을 깨끗이 씻고 흡수가 잘 되는 종이(키친타월)를 사용하여 버터를 약간만 칠한다.
(버터가 너무 과할 경우 사바랭의 표면이 거칠어질 수 있다)

4. 부풀어 오른 윗반죽을 끊어준다.

5. 사바랭 반죽을 틀에 넣기
틀 높이의 1/3까지 잘 휘는 스크레이퍼를 이용하여 반죽을 잘라 넣는다.(짤주머니에 둥근 깍지를 넣어 사용할 수도 있다)

6. 사바랭 반죽이 부풀어 오를 때까지 발효시키기
발효실 또는 25℃∼35℃ 온도에 반죽이 약 두 배로 커질 때까지 둔다.

7. 사바랭 반죽의 굽는 정도 결정하고 굽기
반죽의 크기에 따라 180℃∼200℃ 온도에 환풍기를 열고 반죽을 건조시켜가며 구워준다.

8. 사바랭의 익힘 상태를 확인하고 바로 틀에서 꺼내 그릴 위에 올린다.

9. 틀을 잘 닦아준다.

사바랭 반죽이 바바 반죽과 다른 점

사바랭 반죽은 바바 반죽(La pâte à babas)을 만드는 방법과 동일하다. 그러나 다른 점은 반죽을 틀에 넣을 때, 건포도를 잘 씻어 넣거나, 럼주에 담가둔 건포도를 넣는 것이다.

일반적으로 바바 반죽은 크림 등을 곁들이지 않고 럼주를 뿌려 먹는다. 사바랭은 종종 크림 기반(샹티이, 디플로마, 다티시에)의 것들과 같이 먹거나 과일(딸기, 산딸기, 과일 샐러드)을 곁들여 먹는다. 곁들여 먹는 크림이나 과일에 따라 럼이나 키르쉬, 칼바도스 등을 적셔먹을 수 있다.

사바랭 반죽을 만들 때 주의할 점

브리오슈 반죽을 만들 때 주의할 점과 동일하다.

❶ 큰 볼에 밀가루를 체친 후 중앙에 홈을 만들어준다.

❷ 소금과 설탕은 첨가할 이스트와 섞이지 않도록 볼의 벽면에 첨가한다.

❸ 이스트는 잘게 부수어 미지근한 물에 **녹여준다**.

❹ 녹여준 이스트는 가운데 홈에 부어준다.

❺ 홈에 부은 이스트를 손가락 끝이나 주걱을 이용하여 잘 섞어준다.

(소금과 설탕이 이스트와 만나지 않도록 주의한다.)*

* 반죽을 하면서 섞이므로 처음에만 만나지 않도록 주의한다.

❻ 부드럽게 풀어준 계란을 넣고 반죽을 쳐서 들어 올리거나 늘려가며 반죽을 치댄다.

❼ 글루텐을 형성할 수 있도록 반죽을 들어 올리며 치대준다.

❽ 반죽에 최대한의 탄력이 생기도록 한다.

⑨ 반죽을 치대다 보면 반죽이 손에서 떨어지거나 주걱에서 떨어지는 상태가 되는데 이때 작업을 멈춰준다.

⑩ 녹인 버터를 미지근하게 식혀 넣어주고, 다시 볼에서 떨어질 때까지 치댄다.

⑪ 버터는 첫 번째 휴지 후 첨가할 수도 있는데, 이 경우 버터를 작은 조각으로 나눠 부드럽게 한 뒤 넣어 섞어준다.

⑫ 스패튤러로 볼의 벽면에 붙은 반죽을 깨끗이 긁어모으고, 랩을 씌워 휴지시킨다.

⑬ 잘 휘는 끈을 이용하여 사바랭 틀 높이의 1/3까지 반죽을 잘라 넣어준다. (짤주머니에 둥근 깍지를 넣어 사용할 수도 있다.)

⑭ 사바랭 반죽을 발효실 또는 25℃∼35℃ 온도의 공간에 두고, 공기와의 접촉을 피한다.

⑮ 반죽이 두 배 정도 커질 때까지 둔다.

⑯ 사바랭 반죽을 굽되, 색이 나지 않도록 한다.

⑰ 구운 반죽의 상태를 확인하고 바로 틀에서 꺼내 그릴 위에 둔다.

⑱ 사용한 틀은 닦아준다.

시럽으로 사바랭 반죽 적시기
IMBIBER DES SAVARINS

시럽을 당도 1.1247°D나 16° 보메로 끓인다 : 쿨 1L와 설탕500~600g(시럽이 너무 무거우면 사바랭이나 바바에 스며들기 어렵고, 시럽이 너무 가벼우면 너무 빨리 스며들고 흘러내려 반죽이 쉽게 건조된다.

뜨거운 시럽은 사바랭 반죽이나 완전히 식은 바바 반죽에 사용한다.

미지근한 시럽은 사바랭 반죽이나 갓 구운 바바 반죽에 사용한다.

벨 프루티에르 사바랭(Savarin belle fruitière)

1. 작은 크기의 사바랭에 시럽을 《적시는 방법》
Méthode pour petits savarins dite 《par immersion》

❶ 거품기나 뜰채를 이용하여 작은 사바렁 반죽을 시럽에 완전히 담근다. 작은 국자로 시럽을 위에 뿌려준다.

❷ 그릴 위에서 물기를 뺀 후, 광택을 내고 건조되는 것을 방지하기 위해 잼을 겉에 발라준다.

2. 큰 크기의 사바랭 위에 시럽을 《뿌리는 방법》
Méthode pour gros savarins dite 《par arrosage》

❶ 양철로 된 큰 직사각형 용기 위에 그릴을 올린 뒤 큰 사바랭을 올려준다.

❷ 작은 국자로 시럽을 조금씩 뿌려준다.

❸ 이 방법은 반죽이 쉽게 깨질 수 있으므로 큰 사바랭에 시럽을 뿌릴 때 사용한다.

《손으로 만드는》 만드는 파트 아 브리오슈
LA PÂTE À BRIOCHES 《À LA MAIN》

준비할 재료

밀가루 1KG당 제조 방법[1]		단위	수량
– 밀가루 T55		kg	1
– 가는소금		g	20
– 설탕(용도에 따라) sucre semoule		g	50~100
– 생이스트		g	40~50
– 우유		ml	100
– 전란(개 또는 g)		개	12~14
	또는	g	600~700
– 버터		g	500~600
덧가루용 밀가루		g	100
계란물			
– 계란(개 또는 g)		개	1
	또는	g	50
– 우유(선택사항)		L	PM
평균 소요 시간			
– 실제 작업 시간 : 30분			
– 총소요 시간 : 3시간30분~4시간			

[1] 파트 아 브리오슈(Pâte à brioche)의 기본 단위는 밀가루의 kg이다. 이 비율은 8인분의 브리오슈 5개를 만들 수 있는 비율이다.

준비할 도구

만드는 방법

1. 조리 작업대에 재료와 도구 준비하고, 청결한 작업 환경 만들기

레시피대로 재료를 계량하고 재료와 도구들이 준비되어 있는지 확인한다.

2. 브리오슈 반죽 만들기

밀가루를 작업대에 바로 체 친다.

8개의 브리오슈를 만드는데, 체 친 밀가루에 하나는 작은 홈을, 나머지 하나는 두 배 정도 크기로 홈을 만들어준다.

미지근한 우유에 이스트를 작게 부수어 용해시킨 뒤 작은 홈에 넣는다.

이스트에 소금과 설탕이 닿지 않도록 밀가루는 조금만 섞어준다.

미지근한 우유에 소금과 설탕을 넣어 용해시킨 후 큰 홈에 넣는다.

부드럽게 풀어준 계란을 큰 홈에 넣어 손끝으로 다른 재료들과 천천히 섞어준다.

두 개의 홈을 잘 섞은 후, 밀가루를 안쪽 가장자리 액체(계란)쪽으로 가져온다. 혼합물에 천천히 수분을 공급하고 글루텐을 만들며 반죽을 시작한다.

필요하다면, 남은 우유를 첨가해도 좋다.

반죽을 전체적으로 탄력 있게 만들어야 하기 때문에, 최대한 늘려가며 반죽한다.

반죽이 너무 질다면, 밀가루를 조금 첨가해도 좋다.

반죽이 너무 단단하다면 우유를 조금 첨가하고, 반죽을 《위로 들어올리며 passant en tête》 균일하게 계속해서 반죽을 치댄다.(앞의 사진 참고)

반죽을 매끄럽게 작업하되, 반죽이 뜨거워지지 않도록 한다.

반죽이 작업대와 손에서 떨어지기 시작하면 즉시 작업을 중단한다.

3. 반죽 부풀리기

반죽을 작업대에서 들어올려 떨어뜨리며 당겨준다.

반죽을 한 번에 1/4(90°) 바퀴씩 돌려가며 이 과정을 반죽한다.

이 단계는 반죽에 공기를 넣어 효모의 증식을 촉진시키며 글루텐을 늘리는 것을 목표로 한다.

반죽이 작업대와 손에 더 이상 들러붙지 않는 상태가 되면 작업을 중단한다.

4. 버터 넣어주기

밀대를 이용하여 버터를 부드럽게 풀어준다.

소량의 반죽에 버터를 잘 섞어준 후, 나머지 반죽을 점차적으로 섞어 빠르게 반죽한다.

반죽을 매끄럽고 부드럽게 만든다.

5. 반죽을 둥글게 성형하기

작업대에 덧가루를 뿌린 후 반죽을 둥글게 성형한다.

덧가루를 뿌린 큰 볼로 반죽을 옮긴다.

랩을 씌우거나 젖은 천으로 반죽을 덮어준다.

6. 반죽은 통풍이 되지 않는, 20〜30℃의 따뜻한 장소에 둔다.

반죽을 즉시 사용하는 경우

반죽의 크기가 두 배 정도 커질 때까지 둔다.

7. 반죽을 끊어주기

반죽을 여러 번 연속하여 접어 끊어준다.

이 작업은 발효로 인하여 생성된 이산화탄소를 빼는 작업이다.

8. 반죽 두 번째 발효시키기(선택사항)

반죽을 다시 덧가루를 뿌린 볼에 넣는다.

랩을 씌우거나 젖은 천으로 반죽을 덮어준다.

한 시간 정도 반죽을 발효시킨 후 다시 반죽을 여러 번 접어 끊어준다.(이 작업을 통해 효모를 증식에 필요한 산소를 공급한다)

9. 반죽을 단단하게 하기 위해 냉장실에 넣어두기

반죽을 덧가루를 뿌린 철판에 옮긴다.

랩을 씌우고 사용하기 전 1시간〜1시간30분간 냉장실에 보관한다.

반죽을 다음날 사용하는 경우

7. 반죽을 끊어주기

첫 번째 발효가 끝나자마자 반죽을 여러 번 연속하여 접어 끊어준다.

반죽을 덧가루를 뿌린 철판에 옮긴다.

랩을 씌우고 다음날까지 냉장 보관한다.

몇 시간 동안 발효시켜 확인한 후, 필요하다면 반죽을 접어 끊어준다.

반죽 속의 이산화탄소 빼주기

반죽을 만들어 당일 바로 사용하던 다음날에 사용하던, 냉장실에서 반죽을 휴지시키는 동안 생성된 이산화탄소는 반드시 밖으로 빼내야 한다.

손바닥으로 반죽을 평평하게 눌러주고 가볍게 덧가루를 뿌린다.

반죽을 잘라내거나 틀에 넣기 전에 치대지 않는다.

– 빵 반죽을 발효시키는 공정은 사카로미세스 세레비시아에(Saccharomyces cerevisiae)라는 미생물의 활동에 의존하기 때문에 많은 주의를 기울여야 하는 섬세한 작업이다. 이 효모는 온도, 습도, 영양소, 산소가 적절한 조건에서 발효하는 미세한 효모이다. 반면, 소금이나 설탕과의 직접적인 접촉이나, +3℃ 이하의 저온이나 +45℃ 이상의 고온에서는 효모의 발달을 억제하거나 직접 파괴하기도 한다.

– 효모의 발효는 알코올, 이산화탄소, 향료 등 다양한 물질을 생성하는 매우 복합적인 알코올 발효 과정으로, 준비 단계를 어떻게 관리하는가에 따라 반죽의 품질(냄새, 색, 맛)이 달라진다.

– 발효 중인 반죽에 이산화탄소가 형성되면 반죽에 전형적인 벌집 모양의 구조가 나타난다.

– 반죽을 하는 동안 탄력이 생기고, 발효 과정에서 생성된 이산화탄소의 기포는 빠져 나가려고 한다. 이 과정에서 부풀어 오르는 반죽의 부피 증가는 《부풀다 Pousses》라고 한다.

– 반죽의 기포를 빼주는 작업은 이산화탄소를 배출하여 효모를 균일하게 분배하고 생산에 필요한 산소를 공급해뎌(《《요리의 기술 Technologie culinaire》》 BPI 출판사 참조), 다시 반죽에 힘을 실어준다.

– 좋은 조건에서 파트 르베 pâte levée 탄죽을 하기 위해 고려해야 할 세 가지 사항 :

– ① 작업실 온도(작업실 안이 추울 경우에는 효모의 양을 늘리고, 22℃ 이상의 온도에서는 줄여준다)

② 공기의 습도(폭우가 내리는 날에는 효모의 양이 감소한다)

③ 재료들의 온도(실온의 재료를 사용하는데, 계란은 사용하기 30분 전에 냉장실에서 꺼내두고, 우유는 미지근하게 데워준다.)

– 탄성이 좋은 반죽을 만들려면 글루테 함량이 높은 T55 밀가루를 사용하는 것이 중요하다.

– 반죽 과정에서 이산화탄소가 빠져나가는 것을 방지하기 위해 반죽에 탄력을 주거나 최대한 반죽을 치댄다. 탄성이 낮은 반죽은 이산화탄소가 더 쉽게 빠져나갈 수 있다.

– 효모는 신선해야 한다. 그러므로 밀폐용기에 담아 냉장실에 보관한다. 건조한 곳에서는 효모가 죽게 되므로 건조해지지 않게 한다.

– 반죽이 지나치게 발효되지 않도록 한다. 과도한 발효는 빵을 구울 때 오븐에서 주저앉는 현상의 원인이 될 수 있고, 산미가 강해지거나(다른 유형의 발효), 부패할 수 있다.

– 반죽은 통풍이 되지 않는 따뜻한 장소(20〜30℃)에 둔다.

– 반죽의 표면이 건조되거나 딱딱해지는 것을 방지하기 위해 볼에 랩을 씌우거나 젖은 천으로 반죽을 덮어준다.

– 버터는 손의 온도 때문에 녹지 않도록 빠르게 섞어준다.

– 반죽은 사용하기 전에 최소 두 번을 발효시킨다. 반죽의 냉각 속도를 높이려면 두께를 얇게 해서 냉장실에 보관한다.

– 반죽을 사용할 때, 반죽의 탄력을 위해 다시 치대지 않는다(반죽을 성형하거나 틀에 넣을 때 용이)

❶ 밀가루는 바로 작업대에 체 치고, 체 친 밀가루 하나는 작은 홈을, 나머지 하나는 두 배 정도 크기로 홈을 만들어준다.

❷ 미지근한 우유에 이스트를 작게 부수어 용해시킨 뒤 작은 홈에 넣는다.

❸ 이스트에 소금과 설탕이 닿지 않게 하기 위하여 밀가루를 조금씩 섞어준다.

❹ 볼에 소금과 설탕을 넣고, 미지근한 우유를 부어 녹여준다. 그리고 실온 보관한 전란을 넣어준다. 작업대의 밀가루 사이에 만들어둔 큰 홈에 부어준다.

❺ 두 개의 홈을 잘 섞은 후, 반죽에 최대한의 탄력을 주기 위해 반죽을 늘려가며 반죽한다.

❻ 반죽을 손으로 잘라가며 《위로 들어올리며 passant en tête》 균일하게 만든다.

❼ 양손을 벌린 상태에서 반죽의 절반을 들어 엄지손가락과 검지 사이로 가로질러 당겨 또 다른 절반의 반죽에 둔다. 반죽이 작업대에 붙지 않을 때까지 작업한다.

❽ 반죽을 부풀린다 Souffler la pâte : 반죽을 작업대에서 들어 올려 떨어 뜨리며 당겨준다.

이 단계는 반죽에 공기를 넣어 효모의 증식을 촉진시키기 위함이다.

❾ 작업대에 더 이상 반죽이 붙지 않으면 작업을 중단한다.

❿ 버터를 넣는다 Incorporer le beurre : 밀대를 이용하여 버터를 부드럽게 풀어준다.

⓫ 소량의 반죽에 버터를 잘 섞은 후, 나머지 반죽을 점차적으로 섞어 빠르게 반죽한다.

⓬ 반죽을 둥글게 만들어준다. Bouler la pâte : 큰 볼에 덧가루를 뿌린 후 반죽을 둔다.

⓭ 랩을 씌우거나 젖은 천으로 반죽을 덮어준다.

⓮ 첫 번째 《발효 pousse》를 한다 : 반죽은 통풍이 되지 않는. 20∼30℃의 따뜻한 장소에 둔다.

⓯ 반죽 끊어주기 Rompre la pâte : 반죽을 여러 번 접어준다.

⓰ 덧가루를 뿌린 큰 볼에 다시 넣고, 두 번째 발효를 한다.

⓱ 반죽을 다시 한 번 여러 번 접어 끊어준 후, 원하는 두께로 접는다.

⓲ 반죽에 랩을 씌워 약 1시간∼1시간 반 정도 냉장실에 넣어 반죽을 단단하게 한다.

1인용 작은 브리오슈 반죽 성형하기

FAÇONNER DES PETITES BRIOCHES INDIVIDUELLES

❶ 덧가루를 뿌린 작업대 위에 반죽을 올린다.

❷ 반죽을 손으로 평평하게 눌러 남아있는 이산화탄소를 제거한다.

❸ 반죽을 치대지 않는다.

❹ 반죽을 나눠 원하는 브리오슈의 무게에 따라 세부적으로 계량한다(1인용 브리오슈 반죽 무게 35∼45g)

❺ 덧가루를 뿌린 작업대 위에서 반죽을 둥글게 성형한다.

❻ 균일하고 규칙적으로 성형하기 위하여 손바닥 안 움푹 들어간 부분으로 가볍게 눌러가며 굴려준다.

❼ 성형 후 냉장실에서 약 15분간 반죽을 휴지시킨다.

⑧ 몸과 머리의 경계 부분을 지정한다.

⑨ 작업대 위에 반죽을 굴려가며 길게 늘려준다.

⑩ 손끝으로 반죽을 가볍게 눌러 앞뒤로 움직인다.

⑪ 머리 쪽 반죽은 1/3, 몸통 쪽 반죽은 2/3로 비율을 맞춘다.

⑫ 머리 쪽을 잡아 버터 칠을 한 틀 안에 넣는다.

⑬ 머리가 가운데로 올 수 있게 균형을 잡아준 후, 밀가루를 묻힌 손가락으로 몸체를 눌러준다.

⑭ 브리오슈 반죽에 첫 번째로 가볍게 계란물을 칠하는데, 이때 계란물에 소량의 우유를 섞는다.

⑮ 계란 물을 칠할 때, 반죽과 틀 사이로 계란물이 흐르지 않도록 주의한다.

　(고르게 부풀지 않아 틀에서 반죽을 꺼낼 때 어려움이 있을 수 있다)

⑯ 35~40℃의 발효실에서 반죽을 발효시킨다.

⑰ 반죽은 틀의 약 두 배 정도 커질 때까지 발효시킨다.

⑱ 전란으로 두 번째 계란물을 칠하여 윤기를 낸다.

⑲ 240℃에서 10~12분간 구워준다.

큰 브리오슈 반죽 성형하기
FAÇONNER DES GROSSES BRIOCHES À TÊTE

❶ 브리오슈 반죽을 원하는 크기로 나눈다.(약50g씩)

❷ 반죽을 두 개로 나눈다 Diviser les morceaux en deux parties : 머리 쪽 반죽은 1/3, 몸통 쪽 반죽은 2/3로 비율을 맞춘다.

❸ 손에 밀가루를 살짝 묻혀 브리오슈의 몸통 쪽 반죽을 가볍게 눌러 사각형을 만든다.

❹ 상단 모서리를 접어 공 모양으로 만든다.

❺ 반죽을 반대로 돌려(접은 부분이 아래로 향하게) 둥글게 성형한다.

❻ 버터 칠을 한 틀에 접은 부분이 아래쪽으로 향하게 몸통 부분을 넣어준다.

❼ 밀가루를 묻힌 손가락으로, 반죽 몸통 가운데에 구멍을 뚫어준다.

❽ 작은 브리오슈 만드는 방법과 같이 머리 쪽을 굴려주는데, 반죽을 방추형 모양으로 성형한다.

❾ 몸통의 구멍 안에 머리를 넣어 눌러준다. 손가락으로 주변을 눌러 가운데로 찔러 넣는다.

❿ 첫 번째로 가볍게 계란물을 칠해준다. 작은 브리오슈의 주의할 점과 같이 반죽과 틀 사이로 계란물이 흐르지 않게 주의한다.

⓫ 35~40℃의 발효실에서 반죽을 발효시킨다. 두 번째 계란물을 칠해준다.

⓬ 물에 젖은 가위로 브리오슈의 가장자리를 잘라준다.

⓭ 200∼220℃에서 약 25∼30분간 구워준다.

땋은 브리오슈 만들기
BRIOCHE TRESSÉE

브리오슈 반죽을 땋아준다.

크림의 기본
LES CRÈMES DE BASE

크렘 샹티이
LA CRÈME CHANTILLY

크렘 앙글레즈
LA CRÈME ANGLAISE

크렘 파티시에
LA CRÈME PÂTISSIÈRE

파티시에 크림에서 파생된 크림들
CRÈMES DÉRIVÉES DE LA CRÈME PÂTISSIÈRE

버터 크렘
LA CRÈME AU BEURRE

아몬드 크렘
LA CRÈME D'AMANDES

붉은 과일 소스
LE COULIS DE FRUITS ROUGES

초콜릿 소스
LA SAUCE CHOCOLAT

가염 버터 캐러멜
LE CARAMEL AU BEURRE SALÉ

아파레이유 아 크렘 프리, 아파레이유 아 플랑
LES APPAREILS À CRÈMES PRISES OU APPAREILS À «FLANS SUCRÉS»

크림은 과자 만들기에 꼭 필요한 기본 재료 중 하나이다.

좋은 품질의 크림을 만들려면 각각의 제조 과정 중에 세부 사항에 알맞은 정확한 작업을 어떻게 해주는가가 매우 중요하다.(《요리의 기술 Technologie culinaire》 – Éditions BPI 참조) 크림의 제조 방법은 매우 단순하지만 기술적, 위생적 이유로 인하여, 많은 주의가 필요하다. 크림을 제대로 만들려면 먼저, 모든 재료의 무게를 정확하게 측정하여야 한다.

크림을 만들고자 하는 제조자는 잘 정의된 위생 규칙을 세밀하고 철저하게 적용해야 한다.

계란이 주가 되는 크림을 만드는 과정은 미생물 증식에 매우 유리한 환경이다. 그러므로, 특히 박테리아 증식에 주의해야 하고 그 중 일부는 다소 심각한 독소성 감염 질병을 유발할 수도 있다.(예를 들면 살모넬라균이나 포도상구균)

 ## 주의 Précautions

식품 사고 위험을 막기 위한 주의사항

식품의 생산 과정에서 발생할 수 있는 사고 위험을 막기 위해서는 다음의 주의사항을 철저히 준수해야 한다.

- 신체와 복장을 청결하게 한다(재료를 만지기 전에 반드시 손을 깨끗이 씻고, 손가락으로 맛을 보지 않는다).
- 작업대는 항상 깔끔하게 잘 정리하고, 불필요한 도구는 바로 정리하며, 매일 작업한 후에는 철저히 씻고 소독한다.
- 도구는 스테인리스 재질을 사용하는 것이 좋다. 규정에 따라 절단기와 믹서, 그 외 작은 도구들까지 모두 깨끗이 소독한다.(휘핑기, 짤주머니, 깍지, 거름망 등)
- 소독을 할 때는 장시간 끓이거나, 식품 접촉이 허가된 소독제 또는 간단하게 세척 및 소독을 할 수 있는 살균 세제 소독제를 사용할 수 있다.(소독 후 장비는 잘 헹궈준다.)
- 사용하는 도구의 상태를 자주 확인한다.(틀의 도금이 벗겨졌거나, 녹슨 장비가 있는지 확인)
- 동냄비를 세척할 경우에는 소금과 식초를 섞어 잘 헹군다.
  크림은 어떤 경우에도 동냄비에서 식히면 안 된다 : 크림을 데운(익힌) 후에 바로 크림을 다른 곳으로 옮겨준다.
- 모든 장비는 정기적으로 세척하고, 소독한 후 잘 말린다.(스펀지, 행주, 배수구 닦는 패드 등)
- 승인된 시설에서 살균 품질이 보장된, 저온(파스퇴르법) 살균 또는 멸균 살균을 한 신선한 제품만 사용한다.
- 부패하기 쉬운 모든 재료는 사용하기 전까지 규정된 온도에서 보관한다.
- 모든 열매와 과일은 깨끗하게 씻는다.(딸기, 산딸기와 같은 과일도 약간의 맛을 손실하더라도 씻어준다.)
- 모든 크림은 빠르게 식히고, 랩을 씌워 냉장실에 보관한다.
- 3일간 보관할 수 있는 급속 냉동실을 사용하는 작업실, 또는 더 오랜 기간 보관할 수 있는 건강 마크를 받아 승인된 작업실을 제외하고는 근무일에 반드시 꼭 필요한 수량만 준비한다.(최대 24시간 보관 가능)
- 크림은 미리 혼합해 두지 않는다.(예를 들면, 사용하기 전날 버터크림을 미리 만들어 두지 않는다)
- 크림이 들어있는 모든 제품, 특히 계란을 주원료로 사용하는 제품은 손님에게 제공되기 전까지 냉장실에 보관한다. 크림이 들어간 제품은 항상 조

심스럽게 다룬다 : 크림을 다룰 때는 반드시 일회용 장갑이나 제과용 집게를 사용한다.

- 크림이 들어간 제과는 서비스를 제공하기 전까지 레스토랑의 홀이나 실온에 두지 않는다 : 냉장 진열대를 사용한다.
- 작업대 위에서 크림을 식히거나, 손가락을 이용해 맛보기, 데코를 위하여 입으로 바람을 불거나 종이 코르네가 막혔을 때 입으로 빨아들이는 등의 모든 행동을 금지한다.

"계란 사용 시 확인 사항"(p. 275) 또는 "소스 준비에 관한 위생 규칙"은 크림에도 동일하게 작용한다.

과자에 사용되는 주요 크림의 분류
CLASSIFICATION DES PRINCIPALES CRÈMES UTILISÉES EN PÂTISSERIE DE RESTAURATION

크렘 샹티이 la crème Chantilly : 샹티이 크림

크렘 푸이테 les crèmes fouettées parfumées : 휘핑크림

크렘 앙글레즈 la crème anglaise : 앙글레즈 크림

크렘 파티시에르와 그 외 크림 la crème pâtissière et ses dérivées :

- 크렘 무슬린 crème mousseline : 무슬린 크림
- 크렘 디플로마 crème diplomate : 디플로마 크림
- 크렘 시부스트 또는 크렘 생토노레 crème Chiboust ou crème à Saint–Honoré : 시부스트 크림과 생토노레 크림
- 크렘 레제 crèmes légères diverses : 레제 크림

크렘 오 뵈르 la crème au beurre : 버터 크림

크렘 아몬드와 크렘 프랑지판 la crème d'amandes et la crème frangipane : 아몬드 크림과 프랑지판 크림

크렘 가나슈 la crème ganache : 가나슈 크림

크렘 샹티이 LA CRÈME CHANTILLY

준비할 재료

크림 1L당 제조 방법[1]	단위	수량
– 휘핑크림 crème fleurette	L	1
또는 크림 최소 30% MG	g	150
– 설탕 sucre semoule	g	150
또는		
– 슈가파우더 sucre glace	ml	약간(PM)
– 바닐라 에센스 vanille liquide	ml	약간(PM)
또는		
– 더블크림 crème double(épaisse)	L	1
– 우유	ml	100~200
– 설탕 sucre semoule	g	150
또는		
– 슈가파우더 sucre glace	g	150
– 바닐라 에센스 vanille liquide	ml	약간(PM)
평균 소요 시간 : 10분		

[1] 크렘 샹티이(lla crème Chantilly) : 제조의 기본 단위는 크림 1L이다.

준비할 도구

만드는 방법

1. **조리 작업대에 재료와 도구 준비하고, 청결한 작업 환경 만들기**

   레시피대로 재료를 계량하고 재료와 도구들이 준비되어 있는지 확인한다.

   크림은 차가운 상태에서 사용한다.(냉장실에 보관)

   냉동실에 보관해둔 볼을 사용하거나 얼음을 담은 볼 위에 크림을 올린다.

2. **휘핑크림이나 생크림(la crème liquide réfrigérée)을 차가운 반구형 스테인리스 볼에 넣기**

   얼음은 휘핑크림을 넣은 볼보다 더 큰 볼에 담는다.

3. **액상 바닐라 에센스 넣기**

4. **설탕(sucre semoule) 첨가하기**

   설탕(sucre semoul)을 넣을 때는 잘 용해되도록 크림을 올리기 전에 첨가한다.

   슈가파우더(sucre glace)는 크림을 올리고 난 후 첨가해 크림을 단단하게 만들어 준다.

   더블크림(crème épaisse)을 사용할 경우, 설탕을 우유에 넣어 녹인 후 크림에 넣는다.

5. **샹티이 크림 휘핑하기**

   부드러운 거품기로 규칙적으로 휘핑하여 크림을 꽉 차게 올려준다.

   볼을 살짝 기울여 크림을 전체적으로 단단하게 올려준다.

   크림을 올릴 때, 제과용 믹서나 핸드 믹서를 이용해도 된다.

   초반에 크림이 여기저기 튀는 것을 피하려면 천천히 올려주다가 크림이 조금씩 두꺼워지면 빠르게 올려준다.

   크림이 충분히 올라오면 작업을 중단한다.

   크림은 볼륨이 적어도 두 배 이상 올라와야 하고, 광택이 나며 매끄러워야 한다.

   일반 설탕을 사용한 크림이 충분히 달지 않으면, 체를 친 슈가파우더를 첨가한다.

6. **거품기로 크림을 강하게 섞어 기포를 단단하게 만들기**

   체를 친 슈가파우더를 넣은 후 거품기로 크림을 힘차게 올려준다.

   크림을 과하게 휘핑하면, 광택이 없는 황색을 띠고, 질감이 울퉁불퉁해지며 버터 형태 혹은 더블크림(crème double : 화이트 치즈의 일종) 형태로 바뀌게 된다.

7. **스크레이퍼로 볼에 묻은 크림 깨끗이 긁어모으기**

8. **완성한 크림은 바로 사용하거나, 냉장실에 넣어 보관한다.**

– 깨끗한 도구를 사용하고, 가급적이면 스테인리스 도구를 사용한다.

– 크림은 차가운 상태로 사용하거나, 얼음을 볼에 담은 후 밑에 받쳐 올려준다.

– 슈가파우더를 사용할 경우에는 마지막 단계에 넣어주고, 설탕을 사용할 경우 팽창이 늦어지기 때문에 크림을 올리기 전에 넣어준다.

– 일반적으로는 액상 바닐라 에센스 de l'extrait de vanille liquide 넣는 것을 선호한다. 바닐라빈을 넣으면 더 좋지만 크림 안에 보이는 검은 반점이 이물질처럼 보일 수 있어, 소비자들이 이상하게 생각할 수 있다. 바닐라빈을 사용할 경우에는 고객이 이물질로 오해하지 않도록 제공하기 전에 미리 안내한다.

– 크림을 휘핑한 후 가능하면 빨리 사용하는 것이 좋고, 크림을 깨끗하게 긁어모은 후 랩을 씌워 냉장실에 보관한다. 크림이 조금 묽어졌을 경우에는 거품기를 이용하여 빠르게 휘핑한다.

활용법

- 샹티이 크림의 용도는 다양하다. 디저트나 앙트르메를 만들 때, 또는 크림을 채우거나 장식하는데 사용할 수 있다.
- 또한 생토노레(Saint-Honoré), 바슈랭(vacherins), 아이스크림(coupes glacées,) 샹티이 크림 슈(choux Chantilly) 등 여러 가지 디저트의 크림으로 사용할 수 있다.

≪손으로≫ 샹티이 크림 올리기
LA CRÈME CHANTILLY RÉALISÉE ≪À LA MAIN≫

❶ 휘핑크림이나 크림을 큰 볼에 담아준다.

❷ 액상 바닐라 에센스를 첨가한다.

❸ 얼음은 크림을 넣은 볼보다 더 큰 볼에 담아준다.

❹ 초반에는 크림이 여기저기 튀지 않도록 천천히 올려주는데, 볼을 살짝 기울여 크림이 효과적으로 올라올 수 있도록 한다.

❺ 크림이 걸쭉해지면 속도를 높여 빠르게 크림을 올려준다.

❻ 크림이 원하는 농도에 도달하면 휘핑을 멈춘다. 크림이 원하는 만큼 올라와 되진 상태가 되면 거품기 사이사이 묻어 있고 매끄러워야 한다.

❼ 슈가파우더(sucre glace)를 첨가하고 거품기를 빠르게 회전시켜 크림을 단단하게 올려준다.

❽ 스크레이퍼로 볼 옆면에 묻은 크림을 깨끗하게 정리하고 랩을 씌운다.

❾ 완성한 크림은 +3℃ 이하의 냉장실에 보관한다.

일반적으로 사이펀(syphon)을 이용하여 샹티이 크림과 다양한 크림들을 만들지만, 사이펀을 이용해 만든 크림은 빠르게 가라앉을 수 있다. 이를 방지하기 위해 젤라틴이나 한천(d'agar-agar)을 조금 첨가하기도 한다.

샹티이 크림을 올린 슈(Choux Chantilly)

휘핑크림
LES CRÈMES FOUETTÉES PARFUMÉES

생크림만 올린 것은 샹티이 크림이라고 부를 수 없다. 동일한 조건에서는 《휘핑크림 crème fouettées》이나 거품을 낸 크림(crème liquide fouettée)으로 불리우며, 휘핑 전후 어떤 첨가물을 넣는가가 크림의 이름을 결정하는 중요한 요소가 된다.

1L의 휘핑크림에 500g의 이탈리아 머랭을 첨가하여 더 가볍고 단 크림을 만들 수 있고, 이 크림에 몇 장의 젤라틴을 넣어주면 안정적으로 사용할 수 있다.

예 :

– 몽타주 전 휘핑크림에 향료 첨가(crèmes fouettées parfumées avant montage) : 바닐라(crèmes parfumées à la vanille), 알코올 또는 리큐르 (avec un alcool, une liqueur)

– 몽타주 후 휘핑크림에 향료 첨가(crèmes fouettées parfumées après montage) : 카페(crèmes parfumées au café), 초콜릿(au chocolat) 또는 프랄리네(au praliné)

활용법

• 휘핑크림을 이용하여 여러 가지 크림을 구성할 수 있다.

– 크렘 디플로마 crème Diplomate, 크렘 레제르 crèmes légère

– 아파레이유 아 봉브 appareils à bombe, 수플레 글라세 à soufflés glacés, 계란을 이용한 바바루아 à bavarois aux œufs, 밥을 이용한 암페하트리스 à riz à l'impératrice

– 과일 aux fruits, 커피 au café, 초콜릿 au chocolat 등 다양한 무스 mousses

크렘 앙글레즈
LA CRÈME ANGLAISE

준비할 재료

우유 1L당 제조 방법[1]		단위	수량
– 우유		L	1
– 계란(노른자)		개	8~10
	또는	g	160~200
– 설탕[2] sucre semoule		g	200~250
– 바닐라빈		개	1개(또는 여러 개)
사용법에 따른 향료			
– 액상 커피		ml	25
	또는		
– 카카오		g	50
	또는		
– 커버춰 초콜릿		g	100
	또는		
– 리큐르		ml	50
	또는		
– 알코올		ml	50~100
평균 소요 시간 : 20~25분			

[1] 크렘 앙글레즈(La crème anglaise)의 기본 단위는 우유 L이다.
[2] 일부 전문가들은 설탕의 양을 줄여 덜 단 디저트를 만들기도 한다. 온도가 높은 여름이나, 작업실 온도가 높은 경우에는 설탕의 양을 늘려야 할 경우도 있다.

준비할 도구

만드는 방법

1. **조리 작업대에 재료와 도구 준비하고, 청결한 작업 환경 만들기**
   레시피대로 재료를 계량하고 재료와 도구들이 준비되어 있는지 확인한다.

2. **우유를 큰 냄비에 넣어 끓인다.**

3. **우유에 바닐라빈을 세로로 갈라 넣어주기**
   바닐라빈을 갈라 넣은 후 향이 우러나도록 잠시 둔다.

4. **흰자와 노른자 분리하기**

5. **스테인리스 볼 안에 노른자와 설탕을 넣어 색이 하얗게 되는 《블랑시르 blanchir》 상태가 될 때까지 섞어준다.**
   거품기를 이용하여 1~2분간 색이 하얗게 되는 《블랑시르 blanchir》 상태가 될 때까지 잘 섞어준다
   노른자에 설탕을 넣어 바로 섞어준다.
   노른자와 설탕은 바로 섞는 이유는 설탕이 노른자를 손상시켜 작은 불용성 결정체를 만들기 때문이다.

6. **노른자 위에 끓인 우유를 조금씩 부어주기**
   노른자 위에 우유를 붓고, 노른자가 응고되지 않도록 거품기로 잘 휘저어준다.

7. **다시 볼의 혼합물을 체에 걸러 냄비에 넣기**

8. **볼을 씻어 헹구기**
   볼은 씻어 헹궈주고, 크림을 넣을 때 다시 사용한다.

9. **《아 라 나프 à la nappe*》 상태가 될 때까지 크림 끓이기**
   냄비 안에 혼합물을 넣은 후, 약불에서 주걱으로 멈추지 않고 저어준다.
   약 85~90℃가 될때까지 천천히 저어준다. 얇은 거품이 사라질 때 즈음, 크림의 가열 정도를 확인하면 약 90℃의 온도가 된다.

10. **크림의 가열 정도 확인하기**
    주걱으로 소량의 크림을 들어 올려 약간 기울인 후, 손가락으로 수평으로 선을 그었을 때 손가락으로 지나간 선이 분명하게 보일 수 있어야 한다.

11. **가열한 크림을 바로 불에서 내리기**
    원하는 정도로 가열한 크림은 불에서 바로 내려 거름망에 한 번 걸러준다.

12. **크림 빠르게 식히기**
    불에서 내린 볼은 얼음을 넣은 볼 위에 얹어 크림을 빠르게 식힌다.

13. **식는 동안 크림 잘 저어주기**
    식는 동안 크림을 잘 저어주면 표면 막이 형성되지 않고, 크림이 균일하게 식을 수 있도록 도와준다.

14. **완성한 크림은 바로 사용한다.**
    완성한 크림은 바로 사용한다. 크림은 냉장실에서 최대 24시간까지 보관할 수 있다.

*아 라 나프 cuire à la nappe : 걸쭉한 농도가 되도록 주걱으로 계속 저으며 약불에 끓이다; : 크렘 앙글레즈를 85~90도 사이의 온도로 끓여(설탕 농도에 따라 다름) 주걱을 고르게 덮을 때까지 요리하다.

- 앙글레즈 크림의 부드러움 정도는 사용한 노른자의 개수에 비례한다. 부드러운 크림을 만들기 위해서는 노른자의 양을 늘려준다.
- 우유 1L당 평균적으로 설탕 200g이 필요하나, 설탕을 줄이고 합성 감미료를 부분적으로 첨가하거나 대체할 수 있다.
- 설탕을 노른자에 조금씩 넣어주며 바로 주걱이나 거품기로 색이 하얗게 되는 《블랑시르》상태가 될 때까지 잘 섞어준다. 설탕과 노른자가 접촉하면 불용성 결정체를 만들어 알갱이가 생길 수 있다.
- 노른자와 설탕을 섞은 혼합물에 끓인 우유를 조금씩 천천히 부어주고, 이 때 노른자가 응고되지 않도록 주의한다.
- 앙글레즈 크림을 천천히 가열하며 주걱으로 저어준다. 적정한 크림의 농도를 맞추는 것이 가장 중요하다.
- 어떤 상황에서도 크림이 끓으면 안 된다.(단백질 응고 및 분리 위험)
- 크림을 계속하여 가열한 후, 거름망에 넣어 응고된 크림을 걸러낸다.
- 얼음을 담은 볼 위에 크림을 담은 볼을 얹어 빠르게 식혀준다.
- 껍질 형성을 피하고 균일하게 식을 수 있도록 크림을 저어가며 빠르게 식힌다.
- 앙글레즈 크림을 천천히 저어주며 온도를 약 85~90℃까지 올려준다. 하지만 이 온도에서는 살균 처리가 되지는 않는다. 그러므로 크림을 빠르게 식힌 후 +3℃ 이하의 냉장실에 넣어 24시간 이내에 사용해야 한다.
- 크림이 완성되기 전에 우유에 바닐라, 커피, 카카오, 캐러멜, 차 등을 넣어 향을 낼 수 있다.
- 알코올, 리큐르, 신맛을 내는 재료들(제스트 zestes, 레몬즙 jus de citron)은 크림이 식은 후에 첨가한다.

❶ 바닐라빈을 세로로 갈라 넣어 끓여준다.

❷ 계란의 노른자와 흰자를 분리한다.

❸ 노른자에 설탕을 넣고 작은 거품기를 이용해 색이 하얗게 되는 《블랑시르 blanchir》 상태가 될 때까지 섞어준다.

❹ 노른자 위에 조금씩 우유를 부어주는데, 이때 계란이 응고되지 않도록 잘 저어준다.

❺ 다시 냄비 안에 혼합물을 넣어 약불에서 주걱으로 멈추지 않고 저어준다.

❻ 어떤 상황에서도 크림이 끓으면 안 된다.(크림이 끓으면 단백질이 응고되거나 크림이 분리되어 변질될(la crème est tournée) 수 있다.

❼ 크림의 농도를 확인한다. 얇은 거품이 사라질 때, 주걱으로 소량의 크림을 들어 올려 약간 기울인 후, 손가락으로 수평으로 선을 그려본다. 손가락으로 그린 선이 분명하게 보여야 한다.

❶ 깨끗한 볼 위에 거름망을 놓고 앙글레즈 크림을 걸러준다.

❷ 반죽을 식혀줄 수 있도록 볼에 얼음을 담아준다.

❸ 얼음을 넣은 볼 위에 크림을 넣은 볼을 얹어 빠르게 식혀준다.

❹ 볼 위에 덮개를 덮어주고, 최대 +3℃ 이하의 냉장실에 넣어 24시간 이내에 사용한다.

활용법

• 앙글레즈 크림은 일반적으로 앙트르메 entremets나 디저트 desserts와 함께 소스처럼 제공된다.

– 외 아라 네주 œufs à la neige, 플로팅 아일랜드 île flottante, 디플로마 푸딩 pudding Diplomate, 캐러멜 오 리 riz au caramel, 세몰리나 semoule 등

• 앙글레즈 크림을 이용하여 여러 가지 다양한 크림을 만들 수 있다.

– 바바루아 à bavarois aux œufs, 리 아 랭페라트리스 à riz à l'impératrice, 커피 샤를로트 à charlotte café, 아를르캉 arlequine, 몽트뢰유 montreuil, 루스 russe, 계란이 들어간 아이스크림 et dans la composition artisanale des glaces aux œufs : 바닐라 vanille, 카페 café, 초콜렛 chocolat, 피스타치오 pistache, 캐러멜 caramel, 차 thé, 럼 rhum, 바닐라 아이스크림 plombières 등

크렘 파티시에 LA CRÈME PÂTISSIÈRE

준비할 재료

우유 1L당 제조 방법[1]		단위	수량
– 우유		L	1
– 계란(노른자)		개	8
	또는	g	160
– 설탕[2] sucre semoule		g	200~250
– 밀가루 T55		g	120~150
– 바닐라빈		개	1개
– 윤내기용 버터		g	20
또는			
– 우유		L	1
– 계란(전란)		개	6
	또는	g	300
– 설탕 sucre semoule		g	200~250
– 밀가루 T55		g	40
– 플랑 가루* poudre à flan		g	80
– 바닐라빈		개	1개
– 윤내기용 버터		g	20
용도에 따른 향료			
– 액상 커피 café extrait liquide		ml	25
– 카카오		g	50
– 초콜렛 couverture		g	100
– 리큐르 liqueur		ml	50
– 알코올		ml	70~100
평균 소요 시간 : 20분			
평균 조리 시간 : 최소 2~3분			

[1] 크렘 파티시에의 기본 단위는 우유 L이다. 이 비율은 슈 25개. 또는 에클레르 25개의 충전물을 채울 수 있는 양이다.

[2] 일부 전문가들은 설탕의 양을 줄여 덜 단 디저트를 만들기도 한다. 그러나, 기온이 높은 여름이나 작업실 온도가 높은 경우에는 설탕의 양을 늘려야 하는 경우도 있다.

---

* 플랑 가루 poudre à flan : 플랑은 옥수수 전분, 바닐라향, 색소가 들어간 프랑스산 커스터드 크림 · 플랑용 혼합 분말이다. 우유와 섞어 가열하면 빠르고 간편하게 부드럽고 걸쭉한 크림이나 플랑을 만들 수 있다.

준비할 도구

만드는 방법

1. **조리 작업대에 재료와 도구 준비하고, 청결한 작업 환경 만들기**
   레시피대로 재료를 계량하고 재료와 도구들이 준비되어 있는지 확인한다.
   밀가루 또는 밀가루와 플랑 가루 혼합물(함께 사용할 경우)을 체 친다.

2. **큰 냄비에 우유 넣어 끓이기**
   바닐라빈을 세로로 갈라 넣는다. 향이 우러나도록 잠시 둔다.

3. **계란의 흰자와 노른자 분리하기**

4. **스테인리스 볼에 노른자와 설탕을 넣어 색이 하얗게 되는 블랑시르 상태가 될 때까지 섞어주기**
   거품기를 이용하여 1~2분간 색이 하얗게 될 때까지 잘 섞어준다.
   노른자에 설탕을 넣어 섞는다.(섞지 않은 채로 방치하지 않는다.)
   섞어주지 않으면 달걀노른자가 설탕과 직접 접촉하면서 건조해지는 《브릴레 brúle》 현상이 생기기 때문이다.

5. **밀가루, 또는 밀가루와 플랑 가루(함께 사용할 경우) 첨가하기**
   크림이 매끄럽고 덩어리가 생기지 않도록 섞어주되 너무 과하지 않게 섞는다.

6. **끓인 우유 일부(약 1/2) 부어주기**
   노른자가 응고되지 않도록 거품기를 이용하여 잘 저어준다.

7. **혼합물을 다시 냄비에 넣고 나머지 우유를 섞는다.**

8. **크렘 파티시에 익히기**
   냄비를 다시 불 위에 올려 끓을 때까지 거품기로 멈추지 않고 잘 저어준다.
   크림이 되직해지기 시작하면 더 힘차게 저어준다.
   최소 2~3분간 크림을 끓여준다.

9. **크림 옮겨 담기**
   깨끗한 볼에 크림을 한번에 부어 옮겨 담는다.
   크림이 1L 보다 많은 양일 경우, 빠르게 식히기 위해 스테인리스 철판에 옮겨 얇은 두께로 밀어 편다.
   필요할 경우 스크레이퍼로 냄비에 붙은 크림을 깨끗이 긁어모은다.

10. **녹인 버터를 크림 표면에 올려 발라준다.**
    녹인 버터를 크림 표면에 올려 발라주면 크림 표면이 건조되는 것을 막아준다.

11. **크림 빠르게 식히기**
    랩으로 덮어준다. 크림은 최대 24시간 냉장실에서 보관이 가능하다.

 **주의** Précautions

크렘 파티시에를 만들 때 주의할 점

- 앙글레즈 크림과 파티시에 크림의 주의사항은 동일하다.

- 노른자에 설탕을 넣을 때는 반드시 섞어주고, 섞지 않은 채로 방치하지 않는다.

- 혼합물에 조금씩 우유를 부어주고, 밀가루를 잘 섞어준다.(덩어리가 생기지 않도록 주의한다)

- **크렘 파티시에를 끓일 때 소량인 경우에는 최소 2~3분간 끓여준다.**

- **빠르게 식힐 수 있도록 스테인리스 철판에 옮겨 얇게 밀어 편다.**

- 녹인 버터를 크림 위에 올려 발라준다. 슈가파우더나 시럽을 이용하는 것은 발효를 촉진시키므로 권장하지 않는다.

- 파티시에 크림은 +3℃의 냉장실에서 최대 24시간까지 보관 가능하다. (냉동실에서 크림을 식힐 경우 3일간 보관 가능)

활용법

- 파티시에 크림은 일반적으로 앙트르메나 파티시에의 충전물로 많이 이용된다 : 슈크림 choux à la crème, 에클레르 éclairs, 헐리지유 religieuses, 밀푀유 mille-feuilles, 퐁네프 Pont-Neuf, 폴카 polka, 과일 타르트 fonds de tartes aux fruits

- 흰자 머랭을 첨가 할 수 있다. 이 크림은 수플레를 만드는 기본 크림으로 사용할 수 있다.(바닐라, 초콜릿, 리큐르 등)

- 버터나 머랭, 생크림에 첨가할 수 있다. 이 크림을 응용하면 다양한 파생 크림을 만들 수 있는 기본 크림이다.

❶ 밀가루, 또는 밀가루와 플랑 가루(함께 사용할 경우)를 채친다.

❷ 우유에 바닐라빈을 세로로 갈라 넣고, 향이 우러나도록 잠시 둔다.

❸ 노른자와 흰자를 분리한다.

❹ 노른자에 설탕을 넣어 색이 하얗게 될 때까지 섞는다.

❺ 밀가루, 또는 밀가루와 플랑 가루(함께 사용할 경우)를 넣어 섞어준다.

❻ 끓인 우유의 일부를 부어준 후

❼ 거품기로 잘 섞어준다.

❽ 남은 우유가 담긴 냄비에 아파레이유를 넣어 잘 섞어준다.

❾ 파티시에 크림을 끓인다.

❿ 끓을 때까지 거품기로 멈추지 않고 잘 저어준다.

⓫ 크림을 끓일 때 소량인 경우에는 최소 2∼3분간 끓인다.(양이 많을 경우 더 오래 끓인다)

⓬ 빠르게 식히기 위해 스테인리스 철판에 옮겨 얇은 두께로 밀어 편다.

⓭ 녹인 버터를 크림 표면에 올려 넓게 발라준다.

⓮ 냉장고에서 빠르게 식힌다.

⓯ 랩을 씌워 보관한다. +3℃의 냉장실에서 최대 24시간까지 보관할 수 있다.

파티시에 크림에서 파생된 크림들
CRÈMES DÉRIVÉES DE LA CRÈME PÂTISSIÈRE

크렘 무슬린 LA CRÈME MOUSSELINE

무슬린 크림은 파티시에 크림에 버터가 더해져서 만들어지는 크림으로
버터를 넣고, 믹서로 휘핑하여 유화(émulsior)시켜 만든다.

준비할 재료

파티시에 크림 1L당 제조 방법[1]		단위	수량
파티시에 크림(CRÈME PÂTISSIÈRE)			
– 우유		L	1
– 전란		개	6
	또는	g	300
– 설탕[2] sucre semoule		g	400
– 플랑 가루 poudre à flan		g	150
– 버터(따뜻한)		g	250
– 버터(차가운)		g	250
– 바닐라		개	1개
용도에 따른 향료			
– 프랄리네 praliné		g	250
– 카카오		g	50
– 알코올		ml	100
– 리큐르		ml	80
평균 소요 시간 : 30~35분			

[1] 크렘 무슬린의 기본 단위는 크렘 파티시에의 우유 1L 단위이다.
[2] 설탕의 양은 조절할 수 있다.

만드는 방법

1. **조리 작업대에 재료와 도구 준비하고, 청결한 작업 환경 만들기**
   레시피대로 재료를 계량하고 재료와 도구들이 준비되어 있는지 점검한다.
   버터는 부드럽게 풀어준다.

2. **플랑 가루 이용하여 파티시에 크림 끓이기**
   약불로 익혀주는데, 설탕 함량이 높기 때문에 설탕이 냄비 바닥에 들러
   붙지 않도록 주의한다.

3. **첫 번째 버터 넣기**
   버터를 작은 조각으로 잘라 넣고, 거품기로 저어가며 크림을 끓인다.

4. **다른 볼로 옮겨 크림 식히기**
   끓인 크림은 다른 볼로 옮겨주고, 작업실의 온도는 최대 +18~+20℃를
   유지한다.

5. **두 번째 버터 넣기**
   두 번째 버터를 믹싱볼에 넣어, 첫 번째 속도로 약하게 저속으로 돌려
   주면서, 식힌 파티시에 크림을 천천히 넣어준다.
   속도를 조금 올려 4~5분간 휘핑한다.
   완성한 크림은 균일하고 매끄러워야 하며, 부피는 2배 정도 부풀어야
   한다.

6. **크림에 향 첨가하고, 다른 볼로 옮겨주기**
   크림에 원하는 용도의 향을 첨가하고 다른 볼로 옮겨 보관한다.
   용도에 따라 크림을 냉장고에 넣어 굳히고, 필요할 경우 바로 사용해도
   된다.

파티시에 크림을 만들 때 주의할 점
– 파티시에 크림과 무슬린 크림을 만들 때 주의할 점은 동일하다.
– 파티시에 크림을 만들 때 밀가루보다 플랑 가루를 사용하면 더욱 크게 팽
  창하기 때문에 플랑 가루를 선호한다.
– 크림을 섞을 때 알코올과 향이 증발하기 때문에, 알코올이나 리큐르를 첨
  가하려면 크림을 팽창시킨 후에 첨가하여야 한다.
– 프랄리네*를 사용할 경우, 차가운 버터를 작업대 위에 놓아 부드럽게 풀어
  주고, 스크레이퍼를 이용하여 브리제 반죽처럼 짓눌러 사용한다.

* 프랄리네 praliné : 카라멜을 뿌린 아몬드, 헤이즐넛과 같은 견과류를 페이
  스트처럼 걸쭉하게 갈아서 만든 것

활용법

• 무슬린 크림은 일반적으로 제누아즈를 기반으로 한 앙트르메나, 슈
  반죽을 크림으로 채우거나, 크림으로 덮을 때 사용한다.(프레지에 fraisiers,
  프랑보아지에 framboisiers, 포미에르 pommiers, 밀푀유 mille–feuilles,
  파리 브레스트 Paris–Brest…).

• 버터크림이 너무 느끼할 경우에는 무슬린 크림으로 대체하기도 한다.

크렘 시부스트 또는 크렘 생토노레

LA CRÈME CHIBOUST OU LA CRÈME À SAINT-HONORÉ

생토노레 크림을 만들기 위한 두 가지 방법

– 흰자를 소량의 설탕과 함께 휘핑해서 올려준다. 끓는 파티시에 크림에
 젤라틴을 넣어 같이 섞어준다.

– 끓는 파티시에 크림에 젤라틴을 넣은 후 흰자에 넣어 머랭이 될 때까지
 같이 올려준다.

일부 전문가들은 이탈리안 머랭에 젤라틴을 넣지 않고 파티시에 크림을 넣어
생토노레 크림(la crème a Saint-Honoré)을 만든다.

이 기술은 설탕을 120℃까지 익히기 때문에 더욱 위생적이지만, 자주 사용되는
방법은 아니다.

준비할 재료

파티시에 크림 1L당 제조 방법[1]		단위	수량
파티시에 크림 CRÈME PÂTISSIÈRE			
– 우유		L	1
– 계란 (노른자)		개	12
	또는	g	240
– 설탕[2] sucre semoule		g	300
– 밀가루		g	100
	또는		
– 밀가루와		g	50
– 옥수수 전분 maïzena		g	50
– 바닐라빈		개	2
– 젤라틴		장	8~10
프렌치 머랭 MERINGUE FRANÇAISE			
– 계란(흰자)		개	16
	또는	g	480
– 가는소금		g	약간(PM)
– 설탕 sucre semoule		g	200
평균 소요 시간 : 35~40분			

[1] 이 비율은 8인분의 생토노레 4개를 만들 수 있는 비율이다.
[2] 설탕의 양은 조절할 수 있다.

만드는 방법

1. **조리 작업대에 재료와 도구 준비하고, 청결한 작업 환경 만들기**
 레시피대로 재료를 계량하고 재료와 도구들이 준비되어 있는지 점검한다.
 젤라틴은 물에 불린다.

2. **파티시에 크림에 향료 넣고 끓이기**

3. **물기 제거한 후 젤라틴 넣기**

4. **파티시에 크림을 큰 믹싱볼에 옮겨 담기**
 뚜껑을 덮고 중탕으로 +63℃ 이상의 온도로 따뜻하게 유지한다.

5. **머랭 올리기**
 흰자를 올리다가 마지막 단계에서 설탕을 넣어 단단하게 올린다.

6. **파티시에 크림에 머랭 넣기:**
 머랭의 1/4을 파티시에 크림에 넣어 부드럽게 풀어준 후, 나머지 머랭을
 넣고 반죽을 부드럽게 섞어준다.
 거품기로 반죽을 가볍게 몇 번 섞어준다.

 또는 믹서를 이용하여 섞기
 믹서를 이용하여 흰자를 올려준다.
 몽타주 montage 마지막 단계에 머랭을 올린다.
 파티시에 크림에 넣고 향을 첨가한다.
 기계를 즉시 멈추고 거품기로 반죽을 균일화한다.

7. **크림은 따뜻하게 보관하고, 완전히 식기 전에 사용한다.**

8. **완성한 생토노레는 차갑게 보관한다.**
 +3℃의 냉장실에 최대 몇 시간 정도 보관이 가능하다.

생토노레(Saint-Honoré)

앞에서 소개한 파티시에 크림과 주의사항은 동일하다.
– **생토노레 크림은 사용하기 직전 마지막 단계에 만든다. 보관기간을 초과
 해 사용하지 않는다.**
– **생토노레 크림은 +3℃ 냉장실에서 보관한다.**
– 파티시에 크림을 끓일 동안 흰자를 올린다.
– 생토노레 크림에 커피나 초콜릿과 같은 향료를 넣을 수 있다. 이 경우 일
 반 파티시에 크림보다 커피와 초콜릿의 양을 늘려준다.(카카오 가루 100g,
 액상 커피 50ml)

활용법

• 생토노레 크림은 생토노레를 데코할 때, 슈 혹은 헐리지유 religieuses, 씨인
 cygne에 크림을 채울 때 사용된다.

크렘 디플로마트 LA CRÈME DIPLOMATE

이 크림은 젤라틴과 향료를 넣은 파티시에 크림에 휘핑크림을 혼합한 크림이다.

준비할 재료

파티시에 크림 1L당 제조 방법		단위	수량
파티시에 크림 CRÈME PÂTISSIÈRE			
– 우유		L	1
– 계란(노른자)		개	8
	또는	g	160
– 설탕 sucre semoule		g	250
– 플랑 가루		g	100
	또는		
– 옥수수 전분		g	100
– 바닐라빈		개	2
젤라틴		장	10
휘핑크림 CRÈME FOUETTÉE			
– 지방 함량 최소 30% 이상		L	1~1.5
– 슈가파우더 sucre glace		g	100
용도에 따른 향료			약간(PM)
평균 소요 시간 : 35~40분			

만드는 방법

1. 조리 작업대에 재료와 도구 준비하고, 청결한 작업 환경 만들기

레시피대로 재료를 계량하고 재료와 도구들이 준비되어 있는지 확인한다.
크림은 차가운 것을 준비한다.
젤라틴은 물에 불린다.

2. 파티시에 크림 만들기

p. 685에 나온 설명을 참조한다.

3. 불린 젤라틴 넣기

끓인 파티시에 크림에 젤라틴을 넣은 후 거품기로 잘 섞어준다.

4. 큰 스테인리스 믹싱볼에 크림 옮겨 담기

표면에 딱딱한 껍질이 생기는 것을 피하고, 일정하게 식힐 수 있도록 잘 섞어준다.

5. 샹티이 크림 올리기

P. 679에 나온 설명을 참조한다.

6. 휘핑크림 섞어주기

파티시에 크림이 차가워지면 휘핑크림들 섞는다.
거품기로 반죽을 가볍게 휘핑한다.

7. 완성한 크림은 바로 사용

크림을 채운 상태로 +3℃ 냉장실에서 초대 24시간동안 보관할 수 있다.

크렘 아 파리 브레스트 LA CRÈME À PARIS-BREST

일반적으로 파리 브레스트 크림은 무슬린 크림에 프랄리네와 럼을 첨가한 크림이다.

준비할 재료

파티시에 크림 1L당 제조 방법[11]	단위	수량
플랑 가루를 이용하여 만든 파티시에 크림	kg	1
Crème pâtissière réalisée à la poudre à flan		
– 버터	g	500
– 프랄리네	g	250
– 럼	ml	100
평균 소요 시간 : 30~40분		

[11] *이 비율은 8인분의 파리 브레스트 4개를 만들 수 있는 비율이다.*

만드는 방법

1. 조리 작업대에 재료와 도구 준비하고, 청결한 작업 환경 만들기

레시피대로 재료를 계량하고 재료와 도구들이 준비되어 있는지 점검한다.

2. 파티시에 크림 부드럽게 풀어주기

파티시에 크림은 상온의 온도여야 한다.

3. 버터 부드럽게 풀어주기

파티시에 크림의 농도와, 버터에 프랄리네를 섞은 농도는 동일해야 한다.

4. 파티시에 크림과 버터 프랄리네를 믹서볼에 같이 넣어주기

믹서의 첫 번째 속도로 저속으로 천천히 돌려주다가, 속도를 점점 높여 최대한의 볼륨을 만든다.

5. 향료를 넣고 완성하기

완성한 크림은 바로 사용한다.

파티시에 크림 응용하기

파티시에 크림을 이용하여 또 다른 크림을 만들어낼 수 있다.
예를 들어, 다른 재료를 첨가해 크림을 가볍게 만들 수도 있고, 젤라틴을 첨가해 크림을 좀 더 안정적으로 만들 수도 있다.

버터 크렘 LA CRÈME AU BEURRE

《익힌 설탕》을 이용한 방법 MÉTHODE AU ≪SUCRE CUIT≫

준비할 재료

버터 1KG당 제조 방법[1]		단위	수량
– 버터		kg	1
– 전란		개	4
	또는	g	200
– 계란(노른자)		개	12~16
	또는	g	240~320
– 설탕[2] sucre semoule		g	800
– 물		ml	250
	또는		
– 버터		kg	1
– 계란(노른자)		개	16~20
	또는	g	320~400
– 설탕 sucre semoule		g	800
– 물		ml	250
용도에 따른 향료			
– 액상 바닐라		ml	약간(PM)
– 액상 커피		ml	약간(PM)
– 카카오		g	80
	또는		
– 커버춰 초콜릿 couverture		g	100
– 프랄리네		g	200
– 럼		ml	50
– 칼바도스 calvados		ml	50
– 키르쉬 kirsch		ml	50
– 쿠앵트로 Cointreau		ml	40
– 그랑 마니에르 Grand–Marnier		ml	40
평균 소요 시간 : 30~35분			

[1] 버터 크렘 la crème au Beurre의 기본 단위는 버터 kg이다.
이 비율은 8인분의 앙트르메 5개를 크림으로 덮을 수 있는 양이다.
[2] 설탕의 양을 줄일 수 있다.

준비할 도구

만드는 방법

1. 조리 작업대에 재료와 도구 준비하고, 청결한 작업 환경 만들기

레시피대로 재료를 계량하고 재료와 도구들이 준비되어 있는지 확인한다.
버터를 작은 조각으로 잘라 볼에 넣고, 따뜻한 장소에 두어 부드럽게 풀어준다.
동냄비는 소금과 식초로 잘 닦아 헹궈준다.

2. 거품기를 이용하여 균일하게 버터 풀어주기

버터를 매끄럽고 균일하게 잘 풀어준다.

3. 원하는 온도까지 설탕 익히기

p. 725에 나와 있는 주의사항을 참고한다.
냄비에 설탕과 물 1/3을 섞는다.
설탕을 작은 공 모양이 될 때까지 불레(boulé : 115~118℃ 참고 P. 727)로 익힌 후 전란과 노른자가 든 볼 안에 넣어 섞어준다.
설탕을 그랑 필레(Grand filet : 110~114℃) 정도까지 익혔을 때에는, 노른자가 든 볼 안에 넣어 섞어준다.

4. 용도에 따라 전란과 노른자, 혹은 노른자가 든 볼에 시럽 첨가하기

노른자가 응고되지 않도록 천천히 넣어준다.
거품기의 살에 시럽이 닿지 않도록 주의하고, 설탕이 볼의 벽면에 붙어 불용성 결정으로 변할 수 있으니 주의한다.(크림을 거름망에 걸러 설탕의 결정이나 계란이 응고된 흔적을 걸러낼 수 있다)

5. 크림 휘핑하기 Monter l'appareil

완전히 식을 때까지 멈추지 않고 세게 휘핑한다.
볼을 약간 기울여 크림을 휘핑기로 들어올려가며 볼륨이 3배 정도 커질 때까지 휘핑한다. 거품이 많고 매끄러우며 크림이 리본처럼 끊임없이 포개지면서 흘러내리는 뤼방 ruban 상태가 되어야 한다.(이 단계는 제과용 믹서로 용이하게 만들 수 있다)

6. 조각낸 버터 넣기

크림이 완전히 식었는지 확인한다(버터가 용해되지 않도록 주의)
작은 조각으로 잘라 포마드한 버터를 조금씩 넣어주거나 포마드한 버터에 크림을 점차적으로 넣어준다.
마요네즈 소스를 만들 때와 같이 거품기를 이용하여 크림을 섞는다.
크림은 매끄럽고, 가벼우며 거품이 많고 잘 유화되어야 한다.

7. 크림에 향 첨가하기

바닐라, 커피, 프랄리네, 카카오 또는 알코올이나 리큐르 등 용도에 따라 향료를 첨가한다.

8. 스크레이퍼로 볼에 있는 크림 깨끗이 긁어모으기

스크레이퍼로 볼에 있는 크림을 깨끗이 긁어모은다. 완성한 버터크림은 바로 사용한다.

– 설탕을 가열하여 익힌 버터크림을 제조하는 방법은 115~118℃에서 조리
된 설탕을 계란에 넣어 미생물의 활성을 감소시키는 장점이 있다. 이렇게
만든 크림은 더 안정적이고 보관이 편리하다.
– 버터크림은 풍부한 유화 크림이다. 버터크림은 어떤 방법으로 생산하는
가에 따라 품질이 다르며, 특히 버터의 품질에 따라 풍부함, 부드러움 정
도가 다르다.
– 버터가 사용된 제품에만 '버터크림'이라는 이름을 사용할 수 있다.

좋은 버터크림을 만들기 위해 주의할 점
• 버터를 부드럽게 크림과 같은 포마드 상태로 만든다. 이 작업은 대체로 작
업실의 온도에 민감하다. 잘못하면 버터가 분리될 수 있기 때문에 버터가
녹아서는 안된다.
• 설탕을 시럽화시킬 때, 가열 정도에 주의한다. 불충분하게 조리된 설탕(예
를 들면 쁘띠 필레 petit filet 상태의 설탕 727쪽 참고)은 너무 액체 상태이
고, 부드럽지 않으며, 크림이 과하게 유화되어 불안정하다.
반면, 과도하게 익힌 설탕(예를 들면 그로스 불레 gros boulé – 727쪽 참
고)은 과할 정도의 점착성을 가지고 있고, 무겁고 촘촘하여 사용하기 어렵
다.
• 익힌 설탕을 천천히 노른자 위에 첨가하는데, 이 때 노른자가 응고되지 않
도록 주의하여 최대한으로 휘핑한다.
• 전란과 노른자를 같이 사용할 경우, 설탕을 더 빨리 혼합한다.
• 크림이 완전히 식었을 때 버터를 넣는다.(버터가 녹을 위험이 있다)

이러한 모든 예방책에도 불구하고, 때때로 크림이 분리되는 경우가 있다.

소스처럼 《투르네 tournée》 유화되었거나 반 응고되었을 때, 특히 분리되었을
때 버터크림을 다시 올릴 수 있다.

분리된 버터크림을 《다시 올려주는 REMONTER》 방법	
실패 이유	회복하는 방법
• 비율을 잘못 조절한 경우, 특히 버터의 양에 비해 크림이 너무 많을 경우	• 포마드한 버터를 첨가한다.
• 버터를 충분히 포마드 상태로 만들지 않은 경우	• 거품기로 크림을 강하게 풀어준다.
• 버터가 너무 차가운 경우	• 크림을 조금 데우고 거품기로 크림을 강하게 풀어준다.
• 크림이 너무 뜨거운 경우	• 크림을 냉장실에 잠깐 넣어둔 후 강하게 휘저어준다.
• 시럽을 덜 익혔거나, 너무 익혔을 경우	• 다른 버터크림과 함께 농도의 균형을 다시 잡아준다.
• 작업장의 온도가 너무 덥거나 추울 경우	• 크림 만들기에 가장 적합한 장소에서 작업한다. 예를 들면 조리기구 옆이나 냉장실에서 가까운 곳

❶ 휘핑기로 버터를 부드럽게 풀어 매끄럽고 균일한 포마드 상태로 만든다.

❷ 노른자만 사용할 경우에는 설탕을 그랑 필레 grand filet 정도로 익혀주고, 전란과 노른자를 같이 사용할 경우에는 쁘띠 블레 petit boulé 상태로 익혀준다.

❸ 계란에 익힌 설탕을 천천히 부어주는데, 계란이 갑자기 응고되지 않도록 강하게 휘핑한다.(경우에 따라서 크림을 거름망에 거를 수 있다)

❹ 거품기로 아파레이유를 휘핑해 거품을 올려준다.

❺ 볼을 약간 기울여 힘차게 휘핑하면 효율적이다.

❻ 아파레이유가 완전히 식을 때까지 휘핑한다.

❼ 마요네즈 소스를 만들 때와 같이 포마드한 버터 안에 충전물을 조금씩 넣거나, 포마드한 버터를 충전물에 조금씩 넣어 혼합한다. (믹서로 크림을 만들 때 사용하는 방법)

❽ 크림에 향을 첨가 : 용도에 따라 액상 바닐라나 액상 커피, 프랄리네 (버터와 혼합하여 부드럽게 만드는 것이 중요), 알코올, 리큐르를 넣어준다.

❾ 버터크림에 색을 넣는 것도 가능 : 색소를 너무 많이 넣지 않고 파스텔 톤을 유지한다.

❿ 스크레이퍼로 볼의 벽면을 긁어 크림을 모아주고, 만든 크림은 바로 사용한다.

버터크림을 만드는 다양한 방법
다음과 같은 다양한 버터크림을 만드는 방법들이 있다.
– 앙글레즈 크림으로 만든 버터크림(crème au beurre réalisée à partir d'une crème anglaise)
– 제누아즈 크림으로 만든 버터크림(crème au beurre réalisée à partir d'un appareil à génoise)
– 아파레이유 아 크림으로 만든 버터크림(crème au beurre réalisée à partir d'un appareil à bombe)
– 이탈리안 크림으로 만든 버터크림(crème au beurre réalisée à partir d'une meringue à l'italienne.)

활용법

• 버터크림은 주로 케이크, 앙트르메, 또는 작은 과자에 크림을 채우거나, 덮거나 데코레이션할 때 사용한다 : 모카(moka), 마스코트(mascotte), 쿨로미에(Coulommiers 프랑스산 치즈), 파리 브레스트(Paris–brest), 프리지에(fraisiers), 슉세(succès), 부쉬 드 노엘(bûche de Noël), 비스퀴 훌레(biscuits roulés), 쇼콜라틴(chocolatine), 헐리지유(religieuses) 등

초콜릿 가나슈 만들기
RÉALISER UNE GANACHE AU CHOCOLAT

초콜릿 가나슈는 유화시키는 크림으로 일반적으로 같은 양의 커버춰 다크 초콜릿(chocolat de couverture noir) 또는 피스톨레(pistoles) 초콜릿과 30% 함량의 크림으로 구성된다.

화이트나 밀크 초콜렛 가나슈의 경우 크림의 양이 더 줄어든다. .

용도에 따라 기본 가나슈는 버터나 글루코스(glucose : 포도당) 물엿 등을 사용하는데, 버터나 글루코스는 가나슈를 더욱 윤기 있게 한다. 가나슈는 알코올이나 리큐르, 향신료(시나몬, 생강, 차, 녹차 등)를 이용하여 향을 낼 수 있는데, 크림 안에 넣어 우려낸다.

초콜릿 앙트르메를 만들기 위해, 가나슈는 30% 지방이 함유된 차가운 크림을 혼합하여 믹서로 크림을 올려준다.

만드는 방법

❶ 작은 스테인리스 냄비에 크림을 넣어 끓인다.(만약 향신료를 사용할 경우, 크림 안에 넣어 우린 후 거름망으로 걸러준다)

❷ 초콜릿은 다져준다.

❸ 크림이 들어간 냄비에 올려 초콜릿을 중탕한다.

❹ 초콜릿에 끓인 크림을 한번에 부어준다.

❺ 초콜릿이 녹기 시작할 때까지 몇 분간 그대로 둔다.

❻ 초콜릿이 잘 녹았는지 확인한다.

❼ 볼 중앙에서 시작하여 거품기로 작은 원을 그려가며 천천히 크림을 혼합하기 시작한다.

❽ 크림이 중앙에서부터 되직해질 때 즈음 원을 점차적으로 키워가며 혼합한다.

❾ 초콜릿 가나슈의 농도는 마요네즈와 비슷하다.

⑩ 스크레이퍼로 벽면을 정리하고 랩을 씌워 바로 사용할 수 있도록
준비한다.

활용법

- 가나슈는 주로 초콜릿을 제조하는 곳에서 많이 사용하고, 초콜릿 속을
채울 때 사용된다.(봉봉 초콜릿 chocolats fourrés, 트뤼프 ruffes, 타르트의
바닥 fonds de tartelettes, 바르게트 de barquettes)
- 가나슈보다 가벼운 가나슈 몽떼 La ganache montée는 (슈 따위 등)
충전할 때나 앙트르메 겉면을 크림으로 덮을 때 또는 마카롱을 샌드할
때 사용한다.

가나슈 올리기
RÉALISER UNE ≪GANACHE MONTÉE≫

만드는 방법

❶ 제과용 믹서볼에 가나슈와 차가운 크림을 넣어 거품기로 혼합한다.

❷ 《휘핑한 가나슈 ganache montée》의 농도는 무스 초콜릿의 농도와
비슷하다. 만든 크림은 바로 사용해야 한다.

크렘 아몬드 LA CRÈME D'AMANDES

준비할 재료

아몬드 가루 1KG당 제조 방법		단위	수량
– 버터		kg	1
– 설탕 sucre semoule		kg	1
– 전란		개	20
	또는	kg	1
– 아몬드 파우더		kg	1
– 액상 바닐라 vanille extrait liquide		ml	약간(PM)
(선택사항)			
– 밀가루 또는 전분 또는 옥수수 전분 Maïzena		g	100
향료			
– 럼주 또는 앰버 럼		ml	100
rhum vieux ou ambré			
평균 소요 시간 : 15분			

준비할 도구

만드는 방법

1. 조리 작업대에 재료와 도구 준비하고, 청결한 작업 환경 만들기

레시피대로 재료를 계량하고 재료와 도구들이 준비되어 있는지 점검한다.
버터의 크림화가 잘 될 수 있도록 사용하기 전에 냉장실에서 꺼내둔다.

2. 버터에 설탕을 넣어 크림화하기

버터를 잘게 잘라 큰 볼에 넣고 설탕을 넣어 거품기로 강하게 휘핑하여 크림화한다.(제과용 믹서를 이용할 경우 비터를 사용한다.)

3. 전란 첨가하기

2번 과정의 설탕을 넣어 크림화한 버터에 전란을 서서히 첨가하며《거품이 나도록 mousseux》매끄럽고 균일하게 덩어리 없이 부드럽게 섞어준다.

4. 아몬드 가루 넣기

아몬드 가루를 한번에 부어주고 스파튤라로 잘 섞어준다.
만약 밀가루를 사용할 경우, 체친 후 마지막에 섞어주거나, 아몬드 가루와 함께 체친 후 같이 넣어 섞어준다.

5. 크림에 향 첨가하기

액상 바닐라 또는 리큐르, 럼을 넣는다.

6. 스크레이퍼로 볼의 벽면 긁어 정리하기

완성한 아몬드 크림은 바로 사용하거나, 랩을 씌워 +3℃의 냉장실에서 24시간 동안 보관할 수 있다.

– 아몬드 크림은 동일한 양의 버터, 설탕, 계란, 아몬드 가루로 만든 차가운 크림이다. 설탕과 아몬드 가루는 TPT(Tant Pour Tant : 아몬드 가루와 슈가 파우더를 동일한 비율로 섞은 것)로 대체할 수 있다.
– 아몬드 크림은 반죽과 함께 익힌다.(파트 슈크레 반죽 : 아몬드 타르트 tartelettes amandine, 파트 푀이테 pâte feuilletée : 피티비에 Pithiviers)

❶ 버터를 부드럽게 풀어, 포마드 상태가 될 정도로 세게 휘핑한다.

❷ 설탕을 첨가하고, 매끄럽고 균일한 크림이 될 때까지 잘 섞어준다.

아몬드 크림 만들기
Réaliser une crème d'amandes
www.bpi-campus.com
www.youtube.com/@diytp

❸ 계란을 하나씩 넣어가며 섞어주는데 크림이 유화되며, 부드럽고 가벼운 《무스 mousseux》 크림이 되도록 만들어준다.

❹ 아몬드 가루, 또는 체친 아몬드 가루와 밀가루, 전분을 넣어 섞는다.
❺ 이 경우, 주걱을 이용하여 섞는 것이 더 좋다.

❻ 크림에 럼주나 앰버 럼을 넣어 향을 추가한 후 완성한 아몬드 크림은 바로 사용한다.

❼ 혹은 랩을 씌워 +3℃의 냉장실에서 최대 24시간동안 보관할 수 있다.

크렘 《프랑지판》
LA CRÈME 《FRANGIPANE》

프랑지판 크림의 기원과 구성에 관한 몇 가지 이론이 있다.

일반적으로 아몬드 크림 2/3와 파티시에 크림 1/3로 구성된 프랑지판 크림은 주로 무게로 판매되는 갈레트 데 루아* Galettes des rois를 장식하는데 사용된다. 프랑지판 크림은 아몬드 크림이 들어간 피티비에, 아몬드 타르트, 파이 바닥에 넣는 아몬드 크림과는 다르므로, 혼동해서는 안 된다.

원래 프랑지판 크림은 버터 파티시에 크림에 잘게 부순 마카롱을 체 쳐 넣은 것으로 구성되어있다.

전설에 따르면, 원래의 조리법은 1533년 프랑스 왕 앙리2세와 캐서린 드 메디치(Catherine de Médicis)의 결혼 선물로 세사르 프랑지파니(Cesare Frangipani)가 준 것이라고 한다. 그러나 대부분의 레시피는 루이 13세 마르쉐 드 프랑스(Louis X III Marechal de France : 1601-1643)때 마르퀴스 폼페오 프랑지파니(Marquis Pompeo Frangipani)가 그의 장갑과 신발 가죽의 냄새를 숨기기 위해 아몬드를 기반한 향수를 발명한 것에서 기인한다. 그의 제과사가 파티시에 크림에 맛을 내기 위해 사용하였고, 그것을 프랑지판 크림이라 불렀다.

---

* 갈레트 데 루아 Galettes des rois : 갈레트 데 루아 Galettes des rois는 프랑스어로 왕들의 파이를 뜻한다. 예수 탄생 후 별을 보고 찾아온 동방박사 세 사람이 아기 예수를 찾아온 날(주현절)을 기념해 1월이면 오븐에 구운 패스츄리에 잼을 곁들여 먹던 프랑스의 전통 디저트이다. 갈레트 데 루아는 다양한 재료를 곁들어 만들 수 있지만, 현재는 아몬드 파우더가 들어간 프랑지판이 가장 보편적이다.

붉은 과일 쿨리 LE COULIS DE FRUITS ROUGES

준비할 재료

쿨리 1L당 제조법	단위	수량
– 라즈베리	kg	1
– 슈가파우더[1]	g	400
– 레몬(1개, 과일의 산도에 따라)	g	150
또는		
– 딸기	kg	1
– 슈가파우더 sucre glace[1]	g	400
– 레몬(1개, 과일의 산도에 따라)	g	150
또는		
– 라즈베리	g	300
– 딸기	g	500
– 레드커런트 groseilles	g	200
– 슈가파우더[1]	g	400
– 레몬(1개, 과일의 산도에 따라)	g	150
또는		
– 라즈베리	g	200
– 블랙베리 mûres	g	100
– 산딸기	g	200
– 레드커런트 groseilles	g	100
– 블루베리 myrtilles	g	200
– 블랙커런트 cassis	g	200
– 슈가파우더[1]	g	400
– 레몬(1개, 과일의 산도에 따라)	g	150
평균 소요 시간 : 20~25분		

[1] 일부 전문가들은 설탕의 양을 많이 줄이기도 한다.(예를 들면 100g)

> – 현재는 설탕의 양을 줄이는 것이 추세이다. 일부 전문가들은 설탕의 양을 반으로 줄인다.
> – 그러나, 쿨리를 만들 때 설탕의 양을 줄이려면 좋은 품질의 과일(잘 익고, 향이 좋은)을 사용해야 한다. 또한, 설탕을 적게 넣은 쿨리는 만든 직후 바로 사용해야 한다. 그렇지 않으면 산화되거나 발효될 위험이 있다.

준비할 도구

만드는 방법

1. **조리 작업대에 재료와 도구 준비하고, 청결한 작업 환경 만들기**
   레시피대로 재료를 계량하고, 재료와 도구들이 준비되어 있는지 점검한다.

2. **물로 과일 깨끗이 씻어주기**
   과일을 물로 깨끗히 씻어준 후 키친타올로 물기를 제거한다.

3. **과일에 따라 꼭지를 떼어내고 선별한다.**

4. **과일을 섞어 믹서에 갈아준다.**

5. **슈가파우더와 레몬즙 섞어주기**
   슈가파우더와 레몬즙의 양은 과일의 성숙도와 산도에 따라 달라질 수 있다.

6. **거름망에 쿨리를 한 번 걸러준다.**

7. **얼음 위에 쿨리를 보관하거나, 뚜껑을 덮어 냉장실에서 보관한다.**
   24시간 이상 보관하지 않는다 : 슈가파우더는 쿨리의 발효를 촉진시키기 때문이다.

 주의 Précautions

- 과일은 잘 익고, 향이 좋으며 신선한 과일을 선택한다.(너무 많이 익은 과일은 사용하지 않는다)
- 쿨리는 빠른 서비스가 가능할 때 **생과일**로 만든다. 제공하기 전에는 얼음 위나 냉장실 안에 보관한다.
- 24시간 이상 보관하지 않는다 : 슈가파우더는 쿨리의 발효를 촉진시키기 때문이다.

❶ 과일을 부드럽게 씻어 손으로 조심스럽게 물에서 꺼낸다.

❷ 키친타올로 과일의 물기를 제거한다.

❸ 과일에 따라 꼭지를 제거하고 선별한다.

❹ 준비한 레시피대로 과일을 섞어준다.

❺ 계량해놓은 슈가파우더와 레몬즙을 첨가한다.

❻ 거름망에 쿨리를 걸러주고, 뚜껑을 덮어 보관한다 : 서비스 시간동안 얼음 위에 보관한다.

– 반 해동 상태의 붉은 냉동 과일을 사용할 수 있다.
– 일부 전문가들은 붉은 과일 쿨리를 파스퇴르법(pasteurisé leur)으로 저온 살균한다. 보관 기간은 늘어나지만, 맛이 떨어지고 색깔이 옅어질 수 있다.

살구 쿨리 COULIS D'ABRICOTS

준비할 재료

쿨리 1L당 제조 방법	단위	수량
– 살구 시럽 abricots au sirop	g	600
– 살구 젤리 gelée d'abricots	g	400
또는		
– 살구 잼 confiture d'abricots	g	400
또는		
– 살구 나파주 nappage abricots	g	400
– 키르쉬	ml	50
– 살구 리큐르 liqueur d'abricots	ml	50

만드는 방법

- 살구 시럽과 살구 젤리 또는 살구 잼, 살구 나파주를 섞어준다.
- 살구 시럽에 키르쉬와 리큐르를 넣어 묽게 한다.
- 거름망에 쿨리를 걸러준다.
- 뚜껑을 덮어 냉장실에 보관한다.

패션후르츠 쿨리 COULIS DE FRUITS DE LA PASSION

준비할 재료

쿨리 1L당 제조 방법	단위	수량
– 패션 후르츠 쿨리 fruits de la passion	kg	1
– 살구 젤리 gelée d'abricots	g	400
또는		
– 살구 잼 ou confiture d'abricots	g	400
– 오렌지 주스 jus d'oranges	ml	200

만드는 방법

- 패션 후르츠의 속을 파내어, 마지막에 사용할 반 정도의 과육과 열매를 따로 보관한다.
- 살구 젤리 혹은 살구 잼에 오렌지 주스를 넣어 묽게 한다.
- 패션 후르츠 과육의 절반을 첨가한다.
- 거름망에 쿨리를 걸러준다.
- 나머지 반의 과육과 열매를 넣어준다.

레드커런트 쿨리 COULIS DE GROSEILLES

준비할 재료

쿨리 1L당 제조 방법	단위	수량
– 질 좋은 레드커런트 젤리 gelée de groseilles d'excellente qualité	g	700
– 시럽 1.1247°D 또는 16° 보메 Baumé	ml	250
– 키르쉬	ml	50

만드는 방법

- 질 좋은 레드커런트 젤리에 당도 1.1247°D의 시럽을 넣어 살짝 데워준다.
- 키르쉬를 넣는다.
- 거름망에 쿨리를 걸러준다.
- 부드러움 정도를 확인하고, 냉장실에 보관한다.

초콜릿 소스 LA SAUCE CHOCOLAT

원하는 매끄러움 정도, 광택, 세밀함에 따라 초콜릿 소스의 비율이 달라진다.
우수한 품질의 초콜릿, 부드럽고 질 좋은 버터, 초고온에서 살균된 크림
(U.H.T : Ultra Haute Température)을 사용한다.

준비할 재료

초콜릿 1KG당 제조 방법	단위	수량
– 초콜릿 피스톨 chocolat fondant en plaque ou en granulés (pistoles)	kg	1
– 휘핑크림	ml	200
– 무염 버터 beurre doux	g	200
– 물 또는 시럽 1.260°D[1]	ml	약간(PM)
또는		
– 초콜릿	kg	1
– 우유	ml	500
– 무염 버터	g	150~200
– 물 또는 시럽 1.260°D[1]	ml	약간(PM)
또는		
– 초콜릿	kg	1
– 우유	ml	250
– 휘핑크림	ml	250
– 버터	g	150~200
– 물 또는 시럽 1.260°D[1]	ml	약간(PM)
또는		
– 초콜릿	g	600
– 카카오 페이스트(cacao en pâte)	g	400
– 우유	ml	250
– 크림	ml	250
– 액상커피 café soluble	g	약간(PM)
– 버터	g	150~200
– 시럽 1.260°D[1]	ml	약간(PM)
평균 소요 시간 : 약 15분		

[1] 초콜릿 소스(la sauce chocolat)의 농도는 미지근한 물, 우유, 코코넛 우유 또는 시럽 1.260°D을 첨가하여 조절할 수 있다.(물 1L, 설탕 1kg) 용도에 따라, 액상 커피, 꿀, 민트, 리큐르, 으깬 호두나 헤이즐넛, 구운 아몬드를 첨가할 수 있다.

만드는 방법

1. **조리 작업대에 재료와 도구 준비하고, 청결한 작업 환경 만들기**
   레시피대로 재료를 계량하고, 재료와 도구들이 준비되어 있는지 점검한다.

2. **버터를 부드럽게 풀어준다.**
   버터를 부드럽게 풀어 포마드 상태로 만든다.

3. **당도 1.260°D 시럽을 만든다.(필요할 경우)**
   1분간 끓인 후 식힙니다.

4. **초콜릿을 잘게 갈아준다.(초콜릿을 접시에 사용할 경우)**

5. **초콜릿 소스를 만든다.**
   크림이나 우유, 또는 크림과 우유를 섞어 끓여준다.
   잘게 갈은 초콜릿 또는 작은 알의 초콜릿을 넣거나 초콜릿 위에 크림을 부어준다.
   초콜릿 소스를 중탕하거나 약불에서 주걱으로 부드럽게 섞어준다.
   포마드 상태의 버터를 넣고 잘 섞어준다.
   초콜릿 소스를 거름망에 걸러주고, 스크레이퍼를 이용하여 벽면을 깨끗하게 정리한다.
   • 제공되기 전까지 소스를 중탕 상태로 보관하거나, +50°C의 발효실에 보관한다.

초콜릿은 사용하기 전에 중탕하거나, 발효실 또는 전자레인지에 넣어 부드럽게 만든다.

생토노레 초콜릿 소스(Saint-Honoré, sauce chocolat)

다른 재료들을 넣는다.

− 피스톨레 초콜릿이나 커버춰 초콜릿

− 무염 버터

− 초고온에서 살균된 크림

− 당도 1.1247°D의 시럽(선택사항)

① 중탕으로 초콜렛을 천천히 녹인다.

② 크림이나 크림과 우유를 섞어 넣어준다.

③ 초콜릿 소스를 중탕하거나 약불에서 주걱으로 부드럽게 섞어준다.

④ 포마드 상태의 버터를 넣고 잘 섞어준다.

⑤ 필요할 경우 미지근한 물이나 당도 1.1247°D의 시럽을 넣어 부드럽게
  만든다.

⑥ 제공되기 전에는 초콜릿 소스를 중탕 상태로 보관한다.

⑦ 소스의 온도가 50°C를 넘어서는 안 된다.

초콜릿 소스는 밀크 초콜릿으로도 만들 수 있다. 일부 전문가들은 농축된 액
상커피 몇 방울이나 커피가루를 약간 첨가하기도 한다.

초콜릿 글레이즈드 배 튤립(Tulipe de poire glacée au chocolat)

가염 버터 캐러멜 LE CARAMEL AU BEURRE SALÉ

❶ 다양한 재료를 준비합니다.

❷ 설탕 큐브, 물[1](선택사항), 염분 1/2의 가염 버터 또는 무염 버터, 크림, 꽃소금(무염 버터를 사용할 경우에만 필요).

설탕 캐러멜화하기 Cuire le caramel

❶ 설탕을 가열하여 캐러멜화(진한 황금색)[2] 시키는데, 물을 약간 첨가하거나 설탕을 더 첨가할 수 있다.

❷ 동냄비보다는 스테인리스 냄비를 사용한다.

❸ p. 725, 726의 《설탕 익히기 La cuisson du sucre》 주의사항을 준수한다.

❹ 《진한 황금색 blond soutenu》이 나기 시작할 때, 불에서 내린다. 설탕을 불에서 꺼내도 캐러멜화는 계속 진행된다.

❺ 무염 버터와 꽃소금, 또는 염분 1/2의 가염 버터를 넣어 섞는다.

[1] 캐러멜은 마른 설탕으로 만들 수 있다. 설탕 결정화의 위험을 피하기 위해 약간의 글루코스를 첨가한다.
[2] 지나치게 색이 나면 쓴맛이 날 수 있다

❻ 캐러멜에 크림을 넣어 섞는다.

❼ 크림을 붓다가 캐러멜이 튈 수 있으므로 조심한다.

❽ 캐러멜의 농도, 부드러움, 색상을 확인하고 필요할 경우 크림이나 시럽을 더 넣는다.

활용법

캐러멜 가염 버터 활용하기 :

• 캐러멜 가염 버터는 일반적으로 사과를 베이스로 사용한 디저트나 사과 타르트 tarte fine aux pommes, 두이옹 douillons, 베니에 beignets, 구운 사과 pommes au four, 우유를 베이스로 한 앙트르메에 사용된다.(라이스 푸딩 riz au lait, 파나코타 panna cotta...)

---

* 캐러멜화 Cuire le caramel : 가열된 설탕 이 녹으면서 갈색 빛과 구운 풍미가 형성되는 것.

아파레이유 아 크렘 프리, 아파레이유 아 《플랑 슈크레》
LES APPAREILS À CRÈMES PRISES OU APPAREILS À《FLANS SUCRÉS》

(아파레이유 아 크렘 캐러멜 APPAREIL À CRÈME CARAMEL, 포 드 크렘 POTS DE CRÈME, 알자스 타르트 À TARTE ALSACIENNE)

아파레이유 아 크렘 캐러멜
L'APPAREIL À CRÈME CARAMEL

준비할 재료

우유 1L당 제조 방법[1]	단위	수량
– 우유[2]	L	1
– 전란	개 또는 g	6개, 또는 300g
– 설탕 sucre semoule	g	200
– 바닐라빈	개	1
또는		
– 우유[2]	L	1
– 전란	개 또는 g	4개 또는 200g
– 계란(노른자)	개 또는 g	4개 또는 80g
– 설탕 sucre semoule	g	150~200
– 바닐라빈	개	1
캐러멜		
– 캐러멜 또는 큐브 설탕 sucre semoule ou en morceaux	g	150
– 물	ml	50
평균 소요 시간 : 15~20분		

[1] 캐러멜 크림(la crème caramel)의 기본 단위는 우유의 L이다.
이 비율은 8~10인분을 만들 수 있는 비율이다.
[2] 전지우유를 사용하면 더 맛있는 충전물을 얻을 수 있다.

우유에 설탕을 넣어 끓이는 것도 가능하다. 하지만 이 경우에는 계란에 붓기 전에 조금 식혀주어야 한다.(계란이 응고될 위험이 있기 때문)

활용법

• 캐러멜 푸딩(Crème renversée au caramel)
• 비에누아즈 크림(Crème viennoise)
• 오페라 크림(Crème opéra)
• 보 리바쥬 크림(Crème beau rivage)
• 빵에 적셔 먹는 크림(Appareil à pain perdu)
• 다양한 종류의 각종 푸딩(Appareil à puddings divers)(디플로마 Diplomate, 캐비넷 Cabinet 등)

준비할 도구

만드는 방법

1. **조리 작업대에 재료와 도구 준비하고, 청결한 작업 환경 만들기**
   레시피대로 재료를 계량하고, 재료와 도구들이 준비되어 있는지 점검한다.

2. **냄비에 우유를 넣어 끓여주기**
   냄비에 우유를 넣은 후 바닐라빈을 세로로 갈라 넣고 몇 분간 우려준다.

3. **스테인리스 볼에 전란과 설탕 넣어 색이 하얗게 될 때까지 섞어주기**
   스테인리스 볼에 전란을 넣고, 설탕을 넣어 색이 하얗게 될 때까지 섞어준다. 바로 섞어주지 않으면, 달걀 노른자가 설탕과 직접 접촉하면서 건조해지는 《브륄레 brûler》 현상이 생길 수 있다.

4. **끓인 우유를 혼합물에 서서히 넣어주며 거품기로 잘 저어주기**
   끓인 우유를 혼합물에 서서히 부어주며 거품기로 천천히 저어준다. 너무 휘저으면 거품이 생기므로 너무 휘젓지 않는다.

5. **충전물을 거름망에 한 번 걸러주기**

6. **거품기를 이용하여 거품 제거하기**
   거품이 계속 남아 있을 경우, 유산지를 이용하여 표면의 거품을 제거한다.

7. **완성한 캐러멜 크림은 바로 사용한다.**
   (p. 71(Crème caramel et dérivés) 참고)

아파레이유 아 크렘 캐러멜의 완성도를 높이려면?
– 끓는 우유를 계란에 조금씩 부어 휘젓지 않고 섞어준다.
– 거품이나 무스가 일어나지 않게 조심한다.
– 충전물을 거름망에 걸러 거품을 제거하고, 응고된 불순물과 계란의 알끈을 걸러낸다.
– 충전물이 식을 때까지 기다리지 않고, 크림을 바로 익혀준다.
– 중탕하여 크림을 바로 익히기 시작한다. 이 경우에는 크림이 끓지 않아야 한다. 틀을 제거했을 때, 표면에 《니 다베유(벌집 모양) nids d'abeille》의 기포가 생길 수 있다.
– 철판 바닥에 종이를 올려놓으면 요리 도중에 불필요한 움직임을 피할 수 있다.

❶ 우유에 바닐라빈을 넣어 끓여준다.

❷ 전란과 설탕을 넣어 색이 하얗게 될 때까지 섞는다.

❸ 끓인 우유를 계란에 서서히 부어준다.

❹ 계란이 응고되지 않도록 잘 저어준다.

❺ 섞어준 우유는 거름망에 걸러준다.

❻ 거품은 제거한다.

작은 병에 담을 경우, 크림이 병에서 흘러나오지 않도록 크림 표면의 거품을 완전히 제거한다.

아파레이유 아 포 드 크렘
L'APPAREIL À POTS DE CRÈME

준비할 재료

우유 1L당 제조 방법[1]	단위	수량
– 우유	L	1
– 계란(노른자)	개	10~12
– 설탕 sucre semoule	g	200
– 바닐라빈	개	1
향료		
– 액상 커피	ml	약간(PM)
– 카카오	g	50
또는		
– 커버춰 초콜릿	g	100
– 프랄리네	g	125
평균 소요 시간 : 15~20분		

[1] 쁘띠 포 드 크렘(petits pots de crème)의 기본 단위는 우유의 L이다. 이 비율은 8~10개의 작은 병을 채울 수 있는 양이다.

만드는 방법

1. 조리 작업대에 재료와 도구 준비하고, 청결한 작업 환경 만들기
레시피대로 재료를 계량하고, 재료와 도구들이 준비되어 있는지 점검한다.

2. 냄비에 우유를 넣고 끓이기
냄비에 우유를 넣고 끓이다가 바닐라빈을 세로로 갈라 넣고, 몇 분간 우려낸다.

3. 흰자와 노른자 분리하기

4. 노른자에 설탕을 넣어 색이 하얗게 될 때까지 섞어주기
노른자에 설탕을 넣은 후 바로 섞지 않으면, 설탕이 노른자를 손상시켜 작은 불용성 결정체를 만든다.

5. 끓인 우유 식히기
우유를 식혀 혼합물에 서서히 부어준다.
계란이 응고되는 것을 피하기 위해 거품기로 휘젓지 않고 섞어준다. 이 때 거품이 일어나면 제거하기 어렵다.

6. 충전물을 거름망에 걸러내기

7. 거품 제거하기
거품이 계속 남아 있을 경우, 흡수되는 종이를 이용하여 표면의 거품을 제거한다.

8. 작은 병에 바로 채워준다.
중탕한 상태에서 작은 병에 바로 채워준다.

아파레이유 아 타르트 알자시안
L'APPAREIL À TARTE ALSACIENNE

준비할 재료

아파레이유 1L당 제조 방법[1]	단위	수량
– 우유	ml	500
– 크림	ml	500
– 전란	개	4
– 계란(노른자)	개	4
– 설탕 sucre semoule	g	150~200
– 액상 바닐라	ml	약간(PM)
평균 소요 시간 : 10분		

[1] *이 비율은 8인분의 타르트 4개를 만들 수 있는 비율이다.*

만드는 방법

1. 조리 작업대에 재료와 도구 준비하고, 청결한 작업 환경 만들기

레시피대로 재료를 계량하고, 재료와 도구들이 준비되어 있는지 점검한다.

2. 아파레이유(충전물) 만들기

작은 볼에 전란과 노른자를 부어주고, 설탕을 넣어 색이 하얗게 될 때까지 섞어준다.

차가운 우유와 크림을 넣어 휘젓지 않고 섞어준다.

원하는 향을 첨가한다.

만들어준 충전물은 거름망에 한 번 걸러준다.

아파레이유 아 크렘 브륄레
L'APPAREIL À CRÈME BRÛLÉE

준비할 재료

아파레이유 1L당 제조 방법[1]	단위	수량
– 우유	ml	500
– 크림 리퀴드 crème liquide	ml	500
– 계란(노른자)	개	10~12
– 설탕 sucre semoule	g	150~200
일반적인 향료 PARFUMS DE BASE		
– 바닐라	g	1
– 시나몬 cannelle, 생강 레몬 추출물 gingembre extrait de citron, 팡 데피스 pain d'épices		약간(PM)
마무리		
– 흑설탕 sucre roux	g	100
평균 소요 시간 : 10분		

[1] *이 비율은 13cm의 작은 병 12개를 채울 수 있는 비율이다.*

만드는 방법

1. 조리 작업대에 재료와 도구 준비하고, 청결한 작업 환경 만들기

레시피대로 재료를 계량하고, 재료와 도구들이 준비되어 있는지 점검한다.

2. 우유를 냄비에 넣고 끓이기

우유를 냄비에 넣고, 끓이다가 바닐라빈을 세로로 갈라 넣어준다.

+70~75℃까지 식힌다.

3. 때까지 섞어주기

4. 우유와 크림을 식힌 후 노른자에 천천히 넣어 섞어주기

5. 거름망에 한 번 걸러 거품 제거하기

6. 바닐라 또는 다른 향 첨가하기(시나몬 cannelle, 생강 gingembre, 레몬 추출물 citron, 팡 데피스 pain d'épices 등)

계란이 들어간 바바루아 아파레이유
L'APPAREIL À BAVAROIS AUX ŒUFS

준비할 재료

우유 1L당 제조 방법[1]		단위	수량
크렘 앙글레즈 콜레 CRÈME ANGLAISE COLLÉE			
– 우유		L	1
– 계란(노른자)		개	8~10
	또는	g	160~200
		g	250~300
– 설탕 sucre semoule		g	250~300
– 바닐라		개	1
– 판 젤라틴		장	10~12
휘핑크림 CRÈME FOUETTÉE			
– 휘핑크림 또는, 생크림		ml	800
– 슈가파우더 sucre glace(선택사항)		g	50
향료 PARFUMS			
– 액상 커피		ml	25
– 카카오		g	50
	또는		
– 커버춰		g	100
– 프랄리네		g	125
– 캐러멜		ml	약간(PM)
– 알코올		ml	50~100
– 리큐르		ml	50
평균 소요 시간 : 35~40분			

[1] 이 비율은 16~20인분의 바바루아를 만들 수 있는 비율이다.

준비할 도구

만드는 방법

1. 조리 작업대에 재료와 도구 준비하고, 청결한 작업 환경 만들기

레시피대로 재료를 계량하고, 재료와 도구들이 준비되어 있는지 점검한다.
젤라틴을 차가운 물에 넣어 불린다.

2. 앙글레즈 크림 만들기(p. 682 참조)

3. 손으로 짜서 젤라틴의 물기 제거하기

손으로 짜서 젤라틴의 물기를 제거한 후 앙글레즈 크림을 넣고, 거름망에
한 번 걸러준다.

4. 크림에 향 첨가하기

식기 전에 커피, 카카오, 캐러멜 등 원하는 향을 크림에 넣어준다.
식은 후에 알코올, 리큐르를 넣어준다.

5. 앙글레즈 크림을 빠르게 식히기

앙글레즈 크림을 빨리 식힌다.

6. 휘핑크림 올리기

앙글레즈 크림이 거의 식었을 때, 휘핑크림을 올리기 시작한다.
(앙글레즈 크림에 넣은 설탕의 양에 따라, 휘핑크림에 소량의 슈가파우더를
첨가하여 크림을 단단하게 올릴 수 있다.)

7. 앙글레즈 크림에 휘핑크림 넣기

앙글레즈 크림이 차가워지면 휘핑크림을 넣어 천천히 섞어준다.
휘핑크림이 주저앉지 않도록 부드럽게 섞는다.

8. 크림이 굳기 전에 틀에 채우기

9. +3°C의 냉장실에 최대 24시간 보관이 가능

– p. 682 《크렘 앙글레즈 la crème anglaise》 참조
– p. 679 《샹티이 크림 la crème Chantilly》 참조
– 앙글레즈 크림을 잘 섞어준다. 거품기를 이용하여 섞어주는 것이 크림을
  균일하게 하는데 도움이 된다.
– 크림을 과하게 올리지 않는다. 크림이 되직해져도 매끄러워야 한다.
– 크림을 너무 과하게 올릴 경우 혼합하기가 어렵고, 크림이 주저앉을 수 있
  으며, 버터처럼 될 수 있다.
– 휘핑크림에 향과 색을 첨가할 경우 색과 맛이 연해지기 때문에, 일반적으
  로 앙글레즈 크림에 향을 첨가한다.
– 가벼운 크림의 경우, 설탕 대신에 감미료 분말로 일부 대체할 수 있다.

활용법

- 바바루아를 그대로 사용할 수도 있고, 2~4개의 향료을 추가해 사용할 수도 있다(예 : 바바루아 루반 bavarois rubanne, 렐리리지우즈 religieuse...)
- 샤를로트 뤼스(charlottes russes)나 샤를로트 로얄(charlotte royales)의 충전물로 사용할 수 있다.
- 앙트르메의 일부 크림은 바바루아에 이탈리안 머랭을 섞어 대체할 수 있다.

❶ 젤라틴을 차가운 물에 넣어 불린다.

❷ 젤라틴의 물기를 제거한 후 앙글레즈 크림에 넣는다.

❸ 앙글레즈 크림을 거름망에 한 번 걸러준다.

❹ 크림을 규칙적으로 잘 저어 식혀준다.

❺ 휘핑크림을 올려준다. 너무 과하게 올리지 않고, 크림은 균일하고 매끄러워야 한다.

❻ 앙글레즈 크림이 식기 시작할 때 휘핑크림을 천천히 넣어 혼합한다.

❼ 필요하다면, 휘핑기를 이용하여 크림을 균일하게 만든다.

❽ 크림이 굳기 전에 바바루아 크림을 틀에 바로 채운다. 크림은 틀에 완전히 채우지 않는다.

❾ +3℃의 냉장실에 최대 24시간 동안 보관할 수 있다.

과일이 들어간 아파레이유 바바루아
L'APPAREIL À BAVAROIS AUX FRUITS

준비할 재료

과일 쿨리 1L당 제조 방법[1]	단위	수량
기본 재료 Base		
– 딸기 쿨리 pulpe de fraises	L	1
또는		
– 라즈베리 쿨리 pulpe de framboises	L	1
또는		
– 시럽에 담긴 배 pulpe de poires au sirop	L	1
– 레몬(1개)	g	150
시럽 SIROP		
– 설탕 sucre semoule	g	200~300
– 물	ml	100
– 판 젤라틴	장	12~16
휘핑크림 CRÈME FOUETTÉE		
– 생크림 최소 30% MG	ml	800
– 잘게 자른 과일	g	400
평균 소요 시간 : 35~40분		

[1] 이 비율은 8인분의 과일이 들어간 아파레이유 바바루아 2개를 만들 수 있는 비율이다.

바바루아 크림으로 과일 무스 만들기
– 과일이 들어간 바바루아 크림에 이탈리안 머랭을 추가하여 《과일 무스 mousse aux fruits》를 만들 수 있다.
– 바바루아 크림과 함께 원하는 과일을 넣을 수 있다.(라즈베리, 산딸기, 작은 딸기나 잘게 썰은 배, 사과, 살구 등 fruits entiers pour les framboises, les fraises des bois et les petites fraises, ou fruits découpés en salpicon pour les poires, les pommes, les pêches...) 이 방법은 사용된 과일의 향과 맛에 따라 다른 질감을 줄 수 있다.

– p. 723의 《설탕 익히기 la cuisson du sucre et la réalisation d'un sirop》 참조
– p. 679의 《크림 푸에테 la crème fouettée》 참조
– 생과일이 들어간 바바루아 크림은 매우 섬세하고 향이 좋지만, 열과 발효에 민감하다.
– 바바루아 크림은 완성되자마자 +3℃의 냉장실에 넣어 최대 24시간 동안 보관할 수 있다.

준비할 도구

만드는 방법

1. **충분한 작업 공간 확보하고, 재료와 도구 준비해 청결한 작업 환경 만들기**
   레시피대로 재료를 계량하고, 재료와 도구들이 준비되어 있는지 점검한다.
   젤라틴을 차가운 물에 넣어 불린다.

2. **시럽 만들기**(p. 722)
   물과 설탕을 냄비에 넣는다.
   시럽은 당도 1.2624℃D, 또는 30° 보메(Baumé)로 끓인다.

3. **젤라틴의 물기 제거하고 시럽에 넣기**
   젤라틴을 넣은 시럽을 거름망에 한 번 걸러준다.

4. **규칙적으로 저어주며 시럽을 식히기**

5. **과일 준비하기**
   딸기는 씻어 꼭지를 제거하고, 물기를 제거한다.
   라즈베리는 씻어 물기를 가볍게 제거한다.
   시럽 안에 담겨있는 배를(통조림 형태) 꺼낸다.

6. **과일을 믹서로 갈아주기**
   선택한 과일을 믹서에 넣어 갈아준 뒤 거름망에 한 번 걸러준다.

7. **크림은 너무 과하게 올리지 않는다.**
   크림은 너무 단단하지 않게, 부드럽고 매끄러우며 균일하게 올려준다.

8. **크림 마무리하기**
   과일 쿨리와 젤리화된 시럽을 넣어 섞어준다.
   크림이 되직해지기 시작할 때, 휘핑크림을 부드럽게 혼합한다.
   필요하다면, 거품기를 이용하여 크림을 균일하게 만들어 주는데, 이 때 휘핑크림이 주저앉지 않도록 부드럽게 섞는다.

활용법

• 과일이 들어간 바바루아 Bavarois aux fruits(딸기 fraises, 라즈베리 framboises, 배 poires, 살구 pêches 등)

• 과일이 들어간 샤를로트(Charlotte aux fruits)

• 다양한 모양의 앙트르메 틀(Entremets divers montés en cercles)

• 미루아, 과일이 들어간 테린, 과일이 들어간 디플로마트(Miroirs, terrines aux fruits, Diplomate aux fruits.)

• 과일 무스(Mousses aux fruits.)

딸기가 들어간 바바루아 크림
L'APPAREIL À BAVAROIS AUX FRAISES

❶ 당도 1.2624°D 혹은 30° 보메(Baumé) 시럽을 제조한다.

❷ 미리 물에 불려놓은 젤라틴을 넣어준다. 시럽을 거름망에 거른 후 규칙적으로 잘 저어준다.

❸ 딸기를 씻어 다른 볼에 옮겨 담는다.

❹ 꼭지를 제거하고, 조심스럽게 물기를 뺀다.

❺ 딸기에 레몬주스를 넣어 믹서에 갈아낸 후 거름망으로 한 번 거른다.

❻ 휘핑크림을 너무 과하지 않게 올린다.

❼ 딸기 쿨리에 시럽을 섞어준다. 혼합물이 되직해지기 시작하면, 휘핑크림을 넣어 부드럽게 섞는다.

❽ 딸기가 들어간 바바루아 크림을 틀에 바로 넣는다.

❾ 크림이 완전히 굳기 전에 빠르게 작업한다.

❿ 바바루아 크림은 만든 즉시 +3℃의 냉장실에 넣어 최대 24시간 내에 사용한다.

라즈베리 샬롯 케이크(Charlotte aux framboises)

계란 흰자를 올려 머랭 만들기

MONTER DES BLANCS D'ŒUFS EN NEIGE, MERINGUES

계란 흰자 올리기
MONTER DES BLANCS D'ŒUFS EN NEIGE

프랑스 머랭
LA MERINGUE FRANÇAISE

스위스 머랭
LA MERINGUE SUISSE

이탈리안 머랭
LA MERINGUE ITALIENNE

계란 흰자 올리기 MONTER DES BLANCS D'ŒUFS EN NEIGE

계란 흰자를 올리는 것은 매우 간단한 일기다. 하지만 흰자를 단단하고 매끄러우며 결이 없게 올리기 위해서는 다음과 같은 주의사항을 준수해야 한다.

《그래네 Grainé》라는 용어는 거품을 과하게 올린 달걀 흰자의 상태를 말한다. 또는 거품을 올린 흰자가 마지막 단계에 분리되거나 변질되는 것을 의미한다.

계란 흰자를 올릴 때 주의할 사항

– 흰자를 올리면 볼륨이 15배까지 커지기 때문에 큰 볼을 사용하여야 한다. 흰자는 일반적으로 볼륨이 10~12배 정도 커진다.
– 깨끗하고 기름기가 제거된 도구를 사용한다.
– 유연한(잘 휘어지는) 거품기를 사용하고, 속이 꽉 차게 올려준다.
– 흰자를 완벽하게 분리하여 소량의 노른자도 들어가지 않게 한다. (노른자에 들어있는 지방은 흰자의 머랭화를 방해한다.)
– 며칠 전에 미리 분리하여 냉장실에 보관한 흰자를 사용한다 : 그러면 흰자가 더 유연하고 덜 분리된다. 또는 저온 살균된 흰자를 사용한다.(이미 분리되어 나온 제품)
– 냉장실에서 바로 꺼낸 흰자에 몇 방울의 레몬 즙을 넣어 풀어준다.
– 흰자를 올리기 전에 소량의 소금을 넣어 융해시킨다. 1L의 흰자에 소금 한 꼬집 정도면 충분하다.
– 설탕을 사용할 경우, 3~4개의 흰자에 설탕 8~10g 정도가 필요하다. 올리고자 하는 흰자의 총량에 비례하여 설탕을 사용하여야 한다.
– 흰자 계량하기 : 1L는 흰자 약 32개이다.
– 계란 흰자 올리기는 사용하기 전 가장 마지막 단계에 올려야 한다 : 계란 흰자를 올리고 난 후 에는 바로 사용한다.

손으로 흰자 올리기
MONTER DES BLANCS À LA MAIN

❶ 흰자를 올릴 때 필요한 도구들을 준비한다.

❷ 도구들이 깨끗한지 청결 상태를 확인한다.

❸ 흰자를 확인하고 계량한다.

❹ 소금과 식초를 이용하여 동으로 된 볼을 깨끗이 씻는다.

❺ 잘 헹군 뒤 뒤집어 물기를 제거한다. 물기를 닦거나 흡수지를 이용하지 않는다.

❻ 접은 천이나 동그란 틀 위에 볼을 고정시킨다.

❼ 계량한 흰자를 틀 안에 부어준다.

❽ 흰자가 너무 차가울 경우, 소량의 가는소금이나, 레몬 즙 몇 방울을 첨가한다.

❾ 흰자를 가볍게 풀어준다.

❿ 흰자에 거품이 일어나고 약간 부풀어 오를 때까지 초반에는 거품기로 천천히 저어준다.

흰자 올리기 Monter les blancs

❶ 볼을 기울인 후, 거품기로 점점 빠르게 휘젓는다.

❷ 멈추지 않고 규칙적으로 휘젓는다.

❸ 최대한 공기가 들어가도록 들어 올리며 휘젓는다.

❹ 너무 과도하게 올리지 않는다 : 흰자가 최대한 올라왔을 때, 거품기의 흔적이 남아있고, 더는 볼에서 떨어지지 않는다. 너무 오랫동안 휘저으면 머랭이 분리될 위험이 있다.

흰자 단단하게 올리기 Serrer les blancs

❶ 달콤한 디저트를 만들기 위해, 올린 흰자에 소량의 설탕을 첨가할 수 있다.

❷ 흰자를 빠르게 회전하며 젓거나, 8자를 그려가며 저어준다.(마요네즈를 만드는 것과 동일한 원형 동작)

❸ 이 마지막 작업은 머랭의 응집력을 강화시켜, 단단하고 매끄럽게 한다.

기계를 이용해 흰자 올리기
MONTER DES BLANCS À LA MACHINE

❶ 믹서를 이용하여 흰자를 올리기 위해서는 많은 주의와 감독이 필요하다.

❷ 느린 속도로 천천히 흰자를 풀어주고, 점점 빠른 속도로 흰자를 올려준다.

❸ 어느 정도 흰자가 올라왔을 때 기계를 멈추고, 볼을 꺼내 손으로 흰자를 올려 마무리하는 것이 더 좋다.

프랑스 머랭 LA MERINGUE FRANÇAISE

프랑스 머랭(La meringue française)은 굽거나 오븐에서 건조시킨 머랭이다. 이 머랭은 섬세하여 쉽게 부서지는 성질을 가지고 있다.

프랑스 머랭은 일반적으로 바슈랭 vacherins의 겉부분을 만들기 위해 제조되고, 《일반 머랭 nature》이나 아이스크림, 외 가 라 네주 des œufs à la neige, 플로팅 아일랜드 des îles flottantes, 테트 드 니그르 des têtes de nègre 같은 쿠키로 사용된다.

또한 몇몇 앙트르메의 크림을 덮을 때 사용되기도 한다.(노르웨이 오믈렛 omelettes norvégienne, 타르트 머랭 tartes meringuées...)

프랑스 머랭에 아몬드 또는 헤이즐넛 가루, 체에 친 밀가루 또는 전분을 첨가하면, 슉세 succès, 에퐁주 des éponges와 바통 드 마레샬 des bâtons de Maréchaux 등을 제작하기 위한 기초가 되기도 한다.

준비할 재료

흰자 1/2L당 제조 방법		단위	수량
기본 재료 BASE			
– 흰자		개	16
	또는	g	400
	또는	ml	500
– 가는소금(선택사항)			약간(PM)
– 설탕 sucre semoule		kg	1
또는[1]			
– 흰자		ml	500
	또는	g	480
	또는	ml	500
– 가는소금(선택사항)			약간(PM)
– 설탕 sucre semoule		g	500
– 슈가파우더(마무리)		g	500
슈미제 CHEMISAGE DES PLAQUES(선택사항)			
– 버터		g	40
– 밀가루		g	80
마무리			
– 슈가파우더 sucre glace		g	약간(PM)
평균 준비 시간 : 10~15분			
평균 굽는 시간 : 약 2시간			
오븐에서 평균 건조 시간 : 여러 시간			

[1] 설탕의 일부는 슈가파우더로 대체할 수 있다. 이 경우, 머랭의 흰자를 올리는 마지막 단계에 설탕을 넣어주고, 마무리로 체 친 슈가파우더를 넣어 부드럽게 섞어준다.

준비할 도구

만드는 방법

1. 조리 작업대에 재료와 도구 준비하고, 청결한 작업 환경 만들기

레시피대로 재료를 계량하고, 재료와 도구들이 준비되어 있는지 점검한다.

건조시킬 제품의 크기를 고려하여 오븐의 온도(+80℃~120℃)를 예열, 조정하고 점검한다.

철판을 준비한 후 위에 베이킹 용지를 깔아주거나 가볍게 버터 칠을 한 후 밀가루를 뿌린다.(p. 456참조)

짤주머니, 깍지, 스크레이퍼를 준비한다.

동으로 된 볼을 소금과 식초로 깨끗이 씻어 헹궈준다.

2. 흰자 올리기

이전 페이지에 언급된 주의사항 및 권장사항을 준수한다.

흰자를 깨뜨려 올려주는데, 9/10 정도 올라왔을 때 1/3의 설탕(333g)을 넣어 단단하게 올린다.

3. 머랭 마무리하기

휘핑을 멈추고, 거품기를 이용하여 나머지 설탕(666g)을 넣어 부드럽게 섞어준다.

설탕을 소량씩 넣고, 국자로 머랭을 들어 올려가며, 볼은 1/4(90°)씩 회전해가며 섞는다.

4. 완성한 머랭 철판에 즉시 짜주기

완성한 머랭은 바로 사용해야 한다.

5. 머랭에 슈가파우더 가볍게 뿌려주기

6. 머랭 굽거나 말리기

80~120℃의 오븐에서 최소 2시간 정도 익힌다.(머랭의 크기에 따라 시간은 조절)

머랭에 색이 나지 않도록, 필요한 경우 철판을 두, 세 개를 겹쳐 이용한다.

수증기를 빠르게 배출시키고, 머랭을 더 잘 건조하기 위해 굽기 마지막 단계에 환풍구를 열고 오븐의 문을 반쯤 열어준다.

건조실 안에서 몇 시간 건조시킨다.

7. 머랭 옮겨 보관하기

완성한 머랭은 40~50℃의 건조실에 보관하거나, 습기가 없는 밀폐 용기에 보관한다.

❶ 충분한 작업 공간을 확보하고, 청결한 작업 환경을 유지한다.(깨끗한 볼을 준비한 후 흰자와 설탕을 계량하고, 철판, 짤주머니, 깍지를 준비한다)

❷ 흰자를 가볍게 풀어주고, 흰자를 들어올려가며 점점 빠르게 머랭을 올려준다.

❸ 흰자가 9/10 정도 올라왔을 때 1/3의 설탕을 넣어 단단하게 올려준다.

❹ 휘핑을 멈추고, 거품기를 이용하여 나머지 설탕을 넣어 부드럽게 섞어준다.

❺ 완성한 머랭은 즉시 사용한다.

❻ 원형 깍지나 별 모양 깍지를 이용하여 머랭을 짠다.

❼ 철판을 준비한 후 철판 위에 베이킹 용지를 깔아주거나 가볍게 버터 칠을 한 후 밀가루를 뿌려준다.

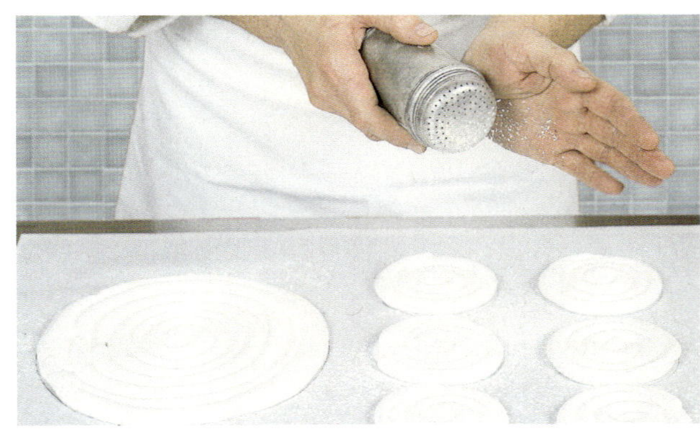

❽ 머랭에 슈가파우더를 뿌려준다.

❾ 머랭 크기에 따라 +80~120℃의 오븐에서 최소 2시간 정도 구워주는데, 머랭을 더 잘 건조하기 위해 굽기 마지막 단계에 환풍구를 열고 오븐의 문을 반쯤 열어 수증기를 배출시킨다.

❿ 건조실 안에서 몇 시간 건조시킨다.

스위스 머랭 LA MERINGUE SUISSE

스위스 머랭이나 불에서 익힌 머랭은 단단ㅎ여 쉽게 부서지지 않는다.

이 머랭은 일반적으로 작은 쿠키로 사용된다(요정 손가락 doigts de fée, 바위 아몬드 rochers aux amandes, 코코넛 à la noix de coco, 버섯 champignons)

처음에는 숟가락 크기보다 조금 작거나 크게 규칙적으로 짠 후 오븐에서 건조시킨다.

준비할 재료

흰자 1/2L당 제조 방법		단위	수량
기본 재료 base			
– 흰자		개	16
	또는	g	480
	또는	ml	500
– 설탕 sucre semoule		kg	1
또는			
– 슈가파우더[1]		kg	1
– 가는소금(선택사항)		g	4
슈미제 Chemisage des plaques(선택사항)			
– 버터		g	40
– 밀가루		g	80
평균 준비 시간 : 20~25분			
평균 굽는 시간 : 약2시간			
오븐에서 평균 건조 시간 : 여러 시간			

[1] 머랭에 슈가파우더를 넣으면 매우 단단해지므로, 버섯 모양의 머랭이나 간단한 패턴으로 만들기를 권장한다.

준비할 도구

만드는 방법

1. **조리 작업대에 재료와 도구 준비하고, 청결한 작업 환경 만들기**

   레시피대로 재료를 계량하고, 재료와 도구들이 준비되어 있는지 점검한다.

   건조시킬 제품의 크기를 고려하여 오븐의 온도(+80℃~120℃)를 예열, 조정하고 점검한다.

   철판을 준비하여 위에 베이킹 용지를 깔아주거나 가볍게 버터 칠을 한 후 밀가루를 뿌려준다.(p. 456 참조)

   짤주머니, 깍지, 스크레이퍼를 준비한다.

   볼을 깨끗이 한다.

2. **중탕으로 사용할 냄비에 +60℃의 물을 넣어 준비하기**

   (제누아즈를 만드는 것과 동일한 과정)

3. **머랭을 중탕하여 데우기**

   볼에 한데 모아준다 : 흰자, 소량의 소금(선택사항), 설탕

   볼을 중탕냄비 위에 올려 힘차게 휘젓는다.

   온도가 +45℃~50℃가 될 때까지 멈추지 않고 강하게 휘젓는다.

   머랭의 볼륨이 증가하고, 색이 하얘진다.

4. **스위스 머랭 올려주기**

   중탕에서 볼을 꺼내 완전히 식을 때까지 계속해서 휘젓는다.

   (머랭을 볼에 옮겨 기계를 이용해 올려줄 수도 있다)

   식은 후의 머랭은 색이 희고 매끄러우며 단단하다.

5. **머랭을 바로 철판에 짜기**

6. **머랭을 굽거나 건조시키기**

   머랭 크기에 따라 +80~120℃의 오븐에서 최소 2시간 정도 익혀준다.

   필요할 경우 색이 나지 않게 하기 위해 철판 두 개를 겹쳐 사용할 수 있다.
   : 머랭은 흰색이나 때에 따라 금색일 수 있다.

   머랭을 더 잘 건조하기 위해 환풍구를 열고 오븐의 문을 반쯤 열어 수증기를 배출시킨다.

   건조실 안에서 몇 시간 건조시킨다.

7. **머랭 옮겨 보관하기**

   40~50℃의 건조실에 보관하거나, 습기가 없는 밀폐 용기에 보관한다.

❶ 믹싱볼에 흰자와 설탕을 한데 모은다.

❷ 거품기로 잘 섞어준다.

❸ +60℃의 중탕냄비에 믹싱볼을 올려 머랭의 볼륨이 증가하고, 색이 하얘질 때까지 저어준다. +45℃~50℃가 될 때까지 휘젓는다.

❹ 냄비에서 볼을 꺼내 완전히 식을 때까지 계속해서 휘저어준다.

❺ 철판 위에 베이킹 용지를 깔거나 가볍게 버터 칠을 한 후, 밀가루를 뿌린 철판에 원 깍지나 별 깍지를 이용하여 머랭을 짠다.

❻ 오븐에서 최소 2시간 정도 익혀주고, 환풍구를 열고 오븐의 문을 반쯤 열어 수증기를 배출시킨다. 이후 발효실에서 몇 시간 건조시킨다.

이탈리안 머랭 LA MERINGUE ITALIENNE

이탈리안 머랭은 일반적으로 굽지 않고 사용한다. 이 머랭은 주로 일부 크림을 가볍게 만들어주는데 사용되고(파티시에 크림, 휘핑크림, 시부스트 크림, 레제 크림 등), 일부 앙트르메의 기초로 사용되기도 한다(차가운 수플레 soufflés glacés, 다양한 무스 mousses diverses 등).

이탈리아 머랭은 머랭 파이, 노르웨이 오믈렛 les omelettes norvégiennes, 폴로네즈 polonaises를 크림으로 덮거나 데코=장식하는데 사용된다.

슈가파우더를 뿌린 후, 오븐이나 샐러맨드 오븐에 넣어 캐러멜화시킬 수 있다.

준비할 재료

흰자 1/2L당 제조 방법	단위	수량
기본 재료 BASE		
– 흰자	개	16
또는	g	480
또는	ml	500
– 가는소금		약간(PM)
– 각설탕 sucre en morceaux	kg	1
– 물	ml	330
또는		
– 흰자	L	1/2
또는	g	480
– 가는소금		약간(PM)
– 각설탕	g	800
– 물	ml	250
– 슈가파우더	g	200
향료(선택사항)		
– 바닐라		약간(PM)
– 오렌지 꽃술		약간(PM)
평균 준비 시간 : 30~35분		

준비할 도구

만드는 방법

1. **조리 작업대에 재료와 도구 준비하고, 청결한 작업 환경 만들기**

   레시피대로 재료를 계량하고, 재료와 도구들이 준비되어 있는지 확인한다.

   설탕용 냄비와 볼을 깨끗이 씻어준다(주의사항에 따라)

   설탕을 익히기 위한 준비를 한다(p. 456참조) : 물이 들어있는 볼, 붓, 거품기, 설탕 온도계

   흰자를 볼이나, 제과용 믹서볼에 계량한다.

   필요한 경우 약간의 소금을 첨가한다.

2. **각설탕을 끓이고, 설탕 온도 확인하기**

   각설탕과 각설탕 무게 1/3의 물을 냄비에 넣어 섞어서 끓여준다.

   거품을 제거하고 설탕 온도계를 넣어 설탕의 온도를 잰다.

3. **흰자 올려주기**

   손으로 할 경우 :

   설탕을 익히고 있을 때, 흰자를 올리기 시작한다.(p. 644 권장사항)

   제과용 믹서로 할 경우 :

   설탕이 +110~112℃가 되었을 때, 흰자를 올리기 시작한다.

   흰자가 완전히 올라오는 것과, 설탕이 부울boulé(+117~118℃) 상태가 되는 것이 동시에 이루어져야 한다.

   흰자의 휘핑 속도와 설탕의 가열 속도를 같게 하기 위해, 각각의 속도를 늦추거나 빠르게 할 수 있다.

   흰자가 너무 과하게 휘핑되어 분리되는 것을 방지하기 위하여, 머랭 마지막 단계에 1L기준 설탕이나 슈가파우더 200g을 넣는다.

   이 경우, 설탕을 익힐(녹일) 때 흰자를 올리기 시작하는 온도를 +2~3℃ 정도 더 올려준다(+117~118℃에서 +120℃).

4. **올린 흰자에 익힌 설탕 넣기**

   설탕을 불에서 내려 천천히 흰자에 부어준다. 이 때, 흰자의 휘핑을 멈추지 않는다.

   설탕이 볼의 벽면에 튈 수 있기 때문에, 설탕을 휘핑기의 날에 붓지 않도록 주의한다.

   믹서의 속도를 줄이고, 이탈리아 머랭이 식을 때까지 휘핑한다.

   머랭은 균일하게 올라와, 단단하고 매끄러우며 휘핑기의 살에 고정되어 떨어지지 않는 상태여야 한다.

5. **완성한 이탈리안 머랭 옮기기**

   스테인리스 볼에 머랭을 옮기고 랩을 씌워(이탈리안 머랭은 표면이 쉽게 건조된다) +3℃의 냉장실에 보관한다.

❶ 조리 작업대에 재료와 도구 준비하고, 청결한 작업 환경 만들기

❷ 설탕과 설탕 무게 1/3의 물을 냄비에 넣어 끓인다.

❸ 거품은 제거하고 냄비에 온도계를 넣는다.

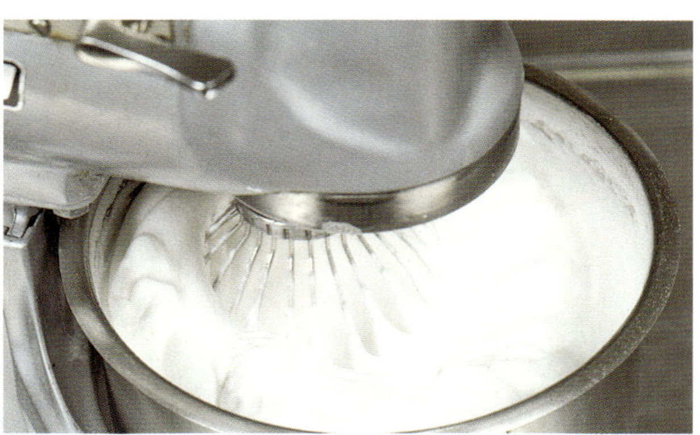

❹ 흰자에 약간의 소금을 첨가한다.

❺ 흰자를 천천히 풀어 올리기 시작하고, 설탕의 온도가 +110~112℃ 가 되면 흰자를 올려준다.

❻ 시간이 경과되어 흰자가 분리될 것 같다면, 머랭을 마지막에 올려준다.

❼ 설탕을 +117~118℃, 또는 +120℃까지 올려준다.

❽ 설탕을 불에서 내려, 흰자에 천천히 부어준다.

❾ 머랭이 완전히 식을 때까지 중간 속도로 계속 저어준다.

❿ 스테인리스 볼에 머랭을 옮긴다.

⓫ 랩을 씌운 후 냉장실에 몇 시간 정도 보관할 수 있다.

– 이탈리안 머랭은 약간의 색소를 첨가하여 장식할 수 있고 용도에 따라 향을 첨가할 수도 있다.
– 머랭을 보관 할 수 있는 시간은 몇 시간 정도로 매우 제한적이므로, 필요할 때 바로 만들어 사용하는 것이 바람직하다.

레몬 머랭 파이(Tarte au citron meringuée)

시럽과 설탕의 가열

LES SIROPS ET LES SUCRES CUITS

시럽
LES SIROPS

설탕의 가열
LES SUCRES CUITS

시럽 LES SIROPS

시럽 Les sirops은 물과 설탕을 더한 것, 또는 과일의 즙에 설탕을 첨가하여 농축시킨 용액이라고 칭할 수 있다. 시럽에는 용도에 따라 향을 첨가할 수 있다. 이 경우 바닐라, 레몬 또는 오렌지 제스트 등은 시럽을 끓이는 중에, 알코올 및 리큐르는 끓인 후에 첨가한다.

시럽의 농도는 설탕을 얼마나 농축시키는지게 달려있다. 시럽이 끓으면 물이 증발하고 시럽이 농축되어 온도가 상승한다. 어느 정도 익힌 후에는 물이 완전히 사라지고 설탕이 착색된다 : 캐러멜화 된다.

시럽의 설탕 농도를 정확하게 측정하기 위해, 당밀계를 이용한 단위, 보메 (Baumé)가 도입되었다. 측정 단위를 표준화하기 위해 1000에서 1400까지 눈금이 매겨진 밀도계를 이용하거나 섭씨 단위의 설탕 온도계를 이용한다.

밀도계를 물에 넣었을 때 15℃의 온도에서 1000을 나타낸다. 시럽의 농도가 농축될수록 시럽의 양은 줄어들고, 수치는 높게 나타난다.

많이 농축된 시럽에는 밀도계의 침투가 어려워 더 이상 사용할 수 없다.

시럽은 더이상 계량한 《계량한 pesé》 상태가 아닌 가열한 《가열한 cuit》 상태이므로 가열한 설탕 《가열한 설탕 sucre cuit》이라는 이름을 붙인다. 이때에는 두 가지 주요 기술 중 하나로 측정한다.

– 설탕 온도계를 이용한 온도 평가
– 농도를 측정하기 위해 《손으로 만져 확인하는 기술 du toucher》, 전문적인
  경험을 필요로 한다.

《보메 BAUMÉ》 등급, 밀도에 대한 표

보메 DEGRÉS BAUMÉ	밀도 DEGRÉS DENSIMÉTRIQUES
5	1.0359
6	1.0434
7	1.0509
8	1.0587
9	1.0665
10	1.0745
11	1.0825
12	1.0907
13	1.0989
14	1.1074
15	1.1159
16	1.1247
17	1.1335
18	1.1425
19	1.1515
20	1.1609
21	1.1699
22	1.1799
23	1.1896
24	1.1995
25	1.2095
26	1.2197
27	1.2301
28	1.2407
29	1.2515
30	1.2624
31	1.2736
32	1.2850
33	1.2964
34	1.3082
35	1.3199
36	1.3319

케이크를 적시는 시럽 만들기
Réaliser une sirop
www.bpi-campus.com
www.youtube.com/@diytp

준비할 재료

물 1L당 제조 방법[1]	단위	수량
기본 재료		
– 물	L	1
– 설탕(원하는 밀도에 따라)	kg	400g~2kg
예를 들면 과일을 데우는 용도의 시럽, 사바랭 SAVARIN이나 바바스 BABAS를 적시기 위한 시럽		
– 물	L	1
– 설탕 sucre semoule	g	500~600
향료 선택(용도에 따라 선택)		
– 바닐라빈	개	1
– 레몬 또는, 오렌지겉껍질		PM
– 럼	ml	200
– 키르쉬	ml	200
소르베를 위한 시럽		
– 물	L	1
– 설탕(과일에 따라) sucre semoule	kg	1~1.5
– 레몬즙(과일의 산도에 따라)		약간(PM)
평균 끓는 시간 : 1분		

[1] 시럽(*sirop*)의 기본 단위는 물의 L이다.

레스토랑에서 가장 많이 사용되는 시럽은 평균적으로 다음 밀도에 해당된다.
– **1.1159~1.1247 또는 15~16 보메 Baumé** : 대략 1L의 물과 500~600g 의 설탕
  – 과일을 데우는 시럽으로 사용
  – 과일 샐러드나 과일 칵테일에 사용
  – 사바랭 *savarins*이나 바바 *babas*를 적시는 시럽으로 사용

– **1.2624~1.2850또는 30~32° 보메(Baumé)** : 대략 1L의 물과 1.2kg의 설탕
  – 오븐에서 나온 페이스트리에 윤기를 내기 위해 사용(피티비에 *pithiviers*, 갈레트 데 루아 *galettes des rois*) 이 작업은 슈가파우더를 뿌리는 것으로 대체될 수 있다.
  – 퐁당이 굳었거나 갈라졌을 때는 시럽을 넣어 풀어준다.
  – 소르베를 만들 때 사용
  – 앙트르메에 적실 시럽을 알코올과 희석하기 위해 사용(제누아즈, 롤 케이크 등)

준비할 도구

만드는 방법

1. **조리 작업대에 재료와 도구 준비하고, 청결한 작업 환경 만들기**
   레시피대로 재료를 계량하고 재료와 도구들이 준비되어 있는지 확인한다.
   사용할 도구를 청결하게 소독한다.
   설탕과 물을 계량한다.

2. **적당한 크기의 냄비 안에 물과 설탕 한데 모아주기**
   설탕이 잘 용해될 수 있도록 한다.

3. **바닐라빈 넣기**
   바닐라빈을 세로로 반을 갈라 냄비에 넣는다.
   필요한 경우, 레몬의 겉껍질을 함께 넣는다.

4. **혼합물 끓이기**
   설탕이 빠르게 용해될 수 있도록 잘 저어준다.
   시럽을 몇 분간 끓여 원하는 농도로 만들어준다.

5. **시럽의 거품 제거하기**
   시럽을 끓일 때 나타나는 거품은 시럽의 농도(순도)와 사용된 설탕의 품질 (정제 정도) 때문에 생긴다.
   거품기를 차가운 물에 담가가며 거품을 제거한다.

6. **당도계나 굴절당도계로 시럽의 농도 확인하기**
   원하는 시럽의 농도를 끓여 확인한다.

7. **거름망에 시럽 거르기**
   시럽은 거름망을 이용하여 스테인리스 볼에 걸러준다.
   시럽을 바로 사용하거나 빠르게 식힌다.

시럽은 만든 즉시 사용하거나 빠르게 냉각해야 한다.
시럽은 만들기 쉬운 간단한 기본 재료 중의 하나이다. 그럼에도 품질 좋은 시 럽을 얻기 위해 몇 가지 주의할 점이 있다.
– 깨끗하게 세척한 도구를 사용한다.
– 품질 좋고 정제된 설탕을 사용한다.(예를 들면, 각설탕)
– 시럽을 끓일 때 생기는 거품을 조심스럽게 제거해준다. 때로는 시럽을 끓 일 때 시럽이 냄비 밖으로 끓어 넘치는 경우가 있는데, 이는 시럽의 정제 및 여과 과정에서 나온 탄산칼슘 때문이다.(자세한 사항은 BPI 출판사의 《요리의 기술》 사탕무로 설탕을 만드는 과정 참조)
– 시럽은 반드시 끓여준다. 시럽의 보관 기간은 순도, 설탕의 농도, 알코올 함 량에 따라 다르다. 시럽의 농도가 높은 시럽일수록 보관이 용이하다. 시럽 을 저밀도로 보관하는 것은 빨리 발효되기 때문에 위험하다.
– 사용하기 직전에, 다시 한 번 시럽을 끓여 계량한다.
– 시럽이 뜨거울 때와 차가울 때의 농도는 다르다. 차가운 시럽은 뜨거운 시 럽보다 일반적으로 밀도가 3~5보메 더 높다.(그 이유는 냉각 중 수분이 증발하기 때문이다)
– 시럽의 농도는 자주 달라진다. 그 이유는 시럽을 끓이는 동안 물이 얼마나 증발하는가에 따라 농도가 달라지기 때문이다.
– 시럽을 약 1분간 끓인 후 농도를 측정하여 표기한다.

설탕의 가열 LES SUCRES CUITS

준비할 재료

특정 농도 이상에서는 시럽의 수분이 증발도 고 되직해져(1.350°D) '시럽 소개'에 설명한 대로 밀도계를 더 이상 사용할 수 없다.

이때부터 시럽은 더 이상 《계량 가능한 pesé》 상태가 아닌 《가열한 cuit》 상태이므로 《가열한 설탕 sucre cuit》이라는 이름을 붙인다.

설탕의 가열 정도를 확인하는 방법

– 설탕 온도계를 이용하여 80~200℃를 측정한다.

– 설탕의 농도와 상태는 설탕을 《만져서 tcucher》 확인하거나, 경험을 통해 알 수 있다.

설탕 1KG당 제조 방법[1]	단위	수량
기본 재료 BASE		
– 각설탕	kg	1
– 물	ml	300~400
용도에 따른 첨가제(결정 방지제)		
– 글루코스 glucose		약간(PM)
– 타르타르산 acide tartrique		약간(PM)
– 타르타르 크림 crème de tartre		약간(PM)
– 주석산수소칼륨 acide acétique		약간(PM)
– 아세트산 acide citrique		약간(PM)
– 구연산 레몬 jus de citron		약간(PM)
평균 굽는 시간 : 설탕의 양에 따라 다름		

[1] 설탕의 가열(sucre cuit) 기본 단위는 설탕의 *kg*이다.

준비할 도구

만드는 방법

1. 조리 작업대에 재료와 도구 준비하고, 청결한 작업 환경 만들기

레시피대로 재료를 계량하고 재료와 도구들이 준비되어 있는지 확인한다.

사용할 도구를 청결하게 소독한다.

도금되지 않은 적당한 크기의 설탕용 냄비를 선택한다.(너무 큰 냄비는 온도계로 설탕을 측정하기에 어려움이 있다. 또한, 설탕의 익는 속도가 빠르기 때문에 제어하기 어렵다.

동냄비는 소금과 식초를 이용하여 깨끗하게 씻고, 헹군다.

뜨거운 물이 든 작은 용기, 붓, 거품기, 온도계를 미리 준비한다.

경우에 따라서는, 설탕을 급히 식히기 위하여 차가운 물이 담긴 볼을 준비한다.

2. 냄비에 설탕과 설탕 무게 1/3의 물 넣기(약30~40%)

설탕이 잘 용해될 수 있게 저어준다.

냄비의 측면에 설탕을 넣지 않는다.

3. 혼합물 끓이기

불이 냄비보다 크지 않게 조절한다.

4. 시럽이 끓기 시작하면 거품 제거하기

5. 설탕 온도계를 뜨거운 물로 헹궈 사용한다.

냄비를 불에 올리자마자, 온도계를 넣는다. 냄비의 측면에 놓아 열이 과하게 닿지 않게 한다.

6. 냄비의 가장자리를 깨끗이 하기

설탕이 캐러멜화 되거나 착색될 수 있기 때문에 젖은 붓으로 냄비 가장자리에 튄 설탕을 제거한다.

7. 설탕의 가열 정도 확인하기

온도계가 원하는 온도보다 5℃ 낮은 온도에 도달했을 때, 불의 세기를 줄이고 조심스럽게 지켜본다.

원하는 온도가 되었을 때, 냄비를 불에서 내려 얼음물이 담긴 볼에 몇 초간 담근다.

8. 익힌 설탕은 즉시 사용한다.

당밀계나 온도계를 사용할 경우 몇 가지 주의사항이 필요하다.

– 당밀계나 온도계를 사용하기 전에 깨끗하게 씻어준다.

– 온도가 높은 시럽 안에 당밀계나 온도계를 갑자기 넣지 않는다.(폭발 위험이 있다)

– 따뜻한 물로 온도계를 씻어, 시럽이 끓기 시작할 때 넣어준다.(온도계에 《기름칠 Graissé》을 하기도 한다)

– 밀도계를 시럽이 들어있는 용기에 조심스럽게 넣는다.

– 사용 후, 당밀계나 온도계를 깨끗하게 씻는다. 당밀계와 온도계는 매우 깨지기 쉬우므로 충격이 가해지는 곳으로부터 멀리 보관한다.

– 실수로 원하는 온도를 초과한 경우, 설탕의 온도를 낮출 수 있다
– 이 경우, 차가운 물을 약간 첨가한 후 원하는 온도까지 다시 익혀준다.
그러나, 설탕의 온도를 낮추더라도 색이 난 것을 없앨 수는 없다.

설탕을 익힐 때 주의할 점

– 설탕을 익힐 때, 특히 소량의 경우 더 세심한 주의가 필요하다.
  설탕의 가열 단계가 매우 빠르게 진행되기 때문이다.
– 설탕을 익힐 때는 조리 과정을 주의 깊게 지켜보아야 한다.
– 사용할 도구는 청결하게 관리한다.
– 냄비는 소금과 식초로 잘 닦아 헹군다.
– 각설탕을 이용하는 것이 좋다.(각설탕은 더 정제되어 불순물이 적다)
– 설탕 무게의 30~40% 분량의 물을 넣어 설탕을 녹인다.
– 끓기 전에 설탕을 잘 저어 빠르게 녹여준다.
– 설탕은 작은 결정 형태이므로 끓기 시작하면 건드리지 않는다.
  끓이는 동안 건드릴 경우 설탕이 결정 상태로 변하는 《결정화 masse》가
  진행될 수 있다.
  이러한 단점을 해결하기 위해 일부 전문가들은 사카로스 《saccharose,
  자당 시럽》를 넣어 부분적으로 분해하며 《graisser, 기름칠한다》. 이것은
  《graisse, 기름》을 첨가한다는 것이 아니다. 사카로스(자당 시럽)에 글루코
  스(포도당)나 산을 첨가하여 결정화되는 것을 방지하는 것이다.
– 물에 젖은 붓으로 냄비 가장자리를 깨끗이 유지한다.

설탕의 가열 정도 손으로 확인하기
CONTRÔLE MANUEL DE LA CONSISTANCE DU SUCRE CUIT

설탕의 가열 정도를 손으로 확인하는 기술은 화상을 입지 않도록 숙련이 필요하다.
숙련된 전문가는 손으로 정확하게 설탕의 가열 정도를 확인할 수 있다.

확인하는 방법

냄비 옆에, 매우 차갑고 깨끗한 물이 담긴 작은 용기를 준비한다.

엄지, 검지, 중지를 무감각 상태로 만들기 위해 차가운 물에 몇 초간 담근다.

설탕의 온도가 내려가거나 변하지 않게 하기 위해 물에서 손가락을 빼 손을
흔들어 과도한 물기를 제거한다.

냄비의 한가운데가 가장 빠르게 익기 때문에 한가운데의 익힌 설탕을
채취하여, 손가락을 다시 차가운 물에 담근다.

설탕의 가열 정도를 바로 확인한다.(설탕의 가열 단계표 참조)

– 설탕의 가열은, 특히 소량의 경우, 매우 빠르게 가열이 진행되기 때문에 테
  스트가 빠르게 진행되어야 한다.
– 설탕의 가열 정도를 처음 확인할 때는 포크나 숟가락의 손잡이를 이용하
  여 확인할 수 있다 : 설탕에 손잡이를 담가 확인하고 그 다음에 손가락을
  이용하여 확인한다.
– 이 방법을 이용할 경우, 화상을 입지 않도록 하며, 차가운 물로 인해 설탕
  의 온도가 내려가지 않도록 한다.

설탕의 가열 정도에 따른 포인트와 확인 방법
CONTRÔLER LES DIFFÉRENTS POINTS DE LA CUISSON DU SUCRE

이전 페이지에 나와 있는 가열 정도에 따른 농도 참조

❶ 냄비에 설탕과 설탕 무게 1/3의 물을 섞는다.
❷ 설탕의 용해를 촉진하기 위해 잘 섞어준다.
❸ 설탕을 끓이고, 거품을 제거한다.

❹ 젖은 붓을 이용하여 냄비 측면에 튄 설탕은 지속적으로 제거한다.
❺ 냄비 끝부분에 설탕 온도계를 넣어 과도한 열로부터 보호한다.

나프 Nappe(105℃)

거품기나 국자로 시럽을 떴을 때, 시럽이 떨어지기 전에 작은 방울이 형성된다.

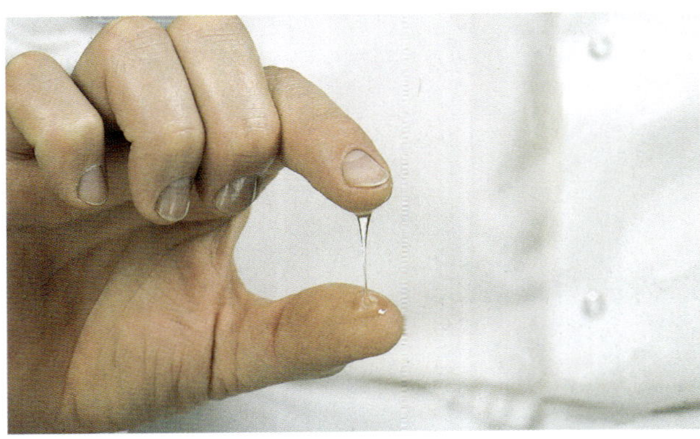

필레 Filet(108/110℃)

엄지와 검지 사이에 시럽을 묻혀 손가락을 펴면 다소 저항력 있는 실로 바뀐다.
얇은 실, 짧다 : 쁘띠 필레 petit filet
두꺼운 실, 길다 : 필레 filet
끈적끈적하다 : 그랑 필레 grand filet

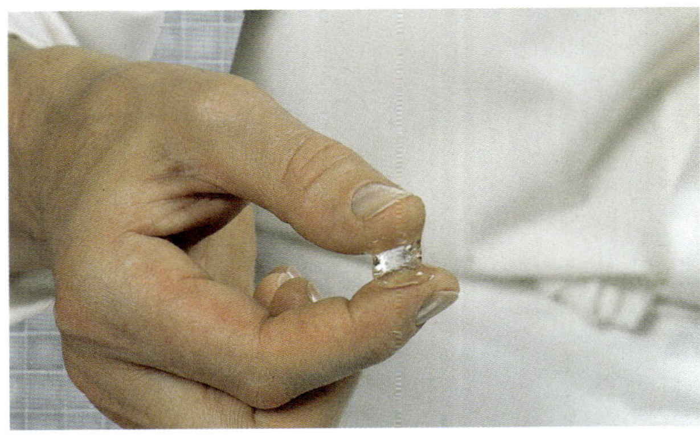

쁘띠 블레 Petit boulé : 115/117℃

엄지와 검지 사이에서 굴린 설탕은 작고 둘렁물렁한, 유연한 공 모양이다.
작고 물렁물렁한, 유연한 공 모양

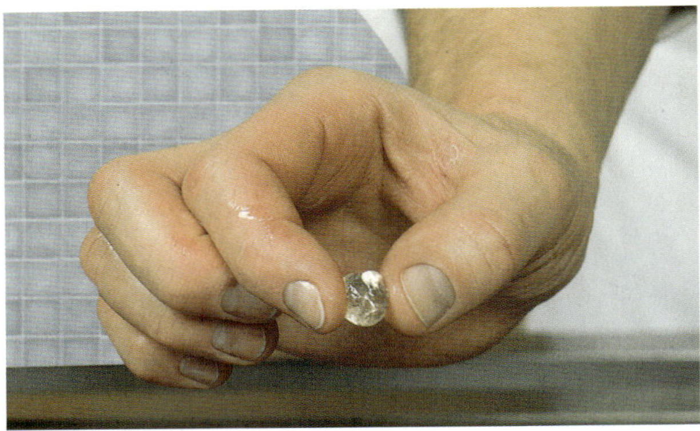

그로스 불레 Gros boulé : 125/130℃

공 모양이 더 단단하고 둥글게 유지된다.

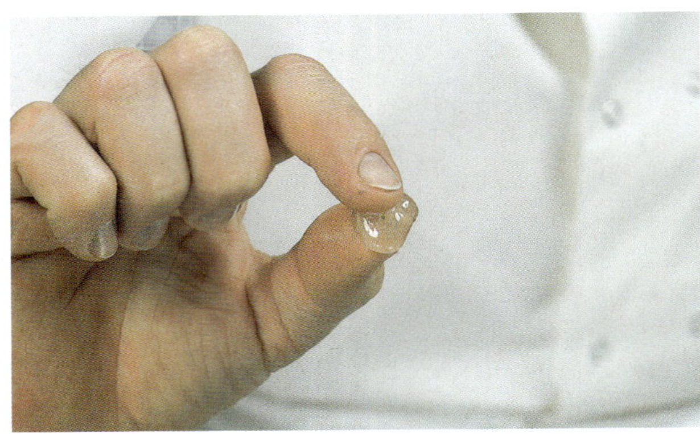

카세 Cassé

차가운 물에 손가락을 넣으면 설탕이 딱딱하게 굳는다. 더 이상 공 모양을 형성하지 않고 부서지기 쉽다.

캐러멜 Caramel

캐러멜 색상이 잘 났는지 확인하려면 설탕에 유산지를 담갔다 뺀다.
종이에 묻은 캐러멜 색상은 냄비 안에서의 색상보다 더 정확하다.

설탕의 가열 단계
TABLEAU DES PRINCIPALES PHASES DE LA CUISSON DU SUCRE

명칭 APPELLATIONS	설탕 종류별 밀도와 kg당 설탕 함유량 DENSITÉS ET POIDS APPROXIMATIF DE SUCRE PAR KG	평균 온도 TEMPÉRATURES MOYENNES	익힘 단계 구분 RECONNAISSANCE DES STADES DE CUISSON	용도 UTILISATIONS
나프 NAPPE	1.2964 D 또는 33° 보메(Baumé) 약 750g	105℃	거품기로 시럽을 떴을 때, 시럽이 떨어지기 전에 작은 방울이 형성된다.	잼, 젤리, 마말레이드, 과일 젤리, 과일 절임, 과일 시럽, 과일 콩포트, 바바와 사바랭 시럽
쁘띠 필레 PETIT FILET	1.3199 D 또는 35° 보메(Baumé) 약 800g	107℃	엄지와 검지 손가락에 시럽을 묻힌 후 엄지와 검지를 벌리면 시럽이 얇은 실처럼 늘어난다.	젤리, 과일 절임, 과일 무스
그랑 필레 GRAND FILET	1.3319 D 또는 36° 보메(Baumé) 약 900g	110℃	실이 두껍고 길게 늘어지며, 더 끈적끈적하다.	노른자로 만든 버터크림, 과일 절임, 마롱글라세
쁘띠 불레 PETIT BOULÉ	1.3440 D 또는 37° 보메(Baumé) 약 950g	115/117℃	차가운 물에 손가락을 담갔다 빼 물기를 털어 제거한다. 가열한 설탕을 집어 즉시 찬물에 손가락을 담근 후, 엄지와 검지로 설탕을 굴린다 : 작고 물렁물렁한, 유연한 공 모양	전란과 노른자를 섞어서 만든 버터크림 Crème au beurre réalisée sur un mélange d'œufs entiers et de jaunes, 과일 무스 mousse de fruits, 파트 아 봄브 기법을 이용한 충전물 appareils à bombes, à parfaits, 수플레 à soufflés glacés, 마롱 글라세 marrons glacés
불레 BOULÉ	1.3680 D 또는 39° 보메(Baumé) 약 975g	120℃	앞에서 설명한 공 모양 형태가 조금 더 단단하다.	전란으로 만든 버터크림 Crème au beurre réalisée sur des œufs entiers, 부드러운 퐁당 fondant mou, 이탈리안 머랭 meringue italienne
그로스 불레 GROS BOULÉ	1.3830 D 또는 40° 보메(Baumé) 약 985g	125/130℃	공 모양 형태가 조금 더 단단해지고 둥글게 유지된다.	단단한 퐁당 Fondant dur, 머랭 이탈리안 meringue italienne, 호쉐 rochers, 퐁당 아몬드페이스트 pâte d'amandes fondante, 부드러운 캐러멜 무스 caramels mous
쁘띠 카세 PETIT CASSÉ	약 1kg 시럽을 더는 밀도계나 당도계로 측정하는 것이 불가능하고 수분이 없다.	135/140℃	차가운 물에 손가락을 넣었을 때, 설탕이 딱딱하게 굳는다. 그것은 더는 공 모양을 형성하지 않고 깨지기 쉽다. 단단해 보이지만 치아에 달라붙는다.	아몬드 페이스트 Pâte d'amandes, 몽텔리마르 누가 nougat de Montélimar, 봉봉 bonbons, 캐러멜 caramels
그랑 카세 GRAND CASSÉ	약 1kg 시럽을 더는 밀도계나 당도계로 측정하는 것이 불가능하고 수분이 없다.	145/150℃	차가운 물에 설탕을 넣자마자 설탕이 딱딱하게 굳는다. 딱딱하게 부러지는 텍스쳐 더는 이상 치아에 달라붙지 않는다.	누가, 150℃의 설탕 장식 sucre tiré, voilé, soufflé, 설탕으로 만든 호쉐 sucre au rocher, 과일 데기제 fruits secs déguisés
연한 캐러멜 CARAMEL CLAIR «PETIT JAUNE» «JAUNE» «GRAND JAUNE»	약 1kg 시럽을 더는 밀도계나 당도계로 측정하는 것이 불가능하고 수분이 없다.	155℃ 160℃ 165℃	실제 색깔보다 색이 더 진해 보인다.	과일과 꽃 데기제 fruits et fleurs déguisés, 설탕 장식 sucre tiré, filé, 수플레 soufflé, coulé, 생토노레에 들어가는 크로캉부슈 des croquembouches et des éléments en nougatine, 누가틴 nougatine
캐러멜 CARAMEL	약 1kg 시럽을 더는 밀도계나 당도계로 측정하는 것이 불가능하고 수분이 없다.	170/180℃	캐러멜 색상이 잘 났는지 확인하기 위해 설탕에 흰 종이를 담갔다 뺀다. 종이에 묻은 캐러멜 색상은 냄비 안에서의 색상보다 더 정확하다.	캐러멜 크림 Crème caramel, 비에누아즈 크림 crème viennoise, 캐러멜 글라사주 glace au caramel, 캐러멜 쌀 케이크 gâteau de riz au caramel, 소금 버터 캐러멜 caramel au beurre salé, 캐러멜로 슈미제 할 경우
진한 캐러멜 CARAMEL FONCÉ	약 1kg 시럽을 더는 밀도계나 당도계로 측정하는 것이 불가능하고 수분이 없다.	185/190℃	설탕에 빠르게 색이 나고 연기가 난다.(발화 위험)	색상용 캐러멜 Caramel pour colorant

쁘띠 푸르 섹

LES PETITS FOURS SECS

튈 오 아몬드 LES TUILES AUX AMANDES

만들고자 하는 과자의 질감이나 얇기 등의 상태에 따라 제시된 레시피의
비율은 약간씩 조절할 수 있다.

준비할 재료

튈 오 아몬드(Tuiles aux amandes)

약 60개의 튈을 위한 제조 방법		단위	수량
기본 재료			
– 슬라이스 아몬드 또는 빻은 아몬드		g	200
– 슈가파우더 또는 설탕		g	200
sucre glace ou sucre semoule			
– 밀가루 T55		g	50
– 전란		개	2
	또는	g	100
– 흰자		개	2
	또는	g	60
– 버터		g	50
– 바닐라			약(PM)
철판 버터칠을 위한 버터		g	400

만드는 방법

1. 조리 작업대에 재료와 도구 준비하고, 청결한 작업 환경 만들기

레시피대로 재료를 계량하고 재료와 도구들이 준비되어 있는지 확인한다.

2. 아파레이유 만들기

볼 안에 아몬드, 설탕, 체 친 밀가루를 한데 모아준다.

포크로 계란을 살짝 풀어 넣어준다.

주걱을 사용해 모든 재료를 부드럽게 혼합한다.

바닐라 추출물 몇 방울과 녹인 버터를 식힌 후 첨가한다.

녹인 버터는 사용하기 직전에 첨가한다. 버터는 표면이 건조해지는 것을
방지한다.

뚜껑을 덮어 약 30분간 충전물을 휴지시킨다.

❶ 깨끗한 철판에 붓으로 버터 칠을 한다.

❷ 숟가락으로 철판에 약 20개를 엇갈리게 팬닝한다.

❸ 물에 적신 포크로 평평하게 눌러준다.

❹ 모양을 일정하게 만들고 아몬드를 골고루 분배한다.

❺ 튈을 220℃에서 굽는다.

❻ 삼각 스패튤러*로 튈을 떼어내고, 뒤집은 후 구티에르*에 바로 넣어
구부려준다.

❼ 습기가 없는 밀폐용기에 보관한다.

---

* 삼각 스패튤러(트리앙글 triangle) : 끝이 삼각형 모양인
스패튤러로 부서지기 쉬운 디저트를 분리할 때 사용한다.

* 구티에르 gouttiere : 받침 달린 빗물받이 통을 뜻하는 말.
여기서는 반원기둥 틀을 의미한다.

아파레이유를 만드는 기술은 동일하지만 비율은 다르다.

팔렛 드 담 Palets de dame, 팔렛 오 헤장 palets aux raisins, 시가렛과 렁 그 드 샤 cigarettes et langues de chat

팔렛 드 담, 팔렛 오 헤장
LES PALETS DE DAME ET LES PALETS AUX RAISINS

준비할 재료

약 60개의 팔렛을 위한 제조 방법		단위	수량
팔렛 드 담 아파레이유 APPAREIL À PALETS DE DAME			
기본 재료			
− 버터		g	200
− 슈가파우더		g	200
− 전란		개	4~4.5
	또는	g	200~225
− 밀가루 T55		g	200~250
− 바닐라			약간(PM)
− 철판 버터 칠을 위한 버터		g	40
팔렛 드 담 아파레이유에 건포도를 추가한 레시피 :			
− 스미르나 Smyrne 건포도나 코린트 Corinthe 건포도		g	100
− 엠버 럼 rhum ambré		ml	100

시가렛 LES CIGARETTES

준비할 재료

약 60개의 시가렛을 위한 제조 방법		단위	수량
시가렛 아파레이유 APPAREIL À CIGARETTES			
기본 재료			
− 버터		g	200
− 슈가파우더		g	200
− 계란 흰자		개	6
	또는	g	180
− 밀가루T55		g	150
− 바닐라			약간(PM)
− 철판 버터 칠을 위한 버터		g	40

렁그 드 샤 LES LANGUES DE CHAT

준비할 재료

약 100개의 렁그 드 샤를 위한 제조 방법		단위	수량
렁 그 드 샤 아파레이유 APPAREIL À LANGUES DE CHAT			
기본 재료			
− 버터		g	200
− 슈가파우더		g	250
− 계란 흰자		개	7~8
	또는	g	210~240
− 밀가루T55		g	250
− 철판 버터 칠을 위한 버터		g	40

만드는 방법

1. 조리 작업대에 재료와 도구 준비하고, 청결한 작업 환경 만들기

레시피대로 재료를 계량하고 재료와 도구들이 준비되어 있는지 확인한다. 몇 시간 전에 재료를 미리 꺼내두어 상온에서 사용한다.

2. 아파레이유 만들기

버터를 포마드 상태로 만들고, 슈가파우더를 넣어 거품기를 이용하여 크림화한다.

만드는 과자의 종류에 따라, 계란, 또는 계란과 우유를 조금씩 넣어준다. 아파레이유는 매끄럽고 균일해야 한다. 분리가 되기 시작하면, 약간의 밀가루를 첨가한다.

체 친 밀가루를 넣고, 주걱으로 밀가루를 잘 섞어준다.

반죽을 너무 과하게 섞지 않되, 밀가루가 반죽에 잘 섞일 수 있게 한다.

바닐라 추출물을 몇 방울 넣어주고, 필요에 따라 장식물을 추가한다. (럼주에 절인 건포도, 다진 헤이즐넛, 간 코코넛)

3. 스크레이퍼로 볼에 붙은 반죽을 깨끗하게 긁어 모은 후, 덮어준다.

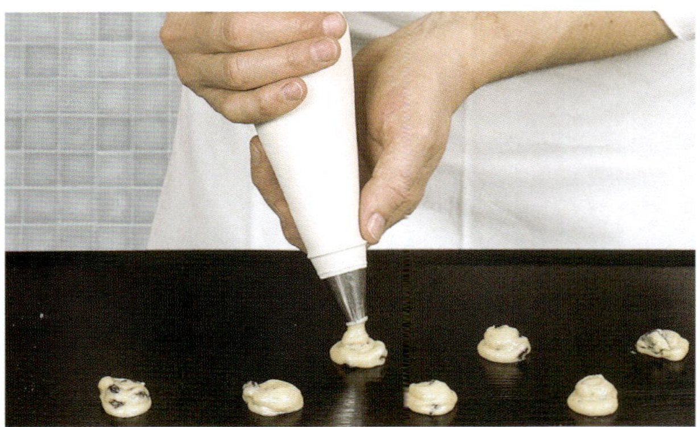

❶ 짤주머니에 직경 1cm의 깍지를 넣어, 버터칠을 한 철판에 반죽을 작게 짠다.

❷ 철판을 두드려 반죽을 고르게 펼친다.

❸ 220℃의 오븐에 구워준다. 구웠을 때, 가장자리에 색이 나야 한다.

❹ 팔렛을 철판에 떼어내 식힌다.

❺ 반죽에 설탕을 입힐 수도 있다.[1]

[1] 시럽과 글루코스를 혼합하여 윤기를 내거나 아라비아검(gomme arabique) 을 중탕으로 녹여 사용할 수 있다.

❶ 짤주머니에 직경 7mm의 깍지를 넣어, 버터 칠을 한 철판에 반죽을 작게 짠다.

❷ 60X40cm 철판에 약 20개의 반죽을 엇갈려 짠다.

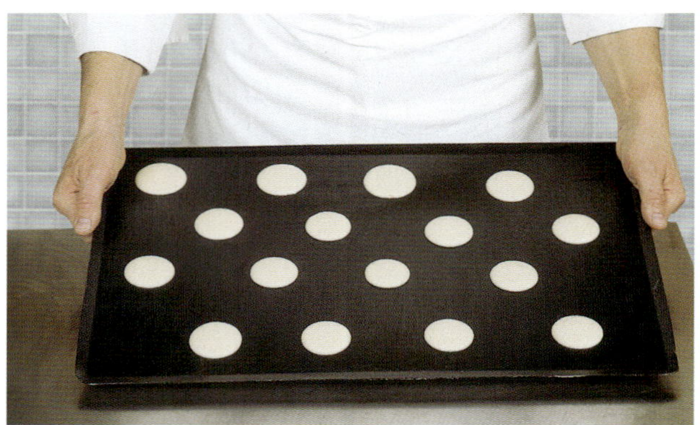

❸ 작업대 또는 나무판 작업대에 철판을 강하게 내리쳐 반죽을 펼친다.

❹ 210~220℃의 오븐에 구워준다.

❺ 시가렛 쿠키는 금색으로 노릇하게 구워져야 하고, 가장자리에 색이 나야 한다.

❻ 삼각 스패튤러로 반죽을 떼어내 즉시 작은 스테인리스 막대로 말아준다.

렁그 드 샤 만들기 RÉALISATION DES LANGUES DE CHAT

❶ 짤주머니에 직경 6mm의 깍지를 넣어, 버터 칠을 한 철판에 5~6cm
막대기 모양으로 반죽을 짜준다.

❷ 반죽이 퍼지지 않도록 철판을 두드리지 않는다.

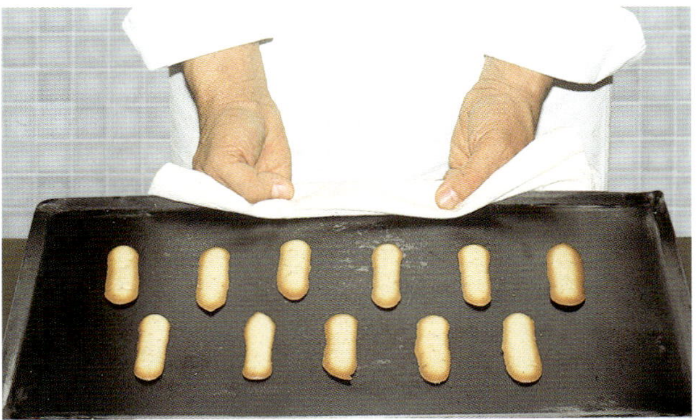

❸ 210~220℃의 오븐에 구워준다. 구워졌을 때, 가장자리가 어두워야 한다.

❹ 트리엉글로 반죽을 떼어 식혀준다.

《튤립》 아파레이유 L'APPAREIL À « TULIPES »

준비할 재료

약 16개의 튤립을 위한 제조 방법	단위	수량
기본 재료		
– 밀가루 T55	g	150
– 버터	g	250
– 설탕 또는 슈가파우더	ml	약간(PM)
– 가는소금		100
– 우유	ml	100
– 흰자	개	3
또는	g	90
– 바닐라		약간(PM)
– 버터	g	75
– 철판 버터 칠을 위한 버터	g	40

만드는 방법

1. 조리 작업대에 재료와 도구 준비하고, 청결한 작업 환경 만들기

레시피대로 재료를 계량하고 재료와 도구들이 준비되어 있는지 확인한다.

2. 아파레이유 만들기

볼 안에 체 친 밀가루, 설탕, 소금을 한데 모은다.

우유, 흰자, 바닐라 가루를 조금씩 넣어 섞는다.

주걱이나 거품기를 이용하여 너무 과하지 않게 섞는다.

사용하기 전에 녹은 버터를 식혀 첨가한다.

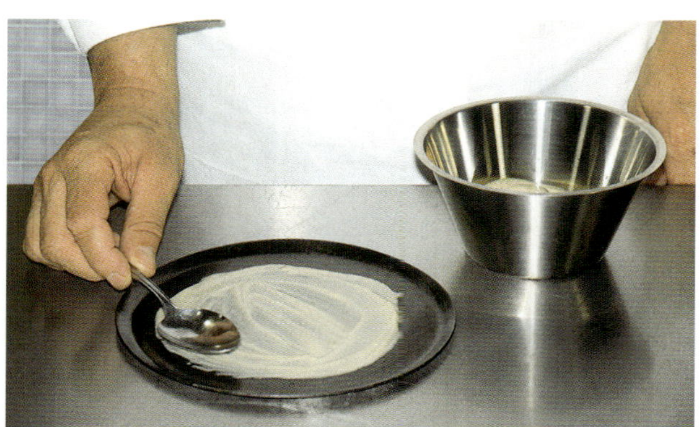

❶ 철판 위에 숟가락으로 버터 칠을 한다.

❷ 숟가락 뒷면으로 반죽을 지름 약 14~15cm로 펼쳐준다.

❸ 210~220℃의 오븐에 구워준다. 구워서 나왔을 때, 표면은 균일하게 색상이 나야 하며, 가장자리는 약간 어두워야 한다.

❹ 오븐에서 꺼낸 즉시 작은 접시나 브리오슈 틀에 넣어 튤립 모양을 만들어준다.

– 카카오 가루를 뿌려 튤립을 더욱 입체적으로 표현할 수 있다.

– 튤립이 완전히 펴질 수 있도록 몇 분간 미리 구운 후 오븐에서 꺼낸다.

– 종이 코르네를 이용하여 튤립에 초콜릿을 넣어 장식한 후 다시 오븐에 넣어 더 구워준다. 이 기술은 시가렛 Les cigarettes 쿠키를 만들 때도 사용할 수 있다.

레 쁘띠 푸우 오 아몬드

LES PETITS FOURS AUX AMANDES RÉALISÉS À LA POCHE

준비할 재료

약 200개의 작은 쿠키를 위한 제조 방법	단위	수량
기본 재료		
– 생 아몬드 페이스트 pâte d'amandes crue	kg	1
– 트리몰린[1] trimoline	g	50
– 흰자	개	10
또는	g	300
– 아몬드 가루	g	500
– 설탕	g	500
또는		
– 트리몰린	g	50
– 흰자[2]	개	8~10
– TPT(Tant Pour Tant)	kg	1
향료		
– 럼 또는 키르쉬	ml	50
– 바닐라	ml	약간(PM)
장식		
– 설탕에 절인 체리 cerises confites	g	약간(PM)
– 안젤리카 angélique	g	약간(PM)
– 아몬드 슬라이스 amandes effilées	g	약간(PM)
– 호두 cerneaux de noix	g	약간(PM)
글라사주		
– 시럽 1.260°D	ml	200
– 글루코스	g	100
– 버터	g	40
– 덧가루용 밀가루	g	40

[1] 트리몰린 *trimoline*은 꿀이나 살구 잼으로 대체할 수 있다.

[2] 계란의 종류에 따라 ; 계란은 단단해야 한다. 너무 무른 경우 구울 때 과자 모양이 잘 안 나올 수 있다.

만드는 방법

1. 조리 작업대에 재료와 도구 준비하고, 청결한 작업 환경 만들기

레시피대로 재료를 계량하고 재료와 도구들이 준비되어 있는지 확인한다. 철판에 버터 칠을 하고 덧가루용 밀가루를 뿌리거나(p. 457참조) 베이킹 페이퍼를 깔아준다.

2. 충전물 만들기

볼 안에 모든 재료를 한데 모아준다.

흰자를 조금씩 첨가하여 너무 되직하지 않게 짤주머니에 넣어 짤 수 있는 농도가 되도록 만든다.

주걱으로 잘 섞어준다.

향을 첨가한다.

3. 쿠키 반죽 짜기

다양한 형태로 반죽을 짠다(하트, 물방울, 꽃 모양 등)

절인 체리, 아몬드, 호두로 장식한다.

4. 반죽 말리기

최소 24시간 실온에서 건조시킨다.

5. 1.260°D 보메의 시럽 만들기(722/723 페이지 참조)

만든 1.260°D 보메 시럽에 글루코스를 첨가하여 식힌다.

6. 쿠키 굽기

철판 두 개를 겹쳐 230~240℃에 구워준다. 전체적으로 색이 나야 하고, 가운데는 폭신하게 굽는다.

7. 윤기 내기

오븐에서 꺼낸 직후 시럽을 발라 윤기를 내준다.

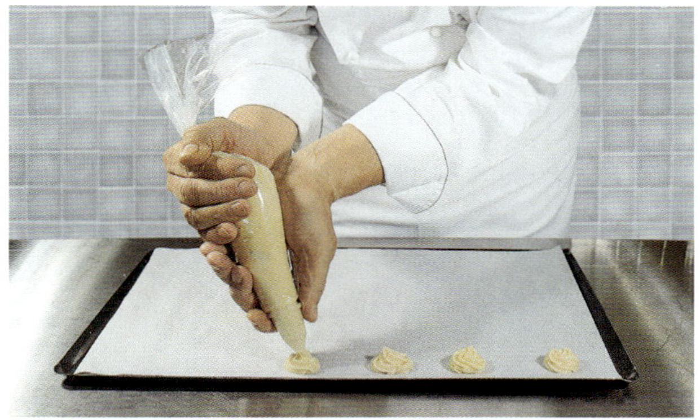

❶ 짤주머니에 별 모양 깍지를 넣어 짠다.

❷ 농도를 확인한다. 반죽이 너무 묽은 경우 구웠을 때 모양이 잘 나오지 않는다.

❸ 설탕에 절인 체리, 안젤리카, 아몬드나 호두로 장식한다.

❹ 오븐에 넣기 전, 24시간 동안 실온에서 건조한다.

❺ 철판 두 개를 겹쳐 230~240℃에 굽는다.

❻ 시럽으로 윤기를 낸다.

* 시럽과 글루코스를 혼합하여 반짝이게 윤기를 내거나 아라비아검을 중탕으로 녹여 사용할 수 있다.

이 책에서는 조리법에 대해 다양한 예를 들어 소개하고 있다. 기본적 조리법을 적용하는 것을 목표로 삼고 있으며, 전문 요리 대회 및 시험의 다양한 주제를 아우르는 데 필요한 3가지 수준의 난이도(A-B-C)를 포함한다.

소개하고 있는 전통적인 조리법은 프랑스인들이 좋아하는 100가지 요리에 해당한다. 여기에 나온 정확한 요리법은 참조용이며, 현대 요식업의 새로운 요구에 따라 개선하고 〈재해석〉 할 수 있다.

중요 노트

수많은 요리 방법과 기술은 요리 과정의 특성, 관련된 요식업소의 종류, 요리 직업 정신 등을 따르며 사용되고 있다.

이 책에서 소개하는 다양한 방법과 500개를 망라하는 요리 기술은 특히 젊은 견습생들과 경험이 부족한 학생들을 고려하여 집필되었다. 따라서 이 책은 다음의 다섯 가지 기본 사항을 얻을 수 있도록 한다.

- 쉬운 요리 방법과 기술 la simplicité de la méthode ou de la technique,
- 요리의 좋은 결과 la qualité du résultat,
- 요리의 신속함과 효율성 la rapidité et l'efficacité de l'exécution,
- 요리 위생 안전법의 엄중한 준수 le respect intransigeant des règles d'hygiène et de sécurité,
- 고전적, 전문적 요리법에 대한 존중 et enfin, le respect scrupuleux du classicisme et des usages professionnels.

이 책에 소개된 방법과 기술은 직업 세계에서 실제로 사용하고 있는 수많은 방법과 기술을 포함하고 있다.

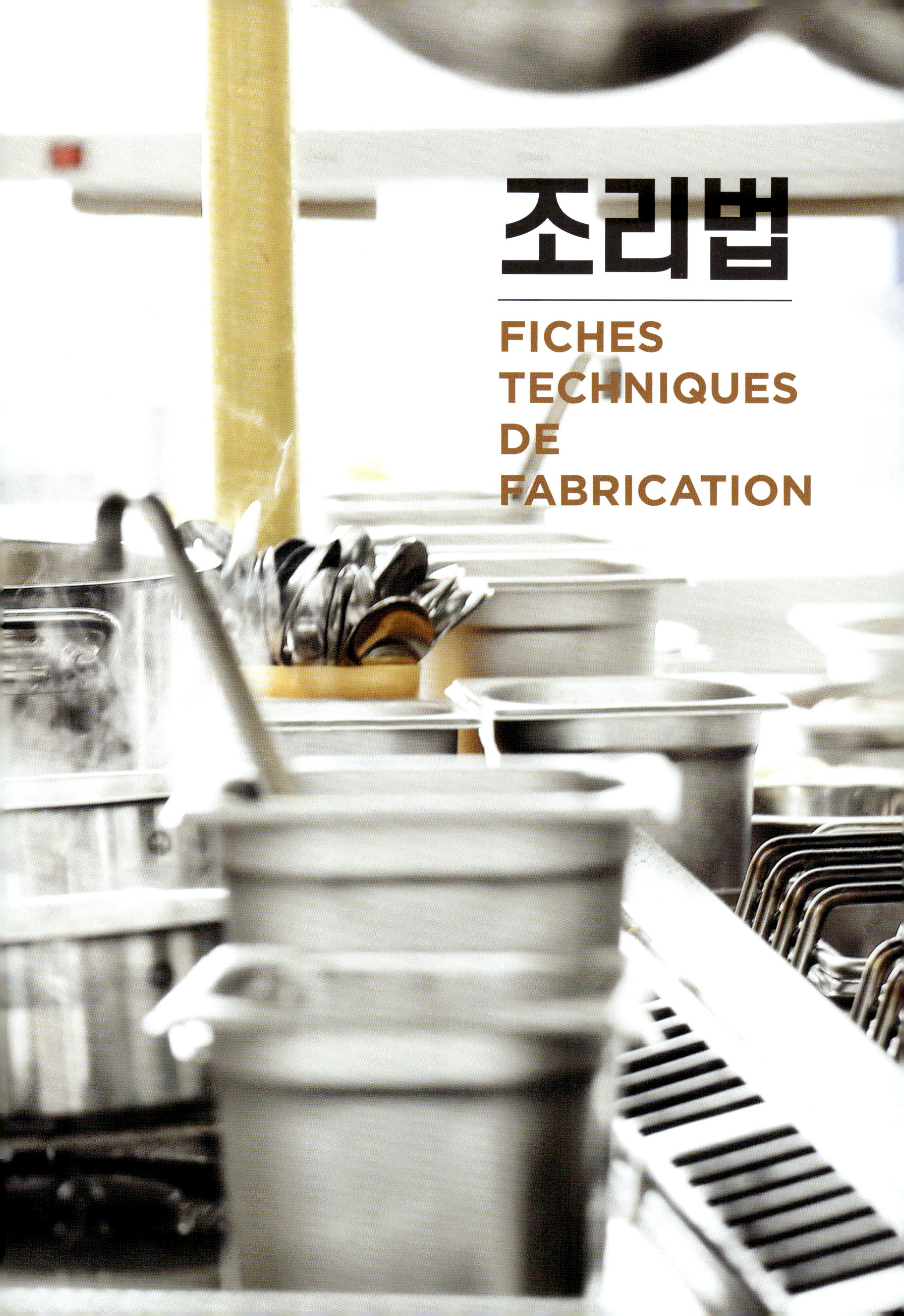

조리법
FICHES
TECHNIQUES
DE
FABRICATION

* 리에종 liaison : 소스나 수프의 마무리 단계에 넣어
  농도를 걸쭉하게 만드는 것.
* 가스파초 gaspacho : 스페인, 특히 안달루시아 지방
  의 차가운 수프 요리.
* 비시수아즈 crème vichyssoise : 감자와 크림으로
  만든 차가운 수프.

포타주

LES POTAGES

요리 소개 BREF RAPPEL DE TECHNOLOGIE

포타주는 전통적으로 다음 두 종류로 분류한다.

- 리에종*하지 않은 sans liaison 맑은 포타주 콩소메의 일종으로, 주로 기본 재료는 소고기(포토푀수프 bouillon de pot-au-feu), 닭고기, 생선 및 수렵육 육수이다.
- 리에종*한 포타주 avec liaison(수프, 소스 등을) 진하게 하는 재료(루 roux, 감자 퓌레 purée de pommes de terre, 건조 채소 퓌레 de légumes secs, 계란 노른자 jaunes d'œufs 등등)를 넣어 농도를 조절한다.

차가운 포타주(가스파초 gaspacho*, 비시수아즈 crème vichyssoise*)를 제외한 대부분의 포타주는 미리 예열한 수프그릇에 담아 뜨겁게 제공한다.

맑은 포타주
LES POTAGES CLAIRS

잘게 썬 포타주
LES POTAGES TAILLÉS

채소 퓌레 포타주
LES POTAGES PURÉES DE LÉGUMES FRAIS

건조 채소 퓌레 포타주
POTAGES PURÉES DE LÉGUMES SECS

채소 크림 수프와 벨루테
LES CRÈMES ET VELOUTÉS À BASE DE LÉGUMES

닭고기 크림 수프와 벨루테
LES CRÈMES ET VELOUTÉS À BASE DE VOLAILLE

생선 및 갑각류 육수 크림 수프와 벨루테
LES CRÈMES ET VELOUTÉS À BASE DE POISSON OU DE CRUSTACÉS

비스크
LES BISQUES

수프
LES SOUPES

적용 기술
TECHNIQUES MISES EN ŒUVRE

- 채소 다듬고 씻기
  Éplucher et laver des légumes

- 육수를 위한 아로마틱 가니쉬 준비하기
  Préparer une garniture aromatique pour une marmite

- 부케가르니 만들기
  Réaliser un bouquet garni

- 정향을 양파에 박아 넣고 캐러멜화 하기
  Clouter et caraméliser des oignons

- 육수 만들기
  Réaliser une marmite

- 닭고기 육수 만들기
  Réaliser un fond blanc de volaille

- 생선 육수 만들기
  Réaliser un fumet de poisson

- 육수 거르기
  Clarifier une marmite ou un fumet

- 작은 주사위 크기(각 면이 2mm)로 채소 자르기
  Tailler des légumes en brunoise

- 채소 가늘게 채썰기
  Tailler des légumes en julienne

- 채소 끓는 물에 데치기
  Cuire des légumes à l'anglaise

- 채소 찌기
  Étuver des légumes

소고기 육수 콩소메 브뤼누아즈
CONSOMMÉ DE BŒUF BRUNOISE

콩소메 Le consommé는 맑은 "포타주 potage"를 재료로 한 수프이다.
소고기 육수를 걸러서 만들 수 있으며, 작은 주사위 모양으로 자른 당근, 무, 껍질콩과 완두콩을 곁들여낸다. 콩소메 이름에 따라 둥글게 모양을 다듬은 채소, 채소볼, 채 썬 채소 등을 곁들일 수 있다. 마데이라(Madère : 포르투갈령 섬)와인, 헤레스 와인(셰리주), 마르살라 와인 등으로 풍미를 줄 수 있다. "작은 냄비수프 petite marmite"는 진한 포토푀 육수로, 부분적으로 기름을 제거하고 거르지 않아 포토푀 재료(주사위 모양의 고기 조각, 당근, 무, 파, 양배추 등등)가 들어 있다.

8인분 재료	단위	양
기본 재료		
– 사태 gite–gite	kg	2
– 소 앞 허벅다리 살 jumeau	kg	2
– 소의 견골 위 지방분 없는 살코기	kg	2
– 갈비	kg	2
– 소 뼈	kg	약간(PM)
– 소 꼬리	kg	약간(PM)
아로마틱 가니쉬 GARNITURE AROMATIQUE		
– 당근	g	200
– 양파	g	200
– 파	g	200
– 샐러리	g	100
– 부케가르니	개	1
– 마늘	톨	2
맑은 수프용 재료 CLARIFICATION		
– 잘게 다진 기름기 없는 소고기 : 앞다리살, 목심	g	400
– 당근	g	80
– 파	g	80
– 샐러리	g	40
– 토마토	g	200
– 토마토 페이스트	g	20
– 처빌	단	1/4
– 계란(흰자)	개	2
곁들임 채소 GARNITURE BRUNOISE		
– 당근	g	160
– 무	g	160
– 가는 껍질콩	g	80
– 작은 완두콩	g	80
양념 ASSAISONNEMENT		
– 굵은소금		약간(PM)
– 가는소금		약간(PM)
– 통후추		약간(PM)
– 정향 조각		약간(PM)
평균 준비 시간 : 1시간 20분		
평균 가열 시간(육수) : 3시간 30분~4시간		
평균 가열 시간(맑은 수프) : 1시간		
평균 가열 시간(곁들임 채소) : 5~8분		

만드는 방법

1. 조리 작업 기구 준비하기 – 5분
레시피대로 재료를 계량, 측정하고 작업에 필요한 도구들을 점검한다.

2. 육수 끓일 준비하기 – 30분(p. 375~377 참조)
지방을 제거한 후 고기를 실로 묶고 뼈를 작은 조각으로 자른다.
냄비에 고기와 뼈를 넣는다.
찬물을 붓는다.
굵은소금을 뿌린다.
물을 끓인다.
거품은 잘 걷어낸다.
아로마틱 가니쉬 재료를 준비한다.
채소를 다듬고 씻는다.(《채소편 Les légumes》 참조)
파슬리, 타임, 월계수, 파, 샐러리로 부케가르니를 만든다.
팬에 양파를 캐러멜 색이 되도록 굽는다.
양파에 2개의 정향 조각을 박는다.
아로마틱 가니쉬를 냄비에 넣는다.
3시간 30분~4시간 동안 뭉근히 끓인다.
끓는 동안 거품과 기름기를 주기적으로 걷어낸다.
차이나 캡에 육수를 거른다.
고기는 따로 보관한다.
육수를 재빠르게 식힌다.

3. 맑은 수프 만들기 – 30분(p. 378 맑은 고기 육수 만들기 참조)
소고기 지방과 힘줄을 제거하고 잘게 다진다.
아로마틱 가니쉬와 작은 주사위 모양으로 잘게 썬 채소 재료를 다듬고 씻는다.
당근, 파, 샐러리는 잘게 썬다.
토마토는 씨와 껍질을 제거한 후 잘게 썬다.
큰 냄비에 잘게 썬 고기, 아로마틱 가니쉬, 토마토, 토마토 페이스트, 계란 흰자와 찬물을 약간 넣는다.
식혀서 기름기를 완전히 제거한 육수를 맑은 수프용 재료에 천천히 부어준다.
계속 저어주며 끓인다.
30~45분간 뭉근히 끓인다.
마지막에 처빌을 넣고 통후추를 갈아 넣는다.
콩소메를 체에 걸러 깨끗한 중탕냄비에 담는다.
키친타월로 조심스럽게 기름기를 걷어낸다.
간이 맞는지 확인한다.
다시 끓인다.
중탕냄비에 보관한다.

4. 곁들임 채소 준비하기 – 15분
당근, 껍질콩, 무를 브뤼누아즈 크기로 잘게 자른다.(p. 135, 181, 189 참조)
채소를 각각 끓는 물에 데치고 물기를 뺀 후 식힌다.(p. 491 참조)

5. 콩소메 차리기 – 5분
약간의 콩소메를 사용해 곁들임 채소를 데운다.
미리 예열한 그릇에 잘게 썬 곁들임 채소를 넣는다.
뜨거운 콩소메를 붓는다.

FICHE 01

완성한 결과

콩소메 브뤼누아즈*(Consommé brunoise)

정육점 주인의 작은 냄비 수프 PETITE MARMITE BOUCHÈRE

부분적으로 기름기를 제거하고 육수 재료를 거르지 않은 진한 포토푀 수프.
작게 썬 채소(당근, 무, 야생 당근, 파, 샐러리, 양배추 등등)와 포토푀에서
건져낸 살코기를 작은 주사위 모양으로 썰어 곁들인다.
작은 토스트 조각과 사골 조각에 꽃소금을 뿌려 곁들인다.

콩소메 제르미니 CONSOMMÉ GERMINY
(약간 걸쭉한 콩소메 consommé légèrement lié)

소고기 또는 닭고기 육수의 콩소메로, 계란 노른자나 크림을 넣어 걸쭉하며,
버터에 익힌 수영 시포나드와 처빌 잎을 곁들인다.

**1. 소고기 육수 또는 소고기와 닭고기를 섞은 육수 콩소메 만들기(앞 또는
뒤에 나오는 조리법 참조)**

2. 곁들임 채소 준비하기
- 수영 작은 다발 2단을 다듬고 씻는다.
- 잎을 동그랗게 말아 가늘게 채 썬다.(p. 173 참조)
- 20g의 버터를 넣고 뚜껑을 닫아 천천히 익힌다.

3. 콩소메 걸쭉하게 만들기
- 6~8개 계란 노른자를 크림 2dl(데시리터 : 1dl은 0.1리터로 100ml에
  해당)에 섞으며 리에종을 만든다.
- 뜨거운 콩소메를 약간씩 넣으며 리에종을 묽게 만든 후, 묽어진 리에종을
  나머지 콩소메에 붓는다.(p. 413 계란을 넣은 리에종 주의 사항 참조)
- 주걱으로 콩소메를 부드럽게 저으며 약 92도까지 천천히 데운다. 크렘
  앙글레즈를 만들 때와 마찬가지로 주의한다. 농도는 크림 같아야 한다.
  콩소메를 차이나 캡에 거른 후 간을 한다.

4. 콩소메 제르미니 차리기
- 예열한 수프그릇에 수영 시포나드 la chiffonnade d'oseille를 넣는다
- 뜨거운 콩소메를 붓고 처빌 잎을 얹는다.

준비 기구
- 정리용 사각 트레이 3
- 도마 1
- 강판 1
- 차이나 캡 1- 원뿔형
- 큰 스테인리스 중탕냄비 1
- 작은 스테인리스 중탕냄비 1

조리 기구
- 포토푀(스튜) 냄비 또는 소스포트 1
- 큰 자루냄비 1
- 작은 자루냄비 4

플레이팅(4인용) 도구
- 콩소메 그릇 4
- 받침접시 4

완성한 결과

콩소메 제르미니(Consommé Germiny)

비슷한 콩소메 CONSOMMÉS SIMILAIRES

콩소메 줄리엔 Consommé julienne
- 소고기 육수 콩소메로, 당근, 무, 파, 샐러리를 매우 가늘게 채 썰어 익힌
  것을 콩소메에 곁들여 넣는다.
- 채 썬 양배추, 완두콩, 가는 껍질콩, 수영과 상추 시포나드*, 처빌 잎을
  곁들일 수도 있다.

믹스 파스타(각종 파스타를 곁들인) 콩소메 Consommé aux pâtes diverses
- 끓는 물에 소금을 넣거나 콩소메에 따로 삶은 10~15g의 면류 또는 녹말(
  버미첼리, 타피오카 등등)을 음식을 낼 때 포타주에 첨가한다.

콩소메 프랭타니에 Consommé printanier
- 소고기나 닭고기 육수 콩소메로, 당근, 무 등의 작은 채소볼과 완두콩, 처빌
  잎을 곁들인다.

와인을 넣은 콩소메 Consommé aux vins
(마데이라 와인 madère, 헤레스 와인 xérès, 마르살라 와인 marsala 등등)
- 음식을 낼 때 20ml의 와인을 넣는다.

콩소메 젤리 Consommé en gelée
- 포토푀 수프를 젤라틴 재료(송아지 족)로 농축시키고 마데이라 또는 헤레스
  와인으로 풍미를 준다. 젤리 형태가 된 콩소메를 냉장실에 보관했다가
  제공한다. 콩소메 젤리의 질감은 〈기름을 바른 듯이 부드러워야(huileuse)〉
  하며 흐물흐물하거나 너무 단단해서도 안 된다.

얇은 조각 파이를 곁들인
닭고기 육수 콩소메 마드릴렌[*]

CONSOMMÉ DE VOLAILLE MADRILÈNE AUX PAILLETTES

얇은 조각 파이를 곁들인 닭고기 육수 콩소메 마드릴렌 Consommé de volaille madrilène aux paillettes은 닭고기 육수 토마토 콩소메로, 샐러리와 스페인 고추로 풍미를 준다.
따뜻하게 차려낼 때 토마토와 피망을 작은 주사위 모양으로 썰어 곁들이고 치즈를 넣은 얇은 조각 파이와 함께 낸다.

8인분 재료	단위	양
기본 재료		
– 사태	kg	2
– 소 앞 허벅다리 살	kg	2
– 소의 견골 위 지방분 없는 살코기	kg	2
– 갈비	kg	2
– 소 뼈	kg	약간(PM)
– 닭고기, 닭 허드레 고기	kg	약간(PM)
아로마틱 가니쉬		
– 당근	g	200
– 양파	g	200
– 파	g	200
– 샐러리	g	100
– 부케가르니	개	1
– 마늘	톨	2
맑은 수프용 재료		
– 잘게 다질 기름기 없는 소고기 : 앞다리살, 목심	g	200
– 닭가슴살	g	200
– 당근	g	80
– 파	g	80
– 샐러리	g	80
– 토마토	g	400
– 토마토 페이스트	g	40
– 처빌	단	1/4
– 계란(흰자)	개	2
곁들임 채소(선택사항)		
– 토마토(대)	g	200
– 스페인 고추 poivrons d'Espagne	g	200
얇은 조각 파이 PAILLETTES		
– 푀이타주 반죽 《부스러기 조각rognures》	g	160
– 밀가루	g	20
– 그뤼예르 또는 파르메산 치즈	g	40
– 계란(파이 장식용 dorure)	개	1
양념		
– 굵은소금		약간(PM)
– 가는소금		약간(PM)
– 통후추		약간(PM)
– 정향 조각		약간(PM)
평균 준비 시간 : 1시간 20분		
평균 가열 시간(육수) : 3시간 30분~4시간		
평균 가열 시간(맑은 수프) : 1시간		
평균 가열 시간(곁들임 채소) : 4~5분		

만드는 방법

1. 조리 작업 기구 준비하기 – 5분

레시피대로 식재료를 준비하고 준비 기구, 조리 기구, 그릇을 준비한다.

2. 육수 만들기 – 30분

앞 장의 레시피 **FICHE 01** 《소고기 육수 콩소메 브뤼누아즈》를 참조하되, 닭고기와 닭 허드레 고기를 첨가한다.

3. 맑은 수프 만들기 – 30분

앞 장과 p. 378을 참조한다.
똑같이 준비하되 샐러리와 토마토의 양을 늘린다.

4. 얇은 파이 조각 만들기 – 20분

파이 반죽 부스러기 부분을 모아 밀대로 밀어 가로 25cm, 세로 12cm, 두께 3mm의 직사각형 모양으로 만든다.
솔로 밀가루가 많이 묻은 부분을 털어낸다.
표면에 계란물을 바른다.
그뤼예르 또는 파르메산 치즈를 골고루 뿌린다.
밀대로 치즈를 살짝 누른다.
두께가 2mm 되도록 만든다.
밀대로 민 반죽을 냉장고에 몇 분 두어 단단하게 되도록 한다.
반죽을 4~5mm 폭의 가는 끈 모양으로 자른다.
제과용 오븐팬에 얇은 파이 조각을 펼친다.
오븐에 4~5분간 굽는다.
제과용 그릴망에 파이 조각을 펼쳐놓는다.

5. 콩소메 차리기 – 5분

무늬 있는 장식용 종이를 접시에 올리고 그 위에 파이 조각을 담는다.
미리 예열한 그릇에 뜨거운 콩소메를 붓는다.

– 콩소메 마드릴렌을 뜨겁게 낼 때는 껍질을 벗긴 토마토와 피망을 주사위 모양으로 잘라 약간의 콩소메를 넣어 익힌 후 곁들여 낼 수 있다. 젤리 형태로 차갑게 낼 경우 기본 육수는 젤라틴질 재료로(예를들면 송아지 족 1개) 보충해야 한다.
– 맑은 수프에 끓는 육수를 첨가할 수 있지만, 이런 경우 계란 흰자와 고기가 빠르게 응고되는 것을 막기 위해 얼음을 사용할 필요가 있다.

---

[*] 콩소메 마드릴렌 consomme madrilène :
토마토를 넣은 콩소메 요리

완성한 결과

얇은 조각 파이를 곁들인 닭고기 육수 콩소메 마드릴렌
(Consommé de volaille madrilène aux paillettes)

앙리 4세 작은 냄비 수프 PETITE MARMITE HENRI IV

닭고기 덩어리를 첨가하거나 미리 노릇노릇 구운 닭고기를 곁들이는 진한 포토푀 수프로, 부분적으로 기름기를 제거하고 육수 재료를 거르지 않는다. 작게 썬 채소(당근, 무, 야생 당근, 파, 샐러리, 양배추 등등)와 닭 허드레 고기, 데친 닭가슴살을 곁들이며, 바게트 얇은 조각 또는 수프 기름기에 살짝 적신 구운 막대빵과 함께 먹는다.

송로버섯 신데렐라 콩소메
CONSOMMÉ AUX TRUFFES CENDRILLON

---

1. **소고기 육수 또는 소고기와 닭고기를 섞은 육수 콩소메 만들기**
2. **곁들임 준비하기**
   크레올 방식으로 80g의 쌀을 익힌다.(p. 1068/1069 143번 조리법 참조)
   식힌 후 물기를 제거한다.
   20g의 송로버섯을 가늘게 채 썬 후, 마르살라 와인 100ml에 담근다.
   처빌 잎을 준비한다.
3. **콩소메 차리기**
   예열한 수프그릇에 익힌 쌀과 송로버섯을 넣는다.
   뜨거운 콩소메를 붓고 처빌 잎으로 장식한다.

완성한 결과

송로버섯 신데렐라 콩소메(Consommé aux truffes Cendrillon)

준비 기구
- 정리용 사각 트레이 3
- 도마 1
- 차이나 캡 1
- 체 1
- 큰 스테인리스 중탕냄비 1
- 믹싱볼(calotte) 1
- 제과용 그릴망 1

조리 기구
- 포토푀(스튜) 냄비 또는 소스포트 1
- 큰 자루냄비 1
- 제과용 오븐팬 1

플레이팅(4인용) 도구
- 콩소메용 잔 혹은 그릇 4
- 잔 혹은 그릇 받침 4
- 둥근 접시와 엠보싱 종이 깔개

비슷한 콩소메 CONSOMMÉS SIMILAIRES

콩소메 셀레스틴 Consommé Célestine
- 타피오카를 넣어 약간 걸쭉하게 만든 닭고기 육수의 콩소메로, 잘게 썬 크레이프에 허브와 송로버섯을 곁들인다.

콩소메 카르멘 Consommé Carmen
- 콩소메 셀레스틴에 주사위 모양의 토마토와 피망, 삶은 쌀을 곁들이고, 처빌 잎으로 장식한다.

콩소메 아 라 렌 Consommé à la reine
- 타피오카로 살짝 걸쭉하게 만든 닭고기 육수의 콩소메로, 작은 로얄* 큐브 garni des petits cubes de royales, 닭고기 퓨레, 가늘게 썬 닭가슴살을 곁들인다.

콩소메 알렉산드라 Consommé Alexandra
- 타피오카로 살짝 걸쭉하게 만든 닭고기 육수의 콩소메로, 닭고기 무슬린 파르시로 만든 고기 완자, 가늘게 썬 닭가슴살, 상추 시포나드를 곁들인다.

닭 날개 콩소메 Consommé aux ailerons
- 닭 육수 콩소메로, 익힌 쌀과 뼈를 발라낸 닭 날개 파르시를 데친 것을 곁들인다.

   * *로얄 Royales : 닭고기, 수렵육, 허브, 토마토, 시금치 등으로 풍미를 낸 크림의 일종으로, 식힌 후 다양한 형태로 자른다.*

잘게 썬 포타주
LES POTAGES TAILLÉS

요리 소개 BREF RAPPEL DE TECHNOLOGIE

잘게 썬 채소 포타주는 신선한 제철 채소를 얇은 세모, 네모 조각 또는 작은 주사위 모양으로 썰어 만든다.

잘게 썬 채소는 보통 물에 담가놓고 포타주를 주문할 때 요리한다.

바게트 조각 또는 (수프용) 크루통*을 곁들여 낸다.

포타주 파리지엥이 대표적 포타주로 얇게 저민 파와 얇은 세모, 네모 조각 감자가 들어있고, 감자 전분으로 리에종한다.

적용 기술 TECHNIQUES MISES EN ŒUVRE

- 채소 다듬고 씻기
  Éplucher et laver des légumes
- 파, 샐러리 저미기
  Émincer des poireaux, du céleri
- 감자, 당근, 무 얇은 세모, 네모 조각으로 썰기
  Tailler des pommes de terre, des carottes, des navets en paysanne
- 작은 주사위 모양으로 채소 썰기
  Tailler des légumes en petits dés
- 처빌 잎 떼기
  Effeuiller du cerfeuil
- 잘게 썬 채소 포타주 끓이기
  Marquer un potage taillé en cuisson
- 푸른 채소 데치기
  Cuire des légumes verts à l'anglaise
- 라르동(프랑스식 베이컨) 썰어 데치기
  Tailler et blanchir des lardons
- 크루통 만들기
  Tailler et sécher des croûtons
- 치즈 강판에 갈기
  Râper du fromage

---

* 크루통 croûton : 작은 빵 조각을 버터나 기름에 튀긴 것

포타주 혹은 수프 오 피스투 POTAGE OU SOUPE AU PISTOU

잘게 썬 포타주 Potage ou soupe au pistou는 제노바에서 유래된 프로방스 지방 전통 요리. 포타주 Potage 혹은 "피스투 수프 Soupe pistu"는 여름 채소와 파스타를 듬뿍 넣고 피스투 (마늘, 빻은 바질이나 으깬 바질, 올리브 오일로 만든 소스)로 향을 낸 수프이다. 포타주에는 간 파르메산 치즈가 곁들여진다.

8인분 재료	단위	양
기본 재료		
– 당근	g	400
– 호박	g	400
– 샐러리	g	100
– 파	g	400
– 양파 gros oignons	g	200
– 껍질콩	g	200
– 토마토	g	400
– 흰색 강낭콩	g	100
– 빨간색 강낭콩	g	100
– 감자(빈취 Bintje)	g	400
– 파스타(마카로니) pâtes(coquillettes)	g	100
피스투 PISTOU		
– 마늘	g	40
– 바질	단	1/2
– 올리브 오일	ml	200
– 토마토	g	약간(PM)
– 감자	g	약간(PM)
– 파르메산 치즈	g	40
장식 재료		
– 파르메산 치즈	g	40
양념		
– 굵은소금		약간(PM)
– 가는소금		약간(PM)
– 후춧가루		약간(PM)
평균 준비 시간 : 1시간 30분		
평균 가열 시간 : 25분		

만드는 방법

1. 조리 작업 기구 준비하기 – 5분

레시피대로 재료를 계량, 측정하고 작업에 필요한 도구들을 점검한다.

2. 채소 준비하기 – 20분

모든 채소를 다듬고 씻는다.
감자는 찬물에 담가 놓는다.
호박은 끝을 잘라내고 씻는다.
마늘을 다듬는다.

3. 토마토 껍질, 씨 제거하고 잘게 자르기 – 10분

4. 껍질콩, 흰색 강낭콩, 빨간색 강낭콩 각각 데치기 – 10분

(살균 밀폐 용기에 보관된 경우, 포타주가 완성되기 몇 분 전에 넣어 익힌다.)

5. 채소 썰기 – 20분

각 면이 1cm 되는 주사위 모양으로 썬다.

6. 포타주 끓이기 – 10분

1.5L 물에 소금을 넣어 끓인다.
채소를 순서대로 넣는다.(당근, 무, 샐러리, 양파, 파, 호박)
감자와 토마토를 마지막으로 넣는다.(마카로니는 따로 익혀 넣거나, 함께 넣어 12분 동안 익힌다.)

7. 피스투 만들기 – 10분(p. 437 참조)

절구에 마늘과 바질 잎을 넣어 빻는다.
올리브 오일을 조금씩 넣고 포타주에서 주사위 모양으로 썬 토마토와 감자 조각을 조금 빼서 넣는다.
절구공이로 피스투가 균일하게 잘 섞이도록 한다.
파르메산 치즈를 조금 첨가하고 간을 한다.

8. 피스투 수프 차리기 – 5분

잘 끓여졌는지 확인하고 양념한다.
수프그릇에 뜨거운 수프를 붓는다.
소스그릇에 피스투와 강판에 간 파르메산을 따로 낸다.(피스투는 포타주를 제공할 때 첨가할 수 있다.)

FICHE 03

완성한 결과

수프 오 피스투(Soupe au pistou)

비슷한 포타주 POTAGES SIMILAIRES

밀라노식 포타주 Potage minestrone
- 시골식 포타주에 훈제 삼겹살 조각 또는 훈제 햄 조각을 넣는다.
- 끓고 있는 포타주에 잘게 썬 토마토, 미리 익힌 흰색 강낭콩, 3cm 길이로 자른 스파게티, 잘게 다진 돼지 기름살, 마늘, 바질을 넣는다.
- 파르메산 치즈를 뿌려 제공한다.

포타주 본팜므 Potage bonne—femme
- 버터와 크림을 넣은 포타주 파리지엥이다.
- 오븐에 구운 바게트 조각을 따로 제공한다.

채소 재배자 포타주 Potage maraîchère
- 포타주 본팜므에 버미첼리를 넣고 수영, 상추, 시금치 시포나드를 첨가한다.
- 쇠비름과 처빌 잎으로 장식한다.

노르망디식 포타주 Potage normande
- 약한 불에 버터를 넣고 얇은 당근과 대파 조각을 볶는다.
- 강낭콩과 얇은 감자 조각을 첨가한다.
- 버터와 크림을 넣어 요리를 완성한다.

위에 소개한 포타주는 흰색 육수 콩소메 또는 우유를 섞은 흰색 육수 콩소메로 만들 수 있다.

준비 기구
- 정리용 사각 트레이
- 중간 크기 믹싱볼 2
- 작은 들통 1
- 도마 1
- 절구 1, 절구공이 1 또는 믹서 1
- 파르메산 치즈 강판 1
- 포타주 중탕냄비 1

조리 기구
- 큰 자루냄비 1 또는
- 작은 소스포트 1
- 작은 자루냄비 3

플레이팅(4인용) 도구
- 수프그릇 1
- 받침접시 큰접시 1
- 무늬 있는 장식용 종이 1
- 받침접시 1
- 소스그릇 1
- 소스 받침접시 큰접시 1
- 치즈강판 1

시골식 포타주 요리
POTAGE CULTIVATEUR

FICHE 04
RÉALISÉ PAR
ENTREMÉTIER 담당자 : 전채요리사

시골식 포타주 Potage cultivateur는 제철 채소(당근, 무, 파, 감가, 샐러리, 양배추, 완두콩, 강낭콩 등등)를 얇은 조각으로 썰어 버터에 볶은 후 물을 부어 만든다. 저염 삼겹살을 라르동 조각으로 썬 것을 넣고, 강판에 곱게 간 그뤼예르 또는 파르메산 치즈와 오븐에 구운 빵 조각을 곁들여 먹는다.

8인분 재료	단위	양
기본 재료		
– 버터	ㄱ	40
– 저염 삼겹살	ㄱ	80
poitrine de porc demi-sel		
– 파	ㄱ	160
– 당근	ㄱ	160
– 무	ㄱ	80
– 샐러리	ㄱ	80
– 양배추	ㄱ	80
– 감자(빈취 type Bintje, 삼바 Samba,	ㄱ	400
아가타 Agata)*		
– 껍질콩	ㄱ	40
– 냉동 완두콩 petits pois surgelés	g	40
육수		
– 물	l	1.8~2
마무리		
– 처빌	단	1/4
곁들임(선택사항)		
– 빵(바게트)	g	160 또는 24 조각
– 강판에 간 그뤼예르	g	80
또는 파르메산 치즈		
– 버터(선택사항)	g	40
양념		
– 굵은소금		약간(PM)
– 가는소금		약간(PM)
평균 준비 시간 : 1시간 15분		
평균 가열 시간(주요리) : 20~25분		

* 빈취, 삼바, 아가타 등은 프랑스 품종의 감자다.

준비 기구
- 정리용 사각 트레이 3
- 작은 믹싱볼 1
- 체 1
- 제과용 그릴망 1
- 작은 틀통 1
- 도마 1
- 절구공이 1
- 포타주 중탕냄비 1

조리 기구
- 큰 자루냄비 1
- 작은 자루냄비 2
- 정리용 사각 트레이 1

플레이팅 도구
- 수프그릇 1
- 큰 접시 1
- 무늬 있는 장식용 종이 1
- 받침접시 1

만드는 방법

1. 조리 작업 기구 준비하기 – 5분
레시피대로 재료를 계량, 측정하고 작업에 필요한 도구들을 점검한다.

2. 채소 준비하기 – 30분
모든 채소를 다듬고 씻는다.
파와 샐러리를 가늘게 썬다.
당근, 무, 양배추를 얇은 조각으로 썬다.
껍질콩을 작은 주사위 모양으로 썬다.

3. 포타주 끓이기 – 20분
돼지 껍질을 제거하고 삼겹살을 작은 라르동 조각으로 썬다.
라르동을 물에 데친 후 물기를 뺀다.
타지 않게 라르동을 버터에 볶는다.
파, 당근, 무, 샐러리를 첨가한다.
색깔이 나지 않게 천천히 볶는다.
찬물(1.8~2L)을 붓는다.
굵은소금을 조금 넣는다.
양배추를 첨가한다.
10분간 끓인다
얇은 조각으로 썬 감자를 넣는다.
10분간 또 끓인다.
간을 확인한다.
포타주를 중탕냄비에 옮기고 뚜껑을 덮는다.

4. 완두콩, 껍질콩을 각각 데치기 – 5분(p. 496 참조)
물기를 빼고 식힌다.

5. 곁들임 재료 준비하기(포타주 끓이는 동안) – 10분
바게트를 슬라이스한다.
오븐에 노릇노릇하게 굽는다.
치즈를 강판에 간다.
처빌 잎을 뗀다.
찬물이 든 작은 그릇에 처빌 잎을 담가둔다.

6. 포타주와 곁들임 음식 차리기(앞 장 그림 참조)– 5분
접시 중앙에 갈아둔 치즈를 봉긋하게 담는다.
치즈 둘레에 빵 조각을 나란히 둔다.
완두콩과 껍질콩을 포타주에 첨가한다.
채소가 골고루 들어가도록 수프그릇에 뜨거운 포타주를 붓는다.
마지막에 처빌 잎으로 장식한다.

채소의 원래 색깔을 유지하기 위해서는 포타주를 빨리 끓여야 하며, 제공하기 바로 직전에 만들어야 한다.

포타주 파리지엥

POTAGE PARISIEN

포타주 파리지앵 Potate parisien은 잘게 썬 채소 포타주의 기본이 되는 포타주. 가늘게 썬 파와 얇은 조각으로 썬 감자가 들어 있는 포타주로 처빌 잎으로 장식한다.

FICHE 05

RÉALISÉ PAR

ENTREMÉTIER 담당자 : 전채요리사

8인분 재료	단위	양
기본 재료		
– 버터	g	40
– 파	g	400
– 감자(빈취 type Bintje, 삼바 Samba, 아가타 Agata)	kg	1.2
육수		
– 물	L	1.8~2
마무리		
– 처빌	단	1/4
– 윤내기용 버터	g	20
양념		
– 굵은소금		약간(PM)
– 가는소금		약간(PM)
평균 준비 시간 : 1시간		
평균 가열 시간 : 8~10분		

만드는 방법

1. 조리 작업 기구 준비하기 – 5분

레시피대로 재료를 계량, 측정하고 작업에 필요한 도구들을 점검한다.

2. 채소 준비하기 – 10분

채소를 다듬고 씻는다.(파가 잘 씻겼는지 꼼꼼히 확인한다.)

3. 파를 얇게 썰기 – 10분(p. 196 참조)

4. 포타주 끓이기 – 8분

얇게 썬 파를 버터에 천천히 볶는다.

찬물 1.8~2L를 붓는다.

물을 끓인다.

굵은소금으로 간한다.

5. 감자를 얇은 조각으로 썰기 – 10분(p. 207 참조)

감자가 갈변하지 않도록 파를 포타주에 넣어 끓이는 동안 썬다.

감자 전분을 유지하도록 물 속에 담그지 않는다.

6. 포타주에 감자 넣기 – 2분

8~10분간 끓인다.

거품을 걷어낸다.

7. 처빌 잎 떼기 – 5분(p. 179 참조)

찬물에 처빌 잎을 보관한다.

8. 포타주 완성하기 – 3분

채소가 잘 익었는지 확인하고 간한다.

중탕냄비에 뚜껑을 닫아 보관한다.

9. 포타주 차리기 – 2분

채소가 골고루 들어가도록 수프그릇에 뜨거운 포타주를 붓는다.

마지막에 처빌 잎으로 장식한다.

완성한 결과

시골식 포타주(Potage cultivateur)

준비 기구	조리 기구	플레이팅(4인용)
• 정리용 사각 트레이 3	• 큰 자루냄비 1	• 수프그릇 1
• 작은 믹싱볼 2	또는	• 큰 접시 1
• 작은 들통 1	• 작은 자루냄비 1	• 무늬 있는 장식용 종이 1
• 도마 1		또는
• 포타주 중탕냄비 1		• 받침접시 1

채소 퓨레 포타주
LES POTAGES PURÉES DE LÉGUMES FRAIS

요리 소개 BREF RAPPEL DE TECHNOLOGIE

채소 〈퓨레〉 포타주는 파와 감자를 기본 재료로 한 퓨레로 포타주 이름에 따라 다른 채소(콜리플라워, 당근, 무, 늙은 호박, 샐러리 등등)를 추가한다.

채소 퓨레 포타주는 마지막에 버터와 크림을 넣는다. 식빵을 버터에 튀긴 작은 크루통을 넣고 처빌 잎으로 장식한다.

적용 기술 TECHNIQUES MISES EN ŒUVRE

- 채소 다듬고 씻기
  Éplucher et laver des légumes
- 파 얇게 썰기
  Émincer des poireaux
- 채소 채썰기
  Tailler des légumes en julienne
- 채 썬 채소 익히기
  Étuver une julienne de légumes
- 처빌 잎 떼기
  Effeuiller du cerfeuil
- 크루통 자르기
  Tailler des croûtons
- 《채소 퓨레》 포타주 만들기
  Réaliser un potage « purée de légumes frais »
- 시포나드 만들기(수영 잘게 썰기)
  Tailler une chiffonnade(ciseler de l'oseille)
- 크루통 자르기
  Tailler des croûtons
- 크루통 굽거나 튀기기
  Sauter et frire des croûtons

감자 퓨레 포타주
POTAGE PARMENTIER

감자 퓨레 포타주(포타주 파르망티에 Potage Parmentier)는 신선한 감자를 재료로 한 포타주. 버터에 볶은 감자와 파로 퓨레를 만들고 크림으로 리에종한 후 버터에 튀긴 크루통을 넣고 처빌 잎으로 장식한다.

8인분 재료	단위	양
기본 재료		
– 버터	g	40
– 파	g	400
– 감자(type 빈취 Bintje, 삼바 Samba, 아가타 Agata)	g	800
육수		
– 물	L	1.8~2
마무리		
– 크림	ml	200
– 처빌	단	1/4
– 윤내기용 버터	g	20
곁들임		
– 식빵	g	160
– 버터	g	40
양념		
– 굵은소금		약간(PM)
– 가는소금		약간(PM)
평균 준비 시간 : 55분		
평균 가열 시간 : 30분		

만드는 방법

1. 조리 작업 기구 준비하기 – 5분
레시피대로 재료를 계량, 측정하고 작업에 필요한 도구들을 점검한다.

2. 채소 준비하기 – 20분
파, 감자를 다듬고 씻는다.
파의 흰 부분을 잘게 썬다.(p. 196 참조)
감자를 4등분으로 잘라 찬물이 담긴 들통에 넣어둔다.

3. 포타주 끓일 준비하기 – 10분
얇게 썬 파를 버터에 볶는다.
찬물 1.8~2L를 붓는다.
굵은소금을 넣는다.
감자를 넣는다.
뚜껑을 닫고 천천히 끓인다.
거품을 걷는다.

4. 곁들일 재료 준비하기 – 10분
각 면이 1cm 되는 작은 주사위 모양으로 식빵을 썬다.
작은 팬에 정제 버터를 넣고 재빨리 식빵을 튀긴다.
키친타월에 식빵을 올려 기름기를 뺀다.
처빌 잎을 떼어 찬물이 담긴 작은 그릇에 넣어둔다.

5. 포타주 완성하기 – 10분
감자가 잘 익었는지 확인한다.
포타주를 믹서기에 갈고 차이나 캡으로 거른다.
크림을 첨가한다.
포타주를 다시 끓이며 거품을 걷는다.
농도를 확인하고 간을 한다.
중탕냄비에 포타주를 옮긴다.
버터 한 조각을 올리고 뚜껑을 덮는다.

6. 포타주 차리기 – 5분
무늬가 있는 장식용 종이를 작은 접시에 깔고 크루통을 동그랗게 쌓는다.
포타주가 잘 섞이도록 저어준 후 수프그릇에 뜨거운 포타주를 붓는다.
마지막에 처빌 잎으로 장식한다.

완성한 결과

감자 퓨레 포타주(Potage Parmentier)

준비 기구
- 정리용 사각 트레이 3
- 작은 믹싱볼 2
- 중간 크기 들통 1
- 도마 1
- 수프 믹서기 1
- 금속 차이나 캡 1
- 포타주 중탕냄비 1

조리 기구
- 큰 자루냄비 1
또는,
- 작은 소스포트 1

플레이팅(4인용) 도구
- 수프그릇 1
- 큰 접시 1
- 무늬 있는 장식용 종이 1
또는
- 받침접시 1
- 수프그릇 1
- 큰 접시 1
또는
- 작은 소스그릇 1

채 썬 채소 포타주 다르블레
POTAGE JULIENNE DARBLAY

채 썬 채소 포타주 다르블리(쥴리앤 다르블레 수프 Potage julienne Darblay)는 감자 퓨레 포타주의 일종으로, 파, 감자, 크림 퓨레에 잘게 채 썬 채소(파, 당근, 샐러리, 무)를 버터에 익혀 올린 후 처빌 잎으로 장식한다.

8인분용 재료	단위	양
기본 재료		
– 버터	g	40
– 파	g	400
– 감자(type 빈취 Bintje, 삼바 Samba, 아그 타 Agata)	g	800
육수		
– 물	L	1.8~2
마무리		
– 더블크림	ml	200
– 처빌	단	1/4
– 윤내기용 버터	g	20
곁들임		
– 당근	g	160
– 파	g	160
– 샐러리	g	80
– 무	g	80
– 버터	g	20
양념		
– 굵은소금		약간(PM)
– 가는소금		약간(PM)
– 굵은 설탕		약간(PM)
평균 준비 시간 : 1시간 15분		
평균 가열 시간(주요리) : 30분		
평균 가열 시간(곁들임) : 15분		

만드는 방법

1. 조리 작업 기구 준비하기 – 5분
레시피대로 재료를 계량, 측정하고 작업에 필요한 도구들을 점검한다.

2. 채소 준비하기 – 20분
채소를 다듬고 씻는다.
파의 흰 부분을 잘게 썰어준다.
감자는 4등분으로 자른다.
자른 감자를 찬물이 담긴 들통에 넣어둔다.

3. 포타주 파르망티에 감자 퓨레 포타주 끓일 준비하기 – 10분
파를 버터에 볶는다.
찬물 1.8~2L를 붓는다.
굵은소금을 넣는다.
감자를 넣는다.
뚜껑을 닫고 천천히 끓이며 거품을 걷는다.

4. 곁들임 재료 준비하기 – 20분《채소편》참조)
당근, 무, 파, 샐러리를 가늘게 채 썬다.
처빌 잎을 뗀다.
처빌 잎을 찬물이 담긴 작은 그릇에 넣어둔다.

5. 곁들임 재료 익히기 – 15분(p. 517 참조)
소테팬을 약한 불에 올린다.
버터를 넣고 물을 조금 넣는다.
채 썬 채소를 붓는다.
가는소금 조금과 굵은 설탕 한 꼬집을 넣어 간한다.(설탕은 겨울 채소에 자주 나는 신맛을 줄여줌)
유산지로 덮은 후 뚜껑을 닫는다.
약 15분간 천천히 익힌다.
타지 않도록 주의하며 익힌다.

6. 포타주 완성하기 – 12분
감자 퓨레 포타주를 믹서기에 갈고 차이나 캡에 거른다.
크림을 첨가한다.
포타주를 다시 끓이며 거품을 걷는다.
농도를 확인하고 간을 한다.
중탕냄비에 포타주를 옮긴다.
버터 한 조각을 올린다.
뚜껑을 덮는다.

7. 포타주 차리기(사진 참조) – 5분
곁들임 채소가 골고루 들어가도록 수프그릇에 뜨거운 포타주를 붓는다.
마지막에 처빌 잎으로 장식한다.

FICHE 07

완성한 결과

채 썬 채소 포타주 다르블레(쥴리앤 다르블레 수프 Potage julienne Darblay)

크렘 비시수아즈 CRÈME VICHYSSOISE

1. 포타주 파르망티에 만들기

버터 80g, 파 400g, 감자 800g을 준비한다.

2. 포타주 끓이기

살짝 끓인 후 물기를 부분적으로 없앤다. 끓는 물을 준비한다.

3. 포타주 믹서기로 갈고 농도 조절하기

끓는 물로 원하는 농도를 조절한다.

4. 포타주 거르기

차이나 캡을 사용하여 거른다.

냄비에 포타주를 옮긴다.

크림 300ml를 넣고 포타주를 끓인다.

농도와 간을 확인한다.

5. 포타주 옮기기

얼음이 담긴 믹싱볼 위에 옮겨 주걱으로 자주 저어주면서 식힌다.

6. 포타주 차리기

콩소메 그릇에 덜고 잘게 썬 골파를 위에 뿌린다.(또는 잘게 썬 골파를 넣어서 만든 휘핑크림을 얹는다.)

완성한 결과

크렘 비시수아즈(Crème Vichyssoise)

준비 기구
- 정리용 사각 트레이 3
- 작은 들통 1
- 도마 1
- 믹서기 1
- 차이나 캡 1
- 포타주 중탕냄비 1

조리 기구
- 큰 자루냄비 1
- 중간 크기 소테팬 1

플레이팅(4인용) 도구
- 수프그릇 1
- 받침접시 1
- 무늬 있는 장식용
  종이 1

비슷한 포타주 POTAGES SIMILAIRES

포타주 뒤바리 Potage purée Du Barry
- 버터에 익힌 파, 데친 콜리플라워, 감자를 준비한다.
- 우유, 물 또는 흰색 육수에 넣고 끓인다.
- 믹서기로 간 후 차이나 캡에 거른다.
- 크림과 버터를 넣는다.
- 데친 콜리플라워 끝 부분과 처빌 잎으로 장식하고 튀긴 크루통을 곁들인다.

포타주 크레시 브리아드 Potage purée Crécy briarde
- 파, 잘게 썬 양파, 당근(잘게 썰어 데친 후 버터에 익힘), 감자를 준비한다.
- 물을 넣어 끓인다.
- 믹서기로 간 후 차이나 캡에 거른다.
- 크림과 버터를 넣는다.
- 크루통과 처빌 잎으로 장식한다.

포타주 프레누즈 Potage purée Freneuse
- 파의 흰 부분, 얇게 썰어 데친 후 버터에 익힌 무, 감자를 준비한다.
- 물을 넣어 끓인다.
- 믹서기로 간 후 차이나 캡에 거른다.
- 크림과 버터를 넣는다.

크레송 퓨레 포타주 Potage purée de cresson(cressonnière)
- 파, 버터에 익힌 크레송 잎, 감자를 준비한다.
- 물을 넣어 끓인다.
- 믹서기로 간 후 차이나 캡에 거른다.
- 크림과 버터를 넣는다.
- 데친 크레송 잎으로 장식한다.

민트를 곁들인 완두콩 퓨레 포타주
Potage purée de petits pois frais à la menthe
- 햇양파 80g, 파 80g, 상추 80g을 잘게 썰어 버터에 익힌다.
- 완두콩 800g을 첨가한다.
- 2L의 물을 넣고 끓인다.
- 작은 민트 다발을 넣는다.
- 굵은소금으로 간을 하고 뚜껑을 연 채 팔팔 끓인다.
- 믹서기로 간 후 차이나 캡에 거른다.
- 크림과 버터를 넣은 후 데친 완두콩과 잘게 썬 민트 잎으로 장식한다.

건조 채소 퓨레 포타주
POTAGES PURÉES DE LÉGUMES SECS

요리 소개 BREF RAPPEL DE TECHNOLOGIE

건조 채소 《퓨레 Purees》 포타주에는 아로마틱 가니쉬(미르푸아 Mirepoix)와 이름에서 보듯 건조 채소(건조 완두콩 pois cassés, 렌팅콩 lentilles, 강낭콩 haricots secs 등)가 들어간다.

마지막에 버터와 크림을 넣고, 곁들임 재료(크루통 croûtons, 라르동 조각 petits lardons, 파르시 무슬린 완자 petite quenelle en farce mousseline, 다양한 시포나드 chiffonnades diverses 등)를 추가한다.

적용 기술 TECHNIQUES MISES EN ŒUVRE

- 채소 다듬고 씻기
  Éplucher et laver des légumes
- 미르푸아 썰기
  Tailler une Mirepoix
- 양파 잘게 썰기
  Ciseler des oignons
- 당근 주사위 모양으로 썰기
  Tailler des carottes en dés
- 부케가르니 만들기
  Réaliser un bouquet garni
- 건조 채소 데치기
  Blanchir des légumes secs
- 건조 채소 익히기
  Cuire des légumes secs
- 크루통 자르기
  Tailler des croûtons
- 시포나드 만들기
  Tailler une chiffonnade
- 처빌 잎 떼기
  Effeuiller du cerfeuil

크루통을 곁들인 포타주 생제르맹

POTAGE SAINT-GERMAIN AUX CROÛTONS

건조 완두콩으로 만든 퓨레 포타주로, 아로마틱 가니쉬가 들어가며 마지막에 믹서기로 간 완두콩을 넣는다. 원하는 색이 나오도록 마지막에 버터와 크림을 추가한다. 정제 버터에 튀긴 식빵 크루통을 곁들이며, 처빌 잎으로 장식한다.

8인분용 재료	단위	양
기본 재료		
– 건조 완두콩	g	700
아로마틱 가니쉬		
– 버터	g	40
– 저염 삼겹살	g	100
– 파	g	80
– 당근	g	80
– 양파	g	80
– 부케가르니	개	1
– 마늘	톨	2
육수		
– 물 또는 송아지 흰색 육수	L	2
마무리		
– 버터	g	40
또는		
– 더블크림	g	80
– 처빌	단	1/4
– 윤내기용 버터	g	20
곁들임		
– 식빵	g	160
– 버터	g	40
– 땅콩기름 huile arachide	ml	20
양념		
– 굵은소금		약간(PM)
– 가는소금		약간(PM)
평균 준비 시간 : 1시간 20분		
평균 가열 시간 : 45분~1시간		

만드는 방법

1. 조리 작업 기구 준비하기 – 5분

레시피대로 재료를 계량, 측정하고 작업에 필요한 도구들을 점검한다.

2. 건조 완두콩 데치기 – 5분 (p. 494 《**건조 채소 익히기** Cuisson des légumes secs》 참조)

완두콩을 잘 씻는다.

찬물에 넣어 끓여 데치고, 거품을 걷어내고 물기를 뺀 후 식힌다.

3. 라르동 준비하기 – 5분

삼겹살 껍질을 제거하고 작은 라르동 조각 크기로 썬다.

라르동을 찬물에 넣어 끓여 데친 후 물기를 뺀다.

4. 아로마틱 가니쉬용 채소 준비하기 – 20분

파, 당근, 양파, 파슬리, 마늘을 다듬고 씻는다.

파를 잘게 썬다.

당근, 양파를 작은 주사위 모양으로 썬다.(미르푸아) (p. 135, 192 참조)

부케가르니를 만든다.(p. 462 참조)

마늘을 다듬고 으깬다.

5. 포타주 생제르맹 끓일 준비하기 – 10분

라르동을 버터에 타서 브라운 컬러가 되지 않도록 조심하며 볶는다.

파, 당근, 양파를 첨가한다..

4~5분간 미르푸아를 약한 불에 볶는다.

완두콩을 첨가한다.

2L 찬물 또는 송아지 육수를 붓는다.

물을 끓이고 거품을 걷어낸다.

부케가르니와 마늘을 넣는다.

완두콩의 품질에 따라 45분~1시간 동안 뚜껑을 닫고 뭉근히 끓인다.

2/3 정도 익었을 때 굵은소금을 넣는다.

6. 곁들일 재료 준비하기 – 15분

식빵을 각 면이 1cm 되는 주사위 모양으로 자른다.

작은 프라이팬에 기름과 버터를 넣고 재빨리 튀긴다.

키친타월 위에 올려 기름기를 뺀다.

처빌 잎을 뗀다.

찬물이 담긴 작은 그릇에 처빌 잎을 보관한다.

7. 포타주 만들기 – 15분

부케가르니를 뺀다.

포타주 생제르맹을 믹서기에 갈고 압착해 누르며 차이나 캡에 거른다.

포타주 색깔을 확인하며 버터와 크림을 첨가한다.(크림은 포타주를 흰색으로 만드는 단점이 있다.)

포타주를 다시 끓이며 거품을 걷어낸다.

농도와 색깔을 확인하고 간을 한다.

중탕냄비에 포타주를 옮긴다.

버터를 한 조각 올린다.

뚜껑을 덮는다.

8. 포타주 완성하고 차리기 – 5분

접시 중앙에 동그란 산 모양으로 크루통을 놓는다.

포타주를 골고루 섞는다.

수프그릇에 뜨거운 포타주를 담는다.

마지막에 처빌 잎으로 장식한다.

FICHE 08

완성한 결과

크루통을 곁들인 포타주 생제르맹(Potage Saint–Germain aux croûtons)

준비 기구
- 정리용 사각 트레이 3
- 작은 스테인리스 채반 1
- 금속 차이나 캡 1
- 믹서기 1
- 큰 믹싱볼 1
- 도마 1
- 포타주 중탕냄비 1

조리 기구
- 큰 자루냄비 1
- 작은 자루냄비 1
- 작은 프라이팬 1

플레이팅(4인용) 도구
- 수프그릇 1
- 무늬 있는 장식용 종이 1
- 큰 접시 1
- 수프 받침접시 1
- 무늬 있는 장식용 종이 1

포타주 콩티
POTAGE CONTI

《포타주 콩티 Le potage Conti는 렌틸콩 퓨레를 기본 재료로 하고 작은 라르동 조각을 곁들인 포타주이다. 이 건조 채소 퓨레는 프랑스 솜 지역 de la Somme(오드 프랑스 Haut de France)의 도시인 콩티의 왕자 루이 조제프 드 부르봉 Louis Joseph de Bourbon prince de Conti(1734-1814)에게 경의를 표하기 위해 만들었다.》

8인분 재료	단위	양
기본 재료		
− 초록색 또는 금색 렌틸콩	g	700
아로마틱 가니쉬		
− 버터	g	40
− 염장(반염) 삼겹살 poitrine de porc demi-sel	g	160
− 파	g	80
− 당근	g	80
− 양파	g	80
− 부케가르니	개	1
− 마늘	톨	2
육수		
− 물	L	2
마무리		
− 버터	g	40
− 처빌	단	1/4
곁들임		
− 염장(반염) 삼겹살	g	약간(PM)
− 식용유	ml	20
양념		
− 굵은소금		약간(PM)
− 가는소금		약간(PM)
평균 준비 시간 : 1시간		
평균 가열 시간 : 30~40분		

준비 기구
- 정리용 사각 트레이 3
- 큰 믹싱볼 1
- 작은 믹싱볼 1
- 스테인리스 채반 1
- 수프 믹서기 1
- 금속 차이나 캡 1
- 도마 1
- 포타주 중탕냄비 1

조리 기구
- 큰 자루냄비 1 또는
- 작은 소스포트 1
- 작은 자루냄비 1
- 작은 프라이팬 1

플레이팅(4인용) 도구
- 수프그릇 1
- 받침 접시 1
- 무늬 있는 장식용 종이 1
또는
- 스프 받침접시 1

만드는 방법

1. 조리 작업 기구 준비하기 − 5분

레시피대로 재료를 계량, 측정하고 작업에 필요한 도구들을 점검한다.

2. 렌틸콩 씻기 − 3분

물에 담가놓지 않는다.

3. 아로마틱 가니쉬용 채소 준비하기 − 20분

파, 당근, 양파, 파슬리, 마늘을 다듬고 씻는다.

파를 잘게 썬다.

당근, 양파를 작은 주사위 모양으로 썬다.(미르푸아) (p. 135, 192 참조)

부케가르니를 만든다.(p. 462 참조)

마늘을 다듬고 으깬다.(p. 118 참조)

4. 삼겹살 데치기 − 최소 5분

5. 포타주 콩티 끓일 준비하기 − 10분(p. 494 《건조 채소 익히기》 참조)

아로마틱 가니쉬 채소를 버터에 볶는다.

렌틸콩을 첨가한다.

찬물 2L를 붓는다.

으깬 마늘, 부케가르니, 삼겹살을 첨가한다.

물을 끓이고 거품은 걷어낸다.

부케가르니와 마늘을 넣는다.

렌틸콩의 품질에 따라 30~40분동안 뚜껑을 닫고 뭉근히 끓인다.

2/3 정도 익었을 때 굵은소금을 넣는다.

6. 포타주 만들기 − 15분

삼겹살을 빼서 따로 둔다.

부케가르니를 뺀다.

포타주 콩티를 믹서기에 갈고 압착해 누르며 차이나 캡에 거른다.

포타주를 다시 끓이며 거품을 걷는다.

농도를 확인하고 간을 한다.

중탕냄비에 포타주를 옮긴다.

버터 한 조각을 올리고 뚜껑을 덮는다.

7. 곁들임 재료 준비하기 − 5분

삼겹살을 작은 라르동 조각으로 자른다.

약간의 식용유를 넣어 재빨리 볶는다.

키친타월 위에 올려 기름을 뺀다.

8. 포타주 차리기 − 2분

수프그릇에 뜨거운 포타주를 담는다.

라르동을 골고루 뿌린다.

마지막에 처빌 잎으로 장식한다.

자르지 않고 버터에 볶지 않은 아로마틱 가니쉬와 함께 렌틸콩을 익힐 수도 있다. 양파, 당근, 부케가르니를 물에 넣은 후에 렌틸콩을 넣는다. 이러한 경우, 포타주로 만들기 전에 아로마틱 가니쉬를 빼낸다.(p. 494 《건조 채소 익히기 Cuisson des légumes Secs》참조)

FICHE 09

크루통을 곁들인 포타주 수아소네
POTAGE SOISSONNAIS AUX CROÛTONS

1. 흰색 강낭콩 익히기(p. 493 참조)

700g의 흰색 강낭콩(수아소네(soissonnais) : 지방 강낭콩 선호)을 잘 씻고 찬물에 몇 시간 담가둔다.

다시 헹군 후 물기를 뺀다.

찬물 2.5L를 넣고 끓인다.

끓이며 거품을 걷어낸다.

정향 조각 1개씩 박은 양파 200g, 토막으로 자른 당근 200g을 넣고 파, 파슬리, 타임, 월계수, 마늘로 만든 부케가르니를 첨가한다.

돼지비계 200g을 첨가한다.

뚜껑을 반쯤 열고 40분~1시간 동안 천천히 끓인다.

2/3쯤 끓인 후 소금을 넣는다.

2. 포타주 만들기

아로마틱 가니쉬 재료를 제거한다.

믹서기에 포타주를 갈고 세게 압착하며 차이나 캡에 거른다.

다시 포타주를 끓이고 크림을 넣는다.

중탕냄비에 옮기고 버터를 넣는다.

3. 포타주 차리기

정제 버터에 튀긴 식빵 크루통 조각을 곁들여 낸다.

완성한 결과

크루통을 곁들인 포타주 수아소네(Potage soissonnais aux croûtons)

비슷한 포타주 POTAGES SIMILAIRES

포타주 앙바사되르 Potage Ambassadeur
• 포타주 생제르맹 Potage Saint-Germain에 얇게 채 썰어 버터에 익힌 상추와 수영, 소금을 넣어 삶은 쌀을 곁들인 후 처빌 잎으로 장식한다.

포타주 롱샹 Potage Longchamp
• 포타주 생제르맹 Potage Saint-Germain에 얇게 채 썰어 버터에 익힌 수영, 버미첼리를 곁들인 후 처빌 잎으로 장식한다.

포타주 에서 Potage Esaü
• 콩소메에 데친 쌀로 걸쭉해진 포타주 콩티.
• 버터와 크림을 넣는다.

포타주 샹티 Potage Chantilly
• 버터와 크림을 넣은 포타주 콩티.
• 닭고기 무슬린 파르시로 만든 작은 완자를 데쳐서 곁들인다.

포타주 콜롱빈 Potage Colombine
• 비둘기 육수로 만든 포타주 콩티.
• 어린 비둘기 삼겹살을 가늘게 채 썬 것을 버터에 볶고 꼬냑에 불을 붙여 풍미를 내고, 비둘기 파르시 완자와 작은 주사위 모양으로 썬 송로버섯을 곁들인다.

포타주 뮈자르 Potage Musard
• 버터와 크림을 넣은 강낭콩 퓨레.
• 데친 강낭콩과 정제 버터에 튀긴 크루통을 곁들인다.

포타주 뚜랑젤 Potage tourangelle
• 버터와 크림을 넣은 여러 종류 강낭콩 퓨레.
• 데친 껍질콩을 주사위 모양으로 잘게 자른 것과 강낭콩을 곁들인다.

포타주 콩데 Potage Condé
• 레드 와인과 빨간색 강낭콩으로 만들어 버터와 크림을 넣은 퓨레.

포타주 브르톤느 Bretonne
• 흰색 강낭콩, 양파, 파로 만든 퓨레.
• 토마토를 첨가해 믹서기로 갈아 마지막에 버터와 크림을 넣는다.

포타주 생제르맹을 기본으로 만든 다양한 포타주는 계절에 따라 생 완두콩을 재료로 사용할 수도 있다.

완성한 결과

포타주 앙바사되르(Potage Ambassadeur)

채소 크림 수프와 벨루테
LES CREÈMES ET VELOUTÉS À BASE DE LÉGUMES

요리 소개 BREF RAPPEL DE TECHNOLOGIE

송아지 육수 벨루테 또는 베샤멜 소스로 만든 매우 걸쭉한 포타주로, 익힌 채소(콜리플라워, 샐러리, 오이, 아스파라거스, 상추 등)가 들어있다.

크림 수프는 마지막에 계란 노른자와 크림 혼합물을 넣은 벨루테를 넣어 리에종한다.

적용 기술 TECHNIQUES MISES EN ŒUVRE

- 송아지 육수 만들기
  Réaliser un fond blanc de veau
- 채소 다듬고 씻기
  Éplucher et laver des légumes
- 파 잘게 썰기
  Émincer des poireaux
- 콜리플라워 끝부분 떼내기
  Prélever des sommités de chou-fleur
- 흰색 루 만들기
  Réaliser un roux blanc
- 벨루테 만들기
  Réaliser un velouté
- 계란 노른자로 리에종 만들기
  Réaliser une liaison aux jaunes d'œufs
- 채소 데치기
  Cuire des légumes à l'anglaise

벨루테 뒤바리*

VELOUTÉ DU BARRY

벨루테 뒤바리 Velouté Du Barry는 송아지 육수 벨루테 velouté de veau 또는 베샤멜 소스 sauce Béchamel로 만든 농도가 진한 포타주로, 익힌 콜리플라워가 들어간다. 두 번째 리에종은 크림 수프의 경우 크림을 재료로, 벨루테의 경우 크림과 계란 노른자를 재료로 한다.

8인분 재료	단위	양
기본 재료		
– 버터	g	100
– 파	g	160
– 밀가루	g	80
– 송아지 육수	L	2
– 콜리플라워	kg	1
리에종		
– 우유(선택사항)	ml	약간(PM)
– 계란(노른자)	개	4
– 고지방 크림	ml	200
마무리		
– 버터	g	20
– 처빌	단	1/4
곁들임		
– 콜리플라워 끝부분 (벨루테 속 콜리플라워로 준비)	g	160
양념		
– 굵은소금		약간(PM)
– 가는소금		약간(PM)
평균 준비 시간 : 1시간 15분		
평균 가열 시간 : 40~45분		
평균 가열 시간(곁들임 재료) : 5분		

* 뒤바리 백작 부인(La comtesse Du Bary : 1743/1793)은 루이 15세의 연인 퐁파두르 이후 마지막 연인으로, 왕과의 저녁 식사 준비에 탁월했고, 그 시절 매우 인기가 많았던 콜리플라워를 즐겨 먹었다고 한다.

* 제철이 끝날 무렵의 콜리플라워는 질겨서 데쳐 먹어야 한다.

만드는 방법

1. 조리 작업 기구 준비하기 – 5분

레시피대로 재료를 계량, 측정하고 작업에 필요한 도구들을 점검한다.

2. 채소 준비하기 – 30분

파, 콜리플라워를 다듬고 씻는다.
콜리플라워를 작은 다발로 자르고 식초물에 씻고 헹군다.
장식용으로 콜리플라워 끝부분은 잘라 보관한다.(p. 158/160 참조)
파의 흰 부분을 잘게 썬다.

3. 포타주 끓일 준비하기 – 10분

송아지 육수를 끓인다(p. 368 참조).
파를 버터에 볶는다.
밀가루를 첨가한다.

흰색 루를 3~4분간 천천히 볶는다.
루를 식힌다.
루를 계속 저어주며 송아지 육수를 천천히 부어 끓인다.
콜리플라워를 넣는다.(데친 콜리플라워*)
굵은소금을 넣는다.
35~40분 동안 뚜껑을 닫고 뭉근히 끓인다.

4. 곁들일 재료 준비하기 – 10분

콜리플라워 끝부분을 데친다.(p. 496 참조)
식히면서 물기를 뺀다.
처빌 잎을 뗀다.
찬물이 담긴 작은 그릇에 처빌 잎을 보관한다.

5. 리에종 만들기 – 3분(p. 391 참조)

계란 노른자와 크림을 섞는다.

6. 포타주 만들기 – 12분

벨루테를 믹서기에 갈고 체에 거른다.
벨루테를 다시 끓이며 거품을 걷는다.
리에종에 뜨거운 벨루테를 약간 부어 묽게 만든 후, 거품기로 저어주며 남은 벨루테에 천천히 붓는다.(p. 391 참조)
벨루테를 다시 끓인 후 불을 끄고 체에 거른다.
농도와 간을 확인한다.(농도가 너무 진할 경우, 끓인 우유를 조금 부어 조절한다.)
중탕냄비에 포타주를 옮긴다.
버터 한 조각을 올린다.
뚜껑을 덮는다.

7. 벨루테 뒤바리 차리기 – 5분

포타주에 곁들임 재료를 올린다.
골고루 섞이도록 젓는다.
수프그릇에 뜨거운 포타주를 담는다.
마지막에 처빌 잎으로 장식한다.

• 벨루테의 두 번째 리에종(계란 노른자와 크림)은 음식을 내기 바로 직전에 만들어야 하며, 벨루테는 뜨겁지만 팔팔 끓어서는 안 된다.
• 중요한 자리에 차려내는 경우, 곁들임 재료는 수프그릇에 직접 담아낼 수 있다.

완성한 결과

벨루테 뒤바리(Velouté Du Barry)

버섯 벨루테 VELOUTÉ AUX CHAMPIGNONS

1. 버섯 200g 가늘게 채썰기
- 가늘게 채 썬 버섯을 익힌다.
- 채 썰고 남은 부스러기 부분은 벨루테를 위해 따로 보관한다.

2. 포타주 끓이기
- 잘게 썬 파 160g을 버터 100g에 천천히 볶는다.
- 밀가루 80g을 첨가해 흰색 루를 만든다.
- 끓는 흰색 육수 1.8~2L를 붓는다.
- 잘 씻은 버섯 부스러기와 밑동 부분 800g을 첨가한다.
- 30분 동안 천천히 끓여준다.

3. 포타주 완성하기
- 벨루테를 믹서기에 간다.
- 다시 끓인다.
- 불을 끄고 계란 노른자 4개와 크림 200ml를 넣은 리에종을 첨가한다.
- 포타주를 차이나 캡에 거른다.

4. 벨루테 차리기
- 수프그릇에 잘게 채 썬 버섯을 담는다.
- 뜨거운 벨루테를 붓는다.
- 처빌 잎으로 장식한다.

그물버섯(세프)을 채 썰어 준비할 수 있다. 이 경우, 밤 조각으로 장식한다.

완성한 결과

버섯 벨루테(Velouté aux champignons)

준비 기구
- 정리용 사각 트레이 3
- 작은 들통 1
- 작은 믹싱볼 1
- 도마 1
- 믹서기 1
- 차이나 캡 1
- 포타주 중탕냄비 1

조리 기구
- 큰 자루냄비 2(뚜껑 1)
- 작은 자루냄비 1

플레이팅(4인용) 도구
- 수프그릇 1
- 접시받침 1
- 무늬 있는 장식용 종이 1

비슷한 포타주 POTAGES SIMILAIRES

벨루테 슈아지 Velouté Choisy
- 송아지 육수 벨루테 또는 베샤멜 소스를 만든다.
- 잘 씻어 데친 2장의 상추를 첨가한다.
- 약 30분 동안 벨루테 또는 베샤멜 소스에 넣어 익힌다.
- 상추를 뺀 후 계란 노른자와 크림 리에종을 벨루테에 넣고 차이나 캡에 거른다.
- 버터에 익힌 상추 시포나드와 처빌 잎으로 장식하고 정제 버터에 튀긴 크루통을 곁들인다.
- 잘게 썬 상추를 파와 볶은 후 믹서기에 갈 수도 있다.

벨루테 도리아 Velouté Doria
- 오이를 곁들인 벨루테
- 작은 오이볼과 익힌 쌀을 곁들인다.

벨루테 피에르러그랑 Velouté Pierre – le – Grand
- 샐러리를 곁들인 벨루테.
- 주사위 모양으로 잘게 썰어 익힌 샐러리 무를 곁들인다.

크림 수프 아르장퇴유 Crème Argenteuil
- 아스파라거스를 곁들인 베샤멜 소스 또는 송아지 육수 벨루테.
- 크림만으로 진하게 한 후 버터를 넣는다.
- 아스파라거스의 뾰족한 끝부분과 처빌 잎으로 장식한다.

닭고기 크림 수프와 벨루테
LES CRÈMES ET VELOUTÉS À BASE DE VOLAILLE

요리 소개 BREF RAPPEL DE TECHNOLOGIE

닭고기 크림 수프와 벨루테는 닭고기 육수 벨루테 (흰색 루와 닭고기 육수)로 만든다.

이름에 따라 곁들임 재료는 채소나 닭가슴살을 가늘게 채 썬 것, 고기 완자, 달콤한 크림이나 짭짤한 치즈를 넣은 작은 슈크림 등을 사용한다.

적용 기술 TECHNIQUES MISES EN ŒUVRE

- 닭고기 육수 만들기
  Réaliser un fond blanc de volaille
- 흰색 루 만들기
  Réaliser un roux blanc
- 닭고기 벨루테 만들기
  Réaliser un velouté de volaille
- 채소 다듬고 씻기
  Éplucher et laver des légumes
- 파 잘게 썰기
  Émincer des poireaux
- 토마토, 피망 껍질 벗기기
  Monder des tomates et des poivrons
- 버섯 가늘게 채썰기
  Tailler des champignons en julienne
- 닭가슴살과 우설 가늘게 채썰기
  Tailler de la langue écarlate et des blancs de volaille en julienne
- 닭고기 무슬린 파르시 만들기
  Réaliser de la farce mousseline de volaille
- 고기 완자 만들기
  Façonner des quenelles
- 고기 완자 데치기
  Pocher des quenelles
- 토마토 퐁듀 만들기
  Réaliser une fondue de tomate

야녜스 소렐 크림 수프 *

CRÈME AGNÈS SOREL

야녜스 소렐 크림 수프 Crème Agnès Sorel는 버섯을 곁들인 닭고기 벨루테로 만들고(흰색 루+닭고기 육수) 마지막에 크림을 넣어 리에종하며 가늘게 채 썬 닭가슴살, 우설, 버섯을 곁들여 낸다.

8인분 재료	단위	양
기본 재료		
– 버터	g	100
– 파(선택사항)	g	160
– 버섯 부스러기(밑동)	g	400
또는		
– 살균처리 밀폐 포장한	ml	500
버섯 크림 수프 분말		
– 밀가루	g	80
– 닭고기 육수	L	2
마무리		
– 고지방 크림	ml	200
– 버터	g	20
곁들임		
– 데친 닭가슴살	g	160
– 우설	g	80
– 양송이 버섯	g	160
– 레몬(선택사항)	개	1/2
– 버터	g	50
양념		
– 굵은소금		약간(PM)
– 가는소금		약간(PM)
평균 준비 시간 : 1시간 25분		
평균 가열 시간 : 10분		

만드는 방법

1. 조리 작업 기구 준비하기 – 5분
레시피대로 재료를 계량, 측정하고 작업에 필요한 도구들을 점검한다.

2. 닭고기 육수 만들기 – 15분(p. 368 참조)
닭고기와 닭 허드레 고기를 넣거나 닭고기 육수 스톡(분말 수프)을 사용한다.

3. 채소 준비하기 – 30분
파, 버섯을 다듬고 씻어준다.
파를 잘게 썬다.
양송이 버섯을 가늘게 채 썬 후 레몬즙을 뿌리고, 벨루테를 위해 버섯 부스러기를 보관한다.(p. 146 참조)

4. 채 썬 버섯 익히기 – 2분
채 썬 버섯에 버터를 약간 넣어 뚜껑을 닫고 익힌다.

5. 벨루테 끓일 준비하기 – 10분
닭고기 육수를 끓인다
파와 버섯 부스러기를 버터에 볶는다.
밀가루를 첨가하고 흰색 루를 3~4분간 천천히 볶는다.

루를 식힌다.
루를 계속 저어주며 닭고기 육수를 천천히 부어 끓인다.
소금을 살짝 뿌린다.
30~35분 동안 뭉근히 끓인다.
거품을 걷어준다.
끓이는 동안 주걱으로 저어준다.

6. 크림 수프 완성하기 – 5분
벨루테를 세게 누르며 차이나 캡에 거른다.
크림을 넣고 다시 끓인다.
간을 확인한다.
중탕냄비에 크림 수프를 옮긴다.
버터 한 조각을 올린다.
뚜껑을 덮는다.

7. 곁들일 재료 준비하기 – 10분
닭가슴살을 가늘게 채 썬다.
우설도 가늘게 채 썬다.
채 썬 버섯, 닭가슴살, 우설을 한 곳에 모아 닭고기 크림 수프를 조금 부어 따뜻하게 유지한다.

8. 야녜스 소렐 크림 수프 차리기 – 3분
수프그릇에 곁들임 재료를 골고루 담는다.
뜨거운 크림 수프를 붓고 곁들임 재료를 살짝 섞는다.

* 야녜스 소렐(Agnès Sorel : 1422/1450), 〈미의 여신 La dame de beauté〉이라는 별명이 있었던 그녀는 궁의 시녀였다. 그녀는 1443년 경 프랑스 왕 샤를 7세의 총애를 받게 되었고, 그 시대 최고의 요리사를 두고 직접 주방에 있는 일도 주저하지 않았다.

루를 사용해 리에종한 크림 수프나 벨루테는 천천히 끓여야 한다. 바닥에 눌어붙지 않도록 주걱으로 잘 저으며 끓인다.

FICHE 11

완성한 결과

야녜스 소렐 크림 수프(Crème Agnès Sorel)

안달루시아 크림 수프 CRÈME ANDALOUSE

1. 토마토 퐁듀 만들기(p. 427 참조)

버터 40g, 양파 100g, 토마토 800g, 토마토 페이스트 20g, 통마늘 2톨, 부케가르니 1다발을 넣는다.

2. 닭고기 또는 송아지 육수 벨루테 만들기

잘게 썬 양파 150g을 버터 100g에 볶는다.

밀가루 80g을 첨가하고 닭고기 육수 2L를 흰색 루에 붓는다.

30~35분 동안 벨루테를 천천히 끓인다.

거품을 걷는다.

3. 안달루시아 크림 수프 완성하기

토마토 퐁듀를 벨루테에 넣는다.(토마토의 산도가 벨루테를 액화하므로 마지막에 섞는다.)

포타주를 믹서기에 갈고 차이나 캡에 거른다.

고지방 크림 200ml를 첨가하고 다시 끓인다.

간을 확인한다.

중탕냄비에 옮기고 버터 20g을 올린다.

껍질을 벗긴 토마토를 작은 주사위 조각으로 자른 것, 버터에 익혀 잘게 채 썬 피망, 익힌 쌀을 곁들여 안달루시아 크림 수프를 차린다.

준비 기구	조리 기구	플레이팅 도구
• 정리용 사각 트레이 3 • 작은 들통 1 • 믹싱볼 1 • 도마 1 • 주걱 1 • 차이나 캡 1 • 포타주 중탕냄비 1	• 큰 자루냄비 2, 뚜껑 1 • 작은 소테팬 1	• 수프그릇 1, 또는 포타주 볼 8 • 접시받침 1, 또는 작은 접시 8 • 무늬 있는 장식용 종이 1, 또는 작은 종이 8

완성한 결과

안달루시아 크림 수프(Crème andalouse)

비슷한 포타주 POTAGES SIMILAIRES

모렐버섯 닭고기 크림 수프 Crème de volaille aux morilles

• 모렐버섯을 곁들인 크림을 넣은 닭고기 육수 벨루테.

• 가늘게 채 썬 닭가슴살과 모렐버섯 파르시(닭고기 무슬린 파르시) 조각을 곁들인다.

프린세스 크림 수프 Crème princesse

• 닭고기 육수로 만든 아스파라거스 벨루테.

• 크림을 넣고 닭가슴살 조각과 아스파라거스를 곁들이며 처빌 잎으로 장식한다.

보일디유* 크림 수프 Crème Boieldieu

• 크림을 넣은 닭고기 벨루테

• 무슬린 파르시와 푸아그라 파르시로 만든 닭고기 완자와 데친 주사위 모양 닭고기 조각과 송로버섯을 곁들인다.

* 프랑수아 아드리엥 보일디유(François-Adrien Boieldieu : 1775/1834), 프랑스 집정 정부와 제정 시대의 오페라 작곡가.

생선 및 갑각류 육수 크림 수프와 벨루테

LES CRÈMES ET VELOUTÉS À BASE DE POISSON OU DE CRUSTACÉS

요리 소개 BREF RAPPEL DE TECHNOLOGIE

생선 육수 벨루테로 만들며 이름에 따라 채 썬 채소 및 생선, 무슬린 파르시로 만든 고기 완자, 홍합, 데친 굴, 껍질 깐 새우 등을 곁들인다.

크림 수프는 마지막에 크림으로, 벨루테는 계란 노른자와 크림 혼합물로 리에종한다.

적용 기술 TECHNIQUES MISES EN ŒUVRE

- 물 《마리니에르》* 하기
  Ouvrir des moules 《marinière》
- 채소 다듬고 씻기
  Éplucher et laver des légumes
- 버섯 잘게 썰기
  Émincer des champignons
- 파 잘게 썰기
  Émincer des poireaux
- 생선 육수 만들기
  Réaliser un fumet de poisson
- 흰색 루 만들기
  Réaliser un roux blanc
- 생선 육수 벨루테 만들기
  Réaliser un velouté de poisson
- 리에종 만들기
  Réaliser une liaison
- 생선 무슬린 파르시 만들기
  Réaliser de la farce mousseline de poisson
- 포타주용 고기 완자 만들기
  Façonner des quenelles à potage
- 가재 내장 제거하기
  Châtrer des écrevisses
- 아메리칸 소스 만들기
  Réaliser une sauce américaine

* 물 마리니에르 moules marinière : 홍합을 설롯과 화이트 와인으로 만든 마리니에르 소스에 쪄내는 프랑스의 음식

디에프 홍합 크림 수프
CRÈME DIEPPOISE

디에프 홍합 크림 수프 Crème Dieppoise는 크림을 넣은 생선 육수 벨루테(흰색 루+생선 육수)로 만든 포타주로 홍합을 곁들이고 파와 버섯으로 풍미를 높인다. 껍질을 깐 홍합과 새우를 곁들인다.

8인분 재료	단위	양
기본 재료		
– 버터	g	100
– 파	g	160
– 버섯 부스러기(밑동)	g	200
– 레몬 (선택사항)		약간(PM)
– 밀가루	g	80
– 생선 육수	–	1.8
– 홍합 육수	㎖	200
물 마리니에르 MOULES ≪MARINIÈRE≫		
– 홍합	kg	1
– 버터	g	40
– 셜롯	g	40
– 화이트 와인	㎖	100
– 파슬리	g	10
껍질 홍합이 없을 경우 :		
– 껍질 제거한 홍합	g	250
마무리 재료		
– 더블크림	㎖	200
– 버터	g	20
곁들임		
– 껍질 제거한 홍합	g	약간(PM)
– 껍질 벗긴 새우	g	160
양념		
– 굵은소금		약간(PM)
– 가는소금		약간(PM)
– 후춧가루		약간(PM)
평균 준비 시간 : 30분		
평균 가열 시간 : 30~35분		

만드는 방법

1. 조리 작업 기구 준비하기 – 5분
레시피대로 재료를 계량, 측정하고 작업에 필요한 도구들을 점검한다.

2. 물 마리니에르 조리법에 따라 홍합 세척 및 껍질 까기 – 30분(N. 71, p. 906/907 참조)
홍합 껍질을 까고 다듬어 육수에 넣는다.
남은 육수를 잘 거른다.

3. 아로마틱 가니쉬 채소 준비하기 –10분
파, 버섯을 다듬고 씻는다.
잘게 썬다.

4. 벨루테 끓일 준비하기 – 10분
홍합 육수를 끓인다
파와 버섯을 버터에 볶는다.
밀가루를 첨가하고 흰색 루를 3~4분간 천천히 볶는다.
볶은 루를 식힌다.
루를 계속 저어주며 홍합 육수를 천천히 부어 끓인다.
소금을 뿌리지 않는다.(홍합 육수이므로)
30~35분 동안 뭉근히 끓인다.
끓이는 동안 주걱으로 저어준다.

5. 크림 수프 완성하기 – 7분
벨루테를 세게 누르며 차이나 캡에 거른다.
크림을 넣고 다시 끓인다.
간을 확인한다.
중탕냄비에 크림 수프를 옮긴다.
버터 한 조각을 올린다.
뚜껑을 덮는다.

6. 디에프 홍합 크림 수프 차리기 – 3분
물기를 뺀 홍합과 새우를 수프그릇에 담는다.
뜨거운 크림 수프를 붓고 곁들임 재료를 살짝 섞는다.

처빌 잎과 정제 버터에 튀긴 크루통을 곁들일 수 있다.
버섯 부스러기가 없을 경우, 버섯 크림 수프 분말을 사용할 수 있다.

완성한 결과

디에프 홍합 크림 수프(Crème Dieppoise)

주앵빌 새우 크림 수프 CRÈME CREVETTES JOINVILLE

1. 가자미 벨루테 2L 만들기(p. 389~390 참조)

2. 포타주 끓이기

생새우 500g을 보르도식 미르포와(Mirepoix bordelaise, 잘게 썬 채소 혼합물)와 함께 볶는다.

꼬냑을 넣고 불을 붙여 풍미를 높이고 화이트 와인 100ml를 첨가해 끓인다.

가자미 벨루테를 붓고 25분 동안 천천히 끓인다.

3. 주앵빌 크림 수프 완성하기

포타주를 믹서기에 갈고 세게 누르며 차이나 캡에 거른다.

휘핑크림 150ml, 주사위 모양으로 자른 새우 100g, 데친 굴 16조각을 첨가한다.

4. 주앵빌 크림 수프 차리기

예열한 수프그릇에 크림 수프를 담는다.

처빌 잎으로 장식한다.

완성한 결과

주앵빌 새우 크림 수프(Crème crevettes Joinville)

준비 기구
- 정리용 사각 트레이 3
- 작은 들통 1
- 믹싱볼 1
- 도마 1
- 주걱 1
- 차이나 캡 1
- 포타주 중탕냄비 1

조리 기구
- 큰 자루냄비 2(뚜껑 1)
- 작은 소테팬 1

플레이팅 도구
- 수프그릇 1 또는 포타주 볼 8
- 접시받침 1 또는 작은 접시 8
- 무늬 있는 장식용 종이 1 또는 작은 종이 8

비슷한 포타주 POTAGES SIMILAIRES

카르멜리트 크림 수프 Crème carmélite
- 크림을 넣은 가자미 벨루테.
- 무슬린 파르시로 만든 생선살 완자와 버터에 구운 가자미를 채 썰어 곁들인다.

노르망디 새우 크림 수프 Crème de crevettes normande
- 보르도산 와인을 넣은 미르푸아로 새우를 양념한다.
- 가자미 벨루테를 첨가한 후 끓이고 믹서기로 갈고 크림을 넣고 버터를 넣어 수프를 만든다.
- 껍질 깐 새우와 데친 굴을 곁들인다.

주앵빌 가재 벨루테 Veluté d'écrevisses Joinville
- 보르도산 와인을 넣은 미르푸아로 가재를 양념한다.
- 꼬냑으로 불을 붙여 풍미를 내고 화이트 와인으로 팬에 남은 것을 녹인다.
- 생선 육수 벨루테를 붓고 몇 분간 끓인다.
- 가재 껍질을 벗기고 등껍질을 으깬 후 끓인다.
- 세게 누르며 차이나 캡에 거른 후 계란 노른자와 크림 혼합물을 넣고 리에종한다.
- 가재혼합 버터를 넣어 마무리한다.
- 가재를 가늘게 채 썰거나 주사위 모양으로 썬 것, 버섯, 송로버섯을 곁들인다.

바닷가재 벨루테 Velouté de homard
- 여러 채소를 버터에 볶은 후 바닷가재를 올리고 가자미 벨루테를 부어 끓인 후 믹서기에 갈고, 계란 노른자와 크림 혼합물로 리에종한 후, 바닷가재 혼합 버터 또는 셜롯, 레드 와인을 넣은 버터 소스를 넣어 마무리한다.
- 잘게 썬 버섯과 와인을 넣고 불을 붙여 풍미를 준 바닷가재 작은 조각을 곁들인다.
- 그릇에 뜨거운 벨루테를 담는다.
- 휘핑크림을 올리고 캐비어와 딜을 올려 장식한다.

비스크
LES BISQUES

요리 소개 BREF RAPPEL DE TECHNOLOGIE

아메리칸 소스 만드는 방법과 비슷하게 다양한 갑각류를 재료로 만든 포타주이다.

리에종은 쌀 퓨레 또는 쌀 크림으로 만들 수 있다.

주로 포타주에 사용한 갑각류를 가늘게 채 썰거나 주사위 모양으로 썰어 곁들인다.

마지막에 버터와 크림을 넣고 카옌 고추와 샴페인, 아르마냑으로 풍미를 높인다.

적용 기술 TECHNIQUES MISES EN ŒUVRE

- 채소 다듬고 씻기
  Éplucher et laver des légumes
- 미르푸아 채소 썰기
  Tailler une Mirepoix
- 부케가르니 만들기
  Réaliser un bouquet garni
- 생선 육수 만들기
  Réaliser un fumet de poisson
- 아메리칸 소스 만들기
  Réaliser un fond de sauce américaine
- 쌀 또는 쌀 크림으로 리에종 만들기
  Réaliser une liaison au riz ou à la crème de riz
- 갑각류 껍질 벗기기
  Décortiquer des crustacés
- 가재 내장 제거하기
  Châtrer des écrevisses

갑각류 비스크*

BISQUE DE CRUSTACÉS

갑각류 비스퀴 Bisque de crustacés는 다양한 갑각류로 만든 포타주이다. 리에종은 쌀 또는 쌀 크림으로 만든다. 주사위 모양으로 잘게 썬 갑각류를 곁들인다.

8인분 재료	단위	양
기본 재료		
– 버터	g	40
– 갑각류 등껍질	g	800
또는		
– 주름꽃게, 큰 게, 거미게, 랑구스틴(작은 바닷가재)	g	800
– 당근	g	80
– 양파	g	80
– 셜롯	g	40
– 꼬냑	㎖	50
– 화이트 와인	㎖	150
– 생선 육수	L	2
또는		
– 가자미 뼈	g	800
– 토마토	g	400
– 토마토 페이스트	g	40
– 마늘(3톨)	g	20
– 부케가르니	거	1
– 처빌	단	1/8
– 타라곤	단	1/8
리에종		
– 쌀	g	150
– 생선 육수	L	1
또는		
– 쌀 크림	g	100
마무리		
– 버터	g	40
– 고지방 크림 crème double	㎖	200
– 샴페인	㎖	50
곁들임		
– 주사위 모양으로 썬 갑각류 살(작은 바닷가재, 바닷가재, 게 등등)	g	160
양념		
– 가는소금		약간(PM)
– 후춧가루		약간(PM)
– 카옌 고추		약간(PM)
평균 준비 시간 : 1시간 5분		
평균 가열 시간 : 20~30분		

만드는 방법

1. **작업대 준비 – 5분**
   식재료, 준비도구, 조리, 플레이팅

2. **주름꽃게 해감하고 헹구기(사용할 경우) – 5분**
   큰 게와 거미게를 솔질해 씻는다.

3. **채소 준비하기 – 15분**
   채소를 다듬고 씻는다.
   미르푸아 용 당근, 양파를 잘게 썬다.(작은 주사위 모양)
   셜롯을 잘게 다진다.
   토마토를 씻고 으깬다.
   마늘을 다듬고 빻는다.
   타라곤과 처빌을 첨가해 부케가르니를 만든다.

4. **비스크 끓일 준비하기 – 15분**
   갑각류 등껍질이 빨갛게 되도록 볶는다.
   아로마틱 가니쉬를 첨가한다.(당근, 양파, 셜롯)
   몇 분간 약한 불에 볶는다.
   꼬냑을 넣고 불을 붙여 풍미를 준다.
   화이트 와인을 넣고 양이 반이 되도록 졸인다.
   생선 육수를 붓거나 생선 뼈(이 경우, 물을 넣는다)를 추가한다.
   마늘, 잘게 다진 토마토, 토마토 페이스트, 부케가르니를 첨가한다.
   간을 한다.
   뚜껑을 열고 거품을 걷어내며 몇 분간 끓인다.(사용하는 갑각류에 따라)
   갑각류를 빼내 껍질을 벗기고 곁들임을 위해 살을 따로 둔다.
   절구공이로 갑각류 껍질을 부순 후 다시 비스크 속에 넣는다.
   비스크를 20~30분 동안 다시 끓인다.

5. **리에종 준비하기 – 5분**
   쌀을 씻고 생선 육수를 넣어 끓인다.(생선 육수가 없을 땐 물을 사용)
   비스크는 차가운 생선 육수에 희석 시킨 쌀 크림으로 리에종할 수 있다.

6. **비스크 완성하기 – 15분**
   비스크(아메리칸 소스)를 세게 누르며 차이나 캡에 거른다.
   물기를 뺀 쌀이나 희석시킨 쌀 크림을 첨가한다.
   비스크를 몇 분간 다시 끓인다.
   믹서기에 갈고 비스크를 차이나 캡에 거른다.
   크림을 넣고 다시 끓인다.
   간을 확인한다.
   중탕냄비에 비스크를 옮기고 버터를 넣고 뚜껑을 덮는다.

7. **비스크 차리기 – 5분**
   버터와 버섯을 넣고 작은 주사위 모양으로 썬 갑각류 살을 데운다.
   뜨거운 포타주를 수프그릇에 담는다.
   곁들임 재료를 골고루 담는다.

---

* 비스크 Bisques : 새우나 게 등을 넣어 만든 크림 수프.

완성한 결과

갑각류 비스크(Bisque de crustacé)

랑구스틴 비스크 BISQUE DE LANGOUSTINES

1. 랑구스틴 준비하기

랑구스틴 800g을 준비한다.

랑구스틴의 껍질을 깐다. 비스크에 사용할 등껍질은 따로 둔다.

랑구스틴 살을 조각으로 썰고 50ml 꼬냑으로 양념한다.

2. 아로마틱 가니쉬 준비하기

앞서 나온 것처럼 준비한다.

3. 비스크 끓이기

랑구스틴 등껍질을 사용해 비스크를 끓인다.

가자미 육수를 사용하면 좋다.

4. 리에종 준비하기

희석한 쌀 크림 la crème de riz을 사용한다.

5. 비스크 완성하기

앞서 나온 대로 준비한다.

비스크를 중탕냄비에 옮기고 꼬냑에 양념한 랑구스틴 살을 데운다.

불을 붙여 풍미를 더한 후 비스크에 넣는다.

6. 비스크 차리기

예열한 접시에 비스크와 곁들임 재료를 골고루 담는다.

처빌 잎으로 장식한다.

완성한 결과

랑구스틴 비스크(Bisque de langoustines à l'assiette)

준비 기구	조리 기구	플레이팅(4인용) 도구
• 정리용 사각 트레이 3 • 도마 1 • 믹싱볼 3 • 스테인리스 채반 1 • 절구공이 또는 믹서기 1 • 차이나 캡 1	• 큰 자루냄비 1 또는 작은 소스포트 1 • 소테팬 1 또는 중간 자루냄비 1	• 포타주 볼 4, 전채요리용 접시 4, 무늬 있는 장식용 종이 또는 수프그릇 1, 접시받침 1

비슷한 포타주 POTAGES SIMILAIRES

바닷가재 비스크 Bisque de homard

• 바닷가재 2마리(400g)를 사용해 비스크를 만든다.

• 주사위 모양으로 자른 바닷가재 조각을 곁들인다.

가재 비스크 Bisque d'écrevisses

• 가재 800g은 내장을 제거하고 씻고, 곁들임을 위해 꼬리를 남겨두며 비스크를 만든다.

• 가재 비스크에는 손질한 가재 껍질에 무슬린 파르시를 채워 주문 시 끓는 물에 익혀 곁들일 수 있다.

새우 비스크 Bisque de crevettes

• 큰 새우 800g을 넣어 비스크를 만든다.

• 남겨둔 새우를 곁들인다.

수프
LES SOUPES

요리 소개 BREF RAPPEL DE TECHNOLOGIE

포타주와 수프를 종종 혼동할 경우가 있지만, 두 요리의 준비 과정은 다르다. 포타주 potages는 냄비에 모든 재료를 익혀서 낸다(포테 potée, 포토푀 pot-au-feu). 하지만 수프 soupe는 슬라이스한 빵 조각 위에 물, 고기, 채소 또는 생선 등을 넣고 끓인 뜨거운 포타주를 부은 것을 말한다.

따라서 수프는 농도가 진하고 토속적이며 영양가가 높다. 요즘에는 굽거나 토스트한 빵, 또는 튀기거나 볶은 식빵 크루통을 곁들인 모든 《포타주 potages》를 《수프 soupe》라고 한다.

주로 저녁에 제공되는 수프는 "밤참, 야식, 저녁식사"라는 뜻의 "수페 souper"라고 한다.

적용 기술 TECHNIQUES MISES EN ŒUVRE

- 채소 다듬고 씻고 썰기
  Éplucher, laver et tailler des légumes

- 채소 육수 만들기
  Réaliser un bouillon de légumes

- 데칠 고기 준비하기
  Préparer des viandes à pocher

- 육수 만들기(고기, 채소, 생선)
  Réaliser un bouillon de marmite

- 생선 손질하기
  Habiller des poissons

- 생선 육수 만들기
  Réaliser un fumet de poisson

- 조개 씻고 해감시키기
  Laver, dégorger et ouvrir des coquillages

- 빵 잘라서 오븐에 굽기, 팬에 볶거나 튀기기
  Tailler, sécher, sauter ou frire du pain

- 유액 소스 만들기
  Réaliser des sauces émulsionnées froides

- 치즈 강판에 갈기
  Râper, tamiser du fromage

- 그라탱으로 요리하기
  Gratiner

그랑빌 조개 수프

SOUPE DE COQUILLAGES GRANVILLAISE

그랑빌 조개 수프(Soupe de coquillages granvillaise)는 망슈(Manche) 서해안과 채널 제도(îles Anglo-Normandes)의 조개로 만든 벨루테로, 길고 가느다란 구운 빵에 조개와 파슬리 버터로 만든 살피콩 * 을 곁들인다.

8인분 재료	단위	양
기본 재료		
– 흰 가리비 또는 반노 조개, 또는 그랑빌 올리베트 조개 pétoncles blancs ou vanneaux ou olivettes de Granville	g	400
– 브레빌 새조개와 홍합 rigadeaux et moules de Bréville	kg	1
– 대합 또는 백합 palourdes roses ou grises ou clovisses ou clams	g	400
– 프레르 조개, 카이롱산 아망드 조개, 또는 텔린 조개 praires ou amandes de Kairon, tellines	g	400
– 굵은 천일염	g	약간(PM)
또는		
– 개별 급속 냉동 IQF* 혼합 조개류 mélange de coquillages surgelés IQF	kg	1
– 이시니 버터 beurre d'Isigny	g	40
– 셜롯(드 저지) échalotes grises de Jersey	g	40
– 새콤달콤한 사과 pommes fruits aigres douces	g	120
– 사과주 cidre brut fermier	ml	400
아로마틱 가니쉬		
– 파	g	200
– 샐러리	g	100
– 당근	g	100
– 버섯	g	100
– 레몬 반쪽	g	50
– 버터	g	40
육수		
– 조개 육수	ml	약간(PM)
– 생선 육수 벨루테	L	1.5
마무리 재료		
– 이시니 고지방 크림	ml	200
곁들임		
– 통밀빵(4조각)	g	250
– 조개류(기본 재료 일부)	g	약간(PM)
– 버터	g	40
– 파슬리	g	20
– 레몬 반쪽	g	50
양념		
– 흰색 후춧가루		약간(PM)
평균 준비 시간 : 1시간 25분		
조개 벨루테 평균 가열 시간 : 10분		

---

* 살피콩(salpicon) : 여러 가지 채소, 고기, 생선 등의
재료를 작은 주사위 모양으로 썰어 소스를 곁들이는
요리.

* 개별 급속 냉동(IQF : Individual Quick Frozen)

만드는 방법

1. 조리 작업 기구 준비하기 – 5분
레시피대로 재료를 계량, 측정하고 작업에 필요한 도구들을 점검한다.

2. 조개 해감하고 헹구기(살아있는 조개일 경우) – 3분
소금물에 담그고 물을 1~2번 바꿔준다.(대부분의 조개는 해감 처리 후 판매함)

3. 냉장 보관실에서 조개 해감하기(냉장 및 냉동 조개일 경우) – 3분

4. 가리비 손질해 준비하기 – 5분

5. 채소 다듬고 씻기– 15분
채소를 가늘게 채 썰고, 채 썬 버섯에는 레몬즙을 뿌린다.

6. 채 썬 채소를 버터에 익히기 – 5분
큰 자루냄비 또는 소테팬을 사용한다.
마지막에 채 썬 버섯을 익힌다.
뚜껑을 덮어 둔다.

7. 조개 마리니에르 만들기 – 10분(p. 490 참조)
작은 주사위 모양으로 자른 감자에 잘게 다진 셜롯을 추가한다.
화이트 와인 대신 기포가 없는 사과주를 사용한다.

8. 모든 조개류 껍질 벗기기 – 10분
바닥에 가라앉아 있을 수도 있는 모래를 조심하며 끓인 조개 육수의 윗물을 조심스럽게 따라낸다.

9. 1.5L의 생선 육수 벨루테 끓이기 – 3분

10. 조개 벨루테 만들기 – 10분
가늘게 썬 채소 위에 조개 육수를 붓는다.
벨루테를 첨가하고 크림을 넣고 채 썬 채소가 뭉그러지지 않도록 조심하며 주걱으로 저으며 10여분 동안 끓인다.

11. 가늘고 긴 빵 준비하기 – 10분
슬라이스한 빵을 굽거나 토스트한다.
기본 재료인 조개류 100g을 잘게 믹서기로 간 후 버터, 다진 파슬리, 레몬즙을 몇 방울 넣는다.
슬라이스한 빵에 파르시를 바르고 가늘고 길게 자른다.

12. 벨루테 완성하기 – 3분
벨루테의 농도와 간을 확인한다.(조개 육수는 짭조름하므로 후추만 뿌린다.)
약간의 벨루테를 넣고 조개류를 천천히 데운다.(가리비로 시작하고, 딱딱해질 위험이 있으니 끓이지 않도록 주의한다.)

13. 조개 벨루테 차리기 – 3분
움푹한 접시 또는 수프접시에 조개류가 골고루 들어가도록 담는다.
뜨거운 벨루테를 붓고 파슬리 잎을 뿌린다.
무늬가 있는 장식용 종이를 올린 작은 접시에 가늘고 긴 빵 조각을 따로 담는다.

완성한 결과

그랑빌 조개 수프(Soupe de coquillages granvillaise)

준비 기구
- 정리용 사각 트레이 3
- 작은 믹싱볼 4
- 스테인리스 채반 1
- 도마 1
- 차이나 캡 1
- 믹서 1 또는. 절구 1

조리 기구
- 큰 자루냄비 1 또는
  큰 소테팬 1
- 뚜껑이 있는 중간 크기
  소테팬 1

플레이팅(4인용) 도구
- 포타주용 수프접시 4
- 기본 디너 플레이트 5
  또는
- 큰 수프접시 1
- 큰소스 받침접시 접시
  1
- 무늬가 있는 장식용
  종이 또는 수건

루예 소스 또는 아이올리 소스를 곁들인 생선 수프

SOUPE DE POISSONS ACCOMPAGNÉE D'UNE SAUCE ROUILLE OU D'AÏOLI

작은 근어(멸칫과의 바다 물고기)와 펜넬 또는 사프란으로 풍미를 높인 아로마틱 가니쉬로 만든 수프로, 오븐에 구운 바게트 조각, 강판으로 간 치즈, 아이올리 또는 루예 소스를 곁들인다.

8인분 재료	단위	양
기본 재료		
– 암초 어류 poissons de roche mélangés	kg	1.6
또는		
– 붉은 성대 rouget grondin, 쏨뱅이 rascasse, 독가시치 vive, 달고기 St-Pierre, 명태 merlan, 곰치 congre, …	kg	1.6
– 올리브유	ml	80
생선 육수		
– 올리브유	ml	50
– 당근	g	100
– 양파	g	200
– 셜롯	g	100
– 생선 머리와 뼈	kg	1
– 추가 뼈(가자미, 넙치, 새끼 가자미 등등) arêtes supplémentaires(sole, barbue, turbotin, …)	kg	1
– 부케가르니	개	1
아로마틱 가니쉬		
– 양파	g	300
– 파	g	160
– 샐러리	g	80
– 펜넬 구근	g	80
– 토마토	g	400
– 토마토 페이스트	g	40
– 부케가르니	개	1
– 마늘	톨	8
– 사프란	g	2
– 팔각	g	2
곁들임		
– 바게트 또는 피셀* baguette ou ficelle	g	160
– 그뤼에르 또는 파르메산 치즈	g	160
– 올리브유	ml	40
– 마늘	톨	4
소스		
– 계란(노른자)	개	2
– 마늘	g	10
– 올리브유	ml	250
– 사프란(루예 소스용)	g	1
– 레몬 반쪽	g	50
양념		
– 굵은소금		약간(PM)
– 가는소금		약간(PM)
– 후춧가루		약간(PM)
– 카옌 고추		약간(PM)
평균 준비 시간 : 1시간 30분		
평균 가열 시간 : 25~30분		

* 피셀 ficelle : 프랑스어로 '가는 끈'을 의미하는 피셀(ficelle)은 바게트보다 가늘고 긴 바삭한 식감이 특징인 프랑스 빵이다.

만드는 방법

1. 조리 작업 기구 준비하기 – 5분

레시피대로 재료를 계량, 측정하고 작업에 필요한 도구들을 점검한다.

2. 생선 손질하기 – 30분(p. 239 이후 참조)

생선 지느러미, 비늘, 내장을 제거하고 씻는다.

흐르는 물에 5분 동안 세척하며 불순물을 제거한다.

생선 필렛을 뜨고 따로 둔다.

생선 뼈를 부수고 씻은 후 물기를 뺀다.

3. 생선 육수와 수프 아로마틱 가니쉬 채소 준비하기 – 30분

4. 생선 뼈로 생선 육수 만들 준비하기 – 10분(p. 371 참조)

5. 생선 수프 끓일 준비하기– 10분

생선 필렛의 물기를 뺀다.

올리브유로 4~5분간 아로마틱 가니쉬 재료를 약한 불로 볶는다.

생선 필렛을 첨가한다.

차가운 생선 육수 2L를 붓는다.

부케가르니, 다듬어 빻은 마늘, 사프란을 첨가한다.

굵은소금, 후춧가루로 간을 한다.

재빨리 끓인다.

거품은 걷어준다.

25~30분간 끓인다.

6. 곁들임 재료 준비하기 – 10분

바게트를 둥글게 슬라이스한다.

올리브유를 뿌려 오븐에 저온으로 굽는다.

각 슬라이스에 마늘을 문지른다.

강판에 치즈를 간다.

7. 소스 만들기(루예 소스, 아이올리 소스) – 10분

마늘을 잘게 다진다..

계란 노른자와 레몬 반쪽의 즙을 첨가한다.

소금, 후추로 간을 한다.(카옌 고추)

올리브유를 넣고 《마요네즈 mayonnaise》 소스를 만든다.

간을 확인한다.

루예 소스의 경우 사프란 가루를 첨가한다.

8. 생선 수프 완성하기 – 10분

부케가르니를 뺀다.

수프를 믹서기에 간 후 세게 누르며 차이나 캡에 거른다.

수프를 다시 끓인다.

거품은 걷어준다.

농도, 색깔, 간을 조절한다.

수프를 중탕냄비에 옮기고 뚜껑을 닫는다.

9. 생선 수프 차리기 – 5분

소스를 소스그릇에 담는다.

접시 중앙에 봉긋하게 그뤼에르 치즈를 담는다.

치즈 둘레로 동그란 빵 조각을 담는다.(왕관처럼)
포타주를 골고루 섞는다.
뜨거운 포타주를 수프그릇에 담아낸다.

완성한 결과

루예 또는 아이올리 소스를 곁들인 생선 수프(Soupe de poissons accompagnée d'une sauce rouille ou d'aïoli)

사프란을 곁들인 홍합 수프
SOUPE DE MOULES AU SAFRAN

1. 홍합 씻고 익히기(p. 269 참조)

홍합 2kg에 버터 40g, 다진 셜롯 40g, 화이트 와인 100ml, 다진 파슬리 10g을 넣고 익힌다.
소금은 넣지 말고 후추만 살짝 뿌린다.
홍합 껍질을 까고 다듬어 약간의 육수와 따로 둔다.
나머지 육수의 윗물을 걸러낸다.

2. 홍합 수프 끓이기

잘게 썬 양파 100g, 셜롯 40g, 파 200g, 펜넬 구근 500g에 올리브유 100ml를 넣고 볶는다.
토마토 페이스트 20g과 껍질을 제거해 잘게 다진 토마토 500g을 첨가한다.
밀가루 40g을 넣어 볶는다.
홍합 육수(약 500ml)와 생선 육수 1.5L를 붓는다.
다듬어 빻은 2톨의 마늘, 부케가르니 한 다발, 사프란 가루 1g을 첨가한다.
20여분 수프를 끓인다.
거품을 걷어낸다.

3. 홍합 수프 완성하기

수프를 세게 누르며 차이나 캡에 거른다.
크림 200ml와 사프란 1g을 첨가한다.
다시 끓인 후 간을 확인하고 중탕냄비에 옮긴다.
버터 20g을 넣는다.

4. 차리기

홍합을 수프그릇에 담는다.
뜨거운 수프를 붓고 정제 버터에 튀기거나 살라만다 오븐에 구운 작은 크루통 조각을 곁들여 낸다.(홍합을 넣은 채 다시 끓이지 않는다. 홍합이 딱딱해질 수 있다.)

준비 기구	조리 기구	플레이팅(4인용) 도구
• 정리용 사각 트레이 3 • 도마 1 • 들통 또는 믹싱볼 2 • 작은 믹싱볼 1 • 믹서기 1 • 차이나 캡 1	• 육수를 위한 큰 소테 팬 1 • 수프를 위한 큰 자루 냄비 1 • 제과용 오븐 팬 1	• 수프그릇 1 무늬 있는 장식용 종이와 접시받침 1 • 소스그릇 1 • 무늬 있는 장식용 종이와 작은 접시 1

완성한 결과

사프란을 곁들인 홍합 수프(Soupe de moules au safran)

비슷한 포타주 POTAGES SIMILAIRES

디에프 수프 Marmite dieppoise
• 홍합과 버섯 육수로 풍미를 준 가자미 벨루테이다.
• 가리비 관자 조각과 홍합을 곁들인다.
• 정제 버터에 튀긴 크루통과 함께 낸다.

자드 해안식 브르타뉴 생선 수프 Cotriade côte de Jade
• 버터에 볶은 파, 감자 조각에 사프란을 넣은 생선 육수를 넣는다.
• 끓이는 시간에 따라 차례로 새끼 가자미, 노랑 촉수, 달고기, 바닷가재(선택사항), 랑구스틴, 홍합을 넣는다.
• 루예 소스, 오븐에 구운 바게트 조각, 강판에 간 그뤼예르 치즈를 곁들여 낸다.

양파 수프 그라탱
SOUPE À L'OIGNON GRATINÉE

양파 수프 그라탱 Soupe à l'oignon gratinée는 밤늦게 영업하는 식당이나 축제의 밤에 제공되는 프랑스의 전통적인 수프로, 버터에 캐러멜 색이 되도록 볶은 양파에 콩소메 consommé나 포토푀 pot-au-feu 육수를 부어 만든다. 일반적으로 개별 볼에 담아 오븐에 구운 빵으로 덮고 강판에 간 그뤼예르나 파르메산 치즈를 뿌려 그라탱으로 제공한다.

8인분 재료	단위	양
기본 재료		
– 버터	g	100
– 양파	g	800
– 밀가루(선택사항)	g	20
– 콩소메 육수	L	2
곁들임		
– 바게트	g	160
– 그뤼예르 또는 파르메산 치즈	g	240
양념		
– 가는소금		약간(PM)
– 후춧가루		약간(PM)
평균 준비 시간 : 1시간 15분		
평균 가열 시간(양파) : 30분		
평균 가열 시간(수프) : 20분		

만드는 방법

1. 조리 작업 기구 준비하기 – 5분
레시피대로 재료를 계량, 측정하고 작업에 필요한 도구들을 점검한다.

2. 채소 준비하기 – 10분
양파를 다듬고 씻는다.
양파를 잘게 썬다.(p. 191 참조)

3. 양파 익힐 준비하기 – 5분
양파를 버터와 함께 약 30분 동안 천천히 익히거나 졸인다(두꺼운 바닥의 용기를 사용).
가는소금으로 간을 맞춘다.
자주 저어가며 노릇한 색이 고르게 나도록 한다.
상태에 따라 밀가루를 뿌려 농도를 맞춘다.

4. 양파 수프 끓일 준비하기– 5분
콩소메 육수 2L를 붓는다.
20분 동안 매우 약한 불에 끓인다.
간을 확인한다.
후추를 몇 번 뿌린다.

5. 곁들임 재료 준비하기 – 10분
바게트를 슬라이스한다.
오븐에서 매우 약한 불로 바게트 양 면을 건조시킨다.
제과용 그릴망에 올려둔다.
강판에 그뤼예르 또는 파르메산 치즈를 간다.

6. 양파 수프 그라탱 차리기 – 5분
곁들임 재료를 골고루 담을 수 있게 수프를 섞는다.
그라탱할 볼에 수프를 담는다.
빵 조각을 올린다.
갈아준 그뤼예르 치즈로 덮어준다.
오븐에 넣어 완성한 후 샐러맨더에 넣는다.

완성한 결과

양파 수프 그라탱(Soupe à l'oignon gratinée)

포르투 와인을 넣은 그라탱 수프 또는 리옹식 그라탱 수프
GRATINÉE AU PORTO OU GRATINÉE FAÇON LYONNAISE

1. 그라탱 수프 재료 준비하기

양파 800g을 잘게 썬다.
버터 100g을 넣고 노릇노릇하게 될 때까지 천천히 볶는다.
밀가루 20g을 넣고 볶는다.(선택사항)
물 또는 육수(포토푀 육수) 2L를 붓는다.
소금, 후추를 뿌리고 20여분 동안 천천히 끓인다.

2. 마무리하기

세게 누르며 수프를 차이나 캡에 거르거나 믹서기에 간다.(선택사항)
간을 확인한다.
그릇 안에 구워 말린 빵 슬라이스와 그뤼에르 혹은 파르메산 치즈(채로 간
것, râpé)를 차례로 겹쳐 넣는다.
빵 위에 뜨거운 수프를 붓는다.
그 위에 치즈를 뿌린다.
오븐 또는 샐러맨더에 넣는다.

3. 양파 수프 리에종하기

계란 노른자 4개, 크림 100ml, 포르투갈산 마데이라 와인 madère 100ml
를 섞어 리에종을 준비한다.
오븐에서 그라탱 수프를 꺼낸다.
그라탱 표면을 살짝 들어 골고루 섞이도록 리에종을 붓는다.

완성한 결과

포르투 와인을 넣은 그라탱 수프 또는 리옹식 그라탱 수프(Gratinée au porto
ou gratinée façon lyonnaise)

준비 기구
- 정리용 사각 트레이 3
- 도마 1
- 큰 믹싱볼 1

조리 기구
- 큰 자루냄비 1 또는
  작은 소스포트 1
- 제과용 오븐팬 1

플레이팅(4인용) 도구
- 그라탱용 볼 4
- 전채요리용 접시 4

비슷한 포타주 POTAGES SIMILAIRES

노르망디 양파 수프 Soupe à l'oignon normande
- 잘게 썬 양파가 노릇노릇해질 때까지 천천히 볶고 밀가루를 약간 뿌려주고
  우유를 붓는다.
- 크림을 넣은 후 오븐에 구운 바게트와 함께 낸다.

가르뷔르 양파 수프 Potage garbure à l'oignon
- 콩소메 또는 우유를 넣은 양파 수프를 차이나 캡에 거른다.
- 오븐에 구운 바게트 슬라이스를 올리고, 양파 퓌레와 약간의 베샤멜
  소스를 섞어 바른 후, 그뤼에르 치즈를 올려서 그라탱한다.(치즈와 함께
  음식 표면이 바삭하게 구워지는 상태)

뚜항 양파 수프 Potage ou soupe Thourin à l'oignon
- 거위기름을 넣어 잘게 썬 양파를 볶는다.
- 다진 마늘, 밀가루를 넣어 볶은 후 닭고기 육수를 붓고 간을 한다.
- 불을 끄고 식초를 조금 넣어 계란 노른자로 걸쭉하게 만든다.
- 구운 빵 조각을 수프그릇에 담고 수프를 붓는다.

안달루시아 가스파초
GASPACHO ANDALOU

가스파초라는 이름은 아랍과 스페인 남부 안달루시아에서 유래했고, 수프에 적신 빵을 의미한다. 더 정확히 말하면 시원한 냉수프로, 양념한 생채소(토마토, 오이, 양파, 피망, 마늘, 바질)로 만들어 믹서기로 갈아준 후, 식빵, 헤레스 와인 식초, 올리브유를 넣는다. 전통적 요식업에서 가스파초는 주로 튀긴 크루통 조각과 주사위 모양으로 잘게 썬 생채소(오이, 피망, 샐러리 등등)를 곁들인다.

8인분 재료	단위	양
기본 재료		
– 잘 익은 토마토	kg	1
– 오이(2/3개)	g	260
– 빨간색 피망(작은 것 1)	g	160
– 스페인산 양파	g	80
– 마늘(1톨)	g	10
– 식빵	g	80
– 민트 또는 처빌 또는 바질	단	1/4
– 마른 고추 또는 생 고추, 또는 타바스코 소스		약간(PM)
– 토마토 페이스트(선택사항)		약간(PM)
– 헤레스 와인 식초	ml	20
– 올리브유	ml	80
– 얼음물		약간(PM)
곁들임		
– 오이(1/3개)	g	160
– 빨간색 피망	g	160
– 샐러리	g	80
– 초록색 또는 검정색 올리브	g	80
– 골파 ciboule ou ciboulette	단	1
– 삶은 달걀(선택사항)	개	2
– 식빵	g	160
– 땅콩기름	ml	40
양념		
– 소금		약간(PM)
– 후춧가루		약간(PM)
평균 준비 시간 : 1시간 15분		

만드는 방법

1. 조리 작업 기구 준비하기 – 5분

레시피대로 재료를 계량, 측정하고 작업에 필요한 도구들을 점검한다.

2. 채소 다듬고 씻기 – 15분

마늘을 다듬고 씻는다.

샐러리를 다듬고 씻은 후 질긴 심줄을 제거한다.

피망 껍질을 필러로 벗기고 꼭지와 씨를 제거한다.

양파를 다듬고 씻는다.

오이를 다듬고 씻고 씨를 제거한다. 2/3는 수프에 사용하고, 1/3은 곁들임 재료로 남겨둔다.

향신 허브를 다듬어 씻고 물기를 뺀다.

3. 토마토 껍질을 벗기고 씨를 뺀 후 잘게 다지기 – 10분

4. 가스파초 채소 자르기 – 10분

오이 2/3를 잘게 자른 후 가는소금을 뿌려 절인다.

양파, 피망을 잘게 썰고 마늘은 빻아준다.

허브를 잘게 썬다.

생 고추를 사용할 경우 씨를 빼고 잘게 썬다.

5. 가스파초 기본 재료 양념하기 – 5분

물기를 뺀 오이, 토마토, 양파, 피망, 빻은 마늘, 허브를 큰 믹싱볼에 넣는다.

간을 하고 헤레스산 와인 식초와 올리브유를 첨가한다.

랩으로 덮은 후 몇 시간 동안 3도 냉장 보관실에 둔다.

6. 곁들임 재료 준비하기 – 20분

계란을 삶고 식힌 후 껍질을 까서 노른자와 흰자를 분리해 다져 준비한다. (삶은 계란은 선택사항)

각 면이 3mm 되는 주사위 모양으로 빨간색 피망, 샐러리, 오이를 썬다.

잘게 썬 오이에 소금을 뿌려 20분 정도 절인 후 물기를 뺀다.

골파를 잘게 썬다.

올리브를 잘게 썬다.

각 면이 3mm 되는 주사위 모양으로 식빵을 썬다.

기름에 튀긴 후 키친타월 위에 올려 기름기를 뺀다.

7. 포타주 완성하기 – 5분

믹서기에 식빵, 양념한 모든 채소를 넣고 몇 분간 간다.

원하는 농도가 될 때까지 토마토 페이스트와 얼음물을 첨가한다.

마지막에 올리브유를 넣고 거품기로 젓는다.

간을 확인한다.

차이나 캡에 거른다.

8. 곁들임 차리기 – 3분

작은 접시에 따로 담는다.

무늬가 있는 장식용 종이를 덮은 쟁반에 차린다.

9. 완성한 가스파초 차리기 – 2분

개인 그릇 또는 볼에 담는다.

잘게 썬 골파를 위에 뿌린다.

– 종종 가스파초에 올리브유에 튀긴 큰 새우, 랑구스틴, 가재 등을 곁들이
기도 한다.
– 요리사에 따라 색깔이 다양한 채소(토마토, 초록색 호박, 노란색 파프리카
등등)를 사용해 가스파초 맛과 색을 변형하기도 한다.

완성한 결과

안달루시아 가스파초(Gaspacho Andalou)

준비 기구
- 정리용 사각 트레이 3
- 도마 1
- 중간 크기 믹싱볼 3
- 큰 믹싱볼 1
- 믹서 1
- 차이나 캡 1

조리 기구
- 작은 자루냄비 1
- 작은 프라이팬 1

플레이팅(4인용) 도구
- 포타주용 잔 8
  혹은
- 그릇 8

차가운 전채요리(에피타이저)
오르되브르 프루아 LES HORS-D'ŒUVRE FROIDS

요리 소개 BREF RAPPEL DE TECHNOLOGIE

오르되브르(전채요리)는 사용하는 재료의 구성(생채소, 익힌 채소, 고기, 생선, 조개류)에 따라 분류하지만, 제공할 때 음식의 온도에 따라 분류하기도 한다.(차가운 오르되브르, 또는 따뜻한 오르되브르 les hors-d'œuvre froids et les hors-d'œuvre chauds)

오르되브르는 주요리의 맛을 해치거나 방해하지 않고 식욕을 돋우는 역할을 해야 하며 메뉴에 균형을 유지해야 한다.

식당에서는 주로 점심에 혼합 샐러드를 오르되브르로 제공한다.

적용 기술 TECHNIQUES MISES EN ŒUVRE

- 채소 다듬고 씻기
  Éplucher et laver des légumes
- 채소 껍질 제거하기(토마토, 피망)
  Monder des légumes(tomates, poivrons)
- 채소 가늘게 채썰기, 주사위 모양 썰기, 막대 모양 썰기
  Tailler des légumes en julienne, en dés, en bâtonnets
- 채소 잘게 썰기
  Émincer des légumes
- 셜롯, 양파, 허브 잘게 썰기
  Ciseler des échalotes, des oignons et des herbes
- 비네그레트(식초) 소스, 비네그레트 응용 소스, 채소 소스 만들기
  Réaliser des sauces émulsionnées instables, sauce vinaigrette et sauces dérivées, coulis de légumes
- 마요네즈 소스, 마요네즈 응용 소스 만들기
  Réaliser des sauces émulsionnées stables, sauce mayonnaise et sauces dérivées
- 채소 데치기
  Cuire des légumes à l'anglaise
- 채소 찌기
  Cuire des légumes à la vapeur
- 채소 그리스 식으로 익히기(올리브유, 화이트 와인 사용)
  Cuire des légumes à la grecque
- 끓는 물에 밀가루, 버터 또는 기름, 레몬즙을 넣어 채소 익히기
  Cuire des légumes dans un blanc

모듬 생채소
CRUDITÉS VARIÉES

모듬 생채소 Crudités variéess는 질긴 섬유질이 없는 다양한 종류의 부드러운 채소를 잘게 썰거나 가늘게 채 썰어 비네그레트 소스 또는 마요네즈 소스를 곁들인다.

8인분 재료	단위	양
기본 재료		
– 당근	g	400
– 샐러리 무	g	400
– 오이	g	400
– 흰색 또는 적색 양배추	g	400
– 래디시	단	1
– 토마토	g	400
– 레몬	개	1/2
비네그레트 소스 SAUCE VINAIGRETTE		
– 기름	ml	200
– 식초	ml	50
– 레몬	개	1/2
마요네즈 소스 SAUCE MAYONNAISE		
– 계란(노른자)	개	1
– 겨자	g	20
– 식용유	ml	100
– 식초	ml	약간(PM)
마무리		
– 처빌	단	1/4
– 골파 ciboulette	단	1/4
– 셜롯	g	10
– 양파	g	10
– 마늘(선택사항)	g	약간(PM)
– 파슬리	g	10
– 상추 또는 붉은 치커리	개	1/2
또는		
– 붉은 상추	g	100
양념		
– 가는소금		약간(PM)
– 후춧가루		약간(PM)
– 설탕		약간(PM)
평균 준비 시간 : 1시간 50분		

사용하는 채소의 수에 따라 양은 달라진다. 1인분에 약 200~250g의 채소가 필요하다.

만드는 방법

1. 조리 작업 기구 준비하기 – 5분

레시피대로 재료를 계량, 측정하고 작업에 필요한 도구들을 점검한다.

2. 채소 다듬고 씻고 물기 빼기 – 25분

샐러리 무에 레몬을 뿌려준다.

식초 물에 양배추를 담근다.

래디시 뿌리 부분을 다듬어 자르고 줄기가 2~3cm만 남게 자른다.(p. 214 참조)

3. 샐러리 무를 위한 레물라드 소스 만들기 – 10분(p. 405 참조)

작은 믹싱볼에 계란 노른자, 소금, 카엔 고추, 겨자, 식초를 넣는다.

식용유를 조금씩 넣으며 거품기로 저어준다.

간을 확인한다.(마요네즈 소스에는 겨자가 많이 들어가야 한다.)

4. 채소 자르기 – 35분(p. 23, 133~155 참조)

샐러리를 4등분한다. 강판으로 가늘게 썬다.

가늘게 채 썬(en julienne) 후 레물라드 소스에 넣고 섞는다.

오이를 세로로 2등분한다. 씨를 제거한 후 얇게 슬라이스 한다. 잘 씻은 오이는 껍질을 일부 남긴 채 벗길 수 있고, 속살과 껍질이 번갈아 나오게 다듬을 수도 있다. 소금을 뿌려 절인다.

양배추 잎을 떼고 끝부분을 제거한다. 잎을 나란히 겹친 후 가늘게 채 썬다. 소금을 뿌려 절인다.

적색 양배추도 똑같이 채 썬 후 끓인 식초를 붓는다.

토마토 껍질을 벗긴 후 4등분해 자른다.

당근을 토막 내 강판에 간다. 자른 당근을 가늘게 채 썬다.

5. 마무리 재료 준비하기 – 15분

양파와 셜롯을 다듬고 씻은 후 잘게 썬다.

파슬리를 씻고 줄기를 떼고 물기를 뺀 후 잘게 다진다.

처빌을 씻고 잎을 뗀 후 잘게 다진다.

골파를 씻고 잘게 다진다.

상추를 다듬고 씻는다.

레몬즙을 짜서 작은 그릇에 보관한다.

6. 비네그레트 소스 만들기 – 5분(p. 403 참조)

작은 믹싱볼에 식초 50ml를 붓는다.

소금과 후추를 넣는다.

식용유 150ml를 서서히 넣으며 거품기로 섞는다.

간을 확인한다.

7. 생채소 양념하기(요리를 제공할 때) – 10분

절인 오이의 물기를 뺀다.(너무 짤 경우 물로 헹군다.) 비네그레트 소스와 잘게 썬 골파를 뿌린다. 오이는 사워크림으로 양념할 수도 있다.

흰색 양배추의 물기를 뺀다.(필요할 경우 헹군다.) 비네그레트 소스를 넣고 섞는다. 적색 양배추는 식용유, 소금, 후추로만 양념한다.

4등분한 토마토에 나머지 비네그레트 소스를 뿌리고 잘 섞는다.

당근은 레몬즙, 소금, 후추, 설탕 약간, 식용유로 양념한다. 파슬리, 다진 마늘(선택사항), 잘게 썬 셜롯을 추가한다.

8. 모듬 생채소 차리기 – 10분

간을 확인하고 채소를 담는다.

작은 접시에 상추 잎을 깐다.

채소를 따로 담는다.

토마토에 잘게 썬 양파 또는 링 모양 양파를 올려 장식한다.

접시 가장자리를 닦고 차갑게 차려낸다.

FICHE 18

완성한 결과

모듬 생채소(Crudités variées)

크림을 곁들인 양송이버섯

CHAMPIGNONS BLANCS À LA CRÈME

1. 버섯 준비하기

양송이버섯 1kg을 다듬고 씻는다.

잘게 썰고 레몬즙을 뿌린다.

2. 소스 만들기

크림 150ml에 간을 하고 무스처럼 되도록 거품기로 젓는다.

버섯에 잘게 다진 셜롯 또는 다진 골파를 첨가한다.

3. 크림 소스로 버섯 양념하기

4. 차리기

붉은 치커리 잎을 접시 위에 깔고 크림 소스 버섯을 담는다.

골파 가닥으로 장식한다.

차갑게 낸다.

위에 소개한 크림 소스는 오이에도 어울린다. 신선한 민트 잎으로 장식할 수 있다.

준비 기구	플레이팅 도구
• 정리용 사각 트레이 3	• 전채요리용 접시
• 큰 믹싱볼 1	• 큰 쟁반
• 작은 믹싱볼 6	또는
• 도마 1	• 무늬 있는 장식용 종이, 큰 기본 접시 또는
• 강판 1	• 큰 접시 또는 큰 타원형 접시, 접시 받침, 무늬 있는 장식용 종이
• 미니 거품기 1	
• 레몬 압착기 1	

비슷한 요리 PLATS SIMILAIRES

자몽을 곁들인 당근 칩 Copeaux de carottes au pamplemousse

• 당근을 칩 모양으로 저미고 소금, 후추를 뿌린 후 식용유로만 양념한다.

• 접시에 담고 껍질을 벗긴 자몽 조각으로 장식한다.

• 처빌 잎으로 장식한다.(오렌지로 장식할 수도 있다.)

라르동을 곁들인 양배추 Chou blanc aux lardons

• 기본 조리법으로 흰색 양배추를 준비한다.

• 요리를 제공할 때, 기름에 튀긴 라르동을 위에 뿌린다.

• 다진 호두와 잘게 다진 파슬리를 뿌린다.

사과를 곁들인 적색 양배추 Chou rouge aux reinettes

• 기본 조리법으로 적색 양배추를 준비하고, 양념할 때 작은 주사위 모양으로 자른 사과에 레몬즙을 뿌려 첨가한다.

코울슬로 Coleslaw

• 흰색 양배추 2/3를 잘게 채 썰고 소금에 절인 후 물기를 꼭 짠다.

• 당근 1/3을 곱게 채 썰고(Râper) 설탕을 골고루 조금 뿌린다.

• 마요네즈 소스와 설탕을 조금 넣고 양념한다.

(가늘게 채 썬 양파, 오렌지 제스트, 오렌지 즙을 넣을 수도 있다)

완성한 결과

《신선한 채소》 샐러드(Salade 《fraîcheur》)

마요네즈 소스 채소 마세두안
MACÉDOINE DE LÉGUMES MAYONNAISE

마요네즈 소스 채소 마세두안 Macédoine de légumes mayonnaise은 끓는 물에 데친 여러 가지 채소를 섞어 마요네즈 소스로 양념한 요리이다. 채소 마세두안은 껍질을 벗긴 4등분한 토마토와 삶은 계란을 곁들여 낸다. 또한《파리식의 à la parisienne》곁들임 요리 중 하나이다.(파리식 차가운 연어 요리 saumon froid, 파리식 원뿔형 햄말이 cornet de jambon à la parisienne)

8인분 재료	단위	양
기본 재료		
– 당근	g	600
– 무	g	400
– 껍질콩	g	200
– 껍질을 깐 냉동 완두콩	g	200
마요네즈 소스 SAUCE MAYONNAISE		
– 계란(노른자)	개	2
– 겨자	g	20
– 식용유	ml	300
– 식초	ml	약간(PM)
장식 재료		
– 상추	개	1/2
– 토마토	개	2
– 계란	개	2
양념		
– 굵은소금		약간(PM)
– 가는소금		약간(PM)
– 카옌 고추		약간(PM)
평균 준비 시간 : 1시간 10분		
평균 가열 시간 : 10분		

만드는 방법

1. **조리 작업 기구 준비하기 – 5분**
   레시피대로 재료를 계량, 측정하고 작업에 필요한 도구들을 점검한다.

2. **마세두안 기본 재료 준비하기 – 10분**
   《채소편 les légumes》참조
   필러로 당근 껍질을 벗기고 씻은 후 물기를 뺀다.
   칼로 무 껍질을 벗기고 씻은 후 물기를 뺀다.
   껍질콩을 다듬고 씻는다.

3. **각 면을 4~5mm 되는 작은 주사위 모양으로 당근, 무 썰기(껍질콩은 익힌 후 자른다) – 15분**

4. **채소 익히기 – 10분(p. 496 참조)**
   냉동 완두콩을 끓는 물에 데친다.
   다른 채소도 따로 따로 끓는 물에 데친다.(굵은소금을 넣은 충분한 양의 끓는 물)
   데친 채소는 물기를 빼며 식힌다.

5. **장식 재료 준비하기 – 10분**
   끓는 물에 10분간 계란을 삶는다.《계란 les œufs》편 참조
   토마토 꼭지와 껍질을 제거한다.
   상추를 다듬고 씻는다.
   계란을 식힌 후 껍질을 깐다.

6. **마요네즈 소스 만들기 – 10분(p. 405 참조)**
   작은 믹싱볼에 계란 노른자, 소금, 카옌 고추, 겨자, 식초를 넣는다.
   식용유를 서서히 넣으며 거품기로 섞는다.
   간이 맞는지 확인한다.

7. **마세두안 소스로 버무리기 – 5분**
   껍질콩을 4~5mm 길이로 자른다.(익히기 전에 자르지 않았을 경우)
   물기를 뺀 후 다른 채소가 들어있는 믹싱볼에 넣는다.
   마요네즈 소스를 첨가한다.
   잘 섞어준다.
   간이 맞는지 확인한다.

8. **마세두안 차리기 – 5분**
   삶은 계란과 토마토를 4등분한 후 소금을 살짝 뿌린다.
   작은 접시 가장자리에 상추 잎을 깐다.
   볼록한 모양으로 마세두안을 담고 주걱으로 표면을 고른다.
   사이 사이에 계란과 토마토를 끼워 넣는다.
   조리용 붓으로 토마토에 기름을 살짝 발라 윤을 낸다.

채소는 증기를 이용해 찔 수도 있다.

완성한 결과

마요네즈 소스 채소 마세두안(Macédoine de légumes mayonnaise)

파리지엥 바닷가재 메다이옹

MÉDAILLONS DE HOMARD À LA PARISIENNE

마요네즈 소스 채소 마세두안을 만든다.
8cm 지름의 전채요리용 원형 틀을 사용하여 접시에 마세두안을 담는다.
동그랗게 저민 바닷가재에 조리용 붓으로 광택을 낸다.(1인당 80g)
마세두안 위에 원형 꽃 모양으로 바닷가재 슬라이스를 올린다.
원형 중앙에 연어알 또는 철갑상어 알로 장식한다.

완성한 결과

파리지엥 바닷가재 메다이옹(Médaillons de homard à la parisienne)

준비 기구	조리 기구	플레이팅 도구
• 정리용 사각 트레이 3 • 큰 믹싱볼 1 • 작은 믹싱볼 1 • 도마 1 • 작은 스테인리스 채반 1 • 미니 거품기 1	• 작은 자루냄비 4	• 전채요리용 접시 또는 • 채소용 접시 • 접시받침 • 무늬 있는 장식용 종이

비슷한 요리 PLATS SIMILAIRES

토마토 마세두안 파르시 Tomate farcie macédoine
• 토마토 속을 비우고 소금 간을 한 후, 마요네즈 소스 채소 마세두안으로 채운다.

모스크바 토마토 Tomate moscovite
• 토마토 마세두안 파르시와 같으며, 마세두안에 잘게 부순 참치를 추가한다.

연어를 곁들인 파리지엥 가리비 Coquille de saumon à la parisienne
• 가리비 껍질에 마요네즈 소스 채소 마세두안을 담는다.
• 데치고 젤리 형태로 광택이 나는 연어 조각을 뿌린다.
• 조화롭게 장식한다.

바삭바삭한 파리지엥 게살 Croustillant de crabe à la parisienne
• 브리오슈 틀에 브리크* 파이지를 올려 오븐에 굽는다.
• 마요네즈 소스 채소 마세두안에 게살을 첨가하여 파이에 담는다.
• 게살을 젤리 형태로 만든 조각으로 장식한다.

마요네즈 소스 채소 마세두안의 용도
매우 잘게 썬(각 면의 크기는 3mm) 채소로 만든 마요네즈 소스 마세두안은 주로 속을 비운 토마토, 절인 오이 조각, 아티초크 속 부분을 채운 요리로 사용한다. 이 요리는 《파리식으로 à la parisienne》 데쳐서 차갑게 제공하는 생선 요리의 곁들임으로 주로 제공한다.

---

* 브리크 bricks : 계란, 밀가루를 넣어 만든 얇은 페스트리로, 충전물을 넣어 튀겨 먹는 요리이다.

그리스식 채소 요리
LÉGUMES À LA GRECQUE

그리스식 채소 요리 légumes à la grecque는 올리브유, 레몬즙, 화이트 와인을 넣어 익힌 여러 종류의 채소를 식힌 후 양념하여 졸인 육수 소스를 곁들여 제공한다.

8인분 재료	단위	양
기본 재료		
– 양송이버섯	kg	1.2
또는		
– 아티초크(16×250g)	kg	4
또는		
– 콜리플라워(잎사귀를 떼어낸 것)	kg	1.2
또는		
– 호박	kg	1.2
– 큰 양파	g	200
또는		
– 구슬양파 Petits oignons(방울 양파 Grelots 같은 품종)	g	200
– 올리브유	ml	100
– 화이트 와인	ml	100
– 레몬	개	2
– 부케가르니	다발	1
– 마늘(선택사항)	톨	2
양념		
– 가는소금		약간(PM)
– 통후추		약간(PM)
– 고수		약간(PM)
장식 재료(선택사항)		
– 레몬	개	1/2
평균 준비 시간 : 45분		
평균 가열 시간 : 10분		

만드는 방법

1. 작업대 준비 – 5분
식재료, 준비 도구, 조리 도구, 플레이팅 도구

2. 채소 준비하기 – 25분
양파를 다듬고 씻은 후 잘게 썰거나 구슬 양파를 다듬고 씻는다.

부케가르니를 만든다.

마늘을 다듬고 씻는다.

레몬즙을 짜고 작은 그릇에 담아둔다.

무슬린 mousseline 천이나 위생 《《거즈 gaze hydrophile》》로 통후추, 고수, 마늘의 2/3를 감싼다.

《향신용 헝겊 주머니 sac aromatique ou nouet》를 끈으로 꼭 묶는다.(이 방식을 사용하면 손님 요리에 향신용 열갱이가 들어가지 않는다.)

버섯을 다듬고 씻은 후 비스듬히 자른다.(예쁜 버섯 머리는 돌려 깎아 준비할 수도 있다.)

또는

아티초크를 싸고 있는 《섬모 foin》를 제거하고 씻은 후 레몬즙을 뿌리고 비스듬히 자른다.

또는

호박을 씻고 토막 내어 모난 부분을 깎아 둥글게 모양을 다듬는다.

또는

콜리플라워를 다듬고 작은 다발로 자른 후 씻는다.

3. 채소 익히기 – 10분(p. 520/521 참조)
큰 소테팬에 올리브유를 두르고 잘게 썬 작은 양파 또는 구슬 양파를 볶는다.

저민 버섯, 돌려 깎은 버섯 머리, 아티초크, 호박 또는 콜리플라워를 첨가한다.

레몬즙, 화이트 와인, 부케가르니, 향신용 헝겊 주머니와 나머지 통후추와 고수를 넣는다.

가는소금을 뿌린다.

버섯 외의 다른 채소를 위해 물을 약간 넣는다.

뚜껑을 닫고 재빨리 끓인다.

버섯은 5~6분, 호박은 10~12분, 아티초크와 콜리플라워는 20~25분 익힌다.

채소 익히기를 마친 후에는 뚜껑을 열어둔다.

채소 육수를 재빨리 졸인다.

육수가 걸쭉해지도록 유화한다. (Emulsionner)

부케가르니와 향신용 헝겊 주머니를 건져낸다.

간이 맞는지 확인한다.

익힌 채소는 따로 담아 보관한다.

4. 그리스식 채소 요리 차리기 – 5분
채소에 윤기가 나도록 육수 소스를 붓는다.

전채요리용 접시에 잘 담는다.

저민 버섯 위에 돌려 깎은 버섯 머리를 올린다.

껍질에 홈을 파서 모양을 낸 레몬의 반달 조각으로 장식한다.

이 기본 조리법은 잘게 다진 토마토 또는 토마토 소스, 샐러리, 펜넬, 카레, 사프란 등을 첨가해 응용할 수 있다. 같은 방법으로 다른 채소를 요리할 수 있다.(파, 샐러리, 구슬 양파, 브리오니아*, 오크라* 등등)

---

* 브리오니아 bryones : 박과 브리오니아속에 속하는 식물.

* 오크라 gombos : 아직 국내에서 익숙하지 않은 기능성 식재료로, 아욱과에 속하는 한해살이 열대성 작물이다.

FICHE 20

완성한 결과

그리스식 채소 요리 세트(Assortiment de légumes à la grecque)

채소 아차르 * ACHARDS DE LÉGUMES
(당근 CAROTTE, 양배추 CHOU, 콜리플라워 CHOU—FLEUR, 껍질콩 HARICOTS VERTS)

1. 조리 작업 기구 준비하기

2. 채소 다듬고 씻고 자르기

당근을 일정한 막대 모양으로 자른다.
양배추를 대충 자른다.
콜리플라워를 작은 다발로 분리한다.
껍질콩을 세로 방향으로 2등분한다.
양파를 잘게 썰고 마늘을 빻는다.

3. 굵은소금, 생강, 고추를 마늘과 함께 넣고 찧기

4. 식용유를 두르고 채소 따로 볶기

채소는 익히지 않고 몇 분간 볶아 연해지게 만든다.
볶은 채소는 따로 담아 식힌다.

5. 아차르 완성하기

약한 불에 식용유를 두르고 잘게 썬 양파를 볶는다.
찧은 혼합물을 첨가한 후 강황 가루를 뿌려 몇 분간 천천히 익힌다.
식힌 채소를 첨가한 후 식초 또는 레몬즙을 조금 뿌린다.
잘 섞은 후 랩으로 덮어 몇 시간 동안 냉장실에 보관한다.

6. 차리기

완성한 결과

아테네식 채소 요리 세트(Assortiment de petits légumes athéniens)

준비 기구
- 정리용 사각 트레이 3
- 큰 믹싱볼 1 또는 큰 들통 1
- 도마 1

조리 기구
- 큰 소테팬 1 또는 소뚜와 1
- 뚜껑 1

플레이팅 도구
- 전채요리용 접시 또는
- 움푹한 타원형 접시
- 타원형 접시받침
- 무늬 있는 장식용 종이
- 기본 접시

비슷한 요리 PLATS SIMILAIRES

헝가리식 콜리플라워 Chou—fleur à la hongroise

1. 콜리플라워 익히기
- 콜리플라워 2.5kg을 다듬고 씻는다.
- 소테팬에 올리브유 50ml를 두르고 잘게 썬 양파 150g을 볶는다.
- 파프리카 가루 2스푼을 뿌린 콜리플라워에 화이트 와인 200ml, 레몬즙, 모두 잠길 만큼의 충분한 물을 붓는다.
- 소금, 후추를 뿌리고 부케가르니, 고수 씨앗, 빻은 마늘 2톨을 첨가한다.
- 20분 동안 끓인다.

2. 콜리플라워 완성하기
- 콜리 플라워가 잘 익었는지 확인한다.
- 접시에 옮겨 물기를 빼고 콜리플라워를 익힌 육수를 졸인다.
- 시럽 상태가 되면 콜리플라워에 붓고 식힌다.

3. 차리기
- 접시에 담고, 껍질을 벗긴 여러 색깔의 피망을 작은 주사위 모양으로 잘게 썬 것을 위에 뿌린다.

카레 소스를 곁들인 호박과 건포도 Courgettes et raisins secs au curry
- 껍질에 홈을 낸 호박의 모난 부분을 깎아 둥글게 모양을 다듬는다.
- 그리스식으로 요리한 후 건포도와 카레 소스를 곁들인다.
- 몇 가닥 사프란으로 장식한다.

강황을 곁들인 차요테 호박 Christophines au safran pays
- 차요테 호박을 다듬고 모난 부분을 깎아 둥글게 모양을 만든 후 강황을 곁들여 그리스식으로 요리한다.
- 잘게 썬 파를 뿌린다.

---

* 아차르 Achards : 동남아시아의 절임 음식.

샐러드 니수아즈(니스식 샐러드)
SALADE FAÇON NIÇOISE

샐러드 니수아즈(니스식 샐러드 Salade façon niçoise)는 생채소, 익힌 채소, 참치, 삶은 계란, 안초비, 올리브 등으로 만든 혼합 샐러드로 올리브유를 넣은 비네그레트 소스를 곁들인다. 상추 또는 메스클랭 mesclun 위에 샐러드를 담아낸다.

8인분 재료	단위	양
기본 재료		
– 단단한 감자	g	600
– 가는 껍질콩	g	600
– 토마토 《곁들임용》	g	600
– 피망	g	200
– 통조림 참치	g	200
비네그레트 소스 SAUCE VINAIGRETTE		
– 와인 식초	ml	80
– 올리브유	ml	200
장식		
– 상추	개	1/2
또는		
– 메스클랭 mesclun	g	200
– 계란	개	2
– 올리브(니스산 Nice 보라색) olives (violettes de Nice)	개	16
– 뼈를 바른 안초비 filets d'anchois à l'huile	개	16
마무리(선택사항)		
– 파슬리		약간(PM)
– 처빌		약간(PM)
– 타라곤		약간(PM)
– 바질		약간(PM)
양념		
– 굵은소금		약간(PM)
– 가는소금		약간(PM)
– 후춧가루		약간(PM)
평균 준비 시간 : 1시간 20분		
평균 가열 시간 : 25~30분		

만드는 방법

1. 조리 작업 기구 준비하기 – 5분

레시피대로 재료를 준비하고 준비 기구 조리 기구, 그릇을 준비한다.

2. 샐러드 기본 재료 준비하기 – 30분

감자를 씻고 솔질하고 헹군 후 25~30분 동안 익힌다.(찬물에 넣어) 굵은소금을 넣는다. 완전히 식기 전에 감자 껍질을 깐다.

껍질콩을 다듬고 씻은 후 3cm 길이로 자른다. 끓는 물에 데친 후 얼음물에 식힌 후 물기를 뺀다.

토마토 꼭지와 껍질을 제거한다.

피망을 씻은 후 꼭지와 씨를 제거한다.

3. 장식 및 마무리 재료 준비하기 – 20분

계란을 삶은 후 식혀 껍질을 깐다.(p. 278 참조)

상추 또는 메스클랭을 다듬고 씻는다.

올리브 씨를 뺀다.

안초비가 클 경우 반으로 나눈다.

파슬리를 씻고 줄기를 뗀 후 물기를 빼고 잘게 다진다.

허브의 잎을 떼고 잘게 다진다.

4. 기본 및 장식 재료 자르기 – 10분

3mm 두께 둥근 조각으로 감자를 저민다.

피망을 가늘게 채 썬다.

토마토를 4등분으로 자른 후 절인다.(가는소금을 뿌린다.)

삶은 계란을 4등분으로 자른다.

참치를 잘게 부순다.

5. 비네그레트 소스 만들기 – 5분(p. 403 참조)

작은 믹싱볼에 식초를 붓는다.

소금, 후추를 넣는다.

거품기로 저으며 서서히 식용유를 넣어준다.

간을 확인한다.

7. 샐러드 니수아즈 차리기 – 10분

샐러드 접시에 상추 몇 장을 깐다.

색깔에 맞춰 샐러드 기본 재료를 각각 담는다.

바둑판무늬로 안초비를 샐러드에 올린다.

양념한 삶은 계란을 골고루 담는다.

올리브와 장식 재료를 사이 사이에 올린다.

잘게 다진 허브를 뿌린다.(선택사항)

- 샐러드 니수아즈(La salade niçoise)에는 케이퍼(câpres)*이나 잘게 썬 파를 넣을 수도 있다. 계절에 따라 보라색 생아티초크, 갓 수확한 잠두콩, 니스산 래디시, 시실리아산 적양파 등을 넣을 수도 있다.
- 이 샐러드의 구성은 상추를 뺀 팡바냐(pan bagnat)*와 같다.

---

* 케이퍼 câpres : 요리 및 향신료로 이용하는 부위는 꽃봉오리이며, 생선 및 육류 요리 등에 강한 짠맛과 신맛을 내는 데 널리 사용한다.

* 팡바냐 pan bagnat : 둥근 빵에 샐러드 니수아즈를 넣은 샌드위치.

FICHE 21

완성한 결과

샐러드 니수아즈(Salade façon niçoise)

샐러드 리오네즈(리옹식 샐러드)

SALADE 《FAÇON》 LYONNAISE

소시지 400g을 30분간 85도에 데친다.

민들레 200g, 치커리 한 포기, 붉은 치커리 200g을 다듬고 씻는다.

훈제 삼겹살 400g을 작은 라르동으로 잘라 데친 후 살짝 볶는다.

식빵 200g을 작은 크루통으로 잘라 튀긴 후 키친타월 위에 올려 기름기를 뺀다.

식초 물에 신선한 계란 8개를 삶고 식힌 후 껍질을 깐다.

헤레스 와인 식초 vinaigre de Xérès 50ml와 호두 기름 d'huile de noix. 150ml 로 비네그레트 소스를 만든다.

비네그레트 소스로 샐러드를 양념하고 라르동, 크루통, 둥글게 썬 소시지, 삶은 계란을 첨가한다.

잘게 다진 셜롯과 처빌 잎을 뿌린다.

완성한 결과

샐러드 리오네즈(Salade lyonnaise)

준비 기구
- 정리용 사각 트레이 3
- 큰 믹싱볼 1
- 작은 믹싱볼 1
- 스테인리스 채반 1
- 도마 1
- 미니 거품기 1

- 에그 커터 1

조리 기구
- 중간 크기 자루냄비 2
- 작은 자루냄비 1

플레이팅 도구
- 큰 샐러드 접시와 받침 또는
- 개인 접시
- 무늬 있는 장식용 종이

비슷한 요리 PLATS SIMILAIRES

샐러드 뚜항젤(투르식 샐러드) Salade tourangelle

끓는 물에 데친 껍질콩, 강낭콩, 감자로 만든 샐러드이다.
- 타라곤을 넣은 크림 마요네즈 소스로 양념한다.
- 상추를 접시에 깐다.
- 껍질을 벗긴 토마토 조각으로 장식한다.

조개를 곁들인 코코넛 샐러드 Salade de cocos frais aux coquillages

정향을 박은 양파, 당근, 부케가르니를 넣고 끓는 물에 데친 코코넛이 들어간 샐러드이다.
- 홍합, 꼬막, 대합을 곁들인다.
- 발사믹 식초, 올리브유, 녹인 버터, 조개 육수를 넣은 소스로 양념한다.
- 대합 3개, 꼬막 3개, 홍합 3개를 껍질 째 접시에 담고, 토마토 콩핏(tomates confites 말린 토마토 절임)을 곁들인다.
- 접시 중앙에 처빌 잎 다발을 놓아 장식한다.

안달루시아식 흰색 강낭콩 샐러드 Salade de haricots blancs à l'andalouse

끓는 물에 데친 흰색 강낭콩, 껍질을 벗긴 토마토와 여러 색깔의 피망을 작은 주사위 모양(브뤼누아즈)으로 썰어준다
- 올리브유와 바질이 들어간 비네그레트 소스로 양념한다.
- 접시에 상추를 깐다.
- 얇은 링 모양 양파로 장식한다.

피에몬테식 샐러드 Salade piémontaise

감자, 햄, 코르니숑, 껍질 벗긴 토마토 조각, 삶은 계란으로 만든 샐러드이다.
- 마요네즈 소스로 양념한다.

스트라스부르식 샐러드 Salade strasbourgeoise

- 상추 위에 막대 모양(en bâtonnets)으로 자른 그뤼예르 치즈, 잘게 다진 양파, 바둑판무늬로 칼집을 낸 구운 알자스 소시지를 담는다.
- 알자스 겨자가 들어가 맛이 진한 《멜포 식초 vinaigre Melfor*》로 만든 비네그레트 소스로 양념한다.
- 삶은 계란과 토마토로 장식하며 잘게 다진 파슬리를 뿌린다.

  멜포 식초(vinaigre Melfor) : 꿀과 약초를 우린 물이 들어간 4도 초산으로 캐러멜 색깔이 난다.

단체 급식에서는 감자, 그뤼예르 치즈, 잘게 다진 양파, 동그랗게 썬 소시지를 겨자 비네그레트 소스로 양념한 《스트라스부르식 strasbougeoise》 샐러드를 자주 제공한다.

새우를 곁들인 아보카도
AVOCATS AUX CREVETTES

새우를 곁들인 아보카도 Avocats aux crevettes는 아보카도 반쪽에 껍질 깐 새우와 칵테일 소스(토마토케첩, 꼬냑을 첨가하고 카옌 고추나 타바스코로 매콤하게 만든 가요네즈 소스)를 곁들이는 요리이다.

8인분 재료	단위	양
기본 재료		
– 잘 익은 아보카도	개	4
– 레몬	개	1
– 껍질 깐 새우	g	400
칵테일 소스 SAUCE COCKTAIL		
– 계란(노른자)	개	2
– 겨자	g	20
– 식용유	ml	200
– 식초	ml	약간(PM)
– 꼬냑	ml	20
– 토마토케첩	ml	40
– 앙글레즈 소스(선택사항)	ml	약간(PM)
장식		
– 검정색 올리브	개	8
– 《곁들임용》 토마토	개	2
– 파슬리	g	20
– 처빌		약간(PM)
양념		
– 가는소금		약간(PM)
– 카옌 고추		약간(PM)
평균 준비 시간 : 40분		

만드는 방법

1. 조리 작업 기구 준비하기 – 5분

레시피대로 재료를 계량, 측정하고 작업에 필요한 도구들을 점검한다.

2. 칵테일 소스 만들기 – 10분(p. 407 참조)

작은 믹싱볼에 계란 노른자, 소금, 카옌 고추, 겨자, 식초를 넣는다.

미니 거품기로 저어주며 식용유를 조금씩 넣는다.

잘 섞으며 마요네즈 소스를 만든다.

꼬냑, 토마토케첩, 앙글레즈 소스(우스터 소스 Worcestershire sauce)를 첨가한다

타바스코 소스 몇 방울을 넣어 매콤하게 할 수도 있다.

간을 확인한다.

3. 새우와 아보카도 준비하기 – 15분

새우의 반을 《살피콩 salpicon》 식으로 썬다.

나머지 새우는 장식을 위해 따로 둔다.

아보카도를 씻은 후 물기를 닦고 세로 방향으로 잘라 반으로 나눈다.

아보카도의 씨를 제거한다.

포타주용 스푼을 이용해 아보카도 속살을 빼낸다.

각 면을 1cm 되는 주사위 모양으로 자른다.(또는 채소 볼러로 아보카도 볼을 만든다.)

간을 하고 산화를 막기 위해 레몬을 뿌린다.

4. 아보카도로 소스 만들기 – 5분

믹싱볼에 아보카도 속살, 살피콩 식으로 썬 새우, 칵테일 소스 2/3를 넣는다.

아보카도 소스를 잘 섞어준다.

간을 확인한다.

5. 새우를 곁들인 아보카도 차리기 – 5분

아보카도 반쪽에 혼합물을 채운다.

남은 칵테일 소스를 붓는다.

남은 새우, 껍질을 까서 4등분한 토마토, 검정색 올리브, 처빌로 장식한다.

무늬가 있는 장식용 종이를 깐 동그란 접시 위에 아보카도 반쪽을 잘 놓는다.

접시 중앙에 파슬리 다발을 놓는다.

- 칵테일 소스로 버무린 새우를 아보카도 반쪽 안에 담을 수 있다. 이 경우, 아보카도 반쪽에 미리 간을 하고 레몬을 뿌린다.
- 딱딱한 아보카도는 신선하기 때문인 것이지 수확 시기를 앞당겨서 그런 것이 아니다. 아보카도는 수확 후에 익는다. 프랑스에서 가장 많이 소비되는 두 품종은 얇고 빛나는 껍질을 지닌 라 후에흐뜨(la Fuerte)와 거칠거칠하고 보라색 껍질인 라 아스(la Hass)이다. 아보카도는 주로 엔틸리스 제도, 멕시코, 미국, 호주, 이스라엘, 코르시카 섬 등에서 수입한다.
- 아보카도는 과카몰리*를 만드는 데 사용하기도 한다.

* 과카몰리 guacamole : 아보카도를 으깨어 토마토, 양파, 양념을 더한 멕시코 소스.

FICHE 22

완성한 결과

새우를 곁들인 아보카도(Avocats aux crevettes)

가재 토마토 소스(쿨리) 아보카도 무스

MOUSSE D'AVOCAT AUX ÉCREVISSES, COULIS DE TOMATES

1. 아보카도 무스 만들기

아보카도 속살과 레몬즙, 소금, 카옌 고추를 믹서기로 갈아준다.

젤라틴 2장을 담가 녹인다.

휘핑크림 200㎖를 만든다.

아보카도 퓨레, 녹인 젤라틴, 휘핑크림을 조심스럽게 섞어 무스를 완성한다.

간을 확인하고 냉장실에 보관한다.

2. 토마토 소스(쿨리) 만들기(p. 404 참조)

토마토 600g으로 쿨리를 만든다.

3. 가재 준비하기

가재 24마리의 내장을 제거하고 끓는 물에 익힌다.

머리와 집게 발을 남겨두고 꼬리 부분만 껍질을 깐다.

4. 차리기

차가운 토마토 소스(쿨리)를 접시에 담고 숟가락으로 예쁘게 아보카도 무스볼 3개를 만들어 위에 올린다.

가재를 사이 사이에 배치한다.

가재 껍질에 윤을 내고 처빌 잎으로 장식한 후 차갑게 낸다.

완성한 결과

가재 토마토 소스 아보카도 무스(Mousse d'avocat aux écrevisses, coulis de tomates)

준비 기구	플레이팅 도구
• 정리용 사각 트레이 3개 • 큰 믹싱볼 1개 • 작은 믹싱볼 1개 • 도마 1개 • 미니 거품기 1	• 동그란 큰 접시 • 무늬 있는 장식용 종이 또는 냅킨 또는 • 기본 접시 또는 전채요리용 접시

비슷한 요리 PLATS SIMILAIRES

게살을 곁들인 아보카도 Avocats au crabe

• 새우 대신 게살을 넣으며 앞장에 나온 기본 조리법을 참조한다.

랑구스틴을 곁들인 아보카도 Avocats aux langoustines

• 새우 대신 껍질을 깐 랑구스틴 살을 넣는다.

감귤류를 곁들인 아보카도 Avocats aux agrumes

• 껍질을 벗긴 아보카도 반쪽을 얇게 썰고 레몬을 뿌려 화관 모양으로 담은 후, 사이사이에 오렌지와 자몽 조각을 끼워 넣는다.

• 라임으로 새콤한 맛을 낸 크림을 곁들인다.

아보카도 무스를 곁들인 랑구스트 메다이옹 Médaillons de langouste à la mousse d'avocat

랑구스트 살을 얇고 둥글게 썰고 뭉친 아보카도 무스 위에 올린 후, 말린 토마토와 처빌 잎으로 장식한다.

아보카도와 새우를 넣은 연어 주머니 Aumônière de saumon aux crevettes et à l'avocat

• 얇게 썰어 양념한 연어에 칵테일 소스 sauce cocktail로 버무린 주사위 모양의 아보카도와 새우를 곁들인다.

완성한 결과

새우를 곁들인 아보카도(Avocat aux crevettes roses)

무슬린 소스를 곁들인 아스파라거스
ASPERGES SAUCE MOUSSELINE

무슬린 소스를 곁들인 아스파라거스 Asperges sauce mousseline는 아보카도 반쪽에 껍질 깐 새우와 칵테일 소스(토마토케첩, 꼬냑을 첨가하고 카옌 고추나 타바스크로 매콤하게 만든 마요네즈 소스)를 곁들이는 요리이다.

8인분 재료	단위	양
기본 재료		
– 흰색 또는 보라색 또는 초록색 아스파라거스 (1인당 400g)	kg	3.2
무슬린 소스 SAUCE MOUSSELINE		
– 계란(노른자)	개	4
– 버터	g	250
– 레몬	개	1/2
– 지방 MG 30% 액상 크림	ml	50
장식		
– 파슬리	g	20
– 《곁들임용》 토마토	개	2
양념		
– 굵은소금		약간(PM)
– 가는소금		약간(PM)
– 카옌 고추		약간(PM)
평균 준비 시간 : 1시간 05분		
평균 가열 시간 : 15~20분		

만드는 방법

1. 조리 작업 기구 준비하기 – 5분

레시피대로 재료를 계량, 측정하고 작업에 필요한 도구들을 점검한다.

2. 중탕해서 버터 녹이기(정제 버터) – 2분

3. 아스파라거스 다듬기 – 30분(p. 123 참조)

조리대 위에 아스파라거스를 가지런히 올려놓는다.

뾰족한 끝부분을 조심하며 필러로 아스파라거스를 다듬는다.

아래 부분을 자른다.

잘 씻고 물기를 뺀다.

굵기별로 아스파라거스를 분류한다.(직경에 따라 분류된 아스파라거스가 아닐 경우)

한 다발로 만들어 실로 묶어준다. 각 다발은 1인분에 해당한다.

줄기 길이가 같도록 고른다.

4. 아스파라거스 익힐 준비하기 – 3분

많은 양의 끓는 물에 소금을 넣고(물 1L당 굵은소금 10g 비율) 아스파라거스를 데친다.

아스파라거스 굵기에 따라 10~15분 동안 익힌다.

5. 올랑데즈(hollandaise) 소스 만들기 – 10분(p. 412 참조)

계란 노른자와 흰자를 분리한다.

작은 소테팬에 계란 노른자를 넣는다.

찬물 20ml를 붓는다.

약한 불에 50~55도 온도가 될 때까지 세게 휘저으며 천천히 끓인다.(계란은 거품 상태가 되고, 거품기가 소테팬 바닥에 닿도록 저어야 한다.)

불을 끄고 소금과 카옌 고추를 첨가한다.

중탕해서 녹인 후 위에 뜬 부분을 제거한 버터를 조금씩 붓는다.

소스를 차이나 캡에 걸러 작은 중탕냄비에 담는다.

간을 확인한다.

중탕냄비 가장자리에 묻은 소스를 스크레이퍼로 정리하고, 뚜껑을 덮어 따뜻한 곳(40~45도)에 보관한다.

6. 파슬리 준비하기 – 5분

7. 무슬린 소스 완성하기 – 5분

레몬 반쪽의 즙을 넣어 올랑데즈 소스를 새콤하게 한다.

크림을 거품 상태로 만들어 소스에 잘 섞는다.

8. 아스파라거스 차리기 – 5분

아스파라거스의 물기를 뺀다.

묶었던 실을 풀어 제거한다.

아스파라거스 끝부분이 상하지 않게 조심하며 냅킨을 접시에 깐 후 아스파라거스를 담는다.

장식 재료를 담는다.(파슬리의 가지, 장미 모양으로 만든 토마토)

소스그릇에 소스는 따로 담아준다.

- 아스파라거스를 너무 익히지 않도록 조심한다.(너무 익히면 풍미를 잃게 되고 물이 많아 흐물흐물해진다.) 아스파라거스를 차갑게 제공할 때는 시원하게 만들어 내야 한다.
- 아스파라거스는 깊이가 깊은 냄비에 세워 뾰족한 머리 부분이 물에 잠기지 않게 익힐 수 있다. 머리 부분은 더욱 단단한 상태로 유지한다.
- 올랑데즈 소스는 음식을 제공하는 시간에 맞춰 만들어야 하며, 판매하지 않고 남은 소스는 다시 사용해서는 안 된다.
- 아르장퇴유(Argenteuil)라는 이름은 아스파라거스가 들어간 요리에 붙인다.

FICHE 23

완성한 결과

무슬린 소스를 곁들인 아스파라거스(Asperges sauce mousseline)

연어알을 곁들인 아스파라거스 파이
FEUILLETÉS D'ASPERGES AUX PERLES ROSES

1. 푀이타주(les feuilletés) 반죽 만들기

밀가루 250g, 소금 5g, 물 125ml, 버터 190g으로 푀이타주 반죽을 만든다. (p. 627 참조)

반죽을 밀대로 밀고 8×4cm의 직사각형 파이지 8장으로 잘라 계란물을 바르고 바둑판무늬를 넣은 후 1시간 동안 냉장 보관한다.

계란물을 한 번 더 발라준다.

푀이타주 반죽을 230도에서 20분 동안 굽는다.

구운 후, 파이를 둘로 나눠 따뜻하게 둔다.

2. 아스파라거스 준비하기

아스파라거스 2.4kg을 다듬고 씻은 후 다발로 묶어 기본 조리법대로 익힌다.

익힌 아스파라거스는 물기를 뺀 후 따뜻하게 둔다.

3. 녹인 버터 250g 만들기(p. 408 참조)

녹인 버터에 레몬 반쪽의 즙과 연어알 50g을 첨가한다.(소금 간에 주의한다.)

4. 차리기

파이 사이에 아스파라거스 끝부분이 나오도록 넣는다.

접시에 소스를 담고 파이를 올린 후 버터로 윤을 내고 따뜻하게 낸다.

완성한 결과

연어알을 곁들인 아스파라거스 파이(Feuilleté d'asperges aux perles roses)

준비 기구	조리 기구	플레이팅 도구
• 정리용 사각 트레이 3 • 도마 1	• 큰 소스포트 1	• 긴 접시, 무늬 있는 장식용 종이 또는 냅킨 • 소스그릇, 받침과 무늬 있는 장식용 종이

비슷한 요리 PLATS SIMILAIRES

허브 비네그레트 소스 아르장퇴유 아스파라거스 Asperges d'Argenteuil, sauce vinaigrette aux herbes

• 증기에 찐 아스파라거스를 식힌 후 잘게 다진 허브를 넣은 비네그레트 소스를 곁들여 낸다.

골파 버터 아스파라거스 Asperges au beurre de ciboulette

• 아스파라거스를 끓는 물에 데친 후 잘게 다진 골파를 넣은 버터를 곁들여 따뜻하게 낸다.

그리비슈 소스 대파 Blancs de poireaux, sauce gribiche

• 대파를 끓는 물에 데친 후 물기를 빼며 식힌다.

• 잘게 썬 허브와 삶은 계란, 케이퍼, 다진 코르니숑, 가늘게 채 썬 삶은 계란 흰자를 마요네즈 소스와 곁들여 낸다.

무스크테르 소스 여러 색깔의 양배추 Panaché de choux, sauce mousquetaire

• 콜리플라워, 브로콜리, 로마네스코 브로콜리를 끓는 물에 데친다.

• 화이트 와인에 졸인 잘게 썬 셜롯, 미트 글레이즈*(진한 고기 육수), 잘게 다진 골파를 첨가한 마요네즈 소스와 함께 따뜻하게 낸다.

---

* 미트 글레이즈 glace de viande : 고기 육수(fond)를 반으로 졸이면 데미글라스(demi-glace) 소스이고, 여기에서 더 졸여 젤리 형태의 농축 소스로 만든 것이 미트 글레이즈(불어로는 글라스 드 비앙드)이다.

차가운 멜론과 멜론 칵테일
MELON FRAPPÉ NATURE ET COCKTAIL DE MELON

차가운 멜론과 멜론 칵테일 Melon frappé nature et cocktail de melon은 작은 멜론 조각 또는 멜론 반쪽을 비워 멜론볼을 넣고 차갑게 내며 화이트 포르투 와인 porto blanc, 마데이라 와인 madère, 체리 리큐르 cherry, 마르살라 와인 marsala 또는 머스캣 와인 muscat 등을 곁들인다.

8인분 재료	단위	양
기본 재료		
– 멜론(1인당 1개의 멜론일 경우) (8×400g) 또는	kg	3.2
– 멜론(1인당 1/2개의 멜론일 경우) (4×600~700g)	kg	2.4~2.8
마무리		
– 화이트 포르투 와인 porto blanc 또는	ml	200
– 마데이라 와인 madère 또는	ml	200
– 마르살라 와인 marsala 또는	ml	200
– 머스캣 와인 muscat 또는	ml	200
– 마라스키노(마라스카 체리 리큐르) marasquin	ml	200
차리기		
– 빙수 glace pilée		약간(PM)
평균 준비 시간 : 25분		

만드는 방법

차가운 멜론 MELON FRAPPÉ

1. 조리 작업 기구 준비하기 – 5분

식재료, 준비 기구, 그릇을 준비한다.

잘 익고 향긋한 멜론을 고른다.

씻고 물기를 닦은 후 제공하기 전에 몇 시간 동안 4~6도 사이의 냉장실에 넣어 시원하게 한다.

2. 멜론 도려내기 – 15분(p. 229 참조)

멜론 밑 부분을 조금 잘라 안정적으로 세워둘 수 있게 한다.(얼음이 담긴 통이나 컵에 담는 경우는 예외)

칼끝으로 꼭지 부분에 칼집을 넣어 뚜껑을 만든다.(알맞은 곳에 뚜껑 자리를 잘 잡을 수 있도록 선이나 점으로 표시할 수 있다.) 뚜껑 모양은 직선, 톱니 모양, 하트 모양, 네 잎 클로버 모양 등으로 만들 수 있다.

전채요리용 스푼으로 씨와 심줄을 제거한다.

뚜껑을 바른 위치에 잘 놓는다.

3. 멜론 차리기 – 5분

멜론을 빙수 위에 올려놓거나 접은 냅킨이 깔아준 접시에 올린다.

멜론 칵테일 COCKTAIL DE MELON

1. 위와 같이 멜론 준비하기

2. 멜론 비우기

채소 볼러를 사용해 규칙적이고 동그란 모양의 멜론 볼을 만들며 멜론 속을 비워준다.

멜론 바닥에 구멍이 나지 않도록 조심한다.

비워진 멜론에 멜론볼을 잘 넣고 뚜껑을 닫는다. 멜론 볼이 보이도록 뚜껑을 살짝 열어둘 수도 있다.

3. 멜론 칵테일 차리기

빙수로 채운 얼음통 또는 접은 냅킨을 간 접시 위에 멜론을 올린다.

와인은 손님 앞에서 따른다.(화이트 포르투 와인, 마데이라 와인, 마르살라 와인, 머스캣 와인 muscat, 헤레스 와인, 프롱티냥 와인 frontignan, 토카이 와인 tokay*, 소테른 와인 sauternes* 등등)

굵은 설탕을 살짝 뿌린 멜론은 디저트로 낼 수도 있다. 이 때는 버찌로 담근 브랜디와 곁들인다. 멜론 또는 오렌지로 만든 소르베를 곁들일 수 있으며, 디저트 멜론으로는 《샤랑트 charentais》산이나 과들루프 Guadeloupe의 《필리봉 philibon》산을 추천한다.

---

* 토카이 와인 tokay : 헝가리 와인으로, 늦게 수확하여 귀부병에 걸린 포도송이를 따서 며칠 동안 말린 후 당분이 최고조에 달했을 때 즙을 짜서 만드는 스위트 화이트 와인.

* 소테른 와인 sauternes : 프랑스의 대표적 스위트 와인.

완성한 결과

멜론 요리 차림(Présentations de melons)

이탈리아식 멜론 MELON À L'ITALIENNE

1. 조리 작업 기구 준비하기

2. 멜론 준비하기
- 미리 시원하게 보관한 예쁜 멜론 2개(1kg)를 씻고 물기를 닦는다.
- 2~3cm 두께로 잘라준다.
- 껍질, 씨, 심줄을 제거한다.

3. 파르마산 햄 자르기
- 1인당 40g의 2장 햄 슬라이스가 되도록 자른다.

4. 이탈리아식 멜론 차리기
- 파도 모양으로 햄 슬라이스를 접시에 담는다.
- 둘레에 멜론 조각을 담는다.
- 차가운 멜론 조각을 접시에 먼저 담고 위에 햄 슬라이스를 덮을 수도 있다.

완성한 결과

이탈리아식 멜론(Melon à l'italienne)

준비 기구
- 정리용 사각 트레이 2
- 작은 믹싱볼 1
- 도마 1
- 채소 볼러 1

플레이팅 도구
- 크고 동그란 접시와 냅킨
  또는
- 얼음통과 기본 접시

비슷한 요리 PLATS SIMILAIRES

양념한 연어를 곁들인 멜론 Melon au saumon mariné
- 이탈리아식 멜론처럼 멜론을 조각 내어 준비한다.
- 팜(Parme) 지역 프로슈토(햄) 대신 양념해서 얇게 썬 연어를 곁들인다.

훈제 오리를 곁들인 멜론 Melon au magret fumé
- 멜론을 얇은 조각으로 자른 후 훈제 오리 가슴살과 함께 낸다.

포르투 와인 그라니테를 곁들인 멜론 칵테일 Cocktail de melon glacé au porto
- 채소 볼러로 만든 멜론볼과 수박볼에 굵은 설탕을 살짝 뿌리고 포르투 와인으로 만든 그라니테 granité(겉이 오톨도톨한 소르베 sorbet à teneur en sucre réduite)를 곁들인다.

차가운 소테른 멜론 Melon frappé au sauternes
- 소테른 와인에 계피, 바닐라, 정향을 넣고 끓인다.
- 멜론볼을 넣고 바로 불을 끈다.
- 재빨리 차갑게 식힌다.
- 속을 비운 멜론에 채워 넣고 빙수 위에 올린다.

수박과 멜론 얼음 수프 Soupe glacée à la pastèque et au melon
- 수박을 믹서기로 간 후 얼음 위에 올린다.
- 멜론 그라니테를 만든다.
- 접시에 수박 간 것을 담는다.
- 그라니테를 동그란 모양으로 만들어 접시에 올린다.
- 잘게 썬 민트를 뿌린다.

연어 타르타르
TARTARE DE SAUMON

연어 타르타르 Tartare de saumon는 신선한 생연어를 다져서 올리브유, 레몬즙, 골파, 잘게 다진 셜롯, 버섯, 다진 파슬리를 넣은 마요네즈 소스에 곁들이는 요리이다.

8인분 재료	단위	양
기본 재료		
– 연어 필렛	kg	1
양념		
– 계란(노른자 2개)	g	40
– 겨자	g	20
– 레몬(1개)	g	120
– 올리브유	㎖	200
– 앙글레즈 소스 sauce anglaise		약간(PM)
– 타바스코		약간(PM)
– 가는소금		약간(PM)
– 후춧가루		약간(PM)
곁들임		
– 셜롯	g	80
– 버섯	g	80
– 골파 ciboulett	단	2
– 파슬리	g	40
장식		
– 오이	g	400
– 골파	단	1
– 딜	단	1/2
평균 준비 시간 : 50분		

만드는 방법

1. 조리 작업 기구 준비하기 – 5분

레시피대로 재료를 준비하고, 준비 기구, 그릇을 준비한다.
조리대, 도마, 기구를 세척하고 소독한다.

2. 곁들임 재료 준비하고 냉장실에 보관하기 – 10분

셜롯과 골파를 다듬고 씻은 후 잘게 썬다.
파슬리를 씻고 줄기를 떼고 물기를 뺀 후 잘게 다진다.
버섯을 다진다.

3. 장식 재료 준비하고 냉장실에 보관하기 – 5분

오이를 씻은 후 세로 홈을 내어 장식한 후 얇게 저민다. 가는소금으로 절인다.
남은 골파를 4cm 길이로 썬다.

4. 기본 소스 만들기 – 10분

계란 노른자, 레몬즙, 올리브유로 마요네즈 소스를 만든다. 잘게 다진 셜롯과 골파, 파슬리, 케이퍼를 첨가한다.
소금, 후추, 타바스코, 앙글레즈 소스로 간을 한다.

5. 연어 다지기(주문 시) – 5분

껍질, 뼈, 거무스름한 부분(지방)을 제거한다.
큰 칼로 연어 살을 잘게 다진다. 잘 소독한 도마를 사용한다.(연어 살을 몇 분 미리 다질 경우, 랩으로 덮어 냉장실에 보관한다.)

6. 혼합하기 – 4분

다진 연어, 소스, 곁들임 재료를 잘 섞는다.
간을 확인한다.

7. 연어 타르타르 차리기 – 10분

접시 중앙에 전채요리용 원형 틀을 놓는다.
연어 타르타르를 원형 틀 안에 넣는다.
표면을 매끄럽게 다듬는다.
접시 가장자리를 반달 모양 오이 조각으로 둘러 장식한다.
골파와 딜 잎으로 장식한다.

요리사들에 따라 초록색 후추와 데쳐서 잘게 썬 레몬 제스트를 첨가하기도 한다. 연어 타르타르에는 골파 또는 딜을 넣은 새콤한 휘핑크림을 바른 따뜻한 블리니(blinis)*나 토스트한 식빵을 곁들일 수 있다.

---

* 블리니 blinis : 메밀가루와 밀가루를 섞거나 단독으로 사용하여 얇고 둥글게 부친 러시아식 팬케이크로, 훈제 연어, 캐비어 등과 함께 먹는다.

완성한 결과

연어 타르타르(Tartare de saumon)

절인 연어(그라브락스)* SAUMON MARINÉ(GRAVAD LAX)

1. 연어의 뼈를 발라내고 껍질을 벗긴 후, 필렛 만들고 키친타월로 물기를 살살 닦기

2. 연어 필렛을 소스에 절이기

껍질 부분을 아래로 향하게 필렛을 트레이에 놓는다.

굵은소금 70g과 굵은 설탕 50g을 연어 1kg에 뿌린다.

잘게 다진 딜과 미뇨네트 mignonnette를 첨가한다.

첫 번째 필렛 위에 두 번째 필렛을 껍질 부분이 아래로 향하도록 얹는다.

필렛을 켜켜이 쌓고 그 위에 무게가 2kg 넘는 판을 올려둔다.

48시간 동안 최대 3도의 냉장실에 넣어 절인다.

3. 절인 연어 차리기

얼음 물에 헹군 후 키친타월로 물기를 닦는다.

얇게 슬라이스한 후 접시에 올리고 레몬즙과 올리브유를 섞은 것으로 윤기를 낸다.

잘게 다진 딜을 뿌린다.

- 연어 그라브락스*는 설탕, 겨자, 다진 딜을 첨가한 마요네즈 소스를 곁들이고 토스트나 블리니, 스웨덴 비스킷과 함께 먹는다. 조금 두껍게 썬 그래블락스는 볶은 시금치나 찐 감자를 곁들여 주요리로 낼 수도 있다.
- 절이는 요리법은 다른 생선에도 적용한다.(고등어, 새끼 청어, 정어리, 송어 등등) 절인 연어를 즉시 제공하지 않을 경우, 딜을 넣어 풍미가 깊어진 올리브유를 바르고 랩으로 잘 포장한다.

준비 기구	플레이팅 도구
• 정리용 사각 트레이 2	• 기본 접시
• 중간 크기 믹싱볼 2	
• 도마 1	
• 미니 거품기 1	

완성한 결과

딜에 절인 연어 타르타르(Saumon mariné à l'aneth)

비슷한 요리 PLATS SIMILAIRES

노르웨이 샐러드 Salade norvégienne

- 여러 샐러드 채소(치커리, 상추, 붉은 상추)를 깔고 막대 모양으로 썬 오이, 샐러리, 양송이버섯, 사과를 위에 올린다.
- 딜이 들어간 비네그레트 소스로 양념한다.
- 절인 광어 flétan와 연어 슬라이스를 번갈아 가며 화관 모양으로 담는다.
- 크렌베리를 뿌린다.

연어 아보카도 《샤를로트》 ≪Charlotte≫ de saumon cru à l'avocat

- 껍질에 세로 홈 무늬를 낸 오이를 반달로 썬 조각을 전채요리용 원형 틀에 채운다.
- 아보카도 무스와 연어 타르타르를 차례로 채운다.
- 올리브유를 섞은 토마토 소스로 원형 주변을 동그랗게 장식한다.

---

* 그라브락스 gravad lax : 무덤이나 땅속의 구멍을 뜻하는 그라브 grav와 연어를 뜻하는 락스 laks, 소금과 여러 가지 허브를 이용해 저장한 연어.

따뜻한 전채요리 따뜻한 오르되브르

LES HORS-D'ŒUVRE CHAUDS

요리 소개 BREF RAPPEL DE TECHNOLOGIE

따뜻한 전채요리는 주로 기본 반죽(브리제 brisée 반죽, 푀이타주 feuilletée 반죽, 크레이프 à crêpes 반죽 등등)이나 《밀가루로 만든 요리 farinages》(뇨끼 gnocchis, 파스타 pâtes, 굵은 곡식 가루 semoules de céréales 등) 다양한 파르시 재료를 합친 것으로 만든다.

따뜻한 샐러드와 생선이나 갑각류로 만든 여러 요리는 점점 짭짤한 기본 반죽으로 만든 따뜻한 전통 전채요리를 대체하고 있다.

같은 요리법을 따라 만들지만 양과 크기를 줄인 요리는 가장 인기 있는 아뮤즈 부쉬*의 구성이 되기도 한다. (미니 부셰(작은 파이), 키슈, 피자, 미니 타르트, 비스킷, 리솔르*, 구제르* 등등)

적용 기술 TECHNIQUES MISES EN ŒUVRE

- 기본 반죽 만들기 Réaliser une pâte de base(파트 브리제 pâte brisee나 푀이타주 반죽 feuilletée, 슈 반죽 à choux, 크레이프 반죽 à crêpes, 튀김 반죽 à frire, 브리오슈 반죽 à brioche)
- 반죽 밀대로 밀기 Abaisser, 반죽 틀에 넣기 foncer, 반죽 가장자리에 모양 넣기 chiqueter
- 크림 혼합물 만들기
  Réaliser un appareil à crème prise
- 기본 소스 만들기 Réaliser une sauce de base(베샤멜 소스 sauce Béchamel, 아메리칸 소스 américaine, 토마토 소스 tomate)
- 혼합 버터 만들기 Réaliser un beurre composé(달팽이용 d'escargot, 안초비용 d'anchois)
- 기본 파르시 만들기 Réaliser une farce de base(파이용 무슬린 mousseline à pâte)
- 즉석 마리네이드 소스 만들기
  Réaliser une marinade instantanée
- 수플레 반죽 만들기
  Réaliser un appareil à soufflé
- 생파스타, 건조 파스타 익히기
  Cuire des pâtes fraîches et industrielles
- 프리토(Frire des fritots, 튀김 요리), 베녜(des beignets, 프랑스 도넛) 만들기

---

* 아뮤즈 부쉬 amuse-bouches : 프랑스 요리에서 식욕을 돋우기 위해 주요리 전에 먹는 요리.

* 리솔르 rissoles : 다진 고기나 생선으로 채운 파이.

* 구제르 gougères : 치즈를 넣은 파이.

헤이즐넛을 곁들인 따뜻한 토끼고기 샐러드
SALADE TIÈDE DE LAPEREAU AUX NOISETTES

여러 샐러드 채소(치커리 frisée, 붉은 치커리 trévise, 콘샐러드 mâche, 민들레 pissenlit) 위에 따뜻한 토끼 등심 파르시 조각을 올리고 허브(파슬리, 골파, 처빌, 타라곤)와 바스러뜨린 헤이즐넛을 곁들인다. 헤레스 와인 식초, 헤이즐넛 기름, 토끼 고기 육수 소스를 섞은 비네그레트 소스를 곁들이는 샐러드이다.

8인분 재료	단위	양
기본 재료		
– 토끼 등심 파르시 râble de lapereaux farcis *	개	4
– 헤이즐넛 기름 huile de noisette	ml	50
샐러드 재료		
– 치커리 frisée	단	1/2
– 붉은 치커리 trévise	g	200
– 콘샐러드 mâche	g	200
– 민들레 pissenlit	g	200
– 처빌 cerfeuil	단	1/2
– 골파 ciboulette	단	1/2
– 타라곤 estragon	단	1/2
– 파슬리 persil	g	50
비네그레트 소스 SAUCE VINAIGRETTE		
– 헤레스 와인 식초 vinaigre de Xérès	ml	50
– 헤이즐넛 기름 huile de noisette	ml	200
– 토끼 고기 육수 소스 glace blonde de lapereau	ml	100
마무리		
– 껍질 깐 헤이즐넛 noisettes mondées	g	100
양념		
– 가는소금		약간(PM)
– 후춧가루		약간(PM)
평균 준비 시간 : 45분		
토끼 등심 데우는 평균시간 : 5~6분		

* 《새끼 토끼 등심 파르시 Râble de lapereau farci》 참조 – **FICHE. 116** – p. 1010/1011

만드는 방법

1. 조리 작업 기구 준비하기 – 5분
레시피대로 재료를 계량, 측정하고 작업에 필요한 도구들을 점검한다.
토끼 등심은 익히기 전까지 냉장 보관한다.

2. 샐러드용 채소 다듬고 씻기 – 10분(p. 215 참조)
다듬은 샐러드용 채소는 물기를 뺀다.

3. 허브 분류해 씻기(p. 177 참조)
키친타월 위에 올려 물기를 뺀다.

4. 장식 재료 준비하기 – 10분
헤이즐넛을 바스러뜨린 후 샐러맨더에 넣어 노릇해지도록 한다.
골파를 잘게 다진다.
파슬리와 타라곤, 처빌 잎을 뗀다.

주문을 받은 후 :

5. 토끼 등심 익히기 – 12분
다용도 찜기에 약 12분 동안 110도, 또는 속 온도 65/67도로 익힌다.

6. 소스 만들기 – 5분
코팅 프라이팬에 헤이즐넛 기름을 두르고 토끼 등심을 올린 후 노릇노릇 굽는다.
고기를 둘러싼 대망을 제거한 후 간을 한 후 등심을 따로 둔다.
프라이팬에 기름을 두른다.
헤레스(Xérès) 와인 식초를 넣어 팬 바닥에 남은 것을 녹인다.
토끼 고기 육수 소스를 넣고 졸인다.
불을 끄고 헤이즐넛 기름으로 유화한다.
간을 확인한다.

7. 샐러드 차리기 – 5분
약간의 소스로 샐러드 채소와 허브를 재빨리 양념한다.
접시 중앙에 볼록하게 샐러드를 담는다.
토끼 등심을 슬라이스한 후 샐러드 둘레에 잘 담는다.
잘게 썬 허브를 뿌려준다.
등심 조각 둘레에 소스를 한 줄로 두른다.
바스러뜨린 헤이즐넛을 뿌려준다.
완성한 즉시 요리를 낸다.

FICHE 26

완성한 결과

헤이즐넛을 곁들인 따뜻한 토끼 고기 샐러드(Salade tiède de lapereau aux noisettes)

송로버섯 소스를 곁들인 따뜻한 가리비 관자 샐러드 SALADE TIÈDE DE COQUILLES SAINT–JACQUES AU JUS DE TRUFFE

1. 치커리 1/2포기, 잎상추 1/2포기, 붉은 치커리 200g, 붉은 상추 1/2포기, 상추 1/2포기를 다듬고 씻기

2. 처빌 1/2단, 골파 1/2단 다듬고 씻은 후 물기 빼기

3. 파르메산 치즈 200g 얇은 슬라이스로 갈기

4. 비네그레트 소스 만들기
   헤레스 와인 식초 20㎖, 송로버섯즙 40㎖, 호두 기름 100㎖, 땅콩기름 100㎖를 섞어 소스를 만들고 간을 한다.

5. 주문 시 가리비 관자 볶기
   코팅 프라이팬에 올리브유 50㎖를 둘러 볶고, 중앙 부분은 투명한 상태가 되도록 한다.

6. 샐러드 차리기
   소스를 넣어 샐러드를 양념한다.
   접시 중앙에 볼록하게 담는다.
   둘레에 가리비 관자를 잘 올려 놓는다.
   남은 소스를 붓고, 파르메산 치즈와 허브를 위에 뿌린다.

완성한 결과

송로버섯 소스를 곁들인 따뜻한 가리비 관자 샐러드(Salade tiède de coquilles Saint–Jacques au jus de truffe)

준비 기구	조리 기구	플레이팅 도구
• 정리용 사각 트레이 3 • 큰 믹싱볼 2 • 작은 믹싱볼 1 • 미니 거품기 1 • 도마 1	• 다용도 찜기 1 • 큰 코팅 프라이팬 1	• 큰 기본 접시 6

비슷한 요리 PLATS SIMILAIRES

카레 소스를 곁들인 따뜻한 닭고기 쉬프렘 샐러드 Salade tiède de suprême de volaille farci au curry

• 여러 샐러드 채소(치커리, 로메인 romaine, 붉은 치커리)를 땅콩기름과 카레로 만든 비네그레트 소스에 양념한다.

• 주문이 들어오면 따뜻하게 데운 닭고기 쉬프렘 파르시 슬라이스를 둘레에 두른다.(p. 349 참조)

감귤류를 곁들인 따뜻한 가오리 샐러드 Salade tiède de raie aux agrumes

• 여러 샐러드 채소(콘샐러드, 붉은 치커리, 갈색 상추)에 레몬, 오렌지, 자몽즙과 해바라기유를 뿌려 양념한다.

• 샐러드를 접시에 놓은 후 데친 가오리 조각을 올린다.

• 간을 한다.

• 오렌지, 자몽 조각을 올리고, 튀긴 식빵 크루통을 뿌린다.

• 처빌 잎으로 장식한다.

따뜻한 감자 피스타치오 소시지 샐러드 Salade de saucisson pistaché chaud pommes à l'huile

• 30분 동안 90도에서 리옹 피스타치오 소시지를 데친다.(소시지는 찌르지 말고 물이 끓지 않도록 주의한다.)

• 껍질째 감자를 익힌다.(로즈발 roseval, 하뜨 rattes, 속이 노랗고 길쭉한 감자), 샤를로트 charlotte 품종) 뜨거울 때 껍질을 벗기고 동그랗게 슬라이스 한 후 화이트 와인을 뿌린다.

• 겨자를 넣은 비네그레트 소스를 만들어 감자를 양념한다.

• 소시지 껍질을 까서 4~5mm 두께로 슬라이스한다.

• 따뜻한 감자 위에 소시지 슬라이스를 올린다.

• 잘게 다진 셜롯과 골파, 파슬리, 처빌을 뿌린다.

따뜻한 고기 샐러드 Salade tiède bouchère

• 익힌 포토푀 고기를 각 면이 1cm 되는 주사위 모양으로 썬다. 육수에 넣고 데운다.

• 껍질째 익힌 감자도 똑같이 각 면이 1cm 되는 주사위 모양으로 썬다.

• 물기를 약간 뺀 포토푀 고기와 뜨거운 감자를 겨자, 다진 케이퍼, 코르니숑, 양파, 파슬리로 만든 비네그레트 소스로 양념한다.

• 샐러드 그릇에 상추 잎을 깔고 담는다.

• 껍질을 간 토마토와 삶은 계란 조각으로 장식한다.(선택사항)

키슈 로렌*

QUICHE LORRAINE

키슈 로렌 Quiche Lorraine 얇은 조각이나 작은 라르동 조각으로 자른 훈제 삼겹살로 만든 짭짤한 "타르트"로, 그뤼예르 치즈나 에멘탈 치즈 얇게 썬 또는 강판에 간 것과 크림을 넣은 짭짤한 혼합물이 들어간다.

8인분 재료	단위	양
키슈 반죽		
− type 55 밀가루(키슈, 타르트, 피자 반죽용)	g	250
− 가는소금	g	5
− 버터	g	125
− 계란(노른자)	개	1
− 물	ml	50
− 밀가루(반죽을 밀 때 사용)	g	40
− 원형 틀용 버터	g	10
곁들임		
− 훈제 삼겹살	g	250
− 식용유	ml	20
− 그뤼예르 또는	g	200
에멘탈 치즈 덩어리		
또는 강판에 간 것		
소금으로 간을 한 아파레이유(크림 혼합물)		
APPAREIL À CRÈME PRISE SALÉ		
− 계란(전란)	개	2
− 계란(노른자)	개	2
− 우유	ml	250
− 크림	ml	250
계란물 DORURE		
− 계란(전란)	개	약간(PM)
장식		
− 곱슬곱슬한 파슬리 persil frisé	g	40
양념		
− 가는소금		약간(PM)
− 카옌 고추		약간(PM)
− 육두구(넛맥)		약간(PM)
평균 준비 시간 : 1시간 10분		
평균 가열 시간 : 25~30분		

만드는 방법

1. 조리 작업 기구 준비하기 – 5분

레시피대로 재료를 준비하고 준비 기구, 조리 기구, 그릇을 준비한다.

2. 키슈 반죽 만들기 – 15분(p. 614 참조)

밀가루를 체에 거르며 분수 모양을 만든다.

소금, 물, 계란 노른자, 작은 조각 버터를 첨가한다.

분수 모양으로 만들어준 밀가루 중앙에서 손가락 끝으로 재료를 섞어준다.

반죽을 주무르지 않고 반죽 자르는 칼로 잘 섞는다.

반죽을 손바닥으로 최대 1~2번 으깬다.

반죽을 모아 동그란 모양으로 만든다.

반죽을 랩으로 싼다.

반죽이 단단해지고 탄성이 없어지도록 서늘한 곳에 보관한다.

3. 곁들임 재료 준비하기 – 15분

훈제 삼겹살 껍질과 연골을 제거한다.

햄을 얇게 써는 기계를 사용해 삼겹살을 슬라이스한다.

슬라이스 삼겹살을 2cm 길이 조각으로 자른다.(또는 작은 라르동 lardons 조각으로 자른다.)

기름을 두르고 재빨리 볶은 후 기름기를 뺀다.(훈제 삼겹살 조각은 볶기 전에 데칠 수 있다.)

그뤼예르 또는 에멘탈 치즈를 3~4cm 얇은 조각으로 자른다.(강판에 갈 수도 있다.)

4. 키슈 반죽 틀에 넣기 – 15분(p. 623 참조)

직경 18cm 원형 타르트 틀 2개에 버터를 바른다.

반죽을 3mm 두께가 되도록 밀대로 민다.

반죽 앞뒤 면에 피케 롤러로 재빨리 구멍을 내며 찌른다.

원형 틀에 반죽을 끼운다.

제과용 솔로 밀가루가 많이 묻은 부분을 털어낸다.

반죽 가장자리를 손으로 정리하고 집게로 누른다.(파이 가장자리에 작은 홈 넣기)

2개의 원형 틀에 끼운 반죽을 타르트 틀 분리형 밑면 2개 위에 올린다.

냉장실에 넣어 단단해지도록 한다.

5. 아파레이유(크림 혼합물) 만들기 – 10분

작은 믹싱볼에 전란 2개, 노른자 2개, 크림과 우유를 넣어 섞는다.

소금, 카옌 고추, 넛맥 조금을 넣어 간을 한다.

6. 키슈 구울 준비하기 – 3분

훈제 삼겹살과 치즈를 골고루 담는다.

곁들임 재료 위에 크림 혼합물을 붓는다.(오븐에 들어갈 때)

오븐에(아래 열선일 경우 220도, 위 열선일 경우 180도) 30~35분간 굽는다.

완료되기 5분 전에 원형 틀을 빼고 반죽과 가장자리 부분에 제과용 붓으로 계란물을 바른다.

굽기를 완성한다.

제과용 그릴망에 키슈를 올려둔다.

따뜻하게 보관한다.

7. 키슈 차리기 – 2분

무늬가 있는 장식용 종이를 깐 동그란 접시에 키슈를 담는다.

파슬리로 장식한다.(선택사항)

* *키슈 로렌의 최근 조리법이다. 원래 사순절 금식(고기를 먹지 않음)을 위한 키슈는 빵 반죽과 지역 특산 치즈(뮌스터 치즈 le munster-géromé frais,)로 만들었다.*

완성한 결과

키슈 로렌(Quiche lorraine)

키슈 오세안(해산물 키슈) QUICHE OCÉANE

1. 조리 작업 기구 준비하기

2. 키슈 반죽하기(p. 614 참조)

3. 얇게 저민 버섯 200g 데치기
끓는 물에 소금, 레몬즙, 버터를 넣고 뚜껑을 닫고 익힌다.(p. 516 참조)

4. 홍합 600g 껍질을 문질러 세척하기
《마리니에르 à la marinière》를 요리하는 방법으로 홉합에 버터 20g, 잘게 다진 셜롯 30g, 화이트 와인 50ml, 다진 파슬리를 조금 넣고 요리한다. (p. 489 참조)

5. 아파레이유(크림 혼합물) 만들기
생선 벨루테를 만든다.(p. 389 참조)
버터 200g, 밀가루 20g, 생선 육수 300ml, 홍합 및 버섯 육수를 사용한다.
크림을 200ml 첨가해 벨루테가 1/3로 줄도록 졸인다.
불을 끄고 계란 2개와 노른자 2개를 넣어 젓는다.
간을 확인한다.

6. 곁들임 재료 완성하기
껍질을 깐 새우 100g을 헹구고 물기를 뺀다.
300g 생선(대구 cabillaud, 꼬리 긴 대구 julienne, 검정 대구 colin)을 각 면이 1cm 되는 작은 주사위 모양으로 썰어 버터에 볶아준다.
간을 한다.

7. 키슈 반죽 밀고 틀에 끼우고 가장자리 눌러 모양 잡기(p. 623 참조)

8. 키슈에 곁들임 재료 올리기
곁들임 재료를 골고루 올리고 크림 혼합물로 채운다.

9. 키슈 오븐에 굽기
아래 열선일 경우 220도, 위 열선일 경우 180도로 30분 정도 굽는다.

10. 키슈 차리기
접시에 키슈를 담는다.
파슬리로 장식한다.(키슈 아래에 헤이즐넛 버터*로 볶은 시금치를 깔 수도 있다.)

준비 기구	조리 기구	플레이팅 도구
• 체 1	• 작은 프라이팬 1	• 둥근 접시
• 밀가루 솔 1	• 직경 18cm 타르트 원형 틀 2	• 무늬가 있는 장식용 종이
• 정리용 사각 트레이 2	• 타르트 틀 분리형 밑면 2, 또는 제과용 오븐팬 2	
• 제과용 그릴망 1	• 작은 자루냄비 1	
• 반죽 커터 1		
• 제과용 밀대 1		
• 도마 1		

완성한 결과

키슈 오세안 Quiche océane(해산물 키슈)

비슷한 요리 PLATS SIMILAIRES

햄 시금치 키슈 Quiche au jambon et aux épinards
• 잘게 썬 시금치를 버터에 볶은 것과 주사위 모양으로 썬 후 볶은 햄으로 키슈를 채운다.

닭고기 모렐버섯 키슈 Quiche au poulet et aux morilles
• 주사위 모양으로 썬 닭가슴살을 버터에 볶고, 잘게 다진 셜롯과 버터에 익힌 모렐버섯으로 키슈를 채운다.

게살 키슈 Quiche au crabe
• 잘게 부순 게살과 아메리칸 소스, 계란과 노른자로 리에종한 크림 비스크 bisque crémée 혼합물로 키슈를 채운다.

참치 라따뚜이* 키슈 Quiche au thon et à la ratatouille
• 주사위 모양으로 썬 라따뚜이와 올리브유에 볶은 참치로 키슈를 채운다.

패 메씽 라르동 팬케이크 Galette au lard du pays Messin
• 크림 혼합물에 골파 한 단을 잘게 썰어 넣는다.

---

* 헤이즐넛 버터 beurre noisette : 버터가 갈색 액체가 될 때까지 녹인 소스로 헤이즐넛 향이 난다. 음식에 풍미를 주기 위해 사용하며, 프랑스 과자를 만드는 데에도 많이 사용한다.
* 라따뚜이 ratatouille : 프랑스 프로방스 지방의 전통음식 중 하나로 가지, 토마토, 호박, 피망 등으로 만든 스튜.

양파 타르트
TARTE À L'OIGNON

양파 타르트 Tarte à l'oignon는 버터에 졸인 양파와 라르동, 크림 혼합물로 채운 "짭짤한 타르트 Tarte salée"이다.

8인분 재료	단위	양
타르트 반죽 PÂTE BRISÉE		
– type 55 밀가루(키슈, 타르트, 피자 반죽용)	g	250
– 가는소금	g	5
– 버터	g	125
– 계란(노른자)	개	1
– 물	ml	50
– 밀가루(반죽을 밀 때 사용)	g	40
– 원형 틀용 버터	g	10
곁들임		
– 양파	g	800
– 버터	g	80
– 훈제 삼겹살	g	160
– 식용유	ml	20
크림 혼합물 APPAREIL À CRÈME PRISE SALÉ		
– 계란(전란)	개	2
– 계란(노른자)	개	1
– 우유	ml	100
– 크림	ml	200
마무리 재료		
– 동그랗고 예쁜 양파	g	100
계란물		
– 계란(전란)	개	약간(PM)
장식		
– 곱슬곱슬한 파슬리	g	40
양념		
– 가는소금		약간(PM)
– 후춧가루		약간(PM)
또는		
– 카옌 고추		약간(PM)
– 육두구(넛맥)		약간(PM)
평균 준비 시간 : 1시간 10분		
평균 가열 시간 : 25~30분		

만드는 방법

1. 조리 작업 기구 준비하기 – 5분

레시피대로 재료를 계량, 측정하고 작업에 필요한 도구들을 점검한다.

2. 타르트 반죽 만들기 – 15분(p. 614 참조)

3. 곁들임 재료 준비하기 – 20분

양파를 다듬고 씻은 후 얇게 저민다.(장식에 사용할 수 있도록 한 개는 남겨둔다.) 필요에 따라 끓는 물에 데칠 수도 있다.

30분 정도 양파를 버터에 졸이며 익힌다.

노릇노릇한 색깔이 일정하게 나도록 저어주며 익힌다.

훈제 삼겹살 껍질과 연골을 제거하고 햄을 얇게 써는 기계를 사용해 삼겹살을 슬라이스한다.

슬라이스 삼겹살을 2cm 길이 조각으로 자른다.

기름을 두르고 재빨리 볶은 후 기름기를 뺀다.

4. 양파 타르트 반죽 틀에 넣기 – 15분(p. 623 참조)

5. 크림 혼합물 만들기 – 10분(p. 812 참조)

6. 양파 타르트 구울 준비하기 – 3분

양파와 훈제 삼겹살을 타르트 반죽 안에 골고루 담는다.

오븐에 넣을 때 곁들임 재료 위에 크림 혼합물을 붓는다.

남겨둔 양파를 얇고 동그랗게 썬다.

타르트 표면에 예쁘게 올린다.

오븐에(아래 열선을 사용할 경우 220도, 위 열선을 사용할 경우 180도) 30~35분간 굽는다.

완료되기 5분 전에 원형 틀을 빼고 반죽에 노릇한 색깔을 낸다.(계란물과 제과용 붓 사용)

제과용 그릴망에 양파 타르트를 올려 따뜻하게 보관한다.

7. 양파 타르트 차리기 – 2분

무늬가 있는 장식용 종이를 깐 동그란 접시에 양파 타르트를 담는다.

파슬리로 장식한다.(선택사항)

• 타르트 원형 틀의 높이에 따라 크림 혼합물의 양을 조절한다.
• 너무 짠 훈제 삼겹살은 물에 데친다.

---

* 투르트 tourte : 파이처럼 생긴 가열된 둥근 과자로 뜨겁게 데워 전채요리으로 먹으며, 아래와 위, 양쪽에 반죽을 올리고 안에 속을 채워 만든다.

* 페르시야아드 persillade : 마늘, 허브, 오일 및 식초를 잘게 썬 파슬리와 양념한 혼합물.

* 프로마주 블랑 fromage blanc : 지방분이 적은 액체에 가까운 생치즈.

완성한 결과

양파 타르트(Tarte à l'oignon)

대파 투르트*(피카르디 지방의 부추 파이의 변형) TOURTE AUX POIREAUX(VARIANTE DE LA FLAMICHE PICARDE)

1. 조리 작업 기구 준비하기

2. 타르트 반죽하기

3. 곁들임 재료 준비하기

대파 800g을 다듬고 씻는다.

대파를 잘게 썰고 버터 40g, 잘게 썬 셜롯 50g과 함께 뚜껑을 닫고 익힌다. 약불에서 30분 정도 익힌다.(필요할 경우 물을 조금 넣는다.) 계절에 따라 억센 파는 데칠 수 있다. 화이트 와인을 조금 넣고 졸일 수도 있다.

대파에 밀가루 35g을 넣고 주걱으로 섞으며 볶는다.

우유 150ml, 크림 150ml를 첨가한다.

10여 분 동안 졸인 후 간을 확인한다.(소금, 카옌 고추, 넛맥)

작은 라르동 크기로 자른 훈제 삼겹살 150g을 식용유에 볶아 첨가한다.

작은 볼에 달걀 2개를 풀고, 불을 끈 상태에서 대파 혼합물에 넣고 잘 섞어준다.

4. 타르트 틀에 끼우기

반죽을 밀대로 밀고 깊은 타르트 틀에 버터를 바른 후 가장자리 반죽이 1cm 남도록 틀에 끼운다.

뚜껑 크기의 원형 반죽을 밀대로 민다.

5. 타르트 채우고 완성하기

식은 크림 혼합물을 타르트에 채운다.

가장자리에 계란물을 입히고 덮게 반죽으로 덮는다.

반죽 가장자리에 홈을 넣으며 잘 막아준다.

중앙에 김이 나올 수 있도록 작은 구멍을 만든다.

계란물을 입히고 장식한다.

오븐(210도)에 35~40분간 굽는다.

완성되기 몇 분 전에 타르트 원형 틀을 빼고 계란물을 입힌다.

완성되면 잠깐 제과용 그릴망에 올려둔다.

6. 대파 투르트 차리기

무늬가 있는 장식용 종이를 깐 접시에 담는다.

파슬리로 장식한다.

준비 기구
- 체 1
- 밀가루 솔 1
- 정리용 사각 트레이 2
- 제과용 그릴망 1
- 반죽 커터 1
- 제과용 밀대 1
- 도마 1

조리 기구
- 작은 프라이팬 1
- 직경 18cm 타르트 원형 틀 2
- 타르트 틀 분리형 밑면 2, 또는 제과용 오븐팬 2
- 작은 자루냄비 1

플레이팅 도구
- 둥근 접시
- 무늬가 있는 장식용 종이

완성한 결과

대파 투르트(Tourte aux poireaux)

비슷한 요리 PLATS SIMILAIRES

채 썬 채소 키슈 Quiche à la julienne de légumes
- 채 썰어 버터에 익힌 대파, 버섯, 샐러리, 당근, 무로 키슈를 만든다.

버섯 키슈 Quiche aux champignons
- 크림과 포르투 와인을 넣어 익힌 버섯, 다진 셜롯과 허브를 섞어 키슈를 만든다.

프로방스 키슈 Quiche provençale
- 양파, 피망, 토마토를 잘게 썰어 익힌 것으로 키슈를 채우고 껍질에 세로 홈을 판 호박 슬라이스에 밀가루를 묻혀 기름에 튀긴 것으로 덮는다.
- 완성되기 5분 전에 프로방스 허브로 만든 페르시야아드*를 뿌린다.

타르트 플랑베(플람쿠엔) Tarte à la flamme ou flammée(flammenküche)
알자스 지방의 전통 요리로 먹기 바로 직전에 굽는다.
- 빵 반죽을 밀대로 매우 얇게 밀고 프로마주 블랑*과 밀가루와 양념(소금, 후추, 넛맥)을 넣어 졸인 고지방 크림을 바른다.
- 잘게 썰어 1시간 동안 소금에 절인 양파와 훈제 라르동 조각을 뿌린다.
- 유채 기름 몇 방울을 뿌린다. 매우 높은 온도의 오븐에 굽는다.(250도)

치즈 알뤼메트*
ALLUMETTES AU FROMAGE

치즈 알뤼메트 Allumettes au fromage는 모르네 소스 sauce Mornay*와 막대 모양 그뤼예르 치즈 또는 에멘탈 치즈를 넣어 구운 작은 파이이다.

8인분 재료	단위	양
파이 반죽 PÂTE FEUILLETÉE		
– type 55 밀가루(키슈, 타르트, 피자 반죽용)	g	400
– 가는소금	g	8
– 물	ml	200
– 파이용 마가린* margarine à feuilletage	g	300
밀가루(덧가루용)		
– 밀가루	g	80
계란물		
– 계란(전란)	개	1/2
아파레이유 APPAREIL(모르네 소스 SAUCE MORNAY)		
– 버터	g	20
– 밀가루	g	20
– 우유	ml	200
– 계란(노른자)	개	1
– 강판에 간 그뤼예르 또는 에멘탈 치즈 gruyère ou d'emmental	g	40
– 버터(마무리용)	g	10
마무리		
– 막대 모양 그뤼예르 또는 에멘탈 치즈(16×10g)	g	160
장식		
– 마름모 모양 그뤼예르 또는 에멘탈 치즈(16×5g)	g	80
– 파슬리	g	40
양념		
– 가는소금		약간(PM)
– 카옌 고추		약간(PM)
– 육두구(넛맥)		약간(PM)
평균 준비 시간 : 1시간 40분		
평균 가열 시간 : 20~25분		

** 버터를 사용한 파트 푀이테(파이) 반죽에는 고지방의 건조 버터 뵈르 색 beurre sec이나 에쉬레 Echire 버터를 사용해 데트랑프에 버터를 바른다.(p. 629 참조)*

---

* 알뤼메트 allumettes : 작은 막대 모양의 파이로, 여러 가지 재료를 첨가해 오븐에 굽는다.
* 모르네 소스 sauce Mornay : 베샤멜 소스에 그뤼예르 치즈를 썰어넣거나 갈아넣은 소스.

만드는 방법

1. **조리 작업 기구 준비하기 – 5분**
   레시피대로 재료를 계량, 측정하고 작업에 필요한 도구들을 점검한다.

2. **파트 푀이테 파이 반죽 만들기 – 40분**(p. 627 참조)

3. **모르네 소스 만들기 – 15분**(p. 394 참조)
   치즈를 체로 친다.
   흰색 루를 만들고 재빨리 식힌다.
   우유를 끓인 후 식힌 루에 붓는다.
   미니 거품기로 계속 저어준다.
   베샤멜 소스를 3~4분 끓인다.
   가는소금, 카옌 고추, 넛맥 조금을 넣고 간을 한다.
   불을 끄고 계란 노른자를 첨가한 후 몇 초 동안 다시 끓인다.
   체로 친 치즈를 넣어준다.
   작은 믹싱볼에 모르네 소스를 옮긴다.
   버터를 넣고 마무리한다.

4. **알뤼메트 만들기 – 30분**
   약 24cm 길이 3mm 두께의 네모 모양의 반죽을 밀대로 민다.
   반죽을 둘로 나눠 가로 24cm 세로 12cm 직사각형 시트 2장을 만든다.
   시트 위에 4cm마다 짤 주머니로 모르네 소스를 바른다.
   모르네 소스 위에 막대 모양 치즈를 올린다.
   제과용 붓을 사용해 물 또는 계란물을 반죽에 바른다.
   모양이 틀어지지 않도록 조심하며 두 번째 시트로 덮는다.
   금속 자를 사용해 두 시트 가장자리를 눌러 붙인다.
   치즈가 있는 부분 위쪽 시트에 조리용 바늘로 찔러 작은 구멍을 낸다.(김이 나갈 수 있게)
   시트 표면에 계란물을 칠한다.
   칼로 알뤼메트를 자른다.(포크로 바둑판무늬를 넣는다.)
   각각의 알뤼메트에 마름모 모양의 치즈를 얹는다.
   제과용 오븐팬에 알뤼메트를 올린다.
   시원한 곳에 10분 정도 둔다.

5. **파슬리 준비하기 – 5분**

6. **알뤼메트 구울 준비하기 – 3분**
   예열된 오븐에(처음에는 240도, 마지막에는 200도) 20~25분 동안 굽는다.
   제과용 그릴망에 알뤼메트를 올린다.
   따뜻하게 둔다.

7. **알뤼메트 차리기 – 2분**
   무늬가 있는 장식용 종이를 깐 크고 긴 접시에 알뤼메트를 담는다.
   정제 버터로 윤을 낸다.
   파슬리로 장식한다.

– 그뤼예르 치즈 대신 다른 치즈를 사용할 수 있다.(콩테 Comté, 보포르 Beaufort 등)
– 냉동 파트 푀이테 반죽을 대신 사용할 수도 있다.

완성한 결과

치즈 알뤼메트(Allumettes au fromage)

삼각 모양 탈무즈 파이 TALMOUSES EN TRICORNE

1. 조리 작업 기구 준비하기

2. 파이 반죽하기(p. 627 참조)

type 55 밀가루 400g, 소금 8g, 물 200ml, 버터 300g을 사용해 반죽을 만든다.

3. 모르네 소스 만들기

버터 40g, 밀가루 40kg, 우유 400ml, 계란 노른자 2개, 강판에 곱게 간 치즈 80g으로 흰색 루를 만든다.

버터 20g을 넣어 모르네 소스를 완성한다.

4. 탈무즈 파이 만들기

28~32cm 길이, 3mm 두께의 네모 모양으로 반죽을 밀대로 민다.

14~16cm 지름의 홈이 진 원형이 되도록 자른다.

시트를 뒤집어 밀가루를 털어낸다.

제과용 붓으로 표면을 촉촉하게 한다.

짤주머니로 모르네 소스(30 ~35g)를 각각의 시트에 짠다.

삼각 모양이 되도록 시트 가장자리 세 부분을 접는다.

가장자리 부분을 손가락으로 눌러주며 마무리한다.

계란물을 골고루 바르고 기름을 바른 제과용 오븐팬에 삼각 모양 파이를 올린다.

남은 파이 반죽 부스러기를 모은다.

지름 3cm 되는 홈이 진 원형이 되도록 자른다.

작은 원형 시트로 각각의 삼각 모양 파이 끝부분이 잘 닫히도록 덮는다.

10분 정도 시원한 곳에 둔다.

5. 파슬리 준비하기

6. 탈무즈 파이 굽기

파이에 계란물을 골고루 바른다.

예열된 오븐에 20~25분 동안 굽는다.(처음에는 240도, 마지막에는 200도)

파이를 제과용 그릴망에 올려둔다.

따뜻하게 보관한다.

7. 탈무즈 파이 차리기

무늬가 있는 장식용 종이를 깐 접시에 파이를 잘 담는다.

정제 버터로 윤을 낸다

파슬리로 장식한다.

준비 기구	조리 기구	플레이팅 도구
• 체 1 • 밀가루 솔 1 • 금속 자 1 • 작은 믹싱볼 1 • 반죽 커터 1 • 제과용 밀대 1 • 미니 거품기 1 • 제과용 그릴망 1	• 제과용 오븐팬 1 • 작은 자루냄비 1 • 작은 소테팬 1	• 긴 접시 • 무늬가 있는 장식용 종이 또는 • 기본 접시

완성한 결과

삼각 모양 탈무즈 파이(Talmouses en tricorne)

비슷한 요리 PLATS SIMILAIRES

사부아 밀푀유 Mille-feuille savoyard

• 오븐에 구운 파이에 모르네 소스와 슬라이스 햄을 덮는다.

• 두 번째 파이를 올리고 모르네 소스와 슬라이스 햄을 덮는다.

• 세 번째 파이를 올린다.

• 모르네 소스를 바르고 강판에 곱게 간 치즈를 뿌린 후 샐러맨더에 넣어 그라탱으로 만든다.

치즈 롤 파이 Cannelons au fromage

• 2cm 직경의 작은 원통형으로 파이 반죽을 말아 오븐에 굽는다.

• 라르동을 넣은 모르네 소스를 파이 속에 채운다.

햄 치즈 롤 Roulés au fromage et au jambon

• 파이 반죽 시트에 모르네 소스와 햄을 바른다.

• 원통형으로 돌돌 말아 끝부분을 오므려 닫고 오븐에 굽는다.

양파 토마토 소스 정어리 타르트
TARTE FINE AUX SARDINES, TOMATES ET OIGNONS CONFITS

양파 토마토 소스 정어리 타르트 Tartes fines aux sardines, tomates et oignons confits는 양파와 토마토를 잘게 썰어 끓인 소스를 파이 반죽에 바르고 올리브유와 프로방스 허브로 양념한 정어리를 얹어 구운 타르트이다.

8인분 재료	단위	양
기본 재료		
– 냉동 파이 시트	판	2
feuilletage au beurrre surgelé		
– 신선한 정어리(32조각)	kg	2.5
sardines fraîches (32 pièces)		
양파 토마토 소스 FONDUE D'OIGNONS ET DE TOMATES		
– 올리브유	ml	40
– 양파	g	400
– 토마토	g	800
– 마늘	톨	1
– 부케가르니	개	1
마리네이드와 마무리 MARINADE ET FINITION		
– 올리브유	ml	50
– 프로방스 허브		약간(PM)
장식		
– 올리브유	ml	약간(PM)
– 바질(8장)	단	1/4
양념		
– 가는소금		약간(PM)
– 후춧가루		약간(PM)
평균 준비 시간 : 1시간 30분		
평균 가열 시간 : 15~18분		

만드는 방법

1. 조리 작업 기구 준비하기 – 5분
레시피대로 재료를 계량, 측정하고 작업에 필요한 도구들을 점검한다.

2. 양파 토마토 소스 만들기 – 20분(p. 427 참조)
양파를 다듬고 씻은 후 잘게 썬다.
토마토 껍질과 씨를 제거한 후 잘게 썬다.
마늘을 다듬고 씻는다.
타임을 많이 넣은 부케가르니를 만든다.
큰 소테팬에 올리브유를 두르고 양파를 볶는다. 살짝 캐러멜화 되도록 한다.
잘게 썬 토마토, 마늘, 부케가르니를 넣고 간을 한다.
물기가 완전히 없어질 때까지 익힌다.
완성한 양파 토마토 소스는 따로 담아둔다.

3. 정어리 손질하기 – 30분
머리와 내장을 제거하고 씻은 후 뼈를 바른다.
키친타월 위에 올려 물기를 제거한다.
올리브유와 프로방스 허브로 양념한다.

4. 파트 푀이테 반죽 자르기 – 5분
피케 롤러로 시트에 여러 구멍을 낸 후 14~16cm 직경의 동그란 시트 8장으로 자른다.

5. 타르트 만들기 – 10분
기름을 바른 제과용 오븐팬에 동그란 시트를 올린다.
양파 토마토 소스를 바른다.
꽃 모양으로 정어리를 올리고 꼬리 부분이 타르트 중앙을 향하도록 한다.
올리브유 몇 방울을 뿌려준다.
프로방스 허브를 뿌린다.

6. 타르트 구울 준비하기 – 5분
240도 오븐에 10~12분 동안 굽는다.
구운 타르트는 제과용 그릴망에 올려둔다.

7. 바질 잎 튀기기 – 10분
튀겨준 바질 잎은 초록색과 바삭함을 유지한다.

8. 타르트 차리기 – 5분
따뜻한 접시에 담고 조리용 붓으로 올리브유를 발라 윤을 낸다.
각각의 타르트에 튀긴 바질 잎을 올린다.

양파 토마토 소스는 타르트에 올리는 생선(안초비 anchois frais, 새끼 고등어 lisette, 생대구 effeuillée de cabillaud)에 따라 피망, 펜넬, 앤다이브, 대파 소스 등으로 대신할 수 있다.

FICHE 30

완성한 결과

양파 토마토 소스 정어리 타르트(Tartes fines aux sardines, tomates et oignons confits)

골파를 넣은 녹인 버터를 곁들인 가자미 무슬린 잘루지 파이 JALOUSIE À LA MOUSSELINE DE SOLE, BEURRE FONDU À LA CIBOULETTE

다르투아 파이(les dartois)와 같은 조립법(위쪽 파이 시트를 절개해서 길쭉한 구멍을 냄)

1. 조리 작업 기구 준비하기

2. 밀가루 400g으로 파트 푀이테 반죽 만들기

휴지 시간을 지키며 반죽을 3절 접기하고 밀대로 밀어주는 작업을 5회 한다.

3. 가자미 무슬린 파르시 만들기(p. 439 참조)

가자미 필렛 250g, 계란 흰자 1개, 휘핑크림 200ml를 사용한다.

4. 곁들일 가자미 필렛 준비하기

가자미 필렛 400g을 얇은 조각으로 저며 자른다.
버터에 재빨리 구운 후 간을 한다.

5. 잘루지 파이 만들기

파이 반죽을 3mm 두께가 되도록 밀대로 밀어준다.
가로 24cm, 세로 40cm 직사각형 시트를 만든다.
세로 20cm가 되도록 시트를 둘로 나눈다.
기름을 바른 제과용 오븐팬에 첫 번째 시트를 올린다.
시트 둘레에 계란물을 입힌 후 시트 중앙에 무슬린 파르시를 올린다.
(입구가 동그란 모양인 짤 주머니 사용)
시트 가장자리에 닿지 않도록 파르시를 3번 발라 두 번째 파이 시트로 잘 덮어준다.
무슬린 파르시 위에 가자미 필렛 슬라이스를 올린다.

6. 두 번째 파이 반죽 시트 준비하기

밀가루를 살짝 뿌리고 가로가 12cm 되도록 시트를 반으로 접는다.
큰 칼 뒤끝으로 접힌 부분을 절개한다.(구멍이 뚫린 잘루지 파이 모양)
절개한 시트를 펴서 파르시로 채운 첫 번째 시트 위에 잘 올린다.
모양을 잘 잡아 가장자리 부분을 눌러주며 마무리한 후 계란물을 입힌다.
냉장실에 넣어 굳힌 후 계란물을 다시 바른 후 220/230도 오븐에 35~40분 굽는다.

7. 골파를 넣은 버터 소스 만들기(p. 406 참조)

셜롯 40g, 화이트 와인 100ml, 와인 식초 50ml, 최상품 버터 200g을 사용한다.
잘게 다진 골파를 넣는다.
완성한 후 차린다.

> 다르투아 파이와 잘루지 파이는 구운 후에 손님 앞에서 직접 잘라준다.

- 작은 믹싱볼 1
- 반죽 커터 1
- 제과용 밀대 1
- 미니 거품기 1
- 제과용 그릴망 1

준비 기구
- 체 1
- 밀가루 솔 1
- 금속 자 1

조리 기구
- 제과용 오븐팬 1

- 작은 자루냄비 1
- 작은 소테팬 1

플레이팅 도구
- 긴 접시
- 무늬가 있는 장식용 종이 또는
- 기본 접시

완성한 결과

골파를 넣은 녹인 버터를 곁들인 가자미 무슬린 잘루지 파이(Jalousie à la mousseline de sole, beurre fondu à la ciboulette)

비슷한 요리 PLATS SIMILAIRES

안초비 알뤼메트 Allumettes aux anchois

1. 파트 푀이테 반죽 400g 만들기(앞 장 조리법 참조)

2. 안초비 버터 만들기

안초비를 체에 받쳐 물기를 뺀다. 크림 형태의 버터를 첨가해 함께 으깬다. 주걱으로 잘 섞는다. 후추를 뿌리고 빵 가루를 첨가한다.(안초비 버터는 믹서기로 만들 수도 있다.)

3. 파슬리 준비하기

4. 알뤼메트 만들기(앞 장 조리법 참조)

모르네 소스 대신 안초비 버터를 사용한다. 버터 위에 안초비 필렛을 올린다. 계란물을 묻힌 후 포크로 파이 시트에 바둑판무늬를 낸다. 각각의 알뤼메트 위에 안초비 필렛 가늘게 썬 것을 올린다. 굽기 전에 냉장실에 보관한다.

5. 알뤼메트 굽기

예열된 오븐에 20~25분 굽는다.(처음에는 240도, 마지막에는 200도)

6. 알뤼메트 차리기

낭투아 소스 가재 다르투아 파이 Dartois aux écrevisses sauce Nantua

- 휴지 시간을 지키며 반죽을 3절 접기하고 밀대로 밀어주는 작업을 5회 실시한 직사각형 모양 파이 반죽을 밀대로 밀고 가재 살 살피콩이 들어간 무슬린 파르시를 바른다. 다른 파이 시트로 덮는다. 계란물을 입힌 후 바둑판무늬를 내고 가장자리를 잘 눌러준 후 오븐에 굽고 낭투아 소스를 곁들인다.(p. 401 참조)

달팽이 파이 Chaussons d'escargots

- 타원형 모양의 파이 시트에 갈릭 버터를 넣은 양파, 토마토, 펜넬 소스를 바른다. 달팽이를 위에 올린 후 시트를 반으로 접어 가장자리를 눌러 마무리한다. 계란물을 입히고 바둑판 모양을 낸 후 오븐에 굽는다.

작은 파테
PETITS PÂTÉS FEUILLETÉS

작은 파테 Petits pâtés feuilletés 허브를 넣은 파테용 파르시로 채운 파이로 만든 따뜻한 전채요리이다. 다양한 브라운 소스와 혼합 샐러드를 곁들여 먹을 수 있다. 파르시에는 햄 jambon, 닭 간, 푸아그라 de foie gras, 송로버섯 de truffes 등을 첨가할 수 있다.

8인분 재료	단위	양
파트 푀이테 파이 반죽 PÂTE FEUILLETÉE		
– type 55 밀가루(키슈, 타르트, 피자 반죽용)	g	400
– 가는소금	g	8
– 물	ml	200
– 파이용 마가린*	g	300
계란물		
– 계란(전란)	개	1
밀가루(덧가루용)		
밀가루	g	80
파르시 FARCE		
– 소시지	g	300
– 송아지 넓적다리	g	100
– 계란	개	1
– 버터	g	10
– 셜롯	g	20
– 마데이라 와인	ml	10
– 꼬냑	ml	10
– 파슬리	g	20
– 처빌	단	1/4
– 타라곤	단	1/4
장식		
– 파슬리	g	40
양념		
– 가는소금		약간(PM)
– 카옌 고추		약간(PM)
– 4가지 향신료 믹스(고추, 정향, 육두구, 갈린 생강)		약간(PM)
평균 준비 시간 : 1시간 40분		
평균 가열 시간 : 20~25분		

** 버터를 사용한 파트 푀이테(파이) 반죽에는 고지방의 건조 버터 뵈르 섹 beurre sec이나 에쉬레 Echiré 버터를 사용해 데트랑프에 버터를 바른다.(p. 629 참조)*

만드는 방법

1. 조리 작업 기구 준비하기 – 5분

레시피대로 재료를 계량, 측정하고 작업에 필요한 도구들을 점검한다.

2. 파트 푀이테 반죽 만들기 – 40분(p. 627 참조)

휴지 시간을 지키며 반죽을 3절 접기하고 밀대로 밀어주는 작업을 5~6회 한다.

3. 파르시 만들기 – 15분

셜롯을 다듬고 씻은 후 잘게 다진다.

파슬리를 씻고 줄기를 뗀 후 물기를 배고 잘게 다진다.

처빌과 타라곤을 씻고 잎을 떼어 잘게 다진다.

다진 셜롯을 버터에 볶은 후 재빨리 식힌다.

송아지 넓적다리 살을 다진다.

믹싱볼에 다진 송아지 넓적다리, 소시지, 다진 셜롯, 다진 허브, 계란, 꼬냑, 마데이라 포도주를 넣고 간을 한다.

골고루 섞는다.

파르시를 각각 40g 정도의 8개 작은 볼로 나눈다.

시원한 곳에 둔다.

4. 작은 파테 만들기 – 30분

반죽 덩어리를 3mm 두께의 직사각형 모양 시트가 되도록 밀대로 민다.

12cm 직경 홈이 진 8개 원형 시트로 자른다.

시트를 모두 모아 쌓은 후 자른 부스러기 시트를 다시 밀대로 밀어 11cm 직경의 8개 원형 시트로 자른다.

작은 원형 시트를 뒤집어 밀가루를 턴다.

기름을 바른 제과용 오븐팬에 시트를 올린다.

제과용 붓으로 둘레에 계란물을 칠한다.

시트 중앙에 파르시 볼을 올린다.

공기가 들어가지 않도록 처음에 자른 시트로 덮는다.

크기가 좀 더 작은 원형 반죽 커터로 살짝 누르며 가장자리가 잘 붙게 한다.

계란물을 골고루 바른다.

김이 나갈 수 있도록 시트에 작은 구멍을 낸다.

10분 정도 냉장실에 보관한다.

5. 파슬리 준비하기 – 5분

6. 작은 파테 구울 준비하기 – 3분

다시 계란물을 골고루 바르고 칼 끝으로 장식한다.

예열된 오븐에서 20~25분 동안 굽는다.(처음에는 230도, 마지막에는 200도)

작은 파테를 제과용 그릴망에 올려둔다.

따뜻하게 보관한다.

7. 작은 파테 차리기 – 2분

무늬가 있는 장식용 종이를 깐 동그랗고 큰 접시에 작은 파테를 담는다.

정제 버터로 윤을 낸다.

파슬리로 장식한다.

냉동 파트 푀이테 반죽을 사용할 수도 있다.

---

* 살미 소스 sauce salmis : 구운 새고기로 만든 소스.

* 페리그 소스 sauce Périgueux : 화이트 와인과 루를 졸인 후 송로버섯을 넣은 소스.

완성한 결과

작은 파테(Petits pâtes feuilletés)

부셰 아 라 렌 BOUCHÉES À LA REINE(여왕의 부셰)

1. 조리 작업 기구 준비하기

2. 파트 푀이테 반죽 만들기(p. 627 참조)

휴지 시간을 지키며 반죽을 3절 접기하고 밀대로 밀어주는 작업을 5~6회 한다.

전날 3절 접기 후 밀어주는 작업을 4회 하고, 파이를 굽는 날 나머지 작업을 하며 파트 푀이테 반죽을 완성하는 것이 더 좋다.

3. 부셰 자르기

반죽을 3mm 두께로 민다.

홈이 진 동그란 모양 반죽 커터로 직경 7~8cm 원형 시트를 16개 만든다.

밀가루를 털고 8개 시트를 뒤집어 기름을 바른 제과용 오븐팬에 띄엄띄엄 올린다.

남은 8개의 시트를 직경 4~5cm의 동그란 모양 반죽 커터로 잘라 링 모양을 만든다.

부셰 바닥 시트에 계란물을 칠한다.

링 모양 시트를 뒤집어 솔질한 후 바닥 시트 위에 올린다.

각각의 부셰에 바닥이 납작한 조리기구를 사용해 가장자리를 눌러 붙여준다.

링 시트에 계란물을 입히고 냉장고에 25~30분 동안 보관한다.

4. 부셰 굽기

계란물을 다시 칠하고 조리용 바늘을 사용해 시트를 찌른다.

처음에는 240도, 부셰가 노릇노릇해지기 시작하면 210/220도로 오븐에 굽는다.

제과용 그릴망에 올려 뚜껑을 자른 후 속을 비운다.

5. 곁들임 만들기

전통적으로 부셰 아 라 렌 bouchées dites à la reine(마리 레슈친스카 : Marie Leszczynska, 프랑스 루이 15세의 왕비)는 크림을 넣은 닭고기 퓌레로 채운다. 하지만 일반적으로는 닭가슴살, 양송이버섯, 송로버섯이 든 살피콩에 파리지엥 소스(닭고기 벨루테에 버섯을 넣고 크림과 계란 노른자로 리에종한 소스)를 곁들여 채운다. 요리사에 따라 닭고기 완자나 구운 송아지 가슴살을 올리기도 하는데, 이 경우에는 〈아 라 렌(à la reine)〉라는 이름을 붙이지 않는다.

진정한 의미의 부셰는 매우 작은 크기이다. 부셰는 한 입에 들어가야 한다. 현재는 《아뮈즈 부쉬 amuse—bouche》의 형태로 제공되며 다양한 살피콩(디에프 홍합, 낭투아 가재, 새우 소스를 곁들인 새우, 살미 소스* 까투리, 페리그 소스*를 곁들인 송로버섯과 푸아그라, 브루고뉴 달팽이와 갈릭 버터 등등)을 곁들인다.

준비 기구
- 체 1
- 밀가루 솔 1
- 금속 자 1
- 작은 믹싱볼 1
- 반죽 커터 1
- 제과용 밀대 1

- 미니 거품기 1
- 제과용 그릴망 1

조리 기구
- 제과용 오븐팬 1

플레이팅 도구
- 크고 둥근 접시
- 무늬가 있는 장식용 종이 또는
- 기본 접시

완성한 결과

부셰 아 라 렌(Bouchées à la reine)

비슷한 요리 PLATS SIMILAIRES

닭 간을 넣은 작은 파이 Petits feuilletés aux foies de volaille
- 소시지용 다진 고기를 사용해 파르시를 만들고 얇게 슬라이스해 버터에 볶은 닭 간 250g을 첨가한다.

부르주아 파테 Petits pâtés feuilletés bourgeoise
- 다양한 고기 남은 것과 주사위 모양으로 썬 버섯과 다진 파슬리를 넣어 만든 파르시로 작은 파테를 채운다.

낭트 버터를 넣은 곤들매기 파테 Petits pâtes feuilletés de brochet beurre nantais
- 작은 파테를 곤들매기 무슬린 파르시로 채운다. 파이 위쪽에 김이 나올 수 있는 작은 구멍을 만든다. 오븐에서 꺼낸 후 위쪽 구멍을 낭트 버터로 채운다.

프리앙 Friands(작은 미트 파이)
- 소시지용 다진 고기를 파이로 감싼 특별한 돼지고기 요리이다.

투르트 로렌 Tourte Lorraine
- 돼지고기 등심, 송아지 어깨살을 가늘게 채 썰어 다진 양파, 셜롯, 마늘과 화이트 와인, 타임 꽃, 소금, 후추로 양념해 24시간 동안 둔다. 투르트 틀에 파이 시트를 끼워 넣고 속을 채워준다. 시트 가장자리는 접어 동그랗게 덮는다. 투르트 중앙에 작은 구멍을 내고 계란물을 전체적으로 바른다. 오븐에 45~50분 굽는다. 완성되기 15분 전에 상단 구멍을 통해 크림 혼합물(키슈)을 붓고 굽는다.

바그라티온 탈무즈 파이
TALMOUSES À LA BAGRATION

바그라티온 탈무즈 파이 Talmouses à la bagration는 치즈를 넣은 파트 아 슈 반죽으로 만든 작은 타르트로, 오븐에 구운 후 모르네 소스 sauce Mornay를 슈에 채운다.

8인분 재료	단위	양
파트 브리제 PÂTE BRISÉE 타르트 반죽		
– type 55 밀가루(키슈, 타르트, 피자 반죽용)	g	250
– 가는소금	g	5
– 버터	g	125
– 계란(노른자)	개	1
– 물	ml	50
– 밀가루(덧가루용)	g	40
라므캥용 반죽 또는 오피스 슈(기본 슈) 반준 페이스트 PÂTE À RAMEQUINS OU PÂTE À CHOUX D'OFFICE		
– 우유	ml	250
– 가는소금	g	5
– 육두구(넛맥)		약간(PM)
– 버터	g	80
– 밀가루	g	125
– 계란(전란)	개	4
– 그뤼예르 또는 에멘탈 치즈를 강판에 갈아 사용	g	40
계란물		
– 계란(전란)	개	1
– 우유	ml	약간(PM)
마무리		
– 주사위 모양 치즈	g	40
혼합물(모르네 소스)		
– 버터	g	40
– 밀가루	g	40
– 우유	ml	400
– 계란(노른자)	개	2
– 강판에 간 치즈	g	80
장식		
– 파슬리	g	40
양념		
– 가는소금		약간(PM)
– 카옌 고추		약간(PM)
– 육두구(넛맥)		약간(PM)
평균 준비 시간 : 1시간 30분		
평균 가열 시간 : 30~35분		

만드는 방법

1. 조리 작업 기구 준비하기 – 5분

레시피대로 재료를 준비하고 준비 기구, 조리 기구, 그릇을 준비한다.

2. 파트 브리제 반죽 만들기 – 15분(p. 614 참조)

3. 라므캥용 반죽 la pâte à ramequins(우유를 넣은 슈 반죽 pâte à choux au lait) 만들기 – 10분(p. 637 참조)

강판에 곱게 간 치즈 40g을 첨가한다.

4. 16개의 작은 타르트 시트 틀에 끼우기 – 15분(p. 624 참조)

타르트 반죽을 밀대로 밀고 작은 타르트 틀에 시트를 끼운 후 바닥에 여러 구멍이 나도록 찌른다.

5. 탈무즈 파이 만들기 – 10분

각각의 작은 타르트에 입구가 동그란 짤 주머니를 사용해 슈 페이스트리를 동그랗게 올린다.

계란물을 잘 바르고 포크로 바둑판무늬를 낸다.

슈 페이스트리 위에 주사위 모양 치즈를 골고루 올린다.

6. 탈무즈 파이 구울 준비하기 – 5분

제과용 오븐팬에 작은 타르트를 올린다.

예열된 오븐에서 20~25분 동안 굽는다.(처음에 200도, 증기가 나갈 수 있는 통로를 막음)

오븐의 증기를 뺀 후 탈무즈 파이를 5~10분간 굽는다.

제과용 그릴망에 올려둔다.

7. 모르네 소스 만들기(탈무즈 파이를 굽는 동안) – 15분(p. 394 참조)

흰색 루를 만들고 재빨리 식힌다.

우유를 끓인 후 식힌 루에 붓는다.

미니 거품기로 계속 젓는다.

소스를 3~4분 끓인다.

가는소금, 카옌 고추, 넛맥 조금을 넣고 간을 한다.

불을 끄고 계란 노른자를 첨가한 후 몇 초 동안 다시 끓인다.

체로 친 치즈를 넣어준다.

작은 믹싱볼에 모르네 소스를 옮긴다.

버터를 넣어 마무리한다.

8. 탈무즈 파이 속 채우기 – 8분

입구가 동그란 짤주머니를 사용해 탈무즈 파이에 모르네 소스를 채워 넣는다.

탈무즈 파이를 따뜻하게 둔다.

9. 파슬리 준비하기 – 5분

10. 탈무즈 파이 차리기 – 2분

무늬가 있는 장식용 종이를 깐 동그랗고 큰 접시에 탈무즈 파이를 담는다.

정제 버터로 윤을 낸다.

파슬리로 장식한다.

FICHE 32

완성한 결과

바그라티온 탈무즈 파이(Talmouses à la bagration)

치즈 슈 RAMEQUINS AU FROMAGE

1. 조리 작업 기구 준비하기

2. 우유를 넣은 슈 반죽 만들기

앞서의 레시피에 나온 비율에 맞춰 만든다.

강판에 간 그뤼예르 또는 에멘탈 치즈 40g을 첨가한다.

3. 치즈 슈 반죽 팬에 올리기

버터를 바른 제과용 오븐팬에 동그란 모양의 슈 반죽을 올린다.

굽는 동안 오븐의 뜨거운 공기가 골고루 퍼질 수 있도록 띄엄띄엄 올려 놓는다.

우유를 약간 넣은 계란물로 골고루 칠한다.

각각의 슈 위에 주사위 모양 치즈를 올린다.

4. 치즈 슈 굽기

220도 오븐에 증기가 빠져나갈 수 없도록 뚜껑을 닫고 굽는다.

슈가 부풀고 노릇해지면 오븐의 증기를 뺀다.

180도 오븐에 10분 정도 굽는다.

제과용 그릴망에 올려둔다.

완성한 결과

치즈 슈(Ramequins au fromage)

준비 기구
- 체 1
- 밀가루 솔 1
- 도마 1
- 반죽 커터 1
- 짤주머니 2, 짤 주머니 용 원뿔 모양 깍지 2 (1cm 지름, 4~5cm 지름)
- 제과용 밀대 1
- 주걱 1
- 작은 믹싱볼 2

조리 기구
- 큰 제과용 오븐팬 1
- 작은 타르트 틀 16
- 소테팬 1
- 자루냄비 1

플레이팅 도구
- 둥근 접시
- 무늬가 있는 장식용 종이

비슷한 요리 PLATS SIMILAIRES

다양한 까롤린 Carolines diverses

까롤린은 설탕이 들어가지 않은 슈 반죽으로 만든 작은 에끌레어이다.

- 이름에 따라 여러 종류의 퓨레, 무스, 살피콩으로 채운다.(쉬프렘 소스 닭고기, 화이트 와인 소스 또는 아메리칸 소스 해산물, 페리그 소스 푸아그라 등)
- 까롤린은 따뜻하거나 차가운 소스를 바르고 투명한 젤리로 윤을 낸다.

라르동 프로피테롤 Profiteroles aux lardons

- 라르동 작은 조각을 넣은 모르네 소스로 채운 작은 치즈 슈이다.(아뮤즈 부쉬)

대구 살을 넣은 수플레 도넛 Beignets soufflés à la morue

- 데쳐서 소금기를 빼고다진 대구 살과 다진 쪽파, 양파, 마늘, 파슬리, 고추를 넣은 슈이다.
- 170도 기름에 도넛을 튀기고 기름기를 뺀 후 장식용 종이 위에 차린다.

탈무즈 퐁네프 Talmouses Pont-Neuf

- 작은 타르트 위에 슈 반죽을 얹고 치즈와 베샤멜 소스로 채운다.
- 오븐에 굽는다.

부르고뉴 구제르 Gougères bourgignonnes

- 부르고뉴 구제르는 전통적인 요리인 치즈 슈 페이스트리이다. 링 모양이며 모르네 소스를 곁들인다.
- 부르고뉴 구제르는 주로 부르고뉴 와인과 함께 먹는다.

파리지엥 뇨끼
GNOCCHIS À LA PARISIENNE

치즈를 넣은 슈 반죽으로 만든 따뜻한 전채요리인 뇨끼는 작은 뭉치 모양으로 끓는 물에 데친다. 파리지앵 뇨끼 Gnocchis à la parisienne는 그라탱 그릇에 담아 치즈를 넣은 베샤멜 소스 sauce Béchamel를 붓고 오븐에서 부풀려 그라탱으로 먹는다.

8인분 재료	단위	양
슈 반죽 PÂTE À CHOUX		
– 물 또는 우유	ml	500
– 버터	g	150
– 밀가루	g	250
– 계란(전란)	개	8
– 강판에 곱게 간 그뤼예르 또는 에멘탈 치즈	g	50
베샤멜 소스 SAUCE BÉCHAMEL		
– 버터	g	90
– 밀가루	g	90
– 우유	L	1.5
– 마무리용 버터	g	20
그라탱 그릇을 위한 버터 BEURRE POUR LE PLAT À GRATIN		
– 버터	g	20
마무리		
– 강판에 곱게 간 그뤼예르 또는 에멘탈 치즈	g	100
– 버터	g	20
양념		
– 굵은소금		약간(PM)
– 가는소금		약간(PM)
– 카옌 고추		약간(PM)
– 육두구(넛맥)		약간(PM)
평균 준비 시간 : 1시간 10분		
평균 가열 시간 : 5~6분		

만드는 방법

1. 조리 작업 기구 준비하기 – 5분

레시피대로 재료를 계량, 측정하고 작업에 필요한 도구들을 점검한다.

2. 치즈 준비하기 – 5분

치즈를 체에 거르고 2/3는 그라탱을 위해 남겨둔다.

3. 슈 반죽 만들기 – 20분(p. 637 참조)

자루냄비에 물 또는 우유, 소금, 카옌 고추, 넛맥 조금, 조각 버터를 넣는다.
슈 반죽 재료가 준비되면 끓여준다.(물이나 우유가 끓고 버터가 잘 녹는지 본다.)
불을 끄고 밀가루를 조금 넣는다.
주걱으로 잘 젓는다.
몇 초간 불에 올려두고 반죽이 더 이상 냄비에도 주걱에도 붙지 않을 때까지 물기를 제거한다.
반죽을 믹싱볼에 옮긴다.
계란을 하나씩 넣고 체에 거른 치즈를 첨가한다.
간을 확인하고 믹싱볼을 스크레이퍼로 잘 긁어 정리한다.

4. 베샤멜 소스 만들기 – 15분(p. 392 참조)

흰색 루를 만들고 재빨리 식힌다.
우유를 끓여 식힌 루에 붓고 미니 거품기로 잘 젓는다.
베샤멜 소스를 4~5분간 끓인다.
농도를 확인한다.(소스가 너무 되면 안 된다.)
소금, 카옌 고추, 넛맥 등을 조금씩 넣어 간을 한다.
소스를 차이나 캡에 거른다.
마무리용 버터를 넣고 중탕냄비에 뚜껑을 닫아 보관한다.

5. 뇨끼 데치기 – 20분

납작한 냄비 또는 소스포트에 물과 소금을 넣어 끓인다.
지름 1~1.2cm 깍지를 긴 짤 주머니에 반죽을 넣고 1.5~2cm 길이 뇨끼가 되도록 칼로 자르며 끓기 시작하는 물에 넣는다.
물이 끓지 않도록 불을 조절해 5~6분 동안 데친다.(익은 뇨끼는 물 위에 떠오르고 손가락으로 눌러보면 탄성을 확인할 수 있다.)
얼음물이 든 믹싱볼에 뇨끼를 옮긴다.
물기를 잘 뺀다.

6. 뇨끼를 담고 그라탱 만들기 – 5분

조리용 붓을 사용해 그라탱 그릇 바닥에 버터를 바른다.
베샤멜 소스를 약간 넣는다.
뇨끼를 너무 가득 차지 않게 골고루 담는다.(구울 때 넘칠 위험이 있음)
남은 베샤멜 소스를 잘 부어준다.
체에 거른 남은 치즈를 골고루 뿌려준다.
녹인 버터를 잘 뿌려준다.
그릇 가장자리는 닦아준다.
160도 오븐에 넣은 후 10분 후쯤 온도를 높여 뇨끼가 잘 부풀고 그라탱이 되도록 한다.
장식용 종이를 깐 접시받침에 그라탱 그릇을 올린다.
가는소금, 카옌 고추, 넛맥 등을 조금씩 넣어 간을 한다.
완성한 즉시 제공한다.

뇨끼 반죽에는 훈제 삼겹살 라르동 petits lardons de poitrine fumée나 주사위 모양 햄 조각 brunoise de jambon 등을 첨가할 수 있다.

FICHE 33

완성한 결과

파리지엥 뇨끼(Gnocchis à la parisienne)

로마식 뇨끼 GNOCCHIS À LA ROMAINE

1. 조리 작업 기구 준비하기

2. 그뤼예르 또는 에멘탈 치즈 150g 강판에 곱게 갈기

강판에 갈고 남은 치즈 2/3는 그라탱용으로 남겨둔다.

3. 뇨끼 반죽 만들기

냄비에 우유 1L, 조각 버터 80g을 넣는다.

소금, 카옌 고추, 약간의 넛맥으로 간을 한다.

끓인다.(우유가 끓고 버터가 잘 녹는지 본다.)

굵은 밀가루 150g을 뿌리고 불을 끈 후 주걱으로 계속 젓는다.

다시 약한 불에 6~8분 동안 계속 저으며 끓인다.

작은 믹싱볼에 계란 2개와 노른자 3개를 넣어 섞어준다.

불을 끈 후 반죽에 계란 섞은 것을 넣어 잘 저어준다.

1~2분 동안 다시 끓인다.

불을 끄고 강판에 곱게 간 치즈 50g을 넣고 간을 확인한다.

4. 반죽을 옮겨담고 재빨리 식히기

기름을 바른 그릇에 반죽을 옮겨 담는다.

두께가 2cm 되도록 주걱으로 표면을 고른다.

유산지로 덮어준다.

3도 냉장실에서 재빨리 식힌다.

5. 뇨끼 자르기

버터 또는 기름을 바른 유산지 위에 반죽을 올린다.

5~6cm 지름의 원형 또는 홈이 있는 반죽 커터로 뇨끼를 자른다.

반죽 부스러기를 모아 다시 사용한다.

6. 뇨끼를 담고 그라탱 만들기

제과용 붓으로 그라탱 그릇에 버터를 바른다.

뇨끼를 잘 겹치게 담는다.

체에 거른 치즈 100g을 뿌린다.

녹인 버터를 잘 뿌린다.

그릇의 가장자리를 잘 닦아준다.

예열된 오븐(220도)에 뇨끼를 넣고, 필요한 경우 샐러맨더에서 그라탱을 마무리한다.

뇨끼 반죽에 건포도를 첨가할 수도 있다.

준비 기구	조리 기구	플레이팅 도구
• 큰 믹싱볼 1	• 중간 크기 자루냄비 1	• 그라탱 그릇(타원형)
• 작은 스테인리스 채반 1	• 큰 소뚜와 또는 작은 소스포트 1	• 타원형 접시받침
• 작은 중탕냄비 1	• 작은 자루냄비 1	• 무늬가 있는 장식용 종이
• 짤주머니와 지름 1~1.2 cm 원뿔 모양 깍지 1	• 중간 크기 소테팬 1	
• 체 1, 절구공이 1		
• 차이나 캡 1		

완성한 결과

로마식 뇨끼(Gnocchis à la romaine)

비슷한 요리 PLATS SIMILAIRES

니스식 뇨끼 Gnocchis niççise

• 소금을 넣은 물에 큰 감자 1kg을 삶는다.

• 물기를 빼고 체에 재빨리 거른다.

• 뜨거운 감자 퓨레에 버터 50g, 계란 2개, 노른자 2개, 밀가루 150g을 넣는다.

• 소금, 후추, 넛맥으로 간을 한다.

• 30분 동안 휴지기를 가진 후 작은 볼 모양으로 나눈다.

• 조리대에 밀가루를 뿌리고 반죽을 원통형으로 굴린다.

• 작은 열매 모양으로 뇨끼를 자른다.

• 바둑판무늬를 내고 잘 구워지도록 포크로 살짝 눌러 납작하게 한다.

• 물에 소금을 넣고 끓여 데친다.(물에 떠오르면 다 익은 것이다.)

• 물기를 빼고 녹인 버터와 체에 거른 파르메산 치즈를 뿌린다.

• 그라탱으로 만들 수 있고 토마토 소스를 곁들일 수 있다.

포르투 와인 소스 소시지 브리오슈

SAUCISSONS EN BRIOCHE SAUCE PORTO

포르투 와인 소스 소시지 브리오슈 Saucisson en brioche, sauce porto는 데친 소시지를 브리오슈 반죽으로 감싸 오븐에 굽는다. 포르투 와인으로 풍미를 준 브라운 소스 sauce brune parfumée au porto를 곁들인다.

8인분 재료	단위	양
기본 재료		
– 데칠 소시지(모르토 소시지 saucisses de Morteau 또는 피스타치오나 송로버섯 saucissons pistachés ou truffés이 든 소시지) : 2개	g	500~600
브리오슈 반죽 PÂTE À BRIOCHE		
– type 45 밀가루 (브리오슈 반죽용)	g	250
– 가는소금	g	5
– 굵은 설탕(선택사항)	g	10
– 이스트	g	10~12
– 계란(전란)	개	3
– 버터	g	100~150
– 물 또는 우유		약간(PM)
덧가루용 밀가루		
– 밀가루	g	40
계란물		
– 계란	개	1
– 우유	l	약간(PM)
포르투 와인 소스 SAUCE PORTO		
– 버터	g	20
– 당근	g	40
– 양파	g	40
– 셜롯	g	20
– 버섯 부스러기	g	약간(PM)
– 리에종한 송아지 육수	ml	400
– 미트 글레이즈	ml	40
– 포르투 와인	ml	40
– 버터(마무리용)	g	40
마무리		
– 파슬리	g	20
– 버터(윤내기용)	g	20
양념		
– 가는소금		약간(PM)
– 후춧가루		약간(PM)
평균 준비 시간 : 1시간 15분		
평균 가열 시간 : 소시지 데치기(지름에 따라 다름) : 20~30분		
평균 가열 시간 : 소시지 브리오슈(지름에 따라 다름) : 20~25분		

만드는 방법

1. 조리 작업 기구 준비하기 – 5분

레시피대로 재료를 계량, 측정하고 작업에 필요한 도구들을 점검한다.

2. 브리오슈 반죽 만들기 – 직접적 방법(méthode directe) – 20분

(p. 669 참조)

3. 소시지 데치기 – 5분

소시지를 바늘로 찔러 구멍을 낸다.(송로버섯이 들어간 소시지는 예외)

굵기에 맞춰 20~30분 동안 끓지 않게 데친다.(찬물에 소시지를 넣어 시작)

물기를 빼고 《껍질 robe》을 제거한 후 재빨리 식힌다.

4. 포르투 와인 소스 만들기 – 15분

당근, 양파, 셜롯을 다듬고 씻는다.

당근을 작은 주사위 모양으로 썬다.

양파와 셜롯을 잘게 다진다.

잘 볶아준다.

포르투 와인 2/3를 넣어 서서히 졸인다.

리에종한 송아지 육수와 미트 글레이즈를 넣는다.

다시 졸인다.

간을 확인한다.

버터를 넣어 저어주고 차이나 캡에 거른다.

중탕냄비에 옮긴 후 버터를 넣고 뚜껑을 닫는다.

5. 소시지에 반죽 입히기 – 20분

필요하다면 브리오슈 반죽의 발효를 중지시킨다.

반죽을 둘로 나눠 1cm 두께가 되는 사각형 형태로 민다.

밀가루가 많이 묻은 부분은 털어준다.

제과용 붓으로 계란물을 골고루 바른다.

소시지를 감싸고 끝부분을 잘 붙인다.

제과용 오븐팬에 올린다.(붙인 반죽 끝부분이 바닥 쪽을 향하도록)

남은 반죽으로 장식한다.

우유를 넣어 묽게 만든 계란물을 골고루 바른다.

따뜻한 곳(바람이 없는 곳)에 두거나 보온 온장고에 둔다.

계란물을 다시 바른다.

200도 오븐에 20~25분 정도 굽는다.

제과용 그릴망에 올려둔다.

따뜻하게 보관한다.

6. 파슬리 준비하기 – 5분

파슬리를 씻고 줄기를 떼어 둔다.

7. 완성한 소시지 브리오슈 차리기 – 5분

소시지 브리오슈를 장식용 종이를 간 타원형 접시에 담는다.

정제 버터로 윤을 낸다.

양쪽 끝을 파슬리로 장식한다.

포르투 와인 소스를 따로 담아낸다.

완성한 결과

포르투 와인 소스 소시지 브리오슈(Saucisson en brioche, sauce porto)

해산물 브리오슈 BRIOCHES AUX FRUITS DE MER

1. 조리 작업 기구 준비하기

2. 크림을 넣은 아메리칸 소스 1ℓ 만들기(p. 398 참조)

3. 곁들임 재료 준비하기

작은 바닷가재 500g을 쿠르 부용에 넣어 데친 후, 껍질을 까고 8개 슬라이스로 자른다.

8개 가리비 관자를 데친 후 슬라이스한다.

홍합 800g을 양념을 넣어 익힌 후 다듬는다.

새우 100g을 헹군 후 물기를 뺀다.

랑구스틴 8마리 껍질을 벗겨 올리브유에 볶은 후 슬라이스한다.

야생 버섯 400g을 버터에 볶는다.

4. 작은 브리오슈 8개 뚜껑 자르고 비우기

브리오슈를 오븐에 넣어 살짝 토스트한다.

5. 곁들임 재료 완성하기

소테팬에 곁들임 재료와 버섯을 모두 넣는다.

버터에 익히고 꼬냑 또는 샴페인 20ml를 첨가한다.

크림을 넣은 아메리칸 소스를 붓고 몇 분간 끓인다.

6. 브리오슈 채우기

해산물 스튜를 브리오슈에 담고 가재 슬라이스를 맨 위에 장식하고 브리오슈 뚜껑을 닫는다.

남은 해산물 스튜를 따로 담아낸다.

완성한 결과

해산물 브리오슈(Brioche aux fruits de mer)

준비 기구
- 체 1
- 큰 믹싱볼 1
- 작은 중탕냄비 1
- 제과용 그릴망 1
- 스크레이퍼 1
- 정리용 사각 트레이 1
- 차이나 캡 1

조리 기구
- 큰 소테팬 1
  또는 작은 소스포트 1
- 작은 자루냄비 1
- 제과용 오븐팬 1
- 작은 소테팬 1

플레이팅 도구
- 크고 긴 접시
- 무늬가 있는 장식용 종이
또는
- 기본 접시
- 소스그릇

비슷한 요리 PLATS SIMILAIRES

부셰 보헤미안 Bouchées bohémienne
- 뚜껑을 만들고 속을 비운 작은 브리오슈를 오븐에서 잠깐 굽는다.
- 매우 진한 마데이라 와인 소스와 푸아그라, 송로버섯 살피콩을 곁들인다.

쁘띠 파테 도핀 Petits pâtés Dauphine
- 다양한 파르시 또는 살피콩(살미 소스 수렵육 야생 버섯, 해산물 스튜와 생선 무슬린 파르시, 닭고기 파르시, 주사위 모양으로 썬 닭고기와 모렐버섯)을 브리오슈 반죽으로 감싸 작은 파테 형태로 만든다.

딜 버터 소스 연어 쿨리비악* Coulibiac de saumon, beurre blanc à l'aneth
- 파프리카로 포칭한 연어 필렛 Filets de saumon pochés au paprika, 버섯 크림 Champignons à la crème, 삶은 계란 Œufs durs, 베시가 Vésiga (철갑상어 척수 Moelle épinière d'esturgeon), 카셰 kaché (메밀 세몰리나 Semoule de sarrasin)가 들어간다.
- 딜을 넣은 크레이프로 싸서 브리오슈 반죽으로 감싼다.
- 딜 버터 소스 beurre blanc à l'aneth와 곁들인다.

완성한 결과

포르투 와인 소스 모르토 소시지 브리오슈

(Saucisse de Morteau briochée au vieux porto)

---
* 쿨리비악 coulibiac : 연어 또는 철갑 상어, 쌀 또는 메밀, 삶은 계란, 버섯, 양파 및 딜로 채운 러시아 파이 요리.

오를리 뇌 프리토
FRITÔTS DE CERVELLE ORLY

오를리 뇌 프리토 Fritôts de cervelle Orly는 양의 뇌 조각을 물에 데쳐 양념한 후 튀김 반죽을 입혀 튀긴 요리이다. 파슬리 튀김과 토마토 소스를 곁들인다.

8인분 재료	단위	양
기본 재료		
– 양의 뇌 cervelle d'agneau	kg	1
– 착색 알코올 식초(살균용)	ml	50
vinaigre d'alcool coloré		
쿠르 부용 COURT-BOUILLON		
– 물	L	1,5
– 착색 알코올 식초(살균용)	m	50
– 당근	g	200
– 양파	g	200
– 부케가르니	가	1
– 통후추	g	약간(PM)
즉석 마리네이드 소스 MARINADE INSTANTANÉE		
– 땅콩기름	ml	100
– 레몬(1개)	g	100
– 파슬리	g	약간(PM)
– 처빌	단	1/8
– 타라곤	단	1/8
– 타임 꽃	단	약간(PM)
튀김 반죽 PÂTE À FRIRE		
– type 55 밀가루	g	200
– 가는소금	g	4
– 계란(전란)	깨	2
– 우유 또는 맥주	ml	200
– 식용유	㎖	40
– 계란(흰자)	개	3
토마토 소스 SAUCE TOMATE		
– 버터	g	40
– 저염 훈제 삼겹살	g	80
– 당근	g	80
– 양파	g	80
– 밀가루	g	40
– 토마토 페이스트	g	80
– 물 또는 흰색 육수	ml	800
– 부케가르니	개	1
– 마늘(2톨)	g	10
소스 마무리용 버터		
– 버터	g	20
마무리		
– 파슬리	g	400
양념		
– 가는소금		약간(PM)
– 후춧가루		약간(PM)
평균 준비 시간 : 1시간 10분		
프리토 평균 가열 시간 : 3~4분		
파슬리 평균 가열 시간 : 5~6초		

만드는 방법

1. 조리 작업 기구 준비하기 – 5분
레시피대로 재료를 준비하고 준비 기구, 조리 기구, 그릇을 준비한다.

2. 뇌 준비하기 – 10분(p. 327 참조)
흐르는 물에 씻어 핏물과 불순물을 빼고 껍질을 제거한다.
피가 엉겨있는 모든 부분을 흐르는 물에 씻어내고 식초물에 넣어 불순물을 다시 제거한다. 헹군 후 물기를 뺀다.

3. 쿠르 부용 준비하기 – 15분(p. 448 참조)
냄비에 물 1.5L, 착색 알코올 식초 50ml, 잘게 다진 당근, 양파, 부케가르니를 넣는다.
굵은소금을 넣고 약한 불에 15분 정도 끓인다.
부순 통후추 몇 알을 첨가한 후 쿠르 부용을 차이나 캡에 걸러낸다.

4. 토마토 소스 만들기 – 25분(p. 395 참조)
소스 마무리용 버터를 넣고 중탕냄비 뚜껑을 닫아 보관한다.

5. 뇌장 데치기 – 5분
끓는 쿠르 부용에 담가 10분 정도 천천히 끓인다.
재빨리 식힌다.

6. 튀김 반죽 만들기 – 20분(p. 660 참조)

7. 마리네이드 소스로 뇌 양념하기 – 5분
뇌의 물기를 잘 뺀다.
일정하게 슬라이스한다.
간을 한후 정리용 트레이에 식용유, 레몬즙, 다진 허브, 타임 꽃으로 양념한다.
최대 20분 정도 양념이 베도록 둔다.

8. 튀김 반죽 완성하기 – 10분
가는소금과 계란 흰자를 넣어 단단한 눈처럼 되도록 저어준다.
기본 반죽에 넣는다.
우선 계란 반죽 1/4을 넣으며 부드럽게 섞고, 거품 뜨는 국자로 나머지 반죽을 들어올리며 믹싱볼을 반죽과 반대 방향으로 돌리면서 섞는다.

9. 프리토 튀기기 – 10분(p. 580 참조)
양념한 뇌에 튀김 반죽을 입힌다.
170/180도 튀김 기름에 튀긴다.
튀김망으로 돌려주며 골고루 색깔이 나도록 한다.
키친타월에 올려 기름기를 뺀다.
적당히 소금을 뿌린다.

10. 파슬리 튀기기 – 5분

11. 뇌 프리토 차리기 – 5분
장식용 종이나 냅킨을 깐 둥근 접시에 프리토를 봉긋하게 담는다.
둘레에 튀긴 파슬리를 올린다.
소스그릇에 토마토 소스를 담는다.

송아지 소장(장간막 de fraise) 또는 췌장(이자)도 같은 방법으로 조리할 수 있다.(허드레 고기 시행 규정 참조)

완성한 결과

오를리 뇌 프리토(Fritôts de cervelle Orly)

카레 소스 닭날개 프리토

FRITÔTS D'AILERONS DE VOLAILLE AU CURRY

1. 조리 작업 기구 준비하기

2. 닭날개 24개 뼈 제거하고 손질하기

큰 날개만 사용한다.(《닭봉 bras》)

날개 관절 부분에서 자른다.

요골의 살을 발라내어 손잡이를 만들고 척골을 제거한다.

3. 닭고기 무슬린 파르시 만들기(p. 439 참조)

닭가슴살 200g, 계란 흰자 1/2, 휘핑크림 150ml를 사용한다.

잘게 다져 버터에 익히고 식힌 양파 100g을 첨가한다.

4. 닭날개 파르시하기

작은 구멍 깍지를 끼운 짤주머니로 무슬린 파르시를 닭날개에 채운다.

5. 닭날개 데치기

진한 닭고기 육수에 15분 동안 데친다.

6. 닭날개 양념하기

간을 한 후, 플레인 요거트 2개, 강판에 간 생강 200g, 잘게 다진 양파 100g, 다진 마늘 2톨, 카레 가루 10g으로 양념한다.

7. 카레 소스 만들기

감자 100g, 잘게 다진 양파 50g을 버터에 볶고, 카레 20g을 첨가한 후 천천히 볶아준다.

밀가루와 토마토를 조금 넣고 닭고기 육수(닭날개를 데칠 때 사용한 육수) 600ml를 첨가한다.

20분 정도 천천히 졸인다.

닭날개 마리네이드와 크림 100ml를 첨가한다.

다시 졸이고 간을 확인한다.

믹서기에 갈고 차이나 캡에 거른다.

마무리용 버터를 넣고 중탕냄비에 소스를 부어준 후 뚜껑을 닫아 보관한다.

8. 튀김 반죽 만들기

9. 닭날개 튀기기

요골을 붙잡고 닭날개에 튀김 반죽을 입힌다.

170/180도 기름에 튀긴다.

키친타월 위에 올려 기름기를 빼고 소금을 뿌린다.

10. 닭날개 차리기

장식용 종이를 깐 둥근 접시에 닭날개를 담는다.

포장지로 작은 뼈를 감싸고 접시 중앙에 튀긴 파슬리로 장식한다.

소스그릇에 카레 소스는 따로 담는다.

준비 기구
- 은 믹싱볼 2
- 소스 거품기 1
- 계란 흰자용 볼 1
- 차이나 캡 1

- 정리용 사각 트레이 3
- 계란 거품기 1
- 도마 1
- 작은 중탕냄비 1

조리 기구
- 중간 크기 자루냄비 1
- 작은 자루냄비 또는 작은 소테팬 1

플레이팅 도구
- 둥근 접시
- 무늬가 있는 장식용 종이 또는 냅킨 또는
- 기본 접시
- 소스그릇

완성한 결과

카레 소스 닭날개 프리토(Fritôts d'ailerons de volaille au curry)

비슷한 요리 PLATS SIMILAIRES

타르타르 소스 송아지 족발 또는 양 족발 프리토 Fritôts de pieds de veau ou de mouton, sauce tartare

- 송아지 족발 또는 양 족발의 불순물을 제거하고 데친 후 뼈를 제거한다.
- 물, 밀가루, 버터 또는 식용유, 레몬즙을 넣은 쿠르 부용에 끓인다. 물기를 빼고 조각으로 자른다.
- 마리네이드 소스에 양념한다.
- 튀김 반죽을 입혀 170/180도에 튀긴다.
- 톱니 모양으로 자른 레몬, 튀긴 파슬리, 타르타르 소스를 곁들인다.

디아블르 소스 송아지 소장 프리토 Fritôts de fraise de veau, sauce diable

- 송아지 소장의 불순물을 제거하고 데친 후 뼈를 제거한다.
- 물기를 빼고 조각으로 자른다.
- 양념한 후 튀김 반죽을 입힌다.
- 반죽을 입힌 소장을 튀긴다.
- 톱니 모양으로 자른 레몬, 튀긴 파슬리, 디아블르 소스를 곁들인다.

앙달루즈 소스 랑구스틴 튀김 Beignets de langoustines, sauce andalouse

- 랑구스틴의 껍질을 벗긴다.(꼬리지느러미는 제외)
- 껍질 벗긴 랑구스틴에 양념을 해준다.(올리브유, 레몬, 다진 셜롯, 생허브)
- 튀김 반죽을 입혀 튀긴다.
- 톱니 모양으로 자른 레몬, 튀긴 파슬리, 앙달루즈 소스(마요네즈 소스에 토마토 소스와 주사위 모양 피망을 첨가한 소스)를 곁들인다.

피카르디 피셀식 파르시 크레이프
CRÊPES FARCIES FAÇON FICELLES PICARDES

피카르디 피셀식 파르시 크레이프 Crêpes farcies, façon ficelles picardes는 햄 슬라이스와 버섯 뒥셀을 채워 돌돌 말아준 크레이프에 베샤멜 소스를 뿌려 그라탱으로 만든 요리이다.

8인분 재료	단위	양
크레이프 반죽 PÂTE À CRÊPES		
– 밀가루	g	250
– 가는소금	g	5
– 계란	개	3
– 우유	ml	500
– 버터	g	50
프라이팬에 두를 식용유 HUILE POUR LES POÊLES		
식용유	ml	50
버섯 뒥셀 DUXELLES DE CHAMPIGNONS		
– 버터	g	40
– 셜롯 echalotes grises	g	40
– 양송이버섯	g	400
– 파슬리	g	40
– 레몬 1/2개(선택사항)	g	50
크림 소스 SAUCE CRÈME		
– 버터	g	40
– 밀가루	g	40
– 우유	ml	400
– 액상 크림	ml	400
소스 마무리용 버터		
– 버터	g	20
곁들임		
– 햄(저지방, 가장자리에 지방 없음)	kg	8장(얇은 슬라이스)
마무리		
그뤼예르 또는 에멘탈 치즈를 강판에 갈아 사용		
– 그라탱용	g	80
– 곁들임용	g	40
버터 :		
– 그라탱용	g	40
– 그릇용	g	20
양념		
– 가는소금		약간(PM)
– 카옌 고추		약간(PM)
– 육두구(넛맥)		약간(PM)
평균 준비 시간 : 1시간 25분		
크레이프 평균 가열 시간 : 2~2.5분		
뒥셀 평균 가열 시간 : 12~15분		

만드는 방법

1. 조리 작업 기구 준비하기 – 5분
레시피대로 재료를 계량, 측정하고 작업에 필요한 도구들을 점검한다.

2. 반죽해서 크레이프 만들기 – 20분(p. 662/664 참조)
지름 20cm 얇은 크레이프 16장을 만든다.

3. 버섯 뒥셀 만들기 – 20분 (p. 422/423 참조)

4. 묽은 크림 소스 만들기 – 15분 (p. 394 참조)
흰색 루를 만들고 식힌다.
우유와 끓인 크림을 넣는다.
몇 분 동안 끓인다.
소금, 카옌 고추, 넛맥을 넣어 간을 한다.
차이나 캡에 거른다.
소스 마무리용 버터를 넣고 중탕냄비에 뚜껑을 닫아 보관한다.

5. 파슬리 씻고 줄기를 떼고 물기를 뺀 후 다지기 – 5분

6. 곁들임 완성하기 – 5분
크림 소스 1/3을 넣어 뒥셀을 졸인다.
다진 파슬리와 강판에 곱게 간 치즈 40g을 첨가한다.
간을 확인한다.

7. 피셀 모양 만들기 – 10분
조리 작업대에 랩을 깔고 익힌 크레이프를 올린다.
슬라이스 햄 반을 덮는다.
크림 소스를 넣고 졸인 뒥셀을 바른다.
얇고 긴 《피셀 ficelles》 모양이 되도록 크레이프를 잘 말아준다.

8. 피셀 그라탱으로 만들기 – 3분
그라탱용 그릇에 버터를 바른다.
피셀을 그라탱 그릇에 나란히 놓는다.
남은 크림 소스를 붓는다.
강판에 곱게 간 치즈를 뿌린다.
버터 조각이나 녹인 버터를 뿌린다.
10분 정도 오븐에 넣어 그라탱을 만든다.

9. 피셀 차리기 – 2분
그라탱 그릇 가장자리를 잘 닦아준다.
장식용 종이를 깐 접시받침 위에 올린다.

완성한 결과

피카르디 피셀식 파르시 크레이프(Crêpes farcies, façon ficelles picardes)

FICHE 36

카레 화이트 와인 소스 해산물 파르시 크레이프
CRÊPES FARCIES AUX FRUITS DE MER, SAUCE VIN BLANC AU CURRY

- 밀가루 250g, 소금 5g, 계란 3개, 우유 500ml, 버터 50g으로 크레이프 반죽 500ml를 만든다.
- 지름 20cm 크레이프 16장을 만든다.
- 버터 50g, 화이트 와인 100ml, 다진 파슬리를 넣은 후 홍합 800g, 조개 800g을 익힌다.
- 새우 200g을 헹구고 물기를 뺀다.
- 홍합 껍질을 까고 다듬는다.
- 조개 껍질을 깐다.
- 양송이버섯 250g은 끓는 물에 소금, 레몬즙, 버터 등을 넣고 데친다.(p. 516 참조)
- 잘게 다진 셜롯 40g, 사과 400g, 버섯과 생선 벨루테 400ml, 홍합과 조개 육수 100ml, 크림 200ml로 카레 화이트 와인 소스 500ml를 만든다.
- 카레 화이트 와인 소스를 해산물과 버섯 스튜에 넣어 졸인다.
- 잘게 다진 골파를 첨가한다.
- 익힌 크레이프 위에 졸인 스튜를 올려 반으로 접는다.(돌돌 말지 않는다.)
- 그릇에 담는다.
- 포도씨유와 사과 식초로 양념한 치커리 샐러드를 곁들인다.(주머니 모양으로 장식해서 곁들일 수도 있다.)

완성한 결과

아메리칸 소스 해산물 파르시 크레이프
(Crêpes farcies aux fruits de mer à l'américaine)

준비 기구	조리 기구	플레이팅 도구
• 정리용 사각 트레이 3 • 스테인리스 채반 1 • 중간 크기 믹싱볼 1 • 중탕용 그릇 • 차이나 캡 1 • 큰 믹싱볼 2 • 도마 1 • 소스 거품기 1 • 작은 중탕냄비 1 • 체 1, 절구공이 1	• 지름 20cm 크레이프용 프라이팬 1 또는 2 • 중간 크기 소테팬 2 • 작은 자루냄비 1	• 그라탱용 그릇(타원형) • 긴 접시받침 • 무늬가 있는 장식용 종이

비슷한 요리 PLATS SIMILAIRES

오세안 파르시 크레이프 Crêpes farcies océane
- 여러 가지 생선을 넣은 스튜에 화이트 와인 소스를 넣어 졸인 파르시를 넣은 크레이프이다.
- 가늘게 채 썬 채소로 만든 퐁듀, 시금치, 엔다이브, 대파, 양파, 펜넬 퐁듀 등을 곁들일 수 있다.

할머니식(그랑메르) 파르시 크레이프 Crêpes farcies façon grand-mère
- 엔다이브 뫼니에르에 감싼 햄을 크레이프에 넣어 돌돌 말아준다.
- 모르네 소스를 붓고 그라탱으로 만든다.

여왕의 파르시 크레이프(파르시 아 라 렌 크레이프) Crêpes farcies à la reine
- 닭고기와 버섯 스튜에 쉬프렘 소스를 넣고 졸인 것으로 크레이프를 채운다.
- 그릇에 담고 둘레에 쉬프렘 소스를 한 줄로 두른다.

치즈 수플레
SOUFFLÉS AU FROMAGE

치즈 수플레 Soufflé au fromage는 거품을 낸 계란 흰자와 모르네 소스(계란 노른자와 강판에 간 치즈를 첨가한 베샤멜 소스)로 만든 따뜻한 전채요리이다. 주문이 들어오면 수플레용 틀에 넣어 구워 바로 제공한다.

8인분 재료	단위	양
수플레 반죽(모르네 소스) APPAREIL À SOUFFLÉ(SAUCE MORNAY)		
– 버터	g	60
– 밀가루	g	60
– 우유	ml	500
– 계란 (노른자)	개	4
– 버터 (마무리용)	g	10
– 계란 (노른자)	개	2
– 강판에 곱게 간 그뤼예르 또는 에멘탈 치즈	g	160
마무리		
– 계란(흰자)*	개	8~10
덧바르기 CHEMISAGE		
– 버터	g	20
– 밀가루	g	20
장식		
– 얇은 조각의 그뤼예르 또는 에멘탈 치즈	g	40
양념		
– 가는소금		약간(PM)
– 카옌 고추		약간(PM)
– 육두구(넛맥)		약간(PM)
평균 준비 시간 : 1시간		
평균 가열 시간 : 20~25분		

** 모르네 소스를 만들 때 사용하고 남은 계란 흰자 6개는 따로 보관하여 활용한다.*

만드는 방법

1. 조리 작업 기구 준비하기 – 5분
레시피대로 재료를 계량, 측정하고 작업에 필요한 도구들을 점검한다.

2. 수플레 틀에 버터, 밀가루 바르기 – 3분(p. 458 참조)
제과용 붓으로 수플레 틀에 버터를 골그루 바른다.
밀가루를 바르고 틀을 뒤집어 밀가루가 많이 묻은 부분을 조심하며 털어준다.

3. 흰색 루 만들기 – 5분(p. 387 참조)
재빨리 식힌다.

4. 치즈 준비하기 – 5분
강판에 간 치즈 150g을 체에 거른다.
나머지 치즈는 마름모 모양이 되도록 3개로 자른다.

5. 수플레 반죽 만들기 – 15분
우유를 끓인다.
끓는 우유를 식힌 루에 붓는다.(2~3번에 나누어 붓는다.)
미니 거품기로 저어준다.
저어준 우유를 다시 끓인다.
베샤멜 소스를 계속 저으며 3~4분 동안 끓인다.
가는소금, 카옌 고추, 넛맥으로 간을 한다.
불을 끄고 계란 노른자 4개를 첨가한다.
몇 초 동안 다시 끓인다.
믹싱볼에 수플레 반죽을 담는다.
스크레이퍼로 믹싱볼을 잘 긁어 정리한 후 버터를 넣는다.
랩으로 덮고 63도 정도로 보관한다.

6. 수플레 반죽 완성하기 – 10분
흰자 10개에 한 꼬집의 소금을 넣고 단단한 눈처럼 될 때까지 저어준다.
계란 노른자 2개를 수플레 반죽에 첨가한다.
거품을 낸 흰자를 섞으며 수플레 반죽을 묽게 만든다.
강판에 곱게 간 치즈를 천천히 넣는다.
흰자 거품 남은 것을 천천히 넣으며 반죽을 섞고 믹싱볼을 조금 돌리며 거품 떠내는 국자로 섞는다.

7. 수플레 반죽 틀에 넣기 – 3분
틀 가장자리에서 1cm 안까지 반죽으로 채운다.
주걱으로 표면을 고른다.
수플레 위에 마름모 치즈를 얹는다.(링 모양)

8. 수플레 구울 준비하기 – 4분
중탕냄비에 2~3분 동안 두었던 수플레 반죽을 오븐팬에 올린다.
틀의 크기와 두께에 따라 오븐에(윗 열선 180도, 아래 열선 200도) 20~25분 굽는다.
완성되기 5분 전에 칼 끝을 사용해 수플레를 가장자리에서 떨어뜨린다.

9. 수플레 차리기 – 5분
장식용 종이를 깐 둥근 접시 위에 올린다.
완성한 즉시 제공한다.

수플레는 손님의 주문과 동시에 굽도록 하고 손님 4인분을 위해 굽는데 걸리는 시간은 20~25분이다.

완성한 결과

치즈 수플레(Soufflé au fromage)

로크포르 호두 수플레 크레이프
CRÊPES SOUFFLÉES AU ROQUEFORT ET AUX NOIX

1. 조리 작업 기구 준비하기

2. 반죽 500ml로 크레이프 만들기(p. 662 참조)

3. 곁들임 준비하기

로크포르 roquefort 치즈 100g을 체에 곱게 간다.

호두 100g을 잘게 다진다.

4. 수플레 반죽 만들기

앞서 나온 방법으로 반죽의 양을 반으로 줄여 만든다.

동시에 계란 흰자에 거품을 내주고 천천히 부어주며 로크포르와 다진 호두도 넣어준다.

5. 크레이프 채우기

조리 작업대에 유산지를 깔고 크레이프를 올린다.

크레이프의 예쁜 면을 아래로 향하게 둔다.(처음에 익힌 면)

수플레 반죽으로 크레이프를 채운다.

살짝 반을 접어준다.

6. 수플레 크레이프 굽기

오븐에 넣을 큰 그릇에 버터를 바른다.

크레이프를 띄엄띄엄 대각선 방향으로 담는다.(살짝 겹쳐놓는다.)

200도 오븐에 6~8분간 굽는다.

7. 크레이프 차리기

잘 구워졌는지 확인한다.

1인분에 2개의 크레이프 비율로 뜨거운 접시에 담거나 오븐 그릇 그대로 제공한다.

준비 기구	조리 기구	플레이팅 도구
• 큰 믹싱볼 1	• 중간 크기 자루냄비 1	• 둥근 접시
• 소스 거품기	• 중간 크기 소테팬 1	• 무늬 있는 장식용 종이
• 조리용 붓 1	• 수플레 틀 1	
• 체 1		
• 계란 흰자용 볼 1		
• 계란 거품기 1		
• 중탕용 그릇 1		

완성한 결과

로크포르 수플레 크레이프(Crêpes soufflées aux roquefort)

비슷한 요리 PLATS SIMILAIRES

닭고기 버섯 수플레 Soufflé à la volaille et aux champignons

• 닭고기 벨루테로 수플레 반죽을 한다.

• 다진 닭가슴살, 주사위 모양으로 썬 닭가슴살, 버섯 뒥셀을 첨가한다.

햄 시금치 수플레 Soufflé au jambon et aux épinards

• 모르네 소스에 수플레 반죽을 한다.

• 주사위 모양으로 썬 햄, 헤이즐넛 버터에 볶은 시금치 다진 것을 첨가한다.
(필요한 경우 계란 노른자로 반죽을 보강한다.)

연어 수영 수플레 Soufflé au saumon et à l'oseille

• 생선 육수 벨루테에 수플레 반죽을 한다.

• 구워서 다진 연어, 주사위 모양으로 썬 익힌 연어, 볶은 수영 시포나드를 첨가한다.

아메리칸 소스 게살과 오징어 브릭 페이스트리
CROUSTILLANT DE TOURTEAU ET DE CALMARS À L'AMÉRICAINE

아메리칸 소스 게살과 오징어 브릭 페이스트리 Croustillant de tourteau et de calmars à l'américaine는 오븐에 구운 브릭 페이스트리에 아메리칸 소스 게살과 오징어를 곁들인 요리이다.

8인분 재료	단위	양
기본 재료		
– 껍질 벗긴 게	g	400
– 껍질을 벗긴 게 집게발	개	8
– 손질한 오징어	g	800
아메리칸 소스 SAUCE AMÉRICAINE		
– 올리브유	ml	20
– 당근	g	80
– 양파	g	80
– 셜롯	g	40
– 큰 토마토	g	200
– 토마토 페이스트	g	20
– 마늘	g	20
– 부케가르니	개	1
– 꼬냑	ml	20
– 화이트 와인	ml	40
– 아메리칸 소스용 육수*	L	1
– 타라곤	단	1/4
– 처빌	단	1/4
리에종과 소스 마무리 LIAISON ET FINITION DE LA SAUCE		
밀가루를 섞어 만든 버터:		
– 버터	g	20
– 밀가루	g	20
– 소스 마무리용 버터	g	10
– 크림	ml	200
– 처빌	단	1/4
– 타라곤	단	1/4
– 꼬냑	ml	10
브릭 페이스트리 FEUILLES DE BRICK		
– 브릭 페이스트리	장	8
– 버터	g	40
양념		
– 가는소금		약간(PM)
– 후춧가루		약간(PM)
– 카옌 고추		약간(PM)
평균 준비 시간 : 1시간 5분		
평균 가열 시간 : 45분~1시간		

살균 처리된 아메리칸 소스용 분말 또는 생선 육수 분말을 사용한다.

만드는 방법

1. 조리 작업 기구 준비하기 – 5분
레시피대로 재료를 계량, 측정하고 작업에 필요한 도구들을 점검한다.

2. 아메리칸 소스 육수에 오징어 익힐 준비하기 – 20분(p. 398 참조)
다 익힌 후 물기를 빼고 따뜻하게 보관한다.

3. 아메리칸 소스 리에종하고 완성하기 – 10분
밀가루와 섞은 버터를 넣어 리에종하고 잘 졸인다.
크림을 넣고 다시 졸인다.
차이나 캡에 거른 후 중탕냄비에 붓는다.
소스 마무리용 버터를 넣는다.

4. 브릭 페이스트리 feuilles de brick 자르고 굽기 – 10분
지름 8cm 원형 반죽 24개로 자른다.
버터를 바르고 소금으로 간을 한 후 오븐에 굽는다. 납작하게 유지되도록 오븐팬 2개 사이에 넣어 굽는다.

5. 게살 데우기 – 6분
크림을 넣은 아메리칸 소스 조금, 꼬냑 조금, 잘게 다진 타라곤과 처빌을 넣고 데운다.

6. 집게발 게살 데우기 – 2분
아메리칸 소스를 조금 넣고 데운다.

7. 오징어 데우기 – 2분
아메리칸 소스를 조금 넣고 데운다.

8. 브릭 페이스트리 차리기 – 10분
접시 중앙에 브릭 페이스트리를 놓는다.
아메리칸 소스 게살을 올린다.
다른 브릭 페이스트리를 올리고 게살을 올린다. 브릭 페이스트리를 위에 올려 마무리한다.
오징어로 만든 작은 다발을 여러군데 예쁘게 놓는다.
브릭 페이스트리 맨 위에 집게발 게살을 올린다.
정제 버터로 윤을 낸다.
처빌 잎으로 장식한다.

브릭 페이스트리를 두 겹으로 놓을 수도 있다. 이 경우, 지름 8cm 대신 16cm로 만든다. 브릭 페이스트리는 필로 페이스트리(pâte à filo)로 대신할 수도 있다.

완성한 결과

아메리칸 소스 게살과 오징어 브릭 페이스트리
(Croustillant de tourteau et de calmars à l'américaine)

피페라드 참치 《밀푀유》
《MILLE—FEUILLE》 DE THON ROUGE À LA PIPERADE

1. 피페라드 익히기

다진 양파 200g을 올리브유에 볶는다.

껍질과 씨를 제거하고 가늘게 썬 초록색, 빨간색 피망 200g을 첨가한다.

껍질과 씨를 제거하고 잘게 다진 토마토 400g, 마늘 2톨, 부케가르니 1개를 첨가한다.

간을 한다.

채소의 수분이 완전히 사라질 때까지 익힌다.

2. 8cm 지름 원형 브릭 페이스트리 24개 만들기

녹인 버터를 바르고 깨와 양귀비 씨를 뿌려준다.

납작하게 유지되도록 오븐팬 2개 사이에 넣고 오븐에 굽는다.

3. 소스 만들기

발사믹 식초 50ml와 완전히 졸인 닭고기 육수를 함께 졸인다. 올리브유 100ml를 넣고 유화한다.

4. 참치 슬라이스 굽기

각각 60~70g이 되는 참치 슬라이스 16장에 간을 한다.

주문이 들어오면 큰 코팅 프라이팬에 올리브유를 조금 두르고 굽는다. 참치는 금방 건조해지므로 반쯤 구워 속 부분이 《분홍색으로 rosées》 유지되도록 한다.

5. 《밀푀유》 차리기

접시 중앙에 브릭을 담는다.

피페라드, 참치, 브릭 순서로 차례로 쌓아 올린다.

마지막에 깨와 양귀비 씨를 뿌린 브릭을 올리고 참치가 살짝 보이도록 빗겨 놓는다.

한 줄로 소스를 브릭 둘레에 두른다.

주사위 모양으로 썬 토마토와 골파 몇 가닥으로 장식한다.

준비 기구	조리 기구	플레이팅 도구
• 정리용 사각 트레이 3	• 낮은 소스포트 1	• 기본 접시
• 중간 크기 들통 1	• 큰 소테팬 1	
• 작은 믹싱볼 2	• 작은 소테팬 3	
• 차이나 캡 1	• 제과용 오븐팬 2	

완성한 결과

피페라드 참치 《밀푀유》 《Mille—feuille》 de thon rouge à la piperade

비슷한 요리 PLATS SIMILAIRES

아메리칸 소스 가리비 모렐버섯 주머니
Balluchons de coquilles Saint—Jacques et morilles à l'americaine

• 브릭 페이스트리를 주머니 모양으로 만들어 크림을 넣은 아메리칸 소스를 넣은 가리비, 모렐버섯 스튜로 채운다.

사프란 홍합 조개 감자 주머니
Aumônières de moules et de coques aux pommes safranées

• 브릭 페이스트리를 주머니 모양으로 만들어 사프란을 넣은 홍합 벨루테에 홍합, 조개, 감자를 졸여 만든 스튜를 넣는다.

• 오븐에 몇 분간 넣어 굽는다.

참치 라따뚜이 브릭 Brick au thon et à la ratatouille

• 브릭 페이스트리에 라따뚜이와 올리브유에 볶은 주사위 모양 참치를 올린다.

• 튀긴 고수와 함께 낸다.

나폴리 스파게티
SPAGHETTIS NAPOLITAINE

나폴리 스파게티 Spaghettis napolitaine는 버터로 양념한 파스타에 토마토 소스, 다진 토마토, 강판에 간 그뤼예르 또는 파르메산 치즈를 곁들인다.

8인분 재료	단위	양
기본 재료		
– 스파게티(1인분에 80g)	g	640
– 버터	g	80
토마토 소스 SAUCE TOMATE		
– 버터	g	50
– 염장(반염) 삼겹살 poitrine de porc demi–sel	g	80
– 당근	g	80
– 양파	g	80
– 밀가루	g	40
– 토마토 페이스트	g	80
– 물 또는 흰색 육수	ml	800
– 부케가르니	개	1
– 마늘(2톨)	g	10
– 버터(소스 마무리용)	g	20
토마토 퐁듀 FONDUE DE TOMATES		
– 버터	g	40
– 셜롯	g	40
– 큰 토마토	g	800
– 부케가르니	개	1
– 마늘(2톨)	g	10
– 토마토 페이스트(선택사항)	g	약간(PM)
마무리		
– 그뤼예르 또는 파르메산 치즈를 강판에 갈아 사용	g	160
양념		
– 굵은소금		약간(PM)
– 가는소금		약간(PM)
– 후춧가루		약간(PM)
– 굵은 설탕		약간(PM)
평균 준비 시간 : 1시간 10분		
평균 가열 시간(토마토 소스) : 1시간		
평균 가열 시간(스파게티) : 8~10분		

만드는 방법

1. 조리 작업 기구 준비하기 – 5분
레시피대로 재료를 계량, 측정하고 작업에 필요한 도구들을 점검한다.

2. 채소 준비하기 – 5분
당근, 양파, 셜롯, 마늘을 다듬고 씻는다.
파슬리를 씻고 줄기를 뗀다.
토마토를 씻고 꼭지를 뗀다.

3. 토마토 소스 익힐 준비하기 – 25분(p. 395~397 참조)
훈제 삼겹살 껍질을 제거하고 라르동으로 자른다.

데치고(찬물에 넣어 끓인다) 거품을 걷고 물기를 뺀다.
당근, 양파를 작은 주사위 모양으로 썬다.
부케가르니를 만든다.
마늘을 다듬고 빻는다.
소테팬에 버터를 두르고 삼겹살을 볶는다.
당근, 양파를 첨가하고 노릇하게 볶는다.
밀가루를 넣고 루를 노릇하게 만든다.
토마토를 넣고 몇 분간 다시 끓인다.
루를 식힌다.
물 또는 끓인 흰색 육수를 붓는다.
채소 육수와 토마토 퐁듀의 토마토 알갱이를 첨가한다.
끓을 때까지 거품기로 저어준다.
부케가르니와 마늘을 넣는다.
소금, 후추, 설탕으로 간을 한다.
뚜껑을 닫고 180도 오븐에 30~45분 동안 익힌다.
소스를 차이나 캡에 거른다.
농도와 간을 확인한다.
마무리용 버터를 넣고 중탕냄비에 뚜껑을 닫고 보관한다.

4. 토마토 퐁듀 익힐 준비하기 – 15분 (p. 395/397 참조)

5. 그뤼예르 또는 파르메산 치즈 준비하기 – 5분
치즈를 강판에 갈아 소스그릇에 담는다.

6. 스파게티 익힐 준비하기 – 6분(p. 508/509 참조)
끓는 물에 소금을 넣어(파스타 100g에 물 1L, 소금 8~10g) 스파게티를 익힌다.(8~10분)
넘칠 위험이 있으므로 뚜껑을 닫지 않는다.
냄비 바닥에 면이 붙지 않도록 가끔 저어준다.
익은 정도를 확인하고 찬물을 조금 부어 멈춘다.
스파게티 물기를 빼고 끓는 물에 부분적으로 헹군다.(스파게티 중앙에 흰색 점이 사라지면 다 익은 것이다.)
스파게티에 버터를 넣고 간을 확인한다.

7. 스파게티 차리기 – 4분
접시나 미리 예열한 소뚜와에 스파게티를 담는다.
토마토 소스, 토마토 퐁듀, 치즈를 소스그릇에 각각 담는다.

《시판용 fabrication industrielle》 파스타를 미리 익힐 경우, 단단한 느낌이 나게 익히고(알덴테*) 식힌다. 소금을 넣은 끓는 물에 몇 초 동안 담갔다가 내면 된다.

---

* 알덴테 al dente : 파스타의 면이 살짝 덜 익어 단단한 상태를 일컫는 요리 용어.

완성한 결과

나폴리 스파게티(Spaghettis napolitaine)

볼로냐 스파게티 SPAGHETTIS BOLOGNAISE

1. 조리 작업 기구 준비하기

2. 토마토 퐁듀 만들기(p. 427/428 참조)

버터 40g, 잘게 다진 셜롯 40g, 토마토 800g, 색깔을 더 진하게 하기 위한 토마토 페이스트 20g, 부케가르니 1개, 마늘 2톨을 사용한다.

3. 볼로냐 소스 만들기

첫 번째 방법 : 재빨리 볶기 technique du sauté minute.

소고기 안심 끝부분 400g을 각 면이 1cm인 주사위 모양으로 썬다.

식용유 40ml를 두르고 거의 연기가 날 정도로 재빨리 볶아 육즙이 빠져나오지 않도록 한다.

주사위 모양 고기 조각을 덜어 간을 한다.

소테팬에 식용유를 두르고 잘게 다진 양파 100g을 넣고 몇 분간 볶는다.

토마토를 넣은 송아지 육수 500ml를 붓는다.

잘게 다진 마늘 2톨과 부케가르니를 넣는다.

10분 정도 끓이고 거품을 걷는다.

부케가르니를 빼고 소고기 볶은 것을 붓는다. 더 이상 끓이지 않는다.

간을 확인하고, 소스 마무리용 버터를 넣고 중탕냄비에 넣어 뚜껑을 닫아놓는다.

두 번째 방법 : 소스 넣고 익히기 technique par braisage.

고기 품질이 낮은 등급일 경우, 소스에 넣고 1시간~1시간 30분(품질에 따라 조절) 동안 천천히 익힌다.

4. 그뤼예르 또는 파르메산 치즈 강판에 곱게 갈기

소스그릇에 담는다.

5. 스파게티 익히기

음식을 제공하기 전 8~10분 동안 소금을 넣은 끓는 물에 스파게티를 익힌다.(파스타 100g에 물 1L, 굵은소금 8~10g) 다시 끓을 때까지 저어준다.

익은 정도를 확인하고 찬물을 조금 부어 멈춘다.

스파게티 물기를 빼고 면이 차가워지지 않도록 끓는 물에 부분적으로 헹군다.

스파게티에 버터 80g을 넣어 섞는다.

간을 확인한다.

6. 스파게티 차리기

접시나 미리 예열한 소뚜와에 스파게티를 담는다.

볼로냐 소스, 토마토 퐁듀, 강판에 간 그뤼예르 또는 파르메산 치즈를 따로 담는다.(마무리는 손님 앞에서 한다.)

준비 기구	조리 기구	플레이팅 도구
• 정리용 사각 트레이 3	• 큰 자루냄비 또는 소스 포트 1	• 큰 채소 접시
• 도마 1	• 중간 크기 소테팬 2	• 접시받침
• 작은 스테인리스 채반 1	• 냄비 뚜껑 1	• 무늬 있는 장식용 종이
• 작은 중탕냄비 2	• 작은 자루냄비 1	• 소스그릇
• 큰 믹싱볼 1		• 소스받침
• 체 1, 절구공이 1		
• 차이나 캡 1		
• 작은 소스 거품기 1		

완성한 결과

볼로냐 스파게티(Spaghettis bolognaise)

비슷한 요리 PLATS SIMILAIRES

밀라노 스파게티 Spaghettis milanaise

• 스파게티에 버터를 넣어 섞는다. 강판에 곱게 간 그뤼예르 또는 파르메산 치즈, 토마토 퐁듀, 밀라노식 곁들임(가늘게 채 썬 버섯, 송로버섯, 우설을 버터에 볶아 마데이라 와인을 넣고 끓인 후 토마토를 넣은 송아지 육수를 붓고 졸임)을 함께 낸다.

까르보나라 스파게티 Spaghettis à la carbonara

• 버터에 섞은 스파게티에 훈제 삼겹살을 데쳐 기름에 볶은 라르동을 넣는다. 라르동 볶은 팬에 크림을 넣고 잠시 끓인 후 계란 노른자로 리에종하고 스파게티에 붓는다. 체에 간 그뤼예르 또는 파르메산 치즈를 곁들여 낸다.

낭투아 마카로니 Macaronis Nantua

• 버터에 섞은 마카로니에 크림을 넣은 낭투아 소스를 곁들인다.

• 가재 꼬리를 얹고 가늘게 채 썬 송로버섯을 뿌린다.

마카로니 그라탱 Macaronis au gratin

• 버터에 섞은 마카로니에 크림을 넣은 모르네 소스를 곁들인다.

• 같은 소스를 붓고 체에 간 치즈를 뿌린 후 오븐에 넣어 그라탱으로 만든다.

연어 탈리아텔레
TAGLIATELLES AUX DEUX SAUMONS

연어 탈리아텔레 Tagliatelles aux deux saumons는 작은 띠와 같이 생긴 생파스타에 가벼운 크림 소스를 곁들이고 생연어와 올리브유에 볶은 훈제연어를 함께 낸다.

8인분 재료	단위	양
기본 재료		
– type 45 밀가루	g	400
– 가는소금	g	8
– 계란	개	4
– 식용유(선택사항)	ml	20
또는		
– type 45 밀가루	g	300
– 굵은 밀가루	g	100
– 계란	개	4
– 가는소금	g	8
– 식용유(선택사항)	ml	20
덧가루용 밀가루		
– 밀가루	g	50
식용유(면 익힐 때 사용)		
– 식용유	ml	40
리에종		
– 버터	g	40
곁들임		
– 올리브유	ml	40
– 마늘(4톨)	g	20
– 생연어(비늘을 벗겨 손질한 필렛)	g	300
– 훈제 연어	g	100
– 액상 크림	ml	200
– 버터	g	40
마무리		
– 파르메산 치즈	g	8
양념		
– 굵은소금		약간(PM)
– 가는소금		약간(PM)
– 후춧가루		약간(PM)
평균 준비 시간 : 1시간 20분		
평균 가열 시간 : 1~2분(두께에 따라 조절)		

만드는 방법

1. 조리 작업 기구 준비하기 – 5분

레시피대로 재료를 계량, 측정하고 작업에 필요한 도구들을 점검한다.

2. 면 반죽 만들기 – 15분(p. 643~645 참조)

80g씩 볼 모양으로 반죽을 8개로 나눈다.(각각의 볼은 1인분에 해당)
밀가루를 살짝 뿌리고 식품용 비닐백에 넣어 냉장실에 20~30분 둔다.

3. 볼 모양 반죽 밀대로 밀기 – 15분

밀가루를 한 번 두르고 제과용 밀대로 반죽을 밀어 직사각형 모양으로 만든다.

제면기를 이용해 반죽 밀기를 완성한다.
제과용 그릴망 위에 면 반죽 민 것을 올리고 밀가루를 묻힌 유산지로 덮어둔다.
10분 정도 살짝 말린다.
마늘을 다듬고 빻는다.

4. 탈리아텔레 자르기 – 10분

제면기로 자른다.(p. 641 참조)
면이 겹치지 않게 제과용 그릴망에 올려놓는다.

5. 연어 준비하기 – 10분

생 연어를 각 면이 1cm되는 주사위 모양으로 썬다.
훈제 연어를 1cm 길이로 슬라이스한다.

6. 곁들임 준비하기 – 10분

큰 소테팬 또는 코팅 프라이팬에 올리브유를 두르고 가열한다.
빻은 마늘을 볶고 덜어둔다.
온도를 올린 후 생 연어 조각을 넣는다.
재빨리 볶는다.(최대 10초) 간을 한 후 훈제 연어를 첨가한다.
크림을 넣어 끓이고 살짝 졸여 연어 익히기를 마무리한다.
버터를 넣고 젓는다.
간을 확인한다.

7. 생파스타 익히기 – 10분(p. 507 참조)

소금을 넣고 식용유를 넣은 끓는 물에 필요한 만큼 생파스타를 넣는다.
냄비에 스테인리스 채반을 넣어 익히면 바로 거를 수 있어 물기를 빼기 쉽다.
생파스타를 넣고 다시 끓을 때까지 저어준다.
뚜껑을 닫지 않는다.(넘칠 위험)
스테인리스 채반 바닥에 면이 붙지 않도록 가끔 저어준다.
익은 정도를 확인한다. 면이 부드럽고 씹을 때 살짝 단단해야 한다.(알덴테)
스파게티 물기를 뺀 후 버터와 섞는다.
곁들임 소스를 붓는다.
잘 섞는다.

8. 연어 파스타 차리기 – 5분

뜨거운 파스타를 접시에 담는다.
연어 조각이 파스타 위에 보이도록 한다.
파르메산 치즈를 따로 담아낸다.

주문이 들어오면 생파스타를 익힌다. 절대 미리 익히지 않는다. 항상 글루텐 함량이 높은 밀가루를 사용하거나 입자가 고운 세몰리나(SSSE)*로 반죽을 보강한다.

---

* 입자가 고운 세몰리나(SSSE : Semoule de blé de mouture très fine) : 듀럼밀을 제분해 입자가 고운 밀가루로, 파스타, 시리얼, 푸딩, 쿠스쿠스 등을 만드는 데 사용한다.

완성한 결과

연어 탈리아텔레(Tagliatelles aux deux saumons)

갑각류 소스 랑구스틴 라비올리

RAVIOLIS AUX LANGOUSTINES, COULIS DE CRUSTACÉS

1. 조리 작업 기구 준비하기

2. 라비올리 반죽 만들기

글루텐 함량이 높은 type 45 밀가루 400g, 소금 10g, 계란 2개, 계란 노른자 2개, 식용유 50ml, 약간의 물을 사용한다.

3. 각각 80g인 랑구스틴 24마리 껍질 까기

올리브유, 레몬즙, 타임 꽃으로 랑구스틴을 양념한다.

냉장실에 보관한다.

랑구스틴 껍질을 빻는다.

4. 아메리칸 소스 1L 만들기(p. 398 참조)

육수에 랑구스틴 껍질을 첨가한다.

5. 야생 버섯 뒥셀 만들기

야생 버섯 500g을 거칠게 다져 사용한다.

6. 아메리칸 소스 완성하기

세게 누르며 차이나 캡에 거른다.

소스 육수를 졸인다. 크림 100ml를 첨가하고 다시 졸인다.

밀가루와 섞은 버터를 조금 넣어 리에종한다.(선택사항)

버터를 넣고 젓는다.

다진 처빌과 타라곤을 넣는다.

마무리용 버터를 넣고 중탕냄비에 뚜껑을 닫아 보관한다.

7. 랑구스틴 익히기

올리브유를 조금 두르고 코팅 프라이팬에 재빨리 익힌다. 간을 한 후 따로 둔다.

8. 라비올리 만들기

얇은 조각 랑구스틴과 버섯 뒥셀을 아메리칸 소스에 버무려 라비올리를 채운다.

계란물을 칠하고 라비올리 가장자리를 눌러 봉한다.

제과용 그릴망 위에 완성된 라비올리를 올리고 밀가루를 묻힌 유산지로 덮는다.

라비올리를 데친다.

주문 시 소금과 식용유를 넣은 끓는 물에 필요한 만큼 익히기 시작한다.

9. 랑구스틴 라비올리 차리기

접시 바닥에 크림을 넣은 아메리칸 소스를 붓는다.

물기를 뺀 라비올리를 링 모양으로 담는다.

조리용 붓으로 버터를 발라 윤을 낸다.

골파 가닥으로 장식한다.

 낭투아 소스를 곁들인 가재 라비올리, 아메리칸 소스를 곁들인 게살, 바닷가재, 랑구스트 라비올리도 만들 수 있다.

준비 기구
- 체 1
- 중탕용 그릇 1
- 도마 1
- 정리용 사각 트레이 1
- 스크레이퍼 또는 반죽

커터 1
- 제면기 1
- 작은 믹싱볼 2
- 스테인리스 채반 1

조리 기구
- 큰 자루냄비 또는 소스포트 1
- 큰 코팅 프라이팬 1

플레이팅 도구
- 큰 채소 접시
- 접시받침
- 무늬 있는 장식용 종이 또는
- 기본 접시

완성한 결과

갑각류 소스 랑구스틴 라비올리
(Raviolis aux langoustines, coulis de crustacés)

비슷한 요리 PLATS SIMILAIRES

해산물 페투치네 Fettuccines aux fruits de mer
- 버터에 섞은 페투치네에 화이트 와인 소스 또는 크림을 넣은 아메리칸 소스를 곁들인다.
- 해산물 스튜와 함께 낸다.(조리법 **FICHE. 76**, p. 916/917 참조)

제노바 피스투 초록색 탈리아텔레 Tagliatelles vertes au pistou gênois
(p. 437 참조)
- 엽록소를 사용해 파스타 면에 물을 들인다.(p. 418 참조)
- 탈리아텔레를 자르고 소금과 식용유를 넣은 끓는 물에 익힌다.
- 제노바 피스투를 넣는다.
- 절구에 마늘 2톨, 잣 100g, 바질 반 묶음, 굵은소금 한 꼬집을 넣고 빻는다.
- 페코리노 pecorino(양젖 치즈 fromage de brebis) 50g, 파르메산 치즈 50g을 첨가한다. 올리브유 200ml를 넣어 소스를 만든다.(믹서기로도 가능)

계란 요리
LES ŒUFS

요리 소개 BREF RAPPEL DE TECHNOLOGIE

계란은 두 가지의 품질 등급(A등급, B등급 catégories A et B)으로 분류하고 무게와 크기(특대 très gros, 대 gros, 중 moyens, 소 petits)로 분류한다. A, B등급은 9일 미만(포장 이후 7일)의 매우 신선한 계란 les œufs extra-frais과 신선한 계란 les œufs frais 두 가지 하위 등급으로 나눈다.

계란은 엄격한 위생 조건으로 관리하지 않는다면 매우 취약한 식재료이다.(위험 분석 표 참조)

계란 노른자를 거의 익히지 않고 사용하는 요리(반숙보다 더 짧게 익힌 계란 œufs à la coque, 수란 pochés, 반숙 mollets)를 위해서는 매우 신선한 계란을 사용하는 것이 좋고, 계란을 완전히 익히는 요리에는 신선한 계란을 사용하는 것이 좋다.

적용 기술 TECHNIQUES MISES EN ŒUVRE

- 계란 삶기
  Cuire des œufs durs
- 계란 반숙하기
  Cuire des œufs mollets
- 수란 만들기
  Cuire des œufs pochés
- 스튜그릇 계란 만들기
  Cuire des œufs en cocotte
- 접시에서 익히는 계란 프라이 만들기
  Cuire des œufs au plat
- 팬으로 계란 익히기
  Faire sauter des œufs à la poêle
- 계란 튀기기
  Frire des œufs
- 오믈렛 둥글게 말기
  Réaliser des omelettes roulées
- 오믈렛 납작하게 만들기
  Réaliser des omelettes plates
- 뒥셀 만들기
  Réaliser une Duxelles
- 토마토 퐁듀 만들기
  Réaliser une fondue de tomate
- 모르네 소스 만들기
  Réaliser une sauce Mornay
- 아메리칸 소스 만들기
  Réaliser une sauce américaine
- 올랑데즈 소스 만들기
  Réaliser une sauce hollandaise
- 베어네이즈 소스 만들기
  Réaliser une sauce béarnaise
- 계란 노른자와 흰자 나누기
  Réaliser une clarification
- 아스픽(고기 젤리) 만들기
  Monter un aspic

계란 파르시 시메
ŒUFS FARCIS CHIMAY

계란 파르시 시메 Œufs farcis Chimay는 다진 계란 노른자, 버섯 뒥셀, 파슬리, 베샤멜 소스로 만든 파르시를 삶은 계란 흰자에 채운 요리이다. 모르네 소스를 곁들여 그라탱으로 만든다.

8인분 재료	단위	양
기본 재료		
– 계란	개	12
뒥셀 DUXELLES SÈCHE		
– 버터	g	40
– 셜롯	g	40
– 양송이버섯	g	400
– 레몬 1/2개(선택사항)	g	50
– 파슬리	g	40
모르네 소스 SAUCE MORNAY		
– 버터	g	60~70
– 밀가루	g	60~70
– 우유	L	1
– 계란(노른자)	개	3
– 강판에 간 그뤼예르 　또는 에멘탈 치즈	g	80
– 버터(소스 마무리용)	g	20
– 그릇에 바를 버터	g	20
마무리		
– 강판에 간 그뤼예르 　또는 에멘탈 치즈	g	80
– 버터	g	20
양념		
– 가는소금		약간(PM)
– 후춧가루		약간(PM)
– 육두구(넛맥)		약간(PM)
평균 준비 시간 : 1시간 40분		
계란 삶기 평균 시간 : 10분		

만드는 방법

1. 조리 작업 기구 준비하기 – 5분

레시피대로 재료를 계량, 측정하고 작업에 필요한 도구들을 점검한다.

2. 계란 삶기(p. 278/279 참조)

물이 끓기 시작한 후 10분 동안 삶는다.

3. 채소 준비하기 – 20분

파슬리를 씻고 줄기를 떼고 물기를 뺀 후 다진다.
셜롯을 다듬고 씻은 후 잘게 썬다.
버섯을 다듬고 씻은 후 레몬을 뿌린다.
버섯을 잘게 저며 다진 후 물기를 살짝 짜낸다.(p. 144 참조)

4. 뒥셀 익힐 준비하기 – 5분(p. 422/423 참조)

5. 치즈 준비하기 – 5분

치즈를 강판에 곱게 간 후 나머지 반은 그라탱을 위해 따로 둔다.

6. 베샤멜 소스 만들기 – 15분(p. 392/393 참조)

7. 계란 준비하기 – 10분

계란 껍질을 까고 헹군 후 반으로 자른다.
계란 노른자를 빼고 체에 거른다.
트레이에 계란 흰자를 담아둔다.

8. 파르시 완성하기 – 5분

뒥셀에 베샤멜 소스를 붓는다.
다진 파슬리와 체에 거른 계란 노른자를 첨가한다.
잘 섞은 후 간을 확인한다.

9. 모르네 소스 완성하기 – 5분

불을 끄고 계란 노른자 3개, 베샤멜 소스를 넣은 후 몇 초 동안 끓인다.
소스를 차이나 캡에 걸러 작은 중탕냄비에 담는다.
처음에 강판에 곱게 간 치즈 반을 넣는다.
간을 확인한다.
버터를 넣고 중탕냄비 뚜껑을 닫아 소스를 보관한다.

10. 계란 채우기 – 10분

홈이 진 큰 구멍의 깍지(샹티이 크림용 깍지)를 끼운 짤주머니로 계란을 채운다.

11. 계란을 담고 그라탱으로 만들기 – 10분

제과용 붓으로 그라탱 그릇 바닥에 버터를 바른다.
모르네 소스를 조금 붓는다.
계란 파르시를 1인분에 3개 반쪽이 되도록 그릇에 담는다.
남은 소스를 붓는다.
강판에 간 남은 치즈를 뿌린다.
그릇 가장자리를 잘 닦아준다.
200℃ 오븐에 몇 분 정도 조리한 후 샐러맨더에서 그라탱을 마무리한다.
접시받침에 장식용 종이를 깔고 그라탱 그릇을 올린다.

버섯 뒥셀은 다진 셜롯과 양파를 첨가해 만든다. 많은 양을 만들 경우, 다진 버섯은 물기를 짜낸 후 익혀야 한다.

FICHE 41

완성한 결과

계란 파르시 시메(Œufs farcis Chimay)

토마토 소스 삶은 계란 커틀릿
CÔTELETTES D'ŒUFS DURS, SAUCE TOMATE

1. 조리 작업용 기구 준비하기

2. 계란 12개 삶고 으깨기

유산지 위에 두고 으깨거나 구멍이 큰 체에 거른다.

3. 곁들임 준비하기

파슬리 40g을 씻고 줄기를 떼고 물기를 뺀 후 다진다.

버섯 250g을 다듬고 씻는다.

작은 주사위 모양으로 썰고 버터 20g을 넣어 익힌다.

햄 150g을 작은 주사위 모양으로 썬다.

버섯에 햄을 넣는다.

4. 진한 베샤멜 소스 만들기

버터 80g, 밀가루 80g으로 흰색 루를 만든다.

끓인 우유 500ml를 부어 몇 분간 끓인다. 소금, 후추, 넛맥 등을 조금씩 넣는다.

불을 끄고 계란 노른자 4개를 넣어준다. 다시 끓인 후 으깬 계란, 파슬리, 햄, 버섯을 넣는다.

트레이에 소스를 얇게 담고 랩으로 덮어준 후 재빨리 식힌다.

5. 커틀릿 côtelettes 만들기

조리 작업대에 밀가루를 뿌린다.

곁들임과 베샤멜 소스를 섞은 혼합물을 16개로 나눈다.

작은 커틀릿 모양으로 만든다.

6. 커틀릿에 빵가루 입히기(p. 454/455 참조)

커틀릿에 밀가루, 계란, 빵가루를 차례로 입힌다.

주걱으로 모양을 다듬고 칼 등으로 바둑판을 새긴다.

마카로니를 커틀릿 끝부분에 끼워 뼈처럼 꾸민다.

7. 정제 버터에 커틀릿을 굽거나 튀기기

8. 커틀릿 차리기

둥근 접시에 링 모양으로 커틀릿을 담는다.

마카로니가 안 보이도록 장식 종이로 감싼다.

접시 중앙에 튀긴 파슬리를 놓는다.

토마토 소스는 소스그릇에 따로 낸다.

같은 혼합물을 작은 계란 모양으로 만들 수도 있다. 밀가루, 계란, 빵가루를 입혀 튀긴 후 계란 크로켓이라는 이름으로 제공한다.

준비 기구
- 정리용 사각 트레이 3
- 작은 믹싱볼 2
- 체 1, 절구공이 1
- 작은 중탕냄비 1
- 짤주머니 1 샹티이 크림용 깍지 1
- 큰 믹싱볼 1
- 도마 1
- 차이나 캡 1

조리 기구
- 큰 자루냄비 1, 큰 자루 스테인리스 채반 1
- 중간 크기 소테팬 2
- 작은 자루냄비 1

플레이팅 도구
- 움푹한 그라탱 그릇 (타원형)
- 타원형 접시받침
- 무늬 있는 장식용 종이

완성한 결과

토마토 소스 삶은 계란 커틀릿(Côtelettes d'œufs durs, sauce tomate)

비슷한 요리 PLATS SIMILAIRES

수영 소스 삶은 계란 Œufs durs à l'oseille

- 끓는 물에 4~5분간 수영을 데친다. 물기를 빼고 체에 친다.
- 진한 크림 소스(베샤멜 소스+크림)와 수영 퓨레를 넣고 20분 동안 끓여 수영의 신맛을 없앤다.
- 계란 노른자로 퓨레를 리에종한다.(선택사항)
- 버터를 바른 타원형 접시에 퓨레를 담고 삶은 계란을 반으로잘라 올려준다.

페르슈 삶은 계란 Œufs durs percheronne

- 삶은 계란 슬라이스와 껍질채 익힌 감자 슬라이스를 번갈아 담는다.
- 버터를 넣어 만든 크림 소스를 곁들인다.(베샤멜 소스+크림)

삶은 계란 아 라 트리프 Œufs durs à la tripe

- 양파를 데친 후 버터에 볶아 노릇노릇 색깔이 나게 한다.
- 크림 소스를 넣고 약한 불에 끓인 후 체에 거르거나 믹서기로 간다.(선택사항)
- 소스를 담은 후 삶은 계란을 올린 후 다진 파슬리를 뿌린다.

피렌체 반숙 계란
ŒUFS MOLLETS FLORENTINE

피렌체 반숙 계란 Œufs mollets florentine은 헤이즐넛 버터에 볶은 시금치 위에 반숙 계란을 올려 모르네 소스를 곁들이고 강판에 간 그뤼예르 또는 에멘탈 치즈를 뿌려 그라탱으로 만든다.

8인분 재료	단위	양
기본 재료		
– 매우 신선한 계란*	개	16
– 시금치	kg	2
또는		
– 냉동 시금치	g	800
– 버터	g	80
모르네 소스 SAUCE MORNAY		
– 버터	g	70
– 밀가루	g	70
– 우유	L	1
– 계란(노른자)	개	3
– 강판에 간 그뤼예르 또는 에멘탈 치즈	g	80
– 버터(소스 마무리용)	g	20
그라탱 그릇에 바를 버터		
– 버터	g	20
마무리		
– 강판에 간 그뤼예르 또는 에멘탈 치즈	g	80
– 버터	g	20
양념		
– 굵은소금		약간(PM)
– 가는소금		약간(PM)
– 후춧가루		약간(PM)
– 카옌 고추		약간(PM)
– 육두구(넛맥)		약간(PM)
평균 준비 시간 : 1시간 10분		
크기에 따라 계란 익히는 평균 시간 : 5~6분		

* 식당에서는 1인분에 2개의 계란을 제공하는 것이 관례이다. 단체 급식의 경우, 전식으로 계란이 제공될 때 1개만 제공할 수도 있다.

만드는 방법

1. 조리 작업 기구 준비하기 – 5분

레시피대로 재료를 계량, 측정하고 작업게 필요한 도구들을 점검한다.

2. 시금치 다듬고 씻은 후 데치기 – 20분(p. 496 참조)

냄비에 물을 부어준 후 소금을 조금 뿌려 끓인다.

시금치 줄기를 떼고 잘 씻는다.

물이 끓기 시작하면 1~2분간 뚜껑을 열고 데친다.

물기를 빼고 식힌 후 짜서 시금치를 볼 모양으로 만든다.(볼 1개가 1인분에 해당)

3. 치즈 준비하기 – 5분

치즈를 강판에 곱게 갈아 둘로 나눈다.(반은 모르네 소스용, 나머지 반은 그라탱용)

4. 모르네 소스 만들기 – 15분(p. 394 참조)

흰색 루를 만들고 재빨리 식힌다.

우유를 끓인 후 미니 거품기로 저으며 식힌 루에 천천히 붓는다.

베샤멜 소스를 4~5분 끓인다.

가는소금, 카옌 고추, 넛맥을 조금 넣고 간을 한다.

불을 끄고 계란 노른자를 첨가한 후 몇 초 동안 다시 끓인다.

소스를 차이나 캡에 걸러 중탕냄비에 옮긴다.

강판에 곱게 간 치즈 반을 넣는다.

작은 믹싱볼에 모르네 소스를 옮긴다.

버터를 넣어 마무리하고 뚜껑을 닫아 보관한다.

5. 반숙 계란 익히기 – 15분(p. 277/278 참조)

흰자만 익고 노른자는 크림 형태를 유지해야 한다.

6. 계란 데울 물 준비하기 – 3분

계란을 데우기 위해 끓는 물에 소금을 넣고 손잡이 있는 스테인리스 채반을 준비해둔다.

7. 시금치 볶기 – 5분

시금치를 잘게 다지고 소금, 후추로 간을 한다.

헤이즐넛 버터(beurre noisette 뵈르 누아제트)에 재빨리 볶는다.

간을 확인한다.

8. 계란 데우기 – 2분

데운 냄비에 계란을 몇 초간 담근다.

물기를 뺀다.

9. 계란을 그릇에 담고 그라탱 만들기 – 10분

제과용 붓으로 그라탱 그릇 바닥에 버터를 바른다.

시금치를 바닥에 담는다.

숟가락 뒷면을 이용해 계란 얹을 자리를 누른다.(안정되게 담을 수 있도록)

숟가락으로 움푹 들어간 부분에 계란을 놓는다.

모르네 소스를 붓는다.

강판에 간 치즈를 뿌려준다.

녹인 버터를 잘 뿌려준다.

그릇 가장자리를 잘 닦아준다.

샐러맨더에 넣어 그라탱을 만든다.

장식용 종이를 깐 접시받침 위에 그라탱 그릇을 올린다.

부드러운 생시금치는 미리 데칠 필요 없이 바로 헤이즐넛 버터에 볶을 수 있다.

FICHE 42

완성한 결과

피렌체 반숙 계란(Œufs mollets florentine)

마세나 반숙 계란 ŒUFS MOLLETS MASSÉNA

1. **조리 작업 기구 준비하기**

2. **골수뼈 한 토막을 8개 조각으로 슬라이스하기**

   골수뼈 한 토막을 8개 조각으로 잘라준 후 소금이나 식초를 넣은 차가운 물에 담가 핏물을 뺀다.

3. **토마토 소스 500ml 만들기(p. 395 참조)**

4. **각각 350g인 아티초크 8개를 둥글게 다듬어 익힐 준비하기(p. 121/122, 514/515 참조)**

   소금, 레몬즙, 식용유를 넣은 끓는 물에 익힌다.

5. **반숙 계란 익힌 후 식히기(p. 277/278 참조)**

   껍질을 깐 후 찬 물에 담가둔다.

6. **버터 250g을 정제 버터로 만들고 베어네이즈 소스 만들기(p. 415~417 참조)**

7. **마세나 반숙 계란 차리기**

   아티초크를 버터에 익힌 후 간을 한다.
   소금을 넣은 끓는 물에 1분간 반숙 계란을 담가 데운 후 물기를 잘 뺀다.
   끓기 시작하는 물에 슬라이스한 골수를 몇 초간 담가 데친 후 물기를 뺀다.
   아티초크 속을 베어네이즈 소스로 채운다.
   반숙 계란을 올리고 토마토 소스를 곁들인다.
   각각의 계란 위에 골수 조각을 올리고 다진 파슬리로 장식한다.

완성한 결과

마세나 반숙 계란(Œufs mollets Masséna)

준비 기구
- 정리용 사각 트레이 2
- 도마 1
- 스테인리스 채반 1
- 작은 중탕냄비 1
- 큰 믹싱볼 2
- 체 1, 절구공이 1
- 차이나 캡 1

조리 기구
- 큰 자루냄비 또는 작은 소스포트 1
- 중간 크기 자루냄비 1
- 작은 자루냄비 1
- 중간 크기 소테팬 2

플레이팅 도구
- 움푹한 그라탱 그릇 (타원형)
- 타원형 접시받침
- 무늬 있는 장식용 종이

비슷한 요리 PLATS SIMILAIRES

노르망디 반숙 계란 Œufs mollets normande
- 작은 타르트 위에 가자미 슬라이스, 버섯, 새우 살피콩을 노르망디 소스에 버무려 올린다.
- 반숙 계란을 올리고 위에 데친 굴을 얹고 같은 소스를 곁들인다.

반숙 계란 아 라 렌 여왕의 반숙 계란 Œufs mollets à la reine
- 작은 타르트 위에 닭가슴살과 버섯을 주사위 모양으로 썰어 쉬프렘 소스로 섞어 올린다.
- 반숙 계란을 얹고 같은 소스를 곁들인다

아르장퇴유 반숙 계란 Œufs mollets Argenteuil
- 크림 소스(베샤멜 소스+크림)를 만들고 초록색 아스파라거스 퓨레를 첨가한다.
- 작은 타르트 속에 약간의 소스를 붓는다.
- 아르장퇴유 아스파라거스 끝부분을 버터에 익혀 타르트 위에 길게 올린다.
- 반숙 계란을 얹고 남은 소스를 곁들인다.

파이바 반숙 계란 Œufs mollets Païva
- 작은 타르트에 버섯 크림 퓨레를 채운다.
- 반숙 계란을 얹고 모르네 소스를 뿌려 그라탱으로 만든다.
- 계란 위에 송로버섯 조각을 올려 장식한다.

완성한 결과

피렌체 반숙 계란 크루스타드*(Croustades d'œufs mollets florentine)

* 크루스타드 croustades : 파이나 빵의 속을 도려내고 고기, 생선 등을 넣은 요리.

햄을 두른 젤리 계란
ŒUFS À LA GELÉE ET AU JAMBON

햄을 두른 젤리 계란 Œufs à la gelée et au jambon은 마데이라 와인 또는 포르투 와인으로 풍미를 준 젤리로 수란을 감싸고 햄을 곁들인다. 상추 시포나드를 접시에 깔거나 여러 가지 색깔의 샐러드를 곁들여 낼 수 있다.

8인분 재료	단위	양
기본 재료		
– 매우 신선한 계란	개	8
– 화이트 식초	ml	100
– 햄(4조각으로 슬라이스)	g	250
흰색 젤리	L	1
– 처빌	단	1/4
– 마데이라 또는 포르투 와인 또는, 전통적인	ml	500
젤리 :		
– 고기 수프	L	1.5
맑은 수프 CLARIFICATION		
– 기름기 없는 다진 소고기	g	200
– 당근	g	80
– 샐러리	g	40
– 파	g	40
– 토마토	g	80
– 처빌	단	1/4
– 계란 흰자	개	2
– 젤라틴(7~8장)	g	14~16
– 마데이라 또는 포르투 와인	ml	50
장식		
– 파	g	약간(PM)
– 토마토(1개)	g	80
– 타라곤	단	약간(PM)
– 처빌	단	약간(PM)
차림		
– 젤리	ml	100
또는		
– 상추 1/2단	g	150
– 《곁들임용》 토마토	g	100
(2개 – 선택사항)		
– 파슬리	g	약간(PM)
양념		
– 가는소금		약간(PM)
– 통후추		약간(PM)
평균 준비 시간 : 1시간 45분		
계란 익히는 평균 시간 : 2분 30초~3분		

만드는 방법

1. 조리 작업 기구 준비하기 – 5분
레시피대로 재료를 계량, 측정하고 작업에 필요한 도구들을 점검한다.

2. 맑은 수프 만들기 – 30분(p. 378~380 참조)
찬물에 젤라틴을 담근다.
만들기 방법 레시피 **FICHE. 01** 소고기 육수 콩소메 브뤼누아즈 맑은 포타주(p. 742~743 참조)와 관련된 설명을 잘 따른다.
콩소메가 맑아지면 물기를 뺀 젤라틴을 첨가하고 마데이라 와인을 넣는다.
젤리를 최대한 빠르게 식힌다.

3. 수란 만들기 – 15분(p. 280/281 참조)
냄비에 물과 식초를 넣고 끓인다.
작은 그릇에 계란을 깨서 넣고 끓은 물에 하나씩 조심스럽게 넣는다.
약 3분간 서서히 익힌다.(흰자만 익고 노른자는 크림 상태가 되도록 한다.)
얼음물에 넣어 계란을 식힌다.
계란을 다듬고 키친타월 위에 올려 물기를 뺀다.

4. 장식 재료 준비하기 – 15분
처빌 잎을 떼어 물이 든 작은 그릇에 넣어둔다.
파와 타라곤 잎을 씻고 데친 후 식힌다.
토마토 껍질, 데친 파의 초록색 부분, 햄을 장식 모양(마름모)으로 자른다.

5. 계란 모양 만들기(아스픽) – 30분(p. 460 참조)
얼음 조각 위에 여러 개의 작은 그릇 또는 젤리 계란 틀을 올리고 젤리를 그릇에 붓는다.
몇 분간 얼음 위에 둔다.
틀 바닥에 장식 재료를 예쁘게 놓는다.
장식 재료가 붙도록 젤리 몇 mm의 젤리를 다시 붓는다.
끈 모양 햄으로 틀을 두르거나 햄 조각을 장식 위에 얹는다.
물기를 잘 뺀 계란을 틀 안에 넣고 고정되도록 젤리를 몇 mm 부어준다.
10분 정도 냉장실에 보관하고 계속 젤리를 부으며 틀 채우기를 마무리한다.
차리기 전까지 냉장 보관한다.

6. 차림 재료 준비하기 – 5분
차려 낼 접시에 젤리를 2mm 붓고 냉장실에 둔다.
접시 가장자리에 젤리로 꽃 모양, 마름모 또는 동그란 장식을 만든다.
상추를 다듬고 씻은 후 잘게 썰어 시포나드로 만든다.

7. 젤리 계란 차리기 – 5분
계란을 매우 뜨거운 물에 1~2초간 담가 틀에서 빼낸다.
젤리가 깔린 접시 또는 상추 위에, 또는 상추 시포나드를 깐 접시 위에 젤리 계란을 담아준다.

요리 실기 시험에서는 수험생에게 젤리를 제공해야 한다. 차갑게 제공하는 수란은 데워서 제공하는 수란보다 조금 더 익혀야 한다.

FICHE 43

완성한 결과

햄을 두른 젤리 계란(Œufs à la gelée et au jambon)

베이요네즈 수란 ŒUFS POCHÉS BAYONNAISE

1. 조리 작업 기구 준비하기

2. 각각 350g인 아티초크 8개의 속을 둥글게 깎은 후 익히기(p. 121/122, 514/515 참조)

소금, 레몬즙, 식용유를 넣은 끓는 물에 익힌다.

끓인 물 속에 넣은 채 식힌다.

3. 피페라드 la piperade 만들기

저민 양파 300g을 올리브유에 볶는다.

가늘게 채 썬 에스플레트 d'Espelette 고추 300g을 첨가해 10분 정도 천천히 볶는다.

껍질과 씨를 제거하고 잘게 다진 토마토 500g, 마늘 3톨, 타임을 많이 넣은 부케가르니 1다발을 첨가한다.

간을 한다.

토마토 수분이 완전히 사라질 때까지 익힌다.

마늘과 부케가르니를 빼고 식힌다.

4. 수란 만들기(p. 280/281 참조)

얼음물에 식힌 후 껍질을 까고 키친타월에 물기를 뺀다.

5. 피페라드를 넣은 마요네즈 소스 만들기

계란 노른자 2개, 식초 10ml, 겨자 15g, 식용유 300ml를 사용한다.

피페라드 1/3을 믹서기에 갈아 마요네즈 소스에 넣는다.

카옌 고추 한 꼬집을 넣어 매운 맛을 준다.

6. 바이욘산 햄 준비하기

얇은 8개 슬라이스로 자르고 기름기를 제거한다.

7. 베이요네즈 수란 완성하기

아티초크의 물기를 빼고 간을 한다.

남은 피페라드로 아티초크 속을 채운다.

각각의 아티초크 속 위에 수란을 얹는다.

수란에 피페라드를 넣은 마요네즈 소스를 바른다.

수란을 바욘산 Bayonne 햄으로 두른다.

작은 주사위 모양으로 썬 빨간색, 초록색 피망을 뿌리고 처빌 잎으로 장식한다.

8. 베이요네즈 수란 차리기

접시에 상추 시포나드를 깐다.

접시 중앙에 베이요네즈 수란 1개를 놓는다.

피페라드는 미니 라따뚜이 mini–ratatuoille로 대체할 수 있다.

준비 기구	조리 기구	플레이팅 도구
• 정리용 사각 트레이 3 • 작은 믹싱볼 2 • 차이나 캡 1 • 작은 중탕냄비 1 • 계란을 깨기 위한 컵 받침 4	• 큰 자루냄비 1 • 큰 소테팬 또는 작은 소스포트 1	• 둥근 접시 또는 • 기본 접시 또는 전식용 접시

완성한 결과

베이요네즈 수란(Œuf poché bayonnaise)

비슷한 요리 PLATS SIMILAIRES

노르웨이식 절인 연어를 곁들인 젤리 계란 아스픽

Aspics d'œufs en gelée au saumon mariné, façon norvégienne
• 투명한 생선 젤리를 틀에 바르고 절인 연어 슬라이스를 넣는다.
• 수란을 얹고 남은 젤리로 틀을 채운다.
• 수란을 접시에 링 모양으로 올리고 접시 중앙에 딜을 넣은 크림 소스를 곁들인 띠 모양의 오이를 담는다.

라비고트 젤리 계란 Œufs en gelée à la ravigote
• 틀에 젤리를 바른다.
• 코르니숑 cornichons, 타라곤 잎 d'estragon, 케이퍼로 장식한다.
• 젤리를 첨가한 레물라드 소스 sauce rémoulade를 틀의 중간까지 채운다.
• 계란을 얹고 소스가 틀 끝까지 올라오도록 누른다.
• 냉장실에 보관한 후, 틀을 벗겨 토스트한 타원형 크루통 위에 올린다.

투피넬 수란
ŒUFS POCHÉS TOUPINEL

투피넬 수란 Œufs pochés Toupinel은 속살을 파낸 감자 그릇 위에 수란을 얹고 크림을 넣은 퓨레와 볶은 시금치를 곁들인다. 모르네 소스를 부어 그라탱으로 만든다.

8인분 재료	단위	양
기본 재료		
– 큰 감자 8×200g	kg	1.6
– 굵은소금	g	800
– 매우 신선한 계란	개	8
– 화이트 식초	ml	100
감자 퓨레 PUREE DE POMMES DE TERRE		
– 감자	g	약간(PM)
– 버터	g	40
– 크림	ml	200
곁들임		
– 시금치	g	800
– 버터	g	40
모르네 소스 SAUCE MORNAY		
– 버터	g	35
– 밀가루	g	35
– 우유	ml	500
– 계란(노른자)	개	2
– 강판에 간 그뤼예르 또는 에멘탈 치즈	g	40
– 버터(소스 마무리용)	g	20
마무리		
– 강판에 간 그뤼예르 또는 에멘탈 치즈	g	40
– 버터(마무리용)	g	20
장식		
– 파슬리	g	20
양념		
– 가는소금		약간(PM)
– 후춧가루		약간(PM)
– 카옌 고추		약간(PM)
– 육두구(넛맥)		약간(PM)
평균 준비 시간 : 1시간 35분		
계란 익히는 평균 시간 : 2분 30초~3분		

만드는 방법

1. 조리 작업 기구 준비하기 – 5분

레시피대로 재료를 계량, 측정하고 작업에 필요한 도구들을 점검한다.

2. 감자 손질해 굽기 – 10분

감자를 잘 씻고 솔질한 후 키친타월로 물기를 닦는다.

굵은소금을 깔고 그 위에 감자를 올려 220도 오븐에 50~60분 굽는다. 반쯤 익으면 감자를 뒤집는다.

3. 시금치 줄기를 떼고 씻기 – 15분(p. 173 참조)

물에 여러 번 씻는다.

스테인리스 채반에 받쳐 물기를 뺀다.

4. 모르네 소스 흰색 루 만들기 – 5분(p. 392/393 참조)

식혀서 따로 둔다.

5. 수란 만들기 – 15분(p. 280/281 참조)

6. 모르네 소스 완성하기 – 10분(p. 394 참조)

7. 감자 퓨레 만들기 – 15분

손가락으로 찔러 보거나 조리용 바늘로 찔러 익은 정도를 확인한다.

작은 조각으로 자른 버터를 크림에 넣고 끓인다.

소금과 넛맥을 조금 넣어 간을 한다.

칼 끝으로 감자 속을 비운다. 깔끔하게 타원형 《뚜껑 couvercle》 모양으로 자른다.

전식용 숟가락으로 감자 속을 파낸다.(감자가 부서지지 않게 3~4mm 정도 속살을 남겨둔다.)

뜨거운 감자를 고운 체에 거르고 절구공이로 눌러준다.(계절에 따라 심줄이 있을 위험)

버터와 크림 혼합물을 넣어 퓨레를 묽게 만든다.

간을 한다.

8. 시금치 볶기 – 5분

두껍게 채 썬 후 헤이즐넛 버터에 재빨리 볶는다.

소금, 후추, 넛맥으로 간을 한다.

9. 계란 데우기 – 3분

계란을 소금을 넣은 뜨거운 물에 1분 정도 담갔다 물기를 뺀다.

10. 투피넬 수란 완성하기 – 10분

감자로 만든 그릇을 나란히 둔다.

감자 퓨레를 감자 그릇에 넣는다.

볶은 시금치를 한 겹으로 덮어준다.

수란을 올리고

넘치지 않도록 모르네 소스를 부어준다.

강판에 곱게 간 치즈를 뿌린다.

녹인 버터를 뿌리고 감자 그릇을 정리한다.

샐러맨더에 넣어 그라탱으로 만든다.

11. 투피넬 수란 차리기 – 2분

장식용 종이를 깐 타원형 접시에 담는다.

---

* 데미글라스 소스 sauce demi-glace : 양식 요리에서 사용되는 기본 소스 중의 하나로, 진한 갈색의 소스이다. 버터와 밀가루로 브라운 루를 만들고 토마토, 와인, 후추오– 함께 잘게 부순 소뼈를 졸인 후에 점차 육수를 부으면서 계속 졸이는 과정을 며칠간 반복하여 체로 걸러낸다.

완성한 결과

투피넬 수란(Œufs poches Toupinel)

부르고뉴식 수란 ŒUFS POCHÉS FAÇON BOURGUIGNONNE

1. 조리 작업 기구 준비하기

2. 부르고뉴식 곁들임 준비하기(p. 522/523참조)

구슬양파 250g을 팬에 넣고 물, 버터, 설탕을 넣어 졸여준다.

염장(반염) 삼겹살 250g을 작은 라르동으로 썰어 데친 후 식용유에 볶아준다. 볶은 라르동은 따로 담아둔다.

라르동을 볶을 때 나온 기름에 저민 버섯 250g을 볶고 간을 한 후 라르동과 함께 담아둔다.

동그랗게 자른 식빵 크루통 16개를 정제 버터에 살짝 볶거나 샐러맨더에서 토스트한다.(일반 빵도 사용할 수 있으며, 크루통에 마늘을 문질러 풍미를 더할 수 있다.)

파슬리 20g을 다진다.

3. 수란 만들기(p. 280/281 계란껍질 없이 계란 익히기 참조)

소테팬에 부르고뉴 레드 와인 한 병을 붓고 잘게 다진 셜롯 40g, 타임 잔가지, 월계수 잎 반 장을 넣는다.

끓이고 가능하면 불을 붙여 풍미를 준다.

컵받침에 계란을 깬 후 끓고 있는 와인 속에 하나씩 넣는다.

불을 줄이고 2분 30초~3분간 익혀 수란을 만든다.

식히지 말고 수란을 다듬어 따뜻하게 보관한다.

4. 소스 만들기

와인 일부의 거품을 걷고 거른다.

물기가 거의 없을 정도로 졸인다.

리에종한 송아지 갈색 육수 또는 데미글라스 소스 sauce demi–glace* 400ml를 첨가한다.

추가한 소스와 함께 다시 졸인 후 간을 확인한다.

버섯과 라르동을 첨가한다.

약불로 몇 분간 뭉근히 끓인다.

버터 20g을 넣고 소스를 마무리한다.

5. 수란 차리기

동그란 접시에 링 모양으로 크루통을 담는다.

크루통 위에 수란을 올린다.

소스를 뿌려주고

곁들임 재료와 구슬양파를 골고루 담아준다.

다진 파슬리를 뿌린다.

부르고뉴식 수란은 지방 전통 음식이다. 와인을 졸여 밀가루와 섞은 버터를 넣어 리에종하며, 사용하는 와인의 품질이 중요하다.

준비 기구
- 정리용 사각 트레이 3
- 큰 믹싱볼 2
- 소스용 거품기 1

- 체 1, 절구공이 1
- 손잡이 있는 스테인리스 채반 1

조리 기구
- 로스팅팬 1
- 큰 소테팬 2
- 중간 크기 소테팬 1

- 중간 크기 자루냄비 1
- 작은 자루냄비 1

플레이팅 도구
- 그라탱 그릇(타원형)
- 무늬 있는 장식용 종이

완성한 결과

부르고뉴식 수란(Œufs pochés bourguignonne)

비슷한 요리 PLATS SIMILAIRES

신데렐라 수란 Œufs pochés Cendrillon
- 투피넬 수란과 같되 시금치가 빠진다. 송로버섯 조각으로 장식한다.

브라간사 수란 Œufs pochés Bragance
- 껍질과 씨를 제거한 토마토 반 쪽을 기름에 익히고 그 위에 수란을 얹는다. 베어네이즈 소스를 뿌리고 둘레에 송아지 육수 브라운 소스를 한 줄로 두른다.

앙리 4세 수란 Œufs pochés Henri IV
- 작은 타르트 위에 수란을 올리고 베어네이즈 소스를 뿌린다.

아메리칸 수란 Œufs pochés à l'américaine
- 껍질과 씨를 제거한 토마토 반 쪽을 익혀 아메리칸 소스 바닷가재 살피콩으로 채운다. 수란을 담고 같은 소스를 뿌리고 버터에 익힌 바닷가재 슬라이스와 송로버섯 조각을 수란 위에 하나씩 올린다.

썽젠 수란 Œufs pochés Sans–Gêne
- 레드 와인 속에 넣어 수란을 만든다. 버터에 익힌 아티초크 속 위에 수란을 얹는다. 보르드레즈 bordelaise 소스를 뿌린다. 각 수란 위에 사골 조각을 올리고 다진 파슬리를 얹는다.

크림 소스 에그 코코트
ŒUFS COCOTTE À LA CRÈME

크림 소스 에그 코코트 Œufs cocotte à la crème는 작은 도자기 코코트에 버터를 바르고 중탕하여 익힌 계란으로, 흰자는 거의 응고되지 않는다. 노른자는 따뜻하고 크리미하며, 농축된 크림 층이 둘러져 있다.

8인분 재료	단위	양
기본 재료		
– 매우 신선한 계란*	개	16
– 버터	g	40
– 크림	ml	400
장식		
– 곱슬곱슬한 파슬리	g	40
양념		
– 가는소금		약간(PM)
– 흰 후추 poivre blanc		약간(PM)
평균 준비 시간 : 25분		
크기에 따라 계란 익히는 평균 시간 : 5~6분		

* 식당에서는 1인분에 2개의 계란을 제공하는 것이 관례이다. 단체 급식의 경우, 전식으로 계란이 제공될 때 1개만 제공할 수도 있다.

만드는 방법

1. 조리 작업 기구 준비하기 – 5분

레시피대로 재료를 계량, 측정하고 작업에 필요한 도구들을 점검한다.

2. 계란 익힐 준비하기 – 10분(p. 282/283 참조)

조리용 붓을 이용하여 스튜용 그릇(도자기로 된 작은 그릇)에 버터를 발라준다.

그릇 안에 소금 후추를 뿌려 간을 한다.

컵받침에 계란을 깨고 노른자가 터지지 않도록 붓는다.

중탕용 팬 또는 소뚜와에 바닥에 유산지 한장을 깐다.

소뚜와에 스튜용 그릇을 넣고 그릇의 반 정도 높이까지 끓는 물을 붓는다.

뚜껑을 열고 오븐(150~160도)에 넣어 스튜용 그릇 두께에 맞춰 5~6분 동안 익힌다.

익히는 동안 잘 살펴보며 흰자만 익고 노른자는 크림 상태를 유지하도록 한다.

3. 크림 소스 졸이기(계란 익히는 동안) – 2분

작은 소테팬에 크림을 붓고 1/3이 되도록 졸인다.

소금을 뿌린다.

4. 파슬리 준비하기 – 5분

파슬리를 씻고 줄기를 떼어 따로 둔다.

5. 크림 소스 에그 코코트 차리기 – 3분

스튜그릇의 물기를 잘 닦는다.

노른자 둘레에 졸인 크림 소스를 한 줄로 두른다.

장식용 종이를 깐 큰 접시 위에 작은 스튜그릇을 올린다.

파슬리 다발로 장식한다.

완성한 결과

크림 소스 에그 코코트(Œufs cocotte à la crème)

파리지엥 에그 코코트 ŒUFS EN COCOTTE À LA PARISIENNE

1. 조리 작업 기구 준비하기

2. 닭고기 무슬린 파르시 만들기

닭가슴살 150g, 휘핑크림 100ml를 사용한다.

3. 곁들임 만들기

우설 50g을 주사위 모양으로 썬다.

송로버섯 30g도 주사위 모양으로 썬다.

양송이버섯 80g을 다듬고 씻은 후 각 면이 3mm 되는 주사위 모양으로 썬다.

버터에 볶은 후 간을 한다.

닭고기 무슬린 파르시, 양송이버섯, 송로버섯, 우설을 섞는다.

4. 스튜그릇 채우기

스튜그릇에 버터를 바른다.

그릇 바닥과 옆면에 파르시를 바른다.

계란을 깨고 중탕으로 계란을 익힌다. 스튜그릇 두께에 따라 그릇에 바른 파르시를 미리 익힐 수도 있다. 계란을 첨가한 후 익히기를 완성한다.

5. 파리지엥 에그 코코트 완성하기

계란 노른자 둘레에 데미글라스 소스를 한줄로 두른다.

완성한 결과

파리지엥 에그 코코트(Œufs en cocotte à la parisienne)

준비 기구	조리 기구	플레이팅 도구
• 정리용 사각 트레이 1 • 계란을 깨 담아둘 컵 받침 또는 작은 그릇 4 • 조리용 붓 1	• 도자기로 된 스튜그릇 8 • 작은 자루냄비 1 또는 작은 소테팬 1 • 큰 소뚜와 1 또는 작은 소스포트 1 • 중간 크기 소테팬 1	• 둥근 접시 • 무늬 있는 장식용 종이 또는 • 기본 접시 또는 전식용 접시

비슷한 요리 PLATS SIMILAIRES

피렌체 에그 코코트 Œufs en cocotte florentine
- 헤이즐넛 버터에 볶아 잘게 썬 시금치를 스튜그릇에 깐다.
- 졸인 크림 소스를 뿌리고 계란을 깬 후 졸인 크림 소스를 다시 뿌리고 체에 간 치즈를 뿌린다.
- 오븐에 넣어 겉면이 그라탱이 되고 계란이 익도록 한다.

포르투갈 에그 코코트 Œufs en cocotte portugaise
- 스튜그릇 바닥에 토마토 퐁듀를 붓는다.
- 계란을 깬다. 중탕으로 익힌 후 노른자 둘레에 토마토 소스를 한 줄로 두른다.

낭투아 에그 코코트 Œufs en cocotte Nantua
- 가재, 송로버섯 살피콩을 생선 무슬린 파르시와 섞은 것을 스튜그릇에 담는다.
- 계란을 깬다. 중탕으로 익힌 후 노른자 둘레에 낭투아 소스를 한 줄로 두른다.

페리구르뎅 소스 메추리알 코코트 Œufs de caille en cocotte périgourdine
- 푸아그라, 송로버섯 스튜를 페리그 소스와 섞은 것을 스튜그릇에 담는다.
- 계란을 깬다. 중탕으로 익힌 후 노른자 둘레에 페리그 소스를 한 줄로 두른다.
- 송로버섯 조각을 계란 위에 올린다.

모렐버섯 에그 코코트 Œufs en cocotte aux morilles
- 크림을 넣은 모렐버섯 스튜를 스튜그릇에 담는다.

디에프 에그 코코트 Œufs en cocotte Dieppoise
- 새우, 홍합 스튜에 화이트 와인 소스를 섞은 것을 스튜그릇에 담는다.
- 손질한 홍합, 껍질 깐 새우를 담고 소스 한 줄을 두른다.

닭 간을 곁들인 접시 계란 프라이
ŒUFS SUR LE PLAT AUX FOIES DE VOLAILLE

닭 간을 곁들인 접시 계란 프라이 Œufs sur le plat aux foies de volaille는 계란용 작은 접시 petits plats à œufs에서 계란을 익힌 후 닭 간과 마데이라 와인을 넣은 스튜를 곁들인다.

8인분 재료	단위	양
기본 재료		
– 계란	개	16
– 버터	g	40
곁들임		
– 버터	g	40
– 닭 간	g	400
– 셜롯	g	40
– 마데이라 와인	ml	40
– 졸인 송아지 육수	ml	200
– 버터(소스 마무리용)	g	20
마무리		
– 파슬리(선택사항)	g	20
양념		
– 가는소금		약간(PM)
– 후춧가루		약간(PM)
평균 준비 시간 : 45분		
계란 익히는 평균 시간 : 5~6분		

만드는 방법

1. 조리 작업 기구 준비하기 – 5분
레시피대로 재료를 계량, 측정하고 작업에 필요한 도구들을 점검한다.

2. 닭 간 준비하기 – 10분(p. 334 참조)
푸르스름한 부분이 있다면 제거하고 크기에 따라 2~3조각으로 얇게 썬다.

3. 셜롯 준비하기 – 5분
셜롯을 다듬고 씻어 잘게 다진다.

4. 곁들임 준비하기 – 10분
닭 간을 양념한다.
버터가 살짝 갈색을 띠도록 녹인 후 재빠르게 볶는다.
중심이 분홍빛이 돌도록 유지한다.
기름기를 뺀 후 작은 중탕냄비에 보관한다.
소테팬의 기름기를 닦는다.
다진 셜롯을 넣어준다.
색깔이 나지 않게 볶는다.
마데이라 와인을 넣고 졸인다.
송아지 육수 소스를 첨가한다.
다시 졸인다.
간을 확인한다.
닭 간 슬라이스가 담겨 있는 그릇에 소스를 차이나 캡에 걸러 담는다.
버터를 넣어 마무리한 후 뚜껑을 닫고 보관한다.(버터를 《살짝만 égèrement》 넣어 소스를 마무리할 수도 있다.)

5. 계란 익힐 준비하기 – 10분(p. 283 참조)
조리용 붓으로 계란 접시에 버터를 바르고 소금, 후추를 뿌린다.
컵받침에 계란을 깨고 1인당 계란 2개의 비율로 접시에 붓는다.
노른자가 깨지지 않게 조심한다.
접시를 가스 레인지용 팬 위에 올려 흰자는 익고 노른자는 크림 상태가 되도록 천천히 익힌다. (흰자에 색깔이 나서는 안 된다.)

6. 계란 차리기 – 5분
노른자 양쪽 옆에 닭 간 조각을 담는다.
계란 둘레에 소스를 한 줄로 두른다.
닭 간 조각 위에 다진 파슬리를 올린다.
전식용 접시 위에 계란 접시를 올린다.

버터를 바른 접시에 소금, 후추를 뿌린다. 절대로 계란에 간을 하지 않는다. (계란에 간을 하면 노른자 위에 흰색 점과 흰자 위에 검정색 점이 생길 수 있음)

완성한 결과

닭 간을 곁들인 접시 계란 프라이(Œufs sur le plat aux foies de volaille)

프라이팬 계란 프라이 ŒUFS SAUTÉS À LA POÊLE

**팬 계란 프라이는 종종 접시 위에 익힌 계란 프라이와 혼동할 때가 있다.
(p. 283/284 참조)**

1. 조리 작업 기구 준비하기

2. 계란 준비하기

   1인당 2개의 계란 비율로 작은 접시에 계란을 깬다.

   코팅 프라이팬에 버터를 거품이 나도록 뜨겁게 녹인 후 계란을 붓는다.
   노른자가 깨지지 않게 조심한다.

   흰자에만 소금을 뿌려 간을 한다.

   흰자는 익히고 노른자는 크림 상태로 유지한다.

   동그란 틀을 사용해 계란을 다듬고 예열된 접시에 잘 담는다.

프라이팬에 익힌 계란 프라이(p. 285 참조) (가장 일반적인 곁들임 요리)
ŒUFS SAUTÉS À LA POÊLE(garnitures les plus courantes) :

미국식 팬 계란 프라이 Œufs sautés à la poêle à l'américaine
• 계란 프라이에 베이컨 슬라이스, 구운 토마토, 토마토 소스를 곁들인다.

영국식 아침은 계란 프라이에 바삭하게 구운 베이컨 슬라이스, 구운 소시지
또는 쉬폴라타 chipolatas(가늘고 긴 수제 소시지), 토마토 소스를 곁들인다.

바스크식 팬 계란 프라이 Œufs sautés à la poêle façon basquaise
• 계란 프라이에 에스플레트(Esplette) 고추 피페라드와 구운 바욘산 햄을
곁들인다.

디아블르 소스 팬 계란 프라이 Œufs sautés à la poêle à la diable
• 팬에 계란 프라이를 하고 노른자가 깨지기 않도록 조심스럽게 뒤집는다.
예열된 접시에 담는다. 같은 프라이팬에 갈색이 될 때까지 버터를 녹인 후
식초를 조금 넣어 졸인다. 계란 위에 졸인 식초 소스를 뿌린다.

스페인식 팬 계란 프라이 Œufs sautés à la poêle à l'espagnole
• 계란 프라이 옆에 구운 토마토 반 쪽으로 장식한다. 접시에 링 모양으로
담고 중앙에 동그란 양파 튀김을 담는다.

준비 기구
• 정리용 사각 트레이 1
• 작은 믹싱볼 2
• 도마 1

• 차이나 캡 1
• 컵받침 또는 작은 그
릇 1
• 작은 중탕냄비 1

조리 기구
• 계란용 작은 접시 8

• 중간 크기 소테팬 1

플레이팅 도구
• 전식용 접시
또는
• 기본 접시

완성한 결과

갑각류 소스 해산물 접시 계란 프라이
(Œufs sur le plat aux fruits de mer, coulis de crustacés)

비슷한 요리 PLATS SIMILAIRES

사슈르 소스(헌터 소스) 접시 계란 프라이 Œufs sur le plat chasseur
• 닭 간을 곁들인 접시 계란 프라이와 같다.
• 잘게 썰어 버터에 볶은 버섯, 다진 파슬리, 처빌, 타라곤을 첨가한다.(작은
주사위 모양으로 썰어 볶은 콩팥으로 만들 수도 있다.)

오페라 접시 계란 프라이 Œufs sur le plat opéra
• 계란 옆에 버터에 볶은 아스파라거스 끝부분과 마데이라 와인 소스에 볶은
닭 간 조각을 곁들인다. 둘레에 소스를 한 줄로 두른다.

해산물 접시 계란 프라이 Œufs sur le plat aux fruits de mer
• 계란 옆에 아메리칸 소스 또는 화이트 와인 소스에 섞은 해산물을 곁들
인다.(가리비 관자, 랑구스틴, 새우 등등) 같은 소스를 계란 둘레에 한 줄로
두른다.

포르투갈 접시 계란 프라이 Œufs sur le plat portugaise
• 접시에 토마토 퐁듀를 한 겹 바른다. 깬 계란을 위에 잘 올린다. 익힌 후
노른자 옆에 토마토 퐁듀를 담고 둘레에 토마토 소스를 한 줄로 두른다.
송로버섯 조각을 계란 위에 올린다.

베이컨 계란 튀김
ŒUFS FRITS AU BACON

베이컨 계란 튀김 ŒUFS frits au bacon은 팬에 식용유를 넣어 튀긴 계란을 튀긴 식빵 크루통 위에 올리고 구운 베이컨과 튀긴 파슬리를 곁들인다.

8인분 재료	단위	양
기본 재료		
– 매우 신선한 계란*	개	16
– 식용유	ml	400
곁들임		
– 베이컨(20g 16장)	g	320
– 식빵(30g 16장)	g	480
– 식용유	ml	100
마무리		
– 곱슬곱슬한 파슬리	g	80
양념		
– 가는소금		약간(PM)
평균 준비 시간 : 40분		
계란 익히는 평균 시간 : 30~40초		

식당에서는 1인분에 2개의 계란을 제공하는 것이 관례이다. 단체 급식의 경우, 전식으로 계란이 제공될 때 1개만 제공할 수도 있다.

만드는 방법

1. 조리 작업 기구 준비하기 – 5분
레시피대로 재료를 계량, 측정하고 작업에 필요한 도구들을 점검한다.

2. 곁들임 재료 준비하기 – 15분
파슬리를 씻고 줄기를 뗀 후 물기를 잘 말린다.
식빵 크루통을 타원형으로 만들어 기름에 튀긴다.*
키친타월에 올려 기름기를 뺀다.
베이컨을 굽는다.(튀길 수도 있다.)
파슬리를 튀기고 키친타월에 올려 기름기를 뺀다.
소금, 후추를 뿌린다.

3. 계란 튀기기 – 15분(p. 286/287 참조)

4. 계란 튀김 차리기 – 5분
둥근 접시 위에 장식용 종이를 깐다.
별 모양으로 크루통을 담는다.
크루통 위에 계란 튀김을 올린다.
계란 위에 베이컨 슬라이스를 올린다.
접시 중앙에 튀긴 파슬리를 놓는다.

크루통은 버터를 발라 샐러맨더에 넣어 토스트할 수도 있다.

– 베이컨이 없을 경우 훈제 삼겹살 슬라이스를 사용할 수 있다.
– 계란과 파슬리를 튀길 때는 위험하다. 튀김 기름은 높은 온도(180/190도)이므로, 계란과 파슬리를 넣으면 소리가 나고 기름이 튀어 화상을 입을 수도 있고 불이 붙을 수도 있다. 튀길 파슬리는 잘 건조시켜야 하며 튀김 기름을 덮을 수 있는 뚜껑과 기름이 튀면 즉시 닦을 수 있는 행주를 준비해 두어야 한다.

FICHE 47

완성한 결과

베이컨 계란 튀김(Œufs frits au bacon)

티롤식 계란 튀김 ŒUFS FRITS TYROLIENNE

1. 조리 작업 기구 준비하기

2. 곁들임 재료 준비하기

작은 토마토 8개를 씻고 꼭지를 뗀다.

반으로 자르고 살짝 눌러준 후 소금을 뿌려 뒤집어주며 절인다.

파슬리 50g을 씻은 후 줄기를 떼고 물기를 말린다.

동그란 양파 200g을 다듬고 링 모양으로 자른다.

3. 토마토 소스 500ml 만들기(p. 395 참조)

4. 곁들임 재료 익히기

토마토 반쪽을 구운 후 식용유를 조금 뿌려 오븐에 몇 분간 익힌다.

소금을 넣은 우유에 링 모양 양파를 담근 후 물기를 빼고 밀가루를 묻힌 후 계란물을 입혀 170도 기름에 3분간 튀긴다.

파슬리를 재빨리 튀긴 후 키친타월에 올려 기름을 빼고 소금을 뿌린다.

5. 계란 튀기기(p. 286/287 참조)

1인분에 2개의 비율로 계란을 튀긴다.

기름기를 빼고 소금 간한다.

6. 티롤식 계란 튀김 차리기

토마토 소스를 붓는다.

구운 토마토 위에 계란을 놓아 접시 중앙에 담는다.

양파 튀김, 파슬리 튀김으로 장식한다.

준비 기구
- 정리용 사각 트레이 3
- 믹싱볼 1
- 도마 1
- 타원형 쿠키 커터 1
- 작은 컵받침 1~2

조리 기구
- 지름 12~14cm의 작은 프라이팬 1

플레이팅 도구
- 둥근 접시
- 무늬 있는 장식용 종이 또는
- 기본 접시 또는 전식용 접시

완성한 결과

티롤식 계란 튀김(Œufs frits tyrolienne)

비슷한 요리 PLATS SIMILAIRES

보르도식 계란 튀김 Œufs frits bordelaise
- 익힌 토마토 위에 계란 튀김을 얹고 보르드레즈 소스와 함께 익힌 그물 버섯(세프)을 곁들인다.
- 파슬리 튀김으로 장식한다.

프로방스식 계란 튀김 Œufs frits provençale
- 큰 가지 슬라이스를 절여 밀가루를 입힌 후 튀긴 것에 프로방스 허브와 올리브유로 양념한 토마토 반쪽을 올린 후 계란 튀김을 얹는다.
- 링 모양으로 담은 후 중앙에 튀긴 파슬리를 담는다.

스페인식 계란 튀김 Œufs frits à l'espagnole
- 껍질과 씨를 제거한 토마토를 식용유에 익혀 담고 위에 계란 튀김을 얹는다.
- 가늘게 썬 구운 피망과 링 모양 양파 튀김으로 장식한다.

안달루시아식 계란 튀김 Œufs frits andalouse
- 절인 가지 슬라이스를 튀겨 링 모양으로 담는다.
- 토마토 소스를 곁들여 낸다.

포르투갈식 계란 스크램블
ŒUFS BROUILLÉS PORTUGAISE

포르투갈식 계란 스크램블 Œufs brouillés portugaise은 계란을 깨서 섞은 후 중탕냄비에 넣어 크림 상태가 될 때까지 천천히 익혀 토마토 퐁듀를 곁들여 낸다.(계란 스크램블은 주문과 동시에 만든다.)

8인분 재료	단위	양
기본 재료		
– 계란*	개	24
– 버터	g	80
토마토 퐁듀 FONDUE DE TOMATES		
– 버터	g	40
– 셜롯	g	40
– 잘 익은 큰 토마토	g	800
– 토마토 페이스트(선택사항)	g	약간(PM)
– 부케가르니	개	1
– 마늘	톨	2
– 굵은 설탕	g	약간(PM)
마무리		
– 버터	g	80
또는		
– 버터	g	40
그리고		
– 고지방 크림	ml	40
– 파슬리	g	약간(PM)
양념		
– 가는소금		약간(PM)
– 후춧가루		약간(PM)
평균 준비 시간 : 45분		
계란 익히는 평균 시간 : 6～8분		

** 식당에서는 1인분에 2개의 계란을 제공하는 것이 관례이다. 단체 급식의 경우, 전식으로 계란이 제공될 때 1개만 제공할 수도 있다.*

만드는 방법

1. **조리 작업 기구 준비하기 – 5분**
   레시피대로 재료를 계량, 측정하고 작업에 필요한 도구들을 점검한다.

2. **토마토 퐁듀 익힐 준비하기 – 15분 (p. 427/428 참조)**
   토마토를 씻고 꼭지를 뗀다.
   토마토 껍질과 씨를 제거하고 잘게 다진다.
   셜롯을 다듬고 씻은 후 잘게 다진다.
   부케가르니를 만든다.
   마늘 몇 톨을 다듬고 씻는다.
   버터에 다진 셜롯을 볶는다.
   잘게 다진 토마토, 부케가르니, 마늘을 첨가한다.
   소금, 후추를 뿌리고 설탕 한 꼬집을 첨가한다.(토마토 페이스트를 첨가해 토마토 색깔을 진하게 낼 수도 있다.)
   뚜껑을 열고 토마토 수분이 날아가도록 익힌다.
   부케가르니와 마늘을 빼낸다.
   간이 맞는지 확인한다.
   토마토 퐁듀를 중탕냄비에 담아 뚜껑을 닫아 보관한다.

3. **파슬리 준비하기 – 5분(p. 177/178 참조)**
   파슬리를 씻고 줄기를 떼낸 후 물기를 빼고 잘게 다진다.

4. **계란 스크램블 준비하고 익히기 – 18분(p. 288/289 참조)**
   작은 그릇에 계란을 깬 후 믹싱볼에 붓는다.
   소금, 후추로 간을 한다.
   거품기로 계란을 섞는다.(체에 거를 수도 있다.)
   소테팬에 버터를 넣는다.
   계란을 붓고 가스레인지나 중탕기 위에서 천천히 주걱으로 계속 저어주며 익힌다.(계란은 크림 상태가 되어야 한다.)
   조각 버터나 버터와 크림을 함께 넣고 마무리한다.
   토마토 퐁듀 2/3를 붓는다.
   잘 섞어준다.
   간이 맞는지 확인한다.

5. **계란 스크램블 차리기 – 2분**
   조리용 붓으로 접시에 버터를 바른다.
   스크램블을 봉긋하게 담고 중앙에 토마토 퐁듀를 동그랗게 담는다.
   토마토 퐁듀 위에 다진 파슬리를 올린다.
   장식용 종이를 깐 접시받침 위에 접시를 놓는다.

완성한 결과

포르투갈식 계란 스크램블(Œufs brouillés portugaise)

- 계란 스크램블이 골고루 잘 섞이도록 하기 위해서는 마지막으로 익힐 때 거품기를 사용하면 된다.
- 계란 스크램블은 파이, 작은 타르트, 브리오슈, 토마토 속을 판 후 익힌 것, 토스트 빵 등의 위에 담기도 한다.

스페인식 계란 스크램블 ŒUFS BROUILLÉS À L'ESPAGNOLE

1. 조리 작업 기구 준비하기

2. 양파를 위한 튀김 반죽 준비하기

전분 50g, 밀가루 50g을 체에 거른 후 소금 한 꼬집, 맥주 효모 10g을 미지근한 물에 녹인 것, 계란 2개를 첨가한다.

잘 섞은 후 튀김 반죽 위에 땅콩기름을 한 겹 바르고 보관한다.

3. 곁들임 준비하기

각각 100g인 예쁜 토마토 12개의 껍질을 제거한다.

가로로 2등분한 후 씨를 제거한다.

양념한 후 그릴망 위에 올려놓는다. 10분 정도 양념에 절여둔다.

양파 150g을 3∼4mm 두께로 동그랗게 썰어 같은 크기 링 24개를 만든다.

빨간색 피망 250g을 튀기거나 오븐에 구워 껍질과 씨를 제거한다.

주사위 모양으로 썰어 볶는다.

4. 토마토 익히기

식용유를 살짝 뿌리고 오븐에 몇 분간 익힌다.(단단하게 모양을 유지해야 한다.)

5. 계란 스크램블 만들기

버터를 넣고 익히기를 마무리한다.

6. 양파 튀기기

양파를 튀김 반죽에 넣은 후 170/180도 튀김 기름에 넣는다.

키친타월 위에 올려 기름기를 빼고 소금을 뿌린다.

7. 스페인식 계란 스크램블 차리기

계란 스크램블과 토마토 반쪽을 봉긋하게 담는다.

양파 튀김을 얹는다.

피망 조각을 뿌린다.

준비 기구	조리 기구	플레이팅 도구
• 정리용 사각 트레이 2 • 중간 크기 믹싱볼 2 • 도마 1 • 작은 중탕용 그릇 1 • 작은 중탕냄비 1 • 주걱 1	• 중간 크기 자루냄비 1 • 중간 크기 소테팬 1 • 큰 소테팬 1	• 채소용 접시 • 둥근 접시받침 • 무늬 있는 장식용 종이

피망을 가늘게 채썰어 계란 스크램블 위에 겹쳐 올릴 수도 있다.

완성한 결과

포르투갈식 계란 스크램블 파이(Feuilleté d'œufs brouillés portugaise)

비슷한 요리 PLATS SIMILAIRES

허브 계란 스크램블 Œufs brouillés aux fines herbes

- 음식을 낼 때 계란 스크램블 위에 잘게 다진 생 허브를 첨가한다.

할머니식 계란 스크램블 Œufs brouillés grand-mère

- 정제 버터에 튀긴 식빵 크루통과 다진 파슬리를 계란 스크램블에 첨가한다.

버섯 계란 스크램블 Œufs brouillés forestière

- 버터에 익힌 모렐버섯과 볶은 라르동을 계란 스크램블에 첨가한다.

마그다(Magda) 계란 스크램블 Œufs brouillés Magda

- 잘게 다진 생 허브, 겨자, 강판에 곱게 간 치즈를 계란 스크램블에 첨가한다.
- 버터를 바른 접시에 담고 정제 버터에 튀긴 세모 모양 크루통을 두른다.

새우 계란 스크램블 Œufs brouillés aux crevettes

- 새우 소스 또는 아메리칸 소스, 버터에 볶은 껍질 깐 새우를 계란 스크램블에 첨가한다.

허브, 버섯, 햄, 양파 오믈렛
OMELETTES AUX FINES HERBES, AUX CHAMPIGNONS, AU JAMBON ET AUX OIGNONS

허브, 버섯, 햄, 양파 오믈렛 Omelettes aux fines herbes, aux champignons, au jambon et aux oignons은 계란 섞은 것을 프라이팬에 익혀 둥글게 말고, 오믈렛 이름에 따른 곁들임 재료를 올린다.(오믈렛은 주문 시 요리한다.)

8인분 재료	단위	양
기본 재료		
– 계란*	개	24
– 버터	g	100
또는		
– 식용유	ml	50
그리고		
– 버터	g	50
곁들임		
허브 오믈렛:		
– 처빌	단	1/4
– 골파	단	1/4
– 타라곤	단	1/4
– 파슬리	g	20
버섯 오믈렛 :		
– 양송이버섯	g	400
– 버터	g	40
햄 오믈렛 :		
– 햄	g	300
– 버터	g	40
양파 오믈렛		
– 양파	g	500
– 버터	g	40
양념		
– 가는소금		약간(PM)
– 후춧가루		약간(PM)
평균 준비 시간 : 35분		
계란 익히는 평균 시간 : 2분		

* 단체 급식 또는 전식의 경우(오믈렛), 1인당 계란 2개만 제공할 수도 있다.

만드는 방법

1. 조리 작업 기구 준비하기 – 5분
레시피대로 재료를 계량, 측정하고 작업에 필요한 도구들을 점검한다.

2. 오믈렛에 종류에 따라 곁들임 준비하기 – 10분
허브 준비하기(p. 177~180 참조):
파슬리를 씻고 줄기를 떼고 물기를 뺀 후 잘게 다진다.
처빌, 타라곤을 씻고 잎을 떼어 다진다.
골파를 씻어 잘게 다진다.(허브는 오믈렛을 만들기 바로 직전에 준비해야 한다.)
버섯 준비하기(p. 144/145 참조):
버섯을 다듬고 씻은 후 얇게 저민다.
헤이즐넛 버터에 재빨리 볶고 간을 한다.
장식을 위해 예쁜 버섯 슬라이스를 따로 준비한다.
햄 준비하기 :
햄을 작은 주사위 모양으로 썰고, 장식을 위해 마름모 조각 8개를 준비한다.
버터에 볶은 후 기름기를 빼고 보관한다.
양파 준비하기(p. 191/192 참조) :
양파를 다듬고 씻은 후 얇게 저민다.
노릇노릇한 색깔이 골고루 나도록 30분 정도 버터에 천천히 익힌다.
물기를 뺀 후 양념해둔다.

3. 오믈렛 만들기 – 18분(p. 289~291 참조)
작은 그릇에 계란을 하나씩 깬 후 1인분에 계란 3개 비율로 믹싱볼에 붓는다.*
소금, 후추로 간을 한다.
거품기로 계란을 저어 섞는다.(체에 거를 수도 있다.)
허브 또는 해당되는 곁들임 재료를 넣는다.
프라이팬이 깨끗한지 확인하고 필요한 경우 세척한다.
약간의 식용유, 조각 버터를 첨가한다.
버터가 노릇해지기 시작할 때, 거품기로 저어주며 계란을 붓는다.
돌돌 말아 오믈렛을 만든다.
익은 정도를 원하는대로 잘 맞춘다.(반숙 baveuse, 부드러움 moelleuse (폭신폭신함), 단단하게 익음 bien cuite)
버터를 바른 접시에 오믈렛을 뒤집어 담는다.
오믈렛 형태를 잘 잡아준다.

4. 오믈렛 완성하기 – 2분
조리용 붓으로 오믈렛에 버터를 발라 윤을 낸다.
장식 재료를 올린다.
접시 가장자리를 잘 닦는다.

《기본 nature》 오믈렛으로 제공할 때는 일반적으로 노릇노릇 구운 색깔이 없다. 곁들임이 들어갈 경우 약간 노릇노릇한 색깔이 나야 한다. 납작한 오믈렛은 노릇노릇 색깔이 난다.

FICHE 49

완성한 결과

햄, 양파, 버섯, 허브 오믈렛(Omelettes au jambon, aux oignons, aux champignons et aux fines herbes)

포르투갈식 오믈렛 OMELETTE PORTUGAISE

1. **조리 작업 기구 준비하기**
2. **토마토 소스 500ml 만들기(p. 425/426 참조)**
3. **토마토 퐁듀 만들기(p. 427/428 참조)**

   토마토 500g을 씻고 꼭지와 껍질을 제거한다.

   토마토의 씨를 빼고 잘게 썬다.

   잘게 다진 셜롯 또는 양파 50g, 부케가르니 1다발, 마늘 1톨, 올리브유 20ml를 토마토와 함께 익힌다.

   다 익힌 후 따뜻하게 보관한다.

4. **오믈렛 만들기**

   오믈렛을 만들고 잘게 다진 토마토 반으로 오믈렛을 채운다.

   돌돌 말아 완성하고 버터를 바른 접시에 담는다.

   오믈렛에 버터로 윤을 내고 중앙에 가로로 8cm 칼집을 낸다.

   잘게 다진 토마토 남은 것을 칼집에 채운다.

   토마토 소스를 오믈렛 둘레에 붓는다.

   토마토 퐁듀 위에 다진 파슬리를 올려 제공한다.

완성한 결과

포르투갈식 오믈렛(Omelette portugaise)

준비 기구	조리 기구	플레이팅 도구
• 정리용 사각 트레이 1 • 도마 1 • 큰 믹싱볼 1 • 작은 믹싱볼 2 • 작은 중탕 그릇 1	• 지름 14~16cm 오믈렛용 작은 프라이팬 1~2	• 긴 접시 • 또는 기본 접시

비슷한 요리 PLATS SIMILAIRES

라르동 오믈렛 Omelette au lard

• 염장(반염) 삼겹살이나 훈제 삼겹살을 데쳐서 볶은 라르동을 계란에 섞는다.

파르망티에 오믈렛 Omelette Parmentier(볶은 감자 오믈렛)

• 버터에 볶은 주사위 모양 감자를 계란에 섞는다.

본팜므 오믈렛 Omelette bonne-femme

• 버터에 녹이듯 볶은 다진 양파, 볶은 버섯, 라르동을 계란에 섞는다.

모렐버섯 오믈렛 Omelette forestière

• 염장(반염) 삼겹살을 데쳐서 볶은 라르동을 계란에 섞는다.

• 오믈렛을 만들고 모렐버섯을 버터에 볶아 미트 글레이즈에 졸인 것으로 오믈렛을 채운다.

• 예쁘게 저민 모렐버섯을 오믈렛 위에 얹고 모렐버섯으로 풍미를 준(모렐버섯 반과 그물버섯(세프) 반을 볶아 풍미를 줄 수도 있음) 송아지 육수 소스 한 줄을 오믈렛 둘레에 두른다.

사슈르 오믈렛 Omelette chasseur(사냥꾼 오믈렛)

• 닭간과 버섯으로 만든 스튜로 오믈렛을 채운다.(납작한 오믈렛 참조)

완성한 결과

《기본》 오믈렛(Omelette 《nature》)

스페인식 납작 오믈렛
OMELETTES PLATES À L'ESPAGNOLE

스페인식 납작 오믈렛 Omelettes plates à l'espagnole은 계란과 올리브유에 익힌 피망, 양파, 다진 토마토를 섞은 요리이다. 오믈렛을 프라이팬에 익힌 후 뒤집는다.(오믈렛은 주문 시 요리한다.)

8인분 재료	단위	양
기본 재료		
– 계란*	개	24
– 땅콩기름	ml	400
– 버터	g	80
곁들임		
– 올리브유	ml	40
– 큰 양파 gros oignons	g	300
– 큰 토마토 tomates(grosses)	g	600
– 피망	g	300
– 부케가르니	개	1
– 마늘 2톨 ail(2 gousses)	g	15
– 토마토 페이스트	g	약간(PM)
마무리		
– 버터	g	20
– 파슬리	g	20
양념		
– 가는소금		약간(PM)
– 후춧가루		약간(PM)
평균 준비 시간 : 1시간 10분		
계란 익히는 평균 시간 : 1~2분		

* 단체 급식 또는 전식의 경우(오믈렛), 1인당 계란 2개만 제공할 수도 있다.

만드는 방법

1. **조리 작업 기구 준비하기 – 5분**
   레시피대로 재료를 계량, 측정하고 작업에 필요한 도구들을 점검한다.

2. **곁들임 재료 준비하기 – 30분**
   양파를 다듬고 씻은 후 얇게 저민다.
   피망을 씻고 꼭지와 씨를 제거한다.
   세로 방향으로 4등분 한 후 껍질을 제거하고 가늘게 채 썬다. 180도 기름에 몇 분 담그거나 껍질에 물집이 생길 때까지 뜨거운 오븐에 넣어두면 껍질이 잘 벗겨진다.(p. 200/201 참조)
   토마토를 씻고 꼭지와 껍질을 제거한다.
   씨를 빼고 잘게 다진다.
   파슬리를 씻고 줄기를 떼고 물기를 뺀 후 잘게 다진다.
   마늘을 다듬고 씻는다.
   부카가르니를 만든다.

3. **곁들임 재료 익히기 – 15분**
   소테팬에 올리브유를 두르고 얇게 저민 양파를 천천히 볶아 살짝 캐러멜화 되도록 한다.
   채 썬 피망을 첨가해 다시 볶고, 다진 토마토, 마늘, 타임을 많이 넣은 부케가르니를 넣는다.
   간을 한 후 토마토 신맛이 날 경우 설탕 한 꼬집을 넣고, 색깔이 더 빨간색이 되길 원할 경우 토마토 페이스트 1스푼을 넣는다.
   토마토 수분이 완전히 빠질 때까지 익힌다.
   마늘, 부케가르니를 뺀다.
   간을 확인한다.
   익힌 곁들임 재료를 중탕냄비에 담고 뚜껑을 닫는다.

4. **오믈렛 만들기 – 18분**
   작은 그릇에 계란을 하나씩 깬 후 1인분에 계란 3개 비율로 믹싱볼에 붓는다.*
   소금, 후추로 간을 한다.
   거품기로 계란을 저어 섞는다.(체에 거를 수도 있다.)
   다진 파슬리 조금과 곁들임 재료 2/3를 첨가하고 나머지는 장식을 위해 남겨둔다.
   프라이팬이 깨끗한지 확인하고 필요한 경우 《세척한다. l'affranchir》
   약간의 식용유와 조각 버터를 첨가한다.
   버터가 노릇해지기 시작할 때, 거품기로 저어주며 계란을 붓는다.
   젓기를 멈추고 오믈렛이 노릇노릇해질 때까지 둔다.
   오믈렛을 뒤집어 익힌다.
   버터를 바른 전식용 접시에 오믈렛을 담는다.

5. **오믈렛 완성하기 – 2분**
   조리용 붓으로 오믈렛에 버터를 발라 윤을 낸다.
   곁들임 재료를 올린다.
   곁들임 위에 다진 파슬리를 조금 얹는다.

완성한 결과

스페인식 납작 오믈렛(Omelettes plates à l'espagnole)

시골식 납작 오믈렛 OMELETTE PLATE PAYSANNE

1. 조리 작업 기구 준비하기

2. 곁들임 재료 준비하기

수영 한 다발의 줄기를 떼고 씻는다.(p. 173 참조)

돌돌 말아 잘게 썬다.(시포나드 chiffonnade 크기)

버터에 수영 시포나드를 익힌다.

단단한 감자 500g을 다듬고 씻는다.

각 면이 5mm 되는 주사위 모양으로 썰거나 얇고 동그란 모양으로 저민다.

버터에 익힌다.

염장(반염) 삼겹살 250g을 작은 라르동 조각으로 썬다.

데친 후 식용유를 둘러 볶는다.

허브 40g을 준비한다. (잘게 다진 파슬리, 처빌, 타라곤, 골파) 처빌만 사용해도 된다.

3. 곁들임 재료를 계란에 첨가하기

4. 납작한 오믈렛 만들기

오믈렛을 뒤집은 후 예열한 접시에 담는다.

버터로 윤을 낸다.

완성한 결과

시골식 납작 오믈렛(Omelette plate paysanne)

준비 기구
- 정리용 사각 트레이 1
- 도마 1
- 큰 믹싱볼 1
- 작은 볼 2 또는
  작은 믹싱볼 2
- 작은 중탕 그릇 1

조리 기구
- 지름 14~16cm 오믈렛용 작은 프라이팬 1~2

플레이팅 도구
- 긴 접시 또는
  기본 접시

비슷한 요리 PLATS SIMILAIRES

피페라드 바욘(Bayonne)산 햄 납작 오믈렛

Omelette plate à la piperade et au jambon de Bayonne

- 앞서 나온 방법대로 또는 《**바스크식 닭고기구이**》(만드는 방법 **FICHE. 111**, p. 1001)을 참조해 피페라드를 만든다.
- 계란에 섞어 납작한 오믈렛을 만든다. 프라이팬에 재빨리 구운 바욘산 햄을 곁들일 수도 있다. 계란 스크램블로도 만들 수 있다.

농장식 납작 오믈렛 Omelette plate fermière
- 계란에 주사위 모양 햄과 허브를 섞는다.

사부아식 납작 오믈렛 Omelette plate savoyarde
- 계란에 치즈 슬라이스, 구운 감자 슬라이스, 크림을 섞는다.

스위스식 납작 오믈렛 Omelette plate suissesse
- 계란에 강판에 간 에멘탈 치즈를 첨가해 납작 오믈렛을 만든다. 크림과 체에 간 에멘탈 치즈를 덮고 샐러맨더에 넣어 그라탱으로 만든다.

완성한 결과

바질 올리브유 샐러드 오믈렛(Omelette en salade à l'huile d'olive et au basilic)

생선 요리

LES POISSONS

요리 소개 BREF RAPPEL DE TECHNOLOGIE

생선은 레스토랑 메뉴에서 점점 더 역할이 더 커지고 있다. 생선 요리에는 대부분의 조리 방법이 적용되고, 그에 따른 소스와 곁들임 요리의 종류도 매우 다양하며 다채롭다. 생선을 기본 재료로 하는 요리의 품질은 주로 신선 도와 익히는 정도의 정확성에 달려 있으며, 생선은 각각의 생선 《고유의 특성 identité》을 유지할 수 있어야 한다. 생선의 구매 가격은 높은 경우가 많고 생선의 종류, 계절, 공급 및 수요에 따라 각각 다르며, 자연산 물고기의 경우 기상 조건에 따라 차이가 크다. 생선을 다듬고 난 후의 부스러기나 버리는 부분의 비율은 꽤 높은 편이며 특정 생선의 경우 35% 이상을 차지하기도 한다.

추천 곁들임 요리

Suggestions de garnitures d'accompagnement

찐 생선과 삶은 생선 Poissons cuits à la vapeur et pochés :
- 다진 파슬리를 곁들인 찐 감자, 삶은 감자 등등 Pommes vapeur, à l'anglaise, persillées, etc.
- 공 모양 또는 잘게 썬 채소, 돌려 깎은 채소를 찌거나 윤을 낸 요리 등등 Boules, julienne et légumes tournés, étuvés ou glacés, etc.
- 채소 플랑, 시금치, 양배추, 대파 퐁듀 등등 Petits flans de légumes, fondue d'épinards, de choux et de poireaux, etc.

팬 또는 그릴에 구운 생선 Poissons sautés et grillés :
- 구운 호박, 구운 버섯, 구운 아티초크 등등 Courgettes, champignons, fonds d'artichauts sautés etc.
- 엔다이브 뫼니에르, 그릴에 구운 펜넬 , 그릴에 구운 토마토 등등 Endives meunière, fenouil, tomates grillées, etc.
- 미니 라따뚜이, 채소 그라탱, 채소 플랑 등등 Mini-ratatouille, gratins et flans de légumes, etc.

튀긴 생선 Poissons frits :
- 볶은 토마토, 호박 튀김, 가지 튀김, 양파 튀김 등등 Tomates étuvées, beignets de courgettes, d'aubergines, oignons frits, etc.

적용 기술 TECHNIQUES MISES EN ŒUVRE

- 둥근 생선 손질, 뼈 제거 및 필레 뜨기
  Habiller, désarêter et fileter des poissons ronds
- 넙적한 생선 손질, 뼈 제거 및 필레 뜨기
  Habiller, désarêter et fileter des poissons plats
- 다른 또는 트롱송으로 토막 내기
  Détailler des darnes et des tronçons
- 화이트 와인, 레드 와인으로 생선 육수 만들기
  Réaliser un fumet de poisson au vin blanc, au vin rouge
- 화이트 와인 소스 만들기, 윤을 내기 위한 화이트 와인 소스 만들기
  Réaliser une sauce vin blanc, une sauce vin blanc à glacer
- 레드 와인 소스 만들기
  Réaliser une sauce vin rouge
- 유화 소스 만들기
  Réaliser des sauces émulsionnées
- 혼합 버터 만들기
  Réaliser des beurres composés
- 쿠르 부용 만들기
  Réaliser un court-bouillon
- 나쥬 만들기
  Réaliser une nage
- 즉석 마리네이드 만들기
  Réaliser une marinade instantanée
- 생선 익히기
  Cuire des poissons
- 곤돌라 모양 냅킨 만들기
  Réaliser des gondoles

삶은 대구 다른과 뵈르 퐁듀(녹인 버터)
DARNES DE COLIN POCHÉES, BEURRE FONDU

삶은 대구 다른 darnes colin pochées과 뵈르 퐁듀 beurre fondu(녹인 버터)는 토막을 낸 대구를 소금물에 삶고 레몬을 살짝 뿌린 유화 버터 소스를 곁들여 낸다.

추천 곁들임 요리 : 삶은 감자(pommes vapeur), 다진 파슬리를 곁들인 찐 감자(à l'anglaise ou persillées), 삶은 콜리플라워(choux-fleurs), 삶은 브로콜리(brocolis), 삶은 로마네스코(romanesco à l'anglaise), 채소 플랑(flans de légumes)(아스파라거스, 당근, 토마토)

8인분 재료	단위	양
기본 재료		
– 대구 한 마리	kg	2.2
또는		
– 200g 다른 8개	kg	1.6
– 레몬	개	1
– 굵은소금(0.015kg/l)	kg	약간(PM)
뵈르 퐁듀(녹인 버터) BEURRE FONDU		
– 물	ml	약간(PM)
– 레몬	개	1/2
– 최상품 버터	g	200
– 소금	g	약간(PM)
– 카옌 고추	g	약간(PM)
장식 PRÉSENTATION		
– 레몬(4개)	g	400
– 곱슬 파슬리	g	40
평균 준비 시간 : 50분		
평균 가열 시간 : 6~8분		

만드는 방법

1. 조리 작업 기구 준비하기 – 5분
레시피대로 재료를 계량, 측정하고 작업에 필요한 도구들을 점검한다.

2. 대구를 손질한 후 다른으로 토막내기 – 15분(p. 243~245 참조)
대구의 지느러미, 수염 등을 잘라낸 후 비늘을 벗기고 내장을 제거하고 머리를 자른 후 씻어 물기를 닦는다.
다른으로 토막내고 필요한 경우 실로 묶는다.
냉장실에 보관한다.

3. 장식 재료 준비하기 – 10분
파슬리를 씻고 줄기를 다듬어 준비한다.
톱니 모양으로 잘라 레몬을 둘로 나눈다.
냅킨을 곤돌라 모양으로 만든다.(선택사항)

4. 대구 다른 익힐 준비하기 – 5분
레몬 껍질을 칼로 제거하고 얇은 조각으로 자른다.
대구 다른을 소뚜와 또는 낮은 소스포트에 담고 찬물을 붓는다.
레몬을 얇은 조각으로 잘라 넣고 굵은소금을 뿌린다.
끓는 온도에 가까워지도록 서서히 끓인다.
다른의 두께에 따라 6~8분간 약불에 익도록 둔다.(절대 물이 끓지 않도록 유의한다.)

5. 뵈르 퐁듀 만들기 – 10분(p. 408/409 참조)
작은 소테팬에 물 20ml와 레몬 반 개의 즙을 넣는다.
수분이 거의 날아가도록 졸인다.
약불에 작은 조각으로 자른 버터를 조금씩 넣어 거품기를 사용해 유화시킨다.(뵈르 퐁듀는 크림처럼 부드러워야 한다.)
가는소금과 카옌 고추로 양념한다.

6. 대구 다른과 뵈르 퐁듀 차리기 – 5분
대구 다른의 물기를 세심하게 제거하고 묶었던 실을 푼다.
접어놓은 냅킨 또는 무늬 있는 장식용 종이로 덮은 접시 위에 담는다.
장식 재료를 조화롭게 배열한다.(레몬과 파슬리)
소스그릇에 뵈르 퐁듀를 담는다.

– 꼴라 Colin(대구)라는 명칭은 주로 파리 지역에서 사용된다. 일반적으로 불리는 이름은 메흘리 merlu(대구)이다. 크기가 작은 대구는《컬리노 colinot 새끼 대구》또는《메어리숑 merluchon 새끼 대구》라고 한다. 프랑스 북부에서는《메어뤼쉬 merluche 대구》, 프로방스에서는《바르도 bardot 대구》라고 한다.
– 소금물에 삶는 생선은 절대적으로 신선해야 한다.
– 음식에 레몬을 넣고 끓여서 사용할 경우에는 반드시 껍질을 칼로 제거해야 한다. 레몬 껍질은 생선에 쓴맛을 주기 때문이다. 또한 레몬은 일종의 살충제 역할을 하기도 한다.
– 대구는 부드러워 tendre(부서지기 쉬운 fragile) 살을 가진 생선이다. 불순물을 없애기 위해 물에 담가놓지 말고 얼음물에 살살 헹구는 것이 좋다.

완성한 결과

삶은 대구 다른과 뵈르 퐁듀(녹인 버터)
(Darnes de colin pochées, beurre fondu)

FICHE 51

삶은 대구 필레와 뵈르 블랑
FILETS DE MERLU (COLIN) POCHÉS, BEURRE BLANC

1. 조리에 필요한 작업 기구 준비하기

2. 2.2kg 대구를 손질한 후 필레 뜨기(p.243/244 참조)

대구의 지느러미, 수염 등을 잘라낸 후 비늘은 벗기고, 내장을 제거하고 머리를 자른 후 씻어 물기를 닦는다.

조심스럽게 필레를 뜨고 껍질을 제거한다.

일정한 크기의 8인분으로 자른 후 냉장실에 보관한다.

3. 장식 재료 준비하기

파슬리를 씻고 줄기를 다듬어 준비한다.

4개의 레몬을 톱니 모양으로 만들어 이등분한다.

4. 뵈르 블랑 만들기(p. 410/411 참조)

40g의 셜롯(드 저지)을 다듬어 씻은 후 잘게 썬다.

작은 소테팬에 잘게 썬 셜롯, 40ml의 화이트 와인 de vin blanc, 20ml의 화이트 와인 식초 de vinaigre de vin blanc를 넣는다.

천천히 끓이며 양이 1/4이 되도록 졸인다.(소량의 크림을 첨가할 수도 있다)

약불에 작은 조각으로 자른 버터 200g을 조금씩 넣어 거품기를 사용해 유화시킨다.(뵈르 블랑은 크림처럼 부드러워야 한다.)

가는소금과 카옌 고추로 양념한다. 뵈르 블랑은 차이나 캡에 거른다.)

완성된 뵈르 블랑을 스테인리스 중탕냄비에 담아 따뜻한 온도로 유지한다.(약 40도)

5. 대구 필레 삶기

레몬은 껍질을 칼로 제거하고 얇은 조각으로 자른다.

대구 필레를 생선용 팬 또는 소뚜와에 담는다.

찬물을 붓는다.

껍질을 칼로 제거한 후 조각으로 자른 얇은 레몬을 넣고 물 1L당 15g의 비율로 굵은소금을 뿌린다.

끓는 온도에 가까워지도록 서서히 끓인 후 약불에 4~5분간 천천히 익도록 둔다.(절대 물이 끓지 않도록 유의한다.)

필요한 경우 거품을 걷어낸다.

6. 대구 필레 차리기

대구 필레의 물기를 세심하게 제거한다.

접어놓은 냅킨 또는 무늬 있는 장식용 종이로 덮은 크고 둥근 접시 위에 동그랗게 담는다.

장식 재료를 조화롭게 배열한다.(톱니 모양으로 자른 레몬과 파슬리)

소스그릇에 뵈르 블랑을 담는다.

준비 기구	조리 기구	플레이팅 도구
• 정리용 사각 트레이 3 • 들통 1 • 소스용 작은 거품기 1 • 생선용 가위 1 • 도마 1 • 작은 중탕냄비 1 • 거품 떠내는 국자 1	• 큰 소뚜와 1 또는 낮은 소스포트 1 • 뵈르 퐁듀를 위한 작은 소테팬 1	• 크고 긴 접시 또는 크고 둥근 접시 • 냅킨 또는 무늬 있는 장식용 종이 • 소스그릇과 받침

완성한 결과

삶은 대구 필레와 뵈르 블랑(Filets de merlu pochés, beurre blanc)

비슷한 요리 PLATS SIMILAIRES

삶은 북대서양 대구 다른과 오렌지 뵈르 퐁듀
Darnes de lieu jaune pochées, beurre fondu à l'orange

• 대구 다른의 방법에 따라 북대서양 대구 다른을 삶는다.

• 오렌지 뵈르 퐁듀와 함께 차려낸다. 설탕 30g을 20ml의 물에 넣고 졸인 후 오렌지 즙 100ml로 데글라세한다. 생선 육수 200ml를 붓고 졸인다. 크림 100ml를 첨가한 후 다시 졸이고, 최상품 버터 200g을 넣어 거품기로 섞어준다.

• 짧게 채 썰어 데친 오렌지 제스트를 추가한다.

농어 필레와 골파를 곁들인 유화 버터
Filet de bar, beurre émulsionné à la ciboulette

• 농어 필레를 소금물에 삶는다. 골파를 곁들인 유화 버터를 곁들여 낸다.

• 화이트 와인, 셜롯, 생선 육수를 졸인다. 크림을 넣어 다시 졸이고 버터를 넣고 거품기로 섞은 후 양념한 후 잘게 썬 골파를 첨가한다.

유화 버터에는 처빌 cerfeuil 또는 딜 aneth을 첨가할 수도 있다.

삶은 광어 트롱송 또는 새끼 광어와 올랑데즈 소스
TRONÇONS DE TURBOT OU TURBOTINS POCHÉS, SAUCE HOLLANDAISE

삶은 광어 트롱송 또는 새끼 광어와 올랑데즈 소스 Tronçons de turbot ou turbotins pochés, sauce hollandaise는 레몬과 우유를 넣은 물에 삶은 광어 트롱송에 계란, 버터, 레몬즙을 기본 재료로 한 따뜻한 유화 소스를 곁들여 따뜻하게 먹는 요리이다.

추천 곁들임 요리 : 다진 파슬리를 곁들인 찐 감자 pommes vapeur, 삶은 감자 à l'anglaise ou persillées, 삶은 콜리플라워 choux-fleurs, 삶은 브로콜리 brocolis, 삶은 로마네스코 romanesco, 삶은 갯배추 crambes maritimes à l'anglaise(바다 케일), 채소 플랑 flans de légumes

8인분 재료	단위	양
기본 재료		
– 광어 한 마리	kg	2.8~3.2
또는		
– 각각 1.6kg 새끼 광어 2마리	kg	3.2
– 우유	ml	400
– 레몬(1개)	g	100
올랑데즈 소스 SAUCE HOLLANDAISE		
– 계란(노른자)	개	4
– 물	ml	약간(PM)
– 레몬(1/2개)	g	50
– 최상품 버터	g	250
장식		
– 레몬(4개)	g	400
– 곱슬 파슬리	g	400
양념		
– 굵은소금		약간(PM)
– 가는소금		약간(PM)
– 카옌 고추		약간(PM)
평균 준비 시간 : 1시간 15분		
트롱송 평균 가열 시간 : 14~18분		

– 생선을 익힐 때 우유가 종종 응고될 수가 있으니 조리용 붓을 사용해 세심하게 광어 트롱송 또는 새끼 광어를 닦아간다.
– 올랑데즈 소스는 요리를 제공하기 바로 직전에 만들어야 한다.

만드는 방법

1. 조리 작업 기구 준비하기 – 5분
레시피대로 재료를 계량, 측정하고 작업에 필요한 도구들을 점검한다.

2. 올랑데즈 소스를 위한 정제 버터 준비하기 – 2분
버터를 조각으로 자른 후 중탕냄비에 담아 녹인다.

3. 광어를 손질한 후 트롱송으로 토막 내기 또는 새끼 광어를 손질하고 동여 묶기 – 15분(p. 254~257 참조)
광어를 솔질하여 깨끗이 씻어주고, 지느러미와 내장과 머리를 제거하며 손질하여 씻은 후, 광어의 옆줄을 따라 세로 방향으로 반으로 나눠 자른다.
광어 반쪽을 트롱송으로 토막 낸다.
흐르는 물에 조심스럽게 몇 분 동안 씻어 불순물을 제거한다.

또는 새끼 광어를 통째로 삶을 경우 :
새끼 광어의 지느러미, 내장, 아가미를 제거하며 손질하고 엉긴 핏덩이를 조심스럽게 문질러 떼어낸다.
손질한 광어를 흐르는 물에 조심스럽게 몇 분 동안 씻어 불순물을 제거한다.

4. 장식 재료 준비하기 – 5분
파슬리를 씻고 줄기를 다듬어 준비한다.
톱니 모양으로 레몬을 잘라(Historier 이스토리에) 레몬을 둘로 나눈다.
냅킨을 곤돌라 모양으로 접어준다.(선택사항) (p. 466 참조)

5. 광어 트롱송 또는 새끼 광어 익힐 준비하기 – 10분(p. 480/481 참조)
우유를 끓인다.
레몬 껍질을 칼로 제거하고 얇은 조각으로 자른다.
광어 트롱송을 낮은 소스포트에, 새끼 광어를 광어용 동냄비에 담는다. 흰색 껍질 부분이 위로 향하게 담는다.
찬물을 붓고 우유, 얇은 레몬 조각을 넣고 물 1L당 15g의 비율로 굵은 소금을 뿌린다.
끓는 온도에 가까워지도록 서서히 끓인다.
트롱송 두께에 따라 약불에 15분 정도 익도록 둔다.(절대 물이 끓지 않도록 유의한다.)

6. 올랑데즈 소스 만들기 – 15분(p. 412~414 참조)
계란을 흰자와 노른자로 분리한다.
정제 버터를 따라낸다.
작은 소테팬에 계란 노른자를 넣고 찬물 20ml를 붓는다.
거품기로 세게 저으며 50~55도 정도의 온도(손이 견딜 수 있는 최대 온도)가 될 때까지 서서히 데운다. 계란은 부드러운 거품의 농도가 되어야 하며 거품기로 저을 때마다 소테팬의 바닥까지 닿도록 세게 젓는다.
불을 끈 후 양념(가는소금, 카옌 고추)하고 정제 버터를 조금씩 부으며 섞는다. 소스가 너무 진하면 따뜻한 물을 조금 추가하고, 완성한 소스를 즉시 제공할 경우에는 레몬즙을 추가한다.
소스를 차이나 캡에 거른 후 스테인리스 중탕냄비에 담아 따뜻하게 보관한다.
소스를 요리와 함께 제공할 때 레몬즙을 조금 첨가한다.

7. 광어 트롱송과 올랑데즈 소스 차리기 – 5분
광어 트롱송의 물기를 세심하게 제거한다.
접어놓은 냅킨 또는 무늬 있는 장식용 종이로 덮은 접시 위에 광어의 흰색 껍질 부분이 위를 향하도록 담는다.
장식 재료를 조화롭게 배열한다.(톱니 모양으로 자른 레몬과 파슬리)
소스그릇에 올랑데즈 소스를 담는다.

FICHE 52

완성한 결과

삶은 광어 트롱송 또는 새끼 광어와 올랑데즈 소스
(Tronçons de turbot ou turbotins pochés, sauce hollandaise)

광어 트롱송과 크레시 곁들임
TRONÇONS DE TURBOT CRÉCY

1. 조리에 필요한 작업 기구 준비하기

2. 광어 손질하고 트롱송으로 토막내기

1인당 2개의 트롱송이 되도록 잘라준다.

3. 크레시 곁들임 준비하기

800g의 당근을 끓는 물에 삶은 후 물기를 제거하고 체에 걸러 50g의 버터를 넣고 약불에 데우며 수분을 날린다. 200ml의 크림을 추가하여 끓인 후, 불을 끄고 양념한 후 계란 5개를 넣어 섞는다.

800g의 감자를 끓는 물에 삶은 후 물기를 제거하고 체에 걸러 50g의 버터를 넣고, 약불에 데우며 수분을 날린다. 250ml의 우유를 넣은 후 불을 끄고 양념한 후 계란 3개를 넣어 섞어준다.

이 두 가지 퓨레를 버터를 바른 원형 틀에 번갈아 가며 채워 넣는다. 중탕으로 오븐에서 30분 동안 굽는다.

구운 후 10분간 휴지시킨다.

4. 뵈르 블랑 만들기(p. 410/411 참조)

40ml의 화이트 와인, 20ml의 화이트 와인 식초, 잘게 썬 셜롯, 소금, 한 꼬집의 카옌 고추를 넣어 졸인다.

두 스푼의 크림을 첨가한 후 200g의 최상품 버터를 넣고 졸인 후 양념한다. 차이나 캡에 거른 후 40/45도로 보관한다.

5. 광어 트롱송 익힐 준비하기(《삶은 광어 트롱송 또는 새끼 광어 Tronçons de turbot ou turbotins pochés》참조)

6. 광어 트롱송 차리기

뵈르 퐁듀(녹인 버터)를 접시에 바르고 물기를 뺀 광어 트롱송 2토막을 부채꼴로 담는다.

중앙에 크레시 곁들임 한 조각을 담는다.

돌려 깎아 투명하게 윤을 낸 삶은 감자와 당근 두 조각씩을 곁들여 놓는다.

준비 기구
- 정리용 사각 트레이 3
- 작은 믹싱볼 2
- 차이나 캡 1
- 거품 떠내는 국자 1
- 생선용 가위 1
- 들통 1
- 작은 중탕냄비 1
- 소스용 작은 거품기 1

조리 기구
- 광어용 동냄비 1 또는 낮은 소스포트 1
- 작은 소테팬 1
- 작은 자루냄비 1

플레이팅 도구
- 크고 긴 접시
- 냅킨 또는 무늬 있는 장식용 종이
- 소스그릇과 받침

완성한 결과

광어 트롱송과 크레시 곁들임(Tronçons de turbot Crécy)

비슷한 요리 PLATS SIMILAIRES

삶은 넙치 흰살과 토마토 펜넬 사바용
Blancs de barbue pochés, sabayon à la tomate et au fenouil
- 광어 트롱송 만드는 방법에 따라 넙치 필레 에스칼로프를 삶는다. 토마토 펜넬 사바용과 함께 곁들여 낸다.
- 레몬즙을 넣지 않은 올랑데즈 소스에 양파, 토마토, 펜넬을 잘 섞어 넣은 물기가 거의 없는 크림을 첨가하고 사프란으로 향을 낸다.
- 빨간색 피망, 초록색 피망으로 만든 작은 플랑을 곁들여 낸다.

삶은 대구 필레와 무슬린 소스 Filets de haddock pochés, sauce mousseline
- 흐르는 물에 대구 필레의 소금기를 뺀다. 물과 우유를 넣고 대구 필레를 삶는다. 움푹한 그릇에 담는다.
- 요리를 제공하기 바로 직전에 휘핑크림을 첨가한 올랑데즈 소스를 곁들여 낸다. 갓 조리한 뜨거운 삶은 감자를 요리와 함께 낸다.

삶은 광어 흰살과 바바루아 소스 Blancs de turbot pochés, sauce bavaroise
- 물과 우유의 혼합물에 광어 흰 살을 넣어 삶은 후 식초, 화이트 와인, 잘게 썬 셜롯, 미뇨네트 mignonnette(굵게 간 후추)를 졸여 만든 바바루아 소스를 곁들여 낸다. 올랑데즈 소스처럼 계란 노른자를 첨가해 거품을 내며 섞는다.
- 사바용에 가재 혼합 버터를 넣어 거품을 내며 섞는다. 가재 꼬리 브뤼누아즈로 장식한다. 약간의 휘핑크림을 넣어 부드럽게 한다.

쿠르 부용에 포칭한 송어와 뵈르 블랑

TRUITES POCHÉES AU COURT-BUILLON, BEURRE BLANC

MENU 쿠르 부용에 포칭한 뵈르 블랑 소스를 곁들인 송어 Truites pochées au court–bouillon beurre blanc는 향신 재료를 넣은 쿠르 부용에 송어를 삶고 유화 버터를 기본 재료로 한 소스를 곁들여 내는 요리이다.

추천 곁들임 요리 : 삶은 감자 pommes vapeur, 다진 파슬리를 곁들인 찐 감자 à l'anglaise ou persillées, 채소 플랑 flans de légumes (아스파라거스, 당근, 토마토), 뚜껑을 갈고 수분으로 익힌 호박, 납작 호박, 작은 호박(courgettes, pâtissons, potimarrons étuvés).

8인분 재료	단위	양
기본 재료		
– 송어(8×250g)	kg	2
쿠르 부용 COURT-BOUILLON		
– 당근	g	400
– 양파	g	400
– 부케가르니	개	1
– 화이트 와인	ml	400
– 굵은소금	g	약간(PM)
– 통후추	g	10
뵈르 블랑(녹인 버터) BEURRE BLANC		
– 셜롯	g	40
– 화이트 와인	ml	40
– 화이트 와인 식초	ml	20
– 액상 크림(선택사항)	ml	100
– 최상품 버터	g	200
마무리		
– 파슬리	g	40
양념		
– 가는소금		약간(PM)
– 카옌 고추		약간(PM)
평균 준비 시간 : 1시간 40분		
송어 평균 가열 시간 : 8~10분		

만드는 방법

1. 조리 작업 기구 준비하기 – 5분

레시피대로 재료를 계량, 측정하고 작업에 필요한 도구들을 점검한다.

2. 쿠르 부용 재료 준비하기 – 15분

당근을 다듬어 씻고 표면에 홈을 파고, 줄을 내며 장식한 후 강판을 사용해 얇게 저민다.
양파를 다듬어 씻고 링 모양이 되도록 갋게 저민다.
파슬리를 다듬고 씻어 준비한다.
부케가르니를 만든다.

3. 쿠르 부용 끓일 준비하기 – 15분(p. 443~450 참조)

2~3L의 물에 당근, 부케가르니를 넣어 끓인다. 굵은소금을 넣는다.
10분 동안 끓인 후 양파를 첨가하고 가지막에 통후추를 넣는다.(양파는 매우 빨리 익는다.)
쿠르 부용을 재빨리 식힌다.

4. 송어 손질하기 – 20분(p. 240/241 참즈)

송어의 지느러미와 내장을 꼼꼼하게 제거한다.(배 쪽 절개 부분을 2cm로 제한)
아가미를 조심스럽게 잘라낸다.
숟가락 손잡이를 이용해 흐르는 찬물에 송어 표면의 엉긴 핏덩이를

굵어낸다.
송어를 충분히 헹군 후 얼음물에 몇 분 동안 담가 불순물을 제거한다.

5. 송어 익힐 준비하기 – 5분

송어 머리를 왼쪽에 두고 대각선으로 생선용 팬에 담는다.
식힌 쿠르 부용 절반을 송어 위에 붓고 천천히 끓인다.
약불에 8~10분간 송어가 익도록 둔다.

6. 뵈르 블랑 만들기 – 15분(p. 410/411 참조)

뵈르 블랑은 차이나 캡에 거를 수 있다.
어떤 요리사들은 뵈르 블랑을 졸일 때 크림을 첨가하기도 한다.
셜롯을 다듬어 씻은 후 잘게 썬다.
작은 소테팬에 잘게 썬 셜롯, 화이트 와인, 화이트 와인 식초를 넣는다.
수분이 거의 날아갈 정도로 졸인다.
약불에 작은 조각으로 자른 버터를 조금씩 넣어 거품기를 사용해 유화시킨다.(뵈르 블랑은 크림처럼 부드러워야 한다.)
가는소금과 카옌 고추로 양념한다.
완성된 뵈르 블랑을 작은 스테인리스 중탕냄비에 담아 뚜껑을 닫고 40/45도로 유지한다.

7. 송어가 잘 익었는지 확인하기 – 2분

8. 송어 차리기 – 8분

송어의 물기를 세심하게 제거한 후 바이메탈로 된 생선용 팬(또는 타원형 접시)에 담는다.
뜨거운 쿠르 부용의 나머지를 붓고 아로마틱 가니쉬를 송어 위에 골고루 뿌린다.
파슬리로 장식한다.
부케가르니로 장식한다.
소스그릇에 뵈르 퐁듀를 담는다.

이 만드는 방법은 갑각류 요리에도 적용할 수 있다.

완성한 결과

쿠르 부용에 삶은 송어와 뵈르 블랑
(Truites pochées au court–bouillon, beurre blanc)

FICHE 53

민물고기 요리와 뵈르 드 나쥬
POISSONS AU BLEU, BEURRE DE NAGE(송어 TRUITES, 작은 잉어 PETITES CARPES, 작은 곤들매기와 북미 곤들매기 BROCHETONS ET SAUMONS DE FONTAINE)

1. 조리용 작업 기구 준비하기

2. 나쥬 재료 준비하기(p. 450 참조)

쿠르 부용의 아로마틱 가니쉬를 정성스럽게 얇게 잘라 손님들이 볼 수 있도록 한다. 표면에 홈을 파 장식한 당근 슬라이스, 규칙적인 링 모양의 양파, 부케가르니를 준비한다.

3. 나쥬 끓일 준비하기

앞의 쿠르 부용을 요리한 방법에 따라 끓일 준비를 한다. 이 경우에는 화이트 와인을 추가하지 말고 당근이 다 익은 후 양파를 추가한다.

4. 생선 손질하기

(생선은 반드시 살아있고 싱싱해야 한다. Ils doivent être impérativement vivants et vigoureux)

머리 뒤쪽을 날카롭게 타격하여 단번에 죽인다.

아가미 위치에서 손가락을 밀어 넣어, 들어 올리며 생선을 단단히 잡는다. 복부를 살짝 절개하여 최소한으로 접촉하며 내장을 제거하고 내장과 접촉되는 부분을 최대한 보호한다.

비늘과 지느러미를 제거하지 말고 엉긴 핏덩이만 긁어낸 후 복부 내부를 조심스럽게 헹군다.

끓인 식초를 즉시 뿌려준다.(이렇게 하면 생선은 특징적인 푸른 색조를 유지한다).

5. 생선 삶기

작은 생선(송어 truites)은 끓고 있는 나쥬에 식초와 함께 넣고, 큰 생선(곤들매기 brochetons, 북미 곤들매기 saumons de fontaine)은 살짝 식힌 나쥬에 넣는다.

생선을 구부러뜨리면 생선 살이 찢길 수 있으니 조심한다.

6. 뵈르 드 나쥬 만들기

500ml의 나쥬를 수분이 거의 날아갈 정도로 졸인 후 200g의 최상품 버터를 넣고 거품이 나도록 섞는다.

산도와 간을 확인한다.(따로 준비해둔 처빌 잎과 얇은 당근 슬라이스, 링 모양의 양파 슬라이스를 첨가할 수 있다.)

7. 민물고기 요리 차리기

생선용 냄비(바이메탈 bi–métal 또는 은제품 argent)에 담는다.

남은 나쥬를 붓고 생선 위에 아로마틱 가니쉬를 예쁘게 올린다.

파슬리로 장식한다.

뵈르 드 나쥬를 소스그릇에 담는다.

준비 기구
- 정리용 사각 트레이 3
- 들통 1
- 강판 1
- 작은 소스용 거품기 1
- 생선용 가위 1
- 큰 믹싱볼 1
- 도마 1
- 작은 중탕냄비 1

조리 기구
- 중간 크기 자루냄비 1
- 낮은 소스포트 또는 큰 타원형 생선용 냄비 1
- 작은 소테팬 1

플레이팅 도구
- 생선용 팬(바이메탈) 또는 타원형 접시
- 타원형 접시받침
- 무늬 있는 장식용 종이
- 소스그릇과 받침

완성한 결과

삶은 송어와 뵈르 드 나쥬(Truites au bleu, beurre de nage)

비슷한 요리 PLATS SIMILAIRES

삶은 가오리 날개와 케이퍼를 넣은 헤이즐넛 버터 Ailes de raiteaux pochées, beurre noisette aux câpres

- **가오리 준비하기 :** 각각 250g의 가오리 날개 8개의 불순물을 제거한다. 점액질의 모든 부분을 제거하기 위해 꼼꼼하게 헹군다.

  쿠르 부용 만들기 : 풍미가 깊은 쿠르 부용을 만든다. 추가로 당근, 양파, 대파, 셀러리 줄기, 향이 강한 부케가르니를 첨가한다. 굵은소금으로 양념하고 물 1L당 100ml 식초를 넣는다.

  가오리 삶기 : 차가운 쿠르 부용에 가오리를 넣고 팔팔 끓지 않도록 유의하며 10〜12분 정도 삶는다.

- **가오리 날개 차리기 :** 물기를 꼼꼼하게 제거한 후 껍질을 벗긴다. 연골을 제거한다.(선택사항) 버터를 바른 뜨거운 큰 접시 위에 담는다. 케이퍼를 골고루 뿌리고 헤이즐넛 버터 소스를 바른다. 헤이즐넛 버터를 만든 팬에 식초를 넣어 데글라세한 후 졸인 식초 소스를 생선 위에 뿌린다. 곱게 다진 파슬리를 위에 뿌려준다.

가오리 요리를 차게 낼 경우

가오리 요리를 차게 낼 경우 쿠르 부용을 차이나 캡에 거른 후 재빠르게 식혀 가오리를 쿠르 부용 속에 넣어 보관한다.

삶은 루아르 곤들매기와 뵈르 낭테 Brochet de Loire poché, beurre nantais

- 화이트 와인 또는 식초를 넣은 쿠르 부용에 곤들매기를 삶는다. 페이 낭테산 pay nantais 화이트 와인으로 만든 뵈르 블랑 소스를 곁들여 낸다.(앞의 만드는 방법 fiche précédente 참조, 뵈르 낭테에는 절대로 크림을 넣지 않는다.)

젤리를 바른 차가운 연어와 앙달루즈 소스
SAUMON FROID EN GELÉE, SAUCE ANDALOUSE(OU EN BELLEVUE)

젤리를 바른 차가운 연어와 앙달루즈 소스 Saumon froid en gelée, sauce andalouse(ou en bellevue)는 연어를 통째로 삶아 쿠르 부용 속에 넣어 식힌 후 껍질을 벗기고 장식하고 젤리로 윤을 낸 요리이다. 토마토 퐁듀와 작은 주사위 모양으로 썬 피망을 첨가한 마요네즈 소스를 곁들여 제공한다.

추천 곁들임 요리 : 에그 미모사 œufs curs mimosa, 작은 토마토 또는 채소 마세두안 마요네즈 샐러드를 넣은 작은 타르트 petites tomates ou tartelettes garnies de macédoine de légumes mayonnaise, 속을 판 오이에 칵테일 소스를 채운 요리 tronçons de concombres évidés, remplis de sauce cocktail 등등

8인분 재료	단위	양
기본 재료		
– 야생 연어(1×약 2kg)	kg	2
쿠르 부용 COURT-BOUILLON		
– 당근	g	400
– 양파	g	400
– 부케가르니	개	1
– 굵은소금	g	약간(PM)
– 통후추	g	10
생선용 젤리 GELÉE DE POISSONS		
기본 재료		
– 화이트 와인을 넣은 젤라틴질 생선 육수	L	1.6
육수를 맑게 하는 재료		
– 셜롯	g	50
– 양송이버섯 자투리	g	50
– 대파의 초록색 부분	g	50
– 껍질 벗긴 대구 필레	g	200
– 계란(흰자)	개	2
– 젤라틴	장	4~6
장식 재료		
– 《곁들임용 garniture》 토마토	g	100
– 대파의 초록색 부분	g	약간(PM)
– 처빌	단	약간(PM)
– 타라곤	단	약간(PM)
– 삶은 계란	개	약간(PM)
– 송로버섯(선택사항)	g	약간(PM)
앙달루즈 소스 SAUCE ANDALOUSE		
마요네즈		
– 계란(노른자)	개	2
– 겨자	g	15
– 식초	ml	20
– 식용유	ml	300
– 소금	g	약간(PM)
– 카옌 고추	g	약간(PM)
– 수분이 거의 없고 체에 거른 토마토 퐁듀	g	100
– 빨간색 피망	g	200
양념		
– 굵은소금		약간(PM)
– 가는소금		약간(PM)
– 후춧가루		약간(PM)
평균 준비 시간 : 1시간 50분		
평균 가열 시간 : 18~20분		

만드는 방법

1. 조리 작업 기구 준비하기 – 5분
레시피대로 재료를 계량, 측정하고 작업에 필요한 도구들을 점검한다.

2. 쿠르 부용 만들기 – 20분(p. 448/449 참조)
식초를 첨가하지 않는다.(식초의 산성이 생선 살을 변색시킨다.)

쿠르 부용을 재빠르게 식힌다.

3. 연어 손질하기 – 15분(p. 245/246 참조)

4. 연어 삶기 – 5분(p. 479/480 참조)
생선용 냄비의 석쇠판 위에 연어의 배 쪽이 닿도록 담는다.
식힌 쿠르 부용을 부어 생선이 완전히 잠기도록 한다.
쿠르 부용을 끓여 95/98도에 이르도록 한 후 18~20분 동안 삶는다.
쿠르 부용에 담가 연어를 다시 식힌다.

5. 생선용 젤리 준비하기 – 30분
젤라틴질 생선(광어)의 머리와 뼈를 사용하여 생선 육수를 만든다.
기름기의 흔적이 생기지 않도록 아로마틱 가니쉬를 약한 불에 볶지 않는다.
양념한다.(소금과 빻은 통후추)

6. 젤라틴 몇 장을 찬물에 담그기

7. 맑은 생선 육수 만들기 – 10분
자루냄비에 얇게 저민 셜롯, 대파, 버섯을 넣는다.
칼로 다진 대구 필레의 살과 계란 흰자를 첨가한다.
소량의 찬물을 붓고 섞는다.
육수를 맑게 하는 재료 위에 식힌 생선 육수를 서서히 붓는다.
계속해서 부드럽게 저어주며 천천히 끓인다.
생선의 단백질과 계란이 응고되고 표면에 덩어리져 올라올 때 젓는 것을 멈춘다.
30분 정도 아주 약한 불에 뭉근히 끓인다.
젤리를 체에 조심스럽게 걸러 스테인리스로 된 용기에 담는다.
물에 헹군 후 물기를 완전히 제거한 젤라틴 몇 장을 첨가한다.
젤리를 재빠르게 식힌다.

8. 젤리를 발라 연어에 윤내기 – 10분
연어 껍질을 살살 벗기고 기름기로 거뭇거뭇한 부분을 정리해준다.
석쇠 판이 깔린 큰 팬 위에 연어를 담고 유성 젤리(거의 굳은)를 골고루 바른다.
20분 정도 냉장실에 둔다.
다시 한 번 젤리로 연어에 윤을 낸다.

9. 연어 장식하기 – 20분
장식용 재료를 준비한다.(토마토, 대파의 초록색 부분, 데친 타라곤 잎 등을 예쁘게 잘라 준비한다.)
소량의 젤리를 사용해 연어 위에 장식 재료를 붙이며 고정시킨다.
남은 젤리로 다시 한 번 연어와 장식 재료에 발라 윤을 낸다.
장식된 연어를 냉장실에 보관한다.

10. 앙달루즈 소스 만들기 – 20분
토마토 퐁듀의 수분을 날리고 믹서기로 갈거나 체에 거른다.
피망을 오븐에 넣어 껍질을 벗기고 브뤼누아즈로 잘게 썬다.
마요네즈 소스를 만들고 토마토 퐁듀와 피망을 첨가한다.
간이 맞는지 확인한다.

11. 연어 차리기 – 10분(여러 가지 방법으로 차릴 수 있다.)
쇼프루와 소스를 바르고 젤리로 윤을 낸 접시 위에 연어를 담는다.
이 경우 틀을 사용해 자른 젤리 조각으로 접시에 꽃줄 장식을 할 수도 있다.
연어를 1인분씩 자른다면, 상춧잎 위에 놓거나 시포나드 형태로 얇게 잘라낼 수도 있다. 그런 다음 반달 모양의 홈이 파인 레몬 조각 또는 오이 조각으로 접시에 꽃줄 장식을 한다.

FICHE 54

완성한 결과

젤리를 바른 차가운 연어와 앙달루즈 소스(Saumon froid en gelée, sauce andalouse)

쇼 프루아 송어와 녹색 소스
TRUITES EN CHAUD-FROID, SAUCE VERTE

1. **조리 작업 기구 준비하기**
2. **화이트 와인을 넣어 쿠르 부용을 만들고 식히기(《쿠르 부용에 삶은 송어 Truites pochées au court-bouillon》를 만들 때와 동일한 방법)**
3. **각각 250g인 송어 8마리를 손질하고, 불순물을 제거한 후 헹구기**
4. **송어를 삶은 후 쿠르 부용에 넣어 식히기**
5. **쇼 프루아 소스 만들기**
   훌륭한 생선 벨루테 1L에 200ml의 크림을 넣어 잘 섞어주면서 그 양의 1/3을 졸인다. 그리고, 미리 찬물에 담가둔 젤라틴 6장을 첨가한다.
   소스의 간을 확인한 후 차이나 캡에 거른다.
   소스를 재빨리 식힌다.
6. **송어 껍질 벗기기**
   석쇠 판이 있는 팬 위에 송어를 담는다.
   송어의 배 부분만 대각선 방향으로 껍질과 기름기를 조심스럽게 제거한다.
   송어를 냉장실에 보관한다.
7. **송어에 쇼프루아 소스 바르기**
   송어에 꼼꼼하게 소스를 바른다.(머리와 꼬리 제외)
   다시 냉장실에 넣는다.
   처음 바른 소스의 층이 젤리로 잘 굳었으면 두 번째로 다시 소스를 바른다.
8. **송어 장식하기**
   토마토, 래디시 de radis roses, 데친 대파의 초록색 부분, 삶은 계란, 송로버섯 등을 예쁘게 잘라 송어를 장식한다.
   소량의 투명한 생선 젤리를 사용해 장식 재료를 고정시킨다.
9. **젤리로 송어에 윤내기**
   맑고 투명한 생선 젤리를 송어에 골고루 발라 윤을 낸다.
   송어를 냉장실에 보관한다.
10. **녹색 소스 만들기(p. 418 참조)**
    마요네즈 소스를 만든다.
    응고된 엽록소 몇 그램을 첨가한 후 방금 다지거나 잘게 썰어 정성 들여 압축해서 짜낸 허브를 첨가한다.
11. **송어 차리기**
    쇼 프루아 소스를 바르고 예쁘게 장식한 후 젤리로 윤을 낸 접시 위에 송어를 담는다.
    소스그릇에 소스를 담아낸다.

준비 기구
- 정리용 사각 트레이 3
- 작은 믹싱볼 1
- 작은 중탕냄비 1
- 작은 소스용 거품기 1
- 생선용 가위 1
- 큰 믹싱볼 1
- 도마 1
- 가위 1

조리 기구
- 연어용 냄비 1
- 중간 크기 자루냄비 1
- 중간 크기 소테팬 1

플레이팅 도구
- 크고 긴 접시
- 소스그릇과 받침

완성한 결과

쇼 프루아 송어와 녹색 소스(Truites en chaud-froid, sauce verte)

비슷한 요리 PLATS SIMILAIRES

라비고트 가오리 날개 테린느 Pressé d'aile de raie en ravigote
- 진한 쿠르 부용에 가오리 날개를 삶는다.
- 물기를 빼고 껍질을 벗기고 연골을 제거하고 생선 살을 바른다.
- 테린느에 투명한 생선 젤리 한 겹을 골고루 바른다.
- 발라놓은 생선 살을 양념하여 투명한 젤리에 담가 놓은 것. 으깬 삶은 계란, 알이 작은 케이퍼, 절임 오이, 잘게 썬 셜롯, 방금 다지거나 잘게 썬 신선한 허브를 층층이 차례대로 쌓아 테린느에 담는다.
- 2kg 무게의 작은 판자를 식품용 랩으로 감싼 후 테린느를 누른다.
- 몇 시간 동안 3도의 냉장실에 테린느가 굳도록 둔다.
- 1cm의 일정한 두께로 자른다.
- 허브를 뿌린 샐러드, 올리브유 식초 소스, 마늘을 발라 튀긴 크루통과 함께 접시에 담는다.

사과주 소스를 곁들인 삶은 북미 곤들매기
Petite nage de saumon de fontaine au cidre
- 대파의 흰 부분, 양송이버섯, 당근, 셀러리 줄기를 가늘게 채를 썰고, 셜롯을 잘게 썬다. 버터를 넣고 볶는다. 사과주를 붓고 10분 정도 쿠르 부용을 끓인다. 북미 곤들매기의 등쪽을 절개해 뼈와 내장을 제거한다. 쿠르 부용에 넣어 3~4분 동안 삶는다. 꺼내서 껍질을 벗기고 긴 접시에 담는다. 쿠르 부용을 졸이고, 크림을 넣어 다시 졸인 후 버터를 넣고 마무리한다. 소스를 세심하게 바르고 처빌 잎으로 장식한다.

토마토와 호박을 비늘 모양으로 장식한 바다 송어와 펜넬 버터 소스
TRUITES DE MER EN ÉCAILLES DE TOMATES ET COURGETTES, BEURRE AU FENOUIL

토마토와 호박을 비늘 모양으로 장식한 바다 송어와 펜넬 버터 소스 Truites de mer en écailles de tomates et courgettes, beurre au fenouil는 등쪽을 절개해 뼈를 제거한 바다 송어에 토마토와 호박의 얇은 조각을 곁들인 요리이다. 이 요리는 생선을 증기로 찌고 펜넬을 넣은 유화 버터 소스를 곁들여 낸다.

추천 곁들임 요리 : 작은 토마토 플랑 petits flans de tomates, 피망 플랑 de poivrons, 펜넬 플랑 de fenouil, 파슬리를 뿌린 삶은 감자 또는 찐 감자 pommes à l'anglaise, vapeur ou persillées 사프란 또는 강황을 넣은 생 파스타 pâtes fraîches au safran ou au curcuma

8인분 재료	단위	양
기본 재료		
– 바다 송어(2×1~1.2kg)	kg	2~2.4
– 버터	g	40
마리네이드 MARINADE		
– 식용유	ml	80
– 펜넬 또는 딜	단	약간(PM)
– 펜넬 씨앗 graines de fenouil	g	약간(PM)
– 레몬(개)	g	100
곁들임 GARNITURE		
– 4cm 지름의 《곁들임용 garniture》 토마토	g	500
– 4cm 지름의 긴 호박	g	500
– 버터	g	40
펜넬 버터 소스 BEURRE AU FENOUIL		
– 버터	g	40
– 셜롯	g	40
– 펜넬 구근 fenouil bulbeux	g	400
– 스타 아니스(팔각) anis étoilé ou badiane	개	4
– 생선 육수	ml	100
– 크림	ml	200
– 버터	g	200
– 아니스 아페리티프(식전주) apéritif anisé	ml	10
마무리		
– 버터	g	40
– 펜넬	g	40
양념		
– 가는소금		약간(PM)
– 후춧가루		약간(PM)
– 카옌 고추		약간(PM)
평균 준비 시간 : 1시간 15분		
송어 평균 가열 시간 : 8~12분		

만드는 방법

1. 조리 작업 기구 준비하기 – 5분
레시피대로 재료를 계량, 측정하고 작업에 필요한 도구들을 점검한다.

2. 송어를 손질하고 등 쪽을 절개해 뼈를 제거하기 – 20분
배쪽을 절게 하지 않고 아가미를 통해 내장을 제거한다.(p. 242/243 참조)
등쪽을 절개해 척추뼈를 제거한다.
살살 물에 헹군 후 물기를 꼼꼼하게 제거하고 작은 생선 가시가 남아 있지 않은지 확인한다.

3. 즉석 마리네이드 만들어 송어 마리네이드하기 – 10분
송어를 펼쳐 식용유와 레몬즙을 바르고 양념한 후 다진 펜넬과 빻은 펜넬 씨앗을 뿌린다.
펼친 송어를 다시 닫고 식품용 랩으로 감싼다.
냉장실에 보관한다.

4. 곁들임 준비하기 – 15분
토마토를 씻은 후 껍질을 벗기고 3mm의 일정한 두께가 되도록 얇게 썬다. 소금을 뿌려 살짝 절인다.
호박을 씻은 후 껍질에 홈을 파 장식하고 똑같이 3mm 두께로 얇게 썬다. 끓는 물에 20초 동안 넣어 데친 후 얼음물에 넣어 식힌다. 키친타월로 물기를 꼼꼼하게 닦은 후 양념한다.

5. 펜넬 버터 소스 만들기 – 10분
셜롯을 다듬어 씻은 후 잘게 썬다.
펜넬 구근을 다듬고 질긴 심줄을 제거한 후 씻고 얇게 썬다.
잘게 썬 펜넬과 셜롯을 버터에 볶는다.
스타 아니스와 생선 육수를 첨가한다.
버터를 바른 유산지로 덮고 20분 동안 천천히 졸인다.

6. 송어를 《비늘 écailles》 모양으로 장식하기 – 15분
스팀 찜기 또는 멀티 쿠커의 작은 구멍이 여러 개 나 있는 채반 2개 위에 버터를 바른다.
채반 위에 송어를 펼쳐 놓고 양념한다.
토마토와 호박의 얇은 조각을 《비늘 écailles》 모양으로 번갈아 가며 올려 장식한다.
송어의 꼬리에서부터 시작해 머리 쪽으로 마무리한다.
마지막 조각은 나무 꽂이를 사용해 고정시킨다.
가는소금과 후춧가루로 양념한다.

7. 송어 익힐 준비하기 – 5분
송어 두께에 따라 8~12분 동안 찜기에서 찐다.(압력솥이 아닌 무압력 찜기 사용)

8. 펜넬 버터 마무리하기 – 10분
펜넬 퐁듀에 크림을 첨가한다.
부드러운 소스의 농도가 될 때까지 졸인다.
스타 아니스를 제거한다.
크림을 넣은 펜넬 퐁듀를 믹서기에 간다.
뵈르 블랑처럼 버터를 넣어 마무리한다.
세게 눌러 압착하며 차이나 캡에 거르고 아니스 아페리티프 몇 방울을 첨가한 후 간이 잘 되었는지 확인한다.

9. 송어 차리기 – 5분
버터를 바른 큰 접시 위에 송어를 밀어 담는다.
정제 버터로 윤을 낸다.
펜넬 버터 소스를 한 줄기로 송어 둘레에 바르고 남은 소스는 소스그릇에 담는다.
싱싱한 펜넬 줄기의 작은 다발로 예쁘게 장식한다.

완성한 결과

토마토와 호박을 비늘 모양으로 장식한 바다 송어와 펜넬 버터 소스
Truite de mer en écailles de tomates et courgettes, beurre au fenouil

바둑판 모양 넙치 쉬프렘 파르시와 피페라드 버터 소스
SUPRÊMES DE BARBUE FARCIS EN DAMIERS, BEURRE DE PIPERADE

1. 조리 작업 기구 준비하기

2. 2.5~2.6kg의 넙치를 손질하고 필레 뜨기

일정한 평행 육면체 형태로 8개의 조각이 되도록 자른다.
냉장실에 보관한다.

3. 바욘산 햄을 넣은 피페라드 만들기(p. 1001, FICHE. 111 《바스크식 닭고기구이 Poulet sauté basquaise》 참조)

피페라드 pipérade를 식힌다.

4. 얇고 길게 썬 호박과 당근 준비하기

600g의 길고 곧은 모양의 초록색 호박과 600g의 일정한 모양의 빨간색 당근을 준비한다.
강판 또는 만능 슬라이서를 사용하여 매우 얇고 긴 조각으로 자른다.
폭이 2~2.5cm가 되도록 얇고 긴 조각으로 자른다.
당근은 30초, 호박은 최대 5초 동안 데친다.
얼음물에 넣고 키친타월로 물기를 꼼꼼하게 닦는다.

5. 넙치 쉬프렘 속 채우기

《지갑 portefeuille》처럼 넙치 쉬프렘을 벌려 양념한 후 식힌 피페라드 절반을 채워 넣는다.
넙치 쉬프렘을 다시 닫는다.

6. 당근과 호박으로 바둑판을 만들고 넙치 쉬프렘을 감싸기

바둑판 모양이 되도록 당근과 호박 조각을 번갈아 교차시켜 배열해 놓는다.
각 바둑판 위에 넙치 쉬프렘을 배치하고 접어 감싼 후 뒤집는다.
식품용 랩으로 감싸 보관한다.

7. 넙치 쉬프렘 익힐 준비하기

작은 구멍이 나 있는 채반 위에 넙치를 올리고 스팀 찜기(무압력)에 넣어 8~10분 동안 익힌다.

8. 피페라드 버터 소스 마무리하기

나머지 피페라드를 믹서기에 넣어 갈아준다.
뵈르 블랑처럼 버터로 마무리한다.
차이나 캡에 거른 후 간을 확인한다.

9. 넙치 쉬프렘 차리기

접시에 담고 정제 버터로 윤을 낸다.
피페라드 버터 소스를 넙치 둘레에 두르고 초록색 피망과 빨간색 피망 브뤼누아즈를 작은 한 다발씩 놓아 장식한다.

준비 기구	조리 기구	플레이팅 도구
• 정리용 사각 트레이 3	• 중간 크기 자루냄비 1	• 큰 타원형 접시
• 도마 1	• 작은 소테팬 1	• 소스그릇과 받침
• 차이나 캡 1	• 작은 구멍이 여러 개	• 무늬 있는 장식용
• 생선용 가위 1	나 있는 찜기용 스테	종이
• 큰 믹싱볼 1	인리스 채반 2	
• 강판 1		

완성한 결과

바둑판 모양 넙치 쉬프렘 파르시와 피페라드 버터 소스
Suprême de barbue farci en damier, beurre de piperade

비슷한 요리 PLATS SIMILAIRES

가자미 필레 도리아 Filets de sole Doria
• 데친 오이의 얇은 조각으로 《비늘 écailles》 모양을 낸 가자미 필레 요리이다.

초록색 옷을 입은 대구 뽀삐에뜨 Paupiette de merlan en habit vert
• 무슬린 파르시 대구 필레를 돌돌 말아서 데친 시금치 잎으로 감싼다.
• 식품용 랩으로 감싼 후 찜기에 찐다.
• 골파를 넣은 화이트 와인 소스를 곁들여 낸다.

대구 무슬린 아를르캥
MOUSSELINE DE MERLAN ARLEQUIN

대구 무슬린 아를르캥 mousseline de merlan arlequin은 당근, 호박, 피망 브뤼누아즈를 넣은 대구 무슬린 파르시를 얇은 당근, 호박 조각을 깐 중탕 그릇에 담아 익힌 요리이다. 화이트 와인, 생선 육수, 크림을 넣어 졸인 후 버터로 마무리한 화이트 와인 소스를 곁들여 낸다.

8인분 재료	단위	양
기본 재료		
– 대구(4×400~450g)	kg	1.6~1.8
– 계란(흰자 3)	g	90
– 휘핑크림	ml	800
채소 브뤼누아즈 BRUNOISE DE LÉGUMES		
– 당근	g	200
– 호박	g	200
– 빨간색 피망	g	100
– 매우 하얀 양송이버섯	g	200
– 레몬(1/2개)	g	50
– 버터	g	20
슈미제 CHEMISAGE		
– 버터	g	80
– 당근	g	250
– 호박	g	250
생선 육수		
– 버터	g	40
– 셜롯	g	40
– 양파	g	80
– 당근(선택사항)	g	80
– 대구 생선 뼈	g	약간(PM)
– 양송이버섯 자투리	g	약간(PM)
– 부케가르니	개	1
– 통후추	g	약간(PM)
– 화이트 와인	ml	100
소스		
– 버터	g	20
– 셜롯	g	40
– 화이트 와인	ml	100
– 생선 육수	ml	약간(PM)
– 크림	ml	200
– 버터	g	160
마무리		
– 처빌	단	1/4
양념		
– 가는소금		약간(PM)
– 후춧가루		약간(PM)
– 카옌 고추		약간(PM)
평균 준비 시간 : 2시간 30분		
무슬린 평균 가열 시간 : 12~14분		

 **만드는 방법**

1. 조리 작업 기구 준비하기 – 5분
레시피대로 재료를 계량, 측정하고 작업에 필요한 도구들을 점검한다.

2. 모든 채소를 다듬고 씻기 – 15분

3. 당근, 호박, 양송이버섯, 빨간색 피망을 브뤼누아즈로 썰기 – 15분
각 면의 길이가 최대 3mm가 되도록 작은 주사위 모양으로 채소를 썬다. 호박은 초록색 부분만 사용한다.
필러를 사용해 빨간색 피망의 껍질을 벗긴다. 색깔을 유지하기 위해 뜨겁게 해서 껍질을 벗기지 않는다.
채소는 따로 삶아 단단함을 유지한다.
얼음물에 담근 후 물기를 꼼꼼하게 닦는다.
양송이버섯 브뤼누아즈에 소량의 버터와 레몬즙을 넣고 볶는다.

4. 중탕 용기에 슈미제하기 위한 당근과 호박에 세로 홈을 파 장식하고 얇게 썰기 – 15분
호박 껍질을 벗기지 말고 일정하게 세로 홈을 파 준비한다.
끓는 물에 당근과 호박의 얇은 조각을 데친다. 얼음물에 담근 후 키친타월로 물기를 꼼꼼하게 닦는다.

5. 다지는 기기 또는 블렌더의 다양한 부속품 냉각하기 – 2분
부속품을 냉장실에 둔다.

6. 대구를 손질하고 필레 뜨기 – 15분(p. 239/240 참조)
껍질을 벗기고 각 면이 약 3cm가 되는 조각으로 자른다.
생선에 양념을 하고 냉장실에 보관한다.
생선 뼈를 부수고 불순물을 제거한다.

7. 생선 육수 만들기 – 15분(p. 371/372 참조)

8. 무슬린 파르시 만들기 – 15분(p. 439~441 참조)
물기를 잘 뺀 채소 브뤼누아즈와 양송이버섯 브뤼누아즈 절반을 첨가한다.
주걱을 사용하여 조심스럽게 섞고 간을 확인한다.

9. 중탕용 그릇을 슈미제하고 채우기 – 10분
중탕용 그릇에 말랑말랑해진 버터를 바른다.
그릇 바닥과 옆면 또는 옆면에만 홈을 파 장식한 당근과 호박의 얇은 조각을 번갈아 깔아준다.
큰 깍지를 끼운 짤주머니를 사용해 무슬린 파르시를 중탕용 그릇에 채운다.
파르시가 중탕용 그릇 바닥까지 고르게 내려가도록 살살 두드린다.

10. 소스 만들기 – 15분
잘게 썬 셜롯에 버터를 넣어 볶는다.
화이트 와인으로 데글라세한 후 소스의 3/4을 졸인다.
생선 육수를 첨가하고 글레이즈 상태가 될 때까지 졸인다.

11. 무슬린을 익힐 준비하기 – 10분
압력 없는 찜기 또는 멀티 쿠커에서 12~14분 동안 익힌다.(중탕용 그릇의 두께에 따라)

12. 소스 마무리하기 – 15분
크림을 첨가하고 알맞은 농도가 될 때까지 다시 졸인다.
소스에 버터를 넣고 마무리한다.
차이나 캡에 거른 후 나머지 브뤼누아즈를 섞는다.

13. 대구 무슬린 차리기 – 10분
찜기에서 무슬린을 빼고 몇 분 동안 기다린다.
중탕용 그릇에서 꺼내 접시에 담는다.
정제 버터로 윤을 낸다.
무슬린 둘레에 소스를 두르고 브뤼누아즈를 골고루 뿌린다.
처빌 잎으로 장식한다.

FICHE 56

완성한 결과

대구 무슬린 아를르캥(Mousseline de merlan arlequin)

노일리 소스를 곁들인 대구 뽀삐에뜨
PAUPIETTES DE MERLU AU NOILLY

1. 조리 작업 기구 준비하기

2. 2.5kg의 대구를 손질하고 필레 뜨기

대구를 손질한 후 식품용 랩 2장 사이에 넣고 납작해지도록 두드린다.

3. 생선 뼈를 사용해 육수 만들기(p. 371/372 참조)

4. 무슬린 파르시 만들기(p. 439~441 참조)

250g의 대구 필레, 계란 1개의 흰자 절반, 150㎖의 생크림을 사용한다.

5. 막대 모양으로 채소 준비하기

3mm 정사각형 단면과 5~6cm 길이의 막대 모양이 되도록 200g의 당근, 200g의 초록색 부분의 호박, 필러로 껍질을 벗긴 빨간색 피망 200g을 쓴다.

막대 모양 채소를 따로따로 삶은 후 얼음물에 담가 식히고 키친타월로 꼼꼼하게 물기를 닦는다.

6. 대구 뽀삐에뜨 만들기

양념을 한 대구 필레에 무슬린 파르시를 바른다.(필레의 가장 흰 부분이 아래를 향하도록 둔다)

막대 모양 채소를 색깔별로 번갈아 배열해 쌓는다.

뽀삐에뜨 paupiettes를 돌돌 말고 식품용 랩으로 감싸 모양을 잡아준다.

7. 노일리 소스 만들기

화이트 와인 대신 노일리 와인을 사용하여 기본 만드는 방법대로 진행한다.

8. 대구 뽀삐에뜨 익힐 준비하기

멀리 쿠커에서 8~10분 동안 익힌다. 5분 동안 휴지시킨 후 요리를 낼 때 에스칼로프로 자른다.

9. 뽀삐에뜨 차리기

접시에 노일리 소스 sauce au Noilly를 바른다.

중앙에 뽀삐에뜨 3~4 조각을 담는다.

브로콜리, 삶은 감자 또는 볶은 토마토 등을 곁들여 낸다.

꽃 모양 파이로 장식한다.

준비 기구
- 정리용 사각 트레이 3
- 중간 크기 믹싱볼 1
- 절구공이 1
- 작은 소스용 거품기 1
- 믹서기 또는 고기 다지는 기기 1
- 큰 믹싱볼 1
- 체 1
- 강판 1
- 차이나 캡 1

조리 기구
- 중간 크기 자루냄비 2
- 중탕용 그릇 또는 다리올 틀 8
- 작은 소테팬 1

플레이팅 도구
- 둥근 접시
- 소스그릇과 받침
- 무늬 있는 장식용 종이
- 기본 접시

완성한 결과

노일리 소스를 곁들인 대구 뽀삐에뜨(Paupiettes de merlu au Noilly)

비슷한 요리 PLATS SIMILAIRES

랑구스틴을 넣은 가자미 연어 롤과 크레송 버터 소스 Enroulades de sole et de saumon aux langoustines, beurre au cresson (p. 441 참조)

- 올리브유에 볶은 랑구스틴 꼬리를 데친 시금치 잎으로 감싼다.
- 양념과 무슬린 파르시를 바른 가자미 필레 위에 시금치로 감싼 랑구스틴을 올린다.
- 돌돌 말아 식품용 랩으로 감싼 후 압력 없는 찜기에 익힌다.
- 크레송(물냉이) 엽록소를 추출해 응고시킨 것을 첨가해 졸인 화이트 와인 소스를 만든다.
- 데친 크레송 잎으로 장식한다.

싱할라 가자미 뽀삐에뜨 Paupiettes de sole cingalaise

- 가자미 필레에 무슬린 파르시를 바르고 반으로 접는다.
- 뽀삐에뜨를 적은 양의 육수에 삶는다.
- 뽀삐에뜨를 다듬고 크고 둥근 접시 위에 화관 모양으로 담는다.
- 접시 중앙에 필라프 밥을 담고 빨간색 피망과 초록색 피망을 채썰어 곁들인다.
- 졸인 육수를 기본 재료로 하고 카레를 첨가한 화이트 와인 소스를 가자미 필레에 바른다.

리슬링 송어
TRUITES AU RIESLING

리슬링 송어 Truites au riesling는 생선 육수와 리슬링 와인에 삶은 송어 요리이다. 육수를 글레이즈 상태가 될 때까지 졸여 크림을 넣고 버터로 마무리한 소스를 곁들여 낸다. 각각의 송어에 돌려 깎은 버섯과 꽃 모양 파이를 곁들여 제공한다.

추천 곁들임 요리 : 찐 감자 pommes vapeur, 삶은 감자 à l'anglaise, 윤을 낸 작은 채소 petits légumes glacés, 필라프 밥 riz pilaf, 초록색과 빨간색 탈리아텔레 파스타 tagliatelles vertes et rouges

8인분 재료	단위	양
기본 재료		
– 소분된 송어(8×250g)	kg	2
– 버터	g	40
– 셜롯	g	40
– 리슬링 와인	ml	200
생선 육수 FUMET DE POISSON		
– 버터	g	40
– 셜롯	g	40
– 양파	g	80
– 당근(선택사항)	g	80
– 생선 뼈	g	800
– 양송이버섯 자투리	g	약간(PM)
– 부케가르니	개	1
– 리슬링 와인	ml	100
– 통후추	g	약간(PM)
곁들임 GARNITURES		
꽃 모양 파이		
– 자투리 푀이타주 반죽	g	160
– 밀가루	g	약간(PM)
– 계란(노른자)	개	약간(PM)
돌려 깎은 양송이버섯		
– 돌려 깎기 할 매우 하얗고 단단한 양송이버섯 (8×20~25g)	g	160~200
– 레몬(개)	g	100
– 버터	g	20
– 송로버섯 8조각(선택사항)	g	20
소스 마무리		
– 크림	ml	400
– 버터	g	100
양념		
– 가는소금		약간(PM)
– 후춧가루		약간(PM)
평균 준비 시간 : 1시간 55분		
송어 평균 가열 시간 : 6~8분		

 **만드는 방법**

1. 조리 작업 기구 준비하기 – 5분
레시피대로 재료를 계량, 측정하고 작업에 필요한 도구들을 점검한다.

2. 송어 손질하기 – 30분(p. 239/240 참조)
송어의 물기를 꼼꼼하게 닦은 후 냉장실에 보관한다.

3. 아로마틱 가니쉬를 준비하고 생선 육수 만들기 – 20분(p. 371/372 참조)

4. 송어 요리 곁들임 준비하기 – 25분
푀이타주 반죽을 3mm 두께가 되도록 밀대로 민다.
반죽을 꽃 모양으로 자른다.(p. 634 참조)
계란물을 바른 후 220/230도 오븐에서 8~10분 동안 굽는다.
파이를 꺼내 제과용 그릴망 위에 올려둔다.
양송이버섯 머리를 다듬어 돌려 깎고 씻은 후 레몬즙을 뿌려둔다.
소금, 버터, 레몬즙을 넣은 끓는 물에 5~6분 동안 익힌다. 육수 속에 담가둔다.
송로버섯을 다듬은 후 8개의 얇은 조각으로 일정하게 자른다. 소량의 송로버섯즙 속에 담가둔다.

5. 송어를 익힐 준비하기 – 15분(p. 537~539 참조)
생선용 팬에 조리용 붓을 사용하여 버터를 바른다.
소금, 후추, 잘게 썬 셜롯을 뿌린다.
송어를 대각선 방향으로 담고 머리는 팬의 왼쪽 끝부분에 향하도록, 송어의 배쪽은 바깥을 향하도록 담는다.
리슬링 와인을 첨가한다.
식힌 생선 육수를 붓는다.
버터를 바른 유산지로 덮는다.
가스불에 끓이기 시작하고 6~8분 동안 170/180도 오븐에서 마무리한다.

6. 소스 만들기 – 10분(p. 375/376 참조)
송어가 잘 익었는지 확인한다.
송어를 익힌 육수를 큰 소테팬에 담고 글레이즈 상태가 될 때까지 졸인다. 버섯을 익힌 육수 소량과 크림을 넣어 다시 졸인다.(숟가락 뒷면에 소스를 발랐을 때 반짝이고 달라붙는 한 겹의 막이 생겨야 한다.)
불을 끄고 버터를 넣고 작은 거품기를 사용하여 유화시키며 소스를 마무리한다.
소스의 간을 확인한다.(소스는 차이나 캡에 거른다.)

7. 송어 껍질 벗기기 – 5분

8. 리슬링 송어 차리기 – 5분
접시에 대각선 방향으로 송어를 담고 머리는 왼쪽 끝을 향하게 하고 배쪽이 손님을 향하게 한다.
각각의 송어 위에 돌려 깎은 버섯을 올린다.
필요한 경우, 접시를 오븐에 데운다.
송어 머리를 덮지 않도록 유의하며 소스를 골고루 담는다.
접시 가장자리를 닦는다.
버섯 위나 옆에 송로 버섯 조각을 올린다.
꽃 모양 파이를 담고, 무늬가 있는 장식용 종이를 덮은 접시받침 위에 접시를 놓는다.

FICHE 57

완성한 결과

리슬링 송어(Truites au riesling)

리슬링 송어 수플레 TRUITES SOUFFLÉES AU RIESLING

1. **조리 작업 기구 준비하기**

2. **각각 250g의 송어 8마리를 손질하고 등을 절개해 뼈 제거하기**
   (p. 239~243 참조)

3. **생선 육수 만들기(p. 371/372 참조)**

4. **무슬린 파르시 만들기(p. 439~441 참조)**
   400g의 대구 필레, 계란 1개의 흰자 절반, 300ml의 휘핑크림을 사용한다.

5. **송어에 파르시 채우기**
   조리 작업대에 식품용 랩을 깐다. 같은 방향으로 송어를 모두 배열하고
   송어의 살을 벌려둔다.
   물기를 잘 닦고 양념한다.
   홈이 있는 큰 깍지를 끼운 짤주머니를 사용하여 파르시를 채운다.
   송어의 살을 다시 오므린다.

6. **송어를 팬에 올려 익힐 준비하기**
   생선용 팬에 버터를 바르고 소금, 후추, 잘게 썬 셜롯을 뿌린다.
   송어를 대각선 방향으로 담고 머리는 왼쪽 위쪽을 향하게 하고 배는
   자신을 향하게 한다.
   리슬링 와인과 식힌 생선 육수를 붓는다.
   끓이기 시작한다.
   버터를 바른 유산지로 덮는다.
   약 8~10분 동안 160/170도 오븐에서 마무리한다.

7. **소스 만들기(《리슬링 송어 Truites au riesling》 참조)**

8. **송어 껍질 벗기기**
   머리 아래에서 대각선으로 껍질에 칼집을 내고 꼬리에서 약 3cm 떨어진
   곳까지 절개한다.
   배쪽 부분 껍질도 모두 제거한다.

9. **리슬링 송어 수플레 차리기**
   송어를 접시에 담는다.
   필요한 경우 접시를 오븐에 데운다.
   송어의 배쪽 부분에 골고루 소스를 담는다.(껍질을 벗기지 않은 머리와
   꼬리 부분에는 소스를 바르지 않는다.)
   리슬링 송어 요리처럼 송로버섯 조각과 꽃 모양 파이로 장식한다.

준비 기구	조리 기구	플레이팅 도구
• 정리용 사각 트레이 3	• 중간 크기 자루냄비 2	• 타원형 생선용 팬(바이메탈) 또는 타원형 접시
• 작은 믹싱볼 1	• 작은 소테팬 1	• 타원형 접시받침
• 차이나 캡 1	• 큰 생선용 타원형 팬 1	• 무늬 있는 장식용 종이
• 작은 제과용 그릴망 1	• 중간 크기 소테팬 1	
• 꽃 모양 쿠키 틀(커터)1	• 제과용 오븐팬 1	
• 생선용 가위 1		
• 큰 믹싱볼 1		
• 도마 1		
• 작은 중탕냄비 1		

완성한 결과

리슬링 송어 수플레(Truite soufflée au riesling)

비슷한 요리 PLATS SIMILAIRES

송어 수플레 브레제 Truites soufflées à la hussarde
• 등쪽을 절개해 뼈를 제거한 송어에 잘게 썰어 데친 후 버터에 볶은 양파를
  첨가한 무슬린 파르시를 채워 넣는다.
• 잘게 썰어 버터에 볶은 양파를 한 겹 깔고 육수를 부어 서서히 끓이며
  송어를 삶는다.
• 졸여서 글레이즈 상태가 될 화이트 와인 소스를 만든다. 차이나 캡에 거른
  후 소스를 바르고 윤을 낸다.

몽골피에 송어 수플레 Truites soufflées Montgolfier
• 등쪽을 절개해 뼈를 제거한 연어 살빛의 송어에 송로 버섯을 첨가한
  무슬린 파르시를 채워 넣는다.
• 육수에 삶은 후 껍질을 벗기고 쿠르 부용에 익힌 바닷가재 에스칼로프와
  돌려 깎은 양송이버섯을 곁들여 낸다.
• 화이트 와인 소스를 바르고 각각의 송어 위에 송로 버섯 조각을 올린다.

디에프식 가자미 필레
FILETS DE SOLE DIEPPOISE

디에프식 가자미 필레 Filets de sole dieppoise는 생선 육수와 화이트 와인을 끓여 삶은 가자미 필레에 새우, 홍합 곁들임 요리, 돌려 깎은 양송이버섯을 곁들여 내는 요리이다. 가자미를 삶은 육수를 글레이즈 상태까지 졸여 크림을 넣고 버터로 마무리한 소스를 만든다.

추천 곁들임 요리 : 찐 감자, 삶은 감자 pommes vapeur à l'anglaise, 크레올 밥 riz créole, 새우를 넣은 필라프 밥 pilaf aux crevettes, 버터에 볶은 탈리아텔레 파스타 tagliatelles au beurre.

8인분 재료	단위	양
기본 재료		
– 가자미 필레(4×500~600g)	kg	2~2.4
– 버터	g	40
– 셜롯	g	40
– 화이트 와인	ml	100
가자미 육수 FUMET DE SOLE		
– 버터	g	40
– 셜롯	g	40
– 양파	g	80
– 당근(선택사항)	g	80
– 가자미 뼈	g	약간(PM)
– 부케가르니	개	1
– 양송이버섯 자투리	g	약간(PM)
– 통후추	g	약간(PM)
곁들임 GARNITURE		
– 껍질을 깐 새우	g	160
– 홍합	g	800
– 버터	g	20
– 셜롯	g	40
– 화이트 와인	ml	100
– 파슬리	g	20
– 돌려 깎을 양송이버섯	g	160~180
(20~25g 버섯 8개)		
– 버터	g	20
– 레몬(1/2개)	g	50
마무리		
– 크림	ml	400
– 버터	g	100
양념		
– 가는소금		약간(PM)
– 후춧가루		약간(PM)
평균 준비 시간 : 1시간 50분		
가자미 필레 평균 가열 시간 : 5~6분		

만드는 방법

1. 조리 작업 기구 준비하기 – 5분

레시피대로 재료를 계량, 측정하고 작업에 필요한 도구들을 점검한다.

2. 가자미 손질한 후 필레 뜨기 – 30분(p. 249~252 참조)

가자미 뼈를 부순 후 헹구고 흐르는 찬물에 몇 분 동안 씻어 불순물을 제거한다.

3. 아로마틱 가니쉬를 준비하고 가자미 육수 만들기 – 15분(p. 371/372와 다음 장《본팜므 가자미 필레 Filets de sole bonne–femme》참조)

4. 디에프식 곁들임 준비하기 – 25분

홍합 껍데기의 불순물을 긁어내고 깨끗이 씻는다.(물에 담가 놓지 않는다)

남은 셜롯을 잘게 썬다.

《홍합 마리니에르 Moules marinière》방법을 따라 홍합을 익힌다.(p. 906/907 **FICHE. 71** 참조)

양송이버섯을 다듬어 돌려 깎은 후 씻는다.

끓는 물에 소금, 버터, 레몬즙을 넣고 버섯을 넣어 5~6분 동안 익힌다. (익히는 동안 유산지를 덮어둔다.)

홍합의 물기를 잘 빼준 후 껍질을 벗겨 다듬는다.

홍합을 익힌 육수를 따르며 조심스럽게 거른다.

소량의 육수에 홍합을 담아둔다.

버섯을 익힌 육수에 버섯을 담아둔다.

5. 가자미 필레 익힐 준비하기 – 15분

생선용 팬에 조리용 붓을 사용하여 버터를 바른다.

소금, 후추, 잘게 썬 셜롯을 뿌린다.

가자미 필레를 식품용 랩 2장 사이에 두고 큰 칼 또는 고기망치를 사용하여 두드려 납작하게 만든다.

생선용 팬에 필레를 길게 또는 크기에 따라 반으로 접어 담는다.(껍질 있는 면이 아래를 향하도록 담는다.)

화이트 와인을 첨가한다.

식힌 생선 육수, 홍합 육수, 양송이버섯 육수 소량을 붓는다.

버터를 바른 유산지로 덮는다.

가스불에 끓이기 시작하고 5~6분 동안 170/180도 오븐에서 마무리한다.

6. 졸여서 화이트 와인 소스 만들기 – 10분(p. 483/484 참조)

소스의 간을 확인한다.(소스에 레몬즙 몇 방울을 넣어 산미를 줄 수도 있다.)

7. 디에프식 가자미 필레 차리기 – 5분

작은 소테팬에 홍합과 새우를 담는다.

홍합 육수 소량을 붓고 끓지 않도록 서서히 데운다.

접시에 대각선 방향으로 필레를 담는다.

필레 둘레에 물기를 꼼꼼하게 제거한 곁들임을 골고루 뿌린다.

각각의 필레 위에 돌려 깎은 양송이버섯을 올려 장식한다.

필요한 경우, 접시를 오븐에 데운다.

필레와 곁들임에 소스를 골고루 뿌린다.

접시 가장자리를 닦고 무늬가 있는 장식용 종이를 덮은 접시받침 위에 접시를 둔다.

* 베르무트 vermouth : 와인에 향료나 허브 등을 넣어 향미를 낸 와인의 일종

완성한 결과

디에프식 가자미 필레(Filets de sole dieppoise)

채썬 채소와 사프란을 곁들인 생선 쉬프렘

SUPRÊMES DE POISSON À LA JULIENNE DE LÉGUMES ET AU
SAFRAN(넙치 BARBUE, 광어 TURBOT, 달고기 SAINT-PIERRE, 대구
CABILLAUD, 북대서양 대구 LIEU JAUNE, 몰바대구(줄리엔)
JULIENNE 등등)

1. 조리 작업 기구 준비하기

2. 1인분에 140~150g의 비율로 필레 준비하여 에스칼로프로 썰기
쉬프렘을 냉장실에 보관한다.

3. 생선 육수 만들기
대량 급식 시 공장에서 생산한 생선 육수를 사용해도 좋다.

4. 채썬 채소 준비하기
150g의 당근, 150g의 대파 흰 부분, 150g의 매우 하얀 양송이버섯, 50g의
셀러리 줄기를 다듬어 씻고, 얇고 긴 조각으로 자른 호박 껍질을 준비한다.
모든 채소를 채썬다.(양송이버섯은 익히면 줄어들기 때문에 다른 채소보다
조금 더 굵게 채썬다.)

5. 채썬 채소 볶기
당근, 대파의 흰 부분, 셀러리에 버터를 넣어 볶는다.
양념한 후 한 꼬집의 설탕과 50ml의 생선 육수를 첨가한다.
소테팬을 유산지로 덮고 뚜껑을 잘 닫는다.
채소를 천천히 익힌다.
반쯤 익었을 때 레몬즙을 뿌린 양송이버섯을 채썰어 첨가한다.
끓는 물에 호박의 초록색 껍질 부분을 채썬 것을 담갔다가 즉시 건져
얼음물에 담가 식힌다.
키친타월 위에 올려 조심스럽게 물기를 제거한다.(끓는 물에 삶으면
호박의 초록색을 선명하게 유지할 수 있다.)

6. 푀이타주 반죽 자투리로 8개의 꽃 모양 파이 만들기(p. 634 참조)

7. 생선 쉬프렘을 팬에 올려 익힐 준비하기
생선용 팬에 버터를 바르고 소금, 후추, 잘게 썬 셜롯을 뿌린다.
쉬프렘을 살짝 포개어 담는다.
100ml의 화이트 와인 또는 베르무트 vermouth*와 500ml의 생선 육수를
붓는다.
가스불 위에 올려 끓이기 시작한다.
버터를 바른 유산지로 덮는다.
필레의 두께에 따라 6~8분 동안 170/180도 오븐에서 마무리한다.

8. 화이트 와인 소스 만들기
쉬프렘이 잘 익었는지 확인한다.
육수를 큰 소테팬에 옮긴다.
글레이즈 상태가 되도록 졸이고 300ml의 크림을 첨가한다.
적당한 소스 농도가 될 때까지 다시 졸인다.

사프란 몇 가닥을 첨가하고 100g의 버터로 소스를 마무리한다.
채를 썬 채소를 조금 첨가하고 소스의 간을 확인한다.

9. 생선 쉬프렘 차리기
버터를 바른 접시 위에 곁들임을 조금씩 담는다. 곁들임 위에 생선 필레를
올리고, 뼈와 닿았던 면이 곁들임 위에 얹어지도록 한다.
남은 소스를 골고루 뿌리고 꽃 모양 파이와 처빌 잎으로 장식한다.

준비 기구
• 정리용 사각 트레이 3
• 작은 믹싱볼 2
• 들통 1
• 작은 중탕냄비 1
• 생선용 가위 1

• 큰 믹싱볼 1
• 도마 1
• 차이나 캡 1
• 작은 소스용 거품기 1

조리 기구
• 작은 자루냄비 2
• 작은 소테팬 1

• 큰 생선용 타원형 팬 1
• 중간 크기 자루냄비 1

플레이팅 도구
• 타원형 생선용 팬(바이메탈) 또는 타원형 접시
• 타원형 접시받침

완성한 결과

채썬 채소와 사프란을 곁들인 생선 쉬프렘
(Suprêmes de poisson à la julienne de légumes et au safran)

비슷한 요리 PLATS SIMILAIRES

캉칼식 가자미 필레 Filets de sole cancalaise
• 가자미 육수, 버섯 육수, 굴을 삶은 육수를 사용해 가자미 필레를 삶는다.
• 육수를 졸이고 크림을 넣고 버터로 마무리한다.
• 껍질을 깐 새우와 삶은 후 손질한 굴을 곁들여 낸다.

페캉식 가자미 필레 Filets de sole fécampoise
• 가자미 필레에 껍질을 깐 랑구스틴 꼬리와(또는 손질한 굴) 주사위
모양으로 썬 새우를 곁들여 낸다.
• 새우 버터로 마무리한 화이트 와인 소스를 뿌린다. 꽃 모양 파이로
장식한다.

르아브르식 가자미 필레 Filets de sole havraise
• 가자미 필레에 화이트 와인 소스를 뿌린다.
• 요리 양쪽 끝에 빵가루를 입혀 튀긴 홍합을 담아낸다.

《크고 볼록한》 가자미 파이 Feuilleté de sole 《grand large》
• 배 모양 또는 생선 모양으로 만든 파이 속에 가자미 필레, 랑구스틴 꼬리,
가리비 관자, 새우, 홍합, 양송이버섯 《라구》를 레드 버터로 마무리한
화이트 와인 소스로 리에종하여 채운 요리이다.

본팜므 가자미 필레
FILETS DE SOLE BONNE-FEMME

본팜므 가자미 필레 Filets de sole bonne-femme는 잘게 썬 셜롯, 얇게 저민 양송이, 다진 파슬리, 생선 육수, 화이트 와인을 넣어 삶은 가자미 필레 요리이다. 이 육수를 졸여 크림과 버터를 넣고 마무리한 소스를 곁들여 낸다. 샐러맨더에 넣어 요리에 윤을 낸다.

추천 곁들임 요리 : 찐 감자, 삶은 감자 pommes vapeur à l'anglaise, 크레올 밥 riz creole, 버섯 필라프 밥 pilaf aux champignons, 버터에 익힌 탈리아텔레 파스타 tagliatelles au beurre

8인분 재료	단위	양
기본 재료		
– 가자미 필레(4×500~600g)	kg	2~2.4
– 버터	g	40
– 셜롯	g	40
– 양송이버섯	g	200
– 파슬리	g	40
– 화이트 와인	ml	100
육수 FUMET		
– 버터	g	40
– 셜롯	g	40
– 양파	g	80
– 당근(선택사항)	g	80
– 가자미 뼈	g	약간(PM)
– 양송이버섯 자투리	g	약간(PM)
– 부케가르니	개	1
– 통후추	g	약간(PM)
마무리		
– 크림	ml	400
– 버터	g	140
양념		
– 가는소금		약간(PM)
– 후춧가루		약간(PM)
평균 준비 시간 : 1시간 40분		
가자미 필레 평균 가열 시간 : 5~6분		

다른 방법으로 만드는 경우도 종종 볼 수 있다.
– 생선 벨루테 또는 뵈르 마니에를 사용하여 소스를 리에종 하는 방법
– 마무리하는 버터의 양을 줄이고 올랑데즈 소스 또는 휘핑크림을 소량 첨가하여 더 쉽게 글레이즈 하는 방법

 **만드는 방법**

1. 조리 작업 기구 준비하기 – 5분

레시피대로 재료를 계량, 측정하고 작업에 필요한 도구들을 점검한다.

2. 가자미 손질한 후 필레 뜨기 – 30분(p. 249~252 참조)

가자미 뼈를 부순 후 헹구고 흐르는 찬물에 몇 분 동안 씻어 불순물을 제거한다.

3. 아로마틱 가니쉬를 준비하고 가자미 육수 만들기 – 20분(p. 371/372 참조)

당근, 양파, 절반의 셜롯을 다듬어 씻고 얇게 썬다.

파슬리를 씻고 줄기를 떼어낸다. 부케가르니를 만든다.

생선 뼈를 헹구고 물기를 꼼꼼하게 닦는다.

자루냄비에 버터를 녹인다.

아로마틱 가니쉬를 색깔이 나지 않게 볶는다.

생선 뼈를 첨가하고 다시 살살 볶는다.

양송이버섯 자투리와 부케가르니를 첨가한다.

20~25분 동안 매우 약한 불에 끓이고, 필요한 경우 거품을 걷어낸다.

빻은 통후추를 첨가하고 육수를 압착하여 누르지 않고 차이나 캡에 거른다.

최대한 신속하게 육수를 식힌다.

4. 필레를 팬에 담기 – 25분(p. 482/483 참조)

남은 절반의 셜롯을 잘게 썬다. 파슬리를 으깬다.

양송이버섯을 다듬어 꼼꼼하게 씻은 후 얇게 썬다.

조리용 붓을 사용해 생선용 팬에 버터를 바른다.

으깬 파슬리와 얇게 썬 양파를 첨가한다.

가자미 필레를 자른 후 2장의 랩 사이에 넣고 큰 칼이나 고기망치를 사용해 두들겨 납작하게 만든다.

필레를 팬에 길게 담고, 크기가 큰 경우 반으로 접어 담는다.(껍질이 붙어 있던 면을 곁들임 위에 얹고 뼈 부분이 위를 향하도록 한다.)

화이트 와인을 첨가한다.

식힌 생선 육수를 붓는다.

버터를 바른 유산지로 덮는다.

5. 가자미 필레 익힐 준비하기 – 2분

가스불에 끓이기 시작하고 5~6분 동안 170/180도 오븐에서 마무리한다.

6. 소스 만들기 – 10분(p. 483~486 참조)

필레가 잘 익었는지 확인한다.

필레를 익힌 육수를 소테팬에 담고 글레이즈 상태가 될 때까지 졸인다.

크림을 넣어 다시 졸인다.(숟가락 뒷면에 소스를 발랐을 때 반짝이고 달라붙는 한 겹의 막이 생겨야 한다.)

불을 끄고 버터를 넣고 작은 거품기를 사용하여 유화시키며 소스를 마무리한다.

소스의 간을 확인한다.(소스에 레몬즙 몇 방울을 넣어 산미를 줄 수도 있다.)

7. 가자미 필레 차리기 – 8분

물기를 잘 닦은 가자미 필레와 곁들임을 바이메탈 생선용 팬 또는 긴 접시에 담는다.

소스를 골고루 뿌린다.

샐러맨더에 넣어 윤을 낸다.

무늬가 있는 장식용 종이를 덮은 접시받침 위에 접시를 둔다.

FICHE 59

완성한 결과

본팜므 가자미 필레(Filets de sole bonne—femme)

마가리 가자미 필레 FILETS DE SOLE MARGUERY

1. 조리 작업 기구 준비하기

2. 각각 500~600g 되는 가자미 필레 4개를 손질해 준비하기

3. 가자미 필레 뜨기(p. 249~252 참조)

4. 아로마틱 가니쉬를 준비하고 가자미 육수 만들기(《본팜므 가자미 필레 Filets de sole bonne—femme》 참조)

5. 마가리 곁들임 준비하기

   800g의 홍합을 물 속에 담그지 말고 껍질의 불순물을 잘 긁어낸 후 깨끗이 물로 닦는다.

   40g의 잘게 썬 셜롯, 20g의 버터, 20g의 다진 파슬리, 100ml의 화이트 와인을 넣고 홍합 마리니에르 방법에 따라 홍합을 익힌다.(p. 906/907 참조)

   200g의 푀이타주 반죽 자투리로 8개의 꽃 모양을 만든다.

   계란물을 바른 후 230/240도 오븐에 넣어 8~10분 동안 굽는다. 그릴망에 올려둔다.

   껍질을 깐 160g의 새우를 잘 헹군 후 물기를 닦는다.

   홍합껍질과 불순물을 제거한다.

   육수를 따라 체에 세심하게 거른다. 소량의 육수에 껍질을 제거한 홍합을 담아둔다.

6. 가자미 필레를 팬에 올려 준비하기

   생선용 팬에 버터를 바르고 소금, 후추, 잘게 썬 셜롯 40g을 뿌린다.

   팬에 필레를 길게 담는다.(크기에 따라 반으로 접어 담을 수도 있다)

   껍질이 붙어 있던 면이 아래쪽을 향하게 담는다.(뼈에 닿아있던 흰색 면이 위쪽을 향하게 한다)

   화이트 와인, 식힌 생선 육수와 소량의 홍합 육수를 붓는다.

7. 가자미 필레 익힐 준비하기

   가스불 위에 올려 끓이기 시작한다.

   버터를 바른 유산지로 덮는다.

   몇 분 동안 170/180도 오븐에 넣어 마무리한다.

8. 졸여서 소스 만들기(《본팜므 가자미 필레 Filets de sole bonne—femme》 참조)

9. 마가리 가자미 필레 차리고 윤내기

   접시에 가자미 필레를 대각선 방향으로 담는다.

   필레 둘레에 소량의 생선 육수를 넣어 데운 곁들임을 골고루 뿌린다.

   소스를 뿌리고 샐러맨더에 넣어 윤을 낸다.

   꽃 모양 파이로 장식한다.

준비 기구
- 정리용 사각 트레이 3
- 작은 믹싱볼 2
- 들통 1
- 작은 중탕냄비 1

- 생선용 가위 1
- 큰 믹싱볼 1
- 도마 1
- 차이나 캡 1
- 작은 소스용 거품기 1

조리 기구
- 작은 자루냄비 2

- 큰 소테팬 1
- 큰 생선용 타원형 팬 1

플레이팅 도구
- 타원형 생선용 팬(바이메탈) 또는 타원형 접시
- 타원형 접시받침

완성한 결과

마가리 가자미 필레(Filets de sole Marguery)

비슷한 요리 PLATS SIMILAIRES

베르시 생선 필레 Filets de poisson Bercy

- 생선 육수, 화이트 와인, 잘게 썬 셜롯과 다진 파슬리를 넣고 생선 필레를 삶는다. 육수를 졸인다. 버터를 넣어 마무리한 후 레몬즙 몇 방울을 첨가한다. 소스를 뿌리고 윤을 낸다.

폴리냑 가자미 필레 Filets de sole Polignac

- 화이트 와인, 생선 육수, 양송이버섯 육수를 넣어 필레를 삶는다. 양송이 버섯과 송로버섯을 채썰어 첨가한 화이트 와인 소스를 골고루 뿌린다. 샐러맨더에 넣고 윤을 낸다.

당땅 가자미 필레 Filets de sole d'Antin

- 《본팜므 가자미 필레 Filets de sole bonne—femme》에 껍질과 씨를 제거한 후 으깬 토마토를 곁들인다.

베로니크 가자미 필레 Filets de sole Véronique

- 생선 육수, 화이트 와인, 큐라소*, 레몬즙 몇 방울을 넣어 필레를 삶는다. 육수를 졸인 후 버터로 마무리한다. 필레를 화관 모양으로 담고 소스를 뿌린 후 윤을 낸다. 껍질과 씨를 제거한 포도(뮈스까) Muscat를 곁들여 낸다.

플로랑틴 생선 필레 Filets de poisson florentine

- 적은 양의 육수에 삶은 생선 필레를 헤이즐넛 버터로 볶은 시금치 한 겹 위에 담는다. 크림을 넣은 화이트 와인 소스를 뿌리고 샐러맨더에 넣어 윤을 낸다.

---

* 큐라소 curaçao : 오렌지로 만든 리큐르로 오렌지 껍질을 원료로 하여 과일 향이 풍부하다.

뒤글레레[*] 넙치 필레
FILETS DE BARBUE DUGLÉRÉ

뒤글레레 넙치 필레 fitlets de barbue dugléré는 으깬 토마토, 잘게 썬 양파와 셜롯, 다진 파슬리를 한 겹으로 깔고 생선 육수, 화이트 와인을 부어 삶은 넙치 필레 요리이다. 육수를 졸인 후 버터로 마무리한 소스를 곁들여 낸다.

추천 곁들임 요리 : 찐 감자, 삶은 감자 pommes vapeur à l'anglaise, 크레올 밥 riz créole, 필라프 밥 pilaf, 초록색과 빨간색 탈리아텔레 파스타 또는 허브를 넣은 탈리아텔레 파스타 tagliatelles vertes et rouges ou aux herbes

8인분 재료	단위	양
기본 재료		
– 넙치(1마리)	kg	2.4~2.8
또는		
– 1.6kg 넙치 2마리[1]	kg	3.2
– 버터	g	40
– 셜롯	g	40
– 양파	g	80
– 토마토	g	800
– 파슬리	g	40
– 화이트 와인	ml	100
넙치 육수 FUMET DE BARBUE		
– 버터	g	40
– 셜롯	g	40
– 양파	g	80
– 당근(선택사항)	g	80
– 넙치 뼈	g	약간(PM)
– 양송이버섯 자투리	g	약간(PM)
– 부케가르니	개	1
– 통후추	g	약간(PM)
양념		
– 가는소금		약간(PM)
– 후춧가루		약간(PM)
평균 준비 시간 : 1시간 20분		
넙치 필레 평균 가열 시간 : 5~6분		

[1] *2마리 작은 넙치를 사용할 때 손실률이 더 크다.*

[*] *아돌프 뒤글레레 Adolphe Dugléré(1805~1894)*
프랑스 요리사 아돌프 뒤글레레는 앙토넹 카렘 d'Antonin Carêe의 제자이다. 그는 《레 프레르 프로방소 Trois frères provençaux》와 카페 앙글레 Café Anglais의 총괄 셰프였다. 이곳은 현재 사라지고 없지만 프랑스 및 외국의 거물급 인사들과 그들의 화류계 여인들이 자주 찾았던 곳이다.

그는 다음과 같은 요리를 선보였다.
– 제르미니 Germiny 백작이자 재무장관이자 프랑스 은행 총재인 샤를 르 베그 Charles le Bègue를 위해 만든 제르미니 수프 comte de Germiny
– 유명한 화류계의 여인인 아나 데슬리옹 Anna Deslions을 위한 뽐 아나 pommes Anna
– 알뷔페라 Albuféra 공작이자 수쉐 Suchet 사령관에게 헌정된 알뷔페라 d'Albuféra 영계 요리
– 뒤글레레 농어와 가자미 요리 le bar et la sole Dugléré
알렉상드르 뒤마 페르 Alexandre Durras père는 아돌프 뒤글레레의 조언을 받아 그의 요리 대사전을 작성했다.

만드는 방법

1. 조리 작업 기구 준비하기 – 5분
레시피대로 재료를 계량, 측정하고 작업에 필요한 도구들을 점검한다.

2. 넙치 손질하기 – 10분(p. 254/255 참조)
생선을 다듬고 아가미, 내장을 제거한 후 흐르는 찬물에 몇 분 동안 씻어 불순물을 제거한다.
물기를 빼고 꼼꼼하게 물기를 닦는다.

3. 넙치 필레 뜨기 – 15분(p. 257/258 참조)
필레를 뜨고 껍질을 제거한다.
필레를 다듬은 후 《필레를 뜨고 남은 가장자리 부분 franges》을 다른 요리에 사용할 수 있도록 따로 보관한다.
필레를 살짝 두드리며 두께를 일정하게 한다.
1인분에 140/150g의 비율이 되도록 필레를 에스칼로프로 자르고 냉장실에 보관한다.
넙치 머리와 뼈를 부순 후 물에 헹구고 흐르는 찬물에 몇 분 동안 씻어 불순물을 제거한다.

4. 아로마틱 가니쉬를 준비하고 생선 육수 만들기 – 20분(p. 371/372 참조)

5. 넙치 필레를 팬에 올리기 – 15분(p. 482~484 참조)
남은 절반의 셜롯과 양파를 잘게 썬다.
파슬리를 으깬다.
토마토의 껍질과 씨를 제거하고 으깬다.
조리용 붓을 사용해 생선용 팬에 버터를 바른다.
소금과 후추를 뿌린다.
으깬 파슬리와 얇게 썬 셜롯과 양파를 뿌린다.
으깬 토마토를 첨가한다.
곁들임 재료 위에 넙치 필레를 올린다. 껍질이 붙어 있었던 면이 아래로 향하고, 흰살 부분이 위를 향하게 담는다.

6. 넙치 필레 익힐 준비하기 – 5분
생선용 팬에 화이트 와인을 첨가한다.
식힌 생선 육수를 붓는다.
버터를 바른 유산지로 덮는다.
가스 불에 끓이기 시작하고 5~6분 동안 170/180도 오븐에서 마무리한다.

7. 소스 만들기 – 10분
필레가 잘 익었는지 확인한다.
필레를 익힌 육수를 큰 소테팬에 담고 글레이즈 상태가 될 때까지 졸인다. (토마토가 소스를 빨갛게 만들 위험이 있으므로 소스를 거품기로 휘젓지 않는다.)
불을 끄고 버터를 넣어 소스를 마무리한다.
소스의 간을 확인한다.

8. 뒤글레레 넙치 필레 차리기 – 5분
넙치 필레를 살짝 포개어 접시에 담는다.
필레 둘레에 물기를 잘 뺀 곁들임을 두른다.
필요한 경우 접시를 데운다.
소스를 골고루 뿌리고 접시 가장자리를 잘 닦는다.

FICHE 60

완성한 결과

뒤글레레 넙치 필레(Filets de barbue Dugléré)

콩도르세 넙치 쉬프렘 수플레
SUPRÊMES DE BARBUE SOUFFLÉS CONDORCET

1. 조리 작업 기구 준비하기

2.2~2.4kg의 넙치를 손질한다.(p. 254/255 참조)

2. 필레 뜨기(p. 257/258 참조)

생선을 다듬는다. 잔뼈와 껍질을 모두 제거하고 1인분에 120~140g의 비율이 되도록 에스칼로프로 자른다.

3. 무슬린 파르시 만들기(p. 439~441 참조)

200g의 대구 필레, 계란 반 개의 흰자, 200ml의 휘핑크림으로 무슬린 파르시를 만든다.

4. 곁들임 준비하기

지름이 3.5~4cm 되는 《곁들임용 garniture》 작은 토마토 8개의 껍질을 제거한다.

일정한 두께의 얇은 조각으로 썰고 양념에 절인다.

지름이 3.5~4cm 되는 오이 400g을 씻어 껍질에 세로로 홈을 파 장식한다. (오이가 없을 경우 호박을 사용해도 좋다.)

2mm 두께로 일정한 모양의 조각이 되도록 자른다.

끓는 물에 20초 정도 데친 후 얼음물에 담가 식혀 키친타월 위에 올려 물기를 꼼꼼하게 닦는다. 오이를 양념한다.

5. 넙치 쉬프렘 파르시 만들기

식품용 랩을 조리 작업대 위에 깔고 그 위에 쉬프렘을 올린다.

쉬프렘에 양념한 후 무늬 없는 깍지를 끼운 짤주머니를 사용하여 얇은 한 겹의 무슬린 파르시를 바른다.

토마토와 오이를 《비늘 모양으로 en écailles》 번갈아 가며 배열한다.

6. 넙치 쉬프렘 팬에 올려 익힐 준비하기

생선용 팬에 버터를 바르고 소금, 후추, 잘게 썬 셜롯을 뿌린다.

팬 위에 넙치 쉬프렘을 조심스럽게 담는다.

100ml의 화이트 와인, 500ml의 생선 육수를 붓는다.

버터를 바른 유산지로 덮어 가스 불에 올려 끓이기 시작하고 170/180도 오븐에 십 분쯤 넣어 마무리한다.(일반 찜기 또는 멀티 쿠커에 넣어 익힐 수도 있다. 이러한 경우 소스는 따로 만든다.)

7. 소스 만들기

넙치 쉬프렘이 잘 익었는지 확인한다.

소테팬에 육수를 붓고 글레이즈 상태가 되도록 졸인다.

300ml의 크림을 첨가해 다시 졸인다.

100g의 버터를 작은 조각으로 잘라 소스에 넣어 마무리한다.

8. 넙치 쉬프렘 차리기

접시 바닥에 화이트 와인 소스를 뿌린다.

넙치 쉬프렘을 담고 정제 버터로 윤을 낸다.

처빌 잎으로 장식한다.

꽃 모양 파이로 장식한다.

준비 기구
- 정리용 사각 트레이 3
- 작은 믹싱볼 2
- 들통 1
- 작은 중탕냄비 1

조리 기구
- 작은 자루냄비 2

- 생선용 가위 1
- 큰 믹싱볼 1
- 도마 1
- 차이나 캡 1
- 작은 소스용 거품기 1

- 큰 소테팬 1
- 큰 생선용 타원형 팬 1

플레이팅 도구
- 타원형 생선용 팬 (바이메탈) 또는 타원형 접시
- 타원형 접시받침

완성한 결과

콩도르세 넙치 쉬프렘 수플레(Suprêmes de barbue soufflés Condorcet)

비슷한 요리 PLATS SIMILAIRES

아를르식 생선 필레 Filets de poisson arlésienne
- 버터에 볶은 잘게 썬 양파, 으깬 토마토, 다진 마늘, 으깬 파슬리를 깐 팬 위에 생선 필레를 올린다.
- 생선 육수를 붓고 익힌다. 육수를 졸이고 버터로 마무리한다.
- 돌려 깎아 볶은 호박과 양파 튀김 조각을 곁들인다.

포르투갈 생선 필레 Filets de poisson portugaise
- 뒤글레레 생선 필레에 얇게 저민 양송이버섯을 곁들인다. (샐러맨더에 넣어 윤을 낼 수도 있다. 이 경우 p.881 《당땅 가자미 필레 Filets de sole d'Antin》 참조)

헝가리 생선 필레 Filets de poisson hongroise
- 버터에 볶은 양파를 한겹 깔고 육수를 부어 삶은 생선 필레를 접어 담는다.
- 파프리카 가루를 뿌리고 화이트 와인으로 데글라세한 후 졸인다.
- 으깬 토마토를 첨가한다. 생선 육수를 붓는다.
- 육수를 졸이고 버터로 마무리한 후 소스를 필레에 뿌린다. 꽃 모양 파이로 장식하고 윤을 낸다.

아메리칸 소스 아귀
LOTTE À L'AMÉRICAINE

아메리칸 소스 아귀 Lotte à l'américaine는 생선 육수에 익힌 아귀 필레를 에스칼로프로 자른 후 갑각류로 만든 매운 소스를 곁들여 내는 요리이다.

추천 곁들임 요리 : 크레올 밥 riz créole, 필라프 밥 pilaf, 야생 쌀밥 riz pilaf et riz sauvage, 사프란을 넣은 리조토 risotto au safran, 오징어 먹물 페투치네 파스타 fettucines à l'encre, 허브를 넣은 탈리아텔레 파스타 tagliatelles aux herbes 등등

8인분 재료	단위	양
기본 재료		
– 아귀 꼬리 queue de lotte	kg	2.4
– 버터	g	40
– 셜롯	g	40
생선 육수* FUMET DE POISSON		
– 버터	g	40
– 셜롯	g	40
– 양파	g	80
– 당근(선택사항)	g	80
– 생선 뼈	g	약간(PM)
– 아귀 연골	g	약간(PM)
– 양송이버섯 자투리	g	약간(PM)
– 부케가르니	개	1
– 통후추	g	약간(PM)
아메리칸 소스 SAUCE AMÉRICAINE		
– 올리브유	ml	20
– 버터	g	20
– 갑각류 껍질	g	800
또는		
– 주름꽃게와 큰 게	g	800
– 당근	g	80
– 양파	g	80
– 셜롯	g	40
– 꼬냑	ml	40
– 화이트 와인	ml	80
– 토마토	g	400
– 토마토 페이스트	g	40
– 마늘(4쪽)	g	20
– 부케가르니	개	1
– 타라곤	단	1/4
소스 리에종(금색 루 또는 뵈르 마니에) **LIAISON DE LA SAUCE (ROUX BLOND OU BEURRE MANIÉ)**		
– 버터	g	40
– 밀가루	g	40
마무리		
– 버터	g	40
– 타라곤	단	1/4
– 처빌	단	1/4
– 꼬냑	ml	약간(PM)
양념		
– 가는소금		약간(PM)
– 후춧가루		약간(PM)
– 카옌 고추		약간(PM)
평균 준비 시간 : 1시간 35분		
아귀 필레 평균 가열 시간 : 18~22분		

만드는 방법

1. 조리 작업 기구 준비하기 – 5분
레시피대로 재료를 계량, 측정하고 작업에 필요한 도구들을 점검한다.

2. 아귀 준비하기 – 10분(p. 248/249 참조)
아귀 껍질을 벗기고 다듬어 손질한 후 2개의 필레를 뜬다.
물에 헹구고 물기를 꼼꼼하게 닦은 후 냉장실에 보관한다.
아귀 뼈(연골)를 부순 후 물에 헹구고 흐르는 찬물에 몇 분 동안 씻어 불순물을 제거한다.(p. 248/249 참조)

3. 아로마틱 가니쉬 채소를 모두 다듬어 씻기 – 10분

4. 생선 육수* 만들기 – 10분
반드시 생선 육수를 만들 필요는 없다. 아메리칸 소스에 아귀 뼈를 직접 첨가해도 된다.

5. 아메리칸 소스 만들기(p. 398~400 참조)
주름꽃게의 불순물을 제거하고 솔질하며 씻은 후 물기를 꼼꼼하게 닦는다.
당근과 양파를 브뤼누아즈로 가늘게 썬다.(작은 주사위 모양)
셜롯을 잘게 썰고 절반은 아귀 육수를 위해 따로 보관한다.
마늘의 싹을 제거하고 빻는다.
토마토를 으깬다.
부케가르니를 만든다.
큰 소테팬에 올리브유와 버터를 넣고 뜨겁게 달군다.
주름꽃게 또는 갑각류 껍질을 첨가한다.
갑각류 껍질이 선명한 빨간색이 될 때까지 센 불에 볶는다.
기름기를 제거하고 아로마틱 가니쉬를 첨가한다.
꼬냑으로 플랑베한다.
화이트 와인을 첨가하고 졸인다.
절구공이를 사용하여 갑각류 또는 주름꽃게 껍질을 부수고 빻는다.
생선 육수를 붓는다.(또는 생선 뼈를 첨가한다)
으깬 토마토, 토마토 페이스트, 마늘, 부케가르니, 타라곤을 첨가한다.
가는소금과 카옌 고추로 양념한다.
뚜껑을 닫고 30분 정도 끓인다. 필요한 경우 거품을 걷어낸다.

6. 아귀 필레를 익힐 준비하기 – 5분
버터를 바르고 소금, 후추, 잘게 썬 셜롯을 뿌린 생선용 팬에 아귀 필레를 담는다.
소량의 생선 육수를 붓고 버터를 바른 유산지로 아귀 필레를 덮는다.
오븐에 넣어(160/170도) 필레의 두께에 따라 18~22분 동안 익힌다.

7. 아메리칸 소스 완성하기 – 10분
위에서 압착하여 세게 누르며 소스를 차이나 캡에 거른다.
아귀 육수를 첨가하고 절반 정도의 양이 될 때까지 졸인다.
금색 루 또는 소량의 뵈르 마니에를 넣어 소스를 리에종한다.
10분 정도 다시 끓인다.
소스의 농도와 간을 확인한다.
소스를 차이나 캡에 거르고 버터로 마무리한다.
아메리칸 소스를 중탕냄비에 담아 뚜껑을 덮고 보관한다.

8. 아메리칸 소스 아귀 차리기 – 5분
아귀 필레를 에스칼로프로 자르고 접시에 살짝 포개어 담는다.
소스를 골고루 뿌리고 방금 다진 처빌, 타라곤을 뿌린다.

FICHE 61

완성한 결과

아메리칸 소스 아귀(Médaillons de lotte à l'américaine)

뉴버그 아귀 메다이옹 MÉDAILLONS DE LOTTE NEW—BURG

1. 조리용 작업 기구 준비하기

2. 아귀 준비하기(p. 248/249 참조)

2.4kg의 아귀의 껍질을 벗기고 손질한 후 필레로 준비한다.

필레를 물에 헹군 후 냉장실에 보관한다.

아귀 뼈를 부수고 불순물을 제거한다.

3. 생선 육수 만들기(《아메리칸 소스 아귀 Lotte à l'américaine》 참조)

4. 뉴버그 소스 만들기

아메리칸 소스를 만든다.(이전 페이지 참조)

꼬냑으로 갑각류 껍질을 플랑베하고, 200ml의 마르살라 marsala 와인으로
데글라세한 후 생선 육수를 붓기 전에 졸인다.

5. 아메리칸 소스 육수에 300g의 바다가재 꼬리 삶기

바닷가재 껍질을 제거하고 아메리칸 소스 육수와 마르살라 와인을 소량
넣어 삶은 후 육수 속에 따뜻하게 둔다.

6. 아귀 필레를 익힐 준비하기

소량의 생선 육수를 넣어 필레를 삶는다.

7. 필라프 밥 익히기(p. 500/501 참조)

8. 뉴버그 소스 완성하기

소스를 세게 압착하여 누르며 일반 체에 거른다.

뵈르 마니에로 리에종한다.

200ml의 휘핑크림을 첨가한 후 몇 분 동안 졸인다.

차이나 캡에 거른 후 중탕냄비에 담아 보관한다.

9. 뉴버그 아귀 메다이옹 차리기

접시 바닥에 뉴버그 소스를 골고루 뿌린다.

아귀 필레를 일정한 크기의 메달 모양으로 자른다. 접시에 두 조각씩
담는다.

동그란 틀에 넣어 모양을 만든 밥을 아귀 메다이옹 옆에 담는다.

바닷가재 꼬리를 얇게 슬라이스한다. 아귀 메다이옹 사이에 담는다.

꽃 모양 파이로 장식하고 요리를 따뜻하게 낸다.

준비 기구
- 정리용 사각 트레이 3
- 작은 믹싱볼 2
- 절구공이 1
- 차이나 캡 1

- 큰 믹싱볼 2
- 도마 1
- 일반 체 1
- 작은 중탕냄비 1

조리 기구
- 낮은 소스포트 1 또는
  큰 소테팬 1

- 중간 크기 소테팬 1
- 큰 생선용 타원형 팬 1

플레이팅 도구
- 타원형 생선용 팬(바
  이메탈)
- 타원형 접시받침
- 무늬 있는 장식용 종이

완성한 결과

뉴버그 아귀 메다이옹(Médaillons de lotte New—burg)

비슷한 요리 PLATS SIMILAIRES

아메리칸 소스 가자미 필레 Filets de sole à l'américaine
- 화이트 와인과 생선 육수를 붓고 가자미 필레를 삶는다.
- 둥글고 큰 접시 위에 화관 모양으로 필레를 담는다. 각각의 필레 위에
  아메리칸 소스를 곁들인 바닷가재 에스칼로프를 올린다.
- 바닷가재 아메리칸 소스를 골고루 뿌린다.

그리말디 가자미 필레 Filets de sole Grimaldi
- 크림을 넣고 가재와 송로버섯 브뤼누아즈를 첨가한 진한 낭투아 소스의
  스파게티를 둥근 지붕 모양으로 담고 그 둘레에 화관 모양으로 가자미
  필레를 담는다.
- 가자미 필레에 낭투아 소스를 골고루 뿌린다.
- 각각의 가자미 필레 위에 얇은 조각의 송로 버섯을 올린다.

보마누아르 가자미 필레 Filets de sole Beaumanoir
- 적은 양의 육수를 넣어 가자미 필레를 삶는다.
- 절반은 화이트 와인 소스를, 절반은 아메리칸 소스를 뿌린다.
- 삶아서 손질하여 생선 글레이즈를 입힌 후 빵가루를 입혀 튀긴 굴을
  곁들인다.
- 각각의 가자미 필레 위에 얇은 조각의 송로 버섯을 올린다.

뉴버그 가자미 필레 Filets de sole New-burg
- 마르살라 와인 또는 마데이라 madère 와인과 생선 육수를 넣어 가자미
  필레를 삶는다.
- 크림을 첨가하고 졸인 가자미 필레 육수를 넣은 아메리칸 소스를 골고루
  뿌린다.
- 뉴버그 바닷가재 에스칼로프를 곁들인다.

루앙식 가자미
SOLES ROUENNAISE

루앙식 가자미 Soles rouennaise는 생선 육수와 레드 와인, 화이트 와인을 넣어 익힌 가자미에 삶은 굴, 껍질을 까서 손질한 홍합, 새우, 양송이버섯, 튀긴 바다빙어를 곁들여 내는 요리이다. 육수를 글레이즈 상태까지 졸여 버터로 마무리한 소스와 함께 낸다.

추천 곁들임 요리 : 찐 감자, 삶은 감자 pommes vapeur et à l'anglaise, 윤을 낸 작은 채소 petits légumes glacés, 버터를 넣은 탈리아텔레 파스타 tagliatelles au beurre

8인분 재료	단위	양
기본 재료		
– 소분한 가자미(8×250g)	kg	2
– 버터	g	40
– 셜롯	g	40
– 탄닌이 들어 있는 레드 와인	ml	100
레드 와인을 넣은 생선 육수 FUMET DE POISSON AU VIN ROUGE		
– 생선 육수	ml	40
기름기 없는 에스파뇰 소스 SAUCE ESPAGNOLE MAIGRE		
– 버터	g	40
– 셜롯	g	40
– 양파	g	100
– 당근	g	100
– 양송이버섯 자투리 arêtes de poissons maigres	g	약간(PM)
– 기름기 없는 생선 뼈	g	800
– 탄닌이 들어 있는 레드 와인	ml	500
– 리에종한 송아지 갈색 육수	ml	500
– 부케가르니	개	1
– 마늘(2톨)	g	10
– 버터	g	20
곁들임 GARNITURES		
– 바다 양식 굴 huîtres pleine mer M3	개	8
– 버터	g	20
– 셜롯	g	20
– 생선 육수	ml	100
– 화이트 와인	ml	50
– 홍합 moules de bouchot	g	800
– 버터	g	20
– 셜롯	g	40
– 파슬리	g	20
– 화이트 와인	ml	100
– 껍질 깐 새우	g	160
– 돌려 깎을 양송이버섯(20~25g의 버섯 8개)	g	160~200
– 버터	g	20
– 레몬(1/2개)	g	50
– 버터	g	20
– 바다빙어(8x50g) éperlans	g	400
– 밀가루	g	50
– 버터	g	40
소스 마무리		
– 버터	g	40
양념		
– 가는소금		약간(PM)
– 후춧가루		약간(PM)
평균 준비 시간 : 2시간		
가자미 평균 가열 시간 : 6~8분		

만드는 방법

1. 조리 작업 기구 준비하기 – 5분
레시피대로 재료를 계량, 측정하고 작업에 필요한 도구들을 점검한다.

2. 가자미 손질하기 – 15분(p. 249~251 참조)
가자미의 회색 껍질을 벗기고 흰색 껍질 부분의 비늘을 긁어낸다.
등쪽 필레 끝에서부터 시작해 복부 쿠분의 바닥까지 대각선으로 자르며 머리를 잘라낸다.
피가 묻은 부분을 제거한 후 얼음물에 몇 분 동안 담가 불순물을 제거한다.

물기를 꼼꼼하게 닦고 냉장실에 보관한다.

3. 레드 와인을 넣어 생선 육수 만들기 – 15분(p. 371/372 참조)
화이트 와인 대신 레드 와인을 육수에 넣는다.

4. 기름기 없는 에스파뇰 소스 만들기 – 15분
양파, 셜롯, 당근을 다듬어 씻은 후 얇게 썬다.
소테팬에 버터와 함께 살짝 노릇노릇한 색깔이 나도록 볶는다.
부순 후 불순물을 제거하고 물기를 뺀 생선 뼈를 첨가한다.
생선 뼈의 표면을 센 불에 익히기 위해 소테팬을 매우 뜨거운 오븐에 몇 분 동안 넣는다.
레드 와인으로 데글라세한 후 소스의 3/4을 졸인다.
리에종한 송아지 갈색 육수, 부케가르니, 빻은 마늘을 첨가한다.
30분 정도 천천히 끓이고 필요한 경우 거품을 걷는다.
위에서 눌러 압착하지 말고 차이나 캡에 거르고 버터로 마무리한 후 중탕냄비에 담아 뚜껑을 덮고 보관한다.

5. 곁들임 준비하기 – 40분
《마리니에르 à la marinière》 방법으로 홍합을 익히고(p.906/907 참조), 껍질을 제거하고 다듬는다. 육수에 담가 보관한다.
굴 껍데기를 까고 삶는다.(p. 266과 488 참조) 굴을 다듬고 육수에 담가 보관한다.
버섯을 돌려 깎은 후 끓는 물에 소금, 레몬즙, 버터를 넣고 익힌다. 물기는 빼지 않는다.
새우의 물기를 빼고 헹군다.
바다빙어의 내장을 제거하고 보관한다.

6. 가자미 익힐 준비하기 – 5분
생선용 팬에 버터를 바르고 소금, 후추, 잘게 다진 셜롯을 뿌린다.
가자미를 대각선 방향으로 담고, 흰색 껍질 부분이 위를 향하도록 한다.
레드 와인을 넣어 끓인 생선 육수와 레드 와인을 첨가한다.
가스 불에서 끓이기 시작한다.
버터를 바른 유산지를 덮는다.
170/180도 오븐에 넣어 6~8분 정도 익히며 마무리한다.

7. 소스 완성하기 – 5분
가자미가 잘 익었는지 확인한다.(가자미의 윗부분을 손가락으로 살짝 눌렀을 때 필레가 생선 뼈에서 분리되어야 한다.)
육수를 큰 소테팬에 붓고 절반 정도의 양이 될 때까지 졸인다.
기름기 없는 에스파뇰 소스를 첨가하고 필요한 경우 거품을 걷어낸다.

8. 곁들임 완성하기 – 10분
소량의 각각의 육수 속에 담겨있는 홍합, 새우, 굴을 데운다.
돌려 깎은 양송이버섯을 버터에 살짝 볶는다.
바다빙어에 소금을 뿌리고 밀가루를 입혀 정제 버터에 재빨리 볶는다.

9. 소스 마무리하기 – 5분
소스의 농도와 간을 확인한다.
차이나 캡에 거르고 버터로 마무리한 후(소스가 흰색으로 변할 위험이 있으므로 갈색 소스는 거품기로 젓지 않는다.) 잘 섞는다.

10. 루앙식 가자미 차리기 – 5분
가자미를 잘 다듬고 뼈의 끝부분을 뽑아낸다.
버터를 바른 크고 긴 접시에 대각선 방향으로 담는다.
굴, 홍합, 새우를 골고루 뿌린다.
소스를 조심스럽게 뿌린다.
돌려 깎은 양송이버섯과 볶은 바다빙어를 접시 양쪽 끝에 예쁘게 담는다.

완성한 결과

루앙식 가자미(Soles rouennaise)

부르고뉴식 광어 《찜》《ESTOUFFADE》 DE TURBOT, FAÇON BOURGUIGNONNE
(철갑 상어, 비악 상어 등등과 같은 단단한 살의 생선으로 만들 수 있다.
réalisable avec tous les poissons fermes : esturgeon, requin-taupe, ...)

1. 조리용 작업 기구 준비하기

2. 2.8~3kg의 광어 손질하기
필레를 뜨고 껍질을 벗긴 후 각 면이 4cm의 일정한 길이가 되도록 정육면체로 자른다.
손질한 광어는 냉장실에 보관한다.

3. 광어 뼈와 머리를 사용하여 기름기 없는 에스파뇰 소스 만들기(《루앙식 가자미 soles rouennaise》 참조)

4. 부르고뉴 곁들임 만들기
250g의 구슬양파를 갈색으로 윤을 낸다.
250g의 저염 라르동을 작게 썬다. 데친 후 건조해지지 않게 기름을 두르고 볶는다.
250g의 양송이버섯 에스칼로프를 라르동 기름에 볶는다.
160g의 식빵을 세모 모양으로 잘라 8개의 크루통을 만든다.
식빵에 버터와 계란물을 바르고 샐러맨더에 넣고, 마늘로 식빵을 문지른다.

5. 생선을 찔 준비하기
광어 조각에 소금, 후추를 뿌리고 밀가루를 입힌다. 여분의 밀가루가 뭉쳐져 있는 것을 방지하기 위해 체 위에 올려 가볍게 친다.
80g의 헤이즐넛 버터를 넣고 센 불에 볶는다. 광어 조각의 모든 면이 노릇노릇해져야 한다.
완성한 생선은 따로 담아둔다.

6. 소스 만들기
필요한 경우 소테팬의 기름기를 제거한다.
40g의 잘게 썬 셜롯을 첨가해 잠깐 볶는다.
400ml의 부르고뉴 레드 와인으로 데글라세한다. 소스의 2/3를 졸인다.
400ml의 기름기 없는 에스파뇰 소스를 첨가한다. 거품기로 휘젓지 않고 졸인 후 잘 섞는다. 소스의 농도와 간을 확인한다.
차이나 캡에 거른 후 다른 소테팬에 담는다.
광어 조각, 양송이버섯, 라르동을 첨가한다.
몇 분 동안 뭉근히 익힌다.
40g의 버터를 넣어 소스를 마무리한다.

7. 광어 《찜 l'estouffade》 차리기
접시 중앙에 둥근 지붕 모양으로 광어 조각을 담는다.
양송이버섯과 라르동을 골고루 뿌린다.

소스를 살살 뿌린다.
윤을 낸 구슬양파와 크루통을 예쁘게 담는다.
다진 파슬리를 살짝 뿌린다.

준비 기구

- 정리용 사각 트레이 3
- 작은 믹싱볼 2
- 들통 1
- 작은 중탕냄비 1

- 생선용 가위 1
- 큰 믹싱볼 1
- 도마 1
- 차이나 캡 1
- 작은 소스용 거품기 1

조리 기구
- 중간 크기 자루냄비 1
- 큰 소테팬 1

- 큰 생선용 타원형 팬 1

플레이팅 도구
- 타원형 생선용 팬(바이메탈) 또는 긴 타원형 접시
- 타원형 접시받침
- 무늬 있는 장식용 종이

완성한 결과

부르고뉴식 광어찜(Estouffade de turbot, façon bourguignonne)

비슷한 요리 PLATS SIMILAIRES

와인 상인의 가자미 Soles marchand de vin
- 레드 와인, 버터, 잘게 썬 셜롯을 넣고 가자미를 삶는다.
- 레드 와인을 넣은 생선 육수 또는 생선 글레이즈, 기름기 없는 에스파뇰 소스 sauce espagnole maigre(선택사항)를 넣어 글레이즈 상태가 될 때까지 졸인다.
- 버터를 넣어 소스를 마무리한 후 다진 파슬리를 첨가한다.
- 가자미에 소스를 뿌린다.

샹베르탱 가자미 Soles au chambertin
- 버터, 잘게 썬 셜롯, 샹베르탱 Chambertin 와인, 생선 글레이즈를 넣고 가자미를 삶는다.
- 소스를 졸이고 뵈르 마니에로 리에종한 후 버터로 마무리한다.
- 가자미에 소스를 뿌린 후 샐러맨더에 넣어 윤을 내고, 잘게 썬 가자미 생선살을 정제 버터에 볶아 접시 양쪽 끝에 담는다.

마콩식 가자미 필레 Filets de sole mâconnaise
- 버터, 잘게 썬 셜롯, 마콩 Mâcon 레드 와인, 레드 와인을 넣은 생선 육수를 넣어 가자미를 삶는다.
- 육수를 졸인다. 기름기 없는 에스파뇰 소스 sauce espagnole maigre를 첨가하고 버터로 마무리한다.
- 갈색으로 윤을 낸 구슬양파, 돌려 깎은 양송이버섯, 정제 버터에 튀긴 크루통(하트 모양)을 곁들여 낸다.

부르고뉴식 뱀장어 마틀로트[*]
MATELOTE D'ANGUILLES, FAÇON BOURGUIGNONNE

부르고뉴식 뱀장어 마틀로트 Matelote d'anguilles, façon bourguignonne는 레드 와인을 넣은 라구에 익힌 뱀장어 부르고뉴 특선 요리이다. 갈색으로 윤을 낸 구슬양파, 볶은 양송이버섯, 라르동, 튀긴 크루통을 곁들여 낸다.

추천 곁들임 요리 : 찐 감자, 삶은 감자 pommes vapeur et à l'anglaise, 버터를 넣은 탈리아텔레 파스타 tagliatelles au beurre, 크레올 밥 또는 필라프 밥 riz créole ou pilaf

8인분 재료	단위	양
기본 재료		
– 살아 있는 뱀장어(3x800g)	kg	2.4
– 버터	g	80
마리네이드(선택사항) MARINADE		
– 레드 와인 (부르고뉴산 레드 와인)	ml	80
– 부르고뉴산 마크 드 부르고뉴(포 도박) 브랜디	ml	40
또는 꼬냑 marc de Bourgogne ou cognac		
– 셜롯	g	40
– 양파	g	200
– 당근(선택사항)	g	100
– 마늘(4톨)	g	20
– 부케가르니	개	1
– 통후추	g	약간(PM)
육수 MOUILLEMENT		
– 마리네이드	ml	약간(PM)
– 생선 육수	ml	400
리에종 LIAISON		
뵈르 마니에		
– 버터	g	30
– 밀가루	g	30
또는		
– 기름기 없는 에스파뇰 소스	ml	400
마무리		
– 버터	g	40
– 파슬리	g	20
곁들임 GARNITURE		
– 염장(저염) 삼겹살	g	250
– 땅콩기름	ml	20
– 양송이버섯	g	250
– 구슬양파	g	250
– 버터	g	20
– 설탕	g	약간(PM)
– 식빵(4장)	g	160
– 버터	g	20
– 마늘(2톨)	g	10
양념		
– 가는소금		약간(PM)
– 후춧가루		약간(PM)
평균 준비 시간 : 1시간 45분		
평균 가열 시간 : 15~20분		

만드는 방법

1. 조리용 작업 기구 준비하기 – 5분
레시피대로 재료를 계량, 측정하고 작업에 필요한 도구들을 점검한다.

2. 뱀장어 준비하기 – 15분
뱀장어의 머리를 쳐서 기절시키고 피를 뽑고 산 채로 껍질을 벗긴다.
뱀장어의 머리를 끈으로 매단다.
머리 밑 부분에 원형 절개를 하고 주방용 행주를 사용하여 껍질을 아래로 당기며 벗겨낸다.
뱀장어를 손질한다. 배쪽을 절개해 내장을 제거한다.
뱀장어의 불순물을 제거하고 꼼꼼하게 헹군다.

3. 뱀장어를 토막내어 자르기 – 5분

머리와 꼬리 끝부분을 잘라낸다.
장어의 몸통 부분에 칼로 바둑판 모양으로 칼집을 낸다.(조리 중 변형 방지)
5~6cm 길이로 토막을 내 자른다.

4. 아로마틱 가니쉬와 마리네이드 준비하기 – 10분
양파, 셜롯, 당근을 다듬어 씻은 후 얇은 조각으로 썬다.
마늘을 다듬어 씻은 후 빻는다.
부케가르니를 만든다.

5. 뱀장어 토막을 마리네이드하기 – 5분
(필수는 아니며 뱀장어는 사전 마리네이드 없이 마틀로트로 요리해도 괜찮다.)
스테인리스 용기에 뱀장어 토막, 아로마틱 가니쉬, 레드 와인, 부르고뉴 포도박 브랜디 또는 꼬냑, 통후추를 담는다.
뚜껑을 덮어 3~4시간 정도 냉장실에 보관한다.

6. 생선 육수 만들기 – 15분(p. 371/372 참조)

7. 기름기 없는 에스파뇰 소스 만들기(선택사항) – 15분
(이 조리법에는 기름기 없는 에스파뇰 소스 sauce espagnole maigre 가 필수는 아니지만 마틀로트 소스에 뵈르 마니에보다 더 고운 질감의 리에종을 해줄 수 있다. 이전 페이지 참조)

8. 부르고뉴 곁들임 준비하기 – 30분
구슬양파를 갈색으로 윤을 낸다.
염장(저염) 삼겹살을 라르동으로 작게 썰고 데친 후 건조해지지 않게 기름을 두르고 볶는다.
양송이버섯 에스칼로프를 라르동 기름에 볶는다.
식빵을 하트 모양으로 자른다.
식빵 크루통에 버터를 바르고 오븐 또는 샐러맨더에 넣어 굽는다.
마늘로 식빵 크루통을 문지른다.

9. 마틀로트 익힐 준비하기 – 10분
뱀장어 토막과 곁들임의 물기를 잘 빼고 꼼꼼하게 닦는다.
살짝 노릇노릇하게 되도록 버터에 볶는다.(뱀장어 토막이 마리네이드 되어 있지 않은 경우, 밀가루를 묻혀 볶는다.)
아로마틱 가니쉬를 첨가하고 몇 분 동안 함께 볶는다.
마크 드 부르고뉴(포도박) 브랜디 또는 꼬냑으로 플랑베한다.
생선 육수와 부케가르니를 첨가한다.
생선 토막의 크기에 따라 약한 불에 15~30분 동안 익힌다.

10. 뱀장어 마틀로트 완성하기 – 10분
생선이 잘 익었는지 확인하고 덜어낸다.
육수를 절반 정도가 되도록 졸이고 기름기 없는 에스파뇰 소스를 첨가한다.
거품을 걷고 수시로 골고루 섞어주며 다시 졸인다.(기름기 없는 에스파뇰 소스를 넣지 않은 경우 마틀로트 소스에 뵈르 마니에를 넣고 리에종한다.)
소스를 뱀장어 토막 위에 붓는다.
라르동과 양송이버섯을 첨가한다.
몇 분 동안 뭉근히 끓인다.
버터로 소스를 마무리하고 간을 확인한다.

11. 마틀로트 차리기 – 5분
크고 움푹한 접시에 생선 토막을 골고루 담는다.
라르동, 양송이버섯, 구슬양파를 골고루 뿌린다.
소스를 살살 뿌린다.
다진 파슬리를 뿌리고 크루통으로 장식한다.

FICHE 63

완성한 결과

부르고뉴식 뱀장어 마틀로트(Matelote d'anguilles, façon bourguignonne)

욘 강가 《민물고기 화이트 와인 찜》 방식의 생선 마틀로트 마리니에르 MATELOTE DE POISSONS À LA MARINIÈRE, FAÇON 《POCHOUSE》 DES BORDS DE L'YONNE

1. 조리 작업 기구 준비하기

2. 생선 손질하기
《마틀로트용 à matelote》 민물고기 2.4kg을 손질한 후 토막 내고 불순물을 제거한다.(뱀장어 anguilles, 민물아귀 lottes de rivière, 곤들매기 brochets, 잉어 tanches, 퍼치 perches 등등이며 그 중 뱀장어의 양을 가장 많이 준비한다.)

3. 마틀로트 익히기 시작하기
생선 토막의 물기를 꼼꼼하게 닦는다.
살짝 노릇노릇해지도록 버터를 넣고 센불에 볶는다.
잘게 썬 100g의 셜롯, 200g의 양파를 첨가한다.
몇 분 동안 볶은 후 50ml의 부르고뉴 포도박 브랜디 de marc de Bourgogne 또는 꼬냑으로 플랑베한다.
부드러운 살 생선을 덜어내고 따로 보관한다. 소테팬에는 단단한 살 생선만 남겨둔다.
500ml의 샤블리 de chablis 와인을 붓는다. 2/3를 졸이고 500ml의 생선 육수와 부케가르니를 첨가한다.
양념한 후 뚜껑을 덮고 매우 약한 불에 12~15분 동안 끓인다.
조리 시간에 따라 따로 덜어두었던 생선 토막을 차례로 넣는다.

4. 곁들임 준비하기
250g의 돌려 깎은 양송이버섯 또는 에스칼로프를 삶는다.
250g의 구슬양파를 투명하게 윤을 낸다.
50g의 가재 8마리를 쿠르 부용에 삶는다.
8개의 하트 모양 크루통을 정제 버터에 튀기거나 자투리 푀이타주 반죽으로 8개의 꽃 모양 파이를 만든다.

5. 마틀로트 완성하기
생선 토막이 모두 잘 익었는지 확인한다.
다른 소테팬에 생선을 덜어둔다.
육수를 절반으로 졸인다.
400ml의 생선 벨루테와 200ml의 크림을 넣어 소스를 리에종 한다.
알맞은 소스의 농도가 되도록 다시 졸인다.
레몬즙 몇 방울을 넣어 산미를 주거나 양송이버섯 육수 소량을 첨가한다.
양송이버섯을 첨가하고 소스의 간을 확인한다.(요리사에 따라 소스를 벨루테로 리에종 하지 않고 크림과 계란 노른자를 섞어 리에종 하기도 한다.)

6. 마틀로트 차리기
크고 움푹한 접시에 생선을 담는다.
양송이버섯을 골고루 뿌린다.

소스를 살살 뿌린다.
윤을 낸 구슬양파와 가재, 크루통을 예쁘게 담는다.

준비 기구
- 정리용 사각 트레이 3
- 작은 믹싱볼 2
- 들통 1
- 작은 중탕냄비 1

- 생선용 가위 1
- 큰 믹싱볼 1
- 도마 1
- 차이나 캡 1
- 작은 소스용 거품기 1

조리 기구
- 큰 소테팬 2 또는 소테팬 1, 작은 소스포트 1

1
- 작은 소테팬 1
- 작은 프라이 팬 1

플레이팅 도구
- 채소용 접시 또는 긴 타원형 접시
- 접시받침
- 무늬 있는 장식용 종이

완성한 결과

욘 강가 《민물고기 화이트 와인 찜 pochouse》 방식의 생선 마틀로트 마리니에르(Matelote de poissons à la marinière, façon 《pochouse》 des bords de l'Yonne)

비슷한 요리 PLATS SIMILAIRES

뫼니에르 마틀로트 Matelote à la meunière
- 마틀로트에 레드 와인을 넣고 뵈르 마니에로 리에종한다.
- 쿠르 부용에 삶은 가재와 정제 버터에 튀기고 마늘을 문지른 하트 모양 크루통을 곁들여 낸다.

노르망디식 마틀로트 Matelote à la normande
- 바다 생선만 준비해 손질해서 토막낸다.(붕장어 congres, 성대 grondins, 가자미 필레 에스칼로프 escalopes de filets de sole, 광어 필레 에스칼로프 de turbot 등등)
- 버터를 넣어 생선을 익히고 잘게 썬 셜롯과 브뤼누아즈 썰기한 사과를 첨가한다. 천천히 볶은 후 칼바도스로 플랑베하고 사과주를 붓고 졸인 후 생선 육수, 양송이버섯 육수, 홍합과 굴을 삶은 육수를 첨가한다.
- 끓인 후 생선을 덜어내고 육수가 글레이즈 상태가 되도록 졸인다. 크림을 넣고 다시 졸인다. 버터로 마무리한 후 차이나 캡에 거른다.
- 껍질을 제거한 홍합 마리니에르, 삶아서 다듬은 굴, 돌려 깎은 후 데친 양송이버섯, 쿠르 부용에 삶은 가재, 정제 버터에 튀긴 크루통을 곁들여 낸다.
- 갈색으로 윤을 낸 구슬양파, 돌려 깎은 양송이버섯, 정제 버터에 튀긴 크루통(하트 모양)을 곁들여 낸다.

---

* 마틀로트 Matelote : 프랑스의 스튜 요리. 잉어나 뱀장어의 내장 등 비린내 나는 어육류를 포도주와 향신료를 많이 넣고 고아 향미 높게 만드는 것이 특징이다. 양파와 제철의 채소를 얇게 썰어 볶은 것을 함께 넣고 포도주, 수프, 향신료, 조미료를 넣어 푹 끓인다.

그릴에 구운 가자미와 안초비 버터

SOLES GRILLÉES, BEURRE D'ANCHOIS

그릴에 구운 가자미와 안초비 버터 Soles grillées, beurre d'anchois는 양념하여 그릴에 구운 가자미에 안초비 퓨레로 풍미를 준 버터를 곁들여 내는 요리이다.

추천 곁들임 요리 : 찐 감자 또는 삶은 감자 pommes vapeur ou à l'anglaise; 펜넬 뫼니에르 fenouil, 엔다이브 뫼니에르 endives meunière; 니스식 라따뚜이 ratatouille niçoise, 프로방스식 그라탱 gratin provençal, 피스투 펜네 파스타 pennes au pistou

8인분 재료	단위	양
기본 재료		
– 소분된 가자미(8x250g)	kg	2
– 밀가루(선택사항)	g	약간(PM)
– 그릴용 식용유	ml	40
마리네이드		
– 식용유	ml	100
– 레몬(1개)	g	100
– 타임과 월계수잎	g	약간(PM)
안초비 버터		
– 버터	g	160
– 기름 속에 저장된 안초비	g	80
장식		
– 레몬(4+2)	g	600
– 파슬리	g	40
양념		
– 가는소금		약간(PM)
– 후춧가루		약간(PM)
평균 준비 시간 : 1시간 30분		
평균 가열 시간 : 8~10분		

만드는 방법

1. 조리 작업 기구 준비하기 – 5분
레시피대로 재료를 계량, 측정하고 작업에 필요한 도구들을 점검한다.

2. 가자미 손질하기 – 30분(p. 249~251 참조)
회색 껍질 부분을 벗기고 흰색 껍질 부분의 비늘을 긁어낸다.
불순물을 제거하고 물기를 빼고 닦은 후 냉장실에 보관한다.

3. 즉석 마리네이드 준비하기 – 7분
정리용 사각 트레이에 식용유, 껍질을 칼로 제거한 후 얇은 조각으로 자른 레몬, 잘게 빻은 타임과 월계수 잎을 담는다.

4. 장식 재료 준비하기 – 10분
파슬리를 씻어 줄기를 떼고 보관한다

4개의 레몬을 씻은 후 톱니 모양으로 잘라 반으로 나눈다.
레몬을 씻고 껍질에 세로 홈을 내어 장식하고 둘로 나누고 추가로 2개의 레몬은 접시의 꽃장식을 위해 얇게 슬라이스한다.

5. 안초비 버터 만들기 – 10분
안초비 필레와 버터를 체에 거르거나 믹서기로 간다.
버터를 주걱으로 잘 섞는다.
말랑말랑해진 버터를 실온에 보관한다.

6. 가자미 익힐 준비하기 – 20분(p. 556/557 참조)
그릴을 솔질하며 꼼꼼하게 닦고 기름을 바른다.
키친타월로 가자미의 물기를 꼼꼼하게 닦는다.
가는소금과 후춧가루로 양념한다.

첫 번째 방법
가자미를 마리네이드에 담갔다가 그릴 위에 대각선 방향으로 올린다.
흰색 껍질 부분이 그릴에 먼저 닿도록 올린다.
격자무늬를 내기 위해 90도씩 돌려가며 굽는다.
뒤집어서 다른 면에도 격자무늬를 내며 굽는다.
기름을 바른 팬에 가자미를 올리고 남은 마리네이드를 솔로 바른다.
몇 분 동안 오븐에 넣어 마무리한다.

두 번째 방법
가자미에 밀가루를 바르고 밀가루가 뭉쳐진 부분을 털어내기 위해 살살 흔들어준다.
흰색 껍질 부분이 그릴에 닿도록 《양념을 하지 않은 à sec》 가자미를 대각선 방향으로 올린다.
격자무늬를 내기 위해 90도씩 돌려가며 굽는다.
포크를 사용해 뒤집어서 다른 면에도 격자무늬를 내며 굽는다.
기름을 바른 팬에 가자미를 올리고 마리네이드를 솔로 바른다.
몇 분 동안 오븐에 넣어 마무리한다.

7. 그릴에 구운 가자미 차리기 – 8분
처음 격자무늬를 낸 흰색 껍질 부분이 위를 향하고 머리가 접시 왼쪽 끝을 향하도록 대각선 방향으로 가자미를 접시에 담는다.
장식 재료를 담는다.(파슬리 다발과 톱니 모양을 내 반으로 자른 레몬)
그릴에 구운 가자미에 뵈르 퐁듀(녹인 버터)를 조리용 붓으로 바르며 윤을 낸다.
소스그릇에 안초비 버터를 담는다.

오븐에 가자미를 구울 때 주의할 점

오븐에서 가자미 익히기를 마무리할 때 가자미 꼬리 끝을 얇은 감자 조각 2개 사이에 넣어 보호한다. 단단한 살의 생선과 지방이 많은 생선(연어 saumon, 광어 turbot, 농어 bar, 도미 daurade, 정어리 sardine, 고등어 maquereau)에는 절대 밀가루를 묻히지 않는다. 이러한 생선은 마리네이드에 담근 후 직접 그릴에 올려 굽는다. 가자미에는 반드시 밀가루를 묻힐 필요는 없다. 생선에 밀가루를 묻히는 이유는 주로 그릴의 품질과 효율적인 환기를 위한 것이다. 가자미에 밀가루를 묻힌 후 《양념을 하지 않고 à sec》 구우면 생선 냄새가 나는 연기가 덜 생긴다.

FICHE 64

완성한 결과

그릴에 구운 가자미와 안초비 버터(Soles grillées, beurre d'anchois)

그릴에 구운 니스식 작은 노랑촉수
PETITS ROUGETS GRILLÉS NIÇOISE

1. 조리 작업 기구 준비하기

2. 각각 150g의 노랑촉수 16마리 손질하기
손질한 생선은 냉장실에 보관한다.

3. 토마토 퐁듀 만들기
잘 익은 토마토 800g의 껍질과 씨를 제거하고 으깬다.
40g의 잘게 썬 양파, 40ml의 올리브유, 마늘 2톨, 작은 부케가르니를 넣어
토마토 퐁듀를 만든다.
다 끓인 후 다진 타라곤을 약간 첨가한다.

4. 안초비 버터 만들기(《그릴에 구운 가자미와 안초비 버터 Soles grillées, beurre d'anchois》 참조)
160g의 말랑말랑한 버터와 80g의 기름 속에 저장된 안초비 필레를
사용한다.

5. 장식 재료 만들기
레몬 2개의 껍질을 칼로 제거하고 일정한 모양의 얇고 둥근 조각 16개로
썬다.
니스산 de Nice 블랙 올리브 16개의 씨를 제거하고 안초비 필레로
올리브를 두른다.(감싼다)
둥근 레몬 조각 위에 안초비를 감싼 올리브를 올린다.

6. 노랑촉수 그릴에 굽기
생선을 마리네이드에 담근 후 양면에 격자무늬가 나도록 그릴에 굽는다.
생선에 양념한다.
필요한 경우 오븐에서 마무리한다.

7. 니스식 노랑촉수 차리기
접시 바닥에 토마토 퐁듀를 한 겹 담는다.
1인당 2마리의 생선이 되도록 머리는 왼쪽에 생선의 배 부분이 손님 쪽을
향하도록 대각선 방향으로 담는다.
정제 버터로 윤을 낸다.
각각의 생선 위에 안초비로 감싼 올리브를 올린 둥근 레몬 조각을 올린다.

- 큰 믹싱볼 1
- 들통 1
- 체와 절구공이

준비 기구
- 정리용 사각 트레이 3
- 작은 믹싱볼 2
- 도마 1
- 생선용 가위 1

조리 기구
- 그릴 1
- 큰 생선용 직사각형

팬 1

플레이팅 도구
- 크고 긴 접시 또는 긴 타원형 접시
- 소스그릇과 받침
- 무늬 있는 장식용 종이

완성한 결과

그릴에 구운 니스식 작은 노랑촉수(Petits rougets grillés niçoise)

비슷한 요리 PLATS SIMILAIRES

그릴에 구운 마르세이유식 도미 Daurades grillées marseillaise
- 도미 배 부분을 펜넬로 채운다.
- 식용유, 레몬, 타임, 월계수 잎, 펜넬로 마리네이드한다.
- 그릴에 굽는다. 오븐에서 마무리한다. 토마토 퐁듀와 마늘 한꼬집을 첨가한 메트르 도텔 버터를 곁들여 낸다.
- 튀긴 감자 칩과 안초비 필레로 감싼 올리브를 올린 토마토 볶음과 함께 제공한다.

그릴에 구운 연어 다른과 겨자 소스 Darnes de saumon grillées, sauce moutarde
- 연어 다른을 마리네이드하고 그릴에 굽는다.
- 요리를 제공하기 직전에 올랑데즈 소스에 겨자 한 스푼을 첨가해 서비스한다.

그릴에 구운 고등어와 생말로 소스 Maquereaux grillés, sauce Saint-Malo
- 고등어 등 부분을 절개해 열고(p. 902 《튀김옷 입힌 대구구이 Merlans à l'anglaise》 참조) 그릴에 굽는다.
- 겨자를 첨가한 화이트 와인 소스에 안초비 에센스 몇 방울을 뿌려 서비스한다.

그릴에 구운 아귀 연어 꼬치와 갑각류 버터 Brochettes de lotte et de saumon grillées, beurre de crustacés
- 얇게 썬 훈제 베이컨으로 감싼 스페인 홍합과 아귀와 연어 조각을 번갈아 꼬치에 끼운다.
- 꼬치에 기름을 살짝 바르고 그릴에 굽는다.
- 갑각류 버터를 곁들여 낸다.

레몬을 곁들인 가자미 또는 대구 튀김
SOLES OU MERLANS FRITS AU CITRON

레몬을 곁들인 가자미 또는 대구 튀김 Soles ou merlans frits au citron은 우유 또는 맥주에 담갔다 밀가루를 묻혀 튀긴 가자미 또는 대구 요리이다. 생선 튀김은 튀긴 파슬리와 톱니 모양으로 자른 레몬을 곁들여 낸다.

추천 곁들임 요리 : 호박 튀김 beignets de courgettes, 가지 튀김 d'aubergines, 양파 튀김 oignons frits, 파슬리를 뿌린 찐 감자와 삶은 감자 pommes vapeur, à l'anglaise, persillées

8인분 재료	단위	양
기본 재료		
– 대구(8×250g)	kg	2
또는		
– 소분된 가자미(8×250g)	kg	2
– 우유	ml	200
또는		
– 맥주	ml	200
– 밀가루*	g	200
생선 튀김 FRITURE À POISSON		
– 튀김용 기름	ml	약간(PM)
마무리		
– 레몬(4개)	g	400
– 파슬리	g	80
양념		
– 가는소금		약간(PM)
평균 준비 시간 : 1시간 10분		
평균 가열 시간 : 5~6분		

* 밀가루의 양이 많아 보이지만, 생선에 알맞게 밀가루를 묻히는데 필요한 양이다.

복부에 구멍이 뚫리지 않도록 조심한다.
흐르는 물에 대구를 헹군 후 냉장실에 보관한다.
가자미의 회색 껍질 부분을 벗기고 손질한다.
흰색 껍질 부분의 비늘을 긁어낸다.
아가미를 빼내고 핏덩이를 제거하고 《이리 laitances》가 있다면 제거한다.
몇 분 동안 흐르는 물에 불순물을 제거하고 물기를 뺀다.
가자미를 냉장실에 보관한다.

3. 마무리 재료 준비하기 – 15분
파슬리를 씻고 줄기를 떼어 키친타월 위에 올려 둔다.
레몬을 톱니 모양으로 잘라 반으로 나눈다.

4. 파슬리 튀기기 – 5분
사용하지 않은 튀김용 기름에 약 5초 동안 파슬리를 담근다.
키친타월 위에 파슬리를 올린 후 소금을 뿌린다. 초록색을 잘 유지하고 바삭바삭해야 한다.(키친타월 위에서 파슬리의 수분이 완전히 제거되지 않으면 파슬리를 튀길 때 화상의 위험이 있으니 유의한다.)

5. 대구 또는 가자미 튀길 준비하기 – 10분(p. 582~583 참고)
키친타월로 생선의 물기를 꼼꼼하게 닦는다.
생선을 양념한다.(소금은 생선 속에 뿌린다.)
생선을 맥주 또는 소금을 넣은 우유에 담근다.
마지막에 밀가루를 묻히고 뭉친 부분이 없도록 살살 털어준다.
180도 기름에 5~6분 정도 튀긴다.(튀김 기름 속에서 생선 주위의 거품이 멈추고 생선이 노릇노릇해지며 튀김 기름 표면으로 떠올라야 한다.)
튀김망을 사용하여 조심스럽게 튀김 기름 속에서 생선을 들어올려 키친타월 위에서 기름기를 뺀다.
소금을 살살 뿌린다.

6. 대구 또는 가자미 튀김 차리기 – 5분
무늬 있는 장식용 종이로 덮은 크고 긴 접시 위에 대각선 방향으로 대구 또는 가자미 튀김을 담는다.
대구의 머리가 접시 왼쪽 위쪽을 향하게 하고 복부는 손님을 향하게 담는다.
가자미의 머리도 접시 왼쪽 위쪽을 향하게 하고 흰색 껍질 부분이 위로 향하도록 담는다.
생선 머리 옆에는 파슬리 튀김을 담고 생선 꼬리 옆에는 톱니 모양으로 자른 레몬을 둔다.

만드는 방법

1. 조리 작업 기구 준비하기 – 5분
레시피대로 재료를 계량, 측정하고 작업에 필요한 도구들을 점검한다.

2. 대구 손질하기 – 10분(또는 가자미 손질하기 – 30분)
(p. 239/240, 249~251 참조)
대구를 손질하고 내장을 제거한다.
복부를 2~3cm까지만 절개한다.
아가미를 조심스럽게 제거한다.

더 맛있는 가자미 또는 대구 튀김을 만들려면
– 《더욱 바삭바삭하고 plus croustillants》 맛있게 노릇노릇한 대구 튀김을 하려면 밀가루에 소량의 분유를 첨가하면 좋다.
– 튀김 기름이 식으면 필터에 거르고 튀김기를 레스토랑의 특별 지침에 따라 세척해야 한다.
– 생선 튀김은 타르타르 소스 또는 그리비슈 소스(마요네즈 소스에 다진 케이퍼 sauce mayonnaise additionnée de câpres, 오이 피클 허브를 첨가한 소스 de cornichons hachés et de fines herbes)를 곁들여 낼 수 있다.

FICHE 65

완성한 결과

레몬을 곁들인 대구 튀김(Merlans frits au citron)

화난 대구 튀김 MERLANS FRITS EN COLÈRE

1. 조리 작업 기구 준비하기

2. 각각 250g의 대구 8마리 손질하기

키친타월로 대구의 물기를 꼼꼼하게 제거한다.

생선 안쪽에 소금을 뿌린다.

나무 꼬치 또는 실을 사용하여 대구의 꼬리와 입을 연결한다.

3. 마무리 재료 준비하기

80g의 파슬리를 씻은 후 줄기를 떼어낸다. 튀기기 위해 키친타월 위에 올려 물기를 꼼꼼하게 제거한다.

레몬 4개를 톱니 모양으로 잘라 반으로 나눈다.

4. 파슬리 튀기기

앞서 나온 안전 수칙을 지키며 튀긴다.

5. 대구 튀기기

대구를 맥주 또는 소금을 뿌린 우유에 담근 후 밀가루를 묻힌다.

뭉친 밀가루를 살살 털어낸다. 180도 튀김 기름에 5~6분 동안 튀긴다.(생선이 노릇노릇해지고 튀김 기름 표면으로 떠올라야 한다.)

키친타월 위에 조심스럽게 덜어내고 다시 소금을 뿌린다.

나무 꼬치 또는 실을 제거한다.

6. 화난 대구 튀김 차리기

무늬 있는 장식용 종이로 덮은 크고 긴 접시 위에 화관 모양으로 대구 튀김을 담는다.

파슬리 튀김과 톱니 모양으로 자른 레몬을 예쁘게 담는다.

완성한 결과

화난 대구 튀김(Merlans frits en colère)

준비 기구
- 정리용 사각 트레이 3
- 큰 믹싱볼 1

- 작은 믹싱볼 1
- 도마 1
- 생선용 가위 1

조리 기구
- 튀김기 1

플레이팅 도구
- 크고 긴 접시 또는 긴 타원형 접시
- 무늬 있는 장식용 종이

비슷한 요리 PLATS SIMILAIRES

레몬을 곁들인 작은 생선 튀김 Petite friture au citron**(새끼 뱀장어** civelles, **뱅어 또는 바다빙어** blanchailles ou whitebaits, **바다빙어의 일종** éperlans, **모샘치** goujons, **고비 물고기** nonnats **등등)**

- 많은 양의 밀가루에 작은 생선을 넣은 후 체로 거른다.
- 살살 흔들어 밀가루가 뭉쳐 있는 부분을 제거한다.
- 180도 튀김 기름 속에 넣어 튀긴다.
- 냅킨 위에 수풀처럼 쌓아 담고 파슬리 튀김과 톱니 모양으로 자른 레몬을 곁들인다.

유태인식 대구 또는 송어 필레 튀김 Filets de merlan ou de truite à la juive

- 생선 필레를 튀김 반죽으로 감싼 후 180도 튀김 기름 속에 넣어 튀긴다.
- 타르타르 소스를 곁들인다.

오를리 대구 필레 튀김 Filets de merlan Orly

- 대구 필레를 가벼운 튀김 반죽으로 감싼다
- 180도 튀김 기름 속에 넣어 튀긴다.
- 타르타르 소스를 곁들인다.

타르타르 소스를 곁들인 뱀장어 튀김 Anguilles frites à la tartare

- 작은 뱀장어의 껍질을 벗기고 내장을 제거한다.
- 생선을 마리네이드하고 굴려서 밀가루를 묻힌다. 8자 모양을 만들고 꼬치로 고정한다.
- 튀긴 후 타르타르 소스를 곁들인다.

콜베르 소스를 곁들인 가자미 튀김
SOLES COLBERT

콜베르 소스를 곁들인 가자미 튀김 Soles colbert은 가자미를 손질해 밀가루, 계란물, 빵가루를 입혀 튀긴 요리이다. 가자미를 익혀 척추뼈를 제거하고 속에 뵈르 메트르 도텔 버터 beurre Maitre d'hotel를 채운 요리로, 톱니 모양으로 자른 레몬과 튀긴 파슬리를 곁들여 낸다.

8인분 재료	단위	양
기본 재료		
– 소분된 가자미(8×250g)	kg	2
– 밀가루	g	160
– 전란	개	3
– 식용유	ml	40
– 소금과 후추	g	약간(PM)
– 식빵	g	400
튀김 FRITURE		
– 튀김용 기름	ml	약간(PM)
뵈르 메트르 도텔 버터 BEURRE MAÎTRE D'HÔTEL		
– 버터	g	160
– 레몬(1/2개)	g	50
– 파슬리	g	40
– 소금과 후추	g	약간(PM)
마무리		
– 레몬(4개)	g	400
– 파슬리	g	80
양념		
– 가는소금		약간(PM)
– 후춧가루		약간(PM)
평균 준비 시간 : 1시간 25분		
평균 가열 시간 : 5~7분		

만드는 방법

1. 조리 작업 기구 준비하기 – 5분
레시피대로 재료를 계량, 측정하고 작업에 필요한 도구들을 점검한다.

2. 가자미를 손질하고 뼈 제거하기 – 25분(p. 249~251, 254 참조)
가자미를 손질하여 회색 껍질 부분을 벗기고 흰색 껍질 부분의 비늘을 긁어낸다.

아가미와 내장을 조심스럽게 제거한다.

씻고 물기를 뺀다.

가자미의 흰색 껍질 면이 도마에 닿도록 올린다.

중간에 칼집을 내어 가장자리로부터 필레가 분리되지 않도록 회색 껍질 부분의 필레를 뜬다.

가자미를 익힌 후 쉽게 뼈를 빼낼 수 있도록 뼈 양쪽 끝부분을 자른다.

가자미를 냉장실에 보관한다.

3. 가자미에 밀가루, 계란물, 빵가루를 입힐 재료 준비하기 – 10분
정리용 트레이에 체에 거른 식빵을 담아둔다.

계란 껍질을 깨고 양념한 후 포크 또는 작은 거품기를 사용하여 섞는다.

식용유를 첨가하고 계란물을 두 번째 정리용 트레이에 담아둔다.

세 번째 트레이에 밀가루를 골고루 뿌려 담아둔다.

4. 가자미에 밀가루, 계란물, 빵가루 입히기 – 15분(p. 454/455 참조)
가자미에 차례로 밀가루, 계란물, 체에 거른 빵가루 순서로 입힌다.(접힌 두 필레 사이에 빵가루가 붙지 않도록 유의한다. 가자미를 익힐 때 계란물이 응고되어 두 필레가 달라붙게 하기 때문이다.)

가자미의 두께를 일정하게 만들고 칼 등을 사용하여 격자무늬를 낸다.

가자미를 튀기기 전까지 냉장실에 보관한다.

5. 장식 재료를 준비하고 뵈르 메트르 도텔 버터 만들기 – 10분
파슬리를 씻어 줄기를 떼어내고 물기를 뺀 후 절반만 빻아 다진다.

남은 절반의 파슬리는 키친타월 위에 올려둔다.

레몬 반 개의 즙을 내고 작은 용기에 레몬즙을 담아둔다.

뵈르 메트르 도텔 버터 만들기 le beurre Maître d'hôtel

작은 믹싱볼에 버터를 넣고 주걱을 사용해 섞는다.

레몬 반 개의 즙과 다진 파슬리를 첨가한다.

가는소금과 후춧가루로 양념한다.

말랑말랑해진 버터를 상온에 보관한다.

레몬을 톱니 모양으로 잘라 반으로 나눈다.

6. 가자미 튀길 준비하기 – 15분
가자미를 180도 기름에 넣어 5~7분 정도 튀긴다.

키친타월 위에 올려 기름기를 뺀다.

칼끝을 사용하여 생선 뼈를 조심스럽게 빼낸다.

소금을 살살 뿌린다.

180도 기름에 파슬리를 몇 초 동안 튀기고 기름기를 뺀 후 소금을 알맞게 뿌린다.

7. 가자미 튀김 차리기 – 5분
무늬 있는 장식용 종이로 덮은 크고 긴 접시 위에 대각선 방향으로 가자미 튀김을 담는다. 가자미의 머리가 접시 왼쪽 윗쪽을 향하게 하고 복부는 손님을 향하게 담는다.

홈이 있는 깍지를 끼운 짤주머니로 뵈르 메트르 도텔 버터를 가자미의 움푹 파인 부분에 채운다.

가자미 머리 옆에는 파슬리 튀김을 담고 꼬리 옆에는 톱니 모양으로 자른 레몬을 둔다.

FICHE 66

완성한 결과

콜베르 소스를 곁들인 가자미 튀김(Soles Colbert)

타르타르 소스를 곁들인 막대 모양 가자미살 튀김
GOUJONNETTES OU MIGNONNETTES DE SOLE, SAUCE TARTARE

1. 조리 작업 기구 준비하기

2. 각각 600g의 가자미 필레 4개를 손질하고 흰색 및 회색 껍질 제거하기

3. 필레 뜨기(p. 251/252 참조)

필레를 깔끔하게 손질한다.

필레를 식품용 랩 2장 사이에 놓고 고기망치를 사용하여 두께가 일정해지도록 한다.

4. 필레를 막대 모양으로 썰기

필레를 도마 위에 올려놓는다.

대각선 방향으로 두께가 1.5~2cm, 길이가 8~10cm 되도록 일정한 막대 모양(두꺼운 채썰기)으로 자른다.

5. 막대 모양 생선 살에 밀가루, 계란물, 빵가루 입히기(p. 454/455 참조)

막대 모양 생선 살에 양념을 한 후 차례로 밀가루, 계란물, 체에 거른 빵가루 순서로 입힌다.

조리 작업대 위에 빵가루를 뿌리고 막대 모양 생선 살을 손바닥으로 굴려 규칙적인 원통형 모양으로 만든다.

유산지로 덮은 팬 위에 막대 모양 생선 살을 담아둔다.

6. 장식 재료 준비하기

80g의 파슬리를 씻은 후 줄기를 떼고 키친타월 위에 올려 물기를 뺀다.

레몬 4개를 톱니 모양으로 잘라 반으로 나눈다.

7. 타르타르 소스 만들기

20g의 파슬리를 다지고 물기를 제거한다.

처빌 1/6단과 타라곤 1/6단을 씻고 잎을 떼어 물기를 닦고 다진다.

골파 1/4단을 씻어 잘게 썬다.

40g의 케이퍼와 40g의 오이 피클을 다진다.

계란 2개의 노른자, 15g의 겨자, 20ml의 식초, 300ml의 식용유를 사용하여 마요네즈 소스를 만든다.

막대 모양 가자미 튀김을 제공하기 바로 직전에 마요네즈 소스에 곁들임 재료를 넣어 섞는다.(발효 방지를 위해)

소스의 간을 확인한다.

(일부 요리사는 잘게 썬 양파를 첨가하기도 한다.)

8. 파슬리 튀기기

파슬리에 소금을 뿌리고 키친타월 위에 올려 물기를 뺀다.

9. 막대 모양 가자미살 튀기기

180도 튀김 기름에 소량씩 넣어 튀긴다.

튀김망을 사용하여 건져내고 기름기를 빼고 알맞게 소금으로 간을 해준다.

10. 막대 모양 가자미살 튀김 차리기

냅킨 또는 무늬 있는 장식용 종이 위에 《덤불 buisson》처럼 튀김을 담는다.

파슬리 튀김과 톱니 모양으로 자른 레몬을 예쁘게 담는다.

소스그릇에 타르타르 소스를 담는다.

준비 기구
- 정리용 사각 트레이 3
- 작은 믹싱볼 1
- 튀김망 1

- 생선용 가위 1
- 큰 정리용 사각 트레이 1
- 큰 믹싱볼 1
- 도마 1
- 키친타월

조리 기구
- 튀김기 1

플레이팅 도구
- 크고 긴 접시 또는 긴 타원형 접시
- 소스그릇과 받침
- 무늬 있는 장식용 종이

완성한 결과

타르타르 소스를 곁들인 막대 모양 가자미살 튀김(Goujonnettes de sole, sauce tartare)

비슷한 요리 PLATS SIMILAIRES

호텔식 송어 또는 대구 튀김 Truites ou merlans à l'hôtelière
- 등쪽을 절개해 뼈를 제거한다. p.902 (**FICHE 70** 《튀김옷 입힌 대구구이 Merlans à l'anglaise》 참조)
- 밀가루, 계란물, 빵가루를 입혀 튀긴다.
- 수분이 없는 뒥셀을 첨가한 뵈르 메트르 도텔 버터, 톱니 모양으로 자른 레몬, 튀긴 파슬리를 곁들여 낸다.

미레이 소스를 곁들인 가자미 튀김 Soles frites Mireille
- 가자미를 튀긴다.(《콜베르 소스를 곁들인 가자미 튀김 Soles Colbert》처럼 한다.)
- 베어네이즈 소스와 허브를 넣은 토마토 퐁듀를 채운다.

튀김옷을 입힌 뱀장어 튀김 Filets d'anguille frits à l'anglaise
- 뱀장어 필레에 칼집을 내고 에스칼로프로 잘라서 즉석 마리네이드에 몇 시간 동안 담가둔다.
- 밀가루, 계란물, 빵가루를 입혀 튀긴다.
- 바타르드식 소스 sauce façon bâtarde를 곁들여 낸다.(크림을 넣은 생선 벨루테 또는 화이트 와인 소스를 계란 노른자로 리에종하고 레몬즙, 다진 파슬리를 첨가한 후 안초비 버터로 마무리한 소스)

《뫼니에르》 스타일 가자미 또는 송어
SOLES OU TRUITES 《MEUNIÈRE》

《뫼니에르》 스타일 가자미 또는 송어 Soles ou truites 《meuenière》는 밀가루를 묻힌 가자미 또는 송어를 프라이팬에 노릇노릇하게《구운 sautees》후 레몬즙을 뿌리고 헤이즐넛 버터(beurre noisette)를 골고루 발라주고, 껍질을 칼로 완전히 벗긴 얇고 둥근 레몬 조각과 다진 파슬리로 장식한 요리이다.

추천 곁들임 요리 : 감자류(찐 감자 pommes vapeur, 삶은 감자 à l'anglaise, 파슬리를 곁들인 감자 persillées), 구운 채소류(감자 pommes de terre, 버섯 champignons, 엔다이브 endives, 샐서피 salsifis)

8인분 재료	단위	양
기본 재료		
– 소분된 가자미 또는 송어(8x250g)	kg	2
– 밀가루 [1]	g	160
– 버터	g	80
– 식용유	ml	80
뫼니에르 버터 BEURRE MEUNIÈRE		
– 레몬(1개)	g	100
– 버터	g	160
장식		
– 레몬(2x2개)	g	400
– 파슬리	g	40
양념		
– 가는소금		약간(PM)
– 후춧가루		약간(PM)
평균 준비 시간 : 1시간 20분		
평균 가열 시간 : 8~10분		

[1] 밀가루의 양이 과도해 보일 수도 있지만 가자미 또는 송어에 알맞게 묻히기 위해서는 꼭 필요한 양이다.

프라이팬에 사용한 기름이 타지 않았다면 헤이즐넛 버터를 만들기 위해 같은 프라이팬을 사용할 수 있다.

만드는 방법

1. 조리 작업 기구 준비하기 – 5분
레시피대로 재료를 계량, 측정하고 작업에 필요한 도구들을 점검한다.

2. 가자미 또는 송어 손질하기 – 20분(p. 239/240, 249~251 참조)
가자미의 경우
회색 껍질 부분을 벗기고 흰색 껍질 부분의 비늘을 긁어낸다.
불순물을 제거한 후 물기를 꼼꼼하게 닦는다.
냉장실에 보관한다.

송어의 경우
송어를 잘 손질하고 내장을 조심스럽게 제거한다.
아가미를 제거한다.
흐르는 물에 숟가락 또는 포크 손잡이를 사용하여 송어에 붙어 있는 핏덩이를 긁어낸다.
충분히 헹구고 몇 분 동안 얼음물에 담가 불순물을 제거되도록 둔다.
다시 헹군다.
물기를 잘 빼고 냉장실에 보관한다.

3. 장식 재료 준비하기 – 30분
파슬리를 씻어 줄기를 떼어내고 다지고 물기를 뺀다..
레몬 1개의 즙을 내고 작은 용기에 레몬즙을 담아둔다.
2개의 레몬은 껍질을 칼로 제거한 후 얇고 둥근 조각으로 자른다.
마지막 2개의 레몬을 껍질에 세로 홈을 파 장식한 후 요리의 장식을 위해 반달 모양으로 얇게 자른다.

4. 가자미 또는 송어 구울 준비하기 – 20분(p. 537~539 참조)
가자미 또는 송어의 물기를 잘 뺀 후 키친타월에 올려 물기를 닦는다.
가는소금과 후춧가루로 생선을 양념한다.
굽기 바로 직전에 생선에 밀가루를 묻히고 밀가루가 뭉친 부분을 털어내기 위해 살살 두드린다.
생선용 프라이팬에 버터와 기름을 넣고 달군다.
버터에 거품이 나고 연한 금색이 되면 가자미의 흰색 껍질 부분을 먼저 굽는다.
송어는 담을 접시의 바닥 면에 닿는 부분을 먼저 굽고 색깔이 나면 뒤집어서 접시에 담을 때 보이는 면을 굽는다.
생선이 알맞게 구워졌는지 확인한 후 뒤집개를 사용하여 조심스럽게 뒤집어 준다.
굽기를 마무리한 후 버터가 타지 않았는지 잘 살펴본다.
굽는 동안 버터를 계속 뿌려준다.

5. 구운 생선 차리기 – 5분
생선이 잘 익었는지 확인한다. 생선 머리 아래쪽 아가미덮개가 있는 쪽을 손가락으로 누르면 생선 필레가 살짝 분리된다.
가자미를 접시에 대각선 방향으로 담는다. 흰색 껍질 부분이 위로, 머리가 접시 왼쪽 끝으로 향하게 담는다.
송어를 접시에 대각선 방향으로 담는다. 머리가 접시 왼쪽 끝을 향하도록, 복부가 손님을 향하도록 담는다.
접시 가장자리에 홈을 낸 반달 모양 레몬 조각으로 꽃줄 장식을 한다.
생선에 레몬즙을 뿌린다.
헤이즐넛 버터를 만들고 생선에 골고루 뿌린다.
다진 파슬리를 알맞게 뿌린다.
각각의 생선 위에 껍질을 칼로 제거한 얇고 둥근 레몬 조각 1~2개를 올린다.

FICHE 67

완성한 결과

가자미 《뫼니에르》(Soles 《meunière》)

그르노블식 가자미 또는 송어구이
SOLES OU TRUITES GRENOBLOISE

1. 조리 작업 기구 준비하기
2. 한 마리당 250g의 가자미 또는 송어 8마리를 손질하기
3. 그르노블 곁들임 준비하기
   160g의 식빵을 1cm 면의 작은 주사위 모양으로 일정하게 자른다.
   작은 프라이팬에 40g의 버터와 20ml의 식용유를 두르고 재빨리 굽는다.
   기름기를 빼고 크루통을 키친타월 위에 올려둔다.
   레몬 2개의 껍질을 칼로 제거하고 과육을 조각내어 자른다.
   2mm 두께의 얇은 조각이 되도록 가로로 자른다.
   80g의 작은 케이퍼의 물기를 뺀다.
4. 장식 재료 준비하기
   40g의 파슬리를 잘게 다진다.
   레몬 2개에 세로로 홈을 파 장식하고 반달 모양으로 얇게 자른다.(접시 가장자리에 꽃줄 장식을 위해 준비)
5. 가자미 또는 송어 구울 준비하기
   가자미 또는 송어 뫼니에르 방법에 따라 버터와 식용유를 두르고 생선을 굽는다.
6. 그르노블식 가자미 또는 송어구이 차리기
   가자미 또는 송어 위에 그르노블식 곁들임을 골고루 담는다.
   160g의 헤이즐넛 버터를 골고루 뿌린다.
   다진 파슬리를 알맞게 뿌린다.

완성한 결과

그르노블식 가자미 구이(Soles grenobloise)

준비 기구	조리 기구	플레이팅 도구
• 정리용 사각 트레이 3	• 타원형 생선용 프라이 팬 1 또는 2	• 크고 둥근 접시 또는
• 작은 믹싱볼 2	• 작은 프라이팬 1	• 긴 타원형 접시 또는
• 도마 1		• 기본 접시
• 생선용 가위 1		
• 큰 믹싱볼 1		
• 들통 1		
• 레몬 압착기 1		

비슷한 요리 PLATS SIMILAIRES

뮈라 가자미 뫼니에르 Soles meunière Murat
- 가자미 뫼니에르에 버터에 구운 감자와 아티쵸크를 곁들인다.
- 가자미 위에 껍질을 벗겨 구운 토마토 슬라이스를 올린다.

스페인식 가자미 뫼니에르   Soles meunière à l'espagnole
- 가자미 뫼니에르를 토마토 퐁듀 위에 담는다.
- 양파 튀김과 피망 튀김을 곁들인다.

아몬드를 곁들인 송어구이 Truites aux amandes
- 송어 뫼니에르에 버터에 구운 아몬드 슬라이스를 뿌린다.

다양한 버섯을 곁들인 송어 또는 가자미 뫼니에르
Truites ou soles meunière aux champignons divers
- 생선 뫼니에르에 보르도식 그물버섯 la bordelaise 볶음과 느타리버섯 pleurotes, 꾀꼬리버섯 girolles 볶음을 곁들인다.

도리아 생선 뫼니에르 Poissons meunière Doria
- 생선 뫼니에르에 《올리브 olive》 모양으로 돌려 깎아 버터에 볶은 오이를 곁들인다.

완성한 결과

송어 《뫼니에르》(Truites 《meunière》)

수영 소스를 곁들인 달고기 필레
FILET DE SAINT-PIERRE À L'OSEILLE

수영 소스를 곁들인 달고기 필레 Filet de Saint-Pierre à l'oseille는 달고기 필레를 프라이팬에 "구운 sauté" 요리이다. 볶은 수영 시포나드와 유화 버터로 만든 소스를 곁들인다.

추천 곁들임 요리 : 찐 감자, 삶은 감자 pommes vapeur, à l'anglaise, 크레올 밥이나 필라프 밥 riz créole ou pilaf, 버터를 넣은 탈리아텔레 파스타 tagliatelles au beurre

8인분 재료	단위	양
기본 재료		
– 달고기(4x700~750g)	kg	2,8~3
– 밀가루 [1]	g	160
– 버터	g	60
생선 육수 FUMET DE POISSON		
– 버터	g	40
– 셜롯(드 저지)	g	40
– 당근(선택사항)	g	80
– 양파	g	80
– 달고기 뼈	g	약간(PM)
– 화이트 와인	ml	100
– 부케가르니	개	1
– 양송이버섯 자투리	g	약간(PM)
– 통후추	g	약간(PM)
수영 시포나드 CHIFFONNADE D'OSEILLE		
– 수영	단	2
– 버터	g	20
소스		
– 버터	g	20
– 셜롯	g	40
– 노일리	ml	50
– 화이트 와인	ml	50
– 크림	ml	100
– 최상품 버터	g	200
마무리		
– 윤내기용 버터	g	20
장식		
– 처빌	단	1/4
양념		
– 가는소금		약간(PM)
– 후춧가루		약간(PM)
– 카옌 고추		약간(PM)
평균 준비 시간 : 1시간 30분		
평균 가열 시간 : 5~6분		

[1] 밀가루의 양이 과도해 보일 수도 있지 만 달고기에 알맞게 묻히기 위해서는 꼭 필요한 양이다.

만드는 방법

1. 조리 작업 기구 준비하기 – 5분
레시피대로 재료를 계량, 측정하고 조업에 필요한 도구들을 점검한다.

2. 달고기 손질하기 – 20분
우선 생선용 가위를 사용하여 등 쪽에 붙어 있는 가시를 제거한다.
달고기의 아가미와 내장을 제거한다. 얼음물에 몇 분 동안 담가 불순물을 제거한다.
물기를 빼고 꼼꼼하게 닦는다.

3. 필레 뜨기 – 20분
달고기 1마리당 2개의 필레를 조심스럽게 뜨고 필레가 분리되지 않도록 조심한다.
생선 뼈를 부수고 불순물울 제거한다.
필레를 냉장실에 보관한다.

4. 채소 준비하기 – 20분
셜롯을 다듬어 씻은 후 절반은 잘게 썬다.
나머지 절반의 셜롯은 생선 육수를 위해 얇게 썬다.
양파, 당근(선택사항)도 다듬어 씻은 후 생선 육수를 위해 얇게 썬다.
부케가르니를 만든다.
수영의 줄기를 떼어내고 물에 여러 번 씻는다.
수영 잎을 돌돌 말아서 1cm 크기의 《시포나드 chiffonnade》로 얇게 썬다.(p. 173 참조)
처빌 잎을 떼고 소량의 물에 담가둔다.

5. 생선 육수를 끓일 준비하기 – 5분
생선 뼈가 잠길 만큼 물을 부어 끓인다.
차이나 캡에 거른 후 글레이즈 상태가 될 때까지 졸인다.

6. 수영 시포나드 익힐 준비하기 – 5분
작은 소테팬에 버터를 넣고 뚜껑을 닫고 익힌다.

7. 소스 만들기 – 15분
작은 소테팬에 버터를 넣고 잘게 썬 셜롯을 볶는다.
노일리와 화이트 와인으로 데글라세한다.
2/3를 졸이고 생선 글레이즈와 크림을 첨가한다.
알맞은 소스 농도가 될 때까지 다시 졸인다.
버터를 넣어 소스를 마무리한다.
불을 끄고 뵈르 블랑를 만들 때처럼 거품기로 소스를 잘 섞는다.
소금과 카옌 고추로 양념한다.
차이나 캡에 소스를 거르고 수영 시포나드에 부어 따뜻한 곳에 보관한다.(최대 45~50도)

8. 달고기 필레 익힐 준비하기 – 10분
생선에 양념을 하고 밀가루를 입힌다. 밀가루가 뭉친 부분이 없도록 살살 털어준다.
조리용 붓을 사용하여 버터(정제 버터)를 두른 코팅 프라이팬에서 생선을 노릇노릇하게 굽는다.

9. 달고기 필레 차리기 – 5분
접시 바닥에 소스와 수영을 골고루 담는다.
소스 위에 달고기 필레를 올린다.
정제 버터로 윤을 낸다.
처빌 잎으로 예쁘게 장식한다.

– 연어 또는 넙치 에스칼로프를 위와 같은 만드는 방법으로 요리할 수 있다.
– 달고기 등 쪽의 가시는 매우 위험하니 조심해야 한다.

완성한 결과

수영 소스를 곁들인 달고기 필레(Filet de Saint–Pierre à l'oseille)

라르동 대파 퐁듀를 곁들인 연어 스테이크 구이
DOS DE SAUMON SUR PEAU À L'UNILATÉALE, FONDUE DE POIREAUX AUX LARDONS

1. 조리 작업 기구 준비하기

2. 2~2.2kg의 작은 연어를 손질하고 꼼꼼하게 비늘 제거하기

3. 연어 필레를 뜨고 자르기

필레를 손질하고 껍질은 벗기지 말고 잔가시를 모두 제거한다.

필레를 일정한 직사각형 모양의 《두툼한 덩어리 pavés》로 각각 150g 이 되도록 자른다. (꼬리 부분은 다른 요리에 사용할 수 있도록 따로 보관한다.)

4. 대파 퐁듀 만들기

800g의 대파의 흰 부분을 얇게 썬다.

60g의 버터를 넣어 볶은 후 양념한다.

육수의 3/4에 100ml의 크림을 첨가한다.

5. 라르동 준비하기

200g의 훈제 삼겹살을 작은 라르동으로 자른다.

데친 후 기름을 두르고 표면이 마르지 않도록 볶는다.

대파 퐁듀에 첨가한다.

6. 소스 만들기

40g의 셜롯, 50ml의 노일리, 50ml의 화이트 와인, 100ml의 크림, 200g의 버터를 넣고 크림 뵈르 블랑을 만든다.

7. 대파 퐁듀 완성하기

대파가 잘 익었는지 확인하고 크림을 넣어 알맞게 졸았는지 확인한다.

크림 뵈르 블랑의 1/3을 넣어 리에종하고 따로 보관한다.

8. 연어 준비하고 굽기

20g의 버터, 20ml의 식용유를 코팅 프라이팬에 두르고 달군다.

연어에 양념하고 껍질 부분을 먼저 프라이팬에 굽는다.

4~5분 동안 익히고 매우 뜨거운 오븐에 프라이팬을 넣어 구이를 마무리한다.

연어를 뒤집지 않고 껍질 부분만 굽도록 한다.(껍질 부분은 바삭바삭하고 가운데 부분은 부드럽게 되도록 굽는다.)

9. 연어구이 차리기

접시 바닥에 라르동을 넣은 대파 퐁듀를 한 겹으로 담는다.

대파 위에 연어의 바삭바삭한 껍질 부분이 위로 보이도록 《연어 스테이크 dos de saumon》를 담는다.

정제 버터로 연어에 윤을 낸다.

꽃소금 한 꼬집을 뿌린다.

소스를 한 줄로 두른다.

준비 기구
- 정리용 사각 트레이 3
- 작은 믹싱볼 2
- 도마 1
- 생선용 가위 1

- 큰 믹싱볼 1
- 들통 1

조리 기구
- 코팅 프라이팬 1
- 소테팬 1 또는 중간 크기 자루냄비 1
- 작은 소테팬 1

플레이팅 도구
- 크고 둥근 접시 또는
- 기본 접시

완성한 결과

라르동 대파 퐁듀를 곁들인 연어 스테이크 구이(Dos de saumon sur peau à l'unilatérale, fondue de poireaux aux lardons)

비슷한 요리 PLATS SIMILAIRES

번행초와 노일리 버터를 곁들인 연어 에스칼로프
Escalopes de saumon aux tétragones, beurre au Noilly
- 코팅 프라이팬에 연어 에스칼로프를 굽는다.
- 헤이즐넛 버터를 넣고 볶은 번행초 위에 연어를 담는다.
- 노일리와 셜롯을 넣고 졸인 뵈르 블랑 소스를 한 줄로 두른다.

햄을 넣은 엔다이브 퐁듀를 곁들인 넙치 스테이크
Blancs de barbue à la fondue d'endives et au jambon
- 코팅 프라이팬에 소량의 버터를 넣고 넙치 스테이크를 굽는다.
- 크림, 구운 훈제 삼겹살 라르동을 첨가한 엔다이브 퐁듀 위에 넙치 스테이크를 담는다.
- 크림 뵈르 퐁듀 소스를 한 줄로 두른다.

펜넬 퐁듀와 아니스 뵈르 블랑을 곁들인 농어 쉬프렘
Suprême de bar à la fondue de fenouil, beurre blanc à l'anis
- 코팅 프라이팬에 소량의 올리브유와 백리향(타임) 꽃을 넣고 농어 쉬프렘을 굽는다.
- 연한 색깔의 펜넬 퐁듀 위에 농어 쉬프렘을 담는다.
- 아니스 또는 파스티스를 소량 넣어 향을 낸 뵈르 블랑 소스 한 줄을 두른다.

올리브유 감자 퓌레 브랑다드를 곁들인 대구 스테이크
DUO DE CABILLAUD ET DE MORUE, PURÉE DE POMMES DE TERRE À L'HUILE D'OLIVE

올리브유 감자 퓌레 브랑다드를 곁들인 대구 스테이크 Duo de cabillaud et de morue, purée de pommes de terre à l'huile d'olive는 껍질 부분을 구운 두툼한 대구 스테이크를 감자 퓌레와 올리브유를 넣은 대구 퓌레 위에 담는다. 뵈르 퐁듀 소스와 토마토 콩피 조각을 곁들여 낸다.

8인분 재료	단위	양
기본 재료		
– 껍질이 있는 두툼한 대구 스테이크 덩어리(8×150g)	kg	1.2
– 굵은소금	g	40
– 올리브유	ml	40
브랑다드 BRANDADE		
– 소금에 절인 대구 필레	g	400
– 올리브유	ml	100
– 레몬(1/2개)	g	50
올리브유 감자 퓌레 PURÉE À L'HUILE D'OLIVE		
– 퓌레용 감자	kg	1.6
– 우유	ml	100
– 크림	ml	200
– 마늘(4톨)	g	30
– 올리브유	ml	100
– 버터	g	40
뵈르 블랑 BEURRE BLANC		
– 셜롯	g	40
– 단맛이 없는 화이트 와인	ml	40
– 화이트 와인 식초	ml	20
– 크림	ml	100
– 최상품 버터	g	200
토마토 콩피 TOMATES CONFITES		
– 토마토(3개)	g	240
– 올리브유	ml	40
– 마늘(2톨)	g	15
– 타임	단	약간(PM)
마무리		
– 윤내기용 버터	g	20
– 처빌	단	1/4
양념		
– 굵은소금		약간(PM)
– 가는소금		약간(PM)
– 꽃소금		약간(PM)
– 카옌 고추		약간(PM)
평균 준비 시간 : 1시간 15분		
감자 평균 가열 시간 : 20분		
브랑다드용 대구 평균 가열 시간 : 6~8분		
대구 스테이크 평균 가열 시간 : 8~10분		

 ## 만드는 방법

요리 전날 : 대구 필레 소금으로 절이기 – 5분

소금을 털어내기 위해 솔로 대구를 문지른 후 물로 헹군다.
절인 대구를 조각으로 자르고 얼음물에 12시간 정도 담가둔다.
물을 수시로 갈아준다.

1. 조리 작업 기구 준비하기 – 5분

레시피대로 재료를 계량, 측정하고 작업에 필요한 도구들을 점검한다.

2. 대구 스테이크 확인하기 – 5분

두툼한 대구 덩어리를 손질하고 잔가시가 남아 있다면 제거한다.
굵은소금을 뿌리고 냉장실에 보관한다.

3. 채소를 다듬어 씻기 – 10분

4. 토마토 콩피 만들기 – 5분

토마토의 껍질을 제거하고 8등분으로 자른다.
씨를 제거한 후 베이킹 페이퍼로 덮은 팬에 토마토 조각을 담는다.
마늘과 백리향(타임) 꽃으로 향을 낸 올리브유를 토마토 조각에 바른다.
양념을 하고 80도 오븐이나 찜기에 몇 시간 동안 천천히 익힌다.

5. 브랑다드와 퓌레 익힐 준비하기 – 10분

감자를 반으로 자르고 찬물에 넣어 삶는다. 굵은소금을 넣고 필요한 경우 거품을 걷어낸다.
마늘을 2회에 걸쳐 데치고 크림을 넣어 천천히 20분 정도 끓인다. 믹서기에 갈고 마늘 퓌레를 따뜻하게 보관한다.
소금에 절인 대구 토막을 찬물에 넣어 삶는다. 소금을 첨가하지 않는다.
끓이지 않고 90도 온도에서 필레의 두께에 따라 6~8분 정도 삶는다.
물기를 빼고 껍질과 생선 뼈를 제거한 후 따뜻하게 둔다.

6. 감자 퓌레를 넣은 브랑다드 만들기 – 15분

감자 퓌레를 만들고 끓인 우유, 버터, 마늘 크림, 올리브유를 첨가한다.
대구 살을 발라서 큰 소테팬에 담고 약불에 올려 올리브유를 조금씩 넣으며 주걱으로 저어준다.
간이 맞는지 확인하고 레몬즙 몇 방울을 첨가한다.
브랑다드와 감자 퓌레를 주걱으로 천천히 섞고 표면에 식용유 또는 버터를 바르고 63도 이상 온도로 보관한다.

7. 뵈르 블랑 만들기 – 10분(p. 410/411 참조)

8. 대구 스테이크 굽기 – 10분

스테이크용 대구를 잘 헹구고 키친타월 위에 올려 물기를 꼼꼼하게 닦는다.
코팅 프라이팬에 소량의 올리브유를 두르고 껍질 부분을 먼저 굽는다.
몇 분 동안 오븐에 넣어 굽기를 마무리한다.

9. 대구 스테이크 차리기 – 5분

접시 중앙에 작은 원형 틀을 사용하여 브랑다드를 담는다.
노릇노릇하고 바삭바삭하게 구워진 껍질 부분이 위로 보이도록 브랑다드 위에 대구 스테이크를 담고 윤을 낸 후 꽃소금 한 꼬집을 뿌린다.
둘레에 뵈르 블랑을 한 줄로 뿌리고 토마토 콩피 조각과 처빌 잎으로 장식한다.

완성한 결과

올리브유 감자 퓨레 브랑다드를 곁들인 대구 스테이크
(Duo de cabillaud et de morue, purée de pommes de terre à l'huile d'olive)

라르동을 넣은 렌틸콩과 올리브유 닭고기 육즙 소스를 곁들인 반훈제 연어 스테이크
PAVÉ DE SAUMON MI-FUMÉ, LENTILLES VERTES AU LARD,
JUS DE VOLAILLE À L'HUILE D'OLIVE

1. 껍질이 있는 도톰한 연어를 각각 150g이 되는 스테이크 덩어리 8개로 자른다.
2. 굵은소금을 뿌리고 냉장실에 2시간 동안 둔다.
3. 물로 잘 헹군 후 물기를 꼼꼼하게 닦는다.
4. 최소 2시간 동안 약하게 훈제시킨다.
5. 400g의 초록색 렌틸콩을 브뤼누아즈 썰기로 썬 80g의 당근과 80g의 양파와 작은 라르동 크기로 자른 훈제 삼겹살 160g과 함께 익힌다.
6. 렌틸콩에 80g의 버터를 넣어 리에종하며 익히기를 마무리하고 따뜻하게 둔다.
7. 프라이팬에 연어 스테이크를 굽고 몇 분 동안 오븐에 넣어 마무리한다.
8. 400ml의 닭고기구이 육즙을 글레이즈 상태로 졸이고 200ml의 올리브유와 소량의 《발사믹 식초 vinaigre balsamique》를 넣어 유화시킨다.
9. 접시에 버터로 리에종한 렌틸콩을 한 겹 담고 그 위에 연어 스테이크를 올린다.
10. 올리브유로 유화한 닭고기 즙 소스를 한 줄 두른다.
11. 연어 스테이크에 윤을 내고 그 위에 예쁜 처빌 잎을 올려 장식한다.

완성한 결과

라르동을 넣은 렌틸콩과 올리브유 닭고기 육즙 소스를 곁들인 반훈제 연어 스테이크(Pavé de saumon mi–fumé, lentilles vertes au lard, jus de volaille à l'huile d'olive)

준비 기구
- 정리용 사각 트레이 3
- 작은 믹싱볼 2
- 큰 믹싱볼 1
- 들통 1
- 도마 1
- 생선용 가위 1
- 채소 분쇄기 1

조리 기구
- 큰 자루냄비 1
- 코팅 프라이팬 1
- 작은 소테팬 1

플레이팅 도구
- 기본 접시 또는 큰 접시

비슷한 요리 PLATS SIMILAIRES

셀러리 펜넬 퓨레와 셀러리 튀김을 곁들인 도미구이 Filets de daurade sautés, purée de céleri et fenouil, bouquet de céleri frit
- 도미 필레에 굵은소금을 뿌리고 1시간 동안 살이 단단해지도록 한다. 올리브유를 두르고 껍질 부분을 먼저 굽는다.
- 셀러리 무와 펜넬 퓨레 위에 도미 필레를 담는다.
- 아니스를 넣은 뵈르 블랑 소스를 한 줄 두른다.
- 채 썬 셀러리 튀김을 도미 필레 위에 올린다.

불구르* 타불레*와 바질 닭고기 육즙 소스를 곁들인 노랑촉수구이 Taboulé au boulghour, rougets de roche, jus de volaille au basilic
- 불구르, 레몬즙, 닭고기 육수로 타불레를 만든다. 초록색 피망, 토마토 과육, 오이 브뤼누아즈를 첨가한다. 양념한 후 올리브유를 첨가한다. 냉장실에 몇 시간 동안 넣어 둔다. 다진 파슬리와 잘게 썬 바질 잎을 첨가한다.
- 닭고기구이 육즙에 바질을 넣고 졸인 후 차이나 캡에 걸러 올리브유로 유화시킨다.
- 소량의 올리브유를 두르고 노랑촉수 필레의 껍질 쪽을 굽고 양념한다. 원형 틀을 사용하여 타불레를 담고 그 위에 노랑촉수 필레를 담는다. 튀긴 바질 잎으로 장식한다. 둘레에 닭고기 육즙 소스를 붓고 파슬리와 다진 바질을 뿌린다.

---

* 불구르 boulghour : 듀럼밀을 비롯한 몇몇 밀을 데쳐서 빻아 만든 곡류

* 타불레 taboulé : 토마토, 파슬리, 세몰리나 양파, 박하 잎 등을 잘게 다져 레몬즙과 올리브유, 소금으로 양념한 중동식 샐러드

튀김옷 입힌 대구구이
MERLANS À L'ANGLAISE

튀김옷 입힌 대구구이 Merlans à l'anglaise는 뼈를 제거한 대구에 밀가루, 계란물, 빵가루를 입힌 후 프라이팬에 《구운 sautés》 요리이다. 메트르 도텔 버터 beure Maître d'hôtel, 파슬리, 톱니 모양으로 자른 레몬을 곁들여 낸다.

8인분 재료	단위	양
기본 재료		
– 대구(8×200~250g)	kg	1.6~2
– 버터	g	80
– 식용유	ml	80
튀김옷 PANURE À L'ANGLAISE		
– 밀가루	g	160
– 계란	개	3
– 식용유	ml	40
– 소금, 후춧가루	g	약간(PM)
– 식빵	g	400
메트르 도텔 버터 BEURRE MAÎTRE D'HÔTEL		
– 버터	g	160
– 파슬리	g	40
– 레몬(1/2개)	g	50
– 소금, 후춧가루	g	약간(PM)
장식		
– 레몬(4개)	g	400
– 곱슬 파슬리	g	40
마무리		
– 윤내기용 버터	g	40
양념		
– 가는소금		약간(PM)
– 후춧가루		약간(PM)
평균 준비 시간 : 1시간 45분		
평균 가열 시간 : 6~8분		

만드는 방법

1. 조리 작업 기구 준비하기 – 5분

레시피대로 재료를 계량, 측정하고 작업에 필요한 도구들을 점검한다.

2. 대구를 손질하고 등쪽을 절개해 뼈 제거하기 – 35분(p. 239/240, 243/244 참조)

대구를 다듬어 손질하고 아가미를 통해서 내장을 제거한다.

물에 씻고 물기를 꼼꼼하게 닦는다.

대구 등 쪽을 열어 생선용 가위를 사용하여 뼈를 빼낸다.

(필요한 경우) 조심스럽게 헹구고 키친타월을 사용하여 거무스름한 막(복막)을 제거한다.

손질한 대구를 냉장실에 보관한다.

3. 대구 튀김옷을 위한 재료 준비하기 – 10분

식빵을 체에 걸러 정리용 사각 트레이에 담아둔다.

계란 껍데기를 벗기고 양념한 후 포크 또는 작은 거품기를 사용하여 잘 섞는다. 식용유를 첨가하고 계란물을 두 번째 트레이에 담아둔다.

밀가루를 세 번째 트레이에 담는다.

4. 대구에 튀김옷 입히기 – 15분

대구에 순서대로 밀가루, 계란물, 체에 친 빵가루를 입힌다.(손으로 살짝 누르면 빵가루가 더 잘 붙는다.)

대구의 두께를 일정하게 만들고 칼을 사용해 격자무늬를 낸다.

튀김옷 입힌 대구를 굽기 전까지 냉장실에 보관한다.

5. 장식 재료를 준비하고 메트르 도텔 버터 만들기 – 15분

파슬리를 씻어 줄기를 떼어내고 절반만 빨아 다지고 물기를 뺀다.

남은 절반의 파슬리는 장식 재료로 따로 둔다.

레몬 반 개의 즙을 내고 작은 용기에 레몬즙을 담아둔다.

작은 믹싱볼에 버터를 넣고 주걱을 사용해 섞는다.

레몬 반 개의 즙과 다진 파슬리를 첨가한다.

가는소금과 후춧가루로 양념한다.

완성된 버터는 상온에서 말랑말랑한 상태로 보관한다.

레몬을 톱니 모양으로 잘라 반으로 나눈다.

6. 대구 구울 준비하기 – 20분

생선용 프라이팬에 기름과 버터를 두르고 격자무늬를 넣은 면을 먼저 굽는다.

3~4분 후 대구가 노릇노릇하게 구워졌는지 확인하고 큰 생선용 뒤집개를 사용하여 뒤집는다.

기름을 대구 머리에 계속 뿌려주며 약불로 굽기를 마무리한다.

접시에 조심스럽게 포개어 대각선 방향으로 구운 대구를 담고, 머리를 접시 왼쪽 끝을 향하게 한다.

7. 튀김옷 입힌 대구구이 완성하기 – 5분

장식 재료를 담는다.(파슬리와 톱니 모양으로 자른 레몬)

조리용 붓으로 뵈르 퐁듀를 대구에 발라 윤을 낸다.

소스그릇에 메트르 도텔 버터를 담는다.

완성한 결과

튀김옷 입힌 대구구이(Merlans à l'anglaise)

피망 버터 소스를 곁들인 비에누아즈 넙치 구이
VIENNOISE DE BARBUE BEURRE DE POIVRONS

1. 조리 작업 기구 준비하기

2. 넙치 에스칼로프 준비하기

넙치 필레를 각각 150g의 에스칼로프 8개로 자른다.

식품용 랩 2장 사이에 에스칼로프를 넣고 고기망치를 이용해 납작하게 만든다.

에스칼로프에 양념한 후 밀가루, 계란물, 빵가루를 입힌다.

칼 등을 사용하여 격자무늬를 넣는다. 잘 손질하고 냉장실에 보관한다.

3. 피망 퐁듀 준비하기

버터를 두르고 40g의 잘게 썬 양파를 볶는다.

껍질과 씨를 제거한 빨간색 피망 250g을 브뤼누아즈 썰기하여 첨가한다.

뭉근히 끓이고 껍질과 씨를 제거하고 으깬 토마토 100g, 마늘 2톨, 부케 가르니를 첨가한다.

뚜껑을 덮고 채소의 수분이 완전히 증발할 때까지 끓인다.

퐁듀의 수분을 완전히 날린다. 마늘과 부케가르니를 빼낸다.

믹서기로 갈거나 가는 체에 거른다.

간을 확인한다.

4. 비에누아즈 곁들임 준비하기

레몬 껍질을 칼로 제거한 후 8개의 얇은 조각으로 자른다.

초록색 올리브 8개의 씨를 제거한 후 안초비 필레로 올리브를 감싼다.

껍질을 칼로 제거한 레몬 조각 위에 안초비 필레로 감싼 올리브를 하나씩 올린다.

올리브 씨가 있던 자리에 작은 버섯이나 파슬리를 넣는다.

5. 피망을 넣은 유화 버터 소스 만들기

작은 소테팬에 피망 퓨레와 크림 100㎖를 담는다. 절반의 양이 되도록 졸이고 150g의 최상품 버터를 넣어 소스를 마무리한다. 소스의 간을 확인한다.

6. 넙치 에스칼로프 굽기

정제 버터를 넣어 넙치를 굽는다.

격자무늬를 넣은 면을 프라이팬에 먼저 굽는다. 노릇노릇해지면 뒤집고 양념한다.

7. 피망 버터 소스를 곁들인 넙치 에스칼로프 차리기

접시 바닥에 버터 소스를 골고루 뿌린다.

중앙에 넙치 에스칼로프를 담는다.

조리용 붓을 사용해 정제 버터를 바르며 윤을 낸다.

안초비 올리브를 얹은 레몬 슬라이스를 각각의 에스칼로프 위에 올린다.

준비 기구
- 정리용 사각 트레이 3
- 작은 믹싱볼 2
- 큰 호텔팬 1

- 생선용 가위 1
- 큰 믹싱볼 1
- 도마 1

조리 기구
- 큰 생선용 프라이팬 1 또는 2

플레이팅 도구
- 크고 긴 접시 또는 큰 타원형 접시
- 소스그릇과 받침
- 무늬 있는 장식용 종이

완성한 결과

피망 버터 소스를 곁들인 비에누아즈 넙치 구이

(Viennoise de barbue, beurre émulsionné au poivron)

비슷한 요리 PLATS SIMILAIRES

리슐리외 대구구이 Merlans Richelieu
- 대구 등 쪽을 절개해 뼈를 제거한다.
- 밀가루, 계란물, 빵가루를 입혀 굽는다.
- 홈이 있는 깍지를 끼운 짤주머니를 사용하여 메트르 도텔 버터를 대구 속에 채운다.
- 버터 소스 위에 송로 버섯 조각을 올린다.

튀김옷을 입힌 메디치 생선구이 Poissons panés et sautés Médicis(대구 merlans, 송어 truites, 가자미 soles, 다양한 필레 filets divers)
- 속을 비워 버터에 익힌 작은 토마토와 베어네이즈 소스를 곁들인다.

두꺼운 생선 필레를 위한 다양한 구이 Variante pour filets de poisson épais (넙치 barbue, 연어 saumon, 광어 turbot 등)
- 지갑처럼 필레를 벌린다.
- 필레를 양념한 후 토마토 퐁듀를 채운다.
- 필레를 잘 닫고 밀가루, 계란물, 빵가루를 입힌다. 필레의 가장자리를 잘 봉한다.
- 정제 버터를 두르고 필레를 굽고 베어네이즈 소스와 톱니 모양으로 자른 레몬을 곁들여 낸다.

데자제 생선 필레 구이 Filets de poissons sautés Déjazet
- 필레에 밀가루, 계란물, 빵가루를 입히고 정제 버터를 둘러 굽는다.
- 타라곤 버터를 곁들여 내고 데친 타라곤 잎으로 장식한다.

조개류와 갑각류

LES COQUILLAGES ET LES CRUSTACÉS

요리 소개 BREF RAPPEL DE TECHNOLOGIE

대부분의 조개류와 갑각류의 구매 가격은 매우 높은 편이며 총 무게에 비해 버리는 비율은 높다.(게의 경우 65%)

그러므로 조개류와 갑각류를 선택할 때에는 특별한 주의를 기울일 필요가 있다.

조개류와 갑각류는 살아 있고 싱싱하며 무겁고 꽉 찬 것으로 제철에 구입하는 것을 추천한다. 조개류와 갑각류는 매우 빠르게 변질되므로 위생에 대한 라벨을 확인하고 보관하며 가능한 한 빨리 사용하고 소비하는 것이 좋다.

적용 기술 TECHNIQUES MISES EN ŒUVRE

- 연체동물(조개류, 오징어, 문어 등등)과 갑각류 준비하기
  Préparer des mollusques et des crustacés
- 가리비 열기
  Ouvrir des coquilles Saint-Jacques
- 굴 열기
  Ouvrir des huîtres
- 홍합 열기
  Ouvrir des moules
- 바닷가재 토막내기
  Tronçonner un homard
- 가재 내장 제거하기
  Châtrer des écrevisses
- 쿠르 부용 만들기
  Réaliser un court-bouillon
- 나쥬 만들기
  Réaliser une nage
- 아메리칸 소스 만들기
  Réaliser une sauce américaine
- 낭투아 소스 만들기
  Réaliser une sauce Nantua
- 홍합 벨루테 만들기
  Réaliser un velouté de moules
- 달팽이 버터 만들기
  Réaliser un beurre d'escargot
- 페르시야드 만들기
  Réaliser une persillade

마리니에르* 스타일 홍합

MOULES MARINIÈRE

마리니에르 스타일 홍합(Moules marinière 홍합 마리니에르)은 잘게 썬 셜롯, 화이트 와인, 버터, 후추, 다진 파슬리를 넣고 익힌 홍합 요리이다. 육수를 졸여 소스를 만든 후 버터로 마무리한다.

8인분 재료	단위	양
기본 재료		
– 홍합(양식 홍합, 자연산 홍합)	kg	2.4
– 버터	g	80
– 셜롯	g	80
– 화이트 와인	ml	80
– 파슬리	g	20
마무리		
– 버터	g	80
– 파슬리	g	40
양념		
– 후춧가루		약간(PM)
평균 준비 시간 : 45분		
평균 가열 시간 : 5~6분		

표면으로 떠오르는 것, 부러진 것, 반쯤 열린 것을 제거한다.(홍합을 물에 담가놓지 않는다. 홍합 껍데기가 열려 홍합이 머금고 있는 해수를 잃을 위험이 있기 때문이다.)

3. 곁들임 준비하기 – 10분

셜롯을 다듬어 씻은 후 잘게 썬다.

파슬리를 씻고 줄기를 떼어 빻아 다진 후 물기를 뺀다.

4. 홍합 익힐 준비하기 – 5분(p. 269/270 참조)

낮은 소스포트 또는 큰 자루냄비에 물기를 잘 뺀 홍합, 조각으로 자른 버터, 잘게 썬 셜롯, 화이트 와인, 다진 파슬리의 절반을 넣는다.

후추를 뿌리고(소금을 절대 뿌리지 않는다*) 센 불에 뚜껑을 덮고 5~6분 동안 끓인다.

끓이는 동안 냄비를 흔들어준다.

홍합 껍데기가 열리면 불을 끈다.(너무 익히면 홍합이 딱딱해진다.)

5. 홍합 마리니에르 차리기 – 10분

거품 걷는 국자를 사용하여 홍합의 물기를 빼고 큰 접시에 담는다.

위에 보이는 빈 껍질은 빼낸다.

껍질이 열리지 않은 홍합도 제거한다.

홍합을 덜어낸 후 육수를 센 불에 졸인다. 불을 끄고 버터로 마무리한다.

홍합 위에 육수를 부을 때 모래가 들어 있을 수 있는 침전물이 들어가지 않도록 주의한다.

다진 파슬리를 뿌린다.

무늬 있는 장식용 종이를 덮은 접시받침 위에 접시를 올린다.

* 조개류 마리니에르에는 절대로 소금 간을 하지 않는다.
* 홍합 육수는 밑에 모래가 가라앉아 있으므로 반드시 윗물만 사용해야 한다. 그러나 양식 홍합이 늘어나면서 모래 없는 홍합을 판매하는 비율도 점점 늘어나고 있다.
* 남은 홍합은 껍데기를 벗기고 손질하여 필터에 잘 거른 육수에 담가 냉장실에 보관한다.

요리할 때 알아둘 사항

모래를 포함하고 있을 가능성이 높은 양식 홍합의 경우 1L의 물에 30g 비율의 소금물에 담가 두어야 한다. 물은 자주 갈아준다.

물 마리니에르를 요리할 때 알아둘 사항

– 살이 많은 홍합을 먹기에 가장 좋은 계절은 6월에서 9월 사이이다.
– 물 마리니에르는 반드시 주문을 받은 후 요리를 시작해야 한다.
– 다른 조리법이 사용될 때도 있다. 셜롯을 버터에 볶기도 하고 셜롯 대신 잘게 썬 양파를 사용하기도 한다.
– 홍합 육수는 생선 육수를 넣어 리에종할 수 있다.
– 뵈르 마니에 Beurre marinière 또는 소량의 생선 벨루테를 첨가해 소스의 리에종을 할 수 있다.

만드는 방법

1. 조리 작업 기구 준비하기 – 5분

레시피대로 재료를 계량, 측정하고 작업에 필요한 도구들을 점검한다.

2. 홍합 준비하기 – 15분(p. 269/270 참조)

홍합 껍데기는 긁어 손질하고, 홍합 족사(수염 byssus)를 제거한 후 여러 번 저어가며 물에 꼼꼼하게 씻는다.

---

* 마리니에르 marinière : 마리니에르는 벨기에에서 시작된 스타일로, 바다 스타일, 선원 방식을 의미한다. 선원, 어부들이 배 위에서 막 잡은 조개들을 다 때려 넣고 한 솥 끓여 먹은 것에서 시작된 스타일이다.

FICHE 71

완성한 결과

마리니에르 스타일 홍합(Moules marinière)

풀레트 소스를 곁들인 홍합 MOULES POULETTE

1. 조리 작업 기구 준비하기

2. 풀레트 소스 준비하기

잘게 썬 셜롯 40g과 얇게 저민 양송이버섯 200g을 버터에 볶는다.

400ml의 소금 간 하지 않은 생선 벨루테와 100ml의 크림을 첨가한다.

10분 정도 졸인다.

레몬즙 몇 방울로 산미를 준다.

차이나 캡에 거른 후 버터로 마무리하고 중탕냄비에 담아둔다.

3. 홍합 익힐 준비하기

앞 장에 나와 있는 방법으로 홍합을 익혀 껍질이 열리도록 한다.

4. 풀레트 소스 완성하기

홍합을 덜어놓고 위쪽 껍질을 제거한다.

홍합 육수를 조심스럽게 따라 필터에 거른다.

200ml의 육수를 절반으로 졸인다.

풀레트 poulette 소스를 첨가한다.

다시 졸인다.

계란 2개의 노른자와 100ml의 크림을 넣어 리에종한다.

몇 초 동안 다시 끓인 후 불을 끄고 소스를 버터로 마무리한다.

간을 확인한다.

소스를 차이나 캡에 거르고 홍합 위에 붓는다.

다진 파슬리를 뿌린다.

생선 벨루테가 없을 경우

생선 벨루테가 없을 경우 요리사에 따라 화이트 와인과 생선 육수로 홍합을 익혀 껍질을 열리게 하고, 육수를 뵈르 마니에로 리에종하기도 한다. 시판용 양송이버섯 벨루테(가루 또는 초고온살균 통조림)를 사용할 수도 있다.

준비 기구
• 정리용 사각 트레이 1
• 큰 믹싱볼 2
• 작은 믹싱볼 2

• 큰 스테인리스 채반 1
• 도마 1
• 차이나 캡 1

조리 기구
• 소스포트 1 또는 뚜껑 있는 큰 자루냄비 1

플레이팅 도구
• 큰 접시
• 둥근 접시받침
• 무늬 있는 장식용 종이

완성한 결과

풀레트 소스를 곁들인 홍합(Moules poulette)

비슷한 요리 PLATS SIMILAIRES

본팜므 홍합 Moules bonne-femme

• 홍합 마리니에르에 채썬 양송이버섯과 셀러리를 첨가한다.
• 육수를 졸이고 글레이즈 상태의 화이트 와인 소스를 넣어 리에종한다.
• 홍합에 소스를 뿌리고 샐러맨더에 넣어 윤을 낸다.

노르망디 《바르플뢰르 자연산 홍합》《Blondes de Barfleur》 normande

• 자연산 홍합에 셜롯, 사과 브뤼누아즈, 사과주를 넣어 익힌다.
• 육수를 졸이고 크림과 계란 노른자를 넣어 리에종한다.

스페인 홍합 튀김 Moules d'Espagne frites

• 《홍합 마리니에르 à la marinière》 방법에 따라 홍합을 익힌다.
• 홍합의 물기를 빼고 껍질을 벗긴다.
• 홍합에 식용유, 레몬즙, 다진 허브를 넣어 마리네이드한다.
• 요리 주문이 들어오면 튀김 반죽을 입히고 튀긴다.
• 홍합 튀김에 파슬리 튀김과 톱니 모양으로 자른 레몬을 곁들여 낸다.

홍합 양식자의 무클라드 Mouclade des boucholeurs

• 《홍합 마리니에르 à la marinière》 방법에 따라 홍합을 익힌다.
• 홍합 껍데기를 벗기고 육수를 조심스럽게 거른다.
• 카레와 휘핑크림을 넣은 홍합 벨루테를 만든다.
• 홍합에 소스를 뿌리고 샐러맨더에 넣어 윤을 낸다.(벨루테에 소량의 올랑데즈 소스를 첨가하면 윤내기가 더 잘 될 수 있다.)

홍합 파르시
MOULES FARCIES

홍합 파르시 Moules farcies는 스페인 홍합 Moules d'Espagne "마리니에르"요리이다. 위쪽 껍질을 제거하고 아래 껍질에서 홍합 살을 떼어낸 후 부르고뉴 버터(즉, 달팽이 버터)를 채운다. 요리가 주문되면 그 위에 빵가루를 뿌리고 샐러맨더에 넣어 그라탱으로 만든다.

8인분 재료	단위	양
기본 재료		
– 스페인 홍합 moules d'Espagne	kg	2.4
– 셜롯	g	80
– 화이트 와인	ml	80
《달팽이》 버터 BEURRE 《D'ESCARGOT》		
– 최상품 버터	g	300
– 셜롯	g	40
– 물기를 뺀 파슬리	g	40
– 마늘(4톨)	g	20
– 식빵	g	40
마무리		
– 식빵	g	160
평균 준비 시간 : 60분		
평균 가열 시간 : 5〜6분		

만드는 방법

1. 조리 작업 기구 준비하기 – 5분

레시피대로 재료를 계량, 측정하고 작업에 필요한 도구들을 점검한다.

2. 홍합 준비하기 – 15분(p. 269/270 참조)

앞 장의 《홍합 마리니에르 Moules marinière》와 동일한 주의 사항에 유의하며 준비한다.

3. 곁들임 준비하기 – 15분

셜롯을 다듬어 씻은 후 잘게 썬다.

달팽이 버터를 위해 40g의 셜롯을 따로 보관한다.

파슬리를 씻고 줄기를 떼어 빨아 다진 후 물기를 뺀다.

마늘을 다듬어 씻은 후 싹을 제거하고 빨은 후 다진다.

식빵을 체에 친다.

4. 홍합 익힐 준비하기 – 5분

낮은 소스포트 또는 큰 자루냄비에 물기를 잘 뺀 홍합, 잘게 썬 셜롯, 화이트 와인을 넣는다.

후추를 뿌리고 센 불에 뚜껑을 덮고 5〜6분 동안 끓인다.

끓이는 동안 냄비를 흔들어준다.

홍합 껍데기가 열리면 불을 끊다.(너무 익히면 홍합이 딱딱해진다.)

홍합의 물기를 빼고 재빨리 식힌다.

5. 달팽이 버터 만들기 – 5분

작은 스테인리스 믹싱볼에 말랑말랑해진 버터, 잘게 썬 셜롯, 파슬리, 잘게 다진 마늘, 체에 친 빵가루를 넣는다.

소금과 후추를 뿌리고 주걱으로 저어 섞는다.

간을 확인한 후 달팽이 버터를 상온에 보관한다.

6. 홍합에 파르시 채우기 – 10분

홍합의 빈 껍데기(상부 껍데기)를 제거한다.

아래쪽 껍데기에서 홍합살을 떼어낸다.

홍합에 소량의 달팽이 버터를 바르고 금속 주걱을 사용하여 표면을 매끄럽게 만든다. 깍지 낀 짤주머니를 사용하여 파르시를 채워줄 수도 있다.)

남은 빵가루를 홍합에 뿌린다.

7. 홍합 파르시 차리기 – 5분

앙트르메 접시 또는 작은 개인용 접시 위에 홍합 파르시를 예쁘게 담는다.

매우 뜨거운 오븐 또는 샐러맨더에 넣어 그라탱으로 만든다.(그라탱은 얇아야 하고 버터는 부드러워져야 한다.)

– 스페인 홍합 파르시는 홍합 마리니에르를 익히지 않고 날 것을 그대로 요리할 수도 있다.

– 홍합 육수는 다른 요리에 사용할 수 있도록 따로 보관한다.

완성한 결과

홍합 파르시(Moules farcies)

모듬 조개 파르시 ASSORTIMENT DE COQUILLAGES FARCIS

1. 조리 작업 기구 준비하기

2. 조개 준비하기

1kg의 홍합의 껍데기를 긁어 씻고 익힌다.(p.908 **FICHE 72** 《홍합 파르시 Moules farcies》 참조)

1kg의 대합을 씻고 껍데기를 연다.(위쪽 껍데기만 제거한다.)

달팽이 통조림 반 통(1/2)을 열고 물기를 뺀다*.

3. 부르고뉴 버터 만들기(일명, 달팽이 버터 dit beurre d'escargot) – 《홍합 파르시 Moules farcies》 참조)

4. 조개에 파르시 채우기

기본 만드는 방법대로 홍합에 파르시를 채운다.

작은 깍지를 끼운 짤주머니를 사용하여 대합에 부르고뉴 버터를 채운다.

달팽이 껍질 속에 버터 한 덩어리를 넣고 달팽이를 밀어 넣고 남은 부르고뉴 버터로 채운다.

조개에 소량의 빵가루를 뿌린다.

5. 조개 파르시 차리기

달팽이를 오븐에 넣어 1∼2분 동안 데운다.

접시에 홍합, 대합, 달팽이를 예쁘게 담는다.

샐러맨더에 넣어 그라탱을 만든다.

소량의 파슬리로 장식하고 바로 요리를 제공한다.

> * 통조림 달팽이는 강한 향신료를 넣은 쿠르 부용에 미리 담가놓는 것이 좋다.

준비 기구
- 정리용 사각 트레이 1
- 큰 믹싱볼 2
- 작은 믹싱볼 2

- 큰 스테인리스 채반 1
- 도마 1
- 차이나 캡 1

조리 기구
- 소스포트 1 또는 뚜껑 있는 큰 자루냄비 1

플레이팅 도구
- 기본 접시 또는 앙트르메 접시
또는
- 작은 개인용 접시

완성한 결과

모듬 조개 파르시(Assortiment de coquillages farcis)

비슷한 요리 PLATS SIMILAIRES

부르고뉴식 달팽이 Escargots à la bourguignonne*
(되도록이면 《큰 부르고뉴 달팽이 dormeurs bouchés》를 사용한다.)

- 달팽이의 불순물을 제거하고 뜨거운 물에 담그고(데치고) 껍질을 벗긴다. 물, 화이트 와인, 당근, 양파, 셜롯, 셀러리, 펜넬, 로즈마리, 향이 강한 부케가르니를 넣은 진한 쿠르 부용에 달팽이를 삶는다.
- 달팽이 껍질을 몇 분 동안 살균 소독하고 상온에서 물기를 말린다.
- 달팽이 껍질에 소량의 달팽이 버터를 채운다. 달팽이를 밀어 넣고 남은 버터를 채워 마무리한다.
- 달팽이 접시에 담고 매우 뜨거운 온도의 오븐에 넣어 데운다.(5∼6분) 버터가 거품을 내며 부드러워져야 한다.

샤블리 고동 파르시 Gros bulots farcis chablisienne

- 잘게 썬 셜롯, 샤블리 와인, 생선 글레이즈를 졸인 소스를 소라 껍질에 채운다.
- 소라를 밀어넣고 달팽이 버터로 껍질을 채운다.
- 매우 뜨거운 온도의 오븐에 넣어 데운다.

《라호셸식》 홍합 그라탱 Moules au gratin 《façon rochelaise》

- 마리니에르 방식으로 홍합을 익힌다.
- 홍합 위쪽 껍질을 떼어내고 크고 긴 접시에 홍합이 겹쳐지지 않게 담는다.
- 홍합 육수에 소량의 올랑데즈 소스를 첨가하여 홍합 벨루테를 만든다. 홍합에 골고루 뿌린다.
- 페르시야드(파슬리, 다진 마늘, 체에 친 빵가루, 백리향(타임) 꽃)을 뿌린다. 요리 주문이 들어오면 샐러맨더에 넣어 그라탱으로 만든다

> * 《부르고뉴식 달팽이 Escargots à la bourguignonne》는 파슬리와 마늘을 넣은 버터로 달팽이 속을 채운 요리만을 가리킨다. 달팽이의 원산지를 가리키지는 않는다.(부르고뉴 달팽이)
> 특별한 이 요리법은 다른 달팽이(작은 달팽이와 큰 회색 달팽이 petits et gros gris)에 적용할 수도 있다.

가리비 그라탱
COQUILLES SAINT-JACQUES AU GRATIN

가리비 그라탱 Coquilles Saint-Jacques au gratin은 가리비를 삶은 후 껍질에 양송이버섯 뒥셀, 화이트 와인 소스를 뿌리고 요리 주문 시 샐러맨더에 넣어 윤을 낸 요리이다.

8인분 재료	단위	양
기본 재료		
− 가리비(24×250g)	kg	6
− 셜롯	g	40
− 화이트 와인	ml	100
− 생선 육수	ml	500
− 양송이버섯 육수	ml	약간(PM)
− 부케가르니	개	1
가리비 육수 FUMET DE FRANGES		
− 버터	g	40
− 셜롯	g	40
− 양파	g	80
− 당근	g	80
− 기름기 없는 생선 뼈 arêtes de poissons maigres	g	800
− 가리비 관자의 가장자리 부분 franges	g	약간(PM)
− 양송이버섯 자투리 parures de champignons	g	약간(PM)
− 화이트 와인	ml	100
− 부케가르니	개	1
− 통후추	g	약간(PM)
그라탱 소스(뒥셀) SAUCE GRATIN(DUXELLES)		
− 버터	g	40
− 셜롯	g	40
− 화이트 와인	ml	100
− 양송이버섯	g	600
− 파슬리	g	20
− 화이트 와인 소스	ml	200
화이트 와인 소스 SAUCE VIN BLANC		
− 버터	g	20
− 셜롯	g	40
− 화이트 와인	ml	100
− 가리비 육수	ml	약간(PM)
− 생선 벨루테(선택사항)	ml	약간(PM)
− 크림	ml	200
− 버터	g	50
올랑데즈 소스 SAUCE HOLLANDAISE		
− 계란(노른자)	개	2
− 버터	g	125
− 레몬(1/2개)	g	50
마무리		
− 휘핑크림	ml	100
양념		
− 소금		약간(PM)
− 후춧가루		약간(PM)
평균 준비 시간 : 2시간 15분		
평균 가열 시간 : 몇 분		

만드는 방법

1. 조리 작업 기구 준비하기 – 5분

레시피대로 재료를 계량, 측정하고 작업에 필요한 도구들을 점검한다.

2. 모든 채소 준비하기 – 20분

당근, 양파, 셜롯을 다듬어 꼼꼼하게 씻는다.

파슬리를 씻고 줄기를 떼어 물기를 빼고 빻은 후 다진다.

2개의 작은 부케가르니를 만든다.

120g의 셜롯을 잘게 썰고 남은 셜롯은 생선 육수를 위해 얇게 저민다.

당근과 양파를 얇은 네모 모양으로 썬다.

3. 가리비 껍질 열기 – 15분(p. 268/269 참조)

가리비를 손질하고, 힘줄을 제거하고 몇 분 동안 얼음물에 담가 불순물을 제거한다. 재빨리 물기를 뺀다.

가리비 관자의 가장자리 부분을 헹구고 불순물을 제거한다.

4. 가리비 육수 만들기 – 15분(p. 371/372, 486/487 참조)

5. 가리비 삶기 – 10분(p. 485~487 참조)

가리비를 육수에 담가 보관한다.(가리비 관자의 중심은 《반투명 transparentes》 해야 한다.)

6. 가리비 껍질을 솔질하고 깨끗이 씻어 살균 소독하기 – 10분

움푹한 껍질만 사용한다.

끓는 물 또는 찜기에 가리비 껍데기를 넣고 10분 정도 살균 소독한다.

7. 그라탱 소스 만들기(뒥셀) – 15분

잘게 썬 셜롯을 버터에 볶는다.

화이트 와인으로 데글라세한 후 소스를 졸인다.

다진 양송이버섯을 첨가한다.

양념을 한 후 버섯의 수분이 완전히 날아가도록 뒥셀을 익힌다.

다진 파슬리를 첨가한다.

8. 화이트 와인 소스 만들기 – 10분

잘게 썬 셜롯을 버터에 볶는다.

화이트 와인으로 데글라세한 후 3/4을 졸인다.

가리비 육수를 첨가한다.

다시 졸인 후 벨루테(선택사항)와 크림을 첨가한다.

알맞은 소스의 농도가 되도록 졸인 후 화이트 와인 소스를 버터로 마무리한다.

차이나 캡에 거르고 소스의 간을 확인한다.

9. 양송이버섯 뒥셀에 육수를 부어 농도를 묽게 하기 – 15분

뒥셀에 소량의 화이트 와인 소스를 첨가한다. 중탕냄비에 담아 뚜껑을 덮고 보관한다.

10. 화이트 와인 소스를 글레이즈 상태로 완성하기 – 15분

올랑데즈 소스를 만든다.(p. 412~414 참조)

휘핑크림을 만들어 담아 얼음이 담긴 그릇 위에 올려둔다.

화이트 와인 소스에 올랑데즈 소스와 휘핑크림을 천천히 첨가하여 따로 보관한다.

11. 가리비 그라탱에 윤을 내며 완성하기 – 10분

가리비 껍데기를 움직이지 않게 담는다.(작은 타르트 틀 위에 담는다.)

소량의 뒥셀(그라탱 소스)을 가리비 껍데기에 얇게 담는다.

가리비 관자를 에스칼로프로 썰어 그라탱 소스 위에 얹는다.

글레이즈 상태의 화이트 와인 소스를 살살 뿌린다.

샐러맨더에 가리비를 넣어 윤을 낸다.

12. 가리비 그라탱 차리기 – 5분

무늬 있는 장식용 종이로 덮은 크고 둥근 접시 위에 가리비 그라탱을 담는다.

접시 중앙에 파슬리 다발을 놓는다.

FICHE 73

완성한 결과

가리비 그라탱(Coquilles Saint–Jacques au gratin)

채썬 채소와 샤프란을 곁들인 가리비 관자
PÉTALES DE COQUILLES SAINT-JACQUES À LA JULIENNE DE LÉGUMES ET AU SAFRAN

1. 조리 작업 기구 준비하기

2. 모든 채소 준비하기

가리비 육수를 위해 25g의 셜롯을 잘게 썬다.

당근, 대파의 흰 부분, 셀러리 줄기 1개, 예쁘게 생긴 양송이버섯 2개, 호박의 초록색 껍질 부분 소량을 얇게 채 썬다.

50g의 버터를 넣고 채를 썬 채소를 볶는다.

3. 가리비 껍질 열기

《가리비 그라탱 Coquilles Saint–Jacques au gratin》을 요리할 때처럼 준비한다.

가리비를 다듬어 손질하고 불순물을 제거한 후 물기를 빼고 도톰한 에스칼로프로 썬다.

4. 가리비 삶기

《가리비 그라탱 Coquilles Saint–Jacques au gratin》을 요리할 때처럼 준비한다.

가리비 관자 중앙이 투명하도록 유지한다.

5. 화이트 와인 소스 만들기

《가리비 그라탱 Coquilles Saint–Jacques au gratin》을 요리할 때처럼 준비하고 소스를 졸이는 동안 얇은 샤프란 몇 올을 첨가한다.

소스를 좀 더 묽게 유지한다.

6. 가리비 관자 차리기

접시 중앙에 가리비 관자를 원형의 꽃 모양으로 담는다.
물기를 잘 뺀 후 채를 썬 채소를 골고루 담는다.
소스를 살살 뿌린다.
꽃 모양 파이로 장식한다.
필라프 밥을 곁들여 낸다.

- 정리용 사각 트레이 3
- 큰 믹싱볼 2

준비 기구
- 정리용 사각 트레이 3
- 큰 믹싱볼 2

- 가리비용 칼 1
- 작은 중탕냄비 1
- 일반 체 1
- 차이나 캡 1

조리 기구
- 중간 크기 자루냄비 1

- 중간 크기 소테팬 3
- 작은 소테팬 1

플레이팅 도구
- 크고 둥근 접시
- 무늬 있는 장식용 종이

완성한 결과

채썬 채소와 샤프란을 곁들인 가리비 관자(Pétales de coquilles Saint–Jacques à la julienne de légumes et au safran)

비슷한 요리 PLATS SIMILAIRES

《낭트식》 가리비 Coquilles Saint-Jacques «façon nantaise»
- 가리비 관자의 중심이 투명하도록 유지하며 가리비를 삶는다.
- 홍합을 마리니에르로 익힌다.
- 양송이버섯을 데친다. 새우를 물에 헹군다.
- 소량의 가리비 육수에 소량의 홍합 육수, 양송이버섯 육수를 첨가해 글레이즈 상태의 화이트 와인 소스를 만든다.
- 가리비 껍질에 가리비 관자를 담고 소스를 뿌려 샐러맨더에 넣어 윤을 낸다.

셰르부르 스타일 가리비 Coquilles Saint–Jacques cherbourgeoise
- 삶은 가리비에 껍질을 깐 새우, 삶아서 다듬은 홍합과 굴을 채운다. 새우 버터로 마무리한 글레이즈 상태의 화이트 와인 소스를 뿌린다. 샐러맨더에 넣어 윤을 낸다.

파리식 가리비 Coquilles Saint-Jacques parisienne
- 홈이 있는 깍지를 낀 짤주머니를 사용하여 뽐 뒤셰스를 가리비 둘레에 두른다. 계란물을 바르고 샐러맨더에 넣어 윤을 낸다. 삶아서 에스칼로프로 자른 가리비 관자, 얇게 썬 양송이버섯, 다진 송로 버섯으로 가리비 껍데기를 채운다. 양송이버섯 에센스를 넣은 글레이즈 상태의 화이트 와인 소스를 뿌린다. 샐러맨더에 넣어 윤을 낸다.

덮개를 씌운 가리비 Coquilles Saint-Jacques en coquille lutée
- 가리비 껍데기를 열어 다듬고 헹군 후 가리비 관자와 붉은 내장을 에스칼로프로 썬다.
- 채를 썬 채소를 버터에 구워 가리비 껍데기를 채운다. 가리비 관자를 담고 양념한다. 화이트 와인 소스 1 테이블스푼과 처빌 잎을 첨가한다. 각 가리비를 푀이타주 반죽으로 만든 작은 조각으로 덮어 완전히 봉한 후 계란물을 바른다.
- 220/230도 오븐에서 7~8분 동안 익힌다. 푀이타주 반죽이 노릇노릇해지면 가리비가 다 익은 것이다.

양송이버섯 뒥셀을 곁들인 따뜻한 굴
HUÎTRES CHAUDES À LA DUXELLES DE CHAMPIGNONS

양송이버섯 뒥셀을 곁들인 따뜻한 굴 Huîtres chaudes à la Duxelles de champignons은 바다 양식 굴을 삶은 후 굴 껍질에 양송이버섯 뒥셀을 깔고 그 위에 굴을 담은 후 굴 육수를 졸이고 크림을 넣은 후 버터로 마무리하고 올랑데즈 소스를 첨가한 화이트 와인 소스를 뿌린다. 요리 주문 시 샐러맨더에 굴을 넣고 윤을 낸다.

8인분 재료	단위	양
기본 재료		
– 노르망디 지역 코탕탱반도 Cotentin 산 바다 양 식 굴 중간 것(G2), 또는 조금 큰 것 (M3) (1인당 최소 6개)	개	48
– 버터	g	40
– 셜롯	g	40
– 화이트 와인	L	1
– 생선 육수	ml	약간(PM)
생선 육수 FUMET DE POISSON		
– 버터	g	40
– 양파	g	80
– 셜롯	g	40
– 당근(선택사항)	g	80
– 기름 없는 생선 뼈	g	800
– 화이트 와인	ml	100
– 양송이버섯 자투리	g	약간(PM)
– 부케가르니	개	1
– 통후추	g	약간(PM)
뒥셀 DUXELLES		
– 버터	g	40
– 셜롯	g	80
– 매우 흰 양송이버섯	g	800
– 크림	ml	100
– 파슬리	g	40
– 레몬(1/2개)	g	50
글레이즈 상태의 화이트 와인 소스 SAUCE VIN BLANC À GLACER		
– 굴 육수	ml	약간(PM)
– 크림	ml	200
– 버터	g	50
올랑데즈 소스 SAUCE HOLLANDAISE		
– 계란(노른자)	개	2
– 버터	g	125
– 레몬(1/2개)	g	50
– 휘핑크림	ml	100
양념		
– 후춧가루		약간(PM)
– 카옌 고추		약간(PM)
평균 준비 시간 : 2시간		
굴의 평균 가열 시간 : 몇 초		

 ## 만드는 방법

1. 조리 작업 기구 준비하기 – 5분

레시피대로 재료를 계량, 측정하고 작업에 필요한 도구들을 점검한다.

2. 생선 육수 만들기 – 15분(p. 371/372 참조)

3. 양송이버섯 뒥셀 만들기 – 20분(p. 422~424 참조)

양송이버섯에 레몬즙을 뿌리고 수분을 거의 날린 흰 양송이버섯 뒥셀을 만들기 위해 재빠르게 준비한다.

뒥셀이 거의 다 익었을 때 크림을 넣고 졸인 후 중탕냄비에 담아 뚜껑을 덮어 보관한다.

4. 굴 껍데기 까기 – 20분(p. 266 참조)

굴 껍데기를 까주고 남아 있는 굴 껍데기의 파편이 있다면 제거한다.

굴 속의 물이 흐르지 않도록 잘 보관했다가 조심스럽게 따라낸다.

5. 굴의 아래쪽 껍질(아래쪽의 움푹한 껍질)을 살균 소독하기 – 10분

꼼꼼하게 씻은 후 끓는 물에 10분 정도 담그거나 찜기 또는 멀티 쿠커에 넣어 살균 소독한다.

6. 올랑데즈 소스 만들기 – 15분(p. 412~414 참조)

올랑데즈 소스를 작은 양으로 만들기는 매우 어렵다. 간편하게 사바용을 만들고 버터로 화이트 와인 소스를 마무리하거나 완성된 올랑데즈 소스 120~150g을 사용할 수도 있다.

7. 굴 삶기 – 5분(p. 488 참조)

8. 글레이즈 상태의 화이트 와인 소스 만들기 – 15분

굴 육수를 차이나 캡에 거르고 2/3를 졸인다.

크림을 첨가하고 다시 졸인다.(농도는 살짝 묽어야 한다.)

버터로 소스를 마무리한다.

사바용 또는 올랑데즈 소스를 첨가한다.(이렇게 할 경우 버터로 마무리 하지 않는다.)

휘핑크림을 올린다.

화이트 와인 소스에 휘핑크림을 서서히 섞는다.

9. 뒥셀 소스의 농도를 묽게 하기 – 5분

화이트 와인 소스의 1/4을 첨가한다. 간을 확인한다.

10. 굴을 채우고 윤내기 – 10분

굵은소금을 한 겹 깔고 그 위에 굴 껍질을 고정시킨다.

몇 분 동안 오븐에 넣어 예열시킨다.

소량의 뒥셀을 굴 껍데기에 채운다.

뒥셀 위에 굴을 담는다.

소스를 골고루 뿌린다.

매우 뜨거운 오븐에 넣어 윤을 낸다.(250~260도)

11. 따뜻한 굴 차리기 – 5분

1인당 6개 비율로 굴을 꽃 모양으로 접시에 담는다.

접시에 따라 굴이 움직이지 않도록 잘 고정할 필요가 있다. 이럴 때, 물에 잘 헹군 후 데쳐서 식힌 미역, 화관 모양의 튀긴 식빵 또는 슈 반죽으로 만든 고리 모양의 빵을 사용한다.

알이 큰 굴은 잘라서 사용할 수도 있다.

---

* 뽀모 pommeau : 사과 주스와 사과 브랜디(칼바도스)를 섞어 만든 알코올 음료이다.

완성한 결과

양송이버섯 뒥셀을 곁들인 따뜻한 굴
(Huîtres chaudes à la Duxelles de champignons)

뽀모* 버터 소스를 곁들인 신선한 굴과 연어 롤
ROULADES D'HUÎTRES ET SAUMON FRAIS AU POMMEAU

1. 조리 작업 기구 준비하기

2. 코탕탱 반도산 굴 48개 껍질 까기(G2 크기)

코탕탱 Cotentin 반도산 굴의 껍질을 까준 후 굴 속의 물을 조심스럽게 따라내고 걸러준 후 굴을 잘 보관한다.

3. 연어 필레 준비하기

1kg 정도의 두툼한 연어 필레를 준비한다.
조리용 핀셋을 사용해 잔가시를 모두 제거하고 껍질을 벗긴다.
껍질을 벗긴 연어 필레를 랩으로 감싼 후 냉장실에 넣어 살이 단단해지도록 한다.

4. 연어 썰기

연어 필레를 2mm 정도의 두께의 얇은 슬라이스 48개로 자른다.

5. 굴 감싸기

굴의 물기를 꼼꼼하게 닦는다.
조리 작업대 위에 《길고 얇게 썬 lanières》 연어를 올려 후추를 뿌리고 소금은 뿌리지 않는다.
연어 슬라이스 위에 굴을 얹고 조심스럽게 돌돌 말아준다.
조리용 붓을 사용하여 굴에 버터를 바르고 따로 담아둔다.

6. 뽀모 버터 만들기

잘게 썬 셜롯 50g, 작은 브뤼누아즈로 썬 사과 50g을 버터에 볶는다.
50ml의 사과 식초와 200ml의 뽀모를 넣어 데글라세한다.
소스의 2/3를 졸인다.
200ml의 굴에서 나온 물과 200ml의 휘핑크림을 첨가한다.
알맞은 소스 농도가 될 때까지 다시 졸인다.
작은 조각으로 자른 최상품 버터 200g으로 소스를 마무리한다.
소금은 뿌리지 말고 후추만 뿌린다.
뽀모 버터를 45~50도의 따뜻한 곳에 담아둔다.

7. 곁들임 준비하기

200g의 셀러리 무를 채썬다.
레몬즙을 뿌리고 살짝 단단한 질감을 유지하며 끓는 물에 데친다.
800g의 사과를 작은 막대 모양(굵은 채 grosse julienne)으로 채 썬다.
레몬즙을 뿌리고 살짝 색깔이 날 정도로 버터에 볶는다.
채썬 셀러리 무와 사과를 조심스럽게 섞어준다.

8. 굴 익힐 준비하기

버터를 바른 큰 접시에 연어로 감싼 굴을 담는다.
매우 뜨거운 오븐 또는 샐러맨더에 2분 정도 둔다. 연어는 겉이 가볍게

바삭바삭해지고 굴은 속이 미지근한 정도가 되게 한다.

9. 굴 연어 롤 차리기

접시에 소스를 담는다.
1인당 6개의 비율로 굴을 꽃 모양의 원형으로 담는다.
꽃 모양 중심에 채썬 사과와 셀러리 무를 곁들인다.

준비 기구
• 정리용 사각 트레이 2
• 작은 믹싱볼 1
• 작은 중탕냄비 2

• 작은 소스용 거품기 1
• 중간 크기 믹싱볼 2
• 도마 1
• 차이나 캡 1
• 굴 칼 1

조리 기구

• 중간 크기 소테팬 2
• 중간 크기 자루냄비 1
• 작은 소테팬 1

플레이팅 도구
• 큰 접시 또는 기본 접시

완성한 결과

뽀모 버터를 곁들인 신선한 굴과 연어 롤
(Roulades d'huîtres et saumon frais au pommeau)

비슷한 요리 PLATS SIMILAIRES

따뜻한 피렌체 굴 Huîtres chaudes florentine
• 굴 껍데기에 헤이즐넛 버터에 볶은 어린 시금치를 채운다.
• 삶은 굴을 담는다. 글레이즈 상태의 화이트 와인 소스를 뿌린다.
• 샐러맨더에 넣어 윤을 낸다.

따뜻한 포르투갈 굴 Huîtres chaudes portugaise
• 굴 껍데기에 화이트 와인 소스를 넣어 묽게 만든 토마토 퐁듀를 채운다.
• 삶은 굴을 담는다. 글레이즈 상태의 화이트 와인 소스를 뿌린다.
• 샐러맨더에 넣어 윤을 낸다.

엔다이브 또는 대파 퐁듀를 곁들인 따뜻한 굴
Huîtres chaudes à la fondue d'endives ou de poireaux
• 굴 껍데기에 화이트 와인 소스를 넣어 묽게 만든 엔다이브 또는 대파 퐁듀를 채운다.
• 삶은 굴을 담는다. 글레이즈 상태의 화이트 와인 소스를 뿌린다.
• 샐러맨더에 넣어 윤을 낸다.

양배추 잎으로 감싼 블랭빌 굴 Huîtres de Blainville en feuille de chou
• 깔끔한 사보이 양배추 잎을 잘 데친 후 식힌다.(중심의 부드러운 양배추 잎)
• 양배추 잎으로 굴을 감싼 후 작은 보따리 모양의 형태가 되도록 다듬는다.
• 멀티 쿠커 또는 찜기에 넣어 몇 분 동안 익힌다.
• 화이트 와인 소스를 뿌리고 그 위에 양배추 잎으로 감싼 굴을 담는다.

나쥬 소스를 곁들인 가재

ÉCREVISSES À LA NAGE

나쥬 소스를 곁들인 가재 Écrevisses à la nage는 가재의 《내장을 제거하고 châtrées》 화이트 와인을 넣은 나쥬에 익힌 요리이다. 나쥬를 졸여 버터로 유화시킨 소스를 곁들여 낸다.

8인분 재료	단위	양
기본 재료		
– 살아있는 가재(48×약 60g)	kg	2.4∼3
나쥬 NAGE		
– 물	L	2
– 화이트 와인	L	1
– 생선 육수 [1]	L	1
– 당근	g	500
– 양파(작은 것)	g	500
– 부케가르니	개	1
– 굵은소금	g	약간(PM)
– 통후추	g	약간(PM)
나쥬 버터 BEURRE DE NAGE		
– 나쥬	L	1
– 최상품 버터	g	200
마무리		
– 파슬리	g	40
양념		
– 가는소금		약간(PM)
– 후춧가루		약간(PM)
– 카옌 고추		약간(PM)
평균 준비 시간 : 1시간 10분		
평균 가열 시간 : 4∼6분		

[1] 생선 육수 사용을 추천하지만, 없을 경우 생선 육수 스톡(fumet en pâte : 생선 다시다)을 사용해도 좋다.

 **만드는 방법**

1. 조리 작업 기구 준비하기 – 5분
레시피대로 재료를 계량, 측정하고 작업에 필요한 도구들을 점검한다.

2. 나쥬 재료 준비하기 – 15분
쿠르 부용에 들어갈 아로마틱 가니쉬의 채소를 얇게 썬다. 세로 줄로 홈을 판 당근을 얇은 조각으로 썰고, 양파를 링 모양으로 얇게 저민다.(p. 450 참조)

3. 나쥬 끓일 준비하기 – 5분
큰 자루냄비에 홈을 판 얇은 당근 조각, 화이트 와인, 생선 육수, 부케가르니를 넣는다.
1L 나쥬에 10∼12g의 비율로 굵은소금을 넣는다.
약불에 15분 정도 끓인다. 필요한 경우 거품을 걷어내고 양파를 첨가한다.
다시 몇 분 동안 끓인다.
통후추를 첨가하고 향이 우러나게 한다.

4. 가재 준비하기 – 25분
산소가 많은 흐르는 물에 2일 정도 가재를 둔 후 꼼꼼하게 씻고 《내장을 제거한다 châtrer)(꼬리지느러미의 중앙 마디를 1/4바퀴(90도) 돌리며 조심스럽게 잡아당기며 작고 검은 내장을 추출한다.) (p. 264 참조)

5. 가재 익힐 준비하기 – 5분
내장을 제거한 가재를 끓는 나쥬에 넣어 삶아준다.
가재 크기에 따라 3∼5분 정도 삶는다.

6. 나쥬 버터 만들기 – 10분
800ml의 나쥬를 체에 거르고 냐쥬의 4/5를 졸인다.
조각으로 자른 버터를 넣고 마무리한다.
간을 확인한다.

7. 가재 차리기 – 5분
팀발 또는 접시에 가재를 골고루 담는다.
가재 위에 얇은 조각으로 썬 당근과 링 모양으로 슬라이스한 양파를 담는다.
나쥬 버터를 뿌린다.
파슬리로 예쁘게 장식한다.

– 삶은 가재에 나쥬 소스를 곁들이지 않을 경우, 당근에 세로 홈을 파지 않아도 되고 양파도 링 모양으로 슬라이스 하지 않고 얇게 썰기만 해도 좋다.
– 《불순물을 제거한 dégorgées》 가재를 시판하기도 한다.

RÉALISÉ PAR
POISSONNIER(SAUCIER)
CUISINE CHAUDE
담당자 : 생선요리사(소스요리사) 따뜻한 요리

완성한 결과

나쥬 소스를 곁들인 가재(Écrevisses à la nage)

따뜻한 노일리 나쥬 소스를 곁들인 랑구스틴과 가리비
PETITE NAGE TIÈDE DE LANGOUSTINES ET DE SAINT-JACQUES AU NOILLY

1. 조리 작업 기구 준비하기

2. 붉은 내장이 붙어 있는 가리비 16개 껍질 까기

가리비를 잘 다듬고 힘줄과 불순물을 제거한다.

가리비 관자가 도톰할 경우 에스칼로프로 자른다.

가리비 관자 가장자리에 달려 있는 술(외벽과 아가미)을 따로 보관한다.

3. 싱싱한 랑구스틴 24마리의 껍데기 까기

껍데기를 부수거나 빻는다.

4. 기본 생선 육수 만들기

100g의 대파 흰 부분, 100g의 양송이버섯, 50g의 셀러리, 50g의 셜롯을 얇게 썰어 버터에 볶는다.

랑구스틴 껍데기와 가리비 관자 가장자리 술을 첨가한다.

500ml의 생선 육수를 붓고 부케가르니를 첨가한다.

15분 동안 뭉근히 끓인다.

거품을 걷어내고 차이나 캡에 잘 거른다.

5. 나쥬 만들기

지름이 최대 2cm인 작은 당근 250g을 다듬어 씻은 후 세로로 홈을 파고 얇고 동그란 조각으로 썬다.

기본 생선 육수를 붓고 10분 정도 끓인다.

링 모양으로 슬라이스한 구슬양파 200g을 첨가하고 몇 분 동안 다시 끓인다.

소금과 후추를 뿌린다.

6. 랑구스틴과 가리비 삶기

랑구스킨과 가리비를 끓는 나쥬에 넣는다. 2분 정도 약한 불에 삶는다.

7. 나쥬 완성하기

100ml의 노일리에 잘게 썬 셜롯 400g을 넣고 졸인다.

차이나 캡에 거른 나쥬를 첨가한다. 글레이즈 상태가 될 때까지 졸이고 크림을 넣고 다시 졸인다.

조각으로 자른 최상품 버터 150g을 넣어 나쥬를 마무리한다.

8. 랑구스틴과 가리비 차리기

접시에 골고루 담는다.

얇게 동그란 조각으로 썬 당근과 링 모양으로 슬라이스한 양파를 예쁘게 담는다.

버터로 마무리한 나쥬를 골고루 뿌린다.

처빌 잎으로 장식한다.

준비 기구
- 정리용 사각 트레이 2
- 중간 크기 믹싱볼 1
- 도마 1

- 작은 중탕냄비 1
- 큰 믹싱볼 1
- 강판 1
- 작은 소스용 거품기 1

조리 기구
- 큰 자루냄비 1
- 큰 소테팬 1

플레이팅 도구
- 큰 채소 접시 또는 움푹한 바이메탈 접시
- 둥근 접시받침
- 소스그릇과 받침
- 무늬 있는 장식용 종이

완성한 결과

따뜻한 노일리 나쥬 소스를 곁들인 랑구스틴과 가리비

(Petite nage tiède de langoustines et de coquilles Saint–Jacques au Noilly)

비슷한 요리 PLATS SIMILAIRES

삶은 새우 Crevettes pochées(p. 511 참조)

- 새우에 붙어 있는 다른 기생 동물(작은 갑각류)과 해조류 등을 제거하며 손질한다.
- 물 1ℓ당 25~30g의 비율로 굵은소금을 넣은 끓는 물에 후추, 타임, 월계수 잎을 넣고 새우를 익히거나 필터에 거르고 고온 살균한 해수에 직접 넣어 삶는다.
- 최대한 빨리 물이 다시 끓어오르게 한다.
- 물기를 잘 빼고 천천히 식히기 위해 면포 위에 새우를 펼쳐 놓는다.
- 따뜻한 새우와 함께 통밀빵과 저염 버터를 곁들여 낸다.

삶은 랑구스트와 바닷가재 Langoustes et homards pochés(p. 511 참조)

- 꼼꼼하게 솔질한다. 랑구스트와 바닷가재를 《벨뷔 bellevue(예쁘게 장식한)》로 내기 위해서는 작은 판 위에 갑각류를 고정시켜 소금, 후추, 타임, 월계수 잎, 소량의 식초를 넣은 끓는 물에 삶는다.
- 1kg의 랑구스트 또는 바닷가재의 경우 삶는 데 약 20분이 걸린다.
- 익히자마자 물기를 잘 빼고 주둥이 끝과 꼬리를 칼끝으로 찔러 물을 뺀다.
- 마요네즈 소스를 곁들여 따뜻하게 낸다.

요리사에 따라 당근과 양파를 첨가한 쿠르 부용에 넣어 바닷가재와 랑구스트를 삶기도 한다.(예 : 셰르부르의 아가씨들 demoiselles de Cherbourg à la nage(나쥬 소스를 곁들인 작은 바닷가재 요리))

해산물 필라프
PILAF DE FRUITS DE MER

해산물 필라프(Pilaf de fruits de mer)는 따로따로 익힌 해산물(홍합, 랑구스틴 꼬리, 가리비, 새우)과 양송이버섯을 섞은 후, 크림을 넣은 아메리칸 소스로 리에종하고 화관 모양으로 담은 필라프 밥을 곁들여 낸다.

8인분 재료	단위	양
기본 재료		
– 가리비(8×250g)	kg	2
– 버터	g	20
– 셜롯	g	40
– 화이트 와인	ml	100
– 가리비 육수	ml	200
– 부케가르니	개	1
– 랑구스틴(16×50g)	g	800
– 식초	ml	20
– 타임과 월계수 잎	개	약간(PM)
– 홍합	g	800
– 버터	g	20
– 셜롯	g	40
– 화이트 와인	ml	100
– 파슬리	g	20
– 껍질을 벗긴 새우	g	160
– 양송이버섯	g	250
– 버터	g	50
– 레몬(1/2개)	g	50
아메리칸 소스 SAUCE AMÉRICAINE		
– 올리브유	ml	20
– 버터	g	20
– 랑구스틴 껍질 carapaces de langoustines	g	약간(PM)
– 벨벳 게, 큰 게	g	800
– 양파	g	80
– 당근	g	80
– 셜롯	g	40
– 꼬냑	ml	50
– 화이트 와인	ml	100
– 생선 뼈	g	800
또는		
– 생선 육수	L	1.5
– 토마토	g	400
– 토마토 페이스트	g	40
– 마늘(4톨)	g	20
– 부케가르니	개	1
– 타라곤	단	1/4
금색 루 또는 뵈르 마니에 ROUX BLOND OU BEURRE MANIÉ		
– 버터	g	40
– 밀가루	g	40
마무리		
– 크림	ml	200
– 버터	g	40
– 타라곤	단	1/6
– 처빌	단	1/6
– 꼬냑	ml	약간(PM)
– 버터	g	20
필라프 밥 RIZ PILAF		
– 버터	g	80
– 양파	g	160
– 안남미* riz long	g	400
– 부케가르니	개	1
– 버터	g	40
양념		
– 굵은소금, 가는소금		약간(PM)
– 후춧가루, 카옌 고추		약간(PM)
평균 준비 시간 : 2시간 05분		
밥 평균 가열 시간 : 17~19분		
랑구스틴 평균 가열 시간 : 1~2분		
가리비 평균 가열 시간 : 4~6분		

 ## 만드는 방법

1. 조리 작업 준비하기 – 5분
레시피대로 재료를 계량, 측정하고 작업에 필요한 도구들을 점검한다.

2. 아로마틱 가니쉬용 채소를 다듬어 씻기 – 15분
셜롯을 잘게 썬다.
당근과 양파를 작은 브뤼누아즈로 썬다.(작은 주사위 모양)
3개의 부케가르니를 만든다.
토마토를 으깬다.

3. 곁들임 준비하기 – 45분
가리비 껍질 열기(p. 268/269 참조)
랑구스틴 삶기(p. 511)
육수가 다시 끓기 시작하면 1~2분 동안 익히고 건져서 물기를 빼고 절반만 껍질을 벗긴다.
남은 절반은 장식을 위해 그대로 따로 보관한다.
홍합 마리니에르로 익히기(p. 906/907 참조)
껍질을 까고 다듬은 홍합을 따로 따라놓은 홍합 육수에 넣어 보관한다.
양송이버섯
양송이버섯을 다듬어 씻은 후 에스칼로프로 자른다.
소량의 물에 소금을 넣고 버터와 레몬 반개의 즙을 넣어 끓여 버섯을 익힌다.
가리비 삶기(p. 485~487 참조)
삶은 가리비를 육수에 담아 보관한다.

4. 아메리칸 소스 만들기 – 30분(p. 398/399 참조)

5. 필라프 밥 만들기 – 10분(p. 500/501 참조)

6. 아메리칸 소스 완성하기 – 10분
세게 압착해 누르며 소스를 차이나 캡에 거른다.
홍합 육수, 가리비 육수, 양송이버섯 육수 소량을 첨가한다.
절반의 양이 되도록 졸인다.
금색 루 또는 소량의 뵈르 마니에를 넣어 소스를 리에종한다.
10분 정도 다시 끓인다.
크림을 넣고 가볍게 졸인다.
소스의 농도와 간을 확인한다.
소스를 차이나 캡에 거른다.
소스의 표면에 버터를 찍어주고 아메리칸 소스를 중탕냄비에 담아 뚜껑을 덮어 보관한다.

7. 곁들임 완성하기 – 5분
곁들임의 모든 재료의 물기를 잘 뺀다.
소테팬에 에스칼로프로 썬 가리비, 랑구스틴 꼬리, 홍합, 새우, 양송이버섯을 담는다.
소량의 버터를 넣고 전체를 볶는다. 꼬냑을 소량 첨가한다.
아메리칸 소스 3/4을 첨가한다.
소스의 농도와 간을 확인한다.

8. 해산물 필라프 차리기 – 5분
버터를 바른 사바랭 틀에 필라프 밥을 채운다.
살살 누른 후 크고 둥근 접시 위에 필라프 밥을 틀에서 빼내어 담는다.
중앙에 해산물 곁들임을 담는다.
필라프 밥 둘레에 아메리칸 소스를 한 줄로 골고루 뿌린다.
모양을 잡아서 윤을 낸 랑구스틴을 예쁘게 담는다.
필요한 경우 곁들임을 따로 담고, 아메리칸 소스는 소스그릇에 담는다.

---

* 안남미riz long : 쌀알이 길고 가는 모양의 장립종 쌀 품종으로 주로 베트남, 태국 등 인도차이나 지역에서 나는 쌀이다. 찰기가 적고 푸석푸석해 밥이 고슬하게 지어지고, 소화가 잘 돼 위에 부담이 적다. 탄수화물, 단백질, 비타민 B군, 미네랄 등을 고루 함유하고 있고, 혈당 지수가 낮아 체중 조절에도 유용하다. 전세계 쌀 중 가장 많이 생산된다.

완성한 결과

해산물 필라프(Pilaf de fruits de mer)

야생 버섯과 가재 라구 그라탱 PETIT RAGOÛT
D'ÉCREVISSES ET CHAMPIGNONS SAUVAGES AU GRATIN

1. 조리 작업 준비하기

2. 낭투아 소스 만들기

가재 1kg을 솔질해서 씻고 내장을 제거한다.

정제 버터를 넣고 센불에 익힌다.

100g의 당근, 100g의 양파, 50g의 셜롯을 브뤼누아즈로 썰어 첨가한다.
몇 분 동안 볶는다.

50ml의 꼬냑으로 플랑베한다. 200ml의 화이트 와인으로 데글라세한 후
2/3를 졸인다.

800ml의 생선 육수를 붓는다.

400g의 으깬 토마토, 40g의 토마토 페이스트, 부케가르니를 첨가한다.
양념을 하고 끓인다.

거품을 걷어내고 가재의 두께에 따라 3~4분 동안 끓인다.

3. 가재의 물기를 빼고 껍질 벗기기

요리 장식을 위해 몇 마리 가재를 따로 둔다.

남은 가재 껍질을 빻아 부수고 낭투아 소스에 다시 넣어 15분 정도 끓인다.

4. 글레이즈 상태의 낭투아 소스 완성하기

낭투아 소스 육수를 세게 압착해 누르며 일반 체에 거른다.

졸인 후 200ml의 생선 벨루테와 200ml의 크림을 첨가한다.

다시 졸인 후 불을 끄고 125g의 올랑데즈 소스와 100ml의 휘핑크림을
첨가한다.

소스의 간을 확인한다.

**5. 600g의 야생 버섯 준비하기(살구버섯 chanterelles, 꾀꼬리버섯 girolles,
그물버섯 cèpes, 모렐버섯 morilles 등등)**

조심스럽게 씻고 에스칼로프로 자른 후 40g의 잘게 썬 셜롯과 함께
버터를 두르고 볶는다.

6. 버섯과 가재 라구 완성하기

가재 꼬리를 버터에 볶는다.

소량의 꼬냑 또는 샴페인으로 플랑베한다.

야생 버섯과 낭투아 소스 절반을 첨가한다.

약불에 1분 동안 살살 끓인다.

7. 야생 버섯과 가재 라구 담고 윤내기

가재 꼬리와 야생 버섯을 접시 또는 1인용 작은 그라탱 접시에 골고루
담는다.

남은 소스를 골고루 뿌린다.

샐러맨더에 넣어 윤을 낸다.

윤을 낸 가재 몇 마리를 접시 가장자리에 예쁘게 담아 장식한다.

준비 기구
- 정리용 사각 트레이 3
- 작은 믹싱볼 2
- 절구공이 1
- 차이나 캡 1

조리 기구
- 낮은 소스포트 1 또는
  큰 소테팬 1
- 중간 크기 소테팬 1

- 큰 믹싱볼 1
- 도마 1
- 일반 체 1
- 중탕냄비 1

- 작은 소테팬 2
- 뚜껑 있는 중간 크기
  소뚜와 1

플레이팅 도구
- 크고 둥근 접시
  또는
- 기본 접시

완성한 결과

야생 버섯과 가재 라구 그라탱

(Petit ragoût d'écrevisses et champignons sauvages au gratin)

비슷한 요리 PLATS SIMILAIRES

화이트 와인 소스를 곁들인 해산물 필라프 밥
Turban de riz pilaf aux fruits de mer, sauce vin blanc
- 앞에 소개한 나온 해산물 필라프와 비슷하게 준비한다. 아메리칸 소스
  대신 생선 육수, 홍합 육수, 양송이버섯 육수, 가리비 육수로 만든 화이트
  와인 소스를 사용한다.

해산물 페투치니 파스타 Fettucines aux fruits de mer
- 크림을 넣은 아메리칸 소스와 페투치니를 섞고 옆에 나온 해산물 라구를
  곁들인다.(화이트 와인 소스로 만들 수도 있다.)

해산물 부셰 또는 해산물 파이 Bouchées ou feuilletés divers aux fruits de
mer
- 부셰 또는 파이에 크림을 넣은 아메리칸 소스 또는 화이트 와인 소스를
  넣은 해산물 라구를 채운다.

위의 모든 요리에는 다른 종류의 해산물(새조개 coques, 무명조개 clovisses,
대합 praires, 모시조개 palourdes, 새우 ouassous, 거미고동 lambis 등)을
넣어도 좋다.

육류

LES VIANDES

끓는 물에 삶은 고기
LES VIANDES POCHÉES

오븐에 구운 고기와 찐 고기
LES VIANDES RÔTIES ET LES VIANDES POÊLÉES

볶음(소테)용 정육류
LES VIANDES RÔTIES ET LES VIANDES POÊLÉES

그릴에 구운 스테이크 고기
LES VIANDES DE BOUCHERIE GRILLÉES

갈색 소스 라구와 브레제
CUIRE EN RAGOÛT À BRUN ET BRAISER

허드레 고기 요리
LES ABATS

가금류 요리
LES VOLAILLES

끓는 물에 삶은 고기
LES VIANDES POCHÉES

요리 소개 BREF RAPPEL DE TECHNOLOGIE

삶기는 물 eau, 흰색 육수 fond blanc, 부용(bouillon : 고기, 채소 등을 삶아서 만드는 국물, 수프) 등의 액체에 담가 익히는 것을 말한다. 주로 고기를 찬물에 넣어 익히기 시작해 고기 육즙이 육수에 잘 스며들도록 한다. 이렇게 만든 육수는 영양과 풍미가 풍성해 소스를 만드는 데 사용한다.

고기의 맛있는 성분은 육수의 농도에 따라 달라지므로 고기의 맛을 최대한 보존하기 위해 물보다는 진한 육수에 끓이는 것이 더 좋다.

적용 기술 TECHNIQUES MISES EN ŒUVRE

- 송아지 흰색 육수 만들기
  Marquer un fond blanc de veau
- 닭고기 흰색 육수 만들기
  Marquer un fond blanc de volaille
- 고기 수프(국물) 만들기(포토푀 부용)
  Marquer une marmite(bouillon de pot–au–feu)
- 벨루테 만들기
  Marquer un velouté
- 계란 노른자와 크림을 넣어 리에종 만들기
  Réaliser une liaison aux jaunes d'œufs et à la crème
- 고기 데치기
  Blanchir des viandes
- 닭고기 손질하고 닭 날개와 다리를 실로 묶어 몸통에 동여 매기
  Habiller et brider des volailles
- 양파에 정향 조각을 박고 캐러멜화하기
  Clouter et caraméliser des oignons
- 채소의 모난 부분을 깎아 둥글게 모양 다듬기
  Tourner des légumes
- 소금 넣은 끓는 물에 채소를 데쳐 찬물에 담그기
  Cuire des légumes à l'anglaise

추천 곁들임 요리
Suggestions de garnitures d'accompagnement

- 둥글게 모양을 다듬어 볶거나 데친 채소 요리
  Légumes tournés, étuvés ou cuits à l'anglaise(당근, 무, 대파, 샐러리, 감자 carottes, navets, poireaux, céleri, pommes de terre 등)
- 크레올 밥, 필라프, 리조토
  Riz créole, pilaf, risotto.
- 채소 퓨레, 버터로 익힌 렌틸콩
  Purée de légumes, lentilles au beurre.

포토피
POT-AU-FEU

포토피 Pot-au-feu는 다양한 고기 부위 조각을 진한 흰색 육수(고기 수프 또는 부용)에 오래동안 익혀 채소 곁들임 요리(당근, 무, 대파, 샐러리, 파스닙, 감자)와 함께 내며, 삶은 골수 조각, 다양한 양념(굵은소금, 코르니숑, 겨자)과 소스(서양고추냉이, 토마토, 라비고트)를 곁들인다.

8인분 재료	단위	양
기본 재료		
– 소의 앞 허벅다리 살 jumeau	g	400
– 사태 gîte–gîte	g	400
– 소의 견골 위 지방분 없는 살코기 macreuse	g	800
– 소 목심 또는 어깨 고기	g	800
basses côtes ou surlonge		
– 갈비 plat de côtes	g	800
– 토막낸 소꼬리	g	500
queue de bœuf tronçonnée		
– 소뼈 os de bœuf	kg	1.5
– 소의 골수뼈 os à moelle	토막	8
아로마틱 가니쉬		
– 당근	g	200
– 양파	g	200
– 정향 조각	개	2
– 대파	g	200
– 샐러리	g	100
– 부케가르니	다발	1
– 마늘	톨	2
곁들임 요리 GARNITURE D'ACCOMPAGNEMENT		
– 당근	g	800
– 무	g	800
– 파스닙*	g	400
– 대파 흰 부분	g	400
– 샐러리 또는 샐러리 무	g	400
– 감자	kg	1
– 사보이 양배추(선택사항)	g	약간(PM)
양념		
– 굵은소금		약간(PM)
– 가는소금		약간(PM)
– 후춧가루		약간(PM)
요리에 곁들일 조미료		
– 굵은소금		약간(PM)
– 겨자		약간(PM)
– 코르니숑		약간(PM)
평균 준비 시간 : 2시간		
평균 가열 시간 : 3시간~3시간 30분		

만드는 방법
(p. 375~377 참조)

1. 조리 작업 기구 준비하기 – 5분
레시피대로 재료를 계량, 측정하고 작업에 필요한 도구들을 점검한다.

2. 소뼈 토막낸 후 데치기 – 10분
토막낸 소뼈에 찬물을 부어 뚜껑을 닫고 끓인다.
거품을 걷어내고 식힌다.

3. 모든 채소 다듬고 씻기 – 20분

4. 아로마틱 가니쉬 채소 준비하기 – 5분
당근이 굵을 경우에는 토막내고, 그렇지 않은 경우에는 통째로 둔다.
양파를 가로로 자른 후 팬에 색깔이 나도록 굽는다.(p. 376 참조)
양파 옆면에 2개의 정향 조각을 박아준다.
파슬리, 타임, 월계수 잎, 대파, 샐러리로 부케가르니를 만든다.(초록색 잎을 사용)

5. 육수 만들기(소뼈 부용 bouillon d'os) – 15분
포토피 스튜냄비에 데친 소뼈를 넣는다.
찬물 4~5L를 붓고 끓인다.
거품을 걷어내고, 소금, 후추, 아로마틱 가니쉬를 넣는다.
1시간 정도 천천히 끓인다.

6. 포토피에 넣을 고기 준비하기 – 20분
고기의 지방을 제거하고 손질한 후 실로 묶는다.

7. 소의 골수뼈 핏물 빼기 – 5분
식초를 넣은 얼음물이 담긴 믹싱볼에 소의 골수뼈를 넣는다.
냉장실에 넣어 둔다.

8. 포토피 끓일 준비하기 – 5분
익는 시간에 따라 끓는 육수에 고기를 넣는다.
3시간~3시간 30분 동안(또는 그 이상) 약한 불에서 뭉근히 끓인다.
거품을 걷어내고 기름기를 제거한다. 고기 수프(포토피 부용)는 맑아야 하고 색깔은 연한 황갈색이어야 한다.

9. 곁들임 요리용 채소 준비하기 – 20분
감자는 둥글게 깎고 물에 헹군 후 찬물에 담가둔다.
당근, 무, 파스닙을 둥글게 깎는다.(계절에 따라 채소를 데칠 수도 있다.)
샐러리 《심줄 fils》을 제거하고 토막낸다.
대파의 초록색 부분은 제거하고 흰 부분을 토막낸다.

10. 채소 익힐 준비하기 – 10분(고기를 다 익히기 30분 전)
포토피 부용을 조금 덜어 채소를 따로 익힌다.
감자를 찬물에 넣어 소금을 넣고 끓여 거품을 걷으며 익힌다.

11. . 소의 골수뼈 데치기 – 5분
포토피를 제공하기 10분 전에 굵은소금을 골수뼈 끝부분에 뿌리고 모슬린 천(거즈)에 감싸 포토피 부용을 조금 넣어 따로 데친다.

12. 고기와 채소 익은 정도 확인하기

13. 포토피 차리기 – 5분
고기를 도톰한 슬라이스로 자른 후 움푹한 접시에 담는다.
고기 둘레에 색깔별로 채소를 예쁘게 담는다.
골수를 골수뼈와 번갈아 놓거나, 골수를 분리해 조각내 고기 슬라이스 위에 올린다.
완전히 기름기를 제거한 포토피 부용을 붓는다.
장식용 종이를 깐 접시받침에 접시를 놓는다.
남은 포토피 부용은 콩소메나 젤리*를 만들 때 사용한다.(p. 377 참조)

FICHE 77

완성한 결과

포토푀(Pot-au-feu)

끈으로 묶은 소고기 안심 FILET DE BŒUF À LA FICELLE

1. 투르느도(les tournedos : 안심) 준비하기(p. 313 참조)
- 안심 가운데 부분 1.8kg을 손질해 8개의 투르느도로 자른다.
- 실로 묶어 투르느도를 고정시키고 실이 10cm 정도 남도록 한다.

2. 채소 준비하기
- 당근 500g, 무 300g, 대파 400g, 껍질콩 150g, 샐러리 150g을 다듬고 씻는다.
- 껍질콩 두께로 모든 채소를 긴 막대 모양으로 썰고 각각 끓는 물에 소금을 넣어 데친다.

3. 고기 익히기
- 진한 소고기 육수 콩소메 1.5L에 채소를 넣는다.
- 5분 동안 익힌다.
- 원하는 익힘 정도에 따라 5~10분간 투르느도를 익힌다.

4. 투르느도 차리기
- 가장자리에 실이 나오도록 움푹한 접시에 투르느도를 담는다.
- 고기 반 정도가 잠기도록 콩소메와 채소를 붓는다.
- 투르느도 위에 사골 슬라이스를 얹는다.

강판에 간 서양고추냉이와 레몬즙을 첨가한 휘핑크림 소스를 곁들일 수 있다.

완성한 결과

끈으로 묶은 소고기 안심(Filet de bœuf à la ficelle)

준비 기구
- 정리용 사각 트레이 3
- 작은 믹싱볼 4
- 들통 1

- 도마 1
- 손잡이 있는 스테인리스 채반 1
- 차이나 캡 1

조리 기구
- 큰 소스포트 또는 포토푀(스튜) 냄비 1

- 중간 크기 자루냄비 5

플레이팅 도구
- 움푹하고 긴 접시 또는 타원형접시
- 긴 접시받침
- 무늬 있는 장식용 종이

비슷한 요리 PLATS SIMILAIRES

베아른 포토푀 Pot-au-feu béarnaise
- 돼지고기, 바욘(Bayonne)산 햄, 닭간, 양파, 마늘, 파슬리, 식빵을 계란과 섞어 만든 닭고기 파르시를 포토푀에 첨가한다.

알비 포토푀 Pot-au-feu albigeois
- 포토푀에 송아지 사태, 소금기를 뺀 햄 조각, 거위 고기 콩피* 조각을 첨가한다.

버섯 소스에 삶은 새끼 양고기 넓적다리 Gigot d'agneau poché à l'anglaise, caper's sauce
- 진한 소고기 육수에 익힌(kg당 30분) 새끼 양고기 넓적다리로, 액상 크림 100ml, 다진 케이퍼 125g을 육수에 넣어 만든 벨루테 500ml로 구성된 소스를 곁들인다.

서양고추냉이 소스 오리고기 포토푀 Canard salé en pot-au-feu, sauce raifort
- 절임 물(물, 설탕, 포도당, 아질산염, 굵은소금, 타임, 월계수 잎, 세이지)에 오리 넓적다리를 48시간 동안 담가둔다.
- 물에 헹군 후 오리 뼈로 끓인 갈색 육수에 넣어 익힌다.
- 껍질을 벗기고 포토푀 채소와 서양고추냉이 소스를 함께 낸다.

다양한 지역의 포테 Les différentes potées régionales
- 소금에 절인 훈제 돼지고기, 당근, 무, 감자, 양배추 등이 들어간다.

- 메뉴에 따라, 포토푀는 《코스 요리 plat complet》로 생각해 구운 빵과 함께 나오는 부용(수프)을 먼저 내고 다음에 고기와 채소를 제공할 수도 있다.
- 포토푀를 만드는 방법은 여러 가지이다. 일반적으로 포토푀는 소고기로만 만든다. 하지만 지역에 따라 송아지 고기(사태, 우설), 돼지고기(염장(반염), 데친 고기), 양고기(어깨 고기, 넓적다리), 가금류(닭, 칠면조, 오리, 거위고기 콩피), 소시지(Morteau : 모르토) 소시지 또는 송로버섯이 들어간 세르브라 cervelas 소시지) 등을 첨가한다. 고기는 익는 시간에 따라 차례로 첨가한다. 굵은소금, 후춧가루, 여러 종류의 겨자, 코르니숑, 피클, 돌회향, 토마토 소스 또는 따뜻한 서양고추냉이 소스(금색 루에 고기 수프를 붓고 체에 간 서양고추냉이와 크림, 레몬즙을 넣은 소스)를 곁들여 낸다.
- 맑게 거른 포토푀 부용은 콩소메와 젤리의 기본 재료이다. 남은 고기는 혼합 샐러드, 아쉬 파르망티에에*, 다양한 파르시 재료로 사용할 수 있다.

---

* 파스닙 panais : 뿌리채소로 당근과 비슷하게 생겼지만 색깔이 훨씬 더 하얗고, 요리하면 더 달다.

* 젤리 gelée : 고기 또는 과일의 즙을 고아 엉기게 한 것.

* 콩피 confit : 요리 기법 중 하나로서 시럽(설탕물)이나 기름에 식자재를 넣고 오랫동안 끓이는 기법.

* 아쉬 파르망티에 hachis Parmentier : 감자를 삶아서 으깬 것에 간 소고기와 양파, 당근, 크림소스를 넣고 위에 치즈를 얹어 오븐에 구워내는 요리.

옛날식 블랑켓 드 보(송아지 스튜)
BLANQUETTE DE VEAU À L'ANCIENNE

옛날식 블랑켓 드 보 Blanquette de veau à l'ancienne(송아지 스튜)는 흰색 육수에 송아지 어깨살 조각을 넣어 삶은 후 크림과 계란 노른자를 넣어 리에종한 육수 소스에 넣어 요리한다. 윤을 낸 구슬양파와 데친 양송이버섯을 곁들인다.

추천 곁들임 요리 : 크레올 밥 riz créole, 필라프 pilaf, 버섯 리조토 risotto aux champignons ; 생파스타 pâtes fraîches, 둥글게 손질해 버터에 졸여 윤을 낸 채소 petits légumes tournés et glacés.

8인분 재료	단위	양
기본 재료		
– 뼈 없는 송아지 어깨살 또는 목살 조각	kg	1.4~1.6
épaule ou collier de veau morceaux sans os		
또는		
– 투르느도, 옆구리살 또는 뼈 있는 삼겹살	kg	2
tendrons, flanchet ou poitrine avec os		
아로마틱 가니쉬		
– 당근	g	200
– 양파	g	200
– 정향 조각	개	2
– 대파	g	200
– 샐러리	g	100
– 부케가르니	개	1
– 마늘(선택사항)	톨	2
육수 MOUILLEMENT		
– 송아지 육수	L	2
벨루테 VELOUTÉ		
– 버터	g	60
– 밀가루	g	60
– 흰색 육수	L	1
– 고지방 크림	ml	200
– 계란(노른자 2)	g	40
옛날식 곁들임 요리		
– 양송이버섯	g	250
– 버터	g	20
– 레몬 (1/2)	g	50
– 구슬양파	g	250
– 버터	g	20
– 굵은 설탕	g	약간(PM)
양념		
– 굵은소금		약간(PM)
– 가는소금		약간(PM)
– 흰색 후추		약간(PM)
평균 준비 시간 : 1시간 25분		
평균 가열 시간 : 40~50분		

만드는 방법
(p. 475~477 참조)

1. 조리 작업 기구 준비하기 – 5분
레시피대로 재료를 계량, 측정하고 작업에 필요한 도구들을 점검한다.

2. 고기 준비하기 – 5분
고기 상태를 확인하며 손질하고 기름기를 제거한다.

3. 고기 데치기 – 5분
냄비에 고기 조각을 넣고 찬물을 붓는다.
물을 끓여 몇 분간 데친다.
거품은 걷어내고 물기를 빼며 식힌다.
물에 헹군 후 육수 냄비를 따로 둔다.

4. 아로마틱 가니쉬 준비하기 – 15분
당근, 양파, 대파, 샐러리, 파슬리, 마늘을 다듬고 씻는다.
당근을 큰 조각으로 자르고 양파를 4등분한다.
양파 옆면에 2개의 정향 조각을 박는다.
파슬리, 타임, 월계수 잎, 대파, 샐러리로 부케가르니를 만든다.

5. 블랑켓 끓일 준비하기 – 5분
냄비에 데친 고기 조각을 넣는다.
송아지 육수를 고기 조각 위로 2~3cm 높이가 될때까지 붓고(흰색 육수가 없을 경우, 찬물을 넣는다.) 흰색 육수 분말을 넣는다.
굵은소금을 넣고 끓인다.
거품을 걷고, 소금, 후추, 아로마틱 가니쉬를 넣는다.
뚜껑을 닫고 40~50분간 천천히 끓인다.

6. 흰색 루를 만들고 재빨리 식히기 – 5분

7. 옛날식 곁들임 요리 준비하기 – 20분
구슬양파를 다듬어 물에 소금, 설탕, 버터를 넣고 졸여 윤이 나게 한다.(p. 191, 521 참조)
버섯을 다듬고 씻은 후 얇게 저민다.
소금을 넣은 약간의 끓는 물에 버터 20g, 레몬 반쪽 즙을 넣어 뚜껑을 닫고 익힌다.

8. 익은 고기를 덜고 벨루테 만들기 – 10분
고기 익은 정도를 확인한 후 고기를 꺼내 들통에 따로 담아둔다.
고기 육수를 압착하지 않고 차이나 캡에 거른다.
식힌 루에 끓는 육수 1L를 붓고 버섯 육수 100ml도 넣어 거품기로 저으며 다시 끓인다.
벨루테를 10분 정도 천천히 끓인다.

9. 리에종 준비하기 – 5분(p. 389~391 참조)
계란 흰자와 노른자를 분리한 후 노른자와 크림을 섞는다.

10. 블랑켓 소스 완성하기 – 5분
불을 끄고 리에종을 벨루테에 천천히 넣는다.
거품기로 저으며 몇 초간 끓인다.
농도와 간을 확인한다.
차이나 캡에 소스를 걸러 고기 조각 위에 붓는다.
물기를 잘 뺀 버섯과 구슬양파를 첨가한다.
송아지 스튜를 중탕냄비에 옮겨 뚜껑을 닫아둔다.

11. 블랑켓 차리기 – 5분
채소용 접시에 소복하게 송아지 스튜를 담는다.
위에 곁들임 채소를 골고루 담고 소스를 붓는다.

FICHE 78

완성한 결과

옛날식 블랑켓 드 보(Blanquette de veau à l'ancienne)

맑은 채소를 곁들인 새끼 칠면조 블랑켓

BLANQUETTE DE DINDONNEAU AUX PRIMEURS

1. 앞서 나온 기본 조리법에 따라 블랑켓 만들기

새끼 칠면조 《가슴살 blanc》 1.6kg을 사용한다.

2. 스튜 끓이기

닭고기 육수를 붓고 아로마틱 가니쉬를 넣는다.
40분 정도 끓인다.

3. 벨루테 만들기

4. 곁들임 채소 준비하기

호박 800g을 4cm 길이로 토막내 모난 부분을 깎아 둥글게 모양을
다듬는다.
당근 800g을 다듬어 씻은 후 둥글게 모양을 다듬는다.
무 800g을 다듬어 씻은 후 둥글게 모양을 다듬는다.
채소를 따로따로 소금, 설탕, 버터를 넣은 물에 졸여 윤을 낸다.
24개의 버섯 머리를 다듬고 씻어 소금, 레몬즙, 버터를 넣은 물에 넣어
익힌다.

5. 칠면조 블랑켓 차리기

둥글게 썬 칠면조 조각을 접시에 담는다.
버섯 머리를 칠면조 조각 위에 올리고 소스를 붓는다.
둘레에 채소를 예쁘게 담는다.

완성한 결과

맑은 채소를 곁들인 새끼 칠면조 블랑켓
(Blanquette de dindonneau aux primeurs)

준비 기구	조리 기구	플레이팅 도구
• 정리용 사각 트레이 3	• 큰 자루냄비 1 또는 뚜	• 채소용 접시
• 작은 믹싱볼 3	껑 있는 소스포트 1	• 둥근 접시받침
• 도마 1	• 작은 소테팬 2	• 무늬 있는 장식용 종이
• 차이나 캡 1	• 중간 크기 소테팬 1	
• 큰 믹싱볼 1		
• 들통 1		
• 손잡이 있는 스테인리		
스 채반 1		

비슷한 요리 PLATS SIMILAIRES

호박과 오이를 곁들인 새끼 양고기 블랑켓

Blanquette d'agneau aux courgettes et aux concombres(Doria)

• 새끼 양고기의 어깨살과 목살 1.6kg으로 스튜를 만든다.

• 고기를 국물에서 건져내고 크림과 계란 노른자로 농도를 맞춘 후, 둥글게
모양을 다듬은 호박과 오이를 소금, 설탕, 버터를 넣은 물에 졸여 첨가한다.

사프란 토끼고기 블랑켓 Blanquette de lapereau au safran

• 토끼고기 스튜를 만들고 사프란으로 풍미를 준다.

• 여러 색깔의 피망을 작은 주사위 모양으로 썰어 버터에 익힌 후 스튜에
뿌린다.

샐러리를 곁들인 닭고기 블랑켓 Blanquette de volaille au céleri

• 닭가슴살 스튜에 두 번의 리에종을 첨가하고, 데친 후 볶은 샐러리 토막을
곁들인다.

아귀 lotte, 상어류(아 hâ, 르캉 requin, 루세트 roussette) 등 살이 단단한 생선
으로 블랑켓을 만들 수도 있다.

생강 꿀 소스 양념 돼지 등갈비
TRAVERS DE PORC LAQUÉ AU MIEL ET AU GINGEMBRE

생강 꿀 소스 양념 돼지 등갈비 Travers de porc laqué au miel et au gingembre는 흰색 육수에 삶은 돼지 등갈비를 양념해 생강 꿀 소스로 캐러멜화한다.

추천 곁들임 요리 : 감자 퓌레 purée de pommes de terre, 고구마 퓌레 patates douces, 늙은 호박 퓌레 potimarron, 뽐 마케르 pommes macaire*, 뽐 아흘리 arlie*, 뽐 수라썽드르 sous la cendre*, 뽐 비아리츠 Biarritz*

8인분 재료	단위	양
기본 재료		
– 돼지 등갈비	kg	2
흰색 육수 FOND BLANC		
– 물	ml	약간(PM)
– 당근	g	200
– 양파	g	200
– 샐러리	g	100
– 대파 흰 부분	g	200
– 부케가르니	개	1
– 정향 조각	개	약간(PM)
또는		
– 흰색 육수 분말	g	160
마리네이드 MARINADE		
– 꿀	g	40
– 오렌지(2개)	g	400
– 생강	g	40
– 4가지 향신료 믹스	g	약간(PM)
(고추, 정향, 육두구,		
말린 생강 : 선택사항)		
– 카더몬(선택사항)	g	약간(PM)
– 생강 가루	g	5
– 등갈비 육수	L	1
소스 마무리		
– 마리네이드	ml	약간(PM)
– 토마토를 넣은 리에종한 송아지 육수	ml	500
또는		
– 리에종한 갈색 육수 분말	g	40
– 토마토케첩	ml	100
– 백겨자	g	200
양념		
– 굵은소금		약간(PM)
– 가는소금		약간(PM)
– 후춧가루		약간(PM)
평균 준비 시간 : 1시간		
평균 가열 시간 : 1시간 20분~1시간 30분		

만드는 방법

1. 조리 작업 기구 준비하기 – 5분

레시피대로 재료를 계량, 측정하고 작업에 필요한 도구들을 점검한다.

2. 등갈비 데치기 – 5분

손질한 후 1인당 2~3개 조각 비율로 준비한다.

찬물에 담가 2~3분 정도 데친다. 거품을 걷고 찬물에 넣은 후물기를 뺀다.

3. 등갈비 익힐 준비하기 – 10분

흰색 육수에 넣어 삶는다.(p. 368~370 참조)

굵은소금을 넣고 거품을 걷으며 1시간 20분~1시간 30분 정도 뭉근히 끓인다.

4. 오렌지 제스트와 생강 준비하기 – 10분

오렌지 제스트(les zestes des oranges)를 준비하고 오렌지즙은 따로 둔다.

생강을 다듬은 후 얇게 채 썬다.

오렌지 제스트와 생강 채를 데친다.

5. 기본 소스를 만들어 돼지 등갈비 양념하기 – 10분

꿀을 끓여 금색으로 캐러멜화 되도록 한다.

오렌지 즙을 붓는다.

오렌지 제스트, 채 썬 생강, 향신료를 첨가한다.

등갈비 육수 1L를 붓는다.

빠르게 식혀준다.

트레이에 등갈비를 담고 마리네이드 소스를 부어 양념한다.

랩으로 덮고 몇 시간 동안 냉장실에 둔다.

6. 등갈비 소스 완성하기 – 10분

등갈비를 건지고 마리네이드 소스를 소테팬에 부어 졸이고 리에종한 송아지 육수 또는 송아지 육수 분말을 넣는다.

다시 졸인다.

토마토 케첩과 겨자를 조금 첨가한다.

간을 확인한다.

소스를 차이나 캡에 거른 후 63도 이상의 중탕냄비에 담고 뚜껑을 닫아 둔다.

7. 등갈비 윤내기 – 6분

등갈비를 샐러맨더에 넣어 소스를 계속 부어주며 윤을 낸다. 캐러멜화되며 반짝반짝 빛나게 한다.

8. 돼지 등갈비 차리기 – 4분

크고 긴 접시에 등갈비가 살짝 겹쳐지도록 담는다.

오븐 입구에 접시를 둔다.

남은 소스를 붓는다.

---

* 뽐 마케르 pommes macaire : p. 1053 참조.

* 뽐 아흘리 pommes arlie : 굵은소금 위에 올려 감자를 익힌 후, 감자 속을 파 으깨어 생크림, 다진 골파 등을 섞어 다시 감자 속에 넣은 요리

* 뽐 수라썽드르 pommes sous la cendre : 알루미늄 호일에 감자를 감싸 숯불에 넣거나 오븐에 구운 후, 감자를 반으로 잘라 속을 파 햄과 다진 허브를 넣어 퓌레를 만든 요리

* 뽐 비아리츠 pommes Biarritz : 끓는 물에 감자를 삶아 으깨어 버터, 크림, 넛맥, 햄, 다진 허브 등을 넣어 만든 퓌레

FICHE 79

완성한 결과

생강 꿀 소스 양념 돼지 등갈비(Travers de porc laqué au miel et au gingembre)

준비 기구
- 정리용 사각 트레이 3
- 도마 1
- 작은 믹싱볼 2
- 차이나 캡 1

조리 기구
- 작은 소스포트 1
또는
- 큰 긴 접시 1
- 작은 자루냄비 1
  또는
- 작은 소테팬 1
- 중간 크기 소테팬
- 큰 소테팬

플레이팅 도구
- 크고 긴 접시 1
또는
- 타원형접시 2
또는
- 개별 접시 8

오브에 구운 고기와 팬에 구운 고기
LES VIANDES RÔTIES ET LES VIANDES POÊLÉES

요리 소개 BREF RAPPEL DE TECHNOLOGIE

오븐구이 rôtir는 어린 동물의 연한 고기를 오븐팬이나 꼬챙이에 걸어 약간의 기름을 둘러 익히는 것이다. 붉은색 고기(소고기의 경우)는 주로 설 익히거나 (레어) 양고기의 경우 분홍빛으로 익혀 제공한다. 흰색 고기는 적당히 익히고 돼지고기의 경우 바싹 익혀내야 한다.

오븐 찜 Poêler은 오븐에 구울 경우 건조해질 위험이 있는 흰색 큰 고깃덩어리를 구울 때 이용한다. (송아지 넓적다리, 송아지 등심) 아로마틱 가니쉬를 넣은 스튜냄비에 넣어 뚜껑을 닫고 익힌다.

어떠한 경우에도 구이를 하는 중에 팬에 눌린 캐러멜화된 고기즙을 데글라세*하지 않는다. 오븐구이 즙이나 오븐 찜을 한 후 프라이팬 바닥에 눌러붙은 것은 구이를 마친 후 육수나 물, 와인 등을 이용해 녹인다. 오븐구이 즙으로 만든 소스는 맑고 걸죽하지 않으며, 오븐 찜을 한 후 졸인 소스는 걸죽하고 진하다.

추천 곁들임 요리

Suggestions de garnitures d'accompagnement

붉은색 고기 오븐구이 Viandes rouges rôties :

자르디니에르 jardinière, 부크티에르 bouquetière, 채소 파이 timbale de légumes, 튀긴 감자칩 pommes sèches traitées à la friture, 감자 그라탱 pommes sèches traitées à la friture 등등

흰색 고기 오븐구이 Viandes blanches rôties :

콜리플라워 choux—fleurs, 브로콜리 broccolis, 로마네스코 브로콜리 romanesco, 방울 양배추 choux de Bruxelles, 당근 carottes, 완두콩 petits pois, 버터를 곁들인 파스타 pâtes au beurre

오븐 찜 고기 Viandes poêlées :

요리 이름에 해당하는 채소 곁들임 légumes correspondant à l'appellation, etc.

적용 기술 TECHNIQUES MISES EN ŒUVRE

- 돼지고기 등심 손질하기
  Habiller un carré de porc
- 양고기 등심 손질하기
  Habiller un carré d'agneau
- 송아지 등심 준비하기
  Préparer un contre—filet de veau
- 소고기 안심 준비하기
  Préparer un filet de bœuf
- 양고기 넓적다리 준비하기
  Préparer un gigot d'agneau
- 셀 앙글레즈 준비하기
  Préparer une selle anglaise
- 붉은색 고기 오븐에 굽기
  Rôtir une viande rouge
- 흰색 고기 오븐에 굽기
  Rôtir une viande blanche
- 흰색 고기 팬에 굽기
  Poêler une viande blanche
- 오븐구이 즙으로 소스 만들기
  Réaliser un jus de rôti
- 오븐 찜 즙으로 소스 만들기
  Réaliser un fond de poêlage
- 팬에 구운 고기 소스로 윤내기
  Glacer un poêlé
- 페르시야아드 만들기
  Réaliser une persillade
- 크레송 다듬어 씻고 보관하기
  Trier, laver et réserver du cresson

---

* 데글라세 déglacer : 조리한 냄비나 철판 바닥에 캐러멜처럼 눌어붙어 있는 것을 와인이나 식초, 육수, 물 등의 액체를 소량 넣어서 녹여 풀어주는 것.

등심 오븐구이와 채소 자르디니에르

CONTRE-FILETS RÔTIS, JARDINIÈRE DE LÉGUMES

등심 오븐구이 Contre-filet rôti와 채소 자르디니에르, jardinière de légumes는 오븐에 구운 매우 연한 소고기 등심 요리로, 끓는 물에 데쳐 버터에 익힌 채소 곁들임 요리와 함께 내며 오븐구이 즙으로 만든 소스를 곁들인다.

추천 곁들임 요리 : 껍질콩 haricots verts, 여러 종류의 채소 요리 légumes mélangés(부크티에르 bouquetière, 맏물 채소 곁들임 timbale de primeurs); 튀긴 감자칩 pommes sèches traitées à la friture(알뤼메트 감자 pommes allumettes); 감자 그라탱 gratin de pommes de terre, 도피누아 그라탱 dauphinois.

8인분 재료	단위	양
기본 재료		
− 손질하지 않은 등심	kg	2
− 버터	g	40
또는		
− 식용유	ml	40
오븐구이 즙 소스 JUS DE RÔTI		
− 당근(부스러기)	g	약간(PM)
− 양파	g	80
− 타임, 월계수 잎	g	약간(PM)
− 맑은 갈색 육수	ml	400
마무리		
− 버터	g	40
− 크레송	단	1/2
추천 곁들임		
− 당근	g	800
− 무	g	800
− 껍질 깐 완두콩 또는 냉동 완두콩	g	200
− 껍질콩 또는 냉동 껍질콩	g	200
− 버터	g	80
양념		
− 굵은소금		약간(PM)
− 가는소금		약간(PM)
− 후춧가루		약간(PM)
평균 준비 시간 : 1시간 35분		
평균 가열 시간(고기 두께에 따라) : 20∼25분		

만드는 방법

1. 조리 작업 기구 준비하기 − 5분

레시피대로 재료를 계량, 측정하고 작업에 필요한 도구들을 점검한다.

2. 등심 준비하기 − 10분(p. 314/315 참조)

등심과 기름기가 없는 고기 부스러기는 냉장실에 보관한다.

3. 채소 준비하기 − 30분

당근, 무를 다듬어 씻은 후 각 면이 3.5∼4mm가 되고 길이가 3.5∼4cm 되는 막대 모양으로 썰고(p. 133/134, 187∼188 참조) 당근 부스러기 80g을 오븐구이 즙으로 만드는 소스용 아로마틱 가니쉬로 따로 준비해둔다.
껍질콩을 다듬고 씻은 후 3.5∼4cm 길이로 썬다.
완두콩 껍질을 까고 씻는다.

4. 채소 익힐 준비하기 −10분

각각의 채소를 따로따로 끓는 물에 소금을 넣고 데친다. 찬물에 담근 후 물기를 뺀다.

5. 등심 익힐 준비하기 − 5분(p. 562/563 참조)

등심에 양념을 한다.
큰 오븐팬이나 소뚜와에 고기 부스러기를 깔고 그 위에 등심을 올린다.
녹인 버터나 식용유를 뿌린다.
10분간 매우 높은 온도(240∼250도) 오븐에서 육즙이 빠져나오지 않도록 고기를 익히고 20∼25분 정도 200도로 낮춰(고기 두께에 따라) 구이를 마무리한다.

6. 아로마틱 가니쉬 준비하기 − 5분

양파를 다듬어 씻은 후 작은 주사위 모양으로 썰고 당근 부스러기를 첨가한다.

7. 크레송 씻고 줄기를 떼어 분류하기 − 5분(p. 167/168 참조)

약간의 물이 담긴 트레이에 담가둔다.

8. 등심이 잘 익었는지 확인하고 꺼내기 − 5분

트레이에 그릴망을 놓고 그 위에 등심을 따뜻하게 둔다.

9. 오븐구이 즙으로 소스 만들기 − 10분(p. 563/564 참조)

등심을 구웠던 오븐팬에 아로마틱 가니쉬를 넣고 바닥에 붙은 고기 즙을 캐러멜화한다.
기름기를 제거한 후 물이나 맑은 송아지 갈색 육수를 넣어 졸인다.
타임과 월계수 잎을 조금 넣는다.
다시 졸인 후 간을 확인한다.
오븐구이 즙으로 만든 소스를 차이나 캡에 거르고 63도 이상의 중탕냄비에 뚜껑을 닫아 담아둔다.

10. 채소 자르디니에르 데우기 − 5분

소금을 넣은 끓는 물에 몇 초간 채소를 담근 후, 소테팬에 올려 버터와 양념을 넣고 뚜껑을 닫아 (180도) 오븐에 10분 정도 익힌다.

11. 등심과 자르디니에르 차리기 − 5분

등심을 묶었던 실을 푼다.
필요한 경우 오븐 입구에 놓고 살짝 데운다.(일반적으로, 자른 첫 조각은 제거한다.)
접시에 소스를 조금 붓는다.
음식을 제공할 때 등심에 헤이즐넛 버터를 뿌린다.
접시 양쪽에 크레송 1∼2다발을 놓는다.
채소용 접시에 자르디니에르를 봉긋하게 담는다.
소스그릇에 남은 소스를 담는다.

오븐구이를 완성한 후 고기에 다시 양념을 하는 것이 좋다.

RÉALISÉ PAR
RÔTISSEUR ET ENTREMÉTIER
CUISINE CHAUDE
담당자 : 구이요리사와 곁들임요리사 따뜻한 요리

완성한 결과

등심 오븐구이와 채소 자르디니에르(Contre—filet rôti, jardinière de légumes)

페리구르뎅 소스 소고기 안심 브리오슈
FILET DE BŒUF EN BRIOCHE, SAUCE PÉRIGOURDINE

1. 고기 안심 준비하기(p. 312/313 참조)

소고기 안심 1.5kg의 지방과 힘줄을 제거하며 손질한다.

질긴 부분을 제거한 후 송로버섯 조각을 고기에 박고(선택사항) 실로 감아준다.(고기 부스러기는 소스를 위해 남겨둔다.)

2. 안심 노릇노릇 굽기

양념을 하고 버터를 넣고 재빨리 굽는다.

모든 면이 골고루 노릇해지도록 하고 그릴망에 올려 식힌다.

3. 안심 감싸기

허브를 넣은 크레이프에 뒥셀을 넣은 파르시, 닭고기와 푸아그라 무슬린 파르시를 바른 후 안심을 감싼다.(크레이프는 오븐에 굽는 동안 반죽이 녹아내리는 것을 막아준다.)

조리용 붓으로 계란물을 표면에 바른다.

냉장실에서 단단해진 브리오슈 반죽 500g을 둘레에 감는다.

양쪽 끝을 잘 오므린다. 김이 나갈 수 있도록 작은 구멍을 2개 낸다.

표면을 장식하고 우유를 조금 넣어 묽어진 계란물을 다시 바른다.

4. 브리오슈 부풀리기

반죽으로 감싼 안심을 바람이 없는 따뜻한 곳에 둔다.(35~최대 40도)

5. 안심 굽기

계란물을 다시 한 번 바르고 220도 오븐에 25~30분동안 굽는다.

브리오슈를 노릇노릇하게 구워야 하고 안심의 속 온도는 48~52도여야 한다.

안심을 꺼내 그릴망 위에 올려 20분간 둔다.

6. 페리구르뎅 소스 만들기

소테팬에 기름기 없는 고기 부스러기를 노릇노릇하게 굽는다.

아로마틱 가니쉬를 조금 첨가하고 고기즙을 캐러멜화한다.

기름기를 제거하고 마데이라 와인 100ml, 송로버섯즙 50ml를 넣고 데글라세한다. 계속 졸여준다.

데미글라스 소스 또는 스페인 소스 sauce espagnole 600ml를 첨가한다.

천천히 졸이며 거품과 기름을 제거하고 차이나 캡에 거른다.

작은 주사위 모양으로 잘게 썬 송로버섯 50g, 주사위 모양으로 썰거나 체에 친 푸아그라 100g을 첨가한다.

버터를 넣고 마무리한다.

준비 기구	조리 기구	플레이팅 도구
• 정리용 사각 트레이 3	• 오븐팬 1	• 긴 접시
• 도마 1	또는 소뚜와 1	• 소스그릇
• 차이나 캡 1	• 작은 자루냄비 4	• 소스받침
• 그릴망 또는 기본 접시 1	• 큰 자루냄비 1	• 무늬 있는 장식용 종이
• 믹싱볼 2	• 작은 프라이팬 1	
• 스테인리스 채반 1	• 큰 소테팬 1	
• 작은 중탕냄비 1		

완성한 결과

페이구르뎅 소스 소고기 안심 브리오슈

(Filet de bœuf en brioche, sauce périgourdine)

비슷한 요리 PLATS SIMILAIRES

소고기 안심과 리슐리외* 곁들임 Filet de bœuf Richelieu

• 소고기 안심을 (약 250도) 오븐에 20분간 굽는다.

• 리슐리외 곁들임 요리를 함께 낸다.(작은 토마토 petites tomates, 뒥셀 파르시 버섯 머리 têtes de champignons farcies de Duxelles à farcir, 상추 브레제 laitues braisées, 뽐 샤또 pommes château)

안심 오븐구이와 플로리스트 Pièce de bœuf rôtie fleuriste

• 껍질과 씨와 속을 제거한 토마토를 익혀 채소 자르디니에르(p. 134, 182, 188, 198, 199 참조)로 채우고 뽐 샤또를 곁들인다.

소고기 안심과 뒤바리 Filet de bœuf Du Barry

• 안심을 칼로 찌른 후 오븐에 굽는다.

• 모르네 소스를 뿌린 콜리플라워 그라탱과 뽐퐁당뜨 또는 뽐 샤또를 곁들인다.

** 아르망 장 뒤 플레시 드 리슐리외(Armand Jean du Plessis de Richelieu, 1585/1642) : 추기경, 정치가, 루이 13세 때 총리.*

양갈비 등심과 맏물 채소 곁들임
CARRÉ D'AGNEAU AUX PRIMEURS

양갈비 등심과 맏물 채소 곁들임 Carré d'agneau aux primeurs은 양갈비 등심(최고급과 2등급 갈비 전체)을 오븐에 굽고 모난 부분을 둥글게 다듬어 윤이 나게 익힌 당근과 무, 껍질콩, 완두콩, 뽐 코코트를 곁들이고 데글라세한 오븐구이 즙으로 만든 소스를 함께 낸다.(맏물 채소 곁들임이라는 이름은 봄에 나오는 첫 채소에만 해당한다.)

8인분 재료	단위	양
기본 재료		
– 양갈비 등심 2덩어리	kg	2~2.2
(각각 8개 갈비)		
– 버터 또는	g	40
– 땅콩기름	ml	40
오븐구이 즙 소스		
– 당근	g	80
– 양파	g	80
– 타임	g	약간(PM)
– 마늘	톨	2
마무리		
– 버터	g	40
– 크레송	단	1/2
곁들임		
– 햇당근	g	800
– 햇무	g	800
– 버터	g	40
– 굵은 설탕	g	약간(PM)
– 껍질 간 완두콩	g	200
– 껍질콩	g	200
– 버터	g	40
– 감자	kg	1
– 땅콩기름	ml	40
– 버터	g	20
– 파슬리	g	약간(PM)
양념		
– 굵은소금		약간(PM)
– 가는소금		약간(PM)
– 후춧가루		약간(PM)
평균 준비 시간 : 1시간 30분		
평균 가열 시간 : 20~22분		

많은 양을 준비할 경우 미리 만들어 둔 얼 고기 육수로 등심을 구울 오븐팬을 데글라세 하는 것이 좋다.

만드는 방법

1. 조리 작업 기구 준비하기 – 5분
레시피대로 재료를 계량, 측정하고 작업에 필요한 도구들을 점검한다.

2. 양갈비 등심 손질하기 –15분(p. 304~306 참조)

3. 오븐구이 즙 소스 아로마틱 가니쉬 준비하기 –5분
마늘, 당근, 양파를 다듬어 씻는다.
마늘 중심의 싹을 제거하고 빻는다.
당근과 양파를 작은 주사위 모양으로 썬다.

• 타임 잔가지를 준비한다.

4. 《맏물 채소 aux primeurs》 곁들임 준비하기 – 30분
완두콩 껍질을 까고 씻는다.
껍질콩 양쪽 끝을 자르고 씻는다.
당근, 무, 감자를 다듬어 씻은 후 모난 부분을 깎아 둥글게 만든다.
크레송 줄기를 분류해 자른다.

5. 채소 익힐 준비하기 –10분
완두콩과 껍질콩을 끓는 물에 소금을 넣고 데친 후 찬물에 담근 후 물기를 뺀다.
물 약간, 소금, 설탕, 버터를 넣고 당근과 무를 졸여 윤을 낸다. (p. 521/522 참조)

6. 양갈비 등심 익힐 준비하기 – 5분(p. 564/565 참조)
등심에 양념을 한다.
큰 오븐팬에 고기 뼈와 부스러기를 깔고 윗부분 갈비뼈를 조심하며 등심을 올린다.
녹인 버터나 식용유를 뿌린다.
등심 위에 타임 꽃 부스러기를 골고루 뿌린다.
10분간 매우 높은 온도의 오븐에서 육즙이 빠져나오지 않도록 고기를 익힌다.(250도 10분)
등심 두께에 따라 10분 정도 200도로 낮춰 구이를 마무리한다.
등심이 잘 구워졌는지 확인한다.(분홍색 속살)
트레이에 그릴망을 놓고 위에 따뜻하게 둔다.

7. 뽐 코코트 익힐 준비하기 –5분(p. 544/545 참조)
감자를 데친 후 물기를 뺀다.
식용유를 둘러 노릇노릇하게 굽는다.
기름기를 빼고 버터를 바른 후 소금을 뿌려 따뜻하게 둔다.

8. 오븐구이 즙으로 소스 만들기 – 10분(p. 567/568 참조)
등심을 구웠던 오븐팬에 아로마틱 가니쉬를 넣고 고기즙을 캐러멜화한다.
기름기는 제거한다.
물을 넣어 데글라세한다.
빻은 마늘과 타임을 넣는다.
졸인 후 간을 확인한다.
차이나 캡에 거른다.
오븐구이 즙으로 만든 소스를 65도 이상의 중탕냄비에 담아둔다.

9. 채소 데우기 –5분
소금을 넣은 끓는 물에 완두콩과 껍질콩을 몇 초간 담근다.
물기를 뺀 후 버터와 섞는다.

10. 양갈비 등심 차리기 – 5분
등심 둘레에 색깔별로 채소를 예쁘게 담는다.
버터를 발라 채소에 윤을 낸다.
접시에 소스를 조금 붓는다.
등심에 헤이즐넛 버터를 뿌린다.
감자에 다진 파슬리를 약간 뿌린다.
접시 양쪽에 크레송 1~2다발을 놓는다.
미리 예열한 소스그릇에 남은 소스를 담는다.

FICHE 81

완성한 결과

양갈비 등심과 맏물 채소 곁들임(Carré d'agneau aux primeurs)

다진 파슬리를 곁들인 양갈비 등심

CARRÉ D'AGNEAU PERSILLÉ

(양고기 넓적다리 사용 가능 S'APPLIQUE ÉGALEMENT AU GIGOT)

1. 갈비 등심 손질한 후 굽기(앞 장 참조)

완성된 등심을 따로 둔 후 오븐구이 즙으로 소스를 만든다.

2. 페르시야아드 만들기

파슬리 80g을 씻고 줄기를 뗀 후 물기를 빼고 잘게 다진다.

식빵 100g을 체에 간다.

마늘 4톨을 다듬어 씻은 후 싹을 제거하고 빻아 잘게 다진다.

믹싱볼에 말랑말랑한 버터 80g을 넣어 파슬리, 마늘, 식빵과 섞는다.

소금, 후추로 간을 하고 프로방스 허브 또는 체에 간 타임 꽃을 첨가한다.

3. 등심에 페르시야아드 바르기(p. 304~306, 565 참조)

등심에 페르시야아드 persillade를 골고루 바르고 예쁜 색깔이 나도록 샐러맨더에 넣어둔다.

4. 차리기

타원형접시에 담고 크레송 다발로 장식한 후 소스그릇에 오븐구이 즙 소스를 따로 담는다.

완성한 결과

다진 파슬리를 곁들인 양갈비 등심(Carré d'agneau persillé)

준비 기구	조리 기구	플레이팅 도구
• 정리용 사각 트레이 3	• 오븐팬 1 또는 소뚜와 1	• 긴 접시
• 작은 들통 2	• 작은 자루냄비 3	• 소스그릇
• 손잡이 있는 스테인리스 채반 1	• 작은 프라이팬 1	• 소스받침
• 작은 중탕냄비 1	• 작은 소테팬 3	• 무늬 있는 장식용 종이
• 그릴망 또는 기본 접시 1		
• 작은 믹싱볼 3		
• 도마 1		
• 차이나 캡 1		

비슷한 요리 PLATS SIMILAIRES

본팜므 양고기 어깨살 오븐구이 Épaule d'agneau rôtie bonne-femme

• 양고기를 구운 그릇에 둥글게 모양을 다듬어 삶은 감자, 버터에 노릇노릇하게 볶은 양파, 데쳐서 볶은 라르동을 넣는다.

• 오븐에 넣어 익힌 후 구운 그릇의 기름기를 제거하고 차려낸다.

불랑제르 양고기 어깨살 오븐구이 Épaule d'agneau boulangère

• 기름과 오븐구이 즙이 감자에 떨어지도록 아래에 뽐 불랑제르 접시를 놓고 위에 마늘을 끼워 넣은 양고기 어깨살을 굽는다. (**FICHE 140**, p. 1064/1065 《**뽐 불랑제르 Pommes boulangère**》 참조)

1등급, 2등급 모든 양고기는 이와 같은 방법으로 오븐에 구울 수 있으며 굽는 시간만 다르다.(등심은 20~25분, 셀 앙글레즈나 어깨살은 35~40분, 넓적다리는 50~55분) 새끼 양고기는 분홍색으로 익히고 양고기(붉은색 고기)는 설익힐 수 있다.(레어)

새끼 양 넓적다리 오븐구이와 감자 그라탱
GIGOT D'AGNEAU RÔTI, GRATIN DE POMMES DE TERRE

MENU 새끼 양 넓적다리 오븐구이에 구울 때 캐러멜화된 것을 데글라세해 마늘과 타임 꽃으로 가볍게 풍미를 내서 만든 오븐구이 즙 소스를 곁들이고, 우유와 크림을 넣어 익힌 감자에 치즈를 넣어 그라탱으로 만들어 함께 낸다.

추천 곁들임 요리 : 호박 그라탱 gratin de courgettes, 이스마엘 바옐디 그라탱 gratin Ismaël Bayeldi, 니스식 라따뚜이 ratatouille niçoise, 프로방스식 토마토 tomates provençale ; 마늘을 곁들인 감자볶음 pommes sautées à l'ail ; 흰색 강낭콩과 껍질콩 혼합 샐러드 haricots panachés, 버터에 익힌 코코콩 cocos au beurre, 소스에 익힌 플라졸레콩 flageolets au jus.

8인분 재료	단위	양
기본 재료		
– 손질하지 않고 자른 넓적다리 1덩어리*	kg	2
1 gigot raccourci non paré		
– 버터	g	40
또는		
– 식용유	ml	40
오븐구이 소스 jus de rôti		
– 당근	g	80
– 양파	g	80
– 타임	g	약간(PM)
– 마늘	톨	2
마무리		
– 버터	g	40
– 크레송	단	1/2
곁들임		
– 감자	kg	2
– 우유	L	1
– 고지방 크림 crème épaisse	ml	400
– 그뤼예르 또는 에멘탈 치즈	g	200
– 버터	g	40
– 마늘	톨	1
양념		
– 가는소금		약간(PM)
– 후춧가루		약간(PM)
– 육두구(넛맥)		약간(PM)
평균 준비 시간 : 1시간 10분		
평균 가열 시간(자른 넓적다리) : 40~45분		
평균 가열 시간(엉덩이 살을 포함한 넓적다리) : 55분~1시간		

* 엉덩이 살을 포함한 넓적다리는 평균 2.8kg으로 12~14인분에 해당한다.

만드는 방법

1. 조리 작업 기구 준비하기 – 5분
레시피대로 재료를 계량, 측정하고 작업에 필요한 도구들을 점검한다.

2. 넓적다리 준비하기 – 10분(p. 300~302 참조)

3. 아로마틱 가니쉬 준비하기 – 5분
당근, 양파를 다듬어 씻는다.
작은 주사위 모양으로 썬다.
마늘을 다듬어 씻은 후 빻는다.
타임 잔가지를 준비한다.

4. 넓적다리 익힐 준비하기 – 5분(p. 566/567 참조)
넓적다리에 양념을 한다.

큰 오븐팬에 고기 뼈와 부스러기를 깔고 넓적다리를 올린다.
녹인 버터나 식용유를 뿌린다.
10분간 220~230도 오븐에서 육즙이 빠져나오지 않도록 고기를 익힌 후 40~45분간 200도로 낮춰 구이를 마무리한다

5. 감자 그라탱 준비하기 – 25분
감자를 다듬어 씻은 후 물기를 잘 닦는다.
강판으로 얇게 저민다.
자루냄비에 저민 감자를 담는다.
차가운 우유를 붓고 끓인다.
10분 정도 익힌다.
거의 다 익었을 때 소금, 흰색 후추, 넛맥을 넣어 양념한다.
감자는 물기를 뺀다.
그라탱 그릇을 마늘로 문지르고 조리용 붓으로 버터를 바른다.
그라탱 그릇에 감자를 얇게 한 겹으로 깔아 담는다.
감자 위에 크림을 풍성하게 붓는다.
강판에 간 치즈를 약간 뿌린다.
감자를 다시 한 겹 얇게 덮는다.
크림도 다시 한번 붓는다.
강판에 간 치즈 남은 것을 골고루 뿌린 후 버터 조각을 몇 개 올리고 그라탱 그릇 가장자리를 잘 닦아 200도 오븐에 30~35분간 구워 노릇노릇한 그라탱을 만든다.

6. 크레송 씻고 분류해 줄기를 떼기 – 3분(p. 168 참조)
물이 약간 담긴 트레이에 담아둔다.

7. 넓적다리 익은 정도를 확인하고 꺼내기 – 2분
트레이에 그릴망을 넣고 위에 구운 넓적다리를 올려둔다.

8. 오븐구이 즙으로 소스 만들기 – 10분

9. 넓적다리 차리기 – 5분
넓적다리를 묶었던 실을 풀고 비스듬히 접시에 담는다.
샐러맨더에서 노릇하게 조리한 뽐 뒤셰스*로 접시 가장자리에 《꽃줄로 장식 festonné》 할 수 있다.
접시에 소스를 조금 붓는다.
음식을 제공할 때에 넓적다리에 헤이즐넛 버터를 뿌린다.
넓적다리뼈 《손잡이 manche》 부분에 크레송 1다발을 올려놓는다.
장식용 종이를 깐 접시받침에 그라탱 그릇을 올린다.
미리 예열한 소스그릇에 남은 소스를 담는다.

오븐에 굽는 붉은색 고기는 제공하기 전에 30분 정도 따뜻한 곳에 보관해야 한다.(구이 조리법 참조)

---

* 뽐 뒤셰스 pommes duchesse : 감자를 삶아 으깬 다음 후추, 달걀 노른자, 소금 등을 넣어 간을 한 후 짤주머니에 넣어 모양을 만든 후 달걀 노른자를 바르고 오븐에서 구워 색을 낸 감자 요리.

완성한 결과

새끼 양 넓적다리 오븐구이와 감자 그라탱
(Gigot d'agneau rôti, gratin de pommes de terre)

새끼 양 엉덩이 살 파르시 SELLE D'AGNEAU FARCIE

1. 엉덩이 살 노릇노릇 굽기(p. 309/310 참조)

2. 무슬린 파르시 만들기(p. 439 참조)

송아지 넓적다리 250g, 계란 흰자 1/2, 크림 200ml로 무슬린 파르시를 만든다.

뒥셀 또는 다진 송로버섯 또는 피스타치오 또는 생 허브(바질)를 첨가한다.

3. 엉덩이 살에 파르시 채우기

엉덩이 살에 파르시를 채워넣는다.

모양을 바로잡고 양쪽 끝을 가장자리 지방으로 덮은 후 돼지 대망으로 감싼다.

실로 잘 묶어준다.

4. 엉덩이 살 굽기

220도 오븐에 50분 정도 굽는다.

오븐에서 꺼내 30분 동안 따뜻하게 따로 둔다.

5. 오븐구이 즙 소스 만들기

6. 새끼 양 엉덩이 살 파르시 차리기

묶었던 실과 돼지 대망을 제거한다.

엉덩이 살을 손질한다.(자른 첫 조각은 제거한다.)

엉덩이 살을 담고 소스를 접시에 뿌린다.

정제 버터로 윤을 내거나 헤이즐넛 버터를 뿌린다.

접시 양쪽 끝에 크레송 1~2 다발을 놓는다.

소스그릇에 따뜻한 소스를 따로 담는다.

완성한 결과

새끼 양 엉덩이 살 파르시(Selle d'agneau farcie)

준비 기구
- 정리용 사각 트레이 2
- 들통 2
- 도마 1
- 차이나 캡 1
- 작은 중탕냄비 1
- 그릴망 또는 기본 접시1

조리 기구
- 오븐팬 1
- 작은 프라이팬 1

플레이팅 도구
- 크고 긴 접시
- 소스그릇
- 소스받침
- 무늬 있는 장식용 종이

비슷한 요리 PLATS SIMILAIRES

브르타뉴 새끼 양 넓적다리 오븐구이 Gigot d'agneau bretonne

- 새끼 양 넓적다리 오븐구이에 버터와 섞은 흰색 강낭콩 또는 플라졸레콩을 곁들이고, 브르타뉴 소스(버터에 볶은 잘게 다진 양파)를 함께 낸다. 화이트 와인으로 데글라세한 후 졸이고 껍질과 씨를 제거해 잘게 다진 토마토와 마늘을 조금 첨가한다. 토마토 퐁듀 정도로 졸이고 넓적다리 오븐구이 즙과 다진 파슬리를 첨가한다.

슈브뢰이 소스 양 넓적다리 오븐구이 Gigot de mouton en chevreuil

- 넓적다리를 잘 손질해 며칠간 마리네이드해둔다. 화이트 와인 또는 레드 와인에 두송자, 로즈마리, 바질을 첨가해 끓인 마리네이드를 사용한다. (p. 446 참조)
- 매우 뜨거운 오븐에 구운 후, 슈브뢰이 소스(양 넓적다리 고기 부스러기와 뼈를 미르푸아와함께 구운 후 마리네이드 소스로 데글라세해 졸인다. 리에종한 송아지 갈색 육수 또는 스페인 소스를 붓고 굵게 빻은 후추를 첨가한 후 차이나 캡에 걸러 버터로 마무리한다.)를 곁들인다.
- 샐러리 퓨레 purée de céleri, 엔다이브 브레제 d'endives braisées 또는 밤 크로켓 croquettes de marrons 등을 함께 낸다.

완성한 결과

새끼 양 엉덩이 살 오븐구이(Selle d'agneau rôtie)

송아지 등심 오븐 찜과 슈아지 곁들임
CARRÉ DE VEAU POÊLÉ CHOISY

송아지 등심 오븐 찜과 슈아지 곁들임 Carré de veau poêlé Choisy은 스튜냄비에 뚜껑을 닫고 천천히 익힌 송아지 등심에 상추 브레제와 뽐 샤또를 곁들여 낸다. 마데이라 와인으로 풍미를 준 오븐 찜 육수 소스를 함께 낸다.

8인분 재료	단위	양
기본 재료		
– 송아지 등심(최고급 또는 2등급 갈비 4개)	kg	2.4
– 버터	g	50
아로마틱 가니쉬		
– 당근	g	200
– 양파	g	200
– 토마토(1개)	g	100
– 부케가르니	개	1
오븐 찜 소스 FOND DE POÊLAGE		
– 화이트 와인	ml	100
– 마데이라 와인 madère	ml	50
– 가볍게 리에종한 진한 송아지 육수	ml	800
슈아지 가니쉬 GARNITURE CHOISY		
익힌 상추 Laitues braisées		
– 상추(200g 상추 8단)	kg	1.6
– 당근	g	150
– 양파	g	150
– 부케가르니	개	1
– 돼지껍질 couenne de porc	g	200
– 송아지 육수	ml	800
뽐 샤또 Pommes Château		
– 감자	kg	1.6
– 땅콩기름	ml	80
– 버터	g	40
– 파슬리	g	약간(PM)
양념		
– 가는소금		약간(PM)
– 후춧가루		약간(PM)
평균 준비 시간 : 2시간 10분		
평균 가열 시간(등심) : 1시간 10분~1시간 20분		
평균 가열 시간(상추) : 1시간 20분~1시간 30분		

준비 기구
- 정리용 사각 트레이 3
- 작은 믹싱볼 2
- 도마 1
- 미트 클레버 1
- 차이나 캡 1
- 큰 믹싱볼 2
- 들통 1
- 정육용 톱 1
- 손잡이 있는 스테인리스 채반 1
- 작은 중탕냄비 1

조리 기구
- 뚜껑 있는 스튜냄비 또는 소스포트 1
- 뚜껑 있는 큰 소뚜와 1
- 큰 소테팬 1

플레이팅 도구
- 긴 접시
- 소스그릇
- 소스받침
- 무늬 있는 장식용 종이

만드는 방법

1. 조리 작업 기구 준비하기 – 5분
레시피대로 재료를 계량, 측정하고 작업에 필요한 도구들을 점검한다.

2. 아로마틱 가니쉬 준비하기 –10분
등심을 위해 당근, 양파를 다듬어 씻고 반을 대충 저민다.
상추 브레제 요리를 위해 당근, 양파 나머지를 얇게 저민다.
파슬리는 씻고 줄기를 떼어 작은 부케가르니 2개를 만든다.
토마토는 씻어 꼭지를 뗀 후 잘게 다진다.

3. 송아지 등심 준비하기–15분(p. 318~320 참조)

4. 등심 익힐 준비하기 – 5분 (p. 573~575 참조)
등심에 양념을 한 후 움푹한 팬에 담는다.
팬에 버터를 넣고 익힌다.
자른 뼈와 지방이 없는 살코기 부스러기, 대충 저민 당근, 양파를 첨가한다.
뚜껑을 잘 닫아준다.
1시간 10분~1시간 20분 동안 200~220도 오븐에 익힌다.
굽는 동안 등심을 기름에 자주 적셔준다.

5. 상추 준비해 데치기 – 20분(p. 607 참조)
소스포트 또는 냄비에 물과 소금을 넣고 끓인다.
상추의 상한 잎을 떼내고 상추 《속대 trognon》를 뾰족하게 도려낸다.
물에 여러 번 상추를 꼼꼼히 씻는다.
끓는 물에 2~3분간 넣어 데친다.
식힌 후 물기를 빼고 상추를 손으로 누르며 방추형으로 모양을 잡는다.

6. 상추 익힐 준비하기 – 10분(p. 607~609 참조)
얇게 저민 당근과 양파를 버터에 볶는다.
상추를 가장자리에 동그랗게 담는다.(상추 밑둥이 팬의 바깥 쪽을 향하도록)
송아지 육수를 붓고 소금, 후추로 간을 한 후 부케가르니와 돼지 껍질을 첨가한다.(돼지 껍질 지방 부분을 상추 쪽으로 둔다.)
유산지를 덮어 뚜껑을 닫고 끓인다.
200도 오븐에서 1시간 20분~1시간 30분 동안 익힌다.

7. 감자 모난 부분을 깎아 둥글게 만들고 뽐 샤또 익힐 준비하기 – 25분 (p. 544/545 참조)
감자를 다듬어 씻은 후 모난 부분을 깎아 둥글게 만든다.
데친 후 식용유를 둘러 몇 분간 노릇노릇 굽는다.
220~230도 오븐에 15분간 익히며 마무리한다.

8. 파슬리 다진 후 물기 빼기 – 5분

9. 등심이 노릇노릇 골고루 잘 익었는지 확인하기 – 5분
잘게 다진 토마토를 첨가하고 필요할 경우 뚜껑을 열어 등심 색깔이 골고루 잘 나게 한다.

10. 오븐 찜 소스 만들기 – 10분(p. 574 참조)
트레이에 등심을 옮겨 담고 뚜껑을 덮어 따뜻하게 보관한다.
팬의 육즙을 캐러멜화하고 기름기를 제거한다.(또는 소스 만드는 마지막 과정에서 한다.)
화이트 와인과 약간의 마데이라 와인으로 데글라세한 후 졸인다.

FICHE 83

가볍게 리에종한 송아지 갈색 육수를 첨가하고 10분간 다시 졸인다.
간을 확인한 후 오븐 찜 육수 소스를 차이나 캡에 걸러 작은 중탕냄비에 담는다.

11. 상추 익혀 완성하기 – 10분
- 상추를 다 익힌 후 물기를 뺀다.
- 둘로 나눈 후 상추 잎 끝부분을 제거한다. (속대)
- 상추를 2~3번 접어 버터를 바른 소뚜와에 담는다.
- 등심 오븐 찜 소스를 조금 넣고 뚜껑을 닫아 10분간 상추를 뭉근히 익힌다.

12. 뽐 샤또 완성하기 – 2분
물기를 뺀 후 버터를 넣고 소금을 뿌린 후 따뜻하게 담아둔다.

13. 송아지 등심 윤내기 – 5분
실을 풀고 뜨거운 오븐 입구 또는 샐러맨더에 놓고 오븐 찜 소스를 계속 뿌린다.

14. 송아지 등심과 슈아지 가니쉬 차리기 – 3분
접시 중앙에 등심을 담는다.
등심 둘레에 뽐 샤또와 익힌 상추를 번갈아 담아준다.
오븐 찜 소스를 등심에 뿌리고 나머지는 소스그릇에 담는다.
뽐 샤또에 다진 파슬리를 적당히 뿌린다.

완성한 결과

송아지 등심 오븐 찜과 슈아지 곁들임(Carré de veau poêlé Choisy)

브뤼셀식 송아지 등심 오븐 찜 CARRÉ DE VEAU BRUXELLOISE

1. 앞의 기본 조리법 대로 송아지 등심 2.4kg 준비하기

2. 아로마틱 가니쉬 준비하기
당근 200g, 양파 200g, 토마토 1개, 부케가르니 1개를 준비한다.

3. 등심 팬에 굽기
앞에 나온 조리법을 참조한다.

4. 채소 곁들임 준비하기
엔다이브 1.5kg을 손질해 씻은 후 익힌다.(p. 605/606 참조)
방울 양배추 1kg을 다듬고 끓는 물에 소금을 넣어 데친다.
감자를 다듬어 씻고 모난 부분을 깎아 둥글게 만든 후 식용유 80ml를 둘러 뽐 샤또 16개를 노릇노릇하게 굽는다.

5. 등심에 윤 내기
오븐 찜 소스를 만든다.
등심을 묶은 실을 풀고 소스를 부으며 윤을 낸다.

6. 채소 곁들임 완성하기
버터 80g을 넣어 방울 양배추를 익힌다.

엔다이브 물기를 빼고 80g 버터를 넣어 팬에서 노릇하게 익힌다.
버터 40g으로 뽐 샤또에 윤을 낸다.

7. 등심 차리기
등심을 슬라이스한다.
접시에 오븐 찜 소스를 붓는다.
등심 슬라이스를 담고 둘레에 엔다이브, 방울 양배추, 뽐 샤또를 담는다.

팬에 구워 슬라이스한 고기는 소스로 반드시 윤을 내지 않아도 된다. 위에 소스를 뿌리지 않고 고기 밑에 소스를 깔고 남은 소스는 소스그릇에 담는다.

완성한 결과

브뤼셀식 송아지 등심 오븐 찜(Carré de veau poêlé bruxelloise)

비슷한 요리 PLATS SIMILAIRES

송아지 등심 오븐 찜과 시금치 곁들임 Carré de veau poêlé Viroflay
- 송아지 등심을 팬에 굽고 소스로 윤을 낸다.
- 시금치 볼에 모르네 소스를 뿌려 그라탱 한 것, 허브를 넣고 익힌 아티초크 조각, 뽐 샤또를 곁들인다.

로렌식 돼지고기 등심 오븐 찜 Longe de porc poêlée lorraine
- 돼지고기 등심 오븐 찜에 익힌 적색 양배추와 뽐 퐁당뜨를 곁들인다.

브라방식 돼지고기 등심 오븐 찜 Carré de porc poêle brabançonne
- 작은 타르트에 버터로 익힌 방울 양배추를 올려 모르네 소스를 붓고 그라탱한 것과 원반 모양의 납작한 감자 크로켓을 곁들인다.

송아지 고기 오븐 찜과 주딕 곁들임 Pièce de veau poêlée Judic
- 송아지 고기 오븐 찜에 토마토 파르시, 뒥셀 파르시, 상추 브레제, 뽐 샤또를 곁들인다.

송아지 고기 오븐 찜과 끌라마르 곁들임 Pièce de veau poêlée Clamart
- 송아지 고기 오븐 찜 둘레에 완두콩으로 채운 아티초크와 뽐 샤또를 곁들인다.

돼지고기 등심 오븐구이와 뽐 불랑제르
CARRÉ DE PORC RÔTI POMMES BOULANGÈRE

돼지고기 등심 오븐구이와 뽐 불랑제르 Carré porc rôti pommes boulangère는 오븐에 구운 돼지고기 등심에 데글라세해 만든 소스를 곁들이고 저민 양파와 흰색 육수 소스로 그라탱한 감자를 함께 낸다.

추천 곁들임 요리 : 라르동을 곁들인 렌틸콩 lentilles vertes aux lardons, 밤을 곁들인 익힌 샤보이 양배추 choux de Milan braisés aux marrons, 감자를 곁들인 익힌 적색 양배추 choux rouges braisés aux pommes. 돼지고기 등심은 오븐 찜으로 요리할 수도있다.(앞의 설명 참조)

8인분 재료	단위	양
기본 재료		
− 돼지고기 등심	kg	2.2~2.4
− 버터	g	40
또는		
− 땅콩기름	ml	40
오븐구이 즙 소스 JUS DE RÔTI		
− 당근	g	80
− 양파 (1/2개)	g	80
− 마늘(1톨)	g	10
− 타임과 월계수 잎	g	약간(PM)
− 물 또는 맑은 갈색 육수	ml	500
마무리		
− 버터	g	40
− 크레송	단	1/4
뽐 불랑제르 POMMES BOULANGÈRE		
− 감자	kg	2
− 마늘(1톨)	g	10
− 버터	g	80
− 양파	g	800
− 버터	g	40
− 흰색 육수	L	1
− 마늘(2톨)	g	20
− 부케가르니	개	1
양념		
− 가는소금		약간(PM)
− 후춧가루		약간(PM)
평균 준비 시간 : 1시간 20분		
등심 평균 가열 시간 : 1시간 20분~1시간 30분		
감자 평균 가열 시간 : 45~50분		

만드는 방법

1. 조리 작업 기구 준비하기 – 5분
레시피대로 재료를 계량, 측정하고 작업에 필요한 도구들을 점검한다.

2. 돼지고기 등심 손질하기 – 15분(p. 318~320 참조)
척추뼈와 등쪽 힘줄을 제거한 후 갈비뼈 주변을 손질한다.
등심을 실로 묶고 뼈는 잘라 따로 둔다.

3. 채소 다듬고 씻어 썰기 – 30분
당근, 양파를 다듬어 씻는다.
오븐구이 즙 소스에 사용할 당근과 양파 반쪽을 미르푸아로 썬다.
남은 양파는 뽐 불랑제르에 사용할 수 있도록 얇게 저민다.
마늘을 다듬어 씻은 후 싹을 제거한다.
부케가르니를 만든다.
감자를 다듬어 씻은 후 2~3mm 두께가 되도록 강판으로 썬다.

4. 돼지고기 등심 익힐 준비하기 – 5분
등심에 양념을 한 후 큰 오븐팬에 담는다.
등심 둘레에 자른 뼈와 지방이 없는 살코기 부스러기를 담는다.
녹인 버터 또는 식용유를 뿌린다.
등심 두께에 따라 200도 오븐에 1시간 20분~1시간 30분 동안 굽는다.
등심을 뒤집어 굽는 동안 기름으로 자주 적신다. 돼지고기 등심은 바싹 익혀야 한다.

5. 뽐 불랑제르 익힐 준비하기 – 20분
버터를 양파에 넣고 10분간 노릇노릇한 색깔이 나도록 익히고 간을 한다.
감자의 물기를 닦고 팬에 넣어 살짝 색깔이 나게 미리 익히고 간을 한다.
그라탱 그릇에 마늘을 문지른다.
감자와 양파를 번갈아 한겹씩 담는다.
맨 위에는 감자로 덮는다.
양념한 흰색 육수를 붓는다.
마늘 2톨, 부케가르니 1개를 감자 아래에 끼워넣는다.
먼저 불 위에서 조리를 시작한 후, 오븐에 45~50분간 감자가 흰색 육수를 흡수하고 겉면이 노릇해질 때까지 익힌다.

6. 돼지고기 오븐구이와 뽐 불랑제르 차리기 – 5분
그라탱 그릇 가장자리를 잘 닦은 후, 장식용 종이를 깐 접시받침 위에 그릇을 놓는다.
긴 접시에 돼지고기 등심을 담아 소스를 약간 붓고 헤이즐넛 버터도 뿌려준다.
접시 양쪽 끝에 크레송 다발을 담는다.
남은 소스는 소스그릇에 담는다.

− 일반적으로 돼지고기 등심을 뽐 불랑제르 위에 올려 구워야 굽는 동안 고기 기름이 흘러 감자에 스며든다.
− 흰색 육수는 우유로 대체할 수도 있다.

FICHE 84

완성한 결과

돼지고기 오븐구이(Rôti de porc)

준비 기구
- 정리용 사각 트레이 3
- 도마 1
- 미트 클레버 1
- 정육용 톱 1
- 강판 1
- 중간 크기 믹싱볼 2

조리 기구
- 오븐팬 1
  또는
- 작은 소스포트 1
- 큰 타원형 프라이팬 1
- 큰 그라탱용 그릇 1

플레이팅 도구
- 크고 긴 접시 1
- 소스그릇 1
- 그라탱용 접시받침 1,
  무늬 있는 장식용 종이

볶음(소테)용 정육류
LES VIANDES DE BOUCHERIE SAUTÉES

요리 소개 BREF RAPPEL DE TECHNOLOGIE

빠르게 익히는 스테이크 조리법은 어리고 연한 최고급 등급 고기에 사용한다.

붉은색 고기는 손님이 주문 시 원하는 굽기 정도에 맞춰 굽는다.(블루 레어 bleu, 레어 saignant, 미디엄 à point, 웰던 bien cuit) 고기 표면을 센 불에 익힌 후 온도를 낮춰 육즙을 고기 안에 유지한다.

흰색 고기는 더 주의해 구워야 하며 핏기가 완전히 없어져야 한다. 너무 바싹 익힐 경우 고기가 건조해지므로 주의한다. 붉은색 고기보다 천천히 구워야 한다.

스테이크 고기는 고기를 구운 팬에 캐러멜화된 즙을 데글라세해서 만든 흰색 또는 갈색 소스를 주로 곁들인다. 이런 이유로 스테이크를 만들 때 크기가 적당하고 바닥이 두꺼운 팬을 고르는 것이다. 팬이 너무 클 경우, 기름과 즙이 타서 소스에 쓴맛이 날 수도 있다.

추천 곁들임 요리
Suggestions de garnitures d'accompagnement

붉은색 고기 스테이크 Viandes rouges sautées :
뽐 코코트, 뽐 누아제트, 뽐 파리지엔, 뽐 리오네즈(리옹식 감자볶음), 뽐 사흘라데즈(사흘라식 감자볶음), 뽐 파르망티에, 베르 프레 곁들임 등등 pommes cocotte, noisettes, parisienne, lyonnaise, sarladaise, pommes Parmentier, vert–pré, etc.

흰색 고기 스테이크 Viandes blanches sautées :
감자볶음, 보르도식 감자볶음, 프로방스식 감자볶음 pommes sautées à cru, bordelaise, provençale ; 버터를 곁들인 스파게티, 탈리아텔레, 페투치네 spaghettis, tagliatelles, fettucines au beurre ; 비쉬 당근*, 시골식 완두콩*, 프랑스식 완두콩* carottes Vichy, petits pois paysanne, à la française, etc. ; 브로콜리, 로마네스코 브로콜리, 케일 등등 brocolis, romanesco, kelh, etc.

적용 기술 TECHNIQUES MISES EN ŒUVRE

- 등심 썰기
  Détailler un contre–filet
- 앙트르코트(갈비뼈 사이의 등심) 썰기
  Tailler des entrecôtes
- 붉은색 고기 굽기
  Sauter des petites pièces de viande rouge
- 흰색 고기 굽기
  Sauter des petites pièces de viande blanche
- 튀김옷 입힌 흰색 고기 굽기
  Sauter des petites pièces de viande blanche panées
- 갈비 썰기
  Tailler des côtelettes et des côtes
- 도톰한 슬라이스(noisettes)로 썰기
  Détailler des noisettes
- 투르느도(tournedos)로 썰기
  Détailler des tournedos
- 데글라세로 갈색 소스 만들기
  Réaliser une sauce brune par déglaçage
- 데글라세로 흰색 소스 만들기
  Réaliser une sauce blanche par déglaçage
- 고기에 튀김옷(밀가루, 계란, 빵가루) 입히기
  Paner à l'anglaise

---

* 소테 sauté : 아주 센 불에서 소량의 기름으로 단시간에 조리하는 기술을 의미하는 용어이다.

* 비쉬 당근 Carottes Vichy : 당근을 얇고 둥글게 저며 자른 후 투명하게 윤을 낸다. (p. 1057 참조)

* 시골식 완두콩 petit pois paysanne: 완두콩에 라르동, 구슬양파, 상추, 당근, 부케가르니를 함께 넣고 익힌다.(p. 1059 참조)

* 프랑스식 완두콩 petit pois à la française : 완두콩에 구슬양파와 상추, 부케가르니를 넣고 익힌다.(p. 1058 참조)

베르시 소스 등심, 앙트르코트(갈비살 스테이크), 비프스테이크 CONTRE-FILETS, ENTRECÔTES OU STEAKS SAUTÉS BERCY

베르시 소스 등심, 앙트르코트, 비프스테이크 Contre-filets, entrecôtes ou steaks sautés Bercy는 주문 시 원하는 굽기 정도에 맞춰 익힌 소고기 스테이크로 다진 셜롯, 화이트 와인, 리에종한 송아지 육수, 버터를 넣어 만든 소스를 곁들인다.

추천 곁들임 요리 : 감자볶음(pommes sautées à cru), 뽐 미에뜨(pommes miettes : 부스러뜨린 감자볶음), 뽐 보르드레즈(bordelaise : 보르도식 감자볶음), 뽐 꼴롱빈(columbine : 감자볶음에 채 썬 피망을 곁들임), 뽐 리오네즈(lyonnaise : 리옹식 감자볶음), 뽐 아나(Anna), 뽐 다팽(Darphin), 뽐 파리지엔(parisienne), 감자 크로켓(croquettes) 등등

8인분 재료	단위	양
기본 재료		
– 소고기 등심(4×300~400g) contre-filets parés 또는	kg	1.2~1.6
– 앙트르코트 2인분(4×300~400g) entrecôtes 또는	kg	1.2~1.6
– 150g 비프스테이크 8조각 steaks	kg	1.2
– 땅콩기름	ml	40
– 버터	g	40
베르시 소스 SAUCE BERCY		
– 셜롯	g	80
– 화이트 와인	ml	100
– 리에종한 송아지 갈색 육수 fond brun de veau lié	ml	400
– 미트 글레이즈 glace de viande(선택사항)	ml	약간(PM)
– 버터	g	40
– 파슬리	g	20
양념		
– 가는소금		약간(PM)
– 후춧가루		약간(PM)
평균 준비 시간 : 40분		
평균 가열 시간 : 유동적(손님이 원하는 굽기 정도에 따라 조절)		

만드는 방법

(p. 524/525 참조)

1. 리 작업 기구 준비하기 – 5분

레시피대로 재료를 계량, 측정하고 작업에 필요한 도구들을 점검한다.

2. 고기 확인 후 손질하기 – 5분(p. 314/315 참조)

힘줄, 건막, 지방 부분을 제거한다.
냉장실에 보관한다.

3. 베르시 소스 재료 준비하기 – 10분

셜롯을 다듬어 씻은 후 잘게 다진다.
파슬리를 씻고 줄기를 뗀 후 물기를 제거하고 잘게 다진다.

4. 스테이크 익힐 준비하기 – 5분

소금과 후추로 양념을 한 후 소뚜와에 식용유와 버터를 넣고 굽는다.(굽기 정도에 주의하며, 즙이 적당히 캐러멜화되도록 한다.)
원하는 굽기 정도에 맞춰 굽고(블루레어, 레어, 미디엄, 웰던), 그릴망 있는 트레이 또는 뒤집어 놓은 접시 위에 올린다.

5. 베르시 소스 만들기 – 10분

스테이크를 구운 소뚜와를 기울여 기름기를 용기에 담는다.
다진 셜롯을 넣고 색깔이 나지 않게 볶는다.
화이트 와인으로 데글라세하고 졸인다.
리에종한 송아지 갈색 육수와 미트 글레이즈를 조금 넣고 몇 분간 다시 소스를 졸인다.
불을 끄고 버터를 넣어 섞는다. (거품기는 사용하지 않는다.)
농도와 간을 확인한다.

6. 스테이크 차리기 – 5분

등심, 앙트르코트 또는 비프스테이크를 긴 접시에 비스듬히 살짝 겹치게 담는다.
4가지 굽기 정도가 다른 경우, 맨 처음에 웰던, 그 다음에 《미디엄 à-point》, 《레어 saignant》, 《블루 레어 bleu》 순서로 놓는다.
소스를 골고루 붓는다.
다진 파슬리를 알맞게 뿌린다.

붉은색 고기를 조리할 때 주의할 점
– 붉은색 고기의 경우 굽기 바로 직전 또는 굽고 난 직후에 양념한다. 미리 소금을 뿌리면 핏물이 나오므로 주의한다.
– 포크로 찍지 말고 뒤집개로 고기를 뒤집는다.
– 소스는 흰색 크림 상태가 될 수 있으므로 거품기로 섞지 않는다.
– 소스를 차이나 캡에 거르기도 한다.

FICHE 85

완성한 결과

베르시 소스 등심, 앙트르코트, 비프스테이크
(Contre–filets, entrecôtes ou steaks sautés Bercy)

보르드레즈 소스 갈비살 스테이크(앙트르코트 보르드레즈)

ENTRECÔTES SAUTÉES BORDELAISE

1. **300~400g 앙트르코트 4조각 손질하기(앙트르코트 1조각이 2인분)**
   지방이 많은 부분은 제거한다.
   손질한 후 냉장실에 보관한다.

2. **사골 불순물 제거하기**
   사골 조각을 8개로 슬라이스하고, 160g을 작은 주사위 모양으로 썬다.
   작은 믹싱볼에 얼음물을 넣고 식초를 조금 넣은 후 사골을 넣어 불순물을 제거한다.

3. **보르드레즈 소스 만들기**
   작은 소테팬에 레드 와인 200ml를 부어 자작하게 졸인다.
   잘게 다진 셜롯 40g, 타임 잔가지 1개, 월계수 잎 1조각, 굵게 간 통후추를 조금 넣는다.
   리에종한 송아지 갈색 육수 또는 스페인 소스 400ml를 첨가한다.
   졸이며 거품을 걷어낸다.
   녹인 미트 글레이즈 1스푼을 넣는다.
   차이나 캡에 거른 후 소스 마무리용 버터를 넣고 중탕냄비에 뚜껑을 닫아 둔다.

4. **앙트르코트 굽기**
   식용유와 버터를 넣은 팬에 센 불로 고기 표면을 익힌다.
   원하는 굽기 정도에 맞춰 굽는다.
   그릴망 있는 트레이에 올려 따뜻하게 둔다.

5. **사골 데치기**
   끓는 물에 몇 초간 사골을 담근 후 물기를 뺀다.

6. **보르드레즈 소스 완성하기**
   고기를 구운 팬의 기름을 제거한다.
   레드 와인 100ml를 넣어 데글라세한 후 졸인다.
   준비해둔 보르드레즈 기본 소스를 붓는다.
   간을 확인한 후 차이나 캡에 거른다.
   버터를 넣어 마무리하고 주사위 모양 사골도 넣는다.

7. **앙트르코트 차리기**
   긴 접시에 고기를 담고 정제 버터로 윤을 낸다.
   앙트르코트 위에 사골 슬라이스를 예쁘게 얹고 꽃소금과 다진 파슬리로 장식한다.
   앙트르코트 둘레에 소스를 한 줄로 두르고, 남은 소스는 소스그릇에 따로 담아 낸다.

준비 기구	조리 기구	플레이팅 도구
• 정리용 사각 트레이 2 • 도마 1 • 작은 그릴망 또는 기본 접시 1 • 작은 중탕냄비 1	• 큰 소뚜와 또는 소스포트 1	• 긴 접시 또는 기본 접시

완성한 결과

보르드레즈 소스 갈비살 스테이크(Entrecôte sautée bordelaise)

비슷한 요리 PLATS SIMILAIRES

레드 와인 소스 앙트르코트 Entrecôtes marchand de vin
• 베르시 소스처럼 만들되 화이트 와인을 레드 와인으로 대체한다.

리옹식 앙트르코트 Entrecôtes lyonnaise
• 앙트르코트를 굽는다. 고기를 구운 팬에 잘게 저민 양파를 넣고 노릇하게 볶는다.
• 화이트 와인과 식초 조금을 넣고 데글라세한 후 졸인다.
• 스페인 소스 또는 리에종한 송아지 갈색 육수, 녹인 미트 글레이즈를 첨가한다.
• 버터를 넣어 마무리하고 소스를 뿌린다.

셜롯을 곁들인 비프스테이크 Onglet ou bavette à l'échalote
• 리옹식과 같은 방법으로 조리하고, 양파 대신 저며 미리 볶은 셜롯을 넣는다.

샤슈르 소스 비프스테이크 Steaks sautés chasseur
• 고기를 구운 팬에 저민 버섯과 잘게 다진 셜롯을 넣는다.
• 꼬냑을 넣어 불을 붙여 풍미를 내고, 화이트 와인을 넣어 데글라세한 후 졸인다.
• 리에종한 송아지 갈색 육수를 붓는다. 다진 처빌과 타라곤을 첨가한다.

투르느도 스테이크와 샤뜰렌느 곁들임
TOURNEDOS SAUTÉS CHÂTELAINE

투르느도(소고기 안심의 《가운데 cœur》 부분을 두껍게 자른 조각) 스테이크를 튀긴 식빵 카나페 위에 올리고, 화이트 와인으로 데글라세한 후 리에종한 송아지 육수와 버터를 넣어 만든 소스를 뿌린다. 곁들임 요리는 버터에 익힌 아티초크와 뽐 누아제트이다.

8인분 재료	단위	양
기본 재료		
− 소고기 안심 가운데 부분	kg	1.2
또는		
− 150g 투르느도 8조각	kg	1.2
− 땅콩기름	ml	40
− 버터	g	40
크루통 CROÛTONS		
− 식빵(40g 8장)	g	320
− 땅콩기름	ml	20
− 버터	g	40
− 미트 글레이즈(선택사항)	ml	약간(PM)
소스		
− 화이트 와인	ml	100
− 리에종한 송아지 갈색 육수	ml	400
또는 스페인 소스		
− 미트 글레이즈	ml	약간(PM)
곁들임		
− 아티초크(8x250~300g)	kg	2~2.4
− 레몬(3개)	g	300
− 식용유	ml	40
− 버터	g	40
뽐 누아제트 POMMES NOISETTES		
− 감자	kg	2
− 땅콩기름	ml	80
− 버터	g	40
− 파슬리	g	20
양념		
− 굵은소금		약간(PM)
− 가는소금		약간(PM)
− 후춧가루		약간(PM)
평균 준비 시간 : 1시간 40분		
평균 가열 시간 : 6~10분(손님이 원하는 굽기 정도에 따라 조절)		

* 크루통에 버터를 발라 샐러맨더에서 토스트할 수도 있다.

만드는 방법

1. 조리 작업 기구 준비하기 – 5분
레시피대로 재료를 계량, 측정하고 작업에 필요한 도구들을 점검한다.

2. 투르느도 준비하기 – 10분
투르느도 상태를 확인하고 손질한다.

실로 묶은 후 냉장실에 보관한다.

3. 샤뜰렌느 곁들임 준비하기 – 40분
아티초크 속을 둥글게 다듬고 레몬을 뿌린다.(p. 121/122 참조)

채소 볼러로 아티초크의 꽃봉오리 섬모를 파낸다.

끓는 물에 소금과 레몬즙을 넣어 익힐 준비를 한다.

식용유 조금을 첨가하고 유산지로 덮는다.

- 감자를 다듬어 씻은 후 채소 볼러로 뽐 누아제트 모양(작은 감자볼)을 만든다.(p. 209 참조)
- 흐르는 물에 잘 헹군다.
- (투르느도 크기에 맞춰) 지름 7~8cm 쿠키 커터로 식빵 크루통 8개를 만든다.
- 작은 프라이팬에 식용유와 버터를 넣고 튀긴다.
- 키친타월에 올려 크루통을 따뜻하게 둔다.
- 파슬리를 씻고 줄기를 뗀 후 물기를 닦아 잘게 다진다.

4. 아티초크 속 완성하기 – 5분(p. 120~122 완성)
잘 익었는지 확인하고 물기를 뺀다.

버터를 바른 트레이에 담고 양념한 후 버터를 바른 유산지로 덮는다.

5. 뽐 누아제트 익힐 준비하기 – 10분(p. 544~546 참조)
감자를 데친다.

감자가 겹치지 않도록 적당한 크기의 소테팬에 넣는다.

찬물을 붓고 끓인다.

몇 초간 데친 후 얼음물에 담그지 않고 바로 물기를 뺀다.

식용유를 두르고 센 불에 몇 분간 노릇노릇하게 구운 후, 230~240도 오븐에 5~6분 동안 넣어 굽기를 마무리한다.

기름기를 제거한 후, 버터를 넣고 소금으로 간을 한다.

감자를 따뜻하게 둔다.

6. 투르느도 익힐 준비하기 – 10분
소금, 후추로 투르느도를 양념하고 소뚜와에 버터와 약간의 식용유를 넣어 센 불에 겉면을 익힌다.(굽기 정도에 주의하며, 즙이 적당히 캐러멜화되도록 한다.)

원하는 굽기 정도에 맞춰 굽고(블루 레어, 레어, 미디엄, 웰던) 그릴망 있는 트레이 또는 뒤집어 놓은 접시 위에 올린다.

7. 오븐에 아티초크 속 익히기 – 5분

8. 투르느도 소스 만들기 – 10분
고기를 익힌 소뚜와의 기름을 제거한다.

화이트 와인으로 데글라세한 후 졸인다.

리에종한 송아지 갈색 육수와 금색 미트 글레이즈를 조금 넣는다.

원하는 농도가 될 때까지 다시 졸인다.

불을 끄고 마무리용 버터를 넣는다.

간을 확인한 후 차이나 캡에 걸러 중탕냄비에 담는다.

9. 투르느도 차리기 – 5분
미트 글레이즈로 크루통에 윤을 내고(방수제 역할) 《선택 사항》 접시에 담는다.

실을 푼 투르느도를 각각의 크루통 위에 올린다.

아티초크 속에 뽐 누아제트를 담고 투르느도와 번갈아 담는다.

소스를 골고루 붓는다.

다진 파슬리를 뽐 누아제트 위에 《조금 pointe》 뿌려준다.

(채소용 접시에 남은 뽐 누아제트를 따로 담는다.)

FICHE 86

완성한 결과

투르느도 스테이크와 샤뜰렌느 곁들임(Tournedos sautés châtelaine)

투르느도 스테이크와 마스코트 곁들임
TOURNEDOS SAUTÉS MASCOTTE

1. 투르트도 준비하기

고기 상태를 확인하고 각각 150g 되는 투르느도 8조각을 손질한다.
실로 묶은 후 냉장실에 보관한다.

2. 마스코트 곁들임 준비하기

각각 250g 되는 아티초크 8개를 둥글게 다듬고 레몬을 뿌린다.
끓는 물에 소금, 레몬즙, 식용유를 넣고 뚜껑을 닫고 익힌다.
감자 2kg을 다듬어 씻은 후 뽐 코코트 형태로 둥글게 모양을 다듬는다.
감자를 데친 후 팬에 식용유 80ml를 둘러 노릇노릇하게 굽고 버터 50g을 첨가한 후 소금으로 간을 한다.
동그랗게 식빵 크루통 8개를 자른 후, 정제 버터에 튀기거나 토스트한다.
파슬리 200g을 다진다.

3. 투르느도 굽기

양념한 후 버터와 식용유를 넣은 팬에 익힌다.
원하는 굽기 정도에 맞춰 구운 후, 그릴망 있는 트레이 또는 뒤집어 놓은 접시 위에 올려둔다.

4. 아티초크 속 완성하기

물기를 잘 뺀 후 얇게 저며 자르거나 4등분으로 자른 후 버터를 넣고 볶는다.
양념한다.

5. 투르느도 소스 만들기

투르느도 샤틀렌느(tournedos châtelaine)처럼 투르느도 소스를 만든다.

6. 투르느도 차리기

크루통을 접시에 담는다.
실을 풀은 투르느도를 각각의 크루통 위에 올린다.
둘레에 곁들임 요리를 예쁘게 담는다.
소스를 투르느도 위에 붓고 송로버섯 조각으로 장식한다.
다진 파슬리를 뽐 코코트 위에 조금 뿌린다.

- 도마 1
- 차이나 캡 1

조리 기구
- 큰 소뚜와 또는 소스 포트 1
- 큰 소테팬 1
- 중간 크기 자루냄비 1

- 아티초크를익힐오븐팬1

플레이팅 도구
- 둥글거나 긴 접시
- 채소용 접시
- 채소용 접시받침
- 무늬 있는 장식용 종이

준비 기구
- 정리용 사각 트레이 3
- 중간 크기 믹싱볼 2
- 작은 중탕냄비 1
- 들통 1

완성한 결과

투르느도 스테이크와 마스코트 곁들임(Tournedos sauté mascotte)

비슷한 요리 PLATS SIMILAIRES

투르느도 엘데르 Tournedos Helder

- 투르느도 스테이크를 구운 팬에 마데이라 와인을 넣어 데글라세한 후 리에종한 송아지 갈색 육수를 첨가하고 마무리용 버터를 넣는다.
- 정제 버터에 튀긴 크루통 위에 투르느도를 얹는다. 짤주머니에 넣은 베어네이즈 소스를 투르느도 위에 한 줄로 바르고 중앙에 토마토 퐁듀를 올린다. 투르느도 둘레에 뽐 파리지엔을 담는다.

투르느도 로시니 Tournedos Rossini

- 튀긴 크루통을 미트 글레이즈로 윤을 낸 후, 위에 투르느도 스테이크를 담는다.
- 각각의 투르느도 위에 버터에 익힌 푸아그라 슬라이스와 송로버섯 조각을 얹는다. 마데이라 와인으로 데글라세한 후 송로버섯즙과 데미글라스 소스를 첨가하고 마무리용 버터를 넣는다.

투르느도 플로리스트 Tournedos fleuriste

- 투르느도 스테이크를 구운 팬에 화이트 와인을 넣어 데글라세한 후 리에종한 송아지 갈색 육수를 첨가하고 마무리용 버터를 넣는다. 껍질과 씨를 제거하고 버터에 익힌 토마토와 채소 자르디니에르를 조금 곁들인다.

투르느도 보정씨 Tournedos Beaugency

- 투르느도를 굽고 마데이라 와인으로 데글라세한 후 데미글라스 소스를 첨가하고 마무리용 버터를 넣는다.
- 튀긴 크루통 위에 고기를 올리고 쇼롱 Choron 소스 한 줄을 각각의 투르느도 위에 뿌린다. 버터에 익혀 토마토 퐁듀로 채운 아티초크를 곁들인다. 데친 사골 조각으로 장식한다.

후추 비프스테이크
STEAKS AU POIVRE

후추 비프스테이크 Steaks au poivre는 두꺼운 우둔살 또는 등심을 굵게 빻은 후추로 감싸서 구운 스테이크로 꼬냑, 화이트 와인, 리에종한 송아지 육수, 크림, 버터를 넣어 만든 소스를 곁들인다.

추천 곁들임 요리 : 감자볶음, 뽐 미에뜨, 뽐 보르드레즈(보르도식 감자볶음), 뽐 꼴롱빈, 뽐 리오네즈(리옹식 감자볶음), 뽐 아나, 뽐 다팡, 뽐 파리지엔(파리식 감자볶음), 뽐 사흘라데즈(사흘라식 감자볶음), 감자 크로켓 등등 pommes sautées à cru, pommes miettes, bordelaise, colombine, lyonnaise, Anna, Darphir, parisienne, sarladaise, croquettes…

8인분 재료	단위	양
기본 재료		
– 소고기 등심 contre-filets	kg	1.2~1.44
또는		
– 우둔살 rumstecks parés	kg	1.2~1.44
(8×150~180g) 또는 (4×300~360g)		
– 통후추	g	80
– 식용유	ml	40
– 버터	g	40
소스		
– 꼬냑	ml	40
– 화이트 와인	ml	100
– 리에종한 송아지 갈색 육수	ml	400
– 고지방 크림 crèam double	ml	100
– 버터	g	40
양념		
– 가는소금		약간(PM)
평균 준비 시간 : 40분		
평균 가열 시간 : 유동적(손님이 원하는 급기 정도에 따라 조절)		

만드는 방법

(p. 526/527 참조)

1. 조리 작업 기구 준비하기 – 5분
레시피대로 재료를 계량, 측정하고 작업에 필요한 도구들을 점검한다.

2. 통후추 굵게 빻기 – 5분(p. 526 참조)

3. 비프스테이크에 굵게 빻은 후추 입히기 – 10분
비프스테이크를 손질한다.
방금 전에 굵게 빻은 후추를 비프스테이크에 눌러주며 입힌다.
냉장실에 보관한다.

4. 스테이크 익힐 준비하기 – 5분
가는소금으로 양념한 후* 소뚜와에 식용유와 버터를 넣고 비프스테이크를 굽는다.(굽기 정도에 주의하며, 즙이 적당히 캐러멜화되도록 한다.)
원하는 굽기 정도에 맞춰 굽고(블루 레어, 레어, 미디엄, 웰던) 그릴망 있는 트레이 또는 뒤집어 놓은 접시 위에 올린다.

5. 소스 만들기 – 10분
고기를 익힌 소뚜와의 기름을 제거한다.
꼬냑을 넣고 불을 붙여 풍미를 준다.*
화이트 와인으로 데글라세한 후 졸인다.
리에종한 송아지 갈색 육수를 넣고 다시 졸인다.
크림을 넣고 원하는 농도가 될 때까지 졸인다.
간을 확인한 후 차이나 캡에 걸러 중탕냄비에 담는다.
불을 끄고 마무리용 버터를 넣는다.

6. 후추 비프스테이크 차리기 – 5분
첫 번째 방법 :
큰 접시에 비프스테이크를 담고 소스를 골고루 뿌린다.
두 번째 방법 :
손님이 원하는 굽기 정도에 맞춰 주방에서 비프스테이크를 굽는다.
손님에게 제공하는 소뚜와에 비프스테이크를 담고 리에종한 송아지 갈색 육수 소스와 크림 소스를 함께 낸다. 이 경우, 손님 앞에서 소스를 따로 담아 낸다.

* 고기를 굽기 바로 직전 또는 굽고 난 직후에 소금으로 양념한다. 절대로 미리 소금을 뿌리지 말고 후추를 다시 뿌리지 않는다.
* 비프 스테이크를 팬에서 꺼내기 전에 불을 붙여 풍미를 줄 수도 있다.

FICHE 87

완성한 결과

후추 비프스테이크
(Steaks au poivre)

소고기 안심 스트로가노프*
주문 시 만들어 《마지막에 소스를 곁들이는 요리》
PETITS FILETS DE BŒUF STROGONOFF
《SAUTÉ MINUTE》 RÉALISÉ À LA COMMANDE

1. 안심 준비하기

기름기를 제거하며 손질한 소고기 안심 1.2kg을 각 면이 1cm 되는 작은
주사위 모양으로 썬다.

2. 안심 조각 익히기

소금, 후추, 파프리카 가루로 양념한다.
식용유와 버터를 넣은 팬에 센 불로 재빠르게 볶아 겉면을 익히고, 굽기
정도는 레어로 한다.
스테인리스 채반에 옮겨 기름기를 뺀다.

3. 소스 만들기

소뚜와의 기름을 조금 제거한다.
잘게 다진 양파 200g을 첨가한다.
색깔이 나지 않게 천천히 볶고 파프리카 가루를 뿌린다.
화이트 와인 100ml로 데글라세한 후 2/3가 되도록 졸인다.
리에종한 후 토마토를 넣은 송아지 육수 400ml를 첨가하고 다시 졸인다.
거품은 걷어낸다.
크림 200ml를 첨가하고 3~4분 동안 졸인다.
농도와 간을 확인한다.

4. 마지막에 소스를 곁들여 《sauté minute》 완성하기

- 기름기를 뺀 고기 조각을 소스에 넣는다.
- 다시 끓이지 않는다.
- 완성한 요리는 재빨리 접시에 담는다.
- 필라프를 곁들인다.

도톰하게 썬 버섯을 버터에 볶아 곁들이기도 한다.

완성한 결과

소고기 안심 스트로가노프
(Petits filets de bœuf Strogonoff)

준비 기구	조리 기구	플레이팅 도구
• 정리용 사각 트레이 2 • 그릴망 또는 기본 접시1 • 도마 1 • 작은 중탕냄비 1	• 작은 소테팬 1 • 큰 소뚜와 또는 소스 포트 1	• 둥글거나 긴 접시 또 는 소뚜와(바이메탈) • 소스그릇 • 소스그릇 받침 • 무늬 있는 장식용 종이

비슷한 요리 PLATS SIMILAIRES

초록색 통후추 비프스테이크 Steaks sautés au poivre vert

- 앞에 나온 후추 비프스테이크 조리법과 같고 팬에 데글라세한 후에 초록색
  통후추를 첨가하기만 하면 된다. 숟가락 뒤로 후추를 살짝 눌러주면
  풍미가 훨씬 더 좋아진다.

핑크 페퍼를 곁들인 오리 가슴살(쉬프렘) 스테이크
Suprêmes ou magrets de canard aux baies roses

- 지방을 제거하며 오리 가슴살을 손질한 후, 껍질 부분에 칼집을 낸다.(p.
  347 참조)
- 기름기가 있는 껍질 부분으로 먼저 구운 후 뒤집어 잠깐 익혀 색깔을 낸다.
- 속살이 분홍색이 되도록 구운 후 12분간 따뜻한 곳에 둔다.
- 소뚜와 기름기를 제거한 후 꼬냑을 넣어 불을 붙여 풍미를 주고, 화이트
  와인을 첨가하고 졸인다.
- 리에종한 육수 300ml, 크림 100ml, 핑크 페퍼콘 de baies roses 2스푼을
  첨가한다.
- 2분간 끓인 후 버터 40g을 넣어 마무리한다.
- 오리 가슴살 또는 쉬프렘을 접시에 담고 소스를 뿌린다.

몇몇 전문 요리사들은 핑크 페퍼를 초록색 통후추 poivre vert 또는 멜레게타
mélangent* 등과 섞어서 넣기도 한다.

완성한 결과

초록색 통후추 비프스테이크(Steak sauté au poivre vert)

---

* 비프 스트로가노프 strogonoff : 러시아의 대표적인 요리의 하나로, 양파, 버섯을
  볶아 크림 소스를 만들어 구운 소고기에 곁들인다. 16세기초반 우랄 지방에서 돈
  을 많이 번 거상 스트로가노프 가의 일품음식이라고 여겨졌고, 19세기 제정 러시
  아의 스트로가노프 백작의 음식으로 널리 유명해졌다.
* 멜레게타 maniguette : 생강과의 여러해살이풀로 후추와 비슷한 향신료로 쓰인다.

송아지 메다이옹 뒤록
MÉDAILLONS DE VEAU DUROC

송아지 메다이옹 뒤록 Médaillons de veau Duroc은 송아지 메다이옹 스테이크에 저민 버섯, 잘게 다진 토마토, 화이트 와인, 리에종한 송아지 육수, 처빌과 타라곤을 넣어 만든 소스를 곁들인다.

추천 곁들임 요리 : 노릇노릇 구운 감자(코코트 cocotte, 파리지엔 parisienne, 누아제트 noisettes), 감자볶음 pommes sautées à cru, 뽐 미에뜨 pommes miettes, 뽐 파르망티에 pommes Parmentier, 뽐 뒤세스 Duchesse, 감자 크로켓 croquettes, 프로방스식 감자볶음 provençale 등등

8인분 재료	단위	양
기본 재료		
– 송아지 등심에서 자른 송아지 메다이옹(8× 150g) médaillons de veau prélevés dans la longe désossée	kg	1.2
– 밀가루	g	80
– 버터	g	80
소스		
– 셜롯	g	40
– 양송이버섯	g	250
– 꼬냑	ml	50
– 화이트 와인	ml	100
– 리에종한 송아지 갈색 육수 fond brun de veau lié	ml	400
– 버터	g	20
– 타라곤	단	1/4
– 처빌	단	1/4
토마토 퐁듀 FONDUE DE TOMATES		
– 버터	g	40
– 셜롯	g	40
– 토마토	g	800
– 부케가르니	개	1
– 마늘	톨	2
양념		
– 가는소금		약간(PM)
– 후춧가루		약간(PM)
평균 준비 시간 : 1시간 45분		
평균 가열 시간 : 12~14분		

만드는 방법

1. 조리 작업 기구 준비하기 – 5분

레시피대로 재료를 계량, 측정하고 작업에 필요한 도구들을 점검한다.

2. 고기 준비하기 – 10분(p. 316/317 참조)

갈비용 고기망치로 메다이옹의 두께를 맞춘다.

동그란 모양을 위해 실로 묶은 후 냉장실에 보관한다.

3. 채소 준비하기 – 30분

허브를 씻은 후 신선하게 보관한다.

토마토 꼭지와 껍질을 제거한 후 물기를 뺀다.

셜롯을 다듬어 씻은 후 잘게 다진다.

파슬리를 씻어 줄기를 뗀 후 물기를 빼고 잘게 다진다.

부케가르니를 만든다.

마늘 2톨을 다듬고 싹을 제거한 후 씻는다.

버섯을 씻지 않고 다듬은 후 시원한 곳에 둔다.

4. 토마토 퐁듀 익힐 준비하기 – 10분(p. 427 참조)

5. 송아지 메다이옹 익힐 준비하기 – 15분

메다이옹을 소금, 후추로 양념한 후 밀가루를 묻힌다. 살짝 두드려 밀가루가 많이 묻은 부분을 털어낸다.

소뚜와에 버터를 두르고 메다이옹을 굽는다.(굽기 정도에 주의하며, 즙이 적당히 캐러멜화되도록 한다.)

각 면을 6~7분 구운 후, 그릴망 있는 트레이 또는 뒤집어 놓은 접시 위에 올린다.

6. 버섯 씻고 저미기 – 5분

7. 소스 만들기 – 10분

고기를 익힌 소뚜와의 기름을 조금 제거한다.

저민 버섯을 첨가하고 즙이 캐러멜화 되지 않도록 주의하며 재빨리 볶는다.*

잘게 다진 셜롯을 넣고 색깔이 나지 않게 살짝 볶는다.

꼬냑을 넣고 불을 붙여 풍미를 준다.

화이트 와인으로 데글라세한 후 졸인다.

리에종한 송아지 갈색 육수를 넣고 몇 분간 약한 불에 다시 졸인다.

토마토 퐁듀를 조금 넣고 불을 끄고 마무리용 버터를 넣는다.

8. 허브 준비하기 – 5분

처빌과 타라곤 잎을 떼어 잘게 다진다.

9. 송아지 메다이옹 차리기 – 5분

소스에 다진 허브를 첨가한다.

둥근 접시에 메다이옹을 담는다.

소스를 골고루 뿌린다.

각각의 메다이옹 위에 토마토 퐁듀를 조금 올리고 다진 파슬리를 한 꼬집 올린다.

** 저민 버섯은 팬에 미리 볶을 수도 있다.*

FICHE 88

완성한 결과

송아지 메다이옹 뒤록(Médaillons de veau Duroc)

크레송 소스 송아지 메다이옹

MÉDAILLONS DE VEAU CRESSONNIÈRE

1. 고기 준비하기

우둔살 또는 필레미뇽을 손질해 각각 50g의 메다이옹 24조각으로 자른다.

2. 곁들임 준비하기

당근 800g, 무 800g을 다듬어 씻고 모난 부분을 깎아 둥글게 만든다.

각각 물 조금, 버터, 설탕, 소금을 넣어 졸여 투명하게 윤을 낸다.(p. 521/522 참조)

껍질콩 200g을 다듬어 끓는 물에 소금을 넣어 데친 후 찬물에 담가 식힌다.

3. 크레송 준비하기

크레송 한 단을 씻고 다듬는다.

많은 양의 물을 끓여 소금을 넣고 데친 후 찬물에 즉시 담가 식힌다.

식힌 크레송을 믹서기에 간다.

4. 메다이옹 익히기

앞서 나온 조리법으로 준비하되 각 면을 3분씩만 익힌다.

따뜻하게 둔다.

5. 소스 만들기

소뚜와의 기름을 제거한 후, 잘게 다진 셜롯을 넣고 볶는다.

화이트 와인 50ml로 데글라세한 후 졸인다.

리에종한 송아지 갈색 육수 400ml와 크림 250ml를 첨가한다.

졸인 후 크레송 퓨레를 첨가한다. 불을 꺼서 색깔이 유지되도록 하고 마무리용 버터를 넣는다.

농도와 간을 확인한다.

6. 송아지 메다이옹 차리기

접시에 메다이옹 3개를 담는다.

소스를 뿌리고 데친 크레송 잎을 메다이옹 위에 얹는다.

둘레에 채소 곁들임을 예쁘게 담는다.

준비 기구	조리 기구	플레이팅 도구
• 정리용 사각 트레이 2 • 들통 1 • 갈비용 고기망치 1 • 그릴망 또는 기본 접시1 • 작은 중탕냄비 1 • 작은 믹싱볼 2 • 도마 1 • 작은 스테인리스 채반 1	• 큰 소뚜와 또는 소스 포트 1 • 중간 크기 자루냄비 1 • 중간 크기 소테팬 1	• 둥글고 큰 접시 또는 기본 접시

완성한 결과

크레송 소스 송아지 메다이옹(Médaillons de veau cressonnière)

비슷한 요리 PLATS SIMILAIRES

송아지 메다이옹 사슈르 Médaillons de veau sauté chasseur
• 기본 조리법과 같은 방법으로 조리하고, 토마토 퐁듀만 뺀다.

송아지 메다이옹 프린세스 Médaillons de veau veau princesse
• 메다이옹을 굽고, 화이트 와인으로 데글라세한 후 리에종한 송아지 갈색 육수를 첨가한다. 버터로 마무리한다.
• 각각의 메다이옹 위에 송로버섯 조각을 얹고 버터에 익힌 아스파라거스를 곁들인다.

송아지 메다이옹 리치몬트 Médaillons de veau Richemont
• 메다이옹을 굽고, 마데이라 와인으로 데글라세한 후 리에종한 송아지 갈색 육수와 송로버섯즙을 첨가한다.
• 버터로 마무리하고, 익힌 모렐버섯과 송로버섯 조각을 곁들인다. 소스를 뿌린다.

송아지 메다이옹 파리지엔 Médaillons de veau parisienne
• 메다이옹을 굽고, 포르투 와인과 마데이라 와인으로 데글라세한 후 리에종한 송아지 갈색 육수를 첨가한다.
• 뽐 파리지엔을 곁들이고, 우설, 양송이버섯, 채썬 송로버섯을 아티초크에 넣어 함께 낸다. 파리지엔 소스를 뿌리고 샐러맨더에 넣어 윤기를 낸다.

크림 소스 송아지 에스칼로프* 또는 갈비 스테이크
ESCALOPES OU CÔTES DE VEAU À LA CRÈME

크림 소스 송아지 에스칼로프 Escalopes ou côtes de veau à la crème는 송아지 에스칼로프 또는 갈비 스테이크에 볶은 양송이버섯을 곁들이고 포르투 와인과 리에종한 송아지 갈색 육수를 넣어 만든 크림 소스를 함께 낸다.

추천 곁들임 요리 : 버터를 곁들인 탈리아텔레, 페투치네, 펜네 tagliatelles, fettucines, pennes au beurre ; 버터에 익힌 완두콩, 프랑스식 완두콩, 시골식 완두콩, 버터에 익힌 브로콜리, 콜리플라워, 윤기를 낸 당근 등등 petits pois au beurre, à la française, paysanne, brocolis, choux-fleurs au beurre, carottes glacées

8인분 재료	단위	양
기본 재료		
– 송아지 에스칼로프 (8×150g)	kg	1.2
또는		
– 송아지 갈비(등심) (8×200~250g)	kg	1.6~2
– 밀가루	g	80
– 버터	g	80
곁들임		
– 양송이버섯	g	300
– 버터	g	40
소스		
– 포르투 와인	ml	100
– 리에종한 송아지 갈색 육수(선택사항)	ml	200
– 크림	ml	500
양념		
– 가는소금		약간(PM)
– 흰색 후추		약간(PM)
평균 준비 시간 : 55분		
평균 가열 시간(송아지 에스칼로프) : 6~8분		
평균 가열 시간(송아지 갈비) : 8~12분		

만드는 방법
(p. 529/530 참조)

1. 조리 작업 기구 준비하기 – 5분
레시피대로 재료를 계량, 측정하고 작업에 필요한 도구들을 점검한다.

2. 송아지 고기 슬라이스 또는 갈비살 준비하기 – 10분(p. 316/317 참조)
송아지 갈비의 척추뼈와 《힘줄 nerf 》을 제거한 후 갈비뼈 끝을 손질한다.
식품용 비닐 2장 사이에 슬라이스(또는 송아지 갈비)를 넣고 갈비용 고기망치로 두드려 두께를 맞춘다.(납작하게 만든다.)
손질한 고기는 냉장실에 보관한다.

3. 버섯 준비해 볶기 – 10분(p. 542 참조)
버섯을 다듬어 씻은 후 얇게 저민다.
작은 프라이팬에 버터를 넣고 센 불에 빨리 볶은 후 소금을 뿌리고 작은 소테팬에 담아 따뜻하게 둔다.

4. 송아지 에스칼로프 또는 갈비 익힐 준비하기 – 15분
송아지 에스칼로프 또는 갈비를 소금, 후추로 양념한 후 밀가루를 묻힌다.
살짝 두드려 밀가루가 많이 묻은 부분을 털어낸다.
버터를 소뚜와에 두르고 고기를 굽는다.
색깔이 조금 나도록 구운 후 뒤집어서 두께에 따라 중불에 몇 분간 구워 완성한다.
그릴망 있는 트레이 또는 뒤집어 놓은 접시 위에 따뜻하게 올려둔다.

5. 소스 만들기 – 10분
고기를 익힌 소뚜와의 기름을 제거한다.
포르투 와인으로 데글라세한 후 졸인다.
리에종한 송아지 갈색 육수와 크림을 첨가한다.
원하는 정도의 농도가 될 때까지 다시 졸인다.
간을 확인한 후 차이나 캡에 걸러 볶은 버섯에 붓는다.
1~2분 동안 약한 불에 익힌 후 마무리용 버터를 조금 넣는다.

6. 크림 소스 송아지 에스칼로프 또는 갈비 스테이크 차리기 – 5분
송아지 에스칼로프를 긴 접시에 비스듬히 담는다.
둥근 접시에 갈비를 동그랗게 둘러 담는다.
소스를 골고루 뿌린다.

송아지 갈비나 에스칼로프를 구운 팬에 버섯을 볶아도 된다. 단, 에스칼로프를 지나치게 익혀 팬에 작은 까만 점들이 생긴 경우라면 이것들이 소스에 붙어 보일 수 있으니 주의한다.

송아지 에스칼로프 또는 갈비가 적당히 익었는지는 손가락으로 눌러보면 알 수 있다. 살짝 눌렀을 때 단단해야 한다.

다른 종류의 버섯을 사용할 수도 있다.(모렐버섯 morilles, 꾀꼬리버섯 chanterelles, 살구버섯 girolles 등등)

FICHE 89

완성한 결과

크림 소스 송아지 에스칼로프(Escalopes à la crème)

파프리카 소스 송아지 메다이옹과 피망 필라프

MÉDAILLONS DE VEAU AU PAPRIKA,

RIZ PILAF AUX POIVRONS

1. 메다이옹 준비하기

송아지 고기를 손질해 각각 50g 되는 메다이옹 24조각으로 자른 후 냉장실에 보관한다.

2. 피망 준비하기

초록색, 노란색, 빨간색 피망 반쪽씩 껍질과 씨를 제거한 후 각 면이 3mm 되는 작은 주사위 모양으로 썬다.

끓는 물에 데치거나 증기에 찐 후 얼음물에 담가 색깔을 선명하게 낸다.

3. 바스마티 쌀 필라프 400g 만들기(p. 500~501 참조)

버터 80g을 넣어 잘게 다진 양파 160g을 복는다.

송아지 흰색 육수를 부어 쌀을 익히고 조각 버터 40g과 잘게 썬 피망을 첨가한다.

4. 메다이옹 익히기

양념을 한 후 밀가루와 파프리카 가루를 섞어 고기에 입힌다.

《알맞게 la juste cuisson》 굽는다. 너무 익힐 경우 고기가 건조해질 위험이 있다.

그릴망 위에 따뜻하게 올려둔다.

5. 소스 만들기

소뚜와의 기름을 조금 제거한 후, 잘게 다진 양파 80g을 넣고 복는다.

화이트 와인 80ml로 데글라세한 후 2/3가 되도록 졸인다.

토마토를 넣은 송아지 갈색 육수 300ml를 넣고 졸인다.

순한 파프리카 가루 20g과 크림 200ml를 첨가하고 다시 졸인다.

농도와 간을 확인한다.

소스를 차이나 캡에 걸러 작은 중탕냄비에 담고 마무리용 버터를 넣는다.

6. 송아지 메다이옹 차리기

전식용 원형 틀을 사용해 접시 중앙에 필라프를 동그랗게 담는다.

필라프 둘레에 메다이옹 3개를 삼각형 모양으로 담고 소스를 골고루 뿌린다.

여러 가지 색깔의 피망 조각으로 장식한다.

준비 기구
• 정리용 사각 트레이 2
• 큰 믹싱볼 2
• 도마 1

• 갈비용 고기망치 1
• 차이나 캡 1
• 작은 중탕냄비 1

조리 기구
• 큰 소뚜와 또는 작은 소스포트 1

• 작은 소테팬 1

플레이팅 도구
• 길고 큰 접시 또는 기본 접시

완성한 결과

파프리카 소스 송아지 메다이옹과 피망 필라프
(Médaillons de veau au paprika, riz pilaf aux poivrons)

비슷한 요리 PLATS SIMILAIRES

모렐버섯 소스 송아지 안심과 생파스타
Mignons de veau aux morilles, pâtes fraîches

• 송아지 안심을 손질해 피카타 piccata(고기를 얇게 썰어 굽고, 소스와 레몬즙, 파슬리 등을 곁들인 요리) 조리 방식으로 얇게 썰어준다.
• 양념을 한 후 밀가루를 묻힌다.
• 버터를 두르고 굽는다.(건조해지지 않도록 재빨리 굽는다.)
• 기름을 제거한 후 잘게 다진 셜롯을 넣고 포르투 와인으로 데글라세한 후 크림과 리에종한 송아지 육수를 첨가한다. 천천히 졸인다.
• 크림 소스에 모렐버섯을 첨가하고 약한 불에 끓인다.
• 고기를 담고 졸인 소스와 모렐버섯을 붓는다.
• 버터에 양념한 생파스타를 곁들인다.

노르망디 송아지 갈비 스테이크 Côtes de veau normande

• 색깔이 살짝 나도록 버터에 송아지 갈비 스테이크를 굽는다.
• 칼바도스*로 불을 붙여 풍미를 주고 갈비를 따뜻하게 따로 담아둔다.
• 구운 팬에 주사위 모양 사과를 첨가한다.
• 뽀모*로 데글라세한 후 졸인다.
• 크림과 리에종한 송아지 갈색 육수를 첨가하고 다시 졸인다.
• 간을 확인한 후 레몬즙 몇 방울을 첨가해 소스를 새콤하게 만든다.
• 갈비에 소스를 뿌리고 버터에 익힌 사과를 곁들인다.

---

* 에스칼로프 escalopes : 얇게 썬 고기.
* 칼바도스 calvados : 프랑스 노르망디 지방에서 만드는 사과를 원료로 하는 증류주이다.
* 뽀모 pommeau : 사과 주스와 사과 브랜디(칼바도스)를 섞어 만든 알코올 음료이다.

샤퀴트리 소스 돼지갈비 스테이크와 감자 퓨레
CÔTES DE PORC CHARCUTIÈRE, POMME PURÉE

샤퀴트리 소스 돼지갈비 스테이크와 감자 퓨레 Côtes de porc charcutière, pomme purée는 돼지갈비 스테이크에 다진 양파, 화이트 와인, 리에종한 송아지 육수, 채썬 코르니숑 cornichons으로 만든 소스를 곁들인다. 마지막에 소스에 버터와 겨자를 넣어 마무리한다.

8인분 재료	단위	양
기본 재료		
– 돼지갈비(등심 – 최고급 갈비 또는 2등급 갈비)(8×200~250g)	kg	1.6~2
– 버터	g	40
– 식용유	ml	40
소스		
– 양파	g	100
– 화이트 와인	ml	20
– 리에종한 송아지 갈색 육수	ml	400
또는 스페인 소스		
– 겨자	g	20
– 버터	g	40
– 코르니숑	g	100
곁들임		
– 퓨레용 감자	kg	2
– 우유	ml	800
또는		
– 우유와	m	400
액상 크림	m	400
– 버터	g	100
양념		
– 가는소금		약간(PM)
– 후춧가루		약간(PM)
– 육두구(넛맥)		약간(PM)
평균 준비 시간 : 1시간 25분		
평균 가열 시간 : 10~12분		

갈비가 적당히 익었는지는 손가락으로 눌러보면 쉽게 알 수 있다. 살짝 눌렀을 때 단단해야 한다.

만드는 방법
(p. 529/530 참조)

1. 조리 작업 기구 준비하기 – 5분
레시피대로 재료를 계량, 측정하고 작업에 필요한 도구들을 점검한다.

2. 돼지갈비 준비하기 – 10분(p. 320 참조)
돼지갈비 척추뼈와 《힘줄 nerf》을 제거한다.
기름기를 제거하고 납작하게 두드린 후 뼈 끝부분을 손질한다.
냉장실에 보관한다.

3. 감자 익힐 준비하기 – 15분(p. 432 참조)
감자를 다듬어 씻은 후 큰 조각으로 썰고 다시 헹군다.
큰 냄비에 찬물을 붓고 감자를 넣어 익힐 준비를 한다.
굵은소금을 넣고 거품을 걷고 25~30분간 뚜껑을 닫아 약한 불에 끓인다.

4. 샤퀴트리 charcutière 소스 곁들임 재료 준비하기 – 10분
양파를 다듬어 씻고 잘게 다진다.
코르니숑을 가늘게 채 썬다.
코르니숑이 너무 새콤할 경우, 데친 후 찬물에 담갔다 물기를 뺀다.

5. 감자 퓨레 만들기 – 15분(p. 432 참조)
우유 또는 우유와 크림 혼합물을 끓인다.
감자가 잘 익었는지 확인한 후 물기를 뺀다.
감자를 믹서기에 간 후 냄비에 넣어 주걱으로 저어주며 약한 불에 끓인다.
조각 버터를 첨가하고 우유와 크림을 조금씩 넣어 원하는 농도를 만든다.
간을 확인한 후 퓨레를 들통에 옮겨 담는다.
끓인 우유를 넣어 섞고 버터 조각을 넣어 마무리한 후 뚜껑을 닫아 중탕냄비에 보관한다.

6. 갈비 익힐 준비하기 – 15분
갈비를 소금, 후추로 양념한 후 소뚜와에 버터와 식용유 조금을 두르고 굽는다.
각 면을 5~6분간 천천히 익힌 후 그릴망 있는 트레이 또는 뒤집어 놓은 접시 위에 올린다.
따뜻하게 둔다.

7. 소스 만들기 – 10분
고기를 익힌 소뚜와의 기름을 조금 제거한다.
잘게 다진 양파를 넣고 색깔이 나지 않도록 천천히 볶는다.
화이트 와인으로 데글라세한 후 졸인다.
리에종한 송아지 갈색 육수를 첨가하고 몇 분간 약불에 끓여 완성한다.
불을 끄고 겨자를 첨가한 후 더 이상 끓이지 않는다. 차이나 캡에 걸러 중탕냄비에 담는다.
데쳐서 채썬 코르니숑을 첨가하고 마무리용 버터를 넣는다.
간을 확인한 후 뚜껑을 닫고 보관한다.

8. 돼지갈비 스테이크와 감자 퓨레 차리기 – 5분
둥근 접시에 동그랗게 둘러 갈비 스테이크를 담는다.
접시를 오븐 입구에 둔다.
감자 퓨레를 잘 섞은 후 채소용 접시에 소복하게 담는다.
주걱으로 표면을 매끄럽게 다듬고 물결 무늬를 넣는다.
돼지갈비에 샤퀴트리 소스를 골고루 뿌린다.
장식용 종이를 깐 접시받침 위에 채소용 접시를 놓는다.

완성한 결과

샤퀴트리 소스 돼지갈비 스테이크(Côtes de porc charcutière)

겨자 소스 돼지고기 필레미뇽(안심) 스테이크
MIGNONS DE PORC À LA MOUTARDE DE MEAUX

1. 돼지고기 필레미뇽 준비하기

지방과 힘줄을 제거하고 1인분에 3조각 비율로 각각 50g 되는 도톰한 조각으로 자른다.

2. 양념을 한 후 정제 버터에 굽는다.

고기가 쉽게 건조해지므로 주의하며 잘 굽는다.
완성한 후 따뜻하게 뚜껑을 덮어 보관한다.

3. 소스 만들기

소뚜와의 기름을 조금 제거한다.
잘게 다진 셜롯 50g을 첨가한다.
색깔이 나지 않게 잘 볶는다.
화이트 와인 100ml로 데글라세한 후 2/3가 되도록 졸인다.
스페인 소스 또는 리에종한 송아지 갈색 육수 400ml를 넣고 크림 100ml를 붓는다.
졸인 후 간을 확인한다.

4. 소스 완성하기

불을 끄고 흰겨자 20g을 첨가하고 더 이상 끓이지 않는다.
소스를 차이나 캡에 걸러 작은 중탕냄비에 담는다.
《옛날식 à l'ancienne》 씨겨자 40g을 넣고 마무리용 버터 40g을 넣는다.

5. 필레미뇽 차리기

동그랗게 접시에 담고 소스를 골고루 뿌린다.
버터에 양념한 생파스타를 곁들인다.

완성한 결과

겨자 소스 돼지고기 필레미뇽 스테이크
(Mignons de porc à la moutarde de Meaux)

준비 기구
- 정리용 사각 트레이 2
- 작은 믹싱볼 2
- 도마 1
- 갈비용 망치 1
- 작은 중탕냄비 1
- 큰 믹싱볼 1
- 들통 1
- 채소 믹서기 1
- 차이나 캡 1

조리 기구
- 큰 소뚜와 또는 작은 소스포트 1
- 큰 자루냄비 1
- 작은 자루냄비 1

플레이팅 도구
- 둥글고 큰 접시
- 채소용 접시
- 채소용 접시받침
- 무늬 있는 장식용 종이

비슷한 요리 PLATS SIMILAIRES

튀김옷 입힌 돼지고기 메다이옹과 로베르 소스
Médaillons de porc panés, sauce Robert

- 밀가루, 계란물, 빵가루를 입힌 돼지고기 메다이옹을 정제 버터에 굽는다.
- 동그랗게 담고 로베르 Robert 소스(코르니숑이 없는 샤퀴트리 소스)를 따로 담아낸다.

할머니식 다진 돼지갈비 스테이크
Côtes de porc hachées façon grand-mère

- 돼지갈비살을 잘게 다진 것에 버터에 익힌 다진 양파, 우유에 담갔다 물기를 뺀 식빵, 녹은 버터, 계란을 첨가하고 양념을 한다.
- 갈비 모양을 다시 만든 후 뼈도 꽂아넣고 대망으로 감싼다. 모양을 다시 만든 갈비를 정제 버터에 굽고 윤을 낸다.
- 겨자 소스 또는 로베르 소스와 함께 낸다.

튀김옷 입힌 송아지 에스칼로프와 비에누아즈 곁들임
ESCALOPES DE VEAU VIENNOISE

매우 납작하게 두드린 송아지 에스칼로프에 밀가루, 계란물, 빵가루를 입혀 구워, 다진 파슬리, 잘게 다진 케이퍼, 다진 삶은 계란, 레몬 슬라이스, 씨를 뺀 올리브, 안초비로 구성된 곁들임 요리와 함께 낸다. 헤이즐넛 버터를 뿌린다.

추천 곁들임 요리 : 감자볶음, 뽐 미에뜨, 뽐 파르망티에, 노릇노릇 구운 감자, 껍질째 구운 버터 감자볶음, 밀라노식 스파게티
pommes sautées à cru, pommes miettes, Parmentier, rissolées, grenailles au beurre, spaghettis milanaise.

8인분 재료	단위	양
기본 재료		
– 송아지 에스칼로프* (8×150g)	kg	1.2
– 버터	g	40
– 땅콩기름	ml	80
튀김옷 PANURE À L'ANGLAISE		
– 밀가루	g	150
– 계란(전체)	개	3
– 땅콩기름	ml	40
– 식빵	g	300
비에누아즈 곁들임 GARNITURE VIENNOISE		
– 계란	개	3
– 케이퍼	g	80
– 파슬리	g	40
– 레몬(1개)	g	120
– 안초비 필렛 통조림(8조각)	g	120
– 초록색 올리브(8개)	g	80
마무리		
– 리에종한 송아지 갈색 육수	ml	200
– 버터	g	80
장식(선택사항)		
– 레몬(2개)	g	200
양념		
– 가는소금		약간(PM)
– 후춧가루		약간(PM)
평균 준비 시간 : 1시간 10분		
평균 가열 시간 : 6~8분		

* 칠면조 에스칼로프로 만들 수도 있다.

만드는 방법

1. 조리 작업 기구 준비하기 – 5분
레시피대로 재료를 계량, 측정하고 작업에 필요한 도구들을 점검한다.

2. 튀김옷 준비하기 – 5분(p. 454 참조)
식빵을 체에 쳐서 트레이에 담아둔다.
계란을 깨서 양념한 후 거품기로 섞는다.
식용유를 첨가한 후 두 번째 트레이에 따로 담아둔다.
밀가루를 세 번째 트레이에 골고루 담는다.

3. 고기에 튀김옷 입히기 – 15분 (p. 454/455 참조)
송아지 에스칼로프를 손질한다.
식품용 비닐 2장 사이에 넣어 갈비용 고기망치로 두드려 납작하게 만든다.
밀가루, 계란물, 빵가루 순서로 골고루 묻힌다.
빵가루가 떨어지지 않게 잘 묻힌 후 칼등으로 에스칼로프에 바둑판무늬를 낸다.
빵가루를 묻힌 에스칼로프를 냉장실에 보관한다.

4. 비에누아즈 곁들임 재료 준비하기 – 20분
계란을 삶는다.(물이 끓기 시작한 후 10분 정도)
파슬리를 씻고 줄기를 뗀 후 물기를 없애고 잘게 다진다.
레몬 껍질에 무늬를 낸 후 8개로 슬라이스한다.
계란을 식힌 후 껍질을 까서 흰자와 노른자를 각각 굵은 체에 친다.
올리브 씨를 빼고 안초비로 감싼 후 레몬 조각 위에 놓는다.
올리브 씨 자리에 버섯 또는 파슬리 잎을 얹는다.
케이퍼의 물기를 빼고 따로 담아둔다.(버섯이 클 경우 다진다.)

5. 리에종한 송아지 육수를 살짝 졸이고 양념하기 – 5분
버터로 마무리하고 뚜껑을 닫아 보관한다.

6. 송아지 에스칼로프 익힐 준비하기 – 15분
큰 소스포트에 식용유와 버터를 두르고 바둑판무늬를 넣은 쪽을 먼저 굽는다.
타지 않도록 주의하며 뒤집어 굽는다.
몇 분간 약불에 구우며 완성한다.
구워준 엔칼로프는 따로 담고 다시 양념을 살짝 해준다.

7. 튀김옷 입힌 송아지 에스칼로프 차리기 – 5분
접시 양쪽 끝에 비에누아즈 곁들임 재료를 아치형으로 담는다.(케이퍼, 계란 노른자, 다진 파슬리, 계란 흰자)
바둑판무늬가 위쪽으로 오도록 고기를 비스듬히 겹쳐 담는다.
고기 둘레에 리에종한 송아지 육수 소스를 한 줄로 두르고, 음식을 낼 때 헤이즐넛 버터를 뿌린다.
각각의 고기 위에 안초비로 감싼 올리브를 올린 레몬 슬라이스를 얹는다.
접시 가장자리를 반원 모양 레몬으로 장식한다.

FICHE 91

완성한 결과

튀김옷 입힌 송아지 에스칼로프와 비에누아즈 곁들임(Escalopes de veau viennoise)

《꼬르동 블루》 송아지 에스칼로프
ESCALOPES DE VEAU 《CORDON BLEU》

1. 에스칼로프 준비하기

60〜70g 되는 에스칼로프 16개로 자른다.*
식품용 비닐 2장 사이에 넣어 납작하게 되도록 두드린다.
일정한 타원형 모양이 되도록 한다.

2. 에스칼로프로 햄 치즈 넣은 스테이크 만들기

도마에 유산지 또는 랩을 깐다.
에스칼로프 8개를 올린다.(가장 작은 것으로 고른다.)
계란물을 바르고 양념을 한다.
가볍게 훈제된 얇은 저염 햄 슬라이스를 덮는다.
에스칼로프보다 햄 크기가 작도록 손질한다.
햄 위에 치즈 슬라이스를 덮는다.
햄 슬라이스를 또 하나 덮고 조리용 붓으로 계란물을 바른다.
나머지 에스칼로프 8개로 덮고(크기가 큰 것이 더 좋다.) 가장자리를 세게 누르며 붙인다.

3. 에스칼로프에 튀김옷 입히기

튀김옷(밀가루, 계란물, 빵가루)을 잘 입히고 칼등으로 바둑판무늬를 넣는다.

4. 에스칼로프 익히기

버터와 식용유를 두른 팬에 에스칼로프를 굽는다.
바둑판무늬 있는 쪽을 먼저 익히고 뒤집어 중불에 구워 완성한다.

5. 에스칼로프 차리기

헤이즐넛 버터와 레몬즙을 뿌리고 각각의 에스칼로프 위에 껍질에 무늬를 낸 레몬 조각을 얹는다.

120〜140g의 에스칼로프를 사용할 경우 《반으로 en portefeuilles》 접으면 된다.

준비 기구
- 정리용 사각 트레이 3
- 작은 믹싱볼 3
- 갈비용 고기망치 1
- 작은 중탕냄비 1
- 큰 믹싱볼 1
- 도마 1
- 차이나 캡 1

조리 기구
- 큰 타원형 프라이팬 또는 큰 소스포트 1
- 작은 소테팬 1
- 작고 둥근 프라이팬 1

플레이팅 도구
- 길고 큰 접시 또는 타원형접시

비슷한 요리 PLATS SIMILAIRES

튀김옷을 입힌 돼지갈비 Côtes de porc panées à l'anglaise
- 돼지갈비에 튀김옷(밀가루, 계란물, 빵가루)을 입혀 정제 버터에 굽는다.
- 돼지갈비와 햄 슬라이스 또는 구운 베이컨을 번갈아 동그랗게 접시에 담는다.
- 헤이즐넛 버터를 뿌린다.

튀김옷 입힌 홀스타인 칠면조 가슴살 Blancs de dinde panés Holstein
- 칠면조 가슴살에 튀김옷을 입혀 정제 버터에 굽는다.
- 팬에 익힌 계란을 각각의 에스칼로프 위에 얹는다.
- 안초비 필렛을 바둑판 모양으로 얹어 장식한다.

밀라노식 송아지 에스칼로프 Escalopes de veau milanaise
- 에스칼로프에 밀라노식으로 튀김옷을 입힌다.(빵가루와 파르메산 치즈를 섞음)
- 정제 버터에 굽는다.
- 강판에 간 파르메산 치즈, 토마토 퐁듀, 밀라노 소스(《진가라 송아지 메다이옹 médaillon de veau zingara》 참조 : 리에종한 송아지 갈색 육수에 토마토, 마데이라 와인, 채썬 양송이버섯, 송로버섯, 햄, 우설을 넣음)를 곁들인 스파게티나 마카로니를 함께 낸다.

완성한 결과

밀라노식 에스칼로프(Escalopes milanaise)

마레샬 양갈비
CÔTES D'AGNEAU MARÉCHALE

마레샬 양갈비 Côtes d'agneau maréchale는 튀김옷을 입혀 구운 양갈비에 버터에 익힌 아스파라거스, 송로버섯 조각을 곁들이고 헤이즐넛 버터를 뿌린다.

8인분 재료	단위	양
기본 재료		
– 갈비 8개로 구성된 양고기 등심 덩어리	kg	2
또는		
– 양갈비 16개	kg	2
– 버터	g	40
– 땅콩기름	ml	80
튀김옷 PANURE À L'ANGLAISE		
– 밀가루	g	150
– 계란(전란)	개	3
– 땅콩기름	ml	40
– 식빵	g	300
곁들임		
– 아스파라거스	kg	1.6
– 버터	g	40
– 송로버섯* (2개)	g	50
마무리		
– 리에종한 송아지 갈색 육수	ml	200
– 버터	g	80
양념		
– 굵은소금		약간(PM)
– 가는소금		약간(PM)
– 후춧가루		약간(PM)
평균 준비 시간 : 1시간 25분		
갈비 평균 가열 시간 : 6~8분		

* 송로버섯을 사용할 경우, 상용 이름과 라틴어로 된 식물학적 이름을 명시해야 한다.(예 : 페리고르 검정색 송로버섯=Tuber melanosporum, 검정색 겨울 송로버섯(윈터 블랙 트러플)=Tuber brumale)

만드는 방법

1. 조리 작업 기구 준비하기 – 5분
레시피대로 재료를 계량, 측정하고 작업에 필요한 도구들을 점검한다.

2. 양갈비 준비해 손질하기 – 20분(p. 304~306 참조)
껍질, 척추뼈, 《힘줄 nerf》을 제거한다.
양갈비를 자르고 뼈 끝부분을 손질한다.
식품용 비닐 2장 사이에 넣어 갈비용 고기망치로 두드려 납작하게 만든다.
냉장실에 보관한다.

3. 튀김옷 준비하기 – 5분 (p. 454 참조)
식빵을 체에 쳐서 트레이에 담아둔다.
계란을 깨서 양념한 후 거품기로 섞는다.
식용유를 첨가한 후 두 번째 트레이에 따로 담아둔다.
밀가루를 세 번째 트레이에 골고루 담는다.

4. 양갈비에 튀김옷 입히기 – 15분(p. 454/455 참조)
밀가루, 계란물, 빵가루 순서로 양갈비에 골고루 묻힌다.
빵가루가 떨어지지 않게 잘 묻힌 후 칼등으로 슬라이스에 바둑판무늬를 낸다.
튀김옷을 입힌 양갈비를 굽기 전까지 냉장실에 보관한다.

5. 아스파라거스 손질해 익힐 준비하기 – 20분
아스파라거스를 다듬어 씻고 다발로 묶는다.(p. 123/124 《무슬린 소스를 곁들인 아스파라거스 Asperges sauce mousseline》 참조)
끓는 물에 소금을 넣고 10분 정도 데친다.
아스파라거스가 잘 익었는지 확인하고 찬물에 담근 후 물기를 뺀다.

6. 송로버섯 준비하기 – 3분
송로버섯을 손질해 16개 슬라이스로 자른 후 송아지 육수를 조금 부어둔다.

7. 송아지 육수를 살짝 졸이고 양념하기 – 2분
버터로 마무리하고 뚜껑을 닫아 보관한다.

8. 양갈비 익힐 준비하기 – 10분
소뚜와에 식용유와 버터를 넣고 바둑판무늬를 넣은 쪽을 먼저 굽는다.
타지 않게 주의하며 뒤집어 굽는다.
몇 분간 구우며 완성한다.(속살이 분홍색이 되도록)
따로 담고 다시 양념을 살짝 한다.

9. 아스파라거스 데우기 – 5분
버터를 바른 오븐팬에 아스파라거스를 담는다.
양념을 한 후 버터를 바른 유산지로 덮는다.
160도 오븐에 몇 분간 아스파라거스를 데운다.

10. 마레샬 양갈비 차리기 – 5분
둥근 접시에 동그랗게 양갈비를 담는다.
양갈비 사이에 아스파라거스 작은 다발을 담고 버터로 윤을 낸다.
고기 둘레에 리에종한 송아지 육수 소스를 한줄로 두른다.
음식을 낼 때 헤이즐넛 버터를 뿌린다.
각각의 갈비 위에 송로버섯 슬라이스를 얹는다.

FICHE 92

완성한 결과

마레샬 양갈비(Côtes d'agneau maréchale)

양고기 에피그램 ÉPIGRAMMES D'AGNEAU

1. 에피그램 준비하기

바스러뜨린 송아지 족과 함께 양고기 가슴살과 목살 2kg을 끓는 물에 푹 찌거나 진한 흰색 육수를 조금 넣고 삶는다.

물기를 뺀 후 고기의 뼈를 제거한다.

고기를 다진 후 식용유를 바른 트레이에 2cm 정도 두께로 깐다.

무게가 나가는 것으로 덮고 젤리 형태가 되도록 냉장실에서 굳힌다.

2. 동그랗게 만들고 튀김옷 입히기

양고기 에피그램을 타원형 모양 틀 커터로 자른다.

밀가루, 계란물, 빵가루 순서로 입힌다.

3. 8개 작은 양갈비에 튀김옷을 입히고 뼈 끝 손질하기

4. 에피그램과 양갈비 익히기

정제 버터 80g을 팬에 두르고 굽는다.(또는 약불로 그릴에 굽는다.)

빵가루가 금방 탈 수 있으므로 주의하며 굽는다. 양념한다.

5. 에피그램 차리기

둥근 접시 중앙에 곁들임 요리를 담는다.(돼지비계에 볶은 완두콩 petits au lard, 채소 자르디니에르 jardinière de légumes 등등)

에피그램과 양갈비를 번갈아 동그랗게 담는다.

양갈비 뼈에 장식용 종이를 두른다.

정제 버터로 윤을 내고, 고기를 찌거나 삶은 육수를 첨가해 졸인 데미글라스 소스 한 을 둘레에 두른다.

준비 기구
- 정리용 사각 트레이 3
- 큰 믹싱볼 2
- 도마 1
- 갈비용 고기망치 1
- 체 1

조리 기구
- 큰 소뚜와 또는 낮은 소스포트 1
- 소스포트 또는 큰 자루 냄비 1
- 작은 소테팬 1
- 작고 둥근 프라이팬 1

플레이팅 도구
- 둥글고 큰 접시

완성한 결과

양고기 에피그램(Épigramme d'agneau)

비슷한 요리 PLATS SIMILAIRES

튀김옷을 입힌 브르타뉴식 양갈비 Côtes d'agneau panées bretonne
- 앞에 나온 조리법대로 튀김옷을 입힌 양갈비를 굽는다.
- 접시 가운데에 버터와 다진 양파로 만든 토마토 퐁듀와 흰색 강낭콩 또는 플라졸레콩 flageolets을 담아 장식한다.
- 다진 파슬리를 뿌린다.

마리루이즈 양갈비 Côtes d'agneau Marie–Louise
- 튀김옷 입힌 양갈비를 굽는다.
- 버섯 퓌레와 양파 퓌레를 섞은 것으로 채운 아티초크를 곁들인다.
- 가볍게 리에종한 양고기 육수 소스를 따로 담아낸다.

베르제 양갈비 Côtes d'agneau bergère
- 튀김옷 입힌 양갈비를 굽는다.
- 둥근 접시에 구운 햄 슬라이스, 버터에 익힌 모렐버섯 또는 느타리버섯, 졸여서 윤을 낸 구슬양파를 번갈아 동그랗게 담는다.
- 접시 중앙에 뽐 빠이(얇은 감자 채 튀김)를 담는다.

그랑 브뇌르 소스 암사슴 고기 스테이크

PAVÉS DE BICHE SAUTÉS, SAUCE GRAND VENEUR

그랑 브뇌르 소스 암사슴 고기 스테이크 Pavé de biche sauté, sauce grand veneur는 양념한 두꺼운 암사슴 고기 스테이크의 속살이 분홍색이 되도록 구운 후, 크림을 넣은 수렵육 육수를 졸인 마리네이드와 레드커런트 열매 젤리로 만든 브라운 소스를 곁들인다.

추천 곁들임 요리 : 밤 퓨레 purée de marrons, 샐러리 퓨레 de céleri, 늙은 호박 퓨레 de potimarron; 뽐 누아제트 pommes noisettes, 뽐 파리지엔 pommes parisienne, 뽐 코코뜨 pommes cocotte, 엔다이브 브레제 endives braisées, 샐러리 브레제 céleris braisées, 오븐구이 사과 pommes fruit au four, 와인에 삶은 배 poires pochées au vin.

8인분 재료	단위	양
기본 재료		
− 암사슴 고기 덩어리(우둔살) pavés de biche (rumsteck) (8x140〜150g)	kg	1.2
− 지방이 없는 수렵육 부스러기	g	약간(PM)
− 식용유	ml	400
− 버터	g	20
마리네이드 MARINADE		
− 레드 와인 vin rouge	병	1
− 와인 식초 vinaigre de vin	ml	40
− 꼬냑	ml	40
− 식용유	ml	40
− 당근	g	200
− 양파	g	200
− 샐러리가 들어 있는 부케가르니	개	1
− 두송자(주니퍼베리)	g	약간(PM)
− 정향 조각	g	약간(PM)
− 통후추	g	약간(PM)
소스 프라브라드 SAUCE POIVRADE		
− 버터	g	20
− 식용유	ml	20
− 수렵육 부스러기	g	약간(PM)
− 마리네이드 아로마틱 가니쉬	g	약간(PM)
− 마리네이드 소스	ml	약간(PM)
− 리에종한 송아지 갈색 육수 또는	L	1.5
− 가볍게 리에종한 스페인 소스	L	1.5
소스 마무리		
− 액상 크림	ml	약간(PM)
− 레드커런트 열매 젤리 gelée de groseille	g	약간(PM)
− 버터	g	약간(PM)
양념		
− 가는소금		약간(PM)
− 후춧가루		약간(PM)
평균 준비 시간 : 55분〜1시간		
평균 가열 시간 : 6〜8분		

만드는 방법

1. 조리 작업 기구 준비하기 – 5분
레시피대로 재료를 계량, 측정하고 작업에 필요한 도구들을 점검한다.

2. 암사슴 고기 자르고 손질하기 – 5분

3. 레드 와인 마리네이드로 양념하기 –5분(p. 445 참조)
랩으로 덮어 냉장실에 보관한다.

4. 프라브라드 소스 만들기 – 20분(p. 366 참조)
수렵육 부스러기를 끓인다.
마리네이드 아로마틱 가니쉬를 첨가한다.
마리네이드 소스 3/4으로 데글라세한다.
2/3가 되도록 졸인다.
리에종한 송아지 갈색 육수 또는 스페인 소스를 첨가한다.
30분 정도 천천히 끓인다.
거품을 걷어낸다.
프라브라드 소스를 차이나 캡에 거른다.*
버터로 마무리하고 중탕냄비에 뚜껑을 닫아 보관한다.

5. 암사슴 고기 굽기 – 10분
물기를 잘 닦고 양념한다.
소뚜와에 식용유와 정제 버터를 두르고 센 불에 겉면을 빨리 익힌다.
속살이 《분홍색 rosés》이 되도록 구워 그릴망이 있는 트레이에 올려둔다.

6. 그랑 브뇌르 grand veneur 소스 만들기 – 8분
고기를 구운 소뚜와의 기름을 제거한다.
남은 마리네이드 소스로 데글라세한다.
《거의 자작해지도록 presqu'à sec》 졸인다.
프라브라드 소스를 넣고 천천히 졸인다.
크림을 넣고 다시 졸인다.
색깔, 농도, 간을 확인한다.
차이나 캡에 소스를 걸러 작은 소테팬에 담는다.
레드커런트 열매 젤리를 첨가한다.
마무리용 버터를 넣고 중탕냄비에 뚜껑을 닫아 보관한다.

7. 암사슴 고기 스테이크 차리기
둥근 접시에 동그랗게 고기를 담는다.(튀겨서 미트 글레이즈로 윤을 낸 식빵 크루통 위에 담을 수도 있다.)
고기를 담은 접시를 오븐에 몇 초간 둔다.
소스를 골고루 뿌린다.
곁들임 요리를 따로 담는다.

* 빻은 통 후추를 차이나 캡 바닥에 넣을 수도 있다.

FICHE 93

완성한 결과

그랑 브뇌르 소스 암사슴 고기 스테이크
(Pavé de biche sauté, sauce grand veneur)

디안느 소스 노루 고기 스테이크

NOISETTES DE CHEVREUIL, SAUCE DIANE

1. 조리 작업 기구 준비하기

2. 노루 고기 1.2kg을 도톰한 스테이크로 자르기(1인당 3조각)

3. 식용유, 레몬즙, 두송재(주니퍼베리), 통후추,타임 꽃으로 만든 즉석 마리네이드 소스에 고기 양념하기
   랩으로 감싼 후 냉장실에 보관한다.

4. 스테이크 굽기
   물기를 잘 닦은 후 양념한다.
   소뚜와에 식용유 40ml와 정제 버터 20g을 두르고 센 불에 겉면을 재빨리 익힌다.
   속살이 《분홍색 rosées》이 되도록 구워 그릴망이 있는 트레이에 올려둔다.

5. 8개 식빵을 정제 버터 40g에 튀기거나 샐러맨더에 넣어 토스트하기

6. 디안느 소스 만들기
   고기즙을 캐러멜화한다.
   기름기를 제거한다.
   꼬냑 40ml로 데글라세하고 불을 붙여 풍미를 준다.
   프라브라드 poivrade 소스 500ml를 첨가한다.
   소스가 1/3이 되도록 졸인다.
   크림 100ml를 첨가하고 다시 졸인다.
   농도와 간을 확인한다.
   소스를 차이나 캡에 거르고 버터 40g을 넣어 마무리한다.

7. 노루 고기 스테이크 차리기
   접시에 크루통을 담는다.
   크루통 위에 스테이크를 얹는다.
   디안느 소스를 골고루 뿌린다.
   곁들임 요리 :
   • 월귤나무 열매나 덩굴월귤로 채운 사과나 배 곁들임
   • 볶은 버섯
   • 밤, 샐러리, 늙은 호박 무슬린
   • 뽐 코코트, 뽐 누아제트, 뽐 파리지엔
   • 사과, 샐러리 무에 크림을 곁들인 그라탱

준비 기구
• 정리용 사각 트레이 2
• 스테인리스로 된 움푹한 트레이 1
• 작은 중탕냄비 1
• 차이나 캡 1

조리 기구
• 큰 소테팬 2

플레이팅 도구
• 둥글고 큰 접시 또는 기본 접시
• 소스그릇
• 소스그릇 받침
• 무늬 있는 장식용 종이

완성한 결과

디안느 소스 노루 고기 스테이크(Noisettes de chevreuil, sauce Diane)

비슷한 요리 PLATS SIMILAIRES

체리를 곁들인 노루 고기 스테이크 Noisettes de chevreuil aux cerises
• 노루 고기 스테이크를 즉석 마리네이드 소스로 양념하고, 속살이 분홍색이 되도록 정제 버터에 굽는다.
• 정제 버터에 튀긴 크루통 위에 얹어 동그랗게 담는다.
• 접시 중앙에 체리, 오렌지 제스트, 레몬 제스트와 함께 익힌 앵두를 담는다.
• 프라브라드 소스와 레드커런트 열매 젤리를 섞어 소스를 만든다.
• 소스를 골고루 뿌린다.

사슈르 소스 암사슴 고기 스테이크 Pavé de biche chasseur
• 양념한 암사슴 고기 스테이크를 속살이 분홍색이 되도록 정제 버터에 굽는다.
• 튀긴 크루통 위에 얹는다.
• 야생 버섯을 넣은 사슈르 소스를 골고루 뿌린다.
• 뽐 누아제트 또는 뽐 파리지엔을 곁들인다.

마늘 크림 소스
양고기 스테이크

NOISETTES D'AGNEAU À LA CRÈME D'AIL

FICHE 94

RÉALISÉ PAR
SAUCIER
CUISINE CHAUDE
담당자 : 소스요리사 따뜻한 요리

마늘 크림 소스 양고기 스테이크 Noisettes d'agneau à la crème d'ail는 매우 연한 양고기 안심 조각을 속살이 분홍색이 되도록 구운 후, 마늘로 풍미를 준 크림을 넣은 양고기 육수 소스를 곁들인다.

추천 곁들임 요리 : 미니 뽐 아나, 뽐 다팡, 뽐 빠이송 mini-pommes Anna, Darphin, pommes paillasson ; 채소 파르시, 호박꽃 파르시, 미니 라따뚜이, 프로방스식 플랑 légumes farcis, fleurs de courgettes farcies ; mini-ratatouille, flan provençal.

8인분 재료	단위	양
기본 재료		
– 양고기 엉덩이 살(2×2kg)	kg	4
또는		
– 800g 양고기 등심 4조각	kg	3,2
– 버터	g	40
– 올리브유	ml	40
– 양고기 뼈, 엉덩이 살	kg	약간(PM)
또는 등심의 지방이 적은 고기 부스러기		
– 당근	g	200
– 양파	g	200
– 마늘(2톨)	g	20
– 타임	g	약간(PM)
– 토마토	g	100
– 리에종한 송아지 육수 분말	g	60
또는		
– 양고기 오븐구이 즙 소스	L	1
또는		
– 리에종한 송아지 갈색 육수	L	1
마늘 크림 소스 CRÈME D'AIL		
– 마늘 (1통)	g	100
– 버터	g	20
– 액상 크림	ml	200
– 리에종한 양고기 갈색 육수	ml	약간(PM)
마무리		
– 화이트 와인	ml	80
– 액상 크림	ml	200
– 버터	g	20
양념		
– 가는소금		약간(PM)
– 후춧가루		약간(PM)
평균 준비 시간 : 1시간 15분		
평균 가열 시간 : 10~12분		

준비 기구
• 정리용 사각 트레이 4
• 작은 믹싱볼 2
• 도마 1
• 작은 그릴
• 믹서 1
  또는
• 고운 체 1, 절구공이 1

조리 기구
• 소테팬 3(대 1, 중 1, 소 1)
• 중간 크기 자루냄비 1

플레이팅 도구
• 길고 큰 접시 1
• 기본 접시 4

만드는 방법

1. 조리 작업 기구 준비하기 – 5분
레시피대로 재료를 계량, 측정하고 작업에 필요한 도구들을 점검한다.

2. 양고기 엉덩이 살(p. 307/308 참조) 또는 등심 (p. 304~306 참조) 준비하기 – 20분
전체적으로 뼈와 힘줄을 제거하고 1인당 3조각의 비율로 스테이크를 자른다.
자른 고기는 냉장실에 보관한다.

3. 채소 다듬어 씻기 – 5분
양고기 육수 소스를 만들기 위해 당근과 양파를 미르푸아 크기로 잘게 썬다.
마늘은 싹을 제거한다.

4. 양고기 육수 끓일 준비하기 – 10분
지방이 없는 고기 부스러기와 뼈를 사용한다.
마지막에 리에종한 송아지 갈색 육수 또는 육수 분말을 넣어 함께 끓인다.
다 끓인 후에는 걸러서 중탕냄비에 뚜껑을 닫아 보관한다.

5. 마늘 크림 소스 만들기 – 10분
마늘을 두 번 데친다.
버터에 볶은 후 양고기 육수를 조금 부어 천천히 끓인다.
크림을 넣고 다시 졸이고 간을 한다.
믹서기에 갈고 버터를 넣어 마무리해 보관한다.

6. 양고기 스테이크 구울 준비하기 – 12분
양념을 한 후 소뚜와에 올리브유와 버터를 두르고 센 불에 겉면을 재빨리 익힌 후 불을 줄인다.
속살이 《분홍색 rosées》이 되도록 굽는다.
그릴망 위에 올려둔다.

7. 소스 만들기 – 8분
고기를 구운 소뚜와의 기름을 제거한다.
화이트 와인으로 데글라세한 후 2/3가 되도록 졸인다.
가볍게 리에종한 양고기 육수를 첨가한다.
양고기 육수를 첨가한 후 다시 졸인다.
마늘 크림과 크림 200ml를 넣는다.
졸인 후 농도와 간을 확인한다.
차이나 캡에 소스를 거르고 마무리용 버터를 알맞게 넣는다.

8. 양고기 스테이크 차리기 – 5분
둥근 접시에 동그랗게 고기를 담는다.
소스를 골고루 뿌려준다.

그릴에 구운 스테이크 고기
LES VIANDES DE BOUCHERIE GRILLÉES

요리 소개 BREF RAPPEL DE TECHNOLOGIE

그릴에 재빠르게 굽는 방식은 어리고 연한 최고급 등급 고기 1~2인분에 사용한다.

붉은색 고기는 절대로 미리 양념하지 않아야 하며(소금을 뿌리면 핏물이 빠져 나온다.) 굽기 바로 직전 또는 직후에 양념을 하고, 포크로 찔러 뒤집으면 안되고, 반드시 뒤집개를 사용한다. 또한, 고기는 손님이 주문 시 원하는 굽기 정도에 맞춰 굽는다. 두꺼운 스테이크(소갈비 côtes de bœuf, 샤또브리앙 chateaubriands 등등)의 경우 자르기 전에 10분 정도 따뜻하게 두며 레스팅(휴지기) 시간을 가져야 한다. 마무리로 오븐에 굽기도 한다.

그릴에 구운 스테이크를 낼 때는 항상 정제 버터로 윤을 내주고, 크레송 다발로 장식한다. 혼합 버터, 베어네이즈 소스 또는 그 밖의 소스(쇼롱 choron, 포요트 Foyot, 팔루아즈 paloise 소스 등등)를 곁들인다.

추천 곁들임 요리
Suggestions de garnitures d'accompagnement

- 감자 튀김
  (뽐 빠이 pommes paille, 뽐 알뤼메트 allumettes, 뽐 퐁네프 Pont–Neuf)
- 버터를 곁들인 초록색 채소
  Légumes verts au beurre.
- 그릴에 구운 채소(토마토, 양송이버섯)
  Légumes grillés(tomates, champignons).

적용 기술 TECHNIQUES MISES EN ŒUVRE

- 등심 자르기
  Détailler un contre–filet
- 비프스테이크 자르기
  Tailler des steaks
- 투르느도 자르기
  Tailler des tournedos
- 샤또브리앙 자르기
  Tailler des chateaubriands
- 갈비 잘라 손질하기
  Tailler et parer des côtes
- 작은 갈비 잘라 손질하기
  Tailler et parer des côtelettes
- 꼬치구이 만들기
  Monter des brochettes
- 붉은색 고기 그릴에 굽기
  Griller des viandes rouges
- 흰색 고기 그릴에 굽기
  Griller des viandes blanches
- 혼합 버터 만들기
  Réaliser un beurre composé
- 베어네이즈 소스 만들기
  Réaliser de la sauce béarnaise
- 베어네이즈 응용 소스 만들기
  Réaliser des sauces dérivées de la sauce béarnaise
- 크레송 씻어 손질하기
  Laver, trier, réserver du cresson

베어네이즈 소스 그릴 비프스테이크와 뽐 퐁네프
STEAKS GRILLÉS, SAUCE BÉARNAISE POMMES PONT-NEUF

두껍게 썬 등심, 앙트르코트, 우둔살 스테이크를 원하는 굽기 정도로 그릴에 구워 굵은 막대 모양 감자튀김을 곁들인다. 그릴에 구운 비프스테이크는 계란 노른자, 버터, 셜롯, 처빌, 타라곤으로 만든 소스와 함께 낸다.

8인분 재료	단위	양
기본 재료		
– 손질한 소고기 등심	kg	1.2~1.6
contre–filets parés(4×300~400g)		
또는		
– 우둔살 스테이크 rumstecks	kg	1.2~1.6
(4×300~400g)		
또는		
– 앙트르코트 entrecôtes(4×400g)	kg	1.6
– 식용유	ml	80
마무리		
– 버터	g	20
– 크레송	단	1/2
베어네이즈 소스 SAUCE BÉARNAISE		
졸이기 Réduction :		
– 알코올 식초	ml	40
– 화이트 와인	ml	40
– 통후추(굵게 빻은 후추) poivre en	g	약간(PM)
grains(mignonnette)		
– 셜롯	g	40
– 처빌	단	1/8
– 타라곤	단	1/4
사바용 Sabayon :		
– 계란(노른자)	개	4
– 물	ml	약간(PM)
마무리 Finition :		
– 버터	g	250
– 처빌	단	1/8
– 타라곤 estragon	단	1/8
– 파슬리(선택사항)	g	약간(PM)
곁들임		
– 감자(빈취 Bintje, 아가타 Agata, 삼바 Samba 품종)	kg	2.5
– 튀김기름 friture	ml	약간(PM)
양념		
– 가는소금		약간(PM)
– 후춧가루		약간(PM)
평균 준비 시간 : 1시간 25분		
평균 가열 시간 : 유동적(손님이 원하는 굽기 정도에 따라 다름)		

준비 기구
- 정리용 사각 트레이 3
- 작은 믹싱볼 2
- 손잡이 있는 스테인리스 채반 1
- 차이나 캡 1
- 튀김망 1
- 들통 1
- 도마 1
- 작은 중탕냄비 1
- 큰 호텔팬 1
- 작은 그릴 1
- 키친타월
- 튀김기 1

조리 기구
- 그릴 1

플레이팅 도구
- 긴 접시
- 둥근 접시
- 소스그릇
- 소스그릇 받침
- 무늬 있는 장식용 종이

만드는 방법

1. **조리 작업 기구 준비하기 – 5분**
   레시피대로 재료를 계량, 측정하고 작업에 필요한 도구들을 점검한다.

2. **비프스테이크 손질하기 – 5분(p. 315 참조)**
   냉장실에 보관한다.

3. **베어네이즈 소스용 버터 준비하기 – 2분**
   버터를 조각으로 잘라 중탕냄비에 천천히 녹인다.

4. **뽐 퐁네프용 감자 다듬고 자르기 – 20분(p. 206 참조)**
   감자를 다듬어 씻는다.
   손질한 후 뽐 퐁네프 크기로 자른다.(6~7cm 길이, 각 면이 1cm 되는 막대 모양)
   잘 헹군 후 찬물이 담긴 들통에 담가둔다.

5. **크레송 씻어 손질하기 – 5분(p. 167/168 참조)**
   물이 담긴 트레이에 담아 시원한 곳에 보관한다.

6. **베어네이즈 소스 졸일 준비하기 – 10분**
   (p. 415 참조)
   셜롯을 다듬어 씻은 후 잘게 다진다.
   처빌, 타라곤을 씻은 후 잎을 떼어 다진다.
   파슬리를 씻어 줄기를 뗀 후 물기를 빼고 잘게 다진다.
   통후추를 빻는다.(굵게 빻은 후추)
   작은 소테팬에 다진 셜롯, 다진 타라곤 1/2, 굵게 빻은 후추, 처빌 조금을 넣는다.
   식초와 화이트 와인을 첨가하고 자작하게 졸인다.
   완성한 소스는 식힌다.

7. **뽐 퐁네프 튀기기 – 10분(p. 584/585 참조)**
   155~160도 튀김기름에 감자를 튀긴다.

8. **베어네이즈 소스 만들기 – 10분(p. 415~417 참조)**
   계란 흰자와 노른자를 분리하고, 식혀준 졸인 소스에 노른자를 넣는다.
   찬물 20ml를 넣고 아주 약한 불에 올려 재빨리 섞는다.
   거품기가 소테팬 바닥에 닿을 정도로 섞으며 계란이 무스처럼 부풀어 오르면 불을 끈다.
   소금을 뿌리고 정제 버터를 조금씩 넣는다.
   차이나 캡에 걸러 중탕냄비에 담는다.
   다진 처빌, 타라곤을 첨가한다.(다진 파슬리도 조금 넣는다.)
   간을 확인한 후 뚜껑을 닫아 소스를 따뜻한 곳(최대 40/50도)에 둔다.

9. 비프스테이크 구울 준비하기 – 10분(p. 550/552 참조)

그릴을 닦고 솔질한 후 식용유를 바른다.

비프스테이크에 식용유를 한겹 바른 후 비스듬한 방향으로 그릴 위에 얹는다.

고기를 조금씩 돌려가며 첫 번째 면에 바둑판무늬를 낸다.(고기 두께와 손님이 원하는 굽기 정도(블루 레어, 레어, 미디엄, 웰던)에 따라 굽는다.)

스테이크를 뒤집어 다른 쪽 면에도 바둑판무늬를 낸다.

스테이크를 그릴망이 있는 트레이 또는 뒤집어 놓은 접시 위에 올려둔다.

소금과 후추로 양념한다.

10. 뽐 퐁네프 완성하기 – 5분

180도 튀김기름에 감자를 다시 넣는다.

노릇노릇하게 되면 키친타월에 올려 기름기를 뺀다.

가는소금을 뿌려 봄 퐁네트를 완성한다.

11. 베어네이즈 소스 그릴 비프스테이크와 뽐 퐁네프 차리기 – 3분

버터를 바른 긴 접시에(첫 번째 바둑판무늬를 낸 면이 위로 오도록) 비스듬하게 스테이크를 담는다.

정제 버터로 윤을 낸다.

접시 양쪽 끝에 크레송 1∼2다발을 놓는다.

뽐 퐁네프를 《장작을 차곡차곡 올리듯이 en stère》 스테이크와 함께 담거나 장식용 종이를 깐 접시 위에 《소복하게 쌓이도록 en buisson》 담는다.

소스그릇에 베어네이즈 소스를 담는다.

완성한 결과

베어네이즈 소스 그릴 비프스테이크와 뽐 퐁네프(Steaks grillés, sauce béarnaise, pommes Pont–Neuf)

등심 그릴 스테이크와 혼합 버터

CONTRE–FILET GRILLÉ, BEURRE MAÎTRE D'HÔTEL

1. 조리 작업 기구 준비하기

2. 각각 350g 되는 등심 4개로 자르고 냉장실에 보관하기

3. 감자 2.5kg을 뽐 알뤼메트로 썰기(p. 204/205 참조)

알뤼메트로 자른 감자 2.5kg을 물에 헹군 후 물기를 잘 닦는다.

4. 뽐 알뤼메트 튀기기(초벌)

색깔이 나지 않도록 튀긴 후 기름기를 빼둔다.

5. 혼합 버터 만들기

파슬리 40g을 씻어 줄기를 떼고 물기를 뺀 후 잘게 다진다.

레몬 반쪽으로 즙을 낸다.

믹싱볼에 녹은 버터 160g, 다진 파슬리, 레몬즙을 넣어 섞는다.

양념한 후 혼합 버터를 소스그릇에 담는다.

실온에 보관하고, 스푼으로 제공한다.

6. 주문 시 등심 스테이크를 그릴에 굽기

손님이 원하는 굽기 정도로 그릴에 굽는다.(p. 550∼552 참조)

7. 뽐 알뤼메트 완성하기

초벌로 튀긴 뽐 알뤼메트를 180도의 튀김기름에 넣어 다시 튀긴다. 기름기를 뺀 후 소금을 뿌리고 장식용 종이를 깐 접시에 소복하게 담는다.

8. 등심 스테이크 차리기

등심 스테이크를 접시에 담고 정제 버터로 윤을 낸 후 크레송 다발로 장식한다.

완성한 결과

등심 그릴 스테이크
(Contre–filets grillés)

비슷한 요리 PLATS SIMILAIRES

쇼롱* 소스 그릴 투르느도 Tournedos grillés sauce Choron
- 원하는 굽기 정도로 투르느도를 그릴에 굽는다. 정제 버터로 윤을 낸 후 크레송과 쇼롱 소스 (베어네이즈 소스 마지막에 다진 처빌, 타라곤을 넣지 않고 졸인 토마토 퐁듀를 첨가한다. 베어네이즈 소스의 농도는 되직해야 한다.)

앙리 4세 그릴 투르느도 Tournedos grillés Henri IV
- 그릴에 구운 투르느도에 버터에 익힌 아티초크와 버터에 노릇노릇 익힌 뽐 누아제트를 곁들인다.
- 베어네이즈 소스를 따로 담아낸다.

미라보 그릴 앙트르코트 Entrecôtes grillées Mirabeau
- 그릴에 구운 앙트르코트에 안초비 필렛을 바둑판처럼 곁들이고 씨를 뺀 올리브와 데친 타라곤 잎을 함께 낸다.
- 안초비를 넣은 버터를 소스그릇에 따로 담아낸다.

벨엘렌 투르느도 Tournedos Belle–Hélène
- 그릴에 구운 투르느도에 뽐 빠이, 크레송, 베어네이즈 소스를 채운 아티초크를 곁들인다.

  * 알렉상드르 에티엔 쇼롱 Alexandre Étienne Choron(1837/1924) : 파리에 있는 《이웃 Voisin》이라는 유명한 식당 요리사.

보르드레즈 소스 그릴 소갈비, 앙트르코트와 감자 크로켓
CÔTES DE BŒUF ET ENTRECÔTES GRILLÉES, POMMES CROQUETTES, SAUCE BORDELAISE

보르드레즈 소스 그릴 소갈비와 감자 크로켓 Côtes de bœuf grillées, pommes croquettes, sauce Bordelaise은 그릴에 구운 소갈비 4인용에 데친 골수 조각을 곁들인 후, 레드와인, 다진 셜롯을 졸인 후 리에종한 송아지 육수를 넣어 만든 브라운 소스를 함께 낸다. 음식을 제공할 때, 주사위 도양 골수 조각을 소스에 첨가한다.

8인분 재료	단위	양
기본 재료		
– 손질한 소갈비(2×1.2~1.4kg)	kg	2.4~2.8
또는		
– 앙트르코트(4×300~400g)	kg	1.2~1.6
– 식용유	ml	80
마무리		
– 버터	g	20
– 크레송	단	1/2
– 소의 골수(8조각) moelle de bœuf	g	80
– 식초	ml	약간(PM)
보르드레즈 소스 SAUCE BORDELAISE		
– 레드 와인 (보르도 슈페리어 bordeaux supérieur)	ml	200
– 셜롯	g	40
– 굵게 빻은 후추	g	약간(PM)
– 타임, 월계수 잎	g	약간(PM)
– 리에종한 송아지 갈색 육수 또는	ml	400
스페인 소스		
– 미트 글레이즈(선택사항)	ml	약간(PM)
– 소의 골수	g	80
– 버터	g	40
– 파슬리	g	20
뽐 뒤셰스 POMME DUCHESSE		
– 감자	kg	1.5
– 버터	g	100
– 계란(노른자)	개	4~6
튀김옷 PANURE À L'ANGLAISE		
– 밀가루	g	100
– 계란(전체)	개	3
– 식용유	ml	50
– 식빵	g	300
튀김기름 FRITURE		
– 튀김기름	l	약간(PM)
양념		
– 굵은소금		약간(PM)
– 가는소금		약간(PM)
– 후춧가루		약간(PM)
– 육두구(넛맥)		약간(PM)
평균 준비 시간 : 1시간 45분		
평균 가열 시간(소갈비) : 20분+레스팅(휴지기) 15분		

준비 기구
- 정리용 사각 트레이 3
- 작은 믹싱볼 2
- 손잡이 있는 스테인리스 채반 1
- 작은 중탕냄비 1
- 작은 그릴 1
- 체 1 절구공이 1 또는 감자 프레서 1
- 들통 1
- 도마 1
- 차이나 캡 1
- 튀김망 1

조리 기구
- 그릴 1
- 튀김기 1 (키친타월)
- 중간 크기 소테팬 1
- 큰 자루냄비 1

플레이팅 도구
- 크고 긴 접시
- 소스그릇 받침
- 소스그릇
- 무늬 있는 장식용 종이

만드는 방법

1. 조리용 작업 기구 준비하기 – 5분
레시피대로 재료를 계량, 측정하고 작업에 필요한 도구들을 점검한다.

2. 고기 준비하기 – 10분(p. 313~315 참조)
소갈비와 앙트르코트는 냉장실에 보관한다.
골수의 핏물을 뺀 후 식초를 넣은 얼음물에 넣어 단단하게 한 후 시원한 곳에 보관한다.

3. 뽐 뒤셰스 익힐 준비하기 – 15분(p. 429~431 참조)
감자를 찬물에 넣어 끓여 데친다.
굵은소금을 넣고 거품을 걷어낸다.
20~25분 동안 감자를 익힌다.

4. 감자 크로켓 튀김옷 재료 준비하기 – 10분(계란물과 체에 친 빵가루)
작은 믹싱볼에 밀가루 100g을 준비한다.

5. 크레송 씻어 손질하기 – 5분(p. 167/168 참조)
씻어 손질한 크레용은 물이 담긴 트레이에 담아 시원한 곳에 보관한다.

6. 뽐 뒤셰스 만들기 – 10분(p. 429~431 참조)

7. 보르드레즈 소스 재료 준비하기 – 10분
셜롯을 다듬어 씻은 후 잘게 다진다.
파슬리를 씻어 줄기를 뗀 후 물기를 빼고 잘게 다진다.
골수는 8개 조각으로 자르고, 나머지는 작은 주사위 모양으로 썰어 얼음물에 담가놓는다.
통후추 몇 알을 빻는다.

8. 감자 크로켓 모양 만들어 튀김옷 입히기 – 15분
조리 작업대에 밀가루를 뿌리고 감자 크로켓을 만든다.(큰 와인 마개 모양)
계란물에 담근 후 빵가루를 입힌다.
모양을 바로잡아 냉장실에 보관한다.

9. 보르드레즈 소스 만들기 – 10분
작은 소테팬에 레드 와인, 다진 셜롯, 월계수 잎 몇 장, 타임 꽃, 굵게 빻은 후추를 넣는다.
자작해지게 졸여준다.
리에종한 송아지 갈색 육수를 첨가하고 육수가 진하지 않다면 미트 글레이즈를 조금 넣는다.
소스를 몇 분간 졸이고 거품을 걷어낸다.

불을 끄고 마무리용 버터를 넣고 차이나 캡에 걸러 중탕냄비에 담는다.
끓는 물에 사골 조각을 몇 초간 담근다.
물기를 잘 빼고 소스에 첨가한다.
버터를 넣어 마무리한 후 뚜껑을 닫아 보관한다.

10. 앙트르코트 또는 소갈비 구울 준비하기 – 15분(p. 550/552 참조)

(소갈비는 제공하기 20~25분 전)

(앙트르코트는 제공하기 10~15분 전)

11. 감자 크로켓 튀기기 – 5분

170도 튀김기름에 감자 크로켓을 튀긴다.
키친타월 위에 올려 기름기를 잘 빼고 가는소금을 조금 뿌린다.

12. 보르드레즈 소스 앙트르코트 또는 소갈비 차리기 – 5분

접시에 비스듬하게 소갈비를 담는다.
소갈비 위에 4개의 사골조각을 올린 후 정제 버터로 윤을 낸다.
접시 양쪽 끝에 크레송 다발을 놓는다.
장식용 종이를 깐 긴 접시에 《피라미드 pyramide》 형태로 감자 크로켓을 담는다.
보르드레즈 소스를 따로 담고 다진 파슬리를 한꼬집 첨가한다.

완성한 결과

보르드레즈 소스 그릴 소갈비와 감자 크로켓
(Côtes de bœuf grillées, pommes croquettes, sauce Bordelaise)

그릴 앙트르코트와 생플로랑탱 곁들임

ENTRECÔTES GRILLÉES SAINT–FLORENTIN

1. 앙트르코트와 사골 준비하기

400g 되는 앙트르코트 4조각을 손질해 냉장실에 보관한다.
사골 150g을 작은 주사위 모양으로 잘라 식초를 넣은 얼음물에 담가놓는다.

2. 뽐 생플로랑탱 만들기

앞에 소개한 조리법 대로 뽐 뒤셰스를 만든다.
주사위 모양으로 잘게 썰거나 다진 햄 200g을 첨가한다.
작은 와인 마개 모양으로 만든다.
버미첼리를 입힌 후 납작하게 눌러 직사각형 모양을 만든다.
냉장실에 보관한다.

3. 화이트 와인으로 보르드레즈 소스 만들기

앞에 나온 조리법을 참조하되, 레드 와인을 화이트 와인으로 대체한다.

4. 보르도식 그물버섯(세프) 볶음 만들기

얇게 저민 그물버섯(세프) 400g을 뜨겁게 달궈진 식용유에 볶는다.
양념한 후 다진 셜롯 40g, 다진 파슬리 20g, 레몬 반쪽즙을 첨가한다.

5. 앙트르코트 그릴에 굽기

앙트르코트에 기름을 조금 바른 후 그릴에 올려 바둑판무늬를 낸다.
원하는 굽기 정도로 그릴에 구운 후 그릴망이 있는 트레이 또는 뒤집어 놓은 접시 위에 올린다.
소금과 후추로 양념한다.
뽐 생 플로랑탱을 튀긴다.
170도 튀김기름에 넣는다.
노릇노릇하고 바삭하게 되면 키친타월 위에 올려 기름기를 빼고 소금을 뿌린다.

6. 앙트르코트 차리기

타원형접시에 살짝 겹쳐 담고 정제 버터로 윤을 낸다.
보르도식 그물버섯(세프) 볶음과 뽐 생플로랑탱 pommes Saint–Florentin 을 예쁘게 담는다.
앙트르코트 둘레에 소스를 한 줄로 두르거나 소스그릇에 따로 담아낸다.

완성한 결과

그릴 앙트르코트와 생플로랑탱 곁들임(Entrecôtes grillées Saint–Florentin)

비슷한 요리 PLATS SIMILAIRES

그릴 스테이크와 베르시 버터 소스 Pièces de bœuf grillées beurre Bercy
(entrecôtes, contre–filets, tournedos, rumstecks, steaks)

• 원하는 굽기 정도로 스테이크를 그릴에 굽는다.
• 정제 버터나 녹인 미트 글레이즈로 윤을 낸다.
• 베르시 버터를 따로 담아낸다.(다진 셜롯과 화이트 와인을 졸여 식힌 후, 녹은 버터, 다진 파슬리, 레몬즙, 소금, 후추, 핏물을 빼고 데친 사골 조각을 첨가한다.)

그릴 앙트르코트와 와인 버터 Entrecôtes grillées beurre marchand de vin
• 원하는 굽기 정도로 앙트르코트를 그릴에 굽는다.
• 정제 버터나 녹인 미트 글레이즈로 윤을 낸다.
• 와인 버터 소스를 따로 담아 낸다.(다진 셜롯과 레드 와인을 졸여 식힌 후, 녹은 버터, 소금, 후추, 레몬즙, 다진 파슬리, 녹인 미트 글레이즈를 첨가한다.)

믹스 그릴
MIXED-GRILL

믹스 그릴 Mixed-grill은 여러 종류의 고기(양갈비 côtes d'agneau, 송아지 안심 filet de veau, 소고기 안심 de bœuf)와 허드레 고기(양고기 콩팥 rognons d'agneau), 돼지고기 가공제품(치포라타 소시지 chipolatas, 베이컨 슬라이스 tranches de bacon)을 그릴에 구운 후, 뽐 빠이와 혼합 버터를 곁들인다.

8인분 재료	단위	양
기본 재료		
– 양갈비(8×100g)	g	800
– 양고기 콩팥(8×50g)	g	400
– 치포라타 소시지(8×50g) chipolatas	g	400
– 베이컨(25g 8장)	g	200
선택 :		
– 송아지 고기 메다이옹(8×50g)	g	400
– 소고기 안심	g	400
곁들임		
– 버섯(25g 버섯 머리 8개)	g	200
– 《곁들임용 garniture》 토마토(8×50g)	g	400
– 땅콩기름	ml	20
뽐 빠이 POMMES PAILLE		
– 감자(빈취 Bintje, 아가타 Agata, 삼바 Samba 등)	kg	1.6
– 튀김기름	l	약간(PM)
마무리		
– 버터	g	20
– 크레송	단	1/2
혼합 버터 BEURRE MAITRE D'HÔTEL		
– 버터	g	160
– 파슬리	g	20
– 레몬(1/2개)	g	60
양념		
– 가는소금		약간(PM)
– 후춧가루		약간(PM)
– 타임 꽃		약간(PM)
– 프로방스 허브		약간(PM)
평균 준비 시간 : 1시간 35분		
평균 가열 시간(고기 두께와 속성에 따라 다름) : 유동적		

– 짤주머니를 이용해 콩팥 안에 혼합 버터를 넣을 수도 있다.
– 식당에 따라 기본 재료 중 몇 가지는 생략하기도 한다.(송아지 고기 메다이옹 또는 소고기 안심)

만드는 방법

1. 조리 작업 기구 준비하기 – 5분
레시피대로 재료를 계량, 측정하고 작업에 필요한 도구들을 점검한다.

2. 고기 준비하기 – 20분(p. 304/305, 313~317 참조)
송아지 고기 메다이옹과 소고기 안심을 사용한다면 잘 손질한다.
양갈비 척추뼈와 《힘줄 le nerf》, 지방을 제거하고 뼈 끝을 손질한다.
양고기 콩팥 껍질을 제거하고 동그란 부분을 잘라 콩팥을 펼친다.
신우(흰 부분)를 제거하고 꼬챙이에 콩팥을 끼운다.(p. 326 참조)
포크로 치포라타 소시지를 살짝 찌른다.
손질한 모든 고기는 냉장실에 보관한다.

3. 곁들임 준비하기 – 25분
감자를 다듬어 씻고 강판을 사용해 뽐 빠이 크기로 자른다.
토마토를 씻고 꼭지를 제거한다.
작은 트레이에 식용유를 바르고 담아둔다.
버섯을 다듬어 씻고 밑둥을 제거한다.
버섯 머리에 식용유를 바르고 토마토와 함께 담아둔다.
크레송을 씻어 줄기를 떼고 물이 담긴 트레이에 넣어 시원한 곳에 둔다.

4. 혼합 버터 만들기 – 10분
파슬리를 씻어 줄기를 떼고 물기를 닦아 잘게 다진다.
작은 믹싱볼에 녹인 버터, 다진 파슬리, 레몬 반쪽의 즙을 담는다.
양념한 후 혼합 버터를 실온에 보관한다.

5. 곁들임 익힐 준비하기 – 20분(p. 561, 585/586 참조)
뽐 빠이용 감자를 헹군 후 물기를 잘 닦는다.
170도 튀김기름에 조금씩 넣어 튀긴다.
키친타월 위에 올려 기름기를 뺀다.
소금을 뿌린 후 트레이에 담아 따뜻하게 둔다.
그릴을 닦고 솔질한 후 식용유를 바른다.
버섯 머리와 토마토에 바둑판무늬를 내며 굽는다.
소금을 뿌린 후 오븐에 몇 분간 넣어 마무리한다.

6. 《믹스 그릴 mixed-grill》 익힐 준비하기 – 10분 (p. 550~552 참조)
다시 그릴을 솔질한 후 식용유를 바른다.
《믹스 그릴 mixed-grill》 여러 종류의 기본 재료에 식용유를 바르고, 양면에 바둑판무늬가 나도록 굽는다.(더 길게 구워야 하는 재료부터 시작한다. 송아지 고기 메다이옹, 치포라타 소시지를 먼저 굽고, 양갈비, 소고기 안심, 콩팥을 다음에 굽고 마지막으로 베이컨을 굽는다.)
소금, 후추로 양념한다.(베이컨 제외)
그릴망이 있는 트레이(또는 뒤집어 놓은 접시 위)에 고기를 따뜻하게 올려둔다.

7. 《믹스 그릴 mixed-grill》 차리기 – 5분
접시 중앙에 《소복하게 en buisson》 뽐 빠이를 담는다.
감자 둘레에 여러 종류의 《믹스 그릴》 재료를 번갈아가며 담는다.
구운 토마토 위에 버섯 머리를 예쁘게 올린다.
정제 버터로 윤을 낸다.
접시 양쪽 끝을 크레송 다발로 장식한다.
혼합 버터를 소스그릇에 담는다.

FICHE 97

완성한 결과

믹스 그릴(Mixed—grill)

믹스 그릴 꼬치 MIXED—GRILL EN BROCHETTE

1. 조리 작업 기구 준비하기

고기를 손질해(앞에 나온 조리법 참조) 100g 양갈비 8개, 소고기 안심 8조각, 송아지 안심 8조각, 치포라타 소시지 8개, 데친 훈제 삼겹살 16조각, 양고기 콩팥 8조각을 준비한다.

2. 꼬치* 준비하기

고기, 돼지고기 가공제품, 콩팥을 번갈아 가며 꼬치에 끼운다. 꼬치 양 끝에 버섯 머리를 끼운다.

식용유 조금, 프로방스 허브 또는 체에 친 타임 꽃으로 꼬치를 마리네이드한다.

랩으로 덮어 냉장실에 보관한다.

3. 채소와 곁들임 준비하기

버섯 머리 16개를 다듬어 씻는다.

50g 토마토 8개를 씻고 꼭지를 제거한다.

뽐 빠이용 감자 1.6kg을 다듬어 씻고 자른다.

4. 혼합 버터 만들기(앞 장 조리법 참조)

5. 뽐 빠이 조금씩 튀기기(p. 585/586 참조)

6. 바둑판무늬를 내며 토마토를 그릴에 구운 후, 버터를 바르고 양념해 오븐에 굽기

7. 꼬치 굽기

주문과 동시에 그릴에 굽는다.

8. 믹스 그릴 꼬치 차리기

타원형접시에 뽐 빠이, 그릴에 구운 토마토를 함께 담고, 크레송 다발로 장식한다.

* *나무로 된 꼬치를 사용할 경우 10분 정도 물에 담가두면 구울 때 덜 탄다.*

준비 기구
- 정리용 사각 트레이 3
- 작은 믹싱볼 2
- 갈비용 고기망치 1
- 작은 스테인리스 채반 1
- 작은 그릴 또는 기본 접시 1
- 들통 1
- 도마 1
- 강판 1

조리 기구
- 그릴 1
- 튀김기 1(키친타월)
- 작은 오븐팬 12

플레이팅 도구
- 긴 접시
- 소스그릇
- 소스그릇 받침
- 무늬 있는 장식용 종이

완성한 결과

믹스 그릴 꼬치(Mixed—grill en brochette)

비슷한 요리 PLATS SIMILAIRES

팔루아즈 소스 양고기 그릴 꼬치
Brochettes d'agneau grillées, sauce paloise

- 양고기 넓적다리 조각 사이에 훈제 가슴살 조각, 미리 구운 양파, 피망 조각을 번갈아가며 꼬치에 꽂아준다.
- 팔루아즈 소스(타라곤 대신 민트를 넣은 베어네이즈 소스)와 함께 낸다.

허브 램찹 그릴과 마르세이유 버터
Lamb—chops grillés aux herbes, beurre marseillais

- 양고기 셀 앙글레즈 슬라이스를 그릴에 구운 후 프로방스 허브를 뿌린다.
- 바짝 졸인 토마토 퐁듀와 마늘을 넣은 혼합 버터를 따로 담아낸다.
- 프로방스식 토마토와 감자 튀김을 곁들인다.

그릴 양갈비와 베르프레* 곁들임
CÔTES D'AGNEAU VERT-PRÉ

그릴 양갈비와 베르프레 곁들임 Côtes d'agneau vert-pré은 속살을 분홍색이 되도록 그릴에 구운 양갈비에 뽐 빠이와 혼합 버터를 곁들여 낸다.

추천 곁들임 요리 : 프로방스식 토마토 tomates provençale, 호박 그라탱 gratin de courgettes, 이스마엘 바엘디 그라탱 Ismaël Bayeldi(p. 1083 참조), 프로방스식 감자볶음 pommes provençale, 보르도식 감자볶음 bordelaise, 껍질콩 haricots verts, 껍질콩과 강낭콩 혼합 샐러드 haricots panachés.

8인분 재료	단위	양
기본 재료		
– 8개 갈비로 구성된 양고기 등심* 2덩어리	kg	2
– 식용유	ml	80
마무리		
– 버터	g	20
– 크레송	단	1/4
곁들임		
– 감자(빈취, 삼바, 아가타 품종)	kg	1.6
– 튀김기름	ml	약간(PM)
혼합 버터 BEURRE MAÎTRE D'HÔTEL		
– 버터	g	160
– 파슬리	g	40
– 레몬	개	1/2
양념		
– 가는소금		약간(PM)
– 후춧가루		약간(PM)
– 타임 꽃		약간(PM)
평균 준비 시간 : 1시간 30분		
평균 가열 시간 : 3~5분		

만드는 방법

1. 조리 작업 기구 준비하기 – 5분
레시피대로 재료를 계량, 측정하고 작업에 필요한 도구들을 점검한다.

2. 양갈비 준비하기 – 20분(p. 307/308 참조)
양고기 등심 껍질을 뜯어내고 척추뼈와 《힘줄 nerf》을 제거한다.
지방을 제거하고 갈비를 자른다.
뼈 끝부분을 손질한 후 갈비용 고기망치로 고기 두께를 조절한다.
손질한 양갈비를 냉장실에 보관한다.

3. 뽐 빠이용 감자 다듬어 자르기 – 20분(p. 204 참조)
감자를 다듬어 씻는다.
강판을 사용해 뽐 빠이 크기로 자른다.
물에 헹군 후 찬물이 담긴 들통에 담는다.

4. 크레송 씻어 줄기를 떼어 다듬기 – 5분(p. 167/168 참조)
물이 담긴 트레이에 넣어 시원한 곳에 둔다.

5. 혼합 버터 만들기 – 10분
파슬리를 씻어 줄기를 떼고 물기를 닦아 잘게 다진다.
작은 믹싱볼에 녹인 버터, 다진 파슬리, 레몬 반쪽 즙을 담는다.
양념한 후 혼합 버터를 실온에 보관한다.

6. 뽐 빠이 튀길 준비하기 – 15분(p. 585/586 참조)
감자를 물에 다시 헹군 후 물기를 잘 닦는다.
170도 튀김기름에 조금씩 넣어 튀긴다.
키친타월 위에 올려 기름기를 뺀다.
소금을 뿌린 후 트레이에 담아 따뜻하게 둔다.

7. 양갈비 익힐 준비하기 – 10분
그릴을 닦고 솔질한 후 식용유를 바른다.
양갈비에 식용유를 한겹 바른 후 비스듬한 방향으로 그릴 위에 얹는다.
고기를 조금씩 돌려가며 첫 번째 면에 바둑판무늬를 내고 뒤집어서 굽는다.(특별히 손님이 원하는 굽기 정도가 없을 경우, 속살이 분홍색이 되도록 굽는다.)
양갈비를 그릴망이 있는 트레이(또는 뒤집어 놓은 접시 위)에 올려둔다.
소금과 후추로 양념한다.

8. 그릴 양갈비와 베르프레 곁들임 차리기 – 5분
버터를 바른 긴 접시 위에 양갈비를 담는다.
갈비 끝부분 뼈가 십자 모양으로 교차되게 담고 첫 번째 바둑판무늬로 구운 면이 보이도록 담는다.
정제 버터로 윤을 낸다.
접시 양쪽 끝에 크레송 다발로 장식한다.
장식용 종이를 깐 둥근 접시에 《소복하게 en buisson》 뽐 빠이를 담는다.
실온에 보관한 혼합 버터를 소스그릇에 담는다.

* 《100일 100 jours》이 된 어린 양을 사용한다면 목심 바로 옆 부분 갈비를 선택할 수도 있다.

양갈비는 식용유와 프로방스 허브 또는 가루로 된 타임 꽃으로 만든 즉석 마리네이드 소스에 양념하기도 한다.

FICHE 98

완성한 결과

그릴 양갈비와 베르프레* 곁들임(Côtes d'agneau vert–pré)

준비 기구
- 정리용 사각 트레이 3
- 도마 1
- 갈비용 고기망치 1
- 중간 크기 들통 2
- 강판 1
- 작은 믹싱볼 2

조리 기구
- 깊이가 깊은 튀김기 1
- 구이용 그릴 또는 바 형 그릴 1

플레이팅 도구
- 크고 긴 접시 1
- 소스접시와 소스접시 받침 1
- 무늬 있는 장식용 종이

* 베르프레 vert–pré : 그릴에 구운 고기 요리 곁들임의 옛날식 이름으로, 뽐 빠이, 크레송 다발, 혼합 버터로 구성된다.

갈색 소스 라구와 브레제
CUIRE EN RAGOÛT À BRUN ET BRAISER

요리 소개 BREF RAPPEL DE TECHNOLOGIE

옛날식으로 익히는 조리법은 주로 큰 고기 덩어리를 작은 조각으로 잘라 요리하는 라구(스튜의 일종)와 브레제(소량의 국물을 넣고 뚜껑을 덮어 쪄 내는 방식)에 사용한다. 2등급 고기를 연하게 만들기 위해서는 오랫동안 뭉근히 익힐 필요가 있다.

라구용 또는 브레제용 고기는 미리 양념한 후 노릇노릇하게 구워 뚜껑을 닫고 가볍게 리에종한 소스를 넣어 익힌다. 고기와 소스 또는 육수, 아로마틱 가니쉬 사이에 각 재료의 맛이 스며들어야 한다.

브레제용 큰 고기 덩어리는 주로 비계를 끼워넣거나, 손님에게 낼 때 젤리를 발라 윤기를 낸다. 브레제 육수는 졸여서 빛이 나고 젤라틴 성분이 많은 소스로 만들어야 한다.

추천 곁들임 요리
Suggestions de garnitures d'accompagnement

• 일반적으로 라구와 브레제의 곁들임은 요리 이름에 해당한다.
  (예 : 부르주아 bourgeoise, 프로방스식 provençale 등등)
• 뽐 퐁당뜨 Pommes à l'anglaise fondantes, 버터를 곁들인 파스타 pâtes au beurre, 건조 채소 légumes secs, 채소 브레제 légumes braisés, 크레올 밥 riz créole, 필라프 riz pilaf, 폴렌타* polenta 등

적용 기술 TECHNIQUES MISES EN ŒUVRE

• 고기 손질해 자르기
  Parer et détailler de la viande
• 고기에 비계 끼워넣기
  Larder une pièce de viande
• 송아지 넓적다리 또는 메다이옹을 바늘로 찌르기
  Piquer des grenadins ou des médaillons
• 고기 양념용 마리네이드 소스 만들기
  Réaliser une marinade crue
• 갈색 소스 라구 만들기
  Réaliser un ragoût à brun
• 흰색 소스 라구 만들기
  Réaliser un ragoût à blanc
• 브레제 만들기
  Réaliser un braisé
• 브레제 고기에 윤내기
  Glacer une pièce braisée
• 채소의 모난 부분 손질해 둥글게 만들어 윤내기
  Tourner et glacer des légumes à blanc
• 구슬양파 갈색으로 윤내기
  Glacer des petits oignons à brun
• 건조 채소 익히기
  Cuire des légumes secs

---

* 폴렌타 polenta : 옥수수, 조, 밤 등의 가루로 만든 이탈리아 죽의 일종.

감자를 곁들인 양고기 라구
NAVARIN AUX POMMES

감자를 곁들인 양고기 라구 Navarin aux pommes는 양고기 어깨살, 목심, 삼겹살 조각을 마늘과 토마토를 조금 넣은 소스에 천천히 익히고, 같은 소스에 익힌 감자와 갈색으로 윤을 낸 구슬양파를 곁들인다.

8인분 재료	단위	양
기본 재료		
– 뼈를 제거하고 손질한 양고기 어깨살*	kg	1.6~1.8
또는		
– 목심	kg	1.2
– 삼겹살(50g 조각)	kg	1.2
– 식용유	ml	80
– 양파	g	200
– 당근(선택 사항)	g	200
– 밀가루	g	60
– 토마토 페이스트	g	40
– 부케가르니	개	1
– 마늘(4톨)	g	30
곁들임		
– 구슬양파	g	250
– 버터	g	20
– 굵은 설탕	g	약간(PM)
– 감자	kg	1.6
양념		
– 가는소금		약간(PM)
– 후춧가루		약간(PM)
평균 준비 시간 : 1시간 15분		
평균 가열 시간 : 1시간(고기 품질에 따라 더 걸릴 수도 있음)		

** 고기에 뼈가 있을 경우, 목심과 삼겹살을 사용한다면 1인분에 최소 300g의 고기가 필요하다.*

만드는 방법

(p. 591~594 참조)

1. 조리 작업 기구 준비하기 – 5분
레시피대로 재료를 계량, 측정하고 작업에 필요한 도구들을 점검한다.

2. 고기 손질하기 – 5분
손질한 고기를 냉장실에 보관한다.

3. 아로마틱 가니쉬 준비하기 – 10분
당근(선택 사항)과 양파를 다듬어 씻는다.
미르푸아 크기로 자른다.(작은 주사위 모양)
파슬리를 씻고 줄기를 떼고 부케가르니를 만든다.
마늘을 다듬어 씻고 싹을 제거한 후 빻는다.

4. 양고기 라구 끓일 준비하기 – 15분
소테팬에 식용유를 두르고 고기를 노릇노릇하게 굽는다.**
아로마틱 가니쉬를 첨가하고 약한 불에 몇 분간 익힌다.
기름기를 제거한다.
밀가루를 뿌려 매우 뜨거운 오븐에 몇 분간 소테팬을 넣어 익힌다.***
토마토 페이스트를 첨가해 거품을 떠내는 국자로 섞는다.
찬물을 부어 끓인다.
마늘과 부케가르니를 첨가한다.
양념한 후 오븐 그릇 가장자리를 잘 닦아 뚜껑을 닫고 양고기 라구를 200도 오븐에 35~40분 정도 익힌다.

5. 곁들임 준비하기 – 25분(p. 210~212 , 523 참조)
감자를 다듬어 씻은 후 모난 부분을 깎아 둥글게 만든다.(크기는 뽐 코코트와 뽐 앙글레즈(끓는 물에 데쳐 녹인 버터와 파슬리를 뿌린 감자 요리) 사이 정도 되도록 한다.)
감자를 데친 후 얼음물에 담그지 않고 물기를 뺀다.
구슬양파를 다듬어 씻은 후 졸여 갈색으로 윤을 낸다.
파슬리를 잘게 다진 후 물기를 뺀다.

6. 양고기 라구 고기를 덜어 완성하기 – 5분
3/4 정도 익으면 오븐에서 양고기 라구를 뺀다.
같은 크기 그릇에 양고기를 덜어 놓는다.
삶은 감자를 첨가한다.
소스를 차이나 캡에 걸러 양고기 라구에 담는다.
간을 확인하고 기름기를 제거한다.
뚜껑을 닫아 20분 정도 오븐에 넣어 마무리한다.

7. 양고기 라구 완성하기 –5분
고기와 감자가 잘 익었는지 확인한다.
기름기를 제거한다.
윤을 낸 구슬양파를 첨가한다.
라구의 농도와 간을 확인한다.
양고기 라구를 덜어 들통에 담고 뚜껑을 닫아 중탕기에 보관한다.

8. 감자를 곁들인 양고기 라구차리기 – 5분
채소용 접시 또는 스튜냄비에 고기를 소복하게 담는다.
고기 위에 감자와 구슬양파를 예쁘게 담는다.
소스와 다진 파슬리를 뿌린다.
장식용 종이를 깐 접시받침 위에 채소용 접시 또는 스튜냄비를 올린다.

*** 많은 양을 요리할 경우, 고기를 미리 프라이팬에 구울 수도 있다.*
**** 볶은 밀가루를 사용할 수도 있다.*

FICHE 99

완성한 결과

감자를 곁들인 양고기 라구(Navarin aux pommes)

《맏물 채소를 곁들인》 양고기 라구

NAVARIN 《AUX PRIMEURS》

1. 조리 작업 기구 준비하기

2. 양고기 라구 기본 재료 익히기

(앞 장 조리법 참조) 뼈를 제거한 양고기 어깨살 1.8kg을 사용해 각각 50g 조각으로 자른다.(아로마틱 가니쉬에 당근을 첨가할 필요는 없다.)

35~40분 동안 익힌 후 고기를 덜고, 큰 올리브 모양으로 잘라 삶은 감자 1kg을 첨가한다.

20분 정도 더 익힌다.

3. 《맏물 채소 aux primeurs》 곁들임 준비해 익히기

(p. 521/522 참조)

감자, 당근 400g, 햇무 400g을 다듬어 씻고 뽐 코코트 크기(큰 올리브)로 모양을 다듬는다.

버터 50g과 설탕 한꼬집을 넣어 채소를 각각 졸여 윤을 낸다.

구슬양파 250g을 다듬어 씻은 후 버터 25g과 설탕 한꼬집을 졸여 갈색으로 윤을 낸다.

완두콩 400g의 껍질을 까고(또는 껍질 깐 냉동 완두콩 100g을 사용하고) 껍질콩 150g 양쪽 끝을 다듬어 4~5cm 길이로 자른 후 각각 끓는 물에 데친다.

얼음물에 담근 후 물기를 뺀다.

4. 《맏물 채소를 곁들인 aux primeurs》 양고기 라구 완성하기

고기와 감자가 잘 익었는지, 소스의 간과 색깔, 농도가 적당한지 확인한다.

기름기를 제거한다.

윤을 낸 당근과 무를 첨가해 몇 분간 천천히 익힌다.

원래 색깔을 유지하도록 마지막에 소금을 넣은 끓는 물에 껍질콩과 완두콩을 데운다.

5. 《맏물 채소를 곁들인 aux primeurs》 양고기 라구 차리기

껍질콩과 완두콩을 데운 후 물기를 빼고 양고기 라구에 첨가한다.

채소용 접시나 바이메탈로 된 스튜냄비에 담는다.

다양한 색깔의 채소를 예쁘게 위에 골고루 담는다.

갈색으로 윤을 낸 구슬양파와 다진 파슬리를 뿌린다.

준비 기구	조리 기구	플레이팅 도구
• 정리용 사각 트레이 3 • 들통 1 • 차이나 캡 1 • 작은 믹싱볼 2 • 도마 1 • 거품 떠내는 국자 1	• 뚜껑 있는 큰 소테팬 2 또는 낮은 소스포트 2 • 중간 크기 자루냄비 1 • 작은 소테팬 1	• 채소용 접시 또는 바이메탈로 된 스튜냄비 • 둥근 접시받침 • 무늬 있는 장식용 종이

완성한 결과

《맏물 채소를 곁들인》 양고기 라구(Navarin 《aux primeurs》)

비슷한 요리 PLATS SIMILAIRES

강낭콩을 곁들인 양고기 라구(양고기 강낭콩이라고 잘못 부르기도 함)

Navarin aux haricots(appelé a tort haricot de mouton)

• 토마토를 많이 넣어 익힌 양고기 라구를 덜어 담고, 데친 염장(반염) 돼지 비계 조각을 사용해 전통적 방식으로 익힌 강낭콩 500g을 물기를 빼고 첨가한다.

• 20분 정도 천천히 익힌 후 라르동 크기로 잘라 버터에 볶은 삼겹살 조각과 갈색으로 윤을 낸 구슬양파를 첨가한다.

잠두콩을 곁들인 양고기 라구 Navarin aux fèves

• 양고기 라구를 덜어 담고, 껍질을 벗겨 끓는 물에 익힌 신선한 잠두콩을 세이보리 한다발과 함께 첨가한다.

강낭콩을 넣은 양고기 라구 소스는 기본 조리법보다 토마토를 조금 더 넣어야 한다.

마랭고식 송아지 라구

VEAU MARENGO

마랭고식 송아지 라구 Veau Marengo는 노릇노릇하게 구운 송아지 어깨살 조각을 토마토 소스에 오랫동안 익혀 갈색으로 윤을 낸 구슬양파, 볶은 버섯, 튀긴 식빵 크루통을 곁들여 낸다.

추천 곁들임 요리 : 뽐 앙글레즈, 찐 감자 또는 다진 파슬리를 곁들인 감자, 버터를 곁들인 생파스타, 크레올 밥 또는 필라프, 가지 볶음, 피망 볶음, 호박 볶음 등등

8인분 재료	단위	양
기본 재료		
– 뼈를 제거하고 손질한 송아지 어깨살 또는 어깨살과 목심(50~60g 조각) épaule de veau parée et désossée ou épaule et collier	kg	1.6~1.8
– 땅콩기름	ml	80
– 양파	g	200
– 화이트 와인	ml	100
– 밀가루	g	60
– 토마토 페이스트 concentré de tomates	g	80
– 부케가르니	개	1
– 마늘(4톨)	g	30
– 맑은 송아지 갈색 육수(리에종하지 않음)* fond brun de veau clair(non lié)	L	1.5
곁들임		
– 양송이버섯	g	250
– 버터	g	20
– 구슬양파	g	250
– 굵은 설탕	g	약간(PM)
– 식빵(40g 4장 또는 큰 덩어리)	g	160
– 땅콩기름	ml	40
– 버터	g	20
마무리		
– 파슬리	g	약간(PM)
양념		
– 가는소금		약간(PM)
– 후춧가루		약간(PM)
평균 준비 시간 : 1시간 05분		
평균 가열 시간(고기 품질에 따라 더 걸릴 수도 있음) : 1시간		

* 리에종한 송아지 육수를 사용할 경우, 라구에 밀가루를 첨가할 필요가 없다.

만드는 방법

(p. 591~594 참조)

1. 조리 작업 기구 준비하기 – 5분
레시피대로 재료를 계량, 측정하고 작업에 필요한 도구들을 점검한다.

2. 고기 손질하기 – 5분
손질한 고기는 냉장실에 보관한다.

3. 아로마틱 가니쉬 준비하기 – 10분
양파를 다듬어 씻은 후 잘게 다진다.
파슬리를 씻고 줄기를 떼고, 부케가르니를 만든다.
마늘을 다듬어 씻고 싹을 제거한 후 빻는다.

4. 마랭고식 송아지 라구 익힐 준비하기 – 15분
소테팬 또는 소스포트에 식용유를 두르고 달군다.
센 불에 고기를 노릇노릇하게 굽는다.
기름기를 제거하고 다진 양파를 첨가한다.
색깔이 나지 않게 천천히 볶는다.
화이트 와인을 첨가하고 졸인다.
밀가루를 뿌려 매우 뜨거운 오븐에 몇 분간 소테팬을 넣어 익힌다.
토마토 페이스트를 첨가하고 섞는다.
리에종하지 않은 송아지 갈색 육수를 붓고 라구를 끓인다.
마늘과 부케가르니를 첨가한다.
뚜껑을 닫아 200도 오븐에 1시간 정도 뭉근히 익힌다.(소스가 졸았는지 주의하며 살펴보고 종종 섞어주며 익힌다.)

5. 곁들임 준비하기 – 20분
구슬양파를 다듬어 씻은 후 졸여 갈색으로 윤을 낸다.(p. 523 참조)
양송이버섯을 다듬어 씻은 후 버터로 볶는다.
식빵을 8개의 하트 모양으로 자른다.(p. 465 참조)
식용유와 버터를 섞은 것에 튀겨 노릇노릇하게 만들고 키친타월에 올려 기름기를 뺀다.(또는 샐러맨더에 넣어 토스트한다.)
파슬리를 잘게 다진 후 물기를 뺀다.

6. 마랭고식 송아지 라구를 덜어 완성하기 – 5분
다른 소뚜와에 고기를 덜어 놓는다.
소스의 농도, 색깔, 간을 확인한다.
기름기를 제거하고 소스를 차이나 캡에 걸러 송아지 고기에 붓는다.
곁들임 채소를 첨가해 몇 분간 천천히 끓인다.
마랭고식 송아지 라구를 중탕냄비에 옮겨 뚜껑을 닫아 보관한다.

7. 마랭고식 송아지 라구 차리기 – 5분
스튜냄비에 고기를 소복하게 담는다.
고기 위에 곁들임 채소를 골고루 담는다.
소스를 뿌린다.
크루통 끝을 소스에 담근 후 다진 파슬리에도 담근다.
고기 둘레에 크루통 끝부분이 위쪽을 향하게 담는다.
다진 파슬리를 골고루 뿌린다.

완성한 결과

마랭고식 송아지 라구(Veau Marengo)

피망을 곁들인 송아지 소테

SAUTÉ DE VEAU AUX POIVRONS

1. 고기의 지방을 제거하며 손질하기

2. 라구 익히기

송아지 어깨살 1.8kg을 작은 조각으로 잘라 식용유 80ml를 둘러 노릇노릇하게 굽는다.

기름기를 제거한 후 잘게 다진 양파 100g을 첨가한다.

색깔이 나지 않게 볶는다.

포르투 와인 100ml로 데글라세한 후 2/3로 졸인다.

토마토를 넣은 송아지 갈색 육수와 스페인 소스를 붓는다.

뚜껑을 닫아 오븐에서 1시간~1시간 20분 동안 익힌다.

3. 곁들임 준비하기

구슬양파 250g을 다듬어 씻은 후 갈색으로 졸여 윤을 낸다.

빨간색 피망 200g, 초록색 피망 200g, 노란색 피망 200g을 오븐에 구워 껍질을 벗긴다.

피망의 씨를 빼낸 후 작은 막대 모양으로 썰어 올리브유를 둘러 따로따로 익힌다.

4. 고기를 덜고 소테 완성하기

앞서 나온 방법대로 준비한다.

5. 송아지 소테 차리기

접시에 고기를 예쁘게 담는다.

고기 둘레에 구슬양파를 골고루 담는다.

고기 위에 십자 모양으로 색깔을 번갈아 가며 피망을 올린다.

준비 기구
- 정리용 사각 트레이 3
- 작은 믹싱볼 3
- 차이나 캡 1
- 들통 1
- 도마 1
- 거품 떠내는 국자 1

조리 기구
- 뚜껑 있는 큰 소뚜와 2 또는 낮은 소스포트 1와 큰 소테팬 1
- 프라이팬 1
- 작은 소테팬 1

플레이팅 도구
- 채소용 접시 또는 바이 메탈로 된 스튜냄비
- 둥근 접시받침
- 무늬 있는 장식용 종이

완성한 결과

피망을 곁들인 송아지 소테(Sauté de veau aux poivrons)

비슷한 요리 PLATS SIMILAIRES

몰도바식 송아지 소테 Sauté de veau moldave
- 《마랭고식 송아지 라구 veau Marengo》 조리법대로 송아지 소테를 만들고 파프리카 가루를 조금 넣어 양념을 한다.
- 고기를 담고 소스에 양파를 넣은 토마토 퐁듀와 주사위 모양으로 썰어 버터에 익힌 빨간색, 초록색 피망을 첨가한다.

프로방스식 송아지 소테 Sauté de veau provençale
- 송아지 소테 고기를 담고 토마토 퐁듀와 씨를 제거해 데친 초록색 올리브를 소스에 첨가한다.

보헤미안 송아지 고기 필라프 Pilaf de veau bohémienne
- 토마토를 넣고 송아지 고기를 작은 조각으로 썰어 소테를 만든다.
- 고기를 담고 소스에 토마토 퐁듀와 올리브유에 볶은 주사위 모양 가지, 피망, 호박을 넣는다.
- 필라프에 송아지 소테를 담고 둘레에 동그란 양파 튀김을 두른다.

사슈르 소스 송아지 소테 Sauté de veau chasseur
- 고기를 담고 소스에 다진 셜롯과 버터에 볶은 버섯을 첨가한다. 잘게 다진 타라곤, 처빌을 뿌린다.

뵈프 부르기뇽(부르고뉴식 소고기 찜)
ESTOUFFADE DE BŒUF BOURGUIGNONNE

뵈프 부르기뇽(부르고뉴식 소고기 찜) Estouffade de bœuf bourguignonne은 살이 단단한 소고기(2등급)를 조각으로 잘라 레드 와인 소스에 오래 익힌 후 갈색으로 졸여 윤을 낸 구슬양파, 볶은 버섯, 라르동을 곁들여 낸다.

추천 곁들임 요리 : 뽐 퐁당뜨 pommes fondantes, 버터를 곁들인 탈리아텔레 tagliatelles au beurre, 필라프 riz pilaf, 폴렌타 polenta, 로마식 뇨끼 gnocchis à la romaine

8인분 재료	단위	양
기본 재료		
– 뼈를 제거하고 손질한 소고기(50g 조각)(부채살, 목심 옆부분 갈비, 사태)	kg	1.6~1.8
– 식용유	ml	50
– 당근	g	200
– 양파	g	200
– 밀가루	g	60
– 부케가르니	개	1
– 마늘(2톨)	g	15
– 레드 와인(부르고뉴 와인)	ml	750
– 맑은 송아지 갈색 육수(리에종하지 않음)	ml	800
부르고뉴식 곁들임 GARNITURE BOURGUIGNONNE		
– 염장(반염) 삼겹살	g	250
– 식용유	ml	20
– 양송이버섯	g	250
– 구슬양파	g	250
– 버터	g	20
– 굵은 설탕	g	약간(PM)
양념		
– 가는소금		약간(PM)
– 후촛가루		약간(PM)
평균 준비 시간 : 1시간 15분		
평균 가열 시간(고기 품질에 따라 더 걸릴 수도 있음) : 2시간~2시간 30분		

– 시간적 여유가 있다면 전날 미리 와인, 식용유, 브랜디, 아로마틱 가니쉬로 소고기를 마리네이드하는 것이 좋다. 고기를 익힐 때 꼼꼼하게 물기를 닦은 후 노릇노릇 굽는다. 고기 찜에 졸딘 마리네이드 소스와 리에종한 송아지 갈색 육수를 붓는다. 리에종한 송아지 갈색 육수를 부을 경우에는 소스에 밀가루를 넣지 않아도 된다.
– 일반적으로 삼겹살을 라르동 조각으로 잘라 데친 후 먼저 볶고, 라르동 기름으로 고기를 노릇노릇하게 굽는다.(2시간 30분 후 고기가 익으면, 라르동은 작아지거나 없어진다.)

만드는 방법

(p. 594~597 참조, 피를 넣은 리에종 없기)

1. 조리 작업 기구 준비하기 – 5분
레시피대로 재료를 계량, 측정하고 작업에 필요한 도구들을 점검한다.

2. 고기 손질하기 – 5분
손질한 고기를 냉장실에 보관한다.(고기를 마리네이드할 수 있다.)

3. 아로마틱 가니쉬 준비하기 – 10분
당근, 양파를 다듬어 씻는다.
작은 주사위 모양으로 썬다.
마늘을 다듬어 씻고 싹을 제거한 후 빻는다.
파슬리를 씻고 줄기를 떼고, 부케가르니를 만든다.

4. 고기 찜 익힐 준비하기 – 20분
소테팬에 식용유를 두르고 고기의 모든 면을 노릇노릇하게 굽는다.
아로마틱 가니쉬를 첨가해 몇 분간 볶는다.
기름기를 제거하고 밀가루를 뿌려 매우 뜨거운 오븐에 몇 분간 소테팬을 넣어 밀가루를 굽는다.(색깔이 나도록 한다.)
거품을 떠내는 국자로 고기를 저어준다.
화이트 와인을 첨가해불을 붙여 풍미를 내고 송아지 갈색 육수를 넣어 졸인다.
마늘과 부케가르니를 첨가한다.
소금과 후추를 뿌리고 뚜껑을 닫아 고기의 상태에 맞춰 200도 오븐에 2시간~2시간 30분 정도 뭉근히 익힌다.(소스가 졸았는지 주의하며 살펴보고 종종 섞어주며 익힌다.)

5. 부르고뉴식 곁들임 준비하기 – 20분
구슬양파를 다듬어 씻은 후 갈색으로 졸여 윤을 낸다.
삼겹살 껍질을 제거하고 작은 라르동 조각으로 자른다.
(찬물에 넣어) 끓여 데친 후 물기를 뺀다.
양송이버섯을 다듬어 씻은 후 얇게 저민다.
프라이팬에 식용유를 두르고 라르동을 잘 볶은 후 기름기를 빼둔다.
라르동을 볶은 기름으로 버섯을 볶은 후 양념하고 라르동과 함께 보관한다.

6. 고기 찜 덜기 – 5분
고기가 잘 익었는지 확인한다.
다른 소테팬에 고기를 덜어 놓는다.
소스의 기름기를 제거한 후 소스의 농도와 간을 확인한다.
소스를 졸인 후 차이나 캡에 걸러 고기에 붓는다.
라르동과 버섯을 첨가해 몇 분간 고기 찜을 천천히 끓인다.

7. 파슬리를 다지고 물기 빼기 – 5분

8. 고기 찜 차리기 – 5분
스튜냄비 또는 채소용 접시에 고기를 소복하게 담는다.
고기 위에 곁들임을 골고루 담는다.
소스를 뿌린다.
졸여서 윤을 낸 구슬양파를 에쁘게 담는다.
다진 파슬리를 골고루 뿌린다.

FICHE 101

완성한 결과

뵈프 부르기뇽(부르고뉴식 소고기 찜)
(Estouffade de bœuf bourguignonne)

프로방스식 소고기 찜

ESTOUFFADE DE BŒUF PROVENÇALE

1. 조리 작업 기구 준비하기

2. 고기 손질하기

고기를 50g 조각으로 자른다.

3. 아로마틱 가니쉬 준비하기

(앞 페이지 《뵈프 부르기뇽(부르고뉴식 소고기 찜) estouffade de bœuf bourguignonne》 참조)

4. 고기 찜 익히기

소테팬에 올리브유를 두르고 고기의 모든 면을 노릇노릇하게 굽는다.

기름기를 제거하고 밀가루를 뿌려 매우 뜨거운 오븐에 몇 분간 소테팬을 넣어 밀가루를 굽는다.(색깔이 나도록 한다.)

토마토 페이스트 40g을 첨가해 거품을 떠내는 국자로 섞는다.

화이트 와인 750ml를 첨가해 불을 붙여 풍미를 내고 맑은 송아지 갈색 육수 800ml를 넣어 졸인다.

빻은 마늘 8톨과 부케가르니를 첨가한다.

소금과 후추를 뿌리고 뚜껑을 닫아 고기의 상태에 맞춰 200도 오븐에 2시간~2시간 30분정도 뭉근히 익힌다.(소스가 졸았는지 주의하며 살펴보고 종종 섞어주며 익힌다.)

5. 곁들임 준비하기

식용유 40ml, 잘게 다진 양파 40g, 껍질과 씨를 제거해 잘게 썬 토마토 800g, 마늘 4톨, 부케가르니를 넣어 토마토 퐁듀를 만든다.(p. 427/428 참조)

그린 올리브 200g의 씨를 뺀 후 찬물에 넣어 몇 분간 끓여 데친다.

6. 고기 찜 덜기

고기가 잘 익었는지 확인한다.

다른 소테팬에 고기를 덜어 놓는다.

소스의 기름기를 제거한 후 소스의 농도와 간을 확인하고 차이나 캡에 걸러 고기에 붓는다.

토마토 퐁듀 3/4을 첨가한 후 고기 찜을 몇 분간 끓인다.

마지막에 올리브를 넣고 뚜껑을 닫아 중탕냄비에 고기 찜을 넣어둔다.

7. 파슬리 물기 뺀 후 잘게 다지기

8. 프로방스식 소고기 찜 차리기

스튜냄비 또는 채소용 접시에 고기를 소복하게 담는다.

고기 위에 곁들임을 골고루 담고 소스를 뿌린다.

접시 중앙에 토마토 퐁듀를 동그랗게 담는다.

토마토 퐁듀 가운데 다진 파슬리 한꼬집을 올린다.

밀라노식 리조토, 토마토 소스 생파스타, 폴렌타 또는 세몰리나 요리 등을 곁들인다.

준비 기구	조리 기구	플레이팅 도구
• 정리용 사각 트레이 3	• 뚜껑 있는 큰 소테팬 2 또는 낮은 소스포트 1 큰 소테팬 1	• 채소용 접시 또는 바이메탈로 된 스튜냄비
• 도마 1	• 프라이팬 1	• 둥근 접시받침
• 차이나 캡 1	• 작은 소테팬 1	• 무늬 있는 장식용 종이
• 작은 믹싱볼 4	• 작은 자루냄비 1	
• 스테인리스 채반 1		

완성한 결과

프로방스식 소고기 찜(Estouffade de bœuf provençale)

비슷한 요리 PLATS SIMILAIRES

굴라시와 찐 감자 Goulash pommes vapeur

• 식용유 또는 돼지기름을 두르고 잘게 다지거나 저민 양파와 소고기를 노릇노릇하게 볶는다.

• 파프리카 가루와 밀가루를 뿌리고 토마토를 넣은 후 맑은 송아지 갈색 육수를 붓고, 마늘, 부케가르니, 껍질과 씨를 제거해 잘게 다진 토마토를 첨가한다.

• 뚜껑을 닫아 오븐에서 천천히 익힌다.

• 찐 감자 또는 뽐 앙글레즈를 곁들인다.

플랑드르식 소고기 스튜 Carbonades de bœuf flamandes

• 훈제 삼겹살을 라르동 조각으로 잘라 버터에 노릇노릇 볶은 후 기름을 제거한다.

• 같은 팬에 소고기 부채살 또는 목심을 얇게 저민 조각을 볶은 후 기름을 제거한다.

• 얇게 저민 양파를 첨가하고 색깔이 조금 나도록 볶은 후 황설탕을 첨가해 캐러멜화하고 밀가루를 넣는다.

• 맥주와 송아지 갈색 육수를 붓는다.

• 움푹한 접시에 고기, 양파, 라르동을 번갈아 담는다.

• 소스를 붓고 뚜껑을 닫아 오븐에 2시간~2시간 30분 동안 익힌다.

• 뽐 알뤼메트를 곁들인다.

부르주아 소고기 볼기살 브레제
AIGUILLETTE DE BŒUF BRAISÉE BOURGEOISE

부르주아 소고기 볼기살 브레제 Aiguillette de bœuf braisée bourgeoise는 돼지비계를 끼워 넣은 소고기 볼기살을 양념해 뚜껑을 닫고 송아지 족과 함께 오래동안 찐 고기 브레제에 모난 부분을 깎아 둥글게 만든 후 졸여 윤을 낸 당근, 갈색으로 윤을 낸 구슬양파, 볶은 라르동을 곁들인다. 볼기살 브레제는 고기를 찐 육수를 졸인 소스와 함께 낸다.

8인분 재료	단위	양
기본 재료		
– 소고기 볼기살	kg	2.4
– 땅콩기름	ml	80
– 돼지비계	g	300
– 꼬냑	ml	20
– 파슬리	g	20
마리네이드 소스와 고기 찜 육수 MARINADE ET FOND DE BRAISAGE		
– 당근	g	200
– 양파	g	200
– 화이트 와인	L	1
– 꼬냑	ml	50
– 부케가르니	개	1
– 땅콩기름	ml	50
– 마늘(4톨)	g	30
– 맑은 송아지 갈색 육수	L	1
– 리에종하고 토마토를 넣은 송아지 갈색 육수	L	1
– 돼지 껍질	g	200
– 버섯 부스러기	g	약간(PM)
부르주아 곁들임 GARNITURE BOURGEOISE		
– 송아지 족	kg	1
– 당근	g	800
– 구슬양파	g	250
– 버터	g	40
– 굵은 설탕	g	약간(PM)
– 염장(반염) 삼겹살(선택사항)	g	250
– 땅콩기름	ml	20
양념		
– 가는소금		약간(PM)
– 후춧가루		약간(PM)
– 육두구(넛맥) (선택사항)		약간(PM)
평균 준비 시간 : 1시간 45분		
평균 가열 시간 : 2시간~2시간 30분		

만드는 방법

1. 조리 작업 기구 준비하기 – 5분

레시피대로 재료를 계량, 측정하고 작업에 필요한 도구들을 점검한다.

2. 막대 모양 돼지비계 준비하기 – 5분(p. 322 참조)

돼지비계를 각 면이 1cm 되는 20cm 막대 모양으로 자른다.

양념을 한 후 꼬냑을 붓고 냉장실에 넣어 굳힌다.(p. 322~323 참조)

3. 고기 찜 육수의 향신 재료 준비하기 – 30분

송아지 족의 핏물을 빼고 뼈를 제거한 후 실로 묶어 데친다.

얼음물에 담근 후 물기를 뺀다.

돼지 껍질을 작은 네모 모양으로 잘라 데친다.

마늘, 당근, 양파를 다듬어 씻는다.

당근, 양파를 얇은 네모 모양으로 저민다.

파슬리를 씻어 줄기를 떼고 물기를 뺀 후 잘게 다진다.

부케가르니를 만든다.

4. 볼기살에 비계를 끼워넣고 마리네이드하기 – 10분(p. 323 참조)

고기의 지방을 제거하며 손질한다.

막대 모양 비계에 다진 생 파슬리를 뿌린다.

비계를 끼우는 꼬챙이로 볼기살 고기 《결 du fil》 방향으로 비계를 끼운다.

고기에 양념을 한 후, 화이트 와인, 꼬냑, 당근, 양파, 마늘, 부케가르니, 식용유로 마리네이드해 냉장실에 보관한다.

뚜껑을 닫아 5~6시간 마리네이드 되도록 하고 자주 뒤집어준다.*

5. 볼기살 익힐 준비하기 – 15분

볼기살 물기를 잘 닦고 아로마틱 가니쉬 물기를 뺀다.

움푹한 팬에 식용유를 두르고 볼기살을 센불에 노릇노릇하게 굽는다.

기름기를 뺀 후 아로마틱 가니쉬를 첨가한다.

약불에 천천히 볶은 후 기름기를 잘 제거한다.

볼기살을 아로마틱 가니쉬 위에 다시 올리고 마리네이드 소스로 데글라세한 후 소스 양이 반으로 줄도록 졸인다.

맑은 송아지 갈색 육수를 붓는다.

부케가르니, 버섯 부스러기, 송아지 족, 데친 돼지껍질 조각을 첨가한다.

뚜껑을 잘 닫고 200도 오븐에 고기 상태에 따라 2시간~2시간 30분 정도 익힌다.

6. 부르주아 곁들임 준비하기 – 30분

당근을 다듬어 씻은 후 모난 부분을 깎아 둥글게 만들어 소스에 졸여 윤을 낸다. (p. 137/138 참조)

구슬양파를 다듬어 씻은 후 갈색으로 졸여 윤을 낸다.(p. 194 참조)

삼겹살을 작은 라르동 조각으로 자른 후 데쳐 식용유를 두르고 알맞게 볶는다.

7. 볼기살 덜어낸 후 고기 찜 육수 소스 완성하기 – 5분

볼기살이 잘 익었는지 확인한다.

트레이에 고기를 덜어 뚜껑을 닫아 따뜻하게 둔다.

준비 기구
- 정리용 사각 트레이 3
- 들통 1
- 비계 끼우는 꼬챙이 1
- 차이나 캡 1
- 작은 믹싱볼 3
- 도마 1

- 작은 스테인티스 채반 1
- 작은 중탕냄비 1

조리 기구
- 뚜껑 있는 낮은 소스 포트 1 또는 작은 브레이징용 동냄비 (찜냄비) 1
- 큰 소테팬 1
- 중간 크기 소테팬 2

- 작은 프라이팬 1

플레이팅 도구
- 움푹한 큰 접시 또는 타원형접시
- 타원형접시받침
- 무늬 있는 장식용 종이

송아지 족을 꺼내 작은 주사위 모양으로 자른다.

리에종하고 토마토를 넣은 송아지 갈색 육수를 고기 찜 육수에 첨가한다.

졸인 후 농도를 확인한다.

고기 찜 육수 소스를(압착하지 않고) 차이나 캡에 걸러 중탕냄비에 담는다.

기름기를 제거한 후 간을 확인한다.

큰 소테팬에 윤을 낸 당근과 양파, 라르동, 주사위 모양으로 썬 송아지 족을 담는다.

고기 찜 소스를 조금 첨가해 몇 분간 뭉근히 끓인다.

8. 볼기살 윤내기(선택사항, 손님에게 통째로 낼 경우) – 5분

볼기살을 매우 뜨거운 오븐 입구 또는 샐러맨더에 넣어 고기 찜 소스를 계속 뿌려주며 윤을 낸다.

9. 부르주아 볼기살 찜 차리기 – 5분

접시 중앙에 볼기살을 담는다.

고기 둘레에 곁들임을 골고루 담는다.

음식을 낼 때 소스를 뿌린다.

장식용 종이를 깐 접시받침 위에 접시를 올린다.

* 마리네이드한 볼기살을 수비드용 봉지에 넣어둘 수도 있다.

완성한 결과

부르주아 소고기 볼기살 브레제(Aiguillette de bœuf braisée bourgeoise)

프렝타니에 소고기 볼기살 브레제 AIGUILLETTE DE BŒUF BRAISÉE PRINTANIÈRE

1. 조리 작업 기구 준비하기

2. 손질한 후 비계를 끼운 소고기 볼기살 2.4kg을 당근, 양파, 마늘, 부케가르니, 화이트 와인, 꼬냑, 식용유로 마리네이드하기

3. 앞서 나온 조리법 대로 데친 돼지껍질 조각과 송아지 족과 함께 볼기살 찌기

4. 프렝타니에 곁들임 준비하기

햇당근 800g, 무 800g을 다듬어 씻은 후 채소 볼러로 당근볼, 무볼을 만든다.

소스에 졸여 윤을 낸다.

구슬양파 250g을 다듬어 씻은 후, 버터 20g과 설탕 한 꼬집을 넣어 졸여 갈색으로 윤을 낸다.

완두콩 150g과 3cm 길이로 자른 껍질콩 250g을 끓는 물에 데쳐 얼음물에 담가 물기를 뺀다.

5. 볼기살 덜고 고기 찜 소스 완성하기

고기 찜 육수에 리에종한 송아지 갈색 육수를 넣고 졸인 후 색깔, 농도,

간을 확인한다.

6. 곁들임 익히기

소테팬에 당근, 무, 구슬양파, 마지막으로 완두콩과 껍질콩을 넣는다.

고기 찜 육수 소스를 조금 넣어 몇 분간 끓인다.

7. 볼기살 브레제 차리기

뜨겁게 예열한 접시에 소스와 곁들임을 골고루 담는다.

마지막에 볼기살을 슬라이스한 후 소스 위에 얹는다. (소스를 위에 뿌리지 않는다.)

완성한 결과

프렝타니에 소고기 볼기살 브레제(Aiguillette de bœuf braisée printanière)

비슷한 요리 PLATS SIMILAIRES

부르고뉴식 소고기(사태) 브레제
Pièce de bœuf braisée bourguignonne(rond de gîte)

- 고기에 비계를 끼운 후 레드 와인으로 마리네이드한다.
- 앞서 나온 조리법 대로 소스에 찐 후 부르고뉴 곁들임(라르동, 볶은 버섯, 갈색으로 윤을 낸 구슬양파)을 함께 낸다.

젤리 소스 고기 찜 Pièce de bœuf à la mode en gelée

- 소스에 찐 고기와 소스, 곁들임을 따로 둔다.
- 큰 틀에 젤리를 바른다.
- 곁들임 채소를 골고루 담고 중간에 고기를 담고 젤리를 첨가한 나머지 소스로 맨 위를 채운다.
- 냉장실에 보관한다. 음식을 낼 때 틀에서 꺼내고 다진 젤리 소스를 두른다.

런던식 소고기 찜 Filet de bœuf London–house

- 푸아그라, 송로버섯 파르시로 채운 소고기 안심에 소스를 넣고 찐 후, 동그랗게 다듬은 버섯 머리와 데친 검정 송로버섯을 곁들인다.

진가라 소스 송아지 넓적다리 찜과 뽐 코코트
GRENADINS DE VEAU ZINGARA POMMES COCOTTE

송아지 넓적다리에서 자른 두꺼운 메다이옹 또는 개인용 스테이크 조각(두툼한 고기 덩어리)에 비계를 끼워넣고, 가늘게 채 썬 버섯, 햄, 우설, 겨울 송로버섯(윈터 트러플) 또는 검정 송로버섯을 넣은 갈색 소스를 붓고 뚜껑을 덮어 천천히 익힌다.

추천 곁들임 요리 : 노릇노릇 구운 감자(누아제트, 파리지엔) pommes rissolées(noisettes, parisienne), 버터를 곁들인 스파게티, 탈리아텔레 spaghettis, tagliatelles au beurre

8인분 재료	단위	양
기본 재료		
– 송아지 넓적다리 grenadins de veau(8×150g) 또는	kg	1.2
– 송아지 넓적다리 뒷부분 고기 noix de veau	kg	1.4
– 돼지비계	g	200
– 식용유	ml	40
– 버터	g	40
아로마틱 가니쉬 GARNITURE AROMATIQUE		
– 당근	g	200
– 양파	g	200
– 부케가르니	개	1
– 마늘(2톨)	g	20
– 화이트 와인	ml	100
– 리에종하고 토마토를 넣은 송아지 갈색 육수	L	1
진가라 곁들임 GARNITURE ZINGARA		
– 버터	g	40
– 큰 양송이버섯	g	80
– 흰색 햄	g	80
– 우설 langue écarlate	g	80
– 검정 송로버섯	g	40
– 마데이라 와인	ml	40
– 버터	g	20
곁들임 GARNITURE D'ACCOMPAGNEMENT		
– 감자	kg	2.5
– 땅콩기름	ml	80
– 버터	g	40
– 파슬리	g	20
양념		
– 가는소금		약간(PM)
– 후춧가루		약간(PM)
평균 준비 시간 : 1시간 50분		
평균 가열 시간 : 40〜45분		

송아지 넓적다리 찜은 보통 넓적다리 뒷부분에서 잘라 사용하지만 등심에서 자른 메다이옹 고기를 사용할 수도 있다.

만드는 방법

1. 조리 작업 기구 준비하기 – 5분
레시피대로 재료를 계량, 측정하고 작업에 필요한 도구들을 점검한다.

2. 막대 모양 돼지비계 준비하기 – 5분
돼지비계를 가로 3mm, 세로 3mm, 길기 3〜4cm의 막대 모양으로 자른다.
얼음물이 든 작은 믹싱볼에 넣어 굳힌다.

3. 고기 준비하기 – 5분
송아지 넓적다리를 두툼한 8개 조각으로 자른다.(두꺼운 메다이옹)
고기를 손질한 후 두께가 일정하도록 갈비용 고기망치로 두드린다.(힘줄을 끊어줘 고기를 연하게 하는 과정)

4. 조리용 바늘로 넓적다리 조각에 비계 끼우기 – 20분(p. 323 참조)

5. 아로마틱 가니쉬 준비하기 – 10분
당근, 양파를 다듬어 씻은 후 얇게 저민다.
파슬리를 씻어 줄기를 뗀 후 물기를 빼고 잘게 다진다.
부케가르니를 만든다.

6. 넓적다리 조각 익힐 준비하기 – 15분
고기에 양념한 후 소뚜와에 식용유와 버터를 두르고 굽는다.(비계를 끼운 면을 먼저 굽는다.)
고기 양쪽 면을 노릇노릇하게 구운 후 기름기를 뺀다
아로마틱 가니쉬를 첨가하고 몇 분간 천천히 익힌다.
기름기를 제거한 후 넓적다리 조각을 아로마틱 가니쉬 위에 다시 올린다.
화이트 와인으로 데글라세한 후 졸인다.
양념을 한 후 뚜껑을 잘 닫고 200도 오븐에 40〜45분 정도 넣어 찜을 완성한다.

7. 뽐 코코트 준비하기 – 20분(p. 544〜545 참조)
감자를 다듬어 씻고 모난 부분을 깎아 둥글게 모양을 만든다.
데친 후 감자를 노릇노릇하게 굽는다.

8. 진가라 곁들임 준비하기 – 10분
버섯을 다듬어 씻은 후 가늘게 채 썬다.
햄과 우설의 기름기를 제거한 후 채 썬다.
송로버섯 껍질을 살짝 벗기고 채 썬다.

9. 진가라 소스 만들기 – 10분
넓적다리 조각이 잘 익었는지 확인한다.
비계를 끼운 면이 위쪽을 향하도록 트레이에 고기를 덜어 뚜껑을 닫아 따뜻하게 둔다.
고기 찜 육수 소스를 압착하지 않고 차이나 캡에 걸러 작은 중탕냄비에 담는다.
작은 소테팬에 버터와 버섯을 넣고 볶는다.
햄, 우설, 송로버섯 채 썬 것을 첨가한다.
다 함께 1〜2분간 다시 볶는다.
마데이라 와인으로 데글라세한 후 졸인다.
넓적다리 고기 찜 육수를 일부 첨가한다.
농도와 간을 확인한다.
마무리용 버터를 넣고 소스를 중탕냄비에 담아 뚜껑을 닫고 보관한다.

10. 넓적다리 윤내기 – 5분
넓적다리 조각을 매우 뜨거운 오븐 입구 또는 샐러맨더에 넣고, 남은 고기 찜 소스를 계속 뿌려주며 윤을 낸다.

11. 진가라 소스 송아지 넓적다리 찜과 뽐 코코트 차리기 – 5분
움푹한 둥근 접시에 소스와 진가라 곁들임을 담는다.
비계를 끼우고 윤을 낸 메다이옹 고기 면이 위쪽을 향하도록 담는다.
음식을 낼 때 고기 찜 육수 소스를 조금 뿌린다.
채소용 접시에 곁들임 요리를 따로 담는다.
다진 파슬리를 뿌린다.

완성한 결과

진가라 소스 송아지 넓적다리 찜과 뽐 코코트
(Grenadins de veau Zingara, pommes cocotte)

당근을 곁들인 송아지 고기 뽀삐에뜨*
PAUPIETTES DE VEAU AUX CAROTTES

1. 조리 작업 기구 준비하기

2. 송아지 무슬린 파르시 만들기
조리법에 따라 무슬린 파르시를 만든다.(p. 439 참조)
송아지 넓적다리 300g, 계란 흰자 1개, 액상 크림 250ml를 사용하고
양념한다.

3. 뽀삐에뜨 만들기
각각 120g의 8개 고기 슬라이스를 식품용 비닐 2장 사이에 넣고 두들겨
납작하게 만든다.
도마에 펼쳐 양념한다.
각각의 슬라이스 가운데 파르시를 얹는다.
돌돌 말아 뽀삐에뜨를 실로 묶는다.
돼지고기 대망 또는 얇은 비계 슬라이스로 감싼다.

4. 뽀삐에뜨 익히기
스튜냄비에 버터를 두르고 천천히 노릇노릇 익힌 후, 다진 양파 100g
을 추가하고 화이트 와인 100ml로 데글라세한 후 졸인다. 리에종하고
토마토를 넣은 송아지 육수를 붓는다.
빻은 마늘 2톨과 부케가르니를 첨가한다.
간을 확인한 후 40~50분 뭉근하게 끓인다.

5. 당근과 구슬양파 준비하기
당근 1.5kg을 다듬어 씻고 모난 부분을 깎아 둥글게 만든다.
소스에 졸여 윤을 낸다.(p. 521/4522 참조)
구슬양파 250g을 다듬어 씻은 후 소스에 졸여 갈색으로 윤을 낸다.

6. 뽀삐에뜨 완성하기
다른 스튜냄비에 뽀삐에뜨 고기를 덜어둔다.
고기 찜 육수를 졸인다.
차이나 캡에 거른다.
소스의 색깔, 농도, 간을 확인한다.
당근을 첨가해 몇 분간 뭉근히 끓인다.

7. 뽀삐에뜨 차리기
고기를 묶었던 실, 비계 슬라이스 또는 대망을 제거한 후 샐러맨더에 넣어
소스를 뿌리며 윤을 낸다.
접시에 소스와 당근을 골고루 담는다.
당근 사이에 구슬양파를 번갈아 담고, 뽀삐에뜨를 접시 가운데 담는다.
(뽀삐에뜨를 슬라이스할 수도 있다.)

당근의 모난 부분을 깎은 부스러기는 아로마틱 가니쉬에 첨가할 수 있다.

준비 기구
- 정리용 사각 트레이 3
- 작은 믹싱볼 3
- 조리용 바늘 1
- 작은 스테인리스 채반 1

- 작은 중탕냄비 1
- 들통 1
- 도마 1
- 갈비용 고기망치 1
- 차이나 캡 1

조리 기구
- 뚜껑 있는 큰 소뚜와 1
  또는 낮은 소스포트 1

- 큰 소테팬 1
- 중간 크기 자루냄비 1

플레이팅 도구
- 둥글고 큰 접시
- 채소용 접시
- 채소용 접시받침

완성한 결과

당근을 곁들인 송아지 고기 뽀삐에뜨(Paupiette de veau aux carottes)

비슷한 요리 PLATS SIMILAIRES

프리캉도*와 피낭시에르 곁들임 Fricandeau financière
- 4cm 정도 두께의 송아지 넓적다리 조각을 고기 《결 fils》에 따라 잘라
  납작하게 두드린 후 돼지비계를 끼운다.
- 앞서 나온 넓적다리 찜 조리법 대로 고기가 충분히 익도록 소스에 찐다.
- 송아지 무슬린 파르시 완자, 둥글게 다듬은 버섯 머리, 닭 볏과 콩팥, 데친
  올리브로 구성된 곁들임 요리를 함께 낸다.

버섯을 곁들인 송아지 고기 뽀삐에뜨
Paupiettes de veau braisées aux champignons
- 뒥셀을 첨가한 송아지 무슬린 파르시로 고기를 채운다.
- 앞서 나온 조리법 대로 고기를 찌고 육수 소스에 볶은 버섯을 첨가한다.
- 각 뽀삐에뜨 위에 둥글게 다듬은 버섯 머리를 올린다.

느무르식 송아지 넓적다리 Noix de veau Nemours
- 송아지 넓적다리를 찐 후 윤을 낸다.
- 비쉬 당근, 데친 후 버터에 익힌 완두콩, 버터에 익힌 감자볼, 뽐 뒤셰스를
  곁들인다.
- 고기 찜 육수 소스를 따로 담아낸다.

부르주아 송아지 양지머리 브레제 Tendrons de veau braisés bourgeoise
- 부르주아 곁들임을 함께 낸다.(조리법 FICEE 102 참조)

---

* 뽀삐에뜨 paupiettes : 채소로 속을 넣어 둥글게 말은 고기 요리.
* 프리캉도 fricandeau : 송아지 넓적다리 살에 베이컨을 끼워 찐 요리.

밀라노식 오소부코
OSSO-BUCO MILANAISE

밀라노식 오소부코 Osso-buco milanaise는 송아지 정강이살을 토마토와 레몬, 오렌지로 풍미를 낸 갈색 소스에 넣고 오랫동안 찐 고기 요리이다. 버터와 파르메산 치즈를 곁들인 스파게티 spaghettis liés au beurre et au parmesan, 채썬 햄 garnie d'une julienne de jambon, 우설, 버섯을 넣은 송로버섯 소스 une sauce truffée de langue écarlate et de champignons를 곁들인다.

8인분 재료	단위	양
기본 재료		
– 오소부코 osso-buco(뼈가 붙은 송아지 정강이살) (8x250g)	kg	2
– 밀가루	g	80
– 식용유	ml	80
– 당근	g	200
– 양파	g	200
– 샐러리	g	80
– 부케가르니	개	1
– 마늘(4톨)	g	30
– 화이트 와인	ml	200
– 리에종한 송아지 갈색 육수	L	1.4
– 토마토 소스	ml	200
소스 마무리		
– 레몬(제스트)	g	약간(PM)
– 오렌지(제스트)	g	약간(PM)
– 파슬리	g	20
장식(선택사항)		
– 오렌지	개	1
토마토 퐁듀 FONDUE DE TOMATES		
– 버터	g	40
– 셜롯	g	40
– 토마토	g	800
– 부케가르니	개	1
– 마늘(2톨)	g	15
밀라노식 곁들임 GARNITURE MILANAISE		
– 버터	g	40
– 큰 양송이버섯	g	80
– 햄 jambon de Paris	g	80
– 우설 langue écarlate	g	80
– 겨울 송로버섯(윈터 트러플—전체 사용) truffe brumale	g	40
– 마데이라 와인	ml	40
– 리에종하고 토마토를 넣은 송아지 갈색 육수	ml	40
– 버터	g	20
곁들임		
– 스파게티	g	500
– 버터	g	80
– 파르메산 또는 그뤼예르 치즈	g	140
양념		
– 굵은소금		약간(PM)
– 가는소금		약간(PM)
– 후춧가루		약간(PM)
– 설탕		약간(PM)
평균 준비 시간 : 1시간 40분		
평균 가열 시간(주요리) : 1시간 20분~1시간 30분		
평균 가열 시간(곁들임) : 6~8분		

* 밀라노식 곁들임은 오소부코를 익혀 고기를 덜고 난 후 만들 수 있다. 고기 찜 육수를 소스로 만드는 데 사용한다.

만드는 방법

1. 조리 작업 기구 준비하기 – 5분

레시피대로 재료를 계량, 측정하고 작업에 필요한 도구들을 점검한다.

2. 오소부코 상태 확인 후 냉장실에 보관하기

3. 아로마틱 가니쉬 준비하기 – 20분

당근, 양파, 샐러리, 마늘을 다듬어 씻은 후 얇게 저민다.

당근과 샐러리를 각 면이 2~3mm 되도록 작은 주사위 모양으로 썬다.

양파를 잘게 다진다.

파슬리를 씻어 줄기를 떼고 작은 부케가르니 2개를 만든다.

4톨의 마늘 싹을 제거하고 빻아 잘게 다진다.

4. 오소부코 익힐 준비하기 – 15분

크고 낮은 소스포트에 식용유를 둘러 달군다.

오소부코에 소금, 후추를 뿌리고 밀가루를 바른다.

오소부코 두 면을 노릇노릇하게 굽는다.

기름기를 제거한 후 아로마틱 가니쉬를 첨가한다.

색깔이 나지 않게 천천히 볶는다.

화이트 와인으로 데글라세한 후 졸인다.

리에종한 송아지 갈색 육수와 토마토 소스를 붓는다.

다진 마늘과 부케가르니를 넣는다.

간을 확인한 후 뚜껑을 잘 닫고 220도 오븐에 넣어 1시간 20분~1시간 30분 정도 천천히 익힌다.

5. 토마토 퐁듀 끓일 준비하기 – 15분(p. 427 참조)

중탕냄비에 담아 뚜껑을 닫고 보관한다.

6. 《밀라노식 milanaise》 곁들임 준비하기 – 15분*

버섯을 다듬어 씻은 후 가늘게 채 썬다.

햄과 우설의 기름기를 제거한 후 채 썬다.

송로버섯을 손질한 후 채 썬다.

작은 소테팬에 버터를 두르고 채썬 버섯을 볶는다.

채썬 햄, 우설, 송로버섯을 첨가한다.

다시 1~2분간 다 함께 볶는다.

포타주용 스푼으로 잘 섞는다.

마데이라 와인으로 데글라세한다.

리에종하고 토마토를 넣은 송아지 갈색 육수를 붓고 몇 분간 소스를 졸인다.

간을 확인한 후 버터를 넣어 소스를 마무리한다.

중탕냄비에 뚜껑을 닫아 소스를 보관한다.

7. 스파게티 익힐 준비하기 – 10분(p. 508/509 참조)

충분한 양의 끓는 물에 소금을 넣고 뚜껑을 열어 스파게티를 익힌다. (음식을 내기 8~10분 전)

물기를 뺀 후 끓는 물에 재빨리 헹군다.

스파게티에 버터를 섞고 간을 확인한다.

8. 마무리하기 – 10분

오렌지 반쪽과 레몬 반쪽의 껍질을 벗겨 작은 주사위 모양으로 썬다.

몇 초간 2번 데친 후 물기를 뺀다.

오렌지 한 개를 씻은 후 껍질에 홈을 내고 8개 슬라이스로 자른다.

파슬리를 잘게 다진 후 물기를 뺀다.

파르메산 치즈를 체에 걸러 소스그릇에 담아둔다.

9. 오소부코 완성하기 – 5분

잘 익었는지 확인한 후 고기 찜 육수에 오렌지와 레몬 제스트 썰어놓은 것을 넣는다.

부케가르니를 꺼낸다.

소스의 기름기를 제거한 후 간을 확인한다.

10. 밀라노식 오소부코 차리기 – 5분

접시에 오소부코를 잘 담는다.

소스를 뿌린다.

각각의 오소부코 위에 홈을 낸 오렌지 조각을 올리고 토마토 퐁듀를 조금 얹는다.

토마토 퐁듀 위에 다진 파슬리를 한꼬집 올린다.

채소용 접시에 스파게티를 소복하게 담는다.

토마토 퐁듀, 밀라노식 곁들임 소스, 파르메산 치즈를 따로따로 소스 그릇에 담는다.

완성한 결과

밀라노식 오소부코(Osso–buco milanaise)

칠면조 《넓적다리》 브레제와 채소 자르디니에르
《JARRETS》 DE DINDE BRAISÉS, JARDINIÈRE DE LÉGUMES

1. 조리 작업 기구 준비하기

2. 100g의 칠면조 넓적다리 고기 16조각을 각각 갈색 소스에 찌기

잘게 썬 오렌지, 레몬 제스트는 넣지 않는다.

40~45분간 고기를 찐다. 쪄준 《넓적다리살 jarrets》은 뼈에서 쉽게 분리된다.

3. 채소 준비하기

당근 800g과 긴 무 800g을 다듬어 씻은 후 막대 모양으로 썬다.

껍질콩 400g은 양쪽 끝부분을 손질한 후 5cm 길이로 썬다.

완두콩 500g 껍질을 깐다.

4. 채소를 따로따로 익히기

당근, 무, 껍질콩을 작은 다발로 묶은 후 양념을 하고, 버터 40g을 발라 뚜껑을 닫고 오븐에 익힌다.

소스에 완두콩을 첨가한다.

5. 칠면조 넓적다리 브레제 차리기

고기를 접시에 담고 소스를 뿌린다.

채소 다발을 색깔별로 번갈아 담는다.

접시 중앙에 예쁜 처빌 잎을 놓아 장식한다.

완성한 결과

칠면조 《넓적다리》 브레제와 채소 자르디니에르
(《Jarrets》 de dinde braisés, jardinière de légumes)

준비 기구
- 정리용 사각 트레이 3
- 작은 믹싱볼 4
- 강판 1
- 작은 중탕냄비 2
- 큰 믹싱볼 1

- 도마 1
- 스테인리스 채반 1

조리 기구
- 뚜껑 있는 크고 낮은 소스포트 1
- 큰 자루냄비 1
- 중간 크기 소테팬 1
- 작은 소테팬 1

플레이팅 도구
- 움푹한 타원형(바이메탈) 접시 또는 타원형 접시
- 채소용 접시와 접시받침
- 소스그릇과 받침
- 무늬 있는 장식용 종이

비슷한 요리 PLATS SIMILAIRES

피에몬테식 오소부코 Osso–buco piémontaise
- 《밀라노식 à la milanaise》 조리법에 따라 갈색 소스에 오소부코를 찌고(앞장 참조) 주사위 모양으로 자른 햄과 파르메산 치즈를 곁들인 크림 소스 리조토를 함께 낸다.

타라곤을 곁들인 송아지 사태 찜 Jarrets de veau à l'estragon
- 토마토를 조금 넣은 갈색 육수에 송아지 정강이살을 찌고, 음식을 낼 때 다진 생타라곤을 곁들인다.
- 데친 타라곤 잎으로 오소부코를 장식한다.

송아지 사태 브레제와 클라마르 곁들임 Jarrets de veau braisés Clamart
- 갈색 소스 송아지 사태 찜에 프랑스식 완두콩으로 채운 아티초크와 뽐 샤또를 곁들여 낸다.

맏물 채소를 곁들인 오소부코 Osso–buco braisé aux primeurs
- 갈색 소스에 오소부코를 찐다. 고기를 덜고 고기 찜 육수 소스에 윤을 낸 당근볼, 무볼, 갈색으로 졸인 구슬양파, 데친 완두콩, 껍질콩을 첨가한다.

툴루즈식 카술레
CASSOULET 《FAÇON》 TOULOUSAIN

카술레의 구성은 도시마다 다양하지만, 토기로 된 스튜냄비인 카술레에 뭉근히 익힌 고기(오리고기 confit de canard, 돼지고기 porc, 양고기 agneau, 소시지 콩피 saucisses 등)에 익힌 강낭콩(타르베 tarbais 지역 강낭콩, 코코콩 cocos, 흰색 강낭콩 lingots)을 곁들인 요리이다. 옛날에는 잠두콩으로 만들었다. 까스텔노다히 Castelnaudary에서는 돼지고기로, 카르카손 Carcassonne에서는 양고기로, 툴루즈 Toulouse에서는 양고기 콩피나 소시지로 만든다.

8인분 재료	단위	양
강낭콩을 익히기 위한 기본 재료		
– 타르베 강낭콩, 흰색 강낭콩 또는 코코콩 tarbais, lingots ou cocos	g	400
– 당근	g	160
– 양파	g	160
– 정향 조각	개	2
– 부케가르니	개	1
– 마늘 (2톨)	g	15
– 염장(반염) 삼겹살 poitrine de porc demi–sel	g	200
– 돼지 껍질	g	160
마늘 소시지(데침용) SAUCISSON À L'AIL À POCHER		
– 마늘 소시지 saucissons à l'ail	g	200
곁들임		
– 오리 넓적다리 콩피(4조각) cuisses de canard confites	g	600
– 거위 또는 오리고기 지방 graisse d'oie ou de canard	g	40
양고기 라구 RAGOÛT D'AGNEAU		
– 뼈를 제거한 양고기 어깨살 또는	g	800
– 50g으로 자른 양고기 목심 조각 collier détaillé en morceaux	g	800
– 양파	g	160
– 마늘(4톨)	g	30
– 토마토	g	400
– 부케가르니	개	1
– 강낭콩 익힌 육수 cuisson des haricots 또는	l	약간(PM)
– 닭고기 육수	l	약간(PM)
툴루즈 소시지(4개) SAUCISSES DE TOULOUSE		
– 툴루즈 소시지(4개)	g	400
마무리		
– 마늘(2톨)	g	15
– 식빵	g	40
– 콩피 지방 graisse de confit	g	약간(PM)
양념		
– 굵은소금		약간(PM)
– 가는소금		약간(PM)
– 후춧가루		약간(PM)
평균 준비 시간 : 1시간 05분		
평균 가열 시간(강낭콩) : 1시간~1시간 30분		
평균 가열 시간(양고기 라구) : 1시간~1시간 20분		
평균 가열 시간(카술레) : 1시간 30분~2시간		

만드는 방법

1. 조리 작업 기구 준비하기 – 5분
레시피대로 재료를 계량, 측정하고 작업에 필요한 도구들을 점검한다.

2. 강낭콩 준비하기 – 15분(p. 183 참조)
흰색 강낭콩을 씻은 후 몇 시간 동안 물에 담근 후 헹구고, 최근에 수확한 것이 아닌 경우 데친다.

당근, 정향 조각을 꽂은 양파, 부케가르니, 데친 염장(반염) 삼겹살, 돼지 껍질을 함께 넣어 익힐 준비를 한다.

강낭콩 모양이 유지되도록 천천히 익힌다.

완성되기 20분 전에 양념한 후 데친 마늘 소시지를 첨가한다.

3. 카술레 익힐 준비하기 – 15분
큰 소스포트에 기름을 조금 두르고 오리 넓적다리 콩피를 익힌다.

고기를 덜어 뚜껑을 닫아 보관한다.

50g 조각으로 자른 양고기 어깨살과 목심을 콩피 기름으로 노릇노릇 굽는다.

기름을 조금 제거한 후잘게 다진 양파를 넣고 색깔이 나지 않게 볶은 후 빻은 마늘 4톨, 껍질과 씨를 제거해 잘게 다진 토마토를 첨가한다.

강낭콩을 익힌 육수 또는 닭고기 육수1.5L를 붓는다.

간을 한 후 부케가르니를 넣는다.

1시간 정도 뚜껑을 닫고 오븐에 천천히 익힌다.

4. 카술레 재료 완성하기 – 15분
강낭콩 물기를 빼고 함께 익힌 재료는따로 둔다.

고기를 덜고 강낭콩을 첨가한 후 소스를 차이나 캡에 걸러 20분 정도 뭉근히 끓인다.

삼겹살과 소시지를 1cm 두께로 슬라이스하고 돼지껍질도 작은 조각으로 자른다.

콩피 고기를 얇은 조각으로 썬다.

툴루즈 소시지를 한 면만 그릴에 굽는다.

5. 카술레 만들기 – 12분
토기로 된 2개의 움푹한 그릇(카술레 cassoles, 향로형 그릇)을 마늘로 문지른다.

그릇 안쪽에 콩피 지방을 문지르고 바닥과 옆면을 돼지껍질 조각으로 덮는다.

강낭콩을 한겹 깔고 양고기, 콩피, 소시지 슬라이스, 소스를 차례로 담고 강낭콩를 다시 한겹 담는다.

체에 간 빵가루를 뿌리고 콩피 지방을 뿌린다.

그릇을 (120도) 오븐에 넣고 1시간 30분~2시간 익힌다.

카술레가 노릇노릇해지면 윗면을 부수고 빵 부스러기를 넣고 (그라탱) 조금 더 익힌다.

다시 그라탱을 만들고 다시 한 번 부순다.

카술레 위에 익히지 않은 소시지 면을 위로 해서 얹는다.

소시지가 바삭바삭 익으면 카술레가 완성된 것이다.

6. 카술레 차리기 – 3분
장식용 종이를 깐 접시받침 위에 뜨거운 그릇을 올린다.

완성한 결과

툴루즈식 카술레(Cassoulet 《façon》 toulousain)

준비 기구
- 중간 크기 들통 1
- 정리용 사각 트레이 3
- 도마 1

조리 기구
- 중간 크기 자루냄비
또는
- 큰 소테팬 1
- 소스포트 1
- 갈비용 그릴
- 큰 도자기 접시(카술
  레 cassoles) 2

플레이팅 도구
- 큰 소스 볼 2
- 무늬 있는 장식용 종
  이 또는 냅킨

허드레 고기 요리

LES ABATS

요리 소개 BREF RAPPEL DE TECHNOLOGIE

허드레 고기는 매우 다루기 힘든 재료이다. 허드레 고기로 요리한 경우에는 빨리 먹어야 하며 엄격한 위생적 주의가 필요하다.

일부 허드레 고기는 M.R.S.(Matériels à Risques Spécifiés 위험 명시 재료)에 속한다. 이러한 재료를 사용하기 위해서는 수의학 위생 규정을 수시로 확인하며 자주 바뀌는 내용을 숙지해야 한다. 최근 규정에 따르면, 12개월 이상의 소에서 나온 뇌와 척수는 먹을 수 없다. 이러한 점을 명심하며 허드레 고기를 사용해야 한다.

추천 곁들임 요리

Suggestions de garnitures d'accompagnement

허드레 고기 곁들임 요리는 고기 종류와 색깔에 따라 매우 다양하다.(해당하는 요리의 만들기 테크닉 참고.)

적용 기술 TECHNIQUES MISES EN ŒUVRE

- 뇌와 췌장(이자) 껍질 제거하고 핏물 빼기
  Limoner et dégorger des cervelles et des ris
- 뇌 데치기
  Pocher des cervelles
- 콩팥 준비해 손질하기
  Préparer et parer des rognons
- 쿠르 부용에 허드레 고기 데치기
  Pocher des abats dans un court-bouillon
- 끓는 물에 밀가루, 식용유, 레몬즙 넣어 허드레 고기 데치기
  Pocher des abats dans un blanc
- 허드레 고기 볶기
  Sauter des abats
- 허드레 고기 그릴에 굽기
  Griller des abats
- 허드레 고기 튀기기
  Frire des abats
- 흰색 소스에 허드레 고기 찌기
  Braiser des abats à blanc
- 갈색 소스에 허드레 고기 찌기
  Braiser des abats à brun

영국식 송아지 간
FOIE DE VEAU À L'ANGLAISE

영국식 송아지 간 foie de veau à l'anglaise은 구운 송아지 간 슬라이스에 헤이즐넛 버터로 익힌 베이컨 또는 훈제 삼겹살을 곁들인다.

추천 곁들임 요리 : 찐 감자 pommes vapeur, 뽐 앙글레즈 à l'anglaise, 파슬리를 곁들인 감자 persillées, 뽐 리오네즈 pommes lyonnaise, 뽐 본팜므 bonne – femme, 뽐 파르망티에 Parmentier, 양파 퐁듀 fondue d'oignons, 펜넬 퐁듀 de fenouil, 엔다이브 퐁듀 d'endives

8인분 재료	단위	양
기본 재료		
– 송아지 간(150g 8개 슬라이스)	kg	1.2
– 훈제 삼겹살 또는 베이컨	g	200
(25g 8개 슬라이스)		
– 밀가루	g	100
– 버터	g	80
마무리		
– 버터	g	80
양념		
– 가는소금		약간(PM)
– 후춧가루		약간(PM)
평균 준비 시간 : 40분		
평균 가열 시간 : 3~4분		

만드는 방법

1. 조리 작업 기구 준비하기 – 5분

레시피대로 재료를 계량, 측정하고 작업에 필요한 도구들을 점검한다.

2. 삼겹살 손질하기 – 5분

돼지껍질, 지방이 많은 부분, 연골 등을 제거한다.

손질한 고기를 냉장실에 보관한다.

3. 송아지 간 준비하기 – 10분

간의 슬라이스 상태를 확인한다.

간이 덩어리 형태로 제공될 경우(간엽 상태), 1cm 두께로 자를 때 간을 덮고 있는 투명하고 얇은 막을 제거한다.

슬라이스한 간은 랩으로 덮어 냉장실에 보관한다.

4. 훈제 삼겹살 또는 베이컨 익힐 준비하기 – 5분

삽겹살을 미리 데칠 수도 있다.

소뚜와에 버터를 넣고 녹인다.

삽겹살 슬라이스를 넣어 알맞게 볶은 후 따뜻하게 보관한다.

(버터가 타지 않게 조심한다.)

5. 송아지 간 익힐 준비하기 – 10분

송아지 간 슬라이스에 소금, 후추를 뿌리고 밀가루를 묻힌다.

밀가루가 많이 묻은 부분을 두드려 털어낸다.

훈제 삼겹살을 볶을 때 사용했던 소뚜와를 사용한다.

버터를 조금 넣는다.

굽기 정도가 정해지지 않았다면 속살이 분홍색이 되도록 송아지 간 슬라이스를 천천히 굽는다.

6. 송아지 간 차리기 – 5분

훈제 삼겹살 슬라이스와 번갈아 가며 비스듬히 송아지 간을 담는다.

헤이즐넛 버터를 뿌린다.

영국식 송아지 간 요리는 훈제 삼겹살과 베이컨을 함께 그릴에 구울 수도 있다. 송아지 간에 밀가루을 묻혀 굽는다. 간에 물기가 있을 경우 밀가루가 스며들 수 있으니 조심한다.

FICHE 106

완성한 결과

영국식 송아지 간
(Foie de veau à l'anglaise)

새끼 양의 뇌 《뫼니에르》

CERVELLES D'AGNEAUX 《MEUNIÈRE》

(규정에 따라)

1. 뇌 준비하기(p. 327 참조)

매우 차가운 흐르는 물에 양의 뇌 16개를 씻어 불순물을 제거한다.

뇌에 붙어 있는 핏덩어리 등을 제거하기 위해 흐르는 물에서 껍질을 벗긴 후 식초를 넣은 얼음물에 담가 다시 핏물을 뺀다.

뇌의 상태를 살핀 후 헹군다.

2. 쿠르 부용 준비하기

냄비에 물 1.5L, 식초 50ml, 당근 200g, 얇게 저민 양파 200g, 부케가르니 1개를 넣고 굵은소금을 뿌린다.

15분 동안 천천히 쿠르 부용을 끓이고 통후추를 첨가해 우려낸 후 차이나 캡에 거른다.

3. 뇌 데치기

끓는 쿠르 부용에 양의 뇌를 담그고 10분 정도 약불에 끓이며 데친다.

쿠르 부용을 얼음물에 재빨리 식힌다.

4. 곁들임 재료 준비하기

칼로 레몬 2개의 껍질을 벗긴 후 16개로 슬라이스를 만든다.

작은 레몬 2개 즙을 짜서 스테인리스 용기에 따로 보관한다.

파슬리 20g을 씻어 줄기를 떼고 물기를 없앤 후 잘게 다진다.

5. 뇌 굽기

키친타월 위에 올려 꼼꼼하게 물기를 뺀다.

각각의 뇌를 세로로 잘라 2개의 슬라이스로 만든다.

양념한 후 밀가루를 묻히고 털어서 밀가루가 많이 묻은 부분을 정리한다.

살짝 헤이즐넛 버터가 되도록 버터를 녹여 뇌를 조심스럽게 굽는다.

코팅 프라이팬을 사용하는 것이 더 좋으며, 버터가 타지 않도록 조심한다.

뇌를 뒤집어 다른 면도 노릇노릇하게 굽는다.

6. 뇌 차리기

큰 접시에 동그랗게 둘러 양의 뇌를 담는다.

레몬즙을 뿌리고 뇌를 익혔던 프라이팬에 버터 80g을 금색으로 녹여 뿌린다.

껍질을 깐 레몬 조각을 예쁘게 올린다.

다진 파슬리를 뿌린다.

준비 기구
- 정리용 사각 트레이 3
- 도마 1
- 들통 1

조리 기구
- 큰 소뚜와 또는 낮은 소스포트 1
- 작은 프라이팬 1
- 감자 찜용 냄비 1

플레이팅 도구
- 길고 큰 접시
- 감자 찜용 냄비
- 둥근 접시받침
- 무늬 있는 장식용 종이

새끼 양의 뇌 뫼니에르를 데치지 않고 굽는 경우
새끼 양의 뇌 뫼니에르는 미리 데치지 않고 바로 구울 수도 있다. 이러한 경우 뇌는 매우 신선한 상태여야 한다. 매우 변질되기 쉬운 뇌는 재료를 받자마자 데쳐서 그날 바로 사용하는 것이 좋다.

완성한 결과

새끼 양의 뇌 《뫼니에르》(Cervelles d'agneaux 《meunière》)

비슷한 요리 PLATS SIMILAIRES

셜롯을 곁들인 송아지 간 구이 Foie de veau sauté à l'échalote
- 송아지 간 슬라이스를 속살이 분홍색이 되도록 굽는다.
- 간을 구웠던 팬에 얇게 저민 셜롯을 볶아 살짝 색깔이 나도록 한다.
- 식초와 화이트 와인으로 데글라세한 후 졸이고, 많이 졸인 리에종한 송아지 갈색 육수를 붓고 버터로 마무리한 소스와 다진 파슬리를 뿌린다.

리옹식 송아지 간 Foie de veau lyonnaise
- 버터에 송아지 간 슬라이스를 굽는다.
- 간을 접시에 동그랗게 담고, 얇게 저며 버터에 볶은 양파에 졸인 송아지 갈색 육수 소스 또는 미트 글레이즈를 곁들여 중앙에 담는다.
- 헤이즐넛 버터를 송아지 간 슬라이스에 뿌린다. 간을 구웠던 소테팬을 식초로 데글라세한 소스를 곁들인다.

포도를 곁들인 송아지 간 Foie de veau aux raisins
- 버터에 송아지 간 슬라이스를 굽는다.
- 소테팬에 황설탕을 뿌리고 살짝 캐러멜화한다.
- 식초로 데글라세한 후 졸인 송아지 갈색 육수 또는 데미글라스 소스를 첨가한다. 차이나 캡에 소스를 거른 후 껍질과 씨를 제거한 포도, 미리 데쳐 준비한 알이 작고 씨가 없는 건포도를 첨가한다.
- 몇 분간 뭉근히 끓인 후 마무리용 버터를 넣는다. 소스를 곁들인다.

마데이라 와인 소스 송아지 콩팥 구이와 버섯 곁들임
ROGNONS DE VEAU SAUTÉS AUX CHAMPIGNONS ET AU MADÈRE

마데이라 와인 소스 송아-지 콩팥 구이와 버섯 곁들임 Rognons de veau sautés aux champignons et au madère은 송아지 콩팥 슬라이스를 버터에 구운 후 셜롯을 첨가한 마데이라 와인 소스를 곁들이고 볶은 양송이버섯을 함께 낸다.

추천 곁들임 요리 : 감자볶음 pommes sautées à cru, 뽐 리오네즈 lyonnaise, 뽐 파르망티에 Parmentier, 노릇노릇 구운 감자 pommes rissolées(누아제트 noisettes, 파리지엔 parisienne, 코코트 cocotte, 본팜므 bonne-femme)

8인분 재료	단위	양
기본 재료		
– 지방을 제거한 송아지 콩팥(4×300g)	kg	1.2
– 땅콩기름	ml	80
– 버터	g	80
소스		
– 셜롯	g	50
– 마데이라 와인	ml	100
– 리에종한 송아지 갈색 육수	ml	500
– 버터	g	50
곁들임		
– 양송이버섯	g	250
– 버터	g	40
마무리		
– 파슬리	g	20
양념		
– 가는소금		약간(PM)
– 후춧가루		약간(PM)
평균 준비 시간 : 1시간		
평균 가열 시간 : 2~3분		

만드는 방법

1. 조리 작업 기구 준비하기 – 5분

레시피대로 재료를 계량, 측정하고 작업에 필요한 도구들을 점검한다.

2. 콩팥 준비하기 – 10분(p. 325/326 참조)

콩팥을 덮고 있는 《얇은 막 peau》을 벗긴 후 세로 방향으로 잘라 둘로 나눈다.

신우를 제거한다.(희끄무레한 부분, 힘줄, 신장 혈관)

둘로 나눈 콩팥을 1cm 두께로 슬라이스한 후 냉장실에 보관한다.

3. 콩팥 곁들임 준비하기 – 10분

셜롯을 다듬어 씻은 후 잘게 다진다.

파슬리를 씻은 후 줄기를 떼고 물기를 제거해 잘게 다진다.

버섯을 다듬어 씻은 후 도톰하게 저민다.

4. 버섯 익힐 준비하기 – 10분

프라이팬에 버터를 두르고 버섯을 4~5분간 볶은 후 소금을 살짝 뿌린 후 기름기를 뺀다.

볶은 버섯을 따뜻하게 보관한다.(p. 542 참조)

5. 콩팥 익힐 준비하기 – 15분*

큰 소뚜와에 기름을 두르고 센 불로 달군다.

몇 초간 센 불로 콩팥 겉면을 익힌 후들통 또는 믹싱볼 위에 스테인리스 채반을 놓아 기름기를 뺀다.

소뚜와에 버터를 다시 두른다.

콩팥에 양념을 한 후 매우 뜨겁게 달궈진 버터(금색)에 2~3분간 볶는다.

속살이 분홍색이 되도록 한다.

다시 스테인리스 채반에 올려 기름기를 뺀다.

6. 소스 만들기 – 10분

소뚜와의 기름을 제거한다.

다진 셜롯을 첨가하고 색깔이 나지 않게 천천히 볶는다.

마데이라 와인으로 데글라세한 후 졸인다.

리에종한 송아지 갈색 육수를 첨가하고 몇 분 동안 천천히 졸인다.

간을 확인한 후 기름기를 잘 뺀 콩팥과 버섯을 첨가한다.(소스가 끓어서는 안 된다.)

소뚜와 불을 끄고 마무리용 버터를 넣는다.

간을 다시 확인한다.

7. 콩팥 차리기 – 5분

접시에 콩팥을 소복하게 담는다.

다진 파슬리를 적당히 뿌린다.

장식용 종이를 깐 접시받침 위에 접시를 올린다.

** 많은 양을 준비할 경우, 콩팥을 미리 프라이팬에 볶을 수 있다. 육즙이 세어 나오지 않도록 센 불에 각 면을 잘 익히고 스테인리스 채반으로 기름기를 뺀다.*

FICHE 107

완성한 결과

마데이라 와인 소스 송아지 콩팥 구이와 버섯 곁들임
(Rognons de veau sautés aux
champignons et au madère)

야생 버섯을 곁들인 송아지 콩팥, 췌장 《라구》

PETIT 《RAGOÛT》 DE ROGNONS ET DE RIS DE VEAU AUX CHAMPIGNONS SAUVAGES

(규정에 따라)

1. 허드레 고기 준비하기

각각 250g 되는 도톰한 송아지 췌장 4개의 핏물을 빼고 데친 후 얼음물에 담궈 식힌 후 손질한다.(p. 324/325 참조)

각각 300g 되는 2개의 송아지 콩팥을 손질하고 지방과 《힘줄 dénerver》을 제거하고 슬라이스한다.

2. 곁들임 준비하기

야생 버섯 400g을 씻는다.(계절에 따라, 그물버섯(세프)) 뿔나팔버섯, 꾀꼬리버섯, 모렐버섯, 느타리버섯 등을 선택한다.)

버섯이 클 경우 슬라이스한다.

셜롯 40g을 다듬어 씻은 후 잘게 다진다.

파슬리 20g 또는, 골파 20g을 잘게 다진다.

3. 버섯 볶기

버터 40g을 거품이 나도록 매우 뜨겁게 달궈 볶아주고, 잘게 다진 셜롯 1/2을 첨가한다. 채소 육수가 나오면 따로 보관한다.

4. 콩팥 굽기

식용유를 매우 뜨겁게 달궈 몇 초간 센 불에 콩팥을 굽고 기름기를 뺀다.

양념한 후 버터 40g을 녹여 거의 헤이즐넛 버터가 되도록 만들어 볶는다.

속살이 분홍색이 되도록 유지하고 스테인리스 채반에 담아 기름기를 뺀다.

5. 송아지 췌장 굽기

송아지 췌장을 1.5cm 두께로 슬라이스한다.

양념한 후 밀가루를 묻힌다.(밀가루가 많이 묻은 부분은 털어낸다.)

코팅 프라이팬에 버터 40g을 넣어 뜨겁게 달군 후 볶는다.

뒤집개로 조심스럽게 뒤집어 굽는다.

6. 소스 만들기

콩팥을 구웠던 소테팬의 기름기를 제거한다.

다진 셜롯 나머지를 첨가해 색깔이 나지 않도록 볶는다.

포르투 와인 100ml로 데글라세한 후 양이 1/2 되도록 졸인다.

가볍게 리에종한 송아지 갈색 육수 300ml, 버섯 육수, 크림 100ml를 첨가한다.

졸인 후 간을 확인한다.

7. 《라구》 차리기

큰 접시에 동그랗게 둘러 송아지 콩팥과 췌장 슬라이스를 번갈아 담는다.

소스를 뿌린다.

버섯을 조금씩 예쁘게 담는다.

다진 파슬리 또는 골파를 뿌린다.

준비 기구
- 정리용 사각 트레이 2
- 큰 믹싱볼 1
- 작은 믹싱볼 2
- 도마 1

- 작은 중탕냄비 1
- 손잡이 있는 스테인리스 채반 1

조리 기구
- 큰 소뚜와 또는 큰 소테팬 1
- 작은 프라이팬 1

플레이팅 도구
- 채소용 접시
- 둥근 접시받침
- 무늬 있는 장식용 종이

완성한 결과

야생 버섯을 곁들인 송아지 콩팥, 췌장 라구
(Petit ragoût de rognons et de ris de veau aux champignons sauvages)

비슷한 요리 PLATS SIMILAIRES

보줴 송아지 콩팥 Rognons de veau Beaugé
- 송아지 콩팥을 손질하고 《힘줄 dénervés》을 제거한 후 통째로 보관한다.
- 헤이즐넛 버터에 센불로 굽는다.
- 양념한 후 기름기를 뺀다. 속살이 분홍색이 되도록 한다. 소테팬에 불을 붙여 콩팥에 풍미를 준 후, 크림 소스와 리에종한 송아지 갈색 육수 소스를 곁들인다. 꼬냑에 불을 붙여 콩팥에 풍미를 주고 소테팬을 데글라세한 후 크림과 리에종한 송아지 갈색 육수를 첨가한다. 졸인 후 불을 끄고 겨자와 버터로 소스를 마무리한다.

보르드레즈 소스 송아지 콩팥 Rognons de veau bordelaise
- 송아지 콩팥을 굽는다. 소스는 레드 와인으로 데글라세한 후 보르드레즈 소스를 첨가한다.
- 주사위 모양의 데친 사골 조각, 보르도식으로 볶은 그물버섯(세프)을 곁들이고 다진 파슬리를 뿌린다.

정육점 송아지 콩팥 Rognons de veau bouchère
- 송아지 콩팥, 치포라타 소시지, 주사위 모양으로 썬 소고기 안심 조각을 볶는다.
- 마데이라 와인으로 데글라세한 후 졸여 마데르 소스를 첨가한다. 버터로 마무리하고 다진 파슬리를 뿌린다.

매운 소스 우설
LANGUE DE BŒUF POCHÉE SAUCE PIQUANTE

MENU 매운 소스 우설 langue de bœuf pochée sauce piquante는 아로마틱 가니쉬를 넣고 데친 우설에 잘게 다진 양파, 화이트 와인, 식초를 졸인 후 토마토를 넣은 송아지 육수를 부어 만든 소스를 곁들이고 채썬 코르니숑과 허브를 함께 낸다.

추천 곁들임 요리 : 감자 퓌레 purée de pommes de terre, 샐러리 퓌레 de céleri, 콜리플라워 퓌레 de choux-fleurs, 시금치 볶음 또는 크림 소스 시금치 épinards en feuilles ou à la crème, 데친 채소 légumes pochés(당근, 무, 샐러리, 대파 등등)

8인분 재료	단위	양
기본 재료		
– 《스위스 커팅 coupe suisse》 또는 《짧게 자른 coupe short》 신선한 우설* langue de bœuf fraîche présentée avec la coupe dite 《coupe suisse》 ou 《coupe short》	kg	1.8~2
– 당근	g	200
– 양파	g	200
– 정향 조각	개	2
– 부케가르니	개	1
– 샐러리	g	100
– 대파	g	200
매운 소스 SAUCE PIQUANTE		
– 셜롯	g	50
– 화이트 와인	ml	100
– 착색 알코올 식초	ml	50
– 토마토를 넣은 송아지 갈색 육수 또는	ml	800
– 스페인 소스 sauce espagnole	g	800
– 코르니숑 cornichons	g	80
– 파슬리 persil	g	약간(PM)
– 처빌 cerfeuil	단	약간(PM)
– 타라곤 estragon	단	약간(PM)
– 버터	g	40
양념		
– 굵은소금		약간(PM)
– 가는소금		약간(PM)
– 후춧가루		약간(PM)
평균 준비 시간 : 1시간 05분		
평균 가열 시간 : 1시간 30분~2시간		

뼈와 지방을 제거해 손질한 우설은 95%가 지방이 없는 살로 혀의 근육으로만 이루어져 있다.(BPI 출판사, 조리 기술 과정(허드레 고기 참조) : technologie culinaire : les abats

만드는 방법

1. 조리 작업 기구 준비하기 – 5분
레시피대로 재료를 계량, 측정하고 작업에 필요한 도구들을 점검한다.

2. 우설 불순물 제거하기 – 5분
매우 차가운 물에 2시간 정도 우설을 담가 핏물을 뺀다.(일부 요리사는 24시간 동안 굵은소금에 우설을 절이기도 한다.)

3. 우설 데치기 – 10분
소스포트 또는 큰 자루냄비에 우설을 넣는다.

찬물을 부은 후 물을 끓이고 몇 분 동안 데친다.
얼음물에 담가 식힌 후 물기를 뺀다.
(반드시 공인된 도살장에서 도축해야 하는 냉동 우설은 미리 해동하지 않고 끓는 물에 바로 데치거나 최대 3도인 냉장실에서 몇 시간 동안 해동해야 한다.)

4. 아로마틱 가니쉬를 위한 채소 준비하기 – 10분
당근을 다듬어 씻는다.
양파를 다듬어 씻은 후 정향 조각을 박아 넣는다.
대파와 샐러리를 첨가해 부케가르니를 만든다.

5. 우설 삶기 – 10분
우설을 데칠 때 사용했던 냄비를 헹군다.
우설을 넣고 찬물을 부은 후 굵은소금을 넣어 끓인다.
거품을 걷어낸다.
아로마틱 가니쉬를 첨가한다.
뚜껑을 반쯤 열고 1시간 30분~2시간 동안(우설의 품질에 따라) 천천히 익힌다.

6. 매운 소스 만들기 – 15분
소테팬에 화이트 와인, 식초, 셜롯, 굵게 빻은 후추를 넣고 4/5로 졸인다.
리에종하고 토마토를 넣은 송아지 갈색 육수 또는 데미글라스 소스를 첨가한다.
10분 정도 약불로 끓인다.
차이나 캡에 거른다.
채 썰어 데친 코르니숑을 첨가한다.
마무리용 버터를 소스에 넣는다.
음식을 낼 때 다진 생 허브를 뿌린다.

7. 우설 차리기 – 10분
우설이 잘 익었는지 확인한다. 우설 근육 중앙에 꽂아 놓은 조리용 바늘이 쉽게 뽑혀야 한다.
물기를 빼고 껍질을 벗긴다.(우설을 덮고 있는 껍질을 제거한다.)
익은 우설을 손질해 16개 슬라이스로 자른다.
긴 접시에 우설 슬라이스를 담고 매운 소스를 골고루 뿌린다.

매운 소스 우설을 요리할 때 주의할 점
– 일반적인 식당에서는 위와 같은 조리법으로 우설을 익히는 것이 관례이다. 2/3쯤 익었을 때 물기를 빼고 껍질을 벗겨 향신 재료를 넣은 육수에 마데이라산 와인과 리에종한 송아지 갈색 육수를 넣어 삶는다. 가장 자주 곁들이는 소스는 마데르 소스 sauces madère, 샤슈르 소스 chasseur, 비가라드 Bigarade 소스이고, 부르주아 곁들임 garnitures bourgeoise 또는 부르고뉴식 곁들임 bourguignonne을 함께 낸다
– 단체 급식에서는 신선한 우설이 전날 저녁에 배송되어야 다음 날 제공할 수 있다. 우설을 손질하고 슬라이스하는 작업은 최대한 음식을 제공하는 시간 안에 해야 한다.(최대 2시간 이내)
– 시간 차이를 두고 추후에 음식을 제공할 경우, 우설을 삶은 육수를 소스 만드는 데 사용하지 않는 것이 좋다.

FICHE 108

완성한 결과

매운 소스 우설
(Langue de bœuf pochée,
sauce piquante)

라비고트 소스 송아지 머리고기 TÊTE DE VEAU POCHÉE
DANS UN BLANC SAUCE RAVIGOTE

1. 송아지 머리 데치기

소스포트 또는 큰 자루냄비에 송아지 머리를 넣는다.
찬물을 붓고 끓여 몇 분간 데친다.
얼음물에 담근 후 물기를 뺀다.

2. 삶을 준비하기

냄비를 헹군 후 물 3L 정도를 붓고 끓인다.
작은 믹싱볼에 밀가루 60g, 찬물 200㎖, 레몬즙을 넣고 섞는다.(물 1L당
밀가루 20g)
준비한 《흰색 혼합물 blanc》을 차이나 캡에 걸러 끓는 물에 붓는다.
덩어리가 엉기지 않게 거품기로 저어준다.

3. 송아지 머리 삶기

송아지 머리에 레몬즙을 뿌리고 머리를 삶았던 그릇에 다시 넣는다.
굵은소금을 넣는다.
토막 낸 당근 200g, 2개의 정향 조각을 박은 양파 200g, 강한 향의
부케가르니, 식용유 50㎖ 또는 다진 송아지 지방 150g을 첨가한다.
중앙에 김이 나갈 수 있도록 구멍을 낸 유산지로 덮는다.
2시간 정도 뭉근히 약불에 끓인다.

4. 라비고트 소스 만들기

식초 80㎖, 식용유 300㎖, 소금, 후추를 넣어 식초 소스를 만들고, 다진
케이퍼, 잘게 다져 흐르는 물에 헹군 양파, 다진 생 허브를 첨가한다.

5. 차리기

고기를 묶었던 실을 풀고 송아지 머리를 일정한 두께로 슬라이스한다.
우설도 슬라이스하고 뇌도 도톰하게 자른다.
1인당 뜨거운 송아지 머리고기 2개를 슬라이스 비율로 담는다.
라비고트 소스를 뿌린다.
칼로 껍질을 깐 후 레몬 슬라이스와 처빌 잎으로 장식한다.
(뜨겁게 제공하는 송아지 머리고기는 차가운 소스인 마요네즈 소스나
식초 소스의 응용 소스, 아이올리 소스, 그리비슈 소스, 레물라드 소스,
타르타르 소스, 뱅상 소스 Vincent 또는 따뜻한 소스인 샤퀴트리 소스,
매운 소스, 디아블르 소스, 로버트 소스, 사슈르 소스, 토마토 소스, 풀레트
소스 등을 곁들일 수 있다.)

일반적으로 뼈를 제거한 송아지 머리는 우설을 포함한다. 그렇지 않을 경우,
우설을 함께 넣어 익히고 머리를 다 익히기 30분 전에 뺀다. 뇌를 송아지 머
리와 함께 제공하는 것이 관례이다. 뇌의 핏물을 빼고 껍질을 벗겨 끓는 쿠르
부용에 넣어 삶는다. (p. 989 《새끼 양의 뇌 뫼니에르》 참조)

준비 기구
- 정리용 사각 트레이 3
- 큰 믹싱볼 2
- 도마 1
- 작은 중탕냄비 1
- 차이나 캡 1

조리 기구
- 소스포트 1
- 중간 크기 소테팬 1

플레이팅 도구
- 크고 긴 접시
- 소스그릇과 받침
- 무늬 있는 장식용 종이

완성한 결과

라비고트 소스 송아지 머리고기(Tête de veau pochée dans un blanc, sauce
ravigote)

비슷한 요리 PLATS SIMILAIRES

토마토 소스 우설 Langue de bœuf, sauce tomate
- 앞서 나온 조리법에 따라 우설을 삶아 토마토 소스를 곁들인다.(p. 395
  참조)

피렌체식 우설 Langue de bœuf florentine
- 삶은 우설 슬라이스를 헤이즐넛 버터에 볶은 시금치 위에 담고, 모르네
  소스를 뿌려 그라탱으로 만든다.

그리비슈 소스 송아지 소장 막 Fraise de veau, sauce gribiche
- 밀가루, 식용유, 레몬즙을 넣은 끓는 물에 송아지 소장 막을 삶는다. 삶은
  계란 노른자, 다진 케이퍼, 코르니숑, 허브, 삶은 계란 흰자를 채썬 것으로
  만든 마요네즈 소스를 곁들여 따뜻하게 제공한다.

풀레트 소스 송아지 족 또는 양고기 족
Pieds de veau ou de mouton, sauce poulette
- 밀가루, 식용유, 레몬즙을 넣은 끓는 물에 뼈를 제거한 송아지 또는 양 족을
  삶아 조각으로 썬다.
- 물기를 빼고 풀레트 소스를 곁들인다.(송아지 육수와 버섯을 넣은 벨루테를
  계란 노른자와 크림으로 리에종한 후 레몬즙과 다진 파슬리를 첨가한다.)

갈색 소스 송아지 췌장 브레제 (규정에 따라 조리)

RIS DE VEAU BRAISÉS À BRUN ET À BLANC (SELON LA RÉGLEMENTATION)

갈색 소스 송아지 췌장 브레제 Ris de veau braisés à brun et à blanc는 돼지비계를 끼운 송아지 췌장을 마데이라 와인 또는 포르투 와인을 넣어 풍미를 준 향신 재료 위에 담고 소량의 육수를 넣어 찐 요리이다.

추천 곁들임 요리 : 프랑스식 완두콩 petits pois à la française, 시골식 완두콩 paysanne ; 햇당근 carottes nouvelles, 여러 종류의 버섯(모렐버섯 morilles, 꾀꼬리버섯 chanterelles), 아스파라거스 pointes d'asperges, 홉 jets de houblon, 샐러리 céleri, 엔다이브와 상추 브레제(찜) endives et laitues braisées 요리

8인분 재료	단위	양
기본 재료		
– 손질되지 않은 송아지 췌장 : 250g은 동그란 모양의 췌장 부분 8조각	kg	2
– 비계	g	150
– 버터	g	80
아로마틱 가니쉬		
– 당근	g	150
– 양파	g	150
– 부케가르니	개	1
고기 찜 육수 소스		
– 화이트 와인	ml	100
– 마데이라 와인 또는 포르투 와인	ml	50
– 리에종한 송아지 갈색 육수	ml	800
마무리		
– 버터	g	20
양념		
– 가는소금		약간(PM)
– 후춧가루		약간(PM)
평균 준비 시간 : 1시간 55분		
평균 가열 시간 : 35~40분		

준비 기구
- 정리용 사각 트레이 3
- 도마 1
- 차이나 캡 1
- 스테인리스 채반 1
- 큰 믹싱볼 1
- 들통 1
- 작은 중탕냄비 1

조리 기구
- 큰 자루냄비 1
- 뚜껑 있는 소스포트 1 또는 큰 스테팬 1

플레이팅 도구
- 큰 접시 또는 타원형 접시(바이메탈)
- 접시받침
- 무늬 있는 장식용 종이

만드는 방법

(p. 602~605 참조)

1. 조리 작업 기구 준비하기 – 5분
레시피대로 재료를 계량, 측정하고 작업에 필요한 도구들을 점검한다.

2. 송아지 췌장 준비하기(전날 준비하는 것이 더 좋음) – 15분
(p. 324/325 참조)

자주 물을 갈아주며 얼음물에 송아지 췌장을 담가 핏물을 뺀다.(소금을 물에 조금 넣는다.)
찬물을 부어 끓여 3~4분간 데치고 얼음물에 담근 후 물기를 뺀다.
지방이 많은 부분, 힘줄, 연골을 제거하고 손질한다.
다음과 같이 췌장 위에 《무거운 것 sous presse》을 올린다. 췌장을 트레이에 담은 후 깨끗한 면보 또는 랩으로 덮고 그 위에 1kg 무게가 나가는 것을 담은 트레이를 올린다.
췌장 손질한 부스러기와 연골과 함께 냉장실에 보관한다.

3. 각 면이 3cm 되고 3cm 길이인 막대 모양으로 비계 자르기 – 5분
얼음물에 담궈 굳힌다.

4. 아로마틱 가니쉬 준비하기 – 5분
당근, 양파를 다듬어 씻은 후 얇게 저민다.
파슬리를 씻은 후 줄기를 떼고, 부케가르니를 만든다.

5. 송아지 췌장에 비계 끼우기* – 30분(p. 321, 603 참조)
조리용 바늘을 사용해 송아지 췌장 표면에 띄엄띄엄 비계를 끼운다.

6. 송아지 췌장 익힐 준비하기 – 15분
송아지 췌장에 소금, 후추를 뿌린 후 소테팬에 버터를 두르고 비계를 끼운 면을 먼저 굽는다.
노릇노릇 색깔이 나게 구운 후 트레이에 담아둔다.
아로마틱 가니쉬, 췌장 부스러기를 첨가한 후 몇 분간 색깔이 나지 않게 볶는다.
기름기를 제거한 후 구운 췌장을 곁들임 위에 올린다.
화이트 와인으로 데글라세한 후 졸인다.
마데이라 와인 또는 포르투 와인을 첨가한 후 다시 천천히 졸인다.
리에종한 송아지 갈색 육수를 붓는다.
간을 확인한 후 부케가르니를 첨가한다.
뚜껑을 덮어 200도 오븐에 35~40분 정도 익힌다.(소스가 졸아드는지 주의하며 살펴보고 수시로 췌장에 소스를 뿌리며 익힌다.)

7. 송아지 췌장에 윤을 내 완성하기 – 5분
잘 익었는지 확인하고 트레이에 담는다.
소스를 압착하지 말고 차이나 캡에 거른다.
기름기를 제거하고 소스의 농도와 간을 확인한다.
매우 뜨거운 오븐 입구 또는 샐러맨더에 송아지 췌장을 넣고 고기 찜 육수 소스를 계속 뿌려주며 윤을 낸다.
마무리용 버터를 넣은 후 중탕냄비에 소스를 담아 뚜껑을 닫고 보관한다.

8. 완성한 송아지 췌장 브레제 차리기 – 5분
접시에 비스듬하게 송아지 췌장을 담는다.
소스를 골고루 뿌린다.

* 송아지 췌장에 막대 모양 송로버섯 조각을 박아 넣을 수도 있다.

FICHE 109

완성한 결과

갈색 소스 송아지 췌장 브레제(Ris de veau braisés à brun et à blanc)

흰색 소스 송아지 췌장 브레제 RIS DE VEAU BRAISÉS À BLANC

1. **각각 250g인 송아지 췌장 덩어리 8개의 핏물을 뺀 후 데치고 얼음물에 담가 식힌 후 무거운 것 밑에 두기**
2. **송아지 췌장에 비계 끼우기**

   송아지 췌장은 그대로 요리할 수도 있고 막대 모양 비계를 끼우거나 우설 조각, 송로버섯 조각을 박아 넣어 요리할 수도 있다.
3. **찜 육수 아로마틱 가니쉬 준비하기**

   당근 150g, 양파 150g, 샐러리 50g을 다듬어 씻고 얇게 저민다.

   버섯 50g의 부스러기 또는 밑동을 준비한다.

   작은 부케가르니를 만든다.
4. **송아지 췌장 익히기**

   첫 번째 방법 :

   양념한 후 버터 40g을 달궈 송아지 췌장을 굽는다. 비계를 끼운 면을 먼저 굽고 뒤집어 노릇노릇해지도록 굽는다.

   기름기를 제거한다.

   소테팬에 아로마틱 가니쉬를 첨가하고 몇 분간 색깔이 나지 않게 잘 볶는다.

   아로마틱 가니쉬 위에 송아지 췌장을 올린다.

   화이트 와인 또는 포르투 화이트 와인 100ml로 데글라세한다.

   소스의 양이 2/3가 되도록 졸이고, 매우 진한 젤라틴질의 송아지 흰색 육수 400ml를 붓는다.

   부케가르니를 첨가하고 버터를 바른 유산지를 췌장 위에 올려놓고 뚜껑을 닫아 오븐에 35~40분 동안 익힌다.

   익히는 동안 소스를 자주 뿌린다.

   두 번째 방법 :

   버터에 아로마틱 가니쉬를 볶는다.

   송아지 췌장을 담고 소테팬을 200도 오븐에 15분 동안 둔다.

   오븐에서 꺼내 졸인 와인과 끓인 흰색 육수를 붓는다.

   뚜껑을 닫아 오븐에 다시 넣는다.
5. **찜 육수 소스 만들기**

   송아지 췌장을 덜어 뚜껑을 덮어 따로 보관한다.

   찜 육수를 차이나 캡에 거르고 졸인 후 간을 확인하고 기름기를 제거한다.
6. **송아지 췌장 윤내기(선택사항)**

   샐러맨더에 췌장을 두고 찜 육수 소스를 계속 뿌려준다.

7. **찜 육수 소스 완성하기**

   조리법에 따라 송아지 육수 100ml 또는 송아지 육수 벨루테 100ml, 크림 200ml를 첨가해 원하는 농도가 될 때까지 졸인다. 레몬즙 몇 방울을 넣어 새콤하게 만든다.
8. **송아지 췌장 차리기**

흰색 소스 브레제 조리법에 어울리는 요리

흰색 소스 브레제 조리법은 특별히 다음과 같은 곁들임 요리와 어울린다. 송아지 췌장 브레제와 버섯 곁들임(모렐버섯, 꾀꼬리버섯), 송아지 췌장 브레제와 아스파라거스 곁들임, 스튜냄비에 담은 송아지 췌장 브레제와 굵고 짧게 채썬 당근, 무, 대파, 샐러리, 버섯, 송로버섯 곁들임.

완성한 결과

모렐버섯을 곁들인 송아지 췌장 브레제(Ris de veau braisés aux morilles)

비슷한 요리 PLATS SIMILAIRES

송아지 췌장 브레제와 클라마르 곁들임 Ris de veau braisés Clamart

- 갈색 소스 송아지 췌장 브레제에 버터에 익힌 프랑스식 완두콩을 채운 아티초크와 뽐 샤또를 곁들인다. 찜 육수 소스에 마데이라 와인을 넣는다.

미식가의 송아지 췌장 브레제 Ris de veau des gourmets

- 갈색 소스에 송아지 췌장을 찐다.
- 각각의 송아지 췌장 위에 볶은 푸아그라 슬라이스를 얹는다. 버터에 익힌 아스파라거스와 송로버섯 조각을 둘레에 담는다. 찜 육수 소스에 마데이라 와인과 송로버섯즙을 넣는다.

피렌체식 송아지 췌장 브레제 Ris de veau braisés florentine

- 헤이즐넛 버터에 볶은 시금치를 깔고 갈색 소스에 찐 송아지 췌장을 슬라이스해서 담는다. 찜 육수 소스 한 줄을 두른다.

쉬르쿠프 송아지 췌장 브레제 팀발 Timbale de ris de veau braisés Surcouf

- 갈색 소스에 찐 송아지 췌장을 팀발(파이 틀)에 담고 아티초크 슬라이스, 당근, 투명하게 윤을 낸 햇무, 버터에 익힌 아스파라거스로 채운다.

가금류 요리

LES VOLAILLES

요리 소개 BREF RAPPEL DE TECHNOLOGIE

《가금류 volaille》라는 말은 가금 사육장에 있는 동물, 새장에서 키우는 비둘기와 메추라기, 가축으로 키우는 토끼를 통칭한다. 요리에서 이 용어는 닭고기 요리를 가 리킨다.(예 : 닭고기 프리카세 fricassée de volailles)

가금류는 살의 색깔에 따라 분류하고, 흰살 가금류(영계 poulets, 새끼 칠면조 dindonneaux)와 갈색살 가금류(오리 canards, 거위 oies, 뿔닭 pintades)로 구분한다. 가금류는 산업적으로 인증을 받아 사육된 닭(루에산, Loué) 또는 원산지 명칭 표시 제도(AOC)를 위한 고품질의 닭(브레스산 Bresse)으로 분류할 수 있다.

빠르게 익히는 방법(오븐구이 rôtir, 그릴구이 griller, 튀기기 sauter)은 영계를 요리할 때, 천천히 익히는 방법(끓는 물에 삶기 pocher, 찌기 braiser, 스튜 en ragoût)은 늙은 닭에 사용한다.(코코뱅 coq au vin)

훌륭한 요리를 위해서는 닭의 형태가 좋아야 하고, 가슴살이 넓고 두꺼워야 한다. 가슴뼈 내부 끝부분은 유연성이 있어야 하고, 껍질은 부드럽고 탄력이 있으며 지방 덩어리가 없어야 한다. 내장의 경우, 크고 신선하고 빛나며 흠이나 냄새가 없어야 한다.

추천 곁들임 요리

Suggestions de garnitures d'accompagnement

끓는 물에 삶은 닭고기 Volailles pochées : 데친 채소 Légumes cuits à l'anglaise, 필라프와 크레올 밥 riz pilaf et créole

볶은 닭고기 Volailles sautées : 노릇노릇 구운 감자 Pommes rissolées(코코트 cocotte, 파리지엔 parisienne 등등), 볶은 감자와 버섯 pommes et champignons sautés.

오븐에 구운 닭고기 Volailles rôties : 감자 튀김 Pommes séches traitées à la friture, 버터에 익힌 초록색 채소 légumes verts étuvés au beurre.

오븐에 찐 닭고기 Volailles poêlées : 요리 이름에 따라 곁들임이 달라짐

적용 기술 TECHNIQUES MISES EN ŒUVRE

- 닭 손질하기 Habiller des volailles
- 오븐구이 또는 오븐 찜을 위해 닭 날개와 다리 실로 묶기
  Brider des volailles pour rôtir ou pour poêler(en entrée)
- 생닭 자르기 Découper des volailles à cru
- 그릴에 구울 닭고기 준비하기
  Préparer une volaille pour griller
- 오리 쉬프렘 준비하기
  Préparer des suprêmes de canard
- 닭고기 넓적다리 뼈 제거하기(장보네뜨*)
  Désosser des cuisses de volaille(jambonnettes)
- 토끼 고기 자르기 Découper un lapin
- 끓는 물에 닭고기 삶기 Pocher des volailles
- 《갈색》 소스 또는 《흰색》 소스에 닭고기 익히기
  Sauter des morceaux de volaille à «brun» ou à «blanc»
- 닭고기 그릴에 굽기, 오븐에 굽기, 팬에 굽기
  Griller, rôtir et poêler des volailles
- 갈색 소스, 흰색 소스 닭고기 라구 만들기
  Réaliser des ragoûts à brun et à blanc de volaille
- 장보네뜨 찌기 Braiser des jambonnettes
- 닭고기 흰색 육수 또는 갈색 육수 소스 만들기
  Réaliser un fond blanc ou un fond brun de volaille
- 오븐구이 소스 만들기 Réaliser un jus de rôti
- 오븐 찜 소스 만들기 Réaliser un fond de poêlage
- 닭고기 육수 벨루테 만들기
  Réaliser un velouté de volaille
- 닭고기 무슬린 파르시 만들기
  Réaliser une farce mousseline de volaille

---

* 장보네뜨 jambonnette: 닭 넓적다리에 파르시를 채우고 돼지고기 대망으로 감싸 서양 배 모양으로 만든 것.

쉬프렘 소스 닭고기와 필라프
POULARDE POCHÉE SAUCE SUPRÊME, RIZ PILAF

쉬프렘 소스 닭고기와 필라프 Poularde pochée sauce suprême, riz pilaf는 진한 닭고기 흰색 육수에 삶은 닭고기에 필라프를 곁들이고, 리에종하고 크림을 넣은 닭고기 육수로 만든 소스를 뿌린다. 닭고기 육수를 조금 넣고 익힌 밥을 곁들이기도 한다.

8인분 재료	단위	양
기본 재료		
– 산란을 막고 살을 찌운 암탉 또는	kg	2.4~2.8
1.2~1.4kg 영계 2마리		
– 레몬(1개)	g	100
– 진한 닭고기 육수	L	4
아로마틱 가니쉬		
– 당근	g	200
– 양파	g	200
– 정향 조각	개	2
– 대파 흰부분	g	200
– 샐러리	g	100
– 부케가르니	개	1
쉬프렘 소스 SAUCE SUPRÊME		
– 버터	g	80
– 밀가루	g	80
– 닭고기 육수	L	1.5
– 고지방 크림 crème épaisse	ml	300
– 버터	g	40
필라프 RIZ PILAF		
– 버터	g	80
– 양파	g	160
– 안남미	g	400
– 닭고기 육수	ml	약간(PM)
– 부케가르니	개	1
– 버터	g	40
양념		
– 굵은소금		약간(PM)
– 가는소금		약간(PM)
– 흰 후추		약간(PM)
평균 준비 시간 : 1시간 25분		
영계 평균 가열 시간 : 30~35분		
산란을 막고 살을 찌운 암탉 평균 가열 시간 : 1시간~1시간 15분		
늙은 암탉 평균 가열 시간 : 1시간 30분~2시간		

만드는 방법

1. 조리 작업 기구 준비하기 – 5분

레시피대로 재료를 계량, 측정하고 작업에 필요한 도구들을 점검한다.

2. 닭 손질하기 – 20분(p. 326~331, 335 참조)

닭 날개와 다리를 펼친 후 불에 그슬리고 남은 털을 제거한다.

내장을 빼며 닭을 손질하고 발과 날개를 몸통에 동여맨다.(잊지 말고 《가슴뼈 fourchette》(쇄골 또는 용골돌기)를 빼낸다.)

잘 손질되었는지 확인하고, 허드레 고기를 손질한다.

3. 닭고기 데치기 – 5분

큰 냄비에 닭과 허드레 고기를 넣고 찬물을 붓는다.

물을 끓이고 거품을 걷어내며 2~3분간 닭을 데친다.

찬물에 담갔다 물기를 뺀다.

4. 아로마틱 가니쉬 준비하기 – 10분

채소를 다듬어 씻는다.

당근을 굵은 막대 모양으로 썰고, 양파는 4등분하고 그 중에 하나에 2개의 정향 조각을 박는다.

필라프를 위한 양파 160g도 준비한다.

파슬리를 씻은 후 줄기를 떼고, 부케가르니 2개를 만들되, 하나에는 대파와 샐러리를 넣어 만든다.

5. 닭고기 익힐 준비하기 – 5분

닭고기에 레몬즙을 뿌리고 허드레 고기와 함께 냄비에 넣는다.

차가운 닭고기 육수를 붓고 굵은소금을 조금 넣는다.

닭고기를 끓이면서 나오는 거품은 걷어준다.

아로마틱 가니쉬를 첨가하고 뚜껑을 닫아 약불에 끓이되 영계는 30~35분, 산란을 막고 살을 찌운 암탉은 1시간~1시간 15분, 늙은 암탉은 그 이상을 끓인다.

6. 흰색 루 만들기 – 5분(p. 387 참조)

루를 만든 후 식힌다.

7. 필라프 익힐 준비하기 – 10분(p. 500 참조) 뜨거운 닭고기 육수를 부어준다.

8. 닭고기 육수 벨루테 만들기 – 10분(p. 389 참조)

닭고기가 잘 익었는지 확인한 후 육수를 조금 붓고 뚜껑을 닫아 따뜻하게 보관한다.

닭고기 육수를 차이나 캡에 거른 후 기름기를 제거한다.

식힌 루와 뜨거운 육수 1.5L를 붓는다.

다시 끓을 때까지 거품기로 젓는다.

벨루테를 15~20분간 뭉근히 끓여 졸인다.

9. 필라프 완성하기 – 5분

쌀이 잘 익었는지 확인한 후 오븐에서 꺼내 건드리지 말고 몇 분간 뜸을 들인다.

조각낸 버터를 첨가하고 포크로 저으며 밥알을 떼어낸다.

간을 확인하고 따뜻하게 유지될 수 있도록 뚜껑을 덮어둔다.

10. 닭고기 육수 벨루테 완성하기 – 5분

크림을 넣고 다시 15분 정도 졸인다.

거품을 걷는다.

차이나 캡에 거른 후 중탕냄비에 넣어 마무리용 소스를 넣는다.

뚜껑을 닫아 쉬프렘 소스를 중탕냄비에 보관한다.

11. 완성한 닭고기 차리기 – 5분

동여맨 실을 풀고 닭 껍질을 조심스럽게 제거한다.

버터를 바른 크고 긴 접시에 소복하게 필라프를 담는다.

필라프 위에 닭고기를 담는다.

몇 초간 접시를 오븐에 둔다.

쉬프렘 소스를 닭고기에 골고루 뿌린다.

채소용 접시에 남은 필라프를 따로 담는다.

소스그릇에 남은 소스를 담는다.

FICHE 110

완성한 결과

쉬프렘 소스 닭고기와 필라프(Poularde pochée sauce suprême, riz pilaf)

닭고기 파르시 쉬프렘과 르네상스 곁들임

SUPRÊMES DE VOLAILLE FARCIS RENAISSANCE

1. 각각 250g의 《라벨 후즈 label rouge》 닭고기 쉬프렘 8개 준비하기

쉬프렘 뼈를 완전히 제거하고 껍질을 벗겨 손질한다.

수평으로 칼집을 내어 반으로 접힌 쉬프렘이 펼쳐질 수 있게 한다.

납작해지도록 살살 두들긴 후 양념한다.

2. 쉬프렘 파르시 만들기(p. 349/350 참조)

닭고기 가슴살 250g, 계란 흰자 1/2, 크림 200ml로 만든 닭고기 무슬린 파르시를 두껍게 쉬프렘에 바른다.

파르시 위에 막대 모양 당근, 호박, 빨간색 피망(껍질을 까고 끓는 물에 익힌), 송로버섯을 올린다.

쉬프렘을 돌돌 말아 랩으로 고정시킨다.

3. 끓는 물에 쉬프렘 익히기

증기에 찔 수도 있다.

4. 소스 만들기

생선 육수 조리법에 따라 매우 진한 닭고기 육수를 만들고 버섯 부스러기를 첨가한다.

이렇게 만든 흰색 육수를 졸인 후 크림을 넣고 다시 졸인다. 농도는 되직해야 한다.

5. 완성한 쉬프렘 차리기

쉬프렘을 슬라이스한다.

접시 바닥에 소스를 붓는다.

쉬프렘 슬라이스가 겹쳐지도록 담고, 르네상스 곁들임 Garniture Renaissance을 예쁘게 담는다.(졸여서 투명하게 윤을 낸 채소 – 당근, 무, 구슬양파, 호박, 아스파라거스, 껍질콩, 콜리플라워에 올랑데즈 소스를 곁들인다.)

- 도마 1
- 작은 믹싱볼 2
- 작은 중탕냄비 1

준비 기구

- 정리용 사각 트레이 3
- 큰 믹싱볼 1
- 차이나 캡 1

조리 기구

- 큰 자루냄비 1 또는 뚜껑 있는 소스포트 1
- 중간 크기 소테팬 1

- 뚜껑 있는 큰 소테팬 1

플레이팅 도구

- 타원형 큰 접시 또는 움푹한 접시
- 채소용 접시와 받침
- 소스그릇과 받침
- 무늬 있는 장식용 종이

완성한 결과

닭고기 파르시 쉬프렘과 르네상스 곁들임
(Suprême de volaille farci Renaissance)

비슷한 요리 PLATS SIMILAIRES

크림 소스 암탉 Poule au blanc

- 진한 닭고기 흰색 육수에 암탉을 삶는다.

- 끓고 있을 때, 모난 부분을 깎아 둥글게 다듬어 데친 당근과 무, 토막낸 대파 흰 부분, 심줄을 제거한 샐러리, 삶은 감자를 첨가한다. 닭고기를 익힌 육수 1L를 시럽 상태가 되도록 졸이고 크림 500ml, 계란 노른자 2개를 첨가해 만든 크림 소스를 곁들인다. 소스를 크림 상태가 될 때까지 저어주고 차이나 캡에 거른다.

- 소스를 대량으로 만들 경우에는 닭고기 벨루테를 추가할 수 있다.

돼지 방광에 넣어 요리한 암탉 Poularde en vessie

- 생허브 또는 마데이라 와인, 꼬냑 등을 사용해 핏물을 빼고 꼼꼼하게 불순물을 제거한 돼지 방광 속에 암탉을 넣는다. 앞 장 조리법에 따라 삶고 채소 곁들임과 함께 낸다.

아이보리 소스 암탉 Poularde pochée sauce ivoire

- 미트(닭고기) 글레이즈를 첨가한 쉬프렘 소스와 크림 소스 그물버섯(세프)을 곁들인다.

베아른식 암탉 Poule au pot béarnaise

- 닭고기 흰색 육수에 담근 후 압착해 물기를 뺀 식빵, 마늘, 셜롯, 햄, 닭 간, 다진 닭 모래주머니로 만든 파르시에 계란 노른자를 섞어 닭고기를 채운다.

- 닭고기 육수에 닭을 삶는디. 육수에 함께 넣고 익힌 당근, 무, 대파, 감자, 샤보이 양배추와 오븐에 구운 시골빵 슬라이스를 함께 낸다.

사슈르 소스 닭고기구이
POULETS SAUTÉS CHASSEUR

사슈르 소스 닭고기구이 Poulets sautés chasseur는 《갈색 소스를 곁들인 구운 sautes a brun》 닭고기 요리이다.(노릇노릇하게 구운 고기) 소스는 꼬냑, 졸인 화이트 와인, 가볍게 리에종한 닭고기 갈색 육수로 데글라세해서 만든다. 또한 다진 셜롯, 양송이버섯, 다진 처빌과 타라곤을 소스에 첨가한다.

추천 곁들임 요리 : 노릇노릇 구운 감자 pommes rissolées(누아제트 noisettes, 코코트 cocotte, 파리지엔 parisienne, 샤또 château, 파르망티에 Parmentier); 감자볶음 pommes sautées à cru, 뽐 미에뜨 miettes ; 뽐 아나 pommes Anna, 뽐 도팡 Darphin, 뽐 빠야송 paillasson.

8인분 재료	단위	양
기본 재료		
– (손질 완료한) 영계	kg	2.4~2.8
(2×1.2~1.4kg)		
– 밀가루	g	100
– 버터	g	80
또는		
– 식용유와	ml	40
버터	g	40
닭고기 갈색 육수 FOND BRUN DE VOLAILLE		
– 닭뼈와 허드레 고기	g	약간(PM)
– 당근	g	100
– 양파	g	100
– 리에종한 송아지	L	1
갈색 육수		
– 토마토 페이스트	g	20
– 마늘	톨	2
– 부케가르니	개	약간(PM)
소스		
– 셜롯(2개)	g	50
– 양송이버섯	g	250
– 꼬냑	ml	50
– 화이트 와인	ml	100
– 리에종하고 토마토를	ml	약간(PM)
넣은 닭고기 갈색 육수		
– 버터	g	20
– 타라곤	단	1/5
– 처빌	단	1/5
양념		
– 가는소금		약간(PM)
– 후춧가루		약간(PM)
평균 준비 시간 : 1시간 25분		
평균 가열 시간 날개 : 8~12분		
평균 가열 시간 넓적다리 : 15~18분		

만드는 방법

(p. 533/535 참조)

1. 조리 작업 기구 준비하기 – 5분
레시피대로 재료를 계량, 측정하고 작업에 필요한 도구들을 점검한다.

2. 생닭 손질 후 자르기 – 30분(p. 321~335, 340~342 참조)

3. 리에종하고 토마토를 넣은 닭고기 갈색 육수에 닭고기 덩어리와 허드레 고기 넣어 익힐 준비하기 – 10분(p. 365 참조)

4. 채소 준비하기 – 10분
작은 그릇에 물을 담아 처빌과 타라곤을 보관한다.
버섯을 다듬은 후 시원하게 보관한다.
셜롯을 다듬어 씻은 후 잘게 다진다.
파슬리를 씻은 후 줄기를 떼고 물기를 없앤 후 다진다.

5. 닭고기 익힐 준비하기 –10분
소금, 후추를 뿌리고 닭고기 조각에 밀가루를 묻힌다.
소뚜와에 버터를 넣어 달군다.
껍질 부분을 먼저 익히고 몇 분간 천천히 노릇노릇 구워지도록 한다.
닭고기를 뒤집어 다른 면도 색깔이 나도록 굽는다.
소뚜와 뚜껑을 덮어 오븐에 15분 정도 넣어 마무리한다.(넓적다리보다 날개를 몇 분 먼저 꺼낸다.)

6. 구운 닭고기 소스 만들기 – 10분
버섯을 잘 씻은 후 얇게 저민다.
닭고기가 잘 익었는지 확인한 후 따뜻하게 덜어둔다.
닭고기를 익혔던 팬에 저민 버섯을 첨가해 1~2분간 볶는다.*
데글라세한 후 다진 셜롯을 첨가하고 천천히 볶는다.
꼬냑으로 불을 붙여 풍미를 준다.
화이트 와인으로 데글라세한 후 졸인다.
닭고기 육수를 첨가하고 천천히 몇 분간 소스를 졸인다.

7. 사슈르 소스 완성하기 – 5분
처빌, 타라곤을 씻은 후 잎을 떼어 다진다.
소스의 농도와 간을 확인한 후 불을 끄고 마무리용 버터를 넣는다.
다진 처빌과 타라곤의 1/2을 첨가한다.
닭고기를 소스 위에 얹고 따뜻하게 둔다.(소스가 끓어서는 안 된다.)

8. 사슈르 소스 닭고기구이 차리기 – 5분
날개 뼈와 닭다리가 접시 중앙을 향하도록 닭고기를 담는다.
소스를 골고루 뿌린다.
다진 허브 남은 것을 뿌린다.

** 많은 양을 준비할 경우, 얇게 저민 버섯을 미리 볶아둘 수도 있다.*

FICHE 111

완성한 결과

사슈르 소스 닭고기구이(Poulets sautés chasseur)

바스크식 닭고기구이
POULET SAUTÉ FAÇON BASQUAISE

1. 생닭 손질 후 자르기

2. 가볍게 리에종하고 토마토를 넣은 닭고기 갈색 육수 끓이기

(《사슈르 소스 닭고기구이 poulet sauté chasseur》의 만드는 방법 설명 참조)

3. 바스크식 곁들임 준비하기

양파 250g을 다듬어 씻은 후 얇게 저민다.

토마토 600g 껍질과 씨를 제거한 후 잘게 다진다.

에스플레트 고추 400g의 껍질과 씨를 제거한 후 굵게 채 썬다.(없을 경우, 초록색, 빨간색 피망을 사용한다.)

마늘 4톨을 다듬어 씻고 싹을 제거한다. 타임을 많이 넣은 부케가르니를 만든다.

바욘(Bayonne)산 햄을 라르동 조각으로 썰고(지방을 제거하지 않는 게 좋음), 찬물에 넣어 끓여 데친다.

4. 바스크식 곁들임 만들기

올리브유 50ml를 소테팬에 두르고 달궈바욘산 햄을 넣어 살짝 굽는다.

양파를 첨가해 캐러멜화 되도록 볶는다.

피망, 잘게 다진 토마토, 마늘, 부케가르니를 첨가하고 양념한다.

채소 수분이 완전히 빠질 때까지 바스크식 곁들임을 익힌다.

5. 닭고기 굽기

《샤슈르 소스 닭고기구이》와 같이 굽는다. 닭날개를 먼저 덜어낸다.

6. 닭고기 소스 완성하기

닭고기가 잘 익었는지 확인하고 덜어둔다.

닭고기를 익혔던 팬의 기름기를 제거한다.

화이트 와인 100ml로 데글라세한 후 양이 3/4 되도록 졸인다.

닭고기 육수를 첨가해 다시 졸인다.

바스크식 곁들임을 첨가해 몇 분간 뭉근히 끓인다.

곁들임 채소 위에 닭고기구이를 올려 고기에 풍미를 준다.

** 어떤 요리사들은 바욘산 햄을 첨가하지 않기도 한다.*

바스크식 곁들임은 스페인식 납작한 오믈렛과 피페라드를 곁들인 계란 요리에 사용하기도 한다.

조리 기구
- 큰 소뚜와 1 또는 큰 소테팬 1 또는 뚜껑 있는 소스포트 1
- 중간 크기 소테팬 1 또는 닭고기 육수 소스 위한 자루냄비 1

플레이팅 도구
- 채소용 접시 또는 스튜냄비(바이메탈)
- 둥근 접시받침
- 무늬 있는 장식용 종이

준비 기구
- 정리용 사각 트레이 3
- 중간 크기 믹싱볼 1
- 도마 1
- 작은 믹싱볼 2

완성한 결과

바스크식 닭고기구이
(Poulet sauté façon basquaise)

비슷한 요리 PLATS SIMILAIRES

뒤록 닭고기구이 Poulet sauté Duroc
- 사슈르 소스와 같은 조리법이다.(닭고기 육수에 토마토를 조금 더 넣어야 한다.)
- 구운 닭고기 위에 토마토 퐁듀를 올린다.
- 뽐 코코트와 함께 낸다.

부르고뉴식 닭고기구이 Poulet sauté bourguignonne
- 닭고기를 구워 따로 담아둔다.
- 닭고기를 구웠던 팬에 잘게 다진 셜롯을 넣고 볶은 후 마늘을 첨가하고 레드 와인으로 데글라세한다.
- 졸인 후 리에종한 진한 닭고기 갈색 육수를 붓는다.
- 갈색으로 윤을 낸 구슬양파, 라르동, 볶은 버섯을 곁들이고 다진 파슬리를 뿌린다.

마렝고 닭고기구이 Poulet sauté Marengo
- 식용유를 둘러 닭고기를 굽는다.
- 화이트 와인으로 데글라세한 후 졸여 닭고기 데미글라스, 잘게 다진 토마토, 마늘을 첨가한다.
- 볶은 버섯, 송로버섯 조각, 가재, 계란 튀김, 정제 버터에 튀긴 크루통을 곁들이고 다진 파슬리를 뿌린다.

샹뽀 닭고기구이 Poulet sauté Champeaux
- 닭고기를 굽는다.
- 화이트 와인으로 데글라세한 후 졸인다.
- 진한 닭고기 갈색 육수를 첨가하고 버터로 마무리한다.
- 갈색으로 윤을 낸 구슬양파와 뽐 코코트를 곁들인다.

발레도쥬식 닭고기구이
POULETS SAUTÉS FAÇON VALLÉE D'AUGE

흰색 소스 닭고기구이(연한 금색이 되도록 구움)는 칼바도스로 풍미를 준다. 발레도쥬식 닭고기구이 Poulets sautés façon vallée d'Auge 에 사용하는 소스는 졸인 시드르, 닭고기 흰색 육수와 크림으로 만든다. 투명하게 윤을 낸 구슬양파, 데친 양송이버섯, 볶은 사과를 곁들인다.

추천 곁들임 요리 : 필라프 또는 크레올 밥 riz pilaf ou creole, 버터를 곁들인 탈리아텔레 또는 페투치네 tagliatelles ou fettucines au beurre 등등

8인분 재료	단위	양
기본 재료		
– (손질 완료한) 영계(2×1.2~1.4kg)	kg	2.4~2.8
– 밀가루	g	100
– 버터	g	80
닭고기 흰색 육수 FOND BLANC DE VOLAILLE		
– 닭뼈와 허드레 고기	g	약간(PM)
– 당근	g	200
– 양파	g	200
– 정향 조각	개	2
– 샐러리	g	100
– 대파 흰 부분	g	200
– 부케가르니	개	1
소스		
– 셜롯(2개) échalotes grises de Jersey	g	50
– 사과 pommes reinettes	g	약간(PM)
– 칼바도스	ml	50
– 시드르 cidre sec	ml	200
– 닭고기 흰색 육수	ml	500
– 닭고기 육수 벨루테(선택사항)	ml	200
– 고지방 크림	ml	300
– 버터	g	20
곁들임		
– 사과(렌 데 레네트(헤네트 여왕) 또는 칼빌 블랑 슈 품종) reine des reinettes calville blanche*	kg	1.6
– 레몬	g	100
– 버터	g	100
– 설탕	g	100
– 구슬양파	g	200
– 버터	g	20
– 설탕	g	10
– 양송이버섯	g	200
– 버터	g	20
– 레몬(1/2개)	g	50
양념		
– 가는소금		약간(PM)
– 후춧가루		약간(PM)
평균 준비 시간 : 1시간 50분		
평균 가열 시간 날개 : 8~12분		
평균 가열 시간 넓적다리 : 15~18분		

만드는 방법

(p. 531/533 참조)

1. 조리 작업 기구 준비하기 – 5분
레시피대로 재료를 계량, 측정하고 작업에 필요한 도구들을 점검한다.

2. 생닭 손질 후 자르기 – 30분
(p. 331~335, 340~342 참조)

3. 닭고기 덩어리와 허드레 고기를 넣어 닭고기 흰색 육수 만들기 – 15분
(p. 368~370 참조)

가능하면, 맛있고 진한 흰색 육수 또는 분말로 된 흰색 육수를 사용한다.

4. 닭고기 익힐 준비하기 – 10분
소금, 후추를 뿌리고 닭고기 조각에 밀가루를 묻힌다.
소스포트에 버터를 넣어 연한 금색이 되도록 녹인다.
닭고기 껍질 부분을 먼저 익히고 천천히 굽는다.
닭고기를 뒤집어 다른 면도 연한 색깔이 나도록 굽는다.
소뚜와 뚜껑을 덮어 오븐에 15분 정도 넣어 마무리한다.(넓적다리보다 몇 분 먼저 날개를 꺼낸다.)

5. 곁들임 준비하기 – 20분
구슬양파를 다듬어 씻은 후 투명하게 윤을 낸다.(p. 521 참조)
버섯을 다듬어 씻은 후 도톰하게 썰어 데친다.(p. 516 참조)
셜롯을 다듬어 씻은 후 잘게 다진다.
사과를 다듬어 심을 파고 레몬즙을 뿌린다.
사과를 1cm 두께로 슬라이스한다.
사과 부스러기를 작은 주사위 모양으로 썰어 소스를 위해 따로 둔다.

6. 사과 슬라이스 볶기 – 10분
헤이즐넛 버터에 볶고 가볍게 캐러멜화한 후 사과가 물렁해지지 않게 유지한다. 따뜻하게 따로 둔다.

7. 소스 만들기 – 15분
닭고기가 잘 익었는지 확인한 후 따뜻하게 덜어둔다.
닭고기를 익혔던 팬의 기름을 조금 제거한다.
잘게 다진 셜롯과 잘게 썬 사과 부스러기 조각을 첨가한다.
몇 분간 볶아준다.
칼바도스로 불을 붙여 풍미를 준다.
시드르로 데글라세한 후 2/3로 졸인다.
진한 닭고기 흰색 육수, 버섯 데친 육수 조금, 크림을 첨가한다.
다시 졸여 농도가 되직하게 만든다.
세게 눌러주며 차이나 캡에 거른다.
마무리용 버터를 넣어 가볍게 섞는다.(파티용 소스일 경우, 닭고기 육수 벨루테를 조금 넣어 소스를 완성한다.)
간을 확인한다.
닭고기에 소스를 붓는다.

8. 발레도쥬식 닭고기구이 차리기 – 5분
날개 뼈와 닭다리가 접시 중앙을 향하도록 닭고기를 담는다.
볶은 사과 슬라이스를 접시 가장자리에 담는다.
닭고기 위에 곁들임 채소를 골고루 담는다.
소스를 뿌려준다.

---

* 칼빌 블랑슈 calville blanche : 10월~12월에 나는 연한 미색 껍질의 사과로 식감이 연하고 달콤하다.

* 렌 데 레네트(헤네트 여왕) reine des reinettes : 10월~11월에 수확하는 아삭하고 달콤한 사과.

완성한 결과

발레도쥬식 닭고기구이
(Poulets sautés façon vallée d'Auge)

파프리카 소스 닭고기구이 POULET SAUTÉ AU PAPRIKA

1. 생닭 손질 후 자르기

2. 가볍게 리에종한 진한 닭고기 금색 육수 끓이기

3. 닭고기 굽기

닭고기를 소금, 후추로 양념하고 밀가루와 파프리카 가루를 섞어 묻힌다.
버터를 둘러 연한 금색이 나도록 굽는다.
뚜껑을 덮어 오븐에 넣어 굽기를 완성한다.

4. 파프리카 소스 만들기

닭고기가 잘 익었는지 확인한다.
고기를 덜어 따뜻하게 둔다.
닭고기를 익혔던 팬의 기름기를 조금 제거한다.
잘게 다진 양파 200g을 첨가해 몇 분간 볶는다.
화이트 와인 100ml로 데글라세한 후 양이 2/3 되도록 졸인다.
가볍게 리에종한 진한 닭고기 금색 육수 500ml, 고지방 크림 200ml, 파프리카 가루를 조금 첨가한다.
되직한 농도가 되도록 졸인다.
세게 누르며 차이나 캡에 거른다.
간을 확인한다.
버터를 조금 넣어 저어주며 소스를 마무리한다.
닭고기에 소스를 골고루 뿌린다.
버터에 볶은 주사위 모양(3가지 색깔) 피망 조각을 첨가한 필라프와 함께 낸다.

완성한 결과

파프리카 소스 닭고기구이
(Poulet sauté au paprika)

준비 기구	조리 기구	플레이팅 도구
• 정리용 사각 트레이 3 • 중간 크기 믹싱볼 1 • 작은 중탕냄비 1 • 도마 1 • 작은 믹싱볼 2 • 차이나 캡 1	• 뚜껑 있는 소스포트 1 • 흰색 육수를 위한 자루냄비 1 또는 큰 소테팬 1 • 작은 소테팬 2 • 코팅 프라이팬 1	• 채소용 접시 또는 타원형접시 • 접시받침 • 무늬 있는 장식용 종이

비슷한 요리 PLATS SIMILAIRES

모렐버섯을 곁들인 닭고기구이 Poulet sauté aux morilles

• 연한 금색이 되도록 닭고기를 굽는다.

• 닭고기를 구웠던 팬에 다진 셜롯과 함께 모렐버섯을 볶는다. 포르투 와인 또는 마데이라 와인으로 데글라세한 후 졸인다. 진한 닭고기 금색 육수 또는 미트(닭고기) 글레이즈를 첨가한다. 크림을 넣고 졸인 후 소스를 고기에 붓는다.

바가텔 닭고기구이 Poulet sauté Bagatelle

• 닭고기를 굽는다.

• 닭고기를 구웠던 팬에 마데이라 와인, 크림, 미트(닭고기) 글레이즈를 넣어 데글라세한다. 모난 부분을 깎아 둥글게 다듬어 윤을 낸 당근과 버터에 익힌 아스파라거스를 곁들인다.

타라곤을 곁들인 닭고기구이 Poulet sauté à l'estragon

• 연한 금색이 되도록 닭고기를 굽는다.

• 화이트 와인으로 데글라세한 후 졸여 진한 닭고기 금색 육수, 크림, 다진 생 타라곤을 첨가한다. 데친 타라곤 잎으로 닭고기를 장식한다.

조르주 상드 닭고기구이 Poulet sauté George Sand

• 닭고기를 굽는다.

• 크림으로 데글라세한 후 미트(닭고기) 글레이즈와 가재 소스 또는 낭투아 소스를 첨가한다. 버터로 소스를 마무리한다. 가재 꼬리와 송로버섯 조각을 곁들인다.

닭고기 오븐구이
POULETS RÔTIS

닭고기 오븐구이 Poulet rôtis는 오븐에 구운 닭고기에 오븐팬에 나온 육즙을 데글라세해 만든 소스를 곁들이고 크레송으로 장식한다.
추천 곁들임 요리 : 감자튀김 pommes sèches traitées à la friture ; 라르동을 곁들인 완두콩 petits pois au lard, 시골식 완두콩 paysanne ; 콜리플라워 그라탱 gratin de choux-fleurs, 마카로니 그라탱 de macaronis ; 뽐 본팜므 pommes bonne-femme, 뽐 베리숀느 berrichonne, 뽐 그랑메르 grand-mère, 버섯을 곁들인 감자 요리 forestière, 시금치 쉬브릭 subrics d'épinards, 옥수수 쉬브릭 de maïs, 볶은 피망과 샐서피 쉬브릭 poivrons et salsifis sautés 등등

8인분 재료	단위	양
기본 재료		
– (손질 완료한) 영계(2×1,4~1,5kg)	kg	2,8~3
– 버터	g	40
또는		
– 땅콩기름	ml	40
오븐구이 소스		
– 당근	g	80
– 양파	g	80
– 타임, 월계수 잎	g	약간(PM)
– 리에종하지 않은	ml	500
(맑은) 닭고기 갈색 육수		
또는		
– 물	ml	500
마무리		
– 버터	g	40
– 크레송	단	1/2
양념		
– 가는소금		약간(PM)
– 후춧가루		약간(PM)
평균 준비 시간 : 1시간 25분		
평균 가열 시간 : 50분~1시간		

준비 기구
- 정리용 사각 트레이 3
- 도마 1
- 중간 크기 믹싱볼 1
- 작은 믹싱볼 1
- 차이나 캡 1
- 작은 중탕냄비 1

조리 기구
- 오븐팬 1
- 작은 프라이팬 1

플레이팅 도구
- 타원형 큰 접시
- 소스그릇
- 소스그릇 받침
- 무늬 있는 장식용 종이

만드는 방법

(p. 569~572 참조)

1. 조리 작업 기구 준비하기 – 5분
레시피대로 재료를 계량, 측정하고 작업에 필요한 도구들을 점검한다.

2. 닭 손질하기 – 25분(p. 331~339 참조)
닭 날개와 다리를 펼친 후 불에 그슬르고 남은 털을 제거한다.
내장을 빼며 닭을 손질하고 날개를 몸통에 동여맨다.(발을 펴서 알루미늄 호일로 감싼다.)

허드레 고기를 준비하고 다른 요리를 위해 닭간을 따로 둔다.

3. 닭고기 익힐 준비하기 – 10분
닭고기 속과 겉에 소금, 후추를 뿌려 양념한다.
크기가 알맞은 오븐팬에 닭고기를 옆으로 놓는다.
잘게 썬 허드레 고기를 둘레에 놓는다.
녹인 버터 또는 기름을 닭고기에 뿌린다.
1.4kg 영계를 200도 오븐에 45~50분간 굽는다.*(15분간 한쪽으로 굽고 뒤집어서 15분간 다시 굽는다.)
등쪽이 아래를 향하도록 닭고기를 놓아 기름을 뿌리며 굽기를 마무리한다.

4. 채소 준비하기 – 30분
아로마틱 가니쉬 재료인 당근과 양파를 다듬어 작은 주사위 모양으로 썬다.(잘게 썬 미르푸아)
크레송을 씻은 후 줄기를 떼어 손질하고 물을 조금 담은 트레이에 넣어 보관한다.(p. 167/168 참조)

5. 오븐구이 소스 만들기 – 10분
닭을 오븐에서 꺼내 잘 익었는지 확인한다.(속에서 흐르는 즙이 투명해야 하며 피가 엉긴 자국이 없어야 한다.)
닭고기를 트레이에 담아 따뜻하게 둔다.
닭고기를 익혔던 오븐팬에 아로마틱 가니쉬를 넣고 닭고기 즙을 캐러멜화한다.
기름을 제거하고 물로(또는 **리에종하지 않은** 닭고기 갈색 육수로)데글라세한다.
월계수 잎 조각과 타임 줄기를 첨가한다.
졸인 후 알맞게 간이 되었는지 확인한다.
오븐구이 소스를 차이나 캡에 거른 후 중탕냄비에 담아 뚜껑을 닫고 따뜻하게 둔다.

6. 닭고기 오븐구이 차리기 – 5분
묶었던 실을 풀고 등쪽이 아래로 향하게 접시에 담는다.
매우 뜨거운 오븐 입구에 1~2분간 접시를 둔다.
접시 바닥에 오븐구이 소스를 뿌린다.(닭고기 위에 뿌리지 않는다.)
헤이즐넛 버터를 뿌린다.
물기를 뺀 크레송 다발로 장식한다.
남은 소스를 소스그릇에 담는다.
곁들임을 따로 담는다.

*_1.5kg 영계는 55분~1시간 10분 굽는다._

요리사에 따라 매우 큰 닭을 오븐에 굽기 전에 진한 닭고기 육수에 넣어 미리 삶기도 한다. 보통, 큰 닭은 30분 동안 삶고 물기를 뺀다. 180/200도 오븐에서 천천히 굽기를 마무리한다. 오븐구이 소스는 닭을 삶았던 육수를 데글라세해서 만든다.

RÉALISÉ PAR
SAUCIER
CUISINE CHAUDE
담당자 : 소스요리사 따뜻한 요리

완성한 결과

닭고기 오븐구이
(Poulet rôti)

포도를 곁들인 푸아그라 파르시 메추라기 오븐구이
CAILLES RÔTIES FARCIES AU FOIE GRAS ET AUX RAISINS

1. 각각 350g인 메추라기 8마리 손질하기

메추라기를 가르지 않고 가슴뼈를 제거한다.

오븐구이 소스에 사용할 수 있도록 뼈와 허드레 고기를 따로 보관한다.

2. 300g의 간엽 조각 손질하기

일정한 크기의 8개 조각으로 나눈다.

양념한 후 포르투 와인 조금과 송로버섯 부스러기와 함께 담가놓는다.

랩으로 잘 덮어 보관한다.

3. 송로버섯을 넣은 닭고기 무슬린 파르시 만들기

닭가슴살, 계란 흰자 1/2개, 크림 100ml, 다진 송로버섯 껍질 20g을 사용한다.

4. 메추라기 파르시로 채우기

메추라기 내부에 양념한 후 파르시와 간엽 조각을 넣는다.

목 부분 껍질을 당겨 구멍을 막는다.

돼지 대망(crépine de porc : 소시지나 고기 요리에 사용하는 돼지의 지방막) 조각으로 각각의 메추라기를 감싼 후 실로 두 번 감는다.

5. 포도 준비하기(p. 235 참조)

알이 큰 포도 800g의 껍질과 씨를 제거한다.

레몬즙을 조금 뿌리고 포르투 와인을 뿌려 보관한다.

6. 메추라기 오븐에 굽기

메추라기를 양념한 후 소뚜와에 버터 40g과 식용유를 두르고 메추라기의 각 면을 굽는다.

메추라기 둘레에 뼈와 허드레 고기를 담는다.

220/230도 오븐에 약 12분 동안 굽는다.

녹인 버터를 뿌리고 뒤집어 굽는다.

잘 구워졌는지 확인하고 기름기를 제거한 후 꼬냑 또는 아르마냑 40ml를 불에 붙여 풍미를 낸다.

메추라기를 덜어 따뜻하게 보관한다.

7. 오븐구이 소스 만들기

메추라기를 구운 소뚜와를 포도 침출액으로 데글라세한 후 졸인다.

가볍게 리에종한 닭고기 갈색 육수 500ml를 첨가한다.

소스를 반으로 졸인 후 간을 확인한다.

소스를 차이나 캡에 걸러 포도알에 붓는다.

몇 분 동안 소스가 끓지 않도록 데운다.

8. 메추라기 차리기

실을 풀고 돼지 대망을 벗긴다.

접시에 메추라기를 담는다.

둘레에 포도알을 두른다.

오븐구이 소스를 뿌리고 메추라기 꼬리 부분에 크레송 다발을 놓아 장식한다.

메추라기는 뽐 빠이 또는 와플 모양 감자로 만든 둥지 모양 접시에 담을 수도 있다.(p. 204, 208/209 참조)

완성한 결과

포도를 곁들인 푸아그라 파르시 메추라기 오븐구이

(Caille rôtie farcie au foie gras et aux raisins)

비슷한 요리 PLATS SIMILAIRES

밤을 곁들인 칠면조 파르시 오븐구이 Dinde farcie aux marrons

- 버섯 뒥셀과 밤 조각을 첨가한 닭고기 파르시를 칠면조에 채워 오븐에 굽는다.
- 닭고기 콩소메에 익힌 밤과 밤 크로켓(뽐 뒤셰스 반, 밤 퓨레 반)을 곁들인다.

폴란드식 영계 오븐구이 Coquelets rôtis polonaise

- 그릴에 굽기 위해 영계 등을 쪼갠다.
- 오븐에 구운 후, 삶은 계란 다진 것과 헤이즐넛 버터에 튀긴 식빵을 뿌린다. 다진 파슬리를 뿌린다.

고구마를 곁들인 거위 파르시 오븐구이 Oie farcie aux pommes douces

- 우유에 담근 식빵, 볶은 닭간, 모래주머니, 닭 심장, 잘게 다진 셜롯, 다진 허브, 건포도, 자두, 계란, 칼바도스로 만든 파르시로 거위를 채운다. 거위 고기를 다 익힐 때쯤 둘레에 고구마를 곁들인다.

소금 크루트 닭고기 오븐구이 Poulet rôti en croûte de sel

- 굵은소금 500g, 밀가루 200g, 계란 흰자 4개, 타임과 월계수 잎을 조금 넣어 만든 두꺼운 소금 반죽《덩어리 gangue》로 닭을 감싸 오븐에 굽는다.

버섯을 곁들인 수탉 오븐구이 Chapon rôti forestière

- 진한 닭고기 흰색 육수에 넣어 30분간 수탉을 삶는다. 2~2.2kg 수탉의 물기를 뺀 후 180/200도 오븐에 1시간 정도 구워 마무리한다. 볶은 그물버섯(세프)과 양송이버섯 또는 모렐버섯, 라르동, 주사위 모양으로 썰어 노릇노릇 볶은 감자를 곁들인다.

새끼 뿔닭 오븐구이 카나페
PINTADEAUX RÔTIS SUR CANAPÉS

새끼 뿔닭 오븐구이 카나페 Pintadeaux rôtis sur canapés는 닭 간으로 만든 파르시를 발라 튀긴 식빵을 그라탱한 후, 오븐에 구운 새끼 뿔닭을 올리고 오븐구이 즙을 데글라세해서 만든 소스를 곁들인다.

추천 곁들임 요리 : 감자튀김 pommes sèches traitées à la friture(와플 모양 감자칩 gaufrettes, 뽐 미뇨네뜨 mignonnette, 주름 장식 감자칩 collerettes, 회오리 감자칩 chatouilla˙d), 사과 볶음 pommes fruits, 야생 버섯 볶음 champignons sauvages sautés ; 양배추 브레제 choux, 엔다이브 브레제 endives braisées.

8인분 재료	단위	양
기본 재료		
– 새끼 뿔닭(4×600g 또는 2×1.2kg) pintadeaux	kg	2.4
– 고기를 싸서 굽는 비계	g	160
barde de lard gras		
– 버터	g	40
또는		
– 땅콩기름	ml	40
오븐구이 소스 JUS DE RÔTI		
– 당근	g	80
– 양파	g	80
– 타임, 월계수 잎	g	약간(PM)
– 리에종하지 않은	ml	500
닭고기 갈색 육수(선택사항)		
또는		
– 물	ml	500
마무리		
– 버터	g	40
– 크레송	단	1/2
카나페 CANAPÉS		
– 식빵	g	400
– 땅콩기름	ml	40
– 버터	g	40
그라탱용 파르시 FARCE À GRATIN		
– 돼지비계	g	100
– 닭간	g	200
– 셜롯	g	20
– 꼬냑	ml	40
– 버터	g	40
양념		
– 가는소금		약간(PM)
– 후춧가루		약간(PM)
평균 준비 시간 : 1시간 30분		
평균 가열 시간 1.2kg 새끼 뿔닭 : 45∼50분		

만드는 방법

(앞의 p. 569∼572 참조)

1. 조리 작업 기구 준비하기 – 5분

레시피대로 재료를 계량, 측정하고 작업에 필요한 도구들을 점검한다.

2. 새끼 뿔닭을 손질하고 날개, 다리를 동여맨 후 비계로 감싸기 – 30분
(p. 331∼339 참조)

새끼 뿔닭 날개와 다리를 펼친 후 불에 그슬리고 남은 털을 제거한다.

발을 불에 그슬려 비늘로 덮인 피부 껍질을 제거한다. 발을 손질해 중간 발가락만 남겨두고 발톱을 제거한다.

발을 알루미늄 호일로 감싼다.

날개를 손질하고 몸통에 동여맨다.

굽는 동안 가슴살을 보호하기 위해 비계로 덮는다.

허드레 고기를 준비하고 파르시 그라탱을 위해 닭간은 따로 보관한다.

손질한 새끼 뿔닭과 허드레 고기를 냉장실에 보관한다.

3. 채소 다듬어 씻고 자르기 – 15분

크레송을 씻은 후 줄기를 떼어내 분류하고 물이 조금 담긴 트레이에 담아둔다.(p. 167/168 참조)

당근, 양파, 셜롯을 다듬어 씻는다.

아로마틱 가니쉬인 당근과 양파를 작은 미르푸아 크기로 썬다.

셜롯을 잘게 다진다.

4. 새끼 뿔닭 익힐 준비하기 –5분(p. 571/572 참조)

새끼 뿔닭 속과 겉에 소금, 후추를 뿌려 양념한다.

알맞은 크기의 오븐팬에 새끼 뿔닭을 옆으로 놓는다.

잘게 썬 허드레 고기를 둘레에 놓는다.

녹인 버터 또는 기름을 새끼 뿔닭에 뿌린다.

새끼 뿔닭 600g은 200도 오븐에 30분간, 1.2kg은 45∼50분간 굽는다.(10분간 한쪽으로 굽고 뒤집어서 10분간 다시 굽는다.)

새끼 뿔닭을 등쪽이 바닥을 향하도록 놓고, 가슴을 감쌌던 비계를 뗀 후 기름을 뿌리며 굽기를 마무리한다.

5. 카나페 만들기 –25분(p. 464 참조)

6. 그라탱용 파르시 만들기 – 10분(p. 443 참조)

(푸아그라를 조금 첨가할 수도 있다.)

7. 오븐구이 소스 만들기 – 5분(앞 장 만드는 방법과 동일)

새끼 뿔닭의 특별한 맛을 살리기 위해서는 물 또는 리에종하지 않은 (맑은) 닭고기 갈색 육수로 데글라세해 소스를 만들 수 있다.

8. 완성한 새끼 뿔닭 차리기 – 5분

카나페에 그라탱용 파르시를 바르고 따뜻하게 둔다.

새끼 뿔닭을 묶었던 실을 풀고 오븐에 1∼2분간 둔다.

뿔닭을 카나페 위에 얹는다.

접시 바닥에 오븐구이 소스를 뿌리고 뿔닭에는 헤이즐넛 버터를 뿌린다.

물기를 뺀 크레송 다발을 뿔닭 꼬리 부분 또는 접시 양쪽 끝에 놓는다.

남은 소스를 소스그릇에 담는다.

FICHE 114

완성한 결과

새끼 뿔닭 오븐구이 카나페(Pintadeaux rôtis sur canapés)

살미 소스 꿩고기 오븐구이 | SALMIS DE POULES FAISANES

(새끼 오리, 새끼 뿔닭으로 요리할 수도 있다.)

1. 꿩 손질하고 날개, 다리를 동여맨 후 비계로 감싸기

2. 꿩고기 오븐에 굽기

- 매우 뜨거운 오븐(250도)에 20~25분 정도 굽는다. 핏기가 있게 《살짝 vert cuit》 구워 둔다.

3. 실을 풀고 꿩고기 조각으로 자르기

날개, 넓적다리로 자르고, 뼈 끝부분을 손질하고 껍질과 뼈를 최대한 제거한다.

버터를 바른 소테팬에 손질한 고기 조각을 담아 꼬냑으로 불을 붙여 풍미를 내고 송로버섯즙과 녹인 미트 글레이즈 몇 스푼을 넣는다.

소테팬 뚜껑을 닫아 따뜻하게 둔다.

4. 살미 소스 만들기

꿩고기 뼈, 껍질, 고기 부스러기를 부수고 빻는다.

버터에 익힌 후, 당근 100g, 양파 100g, 설롯 80g을 작은 미르푸아 크기로 잘라 첨가한다.

화이트 와인 500ml로 데글라세한 후 빻은 후추를 넣고 2/3로 졸인다.

데미글라스 소스 또는 조류 수렵육 부스러기로 만든 스페인 소스 800ml를 붓는다.

20분 정도 뭉근히 끓인다.

소스를 세게 누르며 차이나 캡에 거른다.

다시 졸이고, 필요할 경우 송로버섯즙 약간 또는 버섯 익힌 육수로 소스를 묽게 한다.

거품은 걷어낸다.

버터 40g을 넣어 소스를 마무리한다.

간을 확인한 후 소스를 고기에 붓는다.

돌려깎기해서 볶은 8개의 버섯 머리와 송로버섯 조각 8개로 장식한다.

요리사에 따라 체로 간 푸아그라와 포르투 와인을 넣어 소스를 마무리하기도 한다. 정제 버터에 튀긴 식빵 크루통에 푸아그라 또는 그라탱한 파르시를 채워 곁들이기도 한다. 요리에 들어간 고기 종류에 따라 화이트 와인 대신 레드 와인을 사용할 수도 있다.

준비 기구
- 정리용 사각 트레이 3
- 중간 크기 믹싱볼 1
- 체 1 또는 믹서기 1
- 작은 중탕냄비 1
- 도마 1
- 작은 믹싱볼 1
- 차이나 캡 1

조리 기구
- 오븐팬 1
- 작은 소테팬 1
- 작은 프라이팬 1

플레이팅 도구
- 타원형 큰 접시
- 소스그릇
- 소스그릇 받침

완성한 결과

살미 소스 꿩고기 오븐구이(Salmis de poules faisanes)

비슷한 요리 PLATS SIMILAIRES

메추라기 오븐구이 카나페 Cailles rôties sur canapés

- 같은 조리법으로 하되, 가슴살 부분을 비계 또는 포도잎으로 덮어 매우 뜨거운 오븐에 10~15분간 굽는다.

새끼 비둘기 오븐구이 카나페 Pigeonneaux rôtis sur canapés

- 위와 같은 조리법으로 하되, 5분 정도 더 굽는다.(400g 이상인 새끼 비둘기의 경우, 프라이팬에 굽는 조리법이 더 좋다.) 일반적으로, 새끼 비둘기 고기는 속살이 분홍색이 되도록 굽는다.

조류 수렵육은 너무 익히면 건조하고 딱딱해지므로 구울 때 주의를 기울인다. 가금류용 바늘로 넓적다리 관절이나 지방 부분을 찔러 나오는 즙이 《핏기가 있는 à la goutte de sang》 분홍색이어야 한다.
- 어린 새 고기만 오븐에 구울 수 있다.
- 종종 꼬냑 또는 아르마냑으로 불을 붙여 풍미를 주며 굽기를 마무리한다.

그랑메르(할머니식) 닭고기 코코트
POULETS COCOTTE GRAND-MÈRE

그랑메르 닭고기 코코트 Poulet cocotte grand-mère는 스튜냄비 뚜껑을 꼭 닫아 《브레이징 방식으로 à l'étouffée》 익힌 닭고기에 라르동, 갈색으로 윤을 낸 구슬양파, 볶은 버섯, 뽐 코코트를 곁들인다.
오븐 찜 소스는 졸인 화이트 와인, 가볍게 리에종한 진한 닭고기 갈색 육수를 넣어 만든다.

8인분 재료	단위	양
기본 재료		
– 영계(2×1.2~1.4kg)	kg	2.4~2.8
poulets labellisés 4/4		
– 버터	g	40
오븐 찜 소스 FOND DE POÊLAGE		
– 당근	g	100
– 양파	g	100
– 화이트 와인	ml	100
– 매우 가볍게 리에종한	ml	400
진한 닭고기 갈색 육수		
또는		
– 가볍게 리에종한 송아지 갈색 육수	ml	400
곁들임		
– 염장(저염) 삼겹살	g	250
poitrine de porc demi-sel		
– 양송이버섯 champignons de Paris	g	250
– 땅콩기름	ml	20
– 구슬양파	g	250
– 버터	g	20
– 설탕	g	약간(PM)
– 감자 pommes de terre à chair ferme	kg	2
– 식용유	ml	80
– 버터	g	40
마무리		
– 버터	g	40
– 파슬리	g	약간(PM)
양념		
– 가는소금		약간(PM)
– 후춧가루		약간(PM)
평균 준비 시간 : 2시간		
평균 가열 시간 : 50~55분		

만드는 방법

1. 조리 작업 기구 준비하기 – 5분
레시피대로 재료를 계량, 측정하고 작업에 필요한 도구들을 점검한다.

2. 닭고기 손질하기 – 20분(p. 331~335 참조)

3. 닭 발과 날개를 몸통에 동여매기 – 5분(p. 336/337 참조)

4. 채소 준비하기 – 30분
버섯을 다듬어 시원한 곳에 보관한다.
감자를 다듬어 씻은 후 뽐 코코트용으로 다듬어 깎고 물이 들어 있는 들통에 넣어둔다.(p. 210/211 참조)
아로마틱 가니쉬용 당근과 양파를 다듬어 씻고 얇게 저며 썬다.

구슬양파를 다듬어 씻는다.
파슬리는 씻고 줄기를 뗀다.

5. 닭고기 익힐 준비하기 – 10분
닭고기 속과 겉에 소금, 후추를 뿌려 양념한다.
알맞은 크기의 움푹한 팬에 버터를 천천히 녹인다.(버터가 타면 안 된다.)
닭고기를 옆으로 놓아 노릇하게 굽고 뒤집어서 다른 쪽도 굽는다.
등쪽이 바닥을 향하도록 닭고기를 놓는다.
아로마틱 가니쉬를 첨가한다.
뚜껑을 닫고 200도 온도 오븐에 40~45분 동안 기름을 뿌려주며 굽는다.
닭고기가 익기 10분 전에 뚜껑을 열어 닭고기에 색깔이 나도록 해주어 굽기를 마무리한다.

6. 곁들임 익힐 준비하기 – 15분(p. 523 참조)
구슬양파를 갈색으로 윤을 내며 익힌다.
돼지 껍질을 제거하고 삼겹살을 작은 라르동 크기로 썬다.
데친 후 작은 프라이팬에 기름을 둘러 알맞게 볶는다.
버섯을 잘 씻고 도톰하게 저민다.
라르동을 볶았던 기름에 재빨리 버섯을 볶는다.
기름을 빼고 라르동과 함께 둔다.
뽐 코코트용 감자를 데친다.(찬물에 넣어 끓인다.)

7. 뽐 코코트 노릇노릇하게 굽기 – 10분(p. 544 참조)
큰 소뚜와에 기름을 넣어 볶고, 240도 오븐에서 마무리하며 굽는다.
기름기를 빼고 조각 버터를 첨가한 후, 소금을 살짝 뿌린다.

8. 오븐 찜 소스 만들기 – 15분(p. 573/574 참조)
닭고기가 잘 익었는지 확인한다.(닭고기 속에서 나오는 육즙이 맑고 피가 엉긴 자국이 없어야 한다.)
고기를 옮겨 뚜껑을 닫아 따뜻하게 둔다.
팬에 남아 있는 고기 즙을 캐러멜화한다.
화이트 와인으로 데글라세한 후 졸인다.
가볍게 리에종한 닭고기 갈색 육수를 첨가해 10분 정도 소스를 졸인다.
간을 확인한 후 차이나 캡에 걸러 작은 중탕냄비에 담는다.
소스의 기름기를 제거한다.
중탕냄비의 뚜껑은 닫아둔다.

9. 파슬리 잘게 다진 후 물기 빼기 – 5분

10. 그랑메르 닭고기 코코트 차리기 –5분
스튜냄비에 오븐 찜 소스를 조금 붓는다.
실을 풀고 등쪽이 바닥을 향하게 닭고기를 담는다.
프라이팬에 버터를 둘러 곁들임 채소를 볶으며 데운 후 닭고기 둘레에 골고루 담는다.
다진 파슬리를 알맞게 뿌린다.
오븐 찜 소스를 소스그릇에 담는다.

완성한 결과

그랑메르 닭고기 코코트(Poulet cocotte grand–mère)

꿩고기 코코트 POULE FAISANE EN COCOTTE SOUVAROFF

전날 :

저장용 병(또는 진공 포장)에 핏덩어리 및 혈관 등을 제거해 손질한 간엽과 신선한 송로버섯, 마데이라 와인, 포르투 와인, 금색 미트 글레이즈를 넣어 밀봉한다.

냉장실에 보관한다.

다음 날 :

몇 분간 송로버섯을 마리네이드 속에 넣어 데친다.(크기에 따라 5〜8분)

스튜냄비에 덜어서 뚜껑을 닫아 보관한다.

송로버섯을 데친 육수에 간엽을 재빠르게 데친 후 물기를 뺀다.

1. 꿩고기 준비하기

고기를 손질한 후 푸아그라 파르시로 채운다.

발과 날개를 몸통에 동여매고, 가슴살에 비계를 덮는다.

2. 꿩고기 굽기

프라이팬에 버터를 둘러 노릇노릇 구운 후 아로마틱 가니쉬 위에 올린다.

2/3 정도 익었을 때 덜어둔다.

실을 푼 후 가슴살에 덮은 비계를 제거하고 송로버섯을 담아둔 스튜냄비에 담는다.

3. 오븐 찜 소스 만들기

마리네이드 육수(송로버섯과 간을 데친 육수)로 고기를 구웠던 팬을 데글라세한다.

가볍게 리에종한 수렵육 육수를 붓는다.(없을 경우, 닭고기 육수 사용)

스튜냄비에 오븐 찜 소스를 붓는다.

4. 꿩고기 코코트 완성하기

밀가루 반죽 또는 파이 반죽 부스러기로 스튜냄비를 봉한다.

꿩고기와 송로버섯, 푸아그라가 알맞게 익도록 매우 뜨거운 오븐(240도)에 15분 정도 둔다.

오븐에 넣었던 스튜냄비를 그대로 손님에게 제공하고 손님 앞에서 뚜껑을 연다.

준비 기구	조리 기구	플레이팅 도구
• 정리용 사각 트레이 3	• 뚜껑 있는 타원형 스튜냄비 1	• 타원형 스튜냄비 (바이메탈)
• 중간 크기 믹싱볼	• 프라이팬 1 또는 작은 소스포트 1	• 타원형접시받침
• 스테인리스 채반 1	• 작은 소테팬 1	• 소스그릇
• 작은 중탕냄비 1	• 큰 소테팬 1	• 소스그릇 받침
• 도마 1		• 무늬 있는 장식용 종이
• 작은 믹싱볼 2		
• 차이나 캡 1		

비슷한 요리 PLATS SIMILAIRES

니스식 닭고기 오븐 찜 Poulet poêlé niçocise

• 앞에 나온 만드는 방법 대로 닭을 굽는다.

• 껍질과 씨를 제거해 익힌 작은 토마토와 껍질콩, 뽐 샤또를 곁들인다.(p. 544 참조)

버섯을 곁들인 닭고기 오븐 찜 Poulet poêlé forestière

• 팬에 구운 닭고기에 모렐버섯, 라르동, 뽐 파르망티에(주사위 모양으로 썬 감자를 노릇노릇 구운 요리)를 곁들인다.

닭고기 오븐 찜과 아르메농빌 곁들임 Poulet poêlé Armenonville

• 앞에 나온 조리법 대로 닭을 굽는다.

• 토마토 퐁듀로 채운 아티초크, 버터에 볶은 껍질콩, 뽐 코코트를 곁들인다.

완성한 결과

닭고기 쉬프렘 오븐 찜과 아르메농빌 곁들임

(Suprême de volaille poêlée Armenonville)

새끼 토끼 등심 파르시와 크림 소스 야생 버섯

RÂBLE DE LAPEREAU FARCI, CHAMPIGNONS SAUVAGES À LA CRÈME

새끼 토끼 등심 파르시와 크림 소스 야생 버섯 Râble de lapereau farci, champignons sauvages à la crème은 부드러운 닭고기 파르시로 채운 새끼 토끼 등심을 아로마틱 가니쉬 위에 올려 뚜껑을 닫고 익힌다. 오븐 찜 소스는 크림을 조금 넣은 새끼 토끼 육수에 야생 버섯을 첨가해 만든다.

추천 곁들임 요리 : 버터를 곁들인 탈리아텔레 tagliatelles au beurre, 노릇노릇 구운 감자 pommes rissolées, 뽐 마케르 macaire, 샐러리 퓌레 purée de céleri, 늙은 호박 퓌레 de potimarron, 프랑스식 완두콩 petits pois à la française, 본팜므 완두콩 bonne-femme

8인분 재료	단위	양
기본 재료		
– 토끼 등심 râbles de lapin (4×400g)	kg	1.6
– 돼지 대망 crépine de porc	g	200
– 버터	g	40
무슬린 파르시 FARCE MOUSSELINE		
– 닭가슴살	g	250
– 계란(흰자 1/2)	g	15
– 액상 크림	ml	200
– 빨간색 피망(1/2개)	g	100
– 초록색 피망(1/2개)	g	100
오븐 찜 소스 FOND DE POÊLAGE		
– 당근	g	100
– 양파	g	100
– 화이트 와인	ml	40
– 매우 가볍게 리에종한 진한 토끼 고기 갈색 육수	ml	약간(PM)
– 버터	g	20
토끼 고기 육수 FOND DE LAPIN		
– 버터	g	20
– 토끼 뼈와 고기 부스러기 os et parures de lapin	g	약간(PM)
– 당근	g	50
– 양파	g	50
– 샐러리	g	40
– 마늘(1톨)	g	10
– 토마토(1개)	g	100
– 로즈마리와 세이보리로 만든 부케가르니 bouquet garni avec céleri avec romarin et sarriette	개	1
– 화이트 와인	ml	100
– 가볍게 리에종한 닭고기 갈색 육수(분말) fond brun de volaille légèrement lié(déshydraté)	g	60
곁들임		
– 살구버섯 girolles	g	400
– 작은 그물버섯(세프)) petits cèpes bouchons	g	200
– 꾀꼬리버섯 chanterelles	g	100
– 뿔나팔버섯 trompettes de la mort	g	100
– 셜롯	g	20
– 포르투 와인	ml	40
– 액상 크림	ml	200
양념		
– 가는소금		약간(PM)
– 후춧가루		약간(PM)
평균 준비 시간 : 2시간 05분		
평균 가열 시간 : 30~35분		

준비 기구
- 정리용 사각 트레이 3
- 큰 믹싱볼 2
- 차이나 캡 1
- 도마 1

- 믹서기 1
- 작은 중탕냄비 1

조리 기구
- 스튜냄비 1또는 뚜껑 있는 작은 소스포트 1
- 큰 소테팬 1
- 중간 크기 소테팬 1

플레이팅 도구
- 큰 타원형접시 또는 스튜냄비(바이메탈)
- 긴 접시받침
- 무늬 있는 장식용 종이

만드는 방법

1. 조리 작업 기구 준비하기 – 5분

레시피대로 재료를 계량, 측정하고 작업에 필요한 도구들을 점검한다.

2. 토끼 고기 등심 뼈 바르기 – 20분(p. 354 참조)

고기의 지방을 제거한다. 콩팥을 빼고 손질해 따로 보관한다.(콩팥은 파르시 재료로 사용할 수 있다.)

안심이 분리되지 않도록 조심하며 뼈를 발라낸다.

갈비살을 조금 자른다.

손질한 고기를 냉장실에 보관한다.

3. 피망 껍질 벗기기 – 5분

그릴에 구워 껍질을 벗긴 후 각 면이 4mm 되도록 가늘게 채 썬다.

데친 후 찬물에 담갔다 물기를 뺀다.

4. 닭고기 무슬린 파르시 만들기 – 15분(p. 439/440 참조)

5. 토끼 등심에 파르시 채우기 – 10분

등심을 펼친 후 양념하고 무슬린 파르시를 한겹 바른다.

막대 모양 피망을 색깔별로 번갈아 놓고 남은 파르시를 위에 바른다.

토끼 등심을 돌돌 말아 실린더 모양으로 만든다.

돼지 대망 조각으로 감싼 후 실로 묶는다.

6. 채소 다듬어 씻은 후 자르기 – 10분

당근, 양파, 샐러리, 마늘, 파슬리를 다듬어 씻는다.

모든 채소를 미르푸아로 썬다. 로즈마리와 세이보리 잎으로 부케가르니를 만든다.

7. 토끼 등심 팬에 굽기 – 10분

등심에 양념을 한 후 스튜냄비 또는 작은 소스포트에 넣어 버터를 두르고 굽는다. 미르푸아로 썬 당근과 양파의 반을 첨가하고 뚜껑을 잘 닫는다.

200도 오븐에 30~35분 동안 기름을 뿌려주며 익힌다.

8. 토끼 고기 육수 만들기 – 10분

토끼 뼈와 고기 부스러기를 노릇노릇하게 볶고, 남은 아로마틱 가니쉬(당근, 양파, 샐러리)를 넣는다.

화이트 와인으로 데글라세한 후 3/4으로 졸인다.

리에종한 송아지 갈색 육수를 붓는다.

잘게 다진 토마토, 빻은 마늘, 부케가르니를 첨가한다.

30분간 뭉근히 끓인다.

끓는 동안 거품을 걷어낸다.

FICHE 116

차이나 캡에 거른 후 마무리용 버터를 넣는다.

중탕냄비에 담아 뚜껑을 닫아 보관한다.

9. 곁들임 준비하기 – 10분

버섯을 잘 손질한다. 밑동을 자르고 마른 잎이 붙어있다면 떼어낸 후 잘 씻는다. 물에 담그지 말고 즉시 물기를 뺀다.

그물버섯(세프)을 얇게 저며 썰고, 살구버섯이 클 경우 반으로 나눈다.

10. 버섯 볶기 – 10분

큰 소테팬에 버터를 두르고 볶는다.

잘게 다진 설롯을 넣는다.

포르투 와인으로 데글라세한 후 졸인다.

크림을 붓고 소스 농도가 되직해질 때까지 졸이고 양념한다.

11. 등심 구이 완성하기 – 10분

잘 익었는지 확인한 후 따로 담아둔다.

등심을 구웠던 팬에 남아 있는 즙을 캐러멜화하고 기름기를 제거한다.

남은 화이트 와인으로 데글라세한 후 졸인다.

토끼 고기 육수를 부은 후 졸이고 농도와 간을 확인한다. 차이나 캡에 소스를 거른다.

12. 등심 윤내기 – 5분

묶었던 실을 풀고 돼지 대망도 제거한다.

오븐 찜 소스를 계속 뿌려주며 샐러맨더에 넣어 윤을 낸다.

13. 버섯을 곁들여 오븐 찜 소스 완성하기 – 3분

크림을 넣은 버섯에 오븐 찜 소스 남은 것을 붓는다.

몇 초간 뭉근히 끓인다.

14. 토끼 등심 차리기 – 2분

가장자리 부분은 제거하고 접시에 비스듬히 등심을 담는다.

곁들임을 담고, 소스를 등심 둘레에 뿌린다.

완성한 결과

새끼 토끼 등심 파르시와 크림 소스 야생 버섯
(Râble de lapereau farci, champignons
sauvages à la crème)

옛날식 겨자 소스 새끼 토끼 등심 파르시와 삼색 탈리아텔레

RÂBLE DE LAPEREAU FARCI À LA MOUTARDE À L'ANCIENNE,
TAGLIATELLES TRICOLORES

1. 조리 작업 기구 준비하기

2. 각각 400g인 등심 4 덩어리 뼈 제거하기(p. 354 참조)

등심에 붙어 있는 갈비살을 손질하고, 육수를 위해 뼈를 따로 보관한다.

3. 야생 버섯 뒥셀 만들기

잘게 다진 설롯 40g을 버터 40g과 함께 볶고, 다진 살구버섯 200g, 뿔나팔버섯 200g을 첨가한다.

버섯의 수분이 완전히 사라질 때까지 볶는다.

다진 처빌과 파슬리를 조금 넣는다.

재빨리 뒥셀을 식힌다.

4. 무슬린 파르시 만들기(앞에 나온 조리법 참조)

버섯 뒥셀을 첨가한다.

5. 등심에 파르시 채우기(p. 355 참조)

돼지 대망 조각으로 감싼 후 실로 묶는다.

6. 등심 팬에 굽기(앞장 참조)

7. 토끼 고기 육수 만들기(앞장 참조)

8. 모산(moutarde de Meaux) 겨자를 첨가한 오븐 찜 소스 만들기

등심을 따로 덜고, 실을 풀고 대망 조각을 벗겨 뚜껑을 덮어 따뜻하게 둔다.

등심을 구웠던 팬의 기름기를 제거한다.

잘게 다진 설롯을 첨가하고 몇 초간 볶는다.

화이트 와인 80ml로 데글라세한 후 3/4로 졸인다.

가볍게 리에종한 진한 토끼 고기 육수 500ml를 붓는다. 다시 졸이고 크림 200ml를 첨가한다.

졸인 후 간과 농도를 확인한다.

차이나 캡에 거른다.

불을 끄고 옛날식 겨자 40g을 첨가한 후 버터 40g으로 소스를 마무리한다.

9. 완성한 등심 차리기

접시에 소스를 약간 붓고, 등심을 도톰하게 슬라이스한 후 예쁘게 담는다.

등심 슬라이스 사이사이에 기본 탈리아텔레 tagliatelle, 토마토 탈리아텔레, 시금치 탈리아텔레를 번갈아 담는다.

완성한 결과

옛날식 겨자 소스 새끼 토끼 등심 파르시와 삼색 탈리아텔레
(Râble de lapereau farci à la moutarde à l'ancienne, tagliatelles tricolores)

비슷한 요리 PLATS SIMILAIRES

허브 겨자 소스 새끼 토끼 엉덩이 살

Arrière–train de lapereau aux herbes et à la moutarde

- 새끼 토끼 엉덩이 살에 작은 비계 라르동을 조리용 바늘로 끼워넣는다.
- 양념한 후 조리용 붓으로 겨자를 풍부하게 칠한다. 타임 꽃과 프로방스 허브를 알맞게 뿌린다.
- 녹인 버터를 충분히 뿌려주며 프라이팬에 굽는다.
- 잘 익었는지 확인한 후 따뜻하게 따로 둔다.
- 고기를 구웠던 팬의 기름기를 제거하고 화이트 와인으로 데글라세한 후 졸인다.
- 송아지 갈색 육수 또는 가볍게 리에종한 토끼 고기 육수를 붓는다.
- 크림을 넣고 다시 졸인 후, 불을 끄고 겨자를 넣고 간을 확인한다.
- 토끼 엉덩이 살을 담고 소스를 두른다.

무를 곁들인 새끼 오리
CANETONS AUX NAVETS

무를 곁들인 새끼 오리 Canetons aux navets는 스튜냄비 뚜껑을 꼭 닫아 저온으로 조리하는 《브레이징 방식으로 à l'étouffée》 익힌 새끼 오리 요리이다. 오븐 찜 소스는 고기를 익힌 팬을 화이트 와인, 마데이라 와인으로 데글라세한 후 가볍게 리에종한 진한 닭고기 갈색 육수를 부어 만든다. 갈색으로 윤을 낸 구슬양파, 모난 부분을 둥글게 깎아 윤을 낸 《올리브 모양 en olives》 무를 곁들인다.

8인분 재료	단위	양
기본 재료		
– 각각 2kg의 오리 2마리	kg	4
– 버터	g	50
또는		
– 식용유	ml	20
그리고		
– 버터	g	20
아로마틱 가니쉬		
– 당근	kg	100
– 양파	kg	100
오븐 찜 소스 FOND DE POÊLAGE		
– 화이트 와인	ml	100
– 마데이라산 와인	ml	100
– 매우 가볍게 리에종한	L	1.5
진한 오리 고기		
갈색 육수		
(또는 없을 경우, 송아지 갈색 육수 또는 분말		
육수)		
곁들임		
– 햇무*	kg	2.5
– 버터	g	50
– 굵은 설탕	g	약간(PM)
– 구슬양파	g	250
– 버터	g	20
– 설탕	g	약간(PM)
양념		
– 가는소금		약간(PM)
– 후춧가루		약간(PM)
평균 준비 시간 : 2시간 05분		
평균 가열 시간 : 50분~1시간		

** 계절에 따라 길쭉한 무를 사용하면 쿠스러기가 최소한이 되고, 2kg이면 충분한다.*

만드는 방법

(p. 575~577 참조)

1. 조리 작업 기구 준비하기 – 5분

레시피대로 재료를 계량, 측정하고 작업에 필요한 도구들을 점검한다.

2. 새끼 오리 손질하고 발과 날개를 몸통에 동여매기 – 30분(p. 344~347 참조)

3. 새끼 오리 익힐 준비하기 – 10분

새끼 오리 속과 겉에 소금, 후추를 뿌려 양념한다.
알맞은 크기의 움푹한 팬에 버터 또는 버터와 식용유를 섞어 천천히 녹인다.

버터가 타지 않도록 조심한다.
새끼 오리를 옆으로 놓아 노릇하게 굽고 뒤집어서 다른 쪽도 굽는다.
허드레 고기를 첨가한다.
새끼 오리를 등쪽이 바닥을 향하도록 놓는다.
아로마틱 가니쉬를 첨가한다.
뚜껑을 닫고 200도 온도 오븐에 50분~1시간 동안 굽는다.
기름을 자주 뿌려주며 굽는다.
완성되기 10분 전에 뚜껑을 열고 새끼 오리 고기에 색깔이 나도록 굽기를 마무리한다.

4. 곁들임 채소 준비하기 – 35분

무를 다듬어 씻은 후 모난 부분을 깎아 둥글게 모양을 만든다.
(p. 190 참조)
구슬양파를 다듬어 씻는다.

5. 곁들임 익힐 준비하기 – 10분

구슬양파를 갈색으로 윤을 내며 익힌다.(p. 523 참조)
무를 투명하게 윤을 내며 익힌다. 햇무의 경우 바로 윤을 내며 익히고, 제철이 아닐 경우 데칠 필요가 있다.(p. 521 참조)

6. 오븐 찜 소스 만들기 – 15분

새끼 오리가 잘 익었는지 확인한다.(고기 속에서 나오는 육즙이 맑고 피가 엉긴 자국이 없어야 한다.)
고기를 옮겨 뚜껑을 닫아 따뜻하게 둔다.
팬에 남아 있는 즙을 캐러멜화한다.
화이트 와인으로 데글라세한 후 졸인다.
마데이라 와인과 닭고기 갈색 육수를 첨가하고, 없을 경우 가볍게 리에종한 송아지 육수를 사용한다.
소스를 졸인 후 간을 확인하고 차이나 캡에 거른다.
소스의 기름기를 제거한다.*
중탕냄비에 담아 뚜껑을 닫아 보관한다.

7. 곁들임 무 완성하기 – 5분

무에 오븐 찜 소스를 조금 붓고 몇 분간 뭉근히 끓인다.

8. 새끼 오리 실을 풀고 윤 내기 – 5분

동여 맸던 실을 풀고 매우 뜨거운 오븐 입구나 샐러맨더에 넣어 오븐 찜 소스를 계속 뿌려주며 반짝이는 막이 생기도록 한다.

9. 새끼 오리 차리기 – 5분

스튜냄비에 오븐 찜 소스를 조금 붓는다.
등쪽이 바닥을 향하게 새끼오리를 담는다.
새끼 오리 둘레에 무와 구슬양파를 예쁘게 담는다.
소스를 살짝 뿌린다.
남은 오븐 찜 소스를 소스그릇에 담는다.

** 고기를 구웠던 팬을 데글라세하기 전에 기름기를 제거하는 것이 더 편하고 효과적이지만, 그러면 오븐 찜 소스의 풍미를 많이 잃게 된다.*

FICHE 117

완성한 결과

무를 곁들인 새끼 오리(Canetons aux navets)

올리브를 곁들인 새끼 오리 오븐 찜

CANETONS POÊLÉS AUX OLIVES

1. 새끼 오리를 손질하고 발과 날개를 몸통에 동여매기

2. 앞 장처럼 팬에 굽기

3. 곁들임 준비하기

초록색 올리브 400g의 씨를 제거한다.

찬물에 넣어 몇 분간 끓여 데친다.

물기를 빼고 따로 둔다.

4. 오븐 찜 소스 만들기

새끼 오리가 잘 익었는지 확인한다.(고기 속에서 나오는 육즙이 맑고 피가 엉긴 자국이 없어야 한다.)

고기를 옮겨 뚜껑을 닫아 따뜻하게 둔다.

팬에 남아 있는 즙을 캐러멜화한다.

화이트 와인으로 데글라세한 후 졸인다.

마데이라 와인과 가볍게 리에종한 닭고기 육수를 첨가한다.

소스를 졸인 후 간을 확인한다.

차이나 캡에 걸러 작은 자루냄비에 담는다.

소스의 기름기를 제거한다.

데친 올리브를 첨가해 몇 분간 뭉근히 끓인다.

5. 새끼 오리 윤내기

동여 맸던 실을 풀고 매우 뜨거운 오븐 입구나 샐러맨더에 넣어 오븐 찜 소스를 계속 뿌려 윤을 낸다.

6. 새끼 오리 차리기

스튜냄비에 오븐 찜 소스를 조금 붓는다.

등쪽이 바닥을 향하게 새끼 오리를 담는다.

새끼 오리 둘레에 곁들임을 예쁘게 담는다.

소스를 살짝 뿌린다.

올리브를 곁들인 오븐 찜 소스를 소스그릇에 담는다.

스튜냄비에 요리를 담지 않고 접시에 담을 경우. 뽐 뒤셰스 또는 튀긴 식빵 크루통을 둘러 장식할 수도 있다.

준비 기구	조리 기구	플레이팅 도구
• 정리용 사각 트레이 3 • 도마 1 • 중간 크기 믹싱볼 1 • 작은 믹싱볼 1	• 뚜껑 있는 타원형 스튜냄비 1, 또는 소스포트 1 • 큰 소테팬 1 • 작은 소테팬 1	• 바이메탈 타원형 스튜냄비 또는 타원형접시 • 타원형접시받침 • 무늬 있는 장식용 종이

완성한 결과

올리브를 곁들인 새끼 오리 오븐 찜(Canetons poêlés aux olives)

비슷한 요리 PLATS SIMILAIRES

새끼 오리 오븐 찜과 볼리우 곁들임 Canetons poêlés Beaulieu

• 새끼 오리 오븐 찜에 토마토 퐁듀로 채운 아티초크, 씨를 빼고 데친 검정 올리브, 뽐 코코트를 곁들인다.

완두콩을 곁들인 새끼 오리 오븐 찜 Canetons poêlés aux petits pois

• 새끼 오리 오븐 찜에 본팜므 완구콩(잘게 다진 상추, 구슬양파, 라르동과 함께 익힌 완두콩)을 곁들인다. 둥글게 깎아 윤을 낸 당근과 무를 추가해 곁들일 수도 있다.

오렌지를 곁들인 새끼 오리
CANETONS À L'ORANGE

오렌지를 곁들인 새끼 오리 Canetons à l'orange는 스튜냄비 뚜껑을 꼭 닫아《브레이징 방식으로 à l'étouffée》익힌 새끼 오리고기에 닭고기 육수, 오렌지 주스, 오렌지 제스트, 오렌지 과실주에 담근 레몬으로 만든 새콤달콤한 소스를 곁들인다.

추천 곁들임 요리 : 감자튀김 pommes sèches traitées à la friture(와플 모양 감자칩 gaufrettes, 감자칩 chips, 주름 장식 감자칩 collerettes, 뽐 수플레 soufflées); 감자 크로켓 pommes croquettes, 뽐 아망딘 amandines(뽐 뒤셰스에 아몬드 조각을 입힌 요리)

8인분 재료	단위	양
기본 재료		
– 각각 2kg의 오리 2마리	kg	4
– 버터	g	50
또는		
– 식용유	ml	20
– 버터	g	20
아로마틱 가니쉬		
– 당근	g	100
– 양파	g	100
비가라드 소스 SAUCE BIGARADE		
– 설탕	g	50
– 화이트 와인	ml	50
– 리에종하지 않은 진한	L	1
오리 고기 갈색 육수		
– 애로루트 또는 감자 전분 arrow–root ou fécule	g	20
de pomme de terre		
또는		
– 리에종한 오리 고기	L	1
또는 송아지 갈색 육수		
– 오렌지(제스트용)	g	약간(PM)
– 레몬*(1개)	g	100
– 오렌지 주스	ml	약간(PM)
– 오렌지 과실주	ml	100
곁들임		
– 오렌지(8×200g*)	kg	1.6
(조각과 제스트용)		
장식		
– 오렌지(2×200g)	g	400
양념		
– 가는소금		약간(PM)
– 후춧가루		약간(PM)
평균 준비 시간 : 1시간 35분		
평균 가열 시간 : 50분~1시간		

* *가공되지 않은 오렌지와 레몬을 사용*
오렌지 제스트를 위해 껍질을 벗긴 오렌지는 장식용 조각으로 사용한다.

곁들임(채 썬 제스트)이 들어 있는 소스를 새끼 오리 위에 뿌릴 경우, 오븐에 넣어 윤을 내지 않아도 된다.

만드는 방법

1. 조리 작업 기구 준비하기 – 5분
레시피대로 재료를 계량, 측정하고 작업에 필요한 도구들을 점검한다.

2. 새끼 오리 손질하고 발과 날개를 몸통에 동여매기 – 30분(p. 344~377 참조)

3. 오렌지 2~3개와 레몬 1개 제스트 만들기–5분
잘 씻은 후 껍질을 얇게 벗겨 가늘게 채 썬다.(p. 228 참조)
채 썬 제스트를 찬물에 넣어 몇 분간 끓여 데친다.
한 번 더 데친 후 물기를 빼고 찬물에 담갔다 작은 믹싱볼에 담아둔다.
데친 제스트 채 썬 것에 오렌지 과실주를 붓고 뚜껑을 덮어 몇 시간 동안 냉장실에 넣어둔다.

4. 새끼 오리 팬에 굽기 – 10분
(p. 575~577와 앞 장의《무를 곁들인 새끼 오리 Canetons aux navets》조리법 참조)

5. 곁들임용 및 장식용 오렌지 준비하기 – 20분
오렌지를 잘 씻어준다.
제스트용 2~3개 오렌지 껍질을 칼로 벗긴다.(p. 225/226 참조)
조각으로 자른 후 뚜껑을 닫아 냉장실에 보관한다.
장식용 오렌지 2개를 준비한다.
1개의 오렌지 껍질에 홈을 파서 장식한 후, 반으로 잘라 접시를 장식할 반달 모양 슬라이스로 썬다.
다른 1개의 오렌지는 접시 장식을 위해 톱니 모양으로 둘로 나눠 바구니를 만든다.(선택사항)

6. 가스트리크 소스 만들기 – 5분
큰 소테팬에 설탕, 식초를 넣고 약불에 캐러멜화되도록 끓인다.
진한 오리 고기 육수를 첨가한다. 맑은 육수의 경우, 오렌지 주스를 붓고 애로루트를 넣어 졸인 것으로 리에종해 농도를 맞춘다.(산성은 리에종을 녹이기 때문에 농도가 옅어질 수 있으므로 주의한다.)
원하는 농도가 될 때까지 졸인다.
오렌지 주스에 애로루트를 넣어 졸여 농도를 맞춘다. 산성이 농도를 묽게 만들므로 주의한다.

7. 오렌지 소스 만들기 – 15분
새끼 오리가 잘 익었는지 확인한 후 고기를 옮겨 뚜껑을 닫아 따뜻하게 둔다.
팬에 남아 있는 즙을 캐러멜화한다.
기름기를 제거한 후 오렌지 주스로 데글라세한다.
오리 고기 육수를 첨가하고 몇 분간 다시 졸인다.
소스의 농도, 색깔, 간을 확인한다.(필요할 경우, 카민 carmin 한 방울로 조절한다.)
소스를 차이나 캡에 걸러 작은 소테팬에 담고, 거품을 걷고 오렌지 주스 조금, 채 썰어 데친 제스트, 증류주(쿠앵트로 또는 그랑 마니에르)를 첨가한다.
맛을 확인한다.(신맛, 단맛, 짠맛이 균형을 이루도록)

FICHE 118

마무리용 버터를 넣는다.
소스를 중탕냄비에 담아 뚜껑을 닫아 보관한다.

8. 새끼 오리 차리기 – 5분
약간의 소스에 오렌지 조각을 넣어 데운다.
묶었던 실을 풀고 새끼 오리를 접시에 담는다.
새끼 오리 둘레에 오렌지 조각을 예쁘게 담는다.
반달 모양 오렌지 슬라이스로 접시 가장자리를 장식한다.
채 썬 제스트가 골고루 담기도록 소스를 뿌린다.

완성한 결과

오렌지를 곁들인 새끼 오리(Canetons à l'orange)

체리를 곁들인 새끼 오리 오븐 찜
CANETONS POÊLÉS AUX CERISES

1. 앞에 나온 조리법 대로 새끼 오리 팬에 굽기

2. 향신료를 넣은 시럽에 끓여 체리 익히기
물기를 뺀 후 씨를 제거한다.

3. 소스 만들기
체리를 익혔던 시럽을 약간 덜어 금색으로 캐러멜화되도록 졸인다.
오렌지 주스를 약간 넣어 묽게 하고 기름기를 완전히 제거한 새끼 오리
오븐 찜 소스를 첨가한다.

4. 새끼 오리에 윤을 낸 후 차리기
오븐 찜 소스에 뭉근히 끓였던 체리를 새끼 오리 둘레에 예쁘게 담는다.
서양배 모양으로 만든 감자 크로켓을 곁들인다.

완성한 결과

체리를 곁들인 새끼 오리 오븐 찜(Canetons poêlés aux cerises)

준비 기구
- 정리용 사각 트레이 3
- 중간 크기 믹싱볼 1
- 작은 중탕냄비 1
- 도마 1
- 작은 믹싱볼 2
- 차이나 캡 1

조리 기구
- 뚜껑 있는 타원형 스
  튜냄비 1또는 소스포
  트 1
- 중간 크기 소테팬 1
- 작은 소테팬 1
- 작은 자루냄비 1

플레이팅 도구
- 움푹한 타원형접시
- 소스그릇
- 소스그릇 받침
- 무늬 있는 장식용 종이

비슷한 요리 PLATS SIMILAIRES

복숭아를 곁들인 새끼 오리 오븐 찜 Canetons poêlés aux pêches de vigne
- 앞에 나온 조리법 대로 새끼 오리를 팬에 굽는다.
- 복숭아를 데친 시럽을 졸여 새콤달콤 소스를 만든다.
- 시럽에 끓여 익힌 복숭아 조각을 샐러맨더에 넣어 슈가파우더 sugar glace
  로 윤을 내어 함께 낸다.

포도를 곁들인 새끼 오리 오븐 찜 Canetons poêlés aux raisins
- 앞에 나온 조리법 대로 새끼 오리를 팬에 굽는다.
- 머스캣 포도알 60개 정도를 떼어 껍질과 씨를 제거한다.
- 새콤달콤 소스와 오리 고기 육수, 포도즙을 넣어 소스를 만든다.
- 샐러맨더에 새끼 오리를 넣어 윤을 낸다.
- 소스에 포도를 첨가한다.

미국식 닭고기 그릴구이
POULETS GRILLÉS À L'AMÉRICAINE

미국식 닭고기 그릴구이 Poulets grillés à l'américaine는 반으로 갈라 납작하게 편 닭고기를 그릴에 구워 마지막에 겨자를 바르고 빵가루를 입힌 후, 그릴에 구운 토마토, 버섯 머리, 베이컨, 뽐 빠이를 곁들이며, 토마토를 넣은 닭고기 갈색 육수, 셜롯 졸인 것, 빻은 통후추, 화이트 와인, 식초를 넣어 만든 소스를 함께 낸다.

8인분 재료	단위	양
기본 재료		
– 영계(2×1.2kg)	kg	2.4
– 식용유	ml	40
– 겨자	g	40
– 식빵	g	100
디아블르 소스용 닭고기 갈색 육수 FOND BRUN DE VOLAILLE POUR LA SALCE DIABLE		
– 닭뼈와 허드레 고기	g	약간(PM)
– 당근	g	50
– 양파	g	50
– 마늘(2톨)	g	15
– 부케가르니	개	1
– 토마토를 넣어 리에종한 닭고기 갈색 육수	ml	800
곁들임		
– 《곁들임용》 토마토 (50g 8개)	g	400
– 양송이버섯(25g 8개)	g	200
– 베이컨(25g 8장)	g	200
– 땅콩기름	ml	40
– 감자	kg	1.4
– 튀김기름	ml	약간(PM)
디아블르 소스 SAUCE DIABLE		
– 셜롯	g	40
– 통후추	g	약간(PM)
– 화이트 와인	ml	80
– 알코올 식초	ml	40
– 토마토를 넣은 닭고기 갈색 육수	ml	500
– 버터	g	40
– 처빌	단	1/5
– 타라곤	단	1/5
마무리		
– 버터	g	40
– 크레송	단	1/4
양념		
– 가는소금		약간(PM)
– 후춧가루		약간(PM)
평균 준비 시간 : 2시간 15분		
평균 가열 시간 : 20~25분		

만드는 방법

(p. 553/555 참조)

1. 조리 작업 기구 준비하기 – 5분
레시피대로 재료를 계량, 측정하고 ㅈ업에 필요한 도구들을 점검한다.

2. 그릴에 구울 닭고기 손질하기 – 20분(p. 343 참조)
잘 익도록 넓적다리 관절 부분에 칼집 내는 것을 잊지 않도록 한다.

3. 닭고기 갈색 육수 끓일 준비하기 – 15분(p. 365 참조)
닭고기 허드레 고기와 척추뼈를 사용한다.

4. 곁들임 준비하기 – 30분
베이컨은 냉장실에 보관한다.
크레송을 씻은 후 줄기를 떼 분류하고 물이 담긴 트레이에 담아 시원하게 둔다.
감자를 다듬어 씻어 강판을 사용해 뽐 빠이용으로 썬다. 헹군 후 물이 담긴 들통에 넣어둔다.
토마토를 씻은 후 꼭지를 떼고 따로 담아둔다.
버섯 머리를 다듬어 씻은 후 토마토와 함께 둔다.
식빵을 체에 쳐 따로 둔다.

5. 닭고기 익힐 준비하기 – 15분(p. 553/555 참조)
닭고기에 소금, 후추를 뿌려 양념한 후 식용유를 조금 바른다.
그릴에 껍질 부분을 먼저 구워 바둑판무늬를 낸다.
오븐팬에 덜어 200도 오븐에 20~25분간 익혀 마무리한다.

6. 디아블르 소스 만들기 – 15분
셜롯을 다듬어 씻은 후 잘게 다진다.
통후추를 빻는다.
작은 소테팬에 다진 셜롯, 굵게 빻은 후추, 화이트 와인, 식초를 넣고 자작하게 졸인다.
토마토를 넣고 리에종한 닭고기 갈색 육수를 첨가해 몇 분간 소스를 천천히 졸인다.
차이나 캡에 걸러 중탕냄비에 담고 버터를 넣어 마무리한다.
중탕냄비 뚜껑을 닫아 보관한다.

7. 뽐 빠이 튀기기 – 10분(p. 585/586 참조)
뽐 빠이용 감자를 헹궈 물기를 잘 뺀다.
160/170도 튀김기름에 조금씩 넣어 튀긴다.
키친타월에 올려 기름기를 잘 빼고 소금을 조금 뿌린다.

8. 닭고기 그릴구이 완성하기 – 10분
오븐에서 닭고기를 꺼내 흉곽 뼈를 제거한다.
조리용 붓으로 닭고기에 겨자를 바르고 빵가루를 적당히 입힌다.
오븐에 닭고기를 익힐 때 나온 기름을 뿌려주며 오븐에 넣어 8~10분간 색깔을 내며 익힌다.

9. 곁들임 완성하기 – 5분(p. 561 참조)
버섯 머리와 토마토에 기름을 바르고 그릴에 구워 바둑판무늬를 낸다.
소금을 뿌린 후 오븐에 몇 분간 넣어 마무리한다.
베이컨 슬라이스를 그릴에 알맞게 구워 바둑판무늬를 낸다.

10. 소스 완성하기 – 5분
처빌, 타라곤을 씻은 후 잎을 떼어 다져 소스에 첨가한다.

11. 미국식 닭고기 그릴구이 차리기 –5분
바둑판무늬를 낸 면이 위로 향하도록 닭고기를 접시에 담는다.
닭고기 4군데 끝부분에 토마토를 담고 위에 버섯 머리를 올린 후 윤을 낸다.
접시 양쪽 끝에 뽐 빠이 한 움큼을 담는다.
크레송 다발을 양쪽에 담는다.
소스그릇에 디아블르 소스를 담는다.

FICHE 119

완성한 결과

미국식 닭고기 그릴구이(Poulets grillés à l'américaine)

디아블르 소스 두꺼비 모양 닭고기 그릴구이
POULET GRILLÉ EN CRAPAUDINE, SAUCE DIABLE

1. 조리 작업 기구 준비하기

2. 닭 손질 후 《두꺼비 모양으로 en crapaudine》 쪼개기(p. 344 참조)

불에 그슬려 발을 덮고 있는 껍질을 제거하고, 발은 그대로 두고 발톱만 자른다.

잘 익도록 넓적다리 관절과 지방 부분에 칼집을 낸다.

3. 닭고기 그릴에 굽기

닭고기에 식용유를 바르고 소금, 후추로 양념한 후 껍질 부분을 먼저 그릴에 구워 바둑판무늬를 낸다.

뒤집어 다른 면에도 바둑판무늬를 낸다.

200도 오븐에 20분 정도 익혀 마무리한다.

4. 닭고기 차리기

접시에 닭고기를 담는다.

레몬즙 몇 방울과 헤이즐넛 버터를 뿌린다.

삶은 계란 슬라이스와 검정 올리브 조각을 2개씩 올려 두꺼비 눈처럼 보이도록 한다.

닭고기 꼬리에 크레송 한 다발을 놓고 줄기는 닭고기 밑으로 밀어 넣는다.

디아블르 소스를 소스그릇에 담는다.

** 닭고기는 먼저 버터와 빵가루를 입힌 다음 오븐에 넣는다. 이 방법은 특히 영계나 비둘기 고기에 적합한 방법이다.*

완성한 결과

디아블르 소스 두꺼비 모양 닭고기 그릴구이
(Poulet grillé en crapaudine, sauce diable)

준비 기구
- 정리용 사각 트레이 4
- 중간 크기 들통 1
- 작은 믹싱볼 3
- 작은 스테인리스 채반 1

- 작은 중탕냄비 1
- 도마 1
- 큰 믹싱볼 1
- 강판 1
- 차이나 캡 1

조리 기구
- 오븐팬 1
- 작은 소테팬 1

- 중간 크기 소테팬 1
- 작은 프라이팬 1

플레이팅 도구
- 크고 긴 접시
- 소스그릇
- 소스그릇 받침
- 무늬 있는 장식용 종이

비슷한 요리 PLATS SIMILAIRES

탄두리 닭고기 꼬치구이 Brochettes de volaille tandoori

- 닭 날개를 포함하는 옆구리 고기를 각 면이 3~4cm 되는 주사위 모양이 되도록 자른 후, 식용유를 바른 나무 꼬치에 끼워 넣는다. 레몬즙을 바른 후 냉장실에 보관한다.
- 탄두리 반죽 만들기 : 믹서기 볼에 양파, 마늘, 생강, 고수 씨, 커민, 소금, 레몬즙을 넣는다. 균질의 매끈한 반죽이 되도록 믹서기에 간다. 파프리카 가루, 작은 고추, 플레인 요거트, 빨간색 천연 색소를 조금 첨가한다.
- 닭꼬치 반죽에 담그기 : 닭꼬치를 반죽으로 덮은 후 랩으로 덮어 몇 시간 동안 냉장실에 보관한다.
- 닭꼬치 익히기 : 오븐팬을 알루미늄 호일로 덮는다. 약간씩 띄워 닭꼬치를 담는다. 샐러맨더 또는 250도 오븐에 각 면을 6~8분 정도 굽는다. 굽는 동안 녹인 버터를 자주 뿌려준다. 음식을 낼 때 가람 마살라*를 뿌린다.

타르타르 소스 영계 그릴구이 Coquelets grillés, sauce tartare

- 영계의 등을 쪼개 납작하게 두들긴다. 소금, 후추로 양념한 후 녹인 버터를 바르고 빵가루를 입힌다. 천천히 그릴에 굽고 크레송과 타르타르 소스를 함께 낸다.

비엔나식 닭가슴살 그릴구이 Blancs de volaille grillés viennoise

- 닭가슴살을 납작하게 두들긴 후 양념해 식용유, 레몬즙, 가루로 된 타임과 월계수 잎으로 만든 즉석 마리네이드 소스를 바른다. 밀가루, 계란물, 빵가루를 입힌 후 천천히 그릴에 굽는다. 튀긴 파슬리와 톱니 모양으로 반 자른 레몬을 곁들인다.

닭꼬치 그릴구이와 건조 과일 필라프
Brochettes de volaille grillées, riz pilaf aux fruits secs

- 각 면이 3cm 되는 주사위 모양으로 닭가슴살을 자르고 양념한 후, 식용유, 레몬즙, 타임 꽃, 잘게 다져 데친 생강으로 만든 마리네이드 소스를 바른다. 고기, 미리 껍질을 벗겨 볶은 빨간색 피망, 파인애플 조각을 꼬치에 번갈아 끼운다. 녹인 버터를 자주 발라주며 그릴에 굽는다. 닭고기 육수에 익힌 필라프에 주사위 모양으로 썬 건조 살구, 건포도, 빻은 호두와 피스타치오를 첨가해 곁들인다. 카레 소스를 함께 낸다.

탄두리 닭고기 꼬치구이는 원래 탄두르라고 불리는 점토로 된 가마 형식 오븐에 숯으로 굽는다.

** 가람 마살라 garam masala : 매운 맛이 나는 인도의 향신료 배합물.*

옛날식 닭고기 프리카세
FRICASSÉE DE VOLAILLE À L'ANCIENNE

옛날식 닭고기 프리카세 Fricassée de volaille à l'ancienne는 닭고기 육수로 만든 크림 소스에 닭고기 조각을 익힌 후, 투명하게 윤을 낸 구슬양파, 데친 버섯을 곁들인다.

추천 곁들임 요리 : 필라프 또는 크레올 밥 riz pilaf ou créole, 버터를 곁들인 파스타 pâtes au beurre, 투명하게 윤을 낸 햇채소(당근, 무, 호박, 오이, 대파, 콜리플라워, ○-스파라거스 등등)

8인분 재료	단위	양
기본 재료		
– (손질 완료된)영계(2×1.2∼1.4kg) poulets labellisés(P.A.C.)	kg	2.4∼2.8
– 버터	g	80
– 밀가루	g	50
– 양파(1개)	g	120
– 닭고기 육수	ml	약간(PM)
닭고기 흰색 육수		
– 닭 2마리 뼈와 허드레 고기 carcasses et abattis des 2 volailles	kg	약간(PM)
– 당근	g	200
– 양파	g	200
– 대파 흰부분	g	200
– 샐러리	g	100
– 부케가르니	개	1
– 정향 조각	개	2
소스 마무리		
– 고지방 크림 crème double	ml	300
옛날식 곁들임		
– 양송이버섯	g	250
– 버터	g	20
– 레몬(1/2개)	g	50
– 구슬양파	g	250
– 버터	g	20
– 굵은 설탕	g	약간(PM)
양념		
– 굵은소금		약간(PM)
– 가는소금		약간(PM)
– 후춧가루		약간(PM)
평균 준비 시간 : 1시간 25분		
평균 가열 시간 날개 : 15∼18분		
평균 가열 시간 넓적다리 : 18∼22분		

소스가 너무 진할 경우, 흰색 육수 또는 버섯 익힌 육수 조금을 넣어 묽게 만든다. 윤을 낸 구슬양파는 프리카세를 담을 때 첨가할 수도 있다.

만드는 방법

(p. 597∼599 참조)

1. 조리 작업 기구 준비하기 – 5분
레시피대로 재료를 계량, 측정하고 작업에 필요한 도구들을 점검한다.

2. 닭고기 손질 후 자르기– 30분

(p. 331∼335, 340∼342 참조)

닭 날개와 다리를 펼친 후 불에 그슬리고 남은 털을 제거한다.

손질해 내장을 제거한 후, 닭 한 마리를 4조각으로 잘라 총 8조각(닭 2마리)을 만든다.

자른 닭고기를 냉장실에 보관한다.

3. 닭고기 흰색 육수 끓일 준비하기 – 10분(p. 368/370 참조)
닭뼈를 부수고 허드레 고기를 자른 후 데친다.

냄비에 담고 찬물을 붓는다.

물을 끓이고 거품을 걷은 후 아로마틱 가니쉬를 첨가한다.

약불에 30∼45분 동안 뭉근히 끓인다.

4. 곁들임 준비하기 – 10분
버섯을 다듬어 씻은 후, 소금, 레몬즙, 버터 조금을 넣은 끓는 물에 뚜껑을 닫고 익힌다.(p. 144/148, 516 참조)

끓인 육수에 그대로 보관한다.

구슬양파를 다듬어 씻은 후 투명하게 윤을 내며 익힌다.(p. 521 참조)

5. 프리카세 익힐 준비하기 – 15분
자른 닭고기에 소금, 후추를 뿌려 양념한다.

소뚜와에 버터를 두르고 껍질 부분을 먼저 굽는다.

뒤집어서 색깔이 나지 않도록 조심하며 다른 쪽도 굽는다.

고기를 덜어내고 잘게 다진 양파 120g을 첨가한다.

색깔이 나지 않게 천천히 볶는다.

밀가루를 넣고 몇 분간 천천히 흰색 루를 익힌다.(버터를 조금 첨가해도 된다.)

흰색 육수 1L를 붓고 벨루테에 껍질 부분이 바닥을 향하도록 구워둔 닭고기를 넣는다.

닭고기 프리카세를 20분 정도 뭉근히 끓인다.

2/3쯤 익었을 때 닭고기를 뒤집는다. 소스가 바닥에 눌러붙지 않았는지 확인한다.

간을 확인한다.(날개는 더 빨리 익으므로 넓적다리보다 먼저 꺼내놓는다.)

6. 프리카세 완성하기 – 10분
닭고기를 덜어놓는다.

(필요한 경우) 벨루테를 졸인 후 크림을 첨가한다.

10분 정도 뭉근히 끓인다.

농도와 간을 확인한다.

닭고기 위에 버섯과 구슬양파를 첨가한다.

소스를 차이나 캡에 걸러 뚜껑을 닫아 프리카세를 따뜻하게 둔다.

7. 닭고기 프리카세 차리기 – 5분
닭 날개 뼈와 다리 뼈가 스튜냄비 중앙을 향하도록 프리카세를 담는다.

닭고기 위에 곁들임 채소가 골고루 올라가도록 담는다.

FICHE 120

완성한 결과

옛날식 닭고기 프리카세(Fricassée de volaille à l'ancienne)

맏물 채소를 곁들인 저민 닭고기

ÉMINCÉ DE VOLAILLE AUX PRIMEURS

1. 닭가슴살 1.2kg을 도톰하게 저미기

버터 80g, 잘게 다진 양파 120g, 밀가루 40g, 닭고기 흰색 육수 1L로 닭고기 프리카세를 만든다.

2. 곁들임 채소를 다듬어 씻은 후 투명하게 윤내기

채소를 다듬어 씻은 후, 구슬양파 150g, 올리브 모양으로 썬 당근 200g, 무 200g, 호박 200g을 투명하게 윤을 내며 익힌다.

양송이버섯 125g을 끓는 물에 버터 20g, 1/4개 레몬즙을 넣어 익힌다.

껍질콩 200g 양쪽 끝을 다듬고 토막낸다.

끓는 물에 데친다.

찬물에 헹군 후 물기를 빼둔다.

3. 저민 닭고기 차리기

마지막에 프리카세에 채소를 첨가한다.

간을 확인한다.

고기에 곁들임 채소를 골고루 담는다.

닭고기 흰색 육수에 익힌 필라프를 곁들인다.

완성한 결과

맏물 채소를 곁들인 저민 닭고기(Émincé de volaille aux primeurs)

준비 기구
- 정리용 사각 트레이 3
- 중간 크기 믹싱볼 1
- 차이나 캡 1
- 도마 1
- 작은 믹싱볼 2
- 작은 중탕냄비 1

조리 기구
- 큰 자루냄비 1 또는 육수를 위한 큰 소테팬 1
- 뚜껑 있는 작은 소스 포트 또는 큰 소뚜와 1
- 작은 소테팬 2

플레이팅 도구
- 채소용 접시 또는 스튜냄비(바이메탈)
- 둥근 접시받침
- 무늬 있는 장식용 종이

비슷한 요리 PLATS SIMILAIRES

카레 소스 또는 인도식 뿔닭 프라카세
Fricassée de pintade au curry ou à l'indienne
- 앞서 나온 조리법 대로 프리카세를 만든 후, 주사위 모양으로 썬 새콤한 사과와 카레 소스를 곁들인다.
- 고기를 덜어낸 후 소스에 주사위 모양으로 썰어 볶은 삼색 피망과 호박을 첨가한다.

헝가리식 비둘기 고기 프리카세 Fricassée de pigeon hongroise
- 앞서 나온 조리법 대로 프리카세를 만든 후, 파프리카 가루로 풍미를 준다.
- 마지막에 주사위 모양으로 썬 피망을 첨가한다.

가재를 곁들인 닭고기 프리카세 Fricassée de volaille aux écrevisses
- 낭투아 소스에 익힌 가재 꼬리를 닭고기 프리카세에 첨가한다.
- 가재 혼합 버터로 소스를 마무리한다.

도리아 닭고기 프리카세 Fricassée de volaille Doria
- 마지막에 올리브 모양으로 썰어 투명하게 윤을 낸 오이를 첨가한다.

아르장퇴유 닭고기 프리카세 Fricassée de volaille Argenteuil
- 프리카세 소스를 아스파라거스 퓨레로 리에종한다.
- 데쳐서 버터에 익힌 아스파라거스를 곁들인다.

닭고기 카레와 마드라스 밥
CURRY DE VOLAILLE RIZ MADRAS

닭고기 카레와 마드라스 밥 Curry de volaille riz madras은 카레로 풍미를 주고 코코넛을 넣은 소스에 닭고기를 익힌다. 주사위 모양으로 썬 열대 과일과 건포도, 구운 아몬드를 첨가한 필라프에 카레를 곁들인다. 이 요리는 송아지 고기, 양고기, 소고기로 만들 수도 있다. 소개하고 있는 조리법은 유럽에서 사용하는 여러 방법 중 하나이다.

8인분 재료	단위	양
기본 재료		
– (손질 완료된) 영계(2×1.2~1.4kg)	kg	2.4~2.8
마리네이드(선택사항) MARINADE		
– 땅콩기름	ml	80
– 레몬(1개)	g	100
– 고추	g	약간(PM)
– 생강 가루	g	약간(PM)
– 강황 가루	g	약간(PM)
– 고수	g	약간(PM)
– 소금과 후추	g	약간(PM)
카레 소스 CUISSON		
– 땅콩기름	ml	80
– 양파	g	160
– 카레 가루 또는 고체형 카레 (순한 맛 또는 중간 맛)	g	40
– 밀가루	g	40
– 닭고기 흰색 육수	L	1.2
– 토마토	g	400
– 토마토 페이스트	g	20
– 마늘(3톨)	g	20
– 부케가르니	개	1
마무리		
– 사과	g	200
– 바나나	g	200
– 레몬(1/2개)	g	50
– 코코넛 우유 또는 고지방 크림	ml	200
과일을 넣은 마드라스 밥 RIZ MADRAS AUX FRUITS		
– 버터	g	80
– 양파	g	160
– 안남미 또는 바스마티 쌀 riz long ou Basmati	g	400
– 닭고기 흰색 육수	ml	600
– 부케가르니	개	1
– 통 계피	g	약간(PM)
곁들임		
– 포도	g	40
– 파인애플 또는 파파야	g	200
– 얇게 썬 아몬드 또는 빻은 캐슈넛	g	40
양념		
– 가는소금		약간(PM)
– 후추		약간(PM)
평균 준비 시간 : 1시간 45분		
평균 가열 시간 : 18~22분		

만드는 방법

1. 조리 작업 기구 준비하기 – 5분

레시피대로 재료를 계량, 측정하고 작업에 필요한 도구들을 점검한다.

2. 닭고기 손질 후 자르기 – 30분(p. 331~335, 340/342 참조)

닭 한 마리를 4조각으로 자른 후 각각 둘로 나눠 잘라 총 16조각(닭 2마리)을 만든다.

닭뼈와 허드레 고기를 따로 보관한다.

3. 닭뼈와 허드레 고기로 닭고기 흰색 육수 끓일 준비하기 – 10분(p. 368/370 참조)

4. 닭고기 마리네이드하기(선택사항) – 5분

닭고기를 트레이에 한 겹으로 담고 양념한 후 향신료(또는 카레 가루), 레몬즙, 식용유를 첨가한다.

랩으로 덮어 냉장실에 보관한다.

5. 카레 곁들임 재료 준비하기 – 15분

양파를 다듬어 씻은 후 잘게 다져 반은 마드라스 밥을 위해 따로 보관한다.

토마토를 씻어 꼭지를 따고 껍질과 씨를 제거한 후 잘게 다진다.

마늘을 다듬어 씻은 후 싹을 제거해 잘게 다진다.

부케가르니를 2개 만든다.

6. 카레 끓일 준비하기 – 15분

마리네이드한 닭고기의 물기를 뺀다.

큰 소테팬 또는 낮은 소스포트에 기름을 적당히 두르고 닭고기를 노릇노릇 굽는다.

고기를 덜어 따로 담아둔다.

고기를 구웠던 팬에 잘게 다진 양파 반을 첨가하고 몇 분간 볶는다.

카레 가루를 뿌려 잘 섞는다.

밀가루, 토마토 페이스트를 넣고 몇 초간 천천히 토마토 넣은 루를 익히고 식힌다.

끓인 닭고기 흰색 육수를 붓고 거품기로 저어주며 카레 벨루테를 끓인다.

껍질 부분이 바닥에 닿도록 닭고기를 다시 소스에 넣는다.

토마토 페이스트, 마늘, 부케가르니를 첨가하고 간을 한다.

가스레인지 팬 또는 200도 오븐에 18~22분 정도 뚜껑을 닫아 천천히 익힌다.

7. 나머지 곁들임 준비하기 – 10분

사과, 바나나를 씻고 다듬은 후 레몬즙을 뿌리고 각 면이 2~3mm 되는 주사위 모양으로 잘게 썬다.

8. 마드라스 밥 익힐 준비하기 – 10분(p. 500/501 참조)

건포도를 잘 씻고 몇 초간 끓는 물에 데친 후 익힐 준비가 된 쌀에 첨가한다.

쌀에 닭고기 흰색 육수를 붓는다.(작은 통계피 조각과 생강 부스러기를 첨가할 수도 있다.)

거의 다 익었을 때 버터를 넣어 섞는다.

주사위 모양으로 썬 파인애플 또는 생파파야 조각을 첨가한다.

9. 카레 마무리하기 – 5분

고기가 거의 다 익기 몇 분 전에 주사위 모양으로 썬 사과와 바나나 조각을 첨가한다.

크림 또는 코코넛 우유를 첨가한다.

소스가 잘 끓여졌고 농도가 적절한지 확인한다.

기름기를 제거한다.

간을 확인한 후 부케가르니를 뺀다.

FICHE 121

10. 카레와 마드라스 밥 차리기 – 5분

채소용 접시에 소복하게 닭고기 카레를 담는다.

소스를 적당히 뿌린다.

다른 채소용 접시에 밥을 고슬고슬하게 담고 얇게 썬 아몬드 조각 또는 빻은 캐슈넛을 뿌린다.

장식용 종이를 깐 접시받침 위에 각각의 채소용 접시를 올린다.

완성한 결과

닭고기 카레와 마드라스 밥(Curry de volaille riz madras)

부야베스식 사프란 닭고기

POULET AU SAFRAN FAÇON BOUILLABAISSE

1. 마리네이드 채소 준비하기

양파 200g을 얇게 저민다.

대파 200g, 샐러리 100g, 펜넬 100g을 가늘게 채 썬다.

토마토 500g의 껍질과 씨를 제거한 후 잘게 다진다.

마늘 4톨을 다듬어 씻고 싹을 제거한 후 빻는다.

부케가르니를 만들고 말린 오렌지 제스트 조각을 첨가한다.

2. 마리네이드 채소 익히기

올리브유를 두르고 양파, 대파, 샐러리, 펜넬을 천천히 익힌다.

토마토, 마늘, 부케가르니, 사프란 2g, 팔각 조각 조금을 첨가한다.

익힌 것을 덜어 식히고 자른 닭 2마리(한 마리당 8조각)와 파스티스 50ml를 넣는다.

닭고기에 마리네이드 소스가 잘 섞이도록 한 후 뚜껑을 닫아 냉장실에 12시간 보관한다.

3. 닭뼈와 허드레 고기로 진한 닭고기 흰색 육수 만들기

4. 닭고기 익히기

물기를 잘 뺀 후 키친타월로 물기를 살살 닦는다.

올리브유를 두르고 구운 후 기름기를 제거하고 마리네이드 소스와 끓인 닭고기 흰색 육수를 첨가한다.

양념한 후 18~22분간 익힌다. 넓적다리보다 몇 분 전에 날개를 먼저 뺀다.

5. 사프란 닭고기 완성하기

접시에 닭고기를 덜어 담는다.

소스에 아이올리 소스 몇 스푼을 넣어 리에종한다.

소스를 골고루 뿌린다.

크레올 밥, 생파스타 또는 사프란 닭고기 육수에 익힌 감자 등을 곁들인다.

인도의 각 지역에는 재료에 따라 노란색, 초록색 또는 빨간색 고체형 카레가 있다.

준비 기구
• 정리용 사각 트레이 3
• 중간 크기 믹싱볼 1
• 도마 1

• 작은 믹싱볼 3

조리 기구
• 큰 소테팬 1 또는 뚜껑 있는 낮은 소스포트 1
• 큰 소뚜와 1 또는 뚜껑 있는 큰 소

테팬 1
• 작은 자루냄비 1

플레이팅 도구
• 채소용 접시
• 채소용 접시받침
• 무늬 있는 장식용 종이

완성한 결과

부야베스식 사프란 닭고기(Poulet au safran façon bouillabaisse)

비슷한 요리 PLATS SIMILAIRES

카레 조리법은 여러 가지이며 사용하는 재료(닭고기, 돼지고기, 소고기, 생선, 채소 등등)에 따라 다양할 수 있다.

일반적으로 카레는 추가 곁들임 요리와 전병 또는 튀기거나 구운 빵(이스트를 넣지 않은 빵 pain sans levain), 파파담 pappadams, 차파티 chapattis, 시금치를 넣은 파라타 parathas aux épinards, 깨를 넣은 전병 galettes aux graines de sésame 등과 함께 먹는다. 이런 전병은 시중에서 구입할 수 있다. 다음과 같은 곁들임도 소개한다.

민트를 곁들인 오이 Concombres à la menthe

• 다듬어 속을 파낸 후 강판에 갈아 절인 후 물기를 뺀 오이에 요거트, 잘게 다진 생민트, 레몬 제스트를 넣어 양념한다.

고수를 곁들인 토마토와 양파 Tomates et oignons à la coriandre

• 껍질과 씨를 제거한 토마토를 주사위 모양으로 썰어 잘게 다진 양파, 소금, 후추, 황설탕, 레몬즙 또는 라임즙, 다진 고수와 함께 섞는다.

고추를 곁들인 파인애플 Ananas au piment

• 주사위 모양으로 썬 파인애플에 다진 고추, 다진 생 민트와 골파, 황설탕, 레몬즙을 섞는다.

코코넛을 곁들인 바나나 Banane à la noix de coco

• 레몬즙을 뿌린 주사위 모양 또는 얇고 동그란 모양 바나나에 강판에 간 건조 코코넛을 뿌린다.

여러 가지 과일 처트니*(망고) Divers chutneys de fruits(mangue)

* 처트니 chutney : 인도 음식에 함께 나오는 양념. 과일과 채소 등을 이용해서 만들고, 맛은 기호에 따라 강하거나 부드럽게 조절할 수 있으며 주로 카레에 넣어 먹는다.

코코뱅
COQ AU VIN

코코뱅 Coq au vin은 수탉을 레드 와인에 넣어 마리네이드하고, 졸인 마리네이드, 닭고기 갈색 육수로 만들어 마지막에 닭 피를 조금 넣어 리에종한 소스에 스튜로 익힌 요리이다. 갈색으로 윤을 낸 구슬양파, 볶은 양송이버섯, 라르동, 식빵 크루통을 곁들인다.

추천 곁들임 요리 : 뽐 앙글레즈 pommes à l'anglaise, 파슬리를 곁들인 감자 persillées, 뽐 퐁당뜨 fondantes, 버터를 곁들인 생파스타 pâtes fraîches au beurre, 알자스식 탈리아텔레 tagliatelles à l'alsacienne, 슈페츨레 spätzles, 폴렌타 polenta, 로마식 뇨끼 gnocchis à la romaine 등등

8인분 재료	단위	양
기본 재료		
– 수탉(1마리)	kg	2.6~2.8
– 버터	g	40
– 땅콩기름	ml	40
고기 양념용 마리네이드 MARINADE À CRU		
– 당근	g	200
– 양파	g	200
– 셜롯	g	40
– 마늘(2톨)	g	15
– 부케가르니	개	1
– 통후추	g	약간(PM)
– 레드 와인(부르고뉴 와인, 모르공 와인morgon, 샹튀르그 와인 Chanturgue)	L	1.5
– 꼬냑 또는 마르 드 부르고뉴(marc de Bourgogne) 포도박 브랜디*	ml	50
– 땅콩기름	ml	50
닭고기 갈색 육수 FOND BRUN DE VOLAILLE		
– 닭뼈와 허드레 고기	g	약간(PM)
– 당근	g	100
– 양파	g	100
– 토마토	g	200
또는		
– 토마토 페이스트	g	20
– 부케가르니	개	1
– 가볍게 리에종한 송아지 갈색 육수	L	1
소스		
– 꼬냑 또는 마르 드 부르고뉴(marc de Bourgogne) 포도박 브랜디	ml	50
– 마리네이드	ml	약간(PM)
– 닭고기 갈색 육수	ml	약간(PM)
소스 리에종 LIAISON DE LA SAUCE		
– 닭 피(또는 돼지 피)	ml	100
– 꼬냑 또는 마르 드 부르고뉴(marc de Bourgogne) 포도박 브랜디	ml	20
곁들임		
– 염장(반염) 삼겹살	g	250
– 식용유	ml	40
– 양송이버섯	g	250
– 구슬양파	g	250
– 버터	g	20
– 설탕	g	약간(PM)
– 식빵(40g 4장)	g	160
– 버터	g	40
마무리		
– 파슬리	g	약간(PM)
양념		
– 가는소금		약간(PM)
– 후춧가루		약간(PM)
평균 준비 시간 : 1시간 40분		
평균 가열 시간 : 1시간 30분~2시간 30분		

준비 기구
- 정리용 사각 트레이 3
- 큰 믹싱볼 1
- 손잡이 있는 스테인리스 채반 1
- 도마 1
- 작은 믹싱볼 2
- 차이나 캡 1

조리 기구
- 라구용 냄비 1 또는 뚜껑 있는 작은 소스포트 1
- 작은 소테팬 1
- 작은 자루냄비 1
- 작은 프라이팬 1

플레이팅 도구
- 큰 채소용 접시 또는 스튜냄비(바이메탈)
- 둥근 접시받침
- 무늬 있는 장식용 종이

만드는 방법

1. 조리 작업 기구 준비하기 – 5분

레시피대로 재료를 계량, 측정하고 작업에 필요한 도구들을 점검한다.

전날 :

2. 수탉 손질 후 16조각으로 자르기 – 25분

3. 고기 양념용 마리네이드 만들기 – 15분(p. 445/446 참조)

닭고기 조각을 마리네이드 소스에 양념해둔다.

뚜껑을 닫아 냉장실에 최소 12시간 보관한다.

몇 시간 후에 고기 조각을 뒤집어 놓는다.

4. 가볍게 리에종한 닭고기 갈색 육수 끓일 준비하기 –10분(p. 365 참조)

재빨리 식혀 뚜껑을 닫아 냉장실에 보관한다.

다음날 :

5. 코코뱅 익힐 준비하기 – 20분(p. 594~597 참조)

닭고기와 아로마틱 가니쉬 물기를 빼고 키친타월로 잘 닦는다.

마리네이드 소스를 거른 후 끓이고 거품을 걷는다.

기름과 버터를 두르고 닭고기 껍질 면을 먼저 구우며 전체를 노릇노릇하게 굽는다.

고기를 덜어 따로 담아둔다.

고기를 구웠던 팬에 마리네이드 소스의 아로마틱 가니쉬를 첨가해 살짝 캐러멜화한다.

기름기를 제거한 후 아로마틱 가니쉬 위에 닭고기 조각을 올린다.

꼬냑 또는 마르 드 부르고뉴(marc de Bourgogne) 포도박 브랜디로 불을 붙여 풍미를 준다.

끓인 마리네이드 소스를 첨가하고 10분 정도 졸인다.

가볍게 리에종한 닭고기 갈색 육수를 부어 보충한다.

간을 하고 거품을 걷고 팬 뚜껑을 닫는다.

200도 온도 오븐에 1시간 30분~2시간 정도 코코뱅 고기의 상태에 맞춰 익힌다.

잘 익고 있는지 살펴보며 천천히 골고루 익도록 한다.

소스가 졸았을 경우. 끓는 물 또는 맑은 닭고기 갈색 육수를 부어 보충한다.

---

* 마르 드 부르고뉴(marc de Bourgogne) : 포도박 브랜디 마르 marc. 포도주 양조 과정에서 포도 압착, 포도 밟기 또는 포도주. 발효 후에 얻는 찌꺼기로 만든 증류주.

FICHE 122

6. 곁들임 준비하기 – 20분

양파를 갈색으로 윤을 내며 익힌다.(p. 523 참조)

라르동을 잘라 데친 후 알맞게 볶아 둔다.

얇게 저민 버섯을 라르동 구웠던 기름에 볶은 후 라르동과 함께 둔다.

식빵을 하트 모양으로 잘라 정제 버터에 튀겨 크루통을 만든다.(또는 샐러맨더에 넣어 토스트한다.)

파슬리를 다진다.

7. 코코뱅 고기 덜기 – 분

고기가 잘 익었는지 확인한다.

다른 소스포트에 고기를 덜어둔다.

소스의 색깔, 농도, 간을 확인하고 기름기를 제거한다.

차이나 캡에 소스를 거른 후 고기 위에 붓는다.

라르동, 버섯을 첨가해 10분 정도 뭉근히 함께 끓인다.

덜어서 중탕냄비에 뚜껑을 닫아 보관한다.

8. 소스 리에종 완성하기 – 5분

고기를 접시에 담는다.

고기 위에 곁들임을 골고루 담고 따뜻하게 둔다.

닭 피로 소스 리에종하기 : 소스를 끓인 후 불을 끈다.

꼬냑 또는 포도박 브랜디를 조금 부어 피를 묽게 만들고 끓인 소스를 조금씩 넣으며 데운다.

거품기로 저으며 남은 소스에 리에종을 조금씩 붓는다.

리에종한 소스를 다시 끓인다. 끓기 시작하면 불을 끄고 차이나 캡에 걸러 고기 위에 붓는다.

9. 코코뱅 차리기 – 5분

윤을 낸 구슬양파를 예쁘게 담는다.

소스에 크루통 끝부분을 담그고 다진 파슬리에 담근 후 끝부분이 접시 밖을 향하도록 고기 둘레에 담는다.

– 영계로 코코뱅을 만들 수도 있다. 익히는 시간은 수탉의 절반으로 줄고, 《코코뱅식 영계 요리 poulet façon coq au vin》로 부를 수 있다.

– 리에종한 닭고기 갈색 육수가 없을 경우. 닭고기를 노릇노릇 구운 후 밀 가루를 첨가할 수 있다. 닭고기 또는 송아지 갈색 육수 분말을 사용할 수 도 있다.

완성한 결과

코코뱅(Coq au vin)

비슷한 요리 PLATS SIMILAIRES

리슬링 코코뱅 Coq au riesling

• 잘게 다진 양파 또는 셜롯과 함께 버터를 넣고 닭고기를 노릇노릇 굽는다.

• 술로 불을 붙여 풍미를 준 후, 밀가루를 넣고 리슬링 와인, 닭고기 흰색 육수, 버섯 익힌 육수를 붓는다.

• 고기를 덜어 놓고 소스에 크림을 넣은 후 졸이고 데친 버섯을 첨가한다.

• 삼색 파스타 또는 알자스식 파스타를 곁들인다.

맥주를 넣은 닭고기라구 Coq à la bière

• 잘게 다진 셜롯과 함께 버터를 넣고 닭고기를 노릇노릇 굽고, 예네버르 genièvre 또는 진을 넣어 불을 붙여 풍미를 준 후 밀가루를 조금 넣는다.

• 흑맥주 또는 라거 맥주 bière brune ou blonde와 닭고기 흰색 육수를 붓는다.

• 고기를 덜어 놓고, 크림을 넣은 후 졸여 볶은 버섯을 첨가하고 마무리용 버터를 넣는다. 특별한 이 요리는 뽐 알뤼메트와 함께 먹는다.(투명하게 윤을 낸 구슬양파를 첨가할 수도 있다.)

완성한 결과

리슬링 코코뱅(Coq au riesling)

버섯을 곁들인 새끼 토끼 라구
LAPEREAUX AUX CHAMPIGNONS

셜롯, 화이트 와인, 가볍게 리에종한 갈색 육수로 만든 소스에 토끼 고기를 익혀 라구를 만들고, 볶은 양송이버섯을 곁들인다.
추천 곁들임 요리 : 뽐 앙글레즈 pommes à l'anglaise, 파슬리를 곁들인 감자 persillées, 뽐 퐁당뜨 fondants, 뽐 마케르 Macaire; 둥글게 깎아 투명하게 윤을 낸 당근 carottes, 무 navets tournés et glacés à blanc, 볶은 두루미냉이 crosnes, 볶은 돼지감자 topinambours sautés, 생파스타 pâtes fraîches, 시골식 완두콩 petits pois paysanne

8인분 재료	단위	양
기본 재료		
– 1kg인 새끼 토끼 2마리	kg	2
– 땅콩기름	ml	40
– 버터	g	40
– 셜롯	g	80
– 로즈마리와 세이보리로 만든 부케가르니	개	1
– 마늘(선택사항)	톨	2
– 화이트 와인	ml	200
– 리에종하고 토마토를 조금 넣은 송아지 갈색 육수	L	1.4
곁들임		
– 양송이버섯 또는 제철 버섯	g	300
– 버터	g	40
마무리		
– 파슬리	g	약간(PM)
양념		
– 가는소금		약간(PM)
– 후춧가루		약간(PM)
평균 준비 시간 : 1시간 10분		
평균 가열 시간 : 45분~1시간		

만드는 방법

1. 조리 작업 기구 준비하기 – 5분
레시피대로 재료를 계량, 측정하고 작업에 필요한 도구들을 점검한다.

2. 새끼 토끼 잘라서 손질하기 – 10분
(뼈가 부스러지지 않게 깔끔하게 자른다.)
(p. 352/353 참조)
손질한 재료는 냉장 보관한다.

3. 채소 준비하기 – 15분
버섯을 다듬어 시원한 곳에 보관한다.
파슬리를 씻어 줄기를 떼고, 로즈마리 또는 세이보리 잎을 많이 넣어 부케가르니를 만든다.
셜롯을 다듬어 씻은 후 잘게 다진다.

4. 새끼 토끼 고기 익힐 준비하기 – 15분
고기에 소금, 후추를 뿌려 양념한다.
소스포트에 기름과 버터를 넣고 노릇노릇 굽는다.
기름기를 제거한 후 잘게 다진 셜롯을 넣고 색깔이 나지 않게 몇 초간 볶는다.
화이트 와인으로 데글라세한 후 졸인다.
리에종하고 토마토를 넣은 송아지 갈색 육수를 붓는다.
소금, 후추로 양념한 후 마늘과 부케가르니를 첨가한다.
다시 끓인 후 뚜껑을 닫아 200도 오븐에 35~45분 동안 익힌다.

5. 버섯 볶기 – 10분(p. 542 참조)
버섯을 잘 씻은 후 도톰하게 저며 자른다.
작은 프라이팬에 버터를 두르고 4~5분간 버섯을 볶는다.
소금을 뿌리고 스테인리스 채반에 담아 기름기를 뺀다.

6. 파슬리 물기를 닦고 잘게 다지기 – 5분

7. 새끼 토끼 고기 덜기 – 5분
고기가 잘 익었는지 확인한 후 다른 소스포트에 덜어둔다.
소스를 졸인 후 기름기를 제거한다.
소스의 농도, 간을 확인한다.
볶은 버섯을 첨가한다.
차이나 캡에 소스를 거른 후 고기 위에 붓는다.
몇 분간 뭉근히 끓인다.

8. 버섯을 곁들인 새끼 토끼 라구 차리기 – 5분
스튜냄비에 토끼 고기를 담는다.
곁들임을 올리고 소스를 골고루 뿌린다.
다진 파슬리를 알맞게 뿌린다.

요리 교육상으로는 2마리 새끼 토끼(2×4)를 사용하지만, 라구 요리에는 나이가 들고 무거운 토끼가 더 좋다.

완성한 결과

버섯을 곁들인 새끼 토끼 라구(Lapereaux aux champignons)

일드프랑스식 새끼 토끼 지블롯*

GIBELOTTE DE LAPEREAU ÎLE—DE—FRANCE

1. 조리 작업 기구 준비하기

2. 1kg 새끼 토끼 2마리 잘라 손질하기(p. 352/353 참조)

3. 채소 다듬어 씻은 후 썰기

셜롯 80g을 다듬어 씻은 후 잘게 다진다.

파슬리, 타임, 월계수 잎, 로즈마리 또는 세이보리로 부케가르니를 만든다.

구슬양파 250g을 다듬어 씻는다.

양송이버섯 250g을 다듬어 씻은 후 도톰하게 저민다.(선택사항)

감자 2kg을 다듬어 씻은 후 《뽐 나바랭 pommes navarin》 크기로 둥글게 모난 부분을 깎는다.

마늘 2톨을 다듬고 싹을 제거한 후 씻는다.

4. 지블롯 익히기

고기에 소금, 후추를 뿌려 양념한다. 작은 소스포트에 식용유 40ml와 버터 40g을 넣어 고기를 굽는다.

기름기를 제거한 후 잘게 다진 셜롯을 넣고 1분간 볶는다.

브랜디 50ml를 넣어 불을 붙여 풍미를 준다.

와인 200ml로 데글라세한 후 자작해질 때까지 졸인다.

밀가루를 넣고 매우 뜨거운 오븐에 넣어 굽는다. 주걱으로 섞는다.

(송아지 또는 닭고기) 흰색 육수 1.5L를 붓는다.

부케가르니, 마늘을 넣고 양념해 끓인다.

뚜껑을 닫아 200도 오븐에 35~45분간 익힌다.

5. 곁들임 채소 익히기

구슬양파를 투명하게 윤을 내며 익힌다.

염장(반염) 삼겹살 300g을 라르동 크기로 잘라 데친 후 프라이팬에 식용유를 둘러 볶는다.

라르동 볶았던 기름에 버섯을 볶는다.

6. 식빵 250g 세모 모양으로 자르기

정제 버터에 튀기거나 토스트한다.

7. 감자 데치기

찬물에 넣어 몇 분간 끓여 데친 후 찬물에 담그지 말고 그대로 물기를 뺀다.

8. 지블롯 완성하기(음식이 완성되기 20분 전)

고기를 덜고 소스를 차이나 캡에 거른다.

감자를 소스에 넣고 20분 정도 익힌다.

농도와 간을 확인한 후, 라르동, 구슬양파, 버섯을 첨가한다.

9. 지블롯 차리기

큰 접시에 고기를 소복하게 담는다. 소스와 곁들임 채소를 골고루 담는다. 크루통을 예쁘게 담고 다진 파슬리를 알맞게 뿌린다.

소스에 크림 또는 겨자를 넣고 감자를 따로 익히기도 한다.

준비기구	조리기구	플레이팅 도구
• 정리용 사각 트레이 2 • 들통 1 • 작은 믹싱볼 2 • 스테인리스로 된 움푹한 트레이 1 • 도마 1 • 큰 믹싱볼 1 • 차이나 캡 1	• 큰 소테팬 1, 또는 뚜껑 있는 작은 소스 포트 • 작은 프라이팬 1	• 둥근 스튜냄비(바이메탈) 또는 큰 채소용 접시 • 둥근 접시받침

비슷한 요리 PLATS SIMILAIRES

자두와 당근을 곁들인 토끼 고기(갈색 소스 라구)

Lapin aux pruneaux et aux carottes (ragoût à brun)

• 잘게 다진 셜롯, 화이트 와인, 식용유로 고기를 마리네이드한다.

• 버터에 고기를 구운 후 졸인 마리네이드 소스와 리에종한 송아지 갈색 육수를 붓는다.

• 2/3쯤 익었을 때 고기를 덜고, 저미거나 둥글게 모양을 다듬어 데친 당근, 데쳐서 볶은 라르동, 씨를 빼 말린 자두를 첨가한다.

• 더 익혀 완성한 후 다진 파슬리를 뿌린다.

디종식 새끼 토끼 프리카세 Fricassée de lapereau dijonnaise

• 닭고기 프리카세 조리법에 따라 새끼 토끼 프리카세를 만든다.

• 소스를 많이 졸인다.

• 크림을 넣고 다시 졸인 후 마지막에 디종 겨자를 크게 한 스푼 첨가한다.

---

* 지블롯 gibelotte : 화이트 와인을 넣은 프리카세.

프랑스식 산토끼 스튜
CIVET DE LIÈVRE À LA FRANÇAISE

프랑스식 산토끼 스튜 Civet de lièvre à la française는 레드 와인에 양념한 산토끼 고기에 졸인 마리네이드 소스와 스페인 소스로 만든 소스를 넣어 익힌다. 마지막에 소스를 피로 리에종하고, 갈색으로 윤을 낸 구슬양파, 볶은 양송이버섯, 라르동, 식빵 크루통을 곁들인다.

추천 곁들임 요리 : 찐 감자 pommes vapeur, 뽐 앙글레즈 à l'anglaise, 파슬리를 곁들인 감자 persillées, 뽐 퐁당뜨 fondantes, 뽐 아나 Anna ; 감자 퓌레 purée de pommes de terre, 늙은 호박 퓌레 de potimarron ; 버터를 곁들인 생파스타 pâtes fraîches au beurre.

8인분 재료	단위	양
기본 재료		
– 산토끼 고기	kg	2.6
– 버터	g	40
– 땅콩기름	ml	40
(리에종) 피 요리용 와인 식초 VINAIGRE DE VIN POUR LE SANG		
– 와인 식초	ml	20
고기 양념용 마리네이드 MARINADE À CRU		
– 당근	g	200
– 양파	g	200
– 셜롯	g	40
– 샐러리	g	100
– 마늘(2톨)	g	15
– 부케가르니	개	1
– 로즈마리	가지	약간(PM)
– 통후추	g	약간(PM)
– 두송자	g	약간(PM)
– 꼬냑 또는 아르마냑	ml	50
– 탄닌이 풍부한 레드 와인 vin rouge tanique	L	1.5
– 올리브유	ml	50
소스		
– 꼬냑 또는 아르마냑	ml	50
– 마리네이드 소스	ml	약간(PM)
– 스페인 소스	L	1.5
소스 리에종 LIAISON DE LA SAUCE		
– 피(일반적으로 돼지 피)	ml	100
곁들임		
– 염장(반염) 삼겹살	g	250
– 땅콩기름	ml	40
– 양송이버섯	g	250
– 구슬양파	g	250
– 버터	g	20
– 설탕	g	약간(PM)
– 식빵(40g 4장)	g	160
– 버터	g	40
마무리		
– 파슬리	g	약간(PM)
양념		
– 가는소금		약간(PM)
– 후춧가루		약간(PM)
평균 준비 시간 : 1시간 45분		
평균 가열 시간 : 1시간~1시간 30분		

* 부위별로 자른 산토끼 고기를 점차쪽으로 시중에 판매하고 있다. 등심 또는 넓적다리를 고르면 된다.

만드는 방법
(p. 594~597 참조)

1. 조리 작업 기구 준비하기 – 5분

레시피대로 재료를 계량, 측정하고 작업에 필요한 도구들을 점검한다.

전날 :

2. 산토끼 가죽을 벗기고 내장을 제거한 후 피 담아두기 – 20분

피에 와인 식초 20ml를 첨가하고, 만들어지는 피브린*을 제거한 후 냉장실에 뚜껑을 닫아 보관한다.

산토끼 피가 없을 경우, 돼지 피를 사용한다.

잘 손질한 간, 심장, 허파도 따로 둔다.

3. 힘줄을 제거한 후 8~16 조각으로 고기 자르기* – 10분

4. 산토끼 고기 마리네이드하기 – 15분

《코코뱅 Coq au vin》 조리법과 p. 445/446 참조)

아르마냑 또는 꼬냑, 올리브유를 사용하는 것이 좋다. 아로마틱 가니쉬에 샐러리, 로즈마리, 두송자를 첨가할 수 있다.

뚜껑을 닫아 냉장실에 12시간 동안 둔다.

몇 시간 후에 마리네이드 소스에 담겨 있는 고기를 뒤집는다.

다음날 :

5. 산토끼 스튜 익힐 준비하기 – 20분

앞 장의 《코코뱅》 익히는 방법을 참조한다.

다음과 같이 2가지 방법으로 육수 소스를 사용할 수 있다.

– 고기를 노릇노릇 구운 후 밀가루를 뿌려 오븐에 몇 분간 익혀 마리네이드 소스와 레드 와인을 붓는다.

– 또는 노릇노릇 구운 고기에 졸인 마리네이드 소소를 붓고 스페인 소스로 보충한다.

6. 곁들임 준비하기 – 20분

코코뱅 곁들임과 같다.

– 갈색으로 윤을 낸 구슬양파(p. 523 참조)

– 볶은 라르동과 양송이버섯(p. 542 참조)

– 정제 버터에 튀긴 식빵 크루통

음식을 제공할 때 :

7. 스튜 고기 덜기 – 5분

고기가 잘 익었는지 확인한다. (1시간~1시간 30분 익힌 후)

다른 소스포트에 덜어둔다.

라르동과 버섯을 첨가한다.

뚜껑을 닫아 따뜻하게 둔다.

8. 소스 리에종 완성하기 – 5분

소스를 다시 끓인다.

소스의 색깔, 농도(가볍게 리에종해야 함), 간을 확인한다.

간과 심장, 허파를 믹서기로 간 후 체에 친다.

피를 첨가한다.

간, 심장, 허파, 피 혼합물에 끓인 소스를 부으며 천천히 묽게 만든다.(피가 응고되지 않도록 천천히 소스를 부으며 온도를 높인다.)

FICHE 124

불을 끄고, 거품기로 저으며 남은 소스에 리에종을 붓는다.

끓기 직전까지 소스를 데운 후 바로 차이나 캡에 걸러 고기에 붓는다.

9. 산토끼 스튜 차리기 – 5분

접시에 산토끼 고기를 담는다.

곁들임을 고기 위에 골고루 올린다.

끝부분을 소스와 다진 파슬리에 차례로 담근 크루통과 구슬양파를 예쁘게 담는다.

완성한 결과

프랑스식 산토끼 스튜(Civet de lièvre à la française)

밀렵꾼의 지블롯 GIBELOTTE DES BRACONNIERS

몇 시간 전에 미리 :

1. 산토끼 2마리를 16조각으로 자르고 마리네이드하기

올리브유 100ml, 화이트 와인 100ml, 잘게 다진 셜롯 80g, 타임과 월계수 잎 조각을 스테인리스 트레이에 넣어 고기를 마리네이드한다.

뚜껑을 닫아 냉장실에 보관한다.

2. 지블롯 익히기

고기의 물기를 잘 뺀다.

식용유와 버터를 두르고 고기를 굽는다.

잘게 다진 셜롯을 넣고 몇 초간 볶는다.

기름기를 제거한다.

꼬냑 50ml를 넣어 불을 붙여 풍미를 준다.

화이트 와인 500ml로 데글라세한 후 2/3로 졸인다.

가볍게 리에종한 송아지 흰색 육수 1l를 붓는다.

부케가르니, 로즈마리 한 줄기, 싹을 제거하고 빻은 마늘 2톨을 첨가한다.

뚜껑을 닫아 오븐에서 익힌다.

3. 곁들임 준비하기(산토끼 스튜 곁들임과 동일)

투명하게 윤을 내며 익힌 구슬양파 250g

볶은 라르동 250g

볶은 양송이버섯 250g

정제 버터에 튀긴 식빵 크루통 8개

다진 파슬리.

4. 지블롯 완성하기

다른 소스포트에 고기를 덜어둔다.

소스를 졸이고 차이나 캡에 걸러 고기에 붓는다.

라르동, 버섯을 첨가해 몇 분간 뭉근히 끓인다.

윤을 낸 구슬양파와 크루통을 담는다.

껍질째 익힌 감자, 뽐 마케르 또는 골파를 곁들인 으깬 감자를 곁들인다.

준비 기구
- 정리용 사각 트레이 3
- 큰 믹싱볼 1
- 큰 들통 1
- 차이나 캡 1
- 도마 1

- 작은 믹싱볼 2
- 손잡이 있는 스테인리스 채반 1
- 작은 중탕냄비 1

조리 기구
- 라구용 냄비 1 또는 뚜껑 있는 낮은 소스포트 1

- 작은 자루냄비 1
- 작은 프라이팬 1
- 작은 소테팬 1

플레이팅 도구
- 큰 채소용 접시 또는 스튜냄비(바이메탈)
- 둥근 접시받침
- 무늬 있는 장식용 종이

완성한 결과

밀렵꾼의 지블롯(Gibelotte des braconniers)

비슷한 요리 PLATS SIMILAIRES

포도를 곁들인 산토끼 스튜 Lapin de garenne vigneronne
- 화이트 와인과 아르마냑에 마리네이드한 토끼 고기에 흰색 소스를 넣어 라구로 만든다.
- 마리네이드 소스와 가볍게 리에종한 닭고기 흰색 육수를 붓는다.
- 껍질, 씨를 제거한 포도와 라르동을 곁들인다.

시드르를 넣은 새끼 토끼 스튜 Lapereau au cidre
- 시드르, 칼바도스, 셜롯으로 마리네이드한 새끼 토끼 고기에 흰색 소스를 넣어 라구로 만든다.
- 버터를 두르고 고기를 굽는다.
- 잘게 다진 셜롯, 주사위 모양으로 썬 감자를 첨가한 후 칼바도스로 불을 붙여 풍미를 주고, 시드르와 닭고기 흰색 육수를 붓는다.
- 마지막에 크림을 넣고 버터에 볶은 감자 조각을 곁들인다.
- 생파스타와 함께 낸다.

* 피브린 fibrine : 혈액이 응고할 때 피브리노겐에 효소 트롬빈이 작용하여 생기는 섬유 같은 단백질.

오렌지를 곁들인 새끼 오리 장보네뜨
JAMBONNETTES DE CANETONS À L'ORANGE

MENU 오렌지를 곁들인 새끼 오리 장보네프 Jambonnettes de canetons à l'orange는 뼈를 제거한 새끼 오리 넓적다리에 오렌지 제스트를 넣은 오리 고기 무슬린을 채운 후, 새콤달콤한 오렌지 소스에 넣어 찐 요리이다. 장보네프 브레제에는 익힌 오렌지 조각을 곁들인다.

추천 곁들임 요리 : 와플 모양 감자 튀김 pommes gaufrettes, 뽐 수플레 soufflés, 뽐 도핀 Dauphine, 감자 크로켓 croquettes, 뽐 아망딘 (뽐 뒤셰스에 아몬드 조각을 입힌 요리)

8인분 재료	단위	양
기본 재료		
– 오리 넓적다리(8×250g)	kg	2
– 오렌지 과실주	ml	40
– 버터	g	40
– 식용유	ml	20
무슬린 파르시 FARCE MOUSSELINE		
– 오리 넓적다리에서 바른 살	g	300
– 계란(흰자)	개	1
– 액상 크림	ml	200
– 주사위 모양으로 썬 오렌지(1개)	g	약간(PM)*
– 오렌지 리큐르	ml	20
마무리		
– 돼지 대망	g	300
고기 찜 육수 FOND DE BRAISAGE		
– 당근	g	150
– 양파	g	150
– 리에종한 오리 갈색 육수	ml	약간(PM)
– 부케가르니	개	1
리에종한 오리 갈색 육수 FOND BRUN DE CANARD LIÉ		
– 오리뼈와 허드레 고기	kg	1
– 당근	g	150
– 양파	g	150
– 토마토(1개)	g	200
– 마늘(2톨)	g	15
– 리에종한 송아지 갈색 육수	L	1.5
– 부케가르니	개	1
가스트리크 소스(선택사항) GASTRIQUE		
– 설탕	g	40
– 알코올 식초 vinaigre d'alcool	ml	40
오렌지 소스 SAUCE À L'ORANGE		
– 오리 고기 찜 육수	L	1
– 즙과 제스트용 오렌지	g	약간(PM)*
– 즙과 제스트용 레몬(1/2개)	g	50
– 오렌지 과실주	ml	40
곁들임		
– 오렌지(6개)	kg	1.2
양념		
– 가는소금		약간(PM)
– 후춧가루		약간(PM)
평균 준비 시간 : 2시간 05분		
평균 가열 시간 : 1시간 20분~1시간 3C분		

** 제스트는 곁들임용 오렌지로 준비한다.*

만드는 방법

1. 조리 작업 기구 준비하기 – 5분
레시피대로 재료를 계량, 측정하고 작업에 필요한 도구들을 점검한다.

2. 오리 넓적다리 뼈 제거하기 – 30분(p. 347/348 참조)
무슬린 파르시용으로 넓적다리 살 30~40g을 발라서 냉장실에 보관한다.

넓적다리에 오렌지 과실주를 조금 뿌린다. 뚜껑을 덮어 냉장실에 보관한다.

3. 오리 갈색 육수 끓일 준비하기 – 15분
(p. 365 참조)

4. 오렌지와 레몬 준비하기 – 10분
오렌지와 레몬을 씻은 후 필러로 제스트 150g을 잘라낸다.
제스트를 가늘게 채 썬다.
1/4은 작은 주사위 모양으로 썬다.
채 썬 것과 주사위 모양으로 썬 제스트를 두 번 데친다.
오렌지 과실주에 따로따로 담가놓는다.
곁들임용 오렌지 껍질을 칼로 벗긴 후 조각으로 썬다.
오렌지즙을 짜서 따로 둔다.

5. 오리 고기 무슬린 파르시 만들기 – 10분
(p. 439/440 참조)
주사위 모양으로 썬 제스트와 리큐르를 조금 첨가한다.

6. 파르시 채운 후 장보네뜨 만들기 – 10분(p. 347 참조)
오리 고기를 양념한 후 파르시로 채운다.
서양 배 모양으로 만들고 모양을 유지하도록 껍질에 바느질을 한 후 꼼꼼하게 오므려 마무리한다.
돼지 대망으로 감싼다.

7. 장보네뜨 찌기 – 10분(p. 600~602 참조)
소스포트에 기름과 버터를 두르고 천천히 장보네뜨를 굽는다.
음식을 차릴 때 보이는 부분을 먼저 굽는다.(껍질 부분)
기름기를 제거한다.
네모 조각으로 굵직하게 저민 아로마틱 가니쉬를 첨가한다.
팬에 남아 있는 즙을 살짝 캐러멜화한다.
오렌지즙을 조금 넣어 데글라세한다.
오리 갈색 육수를 붓고 부케가르니를 넣는다.
끓인 후 뚜껑을 덮어 200도 오븐에 1시간~1시간 20분간 익힌다.

8. 장보네뜨 덜기 – 5분
고기가 잘 익었는지 확인한다.(가장 두꺼운 부분에 조리용 바늘을 찔렀을 때 쉽게 다시 바늘을 뺄 수 있어야 한다.)

9. 오렌지 소스 만들기 – 10분
설탕과 식초로 가스트리크 소스를 만든다.
금색 캐러멜처럼 된 소스를 오렌지 즙으로 묽게 한 후 기름기를 완벽하게 제거해 차이나 캡에 거른 고기 찜 육수를 첨가한다.
소스를 졸이고 거품을 걷는다.

10. 장보네뜨 윤내기 – 10분
장보네뜨 실을 풀고 대망을 벗긴 후 샐러맨더에 넣어 고기 찜 육수 소스를 뿌린다.
장보네뜨가 반짝거리는 얇은 소스 막으로 덮여야 한다.

11. 소스 완성하기 – 5분
소스를 매우 자작하게 졸인다.
오렌지즙, 레몬즙, 리큐르를 넣어 묽게 한다.
오렌지와 레몬 제스트 채 썬 것을 첨가한다.

12. 장보네뜨 차리기 – 5분
오렌지 조각을 소스에 데운 후 접시 둘레에 담는다.
장보네뜨를 담고 소스를 골고루 뿌린다.

완성한 결과

오렌지를 곁들인 새끼 오리 장보네뜨
(Jambonnettes de canetons
à l'orange)

꿩고기 샤르트뢰즈*(긴꼬리닭, 비둘기, 자고새)
FAISANS EN CHARTREUSE(PINTADES, PIGEONS, PERDRIX)

1. 꿩고기 준비하기

꿩 2마리를 손질하고 발과 날개를 몸통에 동여맨 후 비계로 감싼다.
220/240도 오븐에 20분간 색깔을 내며 익힌다.

2. 채소 준비하기

샤보이 양배추 2~2.5kg을 다듬어 씻는다. 4등분해 속대를 자르고
식초물에 담근 후 헹군다.

데친 후 찬물에 담궜다 물기를 뺀다.

당근 1kg, 길쭉한 무 1kg를 1cm 두께 네모 또는 직사각형 모양으로 썬다.

데친 후 닭고기 흰색 육수를 조금 넣어 투명하게 윤을 내며 익힌다.

샤르트뢰즈 틀에 넣기 위해 따로 둔다.

염장(저염) 삼겹살(poitrine demi-sel) 300g과 훈제 삼겹살 300g의 껍질을
제거한다.

30분 정도 데친다.

작은 (모흐토(Morteau)산) 소시지를 바늘로 찌른 후 데친다.

3. 양배추와 꿩고기 찌기

버터를 넣고 저민 당근 150g, 양파 150g을 볶는다.

데친 양배추 반과 삼겹살 2덩어리, 소시지, 부케가르니를 첨가하고
꿩고기를 가운데 담는다.

나머지 양배추로 덮는다.

양념을 한 후 닭고기 흰색 육수 1.5L를 붓는다.

부케가르니를 첨가하고 삼겹살 껍질 또는 꿩고기를 감쌌던 비계로 덮는다.

뚜껑을 닫아 200도 오븐에 넣어 45분~1시간 동안 찐다.

4. 샤르트뢰즈 틀에 넣기

수플레 틀 2개의 바닥과 옆면에 버터를 꼼꼼하게 바르고 당근과 무를
채운다.

당근, 무를 번갈아 채워 체크 무늬 또는 모자이크 무늬를 낸다.

안쪽에 꿩고기 또는 닭고기 무슬린 파르시를 얇게 바른다.(장식 재료를
고정시키기 위해)

압축해 물기를 잘 빼고 익힌 양배추 한 겹을 담는다.

뼈를 바른 꿩고기, 삼겹살 슬라이스, 소시지를 첨가해 넣는다.

남은 양배추로 틀을 채운다.

꼭 눌러준다.

5. 샤르트뢰즈 굽기

잘 덮어 중탕으로 200도 오븐에 30분 정도 굽는다.

6. 곁들임 소스 만들기

꿩 뼈와 허드레 고기를 오븐에 넣어 고기즙을 캐러멜화한다.
작은 주사위 모양으로 썬 당근과 양파를 첨가한다.

꼬냑 20MI로 데글라세한다. 불을 붙여 풍미를 준 후, 가볍게 리에종한
조류 수렵육 또는 닭고기 갈색 육수 0,80l를 붓는다.

소스를 졸이고 거품을 걷고 차이나 캡에 거른다.

7. 샤르트뢰즈 차리기

틀을 오븐에서 꺼낸다. 틀 안의 곁들임이 잘 떨어지도록 몇 분간 그냥 둔다.
틀 안에서 나오는 물기를 빼고 샤르트뢰즈를 틀에서 꺼내 큰 접시에
담는다.

조리용 붓으로 버터를 발라 윤을 낸다. 샤르트뢰즈 둘레에 소스를 한 줄로
두르고 나머지는 소스그릇에 담는다.

---

* 샤르트뢰즈 chartreuse : 채소와 고기 등을 틀에 넣어 구운 케이크 모양 요리.

준비 기구
• 정리용 사각 트레이 3
• 큰 믹싱볼 1
• 차이나 캡 1
• 도마 1

• 작은 믹싱볼 2
• 작은 중탕냄비 1

조리 기구
• 스튜냄비 1
또는 뚜껑 있는 작은 소
스포트 1
• 중간 크기 소테팬 1

• 작은 소테팬 1

플레이팅 도구
• 움푹한 큰 접시 또는
스튜냄비 (바이메탈)
• 접시받침
• 무늬 있는 장식용 종
이

완성한 결과

꿩고기 샤르트뢰즈(Faisan en chartreuse)

비슷한 요리 PLATS SIMILAIRES

양배추를 곁들인 자고새 브레제 perdrix braisées choux (p. 532/533 참조)
• 앞에 나온 조리법 대로 자고새를 손질하고 발과 날개를 몸통에 동여맨 후
비계를 덮어 오븐에 색깔을 내며 익힌다.
• 샤보이 양배추, 돼지비계, 데침용 소시지, 아로마틱 가니쉬를 고기와 함께
넣고 찐다.
• 양배추와 곁들임을 고기와 예쁘게 담는다.
• 자고새 뼈와 허드레 고기로 만든 수렵육 육수 소스를 곁들인다.

자고새 브레제를 자고새 오븐구이와 함께 제공할 경우, 자고새는 양배추에
풍미를 주기 위한 재료로만 사용한다.

니에브르식 오리 넓적다리 브레제 Cuisses de canard braisées nivernaise
• 오리 넓적다리를 노릇노릇 구운 후, 가볍게 리에종한 진한 오리 육수에
넣고 찐다.
• 매우 뜨거운 오븐 입구 또는 샐러맨더에 넣어 윤을 낸다.
• 둥글게 깎은 당근과 무, 윤을 낸 구슬양파, 상추 브레제, 뽐 앙글레즈 또는
뽐 샤또로 구성된 니에브르식 곁들임과 함께 낸다.

초록색 후추를 곁들인 오리 가슴살 스테이크
MAGRET DE CANARD AU POIVRE VERT

초록색 후추를 곁들인 오리 가슴살 스테이크 Magret de canard au poivre vert는 지방이 있는 오리(잡종 집오리 mulard) 가슴살을 껍질 부분으로 구운 후, 구운 팬의 캐러멜화된 재료를 화이트 와인으로 데글라세해 가볍게 리에종하고 크림을 넣은 오리 갈색 육수를 부어 만든 초록색 후추를 곁들인 소스를 함께 낸다.

추천 곁들임 요리 : 뽐 다팡 pommes Darphin, 뽐 아나 Anna, 감자볶음 sautées à cru, 뽐 사흘라데즈 sarladaise, 뽐 코코트 cocotte, 뽐 누아제트 noisettes, 뽐 파리지엔 parisienne, 뽐 파르망티에 Parmentier 등등

8인분 재료	단위	양
기본 재료		
– 오리 가슴살* (잡종 집오리) (4×400g)	kg	1.6
– 버터	g	20
– 땅콩기름	ml	20
소스		
– 꼬냑	ml	40
– 화이트 와인	ml	100
– 가볍게 리에종한 진한 오리 갈색 육수	ml	400
– 초록색 후추	g	80
– 액상 크림	ml	100
– 버터	g	40
– 가는소금		약간(PM)
– 후춧가루		약간(PM)
평균 준비 시간 : 45분		
평균 가열 시간 : 10~12분 + 레스팅(휴지기) 10분		

오리 가슴살 스테이크라는 이름은 푸아그라를 만드는 데 사용되는 지방이 많은 오리와 거위의 가슴살에만 사용한다. 더스코비 오리(canard de Barbarie)의 덜 두꺼운 가슴살을 사용할 경우, 굽는 시간을 줄인다.

만드는 방법

1. 조리 작업 기구 준비하기 – 5분

레시피대로 재료를 계량, 측정하고 작업에 필요한 도구들을 점검한다.

2. 오리 가슴살 준비하기 – 10분(p. 347 참조)

힘줄과 피가 엉긴 모든 부분을 제거하며 손질한다.

지방을 제거하며 동그란 모양으로 손질하고, 살 속까지 닿지 않도록 조심하며 껍질에 바둑판무늬(칼집)를 낸다.

3. 오리 가슴살 익힐 준비하기 – 15분(p. 535/537 참조)

양념을 한 후 소뚜와 또는 작은 소스포트에 기름과 버터를 매우 조금 두르고 센 불에 각 면을 굽는다.

지방이 많은 껍질 부분을 먼저 굽고, 지방이 잘 녹을 수 있도록 7~8분간 익힌다.

뒤집개로 뒤집어 손님이 원하는 굽기 정도로 몇 분간 구워 마무리한다.(손님이 특별한 굽기 정도를 말하지 않은 경우, 속살이 분홍색이 되도록 굽는다.)

소뚜와의 기름기를 제거한 후 꼬냑으로 불을 붙여 오리 가슴살에 풍미를 준다.

그릴망이 있는 트레이에 고기를 덜어 따뜻하게 둔다.

4. 소스 만들기 – 15분

캐러멜화된 소뚜와를 화이트 와인으로 데글라세한 후 3/4으로 졸인다.

가볍게 리에종한 오리 갈색 육수를 부은 후 초록색 후추를 넣는다.

후추 향을 최대한 내기 위해 숟가락 뒷면으로 후추를 으깬다.

크림을 넣은 후 소스를 다시 졸인다.

소스의 농도, 색깔, 간을 확인한다.

마무리용 버터를 알맞게 넣는다.

5. 오리 가슴살 차리기 – 5분

오리 가슴살 스테이크를 도톰하게 슬라이스한다.(선택사항) 손님 앞에서 슬라이스할 수도 있다.(이럴 경우, 껍질을 벗겨 오리 가슴살을 도톰하게 슬라이스한 후 슬라이스 위에 껍질을 다시 올려둔다.)

접시에 껍질 부분이 위로 향하도록 쉬프렘 스테이크를 비스듬하게 담는다.

고기 둘레에 소스를 일부 두르고, 나머지는 소스그릇에 따로 담는다.

주방에서 오리 가슴살 스테이크를 슬라이스할 경우, 소스는 절대 뿌리지 않는다.(지나치게 익거나 색깔이 변할 위험이 있다.)

FICHE 126

완성한 결과

초록색 후추를 곁들인 오리 가슴살 스테이크
(Magret de canard au poivre vert)

송로버섯즙 소스를 곁들인 샬렁산 오리 스테이크와
파르망티에와 콩피

**AIGUILLETTES DE CANARD DE CHALLANS AU JUS DE
TRUFFES PARMENTIER ET CONFIT À LA FLEUR DE SEL**

1. 조리 작업 기구 준비하기

2. 콩피 데우기

오리기름을 약간 두르고 마늘 2톨, 빻은 검정 통후추, 작은 타임 다발을
넣어 오리 넓적다리 콩피 4개를 데운다.

3. 《파르망티에》용 감자 익히기

굵은소금으로 덮은 오븐팬에 큰 감자 1kg을 넣고 200도에서 최소 1시간
굽는다.(알루미늄 호일로 감싸서 익힐 수도 있다.)

4. 각각 300g인 머스코비 오리 쉬프렘 4개 굽기

기름을 매우 조금 두르고 껍질 부분을 먼저 굽는다. 속살이 분홍색이
되도록 한다.

5. 데글라세해 소스 만들기

소뚜와의 기름을 제거하고 탄닌 맛의 레드 와인 100ml와 송로버섯즙
50ml로 캐러멜화된 것을 데글라세한다.

졸인 후 가볍게 리에종한 진한 오리 갈색 육수 400ml를 붓고 다시 졸인다.
마무리용 버터를 넣은 후 뚜껑을 닫아 중탕냄비에 보관한다.

6. 콩피 마무리하기

넓적다리 기름기를 잘 뺀 후 껍질과 뼈를 제거한 후 포크를 사용해 살을
바른다.

소테팬에 콩피 살을 넣고 소스와 타임꽃 조금을 넣어 뭉근히 끓인다.

7. 감자 으깨어 완성하기

뜨겁게 익은 감자를 다듬은 후 포크로 대강 으깨고, 버터 50g, 크림 100ml,
올리브유 조금, 다진 골파를 넣고 섞으며 으깬다.

8. 길고 얇게 저민 오리 스테이크 차리기

4~5cm 높이의 전식용 원형 틀을 사용해 으깬 감자 한겹, 살을 바른 콩피
한겹, 마지막으로 으깬 감자 한겹을 채워 담는다.

길고 얇게 저민오리 쉬프렘 3조각을 예쁘게 담는다.

둘레에 소스를 한 줄로 두른다.

처빌 잎, 깨끗하게 씻은 타임 꽃 잔가지 또는 구운 훈제 삼겹살 슬라이스로
장식한다.

	• 작은 그릴망 1	**플레이팅 도구**
	• 작은 중탕냄비 1	• 큰 타원형접시 또는
준비 기구	**조리 기구**	큰 접시
• 정리용 사각 트레이 2	• 큰 소뚜와 1	
• 도마 1	또는 낮은 소스포트 1	

비슷한 요리 PLATS SIMILAIRES

아카시아 꿀과 향신료를 넣은 캐러멜 소스 새끼 오리 쉬프렘

Suprêmes de canetons caramélisés au miel d'acacia et aux épics

1. 조리 작업 기구 준비하기

**2. 각각 220g인 머스코비 새끼 오리 쉬프렘 8조각의 힘줄, 지방을 제거해
손질한 후(지방이 많은 껍질 부분에 바둑판무늬로) 칼집 내기**

• 손질한 고기를 냉장실에 보관한다.

3. 향신료를 넣은 캐러멜 소스 준비하기

• 소테팬에 아카시아 꿀 160g을 넣고, 카더몬(소두구) 10g, 고수 씨 10g,
정향 2조각, 팔각 5개, 두송자 5개, 생강가루 한 꼬집, 육두구(넛맥)
부스러기 조금, 통계피 작은 조각, 버터 한 조각을 첨가한다.

• 금색 캐러멜 색깔이 나도록 천천히 끓인다.

• 헤레스 와인 식초를 한 줄 두르며 불을 끄고 마무리한다.

• 우러나도록 둔다.

4. 새끼 오리 쉬프렘 굽기

• 양념을 한 후 껍질 부분으로 먼저 3/4쯤 굽는다.

• 뒤집어 조리용 붓으로 향신료를 넣은 캐러멜 소스를 바른다.

• 반짝반짝 빛나고 예쁜 색깔이 나도록 오븐 또는 샐러맨더에 쉬프렘을
넣어 마무리한다.

5. 소스 완성하기

• 쉬프렘을 덜어 따뜻하게 둔다.

• 소뚜와에 식초를 조금 넣어 데글라세한 후 졸인다.

• 가볍게 리에종한 진한 오리 갈색 육수 400ml를 붓는다.

• 소스를 졸인 후 간을 확인하고 마무리용 버터를 알맞게 넣는다.

6. 쉬프렘 차리기

• 접시에 소스를 붓는다.

• 쉬프렘을 둘로 슬라이스한 후 살짝 겹치도록 담는다.

• 건조 과일 폴렌타, 꿀을 넣어 캐러멜화한 샐러리 무 퓨레, 또는 아몬드를
곁들인 감자 크로켓 등과 함께 낸다.

완성한 결과

오리 고기 콩피를 곁들인 파르망티에(Parmentier au confit de canard)

카레 닭고기
CARI POULET

레위니옹과 말바(malbar : 남서 인도양의 프랑스 섬인 레위니옹 Réunion에 있는 사우스 인디언 타밀어 출신의 민족 그룹)의 친숙한 요리인 카레 닭고기 Cari poulet는 양파, 토마토를 졸여 강황, 생강으로 풍미를 낸 소스에 닭고기 조각을 익힌 요리이다.

추천 곁들임 요리 : 일반적으로 카레에는 흰밥, 다양한 종류의 루가이유*, 콩(예 : 리마콩), 브레드* 등을 곁들인다.

8인분 재료	단위	양
기본 재료		
– 손질 완료된 라벨 후즈 영계(2×1.4kg)	kg	2.8
– 땅콩기름	ml	100
곁들임		
– 양파(2개)	g	400
– 토마토	g	800
– 마늘(4톨)	g	30
곁들임		
– 닭뼈와 허드레 고기	g	약간(PM)
– 당근	g	200
– 양파	g	200
– 대파(흰 부분)	g	100
– 샐러리	g	50
– 정향 조각	개	2
– 부케가르니	개	1
또는		
– 닭고기 흰색 육수 분말	g	40
곁들임 ACCOMPAGNEMENT(토마토 루가이유 ROUGAIL TOMATES)		
– 토마토	g	200
– 초록색 고추	g	약간(PM)
– 생강	g	약간(PM)
– 양파	g	50
향신료, 양념, 맛내기 재료 ÉPICES, CONDIMENTS ET ASSAISONNEMENT		
– 생강	g	약간(PM)
– 정향 조각	g	약간(PM)
– 통후추	g	약간(PM)
– 강황	g	약간(PM)
– 니겔라 잎[1]과 초록색 타임 잔가지로 만든 부케가르니	개	1
– 굵은소금		약간(PM)
– 가는소금		약간(PM)
평균 준비 시간 : 1시간 30분		
평균 가열 시간 : 35~40분(닭고기 살의 단단한 정도에 따라)		

[1] 니겔라(Quatre–épices) : 라벤사라(ravinsara)라고 불리기도 하는 인도의 소관목 잎.

만드는 방법

1. 조리 작업 기구 준비하기 – 5분

레시피대로 재료를 계량, 측정하고 작업에 필요한 도구들을 점검한다.

2. 닭고기 손질 후 한 마리를 8조각으로 자르기 – 20분(p. 331~339 참조)

3. 닭뼈와 허드레 고기로 진한 닭고기 흰색 육수 끓일 준비하기 – 15분(p. 368/369 참조)

4. 곁들임 준비하기 – 15분

토마토 껍질과 씨를 제거한 후 잘게 다진다.

마늘을 다듬어 씻은 후 싹을 제거한다.

양파를 다듬어 씻은 후 잘게 다진다.

5. 향신료와 조미료 빻기 – 5분

절구에 마늘, 생강, 후추, 정향 조각, 굵은소금(또는 가는소금)을 넣어 빻는다.

6. 카레 끓일 준비하기 – 15분

알루미늄 스튜냄비(또는 낮은 소스포트)에 기름을 두르고 닭고기를 굽는다.

껍질 쪽을 먼저 굽고, 모든 면이 《다갈색이 되도록 roussir》 10분 정도 굽는다.(이 정도면 고기는 거의 다 익은 상태가 된다.)

기름기를 제거한다.

빻은 향신료와 조미료를 첨가하고 몇 분 동안 살살 섞은 후 잘게 다진 토마토를 첨가한다.

강황가루를 뿌리고, 닭고기가 반 정도 잠기게 닭고기 흰색 육수를 붓는다.

부케가르니를 넣고 끓인다.

불을 줄이고 20분 정도 뭉근히 졸인다.

7. 《토마토 루가이유* rougail tomates》(절구공이 루가이유) 만들기 – 10분

절구에 고추, 굵은소금, 생강을 넣어 빻는다.

작은 주사위 모양으로 썬 토마토, 잘게 다진 양파를 첨가해 빻지 않고 압착해 누른다. 생강 대신 카피르 라임, 민트 잎 또는 고수를 사용할 수도 있다.

8. 소스 완성하기 – 2분

소스의 농도를 확인한다. 소스는 매우 자작하게 졸아야 한다.

기름기를 잘 제거한다.

간을 확인한다.

9. 카레 차리기 – 3분

채소용 접시에 닭고기를 담는다.

날개와 넓적다리 뼈가 접시 중앙을 향하도록 한다.

소스를 골고루 뿌린다.

장식용 종이를 깐 둥근 접시 위에 채소용 접시를 올린다.

루가이유*를 소스그릇에 따로 담는다.

* 루가이유 Rougail : 루가이유는 레위니옹의 전통 요리에 카레나 다른 요리와 함께 곁들여지는 매콤한 양념이나 반찬이다. 다양한 재료(양파, 토마토, 생강, 망고, 아보카도 등등)를 작은 주사위 모양으로 썰거나 절구에 넣고 고추와 기름을 추가해 으깨거나 압착해 눌러 만든다.

* 브레드 Brèdes : 곁들임 요리에 사용하는 재배채소 또는 야생 식물 잎의 이름이다.(가지속 브레드, 차요테, 파리에타리아 오피시날리스(쐐기풀 종류), 토란, 늙은 호박, 크레송 등등)브레드는 수프를 만들 때 또는 양파, 마늘, 고추, 토마토, 생강 등의 향신료를 많이 넣은 《프라카세》를 만들 때 사용한다.

FICHE 127

완성한 결과

카레 닭고기(Cari poulet)

마살라* 닭고기 POULET MASSALÉ

1. 조리 작업 기구 준비하기

2. 1.2~1.4kg 되는 닭 2마리를 손질해 각각 8조각으로 자르기

3. 닭뼈와 허드레 고기로 진한 닭고기 흰색 육수 끓이기

4. 곁들임 준비하기

토마토 800g의 껍질과 씨를 제거한 후 잘게 다진다.

마늘 4톨을 다듬어 씻은 후 싹을 제거한다.

양파 500g을 다듬어 씻은 후 잘게 다진다.

커리나무(말바스 Malbars 부족의 음식에 필수 향신료로 사용하는 잎의 소관목) 작은 가지 2개를 추가해 부케가르니를 만든다.

5. 향신료와 조미료 빻기

마늘 몇 톨, 생강 40g, 통후추, 정향 조각 2개, 굵은소금을 절구에 넣어 빻는다.

6. 마살라 massalé 닭고기 익히기

낮은 소스포트에 식용유 100ml를 두르고 닭고기를 굽는다.

껍질 쪽을 먼저 굽고, 모든 면을 노릇노릇하게 굽는다.

먼저 잘게 다진 양파를 첨가해 몇 분간 볶은 후 빻은 향신료, 잘게 다진 토마토, 부케가르니를 넣는다.

다시 섞어준다.

강황가루를 뿌리고, 마살라를 첨가해 저어준다.

닭고기 흰색 육수를 조금 붓는다.

뚜껑을 닫고 30분 정도 뭉근히 끓인다.

완성되기 15분 전에 커리나무 잎을 추가로 넣는다.

7. 마살라 닭고기 완성하기

닭고기가 잘 익었는지, 소스가 잘 졸았는지(매우 자작하게 졸아야 한다.) 간은 적당한지 확인한다.

8. 마살라 닭고기 차리기

날개와 닭다리 뼈가 접시 중앙을 향하도록 닭고기를 채소용 접시에 담는다.

소스와 졸인 곁들임을 골고루 뿌린다.

장식용 종이를 깐 둥근 접시 위에 채소용 접시를 올린다.

** 마살라 massalé: 원산지가 인도인 배합 향신료이자 이 향신료를 사용하는 요리 이름 이기도 하다. 고수, 커민, 커리나무 잎, 고추(선택사항) 등을 섞은 것이다. 모든 재료를 그릴에 구워 가루로 만들어 정확한 비율에 맞춰 섞는다.*

준비 기구
• 정리용 사각 트레이 3
• 도마 1
• 절구공이 (절구) 1

• 큰 믹싱볼 1

조리 기구
• 알루미늄 스튜냄비 1
 또는 낮은 소스포트 1
• 큰 자루냄비 1
• 차이나 캡

플레이팅 도구
• 채소용 접시
• 채소용 접시받침
• 무늬 있는 장식용 종이

비슷한 요리 PLATS SIMILAIRES

콜롬보 닭고기와 크레올 밥 Colombo de volaille, riz créole

1. 마리네이드하기

• 움푹한 용기에 땅콩기름 100ml를 두르고 라임 2개 즙, 얇게 저민 파(쪽파) 200g, 잘게 다진 양파 200g, 다진 마늘 4톨, 앤틸리스 제도산 빨간색 고추 2g, 고수 씨 5g, 콜롬보 가루(배합 향신료) 20g을 닭고기와 함께 넣는다.

• 뚜껑을 닫고 냉장실에 12시간 동안 둔다.

2. 채소 준비하기

• 소스 리에종용 감자 250g을 다듬어 씻은 후 얇게 저민다.

• 작은 감자 800g을 다듬어 씻은 후 모난 부분을 깎아 둥글게 만든다.

• 감자를 뽐 나바랭 굵기로 깎은 후 데친다.

• 호박 400g, 가지 400g, 차요테 400g을 씻고 다듬어 4cm 길이로 토막낸다. 둥글게 모양을 다듬은 후 데친다.

3. 콜롬보 닭고기 익히기

• 닭고기 양념 물기를 뺀다.

• 식용유 50ml를 두르고 알맞게 굽는다.

• 기름기를 제거한 후 마리네이드의 아로마틱 가니쉬를 첨가한다.(또는 새로 채소를 첨가한다.)

• 닭뼈와 허드레 고기로 만든 흰색 육수 1.5L를 붓는다.

• 부케가르니, 감자, 콜롬보 가루 10g을 첨가한다.

• 뚜껑을 닫고 20~25분 정도 약불에 살살 끓인다.

4. 콜롬보 닭고기 완성하기

• 다른 소스포트에 고기를 덜어둔다.

• 소스를 세게 누르며 차이나 캡에 거르고 다시 끓인다.(소스 리에종을 위해 감자를 넣는다.)

• 익는 시간 순서에 따라 감자, 가지, 차요테, 호박을 첨가한다.

• 완성되기 몇 분 전에 레몬 반쪽의 즙에 섞은 콜롬보 가루 10g를 첨가한다.

5. 버터를 넣지 않은 크레올 밥 곁들이기

완성한 결과

콜롬보 닭고기와 크레올 밥
(Colombo de poulet, riz créole)

일품요리

LES PLATS COMPLETS

요리 소개 BREF RAPPEL DE TECHNOLOGIE

일품요리, 단품 요리 또는 특산 요리는 풍성하고 맛있는 손님 초대용 지방 또는 외국의 요리이며, 일반적으로 하나 또는 여러 가지 주요리 재료(고기, 생선, 고기와 생선 모두)와 푸짐한 곁들임을 포함하고 있어 전식이나 디저트를 따로 주문할 필요가 없다.

(포토푀 Pot-au-feu, 지방 특산 포테 potées regionales, 모듬 슈크루트 choucroutes garnies, 부야베스 bouillabaisse, 그랑 아이올리 grand aïoli*, 타르티플레트 tartiflette*, 라클레트 raclette*, 다양한 퐁듀 fondues diverses, 파스타 plat de pâtes, 파에야 paella, 피자 pizza, 리조토 risotto, 카레 curry 등)

적용 기술 TECHNIQUES MISES EN ŒUVRE

- 채소 다듬어 씻고 썰기
  Éplucher, laver, tailler des légumes
- 채소 데친 후 익히기 Blanchir et cuire des légumes (소금물에 데치기, 증기에 찌기, 소량의 액체를 넣고 약한 불에 오래 익히기 등등 à l'anglaise, à la vapeur, braiser, etc.)
- 고기 뼈를 제거하고 손질해 데치기
  Parer, désosser, blanchir des viandes
- 생선 손질해 필렛으로 자르거나 토막내기
  Habiller, fileter, tronçonner des poissons
- 건조 파스타 또는 생파스타 익히기
  Cuire des pâtes industrielles ou fraîches
- 크레올 밥, 필라프 또는 리조토 익히기
  Cuire du riz créole, pilaf ou en isotto
- 곁들임 소스 만들기
  Réaliser des sauces d'accompagnement
- 흰색 육수, 생선 육수, 채소 부용 끓이기
  Réaliser un fond blanc, un fumet de poisson ou un bouillon de légumes

---

* 그랑 아이올리 grand aïoli : 대구, 삶은 채소, 아이올리 소스를 기본으로 한 프랑스 프로방스 요리.
* 타르티플레트 tartiflette : 프랑스 사부아(Savoie) 지방의 요리로 크림과 치즈, 감자와 베이컨이 들어간 요리.
* 라클레트 raclette : 뜨거운 불판에서 녹인 치즈 라클레트를 감자 위에 올려서 먹는 요리.

《모듬》 슈크루트
CHOUCROUTE 《GARNIE》

《모듬》 슈크루트 Choucroute 《garnie》는 얇게 저며 발효시킨 후 화이트 와인 또는 맥주를 부어 천천히 익힌 양배추를 기본 재료로 하는 알자스 특산 요리이다. 소금에 절인 훈제 돼지고기, 몽벨리아르산 Montbéliard, 스트라스부르산 Strasbourg 또는 프랑크푸르트산 Francfort 소시지, 세르벨라 cervelas 소시지, 삶은 감자를 곁들인다.

8인분 재료	단위	양
기본 재료		
– 햇 양배추 절임 (1인분 250~300g)	kg	2~2.4
– 돼지기름 또는 거위기름 또는	g	100
오리기름		
– 양파(2개)	g	300
향신료 및 조미료 ÉPICES, CONDIMENTS ET AROMATES		
– 마늘(2톨)	g	20
– 부케가르니	개	1
– 두송자	g	20
– 정향 조각, 통후추		약간(PM)
– 고수, 캐러웨이		약간(PM)
육수 MOUILLEMENT		
– 알자스 화이트 와인 또는 백맥주	ml	500
vin blanc sec d'Alsace ou bière londe		
– 소금에 절여 훈제한 고기 육수		약간(PM)
곁들임		
– 염장(반염) 비계 lard ½ sel	g	400
– 훈제 비계 lard fumé	g	400
– 저염 또는 훈제 돼지고기 견갑골 또는 훈제 돼지	kg	1
등심 또는 안심		
– 돼지 다리로 만든 염장 또는 훈제 햄(2개)	kg	1,6
– 몽벨리아르산 소시지(4개)	g	800
또는		
– 스트라스부르산 또는	g	600
프랑크푸르트산 소시지(8개)		
또는		
– 삶아서 먹는 세르벨라 소시지 또는 훈제 마늘 소		선택사항
시지 ervelas a pocher ou saucisson ȝ l'ail fumé		
– 감자(8개)	g	800
양념		
– 굵은소금, 가는소금		약간(PM)
평균 준비 시간 : 1시간		
고기 미리 익히는 평균 시간 : 1시간~1시간 30분		
양배추 절임 익히는 평균 시간 : 1시간 30분~1시간 45분		

만드는 방법

1. 조리 작업 기구 준비하기 – 5분

레시피대로 재료를 계량, 측정하고 작업에 필요한 도구들을 점검한다.

전날 :

2. 소금에 절인 고기, 소금에 절여 훈제한 고기 소금기 빼기 – 2분

고기를 찬물에 담가 냉장실에 보관한다.

다음날 :

3. 큰 덩어리 고기 미리 익히기 – 3분

소금에 절인 훈제 고기의 물기를 뺀 후 찬물에 넣어 고기 두께에 따라 1시간~1시간 30분 동안 삶는다.

거품을 걷고 부케가르니를 첨가한다.

4. 아로마틱 가니쉬 준비하기 – 10분

양파를 다듬어 씻은 후 얇게 저민다.

마늘을 다듬어 씻은 후 싹을 제거한다.

두송자 절반, 정향 조각, 통후추, 고수, 캐러웨이, 빻은 마늘을 담아 향신 주머니를 만든다.

5. 양배추 절임 씻기 – 5분

햇 양배추 절임일 경우(9월말~11월) 물에 1~2번 씻고, 더 새콤하고 묵은 양배추 절임일 경우 더 씻는다.

헹군 후 물기를 빼고 손으로 압착한 후에 손가락으로 엉킨 양배추를 풀어준다.

6. 슈크루트 익힐 준비하기 – 10분

뚜껑 있는 소스포트에 저민 양파를 넣고 기름을 둘러 볶는다.

양배추 절임 절반을 첨가한다.

양배추 위에 미리 익힌 고기와 향신 주머니를 담고 남은 두송자를 뿌린다. 남은 양배추 절임으로 덮는다.

소스포트 반 정도 높이까지 화이트 와인 또는 맥주, 소금에 절인 훈제 고기를 미리 익힌 육수를 붓는다.(고기 육수가 짤 경우, 소금을 더 넣지 않는다.)

뚜껑을 잘 닫고 끓인다.

190/200도 오븐에 1시간 30분~1시간 45분 동안 익힌다.

7. 감자 동그랗게 깎은 후 끓는 물에 데치기 – 12분

요리를 제공하기 20~25분 전에 찬물에 넣어 끓이기 시작한다.

8. 소시지 삶기 – 5분

음식을 제공하기 15분 전에 85/90 도 물에 몽벨리아르산 소시지를 삶고, 스트라스부르산 또는 프랑크푸르트산 소시지는 10분 전에 삶는다.(팔팔 끓는 물에 소시지를 삶으면 소시지가 터질 위험이 있다.)

세르벨라 소시지를 사용할 경우, 요리를 완성하기 20분 전에 양배추 절임 속에 넣는다.

9. 슈크루트 차리기(전통적 차림) – 8분

양배추 절임의 물기를 조금 뺀 후 접시 중앙에 소복하게 담는다.

양배추 둘레에 소금에 절인 고기, 훈제 고기, 소시지, 감자를 번갈아가며 예쁘게 담는다.

– 많은 양을 준비할 때 끓이는 시간이 긴 경우, 냄비에 유산지를 깔고 양배추 절임을 돼지비계 조각 또는 돼지껍질로 덮어 익힐 수 있다.

– 슈크루트는 주로 겨자를 곁들이고 맥주 또는 알자스 와인(실바네 sylvaner, 리슬링riesling)과 함께 먹는다.

– 슈크루트는 여러 가지 종류의 요리로 낼 수 있다. 곁들임에 따라 구성이 달라질 수 있다.(닭고기, 조류 수렵육, 검정색 또는 흰색 부댕(boudin noir ou blanc : 프랑스식 선지 소시지) 등등)

– 코스 요리, 단품요리 또는 일품요리로 제공하는 슈크루트는 어떻게 제공하는가에 따라 고기의 양이 달라질 수 있다.

FICHE 128

완성한 결과

모듬 슈크루트(Choucroute garnie)

준비 기구
- 정리용 사각 트레이 3
- 큰 믹싱볼 2
- 큰 들통 1 또는 1/2 크기 호텔팬 1
- 도마 1

조리 기구
- 큰 소스포트 1
- 뚜껑 있는 낮은 소스 포트 1
- 큰 자루냄비 1
- 중간 크기 자루냄비 1

플레이팅 도구
- 큰 타원형 접시 2 또는
- 큰 접시 8

완성한 결과

해살물 슈크루트(Choucroute de la mer)

해산물 슈크르트 CHOUCROUTE DE LA MER

1. 조리 작업 기구 준비하기

2. 슈크루트 끓이기

앞의 《모듬 슈크르트》 설명 참조

양배추 절임 속에 훈제 삼겹살 400g을 넣고, 삼겹살은 익힌 후 다른 요리에 사용한다.

물과 화이트 와인 또는 생선 육수를 조금 붓는다.

양념한 후 앞 장에 나온 조리법대로 끓여준다.

3. 곁들임 준비하기

감자를 끓는 물에 삶는다.(선택사항)

물에 우유 200ml를 넣은 후 뭉근히 끓이며 훈제 대구 또는 훈제 광어 800g을 삶는다.

쿠르 부용 Court-bouillonner에 랑구스틴 8개 또는 큰 새우 8개를 익힌다.

흰살 생선과 연어를 포칭한다.

트레이에 버터를 바르고 소금, 후추를 뿌린 후, 잘게 다진 셜롯 40g, 대구 또는 아구 또는 연어 120g 8토막을 담고 화이트 와인 50ml와 생선 육수 50ml를 붓는다.

뚜껑을 덮고 180도 오븐에 8~10분 익힌다.

홍합 24개로 물 마리니에르를 만든다.

4. 《뵈르블랑 beurre blanc》 소스 만들기

작은 소테팬에 생선 익힌 육수, 홍합 익힌 육수 조금, 화이트 와인 20ml, 와인 식초 10ml를 붓는다.

2/3로 졸인 후, 크림 100ml를 첨가해 농도가 되직해질 때까지 다시 졸인다.

버터 200g을 넣어 소스를 마무리한다.

간을 확인한다.(생선과 홍합 육수는 짭짤하다.)

5. 해산물 슈크루트 차리기

접시 가운데 양배추 절임을 담는다.

훈제 생선, 흰살 생선, 갑각류와 홍합을 골고루 담는다.

비슷한 요리 PLATS SIMILAIRES

소금에 절여 발효시킨 무 《슈크루트》
《Choucroute》 de navets fermentés et salés(suri ruave)

- 무로 만든 슈크루트는 전통적 양배추 절임 조리법과 같은 방법으로 만든다. 하지만, 익히는 시간이 더 짧다.(제철 초기에는 30분, 제철 말기에는 1시간 정도)
- 프랑슈 콩테 Franche Comté 특산 요리인 무 슈크루트는 몽벨리 아르산 소시지를 주로 곁들인다.

샐러리 무 《슈크루트》《Choucroute》 de céleri-rave

- 굵게 채로 썰거나 탈리아텔레 파스타 모양으로 썬 샐러리 무를 전통적 양배추 절임 방식으로 만든다. 하지만, 샐러리 무가 아삭해야 하기 때문에 짧게 익혀야 한다.
- 전통적 슈크루트 곁들임처럼 생선, 훈제 닭고기, 수렵육 또는 흰색 고기를 곁들일 수 있다.

파에야 믹스타
PAELLA MIXTA

파에야는 스페인 발렌시아 지역의 특산 요리이다. 파에야라는 이름은 파에야를 익히는 데 사용하는 양쪽에 손잡이가 있는 크고 둥근 프라이팬인 《파에야 la paellera》에서 따왔다.

2011년부터 원산지 명칭 표시 제도(AOC)[1]로 보호를 받고 있는 발렌시아 파에야와는 다르게 관광 명소의 식당에서 판매하는 파에야 믹스타 Paella mixta는 사프란 또는 스피골(파에야용 양념 믹스)로 풍미를 준 밥에 닭고기, 토끼고기, 초리조 또는 이베리코 베요타 하몽 또는 주사위 모양으로 썬 하부고 (jabugo)산햄[2], 오징어, 새우, 홍합, 납작 껍질콩, 완두콩, 아티초크 속, 토마토, 피망, 양파, 마늘을 곁들인다.

8인분 재료	단위	양
주재료 ÉLÉMENTS PRINCIPAUX		
– 파에야용 둥근 쌀[3]	g	800
(발렌시아 쌀인 봄바(Bomba) 품종)		
– 올리브유	ml	80
– 양파	g	160
– 사프란 가루 또는 사프란 암술[4]	g	2
고기 VIANDES		
– 닭 넓적다리(4×250g)	kg	1
– 토끼고기(100g 8조각)	g	800
– 올리브유	ml	80
– 닭고기 흰색 육수 또는 채소 육수	L	2.5
– 마늘(1톨)	g	10
– 로즈마리 가지를 포함한 부케가르니	개	1
– 초리조	g	160
해산물 PRODUITS DE LA MER		
– 살이 단단하고 도톰한 생선 필렛(80g 8토막)	g	640
(대구, 아구)		
– 새우 8개 또는 랑구스틴	g	500
– 스페인산 홍합 또는 대합	g	500
– 오징어(몸통 전체 또는 링 모양으로 자른 것)[5]	g	400
– 올리브유	ml	40
피페라드 PIPERADE		
– 올리브유	ml	40
– 양파(1개)	g	160
– 토마토	g	400
– 빨간색 피망(작은 것 1개)	g	160
– 초록색 피망(작은 것 1개)	g	160
– 마늘(1톨)	g	10
채소 곁들임 GARNITURE DE LÉGUMES		
– 완두콩[5]	g	400
– 껍질콩 또는 납작 껍질콩[5]	g	200
– 건조 흰색 강낭콩[6]		선택사항
– 아티초크(2개)[6]	kg	1
– 레몬(1개)	g	120
– 올리브유	ml	20
마무리		
– 레몬(2개)	g	240
양념		
– 소금, 후추		약간(PM)
평균 준비 시간 : 2시간 25분		
평균 가열 시간[7] 고기 : 18~20분		
평균 가열 시간[7] 쌀 : 17~19분		

준비 기구
- 작은 믹싱볼 5
- 정리용 사각 트레이 3

조리 기구
- 크고 낮은 소스포트 1(직경 30/35cm)
- 중간 크기 소테팬 1
- 큰 소테팬과 뚜껑 1
- 큰 프라이팬 1
- 중간 크기 자루냄비 2

플레이팅 도구
- 큰 파에야용 프라이팬 1~2

만드는 방법

1. 조리 작업 기구 준비하기 – 5분

레시피대로 재료를 계량, 측정하고 작업에 필요한 도구들을 점검한다.

2. 모든 채소 다듬어 씻은 후 썰기 – 50분

양파를 다듬어 씻은 후 잘게 다지거나 저민다.
토마토 껍질과 씨를 제거한 후 잘게 다진다.
피망 껍질을 벗긴 후 가늘게 썬다.(막대 모양)
마늘을 다듬은 후 싹을 제거하고 다진다.
아티초크[6] 속을 둥글게 깎고 레몬을 뿌린다.
껍질콩과 납작 껍질콩[6]의 양쪽 끝을 다듬고 적당한 길이로 자른다.
완두콩의 껍질을 깐다.

3. 곁들임 준비하기 – 25분

닭고기 넓적다리를 2등분해 자른다.
토끼고기를 100g 덩어리로 자른다.
생선 필렛을 80g 《조각 pavés》으로 토막 낸다.
오징어 몸통을 링 모양[5]으로 자른다.
초리조(chorizo)를 1cm 두께로 자른다.
홍합 껍질을 문지르며 잘 씻는다.

4. 육수 만들기 – 10분

큰 소스포트에 닭고기와 토끼고기를 넣고 올리브유를 둘러 노릇노릇하게 굽는다.
기름기를 제거한 후 닭고기 흰색 육수 또는 채소 부용을 부어 고기가 잠기도록 한다.
로즈마리 가지가 들어있는 부케가르니와 마늘을 첨가한다.
양념한 후 20분 정도 약불에 천천히 끓인다. 거품을 걷어 따로 둔다.

5. 토마토와 피망 퐁듀(피페라드) de poivrons(piperade) – 만들기 –5분

(p. 427 참조)
올리브유를 둘러 잘게 다지거나 저민 양파를 볶는다.
잘게 다진 토마토와 피망을 첨가한다.
마늘을 넣고 뚜껑을 닫아 토마토 수분이 모두 없어질 때까지 끓인다.
양념한 후 따로 둔다.

6. 나머지 곁들임 익히기 – 15분

프라이팬에 연한 색깔이 나도록 생선을 굽는다.

같은 프라이팬에 올리브유를 둘러 링 모양으로 썬 오징어, 랑구스틴 또는 새우를 구운 후 따로 둔다.

마지막으로 초리조를 알맞게 볶는다. 기름기를 뺀 후 따로 둔다.

7. 완두콩과 껍질콩 끓는 물에 데치기 –5분

(p. 496 참조)

얼음물에 담근 후 물기를 빼 따로 둔다.

8. 밀가루, 식용유(버터), 레몬즙을 넣은 끓는 물에 아티초크 속 데치기 – 5분

데친 아티초크를 도톰하게 슬라이스한 후 올리브유를 둘러 재빨리 볶는다.(아티초크가 연할 경우 데치지 않고 바로 볶는다.)

9. 《필라프 pilaf》 밥 익힐 준비하기 – 5분

(p. 500 참조) – (리조토 조리법을 사용할 수도 있다.)

올리브유를 둘러 잘게 다진 양파를 볶는다.

쌀의 양보다 2~2.5배 많은 닭고기 육수를 붓는다.(파에야용 발렌시아 둥근 쌀* riz rond de Valence은 길쭉한 안남미보다 훨씬 많은 물을 흡수한다.)

사프란을 첨가해 뚜껑을 닫고 190/200도 오븐에 17~19분 동안 익힌다.

잘 익는지 확인한 후 오븐에서 꺼내 몇 분간 뜸을 들인다.

10. 밥과 곁들임 재료 섞기 – 5분

포크로 밥알을 섞어준 후 《피페라드 la piperade》, 초리조, 완두콩, 껍질콩, 아티초크 속, 오징어를 밥에 첨가한다.

11. 파에야 차리기 – 5분

기름을 바른 파에야용 프라이팬에 밥과 곁들임을 골고루 담는다.

닭고기, 토끼고기, 생선을 번갈아 담는다.

고기와 생선 사이에 새우 또는 생 홍합을 번갈아 담는다.

닭고기 익힌 육수를 조금 붓는다.

알루미늄 호일로 잘 덮는다.

180도 오븐에 넣어 홍합 껍질이 열릴 때까지 10분 정도 익힌다.

12. 파에야 프라이팬 그대로 제공하기

완성한 결과

파에야 믹스타(Paella mixta)

* 발렌시아 둥근 쌀 riz rond de Valence : 스페인 발렌시아 지역에서 나는 쌀이 둥글고 납작한 쌀로 밥을 하면 쌀알이 고슬고슬하다. 육수나 양념의 맛을 잘 흡수해 풍미가 뛰어나 파에야 등 지중해 요리에 적합하다.

비슷한 요리 PLATS SIMILAIRES

발렌시아 파에야 La paella valenciana

발렌시아 파에야는 원래 발렌시아 만 연안의 담수 석호에서 벼농사를 짓는 사람들 사이에 인기있는 음식이었다. 파에야 재료는 이용 가능한 지역 식재료와 계절에 따라 다양하다.

– 실제로 발렌시아 파에야는 봄바(Bomba) 품종 쌀, 닭고기, 토끼고기로만 만든다. 생선이나 갑각류, 조개류는 들어 있지 않다.

– 납작 껍질콩, 흰색 강낭콩(또는 리마콩), 아티초크 속, 토마토, 사프란 safran 등을 곁들인다. 파에야는 전통적으로 장작불에 익힌다.

완성한 결과

발렌시아 파에야(Paella valenciana)

[1] AOC : 원산지명칭표시제도

[2] 하부고(Jabugo)산 햄 : 파타 네그라 이베리코(Pata Negra iberique) 하몽. AOC는 스페인 안달루시아 하부고이다.

[3] 카마르그 Camargue산 둥근 쌀 또는 리조토용 쌀을 사용할 수도 있다.

[4] 사프란은 스피골(spigol 사프란과 비슷한 향신료 믹스)로 대체하는 경우가 많다.

[5] 완두콩, 껍질콩, 링 모양으로 썬 오징어는 냉동 제품을 사용할 수도 있다.

[6] 아티초크 속, 흰색 강낭콩은 통조림을 사용할 수도 있다.

[7] 전통적 파에야는 일반적으로 장작불에 익힌다.

알제리 식당의 로얄 쿠스쿠스
COUSCOUS ROYAL D'UN RESTAURANT ALGÉRIEN

정겹고 가족적이며 파티용 음식인 일품요리 쿠스쿠스는 마그렙 maghrébine 지방(모로코, 튀니지, 알제리를 포함하는 북아프리카 지방)의 상징적 요리이다. 프랑스인들이 좋아하는 음식 중 하나인 쿠스쿠스는 증기에 쪄서 익힌 세몰리나에 지중해 채소(아티초크, 토마토, 가지, 호박, 피망 등등)와 함께 익힌 여러 종류의 고기(새끼 양고기, 닭고기)를 곁들이며, 메르게즈(merguez)와 그릴에 구운 새끼 양고기 꼬치(méchoui : 메슈이), 튀니지의 매운 양념 하리사(l'harissa) 소스를 함께 낸다.

8인분 재료	단위	양
주재료 ÉLÉMENTS PRINCIPAUX		
– 새끼 양 어깨살[1] (1덩어리)	kg	1.4
– 라벨 후즈 닭고기 (1덩어리)	kg	1.4
– 올리브유	ml	40
– 양파(2개)	g	300
– 토마토	g	400
또는		
– 토마토 페이스트	g	40
– 마늘(4톨)	g	40
– 부케가르니(파슬리, 고수, 타임, 월계수 잎)	개	1
– 닭고기 흰색 육수[2] 또는 물	L	3
– 라스 알하누트 le ras-el-hanout		약간(PM)
– 계피 또는 사프란		약간(PM)
– 커민, 4가지 향신료 믹스 cumin, 4 epces		약간(PM)
– 고수, 파프리카 가루		약간(PM)
세몰리나 SEMOULE DE BLÉ DUR		
– 미리 익힌 중간 크기 세몰리나	g	500
– 소금을 넣은 끓는 물	ml	약간(PM)
– 올리브유	ml	40
또는 삼는 또는 버터 huile d'olive ou smen ou beurre	g	40
– 건포도 또는 술타나 건포도 raisins secs bruns ou dorés sultanine	g	80
곁들임		
– 당근	g	400
– 무	g	400
– 샐러리	g	200
– 초록색 또는 빨간색 피망	g	300
– 호박	g	400
– 가지	g	400
– 아티초크[3]	kg	1
– 레몬(1개)	g	120
– 식용유	ml	20
– 병아리콩 또는 잠두콩	1/2병	1
메슈이 MÉCHOUI		
– 뼈를 발라 자른 넓적다리	kg	1
– 메르게즈(8개)	g	400
– 올리브유	ml	40
– 프로방스 허브		약간(PM)
– 빨간색 피망	g	200
– 양파	g	100
하리사 소스		
– 튀니지 하리사 소스 harissa berbère du Cap Bon	g	800
– 올리브유	ml	20
– 고기와 채소 익힌 육수	ml	약간(PM)
평균 준비 시간 : 2시간 40분		
평균 가열 시간 : 닭고기 18~20분		
평균 가열 시간 : 새끼 양고기 40~45분		

[1] 양고기 어깨살을 사용할 수도 있다.
[2] 흰색 육수는 닭뼈로 만들 수 있다.
[3] 생아티초크는 통조림 아티초크 1/2병으로 대체할 수 있다.

준비 기구
- 정리용 사각 트레이 5
- 중간 크기 믹싱볼 3
- 작은 믹싱볼 3
- 도마 1
- 작은 중탕냄비 1

조리 기구
- 큰 소스포트 1, 또는 라구용 냄비 1
- 오븐용 움푹한 그릇 1
- 작은 자루냄비 또는 소테팬 1

플레이팅 도구
- 움푹한 큰 접시 2(채소용 접시)
- 크고 긴 접시 1
- 소스그릇 1

만드는 방법

1. 조리 작업 기구 준비하기 – 5분
레시피대로 재료를 계량, 측정하고 작업에 필요한 도구들을 점검한다.

2. 채소 다듬어 씻은 후 썰기 – 50분
양파를 얇게 저민다.
피망 껍질과 씨를 제거한 후 각 면이 2cm 되는 주사위 모양으로 썬다.
당근과 무를 3cm 길이의 토막으로 썰고 토막을 각각 4등분으로 자른다.
아티초크 속을 둥글게 깎고 레몬을 뿌린다.
샐러리 심줄을 제거한 후 토막낸다.
마늘 싹을 제거한 후 빻는다.
고수를 첨가해 부케가르니를 만든다.
건포도를 물에 적셔 데친 후 찬물에 담가 불린다.

3. 고기 준비하기 – 45분
메르게즈를 하나씩 떼어 냉장실에 보관한다.
닭을 손질해 8조각으로 자른다.
새끼 양 어깨살은 지방과 뼈를 제거해 손질한 후 8조각으로 자른다.
양고기 넓적다리를 큰 주사위 모양으로 썰어 꼬치를 만든다.
고기, 양파, 피망 조각을 번갈아 꼬치에 끼운다.
올리브유 조금, 프로방스 허브, 다진 마늘로 만든 마리네이드 소스로 꼬치를 양념한다.
양념한 꼬치를 냉장실에 보관한다.

4. 고기와 채소 익힐 준비하기 – 10분
소스포트에 올리브유를 두르고 양념한 양고기와 닭고기를 굽는다.
닭고기에 연하게 색깔이 나면 따로 덜어둔다. 양고기가 다 익기 20분 전에 닭고기를 다시 넣는다.
기름기를 제거한 후 저민 양파를 넣어 알맞게 볶는다.
잘게 다진 토마토와 토마토 페이스트를 첨가한다.
찬물 또는 닭고기 흰색 육수를 넉넉히 붓는다.
다진 마늘, 부케가르니, 라스 알하누트 le ras-el-hanout, 향신료(계피, 사프란)을 넣고 양념한다.

FICHE 130

끓이며 거품을 걷고 뚜껑을 닫아 고기가 익는 정도(새끼 양고기 또는 양고기)에 따라 40분 정도 뭉근히 끓인다.

양고기를 익히는 동안 :

5. 채소 데치기 – 10분

채소를 끓는 물에 넣어 4~5분 동안 데친 후 찬물에 담가 식히고 물기를 뺀다.

아티초크 속을 도톰하게 슬라이스한 후, 밀가루, 식용유(버터), 레몬즙을 넣은 끓는 물에 데치고 사용할 때까지 육수에 담가둔다.

병아리콩과 아티초크 속이 통조림일 경우 물기를 빼고 헹군다.

6. 고기와 채소 익힘 완성하기 – 5분

먼저 노릇노릇하게 구운 닭고기를 첨가하고, 익는 순서에 따라 차례로 당근, 샐러리, 피망, 가지, 무, 호박을 넣고 마지막으로 아티초크 속과 병아리콩을 첨가한다.

모든 재료가 잘 익었는지, 간이 잘 맞는지 확인한다.

7. 세몰리나에 끓는 물 붓기 – 8분

큰 오븐용 그릇에 얇게 세몰리나를 붓는다.

올리브유 조금, 삼는 또는 버터를 첨가한다.

포장에 적힌 비율로 소금을 넣은 끓는 물을 붓는다.

뜨거운 오븐 입구에 두고 포크로 저어주며 세몰리나를 섞는다.

건포도를 넣고 세몰리나 간이 맞는지 확인한다.

8. 하리사 소스 묽게 만들기 – 2분

올리브유 조금과 고기, 채소를 익힌 육수 조금을 넣어 하리사를 묽게 만든다.

9. 꼬치와 메르게즈 그릴에 굽기 – 12분

원하는 굽기 정도(레어, 미디엄)에 따라 양고기 꼬치를 그릴에 굽는다. 알제리와 튀니지에서 메르게즈와 꼬치는 항상 바싹 익히는 편이다.

10. 쿠스쿠스 차리기 – 8분

쿠스쿠스는 2~3개의 접시에 담을 수 있다.

큰 그릇에 세몰리나를 누르지 않고 소복하게 담는다.(위에 메르게즈를 얹을 수 있다.)

어떤 식당에서는 세몰리나에 계피가루나 말린 장미 꽃봉오리 가루를 뿌리기도 한다.

긴 접시에 꼬치를 따로 담는다.

움푹하고 큰 그릇(타원형 접시 또는 크고 깊은 채소용 접시)에 양고기, 닭고기, 채소와 육수를 담는다.

하리사 소스를 소스그릇에 담는다.

쿠스쿠스의 지역별 특징

– 알제리의 일부 지역에서는 쿠스쿠스에 마늘, 양파, 파슬리, 고수, 계란과 섞은 다진 소고기 미트볼을 곁들이기도 한다. 미트볼에 밀가루를 묻혀 기름을 두른 팬에 노릇노릇하게 굽고 완성되기 몇 분 전에 채소 부용을 붓는다.
– 북부 아프리카 여러 지방과 나라에서는 쿠스쿠스가 여러 방식으로 변화했다. 일반적으로는 한 가지 고기만 사용한다.(양고기 쿠스쿠스, 닭고기 쿠스쿠스, 메슈이 쿠스쿠스 등등) 이 책에 소개하고 있는 조리법은 여러 종류의 고기가 들어가며, 파리에서 가장 유명한 알제리 식당의 쿠스쿠스이다.
– 《쿠스쿠스 couscous》라는 이름은 끓는 물에 불린 세몰리나에만 해당한다.

완성한 결과

알제리 식당의 로얄 쿠스쿠스(Couscous royal d'un restaurant algérien)

비슷한 요리 PLATS SIMILAIRES

생선 쿠스쿠스 Couscous au poisson
• 앞서 나온 방법대로 세몰리나와 채소를 준비한다.
• 농어 180g 8토막 또는 나일농어(나일퍼치 Perche du Nil) 150g 8토막을 올리브유 40ml, 마늘 20g, 잘게 다진 신선한 고수 1/4단으로 마리네이드한다.
• 다음과 같은 방법으로 생선을 각각 익힌다.
  – 프라이팬에 생선을 굽고 쿠스쿠스 재료를 따로 담아낸다.(생선 뫼니에르 조리법)
  – 프라이팬에 생선을 노릇노릇하게 굽고 채소 육수를 조금 부어 마무리한다.
  – 쿠스쿠스용 2단 냄비 윗부분에 생선을 담아 증기로 쪄서 익힌다.
• 생선 쿠스쿠스를 담는다.
3개의 접시에 세몰리나, 채소와 육수, 생선을 각각 담는다.

파에야식 튀니지 쿠스쿠스 Couscous tunisien façon paella
• 올리브유를 둘러 닭고기 100g 8토막을 굽는다. 기름기를 제거하고 닭고기 흰색 육수를 붓고 18~20분간 끓인다.
• 각각 125g인 양갈비 8개를 굽는다.
• 같은 팬에 대구 100g 8토막과, 큰 새우 8마리를 굽는다.
• 올리브유 40ml, 얇게 저민 양파 200g, 피망 300g, 잘게 다진 토마토 400g으로 《피페라드 piperade》를 만든다.
• 소금을 넣은 끓는 물에 완두콩 150g, 1.5~2cm 길이로 자른 껍질콩 150g을 데친다.
• 큰 파에야 그릇에 미리 익힌 세몰리나 500g을 넣고 닭고기 육수로 불린다.
• 쿠스쿠스 위에 닭고기 조각, 생선, 감바스(대하), 그리고 생홍합을 번갈아 가며 배치합니다.
• 밀폐된 용기로 덮은 후, 180℃로 예열된 오븐에 약 10분 동안 넣어 홍합이 열릴 때까지 익힙니다.

완성한 결과

메르게즈 쿠스쿠스
(Couscous merguez)

부야베스
BOUILLABAISSE

바위 근처에 사는 작은 생선을 재료로 한 일품요리인 부야베스 Bouillabaisse는 마르세유 지방에서 유래한 음식이다. 요리 이름은 프로 방스에서 사용했던 오크어인 "bolhabaissa : 수프가 끓으면 불을 줄여라"라는 말에서 유래되었다.

부야베스는 일반적으로 2코스(생선 스튜, 생선)로 제공하며, 우선 마늘로 문질러 오븐에 구운 빵을 곁들인 《수프 soupe》(생선 수프)를 내고, 사프란을 넣어 만든 소스인 루예 소스를 곁들인다.

8인분 재료	단위	양
기본 육수 또는 《생선 육수》 FOND DE BASE OU 《FUMET DE POISSON》		
– 바위 근처에 사는 작은 생선(무지개 놀래기, 큼비, 쏨뱅이, 붉은 성대, 붕장어 꼬리 등등) petits poissons de roche(girelles, serrans, rascassons, galinettes, queue de congre, …)	g	800
– 올리브유	ml	40
– 대파, 펜넬, 양파, 샐러리 부스러기		약간(PM)
– 부케가르니	개	1
– 마늘(2톨)	g	20
– 토마토 페이스트	g	20
– 사프란 가루	g	20
– 팔각	g	약간(PM)
– 양념	g	약간(PM)
부야베스용 생선 POISSONS POUR LA BOUILLABAISSE		
– 달고기(2마리) St-Pierre	g	600
– 성대(3마리) rougets grondin	g	600
– 쏨뱅이(2마리) rascasses	g	600
– 붕장어 몸통 milieu de congre	g	800
– 동미리과(3마리) vives	g	600
– 피키스과 생선 mostelle(lou garri)	g	600
– 초록색 게와 홍합(선택사항) favouilles et moules de bouchot	g	400
마리네이드 MARINADE		
– 올리브유	ml	80
– 대파 흰 부분	g	300
– 샐러리	g	100
– 펜넬 구근	g	200
– 양파	g	150
– 토마토	g	400
– 마늘(2톨)	g	40
– 고추	g	약간(PM)
– 부케가르니	개	1
– 오렌지 껍질		약간(PM)
– 사프란 가루		약간(PM)
– 아니스 열매 식전주 apéritif anisé	ml	40
– 소금, 후춧가루		약간(PM)
곁들임		
– 감자	g	500
– 바게트(빵)	개	1/2
– 마늘(2톨)	g	20
– 올리브유	ml	40
루예 소스 SAUCE ROUILLE		
– 마늘(2톨)	g	20
– 계란 노른자	개	2
– 부야베스 속 감자		약간(PM)
– 레몬즙(1/2개)	g	50
– 올리브유	ml	250
– 사프란	g	1

양념		
– 소금, 후춧가루, 카엔 고추		약간(PM)
평균 준비 시간 : 1시간 50분		
평균 가열 시간 생선 육수 : 15〜18분		
평균 가열 시간 수프 : 12분		

준비 기구
- 정리용 사각 트레이 3
- 들통 2
- 믹싱볼 3
- 믹서기 1

조리 기구
- 큰 소스포트 2
- 중간 크기 자루냄비 1

플레이팅 도구
- 큰 채소용 접시 2 또는
- 채소용 접시 1, 수프 그릇 1
- 소스그릇 1

만드는 방법

1. 조리 작업 기구 준비하기 – 5분
레시피대로 재료를 계량, 측정하고 작업에 필요한 도구들을 점검한다.

2. 생선 다듬기 – 20분
작은 생선의 내장을 제거하고 잘 씻는다.
부야베스용 생선의 비늘과 내장, 머리를 제거한다.
달고기와 쏨뱅이를 필렛으로 자른다.
성대와 동미리과를 토막 낸다.
붕장어 몸통을 8토막으로 자른다.
생선 머리와 뼈의 불순물을 제거한 후 작은 생선에 첨가해 생선 육수를 만드는 데 사용한다.

3. 모든 채소 다듬어 씻은 후 썰기 – 20분
대파와 샐러리를 가늘게 채 썬다.
양파와 펜넬을 잘게 저민다.
마늘 싹을 제거한다.
펜넬 줄기를 사용해 부케가르니를 만든다.
감자를 4mm 두께의 얇고 둥근 조각으로 저미고 찬물에 담가둔다.
생선 육수를 위해 채소 부스러기를 모아둔다.

4. 토마토 껍질과 씨를 제거한 후 잘게 다지기 – 10분

5. 마리네이드 소스 만들어 부야베스용 생선 마리네이드하기 – 15분
올리브유를 두르고 10분 정도 채 썬 대파와 샐러리, 저민 양파와 펜넬을 볶는다.
실 모양 사프란 몇 가닥, 잘게 다진 마늘, 부케가르니, 잘게 다진 토마토를 첨가한다.
완성한 마리네이드 소스를 식힌다.
마리네이드 소스에 아니스 열매 식전주와 생선 필렛과 생선 토막을 첨가한다.

FICHE 131

랩으로 덮어 냉장실에 둔다.

6. 생선 기본 육수 끓일 준비하기 – 15분

올리브유를 두르고 마리네이드 소스의 채소 부스러기를 볶는다.

육수용 작은 생선과 부야베스용 생선 머리와 뼈를 첨가한다. 몇 분간 볶는다.

토마토 페이스트, 다진 마늘, 오렌지 껍질, 사프란 가루를 첨가한다.

최대 물 2L를 붓고 부케가르니와 팔각을 첨가한다.

소금, 후추로 양념한 후 저민 고추를 첨가한다.

약불에 15~18분간 끓이며 거품을 걷는다.

부케가르니와 팔각을 건져낸다.

생선 육수를 믹서기로 간 후 세게 누르며 체에 거른다.

7. 곁들임 준비하기 – 10분

루예 소스를 만든다.(p. 407 참조)

바게트를 1cm 두께로 슬라이스한 후 오븐에 굽고, 마늘로 문지르고 올리브유 몇 방울을 뿌린다.

8. 부야베스 주문 시 끓일 준비하기 – 12분

낮은 소스포트에 감자를 넣는다.

생선 기본 육수를 일정량 붓고 10여분 끓인다.

익는 순서에 맞춰 마리네이드 채소, 붕장어와 동미리과 토막, 성대, 달고기 필렛, 쏨뱅이 필렛을 차례로 넣는다.

남은 생선 기본 육수를 붓고 몇 분간 끓인다.

간을 확인한다.

9. 부야베스 차리기 – 3분

큰 수프용 그릇에 여러 가지 생선과 곁들임 채소를 골고루 한꺼번에 담아낸다. 또는, 먼저 수프를 내고 두 번째에 생선을 낸다.

루예 소스와 마늘을 바른 크루통을 따로 낸다.

부야베스의 품질과 특별함을 보존하기 위해 마르세유의 요식업자들은 1980년에 부야베스 요리에 대한 헌장을 만들었다.

완성한 결과

부야베스(Bouillabaisse)

세트식 부리드 BOURRIDE FAÇON SÉTOISE

바 Var 연안지대와 랑그독 Languedoc 지역의 특산 요리인 부리드는 마르세유의 부야베스와 비슷하다. 부리드는 주로 아구(또는 울프피시, 대구, 달고기와

같은 흰살 생선)로 만든다. 모든 부리드는 아이올리 소스를 넣어 익힌다. 부리드는 일반적으로 삶은 감자와 오븐에 구운 빵을 곁들인다.

1. 육수 또는 생선 육수 끓이기

올리브유를 두르고 얇게 저민 당근, 대파 흰 부분, 펜넬, 양파, 샐러리로 구성된 아로마틱 가니쉬를 볶는다.(아로마틱 가니쉬도 음식으로 낸다면 크기를 신경 써서 자른다.)

화이트 와인 400ml로 데글라세한 후 절반으로 졸인다.

물 또는 생선 육수 1.5L를 붓고 끓이며 거품을 걷는다. 마늘 2톨, 부케가르니, 말린 오렌지 껍질을 첨가한다.

15분 정도 약불에 끓인다.

간을 한다.

2. 아귀 꼬리 또는 흰살 생선 2kg을 손질해 필렛 또는 토막으로 자르기

토막으로 자른 후 얼음물에 담가 불순물을 없앤다.

3. 감자 2kg을 다듬어 씻은 후 모난 부분을 둥글게 깎기

둥글게 깎은 감자는 소금을 넣은 끓는 물에 익힌다.

4. 작은 바게트 또는 바게트 1/2개 슬라이스하기

오븐에 구운 후 마늘로 문지르고 올리브유 몇 방울을 뿌린다.

5. 아이올리 소스 400ml 만들기(p. 407 참조)

계란 노른자 3개, 마늘 2톨, 올리브유 200ml, 해바라기유 200ml, 레몬 1/2개 즙을 사용한다. 끓는 물에 삶은 감자 속살을 첨가할 수도 있다.

6. 생선 토막 끓는 물에 익히기

생선 육수에 생선 토막을 넣어 팔팔 끓이지 않고 8~10분간 뭉근히 익힌다.

7. 부리드 완성해 차리기

크고 움푹한 그릇에 생선 토막을 덜어둔다. 아로마틱 가니쉬는 부케가르니는 빼고 체에 거르거나 믹서기로 갈아 농도를 유지한다.

육수를 졸인다.

불을 끄고 아이올리 소스 절반을 넣어 리에종한다.(p. 391 《계란 노른자로 리에종하기》 참조)

간을 확인한다.

생선 토막에 소스를 골고루 뿌린다.

남은 육수를 수프 그릇에 담는다.

감자, 남은 아이올리 소스, 슬라이스한 빵을 따로 담는다.

완성한 결과

세트식 부리드(Bourride façon sétoise)

나폴리 피자
PIZZA NAPOLITAINE

나폴리 피자 Pizza napol.taine는 이탈리아 캄파니아 주 나폴리의 특산 요리이다. 밀대로 동그랗게 민 밀가루 반죽(또는 빵 반죽) 위에 이탈리아 국기 색 깔을 나타내는 3가지 주재료를 올린 피자이다. 빨간색은 토마토, 흰색은 모짜렐라 치즈, 초록색은 바질과 오레가노 이다. 나폴리 피자는 2008년부터 유럽의 《전통적 특산 요리 인증 STG ; Spécialité Traditionnelle Garantie》을 통해 보호받고 있다. 유네 스코 무형 문화 유산에 등재를 추진하고 있다. 나폴리 피자는 직경 35cm를 넘지 않는 동그란 모양이고, 가장자리는 4~5mm 되는 피자 두께에 비 해 1~2cm 더 높게 만들어야 한다. 밀대로 밀어서는 안 되고, 손으로 둥글게 돌리며 반죽을 늘려야 하고 반드시 장작불에 구워야 한다.

8인분 재료	단위	양
피자 반죽 PÂTE À PIZZA		
– type 55 강력분(글루텐 함량 높음)[1] farine de force(riche en gluten) type 55 또는	g	400
– type 00 피자용 밀가루[2] farine Manitoba type 00	g	400
– 20/25도 미지근한 물	ml	200
– 올리브유	ml	80
– 가는소금	g	10
– 굵은설탕(선택사항)	g	약간(PM)
효모 LEVAIN		
– 강력분 type 55 또는 00	g	100
– 제빵용 이스트 levure de boulanger 또는	g	16
– 분말 이스트 levure déshydratée	g	8
– 20/25도 미지근한 물	ml	120
– 반죽 덧가루용 밀가루	g	80
곁들임		
토마토 퐁듀 : – 올리브유	ml	40
– 양파	g	80
– 농익은 토마토	g	800
– 마늘(2톨)	g	16
– 부케가르니	개	1
– 오레가노 origan	단	약간(PM)
– 바질	단	약간(PM)
– 굵은 설탕	g	약간(PM)
– 캄파니아산 생모짜렐라 치즈 mozzarella di bufala campana	g	200
마무리		
– 생바질	단	0.1
– 오레가노	단	약간(PM)
– 올리브유 또는	ml	약간(PM)
– 고추기름 huile pimentée	ml	약간(PM)
평균 준비 시간 : 1시간~1시간 10분		
평균 가열 시간 : 5~10분(오븐에 따라 다름)		

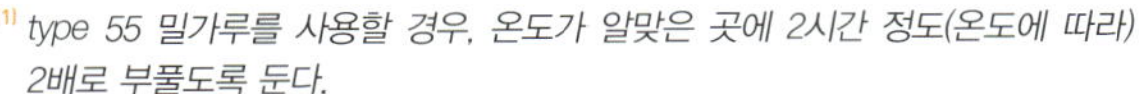

[1] type 55 밀가루를 사용할 경우. 온도가 알맞은 곳에 2시간 정도(온도에 따라) 2배로 부풀도록 둔다.

[2] 피자용 밀가루인 type 00을 사용할 경우. 다음 날까지 냉장실에 보관한다.

만드는 방법

1. 조리 작업 기구 준비하기 – 5분

레시피대로 재료를 계량, 측정하고 작업에 필요한 도구들을 점검한다.

2. 효모 준비하기 –3분(이 방법을 반드시 사용할 필요는 없다.)

반죽에 《직접적으로 en direct》 할 수 있다. (p. 665 《**사바랭 반죽** La pâte à savarin》, p. 669 《**브리오슈 반죽** La pâte à brioche》 참조)

미지근한 물에 이스트를 녹인 후 밀가루에 섞는다.

랩으로 덮은 후 적당한 온도(25도)의 장소에 1~2시간 동안 효모가 생기도록(부풀어 오르도록) 둔다.

3. 발효된 반죽 만들기 – 15분

혼합 믹서기 통에 밀가루를 붓는다.(갈고리 모양 부속을 사용하면 좋다)

미지근한 물, 올리브유, 소금, 설탕을 첨가한다.

낮은 속도로 섞기 시작한다.

효모를 첨가한 후 반죽 속도를 높인다.

반죽이 충분히 점성을 띠고 탄력이 생기면 반죽을 멈추고 반죽 통에서 잘 떼어내 동그란 공 모양으로 만든다.

밀가루를 뿌린 믹싱볼에 반죽을 덜어놓고 물에 적신 면보로 덮어둔다.

4. 곁들임 준비하기 – 20분

토마토 퐁듀를 만들어 졸인 후 식힌다.(p. 427 참조)

모짜렐라 치즈를 2~3mm 두께로 슬라이스한다.

바질과 오레가노 잎을 씻은 후 잎을 떼어 물기를 닦는다.

5. 피자 반죽 밀대로 밀기(10분)

밀가루를 묻힌 손 등으로 반죽을 눌러주며 탄산가스를 내보내고 둘로 나눠 같은 크기 2개의 공 모양으로 만든다.

밀가루를 묻힌 대리석 작업대 위에 공 모양 반죽을 놓고 밀대로 밀며 5mm 두께가 되도록 동그랗게 늘려준다.

가장자리 부분을 약간 높게 만들어준다.

6. 피자 곁들임 올리기 – 5분

피자 반죽에 토마토 퐁듀를 바른다.(토마토 슬라이스를 첨가할 수도 있다.)

모짜렐라 슬라이스, 바질과 오레가노 잎을 골고루 올리고 올리브유 몇 방울을 뿌린다.

(피자 가장자리 반죽이 노릇노릇하고 바삭하게 구워지도록 장자리에는 곁들임을 올리지 않는다.)

7. 피자 구울 준비하기 – 3분

최대 온도(260/270도)로 예열한 오븐에 바로 넣어 굽는다.

밀가루를 묻히거나 유산지를 깐 동그란 오븐팬에 피자를 담아 오븐에 넣는다.

8. 피자 차리기 – 2분

고추 기름을 곁들일 수 있다.

FICHE 132

완성한 결과

나폴리 피자(Pizza napolitaine)

피자를 판매하는 식당
피자는 다음과 같은 3종류의 식당에서 판매한다.
– 피체리아 les pizzerias
– 테이크아웃 피체리아 les pizzerias avec vente à emporter
– 배달 피체리아 les pizzerias avec livraison à domicile

피살라디에르 PISSALADIÈRE OU PISSALADIERA

피자, 푸가스(fougasses : 프랑스 프로방스 지방의 빵)와 비슷한 프로방스의 특산 요리인 피살라디에르는 빵 반죽, 양파 퐁듀 또는 양파 콩포트, 니스산 검정 올리브, 피살라*로 만든다.

프로방스의 옛 단어 "peis(poisson 생선)"과 "salar(saler 소금을 넣다)"가 합쳐진 말인 피살라는 소금에 절인 안초비, 정어리 또는 작은 생선으로 만든 짭짤한 조미료의 일종이다.

찾아보기 힘든 피살라 대신 소금에 절인 안초비의 소금기를 미리 빼서 사용하거나 기름에 저장한 안초비 필렛을 주로 사용한다.

1. 조리 작업 기구 준비하기

2. 피자 반죽 만들기(앞 장 참조)

3. 양파 퐁듀 만들기(p. 814/815 《양파 타르트 Tarte a l'oignon》 참조)
   양파 800g과 버터 80g을 사용한다.
   양파에 색깔이 나지 않도록 졸인다.

4. 피자 반죽 밀고 곁들임 올리기
   피자 반죽을 밀대로 밀어 동그랗게 늘린다.
   반죽 가장자리를 1.5~2cm로 높여 만들며 피살라를 한겹 얇게 바르고 양파 퐁듀를 골고루 올린다.

5. 피살라디에르 굽기
   예열한 오븐에 넣어 굽는다.
   2/3쯤 익었을 때 안초비 필렛과 씨를 제거한 니스산 검정 올리브를 첨가한다.
   굽기를 마무리한다.

6. 즉시 차려 제공하기

---

* 피살라 pissalat : 소금에 절인 생선이라는 뜻의 피살라는 프랑스 니스의 소스이다. 피살라디에르를 만들 때 꼭 들어가야 하는 재료이다.

준비 기구
• 회전판 있는 혼합 믹서기 1
• 큰 믹싱볼 1
• 작은 믹싱볼 1

조리 기구
• 피자용 판 1
   또는
• 둥근 오븐팬 1
• (화덕에 넣을 때 사용하는) 피자용 삽 1

플레이팅 도구
• 큰 접시 1
   또는
• 피자용 나무판 1

완성한 결과

피살라디에르(Pissaladière)

비슷한 요리 PLATS SIMILAIRES

마르게리타 또는 나폴리 피자 La pizza Margharita ou napolitana
• 토마토, 모짜렐라*, 바질 또는 오레가노 basilic ou origan, 때때로 안초비 필렛 parfois fi lets d'anchois

퀸 또는 레지나 피자 La pizza reine ou régina
• 토마토, 햄, 양송이버섯, 치즈*

4계절(4가지 맛) 또는 콰트로 스타지오니 피자
La pizza quatre saisons ou quattro stagioni
• 토마토, 양송이버섯, 아티초크, 햄, 파르메산 또는 모짜렐라 슬라이스*

칼초네(파이 빵(쇼송)처럼 반으로 접은 형태)
La calzone(repliée en deux en forme de chausson)
• 토마토, 모짜렐라*, 아티초크, 양송이버섯, 미리 익힌 여러 가지 채소, 계란

** 많은 식품 산업에서는 피자 치즈 대신 물, 옥수수 전분, 증점제, 교화제, 식물성 기름, 카로틴, 소금, 치즈 인공 향료(화학 조미료)로 만든 치즈 대용품을 사용한다. 피자를 만들 때 치즈가 가장 비싼 재료인 것을 감안할 때, 치즈 대용품을 사용할 경우 60% 이상 비용을 절감할 수 있다.*

곁들임 요리

LES GARNITURES D'ACCOMPAGNEMENT

요리 소개 BREF RAPPEL DE TECHNOLOGIE

주요리에는 요리 이름에 걸맞은 곁들임 garniture d'appellation이나 작은 곁반찬 petite garniture, 또는 《채소 légume》 곁들임 요리 등 2종류의 곁들임 요리가 함께 제공된다.

주요리, 소스, 곁들임 요리는 완벽한 조화를 이뤄야 하고, 서로의 맛을 더욱 돋보이게 해줘야 한다. 초록색 채소는 오븐구이나 그릴구이 고기 곁들임으로 좋으며, 전분이 들어 있는 음식(감자, 밥, 파스타 등)은 소스와 함께 나오는 요리에 곁들이면 좋다.

또한, 채소 곁들임은 모양이나 색깔 등을 활용해 요리의 장식처럼 제공하면서 맛과 식감을 높여주며 중요한 보충 역할을 한다. 곁들임 요리는 계절에 따라 달라져야 하며, 지역 전통에 따라 알맞게 선택해야 한다.

적용 기술 TECHNIQUES MISES EN ŒUVRE

- 채소 다듬어 씻기
  Éplucher et laver des légumes
- 채소 썰기(주사위 모양, 막대 모양 등)
  Tailler des légumes(dés, bâtonnets, etc.)
- 채소의 모난 부분을 깎아 둥글게 만들기
  Tourner des légumes
- 소금을 넣은 끓는 물에 채소 데치기
  Cuire des légumes à l'anglaise
- 증기에 채소 찌기
  Cuire des légumes à la vapeur
- 끓는 물에 밀가루, 버터, 레몬즙 넣어 채소 익히기
  Cuire des légumes à blanc et dans un blanc
- 투명하게 채소 윤내기
  Glacer des légumes à blanc
- 건조 채소 익히기
  Cuire des légumes secs
- 생파스타와 건조 파스타 익히기
  Cuire des pâtes fraîches et industrielles
- 크레올 밥과 필라프 익히기
  Cuire du riz créole et pilaf
- 채소 볶기
  Sauter des légumes
- 감자 노릇노릇 굽기
  Rissoler des pommes de terre
- 채소 튀기기
  Frire des légumes
- 소량의 액체에 채소 뭉근히 찌기
  Braiser des légumes
- 그라탱 만들기
  Réaliser des gratins

아스파라거스, 콜리플라워, 방울양배추, 갯배추, 브로콜리, 로마네스코 브로콜리, 시금치, 껍질콩, 완두콩, 콩류 등등(감자 제외)

ASPERGES, CHOUX-FLEURS, CHOUX DE BRUXELLES, MARINS OU CRAMBÉS MARITIMES, BROCOLIS, ROMANESCOS, ÉPINARDS, HARICOTS VERTS, PETITS POIS, GRAINES DE LÉGUMINEUSES FRAÎCHES, ETC. (SAUF POMMES DE TERRE)

충분한 양의 물에 소금을 넣고 끓여 채소를 익힌 후 물기를 빼고 버터를 곁들인다. 끓인 채소를 나중에 사용할 경우, 채소를 식혀두었다가 요리로 사용할 때 다시 데워 버터를 곁들인다.

8인분 재료	단위	양
기본 재료		
– 아스파라거스(작은 4단)	kg	3.2
또는		
– 손질하지 않은 브로콜리	kg	3
또는		
– 손질하지 않은 콜리플라워	kg	3
또는		
– 방울 양배추	kg	1.6
또는		
– 시금치 또는 번행초	kg	3.2
또는		
– 껍질콩	kg	1.2
또는		
– 껍질 깐 완두콩	kg	1.2
또는		
– 다듬어 씻은 초록색 생채소 또는 냉등 채소(1인당 150g)	kg	1.2
– 최상품 버터	g	80
양념		
– 굵은소금		약간(PM)
– 가는소금		약간(PM)
평균 준비 시간 : 35~40분		
평균 가열 시간(채소에 따라 다름) : 유동적		

– 채소를 소금을 넣은 끓는 물에 익히는 것은 가장 간단하게 익히는 조리법이다. 채소는 제철 채소이고 신선해이 하며 좋은 품질로 맛있어야 한다.(채소가 배송될 때 비교하며 맛을 본다.)
– 고객이 음식을 주문한 후 채소를 익히고 씹었을 때 단단한 질감일 때가 가장 좋은 상태이므로, 채소를 너무 푹 익히면 안 된다. 질긴 섬유소가 충분히 익지 않은 경우 소화 기관에 무리가 올 수도 있으니 주의한다.
– 채소를 데울 때 다른 방법을 사용하기도 한다.(다용도 솥, 증기 솥, 전자레인지)

만드는 방법

1. 조리 작업 기구 준비하기 – 5분
레시피대로 재료를 계량, 측정하고 작업에 필요한 도구들을 점검한다.
많은 양의 물을 끓인다.(채소 1kg당 5L 정도의 물)
물 1L당 굵은소금 10~12g의 비율로 소금을 넣는다.
데친 채소를 식히기 위한 얼음물이 담긴 들통 또는 믹싱볼을 근처에 준비한다.
채소의 물기를 뺄 때 사용할 스테인리스 채반을 준비한다.

2. 채소 다듬어 씻기 – 15~20분
《《채소》편 참조)

3. 소금을 넣은 끓는 물에 채소 익히기 – 10분(p. 496 참조)
소금을 넣은 끓는 물에 채소를 담그되 너무 많은 양을 넣어 물이 끓는 것이 멈추지 않도록 조심한다.
뚜껑을 열고 최대한 빨리 익힌다.
거품을 걷는다.
채소를 맛보거나 두 손가락으로 살짝 눌러보며 익은 정도를 확인한다.

뜨겁게 즉시 제공하는 채소 :
물기를 뺀 후 버터와 섞는다.

차갑게 제공하거나 가공 처리하는 채소 :
얼음물이 담긴 믹싱볼에 넣어 식힌다.
잘 식었는지 확인한다.
물기를 잘 뺀다.
그릴망이 들어 있는 트레이에 얇게 펴서 담아둔다.
랩에 씌워 둔다.

4. 채소 데우기 – 5분
《《데우는 en chauffante》》 전통적 방법)
소금을 넣은 끓는 물이 담긴 냄비와 손잡이 있는 스테인리스 채반을 준비한다.
데울 채소를 스테인리스 채반에 담고 끓는 물에 몇 초간 담근다.
채소의 물기를 잘 뺀다.

5. 채소에 버터 섞기 – 5분
조각 버터를 믹싱볼에 넣는다.
물기를 잘 뺀 채소를 첨가한다.
버터가 녹아 풍미가 나도록 잘 섞어준다.
간이 맞는지 확인한다.
접시에 차린다.

완성한 결과

브로콜리와 콜리플라워(Choux brocolis et choux–fleurs)

채소 자르디니에르 JARDINIÈRE DE LÉGUMES

1. 조리 작업 기구 준비하기

2. 모든 채소를 다듬어 씻기

(p. 22/23 채소 다듬기 참조)

당근 800g, 무 800g을 다듬어 씻는다.

껍질콩 200g 양쪽 끝을 다듬는다.

완두콩 200g을 준비한다.

3. 채소 썰기(p. 133/134, 187/188 참조)

당근과 무를 길이 3.5~4cm, 각 면이 3.5~4mm 되는 막대 모양으로 썬다.

껍질콩을 3.5~4cm 길이로 썬다.

4. 소금을 넣은 끓는 물에 채소 익히기

충분한 양의 물에 소금을 넣고 끓여 각각의 채소를 따로따로 익힌다.

잘 익었는지 확인한 후 얼음물에 담갔다 물기를 뺀다.

5. 자르디니에르 데우기(주문 시)

첫 번째 방법(끓는 물에 데우기 : en chauffante) :

스테인리스 채반에 채소를 담고 소금을 넣은 끓는 물에 몇 초간 담근다.

채소의 물기를 잘 뺀 후 스테인리스 믹싱볼에 버터 80g과 채소를 넣어 섞고 간을 확인한다.

두 번째 방법(오븐에 데우기 : à l'etuvée) :

자르디니에르를 소테팬에 담고 버터 80g과 양념을 넣는다.

뚜껑을 닫아(유산지 또는 뚜껑 사용) 180도 오븐에 넣어 10분 정도 익힌다.

막대 모양이 부스러지지 않도록 조심하며 거품 떠내는 국자를 사용해 섞는다.

6. 자르디니에르 차리기

채소의 온도와 간을 확인한다.

채소용 접시에 소복하게 담는다.(꾹꾹 눌러담지 않는다.)

장식용 종이를 깐 받침 위에 채소용 접시를 올린다.

- 도마 1
- 큰 믹싱볼 2
- 거름망 1

플레이팅 도구
- 채소용 접시
- 둥근 받침
- 무늬 있는 장식용 종이

준비 기구
- 정리용 사각 트레이 3
- 큰 스테인리스 채반 1

또는
- 작은 구멍이 뚫린 큰 트레이 1

조리 기구
- 큰 자루냄비 1
- 큰 소스포트 1
- 큰 소테팬 1

완성한 결과

채소 자르디니에르(Jardinière de légumes)

비슷한 요리 PLATS SIMILAIRES

크림 소스를 곁들인 시금치 Épinards à la crème

- 시금치를 데친 후 찬물에 담가 식힌 후 물기를 빼며 압착해 공 모양으로 만든다.(p. 497 시금치 데치기 참조)
- 고기 다지는 기기 또는 믹서기에 넣고 다진다. 소테팬에 헤이즐넛 버터를 넣고 볶는다.
- 고지방 크림을 첨가해 졸인다.
- 양념(소금, 후추, 넛맥)을 한다. 소복하게 담고 졸인 크림 소스를 둘레에 한줄로 두른다.

버터를 곁들이거나 크림 소스를 곁들인 잠두콩
Fèves fraîches au beurre ou à la crème

- 잠두콩 껍질을 깐 후, 콩을 덮고 있는 얇은 껍질을 벗긴다(dérober).
- 끓는 물에 세이보리 다발 또는 다른 허브를 첨가해 잠두콩을 익히고, 마지막에 소금을 넣는다.
- 물기를 뺀 후 버터 또는 버터와 크림을 혼합한 것을 넣어 섞는다. 다진 세이보리를 뿌린다.

신선한 콩류(코코콩, 플라졸레콩)
Graines de légumineuses fraîches(cocos, flageolets frais)

- 콩 껍질을 깐 후 충분한 양의 물에 소금을 넣고 끓여 콩을 익힌다.
- 물기를 뺀 후 버터, 크림, 고기즙을 넣어 섞고 잘게 다진 허브를 뿌린다.
  (p. 177/178, 496 참조)

보통 크림을 많이 넣은 베샤멜 소스를 시금치에 곁들이는 경우가 많고, 정제 버터에 튀긴 식빵 크루통을 둘레에 담는다.

뽐 앙글레즈(삶은 감자)
POMMES DE TERRE À L'ANGLAISE

뽐 앙글레즈(삶은 감자) Pommes de terre à l'anglaise는 작은 계란 크기로 둥글게 깎은 감자를 끓는 물에 삶거나(굵은 소금을 넣은 찬물에 넣어 끓임) 증기에 찐다. 뽐 앙글레즈는 주로 데친 생선 요리나 소스를 곁들인 고기 요리(라구 ragouts, 스튜 civets)에 곁들인다.

8인분 재료	단위	양
기본 재료		
– 감자 (핑거링 품종 Belle de Fontenay, B.F. 15, 샤를로트 품종 Charlotte, 로즈발 품종 Roseval, 라트 품종 Ratte 등등)	kg	2*~2.5
– 물	ml	약간(PM)
양념		
– 굵은소금		약간(PM)
평균 준비 시간 : 35분		
평균 가열 시간 : 18~20분		

** 참고 : 감자를 다듬을 때 부스러기가 많이 나온다면 감자의 양을 늘려야 한다.*

만드는 방법

1. 조리 작업 기구 준비하기 – 5분
레시피대로 재료를 계량, 측정하고 작업에 필요한 도구들을 점검한다.

2. 감자 다듬어 씻기 –10분(p. 203 참조)

3. 감자의 모난 부분을 깎아 둥글게 만들기 – 15분
원하는 모양과 가장 비슷한 크기의 감자를 고른다.
감자를 다듬은 부스러기를 최소한으로 하며 작은 계란 모양으로 둥글게 깎는다.(p. 210~212 참조)
물로 잘 헹군다.

4. 감자 익힐 준비하기 – 5분
(p. 492/493 참조)
알맞은 크기의 냄비에 모양을 다듬은 감자를 담는다.
찬물을 붓는다.
굵은소금을 넣는다.
물을 끓인다.
감자를 넣고 20분 정도 살살 끓여 익힌다.
거품을 걷는다.
조리용 바늘로 찔러보며 감자가 잘 익었는지 확인한다.
얼음 몇 조각 또는 찬물을 부어 감자가 더 이상 익지 않도록 한다.
(절대로 감자를 찬물에 담그지 않는다.)
80/90도 정도로 삶은 감자의 온도를 유지한다.
증기로 찌는 감자 :
찜기 윗칸에 다듬은 감자를 담는다.
찜기 아래칸에 소금을 넣은 물을 채운다.
뚜껑을 닫고 20분간 익힌다.
그릇용 감자 찜기에 담아 제공한다.

5. 뽐 앙글레즈 차리기 – 2분
감자의 물기를 잘 빼고 채소용 접시에 담는다.
장식용 종이를 깐 접시받침에 채소용 접시를 올린다.

맛있는 뽐 앙글레즈를 제공하려면?
– 삶거나 찐 감자를 맛있게 제공하기 위해서는 제공하기 직전에 익혀야 한다. **어떠한 경우에도 익힌 후 얼음물에 담그거나 익힌 감자를 다시 데우거나 하지 않는다.**(감자의 풍미를 일부 잃게 되거나 《다시 데운 rechauffe》 경우 좋지 않은 맛을 내기 때문이다.)
– 삶은 감자나 찐 감자는 버터나 파슬리를 첨가하지 않고 《그대로 nature》 즉시 낸다.

완성한 결과

뽐 앙글레즈(Pommes de terre à l'anglaise)

비슷한 요리 PLATS SIMILAIRES

파슬리를 곁들인 감자 Pommes persillées

- 감자를 삶거나 찐다.
- 버터와 다진 파슬리(다진 처빌 또는 민트도 가능)에 감자를 굴린다.

완성한 결과

파슬리를 곁들인 감자(Pommes persillées)

껍질째 익힌 감자 Pommes de terre en robe des champs

- 감자를 솔질하며 잘 씻는다.
- 찬물에 굵은소금을 넣어 끓여 감자를 익히고 거품을 걷는다.
- 20분 정도 천천히 삶는다.
- 조리용 바늘을 사용해 찔러보며 잘 익었는지 확인한다.
- 요리에 따라 뜨거울 때 감자를 다듬거나 찬물에 살짝 담가 식힌다.

준비 기구	조리 기구	플레이팅 도구
• 정리용 사각 트레이 2 • 중간 크기 믹싱볼 2 • 중간 크기 들통 1 • 도마 1 • 큰 스테인리스 채반 1	• 큰 자루냄비 1 또는 • 낮은 소스포트 1 또는 • 작은 구멍이 뚫린 트레이(판) 1 또는 • 찜기 1	• 채소용 접시 또는 그릇용 찜기 • 둥근 받침 • 무늬 있는 장식용 종이

크림을 곁들인 감자 Pommes de terre à la crème

- 감자를 껍질째 익히고 뜨거울 때 다듬어 얇고 동그란 슬라이스로 자른다.
- 소테팬에 담고 크림을 넣는다.
- 감자 슬라이스가 부스러지지 않게 조심하며 졸인다.
- 다진 파슬리를 뿌려도 좋다.(혼합 버터 감자)

사프란 또는 강황을 곁들인 감자 Pommes de terre au safran ou au curcuma

- 감자 삶는 물에 사프란 조금(또는 스피골(spigol) : 사프란과 비슷한 향신료 믹스) 또는 강황을 첨가해 풍미를 주고 감자에 오렌지 색깔이 나도록 한다.

감자 샐러드 Salade de pommes de terre
(따뜻한 소시지 또는 소금에 절인 청어를 곁들임)

- 감자를 껍질째 삶는다.
- 뜨거울 때 다듬어서 얇고 동그란 슬라이스로 썬 후 끓인 화이트 와인을 붓는다.
- 겨자를 넣은 식초 소스로 양념한 후 잘게 다진 셜롯과 다진 파슬리를 뿌린다.

완성한 결과

찐 감자(Pommes de terre à la vapeur)

감자 퓨레 또는 파르망티에 퓨레
POMMES PURÉE OU PURÉE PARMENTIER

감자 퓨레 또는 파르망티에 퓨레 Pommes purée ou purée parmentier는 저장 감자를 끓는 물에 삶은 후 퓨레로 만들고, 버터, 우유 또는 우유와 크림을 첨가한다. 감자 퓨레는 주로 돼지고기를 기본 재료로 하고 소스를 함께 내는 《시골식 rustiques》 요리 곁들임으로 사용한다.

8인분 재료	단위	양
기본 재료		
– 전분질이 많은 저장 감자	kg	2
(삼바, 빈취, 아가타, 빅토리아 품종)		
– 버터	g	80~160*
– 우유	ml	50~60*
또는		
– 우유	ml	300
– 휘핑크림	ml	300
마무리		
– 버터(마무리용)	g	20
– 우유	ml	100
양념		
– 굵은소금		약간(PM)
– 가는소금		약간(PM)
– 육두구(넛맥) (선택사항)		약간(PM)
평균 준비 시간 : 40분		
평균 가열 시간 : 20분		

** 버터의 양이 많을 경우에는 우유 양을 줄인다.*

만드는 방법

1. 조리 작업 기구 준비하기 – 5분
레시피대로 재료를 계량, 측정하고 작업에 필요한 도구들을 점검한다.

2. 감자 준비하기 –15분(p. 203 참조)
감자를 다듬어 씻는다.
큰 조각으로 자른다. 감자가 크지 않을 경우, 자르지 않고 통째로 둔다.(작은 조각으로 자른 감자는 빨리 익지만 물을 많이 흡수해서 우유와 버터가 많이 스며들지 못한다.)
굵은소금을 깔고 껍질째 감자를 올려 오븐에 익히는 요리사들도 있다.

3. 감자 익힐 준비하기 – 5분
냄비에 감자를 넣고 찬물을 붓는다.
굵은소금을 뿌리고 끓인다.
거품을 걷고 20분 정도 뭉근히 익힌다.

4. 감자 퓨레 만들기 –10분(p. 432 참조)
감자가 잘 익었는지 확인한다.(감자는 알맞게 익어야 한다.)
물기를 뺀 후 오븐 입구에 몇 분간 두며 굽는다.
믹서기에 간 후 감자를 익혔던 냄비에 담는다.
약불에 올려 조각 버터, 끓인 우유 또는 우유와 크림 혼합물을 조금씩 넣는다.
간을 확인한다. 끓인 우유에 소금을 넣어 녹인 후 감자 퓨레에 첨가한다.
감자 퓨레를 스테인리스 들통에 덜어둔다.
버터를 넣어 마무리하거나 끓인 우유를 조금 붓는다.
뚜껑을 닫고 중탕기에 보관한다.

5. 감자 퓨레 차리기 – 5분
표면의 버터와 우유를 섞기 위해 거품기로 살짝 젓는다.
채소용 접시에 담고 금속 뒤집개로 표면을 매끄럽게 다듬고 홈을 파며 장식한다.

완성한 결과

감자 퓨레(POMMES PURÉE)

맛있는 감자 퓨레를 제공하려면
감자 퓨레는 주문이 들어오면 만들어 즉시 제공해야 맛이 좋다. 만들어두었다 다시 데우면 풍미를 잃는다.

FICHE 135

채소 퓨레 PURÉES DE LÉGUMES

대부분의 채소는 퓨레로 만들 수 있고, 특별히 전분 함유율이 높은 채소는 더욱 좋다.(완두콩, 플라졸레콩, 밤 등등) 이러한 채소 퓨레는 믹서기에 갈거나 체에 갈아 버터와 크림을 첨가해 익히면 된다.

수분이 많은 채소(껍질콩, 아스파라거스, 콜리플라워, 샐러리 무 등등)는 좀 더 단단한 질감의 퓨레(감자) 또는 끓는 물에 익힌 쌀 퓨레(채소 퓨레를 넣어 만드는 포타주의 기본 재료)로 보충할 필요가 있다.

예 :
- 껍질콩 퓨레는 플라졸레콩 퓨레를 첨가해 만들 수 있다.
- 고구마 퓨레는 밤 퓨레 또는 감자 퓨레를 첨가해 만들 수 있다.

채소 퓨레 이름 EXEMPLES D'APPELLATIONS CLASSIQUES DE PURÉES DE LÉGUMES :	
• 흰색 아스파라거스 퓨레 purée d'asperges blanches	아르장퇴유 퓨레 purée Argenteuil
• 생 완두콩 퓨레 purée de petits pois frais	클라마르 퓨레 purée Clamart
• 건조 완두콩 퓨레 purée de pois casses	생제르맹 퓨레 purée Saint—Germain
• 팥 퓨레 purée de haricots rouges	콩데 퓨레 purée Condé
• 렌틸콩 퓨레 purée de lentilles	콩티 퓨레 또는 에서 퓨레 purée Conti ou Esaü
• 당근과 쌀 퓨레 purée de carottes et riz	쌀을 넣은 크레시 퓨레 purée Crécy au riz
• 당근 퓨레 purée de carottes	비쉬 퓨레 purée Vichy
• 콜리플라워 퓨레 purée de choux—fleurs	뒤바리 퓨레 purée Du Barry
• 껍질콩 퓨레 purée de haricots verts	파보리트 퓨레 purée Favorite
• 무 퓨레 purée de navets	프레누즈 퓨레 purée Freneuse
• 플라졸레콩 퓨레 purée de flageolets	뮈자르 퓨레 purée Musard
• 돼지감자와 감자 퓨레 purée de topinambours et de pommes de terre	팔레스틴 퓨레 purée Palestine
• 양파와 쌀 퓨레 purée d'oignons et riz	수비즈 퓨레 purée Soubise
• 아티초크 퓨레 purée de fonds d'artichauts	라셀 퓨레 purée Rachel
• 샐러리 무와 감자 퓨레 purée de céleri—rave et de pommes de terre	샹프누아즈 퓨레 purée Champenoise
• 늙은호박과 감자 퓨레 purée de potiron et de pommes de terre	마리안 퓨레 purée Marianne

준비 기구
- 정리용 사각 트레이 2
- 도마 1
- 믹서기 1

또는
- 체 1 절구공이 1
- 큰 들통 1
- 스테인리스 채반 1

조리 기구
- 큰 자루냄비 1
- 작은 자루냄비 1

또는
- 작은 소테팬 1

플레이팅 도구
- 채소용 접시
- 채소용 접시받침
- 무늬 있는 장식용 종이

완성한 결과

퓨레 세트(당근, 샐러리, 브로콜리)
Assortiment de purées(carottes, céleri, brocoli)

비슷한 요리 PLATS SIMILAIRES

그라탱한 감자 퓨레 또는 몽도르 감자
Pommes purée gratinée ou pommes de terre Mont—Dore
- 버터와 크림을 듬뿍 넣어 감자 퓨레를 만든다. 버터를 바른 그라탱 접시에 감자 퓨레를 담고 금속 뒤집개로 표면을 매끄럽게 다듬은 후 홈을 파 장식한다. 강판에 간 치즈를 뿌리고 녹인 버터를 뿌린다. 오븐 또는 샐러맨더에 넣어 그라탱으로 만든다.

감자 무슬린 Pommes mousseline
- 거품기로 감자 퓨레를 저으며 휘핑크림을 첨가한다. 계란 노른자를 섞어 넣고 녹인 버터를 뿌린 후 뜨거운 오븐에 넣어 윤을 낼 수도 있다.

골파, 올리브유, 마늘 크림 등을 곁들인 으깬 감자
Pommes écrasées à la ciboulette, à l'huile d'olive, la crème d'ail, etc.
- 굵은소금을 깔고 크기가 큰 감자를 껍질째 올려 익힌다. 감자를 반으로 잘라 숟가락으로 감자 속살을 파낸다. 포크로 감자를 재빠르게 으깬 후 버터, 크림, 마늘, 잘게 다진 허브, 올리브유 등을 섞는다.

뽐 마케르 Pommes Macaire
- 굵은소금 위에 큰 감자를 올려 오븐에 구운 후 포크로 으깬다. 양념을 한 후 감자 1kg당 버터 100g 비율로 섞는다. 전식용 원형 틀을 사용해 작은 전병 모양을 만든다. 정제 버터를 발라 코팅 프라이팬에 양면을 노릇노릇하게 굽는다.

버섯, 아티초크, 카르둔, 근대, 펜넬 구근, 샐서피, 두루미냉이, 샐러리 무, 다양한 채소 고갱이

CHAMPIGNONS, FONDS D'ARTICHAUTS, CARDONS, CÔTES DE BLETTES, FENOUILS TUBÉREUX, SALSIFIS, CROSNES, CÉLERIS-RAVES, MOELLES DE VÉGÉTAUX DIVERS

산화가 되기 쉬운 채소(상온에 둘 때 또는 익히는 동안 쉽게 검게 변하는 채소)를 끓는 물에 레몬즙을 넣고 기름 또는 버터를 넣어 채소의 원래 색깔인 흰색을 유지하도록 익히는 방법이다. 대부분의 채소는 이렇게 데친 후 곧바로 버터에 볶거나 찌거나 크림을 섞는다. 이렇게 요리한 채소는 다양한 곁들임 요리에 사용한다.

8인분 재료	단위	양
레몬즙, 버터를 넣은 끓는 물에 익힌 버섯 **CHAMPIGNONS CUITS À BLANC**		
곁들임 기본 재료 Éléments de base pour petite garniture – 매우 희고 단단한 양송이버섯	g	250
육수 – 물	ml	100
– 레몬(1/2개)	g	50
– 버터	g	20
– 가는소금		약간(PM)
레몬즙, 식용유를 넣은 끓는 물에 익힌 아티초크 **FONDS D'ARTICHAUTS CUITS À BLANC**		
기본 재료 – 동그랗게 다듬은 아티초크(8×350g)	kg	2.8
– 레몬(1개)	g	100
육수 – 물	L	1.5
– 레몬(2개)	g	200
– 식용유	ml	80
– 굵은소금	g	약간(PM)
평균 준비 시간 : 25~30분		
평균 가열 시간(채소에 따라 다름) : 유동적		

레몬즙, 버터를 넣어 데친 버섯은 주로 옛날식 블랑켓 드 보, 닭고기 프리카세 등의 《미니 곁들임 petite garniture》 요리에 사용한다.

레몬즙을 사용하면 pH(수소이온농도)를 변화시켜 더욱 산성이 높은 액체에 채소를 익힐 수 있도록 해준다. 버터 또는 식용유는 공기 중의 산소를 차단시켜 채소의 산화를 막아준다.

만드는 방법

레몬즙, 버터를 넣은 끓는 물에 익힌 버섯(p. 516 참조)

1. 조리 작업 기구 준비하기 – 2분

레시피대로 재료를 계량, 측정하고 작업에 필요한 도구들을 점검한다.

2. 버섯 다듬어 씻기 – 10분(p. 144/145 참조)

3. 버섯 익힐 육수 준비하기 – 3분

작은 자루냄비 또는 소테팬에 버섯 250g을 위한 물 100ml*, 버터 20g, 레몬 반쪽 즙을 담는다.

소금을 넣는다.

물을 끓인다.

4. 버섯 썰어 익힐 준비하기 – 8분

버섯을 필요에 따라 4등분하거나 도톰하게 슬라이스하거나 둥글게 다듬는다.

끓는 물에 담근다.

유산지로 덮는다.

5~6분 동안 끓인다.

5. 버섯 덜기 – 2분

작은 믹싱볼에 육수와 함께 버섯을 덜어둔다.

재빨리 식힌다.

랩으로 덮어둔다.

레몬즙, 식용유를 넣은 끓는 물에 익힌 아티초크(p. 514/515 참조)

1. 조리 작업 기구 준비하기 – 2분

레시피대로 재료를 계량, 측정하고 작업에 필요한 도구들을 점검한다.

2. 아티초크를 둥글게 다듬고 레몬즙 문지르기 – 20분(p. 121/122 참조)

채소 볼러를 사용해 (꽃봉오리) 섬유질 부분을 제거한 후 아티초크를 레몬 물에 담가둔다.(섬유질 부분은 익힌 후에 제거할 수도 있다.)

3. 아티초크 익힐 육수 준비하기 – 3분

아티초크가 잠길 정도의 물을 끓인다.

레몬즙을 첨가한다.(레몬을 껍질째 넣지 않는다.)

굵은소금을 넣는다.

끓는 물에 아티초크를 넣는다.

식용유를 붓는다.

유산지로 덮는다.

20~35분 동안 끓인다.

4. 아티초크 덜기 – 2분

조리용 바늘로 찔러보며 잘 익었는지 확인한다.

아티초크가 잘 잠겨있도록 육수와 함께 덜어둔다.

재빨리 식힌다.

랩으로 덮어둔다.

* 버섯에는 원래 수분이 많으므로 익힐 때 물을 조금만 넣는다. 다 익힌 후 물기를 빼지 않고 육수 안에 그대로 둔다.

FICHE 136

완성한 결과

레몬즙, 버터를 넣은 끓는 물에 익힌 버섯(Champignons cuits à blanc)

레몬즙, 밀가루, 식용유를 넣은 끓는 물에 채소 익히기
CUIRE DES LÉGUMES DANS UN BLANC(근대 CÔTES DE BLETTES, 카르둔 CARDONS, 샐서피 SALSIFIS, 펜넬 구근 FENOUIL TUBÉREUX)

레몬즙, 밀가루, 식용유를 넣은 끓는 물에 익히는 것은 채소의 흰색을 유지하기 위한 조리법이다.

1. 채소 다듬어 씻기
《《채소》편 참조)

2. 레몬즙, 밀가루를 넣은 끓는 물 준비하기
큰 냄비에 물 2ℓ를 부어 끓인다.
굵은소금을 넣는다.
약간 찬물에 2개 분량의 레몬 즙을 넣고 밀가루 30~35g을 넣어 녹인다.
밀가루를 섞은 혼합물을 끓는 물에 천천히 부으며 거품기로 저어준다.

3. 채소 익히기
흰색 끓는 물에 채소를 담근다.
식용유 또는 다진 송아지 콩팥 지방으로 표면을 덮는다.
유산지로 덮고 약불에 천천히 끓인다.

- 밀가루, 레몬즙, 식용유를 넣은 끓는 물에 채소를 익힌 후 육수와 함께 재빨리 식힌다. 이렇게 익힌 채소는 요리에 사용할 때 물기를 뺀다.
- 진공 포장해 채소를 익히면 산화의 위험 없이 채소가 거무스름해지지 않고 채소 색깔을 유지하며 익힐 수 있다.

준비 기구
- 정리용 사각 트레이 3
- 큰 스테인리스 채반 1
- 작은 믹싱볼 1
- 차이나 캡 1
- 큰 믹싱볼 2
- 레몬 즙 짜개 1
- 도마 1

조리 기구
- 큰 자루냄비 1
  또는
- 큰 소테팬 1

플레이팅 도구
- 채소용 접시
- 채소용 접시받침
- 무늬 있는 장식용 종이

비슷한 요리 PLATS SIMILAIRES

피렌체식 아티초크 Fonds d'artichauts florentine
- 레몬즙, 버터(식용유)를 넣은 끓는 물에 아티초크를 데친 후, 버터를 곁들여 뚜껑을 덮어 천천히 익혀 헤이즐넛 버터에 볶은 시금치로 채운다.
- 모르네 소스를 뿌린 후 그라탱으로 만든다.

아르장퇴유 아티초크 Fonds d'artichauts Argenteuil
- 레몬즙, 버터(식용유)를 넣은 끓는 물에 아티초크를 데친 후, 버터를 곁들여 뚜껑을 덮어 천천히 익혀 흰색 아스파라거스로 채운다.
- 올랑데즈 소스를 뿌린다.
- 샐러맨더에 넣어 윤을 낸다.

골수 소스를 곁들인 카르둔 그라탱 Cardons à la moelle et au gratin
- 밀가루, 레몬즙, 식용유를 넣은 끓는 물에 카르둔을 데친 후, 버터에 볶아 골수 소스(토마토와 화이트 와인을 넣은 보르드레즈 소스)를 뿌린다.
- 강판에 간 치즈를 뿌려 오븐에 넣어 그라탱으로 만든다.

크림을 곁들인 샐서피와 근대 Salsifis et côtes de blettes à la crème
- 밀가루, 레몬즙, 식용유를 넣은 끓는 물에 채소를 익혀 물기를 빼고, 버터를 곁들여 뚜껑을 덮어천천히 익힌다.
- 크림을 첨가하고 졸인다.
- 레몬즙 한 방울을 넣어 새콤하게 만든다.
- 다진 파슬리를 뿌린다.

완성한 결과

펜넬 뫼니에르(Fenouil meunière)

당근, 무, 구슬양파, 호박, 오이, 샐러리 무 등등

CAROTTES, NAVETS, PETITS OIGNONS, COURGETTES, CONCOMBRES, CÉLERIS-RAVES, ETC.

모난 부분을 깎아 동그랗게 다듬은 채소 또는 채소 볼러로 떠낸 채소볼에 소량의 물과 버터, 설탕, 소금을 넣고 뚜껑을 닫아 익힌다. 완성될 때, 수분은 거의 증발하고, 채소는 버터와 설탕으로 만들어진 반짝거리는 얇은 막으로 덮이게 된다. 갈색으로 윤을 낸 구슬양파처럼 캐러멜화되기도 한다. 윤을 낸 채소는 주로 옛날식 à l'ancienne, 할머니(그랑메르)식 grand-mère, 부르고뉴식 곁들임 bourguignonne 등의 이름이 붙은 미니 곁들임 요리 《petite garniture d'appellation》로 제공한다.

8인분 재료	단위	양
투명하게 또는 갈색으로 윤을 낸 구슬양파(주요리에 포함되는 곁들임) **곁들임 기본 재료 PETITS OIGNONS GLACÉS À BLANC ET À BRUN** **(GARNITURE D'APPELLATION)**		
– 구슬양파	g	250
– 버터	g	20
– 굵은 설탕	g	10
– 물	ml	약간(PM)
단독으로 사용하는 윤을 낸 채소(곁들임 요리) **LÉGUMES GLACÉS À BLANC UTILISÉS SEULS(GARNITURE D'** **ACCOMPAGNEMENT)**		
기본 재료		
– 당근	kg	1.6
또는		
– 무	kg	1.6
또는		
– 호박	kg	1.6
또는		
– 오이	kg	1.6
또는		
– 납작 호박(패티팬 스쿼시)	kg	1.6
또는		
– 차요테 호박	kg	1.6
– 버터	g	80
– 굵은 설탕	g	40
– 물	ml	약간(PM)
양념		
– 가는소금		약간(PM)
평균 준비 시간 : 35~40분		
평균 가열 시간(채소에 따라 다름) :유동적		

만드는 방법

1. 조리 작업 기구 준비하기 – 5분

레시피대로 재료를 계량, 측정하고 작업에 필요한 도구들을 점검한다.

2. 채소 다듬어 씻기 – 10분

《채소》편 참조

3. 채소를 둥글게 다듬거나 채소볼러로 볼 모양 만들어 다시 씻기 – 15~20분《채소》편 참조)

4. 채소 투명하게 윤 내기 – 5분(p. 521~522 참조)

적당한 크기의 소테팬에 **채소를 한 겹으로**(sur une seule épaisseur) **깐다.** (절대로 채소가 겹쳐지지 않도록 한다.)

채소가 잠길 정도로 물을 붓는다.(수분을 많이 함유하고 있는 연한 채소(호박, 오이)에는 물을 조금 덜 붓는다.)

조각 버터, 굵은 설탕, 소금을 첨가한다.

물을 끓인다.

소테팬과 같은 크기의 유산지로 덮어 물이 천천히 증발하도록 하고 채소가 잘 익도록 조절한다.

물이 완전히 졸아들 때까지 뭉근히 끓인다.

잘 졸여지고 있는지 주의깊게 살펴본다. 버터와 설탕은 채소를 감싸는 반짝거리는 《시럽》을 이룬다.

채소에 골고루 윤이 나도록 동그랗게 조심스럽게 저어준다.

채소가 잘 익고 반짝거리는 얇은 막으로 덮여야 한다.

윤을 내준 채소를 따로 담아 따뜻하게 둔다.

갈색으로 윤을 낼 구슬양파 :

금색으로 캐러멜화된 구슬양파를 위해 《시럽》을 계속 졸인다.

소테팬 손잡이를 잡고 동그랗게 흔들며 구슬양파가 캐러멜 막으로 감싸지도록 한다.

물을 몇 방울 넣으며 금색 캐러멜로 졸이는 것을 마무리한다.

갈색으로 윤을 낸 구슬양파를 덜어 따뜻하게 둔다.

소테팬을 물에 담근다.

– 계절에 따라, 채소에 윤을 내기 전에 채소를 데칠 수도 있다.

– 일반적으로 햇채소는 미리 데치지 않고 바로 윤을 낸다.

– 잘 다듬은 채소의 줄기나 줄기잎 몇 cm 정도는 그냥 둘 수도 있다.

– 조리 시간은 사용하는 채소, 계절, 크기 등에 따라 다르다. 채소는 잘 익어야 하고 끓이는 육수도 알맞게 졸아야 한다.

채소가 익지 않거나 물이 졸은 경우 대처법

– 채소가 완전히 익지 않고 물이 빨리 졸은 경우, 끓는 물을 조금 더 붓는다.

– 채소는 다 익었는데 물이 많이 남은 경우, 채소를 따로 덜어둔 후 물이 시럽처럼 될 때까지 졸인 후 다시 채소를 《시럽 sirop》에 넣어 윤내는 작업을 마무리한다.

완성한 결과

투명하게 윤을 낸 무, 당근과 투명 또는 갈색으로 윤을 낸 구슬양파(Navets, carottes tournées et petits oignons glacés à blanc et à brun)

채소 부크티에르 BOUQUETIÈRE DE LÉGUMES

1. 조리 작업 기구 준비하기

2. 채소 다듬어 씻기

3. 당근 800g, 무 800g, 감자 1kg의 모난 부분을 깎아 둥글게 다듬기(p. 137/138, 190 et 210/211 참조)

   5cm 길이의 길쭉한 모양으로 다듬는다.

   껍질콩 200g을 5cm 길이로 자른다.

4. 아티초크 4개 둥글게 다듬기(p. 121/122 참조)

   꽃봉오리 섬유질 부분을 제거한 후 레몬물에 담가둔다.

5. 콜리플라워 800g을 8개의 작은 송이로 나누기

   식초물에 담가두었다 헹군다.

6. 채소 익히기

   밀가루, 레몬즙, 식용유를 넣은 끓는 물에 아티초크를 익힌다.(p. 514/515 참조)

   당근과 무를 투명하게 윤 낸다.(p. 521 참조)

   소금을 넣은 끓는 물에 완두콩, 껍질콩, 콜리플라워를 따로따로 익힌다. (p. 496 참조)

   감자를 데친 후 노릇노릇하게 굽는다.(p. 544 참조)

7. 버터 125g, 계란 노른자 2개로 올랑데즈 소스 만들기(p. 412 참조)

   레몬즙을 조금 뿌린다.

8. 아티초크 마무리하기

   아티초크가 잘 익었는지 확인한다.

   물기를 뺀 후 버터를 넣어 뚜껑을 덮고 뭉근히 익힌다.

   양념한다.

9. 버터를 넣어 껍질콩과 완두콩 익히기

10. 헝겊 주머니 또는 미리 살균한 면보에 콜리플라워 넣어 볼 모양 8개 만들기

    양념해 익힌 후 올랑데즈 소스를 뿌려 샐러맨더에 넣어 윤을 낸다.

11. 채소 부크티에르 차리기

    둥근 접시에 버터를 바른다. 아티초크에 완두콩을 채운다.

    채소를 색깔별로 조금씩 예쁘게 담는다.

준비 기구
- 정리용 사각 트레이 3
- 작은 믹싱볼 3
- 큰 믹싱볼 1
- 큰 스테인리스 채반 1
- 도마 1

조리 기구
- 작은 소테팬

플레이팅 도구
- 채소용 접시
- 둥근 접시받침
- 무늬 있는 장식용 종이

완성한 결과

채소 부크티에르(Bouquetière de légumes)

비슷한 요리 PLATS SIMILAIRES

비쉬 당근 Carottes Vichy
- 당근을 얇고 둥글게 저며 자르고, 햇당근이 아닌 경우 데친다. 투명하게 윤을 낸 후 채소용 접시에 담고 다진 파슬리를 뿌린다.

크림을 곁들인 채소 Légumes à la crème(**당근, 두루미냉이, 샐러리, 오이, 콜라비, 파스닙, 돼지감자, 파티송호박, 예루살렘아티초크**(Jerusalem artichoke) carottes, crosnes, céleris, concombres, choux-raves, panais, topinambours, pâtissons, hélianthes tubéreux)
- 채소 특징에 맞춰 둥글게 다듬거나 저며 자른다.
- 데친 후 투명하게 윤을 낸다. 크림을 첨가해 시럽처럼 졸인다. 레몬즙 몇 방울을 첨가하고 다진 파슬리를 뿌린다.

완성한 결과

맏물 채소 곁들임(Timbale de primeurs)

프랑스식 완두콩
PETITS POIS À LA FRANÇAISE

프랑스식 완두콩 Petits pois à la française은 소량의 끓는 물에 완두콩을 넣어 익힌 후, 상추 시포나드 chiffonnade de laitue, 구슬양파와 함께 넣어 뚜껑을 닫고 요리한다. 주로 오븐에 굽거나 프라이팬에 구운 송아지 요리 les pièces de veau rôties ou poêlées, 송아지 허드레 고기 브레제 les abats de veau braisés 등에 곁들인다. 클라마르 Clamart 곁들임 요리의 재료이다.

8인분 재료	단위	양
기본 재료		
– 생완두콩	kg	3
또는		
– 냉동 완두콩	g	20
– 버터	g	80
– 상추(작은 1단)	g	200
– 부케가르니	개	1
– 처빌	단	1/4
– 햇구슬양파	g	250
– 버터	g	20
– 설탕	g	약간(PM)
리에종(선택사항)		
– 버터	g	20
– 밀가루	g	10
양념		
– 가는소금		약간(PM)
– 후춧가루		약간(PM)
– 굵은 설탕		약간(PM)
평균 준비 시간 : 1시간 10분		
평균 가열 시간 : 20~25분		

만드는 방법

1. 조리 작업 기구 준비하기 – 5분

레시피대로 재료를 계량, 측정하고 작업에 필요한 도구들을 점검한다.

2. 완두콩 껍질 까기 – 30분

예쁜 초록색에 윤이 나며 연하고 살짝 달콤한 맛이 나는 신선한 완두콩을 고른다.

3. 아로마틱 가니쉬 준비하기 – 15분

햇구슬양파를 다듬어 씻는다. 2~3cm 정도 줄기잎을 남겨둔다.

상추를 다듬어 씻고 시포나드로 가늘게 채 썬다.

부케가르니를 만들고 처빌을 첨가한다.

4. 투명하게 구슬양파 윤내기 – 5분(p. 521 참조)

소테팬에 구슬양파를 겹치지 한 겹으로 담고 버터, 설탕, 소금을 넣는다.

양파가 모두 잠기지 않게 소량의 물을 붓는다.

가운데 구멍을 뚫은 유산지로 덮는다.

물이 완전히 졸아들 때까지 구슬양파에 윤이 나도록 끓인다.

5. 완두콩 익힐 준비하기 – 10분

큰 소테팬에 버터를 두르고 상추 시포나드를 익힌다.

완두콩을 첨가하고 물 250ml 정도 붓는다.

부케가르니를 첨가한다.

뚜껑을 덮고 20~25분간 뭉근히 끓인다.

마지막에 소금을 뿌리고 굵은 설탕을 조금 첨가한다.

물이 적당히 졸았는지 주의깊게 확인하며, 필요한 경우 물을 조금 더 붓는다.

6. 완두콩 익히기 완성하기 – 2분

완두콩 맛을 보며 잘 익었는지 확인한다. 연하고 말랑말랑해야 한다.

간을 확인한다.(농도를 조절하기 위해 버터와 밀가루를 동량으로 섞어 만든 뵈르 마니에 beurre manié를 약간 넣기도 한다.)

윤을 낸 구슬양파를 첨가하고, 몇 개는 장식을 위해 남겨둔다.

몇 분간 전체를 뭉근히 끓인다.

7. 완두콩 차리기 – 3분

채소용 접시에 소복하게 담는다.

완두콩 위에 상추 시포나드와 윤을 낸 구슬양파를 예쁘게 올린다.

장식용 종이를 깐 접시받침에 채소용 접시를 올린다.

– 구슬양파가 없을 경우, 다진 양파를 사용해 상추 시포나드와 볶는다.
– 구슬양파를 먼저 미리 익힌 후, 시포나드와 완두콩을 첨가해 채소 전체의 익히는 시간을 조절하는 경우가 많다. 요리 초보자의 경우, 채소를 따로따로 익혀 마지막에 채소를 모두 합치는 것이 더 좋다.

FICHE 138

완성한 결과

프랑스식 완두콩(Petits pois à la française)

시골식 완두콩 PETITS POIS PAYSANNE

1. 조리 작업 기구 준비하기

염장(반염) 삼겹살 250g을 작은 라르동 크기로 자른 후 찬물에 넣어 끓여 데친다. 찬물에 담가 식히지 않고 물기만 잘 뺀다.

당근 200g, 무 200g을 다듬어 씻은 후 동글게 다듬는다.

구슬양파 200g을 다듬어 씻는다.

당근, 무, 구슬양파를 투명하게 윤 낸다.

상추를 다듬어 씻은 후 시포나드로 썬다.

부케가르니를 만든다.

2. 완두콩 익히기

큰 소테팬에 버터 80g을 넣고 라르동을 볶는다.(색깔이 너무 진하게 나지 않도록 볶는다.)

상추 시포나드를 첨가해 몇 분간 볶는다.

완두콩, 물 250ml, 부케가르니를 첨가한다.

마지막에 버터와 밀가루를 동량으로 섞은 뵈르 마니에 beurre manié를 조금 넣는다.(선택사항)

윤을 낸 당근, 무, 구슬양파를 첨가한다.

윤을 낸 채소가 위에 보이도록 예쁘게 담는다.

완성한 결과

시골식 완두콩(Petits pois paysanne)

준비 기구
- 정리용 사각 트레이 2
- 중간 크기 믹싱볼 1
- 큰 믹싱볼 1
- 큰 스테인리스 채반 1

조리 기구
- 뚜껑 있는 큰 소테팬 1

플레이팅 도구
- 채소용 접시
- 둥근 접시받침
- 무늬 있는 장식용 종이

비슷한 요리 PLATS SIMILAIRES

본팜므 완두콩 Petits pois bonne—femme
- 뚜껑을 닫아 소량의 물을 넣고 프랑스식 완두콩을 만들 때처럼 완두콩을 익힌다.
- 상추, 부케가르니, 윤을 낸 구슬양파, 데친 후 버터에 볶은 염장(반염) 삼겹살 라르동을 첨가한다.
- 버터와 밀가루를 동량으로 섞은 것을 조금 넣는다.(선택 사항)

농장식 완두콩 Petits pois fermière
- 프랑스식 완두콩에 투명하게 윤을 낸 햇당근 또는 둥근 모양으로 다듬은 당근 또는 당근볼을 첨가한다.

버터를 곁들인 건조 강낭콩
(코코콩, 흰색 강낭콩, 플라졸레콩)
HARICOTS SECS AU BEURRE(COCOS, LINGOTS, FLAGEOLETS)

버터를 곁들인 건조 강낭콩 Haricots secs au beurre은 당근, 양파, 마늘, 부케가르니로 구성된 아로마틱 가니쉬와 돼지비계 또는 돼지 껍질을 함께 넣어 익힌 건조 채소이다. 건조 강낭콩은 주로 새끼 양고기나 양고기로 만든 요리 또는 돼지고기로 만든 시골식 요리에 곁들인다.

8인분 재료	단위	양
기본 재료		
– 건조 강낭콩 :	g	500~640
– 코코콩		
또는		
– 흰색 강낭콩		
또는		
– 타르브(Tarbe)산 흰색 강낭콩		
또는		
– 초록색 강낭콩		
또는		
– 플라졸레콩		
(1인당 70~80g)		
아로마틱 가니쉬		
– 당근	g	200
– 양파	g	200
– 부케가르니	개	1
– 마늘(2톨)	g	15
– 생삼겹살	g	200
또는		
– 돼지 껍질	g	200
마무리		
– 버터	g	80
– 파슬리	g	20
양념		
– 굵은소금		약간(PM)
– 가는소금		약간(PM)
– 후춧가루		약간(PM)
– 정향 조각		약간(PM)
평균 준비 시간 : 40분		
평균 가열 시간 : 40분~1시간		

만드는 방법

곁들임 요리와 혼합 샐러드를 위한 첫 번째 조리 방법

1. 조리 작업 기구 준비하기 – 5분
레시피대로 재료를 계량, 측정하고 작업에 필요한 도구들을 점검한다.

2. 강낭콩 깨끗하게 씻기 – 3분
부서진 콩과 남아 있는 콩 껍질을 제거한다.

3. 강낭콩 물에 담그기 – 2분
잘 씻은 강낭콩을 움푹한 믹싱볼 또는 들통에 담고, 콩의 2~3배 되는 찬물을 부어 덮어둔다.

몇 시간 동안 냉장실에 보관한다.(최근에 수확한 강낭콩일 경우 최대 2~3시간 보관한다. 콩이 발효될 위험이 있으므로 물에 담가 불리는 시간은 철저히 지킨다.)

4. 아로마틱 가니쉬 준비하기 – 15분(p. 499/494 참조)
돼지 껍질을 물에 담가 불순물을 제거한 후 찬물에 넣어 끓여 데친 후 돌돌 말아 실로 묶는다. 또는 삼겹살을 데친다.
양파를 다듬어 씻은 후 하나에는 정향 조각을 박고 다른 하나는 4등분한다.
당근을 다듬어 씻은 후 토막 낸다.
마늘을 다듬고 싹을 제거한 후 씻는다.
부케가르니를 만든다.

5. 강낭콩 익힐 준비하기 – 5분
강낭콩을 다시 한번 헹군다.
큰 냄비 또는 소스포트에 강낭콩을 골고루 담는다.
찬물을 넉넉히 붓는다.(강낭콩 2배의 양)
물을 끓이고 거품을 걷는다.
아로마틱 가니쉬와 데친 비계 또는 돼지 껍질을 첨가한다.
뚜껑을 반쯤 닫고 40분~1시간 동안(또는 그 이상**) 뭉근히 끓인다.
2/3쯤 완성되었을 때 굵은소금을 뿌린다.

6. 파슬리 씻은 후 줄기를 떼고 물기를 닦고 다지기 – 5분

7. 강낭콩 물기를 빼고 버터와 섞기 – 3분
강낭콩 맛을 보며 잘 익었는지 확인한다.(연하고 말랑말랑해야 하며 으깨지지 않아야 한다.)
아로마틱 가니쉬, 돼지 껍질 또는 비계를 빼낸다.
강낭콩이 으깨지지 않도록 조심하며 물기를 빼고 버터와 섞는다.
간을 확인한다.

8. 강낭콩 차리기 – 2분
채소용 접시에 소복하게 담는다.
다진 파슬리를 알맞게 뿌린다.
장식용 종이를 깐 접시받침에 채소용 접시를 올린다.

생 콩류는 소금을 넣은 끓는 물에 익힌다.
**건조 채소를 익히는 시간은 품종, 저장 기간, 끓는 물의 석회질 함량에 따라 다양하다. 익히는 시간을 줄이기 위해서는 최근에 수확한 강낭콩을 사용하고, 버터, 돼지비계 또는 돼지 껍질을 넣고 2/3쯤 익었을 때 소금을 넣는다.*

콩을 익힐 때 베이킹 소다를 넣는 요리사도 있다.

완성한 결과

버터를 곁들인 흰색 강낭콩(Haricots blancs au beurre)

돼지비계를 곁들인 초록색 렌틸콩

LENTILLES VERTES AU LARD

퓨레 또는 포타주를 위한 다른 조리 방법

1. 조리 작업 기구 준비하기

2. 초록색 렌틸콩 640g을 씻어 데치기(1인당 80)

찬물에 넣어 끓여 데치고 거품을 걷은 후 물기를 뺀다.(렌틸콩을 찬물에 담그지 않는다.)

3. 아로마틱 가니쉬 준비하기

훈제 삼겹살 200g의 껍질을 잘라내고 작은 라르동 크기로 자른다.

찬물을 부어 데치고 물기를 뺀다.

당근 200g을 얇은 조각으로 저며 썰거나 작은 주사위 모양으로 썬다.

양파 200g을 잘게 다진다.

부케가르니를 만든다.

마늘 2톨의 싹을 제거해 준비한다.

4. 렌틸콩 익히기

큰 냄비에 버터 40g을 넣고 라르동을 볶는다.(색깔이 너무 진하게 나지 않도록 볶는다.)

당근과 양파를 첨가한다.

몇 분간 라르동 기름에 아로마틱 가니쉬를 볶는다.

데친 렌틸콩을 첨가한다.

2배 부피의 찬물을 붓는다.

물을 끓이고 거품을 걷는다.

마늘과 부케가르니를 넣는다.

뚜껑을 반쯤 닫고 25~30분간 뭉근히 끓인다.

2/3쯤 익었을 때 굵은소금을 넣는다.

5. 렌틸콩에 버터 섞기

렌틸콩이 잘 익었는지 확인한 후, 마늘을 빼고 물기를 빼 버터와 섞는다.

간을 확인한다.

그릇에 담는다.

| | 큰 스테인리스 채반 1 | 플레이팅 도구 |
| | 도마 1 | 채소용 접시 |

준비 기구

조리 기구

- 정리용 사각 트레이 3
- 큰 믹싱볼 2

- 큰 자루냄비 1
- 또는
- 소스포트 1

- 채소용 접시
- 둥근 접시받침
- 무늬 있는 장식용 종이

비슷한 요리 PLATS SIMILAIRES

리옹식 흰색 강낭콩 Haricots blancs à la lyonnaise

- 물기를 잘 뺀 강낭콩에 버터를 섞고 잘게 다지거나 저민 양파 퐁듀를 첨가한다.
- 다진 파슬리를 뿌린다.

크림을 곁들인 빵뽈 코코콩 Cocos de Paimpol à la crème

- 첫 번째 조리 방법에 따라 코코콩을 익힌 후 버터와 섞는다.
- 크림을 조금 넣고 질감이 되직해질 때까지 졸인다.
- 다진 파슬리를 뿌린다.

옥시타니식 타르브 강낭콩 Estouffat de tarbais à l'occitane

- 첫 번째 조리 밥법에 따라 강낭콩을 2/3 익힌다.
- 돼지비계 또는 돼지 껍질을 작은 라르동 크기로 잘라 거위 기름을 조금 둘러 볶는다. 잘게 다진 양파, 껍질과 씨를 제거해 잘게 다진 토마토, 다진 마늘을 첨가한다.
- 졸인 후 물기를 잘 뺀 강낭콩을 첨가한다. 뚜껑을 닫고 뭉근히 끓여 마무리한다.

부르고뉴식 팥 Haricots rouges à la bourguignonne

- 물 1/2, 레드 와인 1/2을 부어 첫 번째 조리 방법에 따라 팥을 익힌다.
- 팥의 물기를 뺀 후 팥 육수를 졸인다. 돼지비계를 작은 라르동 크기로 썰어 버터에 볶는다. 팥에 버터와 졸인 육수 조금을 넣어 섞고, 라르동을 첨가핸 후 다진 파슬리를 뿌린다.

훈제 고기를 곁들인 실라오스 렌틸콩 Lentilles de Cilaos au boucané

- 훈제 고기를 조각으로 잘라 데친 후 45분 정도 미리 익혀 물기를 뺀다.
- 소스포트에 식용유를 조금 두르고 훈제 고기를 구운 후, 저민 양파, 마늘, 빻은 생강을 첨가한다.
- 몇 분간 볶은 후 《강황 safran pays》, 타임, 잘 씻은 렌틸콩을 넣는다.
- 찬물을 붓고 약불에 끓이며 마지막에 굵은소금을 넣는다. 렌틸콩이 육수를 모두 흡수해 부드러워져야 한다.

완성한 결과

훈제 고기를 곁들인 실라오스 렌틸콩(Lentilles de Cilaos au boucané)

상추, 샐러리, 펜넬 브레제
LAITUES, CŒURS DE CÉLERI, FENOUILS BULBEUX

상추, 샐러리, 펜넬 브레제 Laitues, cœurs de céleri, fenoulis bulbeux는 채소를 데친 후 흰색 육수를 붓고 아로마틱 가니쉬를 넣어 뚜껑을 닫고 오래동안 찐다. 졸인 찜 육수에 송아지 갈색 육수 또는 스페인 소스를 첨가해 채소를 뭉근히 익힌다. 채소 브레제는 주로 큰 고깃덩어리 오븐 찜 또는 고기 브레제 요리에 곁들인다.

8인분 재료	단위	양
기본 재료		
– 상추(8×300g)	kg	2.4
또는		
– 손질한 샐러리 속(8×300g)	kg	2.4
또는		
– 펜넬 구근(8×300g)	kg	2.4
– 돼지껍질 또는 돼지비계	g	300
아로마틱 가니쉬		
– 당근	g	200
– 양파	g	200
– 부케가르니	개	1
육수		
– 송아지 갈색 육수	l	1
마무리(선택사항)		
– 가볍게 리에종하고 토마토를 첨가한 송아지 갈색 육수	ml	400
– 버터	g	40
– 레몬(1/2개)	g	50
양념		
– 가는소금		약간(PM)
– 후춧가루		약간(PM)
평균 준비 시간 : 1시간 5분		
평균 가열 시간 : 1시간 15분~1시간 30분		

샐러리와 펜넬은 밀가루, 레몬즙, 식용유를 넣은 끓는 물에 익힌 후 버터에 볶을 수도 있다.(뫼니에르 meunière)

만드는 방법

1. 조리 작업 기구 준비하기 – 5분
레시피대로 재료를 계량, 측정하고 작업에 필요한 도구들을 점검한다.

2. 채소 다듬어 씻기 –10분
《채소》편 참조
상추의 바깥 부분 잎을 제거하고 밑둥을 뾰족하게 잘라낸다.
샐러리의 초록색 잔가지를 떼고 뿌리 부분을 다듬고 심줄을 제거하며 자른다. 15cm 정도의 흰색인 샐러 의 연한 속대 부분만 사용한다.
펜넬 구근의 질긴 잎은 제거하고 밑둥을 자른 후, 펜넬이 너무 클 경우는 반으로 자른다. 질긴 심줄이 있을 겅우 잘라낸다.

3. 끓는 물에 채소 데치기 – 5분

상추는 2분, 샐러리는 5분, 펜넬은 10분간 데친다.
찬물에 담가 식힌 후 물기를 뺀다.
상추를 눌러 방추형으로 모양을 만든다.

4. 아로마틱 가니쉬 채소 준비하기 – 10분
당근과 양파를 다듬어 씻은 후 얇게 저며 썬다.
부케가르니를 만든다.
마늘을 다듬어 씻고 싹을 제거한 후 빻는다.

5. 돼지 껍질 데치기 – 5분

6. 채소 찌기 – 10분(p. 605/606 참조)
낮은 소스포트에 아로마틱 가니쉬를 넣고 버터에 볶는다.
채소의 밑둥 부분(익히기에 더 오래 걸리는 부분)이 소스포트 둘레 안쪽 면을 향하도록 담는다.
채소가 반쯤 잠기도록 흰색 육수를 붓는다.
양념을 한다.
부케가르니를 첨가한다.
끓인다.
돼지껍질 또는 돼지비계로 덮은 후 유산지를 덮는다.
소스포트 뚜껑을 닫는다.
200도 오븐에 넣어 채소에 알맞게 1시간 15분~1시간 30분 동안 익혀 마무리한다.

7. 채소 브레제 덜어내기 – 10분
그릴망이 있는 트레이 위에 채소를 올려 물기를 뺀다.
물기를 빼준 채소는 반으로 잘라 밑둥을 제거한다.
잘 다듬어 원하는 모양으로 접은 후 버터를 바른 소테팬에 담는다.

8. 찜 육수 소스 완성하기 – 8분
차이나 캡에 찜 육수를 거른다.
시럽처럼 될 때까지 졸인 후 기름은 제거한다.
토마토를 넣고 가볍게 리에종한 송아지 갈색 육수 또는 주요리 고기(요리 이름에 따라 다름) 오븐 찜 육수 또는 찜 육수를 첨가한다.
찜 육수 소스를 차이나 캡에 걸러 채소 브레제 위에 붓고 뚜껑을 닫아 10분 정도 뭉근히 끓인다.

9. 채소 브레제 차리기 – 2분
요리 용도에 알맞게 다음과 같이 담는다.
– 프라이오븐 찜 고기의 경우, 고기 둘레에 담는다.(곁들임 이름 : 슈아지 Choisy, 리슐리외 Richelieu, 오를로프 Orloff)
– 단독 곁들임 요리의 경우 졸인 찜 육수 소스를 뿌려 따로 담는다.

---

* 다리올 Darioles : 작은 원통형 틀이며, 이 틀로 만든 음식을 가리킨다. 주로 계란, 버터 등으로 디저트 케이크를 만든다.

FICHE 140

완성한 결과

상추브레제(Laitues braisées)

양배추 브레제 CHOUX VERTS BRAISÉS

1. 양배추 다듬어 씻기(p. 151/152 참조)

1.5~1.8kg 되는 동그랗고 예쁜 양배추 1개를 다듬는다.(양배추 choux cabu, 샤보이 양배추 de Milan, 뾰족한 봄 양배추 pointu 등등)

4등분으로 자른 후 속을 다듬고 두꺼운 심을 제거한다.

씻은 후 식초물에 담갔다 다시 헹군다.

2. 양배추 데치기

끓는 물에 몇 분 간 데친 후 얼음물에 담근다.

물기를 뺀 후 살짝 압착해 남은 물기를 뺀다.

3. 염장(반염) 삼겹살 400g을 데쳐 준비하기

4. 양배추 찌기(p. 610/611 참조)

낮은 소스포트에 당근 200g, 얇게 저민 양파 150g, 버터 50g을 넣고 볶는다.

4등분으로 자른 데친 양배추를 담는다.

양배추 가운데 부케가르니와 돼지비계를 넣는다.

흰색 육수 1L를 붓는다.

양념한 후 끓인다.

유산지로 덮은 후 뚜껑을 닫아 양배추의 상태와 계절에 맞춰 200도 오븐에 1시간~1시간 15분간 익힌다.

5. 배추 차리기

잘 익었는지 확인한다.

부케가르니와 돼지비계를 빼고 양배추의 물기를 뺀다.

아로마틱 가니쉬를 얇게 저며 버터에 볶지 않고 첨가할 때도 많다. 이러한 경우, 마지막에 당근 토막과 정향을 박은 양파를 덜어낸다. 미리 노릇노릇하게 볶은 돼지고기 사태, 훈제 삼겹살 또는 툴루즈 소시지를 염장(반염) 돼지비계 대신 넣어 더욱 풍미를 높일 수도 있다.

완성한 결과

돼지비계를 곁들인
양배추 다리올*
(Darioles de choux
au lard)

준비 기구	조리 기구	플레이팅 도구

• 정리용 사각 트레이 3
• 큰 믹싱볼 1
• 거름망 1
• 중간 크기 믹싱볼 2
• 도마 1
• 큰 스테인리스 채반 1
	• 큰 소테팬 1
	  또는
	• 뚜껑 있는 낮은 소스
	  포트 1
		• 긴 타원형 접시 또는
		  스튜냄비(바이메탈)
		• 접시받침
		• 무늬 있는 장식용 종이

엔다이브 브레제는 요리에 사용할 때 주로 버터에 볶는다.(뫼니에르)

비슷한 요리 PLATS SIMILAIRES

엔다이브 브레제 Endives braisées(p. 605/606 참조)

• 150g 엔다이브 16개의 상처난 잎을 제거하고 밑둥을 자르고 뾰족하게 속 부분을 판다.(p. 149/150 참조) 잘 씻는다. 큰 소테팬에 밑둥 부분이 둘레 안쪽 면을 향하도록 동그랗게 담는다. 레몬 1개 즙, 물 500ml, 버터 50g, 설탕 20g, 가는소금 조금을 첨가한다.

• 끓인 후, 유산지로 덮고 뚜껑을 닫아 200도 오븐에 엔다이브 상태에 알맞게 1시간 15분~1시간 30분간 익힌다. 조리용 바늘로 밑둥 부분을 찔러보며 잘 익었는지 확인한다. 스테인리스 용기에 덜고 육수를 붓는다. 재빨리 식힌 후 뚜껑을 닫아 보관한다.

완성한 결과

엔다이브 브레제
(Endives braisées)

밤 브레제 Marrons braisés

• 밤의 동그랗고 볼록한 부분에 칼집을 넣은 후 매우 뜨거운 오븐에 몇 분간 둔다.

• 밤이 뜨거울 때 두꺼운 겉 껍질과 얇은 속 껍질을 벗기며 다듬는다.(p. 185 《밤》 참조) 버터를 바른 소테팬에 한 겹으로 담는다. 밤이 잠기도록 우유 또는 콩소메, 맑고 진한 송아지 갈색 육수를 붓는다. 샐러리 잔가지 또는 샐러리 무 조각을 첨가하고 양념한다. 유산지로 덮은 후 뚜껑을 닫아 밤 두께에 맞춰 25~35분간 뭉근히 익힌다.

밤에 송아지 갈색 육수를 부어 찔 때, 육수가 시럽처럼 될 때까지 졸여 반짝이는 얇은 막으로 밤이 덮이도록 해야 한다. 우유 또는 콩소메로 찐 것은 특별히 밤 퓌레를 만들 때 사용한다.

뽐 불랑제르
POMMES BOULANGÈRE

동그랗고 얇게 저민 감자에 마늘과 타임 꽃으로 풍미를 준 흰색 육수와 양파를 곁들여 오븐에 익힌다. 뽐 불랑제르 Pommes boulan-gère는 주로 프라이팬에 굽거나 오븐에 구운 새끼 양고기와 돼지고기 요리에 곁들인다.(새끼 양고기 어깨살 épaule d'agneau, 돼지고기 등심 오븐구이 échine de porc rôties)

8인분 재료	단위	양
기본 재료		
– 감자	kg	2.2
– 버터	g	80
– 양파	g	600
– 버터	g	80
아로마틱 가니쉬		
– 마늘(3톨)	g	20
– 부케가르니	개	2
– 그릇에 바르기 위한 버터(선택사항)	g	20
육수		
– 흰색 육수 또는 콩소메	L	1.6
양념		
– 가는소금	g	약간(PM)
– 후춧가루	g	약간(PM)
평균 준비 시간 : 1시간 05분		
평균 가열 시간 : 40~50분		

만드는 방법

1. 조리 작업 기구 준비하기 – 5분

레시피대로 재료를 계량, 측정하고 작업에 필요한 도구들을 점검한다.

2. 모든 채소 다듬어 씻기 – 20분

감자를 다듬어 씻은 후 찬물이 담겨 있는 들통에 담아둔다.

양파를 다듬어 씻는다.

마늘을 다듬고 싹을 제거한 후 씻는다.

파슬리를 씻어 줄기를 떼고, 타임을 사용해 부케가르니를 2개 만든다.

3. 채소 썰기 – 15분

감자의 물기를 잘 닦는다.

2~3mm 두께가 되도록 동그랗고 얇게 저미고 헹구지 않고 깨끗한 면보 위에 올려 말린다.(대량으로 준비할 경우는 갈변 위험이 커지므로, 물에 씻지 말고 면보에 올려 말린다.)

양파를 얇게 채썬다.

4. 양파와 감자 미리 익히기 – 15분

소스포트에 버터를 두르고 양파를 천천히 졸인 후 양념한다.(연한 색깔이 나야 한다.)

프라이팬에 감자를 재빨리 볶는다. 이 과정은 선택적이지만 이렇게 하면 감자를 지방으로 감싸 더 부드럽고 풍미가 좋으며 노릇노릇하게 익힐 수 있다.

양념한다.(새끼 양고기 요리에 곁들인다면, 체에 친 타임 꽃을 조금 첨가한다.)

기름기를 뺀다.

5. 그라탱으로 요리할 준비하기 – 5분

그라탱 그릇 2개를 마늘로 문지르고 버터를 바른다.

감자와 양파를 차례로 한겹씩 담는다.

맨 윗면은 꽃 모양 원형 장식으로 감자를 예쁘게 올린다.

마늘 2톨을 사이에 밀어 넣고 그릇 양쪽 끝에 부케가르니를 넣는다.

양념한 흰색 육수를 붓는다.

6. 뽐 불랑제르 익힐 준비하기 – 3분

가스레인지 불에 먼저 익힌 후 190/200도 오븐에 40~50분간 익힌다.

감자 표면이 마를 경우, 유산지로 덮는다.

마지막에 감자가 노릇노릇해져야 하고 육수를 대부분 흡수해야 한다.

7. 뽐 불랑제르 차리기 – 2분

잘 익었는지 확인한다.

사이에 넣은 마늘과 부케가르니를 뺀다.

장식용 종이를 깐 긴 접시받침 위에 그라탱 그릇을 올린다.

– 흰색 육수 대신 우유를 사용할 수도 있다.
– 새끼 양고기 또는 돼지고기를 뽐 불랑제르 위에 올려 고기 기름이 감자 위에 떨어져 스며들도록 오븐에 구울 수도 있다.

FICHE 141

완성한 결과

뽐 불랑제르(Pommes boulangère)

뽐 퐁당뜨 POMMES FONDANTES

1. 조리 작업 기구 준비하기

2. 감자 다듬어 둥글게 깎기

한 개당 약 90g 되는 예쁜 모양의 감자 2.4kg을 다듬는다.

한 면은 납작하게 유지하며 뽐 샤토 크기로 둥글게 깎는다.

또는

큰 감자를 골라 반으로 자르고 납작한 면을 둥글게 깎아 다듬는다.

또는

뽐 퐁당뜨 완성 사진처럼 감자를 《화장용 작은 비누 savonnettes》 모양
으로 깎아준다.

헹군 후 물기를 뺀다.

3. 뽐 퐁당뜨 익히기

알맞은 크기의 소뚜와에 버터 100g을 잘 바른다.

겹치지 않게 감자의 납작한 면을 바닥에 향하도록 담는다.

흰색 육수 또는 흰색 콩소메 500ml를 부어 감자가 반쯤 잠기도록 한다.

양념한 후 부케가르니를 첨가한다.

뽐 퐁당뜨를 180도 오븐에 넣어 40분 정도 익힌다.

육수를 계속 뿌려주며 구워감자 표면에 반짝이는 얇은 막이생기도록
한다.

4. 뽐 퐁당뜨 차리기

조리용 바늘을 이용해 잘 익었는지 확인한다.

감자가 노릇노릇하며 반짝거려야 하고 육수를 모두 흡수한 상태여야
한다.

소뚜와 바닥에는 버터만 남아있어야 한다.

움푹한 그릇에 둥글게 꽃 모양으로 담고 다진 파슬리를 뿌린다.

준비 기구	조리 기구	플레이팅 도구
• 정리용 사각 트레이 3	• 큰 소뚜와 1	• 긴 타원형 접시 또는
• 큰 믹싱볼 2	또는	스튜냄비(바이메탈)
• 도마 1	• 큰 소테팬 1	• 접시받침
• 중간 크기 믹싱볼 2	또는	• 무늬 있는 장식용 종이
• 큰 스테인리스 채반 1	• 큰 그라탱용 그릇	

완성한 결과

뽐 퐁당뜨(Pommes fondantes)

비슷한 요리 PLATS SIMILAIRES

생 플로르 감자 Pommes de terre de Saint-Flour

• 돼지비계 조각과 함께 양배추를 찌고(앞 장 참조) 양배추가 너무 무르지
않도록 유지한다.

• 돼지비계를 작은 라르동 조각으로 자른 후 버터에 볶는다.

• 그라탱 그릇 바닥에 양배추 브레제를 담는다.

• 도톰하고 동그랗게 저며 자른 감자 한겹을 예쁘게 담고 양배추 찜 육수를
붓는다.

• 마늘 몇 톨을 첨가하고 강판에 간 그뤼예르 치즈를 뿌린다.

• 오븐에 40분~1시간간 넣어 그라탱을 만든다.

돼지비계를 곁들인 감자 Pommes de terre au lard

• 데친 염장(반염) 삼겹살을 작은 라르동으로 잘라 돼지기름을 둘러 볶아둔다.

• 라르동을 볶은 기름에 뽐 코코트 크기로 둥글게 깎은 감자를 볶는다.

• 감자의 기름기를 뺀 후 그라탱 그릇에 담는다.

• 볶은 라르동을 골고루 뿌린다.

• 노르스름하게 볶은 구슬양파를 첨가한다.

• 흰색 육수 또는 콩소메를 붓는다.

• 부케가르니를 첨가하고 오븐에 넣어 육수를 거의 흡수할 때까지 굽는다.

• 그릇에 담고 다진 파슬리를 뿌린다.

버터를 곁들인 스파게티 작은 모양 마카로니, 펜네, 나비 모양 파스타, 마카로니 등등

SPAGHETTIS AU BEURRE COQUILLETTES, PENNES, PAPILLONS, MACARONIS,...

버터를 곁들인 스파게티는 생파스타나 건조 파스타 Pâtes fraîhes et industrielles를 소금을 넣은 끓는 물에 익혀 버터를 곁들인다. 주로 흰색 고기 오븐구이, 그기 라구(송아지, 닭고기, 토끼고기 등등) 요리와 함께 낸다.

8인분 재료	단위	양
기본 재료		
– 스파게티	g	640
또는		
– 작은 마카로니	g	640
또는		
– 펜네	g	640
또는		
– 나비 모양 파스타	g	640
또는		
– 마카로니(1인당 0,080kg)	g	640
– 물	L	6.5
마무리		
– 버터	g	80
양념		
– 굵은소금	g	60
– 가는소금	g	약간(PM)
– 후춧가루	g	약간(PM)
평균 준비 시간 : 20분		
평균 가열 시간(파스타 종류에 따라 다름) : 6~8분		

만드는 방법

건조 파스타 익히기

1. 조리 작업 기구 준비하기 – 5분

레시피대로 재료를 계량, 측정하고 작업에 필요한 도구들을 점검한다.

2. 많은 양의 물 끓기기 – 3분

파스타 100g당 1L의 물을 준비한다.

물 1L당 8~10g의 굵은소금 비율로 넣는다.

3. 파스타 익히기 – 7분(p. 508/509 참조)

끓는 물에 파스타를 넣는다.

다시 끓어 오를 때까지 거품을 떠내는 작은 국자로 저어준다.

불을 줄이고 뚜껑을 열고 파스타 포장에 나온 익히는 시간에 맞춰 끓인다.

파스타끼리 달라붙거나 바닥에 들러붙지 않도록 종종 저어준다.

파스타 맛을 보며 적당히 익었는지 확인한다.(가운데 심지의 흰색 부분이 사라지면 스파게티는 완성된 것이다.)

약간 단단한 상태가 되도록 유지한다.(알덴테)

찬물을 조금 부어 파스타를 마무리한다.

물기를 완전히 빼고 끓는 물에 헹군다.(헹구는 물에 버터를 조금 섞으면 파스타끼리 달라붙는 것을 막아준다.)

4. 파스타 버터에 섞기 – 3분

조각 버터를 넣은 믹싱볼에 파스타를 넣고 재빨리 섞는다.

간을 확인한다.

5. 파스타 차리기 – 2분

채소용 접시에 파스타를 담는다.

장식용 종이를 깐 접시받침 위에 파스타 그릇을 올린다.

끓는 물에 익힌 파스타를 나중에 사용할 경우
끓는 물에 익힌 파스타를 나중에 사용할 경우에는 찬물에 완전히 식히고, 주문 시 소금을 넣은 끓는 물에 담가 데운 후 물기를 빼고 버터에 섞는다. 간을 확인한 후 그릇에 담는다.

완성한 결과

버터를 곁들인 스파게티(Spaghettis au beurre)

FICHE 142

버터를 곁들인 생파스타 PÂTES FRAÎCHES AU BEURRE (페투치니, 탈리아텔레, 파파르델레, 라자냐, 속을 채우는 굵은 마카로니 FETTUCCINES, TAGLIATELLES, PAPPARDELLES, FEUILLES À LASAGNES ET À CANNELLONIS)

- 조리 작업 기구를 준비한다.
- 많은 양의 물을 끓인다.
- 굵은소금을 넣는다.(물 1L당 8~10g)
- 식용유를 조금 첨가한다.
- 요리 주문 시 소금과 식용유를 넣은 끓는 물에 파스타를 넣는다.(1인당 생파스타 약 120~150g을 넣는다.)
- 몇 분간 파스타를 삶는다.
- 종종 파스타를 저어주며 알맞게 익었는지 확인한다. 면이 단단하게 유지되도록 한다.(알덴테)
- 물기를 잘 뺀다.(면에 남아 있는 수분을 이용해 버터를 녹이면 파스타가 서로 달라붙지 않는다.)

절대 찬물에 식히지 말며 주문이 들어오면 파스타를 익힌다.

- 파스타에 버터를 섞거나 조리법에 맞게 요리한다.

생파스타에 색 넣는 방법
생파스타는 시금치의 엽록소 추출물을 사용해 초록색으로,(p. 418 참조) 토마토를 사용해 빨간색으로, 오징어 먹물을 사용해 검정색으로, 사프란이나 강황을 사용해 노란색으로 물들일 수 있다. 또한, 파스타 면에 잘게 다진 허브나 잎으로 된 허브를 첨가할 수 있다.

완성한 결과

여러 색깔의 생파스타(Pâtes fraîches multicolores)

준비 기구	조리 기구	플레이팅 도구
• 정리용 사각 트레이 1 • 저울 1 • 손잡이 있는 큰 스테인리스 채반 1 • 큰 믹싱볼 1	• 큰 자루냄비 1 또는 • 큰 소스포트 1	• 채소용 접시 • 둥근 접시받침 • 무늬 있는 장식용 종이

비슷한 요리 PLATS SIMILAIRES

알자스식 생파스타 면 Nouilles fraîches à l'alsacienne
- 많은 양의 물에 소금과 식용유를 넣고 끓여 파스타 면을 익힌다.
- 물기를 뺀 후 버터와 섞는다.
- 접시에 담은 후, 버터에 튀긴 식빵 크루통 또는 바삭할 때까지 버터에 노릇노릇하게 구운 채썬 면 부스러기를 뿌린다.

알자스식 파스타 슈페츨레 Spätzle ou cordons de pâte à l'alsacienne
- 면 파스타 반죽을 조금 《묽게 coulante》 만든다.(덜 단단한 반죽)
- 많은 양의 물에 소금을 넣고 끓여 스테인리스 채반에 반죽을 통과시켜 6~10cm 길이, 3mm 직경의 면을 뽑는다.
- 파스타 면이 표면에 떠오르면 바로 건져 찬물에 식힌 후 물기를 뺀다.
- 버터를 넣어 (살짝 색깔이 나도록) 볶는다.
- 접시에 담고 튀긴 크루통을 뿌리거나 크림 소스를 부어 강판에 간 치즈를 곁들여 그라탱으로 만든다.

제노바식 페투치네 Fettuccines à la génoise
- 많은 양의 물에 소금을 넣어 끓여 페투치네를 익힌 후, 버터와 바질 잎, 올리브유, 마늘, 잣을 믹서기에 간 것을 함께 섞는다.(p. 437/438 《페스토 만들기》 참조)
- 강판에 간 파르미자노 레자노와 페코리노 로마노 치즈를 뿌린다.

바질을 곁들인 스파게티 알 포모도로 Spaghettis al pomodoro e basilico
- 많은 양의 물에 소금을 넣어 끓여 스파게티를 익힌 후 소량의 버터와 올리브유에 섞는다.
- 올리브유를 두르고 얇고 동그랗게 저며 자른 마늘을 노릇노릇하게 볶은 후 토마토 퐁듀를 첨가해 스파게티와 섞는다.
- 잘게 다진 바질을 뿌린다.

마카로니 그라탱 Gratin de macaronis
- 마카로니를 익힌 후 물기를 뺀다.
- 버터와 가벼운 질감의 베샤멜 소스(우유 1L당 60~70g 흰색 루) 조금을 넣고 섞는다.
- 버터를 바른 그라탱 그릇에 마카로니를 담는다.
- 남은 소스를 골고루 붓는다.
- 강판에 갈거나 잘게 다진 치즈를 뿌린다.
- 작은 버터 조각을 몇 개 넣는다.
- 200/220도 오븐에 20분 정도 익혀 그라탱을 만든다.

필라프, 기본 밥과 크레올 밥

RIZ PILAF OU PILAW, NATURE ET CRÉOLE

진줏빛이 도는 안남미를 잘게 다진 양파와 함께 버터에 볶은 후 흰색 육수나 생선 육수를 부어 익힌다. 소스를 곁들인 고기 또는 생선 요리에 곁들인다.(블랑켓 드 보 blanquette de veau, 삶은 영계 poularde poché, 소량의 육수에 익힌 생선 요리 poissons pochés à court mouillement) 다양한 곁들임과 함께 요리해 메인 요리로 낼 수도 있다. 크레올 밥은 소금을 넣은 충분한 양의 물에 끓인 후 물기를 빼고 버터에 섞은 요리이다.

8인분 재료	단위	양
필라프 RIZ PILAF		
기본 재료		
– 버터	g	80
– 양파	g	150
– 가공되지 않고 씻지 않은 안남미	g	500
(수리남 쌀[1], 바스마티[2], 태국 쌀[3])		
– 물	ml	750
또는 요리에 따라		
– 송아지 흰색 육수 또는 닭고기 흰색 육수	ml	750
또는		
– 생선 육수*	ml	750
– 부케가르니	개	1
마무리		
– 버터	g	40
양념		
– 가는소금	g	약간(PM)
– 후춧가루	g	약간(PM)
평균 준비 시간 : 30분		
평균 가열 시간 : 15~19분		
(쌀 포장에 명시되어 있는 시간 참조)		

[1] *수리남 쌀 : 수리남에서 생산되는 낱알은 중간 길이의 고슬고슬한 시감의 쌀. 남미와 카리브 지역 요리에 많이 사용함.*

[2] *비스마티 basmati : 인도 펀자부 고원과 히말라야 산맥이 원산지인 길고 홀쭉한 낱알을 가진 향기로운 쌀이다.*

[3] *태국 쌀(재스민 쌀) : 태국을 비롯한 동남아에서 재배되는 장립종 쌀. 꽃 향기가 나고, 식감은 부드럽고 촉촉하다.*

만드는 방법

필라프 Riz pilaf(p. 500/501 참조)

1. 조리 작업 기구 준비하기 – 5분

레시피대로 재료를 계량, 측정하고 작업에 필요한 도구들을 점검한다.
계량 용기로 쌀을 준비한다.(쌀 400g은 약 500ml에 해당한다.)
쌀을 어떻게 사용하는지에 따라 육수를 선택한다.
(물, 송아지 또는 닭고기 흰색 육수, 생선 육수)
육수를 끓인다.**(일반적으로, 쌀의 1.5배 부피의 육수가 필요하다.)**

2. 아로마틱 가니쉬 준비하기 – 10분

양파를 다듬어 씻은 후 잘게 다진다.
작은 부케가르니를 만든다.

3. 필라프 익힐 준비하기 – 10분

큰 소테팬에 버터를 녹인다.
잘게 다진 양파를 넣어 1~2분간 약불에 알맞게 볶는다.
씻지 않은 안남미를 붓는다.
떨어져야 하고 《진주처럼 comme de la nacre》 하얗게 되어야 한다.
끓인 육수를 붓는다.
양념을 한 후 부케가르니를 첨가한다.
다시 끓기 시작한 때부터 시간을 확인한다.
유산지로 덮은 후 뚜껑을 닫는다.
190/200도 오븐 중간에 넣어 쌀의 상태에 따라 15~19분 익힌다.
익히는 동안 뚜껑을 열거나 주걱으로 젓지 않는다.

4. 밥을 덜어 버터와 섞기 – 5분

맛을 보며 잘 익었는지 확인한다.
오븐에서 꺼내 몇 분간 뚜껑을 닫은 채 뜸을 들인다.
부케가르니를 빼고 스테인리스 그릇에 밥을 담는다.
조각 버터를 첨가해 포크로 낱알을 떼며 섞는다.
간을 확인하고 유산지로 덮어 따뜻하게 둔다.

맛있는 필라프 밥을 지으려면?

– 쌀의 양은 곁들임 요리 양의 중간 정도에 해당한다. 단품 요리의 경우, 1인당 80~100g의 밥을 준비한다. 잘 완성된 필라프는 쌀알이 진주처럼 흰색이어야 한다. 천천히 익혀야 하며 색깔이 나서는 안 된다. 쌀알이 모두 진주처럼 살짝 투명한 흰색이어야 하고 쌀알끼리 서로 잘 떨어져야 한다. 이 과정에서 쌀 표면의 전분이 덱스트린으로 변한다. 덱스트린은 전분보다 부피가 덜 나가기 때문에 쌀이 서로 《들러붙지 colle》 않는다.

* *필라프의 맛은 사용하는 육수, 지방, 향신료, 곁들임에 따라 달라진다.*

완성한 결과

(여러 색깔의 채소를 곁들인) 아를르캥 필라프(Riz pilaf arlequin)

《기본》 밥과 크레올 밥 RIZ 《NATURE》 ET RIZ CRÉOLE

(p. 498/499 참조)

1. 조리 작업 준비하기

냄비 또는 소스포트에 많은 양의 물을 넣고 끓인다.(쌀의 16배 부피의 물)
굵은소금을 물 1L당 12g 비율로 넣는다.
안남미 400〜600g을 찬물에 씻거나 헹군다.

2. 쌀 익히기

물에 쌀을 붓는다.
물이 다시 끓을 때까지 저어준다.
쌀의 상태에 따라 11〜16분간 뭉근히 끓인다.(쌀 포장에 명시된 시간 참조)
종종 저어주며 잘 익고 있는지 확인한다.

3. 밥을 덜어 완성하기

샐러드로 시원하게 제공하는 《기본 nature》 밥 :
잘 익었는지 확인한다.
물기를 뺀 후 부분적으로 식힌다.
미지근할 때 양념한다.

곁들임 요리로 따뜻하게 제공하는 크레올 밥(Riz créole):
끓는 물에 재빨리 헹군 후 물기를 잘 뺀다.(남은 전분을 제거하기 위해)
오븐용 그릇에 얇게 담는다.
조각 버터를 첨가하고 간을 확인한다.
포크로 저어주며 몇 분간 오븐에 밥을 넣어 데운다.

4. 단단하게 누르지 않고 소복하게 밥 담아 차리기

완성한 결과

크레올 밥(Riz créole)

비슷한 요리 PLATS SIMILAIRES

디에프식 필라프 Riz pilaf dieppoise

• 소량의 끓는 육수에 삶은 생선 또는 생선 브레제를 곁들인 필라프에 레몬즙, 버터를 넣은 끓는 물에 익힌 버섯, 껍질을 깐 새우와 홍합을 첨가한다.

발렌시아식 밥 Riz valencienne

• 닭고기를 곁들이며, 주사위 모양으로 썬 바욘산 햄, 빨간색 피망, 완두콩, 잘게 다진 토마토를 첨가할 수 있다.

《야생 쌀밥》《Riz sauvage》

• 《야생 쌀》은 캐나다 북서부 호수가에서 자라는 화본과 식물(서던줄)에 해당한다.
• 익힐 쌀(1인당 25g)의 3배 부피의 물을 붓고 양념을 한 후, 1시간 30분 정도 낱알이 터질 때까지 뭉근히 끓인다.
• 끓는 물에 담가 익히기 : 《야생 쌀 Riz sauvage》을 씻은 후 쌀 부피 3배의 끓는 물에 넣어 저으며 5분간 미리 익힌다. 뚜껑을 닫고 1시간〜1시간 30분 동안 뜸을 들인다.
• 《야생 쌀 Riz sauvage》은 익힌 후 주로 필라프 2/3에 《야생 쌀 Riz sauvage》 1/3 비율로 섞어 사용한다.

이탈리아식 리조토 Risotto à l'italienne

• 피에몬테 Piémont(암브로소 또는 로마 ambroso ou Roma) 지방의 쌀을 필라프로 요리해 화이트 와인으로 데글라세한 후 졸이고, 콩소메 또는 흰색 육수를 조금씩 붓는다.
• 조리한 필라프의 낱알이 서로 달라붙지 않게 잘 분리해준 후 버터와 크림, 강판에 간 파르메산 치즈를 곁들인다.

밀라노식 리조토 Risotto à la milanaise(alla milanese)

• 리조토는 포 계곡 la vallée du Pô의 논에서 재배하고 전분이 풍부한 쌀 (아르보리오 Arborio, 카르나롤리 Carnaroli, 비알로네 나노 Vialone Nano 라이스 품종)로 만든 이탈리아 북부(피에몬테 Piémont, 롬바르디아 Lombardie, 베네토 Vénétie)의 특산 요리이다.
• 씻지 않은 쌀은 우선 잘게 다진 양파와 함께 버터 또는 올리브유 또는 녹인 소의 골수를 두르고 볶아 진주처럼 흰색으로 익히고, 화이트 와인 또는 레드 와인으로 데글라세한다.
• 이렇게 익힌 쌀에 6〜7배 부피로 채소 부용, 닭고기 흰색 육수 또는 생선 육수를 조금씩 부으며, 쌀이 육수를 모두 흡수할 때까지 익힌다. 겉은 크림처럼, 속은 알덴테 상태로 익힌다.
• 마지막 리에종은 곁들임 이름에 따라 다르다.(크림, 버터, 올리브유, 마스카르포네 치즈 또는 강판에 간 파르메산 치즈)

감자볶음
POMMES SAUTÉES À CRU

감자볶음 Pommes sautées à cru은 얇고 동그랗게 잘라 프라이팬에 볶은 감자 요리이다. 주로 후추, 베르시 Bercy, 보르드레즈 borde-laise, 쉬프렘 소스를 곁들인 스테이크 les suprêmes et les magrets de canard, 오리 가슴살 스테이크, 비너 슈니첼* escalopes viennoise 등의 요리에 곁들인다.

8인분 재료	단위	양
기본 재료		
– 감자(BF 15, 로자, 샤를로트 품종) pommes de terre a chair ferme BF 15, Rosa, Charlotte, …	kg	2~2.2
– 땅콩기름	ml	200
또는		
– 땅콩기름	ml	100
– 버터	g	40
마무리		
– 버터	g	40
– 파슬리	g	20
양념		
– 가는소금		약간(PM)
평균 준비 시간 : 40분		
평균 가열 시간 : 12~15분		

만드는 방법

1. 조리 작업 기구 준비하기 –5분
레시피대로 재료를 계량, 측정하고 작업에 필요한 도구들을 점검한다.

2. 감자 다듬어 씻기 – 10분
(p. 203 참조)

3. 《실린더 cylindres》 모양으로 감자 둥글게 다듬기 –5분
(p. 208 참조)
부스러기를 최소화하며 실린더 모양으로 감자를 다듬는다.

4. 3mm 두께의 동그랗고 얇은 조각으로 감자 저미기 – 10분(p. 208 참조)
강판을 사용한다.

5. 감자 헹군 후 물기 빼기 –5분
전분을 없애기 위해 여러 번 물에 헹군 후 깨끗한 면보 위에 올려 물기를 뺀다.

6. 감자 볶기 – 20분(p. 543/544 참조)
큰 프라이팬에 식용유를 둘러 달군다.
면보로 물기를 잘 닦은 감자를 소량씩 넣는다.
감자를 볶기 전에 기름 온도가 오르도록 기다린다.
감자가 골고루 익고 노릇노릇한 색깔이 나도록 볶는다.

7. 감자볶음 완성하기 – 5분
감자가 잘 익었는지 확인한다.
색깔이 예쁘게 난 감자 조각을 먼저 덜고 나머지는 스테인리스 채반에 받쳐 기름기를 뺀다.
키친타월로 프라이팬을 닦는다.
버터를 첨가해 색깔이 나지 않고 녹아서 거품이 일도록 한다.
감자를 붓고 소금을 뿌린 후 버터의 풍미가 스며들도록 다시 볶는다.

8. 감자볶음 차리기 – 5분
채소용 접시에 소복하게 담는다.
맨 위에 예쁜 감자 조각을 꽃 장식 모양으로 담는다.
다진 파슬리를 뿌린다.

식용유와 버터를 함께 넣거나 오리 또는 거위기름으로 감자를 볶을 수도 있다.

---

* 비너 슈니첼 escalopes viennoise : 오스트리아에서 유래되어 유럽 전역에서 대중적으로 퍼진 요리로, 송아지고기의 안심 부위 등을 부드럽게 다진 다음 밀가루, 달걀물, 빵가루를 묻혀 기름에 튀긴 슈니첼에 레몬 즙을 뿌려 먹는 요리.

FICHE 144

완성한 결과

감자볶음(Pommes sautées à cru)

뽐 미에트 POMMES MIETTES

1. 조리 작업 기구 준비하기

2. 감자 2kg 솔질해 잘 씻어주기

3. 감자를 껍질째 익히기
냄비에 감자를 담는다.
찬물을 붓고 굵은소금을 넣는다.
물을 끓여 감자 굵기에 따라 20~25분간 뭉근히 익힌다.
거품을 걷는다.

4. 감자 물기를 뺀 후 얇고 동그랗게 자르기
조리용 바늘로 찔러 잘 익었는지 확인한다.
감자를 찬물에 조금 식힌다.(감자가 아직 따뜻할 때 다듬기가 편하다.)
물길를 뺀 후 칼로 껍질을 벗긴다.
4mm 두께로 동그랗게 잘라 따로 둔다.

5. 감자 볶기
큰 프라이팬에 식용유와 버터를 달군다.
버터가 노릇노릇하게 색깔이 나면 감자를 붓는다.
감자가 노르스름해지고 살짝 부스러지도록 자주 저으며 볶는다.
양념한 후 스테인리스 채반에 담아 기름기를 뺀다.

6. 뽐 미에트 차리기
채소용 접시에 감자를 소복하게 담고, 다진 파슬리를 알맞게 뿌린다.

완전히 버터로만 감자를 볶을 수도 있다.

준비 기구
- 정리용 사각 트레이 3
- 중간 크기 들통 1
- 큰 믹싱볼 1
- 중간 크기 믹싱볼 1
- 도마 1
- 강판 1
- 손잡이 있는 스테인
  리스 채반 1

조리 기구
- 큰 프라이팬 1

플레이팅 도구
- 채소용 접시
- 둥근 접시받침
- 무늬 있는 장식용 종이

완성한 결과

뽐 미에트(Pommes miettes)

비슷한 요리 PLATS SIMILAIRES

리옹식 감자볶음 Pommes lyonnaise
- 얇게 저민 양파를 버터에 졸여 캐러멜화해 감자볶음에 첨가한다.
- 다진 파슬리를 뿌린다.

사를라식 감자볶음 Pommes sarladaise
- 거위기름에 볶은 감자에 약간의 마늘과 다진 파슬리를 곁들인다.
- 사를라식 감자볶음은 주로 콩피와 함께 낸다.
  송로버섯을 곁들이는 경우, 마늘과 파슬리는 넣지 않는다.

프로방스식 감자볶음 Pommes sautées provençale
- 감자볶음에 마늘과 다진 파슬리를 곁들인다.

뽐 미레유 Pommes Mireille
- 버터에 볶은 감자에 얇게 저며 볶은 아티초크와 송로버섯 조각을 곁들**인다.**

노릇노릇하게 구운 감자 누아제트, 파리지엔, 코코트, 샤또, 파르망티에

POMMES DE TERRE RISSOLÉES, NOISETTES, PARISIENNE, COCOTTE, CHÂTEAU, PARMENTIER

채소 볼러로 감자볼을 만들거나 길쭉한 모양 또는 작은 계란 모양으로 둥글게 다듬어 데친 후 노릇노릇하게 굽는다. 주로 소고기 또는 닭고기 스테이크에 곁들인다. 뽐 샤또는 전통적인 곁들임 요리(슈아지 Choisy 곁들임, 브뤼셀식 Bruxelloise 곁들임, 니스식 Niçoise 곁들임)에 많이 사용한다.

8인분 재료	단위	양
기본 재료		
뽐 누아제트 Pommes noisettes		
– 저장 감자(빈취, 삼바, 아가타 품종 등등)	kg	2.5~3
– 식용유	ml	80
– 버터	g	40
뽐 코코트 Pommes cocotte		
– 감자(핑거링 감자, BF 15, 샤를로트 품종 등등)	kg	2.5
– 식용유	ml	80
– 버터	g	40
뽐 샤또 Pommes château		
– 감자(큰 BF 15 품종) 1개 100g	kg	2~2.5
– 식용유	ml	80
– 버터	g	40
마무리		
– 파슬리	g	20
양념		
– 가는소금	g	약간(PM)
평균 준비 시간 : 1시간 15분		
누아제트와 코코트 평균 가열 시간 : 약 8분		
샤또 평균 가열 시간 : 약 16~20분		

만드는 방법

1. 조리 작업 기구 준비하기 – 5분

레시피대로 재료를 계량, 측정하고 작업에 필요한 도구들을 점검한다.

2. 감자 다듬어 씻기 – 10분 (p. 203 참조)

3. 감자 둥글게 다듬거나 감자볼 만들기 – 20분

뽐 코코트와 뽐 샤또를 위해 칼로 감자를 둥글게 다듬는다.(p. 210/211, 213 참조)

채소볼러로 뽐 누아제트와 뽐 파리지엔용 감자볼을 만든다.(p. 209 참조)

물로 헹군 후 찬물에 담가둔다.

4. 감자 데치기 – 5분

큰 소테팬이나 낮은 소스포트에 감자를 한 겹으로 깐다.

감자 위 1~2cm 되도록 찬물을 붓고 소금은 넣지 않는다.

강불에 재빨리 물을 끓인다.

물기를 즉시 빼고 찬물에 식히지 않는다.

5. 감자 노릇노릇하게 굽기 – 5분(p. 544/545 참조)

소테팬 또는 소스포트를 강불에 다시 올린다.

식용유를 두르고 뜨겁게 달군다.(180~190도)

감자가 겹치지 않도록 조심하며 팬에 붓는다.

잠시 젓지 않고 그냥 둔다.(감자를 넣어 식용유 온도가 떨어졌으므로)

연한 색깔이 나도록 재빨리 볶는다.

매우 뜨거운 오븐에 몇 분간 넣어 완성한다.(뽐 샤또는 220도, 뽐 코코트와 뽐 누아제트는 240도)

색깔이 골고루 나고 잘 익도록 거품을 떠내는 국자를 사용해 살살 저어준다.

6. 구운 감자를 덜어 버터 바르기 – 5분

노릇노릇하게 구운 감자의 기름기를 잘 뺀다.

믹싱볼에 담고 소금을 뿌린 후 작은 조각 버터를 첨가한다.

잘 섞는다.

7. 노릇노릇 구운 감자 차리기 – 10분

뽐 누아제트, 뽐 코코트, 뽐 샤또를 제공할 때 다진 파슬리를 뿌린다.

감자를 노릇노릇 맛있게 구우려면

– 물이 끓기 전에 《물에 삶은 감자 cuites à l'anglaise》가 될 수도 있으므로, 감자를 데칠 때 너무 많은 물을 넣지 않는다.

– 찬물에 담가 식히지 않는다. 물이 끓자마자 꺼내 즉시 물기를 잘 뺀다. 매우 뜨겁게 달궈진 식용유에 감자에 남아 있는 물이 튀는 것을 막는다.

– 감자를 노릇노릇하게 구울 때는 주로 식용유와 버터를 섞거나 정제 버터에 익히지만, 버터가 타서 표면에 거무스름한 자국이 생기지 않도록 조심한다.

– 감자 표면의 전분에 재빨리 색깔이 나도록 (덱스트린화 dextrinisation) 하기 위해 매우 뜨겁게 달궈진 기름에 감자를 재빨리 굽는다. 이렇게 생긴 바삭한 감자 껍질은 감자가 팬에 들러붙거나 기름이 감자 속으로 스며드는 것을 막아준다.

– 마직막에 감자에 소금을 뿌린다. 소금을 넣으면 감자에 물이 생겨 전분이 나오도록 하기 때문이다.(전분에 열을 가하면 녹말풀을 만들어 감자가 팬에 들러붙게 된다.)

FICHE 145

완성한 결과

뽐 코코트(Pommes cocotte)

완성한 결과

뽐 누아제트(Pommes noisettes)

완성한 결과

뽐 샤또(Pommes château)

준비 기구
- 정리용 사각 트레이 3
- 중간 크기 들통 1
- 중간 크기 믹싱볼 2
- 손잡이 있는 스테인리스 채반 1
- 도마 1

조리 기구
- 큰 소테팬 1
  또는
- 낮은 소스포트 1

플레이팅 도구
- 채소용 접시
- 둥근 접시받침
- 무늬 있는 장식용 종이

비슷한 요리 PLATS SIMILAIRES

뽐 파리지엔 Pommes parisienne
- 금색 미트 글레이즈를 녹여 그 위에 뽐 누아제트를 굴린다.
- 다진 파슬리를 뿌린다.

뽐 알자스 Pommes alsacienne
- 버터에 노릇노릇하게 구운 작은 햇감자 또는 뽐 코코트를 염장(반염) 삼겹살 라르동과 갈색으로 윤을 낸 구슬양파와 함께 볶는다.
- 다지거나 잘게 썬 생 허브를 뿌린다.

뽐 파르망티에 Pommes Parmentier
- 감자를 각 면이 1cm되는 주사위 모양으로 썰어 데친 후 노릇노릇하게 굽는다.
- 버터와 섞은 후 다진 파슬리를 알맞게 뿌린다.

꽃소금을 곁들인 누아무티에 섬 햇감자
Bonnotte de Noirmoutier à la fleur de sel
- 누아무티에 섬의 《맏물 primeur》 감자 껍질을 문질러 씻은 후 버터에 노릇노릇하게 구워 꽃소금과 다진 파슬리를 알맞게 뿌린다.

완성한 결과

뽐 알자스(Pommes alsacienne)

한 번에 튀기는 뽐 빠이, 감자칩, 와플 모양 감자칩
두 번에 나눠 튀기는 뽐 알뤼메트, 뽐 퐁네프

POMMES PAILLE, CHIPS, GAUFRETTES EN UNE SEULE CUISSON POMMES ALLUMETTES ET PONT-NEUF EN DEUX CUISSONS

저장 감자를 막대 모양으로 썰어 뽐 빠이, 뽐 알뤼메트, 뽐 퐁네프를 만들고, 얇고 동그랗게 저며 썰어 감자칩을 만들고, 와플 모양 감자칩을 위해 강판으로 바둑판무늬를 만들어 튀긴다.

감자튀김은 주로 그릴에 구운 붉은색 고기 또는 오븐에 구운 소고기 또는 닭고기 요리에 곁들인다.

8인분 재료	단위	양
한번에 튀기기 EN UNE SEULE CUISSON		
기본 재료		
뽐 빠이 :		
– 저장 감자(빈취, 삼바, 아가타 품종 등등)	kg	1.6
감자칩 :		
– 저장 감자	kg	1.6
와플 모양 감자칩 :		
– 저장 감자	kg	2
– 튀김기름		약간(PM)
두 번에 나눠 튀기기 EN DEUX CUISSONS		
기본 재료		
뽐 알뤼메트 :		
– 저장 감자	kg	2.5
뽐 퐁네프 :		
– 저장 감자	kg	2.5
– 튀김기름		약간(PM)
양념		
– 가는소금		약간(PM)
평균 준비 시간 : 45〜50분		
평균 가열 시간 : 한 번에 튀기기 4〜6분		
평균 가열 시간 : 두 번에 나눠 튀기기　6〜10분		

뽐 빠이, 감자칩, 와플 모양 감자칩을 맛있게 튀기는 방법
뽐 빠이, 감자칩, 와플 모양 감자칩은 초대 165도 튀김기름에 1회 튀겨야 한다. 165도 이상이 되면 감자에 금방 색깔이 나고 충분히 기름이 빠지지 않아 곧 눅눅해진다.

절대로 튀김기름에 소금을 뿌리지 않도록 주의하고, 한 번 사용한 튀김기름은 철저하게 거른다.

만드는 방법

한 번에 튀기기 : 뽐 빠이, 감자칩, 와플 모양 감자칩

1. 조리 작업 기구 준비하기 – 5분
레시피대로 재료를 계량, 측정하고 작업에 필요한 도구들을 점검한다.

2. 감자 다듬어 씻기 – 10분(p. 203/204 참조)

3. 감자 썰기 – 15분(p. 204, 207/208 참조)
감자 전분을 제거하기 위해 여러 번 씻는다.
감자를 찬물에 담가둔다.

4. 감자 튀기기 – 15〜20분
튀김기름을 최대 160/165도로 달군다.
감자 물기를 뺀 후 기름에 튀지 않도록 꼼꼼히 물기를 닦는다.
튀김기름 온도가 심하게 내려가지 않도록 (3〜4번에 나눠) 소량씩 감자를 튀긴다.
감자가 서로 붙지 않도록 튀김망으로 젓거나 뒤집는다.
잘 튀겨내 충분히 노릇노릇해지면 꺼내 기름기를 뺀다.
키친타월을 깐 트레이에 튀긴 감자를 덜어둔다.
가는소금을 뿌려 따뜻하게 둔다.

5. 장식용 종이를 깐 접시에 감자 튀김 차리기

두 번에 나눠 튀기기 : 뽐 알뤼메트, 뽐 퐁네프
미리 튀긴 후 주문 시 다시 튀겨 2회에 나눠 튀긴다.

1. 조리 작업 기구 준비하기 – 5분
레시피대로 재료를 계량, 측정하고 작업에 필요한 도구들을 점검한다.

2. 감자 다듬어 씻은 후 썰기 – 10분 (p. 203〜206 참조)

3. 최대 155/160도로 튀김기름 달구기

4. 초벌로 감자 튀기기 (미리 익힘)
감자의 물기를 뺀 후 깨끗한 면보에 꼼꼼히 물기를 닦는다.
색깔이 나지 않게 소량씩 감자를 초벌로 튀긴다.(손가락으로 눌러보며 잘 익었는지 확인하며 튀겨야 한다.)
기름기를 잘 뺀 후 그릴망이 있는 트레이에 담아둔다.

5. 감자 튀겨 완성하기
튀김기름 온도를 180도로 높인다.
주문 시 감자를 넣어 노릇노릇하게 튀긴다.
기름기를 잘 뺀 후 키친타월을 깐 트레이에 튀긴 감자를 덜어둔다.
가는소금을 뿌린다.

6. 감자 튀김 차리기
뽐 알뤼메트 : 장식용 종이를 깐 둥근 접시에 《쌓아올려 buisson》 담는다.
뽐 퐁네프 : 장식용 종이를 깐 접시에 《쌓아올리거나 buisson》《차곡차곡 포개어 stères》 담는다.

FICHE 146

완성한 결과

뽐 빠이(Pommes paille)

완성한 결과

와플 모양 감자칩(Pommes gaufrettes)

완성한 결과

감자칩(Pommes chips)

완성한 결과

뽐 알뤼메트(Pommes allumettes)

준비 기구	조리 기구	플레이팅 도구
• 정리용 사각 트레이 3	• 튀김기 1	• 둥근 접시
• 중간 크기 들통 1		• 무늬 있는 장식용 종이
• 큰 믹싱볼 1		
• 도마 1		
• 큰 스테인리스 채반 1		
• 강판 1		
• 튀김망 1		

비슷한 요리 PLATS SIMILAIRES

뽐 미뇨네트 Pommes mignonnettes

• 각 면이 5mm 되고 길이가 3.5∼4cm 되는 막대 모양으로 감자를 썬다.

• 두 번에 나눠 튀긴다.

주름 장식 감자칩 Pommes collerettes

• 홈이 진 《원기둥 모양 틀 moule à colonne》을 사용해 실린더 모양으로 감자를 자른다.

• 원기둥 모양 감자를 2∼3mm 두께로 얇게 저며 썬다.

• 홈이 진 둥근 절단기를 사용해 중앙을 도려낸다.

• 두 번에 나눠 튀긴다.

감자 크로켓
POMMES CROQUETTES

뽐 뒤셰스(Pommes duchesse : 매우 건조한 감자 퓨레에 버터와 계란 노른자를 섞은 것)를 와인 마개 두께의 원통형으로 만들어 밀가루, 계란물, 빵가루를 입혀 튀긴다. 감자 크로켓 Pommes croquettes은 주로 스테이크 또는 소스를 곁들인 그릴구이와 함께 낸다.

8인분 재료	단위	양
기본 재료		
뽐뒤셰스 :		
– 저장 감자	kg	1.2
(빈취, 아가타, 삼바 품종 등등)		
– 버터	g	100
– 계란(노른자)	개	6
양념		
– 굵은소금	g	약간(PM)
– 가는소금	g	약간(PM)
– 후춧가루	g	약간(PM)
– 육두구(넛맥)	g	약간(PM)
튀김옷		
– 밀가루	g	100
– 계란(전란)	개	3
– 식용유	ml	50
– 가는소금	g	약간(PM)
– 후춧가루	g	약간(PM)
– 빵가루	g	300
– 튀김기름	ml	약간(PM)
평균 준비 시간 : 1시간 10분		
뽐 뒤셰스 평균 가열 시간 : 20분		
감자 크로켓 평균 가열 시간 : 몇 분 정도		

만드는 방법

1. 조리 작업 기구 준비하기 – 5분
레시피대로 재료를 계량, 측정하고 작업에 필요한 도구들을 점검한다.

2. 감자 다듬어 씻은 후 4등분으로 자르거나 큰 감자가 아닌 경우 통째로 사용하기 – 15분(p. 203 참조)

3. 소금을 넣은 끓는 물에 감자 삶기 – 5분

4. 뽐 뒤셰스 혼합물 만들기 – 10분
(p. 429~431 참조)
감자 퓨레에 버터를 넣고 불에 올려 수분을 날린 후 계란 노른자를 첨가한다.
밀가루를 조금 뿌린 스테인리스 트레이에 덜어 담고 표면이 마르지 않도록 랩을 씌운다.

5. 튀김옷 재료 준비하기 – 10분
식빵을 체에 갈아 트레이에 담아둔다.
계란을 깨 양념한 후 거품기로 젓는다.
계란물에 식용유를 첨가한 후 두 번째 트레이에 담아둔다.
작은 믹싱볼에 밀가루를 준비한다.
감자 크로켓을 만들어 올려놓을 쟁반에 유산지를 깔아 준비한다.

6. 감자 크로켓 만들기 – 15분
뽐 뒤셰스 혼합물을 약 200g의 작은 공 모양으로 나눈다.
조리 작업대에 밀가루를 뿌린다.
뽐 뒤셰스 볼을 굴려 2~2.5cm 직경의 원통형으로 만든다.
원통형 반죽을 4.5~5.5cm 길이로 토막 내 자른다.(큰 마개 크기)
차례로 계란물에 넣은 후 빵가루를 입힌다.
조리 작업대에 빵가루를 뿌리고 감자 크로켓 모양을 정리하며 양쪽 끝부분을 금속 주걱을 사용해 같은 크기로 다듬는다.
쟁반 위에 크로켓을 올려 정리한다.
랩으로 씌워 냉장실에 보관한다.

7. 주문 시 크로켓 튀기기 – 5분
튀김 바구니에 크로켓을 소량으로 담는다.
주문시 180도 튀김기름에 튀긴다.
튀김망을 사용해 크로켓을 꺼내 키친타월 위에 올려 기름기를 뺀다. 감자 크로켓은 노릇노릇하며 바삭바삭해야 한다.
가는소금을 조금 뿌린다.

8. 감자 크로켓 차리기 – 5분
장식용 종이를 깐 접시에 담는다.

9. 요식업체 내부의 방식에 따라 튀김기름 거르기

요리 이름에 따라, 뽐 뒤셰스는 다양한 형태로 만들 수 있다.

FICHE 147

완성한 결과

감자 크로켓(Pommes croquettes)

뽐 도핀 POMMES DAUPHINE(P. 587 참조)

1. **조리 작업 기구 준비하기**
2. **감자 800g으로 뽐 뒤셰스 준비하기**(p. 429~431 참조)
   버터와 계란 노른자 리에종을 첨가하지 않는다.
3. **물 1/4l로 슈 페이스트리 반죽 만들기** (p. 637/639 참조)
   버터 80g, 밀가루 125g, 계란 4개를 사용한다.
4. **뽐 도핀용 혼합물 반죽 완성하기**
   매우 뜨거운 오븐 입구에 감자를 넣어 수분을 날린다.
   감자를 체에 걸러 슈 페이스트리 반죽에 넣는다.
   주걱으로 잘 섞는다.
   스크레이퍼로 가장자리를 정리한 후 랩을 씌운다.
5. **뽐 도핀 튀기기**
   튀김기름을 최대 160/170도로 달군다.
   전식용 스푼 2개를 사용하거나 둥글고 큰 깍지 짤 주머니를 사용해 뽐 도핀을 만든다.
   작은 호두 크기로 만들어 튀김기름에 차례로 넣는다.
   튀길 때 뽐 도핀은 부풀어 오르므로 한꺼번에 많이 넣어 튀기지 않는다.
   감자가 부풀어올라 튀김기름 표면에 떠오르도록 둔다.
   튀김망으로 살짝 뒤집어준다.
   노릇노릇해지면 키친타월 위에 올려 기름기를 뺀다.
   가는소금을 뿌린다.
6. **뽐 도핀 차리기**
   장식용 종이를 깐 둥근 접시 위에 소복하게 담는다.

완성한 결과

뽐 도핀(Pommes dauphine)

• 체 1 절구공이 1
• 꼰 1
• 큰 믹싱볼 1
또는
• 쟁반 1
• 중간 크기 들통 1
• 중간 크기 믹싱볼 1

준비 기구
• 정리용 사각 트레이 3
• 큰 트레이 1
• 믹서기 1 또는

조리 기구
• 큰 자루냄비 1
• 튀김기 1

플레이팅 도구
• 크고 긴 접시
• 무늬 있는 장식용 종이

비슷한 요리 PLATS SIMILAIRES

뽐 아망딘 Pommes amandine
• 아몬드 모양으로 뽐 뒤셰스를 만든 후 다지거나 얇게 썬 아몬드를 입힌다.

완성한 결과

뽐 아망딘(Pommes amandine)

뽐 베르니 또는 페리구르뎅 크로켓
Pommes Berny ou croquettes périgourdine
• 뽐 아망딘에 주사위 모양으로 썬 송로버섯을 곁들인다.

뽐 생 플로랑텡 Pommes Saint-Florentin
• 뽐 뒤셰스에 작은 주사위 모양 햄을 첨가한다.
• 마개 모양으로 만든 후 살짝 부순 버미첼리를 입힌다. 살짝 눌러 직사각형 모양이 되도록 한다.

밤 크로켓 Croquettes de marron
• 감자와 고구마로 만든 뽐 뒤셰스와 밤 퓨레를 반반씩 섞고 찐 밤 부스러기를 첨가한다. 밤 모양으로 만든 후 계란물, 빵가루를 입힌다.

리옹식 감자 크로켓 Pommes croquettes à la lyonnaise
• 뽐 뒤셰스에 잘게 다진 양파 퐁듀와 다진 파슬리를 첨가한다. 모양을 만들어 튀김옷을 입힌 후 튀긴다.

뽐 엘리자베스 Pommes Élisabeth
• 뽐 도핀을 익힌 후 크림 소스를 곁들인 시금치를 채운다.

뽐 로레트 Pommes Lorette
• 치즈를 넣은 뽐 도핀을 길쭉한 모양(시가 담배 모양 cigare) 또는 크루아상 모양으로 만든다.

치즈 감자 그라탱
GRATIN DE POMMES DE TERRE AU FROMAGE

감자를 얇고 동그랗게 저며 썰어 우유에 미리 익힌 후, 크림과 치즈를 섞어 오븐에 넣어 그라탱을 만든다. 치즈 감자 그라탱은 주로 오븐 또는 오븐 찜 고기 요리에 곁들인다.(소고기 오븐구이, 새끼 양고기 넓적다리 또는 엉덩이 살 오븐구이)

8인분 재료	단위	양
기본 재료		
– 감자	kg	2
– 우유	L	1
– 크림	ml	500
– 그뤼예르 또는 파르메산 치즈	g	200
– 버터	g	40
그릇용		
– 마늘(2톨)	g	15
– 버터	g	40
마무리		
– 버터	g	20
양념		
– 가는소금	g	약간(PM)
– 후춧가루	g	약간(PM)
– 육두구(넛맥)	g	약간(PM)
평균 준비 시간 : 40분		
미리 익히기 평균 가열 시간 : 6~8분		
그라탱 평균 가열 시간 : 30~40분		

만드는 방법

1. 조리 작업 기구 준비하기 – 5분
레시피대로 재료를 계량, 측정하고 작업에 필요한 도구들을 점검한다.

2. 그라탱 재료 준비하기 – 15분
감자를 다듬어 씻는다.
마늘을 다듬고 싹을 제거한 후 씻는다.
치즈를 강판에 곱게 간다.

3. 감자 얇게 저며 썰기 – 10분
감자의 물기를 빼고 키친타월 등으로 물기를 잘 닦는다.
강판으로 얇게 저며 썬다.(2~3mm 두께)
감자를 큰 냄비에 담고 차가운 우유를 붓는다.

4. 감자 미리 익히기 – 5분
냄비를 불에 올려 천천히 끓인다.
6~8분간 감자를 미리 익힌다.
감자가 냄비 바닥에 달라붙지 않도록 거품 떠내는 국자로 살살 저어준다.
2/3쯤 익으면 소금, 후추, 넛맥 조금을 넣어 양념한다.

5. 그라탱 그릇 준비하기 – 5분
마늘로 골고루 그라탱 그릇을 문지르고 버터를 풍부하게 바른다.

6. 그라탱 그릇에 재료 담기 – 10분
감자의 물기를 잘 빼고 간을 확인한다.
그라탱 그릇 바닥에 얇게 감자를 한겹 깐다.
크림을 충분히 붓는다.
강판에 간 치즈의 절반을 골고루 뿌린다.
감자를 한 겹 더 깐다.
그라탱이 너무 두껍지 않도록 두께를 조절한다.(2cm)
남은 크림을 한 번 더 뿌린다.
남은 치즈를 뿌리고 버터 조각을 몇 개 위에 올린다.

7. 감자 그라탱 만들기 – 3분
그라탱 그릇을 180/200도 오븐에 최소 30분 정도 넣어 감자가 완전히 익고 크림 소스가 적당히 졸며 그라탱 윗부분이 노릇노릇해지도록 한다.

8. 그라탱 차리기 – 2분
그라탱 그릇 가장자리를 잘 닦는다.
조리용 붓으로 정제 버터를 그라탱에 바르고, 장식용 종이를 깐 긴 접시 위에 그라탱 그릇을 올린다.

FICHE 148

완성한 결과

치즈 감자 그라탱(Gratin de pommes de terre au fromage)

도피누아(도피네식) 감자 그라탱

GRATIN DE POMMES DE TERRE FAÇON DAUPHINOIS

1. 조리 작업 기구 준비하기

2. 감자 2kg 다듬어 씻기

3. 감자 저며 썰기

물기를 뺀 후 키친타월 등으로 물기를 꼼꼼하게 닦는다.

강판을 사용해 일정한 두께로 저며 썰고 감자를 다시 헹구지 않는다.(전분과 크림을 졸여 리에종하기 위해)

깨끗한 면보에 올려 다시 물기를 제거한다.

4. 그라탱 준비하기

그라탱 그릇 2개의 안쪽 면을 마늘로 문지른다.

버터 50g으로 바닥과 옆면에 골고루 바른다.

소금, 후추, 넛맥으로 양념하며 감자를 한 겹씩 차례로 간다.

크림 500ml에 우유 300ml를 부어 묽게 만들거나 액상 크림 800ml를 사용한다.

크림과 우유 혼합물 또는 액상 크림을 감자 높이까지 붓는다.

5. 그라탱 익히기

150/160도 오븐에 넣어 1시간 20분~1시간 30분 정도 익혀(감자가 잘 익고, 크림 소스가 졸고 그라탱 표면이 노릇노릇하게 되도록) 그라탱을 완성한다.

준비 기구	조리 기구	플레이팅 도구
• 정리용 사각 트레이 3	• 큰 자루냄비 1	• 타원형 그릇 또는 그라탱 그릇
• 큰 믹싱볼 1	또는	
• 도마 1	• 낮은 소스포트 1	• 긴 접시받침
• 체 1		• 무늬 있는 장식용 종이
• 중간 크기 들통 1		
• 큰 스테인리스 채반 1		
• 강판 1		

비슷한 요리 PLATS SIMILAIRES

사부아식 감자 그라탱 Gratin de pommes de terre façon savoyarde

• 얇게 저민 감자에 양념을 한 후 그라탱 그릇에 두껍지 않게 한겹씩 담는다. 감자 사이사이에 강판에 곱게 간 보포르 치즈(Beaufort)를 뿌린다. 흰색 콩소메 또는 흰색 육수를 감자 높이까지 붓는다. 보포르 치즈를 다시 뿌리고 표면에 조각 치즈 몇 개를 올린다. 오븐에 1시간 동안 넣어 그라탱을 익힌다.

푀흐식 감자 그라탱 Gratin de pommes de terre forézien

• 믹싱볼에 얇게 저민 감자, 강판에 간 그뤼예르 또는 꽁테 치즈를 넣어 섞은 후 버터를 바른 그라탱 그릇에 담는다. 크림을 끓인 후 양념하고 다진 마늘을 첨가한다. 크림 소스를 감자에 붓고 오븐에 넣어 천천히 익혀 그라탱을 만든다.

노르망디식 감자 그라탱 Gratin de pommes de terre normande

• 그라탱 그릇에 얇고 동그랗게 저민 감자와 대파 흰부분, 양파를 넣어 만든 퐁듀를 차례로 한겹씩 담는다. 우유 또는 액상 크림을 붓고 오븐에서 천천히 익혀 그라탱을 완성한다.

카푸친(수도사들의) 그라탱 Gratin des capucins

• 소금을 넣은 끓는 물에 익힌 껍질콩에 버터를 섞고, 저며 자른 양송이 버섯을 볶는다. 모르네 소스를 뿌려 그라탱으로 만든다.

에담 치즈를 곁들인 차요테 그라탱 Gratin de chouchoux au coco d'mort

• 차요테 호박을 다듬어 4등분한 후 씨를 제거한다. 식용유를 두르고 양파, 마늘, 타임 조금, 고추를 넣고 천천히 졸인다. 베샤멜 소스를 붓고 빵가루와 강판에 간 에담 치즈(edam: 겉이 붉은 네덜란드 치즈)를 뿌려 오븐에 넣어 그라탱을 만든다.

채소 플랑
FLANS DE LÉGUMES

채소 플랑 Flans de légumes은 채소 퓨레에 짭짤한 크림 혼합물을 첨가해 중탕으로 익히거나 증기로 찐 작은 곁들임 요리이다.

8인분 재료	단위	양
당근, 콜리플라워, 브로콜리, 샐러리, 시금치 플랑		
냉동 퓨레		
– 당근 퓨레	g	400
또는		
– 콜리플리워 퓨레	g	400
또는		
– 브로콜리 퓨레	g	400
또는		
– 샐러리 퓨레	g	400
또는		
– 시금치 퓨레	g	400
짭짤한 크림 혼합물		
– 전란(1개)	g	60
– 계란(노른자 2개)	g	40
– 멸균 처리한 액상 크림	ml	100
마무리		
– 틀과 윤내기용 버터	g	20
양념		
– 가는소금	g	약간(PM)
– 후춧가루	g	약간(PM)
– 육두구(넛맥)	g	약간(PM)
평균 준비 시간 : 35분		
평균 가열 시간 : 8~12분		

만드는 방법

1. 조리 작업 기구 준비하기 – 5분

레시피대로 재료를 계량, 측정하고 작업에 필요한 도구들을 점검한다.

2. 퓨레 수분 날리기 – 10분

(냉동)퓨레를 큰 소테팬에 담아 주걱으로 10분 정도 계속 저으며 끓여 수분을 날린다. 또는 선택한 채소에 따라 신선한 퓨레를 만든다.
간을 확인한 후 스테인리스 믹싱볼에 담아둔다.

3. 짭짤한 크림 혼합물 만들기 – 5분(p. 812 참조)

계란, 계란 노른자, 액상 크림을 섞는다.
양념을 한 후 혼합물을 채소 퓨레에 넣는다.
거품기로 골고루 섞는다.(요리가 《단단해지도록 fermeté》 사용하는 채소에 따라, 콜리플라워 또는 브로콜리 꽃송이, 주사위 모양으로 썰어 데치거나 쪄서 익힌 샐러리 또는 당근 등을 첨가할 수 있다.)

4. 다리올(darioles : 크림 케이크의 일종) 틀 준비하기 – 5분

버터를 녹여 조리용 붓으로 틀에 버터를 바른다.
각각의 틀 바닥에 버터를 바른 동그란 모양의 유산지를 깐다.

5. 크림 혼합물 틀에 채우기 – 3분

크림 혼합물로 틀을 채운다.(곁들임을 첨가할 경우, 골고루 채운다.)

6. 플랑 익힐 준비하기 – 2분

움푹한 오븐용 팬 또는 소뚜와 바닥에 유산지를 깐다.
크림 혼합물로 채운 틀을 올리고 틀의 2/3 높이까지 끓는 물을 붓는다.
180/200도 오븐에 8~12분간(틀 직경에 따라 시간 조절) 익힌다.

7. 플랑 꺼내 덜기 – 3분

잘 익었는지 확인한다.(조리용 바늘로 플랑 속을 찌른 후 꺼냈을 때, 크림 혼합물이 엉긴 자국이 없어야 한다.)
중탕기에서 꺼내 몇 분간 그대로 둔다.

8. 차리기 – 2분

틀에서 꺼내 즉시 접시에 담는다.(플랑 바닥에 유산지가 붙어있지 않도록 확인한 후, 정제 버터로 윤을 낸다.)

플랑의 양은 곁들임 재료에 따라 달라진다. 곁들임 재료를 한 가지만 사용한 경우에는 양을 2배로 늘인다.

완성한 결과

아스파라거스 플랑(Petit flan d'asperges)

완성한 결과

콜리플라워 플랑(Flan de chou–fleur)

완성한 결과

시금치 플랑(Flan d'épinards)

준비 기구	조리 기구	플레이팅 도구
• 큰 소테팬 3 • 주걱 1 • 큰 믹싱볼 1 • 중탕용 그릇 1 • 1dl 계량 용기 1	• 작은 다리올 틀 8 또는 • 중탕용 그릇 8	• 주요리 접시 또는 기본 접시 또는 큰 접시

토마토 플랑 FLANS DE TOMATE

1. 조리 작업 기구 준비하기

2. 채소 준비하기

셜롯 또는 양파 40g을 다듬어 씻은 후 잘게 다진다.

잘 익은 토마토 800g의 껍질과 씨를 제거한 후 잘게 다진다.

마늘 15g(2톨)을 다듬어 씻은 후 싹을 제거한다.

타임을 많이 넣어 작은 부케가르니를 만든다.

3. 토마토 퐁듀 만들기(p. 427 참조)

토마토 페이스트 20g과 설탕 한꼬집을 첨가한다.

수분을 날린 후 믹서기에 갈거나 체에 거른다.

4. 짭짤한 크림 혼합물 만들기

계란 노른자 2개, 계란 1개, 크림 100ml를 섞고 양념해 졸인 토마토 퐁듀에 붓는다.

5. 다리올 틀에 버터 바르기(앞 장 참조)

6. 크림 혼합물로 틀 채우기

요리에 따라, 껍질을 벗겨 익혀 주사위 모양으로 썬 피망을 첨가할 수 있다.

7. 플랑 익히기

중탕기 또는 다용도 솥에 넣어 180/200도로 8~12분 동안 익힌다.

8. 플랑 접시에 담고 윤내기

플랑을 몇 분간 그냥 둔 후 틀에서 뺀다.

접시에 담고 정제 버터로 윤을 낸다.

비슷한 요리 PLATS SIMILAIRES

타임 꽃을 곁들인 호박 플랑 Flan de courgette à la fleur de thym

• 호박을 다듬어 각 면이 1cm 되는 주사위 모양으로 썰고 올리브유를 둘러 잘게 다진 양파, 다진 마늘, 잘게 다진 허브와 타임 꽃을 넣고 볶는다.

• 호박 1/2개를 믹서기에 갈아 짭짤한 크림 혼합물에 첨가한다.

• 볶은 호박을 크림 혼합물과 섞는다.

• 간을 확인한다.

• 플랑을 틀에 넣고 중탕으로 익힌다.

• 틀에서 꺼내 접시에 담고 윤을 낸다.(껍질에 홈을 내 얇고 동그랗게 썬 호박을 올리브유에 볶아 틀에 깔아넣을 수도 있다.)

로트랙산 핑크 마늘 플랑 Flan d'ail rose de Lautrec

• 로트랙산 신선한 마늘을 다듬어 씻은 후 2번 데친다.

• 타임 꽃을 넣어 풍미를 준 액상 크림에 넣어 천천히 익힌다.

• 믹서기로 간 후 짭짤한 크림 혼합물에 첨가한다.

• 틀에 넣어 중탕으로 익힌다.

호박 그라탱
GRATIN DE COURGETTES

니스산 호박을 작은 주사위 모양으로 썰어 올리브유에 볶은 후, 짭짤한 크림 혼합물을 첨가한 호박 퓌레와 섞어 그라탱으로 만든다. 새끼 양고기(오븐에 구운 넓적다리 gigot, 어깨살 epaule, 엉덩이 살(허리 등심 부위) selle rotis, 양고기 꼬치 brochettes, 그릴에 구운 양 갈비 côtelettes grillées) 요리 또는 생선 그릴구이(참치 thon frais, 농어 loups, 노랑촉수 rougets)에 주로 곁들인다.

8인분 재료	단위	양
기본 재료		
– 니스산 호박	kg	2
– 올리브유	ml	100
– 땅콩기름	ml	100
아로마틱 가니쉬		
– 양파	g	200
– 마늘(3톨)	g	30
– 파슬리	g	20
– 타임 꽃		약간(PM)
– 프로방스 허브		약간(PM)
짭짤한 크림 혼합물		
– 전란	개	4
– 계란 노른자	개	4
또는		
– 계란	개	6
– 우유	ml	200
– 크림	ml	200
마무리		
– 강판에 간 파르메산 치즈	g	80
양념		
– 가는소금	g	약간(PM)
– 후춧가루	g	약간(PM)
– 육두구(넛맥)	g	약간(PM)
평균 준비 시간 : 1시간 5분		
평균 가열 시간 : 20~25분		

만드는 방법

1. 조리 작업 기구 준비하기 –5분
  식재료, 준비 기구, 조리 기구, 그릇을 준비한다.

2. 호박을 씻고 다듬어 썰고 절이기 – 15분
  호박을 씻어 양쪽 끝부분을 자른 후 필러로 껍질에 번갈아 홈을 내 장식한다.
  각 면이 1cm 되는 주사위 모양으로 썬다.
  가는소금을 뿌려 그릴망이 있는 트레이에 담아둔다.
  랩을 씌워 냉장실에 보관한다.

3. 아로마틱 가니쉬 재료 준비하기 – 10분
  양파를 다듬어 씻고 잘게 다진다.
  마늘을 다듬고 싹을 제거하고 씻은 후 빻고 다진다.
  파슬리를 씻고 줄기를 떼어 물기를 제거하고 잘게 다진다.
  타임 꽃을 씻은 후 물기를 닦고 말린 후 체에 거른다.

4. 짭짤한 크림 혼합물 만들기 – 5분
  계란과 계란 노른자를 믹싱볼에 넣는다.
  우유와 크림을 첨가한 후 거품기로 섞는다.
  양념을 한 후 크림 혼합물을 차이타 캡에 거르고 따로 둔다.

5. 호박 볶기 – 15분
  호박의 물기를 뺀 후 키친타월 등으로 물기를 꼼꼼하게 닦는다.
  올리브유와 땅콩기름을 두른 후 호박을 조금씩 넣어 재빨리 볶는다.
  호박이 단단한 상태이고 색깔이 연하게 나도록 볶는다.
  2/3쯤 익었을 때 잘게 다진 양파, 다진 마늘, 파슬리, 타임 꽃을 첨가한다.
  간을 확인한다.
  몇 분간 전체를 다시 볶은 후, 스테인리스 채반에 호박을 받쳐 기름기를 뺀다.

6. 그라탱 혼합물 만들기 – 10분
  볶은 호박의 양을 반으로 나눈다.
  호박의 반은 믹싱볼에 담고, 나머지 반은 믹서기에 간다.
  호박이 담겨 있는 믹싱볼에 호박 퓌레를 담는다.
  크림 혼합물을 첨가한 후 잘 섞고 간을 확인한다.

7. 호박 그라탱 완성하기 – 3분
  그라탱 그릇에 올리브유를 잘 바른다.
  그라탱 혼합물을 붓는다.
  강판에 간 파르메산 치즈를 뿌린다.
  200/220도로 예열한 오븐에 20~25분간 넣어 익힌다.
  그라탱이 노릇노릇하게 잘 익었는지 확인한다.(혼합물이 완전히 응고되도록 한다. 손가락으로 누르거나 조리용 바늘을 사용해 액체 혼합물이 올라오지 않는지 확인한다.)
  색깔을 더 내야 하는 경우 몇 초간 오븐 또는 샐러맨더에 둔다.

8. 그라탱 차리기 – 2분
  장식용 종이를 깐 긴 접시 위에 그라탱 그릇을 올린다.

완성한 결과

이스마엘 바옐디 그라탱(Gratin de courgette Ismael Bayeldi ou Imam Bayildi)

니스식 라따뚜이 RATATOUILLE FAÇON NIÇOISE

1. 조리 작업 기구 준비하기

2. 채소 다듬기

가지 800g, 호박 1kg을 씻고 양쪽 끝을 잘라 다듬은 후 껍질을 벗긴다.

가지와 호박 껍질에 번갈아 홈을 파서 줄 무늬가 생기도록 장식한다.

각 면이 6~8mm 되는 작은 주사위 모양으로 썰고, 가는소금을 뿌려 30분 동안 절인다.

빨간색 피망과 초록색 피망 400g의 껍질과 씨를 제거한 후 작은 주사위 모양으로 썬다.

양파 300g을 다듬어 씻은 후 잘게 다진다.

토마토 800g을 데쳐 껍질을 벗기고, 씨를 제거한 뒤 잘게 으깬다.

마늘 40g을 다듬고 싹을 제거한 후 씻어 빻고 다진다.

타임을 많이 넣고 샐러리와 펜넬도 첨가해 부케가르니를 만든다.

3. 토마토 퐁듀 만들기

낮은 소스포트에 땅콩기름 50ml와 올리브유 50ml를 두르고 잘게 다진 양파를 볶는다.

잘게 다진 토마토, 마늘, 부케가르니를 첨가하고, 토마토가 충분히 빨갛지 않다면 토마토 페이스트 20g을 추가한다..

양념한 후 굵은 설탕 한꼬집을 넣는다.

토마토의 수분이 모두 사라질 때까지 퐁듀를 끓인다.

4. 나머지 채소 볶기

땅콩기름과 올리브유를 두르고 호박, 가지, 피망을 따로따로 볶는다.

채소를 거의 다 익힌다.

믹싱볼 위에 스테인리스 채반을 걸쳐 볶은 채소의 기름기를 뺀다.

5. 라따뚜이 완성하기

토마토 퐁듀에 볶은 채소를 첨가한다.

15분 정도 뭉근히 끓이고 주걱으로 살살 저어준다.(양이 많은 경우, 소스포트 뚜껑을 닫고 200/210도 오븐에 넣어 완성하는 것이 좋다.)

간을 확인한 후 그릇에 담거나 재빨리 식힌다.

라따뚜이를 어떻게 사용하느냐에 따라 채소를 좀 더 크게 자르거나, 토막 내거나, 얇고 동그랗게 자를 수 있다. 차갑게 낼 경우, 검정 올리브, 케이퍼로 장식하고 다진 바질을 뿌릴 수 있다.

준비 기구 :
- 정리용 사각 트레이 3
- 도마 1
- 큰 믹싱볼 1

조리 기구 :
- 큰 프라이팬 1

- 체 1절구공이 1
- 중간 크기 믹싱볼 1
- 믹서기 1
- 큰 스테인리스 채반 1
- 차이나 캡 1

- 타원형 그릇 또는 그라탱 그릇

플레이팅 도구
- 긴 접시받침
- 무늬 있는 장식용 종이

완성한 결과

니스식 라따뚜이(Ratatouille façon niçoise)

비슷한 요리 PLATS SIMILAIRES

이스마엘 바옐디 그라탱(이맘 바일디 그라탱)
Gratin de courgette Ismael Bayeldi ou Imam Bayildi

- 그라탱 그릇 바닥에 노릇노릇한 양파 퐁듀를 얇게 담는다.
- 껍질에 홈을 파 줄무늬 장식을 하고 얇고 동그랗게 썰어 절인 후 볶은 가지, 껍질을 벗긴 토마토 슬라이스, 껍질에 홈을 파 줄무늬 장식을 하고 얇고 동그랗게 썰어 절인 후 올리브유에 볶은 호박을 번갈아 한 줄씩 겹치게 담는다.
- 식빵, 마늘, 파슬리와 프로방스 허브 또는 타임 꽃으로 만든 페르시아아드를 뿌린다.
- 올리브유를 몇 방울 뿌린다.
- 오븐에 넣어 익히고 샐러맨더에 넣어 노릇노릇하게 그라탱으로 만든다.

프로방스식 그라탱 Gratin provençal

- 그라탱 그릇 바닥에 노릇노릇한 양파 퐁듀를 얇게 담는다.
- 껍질에 홈을 파 줄무늬 장식을 하고 도톰하고 동그란 조각으로 비스듬하게 자른 후 소금에 절여 볶은 호박, 껍질을 벗겨 절인 토마토 슬라이스를 번갈아 한 줄씩 겹치게 담는다.
- 다진 마늘, 파슬리, 타임 꽃 또는 프로방스 허브를 뿌리고, 강판에 곱게 간 파르메산 치즈를 뿌린다.
- 올리브유를 몇 방울 뿌린다.
- 오븐에 넣어 익히고 샐러맨더에 넣어 노릇노릇하게 그라탱으로 만든다.

프로방스식 토마토 Tomates provençales

- 토마토 꼭지와 껍질을 제거한다.
- 가로로 반 자르고 토마토 수분과 씨를 제거하기 위해 살짝 누른다.
- 양념한 후 그릴망에 뒤집어서 올려 절인다.
- 체에 친 흰 식빵, 다진 마늘과 파슬리, 프로방스 허브 또는 타임 꽃으로 만든 페르시아아드로 토마토를 채운다.
- 올리브유 몇 방울을 뿌리고 몇 분간 오븐에 넣어 그라탱으로 만든다.

니스식 작은 채소 파르시
PETITS LÉGUMES FARCIS FAÇON NIÇOISE

니스식 작은 채소 파르시 Petits légunes farcies façon niçoise는 둥근 호박, 납작 호박, 토막을 낸 가지, 적양파, 토마토 등의 채소에 다진 고기, 쌀, 향신료, 등으로 만든 파르시를 채워 오븐에 넣어 그라탱한 요리이다. 니스식 작은 채소 파르시는 주요리 또는 새끼 양고기 오븐구이나 그릴구이의 곁들임 요리로 제공한다.

8인분 재료	단위	양
기본 재료		
– 《곁들임용》 토마토(8×60g)	g	480
– 둥근 호박(8×60g)	g	480
또는		
– 납작 호박(8×60g)	g	480
– 가지(2×250g)	g	500
– 적양파(8×60g)	g	480
파르시		
– 안남미	g	100
– 올리브유	ml	100
– 훈제 삼겹살	g	200
또는 없을 경우		
– 소시지 속	g	250
– 흰색 햄	g	100
– 가공 처리한 채소 과육	g	약간(PM)
– 마늘(2톨)	g	15
– 토마토(1개)	g	150
– 빨간색 피망(1/3개)	g	100
– 펜넬 구근(1/3개)	g	100
– 파슬리	g	20
– 바질	단	1/4
– 프로방스 허브		약간(PM)
또는		
– 타임 꽃		약간(PM)
파르시 리에종		
– 흰색 식빵	g	100
– 계란	개	2
마무리		
– 강판에 간 파르메산 치즈	g	100
또는		
– 흰색 식빵	g	100
– 올리브유	ml	50
양념		
– 가는소금		약간(PM)
– 후춧가루		약간(PM)
평균 준비 시간 : 1시간 45분		
평균 가열 시간 : 20분		
평균 가열 시간 채소 파르시 : 20분		

준비 기구
- 정리용 사각 트레이 3
- 큰 스테인리스 채반 1
- 작은 믹싱볼 3
- 큰 믹싱볼 1
- 중간 크기 믹싱볼 3
- 도마 1

조리 기구
- 큰 자루냄비 1
  또는
- 큰 소테팬 1
- 작은 프라이팬 1

플레이팅 도구
- 타원형 접시 또는 그라탱 그릇
- 접시받침
- 무늬 있는 장식용 종이

만드는 방법

1. 조리 작업 기구 준비하기 – 5분

레시피대로 재료를 계량, 측정하고 작업에 필요한 도구들을 점검한다.

2. 채소 속 비우기 – 30분

토마토를 씻어 꼭지를 떼고 속을 비운다. 양념한 후 뒤집어 그릴망이 있는 트레이에 올려 절인다.

호박 또는 납작 호박의 꼭지 부분에 동그란 틀을 사용해 눌러 뚜껑을 제거한 후 채소 볼러로 과육을 떠낸다.

호박 과육은 믹싱볼에 따로 보관한다.

호박 또는 납작 호박에 소금을 뿌린 후 뒤집어 그릴망이 있는 트레이에 올려 절인다.

가지 껍질에 홈을 내 장식한 후 4토막으로 잘라 가장자리 5mm를 남기고 동그란 틀로 누른 후 채소 볼러로 속을 판다.

가지 과육도 호박 과육과 함께 둔다.

가지 토막을 소금에 절인다.

양파 표면이 찢어지지 않도록 조심하며 다듬는다.

양파 윗부분을 1~1.5cm 정도 자른다.

양파 속을 제거하기 위해 양파 밑둥에서 1cm 위까지 칼집을 넣는다.

3. 채소 데치기 – 10분

끓는 물에 6~8분간 가지 토막을 넣고(가지는 부드러워져야 하지만 흐물흐물해 지지 않고 모양을 유지해야 한다.). 양파는 10분 정도, 호박은 4~6분 정도 넣어 데친다.

얼음물에 담가 식힌 후 물기를 뺀다.

양파 둘레와 아래 부분에 껍질이 2겹 만남도록 속을 비운다.

양파 속살을 잘게 다진다.

4. 쌀을 씻고 익히기 – 5분

쌀을 씻고 많은 양의 물에 소금을 넣고 끓여 익힌다. 식혀 둔다.

5. 파르시 재료 준비하기 – 20분

햄과 훈제 삼겹살을 작은 주사위 모양으로 썬다.(브뤼누아즈 brunoise)

토마토 껍질을 벗긴 후 과육을 작은 주사위 모양으로 썬다.

피망을 오븐에 넣거나 기름에 구워 껍질을 벗긴 후 주사위 모양으로 썬다.

펜넬을 다듬고 심줄을 제거한 후 작은 주사위 모양으로 썬다.

바질과 파슬리를 다진다.

6. 파르시 만들기 – 20분

가지, 호박, 납작 호박의 과육을 잘게 다진다.

소테팬에 올리브유를 두르고 볶는다.

주사위 모양으로 썬 펜넬, 피망, 양파와 다진 마늘을 첨가한다.

약불에서 연하게 색깔이 나도록 졸인다.

햄과 훈제 삼겹살을 따로 볶는다.

볶은 햄과 삼겹살을 채소에 첨가한 후 주사위 모양으로 썬 토마토 과육, 크레올 밥, 다진 파슬리와 바질, 빵가루를 차례로 첨가한다.

불에 파르시를 올려 주걱을 사용해 저어주며 수분을 날리고, 불을 끈 후 거품기로 섞은 계란 2개를 첨가한다.

FICHE 151

간을 확인한다.

7. 채소에 파르시 채우기 – 10분

크고 둥근 깍지 짤 주머니 또는 숟가락을 사용해 파르시를 채소 윗부분까지 봉긋해지도록 듬뿍 넣는다.

윗부분을 매끄럽게 다듬는다.

강판에 간 파르메산 치즈 또는 빵가루를 뿌리고 올리브유 몇 방울을 뿌린다.

식용유를 조금 바른 그라탱 그릇에 채소 파르시를 담는다.

8. 채소 파르시 완성하고 그라탱 만들기 – 3분

그라탱 그릇을 200도 오븐에 15분 정도 둔 후 노릇노릇해지도록 온도를 높이거나 샐러맨더에 둔다.

9. 채소 파르시 차리기 – 2분

장식용 종이를 깐 긴 접시받침 위에 그라탱 그릇을 올린다.

완성한 결과

니스식 작은 채소 파르시(Petits légumes farcies façon niçoise)

차요테 호박 파르시 CHRISTOPHINES FARCIES

1. 조리 작업 기구 준비하기

2. 차요테 호박 끓는 물에 데치기

소금을 넣은 많은 양의 끓는 물에 각각 400g 되는 차요테 호박 4개를 익힌다.

20분 정도 익힌 후에 조리용 바늘을 찔러 잘 익었는지 확인한다.

물기를 뺀 후 찬물에 담그지 않고 천천히 식힌다.

3. 호박을 익힌 물에 바게트 1/2개 적시기

몇 초간 바게트를 담근 후 체에 담아 물기를 뺀다.

4. 파르시 재료 준비하기

흰색 햄 100g, 훈제 삼겹살 200g을 각 면이 2~3mm 되는 작은 주사위 모양으로 썬다.

양파 200g을 다듬어 씻은 후 잘게 다진다.

쪽파 한 단을 다듬어 씻은 후 잘게 썬다.

마늘 6톨을 다듬고 싹을 제거해 씻은 후 빻아 다진다.

향이 좋은 빨간 고추를 다진다.

5. 차요테 호박 과육 만들기

차요테 호박을 세로로 잘라 반으로 나눈 후 씨를 제거한다.

가장자리로부터 몇 mm 안으로 원을 그려(모양이 허물어지지 않도록

가장자리를 충분히 남긴다.) 포타주용 스푼을 사용해 속을 조심스럽게 비운다.

스푼으로 파낸 과육을 세게 눌러 체에 거른다.

6. 파르시 만들기

차요테 호박 과육을 믹서기로 곱게 간다.

땅콩기름을 두르고 잘게 다진 양파를 볶은 후, 주사위 모양으로 썬 훈제 삼겹살을 첨가한다.

몇 분간 뭉근히 익힌다.

마늘, 쪽파, 햄, 고추를 차례로 넣는다.

전체를 잘 섞은 후 차요테 호박 과육과 빵을 넣는다.

주걱으로 잘 저어주며 파르시의 수분을 날린다.

간을 확인한다.

7. 차요테 호박에 파르시 채우기

파르시를 풍부하게 채운다.

강판에 간 빵가루 50g과 식용유 몇 방울을 뿌린다.

8. 차요테 호박 파르시 그라탱으로 만든 후 차리기

뜨거운 그라탱이 되도록 200/210도 오븐에 넣는다.

장식용 종이를 깐 크고 둥근 접시 위에 그라탱 그릇을 올린다.

그릇 중앙에 파슬리 조금을 올린다.

완성한 결과

차요테 호박 파르시(Christophines farcies)

비슷한 요리 PLATS SIMILAIRES

작은 곁들임 요리(주딕, 리슐리외 등등)를 위한 토마토 파르시 Tomates farcies pour petites garnitures d'appellation(Judic, Richelieu, …)

- 작은 곁들임용 토마토의 껍질을 제거하고 속을 비운 후 절인다.
- 채소 파르시를 위한 뒥셀로 채운다.(화이트 와인에 데글라세한 후 졸인 버섯 뒥셀에 스페인 소스 또는 토마토를 넣은 데미글라스 소스, 마늘 조금, 다진 파슬리, 식빵을 첨가한다.)
- 토마토를 채운 후 빵가루와 녹인 버터 몇 방울을 뿌린다.
- 오븐에 익힌 후 샐러맨더에 넣어 그라탱을 완성한다.

호박꽃 파르시 Fleurs mâles de courgettes farcies

- 호박꽃 암술을 제거하고 꽃받침을 정리한 후 꽃 잎꼭지를 조금 자른다.
- 볶은 호박 과육, 양파, 마늘, 생 허브, 훈제 삼겹살 또는 다진 고기(새끼 양고기)로 파르시를 만든다.
- 파르시를 계란, 전분, 빵가루 조금으로 리에종한다.
- 둥근 깍지 짤 주머니로 호박꽃에 파르시를 채운다.
- 식용유를 바른 그라탱 그릇에 담아 20분 정도 오븐에 익힌다.

디저트
LES DESSERTS

요리 소개 BREF RAPPEL DE TECHNOLOGIE

레스토랑에서는 디저트를 다음과 같이 구별한다. :

- 차가운 앙트르메 les entremets froids de cuisine(크렘 캐러멜 crème caramel, 무스 초콜릿 mousse au chocolat, 외 아 라 네주 œufs à la neige(프랑스 전통 디저트로 부드럽고 가벼운 달걀흰자 거품을 끓인 우유에 바닐라 풍미의 크렘 앙글레즈를 곁인 인 요리) 등)

- 따뜻한 앙트르메 les entremets chauds de cuisine(크렘 슈크레 crêpes au sucre, 수플레 아 라 리큐르 soufflés à la liqueur, 그라탱 드 프리 gratins de fruits 등)

- 신선한 과일 또는 전처리한 디저트 les desserts à base de fruits frais ou pochés(샐러드 드 프리(과일 샐러드) salade de fruits, 콩포트 compotes(신선한 과일을 설탕과 물로 조리한 전통적인 디저트) 등)

- 아이스크림 앙트르메 les entremets glacés(수플레 soufflés, 파르페 글라세 parfaits glacés 등)

각 분야에 대한 실행은 주로 젊은 요리사에게 맡겨진다.

파티세리(제과)에 해당하는 디저트는 제과사에게 맡겨져 만들어진다.(비티비에 pithiviers, 부쉬 드 노엘 bûche de Noël, 쁘띠 푸르 petits fours frais, 캬또 에니베세르 gâteaux d'anniversaire, 아이스크림 glaces, 소르베 sorbets 등)

레스토랑에서 고객의 요구에 맞춰 판매를 목적으로 반조리 제품을 제공하기도 한다.(파테 pâtes, 크렘 crèmes, 아파레이유 appareils prêts à l'emploi, 소스 sauces, 쿨리 coulis, 프리 오 시로(시럽에 절인 과일) fruits au sirop, 소르베 mix pour sorbets 등)

적용 기술 TECHNIQUES MISES EN ŒUVRE

- 반죽 만들기 Réaliser une pâte de base :
  - 파트 슈크레 pâte sucrée
  - 파트 사블레 pâte sablée
  - 파트 푀이테 pâte feuilletée
  - 아파레이유 아 제누아즈 아 비스퀴 appareil à génoise et à biscuits
  - 아파레이유 아 크레이프 appareil à crêpes
  - 파트 아 슈 pâte à choux
  - 파트 아 프리르 pâte à frire
  - 파트 아 브리오슈 pâte à brioche
  - 파트 아 사바랭 pâte à savarin

- 크림 만들기 Réaliser une crème de base :
  - 크렘 앙글레즈 crème anglaise
  - 크렘 파티시에 crème pâtissière
  - 크렘 샹티이 crème Chantilly
  - 크렘 아몬드 crème d'amandes
  - 크렘 오 뵈르 crème au beurre

- 비스퀴 크림으로 덮기 Fourrer et masquer un biscuit

- 퐁당 입히기 Glacer au fondant

- 설탕 익히기, 캐러멜 만들기 Cuire du sucre, réaliser un caramel

- 앙트르메 만들기 Monter un entremets en cercle

크렘 랑베르세 캐러멜
CRÈME RENVERSÉE AU CARAMEL

달콤한 크림으로 만든 디저트 크렘 랑베르세 캐러멜 Crème renversée au caramel은 캐러멜 틀에 크림을 《중탕하여 poché au bain-marie(포 쉐 오 방 마리 : 중탕으로 익힌 요리)》넣는다. 크림을 완전히 식힌 후, 틀을 뒤집어 꺼내면 캐러멜이 위로 오게 된다. 작은 병에 만든 크림은 쉽게 부서지기 때문에(노른자로만 만들었을 경우) 병째로 제공한다.

8인분 재료	단위	수량
기본 재료		
– 우유	L	1
– 전란(6개)	g	330
– 설탕	g	200
– 바닐라	개수	1/2
캐러멜		
– 설탕	g	140
– 물	ml	약간(PM)
평균 준비 시간 : 40분		
평균 굽는 시간(4인용 틀) : 30~35분		

만드는 방법

1. 조리 작업대에 재료와 도구 준비하고, 청결한 작업 환경 만들기 – 5분
레시피대로 재료를 계량, 측정하고 작업에 필요한 도구들을 점검한다.

2. 캐러멜 만들기 – 8분(p. 724~726 참고)
계량한 물과 설탕을 냄비에 넣어 끓인다. 필요한 경우 젖은 붓으로 측면을 닦아준다.
캐러멜이 약간 갈색으로 변하기 시작할 때 즈음, 끓이기를 중단한다.

3. 캐러멜 틀에 부어 슈미제하기 – 2분
캐러멜을 즉시 틀에 부어 고르게 슈미제하거나, 틀의 바닥에 소량만 부어준다.

4. 캐러멜 크림 만들기 – 15분(p. 703 참고)
우유에 바닐라 빈 반쪽을 세로로 갈라 넣어 끓인 후, 몇 분간 우린다.
스테인리스 볼에 전란과 설탕을 넣어 하얀 크림 상태가 될 때까지 잘 섞어준다.
크림이 만들어지면 거품기로 저으며 계란에 우유를 조금씩 부어준다.
충전물을 거름망에 한 번 걸러 거품을 제거한다.

5. 캐러멜 크림 굽기 – 5분
베이킹 페이퍼를 시트 바닥에 깔아준다.
틀에 캐러멜을 채워 넣는다.
철판에 틀을 올린다.
중탕을 하기 위해 철판에 끓인 물을 틀 높이의 반 정도 채워준다.
캐러멜 크림을 중탕한 채 180℃의 오븐에서 30~35분간 굽는다.
바늘이나 칼끝으로 잘 익었는지 확인한 후 냉장실로 옮긴다. 냉장실에서 완전히 식힌다.

6. 캐러멜 크림 제공하기 – 5분
칼로 틀의 벽을 살살 그어가며 크림을 떼어낸다.
접시 위에 크림을 반대로 뒤집어준 후 그 위에 캐러멜을 골고루 뿌린다.

크렘 랑베르세 캐러멜을 만들 때 주의할 점
– 계란이 응고되지 않도록 우유를 조금씩 계란 위에 부어준다.
거품이 발생하지 않도록 주의하고 위에 뜬 거품은 걷어낸다. 중탕으로 익히기 시작하고 익히는 동안 물이 끓지 않도록 한다.(크림 표면에 벌집 모양이 나타날 수 있으니 주의한다.)
– 설탕의 일부는 일반적으로 우유에 용해시킨다.

완성한 결과

크렘 랑베르세 캐러멜(Crème renversée au caramel)

포 드 크렘 POTS DE CRÈME

(앞의 p. 704 참고)

1. 조리 작업대에 재료와 도구 준비하고, 청결한 작업 환경 만들기

레시피대로 재료를 계량, 측정하고 작업에 필요한 도구들을 점검한다.

2. 포 드 크렘 만들기

계란 10개의 흰자와 노른자를 분리한다.

분리한 노른자와 설탕 200g을 넣어 색이 하얗게 될 때까지 섞어준다.

끓인 우유 1L를 천천히 부어준다.

우유는 거품기를 이용하여 섞어주고, 거품은 제거한다.

아파레이유에 레시피에 맞는 향료를 첨가한다.(바닐라, 커피, 초콜릿, 레몬, 알코올 등)

만들어준 크림을 작은 병에 채운다.

필요할 경우 윗부분의 거품은 제거한다.

3. 포 드 크렘 굽기

베이킹 페이퍼를 시트의 바닥에 깔아준다.

철판에 끓인 물을 틀 높이의 반 정도 채워준다.(중탕)

크림을 채운 작은 병의 뚜껑을 덮고 180℃의 오븐에서 25∼30분간 굽는다.

완성된 크림의 표면은 매끄럽게 반짝이며 약간 오목해야 한다.

4. 완성한 포 드 크렘 제공하기

완성한 포 드 크렘을 담을 그릇의 겉 부분을 깨끗하게 닦은 후, 레이스가 있는 종이를 밑에 깔아 제공한다.

완성한 결과

포 드 크렘(Pots de crème)

준비할 도구
- 볼 2
- 계란을 깨기 위한 그릇 1
- 차이나 캡 1
- 거품기 1

굽기 위한 도구
- 샤를로트 틀 2 또는
- 중탕용 그릇 2
- 설탕 냄비 1
- 중탕을 위한 철판 1
- 중간 크기 자루냄비 1

플레이팅 도구
- 큰 둥근 접시

같은 계열의 디저트 PLATS SIMILAIRES

크렘 오페라 Crème opéra
- 기본 레시피와 같지만, 프랄리네를 첨가한다.

크렘 비에누아즈 Crème Viennoise
- 틀을 뒤집어 크림을 꺼낸 뒤, 캐러멜을 곁들인다.

크렘 보 리바쥬 Crème beau rivage
- 왕관 모양의 틀에 뒤집어 크림을 꺼낸 뒤, 캐러멜과 곁들인다.
- 가운데 오목한 부분에 샹티이 크림을 채워 넣고, 샹티이 크림을 채운 시가렛 비스퀴와 제비꽃으로 장식한다.

나이트 앤드 데이 Night and day
- 작은 틀에서 익힌 바닐라 크림을 뒤집어 꺼내, 초콜릿 소스를 곁들인다.

크렘 브륄레 Crème brûlée(기본 레시피 recette de base)
- 500ml의 우유와 500ml의 크림에 바닐라 빈 반쪽을 세로로 갈라 넣어 끓여준다.
  +70℃에서 몇 분간 우려준다.
- 전란 10∼12개의 노른자와 흰자를 분리한다. 노른자에 설탕 150∼200g을 넣어 하얗게 될 때까지 섞는다.
- 노른자에 우유와 크림 혼합물을 천천히 넣는다.
- 바닐라가 들어가지 않을 경우 다른 향료를 첨가한다.(계피 cannelle, 사프란 safran, 생강 gingembre, 레몬 citron, 팽 데피스 pain d'épices 등)
- 사기그릇에 크림을 채워 굽는다.
- 오븐에 철판 두 개를 겹쳐 160∼170℃에서 30분간 굽는다.
- 오븐에서 꺼내 황설탕을 뿌린다.
- 샐러맨더를 이용하여 캐러멜화 하거나, 토치를 이용한다.

크렘 카탈란 Crème catalane
- 크렘 브륄레 재료에 40g의 전분을 추가하여, 크렘 브륄레와 동일한 방법으로 만든다.

외 아 라 네주
ŒUFS À LA NEIGE

외 아 라 네주 Œufs à la neige는 흰자를 올려 설탕을 넣고 물 또는 우유에 넣어 데운 디저트이다. 바닐라 향이 나는 앙글레즈 크림 crème anglaise parfumée à la vanille을 곁들인다.

8인분 기준	단위	수량
머랭		
– 계란(흰자 8개)	g	260
– 가는소금	g	약간(PM)
– 설탕	g	200
앙글레즈 크림		
– 우유	ml	500
– 계란	g	80
– 설탕	g	100~125
– 바닐라	개수	1/2
평균 준비 시간 : 50분		
평균 굽는 시간 : 2~3분		

만드는 방법

1. 조리 작업대에 재료와 도구 준비하고, 청결한 작업 환경 만들기 – 5분
레시피대로 재료를 계량, 측정하고 작업에 필요한 도구들을 점검한다.

2. 머랭 만들기 – 10분
p. 712/713의 권장 사항을 주의한다.
깨끗한 볼에 흰자와 소량의 소금을 넣는다.
거품기로 흰자를 올린다.
흰자와 흰자 무게 1/3의 설탕을 넣어 90% 정도까지 올려준다.
휘핑을 멈추고, 남은 설탕을 넣어 거품기로 잘 섞는다.

3. 머랭 익히기 – 15분
우유에 약간의 설탕을 넣어 끓여준다.
숟가락 2개를 이용하여 머랭을 크넬* 모양으로 만든다.
우유에 머랭을 넣어 1분간 익힌다.
머랭을 반대로 뒤집어 똑같이 1분간 익혀준다.
물기를 제거하고, 판 위에 흡수지를 깔아 보관한다.(머랭을 물에서 데치는 방법도 있다)

4. 앙글레즈 크림 만들기 – 15분(p. 682/683 참고)
머랭을 익히는데 사용한 우유를 체에 한 번 걸러준다.
증발하여 날아간 우유를 고려하여 부족한 양만큼 보충해준다.
냄비에 우유를 넣고, 바닐라 빈 반쪽을 세로로 갈라 넣은 후 끓여 우린다.
전란은 흰자와 노른자를 분리한다.
스테인리스 볼에 노른자와 설탕을 넣어 하얗게 될 때까지 섞는다.
우유를 노른자에 천천히 부어가며 잘 섞어준다.
다시 냄비에 넣는다.
냄비를 약불에 올려 앙글레즈 크림이 나프 Nappe 상태가 될 때까지 잘 저어준다.
거름망에 한 번 걸러주고, 자주 섞어가며 최대한 빨리 식힌다.

5. 외 아 라 네주를 보기 좋게 담기 – 5분
앙글레즈 크림을 그릇의 반 정도 채운다.
머랭을 장미 모양으로 올려 장식한다.
레이스가 달린 종이 위에 접시를 놓아 제공한다.

외 아 라 네주를 만들 때 주의할 점
어떠한 경우에도, 크림이 끓어서는 안 된다. 앙글레즈 크림은 +3℃에서 보관하고, 만든 당일 바로 사용하는 것이 좋다.

---

* 크넬 quenelle : 고기나 생선, 채소를 갈고 달걀이나 크림을 넣어 부드럽게 만든 후 작은 타원형 모양으로 빚어 끓는 물에 삶아 낸 프랑스식 덤플링(dumpling)=만두같은 음식이다.

FICHE 153

완성한 결과

외 아 라 네주(Œufs à la neige)

캐러멜 플로팅 아일랜드 ÎLE FLOTTANTE AU CARAMEL

1. 설탕 익히기

설탕 200g과 설탕 무게 1/3의 물을 넣어 캐러멜을 짙은 금색이 되도록 익힌다. 8개의 라메킨(작은 중탕그릇) 바닥에 부어준다.

2. 앙글레즈 크림 만들기

기본 레시피를 참고한다.(비율을 2로 나눕니다.)

3. 머랭 만들기(P. 714/715 참고)

4. 머랭 굽기

작은 중탕 그릇에 머랭을 채우고, 상단을 매끄럽게 만든다. 오븐에 중탕하여 180℃에서 8~10분간 익혀준다.

5. 완성한 플로팅 아일랜드 제공하기

접시에 소량의 앙글레즈 크림을 바르고 틀에서 꺼내 잘 식힌다.
설탕으로 만든 데코레이션을 위에 덮어준다.

완성한 결과

캐러멜 플로팅 아일랜드(Île flottante au caramel)

준비할 도구
- 계란 흰자용 그릇 1
- 철판 1
- 차이나 캡 1
- 거품기 1
- 볼 2

굽기 위한 도구
- 큰 소테팬 1 또는 냄비 1

또는
- 작은 소스포트 1
- 작은 자루냄비 1

또는
- 중간 크기 소테팬 1

플레이팅 도구
- 샐러드 접시

또는
- 둥근 접시
- 레이스 종이

같은 계열의 디저트 PLATS SIMILAIRES

외 아 라 네주 캐러멜 Œufs à la neige au caramel
- 기본 레시피와 같지만, 캐러멜을 위에 뿌려준다.

외 아 라 네주 카소나드 Œufs à la neige à la cassonade
- 틀에 버터 칠을 하고, 황설탕으로 슈미제한 후 프렌치 머랭으로 채운다.
- 2~3분간 증기로 익힌 후 식힌다.
- 틀에서 제거하고 앙글레즈 크림을 곁들여 준비한다.

외 아 라 네주 피스타치오, 미엘 Œufs à la neige, aux pistaches et au miel
- 기본 레시피로 머랭을 만든다.
- 앙글레즈 크림을 만들 때, 설탕 대신 꿀을 같은 무게로 넣어준다.
- 기존 레시피처럼 그릇에 보기 좋게 담고, 으깬 피스타치오를 뿌려준다.

무스 오 쇼콜라
MOUSSE AU CHOCOLAT

무스 오 쇼콜라(초콜릿 무스) Mousse au chocolat는 녹인 초콜릿을 이용해 만든 디저트로 프렌치 머랭이나 휘핑크림, 경우에 따라서는 둘 다 첨가하여 만들기도 한다.

8인분 재료(전통 레시피)	단위	수량
기본 재료		
– 커버춰 초콜릿 64%	g	250
– 버터	g	100
– 계란(노른자 4개)	g	80
– 계란(흰자 6개)	g	180
– 설탕	g	40
장식(선택사항)		
– 휘핑크림	ml	40
– 슈가파우더	g	10
평균 준비 시간 : 30분		

8인분 재료(케이크 충전용)	단위	수량
기본 재료		
– 커버춰 초콜릿 64%	g	250
– 카카오 페이스트	g	40
– 동결건조 커피	g	2
– 버터(extra-fin)	g	40
아파레이유 아 봄브 APPAREIL À BOMBE		
– 계란(노른자 5개)	g	100
– 전란(1개)	g	55
– 시럽 30°B 또는, 1.2624°D	l	300
마무리		
– 생크림 créeme liquide	ml	400
평균 준비 시간 : 40분		

만드는 방법 (전통 레시피 RECETTE TRADITIONNELLE)

1. 조리 작업대에 재료와 도구 준비하고, 청결한 작업 환경 만들기 – 5분

레시피대로 재료를 준비하고 조리기구, 서빙을 위한 도구를 준비한다.

2. 초콜릿 무스 만들기 – 15분

초콜릿을 빻아 볼에 넣는다.

초콜릿을 천천히 중탕하여 녹인다.

조각낸 버터를 넣고, 주걱으로 부드럽게 섞어준다.

불에 분리해둔 노른자를 꺼내 넣어 섞는다.

흰자를 단단하게 올려주는데 도중에 설탕을 넣는다.

3. 무스 쇼콜라 마무리하기 – 5분

올린 흰자 위에 아파레이유를 점차적으로 부어가며 작은 거품기를 이용해 부드럽게 섞는다.

4. 완성한 초콜릿 무스를 보기 좋게 담아내기 – 5분

큰 볼에 초콜릿 무스를 채운다. 개인 컵이나 그릇에 무스를 장식한다.

2시간 동안 냉장실에서 식힌다.

손님에게 내놓기 직전에, 약간의 샹티이 크림이나 초콜릿 조각에 슈가 파우더를 뿌려 장식한다.

가볍게 머랭을 쳐준 흰자는 더 매끄럽고 안정적으로 유지된다.
초콜릿 무스에 휘핑크림이나 젤라틴을 첨가하기도 한다.

만드는 방법
(케이크 충전용 POUR GARNITURE D'ENTREMETS)

1. 조리 작업대에 재료와 도구 준비하고, 청결한 작업 환경 만들기 – 5분

레시피대로 재료를 준비하고, 조리기구, 서빙을 위한 도구 등을 준비한다.

2. 초콜릿, 카카오 페이스트, 커피, 버터를 중탕으로 녹이기(최대 30℃) – 5분

3. 시럽을 30°B 또는 1.2624°D 로 끓인다. – 5분

(물 1L, 설탕 1kg을 1분간 끓인다)

끓인 시럽은 식힌다.

4. 아파레이유 아 봄브 만들기 – 15분

휘핑하고 있는 계란 위에 시럽을 천천히 부으며 힘차게 휘젓는다.

혼합물을 중탕하여 멈추지 않고 계속 저어준다.(온도가 +90℃가 넘지 않도록 주의한다)

혼합물이 완전히 식을 때까지 제과용 믹서에 돌린다.

5. 휘핑크림 올리기 – 5분

휘핑크림은 너무 단단하게 올리지 않는다.

6. 초콜릿 무스와 다른 재료들을 혼합하기

식힌 초콜릿 혼합물을 아파레이유 아 봄브에 넣은 후 휘핑크림을 넣어 섞는다.

부드럽게 섞어준다.

7. 바로 틀에 채워주기 – 5분

– 아파레이유 아 봄브 : 노른자 1에 30°B의 시럽 2 비율
– 무스는 오렌지 리큐르로 맛을 낼 수 있다.
무스는 물에 불린 젤라틴으로 굳혀 안정시킬 수 있다.

FICHE 154

완성한 결과

무스 오 쇼콜라(Mousse au chocolat)

두 가지 초콜릿 무스 MOUSSE AUX DEUX CHOCOLATS

1. 밀크 초콜릿에 프랄리네를 넣어 초콜릿 무스 만들기

흰자 2개는 휘핑하고, 설탕 100g을 끓여 《쁘띠 블레 Petit boulé》 상태가 되면 흰자에 넣어 이탈리안 머랭을 만든다.(p. 718/719, 724~726 참고)
헤이즐넛 프랄리네 50g을 첨가하고, 버터 50g과 녹인 밀크 초콜릿 150g을 넣어준다.
100ml의 휘핑크림을 넣어 천천히 혼합한다.
차가운 곳에 보관한다.

2. 화이트 초콜릿 무스 만들기

200g의 화이트 초콜릿과 20ml의 우유를 중탕으로 녹인다.
200ml의 크림에 20g의 슈가파우더를 넣어 올려준다.
75g(흰자 2.5개)의 흰자에 소금 한 꼬집을 넣어 프랑스 머랭을 올린다.
휘핑크림에 머랭 혼합물을 넣은 후 녹인 초콜릿을 섞어준다.
랩을 씌워 차가운 곳에 둔다.

3. 완성한 무스 제공하기

작은 그릇에 무스를 반씩 나눠 담아주는데, 표면이 매끄럽고 평평해야 한다.
완전히 굳을 때까지 최소 2시간동안 냉장 보관한다.
다크 초콜릿으로 만든 작은 야자수 등으로 장식한다.

완성한 결과

두 가지 초콜릿 무스(Mousse aux deux chocolats)

준비할 도구
• 큰 그릇 1
• 거품기 1
• 또는 작은 스탠드 믹서 1
• 계란 흰자용 볼 1

굽기 위한 도구
• 중탕용 그릇 1
• 중탕용 냄비 또는 중간 크기의 냄비

플레이팅 도구
• 큰 그릇 또는 개별 그릇
• 둥근 철판
• 레이스 종이

같은 계열의 디저트 PLATS SIMILAIRES

체리, 다크 초콜릿 무스 Mousse au chocolat noir et griottes

• 다크 초콜릿 무스를 만든다.
• 체리는 물기를 제거한 후 잘라 넣는다.
• 샹티이 크림과 초콜릿 부스러기, 체리 등으로 장식한다.

트릴로지 초콜릿 무스 Trilogie de mousse au chocolat

• 초콜릿 무스(다크 noire, 밀크 lactée, 화이트 blanche)를 만든다.
• 바닐라 앙글레즈 크림과 커피 앙글레즈 크림을 마블링한 후, 크넬 모양으로 만들어 접시 위에 올린다.

민트 초콜릿 무스 Mousse à la menthe et au chocolat

• 화이트 초콜릿 무스를 만든다.
• 《리크레즈 Ricqlès》 민트 알코올 몇 방울과 다크 초콜릿 칩을 넣는다.
• 민트 잎과 산딸기를 잘라 장식한다.

무스 오 쇼콜라 노아(다른 레시피) Mousse au chocolat noir(autre recette)

• 초콜릿 250g, 카카오 페이스트 40g, 버터 40g을 녹인다.
• 흰자 6개를 휘핑하고, 설탕 200g을 끓여 흰자에 넣어 이탈리안 머랭을 만든다.
• 400ml의 크림을 올려준다.
• 초콜릿 혼합물에 이탈리안 머랭을 넣은 후 휘핑크림을 넣는다.
• 완성한 후 즉시 사용한다.

완성한 결과

무스 오 쇼콜라(Mousse au chocolat)

서양배 샤를로트 퓨레

CHARLOTTE AUX POIRES

서양배 샤를로트 퓨레 Charlotte aux poires는 배 퓨레에 휘핑크림과 걸쭉한 시럽을 첨가하여 만든 차가운 디저트이다. 바바루아 크림을 넣어 슈미제한 후 스펀지케이크에 시럽을 적셔 배 리큐르로 맛을 냈다. 이 디저트는 산딸기 소스나 초콜릿 소스를 곁들여 먹을 수 있다.

8인분 재료	단위	수량
비스킷 APPAREIL À BISCUITS		
– 계란(노른자 5개)	g	100
– 설탕 sucre semoule	g	80
– 밀가루	g	100
– 계란(흰자 5개)	g	160
– 설탕(흰자를 단단하게 올리기 위한)	g	20
또는		
– 비스퀴 퀴이에 biscuits à la cuiller	개수	24
철판 슈미제용		
– 버터	g	10
– 덧가루용 밀가루	g	10
제누아즈 바닥(선택사항)[1]		
– 전란(2개)	g	110
– 설탕	g	65
슈미제 Chemisage		
– 버터	g	10
– 밀가루	g	10
시럽 SIROP DE PUNCHAGE		
– 물	ml	40
– 설탕 sucre	g	60
– 배 리큐르 alcool de poires	ml	80
바바루아 크림 APPAREIL À BAVAROIS		
– 시럽에 든 배(8개 반)	캔 4/4	1
– 배 시럽		약간(PM)
– 레몬(1개)	ml	100
– 젤라틴(8개)	g	16
– 생크림	g	400
– 배 리큐르	ml	40
충전물 GARNITURE		
– 시럽에 든 배	캔 4/4	1/2
(4개 반)		
장식/마무리[2]		
– 시럽에 든 배	캔 4/4	1/2
– 나파주(향미나 맛이 나지 않는) nappage neutre	g	100
또는, 샹티이 크림		
– 생크림	ml	200
– 슈가파우더 sucre glace	g	20
– 바닐라		약간(PM)
평균 준비 시간 : 1시간 40분		

[1] 바닥의 제누아즈는 비스퀴 반죽으로 대체할 수 있다.
[2] 원형의 틀을 이용하는 경우, 장미 모양으로 장식할 수 있다.

만드는 방법

1. 조리 작업대에 재료와 도구 준비하고, 청결한 작업 환경 만들기 – 5분

레시피대로 재료를 준비하고 조리기구, 서빙을 위한 도구 등을 준비한다. 냉장실에 넣어준 통조림 배를 꺼내둔다.

2. 제누아즈 만들기(선택사항) – 20분(p. 651/652 참고)

3. 비스퀴 만들기 – 20분(p. 658/659 참고)

약 68cm의 길이, 높이 5~6cm의 밴드 모양으로 균일하게 반죽을 짜준다. 같은 방법으로 24개의 비스퀴를 짜고 끝부분을 다듬어준다.

4. 시럽 만들기 – 5분

물과 설탕을 이용하여 1.2624°D(30°D)의 시럽을 만든다. 식으면 배 리큐르를 첨가한다.

5. 배 썰어 배 리큐르에 담가두기 – 5분

속에 채울 배를 1cm 크기의 주사위 모양으로 썰어준 후 배 리큐르에 5분간 담근다.

6. 바바루아 크림 만들기 – 10분(p. 708/709 참고)

젤라틴을 차가운 물에 불린다. 통조림 배와 시럽을 섞는데, 젤라틴을 녹일 수 있도록 100ml는 남겨둔다. 레몬즙과 배 리큐르를 첨가한다. 남겨둔 시럽에 젤라틴을 넣어 녹인다. 충전물을 섞어주고 큰 스테인리스 볼에 거름망으로 한 번 걸러준다. 얼음이 담긴 볼 위에 충전물이 들어있는 볼을 넣어 식힌다. 잘라 둔 배를 넣고 부드럽게 섞어준다.

7. 생크림 올려주기 – 10분

생크림은 너무 단단하지 않게 90% 정도만 올려준다. 크림은 매끄럽고 부드러워야 한다.

8. 바바루아 크림 마무리하기 – 5분

휘핑크림을 천천히 넣어 거품기로 잘 섞어준다. 필요할 경우 혼합물이 부드럽고 고르게 될 때까지 거품기로 부드럽게 섞는다.

9. 디저트 몽타쥬하기 – 10분

틀을 케이크 판 위에 올린다. 벽 쪽에 다듬은 비스퀴를 놓고, 바닥에 제누아즈를 깔아준다. 붓으로 바닥과 옆면에 시럽을 발라준다. 크림을 채워주는데 굳기 시작할 때 즈음, 큐브 모양으로 자른 배를 올린다. 이 때, 배가 크림 밑으로 가라앉지 않도록 주의한다. 스패튤러를 이용하여 고르게 정리한다. 랩을 씌워 2~3시간 냉장실에 보관한다.

10. 디저트를 보기 좋게 담고 마무리하기 – 10분

시럽에 든 배를 얇게 잘라 장미 모양으로 장식하고 나파주로 윤기를 낸다. 또는, 비스퀴로 장미 모양을 만들어 장식하고 슈가파우더(sucre glace)를 뿌린다. 또는, 별 모양 깍지를 이용하여 샹티이 크림으로 장식한다.

이 비율은 8개의 샤를로트를 만들 수 있는 비율이다. 4개의 계란을 이용하여 제누아즈를 만들고, 나머지는 보관해 두었다가 다른 용도로 사용할 수 있다.

완성한 결과

서양배 샤를로트(Charlotte aux poires)

산딸기 샤를로트 CHARLOTTE AUX FRAMBOISES

1. 조리 작업대에 재료와 도구 준비하고, 청결한 작업 환경 만들기

2. 산딸기 퓨레로 샤를로트 만들기

젤라틴 8장(16g)을 찬물에 담가 불린다.

설탕 200g, 물 150ml를 1분간 끓여 시럽을 만든다.

불린 젤라틴은 물기를 잘 제거한 후 시럽에 넣어준다.

차갑게 보관한 800g의 산딸기를 믹서에 갈아준 후 체에 강하게 압축하며 걸러준다.

젤라틴을 넣은 시럽에 레몬 1개의 즙을 넣고, 다시 고운 체로 걸러낸다.

3. 생크림 올리기

400ml의 생크림을 너무 단단하지 않게 올린다.

4. 바바루아 크림 마무리하기

산딸기 퓨레에 휘핑크림을 부드럽게 섞어준다.

거품기 또는 필요할 경우 거품기로 매끄럽게 섞어주는데, 이때 크림이 주저앉지 않도록 주의한다.

랩을 씌워 냉장실에 보관한다.

5. 틀에 슈미제하기

당도 1,2624°D의 시럽 150ml를 만들어 산딸기 리큐르 100ml와 섞어준다.

8개의 비스퀴를 하트 모양으로 잘라 시럽을 적신다. 틀의 바닥에 꽃 모양으로 넣어준다.

24개의 비스퀴 끝을 다듬어 옆면에 세워놓고, 시럽을 적셔 밀착시킨다.

6. 틀에 채우기(바바루아 크림을 넣기)

크림은 부드러우며, 조금씩 굳기 시작하는 것을 확인할 수 있다.

틀에 크림을 채운다. 이때, 크림의 표면은 매끄러워야 한다.

랩을 씌워 2~3시간 냉장실에서 굳힌다.

7. 완성한 샤를로트 제공하기

둥근 접시에 틀을 뒤집어 꺼낸다. 틀을 뜨거운 물에 몇 초간 담갔다 꺼내면 더 쉽게 뺄 수 있다.

샹티이 크림과 산딸기로 장식한다.

일반적으로 산딸기 소스를 케이크 주변에 뿌려 장식한다.

단단하고 향이 좋은 산딸기는 몽타주할 때 크림과 함께 넣을 수 있다.

준비할 도구	중간 볼 2개	굽기 위한 도구
• 큰 볼 2개	• 계란 흰자용 볼 1	• 작은 소테팬* 1
	• 믹서	• 정리용 사각 트레이 1
	• 차이나 캡 1	**플레이팅 도구**
	• 거품기	• 둥근 철판이나 접시

완성한 결과

산딸기 샤를로트(Charlotte aux framboises)

같은 계열의 디저트 PLATS SIMILAIRES

딸기 샤를로트 Charlotte aux fraises
• 같은 비율의 딸기로 대체한다.

노르망디식 샤를로트 Charlotte normande
• 틀에 막대기 모양의 머랭을 비스퀴와 같이 슈미제한다.
• 버터에 볶은 사과를 칼바도스로 플럼베*하고 살구 젤리를 넣는다.
• 틀에서 제거하고 샹티이 크림으로 장식한다.

열대과일 샤를로트 Charlotte exotique
• 얇은 망고를 작은 틀에 슈미제한다.
• 구아바 goyave royale 바바루아 크림을 넣는다.
• 패션후르츠 소스와 함께 곁들인다.

샤를로트 오 프리 – 과일 무스
Charlotte aux fruits divers Autre méthode – Mousse aux fruits
• 크림 파우더를 사용해 파티시에 크림 1L를 만든다.
• 과일 퓨레 1.5L를 첨가하여 1분간 끓인다.
• 24g의 젤라틴을 첨가한 후 식힌다.
• 6개의 흰자를 이용하여 이탈리안 머랭을 만든다.
• 1L의 크림을 올려준다.
• 식힌 크림을 머랭 혼합물에 넣고, 과일 퓨레를 넣은 파티시에 크림과 잘 섞어준다.
• 완성한 즉시 사용한다.

---

* 소테팬 sauteuse : 주둥이가 넓게 퍼진 한손 냄비

* 플럼베 flamber : 마무리 단계에 술을 넣은 후 불을 붙여 알코올 성분을 없애고 향이나 풍미를 내는 것

바바루아 후바네
BAVAROIS RUBANNÉ

바바루아 루바네 Bavarois rubanné는 걸쭉한 앙글레즈 크림과 가벼운 휘핑크림을 섞어 만든 차가운 디저트이다.
바바루아 후바네는 바닐라 무스와 커피 무스, 초콜릿 무스를 층층이 올려 맛을 낸다.

8인분 재료	단위	수량
바바루아 크림		
– 우유	ml	500
– 계란(노른자 4개)	g	80
– 설탕 sucre semoule	g	125
– 바닐라	개수	1/2
– 젤라틴(5~6개)	g	10~12
– 생크림	ml	400
향료		
– 바닐라 추출물	ml	약간(PM)
– 카카오 또는 커버춰	g	20
– 커피 추출물	ml	약간(PM)
마무리(선택사항)		
– 생크림	ml	40
– 슈가파우더 sucre glace	g	10
– 커피콩 리큐르 grains de cafe liquer	g	약간(PM)
평균 준비 시간 : 55분		
앙글레즈 크림 : 몇 분		

만드는 방법

(기본 앙글레즈 크림)

1. 조리 작업대에 재료와 도구 준비하고, 청결한 작업 환경 만들기 – 5분

레시피대로 재료를 준비하고, 조리기구, 서빙을 위한 도구 등을 준비한다.

2. 차가운 물에 젤라틴 불리기 – 2분

3. 앙글레즈 크림 만들기 – 15분(p. 682~684 참고)

우유에 바닐라 빈 반쪽을 넣어 끓인다.
계란을 분리하고, 스테인리스 볼에 노른자와 설탕을 넣어 하얗게 될 때까지 섞는다.
주걱으로 저으며 끓인 우유를 서서히 붓는다.
우유를 끓일 때 사용한 냄비에 다시 혼합물을 넣는다.
냄비를 약한 불에 올려 멈추지 않고 계속해서 저어준다.
크림이 주걱을 덮는 나페(nappe) 상태가 될 때까지 졸인 후 불에서 내린다.
젤라틴의 물기를 제거한 뒤 앙글레즈 크림에 넣어 혼합한다.
크림을 거름망에 걸러준다.
빠르게 식힌다.

4. 크림에 향료 넣기 – 5분

바바루아 크림을 불균등하게 삼등분으로 나누거나(샤를로트 몰드를 사용할 경우), 균등하게 삼등분으로 나눠준다.
샤를로트 틀을 이용할 경우, 맨 위층에 가장 많은 크림이 필요하다.
첫 번째 혼합물에 녹인 초콜릿이나 녹인 카카오를 넣는다.
두 번째 혼합물에 액체 바닐라 추출물을 몇 방울 넣어준다.
마지막 혼합물에 액체 커피 엑기스(진액 → 표준어)를 넣는다.

5. 크림 올려주기 – 8분(p. 679 참고)

걸쭉해진 앙글레즈 크림을 90%까지 올려준다. 크림은 매끄러워야 한다.

6. 바바루아 크림 마무리하기 – 15분(p. 706/707 참고)

앙글레즈 크림에 휘핑크림을 넣어 부드럽게 섞어준다.
샤를로트 틀을 사용할 경우, 커피 혼합물부터 넣는다.
샤를로트 틀 높이의 1/3 지점을 초과하지 않도록 한다.
냉장실이나 얼음 위에서 빠르게 굳힌다.
바닐라 혼합물을 넣는다.
다시 냉장실에 넣어 굳힌다.
초콜릿 혼합물을 넣어 마무리한다.
랩을 씌워 냉장실에 넣어 최소 1시간 정도 보관한다.

7. 완성한 바바루아 제공하기 – 5분

틀을 따뜻한 물에 빠르게 담갔다 뺀다.
바바루아를 조심스럽게 틀에서 제거하여 서빙용 접시에 올린다.
일반적으로 샹티이 크림이나, 커피콩 리큐르, 초콜릿 조각으로 장식한다.
쿠키와 함께 제공한다.

완성한 결과

바바루아 루바네(Bavarois rubanné)

파리지앵식, 러시아식 샤를로트

CHARLOTTE À LA RUSSE OU À LA PARISIENNE

1. 조리 작업대에 재료와 도구 준비하고, 청결한 작업 환경 만들기

재료를 계량, 측정하고, 필요한 도구들을 점검한다.

2. 바바루아 크림 만들기

이 크림은 일반적으로 바닐라로 맛을 내지만 다른 맛(커피, 피스타치오, 캐러멜, 프랄리네, 알코올, 리큐르, 키르쉬에 담긴 과일 절임 등)을 내기 위해 사용할 수도 있다.

3. 틀 슈미제하기

하트 모양으로 만든 비스퀴를 바닥에 깔고, 둥근 부분이 아래로 가게 하여 공간이 없도록 서로 밀착시킨다.

4. 비스퀴에 시럽 적시기(선택사항)

원하는 경우 알코올이 함유된 시럽을 사용할 수 있다.

(시럽 30°B나 1.2624°D에 알코올 또는 리큐르를 넣어 희석한다)

5. 샤를로트에 크림 채우기

바바루아 크림을 채워 넣는다.

주걱으로 표면을 매끄럽게 하고, 랩을 씌워 냉장실에 보관한다.

6. 틀에서 제거하기

샹티이 크림과 맛에 따른 재료(커피, 피스타치오, 캐러멜 등)로 장식한다.

비스퀴 퀴이에를 밴드 모양으로 만들어 세르크틀에 둘러서 러시아식 샤를로뜨를 만들 수 있다.

준비할 도구
- 중간 볼 3
- 차이나 캡 1
- 거품기 1
- 샤를로트 틀 2
- 또는, 앙트르메 틀
- 또는, 작은 개별 틀
- 작은 볼 2
- 꾄(스크레이퍼) 1

굽기 위한 도구
- 중간 크기 냄비 1
- 소테팬 1
- 작은 소테팬 1

플레이팅 도구
- 큰 둥근 접시

완성한 결과

바바루아 루바네(Bavarois rubanné)

같은 계열의 디저트 PLATS SIMILAIRES

클레몽식 바바루아 Bavarois Clermont
- 럼으로 맛을 내고 파인애플 조각으로 장식한 바바루아

프랄리네 바바루아 Bavarois praliné
- 프랄리네로 맛을 낸, 계란으로 만든 바바루아

헐리지유 바바루아 Bavarois religieuse
- 바닐라, 커피 및 초콜릿으로 맛을 낸, 계란으로 만든 바바루아
- 틀에 층층이 슈미제한다.

아라비카 바바루아 Bavarois arabica
- 커피로 맛을 낸, 앙트르메 틀에 채운 바바루아
- 바삭하게 으깬 누가와 함께 접시에 제공한다.
- 커피 또는 초콜릿 앙글레즈 크림과 초콜릿 머랭 스틱으로 장식한다.

산딸기 소스를 곁들인 판나 코타
PANNA COTTA COULIS DE FRAMBOISE

산딸기 소스를 곁들인 판나 코타 Panna Cotta coulis de framboise는 이탈리아 북부 디저트로, 크림에 젤라틴을 넣어 굳혀 만든다. 크림에 단맛과 향을 첨가하기 위해 바닐라, 아몬드 에센스, 또는 때때로 알코올이나 리큐르를 첨가하기도 한다.

《크렘 퀴트 creème cuite》는 이름이 의미하는 것처럼 간단하게 익힌 크림으로 보통 붉은 과일 소스나 초콜릿, 캐러멜을 곁들여 나온다. 잘게 썬 견과류(헤즐넛, 호두, 아몬드 등)를 첨가하기도 한다.

8인분 재료	단위	수량
주요 재료		
– 생크림 20% 또는 30% MG*	ml	800
또는,		
– 생크림 30%+ 우유	ml	600
– 설탕 sucre semoule	g	160
– 바닐라	개	1
겔화제 재료 ÉLÉMENTS GÉLIFIANTS		
– 젤라틴	개	4
또는,		
– 젤라틴	g	8
– 한천	g	4
– 우유	ml	20
산딸기 소스 COULIS DE FRAMBOISE		
– 산딸기	g	200
– 슈가파우더 sucre glace	g	80
또는		
– 시럽 1.1247°D	ml	40
or 16°B		
– 레몬 1/4	g	20
마무리(장식)		
– 산딸기(8개)	g	100
– 민트	개(단)	약간(PM)
준비 시간 : 35분		
굽는 시간 : 1~2분		

** 용도에 따라, 지방 함유량 20% 또는 30%의 크림을 사용한다.*
생크림에 우유를 섞어 사용할 수 있다.

준비할 도구
- 중간 크기 볼 1
- 작은 볼 1
- 차이나 캡 1
- 믹서 1
- 작은 들통 1

굽기 위한 도구
- 중간 크기 냄비 1
또는
- 소테팬 1

플레이팅 도구
- 작은 베린느 8
또는
- 작은 병 8

만드는 방법

1. 조리 작업대에 재료와 도구 준비하고, 청결한 작업 환경 만들기 – 5분
레시피대로 재료를 준비하고 조리기구, 서빙을 위한 도구 등을 준비한다.

2. 젤라틴을 차가운 물에 불리기 · 2분
한천을 이용할 경우, 차가운 우유에 넣어 용해시킨다.

3. 크림 만들기 – 10분
냄비에 크림(더 가벼운 크림을 원하면 우유를 사용)을 넣고 바닐라 빈 반쪽을 세로로 갈라넣어 끓인다.
1분간 계속 저어가며 부드럽게 끓여준다.
a) 한천을 사용하는 경우 : 희석된 혼합물을 부어 끓어오르면 거품기로 저어준다.
b) 판 젤라틴을 사용하는 경우 : 젤라틴을 물에서 꺼내 부드럽게 짠다. 불 밖에서 완성된 크림에 젤라틴을 넣고 완벽하게 용해시킨 후 혼합물을 거름망에 한 번 걸러준다.

4. 크림을 틀에 채우기 – 3분
혼합물을 베린느나 작은 단지에 넣는다.
60%를 채우고 4~6시간 냉장 보관한다.

5. 산딸기 소스 만들기 – 10분(p. 698/699 참조)
산딸기를 설탕과 섞고, 레몬즙을 몇 방울 넣어준다.
거름망에 한 번 걸러준다.

6. 마무리하기 – 5분
크림이 잘 굳었을 때, 소스를 충분히 부어준다.
원한다면, 샹티이 크림을 꽃모양으로 짜주고, 산딸기와 민트로 장식한다.

완성한 결과
산딸기 소스를 곁들인 판나 코타(Panna Cotta coulis de framboise)

무스 오 쇼콜라(Mousse au chocolat)

바바루아 루바네(Bavarois rubanné)

크림 랑베르세 캐러멜(Crème renversée au caramel)

과일 꽁데(Fruits Condé)

오렌지 상긴느를 곁들인 몰타식 쌀(Riz Maltais aux oranges sanguines)

산딸기 샤를로트(Charlotte aux framboises)

과일 콩데
FRUITS CONDÉ

과일 콩데 Fruits Condé는 우유에 조리한 밥을 얹어 데친 과일(배 poires, 살구 abricots, 복숭아 pêches)과 살구 소스 sauce abricot를 곁들이기도 한다.

8인분 재료	단위	수량
쌀 푸딩 RIZ AU LAIT		
– 우유	L	1
– 소금	g	약간(PM)
– 바닐라	개	1/2
– 둥근 쌀 riz rond à entremets	g	200
리에종 Liaison		
– 계란	g	80
– 설탕 sucre semoule	g	140
– 과일 절임(선택사항)	g	80
– 버터(틀을 위한)	g	20
충전물		
– 시럽에 든 살구	개수	16
또는		
– 배(150g의 배 4개)	kg	1.2
– 레몬	개수	1
시럽 :		
– 물	ml	800
– 설탕	g	500
– 레몬(1/2개)	g	50
– 바닐라(선택사항)	개수	1/2
또는, 시럽에 든 배		
마무리		
– 황금빛 나파주(나파주 블롱) nappage blond	g	160
장식		
– 안젤리카 꽃 angélique	g	20
– 체리(비가로* bigarreaux)	g	20
살구 소스 SAUCE ABRICOT		
– 살구잼	g	160
– 과일 시럽	ml	약간(PM)
– 키르쉬	ml	40
평균 준비 시간 : 1시간 5분		
밥 짓는 시간 : 25〜30분		

만드는 방법

1. 조리 작업대에 재료와 도구 준비하고, 청결한 작업 환경 만들기 – 5분
레시피대로 재료를 준비한 후 조리기구, 서빙을 위한 도구를 준비한다.

2. 밥 데치기 – 5분
쌀을 깨끗이 씻은 후 체에 받쳐 물기를 뺀다.
냄비에 찬물을 넣는다.
밥이 끓어오르기 시작하면 1분간 익힌다.

식힌 후 밥의 물기를 제거한다.

3. 밥짓기 – 5분(p. 505/506 참조)
우유에 바닐라 빈과 약간의 소금을 넣어 끓인다.
쌀을 넣고 다시 끓기 시작할 때까지 저어준다.
뚜껑을 덮고 180℃에서 25〜30분간 밥을 짓는다.

4. 시럽 만들기 – 5분
냄비에 설탕, 물, 레몬 껍질과 바닐라를 한데 넣는다.
끓여주고 필요하다면 거품을 제거한다.

5. 과일 준비하기 – 10분
배를 사용할 경우, 껍질을 벗겨 레몬즙에 담근 후, 과일 화채용 스쿱으로 도려낸다.
시럽에 든 살구를 사용할 경우, 물기를 제거한 후, 밀폐용기에 보관한다.

6. 배를 끓는 물에 데치기(p. 510 참조)
배를 시럽에 담가 유산지로 덮고, 배의 상태에 따라 15〜20분간 익힌다.

7. 리에종 만들기
4개의 노른자에 설탕을 넣어 하얗게 될 때까지 섞는다.

8. 쌀을 찧는다. – 5분(p. 506/507 참조)
밥이 잘 익었는지 확인한 후 불에서 내린다. 주걱으로 리에종을 천천히 넣어 섞어준다.
몇 초간 밥을 다시 한 번 끓여주고 버터 바른 틀에 옮긴다.
냉장실에 넣지 않고 식힌다.

9. 나파주 블롱 준비하기 – 3분
작은 냄비에 나파주를 한 번 데운다.

10. 살구 소스 준비하기 – 5분
살구잼을 천천히 데워 필요할 경우 소량의 시럽을 첨가한 후 거름망에 거른다.
키르쉬를 넣고 중탕 상태로 뚜껑을 덮어 보관한다.

11. 완성한 과일 콩데 제공하기 – 12분
틀을 살짝 데운 뒤 접시에 틀을 뒤집어서 제거한다.
익힌 과일은 물기를 제거하여 올려준다.
나파주를 쌀과 과일에 균일하게 발라준다.
과일 절임을 조화롭게 장식한다.
소스그릇에 살구 소스를 담아 제공한다.

키르쉬 안에 든 과일 절임을 쌀에 첨가하는 것이 일반적이다. 살구 소스는 붉은 과일 소스로 대체하거나 살구와 혼합하여 사용할 수 있다.

---

* 비가로 bigarreaux : 일반적인 체리보다 과육이 단단하고 단맛이 강한 프랑스의 체리 품종의 하나. 보통 디저트나 케이크 장식에 사용되며, 특히 설탕에 절인 체리(cerises confites) 형태로 많이 쓰인다.

FICHE 158

완성한 결과

과일 콩데(Fruits Condé)

캐러멜 소스, 포도 세몰리나

SEMOULE AUX RAISINS, SAUCE CARAMEL

1. 조리 작업대에 재료와 도구 준비하고, 청결한 작업 환경 만들기 – 5분

레시피대로 재료를 준비하고 조리기구, 서빙을 위한 도구 등을 준비한다.

2. 세몰리나 익히기

우유 1L에 설탕 200g, 바닐라 추출물 몇 방울, 또는 바닐라 빈 반쪽을 세로로 갈라넣어 끓인다.

고운 세몰리나 125g을 넣고 8~10분간 약불에서 잘 저어준다.

불을 끄고 럼주 50ml와 절인 건포도 125g을 넣는다.

3. 세몰리나 틀에 담기

틀에 약간의 기름칠을 하고 8개의 작은 그릇에 빠르게 채운 후 식힌다.

4. 캐러멜 소스 만들기

설탕 200g을 진한 황금색 캐러멜 blond foncé로 익힌 후 소량의 물을 넣는다.

다시 몇 초간 끓인 후 체에 걸러준다.

5. 완성한 세몰리나 제공하기

접시에 캐러멜 소스를 바른다.

세몰리나를 틀에서 제거한다.

깃털 모양의 캐러멜 또는 거품 모양의 설탕으로 장식한다.

준비해야 할 도구
- 정리용 사각 트레이 3
- 중간 볼 2
- 차이나 캡 1

- 작은 볼 1

굽기 위한 도구
- 중간 크기 냄비 1(과일을 넣기 위한)
- 중간 크기 냄비 1(쌀을 넣기 위한)

- 뚜껑 1
- 작은 소테팬 2

플레이팅 도구
- 둥근 접시
- 소스그릇, 받침대 레이스 종이

같은 계열의 디저트 PLATS SIMILAIRES

캐러멜 쿠론, 터번 드 리 Couronne ou turban de riz au caramel
- 위에 소개한 방법대로 쌀 푸딩을 만든다.
- 같은 방법으로 노른자를 넣어 농도를 진하게 만든다.
- 왕관 모양의 틀을 캐러멜로 슈미제하고, 충전물을 채운다.
- 중탕하여 180~190℃로 30분간 익힌다.
- 냉각 후 틀에서 꺼내 바닐라 앙글레즈 크림과 함께 제공한다.

산딸기를 곁들인 《글라세》 리 Riz 《glace》 aux framboises
- 기본 쌀 푸딩에 휘핑크림을 섞는다.
- 개별 접시에 보기 좋게 담고, 산딸기로 장식한다.

사과 쿠론 드 리 Couronne de riz aux pommes
- 사바랭 틀에 기본 쌀 푸딩을 넣어 굳힌 뒤 틀에서 꺼내준다.
- 캐러멜화한 사과를 채운다.

절인 과일 크로켓 드 리 Croquettes de riz aux fruits confits
- 쌀 푸딩에 과일 절임과 키르쉬를 넣어 식힌 후 접시에 놓는다.
- 사각형으로 잘라 계란 혼합물과 빵가루를 입혀 튀긴다.
- 레드커런트 소스와 함께 뜨겁게 제공한다.

테린느, 투르골 Terrinée ou tourgoule
- 테린느나 그라탱 접시에 버터칠을 한다.
- 차가운 우유 1L, 또는 우유 800ml와 크림 200ml에 소량의 소금, 바닐라 빈을 세로로 갈라 넣고 작은 시나몬 막대를 넣는다.
- 200g의 설탕과 200g의 둥근 쌀을 씻어 물기를 제거한 후 첨가한다.
- 120℃에서 4~5시간 익힌다. 익히는 동안 젓지 않고, 표면에 황금색 껍질이 형성 되어야 한다.
- 테린은 뜨겁게 먹어야 하며, 일반적으로 앙글레즈 크림과 따뜻한 브리오슈 빵과 함께 제공된다.(시나몬이나 캐러멜로 맛을 낼 수 있다)

완성한 결과

과일과 쌀을 이용한 모듬요리(Assortiment de riz aux fruits)

디플로마 푸딩, 카비넷 푸딩
PUDDING DIPLOMATE OU PUDDING DE CABINET

디플로마 푸딩, 카비킷 푸딩 Pudding diplomate ou pudding de cabinet은 비스퀴 퀴이에 biscuits à la cuiller 또는 제누아즈에 절인 과일과 크림을 혼합하여 만든다. 푸딩은 키르쉬 앙글레즈 크림 crème anglaise au kirsch과 함께 차갑게 제공된다.

8인분 재료	단위	수량
기본 재료		
– 비스퀴 퀴이에	g	200
또는 제누아즈		
– 전란	g	165
– 설탕	g	100
– 밀가루	g	100
슈미제		
– 버터	g	20
– 밀가루	g	20
파티시에 크림 APPAREIL A CRÈME PRISE SUCRÉ		
– 우유	ml	750
– 전란(5개)	g	275
– 설탕	g	150
– 바닐라	개	1/2
충전물		
– 과일 절임 큐브	g	100
– 키르쉬	ml	20
장식		
– 안젤리카 꽃	g	10
– 체리 bigarreaux	g	10
앙글레즈 크림 CRÈME ANGLAISE		
– 우유	ml	500
– 계란(노른자 4개)	g	80
– 설탕	g	100~125
– 바닐라	개수	1/4
– 키르쉬	ml	20
준비 시간 1시간		
굽는 시간 : 40~50분		

만드는 방법

1. 조리 작업대에 재료와 도구 준비하고, 청결한 작업 환경 만들기 – 5분
레시피대로 재료를 준비하고 조리기구, 서빙을 위한 도구 등을 준비한다.

2. 과일 절임 키르쉬에 담그기 – 2분

3. 파티시에 크림 만들기 – 15분(p. 703/704 참조)
우유에 바닐라 빈 반쪽을 세로로 갈라 넣어 끓인다.
전란에 설탕을 넣어 하얗게 될 때까지 섞는다.
끓인 우유를 천천히 넣어 섞는다.
거름망에 한 번 걸러 거품을 제거한다.

4. 앙글레즈 크림 만들기 – 15분(p. 682/684 참조)
우유에 바닐라 빈 반쪽을 세로로 갈라 넣어 끓인다.
계란에 설탕을 넣어 하얗게 될 때까지 섞는다.
끓인 우유를 천천히 넣어 섞는다.
앙글레즈 크림을 다시 냄비에 넣어 나페(nappe) 상태가 될 때까지 끓인다.
크림을 거름망에 걸러 식을 때까지 잘 섞은 후, 소량의 키르쉬를 넣는다.

5. 틀 슈미제하기 – 10분
틀 바닥에 베이킹 페이퍼를 깔아준다.
장미 모양 틀의 바닥을 슈미제하고, 옆면에 비스퀴를 살짝 겹쳐 놓아준다.

6. 틀 채우기 – 5분
틀 바닥에 과일 절임을 깔고, 비스퀴 조각을 넣어준다.
혼합물을 부어 몇 분간 담가둔다[1]
설탕에 절인 과일, 비스퀴, 크림을 번갈아가며 채운다.

7. 푸딩 굽는 시간 표시하기 – 3분
철판에 베이킹 페이퍼를 깔아준다.
푸딩을 철판 위에 놓는다.
끓인 물을 틀의 반 정도 채운다.
180℃에서 40~50분간 익힌다.

8. 푸딩 틀에서 제거하기 – 2분
굽기 상태를 확인한다. 바늘로 가운데 부분을 찔렀을 때 푸딩 표면으로 액체가 올라오지 않아야 한다.
다 구운 푸딩은 식힌다.

9. 완성한 푸딩 제공하기 – 3분
푸딩을 틀에서 제거하여 접시에 담아준다.
안젤리카 꽃과 체리를 골고루 장식한다.
푸딩 주변에 앙글레즈 크림을 부어준다.
나머지 크림은 소스그릇에 담아 함께 제공한다.

[1] 틀은 한번에 채우지 않는다. 비스퀴가 떠오르지 않도록 하기 위해 크림이 비스퀴에 스며들 시간을 준다.

푸딩은 제누아즈 스펀지케이크로도 만들 수 있다.

완성한 결과

디플로마 푸딩, 카비넷 푸딩(Pudding diplomate ou pudding de cabinet)

말라가 사비용, 포도 푸딩

PUDDING AUX RAISINS ET SABAYON AU MALAGA

1. 파티시에 혼합물 만들기(p. 703 참조)

2. 틀 준비하기
말라가 malaga 100ml 안에 말라가 포도 100ml를 절인다.
틀에 버터 칠을 하고 설탕을 뿌린 후 200g의 비스퀴를 채운다.
동시에 절인 포도를 넣어준다.

3. 푸딩 익히기
틀에 크림을 채우고, 기본 레시피와 같이 중탕으로 익힌다.
푸딩을 얼리지 않고 식힌 후, 틀에서 제거한다.

4. 사바용 크림 만들기
볼 안에 4개의 노른자와 100g의 설탕을 넣어 하얗게 될 때까지 섞어준다.
200ml의 말라가를 넣어 중탕한다. 크림에 거품이 나고 약간 걸쭉해질 때까지 휘젓는다.

5. 완성한 푸딩 제공하기
푸딩 주변에 사바용 크림을 부어 장식한다.

완성한 결과

말라가 사비용, 포도 푸딩(Pudding aux raisins et sabayon au Malaga)

준비할 도구
- 식품 트레이 1
- 작은 볼 1
- 거품기 1
- 중간 볼 2
- 계란 흰자용 볼 1

굽기 위한 도구
- 제누아즈 틀 1
- 샤를로트 틀 1
- 또는, 큰 오븐용 그릇 1 (수플레 틀)
- 중간 소테팬 2
- 중탕용 볼 1

플레이팅 도구
- 둥근 접시
- 소스그릇, 받침대 레이스 종이

같은 계열의 디저트 PLATS SIMILAIRES

빵, 버터 푸딩 Bread and butter pudding
- 식빵 또는 눅눅해진 브리오슈 조각에 녹인 버터를 넣어 그라탱이나 파이틀에 건포도와 함께 넣는다.
- 바닐라 크림을 채운다.
- 오븐에 굽고, 슈가파우더를 이용하여 광택을 낸다.
- 따뜻한 접시에 얹어 제공한다.

프랑스식 푸딩 Pudding à la française
- 브리오슈와 다양한 페이스트리를 섞어 알코올에 절인 과일과 함께 틀에 넣는다.
- 바닐라 크림을 채운다.
- 중탕으로 익힌다.
- 커피나 초콜릿 퐁당으로 윤기를 낸다.
- 앙글레즈 크림과 함께 제공한다.

알자시안식 팽 패르뒤 Pain perdu à l'ancienne
- 눅눅해진 브리오슈 조각이나 팽 데피스 pain d'épices 조각을 크림에 적셔 프라이팬에서 소량의 버터와 함께 구워낸다.

리 아 랭페라트리스

RIZ À L'IMPÉRATRICE

리 아 랭페라트리스 Fiz à l'impératrices는 바바루아 bavarois 아파레이유와 우유로 익힌 쌀에 키르쉬에 담근 과일 절임을 첨가하여, 붉은 과일 소스와 함께 제공한다.

8인분 재료	단위	수량
쌀 푸딩 RIZ AU LAIT		
– 우유	ml	750
– 가는소금	g	약간(PM)
– 안남미 riz long	g	150
– 바닐라	개	1/2
바바루아 크림 APPAREIL À BAVAROIS		
– 우유	ml	500
– 계란(노른자 4개)	g	80
– 설탕	g	150
– 바닐라	개	1/2
– 젤라틴(6~7장)	g	12~14
– 생크림	ml	300
– 과일절임 큐브	g	100
– 키르쉬	ml	40
슈미제		
– 레드커런트 젤리	g	40
– 젤라틴(1장)	g	2
붉은 과일 소스 COULIS DE FRUITS ROUGES		
– 딸기	g	100
– 산딸기	g	100
– 슈가파우더 sucre glace	g	80
– 레몬(1/2개)	g	50
평균 준비 시간 : 1시간 20분		
평균 쌀 익히는 시간 : 20~25분		

만드는 방법

1. 조리 작업대에 재료와 도구 준비하그, 청결한 작업 환경 만들기 – 5분

레시피대로 재료를 준비하고 조리기구, 서빙을 위한 도구 등을 준비한다.

2. 밥(쌀) 데치기 – 5분(p. 505 참조)

쌀을 깨끗이 씻은 후 물기를 제거한다.

냄비에 찬물을 부어준다.

물이 끓어오르기 시작하면 쌀을 1분간 데친다.

식힌 후 밥의 물기는 제거한다.

3. 밥짓기 – 5분

우유에 바닐라 빈 반개와 약간의 소금을 넣고 끓인다.

데친 쌀을 넣고 다시 끓기 시작할 떠까지 저어준다.

끓기 시작하면 뚜껑을 덮고 180℃에서 20~25분간 밥을 짓는다.

4. 라틴 물에 불리기 – 5분

5. 키르쉬에 과일 절임 5분간 담그기 – 5분

6. 앙글레즈 크림 만들기 – 15분(p. 682~684 참조)

우유에 바닐라 빈 반쪽을 세로로 갈라 넣어 끓여준다.

계란에 설탕을 넣어 하얗게 될 때까지 섞는다.

끓인 우유를 천천히 넣어 섞는다.

다시 냄비에 넣어 《나페 nappe》 상태까지 앙글레즈 크림을 끓인다.

젤라틴의 물기를 제거한 후 섞어준다.

크림을 거름망에 거른 후 식을 때까지 잘 섞는다.

7. 틀 바닥에 레드커런트 젤리를 넣어 슈미제하기 – 5분

냄비에 레드커런트 젤리를 끓인다.

색상을 확인하고 찬물에 불려둔 젤라틴을 넣어 거름망에 걸러준다.

걸쭉해진 레드커런트 젤리를 틀 바닥에 붓고 냉장실 또는 얼음 위에 둔다.

8. 익힌 밥 옮기기 – 5분

밥이 익었는지 확인한 후 큰 스테인리스 볼에 옮겨준다.

익한 쌀은 얼음 위에서 가능한 한 빨리 식힌다.

9. 바바리안 크림 마무리하기 – 15분

쌀 푸딩과 앙글레즈 크림을 섞어준다.

절인 과일을 첨가한다.

크림을 올리고 쌀을 넣어 거품기로 부드럽게 섞어준다.

10. 익힌 쌀 틀에 채우기 – 5분

틀에 가득 채우고, 랩을 씌워 2시간동안 냉장실에 보관한다.

11. 붉은 과일 소스 만들기 – 10분(p. 698~699 참조)

딸기를 씻어 꼭지를 제거하고 물기를 뺀다.

산딸기는 씻어서 물기를 뺀다.

과일은 고운 체나 믹서에 갈아준다.

슈가파우더와 레몬 1/2개의 즙을 첨가한다.

거름망에 강하게 눌러 통과시켜 걸러준다.

완성한 소스는 냉장실에 보관한다.

12. 밥 제공하기 – 5분

따뜻한 물에 틀을 몇 초간 담근 후, 큰 둥근 접시 위에 올려 틀을 제거한다.

소스그릇에 소스와 함께 제공한다.

FICHE 160

완성한 결과

리 아 랭페라트리스(Riz à l'imperatrice)

노르망드식 타르트 오 리 TARTE AU RIZ À LA NORMANDE

1. 브리제 반죽 만들기

밀가루 200g, 버터 100g, 노른자 1개, 소금 5g으로 브리제 반죽을 만든다. (p. 617~619 참조)

2. 아무것도 넣지 않고 큰 타르트 굽기(p. 623 참조)

3. 쌀 푸딩 만들기

《리 랭페라트리스 Riz à l'impératrice》 참조(비율을 반으로 나눈다)

4. 크림 마무리하기

차가운 밥과 바바루아 크림을 섞어준다.
아파레이유를 타르트에 채운다.

5. 충전물을 준비하기

사과 1kg를 씻은 후 껍질을 벗겨 4등분한다.
100g의 버터와 함께 볶아주고, 색이 나면 100g의 설탕을 첨가하여 캐러멜화한다.
100ml의 칼바도스를 넣어 플람베하고 식힌다.

6. 완성한 노르망드식 타르트 오 리 제공하기

사과 4분의 1을 밥 위에 고르게 배열하고, 살구 나파주를 발라 광택을 낸다.

준비할 도구	굽기 위한 도구	플레이팅 도구

• 큰 볼 1
• 거품기 1
• 차이나 캡 1
• 샤를로트 틀, 또는 앙
  트르메 틀
• 작은 볼 2
• 믹서 1
	• 중간 크기 냄비 1
	• 또는, 뚜껑 있는 소테
	  팬 1
	• 중간 소테팬 1
		• 둥근 접시
		• 소스그릇, 받침대 레
		  이스 종이

같은 계열의 디저트 PLATS SIMILAIRES

팔레르모식 쿠론 드 리 Couronne de riz palerme
• 같은 방법으로 밥을 몰드에 넣고 틀을 제거한 뒤, 가운데에 샹티이 크림과 딸기로 장식한다.

시칠리아식 리 Riz à la sicilienne
• 왕관 모양 틀에 〈리 아 랭페라트리스〉를 넣어 굳힌 뒤, 틀을 제거하고 과일 절임으로 장식한다.

몰타식 리 Riz maltais
• 기본 레시피에 오렌지 향과 껍질을 첨가하고, 오렌지 조각으로 장식한다.

완성한 결과

오랑쥬 상긴느를 곁들인 몰타식 리(Riz maltais aux oranges sanguines)

사과 베녜
BEIGNETS DE POMMES

사과 베녜 Beignets de pommes는 칼바도스 calvados에 절인 둥근 사과 조각에 반죽 옷을 입혀 튀겨, 살구 소스 sauce abricot와 함께 따뜻하게 제공한다.

8인분 재료	단위	수량
기본 재료		
– 사과	kg	1.2
– 레몬(1개)	g	100
– 설탕	g	80
– 시나몬	g	약간(PM)
– 칼바도스	ml	80
튀김 반죽 PÂTE À FRIRE		
– 밀가루	g	200
– 계란(노른자 2개)	g	40
– 가는소금	g	4
– 맥주	ml	200
– 오일	ml	40
– 계란(흰자 3개)	g	100
– 설탕	g	20
마무리		
– 슈가파우더 sucre glace	g	40
살구 소스 SAUCE ABRICOT		
– 살구 잼	g	140
– 물과 마리네이드 시럽	ml	약간(PM)
– 튀김 기름	L	약간(PM)
준비 시간 : 1시간 10분		
굽는 시간 : 2분		

* 베녜 Beignets : 과일에 반죽을 입혀 기름에 튀긴 것

만드는 방법

1. 조리 작업대에 재료와 도구 준비하고, 청결한 작업 환경 만들기 – 5분
레시피대로 재료를 준비하고 조리기구, 서빙을 위한 도구 등을 준비한다.

2. 튀김 반죽 만들기 – 10분(p. 660/661)
계량한 밀가루는 체 친다.
볼 안에 체친 밀가루를 넣고, 중앙에 홈을 만든다.
소금, 노른자, 맥주를 넣는다.
거품기를 이용하여 소량의 밀가루를 홈 가장자리에서부터 서서히 액체와 섞어준다.
볼의 옆면을 스크레이퍼로 긁어 정리하고, 반죽 표면에 소량의 오일을 부어 공기와 닿지 않게 한다.
랩을 씌워 서늘한 곳에 보관한다.

3. 사과 준비하기 – 10분
사과껍질을 벗겨 레몬즙에 담근 후, 씨를 제거한다.
씨를 제거한 사과는 1cm의 두께로 일정하게 자른다.
잘라준 사과 조각들을 정리용 사각 트레이에 담아준다.
사과 조각에 설탕과 약간의 시나몬, 칼바도스를 뿌린다.
사과 조각을 뒤집어 스며들게 한다.
차갑게 보관한다.

4. 튀김 반죽 완성하기 – 10분
흰자용 볼에 계란과 소량의 가는소금을 섞는다.
거품기로 흰자의 알끈을 끊어준다.
흰자를 빠르게 올린 후, 더 단단하게 만들기 위해 설탕을 첨가한다.
반죽에 흰자를 부드럽게 섞어준다.

5. 도넛 튀김 튀기기 – 20분(p. 588/589 참조)
사과 조각은 완전히 물기를 제거한다.
튀김 반죽의 각 면을 170℃에서 40초간 튀겨 뜰채로 꺼내 뒤집어준다.
키친타올로 충분히 기름을 뺀다.

6. 살구 소스 만들기 – 5분
작은 소테팬에 살구잼을 넣어 데운다.
사과 마리네이드를 넣어 묽게 만든다. 필요할 경우 물이나 시럽을 첨가한다.
거름망에 한 번 걸러낸 후 뚜껑을 덮어 따뜻하게 보관한다.

7. 도넛에 윤기내기 – 5분
도넛에 슈가파우더를 뿌리고, 샐러맨더에 넣어 윤기를 낸다.

8. 완성한 도넛 제공하기 – 5분
접시에 도넛을 왕관 모양으로 올려준다.
칼바도스가 들어간 살구 소스를 그릇에 담아 함께 제공한다.

FICHE 161

완성한 결과

사과 베녜(Beignets de pommes)

세몰리나 베녜 BEIGNETS DE SEMOULE

1. 혼합물 만들기

도넛 만들기 : 우유 750ml와 설탕 150g에 약간의 액체 바닐라 추출물을 넣고 끓인다. 끓어오르면 세몰리나 150g을 넣고 10분간 잘 저어가며 익힌다.

키르쉬에 담근 과일 절임 150g을 첨가한다.

쟁반에 오일로 가볍게 기름칠을 한 후, 1cm의 두께로 펴 바른다.

랩을 씌워 냉장실에 넣는다.

2. 튀김 반죽 만들기(p. 660/661 참조)

3. 반죽 잘라내기

반죽은 쿠키커터를 이용하여 직경 5cm로 자르고, 애플 코어러(비드 폼 vide–pomme)*를 이용하여 도넛 모양으로 만든다.

4. 튀김 반죽 마무리하기

올린 계란 흰자를 천천히 넣는다.

5. 도넛 익히기

튀김 반죽을 입혀 170℃에서 튀긴다.

튀겨낸 후, 키친타올로 기름을 뺀다.(도넛은 갈색이 나고, 부풀어 오르며, 바삭해야한다)

슈가파우더를 이용하여 윤기를 낸다.

6. 도넛 제공하기

접시의 반은 살구 소스를, 반은 산딸기 소스를 바른다.

도넛을 올린 후 딸기로 장식한다.

가운데에 바닐라 아이스크림을 놓는다.

준비할 도구
- 정리용 사각 트레이 2
- 볼 2
- 계란 흰자용 볼 1
- 거품기 1

굽기 위한 도구
- 튀김기 1
- 거름망 1

플레이팅 도구
- 둥근 접시
- 소스그릇, 레이스 종이

완성한 결과

세몰리나 베녜(Beignets de semoule)

같은 계열의 디저트 PLATS SIMILAIRES

파인애플 베녜 Beignets d'ananas
- 키르쉬에 담근 파인애플 조각에 튀김 반죽을 입혀 튀긴다. 레드커런트 소스와 키르쉬를 함께 제공한다.

바나나 베녜 Beignets de banane
- 바나나를 이등분한 뒤 4cm 조각으로 자른다.
- 바나나를 럼에 담가둔 후 튀김 반죽을 입혀 튀긴다.
- 살구 소스와 럼을 함께 제공한다.

크렘 베녜 Beignets de crème ou crèmes frites
- 키르쉬에 담근 과일 절임을 파티시에 크림에 첨가한다.
- 스푼으로 크넬 모양을 만든 후, 튀김 반죽을 입혀 튀긴다.
- 살구 소스와 함께 제공한다.

---

* 애플 코어러(비드 폼 vide–pomme) : 사과의 씨와 속 부분을 동그란 기둥 모양으로 찍어 도려내는 기구

수플레 아 라 리큐르
SOUFFLÉS À LA LIQUEUR

디저트 수플레 아 라 리큐르 Soufflé à la liqueur는 일반적으로 리큐르가 첨가된 파티시에 크림 crème pâtissière에, 계란흰자를 올려 첨가한 뒤, 오븐에 구워 따뜻하게 먹는다.

8인분 재료	단위	수량
파티시에 크림 APPAREIL À SOUFFLÉ(CRÈME PÂTISSIÈRE)		
– 우유	ml	500
– 바닐라	개수	1/2
– 계란(노른자 4개)	g	80
또는		
– 계란(전란 3개)	g	165
– 설탕	g	100~125
– 밀가루	g	70
– 슈가파우더 sucre glace	g	5
– 리큐르	ml	40
마무리		
– 계란(노른자 2개*)	g	40
– 계란(흰자 8개)	g	260
– 가는소금	g	약간(PM)
– 설탕	g	20
– 비스퀴 퀴이에 biscuits à la cuiller	g	40
– 리큐르	ml	40
슈미제		
– 버터	g	20
– 설탕	g	40
글라사주		
– 슈가파우더 sucre glace	g	20
평균 준비 시간 : 50분		
평균 굽는 시간 : 20~25분		

* 계란 흰자는 마무리용으로 남겨둔다.

만드는 방법

1. 조리 작업대에 재료와 도구 준비하고, 청결한 작업 환경 만들기 – 5분
레시피대로 재료를 준비하고 조리기구, 서빙을 위한 도구 등을 준비한다.

2. 파티시에 크림 만들기 – 20분(p. 685/687 참조)
우유에 바닐라 빈 반쪽을 넣어 끓인다.
계란은 흰자와 노른자를 분리한다.
노른자 또는 전란 3개에 설탕을 넣어 하얗게 될 때까지 섞는다.
체 친 밀가루를 넣어 섞어준다.
끓는 우유를 조금씩 부으며 거품기로 저어주고, 다시 냄비에 넣는다.
몇 분간 계속 저어가며 파티시에 크림을 끓인다.
큰 스테인리스 볼에 파티시에 크림을 옮긴다.
약간의 슈가파우더를 뿌려 막이 형성되는 것을 막거나, 랩을 씌운다.
흰자를 올릴 때까지 따뜻하게 유지한다.

3. 수플레 틀에 슈미제하기 – 5분(p. 458 참조)
붓으로 틀에 계란 칠을 한 후 설탕을 뿌려준다.

4. 비스퀴 퀴이에에 리큐르 40ml 적시기 – 2분

5. 수플레 반죽 만들기 – 10분
파티시에 크림에 나머지 리큐르를 넣어 희석시킨다.
계란 노른자 2개를 파티시에 크림에 넣는다.
8개의 계란 흰자에 소량의 소금을 넣어 올린다.(처음에는 거품이 생기도록 부드럽게 섞다가 속도를 올려 단단해졌을 때, 소량의 설탕을 첨가한다)
계란 흰자를 묽게 만들기 위해, 따뜻한 파티시에 크림을 조금 넣어 섞어준다. 나머지 크림을 넣어 부드럽게 섞는다.

6. 수플레 반죽을 틀에 넣기 – 5분
틀 바닥에 비스퀴 반을 넣는다.
수플레 반죽을 넣고, 나머지 비스퀴를 넣는다.
틀에 가득 채워준다.
표면을 매끄럽게 하고, 스패튤러로 홈을 파준다.

7. 수플레 굽기 – 3분
가스레인지에서 몇 분간 수플레를 익힌 후, 오븐으로 옮겨 200℃에서 20~25분간 익힌다.(몇 분간 익힌 후 작은 칼을 이용하여 가장자리를 살짝 떼어낸다)
굽기 마지막 3~4분 전에 슈가파우더를 뿌려 윤기가 나게 한다.

8. 완성한 수플레 제공하기 – 5분
접시 위에 레이스 종이를 깔고 수플레를 놓는다.
완성한 즉시 제공한다.

파티시에 크림의 계란 노른자는 전란으로 대체 가능
파티시에 크림을 만들 때 사용하는 계란 노른자 4개는 3개의 전란으로 대체할 수 있다.

FICHE 162

완성한 결과

수플레 아 라 리큐르(Soufflé à la liqueur)

오렌지 크레이프 수플레 CRÊPES SOUFFLÉES À L'ORANGE

1. 조리 작업대에 재료와 도구 준비하고, 청결한 작업 환경 만들기

2. 500ml의 크레이프 반죽 만들기

밀가루 200g, 전란 3개, 가는소금, 설탕, 우유 500ml, 버터 50g을 넣는다.

3. 500ml의 파티시에 크림 만들기

수플레 충전물과 동일하다.
가늘게 썬 오렌지 껍질 50g을 40ml의 그랑 마르니에에 넣어 절인다.

4. 크레이프 반죽 굽기

따뜻하게 반죽을 구워준다.

5. 수플레 반죽 마무리하기

반죽에 계란 노른자를 넣어 혼합한다. 흰자를 올리다가 소량의 설탕을
넣어 단단하게 만든다.

6. 크레이프 반죽에 아파레이유 넣기

둥근 스푼을 이용하여 크레이프 안에 수플레 반죽을 넣는다.
버터 칠을 한 크고 긴 접시에 약간 겹쳐 놓는다.

7. 크레이프 반죽 익히기

200℃의 오븐에서 7~8분간 익힌다.

8. 오렌지 크레이프 수플레 윤기 내기

오븐에서 꺼내기 2분 전에 슈가파우더를 뿌려 윤기가 나게 한다.
완성한 즉시 제공한다.

완성한 결과

크레이프 수플레 오 뽐므 캐러멜리제(Crêpes soufflées aux pommes caramélisées)

준비할 도구	굽기 위한 도구	플레이팅 도구
• 큰 볼 1	• 중간 냄비 1	• 둥근 접시
• 작은 볼 2	• 소테팬 1	• 레이스 종이
• 계란 흰자용 볼 1	• 수플레 틀	
• 거품기 1		

같은 계열의 디저트 PLATS SIMILAIRES

초콜릿 수플레 Soufflé chocolat

• 일반 레시피와 동일하지만, 알코올을 제외하고 카카오 가루를 첨가한다.

아를르캥 수플레 Soufflé arlequin

• 수플레 틀에 바닐라 수플레와 초콜릿 수플레 혼합물을 1/4 정도 채운다.
• 제공하기 직전에 글레이즈를 바른다.

상 파울루 수플레 Soufflé Sao Paulo

• 수플레에 커피와 럼으로 맛을 낸다.

로쉴드 수플레 Soufflé Rothschild

• 바닐라 수플레에 단치히(Dantzig 리큐르의 이름) 리큐르에 절인 과일을
첨가한다.
• 제공 직전에 딸기로 장식한다.

과일 수플레(딸기, 산딸기) Soufflé aux fruits(fraises, framboises)

• 설탕 250g을 살짝 익힌 후, 과일 퓨레 300g을 넣고 몇 초간 더 익힌다.
• 6개의 흰자를 올려 넣어준다.
• 슈미제한 틀에 넣어 오븐에 굽는다.

* 반죽은 리본처럼 끊임없이 포개지면서 흘
러내리는 《뤼방 상태가 될 때까지 former
le ruban》 휘핑해야 한다

설탕 크레이프
CRÊPES AU SUCRE

설탕 크레이프 Crêpes au sucre는 프라이팬에 크레이프를 얇게 구운 뒤 설탕을 뿌려 따뜻하게 제공한다.

8인분 재료	단위	수량
크레이프 반죽 PÂTE A CRÊPES		
– 우유	ml	500
– 밀가루	g	200~250
– 전란(3개)	g	165
– 가는소금	g	2
– 설탕	g	40
– 버터	g	40
– 버터 또는	g	20
– 오일(굽기 위한)	ml	20
마무리		
– 슈가파우더 또는	g	40
– 설탕과	g	20
슈가파우더	g	20
– 버터(버터 칠을 위한)	g	10
평균 준비 시간 : 40분		
평균 굽는 시간 : 1분		

만드는 방법

1. 충분한 작업공간 확보하고, 청결한 작업 환경 만들기 – 5분

레시피대로 재료를 준비하고 조리기구, 서빙을 위한 도구 등을 준비한다.

2. 크레이프 반죽 만들기 – 10분(p. 662~664 참조)

스테인리스 볼에 밀가루를 넣고 중앙에 홈을 만든다.

홈 가운데에 가는소금, 설탕, 전란을 넣는다.

거품기로 계란과, 밀가루 일부를 섞어준다.

반죽을 젓고 있는 상태에서, 우유를 천천히 부어준다. 반죽은 매끄럽고 균일해야 한다.

버터는 녹이거나, 갈색이 될 때까지 가열한다.

크레이프 반죽을 거름망에 걸러 다른 스테인리스 볼에 넣는다.

식힌 버터나, 갈색이 될 때까지 가열한 버터를 반죽에 넣어 잘 섞고 휴지시킨다.

3. 크레이프 반죽 굽기 – 20분

프라이팬을 깨끗이 닦는다.

팬을 가열한 후 소량의 버터나 오일을 두른다.

국자를 이용하여 크레이프 반죽을 소량 부어준다.

반죽을 팬 전체에 골고루 펴 바른다.

중간 불에서 20초간 익힌다.

주걱으로 크레이프를 뒤집는다.

모든 크레이프를 같은 방향으로 겹쳐 놓는다. 첫 번째 익힌 크레이프를 아래쪽에 가게 한다.

크레이프를 덮어 따뜻하게 보관한다.

4. 완성한 크레이프 제공하기 – 5분

크레이프 위에 설탕을 너무 과하지 않게 뿌린다.

반으로 접고, 다시 반으로 접어 네 겹이 되도록 접는다.

버터 칠을 한 접시에 조화롭게 놓는다.

슈가파우더를 뿌려준다.

- 크레이프는 샐러맨더에 넣어 윤기를 낼 수 있다.
- 크레이프는 버터 바른 접시에 살짝 겹쳐 제공한다. 마지막에 완성된 크레이프가 위쪽으로 가게 한다. 접었을 때 예쁜 면을 위쪽으로 둔다.

FICHE 163

완성한 결과

설탕 크레이프(Crêpes au sucre)

크레이프 포레, 파니켓

CRÊPES FOURRÉES OU PANNEQUETS

만드는 방법

1. 조리 작업대에 재료와 도구 준비하고, 청결한 작업 환경 만들기 – 5분

2. 1/2의 비율로 크레이프 반죽 만들기 – 10분

3. 80g의 과일 절임과 40g의 건포도를 40ml의 럼에 재우기

4. 파티시에 크림 만들기 – 20분(p. 685~687 참조)

우유에 바닐라 빈 반쪽을 넣어 끓인다.

계란은 흰자와 노른자를 분리한다.

노른자에 설탕을 넣어 하얗게 될 때까지 섞는다.

체 친 밀가루를 넣어 섞어준다.

끓는 우유를 조금씩 혼합물에 부으며 거품기로 저어주고, 다시 냄비에 넣는다.

몇 분간 계속 저어가며 파티시에 크림을 끓인다.

스테인리스 볼에 파티시에 크림을 옮긴다.

막이 형성되는 것을 막기 위해 표면에 버터를 바르거나, 랩을 씌운다.

5. 파티시에 크림에 과일 절임과 건포도 넣기 – 3분

6. 크레이프 익히기 – 20분 (p. 664 참조)

7. 크레이프 속 채우기 – 10분

크레이프를 작업대나 유산지에 올린다.(색이 진하게 난 쪽이 아래쪽으로 가도록)

짤주머니에 1.5cm의 둥근 깍지를 넣어, 크레이프의 가운데에 막대기 모양으로 파티시에 크림을 짠다.

가장자리를 접은 후, 크레이프를 둥근 모양으로 굴린다.

따뜻하게 보관한다.

8. 완성한 크레이프 제공하기

버터 바른 긴 접시에 크레이프를 놓는다.

슈가파우더를 뿌리고 일반적으로 샐러맨더에 넣어 윤기를 낸다.

일반적으로, 붉은 과일 소스와 함께 제공된다.

준비할 도구	굽기 위한 도구	플레이팅 도구
• 중간 볼 2	• 18/20cm 프라이팬	• 둥근 접시 또는 긴 접시
• 오븐용 작은 그릇 1		
• 차이나 캡 1		
• 작은 국자 1		

같은 계열의 디저트 PLATS SIMILAIRES

크레이프 플럼베 : 일반적으로 레스토랑 홀에서 완성시킨다

Crêpes flambées(préparation généralement terminée en salle)

• 캐러멜을 만든 후, 레몬주스 몇 방울을 넣은 오렌지 주스를 넣는다. 이후, 갈색이 될 때까지 가열한 버터를 넣는다.

• 그랑 마르니에를 넣어 약간 졸인다.

• 팬케이크를 접어 코냑으로 플럼베한다. 필요할 경우 설탕을 뿌린다.

• 1인당 3개의 크레이프(직경 16~18cm)를 따뜻한 접시에 담아낸다.

크레이프 쉬제트 : 일반적으로 레스토랑 홀에서 완성시킨다

Crêpes Suzette(préparation généralement terminée en salle)

• 이 크레이프는《버터 수제트 beurre Suzette》를 사용하여 만든다. 오렌지와 레몬 껍질을 설탕에 넣어 첨가하고, 오렌지와 레몬즙은 그랑 마르니에나 꼬냑에 넣어 첨가한다.

• 이 크레이프는 플럼베 하지 않고, 따뜻한 접시에 담아낸다.

크레이프 사라쟁(갈레트) Crêpes au Sarrazin(galettes)

• 만드는 방법은 다른 크레이프와 동일하나, 밀가루를 메밀가루로 대체한다.

오모니에흐 노르망디 Aumonières normande

• 잘게 썬 사과를 버터로 볶은 뒤 칼바도스로 플럼베한다. 크레이프에 넣고 살구 잼을 살짝 발라 주머니 모양으로 접는다.

• 크림을 넣은 캐러멜과 칼바도스, 또는 캐러멜 소금 버터와 함께 제공한다.

완성한 결과

오모니에흐 노르망디(Aumônière normande)

싱가폴식 앙트르메
ENTREMETS FAÇON SINGAPOUR

싱가폴식 앙트르메 Entremets façon Singapour는 키르쉬 시럽을 적신 제누아즈에, 졸인 파인애플을 넣은 파티시에 크림을 바른다. 구운 아몬드로 덮어 파인애플 조각과 절인 과일로 장식한다.

8인분 재료	단위	수량
제누아즈		
– 전란(4개)	g	220
– 설탕 sucre semoule	g	125
– 밀가루	g	125
– 버터(선택사항)	g	40
슈미제		
– 버터	g	20
– 밀가루	g	20
시럽 SIROP DE PUNCHAGE		
– 물	ml	50
– 설탕 sucre	g	40
– 키르쉬	ml	40
파티시에 크림		
– 우유	ml	500
– 계란(노른자 4개)	g	80
– 설탕	g	100
– 크림 파우더	g	40
– 바닐라	개수	1/2
– 키르쉬	ml	20
– 버터	g	10
졸인 파인애플 COMPOTE D'ANANAS		
– 시럽에 든 파인애플 ananas au sirop(bt 4/4) en morceaux	개수	1
– 파인애플 시럽 sirop d'ananas	ml	약간(PM)
마무리/장식		
– 살구 나파주	g	80
– 둥근 파인애플 조각	개수	2
– 설탕에 절인 체리 bigarreaux confits	개수	4
– 절인 안젤리카 꽃	g	20
– 분쇄한 아몬드	g	80
평균 준비 시간 : 1시간 25분		
평균 굽는 시간 : 20~25분		

만드는 방법

1. 조리 작업대에 재료와 도구 준비하고, 청결한 작업 환경 만들기 – 5분
레시피대로 재료를 준비하고 조리기구, 서빙을 위한 도구 등을 준비한다.

2. 틀을 슈미제하기 – 3분(p. 458 참조)
붓으로 틀에 버터 칠을 한다.
체친 밀가루를 안쪽에 뿌린다.
과도한 밀가루를 털어내기 위해 틀을 뒤집어 두드린다.

3. 제누아즈 만들기 – 15분(p. 651~654 참조)
스테인리스 볼에 전란과 설탕을 넣는다.

거품기로 하얗게 될 때까지 섞는다.
따뜻한 물이 든 냄비에 아파레이유가 든 볼을 넣어 중탕으로 올려준다.
아파레이유에 최대한의 공기가 들어가도록 반죽을 들어 올려가며 계속해서 휘젓는다.
아파레이유의 부피가 두 배 정도 증가하고, 약 40℃의 온도에 도달하면 냄비에서 볼을 내린다.
혼합물이 차가워질 때까지 거품기로 계속해서 휘젓는다.*
거품기로 반죽을 들어올려가며, 체 친 밀가루를 조금씩 넣어 섞어준다.

4. 제누아즈 반죽 팬닝하기 – 2분
스크레이퍼를 이용하여 틀의 2/3의 높이까지 팬닝한다.
제누아즈를 180℃에 20~25분간 익힌다.

5. 시럽 만들기 – 3분
키르쉬를 넣어 시럽을 만들고, 식힌다.

6. 파티시에 크림 만들기 – 20분(p. 685~687 참조)
표면에 버터칠을 하거나, 랩을 씌워 빠르게 식힌다.

7. 틀에서 반죽을 제거하여 그릴 위에 두기 – 2분

8. 파인애플 졸이기 – 10분
파인애플을 조각내어 자른다.
냄비에 파인애플과 시럽을 넣어 천천히 졸인다.
다른 그릇에 옮겨 보관한다.

9. 분쇄한 아몬드 굽기 – 5분

10. 케이크 몽타주하기 – 10분(p. 654~656 참조)
제누아즈를 같은 두께로 삼등분한다.
첫 번째 제누아즈를 케이크 판 위에 놓는다.
시럽을 바르고, 키르쉬를 넣은 파티시에 크림을 얇게 펴 바른다.
절인 파인애플의 반을 골고루 분배한다.
두 번째 제누아즈를 올리고 같은 작업을 반복한다.
마지막 제누아즈를 올려 시럽을 바른다.

* 반죽은 리본처럼 끊임없이 포개지면서 흘러내리는 《뤼방 상태가 될 때까지 former le ruban》 휘핑해야 한다.

11. 케이크 장식하고 마무리하기 – 8분
살구 나파주를 이용하여 전체적으로 윤기를 낸다.
구운 아몬드를 케이크 둘레에 규칙적으로 붙인다.
둥근 모양의 파인애플과 절인 과일을 올려 장식하고 윤기를 낸다.

12. 완성한 케이크 제공하기 – 2분
레이스가 있는 종이를 밑에 깔아 둥근 접시 위에 제공한다.

FICHE 164

완성한 결과

싱가폴식 앙트르메(Entremets façon Singapour)

갸토 그헝 시에클 GÂTEAU GRAND SIÈCLE

1. **조리 작업대에 재료와 도구 준비하고, 청결한 작업 환경 만들기 – 5분**
2. **4개의 계란을 이용하여 제누아즈 만들기**
   계란 4개, 설탕 125g, 체 친 밀가루 125g을 사용하여 제누아즈를 만든다.
   완성한 제누아즈는 그릴 위에 옮겨 식힌다.
3. **물 60ml, 설탕 50g, 쿠앵트로 40ml 이용하여 150ml의 시럽 만들기**
4. **250ml의 샹티이 크림 만들기**
   슈가파우더 20g을 첨가하여 샹티이 크림 250ml를 만든다.
5. **산딸기 잼 400g을 스패튤러로 잘 섞어주기**
6. **케이크 몽타쥬하기**
   제누아즈를 케이크 판 위에 놓는다.
   같은 두께로 삼등분한다.
   제누아즈에 시럽을 바르고 샹티이 크림을 짠 후 산딸기 잼을 넣는다.
   마지막 제누아즈를 올려 마무리한다.
7. **3개의 흰자를 이용하여 노르웨이식 오믈렛 충전물 만들기**
   3개의 흰자에 가는소금을 소량 넣어 올려준다.
   40g의 설탕을 넣어 단단하게 올린다.
   계란 노른자 1개에 20g의 설탕을 넣어 하얗게 될 때까지 섞어준다.
   올린 노른자를 올린 흰자에 천천히 넣어 섞는다.
8. **크림을 덮고 캐러멜화하기**
   노르웨이식 오믈렛 충전물을 케이크에 얇게 펴 바른다.
   생토노레 깍지를 넣은 짤 주머니를 이용하여 꽃모양으로 짠다.
   슈가파우더를 뿌리고, 토치로 과하지 않게 캐러멜화시킨다.
9. **케이크의 반 정도 높이에 아몬드 붙이기(선택사항)**
   100g의 아몬드 슬라이스에 몇 방울의 키르쉬를 첨가하고, 설탕을 뿌려
   천천히 구워준다.
10. **케이크를 산딸기로 장식하여 완성하기**

• 거품기 1	• 중간 냄비 1
• 작은 오븐용 그릇 1	• 작은 냄비 1
• 빵칼 1	• 작은 철판 1

준비할 도구
• 계란 흰자용 볼 1
• 작은 거품기 1
• 중간 볼 2
• 그릴 1

굽기 위한 도구
• 둥근 틀이나 제누아즈 사각 틀
• 중간 소테팬 2

플레이팅 도구
• 둥근 접시
• 레이스 종이
• 케이크 판

완성한 결과

갸토 그헝 시에클(Gâteau Grand Siècle)

같은 계열의 디저트 PLATS SIMILAIRES

마키즈 Marquise
• 제누아즈에 키르쉬를 넣은 시럽을 바른다.
• 키르쉬에 절인 과일을 파티시에 크림에 넣어 충전한다.
• 흰 퐁당으로 윤기를 낸다.
• 절인 과일로 장식한다.

몽블랑 Mont-Blanc
• 제누아즈에 럼을 넣은 시럽을 바른다.
• 무슬린 크림에 코코넛 우유, 라임 껍질, 시나몬을 넣어 짠다.
• 갈은 코코넛으로 덮는다.
• 둥근 파인애플 조각과 절인 과일로 장식한다.

프레지에 Fraisier
• 이 디저트는 직사각형이나 둥근 틀을 이용하여 만든다. 제누아즈에 쿠앵트로 또는 그랑 마르니에 시럽을 적신다.
• 무슬린 크림과 딸기로 채운다.
• 퐁당을 입히거나 마지팬을 덮어 완성한다.
• 반으로 자른 딸기를 장식한다.(딸기를 케이크 둘레에 세워 장식한다)
• 마지팬을 틀에 맞게 잘라주고, 설탕을 입힌 작은 딸기로 장식한다.

둥근 틀을 이용할 경우의 딸기 장식법
둥근 틀을 이용할 때에는 반으로 자른 딸기를 벽 쪽에 장식한다.

모카
MOKA

디저트 모카 Moka는 럼을 넣은 시럽으로 제누아즈를 적시고, 커피 추출물과 바닐라 추출물을 첨가한 버터크림을 채운 후, 오븐에 구운 아몬드로 장식한다.

8인분 재료	단위	수량
제누아즈		
– 전란(4개)	g	220
– 설탕 sucre semoule	g	125
– 밀가루	g	125
슈미제		
– 버터	g	20
– 밀가루	g	20
버터크림		
– 버터	g	250
– 설탕 sucre	g	200
– 물	ml	40
– 전란(2개)	g	110
– 계란(노른자 2개)	g	40
또는,		
– 계란(1개)	g	55
– 계란(노른자 3~4개)	g	60~80
– 커피 추출물	ml	약간(PM)
– 바닐라 추출물	ml	약간(PM)
시럽		
– 물	ml	60
– 설탕 sucre	g	40
– 럼	ml	40
마무리		
– 다진 아몬드 또는 아몬드 슬라이스	g	100
준비 시간 : 1시간 15분		
굽는 시간 : 20~25분		

만드는 방법

1. 조리 작업대에 재료와 도구 준비하고, 청결한 작업 환경 만들기 – 5분
레시피대로 재료를 준비하고 조리기구, 서빙을 위한 도구 등을 준비한다.

2. 틀을 슈미제하기 – 3분(p. 458 참조)

3. 제누아즈 만들기 – 15분(p. 651~654 참조)

4. 시럽 만들기 – 5분(P. 722 참조)
냄비에 물과 설탕을 한데 넣는다.
냄비의 물과 설탕을 끓인다.
필요할 경우, 거품을 제거하고 볼에 옮겨 담아 식힌다.
럼을 넣어 향을 더해주고 보관한다.

5. 버터크림 만들기 – 15분(p. 691~693 참조)
버터를 포마드 상태로 만든다.
동냄비에 물과 설탕을 넣는다.
동냄비에 물과 설탕을 끓여주고 필요할 경우 거품을 제거한다.
스테인리스 볼에 노른자와 전란을 넣고 잘 저어준다.
전란을 사용하는지, 노른자만 사용하는지 여부에 따라서 설탕을 114~118℃ (그랑필레 grand filet/쁘띠블레 petit boulé)로 익히고, 계란에 부어 완전히 식을 때까지 멈추지 않고 강하게 휘젓는다.
부드러워진 버터를 넣어 섞는다.
크림이 부드러워질 때까지 휘젓는다.
크림에 액상 바닐라와 액상 커피를 넣어 향을 낸다.

6. 아몬드 슬라이스 오븐에 굽기 – 5분

7. 모카 케이크 조립하기 – 15분(p. 654~656 참조)
빵칼을 이용하여 제누아즈를 일정하게 삼등분한다.
붓으로 첫 번째 제누아즈에 시럽을 발라준다.
커피 버터크림을 과하지 않게 바른다.
첫 번째 제누아즈 위에 두 번째 제누아즈를 올린다.
시럽을 바른다.
커피 버터크림을 바른다.
세 번째 제누아즈를 올리고, 시럽을 발라준다.

8. 모카 케이크 마무리하기 – 10분
스패튤러를 이용하여 윗면과 옆면에 버터크림을 입힌다.
옆면에 구운 아몬드를 붙인다.
남은 버터크림을 별 모양 깍지에 넣어 장식한다.

9. 완성한 모카 케이크 제공하기
레이스가 달린 종이 위에 접시를 놓아 제공한다.

모카를 장식할 때는 케이크를 균일하게 자를 수 있도록 장식한다.

완성한 결과

모카(Mokas)

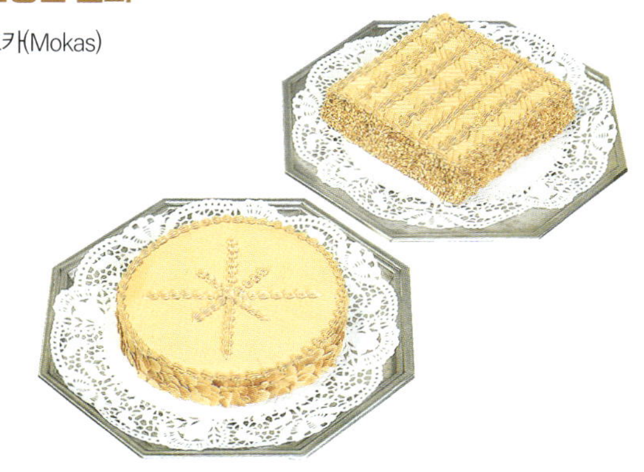

부쉬 드 노엘 BÛCHE DE NOËL

1. 조리 작업대에 재료와 도구 준비하고, 청결한 작업 환경 만들기

2. 4개의 전란으로 제누아즈 만들기

철판에 달라붙지 않도록 버터 칠을 하거나, 베이킹 페이퍼를 깔아준다.
230℃에서 몇 분간 빠르게 굽는다.

3. 버터크림 만들기(p. 691~693 참조)

버터크림을 완성한 후 향을 첨가한다.(바닐라, 커피, 초콜릿, 피스타치오 등)

4. 시럽 만들기

알코올이나 리큐르를 첨가한다.

5. 제누아즈 옮기기

오븐에서 꺼내자마자 즉시 베이킹 페이퍼 위에 놓고 말아준다.
(베이킹 페이퍼를 사용하면 제누아즈를 촉촉하게 유지시키고, 더 쉽게 말 수 있다.)

6. 부쉬 만들기

제누아즈를 펼쳐, 종이를 제거한다.
시럽을 바른 후, 버터크림을 얇게 바른다.
다시 말아 케이크 판 위에 놓는다.
끝 부분을 사선으로 자르고 다듬는다.

7. 부쉬 장식하기

버터크림을 얇게 덮어주고, 둥근 깍지를 넣은 짤주머니나 포크를 이용하여 외관을 장식한다.
녹색으로 장식한 버섯 모양의 스위스 머랭, 아몬드 슬라이스에 슈가 파우더를 뿌려 장식한다.

완성한 결과

부쉬 드 노엘
(Bûche de Noël)

준비할 도구
• 계란 흰자용 볼 1
• 큰 볼 2
• 붓 1
• 빵칼 1
• 짤주머니와 별 깍지 1
• 거품기 1
• 정리용 사각 트레이 1
• 그릴

굽기 위한 도구
• 큰 소테팬 1
• 설탕 온도계 1
• 둥근 틀이나 제누아즈 사각 틀
• 동냄비 1

플레이팅 도구
• 둥근 접시
• 레이스 종이
• 케이크 판

같은 계열의 디저트 PLATS SIMILAIRES

마스코트 Mascotte

• 모카 케이크와 마찬가지로 : 부드럽게 풀어준 버터에 150g의 프랄리네를 첨가한다.
• 케이크 전체에 아몬드 슬라이스를 입힌다. 키르쉬 아만다 : Kirsch amanda 에 적신 아몬드에 설탕을 뿌려 오븐에 노릇하게 구운 아몬드
• 프랄리네 크림을 장미 모양으로 짠 후 커피콩으로 장식한다.

초콜릿 앙트르메 Entremets au chocolat

• 그랑 마르니에 Grand Marnier로 맛을 낸 제누아즈를 초콜릿 버터크림으로 덮는다.
• 초콜릿 장식이나 막대기 모양의 카카오 스위스 머랭으로 장식한다.

그랑 둑 Grand Duc

• 제누아즈에 쿠앵트로로 맛을 낸 버터크림을 덮어준다.
• 으깬 헤이즐넛과 캐러멜화한 아몬드를 뿌려 장식한다.

완성한 결과

초콜릿 앙트르메(Entremets au chocolat)

샹티이 슈
CHOUX CHANTILLY

오븐에 구운 슈에 샹티이 크림 crème Chantilly을 채우고 슈가파우더를 뿌려 샹티이 슈 Choux Chantilly를 완성한다.

8인분 재료	단위	수량
슈 반죽		
– 물	ml	250
– 가는소금	g	5
– 설탕 sucre semoule	g	10
– 버터	g	80
– 밀가루	g	125
– 전란(크기에 따라 4〜5개)	g	220
– 철판 버터 칠을 위한 버터	g	10
계란물		
– 계란(1개)	g	55
샹티이 크림		
– 생크림 30% MG	ml	600
– 슈가파우더 sucre glace	g	40
– 바닐라 추출물	ml	약간(PM)
마무리		
슈가파우더	g	40
평균 준비 시간 : 1시간		
평균 굽는 시간 : 25〜30분		

만드는 방법

1. 조리 작업대에 재료와 도구 준비하고, 청결한 작업 환경 만들기 – 5분

레시피대로 재료를 준비하고 조리기구, 서빙을 위한 도구 등을 준비한다.

2. 슈 만들기 – 15분(p. 637〜641 참조)

물, 소금, 조각낸 버터를 냄비에 넣는다.

버터가 녹는 것과 동시에 물이 끓을 수 있도록 불을 조절한다.

불을 끄고 체 친 밀가루를 넣는다.

주걱으로 힘차게 휘저어 준다.

아파레이유를 다시 몇 초간 가열하여 더 이상 냄비나 주걱에 달라붙지 않도록 수분을 날려준다.

볼에 혼합물을 넣고 계란을 하나씩 넣어 반죽의 농도를 확인한다. 슈 반죽이 완성되면 스크레이퍼로 가장자리를 정리한다.

3. 슈 짜기 – 10분(p. 640 참조)

철판이 깨끗한지 확인한 후 붓으로 버터 칠을 한다.

짤주머니에 1〜1.2cm의 둥근깍지를 넣고 철판에 엇갈리게 슈를 짠다.

슈가 팽창하고 수분이 적절하게 증발할 수 있도록 충분한 공간을 둔다.

붓으로 고르게 계란 칠을 한다.

또는 필요에 따라 젖은 포크 뒷면으로 살짝 눌러 바둑 모양을 낸다.

4. 슈 굽기 – 5분

슈를 200℃의 오븐에서 25〜30분간 구운 후, 환풍구를 열어 수증기가 빠져나갈 수 있게 한다.(필요한 경우, 오븐의 문을 반쯤 열어 수분을 증발시킨다.)

구운 슈는 그릴에 옮긴다.

5. 샹티이 크림 만들기(p. 679〜681 참조)

스테인리스 볼에 크림과 액상 바닐라 몇 방울을 넣어 섞는다.

크림이 두꺼워지고, 거품기의 살에 크림이 살짝 붙기 시작할 때 휘핑을 멈춘다.

슈가파우더를 넣어 크림을 단단하게 올린다.

6. 슈에 크림 채우기 – 12분

빵칼로 슈의 윗부분을 자르거나, 가위로 자르기도 한다.

쿠키 틀을 이용하여 뚜껑의 가장자리를 깨끗하게 정리한다.

별 모양 깍지를 이용하여 샹티이 크림을 가득 채워, 크림이 슈 바깥으로 1cm 정도 보이도록 한다.

뚜껑에 슈가파우더를 뿌리고 각각의 슈 위에 올린다.

7. 완성한 슈 보기 좋게 담기 – 3분

레이스가 달린 종이 위에 둥근 접시를 올려 슈를 균일하게 배열한다.

휘핑크림은 커피나 초콜릿으로 맛을 낼 수 있다. 이 경우, 《샹티이 크림 crème Chantilly》이 아닌, 《커피 샹티이 크림 crème fouettée au café》이나 《초콜릿 샹티이 크림 crème fouettée au chocolat》이라고 해야 한다.

완성한 결과

샹티이 슈(Choux Chantilly)

생토노레 SAINT-HONORÉ

1. 150g의 브리제 반죽이나 슈크레 반죽, 또는 자투리 푀이타주 반죽을 사용한다.

2. 250ml의 슈 만들기(p. 637~639 참조)

3. 생토노레의 바닥 만들기(p. 641 참조)

   반죽을 둥근 모양으로 밀어 펴고, 슈 반죽으로 가장자리는 링 모양으로, 중심부에서부터는 나선형 모양으로 짜준다.

   나머지 슈 반죽은 25개의 작은 원 모양으로 짠다.

   200℃ 오븐에서 따로 구워준다.

4. 파티시에 크림 250ml 만들기(p. 685~687 참조)

   파티시에 크림 250ml를 만들어 향을 첨가하고 2장의 젤라틴을 넣어준다. 따뜻하게 유지한다.

5. 시부스트 크림 마무리하기(p. 689 참조)

   파티시에 크림을 만드는 것과 동시에 흰자 4개에 50g의 설탕을 넣어 단단하게 올린다.

   파티시에 크림에 프렌치 머랭을 조심스럽게 넣어 섞는다.

6. 슈에 크림을 채우고 윤기내기

   짤주머니에 둥근 깍지를 끼워주고 슈에 크림을 채운다.

   슈에 캐러멜을 입히고, 가장자리에 캐러멜을 발라 붙인다.

7. 생토노레 마무리하기

   크림을 가운데에 조금 채워 넣는다. 시부스트 크림은 완전히 식은 뒤 사용한다.

   나머지 크림은 생토노레 깍지를 이용하여 비스듬히 짜준다.

   완성한 생토보레는 냉장실에 보관하고 당일 사용한다.

   레이스 종이가 놓인 케이크 판 위에 둔다.

시부스트 크림은 특히 섬세하고 박테리아에 취약하다. 많은 레스토랑에서는 파티시에 크림에 이탈리안 머랭을 섞어 가벼운 크림을 만들거나, 샹티이 크림 또는 아이스크림(바닐라, 커피, 초콜릿)으로 대체하는 것을 선호한다.

완성한 결과

생토노레(Saint-Honoré)

준비할 도구
- 큰 볼 1
- 체 1
- 그릴 1
- 별 모양 깍지 1
- 빵칼이나 가위 1
- 중간 볼 1
- 큰 거품기 1
- 짤주머니 1

굽기 위한 도구
- 중간 냄비 1
  또는 큰 소테팬 1
- 철판 1

플레이팅 도구
- 둥근 접시
- 레이스 종이

같은 계열의 디저트 PLATS SIMILAIRES

샹티이 씬 Cygnes chantilly
- 슈를 타원형으로 짜준다(이 모양은 백조의 몸을 의미 ils représentent le corps des cygnes).

  2번 원형 깍지를 짤주머니에 넣어 《S》 모양으로 짠다(백조의 목)
- 백조의 부리 위치에 주의하여 절인 과일을 올려 눈을 만든다.
- 슈의 윗부분을 두 갈래로 잘라 날개를 만든다.
- 백조의 몸통은 샹티이 크림으로 가득 채운다. 몸통 위에 날개를 올리고 슈가파우더를 뿌린다.

샹티이 붉은 과일 바구니 Panier de fruits rouges chantilly
- 큰 슈를 납작한 원형 모양이나 타원형으로 짠다.

  2번 원형 깍지를 짤주머니에 넣어 손잡이를 만든다.
- 슈의 윗부분을 자르고, 뚜껑 부분에 슈가파우더를 뿌린다.(바구니의 뚜껑)
- 슈에 샹티이 크림을 채우고 붉은 과일로 장식한다.
- 과일과 크림이 보이도록 뚜껑을 반쯤 올린다.

초콜릿 프로피테롤 Profiteroles au chocolat
- 작은 슈를 연달아 짠다.(1인당 5~6개)
- 샹티이 크림을 채운다.
- 따뜻한 초콜릿 소스를 바르고 남은 소스는 곁들인다.

  샹티이 크림은 바닐라 아이스크림으로 대체할 수 있다.

  이런 경우는 《데지 뒤 호아 désir du roi》나 《프로티테롤 글라세 profiteroles glacées》라 부른다.

크렘이 들어간 슈, 커피 초콜릿 에클레르

CHOUX À LA CRÈME, ÉCLAIRS CAFÉ - CHOCOLAT

크렘이 들어간 슈, 커피 초콜릿 에클레르 Choux à la crème et éclairs café – chocolat은 슈 반죽으로 슈나 에클레르를 만들어, 바닐라나 커피, 초콜릿을 섞은 파티시에 크림을 채운 후, 퐁당으로 윤기를 낸 디저트이다.

8인분 재료	단위	수량
슈 반죽		
– 물	ml	250
– 가는소금	g	5
– 설탕	g	10
– 버터	g	80
– 밀가루	g	125
– 전란(크기에 따라 4~5개)	g	220
– 철판 버터 칠을 위한 버터	g	10
계란물		
– 계란(1개)	g	55
파티시에 크림		
– 우유	ml	750
– 계란(6개)	g	120
– 설탕	g	150
– 밀가루	g	100
또는		
– 크림 파우더	g	60
– 바닐라	개수	1/2
– 버터	g	10
글라사주		
– 퐁당	g	300
– 시럽(1,2624°D) 또는	ml	40
30°보메(Baumé)		
마무리		
– 슈를 위한 크림	ml	20
– 키르쉬(선택사항)	g	20
– 체리(비가로 bigarreaux)	g	약간(PM)
또는		
– 미모사 장식물 grains de mimosa		
– 에클레르를 위한 크림	ml	약간(PM)
– 커피 추출물	g	40
– 카카오 또는 커버춰초콜릿	g	80
평균 준비 시간 : 1시간 20분		
평균 굽는 시간 : 25~30분		

만드는 방법

1. 조리 작업대에 재료와 도구 준비하고, 청결한 작업 환경 만들기 – 5분
레시피대로 재료를 준비하고 조리기구, 서빙을 위한 도구 등을 준비한다.

2. 슈 만들기 – 15분(p. 637~639 참조)

3. 슈와 에클레르 짜기 – 10분(p. 640 참조)
버터 칠을 한 철판에 슈와 에클레르를 짠다.
짤주머니에 1~1.2cm의 깍지를 넣어 짠다.

4. 슈와 에클레르 굽기 – 5분
굽기가 끝난 후, 습기가 빠져나갈 수 있도록 환풍구를 열어준다.

5. 파티시에 크림 만들기 – 20분(p. 685~687 참조)
우유에 바닐라 빈 반 개를 넣고 끓인다.
계란은 흰자와 노른자를 분리한다.
노른자에 설탕을 넣어 하얗게 될 때까지 휘젓는다.
체 친 밀가루나 크림 파우더를 넣고 섞는다.
혼합물을 거품기로 섞으며 끓인 우유를 조금씩 넣는다.
혼합물을 다시 냄비에 옮기고, 계속 저으며 몇 분간 파티시에 크림을 끓인다.
바닐라 빈을 꺼낸다.
크림에 액상 바닐라 몇 방울과 키르쉬, 또는 10~20ml의 액상 커피나 카카오 가루를 넣는다.
표면에 버터를 바르거나 랩을 씌우고 빠르게 식힌다.

6. 슈나 에클레르 충전하기 – 15분(p. 641 참조)
슈의 아랫부분 또는 옆 부분에 작은 칼로 구멍을 뚫는다.
둥근 깍지를 이용하여 키르쉬가 들어간 크림을 채운다.
에클레르는 옆 부분을 잘라 크림을 채운다.

7. 슈나 에클레르에 윤기내기 – 12분(p. 642 참조)
슈에 슈가파우더를 뿌리거나, 흰색 퐁당을 입히고, 절인 체리나 미모사 장식물로 장식한다.
2개의 작은 냄비 안에 퐁당을 35℃까지 천천히 데워준다.
몇 방울의 액상 커피를 넣거나 체 친 카카오 가루를 넣는다.
필요할 경우, 퐁당에 1.2664°D의 시럽을 넣는다.
퐁당에 에클레르 윗부분을 조심스럽게 담근다.
퐁당의 두께가 균일한지 확인하고, 손가락이나 작은 칼로 과한 퐁당은 제거한다.
그릴 위에 커피 에클레르와 초콜릿 에클레르를 놓는다.

8. 완성한 에클레르 제공하기 – 3분
레이스 종이를 올린 접시에 에클레르를 제공한다.

크림에 알코올이나 리큐르를 첨가하려면
크림에 알코올이나 리큐르를 향료로 사용하는 경우에는 크림을 식힌 후 첨가하는 것이 가장 좋다.

완성한 결과

크렘이 들어간 슈, 커피 초콜릿 에클레르
(Choux à la crème et éclairs café–chocolat)

준비할 도구
- 중간 볼 2
- 정리용 사각 트레이 1
- 작은 중탕용 접시 1
- 짤주머니 1
- 1cm 둥근 깍지
- 스크레이퍼 1
- 그릴 1

굽기 위한 도구
- 중간 냄비 1
- 중간 소테팬 2
- 작은 소테팬 2
- 철판 1

플레이팅 도구
- 둥근 접시나 긴 접시
- 레이스 종이

같은 계열의 디저트 PLATS SIMILAIRES

헐리지유(1인용) Religieuse(individuelle)
- 다른 크기의 슈 2개에 커피나 초콜릿 파티시에 크림을 채우고, 퐁당을 입힌다. 큰 슈 위에 작은 슈를 올리고, 버터크림으로 장식한다.

글랑 Glands
- 타원형의 슈에 바닐라 또는 알코올을 넣은 파티시에 크림을 채우고, 밝은 초록색 퐁당을 입힌다. 도토리의 아랫부분은 초콜릿 알갱이를 붙인다.

살람보 Salammbôs
- 슈에 파티시에 크림을 채우고, 설탕을 익혀 금색의 캐러멜을 입힌다. 아몬드로 장식한다.

슈켓 Chouquettes
- 작은 슈는 굽기 전에 굵은 설탕을 뿌린다.

카스 뮈조 글라세 Casse-museaux glacés
- 슈 반죽으로 큰 크넬을 만들어 160℃의 튀김기에 튀긴다.(Pet · de · nonne 처럼) 기름을 뺀 후, 파티시에 크림이나 디플로마 크림을 채운다. 바닐라 아이스크림을 곁들인다.
- 슈가파우더를 뿌린다.
- 일반적으로 산딸기 소스와 함께 제공한다.

파리브레스트 PARIS-BREST

1. 슈 반죽으로 파리 브레스트 짜기(p. 641 참조)
앞의 기본 레시피를 참고한다.

둥근 깍지를 이용하여 반죽을 두 개의 링 모양으로 나란히 짠 후, 두 개의 링 가운데에 세 번째 링을 겹쳐 짜준다.

계란 칠을 하고 아몬드 슬라이스 50g을 뿌린다.

200℃의 오븐에서 35분간 굽는다.

반죽의 수분을 증발시키기 위해 굽기가 끝날 때 환풍구를 열어준다.

2. 무슬린 크림 만들기(p. 688 참조)
크림 파우더로 만든 따뜻한 파티시에 크림 250g 안에 버터 60g을 넣는다. (기본 레시피 참고)

버터 65g과 프랄리네 65g을 제과용 믹서기에 돌려 섞어준 후, 파티시에 크림을 넣고 다시 돌려 푸아조네(foisonner) 상태가 되도록 팽창시켜 거품을 낸다.

3. 구운 후, 링을 가로로 이등분하기
큰 별 깍지를 이용하여 가운데에 무슬린 크림을 채운다.

볼륨감 있게 보이게 하기 위해, 가운데 빈 부분을 무슬린 크림으로 채운다. 링의 윗부분에 슈가파우더를 뿌린다.

4. 완성한 파리 브레스트 제공하기
레이스 종이를 올린 접시에 파리 브레스트를 제공한다.

완성한 결과

파리브레스트(Paris–Brest)

사과 타르트
TARTE AUX POMMES

사과 타르트 Tarte aux pommes는 브리제 반죽에 마멀레이드 marmelade를 넣고, 얇게 썬 사과를 올려 오븐에 구운 타르트이다.

8인분 재료	단위	수량
브리제 반죽 PÂTE BRISÉE		
– 밀가루	g	250
– 설탕	g	25
– 소금	g	5
– 버터	g	125
– 계란(노른자 1개)	g	20
– 물	ml	50
– 밀가루(덧가루용)	g	40
– 버터(버터칠용)	g	10
콩포트(마멀레이드) COMPOTE(MARMELADE)		
– 사과	g	600
– 레몬	개수	1/2
– 설탕	g	40
충전물		
– 사과(콕스 오렌지 cox oranges 또는 레네트 여왕 R. des reinettes 품종)	g	600
– 레몬	개수	1/2
계란물		
– 전란 1개	g	55
마무리		
– 살구 나파주 nappage abricot	g	140
평균 준비 시간 : 1시간 15분		
평균 굽는 시간 : 30~35분		

만드는 방법

1. 조리 작업대에 재료와 도구 준비하고, 청결한 작업 환경 만들기 – 5분

레시피대로 재료를 준비하고 조리기구, 서빙을 위한 도구 등을 준비한다.

2. 브리제 반죽 만들기 – 15분(p. 615~619)

3. 사과의 껍질을 벗기고 레몬즙에 담그기 – 10분

사과의 껍질을 벗기고, 숟가락으로 씨앗을 제거한다.

4. 콩포트*(마멀레이드) 만들기 – 10분

사과의 절반을 1/4로 나눈 후, 두껍게 썬다.

냄비에 사과를 넣고 설탕과 소량의 물을 첨가한다.

뚜껑을 덮어 천천히 익힌다.

5. 콩포트 체에 걸러주기

주걱을 이용하여 불 위에서 콩포트를 완전히 건조시킨 후 체에 한 번 거르거나 믹서로 갈아준다.

믹서기로 갈아준 콩포트를 식힌다.

6. 타르트 퐁사주하기 – 10분(p. 623~626 참조)

포마드한 버터로 틀에 버터칠을 한다.

밀가루에 덧가루를 뿌리고 밀대를 이용하여 반죽을 3mm 두께로 밀어 편다.

밀가루 솔로 과도한 밀가루를 제거하고, 파이 반죽에 규칙적으로 작은 구멍을 낸다.

밀대에 반죽을 감아 들어올려, 틀 위에서 풀어준다.

필요할 경우, 반죽을 다시 중앙에 놓고 밀가루 솔로 과한 밀가루는 제거한다.

틀에 퐁사주를 하고, 반죽에 볏을 세운 후 파이집게로 비스듬히 모양을 낸다.

타르트 바닥을 둥근 제과용 철판이나 원형의 오븐 플레이트에 올려준다.

냉장실에 보관한다.

7. 타르트 채우기 – 15분

타르트 바닥에 차갑게 식힌 콩포트를 넣는다.

사과를 수직으로 반으로 나눈 후, 1~2mm 두께의 슬라이스로 잘게 썬다.

콩포트 위에 슬라이스 한 사과를 겹쳐 장미 모양으로 조화롭게 놓는다.

계란 칠을 한다.(선택사항)

8. 사과 타르트 익히기 – 3분

200℃의 오븐에서 30~35분간 타르트를 굽는다.

2/3 정도 구워지면 틀을 제거하고 계란물을 바른다.

사과 타르트를 그릴에 옮긴다.

9. 사과 타르트에 나파주 바르기(광택 내기) – 5분

작은 냄비 안에 나파주를 넣어 데우고, 필요하다면 시럽을 조금 넣어준다.

붓으로 타르트에 윤기를 낸다.

10. 완성한 사과 타르트 제공하기 – 2분

레이스 종이를 올린 접시에 사과 타르트를 제공한다.

사과 콩포트는 작게 깍둑썰기한 사과와 갈색이 될 때까지 가열한 버터를 팬에서 함께 볶는다. 시나몬을 첨가할 수 있다.

FICHE 168

완성한 결과

사과 타르트
(Tarte aux pommes)

루바브, 사과 크럼블
CRUMBLE AUX POMMES ET À LA RHUBARBE

1. 조리 작업대에 재료와 도구 준비하고, 청결한 작업 환경 만들기

2. 브리제 반죽 250g 만들기(p. 615~617 참조)

3. 대황 400g의 끈적끈적한 부분을 씻어 제거하기
바닐라 시럽에 담갔다 꺼내 완전히 물기를 제거한다.

4. 사과 준비하기
사과를 씻어 껍질과 씨를 제거하고 레몬즙에 담근 후, 800g을 균일하게
자른다.(사과의 종류는 헨느 데 헨네뜨 Reine des Reinetts 또는 헨네뜨 드
꼬 Reinetts de Caux를 사용)

5. 타르트 틀 준비하고 채우기
타르트 바닥을 반죽으로 깔고, 데친 후 물기를 뺀 루바브와 볶은 사과를
올려 채운다.
200℃의 오븐에서 약 30분간 굽는다.

6. 크럼블 만들기
밀가루 60g, 1/2 가염버터 100g, 굵은 설탕 sucre cristallisé* 또는 황설탕
cassonade 100g, 아몬드 가루 100g을 넣어 모래알 같은 질감이 되도록
섞어준다.

7. 타르트 마무리하기
오븐에서 타르트를 꺼내 틀에서 제거하고 계란물을 바른다.
크럼블을 전체적으로 위에 덮어준다.
오븐에서 약 15분간 굽는다.
데코스노우를 과하지 않게 뿌려 제공한다.

산딸기나 블루베리를 첨가할 수 있다.

완성한 결과

크럼블 오 뽐므 아 라 루바브
(Crumble aux pommes
et à la rhubarbe)

준비할 도구
- 체 1
- 스크레이퍼 1, 또는 반
  죽 커터 1
- 큰 볼 1
- 정리용 사각 트레이 2
- 밀대 1
- 밀가루 솔 1
- 작은 볼 1
- 애플 코어러 1
- 그릴 1

굽기 위한 도구
- 타르트 틀 1
- 둥근 플레이트 1
- 중간 소테팬 1
- 또는 코팅팬 1

플레이팅 도구
- 둥근 접시
- 레이스 종이

같은 계열의 디저트 PLATS SIMILAIRES

타르트 메트 퐁 Tarte Maître pons
- 브리제 반죽이나 슈크레 반죽을 만든다.(p. 615~619 참조)
- 건포도 100g을 칼바도스 80ml에 절인다.
- 사과를 씻어 껍질과 씨를 제거하고 레몬즙에 담근 후, 1.6kg을 균일하게
  자른다.(사과의 종류는 헨네뜨 Reinettes 또는 콕스 오렌지 Cox orange
  사용)
- 버터에 약간 색이 나도록 볶는다.
- 소량의 시나몬과 절인 건포도를 넣고 칼바도스로 플람베한다.
- 80g의 꿀로 단맛을 내고, 다른 곳에 옮겨 보관한다.
- 타르트를 퐁사주하고 작은 구멍을 낸 후, 볶은 사과를 넣는다.
- 타르트를 190/200℃에서 30~35분간 90% 정도 굽는다.
- 마카롱 혼합물을 만든다 : 흰자 4개, 아몬드 가루 300g, 슈가파우더 300g,
  몇 방울의 액상 바닐라를 넣는다.
- 타르트를 오븐에서 꺼내 틀을 제거하고 계란물을 칠한다.
- 직경 1cm의 원형 깍지를 이용하여 윗부분에 마카롱 혼합물을 나선형으로
  규칙적으로 짠다.
- 15분간 타르트를 노릇하게 구워 마무리한다.
- 그릴에 타르트를 옮기고, 사과 모양의 형판을 이용하여 슈가파우더를 뿌려
  제공한다.

캐러멜리제 사과 타르트 Tarte aux pommes caramélisées
- 브리제 반죽이나 슈크레 반죽을 아무것도 넣지 않고 굽는다.
- 구운 후, 코팅팬에 1/2 가염 버터와 설탕을 넣어 캐러멜을 만든 후 자른
  사과를 넣어 익혀 타르트에 채운다.
- 소량의 시나몬과 바닐라로 향을 낸다.
- 약간의 사과주를 넣고, 칼바도스로 플람베한다.
- 완성한 캐러멜리제 사과 타르트는 따뜻하게 제공한다.

사과 그리아제 타르트 Tarte aux pommes grillagée
- 타르트 메트 퐁 Tarte Maîtres Pons과 같은 방법으로 만든다.
- 높은 틀을 이용하고, 슈크레 반죽을 작은 띠로 잘라 바둑 모양으로 만든다.
- 타르트를 구운 후, 광택을 내고 슈가파우더를 뿌려준다.

---

* 굵은 설탕 sucre cristallisé : 입자가 크고 단단한 결정 설탕.
결정 설탕이라고 번역하는 것이 정확한 표현이지만 일반적으로
흰 설탕과 동의어로도 사용됩니다.

노르망디식 사과 타르트
TARTE AUX POMMES NORMANDE

노르망디식 사과 타르트 Tarte aux pommes normande는 브리제 반죽으로, 새콤달콤한 사과조각과 바닐라 크림을 채워 오븐에 구운 타르트이다. 계절에 따라, 다른 과일을 사용할 수 있다.(타르트 알자시엔느 Tarte alsacienne에는 서양 자두, 타르트 로렌 Tarte lorraine에는 미라벨 mirabelles 등)

8인분 재료	단위	수량
브리제 반죽 PÂTE BRISÉE		
– 밀가루	g	250
– 설탕	g	25
– 소금	g	5
– 버터	g	125
– 계란(노른자 1개)	g	20
– 물	ml	50
– 밀가루(덧가루용)	g	40
– 버터(버터 칠용)	g	10
충전물		
– 사과	g	800
– 레몬	개수	1/2
또는		
– 시럽에 든 서양 자두 quetches au sirop	g	800
또는		
– 시럽에 든 미라벨 mirabelles au sirop	g	800
– 버터(선택사항)	g	40
크림 프리즈 슈크레 APPAREIL À CRÈME PRISE SUCRÉ		
– 계란(노른자 1개)	g	20
– 계란(전란 2개)	g	110
– 설탕	g	50
– 우유	ml	200
– 크림	ml	100
– 바닐라 추출물	ml	약간(PM)
마무리		
– 슈가파우더	g	20
평균 준비 시간 : 50분		
평균 굽는 시간 : 30~35분		

만드는 방법

1. 조리 작업대에 재료와 도구 준비하고, 청결한 작업 환경 만들기 – 5분

레시피대로 재료를 준비하고 조리기구, 서빙을 위한 도구 등을 준비한다.

2. 파트 브리제 반죽 만들기 – 15분(p. 615~619)

밀가루를 체 치고 가운데에 홈을 만든다.

소금, 설탕, 노른자, 물, 작게 조각낸 버터를 첨가한다.

홈 가장자리에서부터 손끝으로 모든 재료를 섞어주고, 반죽 커터를 이용하여 밀가루를 점차적으로 혼합한다.

반죽을 짓눌러가며 섞어준다.(최대 2번)

반죽을 치대지 않고 둥글게 만든다.

반죽을 랩에 싸 서늘한 곳에 두어, 단단해지도록 하여 탄성을 없앤다.

3. 사과 준비하기 · 5분

사과 껍질을 벗겨 레몬즙에 담근다.

애플 코어러로 씨를 제거하고, 1cm 두께의 큰 조각으로 자른다.(또는 8조각으로 나눈다)

4. 타르트 퐁사주하기 – 10분(p. 623~626 참조)

타르트 틀에 버터 칠을 한다.

반죽은 밀대를 이용하여 3mm 두께로 밀어 편다.

틀에 퐁사주하고 볏을 세운 후, 파이집게를 이용하여 비스듬히 모양을 낸다.

원형의 오븐 플레이트 위에 올리고 포크로 구멍을 낸다.

5. 크렘 프리즈 슈크레 만들기 – 5분(p. 703~704 참조)

작은 스테인리스 볼에 전란 2개, 노른자 1개, 설탕, 크림, 우유, 소량의 바닐라 추출물을 넣는다.

잘 섞어 체에 거른다.

6. 타르트에 사과 채우기 – 5분

준비한 사과 조각을 장미 모양으로 고르게 배열한다.

사과 조각을 미리 버터에 익혀두어도 좋다.

7. 타르트 굽기 – 3분

오븐 문을 열어 타르트 틀을 올린 철판을 넣은 후, 충전물을 가득 채운다.

240℃에서 몇 분간 구워 먼저 가장자리를 고정시킨 후 200℃에서 25~30분간 굽는다.

2/3 정도 구워졌을 때, 틀을 제거하고 계란물칠을 한다.

오븐에서 타르트를 꺼내 그릴에 옮긴다.

8. 레이스 종이를 올린 접시에 사과 타르트를 제공한다. – 2분

(제공하기 직전에 슈가파우더를 뿌려줄 수도 있다)

사과를 미리 익혀서 사용하면 좋은 점

사과는 오븐이나 프라이팬에 미리 익혀서 사용할 수 있다. 이럴 경우 타르트 안쪽에서 가장자리까지 고르게 분배할 수 있고, 익히면서 사과로 인해 주저앉을 위험이 없다.

완성한 결과

타르트 오 뽐므 노르망디(Tarte aux pommes normande)

사과 시부스트 타르트 TARTE CHIBOUST AUX POMMES

1. 충분한 작업 공간을 확보하고, 청결한 작업 환경 만들기

2. 브리제 반죽을 틀에 퐁사주하기(앞쪽 설명 참고)

3. 사과 1kg 볶기

사과를 씻어 껍질을 벗기고 두개로 나눠 씨를 제거한다. 팬에 볶은 사과, 설탕 80g, 버터 80g을 넣어 캐러멜을 만든다.(타르트 타탱처럼)

4. 타르트 충전하기

타르트에 채워 약 30분간 굽는다. 틀을 제거하고, 굽기 마지막 단계에 계란물을 칠한다.

그릴로 옮긴다.

5. 시부스트 크림 만들기

파티시에 크림을 만든다. 크림 파우더를 이용하여 1/4L의 파티시에 크림을 만든다.

크림에 젤리 40g을 넣는다. 흰자 4개를 올린 뒤 80g의 설탕을 넣어 단단하게 하여 첨가한다.

6. 타르트 마무리하기

시부스트 크림 crème Chiboust을 2cm 정도의 두께로 규칙적으로 짜준다. (앙트르메 틀을 선호하므로 가능하면 앙트르메 틀을 사용)

차갑게 식힌다.

주문이 들어왔을 때 : 황설탕이나 슈가파우더를 뿌려 토치를 이용해 캐러멜화시킨다.

레이스 종이를 올린 둥근 접시에 사과 타르트를 제공한다.

완성한 결과

사과 시부스트 타르트(Tarte Chiboust aux pommes)

준비할 도구
- 체 1
- 스크레이퍼 1 또는, 반죽 커터 1
- 중간 볼 2
- 정리용 사각 트레이 2
- 제과용 믹서 1
- 밀대 1
- 밀가루 솔 1
- 사과 속을 빼는 기구 1
- 차이나 캡 1
- 그릴 1

굽기 위한 도구
- 타르트 틀
- 둥근 플레이트
- 코팅팬(선택사항) 1

플레이팅 도구
- 둥근 접시
- 레이스 종이

같은 계열의 디저트 PLATS SIMILAIRES

사과 타르트 수플레 Tarte soufflée aux pommes
- 타르트 틀에 브리제 반죽을 퐁사주한다.
- 사과 반쪽을 버터와 함께 볶다가 칼바도스로 플럼베한다.
- 타르트를 20분간 미리 구운 후, 커스타트 혼합물을 가득 채운다. (알자시안 타르트 충전물에 전분을 약간 넣은 혼합물)
- 추가로 15분간 더 굽는다.
- 이탈리안 머랭을 만든다. 노른자에 소량의 슈가파우더를 넣어 섞는다.
- 타르트와 같은 직경의 앙트르메 틀을 놓는다.
- 수플레 혼합물을 채운다.
- 오븐에서 굽는다. 굽기 마지막 단계에 슈가파우더를 뿌려 윤기를 낸다.
- 완성한 즉시 제공한다.

리모주 체리 클라푸티 Clafoutis aux cerises du Limousin
- 씨를 제거한 검은 체리를 설탕에 절인다.
- 그라탱 접시에 버터를 바르고 설탕을 뿌리거나, 개별 접시를 준비한다.
- 체리를 넣고, 밀가루나 전분을 넣어 만든 혼합물로 전체를 뒤덮는다.
- 오븐에 구워낸다.

클라푸티(Clafoutis) 라는 이름은 이 디저트가 체리로 만들어질 때만 붙여준다. 다른 과일로 만들 때는 플로나르드(flognarde), 플라무스(flamusse), 플랑 오프리(flan aux fruits)라고 불린다.

완성한 결과

리모주 체리 클라푸티(Clafoutis aux cerises du Limousin)

사과 타르트 푀이테
TARTES FEUILLETÉES AUX FRUITS

사과 타르트 푀이테 Tartes feuilletées aux fruits는 파트 푀이테에 파티시에 크림을 채우고, 신선한 과일 또는 시럽에 든 과일을 올린 후 나파주로 윤기를 낸 긴 형태의 파이이다.

8인분 기준	단위	수량
푀이테 반죽 PÂTE FEUILLETÉE AU BEURRE		
– 밀가루	g	250
– 가는소금	g	5
– 녹인 버터	g	25
– 물	ml	125
– 뵈르 색(푀이테용)	g	180
– 밀가루(투르용)	g	125
계란물		
– 계란(1개)	g	55
전분을 이용한 파티시에 크림		
– 우유	ml	500
– 계란(노른자 3개)	g	60
– 설탕	g	100
– 크림 파우더 또는 플랑 가루	g	40
– 바닐라	개수	1/2
– 키르쉬	ml	20
– 버터(표면에 놓는)	g	10
충전물		
– 작은 딸기	g	800
또는		
– 시럽에 든 살구(반쪽 32개)	4/4 캔	1
또는		
서양배(4개)	g	700~800
또는		
– 시럽에 든 서양배	4/4 캔	1
– 레몬(1개)	g	100
시럽		
– 물	ml	800
– 설탕	g	600
– 레몬(1/2 개)	g	50
– 바닐라	개수	1/2
마무리		
– 황금빛 또는 적색 나파주 nappage blond ou rouge (과일에 따라 선택)	g	140
평균 준비 시간 : 1시간 40분		
평균 굽는 시간 : 18~20분		

만드는 방법

1. 조리 작업대에 재료와 도구 준비하고, 청결한 작업 환경 만들기 – 5분
레시피대로 재료를 준비하고 조리기구, 서빙을 위한 도구 등을 준비한다.

2. 푀이테 반죽 만들기(p. 629~631 참조)
밀가루, 물, 소금과, 전체 무게 10분의 1을 녹여서 식힌 버터를 넣어 반죽한다.
반죽에 랩을 씌워 냉장실에 약 30분간 휴지시킨다.

3. 시럽 만들기 – 5분
냄비에 물, 설탕, 레몬 껍질과 바닐라 반쪽을 세로로 갈라 넣는다.
시럽을 끓이고, 필요하다면 거품을 제거한다.

4. 푀이타주 투르하기 – 5분(p. 630~631 참조)
버터와 반죽이 같은 질감이 되도록 만든다.
반죽이 너무 오래 냉장되어 있었다면, 부드럽게 풀어준다.
첫 번째 2투르를 해주고, 반죽을 냉장실에서 약 10분간 휴지시킨다.

5. 과일 준비하기 – 10분
배의 껍질을 벗겨 레몬즙에 담근 후, 씨를 제거한다.
끓는 시럽에 넣는다.(p. 510 참조)
또는, 시럽에 든 살구의 물기를 제거한다.
또는, 딸기를 씻어 물기를 제거하고 꼭지를 떼어낸다.

6. 세 번째, 네 번째 투르하기 – 5분
세 번째, 네 번째 투르를 해주고, 반죽을 냉장실에서 약 10분간 휴지시킨다.

7. 파티시에 크림 만들기 – 20분(p. 685~687 참조)
밀가루나 크림파우더를 사용해 파티시에 크림을 만든다.
완성된 크림의 표면에 얇은 막이 생기지 않도록 버터를 살짝 발라주고 (탕포네 tamponner,), 랩을 씌워 빠르게 식힌다.

8. 푀이타주 반죽에 마지막 2투르 해주기 – 5분

9. 띠 모양의 타르트 만들기 · 15분(p. 631~632 참조)
반죽을 재단하기 전에, 반죽을 한 번 들어올린다.
푀이타주 반죽을 두께 3~4mm, 36~38cm의 정사각형으로 재단한다.
필요하다면, 반죽을 다듬어주고 가로 14cm의 바닥용 띠 2개와, 세로 2~2.5cm의 측면용 띠 4개를 잘라준다.
잘라준 띠가 늘어나지 않도록 접어서 보관한다.
밀가루 솔을 이용해 과도한 밀가루는 제거한다.
붓을 이용하여 타르트의 가장자리를 물로 적셔주고, 작은 띠가 변형되지 않도록 고정시킨다.
가장자리에 붙인 반죽을 눌러 붙여준다.
계란물칠을 하고 칼끝으로 겹쳐진 반죽 가장자리에 균일한 간격으로 비스듬히 칼집을 낸다.
오븐에 넣기 전에 휴지시킨다.

10. 타르트 굽기 – 3분
계란물칠을 하고, 220℃~230℃ 오븐에서 약 20분간 굽는다.(과일의 종류에 따라 서양배, 살구, 사과 타르트는 구운 뒤 충전물을 채울 수 있다)

11. 타르트 마무리하기 – 15분
나파주를 휘젓지 않고 데우고, 필요하다면 시럽을 첨가한다.
타르트가 완전히 구워졌는지 확인하다.
식힌 파티시에 크림에 키르쉬를 넣어 타르트에 채운다.
과일의 물기를 완전히 제거하고 고르게 놓는다.
타르트의 가장자리에 나파주가 닿지 않도록 과일에만 조심스럽게 나파주를 바른다.
타르트의 가장자리를 다듬는다.

12. 완성한 타르트 제공하기 – 2분
레이스 종이를 올린 접시에 완성한 사과 타르트를 제공한다.

FICHE 170

완성한 결과

타르트 푀이테 오 프리(Tartes feuilletées aux fruits)

얇게 썬 사과를 올린 타르트 TARTE FINE AUX POMMES

1. 조리 작업대에 재료와 도구 준비하고, 청결한 작업 환경 만들기

2. 직경 14~16cm의 원 모양으로 얇게 8장 자르기

반죽에 작은 구멍을 내고, 철판에 반죽을 뒤집어 두거나 베이킹 페이퍼로 덮어준다.

3. 타르트에 크림 바르기

아몬드 크림이나 파티시에 크림을 얇게 발라준다.

4. 개별 타르트에 채우기

얇게 썬 사과를 꽃 모양으로 놓는다.

타르트 가장자리에서 시작하여 타르트지가 보이지 않도록 덮어준다.

약간의 버터와 시나몬 가루를 섞은 과립 설탕 sucre critallise을 위에 뿌린다.

타르트를 바로 굽는다.

5. 타르트 굽고, 완성한 즉시 제공하기

주문이 들어오면 220℃의 오븐에 약 12분간 굽는다.

광택이 충분하지 않다면, 슈가파우더를 이용하여 광택을 낸다.

완성한 타르트는 개인 접시에 올려 제공한다.

얇게 썬 사과를 올린 타르트에 곁들일 수 있는 것

사과 타르트는 사과주를 넣어 희석한 캐러멜과 1/2 가염 버터가 든 크림, 사과 소르베 또는 시나몬 아이스크림을 함께 곁들일 수 있다.

완성한 결과

얇게 썬 사과를 올린 타르트(Tarte fines aux pommes)

준비할 도구	굽기 위한 도구	플레이팅 도구
• 밀가루 체 1	• 철판 1	• 둥근 접시나 쟁반
• 스크레이퍼 1 또는	• 중간 소테팬 1	• 레이스 종이
반죽 커터 1	• 중간 냄비와 덮개 1	
• 정리용 사각 트레이 2		
• 그릴 1		
• 밀대 1		
• 밀가루 솔 1		
• 중간 볼 2		
• 작은 오븐용 그릇 1		

과일 데이지꽃 타르트 TARTE MARGUERITE AUX FRUITS

1. 조리 작업대에 재료와 도구 준비하고, 청결한 작업 환경 만들기

2. 250g의 푀이테 반죽 만들기

푀이테 반죽을 완성한 후 밀봉하여 냉장실에 넣는다.

3. 파티시에 크림 500ml 만들기(비율 참조)

4. 타르트를 데이지꽃 모양으로 자르기(p. 633~634 참조)

직경이 28cm인 푀이테 반죽을 잘라낸 후 반죽 커터를 이용하여 가장자리를 8개의 반원형으로 자른다.

같은 크기의 꽃 모양으로 자른다.

붓으로 타르트 가장자리를 적신다.

꽃잎을 가장자리에 놓고, 안쪽 방향으로 가볍게 눌러준다.

계란물칠을 하고, 15분 정도 차가운 곳에 둔다.

5. 아무것도 넣지 않은 타르트 굽기

필요할 경우, 반죽에 작은 구멍을 낸다.

반죽에 계란물을 바르고, 220℃의 오븐에서 타르트를 구워 그릴에 옮긴다.

6. 타르트에 충전물 채우기

파티시에 크림에 20ml의 키르쉬 또는 오렌지 베이스 리큐르를 넣어 향을 낸다.

바닥에 파티시에 크림을 고르게 바른다.

과일을 색깔별로 규칙적으로 배열한다.(체리 100g, 키위 2개, 미라벨 100g, 시럽에 든 파인애플 100g 또는 살구 100g을 사용한다)

7. 나파주를 바르고 완성한 타르트 제공하기

100g의 나파주를 가장자리에 흐르지 않게 칠해 윤기를 낸다.

레이스 종이를 올린 둥근 접시에 사과 타르트를 제공한다.

완성한 결과

타르트 마가레트 오 프리(Tarte marguerite aux fruits)

아몬드 크림을 곁들인 배 타르트(부르달루 타르트)
TARTE AUX POIRES ET À LA CRÈME D'AMANDES(APPELÉE À TORT TARTE BOURDALOUE)

아모든 크림을 곁들은 배 타르트(부루달루 타르트) Tarte aux poires et à la crème d'amandes는 브리제 반죽을 이용하여 만든다. 바닥에는 아몬드 크림과 시럽에 든 서양배를 얇게 썰어 놓는다. 굽는 동안, 배와 크림이 잘 어우러진다.
이 타르트는 일반적으로 따뜻하게 제공된다.

8인분 재료	단위	수량
브리제 슈크레 반죽 PÂTE BRISÉE SUCRÉE		
– 밀가루	g	250
– 소금	g	5
– 설탕	g	25
– 버터	g	125
– 계란(노른자 1개)	g	20
– 물	ml	50
– 밀가루(덧가루용)	g	40
– 버터(버터칠용)	g	10
계란물		
– 계란(1개)	g	55
시럽		
– 물	ml	800
– 설탕	g	500
– 오렌지 껍질 또는 레몬 껍질		약간(PM)
– 바닐라	개	1/2
충전물		
– 서양배(4종류 William, Doyenné du Comice, Louise · bonne, Conférence)	g	700
– 레몬(1/2개)	g	50
아몬드 크림 CRÈME D'AMANDES		
– 버터	g	100
– 설탕	g	100
– 아몬드 가루	g	100
– 전란(2개)	g	100
– 액상 바닐라	ml	약간(PM)
– 럼 ambré or vieux	ml	40
마무리		
– 아몬드 슬라이스(선택사항)	g	40
– 황금빛 살구 나파주 nappage blond abricot	g	100
평균 준비 시간 : 1시간 05분		
평균 굽는 시간 : 40~45분		

만드는 방법

1. **조리 작업대에 재료와 도구 준비하고, 청결한 작업 환경 만들기 – 5분**
   레시피대로 재료를 준비하고 조리기구, 서빙을 위한 도구 등을 준비한다.

2. **브리제 반죽 만들기 – 15분(p. 614~619 참조)**
   브리제 반죽을 만들고, 반죽을 감싸 냉장실에 보관한다.

3. **아몬드 크림 만들기 – 10분(p. 696~697 참조)**
   액상 바닐라와 럼을 넣어 향을 낸다.
   볼을 깨끗이 긁어 정리하고, 랩을 씌워 보관한다.

4. **서양배 시럽에 담그기 – 10분**
   (신선한 배를 이용하는 경우 – p. 510 참조)
   배 껍질을 벗긴 후 레몬즙에 담근다.
   배를 반으로 자르고 씨와 섬유질을 제거한다.
   시럽에 오렌지 제스트나 레몬 제스트, 바닐라 빈 반쪽을 넣고 끓인다.
   베이킹 페이퍼를 덮고, 약 20분간 천천히 배를 익힌다.
   익었는지 확인한 후, 차갑게 식힌다.

5. **타르트 퐁사주하기 – 10분(P. 623~624 참조)**
   타르트 바닥에 작은 구멍을 내고, 볏을 세워 동일한 간격으로 비스듬히 칼집을 낸다.

6. **타르트 채우기 – 5분**
   타르트 바닥에 아몬드 크림을 균일하게 펴바른다.
   배의 물기를 제거하고, 8개의 배 반쪽을 균일하고 얇게 썰어준다.
   배의 아랫부분이 바깥쪽을 향하도록 크림 위에 올려준다.

7. **타르트 굽기 – 5분**
   200/210℃의 오븐에서 약 40분간 굽는다.
   다 구워지기 10분 전에 틀을 제거하고, 타르트지에 계란 칠을 하여 바닥 부분이 완전히 익을 수 있게 한다.

8. **타르트 마무리하기 – 5분**
   잘 구워졌는지 확인하고, 그릴에 옮긴다.
   끓인 황금빛 살구 나파주를 균일하게 발라준다.(필요한 경우 배를 끓인 시럽을 넣어 풀어준다)
   레이스 종이를 올린 접시에 완성한 타르트를 제공한다.

– 타르트 틀에서 제거한 후 아몬드 슬라이스를 뿌릴 수 있다.
– 재료비를 줄이기 위해 일부 전문가들은 아몬드 크림에 파티시에 크림을 섞기도 한다.(크림 파우더 poudre à crème나 플랑 가루 poudre à flan로 파티시에 크림을 만들 수 있다.)
– 신선한 배는 시럽에 담긴 배 통조림으로 대체할 수 있다.
– 시나몬으로 맛을 낸 적포도주 시럽에 배 반쪽을 담가 사용할 수 있다. 시럽을 졸인 후, 젤라틴을 넣어 소스와 함께 제공할 수 있다. : 벨 앙제빈 배 타르트 Tarte aux poires Belle Angevine

FICHE 171

완성한 결과

아몬드 크림을 곁들인 배 타르트(Tarte aux poires et à la crème d'amandes)

체리 듀오 타르트 TARTE DUO DE CERISES

1. **충분한 작업 공간 확보하고, 청결한 환경 만들기 – 5분**

2. **파트 브리제 슈크레 반죽 250g 만들기(p. 617/619)**

3. **충전물 준비하기**

   시럽에 든 붉은 체리 400g의 물기를 제거한다.

   씨앗이 제거된 사워 체리를 해동한다.

4. **미를리통(mirlitons) 아파레이유 만들기**

   전란 2개(120g)와 설탕 120g, 아몬드 가루 100g, 우유 100ml, 따뜻한 크림 100ml, 갈색이 되도록 가열한 버터 25g을 섞어준다.

   아파레이유를 만든 후 액상 바닐라를 몇 방울 넣어 향을 낸다.

5. **퐁사주하고, 바닥에 작은 구멍 내기**

   버터 칠한 틀을 사용한다.

6. **타르트 충전하기**

   두 종류의 체리를 골고루 나누어 담아준다.

   미를리통 Mirlitons 아파레이유를 타르트에 넣는다.

7. **타르트 익히기**

   200/210°C의 오븐에서 약 30분간 굽는다.

8. **스트로이젤(streusel) 혼합물 만들기**

   1/2 가염 버터 80g, 아몬드 가루 또는 헤이즐넛 가루 80g, 굵은설탕 sucre cristallisé 80g, 밀가루 50g, 소량의 시나몬을 넣어 반죽한다.

   24시간 냉장 보관한 후 넓은 체에 통과시켜 작은 조각으로 만들어준다.

   200°C의 오븐에서 약 10분간 굽는다.

9. **타르트 마무리하기**

   타르트가 완전히 구워졌는지 확인한다.

   스트로이젤을 균등하게 타르트에 분배하고 슈가파우더를 뿌린다.

   완성한 타르트는 따뜻하게 제공한다.

스트로이젤은 크럼블로 대체 가능
스트로이젤은 크럼블로 대체할 수 있다. 이 경우, 스트로이젤과 같은 재료로 반죽한 후 타르트를 굽는다. 마지막 10분 전에 크럼블을 타르트 위에 골고루 뿌려 굽는다.

준비할 도구
- 밀가루 체 1
- 스크레이퍼 1 또는 반죽 커터 1
- 정리용 사각 트레이 3

- 작은 볼 1
- 밀대 1
- 밀가루 솔 1
- 중간 볼 1

굽기 위한 도구
- 24~26cm의 타르트 틀
- 24~26cm의 원형 틀

- 중간 냄비 1 또는 중간 소테팬 1
- 뚜껑 1

플레이팅 도구
- 둥근 접시
- 레이스 종이

붉은 과일 타르트 TARTE AUX FRUITS ROUGES

1. **조리 작업대에 재료와 도구 준비하고, 청결한 작업 환경 만들기**

2. **슈크레 반죽 250g 만들기(p. 620 참조)**

   완성한 슈크레 반죽은 냉장실에 보관한다.

3. **아몬드 크림 만들기**

   포마드한 버터 50g, 설탕 50g, 아몬드 가루 50g, 전란 한 개, 소량의 크림 파우더를 넣어 아몬드 크림을 만든다.

   아몬드 크림에 액상 바닐라 몇 방울을 넣어 향을 낸다.

   완성한 아몬드 크림은 랩을 씌워 보관한다.

4. **400ml의 파티시에 크림 만들기**

   우유 400ml, 노른자 2개, 설탕 80g, 크림 파우더 40g을 넣어 파티시에 크림을 만든다.

   버터 10g을 반죽 표면에 올려 넓힌 후 랩을 씌워 보관한다.

5. **타르트 퐁사주하고 익히기**

   타르트 바닥에 작은 구멍을 내고, 볏을 세운 후 균일한 간격으로 비스듬히 칼집을 낸다.

   바닥에 아몬드 크림을 펴 바르고 200°C의 오븐에서 약 30분간 굽는다.

   그릴 위에 옮겨 식힌다.

6. **과일 씻어주고, 물기 제거하기**

   딸기 200g은 꼭지를 제거하고, 산딸기 200g, 블루베리 150g, 블랙베리 150g, 레드 커런트 100g을 준비한다.

7. **타르트 채우기**

   파티시에 크림에 오렌지를 기반으로 한 리큐르 20ml를 넣는다.(쿠앵트로 Cointreau, 그랑 마니에르 Grand Marnier)

   타르트 바닥에 아몬드 크림과 파티시에 크림을 넣어 펴 바른다.

   먼저 딸기를 균일하지 않게 넣고, 80g의 붉은빛의 나파주(Nappage rouge) 딸기에 바른다

   그 다음, 모든 과일을 첨가하여 색과 모양을 조화롭게 균형을 맞춘다.

   데코스노우를 과하지 않게 뿌린다.

8. **완성한 타르트 제공하기**

   레이스 종이를 올린 접시에 완성한 타르트를 제공한다.

완성한 결과

붉은 과일 타르트
(Tarte aux fruits rouges)

레몬 타르트
TARTE AU CITRON

레몬 타르트 Tarte au citron는 슈크레 반죽에 레몬으로 맛을 낸 부드러운 크림을 넣은 타르트이다. 이 레몬 타르트는 윗부분에 프렌치 머랭을 올릴 수 있고, 슈가파우더를 뿌린 후 샐러맨더에 넣어 윤기를 낼 수 있다.

8인분 재료	단위	수량
슈크레 반죽 PÂTE SUCRÉE		
– 밀가루	g	250
– 버터	g	125
– 슈가파우더	g	100
– 소금		약간(PM)
– 계란(1개)	g	55
– 물	g	약간(PM)
– 버터(버터칠용)	ml	10
– 밀가루(덧가루용)	g	40
– 계란물	g	약간(PM)
레몬 충전물 APPAREIL AU CITRON		
– 레몬즙	ml	300
또는		
– 레몬 주스	g	600
– 물	ml	약간(PM)
– 설탕	g	150
– 전란(3개)	g	165
– 계란(노른자 3개)	g	60
– 설탕	g	50
– 전분	g	25
– 생크림 UHT	ml	200
– 버터	g	100
레몬 나파주* NAPPAGE CITRON		
– 나파주	g	100
– 레몬즙	ml	20
장식(선택사항)		
– 설탕에 절인 레몬 껍질	g	약간(PM)
– 레몬(1개)	g	100
– 설탕	g	50
– 물	ml	약간(PM)
준비 시간 : 1시간 10분		
굽는 시간 : 25분		

* 슈크레 반죽에 잘게 간 레몬 껍질을 첨가할 수 있다.

만드는 방법

1. 조리 작업대에 재료와 도구 준비하고, 청결한 작업 환경 만들기 – 5분
레시피대로 재료를 준비하고 조리기구, 서빙을 위한 도구 등을 준비한다.

2. 슈크레 반죽 만들기 – 15분(p. 620 참조)
슈크레 반죽을 만든 후 랩으로 감싸 냉장실에 단단하게 휴지시킨다.

3. 장식 만들기(선택사항) – 5분
레몬을 깨끗이 씻어 껍질을 벗겨내고, 일정하게 슬라이스 한다.
데친 후 시럽에 담근다.

4. 레몬 충전물 준비하기 – 5분
버터를 포마드 상태로 만든다.
크림을 끓여 한쪽에 보관한다.

5. 레몬 충전물 만들기 – 15분
레몬즙, 물, 설탕은 냄비에 넣어 끓인다.
볼에 전란과 노른자, 50g의 설탕을 넣어 하얗게 될 때까지 섞어준다.
전분을 첨가한다.
레몬 시럽을 혼합물에 조금씩 넣어가며 섞어준다.
파티시에 크림을 끓이듯이, 거품기로 멈추지 않고 계속 저어준다.
끓인 크림을 넣고, 볼에 옮긴다.
랩을 씌우고, 상온에서 빠르게 식힌다.

6. 틀에 퐁사주하기(p. 623/624 참조)
가장자리에 반죽이 튀어나오지 않게 정리해준다.
과한 반죽은 칼이나 밀대로 잘라낸다.

7. 타르트에 아무것도 넣지 않고 익히기 – 5분
타르트 바닥에 베이킹 페이퍼를 깔아준다.
누름돌을 채우고 200℃에서 약 20분간 굽는다.
3/4 정도 구워지면 누름돌을 제거하고, 틀을 빼 가장자리에 색을 낸다.
타르트가 노릇해지면 오븐에서 꺼낸다.
오븐에서 꺼낸 타르트는 그릴에 옮겨 식힌다.

8. 충전물 마무리하고 타르트에 채우기 – 10분
포마드한 버터를 충전물에 조금씩 넣어 매끄럽고 균일하게 만든다.
(분리될 위험이 있으므로 지나치게 휘젓지 않는다 – 무슬린 크림과 마찬가지로)
타르트에 혼합물을 가장자리까지 가득 채운다.
스패튤러를 이용하여 매끄럽게 정리한다.

9. 레몬 타르트에 광택 내주기
나파주를 끓인 후 레몬즙을 첨가해 희석한다.
일정하게 나파주를 발라 광택을 낸다.
설탕에 절인 레몬 껍질을 위에 뿌린다.

10. 완성한 레몬 타르트 제공하기
레이스 종이를 올린 접시에 타르트를 제공한다.

FICHE 172

완성한 결과

레몬 타르트(Tarte au citron)

준비할 도구
- 밀가루 체 1
- 스크레이퍼 1
  또는 반죽 커터 1
- 정리용 사각 트레이 3
- 작은 볼 1
- 밀대 1
- 밀가루 솔 1
- 중간 볼 1

굽기 위한 도구
- 24~26cm의 타르트 틀
- 24~26cm의 원형 플레이트
- 중간 냄비 1 또는
  중간 소테팬 1
- 뚜껑 1개

플레이팅 도구
- 둥근 접시
- 레이스 종이

오렌지 타르트 TARTE À L'ORANGE

1. 조리 작업대에 재료와 도구 준비하고, 청결한 작업 환경 만들기 – 5분

2. 슈크레 반죽 만들기 – 15분(P. 620 참조)

슈크레 반죽을 만든 후 랩에 씌워 냉장실에 휴지시킨다.

3. 장식용으로 둥글게 자른 오렌지를 설탕에 절이기

가공 처리되지 않은 오렌지를 씻어 4mm 두께로 자르고 씨를 제거한다.
설탕 80g과 물 30ml로 만든 시럽에 담근다.

4. 오렌지 아파레이유 만들기

버터 100g을 포마드 상태로 만든다.
생크림 200ml를 끓여 따로 보관한다.
오렌지 주스 400ml에 설탕 100g을 넣어 끓인다.
전란 3개, 노른자 3개에 설탕 50g을 넣어 하얗게 될 때까지 섞고, 크림 파우더 20g을 첨가한다.
혼합물에 오렌지 시럽을 넣고 거품기로 계속 저어가며 끓인다.
크림이 걸쭉해지면, 끓인 생크림을 넣고 다른 볼에 옮긴다.
랩을 씌워 차갑게 식힌다.

5. 슈크레 반죽을 틀에 퐁사주하기

슈크레 반죽을 가운데에 놓아 퐁사주한다.
누름돌을 채워 굽는다.
2/3 정도 구워졌을 때, 틀을 제거하여 가장자리에 색을 낸다.
그릴 위에 옮겨 식혀준다.

6. 오렌지 아파레이유 마무리하기

포마드한 버터를 충전물 안에 조금씩 넣어 매끄럽고 균일하게 만든다.
(분리될 위험이 있으므로 지나치게 휘젓지 않는다)

7. 타르트에 충전물 채우기

혼합물을 조심스럽게 채운다.
설탕에 절인 오렌지 조각으로 장미 모양을 만든다.

8. 타르트에 광택 내기

오렌지 주스를 섞은 나파주 100g으로 광택을 낸다.

둥근 오렌지 조각은 껍질을 벗긴 오렌지 조각으로 대체 가능
둥근 오렌지 조각은 껍질을 벗긴 오렌지 조각으로 대체할 수 있다.

완성한 결과

오렌지 타르트(Tarte à l'orange)

같은 계열의 디저트 PLATS SIMILAIRES

패션 후르츠, 산딸기 타르트 Tarte aux framboises et aux fruits de la passion
- 슈크레 반죽으로 타르트를 퐁사주하고, 아무것도 넣지 않고 구워준다.
- 타르트에 산딸기 잼을 발라주고, 산딸기를 올려준다.
- 동일한 방법으로 만든 충전물에 패션 후르츠 퓌레를 넣는다.
- 약간의 패션 후르츠 주스로 희석한 뉴트르 나파주(Nappage neutre)로 광택을 낸다.
- 타르트 중앙에 반으로 자른 패션 후르츠 3개를 올려 씨앗이 흐르도록 하고, 예쁜 산딸기와 신선한 민트로 장식한다.

초콜릿 타르트
TARTE AU CHOCOLAT

초콜릿 타르트 Tarte au chocolat는 슈크레 반죽으로 타르트를 만들어 아무것도 넣지 않은 채 굽고, 산딸기 잼을 얇게 바른 뒤 가나슈로 채운 타르트이다.

제조 방법(8인분 기준)	단위	수량
슈크레 반죽 PÂTE SUCRÉE		
– 밀가루	g	250
– 버터	g	125
– 슈가파우더	g	100
– 소금	g	약간(PM)
– 전란(1개)	g	55
– 물	l	PM
– 버터(버터칠용)	g	10
– 밀가루(덧가루용)	g	40
– 계란물		약간(PM)
충전물 GARNITURE		
– 산딸기 잼	g	100
– 가나슈(커버춰 초콜릿 64%)	g	300
또는		
– 가나슈 피스톨	ml	300
– 생크림	g	30
– 트리몰린 버터	g	100
장식(선택사항)		
– 금박 feuille d'or		약간(PM)
평균 준비 시간 : 1시간		
평균 굽는 시간 : 25분		

준비할 도구
- 밀가루 체 1
- 밀대 1
- 피케 롤러 1
- 꼰(스크레이퍼)
- 믹서 1
- 타르트 링 또는 타르트 팬 1 또는 2
- 타르트지 누름돌(블라인드 베이킹용)

굽기 위한 도구
- 타르트 틀 쿨리형 밑면 1~2
- 중간 크기 소테팬 1

플레이팅 도구
- 둥근 평평한 접시 1 또는 2
- 레이스 종이

만드는 방법

1. 조리 작업대에 재료와 도구 준비하고 청결한 작업 환경 만들기 – 5분

레시피대로 재료를 준비하고 조리기구, 서빙을 위한 도구 등을 준비한다.

2. 슈크레 반죽 250g 만들기(p. 620 참조)

슈크레 반죽을 만든 후 랩을 씌워 냉장 보관한다.

3. 틀에 퐁사주하기(p. 623/624 참조)

가장자리에 반죽이 올라오지 않도록 정리해준다.
튀어나온 반죽은 칼이나 밀대로 잘라낸다.

4. 반죽만 넣고 타르트 굽기 – 5분

타르트 바닥에 베이킹 페이퍼를 깔아준다.
구울 때 반죽이 부푸는 것을 방지하기 위해 누름돌을 채우고 200℃에서 약 20분간 굽는다.
타르트가 3/4 정도 구워지면 누름돌을 제거하고, 틀을 빼 타르트 가장자리에 색을 내준다.
타르트가 노릇해지면 오븐에서 꺼낸다.
오븐에서 꺼낸 타르트는 그릴에 옮겨 식힌다.

5. 가나슈 만들기 – 10분(p. 694/695 참조)

큰 냄비에 크림을 넣고 끓인다.
끓인 크림에 트리몰린을 넣고 다시 끓여준다.
다 끓으면 불을 끄고, 잘게 썬 초콜릿이나 초콜릿 피스톨 위에 넣는다.
주걱을 이용하여 매끄럽고 부드러워질 때까지 잘 섞는다.(기포가 생길 수 있으므로 휘젓지 않는다)
버터 조각을 넣고 다시 부드러워질 때까지 섞는다.

6. 타르트 충전하기 – 5분

타르트 바닥에 산딸기 잼을 펴 바른다.
따뜻한 상태의 가나슈를 타르트에 채운다. 이 때, 윗면이 매끄러워야 한다.
타르트는 서늘한 곳에 두어 굳힌다.(냉장실이 아닌 곳)

7. 타르트 장식하기(선택사항) – 3분

얇은 붓을 이용하여 작은 금박 몇 조각을 올린다.

8. 완성한 타르트 제공하기 – 2분

레이스 종이를 올린 접시에 완성한 타르트를 제공한다.

슈크레 반죽에 카카오 가루를 첨가할 수도 있다.
슈크레 반죽에는 카카오 가루를 첨가할 수 있다. 카카오 가루를 첨가할 경우에는 밀가루와 슈가파우더를 함께 체쳐서 사용한다. 밀가루가 들어가지 않는 카카오 비스킷에는 산딸기 잼을 바를 수 있다.

완성한 결과

초콜릿 타르트(Tarte au chocolat)

살구 페이스트리 타르트(Tarte feuilletée aux abricots)

시나몬 아이스크림을 곁들인 얇은 사과 타르트(Tarte fine aux pommes, glace à la cannelle)

전통적인 건포도 사과 파이(Tourte aux pommes et aux raisins à l'ancienne)

딸기 페이스트리 타르트(Tarte feuilletée aux fraises)

과일 페이스트리 타르트(Tarte feuilletée aux fruits)

초콜릿 타르트와 타르트렛(Tarte et tartelettes au chocolat)

피티비에
PITHIVIERS

두 겹의 푀이테 반죽에 아몬드 크림을 넣은 갸띠네 Gâtinais의 전통 디저트이다. 피티비에 안에 사기로 만든 작은 인형 Fève을 넣으면 프랑스 북부지방에서 먹는 맛있는 갈레트 데 루아 Galette des rois가 된다.

8인분 재료	단위	수량
푀이테 반죽 PÂTE FEUILLETÉE		
– 밀가루	g	300
– 가는소금	g	6
– 녹인 버터	g	30
– 화이트 식초(선택사항)	ml	약간(PM)
– 물	ml	150
– 뵈르 색(푀이타주용 건조 버터)	g	225
– 밀가루(덧가루용)	g	40
계란물		
– 계란(1개)	g	55
아몬드 크림 CRÈME D'AMANDES		
– 버터	g	100
– 설탕	g	100
– *전란(2개)	g	100
– 아몬드 가루	g	100
– 액상 바닐라	ml	약간(PM)
– 럼 ambré 또는, vieux	ml	20
– 파티시에 크림(선택사항)	g	100
마무리(글라사주)		
– 슈가파우더	g	20
또는		
시럽 1.2624°D, 또는 30° 보메(Baumé)	ml	20
평균 준비 시간 : 1시간 25분		
평균 굽는 시간 : 40~45분		

* 파티시에 크림을 사용할 경우, 아몬드 크림의 전란을 노른자(80g)로 대체 한다.

만드는 방법

1. 조리 작업대에 재료와 도구 준비하고, 청결한 작업 환경 만들기 – 5분
레시피대로 재료를 준비하고 조리기구, 서빙을 위한 도구 등을 준비한다.

2. 푀이타주 반죽을 6투르 하기 – 40분(p. 627~631 참조)

3. 아몬드 크림 만들기 – 10분(p. 696~697 참조)
스테인리스 볼에 버터를 넣고 거품기로 부드럽게 풀어준다.
설탕을 넣어 크림화시킨다.
계란(또는 계란 노른자*)을 하나씩 넣은 후 아몬드 가루를 넣는다.
액상 바닐라 몇 방울과 소량의 럼을 첨가한다.(약간의 파티시에 크림을 아몬드 크림에 첨가하는 경우가 있다)
볼 벽면을 깨끗하게 정리하고, 랩을 씌워 보관한다.

4. 피티비에 만들기 – 25분
반죽을 2개로 나눈다.(p. 635 참조)
밀대로 모서리 부분을 둥글게 밀어 펴 두께 3~4mm, 지름 24cm와 25cm 의 두 개의 원을 만든다.
작은 반죽을 뒤집은 후 밀가루 솔로 과도한 밀가루를 털어낸다.
반죽을 제과용 철판에 올린다.
16cm의 쿠키커터를 이용하여 아몬드 크림을 어느 정도 짤지 표시한다.
붓으로 반죽의 가장자리에 물 또는 계란을 바른다.
둥근 깍지를 이용해 표시된 곳 안쪽에 아몬드 크림을 균일하게 짜준다.
큰 반죽을 작은 반죽 위에 놓는다.
손가락으로 가장자리를 가볍게 눌러 밀봉한다.
모양을 일정하게 하기 위해 쿠키커터를 이용하여 모양을 만들고, 냉장실에 최소 30분간 넣어준다.
쿠키커터를 이용하여 가장자리에 꽃 모양을 내주거나, 비스듬히 칼집을 낸다.
반죽의 가장자리에 흘러내리지 않도록 계란물칠을 한다.
수증기가 빠져나갈 수 있도록 피티비에 가장자리에 작은 구멍을 낸다.
칼로 꽃 모양의 원형 줄무늬를 넣고, 서늘한 곳에 다시 보관한다.

5. 피티비에 굽기 – 3분
두 번째 계란물칠을 한다.
피티비에를 230/240℃의 오븐에서 노릇해질 때까지 굽는다.
온도를 200/210℃로 맞춰 35~40분간 구워 마무리한다.
오븐에서 꺼내기 5분 전에 슈가파우더를 뿌려 윤기를 내거나 붓으로 시럽을 칠한다.(30° 보메(Baumé) 또는 1.2624D)
그릴 위에 올려 식힌다.

6. 완성한 피티비에 제공하기 – 2분
레이스 종이를 올린 접시에 피티비에를 제공한다.

푀이테 반죽을 이용해 디저트를 굽는 정확한 타이밍
푀이테 반죽을 이용한 디저트는 따뜻하고 바삭한 식감을 위해, 손님에게 제공하기 직전에 굽는다. 냉장 보관할 경우 버터가 딱딱해지고, 피티비에가 기름지고 무거워져 바삭바삭함을 잃기 때문에 구운 후 냉장 보관해서는 안 된다.

FICHE 174

완성한 결과

피티비에(Pithiviers)

아몬드 크림이 든 잘루지

JALOUSIE À LA CRÈME D'AMANDES

1. **조리 작업대에 재료와 도구 준비하고, 청결한 작업 환경 만들기**
2. **냉동 푀이타주 반죽을 40×12cm, 40×13cm, 두 개의 직사각형으로 자르기**
3. **아몬드 크림을 만든 후 파티시에 크림 100g 넣어주기**
4. **잘루지 만들기**
   작은 푀이타주 반죽을 철판 위에 놓는다.
   붓으로 반죽의 가장자리에 계란물칠을 한다.
   큰 둥근 깍지를 이용하여 《프랑지판 Frangipane》 크림을 반죽의 가운데에 짠다.
   큰 반죽을 길게 반으로 접는다.
   반죽이 접힌 부분을 따라 큰 칼의 뒷부분으로 3cm의 칼집을 5mm 간격으로 규칙적으로 내준다.
   반죽이 뒤틀리지 않도록 작은 반죽 위에 반죽을 그대로 올린다.
   반죽끼리 붙인 가장자리를 완전히 밀봉한다.
   필요하다면, 가장자리를 다듬어준다.
   반죽 윗부분에 줄무늬를 넣고 계란물칠을 한 후 20분간 차갑게 보관한다.
5. **잘루지 굽기**
   반죽에 다시 계란물칠을 하고, 220/230℃ 오븐에서 35~40분간 굽는다.
   다 구워지기 전에 시럽이나 슈가파우더를 뿌려 광택을 낸다.
6. **잘루지 제공하기**
   레이스 종이 위에 긴 접시를 올려 따뜻하게 제공한다.

준비할 도구	굽기 위한 도구	플레이팅 도구
• 밀가루 체 1	• 베이킹용 철판 1	• 큰 둥근 접시
• 밀가루 솔 1	• 또는, 큰 플레이트 1	• 케이크 판
• 스크레이퍼 1 또는 반죽 커터 1		• 레이스 종이
• 쿠키커터 1		
• 그릴 1		
• 중간 볼 1		

같은 계열의 디저트 PLATS SIMILAIRES

배 피티비에 Pithiviers aux poires
• 피티비에를 만드는 것과 같은 방법으로 피티비에를 만든다.
• 아몬드 크림, 파티시에 크림을 섞은 크림 위에 시럽에 든 서양배 반 개를 얇게 썰어 올린다.
• 푀이테 반죽으로 위쪽을 덮는다.
• 반죽에 계란물칠을 하고, 가장자리에 칼집을 낸 후, 중앙부터 시작하여 곡선으로 태양 모양으로 장식한다. 다시 한 번 계란물칠을 하고, 구워준 후 시럽을 바른다.

솔로뉴 블랙 체리 피티비에 Pithiviers aux cerises noires de sologne
• 위의 방법과 동일하다. 서양배 대신 씨가 없는 블랙 체리 200g을 사용한다.

사과 다투와 Dartois aux pommes
• 잘루지 레시피와 동일하다. 버터에 사과를 볶아 칼바도스로 플럼베한 것을 첨가한다.

딸기 푀이테 Feuilleté aux fraises
• 냉동 푀이테 반죽을 12~14cmX6cm 크기의 직사각형으로 자른다.
• 반죽에 계란물칠을 하고 베이킹 페이퍼 위에 올려 220/230℃의 오븐에서 약 10분간 굽는다.
• 슈가파우더나 1.2624℃D의 시럽으로 광택을 낸다.
• 반죽을 반으로 자른 후 파티시에 크림과 휘핑크림, 이탈리안 머랭, 그리고 딸기를 가득 채운다.
• 접시에 딸기와 딸기 소스, 민트 잎을 장식한다.

완성한 결과

딸기 푀이테(Feuilleté aux fraises)

밀푀유
MILLE-FEUILLE

이 페이스트리는 버터 푀이타주 반죽과 파티시에 크림으로 구성되어 있으며, 카렘 Carême에 의해 파리에서 만들어진 디저트이다. 윗부분에 슈가파우더를 뿌리거나 커피나 초콜릿을 얇게 마블링한 흰색 퐁당이나, 바삭한 아몬드를 올릴 수 있다.

8인분 재료	단위	수량
푀이테 반죽 PÂTE FEUILLETÉE		
– 밀가루	g	250
– 가는소금	g	5
– 녹인 버터	g	25
– 물	ml	125
– 뵈르 색(푀이타주용 건조 버터)	g	180
– 밀가루(덧가루용)	g	40
계란물		
– 계란(1개)	g	55
마무리		
– 슈가파우더(전분이 없는)	g	20
파티시에 크림* CRÈME PÂTISSIÈRE		
– 우유	ml	500
– 계란(노른자 3개)	g	60
– 설탕	g	100
– 크림 파우더 poudre a crème	g	40
– 바닐라	개수	1/2
– 알코올 또는 리큐르	ml	20
– 버터(표면에 놓는)	g	10
마무리(글라사주)		
– 슈가파우더	g	40
또는		
– 퐁당	g	300
– 시럽 1.2624°D	ml	약간(PM)
– 커버춰 초콜릿	g	40
또는		
– 액상 커피	ml	약간(PM)
평균 준비 시간 : 1시간 40분		
평균 굽는 시간 : 10~15분		

* 파티시에 크림에서 파생된 또 다른 크림을 사용할 수 있다.
(크림, 디플로마 크림, 무슬린 크림, 시부스트 크림)

만드는 방법

1. 조리 작업대에 재료와 도구 준비하고, 청결한 작업 환경 만들기 – 5분
레시피대로 재료를 준비하고 조리기구, 서빙을 위한 도구 등을 준비한다.

2. 푀이테 반죽 만들기 – 30분(p. 627~631 참조)

3. 파티시에 크림 만들기 – 5분(p. 685~687 참조)
노른자에 설탕을 넣고 하얗게 될 때까지 휘핑한 후 전분을 넣는다.
바닐라 빈을 넣어 끓인 우유를 서서히 혼합물에 부어준다.
혼합물을 다시 냄비에 넣고 몇 분간 끓여준다.
다른 곳에 옮겨 담고, 버터를 표면에 놓아 넓힌다. 완성한 후 랩을 씌워 보관한다.

4. 밀푀유 시트 만들기 – 10분
푀이테 반죽을 베이킹 철판과 같은 크기가 되도록, 3mm 두께로 밀어 편다.
반죽을 한 번 들어 올려, 구울 때 반죽이 줄어들지 않도록 한다.
피케 롤러를 이용하여 작은 구멍을 내고, 밀대로 반죽을 뒤집는다.
밀가루 솔로 과도한 밀가루는 제거하고, 밀대로 가장자리 부분을 다듬어준다.

5. 푀이테 반죽 굽기 – 5분
220/230℃의 오븐에서 10~15분간 굽는다.
2/3 정도 구워졌을 때, 슈가파우더를 뿌린다.
그릴에 옮겨, 식기 전에 빵칼로 길게 삼등분한다.

6. 밀푀유 몽타주하기 – 15분(p. 636 참고)
파티시에 크림에 술이나 리큐르를 넣어 희석시킨다.
작업대 위에 첫 번째 푀이타주를 놓고 파티시에 크림을 균일하게 짠다.
두 번째 푀이타주를 놓고 다시 파티시에 크림을 짠다.
세 번째 푀이타주를 뒤집어 두 번째 푀이타주 위에 놓고 가볍게 눌러 균일한 두께가 되도록 한다.

7. 밀푀유를 퐁당으로 마블링하거나 광택내기 – 10분
슈가파우더를 골고루 뿌린다.
또는 35℃의 퐁당으로 코팅한다.
종이 코르네에 녹인 초콜릿이나, 커피를 섞은 퐁당을 넣어 5~7개의 얇은 줄무늬를 넣는다.
젖은 칼끝으로 퐁당에 마블을 만든다.

8. 완성한 밀푀유 제공하기 – 5분
밀푀유의 가장자리를 반듯하게 정리한다.
둥근 접시에 레이스 종이를 올려 제공한다.

퐁당을 입히기 전에 나파주를 살짝 발라 광택을 낼 수 있다.

완성한 결과

밀푀유(Mille-feuille)

쿠앵트로 둥근 밀푀유

MILLE-FEUILLE ROND AU COINTREAU

1. 조리 작업대에 재료와 도구 준비하고, 청결한 작업 환경 만들기

2. 냉동 푀이타주 반죽을 직경 22~24cm의 원 모양으로 3장 자르기

반죽에 작은 구멍을 내고 뒤집은 후 과도한 밀가루는 제거한다.

3. 푀이타주 반죽을 오븐에 굽기

약간 물기가 있는 철판에 푀이타주 반죽을 올려 220~230℃에 굽는다.

굽기 시작할 때 규칙적으로 부풀 수 있도록 베이킹 매트와 그릴을 올린다.

2/3 정도 구워졌을 때, 설탕을 뿌리고, 철판에 옮겨 식힌다.

4. 쿠앵트로를 넣은 디플로마 크림 만들기

500ml의 파티시에 크림을 만들고 불려놓은 판 젤라틴 3장을 넣는다.

설탕 없이 250ml의 휘핑크림을 올린다.

파티시에 크림에 쿠앵트로 20ml를 넣는다.

차갑게 식힌 파티시에 크림에 휘핑크림을 섞어준다.

5. 밀푀유를 몽타주하기

마지막 상단의 밀푀유는 뒤집어 놓아 평평하게 만든다.

작은 철판이나 그릴을 올린 뒤 가볍게 눌러 평평하게 만든다.

밀푀유를 냉장실에 보관한다.

6. 마무리 재료와 장식 준비하기

잘게 다진 아몬드나 아몬드 슬라이스 120g을 오븐에 굽는다.

황금빛 나파주(나푸주 블롱 nappage blond) 100g을 끓인다.

흰 퐁당 250g을 준비하는데, 필요하다면 약간의 시럽(1.2624˚D)을 넣어 희석한다.

퐁당에 커피 또는 초콜릿을 추가해 맛을 낸다.

7. 밀푀유 마무리하고 마블 만들기

나파주를 윗부분에 발라 광택을 내고, 퐁당을 고르게 코팅한 후 마블을 만든다.

구운 아몬드를 옆면에 붙여준다.

준비할 도구	굽기 위한 도구	플레이팅 도구
• 밀가루 체 1	• 중간 냄비 1	• 긴 접시 또는 케이크 쟁반
• 스크레이퍼 1 또는 반죽 커터 1	• 60×40 철판 1	• 레이스 종이
• 중간 볼 2	• 중간 소테팬 1	
• 그릴		
• 정리용 사각 트레이 1		
• 밀대 1		
• 밀가루 솔 1		
• 작은 오븐용 그릇 1		
• 자 1		

완성한 결과

밀푀유 홍 오 쿠앵트로(Mille-feuille rond au Cointreau)

같은 계열의 디저트 PLATS SIMILAIRES

초콜릿 밀푀유 Mille-feuille au chocolat

• 푀이테 반죽을 만들 때, 밀가루에 카카오 가루 40g를 넣어 함께 체 친다.

• 초콜릿 무슬린 크림과 몇 개의 체리를 넣는다.

오렌지, 자두 캐러멜리제 밀푀유

Mille-feuille individuel caramélisé aux pruneaux et à l'orange

• 지름 8cm의 둥근 푀이타주 반죽 16장을 자른다.

• 계란물칠을 하고 반죽 8장에 다진 아몬드를 뿌린다.

• 겉은 노릇하고 광택이 나며 바삭거리도록 구울 때 전분이 함유되지 않은 슈가파우더를 뿌려준다.

• 샹티이 깍지(douille à chantilly)를 이용하여 두 개의 푀이타주 반죽 사이에 자두가 들어간 무스를 넣는다.

• 접시를 오렌지 소스로 장식한다.

• 오렌지향 레드와인 시럽에 데친 자두 조각과 오렌지 조각을 사이에 넣는다.

• 절인 오렌지 제스트와 소량의 석류 시럽을 함께 제공한다.

밀푀유 글라세 Mille-feuille glace jour et nuit

• 밀푀유 주문이 들어오면, 바닐라 또는 초콜릿 아이스크림을 채운다.

• 샹티이 크림을 일정하게 짠다.

• 초콜릿 조각으로 장식한다.

사바랭 샹티이
SAVARIN CHANTILLY

이 디저트는 베이킹파우더를 사용하여 탄력이 있고, 발효되어 기포가 생긴 반죽으로 만든다. 사바랭은 바바 폴로네즈(Baba polonais) 케이크에서 유래되었으며 스타니슬라스 레슈친스키(Stanislas Leszczynski) 왕이 럼을 풍부하게 뿌려 먹었다고 한다. 샹티이 크림을 곁들이며, 흔히 과일 샐러드와 함께 제공된다.

8인분 재료	단위	수량
사바랭 반죽 PÂTE À SAVARIN		
– 밀가루 T55	g	200
– 맥주 효모 levure de bière	g	10
– 물	ml	80
– 가는소금	g	4
– 설탕	g	20
– 전란(2개)	g	110
– 버터	g	80~100
– 버터(버터칠)	g	20
시럽 1.1247°D 또는 16 보메(Baumé)		
– 물	ml	400
– 설탕	g	250
– 오렌지 제스트 또는 레몬 제스트	g	약간(PM)
– 바닐라	개수	1/2
– 럼 또는 키르쉬(충전물에 따라 선택)	ml	100
마무리		
– 살구 나파주	g	140
샹티이 크림 CRÈME CHANTILLY		
– 생크림 MG 35%	ml	400
– 슈가파우더	g	40
– 액상 바닐라	ml	약간(PM)
장식		
– 설탕에 절인 체리 bigarreaux confits	g	20
– 안젤리카 꽃	g	20
– 미모사 장식물 grains de mimosa	g	10
– 제비꽃	g	10
– 아몬드 슬라이스	g	10
평균 준비 시간 : 1시간 20분		
평균 굽는 시간 : 25~30분		

만드는 방법

1. 조리 작업대에 재료와 도구 준비하고, 청결한 작업 환경 만들기 – 5분
레시피대로 재료를 준비하고 조리기구, 서빙을 위한 도구 등을 준비한다.

2. 사바랭 반죽 만들기 – 30분(p. 665~668 참조)
스테인리스 볼에 밀가루를 체 친다.
밀가루 중앙에 홈을 만들어준다.
미지근한 물에 이스트를 넣어 희석시킨다.
중앙에 만들어준 홈에 계란을 풀어 섞은 뒤, 이스트를 넣는다.
밀가루의 가장자리에 설탕과 소금을 넣는다.
밀가루, 물, 이스트, 계란을 손가락 끝으로 섞어준다.
손을 빠르게 움직이며 섞는 밀가루의 양을 조금씩 늘려준다.

반죽을 들어올려가며 볼의 벽에 세게 쳐주며 반죽을 잘 섞어준다.
반죽에 가능한 한 탄력을 준다. 반죽이 볼에서 떨어지고 손에 더 이상 달라붙지 않아야 한다.
스크레이퍼를 이용하여 볼 가운데에 반죽을 모아준다.
부드럽게 풀어준 버터를 작은 조각으로 잘라 첨가한다.
볼을 젖은 천으로 덮거나, 반죽을 따뜻한 장소에 약 30분간 둔다.

3. 시럽 만들기 – 5분(p. 722 참조)
냄비 안에 물, 설탕, 오렌지 제스트 또는 레몬 제스트, 바닐라 빈 반쪽을 넣는다.
몇 분간 끓인다.
필요하면 거품을 걷어내고, 시럽을 따뜻하게 유지한다.

4. 사바랭 틀에 버터 칠하기 – 2분

5. 사바랭 반죽 마무리하기 – 10분
버터를 넣고, 반죽을 다시 한 번 반죽하여 탄력 있게 만들어준다.
반죽을 틀의 1/3 지점까지 채워준 후, 다시 따뜻한 곳에 둔다.

6. 샹티이 크림 만들기 – 10분(p. 679~681 참조)
완성한 샹티이 크림은 서늘한 곳에 보관한다.

7. 사바랭 굽기 – 3분
200℃의 오븐에서 약 25~30분간 굽는다.

8. 살구 나파주 데우기 – 5분
작은 냄비 안에 나파주를 넣고, 필요할 경우 시럽을 넣어 희석한다.

9. 사바랭 적시기* – 5분(p. 668 참조)
사바랭이 잘 구워졌는지 확인한 후 틀에서 꺼내 캉디수아르* 그릴 위에 놓는다.
2/3의 럼을 시럽에 넣는다.
작은 국자를 이용하여 사바랭을 시럽이나 키르쉬에 적신다.
사바랭이 시럽에 완전히 젖도록 여러 번 반복한다.
마지막으로, 사바랭을 남은 술에 담갔다 뺀다.

***사바랭의 상태에 따른 시럽 사용법**
너무 농축된 시럽은 사바랭 반죽에 잘 스며들지 않고, 너무 가벼운 시럽은 사바랭 반죽에 너무 빨리 스며들어 빨리 건조된다. 차갑거나 눅눅해진 사바랭에는 뜨거운 시럽을 사용하고, 따뜻하거나 갓 구운 사바랭에는 따뜻한 시럽을 사용한다.

10. 사바랭에 나파주 바르기 – 5분
붓으로 끓인 나파주를 바른다.

11. 완성한 사바랭 제공하기 – 5분
접시에 사바랭을 올린다.
별 깍지를 이용하여 샹티이 크림을 짜 넣는다.
절인 과일, 아몬드 슬라이스, 제비꽃 또는 미모사 장식물로 조화롭게 장식한다.

---

* 캉디수아르 Candissoire : 양철로 된 큰 직사각형 용기로 가장자리는 그리 높지 않고 약간 넓게 벌어진 것

완성한 결과

사바린 샹티이(Savarin Chantilly)

구겔호프 KUGELHOPF

이 알자스 alsacien 케이크는 바바 반죽과 같은 구성이나, 적시지 않고 마른 《섹 sec》 상태로 먹는다.

1. 이스트 혼합물 만들기

볼에 밀가루 100g, 이스트 10g, 소량의 설탕과 미지근한 우유 50ml를 넣고 섞는다.
뚜껑을 덮고 실온에서 1시간동안 발효시킨다.

2. 반죽 만들기

밀가루 150g, 소금 5g, 설탕 25g, 계란 4개와 소량의 우유를 섞어준다.
반죽에 《탄력corps》을 주며 반죽을 한다.
이스트 혼합물을 넣는다.(부피가 두 배로 부푼다.)
반죽이 부드럽고, 볼에서 쉽게 떨어질 때 포마드 상태의 버터 100g을 넣는다.
반죽을 2시간동안 발효시킨다.

3. 반죽 마무리하기

휴지시킨 반죽을 다시 치대거나 눌러 가스를 빼주고(Rompre la pâte), 100g의 건포도를 넣는다.

4. 구겔호프 틀을 슈미제하기

구겔호프 틀에 버터 칠을 한다.
틀의 우툴두툴한 부분에 껍질을 제거한 아몬드를 놓는다.

5. 구겔호프 틀에 반죽 채우기

구겔호프 틀에 반죽을 중간까지 채우고 약 22℃의 온도에서 발효시킨다.

6. 구겔호프 익히기

180℃의 오븐에서 약 45분간 굽는다.
오븐에서 나오자마자 틀에서 뺀다.

7. 완성한 구겔호프 제공하기

구겔호프에 슈가파우더를 뿌린다.
둥근 접시에 레이스 종이를 올려 제공한다.

준비할 도구
• 중간 볼 2
• 스크레이퍼 1 또는 반죽 커터 1
• 캉디수아르 1

• 작은 국자 1
• 체 1
• 스패튤러 1
• 그릴 1

굽기 위한 도구
• 큰 사바랭 틀 1 또는
• 12~14cm의 작은 틀 2

• 작은 소테팬 1
• 시럽을 위한 중간 냄비 1

플레이팅 도구
• 움푹한 둥근 접시

같은 계열의 디저트 PLATS SIMILAIRES

크렘 사바랭 Savarin à la crème

• 샹티이 크림은 시부스트 크림이나, 파티시에 크림에 이탈리안 머랭을 섞은 크림으로 대체할 수 있다.
• 슈가파우더를 뿌려 광택을 낸다.

바바 오 럼 Baba au rhum

• 사바랭 반죽에 구운 건포도를 첨가하고, 특수한 틀(다히올 Darioles 혹은, 부숑 틀 Bouchons)에 넣어 굽는다.
• 럼에 넣어 적신 후 나파주를 발라 광택을 낸다.

마리냥 Marignan

• 타원형 모양의 틀 안에 사바랭 반죽을 넣고 구워주고 럼에 넣어 적신 후 나파주를 발라 광택을 낸다.
• 대각선으로 잘라, 파티시에 크림이나 샹티이 크림으로 채운다.

패션 후르츠 과일 사바랭 Savarin aux fruits exotiques

• 왕관 모양의 사바랭을 과일주스(패션 후르츠 혹은 오렌지)가 들어간 시럽에 적시거나, 키르쉬 또는 럼에 적셔준다.
• 열대과일 샐러드와 함께 제공한다.

퐁포네트(칵테일과 함께 제공되는 쁘띠 푸르)
Pomponnettes(petits fours frais pour cocktail)

• 작고 둥근 틀에 작은 사바랭 반죽을 굽는다.
• 이름에 따라 충전물을 채우고, 샹티이 크림으로 장식한다.

완성한 결과

사바랭 벨 프뤼티에흐(Savarin belle fruitière)

티라미수식 앙트르메
ENTREMETS FAÇON TIRAMISU

치즈(마스카포네*)를 베이스로 만든 이탈리안 디저트인 티라미수식 앙트르메는, 아파레이유 아 봄브와 휘핑크림을 섞어 만든다. 티라미수는 커피 앙글레즈 크림과 함께 제공된다.

8인분 재료	단위	수량
제누아즈 GÉNOISE		
– 전란(3개)	g	170
– 설탕 sucre semoule	g	100
– 밀가루	g	100
슈미제		
– 버터	g	20
– 밀가루	g	20
또는		
– 비스퀴 퀴이에	개수	24
펀치 시럽 SIROP DE PUNCHAGE		
– 물	ml	100
– 설탕	g	80
– 커피 가루	g	10
– 아마레토 amaretto	ml	20
– 시나몬 가루	g	약간(PM)
아파레이유 아 봄브 APPAREIL À BOMBE		
– 계란(노른자 4개)	g	80
– 각설탕	g	50
– 물	ml	20
휘핑크림 CRÈME FOUETTÉE		
– 생크림	ml	400
– 설탕 sucre semoule	g	40
걸쭉한 우유 LAIT COLLÉ		
– 우유	ml	80
– 젤라틴(4장)	g	8
– 마스카포네 mascarpone	g	400
앙글레즈 크림 CRÈME ANGLAISE		
– 우유	ml	500
– 계란(노른자 4개)	g	80
– 설탕 sucre semoule	g	100
– 액상 커피	ml	약간(PM)
– 커피 가루	g	10
마무리		
– 카카오 가루	g	10
– 커피콩 리큐르	개수	8
평균 준비 시간 : 1시간 30분		

티라미수식 앙트르메를 만들 때 주의할 점
이 방법은 마스카포네, 노른자, 올린 흰자를 섞어 만들고, 생으로 먹기 때문에 주의하여야 한다. 이 경우, 타리마수는 냉장실에 보관해야 하고 생산 당일 바로 소비하여야 한다.

만드는 방법

1. 조리 작업대에 재료와 도구 준비하고, 청결한 작업 환경 만들기 – 5분
레시피대로 재료를 준비하고, 조리 도구, 플레이팅 도구를 점검한다.

2. 제누아즈 만들기 – 20분(p. 651/652 참조)
22cm의 앙트르메 틀을 이용하여 제누아즈를 만든다.

3. 1.2624°D(30° 보메(B)의 시럽을 만들기 – 3분
물과 설탕을 넣고 끓인다.
커피 가루를 넣은 후 아마레토 리큐르를 넣는다.

4. 아파레이유 아 봄브 만들기 – 10분
설탕을 120℃까지 익힌다.(p. 724에 명시된 주의 사항 준수)
흰자와 노른자를 분리한다. 작은 제과용 믹서 볼에 노른자를 넣는다.
계란 노른자 위에 거품기의 살을 피해 익힌 설탕을 조금씩 넣는다.
혼합물이 완전히 식을 때까지 휘젓는다.

5. 걸쭉한 우유 만들기 – 2분
차가운 물에 젤라틴을 담근다.
우유를 65~70℃까지 데운다.
젤라틴에서 물을 제거하고, 데운 우유에 넣어준다.

6. 샹티이 크림 올리기 – 5분(p. 679 참조)
설탕을 넣고, 너무 단단하게 올리지 않는다.(90% 휘핑)

7. 아파레이유 결합하기 – 10분
큰 볼에 마스카포네*를 넣는다.
걸쭉해진 우유를 서서히 넣고 차게 식힌다.
부드러워질 때까지 휘젓는다.
아파레이유 아 봄브를 천천히 혼합하고, 휘핑크림을 넣는다.
혼합물이 무너지지 않도록 반죽을 부드럽게 들어 올려가며 섞는다.
마지막 장식을 위해 혼합물을 소량 덜어 냉장 보관해둔다.

8. 틀에 조립하기 – 10분
제누아즈를 같은 두께가 되도록 세 장으로 잘라준다.
케이크 판 위에 틀을 놓는다.
틀 바닥에 첫 번째 제누아즈를 넣는다.
시럽으로 적셔준다.
1/3의 혼합물을 넣고 매끄럽게 한 뒤, 두 번째 제누아즈를 넣는다.
시럽을 듬뿍 적시고, 1/3의 혼합물을 넣어 매끄럽게 한 뒤 세 번째 제누아즈를 넣는다. 다시 시럽을 듬뿍 적시고 마지막 혼합물을 틀에 넣어 마무리한다.
매끄럽게 정리한다.
둥근 깍지를 이용하여 케이크 윗부분을 장식한다.
냉장실에 보관한다.

*   마스카포네 *Le mascarpone*는 엄밀히 말하면 치즈가 아닌 버팔로 소의 우유로 만든 크림이다. 오늘날 《신선한 치즈*fromages frais*》로 분류되는 마스카포네는, 젖소 우유 크림을 가열한 뒤 물기를 제거하여 굳힌 신맛이 나는 우유 크림이다. 저장 수명이 매우 짧아, 유효기간 및 보관 온도를 체계적으로 관리하고 점검하여야 한다.

9. 앙글레즈 크림 만들기 – 15분(p. 682~684 참조)
액상 커피나 커피 가루를 넣는다.

10. 완성한 케이크 제공하기 – 2분
카카오 가루를 뿌리고, 둥근 접시 위에 레이스 종이를 올려 제공한다.
장식으로 1인분에 하나씩 커피콩을 올려 1인분의 양을 임의로 결정한다.
커피 앙글레즈 크림을 소스그릇에 담아 제공한다.

FICHE 177

완성한 결과

티라미슈(Tiramisu)

과일, 프로마주 블랑 쿠론 COURONNE AU FROMAGE BLANC ET AUX FRUITS FRAIS

1. 프로마주 블랑(Fromage blanc)을 만든다.(앙트르메 비율에 따라)

사바랭 링 틀이나, 구겔호프 틀 직경 22cm를 사용한다.

−18˚C에서 굳힌다.

직경 22cm의 제누아즈 한 장을 자른다.

케이크 판 위에 놓고, 오렌지를 리큐르를 넣은 시럽으로 적신다.

제누아즈에 딸기잼을 바른다.

프로마주 블랑을 틀에서 제거하여 제누아즈 위에 놓는다.

샹티이 크림을 규칙적으로 얇게 펴 바른다.

생토노레 깍지를 이용하여 윗면의 바깥 부분에서 안쪽으로 태양 모양으로 장식한다.

가장자리 아래 3cm 부분에 잘게 다진 아몬드를 붙인다.

케이크 가운데를 설탕과 그랑 마르니에로 절인 과일 샐러드(체리, 딸기, 산딸기, 오렌지 조각, 키위, 레드커런트)로 채운다.

나파주로 과일에 광택을 낸다.

완성한 결과

과일, 프로마주 블랑 쿠론(Couronne au fromage blanc et aux fruits frais)

준비할 도구
- 제과용 믹서 1, 볼 2
- 휘핑기 1
- 큰 볼 1
- 작은 볼 2
- 정리용 사각 트레이 1

굽기 위한 도구
- 22cm의 앙트르메 틀
- 작은 소테팬 1
- 동냄비 1
- 설탕 온도계 1

플레이팅 도구
- 소스그릇, 덮개, 레이스 종이
- 디저트 접시

같은 계열의 디저트 PLATS SIMILAIRES

프로마주 블랑 타르트 Tarte au Formage blanc

- 브리제 반죽을 높이 4cm 이상의 타르트 틀에 퐁사주한다.

- 프로마주 블랑, 크림, 설탕, 노른자, 전분 또는 밀가루를 넣은 혼합물을 채운다. 반죽에 거품낸 달걀흰자를 추가하고 레몬 향을 더해준다.

- 낮은 온도의 오븐에서 약 40분간 타르트를 굽는다.

- 키르쉬에 절인 건포도를 올릴 수 있다.

붉은 과일 프로마주 블랑 앙트르메
ENTREMETS AU FROMAGE BLANC ET AUX FRUITS ROUGES

붉은 과일 프로마주 블랑 앙트르메 Entremets au fromage blanc et aux fruits rouges는 샹티이 크림을 섞은 프로마주 블랑과 붉은 과일로 장식한 디저트이다.

제조 방법(8인분 기준)	단위	수량
제누아즈 디스크 DISQUES DE GÉNOISE		
– 제누아즈 판	판	1
– 비스퀴 퀴에르 6cm의 밴드(샬롯 키트 kit charlotte) : 샤를로트를 만드는데 사용되는 키트	cm	70
시럽(1.2624°D, 30 °B)		
– 설탕	g	80
– 물	ml	60
– 레몬 제스트	g	약간(PM)
– 오렌지 리큐르	ml	40
충전물(붉은 과일 [1] FRUITS ROUGES)		
– 딸기(작은)	g	200
– 산딸기	g	200
– 블루베리	g	100
– 블랙베리	g	100
– 블랙 커런트	g	50
– 레드 커런트 송이	g	50
– 설탕	g	40
– 레몬(1/2개)	g	50
– 오렌지 리큐르	ml	40
프로마주 블랑 크림 CRÈME AU FROMAGE BLANC		
– 프로마주 블랑 30% M.G	g	400
– 파트 아 봄브 pate a bombe collee [2]		
– 계란(노른자 4개)	g	80
– 설탕	g	160
– 물	ml	60
– 젤라틴(5장)	g	10
샹티이 크림 CRÈME CHANTILLLY		
– 생크림	ml	500
– 설탕 또는 슈가파우더	g	40
– 액상 바닐라	ml	약간(PM)
이탈리안 머랭(선택사항)		
– 이탈리안 머랭(선택사항)	g	100
마무리(샹티이 크림)		
– 생크림	ml	250
– 슈가파우더	g	20
– 액상 바닐라	ml	약간(PM)
장식		
– 붉은 과일(충전물에서 가져온 [1])	g	100
– 나파주	g	50
평균 준비 시간 : 1시간 15분		

[1] 디저트는 딸기 또는 산딸기 소스와 함께 제공될 수 있다.

[2] 계란 노른자를 베이스로 한 파트 아 봄브를 두배의 볼륨을 높이기 위해 50℃의 1.2624°D (30°B) 시럽을 넣고 중탕을 한다.(《그라탱 드 프리 Gratins de fruits》참조)

만드는 방법

1. 조리 작업대에 재료와 도구 준비하고, 청결한 작업 환경 만들기 – 5분

레시피대로 재료를 준비하고 조리기구, 플레이팅을 위한 도구 등을 점검한다.

2. 물에 젤라틴 불리기 – 2분

3. 붉은 과일 준비하기 – 5분

딸기는 조심스럽게 꼭지를 제거하고 키친타올을 이용해 물기를 완전히 뺀다. 딸기를 설탕, 리큐르, 레몬 반 개에 넣어 절인다. 랩을 씌워 냉장실에 보관한다.

4. 파트 아 봄브를 만든다. – 20분

물 무게 1/3의 설탕을 넣어 120℃에서 조리한다.

노른자 위에 설탕을 조금씩 넣어 노른자가 응고되지 않도록 힘차게 저어준다.

제과용 믹서볼에 혼합물을 체에 걸러 넣어준다.

젤라틴의 물기를 제거하고 넣는다.

혼합물이 완전히 식을 때까지 고속으로 저어준다.

5. 프로마주 블랑 크림 마무리하기 – 10분

파트 아 봄브에 프로마주 블랑을 넣어 조심스럽게 섞어준다.

샹티이 크림을 올리고, 크림의 1/3을 장식용으로 냉장실에 따로 보관한다.

샹티이 크림을 90% 정도 올려준다.(너무 단단하게 올리지 않는다)

주걱이나 작은 거품기로 혼합물을 섞는다.

주걱으로 섞을 때, 볼을 돌려가며 반죽을 천천히 들어 올려 섞는다.

볼의 옆면을 깨끗이 정리하고, 랩을 씌워 보관한다.

6. 시럽 만들기 – 3분

시럽을 끓이고, 리큐르로 향을 낸다.

7. 틀에 조립하기 – 20분

판 제누아즈를 직경 20cm로 3장을 잘라 준비한다.

22cm의 케이크 판에 6cm 높이의 틀을 놓는다.

비스퀴 퀴에르를 틀의 높이까지 잘라 가장자리에 슈미제한다.

틀의 바닥에 제누아즈를 넣고 시럽을 적신다.

프로마주 블랑 크림을 2cm의 두께로 넣는다.

절인 붉은 과일을 넣는다.

두 번째 제누아즈를 넣고 시럽으로 적신다.

크림을 넣고 다시 절인 붉은 과일을 넣는다.(100g 장식용으로 보관[1])

마지막 제누아즈를 올리고, 시럽으로 적신 후 나머지 크림을 넣어 완성한다.

랩을 씌워 최소 두 시간동안 냉장 보관한다.

8. 디저트 완성하고 제공하기 – 10분

틀을 제거하고, 미리 보관해 두었던 샹티이 크림으로 윗부분을 장식한다.

생토노레 깍지를 이용하여 태양 모양으로 윗면을 장식한다.

바깥 부분에서 안쪽으로 시작한다.

생토노레 깍지를 이용하여 윗면을 바깥쪽에서부터 태양 모양으로 장식한다.

장식용 과일을 놓기 위해 케이크 중앙에 직경 6cm의 작은 공간을 둔다.

과일을 조화롭게 올리고, 나파주를 발라 광택을 낸다.

둥근 접시에 레이스 종이를 올려 제공한다.

FICHE 178

완성한 결과

붉은 과일 프로마주 블랑 앙트르메
(Entremets au fromage blanc et aux fruits rouges)

준비할 도구
- 정리용 사각 트레이 1
- 중간 볼 2
- 제과용 믹서 1, 휘핑기
- 설탕 온도계 1
- 차이나 캡 1
- 22cm 앙트르메 틀
- 짤주머니 1, 생토노레
  깍지

굽기 위한 도구
- 동냄비 1
- 작은 냄비 1 또는
  작은 소테팬 1

플레이팅 도구
- 큰 둥근 접시
- 레이스 종이

오페라
OPÉRA

오페라는 커피시럽에 적신 비스퀴 조콩드에 커피 버터크림과 가나슈를 층층이 채운 디저트이다. 윗면은 초콜릿으로 코팅한다. 금박 몇 조각으로 장식할 수 있다.

8인분 재료	단위	수량
비스퀴 조콩드 BISCUIT JOCONDE		
– 전란(3개)	g	165
– 설탕	g	115
– 아몬드 가루	g	115
– 계란(흰자 3개)	g	100
– 가는소금	g	약간(PM)
– 설탕	g	20
시럽 SIROP DE PUNCHAGE		
– 물	ml	100
– 설탕	g	70
– 커피 가루 또는 진한 에스프레소	g	10
– 럼 ruhm ambré	ml	40
커피 버터크림 CRÈME AU BEURRE AU CAFÉ		
– 계란(노른자 4개)	g	80
– 설탕	g	150
– 버터	g	175
– 액상 바닐라	ml	약간(PM)
– 액상 커피	ml	약간(PM)
가나슈		
– 생크림	ml	200
– 커버춰 초콜릿 또는 초콜릿 피스톨	g	200
– 버터(선택사항)	g	20
마무리		
– 코팅 초콜릿 pâte à glacer	g	100
장식(선택사항)		
– 금박	g	1
평균 준비 시간 : 1시간 25분		
평균 굽는 시간 : 10분		

만드는 방법

1. 조리 작업대에 재료와 도구 준비하고, 청결한 작업 환경 만들기 – 5분
레시피대로 재료를 준비하고 조리기구, 서빙을 위한 도구 등을 준비한다.

2. 비스킷 조콩드 만들기 – 20분
큰 볼에 설탕과 아몬드 가루를 같은 양을 넣어준다.
계란 전란을 넣고 뤼방(ruban) 상태가 될 때까지 휘젓는다.
계란 흰자에 소량의 소금을 넣어 올린다.
마지막 단계에서 설탕을 넣어 단단하게 올린다.
혼합물에 넣어 무너지지 않도록 조심스럽게 섞는다.

3. 비스킷 조콩드 굽기 – 3분
철판 위에 베이킹 페이퍼를 올린 후, 반죽을 부어 스패튤러로 균일하게 펴준다.
180~200℃의 오븐에서 8~10분간 굽는다.
다 구워지면 오븐에서 꺼낸 후, 베이킹 페이퍼와 함께 차가운 작업대로 옮겨 랩을 씌운다.

4. 버터크림 만들기 – 5분(p. 691~693 참조)
설탕을 그랑 필레 Grand filet 상태까지 올려 노른자에 넣는다.
버터크림에 액상커피를 넣어 향을 낸다.

5. 가나슈 만들기 – 10분(p. 694~695 참조)
냄비에 크림을 넣어 끓인다.
잘게 자른 커버춰 초콜릿이나 피스톨 초콜릿을 넣는다.
거품기로 섞어준다.
버터를 넣어 매끄럽게 한 후 식힌다.

6. 럼과 커피를 넣어 시럽 만들기 – 3분
시럽에 사용할 물과 설탕을 끓이고, 커피 가루를 첨가한다. 식은 후, 럼을 넣어준다.

7. 앙트르메 조립하기 – 12분
비스퀴 조콩드를 3개의 직사각형으로 균일하게 나눈다.
첫 번째 비스퀴를 케이크 판 위에 놓는다.
첫 번째 비스퀴에 시럽을 적시고, 커피 버터크림을 3mm 두께로 바른다.
두 번째 비스퀴를 올리고 시럽을 적신 뒤, 가나슈를 균일하게 바른다.
세 번째 비스퀴를 올리고 커피 버터크림을 발라준다.
단단하게 굳히기 위해 냉장실에 보관한다.

8. 오페라에 글라사주를 입히고 장식하기 – 5분
글라사주가 바로 《굳지 bloquer》 않도록 하기 위해 냉장실에서 미리 꺼내준다.
글라사주를 35℃로 데운다.
오페라 위에 글라사주를 씌운다.
뜨거운 물에 빵칼을 담았다 뺀다.
종이 코르네를 이용하여 윗면에 《오페라 Opéra》라고 적는다.
금박을 붙여 장식한다.

9. 완성한 오페라 제공하기
큰 직사각형 접시 위에 레이스 종이를 올려 제공한다.

완성한 결과

오페라(Opéra)

준비할 도구
- 큰 볼 1
- 작은 볼 1
- 볼 1, 거품기 1 또는
- 제과용 믹서 1
- 그릴 1
- 빵칼 1
- 종이 코르네 1(데코용)

굽기 위한 도구
- 제과용 철판 1
- 베이킹 페이퍼 또는
  베이킹 매트(Silpa)
- 동냄비 1
- 중간 크기 소테팬 1
- 작은 크기 소테팬 1

플레이팅 도구
- 케이크 판 1
- 큰 직사각형 접시 1
- 레이스 종이

포레누아식 앙트르메
ENTREMETS FAÇON FORÊT NOIRE

포레누아식 앙트르메 Entremets façon Forêt noire*는 비스퀴 또는 카카오 제누아즈에 초코 레제 크림 crème légère과 체리 브랜디를 넣어, 샹티이 크림과 초콜릿으로 장식한 앙트르메이다.

8인분을 위한 제조방법	단위	수량
제누아즈		
– 전란(4개)	g	220
– 설탕	g	125
– 밀가루	g	100
– 카카오 가루	g	25
슈미제		
– 버터	g	20
– 밀가루	g	20
시럽		
– 물	ml	100
– 설탕	g	70
– 카카오 가루	g	10
또는		
– 오렌지 리큐르	ml	40
초콜릿 휘핑크림		
– 생크림 35% MG	ml	400
– 커버춰	g	200
초콜릿 장식		
– 커버춰초콜릿	g	160
또는		
– 커버춰초콜릿	g	140
– 호두 또는 헤이즐넛 또는 아몬드 오일	ml	20
(커버춰 무게의 1/15)		
샹티이 크림		
– 생크림 35% MG	ml	300
– 슈가파우더	g	20
– 액상 바닐라	ml	약간(PM)
마무리		
– 그리오틴* 또는 체리 브랜디 griottines ou cerises a l'eau–de–vie	g	80
– 그리오틴(데코용) griottines pour le décor	P 또는 g	8개 또는 40g
평균 준비 시간 : 1시간 25분		
평균 굽는 시간 : 20분		

* 기본적으로 포레누아는 카카오 비스퀴에 전란으로 만든 초코 버터크림과 샹티이 크림을 채운 것이다.
제안된 더 간소화된 버전은 레벨 4와 5를 대상으로 한다.

만드는 방법

1. 조리 작업대에 재료와 도구 준비하고, 청결한 작업 환경 만들기 – 5분

---

* 그리오틴 griottines : 프랑스 동부 지역에서 유래한 체리를 키르쉬(Kirsch)나 오드비(Eau–de–vie, 과일 증류주)에 절인 체리이다. 영미권에서는 키르쉬(Cherries in kirsch 체리 브랜드)라고 부른다.

레시피대로 재료를 개량하고, 조리기구, 서빙을 위한 도구 등을 준비한다.

2. 카카오 제누아즈 만들기 – 20분(p. 651~654)

밀가루와 카카오를 함께 체 친다.
볼에 전란과 설탕을 넣어 중탕으로 온도를 올려주고, 불에서 내려 완전히 식을 때까지 저어준다.
밀가루와 카카오 가루를 조심스럽게 섞어주고, 틀에 넣어 180/190℃의 온도에서 약 20분간 굽는다.
틀을 제거하여 그릴 위에 놓는다.

3. 시럽 만들기 – 3분

물, 설탕, 카카오 가루를 넣어 1분간 끓인다.
리큐르나 알코올을 사용할 경우 시럽이 식은 후 첨가한다.

4. 초콜릿 휘핑크림 만들기 – 15분

커버춰 초콜릿을 잘게 썰어 중탕한다.
크림을 너무 단단하게 올리지 않고, 반죽은 매끄러운 상태여야 한다.
1/4의 크림을 초콜릿(40℃)에 넣어 잘 섞은 후 나머지 크림을 넣어 섞는다.
부드러워질 때까지 잘 섞어주고, 볼 옆면을 깨끗하게 정리한 후 보관한다.

5. 브랜디 안에 있는 씨가 제거된 체리나 그리오틴을 꺼내 물기를 제거하기 – 2분

6. 앙트르메 조립하기 – 10분(p. 654~656 참조)

초코 제누아즈를 같은 크기로 삼등분한다.
첫 번째 제누아즈를 케이크 판 위에 놓는다.
소량의 크림으로 움직이지 않게 고정한다.
붓으로 시럽을 바르고, 초콜릿 휘핑크림을 두껍게 바른다.
그리오틴을 규칙적으로 배열한다.
두 번째 제누아즈를 올리고, 시럽을 바른 뒤, 다시 초콜릿 휘핑크림을 두껍게 바른다.
마지막 제누아즈를 올리고, 남은 시럽을 바른다.
랩을 씌워 냉장실에서 굳힌다.

7. 초콜릿 장식 만들기 – 10분

간단한 방법 :
칼이나 쿠키커터로 판 초콜릿을 얇게 긁어낸다.

고급 방법 :
커버춰 초콜릿을 중탕으로 녹인 후, 초콜릿 무게 1/15의 오일을 넣는다.
큰 스테인리스 철판 뒷면에 40/50℃의 녹인 초콜릿을 얇게 밀어 편다.
냉장실에 보관한다.
초콜릿이 굳으면 삼각 스크레이퍼를 이용하여 장식을 만든다.
초콜릿 장식을 보관한다.

8. 샹티이 크림 올리기 – 10분

설탕을 넣어 단단하게 올리고, 볼 옆면을 깨끗하게 정리하여 보관한다.

9. 앙트르메 크림으로 덮어준 후 장식하기 – 8분

케이크 전체를 샹티이 크림으로 덮어준다.
초콜릿 장식을 붙인다.
윗면에 8개의 샹티이 크림을 장미 모양으로 짜주고, 중간에 체리를 올려 장식한다.

10. 완성한 포레누아 제공하기 – 2분

둥근 접시 위에 레이스 종이를 올려 제공한다.

FICHE 180

완성한 결과

포레누아(Forêt noire)

감귤류 소스와 부드러운 생강 초콜릿 아이스크림
MOELLEUX AU CHOCOLAT, GLACE AU GINGEMBRE ET COULIS D'AGRUMES

1. 조리 작업대에 재료와 도구 준비하고, 청결한 작업 환경 만들기 – 5분

전날 :

2. 초콜릿 혼합물 만들기

커버춰 초콜릿 250g과 버터 180g을 중탕으로 녹인다.

6개의 전란(350g)에 설탕 180g을 넣어 하얗게 될 때까지 섞어준다.

혼합물은 뤼방(Ruban) 상태가 되어야 한다.

체 친 밀가루 60g을 넣고 녹인 초콜릿과 녹여서 약간 식힌 버터를 넣어준다.

3. 혼합물을 틀에 넣기

버터 칠을 하고, 8개의 틀(ramequins 라메킨, dariole 다리올) 안에 80ml 씩 넣는다.

최소 12시간동안 냉장실에 넣어 휴지시킨다.

4. 생강 아이스크림용 생강 갈아주기

기본적인 레시피(《계란이 들어간 아이스크림 Glace aux œufs》 참고)에 생강젤리 80g과 생강잼 40g을 첨가한다.

다음날

5. 생강 아이스크림을 튀르비네*에 넣어 돌리기

튀르비네를 이용해 아이스크림이 굳을 때까지 냉각시킨다. 앞서 말한 주의사항을 준수해 작업한다.(《바닐라 아이스크림 Glace à la vanille》 참조)

6. 과일을 씻어 소스 만들기

4개의 오렌지와 2개의 자몽을 씻어 보관한다.

오렌지 잼 150g과 젤리 150g에 레몬즙과 자몽즙 소량을 넣어 희석한다.

희석한 후 체에 한 번 걸러준다.

7. 케이크 굽기

케이크는 180℃의 오븐에서 8분간 굽는다.

윗면이 갈라지기 시작하면 오븐에서 꺼낸다.

8. 케이크 제공하기

오븐에서 꺼낸 케이크를 틀에서 제거하여 접시 위에 바로 올린다.

오렌지와 자몽 소스를 조화롭게 장식하고, 생강 아이스크림 크넬(위쪽에 설명)을 놓는다.

절인 생강을 얇게 썰어 올려준다.

준비할 도구	굽기 위한 도구	플레이팅 도구
• 계란 흰자용 볼 1	• 중탕용 냄비 1	• 둥근 접시
• 밀가루 체 1	• 제누아즈 틀 1 또는	• 레이스 종이
• 중탕용 작은 볼 1	• 앙트르메 틀 1	
• 제과용 믹서 1	• 제과용 철판 1	
• 거품기 1	• 작은 소테팬 1	
• 큰 볼 2		
• 그릴 1		

완성한 결과

감귤류 소스와 초콜릿 케이크, 그리고 생강 아이스크림
(Moelleux aux chocolat, glace au gingembre et coulis d'agrumes)

같은 계열의 디저트 PLATS SIMILAIRES

마르키즈 오 쇼콜라 Marquise au chocolat

• 커버춰 초콜릿 300g을 중탕으로 녹인다.

• 초콜릿에 버터 60g과 노른자 3개, 설탕 50g, 소량의 생강가루를 첨가한다.

• 3개의 흰자로 프렌치 머랭을 올린다.

• 흰자에 설탕 50g을 넣어 단단하게 올린다.

• 생크림 250ml를 올린다.

• 크림을 프렌치 머랭에 넣고, 녹인 초콜릿을 조심스럽게 혼합한다.

• 랩을 씌운 틀에 넣고, 12시간동안 냉장실에서 단단하게 굳힌다.

• 조각으로 잘라, 커피 앙글레즈 크림, 절인 오렌지 소스와 함께 제공한다.

---

* 튀르비네 turbiner : 아이스크림 또는 소르베 혼합물이 굳을 때까지 기계를 작동해 냉각시키는 것

산딸기 푀이틴, 피스타치오 레제 크렘
FEUILLANTINE AUX FRAMBOISES, CRÈME LÉGÈRE À LA PISTACHE

산딸기 푀이틴, 피스타치오 레제 크렘 Feuillantine aux framboises, crème légère à la pistache은 원 모양의 누가틴 사이에 피스타치오 파티시에 크림과 샹티이 크림을 섞어 넣고, 산딸기를 넣어 포갠다. 이 디저트는 붉은 과일과 산딸기 소스로 장식한다.

8인분 재료	단위	수량
《누가틴 NOUGATINE》		
– 우유	ml	100
– 버터	g	250
– 글루코스	g	100
– 설탕	g	300
– 펙틴 N.H.	g	5
– 아몬드 슬라이스	g	150
– 다진 아몬드	G	50
– (껍질을 벗긴) 다진 피스타치오	g	50
피스타치오 디플로마 크림(파티시에 크림) CRÈME DIPLOMATE À LA PISTACHE(CRÈME PÂTISSIÈRE)		
– 우유	ml	500
– 전란(3개)	g	180
– 설탕	g	100
– 전분	g	40
– 피스타치오 페이스트	g	50
– 젤라틴(5장)	g	10
– 버터(표면에 놓는)	g	20
마무리		
– 생크림	ml	500
– 슈가파우더	g	40
충전물 GARNITURE		
– 산딸기	g	500
산딸기 소스		
– 산딸기 조각	g	200
– 슈가파우더	g	20
– 레몬(1/2개)	g	50
장식		
– 산딸기	g	80
– 딸기	g	80
– 블루베리 myrtilles	g	80
– 레드커런트	g	80
– 민트	다발	1/4
– 데코 스노우 sucre neige	g	약간(PM)
평균 준비 시간 : 1시간 35분		
평균 굽는 시간 : 몇 분		

만드는 방법

1. 조리 작업대에 재료와 도구 준비하고, 청결한 작업 환경 만들기 – 5분

레시피대로 재료를 계량하여 준비하고, 조리기구, 서빙을 위한 도구 등을 준비한다.

2. 《누가틴 nougatine》 만들기 – 15분

중간 냄비에 우유, 작은 버터 조각, 글루코스와 펙틴을 넣는다.

주걱으로 3분간 저으며 혼합물을 104℃로 유지한다. 혼합물은 걸쭉해져야 한다.

아파레이유가 걸죽해지기 시작하면 냄비를 불에서 내려준다.

아몬드와 피스타치오를 첨가해 반죽처럼 잘 섞어준다.

3. 반죽 재단하기 – 10분

반죽을 베이킹 매트(Silpat)에 얇게 밀어 편다.

얇게 밀어편 반죽은 –18℃의 냉동실에서 보관한다.

지름 6cm의 원 24개를 자른다.

4. 반죽 굽기 – 10분

철판 위에 베이킹 매트와 반죽을 놓는다.

180~200℃의 오븐에서 몇 분간 굽는다.

구워졌을 때 반죽 조각이 퍼진 경우, 8cm의 쿠키커터를 이용해 다듬어준다.

5. 피스타치오 디플로마 크림 만들기 – 15분(p. 690 참조)

전분을 이용해 파티시에 크림을 만든다.

우유에 피스타치오 페이스트를 넣는다.

파티시에 크림을 끓이고, 미리 물에 불린 후 물기를 제거한 젤라틴을 넣어준다.

파티시에 크림을 다른 그릇에 옮기고, 버터를 올려 표면에 넓힌 뒤, 랩을 씌운다.

피스타치오 디플로마 크림을 식힌다.

6. 샹티이 크림 올리기 – 5분

샹티이 크림은 너무 단단하게 올리면 안 되고, 매끄러워야 한다.

7. 디플로마 크림 마무리하기 – 5분

파티시에 크림이 완전히 식기 전에 샹티이 크림을 넣어 주저앉지 않도록 조심스럽게 섞어준다.

8. 산딸기 소스 만들기 – 10분(p. 698/699 참조)

소스는 체에 한 번 걸러 얼음 위에 보관한다.

9. 산딸기와 붉은 과일 씻기 – 10분

얼음물로 과일을 깨끗하게 씻는다.

키친타올을 이용해 물기를 제거한다.

장식을 위한 과일은 따로 보관한다.(약간의 설탕과 몇 방울의 레몬즙을 넣어 절일 수 있다)

10. 민트 씻어 물기 제거하고 잎 따기 – 2분

민트를 깨끗이 씻어 물기는 제거해주고 잎을 따서 준비한다.

11. 주문과 동시에 바로 제공하기 – 8분

각각의 접시에 누가틴을 올린다.

산딸기를 올리고 피스타치오 크림을 꽃 모양으로 짜준다.

또 다른 누가틴을 올리고, 산딸기와 크림을 같은 방식으로 올린다.

마지막 누가틴을 올린다. 데코스노우는 과하지 않게 뿌린다.

접시 측면에 붉은 과일을 조화롭게 배열한다.

산딸기 소스로 장식한다.

완성한 결과

산딸기 푀이틴, 피스타치오 레제 크렘(Feuillantine aux framboises, crème légère à la pistache)

바삭한 딸기 밀푀유, 쿠앵트로 크렘 레제
MILLE−FEUILLE CROUSTILLANT AUX FRAISES, CRÈME LÉGÈRE AU COINTREAU

1. 조리 작업대에 재료와 도구 준비하고, 청결한 작업 환경 만들기

2. 작은 딸기 500g을 씻어 꼭지 제거하기

딸기에 소량의 설탕, 레몬 1/2개분의 레몬즙과 쿠앵트로 20ml를 넣어 절인다.

랩을 씌워 냉장실에 보관한다.

3. 푀이타주 반죽 밀어 펴기

냉동 버터 푀이티주를 얇게 밀어 펴 직경 8cm의 원 24개로 재단한다.

반죽에 작은 구멍을 낸 후 베이킹 페이퍼가 놓인 철판에 팬닝한다.

부풀지 않게 하기 위해 반죽을 철판으로 눌러서 굽는다.(반죽은 얇아야 한다)

굽기 마지막 단계에 전분이 들어있지 않은 슈가파우더를 뿌린다.

푀이타주는 색과 광택이 나며 바삭해야 한다.

오븐에서 꺼내준다.

4. 디플로마 크림 만들기(p. 690 참조)

전분으로 파티시에 크림 500ml를 끓인다. 젤라틴 10g을 넣고 쿠앵트로 (Cointreau)로 향을 낸다. 식힌 후, 생크림 500ml와 설탕 40g을 올려 섞는다.

크림에 버터를 올려 표면에 놓아 펼친 후 보관한다.

5. 딸기 소스 만들기(p. 698/699 참조)

딸기 250g과 설탕 80g, 몇 방울의 레몬즙을 사용하여 딸기 소스를 만든다.

완성한 소스는 얼음 위에 차갑게 보관한다.

6. 녹색 줄기가 있는 8개의 딸기를 설탕에 넣어 윤기 내기

설탕은 그랑 카세(Grand cassé) 상태에 딸기를 담궜다 뺀 후 살짝 기름칠을 한 작업대 위에 올린다.

7. 밀푀유 조립하기

각각의 접시에 원형으로 재단한 푀이타주를 올린다.

딸기는 끝이 위를 향하도록 배치하고, 각각의 딸기 사이에 디플로마 크림을 꽃 모양으로 짜준다.

공정을 한 번 더 반복하고, 윤기가 나는 면이 위를 향하도록 원반을 올려 마무리한다.

접시의 가장자리에 예쁜 딸기와 작은 민트 다발을 올려 장식한다.

밀푀유 주위를 소스로 장식한다.

각각의 밀푀유 가운데에 딸기를 올린다.

준비할 도구	굽기 위한 도구	플레이팅 도구
• 정리용 사각 트레이 2	• 중간 크기 소테팬 1	• 기본 접시
• 둥근 쿠키커터	• 중간 냄비 1	
• 거품기 1	• 제과용 철판 1	
• 차이나 캡 1	• 베이킹 매트 2장	
• 짤주머니 1개, 깍지 1	(실팟 Silpat)	
• 중간 볼 2		
• 밀대 1		
• 믹서 1		

완성한 결과

바삭한 딸기 밀푀유, 쿠앵트로 크렘 레제(Mille−feuille croustillant aux fraises, crème légère au Cointreau)

같은 계열의 디저트 PLATS SIMILAIRES

붉은 과일 푀이틴 Feuillantine aux fruits rouges

기본 : 필로 반죽(Pâte à filo) 또는 푀유 드 브릭(feuilles de brick : 중동의 바클라바와나 보렉 등의 페이스트리를 만들 때 사용하는 매우 얇은 무설탕 반죽. 기름이나 버터를 층층이 쌓아 만든다)

• 작업대 위에 슈가파우더를 뿌리고, 두 개의 필로 반죽을 놓는다.

• 붓으로 녹인 버터를 발라준다. 슈가파우더를 뿌린 후 또 다른 필로 반죽으로 덮어준다.

• 다시 버터를 바르고 슈가파우더를 뿌린다.

• 반죽은 1인분용으로 직경 8cm의 원 3개를 재단한다.

• 베이킹 페이퍼나 매트 위에 올려 180℃ 오븐에서 몇 분간 굽는다.

• 구운 반죽은 오븐에서 꺼내 식힌다.

• 페이스트리를 접시 위에 올린다.

• 반죽에 시부스트 크림과 절인 딸기를 끼워 넣는다.

• 마지막 페이스트리를 올리고, 윗면에 작은 레드커런트, 블랙커런트 몇 개와 민트 잎으로 장식한다.

• 슈가파우더를 뿌려준다.

미루아 파시옹 프랑보아즈
MIROIR PASSION FRAMBOISE

미루아 파시옹 프랑보아즈 Miroir passion framboises는 과일 퓨레 fruits gélifiée를 젤리화시켜, 이탈리안 머랭과 휘핑크림에 넣어 만든 디저트이다.

8인분 재료(지름 22cm 높이 4.5cm 틀)	단위	수량
기본 재료		
– 패션 후르츠 퓨레	g	200
– 산딸기 퓨레	g	250
– 레몬 1/2개	g	60
이탈리안 머랭 MERINGUE ITALIENNE		
– 계란(흰자 4개)	g	130
– 가는소금	g	약간(PM)
– 설탕	g	20
– 큐브 설탕 sucre morceaux	g	200
– 물	ml	80
– 젤라틴(10장)	g	20
휘핑크림 CRÈME FOUETTÉE		
– 생크림 30% MG	ml	400
몽타주 MONTAGE		
– 직경 22cm의 비스퀴	개수	2
시럽 펀치 SIROP DE PUNCHAGE		
– 설탕	g	30
– 물	ml	40
– 알코올 또는 리큐르	ml	약간(PM)
마무리 글라사주 FINITION GLACAGE		
– 투명한 나파주	g	80
– 붉은 나파주	g	20
평균 준비 시간 : 40분		
평균 굽는 시간 : 30~40분		

만드는 방법

1. 조리 작업대에 재료와 도구 준비하고, 청결한 작업 환경 만들기 – 5분
레시피대로 재료를 계량, 측정하고 작업에 필요한 도구 등을 점검한다.

2. 과일 퓨레 녹이기 – 2분
과일 퓨레는 냉장실에서 서서히 녹인다.
큰 온도 변화를 피하기 위해 사용하기 직전에 퓨레를 실온으로 꺼내준다.

3. 차가운 물에 젤라틴 불리기 – 2분
물에 불린 젤라틴은 사용하기 전에 물기를 제거한다.

4. 휘핑크림 올리기 – 6분
휘핑크림은 너무 단단하게 올리지 않고, 매끄러워질 때까지 휘젓는다.

5. 이탈리안 머랭 만들기 – 15분(p. 718/719 참조)
설탕 무게 1/3의 물을 넣고 120℃까지 익힌다.
흰자는 약간의 소금을 넣어 올리다가, 마지막에 설탕을 넣어 단단하게 올린다.
흰자에 시럽을 천천히 넣는다.
머랭이 완전히 식을 때까지 저어준다.

6. 과일 퓨레를 젤리화하기 – 5분
젤라틴은 전자레인지에 녹인다.
녹인 젤라틴을 반으로 나눠 두 개의 퓨레에 각각 넣어준다.

7. 다른 재료들과 혼합하기 – 10분
산딸기 퓨레에 몇 방울의 레몬즙을 섞어 신맛을 낸다.
이탈리안 머랭을 2개의 스테인리스 볼에 나눈다. 패션 후르츠 무스에 머랭을 조금 더 많이 넣어 산도를 줄인다.
아파레이유에 휘핑크림을 넣어 부드럽게 섞는다.
너무 많이 휘젓지 않도록 주의한다.

8. 앙트르메 조립하기 – 10분
둥근 틀이나 각 틀을 이용한다.
틀을 케이크 판 위에 놓는다. 투명 띠지를 두른다.
산딸기 무스를 틀의 반까지 채운다.
냉장실에 넣어 굳힌다.
나머지 반은 패션 후르츠 무스를 넣어 마무리한다.
스패튤러를 이용하여 균일하고 매끄럽게 한다.
랩을 씌워 냉장실에 보관한다.

9. 윤기 내기 – 8분
투명한 나파주를 바른다. 투명한 나파주에 소량의 붉은 나파주를 넣어 완전히 섞지 않고 마블 효과를 만든다.
스패튤러를 이용하여 윤기를 내준다.

10. 완성한 미루아 파시옹 프랑보아즈 제공하기 – 2분
둥근 접시에 레이스 종이를 올려 제공한다.

FICHE 182

완성한 결과

미루아 파시옹 프랑보아즈(Miroir passion framboises)

준비할 도구
- 중간 크기 믹싱볼 2
- 정리용 사각 트레이 1
- 볼 1, 거품기 1
또는
- 제과용 믹서 1
- 22cm 앙트르메 틀 1
또는
- 직사각형 틀 1
- 무스띠지 1
- 설탕 온도계 1

굽기 위한 도구
- 동냄비 1
- 전자렌지 1

플레이팅 도구
- 사각/직사각형 종이 받침 1
- 크고 둥근 접시 1
- 레이스 종이
또는
- 직사각형 트레이 1

아이스크림, 소르베, 스쿱, 이이스크림 디저트
LES GLACES, SORBETS, COUPES ET DESSERTS GLACÉS

요리 소개 BREF RAPPEL DE TECHNOLOGIE

글라스(Les glaces*), 크렘 글라세(les crèmes glacées*), 소르베(sorbets)는 저온 살균된 혼합물을 기계적 팽창에 의해 《혼합 Mix》, 냉동하여 만들어진다.

이 규정은 아이스크림 및 소르베의 산업적 분류와 성분에 의해 정의된다.

《수제 아이스크림 de fabrication maison》은 《튀르비네 turbinant*, 상글레 sanglant*》를 이용하여 만들어지며 크렘 앙글레즈(계란이 첨가된 아이스크림)에 바닐라, 커피, 초콜릿, 차, 캐러멜 또는 피스타치오 페이스트, 프랄 리네, 절인 과일, 말린 과일 등을 첨가하여 만든다.

그라니테(granité)는 소르베보다 당 함량이 낮으며 일반적으로 튀르비네가 아닌 상글레를 이용하여 만들어진다. 이것은 종종 식사 중간에 디저트로 제공된다.

계란을 사용한 아이스크림이나, 냉동 앙트르메를 만들기 위해서는 P.72에 있는 《위험요소분석표 fiches d'analyse des dangers》 단락 끝에 언급된 위생 규칙을 엄격히 준수하여야 한다.

레스토랑 경영자는 아이스크림과 소르베 제조에 적용되는 규제와 상품에 관한 규정을 숙지하여야 한다.(앞의 기술 책 livre de technologie – Éditions BPI 참고)

적용 기술 TECHNIQUES MISES EN ŒUVRE

- 앙글레즈 크림 만들기
  Réaliser une crème anglaise
- 시럽 만들기
  Réaliser un sirop
- 샹티이 크림 만들기
  Réaliser de la crème Chantilly
- 이탈리안, 프렌치 머랭 만들기
  Réaliser de la meringue à la française, à l'italienne
- 봄브 아파레이유 만들기
  Réaliser un appareil à bombe
- 과일 쿨리 만들기
  Réaliser un coulis de fruits frais
- 초콜릿 소스 만들기
  Réaliser une sauce chocolat
- 아이스크림과 소르베 보관하기, 제공하기
  Stocker, réserver et servir des glaces et des sorbets

* 튀르비네(turbinant) : 아이스크림 또는 소르베 혼합물이 굳을 때까지 기계를 작동하여 냉각시키는 기계

* 상글레(sanglant) : 아이스크림 디저트용 봄브 혼합물을 순간적으로 냉동시키는 기계

* 글라스(Les glaces)는 얼음 또는 아이스크림을 뜻하는 말이고, 글라세(Les glacées)는 얼리거나 설탕을 입힌 냉동 처리된 음식을 말한다.

바닐라 아이스크림과 다른 파생 아이스크림
GLACE À LA VANILLE ET GLACES DÉRIVÉES

계란으로 만든 아이스크림은 저온 살균된 혼합물(우유, 노른자, 설탕을 기반으로 한 크렘 앙글레즈)을 얼려 만든다(아이스크림 제조기 상글레 Sanglage 혹은 Turbinage 사용) 다양한 천연 향과 재료(커피, 차, 초콜릿, 프랄리네, 피스타치오, 절인 과일, 건조 과일 등)를 첨가할 수 있다.

8인분 재료	단위	수량
앙글레즈 크림 또는 기본 믹스 CRÈME ANGLAISE OU MIX DE BASE		
– 우유	L	1
– 계란(노른자 8개)	g	160
– 설탕	g	200~250
또는		
– 우유	ml	800
– 생크림	ml	200
– 탈지분유	g	40
– 계란(노른자 8개)	g	160
– 설탕	g	200
– 전화당[1] sucre inverti(글루코 아토미세=포도당 분말 트리몰린 glucose atomisé trimoline)	g	40
– 안정제[2]	g	약간(PM)
– 바닐라	개수	1
커피 아이스크림 GLACE CAFÉ		
– 액상 커피	ml	20
또는		
– 커피 가루	g	20
초콜릿 아이스크림 GLACE CHOCOLAT		
– 커버추어 초콜릿	g	40
– 카카오	g	20
프랄리네 아이스크림 GLACE PRALINÉ		
– 프랄리네	g	150
피스타치오 아이스크림 GLACE PISTACHE		
– 피스타치오 페이스트	g	80
평균 준비 시간 : 40분		

[1] [2] 전화당 *sucre inverti*은 전체 무게의 최대 6%, 안정제는 최대 1%까지 사용할 수 있다.

만드는 방법

1. **조리 작업대에 재료와 도구 준비하고, 청결한 작업 환경 만들기 – 5분**
   레시피대로 재료를 계량하고, 조리기구, 서빙을 위한 도구를 준비한다.
   작업 공간과 장비, 아이스크림 제조기를 세척하고 소독한다.
   시설 사용을 위한 적절한 절차를 따른다.

2. **앙글레즈 크림 만들기 – 15분(p. 682~684 참조)**
   중간 크기의 냄비에 우유, 크림, 탈지분유, 바닐라 빈을 세로로 갈라 긁어내고, 준비한 설탕의 절반, 전화당 그리고 필요하다면 안정제를 섞는다.
   석어준 재로들을 끓여서 우려낸다.
   액상 커피, 초콜릿, 카카오 가루 등은 우유와 함께 끓일 수 있다.
   (알코올이나 리큐르는 일반적으로 아이스크림 제조기에 넣기 전 단계에 혼합한다)
   노른자에 남은 설탕을 넣어 하얗게 될 때까지 섞어준다.
   노른자 위에 액체를 천천히 부어주고, 다시 냄비로 옮겨준다.
   앙글레즈 크림을 주걱을 덮는 네페(nappe) 상태까지 끓이고, 불을 낮춘다.
   앙글레즈 크림을 +83℃에서 1분간 익힌 후 저온 살균하거나, +85℃까지 끓인다.
   전에 사용했던 노른자 볼이 아닌, 깨끗한 차가운 볼에 크림을 차이나 캡을 이용해 한 번 걸러준다.(앞의 **위험 분석** 참고)
   랩을 씌워 최소 4시간동안 냉장하여 숙성시킨다.

3. **아이스크림 용기를 냉동실 안에 넣어두기 – 2분**

4. **아이스크림 제조기에 넣어 돌리기 – 10분**
   잘 소독된 아이스크림 제조기에 넣는다. 이 과정에서 혼합물이 두꺼워지고 팽창한다.(30~50% 고품질의 아이스크림)
   필요한 경우 충전물을 첨가한다.(절인 과일, 오븐에 구워 다진 건조 과일 등)
   아이스크림이 적당한 농도가 되었을 때 아이스크림 통에 꺼낸다.
   랩을 씌우고, 최소 −18℃에서 보관한다. 모양을 내거나 몰드에 넣어 얼린다.
   아이스크림 제조기를 깨끗이 청소한다.

5. **완성한 아이스크림 제공하기 – 5분**
   아이스크림을 공 모양 또는 크넬 모양으로 만든다.
   컵이나 접시에 담아 제공한다.

– 냉동 디저트는 −18℃의 온도에서 보관한다. 먹기 직전이라면 −10℃까지 올릴 수 있다.
– 아이스크림은 다양한 디저트에 활용할 수 있고(프리 멜바 : fruits melba), 벨 엘렌 : Belle · Hélène), 아이스크림 앙트르메(샤를로트 글라세 charlotte glacée, 오믈렛 omelette 노베흐진느 norvégienne)로 사용한다.

완성한 결과

바닐라 아이스크림과 다른 아이스크림들(Glace à la vanille et glaces dérivées)

크렘 글라세, 글라세 아 라 크렘

CRÈME GLACÉE, GLACE À LA CRÈME

정의 : 저온 살균한 크림, 우유, 지방(7%), 자당(14%), 향료를 섞어 만든다.

과일 아이스크림(딸기)

- 우유 500ml
- 크림(30% MG : Matiere grasse 약자/지방 함량) 150ml
- 딸기 퓨레 200g
- 설탕 200g

바닐라 아이스크림

- 우유 750ml
- 크림(30% MG) 225ml
- 설탕 200g
- 바닐라 2g

1. 아이스크림 만들기

레시피에 맞춰 준비한 모든 재료를 섞어 저온 살균한다.
살균한 아이스크림은 매우 빠르게 식혀준다.

2. 아이스크림 제조기에 넣기

혼합물을 아이스크림 제조기에 붓고 적절한 농도가 될 때까지 섞어준다.
제조가 완료된 후에는 바로 차가운 아이스크림 통에 넣는다.
냉동실에 보관한다.

3. 완성한 아이스크림 제공하기

계란 모양으로 만들어 제공한다.

《쇽 choc》이라는 소르베 제조기는 《혼합물 mix》을 냉각할 필요가 없다.

완성한 결과

초콜릿과 바닐라 봉봉 아이스크림(Glace vanille bonbon et chocolat)

준비할 도구
- 중간 크기 볼 2
- 라메킨 1
- 차이나 캡 1
- 아이스크림 통 1
- 스크레이퍼 1
- 스패튤러 1

굽기 위한 도구
- 중간 크기 냄비 1
- 중간 크기 소테팬 1

플레이팅 도구
- 냉각 그릇
- 스쿱 또는 개인접시
- 레이스 종이

같은 계열의 디저트 PLATS SIMILAIRES

플롬비에 아이스크림 Glace plombière
- 앙글레즈 크림을 아이스크림 제조기에 넣고, 마지막 단계에 절인 과일 큐브 150g과 키르쉬에 절인 건포도 50g을 첨가한다.

자두 아이스크림 Glace aux pruneaux
- 앙글레즈 크림에 자두 크림 50g을 넣어 섞은 후 마지막 단계에 아르마냑(d'armagnac) 80ml에 절인 잘게 썬 자두 200g을 첨가한다.

앙틸레즈 아이스크림 Glace antillaise
- 앙글레즈 크림을 아이스크림 제조기에 넣고 마지막 단계에 럼(Rhum vieux) 80ml에 절인 하얀 건포도 160g을 첨가한다.

밤 아이스크림 Glace aux marrons
- 앙글레즈 크림에 밤 크림 160g을 넣어 섞은 후, 마지막 단계에 럼(Rhum vieux)에 절인 밤 조각 200g을 첨가한다.

완성한 결과

아이스크림과 신선한 과일들(Assortiment de glaces aux fruits frais)

과일 멜바
FRUITS MELBA

과일 멜바 Fruits Melba는 바닐라 아이스크림에 산딸기 소스와 함께 신선한 과일(딸기) 또는 바닐라 시럽에 데친 과일(복숭아, 배)을 함께 먹는다. 오귀스트 에스코피에 Auguste Escoffier가 소프라노 가수 *넬리 멜바 Nelly Melba를 위해 복숭아를 사용해 만든 디저트다. 이 요리법에는 샹티이 크림과 구운 아몬드는 포함되어있지 않다.

8인분 재료	단위	수량
기본 재료		
– 딸기(80~100g/인당)	g	640~800
또는		
– 복숭아(120g, 8개)	kg	1
또는		
– 배(150g, 8개)	kg	1.2
– 레몬(1개)	g	100
시럽 1.1247 D		
– 물	ml	500
– 설탕	g	300
– 레몬(1/2개)	g	50
– 바닐라(선택사항)	개수	1/2
바닐라 아이스크림		
– 우유	ml	900
– 생크림 U.H.T	ml	100
– 탈지분유 0% MG	g	40
– 계란(8/10개)	g	160
– 설탕	g	200
– 바닐라	개수	1
– 안정제(선택사항)	g	10
산딸기 소스 COULIS DE FRAMBO SES		
– 냉동 산딸기(조각)	g	200
– 슈가파우더	g	80
– 레몬 주스	개수	1/2
평균 준비 시간 : 55분		

* 넬리 멜바 Nelly Melba : 호주 멜버른에서 태어난 유명한 소프라노 가수

만드는 방법

1. 조리 작업대에 재료와 도구 준비하고, 청결한 작업 환경 만들기 – 5분
레시피대로 재료를 준비하여 계량하고, 조리기구, 서빙을 위한 도구 등을 준비한다.

2. 앙글레즈 크림 만들기 – 15분(p. 682~684)
크림을 만들기 위해 우유, 탈지분유, 크림, 준비한 설탕의 절반을 넣고 끓인다.
안정제(사용하는 경우)와 바닐라 빈을 세로로 갈라 긁어 넣는다.
바닐라 빈을 우려낸다.
노른자에 남은 설탕 반을 넣어 하얗게 될 때까지 섞는다.
노른자 위에 액체 재료를 천천히 부어 섞어준다.
냄비 안에 다시 붓는다.
앙글레즈 크림을 주걱을 덮는 상태 나페(nappe) 상태까지 끓이고, 저온으로 살균한다.(+83℃에서 1분간 끓임 없이 저어준다.)

3. 시럽 만들기 – 5분(p. 722 참조)

4. 과일 준비하기 – 10분(p. 227/228 et 694/695 참조)
딸기를 씻어 꼭지를 따고 물기를 제거한다.
혹은 복숭아를 씻어 껍질을 제거하고 끓기 직전의 시럽에 데친다.
혹은 배를 씻어 껍질을 제거하고 레몬즙에 담근 후 끓기 직전의 시럽에 데친다.

5. 앙글레즈 크림을 아이스크림 제조기에 넣고 휘저어 아이스크림 용기에 옮겨 담기 – 5분
아이스크림의 뚜껑을 덮어 –18/20℃의 냉동실에 보관한다.
절차에 따라 아이스크림 제조기를 청소하고 소독한다.

6. 산딸기 소스 만들기 – 10분(p. 698/699 참조)
산딸기를 조심스럽게 씻는다.
물기를 제거한다.
산딸기를 믹서에 갈아낸다.
슈가파우더와 레몬 1/2개분의 레몬즙을 첨가한다.
체에 한 번 걸러주고, 랩을 씌워 얼음 위에 보관한다.

7. 완성한 과일 멜바 제공하기 – 5분
과일, 바닐라 아이스크림, 산딸기 소스를 각각 그릇에 담아낸다.

과일 멜바를 간단하게 제공하려면, 오목한 그릇에 담아낸다. 이 경우, 바닐라 아이스크림 위에 과일을 올리고 산딸기 소스로 덮어준다.

FICHE 184

완성한 결과

과일 멜바(Fruits Melba)

배 튤립 메리 가든 TULIPE DE POIRE MARY GARDEN

1. 조리 작업대에 재료와 도구 준비하고, 청결한 작업 환경 만들기

2. 시가렛 혼합물을 사용으로 비스퀴 튤립 8개를 만들기(p. 734 참조)

밀가루 80g, 설탕이나 슈가파우더 125g, 소량의 소금, 우유 50ml, 흰자 40g, 녹인 버터 40g을 사용한다.

3. 작은 배 8개(각 120g)를 씻어 껍질을 제거하고 레몬즙에 담그기

숟가락으로 씨를 도려낸다.

4. 배를 시럽에 데치기

물 1/2L와 설탕 300g으로 만든 시럽에 배를 넣어 데친다.

바닐라 향과 레몬 제스트를 넣는다.

5. 바닐라 아이스크림용 앙글레즈 크림 1L를 끓이기(이전 페이지의 비율과 권장사항 참조)

6. 산딸기 조각 200g, 슈가파우더 80g, 레몬 1/2개분의 레몬즙으로 소스 만들기

7. 샹티이 크림 250ml 올리기

슈가파우더 20g을 넣는다.

8. 시럽에 든 붉은 체리 200g의 물기를 빼주기

9. 배 튤립 메리 가든 제공하기

각각의 비스퀴 튤립 안에 바닐라 아이스크림을 한 스쿱씩 넣는다.

가운데에 시럽에서 꺼낸 배를 놓는다.

산딸기 소스를 덮는다.

가장자리를 체리로 장식한다.

샹티이 크림으로 장식한다.

준비할 도구	굽기 위한 도구	플레이팅 도구
• 정리용 사각 트레이 2	• 중간 크기 소테팬 1	• 큰 쟁반
• 손잡이가 달린 체 1	• 중간 크기 냄비와 뚜껑 1	• 큰 볼 또는 냉각 그릇
• 라메킨 1		• 소스그릇
• 작은 거품기 1		• 레이스 종이
• 믹서 1		
• 중간 볼 2		
• 차이나 캡 1		
• 스패튤러 1		
• 아이스크림 제조기 1		
• 아이스크림 통 1		

같은 계열의 디저트 PLATS SIMILAIRES

딸기 니나 Fraises Nina

• 과일 멜바와 만드는 방법과 동일한 방법으로 만들고, 샹티이 크림을 곁들인다.

넥타린 알렉산드르 Nectarine Alexandre

• 복숭아를 끓기 직전의 시럽에 데쳐, 바닐라 아이스크림 위에 놓는다. 딸기 또는 산딸기 소스를 뿌린다. 윗면을 가는 설탕 sucre filé으로 장식한다.

배 카디날 Poire Cardinal

• 과일 멜바와 만드는 방법과 동일한 방법으로 만들고, 위에 얇게 저민 구운 아몬드를 뿌려준다.

체리 쥬빌레 Cerises Jubilé

• 따뜻한 시럽에 체리를 넣고 키르쉬로 플람베한다.

• 시럽을 졸인다. 오목한 그릇에 바닐라 아이스크림을 넣고 주위에 소스를 뿌려준다.

완성한 결과

튤립 드 프레즈 멜바(Tulipe de fraises Melba)

"아름다운 엘렌" 배
POIRES BELLE-HÉLÈNE

"아름다운 엘렌" 배 Poires Belle-Hélène는 바닐라 아이스크림 위에 시럽에 담긴 배를 올리고, 따뜻한 초콜릿 소스를 덮어 만든다. 오펜바흐 Offenbach의 유명한 오페레트(작은 오페라라는 뜻) "아름다운 엘렌(La Belle-Hélène)"의 제목을 따 만든 디저트이다.

8인분 재료	단위	수량
기본 재료		
– 배(150g, 8개)	kg	1.2
– 레몬(1개)	g	100
시럽		
– 물	ml	500
– 설탕	g	300
– 레몬(1/2개)	g	50
– 바닐라(선택사항)	개	1/2
또는		
– 시럽에 든 배	개	8
바닐라 아이스크림		
– 우유	ml	900
– 생크림	ml	100
– 탈지분유	g	40
– 계란(노른자 8~10개)	g	160
– 설탕	g	200
– 바닐라	개	1
– 안정제	g	10
초콜릿 소스		
– 커버춰 초콜릿 50%	g	200
– 버터	g	40
– 생크림	ml	20
또는		
– 시럽, 1.1247°D	ml	약간(PM)
– 물	ml	약간(PM)
평균 준비 시간 : 1시간		
평균 굽는 시간 : 15~20분		

만드는 방법

1. 충분한 작업 공간을 확보하고, 청결한 작업 환경 만들기 – 5분
레시피대로 재료를 준비하여 계량하고, 조리기구, 서빙을 위한 도구를 준비한다.
작업 공간, 장비, 아이스크림 제조기 등을 세척하고 소독한다.

2. 시럽 만들기 – 5분(p. 722 참조)
냄비 안에 물, 설탕, 레몬 제스트, 레몬즙 소량, 바닐라 빈 반쪽을 넣는다.
끓이고 거품을 제거한다.

3. 배 껍질 벗기고, 레몬즙에 담그기 – 10분
꼭지 부분을 부드럽게 닦고, 약간 잘라낸다.
작은 스쿱을 이용하여 씨를 제거한다.

4. 배 익히기 – 5분(p. 510참조)
시럽에 배를 넣어 익힌다.
유산지를 덮어 성숙도에 따라 15~20분간 시럽에 담가 익힌다.
시럽에서 배를 꺼내 식힌다.

5. 앙글레즈 크림을 만들어 아이스크림 제조기에 넣고 15분간 젓기(p. 682~684 참조)
우유, 탈지분유, 크림, 준비한 설탕의 반을 넣어 끓인다.
안정제(사용할 경우)와 바닐라 빈을 세로로 갈라 긁어 넣는다.
바닐라 빈을 우려낸다.
노른자에 남은 설탕을 넣어 하얗게 될 때까지 섞어준다.
노른자 위에 액체 재료를 천천히 부어 섞는다.
냄비 안에 다시 붓는다.
앙글레즈 크림을 주걱을 덮는, 나페 nappe 상태까지 끓이고, 저온으로 살균한다.(+83℃에서 1분간 끊임없이 저어준다.)
체에 걸러 빠르게 식힌다.
뚜껑을 덮고 최대 +4℃의 온도에서 최소 4시간 ~ 최대 12시간 숙성시킨다.
아이스크림 제조기 안에 앙글레즈 크림을 넣고 휘젓는다.
아이스크림을 꺼내 필름을 씌운 후 · 18/ · 20℃의 냉동실에 보관한다.
아이스크림 제조기를 청소하고 소독한다.

6. 초콜릿 소스 만들기 – 10분(p. 700/701 참조)
스테인리스 작은 볼에 다진 초콜릿, 소량의 물 그리고 버터 조각을 넣어 섞는다.
중탕하여 주걱으로 저어가며 초콜릿을 천천히 녹인다.
원한다면 소량의 끓인 크림이나, 시럽으로 농도를 조절할 수 있다.
초콜릿 소스를 따뜻하게 유지한다.

7. 완성한 "아름다운 엘렌" 배 제공하기 – 5분
조심스럽게 배의 물기를 제거하고, 큰 그릇에 담는다.
바닐라 아이스크림은 냉각 그릇에 놓거나, 얼음에 담긴 그릇에 놓을 수 있다.
소스그릇에 초콜릿 소스를 제공한다.

– 배용 시럽의 밀도는 배의 숙성도에 따라 달라진다.
– "아름다운 엘렌" 배는 일반적으로 개인 접시에 제공된다.

FICHE 185

완성한 결과

"아름다운 엘렌" 배(Poires Belle-Hélène)

디종식 푸아르 포쉐 POIRE POCHÉE BELLE DIJONNAISE

1. 조리 작업대에 재료와 도구 준비하고, 청결한 작업 환경 만들기

2. 와인 시럽 준비하기(전날 만들기)

중간 크기의 냄비에 부르고뉴산 포도주 한 병과, 설탕 100g, 블랙커런트 술 300ml, 시나몬 소량, 정향 1개, 오렌지 또는 레몬 제스트를 넣는다. 10분간 끓여준다.

3. 배를 씻어 껍질을 벗기고, 레몬즙에 담그기(120g~140g 정도의 중간 배)

숟가락으로 심을 제거하고, 와인 시럽에 뚜껑을 덮어 20분간 익힌다.

시럽을 만들어 소스용 시럽 400ml를 미리 준비하고, 나머지 시럽은 식힌 후 배를 넣어 다음날까지 보관한다.

4. 블랙커런트 소르베 800ml 만들기(다음 페이지 참조)

아이스크림 통에 넣어 −18℃에서 보관한다.

5. 소스와 함께 제공하기

미리 준비해둔 시럽 400ml에 블랙커런트 젤리 500ml와 블랙커런트 열매 50g을 넣어 졸인다.

갈아낸 후 체에 걸러 보관한다.

6. 배를 비스퀴로 만든 튤립 또는 개별 그릇에 담아 제공하기

큰 볼이나 비스퀴로 만든 튤립에 블랙커런트 소르베를 한 스쿱 떠서 담아준다.

그 위에 물기를 제거한 배를 통째로 올린다.

소스로 덮어준다.

샹티이 크림과 블랙커런트 열매로 장식한다.

준비할 도구	굽기 위한 도구	플레이팅 도구
• 정리용 사각 트레이 2	• 중간 냄비와 뚜껑 1	• 큰 쟁반
• 손잡이가 달린 체 1	• 중간 소테팬 1	• 큰 볼 또는 냉각 그릇
• 라메킨 1	• 중탕용 냄비 1	• 소스그릇
• 작은 거품기 1		• 레이스 종이
• 아이스크림 통 1		
• 중간 볼 2		
• 차이나 캡 1		
• 스패튤러 1		
• 아이스크림 제조기 1		

같은 계열의 디저트 PLATS SIMILAIRES

바나나 스플리트 Banana-split

• 바닐라 아이스크림 3스쿱을 작은 타원형 볼에 놓는다.

• 바나나 반 개를 길게 잘라 양쪽에 놓는다.

• 초콜릿 소스로 덮어준다.

• 샹티이 크림으로 균일하게 장식한다.

사과 튈, 팽 데피스 글라스 Tulipe de pomme, glace au pain d'épices

• 비스퀴 튤립 안에 팽 데피스 아이스크림 한 스쿱을 넣는다.(앙글레즈 크림에 팽 데피스, 시나몬, 카르다몸, 육두구, 정향을 첨가한 아이스크림)

• 사과를 시럽에 넣어 익힌 후, 둥글게 정리한다.

• 바닐라 샹티이 크림으로 장식한다.

카시스 크렘과 익힌 배, 후추가 들어간 아이스크림

Poire rôtie à la crème de cassis, glace au poivre

• 와인과 블랙커런트 술이 들어간 시럽에 배를 가열한 후 시럽과 함께 하루 동안 냉장실에 둔다.

• 열대과일(망고, 패션후르츠, 라임) 아이스크림에 후추(Sechuan)를 첨가한다.

• 오븐에 배와 버터를 함께 익히고, 위에 시럽을 뿌린다.

• 접시 위에 부채 모양으로 얇게 썬 배를 장식한다.

• 양쪽에 두 개의 아이스크림 크넬을 올린다.

• 시럽으로 배를 코팅한다.

• 오렌지 튈과 함께 제공한다.

완성한 결과

튤립 드 포아 글라세 오 쇼콜라(Tulipe de poire glacée au chocolat)

과일 소르베
SORBETS AUX FRUITS

과일 소르베 Sorbets aux fruits는 물과 설탕, 과일퓨레 또는 과일주스를 아이스크림 제조기에 넣어 섞어 얼려 만든다. 와인, 알코올, 리큐르 소르베는 와인 원산지의 명칭을 표기하고, 이들에 해당하는 충분한 양의 알코올, 또는 리큐르가 첨가된 시럽으로 구성된다.

8인분 재료	단위	수량
과일 소르베 시럽(딸기, 산딸기, 블랙 커런트, 살구 등)		
시럽		
– 생수	ml	500
– 설탕	g	400
– 레몬(1개)	g	100
– 전화당(글루코스, 트리몰린)	g	80
– 안정제	g	10
냉동 과일 퓨레(당 10%)	kg	1
레몬 소르베 시럽 SORBET CITRON		
시럽		
– 생수	L	1
– 설탕	g	550
– 글루코스	g	100
– 안정제	g	5
– 레몬 제스트	g	50
– 레몬 주스	ml	250
자몽 소르베 시럽 SORBET PAMPLEMOUSSE		
시럽		
– 설탕	g	300
– 자몽 주스	L	1
파인애플 소르베 시럽 SORBET ANANAS		
시럽		
– 생수	ml	300
– 설탕	g	400
– 레몬(1/2개)	g	50
– 오렌지(1/2개)	g	80
– 신선한 파인애플 퓨레	L	1
마무리(선택사항)		
– 이탈리안 머랭	g	80
초콜릿 소르베 시럽 SORBET AU CHOCOLAT		
시럽		
– 생수	L	1
– 설탕	g	125
– 트리몰린	g	100
– 안정제	g	5
– 카카오 가루	g	40
– 커버춰 초콜릿 64%	g	400
평균 준비 시간 : 50분		

만드는 방법

1. 조리 작업대에 재료와 도구 준비하고, 청결한 작업 환경 만들기 – 5분

레시피대로 재료를 준비 계량하고, 조리기구, 서빙을 위한 도구를 준비한다.
작업 공간, 장비, 소르베 제조기를 세척하고 소독한다.

2. 시럽 만들기 – 3분

중간 냄비에 물, 설탕, 전화당을 넣고 마지막으로 안정제를 넣어준다.
끓이고 필요하다면 거품을 걷어준다. 시럽을 빠르게 식힌다.

3. 과일을 갈거나 짜서 준비하기 – 20분

과일을 씻고 물기를 제거한다.
딸기는 꼭지를 제거하고, 살구는 씨를 제거한다.
레몬이나 오렌지는 짠다.
과일을 갈아 체에 거르거나, 과즙기에 통과시킨다.
혹은 냉동 퓨레나 저온 살균한 주스를 사용한다.

4. 혼합물 만들기 – 5분

시럽을 과일 퓨레와 섞는다.(일부 전문가들은 혼합물을 +65°C로 약 20분간 가열하여 저온 살균한다)
혼합물의 밀도를 확인한다. 굴절계 또는 시럽 측정기를 이용하여 혼합물이 16~17 보메(Baumé : 1.1247/1.1335°D) 사이인지 확인한다.

5. 소르베 제조기에 충전물 넣기 – 5분

소르베 용기를 냉장실에 넣어 준비한다.
원하는 농도가 될 때까지 저어준다.
소르베가 너무 달거나 단단할 경우 소량의 생수를 넣어 조절한다.

6. 소르베 옮겨 담기 – 10분

소르베 용기에 옮겨 담고, 벽면을 깨끗하게 정리한다. 랩을 씌워 −18°C에서 보관한다.

7. 완성한 과일 소르베 제공하기 – 2분

숟가락을 이용하여 틀에 채우거나, 크넬 모양으로 만든다. 미리 차갑게 넣어둔 접시나 움푹한 그릇에 제공한다. 소르베는 다양한 디저트로 구성된다.(바슈랭 Vacherins, 프리 지브레 Fruits givrés 등)

과일 소르베를 만들 때 알아두면 좋은 것들
– 아이스크림과 소르베는 종종 작은 과자와 함께 제공된다.(시가렛 쿠키 Cigarettes russes, 튜일 오 아몬드 Tuiles aux amaneds, 납작하고 긴 비스킷 Langues de chat 등)
– 일반적으로 과일 소르베를 만들 때 과일 퓨레와 1.2624°D(30°B)의 시럽을 동일한 비율로 사용해야 한다. 혼합물은 1.1247/1.1335°D(16/17°B)의 밀도로 만든 후 소르베 제조기에 넣어 섞는다.
– 시럽 1.2624°D : 물 1L, 설탕 1kg과 레몬즙을 넣어 1분간 끓인다. 식은 후 밀도를 측정한다.
– 단, 과일의 종류와 숙성도 및 산도를 고려하는 것이 중요하다. 시럽의 양은 과일의 종류와 상태에 따라 증가하거나 감소할 수 있다.
– 와인, 알코올 및 리큐르로 만든 소르베의 설탕 함량은 약간 수정할 수 있다. 그라니테 Granité 상태는 질감이 덜 부드럽고 가벼워 식사 중간에 제공된다. 이 경우 안정제, 전화당, 글루코스, 트리몰린의 사용은 필요치 않다. 혼합물은 제공하기 직전에 소르베 제조기에 넣어 섞어야 한다.
– 일부 전문가들은 소르베를 만들 때, 제조기에 넣어 섞은 후 마지막에 이탈리안 머랭을 첨가하여 더욱 풍부하고 부드러운 수제 소르베 만들기를 선호한다. 이렇게 만들어진 소르베는 바로 소비하여야 한다.

완성한 결과

과일 소르베(Sorbets aux fruits)

8인분 재료	단위	수량
알코올, 리큐르 소르베 또는 샴페인 소르베 시럽		
시럽		
– 생수	ml	400
– 레몬	g	100
– 오렌지	g	100
– 설탕	g	400
– 전화당 sucre inverti	g	40
– 안정제	g	10
– 샴페인 champagne brut	병	1
리큐르 소르베 시럽 SORBET À LA LIQUEUR		
시럽		
– 생수	ml	800
– 레몬 주스, 제스트	g	50
– 오렌지 주스, 제스트	g	100
– 설탕	g	400
– 전화당	g	40
– 안정제	g	10
– 쿠앵트로 또는 그랑 마르니에	ml	250~300
또는 오렌지 베이스 리큐르		
민트 소르베 시럽 SORBET À LA MENTHE(GET)		
시럽		
– 생수	L	1
– 레몬(1개)	g	100
– 설탕	g	500
– 전화당 sucre inverti	g	40
– 안정제	g	10
– 제트 민트 Get menthe	ml	250
평균 준비 시간 : 50분		

준비할 도구	굽기 위한 도구	플레이팅 도구
• 정리용 사각 트레이 2	• 중간 냄비 1	• 움푹한 접시 또는 개인 접시
• 중간 볼 1		• 레이스 종이
• 과일 압착기 1		
• 과일, 채소를 가는 믹서		
• 차이나 캡 1		
• 큰 볼 1		
• 손잡이가 달린 체 1		
• 체 1		

알코올 또는 리큐르 소르베
SORBETS ALCOOLS ET LIQUEURS

1. **조리 작업대에 재료와 도구 준비하고, 청결한 작업 환경 만들기**

2. **시럽 만들기**
   마지막 단계에 안정제와 소량의 설탕을 섞어 첨가한다.
   식힌다.

3. **향 첨가하기**
   와인, 알코올 또는 리큐르를 첨가한다.

4. **소르베 제조기에 넣어 섞기(투비네 Turbiner 또는 썽글레 Sangler)**
   농도를 확인한다.(설탕이나 알코올이 적절히 들어갔는지, 소르베가 단단한지)
   필요할 경우, 소르베를 통에 옮길 때 약간의 알코올이나 리큐르를 첨가한다.
   소르베를 통에 옮기고, 랩을 씌워 −18℃의 냉동실에서 단단하게 굳힌다.

알코올이나 리큐르는 증발의 위험이 있으므로 차가운 시럽에 첨가한다.

완성한 결과

소르베 접시(Assiette de sorbets)

산딸기 소스와 누가 글라세
NOUGAT GLACÉ, COULIS DE FRAMBOISES

산딸기 소스와 누가 글라세 Nougat glacé, coulis de framboises는 휘핑크림과 이탈리안 머랭을 섞어 다진 누가틴과 절인 과일과 건조된 과일을 첨가하여 만든 냉동 디저트이다. 누가는 꿀을 넣은 앙글레즈 크림 또는 산딸기 소스와 함께 제공된다.

8인분 재료	단위	수량
이탈리안 머랭 MERINGUE ITALIENNE		
– 계란(흰자 8개)	g	130
– 가는소금	g	약간(PM)
– 머랭을 위한 설탕	g	40
끓인 설탕 SUCRE CUIT		
– 설탕	g	100
– 꿀	g	60
– 글루코스	g	40
– 물	ml	60
휘핑크림 CRÈME FOUETTÉE		
– 생크림 30% MG	ml	400
충전물		
– 건포도	g	40
– 다양한 종류의 부드러운 절인 과일	g	100
– 호두	g	40
– 아몬드	g	40
– 헤이즐넛	g	40
– 피스타치오	g	40
– 누가틴	g	150
– 그랑 마르니에	ml	50
누가틴* NOUGATINE		
– 설탕	g	80
– 글루코스	g	20
– 잘게 썬 아몬드	g	50
– 땅콩기름	ml	10
앙글레즈 크림 CRÈME ANGLAISE		
– 우유	ml	500
– 계란(노른자 4개)	g	80
– 꿀	g	100
– 바닐라	개	1/2
– 시나몬		약간(PM)
– 육두구		약간(PM)
– 아몬드 에센스		약간(PM)
– 오렌지 제스트		약간(PM)
장식		
– 민트잎	다발	1/4
산딸기 소스 COULIS DE FRAMBOISES		
– 산딸기	g	200
– 슈가파우더	g	80
– 레몬 1/2개	g	50
평균 준비 시간 : 1시간 35 ~ 1시간 40분		

만드는 방법

1. 조리 작업대에 재료와 도구 준비하고, 청결한 작업 환경 만들기 – 5분
레시피대로 재료를 준비 계량하고, 조리기구, 서빙을 위한 도구들을 준비한다.

2. 충전물 준비하기 – 10분
건포도를 씻어 데친 후, 다시 소량의 리큐르를 넣는다.
절인 과일은 1cm의 정사각형으로 잘라 리큐르에 담근다.
호두, 아몬드, 헤이즐넛, 피스타치오의 껍질을 벗긴다. 오븐에서 가볍게 구운 후 발효실에서 건조시킨다.

3. 누가틴* 만들기 – 15분
잘게 자른 아몬드를 200℃의 오븐에 데운다.
동냄비에 글루코스를 넣어 저온으로 익힌다.
설탕을 천천히 넣고 주걱으로 잘 저어준다.
설탕이 반짝이고 황금빛이 돌면 아몬드를 넣는다.
더 쉽게 섞이도록 온도를 높인다.
대리석 작업대나 기름칠한 철판 위에 누가틴 nougatine을 즉시 옮긴다.
얇게 밀어 편 후 빠르게 식힌다.
누가틴을 으깨서 보관한다.

4. 틀에 슈미제하기 – 5분
케이크 틀 또는 22/23cm 길이의 직사각형 테린 틀에 랩이나 유산지를 씌운다.

5. 이탈리안 머랭 만들기 – 20분(p. 718/719 참조)
설탕과 꿀, 글루코스를 120~121℃까지 끓이고 60ml의 물을 첨가한다.
시럽의 온도가 105~110℃가 되었을 때 흰자를 올리기 시작한다.
머랭을 올리다가 중간쯤에 설탕 40g을 첨가한다.
시럽이 120~121℃까지 올라왔을 때 흰자에 서서히 붓는다.
거품기의 속도를 줄이고, 머랭이 완전히 식을 때까지 젓는다.

6. 크림 올리기 – 10분
크림을 90%까지 올린다. 크림은 머랭과 잘 섞일 수 있도록 부드러워야 한다.

7. 조립하기 – 5분
제과용 믹서의 볼을 준비한다.
이탈리안 머랭에 건포도, 절인 과일, 건조 과일, 다진 누가틴 그리고 그랑 마르니에를 넣어 혼합한다.
에쿠무아르를 이용하여 볼을 1/8(45°)씩 돌려가며 휘핑크림을 서서히 부드럽게 섞어준다.

8. 틀에 채우기 – 5분
스패튤러를 이용하여 매끄럽게 정리한다.
랩을 씌운다.

9. 냉동실에 누가 보관하기
–18℃의 냉동실에 최소 3~4시간동안 보관한다.
제공하기 전에 냉동실에서 꺼낸다.

10. 앙글레즈 크림 만들기 – 15분(p. 682/683 참조)
설탕을 꿀로 대체한다.
시나몬, 간 생강, 아몬드 에센스를 첨가한다.
빠르게 식힌다.

11. 산딸기 소스 만들기 – 10분(p. 698/699 참조)

12. 틀에서 누가 제거하고 접시에 담아 제공하기 – 10분
도마 위에 올려 틀과 필름을 제거한다.
《필레 드 솔 filet de sole》칼이 반죽에 붙지 않도록 뜨거운 물에 칼을 적신 후 2cm의 두께로 자른다.
앙글레즈 크림과 산딸기 소스를 접시 바닥에 장식한다.
얇게 썬 과일과 민트 잎으로 장식한다.
완성한 요리는 즉시 제공한다.

완성한 결과

산딸기 소스와 누가 글라세(Nougat glacé, coulis de framboises)

오믈레트 노르베지엔 OMELETTE NORVÉGIENNE

1. 충분한 작업 공간을 확보하고, 청결한 작업 환경 만들기

2. 다양한 맛의 아이스크림 또는 소르베 1.5L 만들기

(앞의 **아이스크림과 소르베 만드는 법** 참고) 여러 가지 맛을 사용할 수 있다.

3. 제누아즈 만들기

전란 4개, 설탕 125g, 밀가루 125g, 버터 20g, 덧가루용 밀가루 20g이 필요하다.

롤 케이크를 만들듯이 반죽을 베이킹 페이퍼 위에 밀어 편다.

4. 시럽 만들기

설탕 100g, 물 70ml를 1분간 끓인다.(시럽 1.2624°D, 30°B)

식힌 후 아이스크림이나 소르베의 맛에 따라 150ml의 알코올 또는 리큐르로 희석한다.

5. 제누아즈 자르기

가로 30cm, 세로 12cm, 높이 8cm의 직사각형 큐빅(직육면체)으로 자른다. (바닥 1개, 옆면 2개, 윗면 1개, 끝단 2개)

6. 조립하기

긴 접시에 있는 케이크 판 위에 제누아즈 바닥을 놓고 시럽을 듬뿍 바른다.

아이스크림이나 소르베를 5~6cm 두께로 덮는다.(두 가지 맛을 사용할 경우 시럽에 적신 제누아즈로 분리한다)

아이스크림을 제누아즈 케이크 조각으로 감싸 상자처럼 만들고, 남은 시럽을 적셔준다.

20°C의 냉동실에 보관한다.

7. 특별한 머랭 만들기

프렌치 머랭 :

6개의 흰자를 단단하게 올려 마지막에 설탕 150g을 넣는다.

노른자 3개에 설탕 80g을 하얗게 될 때까지 저어준 후 흰자에 섞는다.

이탈리안 머랭 :

흰자 6개를 올리고, 설탕 150g을 120°C까지 올려 흰자에 넣은 후, 마지막

단계에 80g의 슈가파우더를 넣어준다.

식힌 후 노른자 3개와 소량의 바닐라를 넣는다.

8. 오믈렛을 덮고 장식하기

스패튤러를 이용하여 규칙적으로 덮어준다.

별모양 깍지를 이용하여 장식한다.

9. 노릇해질 때까지 오븐에 굽기

슈가파우더를 옆면까지 골고루 뿌려, 250~260°C의 아주 뜨거운 오븐에서 색이 날 때까지 둔다. 필요한 경우 토치로 색을 낸다. 오믈렛을 오븐 바닥에 직접 놓지 않고, 안감이 있는 판이나 그릴 위에 놓아 직접 열에 닿지 않도록 한다.)

준비할 도구	굽기 위한 도구	플레이팅 도구

• 작은 볼 3	• 누가틴용 볼 1	• 기본 접시
• 라메킨 1	• 설탕용 냄비 1	
• 믹서기 1	• 제과용 철판 1	
• 제과용 믹서기 1,	• 중간 크기 소테팬 1	
거품기 1, 볼 2	• 설탕용 온도계 1	
• 테린용 틀 또는		
누가 글라세용 틀 1		
• 큰 볼 1		
• 차이나 캡 1		
• 밀대 1		

완성한 결과

오믈레트 노르베지엔(Omelette Norvégienne)

같은 계열의 디저트 PLATS SIMILAIRES

열대과일 누가 글라세 Nougat glacé exotique

• 누가 글라세를 만든다. 앞의 설명 참고.

• 이탈리안 머랭, 휘핑크림, 패션후르츠 퓨레 200g, 파쏘아 Passoa나 그랑 파시옹 GRAND PASSION에 절인 열대과일(망고, 살구, 캐로솔, 파파야, 페피노멜론, 키위, 파인애플 등)을 섞는다.

• 패션후르츠 소스 또는 마라쿠자 maracuja 소스를 제공한다.(마라쿠자 퓨레, 살구 퓨레 또는 젤리, 오렌지 주스, 슈가파우더)

• 접시에 스타 프루트, 망고, 키위, 산딸기를 얇게 썰어 장식한다.

리큐르 수플레 글라세
SOUFFLÉ GLACÉ À LA LIQUEUR

리큐르 수플레 글라세 Soufflé glacé à la liqueur는 아파레이유 아 봄브 appareil à bombe로 만든 냉동 수플레이다. 노른자와 시럽으로 만든 혼합물을 거품이 날 때까지 휘젓고 휘핑크림과 리큐르를 첨가한다.

8인분 재료	단위	수량
아파레이유 아 봄브 APPAREIL OU PÂTE À BOMBE		
– 계란(노른자 8개)	g	160
– 설탕	g	100
– 물	ml	30
이탈리안 머랭 MERINGUE ITALIENNE		
– 계란(흰자 8개)	g	260
– 가는소금	g	약간(PM)
– 설탕(머랭)	g	800
– 121℃로 익힌 설탕	g	300
– 물	ml	100
휘핑크림 CRÈME FOUETTÈE		
– 생크림 30% M.G	ml	600
향료		
– 오렌지를 기반으로 한 리큐르(Grand Marnier, Cointreau)	ml	100
향에 따른 장식		
– 슈가파우더 또는	g	40
– 다진 누가틴이나 바삭한 비스퀴 또는	g	80
– 장미공예(장미, 잎)나 마지팬	개수	약간(PM)
평균 준비 시간 : 1시간 20분		

만드는 방법

1. 조리 작업대에 재료와 도구 준비하고, 청결한 작업 환경 만들기 – 5분

레시피대로 재료를 준비하고 조리기구, 서빙을 위한 도구 등을 준비한다.

2. 틀 준비하기 – 10분

4인용 수플레 틀 2개나 8인용 램킹 틀을 사용한다.

직경이 같고 높이가 5~6cm인 깨끗한 틀을 준비한다.

틀이 부족할 경우, 플라스틱 띠지를 높이 8~10cm로 잘라 준비한다.

띠지를 틀에 둘러 크기를 확인한 후 고무줄로 고정시킨다.

3. 아파레이유 아 봄브 만들기 – 20분(p. 724 참조)

냄비에 설탕과 설탕 무게 1/3의 물을 넣어 120~121℃가 될 때까지 익힌다.

계란은 노른자와 흰자를 분리한 후 노른자는 제과용 믹서 볼에, 흰자는 다른 볼에 담는다.

끓인 설탕은 식힌 후, 노른자에 천천히 넣어 섞는다.(제누아즈를 올리는 것과 같은 방법)

믹서볼을 중탕(최대 80~90℃)하여 50~55℃가 될 때까지 힘차게 휘젓는다.(혼합물은 체에 거를 수 있다)

중탕에서 볼을 꺼내 완전히 식을 때까지 휘젓는다.

4. 이탈리안 머랭 만들기–20분(p. 718/719 참조)

이탈리안 머랭은 아파레이유 아 봄브가 식을 동안에 만든다.

설탕에 설탕 무게 1/3의 물을 넣어 120~121℃가 될 때까지 익히는데, 거품을 제거하고 설탕 온도계를 넣는다.

설탕의 온도가 105~110℃가 되면 흰자를 가볍게 올리기 시작한다. 초반에 소량의 소금을 넣고, 중간쯤에 80g의 설탕을 넣어 올린다.

올린 흰자에 시럽을 조금씩 넣어 혼합한다.

머랭이 완전히 식을 때까지 부드럽게 저어준다.

5. 휘핑크림 올리기 – 10분

흰자는 과하게 올리지 않고, 최대 90%까지 올려 혼합물과 쉽게 섞일 수 있도록 한다.

6. 결합하기 – 5분

아파레이유 아 봄브에 리큐르를 넣어 향을 내고, 완전히 식은 이탈리안 머랭을 혼합한다.

거품기를 이용하여 볼을 1/8(45°)씩 돌려가며 반죽을 들어 올리며 섞어준다.

반죽을 너무 과하게 섞지 않는다.

마지막으로 휘핑크림을 넣어 섞어준다.

혼합물이 균일하게 잘 섞였는지 확인하고, 반죽이 주저앉지 않도록 거품기로 원을 그려가며 매끄럽게 만든다.

7. 수플레 틀에 넣기 – 8분

수플레 틀이나 라메킨 틀에 4~5cm까지 채운다.

스패튤러를 이용하여 매끄럽게 만들고, 랩을 씌워 · 18℃ 냉동실에 최소 4~6시간동안 보관한다.

8. 완성한 수플레 제공하기 – 2분

냉각되었는지 확인하되, 가운데는 부드러워야 한다.

플라스틱 띠지나 틀을 조심스럽게 제거한다.(틀을 제거할 때 토치를 이용할 수 있다)

슈가파우더를 뿌리거나, 다진 누가틴 또는 바삭한 비스퀴로 장식한다.

레이스가 달린 종이 위에 접시를 놓고 수플레를 제공한다.

– 리큐르 수플레 글라세에는 바닐라, 커피, 초콜릿, 프랄리네, 럼 등 다른 맛을 첨가할 수 있다.
– 냉동 후 수플레에 종종 형성되는 빈 공간을 채우기 위해 혼합물을 따로 보관하는 것이 일반적이다.

완성한 결과

리큐르 수플레 글라세
(Soufflé glacé à la liqueur)

프랄리네 파르페 글라세 PARFAIT GLACÉ PRALINÉ

이탈리안 머랭이 들어가지 않은 아파레이유 아 봄브에 설탕을 익혀 다른 방법으로 만든다.

1. 충분한 작업 공간을 확보하고, 청결한 작업 환경 만들기

2. 125℃의 설탕 시럽 만들기

냄비에 설탕 120g과 물 40ml를 넣고, 설탕을 125℃까지 끓인다. 조리 시 안전에 주의한다.

3. 8개의 계란 흰자와 노른자 분리하기

스테인리스 볼에 노른자를 분리하여 넣고, 흰자는 다른 용도로 사용할 수 있도록 따로 보관한다.

4. 노른자에 익힌 설탕 넣기

노른자는 가볍게 섞어준 후, 익힌 설탕을 노른자에 천천히 넣으며 거품기로 멈추지 않고 휘젓는다.

혼합물을 체에 한 번 걸러 제과용 믹서 볼에 넣는다.

혼합물이 완전히 식을 때까지 휘저어준다. 크림은 부드러워야 하고, 섞어준 반죽이 리본처럼 끊임없이 포개지면서 흘러내리는 뤼방 상태여야 한다. 제누아즈 혼합물과 같은 농도이다.

5. 프랄리네 120~150g을 부드럽게 풀어주기

스크레이퍼나 반죽 커터를 이용하여 작업대 위에서 프랄리네를 부드럽게 풀어준다.

6. 휘핑크림 400ml 만들기

흰자를 과하게 올리지 않고, 혼합물과 쉽게 섞일 수 있도록 한다.

7. 파트 아 봄브(pâte à bombe) 크림 마무리하기

파트 아 봄브 크림에 프랄리네를 섞는다
휘핑크림을 넣어 부드럽게 섞는다.
거품기를 이용하여 매끄럽게 한다.

8. 파르페 냉각시키기

특수 원뿔형 주형틀에 냉각시킨다.
틀을 덮고 −18℃의 냉동실에서 최소 3~4시간동안 보관한다.

9. 파르페 장식하기

미지근한 물에 몇 초간 담갔다가 뺀 후 틀을 제거한다.
둥근 깍지나, 별 모양 깍지가 달린 짤주머니를 이용하여 샹티이 크림으로 장식한다.

파르페 아파레이유에는 알코올 80ml, 리큐르 50ml, 액상커피나 가루커피 10g, 초콜릿 100g이나 카카오가루 40g 등을 첨가할 수 있다.
틀의 중앙을 봄브 글라세로 장식하는데 사용하며, 바닥과 벽에 아이스크림이나 소르베를 넣어 슈미제한다.

준비할 도구
- 정리용 사각 트레이 1
- 설탕용 온도계 1
- 라메킨 1
- 제과용 믹서 1, 거품기 1, 볼 2
- 수플레 틀 또는, 라메킨 틀

- 큰 볼 1
- 거품기 1

굽기 위한 도구
- 설탕용 냄비 1
- 중탕을 위한 큰 소테 팬 1

플레이팅 도구
- 둥근 접시 또는 디저트 접시
- 레이스 종이

같은 계열의 디저트 PLATS SIMILAIRES

과일 파르페 글라세 Parfait glace aux fruits

- 계란 노른자 8개에, 물 40ml와 설탕 120g을 125℃까지 끓여 넣어 아파레이유 아 봄브를 만든다. 식힌 후, 과일 퓨레 250g과 휘핑크림 400ml를 넣어준다. 원뿔형 주형틀에 담거나 봄브 글라세(bombe glacé)로 충전 할 수 있다.

봄브 글라세의 예 Exemples de bombes glacées

- 알함브라 봄브 Bombe Alhambra : 바닐라 아이스크림으로 틀을 슈미제하고, 딸기 아파레이유 아 봄브로 충전한다. 샹티이 크림과 키르쉬에 절인 체리로 장식한다.
- 아이다 봄브 Bombe Aïda : 딸기 소르베로 틀을 슈미제하고, 키르쉬 아파레이유 아 봄브로 충전한다. 샹티이 크림과 마라스키노(Marasauin)에 절인 체리로 장식한다.
- 크레올 봄브 Bombe Créole : 계란에 럼과 포도를 넣어 만든 아이스크림으로 틀을 슈미제하고, 커피 아파레이유 아 봄브로 충전한다. 샹티이 크림과 리큐르에 든 커피콩으로 장식한다.

과일 수플레 글라세 Soufflé glacé aux fruits

- 흰자 6개를 휘핑하고, 물 70ml와 설탕 200g을 120~121℃까지 끓여 넣어 이탈리안 머랭을 만든다. 만든 머랭은 식힌 후, 과일 퓨레 500g과 과일 액상 추출물이나 에센스 몇 방울과 색소를 넣어준다.(선택사항) 마지막 단계에 휘핑크림 400ml를 넣는다.
  틀에 넣고 수플레 글라세와 같이 냉동실에 넣어 보관한다. 제공할 때 샹티이 크림과, 퓨레와 같은 종류의 과일로 장식한다.

완성한 결과

과일 수플레 글라세(Soufflé glacé aux fruits)

과일 샐러드
SALADE DE FRUITS

단맛과 신맛을 가진 새콤달콤한 신선한 과일을 알코올이나 리큐르를 첨가된 시럽에 섞어 제공한다. 과일 샐러드 Salade de fruits는 아이스크림이나 소르베, 쿠키와 함께 곁들일 수 있다.

8인분 재료	단위	수량
기본 재료		
– 시럽에 든 파인애플	g	100
– 바나나(2개)	g	300
– 시럽에 든 체리	g	100
– 딸기	g	200
– 키위(2개)	g	200
– 복숭아(2개)	g	300
– 오렌지(2개)	g	300
– 사과(2개)	g	300
– 배(2개)	g	300
– 레몬(1개)	g	100
시럽		
– 물	ml	200
– 설탕	g	200
– 레몬즙	개수	1
– 알코올(선택사항) : 키쉬 Kirsch, 럼 rhum, 마라스키노 marasquin 등)	ml	40
평균 준비 시간 : 50분		

열대과일을 사용할 수 있다. 그럴 경우, 단맛과 신맛이 잘 어우러질 수 있도록 전날 미리 만들어둔다.

만드는 방법

1. 조리 작업대에 재료와 도구 준비하고, 청결한 작업 환경 만들기 – 5분
레시피대로 재료를 준비하고 조리기구, 서빙을 위한 도구 등을 준비한다.

2. 시럽 만들기 – 5분
냄비에 물 200ml, 설탕 200g, 레몬즙 1개를 넣는다.
시럽을 끓이는 중에 나오는 거품은 제거해주고, 완성한 시럽은 빠르게 식힌다.

3. 과일 준비하기 – 15분
배와 사과를 씻어 껍질을 제거하고 레몬즙에 담근다.
바나나는 껍질을 벗긴 후 레몬즙에 담근다.
딸기는 씻고, 꼭지를 따 물기를 제거한다.
복숭아는 껍질을 제거한다.
키위는 껍질을 벗긴다.
체리는 씨를 제거한다.
시럽에 든 파인애플 조각을 꺼내고, 시럽은 따로 보관한다.
오렌지는 껍질을 제거한다.

4. 과일 자르기 – 15분
사과와 배의 심낭과 씨를 제거하고, 3mm 두께로 썬다.
바나나는 2mm 두께의 둥근 모양으로 자른다.
딸기는 반으로 자르거나 작을 경우 통째로 사용한다.
복숭아는 4등분하여 씨를 제거하고, 3mm 두께로 썬다.
키위는 2mm 두께로 둥글게 썬다.
파인애플은 작은 조각으로 자른다.
껍질 간 오렌지는 한 알씩 나누어준다.

5. 과일 샐러드 마무리하기 – 5분
큰 스테인리스 볼에 잘게 썬 과일과 식힌 시럽을 넣어준다. 그리고, 파인애플 시럽을 첨가한다.
알코올이나 리큐르로 맛을 낼 수 있다.
볼에 랩을 씌우고, 냉장실에 차갑게 보관한다.

6. 완성한 과일 샐러드 제공하기 – 5분
과일 샐러드를 고르게 담아준다.
냉각 그릇에 제공할 수 있다.

– 시럽을 대신하여 신선한 오렌지 주스, 패션 후르츠 주스, 파인애플 주스 등으로 대체될 수 있다.
– 과일 샐러드는 다양한 아이스크림 생산에 이용된다.
예 : 알렉상드라 Alexandra, 자크 Jacques 또는 잭 Jack, 투티 푸루티 tutti-frutti 등
– 과일은 깍둑썰기를 해도 된다.(과일 마케도니아 macédoine de fruits)
– 계절에 따라, 시럽에 든 과일 통조림을 사용하는 것도 가능하다.

FICHE 189

완성한 결과

과일 샐러드(Salade de fruits)

로마노프 딸기 튤립 TULIPES DE FRAISES ROMANOFF

1. 조리 작업대에 재료와 도구 준비하고, 청결한 작업 환경 만들기

2. 딸기 800g을 씻어 꼭지 따고 물기 제거하기(딸기 종 : 마라 데 보아 Mara des bois, 시플로렛 Ciflorette, 아나벨 Anabelle 등)

   딸기에 설탕 50g과 큐라소 Curaçao 또는 쿠앵트로 80ml를 넣어 2시간동안 냉장실에서 절인다.

   레몬즙 몇 방울과 레몬 제스트를 갈아 넣는다.

3. 시가렛 충전물로 8개의 튤립 모양 만들기(p. 734 참조)

   버터 100g에 슈가파우더 100g을 넣어 크림 상태로 만든다.

   흰자 3개(100g)를 넣어 섞은 후 밀가루 85g을 혼합한다.

   버터 칠을 한 철판 위에 직경 15cm의 둥근 모양으로 배치한다.

   숟가락 뒷부분이나 붓으로 펴준다.

   오븐에 구운 후, 즉시 작은 브리오슈 틀 안에 넣어 모양을 만든다.

4. 생크림(30% MG) 400ml 올리기

   생크림 400ml를 올려준 후, 슈가파우더 40g을 첨가한다.

5. 로마노프 Romanoff 딸기 튤립 장식하기

   튤립 모양 비스퀴 안에 작은 딸기를 넣는다.

   위쪽에 샹티이 크림을 장미 모양으로 짜 올린다.

   큰 딸기를 얇게 썰어 가장자리에 놓는다.

   샹티이 크림을 한 번 더 짜주고, 작은 민트 잎 가지를 올려 장식한다.

완성한 결과

튤립 드 프레즈, 프리 후즈 로마노프
(Tulipes de fraises et de fruits rouges Romanoff)

준비할 도구	굽기 위한 도구	플레이팅 도구

• 정리용 사각 트레이 3
• 중간 볼 2
• 작은 볼 2
• 도마 1
• 씨를 발라내는 기구
  (dénoyauter) 1
	• 작은 냄비 1	• 큰 볼 또는 큰 샐러드
		  접시
		• 둥근 접시
		• 레이스 종이

같은 계열의 디저트 PLATS SIMILAIRES

샹티이 크림과 붉은 과일 튤립 Tulipes de fruits rouges à la crème Chantilly

- 튤립 모양의 비스퀴 안에 붉은 과일(작은 딸기 petites fraises, 산딸기 framboises, 블루베리 myrtilles, 블랙베 리 mûres, 레드커런트 groseilles, 조스타베리 caseilles, 테이베리 tayberries)을 씻어 물기를 제거하여 넣는다.
- 《멜바 Melba》 소스를 고르게 덮어준다.(산딸기 소스 coulis de framboises)
- 생크림을 짜 넣고 민트잎 가지를 올려 장식한다.

건과류와 오렌지 샐러드 Salade d'oranges aux fruits secs

- 오렌지는 씻어 물기를 제거한 후 칼집을 내어 장식한다. 둥글고 얇게 썰어, 마라스키노 Marasquin에 건포도, 말린 살구와 함께 1시간 정도 절인다.
- 작은 잔에 넣고, 민트 잎으로 장식한다.

과일 콩포트 Compote de fruits

- 1.1247°D이나 16°B 시럽에 과일을 익힌다.(프리 멜바, "아름다운 엘렌" 배 참조 Fruits Melba, et Poires Belle · Hélène)
- 시럽을 식힌다.

와인이 들어간 딸기 Fraises au vin

- 모르곤(Morgon) 또는 플뢰리(Fleury) 와인 한 병, 설탕 150g, 바닐라 빈 반쪽, 오렌지 제스트와 오렌지 주스를 넣어 시럽을 끓인다.
- 딸기는 씻어 꼭지를 제거한 후 끓인 시럽 안에 넣는다.
- 불에서 내려 식힌 후 냉장실에서 12시간 동안 절인다.

소테른 감귤류 테린느 Terrine d'agrumes au Sauternes

- 오렌지와 자몽을 조각내고 오렌지즙과 자몽즙으로 만든 젤리, 소테른 Sauternes 와인, 다진 민트, 절인 감귤류 제스트로 채운다.
- 오렌지 소스, 따뜻한 작은 마들렌이 함께 제공된다.

칼바도스 도뜬 그라티네
GRATINÉE D'AUTOMNE AU CALVADOS

칼바도스 도뜬 그라티네 Gratinée d'automne au calvados는 개별 디저트에 캐러멜화한 사과, 데친 대황, 블랙베리를 넣어 뜨겁게 먹는 디저트이다. 과일을 얇은 아몬드 크림 위에 놓고, 휘핑크림과 아파레이유 아 봄브 appareil à bombe를 섞어 덮어준다. 그라탱은 아주 뜨거운 오븐에 구워 사과주 소르베와 함께 곁들인다.

8인분 재료	단위	수량
기본 재료		
– 사과*(종류 : 콕스 오렌지cox's orange, 레인 데스 헨네뜨 reine des reinettes	kg	1
– 레몬(1개)	g	100
– 버터	g	40
– 시나몬	g	약간(PM)
– 꿀	g	40
– 칼바도스	ml	40
– 블랙베리	g	300
– 대황	g	500
– 물	ml	500
– 설탕	g	250
– 바닐라	개	1/2
아몬드 크림 CRÈME D'AMANDES		
– 버터	g	100
– 슈가파우더	g	100
– 아몬드 가루	g	100
– 플랑 가루	g	20
– 전란(2개)	g	110
– 칼바도스	ml	50
– 액상 바닐라	ml	약간(PM)
아파레이유 아 봄브 APPAREIL À BOMBE		
– 계란(노른자 8개)	g	160
– 설탕	g	300
– 물	ml	100
– 생크림	ml	500
– 칼바도스	ml	50
마무리		
– 버터	g	20
사과주(씨드르 Cidre) 소르베		
– 새콤한 사과	g	400
– 레몬(1개)	g	100
– 설탕	g	300
– 물	ml	100
– 단 사과주 Cidre fruité	ml	750
– 트리몰린 또는 글루코스	g	80
작은 튤립 모양 비스퀴 **MINI-COUPELLES EN PÂTE À TULIPES**		
– 작은 튤립 모양 비스퀴	개수	8
장식		
– 민트잎	다발	약간(PM)
평균 준비 시간 : 1시간 40분		

* 배를 사용할 수도 있다.

더 가벼운 아파레이유 아 봄브 만들기
아파레이유 아 봄브는 더 가볍게 만들 수 있다.
노른자 140g에 미지근한 시럽 1.2624°D (30°B) 300g을 넣는다.
중탕으로 +90°C까지 계속 휘저어가며 올린다. 제과용 믹서로 식을 때까지
휘젓고, 휘핑크림 400ml와 리큐르를 첨가한다.(시럽 1.2624°D (30°B)=물 1L
당, 설탕 1.333kg을 1분간 끓인다.)

만드는 방법

1. 조리 작업대에 재료와 도구 준비하고, 청결한 작업 환경 만들기 – 5분
레시피대로 재료를 준비하고 조리기구, 서빙을 위한 도구 등을 준비한다.

2. 사과주 소르베 만들기 – 25분
사과, 설탕, 트리몰린이나 글루코스, 물, 레몬즙을 넣어 졸인다.
사과주를 넣어 희석시킨 후 몇 분간 끓인다.
사과를 갈아서 차이나 캡에 한 번 거른다.
빠르게 식힌 후 소르베 제조기에 넣어 저어준다.
사과 소르베를 꺼내 뚜껑을 덮어 · 18℃ 냉동실에 보관한다.

3. 과일 준비하기 – 20분
루바브의 끈적끈적한 부분을 씻어내고 1.5cm 길이로 자른다.
르바부를 1.1247°D(16° 보메(Baumé))의 바닐라 시럽에 2~3분간 넣어 익힌다.
르바부를 시럽에 넣은 채로 식힌다.
블랙베리는 씻어 키친타올에 조심스럽게 물기를 제거한다.
사과는 씻어 껍질을 벗기고 레몬즙에 담근다.
사과는 크기에 따라 6등분 또는 8등분한다.
가장자리를 둥글거나 길쭉한 모양으로 조각한다.
조각한 사과를 버터, 헤이즐넛, 꿀과 섞어 볶는다.
사과는 캐러멜화시킨 후, 칼바도스로 플랑베한다.
살짝 굳혀 유지시킨다.
완성 된 사과를 다른 곳에 옮겨 보관한다.

4. 아몬드 크림 만들기 – 10분(P. 696/697 참조)
아몬드 크림을 만들고, 액상 바닐라와 칼바도스를 넣어 향을 낸다.

5. 아파레이유 아 봄브 만들기 · 20분
노른자에 118~120℃까지 익힌 설탕을 조금씩 부어준다.
아파레이유가 완전히 식을 때까지 강하게 섞어준다.
아파레이유에 칼바도스 50ml를 첨가한다.
휘핑크림을 넣어 부드럽게 섞는다.
완성한 아파레이유 아 봉뷰는 밀착 랩핑한 후 보관한다.

6. 그라탱 제공하기 – 10분
8개의 작은 그라탱 그릇에 버터 칠을 한다.
버터를 칠한 각각의 그릇 바닥에 아몬드 반죽을 얇게 펴 바른다.
대황은 물기를 제거하여 골고루 놓는다.
위에 아파레이유 아 봄브를 넣는다.
사과를 꽃 모양으로 조화롭게 놓고, 중앙에 소르베가 든 튤립 비스퀴를
놓을 공간을 남겨둔다.
사과 조각 사이에 블랙베리를 놓는다.

7. 오븐에 그라탱 굽기 – 5분
굽기 전에 위에 슈가파우더를 살짝 뿌리고, 가장자리를 조심스럽게
닦아준다.
240~250℃의 뜨거운 오븐에 넣어 4~5분간 굽는다.
필요한 경우 샐러맨더를 이용하여 윤기를 낼 수 있다.

8. 완성한 그라탱 제공하기 – 5분

레이스가 달린 종이 위에 그라탱 접시를 놓아 제공한다.

각각의 접시 중앙이나 작은 볼에 사과주 소르베를 놓는다.

필요에 따라 민트 잎으로 장식한다.

사과 튈과 함께 제공한다.(사과를 얇게 썰어 베이킹 매트에 놓고 슈가 파우더를 뿌린 후, 80℃의 발효실에서 4~5시간 말린다)

완성한 결과

칼바도스 도뜬 그라티네(Gratinée d'automne au calvados)

아몬드와 배 그라탱 GRATIN DE POIRES AUX AMANDES

앙글레즈 크림으로 만든 아파레이유 아 봄브이다.

1. 조리 작업대에 재료와 도구 준비하고, 청결한 작업 환경 만들기

2. 배 8개(160g)를 씻고 껍질을 벗겨 레몬즙에 담그기

배를 6등분하여 둥글게 배치하고, 프라이팬에 버터 100g과 설탕 100g을 볶아 캐러멜화한다.

윌리아미네 Williamine 50ml로 플람베한다.

3. 앙글레즈 크림으로 만든 아파레이유 아 봄브 만들기

노른자 8개에 140g의 설탕을 넣어 하얗게 될 때까지 섞는다.

우유 300ml에 바닐라빈 1개와 설탕 40g을 첨가한다.

앙글레즈 크림을 +85℃ 나페(nappe) 상태까지 끓이고, 차이나 캡에 한 번 걸러준다.

완전히 식을 때까지 저어준다.

윌리아미네 50ml로 향을 내고 휘핑크림 400ml을 넣어 부드럽게 섞는다.

4. 그라탱 접시에 놓기

포마드 상태의 버터 100g, 슈가파우더 100g, 플랑 가루 flan powder(플랑을 만들 때 사용하는 전분 기반의 파우더) 20g, 아몬드 가루 100g, 전란 2개, 소량의 액상 바닐라와 윌리아미네(Williamine: 배를 병에 숙성시켜 만드는 오드비. 배 브랜디)를 넣어 아몬드 크림을 만든다.

아몬드 크림에 아파레이유 아 봄브를 섞어 얇게 덮는다.

배를 꽃 모양으로 장식한다.

5. 접시를 오븐에 넣기

240~250℃의 뜨거운 오븐에 그라탱 접시를 넣고 4~5분간 노릇해질 때까지 굽는다.

윤기를 내고 싶은 경우에는, 샐러맨더 salamandre 그릴에 넣어 완전히 익힌다.

조리한 접시는 레이스 종이를 깐 접시 위에 올려준다.

각 접시의 중앙에 딸기나 산딸기, 민트 잎을 배치하여 장식한다.

준비할 도구	굽기 위한 도구	플레이팅 도구
• 정리용 사각 트레이 2	• 중간 소테팬 1	• 작은 세라믹 그라탱 그릇
• 중간 볼 2	• 작은 냄비 1	• 기본 접시
• 작은 볼 3	• 설탕용 냄비 1	• 레이스 종이
• 거품기 1	• 둥근 프라이팬 1	

같은 계열의 디저트 PLATS SIMILAIRES

그랑 마니에르 사비용 붉은 과일 그라탱

Gratin de fruits rouges sur sabayon au Grand Marnier

• 야생 산딸기 des fraises des bois, 딸기 des fraises, 산딸기 des framboises, 체리 des cerises, 구스베리 quelques groseilles à maquereau 등을 씻어 물기를 제거한다.

• 설탕을 뿌리고, 오렌지 주스와 소량의 그랑 마니에르에 넣어 절인다.

• 큰 접시의 중앙에 돔 모양으로 배열하고, 과일을 담그는데 사용한 리큐르로 사바용 sabayon 크림을 만들어 덮어준다.

• 노른자를 중탕하여 홀랜다이즈 소스를 만들 듯 약한 불로 휘젓는다.

• 완전히 식을 때까지 휘저은 후, 과일을 담그는데 사용한 즙을 넣고 휘핑크림을 첨가하여 부드럽게 섞는다.

• 붉은 과일들을 올리고, 샐러맨더에서 노릇해질 때까지 굽는다.

• 키위와 딸기를 얇게 썰어 접시의 가장자리에 꽃 모양으로 장식한다.

딸기 소르베나 산딸기 소르베를 곁들일 수 있고, 이 때, 소르베에는 붉은 열매나 감귤류 과일(자몽, 오렌지 등)을 섞어 만들 수 있다.

완성한 결과

그랑 마니에르를 곁들인 과일 그라탱(Gratin de fruits au Grand Marnier)

커피 마카롱, 초콜릿 마카롱
MACARONS CAFÉ/CHOCOLAT

커피 마카롱 Macarons café, 초콜릿 마카롱 chocolat Macarons 등은 아몬드 가루, 설탕, 계란 흰자로 만든 작은 비스퀴* 이다. 마카롱은 커피나 초콜릿으로 맛을 낼 수 있고 크림에 따라 연한 분홍색이나 초록색으로 색을 낼 수 있다.

8인분 재료	단위	수량
커피 마카롱의 주요 재료		
– 아몬드 가루	g	125
– 슈가파우더	g	255
머랭		
– 흰자	g	100
– 난백분말	g	5
– 설탕	g	30
– 액상 커피	ml	약간(PM)
크림 충전물 CRÈME DE FOURRAGE		
– 커피 무슬린 크림	g	100
초콜릿 마카롱의 주요 재료		
– 아몬드 가루	g	125
– 슈가파우더	g	255
– 카카오 가루	g	30
머랭		
– 흰자	g	100
– 난백분말	g	5
– 설탕	g	30
크림 충전물		
– 초콜릿 무슬린 크림	g	100
평균 준비 시간 : 45분		
평균 굽는 시간 작은 것 : 9분		
평균 굽는 시간 큰 것 : 12~13분		

준비할 도구
- 밀가루 체 1
- 정리용 사각 트레이 2
- 제과용 믹서 1
- 거품기와 믹싱용 볼
- 짤주머니 1, 둥근 깍지 1
- 제과용 그릴망 1

굽기 위한 도구
- 제과용 철판 1
- 베이킹 페이퍼

플레이팅 도구
- 평평한 접시 또는 기본 접시
- 레이스 종이

만드는 방법

1. 조리 작업대에 재료와 도구 준비하고, 청결한 작업 환경 만들기 – 5분
조리기구, 서빙을 위한 도구들을 준비한다.
재료를 계량, 측정하여 준비하고 점검한다.

2. 주요 재료들 체치기 – 2분
커피 마카롱에는 아몬드 가루와 슈가파우더를 체 친다.
초코 마카롱에는 아몬드 가루와 슈가파우더, 카카오 가루를 체 친다.
가루 재료들은 상온에서 보관한다.(재료들은 미리 체로 쳐서 수분을 흡수한다)

3. 머랭 만들기 – 10분
제과용 믹서기를 이용해 흰자를 올린다.
흰자가 중간쯤 올라왔을 때 준비한 설탕의 절반을 첨가한다.
마지막 단계에 나머지 설탕을 넣어 마무리한다.
주걱으로 매끄럽게 잘 섞어준다.

4. 마카롱 마무리하기 – 3분
머랭을 가루 재료에 넣고 주걱으로 반죽을 들어올리며 천천히 부드럽게 혼합한다.
혼합물이 매끄럽고 반짝거릴 때까지 작업한다.

5. 마카롱 짜기 – 10분
제과용 철판에 베이킹 페이퍼를 깔고 둥근 깍지를 이용하여 마카롱을 짠다.
필요하다면 작은 돔 모양이 될 수 있도록 철판을 두드린다. 반죽은 작은 점이 보이지 않게 매끄러워야 한다.

6. 마카롱 굽기 – 5분
철판 두 개를 겹쳐서 굽는다.
오븐은 230℃로 예열하고, 환풍구가 열린 상태에서 즉시 온도를 200℃로 낮춘다.(오븐에 증기가 없어야 한다)
작은 마카롱은 약 9분, 큰 마카롱은 12~13분간 굽는다.
그릴에 옮겨 식힌다.

7. 마카롱의 속 채워 완성하기 – 10분
마카롱은 3g씩 속을 채운다.(마카롱의 맛에 따라 버터, 커피, 초콜릿, 피스타치오 무슬린 크림)
이 레시피로 70개의 비스퀴, 35개의 마카롱 완성품 생산이 가능하다.

완성한 결과

마카롱 프레젠테이션(Présentation de macarons)

---

* 비스퀴 biscuit : 바삭하고 가벼운 과자로 전통적으로 반죽을 두 번 구운 과자류를 말한다.

아몬드 튈 TUILES AUX AMANDES

약 60개 분량의 재료	단위	수량
주요 재료		
– 아몬드 슬라이스 또는 다진 아몬드	g	200
– 슈가파우더 또는 설탕	g	200
– 밀가루 T55	g	50
– 계란(전란 2개)	g	110
– 전란(흰자 2개)	g	66
– 버터	g	50
– 바닐라		약간(PM)
– 철판 버터 칠을 위한 버터	g	40

만드는 방법

1. 조리 작업대에 재료와 도구 준비하고, 청결한 작업 환경 만들기

레시피대로 재료를 측정, 계량하고 점검한다.

2. 충전물 만들기

볼 안에 아몬드, 설탕, 체 친 밀가루를 한데 모아준다.

포크로 계란을 살짝 풀어준다.

주걱으로 계란을 부드럽게 혼합한다.

바닐라 추출물 몇 방울과 녹인 버터를 식힌 후 첨가한다.

녹인 버터는 사용하기 직전에 첨가한다. 버터는 표면이 건조지는 것을 방지한다.

뚜껑을 덮어 약 30분간 충전물을 휴지시킨다.

깨끗한 철판에 붓으로 버터 칠을 한다.

숟가락으로 반죽 약 20개를 철판에 엇갈리게 팬닝한다.

반죽을 물에 적신 포크로 평평하게 눌러준다.

반죽의 모양을 일정하게 만들고 아몬드를 골고루 분배한다.

튈을 220℃에서 굽는다.

트리앙글로 튈을 떼어내고, 뒤집은 후 구티에르*에 바로 넣어 구부려 준다

습기가 없는 밀폐 용기에 보관한다.

* *구티에르 (gouttiere) : 받침 달린 빗물받이 통을 뜻하는 말. 여기서는 반원기둥 틀을 의미한다.*

랑그 드 샤 LANGUES DE CHAT

약 120개 분량의 랑그 드 샤를 만들기 위한 재료	단위	수량
주요 재료		
– 버터	g	200
– 슈가파우더	g	250
– 흰자	개	7~8
– 밀가루 T55	g	250
– 가는소금	g	약간(PM)
– 철판 버터 칠을 위한 버터	g	40

팔렛 드 담, 팔렛 오 헤장
PALETS DE DAME, PALETS AUX RAISINS

약120개의 팔렛을 만들기 위한 재료	단위	수량
주요 재료		
– 버터	g	200
– 슈가파우더	g	200
– 계란(4~5개)	g	240~250
– 밀가루 T55	g	200~250
– 바닐라		약간(PM)
– 철판 버터 칠을 위한 버터	g	40
팔렛 오 헤장(팔렛 드 담 충전물과 동일한 재료 사용)		
– 건포도 혹은 건포도 럼주 raisins de Smyrne ou de Corinthe	g	100
– 럼 rhum ambré	ml	100

만드는 방법

1. 조리 작업대에 재료와 도구 준비하고, 청결한 작업 환경 만들기

레시피대로 재료를 계량, 측정하고, 점검한다.

몇 시간 전에 재료를 미리 꺼내두어 상온에서 사용한다.

2. 아파레이유 만들기

버터를 포마드 상태로 만들고, 슈가파우더를 넣어 거품기로 크림화한다.

만드는 과자의 종류에 따라, 계란 또는 계란과 우유를 조금씩 첨가한다.

아파레이유는 매끄럽고 균일해야 한다. 섞다가 분리가 되기 시작하면, 약간의 밀가루를 첨가한다.

체 친 밀가루를 넣고, 주걱으로 밀가루를 잘 섞는다.

반죽을 너무 과하게 섞지 않되, 밀가루가 반죽에 잘 섞일 수 있게 한다.

바닐라 추출물을 몇 방울 넣어주고, 필요에 따라 장식물을 추가한다.

(럼주에 절인 건포도 raisins macérés dans du rhum, 다진 헤이즐넛 noisettes hachées, 간 코코넛 noix de coco râpée...)

3. 스크레이퍼로 볼에 붙은 반죽을 깨끗하게 긁어모은 후, 덮어주기

4. 쿠키 반죽 짜기

짤주머니에, 팔렛은 직경 1cm, 랑그 드 샤는 5mm의 깍지를 넣어, 버터 칠을 한 철판에 반죽을 작게 짜준다.

철판을 두드려 반죽을 고르게 펼친다.

5. 구움과자 익히기

팔렛이나 랑그 드 샤는 220 ℃ 오븐에 구워준다.

구워져 나왔을 때, 가장자리는 안쪽보다 색이 더 진해야한다.

다 구워진 팔렛과 랑그 드 샤는 떼어서 철판으로 옮겨준다.

시럽과 글루코스를 섞은 설탕을 입혀줄 수 있다.*

* *시럽과 글루코스를 혼합하여 윤기를 내거나 아라비아검을 중탕으로 녹여 사용할 수 있다.*

작은 구움과자(마카롱, 시가렛 후시, 팔렛 오 헤장, 랑그 드 샤, 튀일 오 아몬드, 사블레 디아망) PETITS FOURS SECS(MACARONS, CIGARETTES RUSSES, PALETS AUX RAISINS, LANGUES DE CHAT, TUILES AUX AMANDES, SABLÉS DIAMANT)

시가렛 쿠키 CIGARETTES RUSSES

약 60개의 시가렛을 만들기 위한 재료	단위	수량
기본 재료		
– 버터	g	200
– 슈가파우더	g	200
– 계란(흰자 6개)	g	200
– 밀가루T55	g	150
– 바닐라	g	약간(PM)
– 철판 버터 칠을 위한 버터	g	40

만드는 방법

1. 시가렛 짜주기

짤주머니에 직경 7mm의 깍지를 넣어, 버터 칠을 한 철판에 반죽을 작게 짠다.

60×40cm 철판에 약 20개의 반죽을 엇갈려 짠다.

작업대 또는 나무판 작업대에 철판을 강하게 내리쳐가며 반죽을 펼친다.

2. 시가렛 굽기

210~220℃의 오븐에 구워준다.

시가렛 쿠키는 금색으로 노릇하게 구워져야 하고, 가장자리에 색이 나야 한다.

삼각 스패튤러로 반죽을 떼어내고 즉시 작은 스테인리스 막대로 말아준다.

완성한 결과

아시에트 드 쁘띠 푸르 섹(Assiette de petits fours secs)

사블레 디아망 SABLÉS DIAMANT

약 24개의 사블레를 만들기 위한 재료	단위	수량
기본 재료		
– 버터	g	150
– 슈가파우더	g	75
– 계란(노른자 2개)	g	40
– 밀가루	g	200
– 액상 바닐라	ml	약간(PM)
마무리/계란 물칠		
– 계란(1개)	g	55
– 굵은설탕 sucre critallisé	g	160
– 철판 버터 칠을 위한 버터	g	40

만드는 방법

1. 조리 작업대에 재료와 도구 준비하고, 청결한 작업 환경 만들기

레시피대로 재료를 계량, 측정하고 점검한다.

2. 충전물 만들기

볼에 버터를 넣어 주걱으로 부드럽게 풀어준다.

버터에 슈가파우더를 넣고 크림 상태로 만든 후 노른자 2개와 액상 바닐라를 첨가한다.

밀가루를 넣어 반죽이 될 때까지 섞는다.

반죽에 탄력이 생기기 때문에 너무 과하게 치대지 않는다.

반죽을 베이킹 페이퍼 위에 직경 4cm의 원기둥 모양으로 밀어준다.

완성된 반죽은 냉장실이나 냉동실에 보관한다.

3. 사블레 반죽 재단하여 마무리하기

반죽에 잘 풀어준 계란을 발라준다.

굵은설탕에 굴려가며 설탕을 묻혀준다.

반죽을 5~6cm 두께로 균일하게 재단한다.

4. 사블레 반죽 굽기

두 개의 철판을 겹쳐 200~220℃ 오븐에서 굽는다.

완성한 결과

사블레 디아망(Sablés diamant)

조리법 목록

RÉPERTOIRE DES FICHES TECHNIQUES DE FABRICATION

각각의 레시피는 대표적인 클래식 요리 8인분을 기준으로 재료
와 조리법에 대한 설명과 원래의 레시피와 유사하거나 변형된
요리들까지 상세히 설명한다.

만드는 방법 RECETTES DÉTAILLÉES	파생 요리 및 비슷한 요리 PLATS DÉRIVÉS ET SIMILAIRES	레시피 번호 N° FICHE	페이지 PAGES
냉 수프 SOUPES FROIDES			
안달루시아 가스파초 GASPACHO ANDALOU		17	788

차가운 전채요리(오르되브르, 에피타이저) LES HORS–D'ŒUVRE FROIDS

791

만드는 방법	파생 요리 및 비슷한 요리	N° FICHE	PAGES
생채소로 만든 차가운 전채요리 HORS–D'ŒUVRE FROIDS À BASE DE LÉGUMES CRUS			
모듬 생채소 CRUDITÉS VARIÉES	− 크림을 곁들인 양송이 버섯 Champignons blancs à la crème − 자몽을 곁들인 당근 칩 Copeaux de carottes au pamplemousse, 라르동을 곁들인 양배추 chou blanc aux lardons, 사과를 곁들인 적색 양배추 chou rouge aux reinettes, 코울슬로 Coleslaw	18	792
마요네즈 소스 채소 마세두안 MACÉDOINE DE LÉGUMES MAYONNAISE	− 파리지엥 바다가재 메다이옹 Médaillons de homard à la parisienne − 토마토 마세두안 파르시 Tomate farcie macédoine, 모스크바 토마토 tomate moscovite, 연어를 곁들인 파리지엥 가리비 coquille de saumon à la parisienne, 바삭바삭한 파리지엥 게살 croustillant de crabe à la parisienne	19	794
그리스식 채소 요리 LÉGUMES À LA GRECQUE	− 채소 아차르 Achards de légumes − 헝가리식 콜리플라워 Chou–fleur à la hongroise, 카레 소스를 곁들인 호박과 건포도 courgettes et raisins secs au curry, 강황을 곁들인 차요테 호박 christophines au safran pays	20	796
생채소, 익힌 채소, 생선, 고기로 만든 차가운 전채요리 HORS–D'ŒUVRE FROIDS À BASE DE LÉGUMES CRUS ET CUITS DE POISSONS ET DE VIANDES			
샐러드 니수아즈(니스식 샐러드) SALADE FAÇON NIÇOISE	− 샐러드 리오네즈(리옹식 샐러드) Salade ≪façon≫ lyonnaise − 샐러드 뚜항젤(투르식 샐러드) Salades tourangelle, 조개를 곁들인 코코넛 샐러드 de cocos frais aux coquillages, 안달루시아식 흰색 강낭콩 샐러드 de haricots blancs à l'andalouse, 피에몬테식 샐러드 piémontaise, 스트라스부르식 샐러드 strasbourgeoise	21	798
채소 파르시로 만든 차가운 전채요리 HORS–D'ŒUVRE FROIDS À BASE DE LÉGUMES FARCIS			
새우를 곁들인 아보카도 AVOCATS AUX CREVETTES	− 가재 토마토 소스 아보카도 무스 Mousse d'avocat aux écrevisses, coulis de tomates − 게살을 곁들인 아보카도 Avocats au crabe, 랑구스틴을 곁들인 아보카도 aux langoustines, 감귤류를 곁들인 아보카도 aux agrumes, 아보카도 무스를 곁들인 랑구스트 메다이옹 médaillons de langouste à la mousse d'avocat, 아보카도와 새우를 넣은 연어 주머니 aumônière de saumon aux crevettes et à l'avocat	22	800
익힌 채소로 만든 따뜻한 전채요리 HORS–D'ŒUVRE TIÈDES À BASE DE LÉGUMES CUITS			
무슬린 소스를 곁들인 아스파라거스 ASPERGES SAUCE MOUSSELINE	− 연어알을 곁들인 아스파라거스 파이 Feuilletés d'asperges aux perles roses − 허브 비네그레트 소스 아르장퇴유 아스파라거스 Asperges d'Argenteuil sauce vinaigrette aux herbes, 골파 버터 아스파라거스 asperges au beurre de ciboulette, 그리비슈 소스 대파 blancs de poireaux sauce gribiche, 무스케테르 소스 여러 색깔의 양배추 panaché de choux sauce mousquetaire	23	802
멜론으로 만든 차가운 전채요리 HORS–D'ŒUVRE FROIDS À BASE DE MELON			
차가운 멜론과 멜론 칵테일 MELON FRAPPÉ NATURE ET COCKTAIL DE MELON	− 이탈리아식 멜론 Melon à l'italienne − 양념한 연어를 곁들인 멜론 Melons au saumon mariné, au magret fumé, 훈제 오리를 곁들인 멜론 frappé au sauternes, 포르투 와인 그라니테를 곁들인 멜론 칵테일 cocktail de melon glacé au porto, 차가운 소테른 멜론, 수박과 멜론 얼음 수프 soupe glacée à la pastèque et au melon	24	804
날생선으로 만든 차가운 전채요리 HORS–D'ŒUVRE FROIDS À BASE DE POISSON CRU			
연어 타르타르 TARTARE DE SAUMON	− 절인 연어(그래블랙스) Saumon mariné(gravad lax) − 노르웨이 샐러드 Salade norvégienne, 연어 아보카도 ≪샤를로트≫ ≪Charlotte≫ de saumon cru à l'avocat	25	806

따뜻한 전채요리 LES HORS–D'ŒUVRE CHAUDS

만드는 방법	파생 요리 및 비슷한 요리	N° FICHE	PAGES
따뜻한 혼합 샐러드 SALADES COMPOSÉES SERVIES TIÈDES			
헤이즐넛을 곁들인 따뜻한 토끼고기 샐러드 SALADE TIÈDE DE LAPEREAU AUX NOISETTES	− 송로버섯 소스를 곁들인 따뜻한 가리비 관자 샐러드 Salade tiède de coquilles Saint–Jacques au jus de truffe − 카레 소스를 곁들인 따뜻한 닭고기 쉬프렘 샐러드 Salades tièdes de suprême de volaille farci au curry, 감귤류를 곁들인 따뜻한 가오리 샐러드 de raie aux agrumes, 따뜻한 감자 피스타치오 소시지 샐러드 salade de saucisson pistaché chaud pommes à l'huile, 따뜻한 고기 샐러드 bouchère	26	810
키슈 반죽으로 만든 따뜻한 전채요리 HORS–D'ŒUVRE CHAUDS À BASE DE PÂTE BRISÉE			
키슈 로렌 QUICHE LORRAINE	− 키슈 오세안(해산물 키슈) Quiche océane − 햄 시금치 키슈 Quiches au jambon et aux épinards, 닭고기 모렐버섯 키슈 au poulet et aux morilles, 게살 키슈 au crabe, 참치 라따뚜이 키슈 au thon et à la ratatouille, 패 메씽 라르동 팬케이크 galette au lard du pays Messin	27	812

만드는 방법 RECETTES DÉTAILLÉES	파생 요리 및 비슷한 요리 PLATS DÉRIVÉS ET SIMILAIRES	레시피 번호 N° FICHE	페이지 PAGES
양파 타르트 TARTE À L'OIGNON	– 대파 투르트 Tourte aux poireaux – 채 썬 채소 키슈 Quiches à la julienne de légumes, 버섯 키슈 aux champignons, 프로방스 키슈 provençale, 타르트 플랑베(플람쿠엔) tarte à la flamme ou flammée(flammenküche)	28	814
파이 반죽으로 만든 따뜻한 전채요리 HORS–D'ŒUVRE CHAUDS À BASE DE PÂTE FEUILLETÉE			
치즈 알루메트 ALLUMETTES AU FROMAGE	– 삼각 모양 탈무즈 파이 Talmouses en tricorne – 사부아 밀피유 Mille–feuille savoyard, , 치즈 롤 파이 cannelons au fromage, 햄 치즈 롤 roulés au fromage et au jambon	29	816
양파 토마토 소스 정어리 타르트 TARTE FINE AUX SARDINES, TOMATES ET OIGNONS CONFITS	– 골파를 넣어 녹인 버터를 곁들인 가자미 무슬린 잘루지 파이 Jalousie à la mousseline de sole, beurre fondu à la ciboulette – 안초비 알루메트 Allumettes aux anchois, 낭투아 소스 가재 다르투아 파이 dartois aux écrevisses sauce Nantua, 달팽이 파이 chaussons d'escargots	30	818
작은 파테 PETITS PÂTÉS FEUILLETÉS	– 부셰 아 라 렌 Bouchées à la reine – 닭 간을 넣은 작은 파이 Petits feuilletés aux foies de volaille, 부르주아 파테 bourgeoise, 낭트 버터를 넣은 곤들매기 파테 de brochet beurre nantais, 프리앙 friands(작은 미트 파이), 투르트 로렌 tourte Lorraine	31	820
슈 반죽으로 만든 따뜻한 전채요리 HORS–D'ŒUVRE CHAUDS À BASE DE PÂTE À CHOUX CUITE AU FOUR			
바그라티온 탈무즈 파이 TALMOUSES À LA BAGRATION	– 치즈 슈 Ramequins au fromage – 다양한 까롤린 Carolines diverses, 라르동 프로피테롤 profiteroles aux lardons, 대구 살을 넣은 수플레 도넛 beignets soufflés à la morue, 탈무즈 퐁네프 talmouses Pont–Neuf, 부르고뉴 구제르 gougères bourguignonnes	32	822
슈 반죽을 데쳐서 만든 따뜻한 전채요리 HORS–D'ŒUVRE CHAUDS À BASE DE PÂTE À CHOUX POCHÉE ET DE FARINAGE			
파리지엥 뇨끼 GNOCCHIS À LA PARISIENNE	– 로마식 뇨끼 Gnocchis à la romaine – 니스식 뇨끼 Gnocchis niçoise	33	824
브리오슈 반죽으로 만든 따뜻한 전채요리 HORS–D'ŒUVRE CHAUDS À BASE DE PÂTE À BRIOCHE			
포르투 와인 소스 소시지 브리오슈 SAUCISSONS EN BRIOCHE SAUCE PORTO	– 해산물 브리오슈 Brioches aux fruits de mer – 부셰 보헤미안 Bouchées bohémienne, 쁘띠 파테 도핀 petits pâtés Dauphine, 딜 버터 소스 연어 쿨리비악 Coulibiac de saumon beurre blanc à l'aneth	34	826
튀김 반죽으로 만든 따뜻한 전채요리 HORS–D'ŒUVRE CHAUDS À BASE DE PÂTE À FRIRE			
오를리 뇌 프리토 FRITÔTS DE CERVELLE ORLY	– 카레 소스 닭날개 프리토 Fritots d'ailerons de volaille au curry – 타르타르 소스 송아지 족발 또는 양 족발 프리토 Fritots de pieds de veau ou de mouton sauce tartare, 디아블르 소스 송아지 소장 프리토 fritôts de fraise de veau sauce diable, 앙달루즈 소스 랑구스틴 튀김 beignets de langoustines sauce andalouse	35	828
크레이프 반죽으로 만든 따뜻한 전채요리 HORS–D'ŒUVRE CHAUDS À BASE DE PÂTE À CRÊPES			
피카르디 피셀식 파르시 크레이프 CRÊPES FARCIES FAÇON FICELLES PICARDES	– 카레 화이트 와인 소스 해산물 파르시 크레이프 Crepes farcies aux fruits de mer, sauce vin blanc au curry – 오세안 파르시 크레이프 Crêpes farcies océane, 할머니식(그랑메르) 파르시 크레이프 façon grand–mère, 여왕의 파르시 크레이프 (파르시 아 라 렌 크레이프) à la reine	36	830
수플레 반죽으로 만든 따뜻한 전채요리 HORS–D'ŒUVRE CHAUDS À BASE D'APPAREIL À SOUFFLE			
치즈 수플레 SOUFFLÉS AU FROMAGE	– 로크포르 호두 수플레 크레이프 Crêpes soufflées au roquefort et aux noix – 닭고기 버섯 수플레 Soufflés à la volaille et aux champignons, 햄 시금치 수플레 au jambon et aux épinards, 연어 수영 수플레 au saumon et à l'oseille	37	832
브릭 페이스트리로 만든 따뜻한 전채요리 HORS–D'ŒUVRE CHAUDS À BASE DE FEUILLES DE BRICK			
아메리칸 소스 게살과 오징어 브릭 페이스트리 CROUSTILLANT DE TOURTEAU ET DE CALMARS À L'AMÉRICAINE	– 피페라드 참치《밀피유》≪Mille–feuille≫ de thon rouge à la piperade – 아메리칸 소스 가리비 모렐버섯 주머니 Balluchons de coquilles Saint–Jacques et morilles à l'américaine, 사프란 홍합 조개 감자 주머니 aumônières de moules et de coques aux pommes safranées, 참치 라따뚜이 브릭 brick au thon et à la ratatouille	38	834
파스타로 만든 따뜻한 전채요리 HORS–D'ŒUVRE CHAUDS À BASE DE PÂTES INDUSTRIELLES			
나폴리 스파게티 SPAGHETTIS NAPOLITAINE	– 볼로냐 스파게티 Spaghettis bolognaise – 밀라노 스파게티 Spaghettis milanaise, 까르보나라 스파게티 à la carbonara, 낭투아 마카로니 macaronis Nantua, 마카로니 그라탱 au gratin	39	836

만드는 방법 RECETTES DÉTAILLÉES	파생 요리 및 비슷한 요리 PLATS DÉRIVÉS ET SIMILAIRES	레시피 번호 N° FICHE	페이지 PAGES
생 파스타로 만든 따뜻한 전채요리 HORS-D'ŒUVRE CHAUDS À BASE DE PÂTES FRAÎCHES			
연어 탈리아텔레 TAGLIATELLES AUX DEUX SAUMONS	– 갑각류 소스 랑구스틴 라비올리 Raviolis aux langoustines, coulis de crustaces – 해산물 페투치네 Fettuccines aux fruits de mer, 제노바 피스투 초록색 탈리아텔레 tagliatelles vertes au pistou gênois	40	838

계란 요리 LES ŒUFS   841

만드는 방법	파생 요리 및 비슷한 요리	레시피 번호	페이지
삶은 계란 ŒUFS DURS			
계란 파르시 시메 ŒUFS FARCIS CHIMAY	– 토마토 소스 삶은 계란 커틀릿 Côtelettes d'œufs durs, sauce tomate – 수영 소스 삶은 계란 Œufs durs à l'oseille, 페르슈 삶은 계란 percheronne, 삶은 계란 아 라 트리프 à la tripe	41	842
반숙 계란 ŒUFS MOLLETS			
피렌체 반숙 계란 ŒUFS MOLLETS FLORENTINE	– 마세나 반숙 계란 Œufs mollets Masséna – 노르망디 반숙 계란 Œufs mollets normande, 반숙 계란 아 라 렌(여왕의 반숙 계란) Œufs mollets normande à la reine, 아르장퇴유 반숙 계란 Argenteuil, 파이바 반숙 계란 Paiva	42	844
수란(차갑게 제공) ŒUFS POCHÉS(SERVIS FROIDS)			
햄을 두른 젤리 계란 ŒUFS À LA GELÉE ET AU JAMBON	– 베이요네즈 수란 Œufs poches Bayonnaise – 노르웨이식 절인 연어를 곁들인 젤리 계란 아스픽 Aspics d'œufs en gelée au saumon mariné façon norvégienne, 라비고트 젤리 계란 œufs en gelée à la ravigote	43	846
식초물과 레드 와인에 익힌 수란(따뜻하게 제공) ŒUFS POCHES DANS DE L'EAU VINAIGRÉE ET DANS DU VIN ROUGE(SERVIS CHAUDS)			
투피넬 수란 ŒUFS POCHÉS TOUPINEL	– 부르고뉴식 수란 Œufs poches façon Bourguignonne – 신데렐라 수란 Œufs pochés Cendrillon, 브라간사 수란 Bragance, 앙리 4세 수란 Henri IV, 아메리칸 수란 à l'américaine, 썽젠 수란 Sans–Gêne	44	848
에그 코코트 ŒUFS CUITS EN COCOTTE			
크림 소스 에그 코코트 ŒUFS COCOTTE À LA CRÈME	– 파리지엥 에그 코코트 Œufs en cocotte à la parisienne – 피렌체 에그 코코트 Œufs en cocotte florentine, 포르투갈 에그 코코트 portugaise, 낭투아 에그 코코트 Nantua, 모렐버섯 에그 코코트 aux morilles, 디에프 에그 코코트 dieppoise – 페리구르뎅 소스 메추리알 코코트 Œufs de caille en cocotte périgourdine	45	850
접시에서 익힌 계란 프라이와 팬에서 익힌 계란 프라이 ŒUFS SUR LE PLAT OU ŒUFS SAUTÉS À LA POÊLE			
닭 간을 곁들인 접시 계란 프라이 ŒUFS SUR LE PLAT AUX FOIES DE VOLAILLE	– 프라이팬 계란 프라이 Œufs sautés à la poêle – 샤슈르 소스(헌터 소스) 접시 계란 프라이 Œufs sur le plat chasseur, 오페라 접시 계란 프라이 Œufs sur le plat opéra, 해산물 접시 계란 프라이 Œufs sur le plat aux fruits de mer, 포르투갈 접시 계란 프라이 Œufs sur le plat portugaise – 미국식 팬 계란 프라이 Œufs sautés à la poêle à l'americaine, 바스크식 팬 계란 프라이 Œufs sautés à la poêle façon basquaise, 디아블르 소스 팬 계란 프라이 Œufs sautés à la poêle à la diable, 스페인식 팬 계란 프라이 Œufs sautés à la poêle à l'espagnole	46	852
계란 튀김 ŒUFS FRITS			
베이컨 계란 튀김 ŒUFS FRITS AU BACON	– 티롤식 계란 튀김 Œufs frits tyrolienne – 보르도식 계란 튀김 Œufs frits bordelaise, 프로방스식 계란 튀김 provençale, 스페인식 계란 튀김 à l'espagnole, 안달루시아식 계란 튀김 andalouse	47	854
계란 스크램블 ŒUFS BROUILLÉS			
포르투갈식 계란 스크램블 ŒUFS BROUILLÉS PORTUGAISE	– 스페인식 계란 스크램블 Œufs brouillés à l'espagnole – 허브 계란 스크램블 Œufs brouillés aux fines herbes, 할머니식 계란 스크램블 grand–mère, 버섯 계란 스크램블 forestière, 마그다 계란 스크램블 Magda, 새우 계란 스크램블 aux crevettes	48	856
둥글게 말은 오믈렛 OMELETTES ROULÉES			
허브, 버섯, 햄, 양파 오믈렛 OMELETTES AUX FINES HERBES, AUX CHAMPIGNONS, AU JAMBON ET AUX OIGNONS	– 포르투갈식 오믈렛 Omelette portugaise – 라르동 오믈렛 Omelettes au lard, 파르망티에 오믈렛(볶은 감자 오믈렛) Parmentier, 본팜므 오믈렛 bonne–femme, 모렐버섯 오믈렛 forestière, 샤슈르 오믈렛(사냥꾼 오믈렛) chasseur	49	858
납작한 오믈렛 OMELETTES PLATES			
스페인식 납작한 오믈렛 OMELETTES PLATES À L'ESPAGNOLE	– 시골식 납작 오믈렛 Omelette plate paysanne – 피페라드 바욘산 햄 납작 오믈렛 Omelettes plates à la piperade et au jambon de Bayonne, 농장식 납작 오믈렛 fermière, 사부아식 납작 오믈렛 savoyarde, 스위스식 납작 오믈렛 suissesse	50	860

만드는 방법 RECETTES DÉTAILLÉES	파생 요리 및 비슷한 요리 PLATS DÉRIVÉS ET SIMILAIRES	레시피 번호 N° FICHE	페이지 PAGES
적은 양의 육수에 삶은 생선과 레드 와인 소스 POISSONS POCHÉS À COURT-MOUILLEMENT, SAUCE VIN ROUGE			
루앙식 가자미 SOLES ROUENNAISE	– 부르고뉴식 광어 《찜》 《Estouffade》 de turbot, façon bourguignonne – 와인 상인의 가자미 Soles marchand de vin, 샹베르탱 가자미 au chambertin, 마콩식 가자미 필레 filets de soles mâconnaise	62	886
마틀로트로 요리한 생선 POISSONS TRAITÉS EN MATELOTE			
부르고뉴식 뱀장어 마틀로트 MATELOTE D'ANGUILLES, FAÇON BOURGUIGNONNE	– 욘 강가 《민물고기 화이트 와인찜》 방식의 생선 마틀로트 마리니에르 Matelote de poissons à la mariniere, façon 《pochouse》 des bords de l'Yonne – 뫼니에르 마틀로트 Matelotes à la meunière, 노르망디식 마틀로트 à la normande	63	888
그릴에 구운 생선 POISSONS GRILLÉS			
그릴에 구운 가자미와 안초비 버터 SOLES GRILLÉES, BEURRE D'ANCHOIS	– 그릴에 구운 니스식 작은 노랑촉수 Petits rougets grillés niçoise – 그릴에 구운 마르세이유식 도미 Daurades grillées marseillaise, 그릴에 구운 연어 다른과 겨자 소스 darnes de saumon grillées sauce moutarde, 그릴에 구운 고등어와 생말로 소스 maquereaux grillés sauce Saint-Malo, 그릴에 구운 아귀 연어 꼬치와 갑각류 버터 brochettes de lotte et de saumon grillées beurre de crustacés	64	890
생선 튀김 POISSONS FRITS			
레몬을 곁들인 가자미 또는 대구 튀김 SOLES OU MERLANS FRITS AU CITRON	– 화난 대구 튀김 Merlans frits en colère – 레몬을 곁들인 작은 생선 튀김 Petite friture au citron, 유태인식 대구 또는 송어 필레 튀김 filets de merlan ou de truite à la juive, 오를리 대구 필레 튀김 filets de merlan Orly, 타르타르 소스를 곁들인 뱀장어 튀김 anguilles frites à la tartare	65	892
빵가루를 입혀 튀긴 생선 POISSONS PANÉS ET FRITS			
콜베르 소스를 곁들인 가자미 튀김 SOLES COLBERT	– 타르타르 소스를 곁들인 막대 모양 가자미살 튀김 Goujonnettes ou mignonnettes de sole, sauce tartare – 호텔식 송어 또는 대구 튀김 Truites ou merlans à l'hôtelière, 미레이 소스를 곁들인 가자미 튀김 soles frites Mireille, 튀김옷을 입힌 뱀장어 튀김 filets d'anguille frits à l'anglaise	66	894
생선 구이 POISSONS SAUTÉS			
《뫼니에르》 스타일 가자미 또는 송어 SOLES OU TRUITES 《MEUNIÈRE》	– 그르노블식 가자미 또는 송어구이 Soles ou truites grenobloise – 뮈라 가자미 뫼니에르 Soles meunière Murat, 스페인식 가자미 뫼니에르 à l'espagnole, 아몬드를 곁들인 송어 구이 truites aux amandes, 다양한 버섯을 곁들인 송어 또는 가자미 뫼니에르 truites ou soles meunière aux champignons divers, 도리아 생선 뫼니에르 poissons meunière Doria	67	896
수영 소스를 곁들인 달고기 필레 FILET DE SAINT-PIERRE À L'OSEILLE	– 라르동 대파 퐁듀를 곁들인 연어 스테이크 구이 Dos de saumon sur peau à l'unilatérale, fondue de poireaux aux lardons – 번행초와 노일리 버터를 곁들인 연어 에스칼로프 Escalopes de saumon aux tétragones beurre au Noilly, 햄을 넣은 엔다이브 퐁듀를 곁들인 넙치 스테이크 blancs de barbue à la fondue d'endives et au jambon, 펜넬 퐁듀와 아니스 뵈르 블랑을 곁들인 농어 쉬프렘 suprême de bar à la fondue de fenouil beurre blanc à l'anis	68	898
생선 스테이크 구이 PAVÉS DE POISSONS SAUTÉS			
올리브유 감자 퓌레 브랑다드를 곁들인 대구 스테이크 DUO DE CABILLAUD ET DE MORUE, PURÉE DE POMMES DE TERRE À L'HUILE D'OLIVE	– 라르동을 넣은 렌틸콩과 올리브유 닭고기 육즙 소스를 곁들인 반훈제 연어 스테이크 Pavé de saumon mi-fumé, lentilles vertes au lard, jus de volaille à l'huile d'olive – 샐러리 펜넬 퓌레와 샐러리 튀김을 곁들인 도미 구이 Filets de daurade sautés purée de céleri et fenouil bouquet de céleri frit, 불구르 타불레와 바질 닭고기 육즙 소스를 곁들인 노랑촉수구이 taboulé au boulghour, rougets de roche jus de volaille	69	900
튀김옷 입힌 생선구이 POISSONS PANÉS ET SAUTÉS			
튀김옷 입힌 대구구이 MERLANS À L'ANGLAISE	– 피망 버터 소스를 곁들인 비에누아즈 넙치구이 Viennoise de barbue, beurre de poivrons – 리슐리외 대구구이 Merlans Richelieu, 튀김옷을 입힌 메디치 생선구이 poissons panés et sautés Médicis, 데자제 생선 필레 구이 filets de poissons sautés Déjazet	70	902
조개류 《마리니에르》 COQUILLAGES 《MARINIÈRE》 (**홍합** MOULES, **새조개** COQUES, **대합** PRAIRES, **모시조개** PALOURDES, **가리비** PÉTONCLES, **개조개** VÉNUS, AMANDES 등등)			
마리니에르 스타일 홍합 MOULES MARINIÈRE	– 풀레트 소스를 곁들인 홍합 Moules poulette – 본팜므 홍합 Moules bonne-femme, 노르망디 《바르플뢰르 자연산 홍합》 《Blondes de Barfleur》 normande, 스페인 홍합 튀김 moules d'Espagne frites, 홍합 양식자의 무클라드 mouclade des boucholeurs	71	906

만드는 방법 RECETTES DÉTAILLÉES	파생 요리 및 비슷한 요리 PLATS DÉRIVÉS ET SIMILAIRES	레시피 번호 N° FICHE	페이지 PAGES
허드레 고기 브레제 ABATS BRAISÉS			
갈색 소스 송아지 췌장 브레제 RIS DE VEAU BRAISÉS À BRUN ET À BLANC	– 흰색 소스 송아지 췌장 브레제 Ris de veau braisés a blanc – 송아지 췌장 브레제와 클라마르 곁들임 Ris de veau braisés Clamart, 미식가의 송아지 췌장 브레제 des gourmets, 피렌체식 송아지 췌장 브레제 florentine, 쉬르쿠프 송아지 췌장 브레제 팀발 Surcouf	109	994

가금류 요리 LES VOLAILLES

997

삶은 닭고기 VOLAILLES POCHÉES			
쉬프렘 소스 닭고기와 필라프 POULARDE POCHÉE SAUCE SUPRÊME, RIZ PILAF	– 닭고기 파르시 쉬프렘과 르네상스 곁들임 Suprêmes de volaille farcis Renaissance – 크림 소스 암탉 Poules au blanc, 돼지 방광에 넣어 요리한 암탉 au pot béarnaise, 아이보리 소스 암탉 poularde en vessie, 베아른식 암탉 poularde pochée sauce ivoire	110	998
갈색 소스 닭고기구이 VOLAILLES SAUTÉES À BRUN			
샤슈르 소스 닭고기구이 POULETS SAUTÉS CHASSEUR	– 바스크식 닭고기구이 Poulet sauté façon basquaise – 뒤록 닭고기구이 Poulets sauté Duroc, 부르고뉴식 닭고기구이 bourguignonne, 마렝고 닭고기구이 Marengo, 샹뽀 닭고기구이 Champeaux	111	1000
흰색 소스 닭고기구이 VOLAILLES SAUTÉES À BLANC			
발레도쥬식 닭고기구이 POULETS SAUTÉS FAÇON VALLÉE D'AUGE	– 파프리카 소스 닭고기구이 Poulet sauté au paprika – 모렐버섯을 곁들인 닭고기구이, 바가텔 닭고기구이, 타라곤을 곁들인 닭고기구이, 조르주 상드 닭고기구이 Poulets sautés aux morilles, Bagatelle, à l'estragon, George Sand	112	1002
닭고기 오븐구이 VOLAILLES RÔTIES			
닭고기 오븐구이 POULETS RÔTIS	– 포도를 곁들인 푸아그라 파르시 메추라기 오븐구이 Cailles roties farcies au foie gras et aux raisins – 밤을 곁들인 칠면조 파르시 오븐구이, 폴란드식 영계 오븐구이, 고구마를 곁들인 거위 파르시 오븐구이, 소금 크루트 닭고기 오븐구이, 버섯을 곁들인 수탉 오븐구이 Dinde farcie aux marrons, coquelets rôtis polonaise, oie farcie aux pommes douces, poulet rôti en croûte de sel, chapon rôti	113	1004
닭고기와 조류 수렵육 오븐구이 VOLAILLES ET GIBIERS À PLUMES RÔTIS			
새끼 뿔닭 오븐구이 카나페 PINTADEAUX RÔTIS SUR CANAPÉS	– 살미 소스 꿩 고기 오븐구이 Salmis de poules faisanes – 메추라기 오븐구이 카나페, 새끼 비둘기 오븐구이 카나페 Cailles rôties sur canapés, pigeonneaux rôtis sur canapés	114	1006
닭고기와 조류 수렵육 오븐 찜 VOLAILLES ET GIBIERS À PLUMES POÊLÉS			
그랑메르(할머니식) 닭고기 코코트 POULETS COCOTTE GRAND–MÈRE	– 꿩고기 코코트 Poule faisane en cocotte Souvaroff – 니스식 닭고기 오븐 찜 Poulets poêlés niçoise, 버섯을 곁들인 닭고기 오븐 찜 forestière, 닭고기 오븐 찜과 아르메농빌 곁들임 Armenonville	115	1008
새끼 토끼 고기 오븐 찜과 오븐구이 LAPEREAUX POÊLÉS ET RÔTIS			
새끼 토끼 등심 파르시와 크림 소스 야생 버섯 RÂLE DE LAPEREAU FARCI, CHAMPIGNONS SAUVAGES À LA CRÈME	– 옛날식 겨자 소스 새끼 토끼 등심 파르시와 삼색 탈리아텔레 Râble de lapereau farci à la moutarde à l'ancienne tagliatelles tricolores – 허브 겨자 소스 새끼 토끼 엉덩이살 Arrière–train de lapereau aux herbes et à la moutarde	116	1010
닭고기 오븐 찜 VOLAILLES POÊLÉES			
무를 곁들인 새끼 오리 CANETONS AUX NAVETS	– 올리브를 곁들인 새끼 오리 오븐 찜 Canetons poêlés aux olives – 새끼 오리 오븐 찜과 볼리우 곁들임 Canetons poêlés Beaulieu, 완두콩을 곁들인 새끼 오리 오븐 찜 aux petits pois	117	1012
오렌지를 곁들인 새끼 오리 CANETONS À L'ORANGE	– 체리를 곁들인 새끼 오리 오븐 찜 Canetons poêlés aux cerises – 복숭아를 곁들인 새끼 오리 오븐 찜, 포도를 곁들인 새끼 오리 오븐 찜 Canetons poêlés aux pêches de vigne, aux raisins	118	1014
닭고기와 조류 수렵육 그릴구이 VOLAILLES ET GIBIERS À PLUMES GRILLÉS			
미국식 닭고기 그릴구이 POULETS GRILLÉS À L'AMÉRICAINE	– 디아블르 소스 두꺼비 모양 닭고기 그릴구이 Poulet grillé en crapaudine, sauce diable – 탄두리 닭고기 꼬치구이, 타르타르 소스 영계 그릴구이, 비엔나식 닭 가슴살 그릴구이, 닭꼬치 그릴구이와 건조 과일 필라프 Brochettes de volaille tandoori, grillées riz pilaf aux fruits secs, coquelets grillés sauce tartare, blancs de volaille grillés viennoise	119	1016
흰색 소스 닭고기 라구 RAGOÛTS DE VOLAILLE À BLANC			
옛날식 닭고기 프리카세 FRICASSÉE DE VOLAILLE À L'ANCIENNE	– 만물 채소를 곁들인 저민 닭고기 Émincé de volaille aux primeurs – 카레 소스 또는 인도식 뿔닭 프리카세 Fricassées de pintade au curry ou à l'indienne, 헝가리식 비둘기 고기 프리카세 de pigeon hongroise, 가재를 곁들인 닭고기 프리카세, 도리아 닭고기 프리카세 fricassées de volaille aux écrevisses, Doria, 아르장퇴유 닭고기 프리카세 Argenteuil	120	1018

곁들임 요리 LES GARNITURES D'ACCOMPAGNEMENT · 1047

만드는 방법	파생 요리 및 비슷한 요리	N° FICHE	PAGES
끓는 물에 데쳐 버터를 곁들인 채소 LÉGUMES CUITS À L'ANGLAISE ET LIÉS AU BEURRE			
아스파라거스, 콜리플라워, 방울 양배추, 갯배추, 브로콜리, 로마네스코 브로콜리, 시금치, 껍질콩, 완두콩, 콩류 등등 ASPERGES, CHOUX–FLEURS, CHOUX DE BRUXELLES, MARINS OU CRAMBÉS MARITIMES, BROCOLIS, ROMANESCO, ÉPINARDS, HARICOTS VERTS, PETITS POIS, GRAINES DE LÉGUMINEUSES FRAÎCHES, ETC.	– **채소 자르디니에르** Jardinière de légumes – 크림 소스를 곁들인 시금치, 버터를 곁들이거나 크림 소스를 곁들인 잠두콩, 신선한 콩류 (코코콩, 플라졸레콩) Épinards à la crème, fèves fraîches au beurre ou à la crème, graines de légumineuses fraîches(cocos, flageolets frais)	133	1048
끓는 물에 삶거나 증기에 찐 감자 POMMES DE TERRE CUITES À L'ANGLAISE OU À LA VAPEUR			
뽐 앙글레즈(삶은 감자) POMMES DE TERRE À L'ANGLAISE	– **파슬리를 곁들인 감자, 껍질째 익힌 감자, 크림을 곁들인 감자, 사프란 또는 강황을 곁들인 감자, 감자 샐러드** Pommes persillées, pommes de terre en robe des champs, à la crème, au safran ou au curcuma, salade de pommes de terre	134	1050
채소 퓌레 PURÉES DE LÉGUMES			
감자 퓌레 또는 파르망티에 퓌레 POMMES PURÉE OU PURÉE PARMENTIER	– **채소 퓌레** Purée de légumes – 그라탱한 감자 퓌레 또는 몽도르 감자, 감자 무슬린, 골파, 올리브유, 마늘 크림 등을 곁들인 으깬 감자, 뽐 마케르 Pommes purée gratinée ou pommes de terre MontDore, mousseline, pommes écrasées à la ciboulette, à l'huile d'olive, à la crème d'ail, etc., Macaire	135	1052
끓는 물에 버터, 레몬즙 넣어 익힌 채소 LÉGUMES CUITS À BLANC ET LÉGUMES CUITS DANS UN BLANC			
버섯, 아티초크, 카르둔, 근대, 펜넬 구근, 샐서피, 두르미냉이, 샐러리 무, 다양한 채소 고갱이 CHAMPIGNONS, FONDS D'ARTICHAUTS, CARDONS, CÔTES DE BLETTES, FENOUIL TUBÉREUX, SALSIFIS, CROSNES, CÉLERI–RAVE, MOELLE DE VÉGÉTAUX DIVERS	– **레몬즙, 밀가루, 식용유를 넣은 끓는 물에 채소 익히기** Cuire des légumes dans un blanc – 피렌체식 아티초크, 아르장퇴유 아티초크, 사골 소스를 곁들인 카르둔 그라탱, 크림을 곁들인 샐서피와 근대 Fonds d'artichauts florentine, Argenteuil, cardons à la moelle et au gratin, salsifis et côtes de blettes à la crème	136	1054
투명하게 윤을 낸 채소와 갈색으로 윤을 낸 구슬양파 LÉGUMES GLACÉS À BLANC ET PETITS OIGNONS GLACÉS À BRUN			
당근, 무, 구슬 양파, 호박, 오이, 샐러리 무 등등 CAROTTES, NAVETS, PETITS OIGNONS, COURGETTES, CONCOMBRES, CÉLERIRAVE, ETC.	– **채소 부크티에르** Bouquetière de légumes – 비쉬 당근, 크림을 곁들인 채소 Carottes Vichy, légumes à la crème	137	1056
소량의 끓는 물에 익힌 완두콩 PETITS POIS CUITS À COURT–MOUILLEMENT			
프랑스식 완두콩 PETITS POIS À LA FRANÇAISE	– **시골식 완두콩** Lentilles vertes au lard – 본팜므 완두콩 Petits pois bonne–femme, 농장식 완두콩 fermière	138	1058
건조 콩류(콩과 식물) (코코콩, 흰색 강낭콩, 플라졸레콩, 초록색 강낭콩, 팥, 렌틸콩 등등) GRAINES DE LÉGUMINEUSES SÈCHES (FABACÉES) (HARICOTS COCOS, LINGOTS, FLAGEOLETS, CHEVRIERS VERTS, HARICOTS ROUGES, LENTILLES, ETC.)			
버터를 곁들인 건조 강낭콩(코코콩, 흰색 강낭콩, 플라졸레콩) HARICOTS SECS AU BEURRE (COCOS, LINGOTS, FLAGEOLETS)	– **돼지비계를 곁들인 초록색 렌틸콩** Lentilles vertes au lard – 리옹식 흰색 강낭콩, 크림을 곁들인 빵뿔 코코콩, 옥시타니식 타르브 강낭콩, 부르고뉴식 팥, 훈제 고기를 곁들인 실라오스 렌틸콩 Haricots blancs à la lyonnaise, rouges à la bourguignonne, cocos de Paimpol à la crème, estouffat de tarbais à l'occitane, lentilles de Cilaos au boucané	139	1060
채소 브레제 LÉGUMES BRAISÉS			
상추, 샐러리, 펜넬 브레제 LAITUES, CŒURS DE CÉLERI, FENOUIL BULBEUX	– **양배추 브레제** Choux verts braisés – 엔다이브 브레제, 밤 브레제 Endives braisées, marrons braisés	140	1062
흰색 육수 감자 《브레제》 POMMES DE TERRE ≪BRAISÉES≫ DANS UN FOND BLANC			
뽐 불랑제르 POMMES BOULANGÈRE	– **뽐 퐁당뜨** Pommes fondantes – 생 플로르 감자, 돼지비계를 곁들인 감자 Pommes de terre de Saint–Flour, au lard	141	1064
생 파스타와 건조 파스타 PÂTES FRAÎCHES ET INDUSTRIELLES			
버터를 곁들인 스파게티 작은 모양 마카로니, 펜네, 나비 모양 파스타, 마카로니 등등 SPAGHETTIS AU BEURRE COQUILLETTES, PENNES, PAPILLONS, MACARONIS, ETC.	– **버터를 곁들인 생 파스타** Pâtes fraîches au beurre – 알자스식 생 파스타 면, 알자스식 파스타 슈페츨레, 제노바식 페투치네, 바질을 곁들인 스파게티 알 포모도로, 마카로니 그라탱 Nouilles fraîches à l'alsacienne, spätzle ou cordons de pâte à l'alsacienne, fettucines à la génoise, spaghettis al pomodoro e basilico, gratin de macaronis	142	1066

디저트 LES DESSERTS

만드는 방법 RECETTES DÉTAILLÉES	파생 요리 및 비슷한 요리 PLATS DÉRIVÉS ET SIMILAIRES	레시피 번호 N° FICHE	페이지 PAGES
차가운 앙트르메 ENTREMETS FROIDS DE CUISINE			
무스 오 쇼콜라 MOUSSE AU CHOCOLAT	– 두 가지 초콜릿 무스 Mousse aux deux chocolats – 체리, 다크 초콜릿 무스 Mousses au chocolat noir et griottes, 민트 초콜릿 무스 à la menthe et au chocolat, 무스 오 쇼콜라 노아(다른 레시피) au chocolat noir, 트릴오지 초콜릿 무스 trilogie de mousse au chocolat	154	1092
과일 퓨레나 시럽(시럽 바바루아)을 베이스로 한 차가운 앙트르메 ENTREMETS FROIDS DE CUISINE À BASE DE PULPE DE FRUITS ET DE SIROP COLLÉ(BAVAROIS AU SIROP)			
서양배 샤를로트 CHARLOTTE AUX POIRES	– 산딸기 샤를로트 Charlotte aux framboises – 딸기 샤를로트 Charlottes aux fraises, 노르망디식 샤를로트 normande, 열대과일 샤를로트 exotique, 과일 무스 aux fruits divers	155	1094
앙글레즈 크림을 베이스로 한 차가운 앙트르메(계란이 들어간 바바루아) ENTREMETS FROIDS DE CUISINE À BASE DE CRÈME ANGLAISE COLLÉE(BAVAROIS AUX ŒUFS)			
바바루아 루바네 BAVAROIS RUBANNÉ	– 파리지앵식, 러시아식 샤를로트 Charlotte à la russe ou à la parisienne – 클레몽식 바바루아 Bavarois Clermont, 프랄리네 바바루아 praliné, 헐리지유 바바루아 religieuse, 아라비카 바바루아 arabica	156	1096
크렘 리키드 젤리피에를 베이스로 한 차가운 엉트르메 ENTREMETS FROIDS DE CUISINE À BASE DE CRÈME LIQUIDE GÉLIFIÉE			
산딸기 소스를 곁들인 판나 코타 PANNA COTTA COULIS DE FRAMBOISE		157	1098
과일과 라이스 푸딩을 베이스로 한 차가운 앙트르메 ENTREMETS FROIDS DE CUISINE À BASE DE RIZ AU LAIT ET DE FRUITS			
과일 콩데 FRUITS CONDÉ	– 캐러멜 소스, 포도 세몰리나 Semoule aux raisins, sauce caramel – 캐러멜 쿠론, 터번 드 리 Couronne ou turban de riz au caramel. – 산딸기를 곁들인 글라세 리 riz ≪glacé≫ aux framboises, 사과 쿠론 드 리 couronne de riz aux pommes, 절인 과일 크로켓 드 리 croquettes de riz aux fruits confits, 테린느, 투르골 terrinée ou tourgoule	158	1100
달콤한 크림과 비스퀴를 베이스로 한 차가운 앙트르메 ENTREMETS FROIDS DE CUISINE À BASE DE BISCUIT ET DE CRÈME PRISE SUCRÉE			
디플로마 푸딩, 카비넷 푸딩 PUDDING DIPLOMATE OU PUDDING DE CABINET	– 말라가 사비용, 포도 푸딩 Pudding aux raisins et sabayon au Malaga – 빵, 버터 푸딩 Bread and butter pudding, 프랑스식 푸딩 Pudding à la française, 알자시안식 팽 패르뒤 Pain perdu à l'ancienne	159	1102
계란을 이용한 바바루아 크림과 라이스 푸딩을 베이스로 한 차가운 앙트르메 ENTREMETS FROIDS DE CUISINE À BASE DE RIZ AU LAIT ET D'APPAREIL À BAVAROIS AUX ŒUFS			
리 아 렝페라트리스 RIZ À L'IMPÉRATRICE	– 노르망드식 타르트 오 리 Tarte au riz à la normande – 몰타식 리 Riz maltais, 시칠리아식 리 riz à la sicilienne, 팔레르모식 쿠론 드 리 couronne de riz Palerme	160	1104
파트 프리레를 베이스로 한 따뜻한 앙트르메 ENTREMETS CHAUDS DE CUISINE À BASE DE FRUITS ET DE PÂTE À FRIRE			
사과 베녜 BEIGNETS DE POMMES	– 세몰리나 베녜 Beignets de pommes – 파인애플 베녜 Beignets d'ananas, 바나나 베녜 Beignets de banane, 크렘 베녜 Beignets de crème ou crèmes frites	161	1106
파티시에 크림을 베이스로 한 따뜻한 앙트르메 ENTREMETS CHAUDS DE CUISINE À BASE DE CRÈME PÂTISSIÈRE			
수플레 아 라 리큐르 SOUFFLÉS À LA LIQUEUR	– 오렌지 크레이프 수플레 Crêpes soufflées à l'orange – 초콜릿 수플레 Soufflés au chocolat, 아를르캥 수플레 arlequin, 상파울루 수플레 Sao Paulo, 로쉴드 수플레 Rothschild, 과일 수플레(딸기, 산딸기) aux fruits(fraises, framboises)	162	1108
크레이프 반죽을 베이스로 한 따뜻한 앙트르메 ENTREMETS CHAUDS DE CUISINE À BASE DE CRÊPES			
설탕 크레이프 CRÊPES AU SUCRE	– 크레이프 포레, 파니켓 Crepes fourrées ou pannequets –- 크레이프 플람베 Crêpes flambées, 크레이프 쉬제트 Suzette, 크레이프 사라쟁(갈레트) au sarrazin(galettes), 오모니에흐 노르망디 aumônières normande	163	1110
싱가폴식 앙트르메 ENTREMETS FAÇON SINGAPOUR	– 갸토 그헝 시에클 Gâteau Grand Siècle – 마키즈 Marquise, 몽블랑 Mont–Blanc, 프레지에 Fraisier	164	1112
버터크림이나 무슬린 크림을 베이스로 한 제누아즈 케이크 PÂISSERIES À BASE DE GÉOISE, DE CRÈME AU BEURRE ET DE CRÈME MOUSSELINE			
모카 MOKA	– 부쉬 드 노엘 Bûche de Noël – 마스코트 Mascotte, 초콜릿 앙트르메 entremets au chocolat, 그랑 둑 Grand Duc	165	1114

<table>
<tr><td>만드는 방법
RECETTES DÉTAILLÉES</td><td>파생 요리 및 비슷한 요리
PLATS DÉRIVÉS ET SIMILAIRES</td><td>레시피 번호
N° FICHE</td><td>페이지
PAGES</td></tr>
<tr><td colspan="4">파트 아 슈에 크림 샹티를 베이스로 채운 케이크 PÂTISSERIES À BASE DE PÂTE À CHOUX GARNIES DE CRÈME CHANTILLY</td></tr>
<tr><td>샹티이 슈
CHOUX CHANTILLY</td><td>– 생토노레 Saint–Honoré
– 샹티이 씬 Cygnes Chantilly, 샹티이 붉은 과일 바구니 panier de fruits rouges Chantilly, 초콜릿 프로피테롤 profiteroles au chocolat</td><td>166</td><td>1116</td></tr>
<tr><td colspan="4">파트 아 슈에 파티시에 크림을 베이스로 채운 케이크 PÂISSERIES À BASE DE PÂTE À CHOUX GARNIES DE CRÈEM PÂTISSIÈRE</td></tr>
<tr><td>크렘이 들어간 슈, 커피 초콜릿 에클레어
CHOUX À LA CRÈME, ÉCLAIRS CAFÉ –
CHOCOLAT</td><td>– 파리브레스트 Paris–Brest
– 헐리지유 Religieuse, 글랑 glands, 살람보 salammbôs, 슈켓 chouquettes, 카스 뮈조 글라세 casse-museaux glacés</td><td>167</td><td>1118</td></tr>
<tr><td colspan="4">설탕에 졸인 과일(마말레이드)을 파트 브리제, 슈크레에 올린 케이크 PÂTISSERIES À BASE DE PÂTE BRISÉE SUCRÉE ET DE MARMELADE DE FRUITS</td></tr>
<tr><td>사과 타르트
TARTE AUX POMMES</td><td>– 루바브, 사과 크럼블 Crumble aux pommes et à la rhubarbe
– 타르트 메트 퐁 Tartes Maître Pons, 캐러멜리제 사과 타르트 aux pommes caramélisées, 사과 그리아제 타르트 aux pommes grillagée</td><td>168</td><td>1120</td></tr>
<tr><td colspan="4">파트 브리제에 과일과 크렘 프리즈 슈크레를 베이스로 한 케이크 PÂISSERIES À BASE DE PÂTE BRISÉE, DE FRUITS ET DE CRÈME PRISE SUCRÉE</td></tr>
<tr><td>노르망디식 사과 타르트
TARTE AUX POMMES NORMANDE</td><td>– 사과 시부스트 타르트 Tarte aux pommes normande
– 리모주 체리 클라푸티 Clafoutis aux cerises du Limousin, 사과 타르트 수플레 tarte soufflée aux pommes</td><td>169</td><td>1122</td></tr>
<tr><td colspan="4">파트 푀이테를 베이스로 한 케익 PÂTISSERIES À BASE DE PÂTE FEUILLETÉE</td></tr>
<tr><td>사과 타르트 푀이테
TARTES FEUILLETÉES AUX FRUITS</td><td>– 얇게 썬 사과를 올린 타르트 Tarte fine aux pommes
– 과일 데이지꽃 타르트 Tarte marguerite aux fruits</td><td>170</td><td>1124</td></tr>
<tr><td colspan="4">파트 브리제 슈크레를 베이스로 한 과일 타르트 TARTES AUX FRUITS À BASE DE PÂTE BRISÉE SUCRÉE</td></tr>
<tr><td>아몬드 크림을 곁들인 배 타르트
TARTE AUX POIRES ET À LA CRÈME D'AMANDES</td><td>– 붉은 과일 타르트 Tarte aux fruits rouges
– 체리 듀오 타르트 Tarte duo de cerises</td><td>171</td><td>1126</td></tr>
<tr><td>레몬 타르트
TARTE AU CITRON</td><td>– 오렌지 타르트 Tarte à l'orange
– 패션 후르츠, 산딸기 타르트 Tarte aux framboises et aux fruits de la passion</td><td>172</td><td>1128</td></tr>
<tr><td colspan="4">슈크레 반죽으로 만든 타르트 TARTE EN PÂTE SUCRÉE</td></tr>
<tr><td>초콜릿 타르트
TARTE AU CHOCOLAT</td><td></td><td>173</td><td>1130</td></tr>
<tr><td colspan="4">파티시에 크림을 베이스로 한 따뜻한 앙트르메 PÂTISSERIES À BASE DE PÂTE FEUILLETÉE ET DE CRÈME D'AMANDES</td></tr>
<tr><td>피티비에 PITHIVIERS</td><td>– 아몬드 크림이 든 잘루지 Jalousie a la crème d'amandes
– 배 피티비에 Pithiviers aux poires, 솔로뉴 검은 체리 피티비에 aux cerises noires de Sologne, 사과 다투와 dartois aux pommes, 딸기 푀이테 feuilleté aux fraises</td><td>174</td><td>1132</td></tr>
<tr><td colspan="4">푀이테 반죽을 이용한 케익 PÂISSERIES À BASE DE PÂTE FEUILLETÉE</td></tr>
<tr><td>밀푀유
MILLE–FEUILLE</td><td>– 쿠앵트로 둥근 밀푀유 Mille–feuille rond au Cointreau
– 초콜릿 밀푀유 Mille–feuille au chocolat, 오렌지, 자두 캐러멜리제 밀푀유 individuel caramélisé aux pruneaux et à l'orange, 밀푀유 글라세 glacé jour et nuit</td><td>175</td><td>1134</td></tr>
<tr><td colspan="4">파트 르베 반죽을 이용한 케익 PÂTISSERIES À BASE DE PÂTE LEVÉE</td></tr>
<tr><td>사바랭 샹티이
SAVARIN CHANTILLY</td><td>– 구겔호프 Kugelhopf
– 크렘 사바랭 Savarins à la crème, 패션 후르츠 과일 사바랭 aux fruits exotiques, 바바 오 럼 baba au rhum, 마리냥 Marignan, 퐁포네트(칵테일과 함께 제공되는 쿠키) pomponnettes</td><td>176</td><td>1136</td></tr>
<tr><td colspan="4">앙트르메 오 프로마쥬 블랑 ENTREMETS AU FROMAGE BLANC</td></tr>
<tr><td>티라미수식 앙트르메
ENTREMETS FAÇON TIRAMISU</td><td>– 과일, 프로마주 블랑 쿠론 Couronne au fromage blanc et aux fruits frais
– 프로마주 블랑 타르트 Tarte au fromage blanc</td><td>177</td><td>1138</td></tr>
<tr><td>붉은 과일 프로마주 블랑 앙트르메
ENTREMETS AU FROMAGE BLANC ET AUX FRUITS ROUGES</td><td></td><td>178</td><td>1140</td></tr>
<tr><td colspan="4">앙트르메 오 쇼콜라 ENTREMETS AU CHOCOLAT</td></tr>
<tr><td>오페라 OPÉRA</td><td></td><td>179</td><td>1142</td></tr>
</table>

만드는 방법 RECETTES DÉTAILLÉES	파생 요리 및 비슷한 요리 PLATS DÉRIVÉS ET SIMILAIRES	레시피 번호 N° FICHE	페이지 PAGES
포레누아식 앙트르메 ENTREMETS FAÇON FORET NOIRE	– 감귤류 소스와 부드러운 생강 초콜릿 아이스크림 Moelleux au chocolat, glace au gingembre et coulis d'agrumes – 마르키즈 오 쇼콜라 Marquise au chocolat	180	1144
파티시에 크림과 붉은 과일을 넣은 플레이팅 디저트 DESSERTS SUR ASSIETTE À BASE DE FRUITS ROUGES ET DE CRÈEM PÂISSIÈRE ALLÉGÉE			
산딸기 푀이틴, 피스타치오 레제 크렘 FEUILLANTINE AUX FRAMBOISES, CRÈME LÉGÈRE À LA PISTACHE	– 바삭한 딸기 밀푀유, 쿠앵트로 크렘 레제 Mille–feuille croustillant aux fraises, crème légère au Cointreau – 붉은 과일 푀이틴 Feuillantine aux fruits rouges	181	1146
ENTREMETS À BASE DE FRUITS			
미루아 파시옹 프랑보아 MIROIR PASSION FRAMBOISE		182	1148

아이스크림, 소르베, 스쿱, 아이스크림 디저트 LES GLACES, SORBETS, COUPES ET DESSERTS GLACÉS   1151

계란을 베이스로 한 아이스크림 디저트 DESSERTS À BASE DE GLACES AUX ŒUFS			
바닐라 아이스크림과 다른 파생 아이스크림 GLACE À LA VANILLE ET GLACES DÉRIVÉES	– 크렘 글라세, 글라세 아 라 크렘 Crème glacée, glace à la crème – 플롬비에 아이스크림 Glaces plombière, 자두 아이스크림 aux pruneaux, 앙틸레즈 아이스크림 antillaise, 밤 아이스크림 aux marrons	183	1152
계란이 들어간 아이스크림에 과일을 얹은 디저트 DESSERTS À BASE DE FRUITS ET DE GLACES AUX ŒUFS			
과일 멜바 FRUITS MELBA	– 배 튤립 메리 가든 Tulipe de poire Mary Garden – 딸기 니나 Fraises Nina, 넥타린 알렉산드르 nectarine Alexandra, 배 카디날 poire cardinal, 체리 쥬빌레 cerises Jubilé	184	1154
"아름다운 엘렌" 배 POIRES BELLE–HÉLÈNE	– 디종식 푸아르 포쉐 Poire pochée belle dijonnaise – 바나나 스플리트 Banana–split, 사과 튈, 팽 데피스 글라스 tulipe de pomme glace au pain d'épices, 카시스 크렘과 익힌 배, 후추가 들어간 아이스크림 poire rôtie à la crème de cassis glace au poivre	185	1156
과일 소르베에 와인, 알코올, 리큐르를 첨가한 디저트 DESSERTS À BASE DE SORBETS AUX FRUITS, AUX VINS, ALCOOLS ET LIQUEURS			
과일 소르베 SORBETS AUX FRUITS	– 알코올 또는 리큐르 소르베 Sorbets alcools et liqueurs	186	1158
글라세 앙트르메 ENTREMETS GLACÉS			
산딸기 소스와 누가 글라세 NOUGAT GLACÉ, COULIS DE FRAMBOISES	– 오믈레트 노르베지엔 Omelette norvégienne – 열대과일 누가 글라세 Nougat glacé exotique	187	1160
아파레이유 아 봄브로 만든 차가운 디저트 DESSERTS GLACÉS À BASE D'UN APPAREIL À BOMBE			
리큐르 수플레 글라세 SOUFFLÉ GLACÉ À LA LIQUEUR	– 프랄리네 파르페 글라세 Parfait glacé praliné – 과일 수플레 글라세 Soufflé glacé aux fruits, 과일 파르페 글라세 parfait glacé aux fruits	188	1162
과일을 이용한 디저트 DESSERTS À BASE DE FRUITS FRAIS			
과일 샐러드 SALADE DE FRUITS	– 로마노프 딸기 튤립 Tulipes de fraises Romanoff – 샹티이 크림과 붉은 과일 튤립 Tulipes de fruits rouges à la crème Chantilly, 건과류와 오렌지 샐러드 salade d'oranges aux fruits secs, 과일 콩포트 compote de fruits, 와인이 들어간 딸기 fraises au vin, 소테른 감귤류 테린느 terrine d'agrumes au Sauternes	189	1164
과일 그라탕 GRATINS DE FRUITS			
칼바도스 도뜬 그라티네 GRATINÉE D'AUTOMNE AU CALVADOS	– 아몬드와 배 그라탱 Gratin de poires aux amandes – 그랑 마니에르 사비용 붉은 과일 그라탱 Gratin de fruits rouges sur sabayon au Grand Marnier	190	1166
작은 구움과자(마카롱, 시가렛 쿠키, 팔렛 오 헤장, 렁그 드 샤, 튀일 오 아몬드, 사블레 디아망) PETITS FOURS SECS(MACARONS, CIGARETTES RUSSES, PALETS AUX RAISINS, LANGUES DE CHAT, TUILES AUX AMANDES, SABLÉS DIAMANTS)			
커피 마카롱, 초콜릿 마카롱 MACARONS CAFÉ / CHOCOLAT	– 아몬드 튈 Tuiles aux amandes – 렁그 드 샤 Langues de chat – 팔렛 드 담 Palets de dame, 팔렛 오 헤장 palets aux raisins – 시가렛 쿠키 Cigarettes russes – 사블레 디아망 Sablés diamant	191	1168

조리 용어

VOCABULAIRE PROFESSIONNEL

조리 용어 VOCABULAIRE PROFESSIONNEL

A

Abaisser(아베세 : 반죽을 밀다) – 제과용 밀대나 제면기를 사용하여 반죽이 일정한 두께가 되도록 납작하게 밀어주는 것.

예 : 타르트 틀에 반죽을 씌우기 위해 동그랗게 반죽을 밀다.

Abats(아바 : 허드레 고기) – 정육용 고기의 머리 Tête, 발 pieds, 골 cervelle, 콩팥 rognons, 간 foie, 혀 langue, 심장 cœur, 척수 amourette, 췌장(이자) ris

Abattis(아바티 : 가금류의 허드레 고기) – 가금류 또는 깃털이 달린 수렵육의 머리 tête, 목 cou, 날개 끝 ailerons, 발 pattes, 모래주머니 gésier, 심장, 간 cœur et foie de volailles ou de gibiers à plumes.

Abricoter(아브리코테 : 윤기를 내다, 디저트에 살구잼 또는 살구 젤리를 바르다) – 조리용 붓을 이용해 황금빛 또는 빨간색 토핑 크림이나 살구 젤리 등을 타르트, 제누아즈와 그 밖의 디저트 위에 얇게 펴 바르는 것. 이 기술은 디저트에 광택이 나도록 하고, 맛을 보완해주며 공기와의 직접적인 접촉(과일의 건조 방지)으로부터 보호해주는 역할을 한다.

밀피유의 경우, 살구 젤리 "밑칠" 작업은 퐁당 아이싱을 쉽게 해준다.

동의어 : napper(나페 : 요리, 과자의 표면에 크림이나 소스를 바르다), lustrer(뤼스트레 윤을 내다), glacer(글라쎄 : 윤기를 내다, 코팅을 하다)

Accolade(아콜라드) (dresser en accolade) – 접시 위에 같은 종류의 고기 조각(가금류, 깃털이 있는 수렵육)을 서로 맞대어 놓는 상차림 방법

Aciduler ou acidifier(아시뒬레 또는 아시디피에 : 새콤하게 하다, 신맛이 나게 하다) – 요리의 재료나 소스에 레몬즙, 식초, 신 포도즙 또는 단 맛이 거의 없는 화이트 와인 몇 방울을 넣어 맛을 돋우다.(레몬즙은 감칠맛을 돋우는 조미료로 사용된다.) 전분(루)을 넣어 리에종한 소스의 경우, 졸이는 마지막 단계에서 레몬즙을 넣어주어야 한다. 레몬즙은 전분의 녹말풀을 액체화하는 속성이 있다.

예 : 화이트 와인 소스(sauce vin blanc), 생선 벨루테(velouté de Poisson)

Adoucir(아두시르 : 맛을 부드럽게 하다) – 적절한 재료(같은 속성의 육수)를 첨가하여 묽게 하거나, 설탕, 과일 젤리, 꿀이나 감미료를 첨가하여 요리의 재료 또는 진한 양념의 신맛, 쓴맛, 매운맛을 줄이는 것.

예 : 토마토 퐁듀(fondue de tomate) 또는 엔다이브 브레제(endives braisés)에 설탕을 한 꼬집 첨가하다.

동의어 : affadir(무미건조하게 하다), édulcorer(감미료를 첨가하다)

Affiner(아피네 : 숙성시키다) – 장인이 생산한 치즈를 최적의 수준으로 소비하기 위해 가장 자주 사용되는 용어. 또한 특정 소스의 최종 맛(색깔 couleur, 풍미 saveur, 농도 onctuosité)을 확인하는데 사용하는 용어이기도 하다.

Affrioler(아프리올레) 또는, frioler(프리올레) – 튀기거나 정제 버터에 볶는 것을 의미하는 구식이 된 용어.

Affriter(아프리떼) 또는, affranchir(아프랑쉬르) – 튀길 준비를 하다, 더 정확하게 말하자면 튀김을 위한 팬을 준비하다. 검은색 철판 팬을 달궈 굵은 소금으로 세게 문지르며 닦은 후 기름을 조금 둘러 센 불에 달군다. 이렇게 준비된 팬은 원칙적으로 더 이상 달라붙지 않아야 한다.

동의어 : culoter(요리의 재료가 팬에 달라붙지 않게 준비하다)

Aigre(에그르 : 신, 신맛) – 시고 매운 맛과 냄새. 또한, 발효한(상한, 맛이 변한, 탁해진) 요리의 재료, 육수, 진한 수프의 맛을 가리키기도 한다.

Aigre doux(에그래두 : 새콤달콤한) – 식초와 설탕을 캐러멜화 되도록 졸인 것을 넣어 신맛과 단맛이 나는 소스 또는 재료를 말할 때 주로 사용한다.

예 : 비가라드 소스 sauce bigarade, 과일과 채소가 들어간 샐러드 salade à base de fruits et de légumes, 다양한 처트니 divers chutneys

Anglaise(앙글레즈, 계란물) – 거품기로 저은 계란, 식용유, 소금, 후추, 소량의 물을 섞은 것으로 다양한 재료에 빵가루를 입힐 때 사용한다.

Appareil(아파레이유, 혼합물) – 음식에 들어가는 다양한 재료의 혼합물.

예 : 수플레 혼합물 appareil à soufflé, 비스킷 혼합물 à biscuit, 플랑 반죽 혼합물 à crème prise

Apprêter(아프레테 : 준비하다, 요리하다) – 요리나 식사를 준비하다.

동의어: préparer(준비하다), affaiter(샐러드를 준비하다)

Araser(아라제 : 잘라내다) – 채소의 뿌리, 속, 줄기잎 등에서 자르다. 다듬기 이전의 단계.

동의어 : parer(손질하다)

Aromatiser(아로마티제 : 향을 내다) – 요리에 한 가지 이상의 향신료, 향 추출물, 천연 또는 합성 에센스, 여러 에센셜 오일 등을 첨가해 특정한 향과 풍미를 가져오다. 바닐라, 커피 추출물, 아몬드 에센스, 오렌지 플라워 워터(오렌지 꽃을 증류해 만든 향기로운 물), 코코아, 초콜릿 등을 사용할 경우를 가리킨다. 다양한 향신료 참조.

Arroser(아로제 : 소스를 끼얹다) – 구운 고기나 생선(뫼니에르)에 녹인 지방이나 버터를 부어 건조를 방지하고 착색을 좋게 하며 표면을 더 바삭하게 만드는 작업. *카푸친(capucin)과 플람바두(flambadou) 참조.

*카푸친(capuchin), 플람바두(flambadou) : 중세 시대 수도승이 입던 옷의 후드 모양으로, 고기를 구울 때 녹인 지방이나 버터를 붓는 주방 기구.

Aspic(아스픽) – 틀에 넣어 젤리로 만든 차가운 전식.

Assaisonner(아새조네 : 조미하다, 양념하다) – 소금, 후추 또는 향신료를 추가하여 요리에 풍미를 더하다.

동의어 : aromatiser(향을 내다), condimenter(양념을 하다), saler(소금을 치다), poivrer(후추를 치다), épicer(향신료를 치다), relever(맛을 돋우다), aciduler(새콤하게 하다)

B

Bain marie(베인 마리 : 중탕) – a) 소스나 수프를 따뜻하게 유지하기 위한 원통 또는 사각 냄비. 좁고 긴 모양의 냄비는 증기 증발을 줄인다. 중탕냄비는 끓고 있는 물이 담겨 있는 중탕기 안에 둔다.

b) 중탕으로 요리하다 : 직접적인 강한 열을 가하면 안 되는 섬세한 특정 요리를 위한 조리 기법.

예 : 계란 스크램블(œufs brouillés), 제누아즈(génoise), 에그 코코트(œufs cocotte) 등등

Barbe(바브 : 생선의 지느러미, 수염) – 횡단면으로 난 작은 지느러미. Ebarber(지느러미를 제거하다) 참조.

Barder(바르데 : 닭, 새고기를 비계로 싸다) – a) 익히는 동안 건조해지는 것을 방지하기 위해 닭고기, 수렵육 또는 소고기를 얇은 비계로 감싸다.

b) 테린 terrine의 바닥을 비계로 덮다.

c) 전통적인 스튜 요리에 비계를 넣다.

퐁세(foncer : 타르트 틀에 반죽을 씌우다), 슈미제(chemiser : 슈미제하다, 타르트 틀 등에 밀가루, 버터 등을 바르다) 참조.

Béatilles(베아티유 : 파이 속에 넣거나 곁들이는 맛있는 고기) – 벨루테 또는 소스를 넣어 농도를 진하게 한 허드레 고기를 사용한 라구(수탉의 닭벼슬과 콩팥 crête et rognons de coq, 양고기 췌장(이자) ris d'agneau, 버섯 champignons 등등), 부셰 de bouchées(고기를 넣은 작은 파이), 크루스타드 de croustades, 볼오방 de vol-au-vent, 투르트 de tourtes 등의 고명으로 사용한다.

Beurre clarifié(뵈르 클라리피 : 정제 버터) – clarifier(정제하다, 중탕해서 버터를 녹이고, 버터 위에 분리되어 뜬 것만 떠낸다) 참조.

Beurre en pommade(뵈르 엔 포마드 : 말랑말랑한 버터, 크림처럼 된 버터) – 농도가 크림처럼 될 때까지 주걱으로 부드럽게 섞은 버터.

Beurre manié(뵈르 마니에) – 말랑말랑한 버터와 밀가루를 섞은 것으로 소스 리에종을 알맞게 하는데 사용한다.

Beurrer(뵈레 : 버터를 바르다) – a) 타르트 틀, 접시 또는 유산지 등에 조리용 붓으로 정제 버터를 발라 요리 재료가 달라붙는 것을 방지한다.

b) 표면에 버터를 바른다. 수프나 소스 표면에 막이 형성되는 것을 막기 위해 표면에 버터를 바른다. tamponner(도장 찍듯 버터를 찍어 바르다) 참조.

c) 소스에 버터를 넣다. 소스의 농도를 수정하거나 소스에 윤을 내기 위해 버터의 작은 입자를 유화시켜 소스를 완성하다

Blanc(블랑) – 밀가루와 찬물의 혼합물로, 레몬을 넣은 끓는 물에 첨가하여 특정 채소 요리 또는 흰색 허드레 고기 요리를 조리할 때 사용한다.(아티초크 속 fonds d'artichauts, 송아지 족과 송아지 머리 pieds et tête de veau) 조리용 냄비에 식용유를 두르고 유산지로 덮어준다.

Blanchir(브랑시르 : 데치다, 하얀 크림 상태가 되도록 섞다) –

a) 채소의 경우 : 끓는 물에 몇 분간 채소를 담근 후 채소를 식히고 물기를 빼며 쏘는듯한 맛을 제거한다.(시금치를 익히는 데 적합한 조리 방법이다) 감자와 건조채소는 《찬물에 넣어 끓이기 시작하여 départ eau froide》 데친다.

b) 고기의 경우 : 고기와 허드레 고기를 찬물에 담가 끓여 소금기, 불순물을 제거하거나 육질을 단단하게 한다.

c) 과자, 케이크의 경우 : 크렘 앙글레즈, 크렘 파티시에르 등을 준비하기 위해 주걱으로 계란 노른자와 설탕을 힘차게 섞는다.

Blondir(블롱디르 : 금색이 되게 하다) – 금색이 날 때까지 음식 재료에 열을 가해 연하게 색을 입히다.(금색 루 roux blond, 닭고기 프리카세 fricassée de volaille, 양파 수프를 위한 양파볶음 oignons pour soupe à l'oignon 등등)

Bloquer au froid(블로케 오 프루아 : 급속 냉동하다) – 요리 및 재료를 재빨리 냉동 온도로 얼리다. sangler(급속 냉동하다), raffermir(단단하게 하다, 굳게 하다) 참조.

반의어 : dégourdir(차가운 것을 풀다), remettre en température(다시 온도를 높이다), réchauffer(데우다, 다시 따뜻하게 하다)

Bouler(불리 : 공 모양으로 만들다) – 손바닥에 반죽을 굴려 일정한 공 모양이 되도록 만들다.(파트 브리제, 파트 슈크레, 브리오슈 반죽) 예 : 브리오슈 반죽을 공 모양으로 만들다.

Bouquet garni(부케가르니) – 파슬리, 타임, 월계수 잎을 실로 단단하게 묶어 만든 것. 용도에 따라 대파의 푸른 부분 또는 샐러리를 첨가하기도 한다.

Braiser(브레제) – 양념하여 비계로 감싼 큰 고기 덩어리, 큰 닭고기 또는 생선을 통째로 큰 냄비에 넣고 아로마틱 가니쉬를 곁들인 후 뚜껑을 닫고 천천히 약불로 뭉근히 익힌다.(브레제 소스, 스튜) 풍미나 뛰어난 이 요리 기법은 낮은 온도에서 오랫동안 익히는 수비드 sous vide 기법으로 대체되기도 한다.

Brider(브리데 : 닭의 날개, 다리를 실로 묶다) – 조리용 바늘과 실을 사용해 닭고기 부위를 고정시키고 조리에 알맞은 모양으로 만들어 잘 익힐 수 있게 준비하다. trousser(닭발과 날개를 몸통에 동여매다) 참조.

Brunoise(브뤼누아즈) – 특정 수프나 소스의 장식을 위해 작은 주사위 모양으로 자른 채소.(브뤼누아즈 콩소메 consommé brunoise, 아메리칸 소스 sauce américaine, 미르푸아 Mirepoix, 보르들래즈 bordelaise)

Buisson(dresser en buisson) (뷔송 : 피라미드형으로 쌓아올린 요리) – 여러 단으로 음식을 놓는 그릇을 사용해 피라미드 모양으로 갑각류(가재 écrevisses, 새우 crevettes bouquets, 랑구스틴 langoustines, 작은 바닷가재 petits homards 등등)를 쌓아올리는 방법. 여러 단으로 음식을 놓는 그릇은 구리 또는 유리로 된 것으로 음식을 쌓아 올리는데 보조 역할을 한다. 바다빙어 또는 가자미를 잘게 썬 생선살을 튀긴 것을 돔 형태로 쌓아올리는 요리에도 이 용어를 사용한다.

C

Candir(캉디르 : 설탕 시럽을 입히다, 설탕 절임을 하다) – 과자, 과일, 아몬드 반죽 등을 반짝이는 얇은 보호막으로 감싸기 위해 충분한 양의 설탕 시럽에 담그거나 시럽을 입히다.(마롱 글라세 marrons glacés : 설탕에 절인 밤), 설탕 절임용 트레이 Voir candissoire, 설탕 시럽 sirop de sucre 참조.

Canneler(카늘레 : 샤넬 나이프로 줄 그어 장식하다) – 샤넬 나이프를 사용하여 특정 과일의 표면에 작은 홈을 내어 예쁜 모양이 되도록 만들다. 홈을 내어 장식한 과일이나 채소를 얇게 썬다.(생선이나 갑각류 수프를 위해 홈을 내어 장식한 당근 조각, 접시의 가장자리를 꽃줄로 장식하기 위한 홈을 내어 장식한 감귤류) historier(이스토리에 : 톱니모양을 만들어 둘로 나누다) 참조.

Capilotade(카필로타드 : 고기를 잘게 썰어 만든 스튜) – 데운 닭고기 라구를 같은 종류의 소스에 넣은 요리.(닭고기 벨루테 velouté de volaille, 쉬프렘 소스 sauce suprême) 살미공디 (salmigondis : 자투리 고기로 만든 스튜), 베아티유(béatilles : 파이 속에 넣거나 곁들이는 맛있는 고기) 참조.

Caraméliser(카라멜리제 : 캐러멜화하다) – 끓인 설탕 또는 캐러멜로 틀을 덮거나(캐러멜 쌀 케이크 couronne de riz au caramel, 타르트 타탱 tarte tatin 등등) 디저트에 설탕을 뿌리거나 살라만다 또는 토치를 사용해 캐러멜화하다. 데글라세 전에(크렘 브륄레 crème bruûlée) 냄비 바닥에 붙은 고기즙을 캐러멜화하는 것과는 다르다. 크레이프 윤기내기 glacer les crêpes와 슈가파우더 도넛 les beignets au sucre glace 참조.

Carcasse(카르카스 : 고기 뼈) – 동물 뼈를 모아놓은 것(뼈대, 해골 squelette)

Cardinaliser(카르디날리제 : 빨갛게 만들다) – 갑각류 및 그 껍질이 빨갛게 될 때까지 익히다.(아메리칸 소스 réalisation de la sauce américaine, 갑각류 비스크, 낭투아 소스 만들기 des bisques de crustacés et de la sauce Nantua)

Cerner(세르네 : 칼집을 내다) – 과일이나 채소의 속을 비우기 전에 작은 칼끝으로 동그랗게 칼집을 내다.(토마토 파르시, 호박 파르시 courgette farcie, 과일 지브레 fruits givrés*, 밤을 익히기 전에 칼집 등등)

*과일 지브레(fruits givrés) : 과일의 속을 파고 그 안에 과육을 사용한 소르베 등을 채운 디저트 요리.

Chablons(샤블롱) – 다양한 반죽을 굽기 전에 일정한 모양이 되도록 미리 자를 수 있는 형태의 틀.(예 : 한입 쿠키 petits fours)

Chablonner(샤블로네) – 샤블롱을 사용해 반죽을 잘라 준비하다. 이 용어는 얇은 막으로 된 커버 또는 아이싱 반죽 등으로 디저트를 덮거나 장식하는 일에도 사용한다.

Chapeler(샤플레) – 오븐에서 말린 빵을 빵가루로 만든다는 옛 요리 용어. 구운 빵 또는 토스트한 빵을 샤플레 빵이라고 불렀다. 요리에 빵가루를 뿌린 후 오븐에 넣어 그라탱을 한다.

Chapelure(샤플뤼르) – 빵가루. 빵을 말리고 빻은 후 체에 친 것.

Châtrer(샤트레) – 가재를 익히기 전에 내장을 제거하다. 갑각류의 내장을 제거하다.

Chaufroiter(쇼 프루아테) – 차가운 뷔페 음식을 쇼 프루아 소스(sauce chaud-froid)로 코팅하다.(젤리로 코팅한 크림 벨루테) 생선 필레, 닭 가슴살 요리 등등.

Chemiser(슈미제, 깔다, 바르다) – 요리를 위한 틀의 안쪽 면에 젤리, 아이스크림, 소르베, 양상추 잎, 식빵, 비스킷, 채소의 얇은 조각(호박, 가지) 등을 덮거나 바르다. 슈미제한 후 다른 재료로 틀의 중앙을 채운다.

Chiffonnade(시포나드) – 얇고 길게 자른 상추 또는 수영을 버터에 익힌 것으로 특정 수프의 곁들임 또는 장식 재료로 사용한다.

Chinoiser(ou passer au chinois) 시누아제(또는 페세 아 시누아 : 차이나 캡에 거르다) – 액체 또는 반 액체 제제(소스, 포타주)를 차이나 캡으로 여과하여 불순물을 제거하고 필요한 경우 덩어리와 아로마틱 가니쉬를 걸러낸다. Fouler(압착해서 차이나 캡에 거르다), passer(거르다, 여과하다), cribler(체로 치다), tamiser(체로 거르다) 참조.

Chiqueter(시크테 : 파이 반죽 가장자리에 작은 홈을 넣다) – 반죽(파트 푀이테, 타르트 틀에 반죽 씌우기, 파트 브리제) 가장자리에 칼 또는 피케용 특수 집게를 사용하여 작은 홈을 넣어 장식하다. pincer(반죽 가장자리 부분에 집

게로 작은 홈을 내다), videler(타르트 가장자리를 접어 모양을 내다), inciser (칼집을 내다) 참조.

Ciseler(시즐레 : 잘게 썰다, 원래는 가위로 잘게 자르다 라는 뜻) – a) 큰 생선이나 생선 필레가 잘 익도록 표면에 작은 칼집을 내다. 동의어 : inciser (칼집을 내다)

b) 상추나 수영을 얇게 썰다. chiffonnade(시포나드) 참조.

c) 양파나 셜롯을 작은 주사위 모양으로 잘게 썰다.(다지다)

Citronner(시트로네 : 레몬즙을 넣다) – 특정 과일(사과, 배) 또는 특정 채소 (샐러리 무, 아티초크 속)의 표면을 레몬으로 문질러 공기와 접촉하거나 조리 중에 갈변되는 것을 막는다.

동의어 : acidifier(산성화하다, 시게 하다), aciduler(신맛을 띠게 하다)

Clarifier(클라리피에 : 맑게 하다, 흰자 노른자를 분리하다, 거르다, 여과하다) – a) 계란 흰자나 피를 사용하여 콩소메나 젤리를 투명하게 만들다.

b) 계란 흰자와 노른자를 분리하다.

c) 버터를 중탕으로 천천히 녹여 지방이 아닌 물질(찌꺼기, 유청 écume et petit lait)을 분리하다.

d) 돼지고기 또는 닭고기 지방을 녹여 지방이 아닌 물질(찌꺼기 fritons et grattons)을 분리하다.

Clouter(클루테 : 양파에 정향을 박다, 고기나 생선에 끼워넣다) – a) 양파에 정향을 찔러 넣다.(흰색 육수의 아로마틱 가니쉬)

b) 정육점 고기, 닭고기, 생선 표면에 조리용 바늘을 사용해 작은 막대 모양의 햄, 허드레 고기, 송로버섯 조각, 소금에 절여 양념한 후 익힌 소 혀, 엔쵸비 등을 끼워 넣다. piquer(재료에 구멍을 내고 비계, 마늘 등을 넣다) 참조.

Coller(콜레) – 젤리, 식용 젤라틴 또는 기타 농축 젤화 결착제(한천 등등)를 추가하여 특정 요리의 농도를 수정하거나 강화하다.

예 : 젤리 réalisation des gelées, 쇼 프루아 소스 de la sauce chaud–froid, 고기 무스 mousses de viande, 생선 또는 채소 무스 de poisson ou de légumes, 마요네즈 소스 또는 바바루아 반죽 만들기 de la sauce mayonnaise ou de l'appareil a bavarois.

Colorer(콜로레 : 색을 내다) – 요리의 색깔을 수정하거나 강조한다.(열을 가해 갈색이 되게 하거나 식용 색소를 사용)

동의어 : 갈색이 되도록 익히기(그릴에 굽기, 볶기, 냄비에 넣어 오븐에 찌기, 오븐에 굽기) 위해) revenir(노릇노릇하게 굽다), rissoler(센불로 노릇해지게 굽다), roussir(다갈색으로 만들다, 약간 눕게 하다)

Compoter(콩포테 : 오래 천천히 끓이다) – 양파, 피망 또는 고기가 뭉그러질 때까지 오랫동안 천천히 익히다. capilotade(고기를 잘게 썰아 만든 스튜), mitonner(약한 불에 오랫동안 끓이다) 참조.

Concasser(분쇄하다, 빻다) – (파슬리, 토마토, 뼈 os, 생선뼈와 가시 arêtes 등을) 굵직하게 자르다. 미뇨네트 mignonnette를 만들기 위해 통후추를 빻을 때도 이 용어를 사용한다.

Concher(콩셰) – (초콜릿의)겉면을 매끄럽고 균일하며 부드럽게 만들고 온도를 조절하다. Tabler(초콜릿 제조 과정에서 온도를 조절하다) 참조.

Condimenter(콩디망테 : 양념하다, 조미하다) – 하나 이상의 조미료(마늘 ail, 셜롯 échalote, 레몬즙 jus de citron, 식초 vinaigre, 코르니숑 cornichons, 매운 소금 sel épicé, 설탕 sucre, 꿀 miel, 겨자 moutarde, 향유 huile parfumée, 처트니 chutney, 하리사 harissa 등등)를 첨가하여 요리의 맛을 가미하거나 신맛을 내거나 달게 하거나 향을 내거나 수정한다.

Confire(콩피르) – a) 돼지, 거위, 오리 고기를 그 정제된 기름에 넣어 오랫동안 천천히 익히다.

b) 과일을 점점 더 농축되는 시럽에 점차적으로 익힌다.(설탕에 절인 과일 fruits confits, 마롱 글라세 marrons glacés)

c) 과일이나 채소를 알코올, 식초 또는 기름 속에 넣고 보관하다.(구슬양파, 고추, 레몬 등등)

Contiser(콩티제) – 얇은 송로버섯 한 조각이 들어갈 수 있도록 닭고기, 수렵육, 특정 생선의 껍질을 섬세하게 절개하다.

Corder(코르데) – 반죽이나 감자 퓌레의 점도에 탄력이 있는 상태.(찰기가 있거나 점성이 있는 상태) 이런 상태를 피하기 위해서는 퓌레에 알맞은 감자 품종을 선택하고, 절굿공이를 돌리면서 누르지 않고 수직으로 누르며 체에 걸러줄 필요가 있다.

Cordon(코르동) – 요리 둘레에 일정하게 한 줄로 두르는 소스.

Corner(코르네) – 스크레이퍼나 고무 주걱을 사용하여 용기 가장자리를 조심스럽게 정리하다.

Corser(코르세 : 농도를 높이다, 양념을 첨가하다) – 풍미 있는 재료(예 : 미트 글레이즈, 생선 글레이즈)를 추가하거나 졸이는 기법으로 요리의 맛을 향상시키다.

Coucher(쿠셰 : 기울여 짜다) – 깍지를 끼운 짤주머니를 사용해 제과용 오븐팬 위에 슈, 에클레어 또는 머랭을 만들어 기울여 짜다. 이 용어는 짤주머니를 기울여 반죽을 짤 때 더욱 특별하게 사용한다.(에클레어 반죽을 기울여 짜다) 반면에 제과용 오븐팬 위에 짤주머니를 수직으로 유지하며 짤 때에는 슈 반죽을 올린다고 한다.

Couronne(쿠론 : 화관, 왕관 모양) – 화관 모양으로 차리다. 접시 중앙에 다른 음식을 놓을 수 있도록 중앙 공간을 비워두고 동그랗게 접시의 둘레를 음식으로 채운다.(화관 모양으로 담은 밥, 터번(왕관) 모양으로 담은 밥)

Crémer(크레메) – a) 재료에 생크림을 첨가하다.

b) 주걱이나 작은 거품기로 설탕과 말랑말랑해진 버터를 힘차게 섞는다.

Crever(크르베 : 터질 듯하다, 부풀어 오르다) – 잘 씻은 쌀을 찬물에 담그고 알갱이가 부풀어 오를 때까지 몇 분 동안 끓인다. 동의어는 《블랑시르 blanchir : 하얀 크림 상태가 되게 하다, 데치다》는 쌀 푸딩 riz au lait, 콩데 쌀 푸딩(Condé et du riz Condé), 황후 쌀 푸딩(riz Impératrice) 등을 요리할 때의 첫 번째 단계이다.

Cristalliser(크리스탈리제 : 결정이 되게 하다) – a) 과일 젤리 또는 건조 과일을 알갱이 설탕 위에 굴리다.

b) 과포화 또는 지방이 부족한 설탕 시럽이 결정화되는 것을 말한다. 설탕 시럽이 결정화 되지 않게 하기 위해서는 레몬즙, 포도당 또는 주석산 크림 그리고 주석산을 몇 방울 첨가할 필요가 있다. graisser(기름칠하다) 참조

Croustade(크루스타드) – 일반적으로 파이 반죽으로 만든 여러 모양의 납작한 한 입 크기의 파이.

Crouter(크떼 : 표면이 굳어지다) – 반죽, 크림 또는 소스의 경우, 공기와 접촉되는 부분이 건조되어 얇은 막이나 껍질이 생기는 현상을 가리킨다. 이 현상을 방지하기 위해서 모든 반죽을 랩으로 감싸고, 크림이나 소스는 표면에 도장 찍듯 버터를 발라두어야 한다.

Cuire(퀴르 : 익히다, 삶다, 굽다) – 익히는 행위. 재료를 액체 속에 담가 익히는 것을 가리킬 때도 사용한다. 설탕과 계란 노른자를 거품기로 저어 섞을 때 하얀 크림 상태가 되기 전에 만들어지는 작은 결정체를 가리킬 때도 사용되는 용어이다.

Cutterer(커터기로 다지다) – 커터기를 통과시켜 재료를 다지고 섞다.(파르시 farces, 혼합 버터 beurres composés, 테린을 위한 혼합물 melée pour terrines)

D

Darne(다른) – 2~3cm 두께의 커다랗고 둥근 생선 슬라이스(1인분)

Débarder(데바르데 : 비계를 제거하다) – 비계를 감싼 후 구운 닭고기, 수렵육, 작은 조각의 고기, 오븐에 구운 고기 등의 감싸고 있는 비계를 제거하다.

Débarrasser(데바라시 : 치우다, 처리하다, 내려놓다) – 고체 또는 액체로 된 식품을 담아둘 적절한 용기(트레이, 믹싱볼, 들통 등등)에 옮겨놓거나 덜

어두다. 뚜껑을 덮거나 랩으로 싸고 필요한 경우 식힌 후 라벨을 붙여 냉장실에 보관한다.

Déboîter(데브아트 : 통조림, 병조림 등에 묻어 있는 오염 물질을 제거하고 열다) – 열로 살균하여 밀폐된 용기에 식품을 저장하는 통조림 및 반저장 식품은 《저장 식품 Les conserves appertisées》 장에서 언급된 주의 사항에 따라 조리 전에 통이나 병 등의 오염 물질을 잘 닦은 후 조리 작업실에 둔다.

Débrider(데브리데 : 실을 풀다) – 실로 묶어 놓은 오븐구이 고기와 닭고기에서 실을 제거하다.

Débrocher(데브로셰 : 고기를 꼬치에서 뽑다) – a) 오븐구이용 꼬챙이에서 고기를 빼내다.

b) 돼지 간 구이에서 나무 꼬치를 제거하고 은색 쇠 꼬치로 교체하다.

Décanter(데캉테 : 맑은 윗물을 따라 옮기다, 고기를 국물에서 꺼내 옮겨 담다, 와인을 디캔팅하다) – a) 정제 버터의 경우 : 거품(무지방 물질 formée de matières non grasses)을 제거한 후 녹인 버터의 용기를 바꿔 유청에서 분리한다.

b) 아로마틱 가니쉬를 제거하고 차이나 캡을 통해 소스 또는 요리를 걸러내기 위해 요리(소스에 든 고기 viande en sauce, 라구 ragoût, 프리카세 fricassée)를 다른 용기에 옮겨 담는다.

c) 와인에 대해서도 적용된다.(와인 디캔팅 decanter du vin, 와인을 유리병에 옮겨 담기 carafer)

Décercler(데세르클레 : 동그란 틀을 제거하다) – 일반적으로 반죽을 노릇노릇하게 하기 위해 요리가 끝나기 몇 분 전에 키슈 des quiches나 타르트의 동그란 틀을 제거한다. 원형으로 올려 만든 디저트에 대해서도 마찬가지이다.

Décongeler(데콩즐레 : 해동하다) – 포장 및 냉장실 속에서 냉동식품의 온도를 식품을 사용할 수 있는 규정 온도로 조정한다. 급냉 저장 과정에 대한 과정 참조(procédés de conservation par le froid négatif). 대부분의 냉동식품은 미리 해동하지 않고 조리할 수 있다.

Décontaminer(데커타미네 : 오염을 제거하다) – 과일과 채소를 식초물 또는 살균 처리된 물에 세심하게 씻은 후 헹구고 채소 담당 업체에서 알려준 방법에 따라 보관한다.

Décortiquer(데코르티케 : 껍질을 제거하다) – 특정 갑각류(새우, 랑구스틴 등등)의 껍질을 제거하다. 견과류 및 껍질이 있는 과일(호두 noix, 아몬드 헤이즐넛, noisettes amandes, 코코넛 noix de coco, 리치 litchis, 람부탄 ramboutans 등등)에도 해당한다.

Décuire(데퀴르 : 물을 타서 묽게 하다) – 약간의 물을 첨가하여 끓인 설탕 시럽을 더 낮은 농도로 만든다.

Dégermer(데제르메 : 눈(싹)을 따다) – 마늘을 반으로 갈라서 싹을 빼내다.

Déglacer(데글라세) – 액체(물, 와인, 육수, 수프)를 추가하여 요리 냄비 바닥에 (캐러멜화된) 갈색으로 눌어붙은 재료를 용해시켜 데글라세 즙을 만든다.

Dégorger(데고르제 : 물에 담가서 불순물을 빼다, 소금을 뿌려 물기를 빼다) – a) 식재료에 붙어 있는 불순물(생선 뼈, 허드레 고기 등등)을 제거하기 위해 흐르는 찬 물에 담가두다.

b) 특정 채소(오이, 양배추)를 소금에 절여 채소의 물 일부를 빼다

Dégourdir(데고르지 : 재료를 워밍업시키다) – 재료의 맛있는 품질을 되찾고 더 쉽게 요리할 수 있도록 냉장된 재료를 주방의 실온에 두다.

예 : 3절 접기를 위한 푀이타주 반죽, 발효 촉진 및 활성화를 위한 효모 반죽(브리오슈, 사바랭)을 만드는데 필요한 재료.

동의어 : tempérer(완화하다, 진정시키다), assoupir(진정시키다), remettre en température pour la matière grasse(지방을 1시간 내에 63도로 데우다), chambrer pour le vin(와인을 방안에 두어 실내 온도와 같게 하다)

Dégraisser(데그레세 : 기름기를 제거하다) – a) 작은 국자를 사용하여 육수, 소스의 표면에 생긴 제방을 제거하다.

b) 고기 조각에 붙어 있는 과도한 지방을 제거한다.

Déguiser(데기제 : 당의를 입히다, 위장하다) – 《데기제(건조) déguisés》 과일(대추 dattes, 자두 pruneaux, 체리 cerises, 말린 살구 abricots secs, 호두 cerneaux de noix 등등)을 매우 높은 온도에 끓인 설탕 시럽에 담그다. 알갱이 설탕에 건조 과일을 굴려서 당의를 입힐 수도 있다. 중세 시대에는 《착시 요리 전문가 illusionistes culinaires*》의 작품인 특정 디저트를 알아볼 수 없도록 하기 위해 당의를 입혀 위장하는 일이 자주 있었다.(식사와 디저트 사이의 공연)

* 착시 요리 전문가 illusionistes culinaires : 요리로 시각적 착시나 놀라움을 주는 요리사들

Déhousser(데우세 : 덮개를 제거하다) – 닭의 모래주머니를 덮고 있는 얇은 막(씌우개, 덮개 la housse)을 제거하다.

Délayer(델레예 : 용해시키다, 연하게 하다) – a) 요리의 다양한 고형분 재료를 액체에 잘 섞는다.(크레이프 반죽 pâte à crêpes, 플랑 가루 poudre à flan, 육수 분말 fond déshydraté 등등)

b) 너무 진한 농도의 재료를 묽게 하고 느슨하게 하거나 가볍게 한다.

Dénerver(데나베 : 힘줄을 제거하다) – 고기의 《신경 부분 parties nerveuses》과 힘줄(건막 aponevroses, 결합 조직 tissus conjonctifs)을 제거하다.

Dénoyauter ou énoyauter(데누아요테 또는 이노요티 : 씨를 제거하다) – 특정 과일(올리브, 체리)의 씨를 제거하다.

Denteler(덩틀리 : 톱니 모양으로 들쭉날쭉하게 만들다) – 칼 또는 홈이 있는 원형 틀을 사용하여 마르게리타 타르트 tarte marguerite 또는 피티비에(아몬드 크림 케이크) 둘레를 《원형 화관 rosace》 또는 반달 모양으로 자른다.

Dépouiller(데푸이예 : 거품을 걷어내다, 가죽(비늘, 껍질)을 벗기다) – a) 소스, 수프, 육수 등을 조리하는 동안 표면에 생기는 얇은 막을 제거한다.

b) 산토끼 des lièvres, 토끼 des lapins, 뱀장어 des anguilles, 가자미 des soles 등의 껍질을 벗기다.

Dérober(데로베 : 껍질을 벗기다) – 잠두콩 및 완두콩의 껍질을 제거하다.

Dés(데 : 정육면체, 주사위 모양) – 큐브 모양으로 자른 식재료. 브뤼누아즈 brunoise, 미르푸아 mirepoix, 마세두안 macédoine 참조.

Dessouvider(진공 포장을 제거하다) – 규정에 해당하는 진공포장 풀기 절차에 명시된 위생 수칙을 준수하면서 진공 포장 제품을 진공팩에서 꺼내다.(외식 산업 우수 실천 가이드 참조 Guide des bonnes pratiques d'hygiene en restauration*) (p. 35)

Désoxygéner(데족시젠네 : 산소를 제거하다) – 조리하는 동안 부풀어 오르거나 변형되는 것을 방지하기 위해 부분적으로 진공 상태가 되도록 파르시(무슬린 mousseline)에서 공기를 빼다. 동의어 : désaérer(공기를 빼내다)

Désosser(데조세 : 뼈를 발라내다) – 가로무늬근(횡문근)에서 뼈를 분리하다.

Dessécher(데세세 : 말리다, 건조하다) – 반죽 또는 퓨레의 물기가 부분적으로 증발하도록 가열한다.

Desserte(데세르트 : 남은 음식) – 판매되지 않은 식품, 음식을 차려놓은 식탁 또는 뷔페의 남은 음식

Détendre(데탕드르 : 묽게 하다) – 육수 또는 같은 속성의 액체를 추가하여 소스 또는 수프가 더욱 유동적인 상태가 되도록 하다.

Détrempe(데트랑프 : 밀가루 반죽) – 특정 반죽(파트 푀이테 pâte feuilletée, 슈 반죽 pâte à choux, 파나드 panade 등등)을 위해 밀가루, 물, 소금을 혼합하여 만든 초벌 반죽.

Déveiner ou éveiner(데베네 또는 에베네 : 혈관을 제거하다) – 간(푸아그라)의 엽에서 모든 혈관을 제거하다.

Dorer(도레 : 계란물을 입히다) – 슈, 에클레어와 같은 다양한 반죽에 계란물을 붓으로 발라주면 굽거나 조리하는 동안 예쁜 색깔을 낼 수 있다.

Dresser(드레시 : 차리다, 준비하다) – a) 요리를 제공하는 접시에 음식을 조화롭게 배열하다.

b) 제과용 오븐팬 위에 짤주머니로 《쿠셰(기울여 반죽을 짜듯이) coucher》 수

직으로 짜서 반죽을 올리다.

예 : 슈 반죽을 짜서 올리다. 중탕용 그릇에 치즈를 예쁘게 담다.

Duxelles(뒥셀) – 잘게 썬 양송이버섯을 기본으로 하고 다진 양파, 셜롯과 함께 버터에 볶은 것.(다양한 파르시의 기본 재료)

E

Ébarber(에바르베 : 생선 지느러미, 수염 등을 잘라내다, 까끄라기를 제거하다, 다듬다) – a) 생선 손질의 첫 번째 단계 : 지느러미를 제거하다.

예 : 가자미 지느러미를 제거한 후 끓는 물에 데치다.

b) 수란을 손질하다.

Éborgner(에보르녜 : 필요 없는 순을 치다, 따다) – 감자의 싹을 도려내는 작업을 의미하는 다소 경멸적인 표현.

Ébouillanter ou échauder(에부이앙테 또는 에쇼데 : 뜨거운 물에 담그다) – 돼지고기 가공식품점 또는 내장 파는 상점에서 더욱 특별하게 사용되는 용어. 식품을 끓는 물에 담가 조직을 단단하게 하고 껍질을 쉽게 벗기고 특정 허드레 고기의 점막을 제거하고 털을 잘 뽑을 수 있게 하다.(가금류의 발 pattes de volaille, 돼지나 송아지의 머리와 발 têtes et pieds de porc, de veau, 위(양) panse, 대장 gros intestin 등등)

Écailler(에카이에 : 비늘을 벗기다) – a) 생선의 비늘을 제거하다.

b) 가금류의 다리를 불에 그슬린 후 표면을 긁어준다.

Écaler(에칼레 : 껍데기를 까다) – 완숙 또는 반숙 계란의 껍질을 제거하다.

Écorcher(에코르셰 : 가죽을 벗기다) – 장어의 껍질을 벗기다. 동의어 : dépouiller(가죽을 벗기다)

Écosser(에코세 : 껍질(깍지)을 까다) – 콩과 식물(콩), 예를 들어 완두콩 petits pois, 잠두콩 feves, 신선한 강낭콩 또는 건조 강낭콩 haricots en grains frais et secs, 플라조레 강낭콩 flageolets, 슈브리에 강낭콩 chevriers, 타르브 산 링고콩 lingots tarbais, 코코콩 cocos, 《닭의 콩팥》이라 불리는 콩 rognons de coq 등의 껍질을 벗기거나 콩깍지를 제거하는데 사용되는 용어.

Écumer(에퀴메 : 거품을 걷어내다) – 거품을 떠내는 국자를 사용해 육수 또는 소스 표면에 생기는 거품을 제거하다.

Écussonner(아스파라거스를 다듬다) – 아스파라거스의 껍질을 벗기고 우툴두툴한 부분을 다듬을 때 사용되는 용어.

Édulcorer(에뒬코레 : 감미료를 첨가하다) – 설탕, 꿀 또는 합성 감미료를 첨가하여 재료를 달게 하거나 산도를 조절하다.

Effeuiller(에푀이예 : 잎을 따다) – 줄기에서 잎을 분리하다(바질 basilic, 타라곤 estragon, 크레송(물냉이) cresson)

Effilandrer ou deffilandrer(에필랑드레 또는 데필랑드레 : 심줄을 제거하다) – 특히 심줄이 많은 잎꼭지나 입맥이 있는 채소의 심줄을 다듬거나 제거하다.(샐러리 잎 céleri branches, 근대 입맥 côtes de bettes, 아티초크(의 일종) 카르둔 cardons, 대황 rhubarbe 등등)

Effiler(에필레) – a) 망에 담겨 있는 싱싱한 완두콩의 껍질을 벗기고 불순물을 제거하며 다듬다.

b) 아몬드와 피스타치오를 얇은 슬라이스로 자르다.

Effilocher(에필로셰 : 풀어 헤치다) – 푹 익힌 고기나 생선의 살을 손으로 또는 기계로 찢어 분리하다.

예 : 리예트용 살코기 돼지고기를 잘게 썬다. capilotade(고기를 잘게 썰어 만든 스튜) 참조.

Effondrer(에퐁드레 : 깊이 파다) – 항문을 통해서 가금류 또는 조류 수렵육의 내장을 제거하다.

Égoutter(에구테 : 물기를 빼다) – 체, 차이나 캡, 채반 또는 회전 채소 탈수기를 사용하여 재료에 스며있는 물기를 제거하다.

Égrapper(에그라페 : 송이에서 열매를 따다) – 포도, 구스베리 groseille, 블랙커런트(카시스 cassis) 등의 열매 송이를 따다. 포도송이를 씻어 다듬고 껍질을 벗긴 후 씨를 제거하다.

Égrener(에그러네 : 낟알을 떼어내다) – a) egrapper(송이에서 열매를 따다) 참조.

b) 쌀이나 세몰리나를 익힌 후 포크를 사용하여 그 알갱이를 분리하다.

Égruger(에그뤼제 : 빻다, 갈다) – 굵은 소금, 통후추, 설탕 등을 그라인더를 이용하여 분쇄하며 가루로 갈다.

Embosser(앙보세 : emballer et pousser) (소시지를 만들다) – a) 창자로 만든 케이싱 속에 소를 넣어 감싸다.(포장하다) (돼지의 소장 menu de porc, 대장 fuseau, 맹창 chaudin, 얇은 내장막 robe 등에 소를 채우다)

b) 프랑스식 순대(부댕) le boudin, 소시지 les saucisses, 치폴라타 les chipolatas, 메르게즈 merguez 등을 만들기 위해 속을 밀어 넣다.(고기를 다지는 기계에 장착된 깔때기와 밀어 넣는 기구를 사용)

c) emballer(감싸다, 포장하다)라는 용어는 특별히 앙두유 les andouilles(돼지의 소장 또는 대장 등 내장 부위를 재료로 만든 전통적인 프랑스식 소시지), 앙두예트 les andouillettes(앙두유보다 작고 더 정교한 형태로, 주로 돼지의 소장을 이용하여 만든 소시지), 소시송 les saucissons(말린 건조 숙성 소시지)에 사용한다.

Émietter(부스러뜨리다, 잘게 부수다) – 빵이나 비스킷을 체에 거르기 전에 부스러기로 만든다. 크럼블을 위해 단단하고 건조한 재료를 작은 조각으로 부수는 것.

Émincer(에맹세 : 얇게 썰다, 저미다) – a) 슬라이스, 원형 또는 매우 얇고 일정한 조각으로 자르거나 잘게 썰다.(채소를 얇은 네모 또는 세모 조각으로 썰기, 당근, 대파, 오이 저며썰기 등등)

b) émincé(얇게 썬 것)는 일반적으로 고기를 얇은 슬라이스로 자르고 요리 이름에 해당하는 소스를 얹은 것을 가리키기도 한다.

예 : 사슈르 소스(헌터 소스)를 곁들인 닭고기 슬라이스 요리 émincé de volaille sauce chasseur.

소고기 슬라이스에 양파를 섞은 스튜 Voir miroton ou mironton, 플랑드르 스튜 carbonades à la flamande, 카필로타드(capilotade : 고기를 잘게 썰어 만든 스튜) 참조.

Enrober(앙로베 : (포장으로)싸다, (당의 따위를) 입히다) – 음식을 액체 등에 담그거나 소스 등을 겉면에 얇게 발라 균일하게 덮다.(튀김 반죽 pâte a frire, 미트 글레이즈 glace de viande, 돼지기름 saindoux, 초콜릿 chocolat)

Entonner(앙토네) – 깔때기를 사용하여 붓다.(피스톤 깔때기는 요리 둘레에 소스를 한 줄로 두르기 위해 주로 사용한다.)

Éplucher(에플뤼셰 : 껍질을 벗기다, 불순물을 제거하다) – a) 식품의 껍질이나 먹을 수 없는 부분을 제거하는 것을 의미하는 말로, 주로 채소에 사용한다. 동의어 : ecosser(껍질[깍지]을 까다), effiler(껍질을 벗기고 다듬다), equeuter(줄기[꼭지]를 떼어내다), trier(추려내다, 분류하다, 정리하다), sasser(체로 치다), monder(껍질을 제거하다)

b) 고기에도 사용할 수 있는 용어이다.

예 : 데친 소 혀의 껍질을 벗기고 불순물을 제거하다.

때로는 지방 및 힘줄을 제거한다는 의미.

예 : 소고기 안심의 지방과 힘줄을 제거하다.

Escaloper(에스칼로페 : 비스듬하게 자르다) – a) 비스듬히 슬라이스로 저며 썰다.(버섯 champignons, 아티초크 속 fonds d'artichauts)

b) 근섬유를 가로질러 슬라이스하다.

예 : 송아지 escalopes de veau, 칠면조 de dinde, 생선 슬라이스 de poisson (에스칼로프 escalope).

Étoffer(에토페 : 내용을 풍부하게 하다, 부풀리다, 살을 붙이다) – a) 요리에 추가 고명(속 재료)을 첨가하다.(생선 파르시, 닭고기 파르시)

b) 가열하여 졸이거나, 미트 또는 생선 글레이즈, 추출물, 에센스, 향신료를 추가하여 맛이 없는 요리의 풍미를 진하게 하다.

c) 메뉴 또는 뷔페에 하나 또는 두 개의 요리를 추가하다.

Étouffer(cuire à l'etouffée) (뚜껑을 덮어 찌다) – 밀폐된 냄비, 밀폐된 뚜껑이 있는 용기(스튜 냄비, 고기 냄비 등) 또는 종이 호일로 감싸 익히다. 이렇게 요리하는 경우, 채소의 수분 또는 재료 자체의 수분 또는 극소량의 물을 넣어 요리한다.(타진 tajines, 루가이유, rougail 마살라 massalé, 버터를 넣고 뚜껑을 덮어 윤이 나게 익힌 채소 légumes etuves et glaces 등등)

Étuver(에튀베 : 재료가 가진 수분을 이용해 조리하다) – a) 약간의 버터를 두르고 채소의 수분으로 재료를 데우거나 뚜껑을 덮고 천천히 익히다.

b) 증기가 나오는 오븐에 음식을 넣고 따뜻하게 유지하다.

Évider(에비데 : 도려내다, 파내다) – 특정 채소나 과일을 채우기 전에 속을 파내다.(과일 지브레 fruits givrés, 토마토 파르시와 호박 파르시 tomates et courgettes farcies, 식빵 크루통 croutons de pain de mie 등등)

Exprimer(엑스프리메 : 액, 즙 따위를 짜내다) – 음식을 꽉 짜서 물, 주스 또는 씨앗을 추출하다.

F

Farce(파르스 : 고기, 채소 등을 다진 속을 넣은 요리) – 고기 단자 pour la confection des quenelles, 파테 des pates, 테린 des terrines, 갈랑틴 des galantines 등을 만들거나 특정 요리(삼겹살 파르시 poitrine farcie, 토마토 파르시, 버섯 파르시 champignons farcis)의 속을 채우는 데 사용되는 식재료로, 잘게 다져 양념하고 때로는 녹말 등으로 농도를 진하게 해서 요리한 것.

Festonner(페스토네 : 꽃줄로 장식하다) – 요리 둘레 또는 접시 가장자리에 레몬, 오렌지, 홈을 낸 오이, 튀긴 식빵 크루통, 젤리 조각 등을 두르며 장식하다.

Figer(피제 : 엉기다, 응고하다) – 액체 상태에서 고체 상태로 변하는 지방(기름)에 대해 말할 때 주로 사용한다.(기름은 다양한 온도에서 응고된다.) (겔화되어) 굳기 시작하는 혼합물(교화제 포함 : 젤라틴 gélatine, 펙틴 pectine, 한천 agar–agar)에 대해 말할 때도 사용한다.

Filet(필레 : 안심, 극소량) – a) 고기의 가장 연한 부분(소고기 안심 filet de bœuf, 가자미 필레 filet de sole, 닭고기 안심 filet de volaille)

b) 요리에 첨가하는 레몬즙 또는 식초 몇 방울.

Fileter(필르테 : 생선 필레를 뜨다) – 유연한 날의 칼로 생선 필레를 뜨다. 필레 뜨기는 생선 손질 후 수행한다.

Filmer(필르메 : 랩으로 싸다[씌우다]) – 식품용 랩으로 요리를 덮어 보호하다.

Flamber(플랑베 : 불에 태우다, 그슬리다, 불을 붙여 풍미를 내다) – a) 가금류 또는 조류 수렵육에 남아 있는 솜털을 제거하기 위해 재빨리 불에 태우다.

b) 가금류의 다리를 불에 태워 비늘 모양의 껍질을 제거하다.(다리에 뜨거운 물을 부어 제거할 수도 있다.)

c) 일반적으로 소스(후추 스테이크 steak au poivre, 아메리칸 소스 sauce américaine)를 만들기 전에 알코올이나 리큐르(꼬냑 cognac, 칼바도스 calvados)를 뿌리고 불을 붙이다.

Flanquer(플랑케 : 곁들이다) – 주요리 둘레에 같은 속성의 재료로 만든 곁들임 요리를 담다.

예 : 파리 포위 공격(1870년) 동안에 만들어진 유명한 요리인 새끼 쥐를 곁들인 고양이 요리 chat rôti flanqué de ratons.

Fleurer(플뢰레 : 밀가루를 뿌리다) – 동의어 : fariner(밀가루를 뿌리다). 제과용 작업대 위에 밀가루를 가볍게 뿌리다. 이 기술은 반죽 또는 밀대로 민 반죽이 작업대에 달라붙는 것을 방지해준다. 과도하게 달라붙은 밀가루는 솔을 사용하여 제거한다.

Fleurons(플뢰롱 : 꽃 모양 장식) – 푀이테 반죽 남은 조각으로 만든 초승달 모양의 작은 장식.

Foisonner(푸아조네 : 부풀다, 팽창하다) – 가능한 한 많은 공기를 포함시키거나 유화시켜 농도를 가볍게 하기 위해 재료(무슬린 크림)를 세게 휘젓는다. 터빙이나 휘핑 중에 부피가 증가하는 아이스크림 혼합물(소프트 아이스 믹스)에도 사용하는 용어이다.

Foncer(퐁세 : 바닥에 깔다, 반죽을 씌우다) – a) 돼지비계 또는 아로마틱 가니쉬를 냄비 바닥에 덮다.(브레제용 팬 braisière, 스튜냄비 daubière, 코코트 cocotte 오븐 찜용 냄비, 고기 찜 참조) rondeau pour poêler ou braiser – 앞의 endaubage 참고.

b) 타르트용 원형 틀, 투르트 틀 등에 밀대로 민 반죽을 씌우다.(파트 브리제, 타르트 반죽, 사블레 반죽, 파트 슈크레, 파트 푀이테, 브리오슈 반죽 등등)

Fondre(퐁드르 : 녹이다) – a) 고체 상태에서 액체 상태로 바뀌다.(뵈르 퐁듀 beurre fondu)

b) 극소량의 물과 버터를 넣고 뚜껑을 덮어 자체 수분이 수증기가 될 때까지 천천히 익히다.

예 : 상추 시포나드 chiffonnade de laitue, 수영 시포나드 d'oseille, 양파 퐁듀 fondue d'oignons, 엔다이브 퐁듀 d'endives, 토마토 퐁듀 de tomates. étuver(재료가 가진 수분을 이용해 조리하다), suer(약불에서 색깔이 나지 않게 볶다), compoter(오래 천천히 끓이다) 참조.

Fontain(밀가루 가운데에 연못 모양으로 만든 큰 홈) – 제과용 작업대 위의 밀가루 더미를 왕관(또는 우물) 모양으로 만든 형태.

Fouetter(푸에테 : 잘 휘젓다) – 거품기를 사용하여 재료를 세게 저어 가볍게 되도록 하고, 공기를 통하게 하거나 부풀어 오르도록 하다.(휘저어 무스 형태가 된 계란 흰자, 휘핑크림, 제누아즈 반죽)

동의어 : battre(휘젓다, 섞다)

Fouler(풀레 : 압착해서 체에 거르다) – 즙을 최대한 짜내기 위해 커다란 국자나 원뿔형 절굿공이로 세게 누르며 재료를 체에 거르다. 육수, 수프, 콩소메는 압착해서 체에 거르지 않는다.

Fourrer(푸레 : 속을 채우다) – 짭짤하거나 달콤한 요리의 내부에 날것 또는 익힌 혼합물을 채우다.

예 : 슈, 에끌레르 속을 채우다, 속을 채운 팬케이크를 만들기 위해 크레이프에 속을 넣다. 속을 채운 오믈렛.

동의어 : garnir(채우다), farcir(속을 채우다, 곁들이다)

Fraiser(프레제 : 반죽을 손바닥으로 섞다) – 반죽(파트 브리제, 파트 사블레)을 부수고 손바닥이나 스크레이퍼를 사용하여 제과용 작업대 위에서 밀어서 더 균질하게 만들다.

Frapper(프라페 : 얼음으로 차갑게 하다) – 얼음이 가득 담긴 용기에 소금을 첨가하고 재료를 얼음 위에 올려 온도를 빠르게 낮추다.

동의어 : sangler(급속 냉동하다), froidir rapidement(신속하게 냉각하다), bloquer au froid(차갑게 차단하다)

Frémir(프레미르 : 기포가 조금 생길 정도로 천천히 끓이다) – 매우 천천히 끓이다.

동의어 : mijoter(약불로 익히다), suer(약불에서 색깔이 나지 않게 볶다), sourire, jojoter, popoter, mitonner(약불에 오랫동안 끓이다)

Frire(프리르 : 튀기다) – 요리할 식품의 속성에 알맞은 온도로 가열한 기름 속에 재료를 담가 익히는 조리 기술.

Fricasser(프리카세 : 고기, 채소를 프라이팬에 익히다) – 원래는 기름을 조금 두르고 프라이팬에 볶는다는 의미의 옛 용어이다.

동의어 : graillonner(기름 탄내가 나다), cuire en fricassée(프리카세로 익히다) 참조.

Fumet(퓌메 : 향기, 육수) – a) 요리에서 나오는 풍미.

b) 진한 육수(생선 육수, 수렵육 육수).

G

Garnir(가르니르 : 채우다, 곁들이다) – 동의어 : remplir(채우다), fourrer(속을 채우다) (슈, 에클레어의 속을 채우다. 짤주머니를 채우다. 곁들임 재료로 타르트 속을 채우다)

Gastrique(가스트릭) – 설탕과 화이트 식초의 혼합물이 금색이 될 때까지 끓인 것. 가스트릭은 과일을 감싸는 새콤달콤한 소스의 기본 재료이다.(오렌지를 곁들인 오리 요리 canard à l'orange)

Givrer(지브레) – 과일(오렌지, 귤, 레몬)의 속을 비운 후 주로 과일 과육으로 만든 소르베로 채우고 냉장 보관한 것을 가리킬 때 사용하는 용어이다.

Glacer(글라세 : 윤을 내다, 광택을 입히다, 설탕을 입히다) – a) 소고기 또는 닭고기 오븐 찜 또는 브레제 요리에 육수를 뿌리며 오븐이나 살라만다 열에 노출시켜 광택이 나는 얇은 막이 생길 때까지 요리한다.

b) 버터를 넣어 진하게 졸이거나 올랑데즈 소스 sauce hollandaise, 사바용 sabayon 또는 휘핑크림을 선택적으로 첨가해 만든 생선 소스를 살라만다에 넣어 약간 노릇노릇하게 하거나 갈색이 되도록 《그라티네(그라탱으로 요리하다) gratiner》.

c) 당근, 무 또는 구슬 양파에 적용할 수 있는 요리 기술. 재료에 약간의 물, 버터, 소금, 설탕을 넣고 끓인다. 요리가 끝나면 물은 완전히 증발해야 하며, 버터와 설탕은 채소를 반짝이는 얇은 막으로 감싸야 한다.

d) 특정 디저트 또는 퓌이테 반죽으로 만든 요리(크레이프 crêpes, 수플레 soufflés, 도넛 beignets, 아몬드 크림 케이크(피티비에 Pithiviers)에 슈가 파우더를 뿌리고 오븐이나 살라만다에 넣어 강한 불에 노출시켜 광택이 나게 하다. 설탕 글레이즈는 솔을 사용하여 바르는 1,260°D 시럽으로 대체할 수 있다.

e) 한입 쿠키에 윤기를 내다. Gommer(솔을 사용해 시럽을 바르다) 참조. 오븐에서 꺼낸 한입 쿠키에 1,260°D의 시럽과 포도당 또는 아라비아검을 녹여 끓인 혼합물을 발라 광택을 내다.

f) 아이싱, 퐁당 또는 캐러멜로 특정 과자나 케이크 표면을 덮다.(크림 슈 choux à la crème, 에클레어 éclairs, 제누아즈 génoises, 살람보 Salammbôs 등등) 나페 napper(과자 표면에 크림 등을 바르다), lustrer(윤을 내다) 참조

g) 매우 높은 온도(150/152도)로 끓인 설탕으로 과일을 얇은 막으로 감싸다.

Glucoser(글뤼코제 : 포도당을 첨가하다) – 항결정제를 첨가하며, 이 경우 포도당을 첨가하여 시럽을 바른다.(끓인 설탕 시럽, 과자, 케이크 제조에 쓰이는 갈색 누가 nougatine 등등)

Gommer(고메 : 솔을 사용해 시럽을 바르다) – 솔을 사용하여 중탕으로 녹인 *아라비아검으로 한입 쿠키에 윤을 내다. *아라비아검(gomme arabique) 참조.

* 아라비아검(la gomme arabique) : 아라비아고무나무에서 스미어 나오는 점액을 말린 것. 흰색, 엷은 황색 가루로 물에 녹이면 점성이 낮은 용액이 된다. 과자, 젤리, 껌 따위의 점성 증가제, 아이스크림과 맥주 거품의 안정제 따위로 쓴다.

Grainé(씨, 씨앗) – a) 과포화된 설탕 시럽이 결정화되는 상태를 말한다. 이러한 상태를 피하기 위해서는 레몬즙, 포도당, 주석산 크림, 주석산 등의 항결정제를 추가하는 것이 필수적이다.

b) 계란 흰자를 과도하게 휘젓거나 잘 섞지 않아 질감이 《오톨도톨하고 granuleuse》 응집력이 부족하며 수많은 작은 알갱이들이 보이는 상태. 이런 상태가 되는 것은 사용한 도구에 지방이 완전히 제거되지 않았거나 노른자가 묻어 있을 경우에 발생할 수도 있다. 거품기로 젓는 동안 설탕을 조금씩 넣으며 더 세게 저으면서 농도를 촘촘하게 하면 이렇게 알갱이들이 보이는 상태를 피할 수 있다.

Graisser(그래세 : 기름칠하다) – a) 음식이 달라붙는 것을 방지하기 위해 솔을 사용하여 타르트 틀이나 제과용 오븐팬에 정제 버터(또는 제과용 오븐팬용 특수 스프레이 기름)를 바른다.

b) 결정화되는 것을 방지하기 위해 설탕 시럽에 주석산 크림 또는 주석산을 몇 그램 추가하다.

Grand froid(passer et réserver) (그랑 푸루아 : 냉각, 냉각시키다, 보관하다) – a) 급속 냉각기를 사용하여 신속하게 식품의 온도를 낮추다.

b) 식품을 18도 보관실에 저장하다.

Gratiner(그라티네 : 그라탱으로 요리하다) – 완전한 그라탱의 경우 체로 친 치즈, 빵 부스러기, 빵가루나 《크럼블 crumble》을 뿌려 마무리한다. 살라만다 또는 그릴 아래에 노출시켜 노릇노릇하고 광택이 나는 크러스트가 생기도록 한다. glacer(윤을 내다), chapeler(빵가루를 내다), gratin complet(완전한 그라탱) 참조.

Griller(그리예 : 그릴에 굽다) – 식품(품질이 좋은 부드러운 고기, 가금류, 생선, 채소 또는 빵 조각)을 복사열에 직접 또는 간접적으로 노출시키거나 숯불, 가스 또는 전기 그릴에 노출시키거나, 살라만다 또는 토스터기를 사용하여 조리한다. 그릴 팬, 철판, 평평한 돌판 위에서 노릇노릇하게 굽는 것은 그릴 구이와 볶음의 중간에 해당한다. quadriller(바둑판무늬를 넣다), manchonner(뼈의 끝을 손질하다), lustrer au beurre clarifie(정제 버터로 윤을 내다) 참조.

H

Habiller(아비예 : 준비 작업을 하다, 손질하다) – a) 가금류(펼치기 étirer, 플랑베하기 flamber, 다듬기 parer, 내장 제거(비데 vider), 허드레 고기 손질하기 préparer les abattis) 또는 생선(비늘 벗기기 écailler, 지느러미 제거 ébarber, 내장 제거 vider, 씻기 laver, 물기 제거 éponger)을 조리하기 전의 사전 준비 단계.

b) 정육점 고기의 특정 부위를 준비하는 마지막 단계를 설명할 때 이 용어를 사용하기도 한다.

예 : 소고기 안심의 《에플뤼셰(불순물을 제거하며) éplucher》 손질하다(건막 제거 éliminer les aponévroses), 양고기 등심을 손질하다(양피지 껍질 제거 retirer la peau parcheminée, 위생 및 분류를 나타내는 검인 제거 les tampons sanitaires et de classification, 뼈끝을 잘라 손질 manchonner, 지방 제거 dégraisser, 뼈 제거 désosser, 고기 손질 parer)

Hacher(아세 : 다지다) – 큰칼(타르타르용 다진 고기), 고기 다짐용 기기, 커터기 또는 믹서기(소시지 속에 넣는 고기, 다양한 파르시 등등)를 사용하여 작은 조각으로 자른다. 허브, 셜롯, 양파 등은 잘게 써는 것이 더 좋다.

Hâler(태우다, 그을리다) – 빵가루를 만들기 위해 빵을 오븐에 넣어 노릇노릇하게 굽는 작업을 가리키는 옛날 용어. Chapeler un plat(gratiner) (요리에 빵가루를 뿌리다, 그라탱으로 요리를 하다) 참조.

동의어 : griller(그릴에 굽다), toaster(토스트하다), chapeler(빵가루를 만들다)

Haricoter, harigoter, halicoter(아리꼬떼) – 찢다, 갈기갈기 찢다, 조각으로 자르다를 의미하는 고대 프랑스어로 주로 무 또는 감자를 곁들인 양고기 스튜(나바린 navarin)에 적용되는 말이다.

Hâtelet(아틀레 : 작은 쇠꼬치) – 은도금 되거나 장식이 있는 금속 막대로 요리의 장식 재료를 지탱하기 위해 사용하거나, 스튜 요리의 꼬치를 대신해 사용하기도 한다.

Historier(이스토리에 : 톱니 모양을 내다, 장식으로 아름답게 꾸미다) – 주방용 칼 또는 전용 칼(샤넬 나이프)을 사용하여 채소나 과일(레몬, 토마토)에 장식 모양을 내다. 일반적으로 장식 재료를 사용하여 요리를 예쁘게 장식하거나 꽃줄로 장식한 것을 가리킨다. 또한 일정하게 홈이 파인 모양의 타르트 틀을 가리키기도 한다.

Huiler(윌레 : 기름을 바르다, 기름이 생기다) – a) 접시, 조리 도구, 유산지 등의 표면에 재료가 들러붙지 않도록 솔을 사용하여 기름을 얇게 바른다.(웍 wok, 프라이팬 poêle, 그릴 팬 plaque à snacker, 그릴 gril 등등)

b) 기름을 짤 수 있는 과일(호두, 아몬드)을 분쇄할 때 심하게 갈리고 으깨져

서 기름방울이 생기는 것을 가리킬 때도 사용한다.

c) 과자나 케이크를 만들 때 반죽이 너무 높은 온도로 부풀어 분해되고 반죽 표면에 뵈르 퐁듀 beurre fondu가 방울질 때 적용되는 용어이기도 하다.

Hydrater(이드라테 : 수분을 주다) – 너무 건조해서 갈라질 위험이 있는 반죽이나 초벌 반죽에 액체, 이를 테면 물을 첨가하다.(부드럽게 하다)

I

Imbiber(앵비베 : 적시다, 스며들게 하다) – 부드럽게 하거나 향 또는 풍미를 위해 특정 재료를 액체(시럽, 알코올, 리큐르 등등)에 담그다.(비스킷, 제누아즈 원형 조각, 바바, 사바랭 등등) 럼이 사용될 경우 puncher(시럽에 적시다)라는 용어를 사용한다(puncher des babas 럼을 넣은 시럽에 바바를 담그다).

Imbriquer(앵브리케 : 기와 모양으로 배열하다, 서로 포개어 놓다) – 지붕 위에 슬레이트를 올리는 것처럼 규칙적으로 서로 겹치도록 재료를 배열하다. (가리비 조각으로 원형 장식 rosace de lamelles de coquille Saint–Jacques, 소시지 조각 rondelles de saucisson, 앙두이 소시지 조각 d'andouille, 냉육 조각 tranches de viande froide, 햄 조각 de jambon 등등)

Inciser(앵시제 : 칼집을 내다) – 두꺼운 재료의 표면을 칼로 깊지 않게 절개하여(바둑판 모양내기 quadriller) 수축을 방지하거나 골고루 익을 수 있게 하다.

예 : 생선 필레 또는 큰 토막 껍질에 칼집 내기 filet ou gros poisson cuit sur peau, 거위나 오리 가슴살의 기름진 껍질에 칼집 내기 peau grasse d'un magret d'oie ou de canard, 그릴 또는 오븐에 구울 가지에 칼집 내기 chair des aubergines pour griller ou rôtir 등등

Incorporer(앵코르포레 : 혼합하다, 섞어 넣는다) – 혼합물을 준비하는 동안 재료를 추가하여 골고루 잘 섞다.(바바루아 반죽을 만들기 위해 크렘 앙글레즈에 휘핑크림을 넣어 잘 섞다. 슈 반죽의 밀가루 반죽에 계란을 넣어 잘 섞다)

Infuser(앵퓌제 : 우려내다) – 향긋한 허브, 향신료 또는 양념을 끓인 액체에 넣어 천천히 식힌 후 뚜껑을 닫고 향이나 풍미가 골고루 퍼지도록 하다.

예 : 바닐라를 넣은 우유, 시럽과 감귤류 제스트, 레드 와인과 계피, 정향과 통후추 등등

참고 : 달임의 경우, 허브, 아로마틱 가니쉬 또는 향신료를 넣고 액체와 계속 끓인다. 육수는 달이는 방법으로 끓인다.

Invertir(에뱅티어 : 뒤바꾸다, 뒤집다) – 산(주석산 tartrique, 구연산 citrique, 주석산 크림 de la crème de tarte)을 추가하여 설탕 시럽(자당 à base de saccharose)을 단순화(단당으로 변환 le transformer en sucre simple)하다. 전화당 시럽 Le sucre inverti은 주로 제과 및 아이스크림에 사용한다.

J

Julienne(쥘리엔느 : 채썰기) – 당근, 무, 송로버섯, 버섯, 레몬과 오렌지 제스트 등을 얇고 길게 썬 조각.

L

Laminer(라미네 : 압연하다, 눌러 두께를 줄이다) – 제면기의 롤러 사이에 반죽을 여러 번 통과시켜 밀어내다.

동의어 : abaisser(반죽을 밀다), étendre(펼치다)

Larder(라르데 : 돼지비계를 찔러 넣다) – 소금에 절이고 후추를 뿌리고 다진 파슬리를 뿌린 후 꼬냑에 절여 냉각하여 굳힌 돼지비계의 얇고 긴 조각을 조리용 바늘을 사용하여 크고 질긴 살코기에 통과시켜 넣다. 돼지비계를 넣은 고기는 대부분 저온에서 브레제(오븐 찜) 또는 수비드로 조리한다.

Laver(라비 : 씻다) – a) 식품(채소)을 살균제 또는 식초를 넣은 찬물에 담가 각각의 과일 및 채소에 알맞은 방법에 따라 헹구며 불순물을 꼼꼼하게 제거한다.

b) 설탕을 끓이는 동안 뜨거운 물에 담근 솔을 사용해 팬 내부의 가장자리를 닦는다. 이 작업은 결정화되고 캐러멜화된 설탕이 팬의 측면에 덩어리로 들러붙고 캐러멜이 너무 이르게 착색되는 것을 방지한다.

Lever(르베 : 들어올리다, 떼어내다, 잘라내다) – a) 효모(효모 반죽, 사바랭 반죽, 바바 반죽, 브리오슈 반죽, *구겔후프 반죽, 빵 반죽, 피자 반죽 등등)의 작용으로 부피가 증가하는 반죽을 가리킨다.

*구겔후프(kpiglof) : 빵 효모로 발효시킨 케이크로 독특한 링 모양 틀에 넣어 굽는다.

b) 관절에서 다리를 탈구시켜 가금류를 자르거나(쉬프렘 잘라내기 lever les supremes) 날개(가슴살 les blancs)를 길고 가는 조각으로 자르는 방법을 가리키기도 한다.

c) 감귤류 속의 희끄무레한 껍질(심피의 내부 표피 les loges carpellaires)을 제거하며 과육 조각을 분리한다. 과육을 조각으로 자른다.

d) 얇고 유연한 칼날을 사용하여 생선에서 필레를 뜨다. 가자미 필레를 뜨다.

e) 특수 숟가락(채소 볼러)을 사용하여 채소 속을 공 모양으로 만들며 떠내다(옥스테일 소꼬리 모양 숟가락 à oxtail, 동그란 모양으로 파내는 숟가락 헤이즐넛 사과 à pommes noisettes, 파리지앤느 parisienne 등등). 멜론 속에서 공 모양을 뜨다.

Lier(리제 : 액체의 농도를 진하게 하다) – 육수, 소스 또는 포타주를 특별한 농도가 되도록 만들거나 리에종 재료 또는 농도를 짙게 하는 첨가물(루 roux, 물에 녹인 전분 fécule diluée, 계란 노른자 jaunes d'œufs, 피 등등)을 추가하여 농도를 조절한다.

coller(농도를 조절(강화)하다), gélifier(겔화시키다), réduire(졸이다), émulsionner(유화시키다) 참조

Limoner(리모네 : 껍질이나 불순물을 제거하다) – 흐르는 물에 씻으며 특정 허드레 고기(골 cervelles, 척수 amourettes)의 피 묻은 부분과 껍질을 제거하다.

Lisser(리세 : 매끄럽게 하다) – a) 거품기나 주걱으로 크림이나 소스를 세게 휘저어(덩어리가 없도록) 부드럽고 균일한 농도를 만든다.

b) 금속으로 된 주걱을 사용하여 디저트에 크림을 바르고 겉면이 매끄럽게 되도록 고른다.

Lit(리 : 밑받침, 층) – 접시 바닥에 담는 기본 재료의 한 층.

Louchir(루쉬 : 흐려지다, 투명도를 잃다) – 적절하지 않게 휘젓거나 너무 빠르게 끓였거나, 발효가 시작되어 투명도를 잃는(흐려지는) 육수, 젤리, 콩소메 등을 가리킬 때 사용한다.

Lustrer(뤼스트레 : 윤을 내다, 광택을 내다) – 정제 버터, 젤리 또는 토핑을 조리용 붓으로 요리에 발라 윤기가 나게 하다.(오믈렛, 오븐에 구운 고기, 그릴에 구운 고기, 타르트 등등) 나페(napper : 요리, 과자의 표면에 크림, 소스 등을 바르다), 아브리코테(abricoter : 디저트에 살구잼 또는 살구 젤리를 바르다)

Luter(뤼테 : 밀봉용 반죽으로 봉하다) – 밀가루와 물의 혼합물 또는 파트 푀이테를 사용해 조리 냄비를 밀폐시켜 봉하다. 르페르(repère : 조리 용기를 봉하기 위한 반죽) 참조.

M

Macaronner(마카로네 : 마카롱 반죽을 섞다) – 머랭 반죽이나 계란 흰자를 섞어 무스처럼 만든 것을 떠서 의도적으로 위에서 떨어뜨리며 반죽의 농도를 고르게 하다.

Macérer(마세레 : 담그다) – a) 말린 과일, 생과일 또는 설탕에 절인 과일, 감

귤류 제스트를 알코올, 리큐르, 와인 또는 시럽에 담가서 향이 스며들게 하다.

b) 예를 들어, 생과일 과육은 설탕에 녹여 잼을 만들 수 있다.

c) 육류, 생선, 채소의 경우, mariner(소금[소스]에 절이다[재우다])라는 용어가 더 적합하다.

Madériser(마데리제 : 마데이라 포도주를 첨가하다, 와인을 산화시키다) — 소스, 졸인 소스, 마리네이드에 마데이라 포도주를 추가하다.(테린 terrine, 푸아그라 foie gras 등등) 보관을 잘못되거나 너무 오래되어 마데이라 포도주의 색과 맛을 띠는 와인을 가리킬 때도 사용한다.

Malaxer(말락세 : 반죽하다, 주무르다) — 어원학적으로 말하면, 손으로 섞다. (일회용 장갑을 사용하는 것이 바람직함)

동의어 : pétrir(반죽하다, 주무르다), mélanger(섞다), mêler(혼합하다)

Manchonner(망쇼네 : 뼈끝을 보기 좋게 손질하다) — 특정 뼈를 덮고 있는 살(갈비, 닭다리, 닭 날개 등등)을 제거하여 예쁘게 보이도록 하고 종이 호일 또는 장식용 커버로 감쌀 수 있다.

Manier(마니에 : 손으로 반죽하다) — 손으로 주물러 잘 섞는다. 말랑말랑한 버터와 밀가루를 동량으로 섞어 《뵈르 마니에 un beurre manié》를 만들 때 주로 사용하는 용어이다. 뵈르 마니에는 소스의 농도와 부드러움을 조절하기 위해 사용한다.

Marbrée(마르브레 : 마블링) — 근육질이 수많은 지방 정맥으로 분리되어 근육 사이에 많은 지방층(마블링)이 분포된 고기(소갈비, 소고기 등심)를 말할 때 사용한다.

Marbrer(마르브레 : 대리석 무늬로 장식하다) — 요리를 접시에 담을 때, 밀푀유 표면의 퐁당, 과일 쿨리 또는 소스 위에 대리석의 결을 모방하며 장식하다.

Mariner(마리네 : 재료를 소금물 [소스]에 절이다[재우다]) — 요리할 식재료에 따라 다른 구성의 마리네이드 marinade로 식재료(정육점 고기, 수렵육, 가금류, 생선, 채소)를 양념하다. 마리네이드의 목적은 다양하다. 마리네이드와 그 재료와의 접촉 기간에 따라 고기를 연하게 하고 풍미가 깊어지게 하며, 냉장 보관되는 경우 유통 기한을 연장할 수 있다.

Marquer(마르케 : 표시를 하다, 준비하다) — 재료를 준비한 후 조리를 시작하다.

예 : 라구를 조리할 준비를 하다.

Masquer(마스케 : 씌우다) — 크림, 소스 또는 젤리로 요리(디저트, 접시의 바닥)를 균일하게 덮는다. 나페(napper : 요리, 과자의 표면에 크림, 소스 등을 바르다), 뤼스트레(lustrer : 윤을 내다), 글라쎄(glacer : 윤기를 내다) 참조.

Masser(마세 : 집결시키다, 한 덩어리로 만들다) — 결정화되는 과포화 설탕 시럽을 말한다. 시럽이 흰색이 되고 흐려지면 냄비의 벽에 작은 설탕 결정이 나타난다. 이렇게 되는 것을 막으려면 포도당, 주석산 크림, 레몬즙 조금 또는 구연산을 시럽에 첨가하여 《기름칠 graisser》할 필요가 있다.

Matignon(마티뇽) — 아로마틱 가니쉬를 작은 정육면체 모양으로 썰어 버터에 볶은 후 화이트 와인 또는 마데이라 포도주로 데글라세한 것. 마티뇽은 당근, 양파, 샐러리, 생햄, 부케가르니로 만든다.

Maturer(마튀레 : 숙성시키다) — 혼합물(아이스크림 혼합물)을 냉장실에 몇 시간 동안 보관하여 걸쭉하게 만들고 맛있는 품질(맛과 부드러움)을 개선하기 위한 물리 화학적 반응이 일어나도록 하다.

아이스크림 저온 살균기는 크림 앙글레즈를 만들어 우수한 위생 조건에서 숙성되도록 한다.

Meringuer(므랭게 : 머랭 반죽을 하다, 머랭을 올리다) — a) 계란 흰자가 무스처럼 될 때 소량의 설탕을 넣고 세게 섞는다.(수플레 반죽, 비스킷 반죽) 이 기술은 머랭 반죽을 부드럽게 하고 입자가 생길 위험을 제한해준다. 세레 Serrer(촘촘하게 하다, 밀집시키다) 참조.

b) 타르트나 디저트에 머랭을 올리다. 타르트나 디저트 위에 홈이 있는 깍지를 끼운 짤주머니를 사용하여 머랭을 덮거나 일정하게 짜준다. 슈거 파우더를 뿌리고 매우 뜨거운 오븐이나 살라만다 salamandre에 넣어 윤이 나

게 한다.

예 : 레몬 머랭 타르트 tarte au citron meringuée, 오믈레트 노르베지엔 omelette norvégienne*

Mignonnette(미뇨네트) — a) 굵게 간 통후추.

b) 필레 미뇽 filet mignon에서 동그랗고 도톰하게 썬 고기(양고기 미뇨네트 mignonnettes d'agneau)와 동의어.

Mijoter(미조테 : 약불로 익히다) — 천천히 뭉근하게 끓이다. Mitonner(약한 불에 오랫동안 끓이다), compoter(오래 천천히 끓이다) 참조.

Mirepoix(미르푸아) — 일반적으로 당근, 양파, 샐러리, 삼겹살, 부케가르니로 구성된 아로마틱 가니쉬를 정육면체로 썰어 노릇노릇하게 볶은 것.

Mitonner(미토네 : 약한 불에 오랫동안 끓이다) — 과거에 이 용어는 빵으로 만든 요리(수프, 파나드 panade 등등)를 매우 천천히 끓이는 경우에 사용했다. 오늘날은 재료와 상관없이 모든 것을 천천히 끓이는 것을 가리킨다.

동의어 : mijoter(약불로 익히다), sourire, popoter, jojoter, frémir(매우 천천히 끓이다)

Mix(믹스 : 아이스크림 또는 소르베 믹스 appareil à glace ou sorbet) — 소르베와 아이스크림 구성에 들어가는 모든 재료.

Monder(몽데 : 껍질을 제거하다) — 특정 채소나 과일을 끓는 물에 몇 초 동안 담갔다가 즉시 식혀서 껍질을 제거하다.(토마토, 복숭아, 자두, 아몬드, 피스타치오 등등)

동의어 : ébouillanter(끓는 물에 담그다), échauder(껍질 등을 제거하기 위해 고기 또는 채소를 끓는 물에 데치다)

Monter(몽테 : 거품을 내며 섞다) — 거품기를 사용하여 공기를 혼합하여 부피를 늘리거나(계란 흰자 휘핑, 제누아즈 반죽 휘핑), 기름이나 정제버터를 《유화 émulsionner》 소스에 혼합하다.(마요네즈 소스 만들기 monter une sauce mayonnaise, 뵈르 블랑 만들기 monter un beurre blanc) 비스킷과 제누아즈 또는 슈와 에끌레르를 겹쳐서 디저트를 만들 때도 이 용어를 사용한다.

예 : 디저트를 원형으로 만들다 monter un entremets en cercle, 모카 케이크를 만들다 un moka, 헐리지유를 만들다 monter une religieuse, 삐에스 몽떼 une pièce montée.

Mortifier(모르티피에 : 고기를 연하게 하다, 숙성시키다) — 육질이 부드러워지도록 습도가 조절된 냉장실에서 며칠 동안 고기나 수렵육을 숙성시키다.

Mouiller(무이예 : 액체를 첨가하다) — 재료에 액체(육수, 와인, 물)를 부어 요리하다.

Mouler(물레 : 틀에 붓다, 틀에 넣다) — 요리를 위한 틀에 재료나 반죽을 틀 모양이 되도록 채우다.

N

Nacrer(나크레 : 우윳빛처럼 뽀얗게 되도록 볶다) — 필라프 밥 요리의 첫 단계로, 씻지 않은 쌀에 기름을 두르고 색깔이 나지 않게 천천히 익힌다. 표면의 전분은 덱스트린 dextrine으로 변하고 쌀은 자개에 가까운 색을 띠게 된다.

Napper(나페 : 요리, 과자의 표면에 크림, 소스 등을 바르다) — a) 국자 또는 포타주용 숟가락을 사용하여 소스 또는 크림을 요리에 균일하게 덮어 바르다. masquer(씌우다), lustrer(윤을 내다), abricoter(윤기를 내다, 디저트에 살구잼 또는 살구 젤리를 바르다) 참조.

b) cuire à la nappe(걸쭉한 농도가 되도록 주걱으로 계속 저으며 약불에 끓이다) : 크렘 앙글레즈를 88~92도 사이의 온도로 끓여(온도는 설탕 농도에 따라 다름) 주걱을 고르게 덮을 때까지 요리하다.

c) 소스를 요리에 바를 수 있는 농도가 될 때까지 끓여 졸이다.

P

PM et QS(소량) – 측정할 수 없는 양, 정확하게 계량할 수 없는 양.

동의어 : trait(소량), filet(극소량), prise(소량), pincée(한 꼬집), pointe(자극적인 것의 소량)

PM : pour mémoire(기억을 위해, 참고용으로, 또는 메모로 남겨둠)

QS : quantité suffisante(충분한 양)

Pacosser(파코세) – Pacojet(파코제) 브랜드의 믹서기를 사용하여 냉동 재료를 섞거나 분쇄하다. 이 기기를 사용하면 사전 해동 없이 거의 즉시 《알맞은 양으로 à la portion》 재료(퓨레, 아이스크림, 소르베 등등)를 준비할 수 있다.

Panacher(파나셰 : 이질적인 요소를 혼합하다) – 색상, 맛, 모양이 다른 여러 재료를 섞다.

예 : 여러 가지 색깔의 콩(동량의 완두콩과 강낭콩 haricots verts et flageolets en parties egales)

Panade(파나드) – 물, 우유, 버터, 밀가루로 구성된 일종의 초벌 반죽으로, 이를 테면 고기 완자를 만들기 위한 기본 재료로 사용된다.

Paner(파네 : 빵가루를 입히다) – a) Paner à l'anglaise(계란물에 빵가루 입히기) : 빵가루를 입힐 재료(에스칼로프 escalope, 생선 필레 filet de poisson, 크로켓 croquettes 등등)를 차례대로 밀가루, 계란물, 채친 빵가루 순으로 입히다. 이렇게 준비된 재료는 볶거나 튀긴다.

b) Paner au beurre(버터에 빵가루 입히기) : 정제 버터에 재료(생선 필레)를 담근 후 체친 빵가루를 입히다. 이렇게 준비한 재료는 주로 그릴에 굽는다.

예 : 생제르맹 소스를 곁들인 넓치 필레 filet de barbue Saint–Germain.

c) Paner à la milanaise(밀라노 식으로 빵가루 입히기) : 계란물에 빵가루 입히는 것처럼 하며 빵가루에 갈아서 체에 친 파르메산 치즈 1/3을 추가한다.

예 : 밀라노 식 에스칼로프 escalope à la milanaise.

d) Panage spécial hâtereaux ou attereaux(빵가루 입힌 돼지 간 요리) : 돼지 간 꼬치를 졸인 소스(빌레로이 소스를 곁들인 따뜻한 미트 글레이즈 glace de viande tiédie –sauce Villeroy)에 담근 후 빵가루를 입히다. 돼지 간을 튀긴 후 나무 꼬치를 은으로 된 꼬치 또는 은색으로 도금된 꼬치로 대체한다.

Panoufle(파누플 : 갈비살) – 엉덩이 또는 안심과 연결된 복부 부분으로 짧게 잘라 내거나 평평하게 두드려 펼 수 있다.

Papillote(파피요트 : 버터를 먹인 포장지) – 보기 좋게 손질한 뼈끝을 장식하는 윤이 나는 장식종이 커버.

Parer(파레 : 준비하다, 손질하다) – a) 재료의 모습이 예쁘지 않게 보이게 하는 부분을 제거하며 일정한 모양이 되도록 하다.

b) 채소를 자르거나 돌려 깎는 전 단계.

c) 식품이나 요리에서 예쁘지 않은 부분이나 먹을 수 없는 부분을 제거하다.

예 : 탄 가장자리 bords brûlés, 채소의 질긴 부분 partie ligneuse d'un légume, 가금류의 허드레 고기 abattis d'une volaille(발톱 ongles, 날개 끝 extrémités des ailerons, 며느리발톱 ergots 등등)

Parfumer(파르퓌메 : 향료를 넣다, 풍미를 내다) – 천연 또는 합성 향료 parfum naturel ou de synthèse, 아로마 arôme, 추출물 extrait, 에센스 essence, 농축액 concentre, 증류물 distillat, 에센셜 오일 huile essentielle, 꽃수(플로럴 워터) eau florale 등을 요리에 첨가하여 향을 내다.

Partir(파르티르 : 시작하다) – 음식을 요리하기 시작하다. marquer(표시를 하다, 준비하다) 참조.

Parures(파뤼르 : 다듬어낸 부스러기) – 음식의 겉모습이 보기 좋지 않게 하는 부분 또는 부스러기(찌꺼기).

Passer(파세 : 거르다, 여과하다) – 음식(크림, 퓨레, 포타주, 육수)을 채반, 차이나 캡, 체, 무명천에 통과시켜 물기를 빼거나 먹을 수 없는 부분을 제거하다.

예 : 국자를 사용하며 차이나 캡에 소스를 거르다. 절굿공이를 사용하여 체

에 퓨레를 거르다

Pasteuriser(파스퇴리제 : 파스퇴르법 [저온]으로 살균하다) – 수제 아이스크림을 만들 때 주로 사용하는 용어. 크렘 앙글레즈 또는 아이스크림 믹스는 저온 살균 여부에 따라 다소 오랜 기간 동안 특정 온도에서 유지된다.(아이스크림 제조인의 모범 사례 가이드 consulter le Guide de bonnes pratiques du patissier glacier 참조) 저온 살균의 목적은 아이스크림의 맛을 보존하며 위생과 더 좋은 보존을 보장하는 것이다.

Pâton(파통 : 반죽 덩어리) – 자르지 않은 반죽 덩어리.

Peler(플레 : 껍질을 벗기다) – 과일이나 채소의 껍질을 제거하다. 동의어 : éplucher(껍질을 벗기다, 불순물을 제거하다), monder(껍질을 제거하다), dérober(껍질을 벗기다)

Persillade(페르시야아드) – 체친 빵가루, 다진 마늘과 파슬리의 혼합물.(프로방스식 토마토 tomates à la provençale, 파슬리를 곁들인 양고기 등심 carré d'agneau persillé)

Persiller(페르시예 : 파슬리를 뿌리다, 고기에 지방이 잘 섞인, 녹색 곰팡이 반점이 많은) – a) 요리에 다진 파슬리를 뿌리다. 예 : 파슬리를 뿌린 감자 pommes persillées.

b) Persillée(고기에 지방이 잘 섞인) : 근육의 사이사이에 매우 가는 지방질이 많은 고기의 속성.(근육 내 지방은 근육 외 지방인 마블링과 다르다.)

c) 녹색 곰팡이 반점이 많은 특정 치즈(블루치즈 les fromages bleus)를 지칭하기도 한다.

Pétrir(페트리르 : 반죽하다, 주무르다) – 일반적으로 손으로 반죽해 발효된 반죽을 기계식 반죽기, 갈고리 또는 톱날 등이 달린 믹서기를 사용하여 격렬하게 섞어 작업하는 것.

Piler(필레 : 빻다, 찧다) – 절구와 절굿공이를 사용하여 음식을 퓨레로 만들거나, 생선 수프를 만들기 위해 생선 뼈 등을 빻다.

Pincer(팽세 : 냄비 바닥에 붙은 고기즙을 캐러멜화하다, 타르트 가장자리에 집게로 작은 홈을 내다) – a) 오븐에 굽거나 찐 고기의 육즙을 노릇노릇하게 하며 조리한 냄비 바닥에 눌러 붙게 하다.(오븐구이 육즙 또는 오븐 찜 육수가 생길 때 데글라세하기 전 단계)

b) 특정 요리의 풍미와 색깔을 수정하기 위해 조리 용기 바닥에 눌러 붙게 하며 일부러 색깔을 내다.(다진 양파 볶음 oignons émincés, 엔다이브 뫼니에르 endives meunière 등등) 동의어 : caraméliser(캐러멜화하다)

c) 제과용 특수 집게를 사용하여 타르트, 투르트, 파테 앙크루트 둘레 부분에 일정한 간격의 작은 홈을 내어 예쁜 모양이 되게 하다. chiqueter(타르트 가장자리에 작은 홈을 넣다), videler(타르트 가장자리를 접어 모양을 내다)

Piquer(피케 : 찌르다) – a) 조리용 바늘을 사용해 끼워 넣다. 작은 막대 모양의 돼지비계 de petits bâtonnets de lard gras, 송로버섯 조각 de truffe, 소금에 절이고 양념한 소의 혀, 프리캉도* fricandeau, 그르나댕* grenadin, 리드보 ris de veau(송아지 췌장 요리), 또는 닭고기 쉬프렘 suprême de volaille 등을 조리용 바늘에 끼워 넣다.

*프리캉도(fricandeau) : 송아지 넓적다리 살에 베이컨을 끼워 찐 요리.

*그르나댕(grenadin) : 송아지 넓적다리 살의 찜.

b) 굽는 동안 부풀어 오르는 것을 방지하기 위해 밀어 놓은 반죽 표면에 피케 롤러 pique–vite를 사용하여 여러 개의 작은 구멍을 내다.

Pluches(플뤼슈 : 가지의 꼭대기, 처빌, 파슬리, 크레송의 잎사귀) – 처빌 de cerfeuil, 파슬리 또는 크레송 de persil ou de cresson(특정 포타주의 곁들임 장식)의 줄기 또는 잎의 끝부분. trifollier(처빌 줄기를 세 잎으로 분리하다) 참조.

Pocher(포셰 : (끓는 액체에) 넣다, 삶다) – 재료를 액체(물 eau, 육수 fond, fumet, 시럽 sirop 등등)에 담가 익히다.

예 : 흰색 육수에 데친 닭고기 poularde pochée dans un fond blanc, 쿠르 부용에 데친 대구 토막 tronçon de cabillaud poché dans un court–bouillon,

시럽 또는 향료를 첨가한 와인에 데친 배 poires pochées dans un sirop ou dans du vin aromatisé.

Poêler(푸알레 : 냄비에 넣어 오븐에 찌다) – 움푹한 냄비에 버터에 볶은 아로마틱 가니쉬(마티뇽 Matignon)를 깔고 그 위에 정육점 고기 또는 가금류의 큰 토막을 올리고 뚜껑을 덮어 익힌다. 고기 토막을 익힌 후 오븐 찜 육수를 졸이고 진하게 되도록 만든다. 이 요리법은 오븐에 구울 때 건조될 위험이 있는 큰 고기 조각에 적합하다. 이 용어는 종종 작은 고기 토막을 《프라이팬에 볶는 sauter à la poêle》 요리법과 혼동되기도 한다.

Pointe(푸앵뜨 : 자극적인 것의 소량) – 매우 작은 양의 조미료(소량의 카옌 고추 une pointe de piment de Cayenne, 소량의 에스쁠레트 고추 de piment d'Espelette).

Pommé(속이 찬) – 속이 꽉 차고 단단한 잎채소를 말한다. 또한 계란 흰자를 저어 무스처럼 만들거나 휘핑크림을 젓는데 사용하는 매우 유연한 동그란 모양의 거품기를 가리킬 때도 사용한다.

Pomper(빨아들이다, 흡수하다) – 소금물에 절이기 위해 소금을 주입하다. saumurer(소금물에 절이다), saumure(소금물, 간수), salpêtre(초석, 초산염) 참조.

Pousser(푸세 : 부풀다) – 베이킹파우더에 의해 생기는 발효를 촉진하여 《부풀어 오르는 levée》 반죽의 부피를 늘리다.

동의어 : pointer(솟아오르다), lever(부풀어 오르다)

Praliner(프랄리네 : 설탕에 졸이다, 프랄린*으로 만들다, 프랄린을 넣다) – a) 아몬드, 헤이즐넛에 끓인 설탕 시럽을 바르거나, 설탕을 뿌려 오븐에 넣고 캐러멜화하다.

b) 재료(크렘 앙글레즈 crème anglaise, 크렘 파티시에르 crème pâtissière, 버터 크림 crème au beurre)에 프랄린을 첨가하다.

*프랄린(Pralin) : 견과류를 설탕 시럽에 조린 과자.

Prendre ou faire prendre(프랑드르 : 굳어지다, 엉기다, 열다) – a) 농도를 달라지게 하거나 걸쭉하게 하는 겔화제(식용 젤라틴 gélatine alimentaire, 펙틴 pectine, 한천 agaragar 등등)를 포함하는 재료를 말한다.

예 : 젤리 gelée, 바바루아 반죽 appareil à bavarois, 쇼 프루아 소스 sauce chaud–froid 등등.

b) 또한 동물성 단백질(피 sang, 계란, 코라이 corail(조개, 새우 등의 먹을 수 있는 붉은 내장 부분)가 풍부하고 열을 가하면 농축되는 전분 성분이 있는 혼합물을 가리키기도 한다.

예 : 플랑 반죽 appareil à flan, 프리즈 반죽 à crème prise, 쉬브릭 반죽 à subric, 피를 넣은 프랑스식 순대 boudin au sang 등등.

c) 원심 분리기로 돌리거나 급속 냉동하는 동안 농도가 변하기 시작하는 소르베나 아이스크림을 가리킨다. sangler(급속 냉동하다), turbiner(원심 분리기로 분리하다) 참조.

Puits(퓌 : 가운데 파인 곳) – 동의어 : fontaine(퐁텐 : 밀가루 가운데에 연못 모양으로 만든 큰 홈)

Puncher(펑셰 : 시럽에 적시다) – 부드러움과 촉촉함을 위해 비스킷, 제누아즈 또는 디저트를 럼주를 넣은 시럽에 담그다.

동의어 : imbiber 적시다, 스며들게 하다, siroper 시럽에 담그다.(이 경우, 알코올이나 리큐르의 특성은 명시되지 않음)

Q

Quadriller(카드리예 : 바둑판무늬를 넣다) – a) 구울 재료를 그릴에 올려 바둑판무늬를 내다.

b) 칼 등을 사용하여 빵가루를 입힌 재료에 표시하며 모양을 내다.(빵가루를 입힌 대구 merlans à l'anglaise, *비너 슈니첼 escalopes viennoise)

*비너 슈니첼(escalopes viennoises) : 오스트리아의 송아지고기 커틀릿 요리.

c) 타르트 위에 띠 모양의 반죽을 십자형으로 배열하다.(*린처토르테 Linzertorte)

동의어 : rioler(띠 모양의 반죽으로 장식하다)

*린처토르테 Linzertorte : 격자무늬 장식을 한 오스트리아 타르트의 한 종류.

d) 포크를 사용하여 일종의 격자 모양을 만들어 특정 요리를 장식하다.(바스크 케이크 gâteau basque, 다양한 퓨레 purées diverses)

R

Rabattre(ou rompre la pâte) (라바트르 : 두드리거나 눌러서 평평하게 하다) – 효모 반죽(브리오슈 등)의 발효를 일시적으로 늦추고 반죽을 포개어 접은 후 손으로 가볍게 눌러 이산화탄소가 생기는 것을 억제하다. 이렇게 하면 증식한 효모가 고르게 분포되고 추후에 효모가 활성화되는데 필요한 산소가 제공된다.

Raffermir(라페르미르 : 단단하게 하다, 굳게 하다) – 반죽, 크림, 혼합물 등을 냉장실에 보관하며 더욱 단단한 점도가 되게 하다.

Rafraîchir(라프레시르 : 차갑게 하다, 식히다, 새롭게 손질하다) – a) 흐르는 물에 식재료를 재빨리 식히다.

예 : 삶은 채소 légumes cuits à l'anglaise. 프라페 frapper(얼음으로 차갑게 하다) 참조.

b) 과일과 채소의 뿌리, 잎 또는 끝부분을 다시 잘라 더 신선해 보이게 하다.

예 : 상추나 엔다이브의 밑둥을 자르다 rafraîchir le talon des laitues, des endives, 배의 끝부분을 자르다 la queue des poires, 치즈의 잘린 단면을 다시 자르다 rafraîchir la coupe des fromages 등등.

동의어 : refroidir(냉각하다, 차게 하다)

Raidir(레디르 : 고기의 표면을 단단하게 하다) – 섬유질이 단단해지도록 색깔이 나지 않게 고기를 볶다. 예 : 닭고기 프리카세.

동의어 : blondir(노릇노릇하게 굽다), 채소의 경우 suer(약불에 색깔이 나지 않게 볶다), étuver(재료가 가진 수분을 이용해 조리하다)와 같은 방식으로 조리.

Râper(라페 : 강판으로 잘게 갈다) – 강판을 사용하여 식재료를 작은 조각으로 자르다.(육두구 noix de muscade, 레몬 제스트 zeste de citron, 치즈 fromage à pâte cuite 등)

Rayer(레이예 : 줄을 긋다, 줄무늬를 넣다) – 계란물을 미리 칠한 파트 푀이테(아몬드 크림 케이크(피비티에 Pithiviers, 둥근 파이 galettes, 잼을 넣은 파이 chaussons 등)를 굽기 전에 칼끝을 사용하여 일정한 모양의 장식을 하다.

동의어 : quadriller(바둑판무늬를 넣다), décorer(장식하다), inciser(칼집을 내다)

Réchauffer(다시 데우다) – 맛있게 먹을 수 있는 적절한 온도가 되게 하다. 규정에 따르면 1시간 이내에 10도에서 63도가 되도록 하는 것으로 이 온도를 견딜 수 없는 특정 재료(레어로 익힌 고기, 유화 소스)의 경우 불가능하다.

Rectifier(렉티피에 : 수정하다, 조정하다) – 음식의 양념, 색깔, 맛, 농도를 수정하다.

동의어 : mettre a point(수정하다, 조절하다)

Réduire(레뒤르 : 졸이다) – 천천히 오래 끓이며 액체를 농축하다.

예 : 시럽 상태가 되도록 소스를 졸이다. 증발이 쉽도록 얇고 넓은 냄비에서 졸이는 것이 좋다. 소스를 졸일 때는, 졸임용 주걱을 사용한다.

Refroidir(르푸루아디르 : 냉각하다, 차게 하다) – 급속 냉각기를 사용하거나 얼음을 사용해 재료 또는 요리의 온도를 2시간 내에 63도에서 10도로 빠르게 낮추다.

Réfrigérer(냉장하다) – 식품의 유통기간 및 규정 온도에 따라 일정 기간 냉장 보관실에 식재료, 요리, 식품 등을 보관하다.(냉장 과정 참조)

Relâcher(를라셰 : 풀어지다, 느슨해지다, 늘어지다) – 반죽, 크림, 소스 또는 리에종이 잘못 만들어졌거나 그 농도가 묽거나 비정상적으로 액체 상태가 되는 경우를 가리킨다. 리에종에 일정량의 산이 들어 있으면 조리하는 시간이 길어질 경우 전분이 들어 있는 리에종이 묽게 풀어질 수 있다.

Relever(를르베 : (향신료 따위로 요리의) 맛을 돋우다) – 양념, 향신료, 조미료 또는 다양한 농축액(미트 글레이즈, 생선 글레이즈, 에센스, 추출물, 에센셜 오일 등등)을 사용하여 요리나 소스에 풍미를 더하고 맛을 더 좋게 하다.

Remonter(르몽테 : 다시 섞다) – 성분이 분리된 소스를 다시 균질화하거나 유화시키다.(분리된 소스)

Remuer(르뮈에 : 젓다, 휘젓다, 뒤적거리다) – 요리를 하는 동안 주걱이나 거품기로 재료를 섞다. 열을 가하며 요리하는 경우, 재료가 냄비 바닥에 달라붙는 것을 방지한다.

동의어 : mouver(휘젓다), touiller(젓다, 뒤섞다), vanner(잘 섞다)

Repère(르페르 : 조리 용기를 봉하기 위한 반죽) – 밀가루, 물, 계란 흰자의 혼합물로, 조리 용기를 봉하고(밀봉), 접시의 가장자리에 장식 요소를 붙이고, 큰 고기 토막을 익힐 때 건조를 방지하기 위해 사용한다.(소갈비 오븐구이 train de côtes de bœuf)

Reposer(르포제 : 쉬게 하다, 휴지시키다) – 재료를 싸서 냉장실에 두며 휴지기를 갖다. 3절 접기를 하기 전에 푀이타주 반죽을 따로 보관하다. 오븐 또는 그릴에 구운 두꺼운 고기를 자르기 전에 레스팅하도록 두는 경우에도 이 용어를 사용한다.

Réserver(레제르베 : 나중에 쓰려고 떼어[남겨]두다, 비축하다) – 나중에 사용할 재료를 《따로 두다 Mettre de côté》. 3~4도 미만의 온도로 냉장실에서 차갑게 보관하거나 63도 이상의 온도에서 뜨거운 상태(중탕)로 유지하며 보관할 수 있다.

Revenir(러브니르 : 노릇노릇하게 굽다) – 갈색 스튜(라구)를 만드는 준비 단계로 재료(정육용 고기, 닭고기, 수렵육, 생선, 채소)를 조각으로 잘라 소뚜아, 프라이팬 또는 스튜냄비에 넣어 기름을 두르고 (갈색이 되도록) 색깔이 나게 볶는다. 노릇하게 볶은 재료는 소스와 함께 끓인다.

동의어 : rissoler(센 불로 노랗게 굽다), brunir(갈색을 띠게 하다), roussir(다갈색으로 만들다, 약간 눝게 하다)

Reverdir(르베르디르 : 다시 초록빛을 띠게 하다) – 초록색 채소를 데치는 냄비로 불리는 주석 도금되지 않은 구리 냄비에 채소를 넣고 익힌다.(많은 양의 물을 끓여 소금을 넣고 익힌 후 얼음물로 차게 식힌다)

Revisiter(러비지테 : 재해석하다, 새롭게 보다) – 일부 요리사들이 현재의 소비자들의 기대에 맞게 고전적인 전통 요리를 변형한 것을 가리킬 때 사용하는 용어.

Rioler(리올레 : 띠 모양의 반죽으로 장식하다) – 얇은 띠 모양의 반죽(브리제, 슈크레, 푀이타주의 남은 부스러기 반죽)을 직선 또는 톱니 모양으로 특정 디저트 위에 배열하여 바둑판무늬를 만든다.(구운 사과 타르트 tarte et grilles aux pommes, 린처토르테 Linzertorte, *콩베르사시옹 conversations 등등)

*콩베르사시옹(conversation) : 럼주를 넣은 아몬드 크림 또는 크렘 파티시에르로 만든 파이로 남은 반죽을 격자 모양으로 위에 장식해준다.

Rissoler(리졸레 : 센 불로 노랗게 굽다) – a) 약간의 기름을 두르고 재료를 노릇노릇하게 볶다.

동의어 : revenir(노릇노릇하게 굽다)

b) 감자를 데친 후 기름을 조금 두르고 익힌다.(뽐 코코트 pommes cocotte, 뽐 누아제뜨 noisettes, 뽐 샤또 château)

동의어 : revenir(노릇노릇하게 굽다), brunir(갈색을 띠게 하다), colorer(색깔을 내다), roussir(다갈색으로 만들다, 약간 눝게 하다)

Rognures(로뉘르 : 부스러기, 조각, 찌꺼기) – 파트 푀이테를 다양한 조각으로 자른 후 남은 반죽의 부스러기 또는 자투리. 이 자투리 반죽은 기본 타르트, 밀푀유, 꽃 모양 장식 등을 만드는 데 사용된다.

Rompre(롱프르 : 끊다, 깨뜨리다) – 효모 반죽의 발효를 일시적으로 중지시키다.

Rôtir(로티르 : 굽다) – 부드러운 정육점의 고기, 어린 가금류, 어린 수렵육, 생선 등을 숯불 (꼬치구이) 또는 오븐, 또는 고기 굽는 기구를 사용하여 복사열에 직접 노출시켜 익히다. 식품의 상부를 갈색으로 만들며 익히는 이 조리법은 어린 동물의 1등급 육질의 연한 부위에 가장 잘 어울린다. 기름받이 그릇 또는 오븐팬 바닥의 갈색 육즙은 데글라세한 후 《오븐구이 즙 jus de rôti》으로 만드는 소스의 기본 재료로 사용한다.

Rouelles(둥글게 썬 조각) – 두껍고 큰 원형 조각(슬라이스).

Roussir(루시르 : 다갈색으로 만들다, 약간 눝게 하다) – 기름을 두르고 연한 색깔이 나도록 노릇노릇하게 굽다.

동의어 : brunir(갈색을 띠게 하다), blondir(금색이 되게 하다), rissoler légèrement(노랗게 굽다)

Roux(루) – 밀가루에 버터를 넣어 원하는 색깔(흰색 blanche, 금색 blonde, 갈색 brune)에 따라 시간을 조절하며 볶은 것으로 리에종 재료로 사용한다.

Ruban(faire le ruban) (뤼방 : 충분히 거품을 낸 반죽이 리본처럼 끊임없이 포개지면서 흘러내리는 상태) – 강한 휘핑으로 일정한 농도를 갖춘 반죽을 가리킨다.(제누아즈 génoise 반죽, 비스킷 pâte à biscuits 반죽)

S

Sabler et sablés(사블레 : 밀가루와 버터를 손바닥으로 비비듯 섞어 모래 같은 상태로 만들다, 모래를 뿌리다) – a) 파트 브리제, 타르트 반죽, 파트 사블레를 만드는 준비 단계. 조각으로 자른 버터를 밀가루와 섞어 모래와 같은 작은 알갱이로 된 반죽을 만든다.

b) 노르망디에서 생산되는 바삭바삭한 비스킷.

c) 다양한 색상의 모래를 사용하여 식탁을 장식했던 지난 세기의 장식으로 풍경, (귀족 가문이나 조직의 표지가 되는)문장, 모노그램 monogrammes 등을 식탁보 위에 구현했다.

Saigner(세녜 : 피를 뽑다, 짜내다) – 가재의 주둥이 끝을 칼끝으로 찔러서 안에 있는 물을 빼내다.

Saisir(세지르 : 센 불에 살짝 익히다) – 음식을 센 불에 익혀 빨리 색깔이 나게 하다. 붉은 고기의 작은 조각은 주로 이렇게 요리한다.(소고기 등심 entrecôtes, 우둔살 스테이크 pavés de rumsteck, 투르느도 tournedos 등등) 마이야르 반응 réaction de Maillard 참조.

Salmigondis(살미공디 : 자투리 고기로 만든 스튜의 일종) – capilotade(고기를 잘게 썰어 만든 스튜), béatilles(파이 속에 넣거나 곁들이는 맛있는 고기), salpicon(살피콩 : 닭고기, 햄, 버섯 따위를 잘게 썰어서 익힌 파이용 요리)과 비슷하다. 일반적으로 남은 고기를 다시 데워서 만든 스튜(라구)를 가리킨다.

Salpicon(살피콩) – 작은 주사위 모양으로 자른 여러 가지 재료(가금류, 고기, 허드레 고기, 생선, 갑각류, 햄, 채소 등등)를 같은 속성의 흰색 또는 갈색 소스와 리에종하고 차가운 살피콩은 식초 또는 마요네즈 소스와 섞는다. 살피콩은 따뜻한 전식에 곁들이는 재료로 사용한다.(배 모양의 비스킷 barquettes, 작은 타르트 tartelettes, 고기를 넣은 파이 bouchées, 크루스타드 croustades, 다르투아 dartois, 리솔 rissoles, 크로메스키 cromesquis, 크로켓 croquettes 등등)

과자나 케이크를 만드는 경우, 이 용어는 신선한 과일, 익히거나 설탕에 절인 과일을 작은 주사위 모양으로 썰어 알코올이나 리큐르에 담근 것을 가리킨다.

Sangler(상글레 : 급속 냉동하다) – a) 소르베 제조기에 아이스크림 또는 소르베를 위한 혼합물을 부어(굳어지고 엉기고 얼리며 부풀리기 위해) 돌리다.

b) 틀에 넣은 아이스크림이나 소르베를 굵은 소금을 뿌린 얼음 더미에 두고 급속 냉각을 하거나 냉동시키다. frapper(얼음으로 차갑게 하다), turbiner(원

심 분리기로 분리하다), refroidir rapidement(급속 냉각하다), congeler(냉동시키다) 참조.

Sasser(사세 : 면보 속에 넣어 다듬다) – 햇감자나 햇두루미냉이 crosne 등을 굵은 소금과 함께 면보에 싸서 문질러 껍질을 벗기다.

Saucer(소세 : 소스를 곁들이다) – 소스를 덮거나 얇게 바르다.

Saumurer(소뮈레 : 소금물에 절이다) – 돼지고기(엉덩이 살 jambon, 견갑골 부위의 고기 palette, 삼겹살 poitrine), 생선, 채소 등을 저장하기 위해 소금물에 담그다. 소금에 절인 식품은 사용하기 전에 염분을 제거해야 한다. 돼지고기 가공식품의 경우, 소금물로 절일 때는 주로 근육이나 정맥에 소금물을 주입한다.(펌프 pomper)

Saupoudrer(소푸드레 : (가루를)흩뿌리다, 소금을 뿌리다) – 어원적으로 말하면, 소금을 뿌리다라는 말이다. 구멍이 뚫린 뚜껑이 달린 설탕 그릇을 사용하여 가루를 살살 뿌린다.

예 : 슈가파우더 sucre glace, 전분 fecule, 코코아 cacao 등등

Sauter(소테 : 기름을 둘러 익히다, 볶다) – 약간의 기름을 두른 소뚜아, 소테팬 또는 프라이팬에서 고기, 생선, 채소의 작은 조각을 재빠르게 익힌다.

예 : 투르느도 스테이크 tournedos sautés, 헌터 소스를 곁들인 닭고기구이 poulet sauté chasseur, 가자미 뫼니에르 sole meunière, 감자볶음 Pommes de terre sautés.

참고 : 이 요리 방법은 종종 《냄비에 넣어 오븐에 찌다 poêler》라는 용어와 혼동되기도 한다. 그러나, 프라이팬에 익힌(볶은) 음식을 종종 재료 이름 앞에 《프라이팬에 볶은 poêlée~ 요리》라고 부르기도 한다.

예 : 프라이팬에 볶은 야생버섯 요리 poêlée de champignons sauvages, 프라이팬에 구운 프로방스식 가리비 요리 poêlée de coquilles Saint–Jacques à la provençale.

Serrer(세레 : 촘촘하게 하다, 밀집시키다) – 휘핑크림이나 계란 흰자를 섞어 무스처럼 된 것에 거품기로 원 모양을 그리며 세게 휘젓고 조리법에 맞춰 약간의 설탕을 첨가하며 더욱 고르고 단단한 농도가 되게 하다.

Singer(생제 : 밀가루를 뿌리다) – 소스를 리에종하기 위해 라구에 소스를 붓기 전에 밀가루를 뿌려주는 것.

Siroper(시로페 : 시럽에 담그다) – 주로 향료를 넣은 시럽에 재료(제누아즈 조각, 비스킷)를 담그다.

동의어 : imbiber(적시다, 스며들게 하다), tremper(담그다, 적시다), puncher(시럽에 적시다)

Souder(수데 : 접합하다) – 물이나 계란물을 사용하여 밀대로 민 반죽 2장의 가장자리를 서로 붙이다.

예 : 띠 모양의 타르트 tartes en bandes, 속을 넣은 파이 galettes feuilletees, 부셰 bouchees(고기를 넣은 작은 파이).

Stériliser(스테릴리제 : 살균하다, 소독하다) – a) 열을 사용하여 보관하는 기술. 보존 과정 참조.

b) 다양한 방법(끓이기 ébullition, 열방사 radiation, 자외선 ultraviolet)으로 날이 있는 도구(칼, 믹서기, 커터기의 날), 준비 도구(그릴, 짤주머니, 깍지)를 소독(세균 및 박테리아 제거)하고, 주방용 소독 세제를 사용하여 도마나 작업대를 소독하다. 주방에 게시된 규정 소독 절차 참조.

Sucs(고기나 채소를 익힐 때 팬이나 냄비 바닥에 생기는 즙) – 조리 용기 바닥에 붙어 있는 가수분해된 단백질과 캐러멜화된 탄수화물. 이것을 데글라세하여 소스를 만든다.

Suer(faire suer) (쉬에 : 약불에서 색깔이 나지 않게 볶다) – 잘게 썰거나 저민 채소를 색깔이 나지 않게 천천히 익혀 맛을 집중시키고 식물의 수분을 증발시킨다.

동의어 : transpirer(수분을 날리며 익히다), raidir pour la viande(고기의 표면을 단단하게 하다)

Suprême(쉬프렘) – 가금류의 날개(가슴살) 또는 큰 생선(넙치 barbue, 연어 saumon) 필레 슬라이스를 가리킨다.

T

Tailler(타이예 : 자르다, 썰다) – 자르기를 총칭하는 용어.

a) 채소를 일정한 모양이 되도록 자르다.(채썰기 tailler en julienne, 얇은 네모 또는 세모 조각으로 썰기 en paysanne, 주사위 모양으로 썰기 en dés, 막대 모양으로 썰기 en bâtonnets)

b) 고기를 소분하여 자르다.(등심 스테이크 썰기 tailler une entrecôte)

Tamiser(타미제 : 체로 치다, 거르다) – 체에 식품을 통과시키다.(밀가루, 전분가루, 베이킹파우더, 빵가루 등등) 체에 거르면 재료가 고르게 되고 공기가 통하며 덩어리지는 것을 막아주며 불순물을 제거할 수 있다.

Tamponner(beurrer en surface) (탕포네 : 표면에 버터를 바르다, 도장 찍듯 누르다) – a) 소스, 포타주, 퓌레, 다양한 반죽 및 혼합물 등의 표면에 버터를 바르면 얇은 막이나 크러스트가 생기는 것을 방지하고 건조를 막아준다.

b) 작은 도장 모양의 반죽용 도구에 밀가루를 묻힌 후 밀대로 민 반죽(타르트 반죽 à foncer, 파트 브리제 brisée, 파테 반죽 à pâte 등등)을 타르트 틀의 바닥과 옆면에 잘 씌워지게 하다.

동의어 : foncer par tamponnage(도장 찍듯 두드려주며 타르트 틀에 반죽을 씌우다)

Tapisser(타피세 : 덮다, 장식하다) – 샐러드 접시 바닥과 측면에 상추 잎을 깔다.

동의어 : chemiser(슈미제, 깔다, 바르다)

Tartiner(탕페레 : 버터 등을 바르다) – 푸아그라 무스, 그라탱 속 재료 또는 부드러운 혼합물로 구성된 혼합 버터를 토스트한 빵, 식빵, 브리오슈 조각에 얇게 바르다. 경멸적인 방식으로 확장해 말할 때, 식빵을 기본 재료로 사용한 카나페로 구성된 재료에 적용되는 용어이다. rôties(토스트), bruschetta(브루스케타 : 이탈리아 전식), bruschett'food(브루스케타를 활용한 요리) 참조.

Tempérer(재료의 온도를 실온이 되게 하다) – 재료 또는 요리를 점차적으로 20도 정도(실온)의 온도가 되도록 하다.

예 : 마요네즈 소스의 재료는 실온의 온도가 되도록 준비해야 한다.

동의어 : dégourdir(워밍업시키다), tiédir(미지근하게 하다), remettre en température(1시간 내에 재료를 63도로 데우다)

Tétonner(테토네 : 젖꼭지 모양으로 만들다) – 젖꼭지 모양으로 돌출되는 모양이 잘 드러나도록 잘 구운 마들렌을 가리킨다.

Timbale(팀발) – 팀발이라는 이름이 붙은 요리를 담기 위해 반죽(빵 반죽 d'office, 세쉬 sèche, 파트 푀이테 feuilletée)으로 만든 용기.

예 : 해산물 팀발 timbale de fruits de mer.

Tomber(통베 : 수분을 날리다) – 식품을 구성하는 수분의 일부를 증발시키다. 육수가 시럽처럼 끈적끈적해질 때까지 졸이고 농축시키다.(글레이즈가 되도록 졸이다)

Torréfier(토레피에 : 풍미를 위해 천천히 볶다, 굽다) – 갈색 스튜에 밀가루를 뿌려 오븐에 넣고 색깔을 내다. 잣, 헤이즐넛 또는 아몬드를 구울 때도 이 용어를 사용한다.

Toster(토스떼) – 빵을 굽는 것, 구운 빵 조각, 가루를 낸 빵 또는 빵가루를 내기 위해 오븐에 구운 빵 등을 가리키는 고대 프랑스어 단어. 토스떼 Tostée는 향료를 넣어 끓인 와인을 부어 구운 빵 조각을 가리킨다.

Tourer(투레 : 반죽을 여러 번 접다, 3절 접기하다) – 파트 푀이테 또는 크루아상 반죽을 3절 접기 하는데 적용되는 특정 기술. 3절 접기는 반죽을 너비보다 3배 더 긴 직사각형으로 밀고 정해진 방향으로 3번 접는 방법이다. 용도에 따라 3절 접기를 세 번하거나 다섯 번까지 하기도 한다.

Tourner(투르네 : 모난 부분을 깎아 둥글게 모양을 다듬다, 상하다, 변질되다) – a) 모양이 예쁘게 보이게 하고 골고루 익도록 특정 채소의 모난 부분을

둥글게 다듬어 일정한 형태가 되도록 한다.

예 : 뽐 코코트 pommes cocotte, 찐 감자 vapeur, 뽐 샤또 chateau, 아티초크 속을 둥글게 다듬기 tourner des fonds d'artichauts, 감자의 모난 부분을 다듬어 동그랗게 만들기 tourner en liard.

b) 성분이 분리되거나 재료가 발효되거나 응고(또는 침전)되는 소스 또는 크림을 가리킨다. 동의어 : se désagréger(분리되다), virer(변질되다), rater(실패하다), louchir(흐려지다, 투명도를 잃다), ne pas réussir(성공하지 못하다)

Travailler(트라바이예 : 작업하다, 섞다) – 반죽이나 혼합물을 주걱이나 믹서기를 사용하여 세게 섞어 더 부드럽고 매끄럽고 고르게 만든다. 동의어 : blanchir(하얀 크림 상태가 되도록 섞다), fouetter(잘 휘젓다), remuer(젓다, 휘젓다, 뒤적거리다), malaxer(반죽하다, 주무르다)

Tremper(트랑페 : 담그다, 적시다) – a) 건조채소나 말린 과일을 찬물에 담가 수분을 보충하다. 재료를 꼼꼼하게 잘 씻은 후 찬물에 담가야 하고 이 과정은 냉장실에서 이뤄져야 한다.(발효의 위험 risque de fermentation)

b) 사바랭이나 바바를 시럽에 담그다.

동의어 : puncher(시럽에 적시다), siroper(시럽에 담그다)

c) 수프를 붓다. 오븐에 구운 빵 조각 위에 국물(수프) 또는 기타 액체를 붓다.

Trier(트리에 : 고르다, 추려내다) – 물냉이와 샐러드용 양상추류에서 먹을 수 있는 부분과 버릴 부분을 분리하다.

동의어 : éplucher(껍질을 벗기다, 불순물을 제거하다)

Trifollier(처빌 줄기를 세 잎으로 분리하다) – 처빌 줄기를 세 잎으로 나눈다.(포타주를 위한 처빌 잎 réalisation des pluches à potage)

Tronçonner(트롱소네 : 토막내다, 자르다) – a) 채소를 크고 긴 모양으로 자르다.(대파 토막 tronçons de poireaux, 당근 토막 de carottes)

b) 각각의 알맞은 방법으로 특정 생선을 자르다.(대구 토막 tronçons de cabillaud, 광어 토막 de turbot)

Trousser(트루세 : 닭발과 날개를 몸통에 동여매다, 찌르다) – a) 가금류의 다리를 고정시키다.(바늘이나 실을 사용하지 않고 동여매기)

b) 특정 갑각류(랑구스틴 langoustines, 가재 écrevisses)를 익힐 때 활 모양으로 휘지 않도록 꼬리지느러미 부분을 찌르다.

Truffer(트뤼페 : 송로버섯을 넣다) – 풍미를 깊게 하기 위해 재료에 송로버섯 조각을 첨가하다.(푸아그라 foie gras, 파르시 farces, 테린 terrines, 프랑스식 순대 boudin blanc 등등) contiser(꽁티제) 참조.

참고 : 송로버섯을 넣은《truffé》음식명으로 표기하기 위해서는 규정상 최소 1%의 튜버 멜라노스포룸(tuber mélanosporum)과 튜버 트러플(과 윈터 트러플(tuber brumale)을 사용해야 한다. 다른 종의 송로버섯을 사용하는 경우에는 송로버섯의 일반명과 라틴어 식물명을 표기해야 한다.

예 : 부르고뉴 송로버섯 truffe de Bourgogne/블랙 트러플 tuber uncinatum(라틴어 식물명)

Turbiner(튀르비네 : 원심 분리기로 분리하다) – 소르베 제조기에 아이스크림 혼합물을 넣어 돌리다. sangler(급속 냉동하다) 참조.

V

Vanner(바네 : 소스를 잘 섞다) – 소스 또는 크림을 주걱으로 저어 표면에 얇은 막이 생기지 않도록 하며 냉각이 잘 되도록 조절하다.

Venaison(브네종 : 사슴, 멧돼지고기) – 수렵육(멧돼지 sanglier, 사슴 biche 등등)의 큰 토막을 가리키는 총칭.

Vert-cuit ou cuire vert(베르퀴 또는 초록빛이 도는 정도로 익히다) – 전통적인 프랑스 오리 요리(canard au sang/canard à la presse), 조류 수렵육 스튜를 만들 때 구체적으로 사용하는 조리 방법으로 재료를 블루 레어 또는 레어로 구운 후 잘라서 다시 익히거나, 끓이지 않고 소스에 담가 따뜻하게 유지하는 방법이다.

Videler(비들레 : 타르트 가장자리를 접어 모양을 내다) – 둥근 타르트, 띠 모양 타르트, 피자의 둘레에 손가락을 사용하여 파트 브리제 또는 수크레 장식을 한다. 접히고 말아진 반죽 위에 손가락으로 일정하게 꼬집어 모양을 낸다. 이렇게 하면 타르트를 굽는 동안 타르트 속 재료를 그대로 잘 지탱할 수 있다.

동의어 : chiqueter(시크테 : 파이 반죽 가장자리에 작은 홈을 넣다), pincer(반죽 가장자리 부분에 집게로 작은 홈을 내다)

Vider(비데 : 비우다) – 닭이나 생선을 손질할 때 흉부와 복부 내장을 꺼낸다.

동의어 : habiller(준비 작업을 하다, 손질하다), éviscérer(내장을 들어내다), effondrer(깊이 파다)

Voiler(부알레 : 설탕 베일을 덮다) – 과자나 케이크를 실처럼 만든 설탕으로 덮는다.(봄브 글라쎄 bombe glacée(얼린 폭탄 모양 아이스크림), 과일 지브레 fruits givrés, 설탕 베일을 덮은 오리엔탈식 파인애플 ananas voilé à l'orientale)

Z

Zeste(제스트) – 감귤류의 향기로운 껍질에서 잘라낸 조각.

Zester(prélever du zeste)(제스테 : 제스트를 떼내다, 제스트를 잘라내다) – 감자칼이나 제스터 칼 또는 강판을 사용하여 감귤류 과일(외피)의 색깔 있는 부분만 떼어낸다. 종종 쓴맛이 나는 희끄무레한 얇은 막(중과피 mésocarpe)은 과일 과육에 남아 있어야 한다. 제스트는 채썰거나 브뤼누아즈로 썰고 여러 번 데친 후 알코올이나 리큐르에 담가둔다.

참고 : 감귤류의 제스트를 떼어내기 위해서는 무농약 과일을 깨끗이 씻어 사용하는 것이 좋다.

참고문헌 BIBLIOGRAPHIE

Technologie culinaire - Personnel, équipements, matériel, produits, hygiène et sécurité
Michel Maincent-Morel
Éditions BPI

Hygiène et restauration
Dominique Loiseau
Éditions BPI

Le répertoire de la cuisine
Th. Gringoire et L. Saulnier
Éditions Flammarion

Le guide culinaire
Auguste Escoffier
Éditions Flammarion

Le Larousse gastronomique
Éditions Larousse

Les produits de la pêche
J. Gousset, G. Tixerant et M. Roblot - Informations techniques des services vétérinaires français (I.T.S.V.F.)

Le guide des fruits et des légumes frais
Scapa
Éditions Max Brézol

Le guide de bonnes pratiques d'hygiène restaurateur
FNIH, SNRLH, CFHRCD, CGAD
Éditions SÉDIPAL

옮긴이·감수자

옮긴이

성승원

프랑스국립동양어문명대학교(INALO)에서 고조리서의 불역과 음식기호학을 주제로 박사 과정을 수료하였다. 만화 번역가이자 요리사이다. 현재는 리옹(LYON)에서 한국만화를 소개하는 한국식당을 운영하고 있다.

나승지

Ecole de Boulangerie et de Pâtisserie, Ecole Nationale Supérieure de Pâtisserie를 졸업하였고, CAP Pâtissier & CAP Chocolatier—Confiseur 공인자격증을 취득하였다. 피에르 에르메 파리(Pierre Hermé Paris), 쇼콜라티에 메이에 안시(Chocolaterie Meyer Annecy) 등에 근무했고, 현재는 SPC컬리너리 아카데미 에꼴 르노뜨르 제과 강사(2020~현재)로 일하고 있다.

송현동

프랑스 리옹 폴보퀴즈 요리학교를 졸업하였고, 가이드 미슐렝 3스타 파리 파비용 르드와영과 3스타 리옹 폴보퀴즈에서 스타쥬 경험을 하였다. 프랑스 파리 에꼴 르노뜨르에서 마스터 디플로마를 취득한 후 SPC컬리너리아카데미의 에꼴 르노뜨르 프랑스 요리 선임강사로 재직하였다. 현재는 포항 효곡동에서 오너 셰프로 '인연인가' 레스토랑을 운영하고 있다.

허정연

연세대학교 불어불문학과를 졸업한 후, 여러 기업에서 콘텐츠 기획 및 번역 업무를 담당했다. 현재는 프랑스에 거주하며 프리랜서 번역가로서 문학 및 다양한 분야의 번역 작업을 이어가고 있다.

감수

강민구

미쉐린 3스타이자 한국 최초로 월드 50 베스트 레스토랑에 선정된 '밍글스'의 오너 셰프다. 강민구 셰프가 '밍글스'에서 보여주는 한식에 대한 혁신적인 접근 방식은 국내외에서 명성을 얻었고, 세계 유수의 셰프들과 교류하며 함께 다양한 활동을 펼치고 있다. 2021년에는 아시아 50 베스트 레스토랑에 이름을 올린 셰프들에게 뽑혀 이네딧 담 셰프 초이스 어워드를 수상했다. 현재 서울에서는 레스토랑 '밍글스'를, 홍콩에서는 모던 코리안 레스토랑 '한식구'를 운영하고 있다.

임태언

현재 베이커리 르빵(LE PAIN)의 오너 셰프이다. 『베이킹은 과학이다』(제과편), 『베이킹은 과학이다—제빵편』, 『그랑 리브르 드 퀴진(Grand Livre de Cuisine)』 등 다수의 책을 감수하였고, 『Cuisine Bread』를 발간하였다. 경희대학교 조리외식경영학 박사 과정을 수료하였고, 현재는 르빵 컬리너리 아카데미에서 후학 양성에도 힘을 쏟고 있다.

• 베이킹과 요리 관련 도서 •

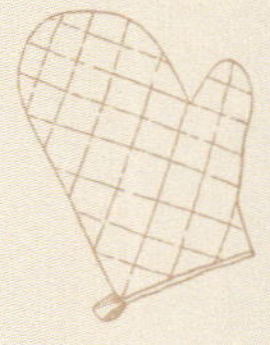

초지제과학교 교수들이 알려주는
기본 반죽과 재료에 관한 Q&A 231

베이킹은 과학이다

Q&A 231

나카야마 히로노리, 기무라 마키코 지음
328쪽 | 23,000원

제빵의 과학적인 궁금증을
해결해주는 Q&A 233

베이킹은 과학이다

제빵편

가지하라 요시하루, 기무라 마키코 지음
410쪽 | 26,000원

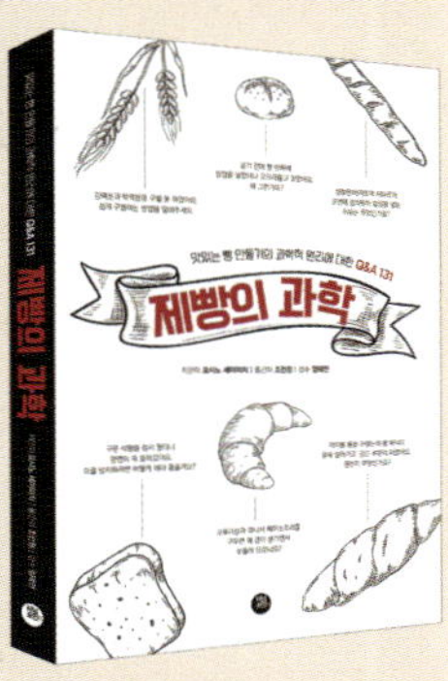

맛있는 빵 만들기의
과학적 원리에 대한 Q&A 131

제빵의 과학

요시노 세이이치 지음 | 244쪽 | 16,000원

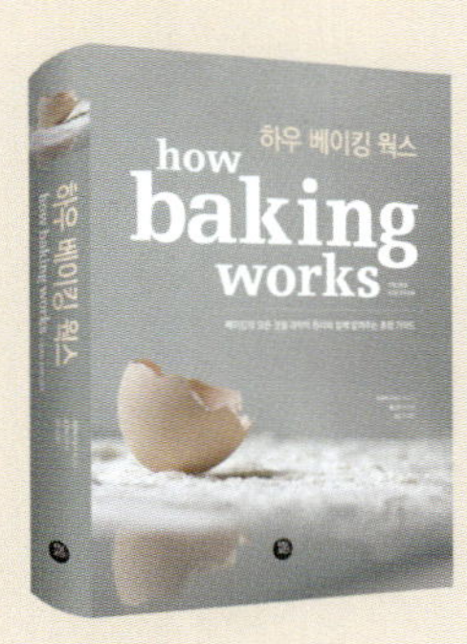

베이킹의 모든 것은 과학적 원리와
함께 알려주는 종합 가이드

하우 베이킹 웍스

파울라 피고니 지음 | 520쪽 | 32,000원

제과의 이해부터
기본 레시피 활용 방법까지
완벽 마스터 미스터 비니,

과자의 기본을 다루다

김재호 지음 | 248쪽 | 18,000원

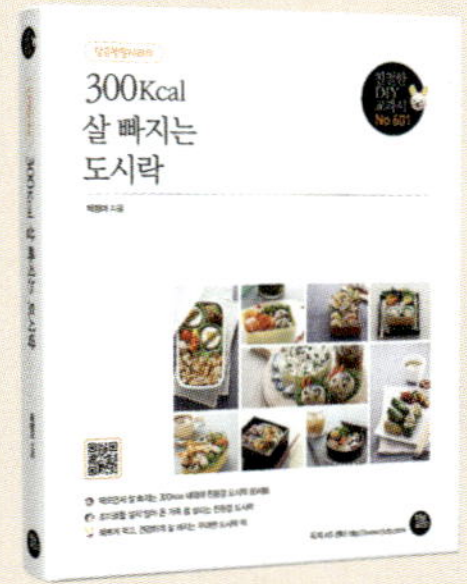

친절한 DIY 교과서 601

먹으면서 살 빠지는 300Kcal 내외의
친환경 도시락 80세트

당근정말시러의
살 빠지는 도시락

박정아 지음 | 224쪽 | 15,000원

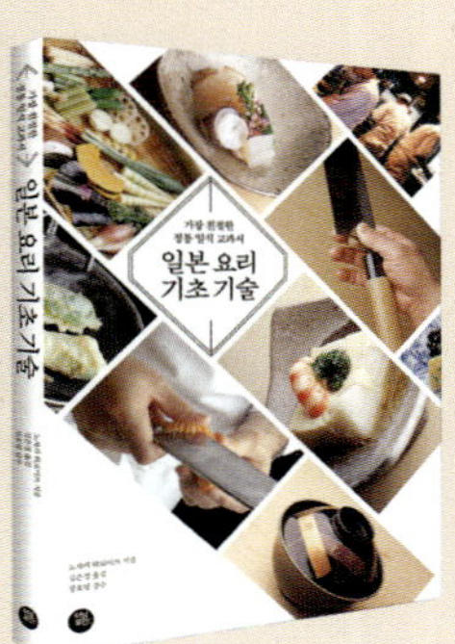

친절한 DIY 교과서 602

가장 친절한 정통 일식 교과서
일본 요리 기초 기술

노자키 히로미쓰 지음 | 264쪽 | 28,000원

사진으로 따라하면서 배우는
이탈리아 가정식 레시피

언포게터블
이탈리아 가정식 100

니코 로미토 지음 | 252쪽 | 19,800원